王新东

作者大学毕业时照片（1983 年）

作者（后排右一）与大学时代同宿舍同学合影（1983 年）

作者（右一）在意大利 DANIELI 公司与国外专家现场交流（1996 年 6 月）

作者与时任唐钢总经理张永昌在2560m^{3}高炉建设工地（左起：南旭东、张永昌、王新东，1998年9月）

作者（右三）参加唐钢设计院领导班子会议（2003年4月）

作者（左三）率团在芬兰罗德洛基公司进行交流访问（2003年11月）

作者在河北唐银钢铁有限公司任总经理（2006 年 10 月）

作者（左三）在河北唐银钢铁有限公司现场指导工作（2007 年 2 月）

作者（左）向原国家计划委员会副主任石启荣（右）汇报唐钢绿色转型情况（2013年8月）

作者与来唐钢检查指导工作的刘玠院士合影（左起：王新东、刘玠、于勇，2013年10月）

作者代表项目团队参加国家科学技术奖励大会并受颁国家科学技术进步奖二等奖证书（2014 年 1 月）

作者在河钢－西门子奥钢联国际学术年会上与西门子奥钢联首席销售官古普塔和首席技术官弗立克合影（左起：弗立克、王新东、古普塔，2014 年 8 月）

作者（前排右三）在德国杜塞尔多夫参加中德钢铁技术交流会（2014 年 10 月）

作者在第六届中国钢铁规划论坛上做报告（2015 年 3 月）

河钢集团与韩国浦项签署全面合作备忘录（左起：崔正友、于勇、权五俊、王新东，2017年8月）

作者（前排左二）在北京与时任奥地利总统范德贝伦（前排中）会面（2018年4月）

作者（二排左七）在澳大利亚昆士兰大学与河钢培训班毕业学员合影（2018 年 4 月）

作者在国际会议上做学术报告（2018 年 6 月）

作者（右二）陪同工业和信息化部辛国斌副部长（右一）视察河钢塞钢（2018 年 11 月）

作者（前排左三）与潘复生院士（前排左四）在重庆大学主持召开河钢－重大西南研究院专家委员会会议（2019 年 3 月）

作者（前排右一）代表河钢集团与菲律宾亚洲钢铁签署项目合作备忘录（2019 年 8 月）

作者在河北省科学技术奖励大会上受颁河北省科学技术突出贡献奖（终身荣誉奖）（2020 年 5 月）

作者（左五）与唐钢新区领导班子成员合影（2020 年 5 月）

作者（右二）在河钢材料院实验室指导研究工作（2020 年 5 月）

作者（右三）在唐钢新区展厅指导工作（2020 年 8 月）

作者与中国工程院院士王国栋合影（左起：王新东、王国栋、王兰玉，2020 年 10 月）

作者（后排左七）在世界钢铁发展研究院成立大会上合影留念（2020 年 10 月）

作者（右）陪同殷瑞钰院士（左）视察唐钢新区（2020 年 12 月）

作者（右三）在河钢石钢现场办公（2021 年 3 月）

作者（前排右三）与干勇院士（前排右四）参加河钢承德钒钛新材料产业园区规划专家论证会（2022 年 3 月）

作者在第一届全国冶金流程工程学学术会议上与殷瑞钰院士等合影（左起：蔡九菊、王新东、殷瑞钰、李文秀，2023 年 5 月）

作者（中）指导张宣科技氢基竖炉直接还原铁示范项目投产（2023 年 6 月）

作者在清华大学与中国工程院工程管理学部主任胡文瑞院士合影（左起：王新东、胡文瑞、方东平，2023 年 8 月）

作者（右）在中国工程院与刘合院士（左）合影（2023 年 11 月）

（第一册）

王新东

绿色制造与技术创新文集

◎王新东 著

北 京
冶 金 工 业 出 版 社
2024

内 容 提 要

本书是王新东同志40年钢铁从业经历的回顾和总结。全书分为学术论文篇、专题报告篇、著作摘要篇、专利简介篇、个人经历篇、成果荣誉篇，共选录了王新东发表的学术论文69篇、专题报告17篇、著作摘要11篇、已授权专利简介28篇。其中，个人经历篇记述了王新东成长、求学和工作的历程，成果荣誉篇则是他多年来艰辛付出而取得成绩的集中展示。这些资料真实地反映了王新东同志治学、治企的心路历程。

本书可供钢铁从业人员阅读参考，对技术管理人员的成长具有很好的借鉴、激励意义。

图书在版编目(CIP)数据

王新东绿色制造与技术创新文集/王新东著.—北京：冶金工业出版社，2024.5

ISBN 978-7-5024-9847-4

Ⅰ.①王… Ⅱ.①王… Ⅲ.①制造工业—无污染技术—文集 Ⅳ.①T-53

中国国家版本馆CIP数据核字(2024)第084666号

王新东绿色制造与技术创新文集（第一册）

出版发行 冶金工业出版社　　**电　话** (010)64027926
地　址 北京市东城区嵩祝院北巷39号　　**邮　编** 100009
网　址 www.mip1953.com　　**电子信箱** service@mip1953.com

责任编辑 杜婷婷　美术编辑 吕欣童　版式设计 孙跃红　郑小利
责任校对 王永欣　责任印制 禹 蕊　窦 唯
北京捷迅佳彩印刷有限公司印刷
2024年5月第1版，2024年5月第1次印刷
787mm×1092mm 1/16；69印张；16彩页；1716千字；1073页
定价388.00元（第一、二册）

投稿电话 (010)64027932　投稿信箱 tougao@cnmip.com.cn
营销中心电话 (010)64044283
冶金工业出版社天猫旗舰店 yjgycbs.tmall.com
（本书如有印装质量问题，本社营销中心负责退换）

序

《王新东绿色制造与技术创新文集》是一部记载钢铁行业杰出技术管理者的技术理念集萃，很值得一读。

钢铁工业是国民经济的基础性、支柱型产业。新中国成立后，特别是改革开放以来，经过几代钢铁人的艰苦奋斗，我国钢铁工业从小到大、由弱变强，走出了一条符合中国国情的独特发展道路。钢铁工业的发展和进步离不开广大钢铁技术人员的不懈努力，王新东同志便是其中的优秀代表。

钢铁技术研究要紧密结合生产实际，在实践中检验、发展和创新。认识新东同志已经20多年了，我对他立足产线、勤勉务实、勤于思考、善于总结的科研作风深表赞叹。40年磨一剑，新东同志已成长为钢铁行业绿色智能制造技术及工程设计领域领军人物之一，先后荣获了第十四届光华工程科技奖、第四届杰出工程师奖，以及2022年度影响力科学家等荣誉称号，成为享受国务院政府特殊津贴专家、河北省高端人才、俄罗斯工程院院士，我为他取得如此成就感到由衷高兴，在此为他的新著写几句话。

实践证明，经济增长是钢铁工业发展的拉动力，技术进步是钢铁工业发展的推动力。新东同志40年来始终扎根于企业科研一线，为河钢乃至中国钢铁工业的技术进步和发展壮大作出了重要贡献。他在2008年主持开展的唐钢厂区环境综合治理项目，实现了技术升级、流程优化与环境改造的完美结合，为钢铁企业环境治理树立了标杆，探索了中国钢铁绿色发展的新路径；他与中国科学院过程工程研究所课题组成员一起在国内首次提出钢铁行业“源头减排-过程控制-末端治理”全过程绿色制造技术路径，解决了多种常规污染物在复杂工艺及气氛下难以协同控制的行业难题，助推了国家钢铁行业超低排放标准的实施；他作为主要人员参与研发的钢铁流程多工序余热回收技术，在业内率先研发出低压余热蒸汽发电、钢渣改性气淬技术及成套装备并在行业广泛推广应用；他推动了中国科学院过程工程研究所首创亚熔盐法钒铬高效共提新工艺，有效解决了提钒流程中效率低、污染重等世界性难题，并主持建成了世界首套5万吨/年示范工程；他立足国内资源禀赋，提出以富氢焦炉煤气作为氢源的氢能利用路线，主持建成全球首例120万吨焦炉煤气零重整氢冶金工程和我国首条氢能重卡物流示范线，开创了冶金行业氢能利用的先河；他与东北大学一起开发了国际首创的连铸坯凝固末端动态重压下技术和核心装备，研发出连铸坯免加热直轧创新工艺，主持建成国际首条连铸凝固末端动态重压下产线和国内首条免加热直轧示范线，并实现了产业化推广；他遵循冶金流程工程学理论，提出了全流程多要素融合协同的绿色工程管理方法，有效地推动了河钢集团绿色低碳和智能化转型升级；他积极践行科技助力企业经营战略，立足“成本”和“产品”两大创效支点，通过技术进步最大限度地提高企业盈利能力；他积极搭建河钢集团产学研合作平台，与中国科学院、中国钢研集团、东北大学等单位建立了长期战略合作关系，大大提升了河钢集团的科研实力和创新能力；他积极推动河钢集团布局海外业务，拓展海外市场，抢占海外资源高地，增强了河钢集团在世界钢铁界的影响力。新东同志这些年的辛勤工作有力地促进了河钢集团工艺装备水平和技术实力的提升，助力河钢集团在激烈的市场竞争下依然保持较好的发展势头，为中国钢铁企业实现科学发展和可持续发展起到了良好的引领示范作用。

“求实”是根，意味着实用为先；“鼎新”为魂，意味着创新为要。建设钢铁强国、制造强国，必须牵住科技创新这个“牛鼻子”，这是新时代钢铁工业高质量发展的内在要求。实现钢铁产业创新发展、绿色发展，需要培养更多具有为国奉献钢筋铁骨的高素质人才，需要新一代的科技工作者踔厉奋发，也需要老一代科技工作者薪火相传。

实践中发展，传承中创新。多年以来，新东同志工作之余笔耕不辍，撰写了大量钢铁文献，本书就是这些文献资料的集中体现，这是一笔宝贵财富。本书分六篇，包括学术论文、专题报告、著作摘要、专利简介、个人经历及成果荣誉等，既是对他成长历程、学术成果的展示，也是包括河钢集团在内的中国钢铁行业这些年来深刻变革、发展壮大的历史见证，特别是对于一些行业共性技术难题，能够逐一破题，切中要害。鉴往知来，这部来自大型钢铁企业科研管理成功实践者的著述，既有技术高度又接地气，有很多心得与独到之处，相信有志于中国钢铁事业的同志们定能从中受益。

中国工程院院士
中国金属学会名誉理事长

2024 年 1 月

前　言

钢铁有情，岁月无悔。不觉之中我已在钢铁行业奋斗了40年。回首过往，尤其是在唐钢、河钢集团度过的难忘日子，不禁心潮起伏。四十不惑，希望整理一下自己40年来的“行囊”，将自己的科研工作经验和成果记载下来，为新时代的钢铁行业汇聚一点力量，这是撰写本书的初衷。

我来自河北省秦皇岛市抚宁区（原抚宁县）茶棚乡背阴铺村的一个普通家庭，在那里度过了贫困却又快乐的童年和少年生活。1979年，我幸运地考上了河北矿冶学院（现为华北理工大学）。那是一个激情澎湃的年代，四年大学生活，我系统地学习了钢铁冶金专业知识，为即将从事的事业打下了坚实基础。1983年7月大学毕业后，我被分配到唐钢设计处（现为唐钢国际工程技术有限公司）。在此工作的23年，涵养了我敢啃硬骨头、敢打硬仗的作风和真诚奉献、求知上进的品德，令我一生受益。在职业生涯一半的时间里，我先后主持设计建设了一系列唐钢重点工程项目，为促进唐钢的发展奉献了自己的青春和汗水，收获了人生阅历和技术积累，得到了领导和同事们的信任，31岁便走上了设计院的领导岗位。2006年6月，我被抽调到与唐钢合资的河北唐银钢铁有限公司（简称“唐银公司”）担任总经理，带领大家经过将近两年的建设改造，在原年产能132万吨生铁、80万吨带钢的基础上，成功将唐银公司打造成了一家铁钢轧配套、年产能达300万吨的钢铁联合企业，并在行业普遍亏损的市场环境下，实现了连年盈利。2008年5月，我转任唐钢滦县工业园区项目总经理，并在3个月后兼任唐钢发展规划部部长，有幸主持了那场业内闻名的唐钢厂区环境综合治理行动，用8个月时间使唐钢发生了翻天覆地的变化，彻底扭转了人们对钢铁行业“傻大黑粗”的传统认识，唐钢因此被业界誉为“世界上最清洁的钢厂”。唐钢入选全国首批绿色工厂，被工业和信息化部认定为城市钢厂绿色发展典范的“唐钢模式”迅速在国内钢铁企业中得到推广复制，有力地推动了我国钢铁企业的绿色发展进程。唐钢厂区环境综合治理行动是我职业生涯中浓墨重彩的一笔，也是最让我引以为豪的。2011年5月，我被提拔为唐钢公司副总经理，主管技术和发展规划工作。通过抓产品升级、结构调整、质量一贯制管理、生产技术指标提升及新工艺新技术应用等工作，使唐钢的科技创新、科技管理取得了长足进步。

2014年4月，我被任命为河钢集团副总经理兼首席技术官，有了更广阔的展示平台，也使我肩负更重的责任和使命。初心如磐奋楫行，近十年来，我在分管的领域内，积极开展产线对标、新产品研发、创建国内外技术研发平台，持续推进国家及省部级重点研发项目，解决集团及行业关键共性问题；积极落实河北省委省政府退城搬迁、压缩产能重大任务，推进落实唐钢、石钢、邯钢老区退城搬迁和宣钢转型升级；积极推进“钢铁行业多工序多污染物协同控制技术”的实施和智能制造升级项目，打造河钢集团绿色智能制造示范产线，特别是张宣科技焦炉煤气零重整氢冶金示范项目取得圆满成功，“这是氢冶金关键核心技术的重大突破，这是中国钢铁史乃至世界钢铁史上由传统‘碳冶金’向新型‘氢冶金’转变的重要里程碑，引领钢铁行业迈入‘以氢代煤’冶炼‘绿钢’的时代”[①]；积极开展国际项目合作，参与控股德高、与浦项及普锐特等国际公司的合作和收购塞尔维亚斯梅代雷沃钢铁公司等工作，使河钢集团成为高质量共建“一带一路”的典范，得到了国家领导人的肯定和赞誉。

心栖梦归处，不负韶华年。自己多年的努力和付出得到了社会各界的广泛认可。主持的课题项目获国家科学技术进步奖二等奖2项、省部级科学技术进步奖一等奖14项、省部级工程勘察设计一等奖4项。先后获得第十四届光华工程科技奖、第四届杰出工程师奖、河北省科学技术突出贡献奖（终身荣誉奖），成为享受国务院政府特殊津贴专家、河北省高端人才、河北省省管优秀专家，同时任河北省金属学会理事长，并当选俄罗斯工程院院士。

回望来路，激情回荡。我们这一代伴随改革开放成长起来的钢铁人，有幸见证了中国钢铁工业由小到大、由弱及强，直至打下世界钢铁半壁江山的雄浑壮阔。过去的40年，我把最好的青春、全部的身心都奉献给了钢铁事业，钢铁事业也为我施展自己的才华提供了广阔的空间。可以说，我的生命是为了钢

① 摘自中国钢铁工业协会给河钢集团的贺信。

铁，钢铁就是我的生命。未来，我仍将一如既往地持续关注钢铁行业的高质量绿色智能发展，并为之添油助力，贡献自己的绵薄之力！

源于喜欢，始于坚持，忠于梦想。作为一名钢铁行业的科研工作者，我注重日常工作中的技术思考和经验总结，积极参加行业交流学习，积累了大量的技术论文、学术著作及演讲材料。将这些资料整理成文集出版源于我的两个初衷：一是对自己40年钢铁从业经历进行总结；二是做好钢铁技术传承，希望为广大钢铁技术人员提供有益的参考和帮助。本书分六篇，包括学术论文、专题报告、著作摘要、专利简介、个人经历、成果荣誉等内容。其中，学术论文69篇，分为铁前技术、钢轧技术、绿色智能、创新管理四个类别；专题报告17篇，是我在不同场合做报告的文稿；著作摘要11篇，概括性地总结介绍了我主持编写和参与编写的11部著作，这些著作是我在不同时期承担的重大课题项目和重要管理工作的真实写照；专利简介共收录授权发明专利21项、实用新型专利7项，介绍了每个专利的发明背景、发明内容和权利要求；个人经历记述了我成长、求学和工作的整个历程，是我过往人生经历的总结和缩影；成果荣誉是我参加工作多年来辛勤汗水的结晶，是我和团队成员共同努力的结果。

在本书整理、编辑和出版过程中，得到了中国工程院原副院长干勇院士的指导和鼓励，并亲自为本书作序；河钢集团科技创新部总经理刘宏强、副总经理钟金红及高级经理蔡啸，河钢集团低碳绿色研究中心主任田京雷，河钢集团总监马志和和杨桂清，河钢集团海外事业部总经理王晶，河钢集团资本运营部高级经理刘辉，河钢集团工业技术公司总经理单立东，河钢集团大河装备公司徐艳丽，河钢材料技术研究院姚丹，河钢唐钢的老同事张洪波和程晨等，为本书提供了大量的资料和素材；河北省金属学会刘义、杨静波、刘存强、张文强等同事做了大量资料整理工作；《河北冶金》杂志社编辑部张倩、刘玉、史远等同事为本书的出版严格把关；特别是冶金工业出版社对本书的出版给予了大力支持和精心指导，在此一并表示衷心的感谢！

由于时间仓促，书中难免存在纰漏，敬请读者批评指正。

王新东

2023年12月于唐山

目　录

第　一　册

学术论文篇

铁前技术

钢轧技术

绿色智能

第 二 册

学术论文篇

创新管理

专题报告篇

著作摘要篇

专利简介篇

发明专利

实用新型专利

个人经历篇

成果荣誉篇

学术论文篇

铁前技术

高炉喷吹不同富氢介质节能减排潜能的分析与比较①

王新东[1]，郄亚娜[2,3]，吕　庆[2,3]，王艺帆[2,3]

(1. 河钢集团有限公司，河北 石家庄 050023；
2. 华北理工大学冶金与能源学院，河北 唐山 063009；
3. 教育部现代冶金技术重点实验室，河北 唐山 063009)

摘　要：目前中国钢铁生产仍以高炉—转炉长流程为主，高炉富氢操作是中国氢冶金发展的重要方向。富氢介质和喷吹方式有很多种，合理有效地选取高炉富氢工艺显得尤为重要。为了确定合适的富氢工艺，基于有氢参与的 Rist 操作线工具，结合高炉整体与区域热平衡联合计算，提出了“碳消耗-碳排放-焦比-理论燃烧温度操作窗口”概念。对比分析了高炉喷吹焦炉煤气、天然气、氢气在常温与预热条件下的节能减排效果。研究结果表明，随富氢介质喷入量的增加，高炉焦比、理论燃烧温度、碳消耗、CO_2 排放均呈升高趋势，富氧率对这些指标的影响呈相反规律。在不喷煤的情况下，高炉单喷富氢介质技术虽然可以降低碳素消耗，降低碳排放，但焦比仍然较高。通过比较不同富氢工艺的操作窗口区域大小得出高炉喷煤+纯氢气具有更高的节能减排效果。从操作窗口可以直观地得出不同富氢技术的最大喷吹量和限制性环节。研究结果表明，高炉喷煤+天然气、高炉喷煤+焦炉煤气、高炉喷煤+纯氢气的最大喷吹量分别为 128 m^3/t、359 m^3/t 和 500 m^3/t，高炉喷煤+950 ℃预热氢气相比于常温条件节能减排率增加 20%左右。

关键词：富氢介质；高炉喷吹；限制性环节；节能减排；操作窗口

氢能被誉为 21 世纪最具发展潜力的清洁能源，将氢能用于钢铁生产，实现碳冶金向氢冶金的转变是优化钢铁能源结构，实现绿色发展的有效途径[1-5]。氢冶金主要实施途径包括“高炉→转炉长流程”中高炉富氢与“废钢→电炉炼钢短流程”中氢基直接还原技术[6]。当前长流程工艺仍占中国钢铁生产的 90%以上，因此高炉富氢冶炼对中国低碳炼铁的发展具有重要意义[7-10]。目前国内外已逐步开展高炉喷氢工业化试验，2019 年，德国克虏伯 9 号高炉开始喷氢试验；2022 年，日本 COURSE50 已进入高炉放大试验；2022

① 原文发表于《钢铁》，2023，58 (10)。

年，中国宝武集团 400 m^3 高炉开始炉顶煤气循环+喷吹富氢气体试验；河北昌黎兴国铸业进行了 40 m^3 高炉喷吹纯氢气试验等[11-13]。目前高炉喷吹的富氢介质众多，例如高炉喷吹天然气、焦炉煤气、纯氢气等[14-16]，但不同富氢工艺的选择不仅要考虑氢能资源现状、经济成本效益、辅助设备配置，更要考虑该技术的环保潜能与应用前景[17-19]。本文利用有氢参与的 Rist 操作线工具，建立高炉全炉热平衡与区域热平衡计算模型，获得高炉富氢对高炉理论燃烧温度、焦比、碳素消耗、热消耗、CO_2（碳）排放等参数的影响规律，并提出了“碳消耗-碳排放-焦比-理论燃烧温度操作窗口”概念，分析对比了高炉喷吹不同富氢介质的节能减排潜能，研究结果对中国高炉富氢工艺的选择，高炉富氢操作的实施具有一定的指导借鉴意义。

1 模型的建立与验证

考虑到高炉内部的化学反应过程，计算模型基于有氢参与的高炉 Rist 操作线理论[20-22]，在物料平衡计算基础上，根据第二全炉热平衡和区域热平衡原理，建立高炉全炉热平衡与区域热平衡联合计算，并以风口前碳、氧平衡和各区域热平衡约束条件为限定条件，通过循环迭代计算，确定高炉燃料比、焦比、各项碳消耗、热量消耗、CO_2（碳）排放等能耗指标。另外，理论燃烧温度是衡量高炉下部热平衡的重要参数，此值代表着高炉渣铁熔化的驱动力[23,24]，理论燃烧温度过低无法保证高炉下部渣铁的流动与顺利排出，高炉喷吹富氢介质后往往会造成高炉下部热量不足，因此将理论燃烧温度也列入关键指标参数之一。国内外高炉的生产实践表明合适的理论燃烧温度会随操作条件的不同而不同，例如国内喷煤高炉理论燃烧温度基本控制在 2050~2200 ℃，而北美喷吹天然气高炉理论燃烧温度却可控制到 1900 ℃，甚至有研究认为可以降低至 1800 ℃[25]。计算模型所用的原料条件及产品数据来自国内某钢铁企业，见表 1~表 3。

表 1 高炉的原料成分及炉料结构（质量分数） （%）

项目	炉料结构	全铁	Fe_2O_3	FeO	CaO	MgO	Al_2O_3	SiO_2	$\frac{1}{2}S$	其他
烧结	75	56.19	70.86	8.47	9.75	2.69	2.68	5.29	0.01	0.25
球团	15	62.82	88.42	1.20	0.81	0.43	1.44	7.50	0.01	0.19
块矿	10	64.51	91.39	0.69	0.08	0.90	1.47	5.30	0.00	0.17

表 2 焦炭与煤粉成分（质量分数） （%）

项目	固定碳	灰分					挥发分					S	H_2O
		SiO_2	Al_2O_3	CaO	MgO	FeO	CO_2	CO	CH_4	H_2	N_2		
焦炭	86.00	6.33	4.33	0.61	0.15	1.12	0.41	0.43	0.04	0.11	0.21	0.63	3.41
煤粉	74.37	4.98	2.75	0.31	0.08	0.63	1.99	1.66	1.16	3.31	8.29	0.29	1.01

表 3 铁水成分（质量分数） （%）

Fe	Si	P	Mn	S	C
94.59	0.43	0.11	0.51	0.03	4.34

模型计算原则和限定条件[26]：(1) 高炉物料平衡的误差小于0.5%；(2) 高炉全炉热损失为10%±1%；(3) 高温区与低温区的温度界限值为1000 ℃ 。通过模型计算，设定在煤比为150 kg/t条件下，计算出焦比为358 kg/t，与实际生产高炉焦比为355 kg/t非常接近，验证了模型的科学性与可靠性。另外，为对比高炉喷吹不同富氢介质的节能减排效果，计算模型选用焦炉煤气、天然气、纯氢气为富氢介质，其成分见表4[27-29]，其中天然气中除了含有 CH_4 外还有少量乙烷、丙烷、硫化氢等；焦炉煤气、纯 H_2 也含有少量其他杂质，为了方便计算，模型计算过程中仅考虑富氢介质的主要成分，忽略微量杂质的影响。

表4　富氢介质气体成分（体积分数）　　(%)

富氢介质	H_2	CH_4	CO	CO_2	N_2
焦炉煤气	60.7	26.6	6.7	2.23	3.7
天然气	—	98.0	—	1.0	1.0
纯 H_2	99.0	—	—	—	1.0

2　计算结果与分析

2.1　喷吹富氢介质对高炉能耗的影响

在高炉煤比为150 kg/t的条件下，以高炉喷煤+焦炉煤气为例，计算不同喷吹量和富氧率条件下高炉理论燃烧温度、焦比、高炉碳消耗、CO_2（碳）排放、吨铁热消耗的变化规律，结果如图1所示。由图1可知，随着焦炉煤气喷吹量的增加，焦炉煤气带入的氢量增加，以氢代碳，高炉焦比、碳消耗、CO_2 排放值均呈降低趋势，但同时焦炉煤气中甲烷裂解使理论燃烧温度也明显下降。为保证高炉下部热量充足，实际生产中通常通过提高风温或增加富氧率等下部调剂方式以达到提高理论燃烧温度的目的[24,30]。随着富氧率的增加，高炉焦比、理论燃烧温度、碳素消耗、碳排放等能耗指标均呈升高趋势。另外吨铁热

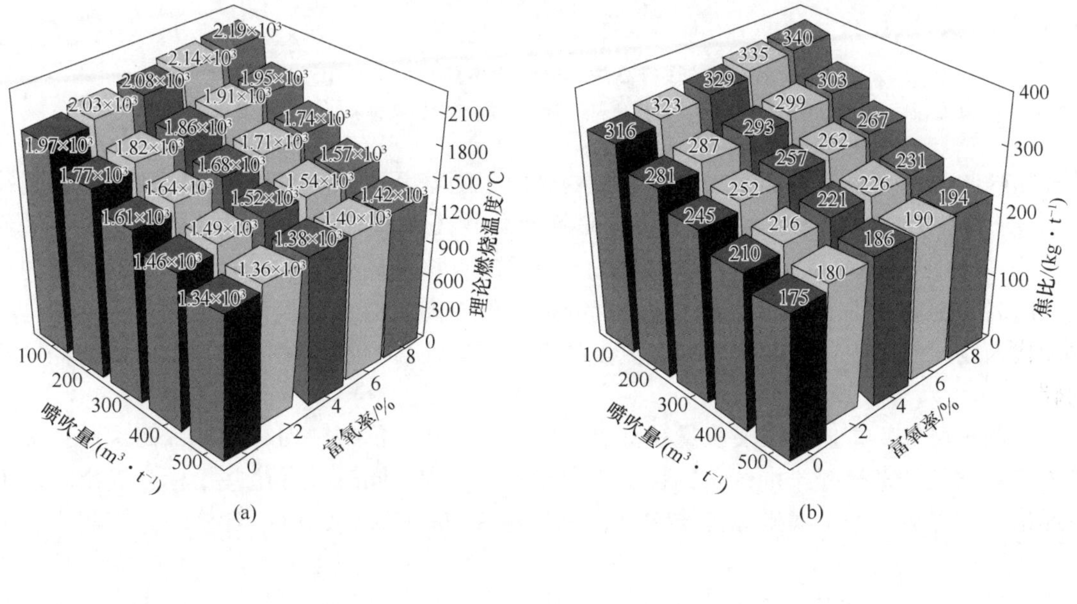

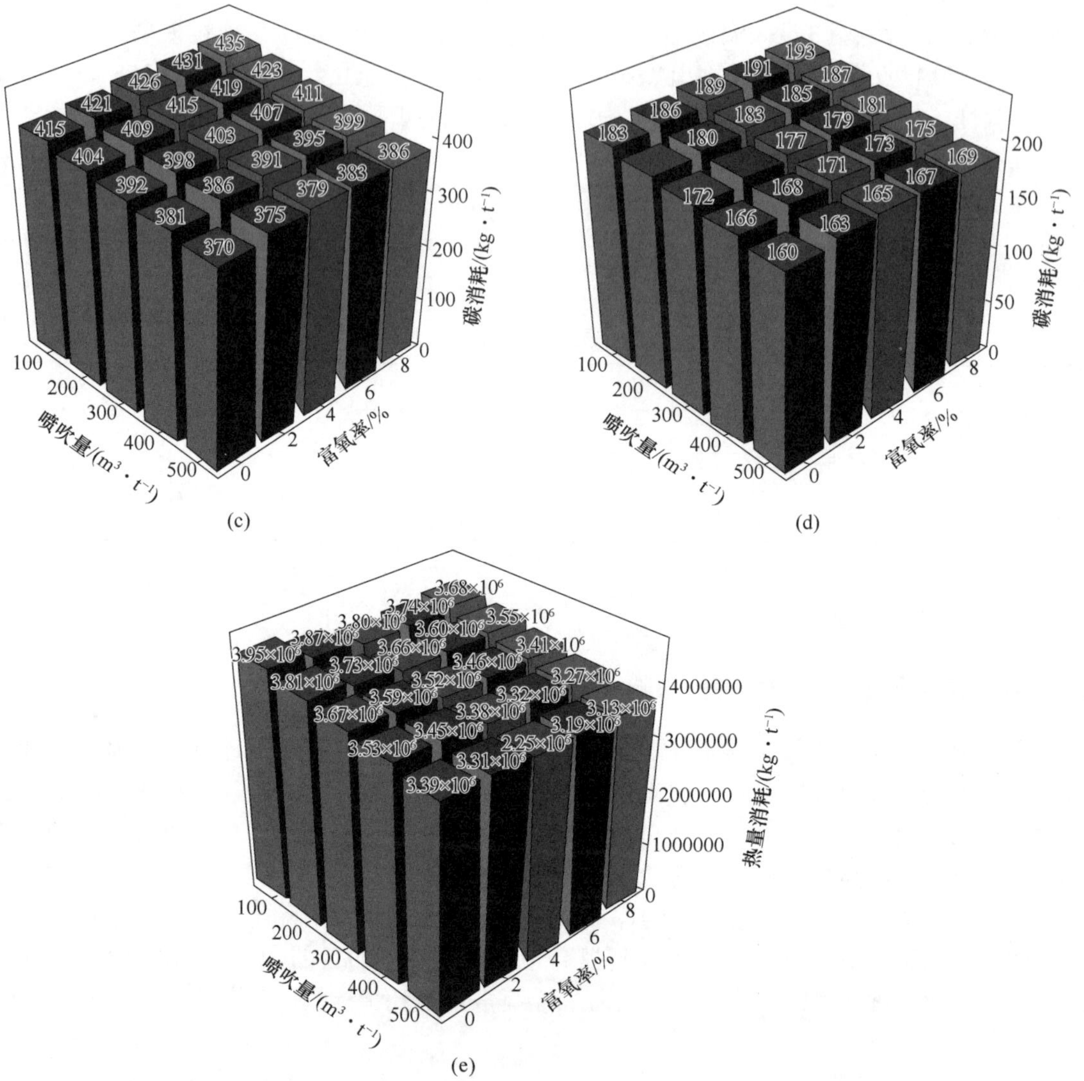

图 1　喷煤+焦炉煤气高炉不同喷吹条件下能量利用及碳消耗

（a）理论燃烧温度；（b）焦比；（c）碳消耗；（d）碳排放；（e）热量消耗

消耗随喷吹量和富氧率增加而减少，这主要是由于随着氢还原度和富氧率增加，高炉直接还原度 r_d 减小，而由 FeO 还原到金属铁是铁氧化物还原过程还原剂和能量消耗最多的环节[20,31]，H_2 还原 1 mol FeO 吸收热量 27718 J，碳直接还原 1 mol FeO 需要 152190 J 的热量，后者约为前者的 5.5 倍，吨铁热消耗降低，但提高富氧率的同时也使吨铁风量减少，热风代入物料热减少，因此需要燃烧更多的燃料以保证高炉整体热平衡，也需要消耗更多的碳。

由图 1 可知，富氢介质喷吹量和富氧率对多个能耗评价指标均有影响，而这些指标均是关于喷吹量和富氧率三维概念，且变化规律不同，为了同时考虑这些指标，提出将多个目标指标同时放入一个横坐标为喷吹量、纵坐标为富氧率或风中 O_2 含量的二维图中，组成高炉碳消耗-碳排放-焦比-理论燃烧温度操作窗口如图 2 所示，该操作窗口与 MEGHA J P[24,30]提出的高炉理论燃烧温度-炉顶煤气温度操作窗口类似，但更侧重于高炉碳消耗与碳排放。如图 2 所示，以传统喷煤高炉焦比（K）358 kg/t，吨铁碳消耗（T_C）433 kg/t、碳排放（E_C）192 kg/t、理论燃烧温度（t_r）为 1900 ℃为目标指标边界值，计算得到不同喷吹量条件下所对应富氧率或风中氧气含量构成目标边界值曲线，在边界值曲线左上侧为大于边界值区域，右下侧为小于边界值区域。由图 2 可知，随着富氢介质喷吹量的增加，以氢代碳量越多，小于能耗边界值区域的范围越大，但理论燃烧温度也明显下降，为保证高炉下部热量充足，以各目标指标为边界，例如以理论燃烧温度为下边界，焦比、吨铁碳消耗/碳排放为上边界，各目标边界取交集所围成的公共区域为高炉操作窗口（图 2 中阴影部分)，由操作窗口可以明显看出：(1) 不同喷吹量条件下高炉下部富氧率的调剂范围；(2) 通过边界值曲线的交点可确定富氢介质的最大喷吹量和限制性环节，如图 2 中喷煤+焦炉煤气焦比为 358 kg/t 的线位置较高，小于焦比边界值的范围（右下侧）较大，这表明喷煤+焦炉煤气高炉焦比降低较为明显，焦比不再是限制条件；但随着喷吹量的增加，理论燃烧温度位于整个操作窗口的下边界，即高炉下部热量不足成为进一步增加焦炉煤气喷吹量的限制性环节，并且由碳消耗线/碳排放与理论燃烧温度边界曲线的交点，可确定焦炉煤气的最大喷吹量为 359 m^3/t；（3）操作窗口的范围大小代表着该工艺的节能减排潜能。在理论燃烧温度为 1900 ℃，吨铁碳消耗与碳排放均低于传统喷煤高炉条件下，喷煤+焦炉煤气高炉的节能减排潜能具体数据如图 3 所示。由图 3 可知，随着焦炉煤气喷吹量增加，直接还原度 r_d 降低，焦比降低（最低为 280 kg/t），吨铁碳消耗与碳排放增加。这是由于焦炉煤气中携带的碳元素也参与了铁氧化物的间接还原，在煤气利用率不变的条件下降低了焦比，却增加了总碳消耗。与其相反，喷吹量减少到 133 m^3/t，富氧率为 0 时，吨铁碳消耗与碳排放最低，分别为 412 kg/t 和 181 kg/t，高炉喷煤+焦炉煤气工艺吨铁碳消耗降低约 5%，焦比降低 15% ~ 22% 。另外，降低理论燃烧温度的目标边界值也有利于扩大操作窗口的范围。

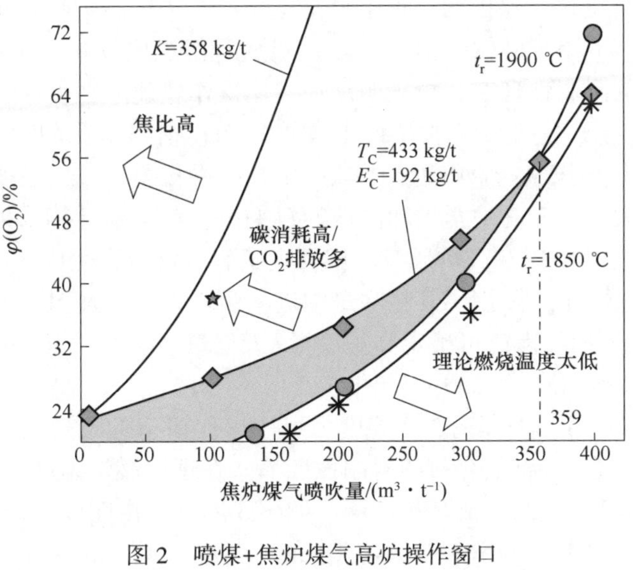

图 2　喷煤+焦炉煤气高炉操作窗口

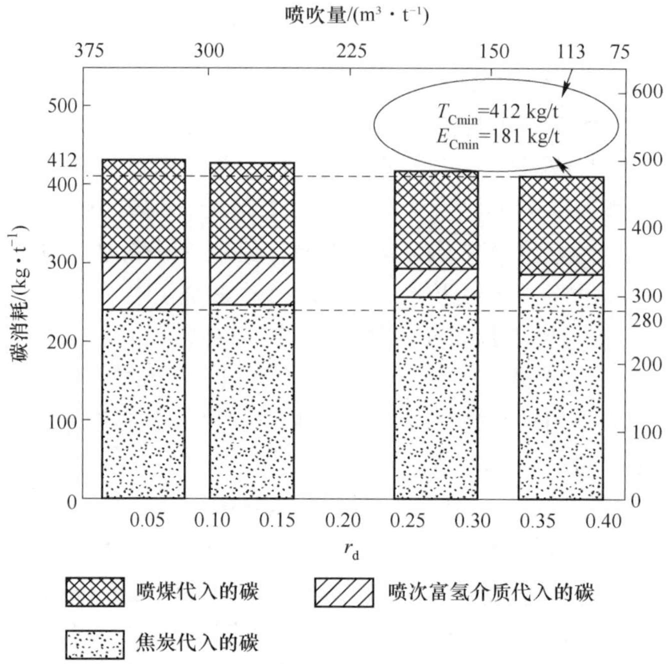

图 3　理论燃烧温度为 1900 ℃时喷煤+焦炉煤气高炉节能减排潜能

2.2　高炉喷吹不同介质的节能减排潜能

通过比较相同目标边界下操作窗口的范围大小，可对比分析不同富氢高炉节能减排潜能，操作窗口范围越大其节能减排潜能越大。高炉喷吹不同富氢介质条件下的操作窗口如图 4 所示。由图 4 可知，在不喷煤条件下，高炉单喷富氢介质［见图 4（a）～（c）］虽然可局部取到碳消耗/碳排放与理论燃烧温度为 1900 ℃的交集区域，但该交集均与目标焦比边界值 358 kg/t 无交集，这说明高炉单喷富氢介质与传统高炉喷煤相比，尽管氢还原降低了高炉能量消耗、减小了吨铁碳消耗及 CO_2 排放，但焦比较高，即焦比高成为高炉单喷富氢介质技术发展的限制性环节，也表明高炉富氢操作应建立在喷煤的基础上。

比较图 4（d）～（f）不同喷吹条件下高炉的操作窗口范围的大小发现，高炉喷煤+天然气<高炉喷煤+焦炉煤气<高炉喷煤+纯 H_2 工艺的操作窗口，这表明 3 种喷吹方式的节能减排效果依此增大。基于高炉全炉和区域物料平衡、热平衡计算结果分析可知，这是由于天然气和焦炉煤气中 CH_4 在高炉风口区域发生了裂解反应，生成了更多的煤气，使风口前理论燃烧温度迅速减小，限制了其喷吹量的进一步增大。通过图 4（d）和（e）中碳消耗线/碳排放与 RART 的交点，可确定高炉喷煤+天然气、高炉喷煤+焦炉煤气的最大富氢气体喷吹量分别为 128 m^3/t 和 359 m^3/t。

由图 4（d）~（f）可知。理论燃烧温度为组成操作窗口的下边界，即高炉风口区域理论燃烧温度成为高炉喷煤+富氢介质的限制性环节。在理论燃烧温度为 1900 ℃条件下，计算得到高炉喷煤+富氢介质的节能减排潜能，如图 5 所示。由图 5 可知，高炉喷煤+天然气和高炉喷煤+焦炉煤气的碳消耗/碳排放与焦比的最小值出现在图中 2 个不同的端点，而高

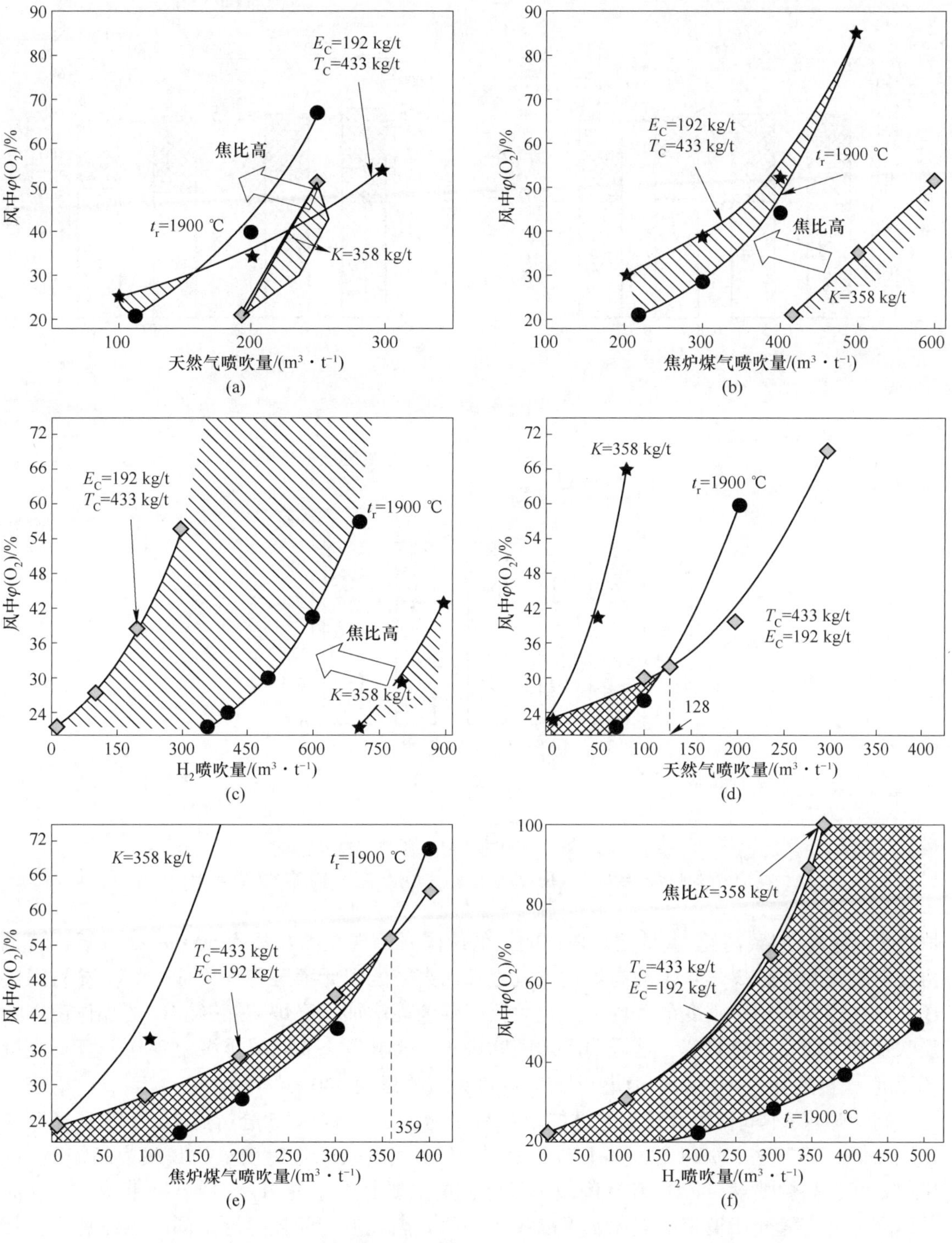

图 4　高炉喷吹不同富氢介质操作窗口

（a）高炉单喷天然气；（b）高炉单喷焦炉煤气；（c）高炉单喷纯 H_2；（d）高炉喷煤+天然气；（e）高炉喷煤+焦炉煤气；（f）高炉喷煤+纯 H_2

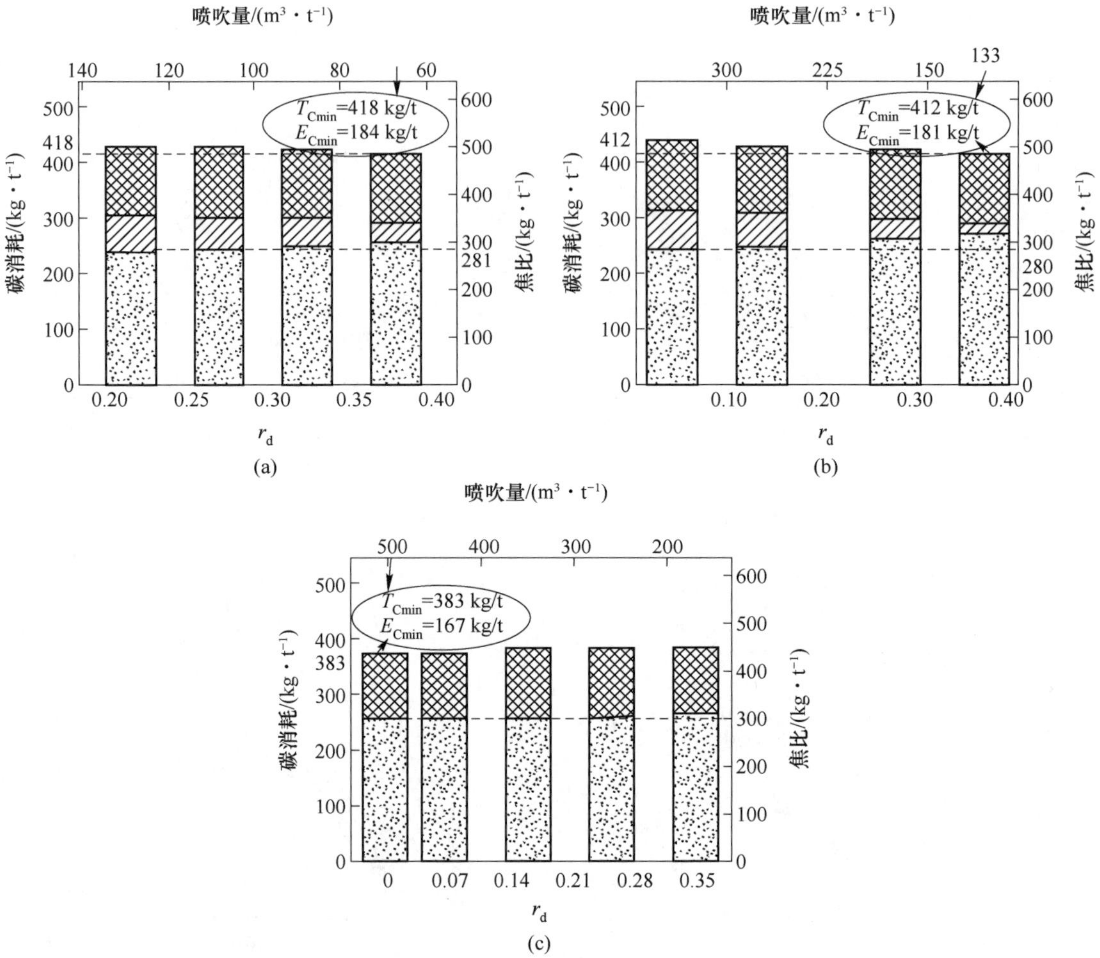

图 5　高炉喷煤+不同富氢介质节能减排潜能

（a）高炉喷煤+天然气；（b）高炉喷煤+焦炉煤气；（c）高炉喷煤+纯 H_2

炉喷煤+纯 H_2 的碳消耗/碳排放与焦比的最低值同时出现在喷吹量为 500 m^3/t 位置，这是由于天然气和焦炉煤气除了为高炉提供氢之外，携带的碳元素可替代一部分焦炭参与间接还原，在煤气利用率不变的条件下，化学反应碳消耗增加。高炉喷煤+纯 H_2 的操作窗口随喷吹量增加而呈敞口状态，这说明高炉喷吹纯 H_2 量越多，节能减排潜力越强，直到直接还原度 r_d 接近 0 为止，高炉喷煤+纯 H_2 的最大喷吹量为 500 m^3/t。

高炉喷煤+不同富氢介质工艺的能耗削减率见表 5。结合图 5 分析可知，3 种富氢介质均能降低高炉焦比 10%以上，其中高炉喷煤+天然气的效果最为明显，其次为高炉喷煤+焦炉煤气，高炉喷煤+纯 H_2 焦比削减率最低，这主要是由于纯 H_2 介质不携带碳元素，而其他含碳的富氢介质携带的碳元素可以替代一部分焦炭参与间接还原。同时也注意到，相比含碳的富氢介质，高炉喷煤+纯 H_2 高炉吨铁碳消耗与碳排放明显降低，CO_2 减排率为 9% ~ 13% 。

为了比较富氢介质预热处理对高炉节能减排的影响，模型还计算了预热不同富氢介质的节能减排潜能。由表5可知，预热富氢介质到950 ℃可明显提高其节能减排潜能。高炉喷煤+950 ℃预热 H_2 的吨铁碳消耗削减率及 CO_2 减排率最高可达到30%左右，其他富氢介质也可达到10%左右。因此，高炉富氢操作可通过预热富氢介质和炉顶煤气循环增加节能减排效果。

表5 高炉喷吹不同富氢介质的能耗削减率

富氢工艺	风中 $\varphi(O_2)$/%	富氢气体喷吹量/($m^3 \cdot t^{-1}$)	吨铁碳消耗削减率/%	CO_2 减排率/%	焦比削减率/%
高炉喷煤+天然气	21.0~31.5	69~128	4~0	4~0	17~22
高炉喷煤+焦炉煤气	21.0~55.0	133~359	5~0	6~0	15~22
高炉喷煤+纯 H_2	21.0~49.8	167~500	8~12	9~13	12~16
高炉喷煤+950 ℃天然气	21.0~71.0	86.5~249.2	6~4	6~4	22~43
高炉喷煤+950 ℃焦炉煤气	21.0~71.0	178.5~482.0	8~10	9~11	22~48
高炉喷煤+950 ℃纯 H_2	21.0~68.0	252~738	14~29	17~32	20~40

3 结论

（1）随着焦炉煤气喷吹量的增加，高炉焦比、理论燃烧温度、碳消耗、吨铁 CO_2 排放均呈降低趋势，富氧率对这些指标的影响规律相反。

（2）在不喷煤条件下，高炉单喷富氢介质降低了高炉能量消耗、降低了碳素消耗和 CO_2 排放，但焦比较高，成为其发展的限制性环节，高炉富氢操作的实施应建立在高炉喷煤的基础之上。

（3）3种高炉富氢喷吹工艺节能减排排序为：高炉喷煤+天然气<高炉喷煤+焦炉煤气<高炉喷煤+纯 H_2。高炉喷煤+纯 H_2 工艺的节能减排效果最佳，但其他含碳富氢介质对焦比的影响更为明显。

（4）通过模型计算，在理论燃烧温度为1900 ℃条件下，高炉喷煤+天然气、高炉喷煤+焦炉煤气、高炉喷煤+纯 H_2 的最大喷吹量分别为128 m^3/t、359 m^3/t、500 m^3/t。高炉喷煤+预热950 ℃ H_2 工艺相比于常温 H_2 可增加20%的节能减排效果。预热富氢介质可明显改善高炉富氢的节能减排效果。

参 考 文 献

[1] 世界金属导报．关于新形势下炼铁工业发展的认识 [J/OL]. http://www.worldmetals.com.cn/viscms/search.jspx? q=%E6%97%A5%E6%9C%ACCOURSE50& siteId=3. [2020-11-17].

[2] 王新东，上官方钦，邢奕，等．“双碳”目标下钢铁企业低碳发展的技术路径 [J]. 工程科学学报，2023，45 (5)：853.

[3] 郄亚娜，靳亚涛，康媛，等．高炉富氢对钒钛矿软熔滴落性能的影响 [J]. 钢铁，2023，58 (5)：31.

[4] 王新东，郝良元．现代炼铁工艺及低碳发展方向分析 [J]. 中国冶金，2021，31 (5)：1.

[5] 王新东，田京雷，宋程远．大型钢铁企业绿色制造创新实践与展望 [J]. 钢铁，2018，53 (2)：1.

[6] 王新东，赵志龙，李传民，等．基于富氢焦炉煤气零重整的氢冶金工程技术［J］．钢铁，2023，58（5）：11.

[7] CHANG Y F，WAN F，YAO X L，et al. Influence of hydrogen production on the CO_2 emissions reduction of hydrogen metallurgy transformation in iron and steel industry［J］．Energy Reports，2023，9：3057.

[8] QIE Y N，LYU Q，LANCC，et al. Energy conservation and CO_2 abatement potential of a gas-injection blast furnace［J］．High Temperature Materials and Processes，2020，39：96.

[9] ZHANG C L，VLADISLAV L P，XU R S，et al. Blast furnace hydrogen-rich metallurgy-research on efficiency injection of natural gas and pulverized coal［J］．Fuel，2022，311：122412.

[10] XU J，WAMG N，CHEN M，et al. Comparative investigation on the reduction behavior of blast furnace dust particles during in-flight process in hydrogen-rich and carbon monoxide atmospheres［J］．Powder Technology，2020，366：709.

[11] 张建良．氢冶金初探［M］．北京：冶金工业出版社，2021.

[12] 世界金属导报．宝武富氢碳循环氧气高炉关键技术指标实现碳减排阶段性目标［J/OL］．http：//www. worldmetals. com. cn/viscms/qiyedongtai0275/20221129/259972. html.［2022-11-29］.

[13] 郄亚娜，王新东，李宇壮，等．冶炼钒钛矿高炉富氢非等温还原行为及合适富氢率的探讨［J］．钢铁，2023，58（8）：61.

[14] 郭同来．高炉喷吹焦炉煤气低碳炼铁新工艺基础研究［D］．沈阳：东北大学，2015.

[15] CUILIU Z，LISTOPADOV V，RUNSHENG X，et al. Blast furnace hydrogen-rich metallurgy-research on efficiency injection of natural gas and pulverized coal［J］．Fuel，2022，311：122412

[16] DESAIB，RAMNAR，SATHAYEJ. Effect of hot reducing gas（HRG）injection on blast furnace operational parameters：Theoretical investigation［J］．Ironmaking and Steelmaking，2008，35（1）：43.

[17] QIEY N，LYU Q，LI J P，et al. Effect of hydrogen addition on reduction kinetics of iron oxides in gas injection BF［J］．ISIJ International，2017，57：404.

[18] KIM J，PARK J K，YOON Y S. Simplified sulfur-iodine cycle process to hydrogen blast furnace：Technoeconomic and CO_2 mitigation analysis［J］．Journal of Cleaner Production，2022，355：131855.

[19] CHEN F R，LV W，ZHOU G W，et al. Effects of pre-oxidation on the hydrogen-rich reduction of Panzhihua ilmenite concentrate powder：Reduction kinetics and mechanism［J］．International Journal of Hydrogen Energy，2023，48（36）：13415.

[20] 任贵义．炼铁学［M］．北京：冶金工业出版社，2004.

[21] 那树人．炼铁计算辨析［M］．北京：冶金工业出版社，2010.

[22] 郄亚娜，李建鹏，刘小杰，等．基于 Rist 操作线的高炉能耗监测与富氢冶炼预测方法：中国，202310207539. 3［P］．2023-05-30.

[23] 朱国海．高炉富氢还原研究［J］．钢铁，2020，55（10）：1.

[24] MEGHAJ P. Increased Use of Natural Gas in Blast Furnace Iron-making［D］．Pittsburgh：Carnegie Mellon University，2016.

[25] HUANG D F，ANDRADE M. Optimizations of blast furnace oxygen enrichments［C］//AISTech-iron and Steel Technology Conference Proceedings.［S. L.］：Association for Iron and Steel Technology，2017：78.

[26] 张淑会，邵建男，毕忠新，等．钒钛磁铁矿冶炼高炉喷吹焦炉煤气的减排能力［J］．钢铁，2023，58（2）：39.

[27] ZHU L，WANG F，ZHANG Z. Thermodynamic evaluation of a conceptual process for coal gasification coupled with chemical looping air separation［J］．Chemical Engineering and Processing Process Intensification，2016，106：33.

[28] MAJOUMERD M M，HAN R，DES，et al. Estimation of performance variation of future generation IGCC

with coal quality and gasification process-Simulation results of EU H_2-IGCC project [J]. Applied Energy, 2014, 113 (3): 452.

[29] 耿淑华. 基于改质焦炉煤气直接还原铁矿石的基础研究 [D]. 上海: 上海大学, 2018.

[30] MEGHAJ, JORGE G, PETRUSC. Increased use of natural gas in blast furnace iron making: Mass and energy balance calculations [J]. Metallurgical and Materials Transactions B, 2019, 50B: 1290.

[31] LÜ Q, QIE Y N, LIU X J, et al. Effect of hydrogen addtioon on reduction behavior of iron oxides in gas-injection blast furnace [J]. Thermochimica Acta, 2017, 648: 79.

面向长流程的富氢低碳炼铁技术路径分析①

李海峰[1,2]，陈靖然[2]，王新东[3]，张彩东[4]，郑艾军[5]，王小艾[4]

（1. 东北大学多金属共生矿生态化冶金教育部重点实验室，辽宁 沈阳 110819；2. 东北大学冶金学院，辽宁 沈阳 110819；3. 河钢集团有限公司，河北 石家庄 050023；4. 河钢集团有限公司材料技术研究院，河北 石家庄 050023；5. 河钢集团有限公司张宣科技，河北 宣化 075100）

摘　要： 高炉→转炉长流程是中国钢铁生产的主要流程。在“双碳”背景下，绿色低碳发展成为钢铁行业转型发展的核心命题，目前国内外主要采用以氢代碳的氢冶金低碳技术路线，国内路线以富氧高炉和氢基竖炉为主，推动着传统高炉向富氢全氧碳循环技术进行转变。结合氢冶金机理和现有的典型低碳工艺技术路线特点，分析了氢冶金技术路线的减排上限问题，从限制传统高炉减排的关键参数入手，提出了一种全氧富氢低碳还原熔化炉炼铁系统和炼铁方法。炼铁系统包括还原熔化炉、煤气除尘器、干燥器、CO_2 分离器、电解水装置、风机、换热器、还原气备用储气罐、烟囱等设备，其中还原熔化炉自上而下依次包括间接还原区、软熔滴落区、焦炭燃烧及渣铁区；炼铁方法包括矿焦混装、间接还原区喷入由电解产生的绿氢与炉顶循环煤气组成的混合还原气、焦炭燃烧区鼓入纯氧、炉顶煤气 CO_2 回收、渣铁处理。通过设计新炉型和优化参数，使间接还原区金属化率达到 85%～95%，大大降低吨铁冶炼碳耗。基于热力学理论计算、相关的物理试验数据和 6 种典型工艺流程的 CO_2 排放指标分析等研究成果，进一步阐述了新工艺的可行性及推广前景，新工艺采用全氧使自身反应器还原产生的煤气得以循环利用，达到 CO_2 排放降低 50%以上的目标，实现绿色低碳冶金。

关键词： 长流程；氢冶金；全氧；低碳；还原熔化炉

气候变化是当今人类面临的重大且紧迫的全球性挑战。在第 75 届联合国大会一般性辩论上习近平主席提出了“双碳战略”方案（即力争 2030 年前 CO_2 排放达到峰值，2060 年前实现碳中和），该方案是构建人类命运共同体的必然选择和庄严承诺[1]。同时，“双碳”目标必然促使中国碳减排迎来历史性转折，带来能源及相关工业的升级改造，以实现国家经济长期健康的可持续发展。

世界钢铁协会总干事艾德温 · 巴松在全球低碳冶金创新论坛暨第八届宝钢学术年会致辞中指出，钢铁作为可循环利用的绿色材料支撑着现代世界的快速发展[2]。中国钢铁行业碳排放占全球能源系统排放量的 7%，其中 75%的钢铁能源直接或间接来自煤炭，碳排放占全国碳排放总量的 15%～16%[3]，居非电行业之首。因此，绿色低碳发展成为中国钢铁行业转型发展的核心命题。在中国，基于高炉→转炉长流程的粗钢产能占比约为 90%，其中高炉 CO_2 排放量占其流程总排放量的 70%以上，与短流程相比，高炉炼铁在生产成本

① 原文发表于《钢铁》，2023，58（10）。

和生产效率方面具有较大优势，预估短期内长流程下的高炉炼铁仍为中国的主要炼铁方式。

在“双碳”和可持续发展的双重目标加持下，若没有颠覆性的低碳革新技术，长流程必然会因无法适应低碳时代而惨遭淘汰，造成中国钢铁工业在国际竞争中失去成本竞争力。因此，保留长流程，炼铁大幅度减碳成为全行业追求的目标。近几年来，具有零污染、高能量、来源丰富等优势的氢能逐步成为钢铁行业的新兴战略能源，代表着钢铁行业绿色低碳发展的方向[4]。冶金工作者认为，若能在高炉炼铁过程中使用氢气代替化石燃料作为还原剂，则会大幅降低碳排放量，极大程度地缓解环境问题，实现绿色低碳冶金[5]。

本文首先对氢冶金机理进行了阐述；其次对比分析了国内外典型低碳工艺技术路线的特点，获得了目前氢冶金技术路线存在的问题；最后从限制传统高炉减排的关键参数入手，提出了一种全氧富氢低碳还原熔化炼铁系统及炼铁方法。通过炉型设计、炉身风口喷吹、混装布料和控制上下部气体分配比例等技术升级，打破了传统高炉上部金属化率无法提高到70%以上的工艺缺陷，结合顶煤气脱除 CO_2 和富氢煤气加热实现了工艺煤气自循环技术，大幅降低炼铁生产中碳的使用量和 CO_2 的排放量，以期该项技术对钢铁行业未来在“双碳”发展战略和技术路线选择上提供一种参考。

1 氢冶金机理概述

一直以来，氢冶金因其低碳特征受到关注。目前，在双碳背景下，氢冶金已然成为降碳共识，主要形成了 2 条典型的降碳路径[6]，即绿氢直接还原→电炉的短流程路线和传统高炉富氢重构的长流程路线。前者重塑了整个现有工艺，后者考虑了高炉存量的惯性，针对中短期目标使碳基冶金向碳氢并举迁移。

氢气作为高效清洁能源，其来源较广、热效率较高、扩散性较好，被视为未来化石燃料的替代品。氢作为还原剂，在动力学、热力学方面都已证明其独特的优势，还原效率和还原速率在高温下均比碳还原剂高，因此氢冶金工艺是一种绿色低碳的先进工艺[7]。作为化石能源的必然产物，CO_2 在传统高炉炼铁工艺无法规避，而绿色氢冶金工艺以其环保零碳排放的特点受到更多关注，针对上述铁氧化物下的 2 种不同还原工艺（碳冶金和氢冶金）所涉及的反应方程式见表 1。由表 1 可知，从化学反应的反应物与产物来看，以化石能源为主的碳冶金过程是以 C 或 CO 作为还原剂，最终产物是 CO 或 CO 与 CO_2 的混合物，其过程无法避免碳排放。而绿色氢冶金过程以 H_2 作为还原剂，最终产物是 H_2O，具有零污染和二次利用的特性，属于零碳排放绿色工艺。从化学反应的吉布斯自由能 ΔG^0 来看，碳冶金过程的反应器在下部高温区内碳直接还原为强吸热过程，反应器上部的 CO 间接还原过程除 Fe_3O_4→FeO 外均为放热过程，间接还原全过程属于微放热过程；氢冶金过程中除 Fe_2O_3→Fe_3O_4 外均为吸热过程，间接还原全过程为吸热过程。

表 1 碳冶金与氢冶金过程的化学反应式

反应式	氢冶金	碳冶金	
	H_2 还原 ΔG^0	CO 还原 ΔG^0	C 还原 ΔG^0
Fe_2O_3→Fe_3O_4	−2591−12.40T	−8688−6.83T	—

续表 1

反应式	氢冶金	碳冶金	
	H_2 还原 ΔG^0	CO 还原 ΔG^0	C 还原 ΔG^0
$Fe_3O_4 \rightarrow FeO$（>570 ℃）	23980-24.54T	11793-13.87T	—
$FeO \rightarrow Fe$	23430-16.16T	-22800+24.26T	156827-161.952T
$Fe_3O_4 \rightarrow Fe$（<570 ℃）	47400-40.53T	-13109+11.44T	—

综上所述，化石能源的碳若采用部分或全部绿氢来代替作为高炉还原剂，可解决减少或完全消除钢铁生产过程中的碳排放问题，将对钢铁生产工艺带来革命性变革[8]。从国家环保政策来看，推进氢冶金部分或完全替代碳冶金，是钢铁工业发展低碳经济的最佳选择[6]。但以氢代碳的同时必然带来还原能耗的增加，解决途径为 2 种：（1）建立从外部向反应器供热的技术或喷入高温氢气；（2）考虑到富氢燃料喷吹裂解吸热特性，建立向反应器内稳定供应大量氢基气体的富氧燃烧技术。以上 2 种技术均需要对工艺进行参数优化，以达到热能和还原势最大化的匹配。

2　国内外长流程低碳工艺

目前世界各国对实现钢铁低碳冶金的路径存在差异，如欧盟和北美国家正在研发氢还原冶金新工艺，但以中国为主的亚洲钢铁企业仍然对高炉具有依赖性。预计到 21 世纪中期，亚洲采用传统高炉工艺生产的钢铁产品仍会占据半壁江山。日韩及欧盟等国家的钢铁企业都制定了包括氢冶金在内的低碳技术路线，上述政策加速了氢冶金的技术研发、示范和应用的进程，助力世界实现碳中和目标[1]。

中国企业（如宝武、鞍钢、河钢）也相继发布了低碳冶金路线图[4]，联合国内高校和科研机构逐步开展相关技术探索和研发，目前研发热点集中在富氢还原高炉工艺和氢基直接还原竖炉工艺。朱庆山[9]已对绿氢直接还原、熔融还原、电沉积铁的发展历史和技术现状进行了综述，本文重点介绍国内外面向长流程（以铁水为主要产品）的工艺革新技术。

2.1　日本低碳工艺路线

钢铁行业是日本优势产业，也是日本重要的支柱产业。20 世纪中叶至今，日本高炉→转炉钢铁制造工艺一直处于主导地位，由于其自身岛国的自然资源条件限制，日本很早就开始研究和开发低碳炼铁技术。作为最早尝试使用氢气进行炼铁的日本于 2008 年启动了以“碳中和”为目标开发的新工艺 COURSE50，被称为环境友好型炼铁工艺，通过提高高炉中氢气还原铁矿石的比例，来减少 CO_2 的排放[10]，氢还原高炉设计理念如图 1 所示[11]。

日本君津厂试验高炉设计参数如图 2 所示。通过 3 个炉缸风口喷吹煤粉、氧气和 COG，改质的 COG 从 3 个炉身下部风口喷吹，预制煤气则从炉身上部风口喷入，通过此方法可以提高焦炉煤气中的氢气比例；重新设计氢还原高炉炉型，进一步提高 H_2 还原的比例，最终达到了 CO_2 减排 30%的目标[12]。该项目分为 3 个阶段，目前已完成第 1 阶段，证明可以完成减排 CO_2 接近 10%；正在着重开发第 2 阶段项目 Super-COURSE50 项目，进

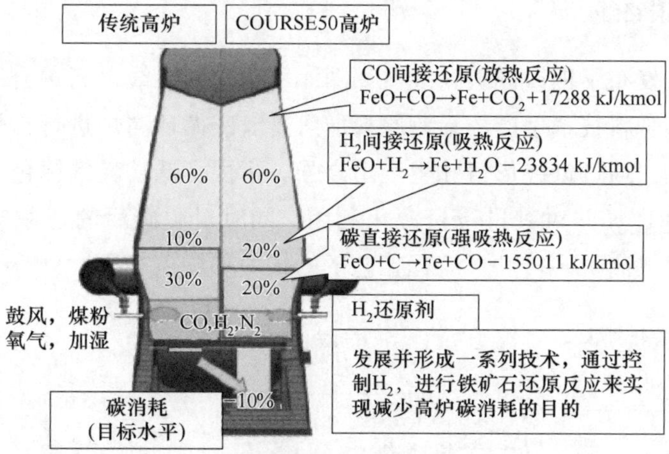

图1 氢还原高炉理念

行数值模拟和放大试验，预计2030年左右首套设备开始商业化运行；第3阶段为在2050年之前推广应用氢还原高炉工艺[13]。

2.2 欧洲低碳工艺路线

在过去的20年间，欧洲各地也展开了绿色低碳技术的研发，其中超低 CO_2 炼钢（ULCOS）项目涉及最广，并得到了欧盟委员会的支持。该项目主要目标是开发切实可行的超低 CO_2 钢铁生产技术，将 CO_2 排放量减少至少50%[14]。项目中以铁水为主要产品的技术有3个，分别为炉顶煤气循环氧气高炉工艺、新熔融还原工艺（Hlsarna）以及铁矿石电解工艺（ULCOWIN）[15]。ULCOS的3个长流程炼钢技术如图3所示。

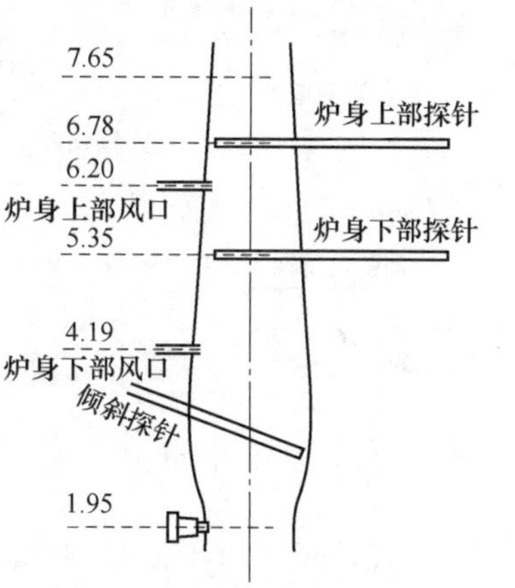

图2 试验高炉炉型参数
（单位：m）

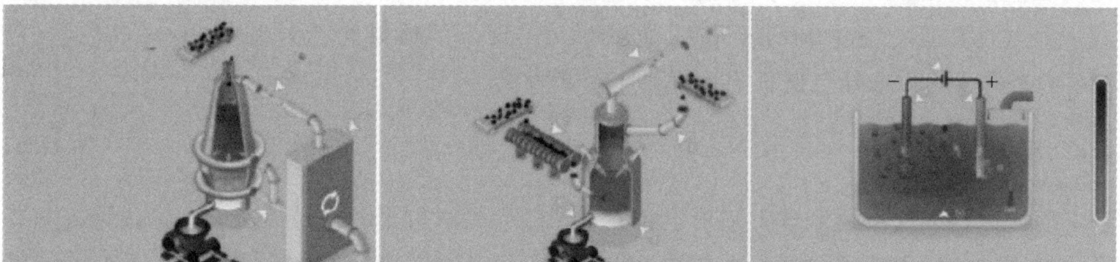

图3 ULCOS的3个长流程炼钢技术
（a）炉顶煤气循环工艺；（b）Hlsarna工艺；（c）铁矿石电解工艺

2.3　中国宝武低碳路线

中国宝武率先发布了钢铁低碳路线，如图 4 所示。其路线以高炉升级改造为核心，采用微波烧结和新型炉料技术生产的绿色原料加入富氢碳循环高炉进行冶炼，结合废钢加入到多功能转炉炼钢，通过近终形铸轧生产出高强、耐蚀、低功耗的绿色产品，从升级改造的高炉煤气中脱除 CO_2 并对其进行资源化利用，同时对脱碳后的还原气体进行再循环利用，进而形成完整的高炉→转炉长流程工艺下的碳中和绿色产线。

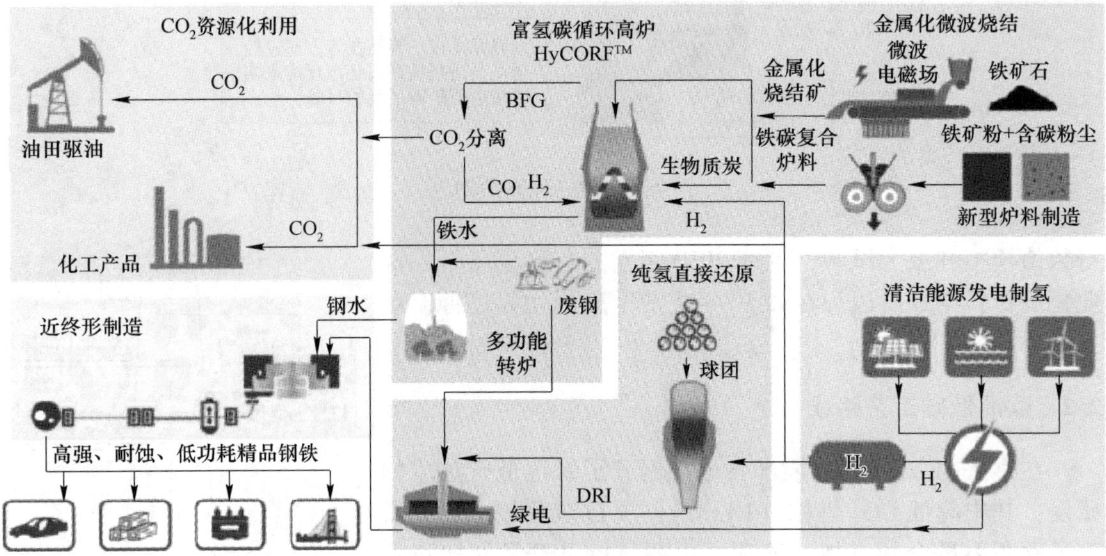

图 4　中国宝武低碳路线

在八钢进行了富氢碳循环氧气高炉试验[16-18]。项目历经 3 期探索与实践，逐步完成从 35%富氧、50%超高富氧到 100%全氧冶炼条件的喷吹脱碳煤气和富氢冶炼的工业化生产试验，开展了 1200 ℃高温煤气循环喷吹和富氢的工业化试验，打通了富氢碳循环氧气高炉工艺全流程。2022 年 7 月，全球首例富氢碳循环氧气高炉工艺在新疆八一钢铁 400 m^3 高炉上点火投运。经过 90 多天的工业试验，实现了固体燃料消耗降低 30%、碳减排超 20%的目标，为全球绿色低碳冶炼提供了宝武方案。

2.4　小结

对比国内外长流程低碳工艺可以获悉全球各个国家主要的减排策略均是通过增加氢在还原过程中的比例达到降低碳排放的目的，如提高天然气喷吹比例、采用生物质喷吹，甚至直接使用氢气进行喷吹。因此，需要解决 2 个关键问题：（1）氢气的制备问题，需要通过利用可再生能源和其他制氢技术工艺制得所需要的氢气量；（2）氢气还原对工艺过程的影响。前人对富氢还原过程进行了大量研究[19-25]，结果表明，氢气喷吹比例过高时需要重新面对高炉中出现的问题，作者对富氢带来的影响进行了总结，具体见表 2。

表 2 富氢对工艺带来的影响

工艺条件	结论	参考文献
1100 ℃，$\varphi(H_2O)=0\sim30\%$	在 H_2O+CO_2 和 H_2O+N_2 反应气氛下，随着水蒸气含量的增加，焦炭的碳素熔损率、水煤气反应速率均有所增加	[19]
900~1200 ℃，$\varphi(H_2)=0\sim15\%$	随着 H_2 含量增加，矿石还原由高温区逐步转变为低温区进行，且在高温区产生的 CO_2+H_2O 的总量也有所降低；然而因 H_2 含量增加，致使 H_2O 含量增加，焦炭气化反应开始温度降低，气化速率有所增加，可见温度与气氛对焦炭性能的劣化存在耦合作用	[20]
850~1050 ℃，$\varphi(H_2)=55\%\sim100\%$	球团矿还原初期迅速膨胀，在还原度为 40%时还原膨胀率达到最大值。在 850~1050 ℃范围内，矿石最大还原膨胀率随着温度升高而增加，随着气氛中 H_2 比例增加而降低，因此控制合理的温度和增加氢气比例是降低球团矿最大还原膨胀率的有效途径	[21]
750~1100 ℃，$\varphi(H_2)=100\%$	在 900 ℃和 1100 ℃下，纯氢还原赤铁矿的平均速率分别为纯一氧化碳的 3 倍和 4 倍左右，平均速率的对数与气体混合物的组成呈线性关系。碳沉积（析碳反应）主要发生在 900 ℃以下。温度为 750 ℃时，氢对碳沉积有显著的促进作用，碳沉积速率随着氢含量的增加而增加。当氢体积分数为 20%时，平均积碳速率达到最大值，比纯一氧化碳的沉积速率高 30%	[22]
高炉条件	除温度外，气体分子大小和黏度与扩散行为密切相关。H_2 分子尺寸和黏度均低于 CO。因此，与 CO 相比，H_2 具有更好的扩散行为	[23]
	富氢需要额外的焦炭燃烧来补偿减少的热风显热，但总体而言富氢提高了高炉的能源效率	[24]
	冶炼钒钛矿高炉富氢后软熔带位置下移，厚度减薄，尤其是透气性最差的熔融区间变窄，透气性增加，表明富氢还原不仅可以降低碳消耗与 CO_2 排放，而且还改善了高炉软熔带分布状态，促进高炉顺行高产	[25]

文献主要集中在实验室内进行的高温试验，研究表明，富氢比例存在上限的原因有 2 个：（1）还原过程为吸热反应，导致能耗增加；（2）其反应产物 H_2O 加剧了下部高温焦炭的熔损反应，导致高温强度下降，可能引发炉况不顺，但对于高炉冶炼钒钛矿来讲，富氢 10%时炉料的开始软熔及滴落温度增加，透气性最差的熔融温度区间变窄，软熔带厚度减薄，位置下移，透气性增加，促进了冶炼钒钛矿的顺行与高产。

综上所述，高炉流程经过几百年的发展，具有热效率高、产能规模大、技术完善的特点。从国内外操作实践来看，传统高炉热量利用系数一般为 80%~85%，个别先进高炉可高达 90%，但高炉内碳素利用系数一般为 50%~60%，因此还存在较大的提升空间，针对高炉炉顶煤气带走的化学能来挖掘降低燃料消耗的可能性是当前的研究热点。从铁氧化物还原的热力学和动力学并结合生产实践来看，高炉的煤气利用率已经处于较高的水平，很难进一步提高。而高炉炉顶煤气脱除 CO_2 后，返回高炉使用是一种高效利用炉顶煤气化学能降低化石燃料消耗的思路，然而炉顶煤气 CO_2 经济性的脱除也需要降低煤气中的氮含量，因此顶煤气循环需要结合高炉全氧来实现，这样可以避免煤气循环过程中 N_2 的累积问题。另外，如何解决纯氧喷吹带来的鼓风动能小、无法吹透中心影响炉型大型化也是下一步亟需解决的关键问题。高炉富氢是减排的最佳方案，但仍需确保工艺满足以下两个约束条件：热能和还原势最大化匹配及焦炭骨架最低需求。在此之上提出工艺重构的跃升方案，以期为实现炼铁极限减排提供理论基础和工艺方案。

3　全氧富氢低碳还原熔化炉工艺的提出

3.1　新工艺研发基础

河钢集团联合国内先进技术团队在氢冶金技术方面展开研究，结合最先进的制氢技术和氢还原技术，建设了全球首例直接还原铁 120 万吨规模的氢冶金示范工程[26]，其工艺流程如图 5 所示。它从绿色能源、经济制氢、焦炉煤气净化与重整、CO_2 脱除等全流程进行创新研发，形成了低碳甚至零碳的最佳途径，以改变能源消耗结构为起点，彻底解决钢铁生产过程的环境污染和碳排放问题，引领传统钢铁工艺变革方向，为国家碳达峰、碳中和目标的实现贡献“河钢方案”。

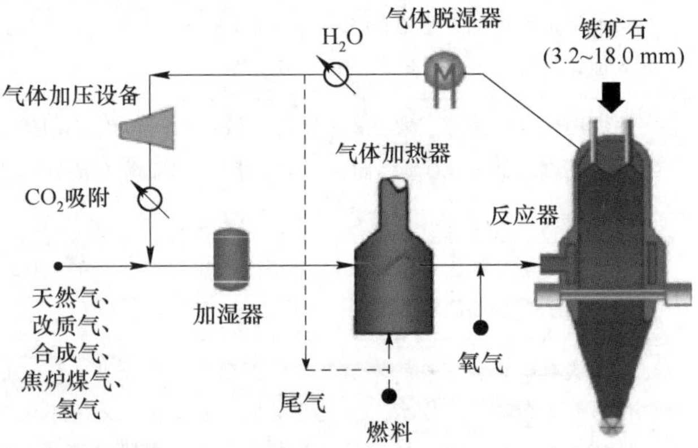

图 5　Energiron 直接还原生产工艺流程

河钢集团已推进实施 120 万吨氢冶金示范工程，采用焦炉煤气自重整制氢的技术在世界范围内尚属首次，其产品为高品质直接还原铁，实现了碳冶金转向氢冶金的能源结构变革。示范工程一期采用焦炉煤气作为还原气，二期将结合所在厂址张家口的地理优势，如丰富的风、光等可再生能源进行发电，实现“绿电”制造“绿氢”，采用电解水制氢作为入炉还原气，实现无化石能源冶炼，进而引领世界低碳绿色冶金的创新性变革。

基于河钢引进氢还原竖炉经验，通过“工艺技术+装备研发”全流程创新模式，结合当前张家口丰富的可再生能源有利于实现“绿电”制“绿氢”的独特优势，河钢与东北大学自主开发了一种全氧富氢（绿氢）碳循环还原熔化炉低碳炼铁新工艺[27]。与引进的氢基竖炉相比，竖炉产物是固态金属化球团，需新建电炉配套使用，新工艺冶炼产物为铁水，保留了高效、抗波动能力强及与后续传统流程匹配性好等优势，可充分利用现有铁水预处理、转炉等长流程装备，大幅减少投资成本。

3.2 还原熔化炉低碳新工艺研发思路

综上所述，结合国内基本国情，需针对长流程下碳排放较高的炼铁工艺进行技术革新。目前，全球炼铁生产仍以高炉炼铁为主，以焦炭、煤粉作为燃料和还原剂。在“双碳”目标约束下，常规高炉面临着前所未有的挑战，主要有以下4类问题。(1) 直接还原度存在下限。基于高炉的碳冶金理论，在还原耗碳和燃烧碳供热两者均满足的情况下，其最佳直接还原度为21.5%，目前来讲，常规高炉还原过程内一般呈现直接还原度为30%~40%和间接还原度为60%~70%相互配合的冶炼模式，这种模式是当前高炉碳减排的瓶颈之处。换言之，高炉的生铁生产技术已经提高到接近热力学理论值，这使得进一步减少二氧化碳变得非常困难。(2) 无法通过自循环提高碳利用率。传统高炉炼铁使用空气或富氧进行冶炼，致使高炉炉顶煤气中含有大量的氮气（$\varphi(N_2)$ 约为50%），因氮富集问题无法完成煤气自循环，成为高炉迈向低碳之路的绊脚石。(3) 采用全氧实现自循环的高炉同样会面临着直接还原度存在下限、“下热、上凉”和鼓风动能减小带来的中心供气不足的问题[28]。(4) 以氢代碳是高炉实现减排的途径，但存在富氢上限。研究表明，通过高炉下部风口进入的富氢燃料因生成物 H_2O 对焦炭高温性能的影响导致炉况不顺，高比例富氢实现大幅降低碳排放在传统高炉炉型上行不通。

作者结合前人文献，从工程实践[26]、热力学理论与动力学模拟[29]，以及相关物理试验数据[30]等方面对高比例富氢气氛条件下铁矿石还原过程进行了梳理。文献［26］介绍了一种以焦炉煤气富氢为气源的氢冶金工艺，其入炉还原气温度为950 ℃，H_2、CO体积分数分别为60.5%、7.3%，获得工艺产品金属化率为92%~95%的直接还原铁（DRI，direct reducediron）。文献［29］中根据气相和固相的质量和能量守恒方程，采用逐级的单界面未反应核模型，得到了各物质体积分数和温度的变化曲线。反应器的间接还原段长度为9.75 m，炉体直径为4.26 m，球团半径为5.5 mm，还原气体温度为900 ℃，气体流量为53863 m^3/h，H_2 体积分数为52.58%，CO体积分数为29.97% 。模拟结果显示，在间接还原段中，含铁原料下行约0.5 m即可完全变成磁铁矿，下行约2.0 m即可完全变成浮氏体，在间接还原高度为9.75 m时，金属化率可达90%以上。文献［30］中通过高温还原试验对球团矿还原过程进行了研究，获得了不同氢碳比、温度、气氛等工艺条件对直接还原的影响，基于典型的氢冶金气氛及温度条件，通过高温试验明晰了生产不同金属化率球团的适宜工艺参数。研究表明，温度为1050 ℃时，得到金属化率达到92%以上的产品，纯氢气氛下需要30 min，富氢气氛下（$\varphi(H_2)=74\%$）需要50 min。获得的试验结果表明，随着还原时间、还原温度、气体流量、H_2 配比等4个关键参数的增加，产品的金属化率逐步升高。

综上所述，无论是工程实践、数值模拟还是实验室内的物理试验，均可表明铁矿石还原过程与球团直径、还原段高度、温度、气氛与流量、还原时间等密切相关，只需保证上述参数的合理匹配，使其金属化率达到85%~95%，从理论上和实践上均是可行的。

鉴于此，作者认为必须对传统高炉进行炉型升级改造，通过炉型设计和关键技术（全氧、富氢循环气的炉身喷吹和独特的上部装料制度和下部供风制度相互配合的方法）来解决上述传统高炉所存在的4类问题，以达到最大限度地突破传统高炉内直接还原和间接还原比例极限的目的。基于此，本文提出一种全氧富氢低碳还原熔化炉新工艺，通过设计全新的炉型转变现有高炉炼铁中直接还原和间接还原的比例，降低吨铁冶炼的碳耗，不仅使用全氧大幅度提高冶炼炉的利用系数，也通过炉顶煤气循环方式完成碳资源的自循环利用，达到至少降低40%二氧化碳排放的目标。基于此，本文提出了一种全氧富氢低碳还原熔化炼铁系统，如图6所示。其中，设有炉身风口与炉缸风口的双段式还原熔化炉为炼铁系统的核心反应器，可替代长流程中的高炉炼铁反应器。

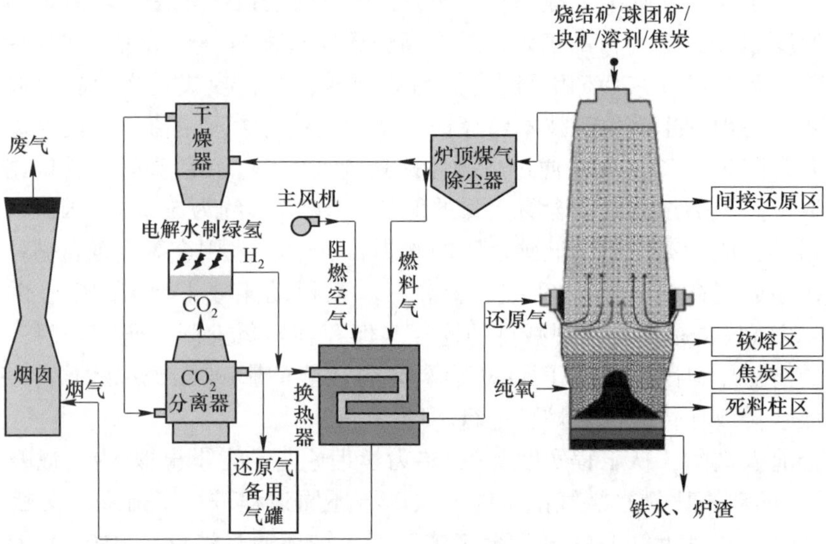

图6　全氧富氢低碳还原熔化炼铁系统及工艺流程

其工艺流程为含铁物料与焦炭混合均匀后从炉顶加料口加入还原熔化炉，氧气从下部炉缸风口处喷入，与炉内焦炭发生燃烧反应，形成以CO为主的炉腹煤气，与中部喷入的高温富氢还原气相遇，在富氢还原气及焦炭燃烧产生的CO两股气流的共同作用下，含铁物料在下行过程中被预热和还原，因高比例氢气强化还原的作用，在间接还原区底部金属化率达到85%~95%，还原后形成的顶煤气经除尘、干燥脱水、CO_2捕集脱碳等处理装置，形成以CO、H_2为主的高还原势煤气，再与电解水装置制取的绿氢混合后经过换热器加热形成850~1000 ℃的高温富氢还原气由还原熔化炉中部的炉身风口喷入炉内，剩余部分还原气存入还原气备用储气罐，其中换热器燃烧气来源是部分顶煤气，其尾气采用直接排放或通入CO_2装置进行脱碳处理。

核心设备其上部功能为间接还原，下部功能是燃烧焦炭为形成液态渣铁提供必需的熔化热和直接还原热，因其功能划分命名为还原熔化炉。该技术的关键是全氧冶炼和循环煤气提质，使用无氮全氧喷吹可摆脱氮气进入循环煤气，且有利于CO_2的脱除，将得到的高还原势CO煤气送至炉身用于还原铁矿石，通过煤气自循环实现碳元素化学能的充分利用。同时，循环煤气也形成了氢气于炉内的自循环，解决了高比例富氢后致使氢气利用率下降的问题，为后续大规模富氢燃料的使用提供了先决条件，进而减缓了传统高炉流程对化石能源的依赖。

4　典型低碳工艺指标的对比分析

Wenzel W等[31]于1975年率先提出氧气高炉技术，炼铁学者通过理论分析与试验深入研究发现，氧气高炉在生产中存在上冷、下热两方面的问题。随后国内外研究学者在此基础上先后提出了改进的工艺[32]，如全氧高炉（FOBF）流程、氧-煤-助溶剂（OCF）流程、Fink 流程、NKK 流程等，以上流程采用不同的技术来解决氧气高炉存在的“上凉”和“下热”等问题。此外，Xia Z 等[33]以氧气高炉工艺为基础，针对 4 种（常规高炉 BF、氧气高炉 OBF、采用 CO_2 封存的氧气高炉 CCU-OBF、采用 CO_2 封存和富氢喷吹的氧气高炉 $CCU\text{-}OBF^{h\text{-}ec}$）典型工况进行了 CO_2 减排潜力分析。研究表明，常规高炉吨铁 CO_2 排放量为 1572 kg，氧气高炉吨铁 CO_2 排放量降低了 10.7%，CCU-OBF 工艺吨铁 CO_2 排放量为 822 kg，降低了 47.7%，文章针对 $CCU\text{-}OBF^{h\text{-}ec}$ 工艺在不同富氢条件下计算分析了吨铁 CO_2 排放量减排为 38%~44%，工艺减排归因于炉内 H_2 还原的增加、焦炭用量的减少以及 CO_2 储存技术的使用。综上所述，氧气高炉在喷吹富氢燃料条件下具有较大的减排潜力。

作者基于质量平衡和热平衡原理，开发了一套全氧富氢还原熔化炼铁工艺质能分配模型，如图 7 所示。工艺模型采用了局部区域平衡法，上部还原区考虑的化学反应主要包括 CO、H_2 逐级还原铁氧化物的间接还原反应（$Fe_2O_3 \rightarrow Fe_3O_4 \rightarrow FeO \rightarrow Fe$）以及水煤气反应；下部熔化区考虑的化学反应包括铁水中 Fe、Si、Mn、P、S 等元素的碳直接还原反应、焦炭燃烧反应、成渣反应以及碳酸盐分解反应。模型以冶炼 1 t 铁水为基础，以喷吹 1000 ℃还原气 CO：H_2（体积比）= 3：7 和上部金属化率 90%为边界条件，获得了低碳炼铁新工艺的物流分布信息。

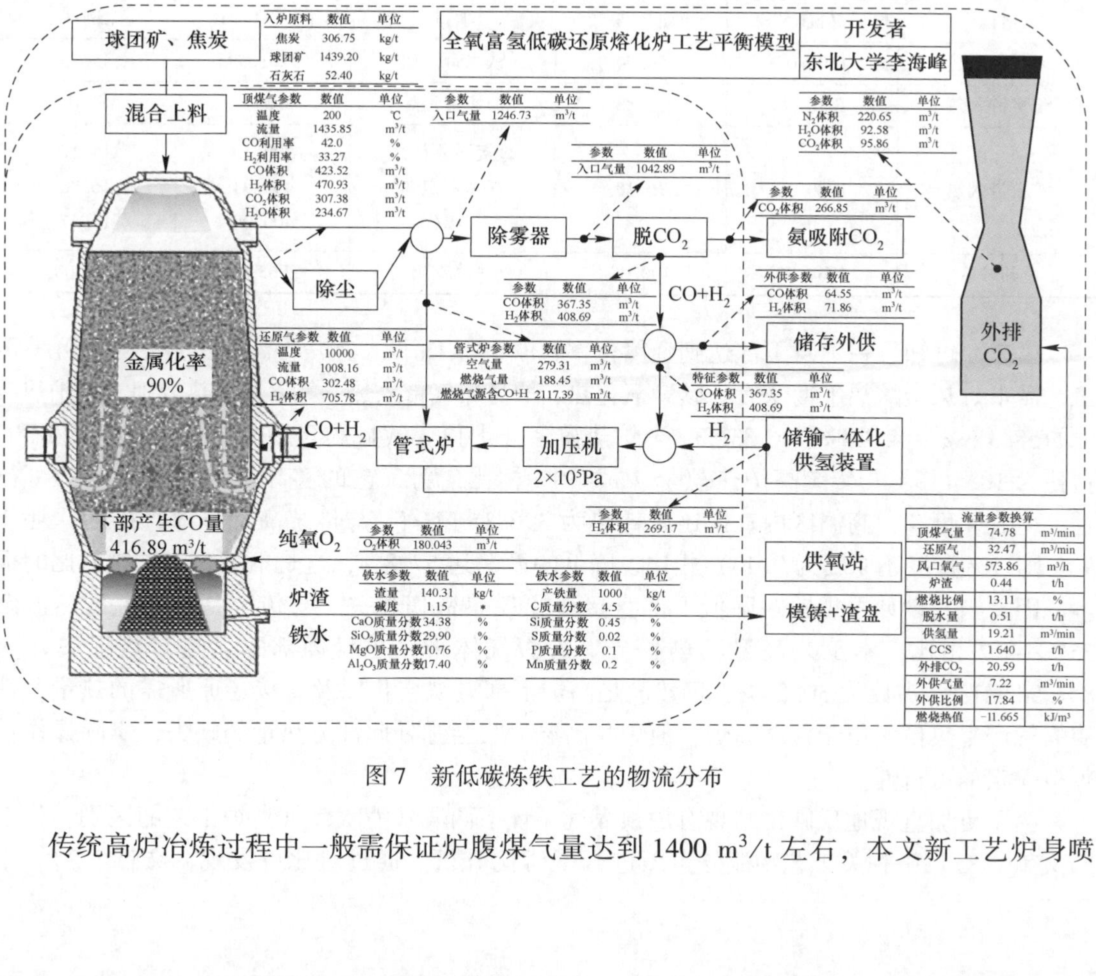

图 7 新低碳炼铁工艺的物流分布

传统高炉冶炼过程中一般需保证炉腹煤气量达到 1400 m^3/t 左右，本文新工艺炉身喷吹量约为 1000 m^3/t，底部风口炉腹煤气产生量约为 415 m^3/t，这一变化是为了促进炉身阶段的间接还原发展，降低下部直接还原耗热。作者从全炉和高温区分别进行了热平衡计算，明晰了工艺的可行性，其计算结果见表 3 和表 4。

表 3　全炉热平衡数据

热收入			热支出		
项目	热量/(MJ · t^{-1})	比例/%	项目	热量/(MJ · t^{-1})	比例/%
碳素氧化放热	5716.799	58.353	氧化物分解热	7148.356	72.976
高温煤气带入热	1462.504	14.928	脱硫热	10.517	0.107
氢氧化放热	2579.602	16.331	碳酸盐分解热	72.678	0.742
甲烷生成热	10.624	0.108	铁水带热	1263.986	12.904
成渣热	27.351	0.279	炉渣带热	265.525	2.711
			煤气带热	434.526	4.436
			热损失	599.925	6.124
总计	9796.880	100.00	总计	9795.513	100.00

表 4　高温区热平衡数据

热收入			热支出		
项目	热量/(MJ · t^{-1})	比例/%	项目	热量/(MJ · t^{-1})	比例/%
风口燃烧热	1408.02	50.94	铁水带走热	1263.99	45.73
焦炭带入热	356.12	12.88	炉渣带走热	265.70	9.61
矿石带入热	1000.18	16.18	直接还原耗热	390.15	14.12
			气体带走热	443.94	16.06
			热损失	400.00	14.47
总热收入	2764.32	100.00	总热支出	2763.78	100.00

由表 3 可知，在炉身下部达到金属化率 90%的条件下，全炉及高温区热平衡均可满足工艺需求。从全炉热平衡来看，碳素氧化热、炉身煤气带入热、氢素燃烧热分别占全炉热收入的 58.353%、14.928%、16.331%，全炉热盈余（炉顶煤气显热与热损失）为 1034.5 MJ/t，占比为 10.56%；与传统高炉热盈余 7%～10%相比，新工艺的实际操作具有一定的可行性。由表 4 可知，高温区内直接还原耗热为 390.15 MJ/t，与传统高炉下部直接还原耗热 904 MJ/t（直接还原度为 0.40）相比，降低幅度高达 57.8%，这是本工艺节省燃料比的根本原因，与其设计思想旨在降低下部直接还原耗热密切相关。与传统高炉高温区热盈余 35%～40%相比，本工艺高温区热盈余（炉腹气体带入炉身内部的显热与热损失）为 843.94 MJ/t，占比为 30.53%，仍然满足高炉下部渣铁熔化以及直接还原所需的热量；炉腹煤气产生热虽然小于传统高炉，但炉身高温喷吹会弥补此部分热量的缺失，实际操作仍保持一定的可行性。

为了更加直观地反映出与现有炉顶煤气循环下两段式喷吹氧气高炉工艺的区别，作者与文献［33］中相关工艺物流分布图进行了对比分析。通过对比可发现，文献［33］中氧气高炉工艺将脱除 CO_2 的强还原性气体加热到 900 ℃，分别从炉身、炉缸的风口处进行喷吹，吨铁喷吹量分别为 360 m^3 和 261 m^3，吨铁燃料用量为焦炭 306 kg、煤粉 160 kg、天然气 50 m^3，炉身内 H_2 体积分数为 17.3%，计算获得炉身处金属化率为 70%~80%；与本文提出的新低碳工艺相比，本工艺焦比为 306.75 kg，富氢比例为 70%的还原性气体在炉身处的吨铁喷吹量为 1008 m^3，喷入炉身后与下部 CO 气体混合，H_2 体积分数为 50.5%（远高于前述的 17.3%），促使炉身处矿石的金属化率提高到 90%，降低了高温区的直接还原所需热量，与氧气高炉相比，高温区热量只需满足渣铁升温熔化与低于 10%直接还原耗热。

利用此模型的研究结果对比分析了 6 种典型流程。流程 1：常规高炉→转炉长流程 BF-BOF；流程 2：熔融还原→转炉长流程 SR-BOF；流程 3：全氧富氢碳循环熔化还原炉→转炉长流程 CHORSF-BOF-1；流程 4：采用 CO_2 封存的全氧富氢碳循环熔化还原炉→转炉长流程 CHORSF-BOF-2；流程 5：竖炉-电炉短流程 DRI-EAF；流程 6：废钢→电炉短流程下全流程的吨钢 CO_2 排放能力，如图 8 所示。

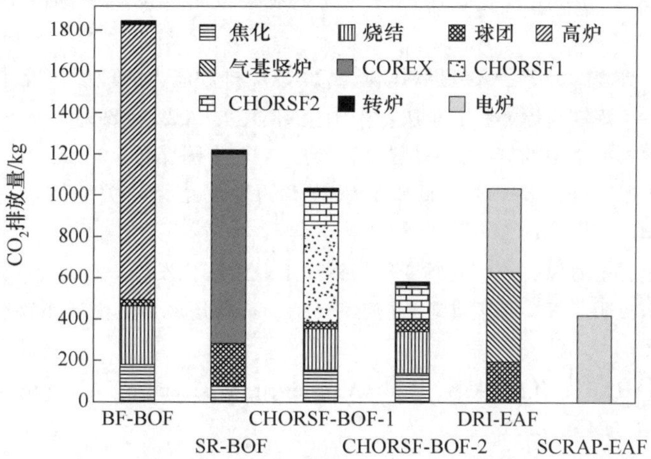

图 8 典型工艺流程 CO_2 排放分析

由图 8 可知，6 种典型工艺流程下吨钢 CO_2 排放量分别为 1846.34 kg、1220.86 kg、1033.86 kg、573.86 kg、1029.71 kg、414.82 kg，通过上述数据可以看出，还原熔化炉低碳新工艺吨钢 CO_2 排放量与竖炉-电炉短流程工艺相媲美，其原因在于两者的工艺思想都是矿石的间接还原达到 90%以上，突破了传统高炉内间接还原上限的瓶颈。若新工艺脱除的 CO_2 经过再利用成为化工产品的原料，形成钢铁化工一体化工艺，其流程对应的吨钢 CO_2 排放量将会降至 573.86 kg，甚至更低。与长流程相比，新工序对应的吨钢 CO_2 排放量减排幅度为 44%~69%。

5 结论

（1）从热力学上对比了氢冶金与碳冶金的差别，提出目前的以氢代碳除环保之外必然增加还原能耗，建议采用两种技术进行热能和还原势的优化匹配，分别是从外部向反应器供热的技术（即喷入高温氢气）和向反应器内稳定供应大量氢基气体的技术。

（2）基于中国仍以高炉→转炉炼钢为主的国情，在2050年完成“碳中和”前应以高炉流程为主。对日本、欧洲以及中国存在的高炉富氢工艺进行了评价，认为推动传统高炉向富氢高炉转变是目前切实可行的首选方法，但现存的下部风口喷吹工艺对富氢比例有一定的限制，吨铁 CO_2 减排幅度低于30%，若想实现大幅减排，仍需改变观念，开发颠覆性创新技术。

（3）从限制传统高炉减排的关键参数入手，提出了一种全氧富氢低碳还原熔化炼铁系统及炼铁方法，通过炉型设计、炉身风口喷吹、混装布料和控制上下部气体分配比例等技术升级，打破了传统高炉的上部金属化率无法提高到70%以上的工艺缺陷，结合顶煤气脱除 CO_2 和富氢煤气加热实现了工艺煤气自循环技术，与长流程相比可实现吨钢 CO_2 排放降幅44%~69%的目标，为实现绿色低碳冶金提供了一种新途径。

参考文献

[1] 张琦，沈佳林，许立松．中国钢铁工业碳达峰及低碳转型路径［J］．钢铁，2021，56（10）：152.

[2] 全球首座400立方米工业级富氢碳循环氧气高炉成果发布［N］．中国冶金报，2022-11-23，172（A01）．

[3] 李海峰，徐万仁，张晓辉，等．富氢燃料喷吹高炉 CO_2 排放能力的理论分析［C］//第十三届中国钢铁年会论文集——炼铁与原燃料．重庆：中国金属学会，2022：489.

[4] 林圣华．氢能在钢铁冶金中的应用及发展趋势研究［J］．中国煤炭，2022，48（10）：95.

[5] 高建军，齐渊洪，严定鎏，等．中国低碳炼铁技术的发展路径与关键技术问题［J］．中国冶金，2021，31（9）：64.

[6] 上官方钦，周继程，王海风，等．气候变化与钢铁工业脱碳化发展［J］．钢铁，2021，56（5）：1.

[7] 肖学文，王刚，李牧明，等．基于富氢/含碳煤气用于冶炼还原剂的减碳策略分析［J］．中国冶金，2023，33（5）：121.

[8] HEIDARIA，NIKNAHADN，ILJANA M，et al. A reviewon the kineticsofiron ore reduction byhydrogen［J］. Materials，2021，14（24）：7540.

[9] 朱庆山．超低碳炼铁技术路径分析［J］．化工进展，2022，41（3）：1391.

[10] 张福明，刘清梅．高炉-转炉钢铁制造流程低碳技术发展与认识［J］．中国冶金，2023，33（1）：1.

[11] NISHIOKA K，UJISAWA Y，TONOMURA S，et al. Sus-tainable aspects of CO_2 ultimate reduction in the steelmaking process（COURSE50Project），Part1：Hydrogen reduction in the blast furnace［J］. Journal of Sustainable Metallurgy，2016，2（3）：200.

[12] WATAKABE S，MIYAGAWA K，MATSUZAKIS，et al. Operation trial of hydrogenous gas injection of COURSE50 projectatan experimentalblastfurnace［J］. ISIJ International，2013，53（12）：2065.

[13] KAORU N，YUTAKA U. Experimentalblastfurnace operation for CO_2 ultimate reduction［C］//ICS-TI2018. Austria Vienna：Austrian Society of Metallurgy and Materials，2018：245.

[14] HIRSCH A，VANDERSTELJAN，SERT DO-MINIQUE. ULCOStop gas recycling blast furnace［C］// Proceedings' Abstracts of Asia Steel International Conference 2012. Beijing：The Chinese Society for Metals，2012：35.

[15] QUADER M A，AHMED S，DAWALS Z，et al. Presentneeds，recent progress and future trends of energy-efficient Ultra-Low Carbon Dioxide（CO_2）Steelmaking（ULCOS）program［J］. Renewable and Sustainable Energy Reviews，2016，55：537.

[16] 田宝山，张靖松．八钢氧气高炉高富氧冶炼工业试验探索［J］．新疆钢铁，2020（4）：1.

[17] 田宝山．八钢富氢碳循环高炉低碳冶炼技术研究与实践［J］．新疆钢铁，2021（4）：1.

[18] 袁万能，李涛，刘正新．八钢低碳炼铁技术思路与实践［J］．新疆钢铁，2022（1）：1.

[19] 窦明辉，孙洋，韩嘉伟，等．焦炭在 H_2O+CO_2 气氛中的溶损反应特性［J］．钢铁，2022，57（7）：26.

[20] 兰臣臣，刘然，张淑会，等．高炉内 H_2 体积分数对焦炭气化反应的影响［J］．钢铁，2020，55（8）：100.

[21] ZHAO Z, TANG J, CHU M, et al. Direct reductionswelling behaviorofpelletsin hydrogen-based shaftfurnacesunder typical atmospheres［J］. International Journal of Minerals, Metallurgy and Materials, 2022, 29（10）：1891.

[22] MAO X, GARGP, HU X, et al. Kineticanalysis of iron orepowder reaction with hydrogen-carbon monoxide［J］. International Journal of Minerals, Metallurgy and Materials, 2022, 29（10）：1882.

[23] SPREITZER D, SCHENK J. Reduction of iron oxides withhydrogen—A review［J］. Steel Research International, 2019, 90（10）：1900108.

[24] LI J, KUANG S, JIAO L, et al. Numerical modeling and a-nalysis of hydrogen blast furnace iron making process［J］. Fuel, 2022, 323：124368.

[25] 郄亚娜，靳亚涛，康媛，等．高炉富氢对钒钛矿软熔滴落性能的影响［J］．钢铁，2023，58（5）：31.

[26] 王新东，赵志龙，李传民，等．基于富氢焦炉煤气零重整的氢冶金工程技术［J］．钢铁，2023，58（5）：11.

[27] 于勇,王新东，罗志国，等．全氧富氢低碳还原熔化炼铁系统及炼铁方法：中国，ZL200210084753.X［P］．2022-05-26［2023-01-31］.

[28] 刘锦周．氧气高炉炉身煤气和循环煤气行为基础研究［D］．北京：北京科技大学，2015.

[29] 徐辉，邹宗树，余艾冰．Midrex 还原竖炉反应的数值模拟［J］．钢铁，2008，43（5）：12.

[30] 刘西财，石恩泽，赵子川，等．氢基竖炉条件下制备不同金属化率球团研究［J］．烧结球团，2022，47（1）：1.

[31] WENZEL W, GUDENAU H W, FUKUSHIMA T. Blast Furnace Operating Methods：USA, Patent3, 884, 677［P］. 1975-05-20.

[32] 薛庆国，杨帆，张欣欣，等．氧气高炉的发展历程及其在北京科技大学的研究进展［J］．工程科学学报，2021，43（12）：1579.

[33] XIA Z, JIANG Z, ZHANG X, et al. The CO_2 reduction potential for the oxygen blast furnace with CO_2 capture and storage under hydrogen-enriched conditions［J］. International Journal of Greenhouse Gas Control, 2022, 121（12）：103793.

基于富氢焦炉煤气零重整的氢冶金工程技术①

王新东[1]，赵志龙[2]，李传民[2]，杨永强[3]

（1. 河钢集团有限公司，河北 石家庄 050023；
2. 中冶京诚工程技术有限公司，北京 100176；
3. 河钢集团张宣科技，河北 宣化 075100）

摘　要：氢能是21世纪最具发展力的清洁能源，是中国未来能源体系的重要组成部分。构建"以氢代碳"的钢铁用能新体系是中国钢铁行业实现"双碳"目标的重要方向。针对以氢能源为基础的氢冶金技术原理和工艺流程，对氢冶金流程工程化、关键技术、技术经济指标、运行成本估算及 CO_2 减排情况等进行探讨，全面论述了氢冶金工程的系统组成和关键设备、工厂布局等情况。工程实践表明，以富氢焦炉煤气为还原气源的氢冶金工艺，采用气体零重整和气基直接还原炼铁技术，以氧化球团为原料，完全不使用焦炭、煤炭和烧结矿，从源头减少碳素使用，污染物产生和排放大幅减少；无烧结、焦化工序，总图布置紧凑，大幅节约用地；以焦炉煤气为气源的氢冶金，生产成本具有一定优势；技术经济指标估算，基于富氢焦炉煤气的氢冶金与高炉炼铁流程相比，可实现吨铁碳排放降低58.8%左右。氢冶金工艺可为后续电炉炼钢提供优质的高纯铁质原料，对提升中国钢铁产品质量具有重要意义，为未来钢铁行业实现绿色、低碳、高质量发展奠定了坚实基础。

关键词：焦炉煤气；零重整；直接还原；氢冶金；碳排放；工程技术

近年来，为了应对气候变化，各国都在积极推进 CO_2 减排工作。氢能作为一种绿色、清洁、高效的二次能源正在加速发展，使用氢能替代碳能的新型氢冶金工艺也引起了世界钢铁行业的广泛关注。因此，推动氢能冶金的工艺和工程技术发展，研究炼铁生产的碳素"零排放"的核心技术和装备，是新时代下全球钢铁工业实现"双碳"目标和绿色、高质量发展的重要方向之一[1-6]。

氢冶金的工艺载体为气基直接还原工艺。目前，根据全世界范围内成熟的气基直接还原炼铁工艺，可按照压力划分为两种，即低压竖炉法（MIDREX）和高压竖炉法（HYL/ENERGIRON）[7-10]。这两种工艺都是基于天然气为气源的竖炉直接还原工艺，但直接使用富/纯氢气体为气源的工艺还没有成熟的实践案例。

由于我国资源和能源禀赋，因此每年副产的焦炉煤气达到2000亿立方米。焦炉煤气含氢量为60%左右，是优质且廉价的氢能源，也是目前我国发展氢冶金最实用的气源之一[11-13]。本文将针对以富氢焦炉煤气为还原气体的竖炉零重整直接还原氢冶金工艺，根据实际工程实践，从产品方案、重点功能单元组成和相互连接，以及氢基竖炉工艺的关键设备、工厂总图布置、生产成本、CO_2 减排情况等方面进行总结，全面论述氢冶金的系统组成和工程技术情况。

---

① 原文发表于《钢铁》，2023，58（5）。

1 基于焦炉煤气零重整氢冶金工艺

1.1 原料成分要求

氢基竖炉直接还原工艺属于气-固两相还原过程，原料为氧化球团，还原剂为富氢气体，产品为固态直接还原铁，无液态铁水产生，为后续电弧炉炼钢提供优质的高纯铁质原料[14,15]。氧化球团主要成分见表1。

表1 氧化球团主要成分

序号	球团成分	
	成分（质量分数）	数值
1	$w(Fe)$ /%	66~69
2	$w(FeO)$/%	1.0~1.5
3	$w(SiO_2)$/%	2.0~3.0
4	$w(CaO)$/%	约0.20
5	$w(MgO)$/%	约0.19
6	$w(Al_2O_3)$/%	约0.44
7	$w(Na_2O+K_2O)$/%	<0.2
8	$w(S)$/%	<0.006
9	$w(P)$/%	<0.05
10	$w(TiO_2)$/%	<1.0
11	$w(Mn)$/%	<0.15
12	$w(Zn)$/%	<0.02
13	粒度/mm	6.5~31.8
14	强度/N	≥2254

1.2 产品要求

氢基竖炉生产的直接还原铁产品分为3种，即冷态的直接还原铁（CDRI）、热态的直接还原铁（HDRI）、热压铁块（HBI）。上述3种产品可根据钢厂后续工序连接进行科学设计匹配，直接还原铁产品典型特征参数见表2。

表2 直接还原铁产品典型特征参数

序号	类别	CDRI	HDRI	HBI
1	金属化率/%	92~95	92~95	92~95
2	$w(C)$/%	1~5	1~5	0.5~5
3	$w(P)$/%	≤0.06	≤0.06	≤0.06

续表 2

序号	类别	CDRI	HDRI	HBI
4	$w(S)/\%$	≤0. 004	≤0. 004	≤0. 004
5	脉石质量分数/%	2. 8~6	2. 8~6	2. 8~6
6	体积密度/(kg · m^{-3})	1600~1900	1600~1900	2400~2800
7	表观密度/(kg · m^{-3})	3. 4~3. 6	3. 4~3. 6	4. 9~5. 5
8	产品温度/℃	常温	550	常温
9	典型粒度/mm	6. 3~20	6. 3~20	110×50×30

1.3 工艺原理

氢冶金工艺过程主要是以 H_2 为主、CO 为辅的还原气体对氧化球团进行还原脱氧的过程，同时伴随着焦炉煤气自重整反应和渗碳反应等[16-20]。焦炉煤气中的 CH_4 在氢基竖炉的环境中会发生自重整反应，分解为 H_2 和 CO，增加还原气量；且 CH_4 很容易与竖炉内新还原出的金属铁反应生成碳化铁，完成 DRI 的渗碳且生成 H_2，适量的渗碳将对后续电炉炼钢工序有利。

氢基竖炉内主要反应机理可使用如下方程式表示。

（1）竖炉内还原反应：

$$3Fe_2O_3(s) + H_2(g) \longrightarrow 2Fe_3O_4(s) + H_2O(g)$$

$$Fe_3O_4(s) + H_2(g) \longrightarrow 3FeO(s) + H_2O(g)$$

$$FeO(s) + H_2(g) \longrightarrow Fe(s) + H_2O(g)$$

$$\frac{1}{4}Fe_3O_4(s) + H_2(g) \longrightarrow \frac{3}{4}Fe(s) + H_2O(g)$$

$$3Fe_2O_3(s) + CO(g) \longrightarrow 2Fe_3O_4(s) + CO_2(g)$$

$$Fe_3O_4(s) + CO(g) \longrightarrow 3FeO(s) + CO_2(g)$$

$$FeO(s) + CO(g) \longrightarrow Fe(s) + CO_2(g)$$

$$\frac{1}{4}Fe_3O_4(s) + CO(g) \longrightarrow \frac{3}{4}Fe(s) + CO_2(g)$$

（2）竖炉内自重整反应：

$$CH_4(g) + H_2O(g) \longrightarrow CO(g) + 3H_2(g)$$

$$CH_4(g) + CO_2(g) \longrightarrow 2CO(g) + 2H_2(g)$$

（3）竖炉内渗碳反应：

$$3Fe(s) + CH_4(g) \longrightarrow Fe_3C(s) + 2H_2(g)$$

1.4 工艺流程

以富氢焦炉煤气为气源的氢冶金工艺，整体可划分为两条路线，即氢基竖炉炼铁工艺和富氢气体工艺[21]。工艺流程如图 1 所示。

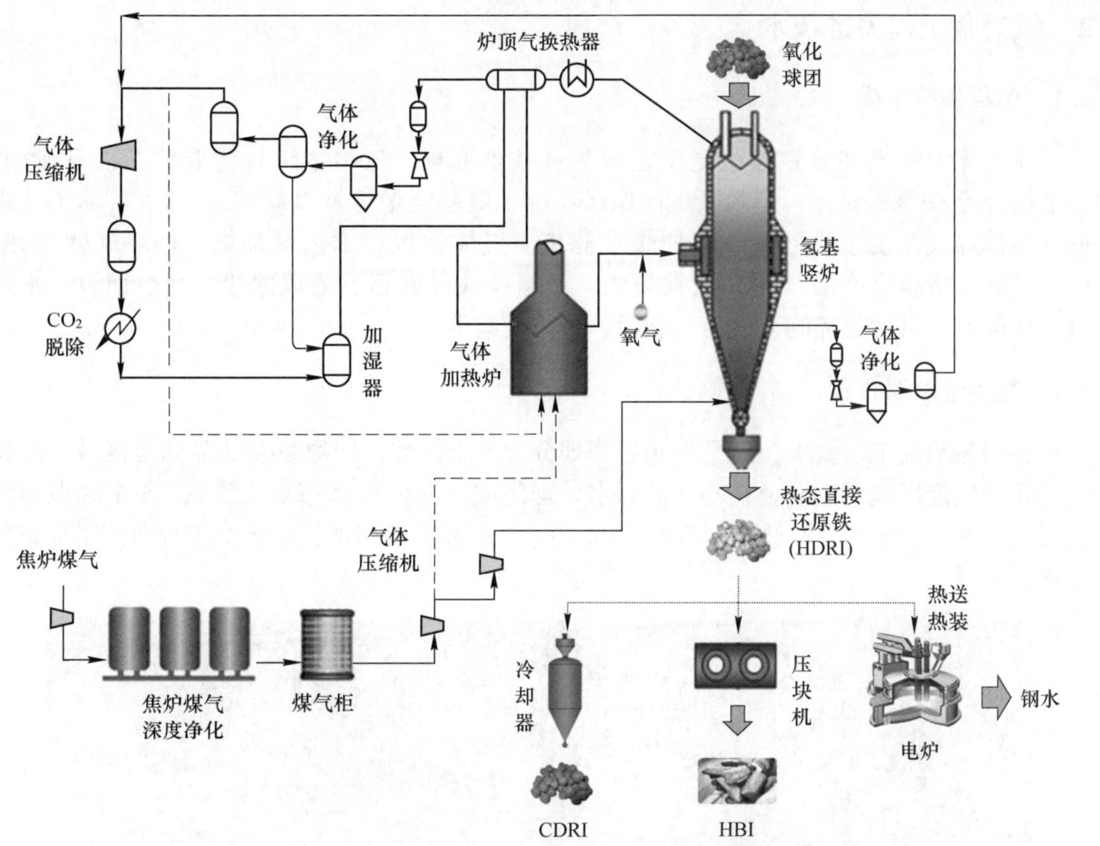

图 1　基于焦炉煤气的氢冶金工艺流程简图

1.4.1　氢基竖炉炼铁工艺

氧化球团从竖炉顶部加入，在竖炉中按逆向原理与富氢还原气体进行反应，被还原成 HDRI 后从竖炉锥部下端炉口处排出[22]。大约 600 ℃的 HDRI 可以直接热送热装至电炉进行炼钢，也可以通过热压块机压制成 HBI，或经过冷却器进行冷却至常温 CDRI。

1.4.2　富氢气体工艺

富氢气体工艺可分为循环气体工艺和补充气体工艺。

（1）循环气体工艺。竖炉内还原后的炉顶气将不断地循环使用。从竖炉顶部排出炉顶气进入气体换热器进行回收热量，再经过多级洗涤塔净化和冷却至常温，经过气体压缩机进行提升压力后进入 CO_2 脱除系统，洁净的气体重新进行气体管式加热炉加热至 950 ℃，经喷氧后从氢基竖炉的中部吹入，从竖炉顶部排出，完成还原气体回路循环。

（2）补充气体工艺。以焦炉煤气为气源的氢冶金工程，需要首先对焦炉煤气进行深度净化。深度净化后的焦炉煤气进入煤气柜，供补充竖炉还原气使用。补充气体经过压缩机加压后从竖炉锥部下端通入，利用竖炉内 HDRI 的温度对焦炉煤气进一步热解，热解后的气体从竖炉锥部上端排出，经过洗涤塔的净化和冷却后作为补充气体进入到竖炉还原的工艺气体循环回路。

2　氢冶金工程关键技术

2.1　工程系统组成

基于焦炉煤气零重整氢冶金工艺流程和技术原理，氢冶金工程主要包括以下设施。（1）氢基竖炉炼铁设施：原料及成品储运系统、氢基竖炉炼铁系统等。（2）气体工艺设施：焦炉煤气深度净化处理、焦炉煤气储柜、气体加压、工艺气加热、循环气体净化、CO_2 脱除、精制等单元。（3）公辅设施：原料及成品储运、通风除尘、余热回收、水处理、供配电、自动化控制、液压与润滑、办公设施等。

2.2　氢冶金总图布置

根据氢冶金工艺要求，总平面布置图划分为 5 个区域，即原料及成品储运区域、原料气净化与储配区域、氢冶金核心区域、水处理区域、气体产品深加工区域。5 个区域相辅相成，平面布置紧凑，吨铁占地面积约 0.1 m^2，大幅节约用地。氢冶金工程典型工厂布置如图 2 所示。

图 2　氢冶金工程典型工厂布置

2.3　原料及成品储运系统

2.3.1　原料储运系统

与传统高炉相比，氢冶金原料仅使用氧化球团，矿槽系统比较简单。比较特殊的是，氢冶金工艺必须设置球团涂覆系统。球团涂覆系统为氧化球团表面进行涂层，可以有效防止竖炉内球团被还原后的黏结现象。

2.3.2　成品储运系统

氢冶金成品为固态的直接还原铁，根据后续工序连接设计主要分为 3 种，即冷态的直接还原铁（CDRI）、热态的直接还原铁（HDRI）、热压铁块（HBI）。这 3 种成品的储运方式为：（1）冷态的直接还原铁：一般配置 3 个 DRI 储仓，成品 DRI 通过皮带运输至储仓，DRI 通过皮带或卡车再运输到下游用户；（2）热态的直接还原铁，直接通过气力输送或链板机热送热装至下游电炉；（3）热压铁块，配置热压块铁堆场，通过皮带或卡车再运输到下游用户。

2.4 氢基竖炉炼铁系统

氢基竖炉炼铁系统主要包括炉顶上料系统、氢基竖炉、冷却器及 DRI 卸料器。其中，氢基竖炉是整个氢冶金的核心设备。

氢基竖炉是圆柱锥状的压力容器，由进料管、还原区、均压区、冷却椎体及排料系统等构成，其结构示意图如图 3 所示。竖炉本体设置水套，可防止炉壳过热。本体内衬有耐火砖和浇注料，以承受高温和腐蚀。在耐火衬里和碳钢外壳体之间安装低密度绝缘浇注料。经氢基竖炉还原后的 HDRI，可以直接热送至电炉，也可以经过热压块机压制 HBI，还可以进入冷却器冷却。

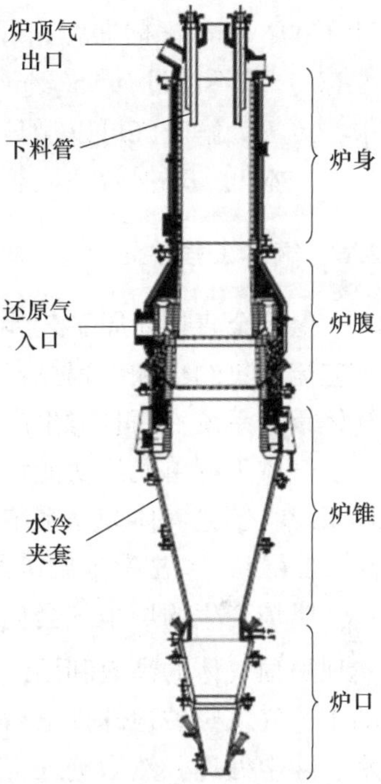

图 3　氢基竖炉结构示意图

2.5 焦炉煤气深度净化处理系统

2.5.1 焦炉煤气深度净化处理的必要性

焦炉煤气为炼焦过程产生的副产品，初步净化后的主要成分见表 3，主要由 H_2、CH_4、CO、CO_2 等气体组成，并含有一定量的 H_2S、CS_2、COS、NH_3、BTX（苯、甲苯、二甲苯等）、焦油和萘等。而 BTX、焦油等成分气体加热时，极易发生析碳反应，使得管道堵塞和破坏，甚至会造成爆炸等事故；同时 H_2S 和 SO_2 对 DRI 产品质量也有影响[23,24]。因此，必须对原料焦炉煤气进行深度净化。项目工程使用的焦炉煤气深度净化前后的气体成分组成见表 3。

表 3　焦炉煤气深度净化前后的气体成分组成

组分	$\varphi(H_2)$ /%	$\varphi(CO)$ /%	$\varphi(CH_4)$ /%	$\varphi(N_2)$ /%	$\varphi(CO_2)$ /%	$\varphi(C_mH_n)$ /%	$\varphi(O_2)$ /%	氨质量浓度（标态）/(mg·m^{-3})	H_2S 质量浓度（标态）/(g·m^{-3})	焦油质量浓度（标态）/(mg·m^{-3})	萘质量浓度（标态）/(mg·m^{-3})	BTX 质量浓度（标态）/(mg·m^{-3})	总硫 /(mg·m^{-3})
焦炉煤气	60.5	7.3	22	5	3	0.7	0.68	30	1	20	2400	2074	382.8
深度净化的焦炉煤气	约 60.5	约 7.3	约 22	约 5	约 3	约 0.7	约 0.68	<1	<0.001	<2	<0.005	<50	<10

2.5.2　焦炉煤气深度净化工艺

焦炉煤气深度净化可采用变温吸附法，脱除无机硫、有机硫、焦油、BTX 等杂质，为竖炉提供干净的气源。由于零重整工艺没有重整炉，所以对净化后的焦炉煤气成分要求并不苛刻。其工艺流程如下：初步净化后的焦炉煤气通过管道进入吸附塔，吸附气体中的硫化物、苯、焦油、萘等杂质，净化后的焦炉煤气送至竖炉作为还原气。根据焦炉煤气量和杂质设置不同数量的吸附塔，塔内装填吸附剂，吸附塔数量可根据气量大小设置。吸附塔达到一定饱和程度后，从净化后的煤气管网抽取约 5000 m^3/h（标准态）的焦炉煤气作为再生气，加热后对吸附塔进行吹扫再生。吸附塔再生时，硫化物、苯、萘、焦油等杂质被浓缩在解吸气中，将解吸气送入焦化初冷器前进行净化。净化后，焦炉煤气中 NH_3 不超过 0.001 g/m^3（标准态），总硫不超过 0.01 g/m^3（标准态），焦油不超过 0.002 g/m^3（标准态），苯不超过 0.05 g/m^3（标准态），萘不超过 0.001 g/m^3（标准态）。该工艺没有废水，废气为解吸气可以循环利用，废渣为失效的吸附剂一般 7 年需更换一次，装置投资少、成本低、环保效益显著。

2.6　气体工程单元

氢冶金直接还原工艺涉及大量的气体使用和处理，因而具有庞大的气体工程单元。从工艺流程集约化和工程投资节约化出发，项目采用焦炉煤气零重整技术，不仅省去复杂的气体重整系统，而且对生产操作、后期维护具有积极效果。

气体工程单元从功能角度主要划分为工艺气体循环系统、补充气体系统、冷却气体循环系统、工艺气体旁路系统等四个系统。

2.6.1　工艺气体循环系统

竖炉产生的炉顶气会携带大量的含铁粉尘和 H_2，以及还原产物 H_2O 和 CO_2 等，为了实现炉顶气体的高效利用，氢基竖炉配置了一整套复杂的工艺气回路净化循环系统。450 ℃的工艺气从竖炉顶部排出后流经顶气换热器，再通过洗涤冷却系统，实现工艺气降温、脱水、除尘处理，然后进入工艺气压缩机增压至 1.1 MPa，进入到二氧化碳脱除系统，再经加湿后进入加热炉加热，通过喷氧提升温度后进入竖炉，实现工艺气体的循环利用。

2.6.2　补充气体系统

经闭环循环利用后的工艺气体还原能力下降，必须要补充新的还原性气体。深度净化处理后的焦炉煤气经压缩机增压后从竖炉锥部的底端通入，从锥部顶端排出，再经过冷却、洗涤净化处理后，作为工艺气补充气进入到工艺气还原回路。

2.6.3　冷却气体循环系统

氢冶金冷却器系统的主要作用是将竖炉排出的 600 ℃的 DRI 冷却至 60 ℃以下。冷却气体介质采用高纯氮气。氮气从冷却器下部通入，从上部排出，再经过冷却、洗涤净化和加压后实现循环利用。

2.6.4　工艺气体旁路系统

氢冶金设置一套气体旁路系统，其开启条件是，在开炉后整个工艺气体未达到流量、温度前，需要将气体反复循环。待工艺气体参数达到设计要求后，则关闭旁路系统，工艺气体送入竖炉开始正常运行。

2.7 CO_2 脱除系统

2.7.1 CO_2 脱除工艺概述

竖炉还原过程中，原焦炉煤气中的 CO 会转化为 CO_2，CO_2 的累积将导致还原效率降低、能耗升高，设计要求 CO_2 含量（质量分数）一般不得超过 2%。因此，需要将工艺气中的 CO_2 进行脱除，提高竖炉生产效率。脱除后的 CO_2 可继续提纯精制，制备工业级或食品级产品供下游行业使用[25]。

工业上使用的脱碳方法主要有膜分离法、变压吸附法和溶剂吸收法。膜分离法材料制造成本高，多处于实验室阶段；变压吸附法产品收率较低、设备及自动化控制要求高、吸附剂用量大。溶剂吸收法包括物理吸收法、化学吸收法、物理-化学吸收法。其中，MDEA 法脱碳属于物理化学吸收法，已被应用于许多工业装置。MDEA 对 CO_2 有特殊的溶解性，具有溶液稳定，工艺过程能耗低，对设备腐蚀性小等优点。该工艺在投资、物料消耗、费用等方面与其他脱碳方法相比是经济的，具有很强的竞争性。使用该工艺脱除后的 CO_2，其纯度可以达到 92%左右，继续进行深度提纯至 99.9%以上，制备成工业级或食品级 CO_2 进行销售，还可以创造新的效益。

2.7.2 CO_2 脱除工艺流程

（1）来自工艺气体压缩机的工艺气，进入吸收塔下部，自下而上通过吸收塔；在吸收塔内与从吸收塔上部进入的贫胺液逆流接触，气体中的 CO_2 和 H_2S 被 MDEA 溶液吸收。未被吸收的净化气从吸收塔顶引出，再经气体洗涤器除掉夹带的溶液后进入后续工段。

（2）吸收 CO_2 后的 MDEA 溶液称为富液，从吸收塔底进入贫/富液换热器，经换热后进入汽提再生塔上部，在再生塔被再沸器中产生的蒸汽汽提再生。汽提再生塔底出来的温度约 105 ℃的贫液经贫/富液换热器初步降温后，经贫液泵加压，再经贫液冷却器降温至约 42 ℃后送至吸收塔上部，重新吸收 CO_2。

（3）在汽提再生塔内，富液被减压闪蒸并被上升的蒸汽汽提，并经过再生塔底的再沸器加热，解析出 CO_2。解析出的 CO_2 随同蒸汽由汽提再生塔塔顶引出。酸气进入塔顶冷凝器冷却至 45 ℃左右，然后去回流气洗涤器。分离出水分后的 CO_2 酸气被送入脱硫装置，脱硫后气体送至 CO_2 精制工段，生产工业级 CO_2。

（4）汽提再生塔底部设置一台再沸器，采用蒸汽对塔底溶液间接加热，以保证塔底温度在 105~115 ℃，维持溶液再生。

2.8 水系统

2.8.1 水的功能与用途

水在氢冶金工艺中的作用有别于传统的高炉炼铁，在高炉炼铁过程中水的主要用途是炉体冷却和区域消防。而在氢冶金工艺流程中，水除了用于设备冷却、气体净化外，另一个无可替代的功能就是参与重整裂化和渗碳调节反应过程。因此，清晰认知水在氢冶金还原过程中的功能和用途，是氢冶金水系统工程技术研究的基础[26-28]。

2.8.2 水的分类与设计

（1）水系统分类。根据用途不同，氢冶金水系统的划分见表 4。

表 4 氢冶金水系统的划分

序号	系统	用途	说明
1	给水	生产用水	主要用于厂区循环水系统补充水
2	给水	除盐水制备	用于蒸汽发生系统、CO_2 吸收系统、硫洗涤塔和 COG 压缩机区域的补水
3	给水	消防水	室内外消火栓等消防设施安全供水
4	给水	生活水	生活饮用水、洗眼器用水等
5	循环水	工艺冷却水（开路）	用于气体湿洗除尘和淬火
6	循环水	设备冷却水（开路）	用于非接触式热交换器的冷却
7	循环水	机器冷却水（闭路）	用于非接触回路中专有设备、料仓和反应器的冷却
8	循环水	淬火冷却水（开路）	用于 DRI 钢厂中高温气体的冷却
9	污水处理	氨氮废水	去除水中氨氮，满足当地排放标准
10	污水处理	污泥处置	集中收集水系统产生的污泥，进行脱水处理与外运

（2）水系统设计。与高炉炼铁水处理相比，氢冶金水处理在消防、浊环水（淬火冷却水和工艺冷却水）、除盐水系统设计存在差异性，在水系统设计时应重点关注。

在消防水系统设计上，应首先根据实际工程情况，进行工艺危险分析（PHA）和火灾危险分析（FHA）。因针对氢冶金项目的消防法规、标准并未健全，故设计时应充分借鉴国内外的冶金与化工行业设计标准，形成消防专篇设计并报送相关部门审批。

在浊环水（淬火冷却水和工艺冷却水）系统设计上，应充分考虑水中溶解气体和颗粒物分布对水处理单元的影响，同时不能忽略冷却后水温对冶炼工艺的影响。

在除盐水系统设计上，应充分考虑蒸汽发生系统和 CO_2 吸收系统等用水点高质量用水需求。当用水点电导率（25 ℃）要求小于 0.1μS/cm 时，设计时应充分考虑除盐水制备工艺和输配系统的可靠性。

（3）水系统技术研究。高效、节能和低碳是基于焦炉煤气的氢冶金水系统工程技术发展方向，其中浊环水系统脱气与净化的高效耦合、基于水质特征的水处理反应器开发、水处理系统的资源协同与智能管控等都是具有良好前景的研究内容。

3 技术经济指标及碳排放分析

3.1 技术经济指标

以富氢焦炉煤气为气源的氢冶金工厂设计的主要技术经济指标见表 5。

表 5 项目主要技术经济指标

序号	类别	参数数值
1	年运行净时间/($h \cdot a^{-1}$)	8000
2	球团单耗/($t \cdot t^{-1}$)	1.40

续表 5

序号	类别	参数数值
3	焦炉煤气单耗（标态）/($m^3 \cdot t^{-1}$)	700
4	单位电耗/($kW \cdot h \cdot t^{-1}$)	约 200
5	氧气单耗（标态）/($m^3 \cdot t^{-1}$)	约 30
6	氮气单耗（标态）/($m^3 \cdot t^{-1}$)	约 40
7	补给工业水/($m^3 \cdot t^{-1}$)	约 1.6
8	压缩空气单耗（标态）/($m^3 \cdot t^{-1}$)	约 21
9	涂覆材料①/($kg \cdot t^{-1}$)	约 4

①表示每吨原料氧化球团需要涂覆材料用量，其余为吨 DRI 需要的单耗。

以表 5 数据为基础，结合目前市场价格估算，氢冶金工艺运行成本估算（见表 6）主要影响因素为高品位铁矿石和焦炉煤气的价格。

表 6 基于焦炉煤气的氢冶金工艺运行成本估算

序号	成本项目	吨 DRI 单耗	单价/元	单位成本/($元 \cdot t^{-1}$)
一	氧化球团	1.4 t	951	1331.4
二	涂覆材料	4 kg①	0.6	2.4
三	燃料及动力			563.6
1	电	200 kW · h	0.5	100
2	生产新水	1.6 m^3	5	8
3	压缩空气（标准态）	21 m^3	0.1	2.1
4	氮气（标准态）	40 m^3	0.15	6
5	氧气（标准态）	30 m^3	0.50	15
6	焦炉煤气（标准态）	700 m^3	0.60	420
7	其他燃动	—	—	5
四	工资及附加	—	—	7.5
五	制造费用	—	—	100
六	DRI 制造成本	—	—	1997.4

①表示吨氧化球团消耗的涂覆材料量。

3.2 碳排放分析

根据《中国钢铁生产企业温室气体排放核算方法与报告指南（试行）》[29]及《温室气体排放核算方法与报告要求 第 5 部分：钢铁生产企业》（GB/T 32151.5—2015）[30]进行计算，以富氢焦炉煤气为还原气源的氢冶金工艺，其吨 DRI 的碳排放为 433.04kg，基于焦炉煤气氢冶金的碳排放情况见表 7。

表 7　基于焦炉煤气氢冶金的碳排放情况

项目	吨 DRI 单耗	CO_2 排放因子	吨 DRI 的 CO_2 排放
电力产生的排放	200 kW · h	0.5810 kg/(kW · h)	116.20kg
焦炉煤气折算的排放	700 m^3	0.7622 kg/m^3	533.54 kg
产品 DRI 固定的碳①	−1 t	91.7 kg/t	−91.7 kg
CO_2 捕集固定的碳②	−125 kg	1000 kg/t	−125 kg
合计			433.04 kg

①表示产品 DRI 中含有固定碳质量分数为 2.5%；

②表示生产 1 t DRI 会捕集 125kg 的 CO_2。

根据国内某钢铁联合企业的铁前工序指标计算，其吨铁的碳排放为 1318.80kg，基于焦炉煤气零重整氢冶金流程的吨铁碳排放为 543.85kg，高炉流程与氢冶金流程的吨铁碳排放情况对比见表 8。

表 8　高炉流程与氢冶金流程的吨铁碳排放情况对比

项目	高炉流程			氢冶金流程		
工序	吨工序产品的 CO_2 排放量/kg	铁比系数① /$(t \cdot t^{-1})$	吨铁 CO_2 排放量/kg	吨工序产品的 CO_2 排放量/kg	铁比系数 /$(t \cdot t^{-1})$	吨铁 CO_2 排放量/kg
焦化	980	0.3816	373.97	—	—	—
烧结	163.5	1.3945	228.00	—	—	—
球团	80.3	0.0969	7.78	80.3	1.38	110.814
高炉	709	1	709.00	—	—	—
氢冶金	—	—	—	433.04	1	433.04
合计			1318.75			543.85

①铁比系数指生产吨铁消耗的工序产品质量。

根据上述结果显示，以焦炉煤气零重整的氢冶金工艺与传统高炉铁前系统相比，生产 1 t 铁减少 CO_2 排放 774.9kg，减排量达 58.8%，减碳效果显著。

4　结论

（1）新型氢冶金工艺仅使用氧化球团和富氢气体为原料，不使用烧结矿和焦炭；首次采用焦炉煤气零重整直接还原技术，取消了复杂的气体重整系统，进一步简化了流程；总图布置紧凑，吨铁占地面积约 0.1 m^2，大幅节约用地；氢冶金系统组成复杂，对生产操作和智能化要求较高。

（2）氢冶金产品为高纯直接还原铁，根据后续工序匹配可生产冷态或热态直接还原铁，也可压制成热压铁块；产品无有害杂质元素，具有很好的成本优势，是优于废钢的优质炼钢原料，对缓解我国废钢短缺和提升钢铁产品质量有重要意义。

（3）基于富氢焦炉煤气为还原气源的氢冶金工艺，没有烧结、焦化工序及配套的脱硫脱硝环保设施，不使用煤粉和焦炭，比传统高炉铁前系统的环保优势明显；以焦炉煤气零重整氢冶金短流程从源头减少碳素使用，与传统高炉铁前流程相比，碳减排达 58.8%，减碳效果显著。

（4）基于我国能源和资源禀赋，发展以富氢焦炉煤气为气源的“氢冶金+电炉”短流程，构建“以氢代碳”的钢铁生产用能新体系，是我国钢铁行业现阶段实现“双碳”目标的重要方向，对引领我国钢铁行业实现绿色、低碳、高质量发展具有重要革命意义。

参考文献

[1] 吕兵，李岩．徐匡迪：中国须及早制定 CO_2 减排路线图［N］. 中国冶金报，2009-11-12（A01）.

[2] 干勇．钢铁生产流程发展及先进钢铁材料研究的展望［J］. 宝钢技术，2007（1）：1.

[3] 杨天钧，张建良，刘征建，等．低碳炼铁，势在必行［J］. 炼铁，2021，40（4）：1.

[4] 王新东，郝良元．现代炼铁工艺及低碳发展方向分析［J］. 中国冶金，2021，31（5）：1.

[5] 张福明，程相锋，银光宇，等．国内外低碳绿色炼铁技术的发展［J］. 炼铁，2021，40（5）：1.

[6] 张玉柱，田铁磊．低碳炼铁技术研究现状及展望［J］. 河北冶金，2022（2）：1.

[7] 王婷婷．世界氢冶金技术发展现状分析［J］. 中国钢铁业，2021（5）：46.

[8] 王新东．“融合协同”的绿色工程管理方法及应用［J］. 钢铁，2022，57（11）：1-10.

[9] 杨凯．于勇：氢冶金技术创新与应用将带来革命性变革［N］. 中国冶金报，2021-07-08（001）.

[10] 郑少波．氢冶金基础研究及新工艺探索［J］. 中国冶金，2012，22（7）：1.

[11] 周颖，周红军，徐春明．中国钢铁工业低碳绿色生产氢源思考与探索［J］. 化工进展，2022，41（2）：1073.

[12] 刘然，张智峰，刘小杰，等．低碳绿色炼铁技术发展动态及展望［J］. 钢铁，2022，57（5）：1.

[13] 于恒，周继程，郦秀萍，等．气基竖炉直接还原炼铁流程重构优化［J］. 中国冶金，2021，31（1）：31.

[14] 王新东，胡启晨，张晓冬．发挥铁前系统潜力　赶超行业先进水平［J］. 河北冶金，2022（7）：1.

[15] 吴耀光，肖步庆，朱立光，等．电炉炼钢钢铁原料的现状分析与展望［J］. 钢铁，2021，56（11）：55.

[16] 车彦民，曹莉霞，刘金哲．氢的大规模制备及在钢铁行业的应用和展望［J］. 中国冶金，2022，32（9）：1.

[17] 王晶，王朋．国内外氢冶金技术研究进展［J］. 河北冶金，2022（4）：1.

[18] 赵志龙，唐惠庆，郭占成．高磷铁矿气基还原冶炼低磷铁［J］. 北京科技大学学报，2009，8（31）：964.

[19] 邵剑华，郭占成，唐惠庆．还原气氛对流态化还原铁矿粉黏结失流的影响［J］. 北京科技大学学报，2013，35（3）：273.

[20] 鲁峰，温良英，韩旭，等．CO 和 H_2 气体还原氧化铁的微观行为及新生铁晶形貌研究［C］. 中国金属学会．第十一届中国钢铁年会论文集．北京：冶金工业出版社，2017：361.

[21] 范晋峰，白明光，季爱兵．焦炉煤气制还原气“氢冶金”工艺探索和项目介绍［C］. 中国金属学会．第十三届中国钢铁年会论文集（摘要）——大会特邀报告 & 分会场特邀报告．北京：冶金工业出版社，2022：65.

[22] 张奔，赵志龙，郭豪，等．气基竖炉直接还原炼铁技术的发展［J］. 钢铁研究，2016，44（5）：59.

[23] 任冰朗．高温转炉煤气与焦炉煤气混合重整研究［D］. 北京：北京科技大学，2022.

[24] 张淑娇，董丽丽，王力川，等．焦炉煤气净化工艺的研究进展［J］. 山东化工，2021，50（23）：79.

[25] 于恒，周继程，郦秀萍，等．气基竖炉直接还原炼铁流程重构优化［J］. 中国冶金，2021，31

(1)：31.
[26] 王新东，张弛，孙宇佳，等．河钢唐钢新区绿色制造技术应用实践［J］. 环境工程，2022，40(7)：179.
[27] 吕子强．钢铁企业用水网络的解析及优化研究［D］. 沈阳：东北大学，2020.
[28] 朱庆山．超低碳炼铁技术路径分析［J］. 化工进展，2022，41 (3)：1391.
[29] 国家发展和改革委员会．中国钢铁生产企业温室气体排放核算方法与报告指南（试行）［Z］. 2013.
[30] GB/T 32151. 5—2015，温室气体排放核算与报告要求　第 5 部分：钢铁生产企业［S］.

适应高比例球团冶炼的高炉系统设计与生产实践①

王新东

（河钢集团有限公司，河北 石家庄 050023）

摘　要：当前中国钢铁工业面临着节能减排、绿色发展等多重压力，呈现出减量化和创新性发展的新形态。在非高炉炼铁关键技术取得重大突破及大规模应用前，以高炉为主的炼铁工艺在一段时间内仍将保持主体地位。而高比例球团冶炼是当前中国高炉炼铁的发展方向，是未来钢铁工业实现减污降碳的必然趋势。为了进一步推动高比例球团技术的研发与应用，从球团矿的物理化学性质出发，阐述了球团矿在高炉内的行为，分析了限制球团矿比例提高的因素，从冶金反应机理到工程实践总结了未来高比例球团冶炼的高炉系统设计发展方向，提出以低碳绿色为前提、以资源和能源利用为基础、以智能化装备为支撑的高炉设计理念。通过对比分析国内外多种高炉炉型、冷却系统、炉缸炉底设计方案，重点分析了多段式炉身、全铸铁冷却壁、串罐无钟炉顶在高比例球团冶炼中的优势，归纳了矿焦槽、热风炉及自动化检测与模型控制等技术特点，给出了适应高比例球团冶炼的高炉系统设计建议。根据球团矿在高炉内的反应机理以及操作炉型对强化冶炼的影响，提出合理的炉料结构的确定方法，最佳的炉料碱度控制标准，以及装料、送风、出铁、热、渣等操作制度。最后，通过高炉冶炼实践，验证了高比例球团冶炼技术经济指标的进步，为今后高比例球团冶炼高炉系统设计及优化方向奠定了基础。

关键词：减排；高比例球团冶炼；高炉系统设计；操作制度；生产实践

高炉炼铁距今已有2000多年的历史，是迄今为止公认的规模和效率最大、能源消耗和生产成本最低的冶炼容器，也是经过长期不断改良、不断演化发展而来的。我国是全世界高炉生铁产量大国，根据世界钢协统计，2021年全球高炉炼铁产量达到13.54亿吨，其中，我国高炉生产生铁8.69亿吨，占比64.18%[1]。在非高炉炼铁资源、能源和成本问题没有解决或取得根本性变革前，以“炼焦-烧结/球团-高炉”为主的炼铁工艺在我国将长期保持主体地位。

当前，我国高炉炼铁工艺面临着节能减排、绿色发展的多重压力，开始呈现减量化和创新性发展的新形态。传统工序的“源头减排、过程控制、末端治理”技术如雨后春笋般得以应用。同时，流程变革呼之欲来，这也给以高炉冶炼为主的炼铁装备和技术提出了新的要求[2]。第一，新一代炼铁装备设计和技术应用必须以低碳绿色为前提；第二，资源和能源利用是新一代炼铁装备和技术研发的基础；第三，智能化是未来炼铁装备和技术进步的重要支撑。

从国内外生产实践及铁前流程变革来看，球团矿取代烧结矿是未来发展趋势。高炉炼

① 原文发表于《钢铁》，2022，57（12）。

铁工艺的能源消耗和污染物排放巨大，工序能耗占钢铁生产总能耗的60%以上，流程污染物排放占到90%左右。就含铁原料生产烧结和球团工序而言，球团工序能耗不到烧结工序的一半，甚至可以达到1/3，从烟气量排放来看也是球团矿最低，一般是1300 m^3/t，而烧结矿是4000 m^3/t。从 CO_2 排放量来看，球团工序仅为烧结工序的20%～45%，且烧结工序除排放 SO_2、NO_x 之外还有高排放量的二噁英、CO 和氟化物[3-5]。正因如此，提高高炉球团矿比例正成为我国高炉炼铁发展的新方向。

国内外大量的生产实践证明了高炉高比例球团冶炼技术的可行性。北美以及欧洲的高球比高炉冶炼相对应用广泛，球团比大于50%，全球团冶炼的高炉多达14座[6-8]。国内的首钢京唐、河钢唐钢、宝钢湛江系列钢铁企业也开展了高比例球团冶炼的研究与生产试验。

本文主要通过对比分析国内外高比例球团的高炉炉型、冷却系统、炉缸炉底的设计特点，自主研发设计了适应高比例球团生产的多段式炉身。根据高比例球团的冶炼特点，提出了合理的炉料结构的确定方法，最佳的炉料碱度控制标准，以及装料、送风、出铁、热、渣等操作制度。最后，通过高炉冶炼实践，验证了高比例球团冶炼技术经济指标的进步，为今后高比例球团冶炼高炉系统设计及优化方向奠定了基础。

1 高炉高比例球团的冶炼特征分析

1.1 球团矿在高炉内的行为

球团矿在高炉冶炼过程中最重要的行为是会产生热膨胀，造成严重的还原膨胀、粉化现象。有关研究指出[9]，Fe_2O_3 的晶体结构属于六方晶系，而 Fe_3O_4 的晶体结构属于等轴晶系，Fe_xO 还原成金属铁时易生成铁晶须，正常膨胀阶段（一般小于20%）主要为 Fe_2O_3 还原为 Fe_3O_4 阶段的晶格转变，异常膨胀为 Fe_xO 还原成金属铁铁晶须的异常生长[10,11]。球团中铁晶须含量较高时，还原膨胀和还原粉化现象加剧。另外，球团矿易滚动的特征导致中心和边缘煤气流阻塞，致使软融带上移、压差升高。

1.2 高比例球团冶炼的优越性

（1）节能减排优势。球团工序能耗约为25.09 kg/t，而烧结工序平均能耗约为48.53 kg/t，球团工序能耗比烧结工序降低48%以上，二氧化碳排放为烧结的30%[8,11]。所以，提高球团比成为从源头上有效控制钢铁行业污染排放的途径[8]。

（2）冶金性能优势。相比于烧结矿，球团矿品位高、杂质少，渣量减少，有利于降低焦比，提高冶炼强度，并且球团矿粒度稳定，有利于改善炉内的气流分布。球团矿900 ℃还原度大于65%，还原膨胀率小于20%，软熔性能优良[12]。

1.3 限制球团矿比例提高的因素

（1）资源方面。球团矿用铁精粉需要具备较细的粒度，国内外的原生贫矿和特殊铁矿经过较为复杂的磨选预处理工艺才能用于制备高品质球团矿[13]，因此，采用国内精矿制备球团在铁品位、球团性能方面并不占优势。国内炼铁生产所用铁矿粉主要来源于澳大利亚、巴西、南非、加拿大等国家，受长距离运输成本等限制，进口铁矿石在国内使用受市场因素影响较大，很大程度上决定了矿企和钢企的生产决策和经济效益。

（2）高炉冶炼方面。抑制高炉中心煤气流的发展。高炉提高球团矿配比时，由于球团矿粒度稳定，堆密度较大，高炉补料时，球团矿的滚动性能较高，容易引发中心和边缘气流的阻塞，煤气流的稳定性降低[14]。特别是中心气流受阻后，高炉炉况稳定性急剧下降。高炉冶炼球团矿比例提高对软熔带位置的影响如图 1 所示。球团矿在高炉内首先还原成浮氏体 Fe_xO，Fe_xO 下降到高炉下部区域，开始由外到内进行 FeO 向金属铁的还原[15,16]，这时球团矿表面被铁覆盖，还原气体的内扩散受到抑制。在高温区域，生铁和炉渣难以有效分离，滴落带的直接还原进一步升高，高炉内的热制度易受到破坏。高炉使用高比例球团后，渣量降低到 250 kg/t 或更低，从而导致生铁含硅的变化和炉渣脱硫能力下降，影响后续铁水预处理脱硫，高炉脱硫效果变差。

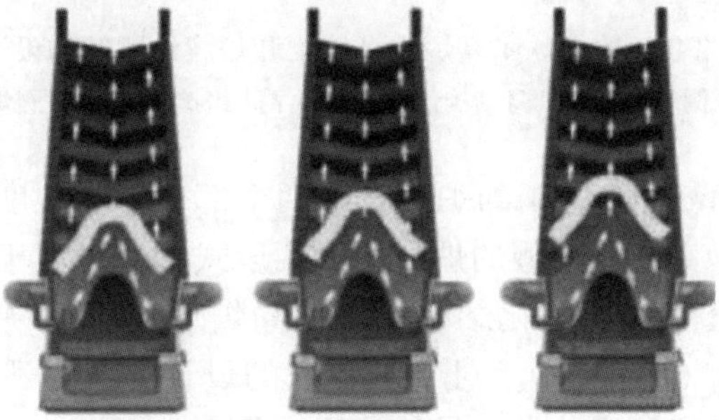

(a) (b) (c)

图 1　球团矿比例提高对软熔带位置的影响

（a）球团比例为 20%；（b）球团比例为 30%；（c）球团比例为 40%

2　高比例球团的高炉系统设计优化

中国绝大部分高炉按照烧结矿 70%+球团矿 20%+块矿 10%的炉料比例进行生产[17]。要想从根本上适应未来高比例球团冶炼，必须提出全新的高炉设计方案。本文基于低碳、绿色、发展理念，探讨了适应高比例球团冶炼的高炉系统设计，以期为高炉设计单位和操作人员提供参考，从而推动高炉炼铁技术进步和可持续发展。

2.1　以多段式炉身为特点的炉型设计

高比例球团高炉炉身结构和炉腹炉腰结构设计如图 2 所示。

2.1.1　高比例球团高炉炉型设计特点

高炉炉身形状对炉料的有效下行影响较大，炉身角偏大时，炉料下降速率降低[18,19]。球团矿的膨胀特征容易对炉壁产生较大压力，引起炉衬磨损[20]；当炉身角偏小时，炉壁受到压力降低，边缘煤气流得到发展，炉衬容易过热加速侵蚀。因此，高比例球团高炉炉型设计时，应充分考虑料柱透气性差、还原粉化、还原膨胀及整体炉料的软熔性能变化，选择多段式炉身设计。以唐钢新区高炉为例，高比例球团高炉整体炉型如图 2（a）所示。

通过两段式变锥度炉身结构的炉型折角设计，定义炉身上部炉壳的炉身角为 β，下部炉身角为 $\alpha(\alpha > \beta)$，利用炉壳和内衬的变锥度结构，把传统炉身结构分为较小炉身角 β

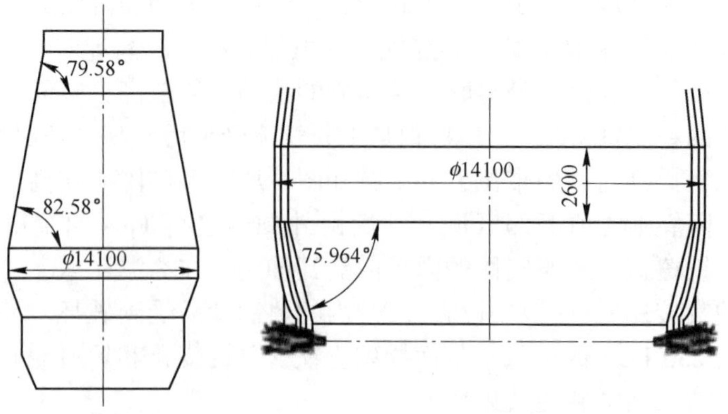

(a) (b)

图 2 高比例球团高炉炉身结构和炉腹炉腰结构设计

（a）高比例球团高炉炉身结构设计；（b）高比例球团高炉炉腹炉腰结构

的炉身上部和较大炉身角 $\alpha(\alpha > \beta)$ 的炉身下部两个部分。变锥度高炉炉身结构通过改变高炉炉身上部的锥度，改变炉身内型的炉身角，两段式炉身角利于缓解炉料在炉身上部因还原粉化和膨胀产生对透气性的恶化影响，确保高炉煤气稳定顺行，进一步强化高炉冶炼，炉身局部设计如图 2（a）所示。对于炉腹角的设计，考虑适度减小炉腹角，有助于炉腹煤气的顺利上抬，缓解热流冲击。另外，比较稳定的保护性渣皮对炉衬长寿起到关键作用[21,22]。唐钢新区高炉炉腹角为 75.964°，如图 2（b）所示。

2.1.2 国内同级高炉对比

对比国内 3000 m^3 级高炉炉身角的设计情况（见表 1），3000 m^3 级高炉平均炉身角大小为 81.73°，相对于 2500 m^3 级高炉较小（2500 m^3 级平均炉身角为 82.48°）。莱钢高炉炉身角较小，为 81.06°。唐钢高炉炉身角较大，为 82.58°[23,24]，同立方米级高炉中处于较高水平。其余高炉炉身角稳定在 81°左右。随着高炉大型化，高炉的炉身角也有减小的趋势，并因大型化高炉的炉腰直径增加而降低了炉身角减小带来的缺点[25]。

表 1 高炉的炉身角和炉腹角对比

高炉	炉容/m^3	炉身角/(°)	炉腹角/(°)
唐钢	2922	82.58	75.96
鞍钢 2 号	3200	81.34	76.33
江阴	3200	81.86	77.23
莱钢	3200	81.06	78.83
马钢 4 号	3407	81.89	77.82
武钢 8 号	3800	81.65	78.98

对比国内 3000 m^3 级高炉炉腹角的设计情况，3000 m^3 级高炉炉腹角均小于 79°，炉腹角最大的是武钢，为 78.98°，最小的是唐钢，为 75.96°，平均炉腹角为 77.53°。一定程度上，降低炉腹角对煤气的顺行起到关键作用，有效降低炉腹的热流冲击，形成保护性渣皮。根据国内外高炉设计经验，炉腹侵蚀角度为 68°~80°。

2.2 全铸铁炉体冷却壁设计

随着入炉球团矿配比的增加，炉腹至炉身下部热流强度增大，热负荷变化频繁，炉体整体热负荷波动增加。纵观国内大型高炉，多数高炉普遍使用铜冷却壁，部分高炉使用全铸铁冷却壁，如湛江高炉。部分高炉炉腹、炉腰及炉身下部使用铜冷却板结构，并且有较好的长寿指标。如太钢5号高炉，炉腰、炉腹、炉身下部的冷却板开炉后只有极个别冷却板损坏。高炉利用系数好的高炉的炉腹、炉腰、炉身下部、中部冷却器配置见表2。

表2 高炉的炉腹、炉腰、炉身下部、中部冷却壁配置

高炉	炉容/m^3	炉腹、炉腰	炉身下部、中部
昆钢新区1号	2500	铜冷却壁	铜冷却壁、双层水冷铸铁冷却壁镶砖
韶钢7号	2500	单排水管冷镶砖铜冷却壁	双排水管球墨铸铁冷却壁、密集式铜冷却板
沙钢3号	2500	钻孔4通道铜冷却壁	钻孔4通道铜冷却壁
柳钢2号	2650	钢冷却壁和铜冷却板	钢冷却壁和铜冷却板
武钢7号	3200	轧制铜冷却壁	轧制铜冷却壁、铸钢冷却壁、镶砖球墨铸铁
莱钢3号	3200	铜冷却壁	铜冷却壁、镶砖球墨铸铁冷却壁
迁钢3号	4000	轧制铜冷却壁（TU2无氧铜）	轧制铜冷却壁（TU2无氧铜）
太钢6号	4350	铜冷板	铜冷板
宝钢3号一代	4350	新日铁第3代高韧性铁素体球墨铸铁冷却壁	新日铁第3代高韧性铁素体球墨铸铁冷却壁
宝钢4号二代	4747	铸铁冷却壁、铜冷却板	铸铁冷却壁、铜冷却板
湛江1号	5050	铸铁冷却壁	铸铁冷却壁
湛江2号	5050	铸铁冷却壁	铸铁冷却壁
京唐	5576	壁砖合一镶砖铜冷却壁	壁砖合一镶砖铜冷却壁
沙钢1号	5800	钻孔4通道铜冷却壁	钻孔4通道铜冷却壁、双层水管镶砖球磨铸铁冷却壁

高比例球团高炉炉体采用100%铸铁冷却壁冷却结构，结合软水密闭循环冷却模式，冷却壁比表面积达到1.1，配合2.2 m/s左右冷却水速，有效提高了冷却强度。全铸铁冷却壁操作简易、操作炉型更易控制、不易黏结、利于强化。即使出现炉况运行异常，也可较快恢复。目前，铸铁冷却壁制造技术和维护质量有了长足进步，即使后期有炉体损坏也可通过计划休风进行较高水平的修复[26]。

2.3 安全长寿炉缸、炉底设计

为对比国内外高炉炉缸配置情况，并分析炉缸耐火材料结构配置情况，对国内高炉利用系数较高的高炉炉缸炉底配置情况进行了汇总，结果见表3。高炉利用系数较好的高炉所用炉缸、炉底耐火材料多采用石墨砖、陶瓷垫结构，只有莱钢3号、迁钢3号、太钢6号及宝钢3号等少数高炉在使用热压小块炭砖的同时达到了同立方米级高炉利用系数较高的水平[27-29]。

高比例球团高炉的炉内压差较一般高炉而言稍高，炉内热负荷变化明显，炉底、炉缸需要进一步进行优化，采用了优质炭砖加陶瓷杯结构。炉底水冷封板砌 5 层大块炭砖，分别为国产石墨大块炭砖、国产半石墨大块炭砖、国产微孔大块炭砖、国产超微孔大块炭砖、进口超微孔大块炭砖。炭砖之上砌 2 层刚玉莫莱石陶瓷垫。铁口外侧采用刚玉质组合砖，铁口以下采用超微孔大块炭砖，铁口以上至风口砌筑国产微孔大块炭砖[30]。

表 3 利用系数较高的高炉炉缸炉底配置

高炉	炉容/m^3	炉底	炉缸
昆钢新区 1 号	2500	国产超高导石墨砖、国产微孔炭砖、国产超微孔炭砖、楔形刚玉莫来石砖	国产超微孔炭砖、国产微孔炭砖、国产小块刚玉质砖陶瓷杯
韶钢 7 号	2500	半石墨质炭砖、进口微孔炭砖、炭砖 BC-8M2、国产塞隆刚玉质大块砖	国产塞隆刚玉质大块砖、进口微孔炭砖
柳钢 2 号	2650	国产高导热石墨炭块、国产半石墨化低气孔率焙烧炭块、国产微孔炭块、刚玉莫来石砖	国产模压小炭块、高导热微孔模压小炭块、刚玉莫来石小块砖
武钢 7 号	3200	陶瓷杯底刚玉莫来石砖、SGL7RDN 超微孔炭砖、7RDN 兰炭超微孔炭砖、兰炭高导石墨砖	陶瓷杯、德国 SGL 超微孔炭砖、国产微孔刚玉砖、高导热模压小炭砖
莱钢 3 号	3200	高导石墨炭砖、超微孔大块炭砖、刚玉莫来石陶瓷垫	UCAR 热压小块炭砖 NMA、NMD
迁钢 3 号	4000	石墨砖、高导热炭砖、超微孔炭砖、小块陶瓷垫	UCAR 热压小块炭砖 NMA 和 NMD
太钢 6 号	4350	石墨砖、UCAR 的 D 炭砖、日本黑崎的微孔铝炭砖陶瓷垫	美国热压小块炭砖 NMA 和 NMD
宝钢 3 号一代	4350	UCAR，石墨砖、国产陶瓷垫、保护砖	UCAR、NMD、NMA 热压小块炭砖
宝钢 4 号二代	4747	大块炭砖、方大+NDK	大块炭砖
湛江 1 号	5050	国产石墨砖、国产大块炭砖、NDK 大块炭砖、陶瓷垫	NDK 大块炭砖、超微孔炭砖和普通炭砖
湛江 2 号	5050	国产石墨砖、国产大块炭砖、NDK 大块炭砖、陶瓷垫	NDK 大块炭砖、超微孔炭砖和普通炭砖
沙钢 1 号	5800	国产石墨砖、国产超微孔炭砖、德国 SGL 大块超微孔炭砖 7RD-N、国产陶瓷垫 RL70LC	德国 SGL 大块超微孔炭砖 7RD-N、法国大块陶瓷杯

另外，温度梯度的设计保证了热体系的稳定分层，有助于形成良好的渣铁凝滞层，对炉衬保护起到关键作用，并适当增加炉缸高度、提高炉缸容积、增加炉缸渣铁存储、提高铁水脱硫效率。

2.4 新型串罐无钟炉顶设计

高炉高比例球团生产过程中，高炉稳定是高产低耗的必要条件。因此，不同位置合理的炉料分布成为保证高炉布料区稳定的关键因素[31]。

串罐式高炉无料钟炉顶应用了质量法布料，能够精确、合理地控制整体炉料流量，形成较为科学的高炉无料钟布料系统，提高冶炼水平。由于球团矿与烧结矿的特性差异，并罐无料钟炉顶布料的缺陷易造成布料的偏析，需要定期进行倒罐操作，加重料层分布的不均匀性。采用串罐无料钟炉顶配合料罐称重更为合理，称量系统准确性高，设备磨损较小，方便实现中心加焦。布料圆周偏析小，可将角度控制在溜槽的有效范围内，将炉料分布在炉喉任何截面位置上，实现稳定灵活、快速多变的布料，有效改善炉体煤气流分布，有利于提高球团矿配比。

2.5 环保智能精准矿焦槽设计

为了满足高炉高比例球团生产要求，高炉需要更为灵活的布料及更精确粒度的入炉料，以达到高炉内部炉料的合理优化布局。设置焦炭整粒设施，缩小焦炭粒度上限，可改善焦炭布料堆角，减小界面效应，减少粉末，在保证煤气流顺行的前提下提高高炉产量，为高炉长寿提供保障。智能配料可以适应变料需求，并满足个性化配料要求，可自动接收配料需求，识别料批上料周期规律，依据料仓智能分配规则，实现物料的平衡使用和合理化分配。

2.6 高效节能热风炉设计

旋切式顶燃热风炉的设计为整个高炉的热输入提供了有力保障，合理降低空气过剩系数，保证了炉缸的热量相对集中，同时稳定软熔带位置，在热力学条件下保证高炉生产的科学性，有利于高比例球团高炉的稳定生产和高炉长寿。

2.7 小结

为了适应高比例球团的炉料特征，在设计上对炉顶、炉型、炉衬和冷却设备等方面进行优化，在高炉配料布料和炉内操作等方面必须高度重视，以配合高炉使用高比例球团的冶炼操作要求。高炉炼铁技术不断革新，因此需要树立创新意识，优化设计理念，始终贯彻“高效、低耗、长寿、低碳、绿色、智能”的设计理念。

3 高炉高比例球团冶炼的操作制度

由于球团矿在物化性质上的特征，高比例球团高炉生产易发生如下现象：球团矿易滚向高炉中心，加重中心的矿焦比，随配球比增大现象更加明显；料面形状难以固定，降低了高炉煤气流的稳定分布；由于软熔性能的变化，炉内的压差分布异常；渣量降低到约 250 kg/t，炉渣的脱硫效果也会降低；高炉炉墙热负荷波动较大[14]。针对以上问题，需制定特殊的操作制度以应对。

3.1 控制合适的炉料碱度

为了配合高球团比例高炉生产，需要适当提高烧结矿二元碱度。高碱度烧结矿强度和抗粉化能力优秀，粒度分布更均匀，较高的软化和熔滴温度为炉料的透气性提供了保障。酸性球团矿不配加石灰石，保持铁精矿的自然碱度[32]，碱性（熔剂性）球团矿在铁精矿中配加石灰石（生石灰）或白云石，碱度为 0.8～1.3。生产镁质球团矿时需要将 MgO 质量分数控制在 1.5%，碱度 R 不大于 0.5[33]。

3.2 制定适宜的装料制度

不同批重与炉料的堆角紧密相关，批重的增加导致整个矿层厚度提高，气体压力损失量也增大，限制了批重进一步提高。针对于高比例球团生产，本设计理念的核心为打开中心、稳定边缘，从而形成有一定宽度的矿焦平台和稳定的渣皮，保持中心流和边缘流稳定。因此，操作上需要提高批重，增加焦层厚度，从而减少界面效应，提高高炉的透气性、改善煤气流分布，增加煤气利用率、降低焦比、提高产量。大批重下炉料分布和批重特征数变化如图 3 所示。

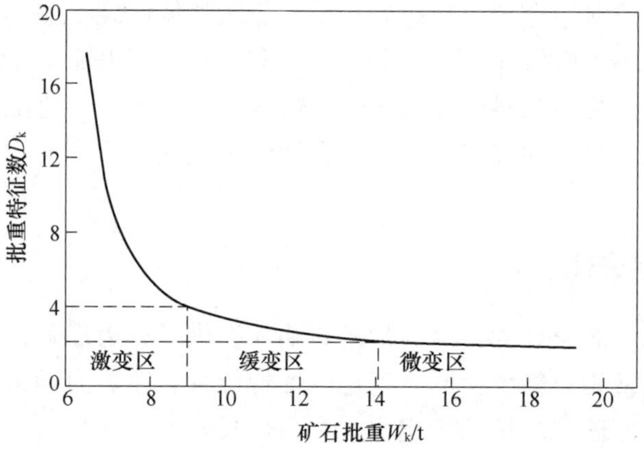

图 3　批重和特征曲线

同时，为了减缓球团矿向料层边缘和中心滚动，需要在球团矿中少量配加焦丁，也可在皮带上料时将少量烧结矿配加在球团矿里。合理有效地控制好球团矿在料面的分布是实现高比例球团矿的重要环节。

3.3 送风制度

高比例球团高炉送风制度主要是从下部解决中心气流弱的问题。当中心气流达到一定强度时，球团矿受到风力的外推，难以向中心滚动，要尽可能采取全风量操作，采用合适的风口面积，提高风口风速，保持鼓风动能不低于 13000 kg · m/s，配合高风温（不低于 1200 ℃）、富氧率（不低于 5%）和高煤比（不低于 150 kg/t）的操作。

3.4 出铁制度

出铁制度作为重要的高炉操作之一，在炼铁流程中占有重要的地位。当出铁出现问题时，极易造成软熔带位置偏移，影响炉况的顺行。焦炭的质量对炉缸的活性影响极大，当焦炭质量降低时，死焦堆的透气性恶化，炉缸变得不活跃。因此，增加出铁次数同时配合缩短出铁间隔，能够有效克服炮泥质量差对出铁的影响，控制炉内热量的稳定分布，软熔带位置保证不变，降低焦炭质量对炉缸活跃度的影响[15]。

3.5 造渣制度与热制度

球团矿的软熔温度较低，因此需要将硅质量分数控制为 0.30%~0.45%，使得软熔带的厚度宽度减小，提高料层的透气性。保证炉渣二元碱度为 1.18~1.20，控制出铁后期铁水温度大于 1500 ℃，炉渣良好的流动性有助于改善炉缸位置的气流分布，较高的脱硫效率保证了高炉的稳定顺行。

3.6 小结

针对高比例球团冶炼中可能存在的问题，该部分从五大制度方面给出了具体的操作建议，采用大矿批、厚焦层的装料制度，采取全风量操作，采用合适的风口面积，提高风口风速，出铁时，增加出铁次数、缩短出铁间隔，二元碱度控制为 1.18~1.20，后期出铁温度大于 1500 ℃。

4 工业应用

4.1 炉料结构的确定

基于中国铁矿资源多为贫矿、可用原料主要为细精矿、富矿较少的现实因素，采用国外的全球团冶炼不切实际。因此，综合国外荷兰霍戈文艾莫依登厂，国内首钢京唐、太钢和唐钢不锈钢生产实践以及学者专家研究成果，河钢唐钢新区项目中炼铁工艺设计高炉炉料结构确定为烧结矿 50%+球团矿 50%。其中，酸性球团矿为 25%，碱性球团矿为 25%。河钢唐钢新区炼铁设备主要为 3 座 2922 m^3 高炉、2 台 360 m^2 烧结机、2 台 760 m^2 带式焙烧机球团矿生产线。稳定大型的带式焙烧机是当前以及未来球团设备的发展方向，产品质量好且稳定、生产规模大。为更好地实现高比例球团冶炼，对酸性、碱性球团矿进行试验分析，成分及性能分别见表 4 和表 5。

表 4 实验室球团矿成分

配矿结构	$w(TFe)/\%$	$w(SiO_2)/\%$	$w(CaO)/\%$	$w(MgO)/\%$	$w(Al_2O_3)/\%$	$w(P)/\%$	R_2
100%研山矿	63.99	6.20	2.12	0.42	0.47	0.0060	0.34
60%研山矿+40%PMC	61.31	4.48	4.21	1.84	0.54	0.0580	1.00

表 5 实验室球团矿性能分析

配矿结构	抗压强度 /(N · 个$^{-1}$)	转鼓强度 (>6.3 mm)/%	耐磨强度 (<0.5 mm)/%	还原度 /%	还原膨胀率 /%	低温还原粉化率 (>6.3 mm)/%	R_2
100%研山矿	3376	95.47	3.20	69.22	11.65	97.77	0.34
60%研山矿+40%PMC	3845	96.07	3.12	84.24	12.90	87.28	1.00

根据以上实验室数据确定河钢唐钢新区入炉球团矿质量标准见表 6。

表 6 河钢唐钢新区入炉球团矿质量标准

序号	项目	酸性球团矿	碱性球团矿
1	全铁含量/%	≥64	≥59
2	铁分波动/%	−0.5～+0.5	−0.5～+0.5
3	转鼓指数（>6.3 mm）/%	≥95	≥95
4	耐磨指数（<0.5 mm）/%	≤4.5	≤4.0
5	常温耐压强度/(N·个$^{-1}$)	≥2800	≥2800
6	低温还原粉化率（>6.3 mm）/%	≥75	≥75
7	膨胀率/%	≤18	≤18
8	还原度/%	≥65	≥65
9	粒度范围/mm	6～18	6～18
	9～16 mm 比例/%	≥85	≥85
	<6 mm 比例/%	≤2	≤2

4.2 生产参数的调整

试验过程中，球团比例达到 40%，炉料透气性变差，中心煤气流下降，采取加长风口等措施；继续增加球团比例，炉内状态恶化，煤气流分布稳定性变差，炉内压差进一步上升，后续采用布料优化以提高中心气流，维持鼓风动能、调整风口面积等措施，使得高炉运行达到稳定状态。

镁质熔剂球团矿、镁质酸性球团矿 Al_2O_3 含量都比烧结矿低，具有一定量的 MgO。球团比例升高后，炉内镁铝比适当提高，在保证炉渣稳定的前提下，脱硫能力进一步增强。将炉渣的二元碱度由初期的 1.22 降低至 1.11 左右，该碱度的调整以铁水硫含量为依据，并维持四元碱度基本不变。合理的造渣制度使得炉缸工作活跃，铁水质量稳定，为高比例球团高炉的顺行创造了有利条件。

4.3 高炉技术经济指标

河钢唐钢新区 3 座 2922 m^3 高炉相继投产以来，克服了环保停限产、疫情等因素影响，从 2021 年 6 月开始 3 座高炉生产进入相对稳定期，技术经济指标逐步改善。截至 2022 年 6 月，每座高炉日产量保持在 8800 t 左右，高炉球团比长期稳定在 40%左右。在球团矿性价比优势大的条件下，最高可达到 55%～60%。实践证明，随着球团比提高，生铁产量同步有上升趋势，同时，提高球团比后，高炉的燃料比逐步下降，基本维持在 500～510 kg/t，喷煤比长期稳定在 150 kg/t。

5 结论

在未来钢铁产业高质量发展中，高炉高比例球团冶炼是实现低碳炼铁的重要举措之一。论文系统总结了球团矿在高炉条件下的反应行为，并结合国内外大型高炉炉型结构优化及高炉生产操作制度，论述了未来高比例球团冶炼的发展趋势，为高比例球团冶炼奠定基础。

（1）高比例球团冶炼的高炉生产稳定顺行，从源头上有效控制污染物的排放，形成一套稳定的操作思路，拥有可以重复的冶炼结果，随着大型和特大型球团设备的应用，伴随着球团技术的日益更新，中国势必走上高比例球团冶炼之路。

（2）根据高比例球团的冶炼特点，对高比例球团高炉系统的设计进行了探讨，从矿槽入炉料分级入炉、高风温、高富氧、串罐无料钟炉顶、多段式炉身、全铸铁冷却壁及高效炉缸等设计角度，为未来高炉提供适合高比例球团冶炼的炉型及配套系统设计。

（3）通过采取入炉原燃料质量控制、炉料结构优化、装料制度优化、送风制度优化、热制度优化和造渣制度优化等，掌握了高比例球团操作的基本规律，成功实现了高比例球团的应用，形成了高比例球团冶炼的集成技术。

参 考 文 献

[1] 张福明．低碳高效高炉的设计研究［J］．中国冶金，2021，31（11）：1.

[2] 大型高炉低碳冶炼用优质球团矿开发与应用［J］．中国冶金，2021，31（3）：140.

[3] 段国建．我国高炉设计及装备的技术进步和创新发展［C］．中国金属学会．2017年第三届全国炼铁设备及设计研讨会会议资料，2017：3.

[4] 白凯凯．熔剂性球团氧化焙烧及冶金行为研究［D］．北京：北京科技大学，2022.

[5] 王新东，金永龙．高炉使用高比例球团的战略思考与球团生产的试验研究［J］．钢铁，2021，56（5）：7.

[6] 赵雪斌，路振毅，唐顺兵．太钢1800 m^3 高炉大比例球团生产技术的探讨［J］．山西冶金，2021，44（5）：43.

[7] 刘征建，黄建强，张建良，等．高炉高比例球团冶炼技术发展和实践［J］．辽宁科技大学学报，2021，44（2）：85.

[8] 张洪海，任荣霞，赵永彬．2922 m^3 高炉高比例球团冶炼工艺实践［J］．河北冶金，2022（5）：44.

[9] 周传典．高炉炼铁生产技术手册［M］．北京：冶金工业出版社，2002.

[10] 王新东，李建新，胡启晨．基于高炉炉料结构优化的源头减排技术及应用［J］．钢铁，2019，54（12）：104.

[11] 韩涛．高比例镁质熔剂性球团炼铁技术现状浅析［J］．河南冶金，2020，28（4）：5.

[12] 王新东，胡启晨，柏凌．唐钢新区2922 m^3 高炉设计特点［J］．炼铁，2021，40（3）：33.

[13] 焦虎丰，王雪峰，牛富军．大比例球团矿在安钢2800 m^3 高炉的应用［J］．河南冶金，2020，28（5）：20.

[14] 李昊堃，郭汉杰，梁建华．太钢球团矿比例增加后对高炉压差的影响及应对措施［J］．炼铁，2014，33（3）：20.

[15] 肖昌豪．国外大型高炉使用球团矿冶炼的基本情况［J］．烧结球团，1982（4）：52.

[16] 刘征建，王家保，张建良，等．高炉能耗现状及降耗技术展望［J］．钢铁研究学报，2023，35（1）：1-10.

[17] 毛庆武，章启夫，李欣，等．特大型高炉使用高比例球团矿技术研究及应用［J］．炼铁，2020，39（6）：1.

[18] 皮晓东，孙权，罗果萍，等．球团矿还原膨胀机理研究概况［J］．烧结球团，2017，42（4）：28.

[19] 沙永志，马丁戈德斯，宋阳升．我国高炉使用高比例球团生产技术经济分析［C］．中国金属学会．第十二届中国钢铁年会论文集．北京：冶金工业出版社，2019：348-354.

[20] 刘树振．高炉炉型计算［J］．武钢技术，1988（6）：15.

[21] 滕召杰，王凯，陈建，等．首钢京唐3号高炉高比例球团矿冶炼实践［J］．炼铁，2021，40

(4)：29.

[22] 王春龙，全强，祁四清，等．高比例球团高炉设计研究［C］．中国金属学会．2019年全国高炉炼铁学术年会摘要集．北京：冶金工业出版社，2019：64.

[23] 王新东，胡小东，胡启晨．河钢唐钢新区 760 m^2 带式焙烧机设计特点［J］．河北冶金，2021 (8)：31.

[24] 魏红超，雷鸣，杜屏，等．高炉炉缸死铁层深度优化设计［J］．钢铁，2021，56 (4)：24.

[25] 梁利生．宝钢3号高炉长寿技术的研究［D］．沈阳：东北大学，2012.

[26] 王新东，张弛，孙宇佳，等．河钢唐钢新区绿色制造技术应用实践［J］．环境工程，2022，40 (7)：179.

[27] 许满兴，张玉兰．新世纪我国球团矿生产技术现状及发展趋势［J］．烧结球团，2017，42 (2)：25.

[28] 张文强，肖洪，高冰，等．唐钢1号高炉高比例球团矿冶炼工业试验［J］．炼铁，2019，38 (2)：13.

[29] 张洪海，任荣霞，赵永彬．2922 m^3 高炉高比例球团冶炼工艺实践［J］．河北冶金，2022 (5)：44.

[30] 王建同．某公司2500 m^3 高炉大修改造技术特点［J］．天津冶金，2021 (5)：1.

[31] 张培峰．高球团比生产的操作制度优化探讨［C］．中国金属学会．第十一届中国钢铁年会论文集——S01. 炼铁与原料. 北京：冶金工业出版社，2017：165.

[32] 冷长明，姜鑫，薛庆斌，等．高比例酸性炉料对高炉操作的影响及应对措施［J］．钢铁，2022，57 (7)：16.

[33] 李乃尧，张建良，刘兴乐，等．MgO、TiO_2 对镁质钒钛球团矿综合冶金性能的影响［J］．钢铁，2017，52 (7)：14.

“双碳”背景下高炉使用高比例球团的展望①

王新东，金永龙

（河钢集团有限公司，河北 石家庄 050023）

摘　要：“碳达峰”和“碳中和”是我国承担解决气候问题的大国责任，推动生态文明建设和高质量发展的重要举措。高的碳排放是限制钢铁行业实现“双碳”目标的关键因素。为了达到低碳发展目标：一方面进行突破性的低碳冶金工艺的开发和应用，或拥有足够的优质废钢资源供给；另一方面，充分发挥现有高炉流程成熟、高效、优质、低成本等特点，结合铁矿资源条件，充分利用球团矿优良的冶金性能、生产过程低能耗和低排放等优势，开发高炉使用高比例球团的炉料结构和相关操作制度，实现全系统最佳的能源消耗和碳排放水平，提高现有流程的综合竞争力。高炉使用高比例球团的相关技术研究、开发和应用在国内外都已取得显著进展，我国在部分企业具备一定的资源优势条件，开展了大量前期研究和生产实践，未来的发展将为我国钢铁行业实现低碳目标产生积极效应。

关键词：炉料结构；能耗；高炉高比例球团；碳排放；展望

1　前言

为了应对温室效应引起的全球气候变暖，世界各国开展了大量基础性研究工作[1-3]，普遍认为化石燃料燃烧是产生温室效应的主要原因，并提出当前具有关键影响作用的温室气体是 CO_2。一方面 CO_2 在大气中停留的时间相当长，可达 50~230 年，N_2O 为 150 年，而 CH_4 仅 10 年；另一方面，温室气体的增温效应 CO_2 占 63%，CH_4 占 18%，N_2O 占 6%。因此，CO_2 成为最重要的温室气体控制对象。据多家机构统计数据[4-7]，2019 年世界 CO_2 排放总量约为 344 亿吨，2020 年约为 323 亿吨（受疫情影响），2021 年约为 363 亿吨，其中中国占三分之一，排放总量世界第一。尽管中国的人均排放比美国低一半以上，单位 GDP 的 CO_2 排放逐年下降，但人均排放已接近欧盟、日本等发达国家和地区，中国已经成为“名副其实”的 CO_2 排放大国。国际社会对中国高碳排放的质疑声量逐渐增加，将会严重制约我国的可持续发展和高质量发展。为了承担解决气候问题的大国责任，履行国际承诺，推动我国生态文明建设和高质量发展，我国提出了 2030 年前实现“碳达峰”的目标和 2060 年前实现“碳中和”的目标，与发达国家“双碳”路径相比，时间短、任务重、社会发展压力大。因此，为了实现我国“双碳”目标，将面临严峻的形势和空前的压力。

从行业角度，我国钢铁行业 CO_2 排放总量占能源燃烧和工业企业总排放量的 16%左右，仅次于电力行业[8,9]。据世界钢铁和国际能源署等统计[10-13]，2019—2020 年，钢铁

① 原文发表于《过程工程学报》，2022，22（10）。

行业吨钢 CO_2 排放量为 1.85~1.89 t，其中电炉钢排放强度仅为 0.4~0.6 t/t，而长流程的排放强度达到 1.3~2.3 t/t，其中宝钢股份、河钢股份、TATTA、新日铁、台湾中钢、POSCO、安米、奥钢联等以优质板材为主的企业，其吨钢 CO_2 排放量为 1.85~2.30 t，而国内以棒线材等普通建材为主的少数企业，其吨钢 CO_2 排放量可低至 1.2 t。另据统计[14-16]，2018—2019 年，我国粗钢产量分别为 9.28 亿吨和 9.96 亿吨，废钢消耗分别为 1.88 亿吨和 2.16 亿吨（增加 14.89%），废钢比分别为 21.7%和 20.23%，其中电炉钢比例为 11%左右，即 50%左右的废钢在转炉流程消耗；2021 年，我国粗钢产量达到 10.33 亿吨，占世界总产量的 52.9%。其中高炉-转炉流程的比例达到 90%以上，电炉短流程的比例约 10%。可以认为，目前我国高炉-转炉长流程产能具有绝对的优势，其中成本因素、资源因素是制约全废钢电炉短流程发展的主要原因[17,18]。因此，“双碳”背景下，钢铁行业低碳减排任重道远。

2　钢铁企业能源消耗和高炉炉料结构特点与演变

2.1　钢铁企业能源消耗和碳排放特点

按目前我国钢铁行业流程结构分析，钢铁企业能源消耗主要是在铁前系统，包括烧结、球团、炼焦和炼铁。根据企业实际生产数据分析（见图 1），该企业的球团使用比例 10%左右，还有 15%左右块矿，烧结矿比例大约 75%，转炉废钢比约 17%，在这样的炉料结构下，铁前系统的能耗约占 90%，其中炼铁工序占 70%以上，烧结和炼焦工序各为 10%左右，球团比例较低，能耗占比小于 1%。轧钢系统的能耗与其产品结构、深加工工艺等有关，在此不做赘述。而碳排放强度，铁前系统的占比为 60%~70%，其中炼铁约为 34%，烧结约为 16%，炼焦约为 14%。因此，无论是工序能耗和碳排放强度控制，铁前系统是关键，其中作为原料生产的烧结和球团系统都还有一定潜力，烧结系统的潜力更值得关注。

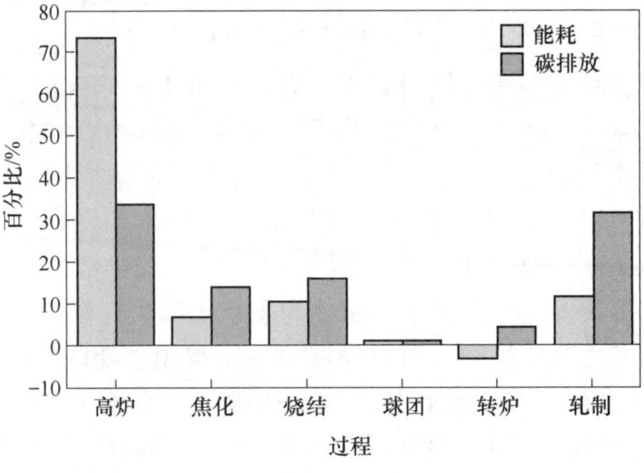

图 1　典型钢铁企业各工序能耗和碳排放比较

针对未来发展，从废钢资源角度，按 2035 年前我国废钢供给量每年增加 1000 万~1500 万吨估算，至 2035 年，废钢供给量或可达到 3.6 亿~4.4 亿吨规模，废钢为主的电炉短流程和高炉-转炉传统长流程将形成强大的竞争态势。但以废钢为原料的电炉短流程，目前在生产优质钢材领域、局部环保领域等还无法和传统长流程相竞争，废钢成本也一直处于劣势[19-22]。展望未来，一方面，电炉短流程的技术进步，可能会提升其产品竞争实力，环保问题得到彻底解决；另一方面，低碳冶金技术进步和采选矿技术发展，长流程工艺也将继续发展，竞争优势可能持续。比如，转炉使用高比例废钢技术，可以充分利用铁水的优质化和废钢熔炼的低碳化特点，如利用铁水［Si］、［C］等元素的氧化放热。因此，即使中远期内，传统长流程还将继续发挥作用[23-25]，甚至还将是铁素资源补充的主流。尤其是西欧、日本、韩国和中国等产钢大国，对高炉工艺的改进和创新都在持续，如高炉煤气脱碳富氧循环、高炉喷吹富氢燃料等技术研究不断深化[26-28]，高炉高比例球团替代大比例烧结也是其中关注的重点技术之一。

2.2 国内外高炉炉料结构的发展与演变

长期以来，合理炉料结构是高炉冶炼的一项重要工作，高炉炉料结构优化的技术基本成熟，逐步形成了以“高、稳、熟、小、匀、净”为指导方针的科学思路[28-31]。但是，由于资源、环境和技术等因素影响，国内外形成了以烧结矿为主和以球团矿为主的两种主要技术路线。其中，中国、日本、俄罗斯、西欧和韩国形成了以烧结矿为主（占入炉料的60%~70%），以球团矿或块矿为辅的炉料结构；而北欧、北美，则以高比例球团矿为主，包括高碱度和酸性球团矿的搭配、高比例球团矿搭配少量烧结矿或块矿及其他辅料的炉料结构。不同的炉料结构，都是以形成合理的炉渣碱度满足炉渣高温特性和脱硫需要，合理的炉料综合冶金性能满足高炉内形成合理的软熔带结构为出发点，目标是实现高炉稳定顺行和高效长寿，以此为基础，实现最低的消耗、最优的质量和最大的效益。

2.2.1 北美高炉使用高比例球团的演变过程

北美地区（主要是美国、加拿大和墨西哥）在全面开发五大湖地区铁矿基础上，逐步脱离对南美铁矿的依赖，利用细磨铁隧岩生产球团矿，该类矿石以磁铁矿为主，磨选后粒度较细，比较适合球团矿生产。在球团矿生产大幅增加，球团使用比例不断增长的条件下，逐渐淘汰原先占主流的烧结生产工序[32-37]。一方面是资源条件的约束，同时烧结设备老化，改造过程使用了更适合精矿粉造块的球团工艺；另一方面，北美地区对烧结过程的能源消耗、气体排放和工艺过程（如烟气循环）进行了深入研究，从利于环保的角度考虑用球团工艺取代烧结。根据该地区各钢厂 30 多座高炉炉料结构的资料显示（见图 2），从炉缸直径 6.5 m 的 1000 m^3 级高炉到炉缸直径 13.5 m 的 4000 m^3 级高炉，北美地区使用大量的熔剂性球团矿和酸性球团。其中，个别企业以 100%熔剂性球团为原料，大多数企业酸性球团或碱性球团以及两者之和的比例达到 60%以上；有的企业是采用酸性球团和碱性球团搭配使用，两者之和也有高达 100%的，而烧结矿和块矿使用的比例普遍偏低。其中烧结的主要功能也从生产主体熟料变为以处理企业含铁固废为主，甚至协同处理一些社会固废，而烧结矿作为辅料，品位不高，有的烧结矿 TFe 品位只有 52%左右，而碱度达到 2.8 以上（CaO 约 15.0%，SiO_2 约 5.2%），高碱度可弥补酸性球团碱度偏低的问题。由于北美地区铁隧岩必须细磨到 500 目（25 μm）以下，精矿品位才能达到 66%以上，原料品质和北欧有一定差距，其高炉碳素消耗和国内先进水平，以及日本、韩国、西欧的大多数高炉不相上下，即燃料比 500 kg/t 左右，也有少数高炉达到 486 kg/t 的水平。不同的是由于北美地区天然气资源丰富，有很多高炉都喷吹相对廉价的天然气取代部分煤粉，但天然气的喷吹比例很少超过 100 m^3/t（标态），喷吹量与天然气的置换比和经济性相关。从能耗角度，焦炭的折标系数 0.97 kgce/m^3（标态），天然气的折标系数 1.23 kgce/m^3（标态），而高炉喷吹天然气的置换比理论值在 0.8～1.3 kg/m^3（标态），实际高炉置换比大多在 0.4～0.8 kg/m^3（标态），很少超过 0.85 kg/m^3（标态），所以高炉大比例喷吹天然气后能耗折标值可能是增加的。而从低碳角度，焦炭排放因子为 1 kgCO_2/kg，天然气的排放因子为 0.71 kgCO/m^3（标态），说明置换比大于 0.71 kg/m^3（标态）以后，天然气喷吹才有减碳效果。这也是我国低碳过程拟要大幅度喷吹天然气值得思考和借鉴的问题[38-44]。

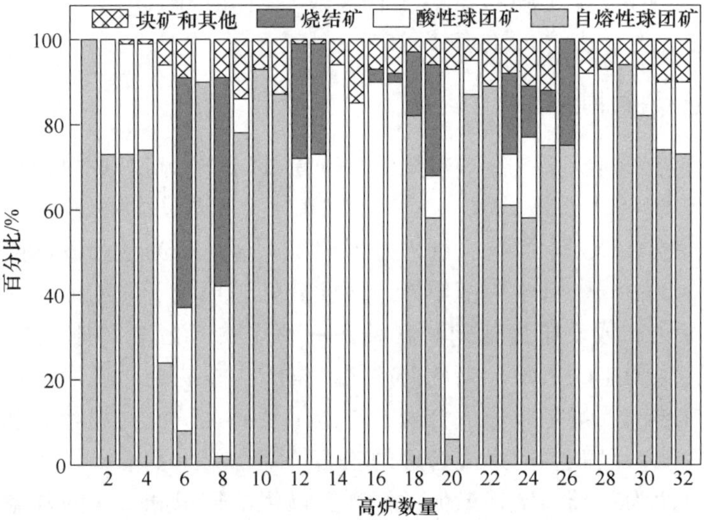

图 2　北美地区炉料结构统计

2.2.2　北欧高炉高比例球团的演变过程

北欧（包括瑞典和芬兰），其中瑞典 LKAB 矿业公司具有 130 年为全球钢铁行业提供优质铁矿的历史，主要产品包括高品质酸性球团（R_2 约 0.21，与高碱度烧结矿搭配使用）、高镁酸性球团（MgO 1.3%～1.4%，R_2 0.22～0.25，具有优异的高温特性）和高碱度熔剂性球团（R_2 约为 1.2，通过表面涂敷工艺更适合 DR 竖炉-电炉工艺），这些优质球团矿 TFe 高达 66.6%～67.9%，SiO_2 含量为 0.75%～2.6%。从 20 世纪 70—80 年代以来，SSAB 公司利用其酸性球团进行高炉高比例球团冶炼技术的研究和生产试验，逐渐缩小烧结矿比例，最终达到了全球团冶炼的目标。截至 2014 年，芬兰 Rautar Ruukki 公司也全面停止烧结矿生产，高炉实现全球团冶炼，从而完成了北欧炉料结构的全球团化。在高比例甚至全球团冶炼进展中，SSAB 和 Rautar Ruukki 公司在高炉设计、操作技术等方面取得积极进步，含铁二次资源压块、风口喷吹钢厂碱性粉尘或尘泥等技术突破，实现了高炉冶炼碳素消耗的世界最佳纪录。表 1 是 SSAB 有效容积 3000 m^3 级高炉操作指标，所有数值是年平均数值。其中炉料以球团矿为主，配加少量的返料压块、石灰石、LD 渣等辅料和回收废铁，入炉料品位高达 66%，渣量仅 163 kg/t，高炉有效容积利用系数 2.0 t/(m^3 · d) 左右，燃料比 452 kg/t，其中焦比 310 kg/t（含 11 kg/t 小块焦）。该燃料比指标达到了目前高炉操作的最佳水平范围[24,36,45-49]。

表 1　SSAB 有效容积 3000 m^3 级高炉主要操作指标

风口/个	32	炉膛直径/m	11.4	工作容积/m^3	2540
开工率/%	94.9	热金属日产量/($t \cdot d^{-1}$)	5849	工作量生产率/($t \cdot d^{-1} \cdot m^{-3}$)	2.30

顶部气体成分/%			η_{CO}/%	渣系组成/%				R_2
H_2	CO	CO_2	54.6	CaO	SiO_2	Al_2O_3	MgO	0.98
3.50	20.3	24.6		33.2	33.8	12.9	14.9	

化学成分/%						温度/℃
C	Si	Mn	P	S	V	1481
4.70	0.44	0.29	0.041	0.043	0.36	

BF 工序							
鼓风量/($m^3 \cdot t^{-1}$)	富氧比率/%	鼓风温度/℃	鼓风压力/kPa	鼓风湿度/($g \cdot m^{-3}$)	PCI/($kg \cdot t^{-1}$)	焦比/($kg \cdot t^{-1}$)	燃料比/($kg \cdot t^{-1}$)
950	3.0	1080	242	7.7	142	299+11①	452

炉料结构/($kg \cdot t^{-1}$)						TFe/%	炉渣率/($kg \cdot t^{-1}$)
球团	再生型煤块	废料	石灰石	LD 渣	锰渣		
1320	96.7	11.7	19.4	47.2	0.4	66	163

①总焦炭率为 310 kg/t，其中包括 11 kg/t 粒径为 10~20 mm 的较小焦炭。

2.2.3　我国高炉炉料结构发展的最新进展

目前，我国高炉仍采用以高碱度烧结矿为主的炉料结构。据统计，2018 年和 2019 年，球团矿、烧结矿、块矿的入炉比例分别为 13.97%、74.18%、11.85% 和 15.41%、73.19%、11.41%。2021 年，我国生铁产量为 8.69 亿吨，球团矿、烧结矿、块矿的入炉比例变化不大。为了适应未来炉料供给变化和低碳发展要求，国内开展了大量高比例球团的研究和实践[50-52]，比较成功的示例如下所述。

首钢京唐公司 5500 m^3 高炉高比例球团的试验和应用。2015 年 12 月，该公司在 1 号高炉进行增加球团矿比的工业试验，球团矿比例从初始的 33%逐渐增加到 41%、46%和 51%，目的是探索特大型高炉使用比例大于 50%球团矿冶炼技术的可行性和操作制度的适应性。试验期间，高炉透气性指数相对平稳，风量与压差关系平稳，炉况运行状态稳定，未出现大幅度炉况波动，实现了平稳过渡，各项主要操作技术指标变化不大。为了长期使用大比例球团矿冶炼，开发了碱度为 1.2 左右的高性能低硅碱性球团，以适应大高炉冶炼要求。经过多年摸索，2019 年 4 月，高炉建成投产以后，3 座 5500 m^3 高炉全部实现了入炉球团矿比例达到 50%以上的稳定顺行目标。通过长期运行，目前球团矿入炉比例已经稳定达到 55%以上，入炉矿品位达到 61.5%~62.0%，高炉渣比达到 220 kg/t 的水平，高炉燃料比达到了 480~490 kg/t 的国内先进水平，实现了高炉降低燃料比 10~15 kg/t，炼铁工序 CO_2 排放显著降低。

宝钢股份公司高比例球团工业试验。为了适应炉料结构调整，在上海本部高炉开展了高比例球团试验，高炉使用球团的最高比例达到了 35%~40%，高比例使用的球团来自巴西的碱性球团，运行两个多月，生产稳定、顺行良好，煤比 180~185 kg/t，燃料比 480~495 kg/t。由于近几年国际市场铁矿精粉价格偏高，球团价格偏高，实际生产并没有长周期使用。但宝钢湛江的球团厂开展了碱性球团、酸性球团、烧结粉细磨造球、减少回转窑结圈等系列研究和试验工作[53,54]，从球团生产、成本控制等方面为提高球团比例做好了技术储备，并在湛江等高炉开展高比例球团试验。由于球团矿供给有限，试验比例很少超过35%。

河钢集团唐钢公司（简称“唐钢公司”）的试验和生产实践。唐钢公司在完成大量基础准备工作以后，在国家专项支持下，先后完成了镁质酸性球团［$w(SiO_2)$ 6. 30%、$w(MgO)$ 1. 60%、二元碱度0. 33］、镁质熔剂性球团［$w(SiO_2)$ 4. 50%、$w(MgO)$ 1. 80%、二元碱度0. 98］的制备、450 m^3 高炉高比例球团试验等工作，球团比例从20%提高到80%，高炉稳定顺行，燃料比降低10 kg/t以上。河钢唐钢新区（简称“唐钢新区”）建成3座2922 m^3 高炉，配套建设2台360 m^2 烧结机、2条760 m^2 带式焙烧机生产线和4座7 m焦炉以及1座大型智能化料场。根据资源结构特点，借鉴国内外高炉高比例球团冶炼的经验，设计高炉的炉料结构为50%烧结矿+50%球团矿，设计时对高炉炉型进行优化，通过探索合理操作制度，高炉高比例球团冶炼生产取得阶段性成果。（1）炉型设计优化方面。综合考虑高比例球团冶炼的特点，对炉型中炉身、炉腰、炉缸等设计进行科学调整。首先，充分考虑球团矿在低温区产生膨胀并受挤压易造成粉化的特点，当炉料结构中球团矿比例偏小时对高炉顺行影响不大，而当采取高比例球团矿时，对高炉顺行的影响显著增加。因此，对炉身结构进行优化，选择合理的上下部炉身角，为球团矿在低温区的膨胀留出空间。其次，当采用高比例球团冶炼时，矿石软化初始温度降低，软熔带位置上移，高炉冶炼的软熔带处于炉腰部位，同时矿石的软化区间变大，软熔带变宽，造成高炉中部压差升高。因此，高炉适当增加炉腰高度和保持较大的炉腰直径以适应软熔带位置及区间的变化，改善料柱透气性。再次，炉缸直径不是制约高炉强化的瓶颈，但炉缸直径偏大容易造成炉缸中心不活跃，这在高比例球团冶炼过程中尤为明显。因此，高炉适当缩小了炉缸直径，同时增加死铁层深度到3. 0 m，这样既有利于保证炉缸的透液性、活跃炉缸，又有利于强化冶炼。（2）炉料结构方面。2020年9月唐钢新区1号高炉投产，同年11月新区2号高炉投产，炉料结构基本为75%烧结矿+15%酸性球团矿+ 10%块矿。2021年4月新区3号高炉投产，高炉开始降低烧结矿配比，配加碱性球团，2021年底高炉炉料结构攻关至50%烧结矿+10%块矿+40%球团矿（30%碱性球团矿+10%酸性球团矿），达到设计50%烧结比要求，2022年三座高炉基本稳定此炉料结构。（3）指标优化方面。唐钢新区目前采用的40%比例球团矿炉料结构，与唐钢公司以前高碱度烧结矿占主体炉料结构相比，入炉品位提高1%以上，渣量降低，高炉适应性增强，接受高顶压、高压差、高富氧、高风温能力增强，高炉煤气利用率提高，产量增加，燃料比降低。唐钢新区高炉通过技术创新和综合管理，高炉生产稳定，指标平稳。2022年5月，3座高炉平均块矿比10. 8%、球团矿比36. 4%、烧结矿比52. 8%、入炉品位59. 38%、渣比282. 9 kg/t，风温1165 ℃，富氧率达到5. 8%，高炉有效容积利用系数达到了2. 93 t/(m^3 · d)，最低燃料比小于515 kg/t，煤比超过140 kg/t。

3 低碳背景下球团矿和烧结矿比较优势分析

3.1 球团矿和烧结矿生产的能耗比较

球团生产和烧结生产相比，最大的优势是工序能耗低，图3是中钢协统计的历年烧结矿和球团矿生产工序能耗对比，由图中可以看出，球团矿生产工序能耗仅是烧结矿的52%~56%。据国内重点钢铁企业统计，2018 年和 2019 年，球团系统能耗分别为29. 58 kgce/t 和 28. 75 kgce/t，烧结系统能耗分别为 52. 03 kgce/t 和 50. 60 kgce/t，相差22. 45 kgce/t 和 22. 03 kgce/t，近几年工序能耗变化不大[55-58]。而针对目前国内严苛的环保政策，球团生产的烟气处理优势明显，其烟气排放量只有烧结的75%左右，每吨产品的 SO_2 和 NO_x 排放量分别只有 1/2 和 1/3，因此球团生产的环保投入和运行成本相对烧结都要低[59,60]。而从碳排放角度，根据河钢实测数据，烧结矿生产的碳排放强度为 0. 2824 t/t，球团矿为 0. 1412 t/t，球团矿的碳排放强度也仅是烧结矿的 50%左右。按 1 kg 标准煤热值 29260 kJ 计算，按碳完全燃烧产生 CO_2 的热值为 393. 3 kJ/mol 计，相当于少排放 CO_2 约 20 kg/t。按年产 1000 万吨规模球团厂估算，每年可比同等规模烧结厂减排 CO_2 20 万吨以上[61-63]。但从消耗组成分析，高碱度烧结矿需要石灰石、白云石等辅助原料调整碱度和主要渣相成分[48,64-66]，折合碳排放强度大约占 15%；需要的燃料包括点火燃料（焦炉煤气、高炉煤气等）和烧结过程形成液相黏结相不可或缺的配碳（如焦粉、煤粉），大约占 35%；动力（水、电、风、气）占 50%，如果未来全部利用绿电，则烧结过程的“极限”碳耗约有 0. 14 t/t。对于球团生产，主要包括链算机-回转窑、带式焙烧机和竖炉等工艺，燃料包括煤粉、煤气或天然气等，大约占总碳耗的 20%，而动力消耗约占 80%，如果采用清洁能源替代和 100%绿电，极限碳耗约 0. 03 t/t，比烧结矿生产低 0. 11 t/t，说明球团生产比烧结有更大的减碳潜力。

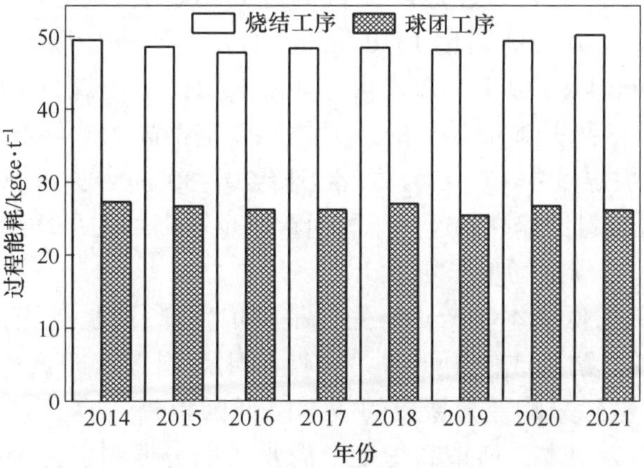

图 3　烧结矿和球团矿生产工序能耗对比

3. 2　高炉使用球团矿的潜力分析

对于高炉使用高比例球团而言，球团矿品位普遍高于烧结矿，图 4 是资料统计的球团矿和烧结矿品位对比[67-71]。可以看出，球团矿品位普遍高于 60%，而烧结矿的品位大多为 52%~58%。而高品位炉料的使用，首先要发挥其先天优势，即利用高品位、低渣量有利于操作稳定顺行和降低能耗的优势，实现低消耗和低碳排放，从而体现出好的经济效益和环境效益。因此，高比例球团的使用必然应该体现以下优势才能说明该技术是科学的、成功的。

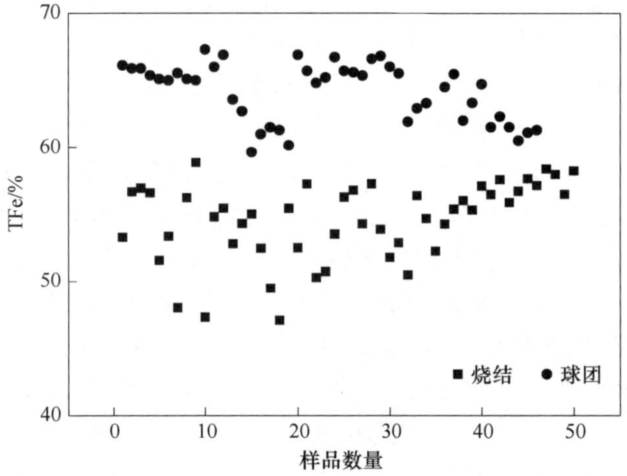

图 4　球团矿和烧结矿品位比较

（1）满足高炉生产低碳排放要求。根据欧美和国内实践[72-74]，高炉全球团冶炼、实现好的技术经济指标在技术上可行的。由于球团矿品位普遍高于烧结矿，带来的直接效果是实现低碳生产，满足国际社会对低碳排放的要求。大量实践证明，高比例球团是实现高炉入炉矿品位达到 60%以上、渣比小于 270 kg/t、燃料比小于 500 kg/t 的关键。比如，以瑞典 SSAB 厂使用高比例球团为代表，球团比最高达到 100%，入炉混合料总量为 1503 kg/t（球团矿+压块+废铁等），其中球团比 1320 kg/t，TFe 达到 66%以上，渣量小于 160 kg/t，燃料比最佳可以达到 460 kg/t 以下，煤比可达 160 kg/t，炉顶煤气 CO 利用率达到 46%左右，其高炉生产的低碳效果是显而易见的。另外，以宝钢高炉实际数据统计和计算，燃料比下降 20 kg/t 时，高炉煤气中 $CO+CO_2$ 总量下降 20～30 m^3/t，占总量的 3%～5%。而对于国内大多数企业来说燃料比偏高，近几年国内重点企业高炉的平均燃料比仍高达 530 kg/t，使用优质原料后的高炉减碳潜力应该更大。

（2）实现真正意义的低成本生产。首先，是高炉生产过程，目前国内普遍认为，适当牺牲入炉矿品位或质量，购买或使用所谓“高性价比炉料”（即低价料），可以实现所谓的“低成本”。但是，剔除采购差异造成的成本降低因素外，真正意义的低成本还是需要以原料为基础、以操作为根本，所谓高炉生产需要“七分原料、三分操作”并不是一句空话，而是历史经验的科学总结。原料质量相对稳定，入炉品位高、渣量低的直接体现是高炉操作稳定、易顺行，矿耗低，从而使燃料比相对较低，切实地降低炼铁生产成本。另一方面，高比例球团的使用，由于矿耗和燃料比的下降，物流成本也会相应下降，如前述瑞典 SSAB 高炉的烧结矿+球团矿+块矿矿比比国内高炉低 250～350 kg/t，燃料比低 50～100 kg/t，如果按单体企业千万吨级的产量，每年的物流量也是相当可观的。另外，高炉的稳定顺行有利于高炉操作炉型的稳定，有利于保护高炉的耐材和附属设备，从而实现高炉的长寿，从高炉一代炉役综合评价，其经济效益也是显而易见的。高炉长寿有利于降低设备、耐材等消耗，而这些材料的取得都是需要能量消耗的，所以从系统角度，高炉长寿也有利于降低其全生命周期的碳排放。其次，是烧结矿和球团矿生产过程。表 2 为烧结矿和球团矿生产数据对比，该表是国内几家典型企业的同期生产现场采集数据。可以看出，大多数企业球团矿生产的总成本比烧结矿高，鞍钢、首钢由于有自产精粉资源，吨矿铁原料成本差值较小，甚至倒挂，总成本也有一定优势。根据以上数据，各家企业烧结矿和球团矿总成本的平均值分别为725.30元/吨和772.58元/吨，吨矿的含铁原料价分别为528.82元/吨和641.17元/吨，计算得到“加工成本”分别为196.48元/吨和131.41元/吨，即球团矿的平均加工成本比烧结矿低65.07元/吨。从品位角度，烧结矿和球团矿的平均TFe分别为55.76%和63.57%，球团矿的TFe量比烧结矿高7.81%，品位价值体现在售价上，可进一步抵扣吨矿生产成本。所以，对于球团矿生产来说，尽管总成本高，但加工成本具备优势，而且高品位对高炉高效、低耗更加有利。

表2 国内典型企业的烧结矿和球团矿生产数据对比

企业	烧结矿	球团矿	烧结矿	球团矿	烧结矿	球团矿
	TFe/%		Fe原料价格/(元·吨$^{-1}$)		生产成本/(元·吨$^{-1}$)	
鞍钢	54.28	64.48	554.20	538.26	755.89	629.81
首钢	55.37	65.45	538.94	559.94	703.68	710.62
河钢	56.03	61.99	496.40	589.80	660.04	726.54
柳钢	55.32	63.31	511.57	717.54	726.80	790.60
沙钢	57.09	64.70	573.94	826.51	855.03	994.44
山钢	56.46	61.50	497.92	614.93	650.34	783.48
平均值	55.76	63.57	528.83	641.17	725.30	772.58

4 我国高炉使用高比例球团的展望

根据目前国内情况，普遍认为高比例球团使用的瓶颈问题主要是成本问题。事实上，真正问题的实质还是技术问题，而成本问题只是一个表象。原因如下。(1) 国内高比例球团的试验和生产实践，多数都不是主动的、长期的行为。比如早年的杭钢和八钢，都是在烧结矿短缺的背景下的短期行为，对高比例球团的使用技术只停留在保证高炉正常出铁满足后续生产要求，没有深层次的技术突破；而前几年沙钢集团东北特钢和鞍钢集团等筹划和研究的高比例球团技术，也是基于烧结机即将停产，不得不考虑选择新建球团，而目前制约球团矿生产和使用的还是考虑成本因素为主，并没有展开深度研究。(2) 近几年的高比例球团试验，如宝钢、首钢和河钢，取得了一定程度降低燃料比的直接效果，但与瑞典几十年的研究最终取得最佳低碳排放相比，投入研发的资金、精力远远不足，尤其是炉料结构改变后对炉料综合性能的研究和优化、高炉炉型变化的研究、对高炉操作上下部调剂的研究等明显比较粗浅，而瑞典的成功也是多年研究的成果积累，近十多年才取得重大突破，然后才有芬兰彻底取消烧结的决心。(3) 国外的成功离不开技术的突破。比如瑞典实现100%球团冶炼技术，除了资源优势外，主要依靠高效回收企业含铁固废、高炉炉型设计优化、高炉操作改善等核心技术，实现切实的低耗、优质和低成本。因此，如果高比例球团在高炉应用的技术上没有突破，是无法充分发挥优质球团矿的突出冶金性能、实现低耗生产的，更无法实现低成本。针对我国高炉使用高比例球团的瓶颈问题，已经开展了大量技术研究，并取得积极进展，未来发展前景是可期的。近几年，取得的主要进展如下。

（1）适合我国炉料资源条件的球团制备技术研究不断发展。充分利用国内外资源，提供优质的球团矿生产原料，而提高国内精粉品位和控制成本仍然是关键，尤其是宝武、鞍钢和河钢，都是有大规模自产精矿的企业，但精矿粉生产水平参差不齐。而发展球团矿应以高品位、控制 SiO_2 含量为优先考虑的方向，因为高比例球团意味着“表观成本”增加，如果不提高高炉入炉品位，其优势将大大降低，高炉操作的高效、低耗目标将难以实现，失去高比例球团的实际意义。而球团成分不同，其制备、焙烧制度等也完全不同，尤其是碱度提高后对球团生产技术要求更高，需要系统研究。因此，各企业针对提高品位、降低成本开展了大量研究工作。如鞍钢的弓长岭、大孤山、齐大山等大型铁矿，具备了生产 TFe 大于 66%以上的技术条件和成本控制能力，同时在高品位酸性球团生产方面技术优势明显，为鞍钢炉料结构优化提供了资源保障。河钢集团针对自身原料条件，包括国内矿和国外矿，在镁质酸性球团、镁质熔剂性球团、不同硅含量球团等方面开展了大量的实验室研究、工业试验，在链箅机-回转窑、带式焙烧机等工艺都积累了大量生产经验。而首钢集团利用秘鲁低硅铁精粉生产了优质含镁球团，能够满足高炉大比例使用球团矿的要求。

（2）使用高比例球团的高炉炉型结构研究趋于成熟。瑞典高比例球团技术的巨大成功，经历了将近 40 年时间，期间高炉的炉型结构有明显变化，因为球团矿的综合冶金性能和烧结矿是完全不同的，如还原特性、软融滴落特性，不同的炉料存在较大差异，导致在高炉内不同区域炉料的性状变化，需要对炉型结构进行优化。而美国使用高比例球团的高炉开炉前对高比例球团布料特性等也进行了全方位研究；芬兰尽管有瑞典的经验，但对全面使用球团矿也进行了细致的研究，并不是简单地模仿和照抄。我国在近几年的高比例球团应用实践中，也逐渐认识到高炉炉型结构适应高比例球团冶炼要求的重要性，如唐钢新区的高炉炉型设计，已经采用新的炉型优化设计思路，从目前的初步应用效果看，有利于高炉强化和稳定，对于进一步提高球团矿比例和降低燃料消耗等方面起到了很好的作用。

（3）高比例球团冶炼的高炉操作制度在国内逐步完善。炉料结构不同，高炉的操作制度必然要有相应变化，这是实现高比例球团正常生产至关重要的关键技术。如球团矿的形状、粒度等和烧结矿差别很大，布料制度必然要进行相应调整；从冶金性能分析，球团矿和烧结矿也是截然不同的，不同种类球团矿之间也存在巨大差异，如图 5 所示。由图 5 可知，由于碱度不同，球团矿的低温还原粉化（+6.3 mm/%）指标和还原速率（R40）指标差异较大，一般规律是随碱度（二元和四元碱度）提高，还原速率提高，但还原粉化指标变差。这些条件的变化，对高炉冶炼操作来说是至关重要的，需要从理论、实践中摸索、提升。因此，彻底改变传统操作理念，加强基础研究，凝练先进的操作方法和技术，实现和球团品质相匹配的技术经济指标，是实现高比例球团具有成本优势的关键。我国高比例球团的实践始于 20 世纪 90 年代，近几年河钢、首钢、宝钢等试验和研究积累了丰富的经验，从粗放式地摸索，到稳定的高比例球团使用，各个企业正逐渐形成独特的、具有适应能力的操作制度，为后续大幅度的高炉使用高比例球团发展奠定了基础。

（4）追求最佳的环境效益将促使高比例球团使用技术的快速发展。前述已经阐明，高比例球团最大的优势是降低球团矿生产过程系统能耗，降低烟气总量和 SO_2、NO_x 的排放，降低系统环保投资和运营成本。而在高炉过程，需要通过合理的炉料特性，充分利用含铁固废，优化操作，达到大幅度降低高炉过程碳耗。从矿山开采、矿石采购、选矿、球

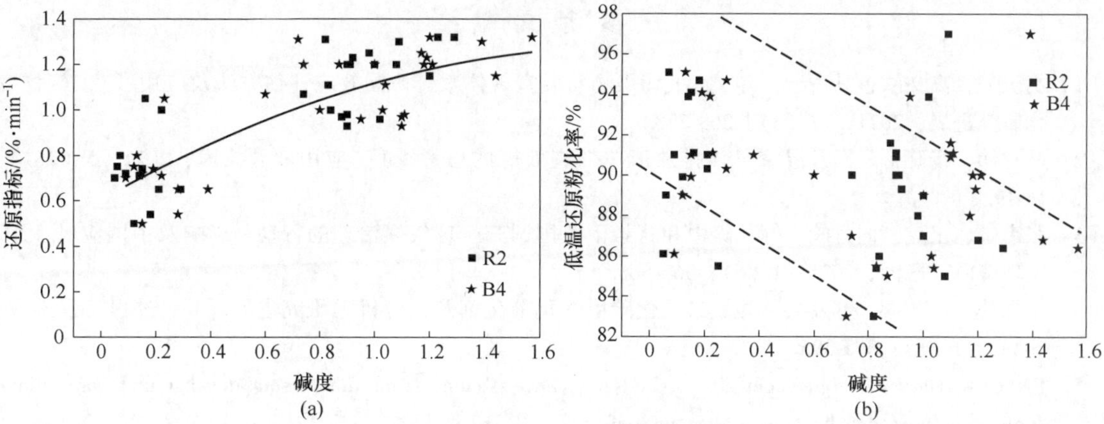

图 5 不同种类球团矿冶金性能的差异

（a）还原指标；（b）低温还原粉化率

团到高炉，是一个大的系统，而这个系统工程的运转需要以降低碳排放和有害气体排放为基本出发点，实现低碳运行，避免今后可能实施的碳税或碳容量限额对企业经营或成本造成的冲击，实现企业可持续发展。

5 结论与展望

温室气体导致的气候变化压力增加，环保的要求日益加严，“双碳”形势日益紧迫，低碳排放越来越受到推崇和重视，尤其是高碳耗的炼铁长流程工艺备受考验。为了降低钢铁行业环保压力，除了根据国情适度发展电炉炼钢外，从生铁供应角度，在积极研究和开发新技术的同时，重点还是需要考虑如何优化现有高炉工艺生产为主，其中高比例球团利用的综合技术是降低高炉系统碳排放、降低全系统环保压力的最重要的可选方案。

（1）高炉使用高比例球团的技术未来可期。国外高炉使用高比例球团的研究和应用技术已经成熟，我国的各项试验和研究工作取得积极进展，并已有大型高炉成功的运行经验。但高炉使用高比例球团冶炼是个系统工程，要因地制宜，结合原燃料条件，需要进行综合的、系统的深入研究。在条件可能的情况下，应大力推广高炉高比例球团冶炼。

（2）球团矿生产的节能降碳优势明显。球团矿生产比烧结矿在节能、低碳和有害气体排放等方面都具备显著的优势，尤其是具备足够绿电资源条件下，球团矿生产的低碳潜力更大，可实现低于 30 kg/t 的碳排放水平。因此，高比例球团使用是高炉降低碳排放的重要基础条件。

（3）使用高比例球团在高炉操作中的优势需要进一步体现。高品位、具备优良冶金性能的球团矿的使用，有利于高炉实现稳定、顺行、高效、长寿，有利于高炉实现低碳排放，是实现焦比低于 300 kg/t，燃料比低于 500 kg/t，甚至是 460 kg/t 以下的“极限”目标的可行路径。

（4）以高比例球团的最佳炉料结构实现初步减碳为基础，进一步突破高炉煤气脱碳循环、高效富氢喷吹、极限富氧等“瓶颈性”技术，高炉碳排放有望下降 35%～45%的水平，可为未来钢铁行业碳中和作出积极贡献。

参 考 文 献

[1] 高庆先，高文欧，马占云，等．大气污染物与温室气体减排协同效应评估方法及应用［J］. 气候变化研究进展，2021，17（3）：268-278.

[2] 马建伟，杨晓菁．提升温室气体排放清单核查效能的思考［J］. 应用能源技术，2021，5（281）：16-19.

[3] 张宇宁，王克，向月皎，等．碳中和背景下美国回归全球气候治理的行动、影响及中国应对［J］. 全球能源互联网，2021，4（6）：560-566.

[4] 田郡博，古芳娜，苏发兵，等．二氧化碳甲烷化催化剂及反应机理研究进展［J］. 过程工程学报，2023，23（3）：375-395.

[5] UNFCCC. The Paris Agreement 2015［EB/OL］. http：//unfccc. int/files/essentialbackground/convention/application/pdf/english_paris_agreement. pdf.

[6] 国家统计局．中华人民共和国 2020 年国民经济和社会发展统计公报［EB/OL］. http：//www. stats. gov. cn/tjsj/zxfb/202102/t20210227_1814154. html.

[7] World Steel Association. World Steel in Figures 2021［EB/OL］. https：//www. worldsteel. org/en/dam/jcr：976723ed-74b3-47b4-92f6-81b6a452b86e/World%2520Steel%2520in%2520Figures%25202021. pdf.

[8] 王丽娟，张剑，王雪松，等．中国电力行业二氧化碳排放达峰路径研究［J］. 环境科学研究，2022，55（2）：329-338.

[9] 张蕊娇，刘振鸿．中国钢铁行业碳排放和计算体系研究［J］. 中国人口·资源与环境，2012，22（11）：5-8.

[10] IPCC. The IPCC's fifth assessment report［R］. Cambridge：Cambridge University Press，2013.

[11] World Steel Association. Steel statistical yearbook 2020［R］. Belgium：World Steel Association，2021.

[12] 上官方钦，刘正东，殷瑞钰．钢铁行业“碳达峰”“碳中和”实施路径研究［J］. 中国冶金，2021，31（9）：15-20.

[13] AN B W. The LMDI approach to decomposition analysis：a practical guide［J］. Energy Policy，2005，33（7）：867-871.

[14] 汪旭颖，李冰，吕晨，等．中国钢铁行业二氧化碳排放达峰路径研究［J］. 环境科学研究，2022，35（2）：339-346.

[15] ZHANG X Y，JIAO K X，ZHANG J L，et al. A review on low carbon emissions projects of steel industry in the World［J］. Journal of Cleaner Production，2021，306：127-259.

[16] 曲余玲，狄嫣，邢娜．碳达峰、碳中和对钢铁行业的影响及路径分析［J］. 冶金经济与管理，2021（4）：36-38.

[17] 阮清华，白苗苗．我国长流程炼钢与短流程炼钢成本比较［J］. 中国钢铁业，2019（10）：58-60.

[18] 王国军，朱青德，魏国立．电炉钢与转炉钢成本比较［J］. 甘肃冶金，2019，41（5）：74-78.

[19] 上官方钦，郦秀萍，周继程，等．中国废钢资源发展战略研究［J］. 钢铁，2020，55（6）：8-14.

[20] 王新江．中国电炉炼钢的技术进步［J］. 钢铁，2019，54（8）：1-5.

[21] “黑色金属矿产资源强国战略研究”专题组．我国黑色金属资源发展形势研判［J］. 中国工程科学，2019，21（1）：97-103.

[22] 董丽伟，邢奕，刘景洋，等．我国社会废钢回收量预测［J］. 环境科学研究，2011，24（11）：1325-1330.

[23] 徐匡迪．低碳经济和钢铁行业［J］. 钢铁．2010，45（3）：1-12.

[24] 金永龙，何志军，王川．不同炉料结构高炉实现低碳排放的解析［J］. 钢铁，2019，54（7）：8-14.

[25] 朱庆山．超低碳炼铁技术路径分析［J］. 化工进展，2022，41（3）：1391-1398.

[26] 周亮，刘克明，沙永志．高炉喷吹焦炉煤气置换比的计算［J］. 钢铁研究学报，2013，25（5）：19-23.

[27] 金永龙，何志军，关志刚，等. H_2 含量对冶炼过程影响的实践与理论分析［J］. 钢铁，2011（5）：15-20.

[28] NOGAMI H，YAGI J I，KITAMURA S Y，et al. Analysis on Material and Energy Balances of Ironmaking Systems on Blast Furnace Operations with Metallic Charging，Top Gas Recycling and Natural Gas Injection. ISIJ International，2006（12）：1759.

[29] 刘文壮，安志庆．八钢高炉使用高比例球团矿冶炼实践［J］. 新疆钢铁，2006（3）：50-52.

[30] 王新东，李建新，胡启晨．基于高炉炉料结构优化的源头减排技术及应用［J］. 钢铁，2019，54（12）：104-110.

[31] 青格勒吉日格勒．低硅含镁含钛球团矿的成矿基础研究［D］. 北京：北京科技大学，2017.

[32] 张福明．低碳高效高炉的设计研究［J］. 中国冶金，2021，31（11）：3-8.

[33] 龙防，沈峰满，郭宪臻，等．高炉合理炉料结构探析［J］. 炼铁，2020，39（3）：35-38.

[34] ZHAO J，ZUO H B，WANG Y J，et al. Review of green and low-carbon ironmaking technology［J］. Ironmaking & Steelmaking，2020，47（3）：296-306.

[35] WANG Y J，ZUO H B，ZHAO J. Recent progress and development of ironmaking in China as of 2019：an overview［J］. Ironmaking & Steelmaking，2020，47（6）：1-10.

[36] 王新东，金永龙．高炉使用高比例球团的战略思考与球团生产的试验研究［J］. 钢铁，2021，56（5）：7-16.

[37] ZHANG F M，CAO C Z. Progress and expectation of ironmaking technology in Shougang［C］. The 11th Korea-China Joint Symposium on Advanced Steel Technology. Korea，2019：1.

[38] ZHANG Q，XU J，WANG Y J，et al. Comprehensive assessment of energy conservation and CO_2 emissions mitigation in China's iron and steel industry based on dynamic material flows［J］. Applied Energy，2018，209：251-265.

[39] 李肖如，谢华生，寇文，等．钢铁行业不同二氧化碳排放核算方法比较及实例分析［J］. 安全与环境学报，2016，16（5）：320-324.

[40] TANAKA K. A comparison study of EU and Japan methods to assess CO_2 emission reduction and energy saving in the iron and steel industry［J］. Energy Policy，2012，51：578-585.

[41] 上官方钦，张春霞，郦秀萍，等．钢铁行业 CO_2 计算方法探讨［J］. 钢铁研究学报，2010，22（11）：1-5.

[42] HASANBEIGI A，ARENS M，PRICE L. Alternative emerging ironmaking technologies for energy-efficiency and carbon dioxide emissions reduction：a technical review［J］. Renewable and Sustainable Energy Reviews，2014，33：645-658.

[43] 2019 world direct reduction statistics［EB/OL］. http：//www. midrex. com.

[44] CAVALLIERE P. Clean Ironmaking and Steelmaking Processes：Efficient Technologies for Greenhouse Emissions Abatement［M］. Berlin：Springer，2019：1-50.

[45] 刘文旺，李明，青格勒，等．首钢京唐高镁球团工业试验［J］. 烧结球团，2012，37（5）：36-39.

[46] 傅源荻，苏步新，张建良，高镁球团改善炉料结构理化性能的实验研究［J］. 工业炉，2013，35（2）：18-24.

[47] 邓睿．带式焙烧机制备镁质熔剂性球团研究［J］. 中国冶金，2021（2）：57-59.

[48] DWARAPUDI S，GHOSH T K，TATHAVADKAR V，et al. Effect of MgO in the form of magnesite on the quality and microstructure of hematite pellets［J］. International Journal of Mineral Processing，2012，112-113（4）：55-62.

[49] 贾亚雷，马凯，李璐．基于流程优化的钢铁行业长流程低碳转型研究［J］. 应用能源技术，2021，12（288）：10-13.

[50] 王广，张宏强，苏步新，等．我国钢铁工业碳排放现状与降碳展望［J］. 化工矿物与加工，2021，50（12）：55-64.

[51] 张福明．面向未来的低碳绿色高炉炼铁技术发展方向［J］. 炼铁，2016，35（1）：1-6.

[52] 许满兴，张玉兰．新世纪我国球团矿生产技术现状及发展趋势［J］. 烧结球团，2017，42（2）：25-30.

[53] 敖爱国，易陆杰．湛江钢铁球团生产技术实践［J］. 宝钢技术．2018，1：34-37.

[54] 宝钢湛江炼铁厂．稳定生产实践与超低排放应对［C］. 2019 年全国炼铁厂长座谈会会议资料．唐山，2019：48.

[55] SUN J C，NA H M，YAN T Y，et al. A comprehensive assessment on material，exergy and emission networks for the integrated iron and steel industry［J］. Energy，2021，235：121429.

[56] 岳强，王鹤鸣，陆钟武．基于总物流分析的我国钢铁工业生态效率分析［J］. 环境科学研究，2014，27（8）：915-921.

[57] ZHANG Q，WANG Y，ZHANG W，et al. Energy and resource conservation and air pollution abatement in China's iron and steel industry［J］. Resources，Conservation and Recycling，2019，147：67-84.

[58] YANG H Z，LIU J F，JIANG K J，et al. Multi-objective analysis of the co-mitigation of CO_2 and $PM_{2.5}$ pollution by China's iron and steel industry［J］. Journal of Cleaner Production，2018，185：331-341.

[59] WANG X Y，LEI Y，YAN L，et al. A unit-based emission inventory of SO_2，NO_x and PM for the Chinese iron and steel industry from 2010 to 2015［J］. Science of the Total Environment，2019，676：18-30.

[60] 韩云龙，纪杰，杨小白，等．烧结烟气活性炭脱硝机制［J］. 过程工程学报，2021 2021，21（5）：495-505.

[61] SHIGER U. Preface to the Special Issue on "Development of Technologies for the Low Carbon Ironmaking"［J］. ISIJ International，2015，55（6）：1145-1145.

[62] 邓睿，苏鸿，韩基祥．高球比炉料结构下镁质球团的冶金性能研究［J］. 烧结球团，2020，45（2）：31-35，50.

[63] 青格勒，黄文斌，安钢，等．低硅碱性球团矿制备技术研究［J］. 烧结球团．2022，47（1）：119-126.

[64] 张淑会，王宝勇，兰臣臣，等．球团矿化学成分控制现状及展望［J］. 钢铁．2020，55（8）：19-26.

[65] 李昊堃．太钢高碱度碱性球团矿制备及应用技术基础研究［D］. 北京：北京科技大学，2020.

[66] UMADEVI T，SAMPATH KUMAR M G，KUMAR S. Influence of raw material particle size on quality of pellets［J］. Iron making ans Steel making，2008，35（5）：327-337.

[67] NOGUEIRA P F，FRUEHAN R J. Blast furnace burden softening and melting phenomena-melting onset in acid and basic fluxed pellets［J］. Iron and Steel Maker，2003，30（7）：29-35.

[68] FRIEL J J，ERICHSON E S. Chemistry microstructure and reduction characteristics of dolomite-fluxed magnetite pellets［J］. Metallurgical Transactions B，1980，11（2）：233-243.

[69] ZHU D Q，CHUN T J，PAN J，et al. Influence of basicity and MgO content on metallurgical performances of Brazilian Specularite pellets［J］. International Journal of Mineral Processing，2013，125：51-60.

[70] LI G H，TANG Z K，ZHANG Y B，et al. Reduction swelling behavior of hematite/magnetite agglomerates with addition of MgO and CaO［J］. Ironmaking and steelmaking，2010，37（6）：393-397.

[71] DWARAPUDI S, GHOSH T K, SHANKAR A, et al. Effect of pellet basicity and MgO content on the quality and microstructure of hematite pellet [J]. International Journal of Mineral Processing, 2011, 99 (1): 43-53.

[72] 范晓慧，谢路奔，甘敏，等. 高镁球团焙烧特性及其固结强化机理 [J]. 中南大学学报（自然科学版），2013，44（2）：450-455.

[73] GUO H, SHEN F M, JIANG X, et al. Effects of MgO additive on metallurgical properties of fluxed-pellet [J]. Journal of Central South University, 2019, 26 (12): 3238-3251.

[74] 吴钢生，边美柱，沈峰满. 碱性含镁球团矿的应用及合理炉料结构研究 [J]. 钢铁，2006，41（12）：19-21.

发挥铁前系统潜力　赶超行业先进水平①

王新东，胡启晨，张晓冬

（河钢集团有限公司，河北 石家庄 050023）

摘　要： 概述了河钢集团铁前系统装备情况，总结了近年技术经济指标进步及系统运行情况。通过与行业先进指标进行对比分析，找出差距，明确产线提升方向。结合绿色低碳发展规划目标，制定提升铁前系统技术经济指标的具体措施。阐述了高炉高比例球团冶炼、高炉富氢气体喷吹、复合铁焦压块以及氢基竖炉直接还原等前沿低碳炼铁技术的国内外研究现状及河钢集团研究进展，提出河钢集团铁前低碳发展方向和下一步整体规划。

关键词： 装备；运行情况；目标规划；改进措施；前沿技术

引言

钢铁工业作为“两高”行业，降低能源消耗和污染物排放始终是头等大事。铁前系统承担着钢铁长流程工艺70%的能源消耗、60%~80%的成本、80%以上污染物排放，绿色、低碳、低耗、长寿、高效生产始终是炼铁工作者努力的方向[1]。

河钢集团地处京津冀协同发展经济圈内，其子（分）公司大多数是城市钢厂。近年受环保限产、转型升级、结构调整及城市钢厂搬迁的影响，加之铁前系统管理理念的差异，高炉技术经济指标与行业先进指标差距逐渐拉大，尤其是2020年以后，其旗下的唐钢、邯钢、宣钢、石钢等子（分）公司都需要转型升级和搬迁建设。截止到2022年年底，河钢集团铁前系统装备升级将全部完成，届时铁前系统潜力将逐步释放。

在国家“双碳”目标背景下，河钢集团主动作为，统筹安排，力争在2025年将碳排放峰值降低10%，2030年较碳排放峰值降低30%，并最终在2050实现碳中和[2,3]，其中铁前系统进一步节能降耗、低碳生产至关重要。

1　河钢集团铁前系统概况

1.1　现有装备情况

截至2021年年底，河钢集团共有高炉17座、烧结机16台、球团产线7条、焦炉21座，见表1。

---

① 原文发表于《河北冶金》，2022（7）。

表 1　河钢集团现有铁前装备情况（截至 2021 年底）

装备所在地	高炉	烧结	球团	焦炉
唐钢	2922 m^3×3 1780 m^3×2 1580 m^3×1	360 m^2×2 240 m^2×1 210 m^2×2	带式焙烧机 760 m^2×2 竖炉 10 m^2×1 链箅机-回转窑 200 万吨×1	7 m×8
邯钢	3200 m^3×3 2000 m^3×2	435 m^2×1 400 m^2×2 360 m^2×2	链箅机-回转窑 200 万吨×1	7 m×4 6 m×2
宣钢	—	—	链箅机-回转窑 100 万吨×2	6 m×4
承钢	2500 m^3×3 1260 m^3×1	360 m^2×3 180 m^2×1	—	6 m×2
舞钢	1260 m^3×1	180 m^2×1	—	—
石钢	580 m^3×1	90 m^2×1	—	—

1.2　装备调整情况

河钢集团积极响应国家钢铁工业供给侧结构性改革要求，积极推进退城搬迁、产业结构升级等措施。先后实施了河钢唐钢新区、河钢邯钢新区、河钢石钢新区、张宣高科高端零部件制造基地等建设。到 2022 年底河钢集团结构调整将全部完成，其中唐钢老区、唐银、宣钢、石钢、邯钢东区原有高炉和烧结全部停产，唐钢新区 4 座 3000 m^3 级高炉全部投产，邯钢新区 2 座 3000 m^3 级高炉、唐钢唐银公司 2 座 1500 级高炉全部建成并投产。届时河钢铁前系统区位调整全部到位，高炉炼铁年产能将恢复到 4500 万吨/年水平。具体装备如表 2 所示。

表 2　调整后河钢集团铁前装备情况（2023 年以后）

装备所在地	高炉	烧结	球团	焦炉
唐钢	2922 m^3×3 3200 m^3×1 1780 m^3×2 1580 m^3×1 1500 m^3×2	500 m^2×1 360 m^2×2 265 m^2×2 240 m^2×1 210 m^2×2	带式焙烧机 760 m^2×2 竖炉 10 m^2×1 链箅机-回转窑 200 万吨×1 链箅机-回转窑 120 万吨×1	7 m×8
邯钢	3200 m^3×3 3700 m^3×1	400 m^2×2 360 m^2×2	链箅机-回转窑 200 万吨×1	7.65 m×2 7 m×4
宣钢	—	—	链箅机-回转窑 100 万吨×2	6 m×4
承钢	2500 m^3×3 1260 m^3×1	360 m^2×3 180 m^2×1	—	6 m×2
舞钢	1260 m^3×1	180 m^2×1	—	—
石钢	580 m^3×1	90 m^2×1	—	—

到 2024 年底，河钢唐钢不锈钢公司 2 座 130 万吨/年氢基竖炉投产[4,5]，张宣高科 2 座 60 万吨/年氢基竖炉全部建成投产，届时河钢集团氢基竖炉产能将达到 380 万吨/年。

1.3　系统运行情况

近年来河钢集团铁前系统取得长足进步，尤其是源头减排控制技术，特别是在中高硅镁质熔剂性球团制备、高比例球团（450 m^3 高炉球团比例达到 80%）冶炼和污染物减排、烧结机脱硫脱硝、烧结烟气循环、焦炉上升管余热回收等方面走在国内前列。河钢唐钢新区最大规模全自主研发设计的带式焙烧机生产球团矿产量可达 960 万吨/年，高炉球团比例最高达到 70%。高炉利用系数逐年提高，煤气利用效率大幅提高，入炉焦比逐年降低，3200 m^3 高炉日产量达到 9000 t。

1.3.1　球团

近几年，河钢集团利用退城搬迁的契机，全力打造大规模绿色低碳的球团生产线。目前，除河钢宣钢大修的 2 条链箅机–回转窑球团产线外，河钢集团已具备 1740 万吨/年的球团矿生产能力，球团产线产量及球团指标见表 3。其中河钢唐钢新区 1 号、2 号带式焙烧机生产能力占集团球团矿生产能力的 55%。河钢唐钢新区建设国内首台套最大规模带式焙烧机氧化球团生产线，完全采用国产化装备，有效面积达 760 m^2。该装备为完全国内自主设计和制造的最大规模带式焙烧机，以覆盖全硅范围的酸性球团、镁质球团、熔剂性球团等多元化氧化球团矿核心制备技术，为高炉高比例球团冶炼提供支撑。球团矿质量完全达到设计要求，抗压强度 3100N/P 以上，还原膨胀指数小于 10%，低温还原粉化指数（$RDI_{+6.3}$）大于 90%，冶金性能满足特大型高炉高比例球团冶炼要求。

河钢集团有 4 台链箅机–回转窑生产线，其中唐钢青龙炉料为单独球团厂，使用煤粉作为燃料，球团工序能耗最高水平达到 23 kgce/t，可以生产镁质酸性球团、镁质碱性球团、低钛球团等。邯钢链箅机–回转窑以高炉和焦炉混合煤气作为燃料，能够生产优质低硅镁质球团，随高炉搬迁到邯钢新区继续服役，产线按生产优质碱性球团进行配置。伴随高炉产能退出，河钢宣钢链箅机–回转窑将使用天然气为燃料，为氢基直接还原竖炉提供球团原料。

目前由于环保限产、精粉资源限制，球团工序能耗整体偏高，尤其是唐钢新区带式焙烧机工序能耗与设计值相差 9 kgce/t 以上，与包钢带式焙烧机相差 10 kgce/t 以上。链箅机–回转窑产线与历史最高水平相差 6～7 kgce/t，中厚板竖炉工序能耗超过 34.79 kgce/t，与其他球团产线差距更大。

表 3　2022 年 5 月球团产线产量及主要指标

项目所在地	产线名称	日产量 /($t \cdot d^{-1}$)	抗压强度 /($N \cdot P^{-1}$)	含粉率 /%	工序能耗 /($kgce \cdot t^{-1}$)	备注
唐钢	新区 1 号焙烧机	12047	3095	0.5	28.15	酸/碱性球团
	新区 2 号焙烧机	12587	3185	0.4	29.95	酸/碱性球团
	青龙链箅机–回转窑	5985	2532	1.2	29.53	酸/碱性球团
	中厚板竖炉	1921	2663	1.5	34.79	酸性球团
邯钢	链箅机–回转窑	6538	2655	1.7	29.02	酸/碱性球团
宣钢	链箅机–回转窑	6000	2850	1.6	29.25	直接还原球团
合计		45078				

1.3.2 烧结

河钢集团烧结产线产量及烧结技术经济指标见表4。2021年以来，受环保限产、疫情防控等影响，邯钢1号、2号烧结机常年单风机生产，唐钢新区1号烧结机受脱硫脱硝排放影响控制产能，承钢烧结机设备老化，烧结生产受影响程度较大，产能不能正常发挥。今年以来，伴随着新工艺、新技术、新环保设施的投入，烧结工序的产量及质量正在稳步提升。同时集团内主流的360 m^2 烧结机日产量与行业平均水平基本接近，固体燃耗较行业先进水平仍有差距，尤其是料层厚度、返矿率等指标与行业先进水平差距更大。

表4 2022年5月烧结机指标

产线名称	面积/m^2	产量/($t \cdot d^{-1}$)	固体燃耗/($kg \cdot t^{-1}$)	机速/($m \cdot min^{-1}$)	料层厚度/mm	混合料温/℃	烟道含氧/%	外返/%	总返矿率/%	转鼓指数/%
唐钢新区1号烧结机	360	11232	49.3	1.8	822	50.1	14.3	6.7	28.9	78.4
唐钢新区2号烧结机	360	12642	53.1	2.1	822	50.3	13.8	6.7	26.4	78.4
中厚板1号烧结机	210	7180	52.7	1.9	750	47	16.8	41.6	61.4	78.8
中厚板2号烧结机	210	7444	52.6	1.9	750	37.4	15.8	39.1	54.2	78.8
中厚板3号烧结机	240	9376	52.7	2.2	750	39.5	14.7	30.2	45.4	78.8
舞钢1号烧结机	180	6447	46.7	2	735	67.5	14.5	12.8	36.2	79.8
京诚1号烧结机	90	4149	59.1	1.3	880	39.4	16.2	11.7	29.6	72.6
邯钢1号烧结机	400	7041	58.2	1.2	621	58.1	16.3	9.2	27.9	79.4
邯钢2号烧结机	435	10851	59.5	1.8	720	50.5	15.7	10.4	28	80.5
邯钢3号烧结机	435	12252	58.7	1.9	800	51.9	17	9.5	25.8	78.4
邯宝1号烧结机	360	9763	52.9	1.8	811	67	14.8	6.4	26.6	79.2
邯宝2号烧结机	360	10412	52.7	1.8	844	67	14.9	6.3	26.7	79.3
承钢1号烧结机	360	8801	52.4	2.1	700	53	17.9	9.9	33	75.2
承钢2号烧结机	360	8891	55.4	2.4	689	45.5	17.9	13.2	39.3	75.2
承钢3号烧结机	360	10033	55.5	2	694	49.9	16.8	17.3	34.4	75.2
平均水平	—	136514	54.1	1.9	759	51.6	15.8	15.4	34.9	77.9
涟钢	360	12700	49.5	1.72	980	70.5	15.1	9.5	22	78.5

注：1. 烧结平均日产为剔除环保停产及计划检修停产后的产量；
2. 烧结机固体燃料消耗数据口径为烧结机工艺秤数据。

1.3.3 高炉

河钢集团近年虽然受环保限产影响，但高炉主要指标仍取得一定进步，见表5。2016年到2019年高炉利用系数以平均每年0.09 t/($m^3 \cdot d$)速度增长，煤比以每年10 kg/t左右速度提高。尤其是2019年河钢高炉煤比全年平均达到147 kg/t。受2020年后半年转型升级、退城搬迁及环保限产的影响，唐钢、张宣科技11座高炉陆续停产及3座新高炉开炉，2021年高炉利用系数降低了0.27 t/($m^3 \cdot d$)，煤比降低19 kg/t，燃料比升高13 kg/t。

表 5　2016—2021 年河钢集团高炉主要指标

年份	利用系数/$(t \cdot m^{-3} \cdot d^{-1})$	焦比/$(kg \cdot t^{-1})$	煤比/$(kg \cdot t^{-1})$	燃料比/$(kg \cdot t^{-1})$	富氧率/%	风温/℃	煤气利用率/%	入炉品位/%
2016	2.54	407	124	531	1.65	1147	47.42	57.40
2017	2.57	403	131	534	2.13	1131	47.0	57.74
2018	2.72	393	137	530	2.38	1125	46.76	57.75
2019	2.78	383	147	530	2.50	1120	46.16	57.73
2020	2.89	390	143	533	3.10	1135	46.04	57.39
2021	2.62	415	128	543	3.31	1146	46.12	57.33

1.4　存在的差距和不足

河钢集团铁前系统虽然取得一些进步，但是高炉技术经济指标与行业先进水平依然有较大差距，见表 6。

表 6　2022 年 5 月河钢集团高炉指标与行业先进指标对比

产线名称		有效容积/m^3	利用系数/$(t \cdot m^{-3} \cdot d^{-1})$	焦比/$(kg \cdot t^{-1})$	煤比/$(kg \cdot t^{-1})$	燃料比/$(kg \cdot t^{-1})$	富氧率/%	风温/℃	煤气利用率/%	入炉品位/%	铁水[Si]/%
河钢高炉	唐钢新区1号	2922	2.93	396	130	526	5.84	1159	49.26	59.38	0.36
	唐钢新区2号	2922	2.96	386	140	526	5.97	1182	46.79	59.34	0.37
	唐钢新区3号	2922	2.90	384	130	515	5.55	1153	47.42	59.43	0.38
	中厚板1号	1580	3.16	402	128	530	3.64	1133	46.93	56.74	0.42
	中厚板2号	1780	3.07	400	119	519	3.51	1137	46.65	56.86	0.36
	中厚板3号	1780	3.01	392	130	522	3.50	1141	46.62	56.89	0.37
	邯钢1号	3200	2.52	401	125	525	4.18	1163	48.28	57.72	0.38
	邯钢2号	3200	2.62	386	131	517	4.22	1177	48.10	57.70	0.40
	邯钢5号	2000	2.83	398	141	539	3.50	1187	47.29	57.26	0.37
	邯钢7号	2000	2.75	407	142	549	3.48	1161	47.18	57.27	0.38
	邯钢8号	3200	2.71	384	133	517	4.79	1171	49.08	57.58	0.41
	承钢1号	1260	2.37	430	140	570	3.73	1123	45.06	57.00	0.36
	承钢3号	2500	2.60	398	132	530	2.69	1199	46.10	56.15	0.14
	承钢4号	2500	2.45	389	128	527	2.63	1181	46.22	56.16	0.16
	承钢5号	2500	1.86	414	122	536	1.73	1156	47.95	56.97	0.38
	舞钢	1260	3.65	354	161	515	5.40	1178	45.78	57.30	0.27

续表 6

产线名称		有效容积/m^3	利用系数/($t \cdot m^{-3} \cdot d^{-1}$)	焦比/($kg \cdot t^{-1}$)	煤比/($kg \cdot t^{-1}$)	燃料比/($kg \cdot t^{-1}$)	富氧率/%	风温/℃	煤气利用率/%	入炉品位/%	铁水[Si]/%
行业先进高炉	华菱湘钢	1800	3.70	372	144	516	5.53	1201	46.69	58.38	0.39
	首钢京唐	5500	2.51	296	210	506	7.32	1235	50.25	61.28	0.33
	首钢迁钢	4000	2.55	344	165	509	4.71	1219	50.10	60.19	0.40
	韶钢	3200	2.71	337	165	502	5.69	1128	48.51	58.74	0.43

可以看出，生铁成本偏高，尤其是 2000 m^3 级以上高炉燃料比与首钢、韶钢高炉相比高出 20~30 kg/t，煤比较首钢京唐高炉低 70~80 kg/t，而高炉利用系数与华菱同容积高炉相比低 0.33 t/($m^3 \cdot d$)。2000 m^3 以下高炉与湘钢相比，利用系数低 0.27~1.0 t/($m^3 \cdot d$)，除舞钢高炉以外其他子（分）公司燃料比高出 20~30 kg/t。个别高炉短时间经济指标能够达到较高水平，但缺乏长周期稳定性。分析原因，固然有外部因素影响，但高炉操作、综合管理水平差距明显，一切以高炉为中心的认识理念未执行到位。尤其是炼铁装备已经达到了行业先进水平，但技术经济指标与装备水平不相匹配。

2 铁前系统目标规划

河钢集团绿色低碳实施方案中明确通过高炉炉料结构调整、高比例球团冶炼、降低综合燃料比等措施来进一步降低铁前系统碳排放总量。到“十四五”末，在降低高炉燃料比方面，大高炉燃料比需要在现有基础上降低 35 kg/t，达到 495 kg/t 的目标，煤比全部达到 180 kg/t 以上，高炉球团比例总体达到 30%，河钢唐钢新区高炉球团比例达到 55%以上，河钢承钢高炉球团比例达到 35%。到 2030 年，河钢集团高炉球团比例达到 34%以上，其中唐钢新区高炉球团比例达到 60%，承钢高炉球团比例达到 40%，唐钢、邯钢球团比例达到 30%。铁前系统球团比例整体提高，向欧美等发达国家低排放企业看齐。同时通过改进高效余热回收装置、降低烧结系统漏风率、高炉采取提高顶压、高富氧、高风温、高煤比、低燃料比操作，实现传统炼铁流程低碳、清洁生产的目标，见表 7 和表 8。

表 7 2022—2030 年河钢集团烧结机指标规划

年份	利用系数/($t \cdot m^{-3} \cdot h^{-1}$)	外返率/%	转鼓/%	烟道残氧/%	固体燃耗/($kg \cdot t^{-1}$)	料层厚度/mm	总返矿率/%
2022	1.20	15.4	77	15.8	55	800	30
2023	1.25	13.0	78	15.0	50	850	28
2024	1.30	12.0	79	14.5	45	900	26
2025	1.35	10.0	79	14.5	40	950	24
2030	1.35	8.0	79	14.0	40	1000	22

表 8　2022—2030 年河钢集高炉指标规划

炉容级别 /m^3	年份	利用系数 /($t \cdot m^{-3} \cdot h^{-1}$)	焦比 /($kg \cdot t^{-1}$)	煤比 /($kg \cdot t^{-1}$)	燃料比 /($kg \cdot t^{-1}$)	富氧率 /%	风温 /℃	煤气利用率/%	球团比例/%	唐钢新区球团比例/%
3000	2022	2.75	370	150	520	6	1180	48	18	45
	2023	2.81	355	160	515	6.5	1190	49	20	50
	2024	2.88	340	170	510	7	1200	50	25	50
	2025	2.94	325	180	505	7	1210	51	28	55
	2030	3.00	305	190	495	7	1220	52	30	60
2500	2022	2.64	375	150	525	5	1180	48	35	—
	2023	2.72	360	160	520	6	1190	49	35	—
	2024	2.8	345	170	515	6.5	1200	50	35	—
	2025	2.88	330	180	510	7	1210	51	35	—
	2030	2.96	320	180	500	7	1210	52	40	—
1500~2000	2022	3.09	375	150	525	5	1180	47	15	—
	2023	3.20	360	160	520	6	1190	48	18	—
	2024	3.31	345	170	515	6.5	1200	49	21	—
	2025	3.37	340	170	510	7	1210	50	24	—
	2030	3.37	330	170	500	7	1210	50	26	—
1260	2022	3.69	360	155	515	5	1180	47	15	—
	2023	3.77	350	160	510	6	1190	48	18	—
	2024	3.85	335	170	505	6.5	1200	49	20	—
	2025	3.89	330	170	500	7	1200	50	22	—
	2030	3.89	330	170	500	7	1200	50	22	—

3　铁前系统提升措施

3.1　球团

3.1.1　镁质熔剂性球团矿生产及应用

河钢集团基于原料特性，通过矿相调控技术，控制 $CaO-SiO_2-FeO_x-MgO-Al_2O_3$ 五元体系液相生成量，减少回转窑结圈，在唐钢、邯钢链箅机-回转窑和带式焙烧机产线上已经制备出覆盖高、中、低硅全范围的优质酸性、镁质熔剂性球团。其中中高硅镁质熔剂性球团制备技术通过成果鉴定达到国际领先水平，不同种类球团冶金性能对比见表 9。下一步继续在全集团范围推广镁质球团矿生产，提高高炉球团矿入炉比例，缓解烧结生产所面临的环境污染压力，提高烧结矿和球团矿质量[6-8]。目前河钢唐钢新区在低硅熔剂性球团制备上严重依赖外矿，导致球团成本偏高，需要扩大资源范围，减少低硅精粉依赖程度，逐步提高熔剂性球团 SiO_2 含量范围。

表 9 镁质球团矿与烧结矿和普通酸性球团矿性能对比

产品	抗压强度 /(N·P^{-1})	膨胀指数 /%	还原性能 *RI*/%	低温还原粉化/%		
				$RDI_{+6.3}$	$RDI_{+3.15}$	$RDI_{-0.5}$
烧结矿	—	—	79. 31	32. 3	66. 0	9. 0
普通酸性球	2635	14. 53	61. 32	95. 0	96. 3	3. 3
镁质酸性球	2530	8. 8	70. 4	84. 7	89. 5	9. 5
镁质熔剂球	2949	12. 0	75. 9	85. 7	88. 1	5. 4

3. 1. 2 发挥球团工序低碳生产潜力

与敞开式烧结相比，链箅机-回转窑和带式焙烧机工艺高温烟气全部循环应用，整个焙烧过程全封闭，烟气量、工序能耗全部降低，污染物和二氧化碳排放量仅是烧结工艺的 1/2~1/3。为此，需要充分挖掘球团产线能力，降低铁前系统 CO_2 和污染物排放总量，发挥源头减排潜力。目前河钢集团内球团产线工序能耗整体偏高，需要从降低燃料消耗、减少动力介质使用、优化成分调控和热工参数等方面入手，进一步降低球团工序能耗，尤其是带式焙烧机产线工序能耗降低到 20 kgce/t 以内。

3. 1. 3 低硅黏结剂研发与应用

为减少球团中 SiO_2 含量对高炉渣量影响，降低黏结剂使用量的同时，还要尽量使用低硅黏结剂。河钢集团与国内院校合作开发的有机黏结剂和富铁黏结剂等含铁低硅黏结剂，能够完全替代膨润土。黏结剂含铁品位约为 30%，SiO_2 含量只有膨润土的 1/3 左右，配比为 0. 8% ~ 1. 5%，成品球团品位提高 0. 45%，SiO_2 含量比普通膨润土球团降低 0. 87%，高炉每使用 1 t 低 SiO_2 球团矿则能够降低 CO_2 排放 22. 83 kg。河钢集团内球团产线要全面开展低硅黏结剂的应用。

3. 1. 4 低硅精粉制备与应用

通过开展自有精粉资源提铁降硅技术研究，在集团内现有矿山装备基础上，将司家营、研山、庙沟、石人沟、中关等铁矿精粉品位进一步提高，降低 SiO_2 含量。把司家营、研山、庙沟球团生产用精粉 SiO_2 含量分别由 7. 07%、6. 53%、6. 35%降低到 5. 0%以内，石人沟铁矿球团生产用精粉 SiO_2 由 4. 02%降低到 2%以内，中关铁矿精粉硫含量降低到 0. 3%以内，保证碱性球团矿生产需求。

3. 2 烧结

3. 2. 1 烟气循环应用

河钢集团烧结机全部应用烧结烟气选择性循环利用技术，工艺流程如图 1 所示。烟气循环量和效果还有待进一步提高，目前烟气循环比例在 20%~30%，个别烧结机产量提升和污染物减排效果有限，需要进一步优化。通过技术改进，工艺提升，烧结机烟气循环量要超过 30%，“十四五”末要达到 35%以上，最大限度降低烧结固体燃料消耗和污染物排放量。

3. 2. 2 脱硫脱硝超低排放

河钢集团烧结、球团全部实现了超低排放改造，装备有活性焦脱硫脱硝、循环流化床和 SCR 脱硝、臭氧氧化脱硝等装备。烟气污染物排放浓度远低于超低排放要求，粉尘浓度小于 5 mg/m^3（标态）、SO_2 小于 20 mg/m^3（标态）、NO_x 排放小于 30 mg/m^3（标态）。但

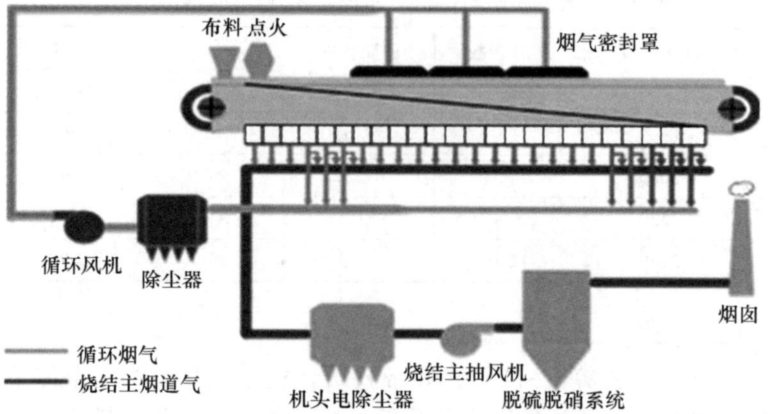

图 1　烧结烟气选择性循环利用工艺流程

活性焦脱硫脱硝装置面临脱硝能力不足、成本高、粉尘含量难控制的问题，影响烧结机产能发挥，下一步需要针对该工艺存在问题进行深入研究，减少对烧结产能的影响。

3.2.3　烧结系统性漏风治理

烧结工序实施环冷机水密封治理技术推广应用，把环冷机漏风率降低到 5%以下。近期将河钢承钢烧结机水密封改造列入重点技改项目，改造完成后，降低环冷机漏风率的同时，耗电量较传统烧结环冷机降低 35%~40%，发电量提高 5~10 kW · h/t 矿。

设备维护方面，采取平时治理加定修整体更换的治理模式。每天对烧结机风箱支管，烧下双层卸灰阀、电除尘双层卸灰阀进行检查，发现漏点立即通知维护处理。小漏点先堵再焊补，大漏点及壁体磨损严重的地方焊包厢临时处理，等到定修时再整体更换。电除尘箱体漏点提前标记搭架子，定修时焊补处理。

日常管理方面，随着设备老化必须把烧结系统漏风治理当作工作重点抓，设专人负责，形成系统性管理体制（建章立制，设台账）。建立四班包保奖惩制，定修后保证 1 个月内不出洞，台车栏板无外闪，严格把控检修质量，延长检修周期。实施后，烧结机系统漏风点大幅减少，主抽风机电流下降 40~50 A。两年内，烧结机主抽风机烟道残氧控制目标在 14.5%以下。

3.2.4　微负压点火改造

烧结机 1 号~3 号风箱风量控制难度大，造成炉膛负压高，点火煤气未充分燃烧就被抽到大烟道，引起煤气浪费、燃耗升高及环境污染；同时在抽风作用下，散料对风箱内壁造成冲刷，引起风箱磨损严重。河钢烧结工序进行的微负压点火改造从两方面开始实施：一是在 1 号、2 号、3 号点火风箱与 4 号风箱之间做隔断密封，利用钢筋及灌浆料砌隔风墙，防止风箱之间窜风；二是通过更换、调整、恢复 1 号、2 号、3 号风箱翻板开闭功能，减少点火风箱过风面积，降低点火风箱负压及通过料面点火过风量，防止料面过实。改造后，前 3 个点火风箱负压较之前可降低 5 kPa，点火后烧结机料面无明显下降，点火风箱温度由 60 ℃降至 45 ℃左右，可显著降低燃耗。下一步，烧结作业区将利用定修时间继续改造点火风箱翻板，进一步降低点火风箱的抽风负压。

3.2.5　混合料料温及制粒改善

为进一步提高混合料料层透气性，降低过湿层的影响，提高烧结矿产量及质量并降低能耗，将料温从 42 ℃提高到 68 ℃以上。在一次混合机增加热水，热水从高炉水冲渣引流至一混水池，水温由室温提高至 50 ℃左右，同时改造、恢复二次混合机的加水功能，在二混加入雾化水。烧结机负压降低 0.5 kPa，后续继续跟踪制粒变化，寻找最佳雾化加水量。混合料温的提升及制粒效果的提高，提高了成品烧结矿的产量及质量，极大地提高了产线效率并降低了燃料消耗。

3.2.6 低碳厚料层烧结

厚料层烧结不仅能够降低工序能耗，还能提高成品烧结矿的质量。目前河钢内料层厚度均值为 759 mm，主流 360 m^2 烧结机最高的料层厚度为 830 mm，后续烧结机的目标料层厚度为先进企业的 1000 mm，深挖厚料层烧结的潜力，随着料层厚度提高，进一步降低烧结固体燃料单耗。

3.3 高炉

河钢集团坚持“一切以高炉为中心”的管理理念，通过建立并不断完善铁前外围保障体系、优化高炉技术操作和管理制度、对标学习行业先进等手段来实现高炉技术经济指标的不断进步。

3.3.1 建立完善的铁前外围保障体系

（1）建立铁前物料供应链。以铁前物料供应链建设为平台，为高炉提供稳定的物料保供。充分优化平衡各子公司焦化、烧结、球团等产线资源，最大限度发挥产能，实现集团内部的平衡使用，减少物料外购，实现整体效益最大化。对外要积极开拓煤、焦等采购渠道和改善物流方式来应对市场变化和突发情况。

（2）强化设备管理和生产组织能力。提升设备管理水平和生产组织能力，为高炉提供稳定的外围生产保障。设备的运行维护、外围生产组织要建立完善的规章制度和奖惩机制，对影响到高炉的各种设备、生产事故要做到“零”容忍，给高炉创造稳定的外围生产环境。

3.3.2 统一操作思路，优化高炉指标

目前河钢集团高炉指标与行业先进水平相比，还有较大差距，特别是煤比与行业较高水平相比，差距在 60~80 kg/t，严重影响生铁成本。针对操作理念不统一、原燃料依赖大、优化高炉指标等方面做以下几方面工作。

（1）提煤降焦，降低燃料比。要推进高炉提高煤比降低入炉焦比工作，到 2022 年底实现 3000 m^3 级高炉入炉焦比 370 kg/t，煤比 150 kg/t，燃料比 520 kg/t 以下目标。

1）以作业长研习会为平台进一步统一思想，持续完善推行“全风氧、全顶压、高压差、高动能”操作理念。下部通过缩小风口面积，增大风量来提高风速和鼓风动能来活跃炉缸，同时配合上部料制调整合理匹配两道气流，不断提高高炉适应性。

2）提高入炉原燃料质量，通过筛网改造和加强槽下筛网管理强化槽下筛分效果减少粉末入炉，提高料柱透气性。优化炉前出铁组织管理，通过提高炮泥质量、减少铁次和控制合理的铁间隔等及时出净渣铁减少对炉内的影响。

3）配合提煤降焦，要逐步提高风温和富氧率实现高富氧大喷煤操作。风温使用到 1200 ℃以上，河钢唐钢新区富氧率已实现 6.2%左右，其他高炉要把现有氧量用尽，并要谋划进一步提高富氧到 7%以上设备及技术能力。

（2）优化配矿结构，提高球团矿比例。根据国家双碳背景和环保形势以及河钢集团降低生铁成本需求，高球比冶炼是大势所趋。目前河钢唐钢新区高炉球团比例达到40%左右，要不断摸索操作规律，充分发挥高比例球团冶炼炉型优势，2023年球团比例要提高到50%~60%。其他高炉要根据条件不断提高球团比例达到20%~40%水平。

（3）高炉长寿。河钢集团高炉寿命为5~13年，多数高炉寿命普遍低于10年，最短寿命仅有5年，不但达不到设计寿命，与国外近30年长寿高炉相比差距更大。对于普通矿冶炼的高炉侵蚀最严重的地方在陶瓷杯壁底结合位置，尤其是以铁口下方最为严重。对于河钢承钢钛矿冶炼来说，侵蚀最严重部位在风口带附近，炉底出问题较少，但大修时间与普通矿冶炼周期相似，需要重点研究包括冷却壁损坏在内的侵蚀机理及解决办法。需要从碱金属负荷控制、原燃料结构、高炉操作制度等多方面入手进行系统研究，找到制约高炉长寿的影响因素，确保高炉达到设计寿命。

（4）煤气精脱硫。随着各地环保超低排放标准的实施，烟气 SO_2 超标问题越来越突出，已经影响到铁前正常生产。河北唐山、邯郸等地区结合钢铁行业超低排放，提出了高炉煤气、焦炉煤气 H_2S 浓度小于20 mg/m³。为减少末端治理过程多点设置脱硫设施的弊端，需要在燃烧前进行精脱硫治理，可在前端工序一次性集中处理，便于全厂的 SO_2 排放管控，也可以避免 SO_2 对后续脱硝催化剂的不利影响。河钢所有高炉煤气精脱硫设施要在“十四五”期间全部投入使用。

3.3.3　铁前系统技术，管理素质提升

在“一切以高炉为中心”的管理理念指导下推行高炉作业长负责制，打造以高炉作业长为核心的高炉技术操作管理团队。

（1）继续完善、执行高炉产量专项奖励管理办法，同时配套铁前供应链建设专项奖励，对高炉、焦化、烧结、球团各工序指标突出的作业长及相关人员进行奖励，提高整个铁前系统的工作积极性和协调保障能力。

（2）充分发挥河钢集团作业长研习会平台的作用，每月定期召开高炉作业长研习会，对各自高炉生产和管理中的瓶颈问题进行分析讨论，互相学习借鉴共同提高。对各高炉生产中遇到的难题可抽调组织集团内的专家或聘请行业内专家，进行现场诊断解决问题。

（3）不断完善高炉体检制度。河钢集团高炉体检制度已经运行半年，体检指数能比较客观地反映出高炉的顺行状况和指标情况。下一步要逐渐统一标准和打分规则，使同级别高炉体检指数具有可比性。

（4）持续推进与先进企业对标。近几年河钢集团积极组织铁前系统向行业先进企业对标学习，先后去宝武、首钢京唐、华菱涟钢、天钢等先进企业学习先进的铁前技术及管理理念。通过学习交流对高富氧大喷煤、高风温的使用以及风速、动能的理解都有了深刻认识，学习吸收了很多经验，同时也体会到目前河钢正推行的铁前操作理念和先进企业是相通的、正确的。今后要继续深入对标，找差距、学理念、学方法，提高铁前系统整体操作和管理水平。

4　需要重点攻克的关键技术

河钢集团通过搭建平台、聚集资源、汇集人才等手段，开展具有前瞻性、系统性、战略性的低碳冶金技术及装备创新集成项目研发，力求突破现有高炉节能减排潜力接近极限的技术瓶颈，包括高比例球团冶炼技术、富氢气体喷吹技术、复合铁焦压块技术和氢基直接还原技术等。

4.1 高炉高比例球团冶炼技术

河钢集团在高比例球团冶炼方面走在国内前列，尤其是在不同装备条件下，基于国内精粉制备优质冶金球团方面有所突破。但在大高炉高比例球团冶炼方面还存在差距，特别是与欧美国家全球团冶炼钢铁企业还存在很大差距。其中高炉入炉品位优势未发挥出来，与瑞典 SSAB 低渣量（200 kg/t）相比高 100~200 kg/t，燃料比与 SSAB 高炉相比高出 40~60 kg/t[9-11]。与国内京唐公司大比例球团矿冶炼高炉的稳定性还有差距。目前，河钢唐钢新区高炉球团比例达到并稳定在 40%（短期内达到 50%）、河钢承钢高炉球团比例为 25%~30%，其余子（分）公司的球团比例均低于 15%，与先进指标存在一定差距。究其原因：一方面是资源问题，即缺少稳定优质的球团铁精粉供应，无法稳定地为高炉提供优质球团矿；另一方面是技术层面的问题，炉料结构改变后对炉料综合性能的研究和优化、高炉炉型变化的研究、对高炉操作上下部调剂的研究等还需要进一步强化。

河钢集团已全面开展高比例球团冶炼技术攻关，通过自有矿山精粉提铁降硅研究、优化配矿技术研究、球团调控技术研究、高比例球团冶炼技术研究等工作，“十四五”末实现全集团平均球团比例达到 30%以上目标。

4.2 高炉富氢气体喷吹技术

“以氢替炭”能够在源头上杜绝温室气体 CO_2 生成，成为钢铁流程低碳研究的热点[12-14]。国内外众多科研院所和钢铁企业都在开展富氢或纯氢高炉喷吹技术研究，绿氢代替喷煤以及灰氢是未来高炉炼铁的趋势。但从国内外众多应用实践来看，很多技术有待突破。河钢集团也不例外，已经开展 2000 m^3 以下高炉喷吹工业试验。从高炉富氢气体喷吹理论研究、高炉喷吹富氢介质绿色评价体系构建、富氢气体喷吹关键设备研发、高效安全的氢气储运技术等方面开展全方位研究工作。前期建设规模大于 15000 m^3/h 的示范工程，从 2023 年开始逐步推广应用，到 2026 年所有高炉全部喷吹富氢气体，实现高炉冶炼工序在源头上减少 CO_2 生成和排放总量。

4.3 复合铁焦压块技术

高炉使用复合铁焦可降低热空区温度、提高冶炼效率、降低焦比、减少 CO_2 排放[15-18]。为提高炉身还原效率，降低燃料消耗，充分发挥金属铁的催化作用，需要进一步开展碳铁复合炉料研究工作。德国早在 19 世纪 70 年代率先提出在炼焦配煤中加入含铁原料制备铁焦，苏联、美国、朝鲜和中国都进行了铁焦制备试验研究，虽取得一定的成果，但最终未能进行工业推广应用。日本 JFE 钢铁公司于 2011 年成功开发铁焦技术，在千叶厂 5153 m^3 的高炉上进行了试验，铁焦使用量 43 kg/tHM，燃料比降低 13~15 kg/tHM[19]。日本经济产业省认识到铁焦技术在节能效果的优异表现，将铁焦作为战略性节能革新技术纳入 COURSE50 项目主要减排项目之一。河钢集团与东北大学开展复合铁焦新技术研究工作，实验室基础研究工作已经完成，正在开展工业化试验研究。验证合理的配煤结构、适宜的炭化温度区间、不同种类铁矿粉对铁焦质量影响等关键参数。

4.4 氢基竖炉直接还原技术

氢冶金气基还原多为竖炉还原工艺。国外典型项目有日本氢基竖炉、欧盟 ULCOS 富氢气基竖炉、米德莱克斯（MIDREX）、希尔（HYL）、瑞典 HYBRIT 全氢竖炉等。近年来，中晋太行、宝钢、四川安宁铁钛均筹建了氢基竖炉氢冶金生产线。

2019 年 11 月 22 日，河钢集团与意大利特诺恩集团签署谅解备忘录（MOU），商定双方在氢冶金技术方面开展深入合作，利用世界最先进的制氢和氢还原技术，并联手中冶京诚共同研发、建设全球首例 120 万吨/年规模的焦炉煤气零重整直接还原氢冶金示范工程。项目将从分布式绿色能源、低成本制氢、焦炉煤气净化、气体自重整、氢冶金、成品热送、二氧化碳脱除等全流程进行创新研发，探索出一条世界钢铁工业发展低碳，甚至“零碳”经济的最佳途径，从改变能源消耗结构入手，彻底解决钢铁冶金过程产生的环境污染和碳排放问题，从而引领传统钢铁冶金工艺变革[20]。目前，一期 60 万吨/年氢冶金项目施工项目整体已完成 90%以上，将在 2022 年底前投产；二期 60 万吨/年氢冶金项目也将在 2024 年底投产。此外，河钢集团拟在河钢唐钢建设 2 套 130 万吨/年直接还原项目，预计在 2024 年底投产，届时氢冶金直接还原规模达到 380 万吨/年。

5 结论

（1）“十三五”以来，河钢集团通过产能结构调整以及装备升级，在设备大型化、智能化、环境生态化、管理现代化方面取得了长足进步，新一代可循环钢铁制造流程运行已初见成效。

（2）在镁质及熔剂性球团生产、烧结烟气选择性循环利用、烧结烟气脱硫脱硝超低排放、烧结混合料料温及制粒控制等方面取得良好效果，但河钢铁前工序指标与行业先进相比仍存在差距，铁前系统仍有较大发挥空间。根据河钢集团子（分）公司现状，制定烧结、高炉系统长期低碳发展规划目标。

（3）针对提升烧结、球团指标，在优质低、中、高硅镁质酸性/熔剂性球团矿制备、自有矿山精粉提品降硅等方面进行整体规划部署。在节能减排技术应用、工艺参数优化、设备漏风治理、厚料层烧结等方面着手降低能源消耗能耗，提升技术经济指标。

（4）针对提升高炉技术经济指标，制定统一操作思路和管理理念，坚持“一切以高炉为中心”的管理理念，通过建立并不断完善铁前外围保障体系、优化高炉技术操作和管理制度、对标学习行业先进等手段来实现高炉技术经济指标的不断进步。

（5）加速前沿低碳绿色炼铁技术的研发及应用，开展具有前瞻性、系统性、战略性的低碳冶金技术及装备创新集成项目研发，攻克高比例球团冶炼、高炉富氢气体喷吹、复合铁焦压块和氢基直接还原等低碳炼铁技术难题。

参 考 文 献

[1] 胡启晨．传统高炉炼铁流程面临的问题和应对策略［J］．河北冶金，2017（12）：28-32.
[2] 河钢集团．河钢集团发布低碳发展技术路线图［EB/OL］．https：//www.hbisco.com/site/group/groupnewssub/info/2022/16468.html.
[3] 王新东．河钢新发展阶段技术升级的路径与措施［J］．河北冶金，2022（1）：1-7.

[4] 王晶，王朋．国内外氢冶金技术研究进展［J］．河北冶金，2022（4）：1-5.
[5] 刘西财，石恩泽，赵子川，等．氢基竖炉条件下制备不同金属化率球团研究［J］．烧结球团，2022，47（1）：58-64，126.
[6] 刘祥，杜群力，李响，等．镁质球团矿的研究现状与应用进展［J］．鞍钢技术，2018（3）：8-12.
[7] 路明，陈小艳，王兴锋，等．高硅磁精粉球团矿预热焙烧工艺制度优化研究［J］．烧结球团，2022，47（3）：59-65.
[8] 李建鹏，卢建光，刘小杰，等．球团矿中 MgO 含量对炉料熔滴性能的影响［J］．中国冶金．2022，32（4）：21-26，33.
[9] 王新东，胡启晨，柏凌．唐钢新区 2922 m^3 高炉设计特点［J］．炼铁，2021，40（3）：33-37.
[10] 王新东，金永龙．高炉使用高比例球团的战略思考与球团生产的试验研究［J］．钢铁，2021，56（5）：7-16.
[11] 毛庆武，章启夫，李欣，等．特大型高炉使用高比例球团矿技术研究及应用［J］．炼铁．2020，39（6）：1-6.
[12] 张玉柱，田铁磊．低碳炼铁技术研究现状及展望［J］．河北冶金，2022（2）：1-4.
[13] 刘然，张智峰．刘小杰，等．低碳绿色炼铁技术发展动态及展望［J］．钢铁，2022，57（5）：1-10.
[14] 刘臣，叶恒棣，魏进超，等．钢铁工业炼铁工序绿色低碳技术浅析［J］．烧结球团，2021，46（6）：1-7，26.
[15] 鲍继伟，储满生，柳政根，等．铁焦制备与高炉应用的研究进展［J］．钢铁，2020，55（8）：38-48.
[16] 邱淑兴．铁焦的制备基础及其结构与性能表征［D］．重庆：重庆大学，2019.
[17] 王宏涛．热压铁焦低碳高炉炼铁新炉料基础研究［D］．沈阳：东北大学，2019.
[18] 任华伟，储满生，吕青青，等．铁矿粉对铁焦性能的影响及机理［J］．钢铁，2018，53（8）：21-27.
[19] 徐志荣．JFE 钢铁公司完成高炉使用铁焦阶段性试验［N］．世界金属导报，2013，B01：1-2.
[20] 河钢集团．集团携手特诺恩开展氢冶金技术合作引领传统钢铁冶金工艺变革［EB/OL］．https：//www. hbisco. com/site/group/groupnewssub/info/2019/15249. html.

河钢唐钢新区 760 m^2 带式焙烧机设计特点①

王新东[1]，胡小东[2]，胡启晨[1]

（1. 河钢集团有限公司，河北 石家庄 050023；
2. 唐钢国际工程技术股份有限公司，河北 唐山 063000）

摘　要：介绍了河钢唐钢新区建设的国内首台 760 m^2 完全国产化的带式焙烧机氧化球团生产线的设计特点，该装置在原料结构上以我国冀东地区研山精粉为主，搭配使用南非低硅 PMC 精粉，辅以其他进口精粉，制备出酸性球团、碱性球团，涵盖低、中、高硅范围的多元化球团。在原料制备环节充分发挥低碳排放的优势，辅以循环流化床半干法脱硫 + SCR 脱硝等末端烟气治理方式，在实现超低排放基础上最大限度降低污染物排放总量；采用成熟稳定、实用可靠的工艺流程和设备，技术装备水平和主要技术经济指标达到国际先进水平；采用完善的自动化检测控制系统，生产过程采用计算机进行集中控制和调节，实现生产过程全流程数字化、集成化、自动化、可视化。从源头减排、过程控制、末端治理多方面入手，建成了绿色低碳洁净的球团生产线。

关键词：带式焙烧机；球团；炉料；绿色；源头减排；低碳

在我国大力提倡绿色节能生产的背景下，球团矿作为高炉生产的高品质含铁原料，日益受到钢铁企业的青睐。随着我国钢铁工业的迅猛发展，目前我国约有 25 座 4000 m^3 以上特大型高炉建成投产，相应地建设投产了一批大型烧结、球团生产线，为特大型高炉生产稳定顺行奠定了精料基础[1,2]。

河钢唐钢新区建设国内首台套最大规模带式焙烧机氧化球团生产线，完全采用国产化装备，有效面积达 760 m^2。该装备为完全国内自主设计和制造的最大规模带式焙烧机，以河钢集团覆盖全硅范围的酸性球团、镁质球团、熔剂性球团等多元化氧化球团矿核心制备技术为支撑，为高炉提供 60%以上的球团矿炉料。根据我国冀东铁矿精粉性质，将配置熔剂制备系统、铁精矿输入及预配料系统、精矿干燥系统、铁精矿细磨（高压辊磨系统）、铁精矿与粉料配料系统、强力混合系统、造球系统、带式焙烧机系统、工艺主抽风及热风循环系统、铺底铺边料筛分系统、成品贮存及运输系统、物料转运系统，以及配套的采暖、通风、环境除尘系统、给排水、煤气加压、供配电、仪表检测、自动化控制等相关辅助设施。从源头减排、过程控制、末端治理多方面着手，建设成为钢铁绿色流程低碳、洁净的球团生产线[3]。

本文主要分析了河钢唐钢新区 2 ×760 m^2 带式焙烧机球团生产工艺的设计特点及适用性，并在阐述对带式焙烧机球团工艺流程设计优化的同时，重点介绍了河钢唐钢新区球团工程设计中应用的先进技术和关键装备，以期为带式焙烧机球团技术的进一步应用提供参考。

---

① 原文发表于《河北冶金》，2021（8）。

1 工艺流程设计

河钢唐钢新区建设2座760 m^2 带式焙烧机，年产氧化铁矿球团960万吨。单台带式焙烧机年产合格氧化球团480万吨，台车宽4.0 m，有效长190 m，利用系数19.13 t/(m^3 · d)，年作业率7920 h。按1条线生产酸性球团矿、1条线生产碱性球团矿标准设计，特殊情况下2条生产线可以同时生产同一种球团矿。

工艺方案的制定建立在试验研究、工艺参数计算和数值模拟仿真等技术手段的基础上，各技术手段能够相互验证和优化，确保最终工艺方案科学合理并具先进性[4,5]。总体工艺流程设计如图1所示。

2 主要工序设计

为建设成为一条环保、节能、高效、低运行成本的球团生产线，河钢唐钢新区球团生产线在原料预处理、精矿粉干燥、焙烧机本体、热工制度上集成了先进的设计理念和生产装备[6]。

2.1 干燥系统设计

干燥系统设置了1台 ϕ5.0 m × 22 m圆筒干燥机，最大处理能力800 t/h（烘干料），保证铁精矿水分（不大于8.5%）满足造球工序要求。采用高炉煤气作为干燥热风炉的热源，在风机的抽力下顺着料流方向对物料进行加热、水分蒸发。另外设计了旁路系统，当精矿水分低不需要干燥时，可由旁路系统运至下道工序。干燥机进出口安装自动测水仪，可根据进出料水分实现自动控制。干燥机出料溜槽安装篦料装置，防止扬料板等杂物脱落，避免损坏皮带。同时设置收尘尾罩及除尘系统。

2.2 辊压系统

根据实验室测试结果，研山矿比表面积为1574.99 cm^2/g，PMC矿比表面积为656.45 cm^2/g，在流程设计中为达到最佳生产效果，对不同原料采取不同的处理方式。

在酸性球团生产线中，100%使用研山矿，采用1台进口高压辊磨机，正常能力700 t/h，最大800 t/h，开路模式，不带边料循环。试验室测试辊压后比表面积达到1650 cm^2/g，满足造球要求。

辊压机进料设施流程：胶带机→杂物筛→溜槽→圆盘→皮带秤→可逆皮带。可逆胶带机可分别向辊压机和旁路料仓供料，不需要辊压时铁精矿进旁路料仓。

在碱性球团生产线中，使用60%研山矿和40%PMC矿，采用1台进口高压辊磨机，处理能力1800~2000 t/h，对铁精矿进行边料循环辊压处理，边料循环量大于150%，大于2次，试验结果显示，比表面积可达到1600 cm^2/g 以上，满足造球要求。同时经过多次辊压后，颗粒的表面活性大大增加，更利于造球和焙烧。辊压机装备如图2所示。

2.3 熔剂制备系统

采用石灰石作为熔剂。石灰石原料粒度0~3 mm，来自原料场，输入时与PMC矿共用胶带机运至预配料室石灰石缓冲仓，贮存后通过胶带机运至熔剂制备系统。胶带机运输能

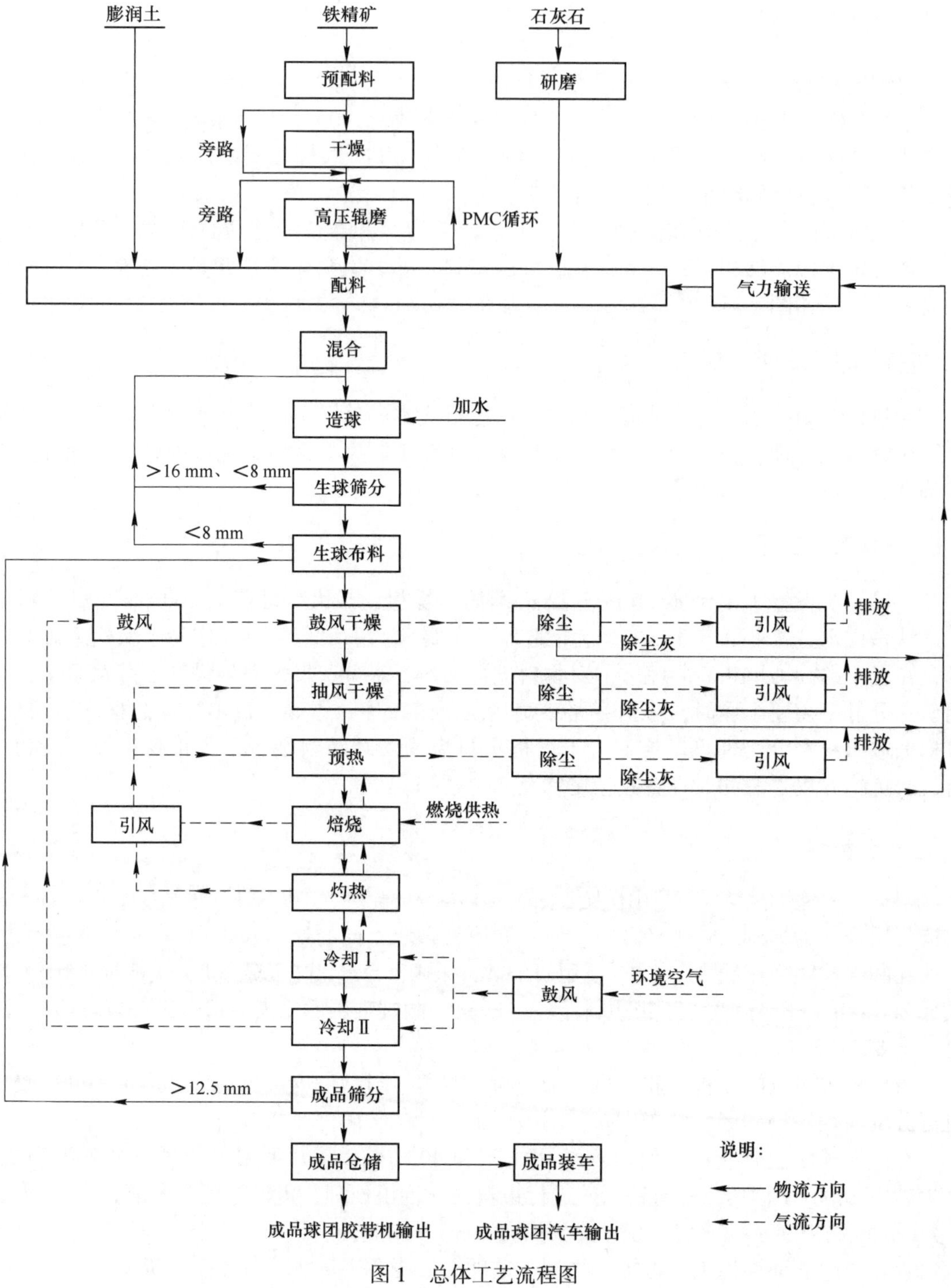

图 1　总体工艺流程图

力 150 t/h，带宽 650 mm，带速 1.25 m/s。

熔剂制备室设置 2 个石灰石料仓，有效容积为 35 m^3/个，全钢质材料，采用称重式料位计检测仓内料位。仓内衬耐磨防粘料衬板，锥段下出口装配仓壁振动器。仓下采用密封

图 2　辊压机装备

定量给料机，将物料定量给入磨机中，该设备给料准确、密闭性能好。采用 2 台立式磨机，磨机可连续生产，成品石灰石粉粒度-325 目占 90%以上，磨机处理能力为 50 t/h。

在磨机出口配套变频调速的分离装置，根据工况调节转速，保证成品细度，节省电耗。石灰石在磨机中边干燥边细磨，由干燥废气带出的成品通过高浓度袋式收集器收集，进行气固分离，石灰石粉通过管道气力输送至配料室配料矿仓，经布袋过滤后的尾气排入大气，排放浓度小于 10 mg/m^3（标态）。

设置 2 台排粉风机作为制粉系统的动力源，每台风机设计压力 10 kPa，工况流量 175000 m^3/h，排粉风机出口设置消音器，以减小系统的噪声污染，使噪声指标小于 85 分贝。

配置 2 台燃气热风炉，为熔剂制粉系统提供热风。热风炉采用高炉煤气作为燃料，煤气热值 750 kcal/m^3（标态），煤气总管压力 8~10 kPa。

2.4　生球造球室

造球室配备 10 台 7.5 m 圆盘造球机，单台合格生球产量 90 t/h，8 台运行、1 台备用、1 台检修。混合料由 P1 胶带机运至造球室，再通过 P2 胶带机上的犁式卸料器分卸至 10 个缓冲料仓，单个料仓贮存能力 130 t。采用称重式料位计检测仓内料位以指令进料操作。

混合料仓内衬耐磨防粘料衬板，锥段下出口装配振动漏斗，由仓下的定量给料胶带机输出物料至造球机内。造球机的转速和倾角以及加水量均可调，以适应最佳成球效率。

造球机产出的生球由胶带机收集后给入辊式筛分机，每台造球机对应 1 台辊式筛分机，筛除小于 8 mm 及大于 16 mm 的不合格生球。生球返料经胶带机转运重新返回参与造球。合格生球由 L1 胶带机运往焙烧室布料系统。L1 胶带机安装计量秤，返料系统考虑破碎装置。造球室辊筛安装生球粒径检测仪，在线监测生球粒径，实现造球在线智能控制。

辊式筛分机工作宽度 1600 mm，辊数 29 辊，辊径 108 mm，筛辊间隙 8 mm 的 16 个辊，间隙 16 mm 的 13 个辊，辊筛面与水平面夹角为 12°~14°，全部筛辊间隙及筛面倾角均可调。

造球室内设置 1 套智能润滑系统，分别对造球机、辊式筛分机等进行自动润滑。

2.5　生球布料系统

生球布料流程为移动布料机—宽胶带机—辊式布料机—带式焙烧机。

移动布料机的移动装置采用液压驱动，胶带机传动可变频调速。采用辊式布料机，辊径 120 mm，辊子数量 45 个，辊间隙为 7 mm，辊筛面与水平面夹角为 20°。生球布料系统如图 3 所示。

图 3　生球布料系统

2.6　焙烧机系统

每条生产线选用 1 台 480 t/a 带式焙烧机，其有效焙烧面积 760 m^2，台车宽度 4 m，料层厚度 400 mm，长 1.5 m；风箱主要采用 6 m 大风箱，减少漏风率。带式焙烧机分鼓风干燥段、抽风干燥段、预热段、焙烧段、均热段、一冷段和二冷段，共 7 个工艺段。

（1）鼓风干燥段。生球在鼓风干燥段内用 250～285 ℃ 的干燥气流除去生球附着水，同时避免下部生球过湿。鼓风干燥用热气流来自焙烧机二冷段，通过风机和管路系统送往鼓风干燥段[7]，并在回热风管路上设冷、热风调节阀，使风温控制在 250～285 ℃。经过料层干燥后的废气，由电除尘器除尘后通过风机经主烟囱排入大气。为防止鼓风干燥段上部烟气温度低于露点温度，在抽风干燥段上罩的回热风管路与鼓风干燥段上部炉罩处连接 1 个支管，并用阀门控制。当鼓风干燥段上部炉罩废气温度低于露点温度时，自动兑入高温热风，保证其在露点温度以上。

（2）抽风干燥段。抽风干燥段采用来自焙烧后段及均热段风箱内 350～400 ℃ 回收热废气，经回热风机引入抽风干燥段上罩对料层进行干燥，使生球脱水、干燥，并可以承受预热段 600 ℃ 以上温度。

（3）预热段。预热段主要工艺作用是加热和升温。球团内化学水及碳酸盐分解及氧化反应，主要热源为来自焙烧机 I 冷段大于 600 ℃ 热废气，并在预热段前部兑入部分来自回热风机近 400 ℃ 热气流，以及预热段上罩所装配燃烧器的燃烧供热。生球得到预热并具备一定强度后，进入焙烧段经受大于 1000 ℃ 的焙烧硬化。

（4）焙烧段。经过预热的球团进入焙烧段，经受燃烧器供热所形成的 1200～1235 ℃ 焙烧气氛并进行硬化固结。燃烧器所需助燃风由助燃风机所提供的一次环境空气和来自焙烧机 I 冷段的二次助燃热风所组成。经过焙烧后的球团达到所需强度。

（5）均热段。经过焙烧的球团料层进入均热段后，在抽风处理下由一冷段上罩的大于

1000 ℃换热风对料层进行持续的温度均化，使不同料层高度的球团都保持在均衡的温度状态下，并进入冷却段。

（6）一冷段。采用冷却风机将环境风引入风箱并穿透球团料层，对经过焙烧的高温球团进行冷却换热，换热后约 1000 ℃热风通过上罩及管道分别被送往均热段、焙烧段、预热段。

（7）二冷段。对球团料层进行继续冷却，将球团冷却至不超过 100 ℃后经卸料被运往筛分工序。经换热后，温度约为 300 ℃的热风从上罩被鼓干风机引入鼓风干燥段进行生球干燥。

焙烧室内设置 1 套智能润滑系统，分别对生球布料设备、焙烧机传动装置、焙烧机中部滑道等进行自动润滑。

成品球团矿由胶带机运往筛分室，在成品胶带机尾部设有温度检测仪和紧急事故喷水装置，温度大于 150 ℃ 时自动喷水，防止高温球团烧损胶带。河钢唐钢新区带式焙烧机热工流程如图 4 所示。

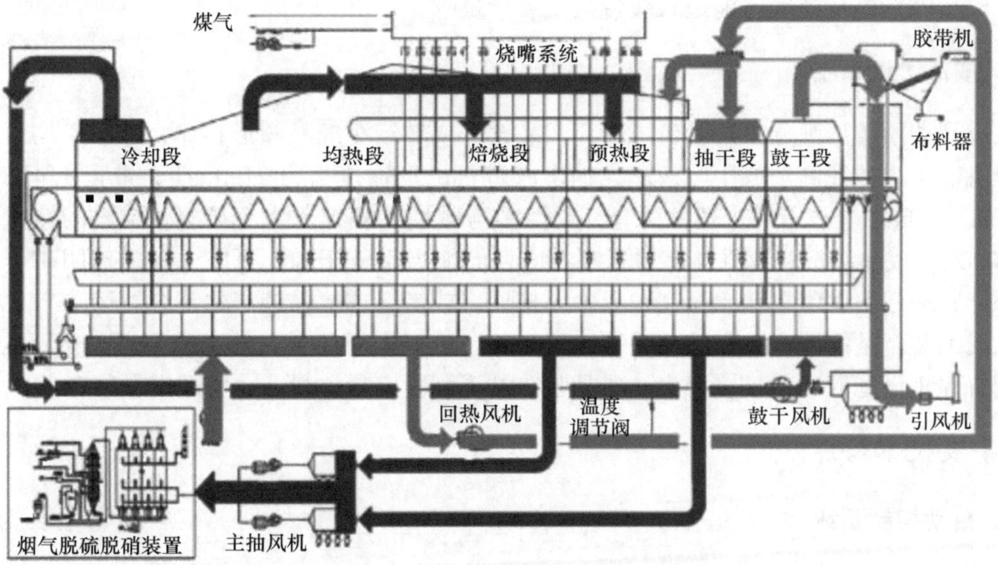

图 4　河钢唐钢新区带式焙烧机热工流程

2.7　燃烧系统

燃烧系统以焦炉煤气为燃料，为焙烧机预热段、焙烧段提供热源。燃烧系统包括燃烧器、助燃风系统（包括一次风和二次风）、焦炉煤气（混合煤气）供气系统、控制系统、安全系统等。燃烧器分别布置在焙烧机预热段、焙烧段炉罩两侧的燃烧室内，每个燃烧器对应 1 个燃烧室，单个燃烧室规格为：有效内径 ϕ1360 mm，燃烧室长为 3200 mm。

燃烧介质：焦炉煤气（混合煤气），热值 4200 kcal/m^3（标态），至燃烧器接口处压力 35 kPa。

燃烧器数量：焙烧机预热段和焙烧段炉罩两侧共设置 17 对（共 34 个）燃烧器，预热段 4 对、焙烧段 13 对，每侧燃烧室均布。

助燃风：包括一次风与二次风，其中一次风由助燃风机提供，二次风为系统回热风，从回热风总管分出 32 个支管，每个支管分别与燃烧室连接。

2.8 成品铺底边料筛分系统

冷却后的球团矿，通过胶带机运至筛分室。通过振动筛筛分出一部分 12.5～16.0 mm 粒级的成品球做铺底、铺边料，其他成品球团矿通过胶带机转运至成品中间矿仓或成品圆形料库。筛分室设有 2 套振动筛，处理能力 500 t/h，正常工作状态下 1 用 1 备，确保对铺底、铺边料的筛分及供应。

成品球团矿出料皮带安装红外测温和自动打水装置，温度主控显示，音响报警。铺底、铺边料共用 1 个料仓，贮存能力 350 t，仓容按照生产初期或长时间检修恢复生产实现熟球循环考虑，料仓采用称重料位计。铺底、铺边料上料系统皮带采用变频调速，合理控制料位，同时铺底、铺边料上料设计旁路系统，当振动筛发生故障停机后部分成品球团可临时直接作为铺底料供焙烧机生产。

成品胶带机及铺底、铺边料胶带机安装计量秤。

2.9 成品贮运系统

成品球团矿从筛分室由胶带机运至成品仓，或转运至成品圆形料库，球团矿均可通过胶带机输出，送往高炉或中厚板厂，输出胶带机的运输能力为 2100 t/h，带宽 1.4 m，带速 2 m/s。成品仓设有 2 个落地筒仓，酸性矿与碱性矿各存入 1 个矿仓，单仓的储量不少于 5000 t。成品圆形料库共 4 座，每座料库存储能力不低于 8.5 万吨，库内球团矿可通过底部卸料阀门由胶带机输出至高炉或中厚板厂，或者运往成品装车站装车外运。

成品装车站配置有 4 套装车系统，可为 4 台汽车同时装料，外运能力为 240 万吨/年，并设有除尘设施以确保环境卫生。成品装车站下配置定量称量斗，实现定量装车。

3 主要技术特点

3.1 自动控制系统

河钢唐钢新区带式焙烧机项目自动化部分分为 L2 信息化平台、自动过程控制系统和接口平台 3 部分。通过以上 3 部分建立贯穿计划层与生产层，实现数据无缝衔接，达到球团控制系统的稳定运行和智能控制，形成完整的专家控制系统[8]，L2 专家系统如图 5 所示。

系统搭建是将控制思想付诸实施，指挥系统部件和设备来完成各自控制任务所依赖的软件环境，将多种应用服务分别封装部署，增强可用性、安全性、封装复用性、可扩展性和可移置性，从而实现几大模块协调运行，达到大型系统应用。生产线自动控制系统可实现以下目标。

（1）采用自动控制模块实现球团给料及配料系统的自动控制。

（2）采用自动控制模块，通过粒级检测仪检测的生球粒级分布结果和带式焙烧机入机量的数值变化，自动调整造球机加水量、转速，确保合格粒级最大化和合格生球量稳定。

（3）实现台车运行动态跟踪，用户界面动态显示台车的运行状况，即某一时刻某个台车出现在某一位置。

(4) 燃烧系统自动控制：利用管理控制 BMS 和过程控制 CMS 功能，实现燃烧系统自动控制。BMS 利用燃烧系统和 DCS 发出的信号，安全点燃和熄灭燃烧器，具备意外情况发生时的应急功能，大大降低意外情况发生时对生产的影响。燃烧过程控制 CMS：将检测的温度信号送到 DCS，通过程序转换，由 DCS 发出负荷信号到流量调节阀，实时有效地控制燃烧量。

(5) 焙烧机系统热工控制，通过将热风系统管路有效连通，增加热工参数远传测点，增加调节阀和调节效果更好的变频风机等措施，对热工系统不同区域采用不同控制方案，建立压力和温度的闭环控制、自动调节。

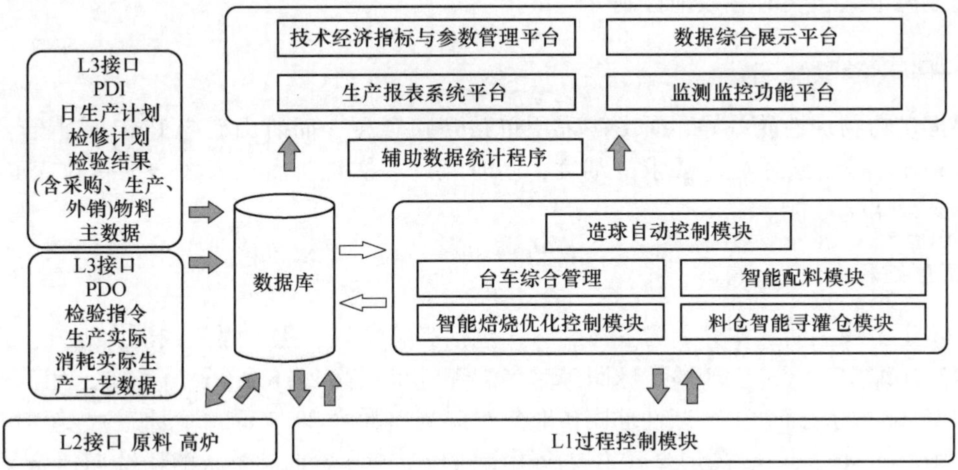

图 5 L2 专家系统

3.2 落棒密封

在焙烧机侧部采用双棒形式进行密封，通过密封腔隔断热量和粉尘外漏，具有密封效果稳定、可靠性高等优点[9]。落棒密封装置吊挂安装在炉罩系统侧墙下部，通过落棒装置与台车两侧密封板滑动接触，实现对焙烧机工作区域的密封。落棒装置分为单落棒与双落棒两种。鼓风干燥段、抽风干燥段、预热段、焙烧段及均热段采用单落棒；第一、二冷却段采用双落棒密封，并设有气封系统，以保证罩内高温气体不外溢。

3.3 尾部移动架

尾部移动装置安装于焙烧机尾部骨架内，采用水平移动架型式，用以吸收台车在升温过程中的热胀伸长量，实现对头尾链轮中心距的自动调整。

尾部移动架由尾部链轮、链轮轴、水平移动架、移动架托轮组、移动灰箱、重锤平衡装置、导向装置及液压千斤顶等部分组成。

尾部链轮的轴承座安装在水平移动架上；移动架通过托轮组，吊挂支承在尾部骨架上。可随台车热胀冷缩而前后移动。导向装置可保证移动装置左右两侧协调一致的动作；重量可调的重锤平衡装置将移动架向头部方向拉紧，使台车相互靠紧，减少台车间的非正常拉缝以及散料和漏风。

3.4　低 NO_x 燃烧

设计效果最佳的燃烧系统，实现自动点火及火焰监控，温度控制精准；并通过 CFD 仿真模拟实现燃气和高温烟气大面积宏观混合[10]及火焰峰值温度可调，使温度场分布更加均匀，降低 NO_x 排放。燃烧系统采用自动控制，利用管理控制 BMS 和过程控制 CMS 功能，实现燃烧系统自动控制。BMS 利用燃烧系统和 DCS 发出的信号，安全点燃和熄灭燃烧器，具备意外情况发生时的应急功能，大大降低意外情况发生时对生产的影响。燃烧过程自动控制 CMS 系统，将检测的温度信号送到 DCS，通过程序转换，由 DCS 发出负荷信号到流量调节阀，实时有效地控制燃烧量。

3.5　边料循环辊压

根据矿粉物理性质差异，研山矿采用单独开路辊压，而研山矿与 PMC 矿混合边料循环多次辊压，既保证了生产要求的细度，同时经过多次辊压后又大大增加颗粒表面活性，改善造球及焙烧性能。

3.6　工序能耗低

球团生产线主要能源介质为气体燃料，包括高炉煤气、焦炉煤气或混合煤气，还需要电、水、压缩空气等。生产酸性球团矿时焦炉煤气单耗为 25.8 m^3/t（标态），年消耗量为 1.24×10^8 m^3（标态）。生产碱性球团矿时焦炉煤气单耗为 29.4 m^3/t（标态），年消耗量为 1.41×10^8 m^3（标态）。高炉煤气主要应用于精粉干燥和熔剂制备，消耗量 41.1 m^3/t（标态），年消耗量为 3.95×10^8 m^3（标态）。

酸性球团生产工序能耗为 19.49 kgce/t，碱性球团工序能耗为 21.94 kgce/t，均符合河北省球团工序单位产品能源消耗限额规定[11]。与烧结矿工序能耗 48.00 kgce/t 相比，酸性球团可以降低工序能耗 28.51 kgce/t，降低了 59.40%；碱性球团可以降低工序能耗 26.06 kgce/t，降低了 54.29%。该项目实施后，按设计产能 960 万吨/年计算，该工艺比烧结工艺降低能耗 27 余万吨，减少 CO_2 排放 70 余万吨。

3.7　烟气脱硫脱硝

球团工序造球工艺特点决定粉尘含量要低于烧结工序，硫硝污染物更低，无二噁英产生[12]。同时建设循环流化床半干法脱硫+ SCR 脱硝烟气治理设施，项目投运后将达到唐山市超净排放要求[13]。设计排放指标：SO_2 浓度不大于 20 mg/m^3（标态）、NO_x 浓度不大于 30 mg/m^3（标态）、烟气含尘浓度不大于 5 mg/m^3（标态）、氨逃逸浓度不大于 2.5 mg/m^3（标态），预计每年可实现减排 SO_2 16500 t、NO_x 5400 t、颗粒物 3000 t，将为京津冀经济区域带来可观的环境效益和社会效益，助力河钢集团唐钢新区实现绿色发展。

4　结论

河钢唐钢新区建设的国内首台套最大规模带式焙烧机氧化球团生产线，完全采用国产化装备。充分发挥临港优势，港口原料通过皮带通廊、自产矿山精粉通过管道直送，最大限度减少原料运输过程污染物排放。形成以我国冀东地区研山精粉为主，进口低硅精粉为辅的原料结构，制备出涵盖低、中、高硅范围的多元化优质冶金球团。整体结构紧凑，布局合理，符合职业健康和安全、消防设计规范。在原料运输、球团制备、工艺控制、烟气治理等全过程环节充分发挥低碳、低污染物排放的优势。更好地从源头减排、过程控制、末端治理多方面入手，建设成为绿色低碳洁净的球团生产线。

参 考 文 献

[1] 张福明．我国高炉炼铁技术装备发展成就与展望［J］．钢铁，2019，54（11）：1-8.

[2] 张福明，张卫华，青格勒．大型带式焙烧机球团技术装备设计与应用［J］．烧结球团，2021，46（1）：1-10.

[3] 王新东．以“绿色化、智能化、品牌化”为目标规划设计河钢唐钢新区［J］．钢铁，2021，56（2）：12-21.

[4] 钢铁企业原料准备设计手册［M］．北京：冶金工业出版社，1997.

[5] 姜涛．烧结球团生产技术手册［M］．北京：冶金工业出版社，2014.

[6] 朱德庆，杨聪聪，潘建，等．福建三钢带式焙烧机球团工艺研究［J］．烧结球团，2020，45（4）：27-34.

[7] 余海钊，廖继勇，范晓慧．带式焙烧机球团技术的应用及研究进展［J］．烧结球团，2020，45（4）：47-54，70.

[8] 潘建，王硕，甘牧原，等．带式焙烧机制备镁质球团的工艺及机理研究［J］．烧结球团，2019，44（3）：27-33.

[9] 高万良，常国杰，韩荣庭，等．带式焙烧机落棒装置改型优化［J］．烧结球团，2019，44（2）：42-44.

[10] 陈子罗，韩基祥，任伟．带式焙烧机布料筛分系统离散元仿真研究［J］．烧结球团，2019，44（6）：45-49，78.

[11] 季文东，贾西明，赵俊峰，等．大型带式焙烧机高产低耗技术的发展与应用［J］．矿业工程，2019，17（6）：30-33.

[12] 刘海明．带式焙烧机均匀布料的实现方法［J］．矿业工程，2019，17（4）：37-38.

[13] 王新东，李建新，胡启晨．基于高炉炉料结构优化的源头减排技术及应用［J］．钢铁，2019，54（12）：104-110，131.

唐钢新区 2922 m³ 高炉设计特点①

王新东[1]，胡启晨[1]，柏　凌[2]
（1. 河钢集团有限公司，河北 石家庄 050023；
2. 唐钢国际工程技术股份有限公司，河北 唐山 063000）

摘　要：重点对唐钢新区 3 座 2922 m³ 高炉本体综合长寿、上料及炉顶布料系统、旋切式顶燃热风炉、平坦化双矩形出铁场、高炉煤气净化系统及 TRT 等设计特点进行了阐述，并对高比例球团矿冶炼、原燃料高效转载、高风温、高炉全方位监测、炉顶均压煤气全回收等技术进行了分析。高炉使用 60%球团矿和 40%烧结矿，为适应炉料结构的变化，高炉从炉型设计、冷却结构特点、冷却系统配置、耐材布置等方面进行了全面优化，以实现高炉冶炼绿色化、炉体结构长寿化、炼铁装备智能化、污染物减排源头化的目标。

关键词：高炉；球团矿；长寿技术；高风温；设计特点

河钢唐钢新区铁水年产量 732 万吨，配置 3 座高炉，每座高炉（2922 m³）铁水年产量 244 万吨。高炉设计上以低碳、绿色、长寿、智能、高效炼铁为根本出发点，应用 40 余项自动化、智能化、长寿化等成熟技术。尤其是在高炉炉型设计上，以高比例球团矿冶炼为主要优化设计方向，适应炉料结构冶金性能变化规律，达到高效、长寿的目标。认真贯彻循环经济理念，以“高效率、低消耗、低排放、减量化、再利用”为原则，落实节能、节水、降耗和资源综合利用等要求。

1　设计概况

唐钢新区高炉设计利用系数 2.386 t/(m³ · d)，燃料比 500 kg/t，煤比 170 kg/t，最大喷煤能力 200 kg/t，烧结矿比例 40%，球团矿比例 60%，入炉品位大于 59%，炉顶压力 0.25 MPa。每座高炉配套 3 座旋切式顶燃热风炉，采用“两烧一送”工作方式。热风炉单烧高炉煤气，设计最高热风温度 1250 ℃，设有煤气和助燃空气板式双预热装置。高炉鼓风机选用电动轴流鼓风机（AV-90），最大风量 7867 m³/min（标态），出口风压 0.59 MPa。

高炉使用的球团矿、烧结矿、杂矿等需要在入炉前进行筛分，筛除粒度小于 5 mm 的碎矿，由碎矿胶带机送至碎矿仓贮存，通过外部胶带机返回烧结车间，并预留汽车外运口。焦炭在槽下分别筛分，筛除小于 25 mm 的碎焦，粒度合格的焦炭进入焦炭称量漏斗中。不合格的碎焦由胶带运到碎焦仓再次进行筛分。筛分合格的焦丁（10～25 mm）落入焦丁仓，随矿石入炉，粉焦（小于 10 mm）通过外部胶带机返回烧结车间，并预留汽车外运口。

① 原文发表于《炼铁》，2021，40（3）。

铁水采用260 t铁水罐“一罐到底”运输方式，经铁路直接运输到炼钢车间。副产品炉渣采用环保底滤水冲渣工艺，利用自动抓渣设备通过皮带输送到水渣加工厂。高炉煤气经过净化除尘并入煤气管网，供下游用户使用。高炉车间平面布置如图1所示。

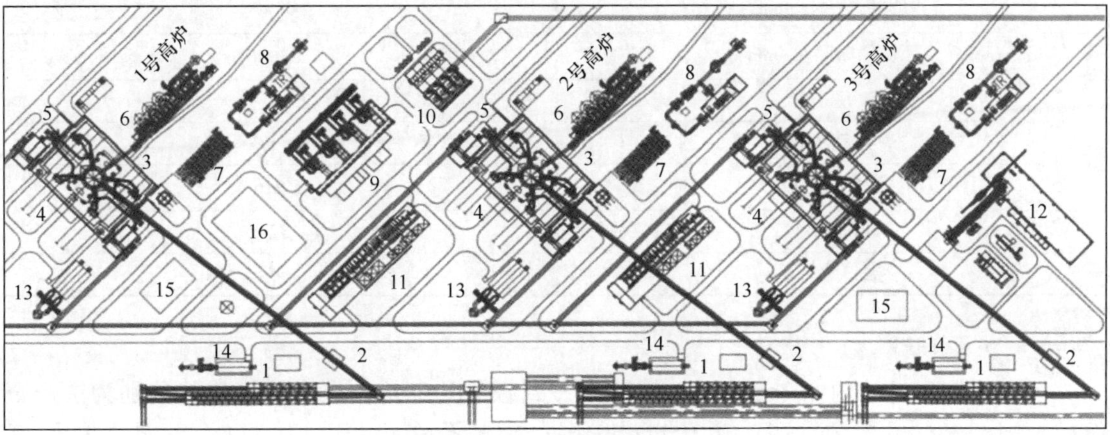

图1 唐钢新区高炉车间平面布置

1—矿焦槽；2—上料主皮带；3—高炉；4—出铁场；5—渣处理；6—热风炉；7—煤气干法除尘；8—TRT；9—鼓风机站；10—喷煤站；11—水循环泵房；12—铸铁机；13—出铁场除尘；14—矿焦槽除尘；15—高炉变电所；16—水渣换热站

2 主要设计内容

2.1 高炉本体

高炉本体设计力求实现高效与长寿的统一，采用综合长寿技术，使高炉一代炉役寿命达到15年。综合长寿技术主要包括：针对高比例球团矿炉料结构的特点，参考具有良好操作指标的同类高炉[1]，确定合理的高炉内型；采用软水串联密闭循环冷却系统；薄冷却壁的炉身结构，炉腹、炉腰和炉身下部等高温关键部位采用第三代板壁结合结构，建立完善的无过热冷却体系；以优质炭砖与良好的冷却结构相结合，确保炉缸炉底达到长寿的目的。

2.1.1 炉型

充分借鉴唐钢高比例球团矿冶炼成果[2]，使用60%以上高比例球团矿的炉料结构，相比于高比例烧结矿的炉料结构而言，在矿石软化、膨胀、还原、熔化过程都会出现较大的差异，对炉体上下部结构都会产生很大的影响，势必影响炉体寿命。

综合考虑高比例球团矿的冶炼特点[3]，在炉型设计中采用了两段式炉身结构[4]，增加炉腰高度，并适当减小炉缸直径，以便活跃中心，达到适应高比例球团矿冶炼的目的。高炉炉型整体采用瘦高型炉体结构，主要内型尺寸见表1。

表1 唐钢新区高炉主要内型尺寸

项目	数值
炉缸直径 d/mm	11200

续表 1

项目	数值
炉腰直径 D/mm	13400
炉喉直径 d_1/mm	8400
死铁层深度 h_0/mm	2800
炉腹角 α/(°)	75.579
炉身角 β/(°)	79.177
高径比 H_u/D	2.216
风口数/个	32
铁口数/个	4

2.1.2 耐材配置

炉底炉缸耐材结构如图 2 所示，炉底水冷封板上共砌筑 5 层大块炭砖，分别为国产石墨砖、国产半石墨炭砖、国产微孔炭砖、国产超微孔炭砖、进口超微孔炭砖，总厚度 2000 mm。上部砌筑刚玉陶瓷杯垫，总厚度 800 mm，每层厚度 400 mm。炉底炉缸部位光面灰铸铁冷却壁与大块炭砖之间留有填料缝，充填导热率与大块炭砖相近的进口炭素捣打料。炉底水冷管至炉底板之间，填充流动性能好、导热好、膨胀率小的自流浇注料。

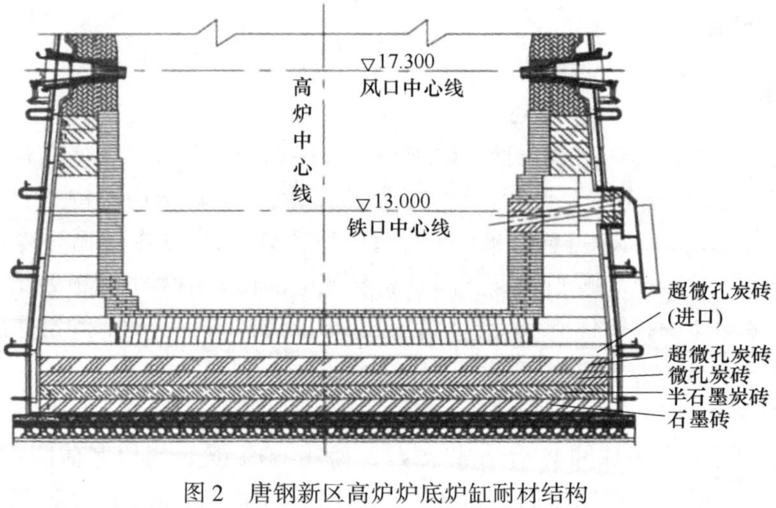

图 2 唐钢新区高炉炉底炉缸耐材结构

铁口及以下容易出现“象脚”侵蚀的区域采用环砌优质进口超微孔炭砖，铁口以上到达风口区域采用环砌优质国产微孔炭砖。重点加厚铁口局部区域的炭砖，内壁环砌微孔刚玉陶瓷杯。

风口区域采用优质微孔刚玉组合砖，铁口区域外侧也采用优质刚玉组合砖。

炉底封板上找平层、风口大套与组合砖的间隙用导热性能好、微膨胀、流动性好的自流浇注料。冷却壁和炉壳之间填充流动性好、密封性好的自流浇注料。

炉腹、炉腰与炉身中下部铸铁冷却壁冷镶氮化硅结合碳化硅砖。炉腹内侧砌筑氮化硅结合碳化硅砖。炉身上部采用铸铁冷却壁，上部冷镶磷酸盐浸渍黏土砖，倒扣铸铁冷却壁背部浇注黏土质浇注料。

2.1.3 冷却系统

高炉炉体采用100%冷却、全铸铁冷却壁结构。冷却设备、炉底、风口大套、中套采用软水密闭循环冷却系统，风口小套、炉顶打水采用高压工业水冷却系统。

（1）软水密闭循环系统。高炉炉体采用全软水密闭循环冷却工艺，来自高炉循环水泵站的软水供高炉炉体循环使用，循环冷却水分为三部分：炉底循环水与风口大套串联使用，循环水量720 m^3/h；炉体正常循环水量4350 m^3/h，到炉役后期可以增加到4820 m^3/h，串联水管采用竖向自下而上方式，一直串联到炉喉钢砖下部的冷却壁；风口二套冷却水量640 m^3/h。三部分的循环水回水均进入回水总管，再经过膨胀罐进行脱气和稳压，最终回到循环水泵站，经过二次风扇冷却后，再次循环使用。高炉总循环水量正常情况为5710 m^3/h，在炉役后期可以达到6180 m^3/h。

（2）高压工业水系统。高炉风口小套采用高压工业水冷却，设置为开路水循环。除风口小套供水以外，还供给炉顶打水、炉喉钢砖、炉顶气密箱、十字测温装置等需要高压工业水冷却部位，合计高压冷却水量为1800 m^3/h。

2.1.4 冷却设备

炉底炉缸部位采用光面灰铸铁冷却壁，HT200材质，冷却水管采用四进四出布置形式，管径 ϕ76 mm×6 mm。炉腹、炉腰与炉身使用镶砖球墨铸铁冷却壁，QT400-20材质，冷却水管同样采用四进四出布置形式，管径 ϕ76 mm×6 mm。炉身上部距炉喉钢砖下沿设置两段倒扣铸铁光面冷却壁，热面不砌筑耐火材料，冷却壁热面即为高炉操作内型，采用QT400-20球墨铸铁材质，冷却水管采用四进四出布置形式，管径 ϕ76 mm×6 mm。炉喉部位设一段水冷式炉喉钢砖，选用铸钢材质。

2.2 上料及炉顶布料系统

（1）主皮带上料。矿石、焦炭等炉料经过称量后卸至槽下胶带机，再经上料主胶带机运至炉顶料罐。上料主胶带机设备规格：带宽 $B=1800$ mm，运输量 $Q_{矿}=3750$ t/h，$Q_{焦}=1000$ t/h，带速 $v=2.0$ m/s，倾角小于11.5°。

主胶带上料机采用双驱动滚筒传动装置，设置4台电动机（三用一备），传动机械室设置在主胶带上料机通廊下中间部位，机械室内设有2台10 t电动单梁起重机，其轨道方向垂直于皮带运行方向，以备机械室内设备检修时使用。主胶带上料机上配有速度监测、防逆转、纵向撕裂监测、跑偏开关、拉绳开关等保护操作装置。

（2）炉顶布料。设计采用串罐无钟炉顶装料设备。炉顶系统由炉顶装料设备、炉顶均排压设施、炉顶探尺、齿轮箱水冷和氮气密封系统、炉顶蒸汽系统、炉顶均压煤气回收系统、炉顶液压站和润滑站，以及炉顶检修设施等组成。

炉顶设计参数及装料制度按不同批重时，串罐无料钟装料装置上料批数设定为113~138批，最大矿批118 t，最大焦批22 t，基本装料制度为C↓O↓。炉顶布料方式采用螺旋布料，能够实现多环、单环、定点和扇形布料等多种模式。多环布料可实现自动和手动两种操作方式，但在定点和扇形布料时只设手动操作方式，以备特殊情况下使用。

可按重量法和时间法布料，并具有自学习功能，每批料布料圈数、总环数，初始情况下根据开炉料情况设定布料模型，在生产过程中可通过自学习来修正相关参数。

多环布料为基本布料方式，多环布料将从设定的第一个倾角位置开始，从外环布向内环角度依次递减，直到最后一个倾角位置，也可实现往复式布料功能。布料溜槽可在2°~53°范围内倾动，共设11个可选择倾角位置。溜槽可在0°、60°、120°、180°、240°、300°任意角度上起始旋转，每批料依次步进一个起始角度。

2.3 旋切式顶燃热风炉

每座高炉配置3座旋切式顶燃热风炉，采用“两烧一送”工作方式。蓄热室设计选用19孔 ϕ25 mm 高效格子砖，热风炉燃料为单一高炉煤气。设有煤气和助燃空气板式双预热装置，2台助燃风机集中送风，一用一备。

（1）分段式本体砌筑结构。热风炉大墙分为四段式结构，每段大墙均独立支撑在与炉壳连接的托砖板或炉底板上，能够自由上涨而不影响相邻的大墙砖，热风出口位于独立设置的燃烧室大墙侧壁上。四段式结构有效地克服了现有顶燃式热风炉气流分布不均匀、热风出口组合砖易损坏等缺点，有利于延长热风炉的寿命[5]。

热风炉的燃烧器、燃烧室处在同一条中心线上，并与蓄热室中心线平齐，采用完全的对称结构，使温度分布上尽量均匀，减少因温度应力对炉体结构的破坏。

（2）热风炉耐材。热风炉各部位合理选择耐材，根据热风炉部位差异耐材采用不同形式，蓄热室从上到下选用硅砖、低蠕高铝砖及黏土砖。热风管道选用红柱石砖等耐火材料。

（3）多孔型炉箅子。炉箅子采用带横梁的多种孔型结构，能够达到受力均匀，确保长时间结构稳定，在材质的选择上能适应废气温度频繁变化的要求。

（4）管道拉紧装置。热风炉管道采用吸收膨胀和拉紧装置，既能够更好地承受热风管道轴向变形应力，又能够适应顶燃式热风炉所特有的热风管道径向变形应力，很大程度上降低了热风管道开裂、掉砖等事故，能够长期向高炉提供高风温。

2.4 平坦化双矩形出铁场

采用完全平坦化双矩形出铁场，除炉前泥炮、开口机及主沟盖在出铁场平台之上外，整个出铁场是一个连续平整的大平台，操作区域宽敞平坦，物料堆放及运输方便。

出铁口除尘采用顶吸+侧吸的除尘方式，在风口平台端部设置顶吸除尘罩，在出铁口两侧设置有侧吸除尘罩。为了加强拢烟效果，顶吸罩截面较大，在侧面设便于拆卸的挡烟钢板，底部留人员通过的空间，将铁沟沟盖与顶吸罩钢板搭接，最大限度将侧吸遗漏的烟气收集。正常出铁时，铁口处产生的烟尘通过侧吸抽走，其余的烟气通过顶吸罩抽走，或由主沟盖板导至撇渣器除尘点。在铁口正前方设置防喷溅挡板等措施，使整个铁口区域除尘设计高效合理，改善炉前作业环境。

在摆动流嘴区域的侧壁采用两个固定除尘吸风口，使产生的烟尘被强负压吸走。渣铁沟及残铁沟在沟侧壁设置吸风口，吸附渣铁流动产生的烟尘。

2.5 高炉煤气净化系统及 TRT

煤气净化系统使用重力除尘器粗除尘和干法布袋精除尘相结合的形式。

高炉煤气首先经过重力除尘器进行粗除尘。重力除尘器筒体直径 ϕ14000 mm。荒煤气管道设置为“单辫式”结构，高炉荒煤气经 4 根直径为 ϕ2300 mm 的荒煤气导出管汇合成 2 根直径 ϕ3000 mm 的煤气上升管，最后合并成 1 根直径 ϕ3400 mm 的下降总管，与重力除尘器顶部相连。在 4 根直径 ϕ2300 mm 的荒煤气导出管上分别设置一套波纹补偿器吸收温差形变。上升管支座固定在炉顶框架上，使得上升管重量与下降管的部分重量由高炉框架传递给地面。

干法除尘采用 DN6000 mm 大口径高炉布袋，氮气双侧脉冲喷吹清灰，煤气气流采用顶进顶出方式。荒煤气从筒体顶部中间自上而下，在筒体下部进入筒体，均匀反向流动扩散，保证气流分配均匀稳定，避免侧进筒体方式产生气流局部紊流，造成布袋底部摩擦破损。

TRT 采用干式轴流、两段反动式透平机，能够实现全静叶可调，第一级静叶可全部关闭，机械和氮气双密封形式。TRT 设备由透平机组、发电机组、润滑系统、液压驱动系统、供排水系统、密封系统、煤气阀门系统、高低压发配电系统和自动控制系统组成。为避免发电机频繁停车，同时便于复风后的起动并网，在高炉短期休风时发电机可转换成电动机运行。与高炉调压阀组无缝对接，实现安全自动切换运行。

2.6 高炉喷吹系统设计

3 座高炉共设置 4 套制粉系统，每套制粉能力 68 t/h，最大喷吹能力 200 kg/t。采用热风炉废气作为干燥介质，废烟气分别从 3 座热风炉换热器后汇成一根总管引至制粉车间。干燥介质由热风炉废气和高温烟气组成，其中热风炉废气占 85%～90%，高温烟气占 10%～15%。

制粉系统采用负压一级布袋收粉工艺，即中速磨-布袋收粉器-排烟风机工艺。每套制粉系统原煤仓的几何容积 500 m^3，贮煤量约 275 t，卸料孔设置箅子。原煤仓顶的胶带机下料口设单点除尘。原煤仓中的煤经其出口的一插板阀进入封闭式带式称重给煤机，定量加入磨煤机，给煤机能力 4～120 t/h。从磨煤机排出的合格煤粉与气体混合物经管道进入布袋收粉器，最大喷煤量时布袋收粉器内过滤速度不大于 0.6 m/min，被分离后的含尘标态浓度小于 10 mg/m^3。煤粉筛设两根 DN150 清灰管道，四套制粉系统设 4 个煤粉仓，煤粉仓的几何容积 580 m^3。

3 新技术及装备

（1）高比例球团矿冶炼技术。高炉炉料结构采用 60%以上高比例球团矿，使用配套带式焙烧机生产的镁质酸性和镁质熔剂性球团，能够大幅降低烧结矿用量。球团矿生产工序能耗仅为烧结矿的 1/3～1/2，SO_2、NO_x、二噁英等污染物的生成量大幅降低，能够有效减少污染物生成总量[6]，减少碳排放。此外，高炉入炉品位提高，可以降低渣比[7]，能够有效降低燃料消耗，降低生铁成本，减少焦炭用量，成功实现冶金企业污染物在源头上的减排，该技术具有重大的推广示范效应。

（2）原燃料高效转载技术。每座高炉矿焦槽系统采用“并列共柱”整体布置工艺，并应用了槽上卸料车自动精准定位、全自动取样等先进技术和设备，减少了物料中转和运输路径。采用炼铁原燃料高效转载技术，既能降低物料碰撞破碎和对胶带机的冲击强度，又能减小转载处的扬尘，有效降低分料率和生产成本。

（3）炉体综合长寿技术。高炉炉身采用多段式炉身设计，同时优化设计了炉腰、炉缸内型尺寸。炉体冷却结构践行新的炉体长寿冷却结构理念，炉底炉缸耐材采用新型长寿结构。并采用了炉体耐材侵蚀智能检测系统、炉体水温差智能监控系统等先进自动化检测手段[8]。

（4）高风温技术。顶燃式热风炉系统集成了新型陶瓷燃烧器、复式拱顶结构、格子砖高辐射覆层技术、板式换热器、稳定长寿的热风管系等一系列先进新技术。解决了陶瓷燃烧器爆震损坏问题，实现了热风出口、热风管道三岔口及热风管道长寿，降低了 NO_x 排放和燃气消耗，提升了热风炉热效率，实现了热风炉的绿色、节能、长寿[9]。

（5）高炉全方位监测技术。炉体各部位安装大量的温度、压力、流量检测点进行全方位监测，同时采用炉顶十字测温、红外线摄像仪、风口成像等主要监测装置。在高炉冷却壁上安装全区域温度检测热电偶，用于监测炉衬侵蚀和壁体工作情况。炉顶采用红外摄像仪及红外热成像装置，实时观察炉顶料面煤气和布料溜槽的工作情况，并显示温度场分布。炉底炉缸内衬烧蚀状况自动化诊断与报警系统，预防高炉炉底炉缸发生烧穿事故，指导高炉安全生产。配置高炉冷却壁水温差检测与热流强度检测系统，可以及时监控高炉壁体渣皮黏结情况，为高炉操作提供指导依据。

（6）密封料仓及环保型导料槽。整个高炉原燃料储运系统全部采用封闭形式，采用矿槽新型环保卸料车，高效的导料槽密封技术，比传统除尘方式可以降低 30%以上风量，能够大幅降低电耗[10]。高炉矿槽仓顶卸料小车下料点除尘采用料仓管道抽风、除尘气动阀门连锁启闭的方式。矿槽上部整体封闭，槽下皮带采用导料槽密封形式，采用单层导料槽+阻尼减压器+静电吸尘挡帘组合方式。

（7）炉顶均压煤气全回收技术。以往高炉炉顶均压煤气在每次装料前都被放散到大气中，这些高炉荒煤气携带大量的 CO、CO_2、H_2S 等气体，含有大量粉尘。本次高炉炉顶均压煤气采用自动全回收方式，料罐内残余煤气经过引射器抽出，进入均压煤气回收罐，再经过布袋除尘过滤后成为净煤气，进入净煤气管网。同时关闭回收系统阀门，然后将料罐中的近常压煤气通过传统的放散系统放散。该回收方式时间紧凑，料罐内剩余煤气已接近常压，再经过小旋风除尘器和消声器进行排空放散，最大限度减少高炉煤气对空排放，回收率超过 95%，同时消除炉顶噪声，延长消声器寿命。最终处理煤气含尘量小于 5 mg/m^3，不对净煤气质量产生影响，实现清洁回收。

（8）环保底滤法水渣及自动抓渣技术。环保底滤法水渣可以最大限度减少占用场地，同时采用粒化塔冲渣、高效过滤池，渣水物理分离彻底，实现“无水抓渣”，水渣含水量低，减少冲渣水消耗。同时采用冷水冲渣，利用系统补充水对粒化塔内蒸汽进行喷淋冷却，减小系统蒸汽排放量，降低吨渣耗水量，剩余蒸汽后经粒化塔烟囱集中高空排放。采用全自动智能化天车实现无人干预情况下自动抓渣，利用胶带机外运水渣，减少厂区运输车辆数量、避免道路遗撒。

4 结束语

唐钢新区 3 座高炉设计上以“先进、适用、可靠、经济、环保”为设计原则，采用最新工艺技术与装备，确保技术经济指标处于先进水平。优化总图布置，实现工艺布置紧凑合理、物流运输顺畅短捷，以利降低工程建设投资与运行成本。大量应用自动化控制和检测技术，确保高炉实现智能化、可视化、高效化冶炼操作。

参 考 文 献

[1] 龙防，沈峰满，郭宪臻，等．高炉合理炉料结构探析［J］．炼铁，2020，39（3）：35-38.

[2] 王新东，李建新，胡启晨．基于高炉炉料结构优化的源头减排技术及应用［J］．钢铁，2019，54（12）：104-110.

[3] 沙永志，马丁·戈德斯，宋阳升，我国高炉使用高比例球团矿的技术及经济性分析［J］．炼铁，2019，38（6）：1-5.

[4] 毛庆武．特大型高炉高风温新型顶燃式热风炉设计与研究［J］．炼铁，2010，29（4）：1-6.

[5] 王春龙，全强，祁四清，等．高比例球团高炉设计研究［C］．中国金属学会炼铁分会．2019 年全国高炉炼铁学术年会论文集．北京：冶金工业出版社，2019：295-301.

[6] 张文强，肖洪，高冰，等．唐钢 1 号高炉高比例球团矿冶炼工业试验［J］．炼铁，2019，38（2）：13-16.

[7] 马成伟，陈建，郑凯，等．京唐 1 号高炉低渣比下影响燃料比因素的探讨［C］．中国金属学会炼铁分会．2019 年全国高炉炼铁学术年会论文集．北京：冶金工业出版社，2019：216-218.

[8] 赵艳霞，吴志宏，全强，等．综合长寿技术在大高炉炉体设计的应用［J］．天津冶金，2020（4）：5-8.

[9] 张福明，银光宇，李欣．现代高炉高风温关键技术问题的认识与研究［J］．中国冶金，2020，30（12）：1-8.

[10] 陈妍．全密封迷宫环保导料槽在钢铁企业的应用［J］．河北冶金，2019（S1）：80-81.

河钢唐钢新区绿色节能高效型 360 m² 烧结机的设计①

王新东[1]，刘　洋[2]，胡启晨[1]

（1. 河钢集团有限公司，河北 石家庄 050023；
2. 唐钢国际工程技术股份有限公司，河北 唐山 063000）

摘　要：为充分贯彻国家污染物超低排放、低碳冶炼、节约能源等有关规定，符合国家安全一级企业整体要求，河钢唐钢新区烧结系统配置的 2 台 360 m² 烧结机系统强化环境保护，注重“三废”治理和综合利用。通过烧结烟气循环、环冷机高效水密封、厚料层烧结、活性焦和循环流化床 + SCR 脱硝烟气净化治理等多项技术的合理应用，整体能耗较传统工艺降低 45%，烟气排放量降低 25%，实现了烧结高效清洁生产。烧结系统总图布置合理、紧凑，装备稳定可靠，工艺成熟，整体工艺装备水平与技术经济指标均能达到行业先进水平，实现生产过程全流程的数字化、集成化、智能化和可视化。

关键词：烧结机；烟气循环；水密封；厚料层；活性焦；循环流化床；SCR

为深入贯彻落实习近平总书记关于“坚决去、主动调、加快转”重要指示精神和河北省钢铁产业结构调整的具体实践，河钢集团坚持创新发展理念，在唐山市乐亭县临港工业园区建设了重点示范项目河钢唐钢新区[1-3]。

河钢唐钢新区是一个集原料、焦化、烧结、球团、炼铁、炼钢、轧钢为一体的现代化全流程钢铁企业[1]。其中，烧结车间建设了 2 台 360 m² 烧结机，坚持以节能环保、高效清洁生产为设计理念，从原燃料输入到成品烧结矿储存输出的整个工艺流程均采用行业前沿技术，包括自动配料技术、混合料自动加水技术、烟气循环技术等。采用新工艺新技术后，相较传统工艺烧结能耗整体降低了 45%，烟气排放量降低了 25%，为河钢唐钢新区致力打造环保绿色化、工艺前沿化、产线智能化、流程高效化、产品高端化的世界级现代化沿海钢铁梦工厂奠定了坚实的基础。

1　工艺流程设计

河钢唐钢新区烧结系统年产成品烧结矿 793 万吨，配置了 2 台 360 m² 烧结机，其利用系数 1.35 t/(m² · h)，年作业时间为 8160 h（年作业率为 93.15%），产品含粉量小于 5%、粒度范围 5~150 mm、排矿温度不大于 120 ℃的合格烧结矿。

烧结系统采用国内先进成熟的工艺流程，选用清洁节能型工艺设备，同时充分利用现有厂区条件[4]，主要生产系统单元包括固体燃料破碎系统（包括燃料破碎机、白煤缓冲

① 原文发表于《河北冶金》，2021（6）。

仓、皮带输送机和相关转运系统)、配料系统（配备单独准确称量装置的配料室及输送和转运设施)、混合系统（一混、二混、泵站及输送和转运设施)、冷却系统（主厂房、环式冷却机及输送机和转运设施)、风机系统（主抽风机及烟气循环利用系统)、成品矿筛分系统（烧结筛分及输送和转运设施)、成品矿输送及贮存系统（皮带输送机、转运站室、成品烧结筒仓)、能源动力介质及公辅设施接入系统。烧结车间平面布置如图 1 所示。

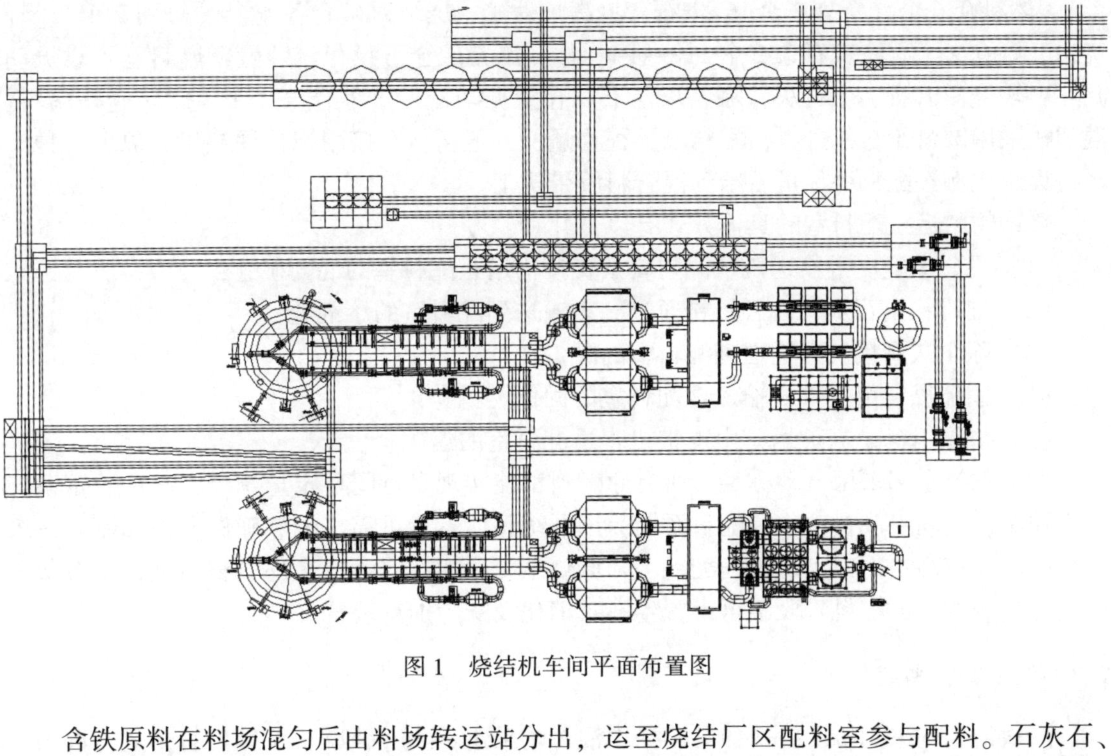

图 1　烧结机车间平面布置图

含铁原料在料场混匀后由料场转运站分出，运至烧结厂区配料室参与配料。石灰石、白云石在料场混匀配料室直接配入铁料[5]。高炉返矿由高炉区域转运站分出，送至烧结厂区。熔剂中生石灰采用气动输送至配料室矿仓[6]。烧结用固体燃料选用焦粉、焦灰及白煤，由皮带输送机运至固体燃料破碎室，破碎合格后送至配料室参与混合配料。烧结气体燃料为高炉煤气，来自高炉煤气管网。成品烧结矿经整粒筛分后，通过运矿皮带进入高位筒仓储存或直送高炉矿槽。

2　主要工序设计

2.1　燃料系统

（1）固体燃料。固体燃料为焦粉、焦灰及白煤。焦粉和焦灰来自炼焦厂的粉焦和环境灰，还有高炉槽下返焦，白煤来自料场，均由皮带机运送至固体燃料破碎室，破碎合格后送至配料室参与混合配料[7]。燃破系统采用两段开路破碎流程，共设置 4 个破碎系列，采用 3 用 1 备形式，供 2 台烧结机使用。每个破碎系列由 1 台 ϕ1200 mm×1000 mm 对辊破碎机和 1 台 ϕ1200 mm×1000 mm 四辊破碎机串联构成，固体燃料经过两段逐级破碎后，0~3 mm 粒度可以达到 90%以上。

（2）气体燃料。烧结机点火用煤气为高炉煤气，来自高炉煤气管网，发热值

750 kcal/m^3。单台烧结机正常用量为 16560 m^3/h，最大用量为 20160 m^3/h，车间接点压力 8 kPa。

2.2 配料系统

配料室采用双列布置，配料室设 34 个矿槽（每列 17 个）：混匀矿仓 12 个（每列 6 个），燃料仓 6 个（每列 3 个），生石灰、高炉返矿、烧结返矿仓各 4 个（每列 2 个），轻烧白云石仓 2 个、石灰石仓 2 个（每列 1 个）。混匀矿仓下设稳流装置，燃料仓下设振动漏斗，轻烧白云石、生石灰、除尘灰仓下设仓壁振动器，每个仓设 2 个，以防仓壁堵料。混匀矿采用圆盘给料机排料，配料电子秤称量；其他物料直接用拖拉秤拖出。以上几种原料按设定比例经配料秤称量后给到混合料胶带机上。

烧结物料运至配料室的具体方式有以下几种：

（1）混匀矿经皮带输送机从混匀料条直接输送至配料室的混匀矿仓；

（2）细粉状生石灰、白云石粉通过气力输送到配料室的熔剂仓；

（3）除尘灰直接气力输送到配料室的除尘灰仓；

（4）固体燃料由皮带机输送至配料室的固体燃料仓；

（5）烧结返矿、高炉返矿由皮带机直送配料室的返矿仓。

配料系统全部采用自动称量，所有原燃料都能实现自行闭环定量调节，均由总定系统统一控制，共同组成自动称量配料系统。该系统整体运行可靠，能够确保合格品率、一级品率控制在较高水平，实现精确配料，降低烧结工序能耗。为提高环境整洁度，生石灰采用气力输送方式，配料阶段不再设置生石灰消化及灰尘加湿装置。

2.3 混合制粒系统

一次混合均采用 ϕ4.2 m×18 m、二次混合均采用 ϕ4.5 m×22 m 圆筒混合机进行混匀及制粒作业，总混合时间超过 6 min，进料胶带机采用头部可伸缩方式，方便检修。供配置 4 台混合机，每台烧结机各用 2 台。

一混采用筒体结构，转速控制在 6 r/min，安装倾角 2.8°，混合时间设计为 3.11 min，最大填充率 12.26%。混合料加水润湿旋转混匀后，由胶带机输送至二混制粒机。混合机衬板采用稀土含油尼龙衬板，混合料入口处衬板厚度 40 mm，其他部位衬板厚度 30 mm，这种材质的衬板有利于混合料的混匀、制粒且不粘料。混合机出料口设有自动加水系统，采用雾化喷头，便于加水均匀和强化造球。两台混合机共用一个厂房，采用 QD 型吊钩桥式起重机，起重量 16/3.2 t，跨度 25.5 m，起升高度 12/14 m。

二混筒体转速 7 r/min，安装角度 2°，混合时间 3.82 min，填充率 9.35%（最大 11.38%）。圆筒制粒机排料后由胶带机运往烧结机室。制粒机衬板采用稀土含油尼龙衬板，混合料入口处衬板厚度 40 mm，其他部位衬板厚度 30 mm，这种材质的衬板有利于混合料的混匀、制粒，且不粘料；制粒机采用雾化喷头，便于均匀加水和强化造球；制粒机设有蒸汽导入装置，可以提高混合料温度，减少过湿层的产生。两台制料机共用一个厂房，采用 QD 型吊钩桥式起重机，起重量 16/3.2 t，跨度 23 m，起升高度 12.5/14.5 m。

2.4 烧结机本体系统

每台烧结机有效面积 360 m^2，台车宽度 4.5 m，有效长度 80 m，台车栏板高 800 mm，料层厚度 750 mm。混合料矿槽下部设计蒸汽预热装置，有利于提高混合料温度，减少过湿层的产生。混合料经过胶带机运往烧结室，采用梭式布料器均匀输送到混合料槽内，再经圆辊给料机及九辊布料器按要求布到烧结机台车上，可预防物料偏析；混合料布料装置的下方设松料装置，防止物料压实，提高料层的透气性；烧结机布料装置的上方设有物料平料装置，有利于料面平整，减少端部偏析造成两侧透气性过好、中部透气性过差的现象。台车的两侧采用压实装置对两侧物料进行压实处理。烧结机头尾密封采用摇摆涡流式柔性密封装置，保证设备漏风率小于 30%。

在烧结机尾部，烧结料饼经 ϕ2400 mm×4800 mm 单辊破碎机破碎至 0~150 mm。烧结机降尘管的灰尘和烧结机下的小格散料由胶带机收集，并作为成品运到冷烧结矿胶带机。

2.5 烧结冷却系统

配置多功能高效环冷机，总面积 415 m^2，中心环直径为 44 m，台车栏板高度设计 1.6 m，烧结矿料层厚度 1.5 m，台车宽度 3.5 m，有效冷却时间设计为 60~120 min。冷却烧结矿经下板式给矿机卸到排料耐高温胶带机上，最后输送到成品筛分室筛分整粒。环冷机配套 10 台 G4-73-11 No. 25D 离心通风机（每台烧结机对应 5 台），每台风机全压 3400 Pa，流量 368000 m^3/h，转速 730 r/min，配用电机功率 560 kW。

2.6 机头电除尘及主抽风机系统

机头电除尘器选用 390 m^2 双室四电场高效电除尘器，共 4 台，每台烧结机对应 2 台；主抽风机风量为 16500 m^3/min，全压 17500 Pa，共 4 台，每台烧结机对应 2 台。

2.7 烧结矿筛分系统

成品矿筛分室使用立式组合筛，由 3 台 LHBJ185×700-Ⅲ、LHBJ185×600-Ⅲ 环保型悬臂振动筛垂直串联组成，该组合筛能够高效筛分，具有节能、长寿、环保等优点。2 台烧结机共配置 3 个组合筛，采用两开一备的形式。

2.8 成品贮存系统

设计一列成品矿槽，10 个筒仓，总储量 70000 t，满足 2 台烧结机 3 天的成品烧结矿的存储。成品烧结矿可由皮带直接送至高炉矿槽，也可卸料至成品仓储存。仓上皮带配带移动卸矿车，两侧卸料。成品料仓头部转运站设有落地口，特殊情况下烧结矿可落地由汽车运走。成品料仓前一个转运站设有自动取制样设施，可以检验成品烧结矿的物理性能。

2.9 余热发电设施

配套建设 2 台 48/12 t/h 的 360 m^2 烧结环冷机自除氧余热锅炉，配 1 台 22 MW 余热汽式汽轮发电机组。全年运行时间 8160 h，年发电量 15293 万千瓦时，年供电量 11470 万千瓦时，厂用电率 25%。

2.10 除尘设施

整个烧结系统包括 16 套除尘系统。其中机头除尘 2 套（配套 2 套脱硫脱硝装置）、机尾除尘设施 2 套、配料除尘设施 3 套、成品筛分除尘设施 2 套、成品料除尘设施 2 套、燃料破碎除尘设施 1 套、混合制粒除尘设施 1 套、矿石受料槽除尘设施 1 套、煤缓冲仓除尘设施 1 套、5 号转运站除尘设施 1 套。烧结废气污染物排放标准：机头除尘 PM（脱硫脱硝后）≤10 mg/m^3（标态），SO_2≤35 mg/m^3（标态），NO_x≤50 mg/m^3（标态），烧结机尾等环境除尘 PM≤10 mg/m^3（标态）。所有除尘系统均采用排烟罩或封闭罩捕集烟气或含尘气体。

（1）机头除尘系统。1 号、2 号烧结机机头废气净化除尘各配套 2 台 390 m^2 双室四电场高效电除尘器，2 台主抽风机，风量为 16500 m^3/min，全压为 17.5 kPa，配变频异步电机功率 5900 kW，电压 10 kV，并设有消声器。

（2）机尾除尘系统。1 号、2 号烧结机各设置 1 台电袋复合除尘器，配置 1 台锅炉引风机，风量为 850000 m^3/h，全压为 6000 Pa，电机功率 2000 kW，电压 10 kV。

（3）配料除尘系统。各设置 1 台 5500 m^2 脉冲布袋除尘器，滤料采用覆膜滤料，配置 1 台锅炉引风机，风量为 292000 m^3/h，全压为 5800 Pa，电机功率 800 kW，电压 10 kV。

（4）成品筛分除尘系统。设置 2 台 3233 m^2 脉冲布袋除尘器，滤料采用覆膜滤料，各配置 1 台锅炉引风机，风量为 150000 m^3/h，全压为 6000 Pa，电机功率 355 kW，电压 10 kV。筛分室内的两个筛分系列除尘点分别对应 1 套除尘系统，作为备用的第 3 个筛分系列除尘点并入至上述两套除尘系统中，可根据工艺生产需要，实现并入系统去向的切换。

（5）成品料仓除尘系统。成品料仓 1~9 号仓对应除尘点设置 1 台 5943 m^2 脉冲布袋除尘器，滤料采用覆膜滤料，配置 1 台锅炉引风机，风量为 280000 m^3/h，全压为 6000 Pa；配用电机功率 710 kW，电压 10 kV。成品料仓 10 号仓对应除尘点设置 1 台 1698 m^2 脉冲布袋除尘器，滤料采用覆膜滤料，配置 1 台锅炉引风机，风量为 75000 m^3/h，全压为 6000 Pa；配用电机功率 185 kW，电压 10 kV。

（6）燃料破碎除尘系统。共设置 1 台 3233 m^2 脉冲布袋除尘器，滤料采用防静电覆膜滤料，配置 1 台锅炉离心风机，风量 150000 m^3/h，全压为 6000 Pa。配用防爆电机功率 315 kW，电压 10 kV。

（7）混合、制粒除尘系统。共设置 1 台 3024 m^2 塑烧板除尘器，配置 1 台锅炉引风机，风量 110000 m^3/h，全压 5000 Pa。配用电机功率 220 kW，电压 10 kV。

（8）矿石受料槽除尘系统。共设置 1 台 5486 m^2 脉冲布袋除尘器，配置 1 台锅炉引风机，风量 260000 m^3/h，全压 6300 Pa。配用变频电机功率 710 kW，电压 10 kV。

（9）煤缓冲仓除尘系统。共设置 1 台 1698 m^2 脉冲布袋除尘器，配置 1 台锅炉引风机，风量 80000 m^3/h，全压 5500 Pa。配用防爆电机功率 200 kW，电压 10 kV。

（10）No.5 转运站除尘系统。共设置 1 台 1077 m^2 脉冲布袋除尘器，配置 1 台锅炉引风机，风量 50000 m^3/h，全压 5000 Pa。配用电机功率 110 kW，电压 380 V。

2.11 智能化控制系统

系统控制总体结构上采用三电一体化（EIC）设计，以PLC控制为核心，基于多点数据采集、规模存储、过程控制、逻辑控制等方式，实现实时参数跟踪、状态预警、超限报警等功能，可以集中显示设备状态画面、打印不同层级生产报表等功能。其为集生产管控、过程监督质量预警为一体，安全、高效、高产的一体化智能控制系统，主要特点如下。

（1）基础自动化控制系统。基础自动化控制包括设备顺序控制和生产工艺过程控制，包括配矿控制系统、混匀料水分自动控制系统、铺底料控制系统、料位集中控制系统、高炉煤气点火控制系统、煤气压力控制系统。

（2）过程自动化控制系统（L2）。过程自动化控制通过检测、判断，对原料参数、操作参数和设备参数进行自动实时调整，使整个系统长期处在最经济、最优化、最高效的运行状态，减小中间环节对质量的影响，生产高质量产品，提高劳动生产率，降低生产成本和能耗。主要智能控制模型包括配料优化控制模型、混合料水分控制模型、烧结终点控制模型、烧结终点偏差控制模型、物料平衡控制模型、燃烧控制模型等。

（3）工厂数据库。工厂数据库主要基于数据采集系统，将电力、介质消耗、设备运行状况等信息进行收集并最终提供给上级系统，实现能源数据的各项统计、分析以及设备运行状况的预判、维护与检修指导。采用OPC、Modbus、IE104等多种标准通信协议，保证接口数据采集的实时性、准确性及稳定性。

3 主要技术特点

3.1 烟气循环利用系统

烟气循环系统（见图2）采用内循环控制技术，把烧结机烟道头部和尾部部分风箱与环冷机第三段部位热风相混合，通过引风机送入烧结料表面，循环烟气量为18%~25%，烟气含氧量不小于18%，电除尘入口温度不小于130 ℃，循环烟气温度大于200 ℃。每台烧结机循环风量5500 m^3/min，配置2台循环风机，同时增加2台多管除尘器和相关附属设施。

烧结烟气循环后能够降低外排烟气量，回收部分热量，具有良好的节能、减排效果，同时还可以提高产量，降低除尘器及烟气治理设备投资。实施烟气循环后，可以降低固体燃耗10.8%，烧结烟气最大减排量25%，其中SO_2减排20%、NO_x减排24%、CO减排20%，同时烧结机可增产4%~6%。烟气循环系统示意图如图2所示。

3.2 高效水密封环冷机

水密封环冷机由环形回转框架和台车组成，回转框架底部安装有环形轨道，由多个支撑辊支撑，均匀分散整个回转框架的载荷。台车由偏心结构构成，两端采用半轴结构和回转框架相连，内侧轴端使用台车辊臂相连，辊臂一端连接内侧轴端，另一端连接辊轮，能够实现曲线运动，整个结构能够使台车在冷却过程保持水平运动，卸料时实现自动翻转和复位，周而复始连续完成烧结矿的冷却和输出。

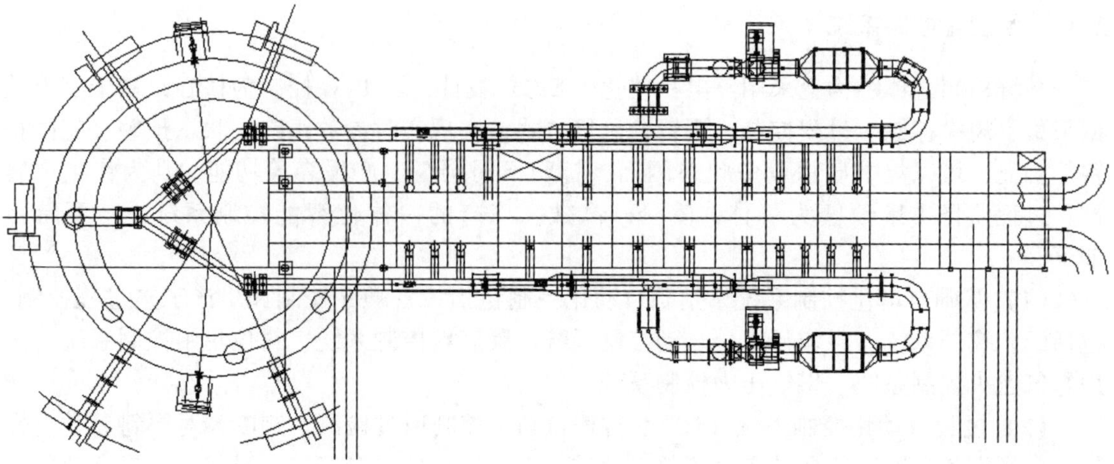

图 2　烟气循环系统示意图

水密封环冷机的上下部位均采用水进行密封，漏风率不大于 5%，可以更高效地利用冷却热风。供风系统采用传统的大风箱结构，不仅可以降低风阻，达到更均匀的冷却效果，还能够大幅降低冷却风量，减少装机容量，实现更好的节能效果。与传统环冷工艺相比，其耗电量仅为传统环冷机的 35%~40%。

3.3　厚料层烧结技术

由于烧结机密封的改善、主抽风机负压的提高及采用圆筒制粒机等工艺，都为实现厚料层烧结创造了更为有利的条件。烧结机台车栏板高度 800 mm，正常料层厚度可以达到 750 mm，通过增加梯形布料挡板等装置，还能够增加料层厚度 20~30 mm。通过厚料层烧结，在降低固体燃耗的同时，还可以提高烧结矿质量，降低 FeO 含量，提高烧结矿还原性和烧结产量。

3.4　烧结机头尾密封

烧结机头尾密封采用摇摆涡流式柔性密封装置，其中密封装置的上盖板使用耐磨合金材料制造，使用寿命通常达到一年半以上，表面不易磨损。应用摇摆跟踪系统后，烧结机运行更灵活，能够在 10°范围内实现任意方向的自由摆动，确保密封装置的上表面与台车底梁之间的密切接触。同时，摇摆涡流式密封装置与风箱之间严密接触无漏风。密封装置上盖板与烧结台车底梁之间的张紧力可以调整，在确保有效密封的情况下进一步降低摩擦力，减少运行阻力，降低电耗。在密封盖板上增加涡流阻风系统，可以降低因台车底梁局部变形或出现沟槽而造成的漏风损失。其结构紧凑、安装方便，增加烧结机有效长度 1.5~3.0 m，从而提高烧结面积，增产增效。密封盖板还能够随着台车底梁的塌腰变形而产生相同挠度的变形，确保随时与台车底梁面接触不漏风[8]。

3.5　烧结余热发电

烧结余热发电采用中低温烟气余热高效回收及能量梯级利用技术[9,10]。该技术使用双压无补燃自然循环锅炉，能够适应环冷机烟气的工况变化，快速启停。烧结环冷余热锅炉采用双通道烟气进气系统，充分利用烟气各能级的热能，降低排烟温度，提高烟气余热的利用效率。采用的双压双通道设计，可以最大限度地降低排烟温度，提高锅炉的热效率。锅炉本体的换热效率可以达到95%以上。锅炉采用全自然循环蒸发系统，循环风机入口设置补冷风口，根据冷却风量和冷却温度，调节补冷风调节阀的开度。

3.6 除尘灰气力输送

整个烧结系统环境除尘灰，机头、机尾、活性焦等部位工艺灰全部采用气力输送方式，直接输送到除尘灰仓中，参与烧结混匀配料，实现除尘灰循环利用，大幅减少汽运过程飘洒、机动车尾气二次污染等问题。

3.7 环保棒条筛

采用环保棒条筛，两台烧结机共建设 3 个系列，每台烧结机正常生产对应 1 个系列，开 2 备 1。环冷机冷却后的烧结矿经三通分料器输送至每个筛分系列。环保棒条筛的筛分效率大于 85%，5 mm 粒级以下的含量不大于 5%，除尘风量为传统筛分装置的三分之一，同时装置占地面积减少，电耗和环保投资大幅降低。

3.8 筒仓技术

为了适应唐山地区冬季严峻的环保政策，减少烧结停机大量落地料污染环境，建设大容量筒仓储存成品烧结矿[11]。共设置 10 个成品烧结矿筒仓，单个筒仓直径 21 m，总贮量超过 7 万吨。仓上同时配置 2 台移动卸矿皮带，能够实现自动寻仓装料功能。为减少磨损，延长仓体使用寿命，仓内采用铸石衬板结构，厚度 50 mm。仓下同时设置 6 个卸料口，根据高炉需求，统一协调各个卸料口的作业频率，最大限度减少烧结矿存储倒运过程中粉尘的发生量。

3.9 烟气脱硫脱硝

烧结烟气净化装置分别使用活性焦脱硫脱硝和循环流化床脱硫+SCR 脱硝两种工艺，均能达到唐山市超低限排放要求。

其中 1 号烧结机使用全烟气活性焦吸附净化装置，对应 1 套吸附再生系统，可处理 1 台烧结机的全烟气量，即 1.18×10^6 m^3/h（标态）。使用 6 个活性焦吸附塔单元，各单元并联，共同处理全部烧结机烟气，每个吸附单元处理烧结烟气能力约为 2×10^5 m^3/h（标态）。设置 1 台在线变频运行增压风机，烟气净化系统不设置旁路，烟气经过处理后通过净化系统后部烟囱直接排放。脱硫效率不小于 95%，脱硫后的副产物高浓度 SO_2 再生气进入后续制酸工序，制得 98%硫酸。

2 号烧结机采用循环流化床脱硫+ SCR 脱硝工艺，烧结机出来的原烟气从循环流化床脱硫塔底部进入，在吸收塔反应段与脱硫剂进行反应脱除 SO_2，后置布袋除尘器确保烟气含尘量小于 5 mg/m^3，随后进入脱硝系统。烟气脱硝设施布置在半干法脱硫除尘工艺后，布袋除尘烟气出口温度在 80 ℃左右，而 SCR 催化剂反应温度需要 280 ℃，因此烟气需经过 GGH 换热和加热炉加热，将温度进一步提高到 280 ℃，再进入 SCR 反应器进行脱硝。

SCR 脱硝技术稳定、可靠、效率较高。两种工艺均可实现气态污染物、固体粉尘颗粒的一体化脱除要求。

4 结束语

河钢唐钢新区 2 台 360 m^2 烧结机在工艺设计和设备选型上都采用了行业成熟、先进的技术，自动化程度高，能够确保从原燃料输入到成品烧结矿储存输出的整个工艺流程在最经济、最优化的状态下稳定运行。在节能设计方面，集成了自主研发和主流成熟的多项装备技术，较传统工艺能耗降低 45%；在环保装备方面，配置了先进的烟气循环和脱硫脱硝治理技术，烟气减排量达 25%以上，污染物排放大大降低，远远超出了国家规定的超低排放标准，达到行业领先水平。总图布置合理，衔接紧凑，流程合理，工艺先进，能够成为河钢集团乃至全国钢铁行业的典型工程案例。

参 考 文 献

[1] 王新东．以“绿色化、智能化、品牌化”为目标规划设计河钢唐钢新区［J］．钢铁，2021，56（2）：12-21.

[2] 李洁，周志安，周茂军．宝钢三烧结大修改造 600 m^2 烧结机的设计特点及生产实践［J］．烧结球团，2017，42（3）：21-25.

[3] 张文利．以强化区位创新引领打造河钢乐钢［J］．冶金管理，2020（12）：52-53.

[4] 中国冶金建设协会．钢铁企业原料准备设计手册［M］．北京：冶金工业出版社，1997.

[5] 中国冶金建设协会．烧结设计手册［M］．北京：冶金工业出版社，2005.

[6] 中华人民共和国国家质量监督检验检疫总局．钢铁企业原料场工艺设计规范［Z］．北京：中国计划出版社，2010.

[7] 中华人民共和国国家质量监督检验检疫总局．烧结厂设计规范［Z］．北京：中国计划出版社，2015.

[8] 卢兴福，刘克俭，于耀涛，等．烧结机头尾端部密封技术改进与应用［J］．烧结球团，2020，45（3）：8-12.

[9] 赵军凯，侯健，姜林．邯钢烧结机冷却系统改造与余热发电效果提升［J］．中国冶金，2020，30（4）：69-73.

[10] 李忠兴．提高烧结余热发电发电量措施探讨［J］．冶金动力，2019（10）：77-78，93.

[11] 马洛文．宝钢新 2 号烧结机节能环保技术集成与应用效果［J］．烧结球团，2019，6：231-235.

现代炼铁工艺及低碳发展方向分析①

王新东[1]，郝良元[2]

(1. 河钢集团有限公司，河北 石家庄 050023；
2. 河钢集团钢研总院，河北 石家庄 050023)

摘　要：分析了现代高炉炼铁和非高炉炼铁（直接还原、熔融还原）工艺特点和发展现状，从多个方面比较了现有生产条件下各工艺的优缺点。从能源结构、生产规模及工艺成熟度阐述了高炉炼铁在当前仍是国内主流工艺，并结合当前国内外低碳发展趋势和政策要求，提出高炉工艺降低碳耗的措施，明确了以“短流程”替代“长流程”和以新能源替代碳素冶金的发展方向，以最终实现“零碳炼铁”。结合现有的国际上的能源结构调整方向，指出了氢冶金的发展方向。

关键词：高炉工艺；氢冶金；碳冶金；非高炉炼铁；低碳冶金

现代钢铁冶炼以“高炉—转炉”和“废钢或直接还原铁——电炉”为主流，另外还包括少数的高炉使用金属化炉料、电炉兑高炉铁水、熔融还原铁水和转炉搭配等具有特殊性的非主流流程。其中，炼铁绝大部分采用高炉炼铁工艺，工业化的非高炉炼铁工艺包括直接还原和熔融还原炼铁工艺[1,2]。高炉生铁产量约占世界生铁产量的70%，主要是由于其操作简便、能耗低、成本低廉、可大量生产而广泛应用。非高炉炼铁工艺是为了解决国际上普遍存在的焦煤短缺问题，曾先后出现了以煤代焦、以天然气重整取代煤基还原剂的直接还原工艺，也包括直接利用粉矿、粉煤的有利于快速还原的工艺，以及以各种熔融炉为代表的熔融还原工艺[3]。

随着环境要求和温室气体对气候影响的提高，各国相继签订《巴黎气候变化协定》，旨在尽快实现温室气体排放达到峰值、21世纪下半叶实现温室气体净零排放，降低气候变化给地球带来的生态风险以及给人类带来的生存危机。2021年是“十四五”开局之年，中国将在2030年前达到二氧化碳排放峰值，2030年非化石能源占一次能源消费比重达到25%，风电和太阳能发电装机达到12亿千瓦以上，2060年前实现碳中和[4]。对传统炼铁工艺而言，改变以煤炭为主的高碳能源和电力结构，转向清洁能源为主的低碳能源结构，是大势所趋和必由之路。因此，以清洁、可再生能源和氢气炼铁工艺也相继出现。

1　现代主流炼铁工艺对比

1.1　高炉炼铁发展及特点

近年来，我国高炉炼铁生产的快速发展，带动了全球高炉生铁产量的大幅度增加。根

① 原文发表于《中国冶金》，2021，31（5）。

据世界钢铁协会的统计数据，2019 年世界高炉生铁产量为 12.78 亿吨，中国产量已经 8.09 亿吨[5]，高炉炼铁在钢业生产中仍处于绝对优势地位，2020 年中国生铁产量增加到 8.87 亿吨。

高炉炼铁是由古代竖炉炼铁发展和改进而成的。纵观整个炼铁史，高炉炼铁技术经过 200 多年的多项重大关键技术发明和改进的积累，现代高炉的工艺、设备和结构都取得了巨大的进步，炼铁发展史标志性事件见表 1。

表 1　炼铁发展史标志性事件

时间	事件	意义
1735 年	发明了焦炭	解决了未来高炉大型化最关键性的料柱骨架、煤气利用问题
1857 年	采用了蓄热式热风炉	热鼓风代替冷风，使高炉燃料比降低了 20%以上，解决了高炉低能耗问题
1802—1884 年	发明了水冷风口、水冷渣口、水冷碳质炉衬	高炉炉型及结构的改善，解决了高炉长寿命问题
1887 年	发明了烧结矿	矿熟料技术的发展与成熟为高炉大型化奠定了物质基础
1889 年	采用了电力鼓风	大量鼓风使高炉产能迅猛提升，解决了高炉高效率问题
1907 年	马基式料钟布料设备代替了料罐装料	进一步提升了高炉产能、效率，以及具备了大型化的外部条件[6]
1959 年	发明无料钟布料设备	

从实际运行可以看到，高炉炼铁的优点是明显的。规模大、热效率高、能耗低、铁回收率高、生产成本低，设备利用率高、作业率高、铁收得率达 98%以上，大型高炉单炉日产铁水达万吨以上，一代炉役寿命可达到 15～20 年以上[7]。其主要原因是：在高炉炼铁过程中，铁前工艺采用了精料技术，强化原料预处理，实现了低渣比、低硅冶炼，为现代钢铁企业提供优质铁水；配套的辅助设施采用了先进的热风炉，实现高风温以及脱湿鼓风，富氧鼓风与喷吹煤粉等先进技术集合，进一步优化了燃料结构，使高炉焦比降低到 330 kg/t 以下，产量进一步提高，降低了铁水综合成本。与此同时，高炉设备不断改进和大型化。高炉顶压力、皮带上料、无钟布料、炉顶煤气干法除尘、余压发电、炉前机械化等设备和检测仪表，以及计算机多级控制、专家系统，改善了劳动条件，为钢铁冶炼更加合理化、智能化创造了有利的条件[8]。高炉炼铁已经成为现代钢铁联合企业连续生产各种优质钢材、创造巨大经济效益的基础生产流程。

1.2　非高炉炼铁工艺分析

非高炉炼铁（直接还原或熔融还原）的提法最早可以追溯到 1850 年[9]，是针对高炉炼铁中焦煤资源短缺的固有问题提出的，意在达到环保要求，甚至取代高炉。在工艺优势方面，非高炉炼铁技术不依赖焦炭，能源选择范围广、环境负荷低、流程短，从根本意义上减少烧结、球团、焦化等作业工序中产生和排放各种污染物的现象。在国外取得了长足的发展，逐步形成以直接还原和熔融还原为主体的现代化非高炉炼铁体系。

1.2.1 直接还原工艺

直接还原工艺是在不熔化、不造渣的条件下，利用气态、液态燃料或非焦煤为还原剂将含铁原料还原为固态直接还原铁（Direct Reduced Iron，DRI），根据其使用还原剂不同，可分为煤基和气基两种；按反应器分类，可分为固定床、竖炉、流化床、回转窑等种类[10]。

煤基法直接还原工艺是以高品位块矿或铁精粉等含铁氧化物制成球团与固体还原剂（无烟煤等）混合成炉料，加入煤基立式反应炉中，炉料在封闭的立式反应器中进行“预热→还原”，代表性流程是SL/RN[11,12]。还原后的产品为DRI球团，用于短流程炼钢工艺，可轧制成块或饼，还可通过热装进入炼钢工序，实现低能耗生产。煤基回转窑直接还原铁产量占直接还原铁总产量的比例不足20%，目前主要分布在印度、南非等铁矿石、非焦煤炭资源丰富且廉价的地区。中国曾建煤基回转窑直接还原铁生产线7条，由于铁矿石价格上涨，依靠进口球团生产DRI亏损，导致我国生产DRI的回转窑全部被迫停产闲置。气基直接还原工艺是以天然气为主体能源生产海绵铁，主要设备是竖炉，其他的还有流化床和反应罐。最具代表性的是Midrex和HYL-Ⅲ[13,14]。

比较煤基法和气基法，煤基法单台设备规模偏小、能耗偏高，仅适用于处理特殊冶金资源。气基法最大单台规模可达到250万吨/年。气基法也可以使用煤制气、焦炉煤气等作为还原剂进行生产，但由于煤制气设备投资高，气体净化和运行成本高，煤气成分波动大，造成用于直接还原的可行性降低。

直接还原的优势有两方面：一是不使用焦炭；二是对规模的依赖程度比高炉要小很多。其缺点主要是能耗较高见表2[10-14]。因此，直接还原目前还不能从根本上取代高炉炼铁工艺。

表2 直接还原工艺比较

工艺名称	还原剂	反应器	能耗/($GJ\cdot t^{-1}$)	单体产能/($Mt\cdot a^{-1}$)
Midrex	天然气	竖炉	11	1.80
HYL-Ⅲ	天然气	竖炉	11	1.90
Finmet	天然气	流化床	14	0.50
SL/RN	煤	回转窑	18	0.15
Fastmet	煤/天然气	转底炉	15	0.14~0.50

1.2.2 熔融还原工艺

熔融还原工艺最初是以非焦煤为主要燃料，不用或仅使用少量焦炭，生产液态热铁水的炼铁方法。以煤为能源、以气体作为还原剂的称为“氧-煤工艺”，以煤作为还原剂、电作为主要能源的称为“电-煤工艺”。经历了“一步法”和“二步法”[15,16]演变，主要有HISarna、COREX、FINEX和HIsmelt工艺。其中，HISarna是一种煤基铁浴法熔融还原炼铁工艺，属于“一步法”，该工艺直接使用煤粉和粉矿作为原燃料，熔剂选用石灰石和白云石[17]；COREX是由奥钢联开发的一种使用块矿或球团矿作原料、使用非焦煤作还原剂和燃料的熔融还原炼铁工艺，属于两步熔融还原[18]；FINEX工艺是韩国浦项制铁在

COREX 工艺基础上开发的创新型熔融还原炼铁工艺[19]；HIsmelt 熔融还原炼铁工艺系统主要核心包括熔融还原炉、原燃料喷吹系统和水冷喷枪，其主要原料为铁矿粉和非焦煤[20-22]。

通过对以上几种熔融还原工艺了解，从能量来源以及能耗方面进行对比（见表 3）发现，以克服高炉使用焦炭和块状炉料为目的的熔融还原，在经过很长一段时间的开发和应用后，虽然实现连续工业化，但无法在生产运行方面比高炉炼铁凸显优势。核心问题仍然是能耗高，在运行效率方面也难与高炉竞争。

表 3　几种非高炉工艺能耗对比

工艺	能耗			排放		
	煤量/(kg · t^{-1})	焦炭/(kg · t^{-1})	氧量/(m^3 · t^{-1})	煤气量/(m^3 · t^{-1})	煤气温度/℃	煤气成分
COREX[18]	900~1000	50	520	1800	1000~1150	CO、H_2、CO_2、CH_4
FINEX[19]	1000~1100	入炉原料的 5%~10%	540	2000	720~750	CO、H_2、CO_2、CH_4
HISarna[17]	483	—	510	987	1450~1500	CO、H_2、CO_2、CH_4
HISmelt[20-22]	900~950	—	235	2765	1600~1700	CO、H_2、CO_2、CH_4

1.3　高炉炼铁工艺的定位

面对日益趋紧的环保要求和社会发展对钢铁的需求，传统高炉炼铁面临的节能环保及原燃料适应性压力，各种非高炉炼铁工艺的炼铁方法开始应用，将影响未来高炉炼铁在整个钢铁工业中的地位和位置。综上，高炉炼铁工艺在整体能耗方面较其他炼铁流程都要低，但由于其本质是碳还原的特点，相对其他富氢或使用了非碳能源的工艺，高炉流程的 CO_2 排放较高。结合我国的资源条件和当前的技术现状，高炉炼铁在可预见的很长一段时间内仍然是我国最主要的炼铁流程，但在降低 CO_2 排放方面将面临越来越大的压力。

非高炉炼铁在中国一直发展不起来的重要原因主要有 3 点：(1) 尽管随着世界经济高质量发展，能源格局将发生重大改变，能源供需将向低碳化、市场化和数字化方向转型，但中国能源领域存在能源结构不合理、资源环境的约束趋紧、能源利用效率低、灵活性调峰电源不足等难题，这决定了新型能源在炼铁使用过程中的局限性；(2) 现代高炉逐渐向大型化转变，在现有的成本及经济效益下，非高炉炼铁的生产规模及投资成本无法和高炉竞争；(3) 非高炉炼铁的种类尽管繁多，但其技术的成熟度和运行的稳定性较差，为保证其持续运行，有些非高炉甚至逐渐向高炉体系的部分操作条件靠近，失去了其竞争优势。

2　低碳炼铁发展方向

2.1　钢铁行业低碳举措

在全球脱碳大潮的背景下，以减少碳足迹、降低碳排放为中心的传统钢铁冶金工艺技术变革已成为钢铁行业绿色发展的趋势。1992 年《联合国气候变化框架公约》签署、2005 年《京都议定书》生效、2014 年中国提出计划 2030 年左右达到二氧化碳排放峰值、2016 年 11 月《巴黎协定》生效、2020 年中国向全世界宣布，“二氧化碳排放力争 2030 年前达到峰值，努力争取 2060 年前实现碳中和”。低碳化成为当前全世界炼铁工业面临的重要挑战，对此国内外展开了不同的措施，见表 4。

表 4　国内外低碳举措

企业		低碳措施
国内	河钢集团	建立碳资产管理体系，开展碳排放配额及国家核证自愿减排量（CCER）交易，实现焦炉煤气制取 LNG、氢能重载汽车和加氢站投入使用，并正在建设焦炉煤气自重整生产 DRI 的氢冶金示范工厂[26]
	中国宝武	开展核能制氢+氢气制铁制钢研发，成立了世界低碳冶金创新研究中心、中国宝武低碳冶金创新基金、宝武清能新能源利用公司[27]
	日照钢铁	与中国钢研合作，利用化工行业富余氢气开展全氢冶金新工艺研究[28]
	酒钢	提出建设氢冶金研究院的设想，先期在回转窑回收固废的工艺中使用高含氢煤种[29]
	山西建龙	提出氢冶金熔融还原产业布局[30]
国外	欧盟	提出 ULCOS 计划，吨钢 CO_2 减排 50%，欧洲钢铁工业到 2030 年碳排放水平较 1990 年减少 30%，到 2050 年减少 80%~95%[31]
	荷兰	开发了基于 HIsmelt 的 HIsarna 熔融还原技术，可以使钢铁生产至少降低 20%的 CO_2 排放
	德国	利用富氢焦炉煤气进行高炉喷吹，用氢作为还原剂取代部分碳
	奥钢联	开展氢气替代焦炭冶炼技术研究
	瑞典	提出 HYBRIT 计划，用氢替代炼焦煤和焦煤的突破性炼铁技术[32]
	日本	COURSE50 项目，包括降低高炉煤气 CO_2 排放的 CCUS 和高炉煤气循环和“铁焦”项目；还将推动核电、可再生能源发电、无碳制氢技术等基础研究
	韩国	COOLSTAR 项目，开展“高炉二氧化碳减排混合炼铁技术”和“替代型铁原料电炉炼钢技术”研究，该项目包括高炉喷吹富氢燃料、富氢气 DRI、核能制氢 DRI 等[33]

总的来说，国内钢铁企业在低碳冶金上的探索主要在于加大力度管理碳循环体系，提高能源利用率，开发新的能源。在新的能源开发方面，均以氢能的开发与利用作为重点。

2.2 碳冶金向氢冶金的转变

氢能作为新兴的战略能源，具有来源丰富、热效率较高、能量密度大、使用清洁、可运输、可储存、可再生等特点，已被多国列入国家能源战略部署中，在未来全球能源结构变革中占有重要地位。碳冶金是固体碳（焦炭等）在不完全燃烧条件下转化成 CO，进行还原反应，而气体氢直接参与还原反应不需任何转换。因此，理论上氢冶金在还原效率与还原速率方面均有较大优势[34]。大力发展富氢冶金，对减少 CO_2 排放，保证钢铁行业的可持续发展有着重要意义。

氢冶金，即在还原冶炼过程中主要用气体氢作为还原剂，主要包括高炉富氢炼铁新技术、气基直接还原工艺、氢等离子直接炼钢工艺等。氢冶金目前仍处于起步阶段，在实质性的研发与工业应用方面仍面临巨大挑战。

首先，制氢技术路线的经济性和低碳性便是氢冶金面临的首要挑战。目前世界氢气生产总量的95%仍以石化能源制氢为主[35]，石油类燃料的裂解转化、氧化等方法制氢，煤炭气化转化以及利用煤发电-水电解制氢等[36]，这些技术路线在能耗与碳排放方面并不占优势。其次，国内外氢冶炼技术还处于研发起步阶段，同时，我国目前氢能领域政策主要体现在交通领域，例如新能源汽车、加氢站、氢储存和运输、燃料电池等方面[37]，与氢冶金配套的专项规划、政策体系、标准体系、安全规范仍缺乏顶层设计。

对待“氢冶金”这个全新的概念，需要正确认识其最核心的内容，避免盲目地、不切实际地追求所谓的“热点”而迷失决策的方向。氢冶金目前仍处于起步阶段，在实质性的研发与工业应用方面仍面临巨大挑战。虽然目前可以以化石燃料制氢，另外利用高挥发性煤分解得氢、使用两步法还原铁或利用煤制气-气基还原，有可能在一定规模上部分实现氢冶金，但是化石燃料日趋枯竭，因此今后应加大以水制氢的研究开发力度，并逐步取代化石燃料制氢。对于氢冶金的未来，最理想状况是核电制氢解决氢气成本问题，在此前提下可以进一步考虑高炉加氢的经济可行性。核废料问题是核能可持续发展的关键制约因素，如果处理不好将会造成极大的可持续危害。因此在开展核能制氢的研究中，同样应该对核废料的后处理做出相应的重视。

在富氢高炉炼铁方面，日本 COURSE50 项目、韩国 POSCO 氢还原炼铁工艺、德国蒂森克虏伯公司氢基炼铁项目、中国宝武核能制氢项目、河钢集团全球首座使用富氢气体的直接还原铁工厂（ENERGIRON 直接还原厂）、中晋集团氢基还原铁等项目，已经在碳冶金向氢冶金转变的道路上迈开了步伐。

3 结论

钢铁作为工业发展不可或缺的材料之一，仍然具有很强的生命力和发展空间。各国非高炉炼铁和高炉炼铁的发展程度也因国而异。当前，我国生铁的主要来源依旧是高炉，非高炉炼铁在中国一直发展不起来首先是由我国能源结构决定的，其次在于其生产规模无法和高炉竞争，最后就是技术的成熟度和运行的稳定性不够。因此，在确定高炉地位的同时，针对低碳发展要求，应更加积极开展新工艺新技术研究，以确保实现钢铁行业低碳发展。因此，加快非高炉炼铁关键技术突破，因地制宜地开发具有自主知识产权的新型炼铁工艺是迫切的科研任务。

应当清醒地认识到，未来钢业流程向低碳绿色发展势不可挡。在低碳政策的驱动下，“长流程”向“短流程”转变、废钢替代铁水、清洁能源替代化石燃料等，各种低碳冶金技术将层出不穷。相比于碳冶金，氢冶金在还原效率与还原速率方面均有较大优势。大力发展富氢冶金，对减少 CO_2 排放、保证钢铁行业的可持续发展有着重要意义。

参考文献

[1] 殷瑞钰．关于钢铁工业和钢厂结构优化的工程评论［J］．钢铁，1994，1.

[2] 蔡九菊，杜涛，陆钟武，等．钢铁生产流程环境负荷评价体系的研究方法［J］．钢铁．2002，66.

[3] GEERDES. Modern blast furnace ironmaking：An introduction（2015）［M］. Amsterdam：Ios Press，2015.

[4] 王新东，王国栋．以产学研用协同创新新模式助推钢铁行业技术进步［J］．钢铁，2017，7（52）：1.

[5] 严珺洁．超低二氧化碳排放炼钢项目的进展与未来［J］．中国冶金，2017，27：6.

[6] 刘松利，白晨光．直接还原技术的进展与展望［J］．钢铁研究学报，2011，23：1.

[7] 徐少兵，许海法．熔融还原炼铁技术发展情况和未来的思考［J］．中国冶金，2016，26：33.

[8] 王新东，闫永军．智能制造助力钢铁行业技术进步［J］．冶金自动化，2019，1（43）：1.

[9] WANG Y，ZUO H，ZHAO J. Recent progress and development of ironmaking in China as of 2019：an overview［J］. Ironmaking & Steelmaking，2020，47（5）：1.

[10] MOHSENZADEH F M，PAYAB H，ABEDI Z，et al. Reduction of CO_2 emissions and energy consumption by improving equipment in direct reduction ironmaking plant［J］. Clean Technologies and Environmental Policy，2019，21：847.

[11] 张奔，赵志龙，郭豪，等．气基竖炉直接还原炼铁技术的发展［J］．钢铁研究，2016，44：59.

[12] 孙昊延，朱庆山，李洪钟．钒钛磁铁矿流态化直接还原技术现状与发展趋势［J］．过程工程学报，2018，18（6）：1146.

[13] PATISSON F，MIRGAUX O. Hydrogen Ironmaking：How It Works［J］. Metals，2020，10（7）：922.

[14] TANG J，CHU M S，LI F，et al. Development and progress on hydrogen metallurgy［J］. International Journal of Minerals，Metallurgy and Materials，2020，27（6）：713.

[15] 应自伟，储满生，唐珏，等．非高炉炼铁工艺现状及未来适应性分析［J］．河北冶金，2019，6：1.

[16] 李峰，储满生，唐珏，等．非高炉炼铁现状及中国钢铁工艺发展方向［J］．河北冶金，2019，10：8.

[17] 栗聖凯．基于高炉炼铁和非高炉炼铁的能耗比较［J］．工业设计，2015（12）：185.

[18] 王妤．熔融还原炼铁的专利技术现状［J］．金属世界，2011（3）：63-68.

[19] 湛文龙，吴铿，付平，等．COREX 熔融气化炉 Rist 操作线的建立和应用［J］．北京科技大学学报，2013，35（4）：448.

[20] 王敏，任荣霞，董洪旺，等．熔融还原炼铁最新技术及工艺路线选择探讨［J］．钢铁．2020，55（8）：145.

[21] 陆亚男，吴胜利，王来信，等．炉渣成分对 COREX 铁水脱硫效果的影响［J］．钢铁，2019，54（9）：33.

[22] 刘浩，钱晖．宝钢 COREX 煤压块技术分析［J］．钢铁，2015，50（1）：27.

[23] YI S H，CHOI M E，KIM D H. FINEX as an environmentally sustainable ironmaking process［J］. Ironmaking and Steelmaking，2019，46（7）：1.

[24] BHATTACHARYYA A，SCHENK J，HECKMANN H. Experimental determination of the strength and

reactivity of lumpy and briquetted chars from non-coking coals under melter-gasifier conditions [J]. Ironmaking & Steelmaking, 2018, 45 (10): 1.
[25] 张曦. FINEX与COREX及高炉流程能源消耗对比解析 [J]. 资源节约与环保, 2019 (4): 2.
[26] 王新东. 构建全方位科技创新体系践行河钢高质量转型发展 [J]. 中国钢铁业, 2019, 2: 42.
[27] ZHAO J, ZUO H, WANG Y. Review of green and low-carbon ironmaking technology [J]. Ironmaking and Steelmaking, 2020, 47: 296.
[28] HUANG X, FAN X, CHEN X, et al. A novel blending principle and optimization model for low-carbon and low-cost sintering in ironmaking process [J]. Powder Technology, 2019, 355: 629.
[29] 张志霞. 熔融还原炼铁与高炉炼铁能耗分析 [J]. 现代冶金, 2019, 47 (1): 31.
[30] 朱仁良. 关于炼铁低碳冶炼的思考 [J]. 炼铁, 2018, 37 (5): 8.
[31] 张福明. 首钢绿色低碳炼铁技术的发展与展望 [J]. 钢铁, 2020, 55 (8): 11.
[32] 张福明. 面向未来的低碳绿色高炉炼铁技术发展方向 [J]. 炼铁, 2016, 35 (1): 1.
[33] 王国栋. 钢铁行业技术创新和发展方向 [J]. 钢铁, 2015, 50 (9): 1.
[34] 王太炎, 王少立, 高成亮. 试论氢冶金工程学 [J]. 鞍钢技术, 2005 (1): 4.
[35] 唐珏, 储满生, 李峰, 等. 我国氢冶金发展现状及未来趋势 [J]. 河北冶金, 2020 (8): 1.
[36] 郑少波. 氢冶金基础研究及新工艺探索 [J]. 中国冶金, 2012, 22 (7): 1.
[37] 孟翔宇, 顾阿伦, 邬新国, 等. 中国氢能产业高质量发展前景 [J]. 科技导报, 2020, 38 (14): 77.

高炉使用高比例球团的战略思考与球团生产的试验研究①

王新东[1]，金永龙[2]

(1. 河钢集团有限公司，河北 石家庄 050023；
2. 河钢集团钢研总院，河北 石家庄 050023)

摘　要：从战略发展角度分析了高炉使用高比例球团的优势和存在的问题，指出了高炉使用高比例球团的战略机遇。根据国内高硅铁精粉特点，开展了高硅酸性和熔剂性的镁质球团造球、干燥和焙烧等基础研究，分析了球团抗压强度、高温冶金性能、回转窑生产过程结圈形成机理等基础特性，提出了球团生产的基本操作参数设计特点，实现了链箅机-回转窑生产高硅镁质酸性和熔剂性球团的稳定连续生产。完成了高比例球团矿高炉冶炼生产试验。实践证明，高比例球团矿冶炼的高炉生产稳定顺行，各项指标优于高比例烧结矿冶炼的高炉，操作思路可复制、冶炼结果可重现、操作经验可推广，并且环境效益巨大，SO_2、NO_x、PM 和 CO_2 的排放远远优于高比例烧结矿生产的高炉。可以预见，优质冶金球团的制备和高炉高比例球团冶炼将是破解我国钢铁长流程降低污染物排放，实现低碳冶炼和可持续发展的最佳举措。

关键词：高炉；高比例球团；熔剂性球团；减排；低碳

高炉作为生铁生产的主体装备，其炉料结构的发展备受关注。在诸多场合，甚至将“烧结-球团”列为和“模铸-连铸”“转炉-平炉”同等重要的地位。在 20 世纪，连铸已经成功取代了模铸，转炉成功淘汰了平炉，而烧结和球团的取代关系却还是在持续博弈，尤其在国内，在“低成本”意识主导下，低价料（或者“经济料”）成为各企业首选。然而优质优价是市场的必然选择，低价料的大量使用，避免不了劣质原料大量进入国内市场，导致近些年国内高炉技术经济指标，如渣比、燃料比等裹足不前或逐渐变差，高消耗（高能耗、高矿耗、低炉龄）的高炉生产现状和优质、低耗、长寿的技术发展和低碳经济发展潮流相悖。为此，彻底改变炼铁工作者的理念和思路，改善高炉原燃料结构，实现高炉稳定、顺行、低耗、长寿，是高炉全生命周期实现低碳减排的重要研究内容，而高比例球团的使用是关键一环[1]。

1　高炉使用高比例球团的 SWOT 分析

1.1　高比例球团使用的优势

球团工艺和烧结工艺相比，在节能、低碳和废气排放方面具有明显优势。

（1）工序能耗方面。近年国内链箅机-回转窑球团的工序能耗下降到 27.42 kg/t，竖炉

① 原文发表于《钢铁》，2021，56（5）。

球团的工序能耗下降到31.76 kg/t，2019年平均工序能耗约28.75 kg/t，而烧结工序平均能耗为50.60 kg/t，即球团工序能耗可比烧结工序降低40%以上[2,3]。按1 kg标准煤热值29260 kJ计算，按碳完全燃烧产生CO_2的热值为393.3 kJ/mol计，相当于少排放CO_2约20 kg/t，而按年产1000万吨规模球团厂估算，每年可比同等规模烧结厂减排CO_2约20万吨以上。

（2）在废气排放方面。球团生产的烟气处理也优势突出，其烟气排放量只有烧结的75%左右，每吨产品的SO_2和NO_x排放量分别只有1/2和1/3，因此球团生产的环保投入和运行成本相对烧结都要低[4,5]。

（3）在燃料使用方面。烧结矿依靠液相黏结，理想的料层透气性是烧结过程顺利进行的关键，适当比例的内配碳（焦粉或无烟煤）是必不可少的；而球团是固相焙烧固结，工艺过程可以完全不用焦或煤，对满足减排控制需要的清洁燃料种类可选性更高。

（4）球团矿和烧结矿相比，球团矿具有品位高、粒度均匀等特点，容易满足高炉生产对低碳排放的要求。由于球团矿品位普遍高于烧结矿，高比例球团的使用，使入炉矿品位提高，渣比降低，炉渣对高炉炉衬冲刷侵蚀、渣流通过焦炭层的侵蚀，以及对软融滴落和透气性影响等都会降低，有利于高炉强化和优化高炉技术经济指标[6,7]；入炉品位提高，矿耗降低，加上燃料比下降，物流运输量大幅下降，也是节能低碳的一个方面。根据欧美实践[8-10]，高炉全球团冶炼在技术上是成熟的，带来的直接效果是实现低碳生产。比如，以瑞典SSAB厂使用高比例球团为代表，球团比最高达到近100%（其余为自产含铁固废压块、高含铁钢渣等），入炉混合矿品位TFe达到65%以上，矿比仅为1503 kg/t，渣比小于160 kg/t，在煤比为160 kg/t时，燃料比可以控制到460 kg/t以下，炉顶煤气CO利用率达到56%左右；而国内高炉普遍入炉矿比要高100~250 kg/t，燃耗高40~150 kg/t，渣比高100~200 kg/t，因而SSAB高炉生产的低碳效果是显而易见的。

（5）由于球团矿适合长距离运输，适合在矿区附近集中优势资源生产成品球团矿，从而克服矿粉运输过程对环境的不利影响，以及减少原矿结晶水、湿分等在运输过程产生的附加的无用成本。

1.2 高比例球团使用的劣势

（1）资源方面。球团的制备需要使用一定细度的精粉。从国际铁矿石供应角度，适合球团生产的精粉供给更加偏紧，尤其是我国炼铁生产所用铁矿粉主要来源于澳大利亚，占到60%~70%，而澳矿大多是粗粒级的，更适合作为烧结粉；巴西和加拿大等其他铁矿资源，尽管有的适合生产球团，但是受长距离运输成本等限制，在国内使用受市场因素影响较大。而国内矿普遍存在原矿品位低、深度采矿、分选难等问题，导致矿粉生产成本高，直接影响矿企和钢企的经济效益和使用动力。

（2）球团矿的生产技术方面。尽管国内球团制备技术发展较快，链箅机-回转窑大型化、现代化水平较高，近两年国内也建成投产了多台大型和特大型带式球团焙烧机，但还有大批较落后的竖炉工艺。因此，球团矿质量和各项指标和国外先进企业相比存在明显差距，尤其是较高比例含硅黏结剂的使用，使本来就含较高SiO_2精粉生产的球团质量和冶金性能更趋劣化。而高SiO_2精粉，必然使企业更趋向于生产酸性球团，以和高碱度烧结矿配合使用为主，从而限制了高炉使用球团比例的提高[11-15]。近两年国内大型和特大型带式球团焙烧机已成功建成投产，但投资较大，数量还比较少。

（3）高炉冶炼方面，高比例球团使用的瓶颈主要是成本问题。其实，真正问题的实质还是技术问题，而成本问题只是一个表象。原因如下。1）国内试验的高比例球团生产实践，多数都是不得已为之的，比如早期的杭钢和八钢[12]，都是在烧结矿短缺背景下的短期行为，对高比例球团的使用技术只停留在保证高炉正常出铁水满足后续生产要求，没有深层次的技术突破；而近期部分钢铁企业正在筹划和研究的高比例球团技术，也是基于烧结机停产或限产，不得不考虑新建球团，目前的主要约束也还是所谓的成本因素，深度研究并没有实质性开展。2）近几年的高比例球团试验，例如首钢一定程度上降低了燃料比，但和瑞典几十年的研究最终取得最佳低碳排放相比，投入研发的资金、精力还远远不足，尤其是炉料结构改变后对炉料综合性能的研究和优化、高炉炉型变化的研究、对高炉操作上下部调剂的研究等还明显不够；宝钢的高比例球团试验（大约40%），也只是停留在资源和成本角度，对更高比例球团的使用缺乏足够的信心和动力。3）国外的成功离不开技术的突破[17]。例如瑞典实现100%球团冶炼技术，除了资源优势外，主要依靠先进的球团生产、高效回收企业含铁固废、高炉炉型设计优化、高炉操作改善等核心技术，实现切实的低耗、优质和低成本。因此，如果高比例球团在高炉应用的理念上和技术上没有突破性进展，是无法实现低成本的。瑞典的成功也是地处同一地区的芬兰彻底取消烧结的动力源。

1.3 高比例球团使用的机遇

为了应对全球气候变暖和温室气体减排，低碳是国际社会关注的焦点问题。中国政府承诺“2030年碳达峰和2060年碳中和”的既定目标，正在制定各行业碳达峰和全国碳中和的具体措施和时间节点。2000年以来，中国粗钢产量快速上涨，钢铁行业CO_2排放量基本随之逐年上涨。截至2018年，中国粗钢产量达928.3百万吨，钢铁行业CO_2排放量达1884.4百万吨，吨钢CO_2排放量为2.03 t。与2000年相比，粗钢产量增长622.4%，而钢铁行业CO_2排放量仅增长382.7%，吨钢CO_2排放量下降33.2%，说明中国钢铁行业节能减排工作取得了积极进展，CO_2排放控制水平得到很大提升。但是，中国钢铁行业CO_2排放量在工业CO_2排放总量的占比仍然在上升，占全国碳排放总量的16%左右，并处于国内制造业工业企业的首位[18]。因此，钢铁行业低碳排放成为今后中国低碳路线的重中之重，钢铁行业低碳发展势在必行。在近期讨论的行业低碳路线中，提出了钢铁产量控制、高比例废钢利用或电炉流程发展等政策建议，但受国民经济发展实际需求和市场供给等因素影响较大，从行业发展技术角度考虑，低碳排放工艺和技术研究显然是行业可持续发展的关键，即从钢铁行业内部因素着手，才是解决行业低碳问题的根本途径。

从低碳技术角度，短流程的废钢+电炉或DRI(直接还原铁)+电炉工艺是成熟的，只要资源条件允许，不存在实现的技术壁垒。其中直接还原技术的发展，除了极少数优质块矿可作为DRI生产的原料以外，主要还是依靠优质的球团矿作为原料，从目前国际上正在运行的竖炉来看，对球团矿的质量要求都比较高，如TFe要求最好大于67%，SiO_2含量要求不超过1.5%，这样的资源在全世界也是比较稀缺的。而国内不仅仅是高质量球团短缺，作为竖炉还原必须的天然气也是紧缺资源，因而高成本是国内DRI生产必须面对的瓶颈问题。对于熔融还原工艺，尽管世界各国花费了大量的人力、物力、财力和各种资源，开发了很多种直接还原和熔融还原工艺，但是真正实现商业化运行的屈指可数。除了Midex竖炉、基于HYL法发展的Energiron竖炉（HYLⅢ升级版）和回转窑直接还原以外，商业运行的熔融还原工艺只有 Corex（Midex 竖炉+气化熔融炉）和韩国的 Finex（四级流化床+气化熔融炉）。根据印度 JVSL Corex 和南非 C-2000 运行结果看，燃料比在 1000~1200 kg/t，其中焦比占 15%~30%，为了稳定顺行最好大于 25%，折算吨铁能耗达到 20. 90GJ 以上，吨铁输出煤气热值约 12. 54 GJ，吨铁需净能耗约 8. 36 GJ。宝钢 Corex 3000 运行最佳时的燃料比为 997 kg/t，其中焦比占 17. 43%；而韩国 1. 5 Mt/a 的 Finex 其燃料比稍好一些，达到 868 kg/t，其中焦比 13%。经实测，2004—2006 年期间，宝钢高炉能耗 10. 08 ~ 10. 30 GJ/t，煤气热值 4. 05~3. 97 GJ/t，吨铁净能耗 6. 03~6. 33 GJ/t。因此，从碳素消耗角度，即使加上烧结、球团和炼焦工艺，现有熔融还原和高炉相比，也并没有优势可言[19,20]。而期待未商业化的其他炼铁技术（包括所谓的“零碳冶金”或氢冶金）实现重大突破未有定日，远水很难解近渴。因此，短期内高炉作为炼铁生产的主要工艺是必然的，而高炉使用高比例球团冶炼将是近期中国炼铁的主要发展方向。

1. 4 高比例球团使用面临的挑战

根据以上分析，从需求、资源、技术等现实条件出发，中国高炉工艺还将是钢铁消费需要的铁素资源的重要来源，但其技术发展只有沿着绿色低碳路线才有更好的未来。因此，高比例球团的使用和发展势在必行，最根本的是思路和理念的转变，但挑战也是不可避免的。首先，要克服目前国内普遍存在的“低成本”固有思维，目前的低成本已经导致了高消耗，因此要强调低成本和低消耗、低排放进行统筹考虑，而要转变根深蒂固的传统思维会面临重大挑战。其次，高比例球团使用面临资源挑战，这些资源不仅仅是铁矿资源，还包括能源资源，合理燃料结构（如煤比、天然气、富氢、煤气循环利用等）也是高比例球团使用和低碳发展过程需要同时考虑的。再次，就是技术挑战，国内高比例球团冶炼虽然取得了一定的低碳减排成果，但是技术发展尚不完善，尤其是低硅铁矿精粉的高效采选技术、高质量熔剂性球团制备技术、适于高比例球团冶炼的高炉炉型设计等都进一步制约了中国高比例球团技术的推广，研究极限的低碳技术路线是未来高炉使用高比例球团保持竞争优势和可持续发展的必然需要。

2 高硅高镁球团制备技术的试验研究

根据以上分析，高炉使用高比例球团可以在低耗、低碳、低污染物排放等方面显现明显优势，但成本、技术、资源等制约因素也是显而易见的。结合钢铁行业低碳发展的趋势和要求，针对国内企业现有资源条件，开展因地制宜的高炉使用高比例球团冶炼技术研究，对企业保持优势竞争力和可持续发展是十分必要的。根据资料分析[21-26]，国内球团矿以酸性球团为主，和高碱度烧结矿形成合理炉料结构，日本、韩国和西欧部分国家的高炉都有相类似的炉料结构。北美同时生产熔剂性球团和酸性球团，以高比例球团作为主要炉料结构。瑞典和芬兰全面实现全球团冶炼，瑞典球团主要是国产的，而芬兰球团主要来源于乌克兰、俄罗斯和瑞典等附近国家。国外主流生产企业 34 种球团的成分以及部分性能如图 1 所示。统计序号 1~7 为北美酸性球团；统计序号 8~12 为其他国家酸性球团；统计序号 13~18 为北美熔剂性球团；统计序号 19~27 为其他国家熔剂性（或碱性）球团；统计序号 28~34 为其他国家高镁球团。图中球团矿品位 TFe 质量分数大多数大于 64%，只有少数球团的品位偏低，主要是北美高硅熔剂性球团和少数其他高硅或低硅高镁球团。

据分析，这些球团的还原膨胀指数都不超过20%，和高炉使用要求相吻合，也和其成分调整有重大关联。其中酸性球二元碱度普遍小于0.3，四元碱度为0.1~0.4，CaO相对含量低，$w(MgO)/w(SiO_2)$ 大多数在0.1以下，这类球团还原膨胀性能较好，也是目前国内球团生产的主流；统计数据中，没有一例二元碱度为0.4~0.7的球团，因为这类球团还原膨胀性能差，容易在高炉内形成异常膨胀或使料柱透气性变差，导致高炉顺行不利；所谓熔剂性球团，二元碱度 R_2 范围大多为0.8~1.2，四元碱度为0.6~1.4，分为高镁球［$w(MgO)$=0.4%~1.9%］和低镁球团［$w(MgO)$=0.05%~0.15%］，其中熔剂性高镁球团大多数在北美［$w(MgO)$=1.1%~1.9%］，其另一显著特点是 SiO_2 含量（4.3%~5.5%）高，而北美以外的高镁熔剂性球团［$w(MgO)$=0.4%~1.3%］，SiO_2 含量小于4.0%；仅有瑞典LKAB等少数生产高质量的二元碱度小于0.3的酸性镁质球团，四元碱度可达0.8左右，由于其高品位［$w(TFe)$=66.6%以上］、低 SiO_2 含量［$w(SiO_2)<2.1\%$］，仅添加少量镁质熔剂确保球团质量并保持低脉石成分的优良品质，形成像瑞典SSAB一样特殊的高炉炉料结构，可以满足低渣比、低燃料比的高炉炉渣成分要求。从图1还可以看出，碱度变化对球团矿还原速度指数和低温还原粉化指标影响十分明显，即随着碱度提高，球团矿还原速度指数呈现上升趋势，而低温还原粉化指标呈现下降趋势。原因是CaO和MgO易与 Fe_2O_3 等形成易于还原的铁酸钙或铁酸镁等矿物，单质CaO和MgO也有促进 Fe_2O_3、铁酸钙等铁的氧化物或复合物还原的类似催化作用。而对于低温还原粉化，适当的MgO含量，有改善低温还原粉化的作用，但MgO含量过高，球团的低温还原粉化指标会下降。

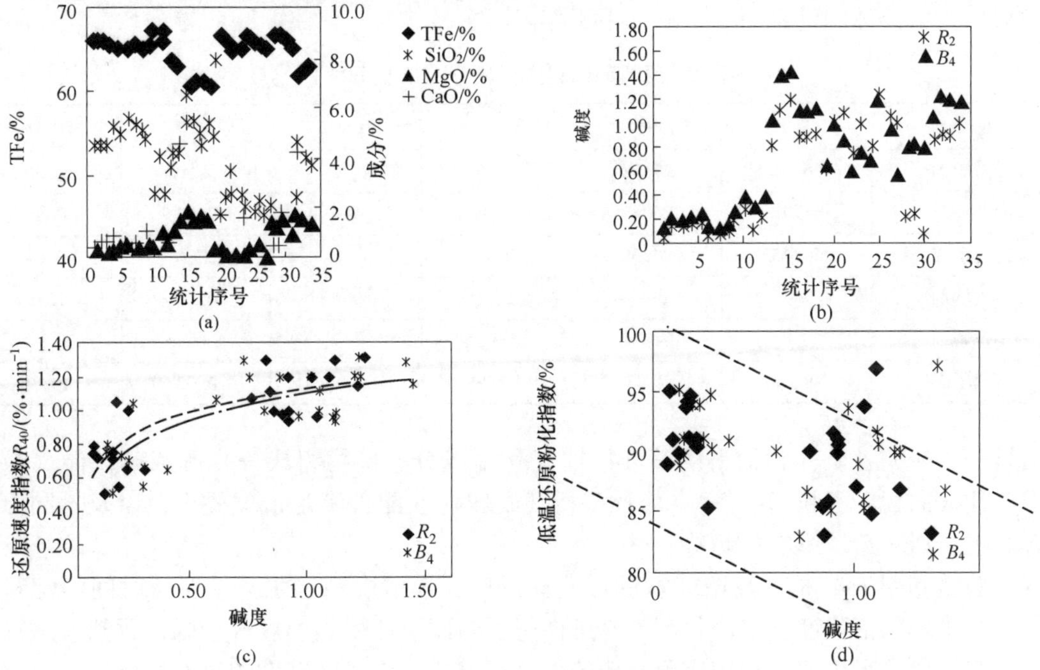

图1 国外主要产地34种球团统计

（图中 R_2 是二元碱度，$w(CaO)/w(SiO_2)$；B_4 是四元碱度，$(CaO+MgO)/(SiO_2+Al_2O_3)$；序号1~7，北美酸性球团；序号8~12是其他国家酸性球团；序号13~18是北美熔剂性球团；序号19~27是其他国家熔剂性（或碱性）球团；序号28~34是其他国家高镁球团）

（a）主要成分（质量分数）；（b）碱度；（c）还原速度；（d）低温还原粉化指数

国内宝武湛江球团厂最初设计以生产酸性球团为主，根据需要开发了熔剂性球团生产技术，具备生产部分熔剂性球团的能力，同时研究了利用细磨后的烧结粉生产球团的技术。首钢曹妃甸利用自有秘鲁铁矿资源，生产了低硅球团［$w(SiO_2)<3.5\%$］，高炉使用比例达到了50%。根据国内铁矿含硅高和河钢矿产资源条件，本文重点开展高硅镁质球团研究，该类球团国内外研究报道很少，针对高炉高比例球团使用不同阶段，同时开展高硅高镁酸性球团和高硅高镁熔剂性球团生产和高炉应用研究。

2.1 试验方案和研究方法

球团研究已有成熟的技术路线和研究方法，相关指标和冶金性能测试也形成了多种国际或国内标准。根据目前河钢精矿粉资源条件，拟利用自产的国内矿 Y 和 M，以及南非矿 P，固定 Y 矿配比，利用 M 矿和 P 矿进行 SiO_2 成分调配，各试验的 SiO_2 质量分数为4.5%~5.0%。同时研究了一种复合型黏结剂，该黏结剂含有部分铁元素，可以降低膨润土的用量。原料和辅料主要成分见表1。试验球团厂原来一直生产酸性球，生产指标稳定，年产量超过设计水平。另外，由于高炉球团比增加，为适当降低烧结矿 MgO 含量以提高原有烧结矿质量，参照前述国际上球团生产经验，拟配加镁质熔剂生产部分酸性镁质球团。同时，为了提高高炉使用球团矿比例，拟增加球团 CaO 和 MgO 的含量，分别配加钙质熔剂和镁质熔剂，形成需要的碱度和 MgO 含量，MgO 质量分数分别为 1.6%、1.8%、2.0%、2.2%、2.4%、二元碱度分别为从 0.6、0.8、1.0、1.2、1.4。确定了制备酸性镁质和熔剂性镁质两大类球团计划后，开展如下工作。

表1 原料和辅料主要成分（质量分数） （%）

项目	TFe	FeO	SiO_2	CaO	MgO	Al_2O_3
国内矿 M	66.56	27.98	5.46	0.25	0.56	1.38
南非矿 P	65.48	25.87	1.00	1.09	2.73	0.65
国内矿 Y	66.45	24.56	6.31	0.15	0.26	0.84
钙质熔剂	—	—	3.22	49.92	0.54	1.16
镁质熔剂	—	—	5.92	1.7	83.64	0.99
复合黏结剂	38.38	0.05	12.29	0.93	0.92	10.35

首先，研究各矿种和辅料的基础特性（化学成分、矿物组成等）和成球性能（粒度分布、比表面积、颗粒形态等），定性分析其成球特性能否满足造球要求，以及不同原料和辅料混合后对造球影响的趋势。

实验室利用1.4 m 直径造球盘进行造球试验，摸清配料、水分、造球时间等定量规律，分析生球落下强度、抗压强度等冷态性能，测试生球爆裂温度等干燥、预热参数，为实际生产提供参考依据。利用实验室造的生球和模拟焙烧温度制度的热态试验装置焙烧生球，然后测定焙烧后成球的抗压强度、还原特性、还原膨胀特性、软融滴落特性等热态冶金性能，摸索最佳焙烧制度。

在生产阶段，利用上述实验室提供的研究成果，调整干燥段、预热段、焙烧段、冷却段的热工制度和操作制度，按实际需要生产合格球团，测试生产过程烟气成分和烟气排放量等环保参数，作为和同期烧结矿生产环保排放比较的依据；同时进行成球的抗压强度、还原特性、还原膨胀特性、软融滴落特性等热态冶金性能测试，形成优化的生产操作基本规程。

2.2 研究结果及分析

由于球团生产和高炉冶炼都是比较传统的工艺流程，本文只针对高硅高镁球团（高硅高镁酸性球团和熔剂性球团两个大类）生产和应用过程中有特色的或具有创新性的研究结果进行分析和讨论。

2.2.1 高硅高镁球团的爆裂温度特性

生球爆裂温度测定是为了确保生球在干燥、预热阶段不会由于水分排出造成裂纹从而导致强度降低或碎裂的关键参数。生球爆裂温度除了与干燥制度有关，与精矿粉、熔剂和黏结剂的物理特性、化学成分等都有重要关系。本文重点测定了碱度为 0.1 的酸性镁质球团，碱度为 1.0 的镁质熔剂性球团在不同 $w(MgO)/w(SiO_2)$ 比值条件下的爆裂温度；为了比较，还做了碱度从 0.6、0.8、1.0、1.2、1.4 的试验，结果如图 2 所示。从图 2 可以看出，酸性生球的爆裂温度明显高于熔剂性球团的爆裂温度；随 $w(MgO)/w(SiO_2)$ 比值增加，熔剂性高镁生球的爆裂温度有升高趋势，而酸性镁质球的变化不明显；随碱度升高，在 $w(MgO)/w(SiO_2)$ 比值相同条件下，其生球爆裂温度变化不明显，但碱度达到 1.4 以后，生球爆裂温度有迅速下降趋势，因此，从生球爆裂温度来看，最佳的碱度在 1.2 左右。另外，熔剂性球团生球爆裂温度普遍小于 550 ℃，在生产球团的工艺选择上，不建议采用竖炉工艺。因为根据球团生产工艺对爆裂温度的要求，竖炉工艺大于 550 ℃，带式焙烧机大于 400 ℃，链箅机-回转窑大于 350 ℃[28]。

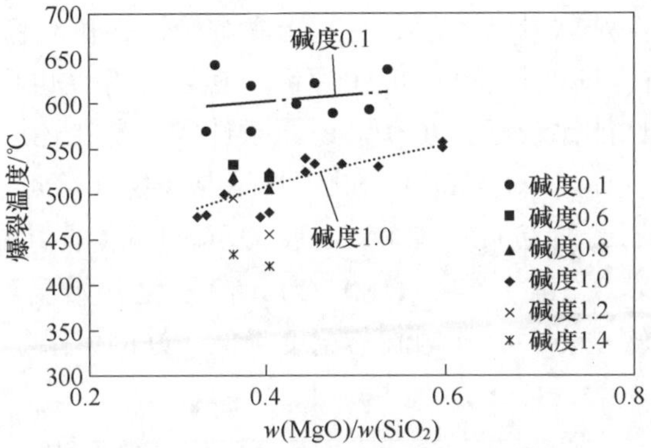

图 2 高硅高镁球团生球爆裂温度实验结果

2.2.2 高硅高镁球团 $w(MgO)/w(SiO_2)$ 对热态性能的影响分析

在不同焙烧温度下，在 SiO_2 含量基本稳定条件下的球团抗压强度试验结果如图 3 所示。$w(MgO)/w(SiO_2)$ 对球团抗压强度影响的规律不明显，球团抗压强度大多都能达到 2100N/个以上；而温度的影响更加突出，比如 1220 ℃的熔剂性球团，强度偏低，说明焙烧温度过低，焙烧固结不完全，该温度制度不合理；焙烧温度提高到 1240 ℃和 1240 ℃的球团强度都能够满足要求。而原有系统生产的酸性球团焙烧温度为 1300 ℃，球团生产过程稳定，结圈可控、环冷能够达到均匀冷却到成品球安全运输所需的控制温度，因此高镁酸性球团的焙烧温度也选择在 1300 ℃，球团抗压强度都能满足生产要求。另外，从图 3

可以看出，MgO 含量并不是越高越好，1300 ℃和 1260 ℃焙烧温度下，都显示了随着 MgO 含量增加，球团抗压强度下降的结果。原因是 MgO 含量过高，容易形成部分高熔点物质，阻碍了 Fe_2O_3 再结晶固结、影响了 CaO 和 Fe_2O_3 之间的固相反应、减少了少量低熔点物质形成的液相量，而这些因素都是有利于提高球团固结强度的。所以，镁质球团的 MgO 含量需要通过高炉炉渣的成分设计进行优化，合理的配比，不仅能很好满足球团质量要求，而且可以降低生产成本。

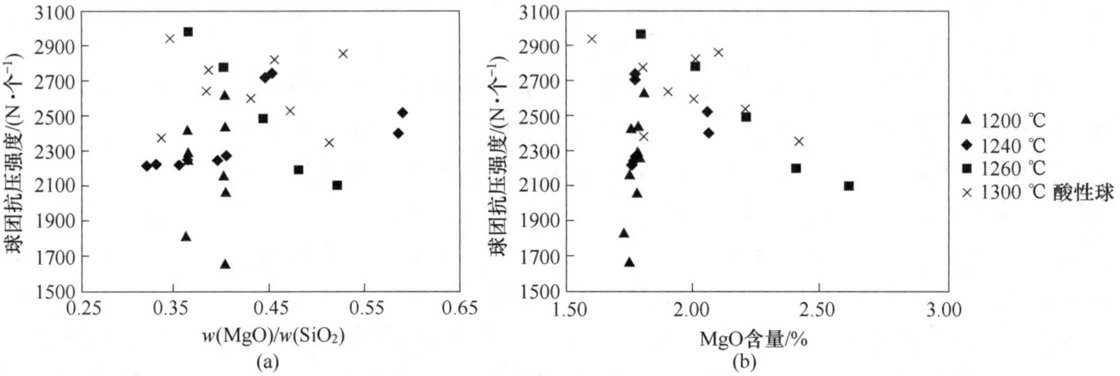

图 3　球团抗压强度试验结果

（a）$w(MgO)/w(SiO_2)$；（b）$w(MgO)$

在 SiO_2 含量基本稳定条件下，球团软融特性随 $w(MgO)/w(SiO_2)$ 变化的实验结果如图 4 所示。MgO 含量增加，软化开始温度（T_{10}）升高，软化终了温度（T_{40}）降低，软化区间变窄，有利于改善高炉软融滴落区，有利于高炉操作强化和稳定、顺行。但是，从试验选择的 MgO 含量来看，即使最低的 MgO 含量，其软融特性也优于普通的酸性球团矿。原因是熔剂性球团还原性能比较好，在软融还原条件下，易在还原早期生成大量 FeO，有利于形成低熔点的物质，如 Fe_3O_4-2FeO · SiO_2 共晶混合物（熔点 1142 ℃）、2FeO · SiO_2-2CaO · SiO_2（钙铁橄榄石，熔点 1150 ℃）、Fe-Fe_2O_3-CaO 固溶体共晶混合物（熔点 1140 ℃）和 Fe_3O_4-Fe_2O_3-CaO · Fe_2O_3 等（熔点 1180 ℃），使软化开始温度下降。而 MgO 含量增加，使渣相熔点降低，软化终了和软融滴落温度降低。好的熔融特性有利于高炉操作的稳定、顺行和强化。

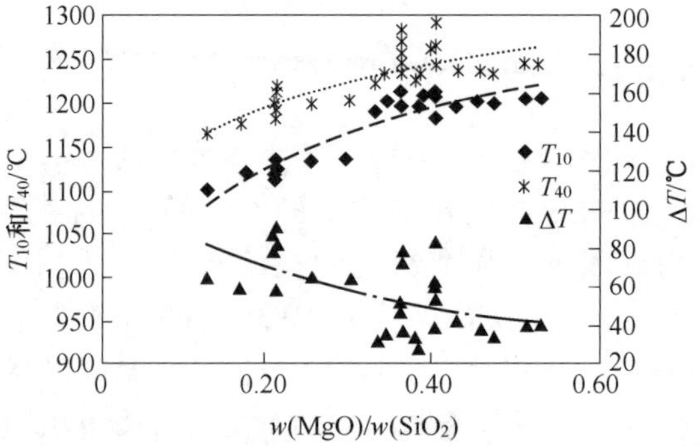

图 4　高硅高镁球团软融特性实验结果

2.2.3 熔剂性球团生产关键问题分析

本文采用的球团生产工艺是链箅机–回转窑工艺。根据实验室球团研究结果，首先要对干燥段、预热段的操作制度进行针对性调整，满足低的生球爆裂温度特点，比如适当降低链箅机料层厚度；调整干燥、预热段气体流速，确保进入回转窑干球的粉末少、强度高。而在回转窑区域，考虑熔剂性球易结圈的特点，采用试验研究的较低温度来控制焙烧，按焙烧温度比常规酸性球低 40~60 ℃进行调整。尽管如此，镁质酸性球和熔剂性球团还是容易结圈，经球团和结圈物取样化验和分析（见表 2），由于添加熔剂，镁质酸性球和熔剂性球团的渣相量明显比普通酸性球增加，而且渣相中易于和其他化合物形成低熔点黏结相的 FeO 含量大幅增加，这说明球团预热干燥过程的氧化和固结受到一定影响；而镁质酸性球与其结圈物的主要成分含量相差比较大，除了 FeO 含量增加外，Al_2O_3、MgO 和 CaO 含量都明显增加，加上本来就比较高的 SiO_2 含量，除了容易形成 CaO-MgO-SiO_2 系和氧化铁的黏结相，还容易形成 CaO-MgO-Al_2O_3 系或 CaO-MgO-Al_2O_3-SiO_2 系与氧化铁的黏结相；镁质熔剂性球的渣相成分和黏结物渣相成分除了 FeO 含量外，都比较接近，说明主要是生产过程球的碎裂形成的粉末黏结而成，因此，对该类球生产过程的粉末控制更加值得关注。

表 2 结圈物取样化验分析（质量分数） （%）

项目		FeO	SiO_2	CaO	MgO	Al_2O_3	R_2	渣相量
球团脉石成分	普通酸性球	4.56	79.69	6.64	2.21	6.90	0.08	7.68
	镁质酸性球	7.81	82.03	27.34	21.09	8.20	0.33	11.25
	镁质熔剂性	13.54	58.72	57.29	23.57	10.29	0.98	12.55
结圈物渣相成分	镁质酸性球	13.41	79.30	30.34	34.51	14.58	0.38	13.22
	镁质熔剂性	21.88	56.38	51.30	23.44	13.15	0.91	12.76

通过实验室理论研究、现场投笼实验、装备改造升级、热工参数调整等一系列改进措施后，完全克服高硅高镁球团粉化、爆裂、回转窑结圈等限制性环节，实现链箅机–回转窑连续稳定生产高硅镁质酸性和熔剂性球团，项目自开展以来成功生产出优质高镁球团 200 多万吨，吨球售价提升 14 元，供唐钢不锈钢 450 m^3、本部 2000 m^3、本部 3200 m^3 高炉使用，均取得较好冶炼效果，该技术已推广至唐钢新区特大型 760 m^2 带式焙烧机球团产线上。

3 高炉使用高比例球团的实践

利用前述研发的工艺技术参数生产的合格球团在高炉试验，逐渐提高球团比例，调整操作制度，确保高炉稳定顺行，分析高炉操作参数和各项技术经济指标变化趋势，完成高炉使用高比例球团的全流程试验分析。

3.1 高炉操作及指标优化

目前国内高炉使用球团矿比例很少超过 30%，多数在 20%以下，而且近年有下降趋势。为了在高炉使用高比例球团，首先要了解球团矿和烧结矿的特性差异，比如球团颗粒均匀、呈圆球形、容易滚动、球团矿和烧结矿的高温冶金特性存在明显差异等。因此，在布料制度、送风制度、热负荷等方面需要进行预分析和预判断；热制度和造渣制度方面，在球团比例变化过程中要适时进行调整，以适应原料条件的变化；同时，对高炉上下部协同调剂、燃料结构变化等也要及时作出响应。

本次试验高炉有效容积为450 m^3 高炉，先后做了2次高比例球团冶炼试验，球团比例最高均达到80%，主要的球团矿成分见表3。第一次试验，当球团比例逐渐增加到35%时，高炉顺行正常；但是当球团比例超过40%以后，炉况有波动，边缘气流渐趋发展，中心气流略显不足，顺行变差，采取分步加长风口长度等措施进行调整；趋稳后球团配比加到50%，继续增加球团比例，炉况稳定性变差，风量和压差波动较大，先后采取了抑制边缘和发展中心的布料调整、适当控制风量以缓解炉料结构转化过程中煤气量与料柱透气性之间的矛盾、维持合理的鼓风动能和风口长度及风口面积调整等措施，高炉运行平稳；球团比例达到60%以后，基本适应高比例球团操作，连续稳定顺行140天，燃料比和燃料结构进行优化，燃料比降低11 kg/t，吨铁成本降低28.3元。在此基础上，球团矿最高配比达到80%并连续生产接近20天。第二次开展重复验证试验，仅用10天时间，球团比例由20%成功提高到80%，高炉稳定顺行。在试验期间，经过及时的上下部调剂，在球团配比提高过程中，实现了边缘和中心气流的较为合理分布和匹配，炉体热负荷稳定，冷却器件无烧损现象，炉况基本稳定顺行；渣铁流动性、炉缸工作状态及铁水质量均较好；随球团配比提高，高炉渣中 $w(MgO)/w(Al_2O_3)$ 呈现出了升高趋势，由试验初期的0.60左右逐步升高到0.80的水平，炉渣二元碱度由试验前的1.22逐步降至1.15，炉渣四元碱度基本不变（1.03左右），炉渣稳定、流动性提高。根据经验，在低 Al_2O_3 条件下，渣中 $w(MgO)/w(Al_2O_3)$ 可适当降低，碱度等炉渣成分和性能也可进一步优化，即反映了球团熔剂加入量还有优化空间，有利于进一步降低系统生产成本。

表3 高炉试验用球团主要成分

品种	$w(TFe)/\%$	$w(FeO)/\%$	$w(SiO_2)/\%$	$w(CaO)/\%$	$w(MgO)/\%$	二元碱度	抗压强度 /(N·个$^{-1}$)
镁质酸性球团	60.54	1.35	5.92	3.2	3.96	0.54	3542
镁质熔剂性球团（Ⅰ）	58.74	1.05	6.05	6.5	3.1	1.07	4200
镁质熔剂性球团（Ⅱ）	61.64	0.95	4.14	3.50	2.38	0.85	—

3.2 高炉使用高比例球团的污染物及 CO_2 排放分析

根据生产实测数据[29]，在球团矿和烧结矿生产阶段，酸性球团 SO_2 排放（0.29 kg/t）比烧结矿（0.92 kg/t）降低68.8%；熔剂性球团排放（0.24 kg/t）比烧结矿降低73.91%。而酸性球团 NO_x 排放（0.15 kg/t）比烧结矿（0.37 kg/t）降低59.45%；熔剂性球团 NO_x 排放（0.17 kg/t）比烧结矿降低54.05%。酸性球团 CO_2 排放（70.49 kg/t）比烧结矿（133.80 kg/t）降低47.3%；熔剂性球团排放（66.50 kg/t）比烧结矿降低50.30%；球团矿环境粉尘生成量仅为烧结矿的20%~30%，烟气粉尘排放量比烧结矿降低73%。由此可见，球团矿各种污染物和 CO_2 减排效果十分显著。

另外，由于使用高比例球团矿，改善高炉操作，使高炉技术经济指标得到提升，可以提高煤比、降低焦比，并使燃料比下降。从另一侧面看，焦比降低使得焦炭生产量减少，也大大减少了污染物排放。根据初步测算，试验高炉的球团比例达到60%，全系统 SO_2 减排43%，NO_x 减排量13%，烟粉尘降低34%，CO_2 减排量8%；球团比例达到80%，SO_2 减排52%，NO_x 减排比例为26%，烟粉尘降低51%，CO_2 减排量9%。说明本次试验高比例球团冶炼污染物及 CO_2 减排效果明显，但由于受高炉炉役后期安全制约，未能大幅提产降耗，CO_2 减排方面未达到预期，应该还有更大潜力。

4 结论

（1）高炉使用高比例球团矿冶炼技术是成熟的。高比例球团矿冶炼的高炉生产稳定顺行，各项指标优于高比例烧结矿冶炼的高炉，操作思路可复制、冶炼结果可重现、操作经验可推广。在国际上，使用高比例球团冶炼的钢铁企业还在继续增多；在中国，随着大型和特大型球团装备的投入使用，伴随熔剂性球团生产技术的突破，高比例球团冶炼势在必行。

（2）兼顾环境和低碳冶炼综合效益，高比例球团冶炼具有低成本优势。球团精粉价格高，外购球团成本高，限制了球团在国内企业的使用，但通过自建球团装备，制备优质冶金球团矿，提高入炉品位、降低燃料消耗、提高高炉产能等一系列措施能够降低生铁成本。综合计算环保装备投资、治理运行费用、碳交易费用等综合成本，高比例球团使用具有绝对优势。

（3）高硅高镁熔剂性球团制备技术获得突破。高硅镁球有利于改善球团矿的还原性能、软融特性等冶金性能，是优良的冶金炉料，能够应用于不同容积高炉。该技术立足中国铁矿粉资源现状，能够极大改善进口铁矿石贸易现状。

（4）环境效益明显。高炉使用高比例球团冶炼，大幅降低污染物及 CO_2 排放总量，能够从源头上降低污染物排放总量，提高炼铁装备效率，是破解中国钢铁长流程降低污染物排放总量、实现低碳冶炼和可持续发展的最佳举措。

参考文献

[1] 王新东．以“绿色化、智能化、品牌化”为目标规划设计河钢唐钢新区［J］．钢铁，2021，56（2）：12.

[2] ZHANG F M，CAO C Z. Progress and expectation of iron making technology in Shougang［C］. The 11th Korea-China Joint Symposium on Advanced Steel Technology. Korea，2019：1.

[3] 宝钢湛江炼铁厂．稳定生产实践与超低排放应对［C］. 2019 年全国炼铁厂长座谈会．唐山，2019：48.

[4] 金永龙，何志军，王川．不同炉料结构高炉实现低碳排放的解析［J］. 钢铁，2019，54（7）：8.

[5] 齐枫，李玉然，朱廷钰，等．球团及球团烟气的硫平衡对比研究［J］. 河北冶金，2019（s1）：58.

[6] NOGAMI H，YAGI J I，KITAMURA S Y，et al. Analysis on material and energy balances of iron making systems on blast furnace operations with metallic charging，top gas recycling and natural gas injection［J］. ISIJ International，2006，46（12）：1759.

[7] 沙永志，马丁·戈德斯，宋阳升．我国高炉使用高比例球团矿的技术及经济性分析［J］. 炼铁，2019，6（38）：1.

[8] BRAMMING M, WIKSTROM J O. A blast furnace view on slags [J]. Scandinavian Journal of Metallurgy, 2002, 6 (31): 88.

[9] AXELSSON O, BRAMMING M, KARSRUD K. Rebuild of ssab oxelosund blast furnace No. 4 and introduction the roax-top [C]. 1997 Iron making Conference Proceedings. Chicago, 1997: 507.

[10] KIMMO K, TIMO P, JARMO L, et al. Modelling and simulation of blast furnace process for switch from sinterto pellet operation [C]. 4th International Conference on Modelling and Simulation of Metallurgical Processes in Steel making. Düsseldorf, 2011: 1.

[11] 潘建，于鸿宾，朱德庆，等. MgO 来源对磁铁精矿球团预热行为的影响 [J]. 中南大学学报（自然科学版），2016，47（9）：2914.

[12] 周明顺，沈峰满，翟立委，等. MgO 添加方式对改善球团矿冶金性能的影响 [J]. 钢铁，2012，47（4）：14.

[13] 高强健，沈峰满，郑海燕，等. MgO 对铁矿球团还原冶金性能的影响 [J]. 东北大学学报自然科学版，2014，35（12）：1742.

[14] 李晓兵. 改善高炉球团矿还原性技术措施 [J]. 河北冶金，2019（3）：26.

[15] ZHU D, CHUN T, PAN J, et al. Influence of basicity and MgO content on metallurgical performances of Brazilian specularite pellets [J]. International Journal of Mineral Processing, 2013, 125 (3): 51.

[16] 刘文壮，安志庆. 八钢高炉使用高比例球团矿冶炼实践 [J]. 新疆钢铁，2006（3）：50.

[17] TIMO P, KIMMO K, JARMO L, et al. Experience of full scale research test with 100% pellet blastfurnace operation in ruukkiauthors [C]. 6 th European Coke and Iron making Congress. 2011: 1.

[18] 杨天钧，张建良，刘征建，等. 关于新形势下炼铁工业发展的认识 [J]. 炼铁，2020，39（5）：1.

[19] 张文强，肖洪，高冰，等. 唐钢 1 号高炉高比例球团矿冶炼工业试验 [J]. 炼铁，2019，2（38）：13.

[20] 金永龙，何志军，关志刚，等. H_2 含量对冶炼过程影响的实践与理论分析. 钢铁，2011（5）：15.

[21] FAN X H, GAN M, JIANG T, et al. Influence of flux additives on iron ore oxidized pellets [J]. J. Cent. South Univ. Technol, 2010 (17): 732.

[22] UMADEVI T, BRAHMACHARYULU A, ROY A K, et al. Influence of iron ore fines feed size on micro structure, productivity and quality of iron ore sinter [J]. ISIJ International, 2011, 51 (6): 922.

[23] PANIGRAHY S C, VERSTRAETEN P, DILEWIINS J. Influence of MgO addition on mineralogy of iron ore sinter [J]. Metallurgical Transactions B, 1984, 15 (3): 23.

[24] UMADEVI T, PRACHETHAN K P, PRASANNA K, et al. Investigation of factors affecting pellet strength in straight grate in duration machine [J]. Iron Making and Steel Making, 2008, 35 (5): 321.

[25] 陆亚男，吴胜利，霍红艳，等. 适合高炉低烧比炉料结构的球团矿种类优选 [J]. 河北冶金，2020（10）：6.

[26] 邓容，苏鸿，韩基祥，等. 高球比炉料结构下镁质球团的冶金性能研究 [J]. 烧结球团，2020，45（2）：31.

[27] 张汉权，罗立群，烧结球团理论与工艺 [M]. 北京：冶金工业出版社，2018.

[28] 韩涛. 高比例镁质熔剂性球团炼铁技术现状浅析 [J]. 河南冶金，2020（8）：5.

[29] 王新东，李建新，胡启晨. 基于高炉料结构优化的源头减排技术及应用 [J]. 钢铁，2019，54（12）：104.

全智能无人化料场在河钢唐钢新区的工程实践①

王新东[1]，田　鹏[2]，张彦林[2]，胡启晨[1]

（1. 河钢集团有限公司，河北 石家庄 050023；
2. 唐钢国际工程技术股份有限公司，河北 唐山 063000）

摘　要：河钢集团率先在钢铁行业提出了“绿色矿山、绿色采购、绿色物流、绿色制造、绿色产品、绿色产业”的“六位一体”钢铁绿色发展理念。详细介绍了河钢唐钢新区全智能无人化料场的平面布置、主要工序、系统设计特点以及新工艺新技术的应用情况。项目建设中，自主设计和建设了全智能无人化原料场，采用国内最大规模带式矿石输送机，码头与料场一体化设计，全封闭环保型的C型贮料场和混匀料场，圆形煤焦贮料仓，自动化除抑尘等大型装备。原料场采用无人化、全自动智能化控制，实现原料数据库自动管理、混匀配料自动计算、混匀料自动堆取、大堆3D可视化、自动输送物料等智能化功能。总图布置紧凑，物流顺畅，工艺先进，实现了经济、环保、高效、全智能化运行。

关键词：料场；智能化；无人化；环保

作为钢铁工业的首道工序，原料准备系统为烧结、焦化、球团、炼铁等用户提供原燃料接卸、贮存、处理和输送的主体，通过对散装物料的集中处理和管理，向各生产用户提供性能稳定的原料，保证钢铁企业连续正常稳定生产。由于我国钢铁料场工艺技术比国外起步晚，早期的原料场均为露天模式，原料的卸、堆、取作业仍保留部分人工作业方式。随着环境保护要求的日益严格及互联网的高速发展，大型钢铁企业开始普遍对原料堆场和输送系统胶带机通廊进行封闭改造，建设绿色化、智能化的现代新型料场是行业趋势和企业长远发展的需要[1,2]。

为适应环保要求及企业发展需要，河钢集团坚持创新发展理念，在唐山市乐亭县临港工业园区建设了重点示范项目河钢唐钢新区[3]。全智能无人化料场作为新区生产的最上游工序，所有的物料不在露天堆放，实现了入仓或在封闭料场贮存。在设计上结合厂区总体布置和能源介质条件，力求工艺布局合理，贮运功能完善。采用场地利用最大化、原燃料输送距离短，物流顺畅的设计理念，充分考虑环境影响，全过程采用皮带运输，充分降低各种污染物的排放，实现清洁化生产。同时，采用大型高效的原燃料贮运设备，网络输送系统，集中管理，设备数量少，设备利用率高。本文介绍了河钢唐钢新区全智能无人化料场的设计特点，重点阐述了集中远程控制技术、物料全程跟踪技术、智能混匀配料技术在智能无人化系统的应用现状。一系列前沿工艺和先进技术的运用，使其规模化、高效化、经济化、绿色化、数字化、智能化等综合优势在国际上首屈一指。

① 原文发表于《河北冶金》，2021（5）。

1 平面布置

原料场按配套年产 732 万吨铁、260 万吨焦炭规模设计建设，年吞吐能力超过 2000 万吨。主要原料来自海运码头，部分煤炭由铁路或公路运输进厂，原料的主要用户包括焦化、烧结、球团、炼铁、石灰窑等。含铁原料品种主要有铁精矿、铁矿粉、返矿、杂矿等。燃料有焦化煤、返焦、烧结用无烟煤和喷吹原煤。熔剂有石灰石、白云石。原料场工作制度为连续工作制，年工作天数为 365 天。原料场主要由原料受卸设施、贮料场设施、混匀设施、矿石筛分设施、熔剂筛分破碎设施、供返料设施等构成。原料场平面布置如图 1 所示。

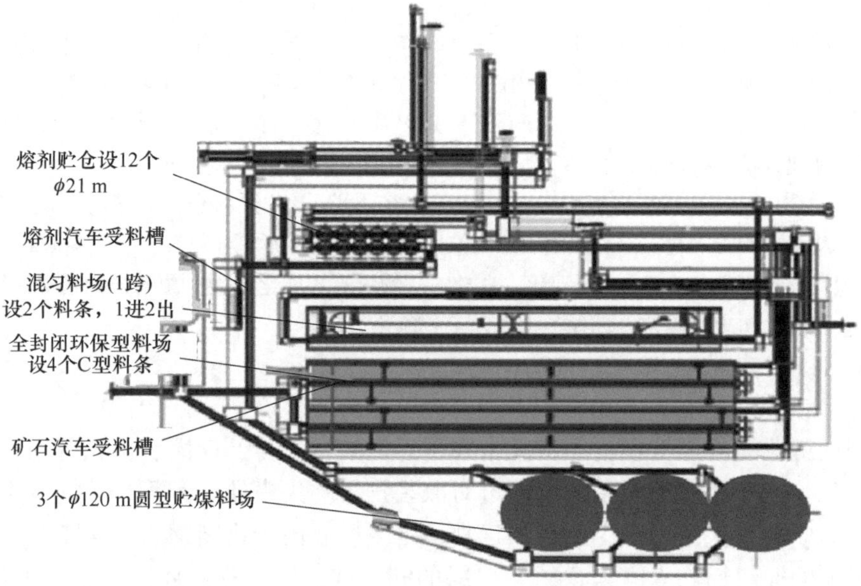

图 1 原料场平面布置

2 主要工序设计

2.1 原料受卸设施

原燃料进厂有海运、铁路和公路运输 3 种方式，以海运为主，三者所占比例为 84%、8%、8%。每种方式的受料量都有一定富余，适应原燃料进厂量的波动，满足市场变化需要。

2.1.1 水路进厂原料输送设施

进口含铁原料和部分焦煤由海外用船舶运来，在唐山港 4 号港卸料，采用不落地直送方式，通过带式输送机转运到贮料场贮存。卸船直取输送流程：船→卸船机→带式输送机→堆取料机尾车→堆取料机悬臂带式输送机→BDQ 带式输送机→伸缩头→钢厂带式输送机；港口取料输送流程：堆场→堆取料机→BDQ 带式输送机→伸缩头→钢厂带式输送机。

采用国内最大规模带式输送机设备，双系统输送，输矿主要参数：$B=1800$ mm，$Q=7500$ t/h，$v=3.15$ m/s；输煤系统参数：$B=1800$ mm，$Q=3600$ t/h，$v=3.15$ m/s。2 个系

统可以相互备用，避免因输送系统故障影响卸船。可分别把进厂料送到贮矿场和贮煤场。为保证输送系统的连续性，码头受入系统的输送能力与码头卸船能力一致，可同时接卸2条船。

熔剂采用2万吨左右的船运输到码头，卸到码头后用汽车运输到原料场的熔剂汽车受料槽受卸。

2.1.2 铁路受卸设施

由国内供应的焦煤、无烟煤、高炉喷吹煤，用火车运入焦化区内，卸车后由皮带机运输到原料场进行贮存。输送系统主要参数：$B=1400$ mm，$Q=1500$ t/h，$v=2.5$ m/s。

2.1.3 汽车受料设施

（1）煤汽车受料设施。汽车进厂的喷吹煤等，采用6个自卸汽车受料槽，接卸汽运进厂的煤，进入圆形料场贮存。受料槽总长度42 m，地上建筑密闭收尘，地下建筑设换气扇、集水井排水。受料槽分2组使用，可同时接卸2个料种的运输车辆。输送系统主要参数：$B=1400$ mm，$Q=1500$ t/h，$v=2.5$ m/s。

（2）矿石汽车受料设施。厂内含铁废弃物和唐山附近矿点的原料，给原料进厂提供多种卸车方式。采用6个自卸汽车受料槽，接卸汽运进厂的矿石。受料槽总长度42 m，地上建筑密闭收尘，地下建筑设换气扇、集水井排水。受料槽分2组使用，可同时接卸2个料种的运输车辆。输送系统主要参数：$B=1400$ mm，$Q=2400$ t/h，$v=2.0$ m/s。

（3）熔剂汽车受料设施。汽车运输进厂的石灰石、白云石等，采用6个自卸汽车受料槽，接卸石灰石、白云石等进入熔剂原矿仓贮存。受料槽总长度42 m，地上建筑密闭收尘，地下建筑设换气扇、集水井排水。受料槽分3组使用，可同时接卸3个料种的运输车辆。输送系统主要参数：$B=1000$ mm，$Q=1000$ t/h，$v=2$ m/s。

（4）铁精粉管道输送系统。司家营矿的铁精粉经70 km越野管道输送至河钢唐钢新区厂区内的脱水系统，脱水后再经带式输送机送至原料场的圆形料库内进行贮存。

2.2 贮料场设施

2.2.1 贮矿料场设施

贮矿料场为全封闭环保型的C型料场，如图2所示。采用卸料车卸料，半门式刮板取料机取料。设计4个C型料条，每个料条内设计2台半门式刮板取料机，共8台。C型料场长590 m，每个料条宽36 m，物料堆高16 m。料条大约50 m为1个隔断，堆积1个品种。

图2 C型贮料场

包括铁矿粉、铁精粉、块矿、高炉用石灰石、白云石、转炉渣等原料的贮运。含铁原料贮存量约 20 天，副原料贮存量 20~60 天。贮矿料场取料能力根据原燃料使用量的需要确定，取料能力和输送系统能力为 2100 t/h，带式输送机带宽 1400 mm，带速 2 m/s。

2.2.2 贮煤料场设施

焦煤、喷吹煤、无烟煤等燃料采用 2 个圆形料场贮存，每个圆形料场直径 120 m，料场内可贮存 3 种煤，约 13 万吨，如图 3 所示。圆形料场内选用一台圆形堆取料机，堆料能力为 3600 t/h，取料能力和输送系统能力为 1500 t/h，带式输送机带宽 1400 mm，带速 2.5 m/s。

图 3 圆形贮料场

2.2.3 熔剂贮存设施

熔剂包括石灰窑生产所需要的石灰石、白灰石，混匀矿堆积所需的石灰石、白云石，烧结调剂用石灰石粉，球团用石灰石粉。设计 7 个贮仓贮存进厂的石灰石、白云石。贮存量约 7 天的用量，最大贮存能力 87000 t。贮仓直径为 21 m，仓容积约 6000 m^3/个。仓下设带式给料机给料，输送系统能力为 1000 t/h，带式输送机带宽 1000 mm，带速 2.0 m/s。

2.2.4 造球精粉贮存设施

球团区所需铁精粉主要来自司家营矿山和海运进厂两部分。从司家营进厂的铁精粉经管道输送至厂区进行脱水后再经皮带机系统送至圆形料场，而海运进厂的铁精粉直接输送至圆形料场进行贮存。球团区域所需铁精粉采用圆形料场贮存，采用 2 个 ϕ100 m 的圆形料场，每个圆形料场内可分为 2 个格，贮存 2 种铁精粉，贮存量约 18 万吨/个，2 个圆形料场可贮存铁精粉 36 万吨。每个圆形料场内选用一台圆形堆取料机，堆料能力为 7500 t/h，取料能力和输送系统能力为 2100 t/h。为保证卸料顺利，圆形堆取料机下采用带式给料机给料。

2.3 混匀料场设施

混匀料场采用平铺直取模式为烧结所需的全部含铁原料和部分熔剂定量配料提供场地和设施。混匀设施由配料槽输入系统、混匀配料槽、混匀料场输入系统、混匀料场、混匀料场输出系统等组成。

2.3.1 混匀配料槽

按配矿方案，需要混匀的各种原料依次输送到各配料槽内，然后由混匀配料槽下的定量给料装置，按一定的配比向混匀料场输入系统的带式输送机给料，由输入系统送到混匀料场进行堆积作业。

根据参与混匀的原料品种，混匀配料槽的数量确定为 19 个，13 个配料槽容积 400 m^3，其余 6 个容积为 200 m^3。其中 3 个槽为除尘灰槽，接收来自高炉和原料场用罐车运输来的除尘灰，设有仓顶除尘器。其余 16 个仓可依据物料配比确定物料品种。混匀配料槽槽体为钢结构，下部为等截面收缩率的双曲线斗嘴，混匀配料槽全长 180.5 m，宽 10 m，上部带房盖，四周有墙。混匀配料槽下配置 19 套定量给料装置，控制各槽的排料量，保证按设定的配比向混匀料场定量给料。

2.3.2 定量给料装置

混匀配料槽下定量给料装置的能力，按混匀作业量计算，确定 10 个槽给料能力 100~400 t/h，6 个槽给料能力 20~150 t/h，圆盘给料机直径均为 3200 mm，变频调速、闭路控制；其余 3 个槽为除尘灰仓，给料能力 20~100 t/h，采用拖拉称配料，变频调速、闭路控制。每次同时工作的给料槽数量不少于 15 个。

2.3.3 混匀料场[4]

建设 2 个混匀料条，采用一堆一取制，1 个堆料、另 1 个取料，交替接续使用。采用定臂回转式混匀堆料机堆料，滚筒式混匀取料机取料。每个混匀料堆长 550 m，宽 38 m，堆高 14.32 m。本设计采用人字形料堆，由混匀堆料机进行往复平铺作业，每次作业平铺一层，每层料的配料品种为 6~12 种，共平铺 330 层，每个料堆贮存量约为 20 万吨，采用变起点、固定终点的堆料方式，正常情况 1 个料堆可供烧结使用 10 天。输送系统能力为 2100 t/h，带式输送机带宽 1400 mm，带速 2 m/s。在输送系统中配有自动计量装置。全封闭混匀料场如图 4 所示。

图 4 全封闭混匀料场

2.3.4 混匀堆料机、取料机能力确定

由于 2 个料条共用 1 台堆料机，根据经验，堆料能力应有一定的富余，一般应提前 2 天完成堆积作业，堆料间隔时间用于堆料机的定期检修。混匀料场输入系统能力为 2300~2500 t/h；输出系统能力为 2100 t/h。

2.3.5 混匀料场输入、输出系统

混匀料场输入系统由定量给料装置、带式输送机、混匀堆料机等组成，该系统设人工取样，检验配料成分和物料含水量。其系统能力为 2300~2500 t/h，带式输送机带宽

1400 mm，带速 2 m/s。

混匀料场输出系统由混匀取料机、带式输送机、自动取样、自动计量装置等组成。其系统能力为 2100 t/h，带式输送机带宽 1400 mm，带速 2 m/s。经过混匀后的含铁原料，其品位波动不大于±0.3%，SiO_2（质量分数）波动不大于±0.15%。

2.4 矿石筛分设施

为向高炉供应洁净原料，在高炉供料系统中设置矿石在线筛分设施。减少入炉矿的含粉量，改善高炉的透气性。筛分设施由分料器、振动筛、带式输送机、粉料缓冲仓等组成。设计 2 个筛分系列，每个系列 2 套振动筛。采用三通分料器分配物料，振动筛正常情况下 2 台同时使用，故障条件下可以使用任意 1 台。经过筛分，筛上物直接送到高炉矿槽，筛下物进入粉料缓冲仓贮存，粉料输送到混匀配料槽参加混匀配料。其系统能力为 2100 t/h，带式输送机带宽 1400 mm，带速 2.5 m/s。

2.5 熔剂筛分破碎设施

2.5.1 熔剂筛分

石灰窑需要石灰石、白云石粒度为 40~80 mm，为保证入窑熔剂粒度，对熔剂进行预筛分。40~80 mm 合格粒度的石灰石送往石灰窑进行焙烧，筛下物送往破碎机进行破碎。

2.5.2 熔剂破碎

参加混匀配料的熔剂粒度为小于 3 mm 的占 90%以上，需要对进厂的熔剂进行破碎。破碎系统设计为闭路循环系统。设置 3 个破碎系列，1 个系列破碎石灰石，1 个系列破碎白云石，1 个系列备用。每个系统由破碎机、振动筛串联组成。

2.6 供返料设施

供、返料设施负责向烧结车间输送混匀矿、煤，向焦化车间输送焦煤，向炼铁车间高炉矿槽、焦槽输送成品烧结矿、成品球团矿、杂矿、焦炭等，负责高炉碎矿、碎焦向烧结输送。

2.6.1 向烧结车间供料

通过原料输出系统，可向烧结车间供给混匀矿、燃料、熔剂。在输送系统中配有自动计量装置。

（1）混匀矿输送。混匀矿来自混匀料场，通过滚筒取料机取出，通过带式输送机运往烧结配料室。其系统能力为 2100 t/h，带式输送机带宽 1400 mm，带速 2 m/s。

（2）煤的输送。贮存在圆形料场中的煤，用圆形堆取料机取出，通过带式输送机运往烧结燃料破碎室。其系统能力为 1500 t/h，带式输送机带宽 1400 mm，带速 2.5 m/s。

（3）熔剂的输送。往烧结配料室。其系统能力为 2100 t/h，带式输送机带宽 1400 mm，带速 2 m/s。

2.6.2 向球团车间供料

通过原料输出系统，可向球团车间供给铁精粉和熔剂。

（1）铁精粉输送

贮存在封闭料库的铁精粉用半门式取料机取出，通过带式输送机运往球团配料室。其系统能力为 2100 t/h，带式输送机带宽 1400 mm，带速 2 m/s。

（2）熔剂的输送

贮存在熔剂贮仓中的 0~3 mm 熔剂通过带式输送机运往球团车间的熔剂制备室。其系统能力为 1000 t/h，带式输送机带宽 1000 mm，带速 2 m/s。

2.6.3 向炼铁车间供料

通过原料输出系统，可向炼铁车间供给铁矿石、喷吹煤等。在各个输送系统中均配有自动计量装置。

（1）铁矿石的输送。贮矿场设有输送系统向高炉矿槽输送块矿，通过在线筛分设施筛除块矿中的粉末。高炉杂料输送可利用原料输送系统和块矿输送系统送到高炉矿槽。块矿输送系统能力为 2100 t/h，带式输送机带宽 1400 mm，带速 2 m/s。

（2）喷吹煤的输送。贮存在圆形料场中的喷吹煤，用圆形堆取料机取出通过带式输送机运往高炉喷吹配煤槽。其系统能力为 1500 t/h，带式输送机带宽 1400 mm，带速2.5 m/s。

2.6.4 向石灰窑供料

石灰窑生产所需石灰石和白云石来自熔剂原矿贮仓，经过筛分后，合格的石灰石和白云石，通过带式输送机送往石灰窑。系统能力为 1000 t/h，带式输送机带宽 1000 mm，带速 2 m/s。

2.6.5 向焦化区双向供料

煤的输送系统采用管状带式输送机输送，喷吹煤、烧结煤和焦化用煤输送采用上下管带分别运输，可以实现双向同时输送。上管运输佳华焦化园区接卸的火运、汽运高炉喷吹煤、烧结用煤，由佳华焦化区的煤焦储运站运输到新区原料场转运站，继而输送到圆形料场进行贮存。下管将新区圆形料场贮存的焦化用煤运输到佳华焦化生产车间。

2.7 除尘环保设施

根据料场布置情况，原料场采取了水力除尘、密闭除尘和机械除尘等 17 套集中除尘系统；含尘气体经捕集后进入脉冲袋式除尘器净化，净化后的气体经高排气筒外排，排放浓度不大于 10 mg/m^3。原料场内所有的物料都入棚或入仓，封闭贮存，不在露天堆放。原料场内各种原、燃料堆设有喷水抑尘设施。皮带输送机设置在全封闭的皮带通廊内，皮带输送机尾部的倒料槽采用双层密封，以防风吹和物料移动散发粉尘。从矿山、港口、煤焦料场运送到钢厂原料场物料全部使用皮带、管道、管带等多种环保输送形式[5,6]。

汽车受卸槽、各个皮带转运站、所有落料点均设置布袋除尘系统，使用低压脉冲、大灰斗低阻型布袋除尘器，同时采用防静电覆膜超细聚酯针刺毡滤料布袋，达到除尘灰的统一收集，再通过吸排罐车把含碳环境粉尘运送到喷煤车间混吹入高炉，把含铁粉尘运送到烧结车间混匀配矿使用。在汽车受煤、火车螺旋卸煤、翻车机地面等部位大范围设置自动干雾抑尘装置。

每套除尘系统均由布袋除尘器、除尘风机及电机、减震台座、消声器、除尘器自动控制系统以及吸尘罩、风管和电动风阀等组成，布袋除尘设置于地面带式输送机上部的除尘平台上，除尘系统收集的大颗粒粉尘返回到各流程的下部皮带料流中。每套除尘、抑尘系统均与相应的装卸工艺系统联锁，由中控室根据带式输送机运行情况和物料检测器控制系统启停。

3　智能无人化系统设计特点

3.1　集中远程控制技术

原料区域设置一集中控制室，中控室包括PLC室、主控室、计算机室、放置过程控制系统的操作台、人机界面等设备，进行主要的日常生产操作、控制室内设数字电视设施。综合料场信息化系统整合原料场的所有资源，对物料的存储、运输、混匀、配料等不同作业进行合理化的安排和跟踪，达到联动目的。实现各流程之间的顺畅衔接，建立原、燃料到达、存储、发出等信息的及时反馈渠道，实现对料场存放物料的平衡管理，优化原、燃料输送路径，保证后续生产组织正常进行。生成各种业务层面和管理层面的需求报表，并图形化显示分析结果；建立数据统计分析的数学模型，达到通过信息系统实现及时反映专业管理运行的目标。厂区内实现无线网络覆盖提供无线接入功能，可通过手持终端系统，为厂区工作人员核查物料及车辆信息提供网络支持[7]。

3.2　物料全程跟踪技术

进口含铁原料和部分煤由国外用船运来，在京唐港矿石码头卸载，用带式输送机转运到贮料场。国内供应的焦煤、无烟煤、高炉喷吹煤等燃料，由火车运入煤焦受卸料场。在倒运过程中实现物料信息全程跟踪，并将信息发布到网络中，使相关部门及人员都能即时获取原料信息。部分铁矿石、煤粉、熔剂等由厂外汽车运输至厂区，在整个厂外运输过程中采用GPRS定位系统对所有的汽车位置及运输状况进行全程跟踪。到厂后采用RFID射频技术对车辆进行控制，同时配合计质量系统及门禁系统完成对车辆的车牌识别，物料的称重、化验及自动入库、回空出库等工作。

3.3　智能混匀配料技术

根据混匀矿化学成分的配比要求，首先通过AI算法进行基于成本最优化的配料计算，混匀配料系统就计算结果进行精准配料作业。之后根据作业实绩和混匀料堆的物料检验情况，结合混匀无人机控制模型对配方进行重点优化调整，最终实现混匀料堆成分更均匀、堆取料更精准的智能混匀配料作业。

3.4　智能排程技术

通过MES网络智能接收原料采购、生产计划等信息并进行优化分解，形成料场作业指令，对进出场物料进行路径优化的倒运控制，以及储地优化的无人堆取料作业控制。可实现存储空间、能耗、设备利用率最优，并可实时向新区各级网络反馈料场设备运行状态及存料信息。智能排程系统流程如图5所示。

3.5　堆取料机无人化技术

料场堆取料机通过位置定位系统提供机器本身的 X、Y 坐标，中控系统依靠位置坐标及后台数据库信息对堆取料机进行控制。由2D激光扫描仪与堆料机走行定位系统结合，实时测量料堆形貌数据，并在中控服务器中对料堆进行数字化建模。

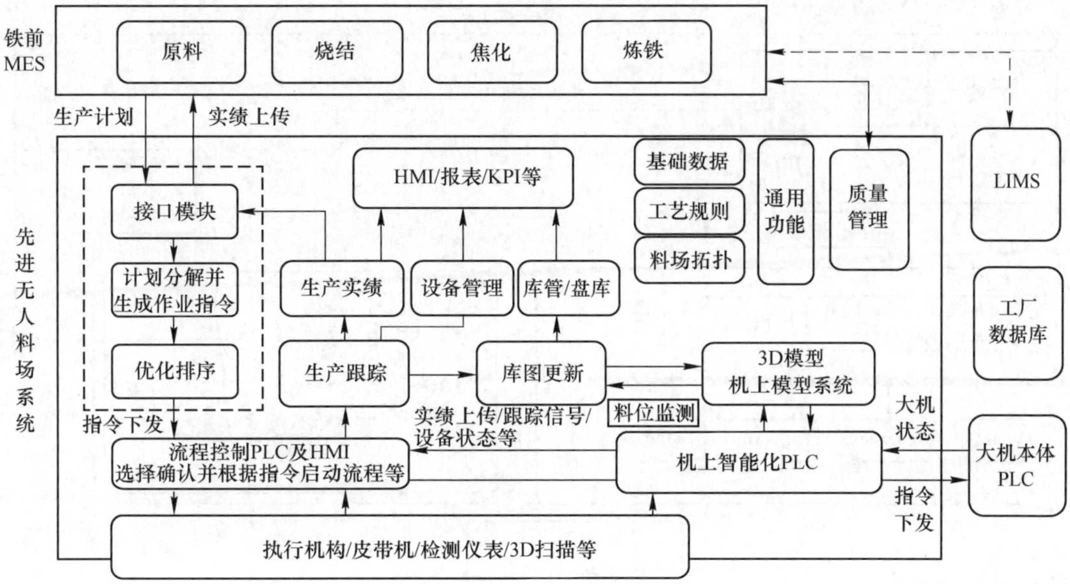

图 5　智能排程系统流程

通过 3D 激光扫描堆场，结合 X、Y 轴位置，在大机行走过程中，获取整个堆场的三围数据，通过图像界面可以还原出料场 3D 图像，计算任意区域的物料体积。并且依据料堆的 3D 图像信息，修正堆取料机的控制，完成最优化的堆取料工作，提高大机工作效率[8]。

堆取料机无人化技术将多种形式的堆取料机无缝集成在作业计划流程中，通过大型设备精准定位技术和模型优化计算，实时控制堆取料机的走行、俯仰、旋转等动作，在远程集控中心通过监控终端跟踪现场作业情况，实现堆取料机无人化全智能作业。堆取料机控制系统流程如图 6 所示。

3.6　皮带智能保护技术

通过为皮带机安装寻址编码系统，构成完整的智能诊断保护体系，对长皮带出现的各种故障进行智能检测、诊断并远程解决，既可减少点检人员的配置，又可快速消除生产隐患，为整个智能化系统运行提供快速、精准的运输保障[9]。

3.7　局域网与 5G 网络融合技术

组建局域网，建立工厂数据模块，根据上一级对信息的要求，采集设备运行状态信息，能源电力等信息，用于各种统计分析需求。采用物流管控模块，接收火车、汽车来料、受料信息采集与管控。建立与计质量、物流管理、门禁管理等相融合的原料厂生产计划排程（包括基于智能控制的混匀料配比与排产模块）。通过建设 5G 基站，使局域网与 5G 网络无缝对接，可通过手持终端查询及管理模块，提供无线接入功能，为厂区工作人员核查物料及车辆信息提供低延时网络支持。

3.8　实时数据库存储技术

建立工厂实时数据库系统，基于数据采集系统，实现数据的集中采集与上传，将电

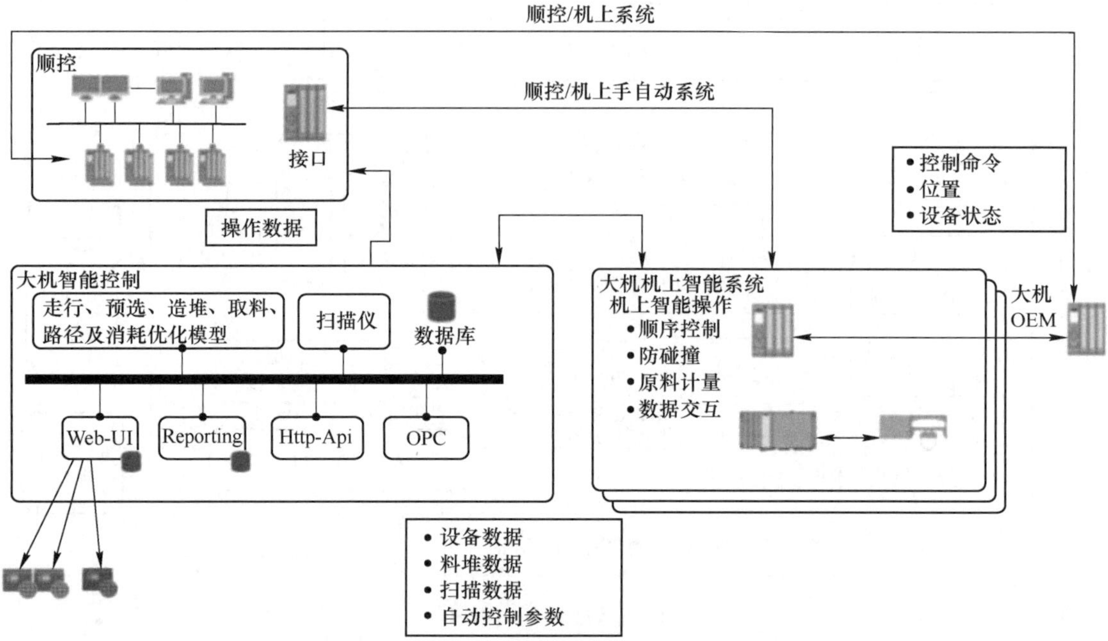

图 6　堆取料机控制系统流程

力、介质消耗、设备运行状况等信息进行收集并最终提供给上级系统，实现能源数据的各项统计、分析，设备运行状况的预判与维护、检修指导。选用支持的 OPC（OLE for Process Control）、Modbus、IE104 等标准通信协议。保证接口数据采集的实时性、准确性及稳定性。

3.9　全自动采制样技术

河钢唐钢新区综合料场共装备了 2 套全自动取制样系统，每套取制样包含一次取样机、二次取样机、机器人自动在线分析系统以及弃样返回系统。能够及时准确获取物料信息，及时跟踪物料理化性能变化，为智能化混匀配矿提供基础数据支撑。

4　新工艺新技术应用

4.1　最大规模环保贮料场应用技术

世界首座应用于钢铁企业最大规模全封闭环保贮料场，贮料能力达到 660 万吨。采用全封闭 C 型环保料场结构，采用卸料车卸料，半门式刮板取料机取料。料场内设置自动喷雾抑尘装置，与设置防风抑尘网进行封挡的露天料场相比，封闭料场每年可以减少因扬尘和雨水冲刷所造成的 0.5%~2%矿石损耗量。料场内卸取料装置全部采用自动控制方式，减少人员现场操作的同时杜绝燃油机车倒运方式，更大程度减少倒运过程燃油造成的二次污染[10,11]。

4.2　长距离全封闭储运技术

河钢唐钢新区使用的全部粉状、块状原燃料均采用全封闭方式存储和运输，采用多种形式的全封闭料场，所有皮带通廊全封闭，大量应用 C 型料场、圆形料库、筒仓等形式。管道总长 271 km 的全封闭无泄漏皮带机运输通廊的应用，实现了码头与新区原料场无缝衔接，原料场与烧结、球团、高炉、石灰窑等工序无缝衔接，紧凑的工艺布局构建起高效节能的优势，极大节约了物流运输成本，减少污染物排放[12]。

4.3 最大规模带式输送机应用技术

世界首台应用于钢铁企业的最大规模带式输送机，单台运量为 7500 t/h。为避免运输过程中物料洒落造成的经济损失和环境污染，降低场地、天气等外部环境对物料运输带来的不利影响，钢厂的输送系统与港区堆场的装卸输送系统相连，将唐山港矿石码头物料经带式输送机输送至钢厂带式输送机上，同时可实现 2 条船（不够具体）的接卸直送功能。皮带输送机全部封闭，无缝衔接全封闭汽车受矿料槽，采用高架通廊形式，同时建设 2 条皮带输送系统，均可同时或独立运行。

4.4 矿山精粉管道输送技术

建设远距离铁精粉输送管道，直接连接亚洲第二大磁铁矿山——司家营铁矿，直线距离超过 60 km。直接将铁矿精粉从矿山选矿场输送到河钢唐钢新区原料场内，再进行脱水处理，脱水后铁精粉直接进行混匀配矿和带式焙烧机造球，杜绝汽车运输和铲车倒运过程粉尘飘洒、燃烧尾气带来的二次污染问题，同时大幅降低了运输成本。

4.5 煤焦管带输送技术

衔接河钢唐钢新区和佳华焦化厂区，综合原料场设单向圆管带式输送机，主要输送物料为焦炭，管径 450 mm，运输能力 800 t/h，将焦化车间的焦炭输送至高炉车间。同时，设双向圆管带式输送机，上管输送物料为焦煤，下管输送物料为高炉喷吹煤，管径为 500 mm，上管输送能力为 1800 t/h，下管输送能力为 1000 t/h。圆管带式输送机总输送距离超过 16 km，全程封闭输送，绿色环保，减少占地面积，减少转运及扬尘点，解决了长距离难输送的问题，实现节能降耗、清洁生产。

4.6 全封闭导料槽和水雾抑尘技术

全封闭导料槽由单层导料槽、带阻尼减压器、静电吸尘挡帘 3 部分组成，可以实现槽下矿粉皮带机落料点达到环保要求的同时，降低该皮带所需的除尘风量。能够避免出现撒料，粉尘大等缺陷，同时导料槽尾部设有后封堵装置，使尾部堵板密封严密，阻止粉尘从尾部溢出，减少跑料漏粉。在临时移动卸料车卸料及部分设施落料点无法使用除尘罩，相对扬尘量较小处，采用了水雾抑尘技术，防止粉尘飘溢。

5 结束语

河钢唐钢新区全智能无人化原料场，总图布置紧凑，物流顺畅，工艺流程及方案选择合理。采用多种形式全封闭环保料场，应用大规模、长距离、多形式环保运输方式，能够大幅降低环境污染和物流成本。大量应用 3D 可视化、物料全程跟踪、自动混匀堆取等智能化装备，可实现智能化无人自动运行。充分贯彻以绿色循环经济理念为指导，无论从技术装备现代化、大型化、高效化，还是从高质量、高性能的产品定位上，都将确保新建原料场的装备在世界钢铁企业中处于领先水平，实现原料生产的清洁高效。

参 考 文 献

[1] 陈明．智能化系统在钢铁企业原料场中的应用研究［J］．工程技术研究，2019，4（1）：6.

[2] 张子才，肖苏，吴刚，等．料场无人化系统的研究和应用［J］．宝钢技术，2008（2）：31.

[3] 王新东．以“绿色化、智能化、品牌化”为目标规划设计河钢唐钢新区［J］．钢铁，2021，56（2）：12.

[4] 刘晓月，刘伟平．首钢京唐原料场无人化供料系统设计及应用［J］．冶金自动化，2020，44（5）：15.

[5] 康兴东，邱实，郭鹏，等．智能环保原料场设计［J］．工程建设，2019，51（5）：68.

[6] 魏玉林，宋宜富，杨广福，等．大型原料场智能化系统应用实践［C］．第十一届中国钢铁年会论文集，北京：中国金属学会，2017：460.

[7] 吴旺平，李刚．宝钢智能化原料场的改造实践［C］．中国金属学会．第八届中国金属学会青年学术年会论文集．北京：冶金工业出版社，2016：32-35.

[8] 赵庆，斌温丹．堆取料机无人化作业系统关键技术的研究［J］．港口装卸，2015（4）：26.

[9] 曹继东．带式输送机故障及智能保护装置的应用分析［J］．机械管理开发，2020，35（12）：71.

[10] 唐煦，孟俐，何金玲，等．浅谈钢铁企业原料场改进措施［N］．世界金属导报，2020-09-01.

[11] 陈禹肖，春江．镔钢智能化全封闭综合料场改造设计［J］．现代冶金，2020，48（2）：21.

[12] 张毅，马洛文．智慧型环保料场在宝钢原料场的运用［C］．中国金属学会．第三届全国炼铁设备及设计研讨会论文集．北京：冶金工业出版社，2017：264-268.

基于支持向量回归与极限学习机的高炉铁水温度预测①

王振阳[1]，江德文[1]，王新东[2]，张建良[1,3]，刘征建[1]，赵宝军[3]

（1. 北京科技大学冶金与生态工程学院，北京 100083；
2. 河钢集团有限公司，河北 石家庄 050023；
3. 昆士兰大学化学工程学院，圣卢西亚 QLD 4072）

摘　要：选取某 4000 m^3 级别高炉 2014 年至 2019 年时间范围内的日平均数据，以铁水温度为目标函数，首先对铁水温度的特征参量进行线性与非线性相关性分析、特征选择与规范化处理，获取了显著影响铁水温度的正负相关性特征参量。在此基础上，基于支持向量回归与极限学习机两种算法对铁水温度构建预测模型，模型均可对铁水温度实现有效预测，基于支持向量回归算法构建的预测模型较优，预测平均绝对误差为 4.33 ℃，±10 ℃误差范围内的命中率为 94.0%。

关键词：大数据；机器学习；支持向量回归；极限学习机；铁水温度

2000 年以来，我国生铁产量快速增加，并于 219 年全年产量达到 8.06 亿吨，约占当年世界生铁产量的 63%。能耗方面，我国钢铁行业能耗约占工业总能耗的 16%，而炼铁工序又占钢铁全流程能耗的 70%左右。在此背景下，高炉作为炼铁工序的主反应器，其稳定顺行对我国钢铁工业的节能降耗与高效生产尤为重要。然而高炉原燃料波动造成的炉型改变，以及设备破损导致的不均匀传热等多种内外因素使高炉炉况波动时有发生，给炼铁工序的增产降耗带来影响[1,2]。

铁水温度是高炉炼铁的一项重要参数，不仅可以反映当前铁水本身质量与高炉炉缸热状态，且通过其变化趋势和幅度也能预判高炉运转方向。因此，若能通过当前时刻的各项冶炼参数预测一定时间后的铁水温度变化趋势与幅度，则可以提前采取应对调控措施，减少炉况波动，稳定高炉热制度，从而促进高炉稳定顺行与炼铁工序节能降耗[3-6]。

基于此，国内外研究学者对铁水温度展开了多种构建机制条件下的机器学习与模型预测研究，取得了一定进展。崔桂梅等分别采用模糊神经网络[7]与分布式神经网络[8]构建铁水温度预测模型，使铁水温度预测误差在±10 ℃内的准确度达到 90%。石琳等[9]基于样条变换的非线性偏最小二乘回归方法，控制铁水温度预测值与测量值的相对误差小于 0.11。Zhang 等[10]以均方根误差和相关系数为标准，对比分析了 3 种深度学习算法与 7 种浅层学习算法对高炉铁水温度的预测效果，认为浅层神经网络（SNN）对当前铁温预测精度较高，且计算资源消耗较低，适合在线反馈。此外，Zhang 等[11]还通过整合单一模式树

① 原文发表于《工程科学学报》，2021，43（4）。

构建集合模式树，并据此进一步将铁水温度预测均方根误差降低至 7.33，基于多元自适应回归样条（MARS）算法和滚动时域估计（MHE），Diaz 等[12]和 Hashi-moto 等[13]对铁水温度预测的平均绝对误差分别为 11.2 ℃和 11.6 ℃。通过结合粒子群算法（APSO），Su 等[14]和 Zhao 等[15]分别以极限学习机（ELM）和最小二乘支持向量机（LS-SVM）作为基础算法预测铁水温度，模型取得较好预测精度和泛化性能。

基于数据驱动的预测模型还包括基于时间序列的自回归算法、贝叶斯网络算法等，其中以支持向量回归（Support Vector Regression，SVR）为基础的模型在炼铁领域应用较为广泛[16-18]，已成功实现对铁水硅含量[19]和高炉故障的预判[20]。此外，极限学习机（Extreme Learning Machine，ELM）因隐藏神经元的参数无需调整，而获得快速的训练速度和良好的工业适应度[21-23]。因此，本研究以支持向量回归和极限学习机算法为基础，在日平均数据的时间维度下，对铁水温度进行模型学习和预测研究，期望在拓宽时间维度的基础上获得工艺可接受的铁水温度预测准确度，为高炉在线实际应用提供基础模型支撑。

1 理论与方法

1.1 SVR 算法

回归预测模型的构建一般是基于训练样本集 $\boldsymbol{D}=\{(x_m,y_m)\}$ 而获得形如 $f(x)=\boldsymbol{w}^{\mathrm{T}}x+b$ 模型中 w 和 b 等未知参量，传统回归模型通常是直接以预测值 $f(x)$ 与测量值 y 之间的差别计算损失，并通过优化损失函数以降低误差，使 $f(x)$ 与 y 之间的差别（损失）减小，损失函数 $J(\theta)$ 见式(1)。

$$J(\theta)=\frac{1}{2}\sum_{i=1}^{m}[h_\theta(x_i)-y_i]^2 \tag{1}$$

式中 m——样本量；

x_i——第 i 个训练样本特征值组合；

y_i——第 i 个训练样本测量值；

$h_\theta(x_i)$——第 i 个训练样本特征值组合预测函数；

θ——选定的某个预测函数标号。

对于 SVR 算法，可允许 $f(x)$ 与 y 之间存在 ε 的偏差，即仅当 $|f(x)-y|>\varepsilon$ 才计算损失。若训练样本是线性可分的，则在样本空间中，可通过式（2）描述其划分出的超平面。

$$\boldsymbol{w}^{\mathrm{T}}x+b=0 \tag{2}$$

式中 $\boldsymbol{w}$——法向量；

b——位移项。

若将 x 从低维空间映射到高维空间的特征向量表示为 $\boldsymbol{\Phi}(x)$，则高维空间划分的超平面模型见式（3）。

$$f(x)=\boldsymbol{w}^{\mathrm{T}}\boldsymbol{\Phi}(x)+b \tag{3}$$

此时，样本空间任意点 x 到超平面 $(\boldsymbol{w},b)$ 的距离 r 与间隔宽度 γ 分别见式（4）和式（5）。

$$r=\frac{|\boldsymbol{w}^{\mathrm{T}}\boldsymbol{\Phi}(x)+b|}{\|\boldsymbol{w}\|} \tag{4}$$

$$\gamma = \frac{2\varepsilon}{\|\boldsymbol{w}\|} \tag{5}$$

以 $f(x)$ 为中心，构建宽度为 2ε 的间隔带，若训练样本落入此间隔带，则认为是预测正确。进一步地，将核函数[24]引入 SVR 后见式（6）。

$$f(x) = \sum_{i=1}^{m} (\hat{a}_i - a_i) \cdot k(x_i, x) + b \tag{6}$$

其中

$$b = y_i + \varepsilon - \sum_{i=1}^{m} (\hat{a}_i - a_i) x_i^{\mathrm{T}} x \tag{7}$$

$k(x_i, x)$ 为核函数，拉格朗日乘子 $\hat{a}_i \geqslant 0$、$a_i \geqslant 0$，其中核函数的选择至关重要，通过优化选择适用的核函数（例如：径向基核函数、线性核函数、多项式核函数或 Sigmoid 核函数），从而最终确定基于 SVR 的预测模型。

1.2 ELM 算法

ELM 是用于单层前馈神经网络的训练学习方法，单层前馈网络拥有三层神经元，即输入层、隐藏层和输出层。对于含有 N 个样本的数据集（x_k, t_k），其单层前馈神经网络数学模型见式（8）。

$$\sum_{i=1}^{\tilde{N}} \beta_i g_i(x_k) = \sum_{i=1}^{\tilde{N}} \beta_i g(w_i, b_i, x_k) = t_k,\ k = 1,\ 2,\ \cdots,\ N \tag{8}$$

其中，$x_k = [x_{k1},\ x_{k2},\ \cdots,\ x_{kn}]$ 表示第 k 个样本的 N 维特征，$t_k = [t_{k1},\ t_{k2},\ \cdots,\ t_{kn}]$ 表示对应的目标向量，$\boldsymbol{\beta}_i$ 是输出权重矩阵，用于连接第 i 个隐藏和输出节点，$g(w_i, b_i, x_k)$ 为非线性分段连续函数，极限能力满足 *ELM* 定理，w_i 和 b_i 为随机确定的模型参数。因而，式(8)可写成隐含输出矩阵形式，见式(9) 和式(10)，其中，$\boldsymbol{H}$ 为隐含层输出矩阵，$\boldsymbol{\beta}$ 为输出权重矩阵，$\boldsymbol{T}$ 为目标矩阵。

$$\boldsymbol{H\beta} = \boldsymbol{T} \tag{9}$$

$$\boldsymbol{H}(W,\ B,\ X) = \begin{pmatrix} g(w_1 \cdot x_1 + b_1) & \cdots & g(w_{\tilde{N}} \cdot x_1 + b_{\tilde{N}}) \\ \vdots & \ddots & \vdots \\ g(w_1 \cdot x_N + b_1) & \cdots & g(w_{\tilde{N}} \cdot x_N + b_{\tilde{N}}) \end{pmatrix}_{N \times \tilde{N}} \tag{10}$$

根据最小二乘法理论，结合奇异值分解方法，ELM 的解可表示为式（11）。

$$\hat{\boldsymbol{\beta}} = (\boldsymbol{H}^{\mathrm{T}}\boldsymbol{H})^{-1}\boldsymbol{H}^{\mathrm{T}}\boldsymbol{T} \tag{11}$$

2 铁水温度预测模型

2.1 特征参量提取与数据标准化

高炉生产过程中会产生两类参数，即人为调控的主动操作参数以及反馈炉况的被动状态参数，均会对铁水温度的走向变化产生不同程度的影响。本文依据冶金原理以及现场监测条件，选取国内某 4000 m^3 级别高炉 2014 年至 2019 年时间范围内 22 项特征参量的日平均数据构成初选数据集，特征参数与实际数据样本分别如表 1 和图 1 所示。

表 1　铁水温度预测的初选特征参量

工作参数	状态参数
鼓风量	利用系数
鼓风压力	综合负荷
鼓风温度	煤气利用率
鼓风动能	铁水日产量
焦比	压差
煤比	透气性指数
焦丁比	炉腹煤气量
燃料比	炉腹煤气指数
富氧量	冷却水温差
每小时喷煤量	当前铁水温度
理论燃烧温度	铁水硅含量

图 1 所示铁水温度的初选特征参量共计 22 项。特征参量过多将增加模型计算复杂度，并大幅提高计算时间，因此需要对主要特征参量进行提取。本文依据冶金原理、Pearson 相关系数以及 Spearman 相关系数对初选特征参量进一步筛选，以减少后续模型训练与预测过程中的无效计算，降低模型的计算复杂度，以适应工业生产条件。Pearson 与 Spearman 相关系数计算方法分别见式（12）和式（13）。其中，X 为特征向量，Y 为目标向量，$\rho(X,Y)$ 和 R_s 分别为 X 与 Y 的 Pearson 和 Spearman 相关系数，$\mathrm{cov}(X,Y)$ 为 X 和 Y 的协方差，$\mathrm{Var}(X)$ 与 $\mathrm{Var}(Y)$ 为 X 与 Y 的样本方差，N 为样本数，$R(X_i)$ 与 $R(Y_i)$ 分别为元素 X_i 和 Y_i 在 X 和 Y 中的排序。经算，初选特征参量与铁水温度的相关系数计算结果如图 2 所示。

$$\rho(X,Y)=\frac{\mathrm{cov}(X,\ Y)}{\sqrt{\mathrm{Var}(X)}\ \sqrt{\mathrm{Var}(Y)}} \tag{12}$$

$$R_s=1-\frac{6\times\sum_{i=1}^{N}[R(X_i)-R(Y_i)]^2}{N\times(N^2-1)} \tag{13}$$

由图 2 可知，对铁水温度发展走向的影响因素较多，既包含影响高炉直接与间接还原度的炉腹煤气指数、煤气利用率等，也包含影响高炉物料与热量平衡的炉料结构、水温差等。具体来看，对后续铁水温度存在显著正相关关系的特征参量主要为当前铁水温度、煤气利用率、铁水硅含量、利用系数、铁水日产量和综合负荷等，存在显著负相关关系的特征参数为炉腹煤气指数、水温差、焦丁比、燃料比、焦比和透气性等。通过预实验计算，并综合考量计算复杂度与预测精准度，最终选取如表 2 所示特征参量进行模型拟合，其中 1~4 项为操作参数，5~14 项为状态参数，删除相关度较低的冗余特征参量。

本文使用零-均值规范法对数据进行标准化处理，以消除特征参量之间量纲和取值范围差异的影响。零-均值规范可以减小噪声点的影响，且不受特征参量最大值和最小值的限制，在当前数据标准化中使用较为广泛，其计算公式见式（14），其中：z 为原始数据的均值，σ 为原始数据的标准差，z^* 为标准化处理后的样本值。

$$z^* = \frac{z - z}{\sigma} \tag{14}$$

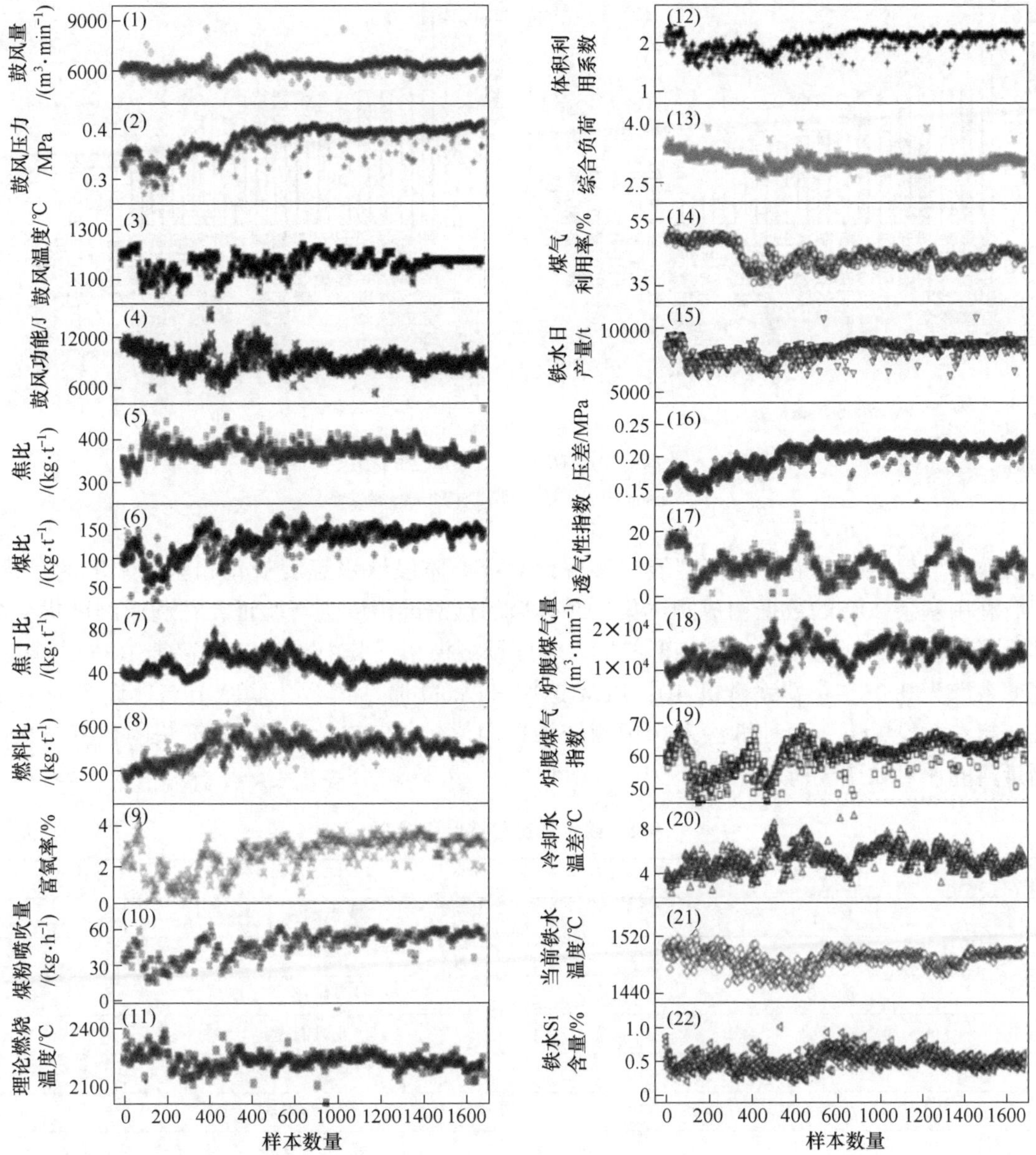

图 1 铁水温度初选特征参量样本散点图

2.2 铁水温度模型预测与结果表征

铁水温度特征参量提取及数据标准化处理后，形成的数据集将用于模型的训练与测试。数据集中随机抽取 80%的数据用于支持向量回归与极限学习机模型的训练，使模型不断学习和构建特征参量与目标参量之间的映射，即将表 2 所示特征参量数据与下一日铁水

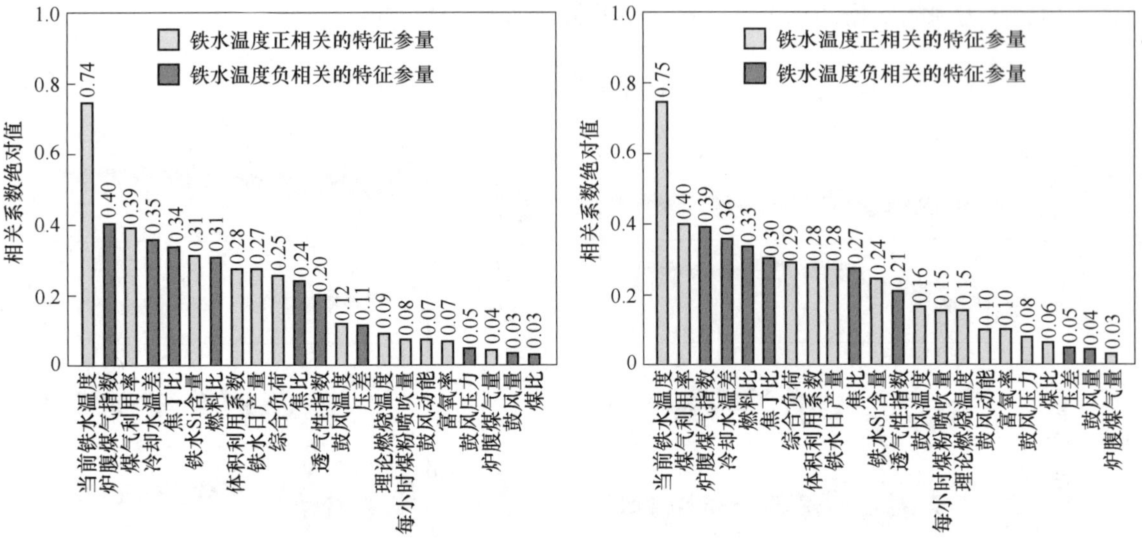

(a)　　(b)

图 2　铁水温度与初选特征参量之间相关系数

（a）Pearson 相关系数；（b）Spearman 相关系数

温度数据构建关联映射，使模型能够实现预测下一阶段铁水温度变化趋势与幅度的目标。而后利用剩余 20%的数据构成测试集，对模型的预测准确度进行验证，并利用测试集反馈结果不断优化模型超参数，最终形成铁水温度预测模型，其中 SVR 选用高斯 RBF 核函数，宽度系数为 0.01，惩罚系数为 10；ELM 选用 Sigmoid 激活函数，隐藏节点数设置为 100，在此超参数设置下，两种算法多次预测结果平均值较佳。SVR 与 ELM 算法的预测结果与测量值的比对如图 3 所示。

表 2　铁水温度终选特征参量

序号	状态参数
1	燃料比
2	焦丁比
3	焦比
4	鼓风温度
5	炉腹煤气指数
6	透气性指数
7	铁水 Si 含量
8	铁水日产量
9	当前铁水温度
10	综合负荷
11	压差
12	煤气利用率
13	利用系数
14	冷却水温差

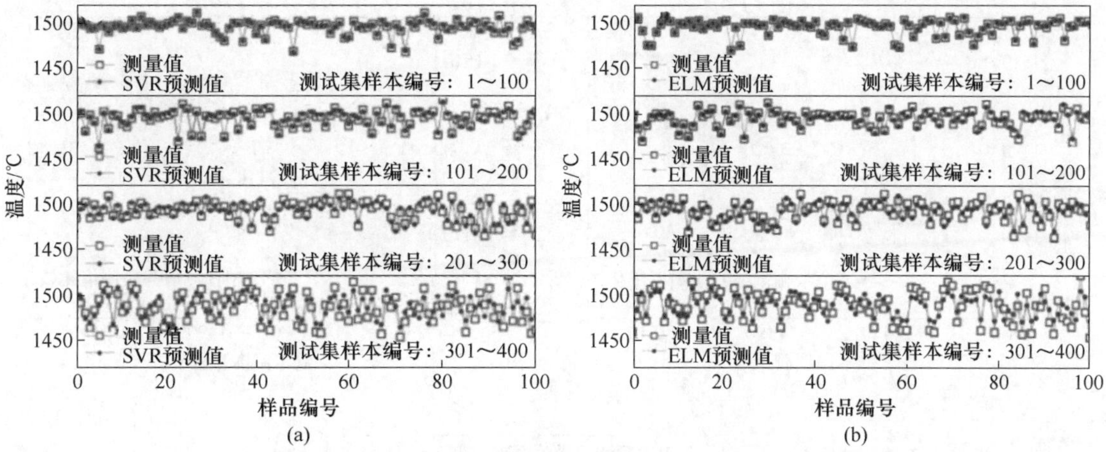

图 3　铁水温度测量值与预测值比对
（a）基于 SVR 算法；（b）基于 ELM 算法

由图 3 可知，两种算法对铁水温度的追踪结果较好，部分样本点预测值与测量值重合度较高。此外，对于与测量值有偏差的预测样本点，其对铁水温度增减变化趋势的预判也较为理想。事实上，对铁水温度增加或减少的预知将有助于高炉操作者预判下一阶段高炉炉缸热状态变化走势，从而可以提前采取应对操作措施，维持高炉稳定顺行，促进节能降耗。

图 4（a）和（b）分别为基于 SVR 与 ELM 两种算法对铁水温度的预测值与测量值所构成的散点图。可以看出，两种模型的数据点均围绕对角线方向延伸分布，且在对角线区域数据点分布较为紧密，预测值与测量值吻合度较高。此外，散点主要分布在对角线±10 ℃范围内，说明预测值的偏差多集中在±10 ℃ 以内。图 4（c）为基于 SVR 与 ELM 算法的铁温预测误差概率密度分布函数，经对比后发现，相比 ELM 算法，SVR 算法预测误差概率函数分布曲线的延伸范围较小，曲线散点更加集中，说明对测量值的追踪效果较好。

图 5 为 SVR 和 ELM 对铁水温度预测结果的百分比误差散点分布与统计图。在±0. 5%范围内的点个数除上所有点的个数，即为分布概率。经统计计算，SVR 和 ELM 的预测百分比误差在±0. 5%以内的分布概率分别为 81. 0%和 78. 0%，在±1. 0%以内的分布概率分别为 99. 0%和 98. 3%，说明百分比误差主要集中在±0. 5%，基本不超过±1. 0%。对比两种算法预测误差散点分布图，SVR 算法更好地控制了误差偏离严重预测点的数量，因而百分比误差点波动较低。

对 SVR 和 ELM 算法预测结果进行综合分析。算法预测准确度一般应从多方面予以定量化衡量与表征[25]，本文选取平均绝对误差（Mean absolute error，MAE）用以表征模型预测值与测量值之间整体偏差的绝对值；选取平均绝对百分比误差（Mean absolute percentage error，MAPE）用以表征模型预测值与测量值之间整体偏差的相对值；选取均方根误差（RMSE，Root mean square error）用以表征模型预测值相较测量基准值的偏差波动；选取命中率（Hit rate，HR）用以表征在工艺可接受范围内的模型预测可信度，其计算方法分别见式（15）~式（18）。

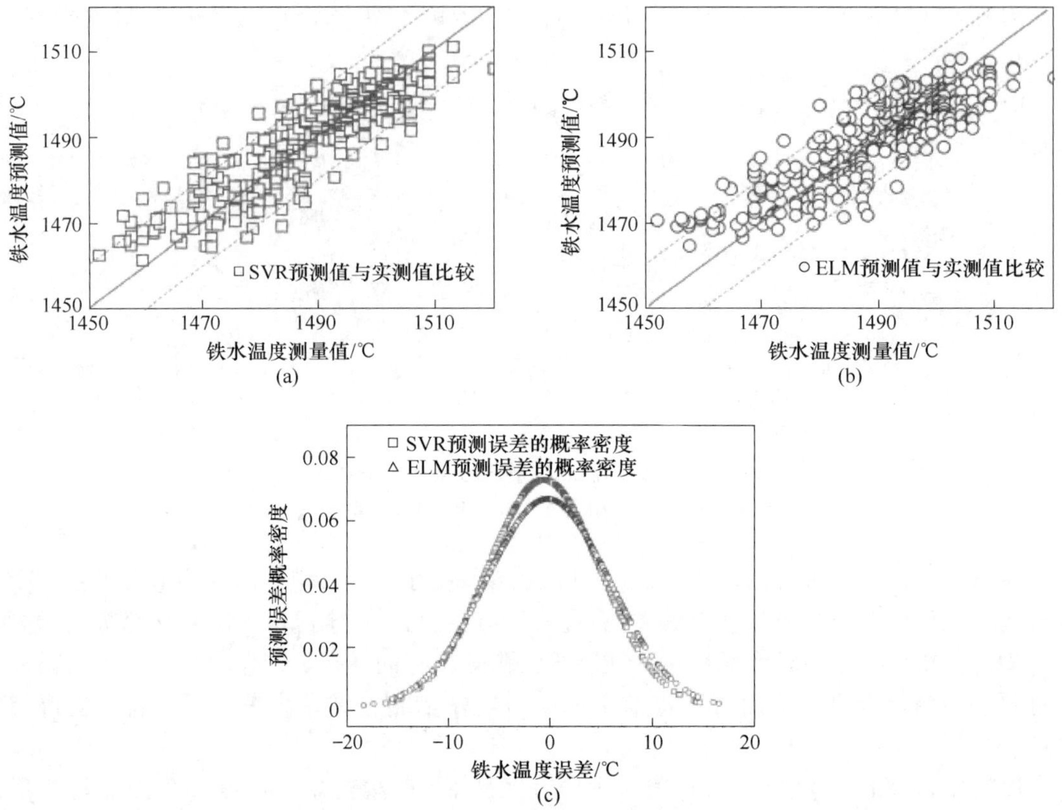

图 4　铁水温度预测值与测量值偏差

（a）基于 SVR 的铁温预测值与测量值偏差；（b）基于 ELM 的铁温预测值与测量值偏差；

（c）基于 SVR 与 ELM 预测铁温误差概率密度分布函数

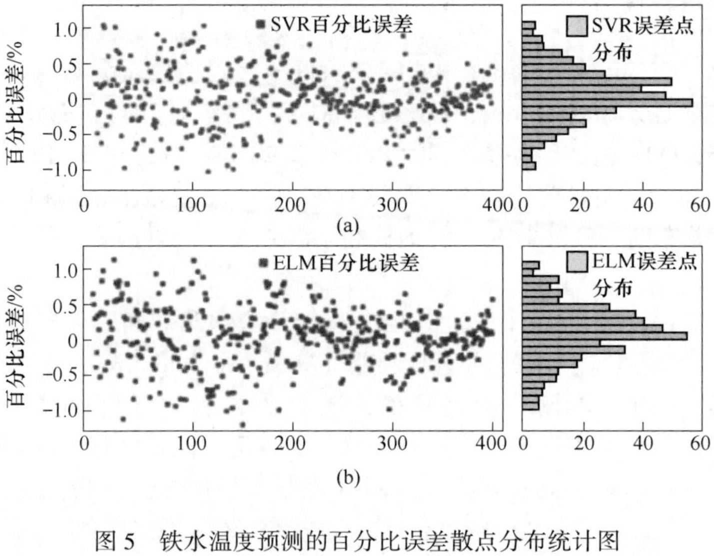

图 5　铁水温度预测的百分比误差散点分布统计图

（a）SVR；（b）ELM

$$\mathrm{MAE} = \frac{1}{n} \cdot \sum_{i=1}^{n} |\hat{y}_i - y_i| \tag{15}$$

$$\mathrm{MAPE} = \frac{1}{n} \cdot \sum_{i=1}^{n} \left| \frac{\hat{y}_i - y_i}{y_i} \right| \times 100\% \tag{16}$$

$$\mathrm{RMSE} = \sqrt{\frac{1}{n} \cdot \sum_{i=1}^{n} (\hat{y}_i - y_i)^2} \tag{17}$$

$$\begin{cases} \mathrm{HR} = \dfrac{1}{n} \cdot \sum_{i=1}^{n} \mathrm{HR}_i \times 100\% \\ \mathrm{HR}_i = \begin{cases} 1, & |\hat{y}_i - y_i| \leqslant c \\ 0, & |\hat{y}_i - y_i| > c \end{cases} \end{cases} \tag{18}$$

式中，n 为测试集中样本总数量；$\hat{y}_i$ 和 y_i 分别为铁水温度预测值与测量值；c 为命中率判定边界值，本文选取 c 值为 10 ℃，即以误差（-10 ℃，10 ℃）范围内为基准进行命中率计算，计算结果见表 3。由此可知，无论是从偏差绝对值与相对值角度，或是从偏差波动与命中率角度，SVR 与 ELM 算法均对铁水日平均温度实现了较好的预测。相较而言，SVR 算法对铁水温度的预测优于 ELM 算法，其平均绝对误差、平均绝对百分比误差、均方根误差与±10 ℃以内的命中率表现较佳。

表 3　SVR 与 ELM 算法铁水温度预测结果综合定量表征

算法	MAPE/%	MAE/℃	RMSE/℃	HP（±10 ℃）/%
SVR	0.29	4.33	5.60	94.0
ELM	0.31	4.69	6.09	88.5

3 结论

（1）正相关影响铁水温度变化的特征参量主要为煤气利用率、铁水硅含量和利用系数等；负相关影响铁水温度变化的特征参量主要为炉腹煤气指数、水温差和焦丁比等。铁水温度受到高炉直接与间接还原度以及热量平衡相关特征参量的影响较大。

（2）基于 SVR 与 ELM 算法构建的模型均对铁水温度实现了较好的预测效果，前者在预测值与误差值散点分布，平均绝对误差和百分比误差，以及误差波动方面表现较佳，对铁水温度±10 ℃范围内的预测命中率为 94%。

参 考 文 献

[1] WANG Z Y, ZHANG J L, LIU Z J, et al. Status, technological progress, and development directions of the ironmaking industry in China [J]. Ironmaking Steelmaking, 2019, 46 (10): 937.

[2] WANG Z Y, ZHANG J L, AN G, et al. Analysis on the oversize blast furnace desulfurization and a sulfide capacity prediction model based on congregated electron phase [J]. Metall Mater Trans B, 2016, 47 (1): 127.

[3] MARTIN R D, OBESO F, MOCHON J, et al. Hot metal temperature prediction in blast furnace using advanced model based on fuzzy logic tools [J]. Ironmaking Steelmaking, 2007, 34 (3): 241.

[4] JIMENEZ J, MOCHON J, AYALA J S, et al. Blast furnace hot metal temperature prediction through neural

networks-based models [J]. ISIJ Int, 2004, 44 (3): 573.

[5] DING Z Y, ZHANG J, LIU Y. Ensemble non-Gaussian local regression for industrial silicon content prediction [J]. ISIJ Int, 2017, 57 (11): 2022.

[6] GAO C H, CHEN J M, ZENG J S, et al. A chaos-based iterated multistep predictor for blast furnace ironmaking process [J]. AIChE J, 2009, 55 (4): 947.

[7] CUI G M, LI J, ZHANG Y, et al. Prediction modeling study for blast furnace hot metal temperature based on T-S fuzzy neural network model [J]. Iron Steel, 2013, 48 (11): 11.

[8] CUI G M, CHENG S. Predictive modeling of blast furnace temperature by using distributed neural network model [J]. J Iron Steel Res, 2014, 26 (6): 27.

[9] SHI L, TANG J J, YU T, et al. Parameters prediction on furnace temperature on blast furnace based on a nonlinear spline transform-PLS [J]. J Iron Steel Res, 2013, 25 (2): 20.

[10] ZHANG X M, KANO M, MATSUZAKI S. A comparative study of deep and shallow predictive techniques for hot metal temperature prediction in blast furnace ironmaking [J]. Comput Chem Eng, 2019, 130: 106575.

[11] ZHANG X M, KANO M, MATSUZAKI S. Ensemble pattern trees for predicting hot metal temperature in blast furnace [J]. Comput Chem Eng, 2019, 121: 442.

[12] DIAZ J, FERNANDEZ F J, PRIETO M M. Hot metal temperature forecasting at steel plant using multivariate adaptive regression splines [J]. Metals, 2020, 10 (1): 41.

[13] HASHI-MOTO Y, SAWA Y, KANO M. Online prediction of hot metal temperature using transient model and moving horizon estimation [J]. ISIJ Int, 2019, 59 (9): 1534.

[14] SU X L, ZHANG S, YIN Y X, et al. Prediction model of hot metal temperature for blast furnace based on improved multi-layer extreme learning machine [J]. Int J Mach Learn Cybern, 2019, 10 (10): 2739.

[15] ZHAO H, ZHAO D T, YUE Y J, et al. Study on prediction method of hot metal temperature in blast furnace [C]. IEEE International Conference on Mechatronics and Automation. Takamatsu, 2017: 316.

[16] WANG Y K, LIU X Y, ZHANG B L. On feature selection and blast furnace temperature tendency prediction in hot metal based on SVM-RFE [C]. Australian and New Zealand Control Conference. Melbourne, 2018: 371.

[17] YUE Y J, DONG A, ZHAO H, et al. Study on prediction model of blast furnace hot metal temperature [C]. IEEE International Conference on Mechatronics and Automation. Harbin, 2016: 1396 .

[18] LIU Y, GAO Z. Enhanced just-in-time modelling for online quality prediction in BF ironmaking [J]. Ironmaking Steelmaking, 2015, 42 (5): 321.

[19] GUO D W, ZHOU P. Soft-sensor modeling of silicon content in hot metal based on sparse robust LS-SVR and multi-objective optimization [J]. Chin J Eng, 2016, 38 (9): 1233.

[20] ZHANG H G, ZHANG S, YIN Y X. Multi-class fault diagnosis of BF based on global optimization LS-SVM [J]. Chin J Eng, 2017, 39 (1): 39.

[21] CHU F, YE J F, MA X P, et al. Online performance prediction of CCPP byproduct coal-gas system based on online sequential extreme learning machine [J]. Chin J Eng, 2016, 38 (6): 861.

[22] LI A L, ZHAO Y M, CUI G M. Prediction model of blast furnace temperature based on ELM with grey correlation analysis [J]. J Iron Steel Res, 2015, 27 (11): 33.

[23] CHEN H Z, YANG J P, LU X C, et al. Quality prediction of the continuous casting bloom based on the extreme learning machine [J]. Chin J Eng, 2018, 40 (7): 815.

[24] CHEN P, LI Q, ZHANG D Z, et al. A survey of multimodal machine learning [J]. Chin J Eng, 2020, 42 (5): 557.

[25] TUNCKAYA Y. Performance assessment of permeability index prediction in an ironmaking process via soft computing techniques [J]. Proc Inst Mech Eng Part E-J Process Mech Eng, 2017, 231 (6): 1101.

高硅镁质熔剂性球团成球过程及冷态性能实验①

王晓磊[1]，师学峰[1]，胡长庆[1]，王新东[2]，胡启辰[2]

(1. 华北理工大学冶金与能源学院，河北 唐山 063000；
2. 河钢集团有限公司钢铁技术研究总院，河北 唐山 063000)

摘 要： 生球质量的好坏是直接关系到企业是否顺利生产高质量熔剂性球团的前提。为探明 SiO_2、碱度及 MgO 含量对生球性能的影响规律，以唐钢生产所用 3 种磁铁矿为原料，通过添加生石灰调节碱度，添加白云石调节 MgO 含量，配比 3 种铁矿粉调节 SiO_2 含量，进行了造球及生球冷态性能的试验。研究发现，无论是改变 SiO_2、碱度还是 MgO 含量，其生球适宜水分基本都保持在 8%~9%（质量分数）之间。生球的成球率维持在 90%以上，成球率良好。生球的抗压强度、落下强度的大小以及爆裂温度的高低，主要受铁矿粉及熔剂的粒度组成、物理性能以及生球适宜水分大小的影响。

关键词： 熔剂性球团；抗压强度；落下强度；爆裂温度；适宜水分

近年来，由于中国倡导高炉精料计划以及球团工业的迅速发展[1-4]。拥有优异冶金性能及良好机械强度的镁质熔剂性球团矿对高炉炉料结构优化，扮演了举足轻重的“角色”[5-8]。球团矿作为炼铁工艺入炉的主要原料之一，其质量的重要程度不言而喻[9-12]。生球质量好坏是直接关系到企业是否顺利生产高质量熔剂性球团矿的前提[13-16]，因此要生产高质量的球团矿，必须要摸清影响生球性能的因素[17-21]。高强健[22]通过实验发现在相同的实验条件下，MgO 基添加剂的水化活性越高，对提高生球质量越有利；当水化活性由 71.23%增至 80.56%时，生球抗压强度、生球落下强度及生球爆裂温度都有所增加，其中爆裂温度最大增幅可达 125 ℃。张琳琳等[23]研究发现，提高碱度，生球落下强度呈升高趋势，抗压强度变化不明显，适宜膨润土配比稍有下降，生球爆裂温度明显提高，生球干燥速率则没有明显变化。与基准自然碱度（$R=0.14$）相比，当碱度提高到 0.6 以上时，适宜膨润土配比（质量分数，余同）由 1.2%下降到 1.1%，生球爆裂温度提高达 50 ℃以上。侯恩俭等[24]通过配加粉尘实验研究了对铁精矿生球爆裂温度的影响规律，其结论为，配加质量分数 4%的粉尘可提高生球的落下强度和抗压强度，但生球的爆裂温度下降；当磁铁矿和赤铁矿水分超过 9.50%时，所造生球爆裂温度小于 500 ℃。范建军等[25]以石灰石粉为添加剂，研究了球团矿碱度提高后对其性能的影响，以细粒级铁矿粉为铁料开展了试验。结果表明，二元碱度（$w(CaO)/w(SiO_2)$）由基准期的 0.2 提高到 0.4、0.6、0.8、1.0、1.2、1.4 后，生球性能没有发生明显变化，其适宜预热温度保持不变，而其焙烧温度可降低 20 ℃。

① 原文发表于《钢铁研究学报》，2020，32（3）。

本文以唐钢生产所用 3 种磁铁矿为原料，通过改变 SiO_2、碱度及 MgO 含量，系统地研究了高硅镁质熔剂性球团成球过程及冷态性能。

1　实验原料及成分

实验所用矿粉为唐钢生产所用铁精粉，包含 PMC 铁精粉、庙沟矿铁精粉、研山 3 号铁精粉 3 种，3 种铁矿粉全为磁铁矿，熔剂使用白云石和生石灰，黏结剂为膨润土。原料矿物成分见表 1。

表 1　原料矿物成分及烧损率　（%）

原料	质量分数						烧损率
	TFe	FeO	SiO_2	MgO	CaO	Al_2O_3	
PMC	63. 76	26. 93	1. 96	3. 45	1. 54	0. 53	-1. 70
庙沟矿	66. 30	28. 40	6. 17	0. 5	0. 55	0. 57	-3. 61
研山 3 号	66. 85	24. 58	5. 66	0. 29	0. 24	0. 25	-2. 51
白云石	0	0	2. 98	20. 95	29. 14	0. 13	46. 99
生石灰	0	0	2. 90	2. 85	80. 00	—	39. 31
膨润土	0	0	56. 23	2. 56	4. 59	—	11. 92

由表 2 可知，庙沟、研山 3 号和 PMC 小于 0. 074 mm 粒级的比例分别为 76. 9%、75. 8%和 49. 8%，从粒度组成分析，庙沟、研山 3 号矿粉粒度组成较好。而白云石、生石灰和膨润土小于 0. 074 mm 粒级的比例分别为 94. 0%、95. 7%、96. 4%，从粒度上分析，在生球制备中，配加适量的熔剂及膨润土，可以提高物料的粒度组成，改善生球成球率及机械强度，但加入比例过大对爆裂温度会有影响。

由表 2 和表 3 可知，膨润土小于 0. 074 mm 粒级的比例为 96. 4%，为物料中粒度最小，可以改善物料粒度组成。膨润土的理化性能较好，加入膨润土可以使物料黏结性能得以改善，物料黏结性越好，越有利于提高物料的成球率，以及生球的机械强度提高。

表 2　各原料粒度组成　（%）

原料	>0. 15 mm	0. 15~0. 074 mm	<0. 074 mm
PMC	17. 1	33. 1	49. 8
庙沟矿	1. 6	15. 9	76. 9
研山 3 号	1. 7	22. 5	75. 8
白云石	0. 3	5. 7	94. 0
生石灰	1. 2	4. 1	95. 7
膨润土	0. 0	3. 6	96. 4

表 3　膨润土理化性能

蒙脱石/%	胶质价/(mL · g^{-1})	膨胀容/(mL · g^{-1})	吸蓝量/(g · $100g^{-1}$)	2 h 吸水率/%	水分/%
63. 82	286. 35	14	28. 11	310	12. 66

2 实验步骤

（1）造球条件。造球实验采用500 mm×150 mm圆盘造球机，线速度为0.98 m/s，倾角为46°。

（2）生球性能检测方法。生球落下强度测定：取直径10.0~12.5 mm生球20个，从500 mm高处自由落在钢板上，记录每个球的不破裂次数，取20个球的落下总次数的算术平均值作为落下强度指标（次/个）。生球抗压强度测定：取直径10.0~12.5 mm生球20个，在压力机上测定每个球的抗压强度，取20个球的抗压强度的算术平均值作为抗压强度指标（N/个）。

（3）生球水分含量测定方法。取一定量刚制备好的生球记为G_1，将其放入100 ℃烘箱中每隔2 h称重一次直至质量不变为止，计其质量为G_2，生球水分含量（质量分数）计算公式为：

$$生球水分含量 = (G_1 - G_2)/G_1 \times 100\% \qquad (1)$$

（4）成球率测定方法。将制备好的生球用标准筛筛分，分别记直径为10.0~12.5 mm、12.5~16 mm、大于16 mm的生球质量为G_3、G_4、G_5，每次造球配料质量为M_1，加入的水分质量为M_2，各段成球率大小计算公式为：

$$10.0 \sim 12.5\text{mm的成球率} = G_3/(M_1 + M_2) \qquad (2)$$

$$12.5 \sim 16\text{mm的成球率} = G_4/(M_1 + M_2) \qquad (3)$$

$$\text{大于16mm的成球率} = G_5/(M_1 + M_2) \qquad (4)$$

（5）生球爆裂温度用“生球爆裂温度测定装置”测定，先将空气时标态风速调整为1.8 m/s，然后将加热炉预热到预定温度，再装入20个生球，然后将一定温度的热风从下往上吹到生球上，吹时5 min。取出后目测球团有无爆裂，产生爆裂的球团个数为5%（1个）时的温度即为爆裂温度。

3 结果分析

3.1 SiO_2对成球过程及冷态性能的影响

将膨润土配比设为1%、研山3号矿粉质量分数设为40%，通过白云石调整MgO质量分数为1.8%，生石灰调整碱度为1.0，PMC粉和庙沟粉的不同配比调整SiO_2的质量分数为4.0%~6.0%，以0.5%为梯度。实验方案见表4。

表4 不同SiO_2含量的实验方案配比（质量分数） （%）

原料	$Si_{4.0}Mg_{1.8}R_{1.0}$	$Si_{4.5}Mg_{1.8}R_{1.0}$	$Si_{5.0}Mg_{1.8}R_{1.0}$	$Si_{5.5}Mg_{1.8}R_{1.0}$	$Si_{6.0}Mg_{1.8}R_{1.0}$
研山3号	40.00	40.00	40.00	40.00	40.00
PMC矿	55.22	42.57	29.82	16.40	2.99
庙沟粉	0.00	11.85	22.68	34.06	45.45
生石灰	3.78	4.58	4.68	4.78	4.89
白云石	0	0	1.83	3.75	5.67
膨润土	1.00	1.00	1.00	1.00	1.00

3.1.1 SiO_2 含量对生球成球率与适宜水分的影响

固定碱度为 1.0、w(MgO) = 1.8%，通过改变 SiO_2 含量，探究对生球成球率及水分的影响规律，实验结果如图 1 和图 2 所示。

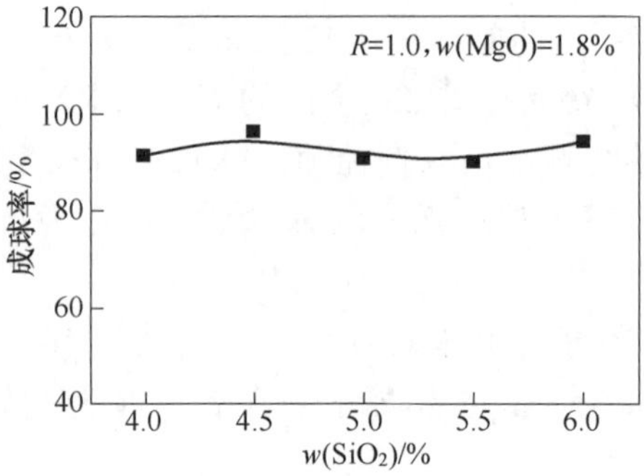

图 1 SiO_2 含量对成球率的影响

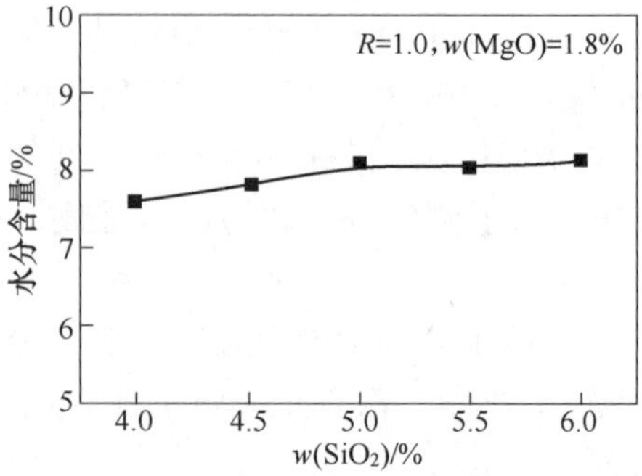

图 2 SiO_2 含量对造球适宜水分的影响

由图 1 和图 2 可知，当碱度为 1.0，MgO 质量分数为 1.8%时，成球率受 SiO_2 含量提高影响较小，基本都在 90%以上，成球性良好；适宜水分有增高的趋势，基本保持在 7.6%~8.14%。

3.1.2 SiO_2 含量对生球强度与爆裂温度的影响

固定碱度为 1.0、w(MgO)= 1.8%，通过改变 SiO_2 含量，探究对生球强度和爆裂温度的影响规律，实验结果如图 3 所示。

由图 3 可知，当碱度为 1.0、w(MgO) = 1.8%时，随 SiO_2 含量上升，生球抗压强度及落下强度受影响较小，整体变化不大，有少许提高趋势，其强度分别为 8.4~10.3 N/个和 4~5 次/个。分析认为是随着 SiO_2 含量上升，导致 PMC 配比减少，庙沟矿配比提高，庙沟矿粒度较小，降低了生球粒度分布，使生球变得更加致密，从而增强了生球抗压强度及落下强度。

由图 4 可知，生球的抗爆裂能力整体下降，当 SiO_2 质量分数由 4.0%提高到 6.0%时，爆裂温度从 617 ℃下降到 535 ℃，降低了 82 ℃。分析认为是由于庙沟矿配比升高，生球更加紧实，水分不易蒸发，生球抗爆裂能力下降。而当 SiO_2 质量分数从 4.5%提高到 5.0%时，

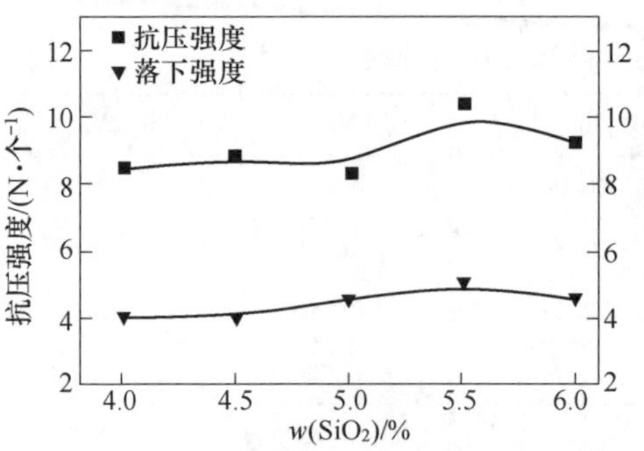

图 3 SiO_2 含量对生球机械强度的影响

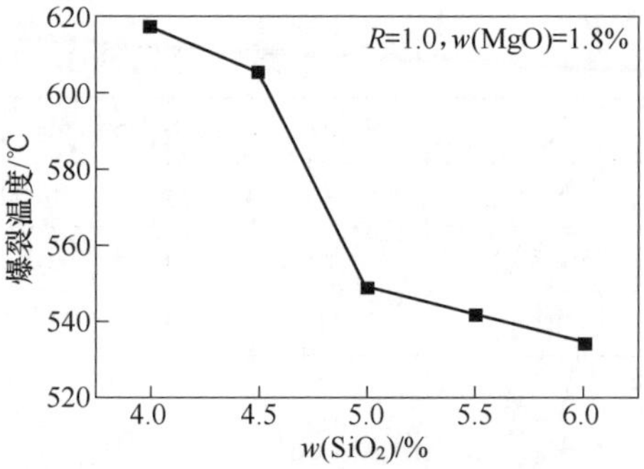

图 4 SiO_2 含量对爆裂温度的影响

爆裂温度由605 ℃下降到549 ℃，降低了56 ℃，幅度较大。分析认为由于白云石粉整体粒度较小，在生球 SiO_2 质量分数为5.0%时有了白云石粉的加入，提高了生球物料整体粒度，使生球变得更加致密，在加热干燥的过程中，水分不易蒸发，从而会大幅降低生球抗爆裂能力，导致爆裂温度下降。

3.2 碱度对成球过程及冷态性能的影响

通过研究 SiO_2 含量对球团性能影响发现，当球团中 SiO_2 质量分数为5.0%时，性能最佳。下面将进一步研究当 SiO_2 质量分数为5.0%、MgO质量分数为1.8%时，碱度对生球及球团性能影响规律。将膨润土配比设为1%、研山3号矿粉质量分数设为40%，通过庙沟矿粉和PMC矿粉来调整 SiO_2 的质量分数为5.0%，通过白云石调整MgO质量分数为1.8%，生石灰调整碱度为0.6~1.4，以0.2为梯度。实验方案见表5。

表5 不同碱度的实验方案配比（质量分数） （%）

原料	$Si_{5.0}Mg_{1.8}R_{0.6}$	$Si_{5.0}Mg_{1.8}R_{0.8}$	$Si_{5.0}Mg_{1.8}R_{1.0}$	$Si_{5.0}Mg_{1.8}R_{1.2}$	$Si_{5.0}Mg_{1.8}R_{1.4}$
研山3号	40.00	40.00	40.00	40.00	40.00
PMC矿	31.79	30.80	29.82	28.83	27.85
庙沟粉	23.24	22.96	22.68	22.39	22.11
生石灰	2.13	3.40	4.68	5.95	7.22
白云石	1.84	1.83	1.83	1.82	1.82
膨润土	1.00	1.00	1.00	1.00	1.00

3.2.1 成球率与适宜水分实验结果与分析

由图5可知，MgO质量分数为1.8%，SiO_2 质量分数为5.0%时，随着碱度的提高，铁矿粉的适宜水分变化不大，均维持在8.5%左右。由图6可知，MgO质量分数为1.8%，SiO_2 质量分数为5.0%，碱度为0.8、1.0时成球率在95%以上，其余碱度的成球率在90%以上，成球率都较高，成球性能较好。

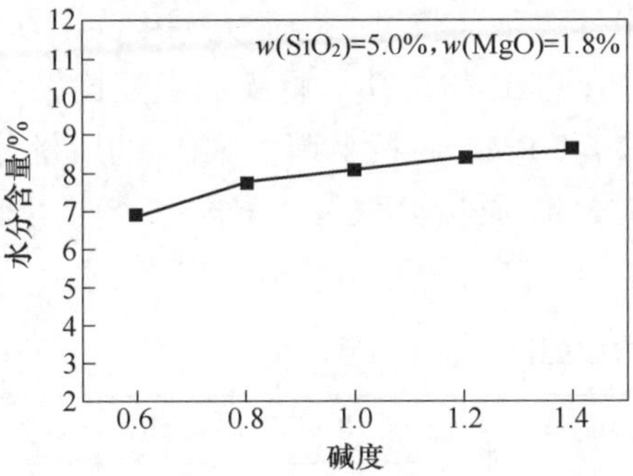

图5 碱度对造球适宜水分的影响

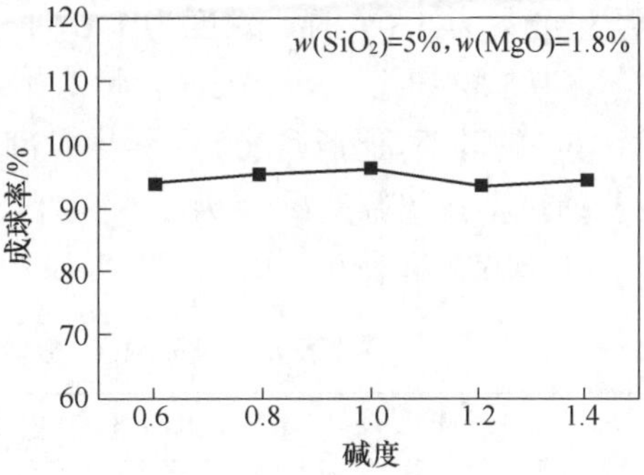

图6 碱度对成球率的影响

3.2.2 不同碱度对生球强度与爆裂温度的影响

由图7可知，当MgO质量分数为1.8%，SiO_2 质量分数为5.0%，碱度在0.6~1.4变化时，生球抗压强度不断下降而落下强度少许提高，生球抗压强度和落下强度的变化范围为9.7~14.1N/个和4.0~6.0次/个，但生球的机械强度均能达到高炉生产要求。分析认为随着碱度的提高，生石灰配比增加，生石灰吸水性大于铁矿粉，使生球水分增加，水分的增大会使球团抗压强度下降而落下强度升高。

由图8可知，当生球中MgO质量分数为1.8%，SiO_2质量分数为5.0%时，随着碱度提高，生球爆裂温度逐渐降低。在碱度为1.4，生球爆裂性能严重恶化。

分析认为主要有3个原因：（1）随着碱度提高，生石灰含量上升，球团适宜含水量的增大，水分的增大自然会降低生球抗爆裂能力；（2）膨润土的黏结性、亲水性以及毛细力要远好于生石灰，在加热干燥时会加快生球中水分蒸发的速度，使生球内压升高，致使爆裂温度降低；（3）CaO遇H_2O易发生消化反应，生成氢氧化钙胶体类物质，堵塞生球中的空隙，使孔隙率降低，在生球升温干燥过程中水蒸气无法顺利排除，使生球内压增大，爆裂温度下降。

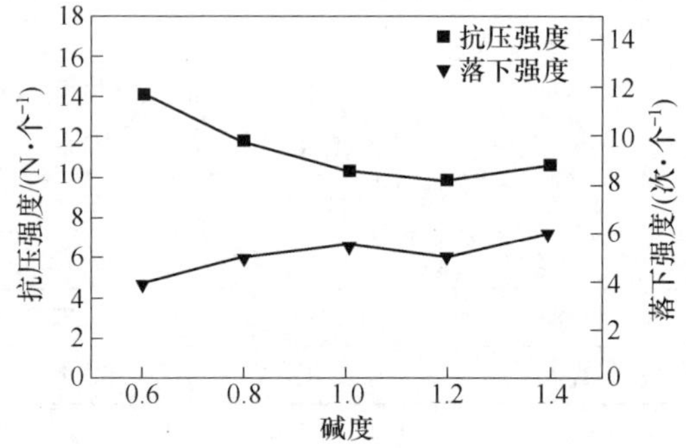

图7　不同碱度对生球机械强度的影响

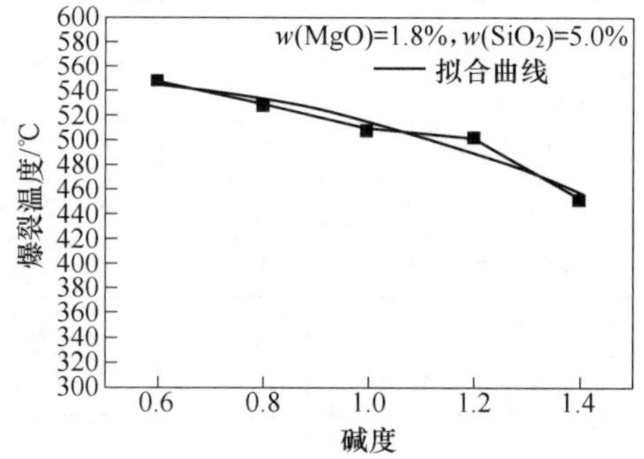

图8　不同碱度对爆裂温度的影响

3.3　MgO对成球过程及冷态性能的影响

通过研究碱度、SiO_2含量（质量分数）对生球及球团性能影响研究发现，在球团中SiO_2质量分数为5.0%时，碱度为1.0时，性能最佳。下面将进一步探究碱度为1.0、SiO_2质量分数为5.0%时，不同MgO含量对生球及球团性能影响规律。将膨润土配比设为1%、研山3号矿粉的质量分数设为40%，通过庙沟矿粉和PMC矿粉来调整SiO_2的质量分数为5.0%，通过生石灰调整碱度为1.0，白云石调整MgO质量分数为1.6%~2.8%，梯度为0.2%。实验方案见表6。

表6　不同MgO含量的实验方案配比（质量分数）　（%）

原料	$Si_{5.0}Mg_{1.6}R_{1.0}$	$Si_{5.0}Mg_{1.8}R_{1.0}$	$Si_{5.0}Mg_{2.0}R_{1.0}$	$Si_{5.0}Mg_{2.2}R_{1.0}$	$Si_{5.0}Mg_{2.4}R_{1.0}$	$Si_{5.0}Mg_{2.6}R_{1.0}$	$Si_{5.0}Mg_{2.8}R_{1.0}$
研山3号	40.00	40.00	40.00	40.00	40.00	40.00	40.00
PMC矿	30.35	29.82	29.29	28.76	28.23	27.69	27.16
庙沟粉	22.86	22.68	22.50	22.32	22.14	21.96	21.78
生石灰	5.07	4.68	4.29	3.90	3.51	3.12	2.73

续表 6

原料	$Si_{5.0}Mg_{1.6}R_{1.0}$	$Si_{5.0}Mg_{1.8}R_{1.0}$	$Si_{5.0}Mg_{2.0}R_{1.0}$	$Si_{5.0}Mg_{2.2}R_{1.0}$	$Si_{5.0}Mg_{2.4}R_{1.0}$	$Si_{5.0}Mg_{2.6}R_{1.0}$	$Si_{5.0}Mg_{2.8}R_{1.0}$
白云石	0.73	1.83	2.93	4.03	5.13	6.23	7.32
膨润土	1.00	1.00	1.00	1.00	1.00	1.00	1.00

3.3.1 成球率与适宜水分实验结果与分析

固定碱度为 1.0、$w(SiO_2)$ = 5.0%，改变 MgO 含量探究对生球成球率及水分的影响规律，实验结果如图 9 和图 10 所示。

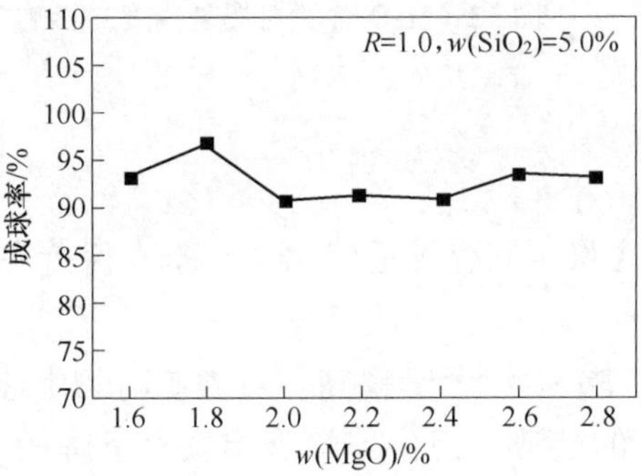

图 9 MgO 含量对成球率的影响

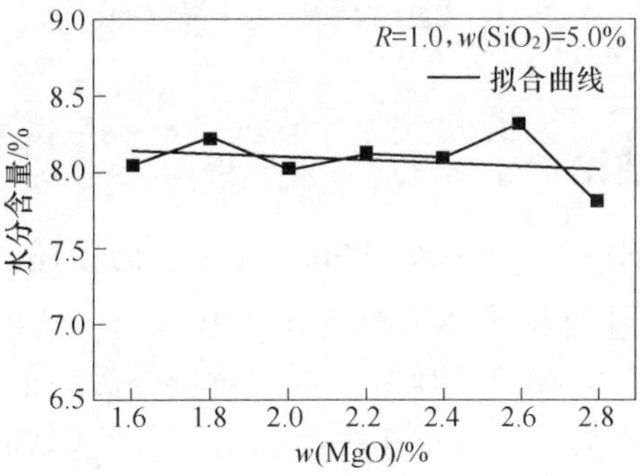

图 10 MgO 含量对造球适宜水分的影响

由图 9 可知，碱度为 1.0，SiO_2 质量分数为 5.0%，MgO 质量分数为 1.8%时，成球率达到最高 95.7%。碱度为 1.0，SiO_2 质量分数为 5.0%，MgO 质量分数为 2.0%~2.8%时，成球率较低但是也达到了 90%以上，成球性较好。由图 10 可知，随着 MgO 含量提高，生球适宜水分变化不大，均维持在 8.1%左右。

3.3.2 生球强度与爆裂温度实验结果与分析

固定碱度为 1.0、$w(SiO_2)$= 5.0%，通过改变 MgO 含量，探究对生球抗压强度和爆裂温度的影响规律，实验结果如图 11 所示。

由图 11 可知，当碱度为 1.0，SiO_2 的质量分数为 5.0%时，随着 MgO 含量提高，生球抗爆裂能力呈现出先提高后降低的趋势。分析认为随着 MgO 含量的提高，白云石配比增加而生石灰配比降低，白云石粒度稍低于生石灰，生球孔隙率得到暂时的提高，爆裂温度上升，但随着白云石配比继续上升，白云石粒度小、比表面积高的特点显著，使生球颗粒间接触紧密，降低了生球孔隙率，使生球内部水分不易蒸发散出，内压升高，进而又降低了爆裂温度。

由图 12 可知，当碱度为 1.0，SiO_2 质量分数为 5.0%时，随着 MgO 含量提高，生球抗爆裂能力呈现出先提高后降低的趋势。分析认为随着 MgO 含量的提高，白云石配比增加而生石灰配比降低，白云石粒度稍低于生石灰，生球孔隙率得到暂时的提高，爆裂温度上升，但随着白云石配比继续上升，白云石粒度小、比表面积高的特点显著，使生球颗粒间接触紧密，降低了生球孔隙率，使生球内部水分不易蒸发散出，内压升高，进而又降低了爆裂温度。

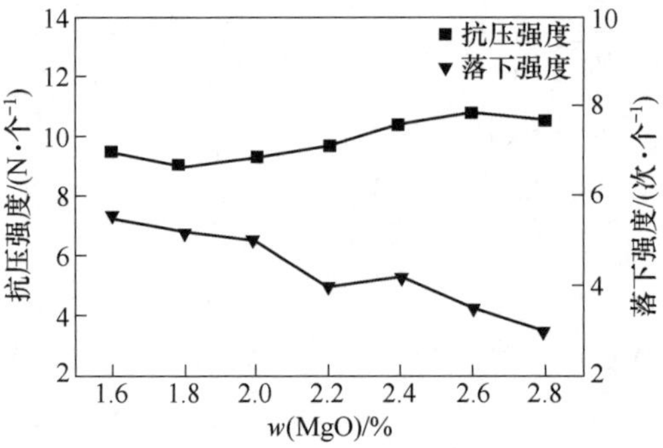

图 11　MgO 含量对生球强度的影响

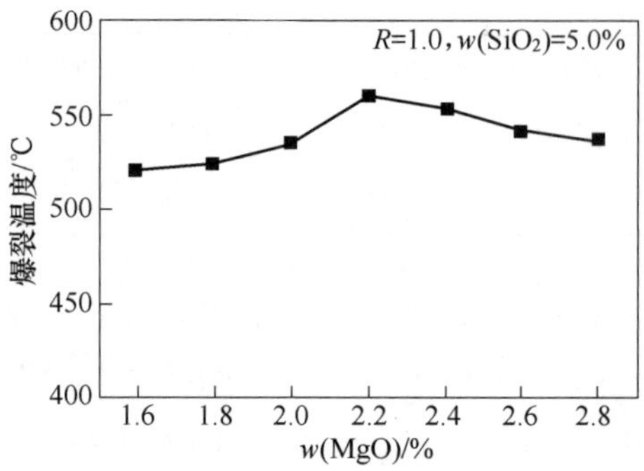

图 12　MgO 含量对爆裂温度的影响

4　结论

（1）无论是改变 SiO_2 含量、碱度还是 MgO 含量，其生球适宜水分都基本保持在8%~9%。生球的成球率维持在 90%以上，成球率良好。

（2）碱度为 1.0，MgO 质量分数为 1.8%时，随 SiO_2 含量提高，对铁矿粉的生球强度影响不大，生球抗压强度和落下强度呈略微提高的趋势，但生球爆裂温度呈下降的趋势，SiO_2 质量分数在 4.5%~5%变化时，下降剧烈。

（3）MgO 质量分数为 1.8%，SiO_2 质量分数为 5.0%，碱度在 0.6~1.4 变化时，生球抗压强度呈降低趋势而落下强度随着碱度的提高而有少许提高，爆裂温度呈下降趋势，当碱度为 1.4 时，爆裂温度明显下降，造成上述结果的原因是石灰石的毛细力与黏结力要低于膨润土，其吸水性较低，在加热时毛细水蒸发速度较快，导致抗爆裂温度下降明显。

（4）碱度为 1.0，SiO_2 质量分数为 5.0%时，随着 MgO 含量的提高，生球抗压强度呈上升趋势；生球落下强度呈下降趋势，生球强度均能满足生产需要。其生球爆裂温度呈先上升再下降的趋势，在 MgO 质量分数为 2.2%时，抗爆裂温度最高。

参 考 文 献

[1] 王天雄．熔剂性球团的生产试验［J］．烧结球团，2012，37（2）：45.

[2] 周明顺，王义栋，赵东明，等．高硫铁精矿配比对球团工艺参数及性能的影响［J］．钢铁，2018，53（5）：11.

[3] 王新东，李建新，胡启晨．基于高炉炉料结构优化的源头减排技术及应用［J］．钢铁，2019，54（12）：104.

[4] 张汉泉．熔剂性球团的生产及发展［J］．中国矿业，2009，18（4）：89.

[5] 张玉柱，胡长庆．铁矿粉造块理论与实践［M］．北京：冶金工业出版社，2012：83.

[6] 许满兴，张玉兰．新世纪我国球团矿生产技术现状及发展趋势［J］．烧结球团，2017，42（2）：25.

[7] 裴元东，赵志星，马泽军，等．国外铁矿粉烧结理论与技术的进展（二）［J］．烧结球团，2010，35（4）：1.

[8] DWARAPUDI S，GHOSH T K，SHANKAR A，et al. Effect of pellet basicity and MgO content on the quality and micro structure of hematite pellets［J］. International Journal of Mineral Process ing，2011，99（1/2//3/4）：43.

[9] 刘祥，杜群力，李响，等．镁质球团矿的研究现状与应用进展［J］．鞍钢技术，2018（3）：8.
[10] 朱德庆，黄伟群，杨聪聪，等．铁矿球团技术进展［J］．烧结球团，2017，42（3）：42.
[11] 叶匡吾．努力推进我国球团矿的生产［J］．烧结球团，2007（5）：1.
[12] 吴钢生，边美柱，沈峰满．碱性含镁球团矿的应用及合理炉料结构研究［J］．钢铁，2006，41（12）：19.
[13] 张文强，肖洪，高冰，等．唐钢 1 号高炉高比例球团矿冶炼工业试验［J］．炼铁，2019，38（2）：13.
[14] 赵宏博，刘原，许满兴，等．球团矿优化配料方法及应用研究［J］．烧结球团，2018，43（4）：40.
[15] 金永龙，何志军，王川．不同炉料结构高炉实现低碳排放的解析［J］．钢铁，2019，54（7）：8.
[16] 周明顺，唐复平，赵东明，等．球团配加镁质熔剂及新型皂土试验［J］．钢铁，2018，53（4）：15.
[17] 叶匡吾，冯根生．高炉炼铁合理炉料结构新概念［J］．中国冶金，2011，21（9）：1.
[18] 王维兴．提高高炉炉料中球团矿配比、促进节能减排［J］．冶金管理，2018（9）：53.
[19] 姜涛．熔剂性球团矿生产的理论与技术［C］．中国金属学会．2014 年全国炼铁生产技术会暨炼铁学术年会（上）．北京：冶金工业出版社，2014：9.
[20] 刘文权．对我国球团矿生产发展的认识和思考［J］．炼铁，2006，25（3）：10.
[21] HAN H S，SHEN F M，JIANG X，et al. Fundamental mechanism of effects of MgO on sinter strength［J］. Journal of Iron and Steel Research International，2019，26（11）：1171.
[22] 高强健．MgO 基球团添加剂制备及对球团矿质量影响的机理研究［D］．沈阳：东北大学，2014.
[23] 张林林，付刚华，郭宇峰，等．碱度对熔剂性球团生球性能的影响［J］．钢铁，2019，54（5）：14.
[24] 侯恩俭，朱德俊．配加粉尘对铁精矿生球爆裂温度的影响规律［J］．烧结球团，2019，44（3）：34.
[25] 范建军，郭宇峰，臧龙，等．碱度对细粒级铁矿粉球团性能的影响［J］．钢铁研究学报，2019，31（5）：440.

采用不同方法测得的焦炭热性能对比研究①

程　欢[1]，王新东[2]，梁英华[1]，刘连继[2]，崔晓冬[2]，张平存[2]

（1. 华北理工大学化学工程学院，河北 唐山 063210；
2. 河钢集团唐钢公司，河北 唐山 063016）

摘　要：对比研究了不同方法对焦炭热性能评价结果的异同，探讨了制定焦炭热性质检测方法应考虑的重要因素。结果表明，当焦炭热性能的测试方法发生改变时，代表焦炭反应后强度指标与代表反应性指标之间并不一定存在严格的负相关性。不同方法的测试结果显示，反应性指标之间具有一定正相关性，反应后强度的相关性较差。溶损进程和反应温度对焦炭的热性质检测结果具有重要影响，25%的溶损程度和非等温条件对焦炭在高炉中溶损行为的模拟性更强。在制定焦炭热性能评价方法时，应充分考虑溶损进程和反应温度这两个重要因素。

关键词：不同方法；热性能；溶损进程；反应温度

目前，世界各国普遍采用日本新日铁公司基于高炉解剖结果于 20 世纪 70 年代左右提出的，焦炭反应性 *CRI* 和反应后强度 *CSR* 方法评价高炉焦炭热性能[1]。该法检测了一定块度焦炭在 1100 ℃温度条件下与 CO_2 的反应情况，反应时间设定为 2 h。此法表明反应性 *CRI* 和反应后强度 *CSR* 之间存在明显的负相关性[2]。炼铁工作者通常认为 *CSR* 指标越好的焦炭对高炉炼铁操作越有利，有助于提高高炉料层的透气性[3]。

近些年来，一些学者认为 *CRI*、*CSR* 方法存在一定程度缺陷，提出了一系列新的检测方法。新方法的关注点主要集中在两个方面：一是认为规定恒反应时间为 2 h 有问题。Goleczka 等[4]的研究结果表明，焦炭由于与 CO_2 发生溶损导致的溶蚀量在 20%~30%，日本学者 Nomura 等[5]采用了在 1100 ℃条件下焦炭与 CO_2 反应直至失重量达到 20%的恒失重反应后强度 *CSR*（WL20%）来评价焦炭质量；二是认为规定反应温度为 1100 ℃有问题。焦炭在高炉中是在变温条件下进行溶损的，尤其是低温区焦炭的起始反应温度不同导致高炉热储备区温度存在差异，进而影响焦炭在高炉中溶损行为。汪琦等[6]研究了由低温到 1100 ℃焦炭与 CO_2 的溶损行为，将变温平均等溶损反应速率 CRR_{25}（N-Iso）和等溶损反应后强度 CSR_{25}（N-Iso）作为评价焦炭热性能的指标。本文针对国内某钢铁企业现行使用的几种高炉焦炭展开研究，重点考察采用不同试验方法得到的焦炭热性能结果的异同，为企业全面准确衡量焦炭质量提供参考。

1　试验材料与方法

针对国内某重点钢铁企业现行使用的 7 种典型高炉焦炭（GY、TG、MF、YL、ZC、

① 原文发表于《铸造技术》，2020，141（1）。

MJ、PY）展开研究。7种焦炭的质量存在较大差异，依据企业经验，质量较好的GY和TG焦炭应用在3200 m^3 的大高炉上，质量中等的MF、YL和ZC焦炭应用在1000~2000 m^3 的中型高炉上，质量较差的MJ和PY焦炭应用在小于1000 m^3 的小型高炉上。将焦炭加工至23~25 mm粒级，而后置于烘箱中在170 ℃干燥2 h。干燥后的焦炭缩分出3份，每份焦炭质量为200 g±0. 5 g，作为待测样品。

焦炭热性能采用3种不同的方法进行检测：（1）国标方法：焦样与流量为5 L/min的 CO_2 反应2 h，反应温度为1100 ℃，测反应性 *CRI* 和反应后强度 *CSR*；（2）等温恒失重方法：焦样与流量为5 L/min的 CO_2 在1100 ℃条件下反应直至失重量达到25%，测溶损速率 $CRR_{25\text{-Iso}}$ 和等溶损反应后强度 $CSR_{25\text{-Iso}}$；（3）非等温恒失重方法：焦样在流量为5 L/min的 CO_2 气氛下以5 ℃/min升温速率加热，当温度达到1100 ℃后恒温，直至溶损至25%截止，测平均溶损速率 $CRR_{25\text{-N-Iso}}$ 和非等温等溶损反应后强度 $CSR_{25\text{-N-Iso}}$。国标方法采用KF-2008H型焦炭反应性及反应后强度分析仪进行检测，等温和非等温恒失重试验的检测装置见文献［6］。

2 试验结果及讨论

2.1 采用不同试验方法测得的焦炭热性能结果

采用国标方法、等温恒失重和非等温恒失重3种方法测得的7种焦炭的热性能指标见表1。由表1可知，采用国标方法，检测的 *CRI* 指标为20. 65%~30. 50%，*CSR* 指标为58. 20%~72. 34%；采用等温恒失重方法，检测的 $CRR_{25\text{-Iso}}$ 指标为0. 1366~0. 2000 %/min，$CSR_{25\text{-Iso}}$ 指标为60. 24%~67. 70%；采用非等温恒失重方法，检测的 $CRR_{25\text{-N-Iso}}$ 指标为0. 1214~0. 1953 %/min，$CSR_{25\text{-N-Iso}}$ 指标为62. 17%~68. 94%。

表1 采用不同试验方法测得的焦炭热性能指标

焦样名称	国标方法		等温恒失重方法		非等温恒失重方法	
	CRI/%	*CSR*/%	$CRR_{25\text{-Iso}}$ /(%·min^{-1})	$CRR_{25\text{-Iso}}$ /(%·min^{-1})	$CRR_{25\text{-N-Iso}}$ /(%·min^{-1})	$CSR_{25\text{-N-Iso}}$/%
GY	20. 65	72. 34	0. 1366	67. 70	0. 1214	68. 94
TG	24. 20	68. 27	0. 1825	63. 12	0. 1344	66. 20
MF	24. 80	65. 58	0. 1825	63. 74	0. 1613	65. 40
YL	25. 21	65. 33	0. 1953	60. 24	0. 1736	64. 23
ZC	24. 94	65. 08	0. 1984	61. 08	0. 1712	65. 66
MJ	25. 30	63. 50	0. 1488	66. 95	0. 1479	65. 46
PY	30. 50	58. 20	0. 2000	63. 86	0. 1953	62. 17

通常认为焦炭的反应后强度与反应性之间具有较强的负相关性，即焦炭的反应性越低，反应后强度就越高，有利于高炉的透气性和高炉操作过程的稳定顺行[2,3]。采用的三种方法中代表焦炭反应后强度的指标与代表反应性指标之间的关系如图1所示。对于国标方法，*CSR* 指标与 *CRI* 指标存在良好的负相关性，相关系数的平方 R^2 达到了0. 9353，与传统观点相符[2]。

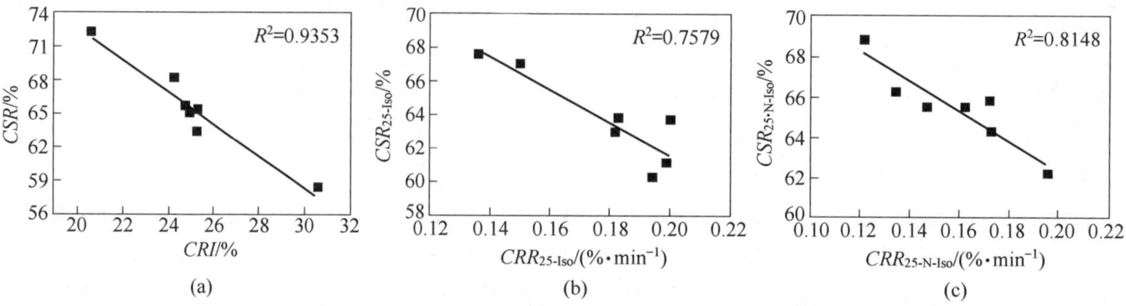

图 1　焦炭反应后强度指标与反应性之间的关系

（a）国标方法中 *CSR* 与 *CRI* 的关系；（b）等温恒失重方法中 $CSR_{25\text{-Iso}}$ 与 $CRR_{25\text{-Iso}}$ 的关系；（c）非等温恒失重方法中 $CSR_{25\text{-N-Iso}}$ 与 $CRR_{25\text{-N-Iso}}$ 的关系

等温恒失重和非等温恒失重方法的结果显示，虽然代表反应后强度的指标与代表反应性的指标之间也存在负相关性，但离散程度明显增大。等温恒失重方法中 $CSR_{25\text{-Iso}}$ 指标与 $CRR_{25\text{-Iso}}$ 指标用 R_2 表示的相关性只有 0.7579，而非等温恒失重方法中 $CSR_{25\text{-N-Iso}}$ 指标与 $CRR_{25\text{-N-Iso}}$ 指标用 R_2 表示的相关性也只有 0.8148。以上结果表明，当测试焦炭热性能的方法发生改变，代表焦炭热强度的指标与反应性之间并不一定存在严格的负相关性。由于以上几种方法均不同程度上模拟了焦炭在高炉中的溶损行为，所以单纯认为高反应性的焦炭热强度一定差，可能在一定程度上会误导高炉操作。

2.2　等温恒失重方法结果与国标方法结果的对比分析

等温恒失重方法采用的测试温度与国标方法一致，均是 1100 ℃，差别在于溶损进程的限定条件不同。国标方法中溶损进程的限定条件为 2 h，而等温恒失重方法的限定条件为恒失重 25%。由于等温恒失重方法是按照高炉的物料平衡计算得到的，可靠性更强[7]。从对 7 种焦炭热性质的评价结果可知：总体来讲，等温恒失重方法代表反应性的 $CRR_{25\text{-Iso}}$ 指标与国标方法中代表反应性的 *CRI* 指标具有一定正相关性，用 R^2 表示的相关性为 0.3324，但离散度较大（见图 2），表明 $CRR_{25\text{-Iso}}$ 指标与 *CRI* 指标的关系具有统计规律，但可能不是确定性关系。对于反应后强度，两种方法中的 $CSR_{25\text{-Iso}}$ 和 *CSR* 指标的正相关性较差，如图 3 所示。以上现象说明，焦炭的热强度受溶损进程限定条件的影响较大。国标方法规定恒溶损反应时间为 2 h，导致焦炭的溶损量可能存在较大差别，进而影响到焦炭的热强度值，但这并不一定符合高炉中的物料平衡。

针对单个焦炭来讲，国标方法中，GY 至 PY 焦炭，*CRI* 指标由 20.65%增至 30.05%，增幅达 9.85%；*CSR* 指标由 72.34%降至 58.20%，降幅达 14.40%。等温恒失重方法中，从反应性的角度考虑，$CRR_{25\text{-Iso}}$ 与 *CRI* 指标反差最大的是 MJ 焦炭。国标方法测得的结果是 MJ 焦炭的反应性指标 *CRI* 较高，为 25.30%；但等温恒失重方法测得的反应性指标 $CRR_{25\text{-Iso}}$ 较低，为 0.148 8%/min。从反应后强度的角度考虑，7 种焦炭的 $CSR_{25\text{-Iso}}$ 指标由 GY 焦炭的 67.70%降至 YL 焦炭的 60.24%，降幅达 7.46%，比几种焦炭 *CSR* 指标之间的差距有所缩小。$CSR_{25\text{-Iso}}$ 与 *CSR* 指标反差最大的是 MJ 焦炭和 PY 焦炭。国标方法测得的 MJ 焦炭和 PY 焦炭的反应后强度较低，分别为 63.50%和 58.20%；但等温恒失重方法测得

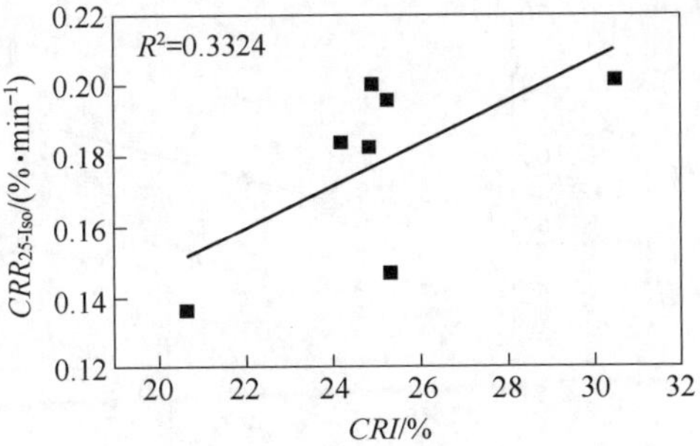

图 2　代表反应性的 $CRR_{25\text{-Iso}}$ 指标与 CRI 指标的关系

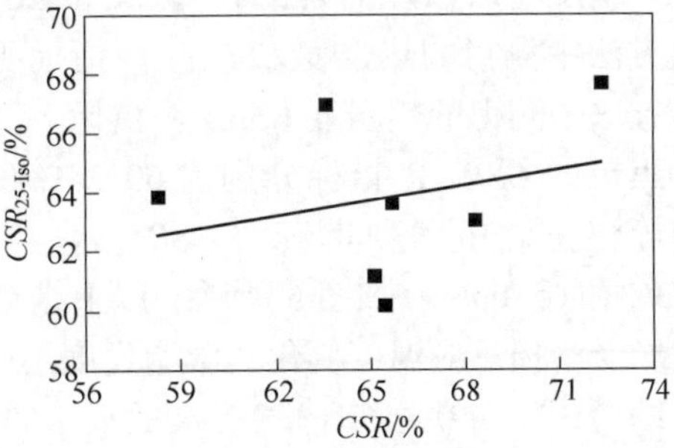

图 3　代表反应后强度的 $CSR_{25\text{-Iso}}$ 指标与 CSR 指标的关系

的反应后强度指标 $CSR_{25\text{-Iso}}$ 较高，分别为 66.95%和 63.86%。从对单个焦炭检测结果两种方法的对比分析可知，不同焦炭热性质受溶损反应进程变化的影响程度具有较大差别。

2.3　非等温恒失重方法结果与等温恒失重方法结果的对比分析

非等温恒失重方法采用的焦炭溶损量与等温恒失重方法一致（均为 25%），差别在于反应的温度条件不同。等温恒失重方法参考国标方法，采用的测试温度为 1100 ℃；而非等温恒失重方法采用了模拟高炉中焦炭由低温到高温溶损的温度制度，从高炉操作原理来讲，后者的模拟性更强。从对 7 种焦炭热性质的评价结果可知：总体来讲，非等温恒失重方法中代表反应性的 $CRR_{25\text{-N-Iso}}$ 指标与等温恒失重方法中代表反应性的 $CRR_{25\text{-Iso}}$ 指标存在一定的正相关性，用 R^2 代表的相关性达到了 0.5825，但离散程度较大（见图 4），表明 $CRR_{25\text{-N-Iso}}$ 指标与 $CRR_{25\text{-Iso}}$ 指标之间确实存在统计规律，但可能不是确定性关系。对于反应后强度，两种方法中的 $CSR_{25\text{-N-Iso}}$ 和 $CSR_{25\text{-Iso}}$ 之间的相关性较差。以上结果表明，焦炭的热强度受反应温度的变化影响较大。等温和非等温方法，根据高炉炼铁原理，显然非等温方法的模拟性更强一些，得到的焦炭热性质评价结果更可靠。

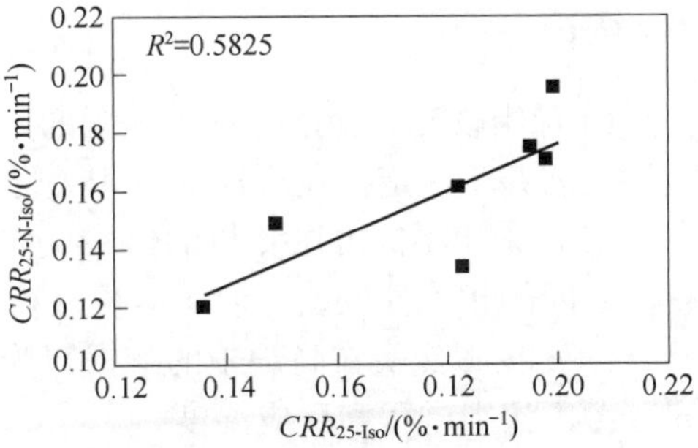

图 4　代表反应性的 $CRR_{25\text{-N-Iso}}$ 指标与 $CRR_{25\text{-Iso}}$ 指标的关系

就单个焦炭来讲，等温恒失重方法中，代表反应性的 $CRR_{25\text{-Iso}}$ 指标由 GY 焦炭的 0.1366 %/min 增至 PY 焦炭的 0.2000 %/min，绝对增幅达 0.0634 %/min；而非等温恒失重方法中，代表反应性的 $CRR_{25\text{-N-Iso}}$ 指标由 GY 焦炭的 0.1214 %/min 增至 PY 焦炭的 0.1953 %/min，增幅达 0.0739 %/min。非等温方法中的反应性指标数值比等温方法略低，可能与检测的温度较低有关。两种方法中反应性指标变化的范围差距不大。非等温恒失重方法中，TG 焦炭代表反应性的 $CRR_{25\text{-N-Iso}}$ 指标与等温恒失重方法中代表反应性的 $CRR_{25\text{-Iso}}$ 指标差距较大。等温方法中，TG 焦炭的 $CRR_{25\text{-Iso}}$ 指标较高，为 0.1825 %/min；非等温方法中的 $CRR_{25\text{-N-Iso}}$ 指标较低，为 0.1344 %/min。这可能与反应速率随温度升高的变化较大有关。就反应后强度而言，YL 焦炭和 ZC 焦炭在非等温方法中测得的热强度 $CSR_{25\text{-}N\text{-}Iso}$ 指标明显高于在等温方法中测得的热强度 $CSR_{25\text{-}Iso}$ 指标。等温方法中两种焦炭的 $CSR_{25\text{-}Iso}$ 指标分别为 60. 24%和 61. 08%，而非等温方法中两种焦炭的 $CSR_{25\text{-}N\text{-}Iso}$ 指标分别为 64. 23%和 65. 66%，如图 5 所示。以上结果表明，不同焦炭受溶损反应温度变化的影响程度不同。

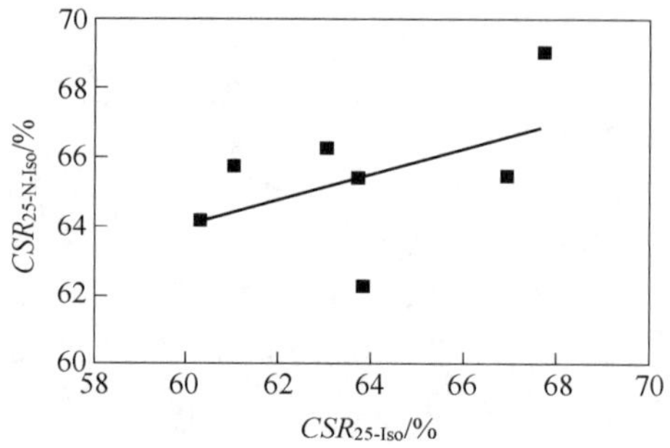

图 5　代表反应后强度的 $CSR_{25\text{-}N\text{-}Iso}$ 指标与 $CSR_{25\text{-}Iso}$ 指标的关系

综合以上分析可知：就焦炭的反应性而言，三种方法的反应性指标之间具有一定的相关性，说明当改变溶损进程和反应温度限制条件形成不同的焦炭热性质检测方法时，测得的反应性结果具有一致性。但不同限制条件形成的不同方法对反应后强度测得的结果相关性较差，说明溶损进程和反应温度主要影响的是焦炭的热强度，而热强度恰恰是炼铁工作者最为重视的焦炭质量评价和高炉操作技术指标。各方法之间之所以改变试验条件对焦炭进行检测，目的是更好地模拟焦炭在高炉中经历的溶损行为，以期获得更为准确的焦炭质量信息。结合该企业对 7 种焦炭的实际使用效果来看，最为明显的是 PY 焦炭。国标方法中，该焦炭的热强度 *CSR* 指标较低，为 58. 20%；但等温恒失重方法和非等温恒失重方法中该焦炭热强度的 $CSR_{25\text{-}Iso}$ 指标和 $CSR_{25\text{-}N\text{-}Iso}$ 指标均较高，分别为 63. 86%和 62. 17%，这与该企业使用该焦炭取得了良好的实际效果相符。因此，可以得出结论，溶损进程和反应温度对焦炭的热性质具有重要影响，在制定焦炭热性质评价方法来衡量焦炭质量和指导高炉操作时，应充分予以考虑。

3　结论

（1）当改变试验条件形成不同的方法时，检测得到焦炭的代表反应后强度的指标与反应性之间并不一定存在严格的负相关性，即反应性高的焦炭，反应后强度并不一定低。

（2）采用不同方法测得的焦炭反应性各指标之间具有一定的相关性，而反应后强度各指标之间的相关性较差，说明溶损进程和反应温度对焦炭的热强度影响较大。

（3）模拟焦炭在高炉中的溶损行为，制定反映焦炭质量信息的热性质检测方法时，应充分考虑溶损进程和反应温度。

参 考 文 献

[1] 傅永宁. 高炉焦炭 [M]. 北京：冶金工业出版社，1995.

[2] 毕学工. 焦炭质量与高炉冶炼关系的再思考 [J]. 过程工程学报，2009（9）：438-442.

[3] 王筱留. 钢铁冶金学　炼铁部分 [M]. 3 版. 北京：冶金工业出版社，2013.

[4] GOLECZKA J，TUCKER J. Coke quality and its assessment in the CRE laboratory [C]. Proceedings of the 44th Ironmaking Conference. U-nited States：ISS-AIME，1985：217-232.

[5] NOMURA S，NAITO M，YAMAGUCHI K. Post-reaction strength of cata-lyst-added highly reactive coke [J]. ISIJ International，2007，47（6）：831-839.

[6] WANG Q，GUO R，ZHAO X F，et al. A new testing and evaluating method of cokes with greatly varied *CRI* and *CSR* [J]. Fuel，2016，182（15）：879-885.

[7] 郭瑞，汪琦，赵雪飞，等. 焦炭反应性及反应后热性质及其检测方法 [J]. 过程工程学报，2013（13）：512-518.

配合煤配比对焦炭综合热性质的影响①

程 欢[1]，王新东[2]，曾义君[3]，梁英华[1]，晁世永[2]，
谷 毅[2]，孔德文[2]，孙 章[1]

（1. 华北理工大学化学化工学院，河北 唐山 063210；
2. 河钢股份有限公司唐山分公司，河北 唐山 063016；
3. 华北理工大学管理学院，河北 唐山 063210）

摘 要：以企业生产实践为背景，研究在配合煤中增配肥煤和1/3焦煤对焦炭综合热性质的影响。对不同配比配合煤的性质指标进行检测，采用40 kg焦炉实施炼焦试验，并对炼制焦炭的传统国家标准热性质指标和利用自主研制装置测得的综合热性质指标进行测定。结果表明：增配肥煤和1/3焦煤，均会使配合煤的变质程度降低，挥发分含量升高，胶质体的黏结能力下降，但胶质体的量保持不变。配比变化引起的配合煤性质指标的变化没有显现在焦炭的传统国家标准热性质指标反应性 *CRI* 和反应后强度 *CSR* 上。以往的研究都是以 *CRI* 和 *CSR* 指标为目标量判断配合煤的配比是否合适，本研究除此之外还采用了自主提出的焦炭综合热性质指标。配合煤配比变化引起的焦炭的综合热性质指标变化比国家标准热性质 *CRI* 和 *CSR* 指标变化敏感，这可能与其反映了焦炭某些新的特征有关。基于焦炭综合热性质指标的变化规律，考虑到1/3焦煤具有经济性，生产上增配某些特定的1/3焦煤，可以同时达到提高焦炭质量和降低配煤成本的目的。

关键词：炼焦；配合煤；配比；焦炭；综合热性质

炼焦工业中采用几种不同变质程度炼焦煤按适当比例配合的方式进行焦炭生产，一般包括气煤、1/3焦煤、肥煤、焦煤和瘦煤等[1,2]。通常采用黏结性指标评价炼焦煤的性质，包括黏结指数 *G*、胶质层指数 *Y* 和奥亚膨胀度指数 *b* 等[3-5]。虽然目前有胶质层重叠、互换性和共炭化等配煤原理，但生产上仍根据胶质层重叠的原则进行炼焦配煤，即配合煤料的塑性区间尽量拓展，从而使焦炭具有较低的反应性 *CRI* 和较高的反应后强度 *CSR* 指标[6-8]。

现有炼焦配煤方法的目标量均是焦炭的反应性指标 *CRI* 和反应后强度指标 *CSR*。然而，这两个指标是否能充分模拟焦炭在高炉中的劣化行为以及能否准确评价焦炭热性能，一直存在争议。一是生产上出现了 *CRI* 和 *CSR* 指标无法解释的特殊现象，例如我国八一钢铁厂由于大幅度利用新疆自产煤，焦炭的反应后强度 *CSR* 指标只有30%~50%，但仍可用于大高炉炼铁[9]。二是部分学者对 *CRI* 和 *CSR* 指标的科学性提出了质疑，一些日本学者[10,11]提出高 *CRI* 焦炭同样可以用来高炉炼铁；BARNABA[12]也认为由溶损反应导致的

① 原文发表于《煤炭转化》，2020，43（1）。

焦炭溶蚀量在25%左右，解释了一些高 *CRI* 焦炭可用于高炉炼铁，同时也证实了国家标准 *CRI* 和 *CSR* 测定方法中恒反应时间 2 h 的缺陷性；WANG 等[13]认为国家标准 *CRI* 和 *CSR* 测定方法只检测 1100 ℃一个温度点，对焦炭在高炉中由低温到高温劣化条件的模拟存在不足。

本研究拟突破焦炭传统国家标准热性质评价 *CRI* 和 *CSR* 指标限制，基于国内某钢铁厂实际采用过的配合煤的配比实施 40 kg 焦炉炼焦试验，检测炼制焦炭的综合热性质指标信息，探究配合煤的配比对焦炭综合热性质的影响规律，进而为企业使用一些廉价煤提供理论参考。

1　实验部分

1.1　实验样品

通过对国内某重点钢铁企业进行调研，选取了该企业工业生产中曾使用过的 3 种配合煤的配比展开研究，具体的配比情况见表 1。由表 1 可知，该企业配煤方案中采用的主要煤种为 1/3 焦煤、肥煤、焦煤和瘦煤。其中，1 号配煤方案中 1/3 焦煤、肥煤、焦煤和瘦煤的配比分别为 17%、19%、48%和 16%。2 号配煤方案与 1 号配煤方案相比，1/3 焦煤和瘦煤配比基本不变，主要是肥煤的配比提高了 7%。3 号配煤方案与 1 号配煤方案相比，肥煤和瘦煤的配比基本不变，主要是 1/3 焦煤的配比提高了 10%。

表 1　三种配合煤的配比（质量分数）　　(%)

配合煤试样	1/3 焦煤	肥煤	焦煤	瘦煤
1 号	17	19	48	16
2 号	16	26	42	16
3 号	27	17	40	16

对 3 种配合煤的一系列性质评价指标进行检测，包括工业分析、黏结性指标和煤岩指标。工业分析测定方法参照 GB/T 212—2008；黏结性指标中黏结指数测定方法参照 GB/T 5447—2014，胶质层指数测定方法参照 GB/T 479—2016；煤岩指标中的镜质体反射率测定方法参照 GB/T 6948—2008。

1.2　40 kg 焦炉配煤炼焦试验

采用新型环保荷重 40 kg 焦炉对 3 种配合煤实施炼焦试验。配合煤的细度（即粒度）小于 3 mm 的煤样质量占总煤样质量的百分比保持在 85%左右。每次炼焦试验干基装煤量为 40 kg，水分控制在 10%左右，堆密度为 0.75 t/m³。焦炉采用电加热，炼焦煤入炉炉膛温度为 800 ℃，升温速率为 3 ℃/min，炉膛最高设定温度为 1050 ℃，结焦时间为 20 h。

1.3　焦炭热性质的检测方法及指标

对 40 kg 焦炉炼制焦炭的热性质进行测定。将焦炭试样加工至 23～25 mm，每种焦炭缩分出 9 组，每组试样质量为 200 g±0.5 g。首先对国家标准热性质指标反应性 *CRI* 和反应

后强度 *CSR* 进行测定，方法参照 GB/T 4000—2017，焦炭试样在 1100 ℃与 CO_2 气体反应 2 h。然后，利用自主研制的装置对焦炭的综合热性质指标进行测定，实验装置如图 1 所示[14]。与常规国家标准热性质检测装置不同的是，该装置是一种支撑式大型热重装置。常规装置只能在 1100 ℃条件下使焦炭与 CO_2 发生反应，而该装置可设置不同的目标温度，在变温和恒温多种温度制度条件下使焦炭与 CO_2 发生反应，并实时记录焦炭试样的失重，最高加热温度可达到 1600 ℃。

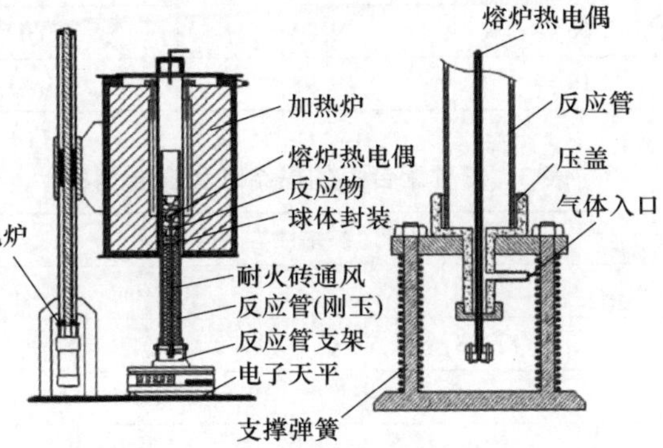

图 1　实验装置

焦炭综合热性质评价方法包含三个试验。一是变温-恒温等溶损试验，将焦炭试样在 CO_2 气氛下，以 5 ℃/min 的升温速率加热，测定焦炭的起始反应温度 t_i（℃），即焦炭试样溶损速率达到 0.1%/min 时对应的温度，当温度升至 1100 ℃时开始恒温，直至焦炭溶损率达到 25%，计算整个过程的平均溶损速率 $V_{CR,non\text{-}iso\text{-}25}$ %/min，作为代表焦炭反应性的指标。采用与国家标准相同的 I 型转鼓装置及方法测定反应后焦炭的等溶损反应后强度 $CSR_{non\text{-}iso\text{-}25}$（%），作为代表焦炭反应后强度的指标。二是 1050 ℃、1100 ℃、1150 ℃、1200 ℃、1250 ℃和 1300 ℃六个温度点下的恒温等溶损试验，将焦炭试样在惰性气体保护下事先升温至以上指定温度，而后与 CO_2 气体发生反应，直至溶损至 25%，再通过 I 型转鼓装置测定其恒温条件下的等溶损反应后强度 $CSR_{iso\text{-}25}$（%）。三是热处理试验，在变温-恒温等溶损试验焦炭溶损至 25%的基础上，将 CO_2 切换为惰性的 N_2 进行保护，继续以 5 ℃/min的升温速率升温至 1500 ℃，恒温 30 min 再停止加热，以该过程的质量损失率作为高温热失重率指数 I_{CPHT}（%），冷却以后的焦炭经 I 型转鼓装置测得热处理后强度 S_{CPHT}（%）。

2　结果与讨论

2.1　配合煤的基本性质

采用以上 3 种配煤方案得到的配合煤的工业分析指标见表 2，黏结性和煤岩指标见表 3。

由表 2 可知，3 种配合煤的水分含量在 1%~2%，灰分含量均在 10%左右。1 号配合煤的挥发分含量为 22.48%，2 号和 3 号配合煤由于各自大幅度提高了肥煤和 1/3 焦煤的配比，挥发分含量均略有升高，分别为 23.09%和 23.43%。而随着肥煤和 1/3 焦煤配比的提高，固定碳含量略有降低，由 1 号配合煤的 66.20%分别降至 2 号配合煤的 65.92%和 3 号配合煤的 64.46%。

表 2　三种配合煤的工业分析指标

配合煤编号	工业分析 w/%			
	M	A	V	FC
1 号	1.45	9.87	22.48	66.20
2 号	1.16	9.82	23.09	65.92
3 号	2.16	9.95	23.43	64.46

表 3　三种配合煤的黏结性和煤岩指标

配合煤编号	黏结性		R_{max}/%
	G	Y/mm	
1 号	82.28	17.0	1.388
2 号	80.62	17.0	1.338
3 号	80.65	17.0	1.279

由表 3 可知，1 号配合煤的黏结指数 G 为 82.28，随着肥煤和 1/3 焦煤大比例增配，2 号和 3 号配合煤均显示出黏结指数降低的趋势，2 号和 3 号配合煤的黏结指数分别为 80.62 和 80.65。与 1 号配合煤相比，2 号和 3 号配合煤的胶质层最大厚度 Y 值却没有降低，而是与 1 号配合煤的胶质层最大厚度相同，均为 17.0 mm。配合煤的以上黏结性指标说明，肥煤和 1/3 焦煤大批量地配入，主要影响配合煤的黏结能力，并不影响胶质体的量。1 号配合煤的镜质体平均最大反射率 R_{max} 值为 1.388%，随着肥煤和 1/3 焦煤配比的增大，配合煤的 R_{max} 值降低，2 号和 3 号配合煤的 R_{max} 值分别为 1.338%和 1.279%。由于 1/3 焦煤的变质程度低于肥煤的变质程度，所以 3 号配合煤的 R_{max} 值低于 2 号配合煤的 R_{max} 值。

总结 3 种配合煤的各项基本性质评价指标可知，无论增配肥煤还是 1/3 焦煤，配合煤的挥发分含量升高，固定碳含量降低，黏结指数降低，镜质体平均最大反射率降低。

2.2　配合煤配比对焦炭传统国家标准热性质指标的影响

采用 3 种配合煤、40 kg 焦炉炼制的焦炭的传统国家标准热性质指标反应性 *CRI* 和反应后强度 *CSR* 见表 4。

表 4　三种焦炭的传统国家标准热性质指标

焦炭编号	*CRI*/%	*CSR*/%
1 号	23.38	62.55
2 号	22.05	64.02
3 号	23.39	62.50

由表 4 可知，1 号焦炭的反应性 *CRI* 指标为 23.38%，反应后强度 *CSR* 指标为

62.55%。当肥煤配比增大，2号焦炭的反应性指标 *CRI* 略有降低，反应后强度 *CSR* 指标略有升高，分别为22.05%和64.02%。当1/3焦煤配比升高，3号焦炭的反应性 *CRI* 指标和反应后强度 *CSR* 指标与1号焦炭相应指标相比基本相同，分别为23.39%和62.50%。

综上可知，随着肥煤和1/3焦煤大比例增配，由于以上两种煤均具有较低的变质程度，导致配合煤的变质程度有降低的趋势（由 R_{max} 指标看出），挥发分含量升高。然而，由配比变化导致的配合煤黏结性指标的改变（黏结指数 *G* 值降低）并未显现在焦炭的传统国家标准热性质指标 *CRI* 和 *CSR* 上。增配肥煤和1/3焦煤，焦炭的 *CRI* 指标并未大幅升高，*CSR* 指标也没有大幅降低，这可能与配合煤在成焦过程中维持了一定的胶质体的量有关（由胶质层最大厚度 *Y* 值看出）。

2.3 配合煤配比对焦炭综合热性质指标的影响

2.3.1 变温-恒温等溶损试验

通过变温-恒温等溶损试验测得的3种焦炭反应温度和焦炭失重率与反应时间的关系如图2所示，测定的综合热性质指标（包括起始反应温度 t_i、平均溶损速率 $v_{CR,non-iso-25}$ 和等溶损反应后强度 $CSR_{non-iso-25}$）见表5。

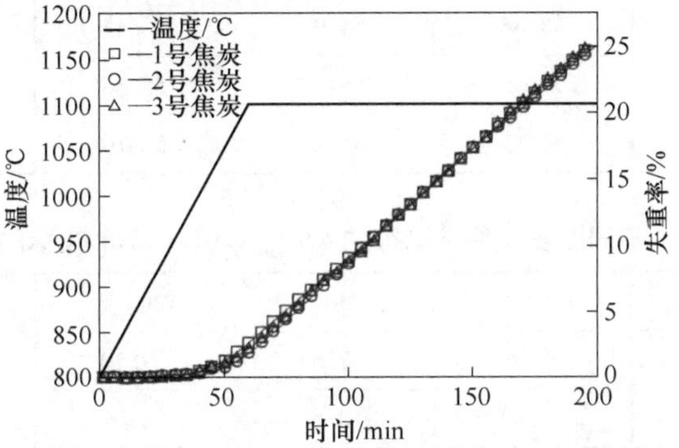

图2 反应温度和焦炭失重率与反应时间的关系

表5 由变温-恒温等溶损试验得到的3种焦炭的综合热性能指标

焦炭试样	t_i/℃	$v_{CR,non-iso-25}$/(%·min^{-1})	$CSR_{N-iso-25}$/%
1号	991	0.1553	60.29
2号	1006	0.1582	57.64
3号	992	0.1603	59.36

由图2可知，3种焦炭的失重率与反应时间的关系曲线基本重合，说明3种焦炭在中低温区的溶损行为较为接近。在反应开始阶段，与1号和3号焦炭相比，2号焦炭的失重率曲线偏向右下方，表明2号焦炭的起始反应温度略高于1号和3号焦炭的起始反应温度，这可由表5得到证实。2号焦炭的 t_i 值为1006 ℃，略高于1号焦炭的991 ℃和3号焦炭的992 ℃。当反应进入到中间阶段，温度达到1100 ℃ 一段时间以后，3种焦炭的失重率曲线几乎完全重合。当反应进入到末段，失重率曲线由左到右的3种焦炭依次为3号、1号和2号焦炭，说明3号焦炭溶损至25%所需的时间略短于1号和2号焦炭溶损至25%

所需的时间。这也表明 3 号焦炭的平均溶损速率略大于 1 号和 2 号焦炭的平均溶损速率。由表 5 可知，3 号焦炭的 $v_{CR,non\text{-}iso\text{-}25}$ 值为 0.1603%/min，略大于 1 号焦炭的 0.1553%/min 和 2 号焦炭的 0.1582%/min。

$v_{CR,non\text{-}iso\text{-}25}$ 指标同样可以被看作是代表焦炭反应性的指标，与 *CRI* 指标表现规律不同的是，增配低阶的肥煤和 1/3 焦煤，$v_{CR,non\text{-}iso\text{-}25}$ 指标显示焦炭的反应性均有升高的趋势；从反应后强度指标来看，总体上 3 种焦炭的 $CSR_{non\text{-}iso\text{-}25}$ 指标均低于 *CSR* 指标，这可能与试验条件变化导致焦炭的溶损程度不同有关。与 *CSR* 指标表现规律不同的是，$CSR_{non\text{-}iso\text{-}25}$ 指标显示增配肥煤会使焦炭的热强度值降低，由 1 号焦炭的 60.29% 降至 2 号焦炭的 57.64%；而增配 1/3 焦煤后焦炭的热强度值变化较小，3 号焦炭的热强度值为 59.36%，见表 5。

2.3.2　恒温等溶损试验

通过恒温等溶损试验测定的 3 种焦炭的综合热性质指标（见表 6），即恒温等溶损反应后强度 $CSR_{iso\text{-}25}$。6 个不同温度下，测得的热强度 $CSR_{iso\text{-}25}$ 值与 *CSR* 指标的差值见表 7。

表 6　由恒温等溶损试验得到的 3 种焦炭的综合热性能指标

焦炭试样	1050 ℃	1100 ℃	1150 ℃	1200 ℃	1250 ℃	1300 ℃
1 号	61.90	58.66	54.99	55.45	57.40	59.76
2 号	59.10	57.05	55.47	55.36	54.99	58.85
3 号	60.44	57.15	55.23	57.10	57.58	60.95

表 7　不同温度条件下测得的 $CSR_{iso\text{-}25}$ 值与 *CSR* 指标的差值

焦炭试样	1050 ℃	1100 ℃	1150 ℃	1200 ℃	1250 ℃	1300 ℃
1 号	−0.65	−3.89	−7.56	−7.10	−5.15	−2.79
2 号	−4.92	−6.97	−8.55	−8.66	−9.03	−5.17
3 号	−2.06	−5.35	−7.27	−5.40	−4.92	−1.55

由表 6 可知，1050 ℃时 1 号焦炭的 $CSR_{iso\text{-}25}$ 值为 61.90%，2 号和 3 号焦炭的 $CSR_{iso\text{-}25}$ 值均低于 1 号焦炭的 $CSR_{iso\text{-}25}$ 值，分别为 59.10% 和 60.44%，其中 2 号焦炭的 $CSR_{iso\text{-}25}$ 值最低。由表 7 可知，1050 ℃时测得的 3 种焦炭的 $CSR_{iso\text{-}25}$ 值均低于 *CSR* 指标，其中 2 号焦炭降低的幅度最大，为 4.92%。1100 ℃时测得的 3 种焦炭的 $CSR_{iso\text{-}25}$ 值变化规律基本与 1050 ℃时测得的 3 种焦炭的 $CSR_{iso\text{-}25}$ 值变化规律一致，只是热强度值更低。1150 ℃ 时 3 种焦炭的 $CSR_{iso\text{-}25}$ 值变化规律发生较大变化，2 号和 3 号焦炭的 $CSR_{iso\text{-}25}$ 值均略高于 1 号焦炭的 $CSR_{iso\text{-}25}$ 值，分别为 55.47% 和 55.23%；与 *CSR* 指标相比，1150 ℃ 时测得的 3 种焦炭的 $CSR_{iso\text{-}25}$ 值都出现了大幅度降低，降幅达到了 7%～8%。1200 ℃ 时 3 号焦炭的 $CSR_{iso\text{-}25}$ 值明显高于 1 号和 2 号焦炭的 $CSR_{iso\text{-}25}$ 值，为 57.10%，与 *CSR* 指标相比得到的差值也最小，为 5.40%。1250 ℃ 时 2 号焦炭的 $CSR_{iso\text{-}25}$ 值明显低于 1 号和 3 号焦炭的 $CSR_{iso\text{-}25}$ 值，为 54.99%，与 *CSR* 指标相比得到的差值也最大，为 9.03%。1300 ℃时 2 号焦炭的 $CSR_{iso\text{-}25}$ 值最低，为 58.85%，而 3 号焦炭的 $CSR_{iso\text{-}25}$ 值最高，为 60.95%；2 号焦炭的 $CSR_{iso\text{-}25}$ 值与 *CSR* 指标的差值最大，为 5.17%，而 3 号焦炭的 $CSR_{iso\text{-}25}$ 值与 *CSR* 指标的

差值最小，为1.55%。

分析以上恒温等溶损试验测得的结果可知，不同温度点下测定的3种焦炭的热强度值高低规律并不一致，说明反应温度对等溶损反应后强度$CSR_{iso\text{-}25}$值具有重要影响。3种焦炭在不同温度点测得的$CSR_{iso\text{-}25}$指标随反应温度的变化如图3所示。

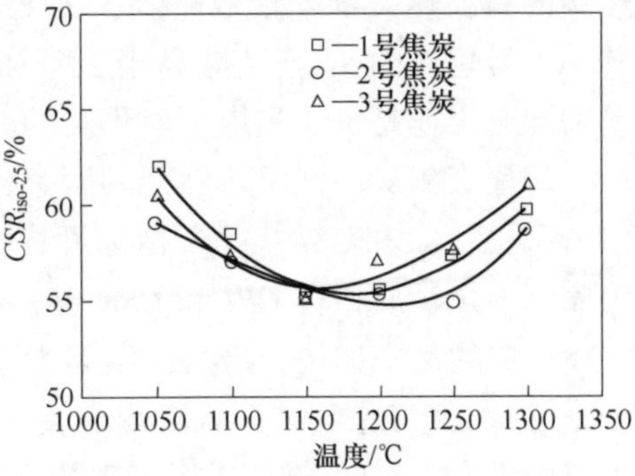

图3 $CSR_{iso\text{-}25}$指标与反应温度的关系

由图3可知，3种焦炭的$CSR_{iso\text{-}25}$值均随反应温度的升高呈现先降低后升高的趋势。这主要与反应温度对焦炭的溶损反应模式产生重要影响有关[15]。焦炭与CO_2发生的溶损反应是典型的气-固两相反应，焦炭又是多孔体，溶损反应模式主要取决于焦质的气化反应速率和CO_2气体沿焦体气孔的内扩散阻力，而焦炭的劣化是以上两者竞争的结果。低温条件下，焦质的气化反应速率慢，焦炭的溶损主要受气化反应速率控制，焦块呈整体破损，因此测得的焦炭热强度值较高。随着反应温度升高，焦质的气化反应速率加快，焦炭的溶损受气化反应速率和内扩散阻力混合控制，焦块呈局部“劣化带”形式破损，因此测得的热强度值较低。当反应温度进一步升高，焦质的气化反应速率进一步加快，焦炭的溶损主要受内扩散阻力控制，焦块呈表面破损，保护了内核，因此测得的热强度值较高。

结合表6和图3可知，无论是增配肥煤得到2号焦炭还是增配1/3焦煤得到的3号焦炭，低温条件（1050 ℃和1100 ℃）下的热强度值均较低。但当反应温度达到1150 ℃，3种焦炭的$CSR_{iso\text{-}25}$-t曲线基本汇于一点，三者的热强度值较为接近。当反应温度进一步升高（高于1150 ℃），2号焦炭的热强度值仍低于1号焦炭的热强度值，尤其是当温度超过1200 ℃，两者热强度值差距变大。然而，3号焦炭的$CSR_{iso\text{-}25}$-t曲线却与1号焦炭的曲线在1150 ℃实现交叉，当反应温度高于1150 ℃，3号焦炭的热强度值高于1号焦炭的热强度值。从以上分析可知，对增配肥煤得到的焦炭，在多数温度点测得的热强度值均较低，焦炭的综合热性质较差。但增配1/3焦煤，使焦炭在高温区的热强度值提高，焦炭的综合热性质较好。因此，由恒温等溶损试验结果可知，增配肥煤不利于焦炭的综合热性质，而增配1/3焦煤有利于提高焦炭在高温区的热强度。

2.3.3 热处理试验

通过热处理试验测定的3种焦炭的综合热性质指标，即高温热失重率指数I_{CPHT}和热处理后强度S_{CPHT}见表8。

表8 由高温热处理试验得到的3种焦炭的综合热性能指标

焦炭试样	I_{CPHT}/%	S_{CPHT}/%
1号	5.90	57.06
2号	5.90	56.56
3号	6.15	56.52

由表 8 可知，3 种焦炭的高温热失重率指数 I_{CPHT} 较为接近，均在 6%左右，其中 3 号焦炭的高温热失重率指数略高，为 6.15%；3 种焦炭的热处理后强度 S_{CPHT} 也比较接近，其中 1 号焦炭的 S_{CPHT} 值略高于 2 号和 3 号焦炭的 S_{CPHT} 值，为 57.06%。总体来看，无论是增配肥煤还是 1/3 焦煤，对焦炭的耐高温热性质影响不大。

从代表焦炭中低温热性能的国家标准 *CRI* 和 *CSR* 指标及变温-恒温等溶损试验测得的 t_i，$v_{CR,non\text{-}iso\text{-}25}$ 和 $CSR_{non\text{-}iso\text{-}25}$ 指标可看出，配比变化引起的配合煤性质变化并未反映在传统国家标准热性质指标 *CRI* 和 *CSR* 上，但 $v_{CR,non\text{-}iso\text{-}25}$ 指标清晰地显示出配入低阶煤，焦炭与 CO_2 反应的速率加快，这与黏结能力指标下降有一定的对应关系，也符合一般性认识。从 $CSR_{non\text{-}iso\text{-}25}$ 指标来看，配入肥煤会使变温条件下的等溶损反应后强度值降低，但配入 1/3 焦煤则不会，这与 *CSR* 指标表现的规律显著不同，可能与两者选取的试验条件不同有关。

从代表焦炭中高温热性能的恒温等溶损试验测得的 $CSR_{iso\text{-}25}$ 指标发现，配入低阶的肥煤和 1/3 焦煤，会导致较低温度条件（1050 ℃和 1100 ℃）下的热强度值降低，这与配合煤的黏结能力指标下降存在一定的对应关系。但当反应达到较高温度（高于 1150 ℃），虽然增配肥煤使焦炭的热强度值依然降低，但增配 1/3 焦煤会使焦炭高温区的热强度值明显升高，这可能与增配 1/3 焦煤使焦炭与 CO_2 在不同温度条件下发生溶损的反应模式的转变机制发生较大变化有关。

从代表焦炭耐高温的 I_{CPHT} 和 S_{CPHT} 指标来看，增配低阶肥煤和 1/3 焦煤均对焦炭的耐高温热性能影响不大。

综上所述，配合煤配比变化引起的焦炭的综合热性质指标变化比传统国家标准 *CRI* 和 *CSR* 指标变化更为敏感，且反映出更多的焦炭质量信息，在预测焦炭热性能方面对 *CRI* 和 *CSR* 指标起到了很好的补充作用。由焦炭综合热性质指标的变化规律可知，与肥煤相比，增配一些更低阶的经济性更好的 1/3 焦煤，可能对提高焦炭热性能和降低配煤成本起到很好的推动作用。

3　结论

（1）增配肥煤和 1/3 焦煤，会引起配合煤的变质程度降低，挥发分含量升高，胶质体黏结能力下降，但胶质体的量不会减少。以上配合煤的各项性质评价指标变化，没有显现在表征焦炭热性能的传统国家标准热性质指标反应性 *CRI* 和反应后强度 *CSR* 上。

（2）配合煤配比变化所导致的焦炭综合热性质指标变化规律与传统国家标准 *CRI* 和 *CSR* 指标的变化规律存在差异。代表焦炭中低温热性能的 $v_{CR,non\text{-}iso\text{-}25}$ 指标表明，无论配入低阶的肥煤还是 1/3 焦煤，焦炭与 CO_2 发生溶损反应的速率都会加快，$CSR_{non\text{-}iso\text{-}25}$ 指标还表明配入肥煤会使焦炭的热强度值变差。而代表焦炭中高温热性能的 $CSR_{iso\text{-}25}$ 指标表明，增配 1/3 焦煤可提高焦炭在高温区的热强度值。无论是增配肥煤还是 1/3 焦煤，对焦炭的耐高温热性能指标 I_{CPHT} 和 S_{CPHT} 影响都不大。

（3）配合煤配比变化引起的焦炭综合热性质指标变化比国家标准热性质指标 *CRI* 和 *CSR* 变化更为敏感，主要与综合热性质指标反映了焦炭某些新的特征有关。焦炭综合热性质指标的变化规律显示，增配 1/3 焦煤会在提高焦炭质量和降低配煤成本方面取得较好的效果。

参考文献

[1] 曹宇．炼焦配煤技术及其生产实践［J］．化工设计通讯，2019，45（5）：11.

[2] 常进，陈黔湘，张东升，等．配煤炼焦过程中的炭化行为研究［J］．冶金能源，2019，38（1）：13-16.

[3] 王成勇，门东坡，陈鹏，等．基于煤岩学的黏结指数非线性预测模型［J］．钢铁，2019，54（9）：22-26.

[4] 李春燕，江鑫．炼焦煤胶质层指数检测影响因素的分析与管控［J］．包钢科技，2018，44（5）：28-31.

[5] 舒青平，叶桂珍，庞凤，等．炼焦煤奥亚膨胀度指标特征分析［J］．燃料与化工，2017，48（6）：21-24.

[6] 王海英，吴广元，王树忠，等．大力发展配煤炼焦合理利用焦炭资源［J］．产业与科技论坛，2012，11（9）：17-18.

[7] 刘慧霞，申峻．浅谈炼焦配煤的应用［J］．能源与节能，2015（3）：54-55.

[8] 张明星，周俊兰，杜屏．基氏流动度在配煤炼焦中的应用［J］．中国冶金，2018，28（10）：10-13.

[9] 刘文壮．八钢 2500 m^3 高炉使用高 *CRI*、低 *CSR* 焦炭炼铁实践［D］．鞍山：辽宁科技大学，2015.

[10] NAITO M，OKAMOTO A，YAMAGUCHI K. Improvement of Blast Furnace Reaction Efficiency by Use of High Reactivity Coke［J］. Tetsu-to-Hagané，2001，87：357-364.

[11] NOMURA S，AYUKAWA H，KITAGUCHI H，et al. Improvement in Blast Furnace Reaction Efficiency Through the Use of Highly Reactive Calcium Rich Coke［J］. ISIJ International，2005，45：316-324.

[12] BARNABA P. A New Way for Evaluating the High Temperature Properties of Coke［J］. Coke Making International，1993，5（2）：47-54.

[13] WANG Q，GUO R，ZHAO X F，et al. A New Testing and Evaluating Method of Cokes with Greatly Varied *CRI* and *CSR*［J］. Fuel，2016，182：879-885.

[14] 郭瑞，汪琦，张松．溶损反应动力学对焦炭溶损后强度的影响［J］．煤炭转化，2012，35（2）：12-16.

[15] 程欢，张洪波，梁英华，等．温度条件对焦炭热强度的影响规律研究［J］．铸造技术，2019，40（6）：519-523.

河钢集团高炉炼铁技术进步①

王新东[1]，郝良元[2]，胡启晨[2]，王小艾[2]

（1. 河钢集团有限公司，河北 石家庄 050023；
2. 河钢集团钢研总院，河北 石家庄 050023）

摘　要：高炉炼铁技术进步支撑河钢集团全工序流程的发展。本着“以高炉为中心，保证高炉长期稳定顺行”的基本思路，河钢集团致力于提高高炉利用系数、煤比，降低高炉燃料比。通过优化布料制度提高煤气利用；通过合理调整炉料结构应对环保限产；通过积极探索送风参数适应原燃料条件变化；同时，还探索高炉长寿控制技术，研发环保新工艺技术，提高智能控制水平，在钒钛矿冶炼、高比例球团冶炼、熔剂性球团、碱性球团生产等方面也取得了重要突破。在一系列措施下，河钢集团各类型高炉经济技术指标不断提升，成效显著。

关键词：高炉；炼铁；稳定顺行；智能控制；技术经济指标

高炉炼铁在钢铁流程中发挥着关键作用。作为世界最大的钢铁材料制造商之一，河钢集团近几年在国家去产能的背景下，以技术创新驱动产业发展，将难点突破作为企业发展的核心目标，结合钢铁行业关键共性问题，着力推动绿色低碳生产工序的发展，以提质降耗为铁前系统目标，不断推动各系统技术进步。河钢集团各子公司分布于首都周边地区，主要集中在河北石家庄、唐山、邯郸、张家口、承德以及河南舞阳，是国内环保要求、环保生产管控最严格，调控力度最大的区域之一。自 2017 年以来，集团采暖季高炉限产 50%、频繁停开炉错峰生产、焦炉延长结焦时间至 48 h 已经成为常态化。同时，铁矿石价格已经接近国有钢企自备大型铁矿山的盈亏平衡点，焦炭价格也居高不下。集团铁前生产备受原燃料供应、质量频繁波动、高炉不顺、生产组织难以进行等问题困扰。

改善高炉技术经济指标，降低炼铁成本，提高市场竞争力，一直以来是炼铁工作者追求的目标。在集团统一部署下，从生产管理及技术进步等方面不断改进，真正意义上实现了“原料稳、高炉稳”。伴随各项措施的有效实施，集团铁前生产达到稳定有序。高炉顺行、指标优化得以实现，进一步缩小了与行业内先进指标的差距，高炉各项指标取得了近年来最好成绩。

1　高炉技术经济指标

河钢集团铁前系统拥有烧结机 26 台，高炉 29 座，其中 3200 m^3 高炉 5 座、2500 m^3 高炉 5 座、2000 m^3 高炉 4 座、1260～1780 m^3 高炉 5 座以及 1080 m^3 以下高炉 10 座；回转窑球团 4 条，焦炉 16 座。近 3 年来，河钢集团生铁产量由 2016 年的 4451 万吨逐步减至 4101 万吨，2018 年减至 3968 万吨。近 3 年高炉主要技术经济指标见表 1。

---

①　原文发表于《中国冶金》，2020，30（1）。

表1 近3年高炉主要生产技术经济指标

炉容/m³	利用系数/t·m⁻³·d⁻¹			焦比/kg·t⁻¹			煤比/kg·t⁻¹			燃料比/kg·t⁻¹		
	2016年	2017年	2018年	2016年	2017年	2018年	2016年	2017年	2018年	2016年	2017年	2018年
3200	2.11	2.17	2.36	439	419	381	100	116	136	539	535	517
2500	2.36	2.34	2.35	387	384	385	131	136	136	518	520	521
2000	2.37	2.24	2.38	405	410	400	115	114	125	520	524	525
1260~1780	2.61	2.55	2.55	408	410	410	122	124	125	530	534	535
<1080	3.28	3.26	3.39	432	422	415	126	127	130	558	549	545

2 高炉炼铁生产操作技术进步

2.1 坚持精料方针

重新认识“精料方针”对高炉冶炼稳定顺行、高产低耗、节能环保、安全长寿的重要作用[1]。生产实践结果证明，放弃“精料”，盲目追求低价原料以期降低生产成本，会直接导致高炉炉况频繁波动，操作指标明显下滑，甚至会影响高炉寿命。从长远来看，不但未能取得预期效果，还会适得其反。因此，坚持实施“精料方针”仍是现代高炉炼铁安全高效生产的基础保障。在集团的统筹安排下，铁前工序对“精料方针”进行深刻解读，充分领会“七分原料、三分操作”的精髓[2]。不仅从提高原料品位和强度等方面开展工作，而且从保证炉料良好的还原性、合理的软化熔融温度，以及适宜的化学成分、粒度，降低入炉有害元素负荷等多个方面出发，落实方针，严抓实干，取得了明显的效果。近几年集团高炉含铁原料入炉品位变化趋势如图1所示。

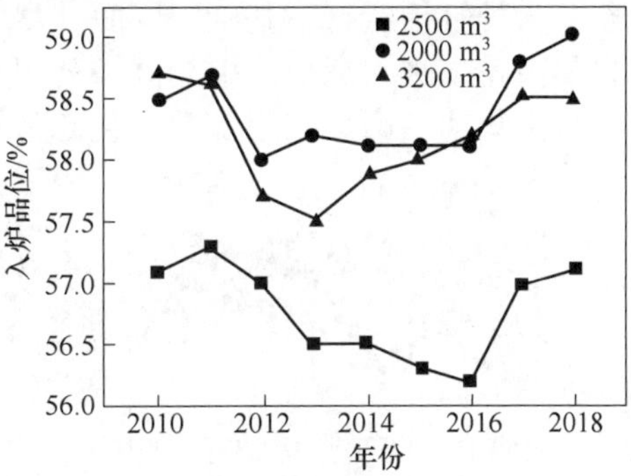

图1 近几年集团高炉含铁原料入炉品位变化趋势

(1) 优化配料方案，保证稳定的原燃料质量。根据各子分公司的实际情况，开展铁前大宗原燃料的性价比研究，优化配煤配矿结构；重点对含铁原料性能的提高、性价比的提高进行深入研究，借助大数据智能分析，合理匹配铁前资源。重视原料高温软化熔融性能方面，以矿物特征、成分匹配、性能变化及其影响为基础，关注炉料高温交互作用，通过改善含铁原料的间接还原性能，改善了高炉中下部炉料透气性，提高高炉煤气利用率[3]，在降低能耗的同时，保证了高炉的顺行。

(2) 合理炉料结构。随着环保限产调控，高炉入炉料结构变化频繁且波动大是限制高炉指标进步的一个重要因素[4]。烧结矿配比从非采暖季的80%降低至60%，烧结碱度低至1.8，高至2.3。为此，技术上通过采取将适宜的球团矿种类与高碱度烧结矿进行搭配，或将部分碱性熔剂从烧结中取出直接装入高炉的技术方案，实现了高炉顺行及冶炼生产的稳定。另外，针对各子分公司地域及原料特点，因地制宜，不断摸索符合自身生产状况的原料结构。唐钢公司率先开展高炉高比例球团冶炼，开发熔剂性球团生产工艺，将高炉球团比例提高至50%以上；邯钢公司发挥高炉块矿性价比优势，高炉使用块矿比例最高达到

30%；承钢公司利用区域钒钛矿资源优势，提高入烧钒粉配比，铁水含钒达到 0.30%以上。

2.2 提高炉况稳定性

（1）高炉操作者加强烧结矿质量的监督跟踪，强化落地烧结矿仓筛网管理，根据质量变化预判其对炉况的影响，防止出现炉温和碱度大幅波动的现象；原燃料质量变差，尤其是焦炭质量明显变差时，炉内炉况反应强烈，对高炉应果断采取退负荷、开放中心气流、上控并稳定炉温水平、降低炉渣碱度等措施，力争大风量活跃炉缸，保证炉况顺行稳定。进一步探索配煤新配比及煤种，稳定煤粉成分，优化煤粉质量；在焦炭性能无法改变的情况下，探索减轻现有焦炭热性能差对高炉影响的新方法。

（2）坚持“稳定中心、兼顾边缘”调节气流的方针，高炉上部调剂遵循渐进的调整策略，从优化矿带、调整焦层厚度着手，形成稳定的“平台+漏斗”布料；同时，合理安排干、湿、外购焦炭径向分布，兼顾布料各个档位负荷的控制，保证煤气流平稳受控。另外，在保证炉况顺行的情况下逐渐降低中心焦比例，避免由于中心焦炭比例过大[5]，造成炉缸工作状态不稳定的现象。高炉下部调剂以活跃炉缸为主，保证风速动能，维持炉缸活跃。同时，热制度、造渣制度相互配合，稳定炉温，将物理热保持在 1500 ℃以上，炉渣碱度稳定为 1.15~1.20。充沛的物理热能保证渣铁流动性，从热力学角度改善炉缸热状态，为炉缸活跃打下基础。同时，尽量稳定焦炭质量，特别是焦炭的冷态和热态性能，减少焦炭粉末进入高炉，影响高炉死料柱透气性，最终影响高炉顺行和炉缸工作状态。近两年河钢集团各高炉利用系数变化趋势如图 2 所示。

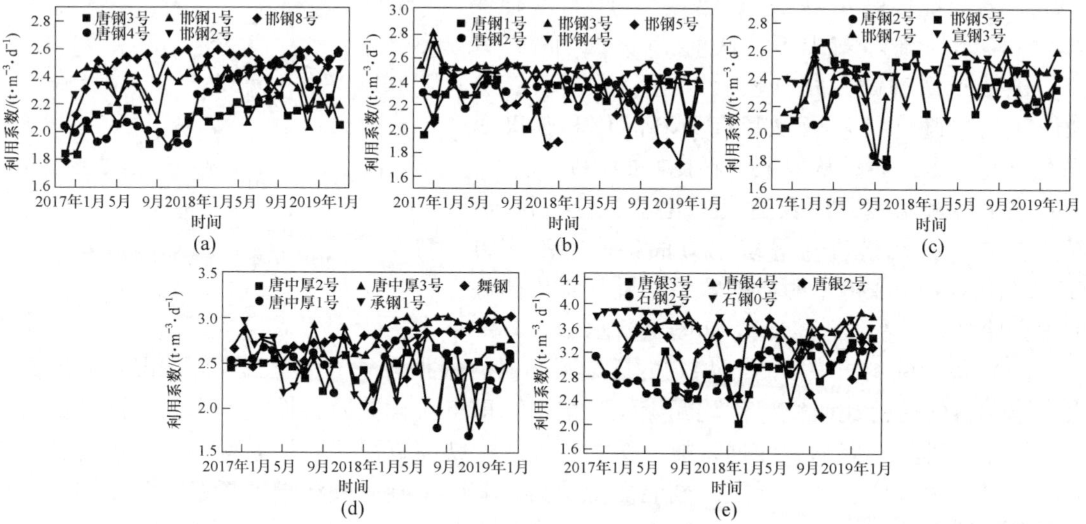

图 2 高炉利用系数变化趋势

（a）3200 m³ 高炉；（b）2500 m³ 高炉；（c）2000 m³ 高炉；（d）1260~1780 m³ 高炉；（e）小于 1080 m³ 高炉

2.3 提高高炉煤比

2016 年以来，河钢集团通过开展向外对标、内炼指标的方式积极推进工作，努力实现集团内所有高炉喷煤比在 150 kg/t 以上、燃料比在 500 kg/t 以下的奋斗目标，创造了行业内优异的指标。

高炉长期稳定顺行是降低焦比、提高煤比的基础。为达到降低焦比、提高煤比的目的，需要整个铁前系统协同配合。首先，明确各个高炉提高煤比、降低焦比的限制性因素[6]。其次，建立原燃料使用执行标准，提高自动化检测水平；在有条件的情况下积极提高富氧率，改善煤粉燃烧条件；不断探索经济合理的煤种配比，开发新品种；尽可能地提高风温，采用富化煤气智能烧炉；稳定布料模式和高炉煤气流分布，提高煤气利用率。最终，通过上下部调剂相结合，共同实现高炉炉况的长期稳定顺行。图 3 所示为近两年集团高炉煤比变化趋势。图 4 所示为近两年高炉燃料比变化趋势。其中，图线中断处表示高炉休风或停炉期。从图 4 也可以看出，高炉冬季环保限产对各项指标的影响非常大。

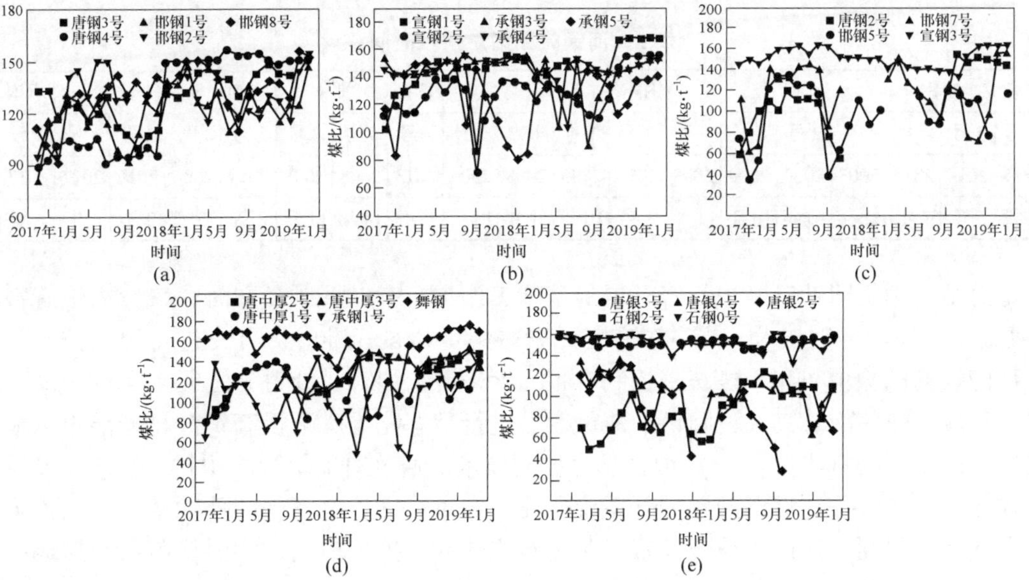

图 3　高炉煤比变化趋势

（a）3200 m^3 高炉；（b）2500 m^3 高炉；（c）2000 m^3 高炉；（d）1260~1780 m^3 高炉；（e）小于 1080 m^3 高炉

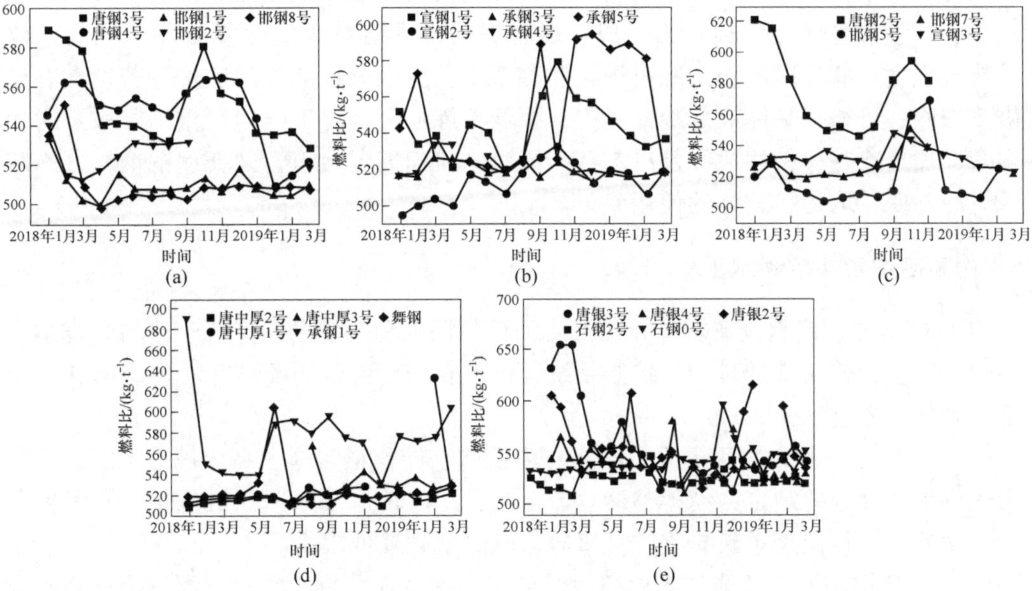

图 4　高炉燃料比变化趋势

（a）3200 m^3 高炉；（b）2500 m^3 高炉；（c）2000 m^3 高炉；（d）1260~1780 m^3 高炉；（e）小于 1080 m^3 高炉

2.4　重视长寿控制

高炉长寿不仅可以降低投资成本，减少大修次数，而且是高炉高效低耗安全冶炼的保障。因此，延长高炉寿命是炼铁工作者们追求的目标。在频繁停开炉的冬季，高炉长寿技术显得尤为重要。河钢集团高炉炉役时间统计见表 2。由表 2 可以看出，河钢集团大部分高炉炉龄接近甚至超过 10 年。

表 2　河钢集团高炉炉役时间统计

单位	唐钢		邯钢			宣钢		承钢			唐钢	邯钢		宣钢	中厚板			承钢	舞钢
炉号	3 号	4 号	1 号	2 号	8 号	1 号	2 号	3 号	4 号	5 号	2 号	5 号	7 号	3 号	1 号	2 号	3 号	1 号	—
投产	2014	2012	2008	2009	2009	2008	2010	2009	2008	2006	2013	2005	2008	2011	2006	2016	2017	2013	2014
炉役	5 年	7 年	11 年	10 年	10 年	11 年	9 年	10 年	11 年	13 年	6 年	14 年	11 年	8 年	13 年	3 年	2 年	6 年	5 年

总结河钢集团针对高炉长寿开展的系列工作主要有以下 3 个方面。(1) 入炉有害元素（碱金属、锌）控制技术。当高炉有害元素富集量超过标准时，首先进行源头控制，即通过停配烧结电除尘灰和干法灰来控制有害元素来源；同时，针对有害元素含量较高的入炉料进行减配或停配。其次，降低炉渣碱度，进行常态化排碱，提高炉渣排碱能力，最大限度减少碱金属的富集量。(2) 炉缸长寿控制技术。通过对高炉炉缸耐材侵蚀、炉役后期高炉操作和铁口维护等难点问题展开系统研究，针对炉缸炉容不同的侵蚀情况，如象脚区侵蚀、锅底形侵蚀、铁口区域侵蚀等，制定对应的补、护炉措施。集团目前已经形成了一套由铁口维护技术、钒钛矿护炉技术[7]、破损冷却设备排查与更换技术、炉缸活跃性监测技术和炉缸渣铁监测技术集成的综合长寿技术[8]。(3) 炉身冷却壁破损处理技术。目前炉腹上部和炉腰中下部铜冷却壁是高炉中较易破损的部位，现场操作控制主要以稳定渣皮为核心、调整边缘煤气流分布为手段，以防炉墙边缘结厚或过度侵蚀[9]。同时，建立冷却壁热流强度、渣皮厚度的三维可视化监测系统，加强重点部位的监护。若发现有局部位置破损加剧，可增强炉体局部冷却强度，降低冶炼强度，对于破损严重的区域及时切断冷却水管，加装冷却棒，休风修复冷却壁。同时，河钢集团大胆尝试新型铜钢复合冷却壁替代原有冷却壁，取得了较好的使用效果。

2.5　提高高炉智能控制水平

(1) 检测分析控制设备智能化提升。河钢集团铁前系统各条产线、原料、烧结、焦化和高炉工序全面普及基础自动化控制系统、仪表和控制设备的配备率、准确率和自动投入率都达到国内先进水平。

(2) 信息化服务和应用提升。河钢集团铁前仓储物料实施了高级排程系统，根据生产能力进行生产计划的制定，使得整体物流衔接，厂内转运成本达到最佳化，并对生产环节中的突发事故进行快速重新排程，把事故影响降低到最低限度。

(3) 大数据和人工智能技术的研发与应用。率先在承钢高炉建立高炉冶炼智能分析预测系统。该系统包含基于边缘计算和云计算的高炉大数据应用系统架构，系统以高炉为中心，以检测化验数据、生产计划数据、过程控制数据、ERP 系统数据为基础，实现高炉机理建模与数字化仿真系统、高炉过程分析与预测及炉型管理系统、炉长支持系统和基于数据的自学习系统的有机结合[10]。在此基础上，利用大数据关联分析和挖掘方法分析高炉炼铁全流程数据，深入挖掘影响高炉生产和操作的原因，实现操作经验显性化。预计在未来几年内，集团高炉将全部实现高炉智能化生产。

2.6 应用新工艺、新技术

近些年，河钢集团继续保持对铁前新工艺的高度重视，进一步加大科研投入力度、扩大科研资金支持范围，在铁前积极推广新工艺、新技术，主要技术进步体现在以下 4 个方面。（1）高比例球团技术。唐钢青龙炉料公司生产的镁质熔剂性球团二元碱度大于 0.8，抗压强度大于 2200 N，$RDI_{+6.3\ mm}>85\%$，基本满足高炉冶炼需求。不锈钢高炉通过调整基本操作制度，使球团配比达到 60%以上，并连续生产 141 天，其间球团配比最高达到了 80%，已经基本掌握了高比例球团冶炼的基本规律和操作经验。（2）烧结球团新技术。近年来，铁矿粉烧结技术从追求产量和质量转变为降低能耗和清洁生产，一些新技术应运而生。其中对超厚料层烧结、焦炉煤气强化烧结、烧结料面喷水蒸气、新型烟气循环烧结、烧结矿余热利用等技术的应用，对烧结矿提质、减排和降耗意义重大。同时，高压辊磨、润磨预处理技术，赤铁矿、镜铁矿生产球团技术，镁质球团技术，碱性复合球团技术，自熔性球团技术，混合原料球团制备与焙烧技术等均已实现，为河钢集团球团工艺技术跨进世界先进行列提供了坚实的技术支撑。（3）多品种燃料的应用技术。经过长时间的难点突破和技术攻关，兰炭、提质煤等燃料已经成功应用于炼铁领域，大大推动了低阶煤资源在炼铁系统的高效利用，有利于节能减排及降低生产成本。（4）环保快速停开炉技术。针对于高炉检修期间停开炉问题，河钢集团积极探索，在停炉过程中，通过快速引煤气、铁口富氧鼓风、快速降硅、出铁控制等技术，实现了 2 h 内煤气全引，对空放散大幅度减少。同时，实现了高炉开炉 3 天快速达产进入正常生产模式的关键目标。

除上述新技术以外，河钢集团在高炉炉顶均压煤气回收、超高碱度烧结矿提产、低水低碳厚料层烧结、低硅烧结、大型封闭料场、出铁平台全封闭、逆流式活性焦脱硫脱硝（CSCR）、烧结混料雾化等技术上均取得了显著的成效，如图 5 所示。

3 高炉管理理念进步

（1）树立目标，明确方向。河钢集团铁前系统树立以高炉为中心、原料为基础、设备为保障的管理理念。深化改革，以高炉顺行为前提，以降本增效为宗旨，以降低消耗为目标，以安全生产为根本，优化炉料结构，改革生产体系，制定事故预案，力求最优的生产经营效果。

（2）定期对标，深挖潜力。河钢集团定期组织开展内部、外部对标会议，以优化操作、寻求突破、解放思想、共同进步为目的，针对特殊性问题进行专题学习研讨。从高炉生产实际出发，将对标工作贯穿于安全生产、降本增效、清洁生产的炼铁全过程。通过自上而下的对标与讨论过程，不断推动河钢集团炼铁各项指标连创佳绩。

（3）查漏补缺，完善制度。河钢集团定期对铁前管理系统进行全面分析，梳理显性问题，排查潜在漏洞，明确改进方向，制定应对措施，并以月例会形式落实每项方案的实施情况，总结经验，全面夯实基础管理，循序渐进，不断进步。在河钢集团不懈努力下，各

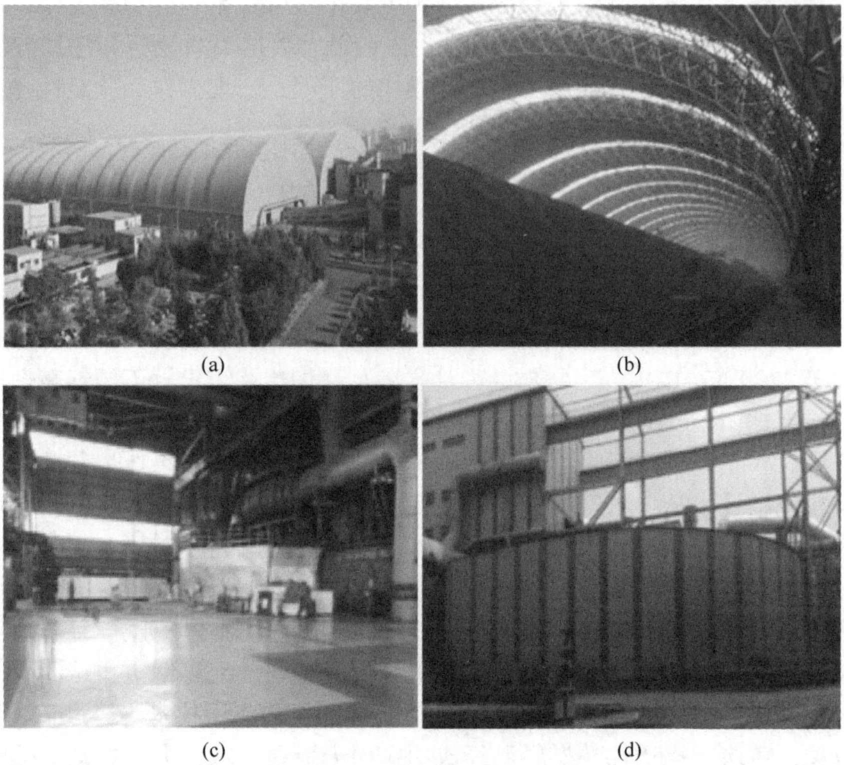

图 5　环保现场

（a）大型环保封闭料场外；（b）大型环保封闭料场内；（c）清洁、平坦化出铁厂；（d）全密封余热利用烧结环冷机

子分公司生产管理水平有了显著的提升。

4　结论

（1）严把精料关。大力对钢铁厂粉、尘、污泥、固废等含有害元素的物料进行高效处理和资源化利用，从根源上降低高炉有害元素带来的不利影响。

（2）进一步提高炉况稳定性，提高高炉煤比，重视长寿控制，提高高炉风温使用水平和高炉智能控制水平，积极拓展应用新工艺、新技术。

（3）针对环保限产常态化问题，做好限产季原燃料准备工作。建立铁前大数据技术综合服务平台，科学合理排产、排计划，协调一切资源，配合铁前物料供给，稳定高炉炉料结构。

（4）主动向行业先进企业学习，积极消化吸收铁前各项新工艺、新技术，在提质增效的基础上，实现高炉低碳绿色清洁冶炼。

参 考 文 献

[1] 王新东，赵军，张倩．践行“一带一路”国家战略，树立“走出去”企业典范［J］．钢铁，2017，52（11）：87.

[2] 王新东，王国栋．从产学研用协同创新新模式助推钢铁行业技术进步［J］．钢铁，2017，52（7）：1.

[3] 陈艳波，张贺顺，郭艳永，等．首钢京唐高炉炼铁技术的进步［J］. 炼铁，2016，35（3）：42-45.
[4] 朱勇军，徐辉，王士彬．宝钢 4 号高炉提高块矿比例实践［J］. 炼铁，2019，38（1）：32-35.
[5] 王波，华建明，宋文刚．宝钢 1 号高炉炉况稳定性改善实践［J］. 炼铁，2016，35（5）：42-45.
[6] 陈军，王志堂，聂长果，等．马钢 4 号高炉保稳顺提煤比生产实践［J］. 炼铁，2019，38（1）：18-22.
[7] 庞江．宣钢 2500 m^3 高炉技术进步［J］. 河南冶金，2018，26（6）：32-34.
[8] 杨占海．河钢邯钢 7 号高炉近年技术进步［C］//2017 第五届炼铁对标、节能降本及新技术研讨会论文集．邯郸：河北省金属学会，2017：5.
[9] 刘振林．济钢近几年铁前系统技术进步［J］. 中国冶金，2009，19（8）：15-18.
[10] 王新东，闫永军．智能制造助力钢铁行业技术进步［J］. 冶金自动化，2019，43（1）：1-5.

基于高炉炉料结构优化的源头减排技术及应用①

王新东，李建新，胡启晨

（河钢集团有限公司，河北 石家庄 050023）

摘　要：为了更进一步降低污染物排放总量，河钢集团在实现污染物超低排放的同时积极开展源头和过程硫硝减排技术研发。针对国内矿粉资源特点和球团、烧结过程污染物生成规律，以减少污染物生成总量为出发点，开发出适于高比例球团冶炼的低排放、低能耗熔剂性球团制备技术，阐明了熔剂性球团焙烧过程吸放热规律，克服了生球爆裂、回转窑结圈等技术难题，成功生产出 SiO_2 质量分数在 4.5%以上，MgO 质量分数为 1.8%左右、二元碱度（R_2）为 1.0 左右的镁质熔剂性球团，并且具备长期连续生产的能力。开发了焙烧温度与球团矿质量调控、燃烧温度与硫硝生成控制技术，使得熔剂性球团抗压强度大于 2200 N/个，SO_2 生成量比酸性球团降低了 20%，比烧结矿产生的 SO_2、NO_x 分别降低 75%和 53%。研发了高比例球团高炉冶炼集成技术，高炉球团质量分数由 20%增加到 80%，燃料比降低 11 kg/t，吨铁 SO_2、NO_x 分别减排 50%和 26%。提出了炼铁流程全生命周期节能减排定量分析方法和持续改进方向，成功实现污染物在源头和过程上的削减。已成功推广至河钢集团 2000 m^3 级、3000 m^3 级高炉和河钢乐亭沿海基地 3000 m^3 级高炉在建项目上，为国内钢铁工业减少污染物排放总量开辟了新的方向。

关键词：高炉；熔剂性球团；源头；污染物；高比例球团

中国钢铁工业正面临着历史上环保要求最严厉的时期，国家已经正式要求钢铁工业要在 2020 年底达到超低排放的标准[1]［PM：10 mg/m^3（标态，下同），SO_2：35 mg/m^3，NO_x：50 mg/m^3］，这是一个比欧美国家排放还严格的标准，实施难度大，投资和运行成本高，再生固体废弃物越来越复杂，继续采用“末端治理”的方法去实现“超低排放”将会付出很大的代价，面对中国钢铁工业不稳定的市场和经济形势，急需找到一种不同于“末端治理”的新的环保低碳途径和开发低成本的环保技术，“源头治理”和“过程治理”是发达国家已经和正在实施的一种深度治理环保问题的方法。中国的钢铁工业是以焦化、烧结造块、高炉炼铁、转炉炼钢为主的长流程，从原料准备开始到高炉的炼铁流程担负着 60%的能源消耗，70%的吨钢成本，90%的污染物排放总量[2]。而高炉是目前世界上单体容积最大、配套最成熟、寿命最长、冶炼效率最高的炼铁装备，在很长时间内还会居于主导地位。高炉冶炼需要大量使用块状原燃料，矿山开采富集的粉状物料需要经过焦化、烧结、球团等高温焙烧造块过程，造成原矿中的硫、氮、重金属等有害元素氧化分解排放到大气中，造成大气环境污染。中国以仅占世界陆地面积 6.44%的国土面积上生产了全世界近一半的钢铁，而国内钢铁产能集中到中东部地区，尤其是京津冀、长三角、珠三角、长江经济带上钢铁带来的环境污染更为集中，这些地区的环境承载能力已经达到上限[3-5]，

① 原文发表于《钢铁》，2019，54（12）。

实现超低排放后污染物总量仍然巨大。因此最大限度降低钢铁行业污染物排放浓度[mg/m^3（标态）]，降低污染物排放总量是环保治理工作的重中之重，也是钢铁工业实现绿色冶炼的首要任务。

河钢集团作为国有特大型钢铁企业，始终秉持“人、钢铁、环境和谐共生”的理念，积极推进“绿色”引领战略，在超低排放基础上，积极开展源头和过程污染物削减技术研究工作。借鉴欧美西方国家发展经验，立足中国矿粉资源特点，开展适于中国钢铁工业现状的绿色钢铁发展之路。

1 钢铁工业的排放现状

钢铁流程污染物排放对比如图 1 所示。2014 年国家统计局数据表明，钢铁工业 GDP 增加值占全国工业总产值的 3.01%，而污染物排放量在工业总污染物中占比较高，SO_2 占 12.8%，NO_x 占 6.5%，烟粉尘占 17.7%，主要集中在焦化、烧结、球团高炉炼铁流程。在整个钢铁流程中，原燃料制备环节的粉尘排放占整个流程排放总量的 60%、SO_2 占 93.5%、NO 占 73.4%[6-8]。其中烧结工序排放质量分数最高，粉尘占 35.4%，SO_2 占 67%，NO_x 占 51.1%。球团工序的污染物排放远低于烧结工序，粉尘占 5.2%，是烧结工序的 1/7，SO_2 占 20.1%，是烧结工序的 1/3，NO_x 占 10.4%，是烧结工序的 1/5。高炉工序粉尘排放在整个钢铁流程中占 20.6%、SO_2 占 1.6%、NO_x 占 14.2%。炼钢和轧钢工序粉尘 19.2%、SO_2 占 2.1%、NO_x 占 7.8%。因此，要实现钢铁行业的绿色发展之路，需要调整现有高炉炉料结构，减少烧结矿，增加球团矿使用质量比例。

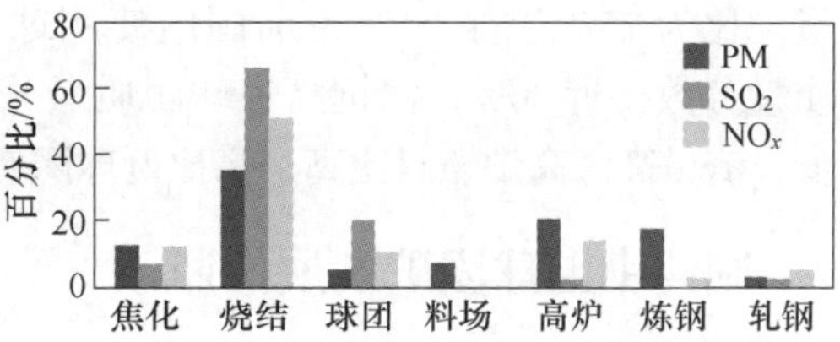

图 1 钢铁流程污染物排放对比

钢铁行业全部达到超低排放标准，按照生铁产量 7 亿吨计算，每年排放到大气中的烟气粉尘约为 8 万吨，SO_2 约为 20 万吨，NO_x 约为 30 万吨。由此可见，钢铁行业达到超低排放标准情况下排放到大气中的污染物总量仍旧很大，尤其是钢铁工业集中地区，排放总量更大[9]。因此要寻求更进一步降低污染物排放总量的源头减排和过程治理措施，通过减少污染物生成量，降低环保投资，降低运行费用，降低污染物排放总量。

而球团矿烟气生成量是烧结矿的 50%左右，在相同烟气排放浓度情况下可以降低一半左右的烟气总量，因此发展球团矿替代烧结矿的冶炼方式能够从根本上减少污染物生成浓度，能够实现污染物源头减排；球团焙烧温度低于烧结矿焙烧温度，制备熔剂性球团可以进一步降低污染物浓度，因此可以通过焙烧温度控制，在过程中降低污染物生成浓度。

欧洲和北美受环保因素的影响，高炉炉料结构由高比例烧结矿逐步转变为高比例球团矿，尤其是瑞典和芬兰的钢铁企业，基于环保政策，取消烧结机，使用全球团冶炼，厂内废料采用冷压块的方式投入高炉冶炼。而北美的高炉炉料结构也是以球团矿冶炼为主，烧结机承接处理筛下粉末和回收废料的功能。高比例球团冶炼不但在原料制备环节上清洁，还具有入炉品位高、渣量低、燃料比低等优势。欧洲 SSAB 钢铁公司高炉球团配比超过 90%，渣量比为 160 kg/t 左右，燃料比为 450 kg/t 左右，比国内同容积高炉平均燃料比低 50~60 kg/t。欧美部分钢铁公司高炉炉料结构见表 1[10,11]。

表 1　炉料结构和重点指标

国家企业	炉料结构/%			利用系数	入炉品位	焦比	煤比	燃料比	渣铁比
	烧结矿	球团矿	冷压块	/(t · m^{-3} · d^{-1})	/%	/(kg · t^{-1})	/(kg · t^{-1})	/(kg · t^{-1})	/(kg · t^{-1})
ArcelorMittal 7 号	20	80	0	2. 4	63. 3	335	120	455	275
USASTEEL 4 号	20	80	0	2. 4	61. 8	300	160	460	250
SSAB 3 号	0	92	8	2. 6	65. 6	300	150	450	166
SSAB 4 号	0	97	3	2. 9	65. 2	352	90	442	153
DOFASCO	0	100	0	3. 2	65. 1	—	—	480	194

中国高炉炉料结构以高比例烧结矿配加少量酸性球团矿或天然块矿为主，烧结矿平均质量配比为 75%左右[12]。目前国内使用球团矿较多的主要钢铁公司如首迁、京唐、太钢等，质量分数接近 30%，河钢高炉球团质量分数为 10%～25%。大量烧结矿入炉，造成入炉品位低、渣量高、高炉燃料比高。高比例球团使用有利于降低燃料比，增加产量，改善高炉指标。

2　制约中国球团矿发展的瓶颈

中国的矿石储量巨大，但平均品位较低（35%左右），需要经过选矿富集。像东北、华北地区的变质-沉积磁铁矿储量超过 200 亿吨，且可选性能好，经选矿后可以获得含铁 65%以上的精矿[6]。这类富选铁精粉粒度细，很适于造球。但由于选矿成本高，被低价进口铁矿石冲击，导致开采规模减小。铁矿资源以高 SiO_2 型铁矿精粉为主，制备的酸性球团矿 SiO_2 质量分数更高，造成冶金性能差，带入高炉的渣比高，冶炼技术不成熟，使得球团质量分数一直比较低。

国内球团矿生产主要采用链箅机-回转窑工艺，生产熔剂性球团难度大。传统的酸性球团为 Fe_3O_4 氧化再结晶固结，其矿物组成以赤铁矿为主，仅存在微量的 $FeO\text{-}SiO_2$ 二元系液相；而熔剂性球团为 Fe_3O_4 氧化再结晶和 $FeO_x\text{-}SiO_2\text{-}CaO\text{-}MgO\text{-}Al_2O_3$ 五元系液相黏结相结合，存在铁酸钙、复合铁酸钙等有益矿物和 $CaO\text{-}SiO_2$、$CaO\text{-}FeO\text{-}SiO_2$、$CaO\text{-}SiO_2\text{-}MgO$ 系低熔点物相[7]，造成熔剂性球团强度偏低、产量低、回转窑结圈等问题。

包括中国在内的亚洲地区高炉多数是以高比例烧结矿为主，烧结矿可以使用粉状物料，大多数以进口铁矿粉为主，进口铁矿粉品位高，价格便宜，这就造成烧结成本相对较低。相反，生产球团要以铁精粉为主，国内矿山铁精粉成本较高，进口精粉价格更贵，这就造成球团成本升高。从原燃料使用成本上，球团成本要高于烧结矿成本。另外，国内以生产酸性球团为主，SiO_2 质量分数偏高，冶炼不经济，高炉不能高比例配加，高炉燃耗不能大幅降低，无法弥补原料上升的成本，使得球团冶炼的经济性无法发挥出来，以至于大多数钢铁企业不愿意也不能大比例使用球团矿。近十年高炉球团矿质量分数和铁矿石价格对比如图 2 所示。

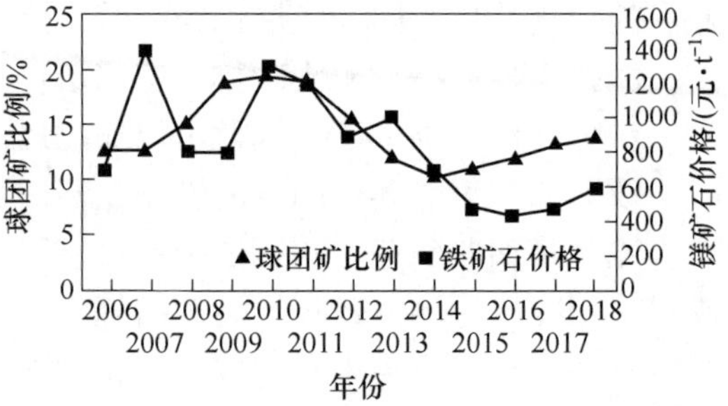

图 2　近 10 年国内高炉球团矿质量分数与铁矿石价格对比

在超低排放的基础上，进一步降低污染

物排放总量，降低环保投资和运行费用，就需要减少烧结矿使用量，多使用相对清洁的球团矿，开发适于中国矿粉资源特点的优质冶金球团，达到高比例球团冶炼，实现钢铁工业绿色可持续发展。河钢集团使用冀东地区磁铁矿精粉，搭配使用南非 PMC 精粉，成功实现了低排放熔剂性球团工业化生产和高炉高比例球团矿冶炼。

3 低排放熔剂性球团制备

3.1 SO_2、NO_x减排原理及效果

河钢唐钢青龙炉料为单独球团制备企业，具备年产 200 万吨链箅机-回转窑氧化球团生产能力，使用煤粉作为热源。为了更深入地了解硫、氮元素的来源和去向，对原燃料和相应产品进行了大量的实验室研究。结果表明，煤粉中硫元素以 FeS 和有机硫两种形态存在，且有机硫占最主要部分，质量分数达 86.8%；球团混匀精粉中硫元素以 FeS 和硫酸盐形态存在。煤粉燃烧后，全部的 FeS 和几乎全部的有机硫被氧化；球团混料焙烧后，FeS 全部被氧化，在熟矿中只存在硫酸盐形态的硫，这是由于原料中添加的熔剂和黏结剂成分中的钙元素质量分数较高，钙和硫结合生成硫酸钙和亚硫酸钙。这证明了碱性熔剂起到一定的固硫作用，因此提高球团碱度，制备熔剂性球团有利于降低球团烟气 SO_2 生成总量，结果表明生产碱度 1.0 的熔剂性球团比生产碱度 0.3 的酸性球团 SO_2 浓度降低 25.13%。

通过模拟热工参数变化对温度场和浓度场的影响来确定 NO_x 的生成和分布。NO_x 是氮元素在高温有氧燃烧条件下产生的，燃烧过程中 NO_x 依据生成机理可分为热力型 NO_x、燃料型 NO_x 和快速型 NO_x 3 种类型。热力型 NO_x 是空气中的氮气在高温富氧条件下与氧气反应生成的氮氧化物，窑头火焰温度高达 1900~2000 K，满足热力型 NO_x 生成所需要的温度要求；燃料型 NO_x 主要由煤粉中的氮氧化物与周围氧气反应得到的；快速型 NO_x 是在较低温度下空气中的 N_2 与燃料中含有的碳氢化合物结合出现的，煤粉燃烧中其产生的质量分数不足 5%。因此，对熔剂性球团回转窑内燃烧的数值模拟只考虑了热力型 NO_x 和燃料型 NO_x 两种，其浓度分布特征如图 3 所示。

回转窑内 NO_x 和 NO 分布云图如图 4 所示。由图 3 和图 4 可知，回转窑内的 NO_x 组分浓度分布与温度分布有着紧密的相关性，峰值主要集中在窑头区域和燃烧形成的高温区域。在窑身长度 25 m 后 NO_x 的生成量很少，这是由于煤粉燃烧在窑头位置时尚处于初始阶段，此阶段主要发生的是煤粉的热解，逸出的挥发分和燃烧区域内氧气的浓度均较高，因此该区域生成了大量燃料型 NO_x 和极少量的热力型 NO_x；随着反应的继续进行，煤粉热解后形成的残余焦炭继续燃烧，窑内烟气的温度逐渐升高，热力型 NO_x开始大量生成。结合图 4 可以看出，在 10~17 m 的温度峰值靠后区域，窑内 NO_x 的浓度达到最大值。在 25 m 后由于燃烧反应基本完成，窑内温度逐渐降低，低于热力型 NO_x 的生成温度在1600 K，故窑内 NO_x 的浓度逐渐减少。

通过对熔剂性球团生产过程热工参数进行精确控制，在确保球团矿质量，减少回转窑结圈等方面，通过调整焙烧温度，控制生成 $CaO-SO_2$、$CaO-FeO-SO_2$、$CaO-SO_2-MgO$ 系低熔点物相量等措施，尽可能减少污染物 NO_x 生成总量。结果表明，焙烧温度较酸性球团降低 40~60 ℃，熔剂性球团比酸性球团 NO_x 生成量降低 4.91%，燃料中的氮元素全部氧化成 NO_x 进入烟气中，局部火焰区域产生热力型 NO_x 所占质量分数很少。

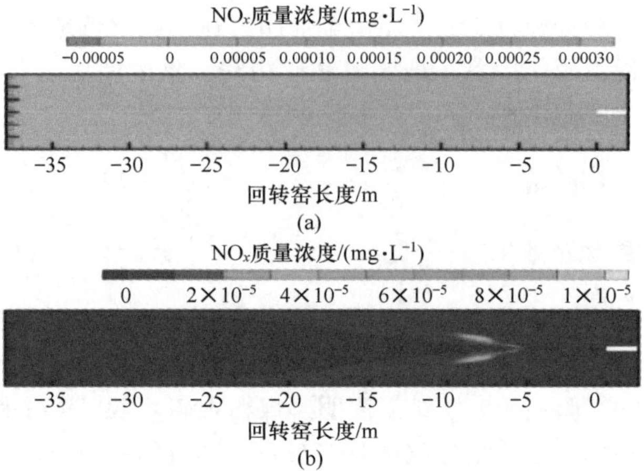

图 3　不同类型 NO_x 分布云图

（a）燃料型；（b）热力型

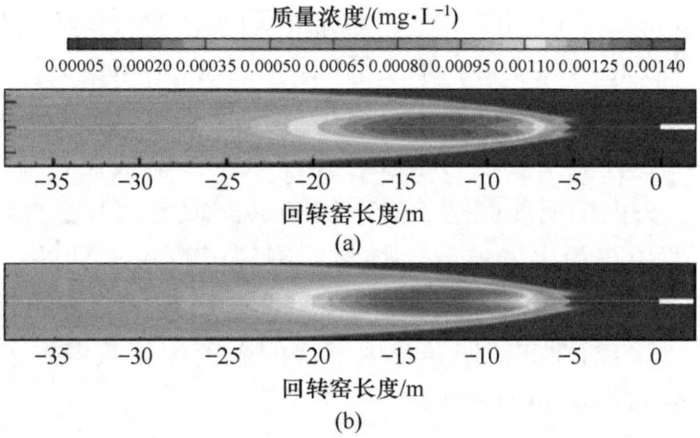

图 4　NO_x 和 NO 分布云图

（a）NO_x；（b）NO

3.2　球团矿质量和冶金性能

在链箅机-回转窑工艺中制备中高硅熔剂性球团难度较大，涉及回转窑结圈、球团粉化、表面黏结等难题。欧洲和国内制备熔剂性球团的 SO_2 质量分数普遍低于 3.5%，中高硅熔剂性球团仅限于实验室研究阶段，还没有工业生产的先例。为此河钢集团根据国内矿粉 SO_2 高的实际情况，合理匹配精粉资源，成功生产出 SO_2 质量分数在 4.5%以上，R_2 为 1.0 左右的镁质熔剂性球团，具备长期连续生产的能力。熔剂性球团与普通酸性球团典型成分对比见表 2。熔剂性球团因添加钙镁等熔剂品位由 63.10%降低到 61.80%，SO_2 质量分数为 4.50%，MgO 质量分数为 1.80%，二元碱度为 0.98，解决了回转窑结圈等制约高硅熔剂性球团生产的问题，完全满足高比例球团冶炼需要。

表 2 球团成分

球团种类	w(TFe)/%	$w(SO_2)$/%	w(MgO)/%	碱度
普通酸性球团	63.1	5.8	1.4	0.31
美质熔剂球团	61.8	4.5	1.8	0.98

因添加镁质熔剂，熔剂性球团与酸性球团相比，除抗压强度和低温还原粉化性能外，熔剂性球团的其他冶金性能均优于普通酸性球团，虽然抗压强度和低温还原粉化性能低于普通酸性球团，但仍处于较高水平，满足高炉炼铁要求。

球团冶金性能见表 3。由表 3 可知，熔剂性球团还原性能比酸性球团增加了 15.58 个百分点，膨胀指数改善了 2.53 个百分点，软化开始温度增加了 33 ℃，软熔温度区间降低，明显接近于烧结矿，有利于高炉软熔带厚度的降低，降低高炉料柱阻力。

表 3 球团冶金性能

球团种类	抗压强度 /N	膨胀指数 /%	还原性能 RI/%	低温还原粉化/%					
				$RDI_{>6.3\ mm}$		$RDI_{>3.15\ mm}$		$RDI_{<0.5\ mm}$	
普通酸性球团	2635	14.53	61.32	95.0		96.3		3.3	
镁质熔剂球团	2549	12.00	76.90	85.7		88.1		5.4	
T_{10}/℃	T_{40}/℃	ΔT/℃	T_S/℃	T_D/℃	ΔT_{DS}/℃	T_m/℃	ΔP_{max}/kPa	ΔH/mm	S/(kPa · ℃)
1214	1334	120	1367	1490	123	1472	7.0	20.5	431
1247	1349	102	1387	1481	94	1469	5.1	18.2	240

3.3 减排效果对比

通过提高碱度、降低焙烧温度、优化工艺参数等措施，熔剂性球团污染物生成浓度进一步降低，与烧结矿相比，烟气流量、污染物浓度得到大幅降低，由具备污染物检测资质的第三方机构检测烧结、球团烟气浓度结果如图 5 所示。

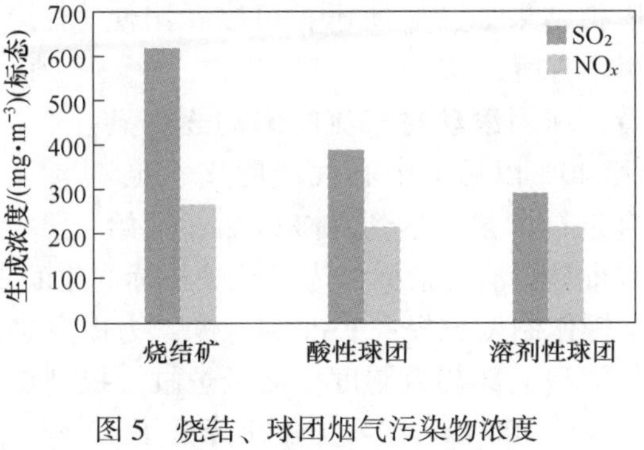

图 5 烧结、球团烟气污染物浓度

熔剂性球团 SO_2 浓度比酸性球团降低 98 mg/m^3（标态，下同），降低了 25%，NO_x 浓度持平。与烧结矿相比，熔剂性球团生成的 SO_2 由 617 mg/m^3 降低到 292 mg/m^3，降低了 53%；NO_x 由 263 mg/m^3 降低到 220 mg/m^3，降低 16%。

根据现场第三方实际检测浓度和烟气量计算，每生产 1 t 烧结矿和球团矿所生成的 SO_2、NO_x 总量对比如图 6 和图 7 所示。

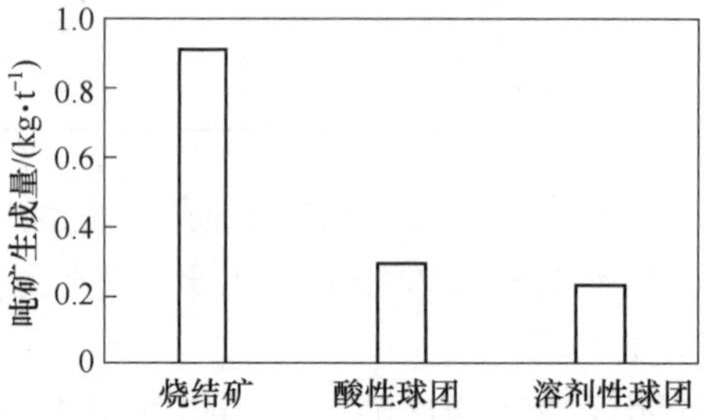

图 6　烧结、球团 SO_2 生成量对比

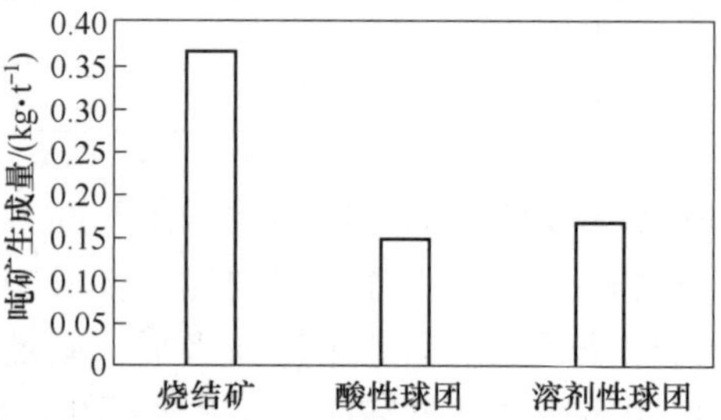

图 7　烧结、球团 NO_x 生成量对比

如图 6 所示，折合成相同硫负荷情况下，每吨熔剂性球团 SO_2 生成量由酸性球团的 0.29 降低到 0.23 kg/t，降低了 0.06 kg/t，降低了 20%；比烧结矿 0.92 kg/t 降低了 0.69 kg/t，降低幅度 75%。

如图 7 所示，折合成相同氮负荷情况下，因熔剂性球团和酸性球团 NO_x 浓度持平，而熔剂性球团产量降低，吨矿烟气量增加，导致生成总量比酸性球团有所增加；与烧结矿相比，由 0.37 kg/t 降低到 0.17 kg/t，降低了 0.20 kg/t，降低幅度 54%。

4　高比例球团矿冶炼

河钢唐钢在不锈钢公司 450 m^3 高炉上开展高比例球团工业试验，球团质量分数由 20%增加到 80%，炉况稳定性优于同级别高比例烧结矿冶炼高炉。针对高比例球团布料规律和软熔带位置变化规律先进行实验室对比试验和数值模拟研究，炉内软熔带位置随着球团质量比例的提高有一个先升高的过程，然后又有所降低；软熔带的厚度先变厚，球团比例从 31%提高到 50%以后就开始变薄。高炉不同球团质量分数煤气利用率模拟结果如图 8 所示，可以看出使用高比例球团后煤气利用率有所升高。

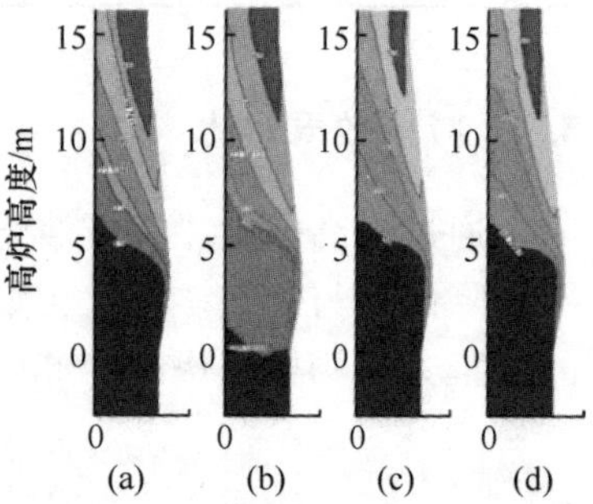

图 8　不同球团比例煤气利用率模拟结果
（a）20%；（b）40%；（c）60%；（d）80%

从现场冶炼结果来看，球团滚动对气流的影响逐步显现，尤其是球团配比达到 40%以后，中心气流明显不足，需要上下部操作制度配合进行调整。达到 60%以后，开始谋求优化高炉技术指标，将降低消耗指标作为了高炉指标优化的重点。在达到 80%球团配比后，高炉通过优化基本操作制度，提高炉况顺行度，为提高焦炭负荷和煤比创造条件，通过合理调整下部送风制度和上部装料制度，活跃炉缸，提高煤气利用率，降低燃料比，与试验基准期比较，渣比降低 100 kg/t，入炉焦比降低了 18 kg/t，煤比提高了 7 kg/t，煤气利用率提高了约 1.5%，燃料比降低了 11 kg/t。因高炉处于炉役后期，不得不采取降低冶炼强度，提高炉温，增加钛矿负荷等措施，导致高炉燃料比降低幅度不大，高比例球团冶炼的优势未完全发挥出来，但应用镁质熔剂性球团后高炉稳定性明显优于同级别高比例烧结矿冶炼高炉，高炉铁水质量未受影响。

通过使用熔剂性球团进行高比例球团冶炼试验结果表明，在国内矿粉资源条件下，生产中高硅熔剂性球团完全可行，高比例球团冶炼效果良好，能够从源头和过程实现污染物减排，能够更大程度降低污染物排放总量。通过计算得到的污染物减排效果如图9所示。

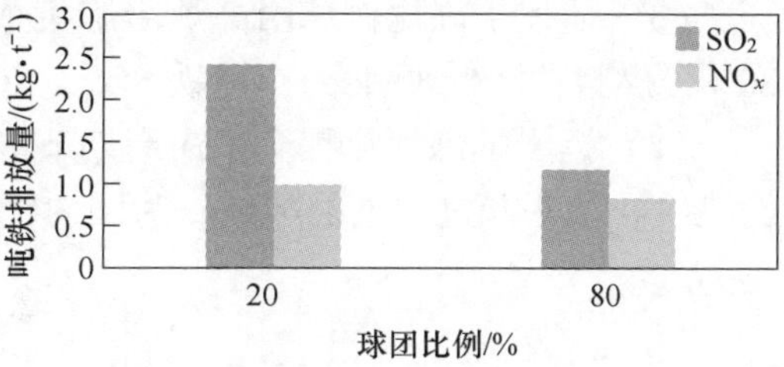

图9 高比例球团冶炼结果对比

高炉球团质量分数达到80%，相比基准期20%球比时计算可知：SO_2 由2.4 kg/t Fe降低到1.2 kg/t Fe，降低幅度50%，NO_x 由1.0 kg/t Fe降低到0.8 kg/t Fe，降低幅度26%。

鉴于高比例球团冶炼效果，河钢唐钢在2000 m^3 级、3000 m^3 级高炉均配加使用熔剂性球团，高炉炉况稳定顺行。进一步推广至河钢乐亭钢铁公司产能转移搬迁项目上，为降低中高硅熔剂性球团制备难度，采用带式焙烧机氧化球团生产线，按照50%以上的球团质量分数进行整体配置。

5 经济、社会环境效益

相比酸性球团而言，熔剂性球团冶金性能得到极大改善，适应高炉高比例球团冶炼需求，球团售价和冶炼经济性都得到提高。从现场运行结果来看，在相同污染物治理工艺条件下，熔剂性球团烟气浓度相比烧结矿降低50%左右，污染物脱硫剂成本和运行费用仅为烧结矿的一半。另一方面球团品位的提高，弥补了售价提升的不足，高炉渣比得到降低，高炉吨铁综合成本降低41元。

带来经济效益的同时更带来巨大社会环境效益，通过使用LCA的炼铁流程污染物排放、能耗的减排潜力和持续改进的定量分析方法得出结论：温室效应是炼铁流程中对环境造成影响的主要因素，球团资源消耗潜力（ADP）和酸化（AP）次之，分别为27.26%和17.30%；烧结酸化（AP）和光化学毒性（POCP）次之，分别为23.45%和7.21%；高炉酸化（AP）和光化学毒性（POCP）次之，分别为35.51%和10.56%。本项目在源头上有效降低污染物生成总量，吨铁 SO_2 生成量减少1.45 kg，NO_x 生成量减少0.32 kg，CO_2 生成量减少10.67 kg。

按全国生铁产能7亿吨，一半产能推广计算：每年炼铁工序 SO_2 生成量减少50万吨，NO_x 生成量减少12万吨，CO_2 生成总量降低370万吨。

6 结论

（1）河钢集团在链箅机–回转窑氧化球团流程中成功实现了中高硅熔剂性球团工业化生产，在高炉上成功实现了高比例球团矿冶炼应用。开发了低排放熔剂性球团焙烧技术，阐明了熔剂性球团焙烧过程吸放热规律，克服了生球爆裂、回转窑结圈等技术难题，成功生产出 SO_2 质量分数在4.5%以上，二元碱度（R_2）为1.0左右的镁质熔剂性球团，并且具备长期连续生产的能力。

（2）开发了与之相适宜的低排放熔剂性球团焙烧技术，获得了焙烧温度与球团矿质量调控、燃烧温度与热力型氮氧化物生成量控制平衡点，使得每吨熔剂性球团 SO_2 生成量比酸性球团降低了20%；比烧结矿产生的 SO_2、NO_x 分别降低75%、53%。

（3）研发了高比例球团高炉冶炼集成技术，高炉应用该球团质量分数由 20%增加到 80%，燃料比降低 11 kg/t，吨铁 SO_2、NO_x 分别减排 50%、26%。

（4）提出了炼铁流程全生命周期节能减排定量，分析方法和持续改进方向，成功实现污染物在源头和过程上的削减，为国内钢铁工业减少污染物排放总量开辟新的方向。

参 考 文 献

[1] 河北省环境保护厅，河北省质量技术监督局 . DB13/2162018 钢铁工业大气污染物超低排放标准 [S]. 石家庄：河北省环境保护厅，河北省质量技术监督局，2018-09-19.

[2] 胡启晨，姜曦 . 高炉炉料结构调整是源头减排的必然趋势 [N]. 中国冶金报，2017-10-19.

[3] 郝吉明，许嘉钰，吴剑，等 . 我国京津冀和西北五省（自治区）大气环境容量研究 [J]. 中国工程科学，2017，19（4）：13.

[4] 李新创 . 加快钢铁“绿色制造”提升绿色发展水平 [J]. 冶金经济与管理，2019（2）：4.

[5] 殷瑞钰 . 绿色制造与钢铁工业——钢铁工业的绿色化问题 [J]. 科技和产业，2003（9）：25.

[6] 杨晓东，张玲，姜德旺，等 . 钢铁工业废气及 $PM_{2.5}$ 排放特性与污染控制对策 [J]. 工程研究-跨学科视野中的工程，2013，5（3）：240.

[7] 贺泓 . 氮氧化物选择性催化还原研究新进展 [C]. 中国化学会 . 第十一届全国环境催化与环境材料学术会议论文集 . 2018：1.

[8] 殷瑞钰 . 流程工业的绿色发展是当务之急 [N]. 中国电子报，2015-09-08.

[9] 李冰，李新创，李闯 . 国内外钢铁工业能源高效利用新进展 [J]. 工程研究-跨学科视野中的工程，2017，9（1）：68.

[10] 叶匡吾 . 欧盟高炉炉料结构述评和我国球团生产的进展 [J]. 烧结球团，2004（4）：4.

[11] 许满兴，张玉兰 . 新世纪我国球团矿生产技术现状及发展趋势 [J]. 烧结球团，2017，42（2）：25.

[12] 沙永志 . 国外炼铁生产及技术进展 [N]. 中国冶金报，2015-11-26.

焦化能源流高效集成关键技术研发与应用①

王新东，刘　义，黄世平

（河钢集团有限公司，河北 石家庄 050023）

摘　要：针对焦化能耗高、能效低的产业现状，基于冶金流程工程学理论，研发了一系列焦化余热余能回收关键技术。其中，自主研发的高压高温干熄焦余热回收技术，实现吨焦产 540 ℃、9.81 MPa 的高品质蒸汽 550 kg，降低焦炭烧损率 0.2%；研发的纳米多层复合结构温度可控的上升管一体化余热回收技术。实现了上升管出口的荒煤气温度由 804 ℃降至 552 ℃，实现吨焦产蒸汽 119 kg；研发的煤调湿技术降低了配合煤水分 4%，降低工序能耗 250.8 MJ 每吨煤；研发的导热油作热载体的能源高效利用技术，实现了脱苯能耗降低 30.6%和蒸氨能耗降低 21.4%。脱苯效率提高 0.15%，过程无废水产生；研发的多塔连续粗苯萃取精制和高效复合萃取剂技术，实现了苯纯度达 99.95%，甲苯纯度达 99.8%以上，二甲苯流程控制在 5 ℃以内，噻吩纯度达 99.0%，还实现了全过程不消耗蒸汽。这些关键共性技术在河钢大型焦炉上的成功实施引领了我国焦化行业向能源利用高效化、资源利用深度化的可持续方向发展。

关键词：焦化；能源流；高效集成；技术；绿色转型

焦化行业能耗占整个钢铁行业的 17%，每年全行业约 2245 万吨标准煤的余热余能尚未回收利用[1,2]。焦化行业能源流高效利用是节能减排发展的重要方向[3,4]。焦化行业的能源回收利用主要有两个方面：一方面，炼焦过程中焦炭、荒煤气、焦炉烟气 3 种余热能源约占焦炉输出热量的 90%[5-8]，其特点是能质高、排放集中，目前尚未高效利用，而占整个炼焦能源损失约 10%的焦炉炉体散失热量，因能流相对分散、品质低等特性，不易集中回收利用，且近年来因保温材料的发展，进行了相关强化保温处理[9,10]；另一方面，煤气净化工艺的脱苯与蒸氨两大工序有占工序 50%的余热余能[11,12]，需要深度挖掘利用。

河钢集团有限公司（以下简称河钢）目前焦化工序拥有 12 座 6 m 以上焦炉，年均生产焦炭 770 万吨。针对焦化行业各种余热余能难以高效回收利用的现状，河钢研究了一系列焦化余热余能回收关键技术，分别为高压高温干熄焦余热回收技术、纳米多层复合结构温度可控的上升管一体化余热回收技术、煤调湿技术、导热油作热载体的能源高效利用技术、多塔连续粗苯萃取精制和高效复合萃取剂技术等。这些关键共性技术的实施开创了冶金流程工程学能源流在焦化产业的系统集成应用，为钢铁工业创新驱动、转型升级、节能减排和绿色发展树立了成功典范，为京津冀一体化冶金绿色发展起到示范引领作用。

1　焦化能源流高效利用技术集成研发的思路

河钢采用产学研结合，以集中组织、协同攻关、分步突破、集成推广应用的方法，以

---

① 原文发表于《化工进展》，2018，37（8）。

占比 90%的炼焦工序余热余能高效利用、占比 50%的煤气净化工序余热余能深度挖掘利用为主要研究对象，重点开发高压高温干熄焦余热回收技术、纳米多层复合结构温度可控的上升管一体化余热回收技术、煤调湿技术、导热油作热载体的能源高效利用技术、高效低耗连续的粗苯萃取精制技术等行业关键共性技术，集成推广应用，建成创新性应用示范，实现焦化产业绿色转型。总体思路如图 1 所示。

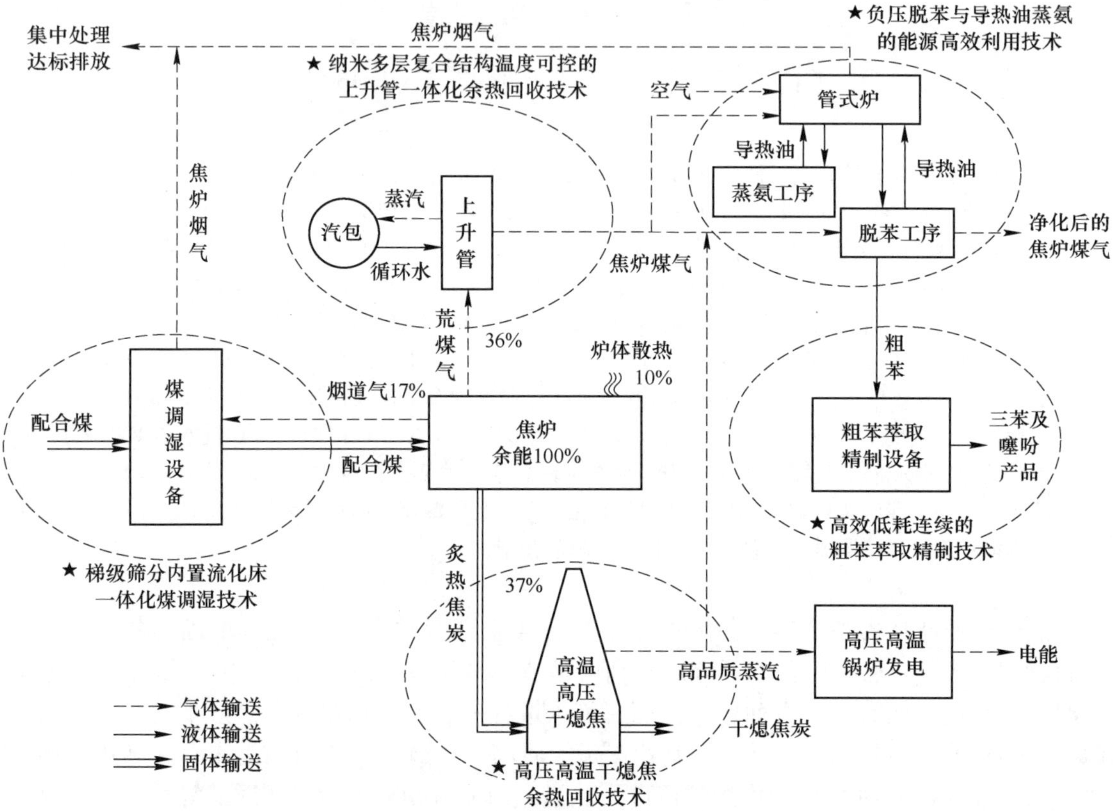

图 1　焦化流程能源流及高效利用关键技术分布图

2　研发和应用的焦化能源流集成关键技术

2.1　高压高温干熄焦余热回收关键技术

（1）开发干熄焦能效提高技术[13-18]。干熄焦炉内的传热过程是多模式的混合传热，包括对流传热和辐射传热，换热介质成分复杂。根据多孔固体介质传热理论，采用非局域热平衡法，对干熄炉内循环气体和炽热焦炭之间的流动与传热过程进行了详细分析研究，建立一维数学模型，即只研究干熄炉内沿炉体高度方向的流动与传热规律，如图 2 和图 3 所示。

对循环气体得到式（1），对焦炭得到式（2）。

$$\frac{\partial(\rho_f u_f c_f T_f)}{\partial X} = \frac{\partial\left(\varepsilon\lambda_f \dfrac{\partial T_f}{\partial X}\right)}{\partial X} + a_v(T_s - T_f) \tag{1}$$

$$\frac{\partial(\rho_s u_s c_s T_s)}{\partial X}=\frac{\partial\left[(1-\varepsilon)\lambda_s\frac{\partial T_s}{\partial X}\right]}{\partial X}+a_v(T_f-T_s) \tag{2}$$

式中 T_f，T_s——循环气体和炽热焦炭的入口温度，K；

u_f，u_s——循环气体和炽热焦炭的截面平均速度，m/s；

ρ_f，ρ_s——循环气体和炽热焦炭的密度，kg/m^3；

c_f，c_s——循环气体和炽热焦炭的定压比热容，J/(kg·K)；

λ_f，λ_s——循环气体和炽热焦炭的热导率，W/(m·K)；

a_v——循环气体和炽热焦炭之间的容积对流换热系数，$W/(m^2 \cdot K)$；

ε——孔隙率。

由式（1）和式（2）可以得到，干法熄焦过程中的传热效率主要受到生产过程中的循环气体温度 T_f、焦炭温度 T_s、循环气体流速 u_f 和焦炭下落速度 u_s 等因素的影响。

通过优化预存室及冷却室的高径比，建立适宜高径比为 1.95 的干熄炉。特别是通过改变循环气体和焦炭在干熄炉内的流动速度，有效降低焦炭床层阻力及焦炭在炉内活跃区域停留时间，以及减少焦炭烧损以及风机运行压头，从而大幅提高干熄焦过程中的能源利用效率。

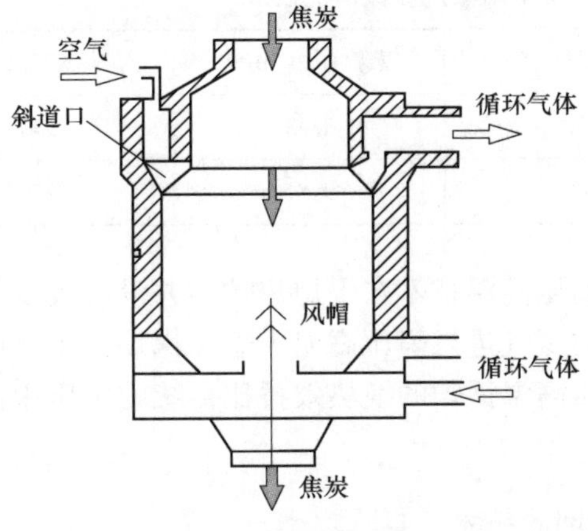

图 2 干熄炉示意图

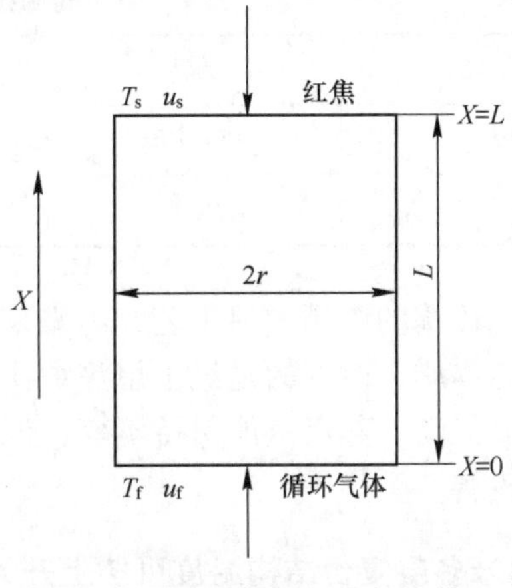

图 3 干熄炉冷却室一维物理模型

（2）开发干熄焦烧损率控制技术。通过干熄焦烧损率影响因素的研究，建立 CO 体积分数、空气导入量与烧损率的关系模型（见图 4），并建立烧损率与生产热力负荷的关系模型，如图 5 所示。

从图 4 可见，利用空气导入量、CO 体积分数和干熄焦烧损率之间的关系模型，优化影响干熄焦烧损率的 3 个主要因素，即空气导入量、可燃成分含量和预存室压力，再利用正交实验的方法优化出最佳的干熄焦操作条件。

图 5 表明，优化干熄焦烧损率、锅炉蒸汽量和预存室压力等工艺条件，逐步降低干熄焦烧损率。通过优化过程控制参数，将焦炭处理量 190 t/h 的超大型干熄炉内可燃成分含量控制在 6%，实现了干熄炉烧损率由 1.3%降低至 1.1%以下，相比同类型干熄焦操作指标达到最优。相比传统工艺的可燃成分 4%，高压高温技术的可燃成分含量增加 2%，可燃成分越高，烧损率越低。

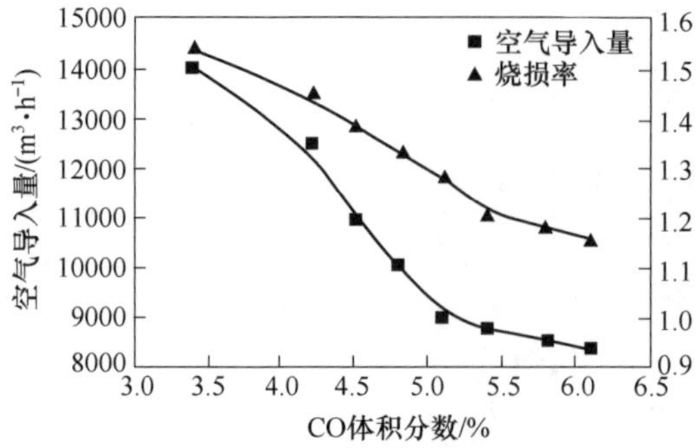

图 4　CO、空气导入量与烧损率关系曲线

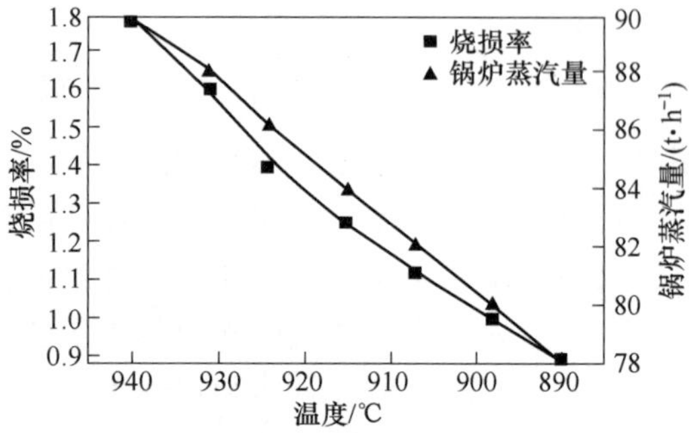

图 5　烧损率与生产热力负荷关系曲线

通过上述技术研发，大幅提高干熄焦蒸汽品质，使得干熄焦产蒸汽压力达到 9.81 MPa，温度达到 540 ℃，蒸汽产量保持不变，吨焦产蒸汽 550 kg。传统中温中压与高温高压工艺技术产生的蒸汽品质对比见表 1。由表 1 可见，相比传统的中压中温工艺，高压高温技术的蒸汽品质明显提高，而且保证蒸汽产量不减少。

表 1　高压高温蒸汽和中压中温蒸汽参数对比表

工艺	类型	蒸汽温度/℃	蒸汽压力/MPa	吨焦产汽/kg
传统工艺	中压中温	450	3.43	550
本技术	高压高温	540	9.81	550

相比传统的中压中温工艺，本文采用的高压高温技术在干熄焦炉内并没有改变氮气冷却氮气的本质，改变的是经干熄焦炉换热后的氮气进入高压高温干熄焦锅炉，生产的蒸汽品质明显提高，蒸汽量能保持不变，说明高压高温锅炉的换热效益比传统的中压中温锅炉要明显改善。

2.2　纳米多层复合结构温度可控上升管余热回收技术

（1）开发大型焦炉上升管余热高效回收系统[19-22]。开发的焦炉上升管荒煤气显热高效回收系统，该余热回收换热系统采用的此结构形式不同于以往的任何换热装置，不但克服了以往换热装置的种种弊病，而且有效消除了周期性热应力的破坏问题，与传统换热器相比，具有耐高温、耐磨、耐腐蚀、使用寿命长、换热效率高等优点，且能够满足余热资源节能回收利用周期短、效果好的要求。

（2）研发新型上升管余热高效回收装置。余热高效回收装置的导热主体采用具有纳米结构的硅铝合金复合材料，采取高温熔融及喷涂复合的方式制备硅铝合金复合材料。使用新型高效上升管余热回收装置前、后的上升管内筒壁温度变化如图 6 所示。从图 6 可见，使用新型上升管余热回收装置后，上升管出口的荒煤气温度大幅下降，由使用前的平均 804 ℃降至使用后的平均 552 ℃，降低了 252 ℃。

（3）研发上升管余热高效回收的运行状态监测系统。由于焦炉炉顶操作环境复杂，炉顶上升管内荒煤气温度及流量波动较大，上升管换热器在应用过程中内部热流冲击较大，加之炉顶其他动态车辆运行等可能对其运行产生影响，为此设置有余热回收运行状态监测系统，以保证上升管换热器安全、平稳运行。同时，位于推焦车和装煤车上的测温仪获取了换热器的温度，当超过设定范围时，通过上面的报警装置产生报警。运动件上设置激光测距仪，通过测距仪能够定位到出现问题的换热器，实时监测上升管换热器的工作状态。

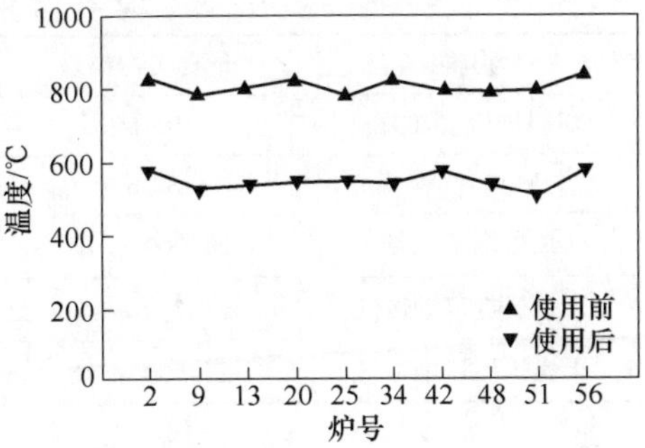

图 6 使用新型高效上升管余热回收装置前后的上升管内筒壁温度

（4）研发上升管余热回收自动控制系统。在上升管换热器的应用中，荒煤气温度一旦控制不当，很容易造成操作事故。如果荒煤气温度降幅过大，就会造成上升管结焦堵塞，如果荒煤气温度过高，上升管换热器的换热效率就会很差，甚至造成上升管换热器出现“干烧”而发生损坏。为了避免上述情况的发生，保证上升管换热效果及排出荒煤气温度的有效控制，安全、可靠地回收上升管荒煤气显热，有效监测控制系统的运行状态，特别是上升管排出烟气的温度控制，确保系统安全正常运行，降低事故发生率，开发了上升管荒煤气显热回收自动控制系统，实现了最大限度地利用上升管荒煤气的余热，保证在荒煤气发生量最大时出口温度达到稳定控制在 550 ℃左右，并控制荒煤气中焦油在内筒壁的吸附和石墨生长，可以最大限度地实现荒煤气在上升管系统的热量交换，有利于保证上升管换热器产生的蒸汽能连续稳定产出及安全稳定运行。

2.3 煤调湿技术[23-27]

目前，河钢 4 座 7 m 焦炉加热采用混合煤气，拥有丰富烟道气余热资源，建设烟道气煤调湿装置条件好。在设计之初，通过对国内现有的煤调湿工艺和装置的广泛调研，最终确定选用卧式全沸腾旋流流化床调湿机，并对调湿机本体结构进行较大改进，变单室配风为多室配风，并对各室风量设计自动联锁控制；出调湿机粉煤灰回收一改传统的先重力除尘再布袋除尘的粉料收集工艺，采用具备惯性力除尘和布袋除尘的细粒捕集装置，为防止烟道废气输送过程中热量损失，输送烟气管道采用内保温+外保温双层保温工艺，同时针对投产后出现的细粒捕集装置双层卸灰阀下料不畅、气力输送装置输送能力偏低、压球成型装置故障率高均进行了双层卸灰阀的改造。

（1）采用全沸腾旋流流化床煤调湿工艺。采用全沸腾旋流流化床调湿机进行装炉煤的调湿处理，利用焦炉烟道废气作为热源，热回收效率可达 72.3%以上，干燥效率可达到 70.0%。为了充分利用焦炉烟道气所携带的热量，全沸腾旋流流化床干燥机改变了传统流化床的结构，使煤料在设备内处于流化状态并呈螺旋线前进，延长了煤料在设备内与热风接触时间、保证调湿效果并优化了设备的外形尺寸，从而完成调湿的工艺过程并保持在一定条件下调湿煤水分基本恒定。全沸腾旋流流化床调湿机将封闭式机壳内全沸腾旋流流化床分为干燥前段和干燥后段，干燥前段下方和干燥后段下方分别设有 2 个独立风室，分别与进气管道连通，并设有独立调节装置，其典型的工艺操作参数见表 2。从表 2 可知，干燥机各处的物料指标变化能直观地在控制室显示出来。

表 2　干燥机典型操作参数表（单台）

物料	介质或物料量	水分/%	温度/℃	压力（表）/Pa
煤料进口（湿煤）	195 t/h	12.19	常温	—
煤料出口（湿煤）	183 t/h	7	42	—
焦炉烟道气量	243000 m^3/h	—	220	—
干燥机进口烟道气	218700 m^3/h	—	200	3500
干燥机出口烟道气	219500 m^3/h	水蒸气露点 50 ℃	60	±100

该调湿机与其他传统调湿机相比，其优点有：利用焦炉烟道废气为热源干燥入炉煤，无需补充热源；设备设计处理能力 195 t/h，经标定从低负荷 62%至高负荷 123%均能平稳运行，操作弹性大，满足焦化作业需要；调湿机出口烟气含尘量约占调湿煤总量的 5.81%；全沸腾旋流流化床干燥机自动化控制程度高，易于操作控制；设备设计合理，无机械传动部件，易于维护，维护成本较低。

（2）采用集惯性力除尘和布袋除尘为一体的细粒捕集装置回收粉煤灰。传统工艺为出调湿机后含粉煤灰过程气直接进入重力除尘器，然后再进入袋式除尘器除尘后排入大气。重力除尘器为带挡板式，挡板布置较简单，本工艺采用的惯性力除尘器类似于重力除尘器，但其内部结构更加合理，在保证脱除大颗粒前提下阻力损失较小。因此要求出调湿机后过程气压力比采用原重力除尘器压力低 200~350 Pa，烟道气输送风机输出功率可以降低 8 kW 左右。

湿煤在调湿机内与热风输送系统送来的焦炉烟道气进行直接热交换，进行适度干燥并保持水分基本恒定，此过程中煤中少量的细颗粒煤料随废气带出调湿机，直接排放不但造成环境污染，而且影响调湿后煤料组成，进而影响焦炭质量，所以必须将废气中夹带煤料捕集下来，重新返回到系统中。传统工艺为先进行重力除尘去除大颗粒，再通过布袋除尘器除尘后排放入大气，本次设计采用集惯性力除尘和布袋除尘为一体的细粒捕集装置回收粉煤灰，其优点有：除尘系统由分体式改进为二合一形式，除尘管道节省 30%~40%；惯性力除尘和布袋除尘共用一套灰处理系统，节省投资 20%~25%；入炉煤料粒度均匀性好；二合一与分体式相比，设备总质量、总占地与投资均有大幅度降低。

（3）采用废焦油渣作黏结剂，与粉煤灰压制成型。煤调湿过程中产生的占湿煤总量 5%~7%粉煤灰经回收必须返回原料车间配合煤中，回配采用煤精车间的废焦油渣作为黏结剂，当量不足时添加初冷工序产生的劣质焦油，为煤精车间废焦油处理找到了一条经济可行的处理渠道。煤料经混配→添加焦油渣和焦油→混捏→压球→回配系统。

（4）输送烟气管道采用内保温+外保温双层保温工艺。煤调湿工艺是利用焦炉烟道废气余热干燥入炉煤料，达到节能减排效果，焦炉烟道废气带出热约占焦炉炼焦耗热量的 17%，为保证调湿效果，调湿机入口烟气温度越高越好，因焦炉总烟道内烟气温度基本恒定，所以为保证进入调湿机入口温度，要求烟气输送管道热量损失越低越好，为实现此目的，采用了内保温+外保温双层保温工艺，最终实现每 100 m 温降低于 2 ℃。

采用的保温层热阻为 1.0 W/(m^2 · ℃)，内保温技术参数见表 3。从表 3 可见，该工艺采用的内保温指标优良，具有良好的保温特性，还具有良好的抗压、热传导差、抗导电、不吸水、耐酸、耐热、耐水性和抗渗性等特点，适合内保温的技术要求，效果显著。

表 3 内保温技术参数表

序号	主要技术指标	单位或分项	指标值
1	体积密度	kg/m^3	1000~1200
2	常温抗压强度	MPa	≥10.0
3	常温热导率①	W/(m·K)	≤0.35
4	体积吸水率	%	≤2.0
5	加热后体积吸水率	%	≤10.0
6	耐酸性（常温浸 40%硫酸 30 天）	$f_s/f_0$②外观	>0.95，外观无腐蚀，强度不降低
7	耐热性（常温~400 ℃）	$f_r/f_0$②外观	>0.95，外观无腐蚀，强度不降低
8	耐水性（40~90 ℃浸水 30 天）	$f_{sh}/f_0$②外观	>0.80，外观无腐蚀，强度不降低
9	抗渗性	MPa	≥0.6

①测试条件为（110±5）℃×2 h；②f_s/f_0、f_r/f_0、f_{sh}/f_0 分别为抗压强度保持率。

（5）为提高系统安全性，调湿机本体和细粒捕集装置增设含氧量超标时自动充氮系统为防止烟道废气因温度过低在设备内壁结露，正常生产时，设备开机过程中需进行预热暖机，停机过程中需进行缓慢降温，整个开、停机过程中，烟道气流量和压力出现较大波动，负压系统容易因负压过大吸入空气，造成系统含氧量超标，同时，高温的干燥煤具有较强的自燃性，为彻底解决系统含氧量过高，增设调湿机本体自动充氮系统和细粒捕集装置自动充氮系统，对整个装置进行自动充氮保护。

2.4 导热油作热载体的负压脱苯与蒸氨高效能源利用技术

2.4.1 导热油为热载体的脱苯及蒸氨联用技术

导热油介质工作温度范围为 10~400 ℃，工作压力仅为 0.3~1.0 MPa。在煤气处理量为 72280 m^3/h 规模时，使用焦炉煤气的能源消耗为 2130 m^3/h，能源加热总量为 38.34 GJ/h，并实现了单炉双塔的能源流闭路循环利用。对脱苯塔应用路线，将导热油加热到230 ℃，对蒸氨塔应用路线，将导热油加热到 210 ℃。在本系统利用导热油换热强化换热过程，使能源利用率提高 62%。此外，因导热油性质稳定，导热油系统也不会发生与化学水处理和软化水处理相关的经济损失。

2.4.2 导热油作热载体的负压脱苯技术

利用真空泵将脱苯塔系统抽成-80 kPa 的负压状态，导热油经以焦炉煤气为燃料的管式炉加热到 230 ℃。富油经换热后进入负压脱苯塔内蒸馏脱除其中的苯族烃。负压脱苯塔顶逸出轻苯蒸气与富油换热后进入冷凝冷却器，冷凝液自流入轻苯回流罐。回流罐中的轻苯部分送至塔顶作为回流，其余作为产品采出。负压脱苯塔底部抽出的部分热贫油经塔底循环贫油泵送往脱苯塔管式炉加热后返回脱苯塔底部作为热源；另一部分热贫油在与富油换热冷却后去终冷洗苯工段循环利用。为了保持循环洗油质量，将部分热贫油送再生塔进行再生。其中大部分洗油被蒸发并直接进入脱苯塔。残留于再生塔底部的高温残渣油，经泵一部分送往再生塔管式炉加热后返回再生塔作为热源，另一部分送至焦油车间循环利用。本项目得到的轻苯占粗苯比例约为 93%、重质苯占粗苯比例约为 7%和极少量的渣油。

导热油负压脱苯技术[28-30]与传统管式炉常压脱苯和水蒸气负压脱苯技术 3 种脱苯工艺对比见表 4。

表 4　3 种脱苯工艺对比表

工艺方法	塔顶压力（表压）/kPa	塔顶温度/℃	粗苯产量/%
管式炉常压脱苯	15	90~93	0.85~1.00
水蒸气负压脱苯	-60	75~80	0.90~1.05
导热油负压脱苯	-80	63~67	0.95~1.15

由表 4 可知，相比传统的脱苯工艺，导热油负压脱苯具有塔顶压力低，达到-80 kPa（表压），塔顶温度为 63~67 ℃的较低温度，粗苯产率达到 0.95%~1.15%。

负压脱苯过程中的脱苯塔、管式炉、再生塔等均是质量转化装备，定义脱苯系统转化度见式（3）[28]。

$$脱苯系统转化度 = \frac{单位粗苯产量}{脱苯系统所占空间 \times 脱苯过程消耗} \tag{3}$$

由式（3）可见，脱苯系统转化度随着产品产量的提高而提高；在相同产品产量的前提下，转化度随着脱苯系统装备体积和脱苯系统消耗的减少而增加。因此，脱苯系统转化度可以作为评价脱苯系统转化率的可行依据。与传统的蒸汽汽提脱苯工艺相比，采用负压脱苯工艺粗苯产量增加，贫油含苯明显降低，具有较高的转化率。同时考虑到各脱苯工艺的时间效率和空间效率，采用转化度进行综合分析对比。

计算过程中，蒸汽热值按 2.5×10^6 kJ/t 计算，煤气热值按 1.88×10^4 kJ/m^3（4500 kcal/m^3）计算，1 kW · h = 3.6×10^6 J，将各能耗进行统一换算；设备体积按照（截面积×高度）进行计算。利用式（3）进行转化度计算，可得本文采用的单塔单炉脱苯工艺的转化度为 3.0427×10^{-10} kg/(m^3 · J)。

导热油负压脱苯与常压脱苯的操作指标对比见表 5。由表 5 可知，相比传统的常压脱苯工艺，导热油负压脱苯技术不消耗蒸汽，苯产量达到 1.9 t/h，贫油含苯只有 0.02%，煤气消耗更少。

表 6 列出了导热油负压脱苯与常压脱苯的能耗对比。由表 6 可知，相比传统的常压脱苯工艺，导热油负压脱苯技术的总能耗明显降低，由 37.12 GJ/h 降至 25.74 GJ/h，能耗降低 30.6%。

表 5　导热油负压脱苯与常压脱苯的操作指标对比

项目	苯产量/(t · h^{-1})	贫油含苯/%	蒸汽/(t · h^{-1})	煤气/(m^3 · h^{-1})
常压脱苯	1.7	0.05	3.4	1500
负压脱苯	1.9	0.02	0	1300

表 6　导热油负压脱苯与常压脱苯的能耗对比

项目	蒸汽/(GJ · h^{-1})	煤气/(GJ · h^{-1})	电/(GJ · h^{-1})	总能耗/(GJ · h^{-1})
常压脱苯	9.18	27	0.936	37.12
负压脱苯	0	23.94	1.8	25.74

2.4.3 导热油蒸氨技术

采用导热油蒸氨技术[31-35]，将蒸氨工序能耗降低62%。在导热油蒸氨的过程中，当碱液加入量确定后，蒸氨塔可在短时间达到稳定运行，并得到理想蒸氨效果；当减少碱液加入量时，将影响蒸氨效率和降氰效率，因此本项目通过建立碱液加入量和蒸氨效率的关系模型，对碱液加入量进行优化，在保证蒸氨效率的同时降低塔底总氰含量，图7为蒸氨效率与碱液量的配加关系。由图7可知，碱液量在9~11 kg/t后，蒸氨效率下降明显，因此，得到最佳的导热油蒸氨的碱液加入量为11 kg/t。

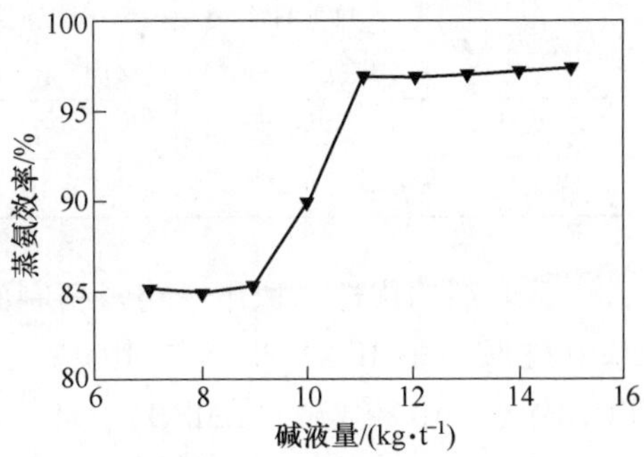

图7 蒸氨效率与碱液量的配加关系图

导热油蒸氨与水蒸气蒸氨的操作指标对比见表7。由表7可知，相比传统的水蒸气蒸氨工艺，本项目采用的导热油蒸氨技术不消耗蒸汽，只消耗煤气来供给导热油加热。

导热油负压蒸氨与水蒸气蒸氨的能耗对比见表8。由表8可见，相比传统的水蒸气蒸氨工艺，导热油蒸氨技术的总能耗大幅降低，由原来的18.9 GJ/h降至14.85 GJ/h，能耗降低21.4%。

表7 导热油蒸氨与水蒸气蒸氨的操作指标对比

项目	处理量/($t \cdot h^{-1}$)	蒸汽/($t \cdot h^{-1}$)	焦炉煤气/($m^3 \cdot h^{-1}$)
水蒸气蒸氨	35	7	0
导热油蒸氨	35	0	800

表8 导热油负压蒸氨与水蒸气蒸氨的能耗对比

项目	蒸汽/($GJ \cdot h^{-1}$)	煤气/($GJ \cdot h^{-1}$)	电/($GJ \cdot h^{-1}$)	总能耗/($GJ \cdot h^{-1}$)
水蒸气蒸氨	18.9	0	0	18.9
导热油蒸氨	0	14.4	0.45	14.85

2.5 高效低耗连续的粗苯萃取精制技术

采用的高效低耗连续粗苯萃取精制技术是继酸洗法和加氢法粗苯精制技术之后的一项粗苯精制新技术，过程无废催化剂产生，无装置停车更换催化剂对生产造成的影响等弊端[36-39]。

典型的粗苯精制加氢工艺KK法是以N-甲酰吗啉（NMF）作为粗苯加氢工艺的主要溶剂，反应条件为300~380 ℃，压力为3.0~4.0 MPa；本文开发的萃取法粗苯精制技术萃取温度仅为110 ℃，压力为0~0.3 MPa。对上述两种粗苯精制方法生产过程中具体能源消耗对比见表9。由表9可见，萃取法吨产品能耗为4251 MJ/t，比加氢法降低了49.39%，蒸气消耗降低56%，电耗降低23%，水耗降低46%，其与加氢法相比优势十分显著。

表 9　KK 法与萃取法粗苯精制能源消耗对比

工艺方法	热量消耗 /10^4（MJ·a^{-1}）	蒸汽消耗 /10^4（t·a^{-1}）	电耗 /10^4（kW·h·a^{-1}）	水耗 /10^4（t·a^{-1}）	吨产品能耗 /10^4（MJ·t^{-1}）
萃取法	37632	7	206.5	10.5	4251
苯加氢	77653	16	268.4	19.4	8400

萃取剂的优选：适用于粗苯精制的萃取剂主要有 N-甲基吡咯烷酮（NMP）、N,N-二甲基甲酰胺（DMF）、N,N-二甲基乙酰胺（DMAC）、N-甲酰吗啉（NFM）、γ-丁内酯（GBL）、二甲基亚砜（DMSO）、环丁砜（SUL）。

通过对这 7 种单一萃取剂进行汽液平衡实验研究，以及按实际溶剂特性计算的甲苯与 2-甲基噻吩、3-甲基噻吩的相对挥发度的基础上，试验优化出适宜的萃取剂，并且通过混合溶剂的复配研究，得到分离效果相对最佳的复合萃取剂。图 8 和图 9 是甲苯与 2-甲基噻吩及 3-甲基噻吩的相对挥发度随溶剂比的变化结果。

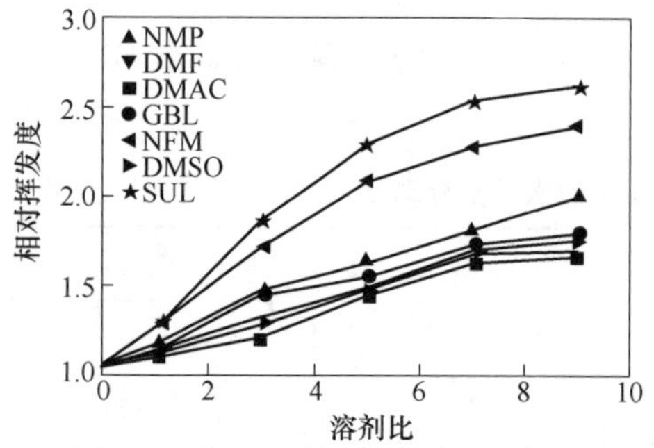

图 8　甲苯与 2-甲基噻吩相对挥发度变化

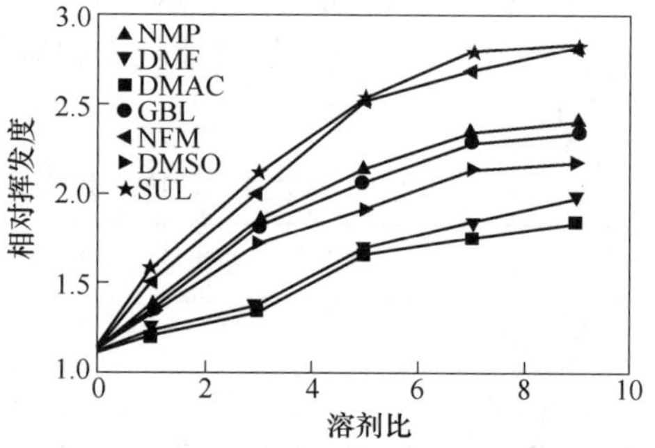

图 9　甲苯与 3-甲基噻吩相对挥发度变化

从图 8 和图 9 可以发现，随着溶剂比的增大，轻重关键组分之间的相对挥发度逐渐提高，并增加了原体系的分离度。在溶剂加入过程中，由于各种溶剂相对挥发度的变化幅度存在差异，在溶剂比小于 5~7 时，相对挥发度的变化率较高；随着溶剂比增加，溶液的相对挥发度的变化趋于平缓。虽然再增大溶剂比，相对挥发度也随之提高，但是溶剂比的增大必然会加重萃取精馏塔再沸器的负荷，从而增大生产操作能耗，增加生产成本。由图 8 和图 9 还可以看出，当溶剂比超过 7 时，其对相对挥发度的影响减小。

当以环丁砜为萃取溶剂，在相同溶剂比时，甲苯与 2-甲基噻吩、甲苯与 3-甲基噻吩的相对挥发度最大，经过试验研究判断，试验溶剂的萃取选择性排序：SUL>NFM>NMP>GBL>DMS0>DMF>DMAC。

但环丁砜在使用过程中容易发生劣化，并产生 SO_2，且 SUL 沸点较高，萃取过程需要的温度较高。因此，目前粗苯精制中使用较多的是 NFM 和 NMP。对选择性比较强的 NFM 和 NMP 进行不同复配比例对苯、二甲苯、三甲苯及噻吩等产品萃取性能研究，获得了最佳萃取性能研究结果，如图 10 所示。

由图 10 可见，在不同复配比例形成的萃取剂时，NFM 比例为 0.83 时，可以得到复配溶剂对甲苯与 2-甲基噻吩、甲苯与 3-甲基噻吩的最优分离效果。因此根据需要萃取物质性质的不同，优选出以 NFM 以及 NFM 和 NMP 为复配主体的溶液作为粗苯萃取精制用复合萃取剂，对萃取苯产品的最佳溶剂比为 7。

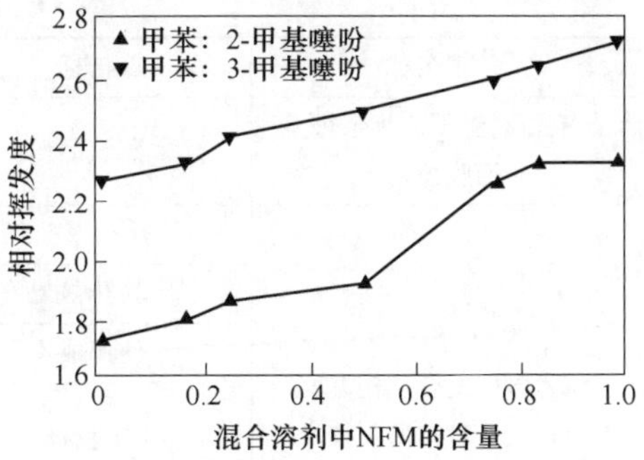

图 10　不同配比混合溶液的萃取试验结果

根据采用 Aspen Plus 软件对分离精制甲苯的工艺流程进行的模拟计算，进料、加入溶剂和溶剂回收 3 个操作在分离过程中均为稳定连续的状态。在溶剂比为 7 的条件下，萃取精馏塔的回流比为 7，塔板数为 65。在这些条件下，原料的进料位置为第 60 块塔板，溶剂的进料位置为第 4 块塔板，塔顶甲苯产品纯度可以达到 99.98%。同时，对粗苯萃取各组分的气液平衡试验研究，采用 Aspen Plus 软件对分离精制甲苯的工艺流程进行了模拟计算，确定理论塔板数、回流比、溶剂比及进料位置等。

粗苯萃取精制技术主要由 4 个工艺单元构成：第 1 单元是粗苯分离，即将粗苯分离成重质苯、初馏分、含硫苯、含硫甲苯、含苯乙烯的混合二甲苯和 C8～C9 溶剂油；第 2 单元是粗苯萃取精制，即将苯中的烷烃、烯烃、环烷烃和噻吩脱除，分离生产出合格的纯苯和噻吩产品；第 3 单元是甲苯萃取精制，即将甲苯中的烷烃、烯烃、环烷烃和甲基噻吩脱除，生产出合格的甲苯；第 4 单元是二甲苯萃取精制，主要是将混合二甲苯中的苯乙烯脱除，分离出合格的二甲苯。并在实际实施总塔板数 65、回流比 7、溶剂比 7 及进料位置为第 60 块塔板，溶剂进料位置为第 4 块塔板。

萃取法粗苯精制 4 个单元共 18 座塔，通过能源的高效回收和阶梯利用其中有 6 座塔不需要外界提供热量，具体使用情况见表 10。由表 10 可知，各部分的塔底热源都来自前、后工序，整个系统不消耗额外能源。

表 10　萃取法粗苯精制内部热量使用表

名称	初馏塔	纯苯一塔	甲苯塔	苯脱非芳塔	甲苯脱非芳塔	二甲苯脱非芳塔
所属单元	第 1 单元	第 1 单元	第 1 单元	第 2 单元	第 2 单元	第 4 单元
塔底热源	纯苯一塔和甲苯塔的蒸汽	纯苯二塔蒸汽	脱 CS_2 塔蒸汽	再生萃取剂热量	再生萃取剂热量	再生萃取剂热量

3　应用效果及效益分析

3.1　经济技术指标对比分析

通过焦化能源流高效集成的一系列关键共性技术的开发和应用，焦化行业在干熄焦余热回收、上升管余热回收、煤调湿、煤气净化系统、粗苯精制工序等方面得到显著改善，各项经济技术指标见表 11。由表 11 可见，相比行业领先水平，采用本文的技术创新，各项经济技术指标都达到甚至超过行业领先水平，达到国际先进水平。

表 11　各项经济技术指标对比表

技术名称	指标	本技术的参数	行业领先
高压高温干熄焦余热回收技术	蒸汽品质	产 9.81 MPa、540 ℃蒸汽 0.5 t/t 焦	产 3.43 MPa、450 ℃蒸汽 0.5 t/t 焦（鞍钢）
纳米多层复合结构温度可控上升管热回收技术	热损率/%	1.1	1.3（鞍钢）
	换热效果	降至 520 ℃	600 ℃（宝武）
	使用成本	单个筒体 20 万元，运行维护成本低	成本高（宝武）
	可靠性	耐高温、耐磨、耐腐蚀	不耐荒煤气高温腐蚀，易损坏（宝武）
	使用寿命	10 年	5 年左右（宝武）
	使用现状	稳定运行 2 年	试验项目，未推广（宝武）
煤调湿度技术	热源	焦炉烟气余热	蒸汽或电加热（太钢）
	调湿后煤水分/%	8	9~10（太钢）
	粉煤灰回配	采用废焦油渣作黏结剂	高价黏结剂（宝武）
导热油作热载体的能源高效利用技术	塔顶压力/kPa	−80	−60（山钢）
	净煤气含苯/$(g \cdot m^{-3})$	<1	2~4（山钢）
	粗苯产率/%	0.95~1.1	0.9~1.05（山钢）
	蒸汽消耗/$(kg \cdot t^{-1})$	0	260（山钢）
高效低耗连续粗苯萃取精制技术	设备投资	投资少，规模与独立焦化厂匹配，不产生污染物	投资大，规模大，适于多个焦化厂集中处理（中润）

3.2　经济效益

通过两年多的连续稳定生产，各项技术指标都达到甚至超过设计要求，每年创造经济效益达到 6 亿元以上，具体如下：

（1）炼焦过程中余热余能利用关键技术的应用，包括高压高温干熄焦余热回收技术、纳米多层复合机构温度可控上升管余热回收技术和煤调湿技术，每年创经济效益 54700 万元以上；

（2）导热油作热载体的负压脱苯与蒸氨高效能源利用技术的应用，每年创经济效益 3400 万元以上；

（3）高效低耗连续的粗苯萃取精制技术的应用，每年创经济效益 3300 万元以上。

3.3　环境及社会效益

提高焦化工序能源利用效率 35%，降低能耗 21%；分别提高焦炭冷、热强度 2% 和 4%；减排 SO_2、NO_x 分别为 17% 和 28%，减少废水排放 30%。具体如下：

（1）高压、高温干熄焦技术实现了吨焦产 540 ℃、9.81 MPa 的高品质蒸汽 550 kg，降低焦炭烧损率 0.2%，根本解决了湿法熄焦产生的大量水蒸气和有毒有害气体的问题；

（2）上升管余热回收技术降低上升管出口的荒煤气温度 252 ℃，实现吨焦产蒸汽 119 kg，实现了减排二氧化碳每年 2.5 万吨；

(3) 煤调湿技术从源头上大幅降低了焦化废水的产生;

(4) 导热油作热载体的能源高效利用实现了脱苯能耗降低30.6%、蒸氨能耗降低21.4%,脱苯效率提高0.15%,全过程不消耗蒸汽,无废水产生;

(5) 萃取精馏法粗苯精制技术延伸了焦化产业链,提高了产品利用效率。

4 结论

冶金流程工程学是焦化能源流系统优化和高效集成利用的理论基础。河钢以此理论为依据,采用协同创新方法,研发并应用的一系列焦化能源流关键共性技术成效显著,符合我国实际情况。这些关键共性技术具有良好的推广应用价值,为京津冀一体化协同发展起到了引领示范作用,已在山东钢铁集团、开滦中润煤化工等国内数十家企业得到广泛推广应用,为焦化行业向"能源利用最大化、环境保护最优化"转型升级提供了成功经验,对焦化产业实现可持续发展具有重要作用。

参考文献

[1] 王新东,张宝会,梁英华,等. 绿色智能焦化技术在唐钢美锦的应用[J]. 化工进展,2018,37(1):395-405.

[2] 李大尚,李好管. 实现煤化工产业科学发展的探讨和建议[J]. 煤化工,2015,43(1):1-8.

[3] 王建秀,容和平,李常洪. 焦化生态工业园区建设探索[J]. 山西大学学报(哲学社会科学版),2009,32(1):108-112.

[4] 熊仁聪. 重钢焦化厂余热回收利用工艺技术的研究[D]. 重庆:重庆大学,2017.

[5] NALETOV V. Optimal heating system organization in coke ovens [J]. Coke & Chemistry,2017,60(2):71-74.

[6] 张欣欣,张安强,冯妍卉,等. 焦炉能耗分析与余热利用技术[J]. 钢铁,2012,47(8):1-4,12.

[7] LIU H F, ZHANG X X, XU L, et al. MathematicaI model for fluid now and heat transfer in the cooling shaft of coke dry quenching unit [J]. Joumal of Thermal Science,2002,11(1):65-73.

[8] TIWARI H P, SAXENA V K, HALDAR S K, et a1. Assessment of therma1 efficiency of heat recovery coke making [J] Heat & Mass Transfer,2017,53(8):2517-2529.

[9] 高云祥,杨立新. 大型焦炉节能技术探讨[J]. 昆钢科技,2013(4):56-59.

[10] 关少奎,徐海波,王小海,等. 长周转时间下的焦炉工艺管理与炉体维护[J]. 煤化工,2016,44(2):61-63.

[11] 魏玉东,马强. 基于氨水循环煤气净化生产工艺改造技术研究[J] 华北科技学院学报,2017,14(2):49-54.

[12] 裴贤丰,张飚,白效言,等. 不同煤种模拟炼焦时化产回收的实验研究[J] 煤质技术,2011(5):29-31.

[13] DANILIN E A, KHRISTENKO B I, KAPLUNOVSKIY A E, et al. Improving the discharge system in CDQ units [J]. Coke & Chemistry,2014,57(5):213-218.

[14] MA S L, WEI Y F, WANG Z F, et al. Properties of new mullite-SiC bricks for CDQ shafts [J]. China's Refractories,2017,26(1):47-50.

[15] 郑文华,于振东,文相浩. 大型焦炉能量流研究[J]. 中国冶金,2009,19(11):40-44.

[16] A green steel economy: the development path of the Chinese iron and steelindusry—an examination of the

practice of economic transformation of the shougang group [J]. Studies on Socialism with Chinese Characteristics, 2011, 2 (s1): 80-91.

[17] 郁鸿凌，刘峰，杜艳艳，等．干熄焦余热锅炉一次过热器超温原因分析［J］．煤炭燃烧，2010，16（3）：61-63.

[18] QIN S, CHANG S. Modeling, thermodynamic and techno-economic analysis of coke production process with waste heat recovery [J]. Energy, 2017, 12 (141): 435-450.

[19] 丰恒夫，郑文华．焦炉荒煤气显热回收技术的研发及应用［J］．河北冶金，2016（6）：1-5.

[20] 冯明杰，王恩刚，刘兵，等．焦炉荒煤气显热回收传热行为的数值模拟［J］．中南大学学报（自然科学版），2017，48（2）：540-546.

[21] 杨哲君，张素军，李菊香．盐浴螺旋盘管式焦炉上升管余热回收装置传热性能试验［J］．化工进展，2015，34（9）：3238-3243.

[22] 吕向阳，赵永刚，龙旭佳．焦化厂荒煤气余热回收系统试验研究［J］．节能，2017，36（12）：63-66.

[23] 罗国民，周孑民，刘克辉．炼焦煤调湿流化床料层流化特性实验研究［J］．中南大学学报（自然科学版），2014，45（8）：2864-2870.

[24] 武荣成，许光文．焦化过程煤调湿技术发展与应用［J］．化工进展，2012，31（S1）：149-153.

[25] CUI P, QU K L, LING Q, et al. Effects of coal moisture control and coal briquette technology on structure and reactivity of cokes [J]. Coke & Chemistry, 2015, 58 (5): 162-169.

[26] XU J. Design and implementation of coal moisture control system [J]. Industrial Control Computer, 2013, 6 (14): 7326-7329.

[27] DUAN L, CAO Z, YAO G, et al. Visual experimental study on residence time of particle in plate rotary heat exchanger [J]. Applied Thermal Engineering, 2017, 111: 213-222.

[28] 汤志刚，温燕明，王登富，等．负压脱苯工艺及其转化度的评价［J］．煤化工，2015，43（5）：47-50，65.

[29] 赵海亮，房永会，张格，等．焦化厂负压脱苯工艺探讨［J］．燃料与化工，2015，46（6）：36-39.

[30] 赵佳顺，谷毅，董少英，等．负压脱苯工艺的创新优化［J］．燃料与化工，2018，49（1）：49-50.

[31] 武恒平，韦朝海，任源，等．焦化废水预处理及其特征污染物的变化分析［J］．化工进展，2017，36（10）：3911-3920.

[32] 张利杰．导热油蒸氨工艺分析与改进［J］．燃料与化工，2016，47（4）：60-61，63.

[33] 周亮文．管式炉导热油再沸器蒸氨的开发与应用［J］．工业加热，2015，5（44）：64-65，68.

[34] 汤志刚，李红伟，温燕明，等．焦化酚氰废水与烟道气治理过程的净化度分析［J］．煤化工，2017，45（3）：17-20.

[35] 王伟，韩洪军，张静，等．煤制气废水处理技术研究进展［J］．化工进展，2013，32（3）：681-686.

[36] 方静，轩碧涵，李晓春，等．萃取精馏复合溶剂的复配选择［J］．化工学报，2017，68（11）：4186-4200.

[37] 韩品谦，林晓辉．焦化粗苯精制方法研究进展［J］．山东化工，2016，45（6）：27-29.

[38] 孙安琴．芳烃精制流程的模拟与控制［D］．天津：天津大学，2015.

[39] 胡义，王光辉，曾丹林，等．离子液体在回收模拟粗苯中噻吩的研究［J］．化学工程，2011，9（8）：65-68.

绿色智能焦化技术在唐钢美锦公司的应用①

王新东[1]，张宝会[1]，梁英华[2]，黄世平[1]
（1. 河钢集团有限公司，河北 石家庄 050023；
2. 华北理工大学，河北 唐山 063210）

摘　要： 针对传统焦化企业能源利用效率低、环境污染严重、产业链短、产品附加值低等共性难题，本文指出唐钢美锦焦化公司研究开发和使用了一系列焦化新工艺新技术，采用的新工艺主要有宽炭化室多段加热的 7 m 大容积焦炉、高温高压干熄焦的高效发电工艺、废水综合处理的高效回用工艺、焦化全流程除尘工艺、固体废弃物回收利用工艺、高效节能的焦炉煤气制取液化天然气工艺等，采用的新技术主要有焦炉煤气高效净化技术、粉尘和有毒有害气体控制及逸散气体负压回收综合技术、粗苯萃取精制精馏优化技术和智能焦化技术等。唐钢美锦焦化公司通过这些新工艺、新技术的使用，实现了炼焦全流程工艺整体优化，解决了焦化企业绿色转型过程中的难题，为焦化行业摆脱高能耗高排放，实现降本增效和环境友好拓宽了思路，对焦化行业绿色转型发展起到了引领和示范作用。

关键词： 绿色智能；焦化；环境；整体优化；转型

国内焦化企业经过几十年的发展，尽管在规模和装备现代化等方面取得了长足进步[1-6]，但与国际先进焦化企业相比，焦化产品附加值和洁净生产水平较低，尤其在资源利用和能源消耗方面仍存在着明显的差距[7-12]。针对我国传统焦化企业能源利用效率低、环境污染严重、产业链短、产品附加值低等共性技术难题，研究开发环境友好型高效炼焦技术和煤气净化技术、高附加值焦化副产品提取技术和焦化全流程环境友好技术等，对焦化行业实现绿色转型和可持续发展具有十分重要的意义。唐钢美锦煤化工有限公司（以下简称“唐钢美锦”）通过对焦化工艺的创新设计与综合优化，研究开发了宽炭化室大焦炉高效炼焦技术、高温高压干熄焦的高效发电技术、焦化全流程环境友好综合集成技术、焦炉煤气高效净化生产工艺、焦炉煤气制液化天然气工艺和粗苯萃取精馏精制技术等系列综合技术，做到了炼焦全流程工艺综合优化和产业链延伸，实现了焦化企业绿色转型。

1　唐钢美锦焦化工艺流程简介

唐钢美锦现有 2 座 7 m 宽炭化室焦炉，年产焦炭 150 万吨，2015 年 5 月投产并实现达产。通过两年多的连续生产，目前焦炉生产稳定，各项技术指标都达到甚至超过设计要求。

1.1　备煤系统

备煤系统采用对煤种有较高适应性的带预粉碎的先配煤后粉碎的工艺流程。主要由预

① 原文发表于《化工进展》，2018，37（1）。

粉碎机室、贮配煤库、粉碎机室、混合及焦油渣添加站、煤塔顶层以及相应的带式输送机通廊和转运站等组成，并设有煤制样室、检化验室和小焦炉试验室等生产辅助设施。

1.2　炼焦系统

唐钢美锦现有 2×65 孔 JNX3-70-1 型、高 7 m 复热式焦炉（炭化室宽 500 mm，采用焦炉煤气加热）。熄焦方式采用 190 t/h 的干法熄焦方式，并配备了在干熄焦停产检修时备用的新型湿法熄焦方式。焦炉采用单 U 型集气管、三吸气管，并设有装煤和出焦的除尘地面站。炼焦工艺参数及工艺流程如表 1 和图 1 所示。

表 1　炼焦基本工艺参数

类别	工艺参数
炉型	JNX3-70-1 型
炭化室孔数	2×65
单孔炭化室有效容积/m^3	55.6
装炉煤堆密度（干）/($t \cdot m^{-3}$)	0.75
每孔炭化室装煤量（干）/t	41.7
焦炉周转时间/h	24
焦炉检修时间	每天 3 次，每次 40 min
煤气产率（干煤）/($m^3 \cdot t^{-1}$)	320
装炉煤水分/%	10
全焦产率（含焦粉）/%	76
每孔炭化室一次出干全焦量（含焦粉）/t	31.7
每小时干全焦量（进入每个干熄炉）/t	171.7
年产焦炭（含焦粉）/万吨	150.38
每孔炭化室操作时间（计算值）/min	10.15
装炉煤水分 7%时炼焦干煤相当耗热量（用焦炉煤气加热）/($kJ \cdot kg^{-1}$)	2240

1.3　煤气净化系统

煤气净化系统由煤气冷凝鼓风、脱硫脱氰、脱氨、脱苯、脱萘等工序组成，其工艺流程如图 2 所示。

2　唐钢美锦的新技术应用与创新

2.1　宽炭化室大焦炉高效炼焦技术

2.1.1　宽炭化室、多段加热的 7 m 大容积焦炉技术

唐钢美锦的宽炭化室、多段加热的 7 m 大容积焦炉主要功能体现在以下 6 个方面。

（1）燃烧室采用三段式加热方法，实现高向均匀加热。炭化室高向温度差在 50 ℃以内，长向均匀系数大于 0.9，氮氧化物排放量降低至 450 mg/m^3 以下，解决了 6 m 及以下焦炉的炉顶空间温度高、化产收率低的技术难题。

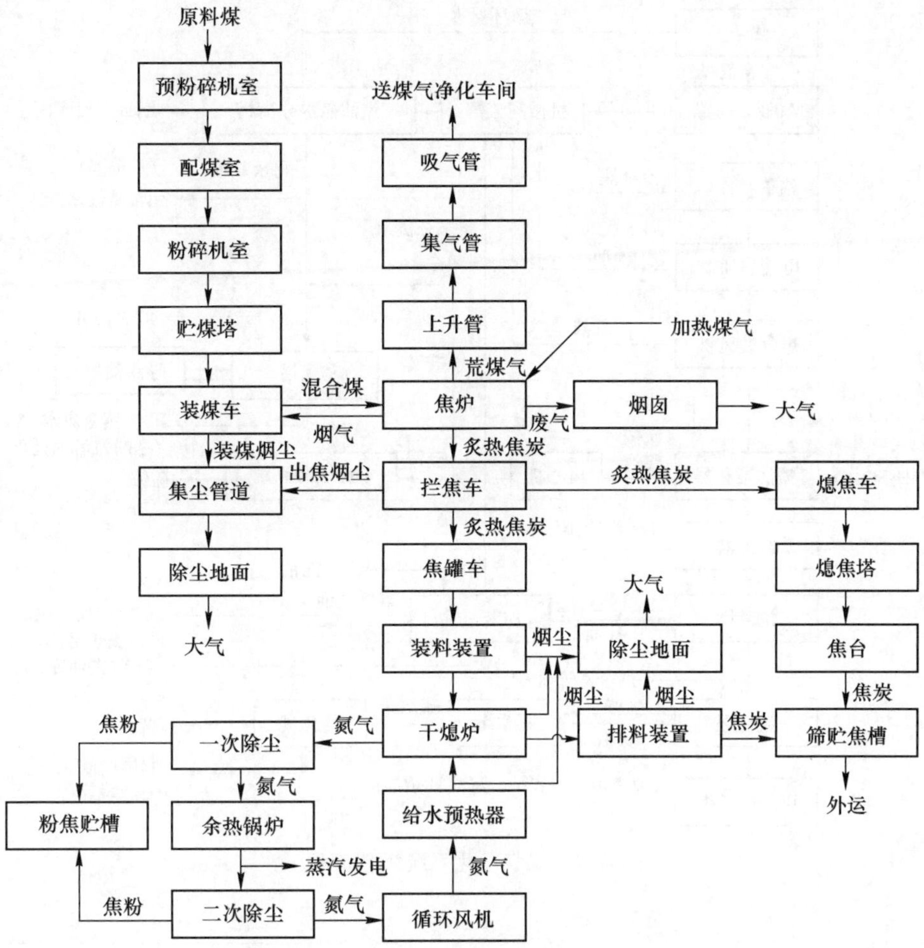

图 1　备煤、炼焦、干熄焦和运焦工艺流程

（2）采用节能型焦炉蓄热室封墙，有效提高了炉体密封性，降低了焦炉炉体散热。

（3）采用新型格子砖，有效降低了气流阻力，提高了预热煤气和空气的温度。

（4）通过建立煤气流量、标准温度、空气过剩系数、煤气热值与焦炉温度的关系模型，确定了不同结焦时间的最低标准温度，实现吨焦煤气耗量降低至 195 m^3 以下。

（5）采用炼焦煤非线性优化配煤预测焦炭质量的技术，通过优化配煤控制系统和配煤仓内衬材料及表面处理工艺，使配煤准确性大幅提升。在传统配煤工艺的基础上增加了固体废弃物预混系统，实现小配比物料的均匀配加。

（6）以可用煤源的 40 kg 小焦炉试验数据为基础，通过煤种配煤优化试验和低价煤极限配加试验，确定了典型的气煤、1/3 焦煤和瘦煤的极限配加比例，进而得到适合宽炭化室 7 m 焦炉的合理配煤结构。试验结果如图 3 和图 4 所示。图 3 中 M_{10} 和 M_{40} 为焦炭抗碎强度的 2 个指标，图 4 中 *CSR* 和 *CRI* 分别为焦炭反应后强度及焦炭的反应性。由图 3 和图 4 可见，弱黏煤配比达到 44. 1%，焦炭的抗碎强度 M_{40}、M_{10} 和反应后热强度 *CSR* 分别达到 90. 24%、5. 97% 和 68. 14%，满足了大高炉炼铁的要求。

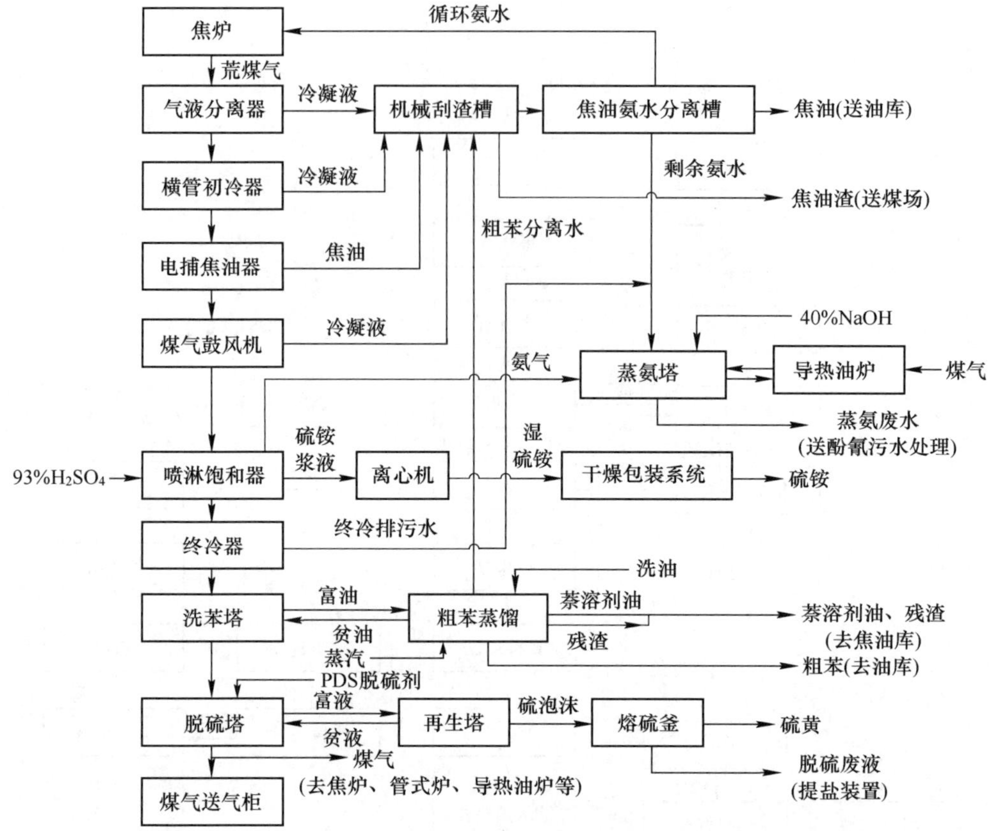

图 2　煤气净化系统工艺流程

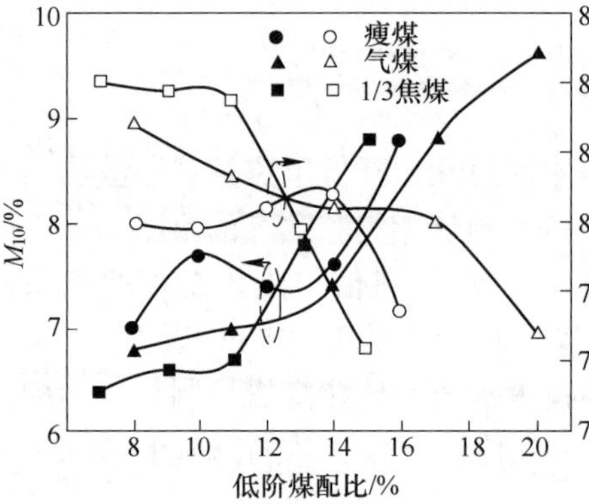

图 3　弱黏煤配加对焦炭冷强度的影响

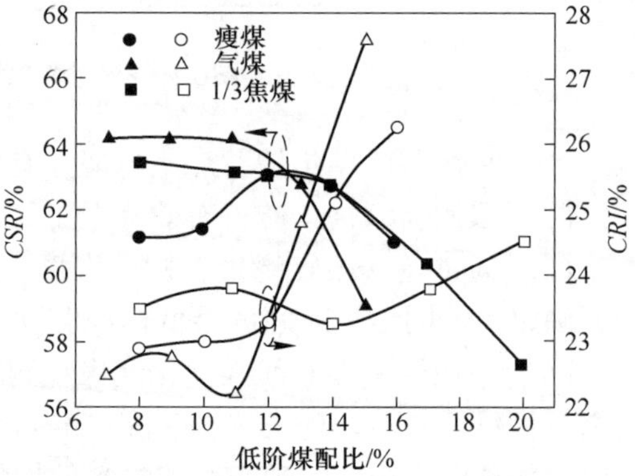

图 4　弱黏煤配加对焦炭热态性能的影响

2.1.2　高温高压干熄焦的高效发电技术

集成高温高压锅炉代替传统的低压锅炉，采用自然循环方式，通过增加蒸发器的换热面积和上升管管束的数量、增大锅炉运动压头（SYD）等方式，建立良好的汽水循环运行机制，有效解决了较低负荷条件下锅炉安全运行的难题，蒸汽品质和干熄焦余热利用效率明显提高，实现吨焦发电量 125 kW · h。预存室与冷却室高径比的合理设置，降低了焦炭床层阻力，减少了焦炭炉内活跃区域停留时间，焦炭烧损和风机运行阻力显著降低。干熄炉专用供气装置的利用，进一步优化了干熄炉气流的分布，实现了冷循环气体在干熄炉圆周方向的均匀分布，提高了干熄炉的冷却效率，吨焦燃气比与烧损率得到有效降低。

同时，通过建立可燃气体含量、空气导入量与烧损率以及烧损率与生产热力负荷的关系模型（见图5和图6），优化过程控制参数，实现干熄炉烧损率降低到1.1%以下。

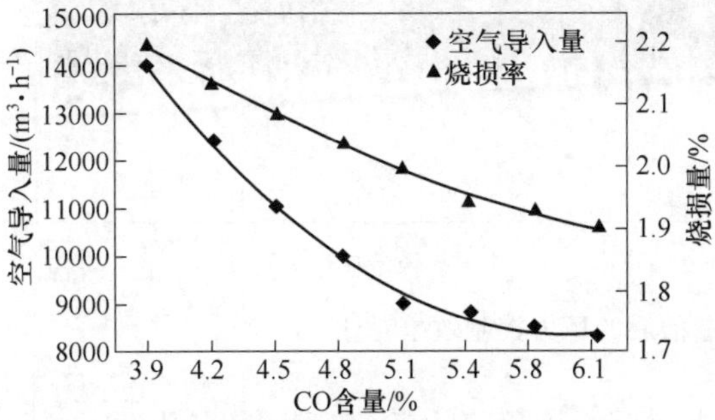

图5 可燃气体含量、空气导入量与烧损率关系曲线

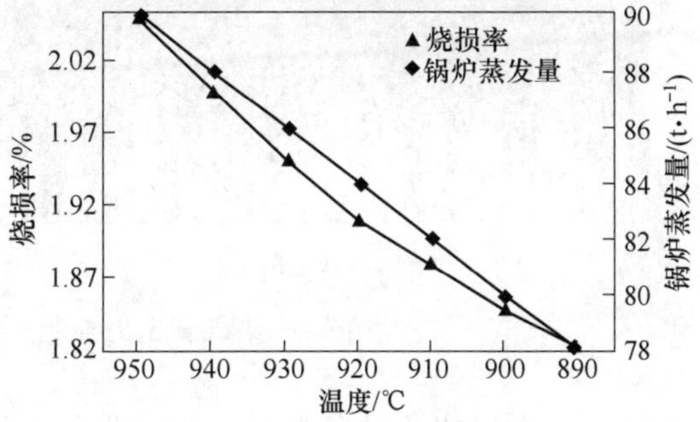

图6 烧损率与生产热力负荷的关系曲线

2.1.3 焦炉煤气高效净化技术

（1）利用多种高效煤气回收单元装置，提高能量利用效率。利用气体分布器和适应不同流量的溅盘式再分布器，提高了气体分布和液体喷洒的均匀性；利用薄膜闪蒸器和自带油水分离器的脱苯塔，提高了液相转化为汽相的闪蒸效率，减少了雾沫夹带，改善了油水分离效果，有效避免了虹吸现象；利用可减小雾沫夹带的氨分缩器，提高了蒸氨塔的处理能力，大大改善了喷淋式饱和器的操作稳定性和连续性；利用煤气洗净塔用自回流除雾装置，有效解决了传统捕雾器的雾沫二次夹带问题，煤气中液体雾沫的去除率达到98%，不仅降低了后续流程操作成本，环境污染问题也得到解决；利用管道组合除雾器，实现了大粒径分布范围内液滴的高效去除，有效避免除雾器堵塞，降低了煤气的阻力损失，安装和运行成本比塔内除雾器降低50%。

（2）开发焦炉煤气控制系统。开发的焦炉煤气控制系统有两个方面的主要工作。一方面，集成与优化负压脱苯技术，优化调节装置的结构和位置，开发压力点反馈数据噪声处理技术。通过优化PID参数，有效消除了各吸气管压力之间的耦合效应，集气管压力±20 Pa比例由36%提高至77%，±30 Pa比例由50%提高至90%，如图7所示。通过建立煤气压力与放散控制数学模型，连锁控制点火器、放散执行机构、拢火阀和灭火阀，对超压状况反应迅速，燃烧效果良好，有效提高了集气管异常情况下的安全性。优化再生器直接蒸汽量及塔顶回流量，实现了贫油含苯量0.25%以下，煤气含苯量0.9 g/m³，苯回收率稳定在96%以上。另一方面，优化焦油氨水分离工艺：将机械化澄清槽、循环氨水槽、剩余氨水槽的3级分离系统改造为机械刮渣槽、焦油氨水分离槽、剩余氨水中间槽、气浮除焦油器、剩余氨水槽、陶瓷膜过滤器6级分离系统，显著降低了剩余氨水中的焦油含量，保证了后续水处理单元的进口指标。

（3）研发能量梯级利用与循环水高效利用技术。对煤气净化系统进行水平衡优化，充分考虑不同工序温度梯度和量比关系，熔硫、脱苯工序采用导热油代替蒸汽做热源，利用

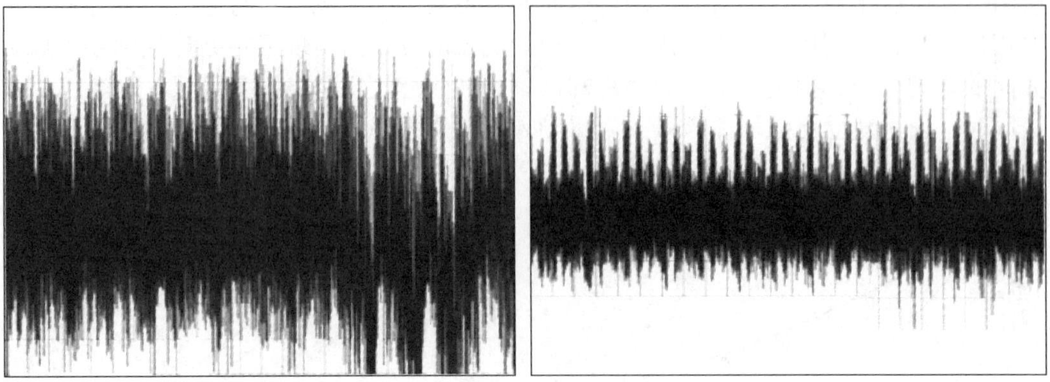

图 7　集气管压力控制系统改造前后的压力控制效果对比

循环氨水对氨水焦油分离系统进行保温，减少直接蒸汽用量，水重复利用率高达 98.53%，吨焦新水消耗降低至 1.21 t；采用循环加热的闪蒸法高效蒸氨塔，在充分热分解挥发氨后再加碱分解固定铵盐，提高了碱液的利用效率，有效降低了外排废水量和水中全氨含量；采用新型横管式煤气初冷器和终冷器，提高了喷洒液与煤气换热效率，实现了横冷器下段余热冬季采暖；采用新型结构的高效氨分缩器，有效降低了结垢的发生概率和钛材的使用量。

2.2　焦化全流程环境友好综合集成技术

焦化企业气体污染物包括 SO_2、氮氧化物及挥发性有害气体等[13-15]；固体污染物包括除尘灰、污泥、焦油渣、再生残渣和脱硫废渣等[16-18]；液体污染物包括焦化废水、脱硫废液等，严重影响企业和周边地区的环境[19-25]。

2.2.1　*废水综合处理的高效回用技术*

焦化废水采用“生物处理+膜处理+芬顿处理”三级深度处理工艺。

（1）生物处理包括格栅自动机除杂与 DAF 气浮除油、氰化物、硫化物及调节池水质水量调节技术，活性污泥与凯氏氮/氨氮硝化/反硝化及澄清自动冲洗过滤技术。

（2）膜处理工艺采用“组件式超滤+反渗透”，为适应焦化废水中悬浮物和有机污染物浓度高的特点，采用混凝土式 PVDF 复合膜膜丝、聚氨酯端头密封、外压式中空纤维等耐污染、耐磨组件，利用错流过滤、浓水回流，并辅以频繁气、水反洗技术，有效保证膜系统稳定的产水量，提高了水利用效率和系统稳定性。反渗透采用停运自动冲洗、难冲洗污垢在线化学清洗等技术，具有脱盐率高、抗污染性强、透过速度快、机械强度好的特点。

（3）反渗透浓水采用芬顿（Fenton）处理技术，处理后废水实现工艺回用，作为煤气净化循环水、循环冷却水或干熄焦循化水的补充水，回用水指标见表 2。处理过程中产生的生化污泥、芬顿污泥进行回配炼焦处理，避免二次污染。

表 2　回用水水质表

项目	数值
TAC（以 $CaCO_3$ 计）/(mg · L^{-1})	≤30

续表 2

项目	数值
悬浮物/(mg·L^{-1})	—
SCOD/(mg·L^{-1})	<15
水温/℃	20~35
T-Ca（以 CaCO 计）/(mg·L^{-1})	≤30
COD/(mg·L^{-1})	<15
pH（25 ℃）	5~8
电导率/(μS·cm^{-1})	<350
SO_4^{2-}/(mg·L^{-1})	<15
SiO_2/(mg·L^{-1})	<8
Cl^-/(mg·L^{-1})	<150

2.2.2 粉尘和有毒有害气体控制及逸散气体负压回收综合技术

炼焦系统装煤采用高压氨水喷射、小炉门密封的综合控制措施，实现 SO_2 浓度不大于 100 mg/m^3，苯并芘浓度不大于 0.3 μg/m^3；装煤孔盖采用球面加特制泥浆密封，上升管盖、桥管承插口采用水封装置，上升管根部采用耐火编织绳填塞和特制泥浆封闭，炉门采用强度大、变形小、密封性好且易调节的弹性刀边、弹簧门闩、悬挂、空冷且腹板可调式炉门、厚炉门框、大保护板等装置，实现粉尘浓度不大于 30 mg/m^3，SO_2 浓度不大于 50 mg/m^3，NO_x 浓度不大于 450 mg/m^3。相比传统炼焦系统，通过上述改造可减少外逸烟气 98%以上。针对传统煤气净化系统中冷凝鼓风装置、脱硫装置、硫铵装置、油库装置的放散管、排气口等部位的面源连续性无组织排放[26,27]，开发了逸散气体负压回收系统如图 8 所示，有效降低了有毒有害废气的逸出。

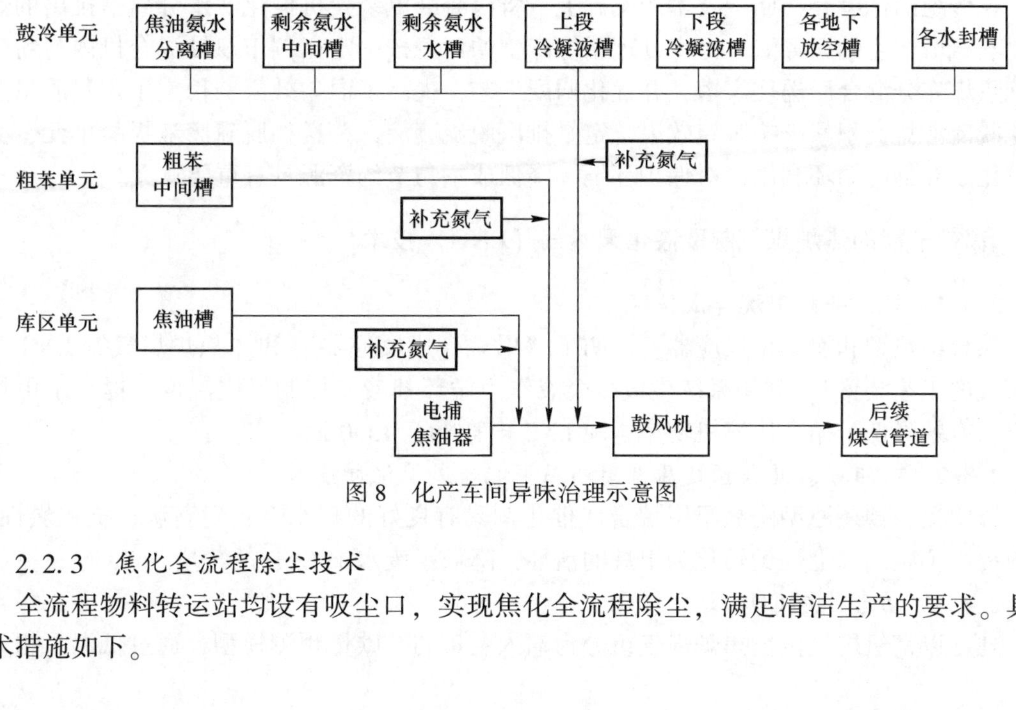

图 8 化产车间异味治理示意图

2.2.3 焦化全流程除尘技术

全流程物料转运站均设有吸尘口，实现焦化全流程除尘，满足清洁生产的要求。具体技术措施如下。

（1）原料煤储运系统采用大型筒仓贮煤技术，杜绝了煤粉扬尘，并利用袋式除尘净化装置收集备煤车间煤转运、破碎扬尘点的粉尘。

（2）装煤过程采用带集尘装置的装煤车结合干式除尘地面站、高压氨水喷射等措施，实现无烟装煤。出焦过程采用带集尘罩的拦焦机+集尘固定管+除尘地面站，同时在机侧增设打开炉门、平煤及炉门清扫等关键点的烟尘捕集装置，焦侧增加捕烟尘挡罩以捕集从拦焦机烟尘罩和炉柱缝隙间泄漏的烟尘。

（3）干熄焦炉顶含尘废气、干熄槽放散管及循环放散气体导入干熄炉环境除尘系统。熄焦塔顶设水雾捕集和新型粉尘捕尘装置，控制效率达到85%以上。

（4）煤粉碎、筛焦振动筛、胶带机、料仓各扬尘点的粉尘分别进入各自除尘系统净化后达标排放。

2015年各系统的大气沉降监测数据见表3。从表3可以看出，焦化各系统的粉尘排放浓度都达到排放标准。

表3 2015年厂区大气降尘量

污染源	处理措施	排放标准/($mg \cdot m^{-3}$)	排放浓度/($mg \cdot m^{-3}$)
装煤除尘	装煤地面站	≤30	24.5
推焦除尘	推焦地面站	≤30	23.7
干熄焦环境除尘	脉冲袋式除尘器	≤30	23.1
焦炭缓冲仓除尘	脉冲袋式除尘器	≤15	12.8
焦转运站除尘	脉冲袋式除尘器	≤15	12.5
粉碎机室除尘	脉冲袋式除尘器	≤15	13

2.2.4 固体废弃物回收利用技术

在传统固体废弃物回配技术的基础上，将冷凝鼓风装置机械化氨水分离槽排出的焦油渣、蒸氨塔产生的沥青渣、污水处理系统产生的污泥按一定比例于双轴混合机内与粉碎后的炼焦煤充分混合后送往煤塔，并优化回配工艺，提高了混匀效果，稳定了焦炭质量。为避免脱硫液盐类积累影响脱硫效果，定量排出脱硫废液，并送往脱硫废液提盐单元，实现了焦化废弃物的循环利用，对保护环境、降低成本与节约资源具有重要意义。

2.3 高效节能的焦炉煤气制取液化天然气（LNG）技术

2.3.1 串、并联甲烷合成技术

结合绝热型和换热型反应器，发明了“甲烷合成反应器”和“焦炉煤气制LNG并联产氢气的工艺装置”，利用系统生成冷凝液作为循环补液，控制反应温度，提高了甲烷转化率，有效降低了循环压缩机功率，吨LNG电耗降至1350 kW·h。

2.3.2 双组分、复合预还原型耐高温甲烷合成催化剂技术

镍铝复合预还原型耐高温甲烷合成催化剂具有良好的耐水合、耐高温、抗积炭性能，有效提高了碳二以上烃类转化为甲烷的活性，降低了废水中COD的含量。

2.3.3 动态补充 CO_2 技术

建立以富氢尾气量、焦炉煤气组分为输入变量的补碳量预测模型，通过低温泵粗调和

回流量精调实现对 CO_2 补充量的动态控制如图 9 所示，解决了原料气消耗高和甲烷转化率低的难题，LNG 产量提高 13.2%，吨 LNG 原料气消耗降至 3050 m^3 以下。

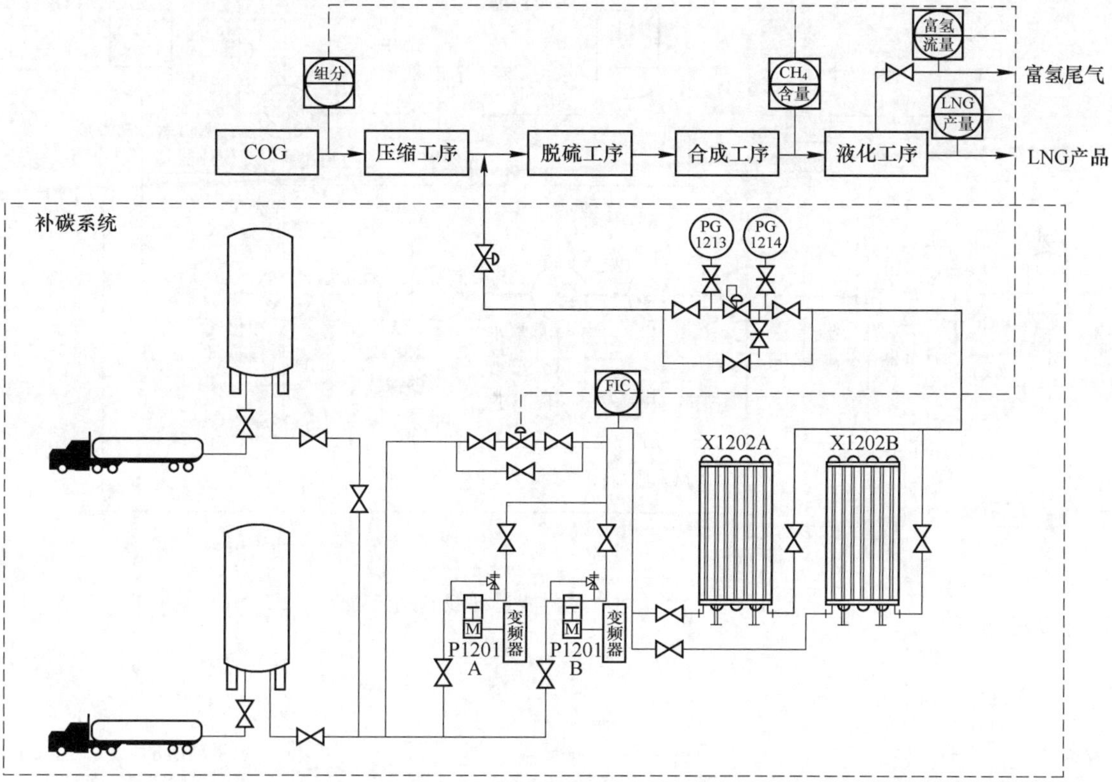

图 9　动态补碳工艺流程

2.3.4　焦炉煤气甲烷化综合节能技术

利用 LNG 生产过程能量梯级利用技术如图 10 所示，并在合成反应器前增加保护床和 MDEA 同分子筛联动工艺，提高工艺过程能源利用效率；采用研发变压吸附法富氢尾气制取高纯氢技术、SNG/LNG 互换技术、过程气回收工艺实现闪蒸汽、氢气、放散气的近零排放，年减少 CO_2 排放 2.7 万吨；优化过程控制系统，实现装置长周期稳定运行，有效降低电耗。

2.4　粗苯萃取精制精馏优化技术

萃取精馏技术是在原料液中加入萃取剂以增加原料液中两个组分间的相对挥发度，从而使原料变得更容易分离[28-32]。萃取精馏中的萃取剂只能在塔内中、下部汽化，否则会把热量逐渐传递给低沸点的物质而冷凝为液体，只有高温萃取剂的热量得到充分利用，萃取精馏与普通精馏才能耗相当。不仅实现了高附加值噻吩的有效回收，同时也提高了产品的纯度和收率。纯苯纯度达到 99.95%以上，总硫含量小于 1 mg/kg；甲苯纯度达到 99.8%以上，总硫含量小于 2 mg/kg；二甲苯馏程在 5 ℃以内；噻吩纯度达到 99.0%以上。相对于加氢工艺，萃取精馏工艺产生的废弃物很少。少量废水将自行回收处理；反应过程使用的溶剂经过回收处理后可循环使用；由于反应过程不使用催化剂，所以无催化产物生成。其工艺流程如图 11 所示。

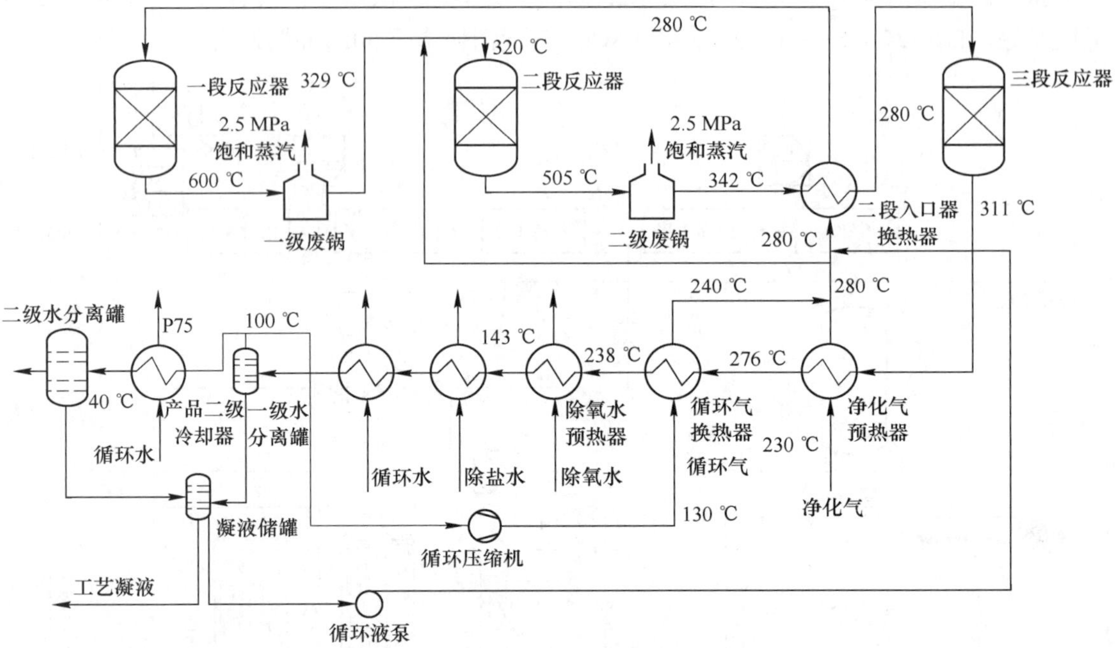

图 10　LNG 生产过程能量梯级利用流程

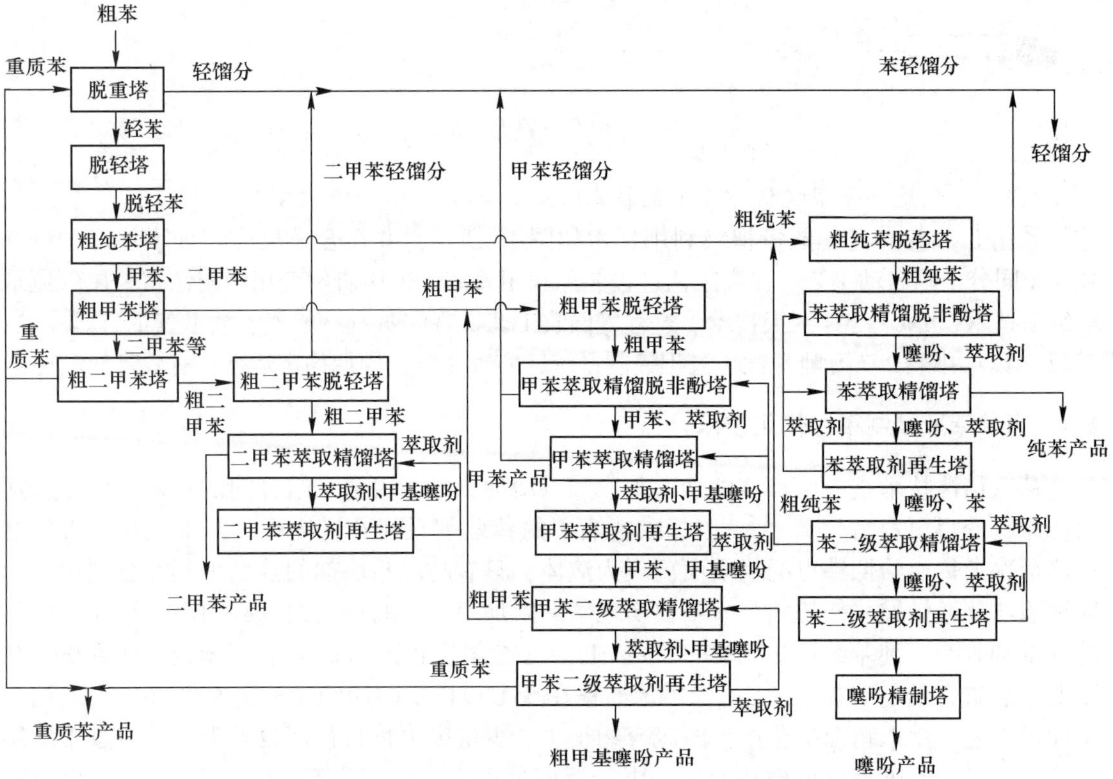

图 11　粗苯萃取精制精馏优化技术工艺流程

2.5 智能焦化技术

智能焦化技术是以大数据平台为基础，通过采集设备运行数据、各生产过程数据、厂级数据、原材料和成品数据等，结合人工智能、数据挖掘技术，实现在线运行、维护和管理生命周期内的设备，达到生产过程智能控制和工艺优化、厂级自动排产和调度、为厂级整体运营提供决策等目的，从而实现资源最大利用、提高生产效率、节能减排、经济效益最大化等目标[33,34]。

美锦焦化通过对智能焦化技术的开发，实现了资源最大利用、生产效率的提高、节能减排和经济效益的最大化等目标，具体体现在以下几个方面。

（1）设备智能化。通过红外技术实现焦炉直行温度的在线测量以及煤气、废气成分的在线测量；通过定位技术实现四车的自动对位等，并基于大数据平台实时采集设备上线时间、运行状态、故障处理结果等数据，实现设备故障预判断、生命周期管理等，从而实现设备在线运行维护，提高设备的整体稳定性。

（2）过程智能化。主要有以下 5 点。

1）配煤过程智能控制。依据当前生产需求，根据焦种、煤气等指标，通过专家知识库自动生成配煤方案，并实现焦炭质量预测，节省配煤成本。

2）炼焦过程智能控制。根据配煤信息，实现加热制度自动优化，并依据在线测量设备实现焦炉加热自动控制，在保证焦炭质量前提下，节能减排。同时稳定炉顶空间温度，减少荒煤气裂解，从而提高煤气质量和 LNG 产率。

3）集气过程智能控制。结合配煤中的挥发分、焦炉推焦装煤过程、炼焦过程，预判荒煤气量，提前进行“集气管-高压氨水-初冷-大循环-鼓风机”等环节的协调，保证无烟装煤，并确保初冷后的荒煤气温度等各个指标的稳定，从而提高化产品产量。

4）化产过程智能控制。综合考虑配煤成分、荒煤气产生量、荒煤气温度等相关参数，优化化产各个工段控制参数，提高化产回收率和化产品质量，从而提高“精细化工”产率，并通过温度、流量、压力等工艺参数的优化，减少化产过程的物耗和能耗。

5）精细化工智能控制。综合考虑化产煤气净化程度、煤气产生量和煤气成分含量等相关参数，优化温度和压力等工艺参数，提高 LNG 产品产量和质量，减少催化剂消耗，达到降低 LNG 生产过程的物耗和能耗。

（3）厂级排产调度智能化。通过底层设备智能化和生产过程智能化，基于大数据平台的建立，采集焦化设备数据和完整的闭环工段数据，通过数据挖掘技术，优化专家知识和规则库，实现厂级自动排产和生产调度，实现资源利用效率的最大化。

（4）运营智能化。将采集到的原材料价格、厂家和成品销售量、销售对象等数据进行在线分析和智能挖掘，形成可视化图表，为企业生产战略决策提供支持。

3 应用效果及效益分析

3.1 经济技术指标对比分析

通过一系列的技术创新与优化，唐钢美锦在弱黏煤配比、吨焦煤气消耗、干熄焦发电量和烧损率、深度处理后水质、甲烷转化率及吨产品原料气消耗等方面得到明显改善，见表 4。

表 4　各项经济技术指标对比表

指标	行业领先数据	本项目技术参数
弱黏煤配比/%	40.8（M_{40}>88.0）（沙钢）	44.1
吨焦煤气消耗/($m^3 \cdot t^{-1}$)	200（中润）	195
煤气净化贫油含苯量/%	0.3	0.25
合成后甲烷体积分数/%	81.61（黑龙江鹤岗）	84.34
吨 LNG 原料气消耗/m^3	3225（黑龙江鹤岗）	3050
干熄焦吨焦发电量/($kW \cdot h \cdot t^{-1}$)	125（中润）	130
干熄焦焦炭烧损率/%	1.4（中润）	0.9
污水处理后水质	达到外排标准	达到工业回用的中水标准
粗苯精制	加氢：投资和规模大；酸法：产品质量低	投资少，不产生污染物

3.2　经济效益

唐钢美锦自 2015 年 5 月投产并实现达产以来，通过两年多的连续稳定生产，各项技术指标都达到甚至超过设计要求，取得的各项经济效益如下：

（1）开发了宽炭化室大焦炉技术和煤气净化新技术，使得炼焦系统和化产系统每年创经济效益 18000 万元以上；

（2）开发了提取高纯度噻吩的粗苯萃取精馏新技术，每年创造经济效益 5500 万元；

（3）实现了焦炉煤气合成液化天然气，延长了焦化产业链，提高了产品的附加值，年创经济效益 8000 余万元；

（4）合计每年创造经济效益达到 31500 万元以上。

3.3　环境效益

（1）实现了固体废弃物零排放、散逸废气全部回收，焦化废水回用率达 80%以上，水重复利用率达 98.53%。

（2）焦炉煤气合成液化天然气技术的应用，每年可减排 CO_2 2.7 万吨。基于多段加热技术，实现了氮氧化物排放量低于 350 mg/m^3。

（3）每年减排 COD 206.7 t，减排氨氮 36.8 t，减排 SO_2 389.6 t，减排 NO_x 2246.9 t，减排烟尘 4486.4 t。

4　结论

唐钢美锦通过上述焦化新工艺、新技术的应用，极大地减少了环境污染，合理利用了资源，实现了焦化生产与环境和谐发展的良好局面。本项目自投产以来运行稳定，实现了绿色环保智能品牌化，使得唐钢美锦成为国内标杆性企业，对焦化行业绿色转型发展具有良好的引领和示范作用，具有广泛的推广价值。主要表现在以下几点。

（1）提取高纯度噻吩的粗苯萃取精馏新技术与焦炉煤气合成液化天然气技术的应用，成效显著，实现了焦化工艺链经济效益的最大化。

（2）JNX3-70-1 型 65 孔、500 mm 宽炭化室 7 m 大容积焦炉的运行，实现了氮氧化物排放量低于 350 mg/m^3，吨焦煤气消耗 195 m^3 以下。

（3）焦化生产全过程除尘工艺的应用，使各除尘点满足国家标准要求，实现了固体废弃物、气体废弃物的零排放，焦化废水回用率达 80%以上，水重复利用率达 98. 53%。

（4）“资源利用深度化、产品加工精细化、环境保护最优化”的煤化工循环经济、长产业链新型焦化产业体系的创建，为焦化行业摆脱高能耗高排放、实现经济运行和环境友好拓宽了思路。

参 考 文 献

[1] LI T S，ZHOU N S，SU T S. Highlights of recent advances in refractories for iron and steel industry in China [J]. China's Refractories，2003，12（2）：9-17.

[2] GAN F F，WANG A M. Advanced green refractory technologies for coke ovens at Baosteel [J]. Baosteel Technical Research，2016，10（3）：1-6.

[3] 汤志刚，温燕明．煤焦化过程中精馏技术进展以及面临的挑战 [J]．化工进展，2009，28（11）：1883-1889.

[4] 温燕明．创新发展培育转型中焦化企业的差异化竞争力 [J]．山东冶金，2011，33（1）：1-5.

[5] 党帅．焦化产业的发展出路与方向探讨 [J]．山西焦煤科技，2016（7）：49-53.

[6] 郑文华，温燕明，郑波．新常态下中国炼焦化学行业运行及发展趋势 [J]．钢铁，2016，51（5）：1-8.

[7] MU L，PENG L，GAO J J，et al. Emissions of polycyclic aromatic hydrocarbons from coking industries in China [J]. Particuology，2013，11（1）：86-93.

[8] 郑文华．“十二五”我国焦化工业的发展 [J]．鞍钢技术，2012（4）：1-8.

[9] 郑波，温燕明，郑文华．新常态下我国焦化行业发展趋势辨析 [J]．燃料与化工，2015，46（1）：1-10.

[10] 陈文茜，刘星佳．煤化工技术的发展与新型煤化工技术的应用趋势 [J]．化学工程与装备，2015（7）：219-220.

[11] 潘登，翁雪鹤．我国焦化行业“十三五”如何破局 [J]．燃料与化工，2016，47（5）：1-3.

[12] TIWARI H P，BANERJEE P K，SAXENA V K，et al. Effect of Indian medium coking coal on coke quality in non-recovery stamp charged coke oven [J]. Journal of Iron and Steel Research，International，2014，21（7）：673-678.

[13] CHENG X L，LI E K，CANG D Q，et al. Generation of polycyclic aromatic hydrocarbons during coking [J]. Journal of Iron and Steel Research（International），2010，17（12）：6-10.

[14] 李冰晶，仝纪龙，潘峰，等．利用 AERMOD 预测焦化行业大气环境影响实例分析 [J]．环境工程，2013，31（5）：156-160.

[15] 周斌．焦化炉对环境污染的优化控制研究 [D]．长春：吉林大学，2006.

[16] 王培俊，刘俐，李发生，等．炼焦过程产生的污染物分析 [J]．煤炭科学技术，2010，38（12）：114-118.

[17] 张纪民．焦化厂固体废弃物在配煤炼焦中的应用 [M]．武汉：武汉科技大学，2006.

[18] XIAO Y，VAN D V M F C，MOLENAAR A A A，et al. Environmental concern of using coal tar in road engineering and its possible alternatives [J]. Journal of Wuhan University of Technology，2010，32（17）：1-7，17.

[19] ZHU N，LI H Y，SANG N. Coking wastewater increases micronucleus frequency in mouse in vivo via

oxidative stress [J]. Journal of Environmental Sciences, 2013, 25 (10): 2123-2129.

[20] 张万辉，韦朝海，吴超飞，等．焦化废水中有机物的识别、污染特性及其在废水处理过程中的降解[J]. 环境化学，2012，31（10）：1480-1486.

[21] DENG H X. Characteristics of particulate matter pollution in coke oven plant [J]. China Medical Abstracts (Internal Medicine), 2013 (1): 10-11.

[22] JIN X W, LI E C, LU S G, et al. Coking wastewater treatment for industrial reuse purpose: combining biological processes with ultrafiltration, nanofiltration and reverse osmosis [J]. Journal of Environmental Sciences, 2013, 25 (8): 1565-1574.

[23] 徐荣华，武恒平，贺润升，等．焦化废水中不同极性组分的光谱分析及可生物降解特性 [J]. 环境科学学报，2016，36（3）：900-906.

[24] 胡蕾．焦化废水的深度处理研究 [D]. 济南：山东大学，2016.

[25] 黄源凯，韦朝海，吴超飞，等．焦化废水污染指标的相关性分析 [J]. 环境化学，2015，34（9）：1661-1670.

[26] 赵鹏飞，李水弟，王立志．低温甲醇洗技术及其在煤化工中的应用 [J]. 化工进展，2012，31（11）：2442-2448.

[27] 甄玉科．济钢焦化节能减排技术 [J]. 山东冶金，2013，35（6）：43-45.

[28] SAIMA N, MUHAMMAD A H, TARIQ M A, et al. A comparative study on hemp (cannabis sativa) essential oil extraction using traditional and advanced techniques [J]. Spectroscopy and Spectral Analysis, 2017, 37 (1): 306-311.

[29] ZHOU Y, WU W H, ZHAO Q B, et al. Inhibition of HMG-CoA reductase by MFS, apurified extract from the fermentation of marine fungus Fusarium solani FG319, and optimization of MFS production using response surface methodology [J]. Chinese Journal of Natural Medicines, 2015, 13 (5): 346-354.

[30] 李骏，何文军，漆志文，等．离子液体萃取精馏技术在甲醇-碳酸二甲酯分离中的应用 [J]. 化工进展，2016，35（12）：4082-4087.

[31] 崔现宝，杨志才，冯天扬．萃取精馏及进展 [J]. 化学工业与工程，2011，18（4）：215-220.

[32] 张志刚，徐世民，李鑫钢，等．间歇萃取精馏技术的研究进展 [J]. 化工进展，2004，23（9）：933-937.

[33] LI Z, XIAO W Y, JIANG G X, et al. Intelligent control model and its application based on CBR and PCA-RBFNN in coke oven control [C]. Proceedings of 2nd International Conference on Simulation and Modeling Methodologies, Technologies and Applications. Paris: Information Engineering Research Institute, 2015: 723-726.

[34] 高宪文，张昊，蔡晓燕．智能控制方法在焦炉控制中的应用 [J]. 控制与决策，2005，20（8）：909-916.

新型焦化技术在唐钢美锦焦化的应用研究①

王新东，张宝会

（河钢集团有限公司，河北 石家庄 050023）

摘 要：国内焦化企业经过几十年的发展，在规模和装备自动化等方面取得了长足进步，但和国际先进焦化企业相比，在环境保护和资源合理利用等方面还存在着比较大的差距。本文介绍了唐钢美锦焦化针对焦化行业在以上两方面存在的差距，通过新型焦化技术的深层次应用，使焦化企业真正实现了零排放，焦化行业彻摆脱高污染企业的形象；同时通过合理利用资源，焦化产品的深层次加工，增加了焦化产品的附加值，实现了焦化资源的最大化，对焦化行业实现绿色转型和可持续发展具有重要意义。

关键词：焦化企业；绿色环保；能源合理利用；高附加值产品

唐钢美锦焦化计划焦炉4座，年产焦炭300万吨，分两期建设。一期2座焦炉2015年5月投产，投产及达产。目前生产稳定、各项技术指标达到设计要求。该项目针对传统焦化企业环境污染严重、能源利用效率低、产品附加值低等共性技术难题，从技术论证开始，就与中冶集团、天津大学、法国威立雅公司等高校、科研院所广泛结合。对焦化工艺链进行了创新设计和综合优化，解决了传统焦化企业存在的共性问题，使焦化企业达到了零排放的目的，同时资源得到最大化的利用，使得环境保护和资源合理利用长期共同发展。

1 环境保护方面

焦化企业污染主要分为气体污染、固体污染和液体污染。气体污染物包含 SO_2、氮氧化物及挥发性有害气体等；固体污染物主要包括除尘灰、污泥、焦油渣、再生残渣和脱硫废渣等；液体污染物主要包括焦化废水和脱硫废液等，上述污染物严重影响企业和周边地区的环境。针对焦化企业环境污染严重、污染物不易控制等共性技术难题，美锦焦化对传统焦化环保技术进行了创新设计和综合优化，通过对炼焦全流程工艺的综合优化，在生产过程中严抓环保措施的落实，使炼焦过程达到了零排放的目的，解决了焦化企业绿色转型的难题[1]。

1.1 宽炭化室大焦炉高效炼焦技术

研发了JNX3-70-1型65孔500 mm宽炭化室7 m大容积焦炉。开发了一种可控制多段燃烧的焦炉加热方法，通过对焦炉加热过程数值模拟的参数优化，创新设计了三段式加热

① 原文发表于“2017年焦化行业节能环保及新工艺新技术交流会”。

的燃烧室结构，实现高向均匀加热，炭化室高向温度差小于 50 ℃，长向均匀系数大于 0.9，氮氧化物排降低至 450 mg/m 以下，解决了原炉型炉顶空间温度高，化产收率低的技术难题，实现了焦炉氮氧化物达标排放。开发了一种节能型结构的焦炉蓄热室封墙，有效提高了炉体密封性，降低了焦炉炉体散热；开发了一种新型格子砖提高了预热气体温度，降低了气流阻力。建立了煤气流量、标准温度、空气过剩系数、煤气热值与焦炉温度关系模型，确定了不同结焦时间条件下最低标准温度设定值，实现吨焦煤气耗量降低至 195 m^3 以下。运用炼焦煤非线性优化配煤预测焦炭质量技术，通过优化配煤控制系统和配煤仓内衬材料及表面处理工艺，实现了配煤准确性的快速调整。在传统配煤工艺基础上增加固体废弃物预混系统，实现小配比物料的均匀配加。以可用煤源 40 kg 小焦炉实验数据为基础，通过煤种配伍性实验和低价煤极限配比实验，确定了典型气煤 1/3 焦煤和煤的极限配入比例，如图 1 和图 2 所示，进而得到适合宽炭化室 7 m 焦炉的合理煤源结构，并经生产过程优化，实现弱黏结性煤配比达到 44.1%，同时焦炭的 M_{40}、M_{10} 和 CSR 分别达到 90.24%、5.97%和 68.14%，满足大高炉炼铁要求。

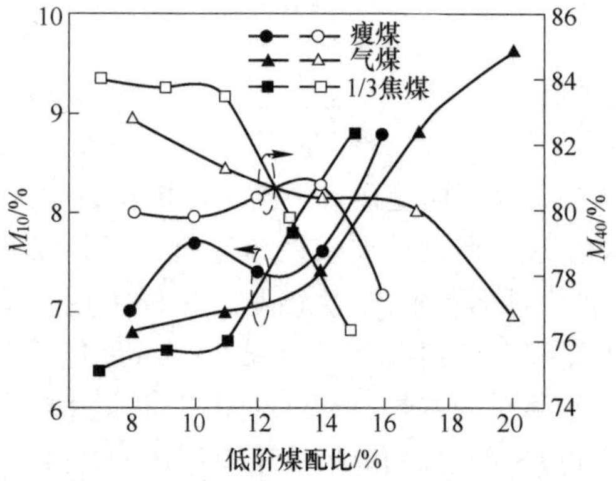

图 1　低阶煤配比对焦炭冷强度的影响

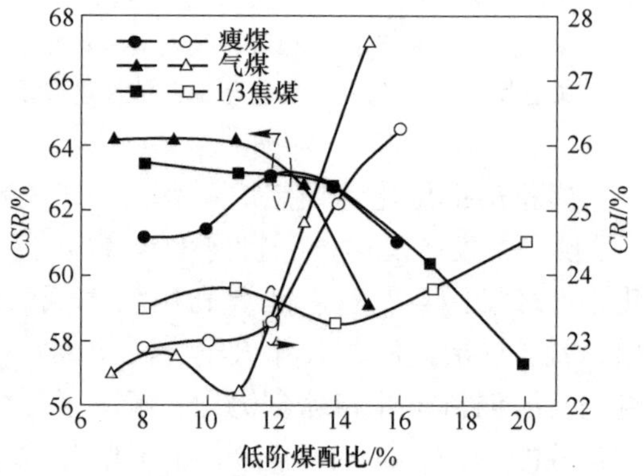

图 2　低阶煤配比对焦炭热态性能的影响

1.2　开发了焦炉煤气控制系统，优化了负压脱和焦油氨水分离工艺

通过改进集气管压力调节装置的结构和位置，应用压力点反馈数据噪声处理技术，通过优化 PID 参数，有效消除了各吸气管压力之间的耦合效应，实现集气管压力±20 Pa 比例由 36%提高至 77%，±30 Pa 比例由 50%提高至 90%，如图 3 所示。建立了煤气压力与放散控制数学模型，连锁控制点火器、放散执行机构、拢火阀和灭火阀，对超压状况反应迅速，燃烧效果好，提高了集气管异常情况下的安全性。通过以上措施的应用，实现了自动调节，有效控制了由于压力波动造成的焦炉集气管放散，避免了环境污染。

负压脱苯技术集成与优化。优化再生器直接蒸汽量及塔顶回流量、实现了贫油含量 0.25%以下，煤气含苯量小于 0.9 g/m^3（标态），回收率稳定在 96%以上，使得化产品的回收率大大提高。

焦油氨水分离工艺优化。将机械化澄清槽、循环氨水槽、剩余氨水槽的 3 级分离系统改造为机械刮渣槽、焦油氨水分离槽、剩余氨水中间槽、气浮除焦油器、剩余氨水槽、陶瓷膜过器为 7 级分离系统，显著降低剩余氨水中的焦油含量，保证了后续水处理单元的进口指标。

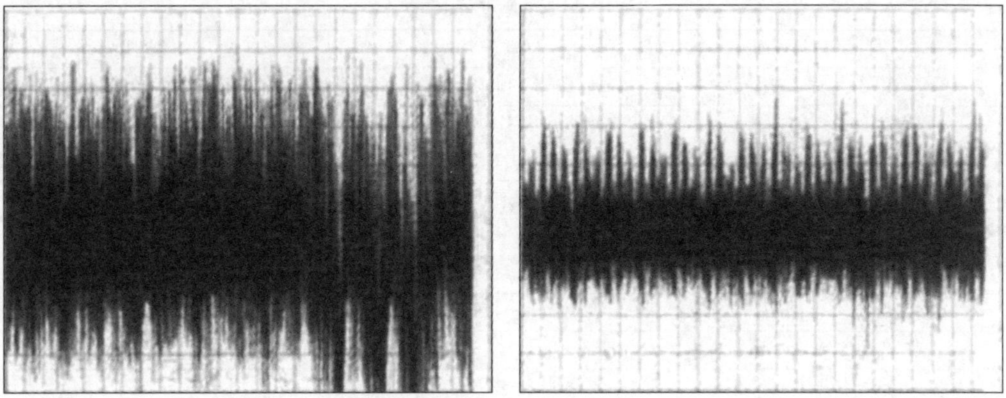

(a) (b)

图 3 集气管压力控制系统改造前后效果对比

（a）改造前；（b）改造后

1.3 对煤气净化各级能源消耗进行针对性分析

通过能源的阶梯利用，同时减少了新水利用和废水外排。对煤气净化系统进行水平衡优化，充分考虑不同工序温度梯度和量比关系，熔硫、脱苯工序采用导热油替代蒸汽做热源，利用循环氨水对氨水焦油分离系统进行保温，减少直接蒸汽用量实现水重复利用率达到 98.53%，吨焦新水消达到 1.21 t。开发了一种循环加热的闪蒸法蒸氨工艺和一种循环加热的闪蒸法高效蒸氨塔，能够在充分热分解挥发氨后再加碱分解固定铵盐，提高碱液利用效率，有效降低外排废水量和水中全氨含量。开发氨水余热保温技术，实现对焦油氨水分离系统进行保温，节约了蒸汽耗量。发明了一种新型横管式煤气初冷器和一种新型横管式煤气终冷器，提高了喷洒液与煤气换热效率，实现横冷器下段余热冬季采暖。

1.4 高效废水综合处理回用技术

为满足焦化废水循环使用的要求，开发了“生物处理+膜处理+芬顿处理”的三级深度处理工艺。

（1）生物处理主要包括格栅自动除杂与 DAF 气浮除油、氰化物、硫化物及调节池水质水量调节技术；活性污泥与凯氏氮/氨氮、硝化/反硝化及澄清自动冲洗过滤技术。

（2）膜处理工艺采用“组件式超滤+反渗透”。为适应焦化废水中悬浮物和有机污染物浓度高的特点，采用混凝土 PVDF 复合膜膜丝、聚氨酯端头密封、外压式中空纤维等耐污染、耐磨组件；采用错流过滤、浓水回流，并辅以频繁气、水反洗技术，有效保证膜系统稳定的产水量，提高了水利用效率和系统稳定性。并通过动态和静态实验，确定混凝剂、阻垢剂种类和加入量及多介质过滤器的运行参数。反渗透采用停运自动冲洗、难冲洗污在线化学清洗等技术，具有高脱盐率、强抗污染、过速度快、机械强度好的特点。

（3）反渗透浓水采用芬顿（fenton）处理技术，处理后废水实现工艺回用，作为煤气净化循环水循环冷却水或干熄焦循化水的补充水，回用水指标见表 1。处理过程中产生的生化污泥、芬顿污泥进行回配炼焦处理，避免二次污染。

表 1　回用水水质表

项目	单位	水质
TAC	mg/L（以 $CaCO_3$ 计）	30
T-Ca	mg/L（以 $CaCO_3$ 计）	30
SO_4^{2-}	mg/L	<15
悬浮物	mg/L	—
COD	mg/L	<15
SiO_2	mg/L	<8
SCOD	mg/L	<15
pH（25 ℃）		5~8
Cl^-	mg/L	<150
水温	℃	20~35
电导率	μs/cm	<350

（4）逸散有毒有害气体控制及负压回收综合技术。焦化流程逸散气体主要在炼焦和煤气回收系统产生。炼焦系统装煤过程采用高压氨水喷射、小炉门密封的综合控制措施，实现 SO_2 浓度不大于 100 mg/m^3，苯并芘浓度不大于 0. 3 μg/m^3；装煤孔盖采用球面+特制泥浆密封，上升管盖、桥管承插口采用水封装置，炉门采用弹性刀边、弹簧门闩、悬挂、空冷且腹板可调式炉门，厚炉门框，大保护板，实现粉尘浓度不大于 30 mg/m^3，SO_2 浓度不大于 50 mg/m^3，NO_x 浓度不大于 450 mg/m^3。

针对传统煤气回收系统中冷凝鼓风装置、脱硫装置、硫铁装置、油库装置的放散管、排气口等部位的污染源连续性无组织排放，开发了散逸气体负压回收系统（见图 4），有效降低了有毒有害废气的逸出。

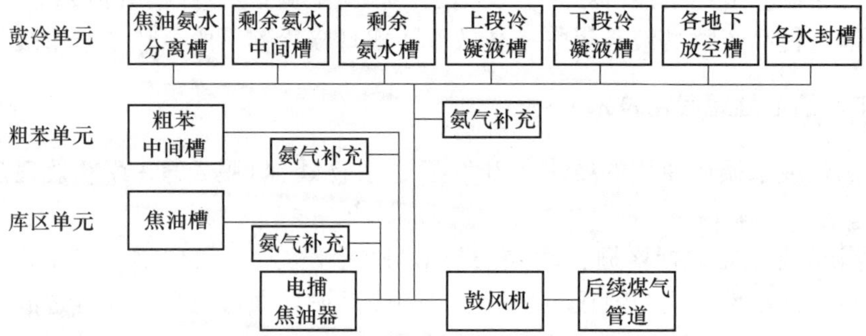

图 4　回收系统异味治理改造示意图

（5）焦化生产工艺全流程除尘技术应用。针对焦化生产过程各个点的产尘特点，采用全流程除尘工艺技术，全部转运站均设有吸尘口，实现焦化全流程除尘，达到清洁生产要求。具体技术措施如下。

1）原料煤储运系统采用大型筒仓贮煤技术，减少煤堆扬尘，并利用袋式除尘净化装置收集备煤车间煤转运、破碎扬尘点的粉尘。

2）炼焦系统装煤烟尘、推焦烟气采取装煤、推焦二合一地面除尘站进行除尘。装煤过程采用带集尘装置的装煤车结合干式除尘地面站、高压氨水喷射等措施，实现无烟装煤。出焦除尘采用带集尘罩的拦焦机+集尘固定管+除尘地面站的方式，同时在机侧增设打开炉门、平煤及炉门清扫等处的烟尘捕集装置，焦侧增加捕烟尘挡罩以捕集摘焦侧炉门和推焦时从拦焦机烟尘罩和炉柱缝隙间泄漏的烟尘。经净化后的装煤和推焦烟气烟尘浓度均为低于排放标准。

3）干熄焦炉顶含尘废气、干熄槽放散管及循环放散气体导干熄炉环境除尘系统。水熄焦塔顶设水雾捕集和新型粉尘捕尘装置，控制效率约85%以上。

4）煤粉碎、筛焦振动筛、胶带机、料仓各扬尘点的粉分别进入各自除尘系统净化后达标排放[2]。各系统2015年大气沉降监测数据见表2。

表2　2015年厂区大气降尘量检测统计

污染源	装煤除尘	推焦除尘	干熄焦环境除尘	焦炭缓冲仓除尘	焦炭转运站除尘	粉碎机室除尘
处理措施	装煤地面站	推焦地面站	脉冲袋式除尘器	脉冲袋式除尘器	脉冲袋式除尘器	脉冲袋式除尘器
排放标准/$(mg \cdot m^{-3})$	30	30	30	15	15	15
排放浓度/$(mg \cdot m^{-3})$	24.5	23.7	23.1	12.8	12.5	13.0

（6）固体废弃物回收利用技术。焦化企业的固体废弃物主要包括除尘灰、污泥、焦油渣、再生残渣、脱硫废渣等，均会对水体和土壤产生危害。采取措施：在传统固体废弃物回配技术的基础上，优化设计了回配工艺，提高了混匀效果，稳定了焦炭质量，实现了焦化废弃物的循环利用，对保护环境降低成本与节约资源具有重要意义。

2　产业链延伸，资源最大化利用方面

传统焦化企业产品单一、产品附加值低、能源利用率低，为解决这一普遍性的问题，唐钢美锦焦化从延伸产业链入手，通过焦化产品的深层次加工，极大限度地增加了产品的附加值，使焦化资源得到最大化的利用。

2.1　高效、节能的焦炉煤气制取LNG技术的应用

（1）开发了串、并联甲烷合成工艺。结合绝热型反应器和换热型反应器及其优化组合，发明了“一种甲烷合成反应器”和“一种焦炉煤气制LNG并联产氢气的工艺装置”，利用系统生成冷凝液作为循环补液控制反应温度，提高了甲烷转化率，循环压缩机的功率最小化。吨LNG产品电耗降低至1350 kW · h。

（2）研发了双组分、复合预还原型耐高温甲烷合成催化剂。开发了镍铝复合结构催化剂和与其匹配的高温预还原工艺，该催化剂具有良好的耐水合、耐高温、抗积炭性能，有效提高了碳二以上烃类转化为甲烷的活性，并降低了工艺废水COD含量[2]。

（3）开发了动态补充二氧化碳技术。建立以富氢尾气量、焦炉煤气组分为输入变量的补碳量预测模型，通过低温泵粗调和回流量精调实现对二氧化碳补充量的动态控制（见图5），解决了原料气消耗高和甲烷转化率低的难题，实现LNG产量提高13.2%，吨LNG产品原料气消耗3050 m^3以下。

（4）研发了焦炉煤气甲烷化综合节能技术，如图6所示。开发LNG生产过程能量梯

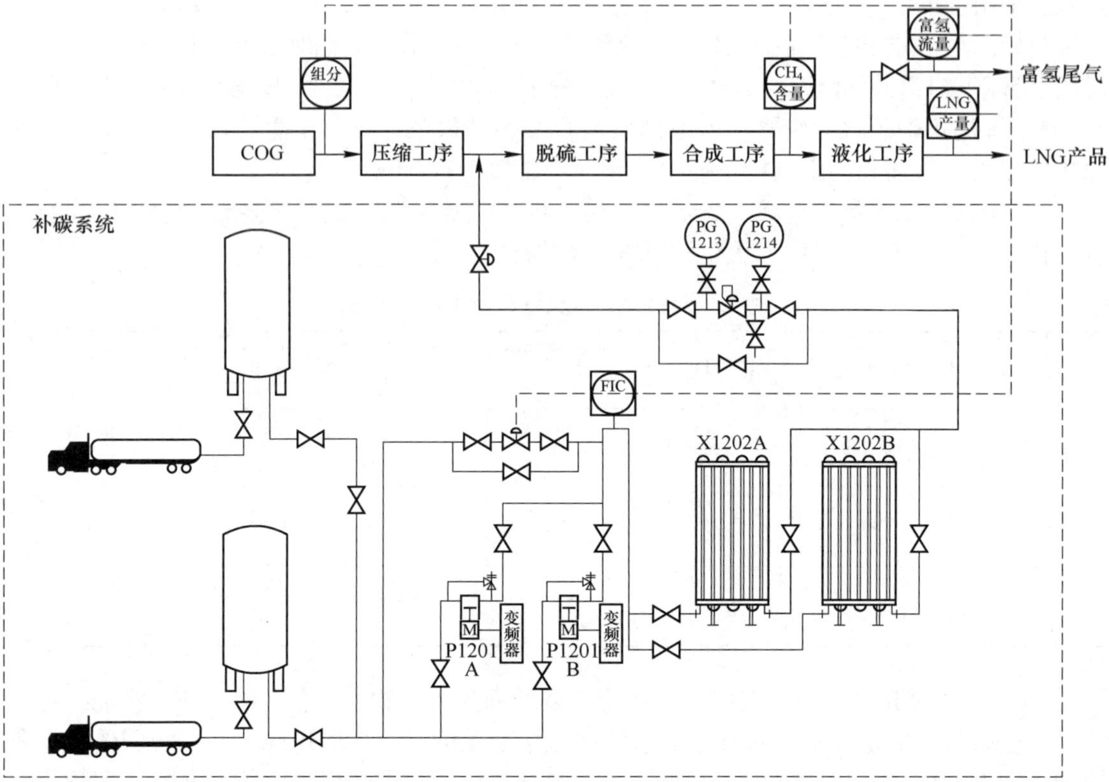

图 5　动态补碳工艺流程图

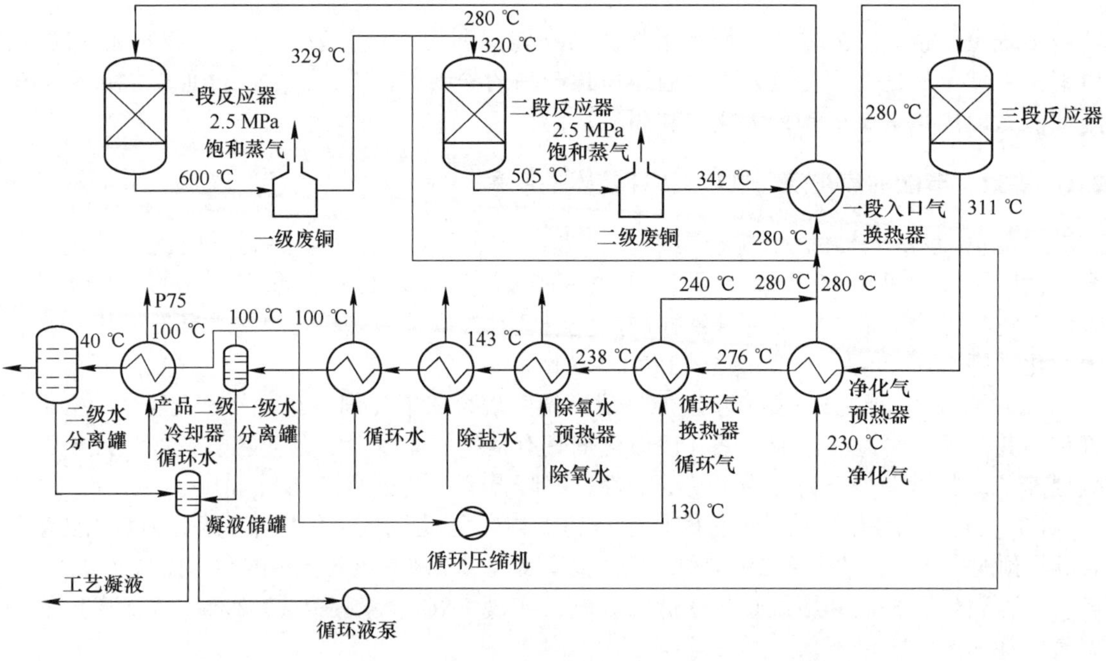

图 6　LNG 生产过程能量梯级利用流程图

级利用技术、采用合成反应器前增加保护床、MDEA 同分子筛联动工艺，提高工艺过程能源利用效率；研发变压吸附法富尾气制取高纯氢技术、SNG/LNG 互换技术、过程气回收工艺实现闪蒸汽、氢气、放散气的近零排放，年减少二氧化碳排放 2.7 万吨；优化过程控制系统，实现装置长周期稳定运行，有效降低电耗。

2.2 粗苯萃取精制精馏优化技术

优化了萃取精馏精制工艺，实现了高附加值咖吩的有效回收，提高了产品纯度和收率。纯苯纯度可以达到 99.95%以上，总硫含量可以降到 1 mg/kg 以下；甲苯纯度可以达到 99.8%以上，总硫含量可以达到 2 mg/kg 以下；二甲苯馏程在 5 ℃以内；噻吩纯度可以达到 99.0%以上。相对于加氢工艺，萃取精馏工艺在生产过程中产生的三废很少，几乎无外排。产生的少量废水通过装置自行回收处理；反应过程使用的溶剂通过装置回收处理后循环使用；该工艺不采用催化剂，无废催化剂产生。

唐钢美锦煤化工有限公司通过以上焦化新型工艺的使用，极大地减少了对环境的污染，达到了清洁生产的目的；焦化产品的深层次加工使资源得到合理利用，实现了生产与环境长期共同发展。

（1）研发了 JNX3-70-1 型 65 孔 500 mm 宽炭化室 7 m 大容积焦炉，实现了氮氧化物排放量低于 450 mg/m^3，吨焦煤气消耗 195 m^3 以下。

（2）实现了固体废弃物零排放、散逸废气全部回收，焦化废水回用率达 80%以上，水重复利用率达 98.53%。

（3）焦化生产全过程除尘工艺的应用，使各除尘点满足国家标准要求。

（4）可提取高纯度噻吩的粗苯萃取精馏新技术的应用取得了显著的经济效益：本项目 2013—2015 年在唐钢美锦（唐山）煤化工有限公司实施后，共取得经济效益 1.65 亿元。

参 考 文 献

[1] 胡家斌．环保技术在南钢焦化的应用与实践［J］．煤化工，2015，43（3）：50-52.
[2] 汪波．浅谈宝钢二期焦化环保工中存在的若干问题［J］．环境工程，1996（3）：53-56.

高炉渣调质成纤及纤维板制备技术①

王新东[1]，邢宏伟[2]，张遵乾[2]

（1. 河钢集团有限公司，河北 石家庄 050023；
2. 华北理工大学冶金与能源学院，河北 唐山 063210）

摘　要：通过建设 100 kg 高炉渣熔化调质成纤实验平台，对成纤机理与纤维质量控制机制进行了初步研究，提出了矿渣纤维板的制备工艺流程：设计建设了 1.5 t 电炉调质成纤制板半工业化试验线，获得了纤维直径小于 7 μm、渣球量小于 6%的矿渣纤维及符合国标要求的矿渣纤维板，矿渣纤维板的导热系数不大于 0.05 W/(m·K)、有机物量不大于 3.0%、热荷重收缩温度不小于 600 ℃；设计建成了综合产能 4 万吨/年的高炉渣纤维板和粒状棉生产示范生产线，产品性能指标达到了设计要求。

关键词：高炉；调质；矿渣纤维板；粒状棉

目前，高炉熔渣多采用水冲处理制成矿渣用于水泥掺和料等方法，造成熔渣显热无法回收和热能浪费，而且熔渣的利用附加值很低。以高炉渣为原料，利用高温熔渣的热量，通过加入少量铁尾矿等废弃物适当调质和补热，将其制成矿渣纤维及保温制品，可以在充分利用熔渣热量的同时，大幅度提升高炉渣的附加值，是合理利用钢铁企业余热资源和废弃物，并提升产品附加值的新途径。为此，研究开发了调质高炉渣成纤及纤维制品制备技术。

1　高炉渣熔化调质成纤实验平台

1.1　液态高炉渣调质与成纤技术

（1）成分调整与控制技术。实验用原料为唐炼铁厂的高炉渣（干渣）、首钢矿业的铁尾矿及唐山西郊热电厂的粉煤灰，其化学成分见表 1。

表 1　原料化学成分（质量分数）　　（%）

原料名称	SiO_2	CaO	MgO	Al_2O_3	Fe_2O_3	FeO	K_2O	Na_2O
高炉渣	33.94	35.20	8.57	14.94	0.72	0.83	0.60	0.44
铁尾矿	64.53	3.29	2.25	12.14	3.39	4.42	3.56	2.37
粉煤灰	47.62	3.87	1.39	34.67	1.82	0.57	0.98	0.28

对现有高炉渣基本成分，利用相图对其矿相组成进行分析，确定高炉渣的调质目标：

① 原文发表于《炼铁》，2017，36（4）。

1）矿渣纤维的原料的化学成分要均匀；2）矿渣纤维的原料中含有适量的酸性氧化物和碱性氧化物，在熔融状态下能有较大的黏度变化区间；3）制备矿渣纤维的原料能在接近高炉渣出渣温度的范围内熔化，同时熔化后具有适宜成纤的黏度。

调质高炉渣的矿相组成，主要由黄长石和少量的铁橄榄石组成，其中黄长石包括铝黄长石、镁黄长石、铝镁黄长石和锌黄长石，由80%的矿物和20%的玻璃相组成。

实验室热态实验，选用铁尾矿和粉煤灰作为调质剂进行高炉渣调质实验，确定高炉渣调质剂的组成，铁尾矿最好，混合物次之，粉煤灰较差。

采用现场热态实验，确定了铁尾矿加入量为5%~19%时，熔渣熔化性温度较低，黏度变化较小，表面张力较适宜，有利于熔渣直接制备矿渣棉。

（2）熔渣离心成纤技术与工艺。采用100 kg直流电弧熔化调质炉实验平台进行热态实验，结合流体动力学研究，确定高炉渣成膜、离心甩丝相关参数。以某一辊轮为例（见图1），熔体落在辊轮上之后，首先在辊轮表面形成一层熔体薄膜，随着辊轮转速的提高，这层熔体薄膜由于Kelvin-Helmholtz不稳定性以及Rayleigh-Taylor不稳定性发生扰动，并逐渐趋于不稳定，直到不稳定的增长足够大，以至于不再受表面张力、黏性力的束缚，而脱离辊轮表面，同时发生分解破碎，产生纤维状液丝，逐渐拉伸变长、变细，直到从熔体薄膜脱离，并迅速固化成矿渣纤维。基于边界层理论，通过成纤物理过程分析，建立了离心甩丝成纤过程数学模型。根据数学模型，对各熔渣离心成纤过程参数进行了优化。

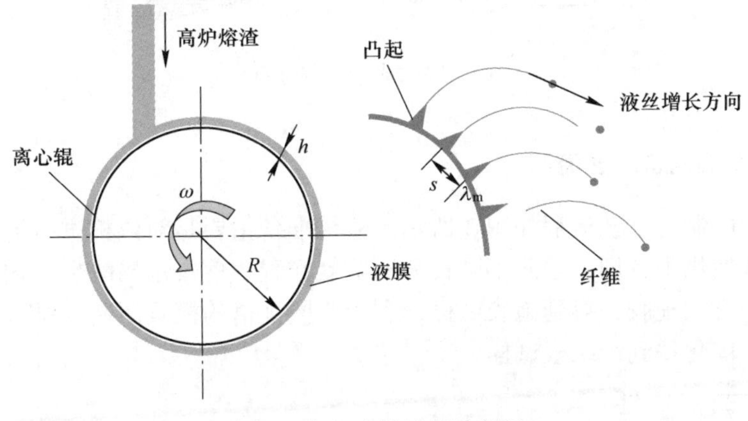

图1 离心成纤过程示意图

在熔渣流动性控制的基础上，确定了甩丝气体流量、离心辊转速等最佳操作参数。研究发现，随着气体压力的增大，纤维直径呈减小趋势，当气体压力为0.3~0.35 MPa时，纤维直径变化较小，较稳定。高炉熔渣成纤率随离心机四辊转速的增大而增大，当酸度系数为1.25时，通过调整离心辊转速，可以得到最佳的成纤效果。从表2看出，所制备的矿渣纤维各项性能指标均满足标准要求。

表2 离心方式制备的高炉渣纤维基础性能测试结果

项目	含水/%	渣球量/%		纤维直径/μm	
	测试值	标准	测试值	标准	测试值
酸度系数1.10	1.06	≤10	2.06	≤7	4.1

续表 2

项目	含水/%	渣球量/%		纤维直径/μm	
	测试值	标准	测试值	标准	测试值
酸度系数 1.20	0.73	≤10	1.67	≤7	4.8
酸度系数 1.25	0.73	≤10	3.76	≤7	4.9
酸度系数 1.30	0.61	≤10	3.18	≤7	4.2

（3）熔渣喷吹成纤技术与工艺如图 2 所示。熔渣喷吹成纤过程可分为 4 个阶段：1）高炉渣熔体表面产生不稳定性；2）不稳定性逐渐增长造成熔体发生破碎形成不规则的大液团；3）在气力作用下大液团分解破碎成丝状或滴状；4）对扰动波和液滴进行拉伸，形成纤维。通过喷吹实验研究了喷吹工艺参数对纤维质量的影响规律，发现喷吹得到的纤维直径较细、纤维较短；随着酸度系数增加，纤维直径大。

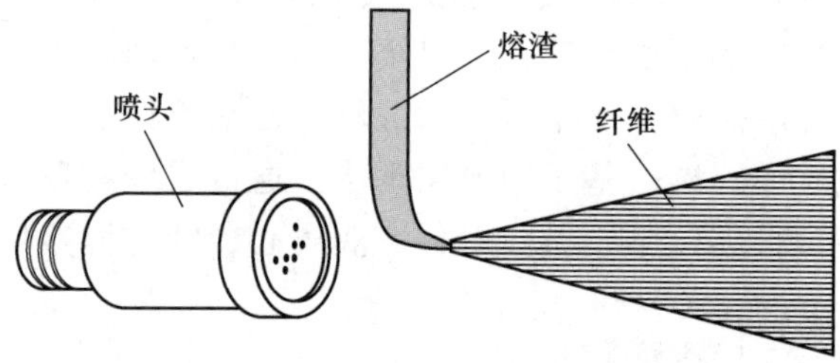

图 2　喷吹成纤过程示意

1.2　矿渣纤维制品制备工艺流程

矿渣纤维板的制备工艺流程如图 3 所示。渣棉准备主要是对渣棉进行清洗，以去除杂质及渣球，清洗后烘干备用；按照不同百分比浓度配置改性聚乙烯醇黏结剂，利用层铺纤维喷涂黏结剂的方式施胶，得到施胶试样；利用不同规格的模具压制纤维板成型，并在鼓风干燥箱内烘干固化得到纤维板试样。

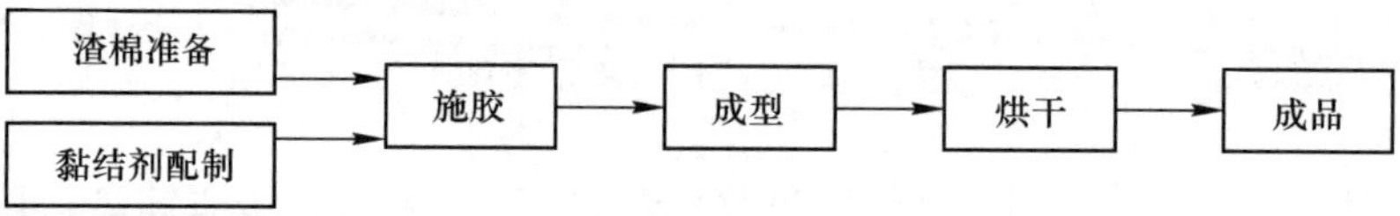

图 3　矿渣纤维板制备工艺流程

2　半工业化试验

高炉熔渣离心成纤的半工业化试验线的建设，实现了高炉渣调质与成纤和喷胶成板工艺的衔接与集成，同时优化系统的运行参数和技术参数，为高炉熔渣离心成纤的工业化生产提供理论和技术支撑。

（1）半工业化试验工艺流程：高炉干渣→电炉熔炼温度调整和调质→成纤→集棉→成板→固化→纵横剪切→打包。

主要流程包括高炉干渣由丰南钢厂运输至厂内，倒入电弧炉熔炼并调质加温，当温度达到要求时倒渣，熔渣经导流槽导入甩丝机制成纤维，纤维经过集棉成板固化处理等工序进一步加工制成纤维板。

（2）主要试验装置。考虑到液态渣运输的不安全性，整个工艺采用冷渣冶炼，高炉渣处理量2 t/h；占地4500 m^2，总建筑面积2633. 5 m。其中主试验车间建筑面积396 m^2，辅助建筑面积712. 5 m^2，配电容量2500 kV · A；电弧炉熔渣能力1. 5 t，功率1500 kW，1. 5 t高炉渣调质电弧炉如图4所示。由于现场没有高炉煤气管道，后期纤维保温板的烘干以生物质为燃料，整个工艺过程无污染无排放。

图4　1. 5 t高炉渣调质电弧炉

半工业化试验线集制棉集棉和制板于一体，主要包括制棉系统、施胶系统、集棉及布棉系统、制板系统、冷却输送设备、切割系统、切割除尘系统、固化炉热风系统、废边回收系统、码垛设备、包装设备等。

（3）试验方案及结果。针对成纤设备设计、纤维性能、熔渣温度与流量与离心机设备参数的匹配等优化进行半工业化试验。研究离心辊材质与粗糙度对成纤效果的影响，掌握设备参数最优条件下纤维性能优化调质技术，以及熔渣温度与流量与离心机设备参数最优匹配条件。试验原料成分见表3。

表3　半工业化试验原料的主要化学成分（质量分数）　（%）

项目	SiO_2	Al_2O_3	CaO	MgO	TiO_2
高炉渣	33. 94	14. 64	35. 01	7. 82	1. 02
铁尾矿	71. 93	4. 93	3. 06	4. 14	0. 15

在酸度系数分别为1. 4和1. 6时，出渣温度控制在1400~1450 ℃，成纤率均在70%以上，纤维呈白色，其中夹杂少量渣球，基本达到预期效果。离心成纤生产的矿渣棉，通过喷胶、固化、切割，得到成品矿渣纤维板综合性能较好（见表4），主要性能指标除酸度系数相比岩棉较小以外，均达到国家标准的要求。

表 4　纤维板性能测试结果

检验项目	指标值	酚醛树脂	硅溶胶体系
酸度系数	—	1.2	1.2
密度/(kg · m^{-3})	≥40	84	140
导热系数（25 ℃)/(W · m^{-1} · K^{-1})	≤0.044	0.035	0.039
热荷重收缩温度/℃	≥600	600	640
纤维平均直径/μm	≤7.0	6.5	6.5
有机物量/%	≤4.00	2.90	2.79
渣球量/%	≤10	9.20	9.10
质量吸湿率/%	≤5.0	0.60	3.1

由表 4 可看出，使用硅溶胶体系黏结剂时，所制备的矿渣纤维板各项性能指标均能满足标准要求，基本达到或超过同等条件下使用酚醛树脂作为黏结剂时所制备的矿渣纤维板。

3　示范生产线建设

联合设计院进行成纤车间整体布局设计，合理布置设备，完成了示范装置的工程设计、土建、设备安装、调试等工作。示范生产线总生产能力为 4 万吨/年成品矿渣棉，由 2 座调质电弧炉、1 条矿渣棉板生产线和 1 条粒状棉生产线组成，同时配套相应的公辅设施。主体设备包括调质电弧炉、电熔窑、离心机、集棉系统、高速摆锤铺毡系统、接收成型输送机、称量输送机、打褶机、加压系统、固化炉、切割机及包装机等。

高炉熔渣成纤制板示范生产线工艺流程如图 5 所示。最终产品为矿渣纤维板和粒状棉。

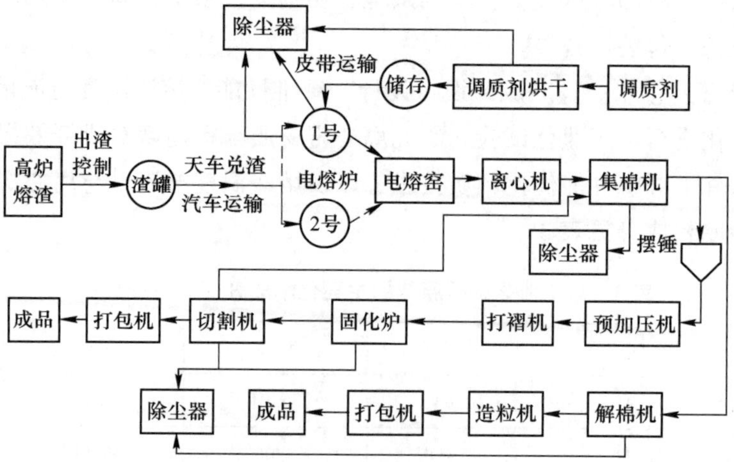

图 5　高炉渣成纤制板示范生产线工艺流程

4　结束语

以实验室研究为基础，首次采用了电弧炉熔化调质设备，分析了调质高炉渣的流动性、黏度和表面张力等物化性能以及矿物组成。开发了液态高炉渣调质剂添加、调质高炉渣流动性控制、调质高炉渣直接成纤、矿渣纤维冷却与矿相控制等多项关键技术。生产得到不同酸度系数的高炉渣纤维制品，解决了高炉熔渣调质及直接成纤的技术难题，为钢铁企业高炉渣余热利用和资源化提供了重要示范。

通过半工业化试验装置建设，验证了应用电弧熔化调质炉及高炉渣纤维及纤维保温板生产的可行性，弥补了实验室规模小、不连续的弊端，为高炉熔渣离心成纤的工业化生产提供了理论和技术支撑。建成了生产能力 4 万吨/年的高炉熔渣调质成纤示范生产线，高炉熔渣成纤率达到 80%，纤维直径小于 7 μm，渣球量小于 6%。所制备的矿渣纤维板导热系数不大于 0.05 W/(m · K)，有机物量不大于 3.0%，热荷重收缩温度不小于 600 ℃，为高炉渣的高附加值资源化再利用提供了有效途径。

唐钢 2560 m^3 高炉工程工艺设计特点①

安　文，李占国，王新东

（唐山钢铁集团公司，河北 唐山 063000）

摘　要：唐钢 2500 m^3 高炉设计中采用了皮带机上料并罐式无料钟炉顶砖一瓷杯复合炉底结构、霍戈文式高风温长寿热风炉、俄罗斯图拉法渣处理工艺、板壁结合的液体冷却设备、软水密闭循环冷却水系统等先进技术。

关键词：高炉；无料钟炉顶；热风炉

1　前言

唐钢 2560 m^3 高炉在工艺设计上采用了焦丁回收入炉、皮带上料、并罐无料钟炉顶、微孔炭砖刚玉莫来石复合炉底炉缸、板壁结合的炉体冷却设备、软水密闭循环冷却水系统、霍戈文式高风温热风炉、俄罗斯图拉法渣处理设施等先进技术。主要设计指标为：热风温度 1180 ℃，热风炉寿命 30 年，高炉年产量 173 万吨，炉顶压力 0. 196 MPa，高炉寿命 12 年。受投资的限制，高炉喷煤缓建。

2　原料运输及炉顶装料系统

2.1　原料运输系统

高炉采用 75%的高碱度烧结矿和 25%的酸性矿，原燃料全部用皮带机运至高炉矿槽。槽下矿石采用分散筛分、减重法称量及焦炭分散筛分集中称量工艺，可实现炉料的分层均匀加入。各种物料经中间称量斗进入上料主皮带，其宽度 1600 mm，带速 2. 0 m/s，运输能力 2000 t/h。

为了进一步降低燃料消耗，高炉供料系统设焦丁回收入炉系统。将焦仓下过筛后的碎焦再次筛分，回收 10~20 mm 的焦丁并与矿石混装。

2.2　并罐式无料钟炉顶设备

采用了国产并罐式无料钟炉顶设备，并结合钢 12 号高炉无料钟炉顶设备的使用情况，在设计上做了完善性的修改，如气密箱为水冷气封，节流阀采用普通阀与比例阀双回路液压控制，能够实现恒开度、恒料流、时间三种方法控制物料流量，布料方式为环形螺旋、扇形和定点布料。

①　原文发表于《炼铁》，1999，18（5）。

无料钟炉顶设备的主要设计参数如下：

料罐有效容积为55 $m^3 \times 2$；炉顶压力为0.2 MPa；炉顶温度为200~250 ℃；溜槽长度为3.5 m；溜槽回转速度调整范围为3~10 r/min，其中环形布料或螺旋布料时为10 r/min，扇形布料时3 r/min；溜槽倾动速度调速范围为0.018°~0.18°/s；溜槽倾动角度为5°~55°。

3 高炉本体

延长高炉寿命将为企业带来良好的经济效益，本设计在尽可能降低投资的同时采取了一系列措施，将高炉炉体一代寿命设计为12年，走出一条采用国产耐火材料而使高炉长寿的新途径。高炉内型主要设计参数为 $V_u = 2560\ m^3$，$D = 12200$ mm，$d = 11000$ mm，$H_\mu / D = 2.4$。

3.1 冷却设备

高炉采用全冷却壁的结构，从炉底一直至炉喉钢砖下沿。炉底和炉缸采用光面冷却壁，材质为RTCr，炉腹采用一段双排水管镶砖冷却壁，炉腰及炉身中下部采用单排水管镶砖冷却壁与冷却板相结合的结构。炉腹冷却壁的镶砖材质为半石墨碳-碳化硅砖，厚度75 mm，炉腰及炉身中下部冷却壁的镶砖材质为烧成微孔铝炭砖，厚度75 mm，均采用铸造时与冷却壁一起铸造即热镶砖。炉腹以上冷却壁材质为QT400-18铁素体球墨铸铁。第二段炉腰冷却壁上满铺一层冷却板，其余冷却板间隔布置，冷却板的材质为铸铜。炉喉钢砖下设一段2.5 m长的耐磨铸铁冷却壁，以防止炉料碰撞造成该处炉衬的损坏。所有冷却壁水管均进行喷砂及防渗碳处理，以防止浇铸时水管表面渗碳而脆化。

冷却壁的部分水管通过补偿器与炉壳连接，以吸收由于冷却壁受热而造成水管的位移。

3.2 冷却水系统

（1）炉体软水密闭循环水系统。本体系统供高炉炉底及高炉本体冷却壁冷却用，水质为中压锅炉软水，水量3850 m^3/h，工作压力0.6 MPa，经热负荷计算，该系统平均温升8 ℃。系统设一个膨胀罐和4个脱气罐，系统内的介质工作压力可以通过膨胀罐内的 N_2 压力进行控制，系统内的气体可由脱气罐排出。

（2）低压净水开路循环系统。本系统供炉腰、炉身下部冷却板及风口大中套冷却用，水量1150 m^3/h，水压0.6 MPa。

（3）高压净水开路循环水系统。本系统供风口小套冷却及炉顶打水用，水量1150 m^3/h，水压0.6 MPa。

（4）炉体喷淋冷却水系统。本系统供高炉后期炉壳喷淋水冷却用，水量500 m^3/h，水压0.6 MPa。

3.3 炉体耐材

随着对高炉炉龄要求的不断提高，高炉内衬耐火材料的选择得到了重视。近年来新建和大修的高炉纷纷引进国外高等级耐火材料，如日本NDK的微孔炭砖、美国的热压小炭块、法国沙佛埃的陶瓷杯等，对高炉的长寿确实起到了重要的作用，但是高炉投资也相对增加了很多。我国的耐火材料厂在借鉴国外耐火材料生产经验的基础上，通过自行开发、引进技术，生产出了适合高炉长寿的新型耐火材料，并在工业试验中取得了很好的成绩。为了降低成本，本高炉设计采用国内耐火材料。高炉内衬结构为：在高炉炉底板上用碳素捣打料（85 mm）找平后，炉底中心部位砌筑 4 层半石墨质高炉炭块，其厚度为 2 层 600 mm、2 层 400 mm，炉底和炉缸靠冷却壁的环形砖采用微孔炭砖砌筑。陶瓷杯结构为炉底中心炭砖以上为 2 层厚 500 mm 的陶瓷垫，下层采用人字形砌筑，上层为圆形筑死铁层为环形刷体结构，杯壁厚 345 mm 陶瓷杯的材质均为刚玉莫来石。炉腰和炉腹冷面用半石墨化碳-碳化硅砖，热面为高铝砖砌筑，炉身中下部冷面用烧成微孔铝炭砖，热面为高铝砖砌筑，炉身上部为致密黏土砖。炉腹、炉腰及炉身冷却壁与砌体之间留有约 80 mm 厚的碳素填料层。

4 热风炉系统

由于唐钢二炼铁厂焦炉煤气供应紧张，热风炉没有焦炉煤气供应，而国内热风炉在有高炉煤气和助燃空气双预热的情况下，燃烧单一高炉煤气时，热风温度也很难超过 1100 ℃，使得高炉不能进一步提高喷煤量、降低焦比，另一方面，随着高炉一代炉龄的延长，要求与其配套的热风炉寿命也要延长，以满足两代高炉炉役的要求。若采用外燃式的热风炉，其投资比内燃式的热风炉高 25%～30%，因此，本工程引进了荷兰霍戈文内燃式高风温长寿热风炉技术。荷兰霍戈文热风炉与国内的内燃式热风炉相比具有更稳定的内衬结构，如板块式燃烧室大墙、带关节砖的悬链线型拱顶、合理的耐火材料选择和保温层设计等，寿命可达 30 年以上。燃烧器为矩形陶瓷燃烧器，并设有煤气流量分布调节板，燃烧效率高，燃烧能力大。本工程采用 3 座内燃式热风炉，其总投资与国产 4 座内燃式热风炉相当。

为了回收热风炉废气余热，降低能耗，采用了分离式热管换热器，预热助燃空气和高炉煤气，以提高理论燃烧温度，从而提高热风温度。热风炉系统的主要设计参数为：热风温度 1180 ℃；拱顶温度 1350 ℃；废气温度 377 ℃（最大）；预热后的煤气温度 180 ℃；预热后的空气温度 180 ℃；操作制度，两烧一送；送风时间 45 min。

5 水冲渣系统

现阶段国内采用的水冲渣工艺主要有 OPC 法、INBA 法、拉萨法。OPC 法占地面积大，冲渣水耗量大，水泵站庞大，能耗也相对较高，而 INBA 法投资较大，两种方法均不适合唐钢的实际情况，因此引进了俄罗斯图拉法渣处理工艺。其基本特点是配置紧凑、无大型泵站和冷却塔、电耗低、能处理含铁 40%的熔渣、节省占地面积便于总图布置等。图拉法主要设备有粒化器、脱水器、溢流装置、提外机和循环水泵。高炉设 3 个铁口，采用了 3 套渣处理设备，两套布置在 40 m×14 m 的厂房内，一套布置在 22 m×14 m 的厂房内。图拉法渣处理工艺流程如图 1 所示。

主要工艺参数为：熔渣处理量 4～6 t/min，最大 8 t/min；熔渣流速 2. 5 m/s；熔渣中最大含铁量 40%；熔渣温度 1450 ℃，最大渣量下的循环水量 35 t/t 渣，吨渣能耗电 2. 2 kW · h，压缩空气 10 m^3（标态），水 0. 7 m^3。

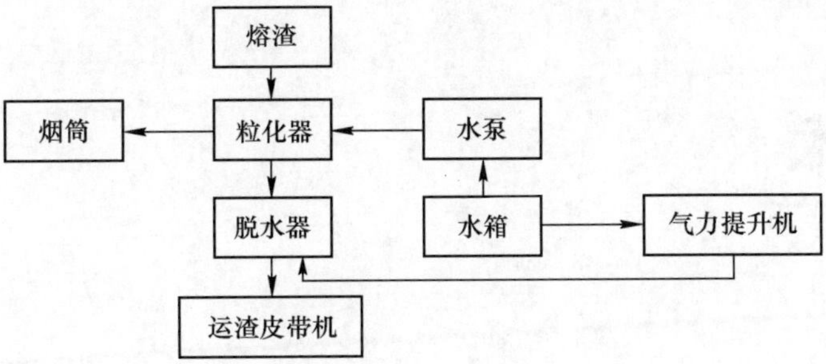

图 1　图拉法渣处理工艺流程示意

6　出铁场

高炉设 3 个出铁口，出铁场采用两个平行布置的矩形出铁场。出铁场吊车跨度 31.5 m，起重量 30/5 t。在 0°~180°侧的两个铁口中心线夹角约 70°，为此炉体下部框架采用向外撇开的矩形结构。

由于受高炉区场地的限制，高炉铁水线不能贯通，为保证高炉铁水运输安全，每个铁口设置两条铁水罐尽头线。炉前辅助材料及高炉备品备件均由汽车运输。

铁沟内衬为浇注料。出铁主沟为固定储铁式，储铁式主沟有利于延长寿命，过去一些高炉的储铁式主沟之所以存在问题，主要是由于铁口与撇渣器出口标高差太小造成“淹铁口”。本设计加大了标高差，炉前采用全液压泥炮和开铁口机。

7　结束语

唐钢 2560 m^3 高炉于 1998 年 9 月底投产，开炉非常顺利，经过 3 个月的生产就达到日产 5000 t 的生产能力，基本达到了设计产量，设备运行稳定，热风温度能够达到设计指标，铁水质量较好，[Si] 低于 0.4%。

钢轧技术

“绿色、智能、高效”的新一代电炉短流程特钢厂——河钢石钢新区①

王新东[1]，黄永建[2]，彭绍峰[2]，鱼洋洋[3]，李双江[4]

（1. 河钢集团有限公司，河北 石家庄 050023；
2. 石家庄钢铁有限责任公司，河北 石家庄 050031；
3. 中冶京诚工程技术有限公司，北京 100176；
4. 河钢集团钢研总院，河北 石家庄 050023）

摘　要：河钢石钢新区是河钢集团全面贯彻落实习近平总书记关于“坚决去、主动调、加快转”指示精神和河北省钢铁产业转型升级的具体实践，也是河钢坚决贯彻落实新发展理念，全力推动钢铁产业高质量发展的行动体现。河钢致力于将石钢新区打造成为生产绿色、产线智能、流程高效、产品高端的现代化特钢梦工厂。河钢石钢新区是以“绿色、智能、高效”的设计理念，以冶金流程工程学理论为指导，运用冶金制造流程动态有序、协同连续的物理系统及流程界面技术规划设计的新一代电炉短流程特钢示范项目，是全球特钢企业智能制造、中国钢铁产业转型升级之由钢铁长流程转变为短流程的生动写照。河钢石钢新区在短流程工艺革新、全工序超低排放、智能制造等各方面，汇集了当今世界最卓越的设计元素和理念。项目集成应用了70多项行业最先进的短流程前沿工艺和绿色钢铁制造技术，定位3大系列高端产品，实现超低排放。项目涵盖了国内首台套大型双竖井废钢预热型超高功率直流电弧炉以及国际上断面最大、建造深度最深的特钢大方坯立式连铸机，有力地推动了中国高端装备制造用钢材的均质化水平和国产化替代步伐。河钢石钢新区带动了京津冀区域特钢品牌升值，代表了“双碳”目标下钢铁行业新一代绿色智能高效的电炉短流程钢厂发展方向，也为中国钢铁工业电炉短流程的发展做出了示范。

关键词：绿色低碳；智能高效；电炉；短流程；特钢；梦工厂

2020年10月29日河钢石钢新区正式投产运行，标志着河钢集团优化钢铁产业布局又添新佳作。河钢石钢完成了由长流程到短流程的蜕变，实现了钢厂与大型城市和谐共生。河钢石钢新区是河钢集团全面贯彻落实习近平总书记关于“坚决去、主动调、加快转”指

① 原文发表于《钢铁》，2022，57（9）。

示精神和河北省钢铁产业转型升级的具体实践，是河钢坚持新发展理念，全力推动钢铁产业高质量发展的重点示范项目。项目按照冶金流程工程学理论设计，在电炉炼钢-轧钢的短流程设计中追求物质流衰减最小化、能量流损失最小化、过程排放最小化、过程时间和空间最小化[1-3]。河钢石钢新区项目，在短流程工艺革新、全工序超低排放、智能制造等各方面，汇集当今世界最先进的元素和最先进的理念。项目设计炼钢产能 200 万吨、钢材 192 万吨，吨钢占地面积 0.74 m^2，吨钢综合能耗 220.3 kgce，吨钢 SO_2 排放量 0.19 kg，吨钢烟/粉尘排放量 0.25 kg，吨钢氮氧化物排放量 0.3 kg，二次能源回收利用率 100%，固废资源化利用率 100%，整体处于同类型国际领先水平。

河钢石钢新区项目将近年来全球冶金行业的技术研发成果集成应用于其短流程的全工序中，建成了集大型化、现代化和智能化于一身的先进装备。项目定位于高端轴承钢、齿轮钢和弹簧钢等 3 大系列产品，形成包括齿轮钢、轴承钢、弹簧钢、易切削非调质钢、合金结构钢、优质碳素结构钢、锚链及系泊链钢、钢帘线钢及合金工模具钢等具有国际一流竞争力的高端产品群。河钢石钢新区将致力于打造成为生产绿色化、产线智能化、流程高效化、产品高端化的现代化特钢梦工厂，树立碳减排背景下钢铁行业电炉短流程钢厂的典范。

1 建设背景及必要性

1.1 建设背景

习近平总书记多次强调要坚定不移贯彻新发展理念，要求河北在产业转型升级过程中“坚决去、主动调、加快转”。河北省围绕钢铁产业结构调整和化解过剩产能，初步形成了比较系统完善的“6+*N*”标准和配套政策，提出城市钢厂整体退出置换，实现区域内减量发展，为钢铁行业去产能和提质增效提供了有力支撑[4]。河钢集团牢固树立新发展理念，坚定不移地贯彻习近平总书记的重要指示精神，全面落实河北省在钢铁产业转型升级、去产能和区位调整上的重大决策。

河钢集团地处京津冀特殊地理位置，产业布局分散且环保压力大。集团内规模较大的子公司——河钢唐钢、河钢邯钢、河钢宣钢、河钢承钢、河钢舞钢、河钢石钢和河钢衡板，都在城区或紧邻城区，属于城市钢厂，面临着钢厂的发展规划和城市共容的双重挑战。此外，河钢集团产品升级与结构调整的任务迫切，近几年尽管品种钢的比例有大幅提升（2020 年上半年达到 74%），但高端冷轧及深加工产品比例不足 20%，尖端特钢应用领域市场占比不高，产业链延伸不充分，为中下游高端制造行业提供前端服务的水平仍有待提升。因此，钢厂绿色发展并与城市和谐共生、产品结构升级调整是河钢集团转型发展的必由之路。

河钢集团积极谋划产业结构调整和高质量发展顶层设计[5]。高质量建设河钢唐钢新区沿海精品钢铁基地[6-9]，推动河钢邯钢、河钢石钢“转型升级，退城搬迁”，由主城区向远郊工业区布局，带动革命老区、资源枯竭区域共同发展。河钢优化产业布局，是产业发展的需求，也彰显大型国有企业的责任与担当。

1.2 建设的必要性

河钢石钢是京津冀区域唯一的专业化特钢棒材生产企业，在全国特钢行业具有举足轻重的地位和影响力。河钢集团把发展特钢作为今后规划的重要板块。河钢石钢搬迁改造，符合河北省钢铁行业高端化、精品化的转型方向。此外，在国家碳减排和社会废钢积蓄不断增大的双重背景下，未来电弧炉短流程炼钢将会实现大型化、绿色化、智能化的快速发展，进一步推动钢铁工业转型升级[10,11]。目前河钢集团电炉短流程炼钢比例仍然偏低，只占 10%，发展空间巨大。

河钢石钢新区是京津冀区域特钢品牌延续和发展的需要，也是河钢集团率先践行绿色低碳发展，积极推动电炉短流程产业发展的需求（预计 2030 年占比 25%）。河钢石钢由主城区搬迁至资源枯竭的井陉矿区，并由钢铁长流程改为电炉短流程，既实现了钢铁行业碳减排，同时带动了资源枯竭区域的发展，彰显了大型国企的责任和担当。未来在石家庄井陉矿区将形成以河钢石钢特钢项目为核心，以特钢相关上下游产业为补充的特钢产业链，全力打造“特钢新材料千亿级产业集群”，为地方经济转型发展做出贡献。

2 总体规划设计

“创新、协调、绿色、开放、共享”的发展理念在钢铁行业反响强烈，特别是河钢集团在“十三五”规划中率先提出了“绿色矿山、绿色采购、绿色物流、绿色制造、绿色产品、绿色产业”的“六位一体”钢铁绿色发展理念，且河钢已经成为中国绿色钢铁企业的典范。“中国制造 2025”“互联网+”等全新理念、重大决策为钢铁行业智能发展迎来新的历史机遇期。制造业数字化网络化智能化是新一轮工业革命的核心技术，是钢铁工业转型的制高点、突破口和主攻方向。

2.1 顶层设计

河钢石钢新区是以“绿色、智能、高效”的设计理念，采用动态精准设计与静态设计、“四位一体”的层流运行专线化生产的设计思路，以冶金流程工程学理论为指导，运用冶金制造流程动态有序、协同连续的物理系统及流程界面技术规划设计的新一代电炉短流程特钢示范线，实现短流程电炉钢厂流程中物质流、能量流和信息流三大功能的高效协同。河钢石钢新区在短流程工艺革新、全工序超低排放、智能制造等各方面，汇集了当今世界最卓越的设计元素和理念。项目设计集成应用了 70 多项行业最先进的短流程前沿工艺和绿色钢铁制造技术，定位 3 大系列高端产品，实现超低排放。河钢致力于将石钢新区打造成为生产绿色、产线智能、流程高效、产品高端的现代化特钢梦工厂。

2.2 建设规模

项目建成投产后，将形成钢 200 万吨/年、钢材 192 万吨/年的特钢生产能力。其中特钢棒材 167 万吨、高线 25 万吨。

2.3 产品定位

河钢石钢现有产品是中小规格特钢棒材，是国内三大特殊钢棒材专业生产企业之一。其产品广泛应用于汽车、工程机械、铁路、石油天然气和矿藏开采等装备制造业，能够为客户提供 700 多个品种、1000 多个协议钢种，能满足多国标准要求。

为打造世界一流特钢，在原有基础上，河钢石钢新区产品结构进一步优化，拓展了产品的规格型号和品种，下限规格从 $\phi13$ mm 下探到 $\phi5.0$ mm，上限规格从 $\phi180$ mm 延伸到 $\phi260$ mm，实现了特钢线材、小中大规格棒材、扁钢、方坯全品类覆盖；钢种从现有的齿轮钢、轴承钢、弹簧钢、合金结构钢、易切削非调质钢、高压及油井管坯、锚链及系泊链钢、优质碳素结构钢、货叉扁钢、动板扁钢，又扩展了冷镦钢、高碳钢（预应力钢丝钢绞线、帘线钢）、合金工模具钢等，河钢石钢新区将成为全球全规格高品质的特钢棒线材精品基地。

河钢石钢新区设计生产的钢材内部及表面质量达到国际特钢行业领先水平。其中高碳铬轴承钢 w(T. O.) ≤0. 0005%，w(Ti) ≤0. 0010%，w(Ca) ≤ 0. 0003%，达到世界领先水平[12]，高端齿轮钢钢材横截面碳质量分数偏差不超过 0. 01%、淬透性带宽不超过 3HRC。

河钢石钢新区设计的产品大纲及品种规格情况分别见表 1 和表 2。

表 1　河钢石钢新区产品大纲

项目	合金结构钢	齿轮钢	优质碳素结构钢	轴承钢	弹簧钢	易切削非调质钢	其他钢种	年产量
坯材产量/万吨	22. 2	37	17. 9	50	44. 6	32. 5	22. 8	227
比例/%	9. 78	16. 3	7. 88	22. 03	19. 65	14. 32	10. 04	100

表 2　河钢石钢新区钢材产品的规格

项目	高线/mm	直条棒材/mm					开坯	总计（含开坯）
	5~25	13~40	>40~80	>80~120	>120~180	>180~260		
年产量/万吨	25	31. 1	54. 7	51. 1	17. 6	12. 5	35	227
比例/%	11. 01	13. 70	24. 10	22. 51	7. 75	5. 51	15. 42	100

2. 4　建设内容

河钢石钢新区为全废钢电炉短流程项目，主要建设内容为：废钢回收加工中心，2 座 130 t 双竖井废钢预热型直流电弧炉，3 座 130 t LF 钢包精炼炉，2 座 130 t RH 真空精炼炉，1 台 6 机 6 流小方坯连铸机，1 台 5 机 5 流方坯连铸机，1 台 3 机 3 流弧形大方坯连铸机，1 台 3 机 3 流立式大方坯连铸机（预留第 4 流），3 条棒材生产线，1 条高速线材生产线，以及精整、探伤、热处理、银亮等深加工生产线。同步建设石灰窑、水处理中心、钢渣处理、天然气储配站、制氧站、变电所等公辅系统。

2. 5　工艺路线

针对河钢石钢新区高标准的产品定位，轧钢配置小棒、中棒和大棒及高线 4 条生产线，进行专业化生产，高线生产 $\phi5\sim25$ mm，小棒生产 $\phi13\sim60$ mm，中棒生产 $\phi40\sim120$ mm，大棒生产 $\phi80\sim260$ mm，各条轧线既有重点生产规格，又有部分搭接。轧钢后部根据市场对产品的需求，配置了精整、探伤、热处理、银亮等钢材深加工的精整设施。

炼钢采用电炉短流程冶炼，精炼配置 LF 和 RH，考虑到特钢对铸坯质量的要求较高，配置了世界断面最大、建造深度最深的立式连铸机，还配置了铸坯精整设施。

原料配备废钢破碎和剪切加工生产线，对外购的废钢进行破碎和剪切处理，达到入炉的尺寸及质（重）量要求。

河钢石钢新区工艺路线如图 1 所示。

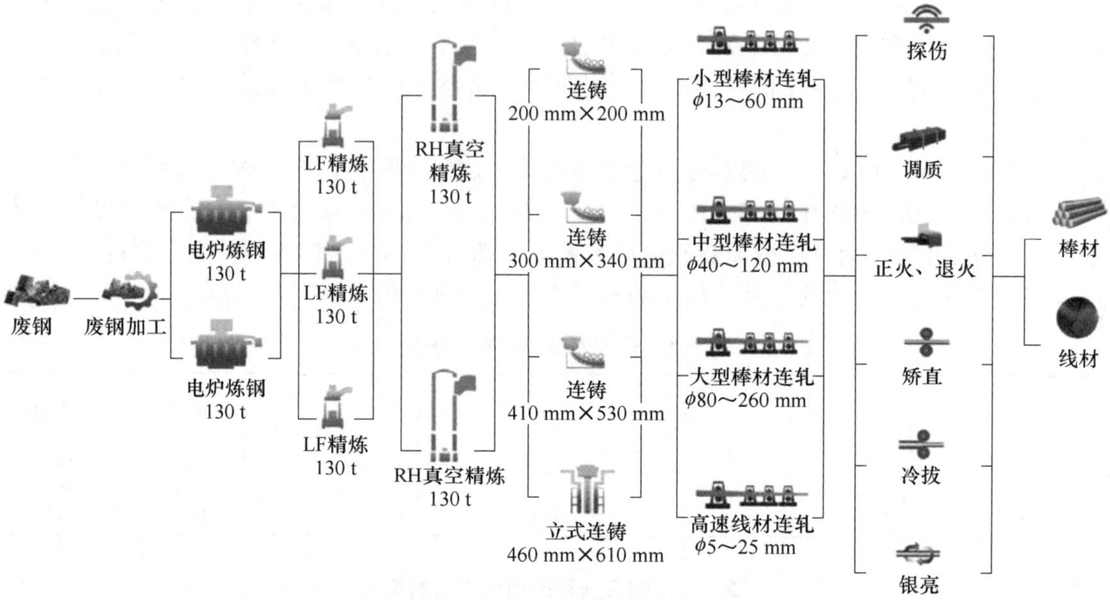

图 1　河钢石钢新区工艺路线

2.6　设备先进

根据生产规模，电炉吨位确定为 130 t，采用双竖炉（井）废钢预热型直流电炉(SHARC)，RH 机械真空泵；1~3 号连铸机采用成熟可靠的弧形连铸机，同时配备世界断面最大、建造深度最深的立式连铸机，棒材轧机配置了智慧控轧控冷、KOKCS 三辊减定径轧机和布朗砂轮锯，高线配置了普锐特（美国摩根公司）第七代轧机，极大提高了产品精度和表面质量。

先进的设备配置为河钢石钢新区高端产品的开发打下坚实的基础。河钢石钢新区将充分利用国内首台 SHARC 电炉、立式连铸机、1350 开坯机、KOCKS 三辊减定径轧机、高精度摩根 7 代线材轧机等装备优势，满足汽车、工程机械、铁路及轨道交通等行业对高端特殊钢材料高洁净度、表面零缺陷、尺寸高精度等质量要求，重点开拓高端轴承钢、风电用钢、轨道交通机车用钢、工模具用钢等细分市场，大幅提升钢材性能。设计生产的高碳铬轴承钢洁净度达到世界领先水平；高端齿轮钢产品均质性达到世界先进水平。打造以渗碳轴承钢、高碳铬轴承钢等为代表的 20%独有产品，其中以铁姆肯 52100、SKF3 为代表的高端轴承钢球、滚柱用轴承钢替代进口，形成具有国际竞争力的产品集群。

2.7　流程绿色

河钢石钢新区采用先进的短流程电炉炼钢环保技术[13]，原料全部采用可循环利用的城市矿产废钢，采用最先进的环保治理技术，实现污染物超低、近零排放，把环保理念和技术融入到整个生产流程，充分满足了国家和行业对钢铁行业超低排放的要求，并积极消纳城市中水，实现零外排，钢渣等废弃物100%综合利用，利用设备冷却循环水余热及加热炉气化蒸汽余热为当地居民供暖，实现用地集约化、原料无害化、生产洁净化、废物资源化、能源低碳化的绿色工厂，做世界钢铁行业绿色清洁生产的标杆。

2.8 产线智能

基于“绿色低碳、智能高效”的设计理念，按照《国家智能制造标准体系建设指南(2018年版)》的建设思路与目标，同时借鉴德国“工业4.0”、美国“智能制造生态系统”的建设思路，按照简单、高效、低成本原则，对河钢石钢新区进行智能化规划[14,15]。全系统全流程实施智能制造，采用现代化特钢管理模式，做全球特钢企业智能制造的典范，引领未来特钢发展。图2所示为河钢石钢新区智能工厂信息化系统整体框架。

河钢石钢新区智能制造总体构架在成熟的五级架构上进一步提升，做强了三级、二级，并采用了机器人、大数据、BI等新技术，使智能工厂具备了更好的成长性。

整体设计集成了ERP、MES、物流系统、能源系统、设备系统、检化验系统、生产过程数据库、综合管控中心、工业大数据平台、BI平台等15个软件系统。规划设计实施二级系统32台（套），支撑各工序过程控制、管理，并实现对上级系统的自动生产实绩反馈功能。各产线设计配备基础检测设备20500台（套），能够满足生产监测预警和控制需求。设计安装机器人63台，分别实现初炼、精炼炉过程测温取样、铸坯喷号、成品材自动挂牌、检化验过程的自动取制化。

2.9 总图合理

河钢石钢新区选址用地南北长、东西窄，物流考虑了现有市政规划、外部水电的供应，从废钢加工流程、电炉加料、合金和辅原料上投料、钢水初炼、精炼、铸坯热送到轧钢，各个环节紧凑布置，紧密衔接，铸坯热送比达60%，钢铁物质流呈“一字型”布置，在保证工艺布局合理的前提下，总图布置紧凑合理，物流几乎无折返、迂回，公辅动力系统根据负荷分布，紧紧围绕着主体工序布置，使能源管线最短、无效损耗降到最低，生产效率极高，同时大幅降低了能耗。

吨钢占地面积0.74 m^2，远优于设计规范的1~1.5 m^2。石钢新区短流程布局配套建设了铁路专用线，外部物料运输采用汽车运+火车运输相结合的方式，大部分废钢、备品备件进厂和钢材发运等由汽车运输，少部分废钢进厂及约40%钢材发运由火车运输，厂内各工序之间的物料和坯材均采用电动平车或辊道运输，不仅整体物流量较老区减少74%以上，而且运输效率提升80%以上。新区行政办公楼采用超低能耗的被动式建筑，可实现恒温、恒湿、恒氧、恒洁、恒静，较传统形式建筑节能90%以上。

河钢石钢新区鸟瞰图如图3所示。

3 项目设计特点与先进性

3.1 废钢加工中心

废钢加工中心配置了2台1250 t大型龙门剪和1台2200 kW的破碎机，可以剪切外购

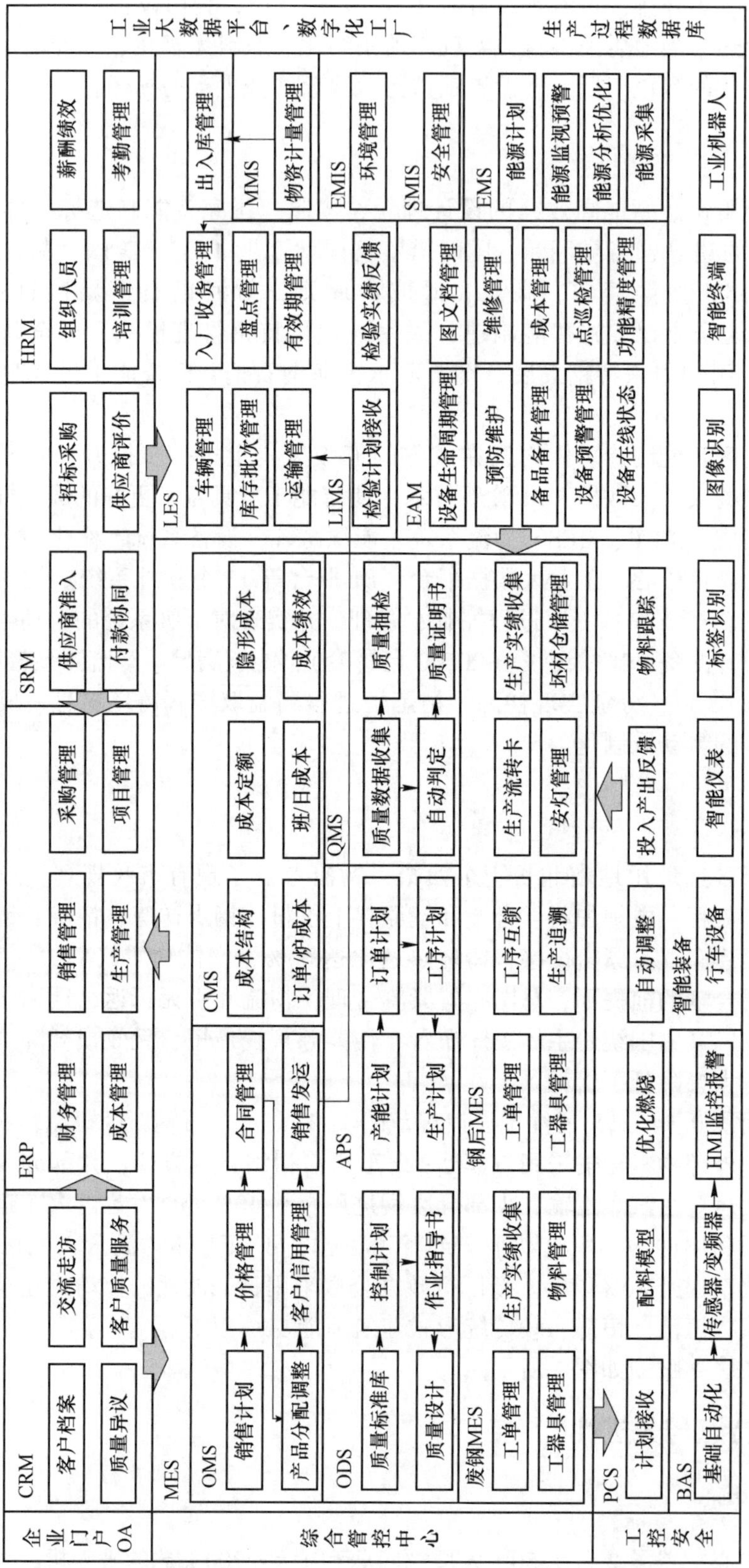

图2　河钢石钢新区智能工厂信息化系统整体框架

图 3　河钢石钢新区鸟瞰图

的重型、中型和小型废钢，剪切最大规格范围为圆钢 200 mm、方钢 180 mm×180 mm、钢板 120 mm×900 mm 的重型废钢。破碎机可破碎 8～10 mm 厚的废钢，并会将有害镀层去掉。破碎机配备了磁选系统，实现废钢和非磁性物料分离。

所有的废钢加工及堆存均在封闭车间内完成，机械化程度高，生产更加精细和环保，为精料进入电炉创造条件，还可吸纳消化更多的社会废钢。

3.2　电炉系统

电炉选型充分考虑了未来废钢资源的发展趋势和以轻薄料为主的废钢结构特征，炼钢厂配备了 2 座 130 t 废钢预热型新式电炉（SHARC 电炉），采用了双竖井布置形式，废钢预热系统设置在电炉炉口上方，电炉冶炼时产生的高温烟气与竖井内的废钢直接接触，可充分利用高温烟气预热废钢，最大可预热到 600 ℃以上，可大幅度降低电耗并缩短冶炼周期。采用废钢预热、复合喷吹供氧等技术[16,17]，电耗不超过 280 kW · h/t，电极消耗不超过 0.78 kg/t，冶炼周期不超过 45 min。

该电炉具有大幅降低二噁英和氮氧化物排放量的特点，通过烟气处理技术使得烟气中粉尘排放不超过 10 mg/m^3（标态），二噁英排放不超过 0.1ng（TEQ）/m^3（标态），完全满足京津冀超低排放标准，比河北省超低排放标准限值低 80%。

此外，该电炉还采用了连续加料技术、超高功率高阻抗供电技术、水冷炉壁及水冷炉盖设计、全液压驱动系统、偏心炉底出钢操作，留钢留渣冶炼、炉壁烧嘴，炉壁碳氧枪，以满足辅助能源输入及实现泡沫渣埋弧冶炼技术、水冷导电臂及电极喷淋系统、电炉自动上料及投料系统、采用密闭烟道与屋顶罩相结合的排烟除尘方式、钢包车称重、电炉炉底和钢包底吹气体搅拌技术、烟气分析技术、自动测温取样技术、自动出钢出渣技术、自动添加出钢口填料技术、电极自动接长技术、在线合金烘烤技术、电炉一级和二级自动化控制系统、智能化控制技术等[18,19]。

河钢石钢新区 SHARC 电炉与国内外新型电弧炉（全废钢）技术指标对比见表 3。

表 3　河钢石钢新区 SHARC 电炉与国内外新型电弧炉（全废钢）技术指标对比

项目	PCo. Q. tprocess	TCo. C. tprocess	JCo. ECprocess	河钢石钢新区 SHARC	国内公司 CISprocess
冶炼时间/min	45	43	42	<45	45

续表 3

项目	PCo. Q. tprocess	TCo. C. tprocess	JCo. ECprocess	河钢石钢新区 SHARC	国内公司 CISprocess
氧气消耗（标态）/($m^3 \cdot min^{-1}$)	35	33	34	35.9	20~30
电极消耗（标态）/($kg \cdot t^{-1}$)	0.9	1.2	0.7	0.6	1.1~1.4
电能消耗（标态）/($kW \cdot h \cdot t^{-1}$)	310	348	250	280	320
炭粉消耗/($kg \cdot t^{-1}$)	17	16	40	10	—
综合输入能耗（标态）/($kgce \cdot t^{-1}$)	5947	6536	7443	4995	6361

3.3 精炼系统

充分考虑特钢冶炼节奏快的特点，炼钢厂采用了高效的 LF 及 RH 精炼系统，配备了 3 座 130 t 双工位 LF 钢包精炼炉和 2 座 130 t 三车五位 RH 真空精炼炉。

LF 钢包精炼炉采用了旋转式电极臂，配备双钢包车，两个工位的加热和其他辅助操作交替同步进行，可提高生产效率，缩短精炼周期；采用管式盘管全水冷间接排烟惰性气体炉盖，可保持炉内还原性气氛；采用炉盖第四孔+密闭除尘罩除尘装备技术；采用铜-钢复合导电臂装备技术；采用自动测温取样技术；采用电极自动接长技术、自动喷吹碳化硅技术；采用钢包底部氩气自动连接技术；采用 PLC 控制系统和智能化电极调节系统；自动化系统采用 HMI 显示、报警、自动记录和打印报表；采用先进的冶金模型（优化供电、合金、造渣、底吹和脱硫模型等），实现了高效生产和准确控制[20]。

RH 真空精炼炉采用了带顶枪的真空循环脱气装置，消除真空室冷钢，实现真空室保温和快速升温；利用顶枪给钢水快速升温，可进行强制快速脱碳；采用大直径吸嘴和真空室内径，可加快钢水的循环速度，改善脱气动力学条件；采用分体式结构设计的真空室，维修时整体吊运更换真空室，可提高 RH 作业率；便于维修和砌衬作业；采用机械真空泵技术，节能降耗，不产生污水；采用三车五位布置型式，RH 精炼周期和作业率显著提高；采用自动测温取样技术、自动添加覆盖剂技术；采用先进的冶金模型（脱碳、脱氧、合金、温度等），实现了准确控制和高效生产[21]。

3.4 连铸系统

河钢石钢新区配备了 4 台连铸机，包括 1 台方坯连铸机（6 流弧形，浇注断面 200 mm×200 mm），年产 57 万吨；1 台矩形坯连铸机（6 流弧形，浇注断面 300 mm×340 mm），年产 62 万吨；1 台大方坯连铸机（3 流弧形，浇注断面 410 mm×530 mm），年产 51 万吨；1 台立式连铸机（3 流，浇注断面 460 mm×610 mm），年产 30 万吨。

河钢石钢新区配备的 1 台立式连铸机是目前世界上最大断面、建造深度最深的立式特钢连铸机，其断面为 460 mm×610 mm，用于生产高端钢种，以连铸材代替模铸、电渣材等。

采用立式连铸机的优势为：(1) 组织完全对称，不存在内外弧差别，利于夹杂物上浮和氢的逸散，可减小氢的危害；(2) 铸坯冷却均匀，凝固组织对称性好，避免由于弯曲矫直引起的铸坯内部裂纹缺陷，适宜浇注合金钢及裂纹敏感性高的钢种；(3) 钢水静压力大，利于凝固补缩，对于铸坯内部质量有明显提高。

因此，石钢采用立式连铸机可生产洁净度更高、组织更均匀的轴承钢、高品质帘线钢、弹簧钢等，实现高铁轴承国产化，打破国外材料垄断，为世界顶级轴承钢企业提供优质母材。利用其规格大、质量好的优点生产大规格的大型装备原材料，如工业齿轮、渗碳轴承、工业轴承、大规格曲轴，以轧代锻，提高产品竞争力，替代进口。利用其不用矫直不产生裂纹的优点生产高合金模具钢、工具钢等，以连铸代替模铸、电渣材，创新形成低成本、高质量的生产工艺路线。

除此之外，该连铸机还配备了钢包全程浇注、钢包下渣自动检测、中间包钢水连续测温、结晶器电磁搅拌、结晶器液面塞棒自动控制、自动加保护渣、二冷汽水自动配水、末端电磁搅拌、动态轻压下、铸坯自动切割系统、去毛刺机、铸坯淬火、铸坯自动出坯及自动打号等多项先进工艺技术[22,23]。

3.5 轧钢系统

3.5.1 最合理的轧线配置

河钢石钢新区包括有大棒、中棒、小棒和高线车间，具体配置如下。

大棒生产线：ϕ80~260 mm，年产 42 万吨，另外还具备 35 万吨开坯能力。采用半连续式轧机，粗轧机采用 1 台二辊可逆开坯轧机，连轧机包括中轧机组 4 架、精轧机组 4 架。

中棒生产线：ϕ40~120 mm，年产 70 万吨。共设 21 个机架，其中粗轧机组 5 架、中轧机组 6 架、精轧机组 6 架、减定径机组 4 架。

小棒生产线：ϕ13~60 mm，年产 55 万吨。共设 26 个机架，其中粗轧机组 4 架、一中轧机组 6 架、二中轧机组 6 架、精轧机组 6 架、减定径机组 4 架。

高线生产线：盘卷 ϕ5~25 mm，年产 25 万吨。共设 32 个机架，粗轧机组 4 架、一中轧机组 6 架、二中轧机组 6 架、预精轧机组 4 架、精轧机组 8 架、减定径机组 4 架。

3.5.2 最全面的产品覆盖范围

河钢石钢新区轧钢系统可生产 ϕ5~260 mm 规格的圆钢产品，基本涵盖了特钢棒线材领域产品的主要规格和品种。各个车间的产品规格分工明确，又互有衔接，有利于组织生产，市场适应能力强。后续还配置有足够数量、功能完善的精整、探伤、热处理和银亮等设施，可以加工高附加值特钢品种和银亮钢。

3.5.3 最佳的产品档次组合

产品立足于高附加值的特钢产品，结合河钢石钢多年生产经验和市场需求，在坯料的选择、轧钢工艺、设备选型和各车间产品组合上，充分考虑了下游用户小批量、多批次、多品种、多规格的订单特点。大、中、小棒车间相互配合，再匹配上高线产品，可充分满足下游用户不同档次、规格、品种及性能特钢产品的需求。

3.5.4 最先进的工艺技术

立足于国内外合金钢棒线材的最新生产工艺技术，设计采用合金钢连铸坯热装热送技术[24]、合金钢加热炉新技术、大型高刚度轧机、高精度减定径轧机、中大棒材在线控轧控冷技术，以及各种离线热处理精整等新技术、新装备，保证了特钢产品产量和质量有最大限度的提升，棒材产品精度达到1/6~1/8 DIN，实现所有规格圆钢的控轧控冷，为拉拔硬线、齿轮钢、轴承钢等各类特钢的生产提供了有利的条件，工艺技术处于世界领先水平。

3.5.5 最先进可靠的装备

设备选型基于目前行业成熟生产经验、结构先进、方便操作的技术装备；在关键装备上选择目前世界最先进可靠的设备，轧钢系统进口设备占设备总投资的22%。小棒车间选用了三辊减定径机组、在线感应加热炉、探伤仪等；中棒车间选用了最大型号的三辊减定径机组、中大规格水冷控制系统、探伤仪等；大棒车间选用了二辊可逆开坯机、火焰清理机等；高线车间选用了特钢领域领先的普锐特（美国摩根公司）第七代轧机技术，设计轧制速度为112 m/s，产品尺寸精度为±0.1 mm，均为世界最高水平；精整车间选用了二辊矫直、多辊矫直、超声波探伤、磁粉探伤、银亮钢加工等设备和技术，最终使产品在质量、性能和成本等方面都具有很强的综合竞争能力。

3.6 智能制造

河钢石钢新区通过自主开发和集成应用工业互联网、大数据、数字工厂技术，实施全系统全流程智能制造，建立具有特钢特色的集中高效综合管控平台，全面提升企业的综合竞争能力和客户保障能力。河钢石钢新区智能制造系统以“产品-产线、市场-客户、产品数字化”为主线，构建支撑由“制造型企业”向“制造+服务型企业”新商业模式转变的系统平台[25-28]。

河钢石钢新区设计以企业管理智能化、供需协同网络化、客户服务精准化、制造过程自动化、成本质量可视化、新品开发数字化、支持保障一体化和安全作业无优化为方向，建立基于特钢企业的高效管理新模式、志诚共赢的服务体系和透明高效的质量监控系统，借助协同协作的网络化办公系统和大数据产品开发技术，让工业机器人驻足产线，让数字参与决策，共同辅助产品制备。河钢石钢新区致力打造“全球智能制造示范特钢厂”，助力特钢国家品牌建设。

3.7 能源环保

河钢石钢新区设计采用废钢短流程电弧炉炼钢工艺，实现各类污染物大幅下降。相比老厂区，新设计厂区吨钢综合能耗降低52%，吨钢水耗降低46%，颗粒物、二氧化硫、氮氧化物等主要污染物减少75%；吨钢碳排放削减1.4 t以上。

以井陉矿区城市中水为水源，不取地下水，回收利用设备冷却水和加热炉气化冷却蒸汽，通过换热，可供矿区500万平方米冬季采暖，并借鉴煤化工行业经验，在国内钢铁行业首次对浓盐水采用分质结晶工艺处理，并提取氯化钠和硫酸钠，变“废”为“宝”，同时彻底实现了生产、生活废水综合循环利用和污水“零排放”。

相较长流程，短流程省去了焦化、烧结、高炉等传统长流程钢铁行业高污染物排放工序，其主要生产原料为废钢，废钢属于无限循环使用的绿色资源，不仅减少了煤炭、铁精粉等大宗物料运输，且动力能源采用的电和天然气均属于绿色清洁能源[29-31]。

针对电炉冶炼烟气中二噁英污染物采用了"'燃烧+急冷'+活性炭吸附+高效袋式除尘"多重组合治理方式，二噁英排放浓度较河北省超低排放标准限值降低80%，同时对固态废物100%进行综合利用。

在轧钢系统，各条产线的加热炉均采用国际最先进的宽扁火焰燃烧技术及世界领先的控轧控冷技术、低温轧制技术等，其中大棒、中棒和小棒3条产线的热送比由老区的10%提高到新区的60%，大幅降低了能耗。

4 结论

（1）河钢石钢新区的建成投产，标志着全球特钢企业智能制造、国内钢铁长流程转短流程、城市钢厂成功搬迁、中国钢铁产业转型升级和带动资源枯竭区域产业转型的特钢"梦工厂"由蓝图变为现实。项目的投产极大提升了河钢高端产品结构和品牌效应，特别是高端特钢的市场占有率。

（2）河钢石钢新区电炉采用双竖井废钢预热型超高功率直流电弧炉，为国内首台套，采用全废钢冶炼，全封闭操作、泡沫渣技术、底搅拌等技术可提高钢水质量；采用废钢预热、140 MV·A 大容量变压器、复合喷吹供氧、二次燃烧等技术，电耗不超过280 kW·h/t，电极消耗不超过0.78 kg/t，冶炼周期不超过45 min，实现了全废钢电炉短流程炼钢高效化。

（3）河钢石钢新区致力打造以高端装备制造轴承钢、高端汽车齿轮钢和高端弹簧钢为代表的单项冠军产品，同时扩展冷镦钢、高碳钢（预应力钢丝钢绞线、帘线钢）、合金工模具钢等钢种，实现了特钢棒线材的品种规格全覆盖。钢材内部及表面质量设计达到国际特钢行业领先水平，其中高碳铬轴承钢 w(T.O.)≤0.0005%，w(Ti)≤0.0010%，w(Ca)≤0.0003%，达到世界领先水平，高端齿轮钢钢材横截面碳质量分数偏差不超过0.01%、淬透性带宽不超过3HRC。

（4）河钢石钢新区拥有目前国际上断面最大、建造深度最深的特钢大方坯立式连铸机，采用20多项先进技术，生产高洁净轴承钢、高品质的帘线钢、弹簧钢，可实现高铁轴承国产化，可生产大型装备原材料，如工业齿轮、大规格曲轴，并替代进口，为世界顶级轴承钢企业提供原料。

（5）河钢石钢新区项目在短流程工艺革新、全流程超低排放、智能制造等各方面汇集当今世界最先进的元素和最先进的理念。项目设计吨钢综合能耗220.3 kgce，吨钢 SO_2 排放量0.19 kg，吨钢烟/粉尘排放量0.25 kg，吨钢氮氧化物排放量0.3 kg，二噁英排放低于0.1 ng(TEQ)/m^3，二次能源回收利用率100%，固废资源化利用率100%，整体处于行业国际领先水平。

参考文献

[1] 殷瑞钰. 冶金流程集成理论和方法［M］. 北京：冶金工业出版社，2013.
[2] 殷瑞钰，张福明，张寿荣，等. 钢铁冶金工程知识研究与展望［J］. 工程研究，2019（5）：438.
[3] 王国栋. 钢铁全流程和一体化工艺技术创新方向的探讨［J］. 钢铁研究学报，2018，30（1）：1.
[4] 刘丹. 供给侧结构性改革背景下河北省钢铁"去产能"问题研究［D］. 石家庄：河北师范大学，2020.

[5] 王新东．以高质量发展理念实施河钢产业升级产能转移项目［J］．河北冶金，2019（1）：1.

[6] 王新东．以“绿色化、智能化、品牌化”为目标规划设计河钢唐钢新区［J］．钢铁，2021，56（2）：12.

[7] 王新东，李建新，刘宏强，等．河钢创新技术的研发与实践［J］．河北冶金，2020（2）：1.

[8] 李建新，王新东，李双江．河钢炼钢技术进步与展望［J］．炼钢，2019（4）：1.

[9] 王新东，杨晓江，张倩．河钢唐钢新区品牌化工厂的设计与建设［J］．河北冶金，2021（9）：1.

[10] 杨利彬．“十三五”中国炼钢关键技术进步及思考［J］．钢铁，2022，57（8）：1.

[11] 姜周华，姚聪林，朱红春，等．电弧炉炼钢技术的发展趋势［J］．钢铁，2020，55（7）：1.

[12] 刘浏，兰德年，萧忠敏．中国炼钢技术的发展、创新与展望［J］．炼钢，2007，23（2）：1.

[13] 周天时．我国电炉短流程炼钢发展趋势浅析［J］．中国钢铁业，2020（8）：55.

[14] 谢世殊，郭朝晖，刘献东．工业4.0在钢铁工业中的发展路径［J］．宝钢技术，2015（6）：1.

[15] 郭朝晖．钢铁行业与工业4.0［J］．冶金自动化，2015，39（4）：7.

[16] 龚奂彰，黄秀玉．钢铁行业碳减排技术应用与展望［J］．中国冶金，2021，31（9）：53.

[17] 潘涛，姜周华，朱红春，等．电弧炉废钢预热技术的发展现状［J］．材料与冶金学报，2020，19（1）：6.

[18] 石秋强，刘祎．电弧炉炼钢节能技术的探讨［J］．工业加热，2022，51（3）：26.

[19] 王新江．中国电炉炼钢的技术进步［J］．钢铁，2019，54（8）：1.

[20] 李长新，杨恒，孟庆余，等．LF精炼智能控制技术分析和展望［J］．山东冶金，2020，42（1）：54.

[21] 王新华．中国钢铁工业转型发展时期炼钢科技进步的展望［J］．炼钢，2019，35（1）：1.

[22] 刘志远，丁宁，王重君，等．电磁搅拌智能控制系统在连铸中的应用与实践［J］．连铸，2021（4）：59.

[23] 杨春政．高效低成本洁净钢生产实践探索［J］．钢铁，2021，56（8）：20.

[24] 刘勇，刘富贵，付芹，等．提高连铸坯热送热装率技术研究及应用［J］．金属材料与冶金工程，2021，49（6）：38.

[25] 邹玉贤．钢铁智慧制造实践与思考［J］．宝钢技术，2022（1）：1.

[26] 袁晴棠，殷瑞钰，曹湘洪，等．面向2035的流程制造业智能化目标、特征和路径战略研究［J］．中国工程科学，2020（3）：148.

[27] 殷瑞钰．关于智能化钢厂的讨论——从物理系统一侧出发讨论钢厂智能化［J］．钢铁，2017，52（6）：1.

[28] 殷瑞钰．“流”、流程网络与耗散结构——关于流程制造型制造流程物理系统的认识［J］．中国科学：技术科学，2018（2）：136.

[29] 曹华军，李洪丞，曾丹．绿色制造研究现状及未来发展策略［J］．中国机械工程，2020（2）：135.

[30] 上官方钦，刘正东，殷瑞钰．钢铁行业“碳达峰”“碳中和”实施路径研究［J］．中国冶金，2021，31（9）：15.

[31] 李峰，储满生，唐珏，等．非高炉炼铁现状及中国钢铁工艺发展方向［J］．河北冶金，2019（10）：8.

河钢集团唐钢大型型钢产线产品开发及技术创新①

王新东，陈兴伟，陈红卫
（河钢集团，河北 石家庄 050023）

摘　要：针对大型型钢产线工艺布置及设备特点，河钢集团唐钢公司开发了 30 号特大角钢及热轧 U 型钢板桩、电极扁钢等系列产品，主要介绍了系列新产品的化学成分及孔型设计；围绕大型型钢产品的特点，介绍了该产线的技术创新，如首台无级可变不等节距双支撑矫直机功能的优化，全液压式步进冷床功能的完善，型钢生产全流程综合管理系统的研发与应用，以及多项智能制造工艺模块的设计等，并与国内外同类技术进行了对比，产线综合生产效率提高 30%，大大降低了生产成本，提高了产品的市场竞争力。

关键词：大型型钢；30 号特大角钢；热轧 U 型钢板桩；电极扁钢；孔型设计；技术创新

河钢集团唐钢大型型钢产线年设计生产能力 80 万吨，2013 年建成投产。该生产线主要设备：12 m 弧四机四流大矩形坯连铸机、步进式加热炉、高压水除鳞机、ϕ1100 mm 两架开坯粗轧机、ϕ1050 mm 两架精轧机、滑座式高速热锯、步进式大冷床、无极可变不等节距矫直机、定尺冷锯机、码垛机等。产品以大规格角钢、高强 U 型钢、电极扁钢、方钢为主，通过系列产品开发、工艺优化及技术攻关，最终实现了 28 号、30 号特大规格角钢、热轧 U 型钢板桩、低碳低硅电极扁钢等系列产品的开发及稳定生产。河钢唐钢围绕特色产品生产工艺，对产线全流程各工序进行了技术攻关，提升了产线效率，提高了河钢唐钢特色产品的品牌影响力。

1　生产工艺流程

大型线生产工艺流程：高炉铁水→120 t 转炉冶炼→120 t LF 炉精炼→4 号机连铸→步进梁式炉加热→高压水除鳞→BD_1 粗轧→BD_2 粗轧→F_1 精轧→高压水除鳞→F_2 精轧→步进式大冷床冷却→无极可变不等节距矫直机矫直→冷锯定尺→码垛机。

2　产品开发

2.1　特大规格角钢的开发

根据国网公司对大规格角钢的技术要求，将现用标准中的角钢最大规格由 25 号扩大到 28 号、30 号、32 号、36 号，产品的强度需达到 Q355、Q420 级别，同时，要求高强角钢必须具备良好的低温冲击性能和焊接性能。为此，河钢唐钢采用钒微合金化工艺技术[1]，28 号、30 号特大规格角钢化学成分设计见表 1；采用闭口式切分粗轧孔+蝶式孔+

① 原文发表于《轧钢》，2021，38（4）。

成品孔的孔型设计，成功开发出 20～35 mm 厚全系列 16 个规格角钢高精度孔型系统；采用合理的工艺制度，加热温度 1150～1260 ℃、开轧温度 1050～1150 ℃、终轧温度 870～920 ℃，通过细晶强化和沉淀强化作用，确保了特大规格角钢的强度和韧性。通过固化工艺规程，产品质量稳定，实现了大型角钢高效、低成本、标准化的批量生产，产品已应用于国内多条特高压输电工程线路。

表 1　特大规格角钢化学成分设计

牌号	化学成分（质量分数）/%									连铸坯尺寸/(mm×mm)	角钢规格
	C	Mn	Si	S	P	V	Als	Cr+Ni+Cu	C_{EV}		
Q355B	0.16～0.19	1.35～1.55	0.25～0.50	≤0.035	≤0.035	≤0.015	—	≤0.30	≤0.44	320×460	28 号～30 号
Q420B	0.15～0.18	1.35～1.55	0.25～0.50	≤0.035	≤0.035	≤0.060	≥0.005	≤0.30	≤0.44	320×460	28 号～30 号

孔型设计是特大规格角钢产品开发的关键，以 28 号角钢为例，考虑轧机布置形式及轧制道次对轧制温度的影响，在满足厚规格角钢力学性能的前提下，面积压缩比需达 6 以上，因此选择 320 mm× 460 mm 铸坯，确定轧制总道次为 12 道次，BD_1、BD_2、F_1、F_2 道次分配为 7、3、1、1。为了保证轧件变形均匀及产品精度，采用了 1 个箱形孔、1 个异型过渡预切分孔、1 个切分孔、5 个蝶式孔和 1 个开口式成品孔的孔型系统。K_1 孔顶角小于 90°，成品腿长按最大正偏差进行设计，成品腿厚按共用规格最薄值计算；K_2～K_6 为蝶式孔设计，为了保证成品腿长，成品前孔 K_2～K_5 为只能轧相邻 3 个不同厚度角钢的专用孔型，即 K_2～K_5 孔分 A、B、C 3 种孔型；K_7 孔采用闭口蝶式切分孔，K_8 孔的构成原则为使 K_7 蝶式切分孔既充满又不产生耳子，同时使 K_9 立轧箱形孔进 K_8 孔预切分出充满而规矩的轧件[2,3]。

河钢唐钢开发的 28 号、30 号厚度 20～35 mm 的全系列 16 个规格角钢产品，合格率在 99%以上，市场占有率在 90%以上。30 号热轧大规格等边角钢是目前国内最大规格角钢，其成功开发属国内首创。高强度大规格 30 号角钢可以成倍减少双拼和多拼铁塔的加工量，降低铁塔制造成本与施工难度，提高铁塔负载强度，可使整塔质量减轻 10%以上。

2.2　热轧 U 型钢板桩的开发

热轧钢板桩用于江河湖泊、坚硬土质等复杂环境，其断面形状复杂，2010 年以前热轧钢板桩的生产在我国属于空白，国内主要从日本新日铁公司、JFE 公司进口。随着我国工程施工技术要求的不断提升，国内对热轧钢板桩的总需求量在 80 万吨/年左右，以津西、莱钢、紫竹为代表的国产桩占据了主要市场份额[4]。基于国内市场的巨大需求，唐钢进行了热轧 U 型钢板桩及全套制造技术的研究开发。

唐钢大型生产线具有成熟稳定的角钢钒氮微合金化生产工艺技术，因此 SY390 热轧 U 型钢板桩可采用该工艺技术。同进，依据 Nb 质量分数为 0.02%～0.03%的强化作用相当于 V 质量分数为 0.04%～0.06%的强化作用或 Ti 质量分数为 0.06%～0.10%的强化作用，考虑到大型线轧制生产 400 系列热轧 U 型钢板桩终轧温度较低（约为 800 ℃），为采用 Nb 微合金化创造了天然的便利条件，同时综合考虑微合金元素的强化作用、价格以及冶炼、轧制工艺等因素[5]，采用 Nb 微合金化工艺对 SY390 热轧 U 型钢板进行了开发，其化学成分设计见表 2。

表 2 SY390 热轧 U 型钢板化学成分（质量分数） （%）

C	Mn	Si	S	P	Nb
0. 23~0. 27	1. 40~1. 60	0. 25~0. 50	≤0. 015	≤0. 025	适量

400 系列热轧 U 型钢板桩坯料选择断面尺寸为 320 mm×460 mm 的连铸坯，取平均延伸系数 U_p=1. 2，因此轧制道次为 15 道次。U 型钢板桩的断面形状，腰部和腿部的断面面积相差不大，对矩形坯料进行开坯轧制，预成型孔型设置了 3 个孔型，分别为 K_6、K_5、K_4 孔，其目的是使轧件断面迅速减小接近成品形状。精轧孔型主要是进行锁口部位金属的加工成形，采用 1 个开口孔、1 个闭口孔布置。精轧后轧件已接近成品尺寸，因此成品孔仅给小压下量以确保轧制稳定，成品孔是一个类似于热弯的孔型[6]，其最大压下量不超过 1 mm。

结合国内外用户的实际需求，热轧 U 形钢板桩具有优良的强韧性、耐腐蚀性、精确的外形尺寸，可与现有国内外同类产品锁口相互咬合交叉使用。河钢唐钢编制了钢板桩企业标准，自主设计了 SY390 等钢种应用于不同工况，目前市场占有率达 20%。

2. 3 电极扁钢系列产品的开发

电极扁钢也称阴极钢棒，是电解铝厂用于阴极导电棒的消耗性材 料，牌号有 SAE1006、Q195、Q235 等。用户对电极扁钢要求低电阻率，因此其化学成分需具有较低的碳含量，SAE1006 低碳低硅电极扁钢化学成分（质量分数）见表 3。同时，电极扁钢的断面向大型化发展。

表 3 SAE1006 低碳低硅电极扁钢化学成分（质量分数） （%）

C	Si	Mn	S	P
≤0. 06	≤0. 07	0. 25~0. 50	≤0. 03	≤0. 03

唐钢采用铝镇静钢工艺、箱形孔型系统成功开发出 SAEl006 低碳低硅低阻率大断面电极扁钢。

炼钢工序通过铝镇静钢工艺有效避免了 SAEl006 低碳低硅电极扁钢气泡缺陷；以 130 mm×180 mm 规格电极扁钢为例，坯料采用 250 mm×360 mm 矩形坯轧制，采用箱形孔型系统轧制 11 道次，道次分配为 5—3—3，总延伸系数为 3. 84。BD_1 轧机设计了 1 个平箱孔型，共轧制 5 道次，第 1、第 2 道次采用立轧，可有效去除氧化铁皮；BD_2 轧机轧制 3 道次，即平—立—平；F_1 设置成品前孔和成品孔，成品前孔为立轧孔，往复轧制 2 道次后进入成品孔，成品孔的侧壁斜度取值为 4%~6%，保证了侧面平直度。

唐钢大型厂生产的扁钢规格为 100 mm×240 mm、100 mm×200 mm、100 mm×180 mm、130 mm×180 mm、120 mm×245 mm，成品化学成分稳定、表面质量好、侧面垂直度及尺寸

精度高，产品合格率 99. 9%。

3 技术创新

3. 1 首台无级可变不等节距双支撑矫直机功能的优化

河钢唐钢大型线矫直机用于矫直各种大型型钢，为首台世界最大的无级可变不等节距（1350~1800 mm）双支撑水平辊矫直机，其引进德国技术，为国内合作制造。

为解决原矫直辊间存在负荷不平衡导致机械结构频繁损坏的问题，在传动系统添加 7 辊负荷平衡功能，利用变频调速装置自带的简易逻辑编程能力，直接控制调速系统的转矩环与速度环，设置激活传动自由功能块、添加负荷分配功能及正向负向转矩限幅功能、制作带刻度标尺、添加矫直机设备保护功能，对 7 个主动矫直辊电机进行负荷平衡匹配控制，实现了七辊负荷平衡功能的开发，并对矫直机夹紧头、矫直机万向轴进行了改进，减少了设备事故[7,8]。

通过优化无级可变不等节距双支撑矫直机功能的优化，使变节距机型矫直机首次得到应用，弥补了进口设备遗留的技术缺陷，解决了特大特厚角钢单重大、矫直负荷过载、角钢表面平直度要求高、钢板桩超长定尺矫直弯曲度等生产工艺问题。

3. 2 全液压式步进冷床功能的完善

原设计冷床受钢结构、液压控制、程序控制的限制，只能实现前后平移整体动作，在冷床未满状态及生产节奏不同时，其有效空间利用率低，生产效率低。对其钢结构进行了优化改进，程序控制进行了完善，加装了液压单向阀和液控管路，调整了液压控制阀门，通过对步距和局部设备的控制以及位置的控制，实现了步进梁设备的分段控制、段与段之间的保护性连锁及与故障设备的任意切除，可以随时根据需要组织轧区和精整的生产。在国内首次提出并实施的步进梁分段控制方案，提高了产量，减少了空负荷运行的能耗浪费，提高了岗位人员的有效作业效率；提升了冷床动作周期，增加了冷却装置，提升了冷床能力；实现了步进梁分段和整体多种动作方式及步距的精确可调，实现了设备故障的诊断与报警。

3. 3 型钢码垛机的创新

开发的码垛机分钢装置，实现了准确快捷分钢。唐钢首次自主开发设计的新型 L 形爪式结构分钢装置如图 1 所示，能够适用于多种型钢的码垛分钢；分钢机构的平移和升降功能避免了频繁调节挡板位置而造成堆钢的发生。对码垛机液压系统及控制系统进行了优化，平移码垛机和翻转码垛机分别采用闭环、开环控制，实现了码垛机的平稳运行及精准控制。设计了附带载荷平衡机构的码垛装置，对码垛垂直升降台架机械结构进行了改进，对台架配重装置、升降系统控制参数进行了优化，提高了设备运行的安全性和稳定性，平衡了运行负荷，有力衔接承受平移和翻转码垛机提速后带来的负荷增加，消除了悬臂台架由于倾翻力矩产生的不利影响，设备能力提高了 30%。

3. 4 S120 辅传动设备集散式控制功能的开发

开发出 S120 辅传动设备集散式管理功能，实现了全线传动设备的集中管理、远程管

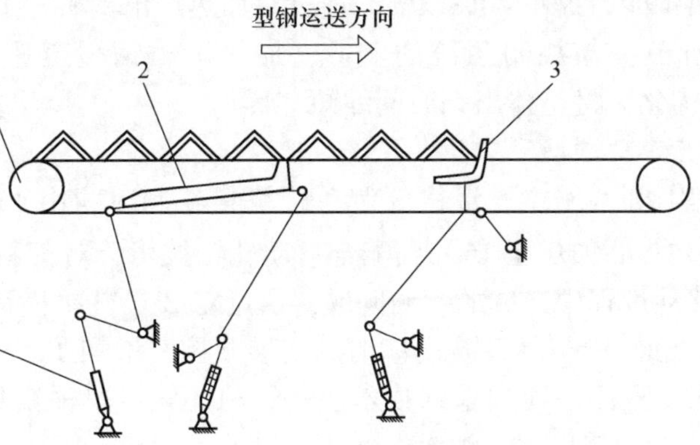

图 1　L 形爪式分钢装置

1—链式运输机；2—分钢机构；3—挡板；4—位移传感器

理，颠覆了传统传动设备的维护模式，极大缩短了事故处理时间。以加热炉辅传动设备为例，加热炉辊道设备为交流传动，变频传动系统的驱动和给定数据通过 Profibus_DP 通信方式与 PLC 连接，数据通过网络进行交换；出钢机的平移采用调速电机驱动升降，由液压缸驱动，基础级计算机控制系统由可编程序控制器 PLC 和人机接口 HMI 组成。在 STEP7 工业控制软件中，调整顺序控制程序段中出钢辊道、出钢机的给定速度，传动单元 S120 执行后，现场电机以新的给定速度运转，通过对现场电机温度、声音、振动等数据的统计研究，可确保电机高速稳定运转；装、出钢过程和坯料的输送过程中，所有电控设备的运转状态、电气故障、设备故障均通过电控系统进行在线监控，对故障按故障轻重进行分类，并以声、光报警方式提示，打印记录报警类型。

3.5　型钢生产全流程综合管理系统的研发与应用

为了实现型钢辅助设备信息化管理，在国内首次开发了型钢生产全流程综合管理系统，采用 3 层 B/S 模式。用户层为 Web 浏览器，业务逻辑层为 Web 服务器，支撑层为数据库服务器。整个系统通过微软的 NET 框架无缝接合。根据功能不同，系统分为系统权限管理和系统模块管理两个部分。针对管理人员而言，其主要功能是可以管理（增加、删除、修改等）所有用户的基本信息。在系统模块管理中，主要是对辅助设备入库后进行全生命周期的跟踪管理。以轧辊为例，根据其在全生命周期过程中所处的不同状态，共分为 5 个功能模块：参数管理、使用管理、磨削管理、报废管理和生命周期智能分析。

型钢生产全流程综合管理系统的应用，实现了型钢辅助设备管理智能化、信息化、全生命周期管理。

3.6　多项智能制造工艺模块设计

3.6.1　加热工艺模型集成

通过对加热炉装钢步距及程序的优化，单排布料情况下大坯料（320 mm×460 mm）装炉支数由原来的 28 支（5.1 m）增加到 40 支（5.1 m）；同时，可实现双排交叉布料，大坯料（320 mm×460 mm）装炉支数由原来的 28 支（5.1 m）增加到 56 支（4.2 m），大坯料加热炉小时加热出钢能力提高 40%以上。通过对加热炉出钢机与炉门控制逻辑的优化改造，提高了设备运行节奏与控制系统的响应，加热炉出钢辊道速度由 1.3 m/s 提升到 1.5 m/s，出钢顺控优化，将整体出钢时间缩短 27 s。

3.6.2　轧制工艺模型创新

通过 BD_1 顺控程序的优化，5 道次轧制单根坯料轧制时间由 150 s 缩短为 135 s；将 BD_1 轧机推床由原来 12 m 加长至 15 m，配合自动轧钢技术，对钢料进行预夹持，解决了红热钢坯长甩尾在移动过程中造成的弯曲问题；通过对 BD_2 轧机横移装置的改造，使部分长尺坯料增重 8%；增加了 F_1 机后链式移钢机横移顺控，增加了 F_1 机前机后链式移钢机单独控制模块的画面及程序。通过系列技术攻关，BD_1 轧机单根钢轧制时间缩短约 20 s，BD_2 轧机缩短约 51 s，F_1 轧机缩短约 20 s。

3.6.3　精整区工艺模型改进

通过对冷床冷却方式的改造及步进程序的优化，步进周期由 52 s 缩短为 30 s；对冷锯改造后，钢板桩锯切速度提高到 90 mm/s，热锯机进锯速度由 15 mm/s 提高到 40 mm/s；通过对码垛机控制逻辑的改进、对充磁消磁程序的优化，以及对取钢位置的调整，码垛周期由 52 s 缩短为 37 s，平移码垛机单台能力提高了 40%；翻转码垛机速度提升且实现了双根翻转，翻转码垛机单台能力提高了 20%以上；通过对码垛垂直升降台架机械结构、升降机构控制系统、液压系统的改造，使 18 号和 20 号角钢由单排码垛实现了 3 排码垛。

上述全流程多工艺模块的优化完善，使设备能力得到充分发挥，提高了生产效率。

4　国内外同类技术对比

4.1　30 号特大规格角钢产品

河钢唐钢能够生产 20～35 mm（20 mm、22 mm、24 mm、26 mm、28 mm、30 mm、32 mm、35 mm）所有厚度规格 28 号、30 号特大角钢，且 30 号特大角钢的成功开发填补国内外空白。国内其他企业生产的大规格角钢规格主要为 22 号、25 号，强度级别为 Q420B 级，具体对比情况见表 4。

表 4　不同企业大角钢产品对比

企业名称	强度级别/MPa	规格/mm	力学性能			冲击功/J		
			抗拉强度/MPa	屈服强度/MPa	伸长率/%	20 ℃	0 ℃	−20 ℃
唐钢	420	220～300	535～665	435～500	22.0～29.0	137～152	97～130	59～128
DY	420	220～250	565～635	415～490	20.0～27.0	47～143	无 C 级角钢	
SC	420	220～250	566～620	410～446	21.0～29.0	77～104	无 C 级角钢	

4.2　钢板桩系列产品

与代表世界最先进水平的日本新日铁、JFE 公司开发的钢板桩进行对比分析，见表 5，唐钢开发的 400 系列热轧 U 型钢板桩外包宽度、腹板宽度、截面高度、翼缘厚度、锁口钩宽、锁口高度、锁口内深度、锁口宽度和锁口开口值等外形尺寸与日本同类产品相当，并明显优于国内同类产品，各项技术参数稳定。

表 5 不同企业钢板桩产品对比

企业名称	材质	负差率/%	产品特点
唐钢	SY295、SY390	0~1.5	正偏差轧制，不变形，可生产 24 m 超长定尺
JX	Q345B、SY390	0	因市场反馈质量需求，现在已改为 0 偏差轧制
ZZ	SY390	−3	负偏差较大，产品单薄；产品出口比例 50%~70%
新日铁	SY390	1	打桩不变形，止水、回弹性好，回收利用率高

4.3 无级可变不等节距双支撑矫直机

国际首台无级可变不等节距双支撑矫直机功能的优化，使变节距机型矫直机首次得到应用，对大型型钢产品矫直方法的探索给同行业提供了借鉴作用。

5 结束语

河钢唐钢研制开发了 30 号特大规格角钢、SY390 等钢种 400 系列热轧钢板桩、低碳低硅电极扁钢等产品，并实现了批量稳定生产。30 号特大规格等边角钢为国内首创最大规格；高强韧高精度的钢板桩产品市场占有率达到 20%；低碳低硅大规格电极扁钢质量稳定、导电性能好，获得用户好评。围绕特色产品，河钢唐钢开展了全流程工艺技术攻关，通过优化国际首台无级可变不等节距双支撑矫直机、全液压式步进冷床等关键设备功能，自主研发生产综合管理系统、开发多项智能制造工艺模块，形成了一系列创新技术成果，产线综合生产效率提高 30%，大大降低了生产成本，提高了产品的市场竞争力。

参考文献

[1] 柴锋 . V-N 微合金化高强度铁塔用角钢的研究 [J]. 钢铁研究学报，2010，22（11）：39-44.
[2] 胡彬 . 型钢孔型设计 [M]. 北京：冶金工业出版社，2010.
[3] 黄咏荀 . 14 号角钢的开发与试制 [J]. 轧钢，2002，19（3）：43-45.
[4] 王政 . 国内热轧钢板桩市场开发与研究 [J]. 中国市场，2019，1003（12）：133-134.
[5] 杨王辉，李萍，周浩，等 . 莱钢低成本加铌 Q345B 热轧型钢的试制开发 [J]. 山东冶金，2019，41（3）：73-75.
[6] 上海市冶金工业局孔型学习班 . 孔型设计 [M]. 上海：上海人民出版社，1979.
[7]《机械设计手册》联合编写组 . 机械设计手册 [M]. 北京：化学工业出版社，1979.
[8] 陆宁，樊江玲 . 机械原理 [M]. 北京：清华大学出版社，2012.

棒材高效低碳生产技术与集成化应用①

王新东[1]，常金宝[2]，李　杰[2]
（1. 河钢集团有限公司，河北 石家庄 050023；
2. 河钢集团钢研总院，河北 石家庄 050023）

摘　要：为了减少钢铁生产流程的能耗，降低废气排放，实现低碳生产，河钢集团用冶金流程工程学理论指导开发了高效炼钢、高效连铸技术并与棒材轧钢工序集成化应用，实现了棒材生产流程的低碳化和绿色化。讨论了提高转炉冶炼效率、提高连铸机拉速、钢坯定重、提高钢坯热送温度，实现转炉、连铸、轧钢高效生产与快速连接的关键技术。实践表明，通过优化钢铁制造流程，开发高效炼钢、高效连铸技术、“界面”优化技术并实现集成应用，构建高效率的冶金流程生产平台，能够显著降低生产流程的能耗、降低碳排放，同时提高产品质量、降低生产成本，实现高效、低碳、稳定生产。

关键词：冶金流程工程学；低碳；高效炼钢；棒材；直接轧制

在中国明确了二氧化碳排放力争于2030年前达到峰值，2060年前实现碳中和目标的大环境下，碳减排是钢铁工业应对环境变化最重要的举措，也是钢铁行业实现可持续发展战略所面临的最大挑战。碳减排的压力将对钢铁行业生产技术的发展应用产生深远影响[1-4]。国内钢铁制造行业将面临从碳排放强度的“相对约束”到碳排放总量的“绝对约束”。同时，当前国内钢铁产品同质化竞争激烈，企业对其产品制造成本的控制能力，已成为影响生产企业生存的关键因素。因此，无论是从碳减排的环境控制方面还是从企业生产经营成本方面考虑，都需要寻找降低整个冶金制造流程中能量消耗、减少碳排放的方法。

用冶金流程工程学理论从宏观高度来指导优化制造流程中各个工序的时间、空间基本要素的配置，实现整个制造流程中的物质流、能量流和信息流的协调、有序、稳定运行，可实现生产制造过程和产品质量的最优化。不同生产企业的建筑棒材产品在市场价格、执行标准都相当接近的情况下，为了提高产品的市场竞争力，通过研究冶金制造流程中各生产单元的高效生产技术并进行集成化应用，能够显著提高整个流程的生产效率，实现从炼钢、连铸到轧钢全流程的高效化、低成本生产[5-9]。棒材制造全流程高效、低碳生产技术能够最大限度发挥设备能力、降低能源消耗、减少碳排放、降低生产成本并实现绿色化生产，是尽快实现二氧化碳排放达峰和提高企业市场竞争力的有效途径。

河钢集团是较早在棒材生产中运用冶金流程工程学理论对制造流程进行宏观优化并取得成效的企业，先后开发了快速铁水预处理技术、转炉高效炼钢技术、小方坯高效连铸技术、转炉-连铸“界面”均衡生产技术等，并且与轧钢工序实现了集成化应用。河钢集团

① 原文发表于《钢铁》，2021，56（8）。

通过优化冶金制造流程各个工序的时间和空间配置，实现了棒材生产中从冶炼到轧制各个工序生产周期的紧凑、高效、匹配，提高了生产效率、降低了全流程能耗、实现了棒材产品的低碳、低成本绿色化生产。

1 高效炼钢技术

1.1 快速铁水预处理技术

河钢集团的高效棒材生产平台快速铁水预处理工序包括 1 座铁水预处理站和 2 台扒渣机。铁水平均硫质量分数为 0.020%~0.045%，铁水包表面带渣量为 0.9%左右。除对硫含量要求较高的优质钢种进行 KR 机械搅拌脱硫处理外，建筑钢筋生产中仅对铁水扒渣后兑入转炉便可有效控制转炉回硫，在满足质量要求的同时降低了生产成本。扒渣机采用耙臂平移式液压扒渣机，扒渣机布置在 2 个工位，2 个工位可独立进行扒渣作业，每包铁水扒渣时间为 2~5 min，扒渣后铁水包带渣量小于 0.2%采用快速铁水预处理技术，可以最大限度降低本工序的铁水温降，同时缩短处理时间，提高生产节奏，实现流程中本工序与下游工序的时间最佳匹配。

1.2 转炉高效炼钢技术

1.2.1 转炉大供氧强度冶炼技术

河钢集团通过优化 120 t 转炉氧枪喷头参数，合理设计氧气喷孔布局和扩张角度，使转炉供氧强度由 3.51 $m^3/(t \cdot min)$ 提高到了 5.2 $m^3/(t \cdot min)$，缩短转炉吹氧时间 2 min。

1.2.2 快速出钢技术

通过加大转炉出钢口内径的方法，缩短了出钢时间 2 min，改造出钢口，使出钢口更换时间缩短了 30 min，更换出钢口总耗时节约了 33%[10]。

1.2.3 长寿命滑板

对转炉滑板挡渣进行了改进，使转炉滑板连滑次数由原来的 17 次提高到 30 次，每天节约时间 25 min 以上。

1.2.4 钢包下水口增寿及上水口快换技术

应用新型机压钢包下水口，下水口使用炉数由 2 次提高至 4 次，在保证正常生产的情况下，减少转炉更换水口次数 50%以上。

1.2.5 长寿命钢包技术

开发应用了钢包长寿技术，使底吹透气砖寿命由原来的 25 次提高至 35 次以上，钢包寿命由原来的 100 次提高至 160 次以上。

通过以上高效炼钢技术的集成应用，河钢集团 3 台 120 t 先进转炉，每台转炉生产普材钢种时单班次（8 h）炉数最高达到 31 炉；转炉出钢口寿命最高达到 1006 炉，单月钢产量最高达 50.82 万吨。

2 小方坯高效连铸技术

根据冶金流程工程学的理论，连铸工序对于上游工序是“拉力源”，对于下游工序又是“推力源”，在转炉–连铸–轧制流程中，应该以连铸工序为核心对上下游生产工序进行组织[11]。以连铸为核心进行冶金制造流程优化组织的关键是实现连铸与上下游工序的物质流量最佳匹配、消耗时间最短、在物质流输送过程中能量耗散最低，从而实现制造流程能耗最低。因此，需要在炼钢-连铸-轧钢全流程实现物质流、能量流的“层流”运行。

2.1 连铸机高拉速技术

连铸工序是典型的多机多流的“并联”工作机制。通过减少并行工作机流数量，可以降低不同机流之间钢坯输出的互相干扰，实现物质流“层流”化运行，减小“紊流”现象的出现，有利于钢坯优化排序实现高温热送，顺利与轧钢工序单根钢坯“串联”的生产方式实现高效衔接，降低制造流程能源消耗[12,13]。

在减少连铸机同时工作的浇钢机流数量的同时，为了保证物质流的“流量”不变，需要提高连铸机拉速。减少连铸机流数量同时提高拉速，可以降低设备维护成本，同时提高钢坯热送温度。根据生产现场的实测数据，连铸机拉速每提高 0.1 m/min，铸坯表面温度可提升 8~10 ℃[14]。为了尽可能提高钢坯切割点处的温度，河钢集团对采用高温热送和直接轧制工艺的方坯连铸机进行了拉速提升改造，将原来 8 机 8 流生产模式改为 6 机 6 流，同时拉速由原来的 1.8~1.9 m/min 提升到最高 3.15 m/min，实际测量数据表明，通过减少两流同时提升连铸机拉速，在连铸机产能不变的前提下，铸坯表面温度可以提升 60 ℃以上。河钢集团唐钢新区最新投产的棒材直轧线配备了新型国产高效连铸机，该连铸机 165 mm 方坯稳定拉速达到 4.0~4.2 m/min，同时采用了钢坯液压剪实现快速切断，与采用拉速 2.7~3.0 m/min、火焰切割方式的连铸工艺实测数据对比，连铸坯在切断位置的表面温度再次提高了 40 ℃，为棒材实现免加热直接轧制奠定了基础。

2.2 长定尺定重供坯技术

为了提高棒材成品的定尺率，减少非定尺钢筋产品的数量，连铸工序改变钢坯定尺供应为定重供应。根据不同规格棒材产品的定尺长度，优化确定每根钢坯最佳质量（重量），通过在钢坯在线测重-连铸在线调整的信息流闭环控制，实现了铸坯单根质量（重量）偏差在 5 kg 内，显著降低了轧钢工序中棒材产品的非定尺产品数量，成材率提高了 0.15%[15]。而在直轧生产线中，由于没有了加热炉宽度对钢坯长度的限制，钢坯定尺长度可由原来的 12 m 提高到 15 m 以上，在产量相同的情况下，钢坯过钢根数降低为原来的 80%，减少了钢坯咬入对轧机的冲击，同时轧钢切损降低为原来的 80%，按照切损平均损失1.0%~1.3%成材率计算，产品成材率可以提高 0.20%~0.26%。

2.3 钢坯快速保温输送技术

根据模拟试验结果，连铸坯的温度场分布为表面温度低、内部温度高，表面不同位置与中心温差为 100~300 ℃，在钢坯输送过程中，钢坯存在芯部向表面返热的现象[16]。要实现钢坯在输送过程中芯部向表面回温，必须使钢坯表面热量散失速度低于钢坯芯部向表面传热的速度，因此需要采用钢坯保温手段减少钢坯表面向外部环境散热的损失。

河钢集团在连铸-轧钢工序衔接部分全面采用了带有全面保温装置的快速热装辊道，钢坯输送速度达到 4~5 m/s，显著缩短了钢坯从连铸到轧机的输送时间，充分利用钢坯芯部对表面的返热效应，降低了钢坯输送过程中的温度损失，提高了钢坯热送热装温度。

2.4 转炉-连铸-轧钢均衡生产技术

为了实现转炉-连铸“界面”实现均衡、稳定、高效生产，转炉工序供连铸工序的钢水实现定时、定温、定品质；连铸生产系统实现中间包液面稳定，结晶器液面稳定，拉速稳定。具体技术措施包括：采用长寿命中间包、快速更换水口技术、提高结晶器冷却效果、优化结晶器铜管质量和提高结晶器使用寿命；优化钢水组织、采用换包工艺、减少连铸机停机时间；安装中间包自动称量系统等。转炉出钢后，钢水经过底吹氩到达连铸平台，为了充分去除钢中夹杂物，送到连铸平台的钢水温度波动小于 20 ℃。

为实现连铸机-棒材生产线工序之间“界面”衔接的高效稳定，采取了一系列措施优化钢水组织，使连铸机的有效作业率达到96%以上。连铸机每个结晶器铜管通钢量均达到10000 t以上，有效提高了连铸的作业率，降低了停机时间。转炉-连铸-轧钢“界面”均衡生产技术有效保证了转炉-连铸-轧钢流程衔接高效、稳定，实现了整个制造流程的长周期均衡生产。

3 高效低碳炼钢-连铸-轧钢技术集成化应用

河钢集团在转炉-连铸-轧钢全流程集成应用了高效生产技术，利用冶金流程工程学理论对流程工艺整体布局和工序衔接“界面”进行了优化，先后建设了 3 个高效率钢筋低碳生产平台。在这 3 个高效率钢筋生产平台中，实现了冶金流程中的物质流、能量流、信息流三网高效、协同运行，显著降低了能量消耗、生产成本和废弃物排放，产品质量稳定。其中高温热装平台实现了连铸方坯 800 ℃高温热装，直接轧制平台实现了钢坯直送、电感应局部补热后直接轧制。位于唐钢新区的最新一条无补热小方坯直接轧制平台则实现了钢坯连铸切断后无补热送轧机直接轧制，取得显著节能减排效果。

3.1 小方坯高温热装生产平台

河钢集团的高温热装钢筋生产平台，集成应用了转炉-连铸-棒材轧制高效生产技术。根据“炉机对应原则”，形成转炉-连铸机-棒材轧机典型的高效率生产线。转炉出钢后，直接从浇钢跨接受钢水，钢水经过 7 min 即可到达方坯连铸机。

该平台充分利用了车间布置上的优势，连铸机对棒材生产线自设计开始就确定连铸坯全部施行高温热装，从连铸机火焰切割机至加热炉提升台架仅 60 m 的距离，钢坯从火焰切割机到装入加热炉约 120 s，入炉温度一般为 820~870 ℃，最高可达 900 ℃，钢坯在炉内加热时间仅 20 min，使棒材生产线的能耗大幅度降低，该高效生产平台取得的效果如下：

（1）通过全量铁水扒渣预处理，原材料使用条件的优化等，提高复吹效果在静态模型的合理指导下利用，有效地稳定了原材料质量、降低了石灰消耗；

（2）采用钢包全程加盖，有效减少钢包内壁温度损失，降低了转炉出钢温度，同时保证整个浇铸过程连铸机中间包温度稳定，节能降耗效果明显；

（3）连铸坯直接热装比达到90%以上（热装温度 800 ℃以上），加热炉能耗低；生产节奏快，可交付紧急订单需求。

3.2　小方坯免加热直接轧制生产平台

采用钢坯免加热直接轧制技术可以去掉轧钢加热炉，大幅度降低轧钢工序的能耗与二氧化碳排放、降低轧制成本，具有显著的社会效益和经济效益。在小方坯高效炼钢、高效连铸和高温热装生产平台实践基础上，河钢集团先对一条螺纹钢生产线进行了直接轧制改造[17]，并且在唐钢新区的新建生产线集成应用了高效炼钢-轧钢流程优化技术，进一步降低了整个冶金流程的能量消耗和二氧化碳排放。

河钢唐钢新区以物质流、能源流、信息流的连续化、简约化、紧凑化为方向，运用最新的钢厂动态精准设计、集成理论和流程界面技术进行建设[18]。其中唐钢新区的棒材免加热直接轧制生产线在工艺布局设计之初就按照冶金流程工程学中构建“三流”优化运行网络，实现高效、紧凑、有序运行的流程优化理论，对炼钢-连铸-轧钢整个工艺布局和工序“界面”衔接进行了优化。该布局缩短了连铸-轧钢的衔接距离，同时优化了钢坯输送网络，加热炉由过去的必用装备变为选用装备，其布局如图 1 所示。

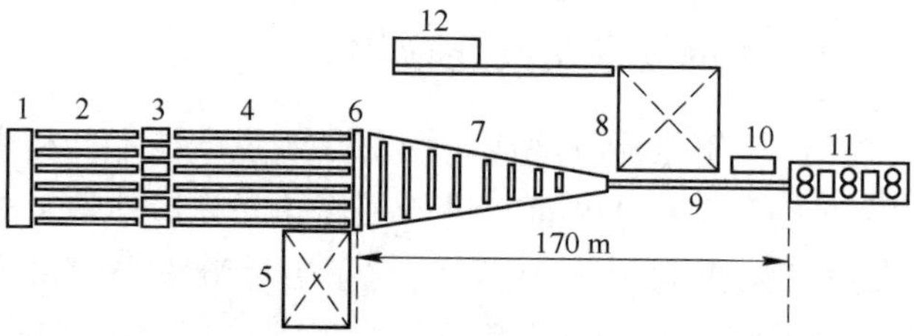

图 1　河钢集团免加热棒材直轧工艺布局

1—拉矫机；2—出坯辊道；3—液压剪；4—输送辊道；5—钢坯下线收集台；6—挡板；7—钢坯快速汇集、输送辊道；8—加热炉；9—炉前快送辊道；10—钢坯剔除装置；11—轧机组；12—加热炉装钢装置

除了优化工艺流程布局和工序“界面”衔接外，小方坯免加热直接轧制生产平台还集成应用了多项高效炼钢-轧钢技术。

（1）方坯高拉速连铸技术。在唐钢新区最新的棒材直轧生产线中，通过采用新型的结晶器，方坯稳定拉速达到了 4.0～4.2 m/min，配合钢坯快速液压剪，钢坯切断温度达到 1100 ℃以上，为钢坯直送轧机直接轧制奠定了良好基础。以高效连铸机为核心组织上下游工序生产周期，配合高效炼钢技术，转炉冶炼周期从 30 min 缩短为 25 min，轧机采用最佳轧制速度进行匹配，实现了转炉、连铸、轧钢的高效、有序、稳定生产。

（2）方坯保温快送技术。河钢的两条棒材直轧线均建设了带有全程保温措施的钢坯快速输送辊道。其中一条从连铸机钢坯切断位置到轧机入口总距离 235 m，钢坯在此区间内进行快速输送所消耗的时间小于 1 min。由于钢坯芯部向表面的返温效应，在保温快送辊道内输送过程中钢坯表面温度降低值小于 10 ℃。另一条新建直轧线在工厂设计时，按照冶金流程工程学“三流”优化的思想进行了优化布局，连铸到轧机的距离缩短到 160 m，钢坯输送速度可达到 5 m/s，进一步降低了工序衔接中的能量耗散。

（3）智能供坯技术。河钢的 2 条棒材直接轧制生产线均在各段钢坯输送辊道的关键位置安装了热金属检测器，同时检测辊道的速度信号，根据钢坯温降模型和输送时间，实现了自动预测钢坯温度。通过模型算法优化钢坯输送顺序，实现钢坯自动排序送钢，降低钢坯在辊道上的等待时间，减小温度损失；对于在出坯辊道等待超时的钢坯，实现自动温度预警，提示该钢坯下线。智能供坯系统实现了直送坯从连铸到轧机的全流程自动跟踪。热金属检测器安装在辊道上特定位置，根据钢坯的速度和发送顺序、时间实现钢坯的逐支位置定位与跟踪，自动保持 2 根钢坯的最佳间隔距离，防止钢坯间距离过远导致生产节奏降低，或者距离过近引发钢坯追尾。

PLC 控制系统采集热金属探测器的信号进行逻辑运算，自动跟踪钢坯的位置和发送自连铸工序第几个铸机流。根据 PDA 系统的历史记录，以时间为轴，可以跟踪连铸坯到轧机的各项工艺参数并储存记录，实现连铸机的生产状态与轧机的生产状态纵向实时调度；同时建立大数据库，为产品的性能预报提供数据支撑。

综上所述，采用方坯高温热送、直接轧制方法生产棒材产品，消除了加热炉的氧化烧损，提高了成材率 0.6%以上，能耗降低值不小于 30 kg/t，实现低碳生产，同时节约了加热炉维护费用、电耗、动力介质消耗并消除了废气污染。若按照 1 条生产线全年产量 100 万吨，以平均吨钢增加效益 40 元计算，则每条生产线 1 年经济效益增加 4000 万元以上。以每年节约能耗折合 30000 t 标准煤，按照每吨标准煤排放二氧化碳 2.6 t、排放二氧化硫 8.5 kg 计算，1 条产线相对采用加热炉的工艺可减排二氧化碳 7.8 万吨以上，二氧化硫 255 t 以上，节能减排效果显著。

4 结束语

河钢集团建成的高效低碳棒材生产平台的生产实践证明，通过开发冶金流程优化技术并实现集成化应用，可以充分发挥设备潜力、装备产能，同时大幅度减少整个制造流程的能量耗散，实现全流程能量的回收和再利用，降低能源成本、维护成本和原材料成本。在当前钢铁制造业急需实现低碳生产的大环境下，对减少冶金行业的碳消耗，降低碳排放、实现绿色制造具有重大现实意义。

冶金流程工程学理论和应用实践均已经证明，在棒材生产流程设计与工艺改造中，依据冶金流程工程学的宏观流程优化理论，对生产过程中各个工序进行时间-空间配置优化，提高各个工序的自身运行效率同时优化工序间衔接，构造整个制造流程中物质流、能量流、信息流的高效率运行网络，提高整个冶金制造流程的运转效率，减少能量耗散，将制造流程中的能量实现回收再利用，进而使从冶炼到轧制整个冶金制造流程实现高效率、紧凑化、低能耗运行，是降低生产成本同时实现低碳生产的有效方法。

参 考 文 献

[1] 李新创，李冰，霍咚梅，等．推进中国钢铁行业低碳发展的碳排放标准思考［J］．中国冶金，2021，31（6）：1.

[2] 王新东，郝良元．现代炼铁工艺及低碳发展方向分析［J］．中国冶金，2021，31（5）：1.

[3] 王广，王静松，左海滨，等．高炉煤气循环耦合富氢对中国炼铁低碳发展的意义［J］．中国冶金，2019，29（10）：1.

[4] 李新创．中国钢铁产品全生命周期评价理论与实践［J］．中国冶金，2019，29（4）：1.

[5] 殷瑞钰．小方坯铸机-棒材轧机之间“界面技术”优化：铸坯高温按序直接装炉技术［C］．中国金属学会．2014 年全国炼钢-连铸生产技术会论文集．2014：427.

[6] 徐安军．冶金流程工程学基础教程［M］．北京：冶金工业出版社，2019.

[7] 常金宝，郝华强，么洪勇，等．小方坯连铸机与棒材轧机之间的“界面”技术优化［J］．中国冶金，2017，27（12）：77.
[8] 殷瑞钰．“流”、流程网络与耗散结构——关于流程制造型制造流程物理系统的认识［J］．中国科学（技术科学），2018，48（2）：136.
[9] 上官方钦，郦秀萍，张春霞．钢铁生产主要节能措施及其 CO_2 减排潜力分析［J］．冶金能源，2009，28（1）：3.
[10] 王新东，常金宝，李双武，等．高效率、低成本洁净钢制造平台技术集成与生产实践［J］．炼钢，2012，28（4）：1.
[11] 殷瑞钰．冶金流程集成理论与方法［M］．北京：冶金工业出版社，2013.
[12] 王新东，常金宝，李杰．小方坯连铸-轧钢“界面”技术的发展与应用［J］．钢铁，2020，55（9）：125.
[13] 李杰，常金宝，郭子强，等．棒材直接轧制工艺改造实践［J］．轧钢，2019，36（3）：47.
[14] 王新东，常金宝，李杰，等．冶金流程工程学在小方坯直接轧制中的应用［J］．钢铁，2021，56（1）：113.
[15] 常金宝，张朝发，韩志杰，等．一种新型铸坯定重切割技术［J］．金属世界，2013（5）：74.
[16] 刘相华，刘鑫，陈庆安，等．棒线材免加热直接轧制的特点和关键技术［J］．轧钢，2016，33（1）：1.
[17] 李杰，常金宝，郭子强，等．棒材直接轧制工艺改造实践［J］．轧钢，2019，36（3）：47.
[18] 王新东．以“绿色化、智能化、品牌化”为目标规划设计河钢唐钢新区［J］．钢铁，2021，56（2）：12.

温变形对 700 L 高强钢碳化物析出行为及残余应力的影响①

祁　聪[1]，王新东[2]，丁文红[1]，吴　挺[1]，孙　力[3]，刘天武[3]，潘　进[3]，张志强[4]

（1. 武汉科技大学耐火材料与冶金国家重点实验室，湖北 武汉 430081；2. 河钢集团有限公司，河北 石家庄 050023；3. 河钢集团研究总院，河北 石家庄 050023；4. 河钢集团邯钢公司技术中心，河北 邯郸 056002）

摘　要：采用裂纹柔度法（CCM）、X 射线衍射分析、扫描电镜（SEM）、透射电镜（TEM）、显微维氏硬度计等研究了 700 L 高强钢不同温度回火和温变形后内部组织和残余应力的变化。结果表明：相较于回火，温变形能促进 700 L 高强钢中碳化物的析出；随温变形温度的升高，700 L 高强钢的整体残余应力持续下降，在 100~300 ℃温变形时，残余应力快速下降，300 ℃温变形后残余应力下降至 34. 77%，在 300~600 ℃温变形时，残余应力下降平缓，600 ℃温变形后，残余应力降低到 20. 83%，温变形对残余应力的调控作用显著。高温区间温变形还可以降低 700 L 高强钢表面的拉应力水平，提高其疲劳性能。

关键词：700 L 高强钢；温变形；位错密度；残余应力

高强钢在当前钢铁行业内占据着主导地位，为建筑设计和大跨度桥梁的自重等工程项目提供了有吸引力的解决方案[1-3]。但高强钢生产时控轧控冷过程中，冷速过快导致的温度和相变差异使内部产生较大的残余应力[4,5]。残余应力的存在会降低高强钢的尺寸稳定性、疲劳寿命、抗腐蚀能力等性能，严重影响高强钢的使用寿命[6-8]。高强钢内部残余应力的消减广泛采用热处理的方法，但研究发现只有在热处理温度高于 500 ℃，保温时间 2 h 以上才能有效降低残余应力水平[9,10]，这不仅提高了消减残余应力所花费的成本，也可能降低高强钢的强度和韧性[11]。高强钢回火过程中主要发生微观组织的变化，研究发现在 700 L 高强钢热处理过程中组织演变分为 5 个阶段，其中碳化物的析出是回火过程中的主要变化[12]。Ding 等[13]研究 700 L 高强钢回火过程中残余应力变化时，发现碳化物的析出过程对应着高强钢内部残余应力的变化，调控碳化物的析出对于调控内部残余应力有着重要意义。由碳化物析出动力学可知，通过变形造成的碳原子扩散的增加，以及位错密度增加带来的碳化物形核位点的增加，都有助于促进碳化物的析出[14-17]。为降低残余应力，探索在较低温度下有效消减残余应力的方法，本文采用温变形的处理方法，将高强钢先加热到指定温度，然后对其进行小变形量的轧制变形处理，观察材料内部微观组织变化和对残余应力的消减情况，并与回火后残余应力的变化进行比较。

① 原文发表于《材料热处理学报》，2021，42（4）。

1　实验材料及方法

1.1　实验材料

实验所采用的材料为热轧卷曲后 5 mm 厚，通宽为 1500 mm 的汽车大梁用钢 700 L，其热轧终轧温度为 920 ℃，卷曲温度为 625 ℃。具体化学成分见表 1。

表 1　700 L 高强钢的化学成分（质量分数）　　（%）

C	Si	Mn	P	S	Nb	Al	Ti	Fe
0.079	0.072	1.460	0.011	0.002	0.051	0.039	0.095	Bal.

1.2　双回火膨胀实验

实验在 DIL805 L 膨胀仪中进行，试样尺寸如图 1 所示。两次回火过程中的升温速率和降温速率分别为 15 ℃/min、50 ℃/min。将试样升温到 700 ℃后即开始降温，记录两次回火过程中试样径向尺寸的变化。

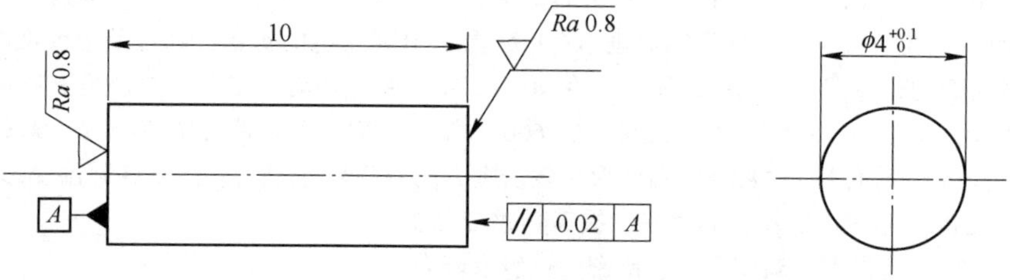

图 1　双回火试样尺寸图

1.3　回火和温变形实验

回火：从实验钢板上截取尺寸为 60 mm×50 mm× 5 mm 的试样放入箱式加热炉内以 15 ℃/min 的升温速率分别加热到 100 ℃、200 ℃、300 ℃、400 ℃、500 ℃、550 ℃、600 ℃和 650 ℃后保温 30 min，然后立即将试样取出空冷到室温。

温变形：从实验钢板上截取尺寸为 190 mm×50 mm×5 mm 的试样，分别加热至100 ℃、200 ℃、300 ℃、400 ℃、500 ℃、550 ℃和 600 ℃ 后，在轧机上进行压下量为 3%的温变形实验。温变形时加热保温时间为 20 min，加热结束后立即将试样取出并放入轧机轧制，轧制时试样的轧向与轧制入口方向保持一致。

1.4　残余应力测量

本文采用裂纹柔度法对回火和温变形后的试样进行残余应力测量。如图 2 所示，裂纹柔度法测量残余应力的原理是在试样表面中间部位（沿厚度方向）引入一条深度逐渐增加的裂纹来释放残余应力，通过测量残余应力释放过程中物体表面特定点的应变值来表征残余应力的大小[18]。为避免试样加工过程中对测点应力产生影响，试样加工应采用线切割，试样长度和宽度不小于厚度的 2.5 倍。

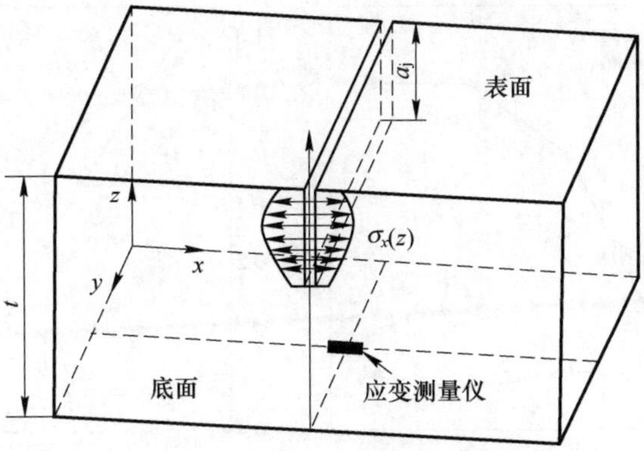

图 2 基于裂纹柔度法应变测量示意图

1.5 组织及性能分析

从回火和温变形处理后的试样中截取尺寸为 6 mm×5 mm× 4 mm 的试样进行镶嵌、打磨、抛光，用 4%的硝酸酒精溶液对试样进行腐蚀。采用 Nova 400 NanoSEM 型场发射扫描电镜对材料进行组织观察。采用维氏硬度计对热处理前后试样的表面进行维氏硬度测量，加载载荷为 500 g、加载时间为 10 s。采用 X 射线衍射方法测量试样的位错密度时，其尺寸为 10 mm×10 mm×5 mm，测量前将试样表面打磨清洗干净，采用连续扫描方式，数据间隔点 0.01°，扫描速度 0.5°/min，扫描 120°。透射电镜试验时，从回火和温变形后试样上截取尺寸为 10 mm×10 mm×0.5 mm 小试样，研磨至 0.05 mm 左右后从中截取尺寸为 ϕ3 mm×0.05 mm 的试样，双喷减薄后移至透射电镜上进行观察。

2 实验结果

2.1 残余应力

基于裂纹柔度法，以 100 ℃ 时厚度方向的表面残余应力为基数，对不同温度回火和温变形后沿厚度方向的芯部和表面残余应力进行归一化处理，如图 3 所示。发现随温变形温度升高，残余应力持续下降，芯部残余应力在 300 ℃温变形后下降至 43.5%，600 ℃温变形后下降至 26.5%，表面残余应力在 300 ℃温变形后由拉应力变为压应力，在 400～600 ℃温变形后表面残余应力保持压应力状态。回火后表面及芯部残余应力变化较小，仅在 300 ℃ 回火后表面残余应力显著下降至 9.1%。

试样内部残余应力的存在会使微观组织产生弹性变形，残余应力的变化会造成内部弹性应变能的变化，因此可由弹性应变能的变化趋势反映内部残余应力的变化。本文以沿厚度方向轧向残余应力的绝对值大小与厚度方向尺寸的积分来计算弹性应变能，表征沿厚度方向总体残余应力的变化情况，弹性应变能计算公式如下：

$$E_{RS} = \int_{O}^{x} |\sigma_{RS}| dx \tag{1}$$

式中 E_{RS}——残余应力的弹性应变能，MPa · mm；

$|\sigma_{RS}|$——不同厚度轧向残余应力的绝对值。

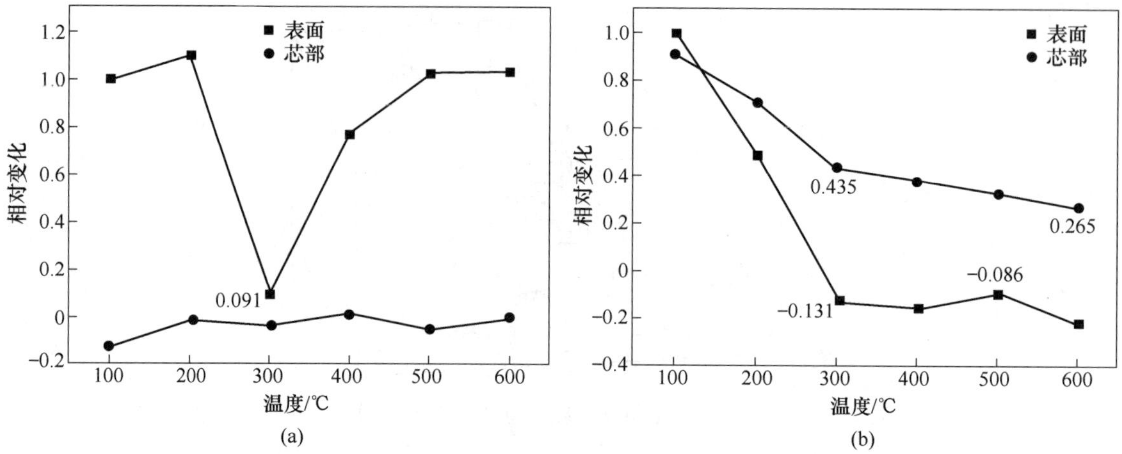

图 3 回火及温变形后厚度方向表面及芯部残余应力变化

（a）回火；（b）温变形

不同温度回火和温变形后弹性应变能的相对变化见表 2。300 ℃温变形后整体残余应力下降至 34.77%，600 ℃温变形后整体残余应力下降至 20.83%。而回火后残余应力的变化波动较大，只有 300 ℃ 回火后残余应力下降明显。相比之下，温变形更能有效地调控残余应力。

表 2 不同温度回火和温变形后弹性应变能的相对变化 （%）

项目	100 ℃	200 ℃	300 ℃	400 ℃	500 ℃	600 ℃
回火	100	122.04	19.65	90.03	107.84	87.59
热变形	100	71.43	34.77	28.56	23.97	20.83

2.2 位错密度

由 Williamson-Hall 方法演化而来的微观应变及位错密度计算公式如下[19,20]：

$$\beta_D \cos\theta = \varepsilon \times 4\sin\theta + \frac{k\lambda}{D} \tag{2}$$

$$\rho = 14.4 \times \frac{\varepsilon^2}{b^2} \tag{3}$$

式中 D——晶粒平均直径；

k——形状因子（$k=0.9$）；

λ——X 射线衍射波长（此处为 Cu 靶，$\lambda = 0.154056$ nm）；

θ——布拉格衍射角；

ε——微应变；

ρ——位错密度；

b——柏氏矢量。

将 XRD 的入射角 θ 和测量得出的 FWHM 代入式（2）计算出微应变 ε，再由式（3）即可计算出位错密度 ρ，如图 4（a）所示。根据温变形前后位错密度差值的绝对值，计算得出图 4（b）中位错密度变化绝对值曲线。随温变形温度的升高，位错密度持续升高，直到 500 ℃温变形后位错密度达到最大值 $10.41 \times 10^{14}/m^2$ 后开始下降；在 300 ℃和600 ℃温变形后，发生较大的位错密度变化。300 ℃ 回火后位错密度和位错密度变化量都达到峰值。

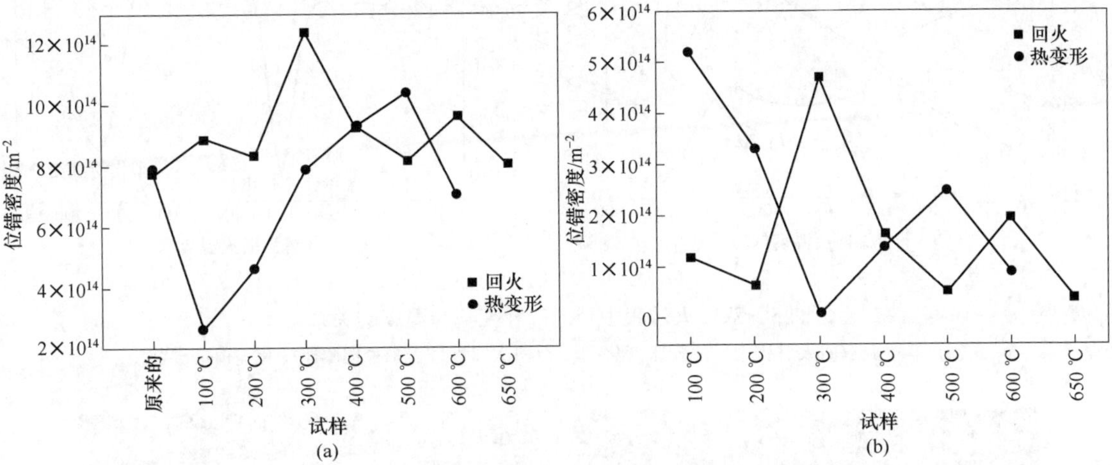

图 4　位错密度及变化绝对值

（a）不同温度回火与温变形后试样组织内的位错密度；（b）位错密度变化绝对值

2.3　微观组织变化

图 5 为双回火过程中径向尺寸变化与温度的关系。假设第一次回火之后，组织变化已全部完成，第二次回火过程中的径向变化仅受温度影响。回火过程中由析出物所引起的尺寸变化可由第一次回火过程中的径向尺寸变化减去第二次回火过程中的径向尺寸变化表示，如图 5（a）中 $\Delta L_1 - \Delta L_2$ 所示。对 $\Delta L_1 - \Delta L_2$ 曲线进行求导可更加明显地观察回火过程中由析出物所引起的尺寸变化情况，如图 5（b）所示。由于碳化物的析出导致晶体内由畸变引起的原子间距缩小，试样径向尺寸将会减小，从图 5（b）中可以看出在 300 ℃ 时渗碳体迅速析出导致径向尺寸变化最为明显，曲线变化量达到波谷，渗碳体的析出行为主要集中在 300 ℃左右。到 600 ℃左右时，组织中渗碳体已大量溶解，主要析出物为合金碳化物，合金碳化物的析出导致曲线再次降低波谷。

为研究回火和温变形过程中碳化物的析出规律，进行了扫描电镜观察，如图 6 所示，以及维氏硬度测量，如图 7 所示。试样原始组织由超细铁素体和碳化物组成，在 300 ℃ 回火和温变形后，试样硬度如图 7 所示都达到一个峰值，表明此时发生碳化物的析出行为，析出强化导致硬度上升，而图 6（a）、图 6（c）中在 300 ℃ 回火后碳化物的析出较为弥散，而 300 ℃温变形后碳化物的析出呈连续分布，表明 300 ℃温变形后碳化物的析出量要多于 300 ℃ 回火后的析出量。同样，由于合金碳化物的析出强化作用，在 600 ℃ 回火和温变形后，试样硬度再次达到峰值，但 500 ℃温变形后试样硬度的上升程度更明显，且图 6（b）中 600 ℃温变形后碳化物的析出更显著，判断 600 ℃温变形后碳化物的析出量远大于回火。因此判断同样温度温变形后碳化物的析出量大于回火析出量，温变形可以促进碳化物的析出行为。

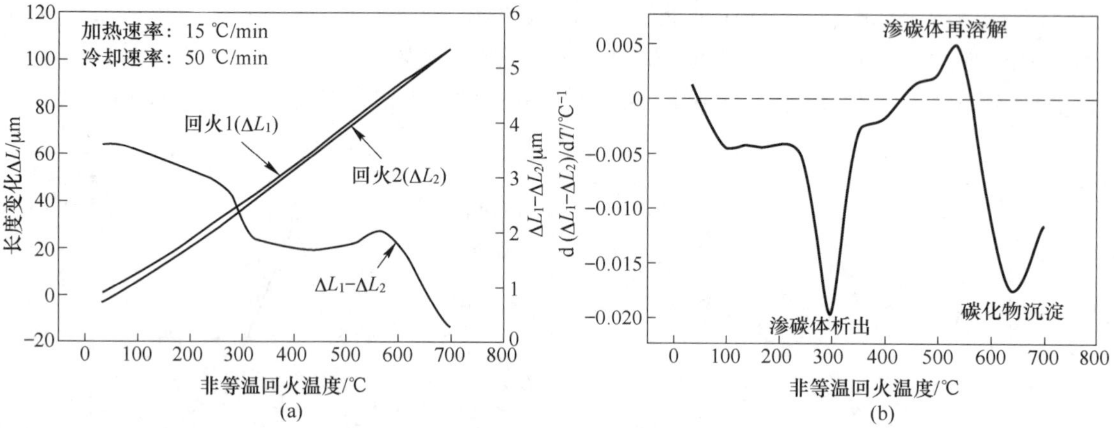

图 5　双回火过程中径向尺寸变化与温度的关系

（a）非等温双回火过程中径向膨胀变化；（b）两次回火过程中径向膨胀变化差值的导数

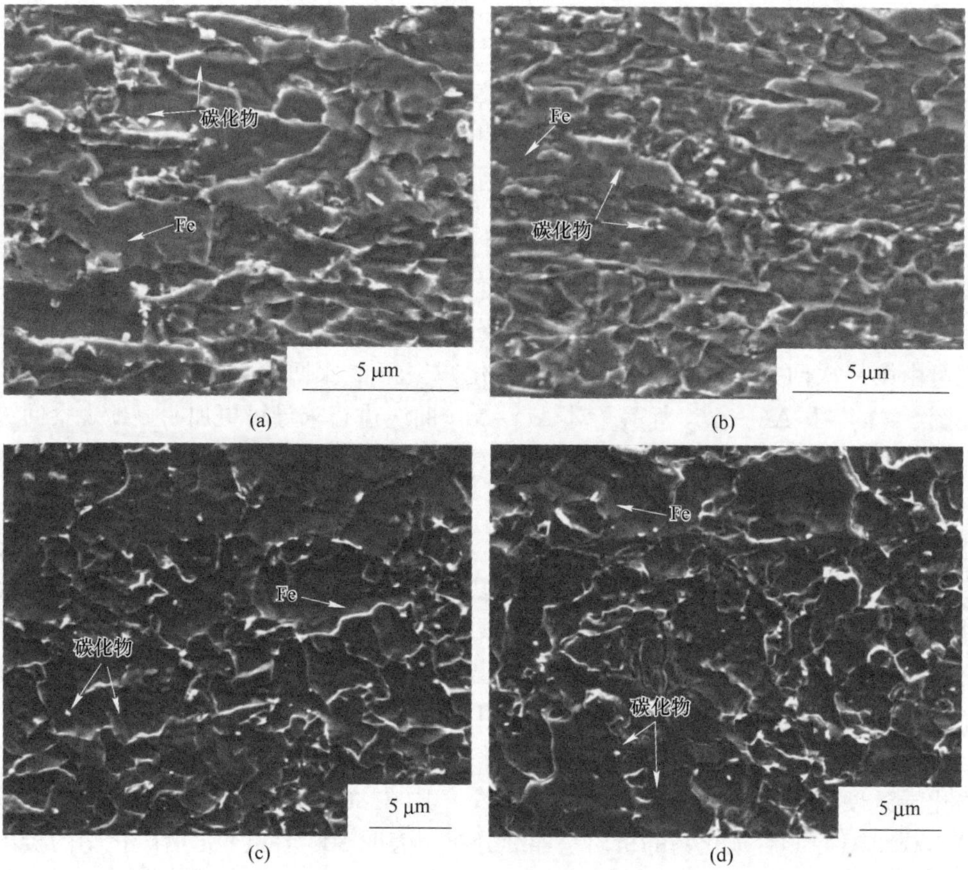

图 6　不同温度回火及温变形后试样 SEM 组织

（a）300 ℃温变形；（b）600 ℃温变形；（c）300 ℃ 回火；（d）600 ℃ 回火

为确定不同温度温变形后析出碳化物的类别，对不同温度温变形后的碳化物进行了 TEM 分析，如图 8 所示。如图 8（b）所示，温变形后发生了位错增殖缠结；通过对图 8

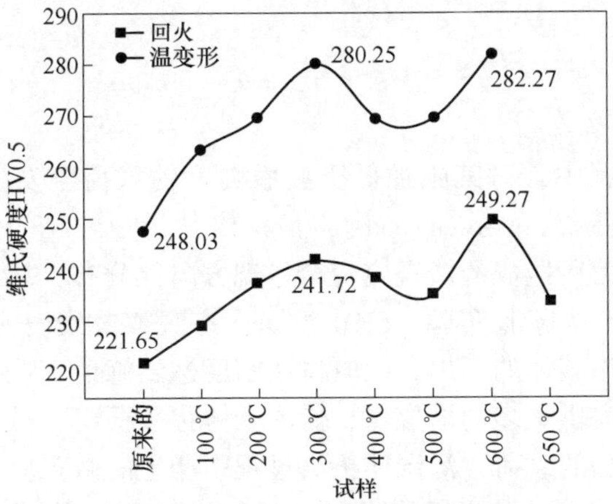

图 7　不同温度回火及温变形后试样维氏硬度

（c）所示碳化物进行透射电镜衍射斑标定，确认在 300 ℃温变形后析出较为粗大的碳化物是渗碳体；而 600 ℃温变形后析出的碳化物为纳米级合金碳化物，只能通过能谱进行分析，如图 8（d）所示，判断析出的碳化物主要为细小弥散的铌、钛合金碳化物。

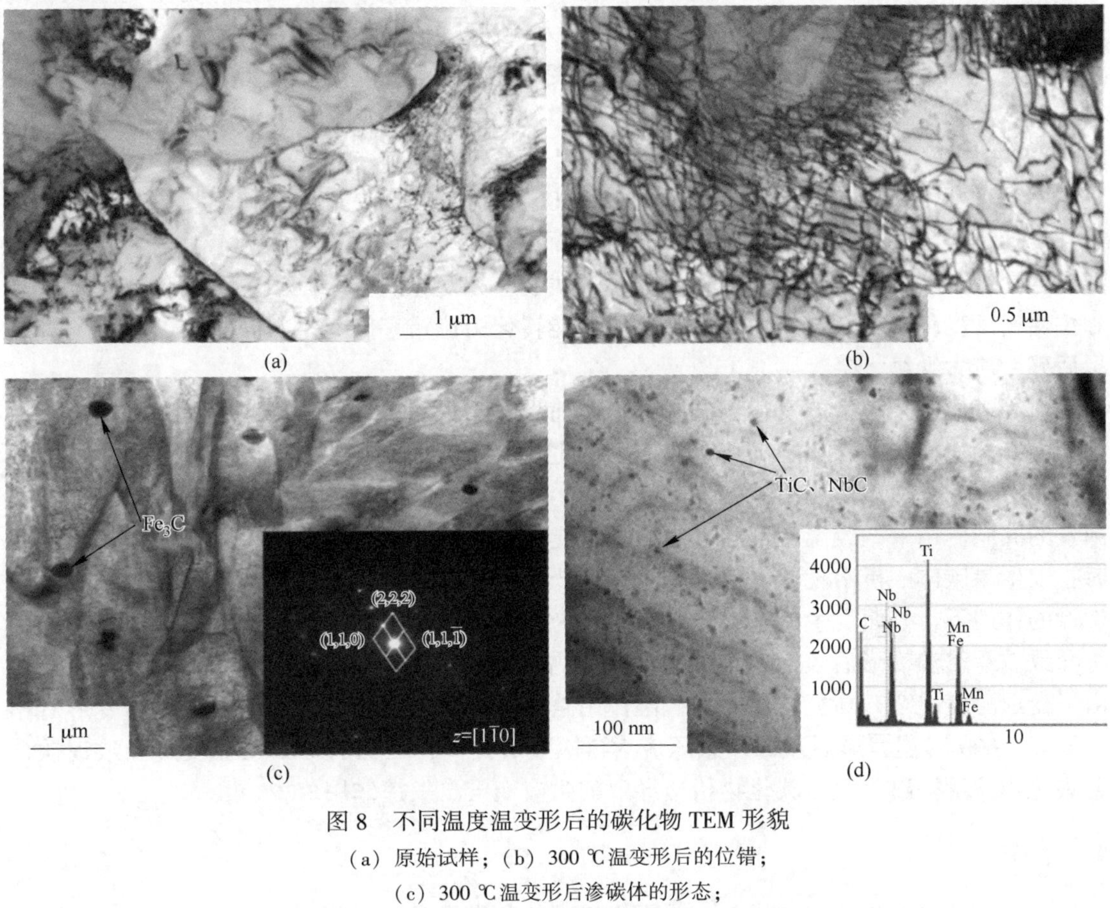

图 8　不同温度温变形后的碳化物 TEM 形貌

（a）原始试样；（b）300 ℃温变形后的位错；

（c）300 ℃温变形后渗碳体的形态；

（d）600 ℃温变形后合金碳化物的析出分布

3　分析与讨论

3.1　回火残余应力

在金属材料相变过程中，对其施加低于屈服强度的载荷会发生不可逆的塑性变形行为，该行为称为相变塑性[21]。Greenwood-Johnson[22]认为在外在的作用下，新生成的相与旧相之间产生的微观应力所造成的微观应变会呈现方向性分布，从而造成宏观上不可逆塑性变形的产生。由 2.3 节中膨胀实验、SEM 组织形态观察及硬度实验，确定在 300 ℃ 回火后，组织中发生大量渗碳体的析出，同时位错密度达到峰值，位错密度的增加促进了渗碳体的析出，为渗碳体提供更多的形核点，使渗碳体弥散析出，试样内的残余应力则相当于相变塑性过程中所施加的载荷，渗碳体析出过程中产生的微观应变则相当于相变塑性过程中相变所造成的微观应变，在两者共同作用下 300 ℃ 回火后试样将产生宏观上不可逆的塑性变形行为，导致残余应力释放。同时位错密度升高使试样内部弹性应变能降低，因此 300 ℃ 回火后残余应力显著下降。

3.2　温变形残余应力变化

100~600 ℃温变形后试样表面残余应力、芯部残余应力、整体残余应力呈现大致相同的变化趋势：在 100~300 ℃温变形后残余应力快速下降，在 400~600 ℃温变形后残余应力缓慢下降，在 300 ℃温变形后残余应力的变化出现拐点。对于温变形后材料整体残余应力，由于温变形促进碳化物的析出，在 300 ℃温变形后渗碳体的析出已呈连续分布，在 200 ℃温变形后或已开始发生，在渗碳体析出造成的微观应变和残余应力的作用下，材料发生不可逆塑性变形，导致残余应力下降。300 ℃温变形后渗碳体的析出量更多，引发的塑性变形量更大，残余应力降低更为明显。而在 400~600 ℃温变形的过程中，渗碳体析出造成的塑性变形和此时位错的变化成为影响残余应力变化的主要因素，随着位错密度升高和位错密度变化量增大，组织内的弹性应变能转化为位错存储起来，导致 400~600 ℃温变形后残余应力继续下降。

对于表面残余应力的变化：试样在变形前受热膨胀，在轧后的冷却过程中，由于芯部与表面冷却速率的差异，芯部将会对表面产生拉应力，从而导致表面的拉应力减小。同时由于变形量较小，塑性变形主要发生在表面，变形导致芯部压缩残余应力的释放。在两种因素的共同作用下，经温变形后，表面的拉应力下降，并向压应力转变。在 300 ℃温变形时，发生渗碳体的析出现象，表面由于变形严重，其渗碳体析出量相对更多，在析出诱导塑性的作用下，表面发生的塑性变形现象更为剧烈，加大了芯部对表面的拉应力水平，最终导致 300 ℃温变形后表面残余应力由拉应力变为压应力。在 400 ℃和 500 ℃温变形后，由于变形温度继续升高，碳化物的析出作用减弱，表面残余应力水平与 300 ℃温变形后相差不多。600 ℃温变形后表面残余压应力再次显著提高，是因为 600 ℃温变形导致铌钛合金碳化物大量析出，此时碳化物析出导致的微应变再次发挥作用。

4　结论

（1）温变形能够促进 700 L 高强钢中渗碳体和铌钛合金碳化物的析出。

（2）温变形对残余应力具有良好的调控作用，在 100~300 ℃温变形后残余应力下降明显，300 ℃温变形后整体残余应力下降至 34.77%，400 ℃温变形后残余应力降至 28.56%，600 ℃温变形后，残余应力降低到 20.83%。

（3）温变形对试样表面残余应力的调控具有重要意义，在 300 ℃温变形后表面残余应力由拉应力变为压应力，随温变形温度升高，表面残余应力保持压应力状态不变，能有效提高 700 L 高强钢的抗疲劳性能。

参考文献

[1] DUBINA D, STRATAN A, VULCU C, et al. High strength steel in seismic resistant building frames [J]. Steel Construction, 2015, 7 (3): 173-177.

[2] PEDRO J J, OLIVEIRA, REIS A J, et al. High strength steel S690 in highway bridges [J]. Stahlbau, 2018, 87 (6): 555-564.

[3] PEDRO J J O, REIS A J, BAPTISTA C. High strength steel S690 in highway bridges: General guidelines for design [J]. Stahlbau, 2018, 87 (6): 555-564.

[4] QIAO M D, ZHANG W, YU Z, et al. The effect of martensite phase transformation on weld residual stress distribution in high-strength steels a computational study [C]. 9th International Conference on Trends in Welding Research American Society for Metals, 2012.

[5] JIA W T, ZHAO J P, CAO J. The mitigation of weld residual stress on 304L stainless steel by post weld cool treatment process [J]. Applied Mechanics and Materials, 2017, 853: 209-215.

[6] ABDELKHALEK S, ZAHROUNI H, LEGRAND N. Post-buckling modeling for strips under tension and residual stresses using asymptotic numerical method [J]. International Journal of Mechanical Sciences, 2015, 104: 126-137.

[7] KIM S W, KIM H P, JEONG J U, et al. Effect of residual stress of dissimilar metal welding on stress corrosion cracking of bottom-mounted instrumentation penetration mock-up [J]. Corrosion, 2010, 66 (10): 1-8.

[8] VAN D B N, Xin H, VELJKOVIC M. Effects of residual stresses on fatigue crack propagation of an orthotropic steel bridge deck [J]. Materials & Design, 2021, 198: 109294.

[9] 孙林，赵志毅，林玮，等．回火工艺对热轧低碳马氏体高强钢板残余应力的影响 [J]. 金属热处理，2014，39（3）：45-48.

[10] 王克伟，施建华，孙林，等．不同回火工艺对热轧低碳马氏体高强钢残余应力的影响 [J]. 新技术新工艺，2016（2）：99-103.

[11] 丁昌，汤伯歌，王三保，等．不同热处理方法消除焊接残余应力的研究 [J]. 郑州轻工业学院学报，2005（4）：68-70.

[12] 袁飞，丁文红，刘天武，等．低碳微合金钢回火过程的组织演变规律 [J]. 武汉科技大学学报，2020，43（1）：7-14.

[13] DING W H, LIU Y Z, XIE J X, et al. Effect of carbide precipitation on the evolution of residual stress during tempering [J]. Metals, 2019, 9 (6): 709.

[14] FANG F, ZHAO Y, LIU P, et al. Deformation of cementite in cold drawn pearlitic steel wire [J]. Materials Science and Engineering A, 2014, 608: 11-15.

[15] QIN H, BI Z, YU H, et al. Influence of stress on γ″ precipitation behavior in Inconel 718 during aging [J]. Journal of Alloys and Compounds, 2018, 740: 997-1006.

[16] 马娟，闫德胜，戎利建，等．冷轧预变形量对 1460 合金时效析出机制及性能的影响 [J]. 稀有金

属材料与工程，2019，48（2）：594-600.

[17] GADALIŃSKA E，BACZMAŃSKI A，BRAHAM C，et al. Stress localisation in lamellar cementite and ferrite during elastoplastic deformation of pearlitic steel studied using diffraction and modelling [J]. International Journal of Plasticity，2019，127：102651.

[18] PRIME M B，HILL M R. Residual stress，stress relief，and inhomogeneity in aluminum plate [J]. Scripta Materialia，2002，46（1）：77-82.

[19] KHORSAND Z A，ABRISHAMI M E，RAMIN Y，et al. X-ray analysis of ZnO nanoparticles by Williamson-Hall and size-strain plot methods [J]. Solid State Sciences，2011，13（1）：251-256.

[20] TALEB L，CAVALLO N，WAECKEL F. Experimental analysis of transformation plasticity [J]. International Journal of Plasticity 2001，17（1）：1-20.

[21] WILLIAMSON G K，HALL W. HX-ray line broadening from filed aluminium and wolfram [J]. Acta Metallurgica，1953，1（1）：22-31.

[22] GREENWOOD G W，JOHNSON R H. The deformation of metals under small stresses during phase transformations [J]. Proceedings of the Royal Society of London，1965，283（1394）：403-422.

冶金流程工程学在小方坯直接轧制中的应用①

王新东[1]，常金宝[2]，李 杰[2]，安会龙[2]
(1. 河钢集团有限公司，河北 石家庄 050023；
2. 河钢集团钢研总院，河北 石家庄 050023)

摘 要：以小方坯直接轧制流程为例，分析了冶金流程工程学的基本概念并用生产实例验证了其基础理论对冶金制造流程中实现宏观流程优化、降低能量耗散、实现节能减排和绿色制造的指导作用。通过提升连铸机拉速，减少工作机流总数，可以实现直接轧制工艺流程中物质流的“层流”运行。通过优化配置连铸-轧钢流程中的时间和空间要素，增强铸坯的保温措施、采用高速输送辊道，实现冶金流程中不同工序之间“协同-有序-连续-紧凑”衔接，可以提高铸坯初始温度，降低输送过程中温度损失。分析了直接轧制流程中能量耗散对产品质量和力学性能波动的影响，通过控制流程中铸坯温度损失、采取适当的温度均匀化措施，优化铸坯温度沿长度方向的分布，降低头尾温差，可以降低产品力学性能波动，实现产品性能窄窗口控制。讨论了连铸-轧钢流程中信息流的产生、构成和作用，通过实现连铸-轧钢制造流程中信息流和物质流、能量流深度融合，可以保证产品的质量稳定性，提高生产线智能化水平。

关键词：冶金流程工程学；铸坯；连铸；直接轧制；智能化

随着冶金行业“绿色制造”的兴起，量大面广的螺纹钢在生产中已经越来越多使用了小方坯直接轧制工艺。此工艺去掉了轧钢加热炉，节省了铸坯二次加热所需的能源消耗，并消除了加热炉燃烧产生的废气对环境造成的污染，因此直接轧制作为一种低成本、绿色化的生产工艺正逐步在业内得到越来越广泛的应用[1-6]。直接轧制工艺得以实现的关键在于寻找减少铸坯在连铸-轧钢工序间输送过程中的能量耗散、减少铸坯到达轧机前温度损失的方法。此类问题可归结为冶金流程工程学中的开放空间能量耗散问题和工序“界面”优化技术，这是一种宏观层次的冶金学技术，指制造流程中相关制造单元（工序）之间的衔接-匹配、协调-缓冲技术以及相应的装置、网络和调控程序等。“界面技术”通过促进流程中的物质流、能量流和信息流运行优化，降低整个流程的能量耗散，建立迅捷准确的信息流传递，从而实现高效率、低能耗、绿色化、智能化生产[7]。

本文用冶金流程工程学原理，以“小方坯连铸-棒线材直接轧制”制造流程为案例，对影响物质流和能量流有序度和能量耗散的主要因素、信息流的产生过程及其作用，结合生产现场实际数据进行解析，提出提高连铸坯初始温度、降低全流程能量耗散、实现小方坯直接轧制的方法，以期有助于从流程优化角度来推进棒材产品的绿色化、智能化生产。

---

① 原文发表于《钢铁》，2021，56（1）。

1　小方坯直接轧制的冶金流程工程学原理

小方坯直接轧制工艺的核心是通过优化连铸-轧钢“界面”技术来降低连铸坯送达轧机的温度损失。根据冶金流程工程学，可将连铸-轧钢系统视为一个宏观的热力学系统，其本质为一个开放的耗散系统，其基本特征是系统不断地与外部环境进行着物质和能量的交换，能量在逐步耗散，系统的有序度逐步降低[8]。

由连铸-轧钢工序组成的宏观冶金流程，依据拉格朗日法，可将单根铸坯视为物质流、能量流的基本质点来分析。将单根方坯视为一个基本质点，则其本身包括三个重要特征：一是以铁元素为主组成的物质特征；二是以表面温度为表征的铸坯温度特征；三是以钢种、序号等为内容的铸坯信息特征。当一根铸坯从连铸区域被切断，开始按照总图布局向下游工序流动时，则形成了一个基本质点的物质流动、能量流动和信息流动；当整个冶金系统开始连续生产时，多个相同质点的整体流动则共同组成了该宏观冶金流程的物质流、能量流和信息流。

要提高铸坯送达轧机入口的温度，需要提升冶金流程系统中物质流、能量流和信息流的有序性，降低整个连铸-轧钢系统的能量耗散。实现方法是为“三流”建立优化的流动网络，即设计最高效的路径轨迹；优化网络运行程序，即制定最佳的运行规则。根据基本热力学原理，要提高整个开放的耗散系统的有序性，该系统则需要消耗一定的“外部能量”以提高系统内物质流、能量流和信息流运行的有序度。此“外部能量”即下面将要讨论的一系列工艺、设备的优化方法。通过对连铸-轧钢冶金流程系统注入较低消耗的“外部能量”，提升此耗散系统的物质流、能量流和信息流各自沿网运行的有序度，从而换取整个开放的、非线性的宏观耗散系统的能量耗散显著降低。整个耗散系统能量损失大幅度降低的具体表现为开放空间流失的热量被回收利用，铸坯的热送温度满足轧机开轧温度，取消轧钢加热炉，从而实现直接轧制。

2　实现小方坯直接轧制的冶金流程工程学条件

带有大量余热的铸坯，其横截面温度场分布规律为中心温度高于表面温度[9]，此温度分布规律是直接轧制工艺得以实现的基础。在铸坯被切断后送到轧机的输送过程中，要充分利用铸坯芯部向铸坯表面的返热效应，将输送过程中连铸坯温度损失最小化，实现此目标需要满足以下两个条件：

（1）将单根铸坯视为连铸-轧钢冶金流程中物质流的一个基本质点，当其开始往下游工序输送时，铸坯的初始温度要足够高，且沿长度方向温度差异在可接受范围之内；

（2）由多根钢坯流动形成的物质流和能量流在整个耗散系统中的能量耗散要足够小，具体表现为铸坯在输送过程中的表面温降要足够低。

要提高铸坯的初始温度，同时降低头尾温差，实现途径在于提高连铸机在浇铸过程中的浇铸速度和优化各冷却区域的配水量。要降低物质流在整个宏观流程中的能量耗散，则需要物质流和能量流在流程中实现“层流”运行，避免出现横向干扰导致的“紊流”。“紊流”出现会导致铸坯输送距离变远和输送时间变长，造成铸坯在输送周期中能量耗散超出预期，即铸坯送达轧机时表面温度不能满足最低开轧温度，导致铸坯下线。

任何有可能造成铸坯“横向”运行的因素，都视为该流程中可能出现“紊流”状态的因素予以抑制。小方坯连铸机工作方式为多机多流的并联工作机制，并联运行的设备数量越多，则横向干扰因素就越多，越难以兼顾所有工作机组，出现“紊流”的概率就越大。因此，采用直接轧制工艺的生产流程，一方面需要提高铸坯初始温度，另一方面需要降低“紊流”产生概率，其实现途径为减少连铸机并联运行的机流总数。为了保证产能不降低，且整个冶金流程各工序间物质流的流量匹配不变，连铸机在减少并联运行的机流总数的同时需要提升拉速。

2.1 连铸机拉速与铸坯温度的关系

单根方坯所含余热的宏观表征为其表面温度和横截面的温度梯度。为了简化分析过程，将方坯的表面温度视为铸坯余热的主要表征。为了获得准确的连铸机拉速与铸坯温度的关系，在生产现场进行了试验。连铸坯为断面为 165 mm 的方坯，钢种为 HRB400，改变连铸机浇铸拉速，同时测量铸坯表面温度，绘制出拉速-表面温度的变化曲线，结果如图 1 所示。

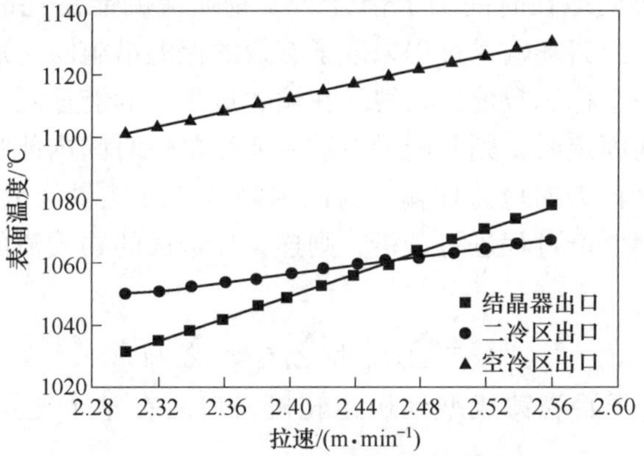

图 1 铸坯拉速与温度变化的关系

在连铸过程中，结晶器处需要急速冷却凝固成坯壳，此时铸坯芯部仍为高温液态，因此结晶器出口铸坯表面温度较低，而随着铸坯运行过程中芯部向表面返热，其表面温度逐渐升高。根据图 1 可知，当连铸坯拉速在 2.3~2.6 m/min 范围内变化时，铸坯在结晶器出口、二冷区出口、空冷区出口 3 个区域的表面温度与拉速几乎呈线性关系，随着连铸机拉速的提升，在各冷却区域出口处连铸坯的表面温度均有所提升。图 1 数据表明，连铸机拉速每提高 0.1 m/min，铸坯表面温度可提升约 8~10 ℃。

2.2 拉速对铸坯温度沿铸坯长度分布的影响

对拉速为 2.0~3.0 m/min、定尺 12 m 的铸坯进行测温，得到连铸机拉速与铸坯头尾温差的关系，结果见表 1。由表 1 可知，随着连铸机拉速提高，铸坯头部温度上升，同时铸坯头尾温差减小。

表 1　铸坯拉速与头尾温差的关系

温度	拉速/(m · min^{-1})		
	2.0	2.5	3.0
头部温度/℃	810	867	913
尾部温度/℃	918	968	1008
头尾温差/℃	108	101	95

综上，提升连铸机拉速，可在产能不变的条件下减少连铸机并联运行设备的数量，可降低铸坯出现“横向”调度、引发“紊流”出现的概率，从而实现物质流、能量流的“层流”运行。此外，提高拉速的同时优化冷却配水，对提高连铸坯的初始温度、降低浇铸过程中的能量耗散、降低铸坯头尾温差也有积极作用。

3　时间和空间要素配置对直接轧制的影响

要实现直接轧制流程稳定运行，在连铸-轧钢工序产能匹配的前提下，连铸工序需要做到恒温、恒量连续出坯。钢铁冶金流程的连续性，实际上是物质流在能量流的支撑和作用下按照特定的要求协调地在时间轴上耦合[8]。物质流的能量耗散受耗散时间和耗散速率 2 个关键因素影响。当铸坯输送过程采取了有效的保温措施时，可将铸坯在单位时间的散热速率近似简化为一个稳态数值，则铸坯在输送过程中的能量耗散主要受其输送时间的影响，当铸坯输送时间固定时，则其能量耗散主要受单位时间内能量耗散速率的影响。因此，降低能量耗散的途径为缩短铸坯输送时间和降低铸坯能量耗散速率。若不考虑事故、检修等影响，只对连续生产过程进行分析，则连铸坯构成的物质流的能量耗散时间可用式（1）表达。

$$t_z = \sum t_q + \sum t_s + \sum t_d \tag{1}$$

式中　t_z——连铸坯在开始浇铸成型到送达轧机入口时在整个输送过程中所消耗的时间总和；

$\sum t_q$——连铸坯在开始浇铸成型到定尺切断时所耗时间总和；

$\sum t_s$——连铸坯定尺切断后从切断位置到轧机入口输送过程所耗时间总和；

$\sum t_d$——连铸坯在输送过程中停留等待时间总和。

通过分析物质流和能量流在空间网络和时间轴上的运行状态、研究时间和空间要素的配置方式对物质流能量耗散的影响并进行时空要素的优化配置，可以实现物质流、能量流在时间-空间的耦合调控，以期做到连铸工序恒温、恒量出坯并与下游工序实现最佳匹配。$\sum t_q$ 主要受连铸机拉速影响，前文已经讨论过，下面仅对 $\sum t_s$、$\sum t_d$ 的时间长度和此时间区间内物质流能量耗散速率的影响因素进行分析。

3.1　工艺总图布局对时间和空间要素配置的影响

根据冶金流程工程学原理，连铸-轧钢工艺总图布局出发点应是构建物质流的有序、沿网运行机制，从而实现物质沿空间输送距离最近，耗费时间最短。进行工序间各个生产单元的空间配置时，需要考虑各个生产单元在整个空间的3个维度，即上一工序制造输出中心线与下一工序制造输入中心线的横向距离、纵向距离和高度差。具体到小方坯连铸-轧钢冶金流程，则是指连铸机铸坯输出辊道中心线和第一架轧机的轧制中心线之间的横向距离、纵向距离和高度差。铸坯物流运输消除高度差的传统方式是链式提升机，由于链式提升机结构所限，铸坯在提升过程中处于全程开放散热且无法进行有效保温，造成铸坯表面温度损失30~50 ℃。若采用带有保温措施的爬坡输送辊道克服高度差则可有效降低温度损失。

部分新建产线在设计阶段对工艺布局进行了优化，使轧机中心线和连铸机出坯辊道中心线水平标高相同，因此有利于铸坯的快速输送，降低温度损失。很多早期建成的炼钢-连铸-轧钢工艺布局没有从冶金流程工程学角度进行界面优化，针对现有产线连铸-轧钢平面布置的几种典型布局，刘相华等[10]提出了进行直接轧制改造的“Z”型、“U”型等多种方案供参考。

3.2 铸坯输送速度和切断方式对时间因素的影响

冶金流程各个工序之间关系集需要高度关注工序之间输送方式的合理性，包括输送装备、输送状态以及输送路径在工艺总图中的安排等。通过工序之间关系集的优化，可以实现工序之间物质流的衰减、温度涨落、过程时间、过程库存的最小化[8]。根据此原则，连铸-轧钢之间需要设计距离最短、速度最快、耗时最短的输送路线和对应装备。

要缩短铸坯从连铸机到轧机的输送时间并降低温度损失，可采用带有保温措施的快速输送辊道，将切断后的铸坯在最短时间内从连铸工序输送到轧机轧制。根据某生产线的实测数据，在采用了良好的保温措施条件下，采用速度为360 m/min的快速辊道，运送300 m距离消耗时间为45 s，由于铸坯芯部的返热效应，铸坯表面温降小于10 ℃[11]。

目前实际应用最多的铸坯切断方式为火焰切割和液压剪切割。火焰切割设备需要在运动中进行作业，设备要占用一定长度的空间；切割装置在铸坯长度方向上需要移动1.2~1.5 m，导致可保温区域长度变短。此处铸坯温度较高、散热速率较大，以平均拉速3 m计算，火焰切割机的工作长度导致增加大约30 s的铸坯等待时间且不可保温，造成温度损失15~25 ℃。液压剪切割方式则可以在固定位置将铸坯迅速切断，增加1.2~1.5 m的保温长度，降低温度损失。火焰切割在切割过程中铸坯液芯必须完全凝固并且需要一定的安全距离，否则火焰切割的加热效应有可能造成漏钢事故，而液压剪能够封闭处于凝固临界状态的液芯。因此，采用液压剪对铸坯进行定尺切割可使割断后的铸坯表面温度比火焰切割方式提高30~50 ℃。

3.3 保温措施对开放空间能量耗散的影响

在直接轧制流程中，为了使铸坯温度在最小损失条件下送到轧机，除对时间和空间因素进行优化配置外，还需要降低铸坯输送过程中的能量耗散速率，即采用全程保温措施。某直轧产线采用前文所述降低能量耗散的措施后，在关键位置实际测得的铸坯温度见表2。从表中数据可以看出，从连铸到轧机铸坯的表面温度损失很低，满足不经过加热炉直接轧制的工艺要求。

表 2　不同位置的铸坯表面温度　（℃）

位置	拉矫机出口	切割位置	感应炉入口	1 号轧机入口
头部温度	1100~1140	920~960	900~980	980~1070
尾部温度		1030~1080	970~1030	990~1080

综上所述，在小方坯免加热直接轧制工艺流程中，从工序界面优化角度，对物质流和能量流在空间-时间配置的要点可归结为短距离、同高度、快切断、强保温、快输送。

4　直接轧制产品的性能窄窗口控制

4.1　能量耗散对产品性能的影响

以单根铸坯为基本质点组成的物质流，除了需要对其能量和温度的传递、衔接、耗散进行调控外，还需要对物质流在制造流程中每个质点的表面质量、宏观结构、微观组织和性能进行转变、遗传和调控。在直接轧制工艺中，对表面质量、宏观结构调控手段与常规轧制工艺调控手段相同。由于能量流在流程中耗散的非线性和不均匀性，导致单根铸坯沿长度方向温度分布存在着不均匀性。由于直接轧制工艺取消了轧钢加热炉对铸坯温度调控，沿铸坯长度温度分布的不均匀将导致最终产品的微观组织存在差异，即沿产品的长度方向，产品的力学性能出现波动，使产品使用性能劣化，必须给予抑制。

产品性能出现波动的主要原因是轧制过程中变形温度沿铸坯长度分布不均匀。温度不均匀的成因：一是浇铸过程中，连铸坯任一质点的能量耗散时间等于其所在位置铸坯长度与拉速的比值，故铸坯前部在开放空间的耗散时间大于尾部，导致出现铸坯头尾温差；二是物质流在流动过程中，同一铸坯其本身各处的能量对外部环境的耗散速率也不均匀；三是铸坯排序送钢引起的铸坯等待时间造成的输送时间差异，增大了铸坯之间的温度差异。

4.2　直接轧制条件下产品性能的窄窗口控制

要实现产品性能波动窄窗口控制，必须将每根铸坯的温度沿其长度方向的分布进行均匀化，可以采用补热法或降温法。

补热法是通过对铸坯长度方向上能量耗散时间较长、表面温度损失较大的部分进行局部补热，来实现铸坯长度方向的温度均匀化处理。补热方法可以用燃气补热或电感应补热。燃气补热一般安装在连铸拉矫机后，类似隧道式加热炉，为带有燃气烧嘴的保温罩结构，燃料为天然气，烧嘴火焰对铸坯头部进行补热使铸坯温度均匀化。电感应补热一般安装在第一架轧机前，根据沿铸坯长度方向的温度场分布，通过调整补热功率或补热时间对铸坯进行温度均匀化。降温法是在满足轧机最低开轧温度要求的前提下，对铸坯温度较高的部分进行降温处理来实现铸坯均温。其方法为在轧机组中间适当位置加装冷却水箱，通过温度-水量闭环控制，使通过水箱冷却后的轧件温度沿长度方向分布趋于均匀，通过稳定轧制工序的终轧温度降低产品的性能波动。

某厂采用直接轧制条件下工艺窄窗口控制技术后，取 100 个样品进行屈服和抗拉强度检验，其性能分布如图 2 所示，同一根铸坯产品性能波动小于 10 MPa 的比例超过 95%。

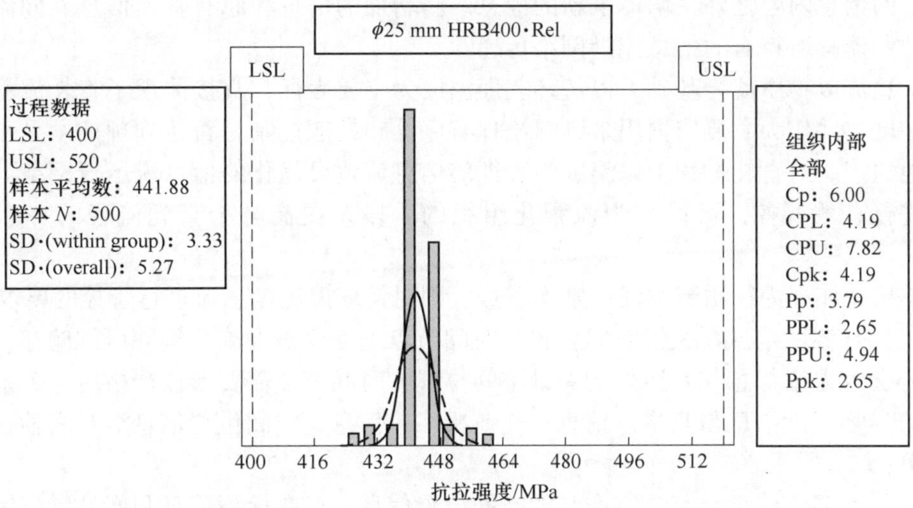

图 2　直轧工艺生产 ϕ25 mm HRB400 屈服强度 CPK

5　直接轧制流程中的信息流

在推进冶金制造流程智能化的过程中，信息物理融合系统对建立智能化的冶金流程有重要作用，并且信息流对制造流程的自组织和他组织也有重要影响[12,13]。因此，分析直接轧制流程中信息流的产生及与物质流、能量流的相互关系和作用，对提高此流程的智能化水平、提高生产效率、降低能量消耗有积极意义。

5.1　连铸-轧钢流程中信息流的产生和作用

在连铸-轧钢流程中，将单根铸坯视作直接轧制流程中物质流的基本质点，其本身包含的信息主要有以钢种、炉号、质量（重量）等为代表的物质信息和以铸坯表面温度为代表的能量信息；当其在制造流程中变成产品后，又形成产品质量信息和产品标识信息等，因此铸坯作为物质流的基本质点，其本身所包含的信息总量随制造流程的深入呈逐步增加状态。信息流在沿信息网络流动过程中，随着制造流程的进行，不断有新的信息汇入，因此信息流的“流量”随着制造流程的深入而不断增加。

在冶金制造流程中，从原料到产品的物质信息、关键工艺参数等基本信息形成完整的数据链条并能够准确对应和追溯，是稳定生产过程和产品质量的一个基本条件。信息流要准确、全面、及时并形成完整的、闭环的信息链条沿网络流动。根据冶金流程工程学原理，信息流除了实现生产制造过程顺行和产品质量稳定之外，为达到冶金流程的节能降耗、绿色化、智能化的目的，信息流的信息内涵又有所外延。例如在采用定重供坯界面优化技术的流程中，产品规格、定尺长度信息与铸坯质量（重量）、铸坯长度、连铸机工艺参数等形成的闭环信息链对提高产品定尺率起到了关键作用[14]。

5.2　直接轧制流程信息流的特征及作用

直接轧制的工艺特殊性对其制造流程产生了新的信息需求，使得物质流中每个基本质点在原有的信息内容之外又增加了新的信息。新增加的信息和原有基本信息共同流动形成了直接轧制流程所特有的信息流沿网络传递。

该信息流以物质流为基础，以铸坯表面温度为主要表征，直接体现了直轧流程中自组织的有序度，并作为主要依据用来判断流程有序性和耗散控制是否达到预期、是否需要增强流程他组织。对直轧过程中以温度为表征的信息流建设优化的信息流运行网络，并对信息运行进行有效调控，可以作为流程化组织的手段来提高整个直轧流程的有序性和协调性。

将单根铸坯视为物质流中任一基本质点，则对铸坯温度信息流进行管控的要求为：

（1）铸坯温度信息在关键空间位置和时间节点上需要被准确采集并可靠储存；

（2）铸坯温度信息与其所处的关键空间位置、时间节点需要形成严格对应关系；

（3）铸坯温度信息与其本体信息、连铸机工艺信息、空间位置信息沿时间轴呈现严格对应关系；

（4）铸坯温度信息与其最终产品的空间位置信息、产品标识信息和产品质量信息在时间轴上呈现严格对应关系。

上述要求都需要构建一个独立闭环控制网络，所有闭环控制网络组成一个完整的信息控制网络。通过流程化组织，建立优化的信息流运行网络和控制程序，可以实现对直接轧制流程中信息流准确、完整、迅捷传递以及闭环控制，这种高效的信息传递与闭环控制对整个制造流程的工艺过程稳定和产品质量稳定起决定性作用，并且直接影响整个直轧流程的有序性、协调性。

将直接轧制流程的信息流中所包含的各个信息，在关键时间节点上进行采集和储存，可以形成包含一系列中间参数和最终产品质量参数、产品信息的数据库。当此数据库中数据量积累足够时，可视为大数据应用于指导直接轧制工艺过程控制。例如在某条采用直接轧制工艺的生产线中，从连铸拉矫机到第一架轧机入口，设定一系列的关键空间位置和时间节点采集并储存铸坯的温度数据，并且以此为基础数据构建铸坯温度数据库。当数据量积累足够时，可回归出铸坯温度随时间和空间变化的模型，与信息流中其他关键信息共同利用，可以实现铸坯从连铸机到轧机任意空间位置和时间节点的温度分布预测，无需再使用多点布置的测温仪器进行实时测温。利用此模型可以使铸坯根据表面温度分布和轧机开轧温度要求进行智能排序。将连铸机多机流并联生产的铸坯按照温度条件优化排序后，逐根发送到轧机进行轧制，大幅度降低了铸坯的等待时间，减少了能量耗散。

由于铸坯温度对产品的力学性能有直接影响，当温度预测模型加入产品质量信息数据后，可以从连铸机铸坯切断开始预测本支铸坯所制造成的最终产品的力学性能波动分布，从而实现产品力学性能预报。当直接轧制工艺流程中多个模型实现自学习功能并稳定运行，该产线已经在局部实现了产品智能化制备功能。

6　结束语

冶金流程工程学是在宏观层次对冶金流程进行解析与优化的科学，是冶金工程学科一个新的分支。通过对钢铁制造流程的时间-空间参数进行集成优化，实现整个流程“动态-有序”和“连续-紧凑”运行，是降低整个流程能量消耗、提高产品品质和降低废弃物数量的有效途径。小方坯直接轧制工艺，其核心是引入一定的“外力”来提升连铸-轧钢工序之间的物质流、能量流、信息流的运行效率及有序度，建立系统中物质流、能量流和信息流各自的流程网络并实现协同-有序运行。通过开发和应用从单元到流程的多尺度、多维度的物质及能量的高效转换和协同方法，实现信息系统和物理系统的深度融合，将开放空间中原本耗散流失的热量回收利用，使整个宏观流程的能量耗散降低，有序度上升，同时稳定产品质量，从而实现钢筋产品的节能减排、绿色制造。这种从宏观高度对整个流程进行解析、优化控制的科学及其在钢铁生产中的应用，对整个冶金行业实现高效优质产品制造、能源高效转换和利用、消纳处理大宗社会废弃物的功能有重大的指导和现实意义。

参考文献

[1] 刘相华，刘鑫，陈庆安，等．棒线材免加热直接轧制的特点和关键技术［J］．轧钢，2016，33（1）：1.

[2] 王新东，常金宝，李杰．小方坯连铸-轧钢“界面”技术的发展与应用［J］．钢铁，2020，55（9）：125.

[3] 殷瑞钰．小方坯铸机-棒材轧机之间“界面技术”优化：铸坯高温按序直接装炉技术［C］．中国金属学会．2014 年全国炼钢-连铸生产技术会论文集．2014：427.

[4] 石鑫越，韩伟刚，郦秀萍，等．排队论在连铸-轧钢区段加热炉出坯节奏中的应用［J］．钢铁，2018，53（5）：96.

[5] 王国栋．钢铁全流程和一体化工艺技术创新方向的探讨［J］．钢铁研究学报，2018，30（1）：1.

[6] 范越，李胜利，艾新港，等．窄窗口控制及大数据在直轧的应用现状与展望［J］．中国冶金，2018，28（9）：8.

[7] 殷瑞钰．“流”、流程网络与耗散结构——关于流程制造型制造流程物理系统的认识［J］．中国科学：技术科学，2018，48（2）：136.

[8] 徐安军．冶金流程工程学基础教程［M］．北京：冶金工业出版社，2019.

[9] 郝晋阳，冯光宏，张宏亮．连铸方坯直接轧制温度场及产品性能研究［J］．钢铁钒钛，2016，37（3）：119.

[10] 刘相华，陈庆安，刘鑫，等．棒线材免加热直接轧制工艺的平面布置［J］．轧钢，2016，33（2）：1.

[11] 李杰，常金宝，郭子强，等．棒材直接轧制工艺改造实践［J］．轧钢，2019，36（3）：47.

[12] 殷瑞钰．关于智能化钢厂的讨论——从物理系统一侧出发讨论钢厂智能化［J］．钢铁，2017，52（6）：1.

[13] 殷瑞钰．冶金流程集成理论与方法［M］．北京：冶金工业出版社，2013.

[14] 王新东，常金宝，李双武，等．高效率、低成本洁净钢制造平台技术集成与生产实践［J］．炼钢，2012，28（4）：1.

小方坯连铸-轧钢“界面”技术的发展与应用①

王新东[1]，常金宝[2]，李　杰[2]
（1. 河钢集团有限公司，河北 石家庄 050023；
2. 河钢集团钢研总院，河北 石家庄 050023）

摘　要： 运用冶金流程工程学观点，并结合工厂应用实例对小方坯热送热装技术、直接轧制技术和铸轧型无头轧制技术的发展和应用进行了介绍。以小方坯连铸-轧钢制造流程为例，讨论了冶金制造流程中时间、空间等关键要素的配置方法对整个流程中能量耗散的影响，研究了冶金流程典型耗散系统中物质流、能量流和信息流实现“层流”运行的关键技术以及应用效果。通过理论分析和工厂实例，证明通过优化连铸-轧钢“界面”衔接，建立物质流、能量流、信息流优化的运行网络并且实现高效运行，可以显著降低整个棒线材生产流程的能量耗散，节约大量能源，从而实现降本增效、节能减排、绿色化生产。

关键词： 冶金流程工程学；连铸-轧钢“界面”技术；热送热装；直接轧制；铸轧型无头轧制

“界面”技术是指制造流程中相关制造单元（工序）之间的衔接-匹配、协调-缓冲技术以及相应的装置、网络和调控程序等，其内涵不仅包括工艺、装置，而且包括生产要素在时间-空间的配置、运行调控等一系列技术与手段，进而优化流程中的物质流、能量流和信息流的运行[1]。对于小方坯连铸-轧钢“界面”技术而言，则指在以小方坯连铸-轧钢为特征的钢铁冶金制造流程中，连铸工序和轧钢工序之间的衔接-匹配技术，以及对应的设备、控制软件等。连铸-轧钢“界面”技术除了涉及 2 个工序的生产工艺和装备外，还包括 2 个工序之间的时间-空间要素配置、物质流和能量流的运行与调控技术和方法。小方坯连铸-轧钢“界面”技术主要研究在连铸-轧钢的工序衔接中物质流、能量流和信息流的优化调控技术，实现优化的物质流匹配，降低整个流程的能量耗散，同时迅速准确地传递信息流，从而实现高效率、低能耗、绿色化、智能化生产。

随着钢铁流程绿色制造的推进，国内钢铁企业开展了积极的绿色制造创新和实践，行业内对冶金全流程一体化控制的研究逐渐深入[2-4]。从冶金流程工程学角度出发，通过研究小方坯连铸-轧钢的“界面”技术，将产品的生产流程中各生产单元的先进技术进行集成应用并达到时间、物流、温度要素的协调和稳定，可将生产过程和产品质量实现最优化，并可以推广应用到长型材生产流程之中。冶金流程“界面”技术作为优化钢铁流程、降低能源消耗和废气污染的有效途径，行业内对其研究和应用也逐渐深入[5,6]。

随着理论研究的进展、工艺的创新和装备的进步，小方坯连铸-轧钢“界面”技术的发展和应用大致可以划分为钢坯热送热装技术、小方坯直接轧制技术、小方坯铸轧型无头轧制技术 3 个阶段。

---

① 原文发表于《钢铁》，2020，55（9）。

第一阶段：以钢坯的热送热装和定重供坯技术的研究及应用为特征。中国连铸坯热送热装工艺的应用始于20世纪80年代，原武钢率先进行了工艺试验，随后，国家大力推广连铸坯热送热装工艺。20世纪90年代，宝钢、唐钢、邯钢、鞍钢等多家国内企业相继采用了这项技术，2000年开始，这一技术开始在国内钢厂普遍推广使用[7]。钢坯热送热装技术的目标是降低钢坯加热炉燃耗，降低加热烧损，提高产品成材率，从而降低生产成本。其采用的手段主要有汽车和铁路保温运输、增设专用的钢坯热送辊道、进行炼钢轧钢一体化调度等。在此阶段同时发展出了小方坯定重供坯技术，即根据产品的不同规格，通过优化钢坯的质量（重量），实现定重供坯，来提高棒材的定尺率[8]。

第二阶段：随着冶金流程工程学理论研究和应用技术的发展，小方坯连铸-轧钢界面优化程度不断提高，全流程的能量耗散逐渐降低，钢坯热装温度逐渐提高。当钢坯送达加热炉入口的温度达到900 ℃以上时，小方坯直接轧制技术开始具备可行性。该技术彻底取消了轧钢加热炉，钢坯从连铸机直接送到轧机进行轧制，进一步降低了燃耗成本，并且显著降低了废气排放。

第三阶段：随着冶金装备技术的不断进步，高拉速连铸机、新型高刚度轧机的出现为小方坯铸轧型无头轧制技术的实际应用奠定了基础。这项技术的特征为连铸机由过去的低拉速（2~3 m/min）、多机多流、钢坯切割定尺的生产模式转变为高拉速（6~7 m/min）、单机单流的连续生产模式，并且连铸机和轧机直接衔接，中间钢坯不切断。该技术最大限度地降低了连铸-轧钢流程的能耗、减少了废气污染、彻底消除了非定尺产品、可实现全定尺交货，显著降低了生产成本。

1 小方坯热送热装和定重供坯技术

1.1 热送热装和定重供坯的冶金流程工程学原理

从冶金流程工程学原理来看，以螺纹钢为代表产品的小方坯连铸-轧钢制造流程动态运行过程的物理本质为：以铁素流为代表的物质流（其转变过程为钢水—铸坯—棒材）在以钢坯热焓为主的能量流的驱动和作用下，按照设定的生产调度指令，沿着特定的“流程网络”（工艺总图等）作动态-有序的运行，同时伴随同步的信息流的传递，以期实现生产过程和产品质量稳定、高效率、低成本和节能减排等多个目标的优化，从而建立界面良好、绿色化的冶金生产流程。

钢坯不同热装温度下每提高100 ℃所增加的热焓如图1所示。根据冶金学原理，由于钢坯加热时在700~800 ℃温度区间金属将发生相变，吸收较多的热能，造成大量的燃气消耗。钢坯在700~800 ℃加热时，每升高100 ℃所需的热焓差为100~400 ℃温度区间的1.80~2.31倍，因此，热装温度大于800 ℃时可以显著地减少加热炉的燃气消耗，节省大量能源。

从经典热力学角度分析，连铸-轧钢系统内的物质流和能量流始终和所处的外部环境进行着能量交换，因此是一种开放的、不平衡的、不可逆的、由连铸工序和轧制工序通过非线性组合构成的耗散结构[9]。小方坯连铸-轧钢制造流程是一类典型的动态开放系统，物质流和能量流的持续输入/输出是此开放系统的基本现象，在此流程中伴随的能量耗散过程是其基本特征。耗散过程中能量耗散的多少及其形式取决于从连铸到轧钢

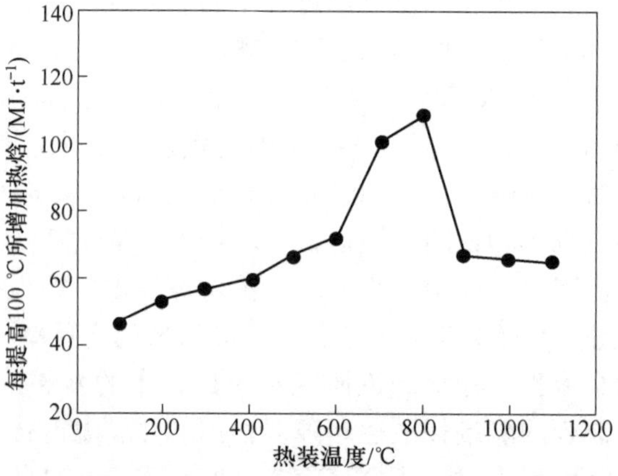

图 1　不同钢坯热装温度下每提高 100 ℃所增加热焓

的流程中物质和能量流经的耗散结构和运行程序的合理程度。因此，为了降低该流程中的能量耗散，必须提升耗散结构以及运行程序的合理程度，流程需要输入“外力”，使此流程的运行有序度得到提升。具体来说，此“外力”即为小方坯连铸-轧钢工序衔接“界面”优化所采取的一系列工艺的、设备的、信息的技术、装备和方法，通过这种手段给此开放的、动态的流程输入少量的能量，换取流程整体耗散的大幅度降低。能量耗散的降低在整个连铸-轧钢生产流程中的具体表征为钢坯在整个输送过程中温度降低值的减少。

1.2　小方坯热送热装和定重供坯技术应用案例

定重供坯技术即根据产品的品种规格和定尺长度制定出优化的钢坯质量（重量），并且采取有效措施保证钢坯质量稳定，从而减少非定尺产品的数量。定重供坯技术的核心是优化钢坯质量，稳定钢坯质量。其基础技术包括高精度称量磅的设计安装、铸坯不同机流识别技术、坯重跟踪技术、铸坯定尺切割技术、铸坯称重技术、铸坯跟踪技术、精确火焰切割技术、高温连铸坯的输送技术等[10]。

河钢集团唐山钢铁公司的高效棒材生产平台集成应用了小方坯热送热装技术和定重供坯技术，通过控制生产节奏，确保物质流有序运行，从而降低各种能源消耗，实现高效低成本的生产。该生产平台集成了时间流控制技术，缩短了生产周期；集成了物质流控制技术，实现了从方坯到轧制的物质层流运行；集成了温度控制技术，实现了全工序温度损失最小化，减少了热能在开放空间的散失，从而使能量利用最大化，提高了钢坯热装温度，降低了能源消耗，具体指标如下[11-13]：

（1）方坯在入加热炉前的热装温度达到 820~870 ℃，最高可达到 900 ℃；

（2）小方坯连铸机安装了铸坯称重设备，铸坯单根测量精度达到了 0.2%；

（3）通过强化钢水供应、控制中间包液面高度，每月钢坯定重率保持在 72%~74%，班次定重率最高达到 88.77%；

（4）采用定重供坯后与定尺供坯对比，产品的非定尺总量降低为原来的 40%；

（5）定重供坯技术使用后轧钢成材率平均提高 0.15%。

2 小方坯直接轧制技术

随着冶金流程界面优化技术的不断进步，开放空间中的耗散能量回收和利用技术水平不断提高。当冶金流程中能量耗散降低到一定程度，钢坯送达目的地时表面温度达到900℃以上时，钢坯热送热装进一步发展成小方坯直接轧制技术。该技术将连铸后带有足够余热的铸坯不经过轧钢加热炉，直接送入轧机进行轧制，钢坯不经加热炉，完全省去了加热炉的燃料消耗，可以大幅度地节省能源，降低二氧化碳的排放。该技术在国内已经有多家企业投入生产[14]。

在小方坯直接轧制流程中，为实现“连铸坯-棒材产品制造”耗散结构中能量耗散的最小化，即制造流程中能耗最低的目标，需要通过集成应用连铸-轧钢“界面”技术来构建物质流的物理流程网，同时需要伴随建立低耗散的能量流程网、同步迅捷的信息传递网，做到以钢水—方坯—棒材为代表的物质流，以金属热焓为代表的能量流，以钢种信息、钢坯标识、产品标识为代表的信息流，实现“三网”协同优化运行[9]。在采用直接轧制工艺的流程中，由于冶金推力源（连铸机）和拉力源（轧机）之间原有的弹性缓冲器（轧钢加热炉）被取消，因此需要高度重视推力源和拉力源之间的动态-有序、协同-连续的过程，以实现动态运行中物质流的流畅和能量流耗散的最小化。

2.1 实现“层流”运行的关键因素分析

小方坯连铸-棒材轧制流程属于典型的先并联再串联的冶金流程，在此流程中要尽可能实现物质流和能量流的“层流式”运行，以避免出现“横向”干扰导致“紊流式”运行[9]。具体来说，连铸工序是多机流同时浇铸生产的并联生产方式，轧钢工序为单根钢坯、多机列的串联生产方式，此流程需要一个并联到串联的转换，同时保证整体界面为稳定的“层流”运行，减少物质流和能量流横向运输导致的“紊流”产生。

目前的主流小方坯连铸机生产模式从4流到12流不等，轧机为单支钢坯顺序轧制。传统的钢坯捞钢机从连铸机出坯辊道上移动1根钢坯到轧钢送坯辊道，有钢坯减速、停止、位移、重新加速等几个动作周期，整个动作周期在1 min以上，并且此钢坯运输过程全程处于开放散热状态，无法保温，是开放空间完全自由散热的状态。因此，需要采用钢坯并流辊道的模式，将来自不同连铸机流的钢坯通过并流辊道实现钢坯单支进入快送辊道，可减少连铸机多流出坯到送钢辊道单根供坯的转换时间，避免温度损失。此外，尽可能采用提高连铸机拉速、减少连铸机流数量的方法，在保证总产能不降低的前提下减少连铸工序并联运行设备数量，降低“紊流”产生的概率；还可以提高直供钢坯温度，并且降低不同机流之间钢坯由于排序送坯导致的温度差。

综上所述，实现连铸-轧钢界面实现层流式运行的基础：一是连铸工序和轧钢工序之间生产能力要最佳匹配；二是连铸-轧钢的工艺布局要对应和紧凑。因此，小方坯连铸机-加热炉-热轧机之间工序能力必须实现匹配并固定-协同、层流化运行。对于已经建成的产线需要依照上述原则进行流程布局的改造。对大多数已经建成的生产线，由于最初建设时没有从冶金流程工程学角度对各个工序界面进行优化，主要问题是连铸工序和轧钢工序存在的方向、距离、中心线差和高度差。当现有生产线的连铸出坯方向与轧制方向相同但不在同一条直线上时，可采用Z型布局，解决连铸和轧钢的中心线差问题。当现有生产线的连铸出坯方向与轧制方向呈 90°夹角时，可采用 L 型布置。对于个别生产线连铸出坯方向与轧制方向呈 180°夹角的情况，需要采用 U 型布置，方坯方向调转后运输。不论哪种方式，在转弯半径允许的情况下，并轨转弯辊道方式下钢坯温降要比移钢机、转钢机小很多[15]。连铸出坯辊道中心线和轧制线存在的高度差优选爬坡辊道方式，比采用钢坯提升机温降小。

对于新建产线，则在设计阶段就需要充分从冶金流程工程学角度去考虑流程布局，提前考虑炼钢-轧钢界面的优化。重点需要考虑将连铸机出坯辊道与轧机轧制线同一直线、直线距离尽可能缩短、出坯辊道与轧制中心线标高落差要小、炼钢-连铸工序智能衔接优化、连铸-轧钢的多流对单线的工序智能衔接与供坯、连铸与轧制节奏和过程稳定性解决方案，实现小钢坯进入轧机时最低点温度要在 900 ℃ 以上，并且沿钢坯长度方向上温度波动要小于 50 ℃。

2.2　直接轧制产品性能窄窗口控制

轧制温度的波动会直接造成产品力学性能波动，特别是产品的抗拉强度和屈服强度指标。辽宁科技大学已经开展了直接轧制条件下的窄窗口和大数据应用相关研究[16]。根据某直接轧制生产线实际测量的大量数据统计分析结果，对于采用控轧控冷工艺强化的钢筋，轧制温度变化与产品性能波动的关系大致为温度变化 1 ℃，性能变化 1 MPa。对于采用钒合金强化工艺的钢筋，温度变化 1 ℃，性能波动 0.2~0.3 MPa。因此，为实现直接轧制条件下产品性能的稳定，需要对轧制温度进行窄窗口控制，并利用适当的补热均温手段对轧制温度进行均匀化处理。

采用传统棒材工艺布局的产线可以采用对钢坯开轧前补热均温或进行中间轧件穿水降温的方式进行温度均匀化改造。现业内的补热方式有火焰补热和电感应补热两种，其补热机理和安装位置均有较大的区别，两种补热方式的对比见表 1。

表 1　火焰补热和电感应补热对比

参数	火焰补热	电感应补热
安装位置	连铸剪切机至冷床之间辊道	进轧机前的直线段辊道
补热时机	连铸坯头部通过剪切机后进行补热，芯部温度未散出，保住芯部温度和表面高温	连铸坯被送到轧机前进行补热，对表面和角部温度进行补充
补热设备	箱式保温装置内，4 个角部烧嘴，多组	电加热器 2500 kW×2 组
加热时间	3~5 min	30 s
补热原理	高温火焰直接加热，使表面温度提高，铸坯内部高温难扩散	采用感应加热机理快速升温
补热成本	燃气 3 m^3/t，氧气 6 m^3/t	40~50 kW · h/t

2.3　直接轧制应用实例

河钢集团建设了一条螺纹钢直接轧制示范线，该示范线开发集成应用了多项小方坯连铸-轧钢“界面”技术，既可以采用加热炉热装工艺，也可以采用直接轧制工艺。其工艺布局如图 2 所示。该产线投产后取得成绩如下。

（1）165 mm 方坯连铸机从原来的 8 机 8 流改为 6 机 6 流生产，拉速从 2.10 提升到 2.75 m/min，连铸机产能不变，12 m 定尺铸坯表面温度可以提升 50~60 ℃；安装了增强全程保温的钢坯输送辊道和长距离快速保温辊道，从连铸区钢坯切断位置到轧机入口距离 320 m，钢坯输送时间在 1 min 内送到轧机入口，钢坯表面温降小于 10 ℃。实际测量的具体温度见表 2。

（2）采用工艺窄窗口控制技术后，取 100 个样品进行屈服和抗拉强度检验，同根铸坯产品性能波动小于 10 MPa 的比例不低于 95%。

（3）轧钢工序比采用加热炉降低标煤 30 kg/t；吨钢节约综合成本 30~40 元[17]。

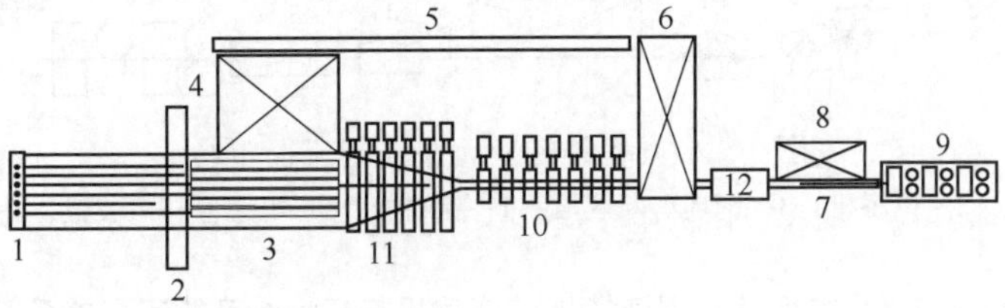

图 2　直轧改造后工艺布局简图

1—连铸机；2—火焰切割；3—出坯辊道；4—冷床；5—热送辊道；6—加热炉；7—加热炉出钢辊道；8—剔坯装置；9—粗轧机组；10—快送辊道；11—汇集辊道；12—电感应模块

表 2　钢坯温度测量数据　（℃）

位置	拉矫机出口	切割位置	感应炉入口	1 号轧机入口
头部温度	1100~1140	920~960	900~980	980~1070
尾部温度	—	1030~1080	970~1030	990~1080

3　小方坯铸轧型无头轧制技术

小方坯铸轧型无头轧制技术是连铸-轧钢“界面”最新技术的集成应用。为了与钢坯对焊式无头轧制技术区分，该技术被称为“铸轧型无头轧制技术”。该技术综合了小方坯直接轧制和无头轧制的优点。在此工艺流程中，物质流、能量流、信息流在连铸-轧钢界面衔接做到了距离最短、传递最迅捷，能量耗散最低。其单流高拉速连铸机取代了多流并联运行的低拉速连铸机，消除了冶金流程中一个重要的“紊流”产生因素，使得物质流和能量流更加容易实现“层流”运行。

小方坯铸轧型无头轧制技术的主要优点如下：

（1）在小方坯铸轧型无头轧制流程中，钢水经连铸机铸造成型后直接连接到轧机进行轧制，取消了钢坯加热炉，显著节约了能耗，简化了工艺，改善了劳动条件；

（2）由于采用了高拉速连铸机单流连续铸轧，钢坯不切断，彻底消除了轧钢工序中的飞剪切头切尾，消除了非定尺材，实现全定尺交货，提高了金属收得率，生产效率提高；

（3）消除了钢坯切断后逐根咬入轧机轧制时轧件头尾对轧钢设备的冲击负荷，延长了设备使用寿命。

小方坯铸轧型无头轧制工艺的典型布局如图 3 所示，其中钢坯切断区域仅在下游工序出现事故状态时应急投入使用。

小方坯铸轧型无头轧制技术的核心是高拉速连铸机。该类型连铸机采用了新型的免维护振动系统和二次冷却系统，结晶器系统不需要水套组件和复杂的调整程序，最新型的高效连铸机当采用边长为 200～220 mm 方坯时最高拉速可达 7.5 m/min；当采用边长为 180 mm多边形连铸坯时，拉速稳定在 7 m/min，年产能可达到 70 万吨[18]。根据上述参数测算了采用小方坯铸轧型连铸连轧的生产能力后，建议与初炼炉的匹配关系见表 3。

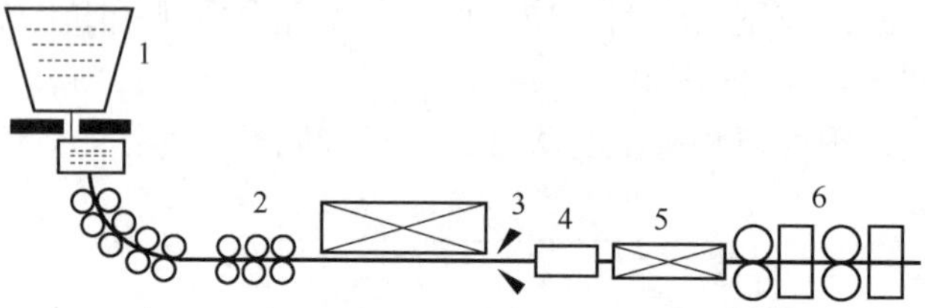

图 3　小方坯铸轧型无头轧制流程布局

1—连铸区；2—拉矫机；3—钢坯剪断区域；4—除鳞机；5—电感应补热装置；6—连轧机组

表 3　小方坯铸轧型连铸连轧连铸机与初炼炉产能匹配关系

坯形/mm	铸坯断面/mm^2	拉速/($m \cdot min^{-1}$)	铸机小时产能/($t \cdot h^{-1}$)	浇铸时间/min	初炼炉出钢量/($t \cdot h^{-1}$)
180	32400	6	91	60	91
150	22500	6	63	60	63
140	19600	6	55	55	55
130	16900	6	48	47	47

小方坯铸轧型无头轧制工艺从连铸到轧制是一条物流线不间断的连续生产，任何一个环节中断都意味着从连铸到轧钢的全线中断，所以此生产工艺对轧机的可靠性提出了极高的要求。因此需要配备高效率、高可靠性、能够长期高稳定性工作的轧机。采用这种工艺布局的轧机集成了目前棒线材轧制的最新技术。轧机前有电感应加热炉用于补热；轧机采用平立交替高刚度轧机，带有“轧槽磨损-辊缝调整”全自动的闭环自动调整系统；可以实时检测金属秒流量的变化，自动补偿轧槽磨损；装备有快速换辊小车可以实现 15 min 内换辊；精整区域装备在线淬火-回火热处理系统；连铸连轧过程中可以不间断地随意改变最终产品的定尺长度，实现动态全定尺交货。整条产线布局非常紧凑，节省空间[19]。

现有已建成的棒材铸轧型无头轧制多用于紧凑式短流程的建筑棒材专业生产厂，原料为废钢，电炉冶炼，生产能力为 30 万～50 万吨/年，生产效率很高，从钢水到成材生产的过程低于 15 min，生产过程连续稳定，不间断的连铸坯一直在进行轧制。此工艺流程生产低成本的螺纹钢产品，可辐射周边数百千米内市场。对于年产 50 万吨以上的小方坯铸轧型无头轧制生产线，根据公开报道，目前国内已经在山西以及广西分别有民营钢铁企业引进了设计能力为 70 万吨的达涅利 MIDA 生产线，采用边长为 180 mm 的多边形钢坯，连铸机拉速为 6～7 m/min，采用高炉-转炉长流程工艺，该生产线预计 2020 年投产。

4　结论

（1）“界面”技术通过对冶金制造流程的时间-空间配置要素进行集成优化，从而实现整个流程“动态-有序”和“连续-紧凑”运行，这是降低整个流程能量消耗、提高产品品质和降低废弃物数量的有效途径。

（2）“界面” 技术研究的核心是建立冶金制造流程中物质流、能量流和信息流各自的流程网络并实现协同-有序运行，此方法可以推广应用到烧结—炼铁—炼钢等冶金流程中各个工序衔接界面，使整个宏观流程的能量耗散降低，从而促进钢铁行业的节能减排、绿色制造。

（3）冶金流程工程学是在宏观层次对冶金流程进行解析与优化的科学，这种从宏观高度对整个流程进行解析、优化控制的科学及其在钢铁生产中的应用，对于整个冶金行业实现能源高效转换和利用、消纳处理大宗社会废弃物的功能有重大的指导和现实意义。

参 考 文 献

[1] 徐安军 . 冶金流程工程学基础教程 [M]. 北京：冶金工业出版社，2019.

[2] 王新东，田京雷，宋程远 . 大型钢铁企业绿色制造创新实践与展望 [J]. 钢铁，2018，53（2）：1.

[3] 王国栋 . 钢铁行业技术创新和发展方向 [J]. 钢铁，2015，50（9）：1.

[4] 王国栋 . 钢铁全流程和一体化工艺技术创新方向的探讨 [J]. 钢铁研究学报，2018，30（1）：1.

[5] 石鑫越，韩伟刚，郦秀萍，等 . 排队论在连铸-轧钢区段加热炉出坯节奏中的应用 [J]. 钢铁，2018，53（5）：96.

[6] 常金宝，郝华强，么洪勇，等 . 小方坯连铸机与棒材轧机之间的 “界面” 技术优化 [J]. 中国冶金，2017，27（12）：77.

[7] 赵海峰 . 连铸坯热送热装工艺技术应用研究 [C]. 中国金属学会 . 第八届（2011）中国钢铁年会论文集 . 2011：3217.

[8] 常金宝，王欣，郝华强 . 定重供坯在方坯连铸中的应用 [J]. 连铸，2013，38（6）：34.

[9] 殷瑞钰 . “流”、流程网络与耗散结构——关于流程制造型制造流程物理系统的认识 [J]. 中国科学：技术科学，2018，48（2）：136.

[10] 常金宝，张朝发，韩志杰，等 . 一种新型铸坯定重切割技术 [J]. 金属世界，2013（5）：74.

[11] 王新东，常金宝，李双武，等 . 高效率、低成本洁净钢制造平台技术集成与生产实践 [J]. 炼钢，2012，28（4）：1.

[12] 常金宝，冯润明，王欣 . 低成本、高效率洁净钢制造平台的集成技术 [J]. 河北冶金，2011（3）：45.

[13] 殷瑞钰 . 小方坯铸机-棒材轧机之间 “界面技术” 优化：铸坯高温按序直接装炉技术 [C]. 中国金属学会 . 2014 年全国炼钢-连铸生产技术会论文集 . 2014：427.

[14] 刘相华，刘鑫，陈庆安，等 . 棒线材免加热直接轧制的特点和关键技术 [J]. 轧钢，2016，33（1）：1.

[15] 刘相华，陈庆安，刘鑫，等 . 棒线材免加热直接轧制工艺的平面布置 [J]. 轧钢，2016，33（2）：1.

[16] 范越，李胜利，艾新港，等 . 窄窗口控制及大数据在直轧的应用现状与展望 [J]. 中国冶金，2018，28（9）：8.

[17] 李杰，常金宝，郭子强，等 . 棒材直接轧制工艺改造实践 [J]. 轧钢，2019，36（3）：47.

[18] KELLER K，TRAVAGLINI C，CAVINATO E，et al. Thenew Micromill Danieli（MiDa）at CMC Arizona—aninnovative process for the most competitive production of rebarproduct [J]. Aistech Proceedings，2010（s1）：30.

[19] AHMED M，TOSCHI F，MASINI R，et al. The Winlink direct rolling mill for efficient and flexible production of longproducts [J]. SEAISI Quarterly，2017，46（1）：23.

河钢炼钢技术进步与展望①

李建新，王新东，李双江

（河钢集团有限公司，河北 石家庄 050023）

摘　要：简要介绍了河钢集团有限公司（以下简称“河钢”）炼钢工艺的技术进步，对比分析了河钢炼钢生产关键经济技术指标的生产实绩。阐述了河钢近年来开发、集成和应用的钢水高效精准过程控制、转炉干法除尘、自动炼钢、板坯重压下、钢渣气淬和余热回收以及大数据质量管控等工艺技术。这些技术为河钢低成本绿色炼钢生产以及高等级、高附加值产品开发提供了有力支持。指出了河钢炼钢技术的发展方向，并对河钢未来在智能炼钢技术、转炉大废钢比喷射冶炼新工艺开发以及炼钢工序流程控制等方面进行论述，展示河钢在炼钢技术创新的生力。

关键词：自动炼钢；连铸重压下；大数据流程和质量管控；清洁生产

目前河钢集团年产钢4600万吨，品种钢比例达64%，产品覆盖除无缝钢管外的所有领域。经过10年来的发展，河钢确立了以“高质量、低成本、资源节约和环境友好”的炼钢制造理念，自主开发、集成和应用了一批国际先进水平的炼钢新技术和装备。本文就河钢炼钢现状、技术进步和展望进行论述，诠释河钢在炼钢技术领域创新发展的生力。

1　河钢炼钢装备及水平

1.1　主要装备

河钢炼钢装备具体见表1。其中100 t以上转炉的比例为86.1%，RH处理钢水的比例达40%以上（见图1），连铸坯最大尺寸330 mm× 2500 mm，钢锭最大厚度700 mm。

表1　河钢主要炼钢装备

铁水预处理/套			初炼炉/座		精炼炉/座			连铸线/条				电渣重熔线/条	模铸线/条
CaO	Mg+CaO	KR	BOF	EAF	LF	RH	VD	小方坯	大方坯	板坯	薄板坯		
812	12	23	36	3	43	104	9	17	4	19	4	1	1

1.2　主要钢种技术水平

河钢典型的线材、长型材、深冲钢和抗HIC钢的实物水平见表2[1]。从表2中可知，

① 原文发表于《炼钢》，2019，35（4）。

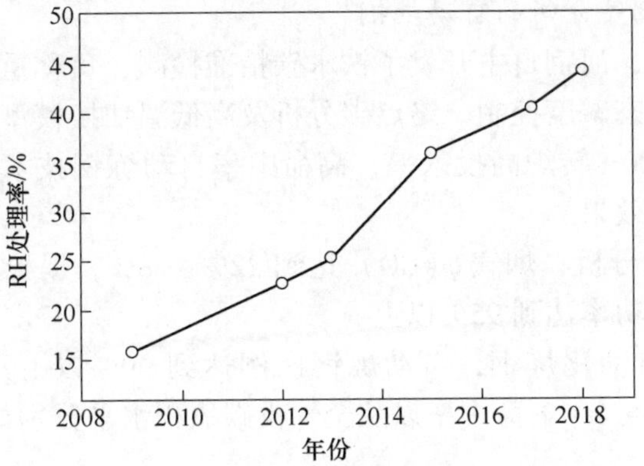

图 1 河钢 RH 处理钢的比例
（2018 年数据为 1—5 月平均值）

河钢 IF 钢、轴承钢实物质量达到国际先进水平，帘线钢距国际先进水平还有一定差距。

表 2 典型钢种的纯净度

企业	帘线钢			轴承钢 $w_B/10^{-6}$		IF 钢 $w_B/10^{-6}$		管线钢 $w_B/10^{-6}$				
	w(T.O)/10^{-6}	w(Als)/10^{-6}	d_s/μm	T.O	Ti	T.O	N	P+S	T.O	N	H	Σ
国际领先	—	≤4	≤5	4.9	—	<20	16	—	<20	29~45	—	—
国内领先	—	≤4	≤10	5.4	—	<20	—	≤70	<20	35~45	—	<100
河钢	<20	≤10	≤13	5.5	≤15	14.7	15	≤90	≤10	35	1.0	<120

注：d_s 为夹杂物直径。

2 关键技术开发及应用现状

2.1 高效精准清洁炼钢技术

2.1.1 精准过程控制

河钢对各工序影响钢水洁净度的因素进行系统研究，自主开发了多品种高效洁净钢平台，实现了炼钢全工序自动监控和智能控制，确保生产工艺的标准化和稳定性。

（1）钢水碳、磷动态控制。以碳氧积管控为核心开发转炉复吹技术，采用 BP 神经网络建立转炉终点磷含量预报模型，吹炼终点钢水磷命中率达到 88.9%（±0.004%）。

（2）快速炉渣分析。由初始信息、烟气激光动态检测和吹炼数据相耦合，实时计算炉渣中 Mn、P 和 S 含量，利用副枪进行修正校准，炉渣检测周期降低 80%，显著提高炉料控制水平。

（3）精炼智能辅助系统。开发应用电热特征、温度预报和控制、物料自动分配等模型，使精炼钢水成分内控合格率由 70%提高到 98.5%，中包钢水温度命中率由 80%提高到 95%。

通过上述技术的开发和集成应用，河钢连铸坯成材率达到 99.97%，超深冲 IF（DC06）钢的全氧、氮质量分数均可控制在 15×10^{-6}以下。

2.1.2　基于红外烟气分析的自动炼钢

基于红外烟气分析，河钢自主开发了铁水碳精准检测、负称重下料系统、变枪变压吹氧工艺、新型双渣、动态碱度控制、终点碳分析及高低温切换模型、终点镇静与复吹保证等关键技术，形成了100 t转炉高投入率、高命中率自动炼钢技术。该技术应用使转炉终点控制准确性达到副枪效果。

（1）基于红外烟气分析，烟气 $\varphi(CO)$ 达到22%～28%，提枪进行双渣操作可大幅提高成功率，目前双渣成功率达到95%以上。

（2）无人工干预自动化炼钢，自动炼钢比例达到99%以上，超低碳钢直接出钢率92%以上。河钢转炉终点C、T命中率以及全炉役碳氧积水平分别如图2和图3所示。

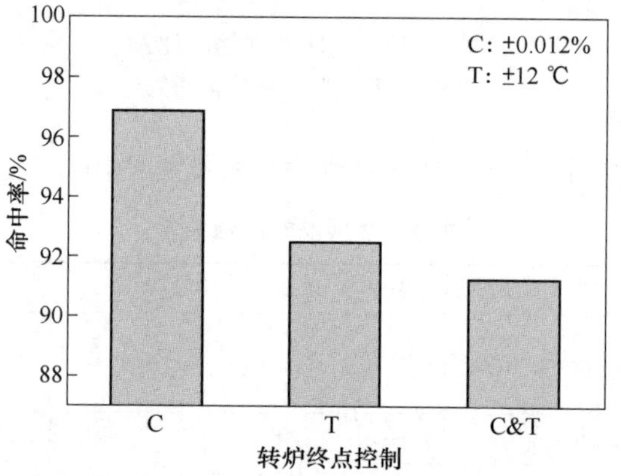

图2　河钢转炉终点C和T控制水平

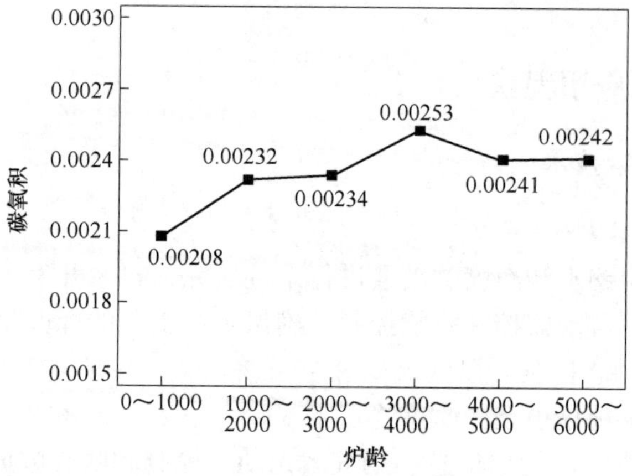

图3　河钢转炉出钢碳氧积

2.1.3　转炉煤气干法除尘

干法除尘（LT）是转炉煤气净化领域的技术革命，除尘器泄爆、冷却器板结、除尘器极线极板腐蚀是干法除尘的技术难点，泄爆是其关键技术瓶颈。以前国内钢企基本通过成套进口干法除尘系统，2010年，河钢自主开发150 t转炉干法除尘系统填补了国产化应用空白。

研究表明[2]，转炉冶炼过程中煤气控制在 $\varphi(CO)\leqslant 9\%$、$\varphi(O_2)\leqslant 6\%$、$\varphi(H_2)\leqslant 1\%$ 时，除尘系统不会发生泄爆，转炉煤气爆炸的条件如图 4 所示。河钢对吹炼过程进行了系统分析，指出吹炼中期脱碳反应阶段泄爆发生的概率最大，约占 50%，其他阶段泄爆的概率如图 5 所示。

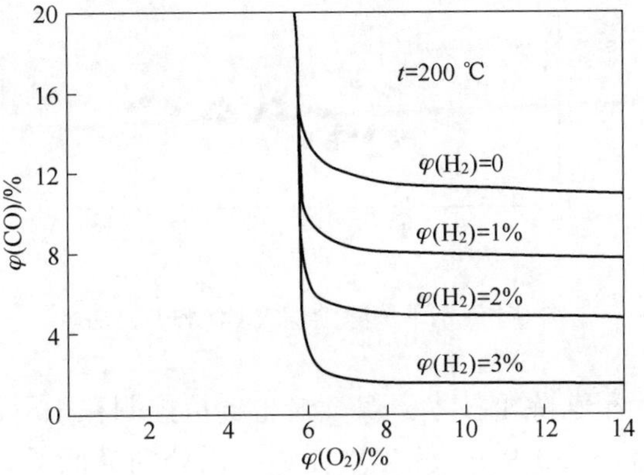

图 4　转炉煤气爆炸条件

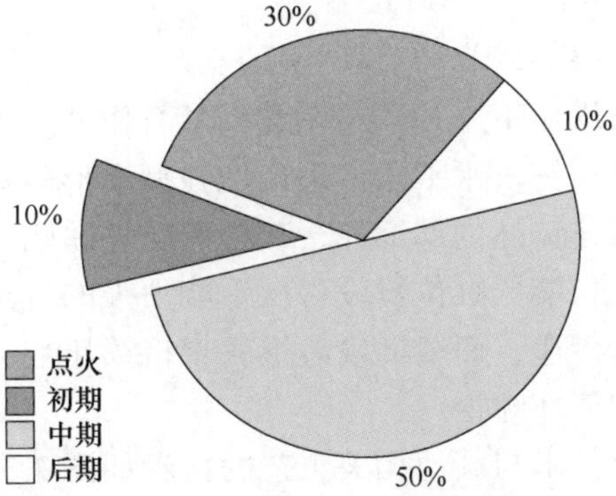

图 5　转炉干法除尘的泄爆概率

为了防止泄爆，河钢提出了各吹炼阶段“零泄爆”控制工艺[3]，在吹炼中期，针对性地开发了双联和双渣法供氧模型以及倒渣、静置、缓慢跟枪等 7 步操作法，采用惰性气体稀释和气柱阻隔等技术，有效控制烟气中 O_2 和 CO 的含量，杜绝泄爆事故发生。

河钢 150 t 转炉吹炼中期，煤气中爆炸性混合气体控制的实绩如图 6 所示。

采用气液双向雾化喷嘴、优化荒煤气管路长度和蒸发冷却器结构，有效控制冷却器板结和除尘器极线极板的腐蚀。河钢转炉干法除尘的应用效果见表 3。

表 3　河钢转炉干法除尘的应用效果

除尘方法	煤气回收/($m^3\cdot t^{-1}$)	水消耗/($kg\cdot t^{-1}$)	电消耗/($kW\cdot h\cdot t^{-1}$)	除尘灰回收量/($kg\cdot t^{-1}$)
LT	133	25.38	2.51	21.92
OG	110	150.00	6.88	26.00

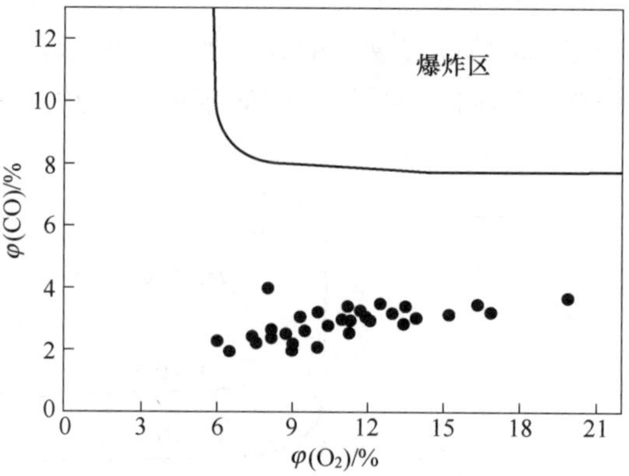

图 6　河钢干法除尘煤气 CO 和 O_2 实绩

河钢 150 t 转炉采用干法除尘技术，煤气粉尘含量控制在 10 mg/m^3 以下。与 OG 湿法相比，吨钢煤气回收提高了 20.9%，除尘水耗和电耗分别降低了 83.1%、63.5%，经济和社会效益显著。

2.2　高质量连铸坯控制技术

2.2.1　连铸板坯重压下技术

河钢基于连铸坯凝固末端压下工艺，与东北大学合作开发了宽厚板坯连铸坯重压下技术及其控制系统。该技术在连铸机水平段，采用增强型扇形段对铸坯实施单点和连续的大变形压下，从而提高宽厚板连铸坯内部缩孔、疏松等质量缺陷。单点和连续压下是重压下技术的核心，利用扇形段入口液压缸位置设备压下能力强的特点，实施单道次大变形压下有利于压下变形向铸坯芯部传递，而扇形段后继各辊持续压坯，可强迫铸坯收缩，防止压下变形回弹，从而有效控制铸坯疏松。

河钢开发的厚板重压下技术与其他相关工艺的比较如图 7 和表 4 所示。

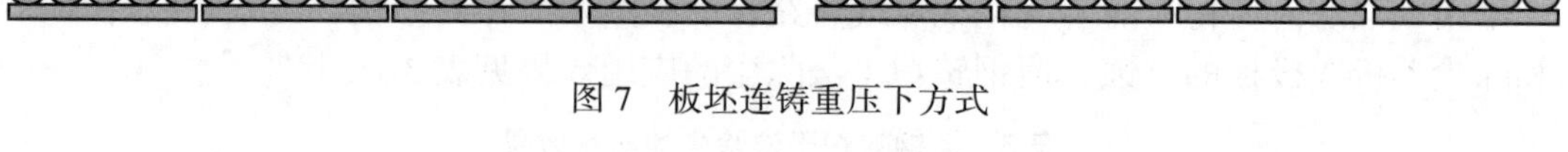

图 7　板坯连铸重压下方式

表 4　不同板坯压下方式对比

工厂	压下技术	压下位置	压下设备	压下量	备注	文献
S 厂	PCCS	水平段 (f_s> 0.8)	轧辊	—	愈合缩孔和疏松，压缩比：1.5~2.5	[4-6]

续表 4

工厂	压下技术	压下位置	压下设备	压下量	备注	文献
P 厂	PosHARP	弧形段 （0.3 < f_s < 0.6）	扇形段	—	压下速率：5~20 mm/min，避免中心裂纹，减小偏析	[7]
河钢	CSHP	水平段 （矫直后）	扇形段	35 mm	消除缩孔和疏松，提高致密度	—

重压下技术在河钢产线应用后，连铸板坯最大压下量达到 35 mm，单道次压下量可达 15 mm，连铸坯中心疏松小于 1.0 级别比例 99%以上，铸坯芯部致密度提高了 14.5%。采用重压下后的 254 mm 厚度连铸坯轧制 120 mm 钢板，板材的力学性能合格，探伤满足国标 I 级标准。

2.2.2　微合金钢角裂控制技术

微合金钢连铸坯角部裂纹控制研究较多，基本理念是使连铸坯角部温度避开第三脆相区[8-10]。以大倒角结晶器[11,12]、“弱冷”为代表的高温矫直技术缓解了连铸坯角部横裂纹。有研究表明，碳氮化物沿晶界呈链状析出和晶界先共析铁素体膜降低晶界强度是引起微合金钢角部裂纹的重要原因，铸坯表面裂纹与其表层组织晶粒尺寸密切相关[13-15]。为此，日本提出了铸坯表层组织控制（SSC）技术[16,17]，但未见详细应用报道。

基于铸坯表层组织演变控制角部裂纹的思想，河钢集团和东北大学合作提出了多相变铸坯表层组织晶粒细化控制理论，开发了铸坯角部强冷和回温工艺控制角部裂纹技术（MSRC），通过二冷区多相变控冷，细化铸坯角部组织晶粒，提高铸坯角部组织塑性及抗裂纹能力，防止角部横裂纹产生。

河钢在结晶器窄面足辊下方增加 6 组针对铸坯角部的强喷淋冷却装置（见图 8），使铸坯角部温度下降至约 600 ℃，而后减少立弯段中下部 3 区与 4 区冷却水量，使铸坯角部温度回温至 900 ℃ 以上，使角部组织完成 γ 奥氏体→δ 铁素体→γ 奥氏体快速循环相变，满足铸坯角部多相变温度控制条件。2000 mm × 220 mm 规格的 Q345B-Nb 钢连铸坯角部温度变化如图 9 所示。

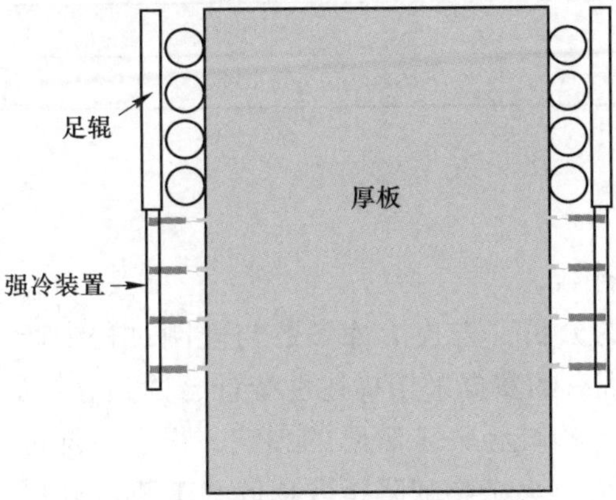

图 8　铸坯角部强喷淋冷却装置示意图

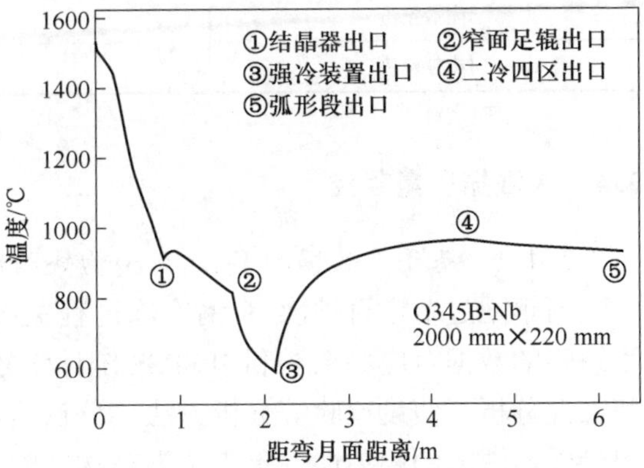

图 9　铸坯角部温度变化

河钢实施 MSRC 技术后，铸坯角部距表面 0~20 mm 的组织晶粒由传统“奥氏体 + 先共析铁素体膜”结构转变成“铁素体 + 珠光体”结构，且晶粒在 20 μm 以下，铸坯抗裂纹能力提高，含铌钢连铸坯角部裂纹减少。

2.3 资源回收和综合利用

基于气淬粒化、液态渣滴冷却与凝固和钢渣矿相生成等机理研究，河钢开发了钢渣气淬处理与余热回收成套装备与技术，涉及钢渣氮气气淬与粒度控制、“双载热体-双层流化床”钢渣显热高效回收与活性组分耦合控制等关键技术，在国际上首次建成年处理能力30 万吨的钢渣氮气气淬处理示范工程。气淬渣的微观结构如图 10 所示。

图 10 气淬渣的微观结构

钢渣经气淬处理后，粒径小于 3 mm 的比例达 96%~98%，吨渣蒸汽回收量 110 kg，气淬钢渣 *f*-CaO 质量分数在 2.8%以下，单质铁提取率 96%，气淬钢渣 100%资源化利用。

河钢开发的钢渣气淬和余热回收技术与同类技术的实施效果对比见表 5。

表 5 钢渣气淬处理经济技术比较

企业	钢渣粒度/mm	蒸汽回收/($kg \cdot t^{-1}$)
河钢	<3	110
国际先进	<8	不回收
国内先进	<10	不回收

2.4 大数据质量管控

2.4.1 基于大数据的 IF 钢夹杂物缺陷和风险评估

河钢通过对数百炉次 IF 钢冶炼过程关键参数的分析，查找冶炼参数与轧制过程中产生缺陷的数据对应关系，利用 SPSS 统计学软件对现有的数据采用描述性统计、回归分析、相关性分析、假设检验等分析方法，分析冶炼参数对冷轧板夹杂缺陷的影响，得出冶炼过程参数与缺陷的相关性，提出了夹杂物缺陷指数概念。夹杂物缺陷指数越低，IF 钢冷轧后表面质量风险越小。

夹杂缺陷指数=（样本实际缺陷率-目标缺陷率）/（样本中最高缺陷率-目标缺陷率）

河钢冶炼 IF 钢冶炼参数与冷轧板夹杂物缺陷指数的关系如图 11 所示。通过大数据夹杂物缺陷预报和风险评估体系的应用，IF 钢轧后钢板表面夹杂缺陷率由 1.51%降低到 0.23%，推动了汽车面板用更高等级 IF 钢 DC06、DC07 系列的开发。

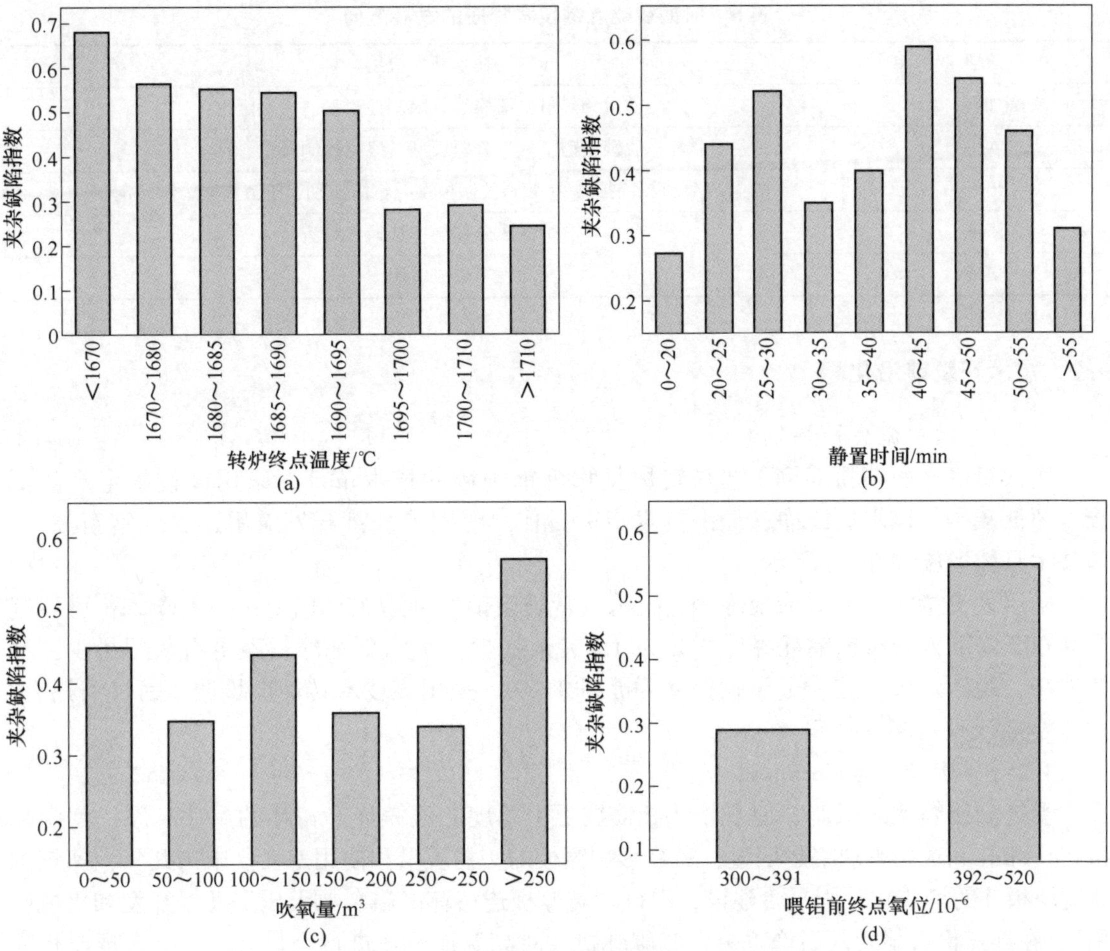

图 11 冶炼参数与夹杂物缺陷指数的关系

（a）转炉终点温度；（b）静置时间；（c）吹氧量；（d）终点氧位

2.4.2 大数据平台开发

河钢在 1780 mm 热轧生产线自主开发和应用了大数据平台。通过应用大数据、网关和数据仓库技术，集成生产过程中分布且异构数据源中的视频、图片、文档、采集数据等信息，开发了系统大数据平台。依托数据平台，建立过程参数在线判定“矩阵”模块跟踪冶炼过程关键参数，根据过程数据对铸坯质量进行在线判定。通过数据平台的应用，连铸坯表面纵裂率合格率在 95%以上。

3 河钢炼钢技术展望

3.1 工艺控制智能化

钢水纯净是质量稳定的基础。未来几年，河钢将在现有自动、半自动化炼钢的基础上，着力开发“智能炼钢技术”，实现转炉炼钢“加料、喷吹、出钢和溅渣”4个阶段的一键式智能控制。具体见表6。

表6　河钢智能炼钢技术集成的发展方向

阶段	技术开发应用
加料	质量和热量平衡模型、限制性模型、天车定位
吹炼	静态脱碳模型、烟气分析模型、终点控制模型、自学习
出钢	合金成分/脱氧剂计算、倾斜控制模型、钢渣识别、下渣检测、激光定位
溅渣	炉渣成分控制、选择性溅渣
集成	集成应用

3.2　技术开发前沿化

3.2.1　转炉底喷粉炼钢

底吹氧气、底喷粉炼钢工艺是转炉复吹炼钢领域的技术革新，采用该技术生产的低碳、超低碳钢，钢水更纯净，经济技术指标更佳。河钢未来将开发应用这种炼钢新技术，该技术具体实施如图12所示。

采用大流量底吹喷射冶金炼钢新技术，转炉废钢比可达25%以上；终点碳氧积可控制在0.002以下，脱氧剂铝耗降低0.2 kg/t，夹杂物少，钢水更纯净；廉价石灰用量少，利用率高，脱磷效果更佳；金属收得率可提高0.2%。采用该技术转炉炉龄低、耐材消耗大，故需要进行深入探索研究。

3.2.2　连铸坯铸压一体化

受轧制压缩比的限制，厚规格钢板需要更大厚度的连铸坯。铸坯的尺寸越厚，其内部偏析、缩孔和疏松等缺陷越明显，最终影响钢板的实物质量和使用寿命。未来几年，河钢围绕宽厚板连铸均质化凝固平台建设，进行“宽厚板连铸坯高温余热大压下技术开发和集成应用”，在连铸机火焰切割后增置一台二辊轧机，对高温连铸坯进行余热大压下，实现厚板连铸坯铸压一体化，以期大幅提高连铸坯内部质量稳定性。该技术具体实施如图13所示。

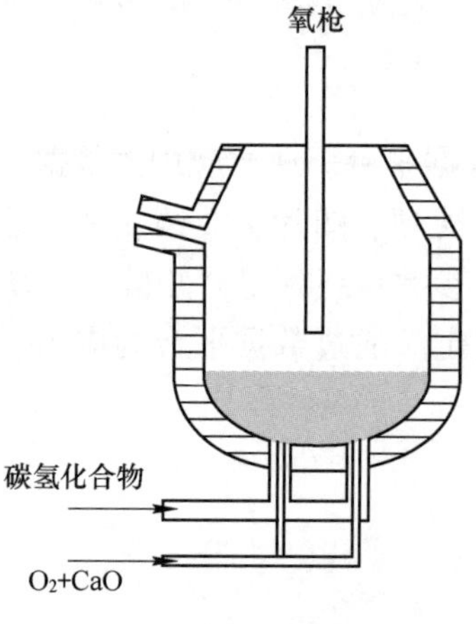

图12　转炉底喷吹示意图

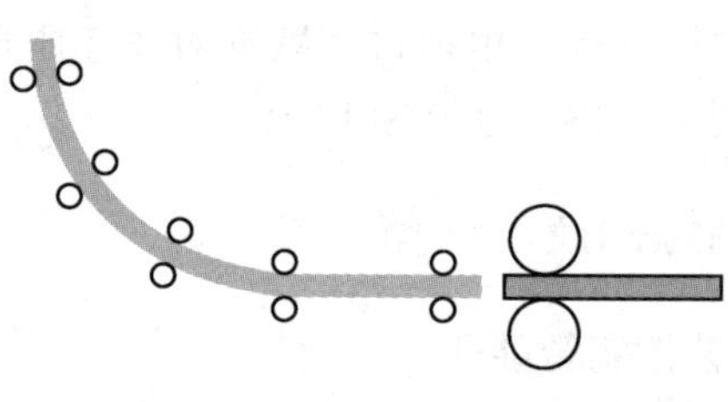

图13　连铸板坯铸压一体化示意图

3.3 质量管控数字化

工艺和质量稳定是产品的核心竞争力。未来几年，河钢炼钢致力于“互联网 + 流程质量”管控体系的开发。

(1) 数据平台建设。建立炼钢流程自动控制框架。在二级系统设置数据采集服务器和精细化管理服务器，对炼钢各工序关键工艺参数自动采集、实时分析和质量判定，完善流程质量管控数据库。

(2) 质量预报与判定。依托炼钢工序工艺波动时铸坯取样，对铸坯表面、内部质量和夹杂物水平进行分析对比，建立工艺参数与铸坯缺陷间的规则库，通过大数据分析，获得炼钢工序关键工艺参数波动对铸坯质量影响的统计学模型，对连铸坯质量水平进行实时量化评价，给出铸坯缺陷种类（次表皮夹渣、气孔、夹杂物、裂纹）和等级，而后对连铸坯进行质量分类，标示出每块铸坯的质量判定结果：正常送轧、离线检验、降级使用、报废处理。

(3) 流程质量管控。建立质量专家系统，找出影响产品质量的关键工艺因素，通过对关键工艺参数的优化控制，进一步促进了产品质量的提升。同时降低半成品阶段检验的频率，节约检验成本和减少等待检验结果对生产效率的影响。

3.4 生产制造绿色化

为了防止炼钢粉尘排放，河钢炼钢厂各工位上配置较完善的除尘设备。为了进一步降低炼钢粉尘、废弃物的排放，河钢牵头组织开展“钢铁行业多工序多污染物协同控制技术”以及“钢铁行业烟气多污染物全过程耦合控制关键技术”等重点项目研究。河钢将在未来3~5年，通过不断技术探索和创新，打造世界一流的绿色炼钢示范工厂。

4 结束语

10年来，河钢炼钢以“智能化和绿色化”为核心，通过自主开发和集成应用的钢水精准和洁净化控制、转炉干法除尘、自动炼钢、板坯重压下、大数据质量管控等多项新工艺和新技术，炼钢过程精准控制和实物质量已达到国际先进水平。未来，河钢炼钢将以工艺控制智能化、技术开发前沿化、质量管控数字化以及生产制造绿色化为方向，致力打造“全球示范炼钢厂”。

参 考 文 献

[1] 刘浏，兰德年，萧忠敏．中国炼钢技术的发展、创新与展望［J］．炼钢，2007，23（2）：1-6.

[2] 张福明，张德国，张凌义，等．大型转炉煤气干法除尘技术研究与应用［J］．钢铁，2013，48（2）：1-9，43.

[3] 王金龙．大型转炉干法除尘技术国产化应用［J］．中国冶金，2015，25（6）：32-36.

[4] KAGECHIKA H. Production and technology of iron and steel in Japan during 2007［J］. ISIJ International, 2008，48（6）：707-728.

[5] SATO Y，KUMAKURA S，OTA K，et al. Development of improved technology for center porosity of continuous casting slab［C］//155 th CAMP-ISIJ，2008：104.

[6] HIRAKI S，YAMANAKA A，SHIRAI Y，et al. Development of new continuous casting technology（PCCS）

for very thick plate [J]. Materia Japan, 2009, 48 (1): 20-22.

[7] YIM C H, SEO J D. Advanced steelmaking technologies for CO_2 emmission reduction and slab quality improvement [C] //5th International Congress on Science and Technology of Steelmaking ICS, Dresden: 2012.

[8] 关春立，韩立海，姜英．薄板坯连铸机生产硼微合金化钢板边部缺陷的控制 [J]. 钢铁，2013，48 (3)：30-34.

[9] LU Y J, WANG Q, LI Y G, et al. Prevention of transverse corner cracks in continuously cast steel slabs using asymmetric secondary cooling nozzle [J]. Ironmaking & Steelmaking, 2011, 38 (8): 561-565.

[10] 彭其春，童志博，于学森，等．含硼中碳钢铸坯角部横裂纹影响因素分析 [J]. 炼钢，2012，28 (6)：44-48.

[11] 王文军，李本海，朱志远，等．板坯连铸倒角结晶器的开发与应用 [J]. 钢铁研究学报，2012，24 (9)：21-26.

[12] 何宇明，胡兵，张慧，等．大倒角结晶器在宽厚板坯连铸机上的应用 [C]. 第九届钢铁年会论文集，2013：1-7.

[13] DIPPENAAR R, MOON S C, SZEKERES E. Strand surface cracks-the role of abnormally large prior-austenite grains [J]. Iron and Steel Technology, 2007, 4 (7): 105-115.

[14] 李朋欢，包燕平，岳峰，等．异常粗大的奥氏体晶粒对表面晶间裂纹的影响 [J]. 北京科技大学学报，2009，31 (增刊1)：177-181.

[15] DIPPENAAR R, BERNHARD C, SCHIDER S, et al. Austenite grain growth and the surface quality of continuously cast steel [J]. Metallurgical and Materials Transactions B, 2014, 45 (4): 409-418.

[16] KATO T, ITO Y, KAVAMOTO M, et al. Prevention of slab surface transverse cracking by microstructure control [J]. ISIJ International, 2003, 43 (11): 1742-1750.

[17] BABA N, OHTA K, ITO Y, et al. Prevention of slab surface transverse cracking at Kashima No. 2 caster with surface structure control (SSC) cooling [C]. 5 th European Continuous Casting Conference, 2006: 174-179.

河钢唐钢高强汽车板生产线技术集成与实践①

王新东，孙　力，谭文振，周国平

（河钢集团，河北 石家庄 050023）

摘　要：河钢集团唐钢公司高强汽车板项目生产设备、工艺技术及智能制造均处于国际领先水平。该项目工程采用了多项新工艺、新技术、新装备，在投产的短短2年时间内，开发出了高档汽车板、家电板，应用于国内知名汽车主机厂、家电厂，在设计理念、建设投资、节能环保、智能制造等方面取得了一系列的创新成果。

关键词：高强汽车板；生产线；创新；集成

河钢集团唐钢公司高强汽车板项目一期工程为180万吨/年酸轧机组、75万吨/年连退机组和40万吨/年的4号热镀锌机组；二期工程分别为25万吨/年的5号、40万吨/年的6号2条镀锌生产线。产品定位为汽车面板、汽车用高强钢和超高强钢板、家电板及特殊性能用板。能够向用户提供低碳及超低碳钢（IF钢）系列、低合金高强钢系列、烘烤硬化钢系列、加磷高强钢系列、超低碳高强钢系列、DP高强钢系列、TRIP高强钢系列冷轧、镀锌及镀铝硅产品，广泛应用于汽车结构、机械制造和高档家电等领域[1-3]。

该项目的技术集成和关键设备从国外引进，并且与西门子-奥钢联公司（SIEMENS-VAI）签订了从炼钢到成品全流程的“Know-How”生产技术诀窍服务包，生产设备和工艺技术均处于国际领先水平[4]。

1　生产线概况

河钢唐钢高强汽车板项目一期工程主要由酸轧联合机组、连续退火机组、4号连续热镀锌机组和重卷检查机组等组成，分别采用了先进的酸轧联合生产工艺、连续退火工艺及立式炉全辐射管热镀锌工艺及国际一流的汽车板表面质量检查等技术，大大提高了产品的档次和设备的装备水平。

高强汽车板项目二期工程包括5号、6号2条连续热镀锌生产线，5号连续热镀锌生产线产品定位为高端家电板，产品类型为热镀纯锌（GI）带钢。6号连续热镀锌生产线产品定位主要为汽车用镀铝硅热成形钢。2条生产线入口、出口最大工艺速度均为250 m/min，炉子段的最大工艺速度为180 m/min。高强汽车板项目各生产机组布置如图1所示。

① 原文发表于《轧钢》，2018，35（3）。

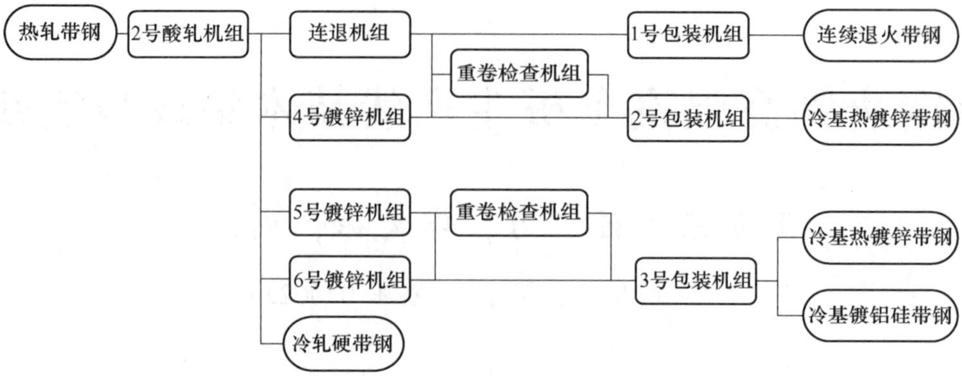

图 1　高强汽车板项目的机组布置

2　高强汽车板项目采用的新工艺、新技术

2.1　酸轧机组

酸轧联合机组采用当今最先进的连续酸洗-冷连轧复合工艺设计，机械设备由西门子-奥钢联公司引进，电气设备由德国西门子公司引进。

入口部位配备了从德国米巴赫公司引进的 12kW 激光焊机和焊缝质量检测专家系统，适合于高强钢焊接，酸洗选用 SVAI 四段隧道式盐酸串级酸洗工艺，酸槽中酸液深 300 mm，每段酸槽均设有独立的酸液加热循环系统，可以在酸液循环的同时补充热量，酸洗工艺最大速度为 280 m/min。

冷轧采用五机架 SmartCrown ®六辊串列式冷连轧机[5]，具有目前国内同宽度轧机所具备的最大轧制力，并且具有工作辊正负弯辊、中间辊正负弯辊、中间辊轴向横移等功能，因此适合控制带钢的复合浪形及轧制薄规格、硬质、大压下率的产品，机组设计年产量为 180 万吨，最大轧制力为 32000kN（带钢处），轧制最大运行速度为 1457 m/min。

2.2　连退机组

连续退火机组机械设备从西门子-奥钢联公司引进，电气设备从德国西门子公司引进。

机组入口配备了德国米巴赫激光焊机，炉子段最高速度 420 m/min，可生产最高强度为 1180 MPa 级的超高强钢。连续退火机组连退炉一次冷却采用差分快速喷射冷却技术（Differential Rapid Jet Cooling，DRJC），对于 1.0 mm 厚的带钢，从 750 ℃冷却到 270 ℃时，其冷却速率可达 100 ℃/s（氢气体积分数为 5%时），从而有助于节省合金成分并获得良好的产品力学性能；同时，在连退炉均热段使用辐射管加热，带钢加热均匀，并可避免因炉内不锈钢内衬氧化、杂质堆积等带来的热辐射系数低及带钢边部过热等问题[6]。

在平整机、拉矫机出口设置板形仪，粗糙度仪、带钢表面质量检查仪和在线力学性能检测仪，能严格控制退火后高强汽车板所需要的板形、粗糙度和力学性能。

2.3　镀锌机组

连续热镀锌机组瞄准国际一流的汽车板产品，具有产品规格和品种齐全、产量大的特点。与连续退火机组类似，连续热镀锌机组的机械设备从西门子-奥钢联公司引进，电气设备从德国西门子公司引进，激光焊机从德国米巴赫公司引进，退火炉采用法国塞拉斯公司的差分快速喷射冷却技术。该机组能生产抗拉强度最高级别为 980 MPa 的汽车用高强钢，为纯锌镀层产品（GI）。

连续热镀锌机组清洗段采用立式多级强化清洗，并在碱洗循环系统中设置高效磁过滤器及碱液浓度自动控制系统，以保持带钢在清洗时碱液的浓度，降低碱液中杂质含量，从而有效提高带钢的清洗质量[7]；采用 FOEN 公司的空气/氮气两用气刀，气刀喷嘴宽度、开口度及与带钢之间的间距可根据带钢宽度、镀层厚度自动调节，并与冷态测厚仪一起(闭环控制）精确控制镀层厚度，同时为了防止带钢边部镀层增厚，气刀带边部挡板装置；为节省空间，耐指纹、钝化处理共用 1 套辊涂机、烘干装置及冷却装置，并配备两套独立的循环系统。

2.4 重卷检查机组

重卷检查机组用于冷轧及热镀锌板的质量检查及重卷，机组头部设有全自动窄搭接焊机。为了进一步改善带钢板形，机组设有在线拉矫设备。该机组开卷机、卷取机均可实现上、下开卷和上、下卷取，以适应上工序不同卷取方向，并满足用户对带钢表面质量的要求；开卷机、卷取机同时适应 ϕ508 mm、ϕ610 mm 内径钢卷的生产；为最大限度地避免带钢表面缺陷，与带钢接触的辊子全部衬聚氨酯，卷取机卷筒装有特种橡胶套，同时采用了能够覆盖全部产品规格的皮带助卷器。

2.5 三电及公辅设施

为满足生产高质量产品的要求，电气传动与控制具有全数字化，高速、高精度、高响应，三电一体化，可靠性高、免维护性强等特点，具有较好的开放性、兼容性，便于将来开发和发展。

在过程检测和控制方面，为控制带钢板形和带钢表面质量，各条机组采用了一系列新的测量仪表和新的控制技术。在酸洗上，采用电磁流量计及电导率仪在线连续控制酸槽浓度，减少带钢欠酸洗和过酸洗。工艺段采用酸洗温度模型闭环控制，大大降低了盐酸消耗及节省了热能；在轧机上，采用 1 套板形仪、4 套测厚仪，提高了带钢板形测量的精度和 AGC 控制的精度；在连退机组中，带温测量采用新型辐射高温计，能获得准确的辐射率，提高炉温的控制精度。在线四辊平整机配备板形仪，机组出口配备自动表面质量检查仪、粗糙度仪及力学性能检测仪，大大提高了汽车板的成材率；在连续热镀锌机组上，采用了 1 套冷态镀层测厚仪及其控制模型，可及时在线调整气刀最佳化参数设定，获得更经济的镀层厚度和表面质量。

在计算机系统方面，为生产高质量产品和提高自动化管理水平，采用了功能完善的三级计算机系统。轧机控制引进了动态设定数学模型，动态计算并控制，以获得更好的板厚精度；L_2 系统中增加了 PDCS 服务器，收集相关数据，为质量、事故、经济分析以及各种管理提供数据材料；磨辊间配备了计算机管理系统，提高了生产组织和管理的自动化水平。

在公辅设施方面，轧辊修磨毛化采用“砂带超精抛光”电火花毛化新技术，不仅轧辊的寿命可以延长 2~4 倍，还可以提高产品质量，降低生产成本；循环水站回水采用全流量余压上冷却塔，节约能源和运行费用；废水处理站含油废水处理采用膜生物反应器进行 COD 及油的降解；酸再生处理系统前增加了脱硅装置，提高了氧化铁粉的质量；制冷水站循环水系统定压及膨胀采用高位膨胀水箱，系统运行安全、设备占地位置小。

2.6 智能化工厂

依托河钢唐钢特色信息自动化五级架构体系，高强汽车板项目打造中华人民共和国工业和信息化部智能化示范工厂。横向覆盖供、产、销以及财务、人力、设备维护等各环节，纵向从生产设备向上延伸至企业的最高决策层；这些系统之间搭建了全面支撑公司生产经营业务的信息自动化管控体系。

该体系在 2015 年 1—10 月完成了 APS 系统、QMS 系统、OD 系统、MES 系统、MSCC 系统建设，完成了相关 ERP 系统、MES 系统改造，产销一体化平台示意图如图 2 所示。

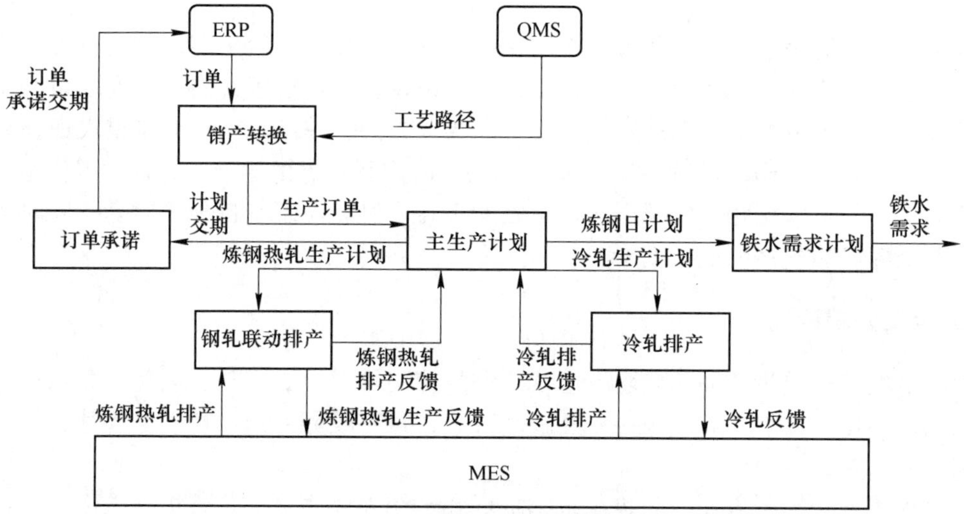

图 2　产销一体化平台示意图

高强汽车板项目智能制造首先是建立和健全产品规范与冶金规范，以实现产品在制造过程中按宏观最终用途、细分最终用途及其使用环境要求来组织生产；真正实现用户的定制化、个性化和规模化的组织生产；实现动态质量设计，从原料设计一直到零部件设计的处理，最大限度降低了废品率及降级、改判率；纵向推动业务系统层级更明晰，使得决策与指令贯彻更高效、更准确。横向上，改造后的 MES 覆盖从铁前到钢后的整个区域，生产管理、质量管理、能源管理、成本归集覆盖整个产线，搭建统一的数据流平台，原料、运输、仓储、生产、能源设备信息在一个平台上共享，实现原料、能源、物料平衡，提升生产计划效率、各个作业部门之间的有效协作及运营效率，实现智能制造和柔性生产。

3 新产品研发及推介

自 2015 年 2 月一期工程全面投产以来，高强汽车板项目在产品开发、表面质量、用户服务等方面均取得了长足的进步。目前，高强汽车板项目的产品涵盖连退（普冷）和热镀锌两大门类，软钢、低合金高强钢、双相钢等产品具备了批量供货能力，烘烤硬化钢、Q&P 钢等高端产品也处于工业化试制阶段，见表 1。

表 1 产品研发一览表

项目	种类	钢级	屈服强度级别/MPa									
			<210	180	210	260	340	420	600	800	1000	1200
连退	软钢	冲压及超深冲	●									
	高强钢与先进高强钢	低合金高强				●	●	●				
		加磷高强		●	●	●						
		烘烤硬化		●	●	●						
		Q&P								○	○	○
		双相高强				●	●	●	●	●	○	○
		TRIP							☆	☆	☆	
热镀锌	软钢	冲压及超深冲	●									
	高强钢与先进高强钢	低合金高强				●	●	●				
		IF 高强		●	●	●						
		烘烤硬化		●	●	●						
		双相高强				●	●	●	●	●	○	
		TRIP							☆	☆	☆	

注：●可批量供货；○ 已完成工业试制进行小批量供货；☆ 正在研发。

对于大部分品种来说，可供货厚度范围为 0.8~2.5 mm，宽度为 1000~1400 mm；对于冲压及深冲击产品，最小供货厚度规格为 0.4 mm，最大供货宽度可以达到 1550 mm。

目前，高强汽车板项目开发的高端电池壳用钢达到了业界先进水平，产品稳定供货国内知名大型电动车电池厂家；淬火配分钢（Q&P 钢）也具备了小批量供货能力；汽车及家电外板产品的表面质量等级已达 FC 水平，重点用户为上汽、吉利、海尔、美的等[7-9]。家电板月供货量突破 7000 t 大关。

4 项目特点

4.1 建设工期短、达产速度快

河钢唐钢高强汽车板项目的产品定位为高档汽车板和家电板，连退产品的抗拉强度达 1180 MPa，镀锌产品的抗拉强度达 980 MPa，为我国类似生产机组所能生产的最高强度。同时，汽车板、家电板均需按照世界一流的面板标准要求组织生产，这对产品表面质量的要求极为苛刻。因此该项目的设计难度很大，需要从设计开始就注重每一个细节。

在设计和建设实践中，通过倒排发图计划、精心策划并积极与设备供货商及施工单位配合，克服了国外图纸资料不能按期提供等困难；同时利用多年来积累的冷轧工程设计经验，在规定的时间内及时组织图纸到现场，采用先进的施工工艺及手段，精心组织，中外技术人员密切配合，多家施工单位精诚合作，从而保证了酸轧机组、连退机组、镀锌机组按期顺利投产。该项目的建设工期仅为 21 个月，创造了我国乃至世界上类似项目的最短工期纪录。

一期项目投产后，各条生产线很快实现日达产和月达产，主要技术指标良好。表 2 为河钢唐钢高强汽车板项目与国内其他企业在成材率、燃料消耗等方面的比较。可见，河钢唐钢高强汽车板项目在设备水平方面具有比较明显的优势。

表 2　河钢唐钢高强汽车板项目与国内其他企业在成材率、燃料消耗等方面的比较

项目	河钢唐钢	马钢	华菱安赛乐米塔尔（VAMA）
有效作业率/%	96	92	89
裸板成材率/%	94	92	90
燃料消耗/($kgce \cdot t^{-1}$)	66	75	71
产线建设时间/月	21	28	26

4.2　国内设备分交比高

河钢唐钢高强汽车板项目由国内技术总体负责，在所有设备当中，除酸轧机组、连退机组、热镀锌机组由国外公司技术负责外，车间布置、总图布置及重卷检查机组、包装机组和所有公辅设施全部由国内技术总负责。酸轧机组、连退机组和热镀锌机组的选择，根据选定的产品大纲和车间平面布置进行，其国内设备分交比均在 90%以上，见表 3。

表 3　主线国内设备分交比

生产机组	引进设备质量/%	设备总质量/t	国内设备分交比
酸轧	660	7248	90.9
连退	605	8323	92.7
镀锌	539	6632	91.7

4.3　设计理念先进

经过与外商及其他设备供货商谈判，采用了很多原创设计理念。例如：厂房高低跨处柱子采用双牛腿设计，即可以实现高跨、低跨厂房吊车的无死区对接，缩短机组长度，而且设备检修也十分方便；合理设计镀锌冷却塔区厂房高跨，把检修设备的吊车放在高跨厂房上，使得吊车不仅能够检修到高低跨死区范围内的连退、镀锌机组设备，而且镀锌冷却塔与周围的厂房没有连接，从而避免了因大风和大雪引起的厂房震动对镀锌产品质量的影响；所有外网包括煤气、氮气、氢气、压空及通风采暖管道等全部通过地下进入车间厂房，这虽然增加了不少难度和工作量，但美化了厂区环境。实践证明，该项目不仅设计理念先进，设备配置合理，而且达产快，生产顺畅，所有生产机组全部按期或提前达产。

在建设投资方面，本项目主厂房采用钢结构，为节约钢材消耗，在满足工艺要求的情况下，根据各跨的高度不同分别采用 12 m、15 m、18 m 等经济柱距；同时，为减少地基处理成本，根据实际情况采用桩基与天然地基结合的方式，对沉降敏感的主要 3 条处理线的设备基础及相应的厂房柱基础采用桩基，其余均采用天然地基；此外，主厂房钢结构含钢量指标为 162 kg/m^2，比初步设计预算节约了 15%，设备基础量也比预算节约了 15%。

4.4 节能环保技术

本项目采用和开发了多种节能环保新技术。成功开发了大型立式连续退火炉排放废气制 150 ℃过热水新技术，过热水用于机组清洗段碱液及平整机平整液加热和带钢干燥，该技术使机组在正常生产时不使用蒸汽，取得了冶金行业能源回收利用技术的重大突破；酸轧机组蒸汽冷凝水循环用于漂洗段漂洗水；轧机乳化液采用循环系统和变流量主泵，乳化液流量可随轧机制度需要而改变，从而降低乳化液消耗；连退及热镀锌机组水淬槽使用过的脱盐水，再送到清洗段漂洗槽循环使用。上述措施使得本项目的原材料、能源、水资源都得到了充分利用[10,11]。

在环境保护方面，实现了无铬钝化产品的生产，杜绝了含铬酸雾及含铬废水的排放和处理；在生产过程中，粉尘排放浓度不大于 20 mg/m^3（干态），HCl 排放浓度不大于 15 mg/m^3（干态），Cl_2 排放浓度不大于 5 mg/m^3（干态），均大大低于《大气污染物综合排放标准》（GB 16297—1996）中规定的排放指标。

5 结束语

作为“十二五”期间的重点工程，河钢唐钢高强汽车板项目采用了多项新工艺、新技术、新装备，在智能化工厂建设方面处于国际领先水平。

产品定位瞄准高档汽车板和家电板、特殊用途板，在产品开发、表面质量、用户服务等方面均取得了长足的进步。产品涵盖连退（普冷）和热镀锌两大门类，高端电池壳用钢、汽车及家电外板等产品已达到业界先进水平，并为国内知名汽车及家电生产企业稳定供货。

在该项目的设计、建设和达产的过程中，始终坚持先进的设计理念和节能环保目标，在精心策划、科学统筹的基础上，不仅创造了我国乃至世界上类似项目 21 个月的最短工期，而且在投资控制、节能降耗以及环境保护等诸多领域，取得了一系列卓有成效的创新成果。对于今后类似项目的设计和建设具有一定的参考价值和借鉴意义。

参 考 文 献

[1] 韩志勇，张明达，徐海峰，等. 高性能汽车钢组织性能特点及未来研发方向 [J]. 钢铁，2016，51 (2)：1.

[2] 朱国明，康永林，陈贵江，等. 新一代汽车用先进高强钢的成形与应用 [J]. 钢铁，2010，45 (8)：1.

[3] 董瀚，曹文全，时捷，等. 第 3 代汽车钢的组织与性能控制技术 [J]. 钢铁，2011，46 (6)：1.

[4] Westermayer C, Challaye A, MaillardS, et al. Tangshannew No. 2 cold rolling millcomplexto produceadvanced highs trength steels for automotive market [C]. The European Steel Technology and Application Days, 2017. Vienna: [s. n.], 2017.

[5] 王振华，王玲珑，焦广亮. SmartCrown 技术的研究与应用 [J]. 轧钢，2012，29 (3)：19.

[6] 何建锋，宋建新．冷轧板连续退火技术在宝钢的应用［J］．轧钢，2003，20（3）：32.

[7] 李佳，丁勇生，王文浩．宝钢自主集成连续热镀锌机组的设计特点［J］．轧钢，2011，28（3）：34.

[8] 李光瀛，马鸣图．我国汽车板生产现状及展望［J］．轧钢，2014，31（4）：22.

[9] 武冠华，李雅琴，刘宝喜．浅析我国汽车用钢的发展及唐钢汽车用钢的开发［J］．河北冶金，2014（11）：67.

[10] 张爱民，赵晓伟．我国新能源汽车用钢特点及产业化发展［J］．山东冶金，2017，39（2）：53.

[11] 尹士海，王楠楠．唐钢高强汽车板废水处理工程［J］．中国给水排水，2016，32（18）：99.

高端家电板生产技术研发与应用①

王新东，李建新，斉章国

（河钢集团有限公司，河北 石家庄 050023）

摘　要：作为全球第一大家电制造国，我国家电产业正在向绿色化、定制化、智能化方向转型升级，给钢铁企业在家电板的生产管理、技术创新、售后服务、商业模式等诸多方面均带来严峻挑战。分析了河钢家电板的优势和面临的挑战，介绍了河钢集团积极主动作为、抢抓市场机遇，大力实施产品升级与结构调整战略，以客户结构优化推动产品升级，依靠自身先进的生产装备、技术和管理模式，在家电板生产、研发及销售等多方位持续推进自主创新。河钢集团家电板的产品产量和产品品质在较短时间内快速同步提升，一跃成为目前国内最大的家电板供应商，并与多个国内外知名家电品牌企业达成长期稳定合作。

关键词：家电板；管理创新；技术创新；产品升级

0　引言

我国是世界第一大家电制造国，空调、洗衣机、电冰箱、微波炉等产品连续多年位居世界首位。随着家电行业向绿色化、定制化、智能化转型升级，钢铁企业在家电用钢生产、销售等领域也面临全方位的挑战，同时对钢铁企业的技术创新能力和科技研发实力提出了严峻考验。为此，河钢集团大力实施产品升级与结构调整战略，以客户结构优化推动产品升级[1,2]，特别是近两年来，通过与海尔集团的强强合作，针对制约高端家电用钢生产的关键共性技术进行联合攻关，推进工艺—装备—产品一体化技术创新。通过上述措施，河钢集团家电用钢的产品产量和产品品质均取得了长足的进步，不仅获得了多家国内一线家电品牌的一致认可，还一跃成为目前国内最大的家电板供应商。

1　国内家电板市场的发展趋势

家电板产品以冷轧板、镀锌板和彩涂板为主，主要用于生产白色家电。随着我国家电工业发展规模的扩张、家电产品换代周期的缩短、质量和档次的不断提高，除了家电板需求量保持持续上升的趋势外，对于产品质量的要求也在逐步提高。总体而言，国内家电板市场呈现出以下发展趋势[3]。

1.1　家电板各品种的比例发生变化

由于可以简化生产工序、缩短工艺流程并减少投资，热轧酸洗板和涂镀深加工产品

①　原文发表于《河北冶金》，2018（3）。

(如彩涂板) 所占的市场份额将会增加，而传统的冷轧板、镀锌板所占的比重则会持续下降。

1.2　材料替代力度逐渐加大

在保证材料使用功能的前提下，为了进一步降低成本，家电企业逐渐加大材料的替代力度。目前主要替代形式为钢铁材料代替其他金属材料（如铜材）和钢铁材料被其他材料（如塑料）所替代。

1.3　减量和节材设计成为主流

为了降低重量并节约材料，越来越多的家电企业倾向于采用薄规格（厚度最薄可达 0.3 mm)、高强度、高塑性的家电板产品。同时，随着电冰箱、洗衣机的容量越来越大，宽幅家电板产品的用量也会随之增加。

1.4　环保和节能要求日益提高

我国家电产业的外向型程度较高，近年来，欧盟要求家电用材中的重金属含量低于指定标准（RoSH 指令)。彩涂板在冰箱、洗衣机、空调器、微波炉等行业的应用日益广泛，而重金属含量相对较高的镀锌板产品则会受到影响。

2　河钢家电板的优势与挑战

2.1　优势

作为全球排名第三、国内第二的钢铁材料供应商和服务商，河钢集团拥有国际一流的先进产线和生产技术，具备从炼钢、热轧、冷轧、镀锌到彩涂的全工序控制能力，可为用户提供高端冷轧、镀锌、彩涂等家电板产品。河钢集团还配备了多个加工配送中心，可以提供纵切分条、横切切板、切边、分卷、矫平等深加工服务，以满足用户的个性化需求。

河钢集团拥有 20 条具备家电板生产能力的产线。连续退火和罩式退火生产线 7 条，产能共计 423 万吨/年（见表 1)；连续热镀锌及电镀锌生产线 8 条，产能共计 260 万吨/年（见表 2)；彩涂产线 5 条，产能共计 45 万吨/年（见表 3)。

表 1　河钢连续退火和罩式退火产线能力

生产线	设计定位	厚度/mm	宽度/mm	产能/(万吨・年$^{-1}$)
唐钢连退线	汽车、家电	0.2~2.5	700~1600	70
唐钢罩退-平整	家电、建筑	0.3~2.0	820~1650	80
邯钢罩退-平整	家电、包装	0.25~2.0	900~1650	80
邯钢 1 号连退	汽车、家电	0.3~2.5	900~2080	100
邯钢 2 号连退	汽车、家电	0.5~2.5	900~1650	42
衡板连退线	家电、食品	0.18~0.4	800~1050	15
衡板罩退-平整	家电、食品	0.14~0.5	550~1060	36

表 2 河钢镀锌产线能力

生产线	设计定位	厚度/mm	宽度/mm	产能/(万吨·年$^{-1}$)
唐钢 3 号镀锌线	汽车、家电	0.3~2.0	820~1650	40
唐钢 4 号镀锌线	汽车、家电	0.2~2.5	700~1600	35
唐钢 5 号镀锌线	家电	0.2~1.3	700~1300	25
唐钢 6 号镀锌线	汽车、家电	0.2~2.5	700~1600	35
邯钢一冷冷基镀锌线	家电、建筑等	0.25~2.0	900~1650	35
邯钢二冷 1 号镀锌线	汽车、家电	0.4~2.5	1000~2030	45
邯钢二冷 2 号镀锌线	汽车、家电	0.3~1.6	900~1650	35
邯钢电镀锌线	家电	0.25~1.5	900~1300	10

表 3 河钢彩图产线能力

生产线	设计定位	厚度/mm	宽度/mm	产能/(万吨·年$^{-1}$)
青岛特钢线	家电	0.4~1.0	550~1360	5
青岛新材线	家电、建筑	0.25~1.0	700~1330	8
合肥特钢 1 号线	家电	0.3~1.0	700~1400	10
合肥特钢 2 号线	家电	0.3~1.0	700~1550	10
邯钢线	家电、建筑	0.2~1.5	900~1350	12

在河钢集团所有的家电板生产线当中，唐钢的连退线、4 号、5 号和 6 号镀锌线，以及邯钢的 1 号和 2 号连退线、1 号和 2 号镀锌线装备水平和产品档次最高，是河钢集团高端家电板、汽车板产品的主要生产机组。唐钢的 4 条生产线均采用普锐特公司全套技术，装备水平处于世界领先地位；邯钢的 4 条生产线则整体引进西马克公司技术和 CMI 技术，软硬件实力也毫不逊色[4-6]。先进的生产设备是高端家电板产品开发和稳定生产的基础。

保证产品质量，提升产品档次，不仅要建设一流水平的生产线，更要依靠优秀的技术和管理人才。河钢集团具有先进的人才培养理念，拥有多种职业的人才储备。为了培养人才，河钢还特邀普锐特公司、德高技术团队对生产进行技术指导，帮助生产技术人员消化、吸收引进的先进技术。技术和管理人员也积极地走出去，向国外著名的钢铁企业对标学习，弥补差距，寻找不足。

河钢集团还拥有庞大的物流资源和完整的物流链，具备“门”到“门”的加工配送能力，可与用户的供应链实现无缝对接。河钢集团成立了自己的物流公司——河钢物流，业务主要包括公路运输、铁路运输、国内和国际的海运和仓储服务。河钢物流还拥有两个专用货运码头，分别位于曹妃甸港和黄骅港，2017 年共实现吞吐量 1950 万吨，预计 2018 年将达到 2140 万吨。

2.2 面临的挑战

随着家电企业的转型升级，河钢集团作为国内家电板生产的主力，也面临材料开发、销售和用户服务方面的挑战，主要表现在以下 6 个方面：

(1) 彩涂/覆膜替代喷粉工艺使家电更加美观、耐用，对原料的表面质量要求更高；

（2）家电部件用材向轻、薄方向发展且板宽要求满足倍尺套裁，需要超薄、大宽幅板材；

（3）原料规格需求的日益多样化，与钢铁材料大工业生产形成矛盾；

（4）家电生产由人工组配向连续性自动化生产的转型升级，需要原材料拥有更高的质量稳定性；

（5）家电定制化的兴起，要求进行快速开发，对成形仿真技术要求迫切；

（6）销售经验不足，直接与一线家电企业合作较少，产品在家电行业占有率较低。

3 主要技术创新和管理创新

为了应对市场挑战，河钢集团采取了一系列技术创新，解决了制约高端家电板产品档次提高的关键问题。并且建立了以客户需求为导向的管理理念，促进了产品结构和服务水平的全面提升。

3.1 大力推进技术创新，解决关键共性技术问题

为实现家电板产量和质量的同步提高，2017 年河钢集团与海尔集团联合成立“河钢—海尔家电用钢创新研发中心”。通过强强联合，与海尔一起致力打造国内家电用钢研发平台。为适应家电领域个性化、轻量化、智能化和绿色化生产的需要，研发中心设立课题 17 项，涵盖材料使用技术、基础理论研究、新型表面处理技术研究等方面（见表 4），为河钢在家电用钢领域由大到强的转变起到了至关重要的作用。

表 4 河钢集团在家电板生产领域开展的主要技术工作

序号	技术项目	解决问题
1	气刀介质改造	解决表面锌流纹缺陷
2	塔顶辊辊面防护	周期性割伤
3	生产线辊子刮刀改造	避免周期性割伤
4	炉鼻子锌灰控制技术	表面锌灰附着
5	锌渣控制技术	表面锌渣缺陷
6	光整工艺开发	恒轧制力模式
7	包装机组与镀锌机组直联	钢卷头尾错层
8	PE 皮纹板包装	钢卷外圈硌伤
9	材料数据库建设	深入开展材料研究
10	成形模拟仿真研究	为家电企业提供 EVI 服务
11	间隙原子固定技术	提高材料抗时效性
12	PEM 彩色钢板开发	家电用新型彩板
13	PPM 彩色钢板开发	家电用新型彩板
14	ACM 彩色钢板开发	家电用新型彩板
15	低粗糙度钢板生产技术	高光色度彩板生产
16	超宽超薄规格软钢生产	家电多宽度规格供货
17	圆弧加工起棱理论分析	为材料性能控制提供理论支持

近年来取得的部分关键成果列举如下。

3.1.1 综合控制抗时效技术

为了解决高档彩涂板在成型过程中材料发生不均匀变形缺陷的现象，创新性地提出了C、N原子综合固定控制抗时效技术，从而提高了产品的抗时效性。主要技术手段：在成分设计时，采用低碳、添加B元素，通过B的添加，固定一部分的N原子；在热轧工序，终轧温度要高于奥氏体转变温度，避免终轧的两相区轧制，使得层流冷却前固溶间隙原子均匀分布，并采用高温卷取工艺，为存放期间间隙原子的扩散创造条件；在镀锌工序，降低工艺均热段温度，以减少碳化物的回溶。

使用该技术后，河钢的DX52D+Z产品可满足三涂三烘彩涂板成型中不起棱的要求，屈服平台控制在6%以下（见表5）。为生产更亮丽、美观的家电产品提供了原料，为家电的进一步升级换代提供了材料支撑。

表5 冰箱面板用DX52D + Z彩涂前后性能对比

项目	$R_{p0.2}$/MPa	R_m/MPa	A_{80}/%	屈服平台/%
彩涂前	206	324	41.5	0
彩涂后	251	322	35	5

3.1.2 高等级表面镀锌板生产技术

横纹缺陷是在镀锌过程中，板带表面液态锌未完全凝固前，由于表面锌的氧化，在重力作用下蠕动导致的，具体形貌如图1（a）所示。由图1（a）可以看出，其表面明显有凹凸不平的现象。该现象在彩涂后会更加明显，导致产品无法使用。

为解决该问题，通过酸轧控制产品表面粗糙度；调整现场气刀高度、压力和角度，控制生产速度以改善锌层冷却状况；将空气气刀改为氮气气刀，降低锌层凝固前的氧化等措施，彻底解决了板带横纹问题，产品表面形貌如图1（b）所示。

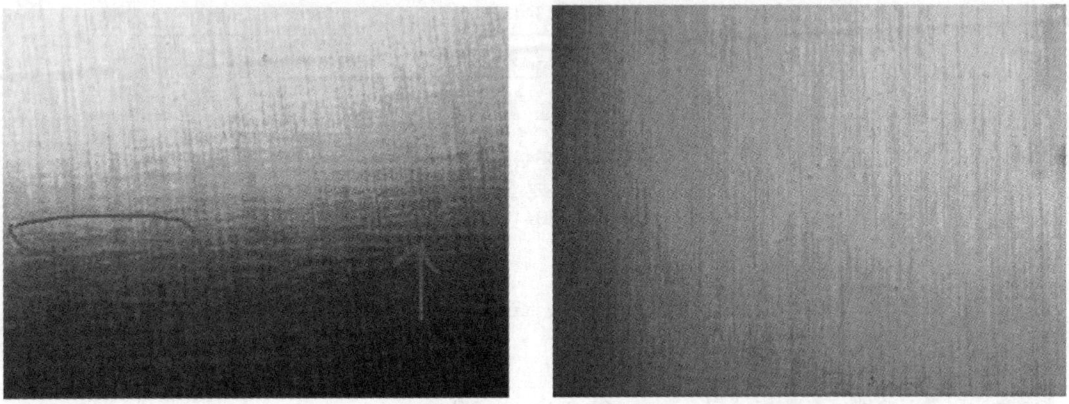

(a) (b)

图1 攻关前后的产品形貌

（a）攻关前；（b）攻关后

3.1.3　超宽超薄面板生产技术

目前冰箱用板厚度为 0.3~0.5 mm，冰箱门壳和侧板采用倍尺生产，但伴随着冰箱大型化的发展趋势，基板的宽度对河钢集团的冷轧机组而言，出现单幅太窄，倍尺太宽的现象。而超宽超薄规格面板生产难度极大，为此，开发了 $H< 0.5$ mm，$B>1400$ mm 的超宽超薄规格面板生产技术。

酸轧工序将轧机压下分配方案重新制定，F_5 机架使用恒轧制力模式，并且优化单位轧制力，明显改善了板带的浪形缺陷。

连退工序，通过炉辊凸度的优化设计、炉内张力优化，使板带在连续退火炉内稳定运行，杜绝板带在退火炉内褶皱与跑偏现象的出现。

3.1.4　高质量彩涂板生产技术

家电用彩涂钢板一般作为外观件使用，也更多地用作面板，因此表面质量要求很高。不同品种的用途对家电板涂料有不同的要求，性能要求见表 6。

表 6　家电品种的不同用途对家电板涂料的要求

项目	柔韧性	耐污染性	硬度	耐酸性	耐碱性	防腐性
微波炉	5	4	3	2	2	3
冰箱	3	5	5	4	2	3
空调机	3	3	4	4	5	5
视听产品	4	3	4	3	2	3

注：5 = 要求最高，1 = 要求最低。

高质量家电彩涂板涂层性能要求见表 7。

表 7　高质量家电彩涂板涂层性能要求

项目	测试要求	试验方法	备注
环保	符合欧盟 RoHs 要求	RoHs 认证机构所认可的测试标准	针对所有家电涂料
涂层附着力	无脱落，0 级	GB/T 13448—2019	1 mm×1 mm 划格
铅笔硬度	HB-2H	GB/T 13448—2019	卷钢专用铅笔
T 弯	≤1 T	GB/T 13448—2019	目视无开裂
耐 MEK	≥100 次	GB/T 13448—2019	实色系列≥100 次 银色系列≥50 次
反向冲击	≥9 J	GB/T 13448—2019	目视无开裂
色差	同一厂家同批次之间色差值 $\Delta E\leqslant 0.5$，同一部件的各部位色差值 $\Delta E\leqslant 0.3$。闪银色差以目视为主	GB/T 13448—2019	色差仪
光泽度	按照客户要求	GB/T 13448—2019	光泽度仪
耐盐雾	（1）表面无起泡；（2）单边最大蔓延≤2 mm 两边最大蔓延≤4 mm	ASTMB117	（1）冷轧钢板实验 120 h；镀锌钢板实验 240 h；（2）镀锌钢板，划格 240 h，封边；切口不考核

续表 7

项目	测试要求	试验方法	备注
耐酸碱	无明显变化	GB/T 13448—2019	5%盐酸、氢氧化钠溶液中
耐热	色差 $\Delta E \leqslant 1.0$	GB/T 13448—2019	微波炉、热水器等热家电
耐寒	无明显颜色变化	GB/T 13448—2019	冰箱、冰柜等冷家电
耐候性	无明显颜色变化	GB/T 13448—2019	空调等家电室外机

通过改进预处理工艺，实现无铬化绿色环保需求；采用三辊涂装提高涂层厚度均匀性；采用贴膜等特殊后处理工艺，开发高质量的家电彩板。

3.1.5 材料成形缺陷预报技术

在家电新产品开发的过程中，传统 CAE 软件中自带材料数据库的材料特性与家电用彩涂板、覆膜板差别很大。因此建立了家电用钢的基础数据库，包括屈服强度、抗拉强度、塑性应变比 r，应变硬化指数 n、扩孔性能以及成形极限图（FLD）等指标。

表 8 为典型家电用钢 DX53D+Z 彩涂后的基础数据。图 2 为彩涂后 0.8 mm-DX53D+Z 的成形极限图。

表 8 DX53D+Z 彩涂后的基础数据

牌号	测试方向	$R_{p0.2}$/MPa	R_m/MPa	r 值	n 值	A_{50}/%
DX53D+Z	轧向	140	300	2.25	0.25	47.0
	横向	140	298	3.05	0.25	49.5
	45°	144	305	2.10	0.25	46.4

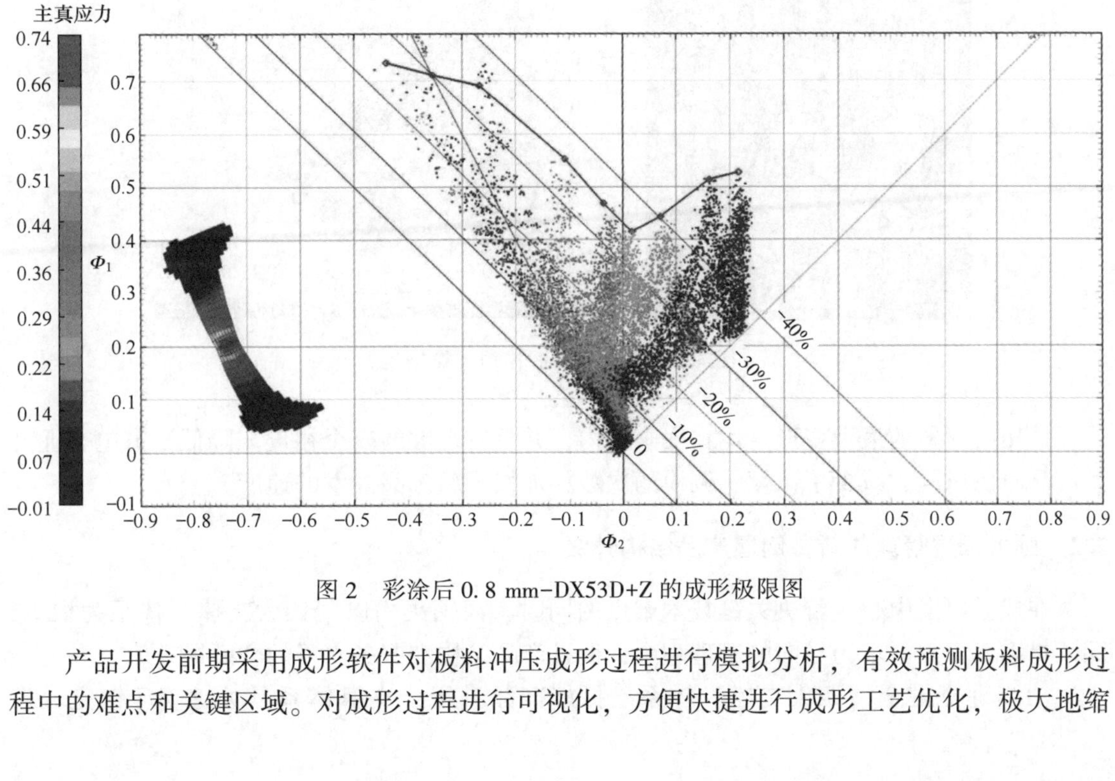

图 2 彩涂后 0.8 mm-DX53D+Z 的成形极限图

产品开发前期采用成形软件对板料冲压成形过程进行模拟分析，有效预测板料成形过程中的难点和关键区域。对成形过程进行可视化，方便快捷进行成形工艺优化，极大地缩短了试模、修模周期，有效降低了生产成本，提高了生产效率。

采用成形软件对某款大滚筒洗衣机前面板冲压成形性进行评估，发现其在 A、B、C 3 个边角处存在开裂风险，具体如图 3 所示。

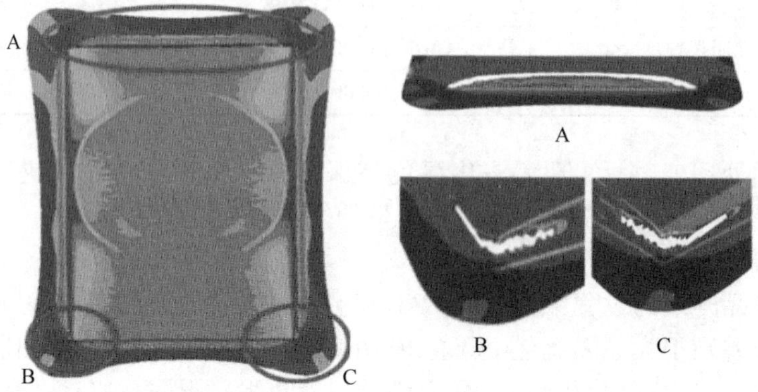

图 3　模拟计算结果

根据模拟计算结果，给家电厂家提供了系列解决方案：改变落料尺寸，优化边部圆角，改变冲压时的润滑条件，解决了冲压开裂的问题。工艺优化后的洗衣机前面板模拟计算结果如图 4 所示。

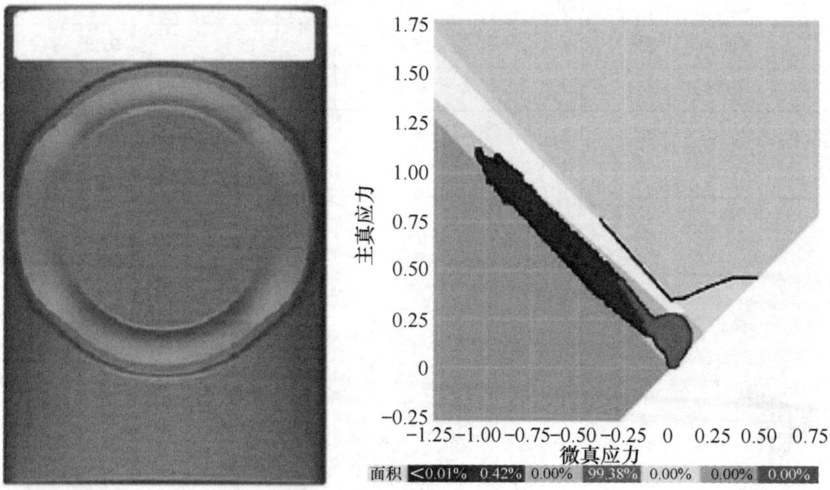

图 4　工艺优化后的模拟计算结果

冲压时材料的最大变形量均在安全区内，并且有足够的安全裕度。降低了家电企业开发产品时的风险，减少了试模、调模的次数，加快了新产品开发的速度。

3.2　强力推进管理创新，倒逼产品结构升级

在成立研发中心、解决关键技术难点的同时，河钢集团以“四大支撑”体系为根本，深入贯彻以客户需求为导向的管理理念，促进产品结构和服务水平的全面提升。

（1）建立健全“四大支撑”体系。抓好产品升级，支撑体系是关键。河钢充分发

挥自身优势，构建了与产品升级和结构调整相适应的“四大支撑”体系，即技术支撑体系、质量支撑体系、人才支撑体系及自动化和信息化支撑体系，以应对家电板的新需求[7,8]。

(2) 坚持以客户需求为导向。家电行业中的一线企业，无论在产品精度控制、机械性能、表面质量还是防腐性能方面，都有相当苛刻的标准，代表了该行业对家电板的最高要求。如果能够直接与家电行业的一线企业合作，而且可以按客户的要求，倒逼产品升级和结构调整，最终提高产品在家电行业的品牌知名度和市场占有率。

(3) 创新营销模式。以西门子为标杆，在行业内率先推行大客户经理制，建立了一整套大客户开发流程，主动对接家电领域的一线企业，锁定家电用钢大客户。河钢集团先后与海尔、美的、三星、LG 等国内外知名家电企业建立合作关系。通过积极开展家电板产品认证工作、及时推进产品与技术服务、定制大客户专属牌号等方式，直接将河钢的家电用钢产品打入高端用户。

(4) 加强质量管控。在排产和质量控制方面，所有家电板产品均是全流程的订单设计，将客户对钢板的成型性能、表面质量、尺寸精度等要求转化到指导现场生产的工艺文件当中，专钢专用，工艺参数专用，保证家电板从用料、工艺到出厂判定原则的一致性，使家电板自合同录入后就具备全流程状态查询，实现全流程的质量设计与控制。并且，为了保证大客户合同100%兑现率，加强生产组织，优先排产，优先备料，委派专人做好大客户合同的生产跟踪。

3.3 技术突破、管理创新共结硕果

通过采取一系列重要措施，河钢集团家电板的产量从 2014 年的 35.8 万吨快速增长到 2017 年的 290.7 万吨，如图 5 所示。2016 年和 2017 年连续两年成为国内最大的家电板供应商，预计 2018 年河钢集团家电板产量将突破 300 万吨。

图 5 2014—2017 年河钢集团家电板产量变化情况

在提高产量的同时，突出产品制造过程质量控制，专门针对制约产品质量提升的一系列关键、共性技术进行了深入地研究，解决了高档冰箱面板和洗衣机外围板、彩涂板不能稳定批量供货的难题。在 2014—2017 年，河钢集团凭借着过硬的产品质量，完成

了洗衣机、冰箱、空调、微波炉等多品种的产品认证工作，认证品种和规格累计达 243 个。

2017 年，河钢集团家电板直供 92 万吨，其中彩涂家电板占直供总量的 41%，热镀锌板占 29%，如图 6 所示。河钢集团研发的“乐柠金”新一代 PPM（彩色预涂印刷钢板）产品，成功应用于海尔顶级产品卡萨帝冰箱。目前，河钢家电板产品广泛应用于海尔、美的、格力、三星、松下、LG、博世等国内外高端家电企业，实现了家电行业一线品牌全覆盖，成功树立了河钢家电板品牌。

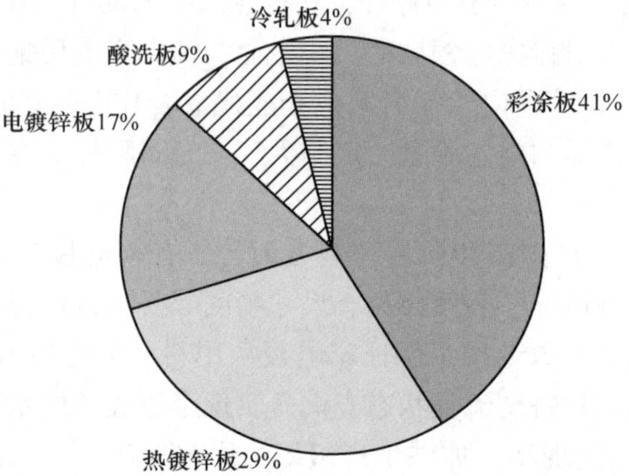

图 6　2017 年河钢直供家电板品种比例

4　结束语

面对家电行业转型升级带来的挑战，河钢集团抓住机遇，依靠自身先进的生产装备、技术和管理模式，在家电用钢的生产、研发及销售方面持续创新，在行业内首创家电生产厂与钢铁生产厂共建创新研发中心的新模式。深度介入家电材料使用全流程，攻克多个制约家电用钢使用的难题，成功地调整了产品结构，提升了家电用钢的产量和质量，一跃成为目前国内最大的家电用钢供应商。

针对家电行业发展趋势，河钢集团将进一步完善加工配送服务网络建设。在实现产业链延伸的同时，开展与下游客户的无缝对接研究工作。对现有家电板生产线，特别是较低端生产线进行持续升级改造，进一步提升高质量、高附加值产品的比重；进一步提升产品质量、档次与市场占有率，弥补自身不足，巩固自己的行业龙头地位。以“一带一路”战略为契机，加速全球营销及服务网络建设，担当国家角色，力争早日实现“全球拥有资源、全球拥有市场、全球拥有客户”的宏伟目标。

参 考 文 献

[1] 王新东，李建新，李毅仁，等. 河钢集团产品升级与结构调整的实践 [J]. 河北冶金，2017（10）：1-7.

[2] 王新东. 河北钢铁集团技术创新与发展战略 [J]. 河北冶金，2014（7）：1-5，69.

[3] 冯靖. 我国家电用钢市场分析与预测 [J]. 冶金管理，2016（9）：29-32，37.

[4] 孙力，于世川，弓俊杰，等．唐钢涂镀产品的开发［J］. 河北冶金，2012（9）：20-23.
[5] 孙力．刘大亮，唐钢 3#镀锌线工艺技术改进与优化［J］. 轧钢，2011（1）：70-73.
[6] 郭景瑞．加快转型升级　推动跨越发展［J］. 冶金管理，2017（3）：27-29.
[7] 王新东．创新驱动发展科技引领未来——河北钢铁集团科技创新发展战略［J］. 河北冶金，2015（6）：1-4.
[8] 许斌．完善科技创新体系推动产品结构调整［J］. 冶金管理，2016（9）：38-40.

河钢集团汽车板产品研发与技术创新①

王新东，李建新，吝章国，熊自柳

（河钢集团有限公司，河北 石家庄 050023）

摘　要：为了应对汽车行业对安全性、轻量化及节能环保的要求，河钢集团构建了汽车板生产、研发与EVI的创新体系，在此基础上实现了超深冲、高强钢系列品种的全覆盖，运用轻量化材料技术实现抗拉强度980 MPa级的DP钢、780 MPa级的TRIP钢、1500 MPa级的马氏体钢和热成形钢的批量供货，创新并实现了1180 MPa级的DP钢、镀层热成形钢以及Q&P钢生产工艺。此外，介绍了河钢集团典型的轻量化钢种DP钢、马氏体钢、镀层热成形钢、Q&P钢的产品技术特点，指出汽车板材料轻量化和提升应用技术服务等是今后河钢集团汽车板产品结构调整与技术创新的发展方向。

关键词：汽车板；结构升级；技术创新；研发

在全球钢铁产品市场中，汽车用钢产品市场具备持续的成长性和高附加值的特点[1,2]，同时汽车用钢产品具有高技术含量和高技术服务的特性。国内外先进的钢铁公司如安米[3]、浦项[4]、蒂森克虏伯[5]、宝武[6]和河钢等都将汽车用钢产品作为第一战略产品来开发。

河钢集团作为全球第三大钢铁公司，近年来在汽车用钢生产装备投入、生产技术开发、产品研发和应用技术服务等方面进步明显，特别是针对汽车用钢品种进行了结构性调整，在超高强汽车板和超高强镀层钢板等产品领域取得了进展。

1　汽车板品种现状及发展趋势

河钢集团从最开始以高表面质量、高品质洁净度、高深冲性能为技术目标实现汽车面板的研发，发展到以高强度、超高强度产品实现汽车轻量化为目标的产品研发，近年来又开展“超高强和高成形性”为目标的第二代、第三代汽车板产品的研发[7,8]。汽车板产品涵盖了冲压及超深冲系列、高强钢系列、超高强系列、第二代汽车板和第三代汽车板等，产品牌号达100种以上，产品规格、强度覆盖98%以上的汽车用钢，具体品种结构与发展趋势如图1所示，具体汽车板产品结构现状见表1。批量供货的钢板除了深冲、超深冲系列IF钢、BH钢以及高强IF、BH钢、HSLA钢、扩孔钢外，还包括1000 MPa以下的双相钢、TRIP钢、热成形钢等超高强钢；小批量供货的钢种包括1180 MPa双相钢、780 MPa的TRIP钢、1500 MPa以下级别马氏体钢等；正在研发以及工业试制的产品包括镀层热成形钢、高铝汽车用钢、第三代汽车用钢Q&P980、Q&P1180和Q&P1300等。

---

①　原文发表于《钢铁》，2017，52（8）。

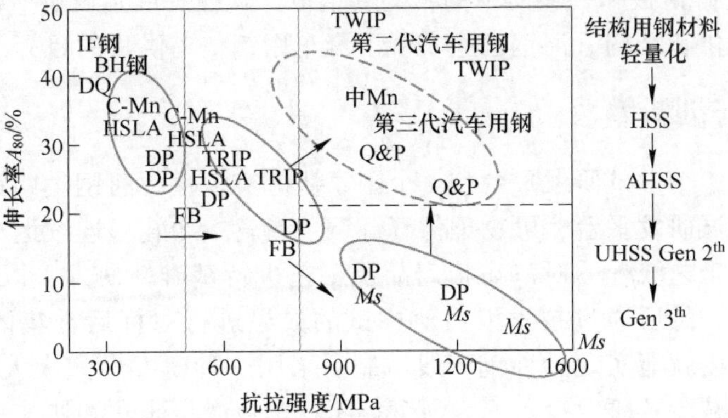

图 1 汽车板品种结构发展趋势

表 1 汽车板产品结构现状

种类	强度系列	牌号	抗拉强度/MPa										
			>270	340	390	440	500	590	690	780	980	1180	1470
冷轧退火	软钢	CQ~SEDDQ	●										
		P-added		●	●	●							
		HSSIF		●	●	●							
		BH		●	●	●							
		HSLA		●	●	●	●	●	☆	☆	☆		
	HSS	DP				●	●	●		●	●	★	
	AHSS	TRIP						●		★	☆	☆	
	UHSS	CP								☆	☆	☆	
		HF											●
		Ms									★	★	★
		Q&P									★	☆	☆
镀锌	软钢	CQ~SEDDQ	●										
		HSLA		●	●	●	●						
		P-added		●	●	●		●					
	HSS	HSSIF		●	●	●		●					
	AHSS	BH		●	●	●		●					
	UHSS	DP				●	●			★	☆	☆	
		TRIP								★	☆	☆	
		CP								☆	☆		
Al-Si 镀层	软钢	CD、DQ	☆	☆									
	AHSS	HF											☆

注：●为商业化供货；★为小批量试制；☆为研发中。

河钢集团汽车板品种结构升级满足了主机厂对汽车板品种和规格需求的转变，以前主要供应“四门两盖”钢板和一些简单的结构件钢板，现在发展到以供应汽车面板和白车身骨架为主的汽车板供货结构。河钢已经实现了汽车用钢整车供货的目标。

2 汽车板研发与创新体系

河钢集团拥有 1 个中试研发平台和 4 个国家认可实验室。河钢集团钢研总院建成的高度仿真的汽车板中试研发平台，可物理仿真炼钢→热轧→冷轧→连续退火→连续热镀锌整个汽车板工业生产工艺流程，对汽车板产品及工艺进行基础性研发，以获得优化的成分、工艺、组织和性能，然后通过技术人员对中试的成果进行对标后在集团产线进行应用推广，最快在 1 个月内就能实现品种钢产线试制。采用这种研发模式大大降低了研发周期，降低了研发风险，减少了研发投入，为河钢集团汽车板产品研发和快速进入市场提供了有力的支撑，超高强双相钢、系列马氏体钢和 Q&P 钢等产品的研发与应用得益于这种先进的研发模式。此外，河钢钢研、河钢唐钢、河钢邯钢和河钢石钢建设有国家认可的实验室，拥有完备的材料检测与分析设备，可对汽车板基础性能和应用性能进行全方位的检测，为产品开发和应用技术研发服务。

构建了研发、生产和销售完整的组织体系。为进一步提高汽车板创新能力，充分发挥河钢集团在汽车板生产、销售与技术服务一体化方面的整体优势，集团成立了汽车板技术研发组。研发组由河钢客户服务中心、河钢钢研、河钢唐钢和河钢邯钢 4 家涉及汽车板“产、销、研”的单位组成。研发组内部分工明确，解决从收集客户信息、确定研发目标与内容、组织相关产品生产到开展产品技术服务等全流程技术内容。

河钢集团与多家国内外知名院校开展战略合作和协同创新，依托河钢东大产业技术研究院、中国汽车技术研究中心和世界汽车用钢联盟，创建河钢汽车用钢应用技术研发平台，与瑞士德高技术团队结合，在全球同汽车厂开展深度技术合作，为主机厂提供整车轻量化、降成本、性能开发等从整车设计到成形制造的全流程技术服务。

3 汽车板轻量化技术创新

河钢汽车板研发的重要方向是汽车用钢材料的轻量化，采用了多种技术路径：首先，强调尽可能增加汽车板的强度，通过增加强度达到减薄的目的，从而实现汽车轻量化，比如开发了 1500 MPa 以上的马氏体钢；其次，开发了热成形钢及镀层热成形钢等，通过成形工艺创新实现汽车轻量化；最后，兼顾汽车板的高强度和高塑性，通过高强度和吸能特性，增加汽车零部件的应用而实现汽车轻量化，开发了第三代汽车板。

河钢集团在河钢唐钢和河钢邯钢拥有 2 个汽车板生产基地，为汽车板材料轻量化提供了产线支撑。2015 年投产的河钢唐钢高强汽车板公司定位于生产高强及超高强汽车板。酸轧线采用激光焊接，酸洗采用 SIROLL FAPLAC 模型，五机架 6 辊轧机配置了“Smart Crown”技术，可轧制 MS 1200 高强钢；连续退火和连续热镀锌产线具备强大的冷却能力，对 1.0 mm 厚带钢的冷却速率，连退可达 100 ℃/s，镀锌可达 70 ℃/s。连续退火具备生产 1200 MPa、镀锌具备生产 1000 MPa 汽车用钢的能力。2016 年，河钢邯钢 2 号连续退火产线正式投产，采用 SSAB 工艺技术，均热段温度可达奥氏体区，高氢快冷/水淬（水淬冷却速率在 1000 K/s 以上）技术，在线配置时效处理（可迅速升温至配分区）、酸洗、闪镀镍、平整和拉矫等工艺，具备生产 1500 MPa 以上马氏体钢和第三代汽车板的能力。

河钢集团利用技术创新体系，在中试和产线进行了超高强汽车板工艺创新，实现了超高强 DP 钢、马氏体钢、热成形钢和第三代汽车板生产。采用 TRIP 和 Q&P 工艺开发出超高强汽车板和第三代汽车用钢，如图 2 所示。此外，利用中试平台成功开发抗高温氧化温度 850 ℃以上，具备高耐腐蚀性能，能够进行直接热成形和间接热成形的抗高温氧化镀层热成形钢。

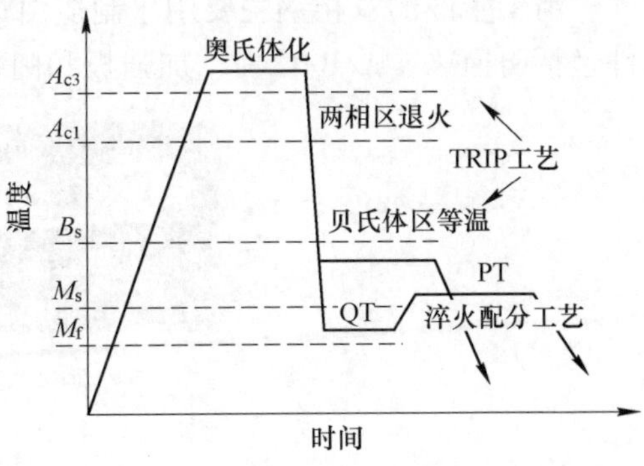

图 2　TRIP、Q&P 钢工艺能力

此外，河钢集团大力推进 EVI 技术服务。开展 EVI 培训，培养工程师 EVI 服务能力；建成了汽车板基础力学性能、基础应用性能和动态力学性能数据库，为用户进行选材设计、结构设计与安全性能模拟仿真等提供参考与数据支撑；建成了模拟仿真平台，可结合河钢汽车板数据库开展材料成形工艺优化、模具优化和应用技术服务等。此外，还可以利用对外合作平台开展车身结构设计和安全性能设计等工作。

4　典型超高强汽车板产品特点

4.1　双相钢

双相钢是河钢集团重点发展品种之一，具有非常广阔的轻量化前景。目前，河钢商业化的双相钢有低屈强比和高屈强比两大系列。低屈强比双相钢具有较低的屈服强度和高伸长率，焊接性和冲压成形性能良好；高屈强比双相钢组织细小均匀，没有明显的带状组织，如图 3 所示。同时，高屈强比双相钢具有较高的屈服强度、高弯曲性能、高焊接性能和高扩孔率，适合辊压成形。集团生产和试制的双相钢产品实物性能见表 2。

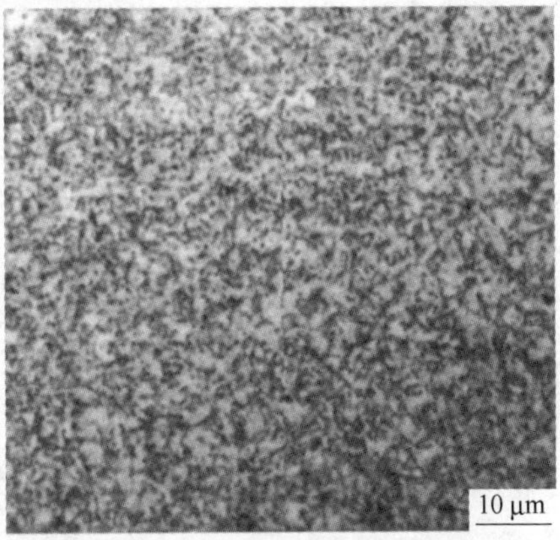

图 3　高屈服双相钢 CR700/980DP 金相组织

表 2　双相钢产品实物性能

钢种	$R_{p0.2}$/MPa	R_m/MPa	A/%
CR260/450DP	274	480	30.0
CR300/500DP	347	520	27.0
CR340/590DP	360	645	25.0
CR420/780DP	460	820	19.0
CR500/780DP	550	860	18.0
CR550/980DP	590	1035	12.0
CR700/980DP	780	1057	11.0
CR820/1180DP	1089	1326	5.7

河钢生产的双相钢主要用于制造白车身结构件、底盘和座椅骨架等。典型的双相钢零件包括防撞梁、A/B/C 柱、加强板和门槛等，图 4 所示为河钢 DP980 制造的座椅零件。

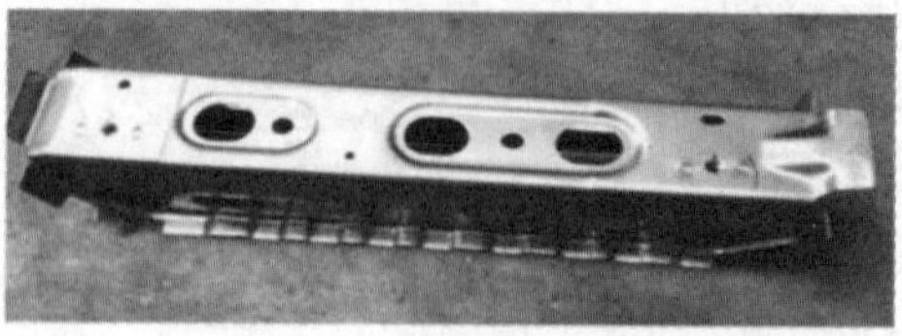

图 4　DP980 钢座椅零件

4.2　马氏体钢

目前，河钢小批量供货的马氏体钢为 MS980、MS1200、MS1300 和 MS1500 四个牌号，实物力学性能见表 3，马氏体钢 MS1500 金相组织如图 5 所示。马氏体钢为单一的马氏体组织，晶粒细小均匀，保证了高屈强比、高弯曲性能、高扩孔性能等。图 6 所示为马氏体钢防撞梁零件。

表 3　马氏体钢实物性能

牌号	$R_{p0.2}$/MPa	R_m/MPa	A/%
MS980	660	1008	10.2
MS1200	980	1264	6.6
MS1300	1201	1323	4.8
MS1500	1449	1612	4.3

图 5　马氏体钢 MS1500 金相组织

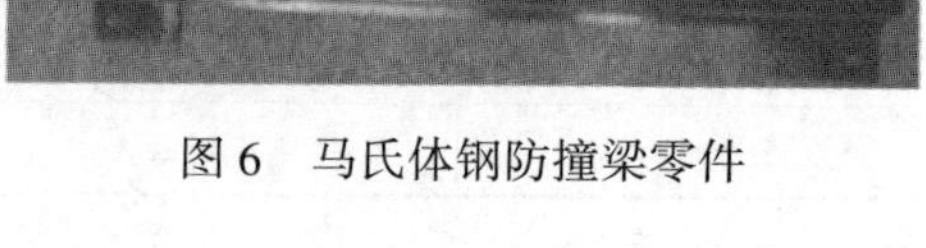

图 6　马氏体钢防撞梁零件

4.3 镀层热成形钢产品

河钢集团利用中试平台成功研发多种抗高强氧化镀层热成形钢，获得 2 项国家发明专利授权。该镀层产品利用镀层元素在热浸镀、随后冷却、热成形均热和冲压工艺过程中，在镀层中形成高熔点合金相和高成形性铝相的骨架结构，并在镀层表面形成抗高温和耐腐蚀薄膜层，使得镀层在具有良好抗高温氧化和热冲压性能，同时具有良好的耐腐蚀性能。热成形钢镀层热浸镀及热冲压成形后金相组织如图 7 所示。

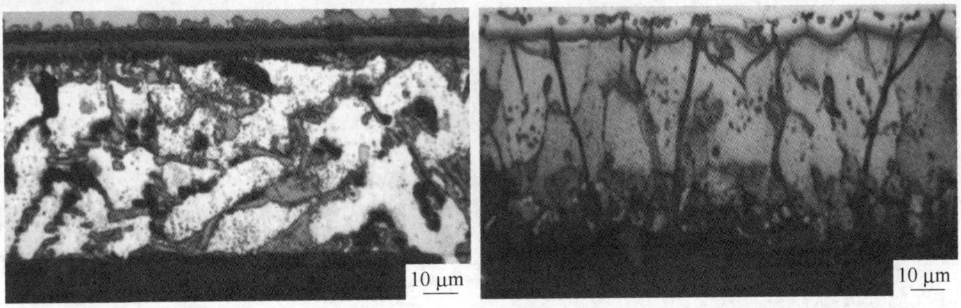

(a) (b)

图 7 热成形钢镀层金相组织

（a）热浸镀后；（b）热冲压成形后

河钢唐钢 Al-Si 产线将在 2017 年年底前投产，届时该技术将在产线上进行推广和应用。

4.4 Q&P 钢

Q&P 钢是河钢开发的战略品种之一，具有超高强度的同时还具有非常好的塑性。河钢经过多年的技术积累与实践摸索，成功开发出适合河钢产线条件的 Q&P 钢，组织由铁素体、马氏体、残余奥氏体组成（见图 8），保证 Q&P 钢无屈服失稳特征，具有低屈强比，高达 23.1GPa · %的强塑积（见表 4），同时具有良好的冲压和弯曲等力学性能。

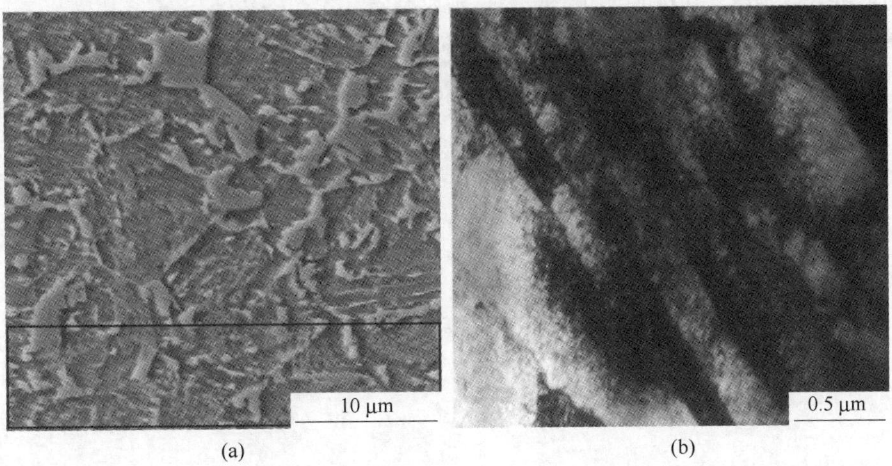

(a) (b)

图 8 工业试制 Q&P 钢组织特点

（a）SEM 组织；（b）TEM 组织

表 4　工业试制 Q&P980 钢力学性能

$R_{p0.2}$/MPa	R_m/MPa	A/%	$R_m \cdot A_{80}$/GPa · %
693	1078	21.4	23.1

由于 Q&P 钢良好的力学性能和应用性能，将在汽车轻量化过程中得到良好的应用[9,10]。Q&P 钢可代替热冲压成形钢制造汽车结构件，提高汽车碰撞性能并改善吸能特性；Q&P 钢可代替高屈强比双相钢，改善成形性能，并进一步提升汽车轻量化效果[10]。

5　结束语

近年来，河钢集团在汽车板生产、研发与销售体系上进行了创新，适应了当前汽车行业轻量化、安全、节能与环保的发展要求。经过不懈努力，河钢集团实现了汽车板面板批量化生产，980 MPa 以下高强汽车板批量商业供货，1500 MPa 以下马氏体钢小批量供货，第三代汽车板产品成功研发与工业试制，实现了汽车用钢板整车制造的目标。河钢集团将进一步在汽车板产品结构升级和 EVI 应用技术上加大研究力度，为汽车轻量化、节能与环保做出自己的贡献。

参 考 文 献

[1] 刘清梅，赵素兰，王铭君，等．国际钢铁企业高强度冷轧汽车板研发实践［J］. 钢铁，2014，31（6）：44.

[2] 张志勤，何立波，高真凤．国外先进钢铁公司汽车板品种综述［J］. 武钢技术，2005，43（6）：41.

[3] 潘秀兰，冯士超，王艳红，等．安赛乐米塔尔汽车用钢技术现状［J］. 冶金信息导刊，2008（2）：41.

[4] 胡俊鸽，周文涛，张东丽．浦项提高竞争力的措施［J］. 冶金信息导刊，2008（4）：15.

[5] 张志勤，何立波，高真凤．蒂森克虏伯钢铁公司汽车板生产现状［J］. 鞍钢技术，2005（5）：6.

[6] 朱久发．宝钢高等级汽车板生产经验剖析［J］. 冶金信息导刊，2006（5）：16.

[7] 齐章国．先进高强度汽车用钢板研究进展与技术应用现状［J］. 河北冶金，2016（1）：1.

[8] 王静．汽车用钢现状及其在邯钢的发展［J］. 河北冶金，2014（9）：67.

[9] 贾国翔，王存宇，宋文英，等．一次淬火马氏体对 Q&P 钢组织和性能的影响［J］. 钢铁，2015，50（5）：69.

[10] 董瀚，曹文全，时捷，等．第 3 代汽车钢的组织与性能调控技术［J］. 钢铁，2011，46（6）：1.

FTSR如何生产高碳钢①

王新东，张洪波，李梦英，杨晓江
（唐山钢铁集团有限责任公司，河北 唐山 063016）

摘　要：薄板坯连铸连轧生产线生产品种相对较少且质量控制难度较大，结合薄板坯连铸连轧生产线的工艺特点和高碳含量钢种的钢种特性，重点分析了铸坯质量的影响因素，采取了优化二冷工艺控制的解决措施，在FTSR薄板坯短流程成功开发出了高碳含量钢种的热轧板卷并具备了批量生产能力，有效地拓展了薄板坯连铸连轧生产线的品种范围。

关键词：薄板坯；连铸连轧；高碳钢；铸坯质量

近年来，薄板坯连铸连轧工艺技术不断完善，市场竞争力日趋增强。我国已有12条薄板坯连铸连轧生产线，成为世界上薄板坯连铸连轧产能最大的国家。但薄板坯连铸连轧生产线生产品种相对较少，仅限于生产中、低碳钢（$w[C]\leqslant 0.35\%$的钢种），而且质量控制难度较大。拓展薄板坯连铸连轧生产线的品种，最大限度地发挥薄板坯短流程的工艺技术优势，成为薄板坯连铸连轧的主要发展方向。

市场调研结果显示，高碳含量钢种（$w[C]\geqslant 0.40\%$）热轧卷板有一定的市场需求，利润空间也较大。目前国内大部分低端高碳含量钢种由窄带钢生产厂家供货，高品质高碳含量钢种热轧卷板仍需进口。依据FTSR薄板坯连铸连轧生产线的技术工艺特点，根据高碳含量钢种的钢种特性，唐钢在FTSR薄板坯短流程成功开发出高碳含量钢种的热轧卷板，并具备了批量生产能力。其生产实践证明：只要工艺参数选择合理，工艺条件满足要求，薄板坯连铸连轧生产线能够生产出高质量的高碳含量热轧卷板。此举充分显示出薄板坯连铸连轧生产高碳含量钢种的工艺技术优势，有效地拓展了薄板坯连铸连轧生产线的品种范围。

1　认清钢种特性　发挥工艺优势

薄板坯连铸连轧的工艺特点。薄板坯短流程具有连铸拉速高、钢水凝固速率大、铸坯直接轧制等特点。唐钢FTSR薄板坯连铸连轧生产线具有独特的结晶器热像图和热流密度曲线，能够全面反映结晶器内坯壳的凝固过程，实时监测各种临界状态，使操作者对结晶器的传热情况一目了然，可以及时调整工艺参数，减少工艺事故的发生；二冷段采用汽水雾化动态冷却控制，并选择合适的气水比，水量调节范围更大，可以达到更好的板坯温度场分布，这样可以避免二冷模式不合理导致的铸坯中间裂纹、皮下裂纹和弯曲矫直裂纹；二冷段采用动态液芯压下技术，可以显著提高铸坯内部质量，减少铸坯的中心偏析和中心

① 原文发表于《中国冶金报》，2014年6月12日第007版。

疏松，破碎粗大的柱状晶，还具备铸坯直接轧制等工艺特点。

高碳含量钢种的钢种特性和工艺控制难点。由铁碳相图可知，碳的含量（质量分数）在0.40%~0.75%时，固液两相区温差较大，表明高碳含量钢种流动性很好，因此在连铸时可采用低过热度浇铸。但是高碳含量钢种板坯内部容易出现疏松、偏析和裂纹等缺陷。常规板坯流程生产高碳含量钢种为解决中心偏析和中心疏松，需要配备电磁搅拌设备。

研究发现，在1200~1000 ℃的温度范围内，高碳含量钢种在结晶器内的收缩率较小，这表明在结晶器内初始坯壳与结晶器铜板间的缝隙小，坯壳和结晶器贴合更紧密，因此对保护渣的润滑性能要求更高。如果保护渣性能不合适，容易发生坯壳黏结或黏结漏钢，铸坯表面容易出现夹渣缺陷，应借助结晶器热像图和热流密度曲线，开发适合高碳含量钢种系列产品的薄板坯连铸结晶器保护渣。

对于钢中碳含量（质量分数）0.10%、0.20%、0.40%及以上的钢种，高温性能差别很大。对于碳含量（质量分数）大于0.40%的钢种即高碳含量钢种，随着碳含量的增加，高温强度下降，高温塑性与中碳钢相当。

薄板坯连铸为了最大限度地减小铸坯厚度，采用动态液芯压下技术，压下幅度高达20 mm。但液芯压下时必须注意如下几点。一是铸坯中心有液体时方能进行液芯压下，如果在铸坯完全凝固后压下，则需要很大的压下力，容易造成扇形段的设备负荷过大，且工艺效果不明显。二是应在坯壳强度和塑性较高的时候压下，以避免铸坯的内部出现中间裂纹。但高碳含量钢种铸坯的高温强度很低，不能承受大的压下形变，因此铸坯内部极易出现裂纹缺陷。三是高碳含量钢种凝固区间很大，如果压下模式不合理，即扇形段各段压下量的分配和最终压下位置不合理，铸坯内部也容易出现裂纹缺陷。由于高碳含量钢种的高温强度低和塑性较差，需要加大二次冷却强度，以降低高碳含量钢种铸坯表面温度，增强其承受压力的能力。薄板坯连铸采用动态二次冷却控制，可以灵活地调整二冷水的喷淋强度和宽度，为控制高碳含量钢种铸坯表面温度创造了条件，可以有效解决高碳含量钢种的内部裂纹问题。

常规板坯线生产高碳含量钢种普遍存在的一个问题是脱碳层超标，而薄板坯连铸连轧生产线实现铸坯直接轧制，铸坯入炉温度高（高达850 ℃以上），加热炉升温幅度小，加热时间短，只有30 min，可以最大限度地减小脱碳层厚度。

2　优化工艺控制　提升实物质量

高碳含量钢种薄板坯连铸结晶器的保护渣开发。高碳含量钢种液相线温度低，浇铸温度也低，坯壳收缩较小。因此高碳含量钢种连铸保护渣最主要的作用是保证结晶器润滑效果，即选用低碱度、低熔点、低黏度和熔速高的保护渣，以提高保护渣的消耗量，满足结晶器的润滑和传热要求。借助于结晶器热像图和热流曲线，唐钢成功开发了薄板坯连铸高碳含量钢种保护渣，有效控制了薄板坯连铸高碳含量钢种时的坯壳黏结和黏结漏钢，为薄板坯连铸生产高碳含量钢种提供了保证。

薄板坯连铸高碳含量钢种的二冷工艺优化。鉴于FTSR流程大规模生产的是中低碳钢，其液芯压下模式已经固化，重新摸索高碳含量钢种的压下模式有一定难度。因此，研发人员试图在保证拉矫温度为850 ℃的前提下，对二冷强度进行优化。在试验初期，借鉴常规板坯生产高碳含量钢种的经验，浇铸高碳含量钢种时采用弱冷模式，减小二次冷却水量，但铸坯内部中间裂纹严重，导致板卷分层、板面轧漏。对此，连铸二次冷却改用强冷模式，浇铸 65Mn 钢时，比水量从 2. 43 L/kg 提高到 3. 1 L/kg，由此降低铸坯表面温度，提高了坯壳强度，消除了铸坯中间裂纹。

分析认为：铸坯在扇形段中出现鼓肚，采用动态液芯压下后，鼓肚和压下导致的铸坯内部固液两相区凝固前沿的应力和应变是产生铸坯中间裂纹的根源。由于压下模式已经固定，针对高碳含量钢种的凝固特点和高温特性，适当增加二冷强度有利于降低高碳含量钢种铸坯表面温度、提高铸坯坯壳强度，有效控制其鼓肚以避免铸坯中间裂纹的发生。生产结果也证明了这一分析。

薄板坯连铸连轧生产高碳含量钢种成分偏析的控制。高碳含量钢种凝固过程容易产生 C、S、P 及部分合金元素的偏析，将影响产品组织性能的均匀性，偏析严重会导致热轧板卷的中心分层缺陷。与常规板坯不同，薄板坯连铸冷却强度大，凝固速率是常规板坯的 10 多倍。采用液芯压下技术可以进一步减少铸坯内部的中心偏析。分析结果也显示：薄板坯短流程生产高碳含量钢种 S55C 碳的最大偏析度是 1. 102，生产 65Mn 碳的最大偏析度为 1. 121，均比常规板坯流程碳的最大偏析度 2. 0 有明显改善。

薄板坯连铸连轧生产高碳含量钢种表面脱碳层的控制。研发人员对 S55C 和 65Mn 产品进行了表面脱碳层深度检验，结果发现，其单侧脱碳层深度均不超过钢板厚度的 0. 8%。标准要求高碳含量钢种总脱碳层深度单面不大于钢带实际厚度 2. 0%，可见薄板坯流程生产的高碳含量钢种的脱碳层高于标准要求。

薄板坯连铸漏斗结晶器的工艺特性分析①

李梦英，张洪波，王兰玉，王新东，杨晓江，杨　杰

（唐山钢铁集团有限责任公司，河北 唐山 063016）

摘　要：通过不同结晶器漏斗及窄边形状和不同的保护渣的对比试验，在平整工序逐卷检验热轧板卷纵裂缺陷，确定了控制低碳钢表面裂纹缺陷的最佳工艺技术路线。在此基础上，研究了薄板坯纵裂的发生机制和漏斗结晶器的连铸工艺特性，为控制薄板坯纵裂提供依据。

关键词：薄板坯连铸；结晶器漏斗形状；表面纵裂；低碳钢

薄板坯连铸结晶器是薄板坯连铸的技术核心，也是薄板坯连铸区别于传统连铸的明显标志。薄板坯连铸采用的漏斗结晶器，使薄板坯连铸得以连续稳定生产。结晶器内钢水的流动、传热以及凝固坯壳的收缩和变形行为，对薄板坯表面质量影响很大。由于铜板带有漏斗形状，初生坯壳在结晶器内除了承受热变形之外，还要承受机械变形。如果结晶器漏斗形状不能与钢液凝固收缩相匹配，会产生更大的应力和应变，导致铸坯表面纵裂问题频繁出现，成为影响产品质量的一个重要因素[1,2]。

唐钢 FTSC 薄板坯连铸采用达涅利 H^2 长漏斗结晶器，窄边为多锥度。不同的钢种凝固收缩曲线不同，每个钢种对应固有漏斗曲线只有一个最佳的连铸拉速。因此，对于固有的漏斗曲线很难满足不同钢种、不同拉速的浇注要求。生产实践也表明，FTSC 薄板坯连铸在浇注低碳钢时，漏钢事故及铸坯表面纵裂非常严重[3,4]，采用调整保护渣和冷却水等常规措施，虽然纵裂的发生有所缓解，但不能达到完全控制纵裂的目的。这说明薄板坯连铸工艺纵裂的发生还有更为深刻的原因，其形成的机制尚有新的特点。本文即通过不同结晶器漏斗及窄边形状和不同保护渣的对比试验，确定了控制低碳钢表面裂纹缺陷的最佳工艺技术路线。

1　薄板坯连铸漏斗结晶器的形状

1.1　薄板坯连铸结晶器宽面形状

FTSC 工艺 H^2 长漏斗结晶器，如图 1 所示。漏斗长度 2100 mm，漏斗自上而下贯穿整个铜板，一直延伸到扇形 0 段的第 5 对支承辊，漏斗最大单侧开口度 40 mm，结晶器出口厚度为 92.5 mm，漏斗区自有锥度为 0.65%。借鉴 CSP 薄板坯连铸工艺的技术特点，与钢铁研究总院联合开发了小漏斗结晶器。小漏斗结晶器铜板最大单侧开口度提高到 50 mm，漏斗区自有锥度提高到 0.87%，取消原 H^2 长漏斗结晶器下部 8 mm 的小漏斗区，结晶器

① 原文发表于《连铸》，2014（3）。

漏斗长度缩短为 900 mm，结晶器下部 300 mm 区域变成平面区，使铸坯在结晶器内结束变形。

图 1　H^2 长漏斗结晶器的形状特征

1.2　薄板坯连铸结晶器窄边形状

借鉴 CSP 工艺，小漏斗结晶器配合单锥度窄边，原有达涅利 FTSC 结晶器窄边采用多锥度，而改进多锥度窄板上半部采用多锥度，下半部为单锥度，是对多锥度窄板的一种优化。不同窄板形貌对比示意图如图 2 所示。

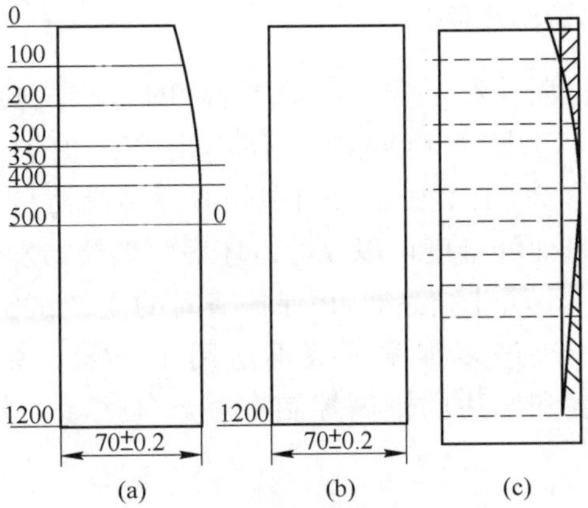

图 2　不同窄板形貌对比示意图
（a）改进多锥度；（b）单锥度；（c）多锥度

2　控制薄板坯连铸铸坯纵裂的生产试验

在低碳钢生产过程中进行不同的结晶器漏斗形状及窄边形状的生产试验。所生产的热轧板卷转至平整工序，在平整速度 30 m/min 时，在线检验板卷上表面裂纹缺陷。有裂纹缺陷的板卷计为不合格板卷，板卷合格率为无裂纹板卷与检验样本的比率。根据试验结果，确定控制低碳钢种的表面纵裂纹缺陷的最佳连铸工艺技术路线。对比试验连铸工艺条件和实际应用效果见表1。

表1　对比试验连铸工艺条件和实际应用效果

结晶器宽面形状	结晶器窄边形状	保护渣类型	板卷检验量/卷	板卷合格率/%
长漏斗	单锥度	M	79	67.74
小漏斗	单锥度	M	68	88.49
长漏斗	单锥度	B	56	71.12
小漏斗	单锥度	B	98	96.03
长漏斗	改进型	B	67	85.71
小漏斗	改进型	B	54	38.40

2.1　结晶器漏斗形状对纵裂的影响

（1）不同结晶器漏斗区形状+单锥度窄板+M保护渣时的生产试验。通过试验结果可以看出，小漏斗结晶器对于低碳钢的裂纹控制能力比长漏斗结晶器要强，但是小漏斗结晶器要想实现理想的效果还要调整保护渣的物化性能。

（2）不同结晶器漏斗区形状+单锥度窄板+B保护渣时的生产试验。由试验结果可以看出，在使用B保护渣条件下，小漏斗结晶器仍然具有优势，表明漏斗结晶器的漏斗区形状对表面裂纹的影响是主要的；另外，保护渣与结晶器漏斗区形状的匹配也十分重要，小漏斗结晶器+B保护渣效果最佳。

2.2　结晶器窄边形状对纵裂的影响

（1）不同窄边形状+长漏斗结晶器+B保护渣时的生产试验。由试验结果可以看出，在使用B保护渣条件下，对于长漏斗结晶器，使用改进窄边的板卷合格率为85.71%，使用单锥度窄边的板卷合格率为71.12%。表明在长漏斗结晶器自有锥度偏小的情况下，用结晶器窄边调整结晶器弯月面处锥度可以改善铸坯表面裂纹的发生，但不能根本控制。

（2）不同的窄板形状+小漏斗结晶器+B保护渣时的生产试验。由试验结果可以看出，在使用B保护渣条件下，改进多锥度窄板不适用于小漏斗结晶器，板卷合格率仅为38.4%。漏斗区的自有锥度和窄边的锥度控制有一最佳区域，并不是弯月面处锥度越大越好。

2.3　结晶器保护渣的理化性能对纵裂的影响

对于薄板坯连铸，因其拉速高，保护渣的润滑和控制传热作用尤为重要。但是，结晶器润滑和控制传热又是矛盾的两个方面，如何在控制传热的同时保证结晶器与坯壳之间的润滑，对薄板坯连铸来讲难度更大。基于此，配合不同的漏斗及窄边形状试验了两种低碳钢使用的护渣。两种低碳钢用保护渣的理化性能见表2。

从试验结果可见：小漏斗和单锥度窄边，使用B保护渣控制住裂纹的能力最强；其次是小漏斗和单锥度，使用M保护渣。

表 2　低碳钢用保护渣理化性能

类型	SiO_2/%	CaO/%	Al_2O_3/%	MgO/%	MnO/%	Na_2O/%	*F*/%	*TC*/%	*R*	半球点温度/℃	1300 黏度/(Pa·s^{-1})
B	30.75	33.79	4.85	1.26	3.21	7.89	7.72	9.32	1.10	1100	0.154
M	31.3	36.6	3.3	0.9	0.39	7.2	8.0	8.2	1.11	1143	0.135

3　薄板坯纵裂机制与漏斗结晶器工艺特性

3.1　薄板坯纵裂机制分析

在热轧板卷裂纹缺陷位置取金相试样，检验垂直于裂纹板卷的横截面。在光学显微镜下观察，其微观形貌如图 3 所示。可以看出：表面裂纹不只沿着轧制方向延伸，沿横向也有扩展，裂纹与钢板的基体相连。在放大 500 倍下观察，裂纹内部有非金属物质。

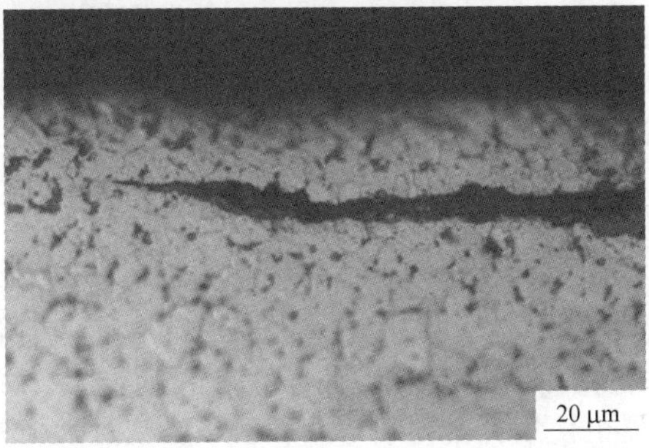

图 3　试样 1 裂纹缺陷位置的光学显微照片

为了进一步找到裂纹发生的原因，对缺陷位置进行了扫描电镜及能谱分析，如图 4 所示。从分析结果可以看出，裂纹内部位置 1 处非金属物质为典型的保护渣成分，说明纵裂是在连铸结晶器内形成的；位置 2 处为典型的氧化铁成分，也说明纵裂是在连铸形成，在后续加热和轧制过程中，裂纹内部被氧化而形成氧化铁皮。铸坯在结晶器内受传热和支撑两方面作用，结晶器内传热不均匀会使坯壳生长不均匀而导致纵裂发生，同时结晶器铜板对坯壳支撑过度或支撑不足，都会使坯壳承受过大的机械应力而导致纵裂发生。常规板坯

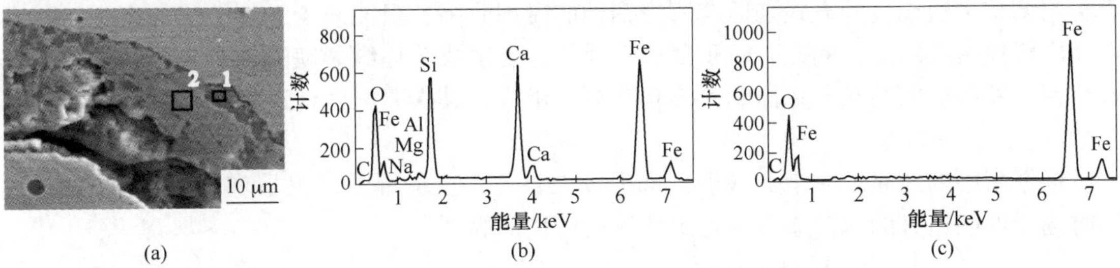

图 4　试样 1 裂纹缺陷位置的扫描电镜低倍照片和能谱分析

（a）电镜下的显微形貌；（b）能谱分析［图 4（a）位置 1 处］；（c）能谱分析［图 4（a）位置 2 处］

连铸使用平行板结晶器，坯壳所承受的机械应力较小，结晶器的支撑作用不突出，控制纵裂重点为控制结晶器的传热。薄板坯连铸使用漏斗结晶器，坯壳在结晶器内需承受较大的机械变形，因此结晶器的支撑作用就凸显出来。

3.2　结晶器漏斗曲线及自有锥度的选择

低碳钢和中碳钢在结晶器内的凝固收缩特性[5]如图5所示，低碳钢在结晶器上部凝固收缩较大，在结晶器中部凝固收缩较小，而在结晶器下部低温区的凝固收缩又较大。达涅利FTSC工艺结晶器漏斗区的自有锥度只有0.65%，在本身自由锥度偏小的情况下，下部还有8 mm小漏斗。其宽面的漏斗形状无法适应低碳钢的凝固收缩，采用大幅度增加窄面锥度的方式挤压宽面坯壳可弥补宽面铜板锥度的不足，但无论使用多锥度还是单锥度窄板，会导致弯月面区域锥度的过大或不足，因此，要控制低碳钢纵裂的发生必须增加FTSC结晶器漏斗区的自有锥度。

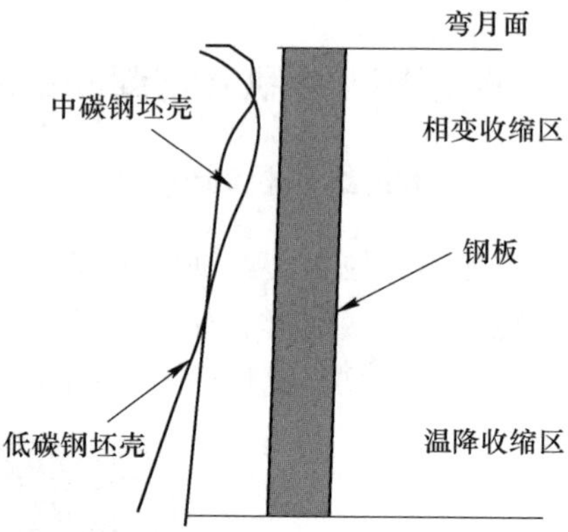

图5　不同钢种的凝固特性

3.3　结晶器窄板形状的选择

图2中3种窄板，结合不同钢种的凝固收缩特性可以看出，多锥度窄板下部锥度偏小，不适合低碳钢的凝固收缩特性。改进多锥度窄板既解决了浇注低碳钢时结晶器中下部锥度不足的问题，又解决了弯月面区域锥度偏小的问题，控制裂纹能力较强。但是改进多锥度窄板在小漏斗结晶器上使用，会导致弯月面区域锥度过大，铸坯表面纵裂缺陷更严重。单锥度窄板适应低碳钢在结晶器下部凝固收缩较大的特点，但在保证结晶器下部锥度的同时，弯月面区域锥度明显不足，铸坯裂纹发生率较高。

3.4　漏斗结晶器的工艺特性

从保证结晶器铜板良好的支撑作用和较少变形应力方面出发，薄板坯连铸结晶器的漏斗区形状应尽量与钢种的凝固收缩曲线相吻合。如果漏斗曲线变化不适应所浇钢种的凝固收缩特性，任何一种保护渣均不能解决铸坯纵裂问题。而同一种漏斗形状，使用不同的保护渣，纵裂缺陷的发生率又有很大的差别。如果结晶器铜板形状不能满足所浇钢种的要求，用调整窄边锥度的方式来适应所浇钢种的凝固收缩，只能减少纵裂缺陷的产生，而不能彻底解决裂纹缺陷。因此，对于薄板坯连铸，要解决铸坯纵裂缺陷，首先要设计与钢种收缩特性相适应的结晶器宽面漏斗形状及自有锥度，其次要配合合适的结晶器窄板形状和保护渣。

根据唐钢的经验，对于低碳钢，采用较大自有锥度的漏斗结晶器和单一锥度的窄边，同时选择性能适宜的保护渣可以稳定地控制铸坯的纵裂。

4　结束语

初生坯壳在结晶器内需承受热应力和机械应力，对于常规板坯连铸而言，其平行板结晶器使坯壳所承受的机械应力较小，坯壳在结晶器内主要承受热应力，因此，控制铸坯纵裂的要点是控制结晶器内传热的均匀性。而对于采用漏斗型结晶器的薄板坯连铸而言，漏斗曲面的变化使坯壳承受较大的机械变形，因此铸坯在凝固过程中需要承受热应力和机械应力的交织作用。控制薄板坯纵裂就需同时考虑热应力和机械应力，而漏斗曲面形状与拉速和钢种凝固收缩的配合问题使机械变形和机械应力成为控制纵裂的主要影响因素。因此，薄板坯连铸结晶器漏斗形状对铸坯纵裂的影响应引起高度重视。

通过上述分析可以看出，与使用平行板结晶器的常规连铸相比，薄板坯连铸铸坯表面纵裂形成的机制更复杂，形成的影响因素更多，工艺控制的难度也越大。漏斗结晶器的使用造成薄板坯连铸所要求的工艺条件更苛刻、工艺窗口更狭窄。这样看来平行板结晶器仅是漏斗形结晶器的一个特例，却是最适合连铸生产的结晶器最佳形式，而漏斗形结晶器则是薄板坯连铸的无奈选择。由于薄板坯连铸采用漏斗结晶器与生产的高拉速，控制铸坯纵裂的难度比常规连铸大得多，所以，对薄板坯连铸需要建立新的连铸结晶器工艺条件的匹配关系，以实现薄板坯连铸的铸坯高质量。无论怎样，从控制纵裂的角度，首先应根据拉速的要求确定漏斗的形状与自有锥度，其次根据钢种的连铸工艺特性选择单一或多锥度窄边形状及窄边锥度，最后选择性能适宜的保护渣，这样才能有效控制薄板坯连铸的铸坯纵裂问题。

参考文献

[1] 干勇. 薄板坯连铸结晶器技术及钢种开发的几个问题分析 [J]. 上海金属，2006，28（1）：5.

[2] 王义芳. CSP 薄板坯表面裂纹的影响因素 [J]. 钢铁，2006（7）：25.

[3] 张慧，吴夜明，徐李军，等. 唐钢新型薄板坯连铸结晶器的设计和使用效果 [J]. 钢铁，2007，42（5）：19.

[4] 杨杰，胡庆利，李军，等. 唐钢 FTSC 工艺薄板坯纵裂原因分析及改进 [J]. 河南冶金，2008（4）：41.

[5] 王宝刚，李颖斌，杨杰，等. 薄板坯连铸低碳冷轧用钢保护渣的研究与开发 [J]. 连铸，2007（4）：40.

FTSR 薄板坯连铸连轧工艺与高碳含量钢种的生产[①]

王新东，张洪波，李梦英，杨晓江，陈礼斌，杨　杰，刘丽萍

（河北钢铁股份有限公司唐山分公司，河北 唐山 063016）

摘　要：本文介绍了 FTSR 薄板坯连铸连轧生产线的工艺技术特点，分析了高碳含量钢种的连铸工艺特性，讨论了唐钢 FTSR 生产线开发高碳含量钢种出现的工艺质量问题，特别是薄板坯所采取的针对性的工艺措施，从而实现了薄板坯连铸高碳含量钢种的稳定生产及铸坯质量的有效控制，充分发挥了薄板坯连铸连轧生产线的技术优势，拓展了薄板坯连铸连轧生产线的品种范围。

关键词：薄板坯连铸连轧；高碳含量钢种；保护渣；动态液芯压下

1　前言

近年来，薄板坯连铸连轧工艺技术不断完善，市场竞争力日趋明显。但薄板坯连铸连轧生产线生产品种相对较少，仅限于生产中、低碳钢（$w[C] \leqslant 0.35\%$的钢种），而且质量控制难度较大。拓展薄板坯连铸连轧生产线的品种，最大限度地发挥薄板坯短流程的工艺技术优势，成为薄板坯连铸连轧的主要发展方向。经市场调研，高碳含量钢种（$w[C] \geqslant 0.40\%$）热轧卷板有一定的市场需求，利润空间也较大，目前国内大部分低端高碳含量钢种由窄带钢生产厂家供货，高品质高碳含量钢种热轧卷板仍需进口。依据 FTSR 薄板坯连铸连轧生产线的技术工艺特点，根据高碳含量钢种的钢种特性，唐钢 2009 年开始在 FTSR 薄板坯短流程开发高碳含量钢种。

2　薄板坯连铸连轧工艺特点与高碳含量钢种的钢种特性

2.1　薄板坯连铸连轧的工艺特点

薄板坯短流程具有连铸拉速高，钢水凝固速率大，铸坯直接轧制等特点。唐钢 FTSR 薄板坯连铸连轧生产线具有独特的结晶器热像图和热流密度曲线，全面地反映结晶器内坯壳的凝固过程，实时监测各种临界状态，使对结晶器的传热情况一目了然，可以及时调整工艺参数，减少工艺事故的发生；二冷段采用汽水雾化动态冷却控制，并选择合适的气水比，水量调节范围更大，可以达到更好的板坯温度场分布，这样可以解决由于二冷模式不合理导致的铸坯中间裂纹、皮下裂纹和弯曲矫直裂纹；二冷段采用动态液芯压下技术，可以显著提高铸坯内部质量，减少铸坯的中心偏析和中心疏松，破碎粗大的柱状晶；另外，薄板坯连铸连轧生产线实现铸坯直接轧制等工艺特点。

① 原文发表于第九届中国钢铁年会论文集。

2.2 高碳含量钢种的钢种特性和工艺控制难点

由铁碳相图可知，碳的含量在0.40%~0.75%时，固液两相区温差较大，表明高碳含量钢种流动性很好，因此在连铸时可采用低过热度浇注[1]。但是高碳含量钢种板坯内部容易出现疏松、偏析和裂纹等缺陷。常规板坯流程生产高碳含量钢种为解决中心偏析和中心疏松需要配备电磁搅拌设备。

不同碳含量在高温下铸坯收缩率的情况如图1所示。从图1可见，在1200~1000 ℃的温度范围内，高碳含量钢种在结晶器内的收缩率较小，这表明在结晶器内初始坯壳与结晶器铜板间的缝隙小，坯壳和结晶器贴合更紧密，所以对保护渣的润滑性能要求更高，如果保护渣性能不合适，容易发生坯壳黏结或黏结漏钢。铸坯表面容易出现夹渣缺陷。借助结晶器热像图和热流密度曲线，开发适合高碳含量钢种系列产品的薄板坯连铸结晶器保护渣。

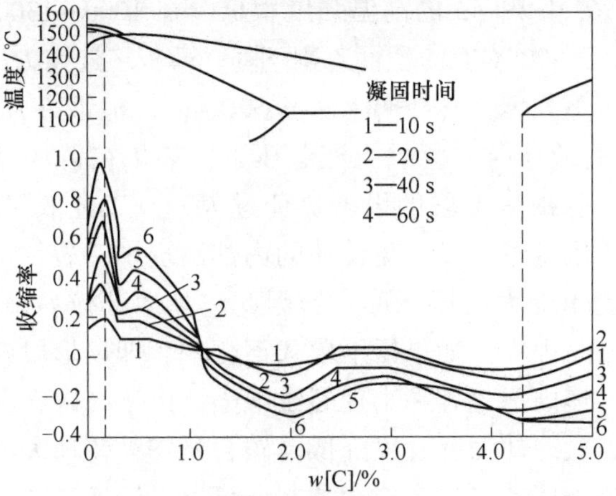

图1 凝固初期碳钢收缩的变化

不同碳含量的钢在凝固温度下的高温性能如图2所示。从图2可见，对于钢中碳含量0.10%、0.20%、0.40%及以上的钢种，高温性能差别很大，对于碳含量大于0.40%的钢种，也就是高碳含量钢种，随着碳含量的增加，高温强度下降，高温塑性与中碳钢相当。在Gleeble3500热模拟试验机上对65Mn和45高温力学性能进行测试，测试结果如图3所示。

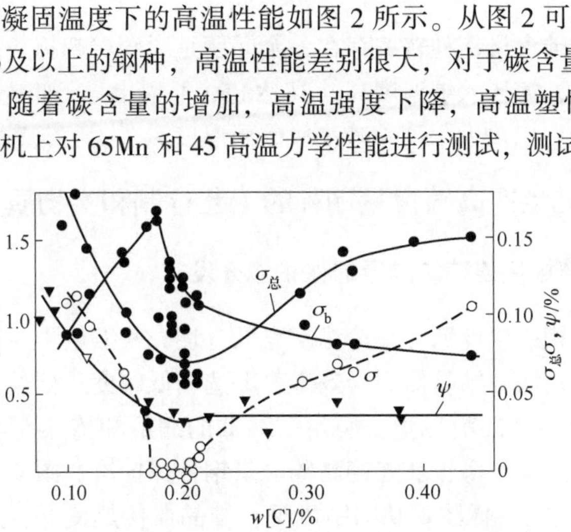

图2 不同碳含量的钢在凝固温度下的高温性能

σ—伸长率；$\sigma_总$—总的允许伸长率；σ_b—抗压强度；ψ—断面收缩率

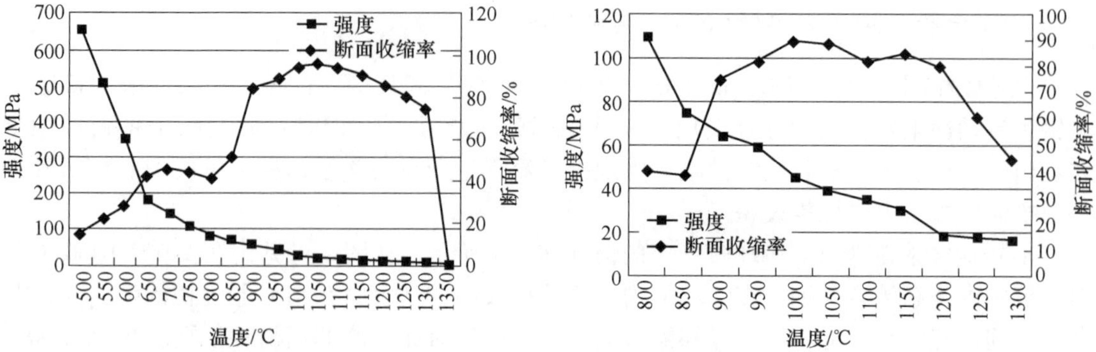

图 3　65Mn 和 45 高温热塑性曲线

从图 3 可以看出，65Mn 和 45 的高温强度很低，在 1000～1300 ℃时，高温强度低于 10～30 MPa，在温度低于 900 ℃时，塑性急剧下降。薄板坯连铸为了最大限度地减小铸坯厚度，采用动态液芯压下技术，压下幅度高达 20 mm。但液芯压下时必须注意如下几点[2]：（1）铸坯中心有液体时方能进行液芯压下，如果在铸坯完全凝固后压下，则需要很大的压下力，容易造成扇形段的设备负荷过大，且工艺效果不明显；（2）应在坯壳强度和塑性较高的时候压下，以避免铸坯的内部出现中间裂纹。但高碳含量钢种铸坯的高温强度很低，不能承受大的压下形变，因此铸坯内部极易出现裂纹缺陷；（3）由于高碳含量钢种凝固区间很大，如果压下模式不合理，即扇形段各段压下量的分配和最终压下位置不合理，铸坯内部也容易出现裂纹缺陷。由于高碳含量钢种的高温强度低和塑性较差，需要加大二次冷却强度，以降低高碳含量钢种铸坯表面温度，增强其承受压力的能力。薄板坯连铸采用动态二次冷却控制，可以灵活地调整二冷水的喷淋强度和宽度，为控制高碳含量钢种铸坯表面温度创造了条件，可以有效地解决高碳含量钢种的内部裂纹问题。

常规板坯生产高碳含量钢种普遍存在一个问题是脱碳层超标，而薄板坯连铸连轧生产线实现铸坯直接轧制，铸坯入炉温度高（高达 850 ℃以上），加热炉升温幅度小，加热时间短，只有 30 min，可以最大限度地减小脱碳层厚度。

3　薄板坯连铸连轧生产高碳含量钢种的工艺控制和实物质量

3.1　高碳含量钢种薄板坯连铸结晶器的保护渣开发

高碳含量钢种液相线温度低，浇铸温度也低，坯壳收缩较小。因此高碳含量钢种连铸保护渣最主要的作用是保证结晶器润滑效果，即选用低碱度、低熔点、低黏度和熔速高的保护渣[3]，以提高保护渣的消耗量，满足结晶器的润滑和传热要求。借助于结晶器热像图和热流曲线，成功开发了薄板坯连铸高碳含量钢种保护渣。图 4 和图 5 为优化前与优化后保护渣浇注 65Mn 时的热像图。从图中可见：结晶器传热良好，热流稳定。保护渣的成功开发有效控制了薄板坯连铸高碳含量钢种时的坯壳黏结和黏结漏钢，为薄板坯连铸生产高碳含量钢种提供了保证。

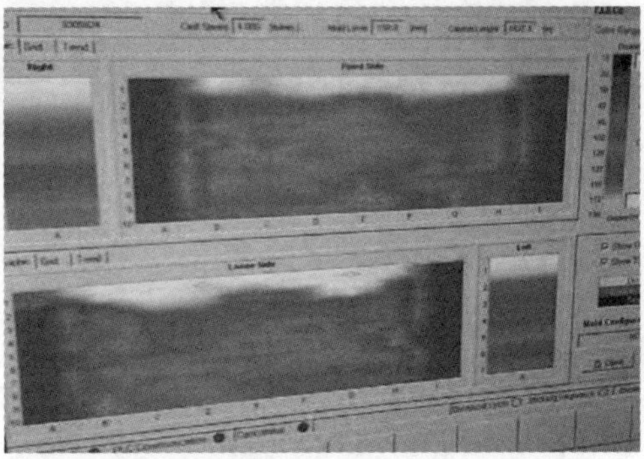

图 4　U1 保护渣浇注 65Mn 的热像图

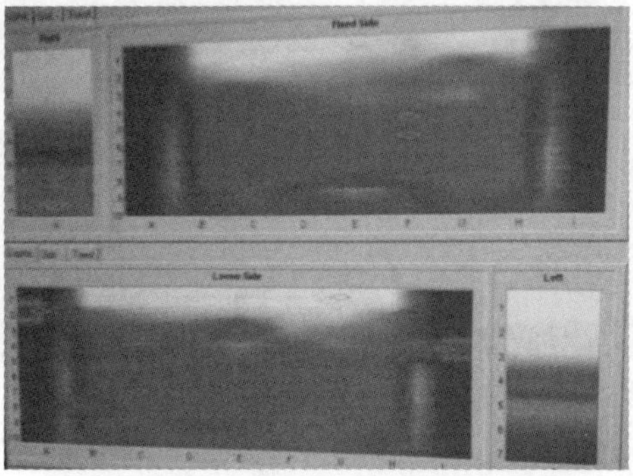

图 5　U3 保护渣浇注 65Mn 的热流

3.2　薄板坯连铸高碳含量钢种的二冷工艺优化

鉴于 FTSR 流程大规模生产的是中低碳钢，其液芯压下模式已经固化，重新摸索高碳含量钢种的压下模式有一定难度。因此，试图在保证拉矫温度为 850 ℃的前提下，对二冷强度进行优化。在试验初期，借鉴常规板坯生产高碳含量钢种的经验，浇注高碳含量钢种时采用弱冷模式，减小二次冷却水量，但铸坯内部中间裂纹严重，导致板卷分层、板面轧漏。为此连铸二次冷却采用强冷模式，浇注 65Mn 时，比水量从 2.43 L/kg 提高到 3.1 L/kg。由此降低铸坯表面温度，提高了坯壳强度，消除了铸坯中间裂纹。二冷强度优化前后的 65Mn 铸坯横断面低倍分析结果如图 6 和图 7 所示。

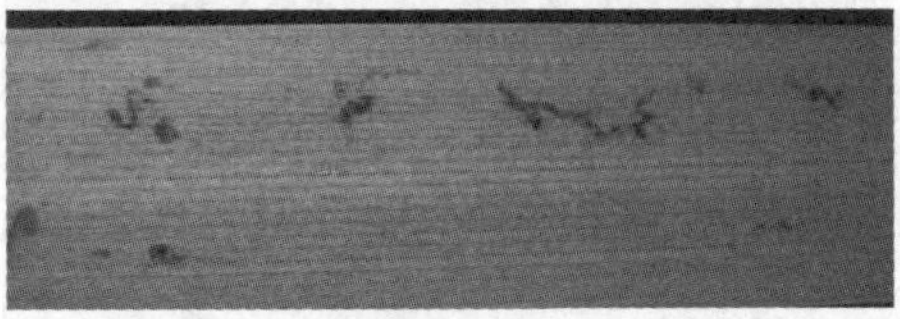

图 6　65Mn 低倍（2.43 L/kg）

图 7　65Mn 低倍（3.1 L/kg）

分析认为：铸坯在扇形段中出现鼓肚，采用动态液芯压下后，鼓肚和压下导致的铸坯内部固液两相区凝固前沿的应力和应变是产生铸坯中间裂纹的根源。由于压下模式已经固定，针对高碳含量钢种的凝固特点及高温特性，适当增加二冷强度有利于降低高碳含量钢种铸坯表面温度、提高铸坯坯壳强度，有效控制其鼓肚以避免铸坯中间裂纹的发生，生产结果也证明了这一分析[4]。

3.3　薄板坯连铸连轧生产高碳含量钢种成分偏析的控制

高碳含量钢种凝固过程容易产生 C、S、P 及部分合金元素的偏析，将影响产品组织性能的均匀性，偏析严重会导致热轧板卷的中心分层缺陷。与常规板坯不同，薄板坯连铸冷却强度大，凝固速率是常规板坯的十多倍。采用液芯压下技术可以进一步减少铸坯内部的中心偏析。使用金属原位分析仪（OPA-100）对 S55C 和 65Mn 铸坯进行了碳含量分析，其结果如图 8 和图 9 所示。

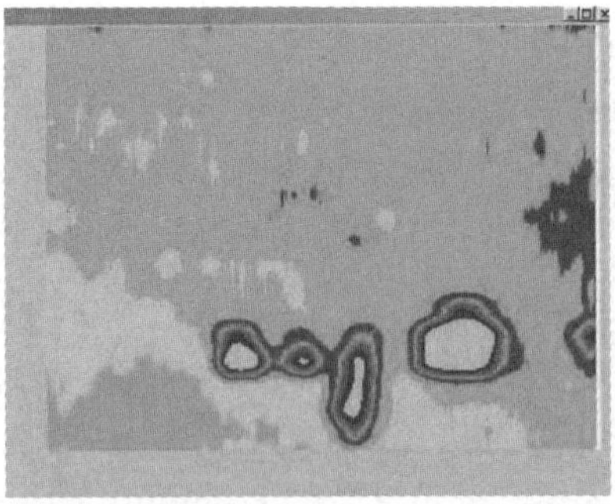

图 8　S55C 中心偏析（C）

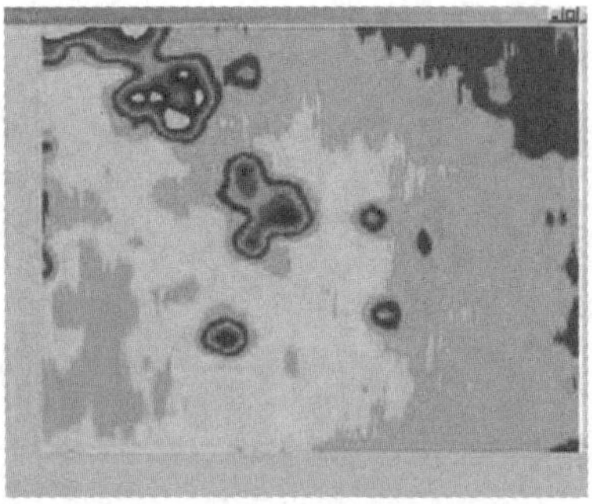

图 9　65Mn 中心偏析（C）

从分析结果看：薄板坯短流程生产高碳含量钢种 S55C 碳的最大偏析度是 1.102，65Mn 碳的最大偏析度为 1.121。较常规板坯流程碳的最大偏析度 2.0 有明显改善。

3.4　薄板坯连铸连轧生产高碳含量钢种表面脱碳层的控制

对 S55C 和 65Mn 产品进行了表面脱碳层深度检验，结果见图 10，可见其单侧脱碳层深度均不超过钢板厚度的 0.8%。标准要求高碳含量钢种总脱碳层深度单面不大于钢带实际厚度 2.0%。可见薄板坯流程生产的高碳含量钢种脱碳层高于标准要求。

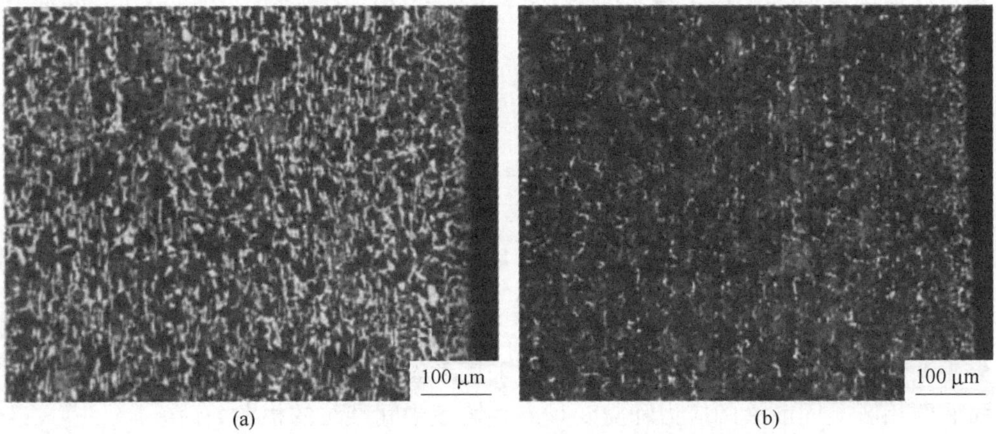

图 10　S55C 与 65Mn 表面脱碳检测结果

（a）S55C；（b）65Mn

4　结论

经过十多年的发展，中国已有 12 条薄板坯连铸连轧生产线，成为世界上薄板坯连铸连轧产能最高的国家。历经三年，唐钢在 FTSR 薄板坯连铸连轧生产线生产高碳含量钢种热轧卷板，生产工艺稳定，产品质量优良，具备了批量生产能力。到 2012 年 10 月，已累计生产高碳含量钢种近 5 万吨，月产可达 1 万吨。生产实践证明：只要工艺参数选择合理，工艺条件满足要求，薄板坯连铸连轧生产线能够生产出高质量的高碳含量热轧卷板，充分显示出生产高碳含量钢种的工艺技术优势，有效地拓展了薄板坯连铸连轧生产线的品种范围。

参考文献

[1] 冯文圣，赵继宇，易卫东．低过热度浇铸工艺在高碳钢连铸生产中的应用［J］．连铸，2005（2）：15-16.

[2] 杨春政，张洪波，杨杰，等．薄板坯连铸动态液芯压下技术的应用与完善［J］．钢铁，2004，39（增刊）：468-471.

[3] 胡会军．板坯连铸高碳锯片钢生产实践［J］．宝钢技术，2005（2）：4-6.

[4] 李梦英，王云阁，杨杰，等，高碳钢薄板坯连铸工艺研究［J］．连铸，2012（5）：1-5.

高碳钢薄板坯连铸工艺研究①

王新东，李梦英，王云阁，杨　杰，王　斌，郝常鑫，刘丽萍

（河北钢铁集团唐钢公司，河北 唐山 063016）

摘　要：通过对高碳钢的钢种特性分析及高温力学性能的测定，结合唐钢 FTSC 薄板坏生产线的设备工艺特点，对高碳钢浇铸温度、结晶器保护渣性能，尤其是二冷强度进行了优化，消除了铸坯表面夹渣、重皮及中间裂纹等缺陷，显著降低了铸坯缺陷发生率，提高了产品质量。

关键词：薄板坯连铸；高碳钢；裂纹；保护渣；二冷强度

1　前言

热轧宽带高碳钢是先进钢铁材料研究的重要领域之一，是航天航空、交通运输和机械制造等国民经济骨干产业发展急需的重要基础材料。目前，我国热轧中高碳带钢主要是热轧窄带钢，质量不高，品种不全，无法满足相关行业发展的需求，高品质热轧中高碳宽带钢主要依赖进口。

随着国内十三条薄板坯连铸连轧生产线的投入使用，薄板坯短流程的产能已达 3000 万吨以上，但生产品种相对单一，以中低碳钢为主。高碳钢受钢种特性的影响，板坯内部容易出现裂纹、偏析和疏松等缺陷，通常情况下，为控制此类缺陷，常规板坯连铸机必须配备电磁搅拌设备，而薄板坯短流程生产线由于其设备工艺特点，具有生产高碳钢的技术优势。其冶金特点有：（1）快速凝固，使得宏观中心偏析大为改善；（2）连铸坯液芯压下技术可以显著改善中心偏析和中心疏松，从而替代电磁搅拌作用；（3）在二次冷却区采用动态冷却模式，根据液芯位置适时调整二次冷却强度，得到表面及内部质量良好的连铸坯。另外，借助于结晶器热像图和热流曲线，可以直观地判断结晶器保护渣的性能优劣，便于开发结晶器保护渣。经过近两年的研究与实践，唐钢 FTSC 薄板坯连铸已能生产出高品质的高碳钢热轧卷板。

2　高碳钢生产工艺流程及 FTSC 连铸设备参数

根据唐钢现有的装备特点，结合薄板坯短流程的技术优势，确定高碳钢的生产工艺流程为：150 t 铁水预处理→150 t BOF→150 t LF→FTSC 薄板坯连铸机→辊底式加热炉→2R+5F→层流冷却→地下卷取→成品。FTSC 薄板坯连铸设备主要技术参数见表 1。

---

①　原文发表于 2012 年河北省炼钢-连铸生产技术与学术交流会。

表 1 唐钢 FTSC 薄板坯连铸机主要技术参数

项目	参数
钢包容量/t	160
连铸机型式	直弧型，直线段高度 1.95 m
铸机主半径/mm	5000，多点弯曲和矫直
结晶器	长漏斗型（带漏钢预报系统）
中间包容量/t	38，溢流 42
冶金长度/m	14.24
铸坏浇铸断面/mm×mm	(92/72)×(860~1730)
拉速/(m · min^{-1})	2.8~6.0
二次冷却	根据不同的钢种及拉速对应冷却制度
结晶器冷却	水孔布置，宽面水速 10 m/min，窄面水速 8 m/min
结晶器振动	振幅：±0~10 mm；频率：0~420 次/min
扇形段布置	共 10 个扇形段，14 个冷却环路

3 高碳钢的钢种特性分析及试验室研究

3.1 高碳钢的化学成分

高碳钢的碳含量一般在 0.50%~0.80%，锰含量也较高，如 65Mn 其化学成分见表 2，此类钢的铸坯在凝固时组织应力和热应力较大，塑性较低，易产生裂纹缺陷，连铸工序的关键是在工艺上满足该钢种的要求，避免铸坯产生裂纹。

表 2 65Mn 的化学成分（质量分数） (%)

C	Mn	S	P	Si	N
0.62~0.70	0.90~1.20	50.015	0.020	0.17~0.37	50.0060

3.2 铁碳相图

高碳钢的铁碳相图如图 1 所示。由图 1 可见，对于含碳量 0.65%的高碳钢，其凝固区间高达 80 ℃，这意味着高碳钢流动性好，不易冻钢，因此可以采用低过热度浇钢。但同时也意味着如果连铸工艺不当，铸坯内部容易出现中心偏析、中心疏松和中心裂纹等缺陷。

3.3 高温下含碳量对碳钢铸坯收缩率的影响

高温下含碳量对碳钢铸坯收缩率的影响如图 2 所示。从图 2 可见，在 1200~1000 ℃的温度范围内，结晶器内高碳钢的收缩率较小，表明在结晶器内初始坯壳与结晶器铜板间的缝隙较小，坯壳和结晶器接触更紧密，假如保护渣性能不合适，铸坯表面就容易出现夹渣和重皮等缺陷。

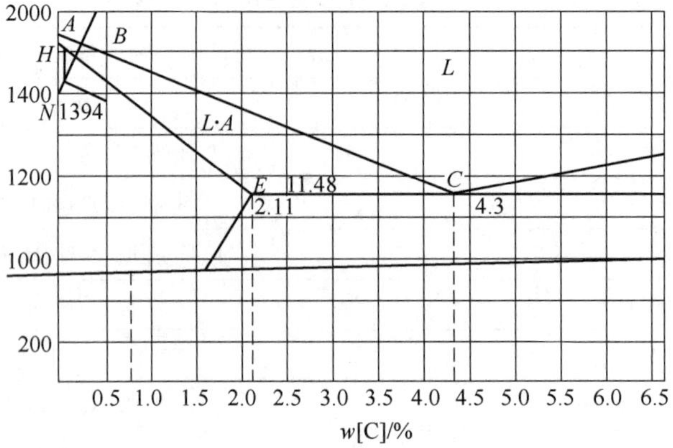

图 1　铁碳相图

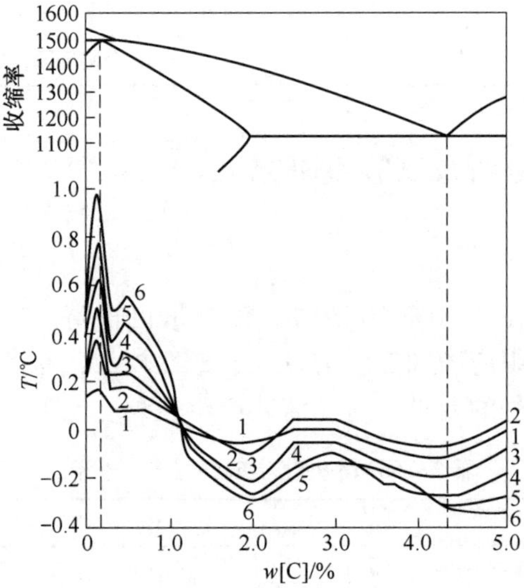

图 2　凝固初期碳钢收缩的变化

3.4　钢的成分对结晶器传热的影响

钢中碳含量对结晶传热的影响如图 3 所示。由图 3 可见，当含碳量（质量分数）在 0.50%~0.80%时，平均热流密度最大，有利于铸坯坯壳的形成。

3.5　高碳钢高温热塑性的测定

在 FTSC 薄板坯流程生产的 65Mn 铸坯上切取 ϕ10 mm×110 mm 的高温热塑性标准试样，其化学成分见表 3，在 Gleeble-3500 热模拟试验机上测定其各温度下的断面收缩率与抗拉强度，实验工艺曲线如图 4 所示，断面收缩率与抗拉强度随温度的变化曲线如图 5 所示。

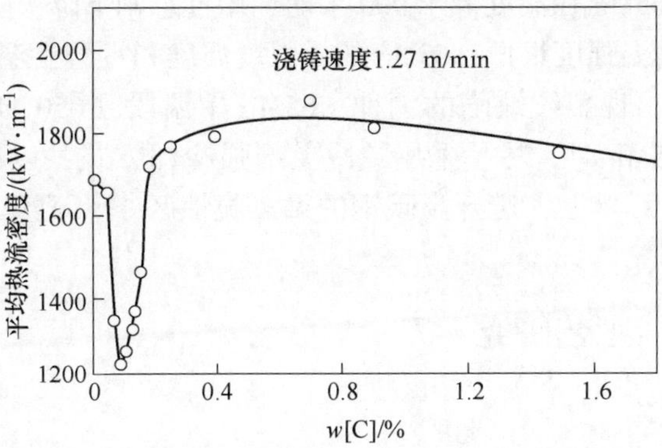

图 3　结晶器的平均热流密度与钢中碳含量的关系

表 3　试验钢的化学成分（质量分数）　(%)

C	Mn	S	P	Si
0. 65	0. 96	0. 005	0. 015	0. 26

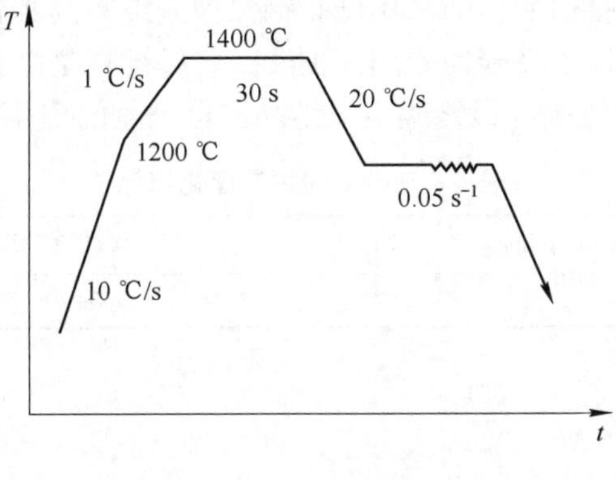

图 4　热模拟工艺曲线

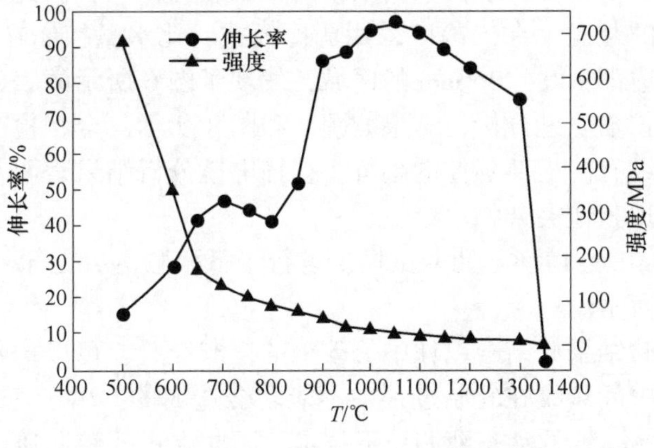

图 5　高温下 65Mn 断面收缩率与抗拉强度随温度的变化曲线

从图 5 可以看出，65Mn 在温度低于 900 ℃时，塑性急剧下降，随着温度降低，700 ℃塑性稍有提高；65Mn 的高温强度很低；65Mn 的零强度温度和零塑性温度基本相同为 1350 ℃，说明 65Mn 是表面不易出现裂纹缺陷的钢种。65Mn 中温段（650～850 ℃）强度和塑性均较差，因此，在浇铸 65Mn 时，尽量采用二冷上部强冷却方式，以减少铸坯内部缺陷。但要保证矫直温度在 850 ℃以上，避开高碳钢的第三脆性区[1]，避免铸坯角部出现矫直横裂纹缺陷。

4 高碳钢薄板坯连铸工艺研究

4.1 过热度的确定

从图 1 可知，65Mn 的凝固区间大约为 80 ℃，钢水的流动性非常好，为了减少中心疏松和中心偏析，采用低过热度浇铸[2]，一般将过热度控制在 20～25 ℃，中包温度控制在 1495～1500 ℃。

4.2 结晶器保护渣的优化

结晶器保护渣具有润滑、控制传热、保温和吸附夹杂等作用，而对于高碳钢，保护渣的首要作用是润滑。在试验初期，曾采用低碳钢保护渣浇铸高碳钢。随后，根据钢种特性和连铸机工艺特点重新设计了高碳钢专用保护渣，其关键点是降低熔化温度，降低碱度和黏度[3]。经过反复多次的试验，最终确定了结晶器保护渣的理化性能。其理化指标见表 4。

表 4 高碳钢保护渣理化指标

SiO_2	CaO	Al_2O_3	MgO	Na_2O	TC	熔点/℃	熔速 s	1300 ℃黏度/Pa · s
27～29	25～28	3～6	2～5	9～12	7～9	960±20	20±5	0. 09±0. 005

4.3 连铸二冷强度的优化

按照传统的凝固理论，常规板坯连铸机浇铸高碳钢时，为了减少铸坯中心偏析和中心疏松的缺陷，在二次冷却区一般采用弱冷模式。由于高碳钢超出唐钢 FTSC 薄板坯短流程生产线的产品范围，设备供应商未提供高碳钢的二次冷却模型，因此在试验初期，浇铸高碳钢时借鉴常规板坯的经验，在二冷区采用弱冷模式，比水量控制在 2. 43 L/kg，结果在轧制之后，靠近板卷边部 100～200 mm 的区域，发现了图 6 所示的表面缺陷。在缺陷部位切取试样进行金相和扫描电镜分析，结果如图 7 和图 8 所示。金相检验结果表明：裂纹部位组织无方向性，裂纹有向内部延伸的趋势。扫描电镜分析结果表明：裂纹部位只有氧化铁和少量的磷，未发现其他夹杂物。

在同期生产的 65Mn 连铸坯上切取试样，进行了低倍检验，结果在铸坯内部发现了裂纹缺陷，照片如图 9 所示。

根据试验室的检验结果并结合以往中低碳钢的生产经验，可以推断：板卷表面出现上述缺陷是由于连铸坯中间裂纹在轧制过程中不能轧合造成的。由于唐钢 FTSC 薄板坯连铸机采用了大幅度（20 mm）的动态液芯压下技术，因此在进行液芯压下时，必须注意如下几点[4]：（1）铸坯中心有液体时方能进行液芯压下，如果在铸坯完全凝固后压下，则需

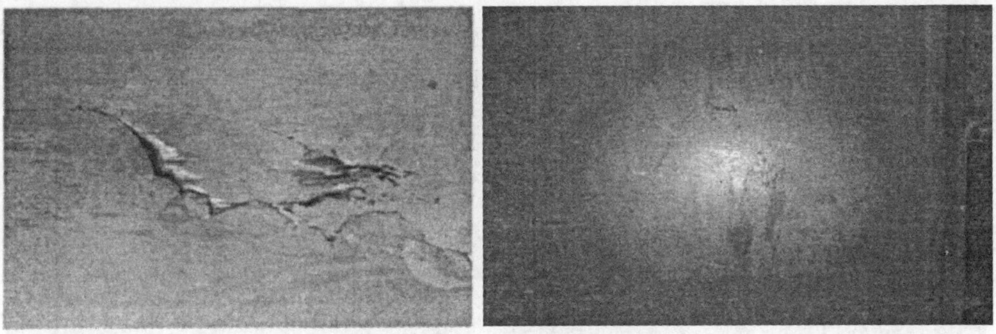

图 6　高碳钢热轧板卷表面缺陷

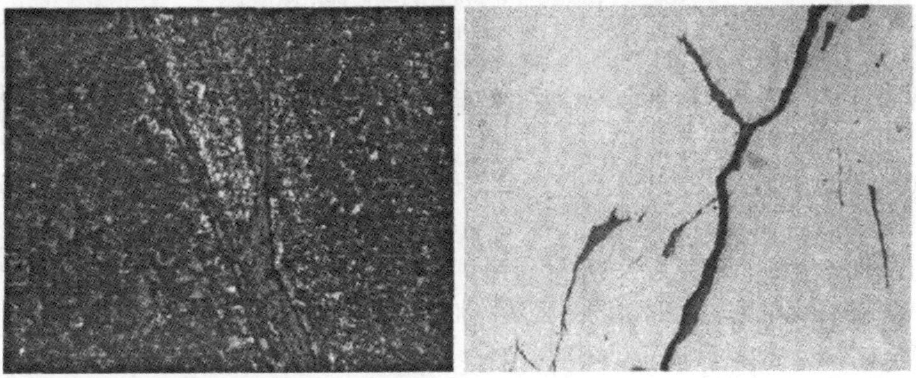

图 7　缺陷部位金相照片（500×）

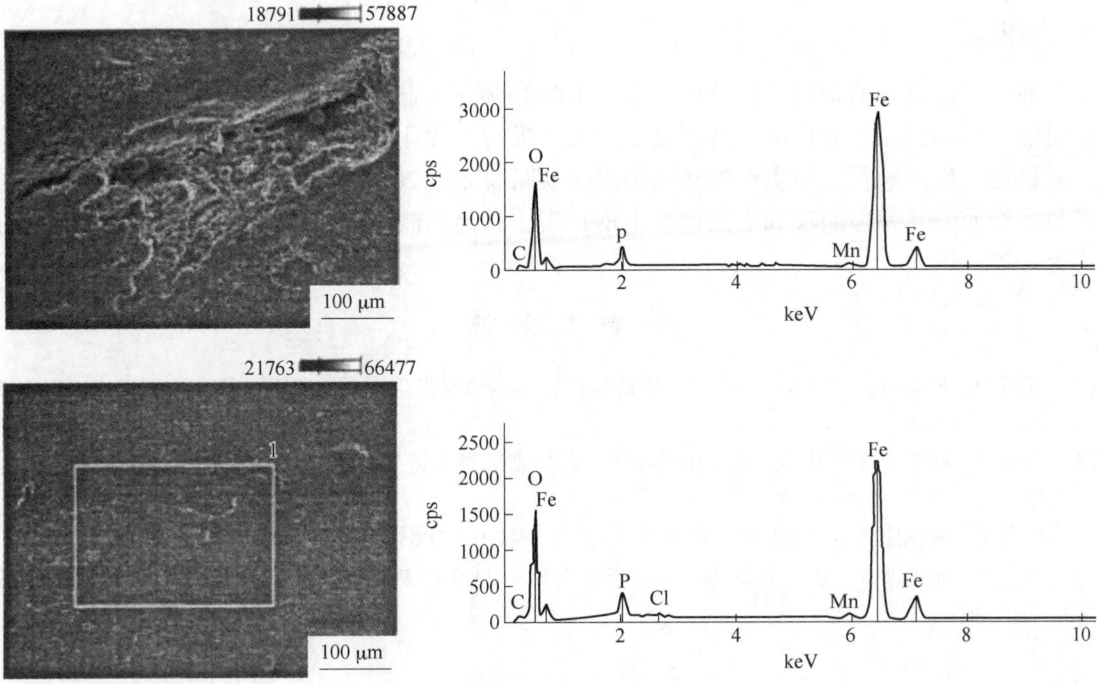

图 8　缺陷部位扫描电镜分析结果

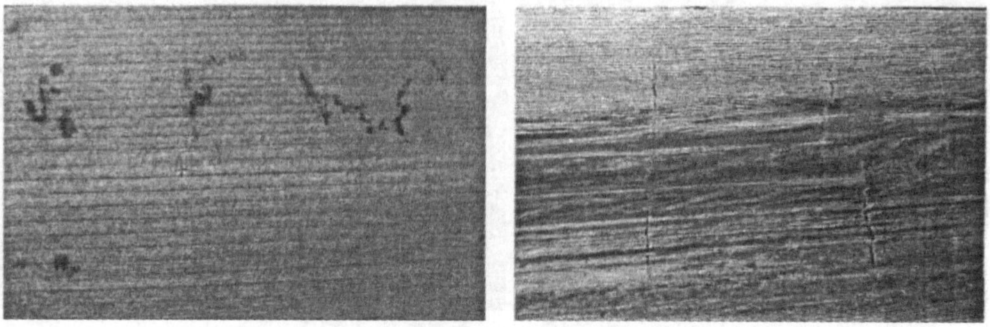

(a)　　(b)

图 9　FTSC 流程 65Mn 连铸坯内部缺陷形貌

（a）垂直浇注方向横断面（比水量 2.43 L/kg）；（b）沿连铸方向靠近窄边 160 mm

要很大的压下力，容易造成扇形段的设备负荷过大；（2）应在坯壳高温强度和塑性较高的时候压下，以防止内部裂纹的发生，从而避免铸坯的内部质量受到损害；（3）由于高碳钢凝固区间很大，如果压下模式不合理，即扇形段各段压下量的分配和最终压下位置不合适，铸坯内部容易出现裂纹缺陷。

唐钢 FTSC 流程大规模生产的中低碳钢，其液芯压下模式已经固化，重新摸索高碳钢的压下模式有一定难度。因此，试图通过增加二冷强度来提高高碳钢铸坯的强度，使其能承受大的压下变形而不至于出现内部裂纹。经多次生产试验，最终将二冷比水量增至 3.1 L/kg时，铸坯经低倍检验，内部未发现裂纹缺陷，热轧之后板卷的实物质量完全满足相关标准和用户的使用要求。

5　结束语

通过对高碳钢的钢种特性分析，结合 FTSC 薄板坯流程的设备工艺特点，对高碳钢浇铸温度、结晶器保护渣性能，特别是二冷强度进行了优化，经过两年的生产实践，实现了工艺稳定，生产顺行，所生产的高碳钢成品质量良好。2010 年累计生产高碳钢 2 万余吨，产品实物质量与韩国浦项和中国台湾中钢相当，其金属制品远销欧洲及北美，受到用户的广泛好评。

参 考 文 献

[1] 王新华，朱国森，于会香，等．高碳钢连铸板坯高温力学性能［J］．北京科技大学学报，2005，27（5）：545-548.

[2] 冯文圣，赵继宇，易卫东．低过热度浇铸工艺在高碳钢连铸生产中的应用［J］．连铸，2005（2）：15-16.

[3] 胡会军．板坯连铸高碳锯片钢生产实践［J］．宝钢技术，2005（2）：4-6.

[4] 杨春政，张洪波，杨杰．薄板坯连铸动态液芯压下技术的应用与完善［J］．钢铁，2004，39（增刊）：468-471.

高效率、低成本洁净钢制造平台技术集成与生产实践①

王新东，常金宝，李双武，项有兵
（河北钢铁集团唐钢分公司，河北 唐山 063016）

摘　要：河北钢铁集团唐钢分公司第二钢轧厂集成应用7项技术，建立起一个高效率、低成本的建筑用长材洁净钢生产平台。通过采用全铁水扒渣、转炉高效吹炼、铸钢“三稳”和“三定”等措施，一次拉碳、硫、磷成分命中率达到93%以上，连铸有效作业率达96%以上；通过采用钢包全程加盖、连铸坯高温直送、定重供坯、切分轧制等措施，出钢温度降低至1635 ℃，铸坯入加热炉温度在800 ℃以上及热装比例高于90%，棒材成材率达97.05%，各工序能耗大幅下降。该平台建设在建筑用长材品种生产中取得了良好的技术经济效果。

关键词：建筑用长材；高效率；低成本；洁净钢

随着科学技术水平的发展和工业化进程的不断加快，人们对“洁净钢”的概念日益明确。钢中的非金属夹杂物不影响钢材的加工和使用性能即为洁净钢[1]。热轧钢筋广泛应用于房屋建筑和土木工程，产品级别由HRB335（Ⅱ级）~HRB500（Ⅳ级）微合金化钢筋扩展为细晶或超细晶钢筋。目前，先进的热轧钢筋生产技术包括轧后余热处理、晶粒细化、切分轧制、无孔型轧制等[2]。

从冶金流程学观点来看，将各生产单元的先进技术进行集成并达到时间、物流、温度基本要素的协调和稳定，可实现生产制造和产品质量的最优化。对百万吨级的建筑用长材洁净钢生产而言，为了高效率、低成本、稳定批量地组织生产，保证产品满足用户在加工和使用过程越来越高的需求，必须建立起一个集成的技术平台[3]。河北钢铁集团唐钢分公司（以下简称“唐钢”）第二钢轧厂自2009年以来，通过集成应用7项技术，对建筑用长材生产平台进行优化，最大程度发挥设备潜能，生产成本大幅下降。

1　装备及产品概况

唐钢第二钢轧厂主要以棒、线、型产品为主，其中，建筑长材结构钢主要为HRB335~HRB500热轧带肋螺纹钢筋，其生产流程为：转炉冶炼→钢包全程底吹→连铸→蓄热式炉加热→棒材生产线。炼钢和轧钢工序装备情况见表1。

---

① 原文发表于《炼钢》，2012，28（4）。

表 1 唐钢第二钢轧厂炼钢-轧钢工序装备情况

工序	配置	参数
炼钢	铁水预处理站	1 座
	铁水扒渣机	2 台
	50 t 顶底复吹转炉	4 座
	60 tLF	2 座
	全弧形连铸机	5 台
	铸坯断面尺寸	1 号和 3 号铸机 150 mm×150 mm；5 号和 6 号铸机 165 mm×165 mm；2 号铸机 165 mm×225 mm 和 165 mm×280 mm
轧钢	一棒材生产线	最高轧制速度 18 m/s，产能 90 万吨/年
	二棒材生产线	最高轧制速度 17 m/s，产能 100 万吨/年
	一高速线材生产线	最高轧制速度 90 m/s，产能 55 万吨/年
	二高速线材生产线	最高轧制速度 85 m/s，产能 90 万吨/年
	中型材生产线	产能 50 万吨/年

2 建筑用长材洁净钢制造平台的支撑技术

建筑用长材的高效率、低成本钢洁净钢制造平台的研发和集成主要由“转炉→5 号、6 号连铸机→棒材”生产过程中 7 项技术构成。

2.1 铁水脱硫预处理及扒渣操作

铁水预处理包括 1 座铁水预处理站和 2 台扒渣机。2009—2011 年铁水平均 $w(S)$ 分别为 0.026%、0.025%、0.025%，铁水罐表面带渣量为 0.9%左右。目前，除对硫含量要求较高的硬线等优质钢种进行喷吹镁粒预脱硫处理外，建筑用长材用钢生产仅通过对铁水包内铁水扒渣后兑入转炉便可有效控制转炉回硫，完全能满足质量要求，同时降低了生产成本。

采用自主设计并制造的耙臂平移式液压扒渣机，正常生产时，扒渣机采用单机双工位作业方式：一个工位进行扒渣作业；另一工位可进行换包作业。对每包铁水（55 t）都进行扒渣，时间为 2 min，扒渣后铁水包带渣量小于 0.2%。

2.2 高效率转炉冶炼技术

2.2.1 严格控制原材料的质量

（1）采用优质麦尔兹窑石灰，取代竖窑工艺石灰，将石灰质量控制工作前移，从石灰石质量开始进行监管，稳定进厂石灰质量。石灰质量的提高，使转炉脱硫、脱磷操作更为有效。

（2）使用挡渣球进行挡渣操作，设计合理的挡渣球形状和密度，建立挡渣球质量验收和使用制度，针对不同钢种设计 2 种挡渣球密度，挡渣成功率由 78%提高到 97%，钢包顶渣厚度也由 110 mm 降至 60 mm，提高了合金料收得率。

（3）改造合金料烘烤设备，出钢前合金料温度烘烤至 420 ℃，增加合金料带入的物理潜热，减少合金料原始水分，从而提高钢水质量、减少出钢温度损失。

2.2.2　静态模型的合理利用

（1）开发了石灰、冷料、脱氧剂和合金等加入量的计算机静态控制模型。操作人员按静态模型给出的数据进行操作，然后根据实际情况及时调整，实现了入炉料的精确控制，提高了一次拉碳成分、温度和钢水成分命中率，其中一次拉碳、硫、磷成分命中率达到93%以上，建筑长材用钢一次拉碳出钢率达到85%。针对铁水条件及冶炼钢种的变化，制定了5种冷料配比，保证了转炉操作平稳。

（2）严格控制原材料的质量，保证转炉冶炼平稳，在静态模型的合理指导下利用，有效地降低了石灰消耗约36 kg/t。

2.2.3　优化氧枪工艺参数，提高复吹效果

（1）为加快转炉冶炼节奏，对氧枪工艺参数进行优化，优化后，转炉氧枪供氧强度达到4.4 $m^3/(t \cdot min)$（压强0.95 MPa），吹氧时间控制为12~13 min的前提下，喷溅率为0.24%，补炉底次数减少75%，炉底耐材消耗降低，冶炼周期稳定在24 min左右。

（2）采用顶底复吹技术促进了反应平衡，为了保证复吹效果，采用新型炉底接缝工艺，改大炉底平接缝为小炉底纵接缝，如图1所示。通过精确地控制炉底高度，同时避免水分渗入炉底和耐火材料粉化，从而提高了炉底耐材寿命；通过终点渣样分析结果，及时调整合适的终渣MgO含量。有效地解决了复吹寿命短、复吹效果不好的问题，复吹同步炉龄超过2万炉，23000炉时对应碳氧积为0.00327。通过氧枪工艺参数优化、炉底接缝结构改变以及复吹效果的充分发挥，2009—2011年转炉终点钢液及炉渣平均成分控制效果见表2。

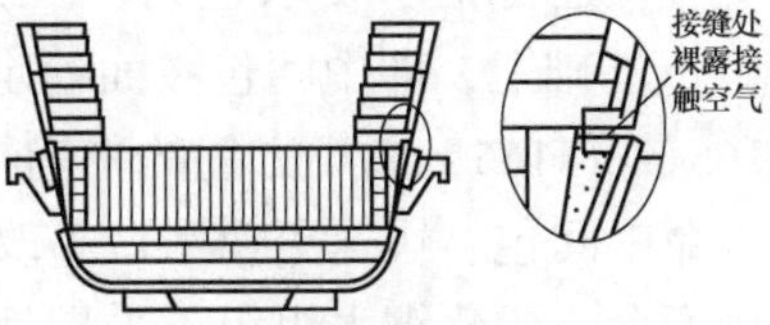

原炉底对接方式

新炉底对接方式

图1　炉底对接方式改造前后的对比

表2　2009—2011年铁水及转炉终点控制情况

年份	铁水温度/℃	铁水 $w(S)/\%$	铁水 $w(P)/\%$	终点钢水 $w(O)/\%$	终点钢水 $w(S)/\%$	终点钢水 $w(P)/\%$	终渣 $w(T.Fe)/\%$
2009	1312	0.026	0.118	$\frac{480\times10^{-4} \sim 1106\times10^{-4}}{750\times10^{-4}}$	0.024	0.021	18.18
2010	1319	0.025	0.116	$\frac{458\times10^{-4} \sim 1032\times10^{-4}}{620\times10^{-4}}$	0.025	0.018	16.32
2011	1322	0.025	0.115	$\frac{420\times10^{-4} \sim 830\times10^{-4}}{468\times10^{-4}}$	0.022	0.015	14.58

注：表中数据横线上方为范围值，横线下方为平均值。

2.3　钢包在线底吹氩工艺

原有底吹氩工艺：出钢后开出到吹氩工位，吹氩时间约为2 min。由于受管路及透气砖影响，时有吹氩压力不稳定，流量大小不均，钢包底吹效果较差。

优化后底吹氩工艺：钢包全程在线底吹氩气，时间共计约8 min。钢包从出钢开始底吹，至出钢结束（约3 min）；出钢车开出到达测温取样位置，一直保持底吹状态（底吹

氩强度 0.006 $m^3/(t\cdot min)$）；之后开始换外管改为软吹（底吹氩强度 0.001 $m^3/(t\cdot min)$）3 min。为了保证底吹效果，钢包每次浇铸完毕后，检查透气砖的透气性和底吹管路的完好性。采用钢包全程在线底吹氩技术后，钢水均匀性得到了明显改善，见表 3。

表 3　改进吹氩工艺前后钢水均匀性变化

时间	同包钢水温差/℃	同包钢水 $\Delta w(Mn)$/%	C 类夹杂物评级/级
改进前	0~10	≤0.09	3.0
改进后	0~2	≤0.03	1.5

2.4　稳定均衡连铸生产

2.4.1　钢水三定、连铸三稳

供连铸钢水要求达到“三定”，即定时、定温、定品质。连铸生产系统建立在“三稳”基础上，即中间包液面稳定，结晶器液面稳定，拉速稳定。其中，5 号和 6 号连铸机 165 mm×165 mm 小方坯的平均拉速控制并稳定在 2.14 m/min 左右。具体技术措施包括长寿命中间包、快速更换水口、改善结晶器冷却效果、优化结晶器铜管质量和提高结晶器使用寿命、优化钢水组织、采用换包工艺、减少连铸机停机时间、安装中间包自动称量系统、保证中间包液面的稳定。

2.4.2　稳定的铸坯供应

（1）转炉出钢后，钢水经过底吹氩到达连铸平台，充分去除钢中夹杂物，要求到连铸平台的钢水温度波动不超过 20 ℃。

（2）为实现 5 号连铸机-二棒材生产线的高效稳定，采取一系列措施优化钢水组织，有效作业率达到 96%以上。5 号、6 号连铸机自 2009 年实施新技术后每个结晶器铜管通钢量均达到 1 万吨。

（3）为了提高棒材的成材率，连铸工序改变传统的铸坯供应方式，变定尺供应为定重供应，铸坯供应重量偏差为±5 kg/根的比例达 58%，降低了轧钢工序中钢铁料的消耗，成材率提高了 0.15%。

2.5　物质流动态-有序运行

2.5.1　优化生产组织路线

根据“炉机对应原则”，形成“4 号转炉→5 号连铸机→二棒材”这一典型的高效率生产线。转炉出钢后，直接从浇钢跨接受钢水，钢水最短 7 min 即可到达 5 号连铸机，如图 2 所示。充分利用车间布置上的优势，5 号连铸机对二棒材生产线自设计开始就确定连铸坯全部直供，从连铸机火焰切割机至加热炉提升台架仅 60 m 的距离，钢坯从火焰切割机到装入加热炉约 120 s，入炉温度一般为 820~870 ℃，最高可达 900 ℃，使二棒材生产线的能耗大幅度降低，从转炉出钢的钢水至轧机轧出的钢材真正实现了整个生产过程的层流运行。

6 号连铸机由于距离加热炉距离约 240 m，采用辊道直接输送连铸坯温度损失较大，

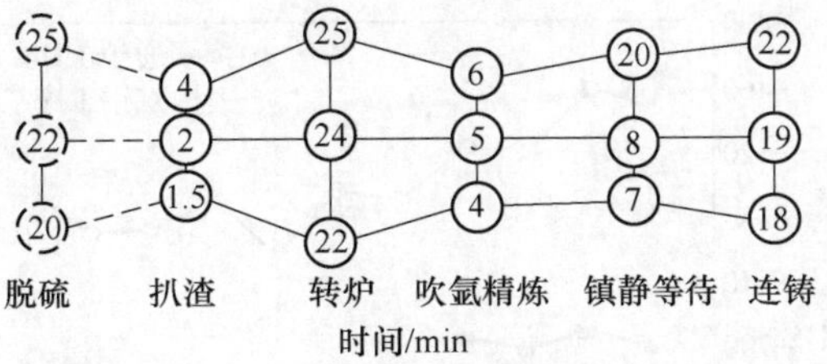

图 2　物质流动态-有序、匹配对应的基本层流运动力学模式

火焰切割机后连铸坯表面温度约 960 ℃，通过辊道运送至加热炉表面温度约 750 ℃，且有很大一部分连铸坯上冷床，通过加强钢水成分控制等管理手段，提高 6 号连铸机至一棒材加热炉的连铸坯热装比例。6 号机直接热装比例由 2009 年的 71%提高到 2011 年的 82%，大幅降低了加热炉能耗，缩短工序作业时间。

2.5.2　成熟的切分轧制技术

切分轧制技术作为一项国际先进的小型材连轧先进技术，在唐钢两条棒材生产线得到了广泛应用。根据一棒材、二棒材的工艺装备特点，两条生产线任务分配和切分轧制工艺见表 4。通过连铸坯断面、定尺的合理选择，使炼钢-轧钢生产能力协同匹配。

表 4　连铸机与棒材切分工艺及产能匹配

生产线	规格/mm	切分轧制	轧机产能/($t \cdot h^{-1}$)
一棒材	$\phi 12$	四线切分	140
	$\phi 14$、$\phi 16$	三线切分	155~160
	$\phi 28$、$\phi 32$	单线轧制	160
二棒材	$\phi 18$、$\phi 20$	两线切分	155~160
	$\phi 22$、$\phi 25$	单线轧制	160

两条棒材生产线各有精轧机 6 架，精轧机之间采用活套连接，实现无张力轧制，消除每根钢筋头部尾部和中间的尺寸差，保证了钢材质量。二棒材通过控制加热炉出温为 1050~1100 ℃，精轧采用快速冷却来细化晶粒，提高强度保证了产品性能。

2.6　降低能源消耗技术

2.6.1　动力能源控制

为降低工序能耗，改进了煤气回收和蒸汽回收的自动控制程序，对各种能源介质的使用也做了详细的规定，并实现了实时监测，同时应用钢包蓄热式烘烤技术。与 2009 年相比，2011 年煤气回收量从 79 m^3/t 提高到 123 m^3/t（热值 6192 kJ/m^3）；蒸汽回收量从 53 kg/t提高到 89 kg/t（1.2 MPa）；炼钢工序煤气自耗由 25 m^3/t 降低到 12 m^3/t，转炉工序能耗与炼钢工序能耗如图 3 所示。

2.6.2　棒材生产线能耗

加强对上 5 号、6 号连铸机钢水的成分控制，保证铸坯直接热装加热炉比例，其中 5 号铸机-二棒材加热炉 100%热装，棒材生产线的工序能耗大幅降低，见表 5。

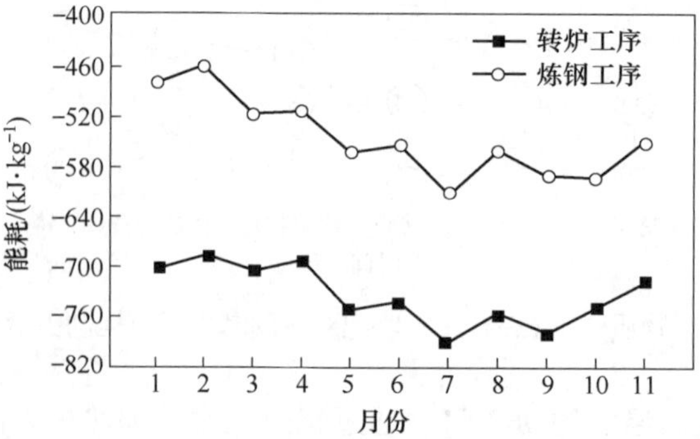

图 3　2011 年转炉工序和炼钢工序能耗

表 5　棒材生产线工序能耗

年份	生产线	能耗/（GJ · t^{-1}）			
		煤气	电力	水、氮气、压缩空气	工序
2010	一棒材	0.90	0.22	0.03	1.15
	二棒材	0.57	0.19	0.03	0.79
2011	一棒材	0.89	0.20	0.04	1.00
	二棒材	0.58	0.18	0.02	0.79

2.6.3　降低过程能量损失

通过提高钢包周转率和实施钢包全程加盖技术，减少了钢包运行过程能量损失，转炉出钢温降低了 13 ℃。

（1）提高钢包周转率。实施了钢包滑板机构升级换代，新型机构可以达到现场滑板连用要求，更好地适应生产节奏。控制钢包周转数量，合理调度天车的吊包顺序，4 座转炉、5 台铸机、13 个钢包即可保证生产需要，每班钢包周转率提高到 5.6 次以上，减少了空包等待时间。

（2）实施钢包全程加盖。自主开发了钢包全程加盖系统，除转炉出钢时段外，钢包一直带盖运行。空包内衬温度由不加盖的 820 ℃提高到加盖后的 1020 ℃，钢水从转炉底吹氩后到连铸中间包，钢水温度损失减少 10 ℃左右，由于钢水运送及浇铸过程中热损减少，相对稳定的中包温度为匀拉速创造了条件。

（3）通过改造合金料烘烤设备，提高出钢时合金料温度等措施降低了转炉出钢温度。

2.7　钢种成分精细化管理

2.7.1　优化钢号成分设计

为实现产品质量和成本的可控，对相同的钢种，生产不同规格钢材，设计了不同的成分，采用了不同的钢号。根据产品断面尺寸和强度性能要求的不同，对于断面小于 ϕ22 mm 螺纹钢采用低钒量微合金化；随着断面尺寸的增加，钢中钒含量相应增加，见表 6。这在满足产品性能的前提下，降低冶炼成本。

表 6 不同规格螺纹钢所对应的钢号及成分

钢种	产品规格/mm	质量分数/%		
		C	Mn	V
HRB400D	≤ϕ22	0.19~0.25	1.30~1.60	0.025~0.050
HRB400B	ϕ25、ϕ28、ϕ32	0.19~0.25	1.30~1.60	0.030~0.060
HRB400A	≥ϕ36	0.19~0.25	1.30~1.60	0.050~0.080
HRB400ED	≤ϕ22	0.19~0.24	1.30~1.55	0.025~0.050
HRB400EB	ϕ25、ϕ28、ϕ32	0.19~0.24	1.30~1.55	0.030~0.060
HRB400EA	≥ϕ36	0.19~0.24	1.30~1.55	0.050~0.080

2.7.2 钢种分季节窄成分控制

由于冬季和夏季环境温差较大，棒材轧制后冷却速度不一致，在成分不变的情况下，性能可能受影响造成强度波动。相同钢号成分同种轧制工艺下，在不同季节屈服强度相差10~30 MPa，通过调整成品碳、锰、硅含量，制定冬季和夏季的钢号控制成分，见表7。适当地提高碳含量，降锰含量，并进行窄成分控制，做到成本可控，性能有保证。

表 7 分季节钢种成分控制

钢种	夏季成分质量分数/%			冬季成分质量分数/%		
	C	Mn	Si	C	Mn	Si
NHRB335A	0.21~0.24	1.40~1.48	0.45~0.55	0.20~0.24	1.37~1.47	0.40~0.50
NHRB335B	0.21~0.24	1.40~1.48	0.40~0.50	0.20~0.24	1.37~1.47	0.35~0.45
NHRB335C	0.21~0.24	1.35~1.45	0.40~0.50	0.20~0.24	1.32~1.42	0.35~0.45
NHRB335D	0.21~0.24	1.30~1.40	0.35~0.45	0.20~0.24	1.27~1.37	0.30~0.40
NHRB400A	0.21~0.24	1.40~1.50	0.45~0.55	0.20~0.24	1.37~1.47	0.40~0.50
NHRB400B	0.21~0.24	1.35~1.45	0.45~0.55	0.20~0.24	1.32~1.42	0.40~0.50
NHRB400D	0.21~0.24	1.35~1.45	0.45~0.55	0.20~0.24	1.32~1.42	0.40~0.50

3 钢材的质量和性能稳定性

3.1 棒材成分控制和性能控制

对建筑长材用钢的洁净度制定了严格的内控标准，钢坯碳、硫、磷3种元素的工序能力指数 C_{pk} 分别为1.35、1.45、1.36，均大于合格值1.33。2011年通过对约5000支规格 ϕ25 mm 和 ϕ12 mm 典型的螺纹钢棒材进行性能检测分析，其屈服强度、抗拉强度、伸长率的工序能力指数见表8。

表 8 HRB400 钢力学性能的工序能力指数

规格/mm	C_{pk}		
	抗拉强度/MPa	屈服强度/MPa	伸长率/%
ϕ25	2.06	1.49	1.86
ϕ12	1.84	1.42	1.92

从表 8 可以看出：螺纹钢筋 3 项力学性能工序能力指数也均大于合格值 1.33，说明唐钢棒材产品成分和性能工艺控制水平处于良好的水平，且状态稳定。

3.2 棒材钢筋的质量

2011 年，通过对每一个中间包 HRB400 钢浇次进行随机检验，其组织主要为铁素体和珠光体以及少量魏氏体，夹杂物评级为 C 类 1.0 级，达到较好的组织要求和洁净度水平。其可靠的成品化学成分精确控制，良好的产品性能和钢材洁净度，完全满足客户质量需求。

4 主要经济技术指标

唐钢第二钢轧厂在运行高效率、低成本洁净钢制造平台过程中，不断挖掘企业潜力，尽最大可能发挥设备潜能，生产成本大幅下降，2011 年比 2009 年累计降低成本 56 元/t，各项关键技术指标都有较强的竞争力。与国内钢厂同类生产线比较，唐钢主要经济技术指标具有相当优势，见表 9。

表 9 2011 年唐钢建筑用长材洁净钢制造平台主要经济技术指标

钢铁料消耗 /(kg · t^{-1})	冶金石灰消耗 /(kg · t^{-1})	转炉日历作业率 /%	转炉车间工序能耗 /(kJ · kg^{-1})	棒材车间工序能耗 /(kJ · kg^{-1})	棒材成材率 /%
1051.2	33.7	95.52	-796.83	886.51	97.05

5 结论

（1）通过研发和集成由“转炉→5 号、6 号连铸机→棒材”生产过程中的 7 项技术，建立了符合建筑用长材的高效、低成本钢洁净钢制造平台，最大程度发挥设备潜能，生产成本累计降低 56 元/吨。

（2）通过全量铁水扒渣预处理，原材料使用条件的优化等，提高复吹效果在静态模型的合理指导下利用，有效地稳定了原材料质量、降低了石灰消耗 36 kg/t。

（3）采用钢包全程加盖，有效减少钢包内壁温度损失，降低了转炉出钢温度，同时保证整个浇铸过程连铸机中间包温度稳定，对节能降耗效果明显，具有较强的竞争力。

（4）连铸坯直接热装比达到 90%以上（热装温度 800 ℃以上），加热炉能耗低；生产节奏快，在更短时间内满足客户紧急需求。

参 考 文 献

[1] 蒋国昌．纯净钢与二次精炼［M］．上海：上海科学技术出版社，1996.
[2] 王子亮．螺纹钢生产工艺与技术［M］．北京：冶金工业出版社，2008.
[3] 殷瑞钰．洁净钢平台集成技术——现代炼钢技术进步的重要方向［J］．钢铁，2009（6）：1-5.

氧气转炉烟气干法净化技术及应用[①]

王新东，黄　毅

（唐山钢铁（集团）公司设计研究院，河北 唐山 063000）

摘　要：氧气转炉炼钢的干式布袋除尘工艺，近年来有了一定的发展。这种工艺是将转炉高温烟尘混入大量冷空气，增大燃烧系数，降低烟气温度，再通过耐高温滤料布袋除尘器脱除烟气中的灰尘。与湿式“二文一塔”法除尘相比，具有系统压力损失小，生产费用低和除尘效率高等优点，且没有湿式所带来废水、泥浆的处理和泥浆的存放问题，并有利于实现负能炼钢，这种工艺技术对我国冶金环保具有推广价值。

关键词：转炉；干式布袋除尘；应用推广

1　前言

氧气转炉在吹炼过程中产生大量含有一氧化碳及氧化铁粉尘等的高温烟气，若回收利用则是一种热值高的燃料，但过去国内转炉烟气净化处理大都采用“二文一塔”湿式工艺流程。近年干式除尘技术才逐步得到应用和推广。西德鲁奇·蒂森公司早在60年代后期就开发了干式电除尘系统回收转炉煤气净化烟气系统，此法具有不需污水处理，能耗低，净化效率高等特点，并且也有利于转炉工序实现负能炼钢。因此，受到世界主要应用转炉炼钢的大国普遍重视。

为了小转炉上能够实现干式除尘这一新工艺，在北京永丰冶炼厂转炉技术改造工程中，对其3 t转炉烟气净化系统做了干式布袋除尘试验。根据该厂转炉车间的具体情况以及炉型小．煤气不要求回收的特点，采用“燃烧法”。将炉气中CO全部燃烧掉，以保证除尘系统的运行安全和CO排放浓度达标。同时，考虑电除尘器投资高，除尘设备便采用玻纤扁袋除尘器。整个工程运用了多项先进技术，并取得了满意的效果。工程建成后经过一年多的运行，生产实践证明：干式布袋除尘工艺流程是合理的，技术先进，取得了良好的经济效益和环境效益。

2　转炉干式除尘工艺流程

北京永丰冶炼厂拥有公称容量3 t的转炉2座，二吹一操作。

干式布袋除尘装置主要是由转炉水冷烟罩，喷雾冷却塔，玻纤扁袋除尘器及有关附属设备所组成。

干式布袋除尘工艺流程如图1所示。

---

① 原文发表于《炼钢》，1996（1）。

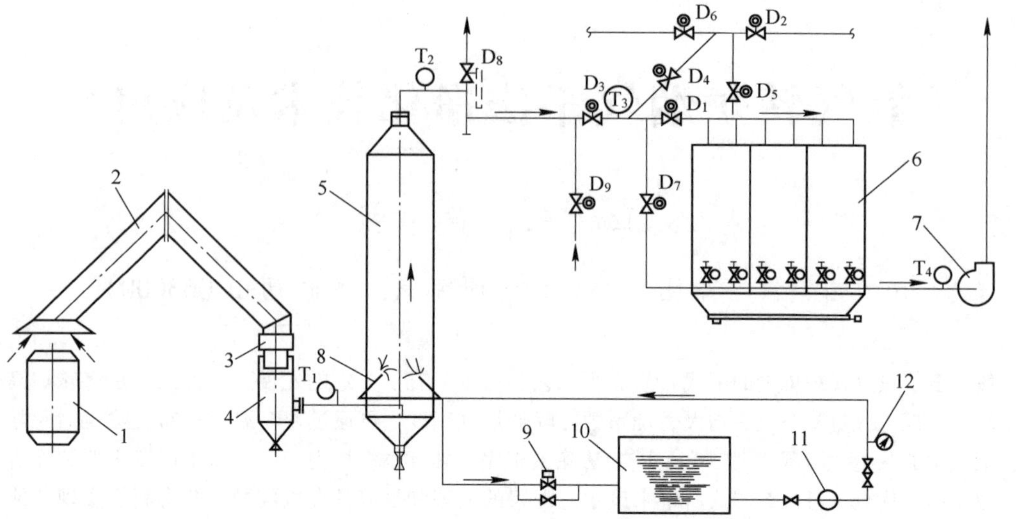

图 1　干式布袋除尘工艺流程图

1—转炉；2—水冷烟罩；3—活动水封；4—水冷三通；5—喷雾冷却塔；6—玻纤扁袋除尘器；7—风机；8—喷枪；9—回流调节阀；10—小箱；11—多级给水泵；12—压力表；$D_1 \sim D_7$—气动蝶阀；D_8—拉链蝶阀；D_9—电动蝶阀

在转炉炼钢过程中，产生大量含尘烟气，烟气成分：CO 70%；CO_2 15%；N_2 14.5%；其他气体微量；含尘浓度 80~120 g/m³；烟气温度 1400~1600 ℃。高温含尘烟气首先通过水冷烟罩混入大量冷空气使 CO 完全燃烧生成 CO_2 并降温至 1000 ℃，再进入水冷烟道及水冷三通经对流、辐射换热后降温至 600 ℃ 后，进入喷雾冷却塔直接喷雾冷却再降温至 300 ℃。同时进行粗除尘，将大颗粒粉尘除掉，再通过较长风管自然风冷降温至 260 ℃，（若喷雾后烟温仍高于 300 ℃，则打开野风阀再次混入冷空气降温）。最后通过耐高温的玻纤扁袋除尘器，进行烟尘净化，除尘后的烟气，经锅炉 Y9-38 型离心引风机，由烟囱放散。

3　干式除尘的冷却措施

对转炉采用干式除尘的关键问题是将转炉中完全燃烧的高温烟气要求降低到既要不把除尘器内的布袋和引风机烧损，又要不在除尘器布袋上结露，保证除尘效果，达到经济合理。因此，在设计中对高温烟气降温采取了综合性的冷却措施。

3.1　降低烟气温度措施

保证烟罩与炉口有一定的距离，以便混入适量的冷空气，满足高温烟气冷却的要求。本设计中，与湿式除尘系统相比增大了烟罩及烟道的外形尺寸，使烟罩与炉口的距离调整为 A80 mm，从而增加空气混入量，将烟气中的 CO 完全燃烧转变为 CO_2 并大幅度降低烟气温度，以满足后面除尘系统对温度要求。

3.2　烟气的冷却方式

烟气的冷却一般可采用直接空冷、间接空冷、直接水冷、间接水冷 4 种冷却方式[1]。

在喷雾塔前的管道采用水冷套筒间接冷却，使高温烟气与冷空气在较长的管道内充分混合，通过辐射和对流作用，以便水冷烟道内的冷却水能有效地回收烟气的显热而降低烟气温度，经过计算，确定水冷烟罩口直径为 ϕ2260 mm，烟道直径为 ϕ1430 mm，烟道长为 16 m，烟道壁采用 ϕ38 mm×3 mm 无缝管围制而成，管内通冷却水。

3.3 喷雾塔直接喷雾冷却

喷枪的喷嘴配用感温元件。由进、出喷雾冷却塔及进入玻纤扁袋除尘器的烟气温度利用微机实现自动调节喷雾量。该塔同时进行粗除尘，将烟气中的大颗粒粉尘除掉。

3.4 预防措施

除尘器入口前管道上设置野风阀，以备特殊情况下，采取预防措施。

4 干式布袋除尘工艺特点

4.1 除尘效率高

从理论上讲，可达到低于100%的任何程度的除尘效率，适应性强，对粉尘的粒径和浓度的适应范围较大[2]，净化后的烟气含尘浓度低于 15 mg/m^3，其投资又比电除尘器小。

4.2 干式布袋除尘与湿式除尘比较

没有湿式“二文一塔”流程中所必备的废水，泥浆处理和泥浆存放问题，大大简化了净化系统设施，大幅度地降低了耗水量，同时占地面积和耗电量也减少。

4.3 采用了活动烟罩及小车

本设备包括活动水冷烟罩及小车，活动水封及升降装置。这在国内属首次使用。

整体烟罩分两段制造，在现场安装在小车上，小车被手动卷扬牵引，可人工移动烟罩。活动烟罩与喷雾冷却塔之间用活动水封联接。水封下降后，烟罩可后移，烟罩使用时，水封上升，将烟道与喷雾塔联成一体，以保证无烟气泄漏。

4.4 喷雾塔内采用 Q804 可调回流喷嘴

Q804 可调回流喷嘴主要操作原理为调节回水，从而控制喷雾量。回水调节阀门关闭，喷雾量大。回水调节阀门逐渐开大，喷雾量随着调节阀门的开启而逐渐减少，可以达到全部回流，无水滴喷出[3]。

4.5 自动监测及计算机控制

整个喷雾系统由计算机控制，并设有自动监测进、出喷雾冷却塔温度及进入布袋除尘器温度和报警装置，操作运行平稳方便。

4.6 能量消耗低，系统阻力损失小

对于 3 t 转炉，若采用文氏管系统，系统阻力损失为 16010 Pa，风机耗电量为132 kW；

而采用干式布袋除尘系统，系统阻力损失为 3360 Pa，风机耗电量为 110 kW。

5　使用情况

通过近一年的生产实践，干式除尘系统运行情况较好。烟尘排放浓度为 13 mg/m³ 以下，远低于国家排放标准，放散烟气清净无色，且转炉烟罩口处无烟气外溢现象，炉前岗位粉尘浓度低于 10 mg/m³，厂区环境洁净。达到了“蓝天绿地”的目标。而且烟气温度控制合理可靠，不烧袋，不结露，完全符合设计要求，综合指标达到国内先进水平，具有推广价值。

目前，该厂两座转炉各设一套除尘设施，自成系统，管道间设有连通管，设置阀门，可以相互切换。风机房内设有两台风机，互为备用。该干式除尘系统自投入使用以来，运行至今，通过对烟气温度的测定，发现喷雾冷却塔及玻纤扁袋除尘器入口前，出口后的烟气温度均在设计范围内。测定数据见表 1。

表 1　测定数据表

时间	炉龄	喷雾冷却塔温度/℃		玻纤扁袋除尘器温度/℃		设计时考虑的喷雾冷却塔温度/℃		设计时考虑的玻纤扁袋除尘器温度/℃		喷雾冷却水循环泵开启情况
		入口 T_1	出口 T_2	入口 T_3	出口 T_4	入口	出口	入口	出口	
1994. 6. 8	1	430	190	110	46	600	300	200	200	开
1994. 6. 8	5	446	200	170	38	600	300	200	200	关
1994. 6. 9	9	490	260	190	60	600	300	200	200	关
1994. 6. 9	15	421	308	200	55	600	300	200	200	关
1994. 6. 11	21	391	296	187	50	500	300	200	200	关
1994. 6. 12	30	406	333	241	50	600	300	200	200	关
1994. 6. 13	33	470	310	264	50	600	300	200	200	关
1994. 6. 15	56	321	209	120	40	600	300	200	200	关
1994. 6. 15	60	460	340	210	50	600	300	200	200	关
1994. 6. 16	70	506	380	280	50	600	300	200	200	关
1994. 6. 18	85	470	360	230	50	600	300	200	200	关

从表中的数据可以看出，玻纤扁袋除尘器出口测温计是坏的，测温不准确。其他各测温点都正确地反映了烟气温度。从表中还可以观察到实际烟气温度比设计时所考虑的烟气温度低。造成这种现象主要有以下几个原因。

（1）设计中对转炉冶炼过程中所产生的炉气量。烟气温度及转炉装入量等均按最不利情况考虑，而实际上，在冶炼生产中这种最不利情况只是偶然在某一时刻发生，大部分时间均处于正常情况。

（2）在转炉炉口的水冷烟罩口处吸入的冷空气过多，致使烟气的燃烧系数增大。

（3）水冷烟道系统中的烟气—水的间接水冷热交换过程很好。

从除尘系统的运行情况可以证明此系统工艺流程的整体设计是合理的，各项指标均达到设计要求。经济效益，环境效益非常显著。

6 经济效益和环境效益

6.1 经济效益

（1）年回收含氧化铁粉尘 0.19 万吨，约合 19 万元。

（2）节电：干式布袋除尘系统比湿式除尘系统年节电 80×10^4 kW · h，约合 40 万元。

（3）节水：干式布袋除尘系统比湿式除尘系统年节水 252×10^4 t · h，约合 101 万元。

（4）年直接经济效益 160 万元。

6.2 环境效益

经国家环保局鞍山设备质量监督检验中心检测，烟尘排放浓度为 12 mg/m^3，达到国家规定的排放标准要求，玻纤扁袋除尘器漏风率小于 5%，达到国内先进水平。

7 结束语

从以上数据及生产实践证明，转炉干式布袋除尘工艺技术先进，运行安全可靠，设备维护简便，自动化程度高，是实现转炉生产大幅度节能的重要途径。全面地达到了考核指标的要求，取得了很好的效果。在小转炉烟气净化上采用干式布袋除尘且正常稳定地投入使用，这在国内尚属首家，对于小转炉的烟气治理，具有一定的推广价值。

参 考 文 献

[1] 佚名．工业防尘手册［M］．北京：劳动人事出版社，1989.

[2] 书名编写组．氧气转炉烟气净化及回收设计考虑资料［M］．北京：冶金工业出版社，1975.

[3] 石家庄阀门三厂．Q804 可调回流喷嘴样本.

绿色智能

基于冶金流程工程学的钢铁流程工程设计①

王新东

（河钢集团有限公司，河北 石家庄 050023）

摘　要：钢铁行业高质量发展已成为行业共识，而绿色化、智能化则是驱动钢铁工业转型升级、实现高质量发展的重要引擎。冶金流程工程学以冶金制造流程为研究对象，用于指导钢厂动态精准设计、流程结构优化、组织有序高效运行，是推动钢铁绿色化、智能化高质量发展的重要理论支撑。论文回顾了冶金流程工程学的整个发展过程，阐述了其对现代钢铁制造流程功能拓展的推动作用，论证了从工程设计视角贯彻执行冶金流程工程学的重要意义，提出设计是钢铁工程的先导和核心，全面贯彻冶金流程工程学应设计先行的论点。探讨了基于冶金流程工程学的钢铁工程设计的思想和路径，指出工程设计不是孤立地选择新技术，必须克服传统的静态、局部的单体技术设计方法，从动态-协同的总体目标出发，使各单元技术形成一个动态-有序、连续-紧凑的工程整体集成效应。详细介绍了唐钢新区在规划设计阶段，充分运用冶金流程工程学理论，在钢铁工程的顶层设计、制造流程静态结构、动态精准设计、流程网络优化、设计管理等方面的实践，以及通过钢铁整个流程时间-空间-物质-能量-信息五维动态运行甘特图，及早解决影响全流程高效顺行的堵点或限制环节，实现了产线连续紧凑、动态有序和产品质量窄窗口稳定高效运行。

关键词：冶金流程工程学；智能化；工程设计；动态精准设计；应用实践

随着时代的发展，资源能源供给、保护生态环境、实现低碳绿色、智能化技术、融合信息化等成为中国钢铁工业必须要面对的诸多挑战。制造先进钢铁产品不再是钢铁工业追求的单一目标，钢厂的绿色低碳和智能化发展，更是当代钢铁工业转型发展的核心命题[1-3]。这就需要将冶金学的专业知识拓展到流程层次，运用诸如数字化、信息化等技术手段，将冶金反应、冶金工艺知识和流程层次的技术拓展为工程科学，从工程科学视角，建立新的理论知识体系[4]。

在上述背景下，冶金流程工程学的理论与方法在研究与探索、认识创新、理论建立、实践和发展等领域，形成了较为完善的理论系统构架[5-8]。特别是在近二十年中，国内新

---

① 原文发表于《钢铁》，2023，58（11）。

建钢铁企业在技术路线确定、钢厂功能定位、洁净钢生产技术平台建立、层流专线化运行、钢厂智能化等应用场景和老企业技术改造升级过程中，众多钢铁企业都在自觉和不自觉地运用该理论体系的技术思想和方法。冶金流程工程学已经成为钢铁工业绿色化、智能化高质量发展的重要理论支撑[9,10]。

钢铁制造流程由于其流程长、投资大、工程复杂等因素，就决定着钢铁制造流程要真正实现动态有序、协同连续、高效稳定运行的目标，就必须要在工厂设计阶段就全面贯彻冶金流程工程学理论，在设计阶段就按照冶金流程工程学理论方法梳理出简捷、高效、层流专线化运行的主体工艺路径。本文主要从工程设计视角探讨钢铁企业贯彻冶金流程工程学的重要意义以及设计实施路径。

1 冶金流程工程学的发展历程

冶金流程工程学的发展大致经历了萌芽阶段（2000 年及以前）、理论创立阶段（2001—2005 年）、实践与发展阶段（2006—2012 年）和形成比较完整的理论体系阶段（2013 年至今）。

1.1 萌芽阶段

1993 年，殷瑞钰院士撰写的论文“冶金工序功能的演进和钢厂结构优化”，从流程层次分析了工序功能的演进规律以及钢铁企业生产流程结构优化的发展趋势，这篇论文发表在《金属学报》当年第 7 期，是冶金流程工程学理论的起源[11-13]。

1.2 理论创立阶段

此阶段创新性地提出了产品制造，能源转换，废弃物处理、消纳和再资源化为冶金制造流程的三大功能。2004 年，冶金工业出版社出版了殷瑞钰院士所著的《冶金流程工程学》，标志着冶金流程工程学理论的正式创立。

1.3 实践与发展阶段

此阶段提出了新一代钢铁制造流程理论，尤其是国家“十一五”科技发展规划正式将钢铁制造流程的三大功能纳入其中。2007—2009 年，首钢的搬迁工程成功应用了新一代钢铁制造流程的理论、工程框架和“三个功能”的新概念。2008 年起，冶金流程工程学率先纳入北京科技大学的本科生培养方案。2011 年，Springer-Verlag 出版社与冶金工业出版社共同出版了英文版《Metallurgical Process Engineering》[14]。2012 年，黒崎播磨株式会社出版了《冶金流程工程学》的日文版《冶金プロセス工学》。2012—2013 年，中国金属学会组织撰写了《2012—2013 冶金工程技术学科发展报告》，冶金流程工程学作为新的分支学科被纳入报告之中，冶金流程工程学的重要地位正式确立。

1.4 形成比较完整的理论体系阶段

2013 年，冶金工业出版社出版了殷瑞钰院士的著作《冶金流程集成理论与方法》[15]，是《冶金流程工程学》的姊妹篇。2016 年，Academic Press，Elsevier Inc. 和冶金工业出版社共同出版了殷瑞钰院士所著的英文版《Theory and Methods of Metallurgical Process

Integration》。2019 年，冶金工业出版社正式出版了《冶金流程工程学基础教程》第 1 版。2023 年，《冶金流程学》第 1 版由冶金工业出版社出版，进一步丰富了冶金学的理论认识层次，明确了冶金流程学的定位。至此，冶金工程流程学形成了较为完备的理论体系。

2　冶金流程工程学是钢铁工业高质量发展的重要理论支撑

2.1　冶金流程工程学对钢铁行业发展具有很强的理论指导性

绿色化、智能化已成为钢铁工业当前重要的战略任务。为此，冶金流程工程学建立了“三个层次、相互嵌套、综合集成”的冶金科学与工程学科体系[16,17]。

冶金流程工程学是一系列过程群的集成，它以冶金制造流程为研究对象，通过链接件（“界面”技术）将一组相关的、异质异构工序/装置进行耦合集成，并实现有序运行。冶金流程工程学将冶金生产流程各类/各级过程整合起来，指导钢厂动态精准设计、流程结构优化、组织有序高效运行，推动钢厂的绿色化、智能化转型。

2.2　冶金流程工程学指出的钢铁流程本质特征以及系列理论具有很强的操作性

冶金流程工程学的核心内容“三流一态”，目标是通过“三流”“一态”（物质流、能量流和信息流处在动态-有序、协同-连续运行状态，追求流程运行过程中耗散优化）和“三网”协同（物质流网络、能量流网络和信息流网络协同），形成数字物理融合系统，适应“绿色化”“智能化”的时代潮流，具有理论的广泛普适性和现场针对性。

特别是理论中的界面技术，为钢铁制造流程中相关制造单元（工序）之间链接件的运行提供了极强的操作指导，包括了传递-承接、输送-遗传、衔接-匹配、协调-缓冲技术以及相应的装置、网络和调控程序等。对钢铁制造流程的“铁-钢界面”“钢-铸界面”“铸-轧界面”等运行调控提供了一系列具体的技术和操作层面的指导[18-20]。钢铁制造流程界面技术示意如图 1 所示。

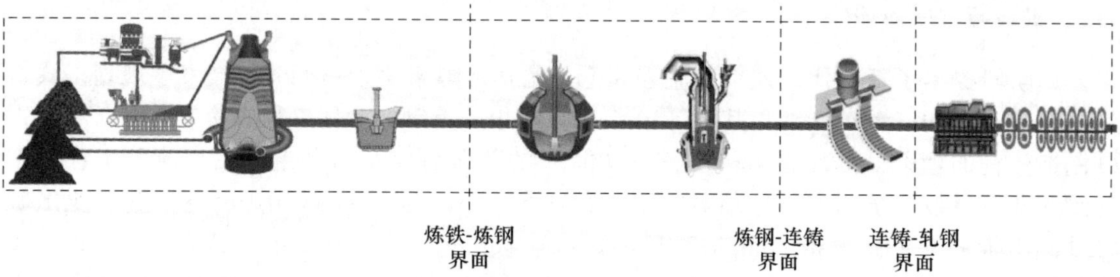

图 1　钢铁制造流程界面技术示意图

2.3　冶金流程工程学理论具有较强的实践性

经过近 30 年的发展，冶金流程工程学的相关理论和实践得到了国内外专家学者和工程技术人员的高度评价与认同，已成为一个较为全面的冶金学科分支，包括科学研究、工程应用、高等教育等领域。国内多数重大钢铁工程，如首钢京唐、唐钢新区等项目都是在其理论指导下建成的典型代表，同时，各高校也都开设了冶金流程工程学课程。

3 贯彻冶金流程工程学的核心关键是工程设计

3.1 工程设计是钢铁制造流程工程的先导和核心，贯彻冶金流程工程学应设计先行

工程设计在现代社会工业文明中至关重要，是技术转化为生产力的桥梁，是控制工程造价的关键阶段，是协调技术与经济关系的关键环节。由于钢铁工程投资大、流程长、专业面广、工程复杂等因素，涉及总图、工艺、机械、建筑、结构、动力、水道、环保、电气、自动控制、技术经济等专业的工作。在工程设计阶段不能很好地贯彻好冶金流程工程学思想，工程就存在先天缺陷，依靠后来的工艺优化、流程再造难以实现“三流一态”的稳定高效运行，因此在工程设计阶段，就要充分运用好冶金流程工程学理念，反言之，工程设计是关键、是先导、是核心，决定了冶金流程工程学能否得到很好的贯彻[21]。

3.2 冶金流程工程学开辟了现代冶金工程设计的新理念

从工程哲学角度讲，钢铁工程属于人工物的产物，其设计集成着技术、工程、科学相关的知识与创新，所以说，钢铁流程的工程设计也是不断进步和发展的。由于钢铁冶金技术的发展历程，传统的钢铁工程设计的认知是建立在钢铁冶金基础科学（原子、分子尺度级）及技术科学（装置、工序级）层次上的，设计过程中，各工序的设计相对孤立，通过简单叠加和衔接拼凑出整个制造流程，带来的弊端一是工序间匹配不好，间歇生产，产能难以发挥，不是冗余过大就是存在瓶颈环节；二是制造成本高，原材料、能源消耗存在巨大浪费；三是功能不全、整体不优，仅关注局部功能，未发挥出系统协同和整体的优势。

20 世纪 90 年代，随着大高炉技术、溅渣护炉技术、精炼技术、连铸技术、宽带钢热轧技术在中国的推广应用，同时新建设的钢铁联合企业规模更大、产品档次更高，这使得制造流程更加复杂，原子、分子、工序级尺度的知识解决不了系统性设计的问题。冶金流程工程学首次提出了流程（系统、宏观尺度级）层次上研究冶金制造流程物理本质、工程化模型、本构特征等科学理论。这一理论打开和拓展了设计认知、阐释了众多困惑已久的钢铁工程设计问题，如钢铁厂的功能认识（从单一产品制造功能到“三大功能”），带给设计的是多目标优化；再如流程的连续有序运行，揭示了以连铸连续生产为核心的流程设计原则；又如“层流运行”“界面技术”等，解决了流程结构、工序匹配、衔接应遵从的设计原理和要素[22-24]。随着在设计中对这些理论的应用和企业经济指标的大幅提升，现代冶金工程设计理念和方法逐步清晰。

3.3 贯彻冶金流程学理论是新一代流程钢厂“动态精准设计”的需要

新一代流程钢厂需要动态精准设计理念，而冶金流程工程学为动态精准设计提供了理论支撑。2006 年，依托国家“十一五”科技支撑重大项目，钢厂“动态精准设计”理论和方法以冶金流程工程学为基础开展研究，主要对新一代钢厂功能定位、动态-有序运行的理论框架与物理模型、动态-有序运行的界面匹配技术与匹配模式、动态-有序运行的设计方案、钢厂模式和运行评价等做了基础研究，其成果对首钢京唐、唐钢新区的建设和竞争力起到了极大的作用，进一步印证了在冶金流程工程学指导下的钢厂动态精准设计能够

构建出基本符合钢厂动态运行规律的物理系统，也就是说，从要素–结构–功能–效率集成优化出发，动态精准设计的理论核心即在静态物理结构中体现动态–有序、协同–连续的要求[25]。

冶金流程工程学指导的钢厂动态精准设计理论和方法是可实现的，同时冶金流程工程学中的术语已成为钢厂生产人员、冶金设计人员沟通工程问题共识的语言。新建钢铁企业和现有产线的改造都需要冶金流程工程学的指导，需要钢厂动态精准设计理论和方法进行系统的诊断和实现。另一方面，动态精准设计还不够“精”，设计中对流程的“有序”采用的是定量和定性结合的方法。贯彻冶金流程工程学还需要动态精准设计分析工具的开发，如流程层面的多维物质流管控仿真工具等[26,27]。完善动态精准设计分析工具，才能更好地解决动态精准设计中遇到的海量计算问题。

3.4 冶金流程工程学对冶金工程设计提出了更高的要求

殷瑞钰院士最新指出，钢铁制造流程的 3 个功能应全面体现绿色化、智能化和品牌化的时代性命题要求，钢铁制造流程的物理系统应与数字信息系统相融合，则需工程设计侧深入研究物理系统的运行规则、优化物理系统的参数、确定物理系统的稳态优化目标来构建静态系统，另一侧数字系统则构建物理系统的数字孪生，载入运行规则、仿真模型、目标函数等，生产过程中以实现钢厂“以虚映实”“以虚预实”“以虚控实”稳定层流运行的状态[28]。

由此，钢铁流程工程设计的要求已再次拔高，从流程动态–有序、紧凑–连续的设计到了三流（物质流、能量流、信息流）融合、三网协同的目标，工程设计在注重制造流程静态框架结构“实”的同时，要考虑到“流”的动态运行轨迹“虚”的优化，面向钢铁冶金全流程动态仿真和虚拟现实，依托数字化、信息化和智能化设计，实现多平台数字化交互系统设计和设计产品的数字化交付，进而构建物理系统与数字系统，实现钢铁冶金工程设计的升级[29]。

4 以动态精准设计的思想和路径贯彻冶金流程工程学理论

钢铁流程工程设计不是孤立地选择新技术，必须克服传统的静态、局部的单体技术设计方法，确立动态–协同的总体目标，形成动态–有序、连续–紧凑的整体集成效应，以实现多目标优化。

4.1 动态精准设计的核心思想

（1）建立时间–空间的协调关系。时间贯通整个制造流程，反映了流程整体连续性、工序装置之间的衔接和工序自身的协调，因此，时间在动态精准设计体系是个关键参数，实际生产过程是所有工艺因子在时间轴上的动态耦合。时间参数的作用在动态精准设计中体现为：以时间为自变量之一，进行钢厂的静态空间结构设计，在工艺平面布置图、总图设计中要充分考虑并优化工序/装置的“节点数目”“节点位置”和“节点”之间线/弧连接距离和连接路径，仔细计算上下游工序/装置之间协调、匹配运行的时间过程和时间因子的各类表现方式。

（2）注重“流程网络”的构建。当钢厂时空边界确定后，要注重“流程网络”的构建。从“流”的动态运行概念出发构建“流程网络”，将“流程网络”作为时空协同概念其中一个载体。为将运行过程中的物质、能量耗散“最小化”，对“流”的行为进行动态-有序、连续-紧凑地规范运行。“流程网络”包括铁素物质流“流程网络”、碳素能量流网络和信息流网络[30]。

(3) 注重顶层设计中的集成创新。实现工程设计的多目标优化是钢铁制造流程设计的主要任务。资源、环境、运输条件、产品市场和相关技术的进步都会影响工程的最终运行质量。在设计中引入的新技术与已有先进技术的融合体现了集成创新，这是自主创新的核心内容。对单元技术进行优化创新的同时，对各个优化的单元技术进行有机融合更为重要，这凸显了流程层次顶层设计的集成优化。

(4) 注重工序装置之间的衔接匹配关系和界面技术的开发与应用。动态精准设计方法不仅要求注重优化各相关工序的装置本体，更要注重工序装置之间的衔接与匹配，同时界面技术开发与应用也十分关键。还要善于利用动态甘特图等设计工具，完成对钢铁制造流程中工序装置及其动态运行的预先周密设计[31]。

(5) 注重流程整体动态运行的稳定性、可靠性和高效性。利用动态精准设计方法要重视流程整体通过衔接匹配、非线性耦合而动态运行的效果，注重动态运行的稳定性、可靠性与高效性，以确定动态-有序、协同-连续/准连续运行的规则和程序。

4.2 动态精准设计的实现路径

(1) 钢铁工程概念设计。概念设计阶段的核心内容是按照冶金流程工程学工程系统观的思维以及钢铁制造流程动态运行的物理本质、运行规律及其本构特征，确立工程设计的基本思路、目标、功能，制定出钢铁制造流程层次的重大工程方案，做出科学决策。例如按项目的边界条件，如何在直接还原铁（废钢）-电炉“短流程”与高炉-转炉“长流程”做出方向性选择，需要通过权衡选择理论在工程概念设计阶段进行决策。

(2) 构建产品制造流程的静态结构。冶金流程静态结构的构建是在确定项目产品、功能与规模的基础上，参考工艺路线与金属收得率，并考虑动态运行的工况，利用年产量匹配倒推法，初步计算各工序系统装置或产线数量及规格，建立物质流、能源流的结构，完成钢厂总体设计。

(3) 确定制造流程的合理功能定位和装置能力。功能划分的重要前提是动态有序。横向工序的功能划分是指同功能、同类别设备的工作划分，如综合划分 2 套轧机所生产的产品品种；纵向工序的功能划分是指在流程中的合理空间序安排，以实现某种特定功能，如铁水“全三脱”工序的合理安排等。

(4) 设计流程中的界面技术。钢铁制造流程中的界面技术包括铁前至炼铁、炼铁至铁水预处理、铁水预处理至炼钢、炼钢至连铸以及连铸至轧钢等部分，主要体现在实现生产过程物质流、能量流、温度、时间等工艺参数的全面衔接、匹配与协调。解决界面技术是实现工序稳定性、连续性、紧凑性的前提。

(5) 构建“流程网络”和“运行程序”。核算单元工序产能集中体现了技术文件和图纸中的时间问题，根据工序产品大纲、设备工艺参数等基础数据，制作铁水运输时序图、炼钢生产计划甘特图等。经核算，若单元工序产量、设备作业率符合设计要求，再验证整个产品制造流程分钟级的匹配情况。产能核算达到要求后，构建好物质流网络图、能量流网络图与信息流网络图，有效解决资源与能源的回收再利用问题，并使信息流贯通整个物质流与能源流网络，保证物质流与能量流的优化运行。

（6）流程动态运行效率和评估。要做到动态精准设计就要在设计之初考虑为流程动态-有序运行提供简捷高效的物理系统，以便为流程高效运行提供先天条件，借助智能化和模拟仿真手段对流程动态运行效率进行评价和评估分析，对于优化设计方案具有重要意义，为实现动态精准设计提供有效支撑。

4.3 对实施动态精准设计的几点建议

（1）加强对已实施工程的总结归纳和提升。冶金流程工程学在首钢京唐、唐钢新区等多个工程项目实践后，出版和发表了较多冶金工程设计方面的专著和论文，再加上“动态精准设计理论与方法”的研究成果，有必要成立现代冶金工程设计理论和方法研究与推广工作小组，整理、归纳这些设计的成果，并结合冶金流程工程学阐明动态-有序、协同-连续、界面技术等在工程设计中是通过哪些设计要素体现的。通过在各大冶金设计院及工程公司的交流，引导和帮助广大设计师正确认识和自觉应用冶金流程工程学。

（2）加快编制现代冶金工程设计规范和标准。要求，未对工程科学层次的设计编制过规范。而行业设计规范是指对工程设计的要求，会对工程的总体目标、功能、技术指标以及限制条件进行技术描述等。基于冶金流程工程学的现代钢铁流程工程设计，有必要根据概念设计、顶层设计、动态精准设计编制这 3 个层次的规范和标准。建立规范和标准，可以让广大设计工作者有章可循、依规设计，让现代钢铁流程工程设计走上共识和规范之路，解决工程设计理论和实践需求相互脱节的突出问题。

（3）组织新一代流程钢厂阻滞环节攻关。钢厂模式优化与流程网络结构优化、流程动态运行程序优化有关。根据优化的工厂模式就能推导出响应工程设计的优化参数。由上述可知，对钢厂运行规则的研究及动态仿真软件的开发，是实现钢厂模式优化的关键核心技术。

1）钢厂运行规则需要生产运行方和设计方充分结合，梳理设计和运行操作窄参数匹配范围，建立运行规则库，从工程的设计阶段就能从多种运行样本中遴选出可贯通的简捷、高效、平稳运行的案例，为后续工程的实际运行提供技术指引。

2）由于钢厂产品、工艺的复杂性，各工序动态运行的计算海量，只有借助计算机才能验证物理结构的合理性，虽然有院校、研究所、工程公司开发了流程仿真工具，但没有一款全流程的仿真工具，至少没有商业版的仿真工具。

鉴于上述情况，有必要组织相关方对钢厂运行规则库和冶金流程工程仿真软件进行开发，解决现代冶金工程设计的瓶颈。

5 冶金工程流程学在唐钢新区的应用实践

唐钢新区从规划设计开始，就充分运用冶金流程工程学理论，工程建成后，不断完善数字化手段，进行工序功能集解析优化、工序间关系集协调优化和流程工序集重构优化，构建信息物理融合系统，实现唐钢新区产线连续紧凑、动态有序和产品质量窄窗口稳定高效运行[32]。

5.1 唐钢新区总图布置

唐钢新区总图布置运用动态精准设计理念，总图布局紧凑、生产流程较顺畅、功能分区明确。总图布置在考虑项目的总体布局与城市总体规划相协调的同时，充分利用厂区外部条件，发挥临海靠港的优势。由南向北依次布置原料场、石灰窑、球团、烧结、高炉，由高炉开始，自西往东布置转炉炼钢、轧钢等，各生产系统集中布置，便于整体的生产互通和管理，减少了铁前系统的皮带运输距离。同时，在总图布置时重视节能和环境保护，在满足物质流、能量流等最顺畅的前提下实现物料在钢铁厂内的加工全过程中减少折返、迂回，避免重复搬运，使其耗用时间最少、动力消耗最小，产生的无组织排放最少。在满足工艺流程合理、物流顺畅的同时，总图用地指标达到了 0.53 t/m^2，该指标处于同级别钢铁企业的领先水平。唐钢新区鸟瞰图如图 2 所示，唐钢新区工艺配置及生产流程图如图 3 所示。

图 2　唐钢新区项目鸟瞰图

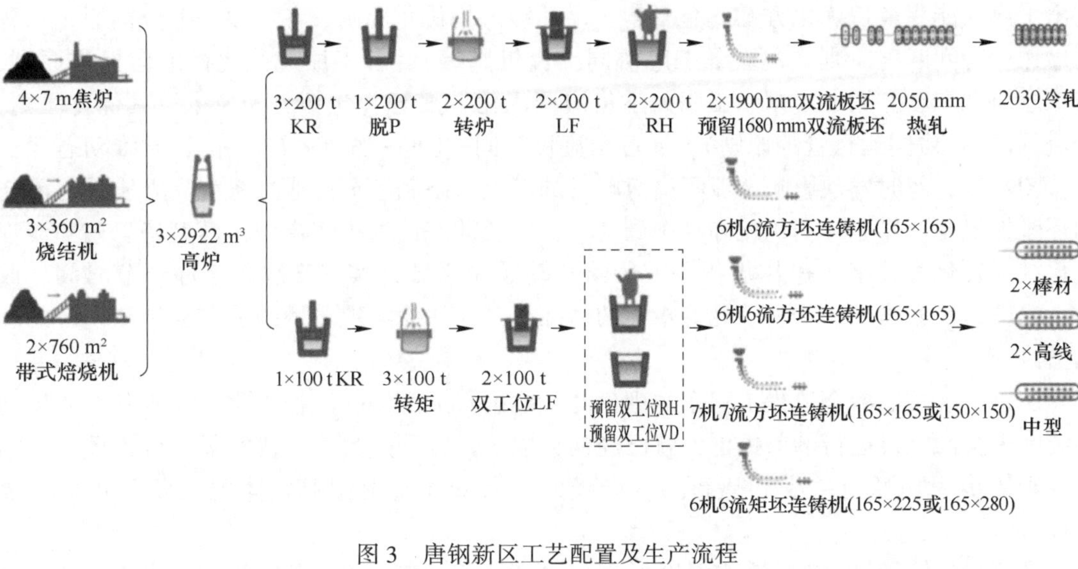

图 3　唐钢新区工艺配置及生产流程

5.2　唐钢新区冶金流程工程学的应用实践

唐钢新区以“物质、能量、时间、空间、信息”五维动态甘特图为核心，以产线动态-有序、协同-连续的智能化运行为目标，通过流程物理系统解析和集成优化，形成先进钢铁制造流程的结构化基础，推进层流专线化协同运行机制；以建立相关规则库、减少流程运行的不确定性和随机性为导向，为流程智能化实施奠定简捷高效的物理系统基础；通过物质流、能量流、信息流协同优化和硬件软件协同解决方案，构建信息物理融合系统，横向贯通炼铁-炼钢-连铸-热轧工序，纵向协同生产计划-作业调度-工序/装置的运行，实现该生产线运行质量和效率的显著提升[33,34]。唐钢新区物理信息融合系统路线如图 4 所示。

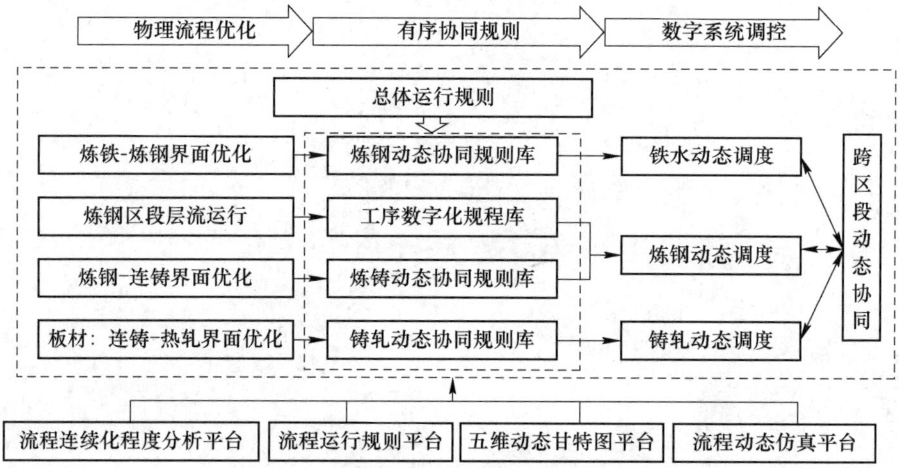

图 4　唐钢新区物理信息融合系统路线

唐钢新区按照工序、界面和全流程协同运行等不同层级，从物理系统侧优化的角度，提出工序功能集解析优化方案（包括各工序功能解析优化原则、各工序任务分割原则、各工序作业时间匹配原则、建立各工序协同工作机制等）、各工序规范化标准化操作原则、跨工序协同和动态调度规则、工序关系集协调优化方案等（包括界面技术及其优化原则、全流程动态-协同运行管控原则）。通过全流程时间-空间-物质-能量-信息五维动态运行甘特图功能，及时发现影响全流程高效顺行的堵点或限制环节，通过系统建立质量追溯与闭环管控机制、作业计划优化和动态调度模型以及动态计划排产模型，模型将工艺和流程优化结果转化为数字化操作规程，下传给自动控制系统，实现产线各工序环节时间、成分、温度、尺寸精度、物料消耗等指标的精准控制，从而实现质量的稳定控制和生产的高效衔接[35]。

唐钢新区按照冶金流程工程学的理论对产线进行近两年的流程优化，在所开发的控制系统尚未全面上线运行的前提下，就已经初见成效，特别是为该产线实际运行梳理出的相关规则逐步为现场所接受和执行后，产线的运行效率显著提高，体现在以下几个主要指标。

从高炉出铁到进 KR 站铁水温度由 1365 ℃提高至 1393 ℃；从高炉出铁到 KR 进站铁

水包运输时间由 136 min 减少至 93 min；铁水包在线周转次数由 2.4 次/天提高到 3.5 次/天；KR 脱硫比例由 52.6%提高到 98.6%；KR 深脱硫比例（出站 $w[S] \leqslant 0.003\%$）由 28.1% 提高到 90.7%；转炉冶炼周期由 38.7 min 缩短至 30 min 以内；钢水过 RH 比例由 12.2% 提高至 43%（单座 RH）；由 KR 进站到连铸开浇的总时间（典型钢种）由大于200 min缩短至 152 min；炼钢区段钢水传搁时间由 77.3 min 缩短至 55.9 min；铸坯热轧率由 56.1% 提升至 73.5%；铸坯平均热装温度由 425 ℃提升至最高 569 ℃。

总之，得益于唐钢新区良好的数字化基础，搭建的流程优化和智能化运行的总体设计和协同平台，从全流程角度提出铁钢界面、钢铸界面、铸轧界面动态有序运行的协同规则，系统自动匹配各工序作业用时的优化与工序间高效衔接，使得“流转时间最小化、空间路径最小化、过程排放最小化”理念得以量化和实现，唐钢新区界面优化示意如图 5 所示。

铁水包动态调度	炼钢界面的钢水动态调度	铸轧界面的铸坯动态调度
铁钢动态协同规则库	规范化操作、炼钢层流协同、炼钢-连铸协同等规则库	铸轧动态协同规则库
铁钢界面优化	炼钢区段层流运行工艺优化	铸轧界面优化

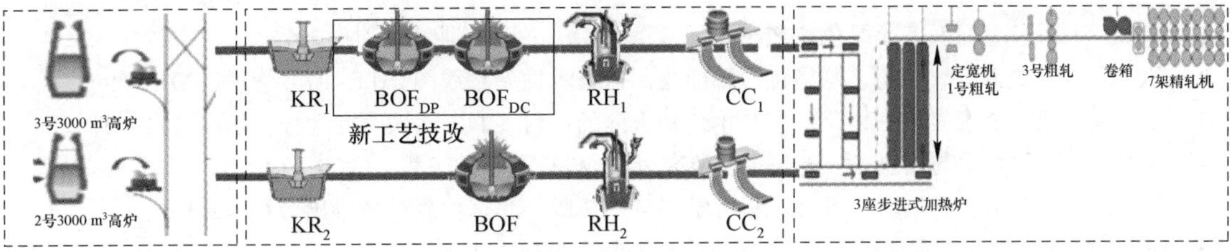

图 5 唐钢新区界面优化示意

5.3 唐钢新区冶金流程工程学实践的思考

在唐钢新区贯彻冶金流程工程学理论和产线智能化推进过程中，有以下几点体会和思考。

（1）一条产线要真正实现动态有序、协同连续、高效稳定运行的目标，必须以钢厂动态精准设计理念为基础，彻底改变以往形成的全流程中前后工序依靠产量简单叠加、堆砌的静态设计理念。

（2）要在工厂设计阶段就梳理出简捷、高效、层流专线化运行的主体工艺路径，并辅以前后工序互联互通的控制模型、强大的数据采集能力、完备的运行规则库等要素。

（3）设计方案中应尽可能减少钢铁流程实际运行中不必要的多项选择和保守的冗余可能带来的运行结果的不确定性。

（4）设计方案确定后，还应借助专门建立的功能强大的数值模拟仿真手段，将覆盖产品大纲的主体工艺路径进行贯通，及早发现影响流程动态有序、协同连续、高效稳定运行的“堵点”，寻找合适的应对解决方案，为全流程实际贯通提供技术指引，真正实现全流程运行调控参量数字化、运行机制透明化和多工序协同调控的模型化，提高全流程的刚性执行力，确保生产过程执行效果的稳定性和精准性，为全流程实现智能化运行奠定物理基础。

6 结论

（1）冶金流程工程学理论科学地阐述了钢铁制造流程中物质流、能量流、信息流之间相互作用与协同运行关系，提出并建立的新一代钢铁制造流程理论框架和钢厂动态精准设计的方法，对推进钢铁行业绿色化、智能化高质量发展具有重要的理论支撑。

（2）设计是钢铁工程的先导和核心，全面贯彻冶金流程工程学应设计先行。钢厂的动态精准设计不仅要为建设提供图纸和有关参数，还要为今后钢厂的运行设计出动态运行的规则。

（3）新一代流程钢厂设计应遵循冶金流程工程学理论，在钢铁工程的顶层设计、制造流程静态结构、动态精准设计、流程网络优化、设计管理等方面制定设计规范，指导新一代流程钢厂建设。

（4）工程设计应建立功能强大的数值模拟仿真手段，发现和解决影响流程动态有序、协同连续、高效稳定运行的“堵点”，更好支撑冶金流程工程学得以实践与应用。

参 考 文 献

[1] 于勇，王新东．钢铁工业绿色工艺技术［M］．北京：冶金工业出版社，2017.
[2] 孙彦广．钢铁工业数字化、网络化、智能化制造技术发展路线图［J］．冶金管理，2015（9）：4.
[3] 王国栋．钢铁全流程和一体化工艺技术创新方向的探讨［J］．钢铁研究学报，2018（1）：1.
[4] 殷瑞钰．工程科学与冶金学［J］．工程研究-跨学科视野中的工程，2020，12（5）：435.
[5] 殷瑞钰，汪应洛，李伯聪，等．工程哲学［M］．2版．北京：高等教育出版社，2013.
[6] 殷瑞钰. 冶金流程工程学［M］．北京：冶金工业出版社，2004.
[7] 颉建新，张福明．钢铁制造流程智能制造与智能设计［J］．中国冶金，2019，29（2）：1.
[8] 殷瑞钰．“流”、流程网络与耗散结构——关于流程制造型制造流程物理系统的认识［J］．中国科学：技术科学，2018（2）：136.
[9] 张福明，颉建新．冶金流程工程学的典型应用［J］．钢铁，2021，56（8）：10.
[10] 张春霞，徐安军，郦秀萍，等．冶金流程工程学发展进程大事记［J］．中国冶金，2020，30（11）：94.
[11] 殷瑞钰．冶金工序功能的演进和钢厂结构的优化［J］．金属学报，1993（7）：51.
[12] 编者按［J］．钢铁，2021，56（8）：1.
[13] 殷瑞钰．钢铁制造流程的本质、功能与钢厂未来发展模式［J］．中国科学（E辑：技术科学），2008（9）：1365.
[14] YIN R Y. Metallurgical Process Engineering［M］. Springer，Berlin，Heidelberg.
[15] 殷瑞钰．冶金流程集成理论和方法［M］．北京：冶金工业出版社，2013.
[16] 徐安军，曲英，贺东风．冶金流程工程学发展研究［C］//中国金属学会．2012—2013冶金工程技术学科发展报告．中国科学技术出版社，2014：162.
[17] 殷瑞钰．关于智能化钢厂的讨论——从物理系统一侧出发讨论钢厂智能化［J］．钢铁，2017，52（6）：1.
[18] 王新东，常金宝，李杰．小方坯连铸-轧钢“界面”技术的发展与应用［J］．钢铁，2020，55（9）：125.
[19] 上官方钦，韩伟刚，周继程．全废钢电炉流程电炉-连铸“界面”优化研究［J］．河北冶金，2021（7）：7.

[20] 周继程，上官方钦，丁毅，等．钢铁制造流程“界面”技术与界面能量损失分析［J］. 钢铁，2020，55（12）：99.
[21] 殷瑞钰，张寿荣，张福明，等．现代钢铁冶金工程设计方法研究［J］. 工程研究-跨学科视野中的工程，2016，8（5）：502.
[22] 张福明．智能化钢铁制造流程信息物理系统的设计研究［J］. 钢铁，2021，56（6）：1.
[23] 张福明，颉建新．冶金工程设计的发展现状及展望［J］. 钢铁，2014，49（7）：41.
[24] 殷瑞钰，张福明，张寿荣，等．钢铁冶金工程知识研究与展望［J］. 工程研究，2019（5）：438.
[25] 张春霞，干磊，樊波，等．建立新一代钢厂精准设计评价指标体系的研究［J］. 钢铁研究学报，2011，23（4）：1.
[26] 杜学强，郦秀萍，韩伟刚，等．炼铁-炼钢界面动态运行过程解析与仿真优化［J］. 钢铁，2023，58（5）：137.
[27] 吴双平，徐安军．钢铁生产流程的物质流仿真研究［J］. 钢铁，2021，56（8）：73.
[28] 张福明．智能化钢铁制造流程信息物理系统的设计研究［J］. 钢铁，2021，56（6）：1.
[29] 尹先刚．钢铁冶金工程中项目管理遇到的挑战及对策分析［J］. 中国设备工程，2019（21）：224.
[30] 殷瑞钰．流程型制造流程的本质与共性规律［J］. 钢铁，2023，58（2）：1.
[31] 韩伟刚，胡长庆，郦秀萍，等. 炼铁-炼钢区段界面动态运行过程建模和仿真［J］. 中国冶金，2019，29（7）：17.
[32] 王新东，李铁，张弛，等. 河钢唐钢新区数字化绿色智能工厂的设计与实施［J］. 河北冶金，2021（7）：1.
[33] 王新东．“融合协同”的绿色工程管理方法及应用［J］. 钢铁，2022，57（11）：1.
[34] 王新东，倪振兴，刘福龙，等．唐钢新区基于数字孪生技术的全流程智能化工厂设计与实践［J］. 冶金自动化，2023，47（1）：112.
[35] 王新东．以“绿色化、智能化、品牌化”为目标规划设计河钢唐钢新区［J］. 钢铁，2021，56（2）：12.

氢能产业发展现状与钢铁行业创新实践及战略思考①

王新东

（河钢集团有限公司，河北 石家庄 050023）

摘　要：氢能是一种清洁环保的可再生能源，具备绿色、零碳、高效等优点，被认为是“21世纪的终极能源”，对构建清洁低碳、安全高效的能源体系具有重要意义。我国现已迎来氢能产业发展的重要窗口期，氢能产业得到政策支撑，正在逐步培育市场，力争实现技术突破，实现应用场景多元化，以进一步推动氢产业链全方位发展。钢铁工业碳排放量高，面临巨大的减排压力，“以氢代碳”是钢铁工业绿色低碳、高质量发展的重要路径，全废钢电炉绿电冶炼工艺、绿氢冶金结合电炉绿电冶炼两大路径是实现近零排放的最终举措。基于当前钢铁工业传统工艺技术的创新改进难以实现深度脱碳，氢冶金是替代碳还原最为可行的途径，将对钢铁行业深度脱碳乃至“净零碳”起到决定性作用。氢冶金技术处于探索和示范阶段，高炉富氢冶炼技术具备经济性，氢基直接还原铁技术的碳减排能力强，氢基熔融还原技术工艺简单且能耗低。然而，钢铁工业氢能产业目前发展面临诸多挑战，例如绿氢的成本较高，氢冶金技术体系尚不完备等。在充分考虑技术条件和产业特性的基础上，钢铁工业氢能产业以氢冶金技术体系为重心，不断拓展氢能在钢铁工业的应用途径，创新氢能产业合作模式，助推氢能产业链协同发展。

关键词：氢能产业；钢铁；以氢代碳；创新实践；战略思考

氢能是可以替代化石能源的清洁能源，是实现碳中和的重要基石，已经成为国际社会应对气候变化、构建脱碳社会的重要产业方向。发达国家纷纷制定氢能发展路线图，我国也将氢能产业上升到国家能源战略。作为世界上最大的制氢国，我国具有良好的工业基础，特别是钢铁工业丰富的场景资源和广泛的链接优势，让氢能产业拥有了更大发展空间和更多发展机遇。

1　氢能产业发展现状及趋势

1.1　我国迎来氢能产业发展的重要窗口期

从16世纪开始，氢气的特性逐渐为人所知，其具备来源广泛、绿色低碳、能量密度高、储用形式多样化等诸多优点，是公认的“最理想的清洁能源”，也是未来能源发展格局中的关键组成部分。伴随着全球气候变化压力的增大和国际地缘冲突加剧，世界各国对新能源的关注日益高涨。国际上，美国、欧盟、日本、韩国等发达国家和地区纷纷将氢能

① 原文发表于《世界金属导报》，2023，61（2640）。

源纳入国家能源发展战略，持续推动氢能产业发展。截至 2023 年 1 月，全球共宣布了 1046 个大型氢能项目，欧洲地区仍然是氢能产业的全球领导者，总投资和绝对增长率均为最高，总投资达到 1170 亿美元，占全球投资的 35%左右，其次是拉丁美洲地区和北美洲地区，各占已宣布投资的 15%左右。在项目类型上，最多的是大规模工业利用的氢能项目，达到 553 个，占比超过 52%，其次是氢能源运输项目，随后的是大型制氢项目，即每年超过 1 千兆瓦的可再生能源发电和超过 20 万吨的低碳氢项目共有 112 个[1]。据国际氢能委员会（Hydrogen Council）预测，到 2050 年，氢能产业将创造 3000 个工作岗位、减排 60 亿吨二氧化碳、达到 2. 5 万亿美元产值，氢能在全球能源中所占比重有望达到 18%。

在全球气候目标及我国碳中和目标的约束下，我国能源消费结构和二氧化碳排放量将发生重大变化。氢能作为来源广泛、使用过程清洁、应用领域多元化的新型能源，生产和利用技术日臻成熟，在未来绿色低碳清洁能源发展过程中，将发挥越来越重要的作用。2022 年是我国“氢能行业爆发元年”，自此之后，我国开始进入氢能产业的加速发展阶段，已迎来氢能产业发展的重要窗口期。

氢能相关政策密集频发。2022 年 3 月，国家发展改革委、国家能源局联合印发《氢能产业发展中长期规划（2021—2035 年）》，明确了氢能的三大“战略定位”，即氢能是未来国家能源体系的重要组成部分、氢能是用能终端实现绿色低碳转型的重要载体、氢能产业是战略性新兴产业和未来产业重点发展方向[2]。2022 年 8 月，工业和信息化部、国家发展改革委、生态环境部发布《工业领域碳达峰实施方案》，提出推动绿色低碳技术重大突破，部署工业低碳前沿技术研究，实施低碳零碳工业流程再造工程，研究实施氢冶金行动计划，并提出到 2030 年，富氢碳循环高炉冶炼、氢基竖炉直接还原铁、碳捕集利用封存等技术取得突破应用，短流程炼钢占比达 20%以上[3]。此后全国多个省市自治区将氢能写入政府工作报告，示范城市群也发布了相应发展规划，氢能产业正加速迈入“从 1 到 10”的进程。

氢能市场扩大，市场培育加强。截至 2022 年年末，我国已成为世界上最大的制氢国，氢能市场也在迅速扩大，应用场景多样化。在能源领域，氢能主要以氢燃料电池为载体应用于交通领域。氢燃料电池具有能量密度高、能量转化效率高、零碳排放等优点，近年来，我国氢燃料电池装机规模屡创历史新高，2021 年全年累计装机量 173 兆瓦，同比增长 119%，2022 年累计装机量 506 兆瓦，同比增长 191. 7%。氢燃料汽车销量及保有量也呈现出增长态势，根据中国氢能联盟研究院的统计，截至 2021 年底，氢燃料汽车累计保有量达到 8938 辆，截至 2022 年底，氢燃料汽车累计保有量达到 12682 辆。但作为氢能源产业及下游应用发展的重要基础设施，加氢站建设布局比较分散，而且压缩机、加氢机等核心设备和关键部件主要依赖进口，导致加氢站的建设成本较高。截至 2022 年 4 月，我国已建成加氢站超过 250 座，约占全球数量的 40%，加氢站数量位居世界第一[4]，但整体建设仍不能满足氢燃料电池汽车发展的需求。随着氢燃料电池汽车保有量的不断增加，以及中石化、中石油等能源央企的加入，国内氢能市场将呈现持续扩张态势。

氢能技术爆发。我国目前已在燃料电池、海水制氢、氢冶金及专利技术等各个领域实现了技术突破。氢燃料电池系统由氢气供应系统、电堆等模块组成，其中氢气供应系统主要有氢气直排流通模式、死端模式、再循环模式三种类型，相较于镍氢电池、锂电池等过去常用的车载电池，新能源汽车采用氢燃料电池更为理想[5]。氢燃料电池的核心零部件实现百分之百的国产化，解决了国外技术上“卡脖子”的问题，对于我国氢能产业来说也是具有重大意义。化石能源制氢技术存在固有的碳排放，而利用可再生能源电解水制氢则被认为是低碳氢能的技术路线，海水制氢作为未来大规模氢能系统的核心，其面临的析氯腐蚀挑战、热力学机理、低氯选择性析氧催化剂开发等关键原理与技术也是当前氢能制取的研究重点[6]。氢冶金技术主要分为富氢还原技术和全氢还原技术，国内钢铁企业为寻求低碳转型，已经陆续布局氢能冶金产业，代表性企业有河钢集团、宝武集团、建龙集团及邢钢集团等[7]，可以从源头上解决钢铁冶炼过程中碳排放量大的问题，推进我国实现“双碳”目标的进程。

氢能相关产业应用进入深度探索期。随着我国可再生能源的迅猛发展及国家政策的大力支持，风力、光伏发电相关技术及建设规模已达到世界领先水平，绿氢的制备成本有望持续下降。氢能的应用场景也在逐渐扩大，例如氢燃料电池已经不局限于应用在车辆上，在航运领域、民用无人机领域都有成熟应用，氢能将成为长途卡车运输、航运、钢铁冶金等应用场景中最具竞争力的低碳解决方案之一。2019 年 6 月，国际能源署就在相关研究中指出，未来氢气将作为能源物质参与国际贸易，并逐步取代天然气的地位[8]。在氢能的国际贸易中，我国具备大规模生产绿氢的潜力，也具备输送绿氢给韩国、日本等氢气进口国家的地理优势。发展绿氢贸易将会改变中国能源的版图，在未来使“氢人民币”取代“石油美元”成为可能[9]。

1.2 “制–储–运–用”氢产业链全方位发展

（1）制氢。在制氢方面，我国是世界最大产氢国。2022 年我国氢气产能约为 4100 万吨/年，产量为 3781 万吨/年，预计在 2030 年碳达峰愿景下，我国氢气的产量预期将超过 5000 万吨/年。氢的制取主要有三种较为成熟的技术路线：一是以煤炭、天然气为代表的化石能源制氢；二是以焦炉煤气、氯碱尾气、丙烷脱氢为代表的工业副产制氢；三是以碱性电解水、质子交换膜电解水为代表的电解水制氢。三种技术路线的优点、缺点和发展现状详见表 1。

表 1　制氢主要技术路线的优缺点分析及发展现状

制氢方式		优点	缺点	发展现状
化石燃料制氢（灰氢）	煤制氢	技术成熟，制氢纯度高，制氢效率高，成本较低	储备有限，制氢过程碳排放量大，产品需提纯去除杂质	全球和国内大规模市场应用
	天然气制氢			
工业副产制氢（蓝氢）	焦炉煤气/氯碱尾气/丙烷脱氢	制氢纯度高，成本适中	建设地点受原材料供应限制，无法作为规模化集中化的氢能源供应，产品需提纯去除杂质	大规模市场应用
电解水制氢（绿氢）	碱性电解水制氢	技术成熟，成本适中	电流密度低，碱液有腐蚀性	商业化成熟
	质子交换膜电解水制氢	电流密度高，无碱液腐蚀污染，制氢纯度高	设备成本相对高，催化剂成本高且稀缺	小规模应用

煤制氢技术发展已经有百余年，技术成熟且成本低，是目前最经济的大规模制氢技术之一。煤制氢的主要工艺是将煤与水蒸气混合，在外供热量的高温条件下发生气化反应，生成以氢气和一氧化碳为主的混合气，再经过水煤气变换、氢气提纯等流程，获得高纯度的氢气产品[10]。天然气制氢技术具有高效率、较低的碳排放量、适用于大规模生产等优点，主要应用蒸汽重整法，而部分氧化法、自热重整法、催化裂解法等其他方法的技术成熟度尚不足够。蒸汽重整法是在高温高压条件下，使用以三氧化二铝为载体的镍基催化剂，将甲烷和蒸汽催化转化为氢气和一氧化碳，合成气需要经过水煤气变换、净化提纯等流程才能获得最终产品。方法经济性强，装置运行可靠，但催化剂易失活，后续发展还要借助于高活性催化剂的研发、反应装置改进等技术突破[11]。总体来说，化石燃料制氢方式技术成熟，成本较低，但碳排放量大，需要与二氧化碳捕集封存技术相结合，将“灰氢”转变为“蓝氢”。

煤焦化工业、氯碱工业等工业生产过程中，会伴随产生大量的副产氢气，这类副产氢气纯度不高，由于提纯设备投资大、下游市场对氢气需求量较低等原因，在很长时间内都未被充分开发利用。随着氢气提纯技术和氢能相关产业的发展，目前工业副产制氢方式也实现大规模市场应用，逐渐具备经济竞争力，但因建设地点深受原材料供应限制，无法作为规模化集中化的氢能源供应。

电解水制氢方式主要分为碱性电解水制氢技术、质子交换膜电解水制氢技术、高温固体氧化物制氢技术，不会产生二氧化碳或其他有毒有害物质的排放，当与可再生能源电力相结合时，可以获得真正意义上的“绿氢”。碱性电解水制氢技术是目前技术最成熟、成本最低的电解水制氢方式，已有数十年的应用经验，但是该技术使用强碱作为电解质，使用石棉作为电解槽隔膜，对环境有一定的危害，而且启停调节速度慢，不适用于波动性强的可再生能源发电。质子交换膜电解水制氢技术电流密度高，电解槽体积小，无碱液腐蚀污染，运行灵活，与可再生能源发电具备良好的匹配性，近年来产业化发展迅速，但设备成本相对高，催化剂成本高且稀缺，导致制氢成本高，还有待于材料和技术的进一步研发[12]。高温固体氧化物制氢尚处于实验室研究阶段，未投入工业化应用。总体来说，电解水制氢方式是极具前景的绿色制氢技术路径，理论转化效率高、氢气产品纯度高，但高成本始终限制其进一步工业化发展，其中电价是主要因素，占电解水制氢成本的60%~70%[13]。

因“富煤、缺油、少气”的资源禀赋影响，我国的氢源结构目前仍是以煤制氢为主，占比达62%，其他方式中天然气制氢占比19%，工业副产气制氢占比18%，电解水制氢仅占1%。随着我国风光发电成本的大幅度下降，可再生能源电解水制氢的综合成本也将下降，其占比有望持续提升。

（2）储氢。氢的储存方式主要有高压气态储氢、低温液态储氢、固体储氢三种方式。高压气态储氢是通过高压将氢气压缩到一个耐高压的容器中进行储存，具有充放氢速度快、容器结构简单等优点，是现阶段主要的储氢方式，已得到广泛应用。储氢容器可以分为高压氢瓶和高压容器两大类，其中钢质氢瓶和钢质压力容器技术最为成熟，成本较低。商用高压储氢瓶主要分为四大类型，美日等国家燃料电池汽车的主流车载储氢技术是70 MPa碳纤维缠绕Ⅳ型瓶，而我国仍使用35 MPa碳纤维缠绕Ⅲ型瓶，储氢技术及设备与发达国家差距较大，且关键零部件仍依赖进口。我国Ⅳ型储氢瓶正处于起步阶段，Ⅳ型储氢瓶具备轻量化、高压力、高储氢密度、长寿命等优势，将成为氢燃料电池乘用车的首选储能装备[14]。2023年5月，国家标准《车用压缩氢气塑料内胆碳纤维全缠绕气瓶（Ⅳ型瓶)》发布，标志着Ⅳ型瓶成为主流迭代方向。近些年随着政策驱动和技术不断突破，国内对高压储氢瓶的需求量保持高速增长，预计 2025 年需求量将达到 4 万台，市场规模将达到 32.9 亿元。

低温液态储氢是先将氢气液化，然后储存在低温绝热真空容器中，我国低温液化储氢技术主要应用在航天领域，民用领域尚处于起步阶段。固态储氢是利用物理吸附型、金属氢化物等储氢材料能够可逆吸放氢的特性进行储氢，其发展需要依赖新型储氢材料的开发，目前我国仍然处于试验阶段。

（3）运氢。选择氢输运方式时，必须考虑氢的运输距离、规模和最终用途。氢输运方式主要是气态输运，可分为高压气氢拖车和管道输运两种方式。高压气氢拖车是氢气近距离输运的重要方式，技术较为成熟，目前应用广泛。管道输运包括纯氢管道输送和天然气掺氢管道输送，是实现氢气大规模、长距离运输的重要方式，具有输氢量大、运行压力较低、能耗小、成本低等优势[15]。但目前我国氢气输送管网建设里程不足，仅仅只有 400 km，尚未建成完善的氢气管道输送体系。从长久经济性角度考虑，采用管网大规模、长距离输送氢气比高压气氢拖车输送氢气更显优势，但是在技术层面上仍有诸多关键难题需要解决。

（4）用氢。在氢能应用方面，我国氢气主要应用于能源及传统石化、化工领域，在钢铁冶金、建筑等领域的应用仍处于小规模应用阶段。在能源方面，风能和太阳能等可再生能源发电波动性强，严重影响并网供电的连续性，而氢储能系统的加入可以作为能源互联网的枢纽，将可再生能源与电网、热网、交通网结合起来，提高电力系统的安全性和稳定性。氢燃料电池利用电化学反应，可以将氢能转换为电能，常用的质子交换膜燃料电池适用于车载发电系统和小型分布式电源系统[16]。随着氢燃料电池汽车迅速发展，近年来我国氢燃料电池装机规模也屡创历史新高，2022 年累计装机量已经达到 506 兆瓦。在传统石化、化工领域，氢气已经有长期且大量的应用，包括炼油化工加氢、化工合成氨等应用，技术路线成熟，但绿氢化工仍处于探索示范阶段。煤化工与绿氢耦合发展可以简化生产流程，符合低碳发展趋势和国家产业政策，能促进产业协同发展，但也面临政策支持力度不足、设备改造难度大等一系列问题[17]。

2 钢铁行业“以氢代碳”创新应用实践

2.1 氢冶金是实现低碳近零排放的终极冶金技术

当前，我国主流的钢铁生产工艺是高炉–转炉长流程，这种生产工艺流程决定了制造过程较高的碳排放强度，导致钢铁行业的碳排放量占全国排放总量的比例约为 16%，“双碳”背景下，钢铁企业面临巨大的减排压力。氢能源作为清洁、高效、可持续的“无碳能源”，与钢铁企业资源、环境和可持续发展的诉求不谋而合。钢铁工业既可以是利用工业副产气制氢的产氢单位，又可以是用氢气代替焦炭作为还原剂进行钢铁冶金的用氢单位。较低碳排放的技术包括废钢电炉冶炼短流程、高炉富氢冶炼、氢基直接还原铁（DRI）+电炉工艺等，其中，全废钢电炉绿电冶炼工艺、绿氢冶金+电炉绿电冶炼两大路径是实现近零排放的最终举措[18]。

“以氢代碳”是钢铁工业绿色低碳、高质量发展的主要出路。基于当前钢铁工业传统工艺技术的创新改进难以实现深度脱碳，氢冶金是替代碳还原最为可行的途径，将对钢铁行业深度脱碳乃至“净零碳”起到决定性作用。当前，氢冶金技术均处于探索和示范阶段，覆盖高炉富氢、氢基直接还原、氢基熔融还原等主流技术。

三大氢冶金技术中，高炉富氢冶炼技术是“碳冶金”到“氢冶金”的重要过渡，改造成本低，具备经济性，具有增产效果[19]。高炉富氢冶炼技术难以实现“近零碳排放”，但因其经济性较强，据预测在2030年之后有望迅速推广。氢基直接还原铁技术是最具发展潜力的低碳冶金技术之一，采用无焦直接还原铁，可大幅降低炼铁过程中的碳排放，纯氢竖炉炼铁碳减排能力可达到98%。氢基直接还原铁技术中，竖炉-球团（块矿）法技术成熟、投资少、成本低，具有较强的竞争力[20]，据预测2040年后将具备大规模推广条件。氢基熔融还原技术是氢冶金未来重要发展方向，将熔融还原与氢还原相结合，具有工艺简单、技术先进、能耗低、污染小、投资少、成本低、原料适应性强等优点。

2.2 焦炉煤气零重整氢冶金示范工程创新实践

我国的钢铁企业近年在积极探索氢冶金，主要参与者包括河钢集团、宝武集团和中国钢研等企业，但是目前受制于成本较高、基础设施不完善、相关标准空白等问题，项目尚处于小规模应用阶段。

2022年12月，河钢集团建设的全球首例120万吨焦炉煤气零重整氢冶金示范工程（HyMEX™）一期工程全线贯通，2023年5月实现稳定生产。河钢氢冶金示范工程采用ENERGIRON-ZR技术竖炉冶炼直接还原铁工艺，以焦炉煤气作为氢原料气体，使用通过零重整和净化技术得到的富氢气体在竖炉内直接还原球团矿中的铁氧化物，无须使用外部重整炉设备或还原气体生成系统。DRI产品的金属化率达到94%以上，同时硫、磷等有害杂质含量极低，是生产优质钢和纯净钢的理想原料。与同等规模的“高炉—转炉”长流程相比，河钢氢冶金一期工程二氧化碳减排比例70%，每年减少碳排放80万吨，相当于塞罕坝林场一年的固碳量。基于焦炉煤气的氢冶金工艺流程简图如图1所示。

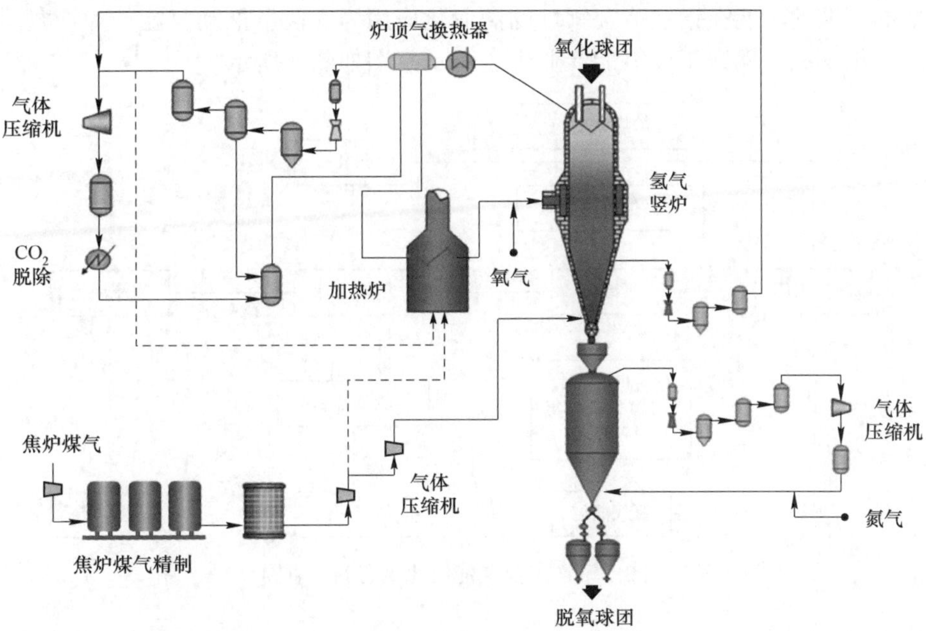

图1 基于焦炉煤气的氢冶金工艺流程简图

该工程同时具有国际领先水平的二氧化碳捕集与精制技术。在捕集环节，氢基竖炉工艺气经压缩后进入吸收塔，通过 MDEA 溶剂与二氧化碳反应形成碳酸盐实现与工艺气的分离，含二氧化碳的 MDEA 富液再通过蒸汽汽提实现二氧化碳提出与溶液再生；在精制环节，以捕集环节排出二氧化碳为原料，通过吸附低温精馏的方式得到高纯度的食品级和工业级液态二氧化碳产品，也可通过节流膨胀、挤压制成干冰进行利用。

河钢氢冶金示范工程率先为我国钢铁工业提出绿色低碳短流程工艺新路径，已形成了包含《全氧富氢低碳还原熔化炼铁系统及炼铁方法》《控制氮气富集的气基直接还原炼铁方法及系统》在内的数十项氢冶金专利技术，打造出可推广、可复制的“零碳”制氢与氢能产业发展协同互补的创新发展模式。工程各项指标达到世界领先水平，成为中国钢铁史乃至世界钢铁史上由传统“碳冶金”向新型“氢冶金”转变的一个重要的里程碑。

2.3　构建高质量氢能产业生态圈

据中国氢能联盟测算，钢铁领域氢能消费量将在 2030 年达到 5000 万吨标准煤以上，在 2050 年达到 7600 万吨标准煤以上，占钢铁领域能源消费总量的 34%。钢铁制造流程复杂，用氢场景众多，比如，烧结料面喷吹富氢气体、连铸坯氢氧切割、冷轧退火工序采用氢气作为退火保护气体等，其中，物流交通领域用氢量最大，效益也最为明显。钢铁行业物流量规模巨大，理论计算显示，钢铁企业每生产 1 t 钢，外部产生 4~5 倍物流量，内部产生 8~10 倍物流量。钢铁行业低碳转型过程中，区域内物流交通领域对氢能需求潜力巨大。

在物流交通领域的氢能布局是绿色物流的重要组成部分，涉及上游制储运加网络建设以及下游氢能车辆推广。加氢站和氢能重卡对于钢铁园区能源系统优化配置影响重大，也是系统初始投资和氢能利用相关收益的重要组成内容。钢铁企业应以打造氢能重卡应用示范产业集群，推动氢能在钢铁冶金领域的商业化应用为手段，推动氢能产业向规模化、集聚化和高端化发展。钢铁工业氢能产业生态圈示意图如图 2 所示。

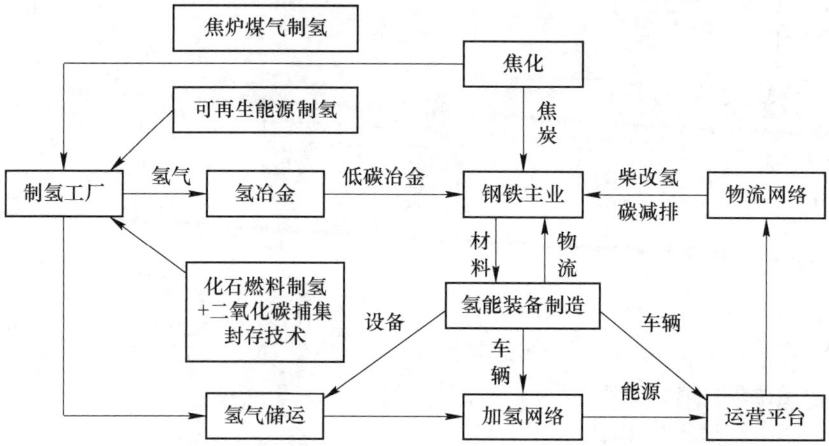

图 2　钢铁工业氢能产业生态圈示意图

河钢集团是我国钢铁行业氢能利用多元化的代表企业。在加氢站建设方面，河钢集团于 2020 年 8 月在邯郸建成我国钢铁行业首个固定式加氢示范站，日加注能力达到 500 kg，此后又在唐山建成一座日加注能力 750 kg 的固定式加氢站和一座日加注能力 500 kg 的撬装式加氢站，目前均已投入运营。除自主建设外，河钢集团于 2022 年 9 月与中石油合作布局河北省 30 座加氢站建设，于 2023 年 7 月联合长城汽车在唐山海港开发区启动一座 3.5 吨的氢电能源站。在氢能重卡应用方面，2021 年 7 月，河钢集团首批次投放 30 辆 49 吨氢能重卡，标志着我国首条氢能重卡运输线正式商业运营。根据《河钢集团氢能产业“十四五”发展规划》，到 2025 年，将引导推广各类氢燃料车辆不少于 1 万台。河钢集团创新了氢能重卡运营模式，主持建成我国钢铁行业首条氢能重卡物流示范线，并在国内首次提出“焦炉煤气制氢+加氢服务网点+氢能重卡运营单元”的氢能重卡物流实施路径，主持建设焦炉煤气制氢工程，建成我国钢铁行业首批固定式加氢站以及氢能重卡运输专线，实现了我国“零排放”氢能重卡物流的可持续、规模化、商业化示范运营。

3 钢铁行业氢能产业战略思考

当前，全球主要国家都在加快氢能发展节奏，2023 年 7 月下旬，欧洲氢能“领头羊”德国更新《国家氢能战略》，该战略称，到 2030 年德国在氢能技术的领先地位将进一步提升，产品供应将覆盖从生产（如电解槽）到各类应用（如燃料电池技术）的氢能技术全价值链；2022 年 8 月，美国《通货膨胀削减法案》为氢能产业链环节提供补贴和贷款，主要包括上游制氢、制氢设备、下游工业示范部门、氢燃料电池车等；2023 年 6 月，日本修订《氢能基本战略》，计划未来 15 年内投资 15 万亿日元推动氢能广泛应用。在全球氢能产业快速发展以及碳达峰碳中和目标背景下，立足氢能在钢铁行业应用，面向产业高质量发展，研究认为：

一是创新氢能产业合作模式，提升氢能经济性。在政策保障方面，钢铁行业应推动有关部门提供氢能政策支持，争取行业氢能示范项目在融资、贷款、利率等方面得到切实优惠。推动建设钢铁行业氢能产业绿色项目库和企业碳账户，为支持氢能产业的钢铁企业提供绿色专项投融资。在产业链协同方面，钢铁企业与氢产业链各环节的企业应加强对接交流，洽谈合作，获取技术支持，拓宽资金渠道，分散投资风险。同时依靠企业间合作、创新运营模式、加强示范应用等多种手段的持续运行，能够降低氢能利用成本。钢铁企业应因地制宜推动氢能应用，推动规模化发展，与上下游企业共同探索形成有效的氢能产业发展的商业化路径。

二是拓展氢在钢铁行业的应用途径，助推氢能产业链协同发展。积极拓展上游制储运加网络建设、下游氢能车辆推广等多元化路径。在产业上游，制氢、储氢、运氢、加氢网络建设，属于氢能产业链中技术含量较高、资金要求大的环节。特别是制氢环节，钢铁企业具有以焦炉煤气为代表的工业副产气制氢的生产能力，应充分发挥氢成本低、制氢经验丰富等优势，积极开展制氢项目建设，同时配套建设氢能储运设备和加氢站等基础设施；鼓励搭建统一的新能源产业智能管控平台，实现氢能平台化、智能化、商业化和规模化发展。在产业下游，应用端的商业化前景更为明确且市场规模更大，燃料电池为氢能发展重要突破口。特别是在长途重载领域，用氢能重卡逐渐替代传统的燃油重卡已经逐渐成为行业共识。钢铁企业应抓住机遇，在地方补贴政策快速落地的有利前提下，实现氢能重卡布局并进行示范运营。

三是构建“以氢代碳”的氢冶金技术体系，推动氢冶金规模化应用。在充分考虑技术条件和产业特性的基础上，钢铁工业氢能产业应以氢冶金为重心，逐步构建完善技术体系。当前，无论技术成熟度还是经济可行性，国内还不具备大规模发展氢冶金的条件。氢冶金技术应用仍然面临绿氢成本高、技术应用缺乏经验、氢基直接还原铁产品下游市场需求不足等一系列严峻挑战，亟待研究解决。随着氢能产业的蓬勃发展，在产业政策方面，国家将持续推动优化产业政策，激励氢冶金探索性研究和工程示范；在氢能供给方面，氢气来源的拓展和绿电比例的扩大，可以大幅降低氢的供给成本和工程研发示范费用。钢铁企业应瞄准关键共性技术，联合上下游开展协同攻关；钢铁行业应搭建平台，举办氢冶金相关交流会议，展示氢冶金实践成果及低碳发展形象，引领行业发展。

四是建立完善氢能产业标准体系，推进减碳量核算。依托示范工程，加快建立健全我国氢能标准体系，推动绿色氢能减碳标准及机制研究。在氢能标准体系方面，钢铁行业应积极引导企业高质量开展技术创新工作，围绕氢能基础应用，增加标准有效供给，加快氢冶金自主知识产权的转化及推广，氢产业链重点技术装备的计量-检测-认证标准建立，支撑氢能全产业链发展。在减碳核算方面，开发氢能产业项目减碳方法学，开发降碳产品，推进氢冶金、氢能降碳产品的交易。结合碳足迹全生命周期和《低碳氢、清洁氢与可再生氢标准与评价》标准，建立基于钢铁行业氢能产业的碳足迹标准和测量指标，制定氢能产业链发展路径。全国碳市场形成后，要鼓励率先应用氢能技术的示范企业从碳交易中先获益、多获益。

4　结语

氢能对构建清洁低碳、安全高效的能源体系具有重要意义，我国现已迎来氢能产业发展的重要窗口期，氢产业链实现全方位发展。钢铁行业与氢能产业的结合，是钢铁工业绿色低碳、高质量发展的重要路径，氢冶金将有助于钢铁行业实现深度脱碳。未来钢铁行业氢能产业的发展可参考以下几点。

（1）钢铁工业氢能产业应以氢冶金技术体系为重心。国内目前还不具备大规模发展气基竖炉的条件，但随着氢气来源的拓展和绿电比例的扩大，可以大幅降低运营成本，推动氢冶金规模化应用。

（2）除了氢冶金技术的推广应用，钢铁工业也在积极拓展上下游产业链发展。对于上游制氢运氢端，钢铁企业具有以焦炉煤气为代表的工业副产气制氢的生产能力，应积极开展制氢项目建设，同时配套建设加氢站等基础设施以便于氢能储运；对于下游用氢端，钢铁企业应充分利用地方补贴政策的优势，用氢能重卡逐渐替代传统的燃油重卡进行运输。

（3）建立并完善氢能标准体系，加快氢冶金自主知识产权的转化及推广，支撑氢能全产业链发展。

（4）钢铁企业与氢产业链各环节的企业应加强对接交流，与上下游企业共同探索形成有效的氢能产业发展的商业化路径。

参 考 文 献

[1] Hydrogen Council, McKinsey Company. Hydrogen Insights 2023 [J/OL]. 2023-05-11.

[2] 中华人民共和国国家发展和改革委员会. 氢能产业发展中长期规划（2021—2035 年）[EB/OL]. https：//www.ndrc.gov.cn/xxgk/zcfb/ghwb/202203/t20220323_1320038.html, 2022-03-23.

[3] 中华人民共和国工业和信息化部. 三部委关于印发工业领域碳达峰实施方案的通知 [EB/OL]. https://www.miit.gov.cn/zwgk/zcwj/wjfb/tz/art/2022/art_df5995ad834740f5b29fd31c98534eea.html, 2022-08-01.

[4] 中华人民共和国中央人民政府. 国家能源局：我国加氢站数量位居世界第一 [EB/OL]. https://www.gov.cn/xinwen/2022-04/13/content_5685072.htm, 2022-04-13.

[5] 姜大乾. 车用燃料电池技术分析 [J]. 科技资讯, 2023, 21 (9): 52-55.

[6] 陈彬, 谢和平, 刘涛, 等. 碳中和背景下先进制氢原理与技术研究进展 [J]. 工程科学与技术, 2022, 54 (1): 106-116.

[7] 孟照鑫, 何青, 胡华为, 等. 我国氢能产业发展现状与思考 [J]. 现代化工, 2022, 42 (1): 1-6.

[8] International Energy Agency. The Future of Hydrogen: Seizing today's opportunities report prepared by the IEA for the G20, Japan [R]. Paris: IEA, 2019.

[9] 孟翔宇, 顾阿伦, 邬新国, 等. 中国氢能产业高质量发展前景 [J]. 科技导报, 2020, 38 (14): 77-93.

[10] 谢继东, 李文华, 陈亚飞. 煤气化制氢新技术的探讨 [J]. 现代化工, 2007 (S1): 335-336.

[11] ERSÖZ A. Investigation of hydrocarbon reforming processes for micro-cogeneration systems [J]. International Journal of Hydrogen Energy, 2008, 33 (23): 7084-7094.

[12] 俞红梅, 邵志刚, 侯明, 等. 电解水制氢技术研究进展与发展建议 [J]. 中国工程科学, 2021, 23 (2): 146-152.

[13] 邹才能, 熊波, 薛华庆, 等. 新能源在碳中和中的地位与作用 [J]. 石油勘探与开发, 2021, 48 (2): 411-420.

[14] 陈明和, 胡正云, 贾晓龙, 等. Ⅳ型车载储氢气瓶关键技术研究进展 [J]. 压力容器, 2020, 37 (11): 39-50.

[15] Maddy M. German Hydrogen Council: Pipelines Most Economical Way to Move Hydrogen [J]. Pipeline & Gas Journal, 2021, 248 (9): 56.

[16] 李建林, 田立亭, 来小康. 能源互联网背景下的电力储能技术展望 [J]. 电力系统自动化, 2015, 39 (23): 15-25.

[17] 阳国军, 刘会友. 现代煤化工与绿电和绿氢耦合发展现状及展望 [J]. 石油学报 (石油加工), 2022, 38 (4): 995-1000.

[18] 高建军, 齐渊洪, 严定鎏, 等. 中国低碳炼铁技术的发展路径与关键技术问题 [J]. 中国冶金, 2021, 31 (9): 64-72.

[19] 柳萌. 我国高炉炼铁技术发展方向之管见 [J]. 炼铁, 2021, 40 (3): 1-6.

[20] 刘松利, 白晨光. 直接还原技术的进展与展望 [J]. 钢铁研究学报, 2011, 23 (3): 1-5.

唐钢新区基于数字孪生技术的全流程智能化工厂设计与实践①

王新东，倪振兴，刘福龙，马静超，李宏武

（河钢集团有限公司，河北 石家庄 050023）

摘　要： 唐钢新区在钢铁行业高质量发展与第四次工业革命发生历史性交汇的重要时点，在区位调整新基地建设过程中，紧抓产业结构调整战略机遇，同步新基地建设，构建基于数字孪生技术的全流程智能化工厂。唐钢新区利用冶金流程工程学先进设计理念与设计方法，运用以数字孪生、物联网、云计算、大数据、人工智能等技术为代表的新兴技术，通过提取、处理及整合生产、运营数据，构建三维展示模拟、动态仿真、设备状态监测、运营管控等模型，搭建覆盖全流程的信息物理系统，形成以信息流为依托持续优化物质流、能量流的运营模式，支撑企业在生产、运营各层面、各领域、各维度业务的智能化协同，实现企业装备、技术、管理、产品、服务的整体跃升，形成了一套成熟有效的钢铁企业基于数字孪生技术构建全流程智能化工厂解决方案。

关键词： 唐钢新区；冶金流程工程学；数字孪生；智能化；信息流；仿真

0　引言

钢铁工业是我国国民经济生活中的重要基础性产业，在钢铁行业高质量发展与第四次工业革命发生历史性交汇的重要时点，河钢集团深入贯彻习总书记对河北省钢铁产业做出的“坚决去、主动调、加快转”重要指示精神，紧抓产业结构调整战略机遇，以“绿色化、智能化、品牌化”为建设目标，实施河钢唐钢新区建设[1,2]。经过科学论证与缜密设计，唐钢新区确定了包括原料场、焦炉、烧结、高炉、转炉、连铸、热轧、冷轧、高线、棒材、中型线等工序，生产规模710万吨/年高端高品质钢材的新一代钢铁制造流程[3,4]。河钢唐钢新区建设项目（以下简称项目）定位高端及高品质热轧卷、酸洗冷轧深加工、优特钢长材等三大系列产品，具备汽车板、管线钢、耐候钢、轴承钢、弹簧钢等高端特色产品生产能力。项目将数字孪生、大数据、人工智能、云计算、5G等新一代信息通信技术与钢铁制造工艺流程、操作技术、运营管理、产品服务进行深度融合，构建了具有泛在感知、智能决策、敏捷响应、全局协同、动态优化等核心能力的全流程智能化工厂[5-9]，提升钢铁制造全流程生产效率，为企业转型升级赋能。

1　项目建设目标及原则

1.1　建设目标

应用数字化手段将“物质流”“能量流”按冶金流程学逻辑进行合理串联，并按照流

①　原文发表于《冶金自动化》，2023，47（1）。

程对“信息流”进行优化，将处于物理世界的工艺生产流程与处于虚拟世界的智能化系统进行同步优化与调整，实现业务系统与信息系统的同步发展[10,11]。建设过程中将“智能”融入全流程智能化工厂建设的各个领域，依托生产一体化、质量一体化、供应链一体化等理念，构建现场操作无人化、工序作业一键化、生产安全无忧化、制造管理集控化、工厂管理精细化、服务支持远程化、服务质量可视化、供需服务协调化的全流程智能化工厂[12,13]。

1.2 建设原则

项目建设围绕智慧管控体系结构设计，遵从“顶层设计、互联互通、创新驱动、融合发展”的原则，以实现铁素物质流高效率、低成本、高质量生产和生产过程能量流高效、合理、综合利用为方向[14]，在跨工序、跨学科、跨领域业务智能化建设过程中，打破信息壁垒，着力突破制约钢铁企业高质量发展的关键核心技术和系统集成技术，重点推动新一代信息技术与先进制造技术的深度融合，构建基于数字孪生的全流程智能化工厂。

2 唐钢新区全流程智能化工厂整体设计

唐钢新区从规划设计阶段即引入数字化设计施工理念，在完成全工序建筑信息模型构建的基础上，与工厂内运营系统和设备管理系统相结合，构建了完整的三维数字孪生工厂模型。数字孪生工厂基于数字化将众多业务数据与三维模型融合，反映工厂的实时运行状态，将现实场景中进行的业务、活动移至虚拟的孪生场景中，并实现现实钢厂中产线、设备的可视化，整体架构包括数据底座与应用决策。

唐钢新区数字孪生工厂在传统信息化系统五级架构基础上，提取、处理及整合生产、运营数据，构建工厂大数据底座，满足各种应用决策及数字孪生的融合需求，围绕钢铁冶金流程学过程耗散最小化的物理本质，追求物质流、能量流、信息流动态有序的结构和连续紧凑的方式[15,16]。围绕物质流全程追踪调度、能量流低耗散平衡和“三流”协同构建集三维展示模型、生产过程仿真监控、模型动态调度平衡、智能化决策推理功能于一体的可持续动态优化数字孪生系统。

2.1 物质流主要功能设计

在物质流方面，唐钢新区通过三维模型、仿真模型、设备状态监测模型的数据交互，完成虚拟空间数字映射，实现工程建设静态数据与生产运营动态数据实时交互融合，构建了覆盖“港口装卸料-皮带输送-原料场-厂内原物料转运-高炉上料-铁水罐运输-炼钢天车物流-铸坯热装热送-轧钢库区储运-厂外物流配送”全流程信息物理系统[17]，如图1所示。

唐钢新区在原料仓储运输环节，构建数字化无人料场[18]，实现原料场经济、环保、智能、高效运行；在炼铁工序铁水罐运输环节，构建铁路调度系统，实现铁水的高效、环保运行；在炼钢工序钢包吊运环节，应用钢区物流智能调度系统，实现钢包智能跟踪与工艺路线智能规划；在连铸工序铸坯热送环节，开发铸轧一体智能调度系统，实现铸坯动态调度；在轧钢工序库区储运环节，实施库区智慧天车系统，实现天车全自动无人化作业；在厂外物流配送环节，利用北斗、射频识别技术（Radio Frequency Identification，RFID）等新技术，实现产品配送全流程的智能跟踪与物流管理。通过构建基于全过程全要素“时

图 1　三维数字化孪生工厂模型

间-物质流”动态平衡生产体系，实现物质流的一级管控和一级核算。

2.2　能量流主要功能设计

在能量流控制方面，唐钢新区充分考虑了工程总体布局对物流运行的影响因素、各工序生产能力的匹配因素、新技术与新工艺对生产运行的影响因素、智能化手段对生产全过程的影响因素，在炼铁、炼钢和轧钢 3 个主要工序衔接过程中，通过界面技术的设计，将各工序有机地集成为一个整体，以连铸恒拉速多炉连浇为核心，基于底层感知设备、控制模型、流程仿真、生产系统等信息平台实现数字孪生，运用数字化调控技术，通过实施连续的生产过程管控与生产数据实时反馈，持续优化炼铁操作、钢铁协同等各工序协同运行规则库，实现炼铁生产、铁钢界面等物理流程基于数字孪生的动态优化，如图 2 所示。

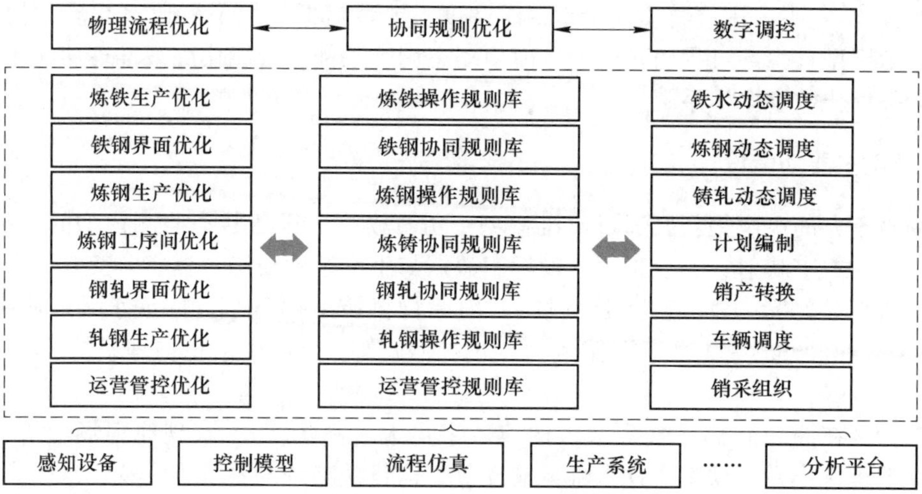

图 2　基于数字孪生的动态优化示意图

唐钢新区在“炼铁-炼钢”界面采用了“一罐到底”技术和全程铁罐自动加盖技术，有效减少了铁水温降和环境污染，提高了铁罐周转率。在“炼钢-连铸”界面，通过调整优化 RH 和 LF 的位置布局，实现炼钢工序物流全局性的结构优化，减少钢包在转运过程中的热量耗散。在“连铸–轧钢”界面，通过铸坯动态调度，提高了加热炉热装温度及热装热送率。借助高炉铁水温度预测、转炉智能炼钢模型、精炼温度动态控制模型、加热炉优化燃烧模型等专家系统，实现工序作业用能最小化，有效降低碳排放。通过运用智能化手段，构建面向由能量、空间、时间、信息构成的能量流动态运行系统，实现能源高效转换与梯级利用。

2.3 信息流主要功能设计

唐钢新区在对制造流程运行特征综合分析的基础上，按照《国家智能制造标准体系建设指南（2021 版)》标准体系结构，围绕“智能装备、智能工厂、智能服务”对物质流、能量流运行特征进行深入研究。通过建立基于数字孪生技术的智慧管控体系（见图 3)，对生产制造全流程进行感知、分析、决策、执行，数据与指令以信息流的形式在生产制造流程中有序流动，引导钢铁制造流程动态、有序、协同、连续运行，实现运行过程的最优化[19]。

在智能装备应用方面，唐钢新区通过设计选用新型智能装备，在实现智能感知功能的基础上，全面提高数据采集精度与工艺控制精度，为人工智能技术深度应用提供可靠支撑。在智能工厂建设方面，唐钢新区在实现铁前、炼钢、轧钢等全流程数据互联互通的基础上，以产业链、供应链快速、高效、协同运行为目标，通过提升产供销各环节的横向集成水平，优化订单响应、资源调配、计划排程和调度指挥流程，实现供应链的快速响应与高质量交付。在智能服务实践方面，唐钢新区利用数字化技术连接钢铁产业上下游企业，基于数据汇聚分析和产品模型构建，形成了钢铁产品衍生服务、钢铁生态共享共赢的全新商业服务模式[20]。

3 唐钢新区全流程智能化体系建设实践

唐钢新区按照《国家智能制造标准体系建设指南（2021 版)》对全流程智能化体系进行层次化设计，开展了面向智能装备、智能工厂和智能服务等钢铁制造全流程智能化体系建设。基于数字孪生的智能化管控体系以三维工厂地图为基础，全面展现企业产线位置、工艺设备、能源管线等静态信息，全面集成公司采购、研发、生产、销售、运营等动态业务数据，为唐钢新区生产运营提供基于数字化的全方位服务，支撑工厂高效运转。

智能装备应用通过应用智能传感器、自动识别设备、智能控制系统、工业机器人等装备，实现多传感器数据同步获取、不同传输协议多元异构数据网络接入和决策控制指令边缘控制等功能；智能工厂建设通过应用数字孪生、人工智能、边缘计算等技术，完成对边缘侧产线的状态感知、实时检测、人机交互和生产管控，从而满足生产现场对于敏捷链接、快速反应和实时优化等关键需求；智能服务构建通过应用新兴技术为客户提供全生命周期服务，促进个性化产品与服务需求的满足，促进企业生产模式向服务化延伸，为客户创造更加直观的价值。

3.1 智能装备应用

唐钢新区利用智能化装备具备的感知、分析、推理、决策、控制等能力，对钢铁生产全流程中工艺、过程、装备等数据信息进行全面实时采集，通过开放的数据接口，将专家

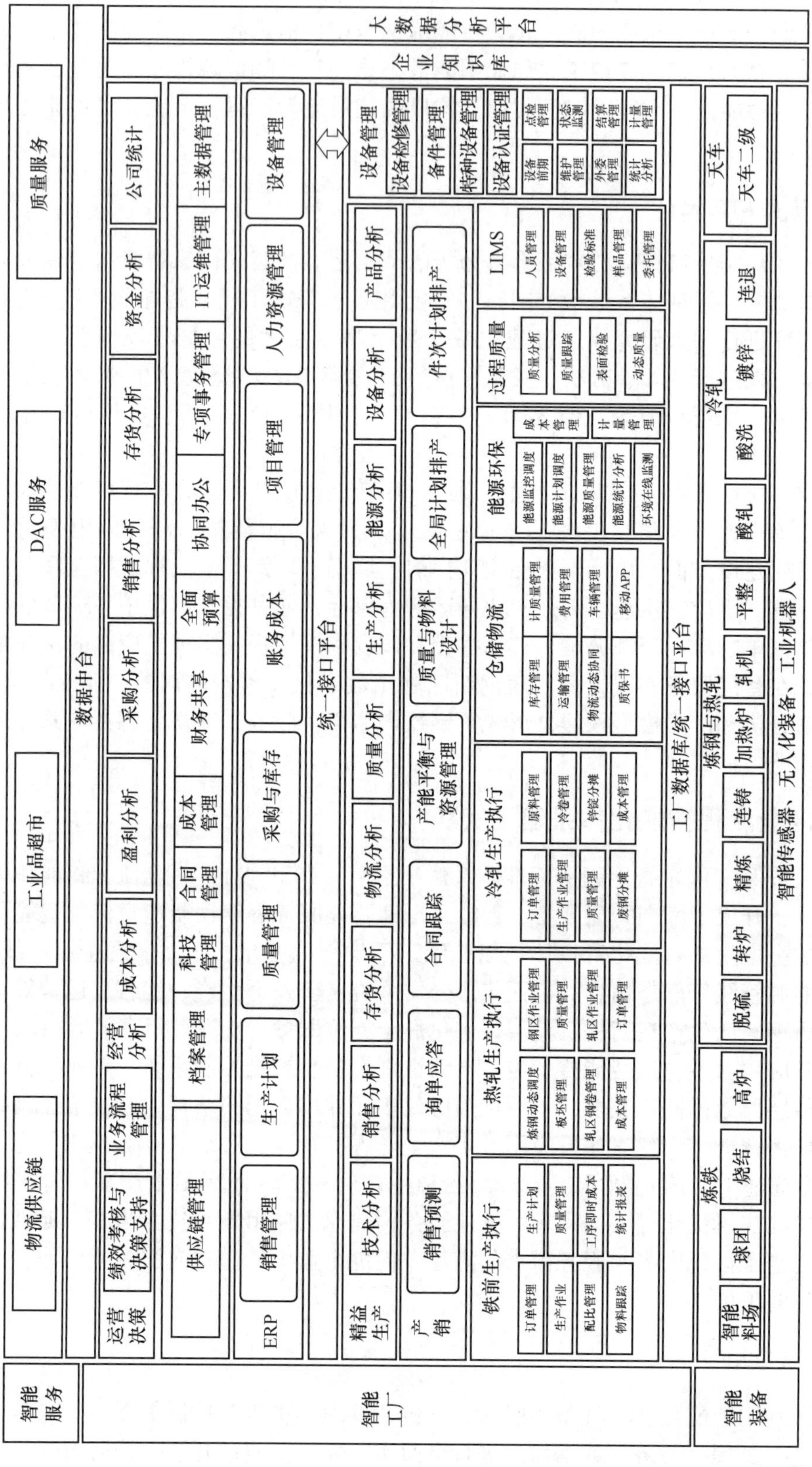
智能服务
物流供应链
工业品超市
DAC服务
质量服务
数据中台
大数据分析平台
企业知识库
运营决策
绩效考核与决策支持
业务流程管理
经营分析
成本分析
盈利分析
采购分析
销售分析
存货分析
资金分析
公司统计
供应链管理
档案管理
科技管理
合同管理
成本管理
财务共享
全面预算
协同办公
专项事务管理
IT运维管理
主数据管理
ERP
销售管理
生产计划
质量管理
采购与库存
账务成本
项目管理
人力资源管理
设备管理
统一接口平台
智能工厂
精益生产
技术分析
销售分析
存货分析
物流分析
质量分析
生产分析
能源分析
设备分析
产品分析
产销
销售预测
询单应答
合同跟踪
产能平衡与资源管理
质量与物料设计
全局计划排产
件次计划排产
设备管理
设备检修管理
备件管理
特种设备管理
设备认证管理
设备前期
点检管理
维护管理
状态监测
外委管理
结算管理
统计分析
计量管理
铁前生产执行
订单管理
生产计划
生产作业
质量管理
配比管理
工序即时成本
物料跟踪
统计报表
热轧生产执行
炼钢动态调度
钢区作业管理
板坯管理
质量管理
轧区钢卷管理
轧区作业管理
成本管理
订单管理
冷轧生产执行
订单管理
原料管理
生产作业管理
冷卷管理
质量管理
锌锭分摊
废钢分摊
成本管理
仓储物流
库存管理
计质量管理
运输管理
费用管理
物流动态协同
车辆管理
质保书
移动APP
能源环保
能源监控调度
成本管理
能源计划调度
能源质量管理
计量管理
能源统计分析
环境在线监测
过程质量
质量分析
质量跟踪
表面检验
动态质量
LIMS
人员管理
设备管理
检验标准
样品管理
委托管理
工厂数据库/统一接口平台
智能装备
炼铁
智能料场
球团
烧结
高炉
炼钢与热轧
脱硫
转炉
精炼
连铸
加热炉
轧机
平整
冷轧
酸轧
酸洗
镀锌
连退
天车
天车二级
智能传感器、无人化装备、工业机器人

图3　信息系统功能架构

知识与历史经验融入感知、决策、执行等制造活动，实现数据共享与闭环反馈，赋予制造产线在线学习能力。

3.1.1 设备智能化

在铁前工序，唐钢新区自主开发了高炉水渣智能天车系统，借助5G通信技术，将自动控制系统与视频监控系统数据通道进行多级分层传输，使天车在无人驾驶状态下驱动抓斗执行行走、升降、抓渣、投料等动作，实现了无人天车智能抓渣作业，并且通过5G网络将采集到的各种数据同步显示到监控大屏，指导作业人员监控运行，实现倒运周期缩短42%，岗位减员4人。

在炼钢工序，唐钢新区实施了连铸浇钢平台无人化建设，实现了钢包机器人自动安装拆卸长水口、炉后挂油缸，中间包自动测温取样、加覆盖剂和结晶器自动加保护渣等功能。中间包车实现一键启动及精准定位，定位偏差小于3%，换中间包时间缩短40%，连铸工序浇钢平台实现无人化、智能化高效生产。

在热轧工序，唐钢新区通过广泛采用智能化测量与控制装备，实现了产品性能指标、尺寸精度和表面质量的检测，满足了高端产品在质量及稳定性方面的要求；实施的喷号机器人和焊接机器人等智能机器人应用，满足了现场无人化要求；板坯库无人天车建设，借助5G网络、精密传感器和智能算法，实现了板坯信息的跟踪及定位、天车智能驾驶以及库区的智能管理，较传统热轧产线人员减少30%。

3.1.2 控制智能化

在铁前区域，唐钢新区进行了全智能数字化无人料场建设。系统实施过程中，利用视觉成像技术实现了设备姿态、位置信息、物料堆型等参数的控制；利用三维激光扫描仪、定位传感器等智能装备完成3D扫描及二次视觉模型建立，使模型具备根据颜色区分料种的功能；通过建设5G基站，使局域网与5G网络无缝对接，提供无线接入功能。通过将原料管控最新工艺与5G技术、3D建模、人工智能等新一代信息技术融合应用，实现了原料场经济、环保、智能、高效运行，成功打造全球首座“无人化”料场，达到国际领先水平。

在炼钢区域，唐钢新区实施了转炉全智能炼钢技术的集成开发。该项技术融合炼钢工艺专家知识，深度解析生产数据与工艺过程的内在关系，利用生产过程历史数据优化出钢过程控制参数，结合视觉图像分析数据和自动控制技术，实现了自动出钢功能。在此基础上，开发了无人兑铁、加废钢、无人上料、投料和基于副枪+烟气分析+声呐化渣的一键自动炼钢技术，再与智能溅渣、无人出渣、炉后机器人测温取样等技术集成开发，形成转炉全智能炼钢技术。当前，转炉冶炼周期缩短至27 min，实现炼钢过程控制优化，冶炼效率明显提高。

在轧钢区域，唐钢新区自主研发了基于数据驱动的热轧产品力学性能预测系统。在加热炉、运输链、轧线、平整等主要工序二级系统的基础上，通过对历史过程数据筛选并归集，采用人工智能算法对热轧产品力学性能进行预测，随着历史数据积累，对模型算法进行持续优化，不断提升模拟仿真准确性。利用大数据技术，有效减少产品取样次数，降低生产成本、混浇改判成本，辅助工艺设计和产品开发。当前，系统预测屈服强度准确率（±10 MPa）大于95%，抗拉强度（±5 MPa）大于95%，为品种开发和工艺优化提供有效数据支撑。

3.2 智能工厂建设

唐钢新区智能工厂建设基于数字孪生思想，在产线生产、工艺、设备、能源、物流等各类数据感知、采集、汇总、共享的基础上，对铁素流与能量流进行业务解构，构建工序、车间、工厂各层面彼此独立又联系紧密的管控系统，实现虚拟环境下对产品设计、工艺规划、生产制造、物流仓储等环节的实时监控、预测分析、智能决策、动态调优及可视化等功能[21]。

3.2.1 *界面衔接智能化*

在铁钢界面，基于数字孪生思想，在仿真模型基础上，构建铁钢动态调度模型，实现在线动态优化调度。采用多智能体技术、图论、Petri 网方法，基于 AnyLogic 仿真软件建立炼铁-炼钢区段的网络化模型和动态仿真平台。建立出铁频次和时间、铁水温度、出渣率等因素与炉次出铁量之间的关联关系，解析影响出铁时间和出铁量的关键因素，建立模型指导炉前出铁工作，优化出铁时间和出铁频次，开发高炉精准稳定出铁的调控技术；分析配包规则、铁水包尾包处理过程，设计合理的配包模式和尾包处理模式；分析当前运行过程铁水温度的概率分布及影响因素，制定减少温降的措施与方案；对高炉炉下配包进行深入分析，制定减少物流交叉耦合的措施与方案。结合以上仿真分析结果，构建铁-钢界面出铁、炉下配包、接铁、重包组列、运输、KR、转炉兑铁、空包组列等综合运行工艺规则库，动态调度模型基于工艺规则库，实现铁水动态调度。当前，铁水包出铁出准率（±1 t/包）大于98%，铁水包周转率较投产初期提升25%，进站温度高于1350 ℃比例提升20%，随着数据积累与模型优化，该指标仍在持续提升，实现了铁-钢界面智能化控制，减少了热量耗散，大幅提高全流程作业效率。

在钢区内界面，通过构建多维甘特图平台，实现转炉、精炼、连铸优化动态调度。利用天车定位、钢包周转、生产计划、生产实绩等数据信息，开发钢包、天车及生产计划的耦合模型；精细化各工位作业时间，考虑各工序变化及钢包、包车、行车等物流设备对全过程的影响，开发炼钢连铸生产流程动态仿真系统；建立炼钢全过程温度预测模型，实时预报转炉出钢温度、氩站出站温度、精炼到站温度、精炼出站温度、钢包开浇温度，对钢水温度进行全程计算，在此基础上建立从钢包开浇到精炼出站再到转炉出钢的温度倒推模型，以目标过热度为控制目标，当生产过程出现异常或调整工艺路线时，实时计算下游工序温度范围，当预测模型给出过热度超限报警后，反推计算精炼出站温度，提前给出温度调整策略，保证过热度达标；最后通过钢区动态调度平台，结合以上模型结果数据，实现钢区工序间的智能化动态调度。通过对调度平台规则的不断优化，KR 进站到连铸开浇时间缩短18%（见图4），连铸开浇钢水温度预报命中率（±5 ℃）达到95%，稳定典型钢种（中低碳钢种）过热度的均值小于28 ℃。

在钢轧界面，自主设计开发了智能板坯调度系统。为了使连铸、板坯库和热轧工序之间更好衔接，通过在库区布置摄像头并引入机器视觉技术，对铸坯实物和信息进行准确跟踪，综合连铸、板坯库物料信息及加热炉装钢计划，实现铸坯动态调度。系统在铸坯进入视觉范围后即可被系统识别，并与调度系统发送的铸坯信息进行绑定，实现动态跟踪、遮挡识别等功能。制定铸轧界面板坯从剪切到加热炉排产的工艺规则，综合考虑钢种、板坯尺寸、轧辊预热、订单产量、热装冷装、钢坯位置、输送时间、轧制周期等因素，对各库

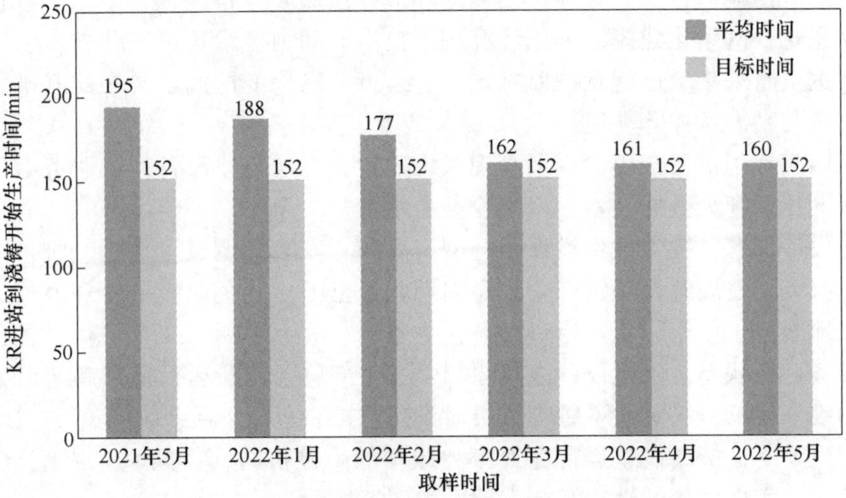

图4 铁水到达KR脱硫站到连铸开浇时间统计

区对应的辊道、踩板台、卸板台设计多种作业模式，适应装钢作业需求。通过与连铸系统、天车定位系统、制造执行系统（Manufacturing Execution System，MES）协同调度，热装率平均提升30%以上，极大提高了加热炉装钢效率。

3.2.2 生产组织智能化

唐钢新区以高级计划排程系统为核心，采用人工智能优化算法，实现铁钢轧各工序基于有限产能约束条件下的资源统一调配。通过对企业物料需求、资源能力、时间约束的实时掌握，为销售订单预测切实可行的完工时间，向客户提供交货期应答服务。高级计划排程从全局、钢轧一体化、冷轧一体化3个层次进行作业计划管理，并根据产线生产能力限制为生产订单推荐最佳工艺路径，平衡产线设备负荷，协调上下游产线生产步调，提高中间过程的物流衔接。通过全局透明的按单追踪与闭环计划反馈机制，实现从销售订单评审、销售订单接收、销产转换、公司及各分厂生产计划、作业计划、件次计划等产销作业链全过程的一贯制计划优化管理。

唐钢新区以质量设计标准化为基础，构建产品质量全过程管控平台。通过将产品规范、冶金规范形成结构化数据字典，实现规范的配置化管理。系统支持完整的质量管理体系，从质量设计到质量过程控制，从质量判定到异常处理，支持对标准体系、规程体系、代码体系的数字化管理。平台信息与生产控制系统刚性连接，确保每一道工序的质量设计结果参与模型控制，保证了生产过程中质量控制参数的可靠性，实现了设计与制造一体化。同时，通过对各产线关键工艺参数的监控、分析、评价、反馈，不断优化生产工艺，持续提升产品质量控制能力。

唐钢新区在智能工厂运营管理环节，通过开发融合各项业务的一体化管控系统，有效打破了各工序、流程、组织之间的业务壁垒和信息壁垒，真正实现各业务的高效协同。围绕物质流运行过程中能源介质的供应、使用、存储、消耗、生产全流程，构建基于钢铁生产全流程的智慧能源管控平台，以自动化运行、集控化操作、智能化管理为目标，对能源产生量、消耗量进行精准预测，建立基于能源网络产销量动态平衡的调节机制。平台将各类能源的生产、传输、转换、缓冲、消耗等环节连接形成完整路径，融入到管控平台，实现系统的信息化、网络化建模。利用计算图形技术、动画显示等可视化技术，实现能源系统的运行数据实时采集、运行状态监视预警、运行信息深度挖掘以及在此基础上的智能分析、辅助决策与精准调控等功能。

唐钢新区实施了设备全生命周期管理系统建设，支撑企业设备运维服务有关需求。系统依托物联网技术和大数据技术，以“全业务流程”“全员”“全设备”“全费用”的四全管理作为设计理念，覆盖设备设计、选型、采购、安装、调试、点检、维护、改造、转移、备件、报废、费用等设备资产全生命周期业务范围，使企业设备管理清晰透明、专业高效，更好地服务于生产制造。通过设备在线监测与故障诊断，及时了解设备当前运行状况，掌握设备运行状态，确定设备故障原因及发生部位，判断运行发展趋势，为运维人员提供有效的维修建议，满足设备管理人员对设备监控、分析、维护和管理的需求，并逐步完善设备管理策略，提高设备运行完好率，减少故障停机时间。同时，依托 5G 通信、数字孪生等技术，实现设备的远程智能巡检，如图 5 所示。

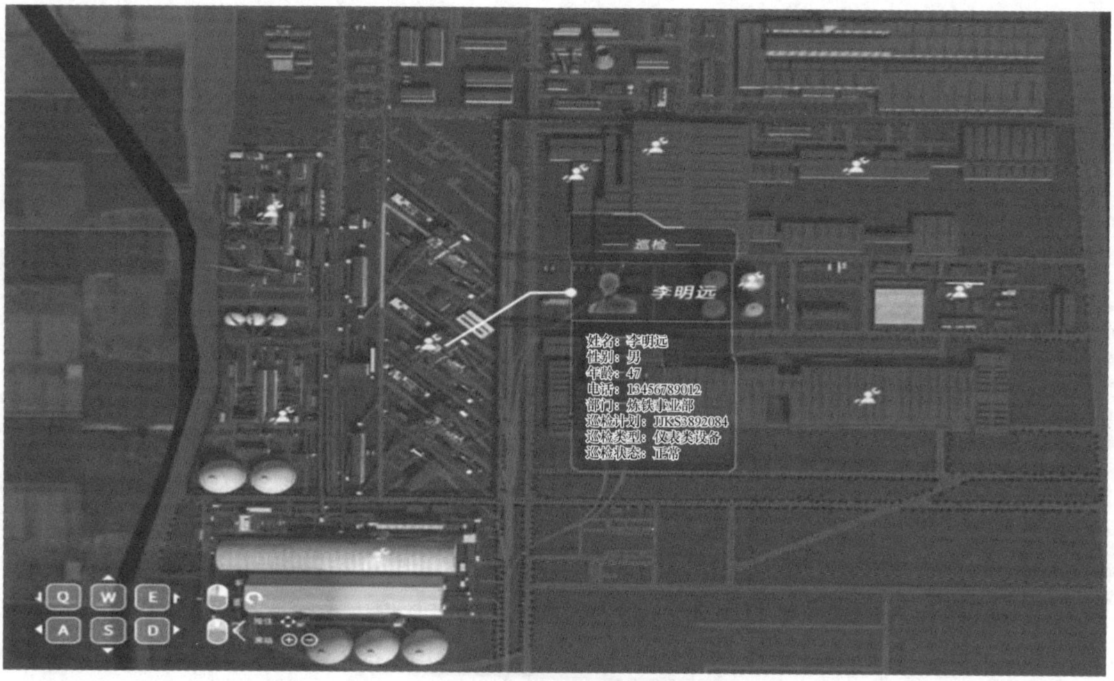

图 5　设备远程智能巡检系统

唐钢新区在实现产线全流程数据汇总与运营管理全业务数据贯通融合的基础上，建立了企业成本管控平台。平台以新区海量数据实时采集、快速存储、高效分析为基础，以降本增效为目标，建立了以成本精细化管控为主线，基于完全日成本核算的日清日结管理体系。平台通过工序成本核算模型，实现炼钢环节铁水预处理、转炉、精炼、连铸各工序的成本核算。平台依托强大的核算引擎，能够对单批次板坯、热轧卷进行成本精确核算，实现产品成本的全流程追溯，为订单盈利分析和决策提供有力的数据支撑。通过成本管理分析平台，能够实时掌握生产节奏，有效支撑降低铁水成本、合金使用量和效益的准确预测。

3.3 智能服务构建

唐钢新区智能服务构建在钢铁制造流程高效稳定运行基础上，面向企业内部及外部客户提供信息增值服务。通过对生产经营过程中沉淀的海量数据进行汇聚融合，应用人工智能与算法模型等技术进行智能分析，对装备、产品、服务等进行全生命周期管理与全供应链价值管理，实现企业商业模式的创新[22,23]。

唐钢新区利用集团 DAC（Direct Access Customer）平台为客户提供一站式前端服务，打造供应链信息协同平台。通过 DAC 平台将唐钢新区、物流商、贸易商、仓库、加工中心、配套厂商和主机厂商间的数据链路打通，从需求计算、研判供需、智能订货收货到库存风险监控预警，实现“削峰填谷”精准备库，确保满足客户对供应链的高标准要求，打造供应链精准保障体系。在实现供应链联动的基础上，有效降低供应链整体的资金占用。目前平台已入驻了宝马、大众、长城、海尔等多家高端用户，涉及终端产品 41 类，实现了面向客户的联合设计与生产联动。

唐钢新区通过物流管控平台、移动终端、硬件互联等硬件技术应用，实现公司物流全流程智能化升级，打造唐钢物流全链路数字化运营，为客户提供端到端的解决方案，大幅降低物流运营成本。建立的高效客商网络协同平台，融合先进智能传感、移动互联、数据挖掘、优化算法等技术，作为公司同供应商、客户、第三方物流公司等供应链企业沟通的工具，实现了供应链物流、厂内物流与客户物流的全程跟踪与高效协同。软件配置兼容 PC 端和移动端，满足不同用户便捷使用，实现制造业供应链管理规范化、过程管理可视化和物流信息透明化，为公司提供信息化、数字化高效协同能力，完善制造物流管理体系，提升制造业物流管理水平和整体竞争优势，整体物流费用降低 10%以上。

唐钢新区借助集团“铁铁物联”平台打通内外系统，使采购信息做到全程可视化，实现工业品采购综合贸易化。“铁铁物联”按照垂直电商发展思路，打造铁铁工业品在线超市，专注钢铁行业工业品采购，提供综合性贸易服务，覆盖钢铁业全流程。平台创新瞄准物流行业痛点，汇聚丰富货源和海量运力资源，充分引入市场竞争，线上公开询比价，去中介化，智能匹配回程货物，有效减少了运力空驶，不仅让用户为产品买单，还要让用户为体验买单。应用金融手段加速推进采购端、物流端、销售端、金融端建设，实现物流、资金流、信息流、商流“四流合一”，为客户提供寻源、比价、结算、物流、防伪、售后以及供应链金融等服务。目前，超市已上架 37 个大类、1280 个小类、22.7 万个单品，实现了一站式工业品采购与服务。

4 结束语

唐钢新区建设依据冶金流程工程学先进设计理念与设计方法，借助数字孪生技术，构建了物质流、能量流与信息流映射关系，实现了全流程生产运营的数据汇聚、智能分析和智能决策，助力唐钢新区实现“绿色化、智能化、品牌化”运营，为钢铁企业实现转型升级探索出了一条高质量发展道路。

参 考 文 献

[1] 王新东. 以“绿色化、智能化、品牌化”为目标规划设计河钢唐钢新区 [J]. 钢铁，2021，56

（2）：12.
［2］李新创．新时代钢铁工业高质量发展之路［J］．钢铁，2019，54（1）：1.
［3］殷瑞钰．冶金流程集成理论与方法［M］．北京：冶金工业出版社，2013.
［4］王国栋．钢铁全流程和一体化工艺技术创新方向的探讨［J］．钢铁研究学报，2018，30（1）：1.
［5］刘景钧．践行两化融合打造数字化、智能化钢铁企业：河钢唐钢两化融合做法成效及经验［J］．冶金管理，2015（12）：30.
［6］李新创．智能制造助力钢铁工业转型升级［J］．中国冶金，2017，27（2）：1.
［7］王新东，常金宝，李杰，等．冶金流程工程学在小方坯直接轧制中的应用［J］．钢铁，2021，56（1）：113.
［8］李毅仁，李铁克．基于大数据的钢铁智能制造体系架构［J］．冶金自动化，2021，45（2）：1.
［9］王新东，李铁，张弛，等．河钢唐钢新区数字化绿色智能工厂的设计与实施［J］．河北冶金，2021（7）：1.
［10］殷瑞钰，张福明，张寿荣，等．钢铁冶金工程知识研究与展望［J］．工程研究，2019，11（5）：438.
［11］王国栋．我国钢铁工业主要技术发展方向［J］．世界金属导报，2017（47）：B08.
［12］刘文仲．中国钢铁工业智能制造现状及思考［J］．中国冶金，2020，30（6）：1.
［13］孙彦广．钢铁工业数字化、网络化、智能化制造技术发展路线图［J］．冶金管理，2015（9）：4.
［14］殷瑞钰．关于智能化钢厂的讨论：从物理系统一侧出发讨论钢厂智能化［J］．钢铁，2017，52（6）：1.
［15］殷瑞钰．“流”、流程网络与耗散结构：关于流程制造型制造流程物理系统的认识［J］．中国科学：技术科学，2018（2）：136.
［16］张福明．智能化钢铁制造流程信息物理系统的设计研究［J］．钢铁，2021，56（6）：1.
［17］韩毓．大型钢铁企业铁水运输组织与铁路站场设计［J］．河北冶金，2020（S1）：28.
［18］王新东，田鹏，张彦林，等．全智能无人化料场在河钢唐钢新区的工程实践［J］．河北冶金，2021（5）：36.
［19］刘玠．人工智能推动冶金工业变革［J］．钢铁，2020，55（6）：1.
［20］王新东．绿色智能新一代流程钢厂新唐钢设计文集［M］．北京：冶金工业出版社，2021.
［21］陶飞，戚庆林，张萌，等．数字孪生及车间实践［M］．北京：清华大学出版社，2021.
［22］施灿涛，吴秀婷，朱涛．以数字基建支撑钢铁行业内涵式发展［J］．钢铁，2021，56（9）：50.
［23］付宇涵．我国制造业两化融合发展路径［J］．企业管理，2020（9）：104.

高炉煤气脱硫技术研究进展①

王新东[1]，朱廷钰[2]，李玉然[2]

（1. 河钢集团有限公司，河北 石家庄 050023；2. 中国科学院过程工程研究所，中国科学院绿色过程与工程重点实验室，北京 100190）

摘　要：实施高炉煤气脱硫进行源头减排对推进钢铁行业全流程超低排放改造具有重要意义。高炉煤气含硫组分以有机硫为主，具有复杂组分共存的排放特征，本工作论述了含硫组分在不同赋存形态（SO_2，H_2S 和 S）下的排放限值，通过硫平衡给出了排放限值间的转化关系。高炉煤气脱硫技术的瓶颈是有机硫（主要是羰基硫，COS）脱除，重点分析了用于 COS 水解的铝基催化剂和碳基催化剂，γ-Al_2O_3 既是载体也是活性组分，而活性炭兼具催化剂和吸附剂功能；进一步阐述了煤气中复杂组分 O_2 和 Cl^- 等对水解催化剂失活的作用机制在于生成了沉积产物。针对 COS 水解形成的气态 H_2S 脱除，详细对比了湿法脱除工艺中化学吸收法和催化氧化法在反应机理、脱硫剂、脱硫产物等方面的差异；在干法脱硫工艺中，对比了氧化锌、氧化铁和活性炭在反应机理、硫容、温度适应性等方面的区别。针对有机硫和无机硫的一体化吸附，简述了分子筛吸附剂的选择性吸附原理及其再生工艺。对目前已有探索应用的“水解+湿法”“水解+干法”和一体化吸附工艺进行了初步的评价，提出了高炉煤气脱硫技术的研发重点在于如何提高水解催化剂的活性以及降低高炉煤气中复杂组分对催化剂活性的影响，提高技术的适用性。

关键词：高炉煤气脱硫；羰基硫水解；硫化氢脱除；铝基水解催化剂；碳基水解催化剂

1　引言

钢铁行业是我国国民经济的支柱性产业，2021 年我国生铁产量超过 8.68 亿吨[1]，占全球总产量的 60%以上，位居世界第一。在火电行业全面实施超低排放后，钢铁行业成为工业部门最大的污染物排放源，也是我国大气污染的重要来源，其大气污染控制已成为重点区域空气质量提高的关键。钢铁企业“三气”中高炉煤气产量约占 88%，是产量最大的可燃气体，达到 8000 亿~10000 亿立方米/年，经除尘、TRT（Blast Furnace Top Gas Recovery Turbine）余压发电后送往高炉热风炉、轧钢加热炉、燃气锅炉等用作燃料[2,3]。

高炉煤气中硫组分达 200 mg/m^3 以上，导致燃烧后烟气中 SO_2 无法满足超低排放限值。2019 年 4 月，生态环境部等五部委联合发布了《关于推进实施钢铁行业超低排放的意见》，明确提出“加强源头控制，高炉煤气应实施精脱硫”[4]。随着钢铁行业多工序多污染物超低排放的实施，高炉煤气脱硫成为钢铁行业大气污染控制的“卡脖子”环节。实

① 原文发表于《过程工程学报》，2023，23（7）。

施高炉煤气脱硫，可保障下游用户烟气 SO_2 超低排放，避免了建设分散的末端治理设施，具有显著的经济及环境效益，对促进钢铁工业绿色发展具有重要意义。

2 高炉煤气排放特征及排放限值

高炉冶炼过程中，在来自高压鼓风机、热风炉的热风助燃焦炭、还原铁矿石中的铁之后，炉气中仍有大量过剩的 CO，这种混合气体就是高炉煤气，其典型特征是温度、压力波动明显，气量大。可以采用焦炭系数法计算高炉煤气产生量，一般情况下每吨焦炭产生 3500 Nm^3 高炉煤气，高炉焦比 0.34~0.40 t/t 铁，煤比 0.15~0.16 t/t 铁，煤粉折合焦炭系数一般为0.8~0.9，根据式（1）可计算高炉煤气产生量为1500~2000 m^3/t 铁。以3000 m^3 高炉为例，日产生铁约 8000 t，煤气产生量约为 55 万立方米/h。

$$\text{高炉煤气产量} = (\text{焦比} + \text{煤比} \times \text{煤粉折合焦炭系数}) \times 3500 \tag{1}$$

高炉煤气经除尘后温度一般为 120~150 ℃，压力为 0.2~0.3 MPa；经 TRT 余压发电后温度一般为 30~40 ℃，压力为 15~30 kPa，如图 1 所示。典型高炉煤气成分见表 1，主要有：CO、CO_2、H_2 和烃类等，热值为 3000~4000 kJ/m^3，属于低热值煤气，一般用作燃料[5,6]。实测钢铁企业的高炉煤气硫含量见表 2，含硫组分总量 100~300 mg/m^3，其中有机硫主要为羰基硫（COS），占 60%~70%，无机硫主要是硫化氢（H_2S），占 30%~40%，还有少量的二硫化碳（CS_2）和硫醇等。高炉煤气中有机硫、无机硫共存，组分复杂，脱硫的重点是有机硫。

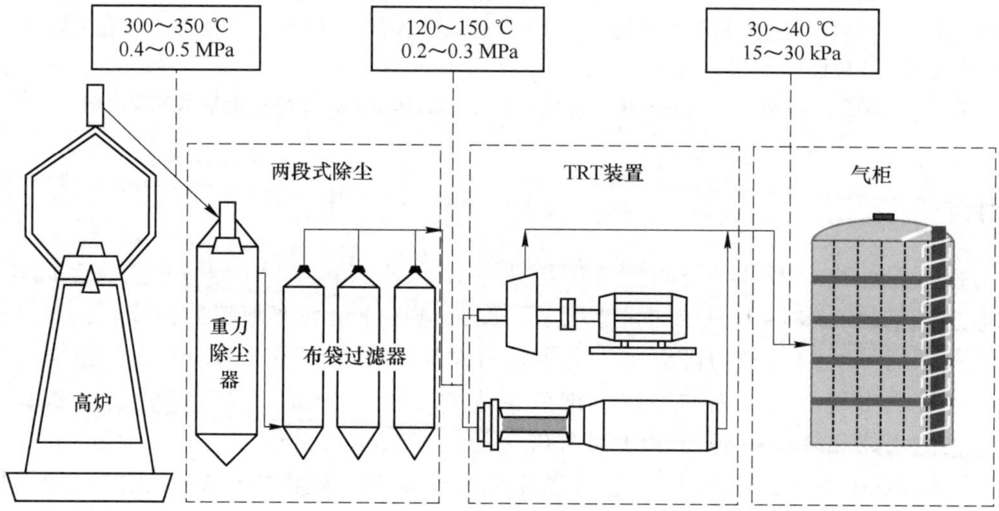

图 1　高炉煤气排放特征

表 1　典型高炉煤气成分

成分	CO	CO_2	H_2O	H_2	CH_4	O_2	N_2
体积分数/%	25~30	15~20	7~10	1.5~3	0.2~0.4	<0.3	40~50

表 2　钢铁企业某 3 座高炉煤气硫含量　（mg/m^3）

编号	COS	H_2S	CS_2	CH_3SH	SO_2，CH_3SCH_3，CH_3SSCH_3，C_4H_4S
1	63~85	27~36	<0.04	<0.07	<0.10
2	70~97	37~52	<0.04	<0.10	<0.10
3	155~190	76~93	<0.04	<0.14	<0.10

受资源地域差异影响，欧盟及美国多采用焦炉煤气或天然气为高炉炼铁提供热源和还原剂，高炉煤气无须脱硫。中国 90%以上的高炉采用焦炭，焦炭中的有机硫燃烧和反应后进入高炉煤气，导致硫含量明显超标。因此，自主研发高炉煤气脱硫技术迫在眉睫。

高炉煤气在高炉热风炉、轧钢加热炉等用户端燃烧后形成烟气，烟气中 SO_2 无法满足超低排放限值，可通过煤气脱硫的源头控制方式或烟气脱硫的末端治理方式实现硫减排。实施高炉煤气脱硫，可避免在多点设置分散的烟气脱硫设施，具有占地面积小、建设及运行成本低等优势，经济及环境效益显著。

2019 年，生态环境部等五部委联合发布《关于推进实施钢铁行业超低排放的意见》，各省、市也出台多项高炉煤气相关的排放标准，见表 3。河北、山东等地要求高炉热风炉和轧钢加热炉的烟气 SO_2 排放浓度低于 50 mg/m^3。唐山市则要求高炉煤气在脱除 H_2S 的基础上，脱除 COS 等有机硫，总硫不超过 50 mg/m^3。从政策的发展趋势看，排放限值要求逐渐从热风炉中的 SO_2 转化为高炉煤气中的 H_2S、总硫等指标。

表 3　国家及各省市高炉煤气相关排放标准

级别	年份	标准号	工厂设备	排放标准
国家	2019	Huan Da Qi［2019］No. 35	高炉热风炉	SO_2<50 mg/m^3
河北省	2018	DB13/2169—2018	高炉热风炉	SO_2<50 mg/m^3
山东省	2019	DB37/990—2019	高炉热风炉	SO_2<50 mg/m^3
河南省	2020	DB41/1954—2020	高炉热风炉	SO_2<50 mg/m^3
山西省	2020	DB14/2249—2020	高炉热风炉	SO_2<50 mg/m^3
唐山市	2019	Tang Huan Qi［2019］No. 3	高炉	H_2S<20 mg/m^3
	2021	Tang Qi Leadership Office［2021］No. 11	高炉	总硫量<50 mg/m^3

根据《天然气词汇》（GB/T 20604—2006）总硫指 S 浓度。根据化工工艺设计手册[7]，热风炉空气过剩系数 α 约为 1.2，高炉煤气的低发热量 Q 约为 4000 kJ/m^3；通过式（2）计算，可得理论空气消耗量约为 0.76 m^3/m^3；通过式（3）计算，可得单位体积煤气燃烧生成气体量约为 1.76 m^3/m^3，即 1 m^3 的高炉煤气燃烧可以产生 1.76 m^3 的烟气；通过式（4），可计算得煤气中总硫为 50 mg/m^3 时，烟气中 SO_2 的浓度为 57 mg/m^3。根据式（2）~式（4），可进行煤气中硫含量和烟气中 SO_2 浓度之间的换算。

$$L_0 = \frac{0.19\ \mathrm{kg/kJ}}{1000\ \mathrm{kg/m^3}} \times Q \tag{2}$$

$$V_\alpha = \alpha \times L_0 + 0.97\ m^3/m^3 - \frac{0.03\ kg/kJ}{1000\ kg/m^3} \times Q \tag{3}$$

$$M = \frac{m \times 64}{32 \times V_\alpha} \tag{4}$$

式中　α——热风炉空气过剩系数，无量纲；

L_0——单位体积煤气的理论空气消耗量，m^3/m^3；

m——煤气中的总硫含量，以硫元素计，mg/m^3；

M——烟气中的 SO_2 浓度，mg/m^3；

Q——高炉煤气的低发热量，kJ/m^3；

V_α——单位体积煤气燃烧生成的烟气量，m^3/m^3。

3　有机硫的脱除

高炉煤气中有机硫以 COS 为主，无机硫主要是 H_2S 且含量较少，高炉煤气脱硫的关键是脱除 COS。COS 在通常状态下无色无味，气态分子为直线型，结构类似 CO_2。COS 的化学性质相对稳定，但在一定条件下可通过催化加氢或催化水解反应生成 H_2S。

催化加氢常用于高硫（COS≥5000 mg/m^3）克劳斯尾气净化，在较高温度（280~400 ℃）和压力（3.5~4.0 MPa）下将有机硫转化为无机硫，见式（5）。催化加氢不仅对 COS、CS_2 等小分子有机硫进行高精度转化，对硫醇、硫醚、噻吩等大分子有机硫也能有效转化，具有转化率高的特点。由于加氢催化剂在较高的反应温度和压力下才具有高的反应活性和转化率，因此加氢反应的设备和管线均为中高温、中高压系统，装置投资较高。

$$COS + H_2 = CO + H_2S \tag{5}$$

催化水解常用于低硫（COS≤500 mg/m^3）水煤气净化，在较低的温度（100~200 ℃）和压力（0.1~2.0 MPa）下即可实现有机硫水解转化为无机硫，见式（6）[7-9]。但是只能对小分子有机硫进行催化转化，而对大分子有机硫几乎没有转化能力。催化水解法具有副反应少、不消耗原料气、只消耗气氛中的水等优点，同时其反应条件温和，具有投资费用低的特点，目前已广泛应用于合成氨半水煤气、合成甲醇水煤气等低硫煤气的净化。

$$COS + H_2O = CO_2 + H_2S \tag{6}$$

鉴于高炉煤气与水煤气具有相似的低硫浓度特征、相接近的温度窗口，见表 4[10]，高炉煤气 COS 脱除采用催化水解法具有良好的应用前景。水解催化剂可以在中低温、中低压工况下布置于 TRT 之前，COS 水解后生成的气态 H_2S 由常规的干法或湿法脱硫工艺脱除。但是，与水煤气稳定的工况参数不同，高炉煤气参数波动和组分复杂严重制约了水解催化剂的活性和寿命。目前水解催化剂用于高炉煤气尚无成熟的工程实施案例，工业化试验运行结果表明，在使用 2~3 个月后，COS 水解效率逐渐下降，远低于正常使用的 90%以上的效率和两年以上的寿命。因此，COS 的催化水解需要综合考虑高炉煤气的复杂组分，如 O_2、HCl 和粉尘。

表 4　高炉煤气与水煤气特征对比

参数	合成氨半水煤气	合成甲醇水煤气	高炉煤气
温度/℃	200	200	120~150
压力/MPa	2	2	0.2~0.3
流速/($m^3 \cdot h^{-1}$)	1×10^4~5×10^4	1×10^4~5×10^4	30×10^4~50×10^4
COS/($mg \cdot m^{-3}$)	300~500	300~500	60~200
H_2S①/($mg \cdot m^{-3}$)	<15	<15	20~100
H_2O/%	2~6	2~6	7~10
O_2/%	0.2	0.1	0.3
HCl/($mg \cdot m^{-3}$)	—	—	10~30
灰尘/($mg \cdot m^{-3}$)	—	—	<10

①半水气、水气中 H_2S 为脱硫后的浓度。

商用水解催化剂主要有两类：(1) 以铝基催化剂为代表的金属氧化物，γ-Al_2O_3 既是载体也是活性组分，具有水解效率高的显著优势，已广泛应用于合成氨半水煤气、合成甲醇水煤气等低硫煤气的净化，占据了水解催化剂的半数以上市场[11-13]；(2) 以碳基催化剂为代表的非金属材料，活性炭兼具催化剂和吸附剂功能，因硫容有限，适用于低浓度、低气流量的精脱硫。

3.1　铝基催化剂催化水解 COS

γ-Al_2O_3 是一种多孔材料，其表面积大，有较高的吸附性、表面活性和热稳定性，具有机械强度高、成本较低等优势。COS 水解是碱催化反应，George[14] 研究了水解过程中催化剂表面碱性的作用，并提出 COS 水解反应的协同机理，如图 2 所示。COS 与吸附在 γ-Al_2O_3 表面的—OH 因离子偶极的相互作用，形成水合 COS，进一步与吸附态 H_2O 作用生成 CO_2 与 H_2S，碱性位点是 COS 水解反应的活性位点。用未改性的 2~5 mm 的球形的 γ-Al_2O_3 作催化剂，在常压、200 ℃及空速 3000 h^{-1} 时，COS 初始浓度在 84~110 mg/m^3 范围内，其水解转化率只有 51.2%[15]。可调控催化剂表面碱性以提高反应活性，在 γ-Al_2O_3 载体上负载的活性组分主要有碱金属、碱土金属、过渡金属氧化物等。采用浸渍碱金属和碱土金属的氧化物制备了系列的催化剂，得到催化活性排序为：Cs_2O/γ-Al_2O_3>K_2O/γ-Al_2O_3，BaO/γ-Al_2O_3>Na_2O/γ-Al_2O_3，CaO/γ-Al_2O_3>MgO/γ-Al_2O_3；当碱金属氧化物含量相对较低时，催化反应活性与活性组分含量呈正相关线性关系，金属氧化物的摩尔分数约为 5×10^{-2}时活性最高，COS 水解转化率可以达到 95%以上[15]。

除了 γ-Al_2O_3 之外，TiO_2、ZrO_2 对 COS 的脱除也表现出较高的活性。在低温 (100 ℃) 时，三者的水解反应活性由高到低为 TiO_2>γ-Al_2O_3>ZrO_2，活性不同的主要原因来源于载体表面的酸碱基团类型[16-18]。虽然 TiO_2 的效率更高，但考虑到其机械强度较低、造价高的特点，通常应用于实验室研究中，而在工程实践中多采用铝基催化剂。

3.2　碳基催化剂催化水解 COS

活性炭具有丰富的微孔结构和良好的热稳定性，可作为水解催化剂的载体。活性炭主

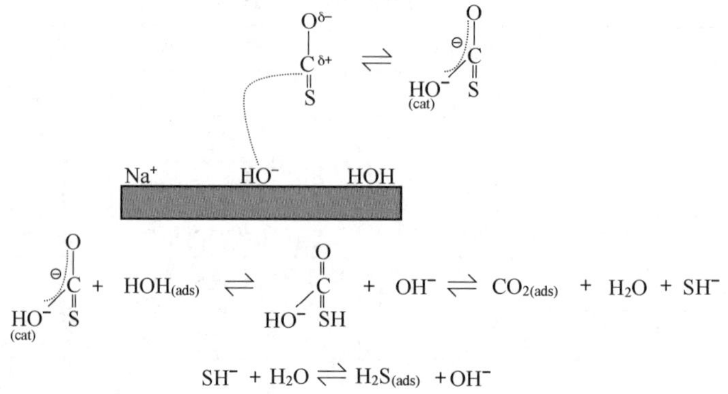

图 2　COS 水解反应的协同机理[14]

要用于低温、低气量条件下精脱硫，对 COS 的脱除属于吸附转化型，需添加活性组分来提高催化活性。经钠、钾等活性组分改性的活性炭，不但具有较高的转化率而且还能同时吸附 H_2S 等多组分。

COS 水解为放热反应，负载了 K_2CO_3 的活性炭催化剂在反应初期 COS 的吸附量随温度升高而增大，但在 60 ℃时，吸附量急剧下降，表明温度升高水解速率增加，产生的 H_2S 吸附在活性炭表面，占据了活性炭的吸附位点而阻断了 COS 的吸附和水解反应，致使 COS 的吸附量快速下降[19]。锰金属氧化物改性活性炭在 40 ℃、相对湿度 2.4%、空速 1000 h^{-1}、反应 1 h 和 COS 浓度为 0.9 g/m^3 条件下，COS 的转化率可达到 90%[20]。

铝基和碳基催化剂以外，用共沉淀法制备的 NiMgAl，CoNiAl，NiMgFe，CoMgAl 和 CuMgAl 类水滑石衍生复合氧化物催化剂也可用于 COS 的催化水解，COS 的水解效率可达 95%[21]。以蜂窝状堇青石为载体在不同 γ-Al_2O_3 和 $La(OH)_3$ 负载量下，对 COS 进行水解反应，不仅可实现较高的转化率，还表现出了优良的抗氧化性能[22]。研究 O_2 对氧硫化镧催化剂上 COS 水解反应的影响，当 O_2 浓度小于 2.0%时，催化剂显示出良好的抗氧性能，且温度的增加有利于提高催化剂的抗氧能力[23]。

3.3　影响催化剂活性的主要因素

COS 水解催化剂在高炉煤气复杂气氛失活主要源自两方面：（1）H_2S 与 O_2 反应产生硫沉积导致催化剂孔道堵塞而失活；（2）酸性的 Cl^- 与活性组分反应消耗了催化剂表面的碱性组分而失活。另外煤气中的 HCN 和粉尘也会影响催化剂的反应活性。

COS 水解生成气态 H_2S 及沉积产物的路径如图 3 所示[23]。吸附态 COS 与水解催化剂表面的—OH 反应生成中间体 $HSCO_2^-$，$HSCO_2^-$ 分解生成 H_2S 和 CO_2，二者脱附后进入气相。在 O_2 气氛中，$HSCO_2^-$ 可直接氧化生成 HSO_3^-，进一步氧化生成 SO_4^{2-} 沉积。未脱附的 H_2S 也会在晶格氧作用下被氧化生成单质 S，在有 O_2 时单质 S 被氧化生成 HSO_3^-，之后进一步氧化形成 SO_4^{2-} 沉积。氧化产物的类型及其沉积量与反应温度及催化剂表面碱性强度直接相关。在较低温（<200 ℃）下，氧化产物为单质硫，在中高温（≥200 ℃）下，单质硫进一步氧化为 SO_2 和 SO_3，进而形成硫酸盐[24]。沉积产物若不能及时脱附迁移，将沉积在催化剂表面及孔道导致催化活性降低。O_2 的存在降低了水解催化剂的反应活性，

因此在 COS 水解工序中通常要求对煤气中的 O_2 浓度设置报警，如 O_2 浓度超过 1%，则停止向水解塔内通入煤气。

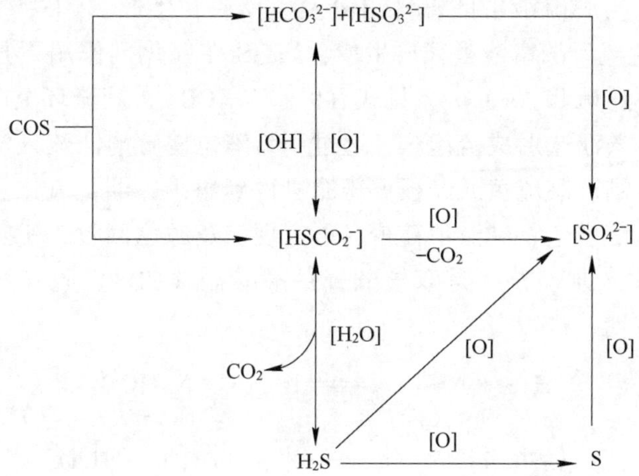

图 3 COS 水解生成气态 H_2S 及沉积产物的路径[23]

目前，γ-Al_2O_3 水解催化剂的 Cl^- 中毒机制尚未见报道，可参考甲醇制氢 Cu/γ-Al_2O_3 催化剂的 Cl^- 中毒机制，催化剂失活与表面活性中心的未配对电子有关[25,26]，Cl^- 产生未配对电子，与金属（M）活性中心形成较牢固的化学键 M—Cl，造成催化剂失活。Cu/γ-Al_2O_3 催化剂的活性中心为 Cu，COS 水解催化剂的活性中心是—OH、碱金属或过渡金属活性组分。二者均为铝基催化剂，但是活性中心与 Cl^- 结合的特征有所不同，因此铝基水解催化剂的 Cl^- 失活机理有待深入研究。

温度也是影响催化剂活性的重要因素。通常 γ-Al_2O_3 水解催化剂的 COS 转化率与反应速率均随反应温度升高而增加，在宏观上表现为温度升高促进水解。COS 水解反应符合阿伦尼乌斯定律，催化剂的 $\ln k$ 与 $1/T$ 基本呈现线性关系。对 COS 水解反应而言，活化能降低，活化分子之间的有效碰撞几率提高，反应速率升高，催化剂的催化水解活性更高。

4 无机硫的脱除

从反应机理看，H_2S 的脱除方法包括吸收法、氧化法和吸附法；而从技术应用角度看，可分为湿法脱硫和干法脱硫。

4.1 湿法脱除 H_2S

4.1.1 化学吸收法

吸收法以 NaOH 碱液作为吸收剂[27]，在脱硫塔内煤气与碱液逆流接触传质，H_2S 与 NaOH 反应生成 NaHS，见式（7）。化学吸收法的反应速率及净化效率高，净化后煤气中的 H_2S 浓度可控制到 20 mg/m³ 以下，具有设备简单等优势，但碱液循环量较大且有大量的废液产生，需进一步处理废水。

$$NaOH + H_2S = NaHS + H_2O \tag{7}$$

4.1.2　催化氧化法

催化氧化法以含 Na_2CO_3 或 K_2CO_3 的弱碱液为吸收剂，在脱硫塔内煤气在填料段与脱硫液逆流接触传质，与脱硫液中的碱性组分发生反应，生成 NaHS[28]，见式（8），达到净化 H_2S 的目的。脱硫后的富液去往再生槽，NaHS 在催化剂作用下与溶液中的氧发生氧化析硫反应，生成单质硫和 Na_2CO_3，见式（9）。Na_2CO_3 贫液循环至脱硫塔再使用；富液中的悬浮硫颗粒被空气浮选形成硫泡沫，通过调节液位使硫泡沫流入泡沫槽，经泡沫泵送到熔硫釜熔融加工成副产品硫黄或经板框压滤机得到滤饼。催化氧化法具有脱硫精度及脱硫效率高、基本无废液产生、碱液消耗少、可实现硫资源化回收等优势，适用于含硫浓度高的煤气回收硫单质。典型技术是双核酞菁钴磺酸盐（PDS）脱硫技术[29,30]，在焦化、化肥等行业已广泛应用。

$$H_2S + Na_2CO_3 \xlongequal{} NaHS + NaHCO_3 \tag{8}$$

$$NaHS + NaHCO_3 + \frac{1}{2}O_2 \xlongequal{} S + Na_2CO_3 + H_2O \tag{9}$$

化学吸收法和催化氧化法同属湿法脱硫，但二者的反应机理、脱硫剂和脱硫产物不同，见表 5。化学吸收法属于酸碱反应，吸收剂 NaOH 与 H_2S 反应后不可再生；催化氧化法中的 Na_2CO_3 属于催化剂，借助于载氧体在空气中可以再生。因此，化学吸收法通常只有一个吸收塔，脱硫后废水量较多；而催化氧化法有吸收塔和再生塔，由于脱硫液可以循环使用，废水产生量较小。催化氧化法的耗水量较小且可以回收硫黄，因此属于更加环境友好的技术。

表 5　化学吸收法与催化氧化法对比

脱硫方法	化学吸收法	催化氧化法
脱硫机理	酸碱反应	催化反应
反应式	$NaOH+H_2S \xlongequal{} NaHS+H_2O$	吸收：$Na_3CO_3+H_2S \xlongequal{} NaHS+NaHCO_3$ 氧化：$NaHS+NaHCO_3+\frac{1}{2}O_2 \xlongequal{} Na_2CO_3+S+H_2O$
脱硫剂	NaOH	$Na_2CO_3+O_2$-携氧催化剂
脱硫产物	NaHS	单质硫
特点	耗水量高，设备简单	耗水量低，设备复杂

4.2　干法脱除 H_2S

H_2S 的干法吸附常采用氧化锌或氧化铁等金属氧化物或者碳基吸附剂，见表 6。氧化锌脱硫时 H_2S 吸附至氧化锌晶体表面，解离为 S^{2-}，H^+，反应生成 ZnS 与 H_2O，见式（10）[31]。氧化锌脱硫效率高，适用于低浓度 H_2S 气体的深度净化。当气体中含有 CO_2 时，会生成碳酸锌，减少脱硫剂孔容，降低脱硫效率。氧化锌不能直接再生，需定期更换，运行成本较高。

$$ZnO + H_2S \xlongequal{} H_2O + ZnS \tag{10}$$

表 6　干法脱除 H_2S 的不同技术对比

脱除技术	氧化锌	铁氧化物	活性炭
脱硫机理	碱性氧化物与酸反应	碱性氧化物与酸反应	吸附反应
硫容量	高硫容量，大于 30%	低硫容量，约 10%	低硫容量，约 10%
硫浓度适宜性	精脱硫	硫浓度范围宽	硫浓度范围宽
温度适宜性	高温	高温	中低温
再生特性	不可再生	可再生，价格低	可再生，价格低

氧化铁脱硫剂[32,33]需要碱性环境和一定的含水量，不同的脱硫剂适用的温度区间不同，常温（25~35 ℃）一般采用羟基氧化铁（FeOOH），中温（150~400 ℃）一般采用 Fe_2O_3 或 $Fe_2O_3 \cdot Na_2CO_3$，高温（>500 ℃）采用 $ZnFe_2O_4$。中温条件下 Fe_2O_3 吸收 H_2S 后主要生成 FeS，见式（11）。高炉煤气中的 CO_2 会降低脱硫剂的 pH，降低氧化铁的活性。氧化铁硫容较低，价格较低，可用于较大气量的煤气脱硫，但遇空气即可被氧化再生，且再生时放热，需要防控潜在自燃风险。

$$Fe_2O_3 + 3H_2S = 2FeS + S + 3H_2O \tag{11}$$

碳基材料的孔结构发达、比表面积大、吸附能力强，硫化物以原形态或以氧化后的单质硫形态吸附在活性炭表面。活性炭脱硫集物理吸附、化学吸附、化氧化等为一体，通过氢氧化钠、尿素、高锰酸钾等对碳基材料进行浸渍改性，可用于粗脱硫或精脱硫。活性炭脱硫运行温度低，可采用较高空速，但活性炭再生需要高温且损耗较大，运行成本高。

5　有机硫与无机硫一体化吸附

一体化吸附工艺常采用分子筛或微晶材料作为吸附剂，吸附煤气中的有机硫和无机硫，依据晶体内部孔隙吸附分子动力学直径不同的含硫组分，根据分子极性或可极化度决定吸附的次序，达到脱除的目的。分子筛[34]由硅、铝、氧等元素构成，拥有以铝原子和硅原子为中心的四面体为基础组合而成的多面体结构，微孔均匀，呈弱碱性，对极性分子有优先吸附选择性，H_2S 等极性物质可被优先吸附脱除。通过提升分子筛对多种硫组分的吸附性能，提高传质速率及硫容从而提高脱硫效率。

一体化吸附工艺多用于焦炉煤气精制，其主要特点在于解决了“COS 水解+H_2S 脱除”工艺中需要使用多级流程的问题。吸附剂吸附饱和后，使用热煤气或热氮气解吸再生，再生煤气可以回到焦炉荒煤气主管混合后再次经过化产工段净化其中的 H_2S；再生氮气则需要另行配套湿式氧化法或湿式吸收法脱除其中的 H_2S。该工艺只是硫化物的富集，后续还需配套脱硫装置，并不能真正脱除硫化物。分子筛可用于常温脱硫，脱硫精度高，但价格昂贵、再生能耗高[35,36]。对于高炉煤气每小时几十万方的气量规模，设备投资成本、运行成本均过高。

由于高炉煤气脱硫技术仍处于探索阶段，因此目前未出现占据绝对多数市场的技术，一体化吸附、催化水解+干法脱硫、催化水解+湿法脱硫三种技术均有使用，如图 4 所示。从目前的使用情况看，三种技术各有优劣[37,38]。

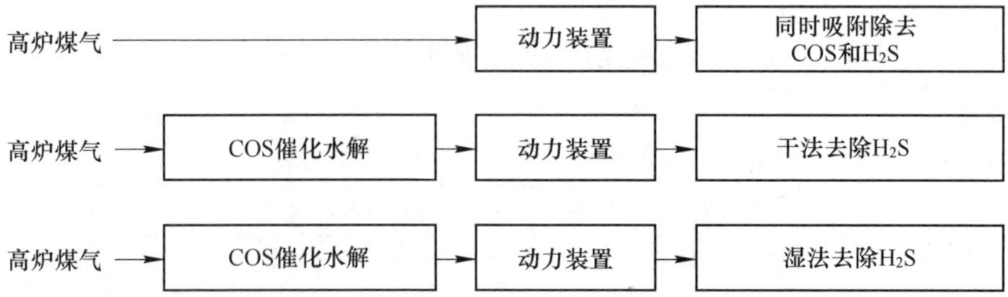

图4　高炉煤气脱硫工艺

6　高炉煤气脱硫工艺对比

一体化吸附技术流程短，无废水产生，但是吸附剂对煤气中的含水量较为敏感，且微晶材料价格较高，反应器设计复杂，投资成本最高。在运行过程中，由于高炉煤气存在粉尘、氯等杂质，微晶材料的脱硫效率不断下降，且难以解吸再生，需要频繁更换吸附剂，造成运行成本较高。因此一体化脱硫技术相对其他两种技术工程应用较少，研发的重点在于高硫容、高抗性的吸附剂。“水解+干法”工艺可在TRT上下游分别布置，也可以统一布置在TRT之前或之后，该工艺的脱硫效率高、设备种类较少、运行维护简单、投资运行成本较低；但吸附饱和的脱硫剂难以处理，通常投入烧结机中；由于脱硫剂在空气中易再生氧化，该过程大量放热，因此在使用过程中需注意脱硫剂转移过程的安全问题。“水解+湿法”工艺对煤气各项参数波动的包容度高，且可以实现硫的资源化，但是目前产生的硫黄纯度不高，并产生含盐废水，除此之外设备种类较多，日常运行及维护成本较高，技术攻关的重点是提高工艺参数的匹配性。

综合考虑钢厂的实际情况，一体化吸附工艺的占地面积大，而钢厂高炉区域用地紧张，因此难以满足钢厂需求；“水解+湿法”工艺可实现硫的资源化，适用于较高浓度的高炉煤气，但是该工艺对日常维护运行的要求高，产生的含盐废水需要进一步处理；“水解+干法”工艺投资运行成本低，是有良好应用前景的高炉煤气脱硫技术。

7　结束语

随着钢铁行业多工序多污染物超低排放的实施，高炉煤气脱硫成为钢铁行业大气污染控制的“卡脖子”环节，自主研发高炉煤气脱硫技术迫在眉睫。高炉煤气含硫组分复杂，与其相关的国家及地方标准就涉及了SO_2，H_2S和总硫，通过硫平衡给出了排放限值间的转化关系。高炉煤气脱硫的难点是有机硫COS的脱除，一般采用铝基或碳基催化剂使COS水解生成H_2S，而后采用湿法或者干法工艺脱除H_2S，对比了化学吸收法和催化氧化法的差异，以及干法脱硫剂的区别，并提出了选择建议。

高炉煤气脱硫技术仍处于探索研发阶段，目前未出现占据多数市场的技术，本工作初步评价了“水解+湿法”“水解+干法”和一体化吸附工艺，其中“水解+干法”工艺的投资、运行成本较低，具有良好的发展前景。考虑高炉煤气中复杂组分的影响，提高水解催化剂的活性及复杂气氛适用性，是今后研究需要重点关注的问题。

参考文献

[1] 常凤，王来信. 近十年中国生铁产量数据统计分析 [J]. 天津冶金，2022 (1)：74-78.

[2] 孙加亮，杨伟明，杜雄伟. 高炉煤气脱硫现状及技术路线分析 [J]. 冶金动力，2020 (10)：13-18.

[3] 陈兴业，向铁，陈艳艳，等. 高炉煤气精脱硫工艺路线探究 [J]. 中国环保产业，2021 (3)：31-34.

[4] 李兴建，张先茂，李辉，等. 高炉煤气超低排放脱硫工艺选择 [J]. 山东化工，2020 (19)：104-105，109.

[5] 王红妍，易红宏，唐晓龙，等. 羰基硫脱除技术研究现状及进展 [J]. 化学工业与工程，2010 (1)：67-72.

[6] 郝昌清，张德祥，吴亭亭. 煤气中羰基硫脱除研究现状与展望 [J]. 山东冶金，2009 (1)：1-4.

[7] 中国石化集团上海工程有限公司. 化工工艺设计手册 [M]. 北京：化学工业出版社，2009：685-686.

[8] LIU Y L，WU P，SHEN K，et al. Contribution of Na/K doping to the activity and mechanism of low-temperature COS hydrolysis over TiO_2-Al_2O_3 based catalyst in blast furnace gas [J]. ACS Omega，2022，7：13299-13312.

[9] 王会娜，上官炬，王晓鹏，等. 羰基硫催化水解研究进展 [J]. 工业催化，2007，15 (2)：18-21.

[10] CAO R，NING P，WANG X Q，et al. Low-temperature hydrolysis of carbonyl sulfide in blast furnace gas using Al_2O_3-based catalysts with high oxidation resistance [J]. Fuel：A journal of fuel science，2022，310：122295.

[11] 冯宇，李阳，卢建军，等. 高温煤气脱硫剂发展现状研究 [J]. 天然气化工，2018 (4)：119-125.

[12] SIMONA R，DANIELA B，VINCENZO P. Recent solutions for efficient carbonyl sulfide hydrolysis：a review [J]. Industrial & Engineering Chemistry Research，2022，62：5685-5697.

[13] GAO P T，LI Y R，LIN Y T，et al. Promoting effect of Fe/La loading on γ-Al_2O_3 catalyst for hydrolysis of carbonyl sulfur [J]. Environmental Science and Pollution Research，2022.

[14] GEORGE Z M. Kinetics of cobalt-molybdate-catalyzed reactions of SO_2 with H_2S and the hydrolysis of COS [J]. Journal of Catalysis，1974，32 (2)：449-458.

[15] TAN S S，LI C H，LIANG S Z，et a1. Compensation effect in Catalytic hydrolysis of carbonyl sulfide at lower temperature [J]. Catalysis Letters，1991 (8)：155-168.

[16] ABOULAYT A，MAUGE F，HOGGAN P E，et a1. Combined FT-IR，reactivity and quantum chemistry investigation of COS hydrolysis at metal oxide surfaces used to compare hydroxyl group basicity [J]. Catalysis Letter，1996，39 (3)：213-218.

[17] SAUR O，BENSITEL M，SAAD A B M，et al. The structure and stability of sulfated alumina and titania [J]. Journal of Catalysis，1986，99 (1)：104-110.

[18] LIU N，NING P，SUN X，et al. Simultaneous catalytic hydrolysis of HCN，COS and CS_2 over metal-modified microwave coal-based activated carbon [J]. Separation and Purification Technology，2021，259：118205.

[19] GU J N，LIANG J X，HU S J，et al. Enhanced removal of COS from blast furnace gas via catalytic hydrolysis over Al_2O_3-based catalysts：Insight into the role of alkali metal hydroxide [J]. Separation and Purification Technology，2022，295：121356.

[20] 王红妍，易红宏，唐晓龙，等. 改性活性炭催化水解羰基硫 [J]. 中南大学学报（自然科学版），2011，42 (3)：848-852.

[21] 王红妍，易红宏，唐晓龙，等. 类水滑石衍生复合氧化物催化水解羰基硫的研究 [J]. 环境工程学报，2012，6 (2)：545-549.

[22] 严明佳，肖忠斌，张益群，等 . La-Al/堇青石蜂窝状催化剂上 COS 的水解反应［J］. 华东理工大学学报（自然科学版），2005，31（1）：130-132.

[23] LIU J F，LIU Y C，XUE L，et al. Oxygen poisoning mechanism of catalytic hydrolysis of COS over Al_2O_3 at room temperature［J］. Acta Physico-Chimica Sinica，2007，23（7）：997-1002.

[24] 沈芳，上官炬，樊惠玲 . 工艺条件对中温羰基硫水解催化转化率的影响［J］. 太原理工大学学报，2009，40（1）：32-34.

[25] WU P，ZHANG Y，LIU Y，et al. Experimental and theoretical research on pore-modified and K-doped Al_2O_3 catalysts for COS hydrolysis：the role of oxygen vacancies and basicity［J］. Chemical Engineering Journal，2022，450：138091.

[26] SONG X，CHEN X，SUN L N，et al. Synergistic effect of Fe_2O_3 and CuO on simultaneous catalytic hydrolysis of COS and CS_2：experimental and theoretical studies［J］. Chemical Engineering Journal，2020，399：125764.

[27] 周浩，钱钧，金玉山 . 氢氧化钠吸收硫化氢的工业技术讨论［J］. 广州化学，2016，（2）：52-55.

[28] 奚强，刘常坤，赵春芳，等 . 酞菁钴液相催化剂氧化羰基硫（COS）的研究［J］. 离子交换与吸附，1997，13（6）：603-607.

[29] 张国庆，陈艳华 . PDS 脱硫技术中 Na_2CO_3 吸收机理浅析［J］. 燃料与化工，2008，39（5）：32-34，37.

[30] 王玉艳，佟斌 . PDS 湿法脱硫工艺的分析与控制［J］. 燃料与化工，2010（4）：53-54.

[31] 彭奔，杨雷，彭晓虎，等 . 氧化锌脱硫剂研究进展［J］. 广东化工，2020，47（6）：139-140，146.

[32] 高志华，阴丽华，李春虎，等 . 纳米 α-FeOOH 催化剂一段法脱除 COS 和 H_2S 性能的研究［J］. 燃料化学学报，2003，31（3）：249-252.

[33] 贺恩云，樊惠玲，王小玲，等 . 氧化铁常温脱硫研究综述［J］. 天然气化工，2014（5）：70-74.

[34] 李灿，马福秋，李健，等 . 5A 分子筛基吸附剂制备及脱除 H_2S 性能研究［J］. 中国环保产业，2017（5）：31-34.

[35] 杨猛，安忠义，龙志峰，等 . 钢铁企业高炉煤气精脱硫系统的研究和应用［J］. 冶金能源，2021，40（1）：61-64.

[36] 邹晓超 . 解析高炉煤气脱硫可行性工艺路线［J］. 现代工业经济和信息化，2020（4）：76-77，79.

[37] 张永，陈孙伟，蔡铁城，等 . 高炉煤气精脱硫工艺技术探讨［J］. 河南冶金，2021，29（3）：18-20，41.

[38] 戴晓天，陈乾业，齐渊洪，等 . 高炉煤气精脱硫技术的半工业试验［J］. 钢铁，2021，56（12）：153-159.

“双碳”目标下钢铁企业低碳发展的技术路径①

王新东[1]，上官方钦[2]，邢 奕[3]，侯长江[1]，田京雷[1]

（1. 河钢集团有限公司，河北 石家庄 050023；
2. 中国钢研科技集团有限公司，北京 100081；
3. 北京科技大学能源与环境工程学院，北京 100083）

摘 要：为落实国家“碳达峰、碳中和”发展目标，解决钢铁行业低碳发展过程中面临的瓶颈和难题，展开了一系列政策、技术和行动方案的研究。对比国内外钢铁企业碳排放强度的现状及变化趋势，分析了引起碳排放强度差异性的原因，并给出我国钢铁工业“碳达峰、碳中和”发展的总体方向。解析了中国钢铁工业及国内大型钢铁企业的“碳达峰、碳中和”目标及实施方案，并重点基于某大型钢铁企业当前生产、装备、工艺流程、碳排放实际情况，在充分考虑了未来产能装备、工艺变革、技术创新、能源转型等方面规划的基础之上，制定了具体的低碳发展技术路线图，为我国钢铁企业落实国家“碳达峰、碳中和”目标提供了示范和引领。路线图指出，该企业低碳发展将经历“碳达峰平台期、稳步下降期及深度脱碳期”三个阶段，通过实施铁素资源优化、流程优化重构、系统能效提升、用能结构优化、低碳技术变革、产业耦合降碳六大技术路径，建设碳排放数据管理体系及钢铁产品全生命周期（LCA）碳足迹两大平台，实现2025年碳排放总量较峰值降低10%，2030年碳排放总量较峰值降低30%，最终在2050年实现碳中和，并详细阐明了该企业对各技术路径的规划目标，测算了各减碳技术路径实施后带来的碳减排量期望值，比较了不同技术路径在不同发展阶段所带来的减碳效果。最后，结合该企业低碳发展技术路线图的制定和实施过程，提出我国钢铁企业低碳发展的建议。

关键词：钢铁企业；碳达峰；碳中和；技术路线图；实施方案

2020年9月22日，国家主席习近平在第七十五届联合国大会提出中国二氧化碳排放力争于2030年前达到峰值，努力争取2060年前实现碳中和，这是中国政府作出的重大战略决策，是着力解决资源环境约束突出问题、实现中华民族永续发展的必然选择，是构建人类命运共同体的庄严承诺。中国钢铁工业碳排放约占全国碳排放总量的16%，是实现绿色低碳发展的重要领域，实现钢铁行业低碳发展意义重大。2021年2月，中国钢铁工业协会发布《钢铁担当，开启低碳新征程——推进钢铁行业低碳行动倡议书》指出，钢铁行业将面临从碳排放强度的“相对约束”到碳排放总量的“绝对约束”，要加快研究钢铁行业“碳达峰、碳中和”行动方案。2022年2月，中华人民共和国生态环境部等三部委联合发布《关于促进钢铁工业高质量发展的指导意见》中指出，到2025年，钢铁工业基本形成绿色低碳可持续的高质量发展格局。在绿色低碳方面，构建产业间耦合发展的资源循环利

① 原文发表于《工程科学学报》，2023，45（5）。

用体系，吨钢综合能耗降低 2%以上，并确保 2030 年前实现碳达峰。

为深入贯彻落实国家关于“碳达峰、碳中和”的重大战略部署，扎实推进钢铁企业“碳达峰、碳中和”行动，本文重点研究中国钢铁行业及国内大型钢铁企业低碳发展规划，并以国内某大型钢铁企业为应用场景，围绕“碳达峰、碳中和”实现路径，基于当前企业生产、装备、碳排放实际情况，并充分考虑未来产能装备变化、工艺变革、技术创新、能源转型方面的规划，制订低碳发展技术路线图，构建适应生态文明要求和制造强国战略的钢铁企业绿色发展路径，推动钢铁绿色发展、可持续发展和高质量发展。

1　钢铁行业碳排放基本情况

近年来，随着全球粗钢产量增加以及新兴国家钢铁产量逐渐增加，全球钢铁行业碳排放总量和碳排放强度呈现上升趋势。据世界钢铁协会统计数据，2020 年全球钢铁行业由化石能源燃烧及各种含碳物料反应过程产生的直接碳排放量约为 26 亿吨，占全球人为活动碳排放总量的 7%~9%，而全球钢铁行业包括使用电力、热力等间接排放的碳排放总量约为 35.5 亿吨，占全球人为活动碳排放总量的 9%~12%[1]。

2021 年 11 月，世界钢铁协会（以下简称世界钢协）发布了《2021 年可持续发展指标报告》，报告统计了 2007—2020 年间，世界钢铁协会会员企业吨钢 CO_2 排放量及能源消耗量。结果显示：世界钢协会员企业的吨钢碳排放量多在 1.75~1.9 t 波动，如图 1 所示。世界钢协的统计数据只能反映全球钢铁行业碳排放的平均水平，为全面客观描述不同国家、不同规模、不同工艺流程钢铁企业碳排放情况，选取以下典型钢铁企业，对其碳排放总量及吨钢碳排放量两个指标进行统计分析。安赛乐米塔尔公司 2010 年以来碳排放量波动范

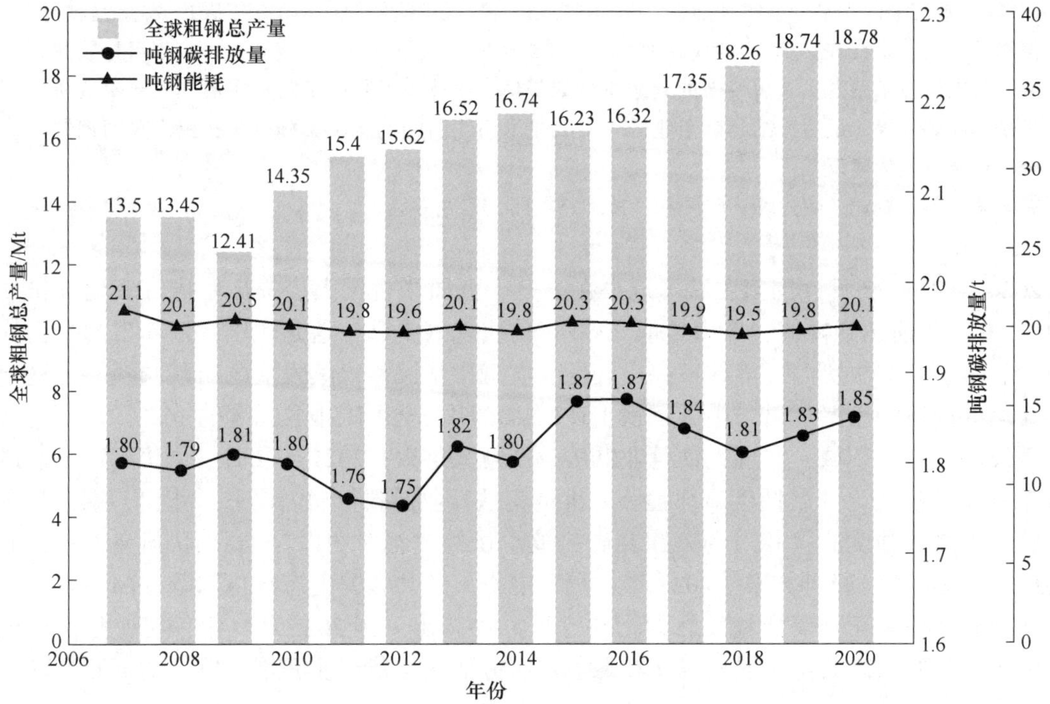

图 1　全球钢铁企业粗钢产量、吨钢碳排放及吨钢能耗情况[5]

围不大，每年排放1.9亿~2.0亿吨，长流程吨钢CO_2排放强度保持在2.3~2.4 t，短流程吨钢CO_2排放强度保持在0.5~0.7 t[2]。新日本制铁株式会社作为目前日本产钢量最大的钢铁企业，也是日本主要的碳排放企业之一，2019年度CO_2总排放量约为9400万吨，吨钢CO_2排放强度为2.06 t[3]。浦项钢铁公司是韩国最大的钢铁公司，2019年碳排放量为8020万吨，2020年为7560万吨，略有下降，但吨钢碳排放强度未见明显降低，基本维持在2.1 t左右[4]。

1991—2019年我国钢铁行业CO_2排放情况如图2所示，可见我国钢铁行业吨钢CO_2排放量由1991年的3.91 t降低到2020年的1.60 t，下降幅度达59%，节能减排效果显著。根据2019年我国钢铁工业废钢资源的利用量2.16×10^9 t/a[6]，可进一步作推算得到，2019年我国钢铁行业长流程的吨钢CO_2排放量约为1.9 t，全废钢电炉短流程的吨钢CO_2排放量约为0.6 t。

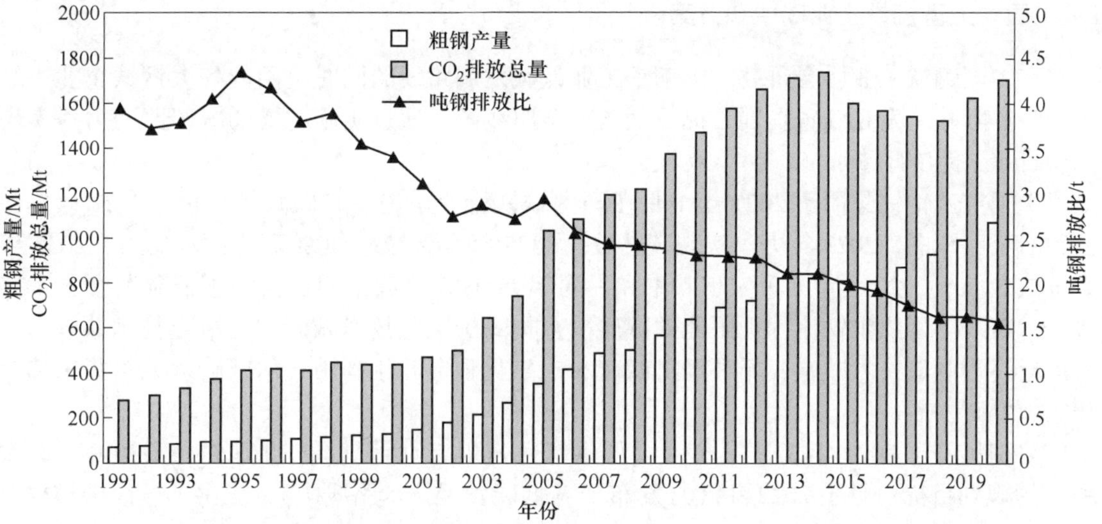

图2　1991—2019年中国钢铁行业粗钢产量和CO_2排放总量、吨钢CO_2排放量的变化

中国近几年电炉钢比保持在10%左右，而世界其他主要产钢国如美国电炉钢比约为70%，印度电炉钢比为56%，德国、韩国电炉钢比约为30%，日本电炉钢比约为25%。可见，与国外先进水平相比，我国钢铁行业长流程碳排放强度并不落后，问题是短流程比例过低，长流程比例过高[7]。我国粗钢产量基数大、长流程比例高、能源结构以煤/焦为主，决定了我国钢铁行业CO_2排放总量较高。中国钢铁工业经过几十年的努力，在节能减排新技术研发与应用方面投入了大量资金，取得了明显的进步，支撑了近年来我国钢铁企业碳排放强度持续降低，为进一步碳减排奠定了良好基础。但是，仅仅依靠降低吨钢综合能耗和吨钢碳排放强度而不能有效控制产出总量，还不能从根本上解决钢铁工业“碳达峰、碳中和”问题，控制粗钢总产量和调整工艺流程结构应是进一步低碳发展的有效路径[8]。

2　低碳发展目标

2.1　中国钢铁工业低碳发展规划

我国“双碳”目标提出后，中国钢铁工业协会为全面推动钢铁行业低碳发展工作，专门成立了钢铁行业低碳工作推进委员会，结合中国资源禀赋、能源结构和钢铁工业发展现状对我国钢铁行业“碳达峰、碳中和”实施路径进行了深入系统研究[9]，并形成《钢铁行业碳中和愿景和低碳技术路线图》（以下简称《路线图》），《路线图》提出了“双碳”愿景，明确了中国钢铁工业“双碳”技术路径——系统能效提升、资源循环利用、流程优化创新、冶炼工艺突破、产品迭代升级、捕集封存利用。《路线图》还提出了中国钢铁工业实施“双碳”工程的四个阶段：第一阶段（2030 年前），积极推进稳步实现碳达峰；第二阶段（2030—2040 年），创新驱动实现深度脱碳；第三阶段（2040—2050 年），重大突破冲刺极限降碳；第四阶段（2050—2060 年），融合发展助力碳中和。重点任务如下：一是深化供给侧结构性改革；二是持续工艺流程结构优化；三是创新发展低碳技术；四是打造绿色低碳产业链；五是加强全球低碳产业创新合作。

2.2　国内大型钢铁企业碳中和方案

在中国钢铁工业协会研究中国钢铁工业低碳发展路线的同时，国内各大钢铁企业也结合自身实际陆续发布双碳发展目标及低碳冶金路线图，通过实施主要的减碳路径力争实现 2050 年碳中和的目标[10]。

中国宝武钢铁集团于 2021 年 1 月在国内钢铁行业率先发布碳减排目标：2021 年发布低碳冶金路线图，2023 年力争实现碳达峰，2025 年具备减碳 30%工艺技术能力，2035 年力争减碳 30%，2050 年力争实现碳中和。同年 11 月，宝武集团还公布了低碳冶金技术路线图，路线图聚焦钢铁流程极限能效减碳、重构高炉工艺技术减碳、氢冶金技术减碳、短流程近终形制造技术减碳、循环经济减碳、二氧化碳资源化利用技术减碳六大路径来部署和实施低碳发展。

河钢集团于 2021 年 3 月发布了《低碳绿色发展行动计划》，明确了“碳达峰、碳中和”的规划目标；且于 2022 年 3 月发布了《低碳发展技术路线图》，提出了按照碳排放总量和碳排放强度“双控”的原则，划分低碳发展的三个阶段，明确了实现“双碳”目标的“6+2”低碳技术路线，即实施六大降碳技术路径和建设两大管理平台。

鞍钢集团于 2021 年 12 月发布低碳冶金路线图，提出了低碳发展愿景、“三个使命”和“五大路径”。鞍钢集团低碳发展目标为 2025 年前实现碳排放总量达峰；2035 年碳排放总量较峰值降低 30%，吨钢碳排放强度降低 30%以上。为达到上述目标实施格局流程再造、资源消耗减量、能源结构优化、绿色矿山示范和前沿技术创新低碳发展“五大路径”。从鞍钢集团低碳发展时间表可以看出，“五大路径”在不同阶段将各自发挥主体作用，协同实现“碳达峰、碳中和”目标。

首钢集团于 2021 年 5 月发布了低碳发展的实践与路线，围绕“双碳”目标首钢未来主要实施以下四条碳减排技术路线：一是优化制造流程，实现化石能源减量；二是提升能源效率，加大清洁能源使用；三是推进二氧化碳捕集、封存与利用（CCUS），建立低碳循环产业链；四是制造绿色产品，助力多行业协同减碳。

包钢集团于 2021 年 5 月披露其“双碳”目标：力争 2023 年实现碳达峰，2030 年具备减碳 30%的工艺技术能力，力争 2042 年碳排放量较峰值降低 50%，力争 2050 年实现碳中和。

建龙集团于 2022 年 3 月公布了钢铁板块绿色低碳发展目标：到 2025 年，碳排放总量将达到峰值；2033 年，碳排放总量较峰值下降 20%，碳排放强度较 2020 年下降 25%；

2060 年实现碳中和。同时明确了实现"碳达峰、碳中和"的具体路径，将通过工艺流程优化提升、前沿技术创新应用、产品绿色低碳转型、用能效率结构优化、绿色物流系统升级以及资源能源循环利用六大路径，深入推进绿色低碳发展。

为更准确描述各减碳技术在企业未来降碳过程中所做出的贡献，下文将以河钢集团为例，结合河钢生产实际，制定碳中和发展目标及低碳发展技术路线图，详细阐明各技术的规划目标及碳减排量，给中国钢铁企业的低碳发展提供借鉴。

3 河钢集团低碳发展路径

河钢集团是世界最大的钢铁材料制造和综合服务商之一，"十三五"期间粗钢产量维持在 4000 万~4700 万吨，流程结构以长流程为主。产品的产能分布中，热轧板带占 36%，冷轧板深加工占 18%，中厚板占 17%，棒线型材占 29%。河钢集团 2017—2021 年碳排放强度如图 3 所示，总体而言，河钢集团吨钢碳排放强度与中钢协重点企业的行业均值基本保持一致。

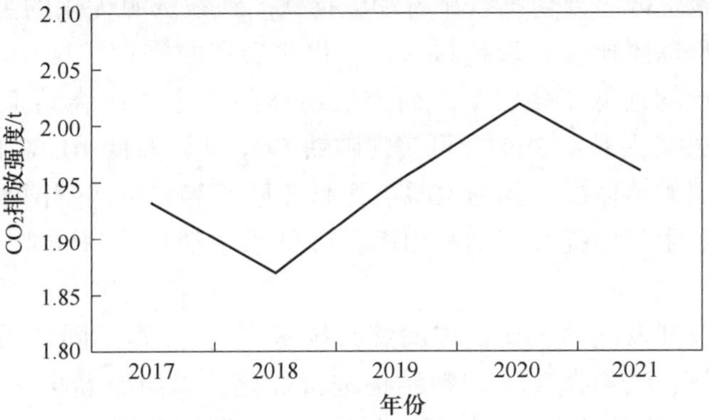

图 3 河钢集团 2017—2021 年吨钢 CO_2 排放强度

河钢基于当前生产、装备、碳排放实际情况，并充分考虑未来产能装备变化、工艺变革、技术提升、能源转型方面的规划，制订碳达峰和碳中和的整体目标，如图 4 所示。河钢集团在 2019 年已经实现碳达峰，将于 2025 年较碳排放峰值减排 10%，2030 年较碳排放峰值减排 30%，并在 2050 年实现碳中和[11,12]。

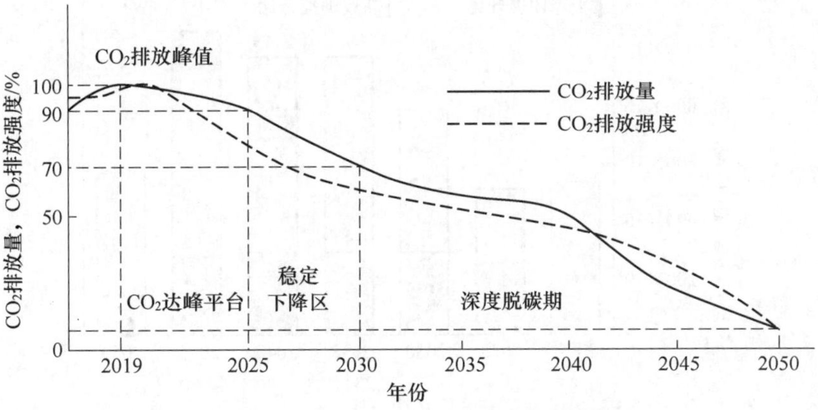

图 4 2017—2050 年河钢集团低碳发展目标

河钢未来低碳发展将分为三个阶段：2022—2025 年是碳达峰平台期，期间河钢产业布局逐步完善、流程不断优化、氢冶金进入工程应用阶段，碳达峰基础逐步夯实；2025—2030 年是碳排放稳步下降期，期间钢铁生产过程碳排放实现精细管控，流程结构、铁素资源结构、用能结构进一步优化，2030 年以后进入深度脱碳期，生产效率及用能效率发挥到极致，氢冶金、CCUS 技术大规模推广应用，矿山修复、森林碳汇充分发挥深度固碳效应，到 2050 年完成深度脱碳化改造。

为实现上述目标，河钢制定了详细的“6+2”低碳绿色发展路径及技术方案，未来主要通过实施六条降碳技术路径，即铁素资源优化、流程优化重构、系统能效提升、用能结构优化、低碳技术变革和产业耦合降碳，以及建设碳数据管理平台和产品全生命周期（LCA）碳足迹平台，来实现碳中和发展目标。

3.1 铁素资源优化

钢铁生产的铁素资源主要包括铁矿石和废钢铁。铁素资源优化的主要措施有以下两方面：一是提高长流程球团比，实现精料入炉，提高金属收得率。球团矿的单位产品能耗、碳排放和污染物排放均远低于烧结矿，研究表明球团工序要比烧结工序减少 45%的碳排放，高炉球团比从 20%提升至 80%，可实现吨铁 CO_2 排放降低 10.67 kg[13]。目前我国长流程高炉炉料中球团矿整体配比约为 13%，远低于欧盟等先进产钢国水平。二是提高长流程废钢利用率。转炉生产中提高废钢利用率可降低铁水消耗，每减少 1 t 铁水，可降低碳排放 1.5 t 左右。

河钢集团将积极开发高炉大比例球团炼铁技术[14]，探索不同球团比下高炉炉料性能的变化，对槽下排料、装料制度、炉料结构进行优化，以唐钢新区为例球团比例从 2022 年的 50%提高到 2030 年的 60%左右，到 2050 年整个河钢球团比将全部提高到 60%左右。目前河钢废钢利用率为 11%，未来一方面通过改进 Klockner Oxygen Blown Maxhutte（KOBM）转炉顶底复吹工艺和氧枪后燃烧，积极开发转炉高废钢比高洁净度高效冶炼技术；另一方面是结合河钢周边城市废钢资源分布情况，合理布局建设废钢加工中心，保障废钢资源的供应，长流程的废钢比将在 2030 年提升至 15%，2050 年将进一步提升至 30%左右。经过模型测算，在河钢双碳实施过程中，铁素资源优化带来的减排量如图 5 所示。

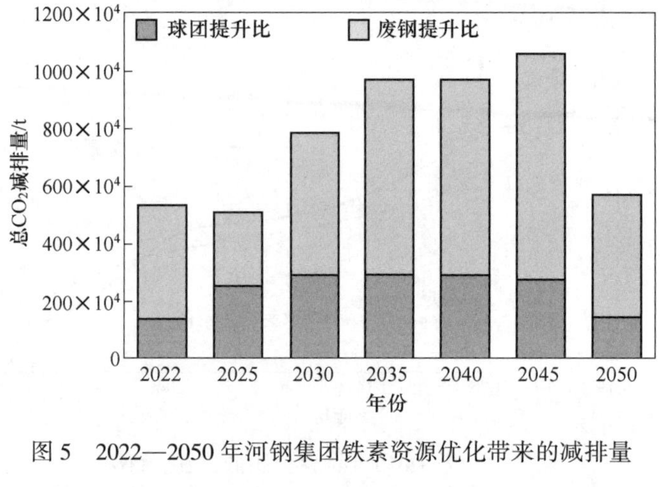

图 5　2022—2050 年河钢集团铁素资源优化带来的减排量

由图 5 可见，随着高炉球团比例及转炉废钢比例的提升，两种减碳手段带来的减碳量不断提升。到 2050 年高炉球团比例及转炉废钢比均达到最高值，但由于 2050 年以高炉转炉为主的长流程生产比例降低，两种减碳技术带来的减碳效应也相应降低，因此减碳量不仅取决于技术本身的指标，而且和技术的推广度密切相关。

3.2 流程优化重构

钢铁生产不同流程工艺碳排放差异较大，工艺流程结构优化是当前阶段钢铁行业实施碳减排的重要途径。流程优化重构主要包括以下两个方面。一是提高全废钢电炉（All Scrap Electric Furnace，Scrap-EF）短流程比例，全废钢电炉流程碳排放仅为高炉-转炉长流程的 30%，因此长流程转为短流程可以降低 70%的碳排放。中国电炉短流程的发展在很大程度上受制于废钢资源的不足，但随未来废钢资源的增加、电炉技术发展以及钢铁行业面临的减碳压力，电炉流程将会得到较大发展。二是开发流程“界面”技术。“界面”技术是相对于钢铁生产流程中炼铁、炼钢、连铸、热轧等主体工序技术而言的，“界面”技术是指这些主体工序之间的衔接-匹配、协调-缓冲技术及相应的装置（装备），是在单元工序功能优化、作业程序优化和流程网络优化等流程设计理论创新的基础上开发出来的工序之间关系的协同优化技术，包括了相邻工序之间的物质、能量、时间、空间、信息的关系协同-优化或是多工序之间关系的协同-优化。研究表明，工序之间“界面”过程的能量损失占制造流程能源消耗总量的 2%~7%，“界面”过程的热损失占全流程热损失的 20%~50%。钢铁生产流程界面之间物质流运行优化及界面功能匹配集成可以提高物质流、能量流的运行效率，对降低全流程能耗、物耗、降低成本和促进环保具有重要的作用，未来“界面”技术优化的节能潜力约为 1.03 GJ/t[15,16]。

河钢将在石钢新区实施报废汽车废钢资源化再利用项目，最终建成以京津冀为核心、辐射全国的汽车拆解、废钢回收、加工、仓储、配送一体化的废钢产业，解决废钢资源短缺问题。河钢电炉短流程比例将从 2022 年的 10%左右，提升到 2030 年的 17%左右，到 2050 年进一步提升到 30%左右。河钢集团主要针对炼铁-炼钢、炼钢-连铸、连铸-热轧三个区段开展界面优化工作，通过铁包和钢包加盖、缩短优化铁包周转及直轧工艺大幅减少铁水、钢水、铸坯等铁素物质流在传输过程中的温降，预计全流程温降将从 2022 年的 730 ℃降低至 2050 年的 170 ℃，温度止损达到 560 ℃。经过模型测算，在河钢双碳实施过程中，流程优化重构带来的减排量如图 6 所示。

3.3 系统能效提升

系统能效提升是现阶段长流程钢铁企业减少碳排放的首要选项。从 1990 年至 2020 年，中国钢铁工业节能工作经历了单体设备节能、工序优化节能到系统节能，吨钢综合能耗从 1.56 t 标煤降低至 0.545 t 标煤，节能工作取得显著进步，但是与世界先进水平还存在一定差距[17]。未来中国钢铁工业需要紧紧抓住全球产业链重构的机遇，推动数字化及智能化与传统产业的深度融合，进一步提升钢铁生产全流程的用能效率[18]。

河钢集团一方面通过研究、推广、应用钢铁制造全流程节能降耗的先进技术和装备，提高能源转换效率；另一方面通过数字化、网络化、智能化提升系统能源管控水平，把焦化、烧结、球团、炼铁、炼钢、轧钢等各大工序能耗降到最低，做到全系统能效持续改进

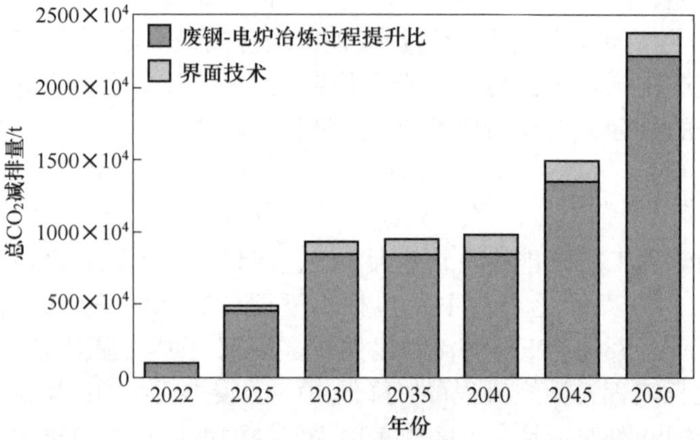

图 6　2022—2050 年河钢集团流程优化重构带来的减排量

并实现能效的极致提升。一是各工序能耗到 2025 年达到能耗限额标准的准入值，2030 年达到能耗限额标准的先进值。二是进一步提高二次能源的利用效率，提升自发电比例，从 2021 年的 45%提高到 2030 年的 70%以上，到 2050 年进一步提高到 90%以上。经过模型测算，在河钢双碳实施过程中，系统能效提升带来的减排量如图 7 所示。

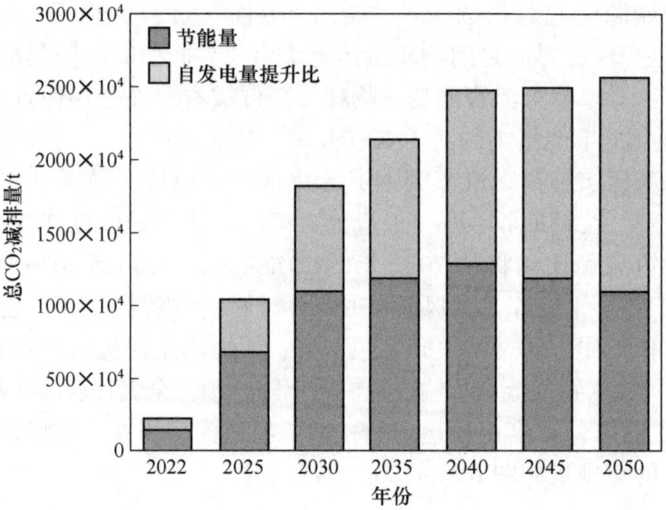

图 7　2022—2050 年河钢集团系统能效提升带来的减排量的变化

3.4　用能结构优化

生态环境部环境规划院分析 2020 年中国钢铁行业碳排放来源[19]，结果表明煤、焦化石能源带来的直接排放占 80%，在考虑自发电率情况下净购入电力、热力二氧化碳排放量占比 12%，工业过程碳排放量占比 8%。由此可见钢铁行业由于能源使用带来的碳排放超过 90%，因此优化能源结构是钢铁行业降低碳排放的重要手段。首先需要加快发展非化石能源，提高新能源和可再生能源的利用，积极推进清洁能源替代，逐步建立完善多能互补、系统集成的能源体系，降低对化石能源的依赖。其次电力是钢铁行业除化石能源之外的第二大碳排放源，考虑各行业碳中和的协同效应，随着电力行业的低碳发展，未来全国电力能源结构将调整，全社会电力 CO_2 排放因子不断降低，相比 2022 年，2030 年全社会电力的 CO_2 排放因子将下降 22%，2050 年将进一步下降 86%，因此不断提升绿电的使用比例可大幅降低钢铁企业由于电力使用带来的隐含碳排放。最后构建绿色物流体系，提高钢铁行业的清洁运输比例，也是钢铁全流程降碳的手段之一。

河钢因地制宜发展光电、风电、生物质能等新能源及可再生能源，充分挖掘新能源及可再生能源利用潜力，逐步提高新能源和可再生能源的使用占比，实现多能互补，构建多元能源结构体系，到 2050 年减少煤、焦使用约 1400 万吨，减少外购电量 90 亿千瓦时。到 2030 年，可再生能源发电量将达到 27 亿千瓦时左右；到 2050 年，可再生能源发电量达到 50 亿千瓦时左右。河钢将不断扩大氢能重卡运营范围，到 2030 年，河钢集团将运行约 15000 辆氢燃重卡替代柴油重卡；到 2050 年，将氢燃料重卡提升至 30000 辆。经过模型测算，在河钢双碳实施过程中，用能结构优化带来的减排量如图 8 所示。

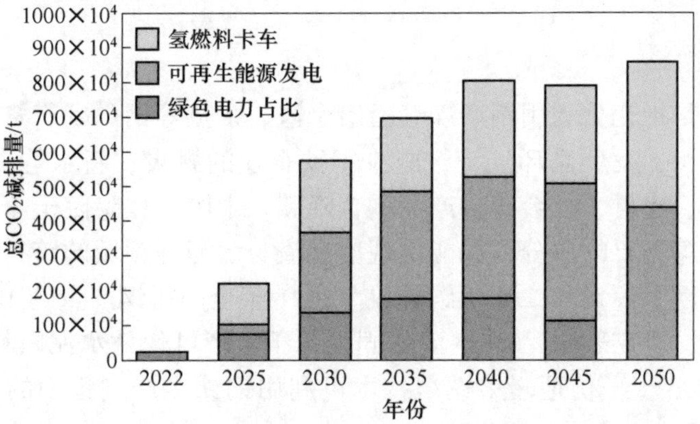

图 8 2022—2050 年河钢集团用能结构优化带来的减排量

3.5 低碳技术变革

创新工艺，加快突破性冶炼技术的研发和应用是最终实现全球温控目标的关键。截至目前，全球钢铁工业范围内开展了多项低碳冶炼技术的研发，以实现大规模减碳和脱碳的突破。按实现的碳减排影响程度，大体可以分为以下三类：（1）以氢冶金为代表的减碳技术，当前氢冶金初步形成氢基竖炉直接还原炼铁技术（Direct reduction iron，DRI）、氢基流化床直接还原炼铁技术、高炉富氢冶炼技术和富氢熔融还原炼铁技术四大技术路径；（2）以熔融氧化物高温电解法为代表的无碳冶炼技术；（3）以 CCUS 为代表的负碳技术。

河钢重点布局的颠覆性技术有氢冶金和 CCUS 技术。氢冶金流程预计到 2024 年，在张宣科技建成 120 万吨示范工程；到 2025 年，生产规模达到 380 万吨左右；到 2030 年，生产规模达到 560 万吨左右；2050 年氢冶金生产规模将达到 1300 万吨。CCUS 技术受制于能耗高、成本高、排放源距离远、环境因素等外部条件制约，现阶段减排潜力难以完全释放。河钢在河北省政府的支持下牵头成立了河北省二氧化捕集利用与封存产业技术联盟，正在开展二氧化碳捕集利用、咸水层封存技术示范。经过模型测算，在河钢“双碳”实施过程中，低碳技术变革带来的减排量如图 9 所示。

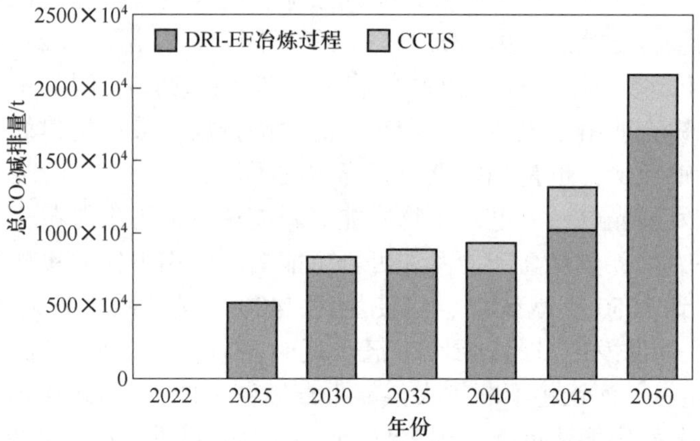

图 9　2022—2050 年河钢集团低碳技术变革带来的减排量

3.6　产业耦合降碳

产业耦合降碳是指充分利用副产煤气、冶金渣、余热等钢厂副产资源和废塑料、城市中水等城市废弃资源，发展循环经济，减少钢铁企业的煤炭、新水等资源、能源的消耗，实现与石化、化工、建材、社会等多产业耦合降碳。中国工程院院士李卫表示，冶金渣含有制备水泥混凝土等需要的成分，如能实现冶金渣与水泥等领域的跨行业协同利用，必将减少天然矿石资源巨大浪费和二氧化碳排放。2021 年全国粗钢产量约 10.33 亿吨，同时产生约 3.3 亿吨水渣。研究表明，1 t 水渣的固废用于生产可代替水泥熟料的新型胶凝材料，可实现减排碳 0.86 t[20]。仿地幔熔铁浴技术可利用钢铁生产过程中的熔铁浴将城市有机废物转化为以 CO 和 H_2 为主要成分的合成气体，合成气体再用于钢铁生产，从而降低钢铁生产过程中化石能源的消耗。

河钢产业耦合降碳方面主要开展以下三方面工作。一是在下属的矿山企业进行森林碳汇的生态建设，与森林资源丰富的地区共同开发碳汇系列产品，同时积极参与雄安新区“千年秀林”项目，为未来实现碳中和储备碳汇资源，预计到 2030 年开发森林碳汇达 24 万吨，到 2050 年开发碳汇资源达 100 万吨。二是河钢将通过与建材行业构建产业链接，开展冶金渣资源化利用研究。预计 2030 年河钢产生的冶金渣带来的减碳将达到 900 万吨，该部分减碳量若按水泥及钢铁行业均分，则河钢将可减少约 450 万吨每年的 CO_2 排放；但由于长流程比例降低，高炉渣及转炉渣产生量也将减少，到 2050 年由冶金渣资源化利用带来的减碳量降低至约 200 万吨。三是河钢将采用仿地幔熔铁浴处理有机固废，实现钢厂与城市共融，预计到 2030 年通过熔铁浴技术具备协同降碳能力 50 万吨；预计到 2050 年协同降碳能力达到 158 万吨。经过模型测算，在河钢双碳实施过程中，产业耦合降碳带来的减排量如图 10 所示。

在河钢低碳绿色发展进程中，六条降碳技术路径持续发挥减碳效应，对在这期间各技术路径累计减排量进行分析，结果表明，铁素资源优化的累计减排量占 13%，流程优化重构的累计减排量占 18%，系统能效提升的累计减排量占 34%，用能结构优化的累计减排量

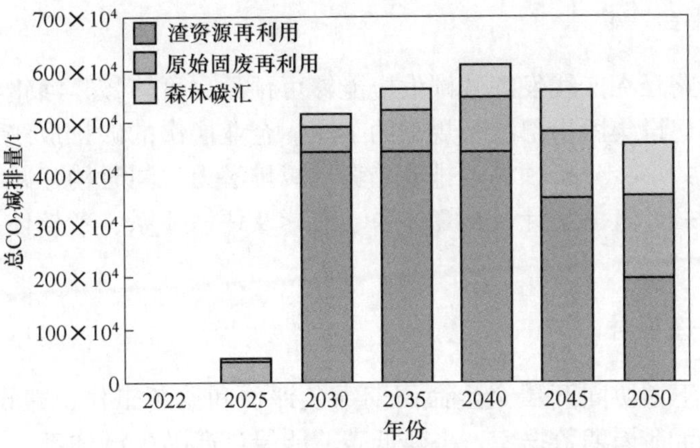

图 10 2022—2050 年河钢集团产业耦合降碳带来的减排量

占 11%，低碳技术变革的累计减排量占 17%，产业耦合降碳的累计减排量占 7%，而这六条降碳路径将能给河钢带来相较峰值 90%以上的降碳量。综合上述技术方案及措施，形成了集团面向碳中和的低碳发展技术路线图，如图 11 所示。

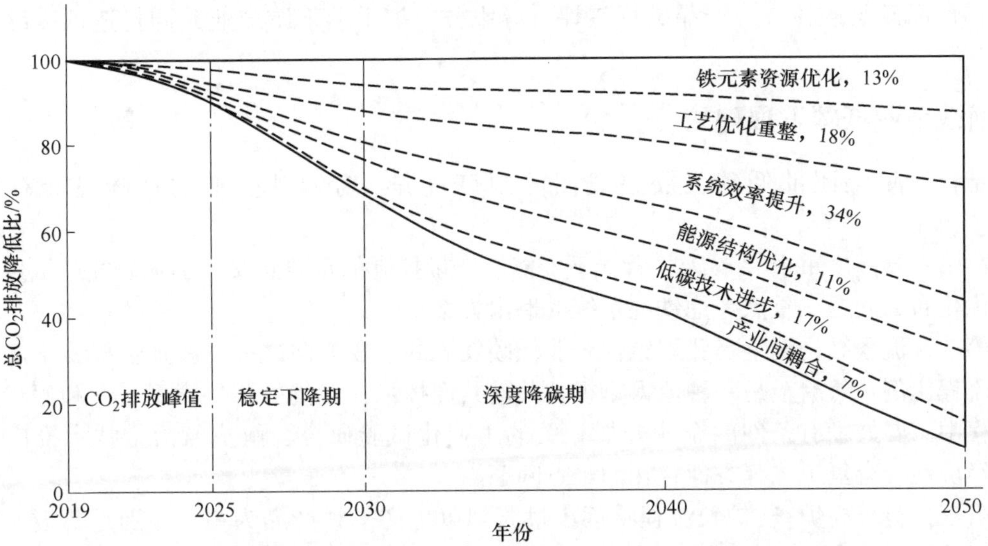

图 11 河钢集团低碳发展技术路线图

河钢集团坚决落实低碳发展技术路线，已经高质量建成河钢唐钢新区[21,22]，打造了绿色化、智能化、品牌化的新一代流程钢厂；高标准建成河钢石钢新基地，打造了新一代绿色低碳全废钢-电炉短流程钢厂；积极推进张宣科技基地建设，打造氢冶金示范和高端装备核心零部件制造基地。预计 2050 年河钢粗钢产量减少至峰值的75%，氢冶金规模将达到 1300 万吨，全废钢及氢冶金电炉短流程比例将超过 60%，长流程废钢比将超过 30%。河钢降碳路径包含的具体措施近百项，如果各项措施都采用并落实到位，到 2050 年仍有碳排放总量的 8%需要进一步加大先进降碳技术的应用力度和参与碳交易等措施才能实现碳中和。

3.7 碳数据管理平台

为了确保技术路径在产线发挥减碳效应能够可预见、可管控，河钢将要建设统一的碳数据管理平台。将建设集团内部统一规范的工序、企业层次的碳排放统计核算体系，实现数据的实时上传与共享，分析预测碳排放趋势及减排潜力。同时构建减污降碳协同治理的工作机制，以及数据计量、统计及核算体系、对标及评估体系、考核体系等，为进入全国统一碳市场做准备。

3.8 产品 LCA 管理平台

河钢还将与上下游协同开展全生命周期绿色评价和诊断工作，建设产品 LCA 管理平台，完善钢铁产品生命周期数据库，搭建低碳节能绿色产品生产体系，开展钢铁绿色产品设计，协同上下游构建碳中和钢铁产品产业链。引导下游行业绿色消费，形成全社会使用绿色钢铁产品的和谐氛围。

未来，河钢将在两大管理平台的基础上增加碳监测和碳交易板块，建设 WisCarbon 碳中和数字化公共服务平台，以数字化助力钢铁行业实现低碳绿色发展，实现精准降碳，利用 WisCarbon 平台打造“碳标签”认证样板，建立钢铁行业碳标签标准化体系，为企业提供产品碳足迹核查、产品碳标签评价等服务，携手上下游产业共同打造低碳绿色生态圈。

4 钢铁企业低碳发展建议

结合河钢集团的低碳发展路线图的制订过程，对钢铁企业的低碳发展有如下建议[23-26]。

第一，要高度重视“双碳”背景下产能、产量控制的重要意义，加强研究产量达峰后产能优化布局问题，重点考虑铁前系统的退出方案。

第二，流程结构调整是我国钢铁企业低碳发展的主攻方向之一，要加快提升全废钢电炉短流程比例；氢冶金是一种值得重视的关键共性技术，但仍处于探索、开发和逐步成熟的过程中，要鼓励有条件的企业开展相关的工业化试验研究，解决氢冶金技术推广在氢源、经济性、全氢工艺等方面存在的难点问题。

第三，对于高炉-转炉长流程将逐步过渡到以生产平材产品为主，特别是薄板、中厚板等高端板材的大批量产品。以全废钢电炉流程生产建筑用长材来逐步替代以中、小高炉-转炉流程生产螺纹钢、线材等大宗产品，则高炉-转炉长流程将会获得更多优质的原燃料，实现“精料入炉”，这也将进一步促进高炉-转炉长流程的脱碳化发展。

第四，从全生命周期角度来看，钢铁是一种低能耗、低排放甚至是排放最低的材料，要以科技进步、工艺升级推进钢铁材料创新，深入挖掘钢铁材料独有的高循环利用优势，携手上下游行业打造低碳绿色产业协同生态圈。

第五，面对即将到来的全国碳市场交易及碳关税，各钢铁企业需要及时开展企业碳核算体系建设、产品碳足迹研究等相关工作，以数字化、智能化提升碳排放数据控制质量，实现精准降碳。

第六，各钢铁企业要采取科学的方法制定“碳达峰、碳中和”或低碳发展的“行动方案”和“路线图”，并且还要根据企业内外部环境的变化适时调整低碳技术路线图。

参考文献

[1] World Steel Association. Climate change and the production of iron and steel [R/OL]. https://worldsteel.org/publications/policy-papers/climate-change-and-the-production-of-iron-and-steel/.

[2] ArcelorMittal. Climate Action Reports (2019) [R/OL]. https://corporate.arcelormittal.com/sustainability/climate-action-reports.

[3] Nippon Steel Corporation. Nippon Steel Sustainability Report 2020 [R/OL]. https://www.nipponsteel.com/common/secure/en/csr/report/nsc/pdf/report2020.pdf.

[4] POSCO. POSCO's dialogue for climate action—Building a better future together with sustainable steel [R/OL]. http://corporatecitizenship.posco.com/citizen/resources/file/report/eng/2020_POSCO_CLIMATE_ACTION_REPORT.pdf.

[5] 崔志峰，徐安军，上官方钦. 国内外钢铁行业低碳发展策略分析 [J]. 工程科学学报，2022，44 (9)：1496.

[6] 上官方钦，郦秀萍，周继程，等. 中国废钢资源发展战略研究 [J]. 钢铁，2020，55 (6)：8.

[7] 上官方钦，殷瑞钰，李煜，等. 论中国发展全废钢电炉流程的战略意义 [J]. 钢铁，2021，56 (8)：86.

[8] 姚同路，吴伟，杨勇，等. “双碳”目标下中国钢铁工业的低碳发展分析 [J]. 钢铁研究学报，2022，34 (6)：505.

[9] 上官方钦，刘正东，殷瑞钰. 钢铁行业“碳达峰”“碳中和”实施路径研究 [J]. 中国冶金，2021，31 (9)：15.

[10] 邢奕，崔永康，田京雷，等. 钢铁行业低碳技术应用现状与展望 [J]. 工程科学学报，2022，44 (4)：801.

[11] 王新东，胡启晨，张晓冬. 发挥铁前系统潜力 赶超行业先进水平 [J]. 河北冶金，2022 (7)：1.

[12] 王新东，田京雷，宋程远. 大型钢铁企业绿色制造创新实践与展望 [J]. 钢铁，2018，53 (2)：1.

[13] 王新东，李建新，胡启晨. 基于高炉炉料结构优化的源头减排技术及应用 [J]. 钢铁，2019，54 (12)：104.

[14] 王新东，金永龙. 高炉使用高比例球团的战略思考与球团生产的试验研究 [J]. 钢铁，2021，56 (5)：7.

[15] 周继程，上官方钦，丁毅，等. 钢铁制造流程“界面”技术与界面能量损失分析 [J]. 钢铁，2020，55 (12)：99.

[16] 杨建平，张江山，刘青. 炼钢-连铸区段3种典型工序界面技术研究进展 [J]. 工程科学学报，2020，42 (12)：1542.

[17] 何坤，王立. 中国钢铁工业生产能耗的发展与现状 [J]. 中国冶金，2021，31 (9)：26.

[18] 张琦，蔡九菊. 钢铁制造流程系统节能与能效提升 [J]. 钢铁，2021，56 (8)：32.

[19] 薛英岚，张静，刘宇，等. “双碳”目标下钢铁行业控煤降碳路线图. 环境科学，2022，43 (10)：4392.

[20] 鹿娟，范捷. 提升冶金渣综合利用水平，促进跨行业协同减碳 [N]. 中国企业报，2022-03-08.

[21] 王新东，张弛，孙宇佳，等. 河钢唐钢新区绿色制造技术应用实践 [J]. 环境工程，2022，40 (7)：179.

[22] 王新东. 河钢新发展阶段技术升级的路径与措施 [J]. 河北冶金，2022 (1)：1.

［23］李新创，李冰．全球温控目标下中国钢铁工业低碳转型路径［J］. 钢铁，2019，54（8）：224.

［24］汪旭颖，李冰，吕晨，等．中国钢铁行业二氧化碳排放达峰路径研究［J］. 环境科学研究，2022，35（2）：339.

［25］邵远敬，徐蕾，刘校平，等．中国钢铁生产“碳中和”解决方案探讨［J］. 中国冶金，2022，32（4）：1.

［26］程茉莉．钢铁企业二氧化碳减排路径分析及展望［J］. 冶金经济与管理，2022（4）：18.

河钢唐钢新区品牌化工厂的设计与建设①

王新东[1]，杨晓江[2]，张 倩[1]

（1. 河钢集团有限公司，河北 石家庄 050023；
2. 河钢集团唐钢公司，河北 唐山 063100）

摘 要：河钢坚决贯彻落实创新发展理念，依照打造“品牌化”工厂的高端定位，运用最新的钢厂动态精准设计、集成理论和流程界面技术，采用230余项前沿新工艺、130多项钢铁绿色制造技术和现代化大型化的装备，全面建设了河钢唐钢新区。从河钢唐钢新区品牌化的建设理念与高端产品定位、先进装备与特色工艺技术等方面，论述了项目建设的智能化、绿色化及高效化。同时，也从一贯制质量管控、科技创新、产销研协同及国际化合作方面，全面介绍了河钢唐钢新区以“品牌化”建设为目标，打造钢铁工业技术高地、创新高地、产品高地典范的愿景及举措。

关键词：品牌化；产品定位；装备与工艺技术；管理和研发体系；国际合作

0 引言

河钢唐钢新区作为河钢集团贯彻落实国家供给侧结构性改革和河北省委省政府钢铁产业区位结构调整和转型升级布局的首个项目，按照“品牌化”行业未来工厂的建设定位，在铁钢轧全流程应用230多项世界钢铁行业前沿且稳定的工艺技术和130多项钢铁绿色制造技术，集合并形成具有现代化工装和制造能力的高品质钢铁生产流程。河钢唐钢新区力图打造中国北方最重要的高端金属材料制造基地之一，形成中国乃至世界钢铁工业先进水平的技术高地、创新高地、产品高地[1-5]。

1 品牌化建设理念与高端产品定位

1.1 品牌化建设理念

品牌是最重要的无形资产，是企业综合竞争软实力的体现。河钢唐钢新区项目牢牢把握供给侧结构性改革等重大战略机遇，以市场为导向，坚持围绕“以客户结构调整推动产品升级”这一中心，依托装备工艺与制造流程的智能化、高效化与绿色化，全面推进产品质量的提升，塑造市场和客户信赖的产品品牌。以推动高端产品品牌化建设为支点，实现河钢唐钢新区的全面高质量发展。

品牌化建设离不开企业管理的创新，强调全过程（涉及理念、决策、规划、设计、运行、销售、服务等一系列过程）一贯制质量管理，推进科技创新研发体系建设，全面落实

① 原文发表于《河北冶金》，2021（9）。

研产销协同，助推河钢集团品牌化建设，将河钢唐钢新区打造成为环保绿色化、工艺前沿化、产线智能化、流程高效化、产品高端化的世界级现代化沿海钢铁梦工厂。

1.2 高端产品定位

河钢唐钢新区定位于高端及高品质的热轧卷、酸洗冷轧深加工、优特钢长材等 3 大系列的产品，高起点发展汽车、工程机械、交通、制造等行业用钢，着力扩大高品质、高技术含量产品的比例。具备汽车板、管线钢、耐候钢、轴承钢、弹簧钢等 15 类高端特色产品，形成河钢的品牌效应。

（1）热轧产品。热轧产品定位于高级别能源储运用钢、高强耐候耐蚀钢、高强汽车结构钢、高强工程机械结构用钢、船舶及海洋工程用钢等。以超快冷与强力卷取机的配合，使管线钢生产能力可以达到 25.4 mm 厚度规格，X100 强度级别，同时实现全系列、多用途管线钢生产，且达到同类产线的最高水平；耐候钢集装箱板具备生产屈服强度 700 MPa 级别产品的能力，配以保温罩加热卷箱的设计，可以制造厚度更薄、性能更好的行业领先产品；汽车大梁钢牌号可覆盖从 450L～1000L，车轮钢牌号可覆盖 380CL～800CL、冷成形高屈服钢/先进高强钢可覆盖细晶或多相强化系列牌号产品、酸洗汽车钢质量瞄准顶级汽车主机厂标准；非调质类工程机械用钢可以实现 Q690 级，达到行业先进水平。

（2）冷轧产品。依托在装备、技术、自动化、智能化等方面的优势，冷轧产品聚焦高端家电及汽车白车身用钢，重点生产高档次汽车宽幅面板、超高强钢、高品质镀层板（镀锌、镀铝硅、锌铝镁）等高附加值产品。宽幅汽车面板可达 1880 mm，主要产品包括用于汽车外覆盖件、深冲压件的，适应各类国际标准（国标、欧标、日标、美标等）及汽车厂标准（宝马、奔驰、大众、丰田、本田、日产、福特、路虎等）的 IF 钢、烘烤硬化钢、含磷高强钢等产品。同时，河钢唐钢新区将持续满足客户对于高强钢及超高强钢（以多相强化钢为代表）的需求，实现批量稳定供货。

（3）精品长材。精品长材定位细晶粒热轧钢筋、焊丝、焊线、特种焊丝、预应力钢丝、钢绞线、帘线钢、胎圈钢丝、冷锻钢、合金结构钢、轴承钢、弹簧钢、热轧矿用 U 型钢、热轧矿用工字钢、热轧轻轨、热轧角钢等产品。

（4）其他特色产品。在高端热浸镀锌、锌铁合金、锌铝镁等产品的软钢系列上，具备完全适应客户要求的二涂工艺、双面 FD 表面级别的汽车面板生产能力。在高强钢系列上，实现冷轧退火产品强度最高达 1500 MPa，热成形产品淬火强度最高达 2000 MPa。热基镀锌产品系列上，聚焦高端汽车的底盘以及大型卡车货车上广泛应用，最大厚度可达 6.0 mm，抗拉强度可达 900 MPa。

2 先进装备及特色工艺技术

河钢唐钢新区集成冶金行业近年技术研发成果，在原料、焦化、烧结、球团、高炉、转炉、轧钢、环保、公辅等全工序全流程中，采用 230 余项前沿新工艺及 130 多项钢铁绿色制造技术，建设大型化、现代化、智能化装备“2-2”。工程包括智能化料场、4 × 7 m 焦炉、2 × 360 m^2 烧结机、2 × 760 m^2 带式球团焙烧机、3 座 2922 m^3 高炉、2 座 200 t 转炉、3 座 100 t 转炉、1 条 2050 mm 热轧带钢生产线、2 条精品棒材生产线、2 条高速线材生产线、1 条型钢生产线，冷轧配备了 2030 mm 宽幅酸连轧、连退、涂镀、厚规格酸洗等产线。

2020 年 9 月 17 日，炼铁 1 号高炉及一炼钢厂和热轧 2050 产线正式全流程投产。2021 年 3 月 5 日长材实现从炼钢到轧钢全流程投产。2021 年 4 月 9 日，3 号高炉投产，标志着河钢唐钢新区工程的产线全部投产。

2.1 炼铁

炼铁工序创新集成了 40 余项国内外先进技术，采用高比例球团冶炼技术（球团比例达到 60%以上）、智能化原料场储运技术、顶进顶出高炉煤气布袋干法除尘技术、大型带式焙烧机绿色化、智能化球团装备集成技术、烧结烟气循环技术等先进技术，全面符合“长寿、高效、低耗、清洁、智能”的设计理念。

（1）原料区域建设了 1 座智能化料场，提升了原料的吞吐贮存能力。整个料场在智能排程的基础上，实现大机智能控制、智能配料、智能堆取，流程及路径最优，实现了全球首座数字化、智能化、无人化的智能料场，赋予了原料场经济、环保、智能、高效等诸多优势，达到了国际领先水平。河钢唐钢新区智能化料场如图 1 所示。

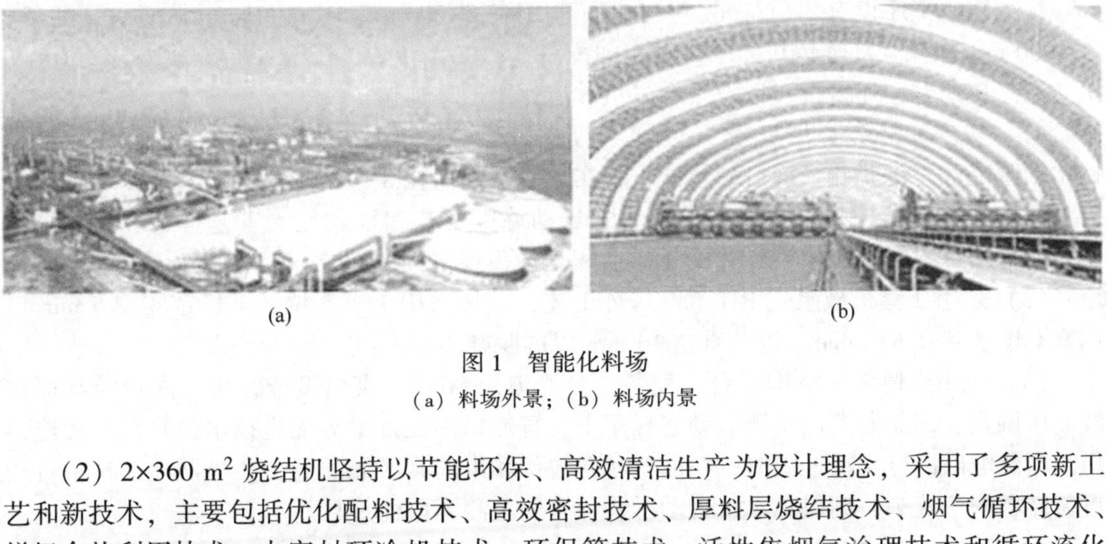

(a) (b)

图 1　智能化料场

（a）料场外景；（b）料场内景

（2）$2\times360\ m^2$ 烧结机坚持以节能环保、高效清洁生产为设计理念，采用了多项新工艺和新技术，主要包括优化配料技术、高效密封技术、厚料层烧结技术、烟气循环技术、梯级余热利用技术、水密封环冷机技术、环保筛技术、活性焦烟气治理技术和循环流化床+SCR 脱硝处理技术等，特别是烧结烟气循环技术的投用，使烧结机烟气减排量达 30%以上，烧结机产量提高 3%以上，烧结工序整体燃耗降低 6%以上，既做到了源头减排，又做到了减少投资和运行费用，还提高了产量。

（3）球团区域建设有 2 条 760 m^2 带式球团焙烧机生产线。采用智能化控制技术，设计产能为 960 万吨/年，可实现酸性球团、碱性球团等不同品种球团生产需求，满足高炉 60%以上入炉球团比例。该产线完全是国内自主设计、自主制造、自主建设的最大的带式球团焙烧机，该工艺对于钢铁行业从源头减排上是最好的示范。

（4）炼铁建设了 3 座 2922 m^3 高炉，如图 2 所示。采用了最先进的工艺技术及装备，如高比例球团冶炼技术、炉体综合长寿技术、高风温热风炉技术、干式布袋除尘技术、炉顶煤气余压发电技术、高炉全方位检测技术、密封料仓及环保型导料槽技术、炉顶均压煤气全回收技术等。特别是高比例球团冶炼技术，高炉炉料结构可实现 60%以上球团入炉，使综合燃料比在 500 kg/t 以下，焦比降低 4%，同时大幅减少污染物排放，符合国家节能减排和环保政策的要求，也是河钢落实绿色低碳发展理念的重要方向。

图 2　2922 m³ 高比例球团冶炼高炉装备

2.2　炼钢

炼钢连铸工序设有 2 个车间，一炼钢车间配备 2×200 t 转炉，1 ×200 t 脱磷炉，配套 2 台 1900 mm 双流板坯连铸机。二炼钢车间配备 3×100 t 转炉，配套 2 台 6 机 6 流、1 台 7 机 7 流高拉速方坯连铸机，以及 1 台 6 机 6 流方矩形坯连铸机。

（1）实现炼钢铁水供应“一包到底”工艺，配备高效模型化 KR 脱硫工装，实现全量铁水预脱硫和一键脱硫。深脱硫模式下可实现脱硫剂消耗 8 kg/t，终点硫含量 0. 002%。

（2）配备副枪、烟气双模型的一键式自动炼钢工艺和顶底复吹工艺。实现不倒炉出钢，缩短冶炼-周期 15%，实现 IF 钢碳氧积全炉役稳定控制在 0. 0018 以下。

（3）采用 2 套机械泵式 RH 真空精炼工艺，布局采用 3 车 5 位，可稳定实现 5 min 以内真空度达到 0. 67 mbar，以及真空 10 min 以内脱碳 20 ppm 以下。

（4）应用连铸无人浇钢平台，配备 2 台双流 1900 mm 直弧型连铸机，配置结晶器在线液压调宽、结晶器液位检测、动态轻压下、智能扇形段技术等先进技术，并在 1 台连铸机上预留电磁搅拌功能。同时，在回转台受包位和中间罐区域配置智能机器人，具备自动拆装介质快速接头、钢包长水口自动拆装、中间包测温取样等功能。

2.3　热轧

2050 mm 热轧生产线，由德国 SMS 公司设备总承、日本 TMEIC 公司配套自动化控制系统，代表了热轧产线的最高技术水平。

布置 4 座步进式加热炉（其中 1 座预留），每座加热炉生产能力为 330 t/h。采用双蓄热式步进炉加热，铸坯尺寸 230 mm×1900 mm ×11000 mm，适合厚板坯常规轧制。加热能力高，生产灵活，温度均匀。

热轧区域采用了定宽机、立幅等宽度控制设备，全线配置了 4 台测宽仪、1 台厚度仪、1 台多功能仪，更好地实现了厚度、宽度的自动闭环控制，还采用了新型除鳞系统和 1 套表面检测系统，保证了产品拥有高表面质量。

粗轧一采用二辑可逆式，轧制力：max 35000 kN，轧辐尺寸：1350/1200 mm × 2050 mm；粗轧二采用四辐可逆式，轧制力：max 55000 kN，开口度：max 330 mm。

E_2 立辑轧机用于侧边轧制，板坯经侧边轧制后，可以防止轧件边缘产生鼓形和裂边，并能调节带材的宽度规格，获得宽度均匀、边缘整齐的带材，因而可降低金属消耗系数。轧制力：max 5000 kN，减宽量：max 50 mm，轧机开口度：800~2050 mm。

精轧机机组由 7 架 4 辐精轧机组成，串列式布置。精轧机配备工作程窜转和工作辐弯辐，用于带钢板形和平直度控制。F_1~F_4：850/750 mm×2350 mm；F_5~F_7：690/600 mm × 2350 mm；轧制力 F_1~F_4：max 52000 kN；F_5~F_7：max 40000 kN。

采用新型超快冷及加密层流冷却技术，以不同的冷却路径实现最佳的带钢产品性能和冷却效果。带钢层流冷却前四组集管为超快冷，层冷上集管边部遮蔽功能。加强冷却+层冷，其中冷却宽度 2050 mm；冷却段长度 108. 7 m；冷却段分 20 组粗调段（含加强段）+ 2 组精调段。

2.4 冷轧

冷轧系统设置推拉式酸洗机组、酸洗轧机联合机组、连续退火机组、电镀锌机组、连续热镀锌机组、重卷拉矫机组、重卷检查机组、半自动包装机组等主要生产机组。特别是与 POSCO 合资建设的世界一流连续热镀锌线是中国单体规模最大的高端汽车面板生产基地。产线大量应用国内外先进的生产技术，致力于为全球客户提供以低碳、高强、轻量化为主要特点的绿色用钢材料解决方案。

（1）推拉式酸洗机组。采用盐酸浅槽紊流酸洗技术，提高酸洗质量，减少酸耗。采用在线四辑平整机，保证平整后带钢板形及机械性能优良。采用先进的双塔式自动切边剪，剪切精度高，提高了成材率，并为提高较软的 IF 钢切边质量，设置去毛刺装置。

（2）酸洗轧机联合机组。采用盐酸浅槽紊流酸洗工艺及高张力拉伸破鳞机。缩短酸洗时间，提高酸洗效率，降低酸耗。轧机采用五机架六辐串列式轧机，满足 IF 钢大压下量的要求，适于生产高质量的汽车板。卷取机采用 Carrousel 卷取机，具有生产效率高，设备布置紧凑，是目前世界上最先进的带钢卷取设备。

（3）热基热镀锌机组。退火炉采用卧式炉，无氧化明火直接加热。采用循环喷射式冷却技术，能满足双相钢等高强钢的冷却速度要求：炉鼻子浸入锌液部分采用耐锌液腐蚀的陶瓷喷涂材料，以提高设备寿命。锌锅采用熔沟式感应加热陶瓷锌锅，锌锅带有锌液温度控制和锌锅液面探测系统，可根据液位信号向锌锅自动喂入锌锭。

（4）连续退火机组。清洗段的碱洗、电解清洗、热水漂洗采用立式槽，刷洗采用卧式槽。减少设备长度。采用立式燃煤气辐射管加热连续退火炉。在带钢入口处设预热段，利用加热段烟气余热加热带钢，可降低能耗；为了满足特殊 HSS 钢种需求，快冷段采用保护气强力喷吹的超快冷技术。选用单机架六辐平整机，湿平整工艺。配有工作辑和中间辐弯辑、中间辐轴向窜动，保证平整后带钢板型及机械性能优良。

（5）冷基热镀锌机组。热镀锌机组采用美钢联法，这种工艺具有在线退火功能，同时具有效率高、产品质量好、生产成本低、设备操作维护比较简便等特点。该工艺采用全辐射管加热，同时配备电解清洗；适用于高档汽车板产品生产。退火炉均采用立式炉，能获得更好的板形，减少炉子维修工作量，提高机组生产技术经济指标。

2.5 长材

长材系统设有 2 条高速线材生产线、2 条棒材生产线（1 条普通棒材生产线、1 条高速棒材生产线）、1 条中型生产线。

（1）高拉速-直轧工艺。棒材和高线 4 条产线均采用先进的高拉速-直轧工艺，应用高温出坯、高效辐道传输与保温控制、免加热直轧和炼钢与轧钢高效协同界面控制等技术。连铸工序 165 mm^2 断面六机六流连铸机达到 4.0 m/min 以上稳定拉速，轧制工序充分利用连铸冶金热能，取消加热工序，大量节约能源消耗，降低坯料烧损，减少废气排放，达到高效率、低能耗轧制目的，工艺技术均处于国内领先水平。

（2）高速棒材技术生产高精度小规格螺纹钢筋。粗轧机组、中轧机组及预精轧机组应用二辊高刚度短应力线轧机，精轧 A/B 机组均应用单线高速顶交轧机，代表规格直径 12 mm钢筋成品出口速度达到 42 m/s。与传统多线切分工艺相比，产品尺寸精度高，成材率、负差率等关键技经指标稳定。

（3）螺纹钢负偏差测量技术。轧线设置测径仪连续测量螺纹钢尺寸，对提高产品尺寸精度，控制螺纹钢负偏差率具有重要意义。

（4）BD+万能轧制技术。中型生产线采用 BD1+BD2+7 架万能精轧的轧机配置（另预留 2 架精轧机），可实现多种生产模式灵活切换，同时保留轧线脱头轧制的可能性，为部分特殊产品生产创造有利条件。

（5）长尺精整技术。中型生产线采用长尺冷却、长尺矫直工艺，减少了矫直盲区，确保钢材表面质量及内部质量，提高平直度及成材率，降本增效，增强企业竞争力。

3 严格质量管理和创新研发体系

3.1 一贯制质量管理体系保证

河钢唐钢新区依托“中国制造 2025”指导方向，基于钢铁流程是物质流在能量流驱动下，按照设定，程序沿着特定流程网络动态有序运行的本质特征，将信息化系统与物理系统融合起来设计，构建一种强化流程协同、多目标优化和各层级互联互通的五级智能制造一体化系统，打造国内钢铁企业智能制造的标杆。系统功能架构如图 3 所示。

河钢唐钢新区坚持产品质量过程受控管理，全员践行“严谨、受控和无缺陷出厂”的质量方针，以“岗位作业标准化”为主线，不断深化工艺控制，抓过程、理结果；持续推进产线现场的标准化作业和体系各项要求的落地，以更高的质量意识带动质量标准再提升，针对质量问题，以体系的视角和方法分析解决问题；持续提升信息化系统功能的开发，以及快速有序推进产线工艺质量防错能力。建立全流程过程质量预报预警，对异常情况进行实时报警，对于重要的过程关键参数利用多维度过程能力分析，发现过程控制的“短板”，并对其加以科学地改进，保证用户要求能持续满足。

3.2 科技创新研发体系建设

河钢唐钢新区科技创新以坚持绿色发展与高质量技术研发为宗旨，依托河钢集团全球研发平台，形成了以河钢唐钢国家级企业技术中心、河北省重点实验室（工程技术中心）、

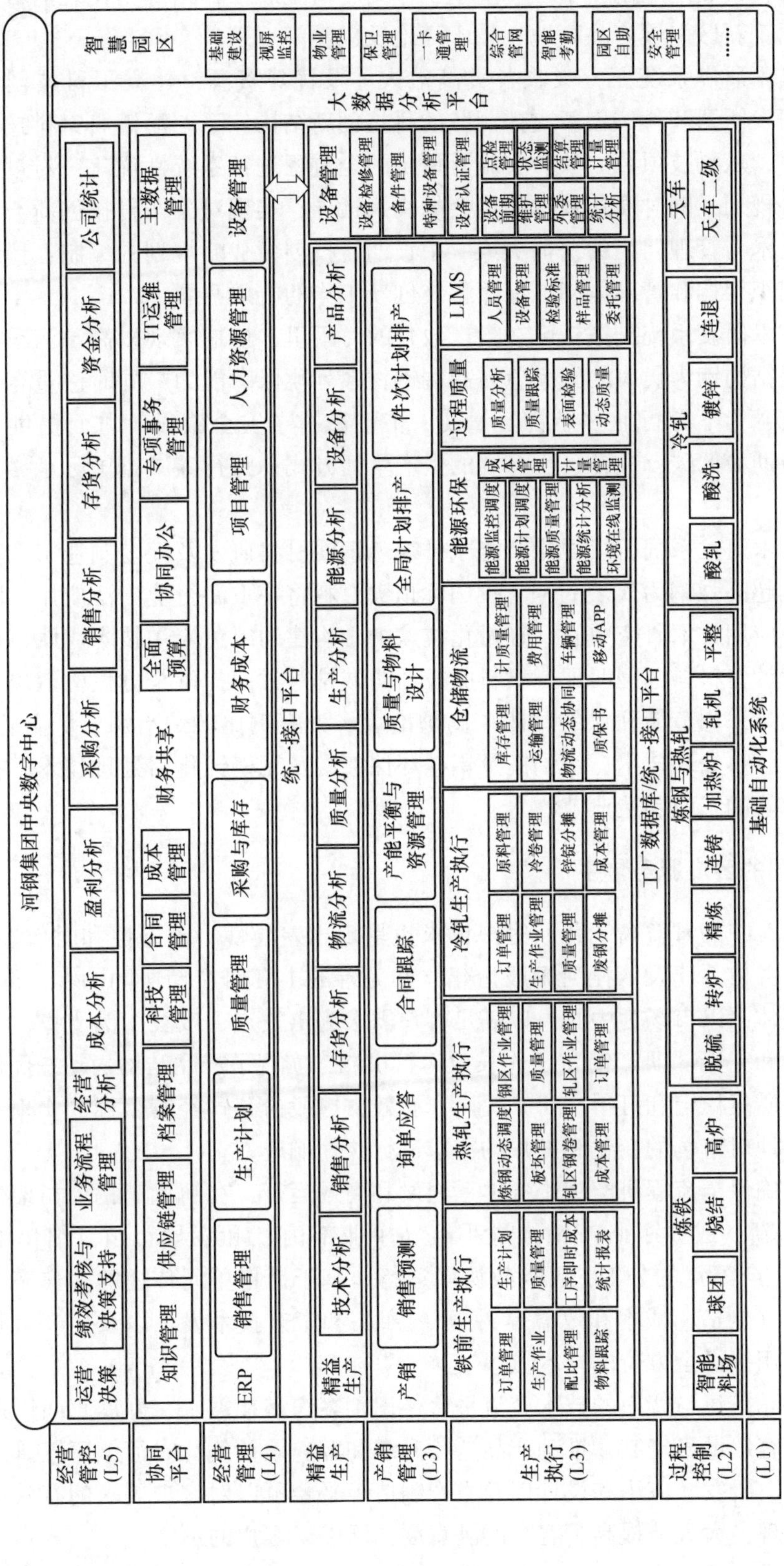

图3 智能制造一体化系统功能架构

河北省高品质结构钢制造业创新中心、院士工作站、博士后工作站等为代表的科技创新平台，推动河钢唐钢新区引领产品高地、技术高地及创新高地。

河钢唐钢技术研发系统充分吸收各类高端人才及优势资源，建立了科技创新管理团队、科技创新研发团队和科技创新支撑团队的科技创新结构体系。河钢唐钢科技创新以科技项目制为抓手，从科技项目立项、实施、评价的全过程进行系统性优化，对过程中衍生的科技成果合理规划，同时强化技术委员会的决策指导，实现对公司科技创新与管理工作的指导、重大技术与管理问题的评估决策、中长期科技创新战略规划的编制，持续完善系统化科技创新组织架构和管理体制，保障科技创新工作的有效开展。

河钢唐钢技术研发系统支撑新区在投产数月的时间里，快速实现以高端汽车板、家电板、高品质工程结构钢为代表的国家急需高端钢材系列化保障能力，同时注重客户端低碳应用技术的研究，为下游行业在结构轻量化、节能减排、安全服役等方面提供了强力支撑，以绿色材料助力低碳、循环、可持续的生产生活方式，践行碳减排国际承诺，引领国际低碳潮流。

河钢唐钢技术研发系统持续强化节能减排绿色钢铁材料研发及配套制造工艺开发，以低碳当量 2 GPa 超高强钢为代表的一大批国际顶尖材料将在下游行业广泛应用，同时技术中心成立以用户应用技术研究中心、轻量化技术中心构建的绿色应用技术团队，对绿色钢材的结构减重设计，材料选型匹配，材料服役结构减排等方面提供全方位的解决方案。在制造流程上，大量采用节能环保的球团矿高炉冶炼、大废钢比转炉冶炼、低温轧制技术、余热能源回收连续热处理技术、锌铝镁及铝硅环保镀层及无格钝化后处理技术，打造国家钢铁工业低碳节能的工业制造典范。

3.3　研产销协同的客户服务体系

伴随产品和客户的日益高端化，客户诉求也呈现出差异性、动态性和时效性等特点，河钢唐钢客户服务体系建设依托河钢股份建立并完善的 1 套研产销协同的客户服务体系，如图 4 所示。该体系以市场为中心，以满足客户需求为出发点，以技术为支撑，以效益为目标，通过建立和完善“研产销”工作长效运行机制，实现了产品结构的动态优化、产品效益提升、产品质量稳定和订单交付率提高，有效支撑股份公司经营目标的实现，在实际运行中能够及时地对市场的变化和客户的需求进行快速响应。

同时，为了确保全流程研产销服务体系建设和高效运行，在河钢唐钢公司架构设计上进行了优化和创新，成立了研产销推进小组（事业部内）和领导小组，细化了各部门（技术、质量和生产等）的分工，且高效协同运行。基于销售单元传递的客户需求，在完成可行性分析后（制造、成本和效益等），开展产品和工艺技术设计以及生产试制等，并为后续的产品应用提供全方位的技术支撑。

通过营销单元搭建与客户的技术交流平台，识别客户潜在需求，开展直面用户的前瞻性产品研发，为客户量身定制，推动产品迭代升级和客户效益优化。河钢唐钢研产销服务体系构建的交流、研发、应用和设计以及生产制造等平台可以对客户需求的有效识别、快速反馈和高效实现，大大地提高了客户的满意度，增强了客户的黏度。

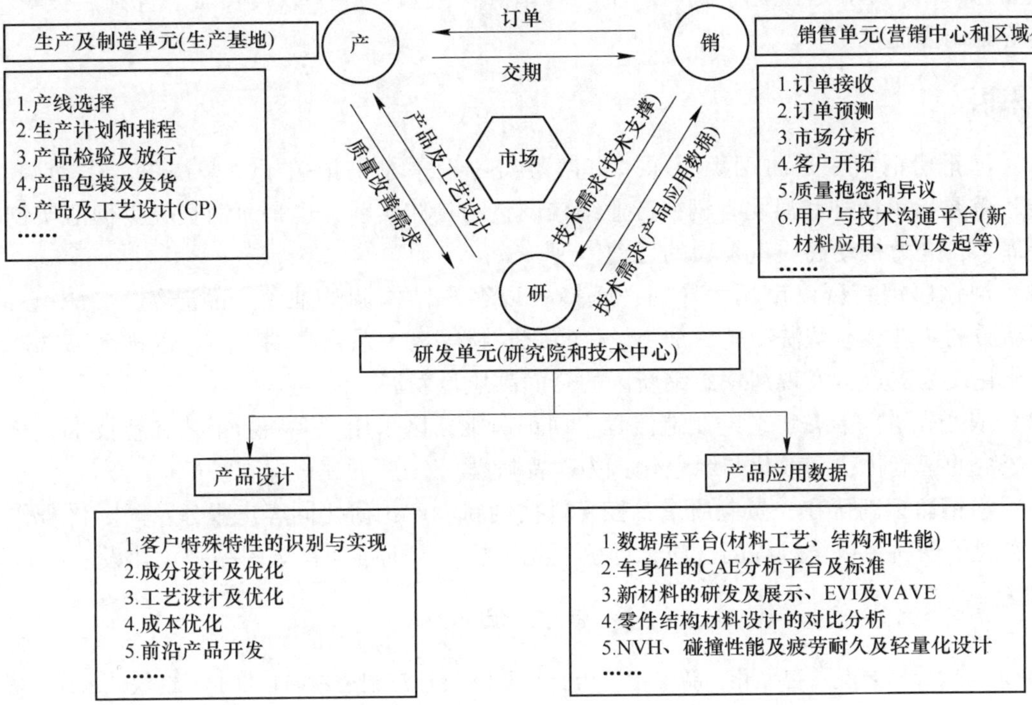

图 4　河钢唐钢研产销服务体系流程及内涵

4　与浦项合资建设汽车板项目

2021 年 6 月 25 日，河钢集团与韩国 POSCO 举行“河钢 POSCO 汽车板合资项目”签约仪式，正式落地实施年产 135 万吨的高端汽车面板项目。双方将抓住中国汽车消费结构升级的市场机遇，瞄准高端市场，以河钢唐钢新区冷轧项目为基础，新设立一家主要生产经营高强汽车板和高级别汽车面板的有限责任公司。通过项目的务实合作，深化双方全面合作伙伴关系，增强业务竞争力和战略协同效应。下一步，根据双方签署的 MOU 框架，发挥各自在技术、资源等方面的优势，以合资公司为载体，加强业务协同，共同进入高档汽车板市场。

河钢浦项强强联手共同开发高端汽车板，该合资项目是落实河北省钢铁产业转型升级结构调整和国有企业改革三年行动方案，引进战略投资者实施混合所有制改革的重大项目，是 POSCO 在中国单笔投资额最大的生产制造项目，也是近年来河北省和中国钢铁行业单体投资最大的外商合资项目。

项目新建 2 条世界一流的连续热镀锌线，设计产能 90 万吨/年，同时将广东浦项已有的 45 万吨/年的连续热镀锌线纳入合资范围。将拥有 3 条代表世界先进水平的连续热镀锌生产线，设计产能达到 135 万吨/年，成为中国单体规模最大的高端汽车面板供应商之一。合资公司的产品以高档次汽车面板为主、兼顾高等级高强钢和家电板，定位于为高端品牌汽车、新能源汽车提供以低碳、高强、轻量化为主要特点的绿色用钢材料解决方案。目标客户主要为丰田、本田、通用、福特、宝马等国际一线汽车厂，以及长城、吉利、长安、比亚迪等国内主流汽车厂。

5 结束语

（1）河钢唐钢新区是河钢集团深入贯彻落实习近平总书记关于“坚决去、主动调、加快转”重要指示精神和河北省钢铁产业结构调整的具体实践，也是河钢坚决贯彻落实创新发展理念，全力推动高质量发展的行动体现。

（2）河钢唐钢新区以市场为导向，坚持“以客户结构调整推动产品升级”为中心，定位高品质的热轧卷、酸洗冷轧深加工、优特钢长材等3大系列高端产品，以推动高端产品品牌化建设为支点，实现河钢唐钢新区的全面高质量发展。

（3）依托先进的装备工艺与制造流程，河钢唐钢新区采用了多项新工艺和新技术，全面推进产线的智能化、高效化与绿色化，为“品牌化”工厂的建设保驾护航。

（4）河钢唐钢新区在一贯制质量管控、科技创新、产销研协同客户服务及国际化合作等方面实现了创新，以全过程的优质管理引领先进技术，助推河钢集团品牌化建设。

参考文献

[1] 王新东．以“绿色化、智能化、品牌化”为目标规划设计河钢唐钢新区［J］．钢铁，2021，56（2）：12-21.

[2] 殷瑞钮，张福明，张寿荣，等．钢铁冶金工程知识研究与展望［J］．工程研究，2019（5）：4380-4385.

[3] 张福明，李林，刘清梅．中国钢铁产业发展与展望［J］．冶金设备，2021（1）：1-6，29.

[4] 于勇，王新东．钢铁工业绿色工艺技术［M］．北京：冶金工业出版社，2017.

[5] 王新东，李建新，刘宏强，等．河钢创新技术的研发与实践［J］．河北冶金，2020（2）：1-12.

[6] 谢曼，干勇，王慧．面向2035的新材料强国战略研究［J］．中国工程科学，2020（5）：1-9.

[7] 殷瑞锦．“流”、流程网络与耗散结构——关于流程制造型制造流程物理系统的认识［J］．中国科学：技术科学，2018（2）：136-142.

[8] 殷瑞钮．关于智能化钢厂的讨论——从物理系统一侧出发讨论钢厂智能化［J］．钢铁，2017，52（6）：12.

[9] 李毅仁，李铁可．基于大数据的钢铁智能制造体系架构［J］．冶金自动化，2020（9）：1-8.

[10] 曹华军，李洪丞，曾丹．绿色制造研究现状及未来发展策略［J］．中国机械工程，2020（2）：135-137.

[11] 李鸿儒，封一丁，杨英华．钢铁生产智能制造顶层设计的探讨［C］．中国金属学会．第十一届中国钢铁年会论文集．北京：冶金工业出版社，2017：56-60.

[12] 王新东，田京雷，宋程远．大型钢铁企业绿色制造创新实践与展望［J］．钢铁，2018，53（2）：1-9.

[13] 于勇，王新东．钢铁工业绿色工艺技术［M］．北京：冶金工业出版社，2017.

[14] 王新东，常金宝，李杰，等．冶金流程工程学在小方坯直接轧制中的应用［J］．钢铁，2021，56（1）：113-119.

[15] 王晓磊，师学峰，胡长庆，等．高硅镁质熔剂性球团焙烧试验研究［J］．矿产综合利用，2020（4）：87-89.

[16] 李建新，王新东，李双江．河钢炼钢技术进步与展望［J］. 炼钢，2019（4）：1-7，52.
[17] 王新东，闫永军．智能制造助力钢铁行业技术进步［J］. 冶金自动化，2019（1）：1-5.
[18] 王新东，侯长江，田京雷．钢铁行业烟气多污染物协同控制技术应用实践［J］. 过程工程学报，2020（9）：997-1007.
[19] 侯长江，田京雷，王倩．臭氧氧化脱硝技术在烧结烟气中的应用［J］. 河北冶金，2019（3）：67-70.
[20] 白斌，王强，侯蕾，等．耐海洋环境腐蚀用中厚板的研发［J］. 河北冶金，2019（9）：15-19.

“融合协同”的绿色工程管理方法及应用①

王新东

（河钢集团有限公司，河北 石家庄 050023）

摘　要：绿色化、智能化已成为钢铁行业未来发展的共识，是中国钢铁行业引领世界钢铁行业的重要方向。针对“绿色化、智能化、品牌化”的新一代流程钢厂建设面临的全流程数字孪生、绿色技术集成、工程管理创新等诸多问题，河钢集团积极探索钢铁工程的绿色化、数字化转型路径，在工程实践中建立了全流程多要素“融合协同”的绿色工程管理方法。形成了钢铁工程数字虚拟工厂与现实工厂的协同、绿色技术与工程设计的协同、过程管控与全要素资源动态的协同、工程数字与模块建造的协同等“四个协同”的具体方法支撑。据此方法建成的唐钢新区，从设计、建设到交付的全过程遵循冶金流程工程学理论，按照“绿色化、智能化、品牌化”的建设目标，以物质流、能量流、信息流的最优网络结构为方向，运用最新的钢厂动态精准设计、集成理论和流程界面技术，通过工序功能集解析优化、工序间关系集协调优化和流程工序集重构优化，构建信息物理融合系统，实现了唐钢新区产线连续紧凑、动态有序和产品质量窄窗口稳定运行。唐钢新区是在同时期、同类型钢铁工程中吨钢投资最低、建设工期最短、环保水平最高的新一代流程钢厂。全流程多要素“融合协同”的绿色工程管理方法的建立为钢铁工程的绿色化、智能化转型提供了借鉴。

关键词：融合协同；绿色工程管理方法；工程应用；冶金流程工程学；界面技术；绿色化；智能化

绿色化、智能化已成为钢铁行业未来发展的共识，是中国钢铁行业引领世界钢铁的重要方向[1]。但钢铁行业绿色化、智能化转型面对诸多挑战，仅仅在现有产线进行装备改造、工艺优化的修补式创新，难以实现钢铁全流程全工序的绿色制造和智能制造。河钢集团基于自身转型发展和区位调整的需要，依托唐钢新区建设，以“绿色化、智能化、品牌化”为建设目标，以物质流、能量流、信息流的连续化、协调化、紧凑化为方向，在工程建设的设计、施工建造、项目管理、投产运营等各环节积极探索建造绿色化、智能化钢厂的实施路径，并在此过程中形成了钢厂建设全流程多要素“融合协同”绿色工程管理方法，将唐钢新区建成为“绿色化、智能化、品牌化”的新一代流程钢厂[2-5]。

1　“融合协同”绿色工程管理方法的提出及核心内容

1.1　“融合协同”绿色工程管理方法的提出背景

绿色化、智能化是钢铁行业的发展方向，而数字化是智能化的重要基础，在钢铁工程

①　原文发表于《钢铁》，2022，57（11）。

建设特别是新型钢厂建设过程中，如何实现全流程全方位的数字化和绿色化，还需要解决以下 4 个核心问题[6,7]。

（1）解决新一代信息技术与钢铁全流程深入融合的问题：一是解决信息感知与数据不全的问题；二是挖掘数据的深层次价值，解决大部分数据仍在沉睡的问题；三是提高数据孪生效率，解决产线各系统之间彼此孤立、信息孤岛，数据资产和价值有待进一步挖掘的问题。

（2）解决绿色技术与工程设计的融合与协同问题。中国钢铁行业执行全球最严行业排放标准，河钢集团所在的河北省排放限值又高于国家标准。另外，钢铁行业存在工艺流程长、工序多、污染物种类多的特点，增加了污染物协同治理的难度。以产品为主导的传统钢厂设计模式，生产制造与绿色技术协同性不够，导致全流程绿色技术与总体设计融合难。

（3）解决新一代流程钢厂各工序高效衔接的问题。依据冶金流程工程学理论[8,9]，钢厂工序流转应遵循“衔接时间最小化、空间路径最小化、过程排放最小化”的总体设计理念，但如何实现“最小化”，在实际操作时难以量化和及时调整。需要通过数字化手段，搭建流程优化和智能化运行总平台，实现各工序间的高效衔接。

（4）解决钢铁工程项目管理手段不统一的问题。钢铁工程由于规模大、系统复杂，面临工程难以协同管理的问题，主要表现在工艺设计、设备管理、现场施工等资源集中管控平台缺失、技术体系无法共享、信息沟通效率低等方面，严重影响和制约了工程建设效率。

为此，需要研究构建出基于设计、建设、运维全生命周期、全要素全过程的钢厂建设管理新模式，在此背景下，河钢集团依托千万吨级唐钢新区沿海钢厂建设，探索总结出钢厂建设全过程多要素“融合协同”的绿色工程管理方法，把最先进的数字化、绿色化技术全部融入到新型钢厂建设过程。

1.2 “融合协同”绿色工程管理方法的核心内容

针对数字化、绿色化钢厂建设工程面临的钢厂全流程数字孪生创新、行业排放限值要求高、多污染物协同治理难、生产环保深度耦合难、绿色技术工程集成难等诸多难题，河钢依托唐钢新区建设，以“绿色化、智能化、品牌化”为建设目标，以物质流、能量流、信息流的最优网络结构为方向，运用最新的钢厂动态精准设计、集成理论和流程界面技术，通过数字虚拟工厂与现实工厂协同架构、绿色技术与工程设计协同模式、全要素资源动态协同的过程管控模式以及工程数字与模块建造的协同等“四个协同”的工程管理方法，实现数字化绿色化新型钢厂建造[10,11]。总体思路如图 1 所示。“四个协同”的工程管理方法的核心内容如下。

（1）建立了数字虚拟工厂与现实工厂协同架构。搭建出与各工序各层级实体信息相互映射的数字化平台（虚拟工厂），虚拟工厂和实体工厂数据相互反馈、交互和优化，实现了唐钢新区实体工厂与虚拟工厂同步设计、同步建造、同步运维和全流程数字化目标[12-15]。

（2）建立了绿色技术与工程设计协同模式。将节能减排和生产组织放在同等位置进行研究、设计、管控，而非单个工序的减排，确保全流程节能减排和生产组织的高效协同，

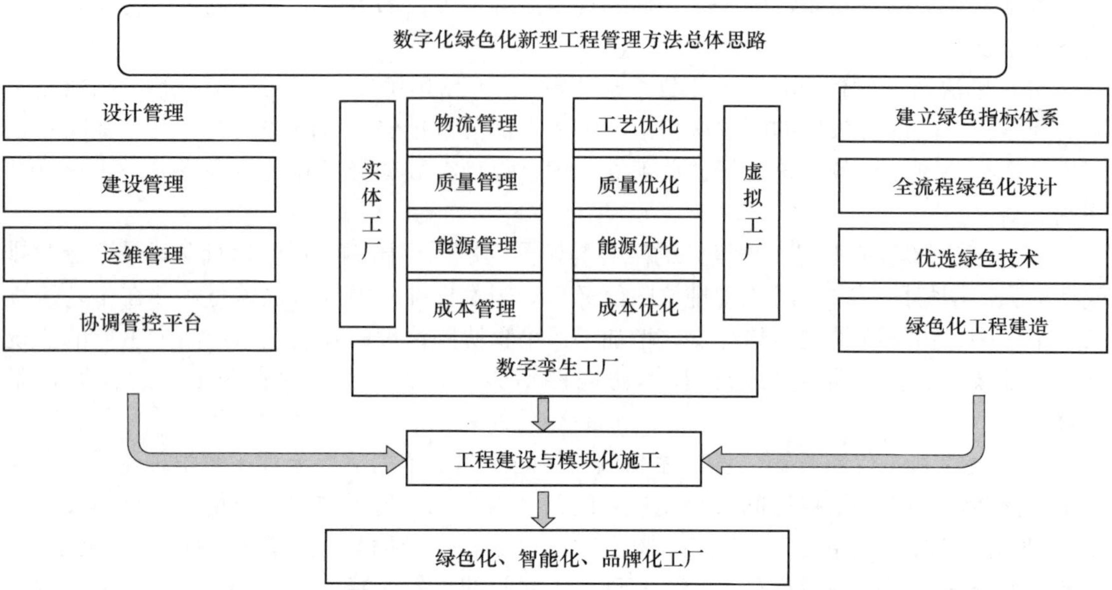

图 1　数字化绿色化新型钢厂工程管理方法总体思路

制定《钢铁工业绿色工厂设计指标体系》和《钢铁工业绿色园区标准》等科学绿色指标体系和标准，将指标体系、标准研发和优选先进绿色技术融入到唐钢新区总体设计中，实现了工程设计与绿色技术的融合与协同。

（3）建立了全要素资源动态协同的过程管控模式。通过建立全过程工程管理平台，科学规划和实时控制各类项目组合，综合分析工艺设计、管理制度、施工组织设计等影响因子，执行最佳的资源分配和进度计划，并基于实时信息做出最优决策，实现钢铁工程建设过程全要素资源的精细化、结构化、系统化集中调配与高效协同。

（4）移植基于模块化的工程建设协同体系。唐钢新区建设过程进行模块化集成，建立标准化设计、工厂化预制、模块化施工、信息化管理的协同机制。由线上搭建转变为线下模块、线上集成，顺序作业转变为平行作业，做到安全、质量、成本、进度四位一体的有效管控，实现了唐钢新区的高效和经济建设。

2　“融合协同”绿色工程管理方法在唐钢新区的应用

唐钢新区年产铁水 732 万吨、钢水 747 万吨、轧钢一次材 710 万吨，其中热轧板带 410 万吨、优特钢长材 300 万吨、冷轧产品 275 万吨。唐钢新区主体装备有 4 座 7 m 焦炉，2 台 360 m^2 烧结机，2 台 760 m^2 带式球团焙烧机，3 座 2922 m^3 高炉，2 座 200 t 转炉，1 座 200 t 脱磷炉，3 座 100 t 转炉，配套 1 台 6 机 6 流高拉速方坯连铸机、1 台 7 机 7 流高拉速方坯连铸机、1 台 6 机 6 流矩形坯连铸机以及 2 台 1900 mm 双流板坯连铸机，后部配套 1 条 2050 mm 热轧生产线及 2030 mm 冷轧生产线、2 条高速线材生产线、2 条棒材生产线、1 条型材生产线、4 座 600 t/d 和 1 座 500 t/d 的双膛竖窑生产线，同步配套建设制氧站、钢渣处理、矿渣微粉、废钢加工、含铁粉尘处理、检化验设备及相应动力、公辅设施。唐钢新区工程是“融合协同”绿色工程管理方法的成功实践。

2.1 建设虚拟与现实协同设计的数字孪生工厂

唐钢新区在设计阶段，构建出基于设计、交付、运维全生命周期和全要素数据的数字孪生虚拟与现实协同智能化集成技术平台，建立了工程数字化协同设计平台、工程数据中心，构建了统一编码及统一数据接口，实现了虚拟与现实协同的全流程、全生命周期数字化建造。

唐钢新区建立了钢铁行业首个虚拟与现实协同设计的数字孪生工厂，融合包含原料、烧结、球团、炼铁、炼钢、轧钢等全工序流程，覆盖从设计到交付再到运营、维护的全生命周期，涵盖工厂生产、质量、物流、能源、运维、安环等全要素的多维数据，技术路径如图 2 所示。

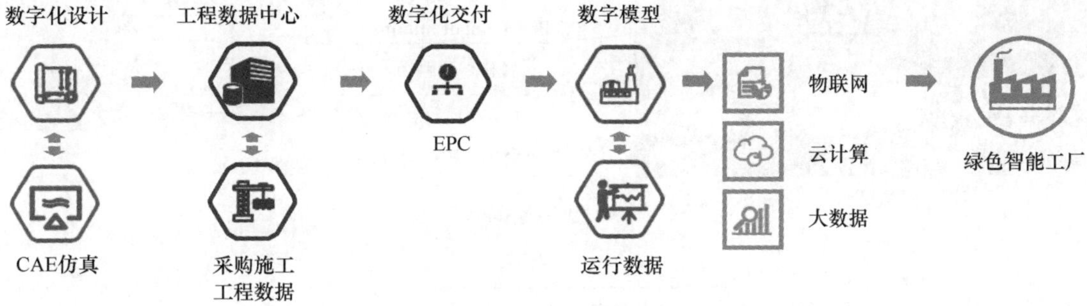

图 2 现实工厂与数字工厂协同设计技术路线

2.1.1 建立三维数字化设计平台、流程和标准体系

以设计为先导，在工程项目的初始设计阶段，就为唐钢新区工程注入数字化基因，从而为智能工厂夯实坚实数据基础。依托 BIM 核心技术，搭建了工程设计、设备设计和编码体系三大数字化设计平台，同时，定制开发了 14 款面向工程应用的三维数字化工具软件，编制了 4 大类近百册 BIM 标准，建立了包含 200 万余条编码和 60 余万条元件库的基础库，形成了“架构先进、系统完备、运行高效”的三维数字化体系。形成统一完整的数字编码，贯穿设计、交付、运维全过程。数字编码如图 3 所示。

2.1.2 数字化设计与数字化交付高效衔接

在数字化设计的基础上，唐钢新区建立了工程数据中心，汇聚设计、采购、施工全过程信息，实现工程建造全生命周期信息的集中存储，通过统一的数据接口，构建了工程资产的数字化交付平台。从数字化设计到数字化交付，构建了与实体工厂完全一致的静态数字化虚拟工厂，实现虚拟工厂与实体工厂的同步设计、同步施工、同步交付、同步投入使用。以三维可视化模型为载体，接入现有信息化系统，整合存量数据资源，在计算机虚拟环境中，搭建可同步运转的数字虚拟空间，改变了行业传统交付模式，真正实现了数字化交付。数字化交付技术路线如图 4 所示。

2.1.3 动态数据的整合和数字孪生工厂的打造

唐钢新区从“工厂级、车间级、设备级”三个层面打造数字化工厂，数字孪生主要面向工艺产线，全面集成唐钢新区的生产、设备、能源等动态业务数据。如数字化的高炉以三维高炉模型为基础，动态集成高炉生产的实时过程数据，保证虚拟孪生高炉的运行数

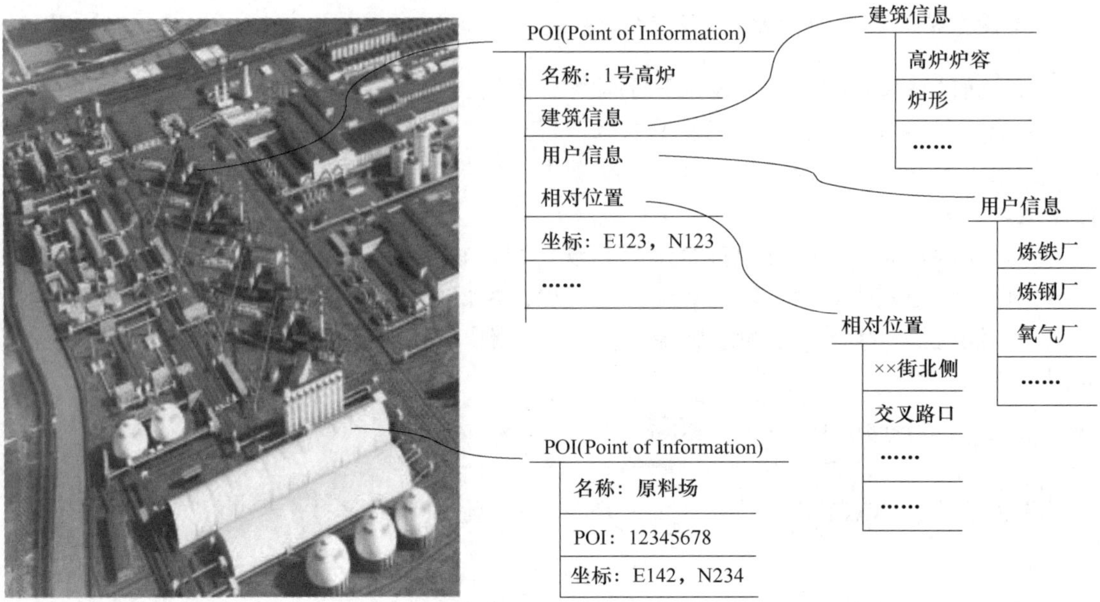

图 3　数字编码示意

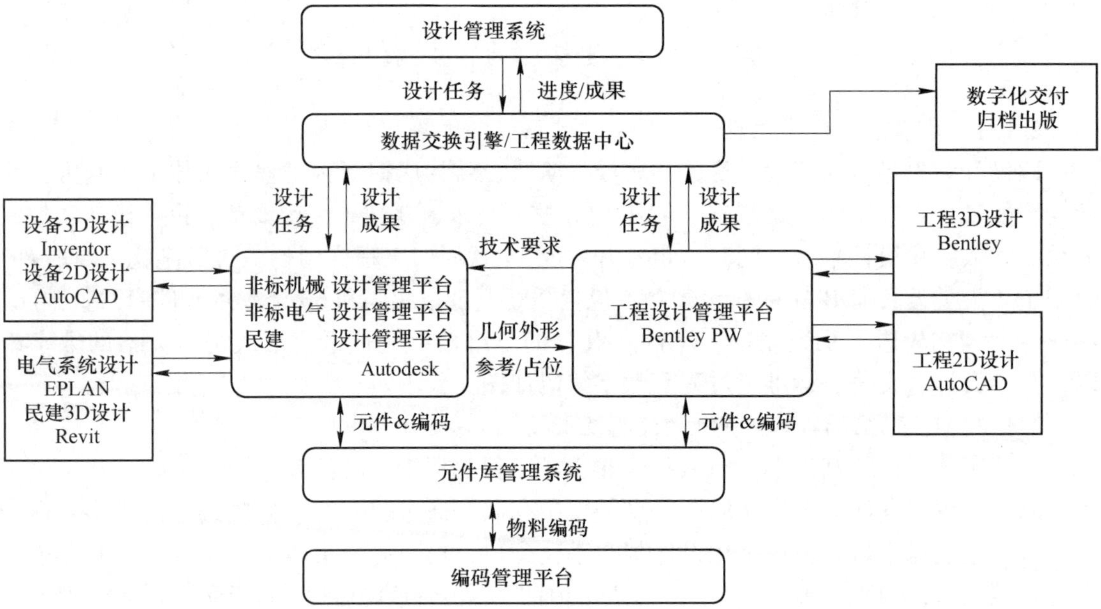

图 4　数字化交付技术路线

据、设备动作和现场实物完全一致，并根据数据孪生模型，进行工艺预判和指导[16,17]。

数字孪生设备以设备数字编码体系为核心，记录了设备从设计、制造、安装、运行、下线的全生命周期过程，每一个实体设备都实时对应一个虚拟的数字设备，数字化设备进行产线状态、设计图纸、运维手册、点检记录、运转参数、历史故障的数据交互，进行设备故障的超前分析预测，实现预测性维护，保证设备运行稳定。

2.2 建设绿色技术与工程设计协同的全生命周期绿色工厂

2.2.1 构建钢铁绿色技术指标体系及技术数据库

通过编制《钢铁工业绿色工厂设计规范》《钢铁工业绿色园区标准》，从基础设施、工艺装备、资源能源利用、污染控制4个方面对钢铁绿色工厂设计提出要求，形成钢铁工业绿色工厂技术指标体系，根据指标体系从而建立绿色技术数据库，并将指标体系和研发、优选的先进绿色技术融入到唐钢新区总体设计中。充分利用生产过程中产生的余压、余热、余能进行能源转化，最大限度降低能源消耗，提高资源的利用率，改变传统的“高消耗→低利用→高排放”的生产模式，通过对废物进行回收利用、无害化及再生的方式，以达到资源的永续利用，体现“低消耗→高利用→低排放”的现代新型工业化生产特征。

2.2.2 在工程设计中植入先进绿色技术

在工程总体设计阶段提出了物质循环、能源循环及废弃物资源化循环深度融合的绿色钢厂设计理念，以过程排放最小化为目标，通过CAE仿真设计平台、物流仿真平台、精准设计平台，实现在工程设计过程中绿色技术体系与工程设计体系的深度融合[18,19]。绿色技术与工程设计的协同路线如图5所示。

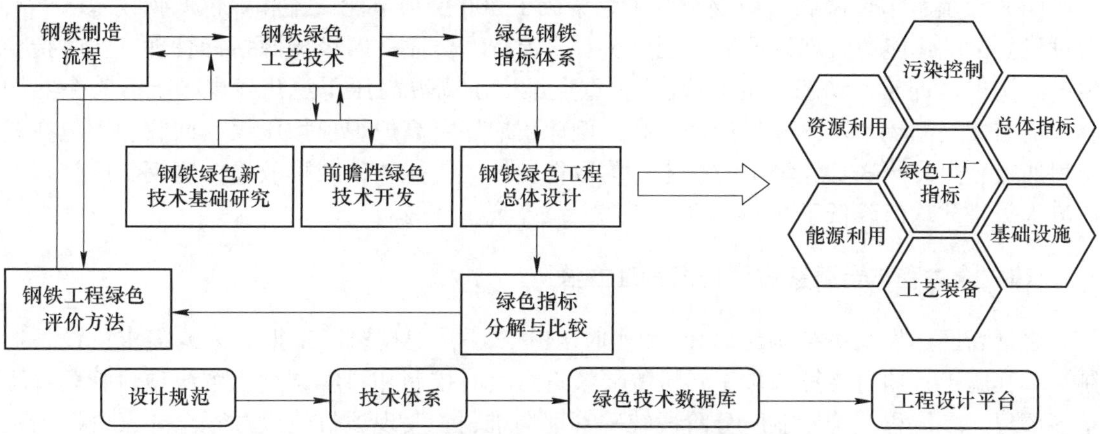

图5 绿色技术与工程设计的协同路线

2.2.3 全流程先进绿色技术的应用

唐钢新区按照污染物排放比行业超低排放标准还要再降低10%的目标进行设计，采用了130多项能够覆盖全流程行业先进的绿色环保新工艺新技术；通过源头减排、过程控制、末端治理的协调方式，打造了一个减量化、再利用、再循环的清洁绿色化工厂。具体内容如下。

(1) 多工序多污染物超低排放。唐钢新区在全厂有组织及无组织排放的污染物控制方面采用国内外成熟可靠的绿色制造节能减排新工艺新技术和节能型设备，研发了多工序多污染物超低排放控制技术[20]。源头治理方面，唐钢新区工程集成研发了熔剂性球团制备和高比例球团冶炼技术[21]，使得国内高炉球团矿比例首次达到80%，SO_2、NO_x、CO_2分别减排52%、26%、10%；建设的全球首座智能“无人化”全封闭料场，搭载数字化管理技术和鹰眼抓拍自动启停的抑尘设施；总长约70 km的皮带机经过二次封闭，与19套除尘系统及 25 套车辆清洗装置，共同构成强大的清洁网络，实现工序生产源头节能减排。过程控制方面，研发了国际领先的烧结烟气循环技术，烟气循环率达到 30%以上，烧结过程中烟气 SO_2、NO_x、CO 分别减排 20%、24%、20%；新增烧结料面喷吹蒸汽设施，进一步提高热效率，烧结工序降低 20%以上的 CO 排放[22,23]。末端治理方面，球团烟气末端治理采用目前国内外效率更高的循环流化床+SCR 技术，烧结机头烟气末端治理采用 SO_2、NO_x、重金属等多种污染物协同处理的逆流活性炭脱硫脱硝技术，排放远低于国家超低排放的标准。

（2）水资源高效利用。唐钢新区建设时在废水“零”排放理念的指导下，建设了预处理→深度处理→浓盐水处理系统。其中，深度处理采用抗污染反渗透膜，浓盐水处理采用了臭氧去除高盐水 COD 技术、树脂软化工艺，以及最先进的膜浓缩技术，通过一系列技术耦合，最终实现浓盐水系统的稳定化处理，保证了全厂废水“零”外排。

（3）固体副产品资源化利用。唐钢新区对全过程污染物进行有效治理，对全厂固废、危废从源头、运输、利用到处置进行系统管控，含铁资源实现全部循环利用。各类固体副产物如除尘灰、高炉渣、钢渣、污泥、废旧耐火材料、氧化铁皮等全部实现综合利用，利用率达 100%，居行业先进水平[24]。

（4）全流程节能降碳。唐钢新区工程集成了 300 余项节能减排和绿色低碳技术[25,26]，通过建立标准化能源管理体系，实现全员、全流程、全业务四级能源指标管理，实时指导生产，实现“即时、动态、精细管控”。重点推广了高温高压干熄焦发电、上升管余热回收、烧结烟气循环、环冷密封治理、高比例球团冶炼、高炉炉顶均压煤气回收、钢包在线全程加盖、热装热送直轧等关键技术，均取得良好的节能和碳减排效果，唐钢新区较行业长流程碳排放均值降低了 21%。

2.3 建立全过程与全要素资源协同管理方法

唐钢新区建设通过结构化 WBS 和实时 KPI 方法，把投资、工期、采购需求、设备监制、工程施工、项目结算、竣工转资等要素进行实时控制和科学调度，解决项目管理过程中多部门、多流程、跨专业、分阶段统一管理的难题，实现项目建设过程全要素资源的集中调配与高效协同管理，降低同口径吨钢投资费用 21%。

通过管控组织与作业区域及配套相结合、作业区域及配套与费用类型相结合的结构化 WBS 架构，将投资计划、采购需求、采购合同、工期进度、项目成本、结算规则、组织人员、过程资料等全资源要素进行统一管理，提高了设计、需求、采购、合同实施间的协同融合管理效率；增强了跨专业、跨部门、跨工程建设阶段的精细化资源调配与监控能力；实现了项目建设全过程的数字化信息共享。整体路线如图 6 所示。

2.4 建立工程数字与模块建造协同的施工管理方法

唐钢新区建立了基于工程数字与模块建造协同管理的可视化、信息化、高效化建造体系，解决了工程建造过程集成化程度低、资源占用多、施工效率低，质量、安全和投资管控难，信息化程度低的难题，实现了工程建设工期 30 个月，比原计划缩短 6 个月。

唐钢新区在规划和设计阶段就把“BIM 和模块建造协同”方法贯穿项目建设的全生命周期。利用 BIM 三维技术直观展示设计方案成果和全过程的可视化设计，同时，通过 BIM

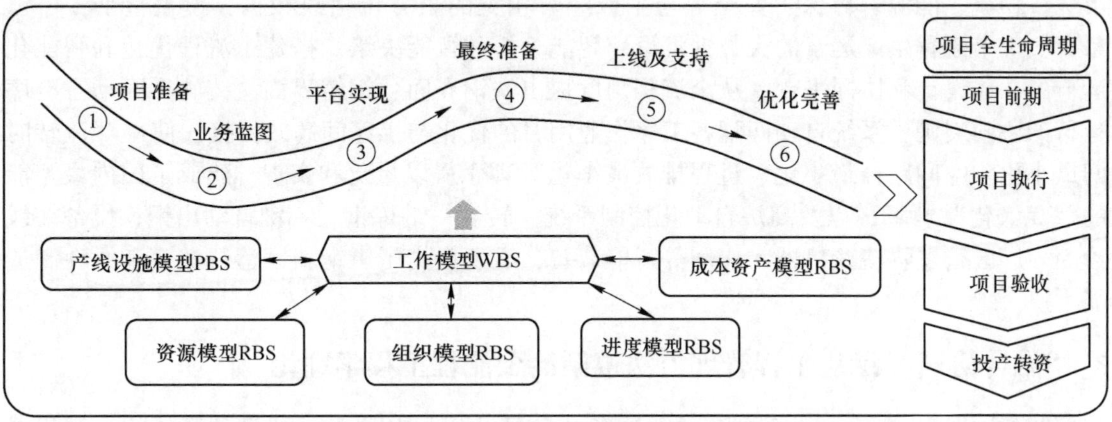

图6 项目全要素资源协同管控技术路线

数字化平台多专业协同设计，及时解决各专业设计成果错漏和碰撞冲突，精准计算工程量，设计优化，有效减少设计失误造成的返工。在施工阶段，一是运用 BIM 三维数字模拟技术进行设计、安全技术等交底和方案讨论工作，使得工程质量、安全管控直观可视化；二是将 3D 与时间维度相结合，形成 4D 动态管理，管控施工进度，对施工资源和场地布置等进行优化；三是利用 BIM 技术和模块化建造协同融合，使得项目施工质量可控，安全管理可靠，实现数字建筑的成本精益和高效管理。

2.5 工程应用效果

2.5.1 工程建设效率显著提升

唐钢新区项目全流程应用数字化设计和交付，与国内外同规模沿海钢铁企业、“十三五”期间同期建设项目相比，均具有先进性。吨钢投资（到热轧工序）在同类沿海钢铁厂中最低，且比同地区钢铁新建企业降低 21%。项目建设周期仅用 30 个月，比同类型降低 6~13 个月，比原计划 36 个月缩短 6 个月。

2.5.2 唐钢新区厂内运行流程紧凑

唐钢新区在总图布置中运用新一代联合钢铁企业总体设计理念，实现总图布局的紧凑、生产流程的顺畅、功能分区的明确，做到人流与货流分开、特种物流与普通物流分开、有污染的生产区与清洁生产区分开，吨钢占地面积 0.53 m^2，在国内外相同规模企业中占地最小，流程最为紧凑，物流成本最低。

2.5.3 唐钢新区绿色制造能力达到行业领先水平

唐钢新区项目研发和应用了 230 余项新工艺、新技术和 130 多项国内外最先进的绿色环保生产技术，实现生产单元烟气全净化和污染物高效处理。项目吨钢综合能耗为 539.75 kgce，企业自发电比例达到 90%以上，二次能源最大化回收，吨钢 SO_2 排放量小于 0.2 kg，NO_x 排放量小于 0.23 kg，吨钢粉尘排放量小于 0.3 kg。物料实现全封闭运输和实时监控，成品非公路运输率达到 98%以上。吨矿污染物排放总量比行业超低排放水平再降 36%，与常规长流程钢铁企业相比减少碳排放 21%。

2.5.4 唐钢新区数字化水平国内领先

唐钢新区构建了全流程一体化的智能生产管控系统，集成生产、设备、质量、销售、市场、物流、能源、环保、安全等与生产经营相关的全方位信息数据，覆盖整个工序链条，实现全流程生产运营的大数据汇聚、智能分析和智能决策。搭建了流程优化和智能化运行的总体设计和协同平台，从全流程角度提出铁钢界面、钢铸界面、铸轧界面动态有序运行的协同规则，系统自动匹配各工序作业用时的优化与工序间高效衔接，使得“流转时间最小化、空间路径最小化、过程排放最小化”理念得以量化和实现。建成了国内最智能的“无人化”料场，以及高炉自动化控制系统、转炉一键炼钢、一键自动出钢、设备在线诊断、厂区智慧物流及机器人应用等智能装备，显著提高了唐钢新区运行效率和柔性制造能力。

3 “融合协同”绿色工程管理方法遵循冶金流程工程学理论

“融合协同”绿色工程管理方法是绿色化数字化钢厂从设计、建设到交付的全过程建设管理方法，该工程管理方法遵循了冶金流程工程学理论。按照该方法建成的唐钢新区，从规划设计开始就充分运用“界面技术”[27-29]，通过工程建成后的数字化手段进行工序功能集解析优化、工序间关系集协调优化和流程工序集重构优化，构建信息物理融合系统，实现唐钢新区产线连续紧凑、动态有序和产品质量窄窗口稳定运行。

3.1 唐钢新区科学合理的总图布置

唐钢新区总图布置在考虑项目的总体布局与城市总体规划相协调的同时，充分利用厂区外部条件，发挥临海靠港的优势。由南向北依次布置原料场、石灰窑、球团、烧结、高炉，由高炉开始，自西往东布置转炉炼钢、轧钢等，各生产系统集中布置，便于整体的生产互通和管理，减少了铁前系统的皮带运输距离。同时在总图布置时重视节能和环境保护，在满足物质流、能量流等最顺畅的前提下实现物料在钢铁厂内的加工全过程中减少折返、迂回，避免重复搬运，使其耗用时间最少、动力消耗最小，产生的无组织排放最少。

唐钢新区总图布置还运用新一代联合钢铁企业总体设计理念，总图布局紧凑、生产流程顺畅、功能分区明确，设计需要同时满足原辅料、产品的运输，各工序的生产组织，以及工序界面间的衔接功能要求，通过各工序的不断优化，在满足工艺流程合理、物流顺畅的同时，总图用地指标达到了 0.53 t/m^2，该指标处于同级别钢铁企业的领先水平。河钢唐钢新区项目鸟瞰图如图 7 所示。

图 7　河钢唐钢新区项目鸟瞰图

3.2 唐钢新区界面技术应用

“界面技术”主要体现在要生产过程物质流（包括流量、成分、组织、形状等）、能量流、信息流等基本参数的衔接、匹配、协调、稳定。唐钢新区按照工序、界面和全流程协同运行等不同层级，从物理系统侧优化的角度提出工序功能集方案（包括各工序功能解析优化原则、各工序任务分割原则、各工序作业时间匹配原则、建立各工序协同工作机制等）、各工序规范化标准化操作原则、跨工序协同和动态调度规则、工序关系集原则方案等（包括界面技术及其优化原则，全流程动态-协同运行管控原则）。通过全流程时间-空间-物质-能量-信息五维动态运行甘特图功能，及时发现影响全流程高效顺行的卡点或限制环节，通过系统建立质量追溯与闭环管控机制、作业计划优化和动态调度模型以及动态计划排产模型，模型将工艺和流程优化结果转化为数字化操作规程，下传给自动控制系统，实现产线各工序环节时间、成分、温度、尺寸精度、物料消耗等指标的精准控制，从而实现质量的稳定控制和生产的高效衔接。

3.2.1 炼铁-炼钢界面

炼铁-炼钢界面从工程设计上进行了集成创新。基于高炉-铁水预处理之间的时-空关系充分研究，高炉和炼钢厂空间布置紧凑，铁路运输线路短、物流顺畅，铁水包实现快速周转；采用高精度高炉炉下铁水称量系统，确保铁水出准率；采用“一包到底”和全程铁包加盖技术，有效降低了重包和空包的温降，进而降低了铁水温度损失。

唐钢新区的3座高炉，铁水包从高炉运输到炼钢厂KR脱硫站，运行距离为1.5~2 km，运输时间为18~25 min；铁水出准精度为±1 t，铁水包一包兑入转炉；铁水包周转率为3.2~3.5次/天；铁水到达KR脱硫站的铁水温度，全程加盖时为1395 ℃以上；KR脱硫站在高铁水温度和高活度状态下，深脱硫周期达到35 min以内，脱硫效率稳定高效，运行效益逐步提高。

3.2.2 炼钢-连铸界面

炼钢-连铸界面，将动态-有序、协同-连续作为炼钢工序设计和生产运行的指导思想。在平面布置上，脱磷转炉与脱碳转炉采用双跨布置，避免相互干扰；2个RH炉和2个LF炉分别对称分布于转炉和连铸的两侧，以实现炼钢工序物流的全局优化；钢水包100%全程加盖，可以有效降低空包和重包温降，减少钢水温度损失；钢区天车自动调度、跟踪和称量，实时动态监控钢水包的时空关系；构建智能化的炼钢生产指挥信息化系统，基于甘特图和动态运行规则，集成了炼钢计划动态调度管理、钢区天车自动跟踪调度系统、钢包动态管理系统、炼钢二级上下游协同温度、成分补偿模型等，有效实现工序“界面”运行过程及其参数的协同优化。

唐钢新区碳-温度的双命中率为95%以上，转炉冶炼周期稳定在30 min以内，低碳、超低碳钢的碳氧积为0.0017左右；全部钢包全程加盖，减少钢水温降25 ℃；低碳、超低碳钢不使用LF升温工艺和RH铝氧升温工艺；推行连铸低过热度浇铸，过热度目标为20~25 ℃，恒拉速率为98%。

3.2.3 连铸-轧钢界面

在连铸-轧钢两个相对独立的工序间，采用板坯库智能调度、加热炉装钢智能送坯等智能化手段，从而实现物流精确平衡，提高热装热送比，缩短制造周期，降低在制品库存；在工艺控制、物质能源协同优化、劳动效率提升等多个方面，实现管控智能化、预测预警前瞻应变、业务协同等智能化应用，为实现交期按周交货提供有力保障；同时，在高效率轧制和高比例品种的前提下，热装率达到70%以上。

4　结论

（1）河钢集团在工程实践中建立了全流程多要素“融合协同”的绿色工程管理方法，形成“四个协同”的具体方法支撑，即钢铁工程数字虚拟工厂与现实工厂的协同、绿色技术与工程设计的协同、过程管控与全要素资源动态的协同、工程数字与模块建造的协同，这对钢铁工程的绿色化、智能化转型具有指导和借鉴意义。

（2）按照全流程多要素“融合协同”的绿色工程管理方法建成的唐钢新区，在工程建设过程中建立了基于设计、交付、运维全生命周期和全要素数据的数字孪生智能化集成技术平台，建成了工程数字化协同设计平台、工程数据中心，构建了统一编码及统一数据接口，实现了虚拟与现实协同的全流程数字化建造。建立了贯穿钢铁企业设计-施工-生产-运营全生命周期的绿色技术数据库，创建了基于绿色技术与工程设计协同的减量化、再利用、再循环绿色工厂，将唐钢新区打造成了“绿色化、智能化、品牌化”的新一代流程钢厂。

（3）全流程多要素“融合协同”的绿色工程管理方法，实现了唐钢新区工程工期30个月，比原计划缩短6个月的目标，吨钢综合能耗为539.75 kgce，自发电比例达到90%以上，吨钢 SO_2 排放量小于0.2 kg，NO_x 排放量小于0.23 kg，吨钢粉尘排放量小于0.3 kg。与常规长流程钢铁企业相比减少碳排放21%，绿色制造水平居行业前列。

参 考 文 献

[1] 于勇. 钢铁工业绿色工艺技术 [M]. 北京：冶金工业出版社，2017.

[2] 王新东，李铁，张弛，等. 河钢唐钢新区数字化绿色智能工厂的设计与实施 [J]. 河北冶金，2021 (7)：1.

[3] 王新东. 以“绿色化、智能化、品牌化”为目标规划设计河钢唐钢新区 [J]. 钢铁，2021，56 (2)：12.

[4] 王新东，杨晓江，张倩. 河钢唐钢新区品牌化工厂的设计与建设 [J]. 河北冶金，2021 (9)：1.

[5] 王新东，田京雷，宋程远. 大型钢铁企业绿色制造创新实践与展望 [J]. 钢铁，2018，53 (2)：1.

[6] 殷瑞钰，张福明，张寿荣，等. 钢铁冶金工程知识研究与展望 [J]. 工程研究，2019 (5)：438.

[7] 曾加庆. 关于钢铁流程智能化提升的思考 [J]. 冶金自动化，2019，43 (1)：13.

[8] 殷瑞钰. 冶金流程工程学 [M]. 北京：冶金工业出版社，2011.

[9] 张福明. 智能化钢铁制造流程信息物理系统的设计研究 [J]. 钢铁，2021，56 (6)：1.

[10] 殷瑞钰. 关于智能化钢厂的讨论——从物理系统一侧出发讨论钢厂智能化 [J]. 钢铁，2017，52 (6)：1.

[11] 殷瑞钰. “流”、流程网络与耗散结构——关于流程制造型制造流程物理系统的认识 [J]. 中国科学：技术科学，2018 (2)：136.

[12] 刘岩，苗冉，韩立民. 基于三维可视化技术的空压站数字化管理系统的开发 [J]. 河北冶金，2020 (9)：71.

[13] 邹玉贤. 钢铁智慧制造实践与思考 [J]. 宝钢技术，2022 (1)：1.

[14] 高士中，薛颖健．钢铁企业数字化工厂建设实践［J］．冶金自动化，2022，46（4）：38.
[15] 余嘉洋，王勋，张伟，等．钢铁行业数字化转型综述［J］．铁合金，2021，52（5）：44.
[16] 葛秀欣，朱志斌．钢铁行业数字孪生工厂平台的研究与应用［J］．冶金自动化，2021，45（6）：37.
[17] 卢阳光．面向智能制造的数字孪生工厂构建方法与应用［D］．大连：大连理工大学，2020.
[18] 刘红潇．低碳减排的绿色钢铁冶金技术研究［J］．冶金与材料，2022，42（3）：55.
[19] 王国栋，储满生．低碳减排的绿色钢铁冶金技术［J］．科技导报，2020，38（14）：68.
[20] 王新东，侯长江，田京雷．钢铁行业烟气多污染物协同控制技术应用实践［J］．过程工程学报，2020，20（9）：997.
[21] 徐萌，王伟，孙健，等．超大型高炉高球比低碳冶炼技术应用［J］．中国冶金，2021，31（9）：98.
[22] 于勇，朱廷钰，刘霄龙．国钢铁行业重点工序烟气超低排放技术进展［J］．钢铁，2019，54（9）：1.
[23] 李超群，徐文青，朱廷钰．烧结烟气循环技术研究现状与发展前景［J］．河北冶金，2019（S1）：1.
[24] 时越，金永龙，李宝成．钢铁含锌固废处置工艺［J］．河北冶金，2019（S1）：77.
[25] 王新东，郝良元．现代炼铁工艺及低碳发展方向分析［J］．中国冶金，2021，31（5）：1.
[26] 王新东，金永龙．高炉使用高比例球团的战略思考与球团生产的试验研究［J］．钢铁，2021，56（5）：7.
[27] 王新东，常金宝，李杰．小方坯连铸-轧钢“界面”技术的发展与应用［J］．钢铁，2020，55（9）：125.
[28] 王新东，常金宝，李杰，等．冶金流程工程学在小方坯直接轧制中的应用［J］．钢铁，2021，56（1）：113.
[29] 周继程，上官方钦，丁毅，等．钢铁制造流程“界面”技术与界面能量损失分析［J］．钢铁，2020，55（12）：99.

河钢唐钢新区绿色制造技术应用实践[①]

王新东，张　弛，孙宇佳，田京雷

（河钢集团有限公司，河北 石家庄 050023）

摘　要：唐山作为钢铁生产密集型城市，2020 年粗钢产量为 1.44 亿吨，全市规模以上工业综合能耗综 9974 万吨标准煤，2018 年唐山市工业 SO_2、NO_x 排放量近 6.9 万吨和 15.8 万吨。在产业可持续转型发展与城市共容的双重挑战下，河钢集团以河北省钢铁产业结构调整为契机，优化自身产业布局，采用高效节能、低碳环保的绿色工厂设计理念建造唐钢新区，尤其在能效提升、全流程超低排放、副产品资源化、水资源化高效利用等方面实施一系列绿色制造技术，为国内钢铁企业应用绿色制造技术提供了借鉴。

关键词：节能；低碳；环保；绿色制造；钢铁企业

0　引言

2020 年中国粗钢产量为 10.65 亿吨，位列世界第一。钢铁行业是国民经济飞速发展的强力保障，但也是碳素重点使用行业，能源消耗大，污染严重。京津冀地区是钢铁生产集中区域，其中唐山市是钢铁生产重点城市[1]，见表 1，2020 年粗钢产量为 1.44 亿吨，全市规模以上工业综合能耗综 9974 万吨标准煤。唐山市集中了京津冀地区近半数的钢铁企业，且规模相对较大，各类污染物排放量远大于其他城市[2]。2018 年唐山市工业二氧化硫、氮氧化物排放量近 6.9 万吨，15.8 万吨。因此，钢铁行业的转型升级和绿色制造技术的应用对减少环境污染和提高经济效益都有重要意义。

表 1　2018—2020 年全国及唐山粗钢产量情况　（万吨）

地区	2018 年	2019 年	2020 年
全国	92903.84	99541.90	106476.70
河北	23723.37	24157.70	24976.95
唐山	13289	13689	14407

本文分析唐钢新区在设计、建设、生产过程中所采用的先进装备及系列环保技术，从能效提升、污染物治理、固废副产物利用、废水处理及高效循环 4 个方面阐述唐钢新区进行的绿色制造技术应用实践，旨在为钢铁行业绿色生产技术提供典型示范。

1　我国钢铁行业生产与清洁技术应用现状

钢铁行业的生产特点是能耗大。据统计，钢铁工业能耗约占我国工业总能耗的 15%，

① 原文发表于《环境工程》，2022，40（7）。

其中生产过程中能源效率仅约30%，行业当中的固体废物回收利用率约为50%，能源结构以煤炭为主（占比超过90%），使其成为污染物排放大户，其排放的工业废水、粉尘和SO_2总量分别占全国工业污染排放总量的10%、15%和10%[3,4]。钢铁企业主要面临以下4方面的问题。

1.1 余热余能利用不足

钢铁生产工序流程较多，且主要消耗能源为煤炭和电力，各工序的余热资源丰富且回收技术多样，但我国钢铁行业中的余热资源在回收利用方面仍存在一些问题。据统计，生产制造过程中还有40%~60%的能量没有以余热的形式得到充分利用，具有较大的发展潜力[5]，因此，在钢铁企业生产过程中还富余较大的节能潜力和二次资源，在现有节能技术的基础上进行改进优化。

1.2 常规传统技术无法协同处理多种污染物

2018年以来，我国已有229家钢铁企业响应政府号召进行超低排放工程改造，目前有11家企业已完成超低排放改造和评估监测工作。重点针对钢铁生产过程中行业排放的重点污染物为颗粒物、NO_x、SO_2，进行烧结、焦化、球团、炼铁工序改造。虽然中国钢铁工业的空气污染物治理已取得了一定成效，但目前仍存在很多问题和难题有待解决[2,6,7]。常规传统烟气治理技术往往针对单一污染物进行治理，但各种控制技术之间存在相互制约、相互影响的关系，因此应从除尘、脱硫、脱硝协同控制为出发点设计技术路线，使污染处理装置效果达到最优。

1.3 钢渣利用率低、催化剂重金属中毒后成为危废难处理

《关于“十四五”大宗固体废弃物综合利用的指导意见》[8]指出大宗固废综合利用率达到55%，仍较低，且冶金渣等占用大量土地资源；脱硝催化剂重金属中毒后成为危废，较难处理，存在较大的生态安全隐患，大宗固废仍存在产生强度高、利用不充分、综合利用产品附加值低等突出问题。

1.4 钢铁企业废水处置存在难点

焦化、炼铁、热轧、冷轧等多个生产工序产生大量废水，成分复杂，如大量悬浮物、COD、油类物质、盐类物质，水质的较大差异提高了处理难度，钢铁企业要实现“零排放”是行业大势所趋，但要真正实现还需解决诸多难题[9]，结合水质污染物种类配套相应的治理技术。

2 河钢唐钢新区绿色制造技术应用实践

唐钢新区针对以上钢铁行业难题，在规划、设计、建设以及生产经营中深入贯彻了河钢集团在“十三五”规划时就率先了“六位一体”绿色发展总布局发展理念（见图1），集结了多项国内外先进环保技术，在所有工序全流程中集成230余项先进环保技术、工艺及130余项钢铁行业绿色制造技术进行工艺及装备配置[10-13]，在能源、环保、动力方面着眼于全流程、全区域的远程覆盖集控，达到全流程的碳减排；坚持科技创新，统筹关键性低碳技术和低碳产品研发。

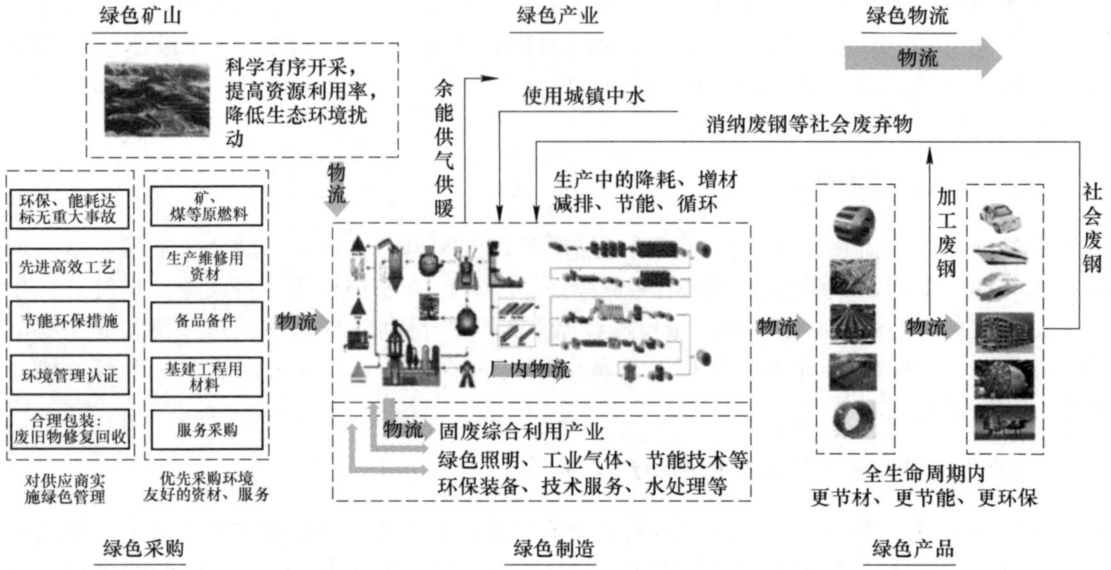

图 1 “六位一体”钢铁绿色发展理念

2.1 能效提升技术应用实践

据数据统计，1996—2016 年，中国钢铁工业在产业结构调整过程中，不断发展节能减排技术和能效提升技术，使得钢铁工业的综合能耗明显下降，其中重点大中型企业吨钢综合能耗下降 48%，部分企业已达世界先进水平。据统计，2006—2018 年中国重点钢铁企业吨钢综合能耗由 645 kg/t 降至 555 kg/t[14]。以焦化、烧结、炼铁、炼钢、轧钢工序为出发点，从余热余能利用和环保措施节能两方面概括总结能效提升技术。

2.1.1 焦化工序能效提升技术

焦化工序建设有 4×60 孔 7 m 复热式顶装焦炉，配置 3 台 170 t/h 的干熄炉，在余热回收方面实施高温高压干熄焦高效发电技术升级，实现干熄炉的烧损率低于 1.1%、吨焦发电量 125 kW · h 以上，相较于传统低压锅炉获得更高品质蒸汽及更高效的干熄焦余热能利用；实施上升管余热回收技术，根据已运行项目经验，可降低工序能耗 8～10 kgce/t 焦以上，后续工序能耗还可减少循环氨水循环量 20%～30%，减少电耗 20%～30%，按照焦炉年产 240 万吨焦炭产量计算，可产饱和蒸汽 21 万～25 万吨，折合标煤 2.02 万吨，可减排 CO_2 25 万吨，此外还可减排 SO_2 1500 t、减排 NO_2 740 t，增加焦油产量效益约 24 万元/年，人工时节约 50%。节能技术通过煤调湿技术，使焦炉生产能力提高 10%，焦炭的反应后强度 CSR 提高 1%～3%；通过新型负压脱苯工艺实现脱苯塔进料能耗下降 20%以上，塔温度波动精准控制在 1.5 ℃ 以内，减少生产能耗，增加运行稳定性。

2.1.2 烧结工序能效提升技术

烧结工序配置 2 台 360 m^2 的烧结机，余热利用方面实施中低温烟气余热高效回收及能量梯级利用技术，锅炉的换热效率提高至 95%以上，吨矿发电量提高至 24 kW · h 以上；烧结烟气循环技术使得混合烟气的含氧量和风温均可提升，实现烟气循环率 30%以上，减少烧结工序所需固体燃耗约 3.1 kg/t 烧结矿，CO 排放量降低 4.4 kg/t、NO_x 降低 18.4%，同时烧结机提产7%左右，相较于行业现有烧结烟气循环技术具有显著优势[15]，降低了烧结固体燃料消耗，提高了表层烧结矿质量。节能方面配套实施烧结混料节能技术，如加强混合制粒工艺、优化配料技术、混合料自动加水技术、强化偏析布料技术等改善了烧结效果，降低生产能耗；实施环冷机密封治理技术降低其漏风率至5%以下，降低其耗电量至传统烧结环冷机的35%~40%，发电量可提高5~10 kW · h/t矿。在建设及生产制造过程中集成已成熟技术及先进前沿的环保工艺、新技术，使烧结工序整体燃耗降低6%以上。

2.1.3 球团工序能效提升技术

球团工序建设2座760 m^2带式焙烧机，年产氧化铁矿球团960万吨，是国内首套最大规模带式焙烧机氧化球团生产线；在原料预处理、精矿粉干燥、焙烧机本体、热工制度上集成了先进的设计理念和生产装备，充分发挥了低碳排放优势，建设成为一条环保、节能、高效、低运行成本的球团生产线。产线充分利用二次能源高炉煤气、焦炉煤气或混合煤气等，工艺流程简洁高效，热风废气系统充分循环利用，产品质量高，废气粉尘少，环境清洁。与烧结矿工序能耗48 kgce/t相比，酸性球团生产工序能耗为19 kgce/t，降低了59%；碱性球团工序能耗为22 kgce/t，降低了54%，均符合河北省球团工序单位产品能源消耗限额规定。项目实施后，按设计年产能960万吨计算，此工艺比烧结工艺降低能耗27万吨。实施新型带式焙烧机节能技术，如新型焙烧机炉罩侧墙拖架结构、落棒密封技术、尾部移动架、边料循环辊压技术等，改善造球及焙烧性能。

2.1.4 高炉工序能效提升技术

高炉工序配置3座2922 m^3炼铁高炉，生铁产能732万吨。在高炉炉型设计上，在国内首次以60%以上的高比例球团冶炼为主要优化设计方向，开创了3000 m^3级高炉高比例球团冶炼的先河，在炉型设计中采用两段式炉身结构，增加炉腰高度，适当减小炉缸直径，以便活跃中心，以达到适应高比例球团冶炼过程中球团冶金性能变化规律的目的，真正实现高炉炼铁绿色低碳、长寿冶炼的目标。余热余能利用方面，实施高炉炉顶煤气余压发电技术，炉顶压力为0.28 MPa，设备能力为0.3 MPa，实现吨铁发电量50 kW · h以上，并配置PLC控制系统，实现过程监视和过程控制；实施高炉冲渣水余热利用技术，核心部件换热器采用独特的波纹结构设计，介质可无限制地流过板片的换热表面而不发生堵塞现象，具有高传热性能，有效解决了高炉冲渣水堵塞、腐蚀的问题，每台换热器取热能力为3 MW，每座高炉冲渣水余热可回收热量为25 MW，可供全厂区采暖、洗浴，既满足了高炉冲渣所需冲渣水温度，又可制取低温热水。高炉冲渣水不经过冷却塔冷却降温，减少水漂现象，既符合国家节能减排要求，又符合绿色环保要求。节能方面，实施原燃料高效转载技术，减少了物料中转和运输路径，有效降低分料率和生产成本，该技术被中国金属学会鉴定为国际先进水平；实施高炉热风炉绿色节能技术，热风温度每提高100 ℃，可降低焦比20 kg/t；产量增加约4%；同时还可加大喷煤量。

2.1.5 转炉工序能效提升技术

转炉工序设置2个车间，分别配套2 × 200 t转炉、3×100 t转炉，实施转炉烟气余热回收发电技术，实现吨钢余热回收蒸汽量120 kg，通过每个炼钢厂配置的22 MW饱和蒸汽汽轮发电机组，实现吨钢发电量17 kW · h以上；实施钢包在线加盖技术，提升转炉的出钢温度，减少升温所需吹氧量，节约氧气能源，同时减少钢包保温烘烤的需求，降低炼钢厂烟气排放和电能以及煤气消耗，具体地，全程温度损失减少约 19 ℃，降低吨钢生产成本约 10 元/t，延长钢包寿命至 95 炉，转炉的出钢口寿命也提高至 5 炉以上，并节约了人工成本。

2.1.6　能效提升效果

通过装备升级、各工序技术实施推广、能源管控水平提升，唐钢新区实现吨钢综合能耗 532.6 kgce/t，自发电比例达到 80%以上，相比于 2018 年中国重点钢铁企业吨钢综合能耗 555 kgce/t，处于行业领先水平，取得良好的节能减排效果。

2.2　超低排放技术应用实践

所有工序均考虑引入污染物协同治理技术与节能设备，本文对于钢铁行业主要污染物排放工序烧结、焦炉和球团，针对不同场景、不同污染物排放特点，采取以催化为主、吸附为辅的氮氧化物、SO_2 和烟尘协同耦合治理技术，为国内其他钢铁企业选择烟气污染物协同去除提供技术应用借鉴。

2.2.1　烧结烟气协同脱硫脱硝技术

针对唐钢新区 2 台 360 m^2 烧结机，设计并建设了 2 套先进可靠、有效实用且运行安全稳定的脱硫脱硝烟气处置设施。1 号烧结机采用“活性焦烟气处理”方式，采用“换热降温冷却器+活性焦法脱硫，多项污染物脱除及高效脱硝技术”工艺技术方案；2 号烧结机采用“循环流化床脱硫+中温 SCR 脱硝”方式，共设 2 套脱硫脱硝系统，两者并联运行。

通过采用逆流活性焦脱硫脱硝技术，针对唐山市的超低排放标准，系统在原有基础上进行了增加氨预饱和仓等优化措施；通过提高活性焦的初装量、增加烟气停留时间、增加解析塔提高循环速度等方法，提升污染物处理效率。污染物排放指标达到了唐山地区超低排放标准的要求，烟尘、二氧化硫、氮氧化物排放浓度均控制在 5 mg/m^3、20 mg/m^3、30 mg/m^3 以下，烧结机烟气污染物远远超出了国家规定的超低排放限值，即《关于推进实施钢铁行业超低排放的意见》规定的烧结机烟气颗粒物、二氧化硫、氮氧化物排放浓度小时均值分别不高于 10 mg/m^3、35 mg/m^3、50 mg/m^3，达到行业领先水平。

2.2.2　焦炉烟气协同脱硫脱硝技术

焦炉烟气脱硫脱硝采用 SDS 干法脱硫+中低温 SCR 脱硝工艺，对焦炉烟气和装煤除尘烟气进行处理，工艺简单、成熟，运行成本低，NO_x 去除率高，SO_2 抵抗力强，脱硫脱硝产物不会产生二次污染；对灰分及热冲击力抵抗能力强。排放指标为 SO_2 含量（质量分数）不大于 15 mg/m^3，NO_x 含量（质量分数）不大于 100 mg/m^3，烟粉尘浓度不大于 10 mg/m^3，满足国家污染物超低排放限值。

2.2.3　球团烟气协同脱硫脱硝技术

球团烟气采用循环流化床半干法脱硫+SCR 脱硝的治理工艺，排放指标为 SO_2 浓度不大于 20 mg/m^3；NO_x 浓度不大于 30 mg/m^3；烟粉尘浓度不大于 5 mg/m^3。氨逃逸浓度不大于 2.5 mg/m^3，每年实现减排 SO_2 16500 t、NO_x 5400 t、颗粒物 3000 t。

2.2.4　烟气污染物协同治理效果

通过多污染物协同治理技术使唐钢新区所有工序全流程实现超低排放，实现岗位粉尘浓度不大于8 mg/m^3，烟气SO_2、NO_x以及可入肺颗粒物（Particulate Matter，PM）实现行之有效的控制，使唐钢新区项目烟气污染物含量符合国家、省及地区标准，污染物排放浓度，远远超出国家规定的超低排放限值，见表2，达到行业领先水平。

表2　河钢唐钢新区烟气治理水平 （mg/m^3）

排放标准（PM/SO_2/NO_x）	烧结	球团	焦化
唐钢新区达到指标	5/20/30	5/20/30	10/15/100
中国超低排放	10/35/50	10/35/50	10/30/150
国外最严标准	10/200/100	10/200/100	20/200/350

2.3　副产品资源化技术应用实践

河钢唐钢新区全面贯彻循环经济理念，对钢铁生产过程中产生的副产品进行加工，通过物料内部循环利用及外部资源化利用实现全部含铁资源循环利用，包括固体副产物如除尘灰、高炉渣、钢渣、污泥、废旧耐火材料、氧化铁皮等。

2.3.1　高炉渣、钢渣超细粉技术实践

高炉渣处置依托新建的2条年产114万吨高炉水渣产超细粉生产线，经高压水冲、粒化形成的高炉水渣，送至产线进行深加工，产出比表面积为450 m^2/kg的水渣超细粉，作为水泥原料面向国内及国际市场销售，此技术在行业内应用广泛，较为成熟。

钢渣一次处理采用新一代处理技术“转炉钢渣滚压破碎-有压热焖”[16]，可使渣铁分离完全、消解钢渣中不安定成分游离CaO、MgO，减少钢渣陈化时间，降低后期膨胀性，便于后续钢渣的高附加值利用。建设年处理能力约为140万吨的一次处理产线；二次处理产线通过破碎、磁选、筛分工序，根据含铁量进行筛分，含铁部分返回炼钢工序，其他部分用于烧结配料、炼钢造渣剂、水泥原料及路基料等产品。建设有年产40万吨、细度37 μm（400目）以上的超细粉生产线，年产30万吨的路基料生产线。

由于高炉渣、钢渣的产生量大，是大宗固废利用的重点，尤其是钢渣利用，虽然目前能够解决其利用途径，但更高附加值的利用技术仍需开发，如在混凝土中作为骨料的大规模应用，甚至在冶金渣减碳固碳领域，用于对CO_2进行固化，建议扩大规模利用，将产业链延伸到下游产业，资源化的同时推动“双碳”目标达成。

2.3.2　粉尘资源化技术实践

厂区粉尘收集统一规划，分类回收。第1类是能内部循环利用的粉尘，如高炉重力除尘灰、原料系统及高炉矿槽除尘灰等，返烧结工序参与配料使用，炼钢细灰采用物理成型工艺进行压球和压砖，供炼钢工艺回用；第2类是含锌等有害元素粉尘泥，通过含锌沉泥火法富集出含锌初级产品，“含铁二次资源”进行厂内回用；第3类是深加工产品，将炼钢产生的粗颗粒污泥、粗灰通过水磨提纯生产90铁粉，做磁性材料的原料，产生的含铁尾泥返回料场配加。

2.3.3　脱硫、脱硝副产物资源化技术研究

超低排放实践过程中会产生一定量的固体副产物，如脱硫脱硝灰（以下简称硫硝灰）、废SCR脱硝催化剂。硫硝灰中亚硫酸盐的不稳定性及毒性都增加了硫硝灰的处理难度。通

过硫硝灰掺入水泥混合材试验，产品强度满足预期，但由于其 Cl^- 含量超标，最大只能添加 2%避免对环境的影响；作为矿山充填胶凝材料，添加量为 20%时满足矿山充填体的强度要求，且水泥胶砂（28 d）重金属离子浸出均满足 GB/T 30760—2014《水泥窑协同处置固体废物技术规范》标准，NO_2^- 浸出含量限值满足Ⅳ类地下水标准，目前该技术正在进行扩大试验。

针对废 SCR 脱硝催化剂，行业内的研究方向主要为有价金属元素回收，但其成本较高，工业化规模还未形成[17]，河钢集团正在研究废 SCR 脱硝催化剂回收利用技术，将其通过钠化浸出、过滤洗涤得到富钛料和含钒钨浸出液，净化分离钒、钨、钛等产品，其中得到的初级钛白粉产品，可作为产品出售，也可进一步加工为氟钛酸钠（钾），作为生产钛合金的原料。目前该技术处于实验室基础研发及公斤级试验研究阶段。

2.3.4　其他废旧材料资源化技术

对炼钢、连铸、热轧、棒线材产生的废耐火材料，以及炼铁产生的废沟底等工业垃圾进行统一回收。其中耐火砖可用部分可进行回用，剩余耐火材料另行加工用于建筑行业，如作骨料使用，或用于铺路、填坑等。炼铁废沟底可用于填坑铺路。

铁红用作磁性材料。各生产机组产生的废润滑油、液压油以及水处理系统收集的废油送油脂厂处置。烧结机配套建设全烟气活性焦吸附净化装置，产物 98%硫酸外卖化工企业。

2.3.5　副产物资源化技术应用效果

以循环经济理念为指导，开发固废资源综合利用系统，对全公司全过程污染物的产生、收集、净化、排放，对全厂固废、危废从源头、运输、利用到处置进行系统管控，提升管理效率，含铁资源全部实现循环利用。各类固废副产物及废物实现全部综合利用，位居行业先进水平。

2.4　水资源高效利用技术应用实践

唐钢老区的水处理中心已达到行业先进水平，实现了城市中水作为生产用水唯一补充水源，解决了企业和城市争夺水资源的问题，每年节约深井水和地表水约 2450 万立方米，相当于 50 万人口城市 1 年用水量。在零排放理念的指导下，唐钢新区建设 1 座水处理中心，通过废水零排放技术和厂内更加完善的循环水系统实现更高指标的水资源高效利用。

2.4.1　废水零排放技术

全厂设计取水量 5400 m^3/h，其中 3500 m^3/h 作为生产新水直接使用，1900 m^3/h 用于一级和二级除盐水制备。循环水系统在运行中产生的排污水经过污水管网输送至水处理中心，经废水预处理系统、深度处理系统、浓盐水处理系统的处理后，排污回水 95%以上的废水制备成一级除盐水回用到循环水系统，剩余浓盐水用作冲渣水，废水预处理、深度处理工艺流程如图 2 和图 3 所示。全厂水处理中心另设离子交换系统，为全厂提供一级和二级除盐水，用于软水系统和锅炉补水，满足生产要求。

预处理采用格栅调节池+提升泵站+高密池+V 型滤池工艺，深度处理采用多介质过滤器+超滤+反渗透工艺[18]，其中反渗透浓水和离子交换再生废水为高盐废水，水量较大，直接排放会对水体产生严重的污染，因此选用最新的浓盐水处理工艺。采用曝气生物滤池+高级臭氧氧化耦合工艺去除高盐水中有机物，通过弱酸性离子交换去除高盐水中硬度组

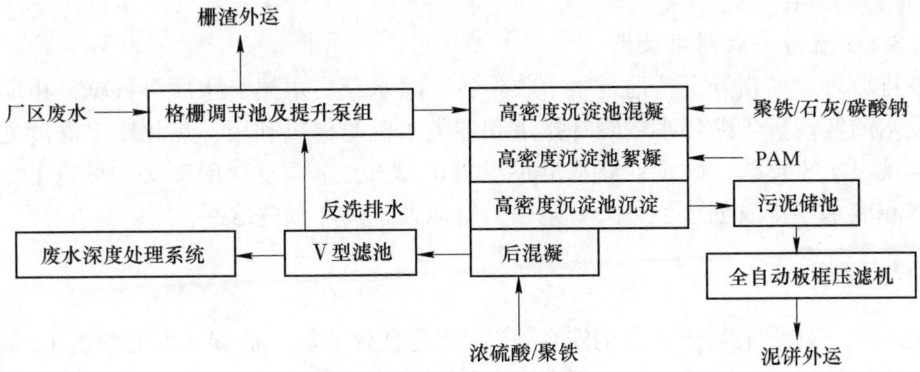

图2　废水预处理系统工艺流程

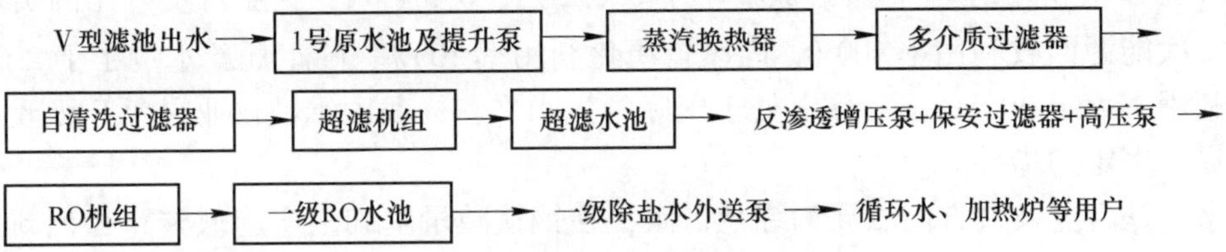

图3　废水深度处理系统工艺流程

分，浓缩单元采用DOW化学最新的抗污染产品对预处理后的浓盐水两级浓缩，得到的产品水作为合格的生产消防水回用至系统。通过浓缩减量处理后，极大程度地降低了废水量，最终得到的少量高浓废水用于钢渣、水渣处理，实现全厂废水零排放。

主要技术创新点：(1) 新型双室浮动床等绿色脱盐技术浓盐水产生率小于3%；(2) 水处理工艺水泵、加药泵中广泛应用变频控制技术，节能节药15%；(3) 储池类应用PE板专利防腐技术代替传统玻璃钢、环氧煤沥青等，防腐效果显著；(4) 在能源管控中心智能调度下，各种废水全部回收、梯级利用，实现了废水零外排。

2.4.2　焦化污水的深度处理技术

焦化废水中含有酚、氰化物、油类以及氨等有害物质，处理存在困难[19,20]，应单独设置深度处理设施，以避免影响总废水处理中心水质。

唐钢新区焦化污水处理能力为360 t/h，废水回收率不小于90%。废水主要由蒸氨废水、低浓度焦化废水、循环排污水组成，主要工艺设施包括预处理（气浮）、生化处理系统、深度处理系统、污泥处理系统。主要核心技术及装置包括：(1) 生化池，核心技术是序批式生物倍增，生化池由SSND（间歇式同步硝化反硝化池）和DBMP（反硝化协同生物倍增池）组成；(2) 催化氧化反应塔，核心技术是均相催化氧化，催化氧化技术是集化学混凝、催化氧化及絮凝沉淀于一体的优良处理技术；(3) 锰砂及多介质过滤，锰砂过滤器在垫层上设置穿孔曝气管道，添加除铁锰砂，通过降流过滤，主要清除悬浮物、机械杂质、有机物，降低水的浑浊度，吸附去除水中色度、余氯胶体及铁离子等；(4) 超滤装置，由自清洗过滤器、超滤装置、反洗系统、加药系统、化学清洗系统、超滤产水箱等组成；(5) 离子交换器，核心技术是高效树脂软化；(6) EDR+RO装置，核心技术是EDRO组合脱盐，EDRO是一种将反渗透和电渗析有机联合使用的耦合技术，采用反渗透-浓水反渗透-电渗析连用工艺。

2.4.3　水资源高效利用效果

在零排放理念的指导下，通过集中收集各工序水量、水温、水质等数据，由能源管控中心根据水质实现科学循环水错峰补排水和各类水资源梯级利用，焦化废水深度处理全面净化，实现废水零排放，吨钢耗新水量小于 2.0 m^3/t，水重复利用率 98.5%以上，为冶金企业节水和废水零排放创造了一条新途径，整体处于国际领先水平。

3　结论与展望

本文围绕“建设最具竞争力钢铁企业”，建造高效节能、低碳环保的绿色工厂的目标，从唐钢新区能效提升、超低排放、固废资源化利用、水资源高效利用 4 个方面介绍了大型化、连续化设备及配套的一系列全流程节能环保技术，实现吨钢综合能耗 532.6 kgce/t，吨钢 SO_2 排放量和吨钢烟/粉尘排放量小于 0.6 kg/t、0.5 kg/t，企业自发电比例实现 80%以上，二次能源回收利用率 100%，固废资源化利用率 100%，吨钢耗新水量小于 2.0 m^3/t，水重复利用率大于 98.5%，整体上处于国际领先水平，为我国钢铁行业绿色升级改造及绿色生产提供一定的指导。

未来钢铁行业发展方向主要为绿色低碳，在钢铁减量基础上实施低碳路径创新，推动流程变革，以实现结构性减碳；通过能源技术创新构建多元能源结构体系；探索非常规污染物如高炉煤气有机硫、烟气中 CO 的减污降碳技术研发与示范；扩大固体副产物在多领域的协同处置及固碳方面的技术开发与示范，推动我国“双碳”目标的达成。

参考文献

[1] 中国钢铁工业协会. 2021 中国钢铁工业年鉴［M］. 北京：中国钢铁工业年鉴社，2021.

[2] 段文娇，郎建垒，程水源，等. 京津冀地区钢铁行业污染物排放清单及对 $PM_{2.5}$ 影响［J］. 环境科学，2018，39（4）：1445-1454.

[3] 王新东，田京雷，宋程远. 大型钢铁企业绿色制造创新实践与展望［J］. 钢铁，2018，53（2）：1-9.

[4] 王广，张宏强，苏步新，等. 我国钢铁工业碳排放现状与降碳展望［J］. 化工矿物与加工，2021，50（12）：55-64.

[5] 柯菲，高雅萱，张倩，等. 钢铁企业余热资源回收利用技术现状综述［J］. 机电信息，2021（19）：62-65.

[6] 张建良，尉继勇，刘征建，等. 中国钢铁工业空气污染物排放现状及趋势［J］. 钢铁，2021，56（12）：1-9.

[7] 于勇，朱廷钰，刘霄龙. 中国钢铁行业重点工序烟气超低排放技术进展［J］. 钢铁，2019，54（9）：1-11.

[8] 国家发展改革委、科技部、工业和信息化部，等. 关于“十四五”大宗固体废弃物综合利用的指导意见［J］. 再生资源与循环经济，2021，14（4）：1-3.

[9] 刘奕杰. 钢厂废水零排放实践与探索［J］. 冶金动力，2014（5）：68-70.

[10] 王新东. 以“绿色化、智能化、品牌化”为目标规划设计河钢唐钢新区［J］. 钢铁，2021，56（12）：1-9.

[11] 李建新，王新东，李双江. 河钢炼钢技术进步与展望［J］. 炼钢，2019，35（4）：1-7，52.

[12] 王新东，侯长江，田京雷. 钢铁行业烟气多污染物协同控制技术应用实践［J］. 过程工程学报，

2020，20（9）：997-1007.

［13］王新东，李建新，胡启晨．基于高炉炉料结构优化的源头减排技术及应用［J］. 钢铁，2019，54（12）：104-110，131.

［14］何坤，王立．中国钢铁工业生产能耗的发展与现状［J］. 中国冶金，2021，31（9）：26-35.

［15］李超群，徐文青，朱廷钰．烧结烟气循环技术研究现状与发展前景［J］. 河北冶金，2019（S1）：1-6.

［16］吴跃东，彭犇，吴龙，等．国内外钢渣处理与资源化利用技术发展现状综述［J］. 环境工程，2021，39（1）：161-165.

［17］余岳溪，廖永进，李娟，等．废弃 SCR 脱硝催化剂无害化处理的研究进展［J］. 环境工程，2016，34（6）：136-139.

［18］尹星，安莹，包勇超，等．钢厂废水深度处理工程设计［J］. 环境工程，2018，36（5）：58-60，67.

［19］郝馨，付绍珠，于博洋，等．焦化废水处理难点、新型技术与研究展望［J］. 土木与环境工程学报，2020，42（6）：153-164.

［20］刘剑平，赵娜，肖林，等. BAF 处理焦化尾水和钢厂杂排水的研究［J］. 环境工程，2010，28（4）：13-17.

河钢唐钢新区数字化绿色智能工厂的设计与实施①

王新东[1]，李　铁[2]，张　弛[1]，李传民[2]，薛军安[1]，
李晓刚[1]，薛颖建[2]，王永涛[2]
（1. 河钢集团有限公司，河北 石家庄 050023；
2. 中冶京诚工程技术有限公司，北京 100176）

摘　要：河钢唐钢新区是河北省钢铁企业转型升级、结构调整的示范工程，是河钢集团全力推动高质量发展的行动体现。项目以“绿色化、智能化、品牌化”为建设目标，通过对全流程进行解析与集成，科学匹配工序单元，采用最先进的流程界面技术，实现钢厂“动态-有序”“协同-连续”的精准设计；实施三维数字化设计，通过能量流与物质流高效耦合，将数字化信息流贯穿于钢铁生产全流程，实现信息化系统与物理系统融合设计；通过采用最先进的能源环保技术和设施，实现行业最严排放标准和最高的能源利用效率，全力打造流程型数字化绿色智能工厂。

关键词：钢厂设计；数字化；绿色化；界面技术；智能工厂

0　引言

随着“供给侧结构性改革”深入推进，优化产业布局的力度加大，为钢铁企业实施转移和重组升级带来了重要发展契机。河钢唐钢新区项目作为河北省钢铁产业沿海布局和产业升级的主要项目，在规划之初，按照绿色工厂、智慧工厂的架构进行设计，从规划、论证、开发到测试逐步成型，从工序功能解析优化、界面衔接优化、全流程协同优化入手，以实现“高产、低耗、高效、绿色、智能”为设计目标，全面发挥绿色化、智能化、品牌化的未来工厂优势[1-5]。

项目采用冶金长流程，设计炼铁产能 732 万吨、炼钢产能 747 万吨、轧钢一次材 710 万吨，其中热轧板带 410 万吨，优特钢长材 300 万吨，项目预留发展空间，将适时筹划产线结构调整和产业链延伸项目。主要系统配置为无人化智能原料场、2 台 360 m^2 烧结机、2 台 760 m^2 球团带式焙烧机、3 座 2 922 m^3 高炉、2 座 200 t 转炉、1 座 200 t 脱磷炉，3 座 100 t 转炉、1 条 2050 mm 热轧生产线、2 条高速线材生产线、2 条棒材生产线、1 条型钢生产线，冷轧配 2030 mm 酸轧联合生产线 1 条、连退生产线 1 条、热镀锌生产线 2 条。

产品定位于高端及高品质的热轧卷、酸洗冷轧深加工、优特钢长材等 3 大系列的产品，具备生产汽车板、管线钢、耐候钢、轴承钢、弹簧钢等 15 类高端特色产品，形成河钢的品牌效应。

① 原文发表于《河北冶金》，2021（7）。

1 数字化智能工厂的架构设计

河钢唐钢新区智能工厂建设以冶金流程学为理论基础，以实现整体制造生产流程及单元工序和装置的功能-结构-效率优化为目标；通过优化空间与平面布置、时间和时序安排与控制、排放（或循环）控制等途径，促进冶金生产过程中物质流、能量流、信息流效率的提高[6,7]。

建立钢铁企业智能制造典范，采用对包含所有工艺、制造过程、供应链进行集中监控和管理的先进制造方式；形成设备级、单元级、车间级、工厂级、企业级等协同体系，实现设计、生产、质量、能源、物流、销售、服务等功能块的智能制造管控模式[8]。

以物联网、互联网、云计算、大数据等新技术与先进钢铁流程的深度融合应用为基本路径，提升制造过程、全供应链管控、分析决策过程的智能化水平，构建集智能装备、智能工厂、智能互联于一体的智能制造体系。

通过实现产销一体化智能协调以及跨专业业务有效协同，提高管理效率和作业执行效率；实现全工艺过程的模型化及智能装备在产线的广泛应用，大幅提高操作过程的自动化。图1为河钢唐钢新区智能制造一体化系统功能架构。

2 实施方案与工厂建设

2.1 智能工厂的实施方案

河钢唐钢新区依托“中国制造2025”指导方向，基于钢铁流程是物质流在能量流驱动下按照设定程序沿着特定流程网络动态有序运行的本质特征，将信息化系统与物理系统融合起来设计，构建一种强化流程协同、多目标优化和各层级互联互通的五级智能制造一体化系统，打造国内钢铁企业智能制造的标杆外[9-14]。

2.1.1 统筹管控、智能决策

建立综合管控中心，由管控中心对组织内外的各种信息进行统一的加工处理，所有综合控制指令全部由管控中心统一下达。智能的生产监控和动态调度指挥，呈现出整个工厂的关键数据和图表，对生产、设备、质量、销售、物流、能源、环保等生产经营信息做到全局管控、实时响应，形成智能分析决策。通过综合管控中心的建立，高效协同各单元之间的生产组织、物料平衡、能源平衡和物流等不平衡问题，使得单元间信息高度畅通，指令明确统一，显著提高整个企业的决策速度和运行效率。

同时，综合管控中心改进工作习惯，用数据分析和数据决策，用数据进行思考和管理，形成的数字经营氛围，促进了河钢唐钢新区软实力的提升，助推了“数字化唐钢”的实现。

2.1.2 精益生产、工序协同

以综合设备、生产工艺、质量、物料、能源和物流等时间和空间数据为基础，以连续紧凑-动态协同运行为目标，优化资源调配、调度指挥和计划排程，提高生产过程精确可控性；工序协同要处理好工序关系集合的相关关系，如：间歇工序与连续工序，低温工序与高温工序，串联工序流程与并联工序流程，上游工序与下游工序，以及推力工序、缓冲工序和拉力工序等之间关系。形成企业内部各个制造单元之间的工序协作计划，产生实时

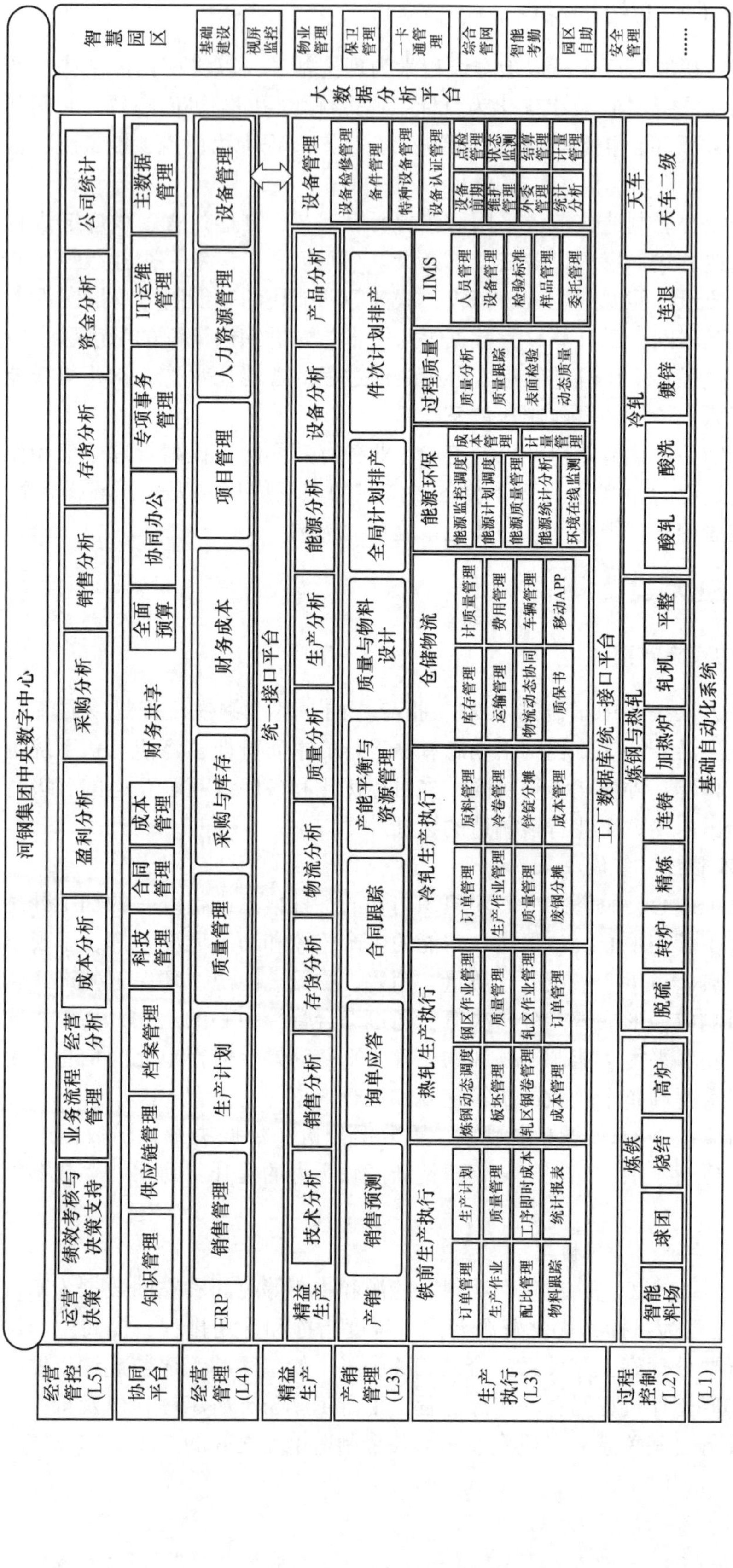

图1　智能制造一体化系统功能架构

可视化看板，对各工序运行质量、设备状态、作业时间等因素引起的节奏变化进行计划安排，处理日常协同管理。

通过在整个生产现场实施工序电子化看板，采用拉动方式组织生产，及时发现和解决生产过程中出现的工序间异常问题，减少了工序间等待，最大限度地保证了间歇运行工序（装置）服从连续性运行工序（装置）的原则，使间歇运行的各类工序融合到连续运行的节奏和行程中去，使间歇运行、准连续性运行和连续性运行的各类工序集成为一个准连续运行的系统，使区间流程集成并融合到整体生产流程中，进一步提高了整体生产流程准连续和连续程度，实现全流程生产节拍的高效稳定运行。

2.1.3　全局控制、精准执行

在现场执行层建立铁前、钢后、能源、设备、物流等若干相互刚性联系和互联互通的信息化系统，实现智能钢铁工厂业务功能落地和完整工序功能集合，同时按工序、界面和全流程协同运行等不同层级进行全范围信息数据采集。基于物料、订单等的各种控制信息与生产指令下发至各个子系统和人机界面，用于实时精准控制；反馈实时过程信息和生产进展，建立可用于物料、产品、订单、工序等各个维度的追溯数据链，支撑面向班组的精细管理和面向厂部的综合精益管理。

实现生产进度可视、安全库存预警、异常状态提醒、多维度报表、数据统计趋势分析、质量追溯等功能，在执行层达到全局控制、精准执行和持续评价的效果。

2.1.4　工艺模型、人工智能

河钢唐钢新区在工艺模型应用过程中，采用引进先进模型、自主开发和深度优化等方式，结合大数据、人工智能等，全面提高模型的控制精度。在铁前区域，应用智能料场管控系统和高炉专家系统等模型；在炼钢区域主要实施转炉一键炼钢、自动出钢和自动溅渣等智能化模型；在连铸区域实现动态二冷控制、动态轻压下控制、自动浇铸、智能板坯分级判定等模型；在热轧区域应用加热炉智能、智能轧钢模型、智能表面判定和性能预报等模型。通过各种智能模型的应用，实现了工艺的高精度控制和工序制造效率的大幅提升。

广泛推广机器人和无人装备等智能装备，如高炉无人抓渣天车、连铸浇铸平台无人化、成品无人天车等，实现高危及恶劣环境和可能对质量稳定性产生影响的操作无人化和智能化。

2.2　智能工厂建设

设计是工程信息的源头，对三维数字化设计来讲更是如此，三维数字化设计阶段产生的模型与信息是数字化、智能化工厂的数据基础[15]。项目中工艺、管道、电气、建筑、混凝土、钢结构等十余个专业，以“工厂对象”为核心，将工程设计、采购、制造、安装等阶段产生的数据，进行结构化处理，建立以“工厂对象”为核心的网状关系数据库，将工程建造全过程融合，构建工厂“数据地图”，形成搭建数字化工厂所需的企业静态资产数据。河钢唐钢新区数字化工厂，其管理范围覆盖原料、炼铁、炼钢、轧钢等生产工序，是钢铁行业内首个全流程数字化的应用典范，如图 2 所示。

数字化工厂从“工厂级、车间级、设备级”3 个层面打造。数字孪生工厂重点展现管理数字化和业务数字化，以三维工厂地图为基础，全面展现企业产线位置、工艺设备、能源管线等静态信息，全面集成公司的生产、设备、能源等动态业务数据，为河钢唐钢新区

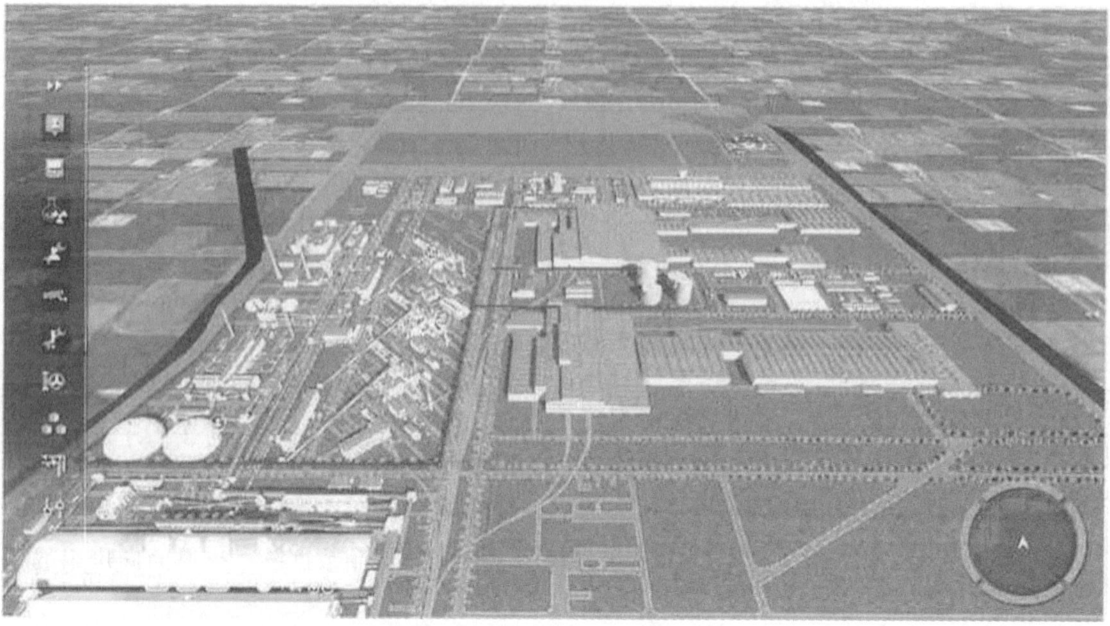

图 2　河钢唐钢新区数字化工厂

提供基于数字化的全方位服务；数字孪生车间主要面向工艺产线孪生，例如数字化的高炉以三维高炉模型为基础，动态集成高炉生产的实时过程数据，保证虚拟孪生高炉的运行数据、设备动作和现场实物完全一致，用创新的展示方式进行工艺过程监控；数字孪生设备以设备数字编码体系为核心，记录了设备从设计、制造、安装、运行、下线的全生命周期过程，每个实体设备都对应一个虚拟的数字孪生设备，数字化设备模型生产线位置、设计图纸、运维手册、维修点检记录、运转参数、历史故障信息实现全面的整合，进行设备故障的超前分析预测，实现预测性维护，保证设备运行稳定。

图 2 左侧功能条为导航菜单，从上至下依次为人员定位、仪表分布、危险源分布、巡检点、监控分布、故障点分布、物流管理、能源管线。底部菜单为地图快速导航和操作提示。

3 “界面技术”在河钢唐钢新区的应用效果

河钢唐钢新区从规划设计开始，就充分考虑新一代钢铁流程的整体优化设计和生产流程高效化管理，从高效能、低成本、稳定生产高品质钢材的钢铁产品制造功能出发，充分考虑钢铁制造流程具有的系统复杂性、生产连续性、管理协调性和发展整体性等特点，考虑如何在有限时间和空间内将复杂的钢铁生产工艺过程有机地融为一体，如何实现生产过程动态有序、连续紧凑和高效稳定等问题[15,16]。

在设计理念和工程设计方法等方面，项目从流程工程的层次去识别和解决问题。按照物质流、能量流、信息流的网络化设计理论，充分运用炼铁-炼钢、炼钢-连铸、连铸-轧钢“界面技术”，在设计上追求物质流衰减值最小化，能量流损失最小化，过程排放量最小化，过程时间最小化及过程空间路径最小化。本文重点描述板带生产流程单元，及其冶金流程工程理论的设计理念和智能制造流程的实际应用效果[17-19]。

3.1 炼铁-炼钢界面

炼铁-炼钢界面从工程设计上进行了集成创新。基于高炉-铁水预处理之间的时空关系充分研究，高炉和炼钢厂空间布置紧凑，铁路运输线路短、物流顺畅，铁水包实现快速周转；采用高精度高炉炉下铁水称量系统，确保铁水出准率；采用“一包到底”技术和全程铁包加盖技术，有效降低了重包和空包的温降，进而降低了铁水温度损失

河钢唐钢新区的前2座高炉于2020年9月和11月先后投产，该界面相关技术取得了良好的调试进展和使用效果。铁水包从高炉运输到炼钢厂 KR 脱硫站，运行距离 1.5~2 km，运输时间 18~25 min；炉下铁水称量出准精度±1 t，铁水包一包兑入转炉；平均铁水包周转率 3.7 次/天，目标 4 次/天以上；铁水到达 KR 脱硫站的铁水温度，全程加盖时在 1400 ℃以上；KR 脱硫站在高铁水温度和高活度状态下，脱硫周期在 35 min 左右，脱硫效率稳定高效，运行优势越来越明显。

3.2 炼钢-连铸界面

炼钢-连铸界面，将动态-有序、协同-连续作为炼钢厂设计和生产运行的指导思想[22]。在平面布置上，脱磷转炉与脱碳转炉采用双跨布置，避免相互干扰；2 个 RH 和 2 个 LF 分别对称布置于转炉和连铸的两侧，实现炼钢厂物流全局性的结构优化；钢水包全部全程加盖，有效降低空包和重包温降，减少钢水温度损失；钢区天车自动调度、跟踪和称量，实时动态监控钢水包的时空关系；构建智能化的炼钢生产指挥信息化系统，基于甘特图和动态运行规则，集成了炼钢计划动态调度管理、钢区天车自动跟踪调度系统、钢包动态管理系统、炼钢二级上下游协同温度、成分补偿模型等，建立起一套基于时空关系包含钢水温度、成分和生产节奏时间等的上下游协同优化的自感知、自决策、自执行、自适应的数字信息系统，有效实现工序“界面”运行过程及其参数的协同优化。

河钢唐钢新区的一炼钢厂自 2020 年 9 月投产以来，通过不断地调试、应用与完善，目前进展良好。脱磷炉正在总结半钢冶炼终点控制技术；脱碳转炉高效化生产，碳温度的双命中率在 90%以上，冶炼周期稳定在 35 min 左右，低碳、超低碳钢的碳氧积在 0.0017 左右；全部钢包全程加盖，钢水温降 20 t 左右；低碳、超低碳钢不使用 LF 升温工艺和 RH 铝氧升温工艺；推行连铸低过热度浇铸，过热度目标 20~25 ℃，恒拉速率 98%。

3.3 连铸-轧钢界面

在空间布置方面，充分考虑了连铸机高拉速、连轧机的轧程规范对复杂品种断面板坯上下线物流需求，对输送辊道、垛板台、卸板台、横移车、天车、板坯库面积和工序距离等进行物流优化设计；在工序衔接方面，将见料编排计划转变成工序作业预计划来进行钢轧一体化计划编制，实现对上下游工序生产计划的紧密衔接；在铸坯输送和储存管理方面，采用板坯库智能调度、加热炉装钢智能送坯，轧机节奏自动控制等智能化手段，从而实现板坯的精确定位和物流精确平衡；另外，在工艺控制、物质能源协同优化、劳动效率提升等多个方面，实现管控智能化、预测预警前瞻应变、业务协同等智能化应用，为实现交期按周交货提供有力保障；同时，在高效率轧制和高比例品种钢的前提下，热装温度大于 500 ℃，热装率达到 70%以上。

4 绿色节能环保技术在河钢唐钢新区的应用

河钢唐钢新区传承河钢唐钢“世界最清洁钢厂”的绿色钢铁理念，采用130多项行业先进的节能环保新工艺、新技术，执行比行业最严标准再降10%的环保标准，选用代表世界最先进的工艺设备，以提高各项生产技术经济和节能减排指标，同时各工序配套覆盖全流程系统节能技术措施和环保措施[23-25]。

采用的主要节能环保技术包括[26-28]：

（1）铁精粉采用管道长距离输送到厂内料库，输送距离70 km；

（2）物料采用全封闭无泄漏皮带机输送，皮带通廊长48 km，管道总长271 km；

（3）全封闭智能化无人料场；

（4）球团采用国内最大的带式焙烧机技术；

（5）球团烟气和烧结烟气治理采用活性焦工艺和循环流化床+ SCR脱硝工艺；

（6）烧结采用烟气循环新技术；

（7）烧结机采用余热回收技术，吨矿发电22 kW · h；

（8）炼铁采用高比例球团冶炼技术和炉顶均压煤气回收工艺；

（9）高炉水渣采用水渣细碎技术；

（10）铁水运输采用一罐到底+铁水罐全程加盖技术；

（11）高炉煤气采用干式除尘+干式TRT技术，吨铁发电量48 kW · h；

（12）炼钢采用干法煤气净化系统，设置二次除尘系统及屋面除尘系统；

（13）转炉余热余能回收技术：吨钢回收煤气120 m^3、吨钢回收蒸汽90 kg；

（14）钢水罐采用全程加盖技术；

（15）连铸坯采用热装热送技术；

（16）钢渣采用新一代辊压热闷处理技术；

（17）棒材采用直轧技术；

（18）采用加热炉余热回收技术，吨材能源回收量为6 kgce/t；

（19）富余煤气采用高温超高压和亚临界发电机组发电，发电效率分别达37%和41%；

（20）全厂自发电比例90%以上；

（21）采用能源、环保、动力远程集控技术。

一系列节能环保技术的应用，使得河钢唐钢新区吨钢综合能耗在540 kgce/t钢以下，企业自发电比例达到80%以上，烟粉尘、SO_2、NO_x 的排放远远低于国家超低排放标准，二次能源回收利用率达到100%，节能环保指标达到行业领先水平。

5 结论

河钢唐钢新区绿色智能工厂的建成是河钢集团深入贯彻落实习近平总书记关于“坚决去、主动调、加快转”重要指示精神和河北省钢铁产业结构调整的具体实践；是河钢集团牢固树立创新、协调、绿色、开放、共享的发展理念，全面贯彻落实《中国制造2025》，将发展智能制造作为长期坚持的战略任务，实施智能制造的创新工程；也是河钢集团坚决贯彻落实新发展理念，全力推动高质量发展的行动体现。河钢唐钢新区项目的投产运营大幅提升了河钢集团核心竞争力和国际国内品牌效应。

河钢唐钢新区的绿色智能工厂建设过程，探索出了组织流程型钢厂的全流程绿色智能工厂建设实施方案，在智能化建设过程中积累了宝贵的设计、实施和应用经验。在工业互联网数据集成、混合模型与数据分析、多专业协同、多目标交互优化、智能机器人技术、无人化库区、全流程质量监控、工厂数据库、5G 智能点检等关键领域取得重要突破。绿色环保节能技术的应用使新建钢厂达到“世界最清洁钢厂”的水平。全面实现了河钢唐钢新区“绿色化、智能化、品牌化”数字化绿色智能工厂的建设目标。

河钢唐钢新区的设计和数字化绿色智能工厂实践获得了新一代钢铁联合企业制造流程的工序匹配、界面技术、数字化设计、数字化信息物理融合等宝贵经验；基于钢铁流程信息物理融合为指导思想，进行工序优化、界面衔接和全流程协同，建立了各工序运行规范、各工序协同联动管控规范，实现了全流程动态有序、窄窗口稳定运行，变经验生产为标准化、数字化、智能化生产，智能工厂的运行大幅提高了生产运行效率，提高了产品质量稳定性。同时在生产节奏、工艺控制、物质能源协同优化、劳动效率提升等多个领域，实现管控智能化、预测预警、业务协同，取得了丰富经验，为钢铁行业贡献了一座智能示范工厂。

参考文献

[1] 王新东．以“绿色化、智能化、品牌化”为目标规划设计河钢唐钢新区［J］．钢铁，2021，56（2）：12-14.

[2] 殷瑞钰，张福明，张寿荣，等．钢铁冶金工程知识研究与展望［J］．工程研究，2019（5）：438-440.

[3] 张福明，李林，刘清梅．中国钢铁产业发展与展望［J］．冶金设备，2021（1）：1-6.

[4] 于勇，王新东．钢铁工业绿色工艺技术［M］．北京：冶金工业出版社，2017.

[5] 王新东，李建新，刘宏强，等．河钢创新技术的研发与实践［J］．河北冶金，2020（2）：1-6.

[6] 殷瑞铉．工程科学与冶金学［J］．工程研究-跨学科视野中的工程，2020，12（5）：435-437.

[7] 张福明，敬建新．冶金流程工程学的典型应用［J/OL］．钢铁．https：//doi. org/10. 13228/j. boyuan. issn0449-749x. 20210084.

[8] 陈明．智能化系统在钢铁企业原料场中的应用研究［J］．工程技术研究，2019，4（1）：6-8.

[9] 王新东，闫永军．智能制造助力钢铁行业技术进步［J］．冶金自动化，2019（1）：1-3.

[10] 刘景钧．践行两化融合打造数字化、智能化钢铁企业—河钢唐钢两化融合做法成效及经验［J］．冶金管理，2015（12）：30-32.

[11] 李新创．智能制造助力钢铁工业转型升级［J］．中国冶金，2017，27（2）：1-5.

[12] 王新东．科技创新助力河钢打造最具竞争力钢铁企业——河钢“十三五”科技创新回顾［J］．河北冶金，2021（3）：1-5.

[13] 秦歌．基于智能制造的机电一体化技术发展探究［J］．河北冶金，2020（8）：39-41.

[14] 姚林，王军生．钢铁流程工业智能制造的目标与实现［J］．中国冶金，2020，30（7）：1-4.

[15] 张鹤，曹建宁，王永涛，等．数字化工厂与数字化交付的技术探讨［J］．中国建设信息化，2020，（16）：76-77.

[16] 中冶京诚新一代钢铁工业智能制造整体解决方案［N］．中国金属导报，2018-11-13（B04）.

[17] 周继程，上官方钦，丁毅，等．钢铁制造流程“界面”技术与界面能量损失分析［J］．钢铁，2020，55（12）：99-103.

[18] 王新东，常金宝，李杰．小方坯连铸-轧钢“界面”技术的发展与应用［J］．钢铁，2020，55（9）：125-128.
[19] 杨建平，张江山，刘青．炼钢-连铸区段3种典型工序界面技术研究进展［J］．工程科学学报，2020，42（12）：33-35.
[20] 雷浩洪，吕凯辉．炼铁-炼钢界面布局紧凑模式［J］．中国冶金，2021，31（4）：64-65.
[21] 魏强．“一包到底”工艺在中小钢铁企业的应用［J］．山西冶金，2016，39（4）：30-31.
[22] 王国栋，储满生．低碳减排的绿色钢铁冶金技术［J］．科技导报，2020，38（14）：68-70.
[23] 王新东，田京雷，宋程远．大型钢铁企业绿色制造创新实践与展望［J］．钢铁，2018，53（2）：1-3.
[24] 曹华军，李洪丞，曾丹，等．绿色制造研究现状及未来发展策略［J］．中国机械工程，2020（2）：135.
[25] 殷瑞钰．新世纪以来中国炼钢-连铸的进步及命题［J］．中国冶金，2014，24（8）：1-4.
[26] 王新东，田鹏，张彦林，等．全智能无人化料场在河钢唐钢新区的工程实践［J］．河北冶金，2021（5）：36-38.
[27] 张福明，张卫华，青格勒，等．大型带式焙烧机球团技术装备设计与应用烧结球团［J］．烧结球团，2021，46（1）：66-67.
[28] 徐海强，王胜，郭土荫，等．钢包钢水保温技术效果对比［J］．河北冶金，2020（3）：61-65.

基于支持向量机的高炉煤气利用率预测建模①

江德文[1]，王振阳[1]，戴建华[1]，周新富[1]，王新东[2]，张建良[1,3]

（1. 北京科技大学冶金与生态工程学院，北京 100083；
2. 河钢集团有限公司钢铁技术研究总院，河北 唐山 063000；
3. 昆士兰大学化学工程学院，澳大利亚 圣卢西亚 QLD4072）

摘　要：煤气利用率是反映高炉能耗和平稳运行的重要指标。为了实现对高炉煤气利用率的准确预测，首先依据最大信息系数选择合适的输入参数，分别选取次于该状态参数时刻1 h和2 h后的煤气利用率作为输出参数，并在建模之前对数据进行标准化处理。在此基础上建立基于支持向量回归（SVR）的高炉煤气利用率预测模型，并利用高炉的部分生产数据将该模型的预测结果与多层感知器（MLP）模型进行对比。最终预测结果表明，SVR 模型在预测1 h和2 h 后的煤气利用率时精确度更高，达到了更好的预测效果。

关键词：高炉；煤气利用率；支持向量回归；多层感知器；节能降耗

随着节能降耗和环保减排的重要性[1]日渐凸显，国内钢铁企业不断尝试降低能耗和污染物排放[2]。高炉冶炼过程中，铁矿石和焦炭按一定比例从顶部送入高炉，铁矿石和焦炭在高炉内部会发生反应，同时，风口的热风吹入高炉，促进高炉内部的化学反应，形成向上的煤气流[3]。铁矿石在高炉内部高温高压条件下与一氧化碳和固体碳反应，生成铁水、矿渣和高炉煤气等产品[4]。高炉煤气在高炉顶部被收集并回收利用。高炉煤气流在炉内经过三次分布，为炼铁反应提供热能和化学能[5]，直接影响到还原过程所需的焦比、燃料比和其他指标[6]。高炉煤气利用率（GUR）在一定程度上表征了高炉的能耗水平、气流分布的合理性和高炉的运行状态[7-9]，同时，它也是降低消耗、评估生铁质量和提高高炉产量的重要指标之一[10]。然而，高炉是炼铁过程中的黑箱，具有时滞、动态变化和生产生铁的复杂性[11]，高炉的这些特性导致高炉操作者无法及时掌握高炉煤气利用率、煤气分布和其他状态参数的信息。

对于高炉煤气利用率、煤气分布及高炉其他状态参数的预测研究，相关学者采用的方法主要包括基于冶金机理分析的机理模型[12-14]、基于仿真软件的模拟仿真方法[15,16]以及基于数据驱动的机器学习建模方法[17-22]。但是，这三种方法的计算和公式都基于一些假设，它们的边界条件难以确定，计算复杂，目前尚未被钢铁企业普遍使用。近年来，随着传感元件和检测元件的大规模应用，钢铁企业已经积累了大量的生产数据，使用数据驱动和机器学习技术，可以更准确地预测煤气利用率和其他参数。因此，本文结合庞大的生产

---

① 原文发表于《中国冶金》，2021，31（4）。

数据和机器学习算法，基于支持向量回归为高炉煤气利用率建立了准确的预测模型，可为高炉生产提供一定的指导。

1　高炉煤气利用率相关数据预处理

本文涉及的数据来自国内某 4150 m^3 高炉在运行过程中所采集到的实际数据，间隔 1 h 对数据进行采样，并由此获得了 25902 个数据样本。采样期间存在着正常炉况和异常炉况等冶炼状态，因此所采用的数据具有代表性，采用此种数据构建的模型更具有真实性和可移植性。本文研究过程中所涉及的高炉相关参数可分为两类：（1）高炉状态参数，包括压差、透气性阻力系数、透气性指数、中心强度（Z）、边缘强度（W）、强度比值（Z/W）、十字测温点温度、边缘均值、CO 量、CO_2 量、炉腹煤气指数、出水温度、煤气利用率；（2）高炉操作参数，包括风量、风压、顶压、氧量、风温、风速，理论燃烧温度、喷煤量、进水温度、鼓风动能。其中煤气利用率：

$$\eta_{CO} = \frac{V_{CO_2}}{V_{CO} + V_{CO_2}} \tag{1}$$

式中，V_{CO_2}、V_{CO}分别为 CO_2 和 CO 的体积。

高炉炼铁是一个复杂的反应过程，涉及焦化、烧结造块等工艺，炼铁过程中众多的化学反应都是在高温高压条件下发生的，因此采集到的数据存在一定的误差。小提琴图可以表征一个或多个变量的分布情况，它与箱形图十分相似，但可以更深入地了解数据的分布密度。同时，小提琴图特别适用于数据量巨大且无法显示个别观察结果的情况，这与本文中所使用的数据情况相符合。本文依据箱线图来判断异常值和极端值，考虑到炉况异常等特殊情况，文中只对极端值进行处理，处理方法为：若 t 时刻的值为极端值，则使用相邻间隔前后 2 h 的平均值来填充 t 时刻的值，比如 t 取 2，则用 $t-2$、$t-1$、$t+1$、$t+2$ 时刻的平均值作为极端值。

在将极端值替换后，原始数据和处理后的数据的小提琴图如图 1～图 4 所示，参数单位均为钢铁企业日常生产过程中所使用的标准单位。图 1～图 4 中，相同的字母表征同一种参数，横坐标为参数名，纵坐标为该参数经过数据处理前后的范围，每个参数在被预处理前后的对比被反映在图中，其中每幅图中白色的点为单个特征变量的中位数，细黑线为须，外部形状即为核密度估计。图 1～图 4 表明，直接从钢铁公司的实际生产过程中获得的数据中有许多异常值和极端值，每个特征参数的分布不均匀，且数据的离散化程度较大。在经过数据处理后，数据的极端值被替换，对比发现，处理后的数据分布更加集中，每个特征参数的分布更加均匀。

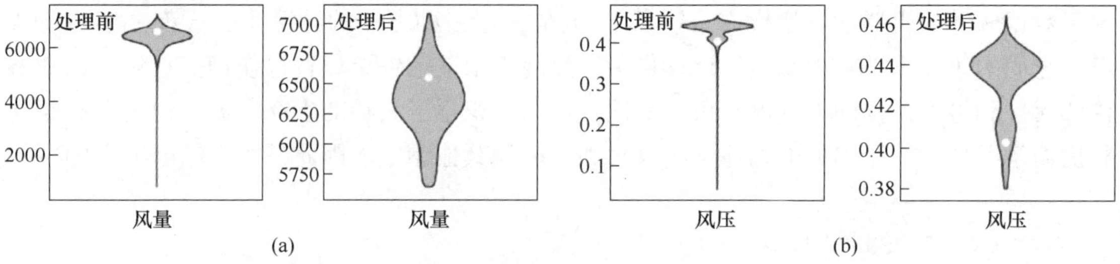

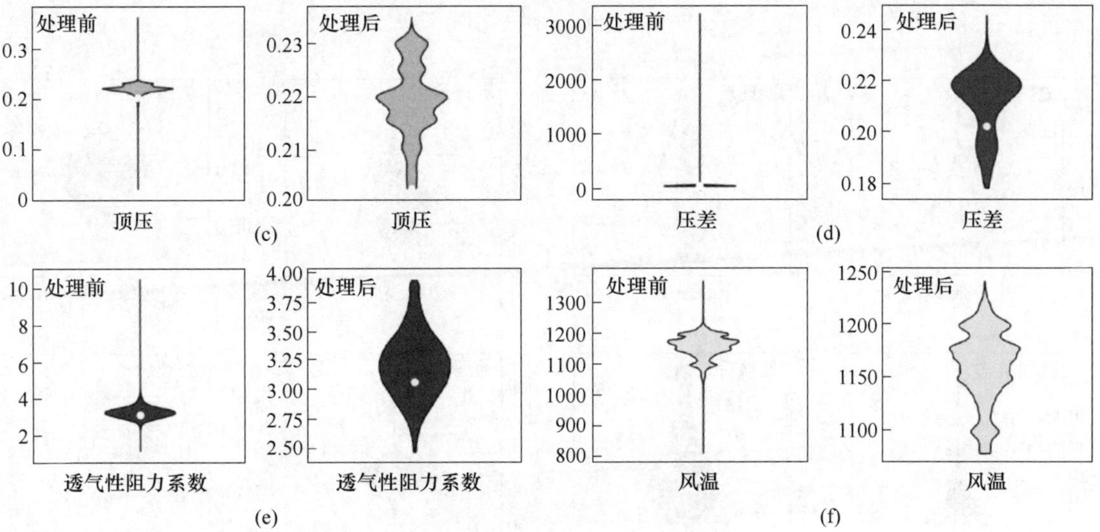

图 1　原始数据和处理后的数据对比

（a）风量；（b）风压；（c）顶压；（d）压差；（e）透气性阻力系数；（f）风温

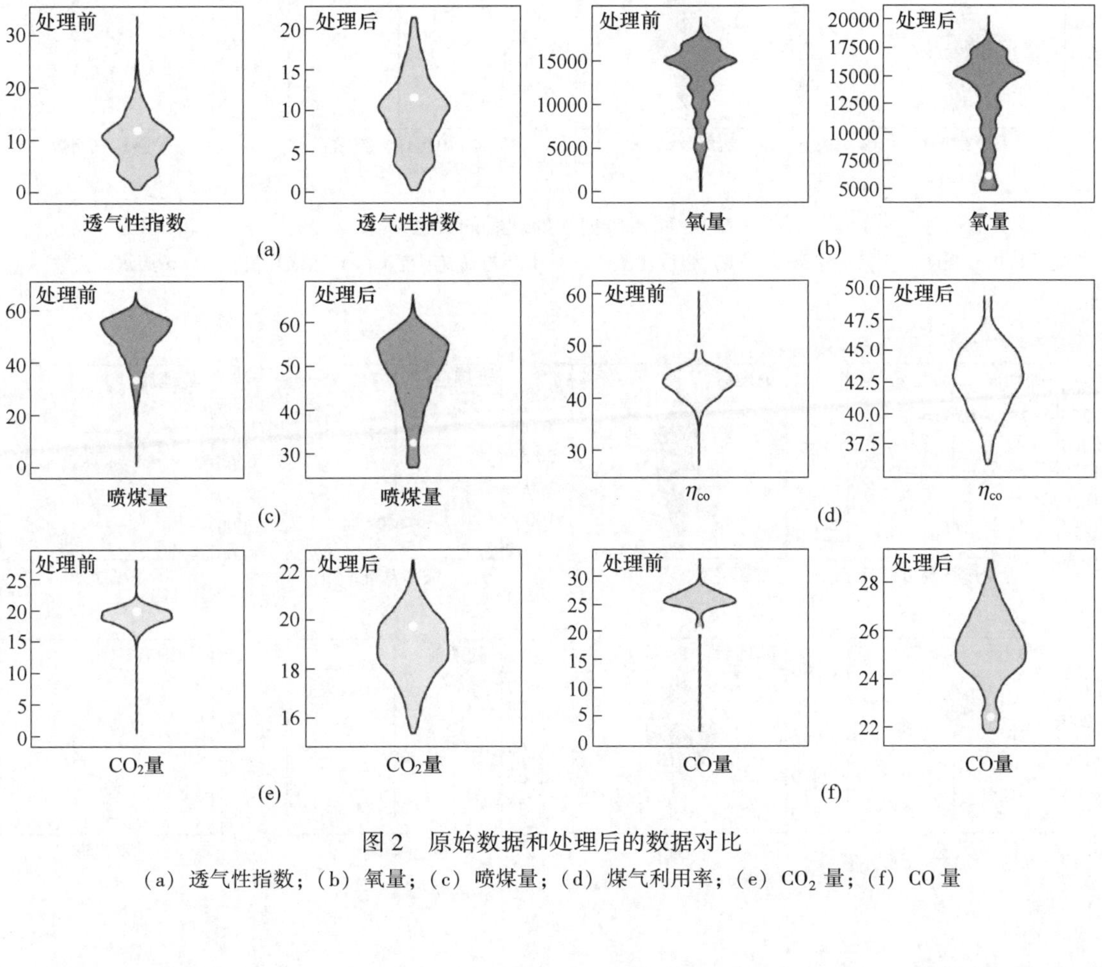

图 2　原始数据和处理后的数据对比

（a）透气性指数；（b）氧量；（c）喷煤量；（d）煤气利用率；（e）CO_2 量；（f）CO 量

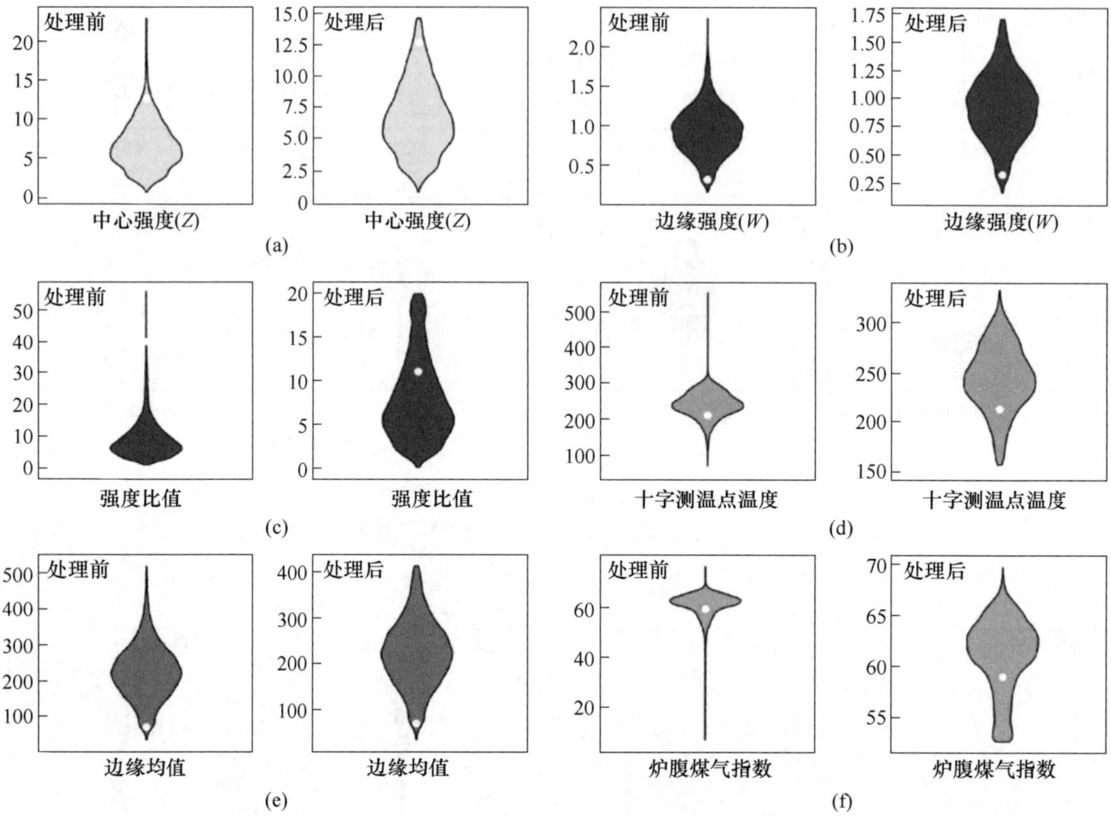

图 3　原始数据和处理后的数据对比

（a）中心强度；（b）边缘强度；（c）强度比值；（d）十字测温点温度；（e）边缘均值；（f）炉腹煤气指数

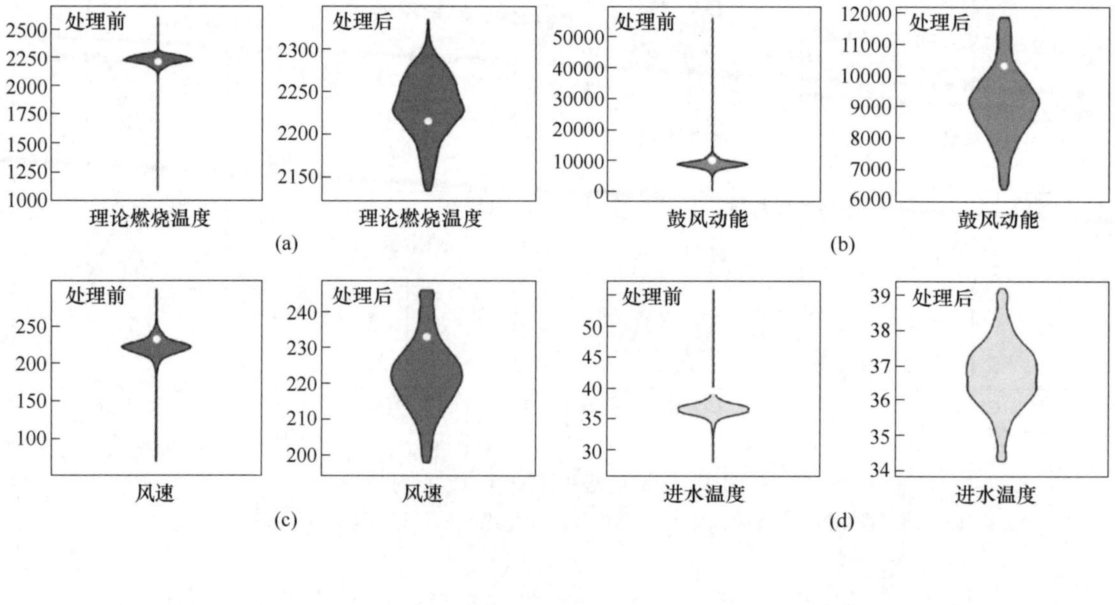

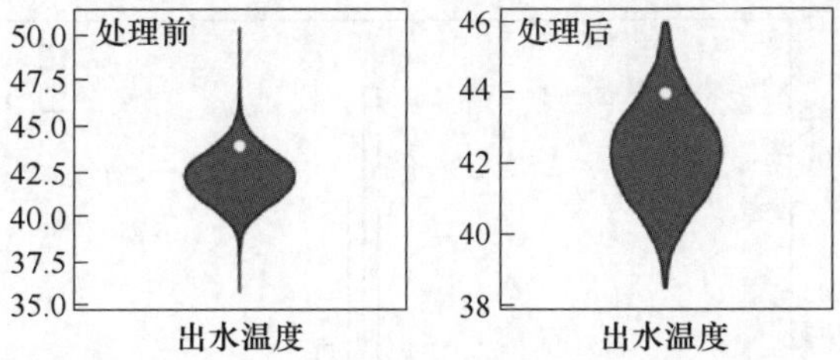

(e)

图 4　原始数据和处理后的数据对比

(a) 理论燃烧温度；(b) 鼓风动能；(c) 风速；(d) 进水温度；(e) 出水温度

2　支持向量回归建模

2.1　模型的参数选择

对于建模过程中输入参数的选择，可以结合现场操作人员的实践经验以及现有参数与煤气利用率的相关性来确定。对于相关性的衡量，此处使用最大信息系数（*MIC*）来表征。*MIC* 通过对连续型变量实施不等间隔的离散化寻优来挖掘非线性相关性，将当前连续型变量构成的二维空间在 X 和 Y 方向分别划分为一定的区间数，量化两个连续型变量之间的关联程度，并进一步通过标准化校正使得 $MIC(X;\ Y) \in [0,\ 1]$，在对输入和输出变量进行校正之后，变量之间的最大信息系数：

$$MIC(X;Y) = \max_{|X||Y|<B(X,Y)} \frac{I(X;Y)}{\log_2(\min\{|X|,|Y|\})} \tag{2}$$

式中　$I(X;Y)$ ——X 和 Y 的相互信息；

X，Y——X 和 Y 方向上划分网格的个数；

B——公式定义的变量，B 的值占数据总量的 0.6 或 0.55，本文取 0.6。

相互信息：

$$I(X;Y) = \sum_{x=X}\sum_{y=Y} p(X,Y)\log_2 \frac{p(X,Y)}{p(X)p(Y)} \tag{3}$$

式中　x，y——两个联系的随机变量；

$p(X,Y)$ ——联合概率密度分布函数；

$p(X)$，$p(Y)$ ——X、Y 各自的概率密度分布。

初步选取的特征参数的最大信息系数值如图 5 所示。

结合专家经验，本文最终选取 $MIC>0.1$ 的特征参数作为输入变量。因此，预测模型的输入参数为风压、顶压、压差、十字测温点温度、氧量、喷煤量、CO_2 量、CO 量、煤气利用率、炉腹煤气指数这 10 个特征变量。考虑到高炉炼铁过程中的滞后性，选择的输出变量分别为输入参数对应时刻 1 h 后的煤气利用率以及 2 h 后的煤气利用率值。

2.2　建模方法

针对如 $D=\{(x_m,y_m)\}$ 的数据样本，传统的回归预测一般试图获得形如 $f(x)=\boldsymbol{w}^{\mathrm{T}}x+b$

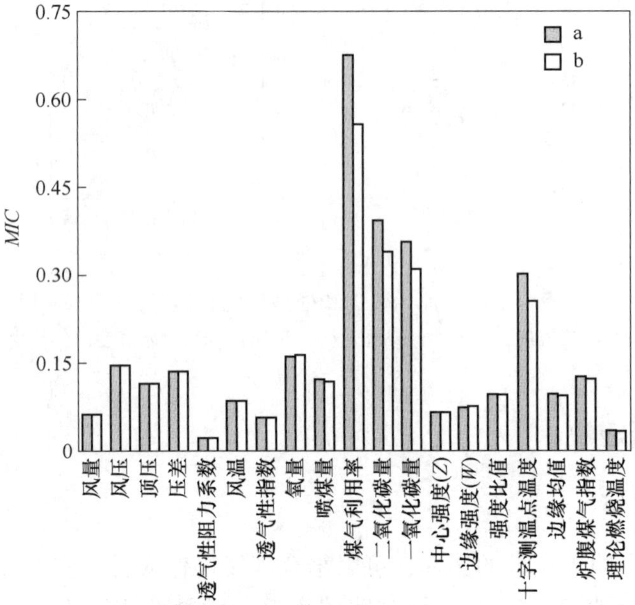

图 5　选取的特征参数的最大信息系数值

a，b—特征参数对应时刻 1 h 和 2 h 后的 MIC 值

的函数($f(x)$ 为预测值，$\boldsymbol{w}$ 为法向量，b 为位移项)，其优化过程是直接降低预测值$f(x)$ 与真实值 y 之间的差别，损失函数。

$$J(\theta) = \frac{1}{2}\sum_{i=1}^{m}(h_\theta(x_i) - y_i)^2 \tag{4}$$

式中　θ——优化损失函数的参数；

$h_\theta(x_i)$——第 i 个训练样本预测值；

x_i——第 i 个训练样本的输入参数；

y_i——第 i 个训练样本观测值。

对于 SVR 算法，仅当 $|f(x) - y| > \varepsilon$ 才计算损失，ε 为允许误差的间隔带宽度。若将 x 从低维空间映射到高维空间的特征向量表示为 $\boldsymbol{\Phi}(x)$，则高维空间划分的超平面模型：

$$f(x) = \boldsymbol{w}^{\mathrm{T}}\boldsymbol{\Phi}(x) + b \tag{5}$$

先以 $f(x)$ 为中心构建宽度为 2ε 的间隔带，若训练样本落入此间隔带，则认为是预测正确；再将核函数[17]引入 SVR，见式（6）。

$$f(x) = \sum_{i=1}^{m}(\hat{a}_i - a_i)\cdot k(x_i, x) + b \tag{6}$$

其中

$$b = y_i + \varepsilon - \sum_{i=1}^{m}(\hat{a}_i - a_i)\cdot k(x_i, x_j) \tag{7}$$

$\hat{a}_i$、a_i 均为拉格朗日乘子，$\hat{a}_i \geqslant 0$，$a_i \geqslant 0$；$k(x_i, x_j)$ 为核函数，核函数的选择如径向基核函数、线性核函数、多项式核函数或 Sigmoid 核函数，对于 SVR 的预测结果至关重要。通过对 SVR 的参数调优设置可以最终确定 SVR 预测模型[23]。

在建模之前，因为实际高炉生产数据的量纲、数值大小不同，这对于模型的预测效果有很大影响，因此在建模之前，除了需要对数据进行异常值处理之外，还需要对数据进行标准化处理。数据标准化处理可以确保每个特征的平均值为 0，方差为 1，使所有特征都位于同一量级，这也减少了异常数据对构建模型的影响。同时，模型的输出可以通过反标准方法对原始的输出参数进行还原。

3 模型预测结果对比检验

3.1 模型预测结果

为了实现高炉煤气利用率的准确预测，建立了 SVR 预测模型及 MLP 预测模型。模型在经过五折交叉验证后，当预测 1 h 后的煤气利用率时，预测模型的最佳参数为：核函数为 RBF 核函数，该核函数下对应的松弛变量系数即惩罚因子 C 值为 100，RBF 核函数中的参数 γ 为 0.01，MLP 模型的激活函数为 tanh 函数，设置的隐含层数量为 250 层。当预测 2 h 后的煤气利用率时，得到的预测模型最佳参数为：核函数为 RBF 核函数，该核函数下对应的 C 值为 1，γ 为 0.1，MLP 模型的激活函数为 Relu 函数，设置的隐含层数量为 250 层。

当预测参数为输入参数对应时刻 1 h 后的煤气利用率时，SVR 模型和 MLP 模型的前 180 组预测结果如图 6 和图 7 所示。由于测试数据量较多，因此以每 30 个样本点为一组，对比真实煤气利用率值与 SVR 模型预测值（见图 6），真实煤气利用率值与 MLP 模型预测值如图 7 所示。

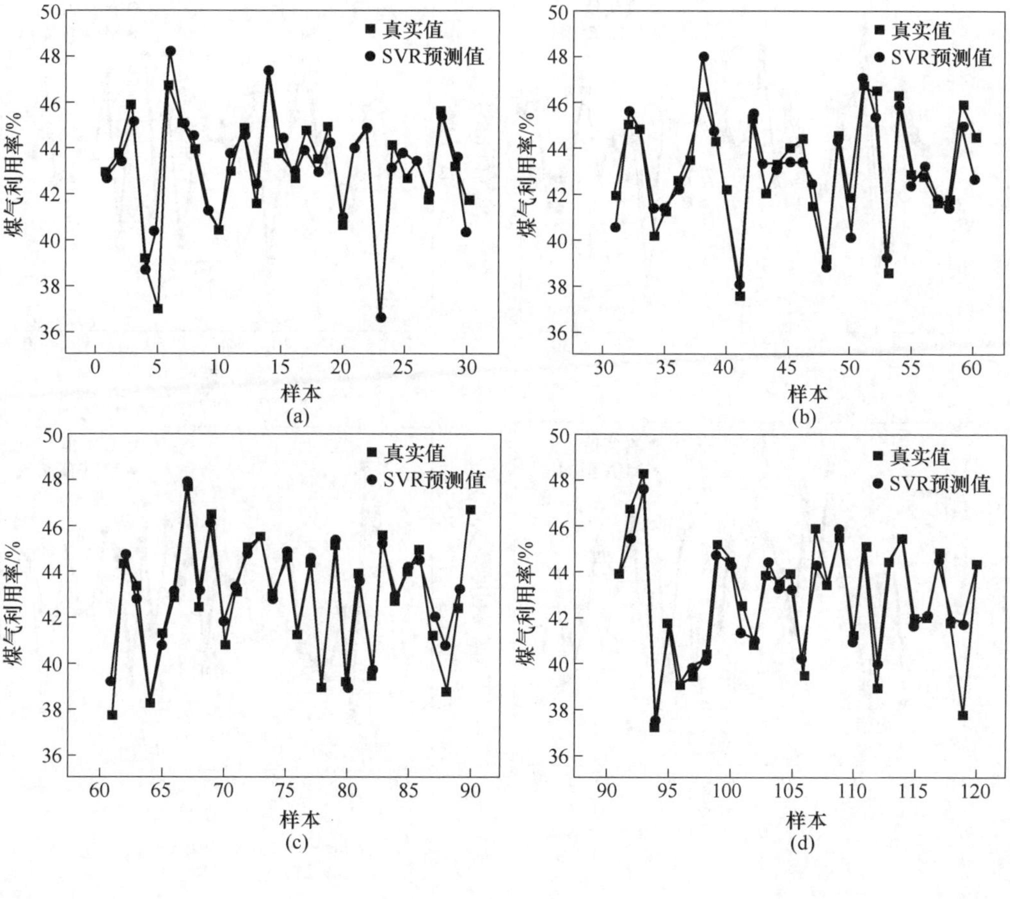

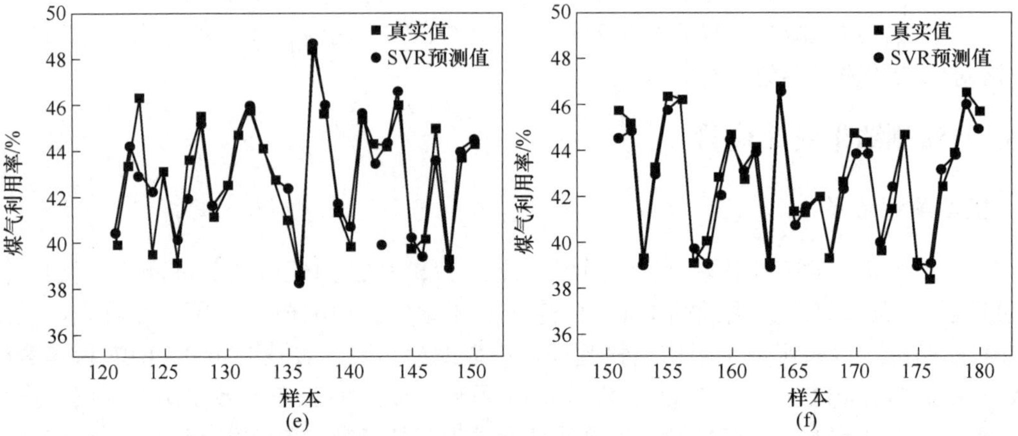

图 6　SVR 模型预测结果（预测参数为 1 h 后煤气利用率）

（a）前 30 个样本；（b）第 31~60 个样本；（c）第 61~90 个样本；（d）第 91~120 个样本；（e）第 121~150 个样本；（f）第 151~180 个样本

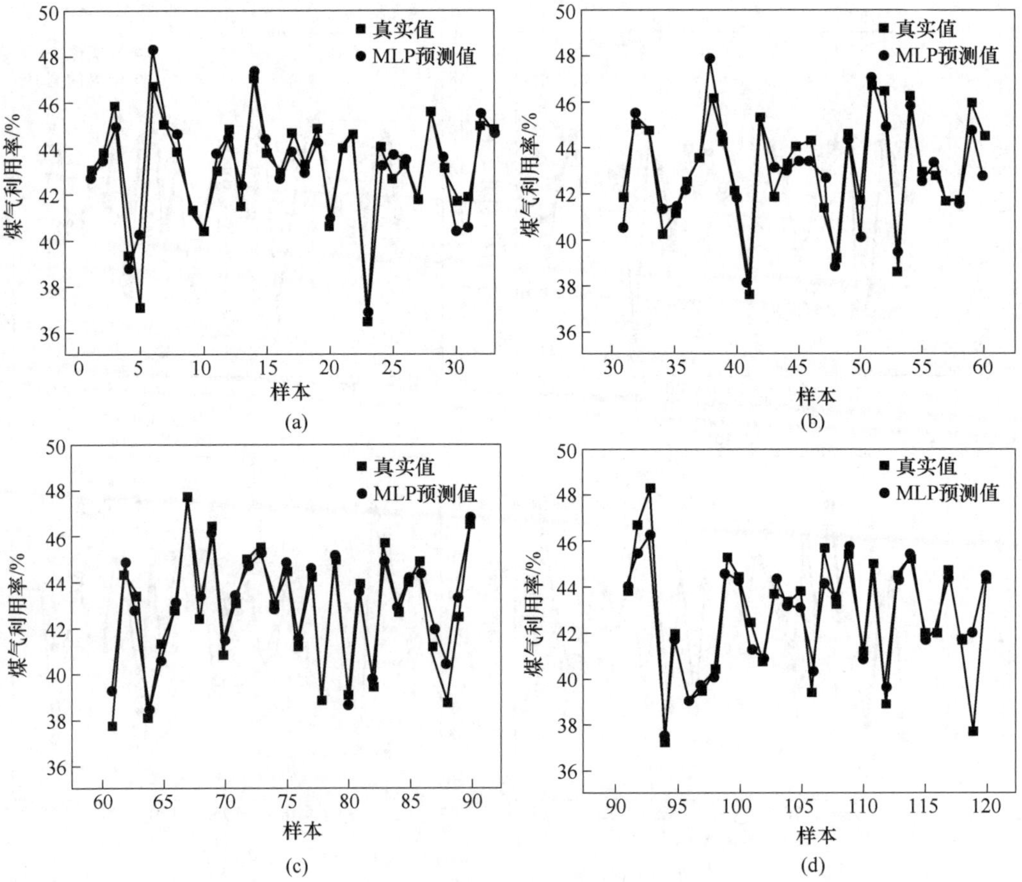

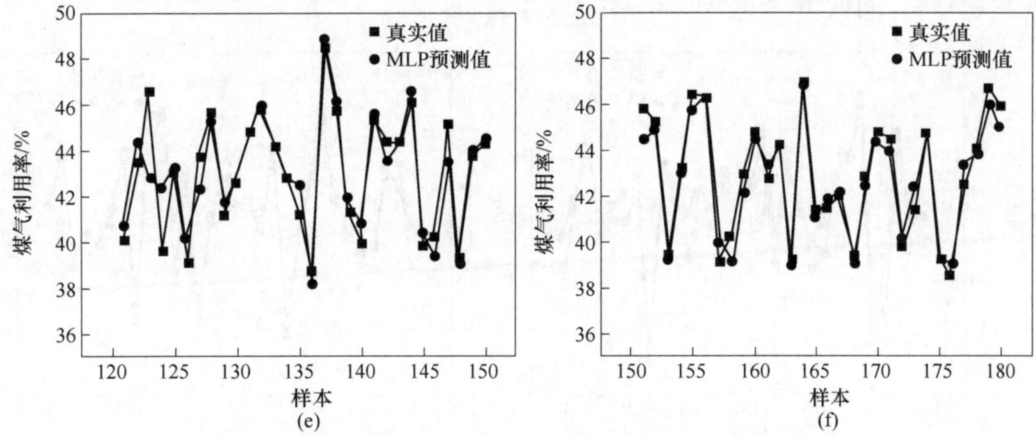

图 7　MLP 模型预测结果图（预测参数为 1 h 后煤气利用率）

（a）前 30 个样本；（b）第 31~60 个样本；（c）第 61~90 个样本；（d）第 91~120 个样本；（e）第 121~150 个样本；（f）第 151~180 个样本

在图 6 和图 7 中，真实的煤气利用率值与 SVR 模型和 MLP 模型预测的煤气利用率值相差不大，两种方法都有很好的预测精度。在模型的测试过程中，选取了总数据样本的 25%即 6476 组数据作为测试数据，依据真实煤气利用率排序后，SVR 模型、MLP 模型的预测值与真实值的偏差如图 8 所示。图 8 预测参数为输入参数对应时刻 1 h 后的煤气利用率，若真实的煤气利用率与预测值完全接近，则图像完全与对角线重合。由图 8 可见，SVR 模型、MLP 模型的预测结果都围绕对角线上下波动，且波动幅度较小，两者的离散程度接近。

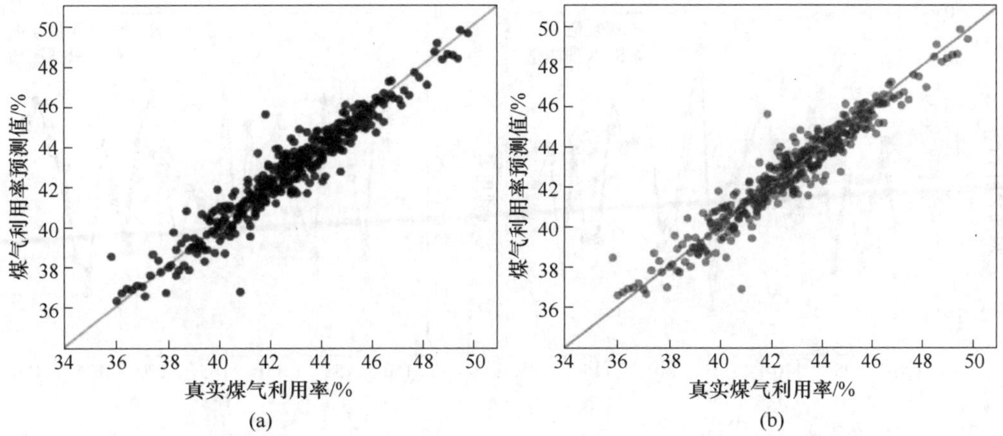

图 8　SVR 模型和 MLP 模型的误差对比（预测参数为 1 h 后的煤气利用率）

（a）SVR 模型的预测偏差程度；（b）MLP 模型的预测偏差程度

当预测参数为输入参数对应时刻 2 h 后的煤气利用率值时，以每 30 个样本点为一组，真实煤气利用率值与 SVR 模型和 MLP 模型的预测结果对比分别如图 9 和图 10 所示。在图 10 中，MLP 模型预测的煤气利用率值与真实值在某些样本点中误差较大，与图 9 中的

SVR 模型对比，MLP 模型预测的结果稍差。

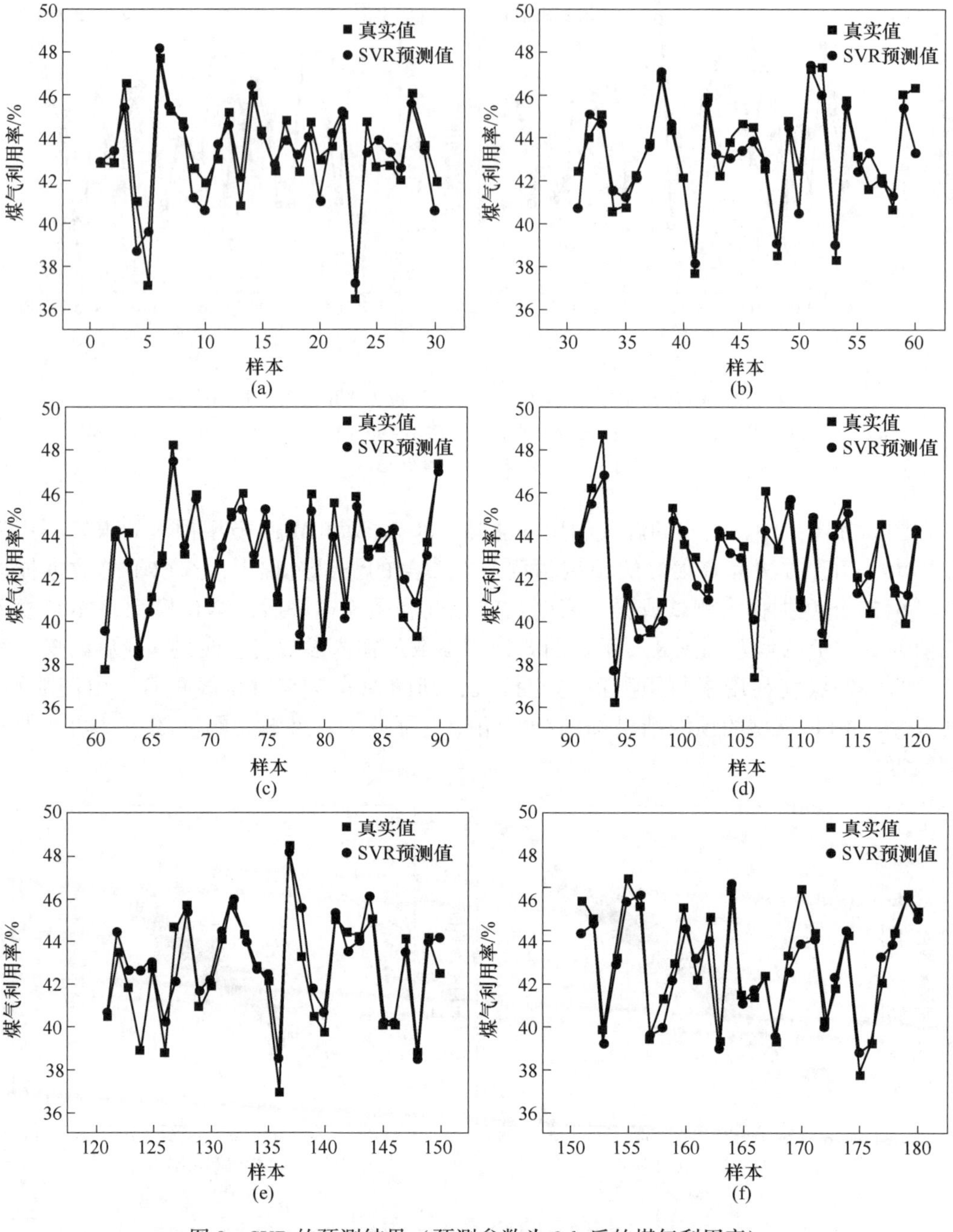

图 9　SVR 的预测结果（预测参数为 2 h 后的煤气利用率）

（a）前 30 个样本；（b）第 31~60 个样本；（c）第 61~90 个样本；（d）第 91~120 个样本；（e）第 121~150 个样本；（f）第 151~180 个样本

预测参数为 2 h 后煤气利用率时，SVR 模型和 MLP 模型的预测误差如图 11 所示。对比可知，相较于图 11（a），图 11（b）中的数据波动程度稍大一些，这表明当预测参数为 2 h 后煤气利用率时，MLP 模型的预测结果比 SVR 模型的预测偏差稍大。

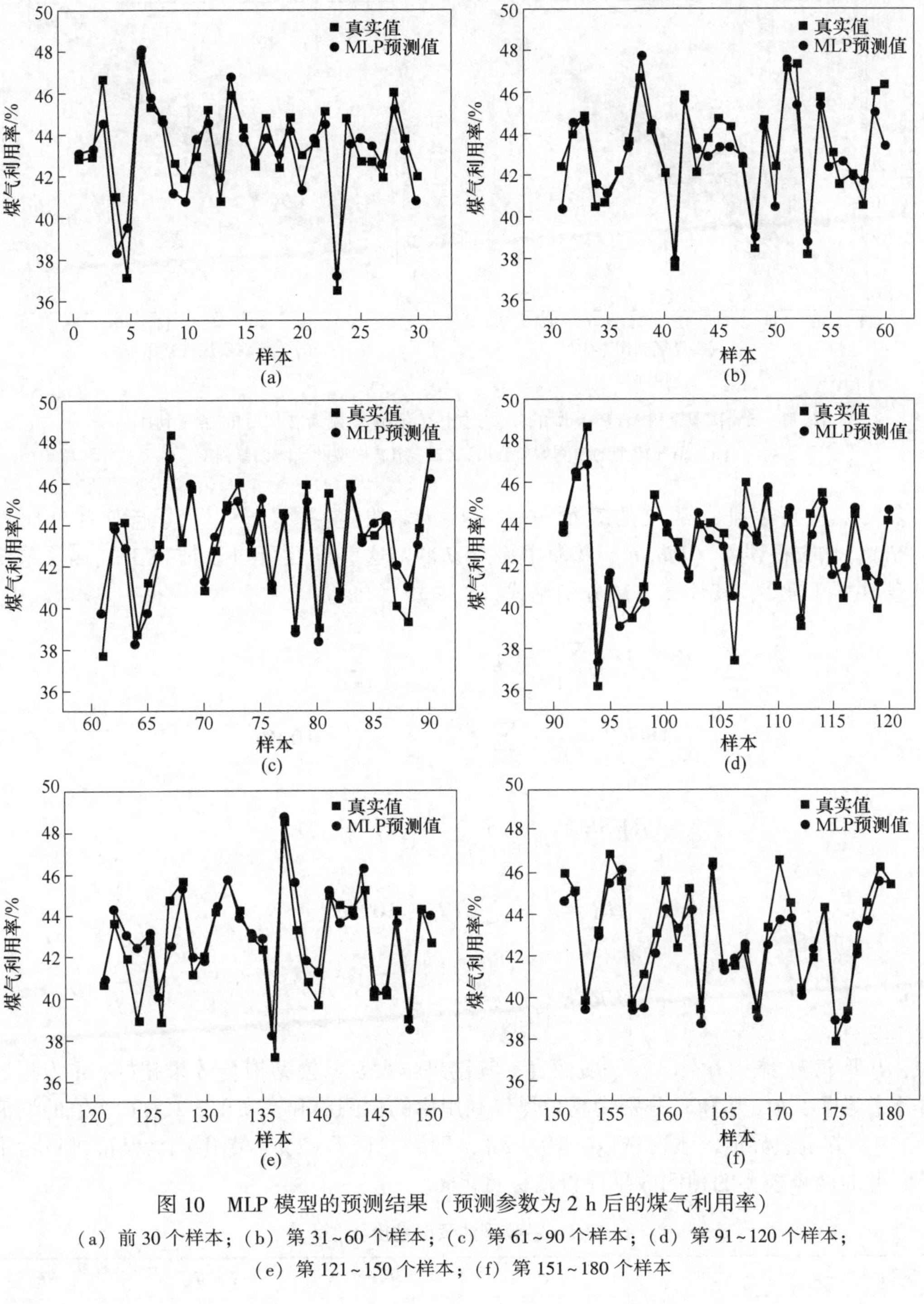

图 10　MLP 模型的预测结果（预测参数为 2 h 后的煤气利用率）

（a）前 30 个样本；（b）第 31~60 个样本；（c）第 61~90 个样本；（d）第 91~120 个样本；（e）第 121~150 个样本；（f）第 151~180 个样本

3.2　模型预测结果评价

本文中以国内某高炉在线检测系统收集到的 25902 组数据进行模型预测，其中 75%的数据用于模型的训练，剩下的数据用于模型的测试。对于模型预测结果的评判应该从多方

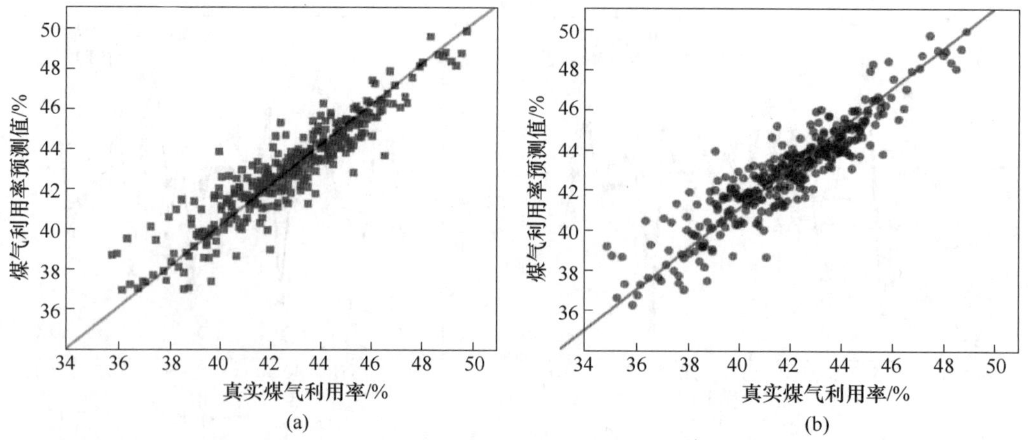

图 11　SVR 模型和 MLP 模型的误差对比（预测参数为 2 h 后的煤气利用率）

（a）SVR 模型的预测偏差程度；（b）MLP 模型的预测偏差程度

面、多尺度进行表征，常见的表征方法主要为：决定系数 R^2、平均绝对百分比误差（*MAPE*）、均方根误差（*RMSE*）及命中率（*HR*），这些参数可以表征在工艺接受范围内的模型预测可信度，其计算方法分别见式（8）~式（11）。

$$R^2 = 1 - \sum_{i=1}(h(x_i) - y_i)^2 \Big/ \sum_{i=1}^{n}(\bar{y} - y_i)^2 \tag{8}$$

$$MAPE = \frac{1}{n} \cdot \sum_{i=1}^{n} \left| \frac{h(x_i) - y_i}{y_i} \right| \times 100\% \tag{9}$$

$$RMSE = \sqrt{\frac{1}{n} \cdot \sum_{i=1}^{n}(h(x_i) - y_i)^2} \tag{10}$$

$$\begin{cases} HR = \dfrac{1}{n} \cdot \sum\limits_{i=1}^{n} HR_i \times 100\% \\ HR_i = \begin{cases} 1, & |h(x_i) - y_i| \leqslant c \\ 0, & |h(x_i) - y_i| > c \end{cases} \end{cases} \tag{11}$$

其中，R^2 取值范围为[0，1]，一般而言，其结果越大表示模型拟合效果越好；n 为测试集中样本总数量；$h(x_i)$ 和 y_i 分别为高炉煤气利用率的预测值和真实值；$\bar{y}$ 为真实值的均值；c 为命中率判定边界值，本文选取 c 值为 2%，即以“误差±2%”范围内为基准进行命中率计算。此时两个模型的预测效果评价指标见表 1。

表 1　各模型的预测精度比较

输出参数	模型	R^2	*MAPE*	*RMSE*	*HR*
1 h 后的 GUR	MLP 模型	0. 898	1. 409	0. 827	0. 972
	SVR 模型	0. 899	1. 400	0. 825	0. 973
2 h 后的 GUR	MLP 模型	0. 822	1. 901	1. 094	0. 928
	SVR 模型	0. 827	1. 869	1. 078	0. 929

经过对比发现，在利用箱线图对高炉相关参数进行数据预处理后，对于1 h后的煤气利用率预测过程，SVR模型和MLP模型的预测误差接近，且预测精度都较高，当允许的误差为±2%时，SVR模型相较于MLP模型，可以实现更好的预测效果，此时的预测准确度为89.9%，模型的命中率为97.3%。对于2 h后的煤气利用率预测，SVR模型的预测精度也高于MLP模型，决定系数为82.7%，模型的命中率为92.9%。

4 结论

高炉煤气利用率是高炉能耗和运行状态的重要表征参数，对于高炉操作者及时获取其信息至关重要。本文通过对高炉生产数据进行严格预处理，并分别对1 h和2 h后的高炉煤气利用率进行建模工作。得到的结论如下。

（1）通过对比模型的拟合结果，在对数据进行预处理后，发现SVR模型和MLP模型在预测高炉煤气利用率方面都可以实现更好的预测精度。

（2）相比于2 h后的高炉煤气利用率预测，SVR模型和MLP模型在预测1 h后的煤气利用率精确度更高，此时的SVR模型预测结果的决定系数为89.9%，命中率为97.3%。

（3）对于2 h后的煤气利用率预测，SVR预测模型的预测效果高于MLP模型，SVR模型预测结果的决定系数为82.7%，命中率为92.9%。

参考文献

[1] 王新东，郝良元，胡启晨，等．河钢集团高炉炼铁技术进步［J］．中国冶金，2020，30（1）：73.

[2] 朱仁良，王天球，王训富．高炉优化操作与低碳生产［J］．中国冶金，2013，23（1）：30.

[3] 左海滨，郭龙飞，王亚杰，等．炉腹角和炉身角对高炉煤气流分布的影响［J］．钢铁，2018，53（2）：20.

[4] AN J Q，ZHANG J L，WU M，et al. Soft-sens-ing method for slag-crust state of blast furnace based on two-dimensional decision fusion［J］. Neurocomputing，2018，315：405.

[5] 赵霞，潘文，李铁军．铁矿石还原气-固还原行为研究现状［J］．中国冶金，2013，23（4）：1.

[6] AN J Q，SHEN X L，WU M，et al. A multi-time-scale fusion prediction model for the gas utilization rate in a blast furnace［J］. Control Engineering Practice，2019，92：104.

[7] 张福明．高风温低燃料比高炉冶炼工艺技术的发展前景［J］．中国冶金，2013，23（2）：1.

[8] ZHANG L M，HUA C C，LI J P，et al. Op-eration status prediction based on top gas system analysis for blast furnace［J］. IEEE Transactions on Control Systems Technology，2017，25（1）：262.

[9] 邹忠平，项钟庸．高炉操作维护与炉缸长寿的探讨［J］．中国冶金，2013，23（7）：17.

[10] JIAN L，GAO C H. Binary coding SVMs for the multiclass problem of blast furnace system［J］. IEEE Trans-actionson Industrial Electronics，2013，60（9）：3846.

[11] RAY H S，PAL S. Simple method for theoretical estimation of viscosity of oxide melts using optical basicity［J］. Ironmaking and Steelmaking，2004，31（2）：125.

[12] KOU M Y，WANG L X，XU J，et al. Low CO_2 emission by improving CO utilizationratio in China's blast furnaces［C］. Ironmaking and Steelmaking Processes. Cham：Springer，2016：199.

[13] WAN H K，DONG J M. A mass and energy estimation for the hydrogen utilization in the iron-making process［J］. Science China Technological Sciences，2011，54（7）：1655.

[14] RASUL M G，TANTY B S，MOHANTY B. Modelling and analysis of blast furnace performance for efficient utilization of energy［J］. Applied Thermal Engineering，2007，27（1）：78.

[15] CHEN W C, CHENG W T. Numerical simulation on forced convective heat transfer of titanium dioxide/water nanofluid in the cooling stave of blast furnace [J]. International Communications in Heatand Mass Transfer, 2016, 71: 208.

[16] 寇明银，吴胜利，周恒，等. 高炉 DEM 模拟用炉料系数的测定及其应用 [J]. 钢铁，2018，53 (12)：30.

[17] HU J, WU M, CHEN X, et al. Multi-model ensemble prediction model for carbon efficiency with application to iron ore sintering process [J]. Control Engineering Practice, 2019, 88: 141.

[18] 田晓涛，冯春松，胡正彪，等. 灰色模型在转炉终点温度预测中的应用 [J]. 中国冶金，2020，30 (3)：51.

[19] 刘颂，刘福龙，刘二浩，等. 融合大数据技术和工艺经验的高炉参数优化 [J]. 钢铁，2019，54 (11)：16.

[20] LI Y J, ZHANG S, YIN Y X, et al. A novel online sequential extreme learning machine for gas utilization ratio prediction in blast furnaces [J]. Sensors, 2017, 17 (8): 1847.

[21] 刘月明，刘小杰，吕庆，等. 基于烧结大数据预测小于 10 mm 烧结矿含量模型 [J]. 中国冶金，2019，29 (11)：31.

[22] ZHANG X P, ZHAO J, WANG W, et al. COG holder level prediction model based on least square support vector machine and its application [J]. Controland Decision, 2010, 25 (8): 1178.

[23] ALEX J SMOLA, BERNHARDSCHÖLKOPF. Atutorial on support vector regression [J]. Statisticsand Computing, 2004, 14 (3): 199.

钒渣亚熔盐法钒铬共提工艺清洁生产评价①

王少娜[1]，吕页清[1]，刘　彪[1]，杜　浩[1,2]，白　丽[3]，
王海旭[3]，王新东[4]，李兰杰[3]，张　懿[1]

(1. 中国科学院过程工程研究所，绿色过程与工程重点实验室，北京 100190；
2. 中国科学院大学国际学院，北京 100049；3. 河钢股份有限公司承德分公司，
河北 承德 067102；4. 河钢集团有限公司，河北 石家庄 050023)

摘　要：针对现有钒渣钠化焙烧提钒工艺钒提取率低、铬不能提取、三废环境治理代价高等难题，中国科学院过程工程研究所和河钢承钢开发钒渣亚熔盐法钒铬共提清洁生产工艺，于2017年建成5万吨生产线，目前已运行两年以上，取得可靠的工业化运行和环境保护检测数据。本文通过选取资源能源利用、生产工艺技术、污染物排放、资源综合利用、产品特征、环境管理6类一级指标及其下属的27个二级指标，对该工艺进行清洁生产水平分析。结果表明：工艺清洁生产指数达98.02，属于清洁生产先进水平。工艺可在温和条件下实现钒铬的高效清洁提取，为我国36亿吨高铬型钒钛磁铁矿的利用提供关键解决方案，可引领钒化工产业的绿色升级。

关键词：亚熔盐；钒铬共提；清洁生产；钒钛磁铁矿

钒、铬是世界公认的紧缺资源和重要战略金属，广泛应用于钢铁、化工、航空航天、新能源、军工、电子技术、原子能等重要领域[1-4]，其中钒被称为“现代工业的味精”，铬与国民经济15%的商品品种相关[5]，它们在国民经济中的重要作用不可替代。钒钛磁铁矿为我国重大特色战略金属矿产资源[6,7]，特别是我国36亿吨特色高铬型钒钛磁铁矿，为钒、钛、铁、铬等多金属共伴生，其中钒资源量达1600万吨，占全国钒储量的62%；铬资源量达900万吨[8]，占全国铬储量的80%，由于缺乏钒铬资源高效清洁利用技术，难以大规模开发。钒铬高效清洁利用技术的突破，有利于支撑我国优势战略资源综合利用产业的可持续发展。

钒钛磁铁矿冶炼过程中生成钒、铬富集的冶金渣，简称钒渣，是国内外提钒的主要原料[9,10]，占全球钒产量的80%。在我国，高温氧化焙烧是钒渣提钒的主流工艺，工艺成熟，钒产品质量稳定，但是焙烧过程会产生有害窑气（大于50亿立方米/年），铵盐沉钒过程会产生大量高盐氨氮废水（大于240万吨/年）[11,12]，是大气和水体的潜在污染源。特别是我国钒渣资源普遍含铬量高，采用高温焙烧工艺难以经济性提取，不仅是对我国战略紧缺铬资源的严重浪费，而且产生大量含铬工业尾渣（大于60万吨/年），无害化消纳代价大。可见，采用传统高温焙烧工艺处理钒渣三废末端治理代价大，区域环境承载压力

①　原文发表于《中国有色金属学报》，2021，31（3）。

接近极限。设计全新反应体系及流程，实现钒铬资源的高效绿色提取及污染源头控制，是支撑我国钒产业生态化可持续发展的国家战略需求。

为破解钒渣中钒铬资源高效清洁利用这一世界难题，中国科学院过程工程研究所提出了以活性氧（包括 HO_2^-、O_2^-、O^{2-}、$O_2{}^{2-}$、OH · 等）量化调控为核心的亚熔盐非常规介质新理论，形成了两性金属矿产资源亚熔盐绿色反应分离平台[13-16]，以含铬钒渣为重点，与河钢集团合作，共同开发了以亚熔盐原子经济性反应—钒铬清洁相分离—钒产品绿色短流程制备—尾渣全量化增值利用为特色的具有自主知识产权的钒的清洁提取与产品绿色制造新技术，并建成国际首套 5 万吨/年钒渣亚熔盐法高效提钒示范工程，实现工业稳定运行[17]。

本文基于现有钒渣提钒行业清洁生产指标评价体系构建了适用于钒渣钒铬共提过程的评价体系，所构建体系共包含 5 个资源能源消耗指标、5 个生产技术特征指标、6 个污染物指标、4 个资源综合利用指标、2 个产品特征指标和 5 个环境管理指标，其中定量指标 20 个，定性指标 7 个。采用该指标体系对钒渣亚熔盐法钒铬共提工艺进行了清洁生产评价。

1 清洁生产评价指标体系

清洁生产评价指标体系是由相互独立，又相互联系、互为补充的一系列用于评价清洁生产绩效的评价指标集合而成，除可用于衡量企业清洁生产绩效外，还可用于发现企业实际生产过程中存在的问题，为企业找出最佳生产技术和解决方案，帮助企业实现可持续发展。自国家 2005 年 7 月《国务院关于加快发展循环经济的若干意见》（国发［2005］22 号）中“制定重点行业清洁生产评价指标体系和涉及循环经济的有关污染控制标准”的要求下发以来，国家发改委已陆续组织编制并发布了包括氮肥、电池、包装、电石等在内的三十多个重点行业的清洁生产评价指标体系。然而作为我国特色产业，尽管国家及地方政府已先后发布多个针对钒行业的政策法规，但迄今为止，钒渣提钒行业依然尚未形成统一有效的绿色制造评价指标体系。近年来，我国都是依据《工业清洁生产评价指标体系编制通则》（GB/T 20106—2006）对有关钒渣利用的企业进行清洁生产定性，缺乏一定的针对性和专业性。研究人员针对石煤行业进行了清洁生产指标体系的建立[18-23]，但石煤提钒与钒渣提钒原料、工艺路线完全不同，不具有通用指导性。特别是钒渣亚熔盐钒铬共提工艺中铬也是重要目标元素，需以产品生命周期评价理论为指导，针对该工艺制定具有科学性、有效性的清洁生产评价指标体系，促进钒渣亚熔盐法钒铬共提工艺技术的绿色提升及工艺装备的改造升级。

2 钒渣亚熔盐法钒铬共提工艺简介

钒渣亚熔盐法钒铬共提工艺为中国科学院过程所与河钢承钢联合开发的全湿法提钒流程，工艺流程如图 1 所示，5 万吨钒渣亚熔盐法钒铬共提清洁生产示范工程如图 2 所示，包括以下三个关键部分。

（1）液相氧化钒铬高效溶出。钒渣中钒铁、铬铁尖晶石在亚熔盐介质中被氧气/活性氧氧化，转化为可溶性的钒酸钠、铬酸钠。采用微气泡强化技术，提升介质中活性氧含量及介质氧化活性，实现低温（不大于 150 ℃）常压下钒、铬的高效转化（钒转化率大于 90%、铬转化率大于 80%），获得低钠尾渣，可全量化用于配矿炼铁。

钒铁、铬铁尖晶石在亚熔盐介质中的反应方程式为：

$$FeO \cdot V_2O_3 + 6NaOH + \frac{5}{4}O_2 = \frac{1}{2}Fe_2O_3 + 3H_2O + 2Na_3VO_4 \quad (1)$$

$$FeO \cdot Cr_2O_3 + 4NaOH + \frac{7}{4}O_2 = \frac{1}{2}Fe_2O_3 + 2H_2O + 2Na_2CrO_4 \quad (2)$$

（2）钒产品高效分离及清洁转化。通过介稳区精确调控，冷却结晶获得纯度高、易分离的钒酸钠晶体，后经梯级阳离子置换获得高纯五氧化二钒产品，同时实现 Na^+介质的封闭循环回用，源头避免了钒化工高盐氨氮废水的产生。

（3）铬酸钠结晶分离及碱介质循环。根据铬酸钠在碱介质中溶解度变化规律，通过蒸发结晶分离铬酸钠产品，结晶后母液直接返回液相氧化工序，实现铬酸钠结晶与介质循环的低能耗协同运行。

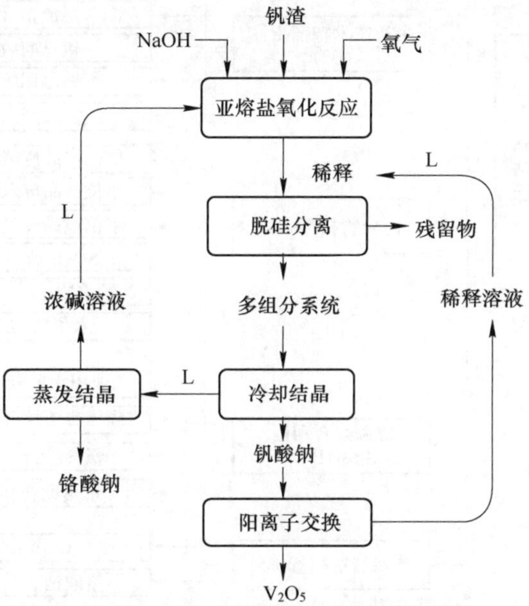

图 1　亚熔盐非常规介质处理钒渣原则流程图

图 2　5 万吨钒渣亚熔盐法钒铬共提清洁生产示范工程

3　钒渣亚熔盐法钒铬共提工艺清洁生产评价指标体系的建立

根据清洁生产指标体系的选取原则和指标的可度量性，结合本工艺特点，参考其他钒相关工艺清洁生产评价体系[18-23]，构建了钒渣亚熔盐法钒铬共提工艺清洁生产评价指标体系。体系框架图如图 3 所示。

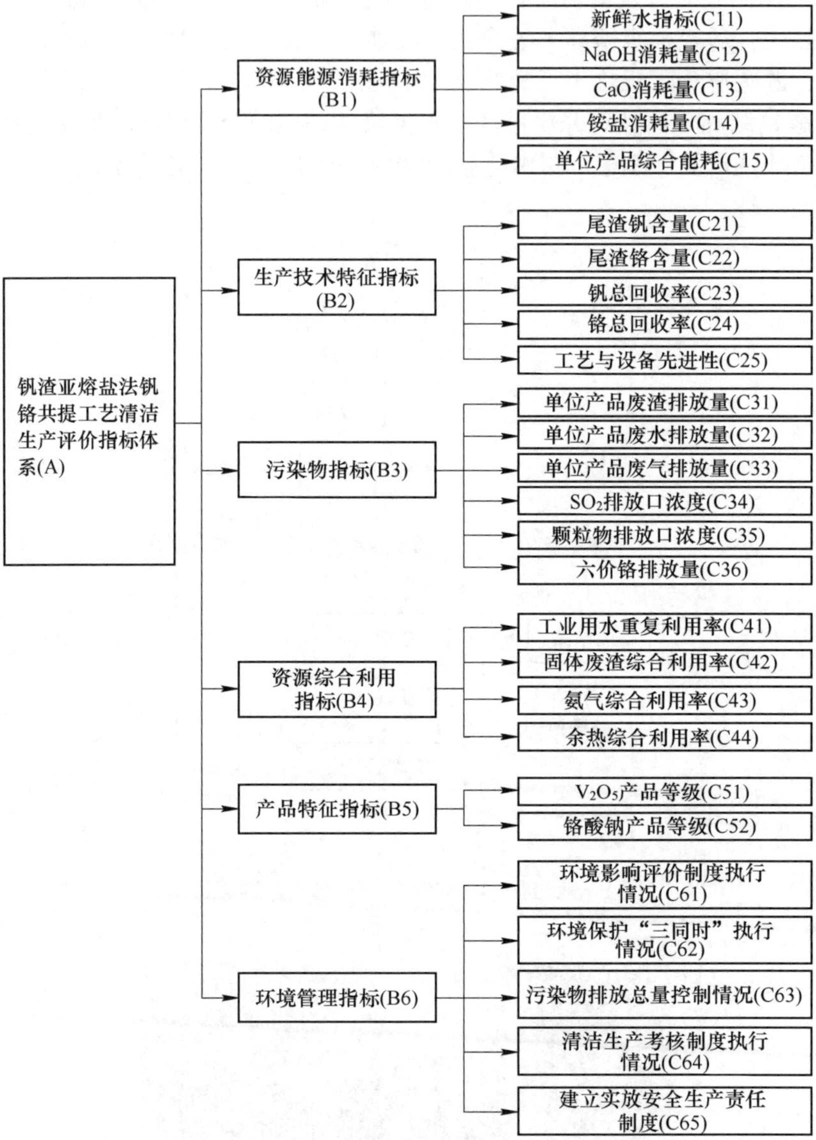

图 3　钒渣亚熔盐法钒铬共提工艺清洁生产评价指标体系

图 3 中清洁生产评价指标体系分为三个层次，即目标层、准则层和指标层。目标层即为钒渣钒铬共提清洁生产评价指标体系；准则层由相互独立、分别隶属于总系统层的一级定性或定量指标构成，包括资源能源消耗指标（B1）、生产技术特征指标（B2）、污染物指标（B3）、资源综合利用指标（B4）、产品特征指标（B5）和环境管理指标（B6）共 6

大类；指标层是隶属于准则层、可反映行业生产各工艺环节清洁水平具体可操作考核的二级指标，共 27 项。其中 B1 类一级指标包括新鲜水消耗量（C11）、NaOH 消耗量（C12）、CaO 消耗量（C13）、铵盐消耗量（C14）、单位产品综合能耗（C15）等 5 个定量指标；B2 类一级指标共包含尾渣钒含量（C21）、尾渣铬含量（C22）、钒总回收率（C23）、铬总回收率（C24）4 个定量指标和工艺与设备先进性（C25）这一定性或半定量指标；B3 类一级指标共包含单位产品废渣排放量（C31）、单位产品废水排放量（C32）、单位产品废气排放量（C33）、SO_2 排放口浓度（C34）、颗粒物排放口浓度（C35）、六价铬排放量共 6 个定量指标；B4 类一级指标共包含工业用水重复利用率（C41）、固体废渣综合利用率（C42）、氨气综合利用率（C43）3 个定量指标和余热综合利用率（C44）这一定性指标；B5 类一级指标包含 V_2O_5 产品等级（C51）和铬酸钠产品等级（C52）2 个定量指标；B6 类一级指标共包含环境影响评价制度执行情况（C61）、环境保护“三同时”执行情况（C62）、污染物排放总量控制情况（C63）、清洁生产考核制度执行情况（C64）和建立实施安全生产责任制度（C65）共 5 个定性指标。

3.1 资源能源消耗指标解释及计算

资源能源消耗指标是反映企业在生产过程中资源能源消耗水平的指标，还可间接反映企业的工艺技术和管理水平。该类指标含有 6 个定量指标，均为逆向指标，即指标数值越大，生产过程中资源能耗消耗量越大，造成的环境影响也越大，指标越小，越有利于清洁生产。

（1）C11（新鲜水消耗量）。该指标系指每生产 1 t 合格钒产品所需要消耗的新鲜水量，包括配料、稀释、结晶、洗渣、钙化等各个环节消耗新鲜水量总和。在本工艺流程中，仅在配料环节需少量新鲜水输入，其他环节依靠介质循环即可满足用水需求，C11 指标为 5.57 $m^3/t\ V_2O_5$。

（2）C12（NaOH 消耗量）。该指标是指每生产 1 t 合格钒产品所需消耗的新鲜 NaOH 量。钒渣亚熔盐法钒铬共提清洁生产工艺该指理论值为 2.63 $t/t\ V_2O_5$，实际运行过程消耗为 2.64 $t/t\ V_2O_5$。

（3）C13（CaO 消耗量）。该指标是指每生产 1 t 合格钒产品所需消耗的新鲜 CaO 量。钒渣亚熔盐法钒铬共提清洁生产工艺该指标理论值为 2.51 $t/t\ V_2O_5$，实际运行过程消耗为 2.56 $t/t\ V_2O_5$。

（4）C14（铵盐消耗量）。该指标是指每生产 1 t 合格钒产品所需消耗的新鲜铵盐量。钒渣亚熔盐法钒铬共提清洁生产工艺采用梯级阳离子置换实现钒酸钠向偏钒酸铵产品的转化，梯级阳离子置换是指通过 Ca^{2+}/NH_4^+ 的置换实现钒酸钠中 Na/V 的高效清洁分离，其中 NH_4^+ 采用的是 NH_4HCO_3[24,25]，梯级阳离子置换流程如图 4 所示，NH_4HCO_3 与钒酸钙反应可生成碳酸钙与 NH_4VO_3，冷却结晶可获得 NH_4VO_3 产品。该指标数值理论量为 1.33 $t/t\ V_2O_5$，实际运行过程消耗为 1.36 $t/t\ V_2O_5$。

（5）C15（单位产品综合能耗）。该指标是指每生产 1 t 合格钒产品所消耗的所有能量（包括电能、天然气、蒸汽、煤等）折合吨标煤的总量。5 万吨工程是世界首个湿法清洁提钒工业化示范项目，采用了诸多节能措施：闪蒸出的二次蒸汽用来预热物料，可有效减少加热物料消耗的能源；铬酸钠蒸发采用三效逆流蒸发，减少了蒸汽用量；采用工业循环

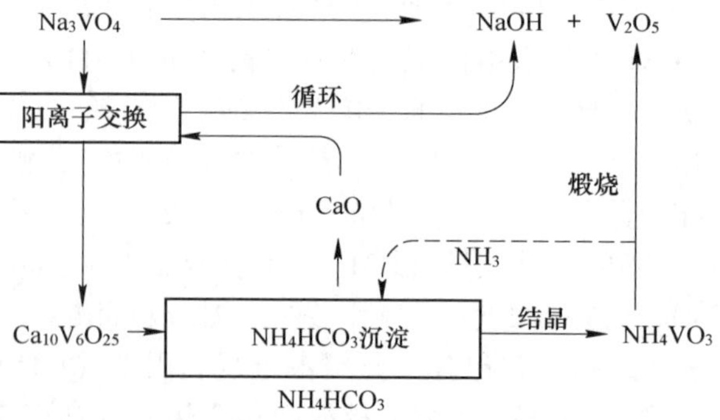

图 4　多级阳离子置换清洁制备钒产品

水系统对水资源循环利用，循环水利用率为 98%；采用自动化程度较高的 DCS 控制系统提高生产机械运行效率，降低能源损耗。项目在设备选型时选用国家公布推荐的节能产品，是同类型产品中效率相对较高的。因此，项目蒸汽、电耗等总能耗比现有工艺能耗有所降低。现场运行数据显示，该指标数值年平均值为 4400 kgce/t 产品，符合《钒工业污染物排放标准》（GB 26452—2011）要求。综合考虑，将 C15 指标值设定为 1.0。

3.2　生产技术特征指标解释及计算

钒产品制备过程中对环境的友好度直接由生产工艺技术及装备的先进程度决定。生产工艺技术和设备越先进，污染物的产生量就越少，对环境的危害也越小。生产技术特征指标是体现企业实施清洁生产情况的关键性指标，结合本工艺自身特点，生产技术特征设定 4 个量化指标和 1 个半量化指标，上述 5 个指标前两个尾渣钒、铬含量为反向指标，指标数值越小，生产过程越先进；另外三个钒总回收率、铬总回收率、工艺与设备先进性为正向指标，即指标数值越大，生产过程越先进、清洁程度越高。

（1）C21（尾渣钒含量）。钒转化率经常被作为评价反应的重要指标，液相氧化反应转化率是指钒铁尖晶石在亚熔盐介质中氧化后进入液相的百分比，计算公式见式（3）：

$$\eta = \frac{m_v \times w_v - m_s \times w_s}{m_v \times w_v} \times 100\% \tag{3}$$

式中　η ——液相氧化反应转化率，%；

m_v——钒渣质量，t；

w_v——钒渣含钒量，%；

m_s——提钒尾渣质量，t；

w_s——提钒尾渣含钒量，%。

表 1 所列为作者所测定的全球几种典型钒渣成分。全球钒渣因产地、成因不同，钒含量差别较大，根据式（1）所示，使用液相氧化反应转化率来对工艺进行评价不可避免的缺陷是因初始钒含量不同导致反应转化率差别较大。因此，本文使用行业内更为通用的尾渣含钒量来对工艺进行评价较为客观。钒渣亚熔盐法钒铬共提清洁生产工艺 5 万吨工程该指标小于 1%，而钠化焙烧工艺该指标约为 1.5%，按照现场运行钒渣成分计算，钒转化率比现有钠化焙烧工艺提高 10%。

综合考虑，将 C21 指标值设定为 1.0。

表 1　世界常见钒渣化学成分

钒渣资源	质量分数/%								
	V_2O_5	Fe_2O_3	SiO_2	CaO	Al_2O_3	MgO	Cr_2O_3	TiO_2	MnO
承德	8.37	42.2	17.19	4.44	2.12	2.70	4.47	8.70	7.40
攀枝花	15.31	34.79	13.99	1.68	6.56	3.98	3.91	11.93	7.85
南非	21.29	35.21	15.08	2.13	5.22	2.17	3.42	12.66	2.82
芬兰	34.51	38.23	11.77	1.36	0.82	2.15	1.08	3.55	4.95
攀西	20.56	34.58	8.61	6.90	2.56	0.89	10.40	8.35	7.15

（2）C22（尾渣铬含量）。与尾渣钒含量类似，以尾渣铬含量来表征钒渣中伴生铬铁尖晶石的反应转化。钒渣亚熔盐法钒铬共提清洁生产工艺 5 万吨工程该指标小于 1%，而钠化焙烧工艺基本不能提铬，按照现场运行钒渣成分计算，钒转化率比现有钠化焙烧工艺提高 80%，铬的转化提取优势明显。但由于目前钒行业其他针对铬资源回收的工艺尚未进入示范工程阶段，无可对比指标，综合考虑，将 C22 指标值设为 0.994。

（3）C23（钒总回收率）。钒总回收率是指在整个生产过程中，经过亚熔盐液相氧化—钒酸钠结晶—梯级阳离子置换所得五氧化二钒产品中钒元素占初始钒渣中钒元素的质量分数。钒的总回收率为 87.10%，远高于行业先进水平 80%，在钒的高效回收方面具有无可比拟的优势，综合考虑，将 C23 指标值设定为 1.0。

（4）C24（铬总回收率）。铬总回收率是指在整个生产过程中，经过亚熔盐反应—钒分离—铬酸钠结晶所得铬酸钠产品中铬元素占初始钒渣中铬元素的质量分数。工艺中铬的总回收率为 87.29%。由于目前行业尚未建立其他针对铬资源回收的示范工程，无可对比指标，综合考虑，将 C24 指标值设为 0.994。

（5）C25（工艺与设备先进性）。该指标为定性指标或半定量指标，主要将所采用生产工艺及设备的节能性、自动化程度、安全性、生产效率等方面与国内外先进水平进行对比。若所采用工艺和设备达到国际先进水平，则分值设定为 1.0，若达到国内先进水平，则分值设定为 0.8，若采用传统设备和工艺，则分值设定为 0.6，若采用淘汰设备和工艺，则分值设定为 0.2。

该项目已完成科技成果评价，经干勇院士、邱定蕃院士、黄小卫院士、韩布兴院士等领域、行业专家组成的专家组评价为“国际领先水平”。本项目在设备选型过程充分考虑设备先进性，所采用的主要设备如浆液氧化反应器、闪蒸槽、立式压滤机、三效蒸发系统等均为国内先进水平。

综合考虑，设定 C25 指标数值为 0.8。

3.3　污染物指标解释及计算

污染物指标用于反映生产过程中污染物的产生、排放和治理情况。结合工艺自身特点选定 6 个量化指标用于考察工艺流程中污染物排放情况。所选定的 6 个指标均为逆向指标，其中前 3 个废渣、废水、废气为排放量类指标，后 3 个 SO_2、颗粒物、六价铬为排放浓度类指标。

（1）C31（单位产品废渣排放量）。该指标是指每生产 1 t 合格钒产品排放的固体废渣总量。亚熔盐工艺中，脱硅渣、碳酸钙渣返回至流程，与提钒尾渣合并成一股渣排放，该渣含铁较高，可返回河钢承钢炼铁系统作为烧结配料使用。因此整个工艺流程并无实质性外排废渣产生，可将 C31 指标数值设定为 1.0。

（2）C32（单位产品废水排放量）。该指标是指每生产 1 t 合格钒产品排放的废水总量。得益于介质内循环设计，所生产废水返回系统作为工艺补充水，在钒渣钒铬共提整体工艺流程中并无任何废水排放出口，仅在提钒尾渣、偏钒酸铵及铬酸钠等固体滤饼中会夹带少量液体。上述固体渣或产物经进一步压滤或干燥操作后，所夹带液体可直接返回混料搅拌槽循环利用，实现了整个工艺废水零外排放，由此可将 C32 指标数值设为 1.0。

（3）C33（单位产品废气排放量）。该指标是指每生产 1 t 合格钒产品排放的废气总量。本工程产生的尾气为含碱（微量）蒸汽及剩余氧气/空气的混合物，进入尾气洗涤塔（高 30 m）经净化处理后达标排放。另外，原料准备工段设收尘系统，对料仓、料仓出料口、定量螺旋给料等产尘点进行收尘。本工程尾气经处理后达标排放对周边空气环境质量影响不大。根据《项目竣工环境保护验收检测报告》，废气的排放量符合《钒工业污染物排放标准》（GB 26452—2011），其中氮氧化物排放浓度符合《工业炉窑大气污染物排放标准》（DB13/ 1640—2012）。因此 C33 指标数值可设定为 1.0。

（4）C34（SO_2 排放口浓度）。该指标是指钒渣亚熔盐法钒铬共提工艺 5 万吨示范工程涉及的有组织排放、无组织排放 SO_2 排放口浓度。根据《项目竣工环境保护验收检测报告》，废气中二氧化硫排放浓度符合《钒工业污染物排放标准》（GB 26452—2011），因此 C34 指标数值可设定为 1.0。

（5）C35（颗粒物排放口浓度）。该指标是指钒渣亚熔盐法钒铬共提工艺 5 万吨示范工程涉及的有组织排放、无组织排放颗粒物排放口浓度。根据《项目竣工环境保护验收检测报告》，废气中颗粒物排放浓度符合《钒工业污染物排放标准》（GB 26452—2011），有组织排放颗粒物主要在钒渣球磨阶段产生，检测结果为 44 mg/m^3；无组织排放颗粒物检测结果为 0.309 mg/m^3，颗粒物上风向与下风向差值为 0.009 mg/m^3，均达到环保要求，因此可将 C35 指标数值设定为 1.0。

（6）C36（六价铬排放量）。该指标每生产 1 t 合格钒产品排放废水中六价铬的总量。由于在整个工艺流程中无任何废水排放出口，即使提钒尾渣夹带的液体中含有少量六价铬，经洗涤后，洗涤水作为反应原料进行配料，保证无任何六价铬排放，因此可将 C36 指标数值设定为 1.0。

3.4 资源综合利用指标解释及计算

资源综合利用指标反映生产过程中对废弃物的回收、再利用和综合处理情况，该类指标共 4 个，均为正向指标，指标数值越高，表明企业资源综合利用率越高，清洁生产水平越高。

（1）C41（工业用水重复利用率）。工业用水重复利用率是指重复利用水量占生产过程中总用水量的百分比。按公式（4）计算：

$$R = \frac{V_r}{V_t} \times 100\% \tag{4}$$

式中 R——水的重复利用率,%;

V_r——重复利用水量（包括循环用水量和串联使用水量），m^3；

V_t——生产过程中总用水量，m^3。

本工艺通过介质内循环设计，无任何生产废水排放，工业用水重复利用率为100%，由此可设定C41指标值为1.0。

（2）C42（固体废渣综合利用率）。固体废渣综合利用率是指企业综合利用固体废渣量占企业生产过程中固体废渣产生量的质量分数。在本工艺中，生产所得富铁反应渣直接作为配料进行炼铁，实现整个工艺中废渣零排放，固体废渣综合利用率为100%，由此可设定C42指标值为1.0。

（3）C43（氨气综合利用率）。钒酸钙铵化阶段和偏钒酸铵煅烧阶段会有氨气释放，对所释放氨气都进行了稀硫酸铵吸收，可返回至钒钛磁铁矿利用大体系循环使用，原则上系统中没有无序氨气的排放。目前氨气综合利用率为98%，由此可设定C43指标值为0.98。

（4）C44（余热综合利用）。余热综合利用为定性指标，用于考核生产企业是否通过采用余热回收装置来实现余热回收利用，以降低生产过程中对能量的需求。本工艺中通过采用介质内循环形式来实现热物流携带热量的回收利用，大幅降低了工艺整体能量需求。由此将C44指标数值设定为1.0。

3.5 产品特征指标解释及计算

由于本工艺中以五氧化二钒和铬酸钠为最终产品形态，由此将产品特征指标分解为C51和C52两个，并按照其摩尔比取加权平均。

（1）C51（五氧化二钒产品等级）。该指标是指所生产五氧化二钒产品中V_2O_5的纯度。钒渣亚熔盐法钒铬共提工艺所生产五氧化二钒纯度可达99.5%以上，满足YB/T 5304—2011标准要求。将C51指标数值设定为1.0。

（2）C52（铬酸钠产品等级）。该指标是指铬酸钠产品中铬酸钠的质量分数，所得铬酸钠纯度可达98%以上，满足HG/T 4312—2012标准要求。但因所得铬酸钠产品需经精制后方可达标，综合考虑，将C52指标数值设定为0.8。

3.6 环境管理指标解释及计算

（1）C61（环境影响评价制度执行情况）。5万吨钒渣亚熔盐法钒铬共提清洁生产示范工程编制了相应的环评报告，并获得环保部门的审批批文，竣工验收后进行了相应环保验收，环境影响评价制度执行情况良好。综合考虑，将C61指标值设为0.9。

（2）C62（环保“三同时”执行情况）。环保“三同时”指的是我国《环境保护法》第26条规定：建设项目中防治污染的措施，必须与主体工程同时设计、同时施工、同时投产使用。项目执行过程严格执行环保“三同时”。将C62指标值设为1.0。

（3）C63（污染物排放总量执行情况）。目前，钒行业污染物排放执行《钒工业污染物排放标准》（GB 26452—2011），本工艺不产生废水，蒸发出的浓碱液循环用于浸出，蒸发出的冷凝水循环用于洗涤尾渣，所以废水排放为 0。废气排放也都相应进行了处理。废水、废气污染物排放总量符合《钒工业污染物排放标准》（GB 26452—2011）。将 C63 指标值设为 1.0。

（4）C64（清洁生产考核制度执行情况）。企业已建立完备的清洁生产审核制度，于 2010—2019 年完成了各工序四轮清洁生产审核工作，并顺利通过验收。由清洁生产办公室负责清洁生产活动的日常管理工作，组织协调并监督审核提出的清洁生产方案，定期对员工进行清洁生产的教育和培训，负责清洁生产审核的实施。将 C64 指标值设为 1.0。

（5）C65（建立实施安全生产责任制度）。河钢承钢认真贯彻“安全第一、预防为主、综合治理”的方针，牢固树立科学发展、安全发展的理念，以深化安全生产标准化建设为目的，以争创安全标准化作业区为载体，以作业区标准化 100%达标为目标，认真落实作业区安全生产责任制，确保各项安全生产责任落到实处，推动企业安全生产。将 C65 指标值设为 1.0。

4　权重值及基准值确定

钒渣提钒行业迄今为止并无统一的清洁生产评价指标体系，尽管针对焙烧法钒渣提钒过程清洁生产评价体系的建立已有相关报道，然而不同评价体系不尽相同，各有侧重，如在刘颖等建立的指标体系中，环境管理指标仅占据不足 0.06 的权重值，而在刘思邑等建立的评价指标体系中环境管理指标总权重值高达 0.116。而对于湿法处理钒渣过程至今尚无任何相关报道。为此，本文在对现有钒渣提钒清洁生产指标评价体系进行对比的基础上，对多种评价指标体系进行规整，结合本工艺自身特点，剔除焙烧法特有指标，对其他相关指标进行修正和补充，并依据总权重不变的原则，将剔除和修正的指标的权重值按比例调整至其他指标中，得到图 3 中各指标的权重值，见表 2 第 2 列。同时，在综合考虑现有钒渣提钒清洁生产指标评价体系基准值基础上，结合现有亚熔盐法钒渣处理技术现场生产结果或理论计算结果等，对图 3 中各评价指标的基准值进行确定，见表 2 第 3~5 列。

表 2　钒渣亚熔盐法钒铬共提工艺清洁生产评价指标体系各指标的权重及基准值

指标	W_i	$X_{ref\text{-}i}$	单位	标准	$X_{real\text{-}i}$	S_i
新鲜水消耗	0.0484	20	$m^3/t\ V_2O_5$	先进水平	5.57	1.000
NaOH 消耗	0.0497	2.63	$t/t\ V_2O_5$	理论价值	2.64	0.996
CaO 消耗	0.0087	2.51	$t/t\ V_2O_5$	理论价值	2.56	0.980
氨消耗	0.0052	1.33	$t/t\ V_2O_5$	理论价值	1.36	0.978
单位产品能耗	0.0628	4500	$kgce/t\ V_2O_5$	污染物排放标准	4400	0.900
残留物中的钒	0.0484	1.5	%	先进水平	<1	1.000
残留物中的铬	0.0242	1.5	%		<1	0.994
钒的回收	0.0362	80	%	先进水平	87.1	1.000
铬的回收	0.0289	5	%		87.29	0.994
工艺和设备水平	0.0490	1	—	国际领先技术，国内先进设备	0.8	0.8

续表 2

指标	W_i	X_{ref-i}	单位	标准	X_{real-i}	S_i
废渣排放	0.0418	—	t/t V_2O_5		0	1
废水排放	0.0782	20	m^3/t V_2O_5	g	0	1
废气排放	0.0572	150000	m^3/t V_2O_5	g	0	1
SO_2 出口浓度	0.0431	700	m^3/t V_2O_5	g	0	1
颗粒物排放	0.0214	100	m^3/t V_2O_5	g	44	1
Cr^{6+} 排放	0.0535	5	g/t V_2O_5	污水综合排放标准	0	1
工业用水循环利用率	0.0469	100	%	先进水平	100	1
固体废物利用	0.0412	100	%	先进水平	100	1
氨利用率	0.0248	100	%	理论价值	98	0.98
余热利用	0.0358	1	—	先进水平	1	1
V_2O_5 等级	0.0356	98	%	先进水平	99.5	1
铬酸钠等级	0.0244	98	%	先进水平	98	1
环境影响评价制度实施	0.0244	1				0.9
“三同时”的实现	0.0220	1				1
污染物排放总量控制实施	0.0290	1				1
清洁能源生产的实施	0.0406	1				1
安全生产责任制的实施	0.0186	1				1

注：W_i 为评价指标 i 的权重值；X_{ref-i} 为评价指标 i 的参考值；X_{real-i} 为评价指标 i 的实际值；S_i 为评价指标 i 的得分。

5 清洁生产综合评价

清洁生产综合考核是以一个生产年度为周期，对各定量、定性指标的实施情况进行计算，以得到评价指标的总分，进而判定工艺技术清洁生产等级。

5.1 定量指标考核方法

在图 3 所示的所有 27 个指标中，共包含 20 个定量指标，其中含有 7 个正向指标（生产技术特征指标、资源综合利用指标及产品特征指标）和 13 个逆向指标（资源能源消耗指标和污染物指标）。

对于正向指标 i，其分值计算公式为

$$S_i = \frac{X_{real-i}}{X_{ref-i}} \tag{5}$$

对于逆向指标，其分值计算公式为

$$S_i = \frac{X_{ref-i}}{X_{real-i}} \tag{6}$$

采用上述方法对表 2 中所有指标得分值进行计算，特别地，在式（5）及式（6）中，

当 $S_i>1$ 时，将 S_i 赋值为 1. 000，结果列于表 2 第 7 列。

由此利用式 7 可计算得定量指标考核总分为 91. 32。

$$P_1 = 100 \cdot \sum_{i=1}^{n} S_i \times W_i \quad (7)$$

式中 P_1——定量指标考核总分（百分制）；

n——参与考核的二级定量指标总数；

S_i，W_i——指标 i 的分值和权重值，见表 2。

5.2 定性指标考核方法

在图 3 所示的 27 个指标中，共包含 7 个定性指标。其分值计算情况与定量指标计算方法同样，结果列于表 2 中第 7 列。由此可采用式 8 计算得定性指标考核总分为 6. 7 分。

$$P_2 = 100 \cdot \sum_{i=1}^{n} S_i \times W_i \quad (8)$$

式中 P_2——定性指标考核总分（百分制），其他参数意义同式（7）。

5.3 工艺清洁生产整体评价

由于在钒渣亚熔盐法钒铬共提工艺评价指标体系中同时包含定性指标和定量指标，由此其综合评价指标需同时包含二者，计算公式为

$$P = P_1 + P_2 \quad (9)$$

由以上计算可知，定量指标及定性指标总分值依次为 91. 32 和 6. 7，由此可根据式（9）计算得钒渣亚熔盐钒铬共提工艺清洁生产评价指标总和为 98. 02。

结合相关文献可知，当 $P \geqslant 90$ 时，属于清洁生产先进水平；当 $75 \leqslant P < 90$ 时，属于基本水平；当 $P<75$ 时，属于落后水平。由此可看出，钒渣亚熔盐钒铬共提工艺属于清洁先进水平，在整个生产过程中无任何“三废”排放，真正实现了从源头杜绝污染物的产生。

5.4 亚熔盐法与其他工艺的对比

截至目前为止，5 万吨亚熔盐法钒铬共提工程为全球唯一产业化钒铬共提工程。攀钢在研的钠化焙烧钒铬共提工艺试验或技术已经完成中试，该技术以钠化焙烧为基础研发，仍需衔接后续废水处理技术。与之前报道的钒渣钠化焙烧提钒工艺清洁生产评价结果相比[26]，钒渣亚熔盐法钒铬共提工艺在新鲜水消耗量、钒总回收率、工艺与设备先进性、单位产品废水及废气排放量、工业用水重复利用率等均大大优于原有钒渣钠化焙烧提钒工艺中的指标。

6 结论

构建了适用于钒渣亚熔盐法钒铬共提工艺的清洁生产评价体系，该构建体系共包含资源能源消耗、生产技术特征、污染物、资源综合利用、产品特征和环境管理等六大类指标及其下属的 27 个二级指标。对钒渣亚熔盐法钒铬共提工艺进行清洁生产水平分析，综合评估分析结果表明，钒渣亚熔盐法钒铬共提工艺清洁生产指数达 98. 02，属于清洁生产先进水平，工艺实现了介质的内循环，在整个生产过程中无任何“三废”排放。

参考文献

[1] 杨守志．钒冶金［M］. 北京：冶金工业出版社，2010.

[2] 黄道鑫．提钒炼钢［M］. 北京：冶金工业出版社，2000.

[3] MOSKALYK R R，AlFANTAZI A M. Processing of vanadium：A review［J］. 2003，16（9）：793-805.

[4] 刘国强，徐宁，曾潮流，等．锂离子蓄电池钒系正极材料的研究进展［J］. 电源技术，2002（2）：114-118.

[5] 郑明贵，赖亮光．中国铬矿需求情景分析［J］. 资源与产业，2011，13（4）：43-49.

[6] 杨绍利．钒钛材料［M］. 北京：冶金工业出版社，2007.

[7] 孙朝晖．钒新技术及钒产业发展前景分析［J］. 钢铁钒钛，2012，33（1）：1-7.

[8] 朱明玉，王成辉，王登红，等．中国铬矿主要矿集区及其资源潜力探讨［J］. 中国地质，2013，40（4）：995-1006.

[9] TAYLOR P R，SHUEY S A，VIDAL E E. Extractivemetallurgy of vanadium containing titaniferous magnetiteores：A review［J］. Minerals & Metallurgical Processing，2006，23：80-86.

[10] 刘挥彬，杜浩，刘彪，等．KOH 亚熔盐中钒渣的溶出行为［J］. 中国有色金属学报，2013，23（4）：1129-1139.

[11] 陈迪，张强．我国钒产业概况及其环境问题［J］. 冶金丛刊，2009（5）：39-42.

[12] 陈华，郭永刚，齐莉君．钒厂废水资源化利用研究［J］. 北方钒钛，2012（4）：20-24.

[13] 王新东，李兰杰，杜浩，等．亚熔盐高效提钒铬清洁生产技术产业化应用［J］. 过程工程学报，2020，20（6）：667-677.

[14] 刘龙杰．微气泡强化亚熔盐液相氧化法基础及应用研究［D］. 北京：中国科学院大学，2018.

[15] 王少娜，王亚茹，杜浩，等．活性炭强化氧化亚熔盐介质中钒渣分解机理［J］. 中国有色金属学报，2017，27（8）：1729-1737.

[16] LIU L J，DU H，ZHANG Y，et al. Leaching of chromite ore in concentrated KOH by catalytic oxidation using CuO as catalyst［J］. Transactions of Nonferrous Metals Society of China，2017，27（4）：891-900.

[17] 李兰杰，高明磊，陈东辉，等．世界首条亚熔盐法清洁提钒生产线建设及初步运行情况分析［J］. 北方钒钛，2017，126（3）：5-9.

[18] 刘颖．钒行业清洁生产评价指标体系的构建及实例研究［D］. 西安：西北大学，2012.

[19] 刘颖，王伯铎，陈雷，等．陕西省钒行业清洁生产水平分析［J］. 环境科学与管理，2013，38（1）：171-176.

[20] 杨林，林金辉，王雷，等．含钒岩石清洁提钒工艺评价［J］. 金属矿山，2010（11）：130-135.

[21] 张青梅，尤翔宇，刘湛．湖南省石煤提钒冶炼行业清洁生产评价指标体系［J］. 湖南有色金属，2014，30（5）：67-70.

[22] 李佳，张一敏，刘涛．石煤提钒行业清洁生产评价方法研究［J］. 环境科学与技术，2013，36（8）：200-205.

[23] 郑桂花．石煤提钒工艺清洁生产评价的研究［D］. 武汉：武汉理工大学，2009.

[24] 王少娜，杜浩，郑诗礼，等．钒酸钠钙化-碳化铵沉法清洁制备钒氧化物新工艺［J］. 化工学报，2017，68（7）：2781-2789.

[25] YAN H，DU H，WANG S N，et al. Solubility data in the ternary NH_4HCO_3-NH_4VO_3-H_2O and $(NH_4)_2CO_3$-NH_4VO_3-H_2O systems at 40 ℃ and 70 ℃［J］. Journal of Chemical & Engineering Data，2016，61（7）：2346-2352.

[26] 刘思邑．钒渣资源综合利用行业清洁生产指标体系建立［D］. 成都：西南交通大学，2013.

以“绿色化、智能化、品牌化”为目标规划设计河钢唐钢新区[①]

王新东

（河钢集团有限公司，河北 石家庄 050023）

摘　要：河钢唐钢新区是河钢集团深入贯彻落实习近平总书记关于“坚决去、主动调、加快转”重要指示精神和河北省钢铁产业结构调整的具体实践，也是河钢坚决贯彻落实新发展理念，全力推动高质量发展的行动体现。项目以“绿色化、智能化、品牌化”为建设目标，以物质流、能源流、信息流的连续化、简约化、紧凑化为方向，运用最新的钢厂动态精准设计、集成理论和流程界面技术，采用230余项前沿新工艺、130多项钢铁绿色制造技术，涵盖整个原料、焦化、烧结、球团、高炉、转炉、轧钢工艺流程，将河钢唐钢新区打造成为环保绿色化、工艺前沿化、产线智能化、流程高效化、产品高端化的世界级现代化沿海钢铁梦工厂。

关键词：绿色化；智能化；品牌化；钢铁；梦工厂

2020年9月7日，河钢唐钢新区正式投产运营，标志着河钢集团拥有了世界级现代化沿海钢铁基地，实现了由城市钢厂走向沿海布局的历史性转变。河钢唐钢新区是河钢集团深入贯彻落实习近平总书记关于“坚决去、主动调、加快转”重要指示精神和河北省钢铁产业结构调整的具体实践，是坚持新发展理念推动河钢转型升级高质量发展的重点示范项目。项目按照物质流、能量流、信息流的网络化设计理论，充分运用炼铁-炼钢、炼钢-连铸、连铸-轧钢“界面技术”，在设计上追求物质流衰减值最小化、能量流损失最小化、过程排放量最小化、过程时间最小化及过程空间路径最小化[1-6]。项目设计炼铁产能732万吨、炼钢产能747万吨、轧钢一次材710万吨，冷轧产品275万吨，吨钢占地面积0.53 m^2/t，吨钢综合能耗539.75 kgce/t，吨钢 SO_2 排放量小于0.6 kg/t，吨钢烟/粉尘排放量小于0.5 kg/t，企业自发电比例80%以上，二次能源回收利用率100%，固废资源化利用率100%，整体处于国际领先水平。

河钢唐钢新区项目，集成冶金行业近年技术研发成果，在原料、焦化、烧结、球团、高炉、转炉、轧钢、环保、智能等全工序全流程中，采用230余项前沿新工艺及130多项钢铁绿色制造技术，建设大型化、现代化、智能化装备[7-18]。项目定位于高端及高品质的热轧卷、酸洗冷轧深加工、优特钢长材等3大系列的产品，具备汽车板、管线钢、耐候钢、轴承钢、弹簧钢等15类高端特色产品。河钢唐钢新区将致力打造成为环保绿色化、工艺前沿化、产线智能化、流程高效化、产品高端化的世界级现代化沿海钢铁梦工厂。

① 原文发表于《钢铁》，2021，56（2）。

1 建设背景

1.1 党中央对河北省提出产业转型升级的要求

党的十八届五中全会提出“创新、协调、绿色、开放、共享”新发展理念后，习近平总书记多次强调要坚定不移贯彻新发展理念，推动中国发展不断朝着更高质量、更有效率、更加公平、更可持续的方向前进。习近平总书记对河北产业转型升级高度重视，要求河北“坚决去、主动调、加快转”“在改革创新、开放合作中加快实现新旧动能转换”。河钢集团地处京津冀特殊地理位置，也是大型国有企业，要主动践行“坚决去、主动调、加快转”的重要要求，牢固树立和贯彻新发展理念，坚定不移化解过剩产能，积极培育新的发展动能，全力推动河北钢铁行业创新发展、绿色发展、高质量发展。

1.2 河北省部署钢铁行业“去产能、调结构、促转型”

2014 年 6 月 30 日，国家发改委发布了《河北省钢铁产业结构调整方案及有关事项的批复》，批复提出“积极支持河北省钢铁产业结构调整”“在唐山市开展钢铁产业转型升级试点”。2016 年 6 月 8 日，河北省召开新闻发布会，就通过实施环保、能耗、水耗、质量、技术、安全等六类严于国家的地方标准，倒逼钢铁过剩产能退出，促进钢铁行业提质增效。由此河北省围绕钢铁产业结构调整和化解过剩产能，初步形成了比较系统完善的“6+*N*”标准和配套政策，为钢铁行业去产能实现提质增效提供了有力支撑。提出城市钢厂整体退出置换，实现区域内减量发展，产业布局有选择地向沿海临港和有资源优势地区适度转移产能，沿海临港和资源优势地区钢铁产能比重提高到 70%。与此同时，河北省钢铁产业整合重组、优化布局、转型升级、国际产能合作等工作也全面展开。河钢坚定不移地与党中央保持高度一致，坚定不移地贯彻落实省委省政府在去产能和区位调整上的重大决策。

1.3 河钢集团谋划结构调整与高质量发展的顶层设计

河钢产业布局分散且环保压力大。河钢旗下钢铁企业包括河钢唐钢、河钢邯钢、河钢宣钢、河钢承钢、河钢舞钢、河钢石钢和河钢衡板，子公司分散布局且核心企业多为城市钢厂。河北省 2015 年 1 月 1 日起在全国率先开始执行新的钢铁行业大气污染物特别排放限值国家标准，并开始研究制定推进钢铁行业超低排放的标准，唐山市和邯郸市还提出了 CO 削减要求，环保执法、督查力度等方面不断加码，河钢集团整体面临的环保形势非常严峻，绿色发展成了河钢集团实现转型升级的必由之路。

产品升级与结构调整任务迫切。河钢集团品种钢提升工作卓有成效，2020 年上半年品种钢比例达到 74%，但在产品升级和结构调整方面，仍有较大提升空间，如板材产品中冷轧及深加工产品比例不足 20%，产业链延伸不足，嵌入下游用户，为汽车、家电等高端制造行业提供零部件设计、制造等前端服务有待提升。汽车家电等品种在行业领域总量位居前列，但高端轿车、高铁和航空航天等尖端特钢应用领域市场占比不高，盈利能力偏低，迫切需要加快产品升级和结构调整，提高深加工产品和高端产品比例、提升新型特种材料研发生产能力。

城市钢厂面临发展规划和城市共容的双重挑战。河钢集团规模较大子公司都在城区或紧邻城区，属于城市钢厂。河钢唐钢、河钢邯钢、河钢石钢产城融合压力巨大，表现在以下几个方面：一是企业发展与城市发展出现矛盾，包括规划冲突、空间重叠、定位转变等；二是居民对区域大气质量以及环境质量越发关注，钢厂仅超低排放远远不够；三是钢厂效益与厂址土地商业价值差距拉大，面临城市发展规划问题。

河钢产业优化布局的发展需要。河钢根据河北省钢铁产业结构调整的要求和自身战略发展的需要，积极研究布局沿海钢厂和城市钢厂的搬迁，整合河钢唐钢等企业退城产能和装备资源，建设河钢唐钢新区沿海精品钢铁基地，积极推进企业产业由陆地向沿海布局。同时也是河钢宣钢面临迎接 2022 年冬奥会、改善环京津地区环境质量的任务要求。

2 总体规划设计

创新、协调、绿色、开放、共享的发展理念在钢铁行业反响强烈，特别是河钢集团在“十三五”规划中率先提出了“绿色矿山、绿色采购、绿色物流、绿色制造、绿色产品、绿色产业”的“六位一体”钢铁绿色发展理念，且河钢已经成为中国绿色钢铁企业的典范。“中国制造 2025”“互联网+ ”等全新理念、重大决策为钢铁行业智能发展迎来新的历史机遇期。制造业数字化网络化智能化是新一轮工业革命的核心技术，是钢铁工业转型的制高点、突破口和主攻方向[19-24]。

河钢唐钢新区项目以“绿色化、智能化、品牌化”为建设目标，以物质流、能源流、信息流的最优网络结构为方向，运用冶金流程集成理论与方法，采用最新的钢厂动态精准设计和流程界面技术，打造环保绿色化、工艺前沿化、产线智能化、流程高效化、产品高端化的世界级现代化沿海钢铁梦工厂[25-30]。

2.1 建设规模

项目建成投产后，将形成年产铁水 732 万吨、钢水 747 万吨、轧钢一次材 710 万吨。其中热轧板带 410 万吨，优特钢长材 300 万吨，冷轧产品 275 万吨。项目预留发展空间，适时筹划产线结构调整和产业链延伸项目。

2.2 产品定位

项目定位于高端及高品质的热轧卷、酸洗冷轧深加工、优特钢长材等 3 大系列的产品，高起点发展汽车、工程机械、交通、制造等行业用钢，着力扩大高品质、高技术含量产品的比例。具备汽车板、管线钢、耐候钢、轴承钢、弹簧钢等 15 类高端特色产品，形成河钢的品牌效应。

2.3 建设内容

项目为冶金长流程。主要建设内容为封闭式机械化智能无人料场，港口皮带通廊输送，铁精粉长距离管道输送，4 座 7 m 焦炉，2 台 360 m^2 烧结机，2 台 760 m^2 带式球团焙烧机，3 座 2922 m^3 高炉，2 座 200 t 转炉，1 座 200 t 脱磷炉，3 座 100 t 转炉，配套 1 台 6 机 6 流高拉速方坯连铸机、1 台 7 机 7 流高拉速方坯连铸机、1 台 6 机 6 流矩形坯连铸机以及 2 台 1900 mm 双流板坯连铸机，后部配套 1 条 2050 mm 热轧生产线及 2030 mm 冷轧生产线，2 条高速线材生产线，2 条棒材生产线，2 条型材生产线，4 座 600 t/d 和 1 座 500 t/d的双膛竖窑生产线，同步配套建设制氧站、钢渣处理、矿渣微粉、废钢加工、含铁粉尘处理、检化验设备及相应动力、公辅设施。

2.4 工艺现代化

河钢唐钢新区项目采用230余项新工艺、新技术，主要涵盖原料场、焦化、烧结、球团、炼铁、炼钢、连铸、热轧、冷轧、长型材和全厂公辅等所有生产工序。采用大型化和现代化装备，在原燃料输送上采用矿山管道直接输送、港口皮带直接输送等清洁运输方式；在原料储存上全部采用密封式料场和贮仓。在原料制备上采用带式焙烧机造球，铁矿粉烧结造块。烟气治理上使用活性焦和 SCR 等脱硫脱硝装置。炼铁高炉配备均压煤气回收、高效热风炉等装置，采用基于高比例球团冶炼优化的高炉炉体结构。通过全流程源头减排控制，在实现污染物超低限排放的基础上能够把污染物排放总量控制得更低。企业产生的固体废弃物，如各种除尘灰、脱硫脱硝产物、高炉水渣、炼钢钢渣等，均达到全部资源化综合利用。工业废水全部循环利用，把城市中水作为补充水源，实现与城市功能无缝衔接。

2.5 装备大型化

河钢唐钢新区项目集成了大型装备和先进工艺。原料场贮料场全部为智能环保型料场，贮矿料场采用封闭式 C 型料场；贮煤料场采用封闭式直径 120 m 圆形料场；2 台 360 m^2烧结机同步配套脱硫脱硝及烧结烟气循环；2 台 760 m^2 国内最大的球团带式焙烧机为高炉大比例球团矿冶炼创造条件；3 座 2922 m^3 高炉按照适合资源禀赋和经济效益的需求量身定做；2 座 200 t 大型转炉及配套的精炼、连铸设施为低成本高效化专业化生产洁净钢创造条件；100 t 转炉配套高速连铸，长型材轧线采用直轧或热装热送技术；2050 mm 热轧生产线以及 2030 mm 冷轧生产线装备技术达到国际先进水平。

2.6 流程绿色化

项目以打造成中国绿色钢铁企业的典范为定位，着重从三个方面进行了设计规划。

（1）严格执行国家和河北省节能环保法律、法规和标准。各工序能耗达到国内外先进指标，大气污染物低于特别排放限值，从源头上控制污染物生成量，减少有组织排放总量，使用先进环保装备控制无组织排放强度，工业废水全循环利用，工业固废减量化、资源化利用，危废 100%安全处置。

（2）钢铁全生命周期绿色产品。产品定位于高强钢等绿色产品，减少下游用户的钢材使用量，延长钢材使用寿命，提高社会资源的利用效率。

（3）构建绿色制造流程，应用当今最先进的生产工艺技术及节能环保技术，实现钢铁生产全过程的节能减排，以最低的消耗和最小的排放完成钢铁产品生产过程。

2.7 制造智能化

河钢唐钢是中国钢铁行业第一个全流程智能化试点单位，河钢唐钢新区项目在总结经验的基础上，进行了标准化、自动化、信息化的三化融合，使生产业务单元具备自感知、自决策、自执行、自适应功能，形成纵向贯通、横向集成、协同联动的智能制造体系，实现以规模化定制的运营模式向市场提供最契合客户需求的产品与服务。该智能制造体系具有如下主要技术特征。

（1）定制性。通过订单归并、销产转换、标准+α 定制设计、生产工艺自适应调整等实现面向订单的规模化定制生产。

（2）自适应。基于知识库和大数据构造覆盖 PDCA 全过程的优化迭代回路，实现生产单元对生产要求的自适应。

（3）精益性。一体化的五级系统形成横向到边、纵向到底的规范化管理与作业体系，实现质量、成本的精益管控。

（4）知识库。基于企业核心冶金知识库，快速实现产品变形设计，并全面支撑生产/质量一贯到底。

（5）大数据。通过大数据平台实现状态数据和行为数据闭环数据链，深度挖掘数据价值，支撑业务生产的优化迭代。

2.8　总图布置

总图布置在考虑项目的总体布局与城市总体规划相协调的同时，充分利用厂区外部条件，发挥临海靠港的优势，力求整体布局合理、紧凑，节省用地，工艺流程短捷顺畅，物流顺畅，并兼顾将来的发展。同时在总图布置时重视节能和环境保护，在满足物质流、能源流等最顺畅的前提下实现物料在钢铁厂内的加工全过程中，减少折返、迂回，避免重复搬运，使其耗用时间最少、动力消耗最小，产生的无组织排放最少。

项目用地十分紧张，在总图布置中运用新一代联合钢铁企业总体设计理念，实现总图布局的紧凑、生产流程的顺畅、功能分区的明确，设计需要同时满足原辅料、产品的运输，各工序的生产组织，以及工序界面间的衔接功能要求，通过各工序的不断优化，在满足工艺流程合理、物流顺畅的同时，总图用地指标达到了 0.53 t/m^2，该指标处于同级别钢铁企业的领先水平。

项目总图设计中融入了先进的企业管理运行理念，做到人流与货流分开，特种物流与普通物流分开，有污染的生产区与清洁生产区分开，为企业管理和运行打下良好的基础。项目整体布局的鸟瞰图如图 1 所示。

图 1　河钢唐钢新区项目鸟瞰图

2.9 项目管理

河钢唐钢新区项目采用了多种建设模式（EMC \ EPC \ BOO \ BOT \ BOOT），应用传统的行政命令式管理难以有计划、有预测性、信息传达及时地管控，因此确定工程项目管理的模式为基于共享状态模型的一体化综合管理，即基于统一项目状态模型实现信息共享、业务协同，消除信息传递不通畅、项目状态口径不一致的问题，打通项目管理业务的堵点，实现项目业务管理各环节的一体化综合管理，从而有效地全面覆盖合同、进度、物资、人员、财务、绩效的管控与防范项目风险。基于共享状态模型的工程项目一体化综合管理模式的原理如图 2 所示。

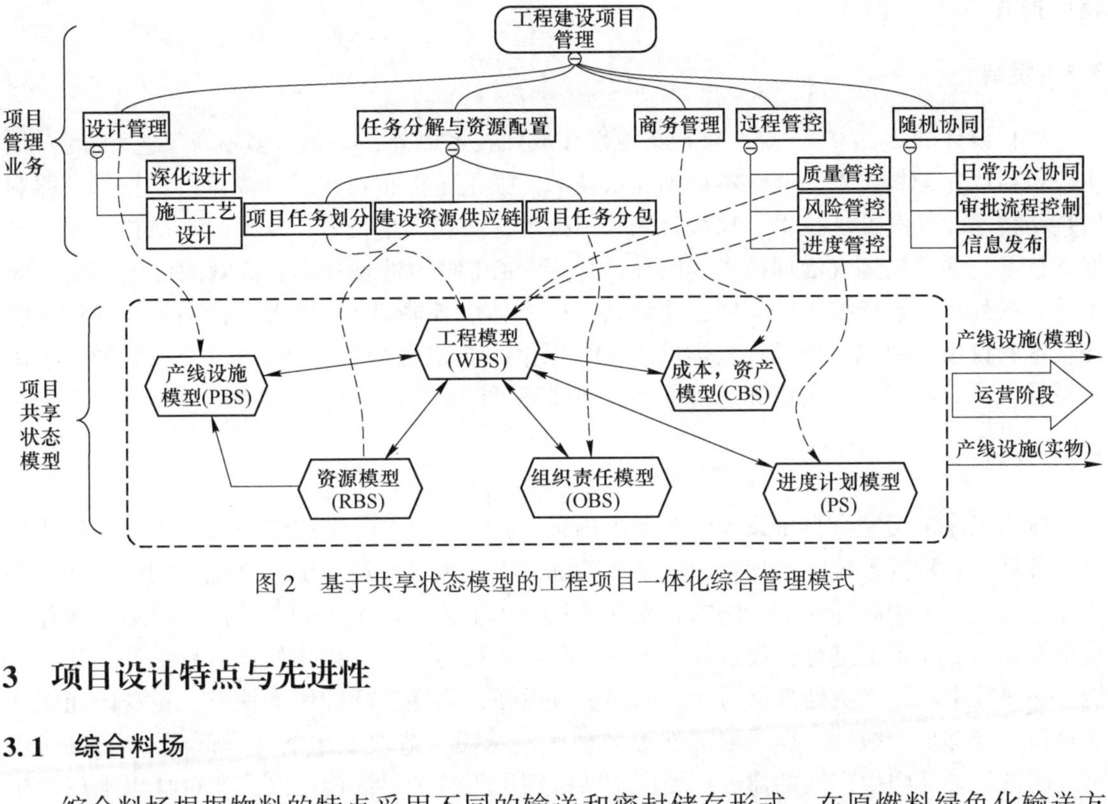

图 2 基于共享状态模型的工程项目一体化综合管理模式

3 项目设计特点与先进性

3.1 综合料场

综合料场根据物料的特点采用不同的输送和密封储存形式。在原燃料绿色化输送方面，自有矿山的铁精粉采用管道长距离直接输送到厂内料库，输送距离 70 km，输送能力为 750 万吨/年，是国内输送量最大的铁精粉输送管道；港口矿粉直接皮带通廊输送，焦煤系统采用管廊输送；在原燃料环保储存方面，含铁原料采用了环保封闭的 C 型料库进行储存，喷吹煤、无烟煤及焦化所需的焦煤均采用圆形封闭料场进行储存，石灰石粉、白云石粉均采用筒仓形式进行储存，混匀料采用封闭式的混匀料场。原料场管理系统具有自动检测、远程监视、生产工艺流程自动选择、料堆可视化管理、物料跟踪、混匀矿自动堆积、大机无人化控制、卸料车自动定位卸料等功能，实现了全球首座数字化、智能化、无人化的智能料场。料场总图布局紧凑，物流顺畅，通过一系列新工艺和新技术的应用，赋予了原料场经济、环保、智能、高效等诸多优势，保证了原料长期、安全、稳定的连续供应。实现了全球首座“无人化”料场，达到了国际领先水平。

3.2 焦化

设计规模为年产干全焦 240 万吨，建设 4×60 孔炭化室高 7 m 的复热式超大容积顶装焦炉。工程一次设计，依次实施。熄焦采用全干熄，配套建设干熄焦装置，所产蒸汽用于发电；焦炉装煤、出焦以及机侧除尘均采用干式除尘地面站。焦炉同步配套建设烟道气脱硫脱硝装置，处理后的烟道废气可达到超低排放限值要求。此外，同步配套建设煤调湿装置，焦炉上升管配套建设荒煤气余热回收利用装置，采用新型负压脱苯技术，物料可控流体转运技术；煤气净化同步建设低品质硫黄及脱硫废液制酸装置。通过对焦化工序有组织排放和无组织排放的源头减排和末端治理，全面实现了焦化生产全流程的超低排放。

3.3 烧结

项目设计的 2×360 m^2 烧结机在集成以往成熟技术以外，采用了多项新工艺和新技术，主要包括优化配料技术、混合料自动加水技术、强化偏析布料技术、高效密封技术、厚料层烧结技术、烟气循环技术、梯级余热利用技术、布袋除尘技术、水密封环冷机技术、环保筛技术、活性焦烟气治理技术和循环流化床+SCR 脱销处理技术、高效耐磨气力输送技术等。系列新工艺新技术的应用，使烧结工序整体燃耗降低 6%以上，特别是烧结烟气循环技术的投用，使烧结机烟气减排量达 30%以上，烧结机产量提高 3%以上，既做到了源头减排，又做到了减少投资和运行费用，还提高了产量。

3.4 球团

球团工序采用完全自主设计的 2 条国内最大的 2×760 m^2 带式焙烧机生产线。集成原料准备系统、配混系统、造球系统、焙烧系统、工艺风机系统、成品系统、烟气综合治理等工艺设施。采用国际先进、国内领先的带式焙烧工艺，整个干燥、预热、焙烧、冷却过程全部在一台设备上进行，设备简单可靠，稳定运行周期长，操作便捷事故率低，系统节能环保热效率高，单机处理能力大，原料适应性强，能够广泛应用赤铁矿、磁铁矿和褐铁矿精粉，能够生产酸性、镁质溶剂性等多种优质球团，造块工序能耗降低到 20 kgce/t 以内。两条先进球团生产线的建成，使唐钢新区高炉入炉炉料结构可以达到 60%以上球团矿的比例，达到国内领先水平，真正做到源头减排。

3.5 高炉

3 座 2922 m^3 高炉，从炉料结构设计上，遵循低碳炼铁、源头减排、降低污染物排放总量的设计理念。在国内首次应用 60%以上高比例球团炉型设计，并采用了联合矿焦槽技术、绿色节能长寿热风炉技术、高风温技术、高炉炉顶均压煤气回收技术、高炉本体综合长寿技术、出铁厂平坦化技术、新型环保卸料车技术，高效的导料槽密封技术、干式布袋除尘技术、炉顶煤气余压发电技术、环保底滤炉渣处理技术、“一罐到底”铁水运输技术等，以显著降低工序能耗与污染物排放。由于炉料结构变化的特点，高炉从炉型设计、冷却结构、冷却系统配置、耐火材料布置等方面进行了全面优化。

3.6 炼钢

炼钢连铸工序设有 2 个车间，一炼钢车间配备 2×200 t 转炉，1×200 t 脱磷炉，配套 2 套 KR 铁水预处理、2 套 LF 钢包精炼炉、2 套 RH 真空精炼炉，2 台 1900 mm 双流板坯连铸机。二炼钢车间配备 3×100 t 转炉，配套 2 套脱硫装置，2 套 LF 炉，1 套 VD 精炼炉，1 台 6 机 6 流、1 台 7 机 7 流高拉速方坯连铸机，以及 1 台 6 机 6 流矩形坯连铸机。

炼钢系统采用无人兑铁、加废钢，无人上料、投料，副枪+烟气分析+声呐化渣一键自动炼钢技术，以及无人出钢、出渣、智能溅渣、炉后机器人测温取样的全套智能炼钢技术。其中，下渣检测+滑板挡渣+自动出钢技术、非均布转炉高效底吹控制技术等，不仅实现了转炉生产的自动化、高效化，而且能够大幅提高转炉终点的命中率，提高冶金效果，为钢水质量的提高、高附加值品种的开发创造条件；副枪+烟气分析+声呐化渣自动炼钢技术，将达涅利康利斯的副枪、声呐化渣技术和普锐特的烟气分析技术进行有机结合，形成河钢特有的世界顶级控制技术。节能环保方面，采用铁水罐、钢水罐全程加盖技术；钢渣一次处理技术采用辊压式热闷，提高转炉钢渣处理效果；转炉烟气采用干法净化回收系统，车间内设有全覆盖的散点除尘系统，改善车间环境，确保达到超低排放的指标，实现绿色炼钢。

连铸系统采用了全程无氧化保护浇注技术、结晶器电磁搅拌技术、连续矫直技术、方坯高拉速技术等先进技术。

3.7 热轧

热轧产线以“一流装备生产一流产品，创造一流效益”为设计理念，多项行业前沿新工艺新技术得以应用。2050 mm 热连轧生产的最高强度钢板达到 1200 MPa，采用热装热送工艺。生产线配置有新型节能蓄热式加热炉，大压下、高精度的定宽机，带有优化剪切技术的切头飞剪（可减少切损 0.2%左右）、粗精轧机组，设置加强型层流（ILC）+普通层流（LC）组合的新型冷却技术设施，高强度的卷取机组，全线采用基础自动化及过程控制两级自动控制系统，并留有与 L3 计算机进行数据交换的接口，配备有测温、测压、测厚、测宽、板形及平直度、表面质量检测等完备的测量仪表系统。该配置达到了国际同级别热轧产线的领先水平。

利用先进的控轧控冷技术，2050 mm 热轧产线可实现热轧带钢宽度、厚度以及板型的精准控制，“超快速+层流冷却工艺”可实现带钢内部晶粒强化，提高带钢力学性能，降低炼钢合金添加。

3.8 冷轧

2030 mm 冷轧产线由推拉式酸洗机组、酸轧联合机组、连续退火机组、连续热镀锌机组、电镀锌机组、重卷拉矫机组、重卷检查机组、半自动包装机组等主要单元构成。产能规模 275 万吨。涵盖全品种高端冷基产品和热基产品。其中冷基产品系列产品面向高档次汽车宽幅面板，热基产品系列产品面向军工、汽车、结构等高强用钢。

冷轧处理线采用独立调整氢体积分数 15%的快速冷却控制技术和快冷后感应加热技术，甚至能够实现带钢 920 ℃的奥氏体化温度，具有缓冷待温功能，可实现 DP、CP、

Q&P、MS 等多种先进高强钢的生产，提高产品强度，大量节省合金成本，最高强度可达1500 MPa，产品覆盖汽车全部结构件和安全件，工艺技术及产品能力均处于国际领先水平。

3.9 长型材

长型材系统共建设 2 条高速线材生产线，2 条棒材生产线（1 条普通棒材生产线，1 条高速棒材生产线），2 条型材生产线（1 条中型生产线，1 条大型生产线）。

高速线材生产线主要生产热轧带肋钢筋、合金焊丝、特种焊丝、胎圈钢丝、制绳钢丝、预应力钢丝等，轧线采用了热装热送技术、在线控温和轧后控冷技术、减定径技术、在线测径技术等。

棒材生产线主要生产带肋钢筋、圆钢等高强产品，轧线采用了直轧技术。轧机全部采用短应力线机型，采用了无头焊接轧制技术、无孔型轧制技术、控轧控冷技术、负偏差测量技术、高速圆盘剪及高速上钢技术等创新技术。

型材生产线主要生产矿用 U 型钢、矿用工字钢、轻轨、等边角钢、不等边角钢、大规格角钢、各类钢板桩、大规格 H 型钢、重型履带钢等产品。轧线采用了热装热送技术、双机架开坯技术、三机架万能串列轧机技术，万能法轧制钢轨技术、步进冷床预弯技术、长尺冷却和长尺矫直技术、自动码垛技术等。

3.10 公辅动力系统

根据各类能源介质的特性、各用户的使用特点及供需平衡要求，配置了 1×30 万立方米高炉煤气柜、2×15 万立方米转炉煤气柜、1×15 m^3+1×10 m^3 焦炉煤气柜、2×60000 m^3/h+2×40000 m^3/h 深度冷却法制氧系统，2×80 MW 高温超高压发电机组、1×100 MW+1×135 MW亚临界发电机组，2 座集中空压站及水处理中心、供配电、检化验、能源管控等辅助设施。

公辅系统采用“压力梯级供应”“智能供气调节”“气量自补偿”等先进技术，确保各类能源介质的稳定可靠供应。在发电、制氧及压缩空气制备方面，采用先进高效的新技术，大幅度降低能耗指标，降低运行成本；在余热利用方面，充分利用钢铁冶金的副产品，减少对大气的污染，改善周边环境；使用大容量的煤气储存调峰设施，保证煤气系统管网稳定运行。水处理中心预处理采用高密度沉淀池+V 型滤池工艺，深度处理采用双膜法制备一级除盐水，浓盐水采用高效除硬度澄清池+曝气生物滤池+臭氧催化氧化+多介质过滤器+超滤+弱酸树脂钠床+两级反渗透复合工艺。同时部分生产新水采用新型高效的双室浮动床/混床工艺制备一级二级除盐水，减量后的浓盐水用于钢渣、水渣处理，本项目的投产运行，为冶金企业节水和废水排放创造了一条新途径。

项目公辅设施的布置力求做到格局紧凑，流程顺畅，运距短捷，功能分区明晰。鉴于项目用地条件、外部运输、预留发展等因素的影响，项目尽量集中布置，尽可能减少占地面积，节约运行成本，远期发展用地集中预留。

3.11 资源再利用

项目全面贯彻循环经济理念，除含铁资源全部循环利用外，所有固体废弃物，如高炉水渣、炼钢钢渣、除尘灰、氧化铁皮、废耐火材料、污泥、铁红等均实现了综合利用。

固体废弃物大部分采用地区经济协作的方式进行有效处理，高炉水渣经水淬后送水渣细磨生产线，制作矿渣微粉供水泥原料；铁水预处理、转炉、精炼炉产生的钢渣，送钢渣处理车间进行分级处理，用于烧结配料、水泥原料、炼钢造渣剂等；废旧耐火材料，部分再利用，部分返回耐火材料厂作为骨料或用作铺路；氧化铁皮和部分除尘灰返回烧结配料，部分含钾、钠、锌元素的除尘灰采用回转窑技术进行处理，提炼金属元素，把除尘灰处理成相当于50%铁品位的尾矿送回烧结配料；铁红用作磁性材料。

3.12 绿色制造

引入绿色工厂设计理念，通过采用国内外成熟可靠的绿色制造节能减排新工艺新技术和节能型新设备，构建高效节能、低碳环保的绿色工厂，实现能耗最低和效益最大。

在焦化、烧结、球团等工序，污染物治理上采用活性焦脱硫脱硝和流化床+SCR 脱硫脱硝等技术，达到或超过国家超低排放要求；所有皮带机采用双层环保密封导料槽技术，防止粉尘外溢，提高除尘效果，岗位粉尘浓度不超过 8 mg/m^3；所有环境除尘系统采用高效布袋除尘器和塑烧板除尘器，控制过滤风速，颗粒物排放浓度不超过 10 mg/m^3。

各个生产单元的设备选型以节水、节电为原则，充分回收各工序的余热、余压、余能，通过焦炉干熄焦、上升管余热回收、烧结环冷余热回收、烧结烟气循环、高炉 TRT、转炉余热蒸汽以及各工序富余低压蒸汽、富余煤气的综合利用；实施发电项目，使企业自发电比例达到80%以上。

3.12.1 烧结工序

烧结采用加强混合制粒工艺，以降低料层阻力，改善气体合理分布，提高热交换效率；采用生石灰和蒸汽预热混合料、厚料层烧结等强化烧结措施增产降耗；改善台车密封装置，减少系统漏风率；选用节能型变压器和变频调速设备，提高自然功率因数，提高效率；环冷机采用上下水密封方式，漏风率低于 15%；采用烧结机和环冷机余热综合利用技术。

3.12.2 球团工序

球团设计以优化工艺流程、减少物料转运、提高成品率、降低能源消耗为出发点，采用高压辊磨机和强力混合机，配备大型带式焙烧机生产碱性和酸性球团，提高成品球质量。气体循环系统与国内外先进流程结合进行了设计更新，回收气体余热，节约燃料，降低能耗。

3.12.3 焦化工序

焦化以焦炉煤气为原料经过预处理脱硫脱萘后进入 PSA 提氢装置将氢气分离出来，作为乙醇和焦油加氢生产原料使用；剩余气体（即“解吸气”）既可以作为清洁燃料使用，也可以作为 LNG 等产品的原料气使用，实现了资源化综合利用。采用薄壁炉墙技术，可以提高传热速率，缩短结焦时间，进一步降低焦炉废气中 NO_x 的产生，减少对大气的污染。上升管余热回收，不仅实现了高温初冷水资源化利用，降低了循环水凉水塔负荷，而且替代了用于制冷的大量蒸汽资源，降低了工序能耗。

3.12.4 高炉工序

高炉系统为降低一次能源消耗，回收 3~5 mm 小粒度烧结矿；使用高顶压，降低炉内煤气流速，提高炉内煤气利用率和减少炉尘吹出量。采用均压煤气回收工艺，减少高炉煤气、粉尘排放；采用富氧、大喷煤量替代冶金焦炭，降低工序能耗。采用干式布袋除尘器进行煤气净化，既可以减少煤气热量损失，又可以提高煤气余压发电量。采用环保底滤渣处理工艺，节约冲渣水消耗，同时对冲渣水余热进行回收利用。

3.12.5　转炉工序

转炉采用顶底复吹工艺，以及氧枪在线快速更换技术，实现不中断连续生产，提高车间作业率。全汽化冷却烟道和蓄热器系统，回收转炉烟气余热；干法一次烟气净化回收系统，降低烟尘排放量，提高煤气回收量，达到降低环境污染和节能降耗的目的。设置全面的散点除尘系统，收集的除尘灰返回烧结再利用，提高了资源的利用率。采用钢包全程加盖技术，以及在高炉与转炉之间设置铁水包加盖，减少温度损失，降低能源消耗。铁水供应系统，采用“一包到底”的铁水供应方式。

3.12.6　轧钢系统

热轧系统采用热装热送技术，热装率达到70%以上，加热炉燃耗可降低10%~12%。配备热轧润滑技术，降低电耗同时，辊耗降低50%。配备热卷箱，动力消耗下降9 kgce/t，电耗降低2.6kW · h/t；采用酸再生工艺，处理后的再生酸可重复利用。冷轧酸洗系统、连续退火、连续热镀锌、电镀锌均配置蒸汽冷凝水回收系统，循环用于清洗段的漂洗水，节约水耗。退火炉使用全纤维炉衬绝热材料，通过节能燃烧技术及余热回收利用，降低煤气消耗。棒材采用直轧技术，铸坯不经加热炉直接送入轧机，完全省去了加热炉的燃耗，可大幅度节省能源，降低 CO_2 排放。

3.13　智能制造

河钢唐钢新区依托“中国制造2025”指导方向和钢铁智能化架构体系[31]，构建五级智能制造一体化系统，应用大数据和云平台技术，将三维可视化虚拟工厂和实体工厂完美结合，打造国内钢铁企业智能制造标杆。图3所示为河钢唐钢新区智能制造一体化系统功能架构。

（1）统筹管控，智能决策。河钢唐钢新区构建起了全流程一体化的智慧生产管控系统，集成生产、设备、质量、销售、市场、物流、能源、环保、安全等与生产经营相关的全方位信息数据，覆盖整个产业链条，采用多业务无边界系统和大数据决策技术，实现全流程生产运营的大数据汇聚、智能分析和智能决策。

（2）精益生产，集中管控。以产销一体化系统为主线，以综合设备状态分析、生产资料分析、质量模型分析等数据基础，优化资源调配和生产计划排程，提高生产过程可控性，构建高效、节能、环保、无人化、智能化工厂。

（3）状态感知，精准执行。通过物联网技术及先进传感器件的应用，对设备及生产外部环境状态进行精准感知，分析变化趋势，实现预测性生产和维护。

（4）人工智能，智慧工厂。以需求为主导，各工序建立完备的智能装备，研发二级系统、专家系统和大数据平台，将大数据、人工智能库等多学科技术应用于产线。

3.14　特殊地基处理

河钢唐钢新区项目场地属滨海浅滩，土体压缩性较高、承载力较低且有腐蚀性。项目

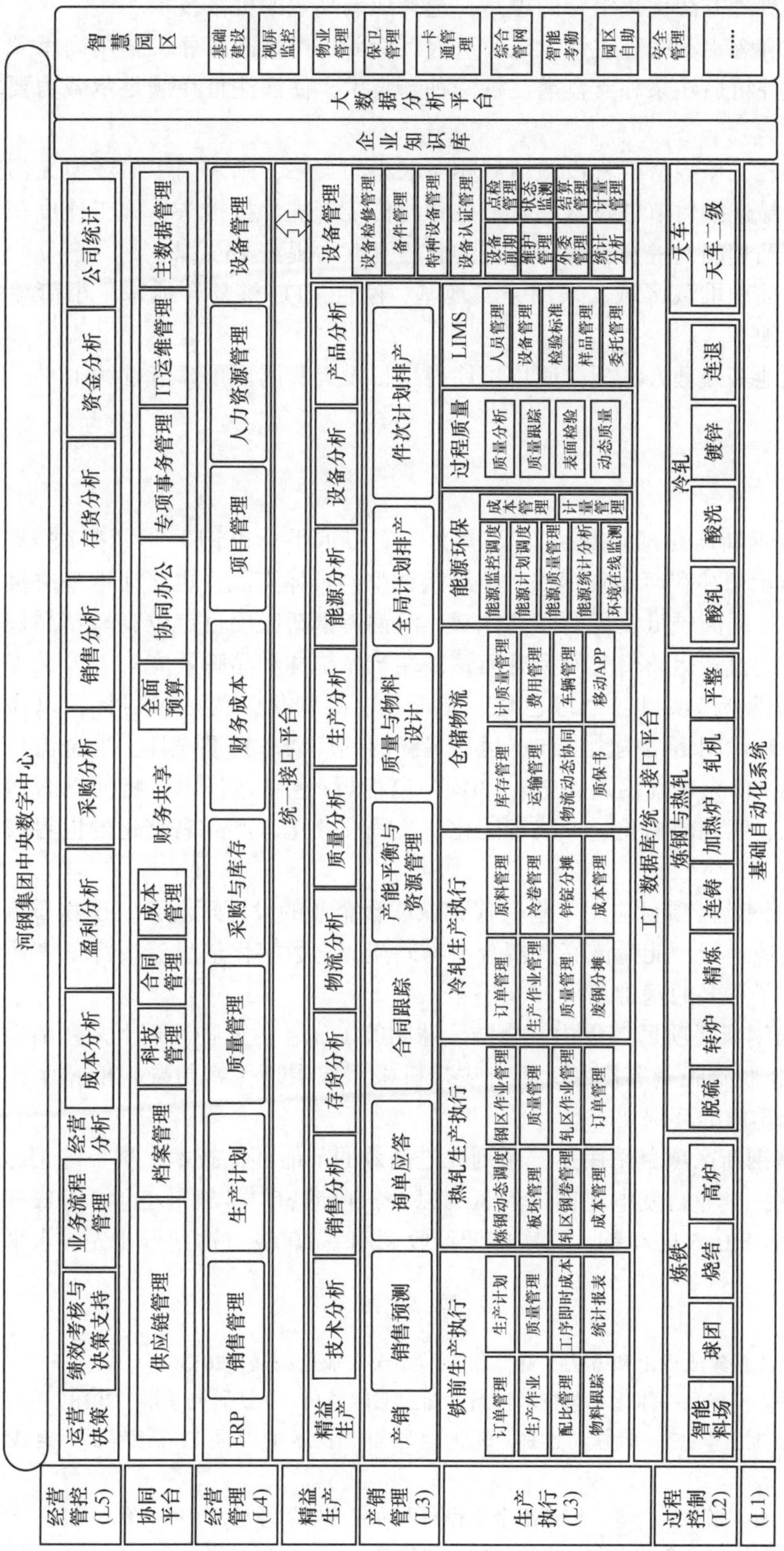

图3 智能制造一体化系统应用功能架构

采用了多种地基处理方法优化组合的思路，选择成熟高效的桩基技术。

对高炉区域和炼钢车间等主体设施荷载大沉降要求严格的工序，采用高承载力的灌注桩桩型，应用灌注桩后注浆和支盘灌注桩两种新技术，使灌注桩在满足承载力要求下大幅节省了投资。

对冷轧、热轧、棒线材工程设施荷载相对较小的工序，则采用了对环境无污染的高强预应力管桩和机械连接竹节桩技术，竹节桩相比传统管桩焊接接头，施工速度快、防腐蚀效果好，同时凹凸相间的桩身也比同直径的管桩承载力提高 15%以上。

对料场等大面积堆载区域，采用夯实地基、刚性 CFG 桩复合地基，小荷载的建筑物则直接采用天然地基。

通过多样化地基处理方法配合使用，使得项目投资费用比预算节省约 15%，施工简便又安全可靠。

4 结论

（1）河钢唐钢新区是河钢集团深入贯彻落实习近平总书记关于“坚决去、主动调、加快转”重要指示精神和河北省钢铁产业结构调整的具体实践，也是河钢坚决贯彻落实新发展理念，全力推动高质量发展的行动体现。河钢唐钢新区项目定位高端精品板材和特色建材产品，项目的投产运营将大幅提升河钢高端产品结构和品牌效应。

（2）河钢唐钢新区项目以“绿色化、智能化、品牌化”为建设目标，以物质流、能源流、信息流的最优网络结构为方向，运用最新的钢厂动态精准设计、冶金流程学理论和界面技术，采用 230 余项前沿新工艺、130 多项钢铁绿色制造技术，将河钢唐钢新区打造成为环保绿色化、工艺前沿化、产线智能化、流程高效化、产品高端化的世界级现代化沿海钢铁梦工厂。

（3）河钢唐钢新区项目应用了新一代钢铁联合企业的设计理念，实现物质流动态、有序、连续、稳定地运行，能量流高效耦合于物质流，全数字化信息流贯穿于产业链始末为智能化钢厂创造了重要的基础条件。

（4）河钢唐钢新区项目在焦化、烧结、球团等工序，污染物治理上采用活性焦脱硫脱硝和流化床+SCR 脱硫脱硝等技术，所有皮带机采用双层环保密封导料槽技术，完全可以达到或超过超低排放的环保要求。

（5）河钢唐钢新区项目采用了一系列先进高效的节能环保技术，项目吨钢综合能耗为 539.75 kgce/t 钢，企业自发电比例达到 80%以上，吨钢 SO_2 排放量小于 0.6 kg/t 钢，吨钢烟/粉尘排放量小于 0.5 kg/t 钢，二次能源回收利用率 100%，达到行业先进水平。

参考文献

[1] 殷瑞钰．冶金流程集成理论和方法［M］．北京：冶金工业出版社，2013.

[2] 王国栋．钢铁全流程和一体化工艺技术创新方向的探讨［J］．钢铁研究学报，2018，30（1）：1.

[3] 王新东，常金宝，李杰．小方坯连铸-轧钢“界面”技术的发展与应用［J］．钢铁，2020，55（9）：125.

[4] 殷瑞钰，张福明，张寿荣，等．钢铁冶金工程知识研究与展望［J］．工程研究，2019（5）：438.

[5] 姜周华．特殊钢特种冶金技术和生产流程的发展趋势［C］．中国金属学会．第十二届中国钢铁年会

论文集．北京：冶金工业出版社，2019.
[6] 李文．技术创新、制度创新协同演化视角下中国钢铁产业升级实证研究［D］．沈阳：辽宁大学，2019.
[7] 王新东，田京雷，宋程远．大型钢铁企业绿色制造创新实践与展望［J］．钢铁，2018，53（2）：1.
[8] 于勇，王新东．钢铁工业绿色工艺技术［M］．北京：冶金工业出版社，2017.
[9] 王新东，李建新，刘宏强，等．河钢创新技术的研发与实践［J］．河北冶金，2020（2）：1.
[10] 王新东，常金宝，李杰，等．冶金流程工程学在小方坯直接轧制中的应用［J］．钢铁，2021，56（1）：113.
[11] 王晓磊，师学峰，胡长庆，等．高硅镁质熔剂性球团焙烧试验研究［J］．矿产综合利用，2020（4）：87.
[12] 李建新，王新东，李双江．河钢炼钢技术进步与展望［J］．炼钢，2019（4）：1.
[13] 王新东，闫永军．智能制造助力钢铁行业技术进步［J］．冶金自动化，2019（1）：1.
[14] 刘景钧．践行两化融合　打造数字化、智能化钢铁企业——河钢唐钢两化融合做法成效及经验［J］．冶金管理，2015（12）：30.
[15] 王新东，侯长江，田京雷．钢铁行业烟气多污染物协同控制技术应用实践［J］．过程工程学报，2020（9）：997.
[16] 侯长江，田京雷，王倩．臭氧氧化脱硝技术在烧结烟气中的应用［J］．河北冶金，2019（3）：67.
[17] 纪光辉．烧结烟气超低排放技术应用及展望［J］．烧结球团，2018（2）：59.
[18] 白斌，王强，侯蕾，等．耐海洋环境腐蚀用中厚板的研发［J］．河北冶金，2019（9）：15.
[19] 孙彦广．钢铁工业数字化、网络化、智能化制造技术发展路线图［J］．冶金管理，2015（9）：4.
[20] 李新创．智能制造助力钢铁工业转型升级［J］．中国冶金，2017，27（2）：1.
[21] 刘景钧，封一丁．智能制造在钢铁工业的实践与展望［J］．河北冶金，2018（4）：74.
[22] 王国栋．我国钢铁工业主要技术发展方向［N］．世界金属导报，2017-12-12.
[23] 姚林，王军生．钢铁流程工业智能制造的目标与实现［J］．中国冶金，2020，30（7）：1.
[24] 袁晴棠，殷瑞钰，曹湘洪，等．面向 2035 的流程制造业智能化目标、特征和路径战略研究［J］．中国工程科学，2020（3）：148.
[25] 谢曼，干勇，王慧．面向 2035 的新材料强国战略研究［J］．中国工程科学，2020（5）：1.
[26] 殷瑞钰．"流"、流程网络与耗散结构——关于流程制造型制造流程物理系统的认识［J］．中国科学（技术科学），2018（2）：136.
[27] 殷瑞钰．关于智能化钢厂的讨论——从物理系统一侧出发讨论钢厂智能化［J］．钢铁，2017，52（6）：1.
[28] 李毅仁，李铁可．基于大数据的钢铁智能制造体系架构［J］．冶金自动化，2020（9）：1.
[29] 曹华军，李洪丞，曾丹．绿色制造研究现状及未来发展策略［J］．中国机械工程，2020（2）：135.
[30] 李鸿儒，封一丁，杨英华．钢铁生产智能制造顶层设计的探讨［C］．中国金属学会．第十一届中国钢铁年会论文集．北京：冶金工业出版社，2017.
[31] 周济．智能制造——"中国制造 2025"的主攻方向［J］．中国机械工程，2015（17）：2273.

钒渣提钒行业清洁生产评价指标体系的建立①

王少娜[1]，白　丽[2]，王新东[3]，吕页清[1]，刘　彪[1]，
杜　浩[1,4]，王海旭[2]，李兰杰[2]，张　懿[1]
（1. 中国科学院过程工程研究所中国科学院绿色过程与工程重点实验室，北京 100190；2. 承德钢铁集团有限公司，河北 承德 067102；3. 河钢集团有限公司，河北 石家庄 050023；4. 中国科学院大学国际学院，北京 100049）

摘　要：通过对我国钒渣提钒行业现有钠化焙烧、钙化焙烧、液相氧化生产工艺的系统分析，以产品生命周期系统评价为基础，构建了钒渣提钒行业清洁生产评价指标体系。该指标体系分为目标层、准则层和指标层 3 个层次，目标层为钒渣提钒行业清洁生产水平，准则层包括资源能源消耗、生产技术特征、污染物、资源综合利用、产品特征和环境管理共六大类，是体现工艺节能、降耗、减污和增效等清洁生产水平的概括性指标。指标层隶属于准则层，是基于准则层建立的 25 个具体评价指标，包括 16 个定量指标和 9 个定性指标。

关键词：钒钛磁铁矿；钒渣；清洁生产；指标体系

钒是全球性的稀缺资源和重要战略金属，在钢铁、化工、航空航天、军工、新能源、核工业等领域应用广泛[1-4]。2018 年 11 月正式实施的《钢筋混凝土用钢　第 2 部分：热轧带肋钢筋》(GB/T 1499. 2—2018）标准推动了钒在螺纹钢生产中的应用，导致钒需求量极速上升。近年来，我国钒电池产业开始步入商业化，河北、辽宁、四川等地均将钒液流储能项目纳入产业重点规划，全国累计相关市场规模达千亿，预计到“十四五”末，仅储能用钒缺口需求量将达到 4 万吨以上，钒产业的发展前景极为广阔[5-8]。我国是钒资源大国，钒产量及消耗量常年居世界首位[9,10]，如图 1 所示。经过几十年的开发利用，攀钢、承钢等主流钒企采用高炉炼-转炉吹钒渣-钒渣提钒工艺[11]，已逐步实现了钒钛磁铁矿中铁、钒、钛的大规模利用。钠化焙烧是钒渣提钒的主流工艺[12,13]，其生产过程资源能源利用率和产品回收率低，有害窑气、高盐氨氮废水等污染物产生和排放量大等问题十分突出，环境治理代价高[14,15]。近年来，钒渣提钒新技术不断涌现，如攀钢的钙化焙烧工艺已在西昌实现产业化稳定运行，中国科学院的亚熔盐液相氧化技术已在河钢承钢建成万吨级示范[16]，对于促进产业绿色升级发挥了重要作用。但是迄今为止，尽管国家及地方政府先后发布多个针对钒行业的政策法规，钒渣提钒行业仍未形成统一有效的清洁生产评价指标体系。刘鲁建、刘颖等[17-20]针对石煤行业进行了清洁生产指标体系的建立，但石煤提钒与钒渣提钒的原料、工艺路线完全不同，不具有通用指导性[21,22]。近年来，清洁生产评价指标体系在多个行业陆续建立和实施[23]，科学、有效的清洁生产评价指标体系的

①　原文发表于《环境生态学》，2020，2（10）。

制定和实施，可为钒渣提钒工艺的量化评价提供有效依据，对工艺的关键技术创新及关键环节绿色升级改造意义重大。

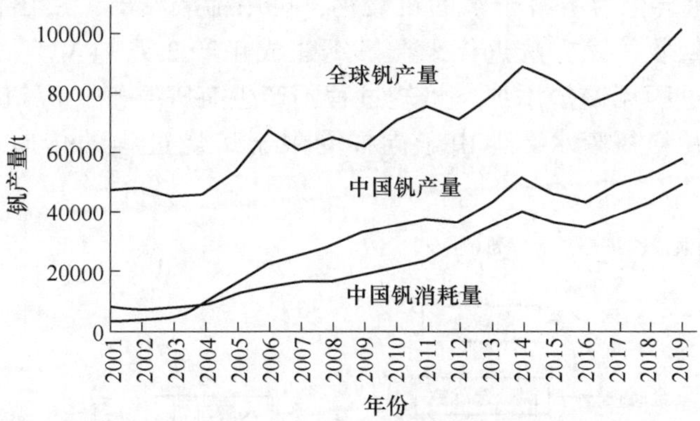

图 1　中国钒产量和消费量居全球首位[10]

本文以产品生命周期评价理论为指导，以提升钒产品在其生命周期中的综合环境绩效为目标，在充分考虑现有相关领域指标体系内容基础上，构建了钒渣提钒清洁生产评价指标体系，可为我国钒产业的可持续发展提供有力支撑。

1　钒渣提钒工艺概述

目前的钒渣提钒产业化技术可分为钠化焙烧、钙化焙烧、液相氧化工艺。

1.1　钒渣钠化焙烧工艺

钠化焙烧是南非 Bushveld 公司、攀钢、河钢承钢等国内外大型钒企采用的主流提钒工艺[24,25]，占据了全球钒产能的 60%，工艺流程如图 2 所示。

钒渣中的钒主要以三价态的钒铁尖晶石结构存在，钠化焙烧是以钠盐（Na_2CO_3、Na_2SO_4、NaCl 等）为添加剂，通过 750～850 ℃ 高温氧化焙烧将三价钒转化为水溶性的五价钒酸钠，熟料水浸获得含钒及杂质的浸取液，经除杂、调节 pH 后向浸取液内加入铵盐，如 NH_4Cl 或 $(NH_4)_2SO_4$，使钒以偏钒酸铵或多钒酸铵沉淀析出，热分解得到五氧化二钒。工艺简单，产品质量较好，但钒回收率低（<80%），工艺过程产生大量含铬工业废渣（全国 60 万吨/年）、有害窑气（全国 5 亿立方米/年）及高盐氨氮废水（全国 240 万吨/年），三废末端治理代价大。

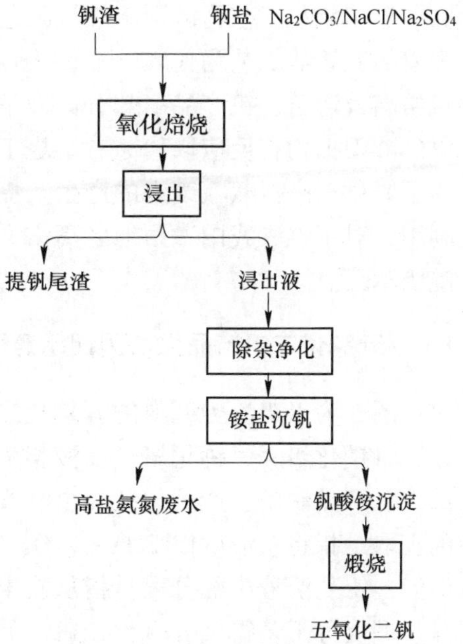

图 2　钒渣钠化焙烧工艺流程图

1.2　钒渣钙化焙烧工艺

为解决钠化焙烧过程存在的废气污染，以及因钠盐熔点低产生的炉料结块、结圈等问题，钙化焙烧-酸浸提钒作为一种较清洁的工艺受到关注[26,27]。钙化焙烧工艺流程如图 3 所示，该方法是使用石灰质原料替代钠盐添加剂进行高温焙烧，使钒转化为不溶于水的钒酸钙，再用稀酸浸出，浸出液中的钒用水解沉钒法或离子交换法回收。该方法近年来在攀钢建成年产 2 万吨 V_2O_5 的生产线，实现稳定运行。钙化焙烧过程无钠盐添加，焙烧过程不产生有害窑气，沉钒后的酸性溶液可返回浸出，不产生高盐氨氮废水。但由于同样受限于焙烧过程的传质障碍，钒转化率不足 80%。

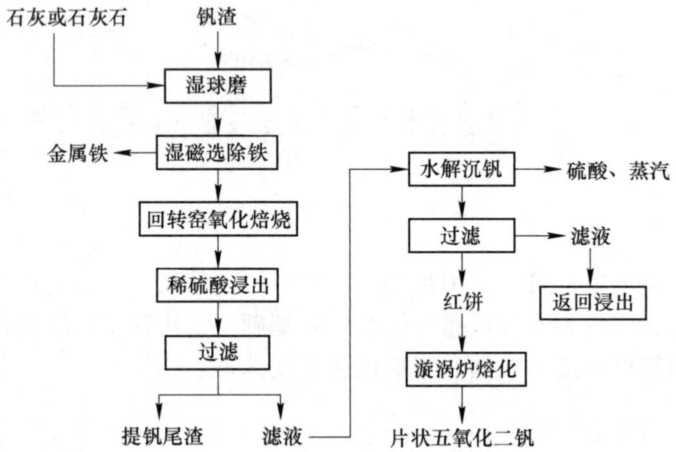

图 3　钒渣钙化焙烧工艺流程图

1.3　液相氧化工艺

液相氧化工艺为区别于焙烧工艺的全湿法流程，以中国科学院过程所与河钢承钢联合开发的亚熔盐工艺为代表[28-30]。图 4 为亚熔盐提钒工艺原则流程图，该流程以液相氧化钒铬高效溶出、钒产品高效分离及清洁转化、铬酸钠结晶分离及碱介质循环为核心环节，以气液固拟均相反应取代原有焙烧工艺避免了有害窑气的排放，液相介质封闭循环源头避免了钒化工高盐氨氮废水的产生。更重要的是，该工艺可实现钒渣中钒铬资源的高效协同利用，对于解决我国攀西地区高铬型钒钛磁铁矿的开发利用具有实际意义。目前已完成万吨级示范。

1.4　五氧化二钒产品生命周期示意图

图 5 为以钒渣为原料的五氧化二钒产品生命周期示意图[31]。为了方便三个工艺的比较，将钠化焙烧、钙化焙烧、液相氧化工艺过程分为钒渣中钒的提取、钒从溶液中的分离、钒产品制备、产品包装几个阶段，各阶段所采取工艺有所不同，但原理基本一致。钒的提取是指将钒渣中以 $FeO \cdot V_2O_3$ 为存在形式的三价钒氧化转化为可溶性五价钒后进入溶液，钒从溶液中的分离是指从浸出液中将钒分离得到中间产物，钒产品制备是指通过结晶、煅烧等工艺得到五氧化二钒产品，产品包装是指将以粉状、片状形式存在的五氧化二钒产品打包待售。

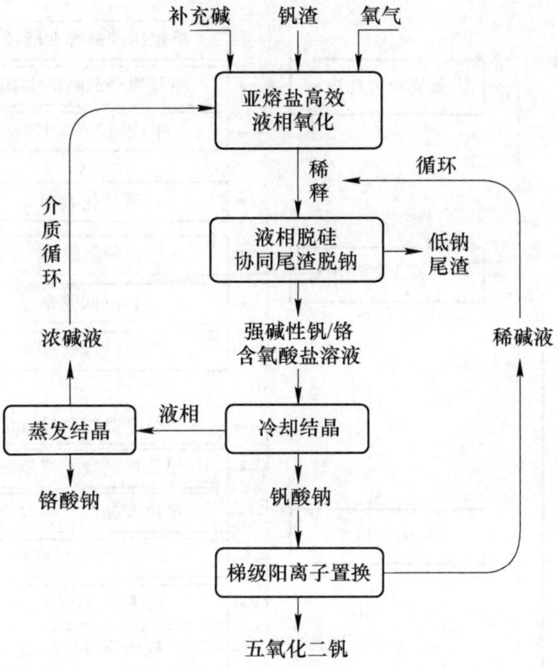

图 4 亚熔盐非常规介质处理钒渣的原则流程图

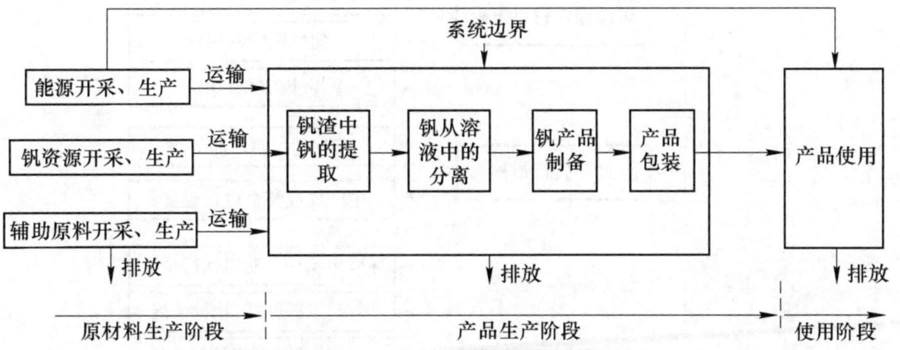

图 5 五氧化二钒产品生命周期示意图[30]

2 清洁生产评价指标体系的构建

根据生命周期理论和行业技术专家的合理化建议，对钒渣提钒企业现状进行全面调研、系统分析，以能反映节能、降耗、减污和增效为主导思想，将钒渣提钒行业清洁生产指标体系分为目标层、准则层和指标层 3 个层次。在 3 个层次指标体系中，目标层为钒渣提钒行业清洁生产水平；准则层隶属于目标层，相互独立，包括资源能源消耗指标、生产技术特征指标、污染物指标、资源综合利用指标、产品特征指标和环境管理指标共六大类；指标层隶属于准则层，共 25 个，在具体选择指标时，是以充分考虑生产工艺为基础，同时借鉴实际工艺中指标设置情况而筛选出具体的、易于评价和考核的指标，由定性指标和定量指标组成。所建立的评价指标体系如图 6 所示。

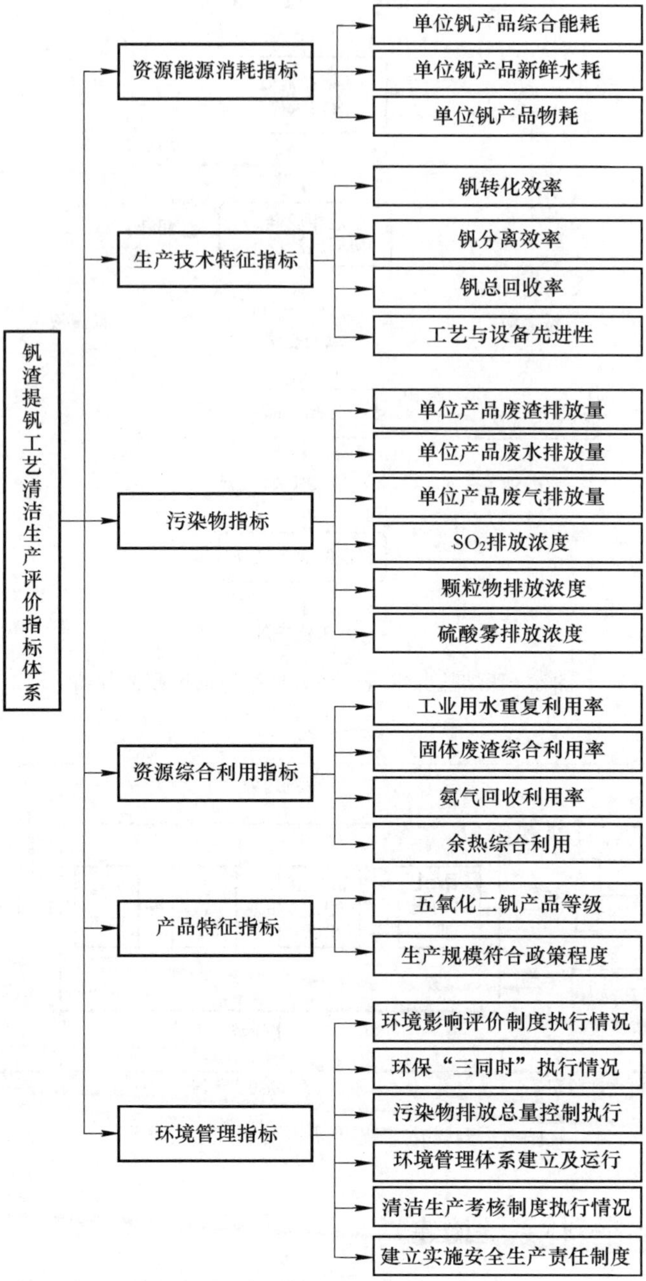

图 6　钒渣提钒行业清洁生产评价指标体系

2.1　资源能源消耗指标

选取单位钒产品综合能耗、单位钒产品新鲜水耗、单位钒产品物耗作为资源能源消耗指标。在进行清洁生产评价时，具体工艺可根据所采用原料不同选择相应物耗作为具体指标。

2.1.1 单位钒产品综合能耗

单位产品综合能耗的计算参照《综合能耗计算通则》(GB/T 2589—2020),反映了企业投入的能源与产出产品之间的定量关系,可综合体现企业的生产技术、能源利用、经营管理等水平。该指标指计划统计期内企业对实际消耗的各种能源实物量按规定的计算方法和单位分别折算为一次能源后的总和,按式(1)计算:

$$e_j = E_j / P_j \tag{1}$$

式中 e_j——单位钒产品综合能耗;

E_j——钒产品的综合能耗;

P_j——合格钒产品的产量。

2.1.2 单位钒产品新鲜水耗

单位钒产品新鲜水消耗量,以式(2)表示:

$$\text{单位钒产品新鲜水耗} = \text{年新鲜水耗总用量}(m^3) / \text{年钒产品产量}(t) \tag{2}$$

2.1.3 单位钒产品物耗

各工艺可根据实际物耗对指标进行修改。例如钠化焙烧可选择钠盐、铵盐、硫酸等作为具体物耗指标;钙化焙烧可选择钙盐、硫酸作为具体物耗指标;液相氧化工艺可选择氢氧化钠、氧化钙等作为具体物耗指标。

2.2 生产技术特征指标

生产技术特征指标是体现企业实施清洁生产情况的关键性指标。将不同钒渣提钒工艺按照钒在流程中的走向进行区分,选取钒转化效率、钒分离效率、总回收率3个定量指标和工艺与设备先进性这一定性指标对生产技术特征进行表征。这4个指标均为正向指标,指标越高,对环境的影响度越低。

2.2.1 钒转化效率

钒转化效率指钒渣中以 $FeO \cdot V_2O_3$ 为存在形式的三价钒氧化转化为可溶性五价钒后进入溶液(含钒浸出液)过程的转化效率 η,以式(3)表示:

$$\eta = [(\text{钒渣质量} \times \text{钒渣含钒量} - \text{提钒尾渣质量} \times \text{提钒尾渣中含钒量}) / (\text{钒渣质量} \times \text{钒渣含钒量})] \times 100\% \tag{3}$$

2.2.2 钒分离效率

钒分离效率指含钒浸出液中五价钒以 V_2O_5 形式分离出来的效率,钠化焙烧工艺指的是通过铵沉以多钒酸铵形式分离钒、煅烧获得 V_2O_5 产品,钙化焙烧工艺是指通过水解沉钒、红饼熔化获得 V_2O_5 产品,液相氧化工艺指的是以钒酸钠形式从液相中分离钒,继而通过梯级阳离子置换获得 V_2O_5 产品。钒分离效率以式(4)表示:

$$\text{钒分离效率} = [(V_2O_5\text{产品质量} \times V_2O_5\text{纯度}) / (\text{含钒浸出液体积} \times \text{浸出液浓度})] \times 100\% \tag{4}$$

2.2.3 总回收率

钒总回收率是指在整个生产过程中,所得钒产品中钒元素总含量占初始钒渣中钒元素总含量的百分比,以式(5)表示:

$$\text{钒总回收率} = [(V_2O_5\text{产品质量} \times V_2O_5\text{纯度}) / (\text{钒渣质量} \times \text{钒渣含钒量})] \times 100\% \tag{5}$$

2.2.4 工艺与设备先进性

工艺与设备先进性为定性指标或半定量指标，主要将所采用生产工艺及设备的节能性、自动化程度、生产效率、安全性等方面与国内外先进水平进行对比。

2.3 污染物指标

污染物指标用于反映生产过程中污染物的产生、排放和治理情况。目前，国外基本未出台有关钒工业企业的污染物排放标准，我国从 2011 年 10 月起开始执行《钒工业污染物排放标准》(GB 26452—2011)。选取单位产品基准废渣排放量、单位产品废水排放量、单位产品废气排放量、SO_2 排放口浓度排放值、颗粒物排放口浓度排放值、硫酸雾排放口浓度排放值 6 个定量指标考察工艺流程中污染物排放情况。所选定的 6 个指标均为逆向指标，其中前 3 个为排放量类指标，后 3 个为排放浓度类指标。

2.4 资源综合利用指标

资源综合利用指标反映生产过程中包括水、能源等在内的资源综合回收和再利用情况，包括工业用水重复利用率、固体废渣综合利用率、氨气回收利用率、余热综合利用 4 个指标，均为正向指标。

2.4.1 工业用水重复利用率

为促进钒企业废水减排，国家发改委在 2012 年发布了《钒钛资源综合利用和产业发展“十二五”规划》，明确提出新建五氧化二钒生产装置应实现废水零排放。因此，工业用水重复利用率是钒行业清洁生产重要指标之一，指企业重复利用水量（包括循环用水量和串联使用水量）占企业生产过程中总用水量的百分比。按式（6）计算：

$$R = (V_r/V_t) \times 100\% \quad (6)$$

式中 R——水的重复利用率，%；

V_r——重复利用水量，m^3；

V_t——生产过程中总用水量，m^3。

2.4.2 固体废渣综合利用率

固体废渣综合利用率是指企业综合利用固体废渣量占企业生产过程中固体废渣产生量的百分比，见式（7）：

$$固体废渣综合利用率(\%) = [利用尾渣量(t)/产生的总尾渣量(t)] \times 100\% \quad (7)$$

2.4.3 氨气回收利用率

氨气回收利用率是指企业氨气回收利用量占企业生产过程中氨气产生量的百分比，见式（8）：

$$氨气回收利用率(\%) = [利用氨气量(m^3)/产生的氨气量(m^3)] \times 100\% \quad (8)$$

2.4.4 余热综合利用

余热综合利用为定性指标，用于考核生产企业是否通过采用余热回收装置来实现余热回收利用，以降低生产过程中对能量的需求。

2.5 产品特征指标

产品特征指标涵盖了生产规模符合国家政策要求程度、钒产品纯度两项指标。生产规模是企业能否正常投入生产的关键核查指标，钒产品纯度属于国家强制性检验指标。

2.6 环境管理指标

钒渣提钒行业有害窑气、高盐氨氮废水及尾渣的排放与企业环境管理水平有密切的关系。环境管理指标包括环境影响评价制度执行情况、环保“三同时”执行情况、污染物排放总量控制执行、环境管理体系建立及运行、建立实施安全生产责任制度、清洁生产考核制度执行情况共6项指标。

3 清洁生产综合评价

3.1 权重值及指标值的确定

本文经过对钒渣提钒行业多种评价指标体系进行整合，结合钠化焙烧、钙化焙烧、液相氧化工艺自身特点，确定了16个定量指标、9个定性指标的权重值及基准值，见表1。

表1 钒渣提钒清洁生产评价指标体系各指标的权重及基准值

指标	权重值	基准值	单位	标准
单位钒产品综合能耗	0.0628	4500	kgce/t V_2O_5	钒工业污染物排放标准
单位钒产品新鲜水耗	0.0484	20	m^3/t V_2O_5	行业先进
单位钒产品物耗	0.0635	根据具体工艺确定	t/t V_2O_5	理论值
钒转化效率①	0.0586	90	%	行业先进
钒分离效率①	0.0480	90	%	行业先进
钒总回收率①	0.0623	80	%	行业先进
工艺与设备先进性①②	0.0490	1	—	工艺国际领先，设备国内领先
单位产品废渣排放量	0.0418	—	t/t V_2O_5	—
单位产品废水排放量	0.0782	20	m^3/t V_2O_5	钒工业污染物排放标准
单位产品废气排放量	0.0572	150000	m^3/t V_2O_5	钒工业污染物排放标准
SO_2 排放浓度	0.0431	700	m^3/t V_2O_5	钒工业污染物排放标准
颗粒物排放浓度	0.0214	100	m^3/t V_2O_5	钒工业污染物排放标准
硫酸雾排放浓度	0.0509	0.025	kg/t	钒工业污染物排放标准
工业用水重复利用率①	0.0496	100	%	行业先进
固体废渣综合利用率①	0.0281	100	%	行业先进
氨气回收利用率①	0.0258	100	%	行业先进
余热综合利用①②	0.0266	1	—	行业先进
五氧化二钒产品等级①	0.0356	98	%	行业先进
生产规模符合政策程度②	0.0144	1	—	—
环境影响评价制度执行情况②	0.0224	1	—	—
环境“三同时”执行情况②	0.0220	1	—	—

续表 1

指标	权重值	基准值	单位	标准
污染物排放总量控制执行②	0.0270	1	—	—
环境管理体系建立及运行②	0.0241	1	—	—
清洁生产考核制度执行情况②	0.0206	1	—	—
建立实施安全生产责任制度②	0.0186	1	—	—

①为正向指标；②为定性指标。

3.2 清洁生产综合考核

清洁生产综合考核是以 1 个生产年度为周期，对各定量、定性指标的实施情况进行计算，以得到评价指标的总分，进而判定工艺技术清洁生产等级。

在表 1 所示的所有 25 个指标中，共包含 16 个定量指标，其中含有 7 个正向指标（生产技术特征指标、资源综合利用指标及产品特征指标）和 9 个逆向指标（资源能源消耗指标和污染物指标）。

对于正向指标 i，其分值计算公式为：

$$S_i = X_{\text{real-}i}/X_{\text{ref-}i} \tag{9}$$

对于逆向指标，其分值计算公式为：

$$S_i = X_{\text{ref-}i}/X_{\text{real-}i} \tag{10}$$

式中，$X_{\text{ref-}i}$为指标 i 的基准值；$X_{\text{real-}i}$为指标 i 的实际值。

由此利用式（11）可计算得定量指标考核总分为：

$$P_1 = 100 \times \sum_{i=1}^{n} S_i \times W_i \tag{11}$$

式中 P_1——定量指标考核总分（百分制）；

n——参与考核的二级定量指标总数；

S_i，W_i——指标 i 的分值和权重值。

在表 1 的 25 个指标中，共包含 9 个定性指标。其分值计算情况与定量指标计算方法同样，由此可采用式（12）计算得定性指标考核总分：

$$P_2 = 100 \times \sum_{i=1}^{n} S_i \times W_i \tag{12}$$

式中，P_2 为定性指标考核总分（百分制）；其他参数意义同式（11）。

清洁生产评价总分计算公式为：

$$P = P_1 + P_2 \tag{13}$$

结合相关文献可知，当 $P \geqslant 90$ 时，属于清洁生产先进水平；当 $75 \leqslant P < 90$ 时，属于基本水平；当 $P < 75$ 时，属于落后水平。

4 结论

通过对国内钒渣提钒行业生产工艺的现场调研、深入分析，以生命周期系统评价为基础，以易操作性、特殊性和兼容性为原则，构建了较为完善的钒渣提钒行业清洁生产评价指标体系，所构建体系共包含 3 个资源能源消耗指标、4 个生产技术特征指标、6 个污染物指标、4 个资源综合利用指标、2 个产品特征指标和 6 个环境管理指标，其中定量指标 16 个，定性指标 9 个，对指标的权重值及基准值进行了确定，为钒渣提钒行业进行量化指标考核提供了评价依据。

参考文献

[1] IMTIAZ M，RIZMAN M S，XIONG S，et al. Vanadium，re-cent advancements and research prospects：A review [J]. Environment international，2015，80：79-88.

[2] 白瑞国．钒钛新材料的应用及展望 [J]. 河北冶金，2019 (3)：1-8.

[3] 段炼，田庆华，郭学益．我国钒资源的生产及应用研究进展 [J]. 湖南有色金属，2006，22 (6)：17-20.

[4] 赵海燕．钒资源利用概况及我国钒市场需求分析 [J]. 矿产保护与利用，2014 (2)：54-58.

[5] 陈晖．液流电池储能模块的设计和优化 [D]. 北京：中国科学技术大学，2019.

[6] 刘纳，王茜，马军，等．兆瓦级全钒液流电池储能系统模块开发 [J]. 电源技术研究与设计，2020，44 (6)：896-898.

[7] 北极星储能网．全钒液流电池的储能征程 [EB/OL]. (2020-05-20) [2020-08-12]. http：//chuneng. bjx. com. cn/news/20200520/1073791. shtml.

[8] 北极星储能网．全球最大全钒液流电池储能电站封顶将采用两部制电价参与调峰 [EB/OL]. http：//chuneng. bjx. com. cn/news/20200529/1076931. shtml.

[9] 王秋霞，马化龙．我国钒资源和 V_2O_5 研究、生产的现状及前景 [J]. 矿产保护与利用，2009，5：47-50.

[10] 国际钒技术委员会．钒的产量和消耗 [EB/OL]. http：//vanitec. org/vanadium/production-consumption.

[11] TAYLOR P R，SHUEY S A，VIDAL E E，et al. Extractive metallurgy of vanadium containing titaniferous magnetite ores：a review [J]. Minerals & Metallurgical Processing，2006，23：80-86.

[12] 谢昭明，邓容锐，刘作华，等．钠化焙烧转炉钒渣粉体分形生长的演化行为 [J]. 化工学报，2019，70 (5)：1904-1912.

[13] LUNDKVIST K，BRAMMING M，LARSSON M，et al. System analysis of slag utilisation from vanadium recovery in an integrated steel plant [J]. Journal of Cleaner Produc-tion，2013，47：43-51.

[14] ZHAO L，WANG L，QI T，et al. A novel method to extract iron，titanium，vanadium，and chromium from high-chromi-um vanadium-bearing titanomagnetite concentrates [J]. Hy-drometallurgy，2014，149：106-110.

[15] LI L，CHEN D，BAI R，et al. Mechanism of vanadium ex-traction from vanadium-bearing slags using alkaline hydro-thermal process [J]. Chinese Journal of Nonferrous Metals，2014，24 (5)：1365-1374.

[16] 李兰杰，高明磊，陈东辉，等．世界首条亚熔盐法清洁提钒生产线建设及初步运行情况分析 [J]. 北方钒钛，2017 (3)：5-9.

[17] 刘鲁建．湖北省石煤提钒工业污染防治技术政策研究 [D]. 武汉：武汉工程大学，2007.

[18] 刘小飞．钒土提钒环保型钙化焙烧新工艺及其环境影响研究 [D]. 武汉：中国地质大学（武汉），2008.

[19] 刘颖，王伯铎，陈雷，等．陕西省钒行业清洁生产水平分析 [J]. 环境科学与管理，2013，38 (1)：171-176.

[20] 李佳，张一敏，刘涛．石煤提钒行业清洁生产评价方法研究 [J]. 环境科学与技术，2013，36

（8）：200-205.

[21] 李佳，张一敏，刘涛．石煤提钒行业清洁生产评价指标体系建立［J］．环境科学与技术，2013，36（7）：191-194.

[22] 杨林，林金辉，王雷，等．含钒岩石清洁提钒工艺评价［J］．金属矿山，2010（11）：130-135.

[23] 蔡彬，王宇龙，檀笑，等．推行清洁生产营造良好生态环境——以纺织服装行业清洁生产指标体系研究为视角［J］．环境生态学，2019，1（1）：43-52.

[24] MOSKALYK R R，ALFANTAZI A M. Processing of vana-dium：a review［J］. Minerals Engineering，2003，16（9）：793-805.

[25] LAN Y Z，LIU J. Review of vanadium processing in China［J］. Engineering Sciences，2005（3）：58-62.

[26] 付念新，张林，刘武汉，等．钒渣钙化焙烧相变过程的机理分析［J］．中国有色金属学报，2018，28（2）：377-386.

[27] ZHANG J H，ZHANG W，ZHANG L，et al. Mechanism of vanadium slag roasting with calcium oxide［J］. Internation-al Journal of Mineral Processing，2015，138：20-29.

[28] 潘自维，王大卫，杜浩，等．活性炭强化钒渣中钒、铬提取技术［J］．中国有色金属学报，2014，24：2171-2180.

[29] WU K H，WANG Y R，WANG X R，et al. Co-extraction of vanadium and chromium from high Yi chromium contai-ning vanadium slag by low-pressure liquid phase oxidation method［J］. Journal of Cleaner Production，2018，203：873-884.

[30] WANG Z H，ZHENG S L，WANG S N，et al. Research and prospect on extraction of vanadium from vanadium slag by liquid oxidation technologies［J］. Transactions of Nonfer-rous Metals Society of China，2014，24（5）：1273-1288.

[31] T/CISA 105—2019，绿色设计产品评价技术规范　五氧化二钒［S］．北京：冶金工业出版社，2019.

钢铁行业烟气多污染物协同控制技术应用实践①

王新东[1]，侯长江[2]，田京雷[2]
（1. 河钢集团有限公司，河北 石家庄 050023；
2. 河钢集团钢研总院，河北 石家庄 050023）

摘　要：本研究分析了钢铁企业焦化和烧结两个重点工序中烟气污染物排放现状和钢铁行业当前的环保政策。对焦化及烧结烟气污染物的排放特征进行了分析，并通过对比燃煤电厂烟气特点，提出可以综合电厂烟气治理模式和自身特点改进的技术路线。结合某大型国有钢铁企业的脱硫脱硝装备对其环保现状进行了分析。针对焦化和烧结工序的典型污染物硫、硝、粉尘现有的源头减排、过程控制及末端处理技术，分析其优缺点。进而提出了3条可实现烟气污染物超低排放的技术路线，即半干法脱硫耦合选择性催化还原脱硝、半干法/湿法耦合臭氧氧化脱硝、活性焦脱硫脱硝一体化技术，重点介绍了这些技术在某大型钢铁企业的应用实践及应用效果。并基于全过程耦合技术，分别在焦化和烧结工序中提出了多污染物协同去除技术及应用，即焦炉低氮燃烧技术耦合末端活性焦多污染物协同控制技术、烧结烟气循环技术耦合末端活性焦多污染物协同控制技术。最后结合几种技术路线的应用实践，对未来钢铁产业的烧结及焦化工序超低排放技术的选择提出合理化建议。

关键词：焦化；烧结；烟气；超低排放；协同控制

1　前言

我国钢铁产量占世界钢铁总量的50%以上，而中国钢铁生产以长流程为主，具有工序多、能耗高、污染种类多、排放总量大等特点，因此钢铁企业是大气污染的重点行业。钢铁生产中各环节均产生粉尘、SO_2 和 NO_x 等气态污染物，尤其是焦化及烧结/球团工序中 SO_2 和 NO_x 排放量约占钢铁厂排放总量的90%和70%[1]。因此，对焦炉烟气、烧结/球团烟气污染物排放量的严格控制，可有效降低钢铁企业的污染物排放总量。"十一五"期间，中国钢铁企业开始进行烟气脱硫；"十二五"期间，钢铁企业制定了 NO_x 的排放标准；而"十三五"以来，各地方政府和国家生态环境部陆续出台钢铁行业的超低排放标准，钢铁行业全面开展超低排放改造。2018年4月河北省印发《钢铁工业大气污染物超低排放标准（征求意见稿）》，将烧结/球团工序污染物排放标准定为颗粒物不大于10 mg/m^3，SO_2≤35 mg/m^3，NO_x≤50 mg/m^3。2018年9月，河北省正式发布国内首个焦化工序超低排放标准《河北炼焦化学工业大气污染物超低排放标准》（DB13/ 2863—2018），提出颗粒物、SO_2 和 NO_x 的超低排放限值分别为10 mg/m^3、30 mg/m^3 和130 mg/m^3，要求河北省现有企业自2020年10月1日开始实施。超低排放标准提出，企业需要将原设备进行升级

① 原文发表于《过程工程学报》，2020，20（9）。

改造，或将原设备淘汰新建环保设备，以满足排放要求。巨大的环保压力、环保设施投入，使钢铁企业把污染物控制手段从“单一依靠末端治理”向“综合源头减排、过程控制与末端治理”的方向转变，控制技术也从“单一污染物控制”向“多污染物协同控制”升级，探索以投资最低、运行成本最小的全过程多污染物协同控制技术实现烟气的超低排放。

本工作结合钢铁行业焦化和烧结两个重点工序中烟气污染物排放现状，分析了污染物的排放特征，阐明了典型污染物粉尘、SO_2 和 NO_x 现有脱除技术的优缺点，针对性提出可实现超低排放的技术路线，重点介绍了这些技术在京津冀区域大型钢铁联合企业河钢集团的应用实践，为钢铁行业超低排放升级改造提供技术支撑。

2 烟气多污染物排放特征分析

2.1 焦炉和烧结烟气的特征分析

焦炉烟气是炼焦过程中燃烧煤气所产生的烟气，燃烧煤气以焦炉煤气或高炉煤气为主。焦炉烟气具有以下特点：（1）温度范围基本为 180~260 ℃，温度波动范围较大；（2）具有低硫高氮的特性，根据燃烧煤气的类型，产生的烟气污染物浓度也不同。若燃烧焦炉煤气，则 SO_2 浓度为 50~200 mg/m^3，NO_x 浓度为 500~1000 mg/m^3，若燃烧高炉煤气，则 SO_2 浓度一般低于 50 mg/m^3，NO_x 浓度为 300~500 mg/m^3；（3）焦炉烟囱必须始终处于热备状态。烧结/球团烟气具有烟气量大、波动幅度较大、烟气成分较复杂且浓度变化也较大等特点。烟气温度为 130~180 ℃，此温度窗口相对于中温选择性催化还原（Selective Catalytic Reduction，SCR）脱硝温度较低，相对于臭氧氧化脱硝温度较高，因此增大了脱硝技术选择的难度[2]。烧结/球团烟气中污染物的浓度与原料关系较大，SO_2 浓度为 500~2000 mg/m^3，NO_x 浓度一般低于 400 mg/m^3，可通过原料或烧结工艺的优化降低污染物的浓度。焦炉烟气、烧结烟气与电厂锅炉烟气[3]成分相似，可参考锅炉烟气污染物治理方法。但三种烟气又存在明显差别，因此不能完全按照电厂锅炉烟气的治理模式，需要针对各自的特点将方法或路线进行改进。表 1 对焦炉烟气，烧结烟气与电厂锅炉烟气进行了对比。

表 1　焦炉烟气、烧结烟气与锅炉烟气参数特点

参数	焦炉煤气	烧结烟气	锅炉烟气
烟气体积	2000 m^3/t 焦炭	4000~6000 m^3/t 矿	9000~12000 m^3/t 煤
波动特性	每 15 分钟周期性波动一次	60%~140%	90%~110%
温度/℃	180~250	120~180	380~420
氧含量/%	3~8	14~18	3~8
水分含量/%	5~17.5	8~13	3~6
SO_2 浓度/(mg · m^{-3})	50~200	400~2000	960~2400
NO_x 浓度/(mg · m^{-3})	400~1200	100~400	800~1200
其他污染物	H_2S，HCN，CO，焦油	二噁英，HF，HCl	CO，烷烃

2.2 河钢焦化、烧结装备情况

以河钢集团为例，拥有焦炉 18 座（含 2 座在建 7 m 焦炉），现运行焦炉 16 座，焦炭产能为 770 万吨/年。其中 6 m 以上焦炉 14 座（含 2 座在建 7 m 焦炉），均配有除尘、脱硫、脱硝设施。其中 2 座焦炉采用密相干塔脱硫，其余 14 座焦炉均采用喷洒高浓度碳酸钠脱硫；河钢现运行 16 座焦炉均采用中低温 SCR 脱硝。此外，在建 2 座 7 m 焦炉均采用活性焦工艺进行脱硫脱硝。现运行烧结机 22 台，其中 200 m^2 以上的烧结机 20 台，均配套高效脱硫、除尘、脱硝设施，其中 4 台烧结机配套活性焦脱硫，10 台烧结机配套半干法脱硫，8 台烧结机配套湿法脱硫；4 台烧结机配套活性焦烟气脱硝，8 台烧结机配套氧化-吸收法脱硝，10 台烧结机配套 SCR 脱硝。表 2 为河钢集团焦炉、烧结机设备情况。图 1（a）和图 1（b）分别为河钢集团烟气脱硫和脱硝情况。

表 2 河钢集团焦炉、烧结机设备情况

设备	标准	数量
焦炉	7 m	6
	6 m	8
	4.3 m	4
烧结机	≥400 m^2	3
	≥200 m^2	17
	≥132 m^2	2

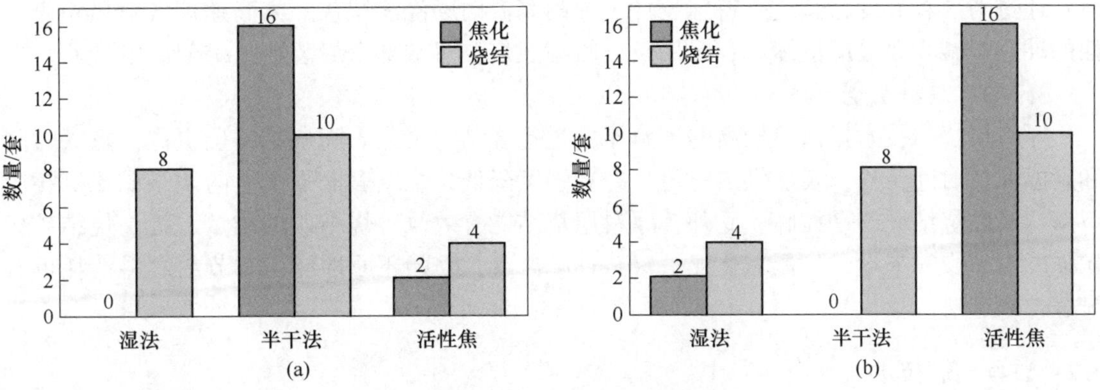

图 1 河钢集团烟气脱硫和脱硝设备
（a）烟气脱硫设备；（b）烟气脱硝设备

2.3 河钢焦炉、烧结烟气治理效果分析

河钢集团率先在行业内制定并实施绿色发展行动计划，大气污染物治理工作卓有成效。集团全部焦炉均匹配除尘脱硫脱硝设施，完成了超低排放改造，实现了污染物排放浓度为颗粒物不大于 10 mg/m^3、SO_2≤30 mg/m^3、NO_x≤130 mg/m^3。河钢唐钢和河钢邯钢全部烧结机均完成了超低排放改造，实现了污染物排放浓度为颗粒物不大于 10 mg/m^3、

$SO_2 \leqslant 35\ mg/m^3$、$NO_x \leqslant 50\ mg/m^3$。截至 2018 年年底，集团实现颗粒物排放量为 0.48 kg/t 钢，SO_2 排放量为 0.58 kg/吨钢，NO_x 排放量为 0.87 kg/t 钢，达到钢铁行业清洁生产一级标准。

3 烟气多污染物控制技术

钢铁行业大气污染物的排放控制主要有源头减排、过程控制和末端治理三个方向。末端治理是目前钢铁行业实现污染物脱除最常用也是最实用的手段[4]。

3.1 源头减排技术

3.1.1 焦炉低氮燃烧技术

采用废气回配的低氮燃烧技术，可显著降低焦炉内燃烧过程中 NO_x 的生成。低氮燃烧技术能有效降低助燃空气中的氧气浓度，降低立火道内气体燃烧温度，减小高温区的体积，从而减少 NO_x 的生成。王升龙等[5]研究了不同废气循环量时烟气含氧量和烟气温度与 NO_x 生成量的变化关系，结果表明，当废气回配量达到 10%时，焦炉的立火道内 NO_x 的生成量减少约 40%。

3.1.2 烧结机漏风治理技术

烧结系统漏风指在抽风作用下，烧结台车铺底料高度以下的空气不通过料面而通过各漏风点进入烧结主排气管道中。漏风不仅导致烟气量增大，主抽风机能耗增加，且可使烧结矿的产量和品质下降。从烧结机系统设计角度，分析漏风原因，对漏风点进行综合治理，可从源头减少烟气的产生量。如通过设置烧结台车栏板活动密封装置，减少台车漏风；通过对风箱和变径管进行特殊设计，加耐高温耐磨浇注层，隔离高速烟气对风箱侧板面的冲刷等减少风箱磨损漏风；采用负压吸附式烧结机端部密封装置，减少端部漏风[6]。

3.1.3 厚料层烧结技术

厚料层烧结技术指保持较高的铺料厚度进行烧结的工艺。随烧结料层提高，点火时间和高温保持时间延长，表层供热充足，冷却强度降低，烧结表面强度差的烧结矿比例相应下降，成品烧结矿产量提高。此外，厚料层烧结能有效改善烧结矿的质量、提高烧结矿机械强度、减少粉末量、降低氧化亚铁（FeO）含量、改善还原性能，对节约燃料消耗也有显著效果[7]。

3.2 过程控制技术

3.2.1 烧结料面喷吹蒸汽技术

在烧结机料面喷吹蒸汽对空气有引射作用，可提高料面风速；催化碳燃烧、强化碳燃烧反应，提高燃烧效率，降低 CO 的生成；同时利用水蒸气提高料面空气渗入速度及改变氯的形态等作用，减少烧结矿残碳并将氯源从 Cl_2 转化为 Cl 离子形态，显著降低烧结废气二噁英含量的同时，改善了烧结矿的产质量，实现了烧结烟气污染物的过程控制[8]。

3.2.2 选择性烧结烟气循环技术

选择性烧结烟气循环技术是选择性地将部分烧结烟气返回到点火器后烧结机台车上部的循环烟气罩中循环使用的一种烟气利用技术，可实现回收烧结烟气中显热和潜热、降低

烟气中 SO_2、CO、NO_x 的浓度、减少后续脱硫脱硝系统的烟气处理量。根据烧结机烟气取风位置不同可分为内循环工艺和外循环工艺，内循环工艺在烧结机风箱支管取风，外循环工艺在主抽风机后烟道取风。研究表明，内循环工艺操作灵活，通过选择不同风箱位置来调整循环的效果，可实现节能与减排相统一[9]。

3.3 末端治理技术

末端治理是烟气污染物处理最主要的手段，制约着烟气污染物排放的水平。末端治理包括除尘、脱硫和脱硝，由于国家政策原因，对污染物控制经历了先除尘、后脱硫、再脱硝的过程。由于污染物控制设备及水平的不同，因此末端污染物控制技术需要协同兼容控制。

3.3.1 粉尘控制技术

除尘常用的技术有重力除尘、旋风除尘、电除尘与布袋除尘，随环保标准提高，重力除尘及旋风除尘难以满足粉尘的特别排放标准（40 mg/m^3），四电场电除尘器配合湿法脱硫可使烟气粉尘排放浓度低于 40 mg/m^3，布袋除尘后烟气粉尘排放浓度低于 20 mg/m^3。钢铁行业实施超低排放后（10 mg/m^3），湿法脱硫之后可增设湿式电除尘以满足粉尘超低排放，对半干法脱硫后的袋式除尘器通过更换第三代滤袋满足粉尘超低排放，或在布袋前增加粉尘预荷电装置，荷电后粉尘团聚成大颗粒附着在布袋上形成疏松的过滤层，提高滤袋的过滤效率，可使烟气出口粉尘稳定达到 10 mg/m^3 以下。

3.3.2 二氧化硫控制技术

脱硫常用的方法有湿法、半干法及活性炭法，均可实现 SO_2 的超低排放。湿法投资和运行费用较低，但存在脱硫废水难处理、烟气拖尾等问题；半干法脱硫无废水处理问题，且可同时脱除重金属、SO_3 等非常规污染物，但脱硫灰的处理目前仍是一个难题；活性炭法可实现多污染物同时脱除，但投资和运行成本较高。综合考虑半干法更适合钢铁行业烟气脱硫，目前，半干法脱硫在钢铁行业中所占比例正逐步提高。

3.3.3 氮氧化物控制技术

钢铁行业烟气脱硝常用的方法有低温氧化-吸收法、低温 SCR 还原法和活性焦一体化法。低温氧化-吸收法[10]具有占地面积小、投资小、现有设备改动较小等优点，但存在能耗高、副产物处理难等问题。对于臭氧氧化脱硝最适宜的烟气温度为 90～130 ℃[11]，烧结烟气温度约为 160 ℃，因此需要在烟气入口进行喷水降温，以达到工艺所需温度[12]。低温 SCR 还原法在电厂烟气的脱硝领域被广泛应用，但钢铁上烧结烟气温度较低，粉尘较大，且含重金属，极易引起催化剂中毒[13]，因此 SCR 催化剂需放置在脱硫之后，且催化剂前需增设加热装置与烟气换热器（Gas Gas Heater，GGH）。而焦炉烟气粉尘较小，温度相对较高，因此焦炉烟气脱硝普遍选择 SCR 法，通过应用中低温 SCR 催化剂（220～280 ℃），焦炉烟气可不需要补热。活性炭（焦）一体化是利用活性炭（焦）庞大的孔结构和比表面积，通过物理和化学吸附作用吸附烟气中的 NO_x，并用 NH_3 将吸附的 NO_x 还原为 N_2，可实现多种污染物联合脱除。此外，活性焦的适用烟气温度为 110～140 ℃，对于烧结烟气可满足温度条件，而焦炉烟气温度相对较高，因此可增加焦炉烟气余热回收利用设备。

4 烟气多污染物协同控制技术应用实践

“十三五”以来，钢铁行业超低排放改造成为发展趋势。中华人民共和国科技部依托国家重点研发计划，在钢铁行业布局并开展了“大气污染物成因与控制技术研究”，提出“全过程控制”的总体思路，重点开发焦炉烟气、烧结烟气多污染物协同控制技术研究，并进行应用实践[14]。

4.1 焦炉烟气多污染物协同控制应用实践

4.1.1 焦炉烟气中低温协同催化净化技术

从焦炉炼焦过程中产生的焦炉烟气与热风炉产生的高温烟气混合，将焦炉烟气温度提高到280~320 ℃，进入 SCR 反应器与自产的氨水蒸发的氨气反应进行脱硝，脱硝后的焦炉烟气经余热锅炉，将焦炉烟气温度从270 ℃降至约150 ℃，余热锅炉产生4~6个压力的蒸汽并入蒸汽管网，焦炉烟气进入布袋进行除尘，除尘后的焦炉烟气进入密相干塔中，与氧化钙反应进行脱硫，生成亚硫酸钙和硫酸钙，之后焦炉烟气进入烟囱外排，技术路线见图 2。该技术已在河钢邯钢4.3 m焦炉上建设示范工程，实现了污染物排放浓度为颗粒物低于10 mg/m^3、SO_2 低于30 mg/m^3、NO_x 低于100 mg/m^3。

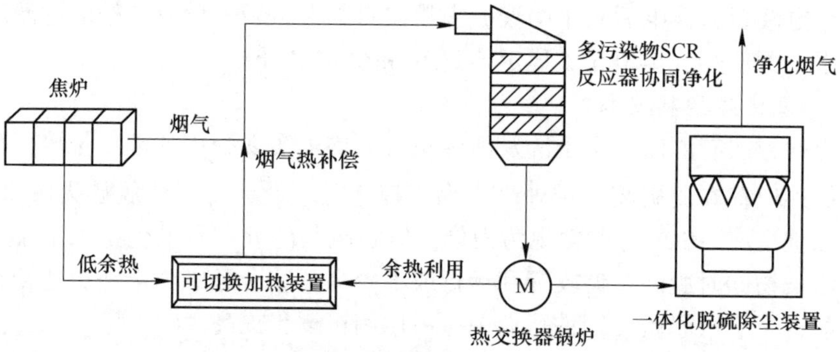

图 2　焦炉烟气多污染物低温协同催化净化技术路线图

4.1.2 活性焦多污染物协同脱除技术

通过研究焦炉烟气中 NO_x生成的原因，应用焦炉低氮燃烧技术，如焦炉炉墙窜漏治理技术、焦炉热工制度优化调整技术、焦炉烟气回配技术，从源头上降低 NO_x 的生成[15]。由于焦炉烟气成分复杂多变，采用活性炭法烟气净化技术可实现多污染物（H_2S 及 HCN 等）协同控制技术，该工艺采用活性炭能同时脱除焦炉烟气中的 SO_2 和 NO_x。焦炉烟气先进入预热锅炉回收热量，再冷却降温，然后进入活性炭吸附装置。吸附塔分为两级，第一级先脱硫，焦炉烟气中 SO_2 首先被吸附在活性炭表面，随后在烟气中 O_2 和水蒸气存在的条件下，发生催化氧化反应。第二级脱硝，喷入 NH_3 作为脱硝还原剂进行脱硝处理，反应生成 N_2 和 H_2O，实现 NO_x 的脱除。在脱硫脱硝的同时，协同脱除 H_2S 和 HCN 等污染物。活性炭经再生塔再生，可循环利用，净化后的烟气经增压风机进入烟囱外排如图 3 所示。该技术正在河钢唐钢美锦 7 m 焦炉上建设示范工程，可实现污染物排放浓度为颗粒物低于10 mg/m^3、SO_2 低于30 mg/m^3、NO_x低于100 mg/m^3。

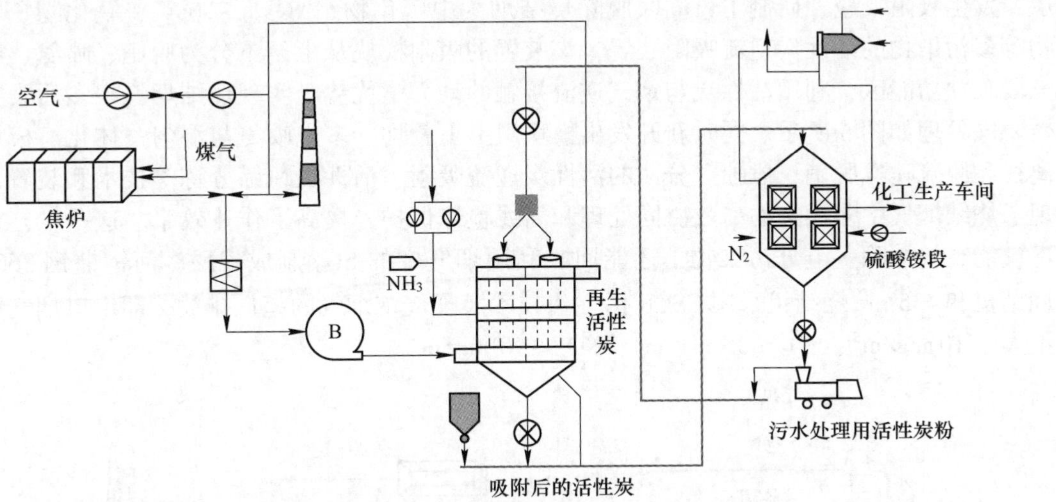

图 3　活性焦多污染物协同脱除技术路线图

4.1.3　半干法脱硫耦合中低温 SCR 脱硝烟气协同净化技术

半干法脱硫耦合中低温 SCR 脱硝烟气协同净化技术采用半干法脱硫耦合中低温 SCR 脱硝工艺，即从焦炉炼焦过程中产生的焦炉烟气进入半干法脱硫设备中，采用喷洒高浓度碳酸钠溶液，将焦炉烟气中的 SO_2 吸收并反应，生成亚硫酸钠和硫酸钠，并吸附烟气中大部分的粉尘，然后烟气进入布袋除尘器，除尘后的烟气经换热器后，焦炉烟气温度提高到 220~250 ℃，进入 SCR 反应器进行焦炉烟气脱硝，之后焦炉烟气进入烟囱外排，技术路线如图 4 所示。依托该技术，河钢集团的焦炉均实现了污染物超低排放浓度：颗粒物低于 10 mg/m^3、SO_2 低于 30 mg/m^3、NO_x 低于 100 mg/m^3。

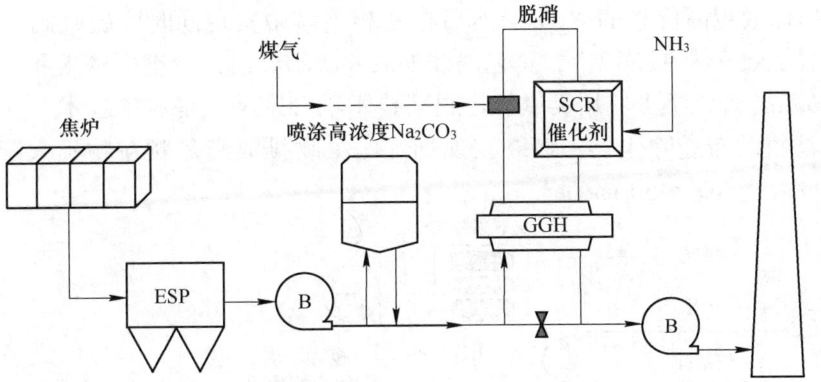

图 4　半干法脱硫耦合中低温 SCR 脱硝烟气协同净化技术路线图

4.2　烧结烟气多污染物协同控制应用实践

4.2.1　活性焦多污染物协同脱除一体化技术

活性炭选择性催化还原（Coke Selective Catalytic Reduction，CSCR）硫脱硝（逆流）工艺技术，即活性焦与烟气垂直交叉接触，活性炭从上至下流动，烟气水平穿过活性焦层，发生吸附反应。研制了可同时脱除烧结烟气中硫化物、NO_x、二噁英、氟化物、颗粒物等多污染物的活性炭逆流吸附装置，该装置的吸附模块从上至下分为脱硝、喷氨、脱硫三段独立功能区，利用活性炭与烟气逆流接触的动力学优势，实现烧结烟气中多污染物高效协同处理如图 5 所示。同时新开发出模块组上下叠加、多点喷氨与混匀一体化、模块组离线和脱硫喷氨脱硝三段独立分区的活性炭逆流吸附、活性炭风筛分拣等技术和装置，实现了烧结烟气中多污染物高效协同处理和离线检修保护，提高了作业效率。这一工艺技术不仅能高效去除多组分污染物，还能回收利用烟气中的 SO_2 制成硫酸。河钢邯钢 360 m^2 烧结机和 435 m^2 烧结机采用 CSCR 活性焦技术实现烧结烟气的超低排放，即出口烟气粉尘不大于 10 mg/m^3、$SO_2 \leqslant 35$ mg/m^3、$NO_x \leqslant 50$ mg/m^3。

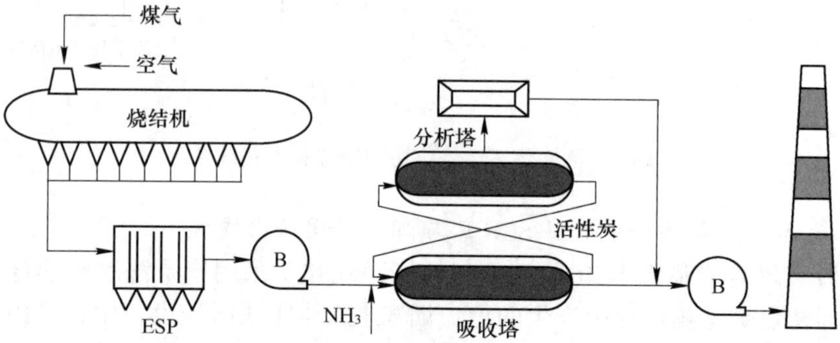

图 5　活性焦多污染物协同脱除一体化技术路线图

4.2.2　半干法脱硫耦合臭氧氧化脱硝烟气协同净化技术

通过耦合臭氧氧化脱硝与密相干塔脱硫技术，实现烧结烟气 SO_2 和 NO_x 的深度脱除。氧化脱硝工艺的主体设备为臭氧发生器与烟道均布器，利用臭氧作为氧化剂，将烟气中 NO 氧化为 NO_2 或更高价态的 N_2O_5，然后在密相干塔中实现同时脱硫脱硝，脱硝效率为 80%以上，脱硫效率为 95%以上，工艺路线如图 6 所示。河钢唐钢中厚板和不锈钢分别在 240 m^2 和 265 m^2 烧结机上应用臭氧氧化脱硝技术耦合密相干塔脱硫技术，并在脱硫塔后采用第三代滤料的布袋除尘器，最终实现烟气污染物排放满足颗粒物不大于 10 mg/m^3、$SO_2 \leqslant 35$ mg/m^3、$NO_x \leqslant 50$ mg/m^3。

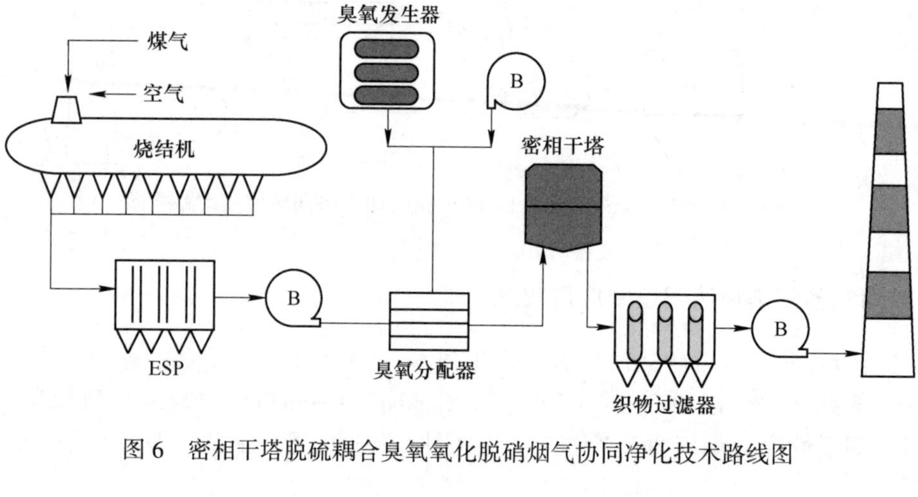

图 6　密相干塔脱硫耦合臭氧氧化脱硝烟气协同净化技术路线图

4.2.3 镁法脱硫耦合臭氧氧化脱硝烟气协同净化技术

通过对现有湿法钙法脱硫进行湿法镁法脱硫改造，以提高脱硫效率，满足 SO_2 排放要求。此外在脱硫塔前增加 NO 氧化剂，将 NO 氧化为 NO_2，然后通过镁法脱硫塔协同脱除硫硝。脱硫塔后烟囱前增加湿电除尘器，消除白烟问题。最后利用脱硫脱硝副产物协同钢渣等制备轻质高强建材如图 7 所示。河钢承钢将在 360 m^2 烧结机应用该技术，可实现烟气污染物排放浓度为颗粒物不大于 10 mg/m^3、$SO_2 \leqslant 35$ mg/m^3、$NO_x \leqslant 50$ mg/m^3，并实现废水零排放。

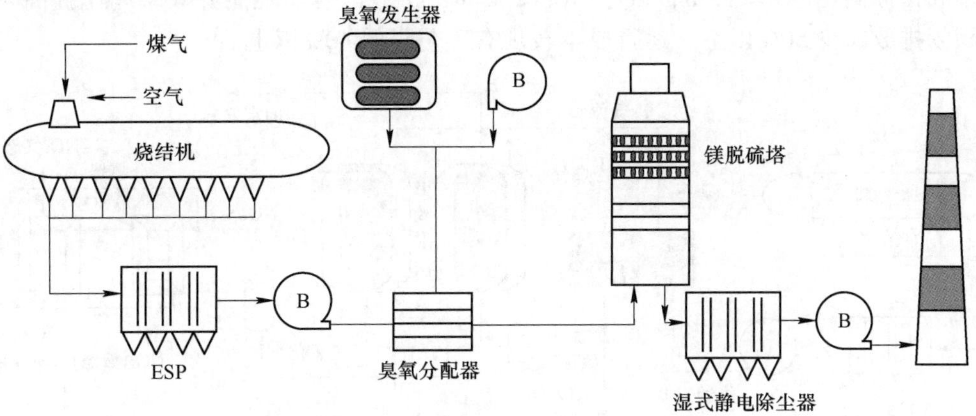

图 7 镁法脱硫耦合臭氧氧化脱硝烟气协同净化技术路线图

4.2.4 半干法脱硫耦合 SCR 脱硝烟气协同净化技术

半干法脱硫耦合 SCR 脱硝烟气协同净化技术路线如图 8 所示。采用半干法循环流化床脱硫耦合 SCR 脱硝的技术路线，烟气首先经过半干法脱硫塔，将烟气中的硫脱除，SCR 催化剂置于脱硫塔之后，脱硝效率约为 83%。催化剂适用的温度 26~420 ℃，因此需要在催化剂前增加加热器和 GGH，稳定运行时，仅需加热将烟气温度提升约 30 ℃。SCR 脱硝操作相对简便，脱硝效率高，耦合循环流化床实现耦合脱硫脱硝技术被钢厂广泛应用。河钢中厚板 210 m^2 烧结机采用该技术，并在脱硝后配置布袋除尘器，实现了烟气污染物超低排放。

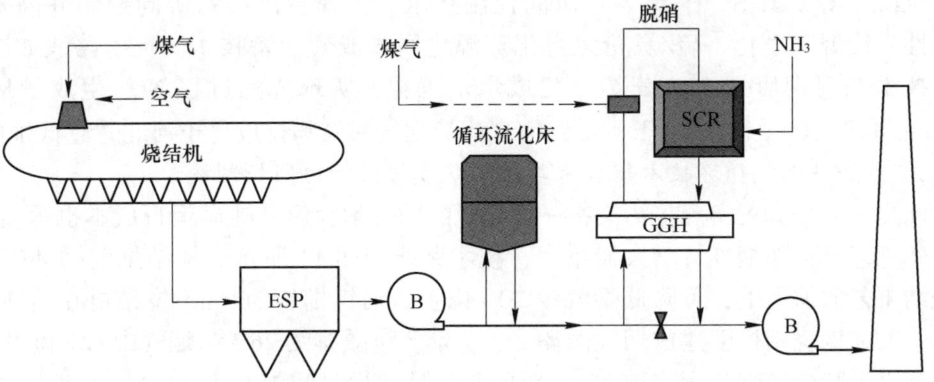

图 8 半干法脱硫耦合 SCR 脱硝烟气协同净化技术路线图

4.2.5　烟气多污染物集并吸附脱除与资源化技术

针对烧结烟气污染物成分复杂、协同净化困难、资源化程度低等问题，开发了多污染物集并吸附设备及工艺成套技术，通过相变分离提取液态单组分 SO_2 与 NO_2、吸附—吸收耦合梯级提取 $NO/N_2/CO_2$ 中 NO，实现烟气中多组分物质的净化与资源化。对解析过程所需热量、资源化过程所需冷量，研究气相低品位余热收集、梯级利用方法与优化匹配技术，实现过污染物吸附净化和资源化工艺与余热利用有机结合的耦合节能，如图 9 所示。该技术将在河钢邯钢建设烟气多污染物集并吸附脱除与资源化关键技术示范工程，烟气污染物排放指标满足 $SO_2 \leqslant 35\ mg/m^3$、$NO_x \leqslant 50\ mg/m^3$，同时实现能源效率同比提高 40%以上、固废排放减少 50%以上、运行成本较现有工艺降低 40%以上。

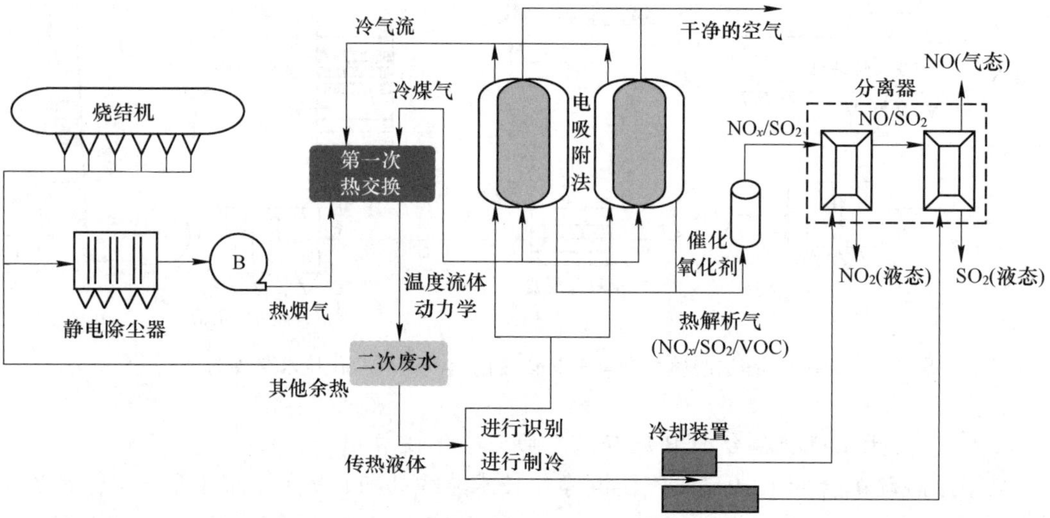

图 9　烟气多污染物集并吸附脱除与资源化技术路线图

4.3　全过程耦合多污染物协同去除技术

4.3.1　焦炉低氮燃烧技术耦合末端活性焦多污染物协同控制技术

针对焦炉烟气组分复杂、低硫高氮的特点，研发了焦炉低氮燃烧技术耦合活性焦多污染物（SO_2，NO_x，H_2S，HCN 等）协同控制技术，实现多污染物协同控制并高效脱硝；集成活性炭法烟气净化、硫/炭粉无害化资源化回收成套装备技术，技术路线如图 10 所示。该技术在河钢唐钢 7 m 焦炉上建成示范工程，实现炼焦过程 NO_x 生成量从 600～800 mg/m^3降至 500 mg/m^3 以下，最终实现焦炉烟气污染物排放优于河北省超低排放。

4.3.2　烧结烟气循环技术耦合末端活性焦多污染物协同控制技术

活性焦工艺是真正实现多污染物一体化脱除的技术，但其吨矿运行成本也远高于其他脱硫脱硝工艺，且随烟气量增大而增大，技术路线如图 11 所示。烧结烟气循环工艺在不影响烧结工艺的前提下，可降低烟气量 20%以上。河钢邯钢 360 m^2 烧结机在活性焦工艺建成后，又在该烧结机上建成烟气循环工艺，烟气量减排约 26%，烟气中 CO 和 NO_x 等污染物的产生量减少 20%以上。图 12 为现场两个月运行时间内粉尘、SO_2 和 NO_x 的排放情况，可以看出所有污染物排放数值均稳定在超低排放的限值内，且过程中设备运行一切正

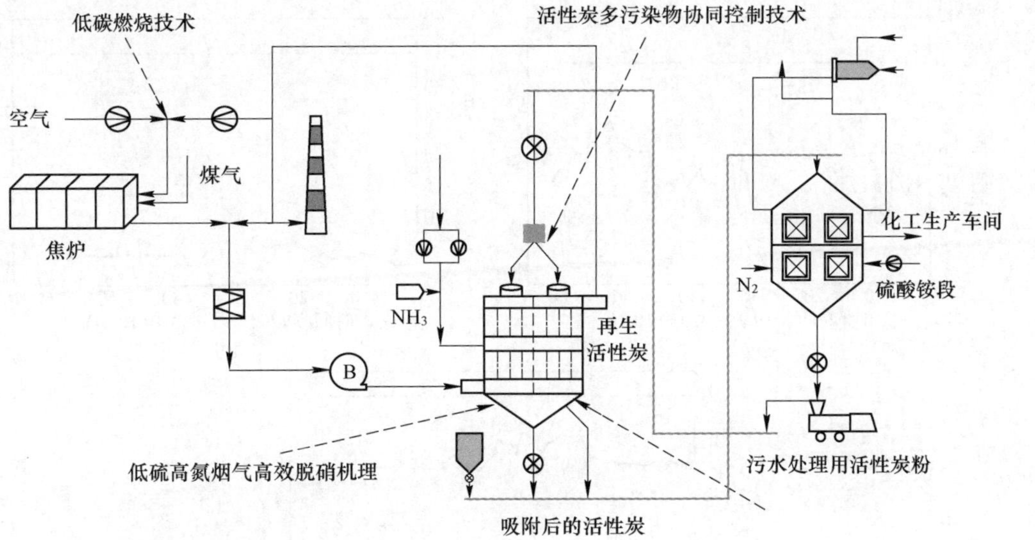

图 10　焦炉低氮燃烧技术耦合末端活性焦多污染物协同控制技术路线图

常，基本不存在停机检修问题，因此该技术工艺现场应用稳定可靠。应用该技术后每年排污费减少 760 万元。吨矿固体燃耗由 55.59 kg 降至 52.51 kg，吨矿节约固体燃料 3.08 kg，节能效益 12960 万元/年。年产浓硫酸 18000 t，副产物效益 2592 万元/年。烧结矿产量提高 1%以上，提产可达 16.2 万吨/年，产生效益 2430 万元/年。达到超低排放，每年可避免限产至少 1 个月，提产 135 万吨/年，产生效益 20250 万元/年，合计经济效益为 39041 万元/年。

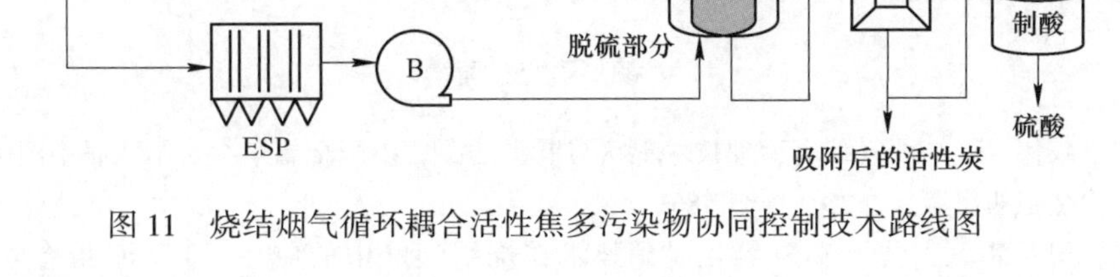

图 11　烧结烟气循环耦合活性焦多污染物协同控制技术路线图

5　结论与展望

本工作所述各种污染物治理及耦合技术均可实现污染物超低排放，但每种技术在应用过程中都存在一定的局限性，通过考察得出如下结论。

（1）现运行及新建焦化、烧结时应根据现有除尘脱硫的实际情况，选择合适的技术路

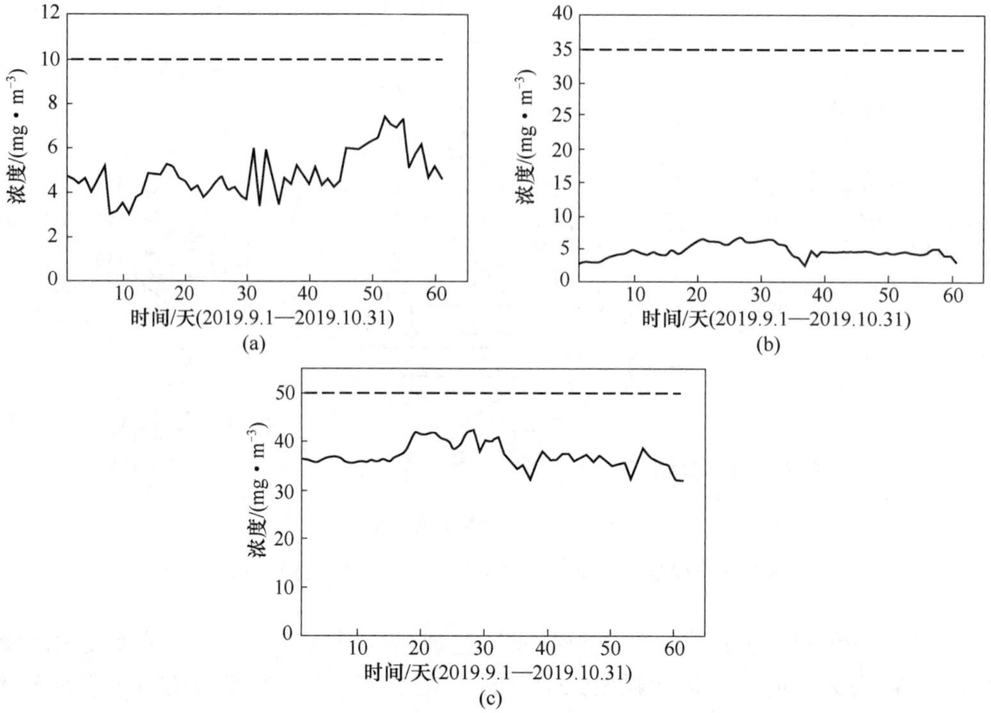

图 12　示范工程烟气出口粉尘、SO_2 和 NO_x 排放参数

（a）PM；（b）SO_2；（c）NO_x

线，以期达到烟气多污染物的协同脱除和超低排放。

（2）对新建烧结机建议采用活性焦脱硫脱硝一体化技术；对已有湿法脱硫的烧结机建议采用臭氧氧化脱硝技术，对已有半干法脱硫的烧结机建议采用臭氧氧化脱硝技术或 SCR 脱硝技术（置于脱硫塔之后）。

（3）随着环保标准愈加严格，单独依靠末端治理的成本逐步加大，源头减排和过程控制技术可实现较少的投入即可一定程度减少污染物的产生，因此未来在钢铁行业要更经济地实现烟气污染物超低排放，需要源头减排、过程控制与末端治理相结合的方式，即在焦化和烧结实行全过程控制与多技术耦合的技术路线。

参 考 文 献

［1］石磊，李咸伟．烧结烟气综合治理技术现状与展望［C］．中国金属学会．第八届中国国际钢铁年会．北京：冶金工业出版社，2015：857-861.

［2］侯长江，田京雷，王倩．臭氧氧化脱硝技术在烧结烟气中的应用［J］．河北冶金，2019（3）：67-70.

［3］顾卫荣，周明吉，马薇．燃煤烟气脱硝技术的研究进展［J］．化工进展，2012，31（9）：2084-2092.

［4］王代军．烧结球团烟气综合治理技术的应用与分析［C］．河北省冶金学会．京津冀钢铁业清洁生产、环境保护交流会．2015：12-23.

［5］王升龙，王乃超．焦炉烟道气脱硝技术研究进展［J］．广东化工，2019，46（11）：146，138.

［6］潘忠．烧结机漏风与高温脂损耗分析及治理［J］．冶金设备管理与维修，2019，37（3）：24-26.

[7] 程峥明，宁文欣，潘文，等．超厚料层均质烧结技术的研究与应用［J］. 烧结球团，2019，44（4）：7-12.

[8] 裴元东，欧书海，马怀营，等．烧结料面喷吹蒸汽对烧结矿质量和 CO 排放影响研究［J］. 烧结球团，2018，43（1）：35-39.

[9] 裴元东，张俊杰，祁成林．适宜烧结烟气循环工艺的探讨［J］. 烧结球团，2019，44（2）：74-77.

[10] 马双忱，苏敏，马京香，等．臭氧同时脱硫脱硝技术研究进展［J］. 中国环保产业，2009（4）：29-31，34.

[11] WANG Z H，ZHOU J H，ZHU Y Q. Simultaneous removal of NO_x，SO_2 and Hg in nitrogen flow in a narrow reactor by ozone injection［J］. Fuel Processing Technology，2007，88（8）：817-823.

[12] 王智化，周俊虎，魏林生，等．用臭氧氧化技术同时脱除锅炉烟气中 NO_x 及 SO_2 的试验研究［J］. 中国电机工程学报，2007（11）：1-5.

[13] 周丽荣，高春荣，杨石玻．钢铁厂烧结烟气 SCR 脱硝技术应用探讨［J］. 中国环保产业，2014（6）：33-36.

[14] 王新东，田京雷，宋程远．大型钢铁企业绿色制造创新实践与展望［J］. 钢铁，2018，53（2）：1-9.

[15] 王亮，钟王君，王韬，等．钢铁工业污染物超低排放及对策思考［J］. 冶金动力，2019（3）：5-7，33.

亚熔盐高效提钒铬清洁生产技术产业化应用①

王新东[1]，李兰杰[2,3]，杜　浩[4]，赵备备[2,3]

（1. 河钢集团有限公司，河北 石家庄 050023；2. 河钢集团承钢公司，河北 承德 067102；3. 河钢承德钒钛新材料有限公司，河北 承德 067102；4. 中国科学院过程工程研究所湿法冶金清洁生产技术国家工程实验室，北京 100190）

摘　要：在亚熔盐生产线达产达效期间，对钒渣液相氧化、液固分离、钒酸钠结晶、三效蒸发等工序进行了研究。结果表明，在纳微曝气氧化及规模放大效应共同作用下，亚熔盐示范工程可实现较低温度（140~180 ℃）和较低压力（0.6~1.0 MPa）下钒和铬的高效同步提取，钒和铬的转化率分别为93%和85%；对不同原料来源的钒渣，纳微曝气亚熔盐技术均体现出优异的浸出性能；全自动立式压滤机采用三级逆流洗涤方式，保证了尾渣含水率低于30%，钒含量低于0.15%，铬含量低于0.05%；选用OSLO冷却结晶器进行钒酸钠结晶，钒酸钠结晶率达到61.5%；通过在三效系统蒸汽接口处增设减温减压器，实现循环碱液浓度由试生产初期的45%提高至50%。利用亚熔盐产线对传统钠化焙烧工艺废水处理过程中产生的钒铬泥进行钒铬浸出，在反应温度175 ℃、反应压力0.65 MPa、进出料速度0.25 t/h 的工作条件下实现了钒铬泥中钒和铬的高效浸出，钒和铬的浸出率分别93.68%和96.76%。当溶液中铬浓度达到25~30 g/L后，铬酸钠结晶工序可保证将每次液相氧化反应溶出的铬全部结晶析出，铬酸钠的结晶率为17.65%。

关键词：亚熔盐；清洁生产；钒渣；钒铬泥

1　前言

钒是全球性的稀缺资源和重要战略金属，被称为“现代工业的味精”，在钢铁、化工、航空航天、军工、新能源、核工业等领域应用广泛[1,2]，是国家重大工程基础材料。铬为国家重要战略性资源，铬盐系列产品是化工、轻工高级合金材料的重要基础原料[3]。

钒钛磁铁矿为我国重大特色多金属矿产资源，已探明储量202亿吨，居世界第三位，主要分布在河北承德 、攀西及辽西地区，其中钒、铬资源量分别达1579万吨、900万吨，占全国钒、铬储量的62%和90%，资源综合利用价值很高。钒钛磁铁矿中的钒、铬在选冶过程中去向基本一致，高炉冶炼时钒、铬会一同进入铁水，在转炉提钒过程中形成钒渣（含铬），是提钒的主要原料。从钒渣中提取 V_2O_5 主要有钠化焙烧提钒和钙化焙烧提钒两种方法[4,5]。钒渣钠化焙烧提钒工艺简单、产品质量较好，但该工艺钒收率低（80%）、铬基本无法提取，钒铬资源浪费严重，且工艺过程产生大量含铬工业废渣（全国60万吨/年）、

①　原文发表于《过程工程学报》，2020，20（6）。

有害窑气（全国5亿立方米/年）及高盐氨氮废水（全国240万吨/年），三废末端治理代价大，区域环境承载压力接近极限[6]。钙化焙烧可避免传统钠化焙烧工艺的高盐氨氮废水排放问题，但受限于焙烧过程的传质障碍，钙化焙烧的钒转化率仍不足80%，铬不能被提取，且浸出过程形成含硫尾渣，导致尾渣资源化利用难度大。

钒渣中钒铬资源的高效清洁综合利用是世界难题，目前尚无经济性的解决方案，而现有工艺难以满足钒铬产业高效清洁生产的需求。基于以上原因，储量巨大的36亿吨高铬型钒钛磁铁矿在很长一段时期内因缺乏钒铬高效提取分离技术而未开发利用。近年来，受钢铁大发展及铁矿石紧缺的影响，攀西地区高铬型钒钛磁铁矿的开发逐年增加，目前已达近1000万吨/年，但只能利用其中的铁和少量的钒钛，亟须开发钒铬分离及其配套技术，以支撑高铬型钒钛磁铁矿的高效开发利用。为破解钒渣中钒铬资源高效清洁提取利用这一世界难题，中国科学院过程工程研究所建立了以活性氧量化调控为核心的亚熔盐非常规介质新理论，形成了两性金属矿产资源亚熔盐绿色反应分离平台[7-9]，以含铬钒渣为重点，与河钢集团共同开发了以亚熔盐液相氧化反应[10-12]、钒铬清洁相分离[13,14]、钒产品绿色短流程制备[15-17]和尾渣全量化增值利用[18]为特色的具有自主知识产权的钒的清洁提取与产品绿色制造新技术，并在河钢承钢建成国际首套5万吨/年钒渣亚熔盐法高效提钒示范工程。

项目自2007年开始研发以来，经过理论创新、实验室研发、公斤级扩试（2011年5月完成）、千吨级中试（2015年4月完成）、5万吨产业化放大（2017年4月投产），反应条件持续优化，在国际上首次实现了反应温度150 ℃以下钒铬的高效清洁提取，该工艺比传统的钒渣钠化焙烧温度降低700 ℃以上，钒资源利用率由80%提高至90%以上，铬资源利用率由完全不能回收提高至80%以上，且源头避免了有害窑气、高盐氨氮废水的产生，尾渣可全量化利用，为钒钛磁铁矿中钒铬资源的高效绿色利用提供了有效解决方案，支撑了我国特色高铬型钒钛磁铁矿资源的开发利用。在投产后达产达效攻关期间，通过大型工业化设备，以钒渣为提钒原料对液相氧化、液固分离、钒酸钠结晶、三效蒸发等工序进行了研究，确定了最佳的工业生产工艺参数。此外，利用亚熔盐生产线，对传统钠化焙烧工艺废水处理过程中产生的钒铬泥进行提钒铬，提高了溶液中铬元素的富集速度，实现了铬酸钠产品的生产。

2 实验

2.1 材料与试剂

河钢承钢钒渣、攀西地区钒渣、国外钒渣、河钢承钢钒铬泥、液碱（质量分数为50%）。

2.2 实验设备与分析仪器

实验设备主要包括卧式反应釜（直径3 m，长10 m）、立式压滤机（过滤面积108 m^2）、钒酸钠结晶器（直径3 m，高5.5 m）、三效蒸发器及铬酸钠结晶器（直径3 m，高5.5 m），工艺装备流程图如图1所示。卧式反应釜采用多隔室设计，温度和通氧量单独控制，以实现不同反应阶段的参数精确调控，每个隔室设置一台搅拌器和纳微曝气装置，搅拌器采用上层轴流桨、下径向桨的双层桨设计，以优化气、液、固三相反应流场。立式压滤机用于液相氧化反应后浆料的液固分离。钒酸钠、铬结晶器均为 OSLO 冷却结晶器。三效蒸发器包括循环加热器和蒸发分离器，用于对钒酸钠结晶后液的蒸发浓缩。

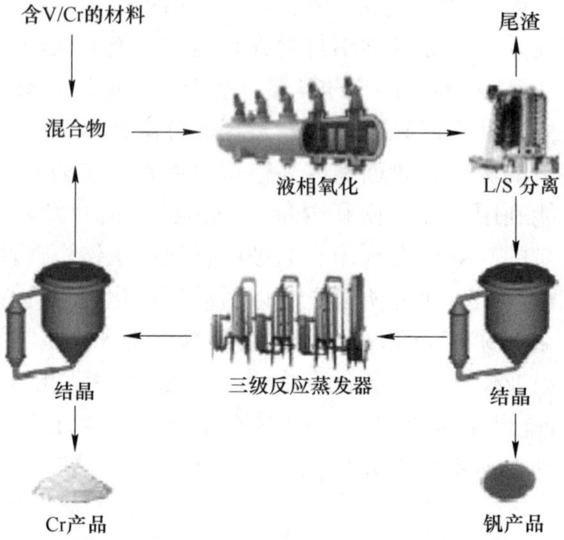

图 1　亚熔盐法清洁提钒技术工艺装备流程图

化学成分分析采用 Optima 5300DV 电感耦合等离子体原子发射光谱仪（ICP-OES，美国 Perkin-Elmer 公司），物相分析采用 X'Pert PRO MPD 型多功能 X 射线仪（XRD，荷兰 Panalytical 公司）。

2.3　实验方法

2.3.1　亚熔盐法提钒铬工艺流程

（1）配料：50%液碱（新液补充）和循环碱液（三效蒸发后液，碱浓度 50%）与钒渣（或钒铬泥）按碱矿比（4~5）∶1 混合，配好的浆料泵送浆液卧式反应釜（氧化反应器）。（2）液相氧化：卧式反应釜内通入蒸汽和氧气进行氧化反应，反应后浆料进入闪蒸槽进行降温降压。浆料经闪蒸后，温度降至约 135 ℃，压力降为常压。从闪蒸槽排出的浆料靠自身的压力直接从下部进入稀释除杂反应槽，与尾渣洗涤水、钙化滤液洗水及氧化钙浆料混合，将浆液碱浓度（NaOH 浓度）稀释至 25%、温度保持 80 ℃。浆液在此条件下进行脱硅脱钠反应 1 h。（3）尾渣分离洗涤：对尾渣进行三级逆流分离和洗涤，生产过程维持浆料温度 80 ℃。压滤分离所得滤液（约 80 ℃）为富含钒、铬等可溶性钠盐的溶出液，经压滤净化除杂作为原料用于后续的钒铬结晶生产工段。（4）钒酸钠结晶：经压滤净化除杂后的钒铬溶液泵入钒酸钠结晶器进行自然冷却，液体降温至 40 ℃且保温 1 h 实现钒酸钠的结晶析出。含晶浆料进行固液分离，获得的钒结晶后液（含铬酸钠）进入铬酸钠结晶工段。（5）三效蒸发及铬酸钠结晶：采用三效蒸发浓缩钒结晶后液至 NaOH 浓度为 50%，再降温至 80~120 ℃使铬酸钠结晶析出。

2.3.2　可溶性钒、全钒、可溶性铬和全铬的测定

尾渣中会含有部分可在水中溶解的钒和铬，为可溶性钒和可溶性铬，测定方法为：用

分析天平准确称取 1 g 物料，放入盛有 100 mL 高纯水的小烧杯中，在电炉上加热至沸腾，过滤后滤液用 ICP-OES 进行成分分析。

全钒是指不可溶钒与可溶性钒的总和，全铬是指不可溶铬与可溶性铬的总和。分析方法为：用分析天平准确称取 0.5～0.6 g 助溶剂（无水碳酸钠与四硼酸钠质量比为 2∶1）加入铂金坩埚中，加入 0.05～0.08 g 含钒原料，搅拌使其混合均匀，在其表面覆盖一层熔融剂，铂金坩埚加盖。置于指定温度（950 ℃以上）的马弗炉中，熔融 15～20 min。取出坩埚在空气中冷却，用去离子水冲洗干净坩埚外表面，避免杂质污染，将坩埚放入盛有 60 mL 20%盐酸的小烧杯中，置于电炉上加热溶解。待完全溶解后冷却，转入 100 mL 容量瓶中定容并摇匀，于容量瓶中稀释 10 倍，或根据元素在渣中的含量稀释到一定浓度范围，用 ICP-OES 进行成分分析。

2.3.3 浸出率分析方法

元素浸出率的计算公式如下：

$$\eta = (1 - m_1/m_2) \times 100\% \tag{1}$$

式中 η——元素浸出率，%；

m_1，m_2——原渣中某元素的质量和反应终渣中某元素的质量，g。

3 结果与讨论

3.1 钒渣亚熔盐法提钒铬产业化应用

3.1.1 钒渣物性分析

对河钢承钢、攀西地区及国外钒渣进行了成分分析，结果见表 1。由表 1 可知，河钢承钢中 Fe 含量为 32.82%，V 含量为 4.69%，Cr 含量为 2.06%，Si 含量为 8.02%。攀西地区和国外钒渣性质不同于河钢承钢钒渣，攀西地区钒渣属难处理高铬型钒渣，原渣 Cr 含量高达 7.3%；国外钒渣为高品位钒渣，原渣 V 含量高达 8.60%。

表 1 钒渣成分分析

钒渣	化学成分（质量分数）/%								
	Al	Ca	Cr	Fe	Mg	Mn	Si	Ti	V
承钢	1.12	3.17	2.06	32.82	1.62	5.73	8.02	4.97	4.69
攀西地区	1.45	6.71	7.30	27.94	0.51	5.85	4.17	4.93	11.68
国外	0.85	1.92	0.75	28.96	0.88	10.22	7.53	10.32	8.60

3.1.2 液相氧化工序

液相氧化工序是亚熔盐工艺的核心操作工序，随着示范工程现场生产方案的调整及反应釜运行状态的变化，液相氧化工序的工艺参数相应调整。

3.1.2.1 间歇生产时反应条件对钒铬浸出效果的影响

试生产初期，采用间歇生产方式研究液相氧化工序的最佳反应工艺参数，分三个阶段考察不同反应温度和压力条件下，钒渣中钒和铬的浸出效果，结果如表 2 和图 2 所示。

表 2 液相氧化工序的主要运行参数

参数	阶段 1	阶段 2	阶段 3
温度/℃	160~180	140~160	130~150
压力/MPa	0.6~1.0	0.5~0.6	0.3~0.5
反应气体	氧气	氧气	空气
钒浸出率/%	93	83	81
铬浸出率/%	85	76	68

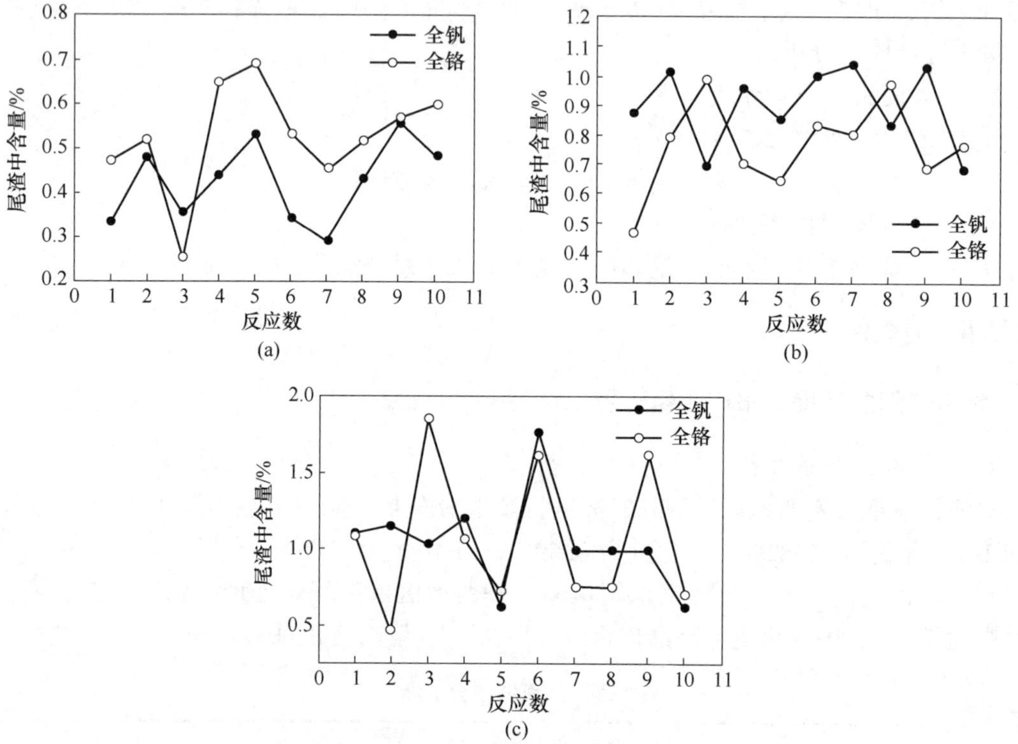

图 2 不同反应条件下液相氧化工序尾渣中钒和铬的含量变

（a）高温氧化；（b）低温氧化；（c）空气氧化

高温氧化［图 2（a）］：将卧式反应釜的操作温度控制在 160~180 ℃，操作压力控制为 0.6~1.0 MPa，同时在反应釜的三个隔室中分别加入一台曝气机强化钒渣氧化，尾渣中平均含 V 为 0.49%，平均含 Cr 为 0.52%，其对应钒和铬的转化率分别达到 93% 和 85%，完全达到钒和铬转化率指标要求。最高操作温度（180 ℃）比设计温度低 20 ℃，最高操作压力（1.0 MPa）比设计压力低 1.0 MPa，能在低于设计温度和压力下实现钒和铬的转化率分别达到 90% 和 80% 以上，表明采用纳微曝气法[19]可以强化亚熔盐介质中活性氧的生成，提高钒和铬的转化率。随着亚熔盐介质流场放大，强化效应更明显，技术指标远优于实验室和中试结果。

低温氧化［图 2（b）］：为在尽可能低的温度和压力下同步提取钒和铬，考察了反应温度 140~160 ℃、压力 0.5~0.6 MPa 下钒和铬的浸出效果。当温度降至约 150 ℃时，尾渣中的V和Cr的平均含量分别为0.89%和0.761%，钒和铬的转化率分别为83%和76%，表明随反应温度降低，钒和铬的转化率下降，钒的转化率仍为83%，铬的转化率不足76%，温度和压力下降对铬的提取影响较大。

空气氧化［图2（c）］：试运行阶段考察了空气作氧化介质时钒渣中钒和铬的浸出情况。从图2（c）和表2中可以看出，当反应温度调整为130~150 ℃时，尾渣中钒和铬的平均含量为1.04%和1.06%，钒和铬的转化率分别为81%和68%。在纳微曝气强化作用下，用空气作为反应气体，温度降至150 ℃，钒的转化率仍高达81%。温度降低对铬的转化率影响较大，铬的转化率仅为68%，表明铬的氧化需要较高的温度和氧气分压，这与亚熔盐基础理论研究结果相符[19,20]。

3.1.2.2 亚熔盐技术对不同钒渣的适用性研究

除利用河钢承钢的钒渣外，示范生产线引进了大约35 t攀西地区钒渣和80 t国外钒渣用于考察亚熔盐技术对不同钒渣的适用性，三种钒渣的处理效果见表3。从表3中可看出，亚熔盐技术对三种钒渣均表现出良好的钒提取效果，尾渣V含量均低于0.6%，国外钒渣钒提取率为93.4%，攀西地区钒渣的钒提取率高达95.3%。攀西地区钒渣的Cr含量从7.3%降至1.08%，转化率达85%。亚熔盐技术对高铬型钒渣和高品位钒渣具有较好的处理效果，这为亚熔盐技术在全世界的推广应用提供了有力支撑。

表3 亚熔盐技术对不同钒渣的处理结果

钒渣	反应阶段	成分（质量分数）/%								
		Al	Ca	Cr	Fe	Mg	Mn	Si	Ti	V
承钢	反应前	1.12	3.17	2.06	32.82	1.62	5.73	8.02	4.97	4.69
	反应后	0.80	4.2	0.86	31.52	1.18	3.46	6.00	3.01	0.45
攀西地区	反应前	1.45	6.71	7.30	27.94	0.51	5.85	4.17	4.93	11.68
	反应后	0.73	5.27	1.08	26.34	1.89	4.35	5.87	3.87	0.55
国外	反应前	0.85	1.92	0.75	28.96	0.88	10.22	7.53	10.32	8.60
	反应后	0.46	2.3	0.73	29.66	1.02	12.31	7.73	9.49	0.57

在纳微曝气氧化及规模放大效应共同作用下，亚熔盐示范工程实现了较低温度（140~180 ℃）和较低压力（0.6~1.0 MPa）下钒和铬的高效同步提取，钒和铬的转化率分别为93%和85%。对于不同原料来源的钒渣，纳微曝气亚熔盐技术均表现出优异的浸出性能。

3.1.2.3 连续生产过程中进料速度对钒和铬浸出效果的影响

连续生产过程是指卧式反应釜首隔室连续进料，尾隔室连续出料，进出料量基本平衡的过程。连续生产过程中，由于卧式反应釜与外界连通，压力外泄易造成釜内压力不稳定；进料温度约100 ℃，反应温度为140~180 ℃，若进料量和加热速率不匹配，加上物料外排带走部分热量，极易造成反应温度过低。连续生产过程中维持反应釜内压力和温度稳定是保证钒铬浸出效果的重要因素。

考察了反应温度 155 ℃、反应压力 0.65 MPa、进料速度为 0.625 t/h、1.255 t/h、1.8755 t/h、2.5 t/h 时的钒和铬浸出效果，每隔 8 h 取一次尾渣样，相同进料速度取 9 次样，结果如图 3 所示。由图 3 可知，进料速度为 0.625 t/h 时，尾渣中钒和铬的含量均较低，钒含量平均为 0.46%，铬含量为 0.58%，反应效果极好。随着进料速度增加，尾渣中钒和铬的含量逐渐升高，进料速度为 2.5 t/h 时，钒含量平均为 1.13%，铬含量平均为 1.03%。反应温度、压力和通氧量基本保持不变的情况下，钒铬浸出率随进料速度增加逐渐降低，主要原因是工序的加热方式为蒸汽加热，随进料速度增加，反应自身放热和低流量蒸汽加热无法保证反应釜内温度的稳定，需逐渐增大蒸汽加热流量，导致系统内部引入大量的水，造成碱液浓度逐渐降低。进料速度为 2.5 t/h 时，对卧式反应釜尾隔室排出浆液进行 3 次取样分析，经检测浆液碱浓度分别为 29.05%、28.85% 和 25.98%，可知溶液中的 NaOH 除少量参与反应外，大部分被蒸汽加热产生的水所稀释。

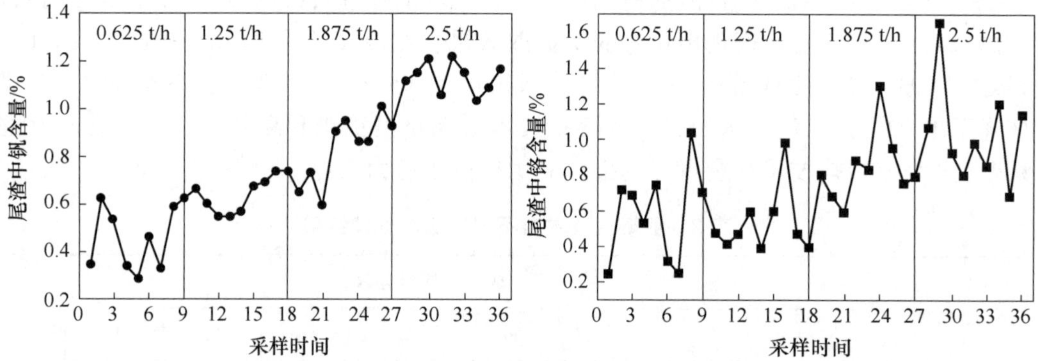

图 3　连续生产过程中进料速度对钒和铬浸出效果的影响

3.1.3　液固分离工序

亚熔盐浸出后的浆料属于难过滤的物料，具有粒度小、黏度大、含硅高的特点。针对物料特性，选用全自动立式压滤机作为液固分离设备，采用三级逆流洗涤方式考察立式压滤机的过滤和洗涤效果。三级逆流洗涤洗水梯级利用，可降低洗水使用量，提高洗水中碱浓度，为后续碱液蒸发浓缩过程减小负担，节约能耗。三级逆流洗涤示意图如图 4 所示，用前一个物料、后一级的洗涤后液作为当前物料、当前级的洗水；当前物料、当前级的洗涤后液作为后一个物料、前一级的洗水；第一级的洗涤后液中 NaOH 浓度最高，直接进入闪蒸后的稀释除杂反应槽，用于稀释和降温。

以第一阶段液相氧化连续运行时物料的尾渣含水率如图 5 所示。由图 5 可知，除个别批次尾渣含水率大于 30% 外，其余批次含水率均在 30% 以下，平均含水率为 29.4%，设计值为 30%，达到了设计要求，表明立式压滤机具有良好的过滤性能，即使难过滤的亚熔盐物料，其含水率仍可控制在 30% 以下。

不同取样次数下尾渣中可溶性钒和铬的含量如图 6 所示。由图 6 可知，尾渣中可溶性钒的平均值为 0.14%，可溶性铬的平均值为 0.047%，满足工艺设计要求（可溶性钒 0.15%，可溶性铬 0.05%），表明立式压滤机对亚熔盐物料的适用性较好，可实现难过滤物料的高效过滤和洗涤。

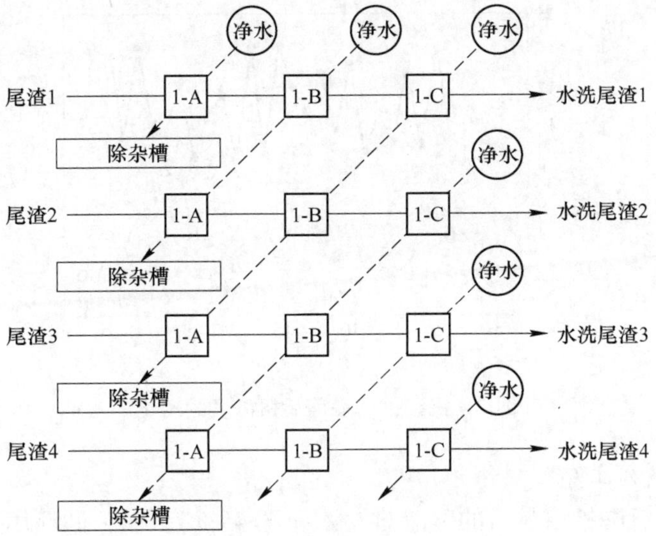

图 4　三级逆流洗涤示意图

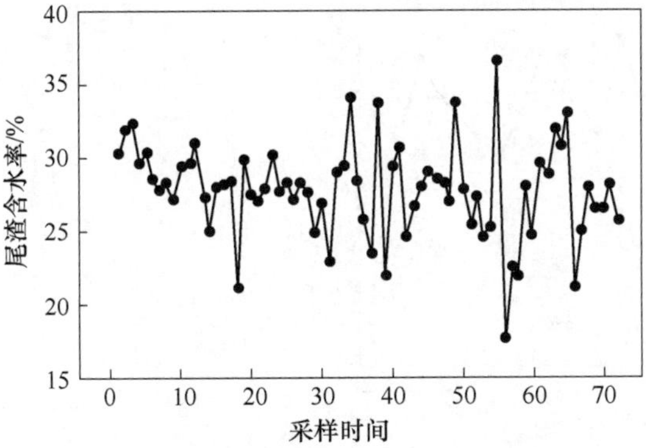

图 5　不同取样次数的尾渣含水率

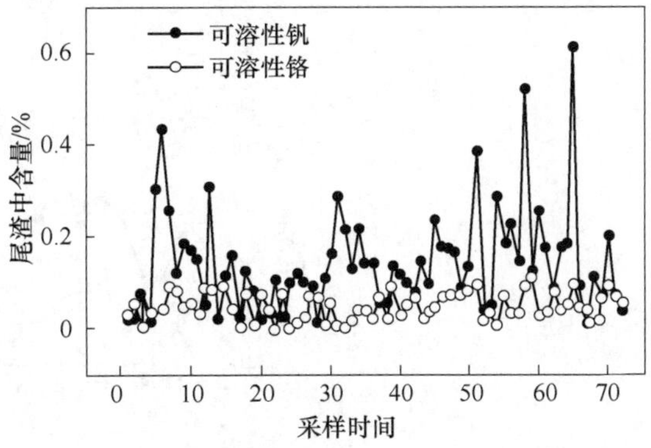

图 6　尾渣中不同取样次数下可溶性钒和铬的含量

3.1.4　钒酸钠结晶工序

钒酸钠是亚熔盐示范工程重要的中间钒产品，重点考察钒酸钠的结晶率，获得钒酸钠的提取效率。示范线运行过程中，钒酸钠结晶前后钒浓度的变化如图 7 所示。从图 7 可看出，钒酸钠浓度变化较大，这与不同批次的结晶条件和结晶环境有关。结晶前平均钒浓度为 10.87 g/L，结晶后平均钒浓度为 4.19 g/L，钒酸钠的结晶率为 61.5%，可将每次溶出的钒全部结晶析出，保证钒酸钠浓度不随循环次数增加出现累积，满足工艺生产要求。生产初期，为提高生产效率，当检测到结晶前钒浓度较低（如小于 8 g/L）时，放弃冷却结晶，钒酸钠溶液直接进入三效蒸发工序，该方法造成的问题为结晶后液缓冲罐和三效蒸发系统之间的管道容易结晶堵塞，需定期对结晶缓冲罐、管道、浆料泵和三效蒸发系统进行清洗，浪费大量的人力物力，降低生产效率，影响设备的使用寿命。因此为保证生产过程顺利进行，液相氧化工序浸出液必须经过结晶工序才能进入三效蒸发工序。

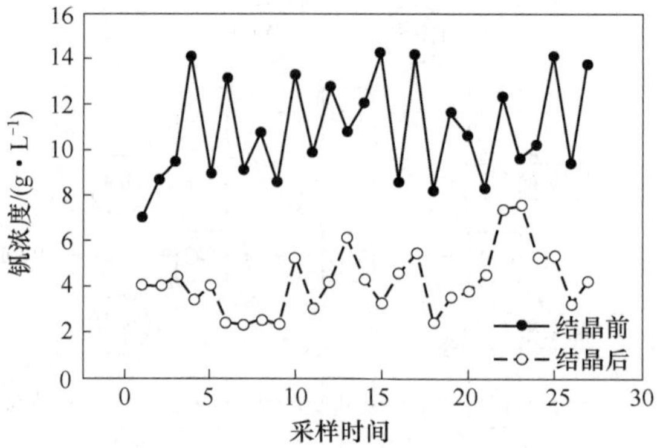

图 7　钒酸钠结晶前后钒浓度的变化

3.1.5　三效蒸发工序

三效蒸发是将钒酸钠结晶后的碱液蒸发浓缩至 45%~50%，循环用于钒渣浸出，是亚熔盐工艺实现介质循环利用的关键步骤，碱液浓度直接决定钒渣的氧化浸出效果，连续稳定运行时三效蒸发器所得碱液浓度如图 8 所示。

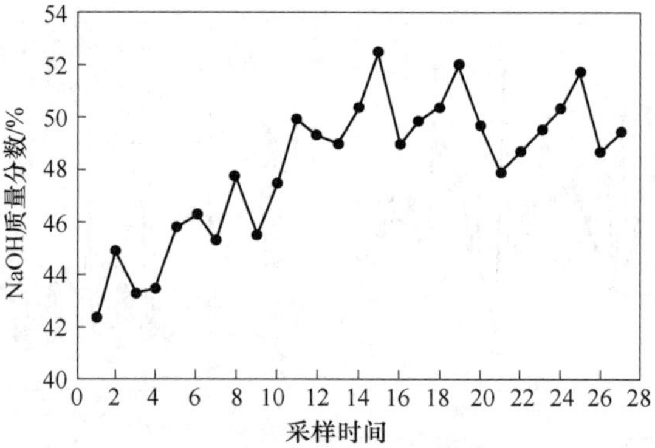

图 8　三效蒸发碱液浓度的变化

从图 8 可以看出，前 10 次蒸发后的碱液浓度均低于 50%，均值为 45.17%；后 17 次碱液浓度提高到接近 50%甚至超过 50%，均值为 49.82%。这是由于亚熔盐示范工程的蒸汽接口处于整个厂区蒸汽末端，蒸汽通常为不稳定的过饱和蒸汽，进行三效蒸发时蒸汽热焓释放不彻底，能量利用效率低，碱液始终无法蒸发至 50%的浓度。后期进行工艺改造，在蒸汽接口处增设了减温减压器，使 0.8 MPa 的蒸汽为饱和蒸汽，蒸汽热值利用效率提高，后续所得碱液浓度达到设计的 50%浓度。碱液的总体平均浓度为 47.5%，基本满足液相氧化工序对碱浓度的要求。

3.1.6　钒产品制备

由 Na_3VO_4 制备 V_2O_5，需经过钙化和铵化转型获得 NH_4VO_3，煅烧可制得 V_2O_5。河钢承钢通过利用现有提钒产线设备，将部分浸出工序产线改造为钙法制备高纯钒生产线，Na_3VO_4 经过钙化和铵化转型可制备出高纯度 V_2O_5，转型后的碱液返回亚熔盐工序循环利用，从而使整个工艺流程实现废水零排放。部分高纯 V_2O_5 产品的成分分析结果见表 4。

表 4 高纯五氧化二钒粉剂的成分分析结果（质量分数） （%）

试样号	V_2O_5	Na_2O+K_2O	Fe	P	Si	Al	S	Ca
1	99.61	0.009	0.014	0.020	0.063	0.019	0.003	0.044
2	99.58	0.017	0.004	0.001	0.052	0.032	0.023	0.068
3	99.52	0.009	0.007	0.002	0.075	0.029	0.035	0.082
4	99.59	0.015	0.031	0.003	0.059	0.03	0.01	0.041
5	99.58	0.013	0.010	0.002	0.072	0.012	0.004	0.050
6	99.55	0.005	0.007	0.002	0.075	0.008	0.002	0.080
7	99.63	0.008	0.013	0.003	0.051	0.015	0.004	0.053
8	99.68	0.005	0.007	0.001	0.042	0.017	0.008	0.023
9	99.61	0.005	0.015	0.001	0.041	0.023	0.005	0.081
10	99.66	0.011	0.006	0.001	0.040	0.018	0.008	0.040

3.2 钒铬泥亚熔盐法提钒铬

钒铬泥为钒渣钠化焙烧工艺生产氧化钒过程中废水处理工序产生的含 V，Cr 废弃物[21]。利用碱法浸出钒铬泥方法已有报道，杨康等[22]采用 $KClO_3$ 弱酸性氧化 30%NaOH 溶液浸出工艺提钒，钒的浸出率可达 79.30%，但对后续钒铬分离未作具体研究；马闯等[23]采用一段 100 g/L NaOH 碱浸二段 H_2O_2 氧化浸出工艺对含钒铬泥中 V，Cr 进行了提取，V，Cr 浸出率分别达 95.68%和 92.9%，也未对后续钒铬分析进行研究。本工艺采用亚熔盐产线成熟工艺和设备，对河钢承钢产生的钒铬泥进行回收利用，得到了 Na_3VO_4 和 Na_2CrO_4 两种产品，为钒铬泥的综合利用提供了一条新思路。

3.2.1 钒铬泥物理化学性质分析

因钒铬泥中铬元素以 $Cr(OH)_3$ 形式存在，含湿率较高（为 54%~57%），将钒铬泥放入烘箱中，在温度 100 ℃条件下干燥 6 h，成分分析结果见表 5。由表 5 可知，钒铬泥中 Cr 含量（以 Cr_2O_3 计）为 30.93%，V 含量（以 V_2O_5 计）为 8.44%，具有较高的回收利用价值。

表 5 钒铬泥的成分分析结果

成分	SiO_2	Cr_2O_3	Al_2O_3	V_2O_5	CaO	Na_2O	Fe_2O_3	MnO
含量（质量分数）/%	29.3	30.93	9.61	8.44	7.74	7.66	3.42	1.12

3.2.2 钒铬泥液相氧化浸出工序

考察了反应温度 175 ℃、反应压力 0.65 MPa、进出料速度 0.25 t/h 时的钒和铬浸出效果，每隔 8 h 取一次尾渣样，取样 27 次，结果如图 9 所示。由图中数据计算得出，尾渣中钒和铬的平均含量分别为 1.15%和 1.49%，由于钒铬泥中大部分元素在该反应条件下溶解于 NaOH 溶液中，反应完成后尾渣量极少，计算得出钒和铬浸出率分别为 93.68%和 96.76%。

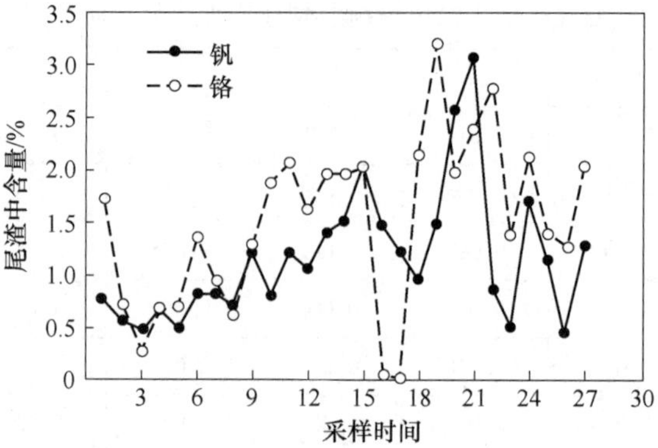

图 9　钒铬泥液相氧化工序尾渣中钒、铬的含量变化

3.2.3　浸出溶液中铬元素累计规律

由于产线未安装钒铬泥配料装置，加料方式为人工加料，加料量为 6 吨/天，体系内铬元素富集较慢。考察了体系内铬元素富集规律，每 8 h 取一次样，取样 105 次，结果如图 10 所示。由图 10 可知，体系内铬元素逐渐富集，105 次时铬元素已经富集到 30.21 g/L。从图中可看出，铬元素在某些点呈下降趋势，原因可能为在钒酸钠结晶过程中，部分铬元素被钒酸钠晶体包裹夹带，造成铬元素的流失。

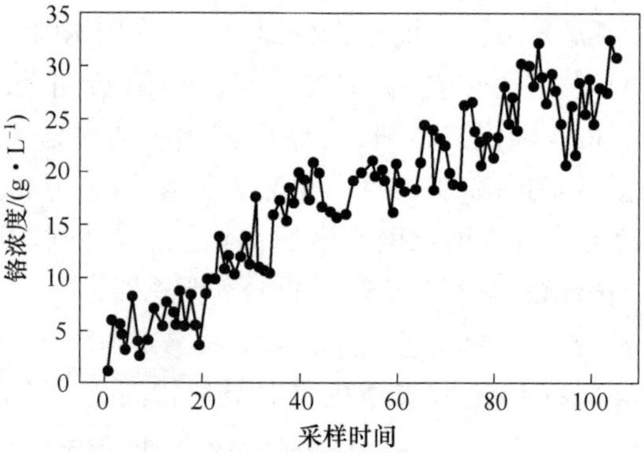

图 10　浸出溶液中铬元素的累积规律

对钙化沉钒工序钒酸钠溶液反应前后进行取样分析，检测钙化反应前后溶液中的各元素含量，结果见表 6。由表可知，钒酸钠溶液中钒铬浓度比约为 20 : 1，因此钒酸钠结晶过程中钒酸钠晶体包裹夹带铬量较高，但并不影响铬元素的累计，钙化沉钒工序的杂质元素去向为 Fe，Cr，Na，Al 等保留在液相；P，Si 等留在钒酸钙固相中。而钙化沉钒工序的产生的液相会返回三效蒸发工序，保证了铬元素的富集。

表 6　钙化沉钒工序中钒酸钠反应前后的溶液成分变化　　(mg/L)

阶段	反应阶段	成分						
		Al	Ca	Cr	Fe	Si	P	V
1	反应前	124.59	1.13	1318	0.70	370.8	268.94	21047
	反应后	163.38	13.3	1325.9	1.18	36.4	0.8	563.12

续表 6

阶段	反应阶段	成分						
		Al	Ca	Cr	Fe	Si	P	V
2	反应前	114. 53	11. 2	1154	3. 19	249. 7	625. 93	20587
	反应后	184. 5	25. 55	1074	0. 12	51. 22	0. 63	352. 17
3	反应前	102. 9	42. 96	1170. 96	10. 37	275. 14	1038. 39	20706
	反应后	106. 58	17. 61	1049. 19	2. 52	148. 00	4. 84	632. 21
4	反应前	93. 77	9. 57	837. 38	3. 51	261. 18	797. 73	19751
	反应后	167. 23	43. 06	793. 26	1. 86	138. 76	3. 25	427. 24
5	反应前	77. 96	79. 34	805. 04	0. 01	157. 69	616. 00	18623
	反应后	108. 31	37. 26	459. 25	0. 01	49. 56	0. 81	610. 38

3. 2. 4　三效蒸发-铬酸钠结晶

将钒酸钠结晶工序得到的 $NaOH-Na_2CrO_4$ 混合溶液泵入三效蒸发系统进行蒸发，将 NaOH 浓度蒸发至 50%后，泵入结晶器进行冷却结晶，实验结果如图 11 所示。由图 11 可知，钒酸钠结晶后液即蒸发前液铬元素浓度平均为 22. 75 g/L，蒸发后液铬元素平均浓度为 38. 59 g/L，结晶后液铬元素平均浓度为 31. 71 g/L，铬酸钠的结晶率为 17. 65%。当溶液中铬元素浓度达到 25~30 g/L 后，可保证将每次液相氧化反应溶出的铬全部结晶析出，铬酸钠浓度不随循环次数增加出现累积，满足工艺生产要求。

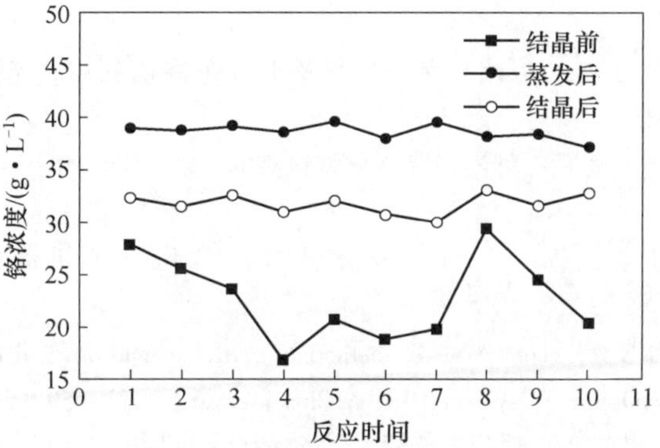

图 11　铬酸钠结晶前后铬钒浓度的变化

4　结论

在亚熔盐产线达产达效期间，对钒渣液相氧化、液固分离、钒酸钠结晶、三效蒸发等工序进行了系统研究，此外，利用亚熔盐产线，对传统钠化焙烧工艺废水处理过程中产生的钒铬泥进行钒铬浸出研究，提高了溶液中铬元素的富集速度，实现了铬酸钠产品的生产，得到如下结论。

（1）间歇生产阶段，在纳微曝气氧化及规模放大效应共同作用下，亚熔盐示范工程可实现较低温度（140~180 ℃）和较低压力（0. 6~1. 0 MPa）下钒和铬的高效同步提取，钒和铬的转化率分别为 93%和 85%；对不同原料来源的钒渣，纳微曝气亚熔盐技术均体现出优异的浸出性能。

（2）连续生产阶段，随着进料速度增加，为保证体系内温度基本恒定，蒸汽加热流量逐渐增大，导致 NaOH 浓度逐渐降低，最终造成钒、铬浸出率逐渐下降。

（3）选用全自动立式压滤机作为液固分离设备，采用三级逆流洗涤方式，保证了尾渣含水率低于 30%，可钒低于 0. 15%，可铬低于 0. 05%。

（4）选用 OSLO 冷却结晶器进行钒酸钠结晶，钒酸钠结晶率达到 61. 5%，保证了钒酸钠浓度不随循环次数增加出现累积；通过在三效系统蒸汽汽接口处增设了减温减压器，实现循环碱液浓度由原来的 45%提高至 50%。

（5）利用亚熔盐反应装置，在反应温度 175 ℃、反应压力 0. 65 MPa、进出料速度 0. 25 t/h 时实现了钒铬泥中钒和铬的高效浸出，钒、铬浸出率分别为 93. 68%和 96. 76%。当溶液中铬元素浓度达到 25~30 g/L 后，铬酸钠结晶工序可保证将每次液相氧化反应溶出的铬全部结晶析出，铬酸钠的结晶率为 17. 65%。

参 考 文 献

[1] 邹建新，李亮. 钒钛产品生产工艺与设备 [M]. 北京：化学工业出版社，2014.

[2] 杨绍利. 钒钛材料 [M]. 北京：冶金工业出版社，2007.

[3] 张翊. 亚熔盐法铬盐清洁工艺铬酸钾中间体钠盐转化工艺研究 [D]. 天津：天津大学，2010.

[4] 王勋，韩跃新，李艳军，等. 钒钛磁铁矿综合利用研究现状 [J]. 金属矿山，2019 (6)：33-37.

[5] 王帅，郭宇峰，姜涛，等. 钒钛磁铁矿综合利用现状及工业化发展方向 [J]. 中国冶金，2016，26 (10)：40-44.

[6] 齐涛，王伟菁，魏广叶，等. 战略性稀有金属资源绿色高值利用技术进展 [J]. 过程工程学报，2019，19 (S1)：10-24.

[7] 郑诗礼，杜浩，王少娜，等. 一种液相氧化分解钒渣的方法 [P]. 中国专利：CN102127656A，2011-07-20.

[8] 郑诗礼，杜浩，王少娜，等. 一种氢氧化钠溶液常压分解钒渣的方法 [P]. 中国专利：CN102127655A，2012-11-28.

[9] LIU B，DU H，WANG S N，et al. A novel method to extract vanadium and chromium from vanadium slag using molten $NaOH-NaNO_3$ binary system [J]. AIChE Journal，2013，59 (2)：541-552.

[10] 郑诗礼，杜浩，王少娜，等. 亚熔盐法钒渣高效清洁提钒技术 [J]. 钢铁钒钛，2012，33 (1)：15-19.

[11] LI L J，ZHENG S L，Chen D H，et al. A novel method of leaching vanadium from extracted vanadium residue using sodium sub-molten salt medium [J]. Advanced Materials Research，2012，402：253-260.

[12] LIU H B，LIU B，LI L J，et al. Novel methods to extract vanadium from vanadium slag by liquid oxidation technology [J]. Advanced Materials Research，2012，396/397/398：1786-1793.

[13] FENG M，WANG S N，DU H，et al. Solubility investigations in the $NaOH-Na_3VO_4-Na_2CrO_4-Na_2CO_3-H_2O$ at (40 and 80) ℃ [J]. Fluid Phase Equlibrium，2016，409：119-123.

[14] FENG M，ZHENG S L，DU H，et al. Solubility investigations in the quaternary $NaOH-Na_3VO_4-Na_2CrO_4-H_2O$ system at (40 and 80) ℃ [J]. Fluid Phase Equlibrium，2013，360：338-342.

[15] 王少娜，杜浩，郑诗礼，等. 钒酸钠钙化-碳化铵沉法清洁制备钒氧化物新工艺 [J]. 化工学报，2017，68 (7)：2781-2789.

[16] LI L J, DU H, YANG N, et al. Solubility in the quaternary Na_2O-V_2O_5-CaO-H_2O system at (40 and 80) ℃ [J]. Journal of Chemical & Engineering Data, 2011, 56 (10): 3920-3924.

[17] 赵楚，冯曼，王少娜，等 . 40 ℃和 75 ℃下三元体系 NH_4HCO_3-NH_4VO_3-H_2O 中 NH_4VO_3 溶解度的测定 [J]. 化工进展，2014，33 (6)：1408-1412.

[18] 李兰杰，赵备备，王海旭，等 . 提钒尾渣高效脱碱及配矿炼铁工艺 [J]. 过程工程学报，2017，17 (1)：138-143.

[19] 郑诗礼，薛玉冬，杜浩，等 . 碱性介质活性氧调控技术在湿法冶金中的研究进展 [J]. 过程工程学报，2019，19 (S1)：58-64.

[20] 薛玉冬 . 碱性介质电化学高级氧化体系活性氧调控及催化氧化基础研究 [D]. 北京：中国科学院大学（中国科学院过程工程研究所），2019.

[21] 王英 . 沉钒废水处理技术的研究现状 [J]. 铁合金，2012，43 (6)：41-45.

[22] 杨康，田学达，杨用龙，等 . 碱法浸出某含钒铬泥中的钒 [J]. 矿冶工程，2010，30 (3)：70-73.

[23] 马闯，高峻峰，黄振宇，等 . 从含钒铬泥中提取 V、Cr 的工艺研究 [J]. 稀有金属与硬质合金，2016，44 (3)：17-20.

钒化工冶金固废资源化清洁利用①

李兰杰[1,2]，赵备备[1,2]，高明磊[1,2]，耿立唐[1,2]，白瑞国[1,2]，
柳朝阳[1,2]，王新东[3]
（1. 河钢集团承钢公司，河北 承德 067102；
2. 河钢承德钒钛新材料有限公司，河北 承德 067102；
3. 河钢集团有限公司，河北 石家庄 050023）

摘　要：采用整体化增值利用、多组元高效提取、末端无害化处置的策略，通过关键核心技术创新和集成，开发了具有产业化价值的低成本、高效钒化工冶金固废资源化清洁利用技术集成体系。提钒尾渣通过亚熔盐技术高效提钒后，渣中的钒质量分数（以 V_2O_5 计）降低至0.2%以下，铁质量分数（以 Fe_2O_3 计）富集至60%以上；再经钙化脱钠后终渣中钠质量分数（以 Na_2O 计）低于 2%，可大比例替代低钒高品位铁精矿用于配矿烧结，配矿量由原来的20 kg/t提高至 60 kg/t。将块状、粉状铬泥通过添加有机黏结剂和 65 碳化硅做成球骨架，加工成粒径 5~30 mm 的球状物并烘烤，加入炼钢工序，所制钢筋的屈服和抗拉强度均比常规工艺高，对钢筋性能提高有一定作用。采用钒酸铁部分替代 V_2O_5 冶炼钒铁技术上可行，1 t 钒酸铁可代替 209 kg V_2O_5，钒铁消耗 0.2 t，钒回收率在 90%以上，并生产出 A 级 50 钒铁产品。50 钒铁炉渣作为黏结配料可提高钒钛烧结矿强度，在回收利用渣中钒、镁、钙元素的同时，使钒钛烧结矿转鼓指数提高 2%~4%。

关键词：提钒尾渣；钒泥；铬泥；钒酸铁泥；50 钒铁炉渣

1　前言

钒渣是目前世界钒产品的主要提钒原料，钒渣钠化焙烧是提钒的主流工艺，以纯碱、食盐等为添加剂，通过高温氧化钠化，将钒渣中低价态的钒转化为水溶性五价钒酸钠盐，经后续产品转化生产钒氧化物、钒铁合金等钒化工产品[1-3]。长期以来，传统的钒化工冶金流程伴生产出大量固体废物[4]，主要有提钒尾渣、铬泥、钒酸铁、钒泥、钒铁炉渣等[5]，其成分见表 1。每年仅提钒尾渣就高达近百万吨，其他钒化工固废也在十余万吨之上，并逐年上升[6,7]。由于缺乏有效的处理和利用技术，化工冶金固废对产业的可持续发展形成日益严重的负面效应。

① 原文发表于《过程工程学报》，2019，19（S1）。

表1 河钢承钢钒化工冶金固废成分及产生量

固废	含量（质量分数）/%								产量
	Fe_2O_3	V_2O_5	Cr_2O_3	SiO_2	MgO	Al_2O_3	TiO_2	Na_2O	$/(t\cdot a^{-1})$
钒尾渣	47.14	1.75	4.32	20.41	2.63	2.18	11.95	6.87	100000
铬泥	3.1	8.7	23.3	28.4	—	11.6	—	3.9	1440
钒酸铁	28.6	17.8	16.3	3.5	—	0.32	—	10.2	2000
钒泥	13.26	17.27	1.01	26.08	1.08	15.43	4.32	14.6	3500
50钒铁渣	—	0.29	—	31.0	9.91	2.50	—	—	24000

钒化工冶金固废循环利用技术是钒钛磁铁矿综合利用流程的核心技术之一，长期以来，为解决钒化工冶金固废大量堆存及环境污染难题，国内外开展过大量研究，主要集中在以下三方面。(1) 提钒尾渣再次钠化焙烧提钒[8,9]。该法虽提高了钒利用率，但固体废物只增未减；或回收提钒尾渣中的铁资源[10]。(2) 湿法工艺。铬泥、钒泥[11]采用湿法工艺处理，主要通过酸浸提钒或碱浸提钒[12,13]，但只是提高了钒利用率，浸后渣仍无法处理，且会产生大量含铬废水，需二次处理。(3) 将50钒铁炉渣用作建材，其中的钒资源白白流失。这些处理技术均是针对某一种固体废弃物或单一的有价元素采用的常规处理方法，其缺点主要有：(1) 有价元素利用单一，不能实现钒化工固废的全部资源化利用；(2) 需新投资建厂，过程经济性较差；(3) 处理过程又产生新的废渣、废水，清洁生产问题得不到根本解决。

钒化工冶金固废处理是产业绿色发展的迫切需求。河钢集团承钢公司依据循环经济理念[14]，陆续开展了钒化工冶金固废循环利用技术的研发，主要研究内容包括：(1) 提钒尾渣高效提钒-富铁尾渣炼铁技术；(2) 铬泥直接合金化技术；(3) 钒酸铁冶炼中钒铁技术；(4) 钒泥钒化工流程再提钒技术；(5) 50钒铁炉渣生产钒钛烧结矿技术，利用流程图如图1所示。其成果不仅有效提高了全流程的清洁生产水平，且对全面提升钒钛磁铁矿资源综合利用率有深远的影响，经济和社会效益显著。

2 提钒尾渣高效提钒-富铁尾渣高炉炼铁技术

本技术以回收提钒尾渣中的钒、提高尾渣中铁品位为目标，研究提钒脱硅过程中 V_2O_5 及其他组分的浸出规律，并对转化过程进行了工艺优化[15,16]。尾渣经脱碱脱硅后铁得以富集，可作为高炉炼铁的原料。

2.1 提钒尾渣中钒的价态分析

根据含钒炉渣中的四价、五价钒具有两性，可与碱发生反应形成可溶性的钒酸盐，溶于碱溶液中；二价与三价的钒只具有碱性，不能与碱发生反应，因此采用碱溶法测定含钒炉渣钒价态，用电感耦合等离子体发射光谱仪（ICP-OES，美国 Perkin-Elmer 公司）对提钒尾渣进行成分分析，用 ICP-OES 和 X 荧光光谱仪（XRF，荷兰 PANalytical 公司）对碱溶后残渣主要成分含量分别测定3次，取平均值，结果见表2，两种分析仪器的测定结果基本一致[17]。由表可知，提钒尾渣中92%以上的钒是高价态的，即提钒尾渣的提钒过程不需氧化气氛即可进行。

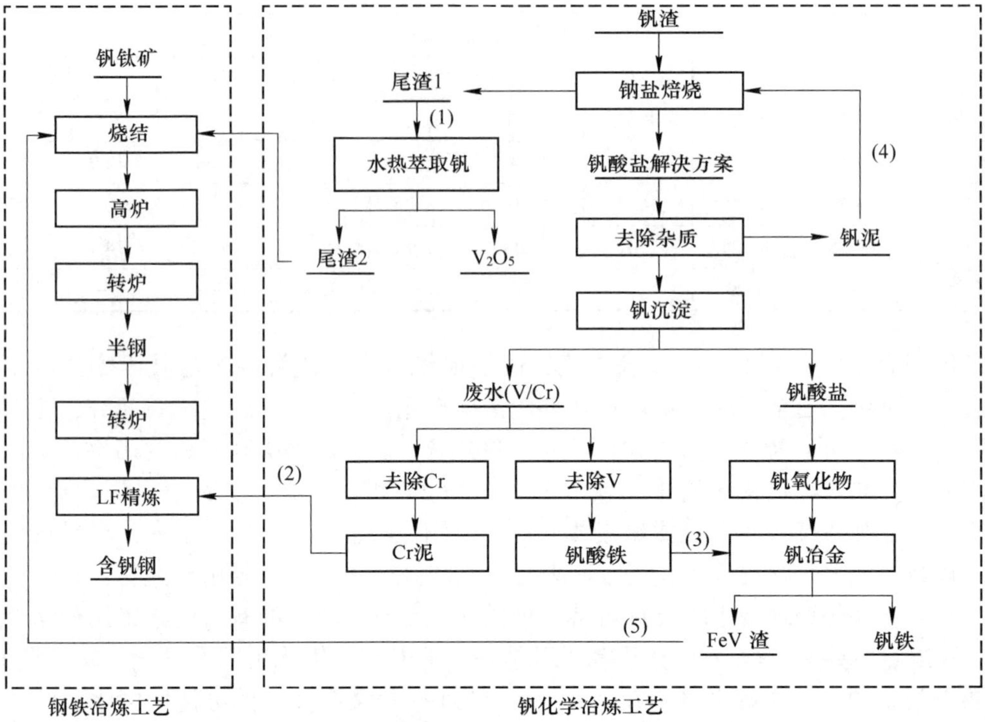

图 1　钒化工冶金固废资源化清洁利用流程图

表 2　提钒尾渣主要成分（质量分数）

样品		成分/%						V(V)/%
		Cr_2O_3	Fe_2O_3	Al_2O_3	TiO_2	MnO	V_2O_5	
V 尾渣		4.32	47.14	2.18	11.95	4.87	1.75	—
残留物	ICP	4.55	58.71	0.029	12.88	5.14	0.18	92.25
	XRF	4.18	57.42	0.33	13.71	5.12	0.06	97.53

2.2　提钒尾渣高效提钒

在碱渣比 4∶1、反应时间 5 h、碱浓度 80%、不通氧气的条件下，考察了温度对提钒脱硅率的影响，结果如图 2 所示。可以看出，在非氧化性气氛中，钒硅的溶出保持了一致性，表明钒在亚熔盐介质中的溶出规律与硅的溶出有内在联系，即钠化焙烧过程中钒浸出率低是由于不溶性锥辉石包裹了可溶性钒含氧酸盐，亚熔盐介质在溶出硅的同时，释放了高价可溶性钒酸盐，实现了钒硅同步溶出。

图 3 为提钒尾渣与碱分解后渣的 SEM 图。可以看出，提钒尾渣为钒渣在钠化焙烧过程中烧结粘连成的大颗粒，内部空隙较多。通过 NaOH 溶液分解，大颗粒变成了小颗粒，使提钒尾渣与碱介质的接触面积增大，且产物层减薄，促进了钒和硅的高效溶出。

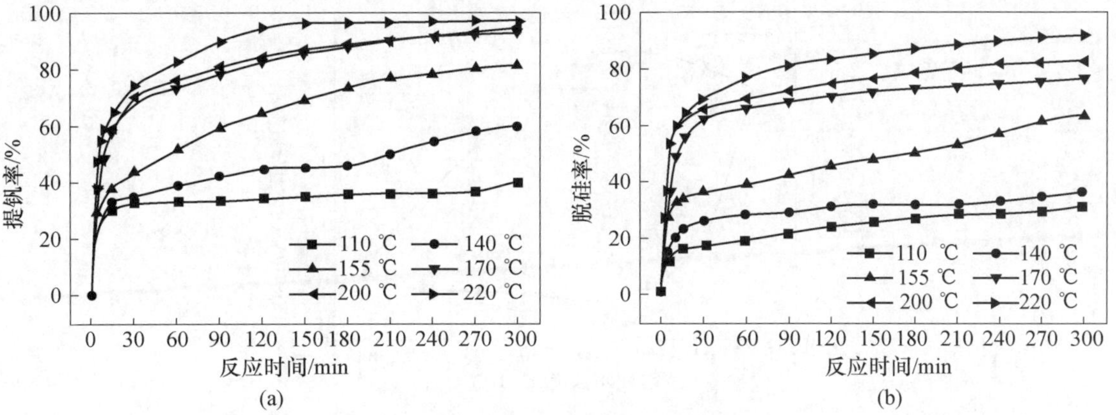

图 2　反应温度对提钒率和脱硅率的影响

（a）提钒率；（b）脱硅率

图 3　提钒尾渣与碱分解后渣的 SEM 照片

2.3　碱性介质脱硅

提钒尾渣在亚熔盐介质中通过高效化学反应后，钒和硅以 Na_3VO_4 和 Na_2SiO_3 形式进入液相，其中 Na_2SiO_3 的分离效果直接影响后续钒的结晶分离及介质的循环，因此对碱性介质加 CaO 脱硅，结果如图 4 所示。可以看出，随 NaOH 浓度增加，脱硅率呈先缓慢升高后下降的趋势，NaOH 浓度低于 350 g/L 时脱硅率均在 70%以上；NaOH 浓度高于 100 g/L 时，脱硅渣中的 V_2O_5 含量约为 0.5%，表明在此浓度下 Na_3VO_4 沉淀率很小。

2.4　碱性介质分离钒

为得到合理的钒酸钠分离工艺，研究了钒酸钠在碱性介质中的溶解度。图 5 为 40 ℃和 80 ℃时 $NaOH\text{-}Na_3VO_4\text{-}H_2O$ 体系中 Na_3VO_4 的溶解度等温线，可以看出，Na_3VO_4 的溶解度在碱性介质中随温度变化明显，因此可选择冷却结晶方法将钒酸钠从介质中分离出来。

2.5　尾渣脱钠

提钒尾渣亚熔盐高效提钒后，终渣含钠高，难以满足配矿炼铁要求，因此需脱除尾渣

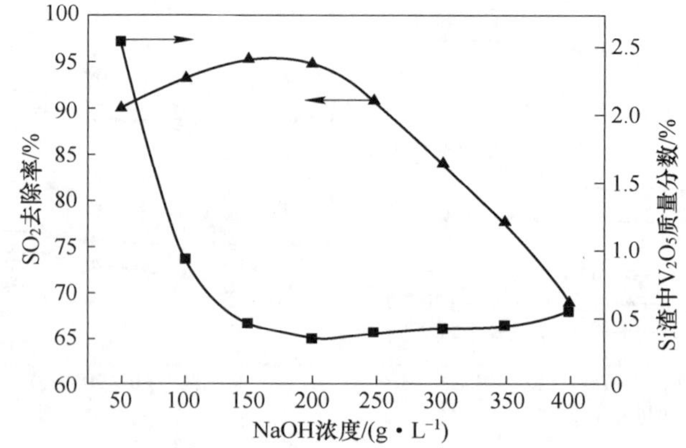

图 4　NaOH 浓度对脱硅率及钒损失率的影响

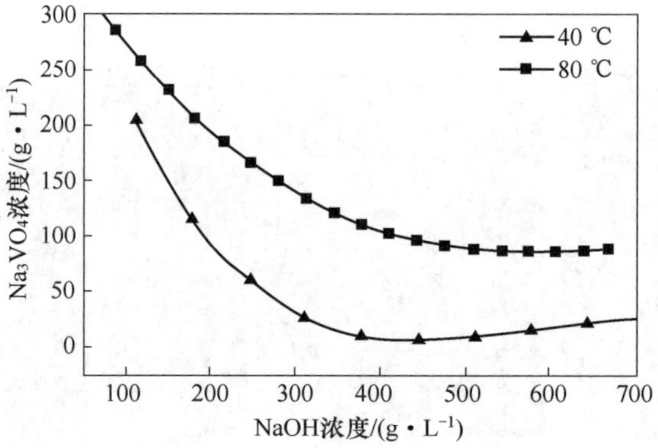

图 5　40 ℃和 80 ℃下 $NaOH\text{-}Na_3VO_4\text{-}H_2O$ 体系中 Na_3VO_4 的溶解度等温线

中的钠，使其质量分数降至 2%以下。由图 6 可以看出，在相同 CaO 添加量下，随 NaOH 浓度增加，脱钠终渣中的 Na_2O 含量急剧降低。结合脱钠效果与富铁的目的，确定 NaOH 浓度为 200 g/L，CaO 添加量为渣质量的 6%，此时脱钠终渣中 Na_2O 质量分数为 1.85%，且脱钠渣中的 Fe_2O_3 质量分数达 60%以上。终渣脱钠后 Na_2O 质量分数低于 2%，可大比例替代低钒高品位铁精矿用于配矿烧结，配加量由原来的 20 kg/t 提高至 60 kg/t[18]。

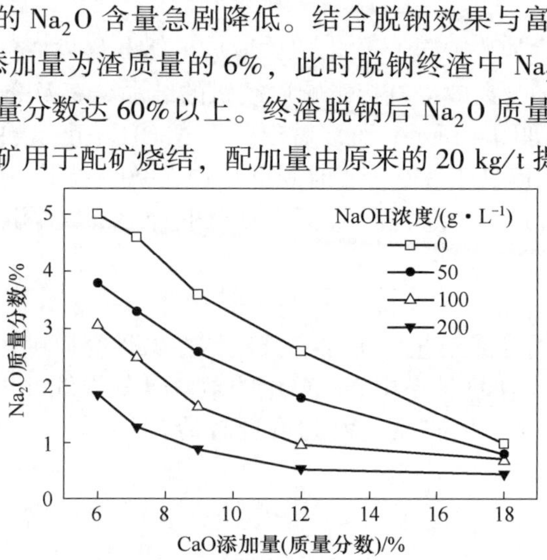

图 6　CaO 添加量对终渣中 Na_2O 含量的影响

3 铬泥直接合金化技术

铬泥为钒渣生产 V_2O_5 废水处理工序产生的含钒、铬废弃物。承钢公司每年产生铬泥1440余吨，Cr 质量分数（以 Cr_2O_3 计）为 23.3%，V 质量分数（以 V_2O_5 计）为 8.7%，具有很高的回收利用价值。本技术以直接回收铬泥中的钒、铬为目标，将铬泥直接作为合金剂加入钢包精炼炉（LF）中，利用精炼过程的还原气氛实现钒、铬的合金化。钒化工固废铬泥替代高成本钒铁合金或氮化钒铁进行炼钢合金化，不仅能降低炼钢生产成本，且能解决钒化工固废铬泥的堆存问题。

3.1 铬泥物理化学性质分析

钒化工流程产生的铬泥 Cr 和 V 含量较高，其主要成分见表 3。

表 3 铬泥的成分（质量分数）

编号	含量/%							
	SiO_2	Cr_2O_3	Al_2O_3	V_2O_5	CaO	Na_2O	Fe_2O_3	MnO
1	29.4	22.5	9.61	9.45	7.74	7.66	3.42	1.12
2	26.3	24.2	15.6	6.79	5.61	8.95	2.17	0.607
3	29.4	23.3	9.7	9.88	7.7	6.94	3.85	1.17
平均	28.4	23.3	11.6	8.7	7.0	7.9	3.1	1.0

3.2 技术方案

基于以上分析，在 LF 合金化过程中加入铬泥球，将铬泥中的 V_2O_5 和 Cr_2O_3 还原至钢水中，达到提高 V 和 Cr 含量的目的，在生产含钒钢筋产品时替代钒合金增钒，有效降低炼钢成本。将块状、粉状铬泥与添加有机黏结剂及 65 碳化硅做成球骨架，加工成粒径 5~30 mm 的球状物并烘烤（烘烤后水分不大于 1%），加入炼钢工序。钒泥球理化指标见表 4。

表 4 铬泥球的理化指标

参数	$w(CaO)/\%$	$w(Cr_2O)/\%$	$w(V_2O_5)/\%$	$w(SiO_2)/\%$	$w(P)/\%$	$w(S)/\%$	粒度/mm	抗压强度/kN
指标	4.0~8.0	12.0~16.0	20.0~24.0	≤13.0	≤0.03	≤0.59	10~40	≥600

3.3 铬泥直接合金化工艺生产

精炼过程加入铬泥球进行增钒合金化，平均每 100 kg 铬泥球经还原后可增 $w(V)=0.009\%$，钒回收率平均为 90%，平均每 100 kg 铬泥球增 $w(Cr)=0.005\%$，铬回收率达 80%。对铸坯质量进行了跟踪检验，结果见表 5，可知此工艺对铸坯质量无不良影响。

表 5 铸坯质量检测结果

炉号	钢种	中心孔隙度	中心偏析	缩孔	角部裂纹	中间裂纹	心部裂纹
12613310	HRB400E	1.0	1.0	0.5	2.0	1.0	1.0
12613310	HRB400E	1.0	1.0	0.5	1.0	2.0	1.5

按轧制规格轧制 16 直条螺纹钢筋，其性能见表 6。可以看出，实验所制钢筋各项性能完全符合 HRB400E 要求，与常规工艺相比，屈服和抗拉强度均有提高，对钢筋性能提高有一定作用。

表 6 螺纹钢筋的性能参数

炉号	钢种	规格	屈服强度/MPa	抗拉强度/MPa	正向冷弯	强冷弯率	伸长率/%
12613273	HRB400E	16	472.50	620	合格	1.340	21.00
12613310	HRB400E	16	475.00	620	合格	1.280	21.00
平均	—	—	473.75	620	—	1.310	21.00
典型平均值	HRB400E	16	460.59	606.39	合格	1.316	21.52
差值	—	—	+13.16	+13.61	—	-0.006	-0.52

4 钒酸铁电硅热法冶炼钒铁技术

钒酸铁泥为提钒过程废水处理工序产生的含钒、铁固废，河钢承钢每年产生钒酸铁 2000 余吨，夹带 V_2O_5 300 余吨。本技术以回收钒酸铁中的钒为目标，将钒酸铁直接用于电硅热法冶炼钒铁（钒质量分数为 48.00%～55.49%，铁质量分数为 41.00%～49.00%的 FeV）中。本研究对钒酸铁进行了成分分析，并对转化过程进行研究和工艺优化[5,19]。

4.1 钒酸铁成分分析

通过 ICP-OES 检测湿钒酸铁泥中含约 8%～12%钒、8%～13%铬、约 20%铁及其他杂质，成分见表 7。

表 7 钒酸铁的成分（质量分数）

编号	含量/%						
	Al_2O_3	CaO	Cr_2O_3	Fe_2O_3	P_2O_5	SiO_2	V_2O_5
1	0.17	0.14	10.21	19.08	0.25	1.68	10.59
2	0.26	0.15	8.88	21.25	0.14	2.28	8.10
3	0.09	0.15	9.65	19.62	0.51	1.11	11.44
4	0.30	0.15	13.03	12.50	0.14	1.89	12.23
平均	0.205	0.1475	10.4425	18.1125	0.26	1.74	10.59

图 7 为钒酸铁泥的 XRD 谱，图中未发现钒酸铁，钒酸铁为无定型 $FeVO_4$[20]，表明钒酸铁泥在较短时间内无法形成晶体。沉淀钒酸铁过程中调节 pH 值至 2～3，夹带少量的 Na_2SO_4，经淋洗可脱除。

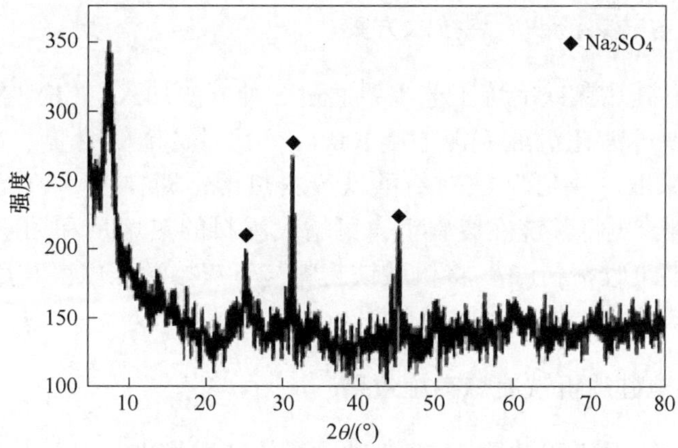

图 7 钒酸铁泥的 XRD 能谱

4.2 钒酸铁电硅热法冶炼中钒铁基础研究

通过查阅相关热力学手册，计算出不同温度下采用 FeSi 合金还原 V_2O_5 和 $FeVO_4$ 的吉布斯自由能变如图 8 所示。化学反应方程式如下：

$$FeVO_4 + 2FeSi = V + 3Fe + 2SiO_2 \tag{1}$$

$$FeVO_4 + 2FeSi + 4CaO = V + 3Fe + 2(2CaO \cdot SiO_2) \tag{2}$$

$$FeVO_4 + 2FeSi + 6CaO = V + 3Fe + 2(3CaO \cdot SiO_2) \tag{3}$$

$$2V_2O_5 + 5FeSi = 4V + 5Fe + 5SiO_2 \tag{4}$$

$$2V_2O_5 + 5FeSi + 10CaO = 4V + 5Fe + 5(2CaO \cdot SiO_2) \tag{5}$$

$$2V_2O_5 + 5FeSi + 15CaO = 4V + 5Fe + 5(3CaO \cdot SiO_2) \tag{6}$$

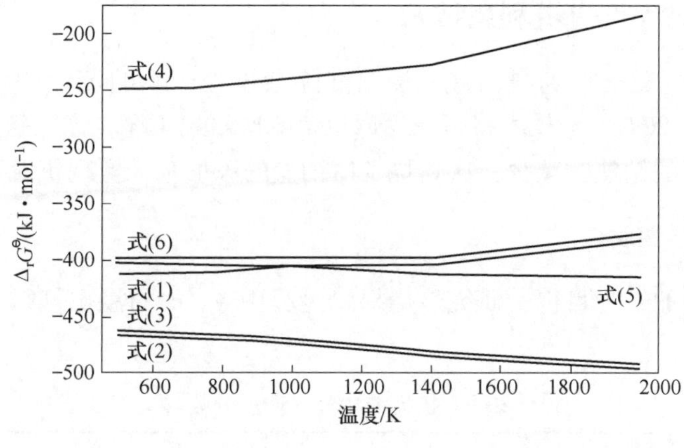

图 8 FeSi 合金还原 V_2O_5 和 $FeVO_4$ 反应的标准自由能变与温度的关系

由图 8 可以看出，温度对各反应标准自由能变的影响不同，$\Delta_r G^\ominus$ 均为负值，表明反应在热力学上可发生。用 $FeVO_4$ 作为冶炼钒铁的原料，反应的 $\Delta_r G^\ominus$ 负值更大，反应热力学趋势更明显，表明采用 $FeVO_4$ 冶炼钒铁反应更易进行。

4.3 钒酸铁泥返回电硅热钒铁冶炼技术方案

钒酸铁泥返回电硅热钒铁冶炼工艺主要通过 3 种方法加入：（1）在一期料中加入烘干的钒酸铁废料，每炉可消耗钒酸铁泥 50~100 kg，且对贫渣钒含量、冶炼时间等无影响；（2）利用浇铸余渣采取“夹心”法对钒酸铁废料热熔，即在上一炉浇铸余渣上平铺一层约 50 kg 钒酸铁废料，再将其浇在废料上，可增大废料的热熔量和回吃量，每炉可回吃钒酸铁泥 100 kg，提高钒收率；（3）将钒酸铁废料与石灰掺混压球，利用石灰的去潮干燥性对湿钒酸铁废料干燥除水，提高入炉钒收率。

4.4 钒酸铁泥返回电硅热钒铁冶炼实施效果

通过 3 种工序回用湿钒酸铁冶炼 50 钒铁，对铸坯质量进行了跟踪检验，见表 8。结果表明此工艺对 50 钒铁质量无不良影响。采用钒酸铁部分替代 V_2O_5 冶炼钒铁技术上可行，1 t 钒酸铁可代替 209 kg V_2O_5，钒铁消耗 0.2 t，钒回收率在 90%以上，并生产出 A 级 50 钒铁产品。

表 8　钒酸铁返回冶炼 50 钒铁产品的成分

铸坯编号	w(V)/%	w(Si)/%	w(C)/%	w(P)/%	w(S)/%	w(Al)/%	w(Mn)/%	产品名称	尺寸/μm
14050660	52.93	1.54	0.39	0.051	0.006	<0.5	—	50-A	10~70
14050661	52.94	1.24	0.38	0.051	0.006	<0.5	—	50-A	10~70
14050662	50.85	1.30	0.38	0.047	0.006	<0.5	—	50-A	10~70
14050663	50.70	1.52	0.28	0.047	0.006	<0.5	—	50-A	10~70
1405237F	50.41	1.58	0.33	0.051	0.006	<0.5	—	50-A	<5

5 钒泥钒化工流程再提钒利用技术

钒渣钠化焙烧-浸出得到浸出液，浸出液除杂过程产生的沉淀物称为钒泥，钒泥中 V_2O_5 含量为 17%~20%。本技术将钒泥返回钒渣二次焙烧工序，回收钒泥中的钒元素，并能充分利用钒泥中的钠盐，减少二次焙烧工序钠盐的添加量，实现钒泥资源化利用[21,22]。

5.1 钒泥物理化学性质

以回收钒泥中的钒为目标，研究焙烧提钒过程中 V_2O_5 的浸出规律。钒泥化学成分见表 9。

表 9　钒泥的成分（质量分数）

成分	Al_2O_3	CaO	Cr_2O_3	Fe_2O_3	MgO	MnO_2	P_2O_5	SiO_2	TiO_2	V_2O_5
含量/%	15.43	2.44	1.01	13.26	1.08	3.12	2.75	26.08	4.32	17.27

5.2 钒泥返回二次焙烧技术

钒泥中含 14%~20%的 V_2O_5，远高于河钢承钢产生的钒渣的品位（11%），且含 14%

的钠碱（以 Na_2O 计）。其返回二次焙烧的目的主要是回收钒泥中的钒及利用钒泥中的钠碱，减少过程配碱。根据实际生产情况，固定焙烧条件：烧成温度 750~820 ℃、冷却带温度 550 ℃以上、焙烧时间 2 h，考察钒泥配加量及配碱量对钒渣残钒的影响，结果见表 10。可以看出，加入钒泥不影响二次渣焙烧参数，并可大大降低配碱量。钒泥加入量（质量分数）大于 10%时，不配加纯碱即可实现生产技术指标。但由于钒泥的粒度较细，过量加入会影响过滤，对生产不利。钒泥与二次渣掺混配比（质量分数）控制在 5%~10%时系统钒回收率高，物料输送、过滤效率高。

表 10 钒泥配比对钒浸出率的影响

编号	钒铌添加量（质量分数）/%	温度/℃	时间/h	NaCl 添加量（质量分数）/%	尾渣中 V 含量（质量分数）/%
1	0	810	2	2	0.69
2	6	810	2	1	0.68
3	8	810	2	0.5	0.68
4	10	810	2	0	0.69
5	12	810	2	0	0.70
6	14	810	2	0	0.76

5.3 钒泥返回二次焙烧效果

根据以上实验结果，确定实际生产条件：风煤体积比 1：2~1：6、预热带温度 280~350 ℃、烧成带温度 750~820 ℃、冷却带温度 550 ℃以上、焙烧时间 2 h、钒泥配加量（质量分数）为 5%~10%、配碱量（质量分数）0~1%。分析结果见表 11。可以看出，钒泥返回二次渣焙烧达到预期转化效果，充分利用了钒泥中的钠碱，减少纯碱配入量 1%~2%。

表 11 二次焙烧样的分析结果（质量分数）

样品	全钒含量/%	可溶性钒含量/%	水分含量/%
1	0.73	0.061	19.35
2	0.69	0.065	19.13
3	0.72	0.053	19.39
4	0.68	0.059	19.15
5	0.69	0.058	18.72

6 50 钒铁炉渣生产钒钛烧结矿技术

50 钒铁炉渣是电硅热法冶炼钒铁合金产生的固体废弃物之一。钒铁炉渣中 CaO 质量分数为 50%，SiO_2 质量分数为 30%，V_2O_5 质量分数为 0.30%，MgO 质量分数为 10%[23,24]。由于钒铁炉渣活性低、CaO 含量高，故不能像高炉渣那样大规模用作水泥等建筑材料。目前，承钢年产钒铁 8000 余吨，炉渣达 24000 余吨，全年的炉渣相当于含

(质量分数) 0.5%V_2O_5 的钒矿 14000 t 和含（质量分数）50%CaO 的石灰石 24000 t，加以利用具有一定的经济效益。

MgO 含量是影响烧结矿低温还原指数的一个重要因素，MgO 有稳定烧结矿低温还原粉化指数（RDI）的作用，其机理是 Mg^{2+} 进入磁铁矿晶格中取代 Fe^{2+}，并填充于八面体空位中，降低磁铁矿的晶格缺陷程度，从而稳定磁铁矿，防止或减轻其氧化成再生赤铁矿，抑制烧结矿低温还原粉化[24-26]。承钢钒钛磁铁矿烧结矿生产所用原料主要是含钒铁精粉，钒含量约为 0.5%，再配加一定量的普通铁粉、钙灰、煤、返矿等。将钒铁炉渣按一定比例配入烧结矿原料中，生产出的烧结矿产品符合标准要求。

6.1　50 钒铁炉渣用于生产钒钛烧结矿技术方案

原料组成为钒钛磁铁矿精粉、非钒钛磁铁矿粉、钒铁炉渣、煤粉、石灰、水及镁灰、钙灰、自返料的其他辅助材料。控制碱度中值为 2~2.2，将原料输入圆筒混料机内混匀，形成小球后布料、点火烧结，得钒钛型烧结矿。根据承钢公司烧结厂的实际生产情况进行烧结杯实验，所用原料、燃料及熔剂均取自承钢生产车间，其化学成分见表 12。

表 12　生产钒钛烧结矿原料的化学成分（质量分数）

原材料	含量/%										
	CaO	SiO_2	MgO	TFe	V_2O_5	TiO_2	Al_2O_3	P	FeO	Na_2O	S
铁精粉	0.10	3.28	0.10	62.24	0.018	0.05	1.56	0.06	0.29	—	0.043
V 渣	2.18	4.70	—	61.68	0.519	2.83	1.59	0.066	25.9	—	0.277
FeV50 渣	53.42	30.9	9.81	—	0.292	0.07	2.48	0.007	—	0.046	—
钙灰	72.65	4.03	3.45	—	—	—	—	—	—	—	—

6.2　实验方案

圆筒混料机直径 750 mm、长 1000 mm，转速 17r/min，烧结杯直径 300 mm、高 600 mm，按实验设计方案（见表 13）配料，人工加水混匀后加入圆筒混料机内混匀，时间为 10 min。烧结杯底层放置 5 kg 粒度为 10~15 mm 的成品烧结矿作为铺底料，用液化石油气点火，点火完毕开始抽风烧结，烧结废气温度达最高点时为烧结终点。烧结负压控制在 15 kPa，烧结点火负压控制在 8 kPa。烧结达终点后，将烧结负压降至 8 kPa，继续抽风冷却，直至废气温度达 200 ℃。将烧结饼取出进行落下实验，将烧结饼从 2 m 高处落下 2 次，全部送入 5 层方孔机械筛筛分，筛分后各级产品分别称重，大于 5 mm 的作为成品矿，小于 5 mm 的作为返矿。

表 13　配料方案

V 浓度/%	质量分数/%								平均碱度
	普通铁矿石	铁精粉	FeV50 渣	灰	无烟煤	石灰	镁灰	自返料	
34~43	5	25	2~10	6	5.4	11	3.2	25	2.15

6.3 实验结果

实验结果如图 9 所示。可以看出，随钒铁炉渣加入量增加，成品率和转鼓指数逐渐升高，成品率可提高 2%，转鼓指数可提高 3%，原因是钒钛铁精粉中的硅含量较少、钛含量较高，未加钒铁炉渣时，黏结相主要为铁酸钙，加入钒铁炉渣后，增加了黏结性能更好的硅酸钙相，可有效改善烧结矿性能，提高成品率和转鼓指数。

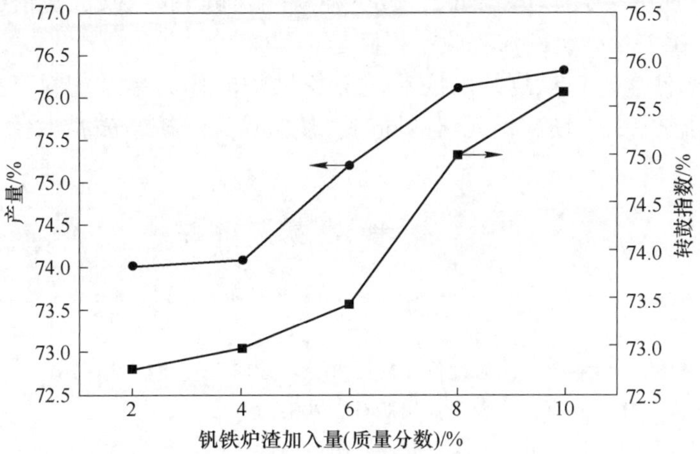

图 9 钒铁炉渣加入量对烧结矿性能的影响

烧结矿的化学成分见表 14。可以看出，在当前烧结原料基础上，配加适当比例的钒铁炉渣可生产出合格的烧结矿，钒铁炉渣的配比为 2%～10%，在回收钒铁炉渣中钒的同时，有效改善了烧结矿性能，转鼓指数比不配加钒铁炉渣时提高了 2%～4%。

表 14 烧结矿的化学成分（质量分数）

样品	含量/%									
	CaO	MgO	SiO_2	TFe	FeO	V_2O_5	TiO_2	Al_2O_3	S	P
1	12.86	2.91	5.98	51.93	12.15	0.236	1.92	2.42	0.038	0.054
2	12.58	3.00	5.88	52.38	11.28	0.238	1.94	2.44	0.045	0.058
3	10.85	2.68	5.11	54.33	7.4	0.215	2.09	2.37	0.025	0.063

7 结论

河钢承钢钒钛技术研究依据循环经济的理念，陆续开展了钒化工冶金固废循环利用技术的研发，取得了以下成果。

（1）提钒尾渣高效提钒-富铁尾渣炼铁技术。提钒尾渣通过亚熔盐技术高效提钒后，渣中的钒质量分数（以 V_2O_5 计）降至 0.2%以下，铁质量分数（以 Fe_2O_3 计）富集到 60%以上；再经钙化脱钠后终渣中钠质量分数（以 Na_2O 计）低于 2%，可大比例替代低钒高品位铁精矿用于配矿烧结，配矿量由原来的 20 kg/t 提高至 60 kg/t。

（2）铬泥直接合金化技术。块状、粉状铬泥与有机黏结剂及 65 碳化硅做成球骨架，加工成粒径 5～30 mm 的球状物并烘烤，加入炼钢工序所得钢筋的屈服和抗拉强度均比常规工艺有所提高，对钢筋性能提高有一定作用。

（3）钒酸铁冶炼钒铁技术。用钒酸铁部分替代 V_2O_5 冶炼钒铁技术上是可行的，1 t 钒酸铁可代替 209 kg V_2O_5，钒铁消耗 0.2 t，钒回收率在 90%以上，并生产出 A 级 50 钒铁产品。

（4）钒泥钒化工流程再提钒技术。钒泥返回二次渣焙烧，钒泥配比（质量分数）达 5%～10%，并充分利用了钒泥中的钠碱，减少纯碱配入量 1%～2%，尾渣中含钒（质量分数）仅为 0.68%～0.73%，钒的流程收率提高 3%～4%。

（5）50 钒铁炉渣生产钒钛烧结矿技术。50 钒铁炉渣作为黏结配料可提高钒钛烧结矿强度，在回收利用渣中钒、镁、钙元素的同时，使钒钛烧结矿转鼓指数比不配加钒铁炉渣时提高 2%～4%。

参 考 文 献

[1] Moskalyk R R, Alfantazi A M. Processing of vanadium: a review [J]. Minerals Engineering, 2003, 19 (9): 793-805.

[2] 邹建新，李亮．钒钛产品生产工艺与设备［M］. 北京：化学工业出版社，2014.

[3] 杨绍利．钒钛材料［M］. 北京：冶金工业出版社，2007.

[4] 高明磊，李兰杰，白丽，等．钒化工固废循环利用与设计［C］. 重庆大学，钒钛资源综合利用产业技术创新战略联盟-攀钢集团研究院有限公司．第三届钒钛微合金化高强钢开发应用技术暨第四届钒产业先进技术交流会论文集．2017：202-206.

[5] 高明磊，李兰杰，白丽，等．钒化工固废循环利用新模式［J］. 北方钒钛，2018（1）：1-4.

[6] 侯静，吴恩辉，李军．提钒尾渣的综合利用研究现状及进展［J］. 矿产保护与利用，2017（6）：103-108.

[7] 曾冠武，郝建璋．提钒尾渣脱钠技术研究［J］. 钢铁钒钛，2019，40（1）：78-82，104.

[8] 张海平，丁跃华，郝建璋，等．钠化提钒尾渣脱钠实验［J］. 昆明理工大学学报（自然科学版），2015，40（6）：8-12.

[9] 孟利鹏，赵楚，王少娜，等．国内提钒尾渣再提钒技术研究进展［J］. 钢铁钒钛，2015，36（3）：49-56.

[10] Yang H F, Jing LL, Zhang B G. Recovery of iron from vanadium tailings with coal-based direct reduction followed by magnetic separation [J]. Journal of Hazardous Materials, 2011, 185: 1405-1411.

[11] 张国杰，关淑平．絮凝助凝剂在钒液净化系统的应用研究［J］. 当代化工研究，2018（6）：52-53.

[12] 王震宇，王少伟，周雅平．钒冶金废水污泥资源化利用［J］. 冶金与材料，2018，38（4）：164-165，167.

[13] 马闯，高峻峰，黄振宇，等．从含钒铬泥中提取 V、Cr 的工艺研究［J］. 稀有金属与硬质合金，2016，44（3）：17-20.

[14] 白瑞国．承钢钒钛矿资源高效清洁利用技术及发展［J］. 河北冶金，2015（12）：1-5.

[15] 李兰杰，陈东辉，白瑞国，等．含钒尾渣亚熔盐浸出提钒［J］. 过程工程学报，2011，11（5）：747-754.

[16] 李兰杰，陈东辉，白瑞国，等．钒渣中钒铬提取技术研究进展［J］. 矿产综合利用，2013（2）：7-11.

[17] 李兰杰．提钒尾渣资源化利用应用基础研究［D］. 沈阳：东北大学，2013.

[18] 李兰杰，赵备备，王海旭，等．提钒尾渣高效脱碱及配矿炼铁工艺［J］. 过程工程学报，2017，17（1）：138-143.
[19] 高明磊，陈东辉，石立新，等．碳酸钠焙烧铝系钒铁炉渣共提取钒与铝［J］. 过程工程学报，2012，12（4）：576-582.
[20] 陈亮．从钒浸出液中沉淀结晶型钒酸铁试验研究［J］. 湿法冶金，2010，29（3）：171-175.
[21] 耿立唐，李兰杰，赵备备，等．钒化工流程高效提取钒元素［J］. 过程工程学报，2017，17（4）：744-750.
[22] 周冰晶，王海旭，白丽，等．一次尾渣与钒泥提钒尾渣混合焙烧提钒研究［J］. 云南化工，2018，45（7）：48-49.
[23] 李东明，卢永杰，孟旭光，等．炉渣碱度对钒铁冶炼的影响［J］. 河北冶金，2015（10）：12-13，20.
[24] 刘彦丽，冯少武．石钢烧结原料配比变化对烧结矿 RDI 影响的研究［J］. 河北冶金，2006（1）：13-15.
[25] 张玉柱，客海滨，王丽丽，等．降低石钢烧结矿低温还原粉化率的研究［J］. 烧结球团，2007（2）：27-32.
[26] 杨军．烧结厂 265 m^2 烧结机配加蛇纹石工业试验的研究与实践［J］. 莱钢科技，2009（1）：44-46.

大型钢铁企业绿色制造创新实践与展望①

王新东，田京雷，宋程远

（河钢集团有限公司，河北 石家庄 050023）

摘　要：绿色钢铁是世界钢铁工业发展的共同选择与发展方向，节能环保、降耗减排等方面的法规和要求日益严格，钢铁行业需加快绿色制造工艺、技术、装备的改革和创新。结合国内某大型钢铁企业近些年来在节能减排、资源利用、技术创新等方面取得的阶段性成果，总结了钢铁行业焦化、烧结、炼铁、炼钢、轧钢、辅助流程等工序在绿色制造方面的创新技术。围绕未来绿色发展思路，该大型钢铁企业按照“六位一体”总体布局，通过主持和参与国家重点研发计划课题，提出了十项绿色引领技术，旨在持续引领行业绿色化、智能化发展。

关键词：绿色制造；创新技术；绿色发展；引领技术

中国是钢铁大国，钢铁冶金工业更是中国基础工业中最为重要的工业之一。但同时钢铁行业也是一个能耗大户，据统计，钢铁行业的能耗占中国总能耗的14.16%，在钢铁企业生产过程中能源有效率仅为30%左右，行业固体废弃物回收利用率为50%左右。钢铁行业生产过程中向环境排放大量污染物，其排放的工业废水、粉尘和二氧化硫总量分别占全国工业污染排放总量的10%、15%和10%[1-4]。

节能环保、降耗减排等方面的法规和要求日益严格，钢铁行业要把绿色、低碳、环保的观念融入到生产全过程，加快绿色制造工艺、技术、装备的改革和创新，依托技术进步实现节能减排和绿色制造[5-9]。

1　钢铁行业绿色制造现状

钢铁绿色制造是指钢铁在生产制造过程中既要考虑能源介质的减少程度、末端污染物排放程度、二次资源综合利用的水平等显性的绿色指标，还要考虑流程结构、产品结构、能源结构、原料结构等有更大影响的隐性绿色指标，使钢铁产品的设计、制造、运输、使用、报废处理、循环利用等整个生命周期对环境的影响最小、资源利用率最高、能源消耗最小，能与其他行业和社会实现生态链接，从而实现钢铁企业良好的经济、环境和社会效益的制造模式[10-16]。

围绕钢铁绿色制造，到2020年中国钢铁工业拟实现吨钢综合能耗不大于580 kgce、余热资源回收利用率大于50%、吨钢 CO_2 排放量比2010年下降10%～15%等能源指标，吨钢 SO_2、NO_x、烟粉尘排放量分别为0.6 kg、0.8 kg、0.5 kg的环保指标[17]。为此，河钢、宝钢和太钢等一批先进钢铁企业以绿色发展为理念，持续开展节能减排以及钢铁流程废弃

① 原文发表于《钢铁》，2018，53（2）。

物的循环利用研究，取得了显著的研究成果和应用效果。

河钢集团积极推进“绿色”引领战略，先后投资 165 亿元实施重点节能减排项目 430 余项，主要能源环保指标居国内一流甚至领先水平。截至目前，吨钢综合能耗、吨钢 SO_2 排放量、吨钢粉尘排放量较 2011 年分别降低 4.9%、50.6%和 61.9%；吨钢耗新水逐年降低，目前达到了 2.39 m^3/t（钢），居行业先进水平，其中唐钢主厂区实现了城市中水作为生产用水的唯一补充水源，水重复利用率达到 98%以上，河钢集团因此获得 2016 年世界钢铁工业可持续发展卓越奖；采用一系列节能措施最大程度地减少工艺过程中能源的浪费（见图 1），2016 年仅余热余能余压自发电总量超过 100 亿千瓦时，核心企业自发电比例超过 65%；形成了高炉除尘灰、转炉除尘灰、轧钢氧化铁皮、钢渣水渣等 100%回收和再利用的固体废弃物循环圈。

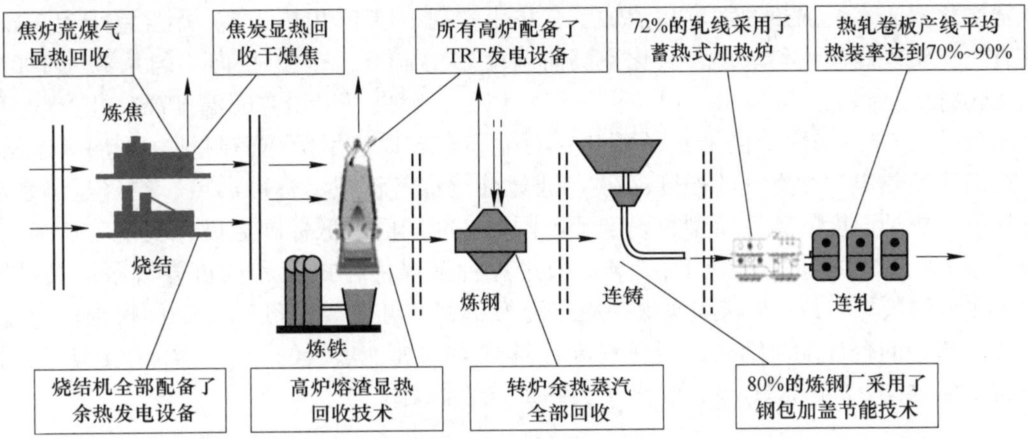

图 1　河钢集团各工序采取的节能技术

宝钢围绕节能、节水、气体污染物治理及固废利用等环节，加快节能环保技术创新。重点突破焦炉荒煤气显热回收工艺、烟气脱硝等技术，成为国内首套烧结烟气脱硝脱二噁英示范项目的实施者[18]。2015 年宝钢吨钢综合能耗为 598 kgce，SO_2、NO_x 和 COD 排放量分别为 18982 t、42262 t 和 1057 t，与 2010 年相比分别下降 6.9%、70%、45%和 66%。

太钢在全流程内推进技术创新，实施了从矿粉运输、扬尘抑制到高炉喷煤、连铸、连轧、转炉煤气回收、高炉煤气余压发电和锅炉燃用高炉煤气等一批重大的节能减排技术措施，实现了生产全过程各种资源的循环和再利用，取得了显著效果[19]。截至目前，吨钢综合能耗由 703 kgce 下降到 559 kgce，降幅达 20.5%，吨钢新水消耗由 7.18 m^3 下降到 1.91 m^3，降幅为 73.3%。

2　钢铁全流程绿色制造创新技术与实践

绿色制造创新技术应用遍及焦化、烧结、炼铁、炼钢、轧钢及辅助流程等钢铁生产全过程。结合国内先进钢铁企业，以河钢集团为例，从 6 个方面来介绍钢铁全流程绿色制造创新技术与实践。

2.1　焦化工序绿色制造创新技术与实践

河钢集团现运行焦炉 20 座，主要炉型为 6 m 焦炉和 7 m 焦炉，焦炭产能为 900 万吨/年。

2.1.1　焦化全流程环境友好技术集成

在焦化全流程配有除尘系统，采用大型筒仓储煤技术以减少煤堆扬尘；利用袋式除尘净化装置收集备煤车间煤转运、破碎、装煤、推焦等过程产生的粉尘，使粉尘排放指标达到或超过清洁生产的要求。在焦化废水处理方面，其独有的“生物处理+膜处理+芬顿处理”三级处理技术实现焦化废水回用率达 80%以上[20]。在炼焦固废方面大型储配一体储仓及焦油渣回配系统避免了炼焦固废的二次污染。

2.1.2　大容积焦炉工艺技术

宽炭化室、多段加热的大容积焦炉工艺技术实现了以下功能：（1）燃烧室采用 3 段式加热方法，实现高向均匀加热，炭化室高向温度差在 50 ℃以内，长向均匀系数大于 0.9，氮氧化物排放量降低至 450 mg/m^3（标准态）以下，解决了炉顶空间温度高、化产收率低的技术难题；（2）采用节能型焦炉蓄热室封墙，有效提高了炉体密封性；采用新型格子砖，提高了预热煤气和空气的温度；（3）通过建立煤气流量、标准温度、空气过剩系数、煤气热值与焦炉温度的关系模型，确定了不同结焦时间的最低标准温度，实现吨焦煤气耗量降低至 195 m^3（标准态）以下；（4）通过煤种配煤优化试验和低价煤极限配加试验，确定了典型的气煤、1/3 焦煤和瘦煤的极限配加比例（见图 2 和图 3），进而得到适合宽炭化室 7 m 焦炉的合理配煤结构。弱黏煤配比达到 44.1%，焦炭的 M_{40}、M_{10} 和 CSR 分别达到 90.24%、5.97%和 68.14%，满足了大高炉炼铁的要求。

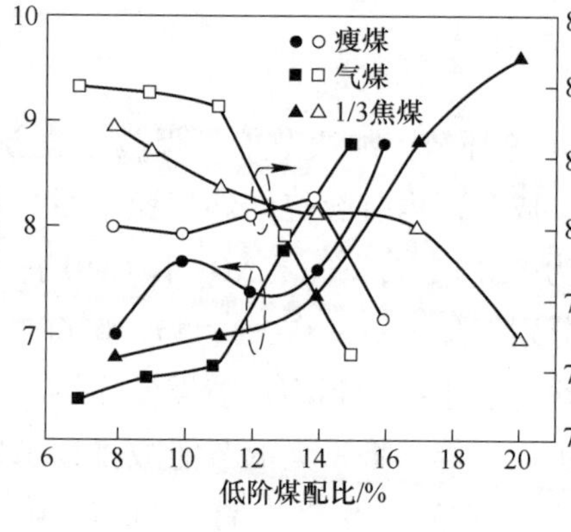

图 2　弱黏煤配加对焦炭冷强度的影响

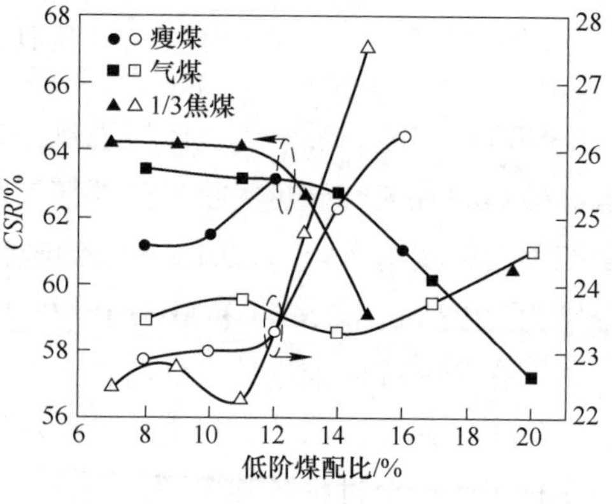

图 3　弱黏煤配加对焦炭热态性能的影响

2.1.3　余热回收利用技术

炼焦生产中有大量的余热余能资源，在大型焦化厂的焦化工序能耗中，备煤约占5%~10%，炼焦占 70%~80%，化产回收占 15%~20%。就炼焦产物带出的热量而言，1050 ℃左右的红焦携带显热约占 37%，700 ℃左右的荒煤气显热约占 36%，排往烟道 180~250 ℃的废气带走热量约占 17%，3 项余热合计占 90%左右。河钢集团在焦化工艺应用的余热回收技术主要有以下几个方面。

（1）高温高压干熄焦的高效发电技术。该技术集成高温高压锅炉代替传统的低压锅炉，采用自然循环方式，建立良好的汽水循环运行机制，有效解决了较低负荷条件下锅炉安全运行的难题，蒸汽品质和干熄焦余热利用效率明显提高，实现吨焦发电量 125 kW · h 以上；预存室与冷却室高径比的合理设置，降低了焦炭床层阻力，减少了焦炭炉内活跃区域停留时间，焦炭烧损和风机运行阻力显著降低；通过建立可燃气体体积分数、空气导入量与烧损率以及烧损率与生产热力负荷的关系模型（见图 4 和图 5），优化过程控制参数，实现干熄炉烧损率降低到 1.1%以下。

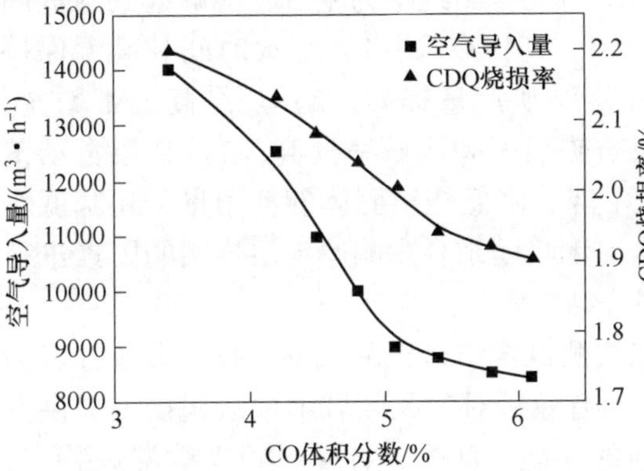

图 4 可燃气体体积分数、空气量与烧损率关系曲线

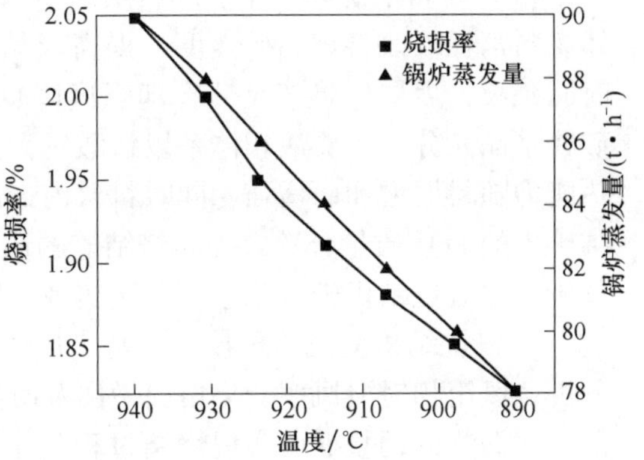

图 5 烧损率与生产热力负荷的关系曲线

（2）上升管余热回收技术。通过除氧泵把干熄焦除盐水经除氧器、给水泵送入汽包，汽包内的水由强制循环泵压入上升管换热器吸收高温荒煤气（约 750 ℃）的显热，产生的气液混合物再返回汽包，汽包内产生的饱和蒸汽通过汽水分离器分离后并入焦化厂蒸汽管网。河钢邯钢 5 号、6 号焦炉上升管余热回收利用技术于 2015 年一次性投运成功，蒸汽并入蒸汽管网供用户使用，是中国 6 m 焦炉荒煤气余热成功回收的第一套装置。使用 1 年后，上升管结焦现象明显降低，饱和蒸汽每年可产生经济效益 724.2 万元，实现 CO_2 年减排 2.5 万吨。目前该技术正在焦化行业进行推广应用。

（3）焦炉烟气余热利用回收技术。在焦炉生产过程中，煤气燃烧产生的热量，一部分用于焦炉加热，一部分被废气带走，在蓄热室与空气或煤气换热后通过烟囱直接排放，造成浪费。2015 年河钢宣钢建设焦炉烟气余热回收装置 1 座，对焦炉烟气余热进行回收。该工艺减少了干熄焦系统抽汽量，实现蒸汽资源的梯级利用；彻底解决了设备泄漏问题；增大了换热面积，使换热系数得到很大的提高。

2.1.4 产业链延伸技术

结合绝热型和换热型反应器，发明了“甲烷合成反应器”和“焦炉煤气制 LNG 并联产氢气的工艺装置”，利用系统生成冷凝液作为循环补液，控制反应温度，提高了甲烷转化率，有效降低了循环压缩机功率，吨 LNG 电耗降至 1350 kW · h；利用 LNG 生产过程能量梯级利用技术，并在合成反应器前增加保护床和 MDEA 同分子筛联动工艺，提高工艺过程能源利用效率；采用研发变压吸附法富氢尾气制取高纯氢技术、SNG/LNG 互换技术、过程气回收工艺实现闪蒸汽、氢气、放散气的近零排放，年减少 CO_2 排放 2.7 万吨。

通过以上 4 个技术的实施，拓宽了焦化行业摆脱高污染、实现经济运行和环境友好的新思路，为焦化行业绿色转型发展起到引领和示范作用。

2.2 烧结工序绿色制造创新技术与实践

烧结烟气治理是钢铁行业污染物控制的重要内容。目前河钢集团运行 28 台烧结机，烧结机面积主要为 240 m^2、360 m^2、400 m^2、435 m^2，均配套脱硫除尘设施，全部实现污染物特别排放限值。

2.2.1 源头及过程控制技术

（1）厚料层烧结技术。厚料层烧结以烧结料层自动蓄热理论为基础，能够起到降低固体燃料消耗、改善烧结矿强度、提高成品率等作用。其特点为：1）点火时间和高温保持时间延长，表层供热充足，冷却强度降低，成品烧结矿产量提高；2）烧结高温带增宽，矿物结晶充分，主要液相体系以铁酸钙为主，烧结矿强度和成矿率提高；3）料层自动蓄热能力随料层增加而增强，同时料层内最高温度下降，降低烧结固体燃耗用量，还降低烧结矿中的 FeO 质量分数，提高烧结矿的还原性。河钢集团结合影响厚料层烧结的因素进行分析，并对烧结机进行改造，普遍实现了厚料层烧结技术。

（2）烧结机漏风治理技术。基于量热法的在线测试烧结过程漏风率的技术方法，可为分析各风箱相对漏风率变化情况做出及时判断，为有效针对漏风区域采取减漏措施提供方便，根据测试的数据可实现烧结过程稳定性判断的功能。此外，针对风箱支管漏风特点，应用烧结机柔性传动密封，增加滑道密封的可控性，将烧结机漏风率控制在 45%以内。

（3）环冷机密封治理技术。现有环冷机改造为包容式密封形式，节省电能的同时，发电量可以增加 2~5 kW · h/t（矿）；新建环冷机采用水密封形式，漏风率控制在 10%以内，发电量可以提高 5~10 kW · h/t（矿），大幅减少粉尘排放。

2.2.2 烟气末端治理技术

（1）密相干塔脱硫除尘一体化技术。密相干塔脱硫除尘一体化技术实现了脱硫除尘系统高效低耗运行，脱硫效率达到 95%以上，出口粉尘浓度为 10 mg/m^3（标态）以下，系统压降控制在 2000 Pa 以下，副产物中 CaO 的质量分数低于 8%；在行业内率先彻底取消旁路，合并风机大幅降低运行电耗，实现生产设施与环保设施 100%完全同步运行。该技术已在河钢唐钢 9 套烧结机上投入运行，主要经济技术指标达到国内外同类技术的先进水平，在设备一体化技术、能耗和稳定运行等方面达到国际领先水平。

（2）低温氧化脱硝技术。低温氧化脱硝主要是利用臭氧的氧化性，将不可溶的低价态氮氧化物氧化为可溶的高价态氮氧化物，然后在洗涤塔内将氮氧化物吸收，达到脱除的目的。整套脱硝装置不改变原有烟道和后处理措施，仅需新增臭氧发生器、控制器、分布器等关键设备和组件，共用脱硫吸收塔。其优点为：1）设备投资低、占地面积小、系统简单等，臭氧氧化后的产物不产生二次污染；2）工艺可操作性强，脱硝效率可调控，运行成本较低；3）粉尘、SO_2 等对脱硝效率无影响，适用于钢铁烧结的低温烟气。目前该技术已在河钢唐钢不锈钢 265 m^2、中厚板 240 m^2 烧结机上成功应用，将为大流量烧结烟气提供低温硫硝协同减排新技术。

（3）活性焦脱硫脱硝一体化技术。活性焦脱硫脱硝一体化技术是一种利用活性焦的吸附催化功能，同时脱除烟气中的硫氧化物、氮氧化物，并回收硫资源的干法烟气处理技术[21]。活性焦脱硫是基于 SO_2 在活性焦表面的吸附和催化氧化，活性焦脱硝是基于活性焦表面的催化作用。活性焦烟气脱硫脱硝一体化技术工艺过程简单，脱硫脱硝过程不消耗水，活性焦可循环使用，副产品易加工处理，不存在废水、废渣等二次污染问题。目前该技术已在河钢邯钢 435 m² 烧结机上应用，为大型烧结机采用活性焦脱硫脱硝一体化技术起到了示范引领作用。

2.3 炼铁工序绿色制造创新技术与实践

河钢集团现运行高炉 29 座，主要炉型包括 2000 m³、2500 m³、3200 m³，全部应用了煤气干法净化、TRT 发电装置等。出铁场通过耦合“高效顶吸+侧吸”除尘、水冷沟盖、摆动沟烟尘捕集等技术，从根本上杜绝了粉尘的无组织排放。

2.3.1 高炉煤气干法布袋除尘技术

布袋除尘是利用各种高孔隙率的织布或滤毡，捕捉含尘气体中尘粒的高效除尘器。干法布袋除尘不需要用水清洗冷却，特别适合缺水的地区。该除尘器阻力小，除尘效率高，除尘后含尘量一般小于 5 mg/m³。对于高压高炉，干法除尘可配干式余压发电装置，进入余压发电装置的煤气具有较高的温度和压力，可增加发电量 35%～45%。目前，河钢集团所有高炉全部采用高炉煤气干法除尘，干法除尘后煤气的含尘量小于 5 mg/m³。该技术已成功应用在国内首钢京唐 5500 m³ 高炉及世界最大高炉韩国浦项 6000 m³ 高炉上。

2.3.2 高炉炉顶均压煤气回收技术

均压煤气回收技术是在炉顶均压煤气管道安装回收管，并在管道上依次安装调节阀，实现煤气回收与装料程序自动控制，回收煤气接入干法除尘备用箱体。该技术已成功应用在河钢承钢，并在集团全面推广，不但减少高炉煤气的放散，还减少了粉尘排放和噪声，吨铁可实现经济效益 0.5 元。

2.3.3 高炉冲渣水余热高效回收技术

高炉冲渣水余热高效回收技术开发了在线自清洁高效过滤技术，实现了过滤器滤网的连续在线清洗，彻底解决了换热系统浊水侧设备的堵塞问题；研发了多元阻垢防结晶一体化联合技术体系，解决了高盐水在换热降温过程产生的设备结晶、结垢和堵塞问题；采用双循环模式的高炉冲渣水余热高效回收技术工艺，实现了冲渣水的纯热量输出，实现了钢铁企业余热资源向城市集中供热系统的应用。集团目前高炉冲渣水实现城市供热面积达到 1400 万立方米，不仅实现了二氧化碳、二氧化硫、氮氧化物的减排，更达到了钢铁企业与城市的和谐共融循环经济发展。

2.3.4 高炉水渣超细粉技术

大力拓展固体废弃物循环利用圈，在集团内广泛应用水渣超细粉制备技术，将高炉水渣生产为比表面积 450 m²/kg 的水渣超细粉做水泥添加剂，向国内及国际市场销售，现已成畅销产品。

2.4 炼钢工序绿色制造创新技术与实践

河钢集团现运行转炉 36 座，主要炉型包括 120 t、150 t、260 t。

2.4.1 转炉煤气除尘技术

转炉煤气除尘技术包括转炉一次、二次和三次除尘，转炉一次除尘是对转炉炼钢过程中产生的大量含一氧化碳的一次烟气进行净化，并有效回收能源的过程。河钢集团现运行所有转炉一次除尘全部采用新 OG 法和 LT 干法除尘。转炉二次除尘是指转炉炉口溢出的煤气遇空气后燃烧产生的烟气除尘；转炉三次除尘是炼钢车间的无组织排放除尘。河钢集团所有运行转炉均配备了二次除尘，粉尘排放浓度均小于 15 mg/m^3；核心企业配置了三次除尘。

2.4.2 钢包在线全程加盖技术

钢包在线全程加盖技术的主要目的是减少钢水倒运和浇注过程的温降、提高空包内壁温度、降低转炉冶炼终点温度、减少转炉炉衬浸蚀、提高炉龄；加盖后钢包平均寿命可提高 5 炉左右；此外还可提高中间包钢水温度稳定性、减少烘烤煤气用量等。该技术可以大大减少空包的辐射散热和对流散热，降低转炉出钢温度约 20 ℃，吨钢能耗降低 8 元。该技术正在集团全面推广应用。

2.5 轧钢工序绿色制造创新技术与实践

河钢集团现拥有热轧板卷、宽厚板、冷轧、棒材、线材和型材等先进生产线，包括 2250 mm 热轧卷板轧机、4200 mm 宽厚板轧机等。

2.5.1 钢坯热装热送技术

钢坯热装热送技术是把连铸机生产出来的热铸坯切割成一定尺寸后，在高温状态下直接保温送至轧钢厂，或直接送加热炉加热后轧制的一种生产工艺。其中连铸坯的入炉温度是热装热送工艺的重要指标之一，一般要求入炉温度不低于 400 ℃[22]。通过钢坯热装热送可以减少加热炉的能源消耗，降低污染物排放。目前集团已广泛应用钢坯热装热送技术，其中唐钢二棒的最高热装温度达到了 850 ℃。

2.5.2 蓄热式加热技术

蓄热式加热炉是采用蓄热室余热回收装置，交替切换烟气和空气，使之流经蓄热体，达到在最大程度上回收高温烟气的显热，提高助燃空气温度的效果。河钢宣钢二高线步进梁蓄热式加热炉是将助燃空气和高炉煤气经换向系统后由各自的管道送至炉子左侧的蓄热式燃烧器，自下而上流经其中的蓄热体，分别被预热到 950 ℃以上，然后通过各自的喷口喷入炉膛，燃烧后产生高温火焰加热炉内钢坯，火焰温度较同种煤气为燃料的常规加热炉高 400~500 ℃，90%以上的热量被蓄热体回收，最后以 150 ℃以下的温度排放到大气中，比常规加热炉节能 30%~50%。

2.5.3 在线热处理技术

在线热处理技术是通过控制轧制温度和轧后冷却速度、冷却开始温度和终止温度，来控制钢材高温奥氏体组织形态以及控制相变过程，最终控制钢材的组织类型、形态和分布，提高钢材的力学性能，同时该技术也能够降低合金元素的使用量，提高生产效率，节省离线淬火工序，节约能耗。通过 TMCP 在线热处理技术，节省离线淬火工序，吨钢降低成本约 300 元。

2.6 辅助流程绿色制造创新技术与实践

钢铁行业除了不可或缺的焦化、烧结、炼铁、炼钢、轧钢等主流程外，还有大量不可或缺的辅助流程，河钢集团在辅助流程工艺也应用了大量绿色制造创新技术。

2.6.1 大型封闭料场技术

河钢集团在京津冀区域实现了料场全封闭，有效地从源头控制了原料场无组织排放，将颗粒物的浓度从 120 mg/m^3 降至 8 mg/m^3 以下；洒水量减少 80%以上，也大大减少了物料的损失。

2.6.2 钢铁企业低压余热蒸汽发电和钢渣改性气淬处理技术

钢铁企业低压余热蒸汽发电和钢渣改性气淬处理技术集成优化后应用于工程实践，实现吨焦烟气余热回收发电量 7~8 kW·h，吨烧结矿余热回收发电量达 20~24 kW·h，吨钢余热蒸汽回收量达到 90 kg 以上，发电量为 10~13 kW·h，构建了二次能源利用关键技术平台，使河钢集团二次能源利用达到国际先进水平。该项目获得国家科技进步二等奖，已在行业内推广应用。

2.6.3 世界首个“亚熔盐高效清洁提钒技术”

河钢集团和中国科学院过程所共同承担的世界首个“亚熔盐高效清洁提钒技术”项目入选了工业和信息化部 2017 年绿色制造系统集成项目名单，实现钒、铬资源利用率分别提高了 10%、80%以上，无废气、废水、含铬固废的产生，实现了高效清洁生产，该项目的投产引领了世界钒钛磁铁矿资源高效综合利用的绿色化升级。

2.6.4 富余煤气发电技术

在传统富余煤气发电基础上，广泛应用 CCPP 和高温超高压发电技术，作为富余高炉煤气的“能源转换”加工厂，结束了大量富余高炉煤气直接放散的历史，实现了高炉煤气“零”放散，并大大提高了能源综合利用效率。其中 CCPP 机组煤气消耗较中温中压煤气发电机组降低 25%，高温超高压机组蒸汽消耗较中温中压煤气发电机组降低 13%，大大提高了机组的发电效率。

3 钢铁行业绿色发展思路与引领技术

3.1 钢铁行业绿色发展思路

中国钢铁工业已经进入了新常态，面临着新形势，提出了新要求，因此中国钢铁工业需要在总结近年绿色发展的基础上，用新的方法、新的思路去开发新的绿色流程、装备和技术来面对更高层次的绿色发展，建设有中国特色的绿色钢铁工业生产模式[23-25]。

河钢集团围绕“建设最具竞争力钢铁企业”的目标，在国内率先提出“六位一体”总布局的绿色发展战略（见图 6），深入推进绿色制造、加快发展绿色产业、研发应用绿色产品、稳步推进绿色采购、系统优化绿色物流、培育打造绿色矿山，确保使集团所有子公司率先成为效益佳、效率高、消耗低、排放少、环境美的绿色钢铁示范企业，继续引领中国钢铁行业绿色转型[26]。

宝钢以“技术创新驱动产业绿色发展，资源共享助推城市生态文明”为经营理念，实行最严格的内部控制标准、改进生产工艺、优化能源结构、减少能源消耗、降低能源成本、持续减少企业和产品使用过程的能源消耗与环境影响；努力推进工业废弃物的减量化、再使用和资源化，并助力城市废物的循环利用；努力建设成为一个具有国际先进水平的国际钢厂。

太钢坚持以科学发展观为指导，实施绿色发展战略，树立钢厂与城市是和谐发展的

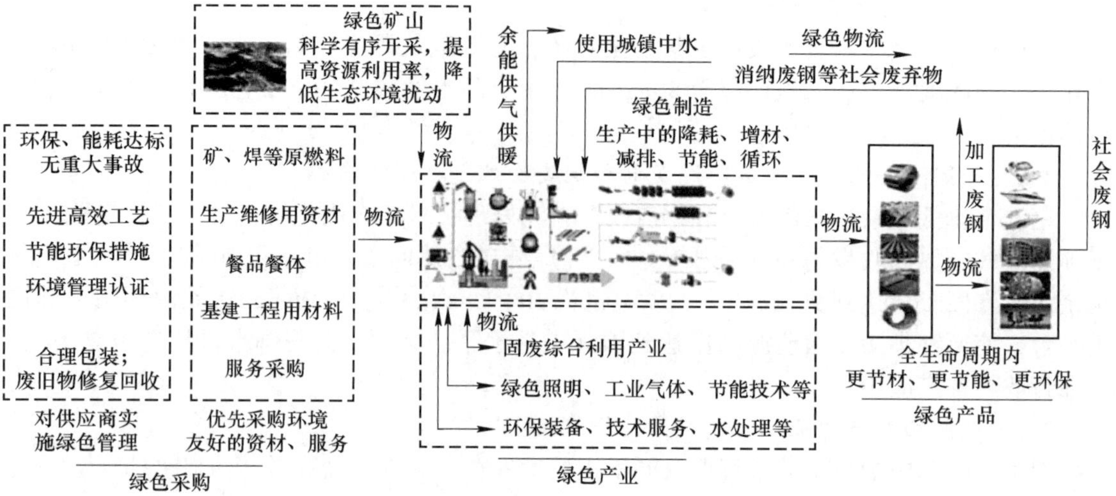

图6　河钢集团“六位一体”布局路线图

“共同体”的理念；依靠技术创新和管理创新，大力推进绿色制造，率先推广世界最先进的节能减排、循环经济工艺技术。特别是在不锈钢系统项目建设中，坚持技术进步与优化工艺流程相结合，实现生产过程资源循环利用。

3.2　钢铁行业绿色引领技术

“十三五”期间，围绕焦化、烧结、炼铁、炼钢、轧钢5大重点工序及智能制造，钢铁企业需关注10项引领技术，开展多污染物协同控制成套化技术与装备、非高炉炼铁、转炉炼钢新技术、直接轧制、智能制造示范线建设等研究，为钢铁行业绿色化、智能化发展做出显著贡献。

3.2.1　焦炉烟气多污染物协同控制技术

采用焦炉煤气加热的焦炉产能超过全国总产能的70%，其烟气污染物排放远高于以贫煤气加热的焦炉，基本全行业不达标。针对焦炉烟气组分复杂、低硫高氮的特点，研发焦炉低氮燃烧技术、活性炭法多污染物（SO_2、NO_x、H_2S、HCN等）协同控制技术；集成活性炭法烟气净化、硫/炭粉无害化资源化回收成套装备，实现焦炉烟气污染物排放浓度优于国家特别排放地区限值。

3.2.2　焦炉烟气多污染物中低温协同催化净化技术

对于已上焦炉煤气脱硫设施的焦化企业，拟开发余热梯级利用耦合的多污染物中低温协同催化净化工艺，研发多污染物协同净化多效催化剂、可开关式极限换热补热设备，结合半干法脱硫除尘设施，实现焦炉烟气NO_x、Hg、CO、H_2S、SO_2、粉尘等多污染物的短流程高效协同治理与低品位余热高效利用的有效耦合。

3.2.3　钢铁行业烟气多污染物超低排放技术

国内大部分烧结/球团烟气已上脱硫设施，针对其大流量、低氮氧化物的排放特点，通过耦合臭氧氧化脱硝、半干法脱硫提效改造、预荷电袋式除尘等3项技术，协同脱除颗粒物、二氧化硫以及氮氧化物，实现颗粒物、二氧化硫、氮氧化物分别达到10 mg/m^3、

35 mg/m³、50 mg/m³，最终达到污染物超低排放，引领行业绿色发展。

3.2.4 高温烟气循环分级净化技术

针对烧结工序烟气量大、显热利用率低等问题，开发高温烟气循环分级净化和余热利用技术，回收低品位热能，减少主烟道烟气排放量30%以上，实现余热利用和污染物减排的耦合。

3.2.5 基于镁法的污染物协同去除与副产物资源化技术

通过研发镁法脱硫与旋转脱雾除尘技术协同去除多污染物，并利用脱硫副产物结合含钛高炉水渣制备轻质高强建筑材料，实现污染物减排和副产物资源化利用的耦合。

3.2.6 基于炉料结构优化的硫硝源头减排技术

球团矿生产过程中产生的污染物大幅低于烧结矿，中国钢铁工业未来的绿色发展趋势为减少或取消烧结矿，增加球团矿比例，通过增加高炉原料中球团矿比例至80%，甚至100%比例实现全球团冶炼，从源头实现二氧化硫和氮氧化物的减排。

3.2.7 新型非高炉炼铁技术

浦项FINEX工艺不需要配套焦化、烧结、球团工序，直接使用非焦煤和矿粉成型入炉。FINEX工艺的粉尘、二氧化硫、氮氧化物等污染物排放分别是高炉长流程的23%、24%、15%，做到了源头减排。目前，河钢正在与韩国浦项钢铁进行技术交流，拟在产业升级项目中引进应用，FINEX炼铁技术一旦在河钢成功应用，将会对中国炼铁行业产生革命性的影响。

3.2.8 底吹氧、底喷石灰粉转炉炼钢新技术

底吹氧底喷石灰粉炼钢工艺是在底吹炼钢工艺基础上发展起来的前沿炼钢技术。该技术的特点是石灰粉全部底吹加入，并且30%的氧气由炉底底枪吹入；底喷石灰粉，化渣速度快、脱磷效果好、石灰利用率高，吨钢石灰消耗能降低到25 kg以下；底吹氧气，熔池搅拌强烈，低碳、超低碳钢转炉碳氧积在0.0016左右，钢水全氧质量分数降低0.02%。该技术是加拿大多法斯克公司的独有技术，河钢集团拟在国内首次引进该技术，为中国转炉炼钢工艺的提升做开拓性工作。

3.2.9 小方坯免加热直接轧制技术

小方坯免加热直接轧制技术充分利用了留在连铸坯中的大量余热，采用切割后保温和快速输送等手段，使铸坯到达轧机时的温度达到开轧温度的要求，从而取消加热炉，降低能源消耗，减少废气排放，大幅度降低生产成本。目前，河钢承钢正在年产百万吨以上的产线上进行直轧应用研发，涉及钢轧工序界面优化、连铸提速等一系列技术革新，预计2017年底正式投入应用，可实现吨钢节约标准煤40 kg，年减排二氧化碳超过10万吨。

3.2.10 钢铁企业智能制造示范线建设

按照《中国制造2025》及《国家智能制造标准体系建设指南》的重要指导，钢铁企业应积极谋划智能制造示范线建设，逐步完善面向智能制造的信息系统架构，形成以产品全生命周期为核心的信息自动化支撑体系，促进生产一贯制、质量一贯制管理的有效落地，实现企业生产经营全过程和企业发展全局的智能化、绿色化、产品质量品牌化[27]。

4 结束语

围绕焦化、烧结、炼铁、炼钢及轧钢等重点工序，以河钢集团为代表的国内钢铁企业

实施了大量绿色发展推进企业环保升级、工艺技术升级的创新技术与实践，为钢厂与城市和谐共存进行了十分有利的探索。但同时需要看到，中国钢铁工业还需要大量的中国原创的钢铁新工艺、新装备和新技术，如基于物质流、能量流和信息流的钢铁工艺新流程工程，对全流程和产品实施全生命周期评价，大数据和智能制造技术在钢铁工业应用，绿色化钢铁大系统，制定绿色钢铁评价体系等，通过主动创新，努力打造“绿色化、智能化、品牌化”的新一代流程钢厂，持续引领中国乃至世界钢铁行业的可持续发展。

参 考 文 献

[1] 张春霞，王海风，张寿荣，等．中国钢铁工业绿色发展工程科技战略及对策［J］．钢铁，2015，50（10）：1.
[2] 王维兴．钢铁工业能耗现状和节能潜力分析［J］．中国钢铁业，2011（4）：19.
[3] 张寿荣，姜曦．中国大型高炉生产现状分析及展望［J］．钢铁，2017，52（2）：1.
[4] 周东东，姜曦，周翔．2016年上半年中国大高炉生产指标浅析［J］．中国冶金，2016，26（12）：1.
[5] 殷瑞钰．钢铁制造流程的本质、功能与钢厂未来发展模式［J］．中国科学：E技术科学，2008，38（9）：1365.
[6] 彭岩，曹先常，张玉柱．钢铁典型工序流程节能技术新进展［J］．中国冶金，2017，27（5）：8.
[7] 王国栋．近年我国轧制技术的发展、现状和前景［J］．轧钢，2017，34（1）：1.
[8] 康永林，丁波，陈其安．我国轧制学科发展现状与趋势分析及展望［J］．轧钢，2017，34（6）：1.
[9] 李山青．冷轧酸洗与轧制技术的发展现状［J］．轧钢，2017，34（5）：1.
[10] 于勇，王新东．钢铁工业绿色工艺技术［M］．北京：冶金工业出版社，2017.
[11] 殷瑞钰．高效率、低成本洁净钢“制造平台”集成技术及其动态运行［J］．钢铁，2012，47（1）：1.
[12] 王海风，裴元东，张春霞，等．中国钢铁工业烧结/球团工序绿色发展工程科技战略及对策［J］．钢铁，2016，51（1）：1.
[13] 张旭孝，上官方钦，姜曦，等．美国钢铁工业的发展及能源消耗概况［J］．中国冶金，2017，27（11）：1.
[14] 刘宏强，张福明，刘思雨，等．首钢京唐钢铁公司绿色低碳钢铁生产流程解析［J］．钢铁，2016，51（12）：80.
[15] 严珺洁．超低二氧化碳排放炼钢项目的进展与未来［J］．中国冶金，2017，27（2）：6.
[16] 宋海燕，牛建刚，崔宝霞．钢铁工业固体废弃物利用效益综合评价［J］．钢铁，2017，52（2）：85.
[17] 郜学，尚海霞．中国钢铁工业“十二五”节能成就和“十三五”展望［J］．钢铁，2017，52（7）：9.
[18] 吴雪健，龙红明，春铁军，等．基于添加尿素的铁矿烧结过程二噁英减排技术研究［J］．环境污染与防治，2016，38（5）：61.
[19] 闫振武．太钢节能减排的进展探讨［J］．钢铁，2012，47（12）：81.
[20] 李玉平，王丽英，张家利，等．焦化废水强化处理关键技术研究与探讨［J］．给水排水，2013，49（8）：59.
[21] 张洪亮，施琦，龙红明，等．烧结烟气中氮氧化物脱除工艺分析［J］．钢铁，2017，52（5）：100.
[22] 王国栋，吴迪，朱苗勇，等．后工业化时代的生态化轧钢工艺技术：钢铁共性技术协同创新中心工艺与装备开发平台简介［J］．中国冶金，2014，24（11）：1.
[23] 殷瑞钰．绿色制造与钢铁工业［J］．钢铁，2000，35（6）：61.

[24] 程志民，安霞．钢铁企业资源综合利用与绿色发展［J］. 环境工程，2013，31（4）：102.
[25] 黄导，陈丽云，张临峰，等．推进节能环保技术管理升级促进钢铁工业绿色转型［J］. 钢铁，2015，50（12）：1.
[26] 王新东．创新驱动发展科技引领未来——河北钢铁集团科技创新发展战略［J］. 河北冶金，2015（6）：1.
[27] 郭大龙，刘加军．钢铁绿色转型需技术、理念双发展［N］. 中国冶金报，2015-06-30.

王新东

作者大学毕业时照片（1983 年）

作者（后排右一）与大学时代同宿舍同学合影（1983 年）

作者（右一）在意大利 DANIELI 公司与国外专家现场交流（1996 年 6 月）

作者与时任唐钢总经理张永昌在 2560m^3 高炉建设工地（左起：南旭东、张永昌、王新东，1998 年 9 月）

作者（右三）参加唐钢设计院领导班子会议（2003 年 4 月）

作者（左三）率团在芬兰罗德洛基公司进行交流访问（2003 年 11 月）

作者在河北唐银钢铁有限公司任总经理（2006年10月）

作者（左三）在河北唐银钢铁有限公司现场指导工作（2007年2月）

作者（左）向原国家计划委员会副主任石启荣（右）汇报唐钢绿色转型情况（2013 年 8 月）

作者与来唐钢检查指导工作的刘玠院士合影（左起：王新东、刘玠、于勇，2013 年 10 月）

作者代表项目团队参加国家科学技术奖励大会并受颁国家科学技术进步奖二等奖证书（2014 年 1 月）

作者在河钢－西门子奥钢联国际学术年会上与西门子奥钢联首席销售官古普塔和首席技术官弗立克合影（左起：弗立克、王新东、古普塔，2014 年 8 月）

作者（前排右三）在德国杜塞尔多夫参加中德钢铁技术交流会（2014 年 10 月）

作者在第六届中国钢铁规划论坛上做报告（2015 年 3 月）

河钢集团与韩国浦项签署全面合作备忘录（左起：崔正友、于勇、权五俊、王新东，2017 年 8 月）

作者（前排左二）在北京与时任奥地利总统范德贝伦（前排中）会面（2018 年 4 月）

作者（二排左七）在澳大利亚昆士兰大学与河钢培训班毕业学员合影（2018 年 4 月）

作者在国际会议上做学术报告（2018 年 6 月）

作者（右二）陪同工业和信息化部辛国斌副部长（右一）视察河钢塞钢（2018 年 11 月）

作者（前排左三）与潘复生院士（前排左四）在重庆大学主持召开河钢 - 重大西南研究院专家委员会会议（2019 年 3 月）

作者（前排右一）代表河钢集团与菲律宾亚洲钢铁签署项目合作备忘录（2019 年 8 月）

作者在河北省科学技术奖励大会上受颁河北省科学技术突出贡献奖（终身荣誉奖）（2020 年 5 月）

作者（左五）与唐钢新区领导班子成员合影（2020年5月）

作者（右二）在河钢材料院实验室指导研究工作（2020年5月）

作者（右三）在唐钢新区展厅指导工作（2020年8月）

作者与中国工程院院士王国栋合影（左起：王新东、王国栋、王兰玉，2020 年 10 月）

作者（后排左七）在世界钢铁发展研究院成立大会上合影留念（2020 年 10 月）

作者（右）陪同殷瑞钰院士（左）视察唐钢新区（2020 年 12 月）

作者（右三）在河钢石钢现场办公（2021 年 3 月）

作者（前排右三）与干勇院士（前排右四）参加河钢承德钒钛新材料产业园区规划专家论证会（2022年3月）

作者在第一届全国冶金流程工程学学术会议上与殷瑞钰院士等合影（左起：蔡九菊、王新东、殷瑞钰、李文秀，2023年5月）

作者（中）指导张宣科技氢基竖炉直接还原铁示范项目投产（2023 年 6 月）

作者在清华大学与中国工程院工程管理学部主任胡文瑞院士合影（左起：王新东、胡文瑞、方东平，2023 年 8 月）

作者（右）在中国工程院与刘合院士（左）合影（2023 年 11 月）

王新东 绿色制造与技术创新文集

（第二册）

◎王新东 著

北 京
冶金工业出版社
2024

内 容 提 要

本书是王新东同志40年钢铁从业经历的回顾和总结。全书分为学术论文篇、专题报告篇、著作摘要篇、专利简介篇、个人经历篇、成果荣誉篇，共选录了王新东发表的学术论文69篇、专题报告17篇、著作摘要11篇、已授权专利简介28篇。其中，个人经历篇记述了王新东成长、求学和工作的历程，成果荣誉篇则是他多年来艰辛付出而取得成绩的集中展示。这些资料真实地反映了王新东同志治学、治企的心路历程。

本书可供钢铁从业人员阅读参考，对技术管理人员的成长具有很好的借鉴、激励意义。

图书在版编目(CIP)数据

王新东绿色制造与技术创新文集/王新东著.—北京：冶金工业出版社，2024.5

ISBN 978-7-5024-9847-4

Ⅰ.①王… Ⅱ.①王… Ⅲ.①制造工业—无污染技术—文集 Ⅳ.①T-53

中国国家版本馆CIP数据核字(2024)第084666号

王新东绿色制造与技术创新文集（第二册）

出版发行 冶金工业出版社　**电　话** (010)64027926
地　址 北京市东城区嵩祝院北巷39号　**邮　编** 100009
网　址 www.mip1953.com　**电子信箱** service@mip1953.com

责任编辑 杜婷婷　美术编辑 吕欣童　版式设计 孙跃红　郑小利
责任校对 王永欣　责任印制 禹　蕊　窦　唯
北京捷迅佳彩印刷有限公司印刷
2024年5月第1版，2024年5月第1次印刷
787mm×1092mm 1/16；69印张；16彩页；1716千字；1073页
定价388.00元（第一、二册）

投稿电话 (010)64027932　投稿信箱 tougao@cnmip.com.cn
营销中心电话 (010)64044283
冶金工业出版社天猫旗舰店 yjgycbs.tmall.com
（本书如有印装质量问题，本社营销中心负责退换）

序

《王新东绿色制造与技术创新文集》是一部记载钢铁行业杰出技术管理者的技术理念集萃，很值得一读。

钢铁工业是国民经济的基础性、支柱型产业。新中国成立后，特别是改革开放以来，经过几代钢铁人的艰苦奋斗，我国钢铁工业从小到大、由弱变强，走出了一条符合中国国情的独特发展道路。钢铁工业的发展和进步离不开广大钢铁技术人员的不懈努力，王新东同志便是其中的优秀代表。

钢铁技术研究要紧密结合生产实际，在实践中检验、发展和创新。认识新东同志已经20多年了，我对他立足产线、勤勉务实、勤于思考、善于总结的科研作风深表赞叹。40年磨一剑，新东同志已成长为钢铁行业绿色智能制造技术及工程设计领域领军人物之一，先后荣获了第十四届光华工程科技奖、第四届杰出工程师奖，以及2022年度影响力科学家等荣誉称号，成为享受国务院政府特殊津贴专家、河北省高端人才、俄罗斯工程院院士，我为他取得如此成就感到由衷高兴，在此为他的新著写几句话。

实践证明，经济增长是钢铁工业发展的拉动力，技术进步是钢铁工业发展的推动力。新东同志40年来始终扎根于企业科研一线，为河钢乃至中国钢铁工业的技术进步和发展壮大作出了重要贡献。他在2008年主持开展的唐钢厂区环境综合治理项目，实现了技术升级、流程优化与环境改造的完美结合，为钢铁企业环境治理树立了标杆，探索了中国钢铁绿色发展的新路径；他与中国科学院过程工程研究所课题组成员一起在国内首次提出钢铁行业“源头减排-过程控制-末端治理”全过程绿色制造技术路径，解决了多种常规污染物在复杂工艺及气氛下难以协同控制的行业难题，助推了国家钢铁行业超低排放标准的实施；他作为主要人员参与研发的钢铁流程多工序余热回收技术，在业内率先研发出低压余热蒸汽发电、钢渣改性气淬技术及成套装备并在行业广泛推广应用；他推动了中国科学院过程工程研究所首创亚熔盐法钒铬高效共提新工艺，有效解决了提钒流程中效率低、污染重等世界性难题，并主持建成了世界首套5万吨/年示范工程；他立足国内资源禀赋，提出以富氢焦炉煤气作为氢源的氢能利用路线，主持建成全球首例120万吨焦炉煤气零重整氢冶金工程和我国首条氢能重卡物流示范线，开创了冶金行业氢能利用的先河；他与东北大学一起开发了国际首创的连铸坯凝固末端动态重压下技术和核心装备，研发出连铸坯免加热直轧创新工艺，主持建成国际首条连铸凝固末端动态重压下产线和国内首条免加热直轧示范线，并实现了产业化推广；他遵循冶金流程工程学理论，提出了全流程多要素融合协同的绿色工程管理方法，有效地推动了河钢集团绿色低碳和智能化转型升级；他积极践行科技助力企业经营战略，立足“成本”和“产品”两大创效支点，通过技术进步最大限度地提高企业盈利能力；他积极搭建河钢集团产学研合作平台，与中国科学院、中国钢研集团、东北大学等单位建立了长期战略合作关系，大大提升了河钢集团的科研实力和创新能力；他积极推动河钢集团布局海外业务，拓展海外市场，抢占海外资源高地，增强了河钢集团在世界钢铁界的影响力。新东同志这些年的辛勤工作有力地促进了河钢集团工艺装备水平和技术实力的提升，助力河钢集团在激烈的市场竞争下依然保持较好的发展势头，为中国钢铁企业实现科学发展和可持续发展起到了良好的引领示范作用。

“求实”是根，意味着实用为先；“鼎新”为魂，意味着创新为要。建设钢铁强国、制造强国，必须牵住科技创新这个“牛鼻子”，这是新时代钢铁工业高质量发展的内在要求。实现钢铁产业创新发展、绿色发展，需要培养更多具有为国奉献钢筋铁骨的高素质人才，需要新一代的科技工作者踔厉奋发，也需要老一代科技工作者薪火相传。

实践中发展，传承中创新。多年以来，新东同志工作之余笔耕不辍，撰写了大量钢铁文献，本书就是这些文献资料的集中体现，这是一笔宝贵财富。本书分六篇，包括学术论文、专题报告、著作摘要、专利简介、个人经历及成果荣誉等，既是对他成长历程、学术成果的展示，也是包括河钢集团在内的中国钢铁行业这些年来深刻变革、发展壮大的历史见证，特别是对于一些行业共性技术难题，能够逐一破题，切中要害。鉴往知来，这部来自大型钢铁企业科研管理成功实践者的著述，既有技术高度又接地气，有很多心得与独到之处，相信有志于中国钢铁事业的同志们定能从中受益。

中国工程院院士
中国金属学会名誉理事长

2024年1月

前言

钢铁有情，岁月无悔。不觉之中我已在钢铁行业奋斗了40年。回首过往，尤其是在唐钢、河钢集团度过的难忘日子，不禁心潮起伏。四十不惑，希望整理一下自己40年来的“行囊”，将自己的科研工作经验和成果记载下来，为新时代的钢铁行业汇聚一点力量，这是撰写本书的初衷。

我来自河北省秦皇岛市抚宁区（原抚宁县）茶棚乡背阴铺村的一个普通家庭，在那里度过了贫困却又快乐的童年和少年生活。1979年，我幸运地考上了河北矿冶学院（现为华北理工大学）。那是一个激情澎湃的年代，四年大学生活，我系统地学习了钢铁冶金专业知识，为即将从事的事业打下了坚实基础。1983年7月大学毕业后，我被分配到唐钢设计处（现为唐钢国际工程技术有限公司）。在此工作的23年，涵养了我敢啃硬骨头、敢打硬仗的作风和真诚奉献、求知上进的品德，令我一生受益。在职业生涯一半的时间里，我先后主持设计建设了一系列唐钢重点工程项目，为促进唐钢的发展奉献了自己的青春和汗水，收获了人生阅历和技术积累，得到了领导和同事们的信任，31岁便走上了设计院的领导岗位。2006年6月，我被抽调到与唐钢合资的河北唐银钢铁有限公司（简称“唐银公司”）担任总经理，带领大家经过将近两年的建设改造，在原年产能132万吨生铁、80万吨带钢的基础上，成功将唐银公司打造成了一家铁钢轧配套、年产能达300万吨的钢铁联合企业，并在行业普遍亏损的市场环境下，实现了连年盈利。2008年5月，我转任唐钢滦县工业园区项目总经理，并在3个月后兼任唐钢发展规划部部长，有幸主持了那场业内闻名的唐钢厂区环境综合治理行动，用8个月时间使唐钢发生了翻天覆地的变化，彻底扭转了人们对钢铁行业“傻大黑粗”的传统认识，唐钢因此被业界誉为“世界上最清洁的钢厂”。唐钢入选全国首批绿色工厂，被工业和信息化部认定为城市钢厂绿色发展典范的“唐钢模式”迅速在国内钢铁企业中得到推广复制，有力地推动了我国钢铁企业的绿色发展进程。唐钢厂区环境综合治理行动是我职业生涯中浓墨重彩的一笔，也是最让我引以为豪的。2011年5月，我被提拔为唐钢公司副总经理，主管技术和发展规划工作。通过抓产品升级、结构调整、质量一贯制管理、生产技术指标提升及新工艺新技术应用等工作，使唐钢的科技创新、科技管理取得了长足进步。

2014年4月，我被任命为河钢集团副总经理兼首席技术官，有了更广阔的展示平台，也使我肩负更重的责任和使命。初心如磐奋楫行，近十年来，我在分管的领域内，积极开展产线对标、新产品研发、创建国内外技术研发平台，持续推进国家及省部级重点研发项目，解决集团及行业关键共性问题；积极落实河北省委省政府退城搬迁、压缩产能重大任务，推进落实唐钢、石钢、邯钢老区退城搬迁和宣钢转型升级；积极推进“钢铁行业多工序多污染物协同控制技术”的实施和智能制造升级项目，打造河钢集团绿色智能制造示范产线，特别是张宣科技焦炉煤气零重整氢冶金示范项目取得圆满成功，“这是氢冶金关键核心技术的重大突破，这是中国钢铁史乃至世界钢铁史上由传统‘碳冶金’向新型‘氢冶金’转变的重要里程碑，引领钢铁行业迈入‘以氢代煤’冶炼‘绿钢’的时代”①；积极开展国际项目合作，参与控股德高、与浦项及普锐特等国际公司的合作和收购塞尔维亚斯梅代雷沃钢铁公司等工作，使河钢集团成为高质量共建“一带一路”的典范，得到了国家领导人的肯定和赞誉。

心栖梦归处，不负韶华年。自己多年的努力和付出得到了社会各界的广泛认可。主持的课题项目获国家科学技术进步奖二等奖2项、省部级科学技术进步奖一等奖14项、省部级工程勘察设计一等奖4项。先后获得第十四届光华工程科技奖、第四届杰出工程师奖、河北省科学技术突出贡献奖（终身荣誉奖），成为享受国务院政府特殊津贴专家、河北省高端人才、河北省省管优秀专家，同时任河北省金属学会理事长，并当选俄罗斯工程院院士。

回望来路，激情回荡。我们这一代伴随改革开放成长起来的钢铁人，有幸见证了中国钢铁工业由小到大、由弱及强，直至打下世界钢铁半壁江山的雄浑壮阔。过去的40年，我把最好的青春、全部的身心都奉献给了钢铁事业，钢铁事业也为我施展自己的才华提供了广阔的空间。可以说，我的生命是为了钢

---

① 摘自中国钢铁工业协会给河钢集团的贺信。

铁，钢铁就是我的生命。未来，我仍将一如既往地持续关注钢铁行业的高质量绿色智能发展，并为之添油助力，贡献自己的绵薄之力！

源于喜欢，始于坚持，忠于梦想。作为一名钢铁行业的科研工作者，我注重日常工作中的技术思考和经验总结，积极参加行业交流学习，积累了大量的技术论文、学术著作及演讲材料。将这些资料整理成文集出版源于我的两个初衷：一是对自己40年钢铁从业经历进行总结；二是做好钢铁技术传承，希望为广大钢铁技术人员提供有益的参考和帮助。本书分六篇，包括学术论文、专题报告、著作摘要、专利简介、个人经历、成果荣誉等内容。其中，学术论文69篇，分为铁前技术、钢轧技术、绿色智能、创新管理四个类别；专题报告17篇，是我在不同场合做报告的文稿；著作摘要11篇，概括性地总结介绍了我主持编写和参与编写的11部著作，这些著作是我在不同时期承担的重大课题项目和重要管理工作的真实写照；专利简介共收录授权发明专利21项、实用新型专利7项，介绍了每个专利的发明背景、发明内容和权利要求；个人经历记述了我成长、求学和工作的整个历程，是我过往人生经历的总结和缩影；成果荣誉是我参加工作多年来辛勤汗水的结晶，是我和团队成员共同努力的结果。

在本书整理、编辑和出版过程中，得到了中国工程院原副院长干勇院士的指导和鼓励，并亲自为本书作序；河钢集团科技创新部总经理刘宏强、副总经理钟金红及高级经理蔡啸，河钢集团低碳绿色研究中心主任田京雷，河钢集团总监马志和和杨桂清，河钢集团海外事业部总经理王晶，河钢集团资本运营部高级经理刘辉，河钢集团工业技术公司总经理单立东，河钢集团大河装备公司徐艳丽，河钢材料技术研究院姚丹，河钢唐钢的老同事张洪波和程晨等，为本书提供了大量的资料和素材；河北省金属学会刘义、杨静波、刘存强、张文强等同事做了大量资料整理工作；《河北冶金》杂志社编辑部张倩、刘玉、史远等同事为本书的出版严格把关；特别是冶金工业出版社对本书的出版给予了大力支持和精心指导，在此一并表示衷心的感谢！

由于时间仓促，书中难免存在纰漏，敬请读者批评指正。

王新东

2023年12月于唐山

目　录

第　一　册

学术论文篇

铁前技术

钢轧技术

绿色智能

第　二　册

学术论文篇

创新管理

专题报告篇

著作摘要篇

专利简介篇

发明专利

实用新型专利

个人经历篇

成果荣誉篇

学术论文篇

『创新管理』

河钢新发展阶段技术升级的路径与措施①

王新东

(河钢集团有限公司，河北 石家庄 050023)

摘　要：河钢经过装备升级和产品升级两个发展阶段，工艺装备水平实现行业领先，产品升级与结构调整取得巨大进步。在当前发展新形势下，为进一步贯彻新发展理念，河钢提出实施“技术升级”行动，依靠科技创新和技术进步，建立新的比较优势和核心竞争力，推动企业可持续高质量发展。本文主要介绍河钢技术升级的背景和目标，并在产品研发、技术创新、绿色发展、智能制造、人才培养方面系统阐述了技术升级的途径和保障措施，为我国钢铁行业科技创新工作提供重要参考和借鉴。

关键词：技术升级；科技创新；绿色；低碳；智能制造；人才

0　引言

钢铁是国民经济的中流砥柱和重要基础产业，也是国家经济水平和综合国力的重要标志。改革开放以来，我国钢铁行业取得飞速发展和瞩目成就，为经济的快速增长提供了重要支撑。自1996年钢产量突破1亿吨开始，我国已连续25年保持世界钢产量第一。即使2020年受到严重的新冠疫情影响，我国粗钢产量仍实现增长，并首次突破10亿吨级大关，占世界钢产量的57%。世界钢铁工业的重心已逐渐转移到中国，世界钢铁工业已经进入了“中国时代”[1]。

近年来，在国家供给侧结构性改革、“双碳”目标等政策背景下，我国钢铁工业正由高速度向高质量转变。受新冠疫情、全球气候变化、市场供求关系等诸多因素影响，钢铁企业以往“依靠投资解决问题，依靠装备补齐短板”的发展方式已无法适应当前行业的发展形势，无法满足由“做大”到“做强”的高质量发展要求，唯有依靠科技创新，掌握核心技术，拥有核心产品，才能引领发展、抢占先机、赢得优势。“高质量发展就是创新作为第一动力的发展，科技创新对中国来说不仅是发展问题，更是生存问题”[2,4]的论述对我国钢铁企业尤为适用。

---

① 原文发表于《河北冶金》，2022（1）。

作为我国规模最大的钢铁企业之一，河钢集团面临着同样的问题和挑战。为进一步深入贯彻新发展理念，加快推动高质量发展，河钢集团提出实施“技术升级”行动，利用5~10年时间，坚持以科技创新和技术进步为引领，建立起新的比较优势和核心竞争力，实现整体技术水平的全面提升，把河钢的发展推向一个新高度。

1 技术升级的背景

河钢集团经历了两个发展阶段。第一个发展阶段是从2008年组建成立到2013年的装备升级阶段，河钢集团贯彻落实河北省委省政府的决策部署，以集团化为起点开展淘汰落后、压小上大，依靠投资拉动发展，通过短短几年时间，整体装备水平一跃达到行业一流。第二个发展阶段是从2014—2021年的产品升级阶段，河钢集团坚持“产品的高度决定企业的高度”的理念，推行客户结构优化倒逼产品结构升级，最大限度地释放装备潜能，实现从装备升级到产品升级的历史性跨越。经过两个发展阶段，河钢集团主体装备实现了大型化、现代化，整体工艺装备达到国际先进水平，大量高端产品广泛应用于港珠澳大桥、“华龙一号”核电站、“天眼”工程、国产大飞机、极地重载运输船等国家重点工程，成为中国第一大家电用钢、第二大汽车用钢供应商，海洋工程、建筑桥梁用钢领军企业，连续13年位列世界企业500强，2021年位居第200位。

河钢要在未来实现飞跃和引领，依靠投资解决问题、依靠装备补齐短板的发展模式，难以适应当前的发展形势。企业竞争力的核心在于科技创新，在于技术进步。只有依靠科技创新，形成更多具有自主知识产权的关键技术，打造更多具有核心竞争力的高端产品，才能在日益激烈的竞争中立于不败之地和抢占行业发展制高点。在此背景下，河钢提出全面实施“技术升级”行动，旨在依靠科技创新和技术进步，彻底摈弃以高投入、高成本换取高端产品的发展模式，完成从高端装备弥补工艺缺陷到技术升级挖掘装备潜力、降低生产成本的华丽蜕变，实现科技创新引领，打造竞争优势[5-11]。

至此，河钢进入了“技术升级”新发展阶段，是河钢依靠技术激发企业潜能，厚植企业“底座”，实现内涵式增长、高质量发展的重要阶段。将彻底摆脱对硬件投资的依赖，持续加大对研发体系、工艺完善、技术迭代、材料革新、人力资源等创新要素的投入。以科技创新和技术进步为推手，充分释放现有装备、人才、产品等资源潜力，以提升技术“软实力”为支撑，构建新的比较优势和核心竞争力；以增强产品盈利能力为核心，打造极具可持续发展能力的品牌优势、竞争优势。

2 技术升级的目标

技术升级是河钢贯彻新发展理念的重要战略，其内涵是培育高端特色产品，提升产品价值内涵，引领绿色低碳发展，推进智能制造示范，建立新的比较优势，打造核心竞争力。在技术升级新发展阶段，河钢将以市场需求为导向，以技术创新为引领，在持续推进“两个结构”优化的同时，依靠技术手段全面推进“降成本”和“提售价”两大核心任务，向产品端要效益，加快构建新的比较优势和竞争实力，推动河钢转型升级和高质量发展。

通过技术升级，河钢在2022—2025年拟达到的总体目标是：创新驱动发展取得显著成效，科技创新实力跃居行业领先水平，关键核心技术实现重大突破，产品质量档次迈上新的台阶，低碳绿色引领行业发展，智能制造树立行业典范，科技人才素质稳步提高，拥有一大批具有全球影响力的重大专有技术，形成自有核心技术的集成和复制能力，经济效益迈入国内前列，国际竞争力大幅提升，技术升级成为引领集团跨越式发展的总引擎。

3 技术升级的路径

3.1 提升产品核心竞争力

以技术升级为总牵引，深入推进产品结构调整，布局梯队产品系列、打造八个精品板块、提升产品价值内涵，培育用户口碑和品牌效应。

3.1.1 布局梯队产品系列

以现有或具备潜质的优势产品为基础，重点培育一批展现科技创新高度的特色战略产品、一批具有高创效能力的高附加值产品和一批具有竞争优势的常规产品，形成特色鲜明的全系列和梯队化产品。实现高创效品种比例达到50%以上，高潜能品种达到12%以上，国内新发首发产品40个以上；汽车板产量突破900万吨，家电板产量达到450万吨；培育巩固高强汽车板、涂覆家电板、高品质轴承钢、海洋工程用钢等一批优势产品和单项冠军产品，在产品细分领域树立专业品牌。

3.1.2 打造八个精品板块

进一步发挥各生产基地的优势特色，增强协同作用，提升产品竞争力，形成八大精品板块的战略布局。

（1）高端冷轧产品板块。以高端、高品质冷轧镀锌板为方向，开展以高级别汽车板、家电板为代表的冷轧产品的研发生产和提质上量。实现汽车板产品批量进军高端汽车领域，外板产品质量进入国内第一梯队；增强家电板品牌引领优势；保持中国第一大家电用钢和第二大汽车用钢供应商。

（2）高竞争力热卷产品板块。以“人有我优”为方向，攻关低成本、高稳定性工艺路径，开发高强化、个性化、高附加值产品，丰富产品功能、完善产品系列。形成轻量化汽车结构用钢、集装箱用钢、货车厢体用钢、高强度工程机械用钢、薄规格耐磨钢、特殊服役用管线钢等特色产品集群。

（3）精品中厚板产品板块。围绕国内首发和替代进口，面向石油化工、海洋工程、工程机械、能源工程、国防装备等高端装备制造和能源领域，打造海洋工程用钢、超低温环境用钢、压力容器用钢等具有河钢特色的第一、唯一系列产品，以工程示范进一步巩固中厚板、特厚板领域的产品优势，引领行业产品发展方向。

（4）优质长材产品板块。在普材领域，重点开展工艺降本和质量提升攻关，保持在国家重点工程、核电项目等领域的竞争优势；在特色产品方面，在大型角钢、矿用钢、钢板桩、高速钢轨等特色产品领域，加快系列化、专业化、差异化、定制化研发，进一步提升市场占有率，保持大角钢的第一品牌优势和重轨、钢板桩、矿用钢的产品优势。

（5）高品质特殊钢产品板块。重点完善品种系列和提升实物质量，在高端轴承钢、汽车齿轮钢、帘线钢、高品质工模具钢、工程机械用钢等为代表的高端特钢领域，推进产品品种系列的进一步完善和产品质量等级的大幅提升，达到特钢棒线材行业国际领先水平，树立起国内外高品质特殊钢的品牌优势地位。

（6）彩色涂覆板产品板块。重点针对家电板领域，攻关高端涂覆层金属板生产和应用技术，开展抗菌抗病毒彩板、耐高温高耐蚀彩板等高性能高功能涂覆板及以 PCM、DVM 等为代表的新一代家电外板产品研发，强化家电彩板工程美学和工程应用技术研究，实现全球家电涂覆板份额第一和技术国际领先。

（7）食品级包装材料板块。围绕“镀锡板品牌化”“金属包装全覆盖”，重点打造华北地区最大的冷轧镀锡板深加工基地，持续提升食品类镀锡产品比例，实现 K 板、J 板等 5.6 以上高镀锡量产品及镀铬板产品的开发和批量生产，进军高端钢制两片罐市场，金属包装材料进入国内第一梯队。

（8）特色钒钛产品板块。以建设钒钛新材料产业园为契机，实施储能及航空级高纯钒材料、多元钒系合金、钒电池成套装备、钒系 SCR 催化剂、钛合金粉末材料及零部件等 8 个重点项目，实现钒钛产品向航空航天、海洋工程、新能源等战略性新兴领域拓展，建成我国北方钒钛新材料产业发展基地。

3.1.3　提升产品价值内涵

（1）提升产品质量稳定性的价值。围绕影响产品质量的关键因素，从技术方案、工艺规程、岗位操作等方面开展针对性攻关，同时持续推进对标行动，深化对标成果，进一步规范工艺执行，强化提升标准化智能化操作，以点带面，实现产品质量稳定性的提升，带动产品体验价值提升。

（2）体现产品尖端化差异化的价值。以现有品种为基础，在家电、化工、工程机械、重型装备等领域，衍生开发诸如具备良好美观度的覆膜产品、优异加工性能的易切削产品、服役极寒环境的耐低温产品等不同价值需求的、与同行差异化的或行业领先的新产品，以附加特殊性能和领先优势提升产品价值。

（3）延伸产品深加工的附加价值。以满足客户需求为目标，进一步发挥加工配送中心作用，为终端用户提供一站式服务、近终型供应的深加工产品，延伸产业链、获取价值链，提高产品的附加价值。

（4）拓展产品的品牌价值。实施品牌发展战略，建立完善品牌培育推广机制，在汽车钢、家电板、中厚板、特钢、钒钛等多个细分专用领域巩固已有品牌、培育知名品牌、打造世界品牌，建设形成产品品牌矩阵，不断提升产品的品牌价值。

3.2　强化技术引领支撑作用

通过技术升级，解决制约产线质量效能提升、影响用户体验的关键共性技术问题，同时推进前沿引领技术的研发应用，加快推动科技创新转化为产线生产力和竞争力。

3.2.1　关键共性技术

（1）矿山工序，开展“安全、经济、高效”的采矿、选矿实用与前沿技术研发应用，重点加快以“提铁降杂”为核心的高质量铁精矿选矿技术研究，磁铁矿精矿品位平均达到 66.6%以上，SiO_2 含量（质量分数）在 5.9%以下，钒钛磁铁矿精矿品位平均达到 63.1%以上，主要技术经济指标位于国内先进行列，整体工艺技术达到国内先进水平。

（2）铁前工序，围绕“稳产、降本”进行技术攻关和系统优化，加快烧结系统漏风综合治理、低碳厚料层烧结、高比例球团冶炼、高炉用焦结构优化、高炉智能炼铁等技术研究推广，在保证高炉顺产稳产的基础上，重点推进提煤降焦，实现低能耗、低成本炼铁。高炉球团比例达到40%，燃料比、喷煤比等主要技术经济指标达到国内领先水平。

（3）炼钢工序，围绕“洁净、高效”推进低铁钢比冶炼、连铸高拉速、洁净度控制、智能炼钢等技术攻关，同时加快中间包加热、电磁旋流水口等新技术应用研究，促进铁水消耗降低、转炉终点控制能力增强、铸坯质量提高和生产效率提高等，实现“高效率、低成本、高质量、稳定性”。

（4）轧钢工序，围绕“提质、增效”强化产品表面质量、板形、尺寸精度控制技术研究，解决典型产品边部质量、心部质量、表面质量问题，实现产品表面、板形、性能等综合技术指标达到国内先进行列；同时加快推进热送热装、直接轧制、DQ 等工艺应用，实现能耗、成本的有效降低和效率、效益的大幅提高。

3.2.2 用户应用技术

深入开展用户应用技术研究，具备为客户开展先期介入、定制化服务、近终型服务、一站式服务和提供整体解决方案的能力。

（1）完善用户服务准备技术。加快成型、焊接、涂装、计算机仿真、轻量化、氢脆、家电等专业化用户服务实验室建设，强化用户技术服务基础；建立和完善材料数据库，并逐渐将数据延伸至全系列产品，为用户技术研究提供全方位的数据支持。

（2）深化材料性能服役技术研究。开展材料成型、材料连接、表面涂镀与防腐、疲劳耐久等领域应用技术研究，形成材料成型特性表征与应用、可焊性评价及工艺优化、多工况复杂服役条件下的腐蚀防护、构件结构疲劳分析等用户技术支撑能力。

（3）提升 EVI 服务能力。以汽车钢、家电板为重点，全链条提升 EVI 服务能力。汽车钢方面积极开展材料成型、激光拼焊、高端零部件加工等近终型产品工艺研究，具备从材料选型、加工制造到模具设计的全流程服务能力；家电板方面强化与海尔的战略合作，进行终端产品设计、策划和布局，以满足市场多样化的需求，持续提升用户体验。

3.2.3 前沿引领技术

有序推进前瞻性、颠覆性技术的储备研发和布局，形成工程示范，实现行业引领。

（1）实现钢铁行业工艺流程优化。以冶金流程工程学理论为指引，从铁前—炼钢—连铸—轧钢实施全流程工序功能集解析优化、工序关系集协调优化和流程工序集重构优化，通过物质流、能量流、信息流的协同优化，构建信息物理融合系统，实现产线连续紧凑、动态有序和稳定运营，建成国际领先的新一代流程钢厂和绿色化智能化工厂典范。

（2）推动智能化炼钢[12]工艺革新。加快转炉底吹氧底喷粉炼钢新技术开发及应用示范，推进炼钢技术潜能和工艺、装备、信息化的深度融合，推动洁净钢生产、智能化炼钢、质量提升等全系统技术变革，形成国内领先的炼钢变革性技术体系，引领行业发展方向。

（3）开展氢冶金颠覆性炼铁技术研究。率先实施以焦炉煤气为还原气体的氢冶金示范工程，研究采用氢基竖炉还原炼铁技术实现绿色低碳炼铁工艺，为钢铁行业短流程炼铁探索新途径；研究高炉炼铁富氢碳循环技术，改变炼铁还原工艺和碳足迹，降低碳排放。

（4）打造钢铁全流程的“工业大脑”和“透明工厂”。依托自动化信息化基础，深入挖掘先进装备的技术潜力，推进人工智能技术与生产过程的深度融合，构建钢铁行业智能无人装备技术体系，解决智能制造瓶颈和制约问题，引领钢铁工业重点工序无人化发展方向。

3.3 践行绿色低碳发展

通过技术升级，聚焦低碳绿色、节能减排和资源循环利用技术研究应用，在污染物治理、水资源利用、固废资源化、低碳冶金、绿色能源领域打造新的领先优势，持续引领钢铁行业绿色发展。

3.3.1 实施低碳发展战略

（1）践行新发展理念，在行业内率先发布并实施低碳技术路线图，按照 2022 年实现碳达峰，2025 年实现碳排放量较峰值降 10%以上，2030 年实现碳排放量较峰值降 30%的目标，在工艺、能源、材料领域实施技术创新，推动低碳发展路径，保持在低碳绿色领域的领先优势。

（2）开展低碳冶金技术研发，开展氢冶金革命性技术研究应用，建成全球首例 120 万吨以焦炉煤气为还原剂的氢冶金示范，研究富氢气体直接还原技术，建设氢能利用研发中心，探索可再生能源电解水制绿氢的氢冶金技术链，并新建 2 座 130 万吨氢冶金工程，氢冶金规模达到 380 万吨。发展全废钢电炉短流程冶炼，提升短流程炼钢产能规模达到 1000 万吨。推广高比例球团冶炼技术，探索高炉炉顶煤气循环技术等重点降碳技术的研发与工程示范。

（3）积极开展钢铁行业固碳、负碳技术研发应用，完成 8 万吨/年低浓度 CO_2 捕集利用与封存示范和万吨级钢渣固化 CO_2 示范中试示范。

3.3.2 研发全流程节能减排关键技术

（1）持续开展全流程烟气减污降碳技术研发与应用。在常规污染物稳定达标基础上，研究 VOC、CO 等非常规污染物超低排放。焦化工序冷鼓、粗苯、硫铵等工段开展 VOCs 治理技术研发，建设示范工程；烧结工序推进烧结烟气循环技术研发应用，提高循环比例为 35%～40%。炼铁工序开展高炉煤气精脱硫技术研发，实现高炉煤气脱硫效率>90%，出口总硫浓度<30 mg/m^3。炼钢工序开展电炉烟气污染物减排与电炉节能综合治理技术研发，建成示范工程。

（2）实现水资源高效利用及废水零排放，探索非常规水资源开发利用。开展浓盐水、焦化废水等重点废水资源化回用、循环冷却水等关键耗水单元的节水技术研发，加强海水淡化，城市中水等非常规水源的利用，实现水资源循环利用率 98.5%以上，吨钢耗水量下降到 2.1 t 以下，实现废水零排放。

（3）提高绿色能源利用比例，构建全流程能源转化体系。开展太阳能、风电、生物质能等绿色能源开发利用技术研究，实现绿色能源年发电量超 45 亿度。

3.3.3 突破固废资源循环利用技术

实现高炉渣钢渣深加工利用率、尘泥协同处置率均达到 100%；电炉灰脱锌率大于 90%，再利用率达到 100%；实现大宗固废高附加值、协同处置、建材化利用，打造国际领先的京津冀固废综合利用示范企业。

3.4 树立智能制造典范

按照“信息化、模型化、智能化”的升级路线，以补短板、强基础、建示范为重点，通过技术升级，推进人工智能、工业机器人、5G 等前沿技术在关键场景应用的单点突破，推动新一代信息通信技术和钢铁的深度融合，以产线智能化赋能产品品质和生产效率指数级提升。

3.4.1 打造智能化示范工厂

重点打造河钢唐钢、河钢邯钢和河钢石钢 3 个智能制造示范工厂。

（1）河钢唐钢发挥装备流程优势，以物质、能量、时间、空间、信息“五维”动态甘特图为核心，推动新区整体园区工艺流程运行规则的最优化和园区能力的系统提升，打造“绿色化、智能化、品牌化”的新一代全流程智能工厂典范。

（2）河钢邯钢邯宝产线发挥先进装备优势，构建铁—钢—轧全流程工业互联网平台，开发一批基于“机理 + 数据”的 AI 智能化模型，实现全流程生产组织的智能优化协同，建设自学习、自组织、自配置和自优化的智能工厂。

（3）河钢石钢发挥特钢短流程优势，围绕数字化工厂总体规划设计，研究探索智能装备及机器人集群化生产、基于区块链的钢铁物流产业技术、5G 智慧工厂以及人工智能等新兴技术在钢铁场景应用，打造国内钢铁短流程智能工厂样板。

3.4.2 实现智能化整体提升

按照“统筹推进、示范带动、全面提升”的原则，根据不同产线特点，制定针对性提升措施，实现产线智能化水平的整体提升。

（1）补齐信息化短板。重点针对自动化信息化程度较低的产线，通过健全底层感知设备配备、完善关键操作数字控制，打通关键运营信息传递，实施自动化信息化改造，以达到行业主流水平。

（2）强化模型化基础。统筹优势资源，加快形成一批有实效、可推广、可迭代的机理模型和数据模型，实现产线的多层次闭环控制，具备向智能化进阶的模型基础。重点开展工业机器人等智能装备的研发应用，推进人工智能技术在个性化生产、新产品设计、组织性能预测、全流程工艺参数优化、质量检测等领域的应用，实现关键场景的单点突破。

（3）建设一批示范产线。在建设 3 个智能制造示范工厂的基础上，重点推进河钢唐钢高强汽车板、河钢承钢 1780 产线、河钢舞钢 4100 产线、河钢衡板六辊可逆 HC 冷轧产线、河钢新材合肥彩涂产线等具有行业影响力和可推广价值的示范产线建设，大幅提升产线精准制造和柔性制造能力。

3.5 助推新兴产业发展

3.5.1 数字经济

围绕“将产业链、供应链打造成价值链”和“产业数字化、数字产业化”，充分挖掘钢铁产业链数据价值，建立基于数据资源链接与数据价值共享的产业生态圈，培育壮大以数字经济为导向的产业金融板块，力争实现“万亿级流量，百亿级创效”。在技术研发方面，重点在工业大数据技术基础上，深入研究物联网核心技术，倾力打造“云—管—边—端”的工业物联体系能力；研究人工智能技术与钢铁工业场景的结合，打造工业 AI 应用产品；打造集大数据、边缘计算、物联网为一体的综合性服务平台，持续研发行业级工业软件，具备面向产线数字化、供应链协同、产业聚集区等场景的数字化服务能力；为数字经济发展提供强大技术支撑。

3.5.2 智慧物流

重点实施港口的信息化提升，发展“互联网 +物流”，推进互联网、物联网、电子商务技术与物流系统的深度融合，构建以信息技术为核心的现代化物流体系，建设综合型物流业务协同系统，形成“一站式”物流服务平台，实现作业货种、泊位计划、堆场位置等港口资源可视化，提高现场作业效率和安全、环保管控水平，全力打造智慧港口，实现港口货物吞吐量达到3000 万吨，多式联运业务初具规模[13]。

3.5.3 冶金技术服务

重点提升关键备件制作与维修、设备状态监测、分析及全生命周期管理、在线及离线服务、连铸及轧机无忧运行服务、工业机器人等关键技术能力，推动核心业务，拥有核心产品，形成覆盖北方地区最大的冶金行业高端零部件制造商与工业技术服务商，建成智能装备整体解决方案服务商及智能运维平台。

3.5.4 氢能利用

研发低成本可再生能源制绿氢和高品质工业副产气制氢成套技术[14]，掌握氢气的制、储、运、加、用等环节关键技术，形成全能利用全流程技术体系，搭建起氢能运营平台，助推实现以氢能产业链为主业的高科技绿色能源上市公司，达到运营 10000 辆新能源车和30 座加氢站的产业规模，打造氢能产业可持续发展的示范模型。

3.5.5 增材制造

以增材制造粉末为突破口，研发注射成型、3D 打印、等离子熔覆、激光熔覆等全粒度金属粉末，进一步丰富粉末制备能力。在气雾制备金属粉末行业形成铁基、钴基、高温合金、钛基合金和铝基合金等全系列产品。同时在增材产品端拓展等离子、熔覆等表面工程技术在高铁、军工、钢铁、石油化工、工程机械、矿山等领域的应用，培育钛合金、镁铝合金 3D 打印设计与生产能力，实现 3D 打印产品在航空航天领域的稳定批量供货。

3.5.6 废钢资源

推进从基地设计、自动分选、智能验质、加工处理、高效熔化等废钢利用全流程技术体系的形成，支撑电炉短流程冶炼的发展，助力废钢资源业务的开辟和拓展，形成 1000 万吨的加工规模，1500 万吨的贸易量。

3.5.7 绿色能源

研发新兴储能技术，解决风、光发电波动大对使用端的冲击，形成稳定的发—储—用产业链条。以风、光可再生能源发电为切入点，大规模汇聚钢铁主业厂区可调电力负荷资源（充电桩、空调、海水淡化等)，实现聚合规模化的协调优化运行，建成集建、管、运、研一体化的绿色能源管理平台。

4 保障措施

4.1 创新人才引进、培养和激励机制

推进选人用人市场化、人才培养效能化、薪酬分配差异化等重点工作，形成数量充足、结构合理、素质优良的人才队伍，为技术升级提供持续源动力。

(1) 创新人才引进机制。探索建立联合培养、挂职挂岗、项目合作等柔性引才机制，持续完善和扩大市场化高端急需人才选择范围和引进方式，加强与社会化专业机构合作，

建立人才资源池，掌控一大批可供选择的优质人才资源，加强人才引进力度。

（2）创新人才培养机制。针对性设计各层次人才成长模型和培养体系，加速提升人才的综合素质，加强人才梯队建设。深化与国内外著名高校合作，积极开展专项培训、学历深造、海外访学等实践锻炼，以培养国际化专业化技术人才。

（3）创新人才激励机制。健全差异化薪酬分配机制，坚持按劳分配原则，完善按要素分配的体制机制。探索建立中长期激励机制，规范技术序列岗位设置和职数管理，健全和完善专家评聘工作制度，拓宽发展通道，推动人才培养、使用、发展的有机统一。

4.2 充分发挥研发平台作用

推动与科研院校、优秀企业等合作新建研发平台并发挥作用，全球研发平台达到50家，实现河钢智力资源的全球化配置，为技术升级提供智力资源保障。

科研院校平台注重基础研究，围绕国家重大需求和集团发展需要，在新材料研发与应用、绿色制造、智能制造等领域开展国家、省级重点专项研发合作，谋求技术突破，引领行业发展；高端客户平台注重应用研究，瞄准解决客户痛点和行业难点问题，推动新产品开发和应用技术研究，实现与客户产业链的无缝衔接，拓展产品应用领域。院士、博士后工作站注重科技创新，发挥人才优势和纽带作用，促进重大科技成果转化，增强自主创新能力。

4.3 完善科技创新体制机制

整合优化科技资源配置，以战略性需求为导向完善科技创新体制机制，加快构建以河钢集团钢研总院为引领的战略科技力量，打造优势互补、资源共享、协同创新、一体化运行的科技创新模式。

健全和完善科技项目管理机制，推行“项目制”管理模式。优化科技创新工作布局，强化科技项目顶层设计；优化科技项目立项和组织管理，做好授权赋能，加强统筹协调；完善科技项目评价机制，坚持结果导向，强化效果评价；完善科技项目激励机制，强化正向激励，激发创新活力。

4.4 加大科技研发投入强度

完善科技投入稳定增长机制，持续加大在产线瓶颈技术、前沿引领技术、冠军产品研发、低碳绿色、智能制造等方面研发投入，实现科技研发投入占主营业务收入比例达到2.3%以上，创新型企业达到3.2%以上。健全科研经费使用和管理制度，进一步完善科研经费的归集和管理，保障经费使用的科学规范、公开透明，为技术升级提供强有力的资金保障。

4.5 营造浓厚的学术氛围

搭建更广阔的学习平台、创造全新的开放式交流环境、营造浓厚的学术氛围。通过主办承办国际国内大型学术会议，定期邀请院士、高校名师、行业专家开展专项讲座，鼓励科技工作者积极参加技术交流、学术会议，并进行主题宣讲或担当角色，及时捕捉行业新工艺、新技术，为实现技术引领提供广泛的信息源，助力科技工作者成长成才，加快实现由服务向引领的角色转变，促进河钢在冶金行业学术影响力的提高。

5 结束语

技术升级是河钢集团在新发展阶段实施的重要战略，是推动实现可持续高质量发展的关键举措。其核心是依靠科技创新和技术进步推动企业发展，打造新的比较优势，提高核心竞争力。河钢将在产品研发、技术创新、绿色发展、智能制造、人才培养等方面持续发力，实现产品竞争力大幅提升，技术引领支撑作用显著增强，绿色低碳引领技术发展，智能制造树立行业典范，自主创新能力全面提升，科技人才数量质量同步提升，科技创新生态更加优化。

通过技术升级，河钢“建设最具竞争力钢铁企业”的步伐将进一步加快，也将为推动我国钢铁行业科技创新和高质量发展贡献河钢智慧和河钢方案。

参 考 文 献

[1] 于勇．世界钢铁进入中国时代［R］．哈尔滨，2021.

[2] 刘臣，叶恒棣，魏进超，等．钢铁工业炼铁工序绿色低碳技术浅析［J］．烧结球团，2021，46（6）：1-7，26.

[3] 刘鹤．必须实现高质量发展［N］．人民日报，2021-11-24（6）.

[4] 陈程，李文远，马东旭，等．技术创新增强钢铁行业发展动力［J］．冶金经济与管理，2021（4）：16-18.

[5] 王新东．创新驱动发展科技引领未来——河北钢铁集团科技创新发展战略［J］．河北冶金，2015（6）：1-4.

[6] 王新东．以“绿色化、智能化、品牌化”为目标规划设计河钢唐钢新区［J］．钢铁，2021，56（2）：12-21.

[7] 王新东．科技创新助力河钢打造最具竞争力钢铁企业——河钢“十三五”科技创新回顾［J］．河北冶金，2021（3）：1-11.

[8] 王新东，李建新，刘宏强，等．河钢创新技术的研发与实践［J］．河北冶金，2020（2）：1-12.

[9] 王新东，李建新，刘宏强，等．深度融合的全球研发平台的构建与成效［J］．河北冶金，2019（10）：1-7，50.

[10] 王新东，李铁，张弛，等．河钢唐钢新区数字化绿色智能工厂的设计与实施［J］．河北冶金，2021（7）：1-6.

[11] 王新东，杨晓江，张倩．河钢唐钢新区品牌化工厂的设计与建设［J］．河北冶金，2021（9）：1-7.

[12] 李晓．我国炼钢工艺低碳技术发展方向［J］．冶金经济与管理，2019（4）：21-24.

[13] 张毅，郭宇．打造供应链管理一站式数字化平台［J］．施工企业管理，2021（5）：40-41.

[14] 赵梅梅，吴永国，王振华，等．氢产业现状及展望［J］．煤炭加工与综合利用，2021（12）：53-57.

科技创新助力河钢打造最具竞争力钢铁企业——河钢“十三五”科技创新回顾①

王新东

（河钢集团有限公司，河北 石家庄 050023）

摘　要：河钢集团以建设最具竞争力钢铁企业为目标，面向世界科技前沿、面向经济主战场、面向国家重大需求，加大研发投入，实施产品升级，推进结构调整，引智创新资源，突破前沿技术，依靠科技创新践行高质量发展和可持续发展。“十三五”期间，河钢研发体系进一步健全和完善，产品升级和结构调整取得巨大进步，科技实力和创新能力显著增强，钢铁绿色制造实现行业引领，科技成果取得重大突破，河钢技术竞争力和行业影响力大幅提升。

关键词：十三五；科技创新；前沿技术；竞争力；发展方向

0　引言

“十三五”期间，我国钢铁工业依靠科技创新引领行业高质量发展，为打造制造强国奠定了坚实基础。河钢集团以建设最具竞争力钢铁企业为目标，以强烈的担当意识和社会责任感，大力实施创新驱动发展战略，紧紧围绕“市场”“产品”两大主题，担当国家角色，引智创新资源，加大研发投入，实施产品升级，推进结构调整，突破前沿技术，践行创新发展、高质量发展和可持续发展，河钢行业影响力和核心竞争力取得质的飞跃[1]。用技术创新引领和支撑企业高质量发展，为“十四五”开局奠定了坚实的创新基础。

1　河钢概况

河钢集团是全球最大的钢铁材料制造和综合服务商之一，“十三五”末集团拥有一级子公司30余家，全球拥有员工11.2万人，其中海外员工1.3万人。以钢铁材料为主业，横跨矿山资源、金融证券、现代物流、钢铁贸易、装备制造、新兴产业等板块。2020年实现营业收入3630亿元，位列世界企业500强第218位；在MPI中国钢铁企业竞争力排名中获“竞争力极强”最高评级；2016年获得了世界钢协颁发的可持续发展卓越奖；是世界钢铁协会会长、中国钢铁工业协会轮值会长单位。

河钢拥有3个国家认定企业技术中心、6个省级认定企业技术中心，7个通过CNAS认可理化试验室，12个省级工程技术研究中心和联合实验室，5个博士后科研工作站，6个院士工作站。拥有省高端人才3人，省管优秀专家11人，享受国务院政府特殊津贴专家16人，省杰出专业技术人才1人，省政府特殊津贴、“三三三”一、二层次60余人，

① 原文发表于《河北冶金》，2021（3）。

博士 113 人，硕士 2628 人、专科以上学历职工达到在岗职工的 43.1%；高级职称人员占专业技术人员的 16.5%；河钢中试基地配备了先进的理化检测仪器和国际一流的中试试验装备，为科技创新奠定了基础[2,3]。

2　河钢“十三五”科技创新进展

2.1　健全完善了双架构协同研发体系[4-7]

河钢充分发挥各级研发机构的自身优势，建立河钢钢研与子公司两位一体、优势互补的双架构研发体系，以创新体制机制为动力，以实施重大科研课题为抓手，以人才队伍建设为支撑，逐步形成了要素完备、协同互补、资源共享、运行顺畅的技术研发体系和科技创新体系。

2.2　打造了极具特色的全球研发创新平台

河钢积极探索产学研用协同合作新模式，汇聚全球创新要素，以共建研究机构的管理创新，建立了更加包容、开放、深度融合的全球协同创新平台。集团先后与国内的中国科学院、中国钢研集团、东北大学、北京科技大学、重庆大学、燕山大学、华为公司、海尔集团、上海电气，国外与澳大利亚昆士兰大学、伍伦贡大学以及西门子、普锐特、浦项等国外一流科研院所、著名企业以实体化运作和项目合作的形式建立了 30 个全球研发创新平台，每年在产线工艺、高端产品、重大装备、前沿技术领域开展约 60 项产学研合作项目，见表 1。

表 1　河钢主要全球创新研发平台

序号	平台名称	合作单位	类别
1	河钢东大产业技术研究院	东北大学	国内平台
2	河钢-北科大钢铁绿色制造协同创新中心	北京科技大学	国内平台
3	河钢-重大西南研究院	重庆大学	国内平台
4	氢能技术与产业创新中心	中国工程院战略咨询中心、中国钢研科技集团、东北大学	国内平台
5	高品质钢铁材料制备应用联合研发中心	燕山大学	国内平台
6	河钢-昆士兰可持续钢铁创新中心	昆士兰大学	国外平台
7	河钢-伍伦贡应用技术创新中心	伍伦贡大学	国外平台
8	瑞典皇家冶金研究院战略合作	瑞典皇家冶金研究院	国外平台
9	河钢-海尔家电用钢创新研发中心	海尔集团	用户研发中心
10	河钢-上海电气金属材料研发中心	上海电气集团	用户研发中心
11	河钢-恒大国能汽车新材料研发中心	恒大国能新能源汽车	用户研发中心
12	河钢-中集集装箱材料研发中心	中集集装箱	用户研发中心
13	河钢-中国汽研汽车用钢研发中心	中汽工程研究院	用户研发中心
14	工业互联网赋能钢铁智能制造联合创新中心	东北大学、华为	互联平台
15	河钢西门子物联网赋能中心（增材制造联合实验室）	西门子	互联平台
⋮			

“十三五”期间，河钢研发平台从铁前—炼钢—轧钢—产品全工序，梳理了产线亟待解决的问题，累计实施了全流程的产线诊断和攻关课题 107 项，累计创效 23.7 亿元。实施的烧结配矿优化、下渣新工艺、板坯轻压下、无缺陷连铸坯、氧化铁皮控制等一大批课题，解决了产线的瓶颈问题，有力推动了集团产品质量和产线效益的提升。特别是以大线能量钢、海工钢为代表的 10 余类领先产品研发和 300 mm 厚淬火装备、板坯重压下等国际“第一”“唯一”技术的研发，进一步提升了集团的竞争力和影响力。与昆士兰大学、伍伦贡大学、瑞典皇家冶金研究院等国外平台，开展的新型高强汽车板深加工、低碳环保技术、氧化物冶金以及板型控制等前沿性课题，取得了国际领先的阶段性成果。河钢与院校的深度合作，解决了一批关键共性瓶颈问题，形成了一批行业引领技术，推动了技术进步，极大地提升了河钢科技竞争实力和国际影响力。

2.3 产品升级和结构调整取得历史性突破

“十三五”期间，河钢集团产品档次和品种结构实现了全面提升，成为我国核电用钢、海洋工程用钢、高强建筑结构用钢、锅炉及压力容器用钢、高强含钒抗震螺纹钢筋、高强耐候铁塔用钢市场的第一品牌。“十三五”以来，高技术含量、高附加值的品种钢比例由“十二五”末的41%提升至75%，高端产品量由545 万吨提升到2300 万吨，其中汽车钢从220 万吨提升至 700 万吨，家电钢从 80 万吨提升至 400 万吨，锌铝镁、铝硅等特殊涂层产品从无到有，产量突破 10 万吨，河钢稳居第一大家电板、第二大汽车钢供应商。高韧海工钢、加钒铬钼钢、功能性锌铝镁镀层等 30 余个新产品填补国内空白。高端产品广泛应用于港珠澳大桥、“华龙一号”核电站、“天眼”工程、国产大飞机、极地重载运输船等系列重大科技和工程项目，在铸就“大国重器”中彰显了“河钢品牌”。

（1）家电板。河钢成为国内第一大家电板生产企业，实现了家电板产品全覆盖。建成行业首家用户 NPI 体验测试中心，为用户体验升级提供具象化的展示体验基地。家电彩板、锌铝镁新型镀层、先进涂层等一批高端产品，引领了家电彩钢的产品发展方向。特别是河钢新材为海尔高端家电定制开发的 PPM、DVM 系列产品，攻克岩石系列印刷彩板外观和触感不稳定的技术难题，开发拉丝不锈钢表面彩涂和数码喷绘技术，摩尔印记数码喷绘 DVM 不锈钢钢板和洗衣机用高拉伸晶钻紫印刷彩板应用于海尔卡萨帝品牌，为国内独家批量供货；抗菌原石系列印刷彩板为行业唯一，助力海尔卡萨帝鲜 + 原石套系荣获 2020 年红顶奖；洗衣机用高拉伸彩板海尔份额 100%，国内销量第一。

（2）汽车钢。通过补齐产品研发，提升产品质量，具备了汽车整车用钢的供货能力，特别是汽车面板的质量保证能力大幅度提升。2 GPa 热成型高强汽车钢填补了国内空白，镀锌汽车板实现向宝马、奔驰等高端合资企业的批量供货，第三代汽车用钢 QP1 180 成功下线，成为国内第二家具备该钢种生产能力的企业；开发了奔驰曲轴与发动机中心螺栓用钢、宝马拉杆用钢等高档轿车特钢系列产品，在商用车发动机曲轴制造领域，河钢国内市场占有率名列第一，是国内唯一供货国外高端商务车曲轴企业。

（3）高端中厚板。独家掌握国内最大的扁钢锭制造和国内唯一的双极串联电渣重熔核心工艺，具备品种、规格全覆盖的替代进口能力，其中在核电、能源化工、海工、军工等领域用超厚板，河钢在国内独家供货。国内首家开发 LNG 船用高锰钢，首创世界最大断面 H13 和 DIEVAR 模具钢；105 mm SA203GrE、大厚度 F 级海工高强钢板等产品替代进口；定制开发14个耐磨钢新产品NM360-NM600，稳定供货10多家高端客户，实现了极限厚度规格5~100 mm的全覆盖。

（4）特种棒材。河钢轴承钢、齿轮钢、弹簧钢的国内知名度进一步提升。研发的曲轴用非调质钢（V2908、S45CVMn）、变速箱轴用钢（44SMn28）成功替代进口，打破国外垄断。供高铁用弹簧扣件国内市场占有率50%，市场占有率第一。同时，河钢还是国内军用车辆动力和传输系统最大的特殊材供应商。

（5）百米重轨。河钢完善重轨质量管理体系，形成以高洁净钢冶炼、高均质连铸、高精度轧制等高品质生产工艺。研发的热轧重轨产品全部通过CRCC认证，实现了普速轨和高速轨“全覆盖”，并获得欧洲出口“通行证”（CRCC），成为我国唯一通过欧标认证的企业。U71Mn/U75V重轨产品在关键质量指标上显著优于国家标准要求，研发的350 km/h高速轨批量应用鲁南高铁、朝凌高铁等铁路建设。

（6）高端棒线材。燕山牌螺纹钢在国内建材领域享有盛誉，开发的特色战略产品超高强度精轧钢筋、HRB600E高强钢筋和耐腐蚀抗震钢筋等，巩固了河钢在螺纹钢领域的领先地位，在港珠澳大桥建设中，河钢提供的13.5万吨高强抗震螺纹钢筋用于技术要求最严的海底隧道巨型沉管建设，成功开发ϕ50 mm规格PSB930精轧螺纹钢，直供迪拜国家重要基础设施，用于关键部位。

（7）大规格优质角钢。河钢角钢产品实现了全系列和全覆盖，其中28~30号角钢为国内独家供货，市场份额占100%，大规格角钢产品广泛应用于国家重点特高压输变电工程建设。超6万吨角钢用于张北—雄安100 kV高压输电通道，助力雄安新区首条清洁能源大通道建设。国内率先成功研发Q355-Q420耐候角钢系列，力学性能及低温冲击性能优良，碳当量低，耐候性较普通角钢提高40%以上，并在国内建立了首个耐候角钢输电试验塔。

（8）优质钒钛。原创研发的具有自主知识产权的超纯钒技术，实现了钒产品短流程、低成本、高效率、清洁化生产。氧化钒产品拓展高端市场，99.5%高纯氧化钒产品应用于欧洲市场及国内军工、航天领域，99.9%超纯氧化钒及电解液产品供货日本住友及大连融科等高端客户。

2.4 产线技术进步和竞争力大幅度提升

河钢以制约集团和行业发展关键问题为抓手，研发了300 mm厚钢板淬火工艺装备、板坯凝固末端重压下、亚熔盐高效清洁提钒技术、棒线材免加热直接轧制等一批国际首创、国内“第一”“唯一”技术，系统解决了一批制约河钢产业升级、高质量发展的关键性、根本性技术问题，疏通了产线瓶颈，推动了河钢产品质量和产线效益的提升，提升了河钢的技术引领实力。

2.4.1 宽厚板连铸坯重压下关键工艺与装备技术

针对常规宽厚板连铸坯中心偏析与疏松严重，常规薄板坯无法生产厚钢板的行业难题，联合东北大学，研发形成了宽厚板连铸坯动态连续重压下工艺技术，发明了宽厚板连铸坯重压下核心装备，建成投产了首条可实现全凝坯连续、稳定重压下实施的宽厚板连铸坯生产线，该装备强力压下扇形段压坯能力较常规扇形段提升4倍以上，首次实现了凝固末端及完全凝固后单段压下≥18 mm，多段压下≥40 mm的突破；实现了用280 mm厚连铸坯稳定轧制 150 mm 厚满足三级探伤要求高层建筑用钢等高附加值厚板产品，形成了低压缩比生产高性能厚板产品的新流程，达到国际领先水平，获国家科技进步二等奖，如图 1 所示。

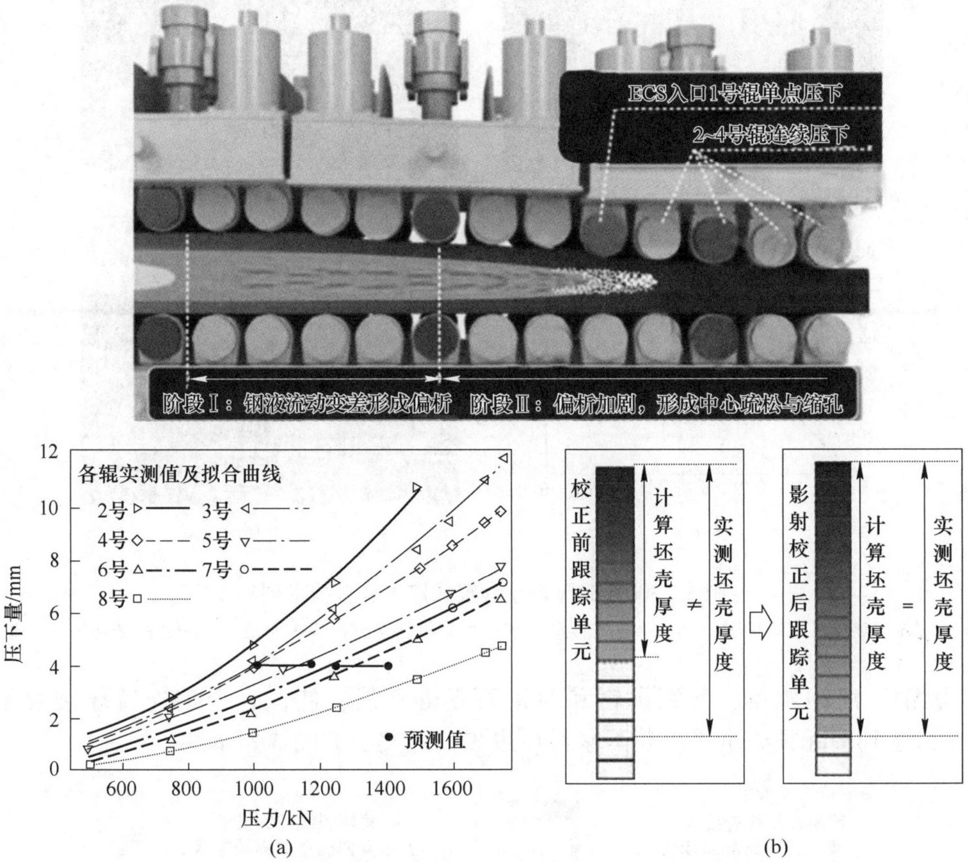

图 1　宽厚板连铸坯重压下关键工艺与装备技术

（a）压力与压下量坯壳厚度关系；（b）计算网格映射校正

2.4.2　300 mm 级特厚钢板辊式淬火装备技术

针对河钢舞钢生产大厚度容器钢、海工钢的厚度瓶颈，实施了世界首套 300 mm 级大断面特厚钢板辊式淬火装备，在特厚钢板表面高效率可控传热、断面温度梯度控制、大速比辊速高精度控制、抗冲击重载辊道、残水快速清除、钢板表面氧化铁皮去除等多个方面突破装备技术瓶颈，实现了最厚 300 mm、40~50 t 大断面特厚钢板高强均匀淬火[8,9]，淬火时间与传统浸入式相比缩短近一倍，淬火后板形、表面质量提高明显，填补了国际空白，获河北省科技进步奖一等奖，为大单重、大断面特殊用途厚板热处理产品的研发与应用奠定了装备技术基础，如图 2 所示。

2.4.3　微合金钢连铸坯角部裂纹控制关键集成技术

开发了连铸坯新型角部高效传热曲面结晶器（ICS-Mold）与铸坯二冷高温区角部晶粒超细化控冷新工艺与装备技术[10,11]，保障了微合金钢高质、高效与绿色化生产。实现了薄板坯、常规板坯、宽厚板坯、特厚板坯以及大断面矩形坯等全部坯型全覆盖，成功应用

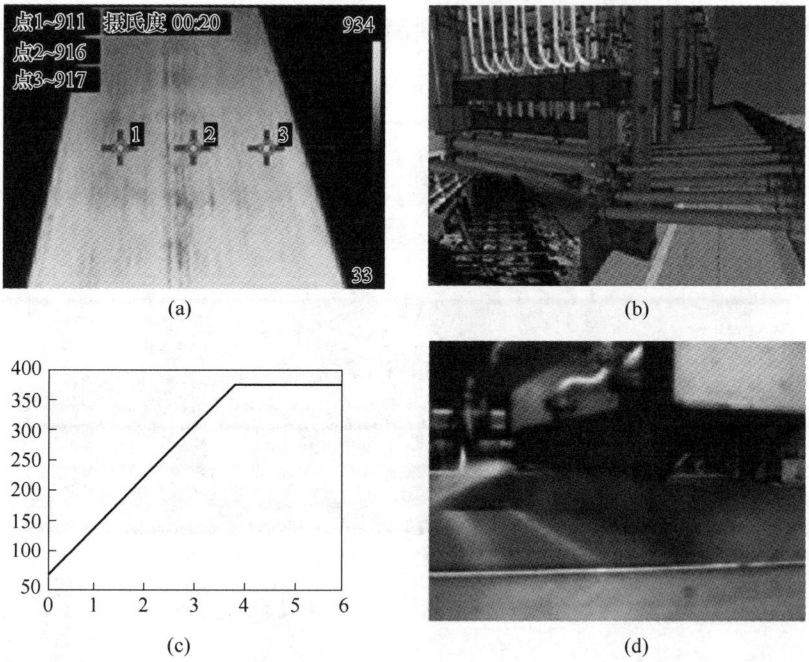

图 2　300 mm 厚板连续辊式淬火装备技术创新

（a）钢板加热温度控制精度；（b）大速比传动方案；（c）液压多缸同步控制精度；（d）高强均匀淬火效果

在河钢唐钢、河钢舞钢、河钢邯钢和河钢石钢等产线，使微合金钢连铸坯裂纹发生率 < 0.1%，达到国际领先水平，获国家科技进步二等奖，如图 3 所示。

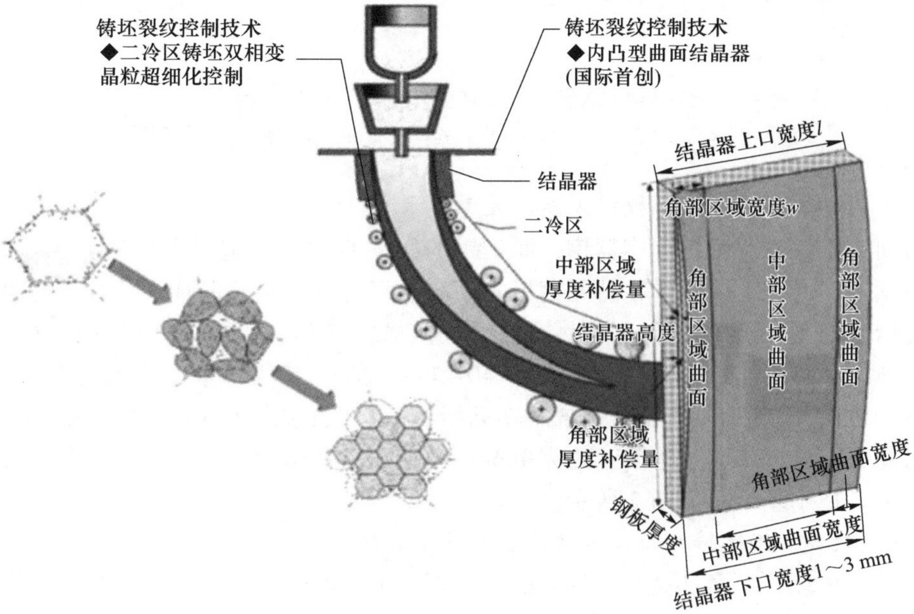

图 3　微合金钢连铸坯角部裂纹控制关键集成技术

2.4.4 转炉自动出钢技术

自主开发转炉自动出钢控制系统，该项技术达到国内领先水平。转炉自动出钢工艺，避免了由于人员判断不准确所引发的安全事故，为炼钢工序实现标准化生产提供了有力保证。河钢研发的控制模块借助对转炉出钢过程的微观流程分解，合理优化转炉出钢动作控制逻辑，对转炉倾动、出钢车、滑板挡渣以及合金下料电磁阀等进行了全自动联锁控制，具有改动小、投资小、易推广的特点。

2.4.5 亚熔盐高效清洁提钒技术

河钢联合中国科学院世界首创了“亚熔盐高效清洁提钒技术”[12]，实现了钒产品短流程、低成本、高效率、清洁化钒铬共提，建成世界首个年处理5万吨钒渣的钒铬共提清洁生产示范工程，入选中华人民共和国工业和信息化部2017年绿色制造系统集成项目名单，获河北省科技进步奖一等奖。钒、铬资源利用率分别提高10%、80%以上；反应温度由传统工艺的800 ℃降至150 ℃，能耗大大降低，无窑气排放；工艺过程新水消耗降低90%以上，无废水产生；实现了钒渣中伴生铬资源的高效提取，避免含铬固废的排放，引领世界钒钛磁铁矿资源高效综合利用和绿色转型，如图4所示。

图4 钒产品高效分离与清洁转化

（a）NaOH介质中钒酸钠溶解变化规律；（b）钒酸钠晶体形貌；（c）钒产品清洁转化原理

2.4.6 棒线材免加热直轧技术

河钢建设了螺纹钢直接轧制示范线，该示范线开发集成应用了多项小方坯连铸-轧钢界面技术，其工艺布局如图5所示，直轧率达到90%以上，实现炼钢-轧钢全流程负能制造，该示范线最高日产达到3200 t，全流程总体工序能耗达-15.36 kgce/t，90%的产品实现同批次性能差异20 MPa内，主要指标达到国际领先水平。该示范线的成功应用对国内同类产线有重大的借鉴意义。

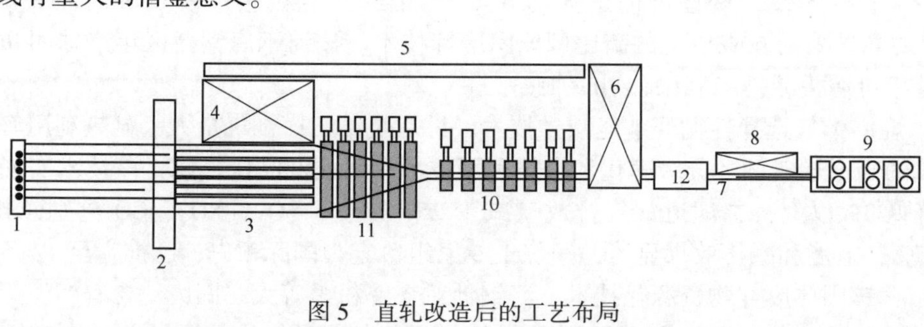

图5 直轧改造后的工艺布局

1—连铸机；2—火焰切割；3—出坯辊道；4—冷床；5—热送辊道；6—加热炉；7—加热炉出钢辊道；8—剔坯装置；9—粗轧机组；10—快送辊道；11—汇集辊道；12—电感应模块

2.4.7　钢锭补缩技术

针对大单重钢锭内部疏松的世界性难题，河钢与乌克兰巴顿研究所合作，通过等离子技术应用，给冒口补充送热，补偿金属的收缩，从而提高钢锭头部的质量，从根本上解决钢锭缩孔与疏松的技术难题，提高钢锭质量。目前该技术正在进行设备调试。

2.5　钢铁绿色制造技术实现行业引领

“十三五”期间，河钢累计投入 203 亿元，实施了 460 余项环保超低排放治理项目，推广应用了一大批节能减排新工艺、新技术，包括料场全封闭、烟气超低排放、烧结烟气循环、环保管控一体化平台建设等。行业内率先采用工业炉窑智能燃烧控制、发电机组冷端优化、焦炉煤气制取 LNG、焦炉上升管余热利用等技术，实现总能耗较 2015 年降低 2.81%。截至 2020 年年底，河钢吨钢综合能耗 580 kgce/t，较“十二五”末年节能量 73.9 万吨标准煤。主要烟气污染物吨钢 SO_2、烟粉尘、NO_x 排放量分别为 0.34 kg、0.38 kg、0.67 kg，较“十三五”预计目标超额完成 51.4%、24% 和 16.3%；吨钢取新水量 2.43 m^3，较“十三五”初期降低 14.13%；固体废弃物安全处置率达到 100%。

河钢在国内率先形成了钢铁行业绿色制造工艺技术体系，在源头减排、过程控制、末端治理方面实施了全流程前沿技术研发与应用，河钢唐钢、河钢邯钢已完成超低排放技术实施，在行业率先达到主要污染物超低排放标准，直接促成了国家超低排放标准的实施。研发的“钢铁行业多工序多污染物超低排放控制技术与应用”获得国家科技进步二等奖，入选 2019 年度“中国生态环境十大科技进展”。

2.5.1　绿色制造领先技术

（1）烧结烟气活性焦脱硫脱硝除尘一体化技术。河钢研发实施的烧结烟气活性焦脱硫脱硝除尘一体化技术，二氧化硫排放 < 10 mg/m^3，烟粉尘、氮氧化物排放量分别 < 10 mg/m^3和 < 50 mg/m^3，优于国家超低排放标准。该技术在河钢邯钢率先实现烧结烟气超低排放，被中国金属学会评价委员会认定整体技术达到国际领先水平。由此直接促成了国家在钢铁行业超低排放标准的制定和实施，该技术在国内同行业已推广 9 台套。

（2）高比例球团冶炼技术。研发了基于高炉炉料结构优化的变革性减排技术，通过中高硅镁质熔剂性球团制备、高比例球团冶炼技术及污染物减排等技术研发，实现高炉入炉球团比例≥80%，SO_2、NO_x分别减排 52%、26%，焦比降低 10%；2019 年 4 月，张远航院士、贺泓院士专家组评价认为研发成果达到了国际领先水平。该技术已在河钢唐钢新区推广应用，新区建设了两座国内最大的 624 m^2 带式焙烧机生产镁质熔剂性球团，3 座 2 922 m^3的高炉采用 60%以上的高比例球团冶炼技术。按河钢唐钢新区年产球团 960 万吨计算，每年可源头减排二氧化碳 70 万吨。

（3）烧结烟气选择性循环节能减排技术。针对烧结工序烟气量大、显热利用率低等问题，开发的高温烟气循环分级净化和余热利用技术，回收低品位热能，该技术实现固体燃料消耗降低 3%以上，主烟道烟气排放量减少 25%以上，SO_2、NO_x、CO 分别减排 20%、24%、20%，节能和减排效果显著，经院士专家组鉴定为国际领先，已推广至 12 条产线。

（4）含锌固体废弃物资源化技术。河钢针对含锌粉尘等大宗固废、含有污泥等小宗固废或危废，开展以生产工艺多途径消纳为主、提高产品附加值并重导向的大宗固废、危废、烟气危废、烟气治理过程产生的固废等综合资源化利用，制定分门别类的固废处置工艺路线图，固废基本实现零排放。

（5）基于干湿联合空冷的循环水节水技术。钢铁行业循环冷却水量约占总水量的80%，传统的凉水塔装置普遍存在循环水的大量蒸发和风吹损失，约占到循环水量的2%，且普遍冷却效率低，尤其在夏季中午高温时段，往往不能达到冷却要求。河钢与天津大学合作开发了循环冷却水的气温随动多介质制冷节水技术与成套设备。该技术以水膜冷削峰高效空冷器（高效干—湿联合空冷器）为核心，通过液膜汽化潜热，大幅提高冷却效率。串接机械制冷用于极端高温天气下的辅助冷却降温，保障系统冷却能力，同时与现有的凉水塔冷却系统相比，水的损耗降低90%以上。

2.5.2 颠覆性的氢能技术研发应用

在全球低碳发展大背景下，以减少碳足迹、降低碳排放为中心的传统钢铁冶金工艺技术变革，已成为钢铁行业绿色发展的新趋势。用氢气代替煤炭，改变能源消耗结构，实现“低碳”甚至“零碳”工艺的产业化，是彻底解决生产过程中环境污染和碳排放问题的技术方向。河钢以氢冶金和氢能物流为发展方向，加快布局氢能产业。

（1）建立京津冀氢能源绿色物流体系。河钢充分利用现有焦炉煤气资源，致力建设覆盖京津冀地区的制氢、加氢、用氢网络以及氢能材料制备体系，全面引领京津冀地区柴改氢零排放、零污染物流发展。2020年，日加注能力为500 kg，具备35 MPa和70 MPa双压力，具备燃料电池汽车加氢和氢气长管拖车充装功能的加氢示范站在唐山、邯郸分别投入运行，这是我国钢铁行业首个固定式加氢示范站，实现了国内首例49 t氢燃料电池重卡的同步运营，构建了真正意义上的绿色、可循环的工业生态运输体系，掀开了我国氢能发展史上具有里程碑意义的崭新一页。通过加氢站和重卡运输“柴改氢”的示范运营，探索构建可持续的商业模式，搭建氢能零污染、零排放示范平台，最终带动整个京津冀地区并辐射全国。

（2）打造国内首个焦炉煤气制氢的氢冶金示范工程。氢能还原技术代表世界冶金发展方向，针对传统钢铁行业碳排放污染制约问题，河钢在宣化正在建设全球首例120万吨（一期60万吨）利用焦炉煤气提氢制备高品质清洁原料的示范项目，从改变能源消耗结构入手，彻底解决钢铁冶金过程产生的环境污染和碳排放问题。项目研发焦炉煤气零重整创新工艺，全球首次将焦炉煤气制氢作为还原剂，研发氢能还原制备清洁原料的全流程技术，打通氢能还原世界级技术瓶颈，形成技术集成和工程示范。项目集成世界最先进、最可靠的技术与装备，建成全球首套最具竞争力氢能开发和利用示范工厂，打造全球氢能还原与利用技术研发中心，引领世界低碳冶金革命。项目预计2021年年底建成投产。

2.6 产线智能制造能力显著增强

“十三五”期间，河钢以信息化和工业化深度融合为主线，积极推进冶金工艺装备智能化改造，利用工业互联网、云计算、大数据等新一代信息技术在研发、制造、管理等全流程的综合集成应用，提高产线的精准制造和柔性制造能力。

2.6.1 工艺控制模型开发应用

研发了烧结配料、热风炉自动燃烧、铁水预脱硫、转炉吹炼、转炉自动出钢、质量自动判定、加热炉自动燃烧等全流程控制模型，有效提升了过程控制精度。唐钢不锈钢通过优化热轧宽度控制模型，公差0~5 mm产品宽度合格率达到95%以上，提高了25个百分点。河钢邯钢通过优化中厚板轧制模型，实现年产能增加 11.53 万吨，吨钢平均增创效益 29.8 元/t；磨辊间、成品库无人化控制系统应用，大大提高了工作效率。

2.6.2　推动大数据技术应用

以工艺机理为核心，综合运用计算机、自动化、大数据、超级计算、人工智能等领域的前沿技术，将数据挖掘与深度学习应用于钢铁生产过程预测与控制，实现实时监测和智能控制。

（1）高炉冶炼过程预测技术。结合高炉冶炼工艺选取算法，搭建大数据深度学习核心系统，围绕高炉大数据应用与智能炼铁开展研发，实现高炉大数据云平台交互、大数据挖掘与工艺功能预测等功能，使风量稳定率、利用系数、铁水含钒量、焦比、炉温受控率等指标得到优化，从而实现高炉长周期稳定顺行和低成本运行。

（2）远程可视技术。传统的被动生产监控方式很难让使用人员及时感知各项数据，从而影响生产执行效率。河钢开发了生产线 3D 虚拟孪生可视化技术，将生产线三维信息进行数字化，通过生产实时数据驱动 3D 虚拟生产线与实际生产线状态同步，并且采用数据分析模型对生产数据进行实时跟踪，将数据中或数据间的纷繁复杂信息或关系进行可视化呈现，从而实现对生产过程的全方位、实时监控，为经营者提供可视化监控与决策平台，从而大大提高生产管控的效率，如图 6 所示。

图 6　河钢承钢钒钛高强冷轧板连续酸洗生产线 3D 可视化系统

（3）钢材质量自动判定系统。开发了基于工厂大数据的钢材质量自动判定系统，通过整合、分析与比对检化验及表面检验信息数据等多样化的统计分析工具，找出影响产品质量的因素或瓶颈；进行全流程过程质量数据的监控与分析，在线诊断或判定单个或批次产品质量与全过程质量数据追溯；实现产线的全流程过程数据跨工序快速追溯功能，产品从上游到最终处理线的所有数据都可见，并实现对某一产品全流程的自动/手动判定。

2.6.3 工业机器人研发应用

河钢针对劳动强度大、重复性劳动、精准操作等岗位累计实施了110余台套产线机器人研发和建设，大大提高了劳动效率，提升了产线的精准操作水平，为规模化机器人应用起到了示范作用。

例如，研发的锌锅捞渣机器人，通过机器视觉来分析锌渣的分布，并根据分析结果进行自主捞渣作业，提高了机器人的智能化水平，克服了锌锅处空间狭小、炉鼻子倾斜角度大等空间约束难题，通过对空间约束“极限点”的定义及调试，设计的“一键捞渣”模式和各种特殊状况下的捞渣模式，操作人员只需按一下按钮即可实现在不同工艺状况下的全流程捞渣作业，简化了操作难度，方便了现场的操作，如图7所示。

图7 机器人捞渣前后效果对比

2.6.4 智能制造示范工厂建设

以河钢唐钢、河钢邯钢先进产线为试点，融合5G技术，打造智能制造示范工厂，建设具有感知、分析、决策、执行能力的智能产线，实现生产过程的自组织、自学习、自配置和自优化。河钢唐钢高强板公司自被工业和信息化部授予智能制造示范工厂称号以来，在设备状态在线诊断系统、磨辊间智能管理系统、厂区物流管控系统、工程网络与信息安全等方面进行了一系列智能制造技术升级改造，显著提升了高强板产线智能化水平。河钢与全球5G技术最具竞争力的华为公司以及东北大学合作成立联创中心，推动“5G+工业互联网”在钢铁场景的融合应用，以河钢邯钢2250 mm产线为试点，着力解决钢铁产业升级、提质增效的关键性、根本性实际问题，实现钢铁智能制造示范线集成，引领钢铁行业转型升级。

2.7 转型升级和区位调整取得重大进展

转型升级和区位调整是河钢深入贯彻落实习近平总书记关于“坚决去、主动调、加快转”重要指示精神和河北省钢铁产业结构调整的具体实践，也是河钢坚决贯彻落实新发展理念，全力推动高质量发展的行动体现。

(1) 建成河钢唐钢新区“绿色化、智能化、品牌化”沿海钢铁基地。2020年9月7日，河钢唐钢新区正式投产运营，标志着河钢集团拥有了世界级现代化沿海钢铁基地，实现了由城市钢厂走向沿海布局的历史性转变。河钢唐钢新区在设计上追求物质流衰减值最小化，能量流损失最小化，过程排放量最小化，过程时间最小化及过程空间路径最小化。河钢唐钢新区定位于高端及高品质的热轧卷、酸洗冷轧深加工、优特钢长材等3大系列的产品，具备汽车板、管线钢、耐候钢、轴承钢、弹簧钢等15类高端特色产品。设计炼铁产能 732 万吨、炼钢产能 747 万吨、轧钢一次材 710 万吨，冷轧产品 275 万吨，吨钢占地面积 0.53 m^2/t，吨钢综合能耗 539.75 kgce/t，吨钢 SO_2 排放量<0.6 kg/t，吨钢烟/粉尘排放量 <0.5 kg/t，企业自发电比例达到 80%以上，二次能源回收利用率 100%，固废资源化利用率 100%，整体处于国际领先水平。河钢唐钢新区集成冶金行业近年技术研发成果，在原料、焦化、烧结、球团、高炉、转炉、轧钢、环保、智能等全工序全流程中，采用 230 余项前沿新工艺及 130 多项钢铁绿色制造技术，项目整体达到“绿色化、智能化、品牌化”，处于国际领先水平。

（2）建成河钢石钢新区精品优特钢制造基地。2020 年 10 月 29 日，河钢石钢新区正式投产。河钢石钢新区参照 4A 级旅游景区进行设计和建设，面向制造业高端零部件用钢细分市场，满足汽车、工程机械、军工等高端客户特殊用钢需求，培育行业优势和替代进口产品，打造以高端装备制造轴承钢、汽车高端齿轮钢、铁路及轨道交通高端弹簧钢为代表的具有国际先进水平的“单项冠军”产品。高线、小棒、中棒、大棒四条轧线可生产 ϕ5~260 mm 不同规格的特钢产品，规格品种更丰富。后部处理能力 150 万吨，满足特钢产品按支使用、论块加工、个性化定制的需求。新区集成应用了 70 多项国际先进的节能减排技术，80 余项智能制造技术以及 20 余项炼钢连铸新技术。建有国内首批投用的 SHAR 全废钢电炉（双竖井废钢预热直流电弧炉），实现不揭盖连续作业，吨钢电耗、冶炼周期达到了行业先进水平，建有中国特钢企业首台、全球先进的立式连铸机，是国际上建造深度最深、浇注断面最大的特钢大方坯连铸机；智能炼钢、智能立体库、智能一体化排产、工业大数据平台、废钢自动验质、智能分拣等智能技术应用为石钢智能工厂打造奠定了基础。节能减排技术应用，实现了大气污染物超低排放、钢渣等废弃物 100%综合利用，其中用工业余热可供井陉矿区居民采暖面积达 300 万平方米。

（3）快速推进河钢宣钢转型升级。河钢宣钢退出钢铁产能，转型升级为以高端装备核心零部件制造、氢冶金以及现代服务业为主的新型高科技企业，将通过资源整合业务优化及大力推进多元产业落地，构建创新、协调、绿色、开放、共享的新型商业模式和发展方式。

2.8　核心竞争力和行业影响力显著提升

担当国家角色，承担重大专项，见表 2，“十三五”期间，河钢在产品研发、质量提升、绿色制造、智能制造等领域，承担国家课题 18 项、省级重点项目 82 项，累计获得政府资助 1.41 亿元；牵头或参与制定国家标准 37 项，行业标准 23 项；获得国家科技进步奖一等奖 2 项，二等奖 4 项，省部科技进步奖 107 项，其中一等奖 17 项；拥有专利 6093 项，其中发明专利 2406 项，高新技术企业由 2015 年 3 家提高至 30 家。

表 2　河钢承担的“十三五”重点研发项目

序号	项目名称
1	钢铁行业水资源高效循环利用技术及示范
2	高强度、大规格、易焊接海洋工程用钢及应用
3	先进制造业基础件用特殊钢及应用
4	金属非金属矿山重大灾害致灾机理及防控技术研究

续表 2

序号	项目名称
5	钢铁行业多工序多污染物协同控制技术
6	钢铁行业烟气多污染物全过程控制耦合关键技术
7	重点行业水污染全过程控制技术集成与工程示范
8	长型材智能化制备关键技术
9	钢铁流程关键要素的协同优化和集成应用
10	扁平材全流程智能化制备关键技术
11	高性能桥梁用钢
12	超低温及严苛腐蚀条件下低成本容器用钢
13	新一代压水堆核岛用钢及临氢化工大单重特厚板
14	煤炭清洁高效利用和新型节能技术
15	面向特种棒材精整作业的机器人系统
16	船用 LNG 储罐高锰奥氏体低温钢应用研究
17	室外大中型压雪车研发及应用示范
18	工业互联网创新发展工程-安全可控体系恶意代码分析设备

3 河钢“十四五”技术发展方向

河钢在“十四五”期间把绿色、智能、引领作为技术发展的主攻方向，在产品升级、技术进步、工业服务上全面发力，持续加大研发投入，大力推进“两个结构”再优化，全面加快钢铁产业转型升级、战略性新兴产业发展和全球化布局。

3.1 加快推进转型升级和区位调整

在建成河钢唐钢新区和河钢石钢新区的基础上，深入推进转型升级和区位调整。河钢邯钢新区将按照“低投资、低成本、低费用、高效率”以及打造区域竞争优势的发展定位，充分利旧全集团装备，在产品和工艺设计上，与河钢邯钢西区错位发展，协同互补。河钢宣钢重点围绕关键零部件制造、特种材料研发及产业化、氢冶金技术研究及示范项目建设等，打造高端零部件、战略性新兴产业板块。

3.2 深度推进产品结构调整

持续深化和推进产品结构调整，在保持高端家电板、汽车钢市场占有率的前提下，推进高强化、减量化、定制化产品研发，注重产品全生命周期性能，在能源用钢、海洋工程、工程机械、桥梁建筑领域的高端钢材产品领域，培育冠军产品，在制约国家和行业发展的高精尖钢材材料上实现突破。

3.3 加快推进前沿颠覆性技术研究

在绿色生产、流程再造、工艺创新、产品研发等全流程领域，开展引领性、前沿性、行业颠覆性技术研究与应用，实现从引进创新到协同创新再到自主创新的转变。发挥国内外平台智力资源，推进高速连铸、增材制造、无头轧制、碳排放控制等前沿技术研究。

3.4 推进智能产线建设

按照“补短板、强基础、建示范”的行动纲要，积极推动互联网、大数据、人工智能等新一代信息技术与钢铁制造的深度融合；利用区域调整和退城搬迁机遇，建设“绿色化、智能化、品牌化”的新一代流程钢厂，全面推动智能转型升级，打造“智慧河钢”。

3.5 开展全流程绿色可持续制造技术研究

围绕国家“碳达峰、碳中和”战略以及“3060”目标，在烟气污染物控制、高盐水回用、共性排污节水、特殊固废物资源化利用等行业关键共性领域，开展前沿性技术研究，形成污染物源头减排、过程控制、末端治理全流程高效治理体系，实现全流程超低排放。河钢 2022 年实现碳达峰，2025 年碳排放较峰值减 10%以上，2030 年碳排放较峰值减 30%以上，2050 年实现碳中和。构建适应生态文明要求和制造强国战略的钢铁企业绿色发展路径，持续引领钢铁绿色发展、可持续发展和高质量发展，为国家“碳达峰、碳中和”目标的实现贡献河钢方案。

3.6 深入开展氢能技术研究与产业化

河钢将在氢燃料重卡示范运营，建设覆盖河北省的加氢基础设施网络基础上，推进制、储、运、加、用等环节关键装备制造和技术研发，加快涉氢材料从研发到商用的进程；不断完善和拓展氢能产业链，构建氢能产业集群，推动整个氢能产业的发展；加快建成全球首例 120 万吨利用焦炉煤气提氢制备高品质清洁原料的示范项目，并推广应用，在河钢唐钢新区和河钢邯钢各建设 120 万吨/年的产线，为钢铁低碳发展、京津冀地区的绿色可循环经济发展做出更大的贡献。

4 结束语

河钢致力打造“最具竞争力钢铁企业”，通过持续加大技术创新投入，实施产品升级，推进结构调整，引智创新资源，突破前沿技术，依靠科技创新践行高质量发展和可持续发展。“十三五”期间，河钢研发体系进一步健全和完善，产品升级和结构调整取得巨大进步，科技实力和创新能力显著增强，钢铁绿色制造实现行业引领，科技成果取得重大突破，河钢技术竞争力和行业影响力大幅提升。

“十四五”，河钢科技系统将以绿色、智能、引领为创新方向，加快推进区位调整，致力钢铁产业转型升级，壮大战略性新兴产业和全球化布局，全力实施低碳发展、创新发展和高质量发展。为河钢建设全球最具竞争力的钢铁企业，打造具有极强可持续发展能力的跨国工业集团提供技术支撑。

参 考 文 献

[1] 王新东．创新驱动发展　科技引领未来——河北钢铁集团科技创新发展战略［J］．河北冶金，2015（6）：1-4.

[2] 邵剑华，王兴艳．河钢集团转型升级的经验与做法［J］．冶金经济与管理，2018（1）：17-19.

[3] 李欣宜. 河钢集团跨国并购塞尔维亚钢厂的风险管控研究 [D]. 北京：北京交通大学，2019.
[4] 王新东. 河钢集团科技创新实践与展望 [J]. 河北冶金，2018 (8)：1-11.
[5] 王新东，李建新，刘宏强，钟金红. 深度融合的全球研发平台的构建与成效 [J]. 河北冶金，2019 (10)：1-7，50.
[6] 王新东，李建新，刘宏强，钟金红. 河钢创新技术的研发与实践 [J]. 河北冶金，2020 (2)：1-12.
[7] 刘义，钟金红，张倩. 河钢集团技术创新体系的建设与成效 [J]. 河北冶金，2020 (11)：1-5，40.
[8] 王国栋. 高质量中厚板生产关键共性技术研发现状和前景 [J]. 轧钢，2019，36 (1)：1-8，30.
[9] 付天亮，田秀华，韩钧，王昭东. 特厚钢板辊式淬火过程厚向温降规律研究 [J]. 哈尔滨工业大学学报，2019，51 (11)：122-127.
[10] 朱苗勇. 新一代高效连铸技术发展思考 [J]. 钢铁，2019，54 (8)：21-36.
[11] 刘志远，王重君，蔡兆镇，等. 含铌微合金钢连铸坯角部裂纹控制二冷新工艺 [J]. 中国冶金，2018，28 (3)：22-29.
[12] 王新东，李兰杰，杜浩，等. 亚熔盐高效提钒铬清洁生产技术产业化应用 [J]. 过程工程学报，2020，20 (6)：667-677.

河钢创新技术的研发与实践①

王新东，李建新，刘宏强，钟金红

（河钢集团有限公司，河北 石家庄 050023）

摘　要：河钢紧紧围绕产线、市场、客户需求，提出以理念创新、科技创新、渠道创新为主要内容的协同创新机制，开发了 LNG 用高锰钢、绿色家电彩板、A514GrQ 大厚度海洋用钢等前沿产品，研发了宽大断面连铸坯凝固末端重压下技术、微合金钢连铸坯角部裂纹控制关键集成技术、转炉自动出钢技术、长型材直接轧制技术、亚熔盐高效清洁提钒技术等世界引领性技术，以及高炉和烧结烟气减排技术、循环水节能技术、氢能技术等绿色技术，利用大数据、远程可视、5G 融合等智能制造技术，推动了工艺技术升级、产品结构调整，提升了产品创效能力。同时通过管理创新，提升了产品质量及服务质量，优化了客户结构，最终推动了从钢铁到材料、产品到服务、跟随到引领的转变。

关键词：绿色制造；智能制造；高锰钢；氢能；亚熔盐高效清洁技术；节能减排；5G

0　引言

近年来，河钢集团树立全球、全产业链理念，谋求“纵向更深、横向更宽”的战略转型，加速形成钢铁材料、新兴产业、海外事业与产业金融深度融合、高效协同的格局，努力成为具有世界品牌影响力的综合性跨国产业集团。在做强做优钢铁材料的同时，河钢以钢铁产业链条纵向延伸、横向拓展为主线，大力发展战略性新兴产业、现代工业服务业和产业链金融[1]，面向上下游企业提供工业技术、工程技术、数字技术、工业贸易、产业金融等多元服务。按照“全球拥有资源、全球拥有市场、全球拥有客户”的定位，河钢加快实施全产业链全球化布局，先后收购并成功运营南非最大的铜冶炼企业——南非矿业、全球最大的钢铁材料营销服务商——瑞士德高、塞尔维亚唯一国有大型钢铁企业——斯梅代雷沃钢厂，形成“四钢两矿一平台”的海外格局。目前河钢直接或间接参股、控股境外公司 70 多家，控制运营海外资产超过 90 亿美元，商业网络遍及全球 110 多个国家和地区，成为我国国际化程度最高的钢铁企业。

中国钢铁产业已经进入了产能增长与规模扩张的后发展时期，面对国家经济发展逐步由高速向平稳发展转变，基础建设放缓，钢铁需求下滑，实现结构转型与质量导向成为行业共识。河钢集团始终坚持创新发展、高质量发展、可持续发展，在钢铁行业竞争加剧，节能减排压力加大的现实竞争中，既做减法，减少低端供给和无效供给，更做加法，开辟新渠道和新空间，推进互联网、大数据、人工智能与钢铁产业深度融合，提升集团技术创

①　原文发表于《河北冶金》，2020（2）。

新能力，用技术创新引领和支撑企业高质量发展[2]。

1 河钢技术创新支撑

河钢集团紧紧围绕产线、市场、客户需求，积极担当国家角色，引智全球开展技术创新，全力推进新产品、特种材料研发，推动新工艺、新技术、新设备在产线应用，开展前沿引领性技术研发。

1.1 研发投入支撑

河钢集团近年来不断加大研发投入，2018—2019 年累计研发投入 102 亿元，研发投入占销售收入 1.5%以上，有力支撑和推动了新产品、新工艺、新技术和新装备的研发。

(1) 加大新产品研发投入，河钢品种钢、高端产品、特色战略产品的比例逐年提高，提升了产品附加值和竞争力。

(2) 加大新工艺、新技术在产线的推广，提升产线效率和竞争力。

(3) 加大产线瓶颈技术的研发，推动超快冷、连铸坯重压下、宽厚板淬火机等新技术研发和应用，提升产线技术进步能力和生产力。

(4) 加大特种材料的研发，打破技术壁垒，填补国内空白。

1.2 科研平台支撑

河钢汇聚全球技术创新要素，打造了全球技术研发平台，建立开放性的创新平台，共同参与重大需求和前瞻性问题研究，推动了基础科学、科技成果转化和产线落地。

(1) 构建双架构协同研发平台：充分发挥河钢各级研发机构的自身优势，建立河钢钢研与子公司技术中心两位一体、优势互补的双架构研发体系，以创新体制机制为动力，以实施重大科技课题为抓手，以人才队伍建设为支撑，逐步形成了要素完备、资源共享、运行顺畅的研发体系。

(2) 打造全球技术创新平台：汇聚全球技术创新要素，建立更加包容、开放的全球协同创新平台。根据不同院校和科研机构的学科特长，先后与东北大学、北京科技大学、中国科学院过程所、中国钢研科技集团、武汉科技大学等国内知名科研院所建立了 11 个国内战略研发平台；与昆士兰大学、伍伦贡大学、瑞典 MEFOS 等国外知名企业、科研院所建立了 10 个国外研发平台。

(3) 构建高新技术互联平台：河钢瞄准未来钢铁技术发展方向，与华为、西门子、普锐特等公司在智能制造、增材制造等研究领域开展战略合作，探索高新技术与传统制造领域的深度融合，赋予传统制造行业全新内涵。

(4) 构建 EVI 服务平台：全力践行 EVI 服务模式，以高附加值和定制化产品为方向，以“一站式”解决方案服务满足客户个性化需求为重点，先后与海尔、上电、中建钢构、北汽、国能汽车等下游高端用户成立河钢-海尔家电钢研发中心、河钢-上海电气金属材料研发中心等产业链条研发中心，共同打造全产业链技术研发平台。

1.3 国家重点研发项目支撑

河钢积极担当国家角色，主持或参与国家“十三五”重点研发计划 18 项，助力我国钢铁及相关关键技术实现重大突破的同时，提升了集团的技术创新能力和引领实力。新材料、新技术的研发能力和国际影响力显著提升。承担的18项国家重点专项中，涉及矿山安全、水资源利用、大气治理与清洁生产、流程优化、新产品研发和智能制造等领域。

2　河钢创新技术研发进展

近两年来，河钢紧紧围绕科技创新这一主基调，在储备产品、前沿技术、产线进步、绿色制造、智能制造方面开展了前沿性、引领性技术研发，推动工艺技术升级、产品结构调整，提升产品创效能力，取得了显著成效。

2.1　前沿储备型产品的研发进展

河钢不断加大产品研发力度，河钢品种钢比例由2016年的55%提升至2019年的72%，高端产品比例达到55%，特色战略产品比例达到5.5%。近两年来，包括高锰钢、家电覆膜产品、大厚度海工钢等近20个产品填补国内空白，高端产品广泛应用于“华龙一号”核电站、“天眼”工程、国产大飞机、极地重载运输船等系列重大科技项目，在铸就“大国重器”中点亮“河钢品牌”。

河钢部分领先产品见表1。

表1　河钢部分领先产品

序号	产品	说明
1	船用LNG低温奥氏体型高锰钢	国内空白
2	超厚加钒铬钼钢板	国内空白
3	Ni系耐海洋环境桥梁钢	国内空白
4	特殊功能锌铝镁涂层	国内领先
5	中锰耐磨钢	国内空白
6	2 GPa热成型高强汽车钢	国内领先
7	3D数字打印彩板	国内空白

2.2　LNG低温奥氏体型高锰钢

继韩国浦项之后，河钢率先开发出LNG船用低温高锰奥氏体钢。该钢板具有晶粒细小，夹杂物含量低，显微组织为等轴状准多边形晶粒组成的全奥氏体组织，晶粒内有孪晶，有韧窝状形貌，韧窝大小均匀且韧窝较深，为良好的强韧配比打下了基础。目前舞钢生产的不同厚度高锰钢板经检验塑韧性优良，性能指标超IMO最新要求，达到国际先进水平，如图1所示。钢板焊后性能优良，完全具备了批量生产低温高锰奥氏体钢的技术实力。LNG用高锰钢具有优异塑韧性且成本较低，是传统LNG储罐低温材料9Ni钢的替代者。河钢开发的LNG用高锰钢可大幅节约LNG储罐的制造成本，河钢已成为国内唯一、世界第二家具备船用超低温LNG高锰钢批量化生产能力的企业。

2.3　家电板覆膜产品

彩色薄膜层压钢板是一种新型家电材料，通过对钢板表面进行着色、印刷、压印、复合等表面处理，形成各种精美图案，有效地满足了用户的最佳视觉体验，主要用于电冰箱门板、热水器外壳、洗衣机前壳等家用电器。彩色薄膜层压钢板由基板（冷轧钢板、热镀

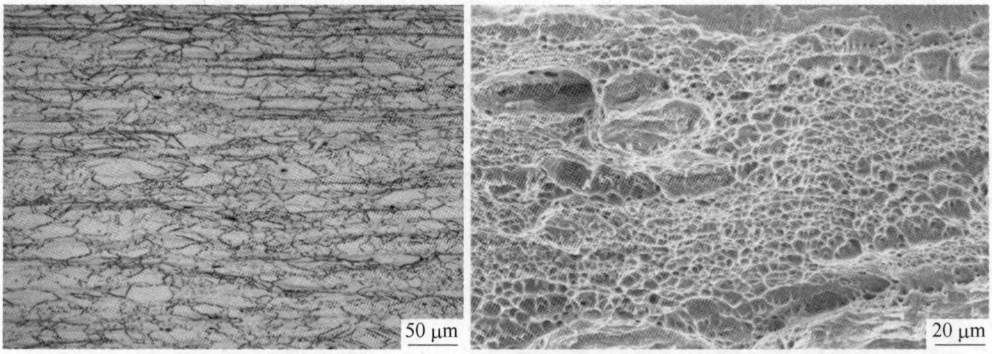

图 1　高锰钢金相组织及断口形貌
(a) 金相组织；(b) 断口形貌

锌钢板、电镀锌钢板、不锈钢等)、复合彩膜层（PET、PVC 及其复合处理的彩膜层)、背面保护涂层、保护膜层组成，产品结构如图 2 所示。

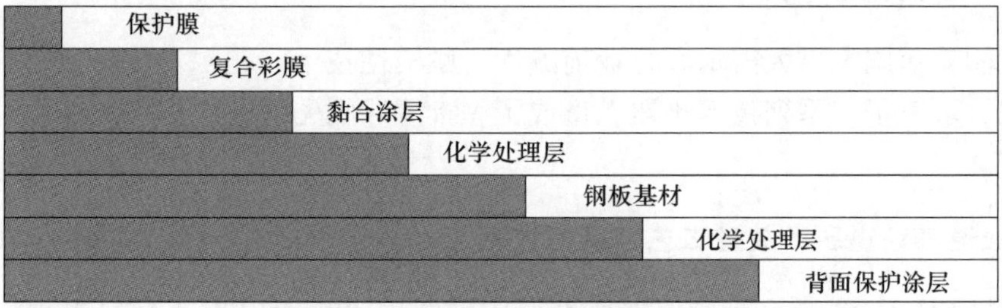

图 2　彩色薄膜层压钢板结构

河钢本着可持续发展的理念和保护人类环境的要求，融合传统辊涂 PCM 和覆膜 VCM 的优点，结合自身工艺特色，成功开发出系列彩板，并将其应用于家用电器领域，成为环保 PEM 彩板的先行者。PEM 彩板不仅具备靓丽的外观和优秀的装饰效果，而且完全不含 PVC，是真正意义上的绿色彩板，已经成为家电彩板和装饰彩板行业发展的新导向、新趋势，河钢家电覆膜板市场占有率 50% 以上。2019 年，河钢研发了行业唯一光科技数码 DVM 系列（3D 数字打印）摩尔印记产品，填补了国内空白。

2.4　大厚度海洋工程用钢

河钢不断加大优势产品海工钢的研发，研发的世界最厚的船舶及海洋平台用钢 EH36，碳当量水平≤0.45，钢板厚度 1/4 和 1/2 位置性能显著优于船级社规范要求，产品质量达到国际领先水平[3]。研发的自升式海洋平台桩腿用半圆板、齿条板 A514GrQ、A517GrQ 等高等级造船及海上采油平台用高强钢板，通过 ABS、DNV 等多家船级社的质量认证，其中国内首发 A514GrQ 最大认证厚度达 215 mm，并应用到工信部 500 ft（1 ft = 0.3048 m）自升式平台示范项目，填补了世界工程应用的空白[4]。

215 mm 厚 A514GrQ 板厚中心处组织及负温冲击性能如图 3 所示。

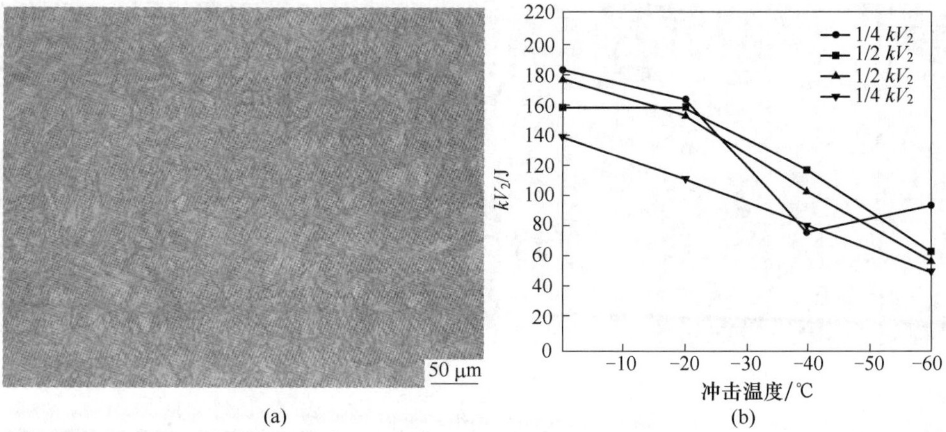

图 3　215 mm 厚 A514GrQ 板厚中心处组织及负温冲击性能

（a）中心组织；（b）负温冲击性能

3　引领技术的研发进展

河钢集团聚焦国家重大需求和行业前瞻性、颠覆性技术问题，发挥研发平台作用，开展技术攻关，攻克了一系列技术难题，形成了一批国际领先的前沿技术，在部分领域实现了技术引领。

3.1　宽厚板连铸坯重压下关键工艺与装备技术

宽大断面连铸坯凝固末端重压下技术在河钢唐钢成功应用[5]，针对常规宽厚板连铸坯中心偏析与疏松严重，无法满足厚钢板轧制要求的难题，研发形成了宽厚板连铸坯动态连续重压下工艺技术（DSHR），发明了宽厚板连铸坯重压下核心装备增强型紧凑扇形段（ECS），建成投产了首条可实现全凝坯连续、稳定重压下实施的宽厚板连铸坯生产线，该装备强力压下扇形段压坯能力较常规扇形段提升 4 倍以上，首次实现了凝固末端及完全凝固后单段压下量≥18 mm，多段压下量≥40 mm 的突破；实现了用 280 mm 厚连铸坯稳定轧制 150 mm 厚满足三级探伤要求高层建筑用钢等高附加值厚板产品，形成了低压缩比生产高性能厚板产品的新流程，达到国际领先水平。宽厚板连铸坯重压下关键工艺装备及产品如图 4 所示。

图 4　宽厚板连铸坯重压下关键工艺装备及产品

3.2 300 mm 级特厚钢板辊式淬火装备技术

河钢舞钢产线升级改造中，实施了世界首套 300 mm 级大断面特厚钢板辊式淬火装备，在特厚钢板表面高效率可控传热、断面温度梯度控制、大速比辊速高精度控制、抗冲击重载辊道、残水快速清除、钢板表面氧化铁皮去除等多个方面突破装备技术瓶颈，实现了最厚 300 mm、40～50 t 大断面特厚钢板高强均匀淬火[6]，淬火时间与传统浸入式相比缩短近一半，淬火后板形、表面质量提高明显。这标志着我国已具备超厚高强钢板高冷速、高均匀性、高平直度淬火生产能力，填补了国际空白，为大单重、大断面特殊用途厚板热处理产品的研发与应用奠定了装备技术基础。

300 mm 级大断面特厚钢板辊式淬火机如图 5 所示。

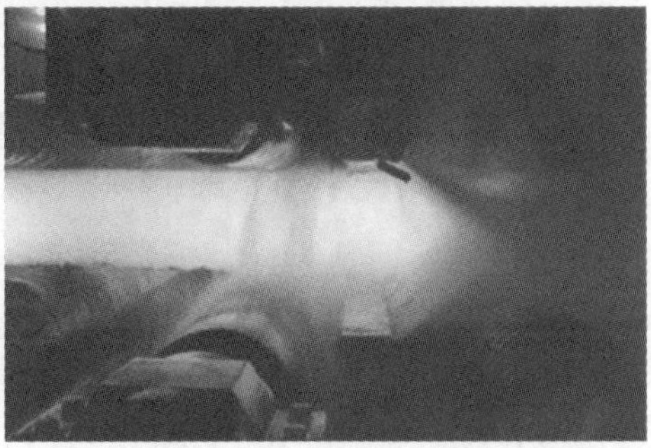

图 5　300 mm 级大断面特厚钢板辊式淬火机

3.3 微合金钢连铸坯角部裂纹控制关键集成技术

河钢发挥研发平台优势，开展产学研深度融合，全面探明了微合金钢连铸坯角部裂纹产生机理，基于微合金元素晶界微观偏聚及其碳氮化物析出和组织高温多相变转变机制，提出了铸坯角部结晶器初凝超快冷碳氮化物弥散化析出和二冷高温区循环相变晶粒超细化，实现铸坯角部组织高塑化的裂纹控制新方法，并开发形成了新型角部高效传热曲面结晶器（ICS-Mold）与铸坯二冷高温区角部晶粒超细化控冷新工艺与装备技术[7]，保障了微合金钢高质、高效与绿色化生产，实现了薄板坯、常规板坯、宽厚板坯、特厚板坯以及大断面矩形坯等全部坯型全覆盖。该技术成功应用在河钢唐钢、河钢舞钢、河钢邯钢和河钢石钢等产线，使微合金钢连铸坯裂纹发生率 <0.1%，达到国际领先水平。

微合金钢连铸坯角部裂纹控制关键集成技术如图 6 所示。

3.4 转炉自动出钢技术

河钢唐钢对标行业先进企业，自主开发了转炉自动出钢控制系统，成为河北省首家实现转炉自动出钢的冶金企业，该项技术达到国内领先水平。转炉自动出钢对产线设备可控性、基础管理水平、生产流程衔接以及操作安全性都有极高要求。河钢唐钢依靠自身技术团队，积累、分析大量生产数据，自主实施了转炉自动出钢控制模块的设计与开发。在设计开发过程中，河钢唐钢充分考虑了转炉自动出钢作业的潜在安全风险，设置 13 项自动作业前置保障条件和 10 项故障报警关键控制点，并匹配最高级别的人工干预控制权限，实时保证产线安全稳定运行。转炉自动出钢工艺，避免了由于人员判断不准确所引发的安全事故，为炼钢工序实现标准化生产提供了有力保证。该控制模块借助对转炉出钢过程的微观流程分解，合理优化转炉出钢动作控制逻辑，对转炉倾动、出钢车、滑板挡渣以及合金下料电磁阀等进行了全自动联锁控制改造；投资小，具有较高的推广价值。

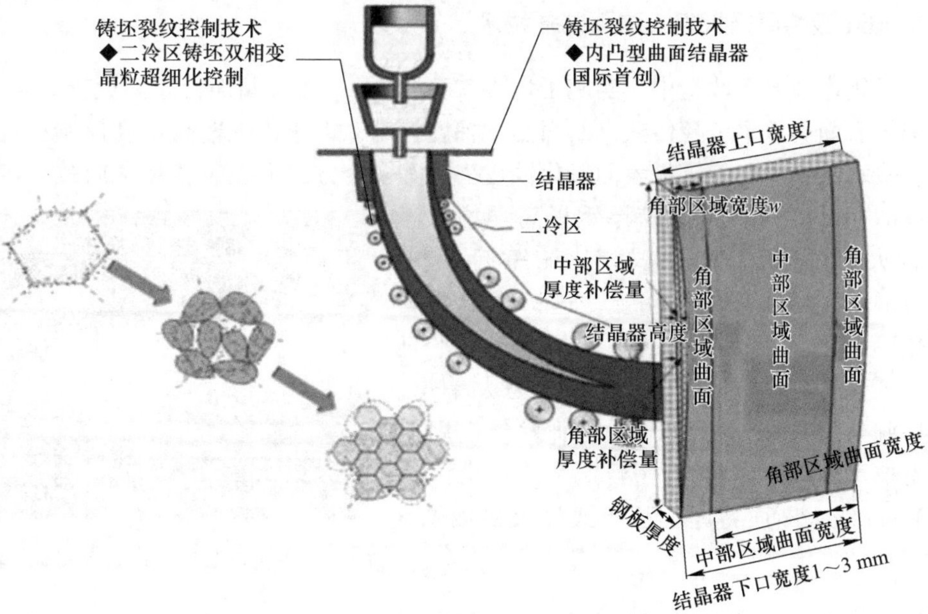

图 6　微合金钢连铸坯角部裂纹控制关键集成技术

3.5　亚熔盐高效清洁提钒技术

河钢联合中国科学院依托世界首项“亚熔盐高效清洁提钒技术”[8,9]，实现了钒产品短流程、低成本、高效率、清洁化钒铬共提，建成世界首个年处理 5 万吨钒渣的钒铬共提清洁生产示范工程入选工业和信息化部 2017 年绿色制造系统集成项目名单。钒、铬资源利用率分别提高 10%、80%以上；反应温度由传统工艺的 800 ℃降至 150 ℃，能耗大大降低，无窑气排放；工艺过程新水消耗降低 90%以上，无废水产生；钒渣年处理能力 5 万吨，V_2O_5 产品年产能 4700 t，铬盐产品年产能近 5000 t，年产值 4.5 亿元，年净利润近 1.5 亿元；实现了钒渣中伴生铬资源的高效提取，避免含铬固废的排放，引领世界钒钛磁铁矿资源高效综合利用和绿色转型。亚熔盐高效清洁提钒装置如图 7 所示。

(a)　　(b)

图 7　亚熔盐高效清洁提钒装置

（a）核心反应装置；（b）钒铬分离平台

3.6 长型材直接轧制技术

河钢建设了螺纹钢直接轧制示范线，其工艺布局如图 8 所示。该示范线开发集成应用了多项小方坯连铸-轧钢界面技术，直轧率达 90%以上，可实现炼钢-轧钢全流程负能制造，最高日产达到 3200 t，全流程总体工序能耗达-15.36 kgce/t，90%的产品实现同批次性能差异在 20 MPa 内，主要指标达到国际领先水平。该示范线的成功应用对国内同类产线有重大的借鉴意义。

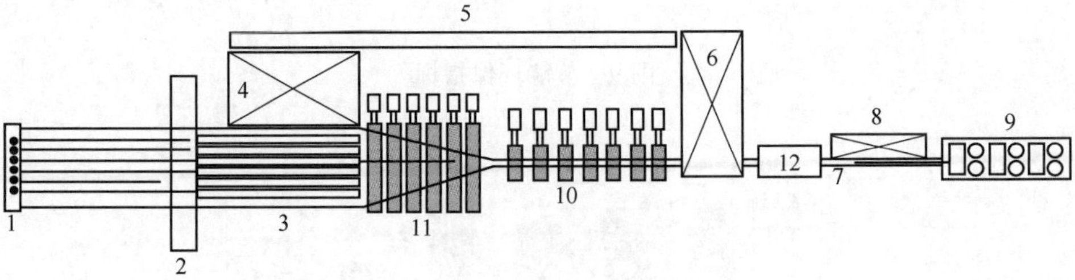

图 8　直轧改造后的工艺布局

1—连铸机；2—火焰切割；3—出坯辊道；4—冷床；5—热送辊道；6—加热炉；7—加热炉出钢辊道；8—剔坯装置；9—粗轧机组；10—快送辊道；11—汇集辊道；12—电感应模块

3.7 钢锭补缩技术

针对大单重钢锭内部疏松的世界性难题，河钢与乌克兰巴顿研究所合作，通过给冒口补充送热补偿金属的收缩，从而提高钢锭头部的质量，从根本上解决钢锭缩孔与疏松的技术难题，提高钢锭质量。目前该技术研究完成前期的仿真、设计、辅助设备制造，预计 2020 年 4 月份投入使用。

4 可持续绿色制造技术的研发进展

4.1 总体情况

河钢率先在行业内制订绿色发展行动计划，落实去产能、采用先进技术、强化环境治理，实施超低排放改造，主要能源环保指标达到国内领先水平，成为钢铁行业绿色发展示范企业。

其中，河钢在大气污染物治理方面的工作卓有成效。截至 2019 年年底，吨钢综合能耗达到 559.59 kgce，主要大气污染物排放指标分别达到吨钢粉尘排放量 <0.48 kg、吨钢二氧化硫排放量 <0.57 kg，吨钢氮氧化物排放量 <0.87 kg，主要节能环保指标均居行业先进水平，如图 9 所示。

河钢集团各钢铁子公司均投资建设了污水处理中心，实现了吨钢耗新水逐年降低，目前达到了 2.39 m^3/t 钢，水重复利用率达到 98%以上，居行业先进水平，如图 10 所示。

在钢铁副产物利用方面实现了高炉除尘灰、转炉除尘灰、转炉污泥、轧钢氧化铁皮、钢渣水渣等钢铁副产物回收和再利用，在矿山实施井下填充采矿法等先进技术，减少了尾矿的露天堆存。

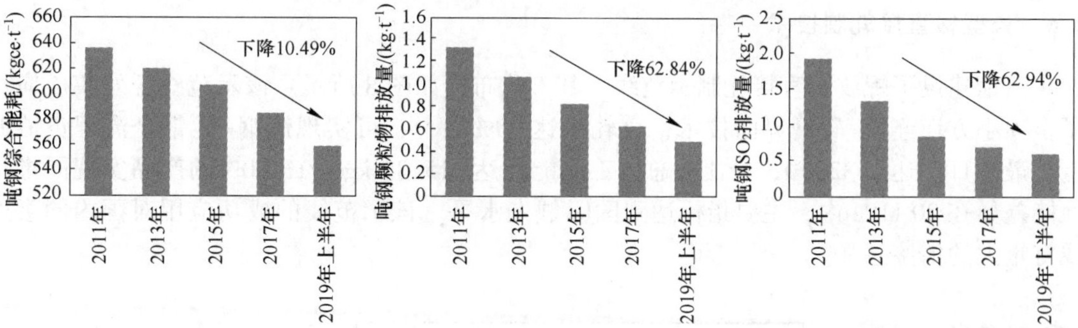

图 9　节能环保指标

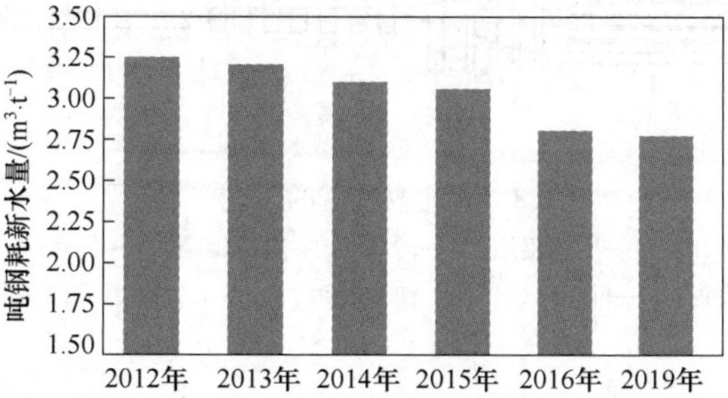

图 10　吨钢新水耗量

在能源循环利用方面采用余热回收、余热发电、钢包全程加盖、钢坯热装热送等节能措施，最大程度地减少工艺过程中能源的浪费。2017 年，仅余热、余能、余压自发电总量超过 100 亿度，核心企业自发电比例超过 65%。

4.2　绿色制造技术

4.2.1　基于高炉炉料结构优化的污染物源头减排技术[10]

球团矿生产过程中产生的污染物大幅低于烧结矿，中国钢铁工业未来的绿色发展趋势为减少或取消烧结矿，增加球团矿比例，通过增加高炉原料中球团矿比例至 80%，甚至 100%实现全球团冶炼，从源头实现二氧化硫和氮氧化物的减排。河钢研发的高比例球团冶炼技术，在河钢唐钢不锈钢 450 m^3 高炉进行了高比例球团冶炼工业化生产，全国首次实现 80%以上球团矿配比高炉冶炼，实现吨铁 SO_2 减排 52%、吨铁 NO_x减排 26%，该技术在中高硅镁质熔剂性球团制备、高比例球团冶炼技术及污染物减排方面达到国际领先水平。

4.2.2　烧结烟气选择性循环节能减排技术

针对烧结工序烟气量大、显热利用率低等问题，开发高温烟气循环分级净化和余热利用技术，回收低品位热能，该技术实现固体燃料消耗降低 3%以上，主烟道烟气排放量减少 25%以上，氮氧化物和一氧化碳减排 25%以上，节能和减排效果显著，达到国际领先水平。

4.2.3 含锌固体废弃物资源化技术[11]

结合河钢乐亭新建项目、河钢邯钢老区和河钢石钢搬迁等涉及固废排放的问题，针对含锌粉尘等大宗固废、含有污泥等小宗固废或危废，开展以生产工艺多途径消纳为主、提高产品附加值并重导向的大宗固废、危废、烟气危废、烟气治理过程产生的固废等综合资源化利用，建立固废资源基础数据库，制定分门别类的固废处置工艺路线图，目标是在国内率先实现固废零排放，目前河钢承钢回转窑投产，试运行良好，每天处置 300 t 高炉灰、转炉灰和电炉灰，试运行脱锌率 80%以上，河钢舞钢回转窑运行稳定，日处理量达到 450 t。

4.2.4 基于干湿联合空冷的循环水节水技术

钢铁行业循环冷却水量约占总水量的 80%，传统的凉水塔装置普遍存在循环水的大量蒸发和风吹损失，约占到循环水量的 2%，且普遍冷却效率低，尤其在夏季中午高温时段，往往不能达到冷却要求。针对这些问题，河钢集团与天津大学合作开发了循环冷却水的气温随动多介质制冷节水技术与成套设备。该技术以水膜冷削峰高效空冷器（高效干-湿联合空冷器）为核心，通过液膜汽化潜热，大幅提高冷却效率。串接机械制冷用于极端高温天气下的辅助冷却降温，保障系统冷却能力，同时与现有的凉水塔冷却系统相比，水的损耗降低 90%以上。

4.2.5 全流程二氧化碳捕集、利用和储存技术

控制 CO_2 排放量已是全球能源和工业界不可回避的课题。河钢旨在建立一种或多种新工艺，通过研究 CO_2 捕集、利用和储存技术（CCUS）将钢铁工业烟气中 CO_2 固定并转化生产高附加值化学品/燃料，集成建立适合钢铁生产流程的 CCUS 技术和经济模型，为钢铁工业减低 CO_2 排放及经济化处理提供支撑。截至目前，课题完成了 CO_2 电化学转化工艺优化、催化剂筛选、电化学反应装置的设计和反应条件优化，CO_2 电化学转化为甲酸效率达 90%以上，达到同类研究的世界先进水平。

4.3 颠覆性的氢能技术

大力发展氢能产业，不仅在大气污染治理、节能减排、能源升级等方面具有重要意义，还将为京津冀地区的环境压力、经济发展和科技创新带来巨大的发展机遇和增长空间[12]。

4.3.1 建立京津冀氢能源绿色物流体系

河钢充分利用现有焦炉煤气资源，致力建设覆盖京津冀地区的制氢、加氢、用氢网络以及氢能材料制备体系，全面引领京津冀地区柴改氢零排放、零污染物流发展。该项目于 2019 年启动唐山、邯郸加氢示范站项目建设，与国内知名重卡企业联合推进氢燃料重卡示范应用，将于 2020 年实现国内首例 49 t 重卡站、车同步运营。通过实施重载车辆“柴改氢”示范运营，搭建氢能零污染、零排放示范平台，最终带动整个京津冀地区并辐射全国。

4.3.2 氢能直接还原技术

河钢正在建设全球首例 120 万吨氢能还原制备高品质金属化炉料的示范工程，将从分布式绿色能源、低成本制氢、铁精矿精选、焦炉煤气深度净化、气基竖炉直接还原、二氧化碳提纯利用、高端金属材料适用性研究等全流程进行创新研发，建成集世界最先进的技

术与装备的首套氢还原示范工厂，打造全球氢能技术研发中心，推进世界钢铁进入氢时代。

5　智能制造技术的研发进展

近年来，河钢聚集全球技术创新要素，通过大数据、人工智能、5G 等技术在钢铁行业的深度应用，实现钢铁行业智能制造关键技术的自主可控，推动钢铁生产过程的工艺流程创新。

5.1　河钢唐钢智能制造示范工厂建设

河钢唐钢高强板公司自被工业和信息化部授予智能制造示范工厂称号以来，持续对产线进行一系列智能制造技术升级改造，以提升高强板智能化水平。工控网络与信息安全，对镀锌生产线的工业网络进行整体安全评估，从设备、系统、应用、管理等角度评估当前网络的现状。为防护服务器和客户端免受恶意软件的侵袭，制定了相应信息安全措施。此项目中运用安全评估方法、白名单防护策略、防火墙安全域隔离方式，提高现场工控网络安全防护能力。同时，提高工业信息安全水平，降低因工业信息安全引起的损失。

设备状态在线诊断系统升级，通过建立相应的状态管理功能，实现设备管理人员对设备故障早获取、早诊断、早处理，把故障消灭在萌芽之中，从而提高设备运行完好率、减少设备停机时间、降低维修成本、提升设备管理水平。

磨辊间智能管理系统，通过整合酸轧产线、连退产线及三条镀锌产线的二级系统、三级系统、磨床系统、操作站和移动终端等相关资源，形成完整的轧辊信息化管理流程，实现对每一根轧辊全部数据的管理。通过收集生产工艺数据（轧制力、钢种等），结合目前已收集的轧辊数据（轧辊类型、安装机架、轧辊凸度及粗糙度、轧辊 ID、轧辊重量、轧辊直径、轧制里程数和轧制吨数等），最终实现大数据科学分析，实现磨辊的全生命周期管理，便于为后续的工艺改造、事故判定、轧辊采购等提供质量评价。

5.2　大数据技术的研究与应用

5.2.1　高炉冶炼过程预测技术[13]

通过对河钢承钢高炉长期积累的工艺冶炼过程数据及不同类型设备或数据接口进行高效自动采集、整理和筛选，结合高炉冶炼工艺选取算法，搭建大数据深度学习核心系统，围绕高炉大数据应用与智能炼铁开展研发，实现高炉大数据云平台交互、大数据挖掘与工艺功能预测等功能，使风量稳定率、利用系数、铁水含钒量、焦比、炉温受控率等指标得到优化，从而实现高炉长周期稳定顺行和低成本运行。

5.2.2　远程可视技术

传统的被动生产监控方式很难让使用人员及时感知各项数据，从而影响生产执行效率。为此，河钢集团着力开发了生产线 3D 虚拟孪生可视化技术（见图 11），将生产线三维信息进行数字化，通过生产实时数据驱动 3D 虚拟生产线与实际生产线状态同步，并且采用数据分析模型对生产数据进行实时跟踪，将数据中或数据间的纷繁复杂信息或关系进行可视化呈现，从而实现对生产过程的全方位、实时监控，为经营者提供可视化监控与决策平台，从而大大提高生产管控的效率。同时，该技术也可以为操作人员提供生产实训平台，有效提高操作人员的技能水平。该技术已应用在河钢承钢钒钛高强冷轧板连续酸洗与热基镀锌生产线中，将来会推广应用到河钢集团其他生产线。

图 11　河钢承钢钒钛高强冷轧板连续酸洗生产线 3D 可视化系统

5.2.3　钢材质量自动判定系统

河钢邯钢开发了基于工厂大数据的钢材质量自动判定系统（见图 12），该系统的先进性在于：(1) 通过整合、分析与比对检化验及表面检验信息数据等多样化的统计分析工具，以期找出影响产品质量的因素或瓶颈；(2) 进行全流程过程质量数据的监控与分析，在线诊断或判定单个或批次产品质量与全过程质量数据追溯；(3) 实现产线的全流程过程数据跨工序快速追溯功能，对于某一种产品，从上游到最终处理线的所有数据都可见，并实现对某一产品全流程的自动/手动判定。

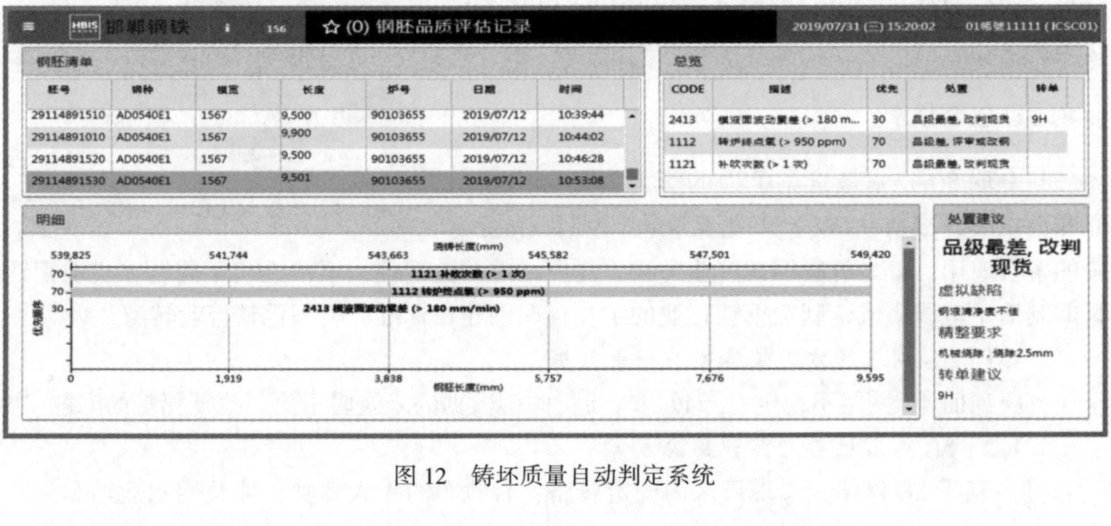

图 12　铸坯质量自动判定系统

5.3 产线机器人应用技术

河钢针对劳动强度大、重复性劳动等岗位累计实施了 58 套产线机器人，其中 2019 年实施了不同工序 11 个机器人应用，大大提高了劳动效率和安全性，为规模化机器人应用起到了示范作用。

研发的锌锅捞渣机器人，通过机器视觉来分析锌渣的分布，并根据分析结果进行自主捞渣作业，提高了机器人的智能化水平，克服了锌锅处空间狭小、炉鼻子倾斜角度大等空间约束难题，通过对空间约束“极限点”的定义及调试，设计的“一键捞渣”模式和各种特殊状况下的捞渣模式，操作人员只需按一下按钮即可实现在不同工艺状况下的全流程捞渣作业，简化了操作难度，方便了现场的操作。机器人捞渣效果如图 13 所示。

(a)

(b)

图 13　机器人捞渣效果

（a）捞渣前；（b）捞渣后

研发的基于机器视觉冷轧钢卷自动贴标机器人系统（见图 14），通过钢卷自动定位、标签位置检测、自动贴签、错误验证等功能的开发，可实现自动控制标签打印机进行标签打印和剥离，机器人自动拾取标签并自动贴签，并利用视觉技术识别标签信息，将标签信息与原始数据进行比对，实现系统错误验证。

图 14　贴签及压辊设计示意图

5.4 5G 融合技术

与全球 5G 技术最具竞争力的华为公司合作成立联创中心，推动“5G + 工业互联网”在钢铁场景的融合应用。着力解决钢铁产业升级、提质增效的关键性、根本性实际问题，实现钢铁智能制造示范线集成，制定钢铁行业的工业互联网建设标准，引领钢铁行业转型升级。

5.4.1　5G 网络的方式采集关键场景数据

解决当前 4G 网络不稳定，导致空气质量关键数据的未及时采集，拉低指标的问题。

5.4.2　5G + 园区自动驾驶解决方案

（1）基于 5G 网络，实现厂区内固定线路、有轨车的无人驾驶，涉及钢水运输车，不同生产线的产料调配车，钢卷倒运车的自动驾驶。

（2）施工现场部署工业级摄像，将高清视频实时回传到监控中心，远程车辆控制，工作任务控制，车辆管理，减少人工成本的投入。

（3）5G +钢铁智慧天车，涉及废铁天车。

5.4.3 邯宝产线5G智慧园区搭建

在河钢邯钢2250 mm产线分步实施智慧园区建设。首先，在园区围墙、大门、车辆出入、高危区域以及产线内实现5G网络覆盖。其次，研究5G技术在物流运输、远程操控、工业机器人、数据采集上的应用，将5G、人工智能、大数据、云计算等新一代信息技术与钢铁工艺流程高度融合，促进钢铁制造向网络化、智能化、数字化、柔性化转型。

6 海外产线技术支撑

河钢在国内各产线开展技术创新的同时，也向国外开展技术输出，以“功成不必在我”的精神境界和“功成必定有我”的历史担当，践行“一带一路”倡议，成功将河钢塞钢打造成“一带一路”样板工程，使河钢塞钢成为欧洲最具竞争力的钢铁企业，推动共建“一带一路”走深走实[14]。

6.1 推动河钢塞钢工艺技术创新和装备升级

针对收购时河钢塞钢的现状，对其开展了技改升级、工艺攻关和产品研发方案的制定，对产线实施了大规模工艺技术创新和产线装备升级，见表2。

表2 河钢塞钢主要装备及技术升级

序号	技术创新和产线装备升级
1	烧结技术改造
2	厚料层低温烧结技术
3	改善现场环境和污染排放改造
4	烧结矿粒度均匀技术升级
5	高炉煤气双蓄热高效节能技术
6	双蓄热加热炉烟气反吹工艺
7	加热炉智能控制技术
8	蓄热式加热炉污染物超低排放

6.2 先进管理和技术移植

河钢塞钢主要移植技术见表3，移植先进的管理和技术，快速提升了河钢塞钢的产品竞争力和产线创效能力。仅烧结配矿及加热炉高效蓄热节能两项技术的移植，累计创效4.7亿元人民币。

表 3　河钢塞钢主要移植技术

序号	技术名称
1	高炉全球团冶炼技术
2	食品工业用高品质镀锡钢带生产技术
3	降低罩退低碳钢表面缺陷温度及保护气体控制技术
4	高效低成本控制钢水含氧量的炼钢工艺
5	低碳钢用连铸保护渣制备技术
6	高炉长炉龄运行集成技术
7	转炉炼钢高废钢比例冶炼技术
8	低品质原料在高炉冶炼中的应用技术
9	低品质原料在烧结生产中的应用技术
10	镀锡钢带运行控制技术
11	高炉煤气双蓄热高效节能技术
12	镀锡电解液中铁含量控制技术

7　创新技术下一步研发重点

河钢把绿色、智能、引领作为技术发展的主攻方向，在产品升级、技术进步、工业服务上全面发力，持续加大研发投入，大力推进“两个结构”再优化，全面加快钢铁产业转型升级、战略性新兴产业发展和全球化布局。

（1）深度推进产品结构调整。持续发力产品结构调整，2020 年品种钢比例≥75%，高端产品比例≥60%，特色战略产品比例≥8%。其中汽车板和家电板占比达到 30%，特钢比例达到 28%，钢材深加工比例达到 30%。在保持高端家电板、汽车钢市场占有率的前提下，能源用钢、海洋工程、工程机械、桥梁建筑领域的高端钢材产品达到国际一流水平，培育冠军产品，在制约国家和行业发展的高精尖材料上实现突破。

（2）加快推进前沿颠覆性技术研究。在绿色生产、流程再造、工艺创新、产品研发等全流程领域，开展引领性、前沿性、行业颠覆性技术研究与应用，实现从引进创新到协同创新再到自主创新的转变。充分发挥国内外平台智力资源，推进高速连铸、增材制造、无头轧制、碳排放控制等前沿性技术研究。

（3）深化智能制造技术的融合与转型。积极推动互联网、大数据、人工智能等新一代信息技术与钢铁制造的深度融合；利用区域调整和退城搬迁机遇，全面建设“绿色化、智能化、品牌化”的新一代流程钢厂，全面推动智能转型升级，打造“智慧河钢”。

（4）开展全流程绿色可持续制造技术研究。推进全流程的绿色制造，形成自主关键技术。围绕烟气污染物控制、高盐水回用、共性排污节水、特殊固废物资源化利用等行业关键共性难题，开展前沿性技术研究，形成污染物源头减排、过程控制、末端治理全流程高效治理体系，实现主要污染物超低排放。加快现有绿色制造技术在子公司成果转化，推进高比例球团在河钢唐钢、河钢邯钢和河钢乐钢应用，低硅碱球在邯钢实现工业化生产。

（5）深入开展氢能技术研究与产业化。河钢将在氢燃料重卡示范运营，建设覆盖河北省的加氢基础设施网络基础上，推动涉氢材料从研发到商用的进程；不断完善氢能产业链，构建氢能产业集群，推动整个氢能产业的发展，为京津冀地区的绿色可循环经济发展、为中国社会的清洁能源建设、为全球的能源发展和环境治理做出更大的贡献。

参考文献

[1] 傅光海．浅议钢铁企业服务化转型和产业链延伸转型［J］．冶金管理，2019（8）：4-11.

[2] 王新东，田京雷，宋程远．大型钢铁企业绿色制造创新实践与展望［J］．钢铁，2018（2）：1-9.

[3] 白斌，王强，侯蕾，等．耐海洋环境腐蚀用中厚板的研发［J］．河北冶金，2019（9）：15-19.

[4] 韦明，崔强，叶建军．高强韧性海洋平台齿条用大厚度A514GrQ钢板生产工艺研究［C］．中国钢结构协会海洋钢结构分会2010年学术会议暨第六届理事会第三次会议论文集，2010.

[5] 朱苗勇，祭程．连铸大方坯凝固末端重压下技术及其应用［C］．第十届中国钢铁年会暨第六届宝钢学术年会，2015.

[6] 付天亮，韩钧，邓想涛，等．特厚钢板射流淬火过程厚向冷速实验研究［J］．东北大学学报，2017（11）：1548-1553.

[7] 蔡兆镇，朱苗勇．钢凝固两相区溶质元素的微观偏析及其对连铸坯表面纵裂纹的影响［J］．金属学报，2009（8）：949-955.

[8] 郑诗礼，杜浩，王少娜，等．亚熔盐法钒渣高效清洁提钒技术［C］．第一届钒产业先进技术研讨与交流会，2011.

[9] 王新东，李兰杰，杜浩，等．亚熔盐高效提钒铬清洁生产技术产业化应用（网络首发）［J］．过程工程学报，2019.

[10] 王新东，李建新，胡启晨．基于高炉炉料结构优化的源头减排技术及应用［J］．钢铁，2019（12）：104-110，131.

[11] 于勇，王新东．钢铁工业绿色工艺技术［M］．北京：冶金工业出版社，2017.

[12] 王新东，侯长江，田京雷．钢铁行业烟气多污染物协同控制技术应用实践［J］．过程工程学报，2020（1）：35-45.

[13] 鲍金成，赵子亮，马秋玉．氢能技术发展趋势综述［J］．汽车文摘，2020（2）：6-11.

[14] 王新东，赵军，张倩．践行“一带一路”倡议，树立“走出去”企业典范［J］．钢铁，2017（11）：87-93.

深度融合的全球研发平台的构建与成效①

王新东，李建新，刘宏强，钟金红

（河钢集团有限公司，河北 石家庄 050023）

摘　要：随着我国经济由高速增长阶段转向高质量发展阶段，中国钢铁产业进入了产能增长与规模扩张的后发展时期，钢铁需求下滑，实现结构转型与质量导向成为行业共识。在钢铁行业竞争加剧、节能减排压力加大的现实竞争中，河钢汇聚全球技术创新要素，打造了全球技术研发平台，建立开放的创新平台，共同参与国家和行业重大需求和前瞻性问题研究。探索了一条适应国内钢铁行业需求的产学研用协同创新合作新模式，促进了一批优秀技术成果落地，有力地推进了科技成果向现实生产力的转化，助推河钢产品结构调整和产业升级。

关键词：创新要素；深度融合；前沿技术；人才培养

0　引言

在钢铁行业竞争加剧，节能减排压力加大的现实竞争中，推进互联网、大数据、人工智能与钢铁产业深度融合，提升钢铁企业技术创新、管理创新已刻不容缓[1]。要实现这一转变，迫切需要汇聚产学研多方面的创新要素、深度融合，进行技术、人才、管理、品牌等各方面能力和优势的总动员、总释放，用技术创新引领和支撑企业发展。过去企业与科研院校松散的合作模式，既是院校科技成果转化的障碍，又是企业提升自主创新能力的桎梏。河钢集团汇聚全球技术创新要素，充分发挥各方的资源优势，通过搭建更加开放式的深度融合平台，突破两者之间的机制体制壁垒，让企业、用户、高校、科研机构真正形成合力，汇聚行业各类创新要素，“将论文写在钢铁产线上”，推进以市场为导向、企业为主体、产学研深度融合的技术创新体系建设。

1　河钢集团简介

河钢集团是全球最大的钢铁材料制造和综合服务商之一，拥有一级子公司 30 余家，在册员工 10 万余人，海外员工 1.2 万人。以钢铁材料为主业，横跨矿山资源、金融证券、现代物流、钢铁贸易、装备制造等板块。河钢以“建设最具竞争力钢铁企业”为愿景，致力于为各行各业提供最具价值的钢铁材料和工业服务解决方案。构建了完善的技术研发平台，拥有 3 个国家认定企业技术中心、4 个省级认定企业技术中心和 7 个通过 CNAS 认证理化实验室，以及冷轧及涂层钢板等 6 个省级工程技术研究中心，设有 3 个“院士工作站”和 4 个“博士后科研工作站”，拥有以硕士、博士研究生为主、专业全面的科研团队

① 原文发表于《河北冶金》，2019（10）。

和国际一流的钢铁生产全流程中试科研基地，着力于前沿、共性、关键、重大技术研究和产品研发。目前，河钢已经成为中国第一大家电用钢、第二大汽车用钢供应商，2019 年位列世界企业 500 强第 214 位；在 MPI 中国钢铁企业竞争力排名中获“竞争力极强”最高评级。

近年来，河钢以强烈的担当意识和社会责任感，大力实施创新驱动发展战略[2]，积极探索产学研用协同合作新模式，建立联合研究院、创新中心等实体合作组织，组建成特色鲜明的协同创新平台；汇聚全球智力资源，打造河钢全球协同研发平台。

2 全球研发平台的构建与创新做法

为了深化全球范围内的产学研用合作，推动基础科学、科技成果转化和产线落地，河钢汇聚全球技术创新要素，打造了全球技术研发平台，建立开放性的创新体系，共同参与国家和行业重大需求和前瞻性课题研究。

2.1 河钢全球研发平台的构建

（1）构建双架构协同研发平台。充分发挥河钢各级研发机构的自身优势，建立了河钢钢研与子公司技术中心两位一体、优势互补的双架构研发体系，以创新体制机制为动力，以实施重大科技课题为抓手，以人才队伍建设为支撑，逐步形成了要素完备、资源共享、运行顺畅的研发体系，详见表 1。

表 1 河钢研发试验平台

序号	平台名称	描述
1	技术中心	3 个国家级、4 个省级
2	理化实验室	7 个通过 CNAS 认证
3	研究中心	6 个省级工程技术研究中心
4	院士工作站	3 个院士工作站
5	博士后科研工作站	4 个博士后科研工作站
6	中试平台	1 个中试试验基地

（2）打造全球技术创新平台。河钢汇聚全球技术创新要素，建立更加包容、开放的全球协同创新平台。根据不同院校和科研机构的学科特长，先后与东北大学、北京科技大学、重庆大学、中国科学院过程所、中国钢研科技集团、武汉科技大学等国内知名科研院所建立了 12 个国内战略研发平台，主要平台详见表 2；与昆士兰大学、伍伦贡大学、瑞典 MEFOS 等国外知名企业、科研院所建立了 3 个国外研发平台，详见表 3。

表 2 国内主要战略研发平台

序号	平台名称	合作单位
1	河钢-东大产业技术研究院	东北大学
2	河钢-北科大钢铁绿色制造协同创新中心	北京科技大学
3	河钢-重大西南研究院	重庆大学

续表 2

序号	平台名称	合作单位
4	氢能技术与产业创新中心	中国工程院战略咨询中心、中国钢研科技集团、东北大学
5	高品质特殊钢先进技术实验室	上海大学

表 3　国外研发平台

序号	平台名称	合作单位
1	河钢-昆士兰可持续钢铁创新中心	昆士兰大学
2	河钢-伍伦贡应用技术创新中心	伍伦贡大学
3	技术合作协议	瑞典国家冶金研究院

（3）建立 EVI 服务平台。河钢全力践行 EVI 服务模式，以高附加值和定制化产品为方向，以“一站式”解决方案服务满足客户个性化需求为重点，先后与海尔、上电、中建钢构、北汽、国能汽车等下游高端用户分别成立河钢集团-海尔家电用钢创新研发中心、河钢集团-上海电气金属材料研发中心等产业链条研发中心，共同打造全产业链技术研发平台，详见表 4。

表 4　全产业链技术研发平台

序号	平台名称	合作单位
1	河钢集团-海尔家电用钢创新研发中心	海尔集团
2	河钢集团-上海电气金属材料研发中心	上海电气集团
3	河钢集团-中建钢构建筑用钢创新研发中心	中建钢构
4	河钢集团-中国汽研汽车用钢研发中心	中国汽车工程研究院
5	河钢集团-中集集装箱材料研发中心	中集集装箱

（4）组建高新技术互联平台。河钢瞄准未来钢铁技术发展方向，与华为、西门子、普锐特等公司在智能制造、增材制造等研究领域开展战略合作，探索高新技术与传统制造领域的深度融合，赋予传统制造行业全新内涵，详见表 5。

表 5　高新技术互联平台

序号	平台名称	合作单位
1	工业互联网平台	华为、金蝶
2	河钢西门子物联网赋能中心 增材制造联合实验室	西门子
3	“5G +智能制造”战略合作	中国移动、华为
4	河钢普锐特冶金技术服务有限公司	普锐特

（5）开放式国际交流平台。河钢坚持与强者为伍，努力打造全球化企业间交流平台。河钢以担任世界钢协会长单位为契机，从装备能力、产品档次、结构优化、平均售价、劳效提升以及人力资源配置等方面开展全方位对标，积极与世界一流冶金企业开展技术交

流，与浦项成立了战略合作指导委员会；与普锐特、达涅利等世界知名冶金装备制造企业建立了常态化交流机制，具体见表6。

表6 企业交流平台

序号	平台名称	单位
1	浦项战略合作平台	韩国浦项
2	德高国际贸易平台	瑞士德高
3	世界钢协交流平台	世界钢协
4	汽车钢联盟交流平台	世界汽车用钢联盟

2.2 全球研发平台的创新做法

（1）顶层设计，确定研究方向。河钢与各大院校、下游用户积极实践以企业为主体的产学研用深度融合体系，在资源共享构建方面发挥各自的最大优势，明确了“将论文写在钢铁产线上”共同目标，加强双方深度融合的顶层设计，搭建以企业为主体、产学研深度融合为内涵的合作框架。根据河钢总体发展方向、科研院所优势与强项以及下游用户行业发展方向，规划涉及钢铁行业面临的关键共性问题和长远发展的重大问题，凝练重大项目。

（2）走出去，注重国际战略。河钢通过派送访问研究员、参加汽车用钢联盟等方式，与世界钢协建立常态化的人员及技术交流机制；强化与瑞典国家冶金研究院、澳大利亚昆士兰大学等海外科研机构和知名院校的交流合作，加快推进国际化发展战略。推进与浦项钢铁等先进国际钢企在钢铁技术、能源环保、钢材深加工等领域的全面战略合作，全面提升企业竞争力。

（3）市场导向，实现循环创新。以市场为导向，确保成果水平评价“接地气”，成果评价由产线和下游用户说了算。产线需求导向，可以激发和释放产线活力，提升产线竞争力；用户需求导向，通过EVI合作有效提升河钢和用户间的供应链效率和价值，为用户提供增值的先期介入技术服务和体验，实现了双方的共赢和循环创新。

（4）起底调研，注重精准对接。为了快速聚焦，明确产学研深度融合的载体和方向，研发平台组织开展起底式调研和准确对接。一方面，企业根据生产问题和发展需要，起底式的研讨，提出需求；另一方面，科研机构转化研究成果。通过双向对接，碰撞出显著提升产线生产力和竞争力的项目，并依托项目聚集双方技术团队组成产学研融合的课题组，对制约产线升级的瓶颈问题开展靶向式攻关。

（5）联合组队，突出协同创新。产学研深度融合平台由双方主要领导直接负责，河钢各子公司的董事长、总经理和院校的主管副校长、各学院院长直接负责。各研究中心均由河钢钢研总院及相关公司产线的科研人员、工程技术人员和院校智力联合组成。项目和企业科研人员实行同步动态调整，在项目实施期间，企业科研人员归属于研究中心。为促进产学研深度融合，使各方人员形成合力，达到“1 + 1 > 2”的效果，每个产学研课题成立专门的课题组，课题组由院校科研团队、子公司现场技术人员和河钢集团钢研总院技术骨干共同组成。课题组实行高效互动机制，课题组人员共同制定目标、共同进行实验研究、共同开展工程设计和工业生产试验，在此过程中，实现信息与技术的交流与共享，做到高效互动。

项目实施的过程就是双方深度融合的过程，推进现场技术人员由项目的管理者、参与者变为项目的技术骨干，在双方共同完成实验内容、锻炼和培养钢种研发、自动化编程等技能的同时，将现场生动丰富的技术研发、工艺革新经验带到院校、带到研发实验室，将现场急需的需求转化为课题组老师研究的主方向。在项目实施过程中，通过“发现问题→分析问题→解决问题”的闭环管理，激发技术人员的创新积极性与能动性。

（6）实体管理，职能到点到位。研发平台实行实体管理，河钢派遣专人到各平台担任主要负责人，并委派专职管理人员驻平台办公，成立实体化运作的综合管理办公室。办公室致力于为产学研深度融合提供优质服务，主要职能是进行项目的组织，开展技术交流、项目对接，管理、监督项目的进度、总结、验收等。搭建企业科研、工程技术人员与学校教师之间的高效沟通体系，协调解决项目开展过程中的问题，管理并落实项目进度、质量、达标等工作。

3　全球研发平台助推河钢技术进步

3.1　工艺-装备-产品-服务一体化创新机制，形成创新合力

钢铁工业是典型的流程工业，必须针对每一个工艺环节，进行全流程、一体化控制，聚焦产线问题、产品需求，实施工艺-装备-产品-服务一体化创新机制，这是全面提升产线效率、装备水平、产品质量和客户满意度的必由路径。其核心在于通过学科交叉，多专业合作，多行业协同，进行工艺与装备的创新，生产满足需求的优质产品，以产品和服务为终极目标，实现供给侧的改革。创新平台从钢铁材料生产工艺设计，钢铁工艺流程的选择、配置及其优化，钢铁材料组织性能预测与控制为主线，聚焦工艺或装备上的短板，进行靶向式改造升级，形成产品，并跟踪客户应用，形成工艺-装备-产品-服务的一体化创新闭环。例如针对河钢唐钢、河钢舞钢中厚板产线瓶颈开展一体化创新，攻克连铸坯重压下[3]、平面板形控制、新一代 TMCP 技术、300 mm 大断面特厚淬火机[4]等多项关键共性装备技术，均取得显著成效。

3.2　精准靶向攻关，解决产线瓶颈难题

研发平台瞄准产线亟待解决的顽疾，推行全工序一体化改造，攻克多项关键共性技术，解决技术“卡脖子”的问题，将关键核心技术掌握在自己手里，推动了产线的转型发展。

（1）微合金钢连铸坯角部裂纹控制技术提升品种钢质量。连铸坯角部裂纹控制技术[5]在产线的实施解决了连铸坯生产过程频发的角部裂纹等严重表面质量缺陷，保障了微合金钢高质、高效与绿色化生产，在河钢唐钢中厚板、河钢邯钢、河钢石钢实施后，均取得显著的经济效益。

（2）智能化平面形状控制技术提升产品质量稳定性。智能化平面形状控制技术打破了国外冶金设备及自动化公司在中厚板轧线自动化控制方面的技术垄断，研究开发出具有完全知识产权的高精细自动化控制系统。实现了中厚板轧制过程的精细化控制，技术指标达

到或超过国外同类系统控制水平。在平面形状控制方面，采用高次曲线连续变厚度控制、机器视觉图像处理技术，首次实现了中厚板平面形状的高精度连续在线自学习控制。河钢唐钢中厚板经全流程自动化改造，产品综合成材率提高0.8%以上，年新增利润超过2000万元。

（3）氧化铁皮控制技术显著提高热轧带钢表面质量。氧化铁皮控制技术[6]的开发形成了“控制钢板表面氧化铁皮结构、组分以及厚度”的自主知识产权专有技术，使氧化铁皮的结构提高、可塑性增强、厚度减薄，从而提高了热轧带钢的表面质量。其理论水平及应用效果达到国际先进水平，填补了国内空白，成功用于汽车、重型机械等行业，为企业创造了巨大的经济效益和社会效益。

3.3 强强联合，担当国家角色，承担国家重大专项

利用研发平台的优势，河钢助力我国钢铁及相关关键技术实现重大突破，主持或参与国家“十三五”重点研发计划15项，实现了历史性突破。承担的15项国家重点专项中，涉及重点产品研发、矿山安全、重大工艺装备、水资源利用、大气治理与清洁生产等领域，显著提升了集团研发能力和行业影响力。

（1）研发高效清洁提钒技术，实现钒铬资源高效清洁利用。河钢联合中国科学院发明了世界首个“亚熔盐高效清洁提钒技术”[7]，攻克钒冶金“三废”产生量大、末端治理难等世界性难题；建成钒铬共提清洁生产产业化示范工程并稳定运行，实现了钒、铬同步提取率达到90%和80%的国际领先水平，以该工程为核心的“钒的清洁提取与产品制造绿色设计平台建设项目”入选工业和信息化部绿色制造系统集成项目，对钒铬资源高效清洁利用具有示范引领作用。

（2）烧结烟气选择性循环节能减排技术实现超低排放。河钢与中国科学院联合承担的“高温烟气循环分级净化与余热利用技术”课题，通过关键设备创新和过程优化，实现了节能减排与生产效能提升多功能耦合；建立了烧结烟气选择性循环节能减排技术体系，实现了吨矿烟气量减排21.5%，烟气循环率达到25%~30%，吨矿固体燃料消耗降低10.8%，烧结矿产量提高3.2%~6.2%，NO_x与CO等主要污染物降低20%以上，研究成果整体上达到国际领先水平。该技术结合国内首套CSCR脱硫脱硝（逆流）技术，使烧结烟气更加低能耗实现超低排放，为钢铁行业超低排放提供“河钢样板”。

（3）基于高炉炉料结构优化的污染物源头减排技术实现多项技术引领。河钢与中国科学院、华北理工大学、中国钢研集团联合承担的“基于高炉炉料结构优化的污染物源头减排技术与示范”，首次在国内实现80%比例球团高炉的工业化生产，中高硅镁质溶剂型球团制备、高比例球团高炉冶炼技术及污染物减排方面达到国际领先水平。

（4）建设直轧示范线实现负能制造。河钢联合东北大学承担的长型材智能化制备关键技术项目的棒线材直接轧制智能化负能制造关键共性技术及应用示范在河钢承钢完成工程建设，直轧率达到90%，工序节能20 kgce/t，实现负能制造。

3.4 系统创新，推动绿色制造技术引领

钢铁行业如何加大绿色环保、节能减排的力度是摆在国家和企业面前的重要课题。河钢针对此问题：一方面积极落实压减产能、调整产业结构、转变发展思路、提升资源、能

源利用效率，全面采取节能减排与低碳发展措施；另一方面充分利用全球研发平台的智力资源，针对绿色制造关键技术开展攻关，大力实施低碳、减排、节能、降耗的新生产工艺技术，实现钢铁的绿色制造。

（1）烟气粉尘物综合治理实现行业领先。依托国家大气专项，河钢联合北科大开发了焦炉烟气多污染物低温协同催化净化技术，研发了多污染物协同净化多效催化剂，结合半干法脱硫除尘设施，实现焦炉烟气 NO_x、Hg、CO、H_2S、SO_2 等多污染物的短流程高效协同治理[8]，最终可实现粉尘浓度< 10 mg/m^3、SO 浓度< 30 mg/m^3、氮氧化物浓度< 130 mg/m^3。联合中国科学院过程所等科研院所开发了 3 条烧结烟气多污染物超低排放技术路线[9]。在钢铁副产物利用方面实现了高炉除尘灰、转炉除尘灰、转炉污泥、轧钢氧化铁皮、钢渣水渣等钢铁副产物回收和再利用，在矿山实施井下填充采矿法等先进技术，减少了尾矿的露天堆存。

（2）能源循环再利用。在能源循环利用方面采用余热回收、余热发电、钢包全程加盖、钢坯热装热送等节能措施，最大限度地减少工艺过程中能源的浪费。目前，余热余能余压自发电总量超过 100 亿度，核心企业自发电比例超过 65%。

3.5　致力前沿，厚植钢铁引领创新动力

大力开展前瞻性基础研究，推进技术创新，提升产品质量，走节能降耗、清洁生产和绿色环保的可持续发展之路是钢铁行业未来发展的必然选择。河钢集团根据国家和行业重大需求和国际上的发展趋势，面向未来、面向一线，发展钢铁前沿关键技术，寻求重大突破，引领行业技术创新，为我国走上钢铁行业国际领跑位置贡献力量。

（1）尾矿预富集悬浮焙烧技术实现复杂难选铁矿石高效利用。我国铁矿资源禀赋差、难利用、采选成本高，铁矿石长期处于严重的短缺状态，对外依存度超过 86%，因此，研发自主创新技术，实现我国难选铁矿资源的高效开发利用具有重要的战略意义。为此，开展了“尾矿预富集-悬浮焙烧-磁选新工艺技术研究”，提出了“预氧化-蓄热还原-再氧化”悬浮磁化焙烧新理念，该技术属于国际首创的复杂难选铁矿石高效利用新技术，具有氧化焙烧与还原焙烧分离、焙烧温度低、生产能力大、环保无污染、生产成本低、能源利用效率高及自动化程度高的特点。

（2）氧化物冶金技术提升产品性能。利用炼钢过程中对夹杂物的属性（分布、成分和尺寸等）的有效控制，在后续的凝固、轧制、冷却、使用过程中改善钢材的组织，从而获得需要的组织和新的性能，例如大线能量焊接性能等。

（3）热压铁焦高炉炼铁技术研究助推高炉炼铁低碳化。钢铁行业的碳排放主要集中在钢铁冶炼过程，低碳炼铁技术是钢铁行业最重大问题、第一问题，必须直面。开展低碳炼铁技术已经迫在眉睫，是动能转换的首要内容。热压铁焦是由铁矿和煤经热压和炭化处理而制备的碳铁复合炉料，生产成本低，原料适应性强，冶金性能优良，高炉使用热压铁焦具有显著的节能减排效果。河钢东大研究院利用自制的热压铁焦中试制备装置，开展工业化实验，系统研究了多参数耦合反应动力学、高炉炼铁系统对热压铁焦强度获得机制及实现途径、冶金特性多指标协调优化机制及气固耦合反应动力学、高炉炼铁系统对热压铁焦的反馈机制等方面的理论与实践问题，形成了热压铁焦制备和高炉应用集成关键技术。本研究成果的实际应用将使河钢成为国内第一家应用碳铁复合炉料的企业，助推高炉炼铁低碳化和低成本，对我国低碳炼铁具有重要示范作用。

3.6 引入高新技术，赋予钢铁产业新动能

钢铁凝聚了现代科技、信息技术和商业模式创新等当今最前沿最活跃的因素，其竞争力已经不在钢铁本身。高新技术的引入实现了与供给侧结构性改革、高质量发展极大的叠加，将进一步推动传统钢铁工业的商业模式、生产组织模式、对待客户和市场的态度实现重大改变，在互联网真正进入工业领域并迎来大发展的时代，河钢走在了前列。

（1）融入“5G + 智能制造技术”。河钢、中国移动和华为三方基于河钢应用场景，成立联合研发机构，融合 5G、人工智能、大数据、云计算等新一代信息技术，共建工业互联网平台，以实现“5G + 智慧工业园区、5G + 智慧工业港口、5G +智能工业制造”三个领域的技术突破，促进钢铁制造向网络化、智能化、数字化转型，实现高质量发展。

（2）发展增材制造技术。增材制造代表未来制造的发展方向，将颠覆传统的制造业，河钢不仅在做精做强钢铁主业上继续发力，而且也瞄准钢铁向材料转变的高端制造领域、与钢铁有关的新兴产业。紧紧盯住行业最前端的材料，集中精力在新兴产业、增材制造、新能源等方面发展。西门子在增材制造领域拥有国际领先的技术创新和产业化实力，是全球在增材制造领域唯一拥有全产业链覆盖能力的工业集团。为此，河钢同西门子在增材制造领域开展了战略合作。

（3）开发氢能及其利用技术。大力发展氢能产业，对提升区域环境质量，提高能源产业结构，具有重要的战略意义和现实意义。我国也已经将氢能发展提高到国家能源战略的高度，河钢牵头联合工程院、中国钢研集团、东北大学组建了“氢能技术与产业创新中心”，打造国内最具代表性的氢能物流示范。

3.7 打造高水平产学研人才培养平台

“创新之道，唯在得人。得人之要，必广其途以储之”。创新驱动的实质是人才驱动，人才是创新的第一资源。高素质人才培养是河钢构建全球研发平台的一项重要工作，创新平台通过专家大讲堂、专题培训、访问学者等开展多形式的技术培训工作，累计开展专题培训 1600 余人次，以访问研究员、出国培训等方式，培养国际化人才 57 人次，提高了河钢技术人员的科研能力和国际化视野。

（1）河钢产线为创新平台提供实训基地。河钢与合作院校共同推进教学实践工作，定期接受学生到产线参加教学实践活动，提供必要的工作、学习、生活条件，形成了钢铁产线人才培养模式。

（2）创新平台为河钢提供人才培养支持。邀请知名院士、学者到产线进行钢铁重大技术、前沿技术的讲座；安排优秀教师、学生参与到校企产学研深度融合课题中，前往现场解决实际问题，培养在产线人员的科研实践能力；组织企业炼钢、轧钢、自动化等领域的优秀技术人员，到学校、科研院所进行相关专业知识、前沿知识的系统培训。

（3）培养企业高学历高层次人才。平台以开展的课题为依托，助力产线的优秀技术人员攻读博士、硕士研究生，重点定向培养。

4 全球研发平台实施效果

河钢集团全球研发平台创建以来，聚焦钢铁行业的前沿性问题和制约企业发展的关键

共性技术，以市场为导向、以企业为主体，实施工艺-装备-产品-服务一体化创新，凝练出一批关键共性技术并在产线落地实施，项目取得重要突破，增强了河钢在核心技术领域的竞争力。各研发平台取得了备受瞩目的成绩，被《中国冶金报》《新华网》等主流媒体刊物评价为“在引领钢铁产业升级中担当重任”，用一项项成果和技术进步，践行着“将富有战略性、前沿性、颠覆性的科研论文，浓墨重彩地书写在产线上”。

（1）促进了河钢的产品结构调整，提高产品竞争力。河钢科技创新实力进一步增强，技术创新资源整合配置能力不断增强，产品升级和结构调整效果显著。随着研发平台凝练的新技术和新工艺在产线的落地，河钢产品结构进一步优化，高技术含量、高附加值品种钢比例由2015年的41%提升到2019年上半年的72%。代表行业高端水平的汽车钢、家电板、海工钢等产品显著增长，多项高端产品填补国内空白，多个钢种国内市场占有率第一，主要用钢行业高端客户集群效应初步形成，产品创效能力提升。国产大飞机C919、“神州”载人飞船、“嫦娥”探月工程、“中国天眼”射电望远镜等诸多重大科技成果以及国内外重大工程上，河钢产品广泛应用。

（2）解决了产线瓶颈技术难题，提升产品质量。全球研发平台建立以来，开展了多轮次全方位的产线起底式调研，针对产线瓶颈问题开展靶向式攻关。在炼钢工序实施了连铸过程控制钢水二次氧化技术、CSP板卷边裂控制技术、大矩形坯无缺陷连铸坯控制技术、板坯轻压下工艺优化、浸入式水口防挂渣等先进技术，提高了钢水的纯净度，解决了微合金钢铸坯表面裂纹问题，有效降低了中心偏析与疏松缺陷，提高了连铸坯内部质量。尤其是“微合金钢连铸坯角部裂纹控制关键集成技术”实现了薄板坯、常规板坯、宽厚板坯、特厚板坯以及大断面矩形坯等全部坯型全覆盖，微合金钢连铸坯裂纹发生率< 0.1%。在轧钢工序实施了特殊钢关键共性技术开发应用、热轧材氧化铁皮控制技术、热冲压成形钢组织性能及表面质量控制、热镀锌线锌流纹锌花大小及均匀性控制技术、合金钢棒材快速冷却控制等先进技术，覆盖了河钢集团所有产品系列，大幅度提升了产品的质量档次。

（3）产线装备水平提升，多项技术实现首创。新技术在产线的落地推动了装备水平的提升。在产线实施的轧后超快冷系统、机架即时超快冷装置，实现高水平的控制轧制和控制冷却。开发了宽大断面连铸坯凝固末端重压下装备并在河钢唐钢成功应用，明显提高铸坯中心层质量，解决了长期困扰中厚板厂产品的共性质量问题。在河钢舞钢开发并实施了世界首套300 mm级大断面特厚钢板辊式淬火装备，实现了最厚300 mm、40~50 t大断面特厚钢板高强均匀淬火。在国际上首次将电硅热法与电铝热法两种钒铁生产工艺通过技术集成与自动化控制，建成世界上单体最大的钒铁清洁生产线等。

（4）清洁生产技术实现绿色引领。河钢发挥全球研发平台作用，近年来实施了“先进的抑尘除尘，钢渣气淬、CDQ、TRT、烧结、转炉等余热余压利用，煤气综合利用，烧结机脱硫，消纳城市中水作为补充水及其废水深度处理回用，固体废弃物高效综合利用”等一系列节能减排技术，达到国际领先水平，被树为钢厂与城市协调发展的典范。建成了华北最大的水处理中心、亚洲最大的封闭料场、世界首条亚熔盐法清洁提钒生产线。制订实施《绿色发展行动计划》，推进“六位一体”绿色制造总体布局，持续提升绿色发展的品牌优势，成为世界钢铁工业绿色发展样本。河钢在行业内率先提出并实现超低排放，被中钢协誉为“创造了钢铁企业清洁生产、绿色发展的成功典范”，被世界钢协授予“可持续发展卓越奖”。

（5）提升了河钢技术进步和引领实力。河钢集团全球技术研发平台的建立承担了国家重点研发项目，加强了行业关键共性技术、前沿引领技术研究，多项研究成果取得国际领先水平，正在加速实现由技术“跟跑”向创新“领跑”的转变，详见表7。

表7 河钢集团先进科技成果

序号	先进成果	行业水平
1	亚熔盐高效清洁提钒技术	国际领先
2	300 mm级特厚钢板辊式淬火装备技术	国际领先
3	宽厚板连铸坯重压下关键工艺与装备技术的开发及应用	国际领先
4	高比例球团高炉冶炼技术及污染物减排	国际领先
5	烧结烟气选择性循环节能减排技术	国际领先
6	微合金钢连铸坯角部裂纹控制关键集成技术	国内领先
7	尾矿预富集-悬浮焙烧-磁选新工艺技术	国内领先
8	热轧板带材表面状态控制基本原理及关键共性技术	国内领先
9	临氢化工用大单重高强韧钢板关键制造技术与应用	国际领先

未来，结合河钢舞钢电炉实际，需进行以下工艺技术革新：

（1）废钢加料Consteel设备的加料速度由1.5 t/min提高到4 t/min，减少旋开盖次数；

（2）增加炉门兑铁装置，在送电吹氧过程中，采用兑铁水车和兑铁溜槽将铁水加入炉内，变敞开式一次大量兑铁为密封式缓慢兑铁，避免兑铁时炉内铁水剧烈沸腾，降低烟尘排放量，使电炉烟气颗粒物污染物排放含尘浓度≤15 mg/m^3；

（3）结合炉壳U形槽、炉盖弯头及沉降室弯头的改造，增大四孔除尘器的抽风截面积，改善电炉环保效果；

（4）取消炉门氧枪，增加炉壁多功能氧枪，实现氧气、燃气、碳粉的多点使用、均匀配置、高效低排放生产。

此外，河钢舞钢紧跟电炉发展步伐，按照连续加料、连续预热、连续送电、平熔池冶炼的目标，继续推进电炉的全面进步，同时降低烟尘的排放，致力低碳排放，绿色生产。

参考文献

[1] GB 28664—2012,《炼钢工业大气污染物排放标准》[S].

[2] DB13/2169—2018,《河北钢铁工业大气污染物超低排放标准》[S].

[3] 王新东. 以高质量发展理念实施河钢产业升级产能转移项目 [J]. 河北冶金，2019 (1)：1-9.

[4] 武娟，程亮，逯元堂，等. 中国工业大气污染物排放的影响因素研究 [J]. 环境污染与防治，2018，40 (11)：1321-1326.

[5] 徐向阳，任明，高俊莲. 京津冀钢铁行业节能、SO_2、NO_x、$PM_{2.5}$和水协同控制 [J]. 中国环境科学，2018，38 (8)：3160-3169.

[6] 马丽，康蕾，金凤君，等. 京津冀工业发展与大气污染物排放时空耦合关系分析 [J]. 环境影响评价，2018，40 (5)：43-48.

[7] 文扬，马中，吴语晗，等. 京津冀及周边地区工业大气污染排放因素分解 [J]. 中国环境科学，

2018，38（12）：4730-4736.

[8] APFEL J，BEILE H，WINKHOLD A. EAF-Quantum 新型电弧炉炼钢技术［J］. 河北冶金，2018（10）：7-12.

[9] 傅杰，王新江．现代电炉炼钢生产技术手册［M］. 北京：冶金工业出版社，2009.

[10] 胡淑霞．电弧炉炼钢工艺及设备［M］. 北京：兵器工业出版社，2003.

[11] 朱廷钰，王新东．钢铁行业大气污染控制技术与策略［M］. 北京：科学出版社，2018.

构建全方位科技创新体系 践行河钢高质量转型发展①

王新东

（河钢集团有限公司，河北 石家庄 050023）

摘 要：在国家新一轮发展战略中，河钢集团以科技创新为驱动力，加快发展方式转变，践行高质量转型发展。围绕研究制定科技创新顶层设计、搭建全球化技术研发创新平台、强力推进新工艺新技术应用等诸多方面系统阐述了河钢科技创新实践。从完善科技创新体系、深化产品升级和结构调整、绿色化和智能化建设等方面提出了河钢发展的未来展望和战略构想。

关键词：河钢；科技创新；战略转型；高质量发展

随着国内经济快速增长，我国钢铁工业实现了跨越发展，成为国民经济增长的重要支柱，不仅有力推动了我国工业化、现代化进程，而且为世界钢铁实现健康可持续发展贡献了力量。在过去的30年，我国钢铁工业走完了发达国家100多年走过的发展历程，完成了“量的积累”，但钢铁行业发展不平衡不充分的矛盾仍然突出，产品满足下游个性化、定制化需求的能力还存在较大差距，迫切需要“高质量发展”。河钢集团在国家新一轮发展战略中，加快发展方式转变，以科技创新为驱动力，践行创新发展、绿色发展、可持续发展，为钢铁行业高质量发展贡献力量。

1 河钢科技创新实践

河钢在中国乃至全球钢铁产业布局中占据重要席位。钢铁产业拥有世界钢铁行业最顶级的工艺技术装备见表1。

表1 河钢集团主要装备

工序	先进装备
铁前系统	6 m以上焦炉10座，200~435 m^2以上烧结机13台、3200 m^3高炉5座、2000 m^3高炉10座等
炼钢系统	120~260 t以上转炉25座、100 t超高功率电弧炉4座，RH精炼炉等
轧钢系统	1580~2250 mm热轧板卷轧机6套，3.0~4.2 m宽厚板轧机6套，1680~2180 mm酸洗冷轧联合机组4套，棒材、线材和型材轧机34套
深加工	冷轧退火线7条，其中罩退—平整线3条、连退线4条；镀锌线12条，其中热基镀锌线3条、冷基镀锌线8条、电镀锌线1条；彩涂线6条；电镀锡线2条、剪切线等
钒钛系统	100 m^2大型回转窑、3 t电硅热法钒铁电弧炉、600 t双推板氮化钒窑

① 原文发表于《企业发展》，2019（2）。

近年来，河钢加强科技创新顶层设计，不断完善符合河钢发展战略的科技创新体系。以战略转型和高质量发展作为科技创新工作主线，聚焦“市场”和“产品”，坚定推进以客户结构调整推动产品升级，加速“两个结构优化”；以打造全球技术研发平台为支撑，不断提升产线工艺技术装备能力，提升产品档次，强化质量控制；以完善 EVI 服务为基础的研发体系建设，推进产业链嵌入式延伸，通过产业链的协同研发，践行定制化和差异化产品路线，不断提升河钢技术创新软实力。

1.1 系统研究制定河钢科技创新顶层设计

围绕河钢总体发展规划和重点支撑战略体系，制定并实施了河钢“十三五”科技创新发展战略规划，坚持创新驱动发展战略，规划站在“代表民族工业，担当国家角色”的高度，提出河钢在“十三五”期间要进行的能源、交通、海工、建筑、桥梁等 8 大类产品领域进行产业化布局，要重点在铁前、炼钢、轧钢、绿色制造、智能制造等领域突破 7 大类前沿和关键共性技术，并针对钢铁行业规模化、同质化发展特点，提出了河钢产品专业化、个性化的发展方向。规划在措施保障上，充分挖掘河钢内外优质科技创新资源，明确主攻方向，细化重点目标，强化责任分解，为规划的分步实施提供了基础保障。

1.2 搭建全球化技术研发创新平台

（1）构建河钢双架构协同研发平台。充分发挥河钢各级研发机构的自身优势，建立河钢钢研与子公司技术中心两位一体、优势互补的双架构研发体系，明确了两级研发平台科技创新体系的功能与职责定位，既各有侧重、合理分工，也互为协同，开放合作。在多年的运行过程中，河钢双架构研发平台以创新体制机制为动力，以实施重大科技课题为抓手，以人才队伍建设为支撑，逐步形成了要素完备、资源共享、运行顺畅的研发体系。

（2）打造全球技术创新平台。河钢汇聚全球技术创新要素，建立更加包容、开放的全球协同创新平台。以工艺技术、产品研发、智能制造为重点研究方向，河钢与东北大学联合组建了河钢-东大产业技术研究院；以“面向全流程、面向绿色智能、面向新钢铁、面向国际化”为宗旨，与北京科技大学成立了河钢-北科大钢铁绿色制造协同创新中心；聚焦西南及长江经济带区域市场发展、钢铁和钒钛新材料及资源综合利用等领域，与重庆大学组建了河钢-重大西南研究院。先后与中国科学院过程所、中国钢研科技集团、武汉科技大学等国内知名科研院所建立了 12 个国内战略研发平台，与昆士兰大学、伍伦贡大学、瑞典 MEFOS 等国外知名企业、科研院所建立了 10 个国外研发平台。

全球创新研发平台致力于解决制约河钢产业升级的关键性、根本性技术难题，以国家和行业重大需求为重点，实现钢铁行业前沿关键技术的重大突破，引领行业技术创新。截止到 2018 年年底，河钢已与全球研发平台开展了包括前沿技术、重大装备、高端产品在内的合作研发项目 100 余项，一大批课题在产线实施见效，理顺了生产流程，优化了工艺路径，提升了产品质量，推动了技术进步，引领了行业发展，极大地提升了河钢科技竞争实力，见表 2。

表 2 河钢全球研发平台主要先进科技成果

序号	先进成果	实施效果
1	亚熔盐高效清洁提钒技术	国际首创，帆的回收率由 80%提高到 90%
2	300 mm 级特厚钢板辊式淬火装备技术	支撑能源、军工、先进装备等对大厚度钢板的性能要求
3	宽厚板连铸坯重压下关键工艺与装备技术	显著提升钢板内部质量，提高坯料轧制厚度极限
4	微合金钢铸坯角部横裂纹与纵裂纹控制技术	开发角部晶粒超细化控冷新工艺，连铸坯裂纹发生率<0. 1%
5	高炉高比例球团冶炼技术	球团比例最高达到 80%，NO 排放降低 50%
6	逆流活性炭烟气净化技术	颗粒物排放浓度 $\leqslant 10\ mg/m^3$，SO_2 排放浓度 $\leqslant 10\ mg/m^3$，NO_x 排放浓度 $\leqslant 50\ mg/m^3$，国际领先
7	钢铁全流程 CO_2 的俘获、分离、富集和综合利用技术	开发了纳米催化剂和新型的 CO_2 捕集电解液，转换电流效率比现有技术提高 1 倍

（3）联合共建客户端技术研发平台。河钢全力践行 EVI 服务模式，将研发投入重点从钢铁企业内部向下游战略客户转移，以高附加值和定制化产品为方向，开展用户关注的针对性工艺技术研究，实现与高端客户的无缝衔接。以“一站式”解决方案服务满足客户个性化需求为重点，积极打造全产业链技术研发平台，在汽车、家电、工程机械、城市建设等领域向客户提供选材用材定制化、个性化整体解决方案，有效推动了河钢家电板、汽车钢、工程机械、建筑结构等高端产品的提质上量。

截至目前，河钢先后与海尔、上电、中建钢构、北汽、国能汽车等下游高端用户联合成立了多个技术创新研发中心，取得突出成效。其中，依托国能汽车成立的“河钢-国能汽车材料创新研发中心”，面向北汽、国能、上汽开展新车型先期介入和汽车轻量化 EVI 服务，已累计完成 420 个零部件材料技术认证、仿真分析以及材料结构的设计优化，并获得了国能汽车首发 1000 台车辆的内、外板供货资格；河钢-海尔家电用钢创新研发中心，在行业内率先开展彩涂板成型极限曲线研究，进行洗衣机等家电部件的成型数值模拟分析，为用户选材提供技术指导；河钢-上海电气金属材料研发中心，以用户关注的钢板耐磨性能为研发方向，进行精准地组织性能调控，开发出耐磨性能优于瑞典 SSAB 耐磨钢；河钢-中建钢构建筑用钢创新研发中心，重点开展装配式建筑用耐候钢开发，为用户研发新型耐候钢种，钢板力学、耐腐蚀、焊接等各项性能达到国内先进水平。

（4）建立全方位对标交流平台。在河钢内部各子公司，一是开展原料、焦化、炼铁、炼钢、轧钢等全工序对标，重点提升产线创效能力，保证产线基础工作体系运行平衡发展，实现产线与产品、市场高度融合。二是针对有较大提升空间的具体产线开展专题对标。以热轧、中厚板、冷轧及镀层、优特圆钢与线材产品为专题对标重点，在产品结构、售价、客户群结构等方面开展对标。外部，河钢以国内先进钢铁产线为标杆，对比差距，改进提升，从装备能力、产品档次、结构优化、产品质量、售价以及劳效提升和人力资源配置等方面开展全方位对标。通过对标，河钢总体工序成本、产线装备、能源利用效率大大改善，有效推动了产品创效能力的提升。通过对标，河钢产品售价每年提高 100 元/t。

建立企业间交流平台。河钢坚持“与强者为伍”的原则，努力打造全球化企业间交流平台。积极与世界一流冶金同行企业开展技术交流，与浦项成立了战略合作指导委员会，以及战略企划、技术、能源环保、原料资源四个专业委员会，建立了常态化对标交流机制，并就铁前及炼钢工序进行了多轮交流；与普锐特、达涅利等世界知名冶金装备制造企业建立了常态化交流机制，多次组织技术对接与交流。

建立高水平的学术平台，河钢每两年举办一次国际性学术交流会议，2018 年举办了河钢-东大第二届国际学术年会，国内外知名院校、企业、研究机构的专家学者 500 余人参会交流，153 名专家学者作专题报告，收录论文 332 篇，高水平学术交流会的举办展示了中国钢铁形象，体现了河钢创新精神。

1.3　强力推进新工艺、新技术应用

（1）产线关键共性技术推广应用。近年来，河钢围绕产品质量控制、新产品开发、工序降耗、工艺流程优化等方面，开展了产线诊断，定期对影响集团产线工艺瓶颈及用户关注的产品质量问题进行梳理，组织跨学科技术研发团队对炼铁、炼钢、热轧、冷轧等全流程工序进行技术攻关，实施工艺和技术创新。截至目前，已有 100 余项新工艺、新技术得到推广应用，在高炉稳定性、炼钢工艺优化、轧钢表面质量等方面形成了 32 项关键共性技术，并取得了突出成效见表 3。

表 3　主要新工艺、新技术实施效果

新工艺、新技术	实施效果
连铸坯角部裂纹控制技术	薄板坯微合金钢连铸坯裂纹发生率<0.1%
中厚板轧后超快冷	优化轧制工序，提高材料性能
特殊钢棒材共性技术	提升了特钢产品质量（提高脱碳、氧化、网状、带状等）
焦化烟气脱硫脱硝一体化新技术	颗粒物≤10 mg/m^3、SO_2≤15 mg/m^3，NO_x≤100 mg/m^3，达到行业领先水平
低 MgO 及较低碱度烧结配矿技术	高炉生产摆脱了高 Al_2O_3 炉渣对高 MgO 的依赖和束缚
烧结烟气活性焦脱硫脱硝技术	颗粒物和 SO_2 均≤10 mg/Nm^3，NO_x≤50 mg/Nm^3，达到行业领先水平
炼焦荒煤气上升管余热回收技术	实现吨焦回收蒸汽 150 kg 以上
氧化物冶金冶炼技术	实现了屈服 420 MPa 级产品 200 kJ/cm 焊接线能量焊接

（2）产线技术装备能力持续提升。河钢围绕产线技术进步，开发了提升产线创效能力的核心装备，不断提升产线技术装备能力。

河钢舞钢实施的世界首套 300 mm 级大断面特厚钢板辊式淬火装备项目，在特厚钢板表面高效率可控传热、断面温度梯度控制、大速比辐速高精度控制、抗冲击重载辑道、残水快速清除、钢板表面氧化铁皮去除等多个方面突破装备技术瓶颈，实现了最厚 300 mm、40~50 t 大断面特厚钢板高强均匀淬火，淬火时间与传统浸入式相比缩短近 50%，淬火后板形、表面质量明显提高，板形合格率大幅度提升，超过 98%的钢板实现了免压平。开发出正火、淬火、NAC 和回火四种热处理功能，实现了 Cr-Mo 钢、齿条钢、HIC 钢、锅炉汽包板、Q500 以上调质高强钢等钢种的全覆盖，月产量稳定在 4000 t 以上。标志着我国已

具备超厚高强钢板高冷速、高均匀性、高平直度淬火生产能力，填补了国际空白，为大单重、大断面特殊用途厚板热处理产品的研发与应用奠定了装备基础。

宽大断面连铸坯凝固末端重压下技术在河钢唐钢成功应用，针对常规宽厚板连铸坯中心偏析与疏松重，无法满足厚钢板轧制要求的难题，研发形成了厚板连铸坯动态连续重压下工艺技术（DSHR），发明了宽厚板连铸坯重压下核心装备增强型紧凑扇形段（ECS），建成投产了首条可实现全凝坯连续、稳定重压下实施的宽厚板连铸坯生产线，该装备强力压下扇形段压坯能力较常规扇形段提升 4 倍以上，首次实现了凝固末端及完全凝固后单段压下 218 mm，多段压下≥40 mm 的突破；实现了用 280 mm 厚连铸坯稳定轧制 150 mm 厚满足三级探伤要求高层建筑用钢等高附加值厚板产品，形成了低压缩比生产高性能厚板产品的新流程。

（3）产品质量控制水平稳步提高。河钢坚持以市场为导向，树立“用户需求就是标准”的服务理念，从传统的“满足标准质量”向“满足用户质量需求”转变，以用户质量反馈为着力点，强化质量管理，强调从原燃料开始，将质量意识落实到产线每一个环节：1）组织开展质量管理技能培训，大力推行工艺对标及岗位的标准化操作；2）广泛实施工艺改进，根据用户需求的改变不断优化、完善、改进产线工艺技术；3）加强设备维保，确保设备精准运行。充分利用专业的检测设备，形成在线监测流程数据，以自动化技术应用为手段，快速提升产品质量。

近年来，河钢产品质量稳定性得到了用户的高度认可。汽车板产线质量控制水平显著提升，河钢邯钢邯宝镀锌线汽车外板合格率大幅度提高，汽车板进入高端合资车企；优特长材产品质量进步明显，帘线钢系列产品尺寸精度全部到达 c 级，高端轴承洁净度进一步提高，平均氮含量下降 11×10^{-6}。质量稳定性的提高带来用户满意度的提升，2018 年年底，大客户综合满意率提升至 98. 5%；表面质量满意率提升至 96. 2%；尺寸精度满意率提升到 99. 6%，总体质量满意度提高至 99. 8%。

（4）产线竞争力快速提升。工艺技术水平持续进步，产线创效能力不断提高，有效推动了产线竞争力的快速提升。降本增效，产线创效能力增强。创新研发国内领先水平的电极防氧化涂层技术，有效保护电极氧化、降低电极消耗，耐热温度高达 2000 ℃，LF 炉吨钢电极消耗降至 0. 19 kg 以下，降幅达 10%以上；焦炉上升管余热回收技术在河钢邯钢 5 号、6 号焦炉一次性投运成功，并推广应用于邯宝 4 座 7 m 大型焦炉和河钢宣钢 2 座 6 m 焦炉，可实现年产蒸汽约 32 万吨，年减排二氧化碳 8. 9 万吨、吨焦降耗 10. 5 kg 标煤的目标；棒材直接轧制示范产线投入运行并实现长周期稳定生产，全流程吨钢工序能耗较改造前降低 34 kg 标煤，炼钢-轧钢全流程实现负能生产，吨钢制造成本降低 40 元以上。

效率提升，产能得到有效释放。2018 年，在关停部分产能，减少碳排放的前提下，依托技术进步，保持了较好的产量。通过全流程废钢加入技术，废钢比最高达 28. 3%的行业先进水平，平均铁耗从 957 kg/t 降低至 933 kg/t；1810 mm 产线在停掉一台连铸机的情况下，充分发挥半无头轧制优势，全年产量 153 万吨，提高 36%，单月最高产量达 14 万吨。

（5）产品结构得到持续优化。随着工艺装备升级、产品技术研发的落地实施，河钢产品结构得到进一步优化，品种钢比例大幅提升。高技术含量、高附加值品种钢比例由 2014 年的 30%提升到 2018 年的 70%。2018 年，河钢家电用钢完成 330 万吨，汽车用钢完成 700 万吨，市场占有率分别占据国内第一、第二。

河钢坚持“研发一批、推广一批、储备一批”的研发理念，持续发力产品研发。重点以延伸集团高端或特色产品序列为方向，充分发挥各产线装备优势，年开发显著提升集团竞争力和影响力的新产品200余个。近年来，一批依托港珠澳大桥、天眼工程等国家重大项目研发的专用特殊性能钢材的应用，进一步彰显了河钢的优势产品和品牌形象。其中，为举世瞩目的港珠澳大桥定制研发的13.5万吨抗震螺纹钢筋和4万余吨高强易焊接桥梁板，专为国之重器——中国散裂中子源工程研发的高洁净度、高致密度、高均匀性7000 t超厚钢板，为亚洲最大的“造岛神器”天鲲号研发的抗腐蚀耐磨特厚钢板等高端系列产品逐步形成了河钢特色拳头产品。

1.4　担当国家角色承担国家课题

“十三五”期间，河钢助力我国钢铁及相关关键技术实现重大突破，主持或参与国家“十三五”重点研发计划15项，实现了历史性突破。其中，绿色生产7项，涉及矿山安全、水资源利用、大气治理与清洁生产；工艺技术1项，研究流程优化；新产品研发5项，涵盖海工钢、非调质钢、桥梁钢、容器钢和核电用钢；智能制造2项，涉及扁平材和长型材的智能产线建设。新材料、新技术的研发能力和国际影响力显著提升。通过国家课题实施，在担当国家角色、肩负社会责任提升集团影响力的同时，进一步锻炼了研发队伍，掌握了核心技术，引领了行业发展。

目前，15项在研项目进展顺利，部分项目已取得成效。“多污染物中低温协同催化净化技术及示范”等4个课题已完成示范工程建设，“钒的清洁提取与产品制造绿色设计平台建设项目”等5个课题完成科技部中期评估。其中“棒线材直接轧制智能化负能制造关键共性技术及应用示范”实现最高日产3207 t的显著效果；“基于高炉炉料结构优化的硫硝减排技术及示范”课题初步建立完成基于高比例熔剂性球团的低污染、低排放炉料结构优化和高炉冶炼技术体系，实现了球团矿配比达到60%以上的目标；“钒的清洁提取与产品制造绿色设计平台建设项目”5万吨/年钒渣的清洁提取与产品绿色制造工程已完成工程建设，实现稳定运行。

1.5　全方位实施绿色制造技术

近年来河钢切实履行社会责任，秉持人、钢铁、环境和谐共生，率先在行业内制订绿色发展行动计划，致力“绿色制造”、生产“绿色产品”、打造“绿色产业”，引领中国钢铁工业的低碳绿色发展。河钢唐钢、河钢邯钢先后被工业和信息化部评为“绿色工厂”。河钢集团主要能源环保指标达到国内领先水平。

河钢在大气污染物治理方面的工作卓有成效。截至2018年上半年，吨钢综合能耗达到569.28 kg标煤，主要大气污染物排放指标分别达到吨钢粉尘排放量为0.50 kg以下、吨钢二氧化硫排放量为0.60 kg以下，吨钢氮氧化物排放量为0.91 kg以下，排放指标均居行业先进水平。

另外，依托国家大气专项，河钢联合中国科学院过程所、北京科技大学等科研院所开发了多条烧结烟气多污染物超低排放技术路线。技术指标均可实现粉尘浓度低于10 mg/m^3，二氧化硫低于35 mg/m^3；氮氧化物低于50 mg/m^3。尤其是在邯钢360 m^2烧结机上通过烧结烟气循环联合烟气活性焦脱硫脱硝技术路线，实现污染物减排由末端治理向全流程控制转变。在焦炉烟气污染物控制方面，开展低氮燃烧联合活性炭脱硫脱硝的超低排放技术，旨在开发源头减排与末端治理的污染三物控制手段。目前河钢在烟气污染物治理方面开展全过程耦合与多污染协同控制的应用研究，将为钢铁行业绿色制造提供环保与经济相统一的技术应用实践。

河钢集团各钢铁子公司均投资建设了污水处理中心，实现了吨钢耗新水逐年降低，目前达到了 2.39 m^3/t 钢，水重复利用率达到98%以上，居行业先进水平。唐钢主厂区实现了城市中水作为生产用水的唯一补充水源，每年节约深井水和地表水约 2450 万立方米。

在钢铁副产物利用方面实现了高炉除尘灰、转炉除尘灰、转炉污泥、轧钢氧化铁皮、钢渣水渣等钢铁副产物回收和再利用，在矿山实施井下填充采矿法等先进技术，减少了尾矿的露天堆存。

在能源循环利用方面采用余热回收、余热发电、钢包全程加盖、钢坯热装热送等节能措施，最大程度地减少工艺过程中能源的浪费。2017 年，仅余热、余能、余压自发电总量超过 100 亿度，核心企业自发电比例超过 65%。

1.6 全面推进流程智能制造

河钢全面推进智能制造建设，持续优化关键工序基础自动化系统改造，优化提升二级模型；推广机器人在产线的广泛应用，建立并完善数字工厂；稳步推进智能工厂示范工程建设，通过新一代人工智能、工业大数据和工业互联网与产线装备和工艺的深度融合，实现全工序、全流程的生产质量优化控制和系统协同，提升产线的柔性化控制水平和对市场、客户的快速响应能力。

（1）工业机器人应用。积极推进装备智能化改造和工业机器人在产线的应用。通过对天车自动定位控制及库区智能优化，结合库区科学管理、自主调度、无人驾驶、与 MES 无缝衔接，实现天车高效率、低能耗的稳定运行。转炉精炼自动测温机器人、连铸机中间包自动加保护渣机器人、铸坯自动喷号机器人、贴标机器人、成品打捆和拆捆机器人、锌锅捞渣机器人等的应用不仅降低了劳动强度，提高了工艺控制精准度，为产品质量的提升提供了保证。

（2）工业大数据应用。挖掘数据价值，优化生产工艺，通过冶金工艺数值模拟实验室对现场实际效果进行仿真模拟，开发具有计算、分析、判断、决策四大功能的智能控制模型。运用工业大数据和机器学习等技术开展工业软件研发，解决诸如高炉黑箱等共性技术问题。河钢现有高炉 28 座，目前正在开发基于高炉大数据的智能炼铁技术，实现高炉黑箱可视化，以及铁水的质量、成分、温度的准确预测。

（3）智能工厂示范建设。河钢通过标准化、自动化、信息化三化融合指导新项目建设，在系统架构上按照纵向贯通、横向集成、协同联动的智能制造体系进行智能工厂建设，并采用智慧工业园区的建设理念，将新技术充分融入到智慧工业园区的建设中来，满足未来智能制造的要求。目前，河钢正在进行 3 个示范工厂建设，河钢唐钢创新的信息化五级架构为支撑的智能工厂建设项目于 2018 年年底初步建成，荣获工业和信息化部颁发的国家级智能制造示范工厂，这也是国内钢铁行业第一个国家级智能制造示范工厂；河钢邯钢新区智能工厂建设进展顺利，河钢矿业中关铁矿智慧矿山项目是以河钢矿业中关铁矿为基地，在集中运行管控、智能巡检和井下作业无人化、矿运重卡无人驾驶等方面开展智慧矿山试点建设。

1.7　以技术创新推动海外公司发展

近年来，河钢紧紧抓住国际钢铁产业资本重组战略机遇，持续推进以“全球营销服务平台、全球技术研发平台和全球钢铁制造平台”为支撑的全产业链、全球化布局，境外投资累计达到 11 亿美元，控制运营海外资产 80 亿美元，服务网络遍布全球 110 个国家，拥有海外员工 12000 余人，海外业务年营业收入超过 800 亿元，形成“四钢两矿一平台”的全产业链海外发展格局，成为中国国际化程度最高的钢铁企业。以河钢塞钢为例，在河钢接手前连续 7 年亏损，经过不懈努力，河钢大力推进工艺技术创新和产线装备升级，仅不到半年时间就全面扭亏为盈。2017 年实现销售收入 7.4 亿美元，2018 年上半年实现销售收入 5.7 亿美元，超过 2015 年全年销售额，成为塞尔维亚第二大出口企业，被誉为“一带一路”建设和国际产能合作的“标志性工程”，得到中塞两国领导人的高度评价。其中，河钢塞钢公司热轧产线的集成技术改造、热风炉改造、自动化系统完善，克服了资金问题、备件问题，以及多国技术人员、技术资料的交流障碍，不仅提高了设备产能及设备可靠性，增强了河钢塞钢的产品竞争力和产线创效能力，并且为国外落后产能提升改造提供了成功范例，为河钢乃至全行业的海外收购、技术提升提供了宝贵经验。

1.8　科技创新成效显著

近 5 年来，河钢科技创新成果取得丰硕成绩。申请专利 3777 件；起草和参与制定、修订国家和行业标准 50 项；获得国家科学技术进步奖 3 项，省部级科学技术进步奖 89 项；荣获世界钢铁工业可持续发展卓越奖、中欧企业合作奖、中国钢铁企业“竞争力极强”最高评级；创建了河北省钢铁产业智能制造创新中心和河北省钒钛新材料制造业创新中心。

2　未来展望

未来，河钢将围绕绿色化、智能化、品牌化建设，在产品升级、技术引领、工业服务上全面发力，不断加大研发投入，充分发挥全球化平台作用，扎实推进产线工艺创新，在前沿技术、绿色制造、智能制造领域引领关键核心技术，实现从钢铁到材料的转变、从产品到工业服务的转变、从跟随到引领的转变。

2.1　不断完善科技创新体系

加大研发投入，计划到 2020 年，河钢科技投入达到产品销售收入的 3%以上；授权专利年均 1500 项以上，形成国家标准 10 项，集团内高新技术企业达到 30 家以上，标准体系、知识产权体系建设与管理逐步迈向国际化，情报信息研究实现科研决策参考价值。

2.2　深化产品升级与结构调整

以满足客户个性化、定制化产品需求为目标，以提升特色战略产品比例、优化高端产品结构为重点，持续深化集团产品升级与结构调整。计划到 2020 年，河钢实现品种钢占比75%以上，高端产品占比 60%以上，特色战略产品 6%以上，板材产品占比提高至70%，其中汽车板和家电板占比达到 30%，特钢比例达到 28%，钢材深加工比例达到30%。在保持高端家电板、汽车钢市场占有率的前提下，在能源用钢、海洋工程、工程机械、桥梁建筑领域的高端钢材产品质量达到国际一流水平。

2.3 加大前沿与先进技术研究应用

（1）炼铁工艺以“高效、优质、低耗、长寿、环保”为发展方向，开展低燃料比、低成本、含铁含碳废弃物综合利用、余能充分回收、环境友好为一体的综合发展模式。

（2）炼钢工艺以质量稳定、绿色化、高效化、智能化、低成本为方向。重点开展智能炼钢技术、氧化物冶金技术、无缺陷铸坯、大比例废钢冶炼技术等的研究应用。

（3）轧钢工艺以“高效率、低耗能、低成本、高精度、质量稳定、生态化”为主攻方向。新一代 TMCP 技术、特殊热处理、冷轧板带涂镀层技术、板线棒型材在线热处理技术、高精度轧制技术等新工艺、新技术的研究应用。

（4）加快推进未来钢铁前沿技术研究，在绿色生产、流程再造、新产品研发等技术及应用方面，实现从引进创新到协同创新再到自主创新的转变，掌握前沿技术，引领行业发展，进一步提升河钢行业影响力。当前，河钢正在推进氢能利用、增材制造、无头轧制等一批钢铁行业颠覆性技术的实施见表 4。

表 4 河钢未来主要颠覆性技术研究

序号	技术名称
1	氢能综合利用技术
2	氢冶金技术
3	增材制造技术及应用
4	低碳绿色高炉炼铁技术
5	棒线材无头轧制技术
6	电炉不揭盖连续加料技术
7	钢铁全流程智能制造技术

2.4 布局全球化创新平台

汇聚全球创新要素，与国内外一流科研院所和企业广泛开展创新合作，持续布局完善全球技术研发平台。在前沿技术研究、产线诊断、研究成果转化、人才培养等方面深化合作，把研发平台打造成河钢创新驱动的“孵化器”和“加速器”，坚持自主创新与协同创新相结合，掌握核心技术，不断提升河钢核心竞争力。

2.5 深入开展用户技术研究

践行集团钢铁产业链延伸战略，以河钢现有合作共建的产业链下游研发平台为重点，以客户服务团队为载体，在用户高端产品选型及应用技术研究领域，将研发链条嵌入至用户产品设计、工艺制造环节，开发更具性能指向性的定制化产品和服务，为用户提供“一体化”的加工配送服务，以优质的产品和服务提升客户黏度，推进集团由提供优质产品向提供整体材料解决方案转型。

2.6 开辟新兴工业服务产业

深度嵌入下游及新兴产业，加速向工业服务转变。在数字技术方面，面向工业制造企业，提供以智能制造为核心的自动化、信息化、数字化技术解决方案服务，面向新兴城市，提供以智慧城市建设为核心的ICT及数字技术解决方案服务。在工程技术方面，面向先进制造业和现代城市发展，积极发展从工厂与工程设计、工程机械装备制造到工程建设的全产业链工程技术服务。

2.7 绿色制造

河钢持续推进全生命周期评价、碳减排等绿色制造技术研究与应用，在烟气污染物控制、节水、减排等方面实现技术引领，形成污染物源头减排、过程控制、末端治理全流程高效治理体系，实现主要污染物超低排放。到2020年末，同比“十二五”末污染物排放总量，颗粒物消减61.7%，二氧化硫消减52.9%，氮氧化物消减52.2%。吨钢综合能耗较“十二五”末下降3%，二氧化碳排放强度下降4%以上。致力将河钢建设成为全新的绿色发展、循环发展、低碳发展的示范企业，成为钢铁与环境共融发展的典范，引领钢铁行业绿色发展方向。

2.8 智能制造

围绕河钢集团战略布局，积极推动互联网、大数据、人工智能等新一代信息技术与钢铁制造的深度融合，建设河钢唐钢高强汽车板、河钢邯钢新区、中关铁矿的智能工厂和智慧矿山示范产线，利用“十三五”期间河钢唐钢本部、河钢邯钢老区、河钢宣钢、河钢石钢等企业的区域调整和退城搬迁机遇，全面建设“绿色化、智能化、品牌化”的新一代流程钢厂，全面推动河钢集团的智能转型升级，打造“智慧河钢”。

河钢聚焦“产品”和“市场”开展科技创新，推动新工艺、新技术在产线的落地应用，在产品结构调整、产品质量提升、降本增效、提高客户结构等方面取得了显著的成效；未来将继续全面落实创新、协调、绿色、开放、共享的新发展理念，深化产品结构调整，以科技创新推动河钢从钢铁到材料转变、从产品到工业服务转变、从跟随到引领的转变，加快推进河钢转型发展和高质量发展，将河钢集团建设成为世界最具竞争力的钢铁企业。

以高质量发展理念实施河钢产业升级产能转移项目[①]

王新东

（河钢集团有限公司，河北 石家庄 050023）

摘　要：阐述了项目建设的背景及必要性，系统地介绍了项目的建设规模、建设内容、产品定位及建设的总体目标，详细叙述了项目主要工序的工艺设备配置、设计理念和采用的先进工艺技术。该项目将建设成“绿色化、智能化、品牌化”的新一代流程钢铁企业。

关键词：产业升级；产能转移；产品定位；建设方案；先进工艺技术

0　引言

为落实中央关于深化供给侧结构性改革的战略部署，河钢集团践行“代表民族工业，担当国家角色”的企业使命，积极推进企业转型发展，支持国家举办2022年冬奥会，为提高环京津地区环境质量创造条件。根据河北省委省政府战略决策部署，在河北省“去产能、促转型、谋发展”中发挥带头作用，抢抓京津冀协同发展机遇，遵循高质量发展理念，谋划钢铁产能布局优化和产品结构调整、产业升级。河钢集团集中河钢宣钢、河钢唐钢本部退城的产能和装备，实施产能转移项目并拓展海外布局，在唐山乐亭经济开发区建设河钢沿海精品钢铁基地，带动和推进我省钢铁产能总体布局优化的同时，调整产品结构和实现产品升级。并谋划在东南亚地区的钢铁布局，实施“走出去”战略，为河北钢铁产能压减和转型升级、布局调整提供示范，为环京津地区和冬奥会环境提高作出应有贡献[1-4]。

1　概述

1.1　企业现状

河钢集团成立于2008年。历经十年发展，形成了钢铁和非钢产业相互支撑、国际化发展的产业格局，全球拥有员工12万余人，其中海外员工1.2万人，是世界最大的钢铁材料制造及综合服务商之一。

2018年，河钢集团生产生铁4230万吨、粗钢4756万吨、钢材4435万吨，实现营业收入3300亿元，税金130亿元，创效150亿元，年末资产总额达到4360亿元。连续十年位列世界500强企业行列，2018年居第239位，在MPI中国钢铁企业竞争力排名中获

① 原文发表于《河北冶金》，2019（1）。

“竞争力极强”最高评级。在《中国企业全球化报告》中，河钢获评“2017年中国企业全球化50强”“2017年‘一带一路’十大先锋企业”，是唯一上榜钢铁企业。在“2018中国跨国公司100大”榜单中，河钢位列第30位，位居钢铁行业第一，是世界钢铁协会执委会成员、中国钢铁工业协会轮值会长单位。河钢在行业内率先制订和实施绿色发展行动计划，荣获世界钢铁工业“可持续发展卓越奖”，核心企业被誉为“世界最清洁钢厂”。

河钢集团按照“全球拥有资源、全球拥有市场、全球拥有客户”的定位，实现了从制造到营销服务的全产业链全球化布局，目前拥有海外钢铁产能500万吨、国内钢铁产能4800万吨，在中国乃至全球钢铁产业布局中占据重要席位[5,6]。钢铁产业拥有世界顶级的工艺技术装备，主要产品包括从厚度0.13 mm超薄精密冷轧板到厚度700 mm特宽特厚板等扁平材产品；$\phi5.5\sim\phi350$ mm的棒线材、特大角钢、百米重轨等长型材产品；特色钒钛产品等，覆盖了除无缝钢管以外的所有产品领域，广泛应用于海洋工程、交通运输、装备制造、汽车制造等20多个领域。

1.2 项目建设背景

河钢产业升级产能转移项目是遵循国家宏观发展战略、顺应行业微观产业政策的时代产物。

1.2.1 经济环境

“十八大”以来，我国国民经济和社会发展环境发生了很大变化。一方面，利好信息不断释放，“一带一路”、京津冀协同发展等重大措施相继推出，“中国制造2025”等重大决策为制造业转型升级带来政策红利，中国制造业发展将迎来新的历史机遇期。另一方面，我国经济发展已经进入新常态，表现出速度变化、结构优化和动力转换三大特点，经济下行压力明显，面临的不确定性因素较多。

1.2.2 行业形势

“十二五”以来，我国钢铁工业进入微利发展时代，企业经营极为困难，同质化竞争加剧、行业面临诸多挑战。一是钢铁产能严重过剩，产量进入弧顶下行区。二是钢价创历史新低，亏损面持续扩大。三是出口量巨大，频遭反倾销和反补贴调查。四是最严环保标准出台，企业环保压力持续增加。

1.2.3 区域政策

2014年6月，国家发改委发布了《河北省钢铁产业结构调整方案及有关事项的批复》。2016年6月，河北省人民政府通过实施环保、能耗、水耗、质量、技术、安全六类严于国家的地方标准，倒逼钢铁过剩产能退出、促进钢铁行业提质增效。

1.3 项目建设必要性

实施河钢产业升级产能转移项目不仅是钢铁行业化解过剩产能实现脱困发展的必然要求，也是推动河北省钢铁产业结构调整的必要手段，更是实现企业健康可持续发展的有效途径。

1.3.1 钢铁行业化解过剩产能实现脱困发展的必然要求

河北省委、省政府深入学习贯彻习近平总书记系列重要讲话精神和中央重大决策部署，以化解过剩产能为重点，大力推进供给侧结构性改革。同时，全面推进整合重组、布局优化、转型升级及国际产能合作。因此，河钢集团在2016—2017年提前完成集团“十三五”期间炼铁260万吨、炼钢502万吨全部压减任务的基础上，陆续谋划河钢宣钢、河钢唐钢退城，并将退出产能和装备统一利用，一部分以产能减量置换方式建设河钢产业升级产能转移项目，一部分实施域外转移。通过这些措施实现河钢集团在省内钢铁产能的进一步缩减和区位布局优化。

1.3.2 推动河北省钢铁产业结构调整的必要手段

《河北省钢铁产业结构调整方案》提出：产业布局有选择地向沿海临港和有资源优势地区适度转移产能，沿海临港和资源优势地区钢铁产能比重提高到70%[7-9]。实施河钢产业升级产能转移项目，一方面原厂区发展非钢产业，另一方面减量搬迁后将其产品向板材类方向调整，集团总的长材产品占比将下降至25%以内，将大大改善集团产品结构和提升集团整体的产品盈利能力。因此，谋划河钢宣钢、河钢唐钢退城，原地发展非钢产业，实施河钢产业升级产能转移项目是推动我省钢铁产业结构调整的必要手段。

1.3.3 实现企业健康可持续发展的有效途径

作为河北省的钢铁龙头企业，河钢集团积极贯彻落实河北省委、省政府战略决策部署。按照省委、省政府关于“调结构、去产能、转新业、促升级”的总体要求，积极把握供给侧结构性改革的战略机遇，解决敏感地区和环京津地区环境问题，把“压减产能”作为加快结构调整、实现产品升级、增加有效供给的重大契机，按照减量替代的原则将产能向沿海转移，体现了企业的社会责任，又能积极把握供给侧结构性改革的战略机遇，全面促进产业转型升级，提高企业竞争力，实现“产能要压减、产业要升级、效益要增长”的总体目标。因此，抢抓历史性机遇实施河钢产业升级产能转移项目是企业健康可持续发展的有效途径[10,11]。

1.4 项目建设总体目标

认真贯彻落实国家供给侧结构性改革和河北省委省政府决策部署，在国家要求实现高质量发展大背景下，把准世界钢铁脉搏，抓住历史机遇，以高度的责任感和极强的使命感将河钢产业升级产能转移项目建设成为河钢集团转型升级、区位调整的代表性项目。按照总体规划，分步实施原则，整个项目分两期实施，其中一期工程已于2017年8月正式开工。计划一期一部工程即板材系统2019年6月建成投产、一期二部工程即精品棒线材系统2020年12月建成投产；二期工程2019年3月正式开工，2020年12月底建成投产。

届时，河钢集团将以更高站位、更宽视野和世界级标准将河钢沿海钢铁基地项目打造成一个世界领先的现代化沿海钢铁基地，成为河钢集团乃至中国钢铁行业在高质量发展时期的一个“绿色化、智能化、品牌化”的标志性项目。

1.4.1 绿色化

严格执行国家和河北省节能环保法律、法规和标准，各工序能耗达到先进值指标，大气污染物排放满足河北省焦化工序超低排放标准颗粒物≤10 mg/m^3（标态）、SO_2≤30 mg/m^3（标态）、NO_x≤100 mg/m^3（标态），烧结（球团）工序超低排放标准颗粒物≤10 mg/m^3（标态）、SO_2≤35 mg/m^3（标态）、NO_x≤50 mg/m^3（标态）要求，工业废水全循环利用，工业固废减量化、资源化利用，危废100%安全合规处置。

1.4.2 智能化

将新一轮工业革命的核心技术——智能化，作为河钢集团钢铁工业转型特别是河钢产业升级产能转移项目的制高点、突破口和主攻方向。同时，着重开展智能采购优化、营销优化、制造流程优化、过程控制优化、质量管理优化、能源管理优化、物流协同优化、决策优化、智能设备选择、大数据、生产制造仿真、可视化工厂等工作。

1.4.3 品牌化

着力通过实施服务型制造差异化来提升产品的附加值，产品定位于高起点发展汽车、工程机械、交通、制造等行业用钢；着力扩大高品质、高技术含量产品的比例，并将其打造成高端汽车、工程机械、交通、制造行业的名牌产品。

2 建设规模及产品方案

2.1 生产规模

项目依法依规进行产能减量置换和环境评价后，确定建设规模为年生产铁水 999 万吨、钢水 1152 万吨、轧钢一次材 1102 万吨。其中热轧板带 802 万吨，优特钢长材 300 万吨。

2.2 产品定位

充分发挥河钢先进装备整体优势，打造专业化分工产线，扩大集团产品协同优势，彻底解决集团内部产线分工和产品结构问题。热轧产品定位于高端的汽车、机械、能源、海洋用钢等，生产优质冷轧原料以及汽车板、管线钢、低合金结构钢、高强耐候钢等热轧商品材；酸洗、冷轧深加工产品定位于高端汽车面板以及军工、汽车高强钢等，生产热轧酸洗板、冷轧退火板及热基镀锌和冷基镀锌、电镀锌等冷轧深加工产品；长材产品定位于高端建材和高端特钢棒线材产品以及型钢产品，主要生产弹簧钢、帘线钢等高端特钢产品和优质碳素钢、预应力钢丝等优质线棒材产品，角钢、矿用 U 形钢、矿用工字钢、轻轨、H 形钢等型钢产品。

2.3 产品方案

将河钢产业升级产能转移项目建设成高端汽车用板带材，高端汽车、机械、交通、制造、建筑用优特钢长材以及以热代冷板带材精品基地。

2.3.1 热轧板带产品

2050 mm 热轧侧重生产高档次、优质冷轧原料（如高档次汽车宽幅板），同时生产宽厚规格、高强度的热轧商品材，如生产管线钢、机械板等。

1450 mm 热连轧生产线，生产常规结构钢、低合金结构钢、集装箱钢、管线钢、耐候钢等。

ESP 连铸连轧生产线，生产深冲带卷、结构用钢、340~590 MPa 级高强度钢、高耐候结构钢及集装箱板、船体用结构钢等。

2.3.2 冷轧产品

2030 mm 冷轧产品中冷基产品主要是强度级别不小于 780 MPa 高档次汽车宽幅面板；

热基产品系列面向军工、汽车、结构等高强用钢。

2.3.3　优特钢长材产品

2 条高速线材生产线主要生产冷镦钢、弹簧钢、帘线钢等高端线材以及普通热轧钢筋、细晶粒热轧钢筋、焊丝、焊线、特种焊丝、优质碳素钢、预应力钢丝、钢绞线、胎圈钢丝、胶管钢丝等。

2 条棒材生产线主要生产优质碳素钢等优特钢棒材产品以及普通热轧钢筋、细晶粒热轧钢筋、余热处理钢筋、预应力混凝土钢筋等。

1 条型钢生产线主要生产等边角钢、矿用 U 型钢、矿用工字钢、轻轨、H 型钢等。

2.4　建设内容

本项目主要建设内容：铁精粉管道输送设施，机械化综合原料场，4 × 58 孔 7 m 焦炉，2 × 360 m^2+ 1× 500 m^2 烧结机，2 × 760 m^2 带式焙烧机球团生产线，6 ×600 t + 2 × 500 t 石灰窑，3 × 2922 m^3 高炉 +1 × 3200 m^3 高炉，2 × 200 t 脱碳炉 + 1 × 200 t 脱磷炉转炉连铸炼钢车间，1 × 230 t 脱碳炉 + 1 × 230 t 脱磷炉转炉连铸炼钢车间，2 × 120 t 电弧炉连铸炼钢车间，3 × 100 t 转炉连铸炼钢车间，1 条 2050 mm 热轧生产线、1 条 1450 mm 热轧生产线，2 条 ESP 热轧生产线，2 条精品高线，1 条连续棒材生产线，1 条高速棒材生产线，1 条型钢生产线和 1 条 2030 mm 冷轧线以及配套相关设施。

3　总体建设方案

3.1　原料设施

3.1.1　精粉输送设施

配套建设司家营矿至河钢乐钢铁精矿输送管线，降低项目国内主要铁矿粉运输成本和环境污染。铁精矿管道输送工程起点位于司家营矿新建主泵站，终端位于乐钢终端过滤车间，管线里程 70 km，年输送能力 750 万吨。分研山精矿隔粗和输送、司家营精矿隔粗和输送、司家营精矿浓缩泵站和长距离管道输送、乐钢终端过滤系统、1 万吨缓冲仓系统 5 部分建设。

铁精矿管道输送运行成本只有公路运输的 63%，甚至更低，同时避免了公路运输的沿途损耗和环境污染。

3.1.2　原料场设施

项目主要原料来自唐山港海运码头，部分煤炭由铁路或汽车运输进厂。原料场主要包括原料受卸、贮料场、混匀、矿石筛分、熔剂筛分破碎、供返料等建筑和设施。

（1）原料受卸设施。进口海运原燃料至唐山港矿石码头卸载后用带式输送机转运到贮料场，含铁原料系统输送能力 7500 t/h，煤系统输送能力 3600 t/h。火车进厂的煤在化工园区受卸，皮带机运输转运贮料场贮存。设置 3 个汽车受料设施，受卸部分汽运铁矿粉、煤、熔剂。

（2）贮料场。包括铁矿粉、块矿、高炉用杂矿等原料的贮运，含铁原料贮存量约 20 天。贮料场为全封闭环保型的 C 形料场，采用卸料车卸料，设计 4 个 C 形料条，每个料条 2 台半门式刮板取料机。

（3）贮煤料场。包括焦煤、喷吹煤、无烟煤等燃料的贮运。设计 2 个直径 120 m 圆形料场配套圆形堆取料机，每个圆形料场大约可贮存 13 万吨煤。

（4）混匀设施。由配料槽输入系统、混匀配料槽、混匀料场输入系统、混匀料场、混匀料场输出系统等组成。混匀料场全封闭，两个混匀料条采用一堆一取制，每个人字形料堆约可贮存烧结 10 天用料。

3.1.3　烧结设施

建设 $2\times360\ m^2+1\times500\ m^2$ 烧结机，年产冷烧结矿 1164 万吨。自动重量配料系统，各种原料均自行闭环定量调节。一、二次混合系统采用圆筒混合机进行混匀、制粒作业。烧结机料层厚度 780 mm；采用水密封环式冷却机，漏风率小于 10%；采用 30%烧结烟气内循环工艺，既节约机头电除尘和脱硫脱硝设施投资，又有利于烟气污染物超低排放。

配套建设全烟气活性焦吸附净化装置，实现同时脱硫、脱硝。经过脱硫、脱硝后的烧结烟气颗粒物污染物排放含尘浓度 $\leqslant10\ mg/m^3$（标态），$SO_2\leqslant35\ mg/m^3$（标态），$NO_x\leqslant50\ mg/m^3$（标态）。

配套建设烧结环冷机自除氧余热锅炉，回收环冷机一、二段热烟气余热。生产的蒸汽用于补汽凝汽式汽轮发电机。

3.1.4　球团设施

建设 2 台 $760\ m^2$ 带式焙烧机，年产成品球团矿 960 万吨。

（1）主要工序包括原料输入系统、精矿干燥、高压辊磨、配料、混合、造球、生球筛分及布料、预热、焙烧、冷却、成品球团矿输出等。

（2）采用活性焦烟气脱硫、脱硝设施，经过脱硫、脱硝后的烟气颗粒物污染物排放含尘浓度 $\leqslant10\ mg/m^3$（标态），$SO_2\leqslant35\ mg/m^3$（标态），$NO_x\leqslant50\ mg/m^3$（标态）。

3.1.5　石灰窑设施

根据炼钢、烧结用灰需求，建设 6×600 t/d 双膛石灰竖窑生产线，年产石灰 122.4 万吨，建设 2×500 t/d 双膛白云石竖窑生产线，年产轻烧白云石 34 万吨。石灰煅烧系统主要由原料系统、双膛竖窑煅烧系统、成品系统、燃料供给系统、除尘系统、液压系统等组成。

3.1.6　焦化设施

建设炭化室高 7 m 的复热式超大容积顶装焦炉，年产干全焦 240 万吨，分 2 组共 4×58 孔。配套建设 3×170 t/h 干熄焦装置；装煤、出焦以及机侧除尘均采用干式除尘地面站。焦炉同步配套建设烟道气脱硫、脱硝装置，处理后的烟道废气完全达到特别排放限值要求，颗粒物 $\leqslant10\ mg/m^3$（标态）、$SO_2\leqslant30\ mg/m^3$（标态）、$NO_x\leqslant100\ mg/m^3$（标态）。焦化主要产品有焦炭、焦油、硫铵、粗苯及副产的蒸汽、电力等。

3.2　炼铁设施

本项目炼铁工序配置 3 座 $2922\ m^3$ 及 1 座 $3200\ m^3$ 高炉，年产铁水 999 万吨。

高炉炼铁主工艺设施包括槽前供返料、矿（焦）槽及主皮带上料系统、高炉炉顶、高炉本体、风口平台与出铁场、炉渣处理、热风炉、重力除尘器、制粉喷吹站；辅助配套干式煤气布袋除尘、煤气余压发电（TRT）、高炉鼓风机、中心循环水泵站、矿槽除尘、出铁场除尘、铸铁机除尘、高炉主控楼、铸铁机室、修罐库、供配电设施、三电自动化控制等。

高炉主要生产技术经济指标：拟定炉料结构为烧结矿：球团矿 = 50 ： 50。入炉焦比 330 kg/t HM，煤比 170 kg/t HM；综合入炉矿品位 > 59.85%；热风温度 1230 ℃；富氧率 3%~6%。

3.3 炼钢设施

3.3.1 第一炼钢连铸作业区

（1）生产规模。年产合格钢水 420 万吨，合格铸坯 412 万吨供 2050 mm 热轧。主要设施包括：机械搅拌铁水脱硫装置（KR）2 座、200 t 转炉 2 座、脱磷转炉 1 座、LF 炉 3 台、RH 真空精炼装置 2 套、1900 mm 双流板坯连铸机 2 台。

（2）产品方案模式。

生产钢种：深冲及超深冲钢，340~590 MPa 级高强度钢，优质碳素结构钢，汽车结构用钢，高耐候结构钢及集装箱板钢，高层建筑结构用钢，管线钢等。

铸坯宽度：900~1900 mm。

铸坯厚度：230 mm，250 mm。

铸坯定尺：9000~11000 mm，4500~5300 mm。

3.3.2 第二炼钢连铸作业区

（1）生产规模。年产合格钢水 327 万吨，合格铸坯 314 万吨。主要生产设施包括 3 套脱硫站、3 座 100 t 转炉、2 座 LF 炉、1 座双工位 RH、3 台六机六流 165 mm × 165 mm 方坯连铸机、1 台 230 mm × 320 mm 矩形坯连铸机。

（2）产品方案模式。

1）3 台方坯连铸机，270 万吨/年。

断面：165 mm × 165 mm，定尺 12 m。

产品方案：碳素结构钢，优质碳结钢，合金结构钢，低合金钢，冷镦钢，焊条钢，弹簧钢和帘线钢等。

2）1 台矩形坯连铸机，44 万吨/年。

断面：230 mm × 320 mm，定尺 6~8 m。

产品方案：碳素结构钢，优质碳素结构钢，低合金钢等。

3.3.3 第三炼钢连铸作业区

（1）生产规模。年产合格钢水 405 万吨，合格连铸坯 399 万吨供应 ESP 热轧车间和 1450 mm 热轧车间。主要设施包括机械搅拌铁水脱硫装置 1 座、230 t 转炉 1 座、230 t 脱磷转炉 1 座、120 t 电炉 2 座、230 t LF 炉 3 台、120 t LF 炉 2 台、RH 真空精炼装置 1 套、ESP 单流板坯连铸机 2 台、1300 mm 单流板坯连铸机 2 台。

（2）产品方案模式。

1）产品规格。

ESP 板坯连铸机：宽度 850~1680 mm；厚度 70~110 mm。

1300 mm 单流板坯连铸机：宽度 700~1300 mm；厚度 200 mm；定尺 8000~12500 mm，5500~6000 m。

2）产品方案模式。

ESP 热连轧生产钢种：冷轧原料卷包括深冲带卷、结构用钢等；热轧商品卷包括优质碳素结构钢、汽车结构用钢、高耐候结构钢及集装箱板、管线钢等。

1450 mm 热连轧生产钢种：冷轧原料卷包括碳素结构钢、优质碳素结构钢；热轧商品卷包括优质碳素结构钢、低合金结构钢、焊接结构用耐候钢、汽车大梁用钢、焊接气瓶钢、花纹钢板、集装箱用钢高耐候结构钢、管线钢等。

3.4 轧钢设施

3.4.1 一热轧作业区

一热轧作业区建设 1 条 2050 mm 热轧产线。

（1）生产规模。成品钢卷 409 万吨/年，其中：热轧商品卷 14 万吨/年，平整分卷商品卷 100 万吨/年，冷轧原料卷 295 万吨/年。

（2）轧线设备组成。步进梁式加热炉 3 座、粗轧前高压水除鳞装置、定宽压力机、可逆式粗轧机、可逆四辊粗轧机、保温罩及废料推出装置、边部加热器（预留）、切头飞剪、精轧前高压水除鳞装置、四辊 7 机架精轧机组、层流冷却装置等各 1 套，全液压地下卷取机 3 台、钢卷运输和钢卷检查线 1 套、平整分卷机组 1 套。

（3）产品方案模式。

1）热轧商品卷。

带钢厚度：1.2~25.4 mm。

带钢宽度：900~1900 mm。

钢卷重量：（max.）36.5 t。

2）平整分卷商品卷。

带钢厚度：1.2~6.35 mm（平整），1.2~12.7 mm（分卷）。

带钢宽度：900~1900 mm。

钢卷重量（max.）：36.5 t。

3）冷轧原料卷。

产品厚度：2.0~15.0 mm。

产品宽度：930~1880 mm。

钢卷重量（max.）：36.5 t。

3.4.2 长材作业区

（1）棒材产线。

1）全连续式棒材轧钢车间。

①生产规模。

本生产线为 1 条全连续式棒材轧钢车间生产线，轧线布置在+ 5.00 m 平台上。年产 90 万吨。

②轧线主要设备组成。

主要设施有炉前设备 1 套、步进梁式加热炉 1 座、本套轧机为全连续式棒材轧机，主轧机共 20 架，最高终轧速度为 18 m/s。

③产品方案模式。

生产钢种：普通热轧钢筋，细晶粒热轧钢筋，余热处理钢筋，预应力混凝土钢筋。

产品规格：直条圆钢 $\phi18\sim\phi50$ mm；定尺长度 6000～12000 mm。

2）全连续式高速棒材轧钢车间。

①生产规模。

年产 90 万吨合格棒材。

②轧线主要设备组成。

炉前设备 1 套、步进梁式加热炉 1 座，主轧机共 24 架，轧线采用连续、高速轧制，最大轧制速度 45 m/s。

③产品方案模式。

生产钢种：普通热轧钢筋，细晶粒热轧钢筋，余热处理钢筋。

产品规格：带肋钢筋 $\phi10\sim\phi22$ mm；直条圆钢 $\phi50\sim\phi150$ mm，定尺长度 9～12 m。

（2）高速线材产线。

1）生产规模。

采用双高线工艺布置，年产 80 万吨合格高速线材。

2）轧线主要设备组成。

步进梁式加热炉 1 座、轧机 30 架、飞剪 3 套，夹送辊、吐丝机、散卷风冷运输线、立式卷芯架和 P&F 钩式运输系统、打捆机、称重装置等各 1 套，卸卷装置 2 套。

3）产品方案模式。

生产钢种：普通热轧钢筋、细晶粒热轧钢筋、焊丝、焊线、特种焊丝、优质碳素钢、预应力钢丝、钢绞线、胎圈钢丝、胶管钢丝等。

产品规格：光圆盘条 $\phi5\sim\phi25$ mm，螺纹盘条 $\phi616$ mm；卷重大约 2400 kg。

（3）型钢产线。

1）生产规模。

年产 40 万吨合格型钢及工槽角钢。

2）轧线主要设备组成。

1 架二辊可逆粗轧机即开坯机，10 架连续万能精轧机组，最大终轧速度 5 m/s。1 座步进梁式加热炉，步进冷床宽度 78 m。

3）产品方案模式。

生产钢种：碳素结构钢，优质碳素结构钢等。产品规格：等边角钢，矿用 U 型钢，矿用工字钢，轻轨，H 型钢等。

3.4.3 二热轧作业区

（1）ESP 产线。

1）生产规模。

2 个 ESP 热连轧车间生产规模为 220 万吨/年（以卷取机出口计）。

2）轧线设备组成。

薄板坯连铸机、3 机架粗轧机、摆动剪、电感应加热系统、精轧前高压水除鳞装置、5 机架精轧机组、层流冷却装置、高速飞剪等各 1 套，全液压地下卷取机 2 台、钢卷运输和钢卷检查线 1 套。

3）产品方案模式。

①热轧商品卷。

带钢厚度：0.8~12.7 mm。

带钢宽度：850~1680 mm。

钢卷外径（max.）：ϕ2150 mm。

钢卷重量（max.）：36.5 t。

②冷轧原料卷。

产品厚度：0.8~8.0 mm。

产品宽度：850~1680 mm。

钢卷外径（max.）：ϕ2150 mm。

钢卷重量（max.）：36.5 t。

（2）1450 mm 热轧产线。

1）生产规模。

年产量 172 万吨。

2）轧线设备组成。

步进梁式加热炉 2 座、粗轧前高压水除鳞装置、可逆四辊粗轧机、保温罩及废料推出装置、热卷箱、切头飞剪、精轧前高压水除鳞装置、四辊 7 机架精轧机组、层流冷却装置等各 1 套、全液压地下卷取机 3 台、钢卷运输和钢卷检查线 1 套。

3）产品方案模式。

产品为供冷轧钢卷、热轧商品卷。带钢厚度：1.2~12.7 mm。

带钢宽度：700~1300 mm。

钢卷外径（max.）：ϕ2000 mm。

最大卷重：25.4 t。

3.4.4　冷轧作业区

冷轧作业区建设 1 条 2030 mm 冷轧生产线，预留 1420 mm 冷轧产线。

（1）生产规模。

2030 mm 冷轧：年产商品卷 275 万吨，其中 205 万吨为冷基产品，分别为冷轧商品卷 70 万吨，电镀锌商品卷 25 万吨，热镀锌商品卷 85 万吨，冷硬卷 25 万吨；70 万吨为热基产品，分别为热轧酸洗商品卷 30 万吨，热基热镀锌商品卷 40 万吨。

（2）产品方案模式。

冷基系列产品面向宽幅汽车面板；热基系列产品面向军工、汽车、结构等高强用钢。

1）冷轧商品卷。

厚度：0.30~2.50 mm。

宽度：900~1850 mm。

卷重：中间卷（max.）36.5 t；成品卷（ave.）8 t。

2）冷硬卷。

厚度：0.30~2.50 mm。

宽度：900~1850 mm。

卷重（max.）：36.5 t。

3）热轧酸洗商品卷。

厚度：2.00~15.00 mm。

宽度：900~1680 mm。

卷重：中间卷（max.）32.5 t；成品卷（max.）15 t，（ave.）9 t。

4）热基镀锌商品卷。

厚度：2.00~6.00 mm。

宽度：900~1680 mm。

卷重：中间卷（max.）32.5 t；成品卷（max.）15 t，（ave.）9 t。

3.5 全厂公辅设施

3.5.1 氧气站

氧气站建设规模为：新建 2 ×60000 m^3/h（标态）；2 套制氧机组，搬迁河钢唐钢南区 1 × 40000 m^3/h（标态）；河钢唐钢北区 1 × 25000 m^3/h（标态）和河钢宣钢 1 ×40000 m^3/h（标态）3 套制氧机组。

3.5.2 热力设施

本工程全厂热力设施包括：1 座铁前区集中空压站；1 座钢轧区集中空压站；2 座冲渣水采暖换热站；1 座冷轧专供采暖换热站；1 座 2 × 78 MW 煤气发电站；1 座 18 MW 和 12 MW 低压饱和蒸汽发电站等。

3.5.3 给排水设施

项目循环水总量约 316600 m^3/h，总新水用量约 5300 m^3/h（包括发电），总取水量约 5400 m^3/h，总废水量约 1500 m^3/h。

全厂水处理设施包括：给水泵站、废水处理站和全厂化水站等设施。废水处理站处理规模为 2200 m^3/h，生产废水全部处理后循环使用，实现零外排。

3.5.4 燃气设施

设置 1 座 30 万立方米高炉煤气柜，1 座 20 万立方米焦炉煤气柜，2 座 15 万立方米转炉煤气柜，1 座 5 万立方米煤气柜（PSA），1 套焦炉煤气精制系统，1 座煤气加压站，1 座高炉、焦炉煤气混合站，1 座煤气防护站以及区域辅助配套设施。

3.5.5 供配电设施

厂区内建设 3 座 220 kV 总降压变电所。采用 110 kV 高压电缆线路深入负荷中心，向负荷集中供电，减少网损。

3.5.6 电信设施

电信设施包括全厂电信系统及铁路信号系统。

(1) 全厂电信系统包括电话系统、视频会议系统、生产扩音通信系统、无线电话系统、监控系统、火灾报警系统、全厂智能门禁系统、道路管理系统等。

(2) 铁路信号系统包括车站信号系统、道口信号系统、机车无线平面调车系统、站场监视系统、机车电子添乘系统。

3.5.7 数字化工厂

(1) 数字化工厂系统总体架构。

数字化工厂管理系统功能分为：

第五级商务智能系统（L5）；

第四级企业资源计划系统（L4）；

第三级生产管理计算机系统 MES（L3）；

第二级过程控制计算机系统（L2）；

第一级基础自动化系统（L1）。

（2）支持智能制造的数字化工厂系统解决方案，采用虚拟化云平台，支持智能制造的系统架构，提供生产管理系统和其他专业管理系统应用。

生产管理系统应用：建立统一代码体系，实现按合同进行设计与生产，实时动态订单跟踪，实现全流程一级计划管理，实现炼轧一体化实时动态调度系统等。

其他专业管理系统应用：财务成本管理，采购管理，营销管理，设备管理，能源管理，物流管理，检化验管理，环境管理，无人天车管理，集中计量管理，铁钢包调度管理，可视化三维工厂等。

3.6 总图运输

3.6.1 厂址概况

本项目位于河北乐亭经济开发区内。该开发区地处河北省唐山市东南 80 km 海域处，紧邻唐山港。唐山港是以进口矿石、原油为主的大型深水港。其南临渤海，北倚乐亭县，东距秦皇岛港 64 n mile（1 n mile = 1852 m），西距天津新港 70 n mile。

3.6.2 总平面布置

本项目总平面布置力求格局紧凑，生产流程顺畅，运距短捷，功能分区明晰。鉴于项目用地条件、外部运输、预留发展等因素的影响，集中布置减少占地面积、节约运行成本，远期发展用地集中预留，且各生产系统能够更好地衔接，总体物流顺畅。本项目可用地总面积约为 618 hm^2，实际用地面积约为 534 hm^2。

3.6.3 运输设计

进场原燃料采用海运和铁路运输以及精粉管道输送系统；厂内设置工厂站和炼铁站以方便铁路运输作业，厂内原燃料运输均采用皮带运输系统，高炉铁水由铁路运输，炼钢连铸坯由辊道运输至热轧车间。同时建设完善的厂内汽运道路以及机械辊道、轨道车等多种形式的运输网络满足产品发运及生产运输、消防等需求。

4 先进工艺技术的应用

4.1 精粉输送系统

（1）铁精矿管道输送采用节能环保新技术。采用铁精矿浆管道长距离输送，技术核心在于研究选择矿浆最佳的粒度组成、合适的输送浓度、流速，研究矿浆的腐蚀性，最终设计能保证使用寿命的管道系统。管道输送技术最大优势在于环保和节能，避免了公路运输的碳排放和环境污染。

（2）管道输送 SCADA 自动控制技术。采用管道 SCADA 技术，实现管道输送的全过程自动控制，管道实现安全运行和起停车、数据管理和监控的全过程管理。

（3）管线钢在长距离矿浆管道的应用技术。采用长距离管道专用 X65 稀土管线钢钢管新工艺技术产品。稀土管线钢具有优良的管道焊接性能，耐腐蚀和耐磨损。

（4）长距离高压力矿浆管道焊接新技术。采用了纤维素焊条下向焊、药芯焊丝填充盖面的矿浆管道专用焊接新工艺技术。

（5）高压泵站管道防止振动新工艺技术。高压泵站管道振动是行业的技术难点，管道振动对泵站安全运行容易产生安全事故。

（6）采用长距离管道弹性敷设埋地设计和施工新工艺技术。管道施工不再需要各类支墩、镇墩、伸缩节等，保证了管道运行的安全。

4.2 原料系统

4.2.1 料场系统

贮料场全部为环保型料场，贮矿料场采用封闭式C形料场；贮煤料场采用封闭式圆形料场。原料场控制采用计算机全自动作业控制，具有自动检测、电视监视、库存量管理、原料数据库自动管理、混匀配料自动计算、流程设备自动控制、自动诊断、自动广播和自动报告等功能。

4.2.2 烧结与球团

（1）烧结采用烟气内循环技术，大幅降低主系统烟气流量，降低主抽风机和机头电除尘器的设备选型，节省后续脱硫、脱硝系统的配套能力和运行费用。

（2）全烟气采用活性焦干法脱硫、脱硝技术，环保效果好，副产品可以直接作为工业原料，没有二次污染。

（3）采用多功能高效烧结环冷机技术，可大幅降低设备漏风率，节省设备投资和运营费用。

（4）采用带式焙烧机球团工艺，设备和流程简单可靠，操作费用低，产品质量高，环境清洁，对原料的适应性强。

（5）采用高压辊磨设备，大幅度提高精矿的比表面积，从而改善原料粒度特性及成球性能，提高生球强度，降低膨润土用量。

4.2.3 焦化

（1）采用单侧烟道技术，与传统焦炉相比，废气瓣等废气交换设备数量减少一半，既能减少日常生产维护的工作量，还能节约投资费用。

（2）采用薄壁炉墙技术，炭化室墙壁厚度为95 mm，与传统炉墙相比，不仅可以提高传热速率，缩短结焦时间，而且还可以降低立火道温度，进一步降低焦炉废气中NO_x的产生，减少对大气的污染。

（3）HPF脱硫 + 制酸组合工艺，后接制酸工艺，使低品质硫黄和脱硫废液实现无害化处理，生产的硫酸可以送至硫铵工段生产硫铵使用，使危废实现了资源化利用。

（4）上升管余热回收技术，上升管余热回收技术新型上升管的内壁采用耐高温进口纳米导热材料，耐热温度为1800 ℃，表面形成均匀光滑，不易造成结焦。

4.3 炼铁系统

（1）槽上采用新型环保卸料车。采用烧结矿分级入炉和小块焦回收工艺。

（2）采用炉顶均压煤气回收工艺，回收更多煤气，改善环境。

（3）高炉本体采用综合长寿技术，以利于生产稳定、高效长寿。

4.4 炼钢系统

（1）采用在铁水罐内机械搅拌铁水脱硫工艺对铁水全量处理。

（2）采用氧枪在线快速更换技术，实现不中断正常生产，提高车间作业率。

（3）采用钢包全程加盖技术和在高炉与转炉之间设置铁水罐加盖，减少温度损失。

（4）采用钢包智能管理技术，减少周转钢包数量，降低生产成本。

（5）采用废钢预热连续加料电弧炉，节能降耗，设备组成简单，操作工艺易掌握，并具备废钢自动加料和冶炼工艺模型。

（6）采用结晶器和末端电磁搅拌（M + F-EMS），结晶器电磁搅拌技术的应用可以大大提高铸坯表面和潜层面的质量，减少连铸坯表面夹渣、气孔、微裂纹。

4.5 轧钢系统

（1）ESP 采用连铸连轧无头轧制工艺。

（2）采用宽度自动控制技术。

（3）ESP 采用中间坯电感应加热技术。

（4）采用新型层流冷却技术。

（5）热轧板热镀锌机组采用改良森吉米尔法卧式退火炉，加热段采用无氧化明火加热+辅射管加热技术。

（6）酸轧联合机组配置激光焊机、大张力拉伸破鳞机、转塔型切边剪、五机架六辊串列式轧机和 Carrousel 卷取机。

5 结论

（1）河钢产业升级产能转移项目不仅符合国务院印发《关于钢铁行业化解过剩产能实现脱困发展的意见》及《钢铁产业发展政策》要求，而且项目选择的沿海区域优势明显，现有港口设施及规划建设条件好，同时实现了钢铁发展向沿海地区转移的目的。

（2）河钢产业升级产能转移项目既是河北省钢铁产业结构调整中全力打造“2310”产业格局，即到“十三五”末形成以河钢和首钢两大集团为龙头、3 家地方集团为重点、10 家左右特色企业的必然要求，也是河北由钢铁大省迈向钢铁强省的有效手段。

（3）河钢产业升级产能转移项目遵循循环经济理念，采用世界上先进技术、大型化设备、节能减排工艺技术、低碳经济制造流程，建成投产后实现产品档次高，质量好，生产效率高，成本低，资源、能源利用效率高，排放低，环保水平高，全面提升企业竞争力。

（4）河钢产业升级产能转移项目是河钢集团致力于“代表民族钢铁工业，担当国家角色”的重要平台。同时更是探索我国钢铁企业绿色转型发展之路实现工艺技术升级、产品结构优化、组织管理提升和人均劳效提高的有益尝试。

（5）河钢产业升级产能转移项目的废气污染物排放浓度均满足河北省地标超低排放标准，各工序能耗达到先进值指标。项目建成后，将以最低的消耗和最小的排放完成钢铁产品生产过程，实现构建绿色制造流程，生产绿色钢铁产品，打造绿色工厂的典范。

参 考 文 献

[1] 赵智圆．新常态下河北省钢铁产业转型升级对策研究［D］. 石家庄：石家庄铁道大学，2017.
[2] 陈哲．供给侧结构性改革下河北钢铁“去产能”问题研究［D］. 保定：河北大学，2017.
[3] 王蕾．河北钢铁产能过剩及供给侧结构性改革研究［D］. 保定：河北大学，2016.
[4] 郭兴华．我国产业结构调整背景下钢铁行业结构调整的策略研究［J］. 科技创业，2016，29（14）：25-27.
[5] 邵剑华，王兴艳．河钢集团转型升级的经验与做法［J］. 冶金经济与管理，2018（1）：17-19.
[6] 张海．在提升全球资源配置能力中打造“世界的河钢”［J］. 中国钢铁业，2017（4）：10-11.
[7] 王新东，田京雷，宋程远．大型钢铁企业绿色制造创新实践与展望［J］. 钢铁，2018，53（2）：1-9.
[8] 片峰．钢铁产业规模控制及布局评价研究［D］. 大连：大连海事大学，2014.
[9] 张震军．唐山市临港产业集群发展对策研究［D］. 秦皇岛：燕山大学，2010.
[10] 杨德春．京津冀协同发展视域下钢铁产业发展战略创新［J］. 冶金丛刊，2016（1）：35-41.
[11] 关于支持钢铁煤炭行业化解过剩产能实现脱困发展的意见［J］. 能源与节能，2017（2）：1.

河钢集团科技创新实践与展望①

王新东

（河钢集团有限公司，河北 石家庄 050023）

摘　要：河钢拥有世界钢铁行业顶级的工艺技术装备，具备进口钢材国产化、高端产品升级换代的强大基础。为了解决装备水平发挥不够、产品档次不高、资源效率不高、创效能力不强的问题，河钢集团紧密围绕“产品”和“市场”两条主线，提出以理念创新、科技创新、渠道创新为主要内容的协同创新机制，推动工艺技术升级、产品结构调整，提升产品创效能力。同时推动管理创新，提升产品质量，提高客户服务质量，优化客户结构，提升高端产品市场占有率。

关键词：技术创新；管理创新；绿色智能；实践；展望

0　引言

当前，中国特色社会主义进入新时代，经济发展由高速增长阶段转向高质量发展阶段，经济正处在转变发展方式、优化经济结构、转换增长动力的攻关期。我国经济增长依赖投资的格局正在发生改变，单位经济总量的钢材消费强度进一步下降，钢铁生产消费在峰值弧顶区呈现下行趋势，行业已经进入减量发展的艰难阶段。随着需求结构的升级和产业结构的调整，市场将在品种质量、服务方面对钢铁企业提出更高的要求。另外，钢铁行业是大气污染防治的重点行业，随着新环保法和新的钢铁行业系列标准全面实施，钢铁行业面临的节能环保形势更加严峻，绿色和可持续发展压力陡增。

1　河钢集团概况

河钢集团是全球最大的钢铁材料制造和综合服务商之一，拥有一级子公司 30 余家，在册员工 10 万余人，海外员工 1.2 万人。以钢铁材料为主业，横跨矿山资源、金融证券、现代物流、钢铁贸易、装备制造等板块。2017 年实现营业收入 3068 亿元，年末资产总额达到 3762 亿元。河钢 2018 年位列世界企业 500 强第 239 位；在 MPI 中国钢铁企业竞争力排名中获“竞争力极强”最高评级；2016 年获得了世界钢协颁发的可持续发展卓越奖；是世界钢铁协会执行委会成员、中国钢铁工业协会轮值会长单位。

河钢拥有 2 个国家认定企业技术中心、4 个省级认定企业技术中心，7 个通过 CNAS 认可理化试验室，12 个省级工程技术研究中心和联合实验室，4 个博士后科研工作站，3 个院士工作站（外聘院士 9 人）。河钢中试基地配备了先进的理化检测仪器和国际一流的

① 原文发表于《河北冶金》，2018（8）。

中试试验装备，为科技创新奠定了基础。

河钢在中国乃至全球钢铁产业布局中占据重要席位。钢铁产业拥有世界钢铁行业顶级的工艺技术装备，见表1。

表1　河钢集团主要先进装备

工序	先进设备
铁前系统	7 m大型焦炉、435 m^2 烧结机、3200 m^3 高炉等
炼钢系统	260 t转炉、100 t超高功率电弧炉、RH精炼炉等
轧钢系统	2250 mm热轧板卷轧机，4300 mm宽厚板轧机，2180 mm冷轧轧机，棒材、线材和型材轧机
深加工	退火线、镀锌线、镀锡线、剪切线等
钒钛系统	100 m^2 大型回转窑、3 t电硅热法钒铁电弧炉、600 t双推板氮化钒窑

河钢是中国产品规格最齐全的钢铁企业之一，主要产品覆盖除无缝钢管外所有品种领域。扁平材产品包含从厚度0.13 mm超薄精密冷轧板到厚度700 mm特宽特厚板；长型材产品包括从直径5.5 mm到350 mm的棒线材、特大角钢、百米重轨等型材；特色钒钛产品等；产品广泛应用在海洋工程、交通运输、装备制造、汽车制造等20多个领域。

2　技术创新实践

河钢集团不断完善科技创新顶层设计，健全运行机制，聚焦产线升级和行业前沿技术，智能制造，绿色制造，全球引智，协同创新，大力开展自有核心技术研究，努力突破制约产品升级和结构调整的共性、关键核心技术，提升了产品创效能力。同时担当国家角色，积极承担社会责任，开展了重大科研项目研究。

2.1　打造全球技术研发平台

为了深化全球范围内的产学研用合作，推动基础科学、科技成果转化和产线落地，河钢汇聚全球技术创新要素，打造了以河钢东大产业技术研究院为代表的全球技术研发平台，建立开放性的创新平台，共同参与国家和行业重大需求和前瞻性问题研究。河钢先后与中国科学院过程所、中国钢研科技集团、东北大学、北京科技大学等国内高端科研院所建立了8个战略合作平台，与浦项、西门子、普锐特、昆士兰大学、伍伦贡大学、MEFFONS等国外知名企业、科研院所建立了9个战略合作平台，为工艺技术优化、新材料开发、智能制造、可持续发展、高端专业人才培养和国际学术交流提供了重要支撑。

全球技术研发平台的建立加速推动了前沿技术研发和落地，河钢多项成果取得国际领先水平，引领了行业的发展，见表2。

表2　河钢集团主要先进科技成果

工序	先进科技成果
1	亚熔盐高效清洁提钒技术
2	300 mm级特厚钢板辊式淬火装备技术
3	宽厚板连铸坯重压下关键工艺与装备技术的开发及应用
4	微合金钢铸坯角部横裂纹与纵裂纹控制技术
5	环钢包出钢口吹氩控制下渣新工艺

2.2 新工艺、新技术助推产线升级

河钢围绕产品质量控制、新产品开发、工序降耗、工艺流程优化等方面，实施开展了产线诊断；围绕发挥优势装备潜力、解决产线短板，开展了靶向式攻关，实施工艺和技术创新，促使主体装备不断优化升级，100余项新工艺、新技术在产线成功得到推广应用，见表3。

表3 新工艺新技术主要实施效果

新工艺、新技术	实施效果
炼焦荒煤气上升管余热回收技术	实现吨焦回收蒸汽150 kg以上
焦化烟气脱硫、脱硝一体化新技术	颗粒物≤10 mg/m^3、SO_2≤15 mg/m^3，NO_x≤100 mg/m^3，达到行业领先水平
烧结烟气活性焦脱硫、脱硝技术	颗粒物和SO_2均≤10 mg/m^3（标态），NO_x≤50 mg/m^3（标态），达到行业领先水平
高比例球团冶炼技术	实现球团比例突破60%
微合金钢铸坯角部横裂纹与纵裂纹控制技术	实现薄板坯、常规板坯、宽厚板坯以及特厚板坯等全部板坯坯型全覆盖，微合金钢连铸坯裂纹发生率<0.1%
宽大断面连铸坯凝固末端重压下技术	有效降低中心偏析，为中厚板和大断面长材扩大产品规格、提高产品结构、提升产品心部质量提供了有力的技术保障
超快冷、即时冷技术	使材料的再结晶、相变、析出等得到全面优化控制，实现材料性能提升和合金减量

新工艺、新技术的落地助推了产线升级、产品结构调整、质量提升和降本增效，提升了产线竞争力。

2.2.1 产品结构调整

2014—2018年上半年，河钢产品结构进一步优化，品种钢比例大幅提升。高技术含量、高附加值品种钢比例由2014年的30%提升到2018上半年的70.7%，如图1所示。

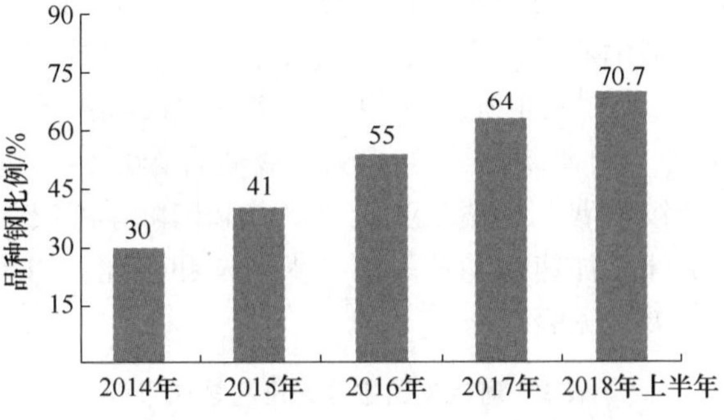

图1 河钢集团2014—2018年上半年品种钢比例

2018年上半年，家电用钢完成168.0万吨，市场占有量国内第一；汽车用钢完成333.8万吨，市场占有量国内第二。主要用钢行业高端客户集群效应初步形成，产品创效能力提升；加快从“技术跟随”向“技术引领”的转变。高端产品助力“华龙一号”核电站、“天眼”工程、国产大飞机、极地重载运输船等系列重大科技项目，在铸就“大国

重器”中点亮“河钢品牌”。

新产品开发突破了新技术工业化实施难题，例如大线能量焊接用钢的开发，经过中试实验研究和工业现场技术攻关，突破了氧化物冶金工业化实施难题，实现了 $10\times10^{-6}\sim30\times10^{-6}$ 窄氧位精准控制和微细氧化物定向调控。试制 1000 余吨 EH420 产品已达到 200 kJ/cm 焊接线能量，接近目前国内最佳水平。解决了目前高强大线能量焊接产品性能稳定性差、强韧性级别低等问题，如图 2 所示。

图 2　大线能量焊接用钢开发

2.2.2　提升产线装备水平

新技术在产线的应用提升了产线的装备水平并助推了产品升级，例如唐钢中厚板连铸坯重压下关键工艺与装备技术的开发及应用、舞钢大断面特厚钢板辐式淬火装备开发等。

宽大断面连铸坯凝固末端重压下技术在河钢唐钢成功应用[1]，针对常规宽厚板连铸坯中心偏析与疏松严重，无法满足厚钢板轧制要求的难题，研发形成了宽厚板连铸坯动态连续重压下工艺技术（DSHR），发明了宽厚板连铸坯重压下核心装备增强型紧凑扇形段（ECS），建成投产了首条可实现全凝坯连续、稳定重压下实施的宽厚板连铸坯生产线，该装备强力压下扇形段压坯能力较常规扇形段提升 4 倍以上，首次实现了凝固末端及完全凝固后单段压下≥18 mm，多段压下≥40 mm 的突破；实现了用 280 mm 厚连铸坯稳定轧制 150 mm 厚满足三级探伤要求高层建筑用钢等高附加值厚板产品，形成了低压缩比生产高性能厚板产品的新流程，如图 3 所示。

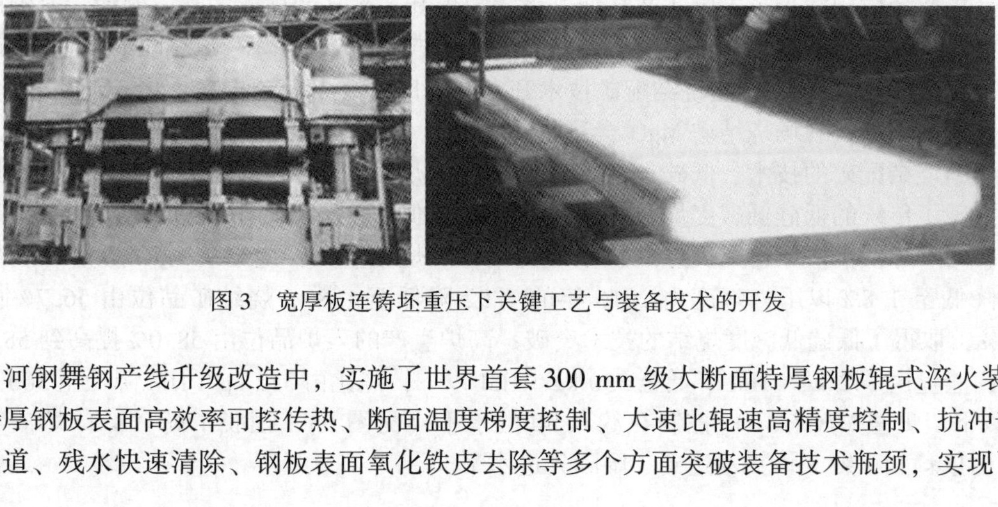

图 3　宽厚板连铸坯重压下关键工艺与装备技术的开发

河钢舞钢产线升级改造中，实施了世界首套 300 mm 级大断面特厚钢板辊式淬火装备，在特厚钢板表面高效率可控传热、断面温度梯度控制、大速比辊速高精度控制、抗冲击重载掘道、残水快速清除、钢板表面氧化铁皮去除等多个方面突破装备技术瓶颈，实现了最厚300 mm、40~50 t 大断面特厚钢板高强均匀淬火[2]，淬火时间与传统浸入式相比缩短近50%，淬火后板形、表面质量提高明显。标志着我国已具备超厚高强钢板高冷速、高均匀性、高平直度淬火生产能力，填补了国际空白，为大单重、大断面特殊用途厚板热处理产品的研发与应用奠定了装备技术基础，如图4所示。

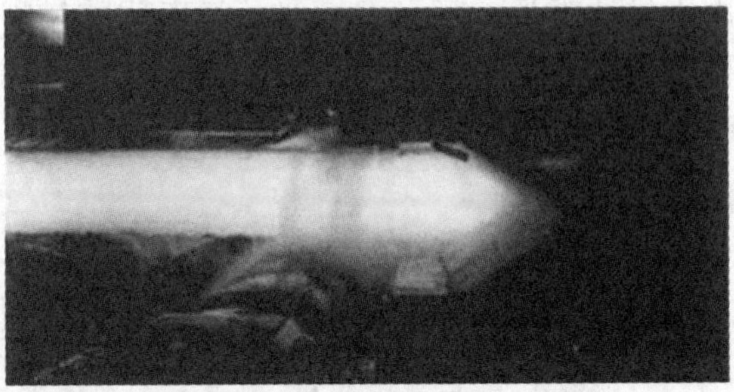

图4　300 mm 级大断面特厚钢板辊式淬火机

2.2.3　提升产品质量

新工艺、新技术在产线的落地推动了产品质量提升，提升了产品形象和客户满意度。例如微合金钢连铸坯角部裂纹控制关键集成技术应用大幅降低了连铸坯的表面裂纹；特殊钢棒材共性技术的应用提升了特钢产品质量（提高脱碳、氧化、网状、带状等）；氧化铁皮控制技术提高了酸洗板表面质量等。

微合金钢连铸坯角部裂纹控制关键集成技术成功应用在河钢唐钢、河钢邯钢、河钢舞钢和河钢石钢产线，通过双方产学研深度融合，全面探明了微合金钢连铸坯角部裂纹产生机理，创新基于微合金元素晶界微观偏聚及其碳氮化物析出和组织高温多相变转变机制，提出了铸坯角部结晶器初凝超快冷碳氮化物弥散化析出和二冷高温区循环相变晶粒超细化实现铸坯角部组织高塑化的裂纹控制新方法，并开发形成了新型角部高效传热曲面结晶器（ICS-Mold）与铸坯二冷高温区角部晶粒超细化控冷新工艺与装备技术[3]，保障了微合金钢高质、高效与绿色化生产。实现了薄板坯、常规板坯、宽厚板坯、特厚板坯以及大断面矩形坯等全部坯型全覆盖，微合金钢连铸坯裂纹发生率<0.1%，如图5所示。

2.2.4　降本增效

新工艺的应用减少了工序或产品加工成本，提升了产品的创效能力，例如，河钢唐钢中厚板产品化学成分减量化、TMCP 工艺优化应用后，吨钢成本显著降低（80~147 元）；河钢邯钢低 MgO 及较低碱度烧结配矿技术开发及应用吨铁成本降低超过 10 元。

针对河钢邯钢现场烧结矿 MgO 含量较高、SiO_2 含量较高及球团使用受限的问题，开展低成本烧结配矿的技术、低硅条件下较低碱度的烧结技术和低 MgO 炼铁技术研发与应用，突破了传统的低硅低碱度烧结矿强度差的技术难题。技术应用实施后，2017—2018 年烧结、高炉炼铁工序取得了良好的技术经济指标。烧结生产：烧结矿 MgO 含量（质量分数）降低至 1.8%以下，碱度由 2016 年的 1.92 降低至 1.80，烧结矿品位由 56.7%提到 57.2%，取得了低硅低碱度烧结的技术突破；高炉生产的入炉品位由 58.0%提高到 58.3%以上，渣量由 342 kg/t HM 降低至 330 kg/t HM 以下，焦比由 372 kg/t HM 降低至 360 kg/t HM 以下。炉渣 MgO/Al_2O_3 控制在约 0.50 的水平（见图6），摆脱了高 $A1_2O_3$ 炉渣对高 MgO 的依赖和束缚，该技术达到了国际先进水平。

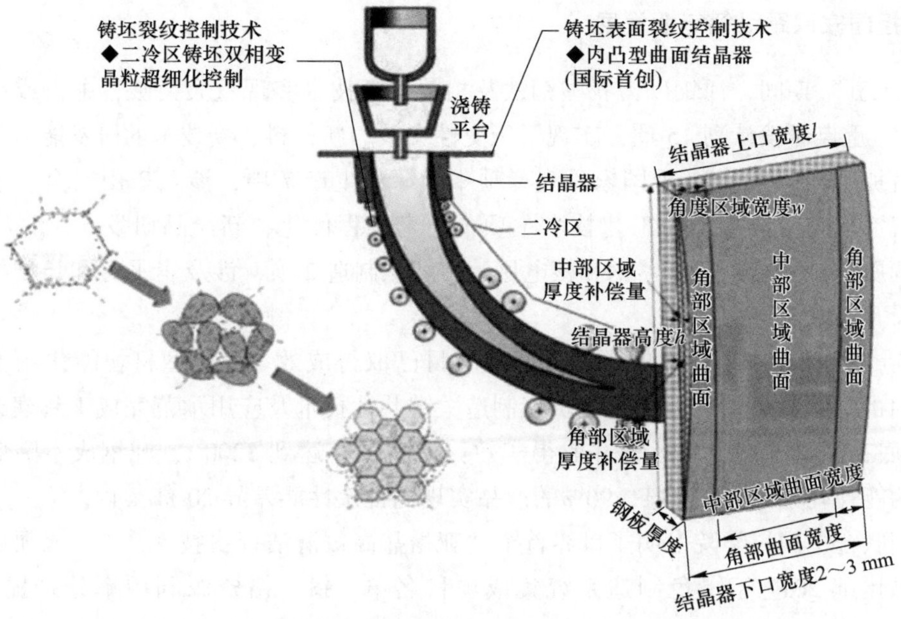

图5 微合金钢连铸坯角部裂纹控制关键集成技术

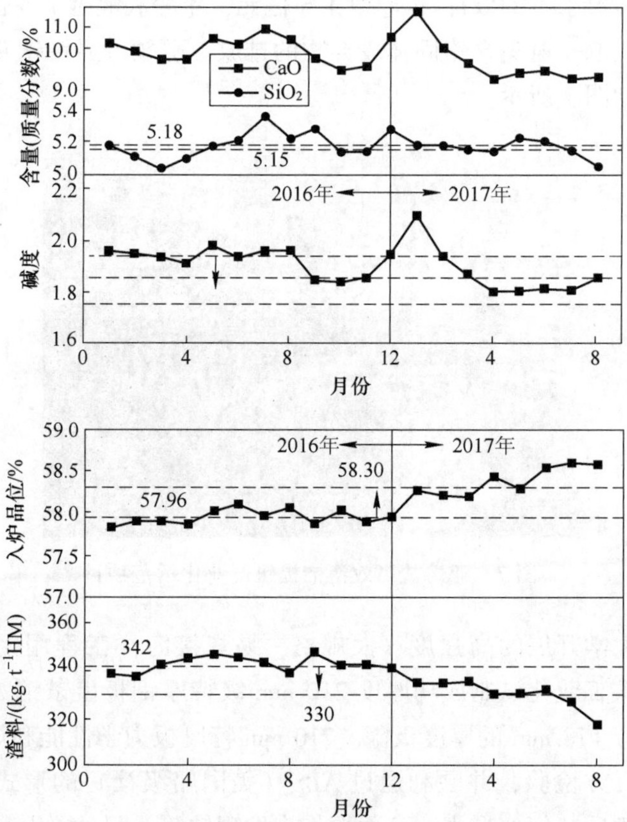

图6 低 MgO 及较低碱度烧结配矿技术指标

2.3　承担国家课题引领行业发展

“十三五”期间，河钢助力我国钢铁及相关关键技术实现重大突破，主持或参与国家“十三五”重点研发计划15项，实现了历史性突破。新材料、新技术的研发能力和国际影响力显著提升。承担的15项国家重点专项中，绿色生产7项，涉及矿山安全、水资源利用、大气治理与清洁生产；工艺技术1项，研究流程优化；新产品研发5项，涵盖海工钢、非调质钢、桥梁钢、容器钢和核电用钢；智能制造2项，涉及扁平材和长型材的智能产线建设。

目前，15项在研项目进展顺利，部分项目已取得成效。“长型材智能化制备关键技术”项目的棒线材直接轧制智能化负能制造关键共性技术及应用示范完成工程建设，2017年10月底在河钢承钢投入运行并取得实效：最高日产达到3200 t，吨钢成本降低50元，轧钢节约能耗吨钢15 kg标煤，90%的产品实现同批次性能差异20 MPa内。

河钢联合中国科学院发明了世界首个“亚熔盐高效清洁提钒技术[4]”，该项目入选工业和信息化部2017年绿色制造系统集成项目名单。钒、铬资源利用率分别提高10%、80%以上；反应温度由传统工艺的800 ℃降至150 ℃，能耗大大降低，无窑气排放；工艺过程新水消耗降低90%以上，无废水产生；供渣年处理能力5万吨，V_2O_5产品年产能4700 t，铬盐产品年产能近5000 t，年产值4.5亿元，年净利润近1.5亿元；实现了钒渣中伴生路资源的高效提取，避免含铬固体废弃物的排放。引领世界锐钛磁铁矿资源高效综合利用绿色化升级，如图7所示。

图7　亚熔盐高效清洁提钒产业化示范项目

河钢联合东北大学开展的高强度、大规格、易焊接海洋工程用钢课题取得阶段性突破，在河钢舞钢首次工业化试制成功厚度210 mm级特厚钢板齿条钢A517GrQ，突破了国内之前最厚仅能生产178 mm的厚度极限。210 mm特厚板力学性能和焊接性能通过国家船舶材料试验中心第三方检验，并顺利通过ABS（美国船级社）的形式认证。在TSC切齿结果表明，钢板切割后几何变形小，齿面探伤未发现缺陷，尺寸及几何精度、磁粉检测均满足超深水区500英尺自升式平台的相关要求，如图8所示。

图 8　210 mm 特厚钢板切割成齿条

2.4　绿色制造实践

河钢切实履行社会责任，秉持人、钢铁、环境和谐共生，将“为人类文明制造绿色钢铁”作为不懈追求[5]，率先在行业内制订绿色发展行动计划，落实去产能、采用先进技术、强化环境治理，致力“绿色制造”、生产“绿色产品”、打造“绿色产业”，引领中国钢铁工业的低碳绿色发展。河钢集团主要能源环保标达到国内领先水平[6]。

河钢在大气污染物治理方面的工作卓有成效[7]。截至 2018 年一季度，吨钢综合能耗达到 586.6 kgce，主要大气污染物排放指标分别达到吨钢粉尘排放量为 0.52 kg 以下，吨钢 SO_2 排放量为 0.63 kg 以下，吨钢 NO_x 排放量为 0.92 kg 以下，排放指标均居行业先进水平，如图 9 和图 10 所示。全流程除尘方面的应用技术有大型封闭料场技术（河钢在京津冀地区全部子公司实现了料场全封闭）、高炉煤气干法布袋除尘技术、转炉除尘技术等。另外，依托国家大气专项，河钢联合北京科技大学开发了焦炉烟气多污染物低温协同催化净化技术，研发了多污染物协同净化多效催化剂，结合半干法脱硫除尘设施，实现了焦炉烟气 NO_x、Hg、CO、H_2S、SO_2 等多污染物的短流程高效协同治理[8]，技术指标可实现粉尘浓度低于 10 mg/m^3、SO_2 低于 15 mg/m^3、NO_x 低于 100 mg/m^3；联合中国科学院过程所、北京科技大学等科研院所开发了 3 条烧结烟气多污染物超低排放技术路线[9]。

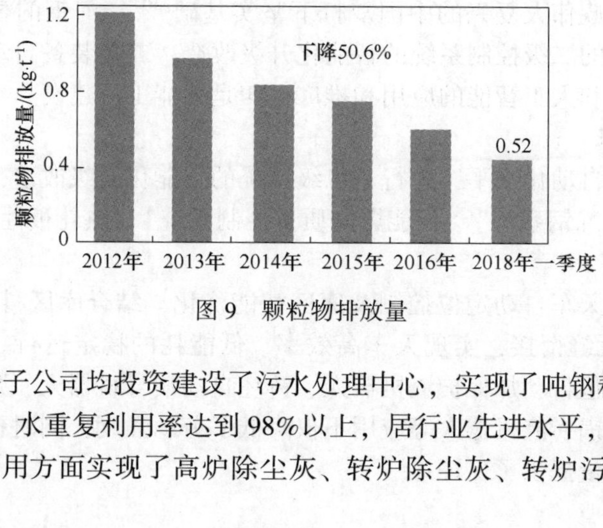

图 9　颗粒物排放量

河钢集团各钢铁子公司均投资建设了污水处理中心，实现了吨钢耗新水逐年降低，目前达到了 2.39 m^3/t，水重复利用率达到 98%以上，居行业先进水平，如图 11 所示。

在钢铁副产物利用方面实现了高炉除尘灰、转炉除尘灰、转炉污泥、轧钢氧化铁皮、

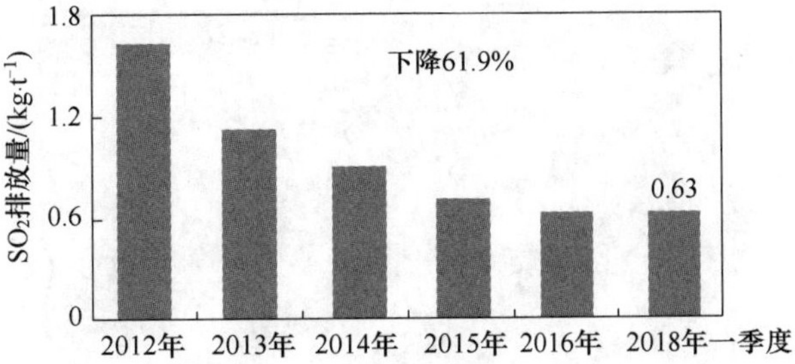

图 10　SO_2 排放量

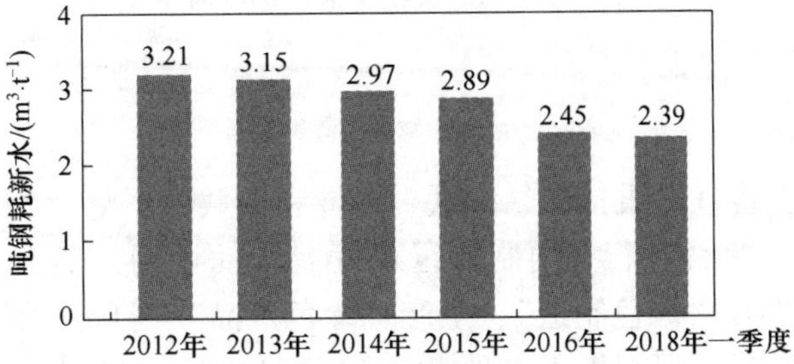

图 11　吨钢新水耗量

钢渣水渣等钢铁副产物回收和再利用，在矿山实施井下填充采矿法等先进技术，减少了尾矿的露天堆存。

在能源循环利用方面采用余热回收、余热发电、钢包全程加盖、钢坯热装热送等节能措施，最大程度地减少工艺过程中能源的浪费。2017 年仅余热、余能、余压自发电总量超过 100 亿度，核心企业自发电比例超过 65%。

2.5　智能制造实践

中国制造 2025 发展战略提出，以“创新驱动、质量为先、绿色发展、结构优化、人才为本”为理念，到新中国成立一百年时，在制造业领域建成全球领先的技术体系和产业体系，为实现中华民族伟大复兴的中国梦打下坚实基础[10]。河钢的智能制造主要从四个方面入手：一是现有的二级控制系统的智能化升级改造；二是装备自动化升级和工业机器人应用；三是大数据和人工智能的应用和推广；四是智能工厂建设。

2.5.1　二级升级

为了提升产线的自动化水平，进行了二级系统的智能化升级改造，主要有河钢邯钢自主开发“转炉智能化炼钢系统”“智能燃烧质量控制系统”“热轧板性能控制模型”等。

2.5.2　机器人

河钢唐钢通过对天车自动定位控制及库区智能优化，结合库区科学管理、自主调度、无人驾驶、与 MES 无缝衔接，实现天车高效率、低能耗的稳定运行。转炉精炼自动测温机器人、连铸机中间包自动加保护渣机器人、铸坯自动喷号机器人、贴标机器人、成品打捆、拆捆机器人、锌锅捞渣机器人等应用不仅降低了劳动强度，同时提升了工艺控制的精准度，为提升产品质量提供了保证。

2.5.3 大数据

挖掘数据价值，优化生产工艺，河钢邯钢通过冶金工艺数值模拟实验室对现场实际问题进行仿真模拟，开发的具有计算、分析、判断、决策四大功能的智能控制模型。

2.5.4 智能工厂

河钢通过标准化、自动化、信息化三化融合指导新项目建设，在系统架构上按照纵向贯通、横向集成、协同联动的智能制造体系进行智能工厂建设，并采用智慧工业园区的建设理念，将新技术充分融入智慧工业园区的建设中，满足未来智能制造的要求。河钢唐钢创新的信息化五级架构为支撑的智能工厂建设项目，2016 年荣获工信部颁发的国家级智能制造示范工厂，也是国内钢铁行业第一个国家级智能制造示范工厂，并将于 2018 年年底建成。河钢邯钢新区智能工厂建设也是集团的重点项目，目前进展顺利。河钢矿业中关铁矿的智慧矿山项目正在有序进行。“扁平材全流程智能化制备技术”国家课题在河钢顺利开展，基于 CPS 架构的多工序协调优化与质量精准控制在邯钢炼钢—热轧—冷轧整个生产流程实现应用，实现关键质量参数在制备全流程的全局优化（见图 12），其中“融合工艺机理及大数据的质量精准控制与多工序协调匹配技术”“工艺机理与大数据深度融合的高精度复合模型与快速自主控制技术”“多工序协调优化框架内的温度/板形/组织性能等一体化控制技术”为特色创新技术。

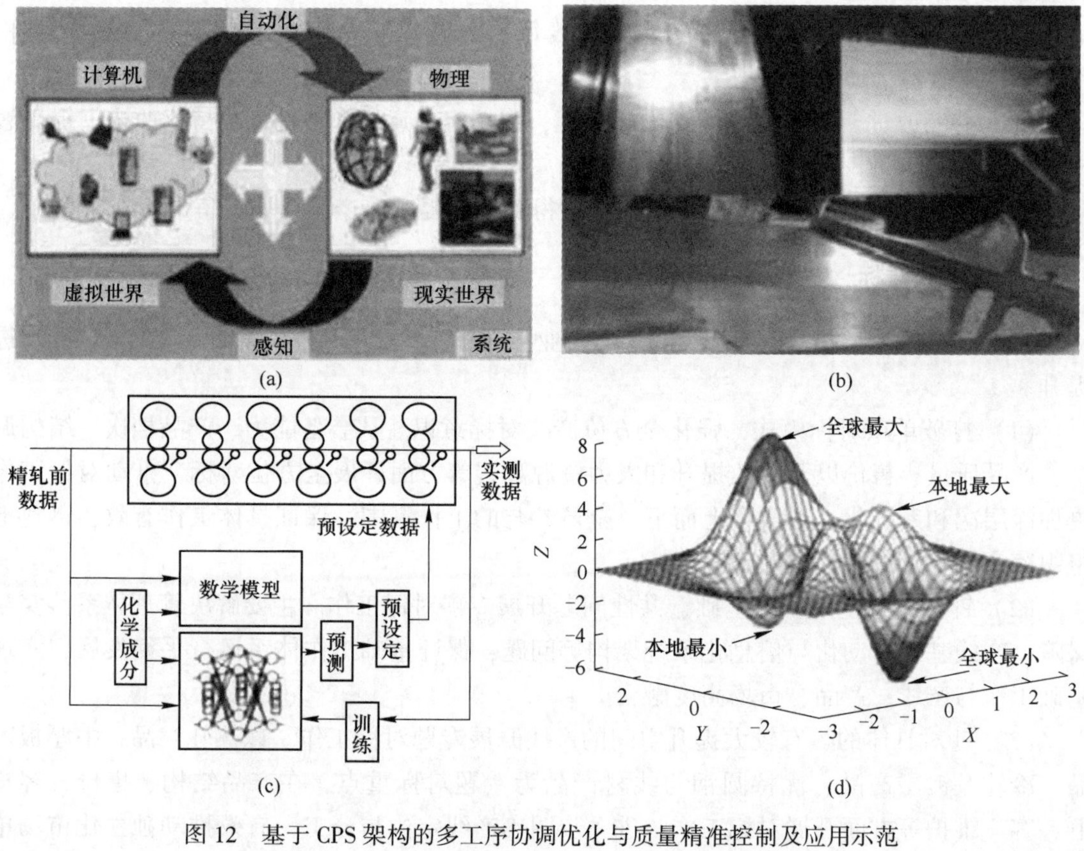

图 12 基于 CPS 架构的多工序协调优化与质量精准控制及应用示范

（a）系统架构；（b）信息感知；（c）智能算法；（d）协调优化算法

3　管理创新实践

河钢围绕产品和市场两大主题，以“用户需求就是标准”的质量管理创新，以释放产线装备能力为目标创新产线对标模式，以大客户营销推动终端用户高端化转型创新服务研发模式，以协同创新推动自主创新能力开展科研管理创新，助推了科技创新工作的系统提升。

3.1　强化质量管理

河钢以市场为导向，树立“用户需求就是标准”的管理理念，从传统的“满足标准质量”转变到“满足用户提升产品质量稳定性”上来。强化质量管理，强调从原燃料开始，将质量意识落实到产线每一个环节。把用户对产品质量稳定的要求作为提升质量的目标，全流程审核修订产品标准、岗位作业标准，把用户需求转化为产品的质量标准。广泛实施工艺改进，根据用户需求的改变不断优化、完善、改进产线工艺技术。加强设备维保，确保设备精准运行。充分利用专业的检测设备，形成在线监测流程数据，以自动化技术应用为手段，快速提升产品质量稳定性，产品市场竞争力不断增强。

（1）产品设计：根据用户的个性化需求，结合产线特点，设计合理的生产工艺和技术质量规范与保证措施。

（2）产品控制：将质量意识落实到产线每一个环节，从原辅料入厂检验到生产、检验、储运发货各个环节严格把关。

（3）持续改进：跟踪客户产品加工过程，根据客户意见和使用情况持续改进，提高客户满意度。

通过质量的强化管理，产品质量稳定性得到快速提升，产品市场竞争力不断增强。

3.2　深化产线对标

河钢以对标为举措，以集团内产线或业界最高水平为标杆，对比差距，不断改进提升。

（1）打破单项对标模式，强化全方位产线对标意识。从装备能力、产品档次、结构调整、产品质量、售价以及劳效提升和人力资源配置等方面开展全方位对标，推动对标工作更加深层次和系统化，形成自上而下、全员参与的工作氛围，保证具体工作有效，迅速地组织落实。

（2）针对各条生产线的基础、共性问题开展专项对标工作。主要解决管理体系落实与保障、产线基础自动化与信息化系统架构等问题，保证基础工作体系运行平衡发展，实现基础工作与产线、产品、市场高度融合。

（3）针对具体的、有较大提升空间的产线开展专题对标工作。以热轧产品、中厚板产品、冷轧及镀层产品、优特圆钢与线材产品为专题对标重点，在产品结构、售价、客户群、客户维护等方面开展对标工作，进一步明确产线定位与分工，有效推动独立化市场单元产线建设工作。

（4）围绕产品和市场两大主题开展针对性的工序对标工作。以降低生产成本、提高产线效率为目标开展工序对标。连续 4 年开展原料、焦化、炼铁、炼钢、轧钢等工序对标活动，使集团各子公司的工序成本、产线装备效率、能源利用效率大大改善。

3.3 创新研发服务模式

河钢不断适应市场，建立新型客户关系，改变营销模式，在业内率先全面推行大客户营销模式。建立自主营销网络和客户服务体系，以定制化的“一站式”材料解决方案服务满足客户个性化需求，推动传统“销售团队”快速向“技术营销团队”转变。

深入开展用户技术研究，将技术创新融入市场为用户提供增值服务，推行 EVI 模式，根据市场需求，将研发投入重点从钢铁企业内部向下游战略客户转移，实现与高端客户的无缝衔接，与海尔、上电、中建钢构等下游高端客户联合成立了多个创新研发中心，以高附加值产品和定制化产品为攻关主线，开展针对性工艺技术研究，实现重点品种提档上量。

3.4 完善科技创新体系

河钢构建科技创新体系，不断完善科技创新顶层设计，健全运行制度，形成了河钢钢研和子公司技术中心两个层面资源共享、互为支撑的协同创新新机制。建立了符合自身发展的技术、质量、人才、信息自动化等“四大支撑体系”，为产线扁平化变革提供支撑。优化科技创新资源，建立健全科技创新体系，搭建了优势互补、分工协作的科技创新平台。以建立全球技术研发平台为载体，建立了高效沟通、合作共赢的产学研用合作机制。坚持把高层次人才作为支撑集团发展的核心资源，完善了科技人才选拔、培育和引进机制。以担当国家角色为己任，积极承担重大科技项目，参与制订、修订国家和行业标准。

近五年来，河钢科技创新成果取得丰硕成绩。申请专利 3777 件；起草和参与制定、修订国家和行业标准 50 项；获得国家科学技术进步奖 3 项，省部级科学技术进步奖 89 项；荣获世界钢铁工业可持续发展卓越奖、中欧企业合作奖、中国钢铁企业“竞争力极强”最高评级；创建了河北省钢铁产业智能制造创新中心和河北省钒钛新材料制造业创新中心。

4 未来展望

河钢近年来紧密围绕“产品”和“市场”两条主线，以全球技术研发平台为依托开展技术创新，提升了产品结构；对内强化质量管理并开展对标，提升了产品质量，对外推行 EVI 模式，推进产业链嵌入式延伸，优化了客户结构并提升了高端市场占有率；同时担当国家角色，履行社会责任，在引领行业技术创新、管理创新、智能制造、绿色制造方面取得了显著成效。未来将继续聚焦“产品”和“市场”，持续优化客户结构和产品结构，实现客户产品定制化生产，提升战略产品和高端产品比例；主动担当国家角色，攻克行业重大共性技术难题，在引领行业技术创新上有所突破，实现由跟随者向引领者的角色转变，绿色制造保持行业领先，智能制造赶超世界一流。

4.1 产品升级与结构调整

持续优化钢铁产业区位结构、产品结构、客户结构，重点培育优质精品钢和高端特殊钢两大核心系列产品。增加精品板材和特钢长材及产品深加工能力。“十三五”末，实现品种钢占比 70%，板材占比达到 70%，特钢占比达到 28%，产品深加工比例达到 30%。高端家电板产量保持国内第一，汽车用钢产量保持国内第二。在轨道交通、能源用钢、海洋工程、工程机械、桥梁建筑领域的高端钢材实物质量达到国内一流水平。

4.2 完善科技创新体系

进一步完善以河钢集团钢研总院为核心高效协同的技术研发体系。以创新科技体制机制为动力，以实施关键共性重大科技课题为抓手，努力形成以钢院总院为核心，要素完备、资源共享、运行顺畅、高效协同的技术研发体系。

“十三五”期间，健全科技管理制度，科技投入达到产品销售收入的 3%；加快科技创新平台建设，建成 5 个以上具有行业影响力的科技协同创新平台，国家认定企业技术中心排名进入行业前 3 名；提高河钢集团资源和科技成果转化效率；标准体系、知识产权体系建设与管理迈向国际化，情报信息发挥科研决策依据作用。

创新能力提升目标：“十三五”期间承担及参与国家重大专项 15 项以上，要获得国家级科技奖 3 项以上，省部级科技奖 100 项以上，授权专利年均 1000 项以上，国际专利取得突破，形成国家标准 10 项。

产品质量提升目标：“十三五”末，力争突破 10 个关键品种，持续增加有效供给；钢材产品实物质量达到国际同类产品水平认定的比例达到 30%。

4.3 加大先进工艺技术应用

(1) 炼铁工艺以“高效、优质、低耗、长寿、环保”为发展方向，以低燃料比、低成本、含铁含碳废弃物综合利用、余能充分回收、环境友好为一体的综合发展模式。“十三五”期间，应用炼焦煤质量评价及配煤专家系统、焦炉荒煤气上升管余热回收技术、低碳厚料层烧结技术、减少系统漏风损失技术、熔剂性球团矿生产技术、热风炉全自动烧炉技术、高炉冶炼专家系统、高炉可视化操作技术、高炉大数据分析技术、FINEX 技术等新工艺新技术。高炉炼铁实现高炉球团矿比例达到 60%以上，高炉燃料比达到或低于 500 kg/t，高炉富氧率达到 6%水平，热风温度达到或超过 1100 ℃。

(2) 炼钢工艺以质量稳定、绿色化、高效化、智能化、低成本为方向。“十三五”期间，重点开展转炉洁净钢生产技术、智能炼钢技术、转（电）炉复合底喷吹技术、连铸坯大压下技术、氧化物冶金技术、连铸坯质量控制技术、含钒铁水直接合金化技术、钒渣合金化技术、转炉喷粉提钒技术、大比例废钢转炉冶炼技术等的研究应用。

(3) 轧钢工艺以“高效率、低耗能、低成本、高精度、质量稳定、生态化”为主攻方向。“十三五”期间，着力于大厚度热处理钢板性能和板形保证技术、新一代 TMCP 技术、冷轧薄带钢生产技术、冷轧板带涂镀层技术、板线棒型材在线热处理技术、高精度轧制技术、棒线材直接轧制技术等新工艺、新技术。

4.4 提升质量保障能力

推进计量、标准、认证认可、检测检验四个方面夯实质量技术基础，为质量提升提供强有力支撑。“十三五”末，完善基础检测元件配备，实现工艺过程参数准确、全面自动采集；进一步完善企业标准体系建设，结合国家重点专项实施和钢铁行业产业提升需求，参与制定和修订国家、行业、团体标准 20 项；高端产品通过认证认可比例超过 50%；研究快速检测方法，建设国家级重点实验室。

4.5 发挥全球化创新平台作用

用足用好现有的技术平台和研发平台，推动产线升级，提升产品档次和高端市场的占有率；同时利用全球资源，培养国际化思维、理念、方法，围绕国家和行业重大需求，推动一批前沿性、方向性、颠覆性技术课题的研发和落地，实现技术引领，见表 4。

表 4 重大关键核心技术课题

序号	课题名称
1	厚板坯铸后超高温热轧工艺技术开发
2	大方坯铸后超高温热轧工艺技术开发
3	镍基合金生产、特钢生产技术开发
4	细晶粒热轧钢筋减合金生产工艺开发
5	氢冶金、电转气、氢燃料电池等颠覆性前沿技术研究
6	氢气（煤制气）气基竖炉直接还原铁（废钢）+电炉短流程
7	钢铁全流程智能制造技术
8	大厚度、高性能止裂钢 E40、E47 研究开发

4.6 坚持绿色发展

河钢集团绿色发展的总目标是：成为全新的绿色发展、循环发展、低碳发展的示范企业，成为钢铁与环境共融发展的典范，引领钢铁行业绿色发展方向。

绿色制造：集团在行业内率先实现超低排放，到 2020 年末，同比“十二五”末污染物排放总量，颗粒物削减 61.7%，SO_2 削减 52.9%，氮氧化物削减 52.2%。吨钢综合能耗较“十二五”末下降 3%，SO_2 排放强度下降 4%以上。

绿色产业：建立起具备规模效益、产业配套齐全、自主创新能力较强的绿色产业体系，固废资源实现 100%产业化高效回收利用。

绿色产品：河钢集团先进类绿色产品占比 30%，较“十二五”末翻一番，产量超过 1200 万吨。

绿色采购：建立较完善的绿色采购标准、管理体系和评价考核体系，原、燃料采购符合绿色产品质量标准，通用性备品备件 100%实现绿色采购。

绿色物流：集团物流铁路、水路运输为主，达到 70%以上，厂区运输全部封闭管带式运输或清洁新能源汽车运输。

绿色矿山：全面打造国家级绿色矿山，2020 年主要矿山露天矿开采回采率达到 94%以上、地下矿开采回采率 80%以上。

4.7 坚持智能发展

围绕河钢集团战略布局，积极推动互联网、大数据、人工智能等新一代信息技术与钢铁制造的深度融合，打造河钢唐钢高强汽车板、河钢邯钢新区、中关铁矿的智能工厂和智慧矿山示范产线，利用“十三五”期间河钢唐钢本部、河钢邯钢老区、河钢宣钢、河钢石钢等企业的区域调整和退城搬迁机会，全面打造“绿色化、智能化、品牌化”的新一代流程钢厂，全面推动河钢集团的智能转型升级，打造“智慧河钢”。

依托河钢集团在钢铁和智能制造领域的深厚积累，积极响应国家关于“深化‘互联网+先进制造业’发展工业互联网”的号召，打造冶金行业工业大数据平台和工业互联网平台。在服务好河钢内部的基础上，向跨行业跨领域的工业大数据平台和工业互联网平台转型，为工业企业提供面向全产业链、全生命周期的公有云服务。

5 结论

河钢集团聚焦“产品”和“市场”开展科技创新，推动新工艺、新技术在产线的落地应用，在产品结构调整、产品质量提升、降本增效、提高客户结构等方面取得了显著的成效。未来将继续全面落实创新、协调、绿色、开放、共享的发展新理念，以技术进步释放装备潜能，以管理创新激发企业活力，进一步推动产品结构调整和产业升级。同时将积极响应国家“一带一路”倡议，融入全球钢铁产业链，将河钢集团建设成为世界最具竞争力的钢铁企业。

参 考 文 献

[1] 朱苗勇，祭程．连铸大方坯凝固末端重压下技术及其应用［C］．第十届中国钢铁年会暨第六届宝钢学术年会，2015.

[2] 付天亮，韩钧，邓想涛，等．特厚钢板射流淬火过程厚向冷速实验研究［J］．东北大学学报，2017（11）：1548-1553.

[3] 蔡兆镇，朱苗勇．钢凝固两相区溶质元素的微观偏析及其对连铸坯表面纵裂纹的影响［J］．金属学报，2009（8）：949-955.

[4] 郑诗礼，杜浩，王少娜，等．亚熔盐法钒渣高效清洁提钒技术［J］．第一届钒产业先进技术研讨与交流会，2011（10）：6-9.

[5] 王新东，田京雷，宋程远．大型钢铁企业绿色制造创新实践与展望［J］．钢铁，2018（2）：1-9.

[6] 于勇，王新东．钢铁工业绿色工艺技术［M］．北京：冶金工业出版社，2017.

[7] 王新东，张宝会，梁英华，等．绿色智能焦化技术在唐钢美锦公司的应用［J］．化工进展，2018（1）：395-405.

[8] 王新东，刘义，黄世平．焦化能源高效集成关键技术研发与应用［J］．化工进展，2018（2）：3260-3270.

[9] 朱廷钰，王新东，郭旸旸．钢铁行业大气污染控制技术与策略［M］．北京：科学出版社，2018.

[10] 赵沛．钢铁行业技术创新和发展方向［J］．中国国情国力，2018（1）：55-57.

[11] 王新东．创新驱动发展科技引领未来——河北钢铁集团科技创新发展战略［J］．河北冶金，2015（6）：1-4.

践行“一带一路”倡议，树立“走出去”企业典范①

王新东[1]，赵 军[2]，张 倩[1]
(1. 河钢集团有限公司，河北 石家庄 050023；
2. 河钢集团塞尔维亚有限公司，塞尔维亚 斯梅代雷沃 11300)

摘 要：河钢塞尔维亚公司是国家“一带一路”倡议中，中国企业在欧洲收购的首个钢铁项目。充分分析了河钢塞尔维亚公司的主体装备、工艺流程及产品类别等生产经营概况，重点阐述了自河钢塞钢被收购以来，河钢通过全方位管理输入、全面系统的工艺改进和完善以及全球配置优势资源等多种有效措施，迅速扭转了原塞钢连续多年亏损的被动困局，仅仅半年的时间就让企业重新焕发出勃勃生机。在此基础上，结合河钢塞尔维亚公司实际，系统谋划了其未来的发展规划。河钢塞尔维亚公司的历史性巨变正是河钢以“代表民族工业，担当国家角色”为己任，积极践行“一带一路”倡议的真实体现，对国企实现走出去有着重大的借鉴和示范意义。

关键词：一带一路；工艺装备；举措；巨变；发展规划

契合国家“一带一路”倡议[1,2]，河钢集团有限公司（以下简称河钢）不断加快“走出去”的步伐，于2016年6月30日全资收购了塞尔维亚斯梅代雷沃钢厂，7月1日正式更名为河钢集团塞尔维亚有限公司（以下简称河钢塞钢）。自收购以来，河钢充分发挥技术、管理、绿色制造[3,4]和全球最大采购营销服务网络的集成优势，通过全方位管理的输入、全面系统的工艺改进和完善以及全球优势资源的配置，短短半年时间就迅速扭转了原塞钢连续7年亏损的经营局面，使企业发生了历史性巨变。

1 企业概况

河钢塞钢的前身为塞尔维亚斯梅代雷沃钢厂，始建于1913年。1945—1992年，由前南斯拉夫政府运营，是其国家冶金工业的支柱企业；2003年9月被美钢联以2300万美元价格收购，公司持续亏损；2012年1月，塞尔维亚政府以1美元价格象征性地将其购回。目前，河钢塞钢拥有职工5046名，配套钢铁生产产能220万吨，但由于企业经营管理不善、工艺装备老化陈旧、资金周转困难等，企业连年亏损，2015年产量仅为87.5万吨。

1.1 主体装备

河钢塞钢有3个工厂，主厂区包括：炼铁、炼钢、热轧和冷轧，位于斯梅代雷沃；电镀锡板厂位于沙巴茨；石灰厂位于库切沃。河钢塞钢自身具备完整的工艺技术、质量管

① 原文发表于《钢铁》，2017，52（11）。

理、安全和环境管理、设备维修管理、生产计划控制、销售服务等管理体系，但由于长期缺少资金的投入，部分装备老化陈旧，整体工艺装备水平不高，生产现场管理较差，为进一步提高企业钢铁产能、提升产品档次，需注入大量流动资金，进行工艺装备的改造升级。收购前，河钢塞钢主要装备见表 1。

表 1　河钢塞钢主要装备

工序	装备	数量	产能
炼铁系统	1088 m^3 高炉	1	180 万吨/年
	1617 m^3 高炉	1	
炼钢系统	80 t 转炉	3	220 万吨/年
	板坯连铸机	2	
热轧系统	2250 mm 热连轧生产线	1	220 万吨/年
	横剪线	1	60 万吨
	纵剪线	1	30 万吨
冷轧系统	酸洗生产线	2	105 万吨/年
	5 机架 4 辊冷连轧机组	1	75 万吨/年
	2 机架 4 辊二次冷轧机组	1	40 万吨/年
	剪切线	2	1200 万吨/年
	平整机	1	20 万吨/年
	纵切线	1	20 万吨/年
	电镀锡生产线	1	20 万吨/年
	切割及包装锡板线	1	12 万吨/年
能源系统	蒸汽锅炉	4	75 t/h
	涡轮鼓风机	3	—
	涡轮发电机	2	12 MW
	压缩机	3	45000 m^3/h
	主电源站	4	444 MVA
	泵站	12	—

1.2　工艺流程

河钢塞钢的主体工艺流程为：烧结→炼铁→炼钢→热轧→酸洗→冷轧（含 1 条 5 机架 4 辊冷连轧机组和 1 条 2 机架 4 辊二次冷轧机组）→退火（含罩式退火和连续退火）→电镀锡，由于焦炭全部依赖进口，主体工艺流程中没有焦化厂。

1.3　主要产品及市场情况

河钢塞钢主要产品包括热轧卷、酸洗卷、冷轧卷和电镀锡板，受工艺装备能力与周边市场的制约，主要以焊管等结构、金属制品和粮食包装用途为主。整体产品档次处于中等偏下水平，家电产品比例不到 2%，汽车产品比例不足 1%。河钢塞钢主要产品结构及主导产品型号如图 1 所示。

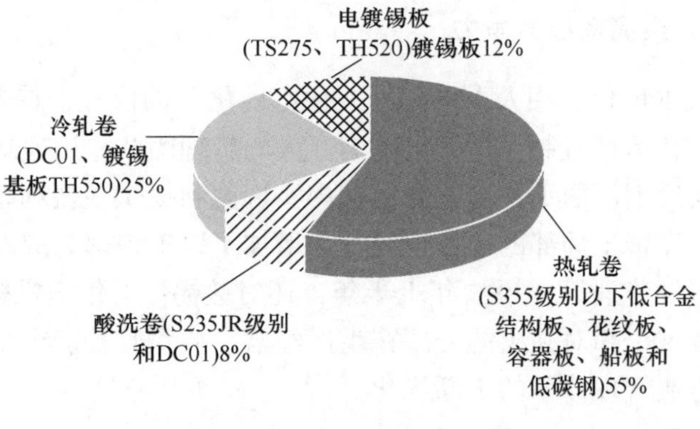

图 1　河钢塞钢主要产品结构及主导产品型号

2014 年产销量 51. 20 万吨，营业收入 3. 26 亿美元，亏损 1. 26 亿美元。2015 年一季度公司主营业务收入 1. 23 亿美元，其中国内市场销售 0. 14 亿美元，占总收入的 11. 38%，国外市场销售 1. 09 亿美元，占总收入的 88. 62%，亏损 5251 万美元。

2　自收购以来河钢塞钢采取的重要举措

自河钢收购河钢塞钢以来，以企业共赢理念为依托，充分发挥河钢在技术、管理、绿色制造和全球最大的钢铁采购营销服务网络的优势，通过诸多有效措施，为河钢塞钢配置全球优质资源，逐步将其打造成为一个更具竞争力的企业。

2. 1　注入流动资金，提高企业产量

河钢塞钢因连年亏损，资金投入严重不足，装备功能发挥受到极大限制，2 座高炉仅有 1 座运行，生产处于半停产状态。2012—2014 年产量为 30 万～50 万吨，2015 年产量为 87. 5 万吨。通过考察周边市场容量、产品价格及原材料价格走势，河钢将提高产量作为提升河钢塞钢生存能力的第一要务。第一，重启 2 号高炉生产，使总产量恢复到设计产能的 80%以上；第二，注入流动资金，确保原燃料和生产备件辅料的供应；第三，投资 500 万欧元，对关键设备进行恢复性检修，完善其生产功能；第四，大力拓展销售渠道，增加其市场份额，确保订单满足生产需求。2016 年，河钢累计向河钢塞钢投入流动资金近 8000 万美元，产能得到初步释放，为尽快扭亏为盈奠定了基础。

2. 2　采销两端优化提升，开拓塞钢国际市场

充分发挥河钢自身优势，利用河钢国际贸易公司（以下简称河钢国际）与河钢德高公司（以下简称河钢德高）的全球采购和营销网络平台，为河钢塞钢提供低价优质的原料资源和更加广阔的国际销售市场。一方面，调动河钢国际的优势力量，锁定河钢塞钢原燃料供应渠道，借助河钢国际的信誉优势和资金优势，取得优惠的原燃料价格；另一方面，借助河钢德高的全球化销售网络，稳定欧洲市场份额，并逐步扩展美洲等新的市场资源，获得更高的产品售价和广阔的国际市场。

2.3 优化管理体系，提高核心竞争力

河钢按照“利益本地化、用人本地化、文化本地化”的模式，首先，延续了河钢塞钢较为成熟的管理体系和运行机制，只派出了十几人的管理团队，迅速适应东欧企业的工作模式，为产权交接前后钢厂的平稳过渡和短期内实现盈利提供了便利条件。其次，在原有管理体系的基础上，完善了局部的业务流程，如增加了以工程部为成本中心的费用审批流程和固定资产投资审批流程等。2017 年上半年，还对镀锡厂的组织机构进行了调整，以河钢事业部的模式，让这个相对独立的分厂在生产经营、质量管控、市场开拓等方面掌握更多的自主权，促进企业管理体系的不断优化。

2.4 全方位开展技术诊断与员工培训

针对河钢塞钢管理真空状态、工艺装备陈旧落后、产品结构档次不高等制约其发展的实际问题，以“建设欧洲最具竞争力钢铁企业”为目标，河钢开展了全方位、多层次的技术交流与员工培训。先后派出经营财务、工艺技术、设备管理的技术团队达 11 批、近 200 人，深入河钢塞钢进行全面诊断，投入巨大精力用于成本、工艺的完善和全球资源的重新配置。与此同时，邀请河钢塞钢近 130 名职工到河钢进行交流培训，在成本核算、质量管控、技术研发、能源利用等方面给予全方位的技术指导。

2.5 组织关键工序技术攻关，实施重点产线升级改造

在河钢技术团队的全力指导下，河钢塞钢迅速组织了炼钢系统、加热炉、粗轧机等关键设备的自动化升级改造，提高了产品质量控制水平，彻底扭转了设备老化失修、技术落后等制约发展的瓶颈问题。在生产方面，通过优化转炉工艺参数、提高钢水收得率、推进废弃物综合利用、促进蓄热式加热炉新技术的应用、加快煤气回收和煤气柜项目建设等有效途径降低生产成本。

2.6 优化原料结构，降低生产成本

通过优化原料结构以降低成本是河钢的技术优势。依据河钢塞钢的生产状况和原燃料条件，采取了一系列结构优化措施。根据市场价格的变化，在高炉炉料中增加了烧结矿的比例，自 2017 年开始配加块矿，如图 2 所示；优化烧结矿配料结构，逐渐增加钢渣、轧钢铁皮、高炉除尘灰等废料，配加比例由接手前的 5%～10%提高到 15%左右，如图 3 所示。这些措施大大降低了企业生产成本，同时使河钢塞钢技术和管理人员深刻认识到了循环经济的重要性。

3 河钢塞钢的历史性巨变

自 2016 年 7 月 1 日交接以来，河钢塞钢顺利完成了平稳过渡，生产经营实现全面改善提升。仅仅半年的时间，钢厂发生了历史性巨变——连续亏损 7 年的河钢塞钢在 2016 年 12 月扭亏为盈。据塞尔维亚财政部数据，2016 年下半年，河钢塞钢出口量大幅增加，成为带动塞尔维亚 2016 年出口增长的重要动力之一。2017 年上半年实现了产值同比翻番。

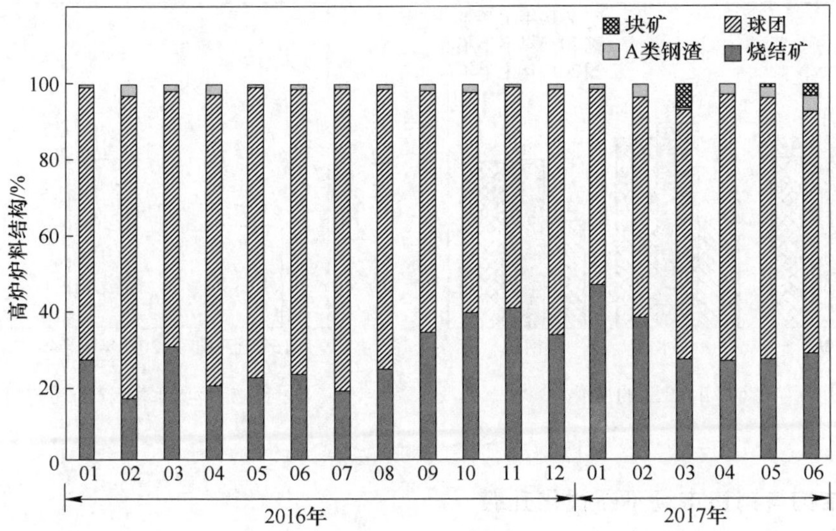

图 2 高炉炉料结构

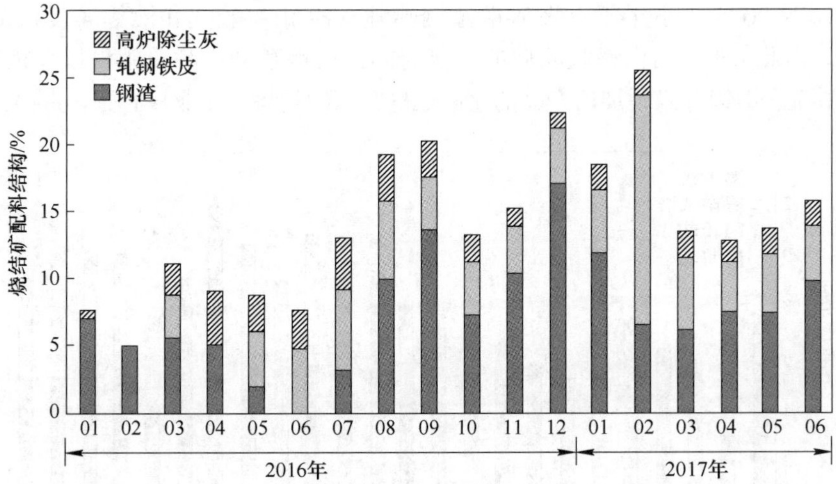

图 3 烧结矿配料结构

3.1 产量与产值大幅度提升

2016 年下半年，河钢塞钢实际产铁 71 万吨，产钢 76 万吨，产材 62 万吨，分别比上半年增长 56%、52%、55%，如图 4 所示。不仅如此，产品结构也得到快速优化，高附加值的冷轧板产量比上半年大幅增长 112%。由于受极寒天气的影响，2017 年上半年虽然产量有所降低，但总体仍继续保持稳定的生产局面。随着产量和售价的不断提升，产值也随之大幅度上升。如图 5 所示，2016 年上半年产值为 1.87 亿美元，收购后仅半年时间产值增长 67%；截至 2017 年上半年产值达到 3.59 亿美元，同比增长 92%。

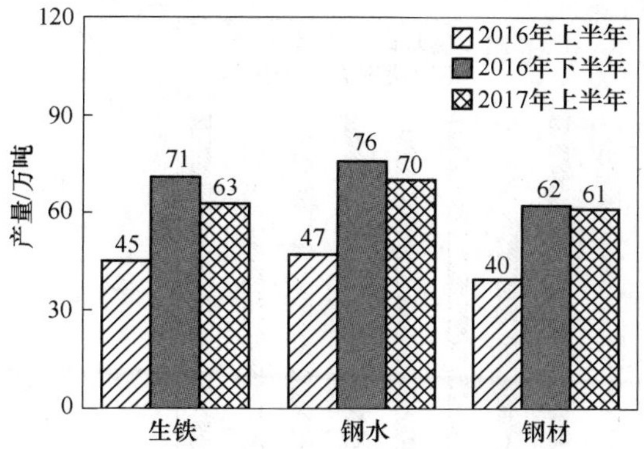

图 4　河钢塞钢产量的变化

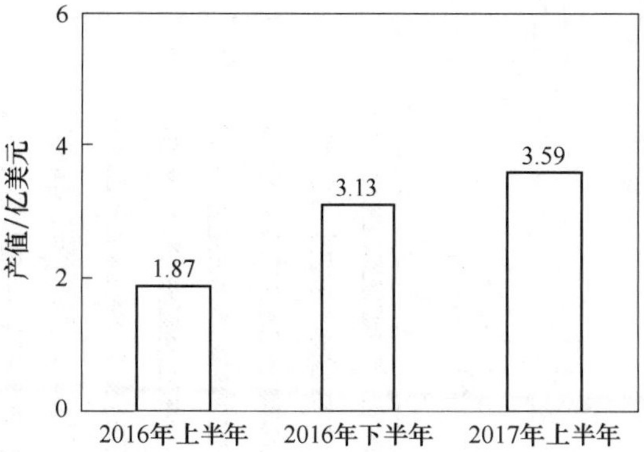

图 5　河钢塞钢产值的变化

3.2　产品结构与销售市场不断优化升级

收购之前，由于供应链和客户端范围狭窄，河钢塞钢的议价能力和客户端升级能力较弱。河钢将河钢国际和河钢德高的全球采购和营销网络平台嫁接过来之后，河钢塞钢逐步打开国际化战略发展的步伐，区域性企业迅速升级为全球性企业。

图 6 所示为 2015 年下半年以来河钢塞钢热轧、冷轧、酸洗和镀锡 4 类产品总销售量的变化趋势。由此可见，自河钢收购后的一年时间，河钢塞钢产品总销售量大幅度提升。同时，冷轧、酸洗、镀锡等高附加值产品的比例也呈升高的趋势，企业核心竞争力得到显著提升。

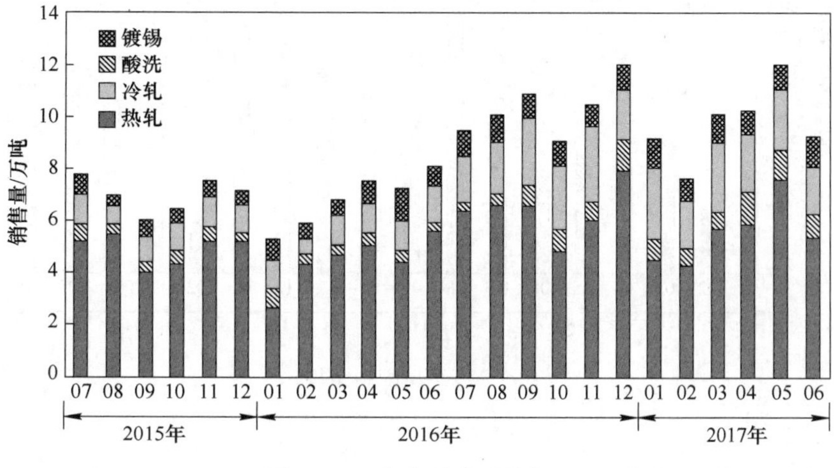

图 6　近两年各种产品销售量

3.3　企业能耗与生产成本显著降低

由于存在工艺装备年久失修、精度低下等不良因素，河钢塞钢的主要技术指标与先进水平相差甚远。河钢接手后，重点对高炉燃料比和转炉钢铁料消耗这两项指标组织了技术攻关。2016 年 7 月—2017 年 6 月高炉燃料比变化趋势如图 7 所示，转炉钢铁料消耗变化趋势如图 8 所示。

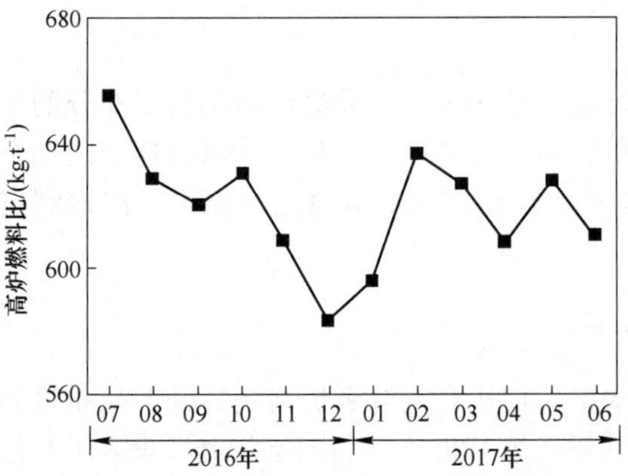

图 7　高炉燃料比变化趋势

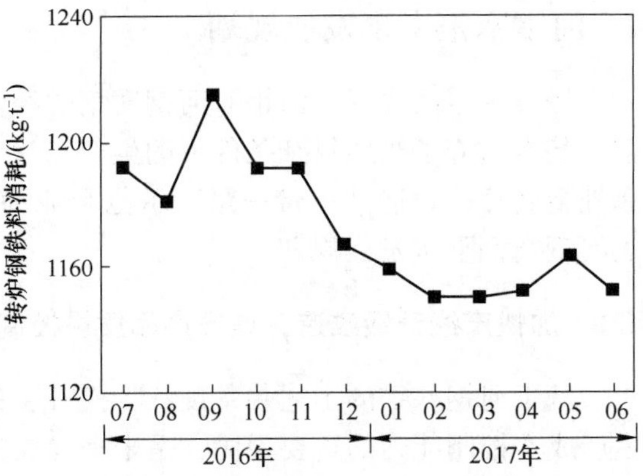

图 8　转炉钢铁料消耗变化趋势

由图 7 和图 8 可知，经过半年多的努力，这两项指标有了较大进步，2017 年上半年高炉燃料比同比下降 12 kg/t、转炉钢铁料消耗同比降低 26 kg/t，为生产成本的进一步降低奠定了坚实基础。

3.4　全面开展产线环保升级与厂容综合治理

河钢不断将“绿色制造”的先进理念植入河钢塞钢，随着工艺技改项目的实施，对生产线的环保设施进行了全方位的升级改造，烟粉尘、SO_2、NO_x 的排放全面达到先进指标。同时不断致力于厂区生产生活设施的修缮与美化，重新粉刷了主干道两侧的厂房和主体车间内的平台走梯，维修了部分破损严重的道路和景观，改善了食堂、职工休息室、操作室等职工生活环境。

通过整改，河钢塞钢总体环保水平大大提升，厂区面貌焕然一新，企业形象大有改观，为实现“建设欧洲最具竞争力钢铁企业”的美好愿景奠定了基础。

3.5　企业文化得到融合发展

企业文化的融合是“一带一路”产能合作项目成功落地的一个重要关口。在对河钢塞钢的管理中，河钢高度重视原有体制的延续与河钢文化的融入以及文化理念的融合发展。为避免不同文化接触时产生的摩擦、对立，甚至是冲突，河钢第一时间明确了双方共同愿景，提出了共同使命，形成了统一的行为价值观，坚持企业利益本地化、企业用人本地化和企业文化本地化的“三个本地化”模式，在短时间内成功融入当地，双方职工能够顺畅地沟通合作。而河钢塞钢员工也深受河钢职工务实、敬业、创新、奉献的精神所感染，对工作更加勤勤恳恳、对未来也充满了希望。自收购仅半年的时间，河钢塞钢就迅速恢复了企业活力，河钢塞钢职工不仅稳定了工作、增加了收入，而且还可以计划子女的教育、医疗以及家庭旅游等。结束了过去很长时间里河钢塞钢处于风雨飘摇的不稳定状态。河钢的品牌实力和文化魅力深深地影响着河钢塞钢 5000 名员工，双方经营理念与企业文化的融合发展，为河钢塞钢彻底扭亏为盈奠定了重要基础。

4 河钢塞钢未来发展规划

经过 1 年的实践，河钢对河钢塞钢的经营环境、市场环境、社会环境都有了充分的了解，基本适应了当地复杂条件下的生产经营现状，对未来更增强了信心。以打造中国钢企海外金名片、打造“一带一路”示范企业为目标，本着“三个本地化”原则，河钢制定了河钢塞钢下步发展规划。

4.1 加快产线升级改造，提升产品质量控制水平

基于河钢塞钢的工艺装备现状，提升装备水平、加快产线升级仍然是提升产品质量和生产成本控制能力的重要手段，是未来发展的重要支撑。2017 年，河钢将继续投入 1.5 亿美元进行相应的工程项目改造，提升河钢塞钢工艺装备的自动化水平。主要包括如下内容。

（1）由于高炉炉料结构不合理，高炉焦比居高不下，为降低高炉生产成本，新建一台 180 m^2 烧结机取代 4 台旧烧结机，使能源消耗降低 30%，减少环境污染。

（2）为解决推钢式加热炉导致的钢坯加热黑印多、同板温差较大等钢坯质量问题，在 2250 热连轧生产线预留位置新建一座蓄热式步进梁式加热炉，最大限度地利用烟气余热，大幅度降低燃耗、节约能源。

（3）目前 2 号高炉配备的 4 座内燃式热风炉，热风温度仅维持在 700～800 ℃，送风能力不足，计划将其中 3 座改造成安耐克式顶燃热风炉，使风温达到 1150 ℃。

（4）由于河钢塞钢只有高炉煤气、天然气作为工业燃料，两种燃料用户不能相互切换，高炉煤气调整用户仅为高炉鼓风机站，且调整量仅为 50000 m^3/h 左右。因此，拟新建 20 万立方米稀油密封高炉煤气柜及配套辅助设施，保证燃料安全供应。

（5）由于河钢塞钢所用的石灰全部外采，价格高、距离远。为降低生产成本，满足炼钢、烧结用石灰的需要，拟建 2×300 t/d 双膛石灰竖窑，年产冶金石灰 20 万吨。

（6）安装质量检测、控制设备，对热轧和冷轧的自动化设备进行升级改造，不断提升产品质量控制水平。

4.2 以客户需求为导向，深化产品结构调整

充分利用德高营销平台与自身销售团队优势，挖掘重点客户，逐步增加塞尔维亚国内市场占比，进一步开发潜在优势市场。不断优化客户结构，以客户需求带动产品结构调整，逐步增加酸洗、冷轧和镀锡产品比例，全力向白色家电、汽车用钢、精品食品包装用钢等高端客户群体靠拢；着手开发原始设备制造商，包括汽车部分和内部零件以及其他运输公司，以高端客户带动产品质量和档次提高，以高端产品带动工艺升级和管理提升；延伸钢铁产业链，推动企业多元化发展。

4.3 引进先进企业管理经验，努力降低能耗与生产成本

充分发挥河钢的技术与管理优势，继续引入国内能源利用等方面的先进技术和先进管理经验，优化原料结构、能源结构，实施技术攻关、改善技术指标，努力降低成本。

通过新建烧结机、加热炉、高炉煤气柜及改造高炉热风炉等项目，彻底改变炉料结

构、能源结构，提高能源利用效率，降低生产成本。项目投产后，高炉炉料结构中烧结矿的比例将提高至55%以上，可使每吨生铁成本降低20美元以上；每月可降低价值100万欧元的天然气消耗量，可使全厂能源消耗降低30%以上。

4.4 提升环保与能源利用水平，建设“最清洁钢厂”

河钢塞钢的社会环境同样对环保提出了更高的要求，这也是国家“一带一路”倡议的基本要求，同时也是河钢的优势。河钢将依据河钢塞钢的基本条件，逐步改善河钢塞钢的环境保护水平和能源利用效率，尽快将“最清洁钢厂”在河钢塞钢早日得以复制。

在新建的180 m^2 烧结机上，机尾除尘、成品除尘采用电袋结合技术[5-7]，使粉尘排放浓度达到30 mg/m^3 以下；机头除尘配置国内最成熟、运行最稳定的密相塔半干式烟气脱硫技术[8,9]，可使 SO_2 排放浓度达到100 mg/m^3 以下、粉尘排放达到40 mg/m^3 以下。排放水平达到生态环境部对京津冀地区最严格的排放标准[10]，完全超过欧洲的排放标准。

通过新建烧结机、加热炉、高炉煤气柜等设施以及改造高炉热风炉和自动化控制设备，减少排放，改善能源结构，使二次能源得以充分利用，大大提升全厂能源利用水平，同时提升环保水平。

5 结论

河钢收购河钢塞钢以来，通过采取注入流动资金、采销两端优化提升、优化管理体系与原料结构、实施重点产线升级改造等措施，全方位的管理输入、工艺改进及全球优势资源配置，使企业发生了历史性巨变。企业生产经营步入良性循环，产量与产值大幅度提升，工艺流程得到优化，产品结构与客户结构得到升级，生产成本显著降低，企业环保水平大幅提升，企业文化得到融合发展。

河钢以“代表民族工业，担当国家角色”为己任，积极践行“一带一路”倡议，加快推进企业“走出去”步伐。河钢塞钢一年来走过的非凡历程，充分证明了河钢的实力。河钢将尽快把塞尔维亚公司打造成为装备档次显著提高、产品质量更加精良、区域竞争优势明显、厂区环境更加美好的现代化钢铁联合企业，使其真正成为国家“一带一路”倡议的样板工程和成功典范。

参考文献

[1] 刘卫东．“一带一路”倡议的科学内涵与科学问题［J］. 地理科学进展，2015，34（5）：538.
[2] 谭畅．“一带一路”倡议下中国企业海外投资风险及对策［J］. 中国流通经济，2015（7）：114.
[3] 刘飞，李聪波，曹华军，等．基于产品生命周期主线的绿色制造技术内涵及技术体系框架［J］. 机械工程学报，2009，45（12）：115.
[4] 谷振宇，刘飞，李聪波，等．绿色制造运行模式的研究与应用［J］. 中国机械工程，2008，19（19）：2310.
[5] 郑永全．电袋复合除尘技术及应用研究［D］. 沈阳：东北大学，2011.
[6] 石建宁，郭建林，薛晓文．电袋复合式除尘在煤矸石电厂中的应用［J］. 环境工程，2013，31（3）：63.
[7] 谢鑫，刘康华，梁栋平．电袋复合除尘器在烧结机机尾除尘中的应用［J］. 烧结球团，2015，40

(2)：54.
[8] 赵旭东，高继慧，吴少华．干法、半干法（钙基）烟气脱硫技术研究进展及趋势［J］. 化学工程，2003，31（4）：64.
[9] 杜建敏．干法与半干法烟气脱硫技术综述［J］. 工业安全与环保，2002，28（6）：13.
[10] 周扬胜，刘宪，张国宁．从改革的视野探讨京津冀大气污染联合防治新对策［J］. 环境保护，2015，43（13）：35.

河钢集团产品升级与结构调整的实践①

王新东，李建新，李毅仁，刘宏强，王　凡

（河钢集团有限公司，河北 石家庄 050023）

摘　要：为解决经济新常态下钢铁产品“供需错位”问题，河钢按照推进供给侧结构性改革的总体要求，实施产品升级与结构调整战略，即全面聚焦市场和产品，以技术创新为根本，以客户结构优化推动产品升级为主线，努力打造更具成长活力和品牌影响力的世界河钢。建设全球技术研发平台，推广应用新工艺新技术，解决制约产品升级的关键问题。以产线对标为重要抓手，建立保证产品升级战略实施的“四大支撑体系”。开展营销模式转型，推进以产线为独立市场单元的扁平化管理体制，提升企业对接和满足高端客户个性化需求的定制化水平，企业的综合竞争实力和可持续发展能力显著增强。

关键词：产品；升级；结构；调整；实践

0　引言

2008年以来，随着我国国民经济发展增速趋缓，钢铁行业结束了长达十年的年均10%以上的高速增长，供需关系出现了不可忽视的结构性失衡。“供需错位”已成为阻碍钢铁企业发展的最大路障：一方面，产能过剩加剧了行业竞争，钢铁产品盈利空间逐步缩小甚至亏损，钢铁企业举步维艰；另一方面，钢铁产品的供给侧与需求侧严重不配套，中低端产品过剩，高端产品和满足客户个性需求的产品供给不足。在去产能和节能环保双重压力下，钢铁企业急需一场从意识到体制的深层次变革，实施产品升级与结构调整，提升企业竞争力。供给侧结构性改革的核心是提高供给的质量、效率和层次。对于河钢集团有限公司（以下简称河钢）来说，就是要深度对接中高端市场，提高产品档次，增加有效供给，创造和引领高端需求，增强企业可持续发展能力。

1　产品升级与结构调整的意义

1.1　充分释放产线效能，提升产品档次

河钢是我国最大的钢铁材料制造和综合服务商之一，到2014年，经过坚持不懈的技术改造、淘汰落后与实施产业升级，主体生产装备实现了大型化、现代化、自动化。冶炼系统配备了7 m大型焦炉、435 m^2烧结机、3200 m^2高炉、260 t转炉等先进装备，轧钢系统配备了2250 mm热连轧机、2180 mm冷连轧机、4200 mm宽厚板轧机、百米重轨生产用万能轧机等先进装备，集团产线装备达到了国内领先、国际先进水平，具备了与国内外钢

① 原文发表于《河北冶金》，2017（10）。

铁巨头同台竞争的坚实基础。但是，拥有一流装备并不代表就拥有了一流产品。2014 年上半年，河钢当年累计品种钢比例仅为 24%，相对于世界一流的装备水平，产品结构与产品档次很低。实施产品升级与结构调整，可恢复高端装备被矮化的功能，充分释放产线效能，将装备优势转换为产品优势。

1.2　建立以客户需求为中心的营销模式，增加有效供给

随着支撑中国经济高速增长的基础设施、房地产等行业增速放缓，钢铁产品市场规模化和同质化的需求下滑，钢铁企业与之相匹配的以贸易流通商为主要渠道的传统营销模式，已经无法适应经济新常态下中高端需求和个性化需求不断增长的新形势。主动对接高端用户、满足个性化品质需求的意识与能力成为钢铁企业增加有效供给的重要手段。为适应钢铁行业发展新形势，河钢亟须对传统营销模式进行变革，即建立以客户需求为中心的营销模式，在行业内率先推行大客户经理制，使更多的技术人员走向市场营销岗位，以“特钢”营销理念实现与高端客户无缝对接，构建高端客户群网络，使之成为倒逼产品升级与结构调整的最强大力量。

1.3　推动产线直面市场客户，提高供给侧的质量与效率

钢铁行业正在由“大规模生产”向“大规模定制”时代转型，多层级管理架构会将大量精力消耗在内部事务上，减少对市场的关注，导致内部工作与市场脱节。围绕产线重新配置管理和技术资源，将产线打造为独立面对市场的最小单元，可以让市场、用户需求更快速、精准地反馈到产线，形成用户需求拉动的产销研一体化快速反应机制。

2　产品升级与结构调整战略的目标

河钢实施产品升级与结构调整的战略目标是按照推进供给侧结构性改革的总体要求，适应我国经济新常态下钢铁需求由“规模化、同质化”向“定制化、个性化”转变的新形势，全面聚焦市场和产品，以技术创新为根本，以客户结构优化推动产品升级为主线，不断增强基于产品升级的综合竞争实力和可持续发展能力，努力打造更具成长活力和品牌影响力的世界河钢。

2.1　形成与一流装备相匹配的产品结构

依靠技术进步，装备效能得到充分释放，品种钢比例由 2014 年上半年的 24%，提高到 70%以上，培育一批代表河钢品牌形象的优势产品群。

2.2　拥有一批长期稳定的高端客户群

积极推进以终端客户需求为中心的营销模式转型，主要通过资本运作等手段，高效配置社会资源，建立自主营销渠道和服务网络，通过自主营销渠道与服务网络的直供比例达到 75%以上。

2.3　完善确保产品高端化的支撑体系

努力完善适应市场化与客户结构优化的体系支撑与制度支撑，建立健全技术支撑体

系、质量支撑体系、人才支撑体系、自动化和信息化支撑体系，进一步集中一线的技术力量，为产品实现高端化提供支撑。

3 产品升级与结构调整的实践

3.1 深化对标工作

2014 年，从产线装备能力与产品结构入手，组织开展热轧卷板、冷轧板、中厚板、特钢与长材等产线对标，有效降低了普通材的比例。2015 年，依托产品档次与产品价格的关系，以降低生产成本为目标开展铁前工序对标，以提升产线高端产品比例为目标开展炼钢工序与轧钢工序对标；定义高端产品统计范围，督促各产线深化调整产品结构，集团产品升级与结构调整实现了重大突破。2016 年，针对产线基础、共性问题开展专项对标。重点进行质量管控、产线基础自动化与信息化以及新工艺新技术应用的专项对标；以冷轧及深加工产线、线材产线与中厚板产线为对象，从产品与市场的角度开展专题对标活动，进一步提升了集团产品与客户群档次。

3.1.1 以产线产品大纲为标杆，挖掘产线潜能

通过将 2014 年上半年各产线的生产数据与产线产品大纲对比发现，线材、热轧卷板、冷轧及深加工、型材与中板等产线均与产品大纲水平有差距，原因是行业高速发展时期市场对基础建设用钢需求充裕，各产线大纲中最普通的产品就有效益。长期生产成分范围宽、尺寸精度要求较低的低端产品，导致炼钢、轧钢工序工艺控制与操作管理水平的提升滞后于装备更新速度，制约了产线开发品种和提升质量的积极性。产线的装备功能和精度被矮化，生产品种钢的硬件水平下滑。因此，河钢提出了“恢复产线装备精度，为生产品种做准备”的工作思路，重新对各产线装备情况进行梳理，恢复设备功能和精度。

3.1.2 对标产品结构差异，实施品种升级战略

对比 2013 年韩国浦项近 200 亿的利润，河钢深刻反思了新常态下市场变化与企业管控的问题。在相同的市场环境下，钢材售价低、盈利水平差折射出的是河钢产品品种、规格、档次与先进企业的巨大差距，是产线装备与技术力量潜能没有有效发挥的结果。因此，河钢提出了“抓好产品升级，市场是推手，产线是核心，支撑体系是关键”的理念，确立了“相同产线对品种，相同品种对售价”的产线对标模式。以 2014 年上半年数据为依据，选取兴澄特钢、宝钢、武钢、首钢京唐、鞍钢等作为标杆企业，通过产品结构对标显示河钢品种钢比例仅为 24%。河钢品种钢比例与标杆企业的对比情况见表 1。

表 1 2014 年上半年河钢品种钢比例与标杆企业的对比情况

产品类型	河钢品种钢比例/%	标杆企业品种钢比例/%
棒材产品	7.46	29.8
线材产品	20.73	96.73
热轧商品卷板	35.18	59
冷轧及深加工产品	20.98	75.8
中板产品（河钢唐钢与河钢邯钢）	28.56	100

针对品种结构的差距，河钢制订了品种逐年提升计划并逐月分解到每个子公司。在集团推行月度品种计划考核，作为子公司年度经营业绩的重要考核指标；制订了重点高端和

战略品种逐月通报制度，及时瞄准“高附加值、高技术含量、高盈利”产品组织研发、生产、推广。

3.1.3　分析市场与客户个性需求，明确集团产线定位

在很长一段时期，什么产品好组织、好卖，河钢就生产什么产品，没有真正走向市场、融入市场，没有以盈利能力和条件指导生产，这个问题在高盈利期被掩盖了。新常态下，市场环境恶化，产品与市场、用户需求脱节的问题逐渐暴露。河钢大胆走出去，学习先进企业在市场、角色转换过程的经验和做法，树立了“只有依靠自己的力量才能战胜困难”“市场标准就是工作尺度”的工作理念，明确了“满足市场与客户个性需求，产线产品由满足国标标准向满足客户个性化需求转变”的发展路线。河钢重新定位各产线产品结构，明确了重轨专业生产线、电网用角钢专业生产线，原不锈钢产线改造升级为以生产高强汽车板和镀锡板基板为主的专业产线，中板产线改造升级为以生产低合金高强钢与合金结构钢为主的专业产线，普通圆钢产线升级为优特钢生产线。

3.1.4　恢复设备功能，为产品升级与结构调整提供硬件支持

集团的产线装备状态明显劣于标杆产线，以河钢 1580 热轧卷板产线为例，粗轧工作辊牌坊压紧衬板磨损严重，无法保证牌坊窗口尺寸精度。鉴于此，1580 产线在大修时更换了激光衬板，并在衬板与机体接触面做好防腐措施，减少衬板使用过程中的磨损量，控制工作辊衬板开口尺寸，保障工作辊轴承座及牌坊窗口衬板间的间隙精度。

通过学习标杆企业在设备功能及精度管控方面的经验，河钢建立、完善了产线设备功能、精度控制管理体系，涵盖测量、调整、维护、更换的周期性管理等内容，从硬件上保证产品升级与结构调整工作顺利开展。

3.1.5　以用户为中心，逐步转变营销理念与模式，使集团真正实现市场化

未来行业的竞争是渠道竞争，谁能够拥有固定的客户，谁就能够拥有最终的竞争力。自 2014 年下半年，河钢全面推行“特钢”营销模式，充分调动营销人员的积极性，开展技术营销和服务营销，围绕目标市场、目标用户和目标品种进行产品开发和差异化服务。随着集团与客户关系的紧密结合，集团主要领导提出了全面推行产品营销大客户经理负责制的工作要求。集团以西门子为标杆，学习大客户经理负责制的工作方法并有效落实，彻底颠覆集团在计划经济体制下沿袭的营销模式和生产组织方式。在此基础上，河钢提出了打造独立化市场单元产线，推进扁平化管理体制变革，最大限度拉近市场与产线的距离，提高产线应对市场的灵活性。

3.2　建立“四大支撑”体系

抓好产品升级，市场是推手，产线是核心，支撑体系是关键。河钢为此着手建立为品种让路的全新管理体制，构建了与产品升级结构调整相适应的支撑体系。

3.2.1　技术支撑体系

全面完善产线规程，实现岗位的标准化作业与产品升级相适应。从岗位操作规程入手，组织全部专业工程师逐个岗位对照规程确认现在作业规程是否具备实施条件，对操作内容要明确到细节、量化成数据；对于新品种、新工艺相关工作，采取专门作业指导书方式，成熟一个固化一个。对于维护岗位，全面梳理点检线路图、维护周期及作业标准，建立复核与评价机制。

聚焦市场和用户，以质量指标稳定提升为目标优化产线工艺参数。根据市场用户需求，以提供给用户超预期的魅力产品为目标，制订标准体系，不断优化产线工艺参数。

建立产线作业标准的执行、检查、评价和持续改进体系。借鉴安全管理的方法，建立了产线作业标准的日常监督检查、评价体系。根据日常检查出的细节问题，组织产线技术力量不断改进、提升。

建立新产品研发、工艺优化与产线一步对接机制。围绕市场和用户，利用集团中试研发、技术共享、科技创新平台，将产线技术力量整合到研发队伍中，将新产品中试研发与产线试制实现一步对接到位，缩短研发周期、提高市场反应能力。

建立产线设备维护、保障、提升的良性机制。通过强化点检、定修、预防性维护工作的深入，实现设备功能齐全、精度保证，并通过新技术的应用，提高产线的自动化、智能化水平，为工艺过程的稳定、模型优化和持续改进提供硬件支持。

3.2.2 质量支撑体系

推广石钢公司精细化管理经验，推动 ISO 9000（或 TS16949 等）质量体系实质化运行。建立质量体系一贯制运行机制，设立质量工程师岗位负责实施全员、全要素的内审，针对检查出来的问题逐项建档、严格落实改进措施，实现质量问题高效、在线解决。

结合市场和用户需求制定产品对应的质量标准。建立严于国家标准等通用标准的企业标准，使普通产品性能、质量稳定性明显提升；建立全部直供用户的用户标准，严格按个性化要求对应的质量标准供货。

建立产线作业纪律的监督检查考核体系。明确产线人员职能分工，建立产线作业纪律的监督、检查、考核体系。专业技术人员负责产线参数优化、出具优化方案，岗位操作人员按方案实施标准化作业，确保执行力无偏差。

建立质量管理的评价与奖罚机制。通过产品质量数据的跟踪、利用、归纳，设立符合产线、产品特点的质量评价参数，将质量评价与产线人员收入挂钩。

3.2.3 人才支撑体系

集团“以产线为中心配置资源、特别是配置优质人力资源”的新理念，推进组织结构扁平化变革，颠覆性地改变层级式、行政化、金字塔式的传统管理模式，推进关键人才向产线和营销一线集中，进一步加大对高端产品在技术、销售等方面的支持力度，系统推进高端产品上量和市场开拓。集团各子分公司对技术管理人员的岗位进行了调整，以不同形式承担产线的技术指标，技术人员服务现场形成了制度。

根据产线需要，配备工艺、质量、维护（机、电、液等）专业工程师岗位，实现技术人员固定在产线上，实现专业工程师 24 h 为产线稳定顺行提供及时技术支撑。产线工程师发挥应有作用：保证设备精度、优化工艺参数、解决技术问题，为产线自动化、信息化系统提供支持，实现岗位操作简单化、无人化、稳定化。

建立产线人才薪酬体系，薪酬待遇向产线倾斜，增强产线吸纳人才的吸引力。在产线理顺技术岗位、管理岗位的薪酬设置；提高产线技术岗位薪酬待遇，将人才向产线凝聚。使技术人才主动扎根产线，在产线上展示自己的才华，受到尊重。

建立产线岗位资质、培训、评估体系，打通产线人员的进入与退出通道。建立产线职工科学的绩效考核制度，创建能者上、庸者下的竞争氛围。建立产线岗位资质、培训、评估体系，打通人员进入、退出通道，不适应产线的人员下岗培训或退出到内部人力市场。

明确岗位分工职责，建立产线专业技术人员成长通道。设立产线岗位的专业技术职务序列，明确个人专业能力与岗位职级、薪酬的对应关系。以“做精、做专、做深”为目标，使职工树立长期工作在产线、产线成才的愿望与信念。

3.2.4　自动化和信息化支撑体系

建立健全全流程大数据采集、分析系统。在子公司建立、健全全工序全流程的大数据的采集与分析系统，以系统大数据的波动为依据，全面分析当前产线产品、设备、工艺波动状况，从缩小波动性入手，针对性提高运行稳定性。

引入自动化、信息化先进技术手段，减少人为因素对产品质量的影响。密切关注自动化、信息化技术的最新发展动向，及时引入智能炼钢系统、在线质量管理系统、在线性能检测/预报系统等新技术，以先进技术手段减少人为因素对产线的干预。

建立工艺牵头、自动化配合的产线的优化、提升机制。围绕产线运行和实际问题，联合工艺和自动化技术人员组成团队，通过多专业协同，实现自动化对工艺的促进作用。

通过持续改进，提高自动化系统对产线的适应性。以满足产品升级、结构调整需求为依据，组织专业人员对自动化系统进行持续改进、逐步完善，实现自动化系统的升级，争取形成自主集成的自动化系统。

利用“互联网 + ”新技术、新资源，搭建产线远程诊断平台。充分发挥集团专业化技术资源，利用“互联网 + 技术”搭建集团专家服务平台，对产线的产品、工艺、设备实现专业化的远程诊断，推动同类产线的总体进步。

3.3　推进营销模式转型

河钢将营销系统变革和销售模式重大改变作为突破口，树立“客户高度决定产品高度、产品高度决定企业高度”的理念，把客户端的优化作为破解产品问题的突破口，以“客户的高端化倒逼产品升级结构调整”，从改变原有生产组织架构、原有技术支撑、原有销售体系等方面精准发力，全力打造“为客户而销售，为销售而生产”的全新模式，最大限度释放装备潜能，提升产品竞争力。

3.3.1　推进“普钢营销”模式向“特钢营销”模式转变

树立内部先进典型，推广河钢特钢企业（舞钢、石钢）的特钢经营理念和营销服务模式，加强“点对点”的战略营销、技术营销和服务营销，借鉴市场化较早行业——家电行业经营模式，运用跨界思维，像卖家电一样卖钢材，加快由传统“普钢”营销模式向“特钢”营销模转型。例如，销售总公司化小合同组织单元，实行处长、科长包片包区域，业务人员包客户的客户经理责任体系；全面推行“底薪 + 完成任务工资 + 创效嘉奖”薪酬体系，销售指标完成情况直接与个人收入挂钩。

在集团总体营销战略的部署下，按照“一个市场、两个主体”的原则，调整营销体制，发挥子公司在直销和品种钢市场开发中的主体作用。

3.3.2　推动“合作共赢”模式，产业链向高端用户延伸

河钢坚持以开放包容的姿态，通过资本合作，不断挖掘和创造“企业对企业”的高层次营销机会，将产业链向下游汽车、家电、海洋工程等高端用户延伸。

2014 年 11 月，河钢与德高公司签署股权合作协议，2015 年 6 月完成股权交割，正式拥有德高公司 51.4%的股权，开启了与全球最大钢铁贸易商一体化合作的全新发展模式，

使集团迅速拥有了遍布全球 111 个国家和地区，包括 331 家供应商和 43000 家稳定客户的全球贸易和服务网络，拥有了海外投融资和项目发展的平台。

2015 年，河钢抓住海尔“逐步退出前端制造、专注于核心制造和营销”的战略调整机遇，在青岛成立“河钢新材”，完成对海尔特钢 70%股权的收购。通过产业链条的垂直收购，河钢开启了与最大家电企业供应链合作的新模式，打通了进军国内外高端家电用板市场的战略通道，加快从钢铁制造商向家电服务商转变。

3.3.3 以大客户经理制推进营销服务模式的战略转型

借鉴浦项 TSC 模式和西门子大客户经理制等成熟的营销模式，率先在全国钢铁行业全面推行大客户经理制，成立集团与子公司（区域）两级客户服务中心（CSC），以定制化的“一站式”材料解决方案服务，集中力量培育优质高端客户群。以客户服务中心为平台，逐步建立以客户服务中心为主导的自主营销渠道。

3.3.4 推进技术资源和研发力量向客户端配置，发挥技术研发系统在营销模式转型中的支撑作用

“EVI”（供应商先期介入）已经成为世界一流钢铁企业将营销真正有效结合到产品研发中的关键途径，有助于上下游企业的合作共赢。河钢在推进营销模式转型的同时，不断优化研发资源的配置方式，使研发系统从仅仅局限于内部生产工艺技术创新中解放出来，瞄准用户端，面向用户的潜在需求选择 EVI 切入点。积极开展系统的、超前的基础创新活动，从而实现从工艺创新向以用户为中心的基础创新转变，将河钢的技术力量嵌入用户的研发链条。

3.4 探索建立直面市场和用户的生产组织模式和管理体制

近年来，结合推进“大部制”“扁平化”管理体制改革，河钢以产线为基本单元，实现产销研资源一体化高效配置，彻底颠覆以生产组织为中心、工序“后驱动”的传统经营模式，构建以用户需求为中心、价值“前驱动”的管理体制，逐步形成“产线与用户零距离、平台与产线零距离”的商业创新模式。

一是逐步打破传统的“生产厂”基本概念，逐步实现由“生产厂”向“经营体”的功能转变；由“生产厂长”向“产线（产品）经理”的角色转换。

二是在客户细分、市场定位的基础上，围绕产线推进内部资源的优化整合，将与产线紧密相关的生产、销售与研发资源尤其是专业技术力量向产线进行优化配置，形成“产销研一体化”的实体和虚拟组织架构，为产线直面市场提供组织支撑。

三是进一步完善大客户营销体制，客户中心与产线紧密结合，形成“客户服务中心 + 产线市场单元”的生产经营方式和“客户经理 + 产线经理”的营销组织模式。

四是推进生产组织方式变革，建立以“产线为中心、产线保用户、全员保产线”的用户导向型和需求驱动型的生产组织方式。

3.5 搭建全球研发平台

搭建全球研发平台，集团技术创新能力达到新高度。以建设河钢东大产业技术研究院为标志，主动融入全球行业创新网络，与中国科学院、中国钢研科技集团、东北大学、北京科技大学等国内高端科研院所建立了 8 个战略合作平台；与浦项、昆士兰大学、伍伦贡大学、MEFFONS 等国外知名企业、科研院所建立了 9 个战略合作平台；积极加入世界汽

车钢技术联盟、耐蚀钢联盟、海洋材料产业联盟等行业技术联盟。国际联合研究中心、国际科技合作基地的搭建，使集团在工艺技术研究、新材料开发、可持续发展和人才培养等领域，与世界高端科研院所广泛开展了合作。集团国际化步伐加快，广泛参与国际钢铁行业交流与合作，成为世界钢铁协会执委会成员，成功主办世界钢协第 48 届技术委员会会议，集团员工吝章国担任技术委员会主席，提升了集团国际影响力。

3.6　坚持自主创新与协同创新相结合，推广应用新工艺新技术

围绕发挥优势装备潜力，提高产品档次和产品质量，提升装备性能，在关键领域开展自主创新与协同创新，100 余项新工艺、新技术在产线成功应用转化和再创新，绿色发展技术继续保持行业引领地位。一流装备优势得到进一步释放，集团产品不断升级提档，行业竞争力持续增强，见表 2。

表 2　河钢新工艺、新技术推广应用情况

工序	新工艺新技术	实施效果
烧结工序	800 mm 以上厚料层烧结、烧结机漏风治理、环冷机密封治理等源头和过程控制技术	解决了污染物烟气量大、种类多等问题
	烧结烟气分级循环技术、活性焦脱硫脱硝技术、低温氧化脱硝技术	SO_2 排放浓度< 50 mg/m^3；NO_x 排放浓度< 100 mg/m^3
焦化工序	焦炉烟气低氮燃烧技术、活性焦法多污染物协同控制技术、荒煤气上升管余热回收技术、焦炉烟气余热回收技术	实现吨焦回收蒸汽 150 kg 以上
炼铁工序	高炉炉顶均压煤气回收技术、高炉可视化技术、冲渣水余热回收技术、硫硝减排技术、高比例球团冶炼技术	实现球团比例突破 60%
炼钢工序	宽厚板连铸坯重压下关键工艺与装备技术、高效化微合金化钢板坯表面无缺陷生产技术、高品质含氮特殊钢洁净冶炼技术	解决了小压缩比生产保探伤特厚板、微合金化连铸板坯角部横裂纹等问题，进一步提升产品质量及其稳定性，降低了炼钢成本
轧钢工序	轧后超快冷技术、极限规格板材先进热处理装备及工艺技术、氧化铁皮控制技术、新一代高强塑积配分钢制造技术、厚板 TMCP 工艺、复合板轧制工艺、控制轧制即时冷技术	河钢唐钢 3500 中厚板由 60 mm 提高到 80～150 mm，具备了桥梁钢、高建钢、船板用钢、锅炉容器用钢等生产能力；河钢舞钢将 5Ni 低温容器用钢成功替代 9Ni 钢，大幅降低生产成本
	氧化铁皮控制技术	解决了河钢唐钢、河钢邯钢中厚板花斑缺陷以及河钢唐钢 1810 线酸洗板表面山水纹缺陷
	新一代高强塑积配分钢制造技术	在河钢唐钢常规连退线成功应用，大幅降低了建设投资与生产成本，提高了性能，QP 高强钢已实现批量生产
	热轧带钢免酸洗还原退火热镀锌工艺技术	实现无酸洗工序生产高质量热镀锌产品，正在河钢邯钢推广应用
非钢	智能制造技术、无人天车技术、“三废”利用技术、液化天然气（LNG）技术、惰性气体生产技术	促进了非钢板块经济效益提升，推动了新能源产业发展

4 产品升级与结构调整取得的成效

4.1 集团优势品牌逐步形成

2014 年 6 月—2017 年 6 月，河钢品种钢比例由 24%提升至 65%，平均每年增长 13 个百分点；汽车用钢为代表的高端产品由 159 万吨/年增长到 800 万吨/年，逐步形成高强汽车用钢、核电用钢、高端家电用钢、海洋工程用钢、高强建筑结构用钢、锅炉及压力容器用钢、高强含钒抗震螺纹钢筋、高强耐候铁塔用钢等集团优势品牌。

4.1.1 汽车用板实现“整车造”，新产品不断研发

在汽车用钢领域，河钢在全工艺流程形成了 200 多项核心技术，能够生产 9 大类、100 多个牌号的汽车用钢，通过了国内外多家汽车生产企业认证，为国内知名车企三厢轿车、SUV、越野汽车用钢整车供应，实现了“整车河钢造”，2016 年跃居国内第二大汽车用钢供应商。新能源汽车用电池壳用钢实现批量稳定生产；成功开发了 1500 MPa 汽车级车门防撞杠用 22MnB5，成为国内第二家供货企业；成功开发了 1400MS 等系列超高强马氏体钢和高强车轮钢 540CL 等产品。

4.1.2 家电板产品实现重大突破

河钢通过构建渠道优势，将钢铁产业链镶嵌到家电产业链上，以向海尔家电稳定供货为突破口，树立了河钢家电板品牌，与三星、松下、LG、美的等全球所有高端家电品牌建立起长期合作关系，实现了家电品牌全覆盖，并带动了集团品种升级取得全面突破，2016 年河钢成为国内第一大家电板供应商。

4.1.3 高端宽厚板引领国内技术水平

河钢高端宽厚板继续保持了行业引领地位。LEG 船用 5Ni、LNG 船用 9Ni 宽厚板完成 5 家船级社认证；180 mm 厚 F 级海工钢通过 6 家船级社认证，实现国内最高级别海工用钢规格范围率先突破；高合金临氢铬钼钢板 SA387Gr5、SA387Gr9，填补国内空白；核安全壳用钢板 SA738GrB 成功投放市场。

4.1.4 角钢、重轨、特殊圆钢等产品获得市场高度认可

角钢产品用于多个国家电网特高压输电重点工程，280 mm、300 mm 规格为国内独家产品。重轨产品通过了 CRCC 审核，获得试铺许可，在城市轨道交通、铁路专用线、厂矿铁路线推广使用。多个特殊圆钢产品进入高端市场，重载铁路弹条扣件用钢在国内市场占有率达到 50%以上，非调质连杆用钢 46MnVS6 供货德国 SEW 等知名厂商，大众汽车变速箱用 MnCr 系列齿轮钢实现批量供货。

4.2 产线与客户联系日益紧密，满足高端客户需求能力逐步提升

集团树立了“产线是独立面对市场最小单元”的理念，解决产线与市场脱轨、管理层与产线脱节问题。实施“一个市场、两个主体（集团销售总公司和钢铁子公司）”的营销体制，主动对接大型终端用户和战略供应商，巩固了主渠道优势。围绕“产品”与“市场”，以打造独立市场单元的产线为目标，强化与终端用户的对接。河钢产品一对一直供比例达到 42%；创新大型工程项目建材直供模式，打破长期依赖中间商的建材营销格局。扩大与央企的合作成果，全年业务量达到 358 万吨。发挥河钢在重点工程领域不可替代的

支撑作用，为北京副中心建设等 463 个重点项目提供优质钢材 323 万吨。集团高端客户开发取得实质性进展，汽车、家电、装备制造、食品包装、传动机械用产品均进入一流企业供货商行列。其中，汽车用板获得上汽、一汽认证，家电板获得海尔“优秀供货商”称号，装备制造用钢可稳定供货卡特彼勒、徐工等行业龙头企业，食品包装用钢获中粮、昇兴等企业的高度认可。

5 结束语

河钢是一个快速成长的企业，一个不断迸发活力的企业。开展产品升级与结构调整工作的三年来，河钢不断适应国内外市场形势，品种钢比例和高端产品量显著增加，客户群档次不断提升。未来，河钢将继续坚定不移地开展产品升级与结构调整工作，通过转型升级提升传统产业，为钢铁行业供给侧结构性改革探索出一条可行之路。

以产学研用协同创新新模式助推钢铁行业技术进步①

王新东[1]，王国栋[2]

（1. 河北钢铁集团有限公司，河北 石家庄 050023；
2. 东北大学轧制技术及连轧自动化国家重点实验室，辽宁 沈阳 110819）

摘　要：深化协同创新是推进钢铁行业技术进步的必然要求。为了克服产学研用合作中的短期行为、目标不聚焦、校企形不成合力、队伍分散等问题，迫切需要构建新的产学研用协同创新合作模式。为了达到稳定长期合作、聚焦关键共性问题、校企结合同心协力、学科团队交叉融合的协同目标，河钢集团积极探索协同创新的新模式。针对国家重大需求和企业的现实需要，河钢集团搭建了协同创新平台，将科研队伍汇聚于企业迫切需求的目标之下，在针对产线进行靶向式改造过程中，推进工艺—装备—产品一体化技术创新和品种结构调整。针对钢铁行业绿色环保、低碳减排的发展和智能化制备的需求，企业和学校共同承担国家重大专项，推进关键技术的重大突破，引领行业技术创新。另外，立足于国家、行业的长远发展，依据国家重大需求和发展趋势，瞄准行业的前沿方向和长远目标，汇聚企业和学校的优势，积极进行前沿、重大技术的探索，实现行业的可持续发展和协调发展。

关键词：协同创新；钢铁行业；技术创新；先进技术

近年来，中国钢铁产业实现了产能增长与规模扩张，步入了调整结构和转型发展的阶段[1]，这对企业的技术创新能力提出了更高的要求。在新的工业革命蓬勃开展的今天，钢铁产业技术需求的系统性、复杂性显著增加，面向产业化应用的重大技术创新需要多学科、跨领域的紧密配合，参与创新的各部门必须形成持续稳定的合作关系。因此，必须实行产学研用的协同创新，让企业、高校、科研单位形成合力，解决企业面临的技术难题。通过多年的科研实践，高校和研究单位的广大科技人员也认识到，必须深入生产实践，与企业结合，才能把握稳定、正确的科研方向，才能寻找到理论联系实际、满足企业需求的重要课题。只有在产学研用协同创新中，才能完成国家和行业急需的成果，培养出满足产业发展的创新型人才。因此，企业和科研院所双方都迫切需要开展产学研用结合，通过协同创新推进科技成果向现实生产力转化[2]。

河钢是世界上最大的钢铁生产商和综合服务商之一，拥有雄厚的产业基础。河钢以强烈的担当意识和社会责任感，大力实施创新驱动发展战略[3]，积极探索产学研用协同合作新模式，建立联合研究院、创新中心等实体合作组织，组建成特色鲜明的协同创新平台。利用这些平台，汇聚产学研用各方面的力量，针对国家重大需求和河钢产线的瓶颈问题，联合攻关，解决一批关键共性技术，推进工艺—装备—产品一体化技术创新。

① 原文发表于《钢铁》，2017，52（7）。

1 针对国家重大需求搭建协同创新平台

为充分发挥多方的产业与技术资源优势，河钢集团与东北大学、中国科学院、瑞典MEFOS、澳大利亚昆士兰大学等科研院校，本着“注重实效、面向未来、开放协同、共享发展”的宗旨，共同打造产学研用高效融合的全球钢铁技术研发平台，汇聚全球技术创新要素，加快推进钢铁产业升级。

2016 年，河钢集团与东北大学联合成立了“河钢东大产业技术研究院”。研究院下面成立 8 个研究所，涵盖钢铁产业全流程，涉及矿山、炼铁、炼钢、连铸、轧钢、产品应用、装备自动化、智能制造等多个领域。各研究所均由河钢钢研总院、相关公司厂矿、产线的科研及工程技术人员和东北大学相关院系的教师联合组成。项目和企业科研人员实行同步动态调整，在项目实施期间，企业科研人员归属于研究所。研究院设立管理办公室，主要职能是进行项目的组织，开展技术交流、项目对接，管理、监督项目的进度、总结、验收等，是产线与学校、研究所之间的桥梁，是企业科研、工程技术人员与学校教师之间合作的纽带。这项工作对于河钢是全集团性的，对于东北大学是全校性的。由河钢集团和东北大学主要领导亲自掌舵，河钢各个子公司的董事长、总经理和东北大学的主管副校长、各学院院长直接负责。

研究院成立后第一件事是厂校项目对接工作。这项工作是河钢各个产线技术问题的“大起底”，把河钢各个产线迫切需要解决的问题摆到了桌面上。首先是河钢主要领导牵头组织河钢钢研总院和各子公司产线的领导、技术人员、工人广泛提出各自存在的关键、共性问题，经过梳理、总结后，提到研究院。东北大学由科研校长亲自领导，组织教师，根据自己的研究基础，针对河钢提出的问题，做出解决方案。另外，东北大学好的研究成果也可以介绍给河钢的相关单位。在互相“摸底”的基础上，东北大学组织相关教师到各个产线进行现场对接。现场的实地考察和面对面的交流，使问题清晰、目标明确。经过近 2 个月的对接活动，东北大学近 200 人次深入河钢集团总部和各子公司，召开了近 30 场对接交流大会和近 200 场对接现场交流会，最终形成了 100 余项对接项目。集团和各公司领导班子根据轻重缓急、资金情况、成熟程度对这些项目逐个进行讨论审查，全集团第一批立项总计 34 项，总合作金额 8000 余万元。根据研究院的规定，该类对接活动至少每年开展两次。

在学校教师和企业产线人员对接的同时，河钢高层领导与东北大学校领导及各学科的带头人开展“高层对接”，加强了创新协同的顶层设计。根据河钢总体发展方向和东北大学的研究优势与强项，规划涉及河钢集团长远发展的重大问题，凝练出集团级重大项目 8 项。

对接后，双方人员根据合同规定的研究内容、技术路线、研究方案和研究进度开展工作。研究院每年进行两次集中检查、交流，各项目组则月月有检查、季季有交流。集中检查与交流重在汇报“实干、实绩、时效”，目的是促进项目参加人员“撸起袖子加油干”。

双方约定每年召开一次“河钢东大学术年会”，就双方的研究成果进行学术交流，并对优秀的项目团队、个人、成果进行表彰。另外，高层领导每年举行一次“高层对接研讨会”，根据形势发展和变化，调整和规划长远、重大项目的设计和执行。研究院的管理办公室负责运行过程中的沟通联系、活动组织、进度推进、检查总结，保障了协同攻关工作顺利开展。

2 针对产线进行靶向式改造攻克关键共性技术

钢铁产业关键共性技术的进步对国民经济发展影响重大，它的突破能带动多个产业技术升级，有助于国家在某些关键技术领域或产业形成优势。研究院在河钢唐钢就中厚板公司进行的提升产品结构改造工程就是一个比较典型的例子。由于这个项目集中瞄准了产线的关键共性技术，取得了明显的执行效果，河钢称为“靶向式改造”。

中厚板公司产品品种单一，定位偏中低端，质量不尽如人意，迫切需要进行工艺、装备与品种的全面升级。为此，组织了学校的精锐团队——2011 钢铁共性技术协同创新中心的骨干、河钢钢研总院及河钢唐钢相关领域的科研人员，对中厚板公司全生产线进行诊断，对产线问题进行梳理，摸清了瓶颈所在。他们以打造国内先进水平的中厚板生产基地、提升产品品质、降低生产成本为目标，从炼铁、炼钢、连铸、热轧、冷却、自动化等各个环节入手，实施全线工艺—装备—产品一体化关键共性技术靶向式改造，已经取得丰硕的成果。

2.1 微合金钢连铸坯角部横裂纹控制技术研究

微合金钢连铸坯角部裂纹是中厚板生产中的常见生产缺陷，长期困扰唐钢中厚板公司的技术人员[4]。为此，中厚板公司避开了微合金钢生产，长期以 Q235 为主要产品。东北大学 2011 协同创新中心炼钢-连铸团队长期对该问题进行研究，系统地研究了角部裂纹产生机理，开发了“内凸形曲面结晶器”和“二冷区水冷双相变”等新工艺装备和技术，形成了稳定实施的微合金钢连铸坯角部裂纹控制关键集成技术[5]。该技术在唐钢中厚板产线实施，使得微合金钢角部裂纹发生率明显降低，角部裂纹基本消除。目前这项技术进一步推广到了河钢舞阳 330 mm×2300 mm 厚板坯连铸机、河钢邯钢 CSP 生产线 70 mm×1600 mm 薄板坯连铸机、河钢石钢 300 mm×400 mm 大方坯连铸机以及其他企业的一批大型连铸机。

2.2 宽大断面连铸坯凝固末端重压下技术开发与应用

凝固收缩、中心偏析和疏松是制约大断面钢坯心部质量的重要问题，这些问题普遍存在，长期得不到解决。东北大学炼钢—连铸团队在与唐钢对接的过程中发现了这一问题，并提出了宽厚板连铸坯凝固末端重压下技术[6]。但是，国际上和国内尚无完全成功的案例。经过与唐钢领导及技术人员的多次交流，唐钢决定率先开展该项目。工程实施后，首次在中厚板公司实现凝固末端单段压下达 18 mm、总压下量达 40 mm 的技术突破，铸坯中心偏析碳级率达 100%，重压下投用后铸坯密度提升 0.17%（45 号）、0.65%（Q345），采用重压下工艺（28.9 mm）后，中心最大偏析度下降 61.25%。热轧态保性能钢板厚度规格扩大到 150 mm。目前该技术已经推广到河钢舞阳、河钢石钢、宝钢等中厚板和大方坯生产线。这项关键技术，为中厚板和大断面长材扩大产品规格、提高产品结构、提升产品心部质量提供了有力的技术保障。

2.3 轧线自动化和平面形状控制

为了实现生产过程的高精度控制、减少中厚板产品切损、提高成材率，东北大学自动化团队对中厚板公司轧钢系统的一线、二线轧钢自动化控制系统进行了整体改造，采用了创新的智能化平面形状控制技术。改造后中厚板轧线自动化控制系统技术指标全面达到国际先进水平，平面形状控制成材率同比增加 0.8%以上。这项工作为河钢开展钢铁行业智能制造提供了重要的经验。

2.4　超快冷、即时冷装备开发

控制轧制和控制冷却技术（TMCP，thermo me-chanical controlling process）能够显著提升和改善钢材的强韧性和使用性能，在钢材热轧生产领域广泛应用。东北大学开发了以超快速冷却为核心的新一代 TMCP 工艺，通过冷却过程的控制，实现钢材的细晶强化、析出强化、相变强化、固溶强化等强化手段的综合作用，充分挖掘热轧工艺的潜力，以节约型的合金成分设计和减量化的生产制造方法生产出力学性能优良、使用性能别具特色的板带钢产品，对于降低生产工序能耗、提升产品使用性能、推动热轧产品绿色化生产具有重大作用[7-10]。研究院组织东北大学 2011 协同创新中心常规热轧团队，利用中厚板公司 3500 mm 中厚板产线升级改造的契机，针对产线瓶颈问题，进行了靶向式改造。通过该项目，配置了先进的高冷却强度、高冷却均匀性、可以进行灵活精准冷却路径控制的轧后快速冷却装置，进行材料的再结晶、相变、析出等的全面优化控制，实现材料性能提升和合金减量。同时，在轧机前后又增设了机架即时超快冷装置，解决头尾过冷、轧制效率低下的问题，可以进行轧制过程温度与压下的优化控制，与冷却配合，实现高水平的控制轧制和控制冷却。目前，该生产线已经批量生产出减量化的 Q345、E32、E36、E40 船板、高品质 Q420qD 桥梁板、Q460GJ、Q500 高强钢、610 MPa 水电钢、Q370qNH 耐蚀桥梁板等高等级品种，有力推进了产线升级与品种结构调整，品种钢的比例已经达到 70%以上。

3　面向国家需求，产品由中低端走向中高端

长期以来，中国的一些急需、重点钢种依赖进口，受制于人，极大地限制了中国海洋、能源、建筑等行业的发展。河钢在推进产学研用协同创新的过程中，聚集各方面的力量，针对目前中国的短板产品，加大技术创新的力度，将协同创新的着力点瞄准一批国家急需的、有代表性的高端钢种。这一工作有力推进了河钢的产品由中低端走向中高端，实现钢材品种的升级换代。

3.1　高强度、大规格、易焊接海洋工程用钢及应用

海洋工程用钢铁材料是拓展海洋空间、开发海洋资源的物质前提，是提升海洋国防实力、维护海洋权益的物质保障。用于中国海洋工程关键部位的特殊钢如高级别特厚板、大规格型钢等仍需进口，海洋平台用厚钢板的焊接效率及耐蚀性能与国外先进水平相比差距较大，高端钢铁材料自主保障能力差，制约了中国大型海洋工程装备的整体设计和建造水平。2016 年，由东北大学总负责、河钢集团等单位参加的“高强度、大规格、易焊接海洋工程用钢及应用”作为国家重点项目立项，河钢牵头其中的“高强度海洋工程用特厚板强韧化机理及性能均匀性控制技术”课题。该项目将对特厚板合金设计与强韧化机理、心部韧性调控原理与技术、高洁净—均质化制锭/坯、高渗透性轧制、均匀热处理新工艺与装备、高强度特厚板关键生产技术及配套焊材等内容进行研究，开发高强度、大断面特厚

板关键生产技术、装备和产品。该项目已经在河钢舞钢、河钢邯钢、河钢唐钢的中厚板生产线实施，这必将促进形成具有自主知识产权的海洋工程用钢品种体系、生产体系、应用配套体系、检测及服役性能评价体系，提升高端海洋平台用钢品种自给能力。

3.2 大线能量焊接用钢技术开发与应用

建筑、能源、海洋工程等领域工程结构用钢的强度和厚度大幅增加，焊接工作量占总工作量的30%~40%。因此，在保证焊接质量的前提下，提高焊接效率是实现低成本快速制造的关键。采用大线能量焊接钢板，可减少焊接道次、有效提高效率。目前国产结构钢的TMCP或正火材只能承受50 kJ/cm以下的焊接热输入，焊接施工时不得不沿用生产效率低下的多道次焊接方法，因此开发大线能量焊接用钢受到广泛关注。东北大学前期已经以石油储罐和船板钢的化学成分为基础钢，成功研发和工业试制出线能量大于400 kJ/cm的国家战略石油储备罐用全规格调质钢板等产品。此次与河钢邯钢合作，在3500 mm四辊中厚板轧机生产线工业化制备可大线能量焊接的EH420和EH36厚钢板，并针对目前高强大线能量焊接产品性能稳定性差、强韧性级别低等问题，开展系统的技术工艺研究，突破生产工艺瓶颈，实现稳定批量生产。目前该项目已经进行了工业试验，取得阶段性成果。

3.3 高铁轴承钢关键技术开发研究

高铁轴承材料要求十分严苛，需要具有高强度、高韧性、高耐磨性、高疲劳强度等性能。我国轴承钢年产量居世界第一，虽然可以生产国外牌号的高铁轴承钢（高碳铬轴承钢、渗碳轴承钢），但材料洁净度、控制工艺水平、产品质量与国外存在较大差距，导致国产轴承钢品质无法满足需求，高铁轴承钢严重依赖进口，这极大制约了我国高铁关键核心技术的发展，削弱了核心竞争力。针对这些问题，东北大学与河钢石钢合作，开发了以低熔点夹杂形成机理、LF/RH夹杂演变与去除机理、耐火材料-渣-钢相互作用机理、中间包细小夹杂去除机理为基础的超洁净钢水精炼与高水平连铸协同控制技术，结合结晶器电磁搅拌和结晶器喂线的铸坯高等轴晶率控制技术，融合凝固末端强电磁搅拌和重压下的铸坯高致密度控制技术，相信会在高铁轴承钢的生产中取得突破。目前，在石钢现有轴承钢生产技术基础上，厂校合作正在进行高铁轴承钢关键共性技术研发，最终将向国家提供高铁项目急需的轴承钢，并提供全流程评估诊断及解决方案，为高端轴承钢的智能化生产奠定基础。

4 针对钢铁行业绿色环保、低碳减排的发展需求攻克关键共性技术

钢铁工业是资源能源密集型行业，生产过程消耗大量化石燃料，排放大量CO_2。在发展钢铁经济的同时，环境问题日益显著。如何加大绿色环保、节能减排的力度是摆在国家和企业面前的重要课题。针对该问题，河钢集团一方面积极落实压减产能、调整产业结构、转变发展思路、提升资源、能源利用效率，全面采取节能减排与低碳发展措施；另一方面依托搭建的协同创新平台，加大力度研发与实施低碳、减排、节能、降耗的新生产工艺技术，实现钢铁的绿色制造。

4.1 含钛混合熔渣清洁高效利用关键技术

目前以钢铁为导向的传统冶炼和加工技术，钛资源利用率偏低，产生大量含钛固体废物，河钢承钢每年排放 TiO_2 质量分数约 10%的低钛型高炉渣 300 余万吨，此类高炉渣利用率极低，目前大量处于堆存状态，占用大量土地，并造成环境污染。东北大学依据“高温改性-矿物分离”的思想，开发了含钛混合熔渣（钢渣与高炉渣）清洁高效产业化利用技术[11]，利用由炉内放出熔渣时的高温度、高化学反应活性等有利条件使钛、钒组分分别富集到钙钛矿与金属铁相，实现钙钛矿与金属铁相长大与沉降。试验结果表明，该方法各项技术经济指标优异，且该技术具备高效、清洁、环保等特点，预期可解决钒钛磁铁矿冶炼固废的资源化利用和绿色生产难题。目前，河钢承钢与东北大学冶金学院在研究院的框架下开展合作，将实现钒、钛矿的清洁生产和高效利用，为钒、钛矿冶炼的绿色发展闯出一条新路。

4.2 热压铁焦制备和高炉应用集成关键技术

复合铁焦新技术为钢铁工业“十三五”规划列出的前沿储备节能减排技术。其中，热压铁焦生产成本低，原料适应性强，冶金性能优良，高炉使用热压铁焦具有显著的节能减排效果。例如，降低热空区温度，降低焦比，提高冶炼效率，实现低碳和低成本炼铁等。东北大学在国家 863 项目的支持下，利用自制的热压铁焦中试制备装置，系统开展了多参数耦合作用下热压铁焦强度获得机制及实现途径、冶金特性多指标协调优化机制及气固耦合反应动力学、高炉炼铁系统对热压铁焦的反馈机制等方面的研究，形成了热压铁焦制备和高炉应用集成关键技术[12]。这项研究工作得到国内钢铁企业的高度评价，目前正与河钢石钢开展应用合作研究。在前期研究基础上，结合石钢实际原燃料条件，设计和优化热压铁焦新型炉料工业化生产装置，完成大规模的中试试验，重点研发热压铁焦生产工艺及优化技术、冶金性能优化技术、高炉冶炼制度优化技术，最终形成热压铁焦生产共性技术及低碳冶炼理论。该技术的工业化应用将为高炉炼铁节能减排起到示范作用，进一步推动中国低碳高炉炼铁新技术的发展。

4.3 连铸坯直送直轧关键技术

常规钢铁生产流程中，热轧前连铸坯料加热过程能耗大，以典型棒材生产过程为例，钢坯加热耗能约占热轧全过程的 80%。连铸坯直轧技术是指从连铸机切断后，不经过加热直接进行轧制的过程，该技术将炼钢、连铸、轧钢过程紧密结合，大幅缩短钢铁生产流程、降低能耗，具有可观的经济和环保意义[13-15]。直接轧制的实现是一个系统工程，不仅与炼钢、连铸和轧钢各工序温度、产品质量的精确控制相关，还与各工序间的物流一致性和生产稳定性等因素相关。它的实现需依赖炼钢、连铸和轧钢车间技术水平的提高和系统协调，建立健全一体化管理。河钢为落实国家节能减排的要求，通过关键设备的研发和工艺优化，结合自动化、智能化技术，解决连铸坯多流温差波动、连铸坯头尾温差大、铸机与轧机产能不匹配等共性问题，最终实现从炼钢到轧钢全工序的负能生产，该技术已在河钢承钢棒材产线落地，预计 2017 年下半年能够正式投运，这必将引领中国钢铁业的节能减排和绿色制造的发展。

5 针对钢铁产业智能化制备攻克关键共性技术

钢铁生产过程是涵盖多工序、多控制层级的大型复杂工业流程。目前中国钢铁生产面临着产品外形尺寸与内部性能控制稳定性差、高端供给能力不足、劳动生产率低等问题，大规模、连续化生产条件下的个性化定制亟待全方位推进。通过智能化关键技术实现多工序、系统级、全局的产品质量和制备流程优化，是钢铁行业发展的战略方向之一[16,17]。依托河钢-东大研究院协同创新平台，将企业的产线优势与院校的技术优势有效融合，必将推进河钢产业的智能化和绿色化，在钢铁行业绿色化、智能化方面发挥先锋和支撑作用。

5.1 扁平材智能化制备关键技术

根据国家“十三五”重点专项的要求，河钢与东北大学合作，联合业界知名院校和钢铁公司，以河钢邯钢、河钢唐钢、河钢舞钢的扁平材产线为依托，进行协同创新。河钢钢研总院和东北大学信息学院作为河钢负责课题牵头单位，在河钢-东大产业技术研究院的框架下开展合作，研究钢铁工业生产过程优化理论和方法、产品质量在线监控与优化方法、生产流程智能建模和实时协调优化理论；开发扁平材生产中的动态排程技术、质量在线监控诊断及优化技术、多工序协调匹配与质量智能化控制技术、热轧组织-性能与氧化铁皮智能控制技术等；争取在“十三五”期间在河钢的几个扁平材企业中建立起具有国际先进水平的以信息深度感知、智慧优化决策、精准控制执行为特征的扁平材智能化生产线，为钢铁工业的绿色化、智能化做出贡献。

5.2 长型材智能化制备关键技术

长型材占河钢产量的40%以上，急需实现长型材的智能制造；同时，河钢还有化解产能、搬迁改造的任务，通过改造实现长型材的智能制造，有极为广阔的发展空间。河钢-东大产业技术研究院依据国家“十三五”科技规划的要求和河钢的具体情况，针对河钢长型材产线的特点，进行了规划和设计，研究连铸与轧制的界面衔接和节奏匹配、长型材炼-轧全过程负能制造、多工序生产成本综合优化、基于大数据的多场耦合及产品多等级质量控制等钢材定制化生产与窄窗口智能化控制技术，在河钢相关产线建立应用示范，实现长型材生产智能化控制。

6 面向未来推进前沿关键技术的重大突破引领行业技术创新

大力推进技术创新，提升产品质量，走节能降耗、清洁生产和绿色环保的可持续发展之路，这是钢铁行业未来发展的必然选择。河钢依托协同创新平台，根据国家和行业重大需求和国际上的发展趋势，面向未来、面向一线，发展钢铁前沿关键技术，寻求重大突破，引领行业技术创新，为中国走上钢铁行业国际领跑位置贡献力量。

6.1 预富集—悬浮焙烧—磁选新工艺技术研究

作为钢铁大国，我国铁矿石需求量大，铁矿石大量依赖进口。同时，我国存在大量的复杂难选铁矿资源。难选矿资源的综合开发，对我国资源安全意义重大。东北大学针对我国铁矿石品位低、种类多的特点，自主创新，颠覆了传统技术，研制出复杂难选铁矿“预富集—悬浮焙烧—磁选”新工艺[18]。他们与一些企业结合，完成了一批实验室试验及中试试验，证明了悬浮焙烧可获得优异的焙烧效果和分选指标。河钢集团铁矿资源储量丰富，但存在大量复杂难选的赤铁矿，如司家营铁矿。该类矿石的矿物组成复杂、结晶粒度小，采用常规选矿技术，选矿回收率低，且综合尾矿品位低，大量资源浪费。在对接中，河钢矿业了解到东北大学的技术，经过交流，批准立项，目前项目已经开展起来。“预富集—悬浮焙烧—磁选”工艺的应用将实现河钢司家营等难选矿的高效利用和回收，增强河钢矿业资源的安全性，促进河钢的科学发展和可持续发展。

6.2　气基竖炉直接还原短流程冶炼技术的研发与应用

传统高炉—转炉的钢铁生产工艺存在流程长、工艺复杂、严重依赖焦炭、环境污染严重等不足，而气基竖炉直接还原具有工艺成熟、产品质量稳定、自动化程度高、工序能耗低、环境友好等技术优势[19]。目前，中国研发和应用气基竖炉直接还原铁技术已具备相关成熟条件：（1）低成本煤制气技术已成熟，可以满足气基竖炉生产用还原气的需要；（2）东北大学开发的高品位铁精矿制备技术可为生产气基竖炉氧化球团提供高品质的专用超级铁精矿粉；（3）直接还原热装电炉冶炼、电渣重熔等特种冶金技术和装备已日臻成熟。这些方面，河钢和东大有关专业教师前期已经进行了大量相关研究，有较为丰富的经验。因此，河钢和东北大学紧密合作，研发基于煤制气—气基竖炉直接还原的精品钢短流程生产技术，具有良好的可行性。研究院已经将此内容列入研究计划，并且正有序地开展中试试验，为工业化生产准备。这对优化中国钢铁生产能源结构和产品结构、探索钢铁低碳生产新流程、促进高端装备制造业的可持续发展具有重大战略意义。

6.3　基于热轧—冷轧—热处理全流程一体化控制技术的研发与应用

由铸坯转变为钢铁产品需经过多道工序，仅着眼于某环节的工艺参数调整的传统做法无法兼顾全流程成本节约、性能提升、尺寸精确、表面质量提升、环境友好等方面。实施热轧—冷轧—热处理一体化的关键控制技术，为解决该问题提供了思路。研究院已经针对汽车用冷轧低合金钢、双相钢等品种，研究了热轧带状组织在冷轧及连续退火过程中的演变规律以及合金元素、热轧、冷轧和连退工艺对相变、析出行为及连续退火过程中的铁素体再结晶和相变行为的影响规律，明确了组织对力学性能和折弯性能的影响规律。目前，在河钢唐钢等产线热轧—冷轧—连续退火一体化控制技术的成功应用，对高强汽车用钢的力学性能稳定、强度级别提升、降低连续退火加热成本及提高带钢表面质量等具有很大优势。河钢和东大将进一步合作，促进热轧—冷轧—连续退火一体化控制技术向原料工序拓展，促进该技术与河钢品种结构提升的全面融合，充分挖掘它在成本、性能、尺寸、表面质量等方面的综合控制能力。

7　结束语

河钢集团大力推进创新驱动发展战略，搭建全球化的产学研用协同创新平台，探索了一条适应国内钢铁行业需求的产学研用协同创新合作新模式，促进了一批优秀技术成果落地，有力地推进了科技成果向现实生产力的转化，目前已在多方面取得显著成果。针对产线瓶颈的靶向式改造方式，强力推进工艺—装备—产品一体化技术体系创新，促进企业的工艺、装备升级改造和性能提升，从而开发出一批升级换代品种，产品由中低端迈向中高端。针对钢铁行业绿色环保、低碳减排的发展和智能制造的需求，企业与院校合作，承担国家重大专项，加大力度推进前沿关键技术的重大突破。期望河钢利用产学研用协同创新的新模式，在钢铁行业创新发展、转型升级中能不断克艰难，破险阻，攀登钢铁技术高峰，为中国领跑世界钢铁技术做贡献。

参考文献

[1] 王国栋. 钢铁行业技术创新和发展方向 [J]. 钢铁，2015，50 (9)：1.
[2] 朱路甲，刘迪，王宝军. 新时期产学研用合作机制创新中存在的问题及相关对策 [J]. 河北大学学报：哲学社会科学版，2011，36 (1)：28.
[3] 王新东. 创新驱动发展科技引领未来——河北钢铁集团科技创新发展战略 [J]. 河北冶金，2015 (6)：1.
[4] 王占国，郝占全，宋海武，等. FTSC 中碳硼微合金钢热轧板卷边部裂纹分析 [J]. 中国冶金，2015，25 (7)：17.
[5] 朱苗勇，蔡兆镇. 一种微合金钢连铸板坯表面裂纹控制的新结晶器锥度 [C]. 中国金属学会，第六届国际炼钢科技大会，2015：477.
[6] 祭程，朱苗勇. 大断面连铸坯凝固末端重压下新工艺的开发与应用 [C]. 中国工程院，中国工程院化工、冶金与材料工程第十一届学术会议论文集，2016：547.
[7] 王国栋，王昭东，刘振宇，等. 基于超快冷的控轧控冷装备技术的发展 [J]. 中国冶金，2016，26 (10)：9.
[8] 田勇，王丙兴，袁国，等. 基于超快冷技术的新一代中厚板轧后冷却工艺 [J]. 中国冶金，2013，23 (4)：17.
[9] 李旭东，李海军，袁国，等. 热连轧超快冷系统水压控制策略的开发与应用 [J]. 轧钢，2016，33 (4)：49.
[10] 石建辉，袁国，江连运，等. CSP 超快冷带钢头尾冷却控制方法的研究及应用 [J]. 轧钢，2015，32 (6)：8.
[11] 张力，张武. 一种含钛混合熔渣熔融还原回收与调质处理的方法：中国，106048108A [P]. 2016.
[12] 王宏涛，储满生，王峥，等. 新型炼铁炉料热压铁焦的制备研究 [C]. 中国金属学会，第十四届全国炼铁原料学术会议，2015：245.
[13] 赵铭，杨勇强. 连铸坯直接轧制技术简介 [C]. 中国金属学会，2014 年全国小型型钢/线棒材生产技术交流会，2014：125.
[14] 康永林. 薄板坯连铸连轧超薄规格板带技术及其应用进展 [J]. 轧钢，2015，32 (1)：7.
[15] 丁波，罗荣，陈其安. 2015 年度我国轧钢技术的主要进步 [J]. 轧钢，2016，33 (3)：1.
[16] 于勇. 唐钢智能制造的信息化架构设计 [J]. 钢铁，2017，52 (1)：1.
[17] 李新创，李梅. 智能制造助力钢铁工业转型升级 [J]. 中国冶金，2017，27 (2)：1.
[18] 袁帅，韩跃新，高鹏，等. 难选铁矿石悬浮磁化焙烧技术研究现状及进展 [J]. 金属矿山，2016，45 (12)：9.
[19] 储满生，王兆才，赵庆杰，等. 我国发展煤制气-气基竖炉直接还原工艺的可行性探讨 [C]. 中国金属学会，全国炼铁生产技术会议暨炼铁年会，2010：1026.

创新驱动发展　科技引领未来
——河北钢铁集团科技创新发展战略[①]

王新东

（河北钢铁集团有限公司，河北 石家庄 050023）

摘　要：面对钢铁行业和经济发展的新常态，为提高企业市场竞争力，河钢集团大力推进科技创新，实施创新驱动发展战略。通过研讨确定集团科技创新总体思路及主要目标、制定实施科技创新和技术进步的有效措施、持续推进技术创新体系建设、坚持创新驱动发展战略，真正做到了科技创新引领企业发展，为建设钢铁强省、钢铁强国做出了突出的贡献。

关键词：河钢集团；科技创新；战略规划；企业发展

0　引言

我国钢铁工业经过近 20 年快速发展，已经呈现供大于求的局面，行业进入了重大变革的新的历史时期。河北钢铁集团（河钢集团）作为全球第二大、国内最大的钢铁集团，面对这种经济发展的新常态，不仅需要着眼当下，更要放眼未来，做大事、担大任，以全球最具竞争力钢铁企业的全新面貌，努力为振兴民族工业、担当国家角色作出应有贡献。

目前，我国已经成为名副其实的钢铁大国，粗钢产量位居世界第一。但钢铁产业也存在很多问题，如产能严重过剩、创新能力不强、产业布局不合理、产业集中度低、资源配置不合理等。

河北省作为国内钢铁大省，特别是河钢集团作为国内最大的钢铁集团，在钢铁工业取得长足进步的同时，也在长期发展中积累了一些深层次矛盾和问题，如产业集中度低、初级产品比例大、高附加值产品比例小、落后产能比重大等。因此，要想提高河钢集团的市场竞争力，需要大力发展科技创新，提升集团技术实力和产品竞争力。

1　河北钢铁集团科技创新的必要性和时机

从国家的层面来看，党的十八大明确提出，科技创新是提高社会生产力和综合国力的战略支撑，必须摆在国家发展全局的核心位置。强调要坚持走中国特色自主创新道路，实施创新驱动发展战略。这是党和国家放眼世界、立足全局、面向未来做出的重大决策。河钢集团作为国有企业，在落实国家创新驱动发展战略的伟大实践中肩负着不可推卸的重大责任。

从企业发展的层面来看，企业竞争力的核心在于科技创新，在于技术进步。无论是成

---

① 原文发表于《河北冶金》，2015（6）。

本控制、质量提升、工艺改进，市场拓展、产品研发、成果转化，还是破除资源环境约束、推动产业转型升级，都必须加快创新驱动发展，大力推进科技创新。河钢集团广大科技工作者必须以振兴民族工业为已任，以强烈的担当意识和社会责任感，积极投身于科技创新，大力实施创新驱动发展战略。

从推动科技创新工作的时机来看，在我国经济进入新常态的历史条件下，新兴产业蓬勃发展、新一轮科技革命和产业变革与我国加快转变经济发展方式形成历史性交汇，为河钢集团实施创新驱动发展战略提供了难得的重大机遇和历史条件。

2 河北钢铁集团科技创新总体思路

经过大量调研和研讨，河钢集团确定了在2015—2017年科技创新工作的总体思路为：以国家科技发展规划和产业发展政策为指导，以“打造全球最具竞争力的钢铁企业”为战略目标，以提升企业的综合竞争实力为核心，以促进科技进步与效益提升紧密结合为重点，树立国际化理念，发挥市场化导向作用，大力实施创新驱动发展战略，坚持自主创新与协同创新相结合，立足钢铁主业、兼顾非钢产业及海外发展，建设与规模地位相匹配的创新型企业，实现河北钢铁的绿色崛起。

3 河北钢铁集团科技创新的主要目标

2015—2017年，河钢集团拟通过科技创新的推动工作，达到以下5个主要目标。

3.1 建立健全适应集团发展需要的科技创新体系

健全的、适应集团发展需要的科技创新体系是科技创新工作推进和取得优异效果的基础和保障。从集团内部考虑，要建立实现自主研发、改进、集成三位一体的高效协同创新体系。从集团外部考虑，要充分利用社会资源和外部成果，建立合作共赢的开放式创新体系：在创新工作推进过程中，与院校、下游企业结成研发联盟和产业联盟，并且与2~3个具有国际影响力的行业研发机构结成研发联盟，实现高端技术的应用转化。

3.2 重点、关键共性技术实现重大突破

在创新工作推进中，通过对重点、关键共性技术研究投入的增大，争取在关键工艺技术、关键装备、自动化技术、节能减排和资源能源综合利用、重大自主集成专享技术等重点领域形成一系列重大和关键的核心技术、专利技术、科研成果；要参与起草或修订国家及行业标准，争取与“十二五”期间相比实现数量倍增；力争在2015—2017年，获得国家科技进步奖1~3项，省级奖励15项以上。

3.3 品种结构调整和产品升级实现重大提升

创新工作的开展要有效推进集团的产品升级和结构调整，争取2015年品种钢比例达到45%以上，吨钢综合售价同比提升200元；2017年品种钢比例达到55%以上，高端产品、战略产品等重点品种突破800万吨。

3.4　持续巩固和提升清洁生产、绿色发展的优势

在科技创新中，要继续巩固集团绿色发展的行业领先地位，加强能源环保技术研究和推广应用，实现吨钢耗新水 2.56 m^3、SO_2 排放 0.6 kg、烟粉尘排放 0.15 kg、COD 排放 0.06 kg、NO_x 排放 0.9 kg 的目标。

3.5　打造支撑集团国际化发展的科技人才团队

坚持自主培养、外部引进相结合，打造一支具备行业前沿技术研究、高端产品研发、产线综合诊断实力的高端科技人才团队，拥有一定数量的国际国内行业顶尖科技人才。

4　河北钢铁集团拟采取的科技创新和技术进步的主要措施

当前及今后一个时期，是河钢集团蓄势崛起、全面建设全球最具竞争力的钢铁企业的决定性阶段，需要始终坚持把创新驱动发展放到战略位置抓紧抓好，真正以科技创新引领企业发展。

4.1　加强顶层设计和体系建设，为自主创新提供制度保障

4.1.1　*制定并实施“十三五”集团科技创新发展战略规划*

围绕集团总体发展规划目标和重点支撑战略体系，加快集团“十三五”科技创新发展战略规划的研究与制定，充分挖掘集团内外科技创新资源，细化科技创新的主要目标和主攻方向，并加快责任分解，明确实施进程，助力集团在新的发展历程中取得更加辉煌的业绩。

4.1.2　*立足企业实际持续推进技术创新体系建设*

要充分发挥集团钢研总院和子公司技术中心双架构平台优势，以创新科技体制机制为动力，以实施重大科技课题为抓手，以人才队伍建设为支撑，努力形成要素完备、资源共享、运行顺畅的科技创新体系。

进一步明确集团与子公司双层面科技创新体系的功能与职责定位，既要各有侧重、合理分工，也要互为协同、开放合作，既要与外部机构广泛合作，更要实现子公司间的通力协作，注重发挥科技资源的整合优势。要以开放包容的态度，加强国内外多学科、多层次的技术研发平台建设，保持科研经费投入持续增长，为科技创新提供更为有利的基础条件。要继续深化集团科技创新体制、机制改革，建立健全科技创新评价体系和激励机制，进一步激发广大科技人员的创新活力。

4.2　强化市场导向和战略引领，实现重点领域的技术突破

深入研究当前制约技术进步和效益提升的关键环节，坚持市场导向，切实创新突破。围绕品种结构调整、工艺优化、质量提升、指标提高、节能减排、绿色制造等重点内容，加快先进实用工艺技术的引进、吸纳和转化，着力打造独有技术优势，快速提高市场综合竞争力。以打造“全球最具竞争力的钢铁企业”为目标，形成具有领先优势和自身特色的高端产品结构。按照“研究开发一代、创新储备一代、应用推广一代”的原则，结合集团发展战略定位、现有工艺装备、技术研发条件，加快研究制定集团各阶段的重大科技创新

攻关计划和实施措施，坚持内部培育与外部引进相结合，尽快形成一批拥有自主知识产权、达到国际领先水平的高端名优品牌系列产品和重大关键核心技术。

4.2.1 工艺技术方面

在工艺技术方面，着力于低成本、低能耗、高效能等关键共性技术的研发：

（1）绿色、可循环钢铁制造流程技术；

（2）高效节能减排和清洁生产、全生命周期能耗和生态钢铁材料生产等低碳钢制造技术；

（3）高效资源开发及综合利用技术；

（4）高效、节能、长寿高炉综合冶炼技术；

（5）高效、低成本洁净钢生产系统技术；

（6）高精度、高效轧制及热处理技术；

（7）复合材料制造技术；

（8）面向全流程质量稳定控制的综合生产技术；

（9）信息化、智能化钢铁制造技术、冶金装备关键技术集成研究与推广应用；

（10）实现钒渣提钒清洁高效资源化生产，延伸钒产业链和扩大钒的高端应用领域。

4.2.2 产品开发方面

在产品开发方面，围绕国民建设重大需求，着力于减量化、长寿命、高强度钢材的研发：

（1）高强度、多功能建筑及桥梁用钢，如高强抗震、耐低温钢筋、高强硬线等；

（2）能源用钢，如大口径、厚规格 X90、X100 管线钢、特厚锅炉容器、临氢设备用钢等；

（3）船舶及海工用钢，如高强高韧性船板及低温压力容器板等；

（4）汽车与轨道交通用钢，深冲双相钢、700 MPa 级以上汽车大梁板、780~1500 MPa 高强度汽车板、高速重轨等；

（5）关键部件特殊用钢，如高品质轴承钢、高性能齿轮钢和弹簧钢、军用特殊钢等；

（6）特色钒钛产品，如高纯钒系列、航空航天级钒铝合金等特色钒钛制品。

4.3 大力推进绿色制造专项攻关，巩固集团绿色发展的独特优势

钢铁制造流程高效、绿色、可循环已成为行业技术发展趋势。河北钢铁集团始终坚持“清洁生产、绿色发展”的理念，在绿色制造、节能环保技术应用推广中发挥了示范引领作用，赢得了社会各界的广泛认同，极大地提升了集团品牌形象，也积累了绿色发展的先进技术和品牌价值。我们要继续大力实施绿色制造专项研究和课题攻关，进一步巩固和发展既有优势。

4.3.1 持续提升绿色发展水平

加大节能减排投入和能源环保科技创新力度，加强能源环保管理体系建设，切实高起点、高站位建设成为“产品制造、能源转换和废弃物消纳”三大功能完备，资源节约型、环境友好型钢铁企业。

4.3.2 加大绿色制造专项攻关力度

大力推进技术创新，加快产品档次升级，用全生命周期理念指导开发“高强度、长寿

命、耐腐蚀、轻量化”的高效节能钢材产品，主动适应用钢减量化与可持续的发展趋势。通过研究优化成分设计以及连铸连轧、热处理、控轧控冷等技术不断推进减量化钢材的开发和应用。

4.3.3　着力开发绿色工艺，建设清洁化、生态型工厂

大力开发绿色、节能、可循环钢铁流程技术。以优质、高效、节能、环保、低成本为目标，深度开发二次能源高效转化、低品质余热回收、低碳绿色生产工艺、高效资源开发及综合利用等技术，力争在节能减排技术研究及应用上取得重大突破。继续巩固集团绿色矿山发展成果，按照开采方式科学化、资源利用高效化、企业管理规范化、生产工艺环保化、矿山环境生态化的标准，将绿色矿业理念贯穿于矿产资源开发利用全过程。全面推行循环经济发展模式，实现资源开发的经济效益、生态效益和社会效益协调统一。

4.4　深化产线对标成果，加快结构调整和产品升级步伐

产品升级和结构调整是实现全面盈利、全面提升竞争力的最根本手段。要不断深化产线对标成果，从体制机制、产线效益、品种结构、产品档次、工序成本等全方位诊断企业内部短板，寻求最直接、最有效的管理和技术手段，全面赶超行业先进产线，切实加快结构调整和产品升级步伐，充分发挥集团产线装备潜能。

4.4.1　完善以产线为核心的资源配置方式

打破行政化、多层级管理体制，加快建立以产线为中心的扁平化组织架构，推动优秀人才向一线“回归”，促进科技资源向产线聚集；深化产线对标成果，对接产线实际需求，加快选拔、培养一批具有国际化视野、现代化经营能力和专业水平的高端科技人才，为释放产线效益积蓄力量。要坚决推行以产线为核心的资源配置方式，创造一切有利条件激发科技人才立足岗位、深入一线，在解决实际问题和提升产线效益中不断开展科技创新，有效促进集团品种结构调整和产品升级。

4.4.2　进一步强化“特钢”营销服务模式

加强产线、产品与终端用户的深度对接。对各产线的用户结构进行细分与研究，加强“点对点”的战略营销、技术营销和服务营销，真正实现由“普钢”营销模式向“特钢”营销模式转型，满足用户的定制化、个性化需求。要加大科技资源与营销系统的有机整合，建立符合市场运行需要的专业化营销团队，增强技术营销、服务营销的能力，为集团产品提档升级提供有力支撑。要发挥电子交易中心平台优势，大力研究电商创新趋势和运作模式，逐步带动集团营销模式转型升级。

4.5　拓展科技创新范畴，为提升综合竞争实力提供重要支撑

4.5.1　科技创新助推非钢产业发展

按照河钢集团非钢产业发展战略规划，以创新思维和科技进步促进非钢产业稳步健康发展。要着力研究矿山开采、信息化网络、电子商务、钢材深加工、装备制造、工程设计总包、钢铁咨询服务等领域的原始创新、集成创新技术，形成与钢铁主业相互支撑、具有独特优势的非钢产业，不断提升集团品牌价值和综合竞争实力。

4.5.2　科技创新推动国际化战略布局

适应集团国际化战略发展要求，切实增强全球资源配置功能，深入分析集团实施国际

化所在领域，研究钢铁主业与下游制造产业的融合发展机遇，超前谋划国际化加工配送战略布局，并通过加强国际合作、聚焦国际人才、实施多元融合等创新举措，为集团打造国际化企业提供重要支撑。要进一步深化与浦项、西门子奥钢联、蒂森克虏伯等一流跨国企业的全面战略合作，强化与国际钢协海外科研机构和知名院校的交流协作，加快集团融入全球化的步伐。

4.6 创新人才选用机制，营造尊重人才、尊重创新的浓厚氛围

人是技术创新活动中最活跃、可塑性最强的因素之一，培养高水平的科技人才是实现企业长远发展的关键所在。要把促进人才健康成长和充分发挥人才作用放在科技创新发展的重要环节，努力创新人才选用机制，营造尊重人才、尊重创新的浓厚氛围。

4.6.1 搭建科技人才创新平台

高度重视科技人才队伍建设，努力搭建有利于引才、育才、用才、成才的环境条件和事业平台。创新人才选拔机制，大胆启用肯吃苦、能奋斗、素质高、业务精的科技人才，培养一批高技术领军人才、高技能人才和复合型的科技管理人才，确保形成一支满足企业发展需要的层次分明、结构合理、思维活跃、稳定团结的创新人才梯队。健全完善人才培养机制，拓宽培训培养渠道，培养一批以“市场化”为引领的专业细化、结构合理的专家队伍。加强高端人才定向培养，定期组织培训学习、对外交流，不断拓展业务知识，提高创新能力，全面提升科技人才的素质和水平。大力推行重点课题竞聘制、承包制，搭建广大科技人才在公开、公平、公正的环境下开展技术创新的广阔平台。

4.6.2 构建长效激励机制

深化薪酬制度改革，充分激发各类人才以科技创新取得优厚待遇、实现人生价值的强大动力。构建有利于增强企业自主创新能力的长效激励机制，进一步完善对有突出贡献的科技人才的奖励机制。完善科技人才岗位评价激励体系，建立按技术序列分配收入的梯级薪酬体系，实行年度、任期考核、岗位能上能下的考核机制，激发科技创新的工作热情。

5 结束语

世界钢铁看中国，中国钢铁看河北。作为河北冶金行业的航空母舰，河北钢铁集团会认真贯彻落实国家有关钢铁产业发展的方针政策，进一步采取有效措施，加快科技创新的步伐，推进产品结构调整，实现清洁生产和绿色发展。努力把河北钢铁做精、做细、做强、做优，使之成为全球最具影响力和竞争力的钢铁企业，为建设钢铁强省、钢铁强国做出新的更大的贡献。

河北钢铁集团技术创新与发展战略①

王新东

（河北钢铁集团，河北 石家庄 050023）

摘　要：河北钢铁集团具备5000万吨优质钢材产能和先进的现代化钢铁装备。主要产品覆盖除钢管外所有品种领域，以大厚度水电用钢为代表的特宽特厚板是集团的品牌产品，汽车钢、管线钢和特殊钢为集团主打产品，还包括钒钛制品和马口铁等特色产品。节能环保技术，“一键式”自动化炼钢技术和清洁生产技术等为河北钢铁集团的关键特色技术。集团正在加快品种结构调整步伐，实施“全面提升竞争力”发展战略，建设具有国际竞争力和影响力的钢铁集团。

关键词：河北钢铁集团；装备；产品；工艺技术；发展战略

1　概况

河北钢铁集团拥有直属子、分公司16家，以钢铁为主业，涉足矿山资源、金融服务、装备制造、现代物流等相关产业。到2013年年底，集团拥有员工14万人，总资产3284亿元，位列世界企业500强第269位。钢铁主业拥有唐钢、邯钢、宣钢、承钢、舞钢、石钢、衡板等7家子公司，具备5000万吨以上完全符合国家产业政策、具有世界先进装备水平、国内领先节能环保水平的优质产能。2013年集团生产生铁4378万吨、粗钢4579万吨、钢材4525万吨；其中扁平材产量占55%，长材产量占45%。实现营业收入2510亿元，利润3.06亿元。粗钢产量位居世界第三、中国第一，占全国总产量的5.88%。

集团钢铁主业的主要产品覆盖除钢管外所有品种领域，是中国产能规模最大、产品规格最齐全的钢铁企业之一。具备从厚度0.13 mm的超薄精密冷轧板，到厚度达700 mm特宽特厚板的扁平材，直径为55~350 mm的棒线材等系列产品，产品覆盖航空航天、汽车、石油、铁路、桥梁、建筑、电力、交通、机械、造船、轻工、家电等20多个应用领域，是中国首家能够自主生产大厚度系列海洋工程用高强钢企业。

2　主体装备配置和各产线特点

河北钢铁集团现有高炉34座，设计生产能力800万吨，其中3200 m^3 高炉5座（唐钢2座，邯钢3座），2500 m^3 高炉5座（宣钢2座，承钢3座）；转炉42座，设计生产能力5270万吨，其中250 t转炉3座（邯钢），150 t转炉8座（唐钢3座，宣钢2座，承钢3座）；电炉4座（舞钢3座，石钢1座），年产能340万吨；精炼设备共计61座，其中LF

① 原文发表于《河北冶金》，2014（7）。

精炼炉41座（唐钢11座，邯钢8座，宣钢3座，承钢6座，舞钢7座，石钢6座），双工位RH精炼炉8座（唐钢2座，邯钢3座，宣钢1座，承钢2座），VOD精炼炉1座（唐钢），AOD精炼炉1座（唐钢），VD精炼炉10座（承钢1座，舞钢5座，石钢4座）；连铸机共45套，其中板坯连铸机16套（唐钢6套，邯钢4套，承钢3套，舞钢3套），薄板坯连铸机4套（唐钢2套，邯钢2套），矩形坯连铸机11套（唐钢9套，石钢2套），方坯14套（邯钢3套，宣钢5套，承钢4套，石钢2套），异型坯1套（邯钢1套）；轧钢设备62套，设计产能5763万吨，产品涵盖了热轧板卷、冷轧板卷、中厚板、棒材、线材等上百类产品、近千种规格。河北钢铁集团轧钢生产线主体设备及其代表性产品分布见表1。

表1　河北钢铁集团轧钢生产线主体设备及其代表性产品

生产线种类	规格	数量	所属子公司	代表产品
热轧生产线	2250 mm	1	邯钢	船体结构钢、压力容器用钢、管线钢、耐候钢、汽车钢、Z向钢等
	1810 mm	1	唐钢	结构钢、电工钢、耐候钢、高强钢、工具钢等
	1780 mm	2	邯钢× 1；承钢× 1	超低碳钢、优质碳素结构钢、高强度结构热处理和控制板、耐候钢等
	1700 mm	1	唐钢	高耐候性结构钢、汽车大梁用钢、管线钢等
	1580 mm	1	唐钢	不锈钢、管线钢、焊接结构钢、耐候钢等
中厚板生产线	2800 mm	1	邯钢	模具耐磨钢、船板钢、桥梁钢、采油平台用钢、石油管线用钢、建筑结构用钢、压力容器用钢等系列
	3500 mm	3	唐钢× 2；邯钢× 1	
	4100 mm	1	舞钢	
	4200 mm	1	舞钢	
冷轧及深加工生产线	1810 mm	2	唐钢	冷硬卷、冷轧卷、冷基和热基热镀锌卷、酸洗卷、彩涂卷、电镀锌卷、电镀锡卷、马口铁等
	1780 mm	1	邯钢	
	2180 mm	1	邯钢	
	900 mm	1	衡板	
	1050 mm	2	衡板	
	1250 mm	2	衡板	
	镀锡线	2	衡板	
线材生产线		13	唐钢× 6；邯钢× 2；宣钢× 3；承钢× 2	低碳拉丝材、PC预应力钢棒、钢绞线用钢、圆环链用钢、焊接用钢、冷镦钢等
型、棒材生产线		20	唐钢× 4；邯钢× 4；宣钢× 5；承钢× 3；石钢× 4	合金结构钢、齿轮钢、轴承钢、弹簧钢、螺纹钢、圆钢、角钢、槽钢、矿用U形钢等
窄带生产线		4	唐钢×1；宣钢×1；承钢×1；衡板 ×1	合金结构钢带、碳素结构钢热轧钢带、耐候钢带、碳素结构钢和低合金结构钢带等

3　主要产品、工艺技术及发展方向

3.1　主要产品

3.1.1　集团拳头品牌产品

集团拳头品牌代表产品有高端宽厚板系列，包括大厚度水电用钢、大厚度齿条钢、高等级耐磨钢和大厚度电渣钢等，主要由集团子公司舞钢生产，在国内乃至国际上处于领先地位，是中国特宽特厚板生产基地。主要产品如下。

（1）大厚度水电用钢。代表钢种有 WSD690E 系列，采用电渣重熔工艺开发的 300 mm 厚 700MW 级水电用 Z 向钢板，主要为替代进口用大厚度抗层状撕裂 Z 向钢板，开发的产品已广泛用于国内大型水电机组的建设。

（2）大厚度齿条钢。该钢种属于海洋工程用钢新产品，其中 177.8 mm、215 mm 厚度的齿条钢主要为替代进口满足国内用户使用。

（3）高等级耐磨钢。耐磨钢板最大厚度可达 40 mm，硬度为 400HBW 级，具有-40 ℃低温冲击性能，部分性能达到甚至超过瑞典 SSAB 的 Hardox 系列、德国迪林根、蒂森克虏伯和日本 JFE 同类产品，用于替代进口的同类型产品。

（4）大厚度电渣钢。该类产品包括厚度达 410 mm 电渣型模具钢 WSM718 和 P20、厚度达 198 mm 石化用临氢钢 12Cr2Mo1R、厚度达 300 mm 大厚度海洋平台用钢 E36～Z35、厚度达 200 mm 大厚度压力容器用钢 SA516Gr70 等。目前在国内只有河北钢铁具备此类产品的生产能力。

3.1.2　集团先进主打产品

集团先进主打产品包括汽车钢、管线钢、特殊钢和无取向硅钢等。此类产品与国内先进钢铁企业形成竞争局面，目前正在不断扩大市场份额。

（1）汽车钢。冷轧汽车板包括邯钢生产的 DC05、DC06 等系列（规格：(0.25～2.0) mm ×(900～2080) mm）。汽车大梁钢有：邯钢的生产的 370L～550L 和 H590L～H700L 等；唐钢生产的 T420L～T610L 等系列。汽车结构钢有唐钢生产的 SS490、27TQ、TG440QZ～TG590QZ 和 20MnTiB 等，以及邯钢生产的 SAPH310～SAPH440 系列。汽车 车轮 钢包括 330CL～590CL。

（2）管线钢。管线钢系列包括 X42～X80，H40、J55 等，厚度和宽度规格几乎涵盖市场所有产品。

（3）特殊钢。代表产品为石钢特殊钢，主要为棒材，具体包括以下 3 个系列。

1）齿轮钢系列：Cr 系（15Cr、20Cr）、Cr-Mn-Ti 系（20CrMnTiH1-H6）、Cr-Mo 系（15CrMo～42CrMo）、Mn-Cr 系（16MnCr5、20MnCr5）、Cr-Mn-B 系（16-18CrMnBH）、Cr-Ni-Mo 系（20CrNiMo、18CrNiMo7-6、40CrNiMo、34CrNiMo6）、Cr-Ni 系（15CrNi6、16CrNi4、19CrNi5、20CrNi3）等。

2）轴承钢系列：GCr15、GCr15SiMn、C&U1、55 号等。

3）弹簧钢系列：60Si2Mn、60Si2MnA、60Si2CrA、60Si2CrVA、55CrMnA、50CrVA、SUP9、SUP9A、SUP11A 和 55Cr3 等。

（4）无取向硅钢。包括唐钢 TGW600、TGW800、TGW1000 等系列，邯钢 50WB600、50WB800、50WB1000 等系列。

3.1.3 集团特色产品

该类产品是根据河北钢铁集团的装备特点及地域优势开发生产的，在市场上有一定的影响，主要包括钒钛制品、马口铁、减酸洗钢和高强螺纹钢等系列产品。

钒钛制品依托集团承钢的钒钛资源优势，主要产品种类包括50钒铁、80钒铁、氮化钒、V_2O_3、钛精矿等。马口铁是衡板公司生产的用于产品包装的镀锡产品，其产品应用于易拉罐、奶粉罐等多类包装。近年来开发的以DI材为代表的食品级马口铁已经成为集团产品的又一特色，该系列产品包括超薄精密冷轧薄板产品（最薄为0.13 mm）、食品级镀锡板K板产品系列和DI材以及二次冷轧板，打破了国内宝钢生产DI材的垄断地位，在区域市场中占领了一定的市场份额。减酸洗钢是邯钢根据高温快轧、控制轧后冷却速度和卷取温度等关键工艺，实现了热轧带钢表面氧化铁皮微观结构的控制，该类产品酸洗速度可提高10%，表面质量好。集团螺纹钢质量优良、种类繁多、规格齐全，是北方建材市场的名牌产品，具有区域市场优势。

3.2 主要工艺技术

3.2.1 节能环保技术

（1）干熄焦技术。集团大部分焦炉均应用了干熄焦技术。以唐钢为例：6座焦炉全部采用干熄焦余热回收发电技术，配备了2套干熄焦系统，处理能力分别为150 t/h和180 t/h，产生的蒸汽不仅能满足化产工艺生产需求，而且供2台15 MW发电机组发电，吨焦发电量80 kW·h，年发电量2.0亿kW·h。邯钢的干熄率达90%以上。

（2）烧结脱硫技术。烧结脱硫技术是集团的主要环保技术之一。为最大限度地减少烧结SO_2、烟尘排放量，唐钢采用密相塔半干法烧结脱硫技术对现有5台烧结机进行了烟气脱硫除尘升级改造，排放的SO_2和颗粒物浓度全部达到《钢铁烧结、球团工业大气污染物排放标准》特别排放限值，脱硫效率达到90%以上。邯钢于2011年3月份开始启动400 m^2、435 m^2烧结机烟气脱硫工程，435 m^2烧结机烟气脱硫采用旋转喷雾干燥（SDA）脱硫工艺，400 m^2烧结机烟气脱硫采用烧结烟气干法脱硫及多组分污染物协同净化工艺（即LJS-FGD工艺），LJS-FGD工艺脱除率最高可达96%。

（3）干法除尘技术。干法除尘技术是集团节能应用较广的技术之一，目前集团各高炉基本都应用了干法除尘技术。唐钢3200 m^3高炉应用干法除尘后，净煤气含尘量达到5 mg/m^3以下，TRT发电量达到吨铁45 kW·h以上。转炉干式除尘技术在集团得到了普遍应用，邯钢、宣钢等公司在大型转炉上均开发和使用了干法除尘技术与设备，在设计、现场制作安装、炼钢生产应用中均具有丰富经验，创造了国内最高无泄爆率纪录，烟气排空浓度可控制在10 mg/m^3以下，负能炼钢指标可达吨钢-10 kg标煤。

3.2.2 关键工艺技术

（1）高炉炼铁技术。集团高炉炼铁技术以设备大型化、高效化、自动化和长寿化为特点，结合自主开发工艺和设备技术，实现低成本高效化生产。包括：高炉高效喷煤技术，高炉烧结矿分级入炉及焦丁混装技术（唐钢）、大型高炉无钟布料动态模型控制技术（邯钢）、大高炉冶炼钒钛矿自动化配料应用技术（承钢）等。

（2）自动化炼钢技术。邯钢采用引进、消化、再创新方式，成功实现了基于副枪系统的250 t转炉的“一键式”全封闭自动化炼钢。唐钢转炉采用“烟气分析”实现了动态自动化炼钢。承钢开发了 LF“一键式”精炼技术，首次实现了提钒钢水 LF 炉的“一键精炼”技术。邯钢开发了基于“压力反馈”的动态轻压下自动浇钢系统，实现了设备和铸坯质量在线远程监控、动态轻压下自动化浇钢等功能。

（3）洁净钢生产技术。以唐钢、邯钢为代表的炼钢系统，均开发有成熟的洁净钢生产技术。唐钢转炉均实现了下渣自动检测系统的稳定应用，挡渣率≥98%；转炉双渣法操作技术不断推进，目前已经实现了转炉的双联法炼钢，吨钢降低石灰消耗 10 kg 以上，为低磷钢生产创造了有利条件。唐钢、邯钢均应用了无碳钢包技术，平均包龄达到 88 炉以上，连铸下渣检测、上水口吹氩、塞棒吹氩等技术也得到了较好的应用，各公司均有比较成熟的夹杂物控制技术。

（4）特厚钢板生产技术。舞钢将锻造和轧制两种方式进行了有机结合，开发了“锻造—轧制”生产特厚钢板的新工艺路线，既发挥了锻造提高内部组织和减轻钢板各向异性作用，又通过轧制提高了锻造钢板的表面质量，还突破了由扁钢锭轧制钢板的厚度限制。通过锻造工艺，最大单次压下率可达 25%，单道次压下量可达 450 mm，能够充分压合钢锭中的轻微缩孔和疏松缺陷，提高钢板的内在质量。通过锻造轧制工艺突破轧机轧制极限，已生产出 60 t 级国内最大单重钢板。舞钢“特厚钢板生产关键技术研发与创新”项目荣获了 2013 年国家科学技术进步奖二等奖。

（5）TMCP 技术。由于 TMCP 工艺在不添加过多合金元素，也不需要复杂的后续热处理的条件下生产出高强度高韧性的钢材，被认为是一项节约合金和能源、并有利于环保的工艺。目前邯钢、舞钢等公司均在开发各自的 TMCP 技术，生产的新品种包括 X70、X80、HJ58D、B620、B685 等低合金高强度钢，可以降低钢种的 Mn、Nb、V、Ti 合金含量，降低冶炼成本；取代 Q345D、Q345C、DH36、16MnR 等钢种的正火处理工艺，实现 HG70、HG785 等钢种的在线淬火，减少生产工艺环节，降低能源消耗。另外，通过 TMCP 技术，还可以提高钢板的性能合格率。

（6）板形、板厚控制技术。舞钢 4100 中厚板生产线针对中厚板轧制中头部厚度减薄的现象，对过程控制设定系统、快速高精度的辊缝控制技术，以及提高厚度控制精度的补偿方法等进行了研究。提出了一种新型中厚板头部厚度控制的方法，显著地改善了钢板头部减薄效果，成材率提高了 0.8%。邯钢、唐钢也在热连轧和冷轧机组方面有较多的板形和厚度控制技术的研究，能实现高精度的板形和板厚控制。

3.2.3 清洁生产技术

清洁生产技术是河北钢铁集团的特色技术，河北钢铁集团立足于清洁生产、循环发展，成为国内唯一以消纳城市中水作为企业生产用水的钢厂，率先实现了工业新水“零”购入，工业废水“零”排放；引进世界先进技术建成河北省第一个燃气——蒸汽联合循环发电项目，年节约标煤达 34.32 万吨邯钢建成了亚洲最大的全封闭原料厂。2013 年，集团吨钢烟粉尘排放量降至 0.82 kg 的水平，核心钢铁公司达到吨钢 0.56 kg 的先进水平。唐钢在国内率先达到国家清洁生产一级指标水平，厂区绿化率达到 50%以上，唐钢也因此获得了“中国钢铁工业清洁生产环境友好型企业”。

3.3 产品和技术的发展方向

3.3.1 产品的发展方向

在宽厚板产品方面，瞄准替代进口，拓宽中厚板产品范围，开发新的拳头品牌产品，并提高该类产品的比重，填补国内空白，保持集团在宽厚板领域的领先地位和影响力。同时利用唐钢和邯钢设备优势，逐步打造一批以汽车钢、管线钢为代表的拳头品牌板材产品。在集团先进主打产品方面，需要发挥装备优势，赶超国内外先进企业，在汽车钢、高级别管线钢、高强度机械工程用钢、特殊钢等方面完善技术、丰富系列、提高质量、降低成本，利用装备优势争取后来居上，提高该层次产品的市场竞争力和扩大市场份额。充分利用地域和资源优势发展特色产品，进一步开发高纯钒系列、航空航天级钒铝合金等特色钒钛制品，扩大马口铁等特色产品的规模和市场份额，并发展其他特色产品。

3.3.2　技术的发展方向

以研究影响和制约产品开发、质量控制和生产成本的行业共性和关键技术为主，同时开展行业新技术、新工艺和新装备的研究，发展有自主特色的核心技术，实现技术领先，以技术优势形成有竞争力的产品优势。主要研究方向有：

（1）低品位矿、共伴生矿、尾矿和再生资源的综合利用技术，钢铁厂含铁粉尘、废渣、废液的综合利用技术；

（2）炼铁工艺的前沿技术和新技术；

（3）高效低成本洁净化炼钢的关键工艺技术和新技术；

（4）提升轧制工艺水平和产品的市场竞争力的关键工艺技术；

（5）新型能源管控技术、余热综合利用、节能减排技术和全生命周期 CO_2 减排技术；

（6）关键设备和相关检测技术。

4　发展战略

河北钢铁集团正在以“全面提升竞争力”为目标，实施 2014—2016 年发展规划，加快管理创新与技术升级步伐，立足钢铁产业链平台，实现钢铁主业与非钢产业、海外业务协同发展，致力于打造与规模地位相匹配、效益行业一流、引领“绿色发展”、受社会普遍尊重、具有国际竞争力和影响力的钢铁集团。

4.1　钢铁主业发展战略

提升钢铁主业竞争力，是河北钢铁集团的战略重点。集团将继续保持钢铁主业规模优势，做精做优钢铁主业。立足现有装备条件，重点提高产品深加工比例和附加值，积极推进产业链向下游战略用户延伸，形成以战略产品为引领、特色产品为支撑、传统产品为基础，抗市场波动风险能力强的品种结构。尤其是要提高汽车板、家电板、大型钢轨等战略产品市场占有率，成为通用产品市场的领军企业和战略产品市场的主导企业。推进品种结构和用户结构升级，提升河北钢铁集团品牌形象。进一步优化资源配置，改善成本结构，提高成本控制能力。围绕产品升级和用户群体升级，加强战略营销，提高技术服务水平，增强产品盈利能力。加强管理创新，实现人均劳效 1000 吨/(人 · 年) 以上，净资产利润率、总资产报酬率达到行业一流水平。

4.2　绿色发展战略

“清洁生产、绿色发展”，是河北钢铁集团必须始终坚持的发展道路和义不容辞的社会责任。集团将进一步加大投入力度，应用世界上最成熟的技术加强节能环保领域的系统改造，成为中国资源节约、清洁生产的工业企业典范，钢铁行业“绿色发展”的领跑者。吨钢综合能耗、吨钢耗新水、吨钢烟粉尘和 SO_2 排放等节能环保指标全部达到行业领先水平，率先在行业内实现生产“零”购电、新水“零”采集、废水“零”排放、废弃物“零”丢弃的目标，钢铁子公司全部达到“国家清洁生产示范企业”标准。到 2016 年，实现吨钢综合能耗 560 kgce，吨钢耗新水 2.0 m^3，吨钢 SO_2 排放 0.6 kg，吨钢烟粉尘排放 0.3 kg 的目标。

4.3 国际化战略

融入国际市场，参与全球资源配置，是河北钢铁集团赢得广阔发展空间，实现持续健康发展的必然选择。我们将以全球化的视野，开放包容的心态，学习创新的理念，加快国际化进程，大力发展“海外资源、海外贸易、海外钢铁、海外投融资”四大业务，提高海外投资收益水平，增强国际化运营能力。进一步加强与包括西门子奥钢联在内的世界顶级企业的战略合作与技术交流，全面提升河北钢铁集团的管理和技术水平。

4.4 多元化战略

壮大非钢产业，实现多元发展，是河北钢铁集团全面提升竞争力的又一个重要途径。集团将借助钢铁主业庞大的资源平台，以延伸钢铁产业链、提升价值链为主线，重点发展矿山资源、钢铁贸易、现代物流、金融服务、装备制造、节能环保等非钢产业，提高市场化、专业化发展水平。到 2016 年，集团非钢产业利润贡献率达到 30%以上。

5 结束语

河北钢铁集团是国内产能规模最大和产品规格最全的钢铁企业，一直致力于钢铁全流程“清洁生产技术”研究和实施“绿色发展”战略，在钢铁行业中有重要影响力。目前集团正在加快产品品种结构调整步伐，努力通过科技创新和绿色发展，实施“全面提升竞争力”发展战略，致力于打造与规模地位相匹配、效益行业一流、引领“绿色发展”、受社会普遍尊重、具有国际竞争力和影响力的钢铁集团。

全面提升产品创效能力　努力开创唐钢技术创新工作新局面①

王新东

（河北钢铁集团唐钢公司，河北 唐山 063016）

摘　要：通过分析唐钢2011年技术创新工作取得的卓有成效的成绩，结合当前生产经营和市场形势，提出目前的技术创新工作重点是提升产品创效能力，在充分解剖分析现阶段存在的共性问题的基础上，凝聚共识、鼓舞士气，提出进一步开创唐钢技术创新工作、新局面，促进企业和谐、健康发展的新思路。

关键词：产品创效；成本控制；技术创新

1　前言

2011年，面对严峻复杂的钢铁市场形势，河北钢铁集团唐钢公司坚持以建设最具竞争力钢铁企业为统领，以开放性思维、全行业视野和国际化定位，高标准、高站位推进科技进步和技术创新，全面实施“通用产品精品化和高端产品品牌化”战略，持续优化技术经济指标，强化成本控制，优化品种质量，深化节能减排，促进了企业的转型升级、提质增效和创新发展。2012年，在转变生产组织模式、提升成本控制力取得突出成效后，全面启动提升产品创效能力的技术工作，为唐钢公司应对市场挑战、保持健康发展提供了有力保障。

2　2011年唐钢技术创新主要工作及成效分析

2011年，唐钢在技术创新方面做了大量卓有成效的工作，主要有以下几个方面。

（1）集中力量抓技术质量管理，产品实物质量大幅度提升。一年来，唐钢以降低非计划品数量为突破口，全面强化细化技术质量管理，多措并举、齐抓共管、合力攻关，取得突破性成果。同时，着力创新工艺技术管理模式，技术质量管控能力大幅提高。

（2）持续深化对标挖潜，成本控制力显著增强。2011年，唐钢公司17项主要技术经济指标全部优于行业平均水平，其中热轧宽带钢成材率、热轧中厚板成材率、热轧窄带钢成材率、冷轧宽带钢成材率等4项指标进入行业前三名。

（3）强力推进技术攻关和品种开发，产品品牌形象持续提升。冷轧产品出口量连续实现历史性突破，2011年全年达到108万吨，成为国内最大单体冷轧产品出口生产企业；酸洗板、汽车用酸洗大梁钢研产销工作取得重大突破；深冲用钢产品性能达到欧标DC06水

① 原文发表于《河北冶金》，2012（9）。

平；焊丝用钢华北市场占有率大幅提高，已形成气保焊丝、埋弧焊丝、高强合金焊丝等 3 大类、20 个钢号的焊丝用钢品种系列；按全新质量控制模式推进 1810 线产品减薄，1580 线双相钢、马口铁基板、高强钢等品种研发，取得良好效果。

（4）不断加强和完善创新体系建设，技术创新能力持续增强。进一步健全技术创新管理机制，形成了集科研立项、过程管理、结题验收、知识产权管理为一体的运行和管理体系。荣获行业协会和省部级科技进步奖 6 项，其中获全国冶金科学技术奖一等奖 2 项，省部级奖实现历史最高水平。申请专利 59 项，创历史新高；参加国家标准修订 1 项；荣获唐山市“十大科技创新优秀企业”称号。承担的 3 项国家“十一五”科技支撑计划项目全部通过了科技部验收，均达到国际先进水平。

（5）持续完善提升清洁生产管控水平，努力打造“绿色唐钢”国际品牌。吨钢综合能耗完成 585.2 kgce/t，较河北省政府下达的“十二五”节能目标降低 2.8 kgce/t；COD 排放量、SO_2 排放量、烟粉尘排放量等超额完成了污染物总量控制指标。公司本部余热、余能、余压日发电量最高达到 835 万千瓦时，自发电比例超过 75%，在能源综合利用和二次能源使用效率上，再次实现历史性突破，进入国内冶金行业领先水平。

3　对唐钢技术创新工作的几点认识

面对严峻市场形势，唐钢提出把产品创效作为技术创新工作的中心环节，需要对以下几个问题重新认识，并形成共识。

3.1　充分认识公司产品创效能力的现状和存在的问题

唐钢公司现在总产能 1800 万吨钢，但是很大比例是普通钢种和建筑钢，国内钢铁行业较高端的品种，唐钢占的份额很小，在国内主体钢铁市场整个价格表中是靠后的。一个企业产品的市场价格水平，看上去是创造经济效益的能力，其实质是一个企业的装备、技术、管理、团队等资源和要素有没有得到高度凝聚和能否高效发挥作用的真实体现。所以说，一个企业的产品创效能力，不仅仅是一个时期实现企业效益的需要，更重要的是如何挖掘内部潜力、保持企业可持续发展和提升企业竞争力的需要。唐钢有精良的装备，有高端的人才，有几十年发展的历史积淀，但目前的产品现状却不容乐观：与企业在国内的地位、产量规模不相符；与唐钢现有的 5000 多人的科技管理队伍不相符；与现有的一流装备不相符；与唐钢的历史发展不相符；与一个有传统技术优势的企业不相符。

唐钢公司现在的产品状况，绝对不是因为唐钢的团队不行，不是唐钢的技术干部能力不行，不是大家不作为，是有其客观因素的。第一，长达十几年国内经济的高速发展和钢铁市场的利好，极大地抑制了技术团队、装备潜力的释放。在那个时期有产量就有效益，有规模就有效益。第二，由计划经济到市场经济过渡时期，钢铁行业延续了十分传统的生产组织模式，不关注市场，只关注产量。尽管后期有些企业采取了一些应对手段降成本，但这一切和一个企业注重提高产品档次还不是一个层次。第三，高盈利时期体制下遗留下来的“打包式”的传统销售模式依然延续。靠市场中间商打包销售的模式，让一个企业的产品竞争力极大地削弱了。传统的销售模式把一个钢铁制造商和庞大的市场需求用一条鸿沟彻底阻隔。一些生产企业并不清楚其生产的产品哪些在市场上有竞争力、哪些产品在市场上没有需求，仍在靠拼价格维持生产。这种销售模式对于一些产品来说，客户虽有需求，企业也有能力生产，但中间商没有利润，不积极销售，企业依然没有生产的积极性，因此，这种传统的销售模式在很大程度上制约了品种档次上水平。在现阶段，特别是在提升企业产品创效能力的过程中，必须深刻认识当前唐钢产品的现状和存在的问题。

3.2 在提升产品创效能力过程中需要重视的环节

（1）解决认识问题。唐钢公司提升整体产品创效能力这个重大举措，不仅仅是应对当前严峻形势、抵御市场风险的有效手段，从长期战略角度来讲，更重要的是唐钢要成为一个最具竞争力企业，一个百年发展的企业，是在提高一个企业可持续发展的能力。一定要从这个高度来认识。一个企业无论成本控制能力有多强，无论环保指标有多好，能源效益有多高，若没有拳头产品，没有让市场和用户认可的产品形象，这个企业就不可能成为业内最具竞争力企业。唐钢近几年在很多工作中实现了突破，但这些突破和产品突破比起来，分量是不够的。这几年所有的突破都是产品突破最有效的积淀和基础。没有这几年基础工作的扎实推进，谈产品创效能力只能是“纸上谈兵”。

（2）全力以赴真正把现有的技术优势、装备优势，特别是技术团队的优势尽快转化到产品的创效优势上来。唐钢近几年加快国际化进程以后，让人真正感觉到企业的装备是先进的，现在的产品档次没有体现出唐钢团队的实力，没有体现出唐钢装备的档次和唐钢雄厚的技术积淀。从装备能力到技术干部队伍的技术能力以及企业几十年的积淀，要把这些优势变成产品优势，需要全体唐钢人真正静下心来埋头苦干。

2012 年上半年，唐钢成本控制能力大幅度提升，实现了历史性突破，最大的收获不仅是赢得了可观的经济效益，更重要的是唐钢把技术、人才的潜力转化到了成本控制力上。这个飞跃是在向浦项对标之后取得的。通过学习浦项，唐钢真正感受到世界最高端的产品在浦项、最低的成本同样在浦项。可以得出一个这样的结论：一个高端企业、一个企业的高端产品，是靠技术和管理实现低成本支撑的。因此，唐钢在整个提升产品创效能力过程中，依然会持续推进低成本战略。

（3）从根本上彻底转变唐钢技术工作的理念和思维方式。一个企业的技术工作，绝对不是简单的研发，也绝对不是简单的创新和技术管理。企业的技术工作，特别是我们的产品，按现在的市场来讲，不再简单看技术含量有多高，而是看产品的实用性和产品客户的需求因素，培养的是客户的依赖程度和忠诚度。从下步工作来讲，唐钢整个技术工作必须要围绕市场和客户来开展工作。否则，闭门造车，生产的产品市场不认可，客户不需要，最终只能是劳民伤财。要研发和生产的品种，必须是市场和客户需要的。为此，要站在唐钢发展、市场需求和客户需求的高度上提升产品创效能力，要为客户在技术方案上、成本降低上、劳效提高上带来方便和实惠。

（4）深刻认识公司在提升产品创效能力方面的巨大潜力。浦项制铁 2011 年与唐钢的产能规模几乎相同，但售价上却高出唐钢 2~3 倍。唐钢用几乎和浦项相同的工艺和装备，用差不多的制造成本，却生产出在市场上价格相差较大的产品，这就是我们的现状。为此，唐钢下一步就是要在现有生产规模的基础上，把产品的创效能力提上来。从目前看，对唐钢来讲，巨大的潜力不再是降成本，而是产品的创效能力。

（5）技术部门、销售部门、生产厂要加大市场开发力度，并全方位地展开对客户的服务。在产品创效能力上，如果不把加大市场的开发和为客户的个性化需求提供服务联系起来，就没有动力。从现在开始，就要立足客户的需求、市场的需求研究品种开发的方案和攻关的目标。没有市场的需求，没有客户的需求，唐钢的产品创效能力是无本之源。关于市场开发，必须认识到，产品的结构和市场的布局是密不可分的。一个低端市场，一个低端的客户群，往往就限制住了一个企业高端产品的研发和生产；一个远离市场、远离客户的企业就失去了开发高端产品的动力。必须看到，一个企业提高质量、提高品种档次，没有实实在在的客户需求是没有目标性的。一个企业的产品有没有活力，有没有动力，关键取决于用户的需求和市场的拉动。

（6）要建立起和提升产品创效能力相适应的考核管理体系。唐钢大的方针确定以后，职能部门必须跟进。提升产品创效能力是一个艰苦的过程，肯定要伴随着一些指标的波动，应该有政策、能包容，要把企业的想法与全体职工的工作积极性充分结合起来。各职能部门不仅是考核部门，更是激励部门，是推动部门，需要拿出相应的政策，建立配套的激励体系。出台的各项政策、考核办法应与企业大局相吻合，要能够激励广大干部职工，做到系统化、规范化。

4　2012 年唐钢技术创新重点工作

以打造最具竞争力钢铁企业为统领，以工艺完善和品种结构优化为手段，拓宽视野、转换思路、提升标准，深入学习浦项，积极借助德高，精心培育品牌，全面推进技术创新上水平，努力实现成本控制能力和产品创效能力新突破。

（1）全面推进技术创新，优化品种结构，大力提升产品创效能力。充分发挥装备水平，挖掘装备功能，提高工艺技术精细化管理的运行效率，使工艺技术和产品档次实现实质性进步。一是特色品种实现批量稳定生产；结合板卷减薄，贯通深冲用低碳钢生产工艺，实现铁素体轧制、半无头轧制及薄规格板卷的生产，形成品种、规格和轧机功能的全面进步，使 1810 线成为国内领先的高水平的薄板坯连铸连轧生产线。二是以 IF 钢开发为重点，搭建洁净钢生产工艺控制平台，实现超深冲钢全流程稳定生产，使 1700 线成为高质量板材精品生产线。三是开发双相钢、高强钢、镀锡板、马口铁等双高产品系列，使 1580 线成为业内同类轧线中的精品生产线。四是冷轧完成以深冲用钢、家电板、高强结构级镀锌板高附加值品种为代表的品种结构调整，出口钢比例突破 60%，成为国际知名的冷轧精品加工基地。五是以高强建筑用钢、锅炉压力容器板、桥梁板、管线钢等高附加值产品进入国内高端用户，使中厚板生产线成为业内中厚板企业中的标杆生产线。

（2）充分借助德高专家技术服务，积极致力于建立科学合理的技术管控平台。以国际高端市场的理念和标准促进技术质量提升，精心培育唐钢品牌，实现品种结构调整和品牌实力的大突破，全面系统地解决各方面的问题，搭建全过程质量保证平台。炼铁系统以提高高炉寿命为目标，进一步降低高炉焦炭消耗；钢轧系统以洁净钢生产为目标，在已有 336 个质量控制点的基础上，全面建立各环节工艺过程控制量化指标体系，细化规程制度和操作控制方法，巩固和提升产品质量；完成 1700 线热轧板型控制、1810 线生产线整体升级、冷轧工序全过程工艺控制等技术改造工程，实现设备功能的完善和工艺稳定性的提高，开发适宜的创效产品，将产品标准进一步与国际接轨。

（3）对标学习浦项，不断解放思想，坚持用全新的理念和方法持续巩固和提升成本控制力。深刻分析与国际一流企业的差距，挖掘在设备管理、工艺技术、产品开发和功能发挥等各方面潜力，促进各项工艺技术指标全面进步，成本控制力显著提高。首先，要树立系统成本效益意识。把工艺技术管理从注重品种质量控制转变到同时关注原燃料进口、全生产工序、全流程的全成本系统控制上来；从关注个体指标、单体数据转变到关注整个生产的结构成本、系统成本效益上来。其次，要提高站位，重新定位技术创新、工艺完善、设备改造的目的和意义。以各生产线功能的充分发挥、生产线之间的合理匹配、协调，深入挖掘技术工艺、品种质量的巨大潜力，把技术创新、工艺完善、设备改造作为降成本的有效手段。最后，重新评价工序成本和质量成本，建立稳定顺行的生产组织管理模式。

(4) 积极拓展高端市场，全面对接高端用户，建立共赢共享的销售与服务平台，实现高附加值品种增效。要始终瞄准高端客户和市场，通过高端客户的高标准、严要求来提升公司产品质量，树立正确市场观，完善产品服务体系。要坚定不移地落实出口战略，加快公司国际化发展步伐。重点加大国外市场拓展力度，提高产品规格档次，实现高效率、低成本、高品质运行。要从以增加出口产品数量为主向以提高出口产品质量和产品档次为主转变。要努力取得国际领先企业技术支持，推进技术和管理进步。要高度关注国际市场和售后服务，建立常态化国际技术服务交流机制。要依托加工配送拓展产品深加工业务，提升产品的增值服务水平。要加强与国内外高端客户的合作，打造唐钢高端用户平台。

(5) 持续加强自主创新能力建设，形成推进技术进步的强大合力。要不断推进体制机制创新，优化技术资源配置，进一步健全和完善运行高效的技术创新体系。积极推进开放型的产品、工艺、技术研究开发和成果应用一体化工作，特别是要围绕提升产品创效能力建设，稳步推进经济高效的生产工艺技术创新。抓好非钢产业特别是新兴非钢产业的技术引进与创新工作，挖掘服务增值优势，建立规避低端市场竞争的新机制，实现多元化发展。通过成果转让、联合开发、委托开发、“产学研”合作等途径，进一步扩大对外技术交流，力争在核心技术领域取得突破性进展。密切跟踪国内外前沿技术，有选择地进行一些具有较好发展前景技术领域和关键性技术难题的应用研究，努力形成更多的自主知识产权和核心技术。加强自有知识产权技术的整合，逐步实现从产品输出到技术输出的转变。

(6) 技术与管理手段并用，推进能源环保工作再上新水平，树立绿色唐钢国际品牌形象。在完成结构节能、管理节能的基础上，注重采用新技术、新途径、新方案，推进能源环保工作上台阶，继续当好中国钢铁工业的绿色领跑者。将强力推行绿色制造、清洁生产和废弃物综合利用一体化的经济运行模式，力争在行业内率先实现生产“零”购电、原水“零”采集、废水“零排放”、煤气“零”放散的循环经济“四个零”目标，开创资源节约型、环境友好型钢铁示范企业建设新局面。

(7) 加大人才培养力度，强化人才队伍建设，为唐钢科技进步和技术创新提供支持和保障。将一如既往地高度重视人才队伍建设，加强人才培养与使用，立足公司发展战略需要，研究制订和实施高技能人才培训计划，积极致力于培养具有开放性思维、国际化视野的高端复合型人才。同时要完善技能人才管理办法，在技能人才队伍中形成学知识、学技术的浓厚氛围，提高唐钢公司职工队伍整体素质。充分发挥专家团队在公司技术创新中的作用，加快唐钢公司重点专业领军人才培养，努力培养一支在同行业具有较强影响力的领军人才队伍。

专题报告篇

绿色智能的新一代流程钢厂建设
——河钢唐钢新区建设实践

在“首届（2023）钢铁工业数字化发展高端论坛”上的报告

2023年9月于唐山

非常荣幸能够和各位分享唐山钢铁集团有限责任公司（以下简称唐钢）新区打造绿色化、智能化、品牌化新一代流程钢厂的一些实践和心得，我分五个部分向大家汇报。

一、项目基本情况

（一）项目建设背景

背景一，建设唐钢新区是贯彻落实习近平总书记“坚决去、主动调、加快转”重要指示精神的体现。习近平总书记对河北钢铁产业转型升级高度重视，河钢集团坚决落实习近平总书记重要指示精神，坚定不移化解过剩产能，积极谋划转型升级、区位调整，全力推动钢铁行业创新发展、绿色发展和高质量发展。

背景二，项目建设是贯彻落实河北省钢铁产业“去产能、调结构、促转型”的具体行动。2014年6月，《河北省钢铁产业结构调整方案》提出：在唐山市开展钢铁产业转型升级试点，通过更严格的排放标准，倒逼钢铁过剩产能退出，钢铁产业布局向沿海临港和资源优势地区转移，沿海临港和资源优势地区钢铁产能比重提高到70%。此项目的实施，也是河钢坚定不移贯彻落实河北省委省政府的决策部署。

背景三，建设唐钢新区也是河钢结构调整与高质量发展的必然选择。一是河钢产品升级与结构调整任务迫切，近几年，河钢在结构调整方面虽然取得了巨大成就，但客观地说，河钢尖端产品市场占比不高、产业链延伸不足、深加工产品比例偏低，盈利能力不强。二是河钢产业布局分散，河钢旗下7家钢铁子公司，没有一个沿海钢厂，布局分散且核心企业多为城市钢厂。三是河钢主要子企业都在河北，面临的环保形势非常严峻，绿色发展成了河钢转型升级的必由之路。四是城市钢厂面临发展规划和城市共融的双重挑战。企业发展与城市发展规划冲突、空间重叠，钢厂效益与厂址土地商业价值差距拉大，矛盾日益突出。因此，集团根据自身战略发展的需要，按照省委省政府决策，启动城市钢厂搬迁，建设唐钢新区新一代流程钢厂，推进企业由内地向沿海布局。

背景四，唐钢新区建设也是河钢站在行业高度，探索绿色化、智能化新一代流程钢厂的建设路径。

（二）项目总体布局

在设计理念方面，唐钢新区以物质流、能源流、信息流的最优化设计为理论支撑，运用冶金流程集成理论与方法，采用最新的钢厂动态精准设计和流程界面技术，按照殷瑞钰院士亲自制定的“绿色化、智能化、品牌化”的新一代流程钢厂的目标来规划设计。

项目的建设规模为年产铁水 732 万吨、钢水 747 万吨、轧钢一次材 710 万吨。其中热轧板带 410 万吨，优特钢长材 300 万吨，冷轧产品 275 万吨。另外预留发展空间，适时建设产业链延伸项目。

项目选址在唐山市乐亭县经济开发区，距离唐山市 90 km，项目南侧紧邻唐山港 4 号港池矿石码头。

（三）项目建设内容

项目为长流程，主要建设内容是 4 座 7 m 焦炉、2 台 360 m^2 烧结机、2 台 760 m^2 带式球团焙烧机、3 座 2922 m^3 高炉。板材方面，配套 1 座 200 t 脱磷炉、2 座 200 t 转炉、2 台 1900 mm 双流板坯连铸机，后部配套一条 2050 mm 热轧生产线及 2030 mm 冷轧生产线。长材方面，配套 3 座 100 t 转炉、2 台 6 机 6 流高拉速方坯连铸机、一台 7 机 7 流高拉速方坯连铸机、一台 6 机 6 流矩形坯连铸机，后部轧钢配套 2 条高速线材生产线、2 条棒材生产线、1 条中型型材生产线。

二、工程建设实践

第一个实践是新一代流程钢厂动态精准设计实践。在总图布局上，充分发挥临海靠港的优势，采用新一代联合钢铁企业总体设计，总图简洁、紧凑、集约、顺畅，使“流”钢按照动态有序、协同连续规范运行，实现耗散“最小化”，总图用地指标达到了 0.53 t/m^2 的行业领先水平。另外，在设计上融入了新的设计元素，如人流与物流分离，特种物流与普通物流分离，有污染的生产区与清洁生产区分离等；在流程网络设计上，构建了 3 座高炉+2 个炼钢厂+（2 条板坯+4 条方坯）+热连轧+冷轧为物理框架的高效洁净钢铁生产工艺流程，形成紧凑高效、流程顺畅、系统集约的流程网络；在物质流运行设计上，按照层流专线运行的原则，1 号高炉对应 3 座 100 t 转炉，后面跟 3 台方坯铸机和 2 条高线、2 条棒材和 1 个中型，3 号高炉对应 2 座 100 t 转炉，后面跟 2 台板坯连铸，和 2050 mm 热轧、2030 mm 冷轧。2 号高炉根据生产需要向一炼钢和二炼钢同时供应铁水，兼顾灵活组织生产。总体运行以层流为主。

第二个实践是绿色工厂建设实践。这里面包括三个方面：一是构建了钢铁绿色技术指标体系及技术数据库，编制《钢铁工业绿色工厂设计规范》《钢铁工业绿色园区标准》，完善覆盖全流程的钢铁工业绿色工厂技术指标体系，并将指标体系和研发、优选的先进绿色技术融入到唐钢新区总体设计中；二是在工程设计中植入先进绿色技术，以过程排放最小化为目标，通过 CAE 仿真设计平台、物流仿真平台、精准设计平台，实现在工程设计过程中绿色技术体系与工程设计体系的深度融合；三是全流程先进绿色制造技术的应用。项目按世界领先水平的目标进行设计，污染物排放比行业超低排放标准还要再降低 10%，采用了行业先进的 130 多项绿色环保新工艺新技术；在有组织排放方面：采用最先进的循环流化床+SCR 脱硫脱硝工艺和逆流活性炭工艺；在无组织排放方面：包括前面讲到的全球首座智能“无人化”全封闭料场，全流程配套 100 多套工艺环境除尘装置；在清洁运输方面：原燃料实现全封闭运输和实时监控，非公路运输率 98%以上。

在多工序多污染物超低排放方面，重点针对铁前和炼钢工序，采用烧结烟气循环、逆流式活性炭、高比例球团、转炉预荷电除尘、半干法二噁英控制技术等。其中烧结烟气循环率达30%，吨矿 SO_2、NO_x、CO 分别减排 20%、24%、20%；固体燃耗降低 6.3%~10.8%、烧结矿提产 3.2%~6.2%，实现节能减排与生产效能提升的耦合。入炉球团比例可达到60%，高炉燃料比最低486 kg/t。按唐钢新区当前年球团产能960万吨计算，每年可源头减排二氧化碳80万吨、二氧化硫108 t、氮氧化物155 t。唐钢新区整体实现污染物超低排放，颗粒物、SO_2、NO_x 排放浓度分别小于 5 mg/m^3、小于 20 mg/m^3、小于 30 mg/m^3，吨钢颗粒物、SO_2、NO_x 排放量分别小于 0.3 kg、小于 0.2 kg、小于 0.23 kg。

在全流程节能降碳方面，通过建立标准化能源管理体系，实现公司级、外购级、厂际级、工序级四级能源指标管理。重点推广了高比例球团、高温高压干熄焦发电、上升管余热回收、环冷密封治理、高炉炉顶均压煤气回收、钢包在线全程加盖、热装热送直轧等关键技术，均取得良好的节能和碳减排效果，唐钢新区自发电比例达到90%以上，吨钢综合能耗539 kgce/t，和常规长流程相比，碳排放降低了21%。

唐钢新区建设时在废水零排放理念的指导下，建设了预处理→深度处理→浓盐水处理系统。其中，深度处理采用抗污染反渗透膜，浓盐水处理采用了臭氧去除高盐水COD技术、树脂软化工艺，以及最先进的膜浓缩技术，通过一系列技术耦合，最终实现浓盐水系统的稳定化处理，实现吨钢耗新水量小于 2.0 m^3/t、水重复利用率98.5%以上，保证了全厂废水“零”外排。

在固废资源化利用方面，所有固体废弃物100%综合利用。高炉水渣经水淬后送水渣细磨生产线，制作矿渣微粉供水泥原料；铁水预处理、转炉、精炼炉产生的钢渣，送钢渣处理车间进行分级处理，用于烧结配料、水泥原料、炼钢造渣剂等；废旧耐火材料，一部分再利用，一部分返回耐火材料厂作为骨料或用作铺路；氧化铁皮和部分除尘灰返回烧结配料；含钾、钠、锌的除尘灰用回转窑技术进行处理并全部回收利用；铁红用作磁性材料。

第三个实践是智能工厂建设实践。总体逻辑是在数字工厂底层基础上探索智能场景应用，进而打造全流程智能工厂。在数字工厂建设方面，一是建立了三维数字化设计平台、流程和标准体系，以设计为先导，在工程项目的初始设计阶段注入数字化基因，从而为智能工厂夯实坚实数据基础。搭建了工程设计、设备设计和编码体系三大数字化设计平台。形成了“架构先进、系统完备、运行高效”的三维数字化体系。形成统一完整的数字编码，贯穿设计、交付、运维全过程。二是数字化设计与数字化交付高效衔接，建立工程数据中心，汇聚设计、采购、施工全过程信息通过统一的数据接口，构建了工程资产的数字化交付平台。三是打造动态数据的整合和数字孪生工厂，从“工厂级、车间级、设备级”三个层面打造数字化工厂。集成唐钢新区的生产、设备、能源等动态业务数据。数字化设备进行产线状态、设计图纸、运维手册、点检记录、运转参数、历史故障的数据交互，进而超前分析预判。

基于上面建设的数字化工厂，打造智能工厂，首先是顶层设计，重点是建设智能生产、智能物流、智慧经营、智慧园区的智能制造体系。其中智能生产主要指自动化一二层级及单体智能装备，包括智能检测技术及模型化的广泛应用；智能物流包括供应链物流、库区及天车管理系统、料场综合通廊系统等；智慧经营包括传统信息化系统，如ERP、产销一体化、全过程质量管理、设备管理、精益管控以及相关能源系统、计量系统、动态调度等生产支撑管理系统；智慧园区部分包括数字化运营平台，三维可视化虚拟工厂，园区融合展示系统、公共安防管理系统、生产安全管理系统、环境安全管理系统。以上各个板块通过系统间深度集成，实现对唐钢新区所有业务流程的全面管控。这是唐钢新区智能化工厂设计的总体架构，不在此详细叙述。

介绍几个智能化场景的典型应用。一是智能化无人料场，采用国内最大规模带式矿石输送机，码头与料场一体化设计。能够实现料堆可视化管理、物料跟踪、混匀矿自动堆积、大机无人化控制、卸料车自动定位卸料等功能，从而实现了料场的数字化、无人化和智能化。二是5G+无人天车，在冷轧中间库、成品库和热轧钢卷库实施了5G智能无人天车系统，利用5G技术高速率、大带宽、低延时、高可靠的特性，降低因控制信号延迟、丢失等问题造成的风险，操作人员可实时、动态掌握天车工作状态。三是智能炼钢，炼钢工序实现无人兑铁、加废钢，无人上料，无人投料，以及副枪+烟气分析+声纳化渣一键自动炼钢，炉后配备了机器人测温取样。这也是河钢自主研发集成的先进控制技术，结合了达涅利康利斯的副枪、声纳化渣技术和普锐特的烟气分析技术，实现了转炉生产的自动化、高效化；四是钢铁生产全流程配备了先进智能的检测装备和控制模型。智能化还在钢包熔损缺陷识别、捞渣机器人、设备状态诊断等多个场景得到应用。

第四个实践是冶金流程工程学应用实践。唐钢新区以冶金流程工程学理论为指导，以物质、能量、时间、空间、信息“五维”动态甘特图为核心，以新唐钢产线连续紧凑、动态有序运行为目的，通过流程物理系统解析和集成优化，为智能化奠定坚实物理系统基础；通过硬件软件解决方案提升智能化水平；通过物质流、能量流、信息流协同优化，构建信息物理融合系统。横向贯通炼铁-炼钢-连铸-热轧工序，纵向协同计划、调度、生产层级，为产线运行效率提升奠定基础。

项目从全流程高效稳定顺行视角，围绕全流程跨工序协同、流程连续化程度提高、信息物理深度融合，开展流程优化和智能化运行攻关，项目任务覆盖从高炉出铁到热轧各工序及其物流界面，横向贯通制造流程，全面反映流程多维物质流运行特性，实现铁水、钢水和铸坯动态调度，实现从高炉出铁到热轧的跨工序紧凑连续、动态有序运行。

三、工程建设效果

在项目建设效率方面，唐钢新区吨钢投资5800元，比国内同类型沿海项目低21%；工期30个月，比国内同类型项目节省6个月；由于唐钢新区的后发优势和区位优势，同口径比河钢其他钢厂吨钢增效400元。

在绿色化方面，唐钢新区吨钢综合能耗为539.75 kgce/t；自发电比例达到90%以上；烟气粉尘、SO_2、NO_x 排放比国家超低排放标准再降低了10%，吨钢颗粒物、SO_2、NO_x 排放量分别小于0.3 kg/t、0.2 kg/t、0.23 kg/t，与常规长流程钢铁企业相比减少碳排放21%。非公路运输率达到98%以上。2022年1月6日，唐钢新区被河北省生态环境厅评为环保A级绩效企业。

在智能化方面，唐钢新区构建了全流程一体化的智能生产管控系统，集成生产、设备、质量、销售、市场、物流、能源、环保、安全等与生产经营相关的全方位信息数据，覆盖整个工序链条，实现全流程生产运营的大数据汇聚、智能分析和智能决策。建成了国内最智能的“无人化”料场，以及高炉自动化控制系统、转炉一键炼钢、一键自动出钢、设备在线诊断、厂区智慧物流及机器人应用等智能装备，显著提高了唐钢新区运行效率和柔性制造能力。

工程建设的另一个成效体现在唐钢新区是冶金流程工程学及界面技术的成功实践，得益于唐钢新区良好的数字化基础，搭建了流程优化和智能化运行的总体设计和协同平台，并从全流程角度，提出铁钢界面、钢铸界面、铸轧界面动态有序运行的协同规则，系统自动匹配各工序作业用时的优化与工序间高效衔接，使得“流转时间最小化、空间路径最小化、过程排放最小化”理念得以量化和实现。

在炼铁—炼钢界面，3 座高炉和 2 个炼钢厂空间布置紧凑，铁路运输线路短、物流顺畅，铁水包实现快速周转；取消铁路机车编组，加快铁水包运输节奏，采用“一包到底”技术和全程铁包加盖技术；采用高精度高炉炉下铁水称量系统，确保铁水装准率；通过先进的模型控制确保信息传递及时准确。高炉投产以来，运行优势越来越明显。铁水包从高炉运输到炼钢厂 KR 脱硫站，2 个高炉运行距离分别为 1.5 km 和 2 km，运输时间 18 min 和 25 min；炉下铁水称量精准度±1 t（出准率 99%，正在向±0.5 t 精度改善），铁水包一包兑入转炉，无须二次兑包；平均铁水包周转率 3.5 次/d 以上；铁水到达 KR 脱硫站的铁水温度，全程加盖时大铁水包在 1400 ℃以上；KR 脱硫站在高铁水温度下和高活度状态下，脱硫周期可控制在 35 min 以内，脱硫效率稳定高效。

在炼钢—连铸界面。在布局上，脱磷转炉与脱碳转炉双跨布置，无相互干扰；2 个 RH 和 2 个 LF 分别对称于转炉和连铸两侧，实现物流全局性结构优化；钢区天车自动调度、跟踪和称量，实时动态监控钢水包的时空关系；生产指挥全部采用信息化系统。目前，炼钢碳-温度的双命中率在 95%以上，冶炼周期稳定在 30 min 以内，低碳、超低碳钢的碳氧积在 0.0017 左右；钢包全程加盖，对比不加盖可减少钢水温降 25 ℃；低碳、超低碳钢不使用 LF 升温工艺和 RH 铝氧升温工艺，采用烟气分析+副枪的自动化炼钢，控制准确的转炉终点，最短的工艺路径和钢包加盖最大化减少温降；实施连铸低过热度浇铸，目标为 20~25 ℃，恒拉速率达到 98%以上。

在连铸—轧钢界面。薄板材系统采用连铸坯智能调度和热装热送技术，在满足高效率轧制和高比例品种的前提下，实际热装率 70%以上；长材系统的棒材和高速线材在设计上均采用了高拉速直轧技术，连铸和轧钢的界面处铸坯温度≥950 ℃，100%直轧工艺，节省高炉煤气消耗 350~400 m^3/t 钢，板坯信息流、能源流全程监控实现智能装钢；全流程智能调度控制模型；轧制界面全流程智能调度控制模型，轧机实现智能排程。

四、工程管理方法

通过唐钢新区的建设，我们体会到，在钢铁工程建设特别是新型钢厂建设过程中，如何实现全流程、全方位的数字化和绿色化，需要解决以下四个核心问题：一是要解决新一代信息技术与钢铁全流程深入融合的问题，包括信息感知与数据不全、深层次数据挖掘、信息孤岛等；二是要解决绿色技术与工程设计的融合与协同问题，以产品为主导的传统钢厂设计模式，生产制造与绿色技术协同性不够；三是要解决新一代流程钢厂各工序高效衔接的问题，冶金流程学中“最小化”的理念，在实际操作时难以量化和及时调整；四是要解决钢铁工程项目管理手段不统一的问题。工艺设计、设备管理、现场施工等资源集中管控平台缺失、技术体系无法共享、信息沟通效率低等。针对以上问题，我们通过对唐钢新区工程总结，探索出“全过程多要素融合协同”的工程管理方法，在这里做一简要汇报。

一是要建立数字虚拟工厂与现实工厂协同架构，就是在工程设计阶段注入数字化基因，要搭建出与各工序各层级实体信息相互映射的数字化虚拟工厂；虚拟工厂和实体工厂数据相互反馈、交互和优化，从而实现实体工厂与虚拟工厂同步设计、同步建设和同步运维。

二是要建立绿色技术与工程设计协同方法，唐钢新区建设将节能减排和生产组织放在同等位置进行研究、设计、管控，而非单个工序的减排，确保全流程节能减排和生产组织的高效协同，通过制定《钢铁工业绿色工厂设计指标体系》和《钢铁工业绿色园区标准》等科学绿色指标体系和标准，将指标体系、标准研发和优选的先进绿色技术融入唐钢新区总体设计中，实现了工程设计与绿色技术的融合与协同。

三是要建立过程管控与全要素资源协同模式，需要通过建立工程管理平台，综合分析设计、设备制造、施工组织等影响因子，执行最佳的资源分配和进度计划，并基于实时信息做出最优决策，进而实现了唐钢新区工程管理全要素资源的集中调配与高效协同。

四是要引入工程建设与模块化施工协同体系，要将先进工程管理方法引入并创新应用到钢铁行业，在唐钢新区工程中进行模块化集成，建立标准化设计、工厂化预制、模块化施工、信息化管理的协同机制。做到安全、质量、成本、进度四位一体的有效管控，才能实现项目的高效和经济建设。

五、结束语

主要有三个方面。

一是唐钢新区项目整体达到了“绿色化、智能化、品牌化”的总体目标要求，达到国际领先水平。

二是唐钢新区是冶金流程工程学理论的成功实践，工程建立的数字化工厂和运行动态调度规则，使得界面技术中“物质流衰减最小化，能量流损失最小化，时空路径最小化”的理念得以动态量化和精准实施。

三是唐钢新区工程实践中建立的“全过程多要素融合协同”的绿色工程管理方法，以及“四个协同”的具体方法支撑，可以为钢铁行业绿色化、智能化转型提供借鉴。

钢铁行业低碳绿色发展技术与路径分析

在“亚洲低碳技术和创新大会暨第三届全国碳中和与绿色发展大会”上的报告

2023 年 5 月于珠海

我结合国内外钢铁行业以及河钢集团有限公司（以下简称河钢集团或河钢）绿色低碳技术实施情况，与大家就钢铁工业低碳绿色发展的主要技术与路径进行交流与分享。我从以下三个方面进行汇报。

一、钢铁行业进入低碳绿色发展新阶段

第一，与大家简要回顾一下近代钢铁工业的发展历程。我们知道，钢铁是人类文明进步和社会经济发展的基石，也是低碳绿色发展的重要领域。迄今为止，钢铁是世界上应用最广的结构性、功能性材料，是全生命周期排放最低、循环利用率最高的金属材料，在支撑人类文明进步中做出了不可或缺的突出贡献。

世界钢协研究显示，钢铁是全球仅次于化石能源行业的第二大产业，年交易额超过 9000 亿美元；钢铁也是全球经济带动和放大效应极强的产业，能按照 1∶4.9 创造工业增加值，能按照 1∶14.7 提供就业岗位。

纵观现代钢铁工业的发展，世界钢铁工业历经四次发展中心转移，同时每一次转移均伴随着技术和产业的变革。第一次革新是酸性底吹转炉炼钢法的发明，19 世纪初，英国成为世界上最大的钢铁生产国。随后转炉炼钢法被引进美国，其间大力推进电气化实现了电炉炼钢产业化发展的第二次革新，产量占同期世界总产量的 35%。第三次革新是苏联和日本推动以装备大型化和连铸连轧为代表的系列技术变革，带动钢铁制造效率的全面提升，苏联在 1988 年产量达到峰值。第四次革新是信息化、自动化与钢铁制造深度融合，引发新一轮钢铁制造效率变革。1996 年，我国首次突破一亿吨钢，世界钢铁工业发展中心开始进入“中国时代”，并已延续近 27 年。如今，钢铁工业已经成为我国国民经济的重要基础产业、建设现代化强国的重要支撑，助力我国成为世界第一工业大国和全球工业门类最全的国家。随着技术的不断迭代升级，未来钢铁将融入更多绿色创新元素，被赋予新的发展内涵。我国的钢铁工业应当在世界钢铁产业技术变革中担当什么样的角色，是我们所有钢铁企业需要思考的重大问题。

第二，“碳达峰、碳中和”推动钢铁行业新变革。近年来，碳减排成为全球的焦点问题，经过多年谈判，从通过《联合国气候变化框架公约》到签订《京都议定书》，再到签订《巴黎协定》，应对气候变化已成为全球共识，将推动钢铁行业进入新发展阶段。

从我国实现“碳达峰、碳中和”所面临巨大挑战来看，主要体现在三个方面：一是高碳的能源结构，中国化石能源中煤的占比高达 57%；二是高碳的产业结构，煤电、钢铁、

石化、水泥等行业要实现碳中和，需要煤电 CO_2 排放基本清零；三是相对于发达国家，我国实现碳达峰、碳中和时间更短，任务更重。因此对于占世界产量一半以上的中国钢铁行业来说，低碳转型势在必行。

碳边境调节机制也是近期行业关心的热点问题，欧盟理事会已于 4 月 25 日正式投票通过，标志着碳边境调节机制走完了整个立法程序，并将于 2023 年 10 月 1 日起进入过渡期，自 2026 年 1 月 1 日正式起征。这将对温室气体排放量高的企业带来重大挑战。钢铁行业首当其冲，应率先加快行动，为即将实施的碳关税做好准备，提升我国产品的国际竞争力。

40 年来，我国钢铁工业主要以节能和减排作为发展重点，取得了突出成果。吨钢综合能耗逐年下降，到 2022 年，已经达到 551 kg 标准煤，累计下降了 73%；大气污染物排放量均逐年下降，2000 年以来，吨钢粉尘、SO_2 的排放均降低了 95%以上，可以说，中国钢铁工业的绿色化发展进程已经实现从节能到减排的两个重要阶段。

但同时，钢铁冶炼具备高度能源依赖和排放密集的生产特点，其对能源需求仍约占全球总能源需求的 8%，碳排放占能源系统排放总量的 7%（每年约 2.6 Gt 二氧化碳），高于交通运输行业。而我国钢铁工业碳排放占全国总排放量的 16%，占世界钢铁总排放量的 60%。在新的历史时期下，脱碳将成为我国钢铁工业新的发展任务。

我国钢铁行业高碳化的根源：一是在能源结构方面仍然对煤、焦等化石能源高度依赖，占到了 90%以上；二是在流程结构方面，以高炉-转炉长流程占主导，电炉钢比例仅占不到 12%，远低于世界平均水平。

第三，钢铁行业低碳发展面临着重大变革及挑战，未来的减碳技术首先应该建立在总量控制的基础上，为实现深度脱碳，还应该在工艺技术创新、能源技术创新、材料技术创新三方面有重大创新和突破。

同时，钢铁行业的低碳发展也面临诸多困难与挑战：一是 2050 年钢铁行业的碳排放总量、碳排放强度要实现大幅下降；二是实现减排目标需要巨额投资；三是钢材需求总量将受到限制，需求结构改变；四是来自供应链下游的绿色采购压力，下游客户要求钢铁企业提供绿色低碳钢材，以减少整个价值链上的碳足迹；五是钢铁贸易将面临传统的贸易壁垒+绿色贸易壁垒。如刚才提及的区域贸易保护措施及碳边境税，将进一步加大钢材和钢材制品的国际贸易难度。

二、钢铁行业低碳发展技术路径

第一，国际钢铁工业低碳技术路径。据国际能源署预计，为实现全球气候变化目标，各行业均需要制定 CO_2 减排措施，以 2019 年指标为基准，钢铁工业到 2050 年，直接碳排放量减少 55%；2050 年，能源消耗量减少 10%；2070 年，碳排放总量减少 90%。减排措施主要来源以下几个路径：材料使用效率、能效提升、电气化、氢能、生物质能源、CCUS 等。

据世界钢铁协会研究，要实现《巴黎协定》制定的温升目标要求，钢铁行业必须通过创新和探索新的生产工艺，开发具有突破性的技术。提出从三个时期稳步推进，近期推广应用先进的技术实践，提高能源和资源效率；中期调整原燃料结构，发展电炉炼钢；远期开发应用突破性新技术，以低碳能源替代化石能源。其中提高钢材使用效率，减少不必要的钢材消费，应该贯穿近、中、远期。

国际钢铁企业也纷纷制定了适合自身发展的碳中和目标及低碳技术路径，如安塞乐米塔尔、蒂森克虏伯、韩国浦项制铁、塔塔钢铁等，均提出在2030年完成减碳20%到30%的目标，并在2050年左右实现碳中和，依托实施的路径包括智能碳路线、直接还原铁路线、氢冶金路线、CCS、熔融还原技术、钢化联产等，这些突破性技术的研发与实施也影响着全球钢铁工业的发展格局。

第二，中国钢铁工业低碳绿色发展路线图及河钢实践。2022年8月，中国钢协制定并发布了低碳路线图，认为中国钢铁工业实现“双碳”的根本的解决途径，在于低碳技术进步，核心是技术创新、技术突破和技术推广。通过实施六大减碳路径，包括系统能效提升、资源循环利用、流程优化创新、冶炼工艺突破、产品迭代升级、捕集封存利用，确保实现2030年碳达峰及CO_2总量减排15%的近期目标、2040年实现CO_2总量减排40%的近中期目标、2050年实现CO_2总量减排85%的中远期目标、2060年实现CO_2总量减排95%，并借助碳汇与社会力量，实现碳中和。

介绍河钢集团低碳绿色发展核心举措及实践。河钢地处京津冀地区，又是世界钢铁行业领军企业之一，肩负着更多的历史使命和社会责任。我们坚持“生态优先、绿色发展”，在行业内率先实施了“六位一体”绿色发展行动计划，探索出适应生态文明要求和制造强国战略的低碳绿色发展路径，为钢铁行业碳达峰、碳中和目标的实现贡献了河钢方案。

首先，推进以节能减排为核心的绿色制造。全面研发应用超低排放技术，主要污染物排放优于“国家钢铁企业清洁生产”一级标准，居行业领先水平。推进能源梯级循环利用，唐钢新区构建了全流程能源转换体系，自发电比例最高可达到90%以上。致力于水资源高效循环利用，吨钢耗新水最低达到2.29 m^3，水重复利用率达到98.5%以上，将石钢新区打造成了钢铁产业与城市水环境深度融合的样板。开展钢铁副产物协同和资源化利用，集团各子公司实现钢铁副产物的全回收和再利用；被国家发改委确认为资源综合利用“双百工程”首批企业。

其次，以区位调整为契机，实施产业绿色智能升级。应用实施了“融合协同”的绿色工程管理方法，已建成绿色化、智能化、品牌化的新一代流程钢厂唐钢新区，污染物排放比国家超低排放标准再降低了10%，与常规长流程钢铁企业相比减少碳排放21%；建成了新一代绿色低碳全废钢-电炉短流程钢厂石钢新区，与老区相比，吨钢综合能耗降低62%，吨钢水耗降低46%，主要污染物减少75%，二氧化碳减排70%以上；打造了高端装备核心零部件制作基地张宣科技基地，2022年12月实现全球首例以焦炉煤气为还原剂的120万吨氢冶金示范工程一期全线贯通，2023年5月18日已正式投入生产运营。

最后，在行业内率先发布了低碳发展技术路线图。按照“碳排放总量和碳排放强度‘双控’”原则，河钢集团低碳发展将经历“碳达峰平台期、稳步下降期及深度脱碳期”三个阶段，通过实施“铁素资源优化、流程优化重构、系统能效提升、用能结构优化、低碳技术变革、产业耦合降碳”六大技术路径和建设“产品LCA和碳数据”两大管理平台，实现2025年，碳排放量较峰值降低10%，排放强度降25%；2030年，排放量较峰值降低30%，排放强度降45%；力争在2050年实现碳中和。

第三，钢铁行业八大低碳前沿技术。当前我国和世界上钢铁行业正在进行的重大研究包括：以富氢或全氢气基直接还原、富氢碳循环高炉、氢基熔融还原等为代表的氢冶金技术；以近零碳排电炉、钢铁近终型制造、高废钢比高效转炉等为代表的流程变革技术；以冶金渣显热回收及高效化资源利用等为代表的能源极致利用技术；以及 CO_2 捕集利用等末端控碳技术，应该说任何一个方向的突破都会为中国和世界钢铁工业实现碳中和做出重大贡献。我们钢铁企业应科学统筹谋划，分阶段、分步骤，合理有序推进技术路径的研发与应用。

三、钢铁低碳绿色发展建议

第一个方面是减污降碳协同推进。建议坚持源头治理、过程控制和末端治理相结合，全面推进低能耗超低排放技术研发，统筹好减污和降碳的关系。可从三个维度实施。首先是减治污之碳，未来主要针对非常规污染物的治理，如高炉煤气精脱硫技术和烧结烟气 CO 低温催化净化技术，从源头实现高效脱硫及 CO 减排。其次是减生产之碳，推广应用烟气选择性循环技术，可实现烧结烟气循环率达 30%以上，减排效果与生产能耗降低明显。最后是减根本之碳，开展以氢基直接还原铁电炉、全废钢电炉为基础的工艺流程变革，并将持续开展以电炉短流程为核心的近零碳排技术研究与实践，布局以绿氢制取—氢基直接还原铁—高效电炉—薄板坯连铸连轧为核心的“近零碳排放”紧凑流程。

第二个方面是建议加快绿氢产业发展。虽然我国已经是世界上最大的制氢国，但 90%以上均来自化石能源和工业副产的灰氢，以可再生能源发电—电解水制氢的绿氢制备体系基本处于萌芽状态。钢铁行业的氢冶金作为规模化用氢场景，在国内仍处于起步阶段，在制、储、运、用多个方面都缺乏实践经验。因此要加强多学科、跨领域协作，尽快打通全流程技术瓶颈，尤其是推动实现绿氢的经济化、规模化应用，助力钢铁行业能源结构的变革。这里介绍几项河钢集团在氢能产业化方面的实践。首先，建成我国钢铁行业首个固定式加氢示范站，并在邯钢、唐山投运。其次，率先在京津冀建成了我国第一条“柴改氢”绿色物流链，目前已开辟氢燃料重卡运输线路 5 条，投入运营重卡 90 台，累计行驶里程 300 万千米，碳减排约 6500 t，有效减轻了京津冀环境污染压力。再次，刚才提到的已经全线贯通的氢冶金示范工程。最后，推进高炉喷吹富氢气体技术研发与推广应用。计划到“十四五”末，在京津冀地区建成不少于 30 座加氢站，形成完善的加氢站网络，建成年产 380 万吨清洁原料炼钢氢冶金项目，集团所有高炉实现吨铁 60 m^3 富氢气体喷吹，吨铁二氧化碳减排量超过 50 kg。

第三个方面是加快突破性技术研发。介绍两个代表技术，技术一是基于 CCUS 的固碳、负碳技术，应着眼于现有长流程末端减碳需求以及分散性、大规模、多组分烟气 CO_2 捕集成本高问题，探索低品位 CO_2 高附加值利用路径，降低 CO_2 捕集投入，为钢铁行业 CCUS 规模化发展提供经济可行的路线支持。技术二是大规模高效储能技术。建议推动“新能源+储能”深度融合，实现电池技术的产业化应用和长时储能技术取得突破。河钢承德钒钛的钒液流电池技术取得了突破性进展，建设了承德市首个钒储能示范项目，实现产量提升 50%和 3.5 价商用电解液批量生产，积累了大量可靠数据及成功经验，未来将持续推动国家新能源产业进步。

第四个方面是建议推动产业链上下游协同降碳，构建绿色产业生态圈，不断提高钢铁产业链和供应链的协同降碳水平，发掘降碳潜力。河钢集团先后与上下游企业展开科研合作，与必和必拓公司签订了战略协议，在氢冶金原料制备、提高块矿使用率、冶金渣循环利用、碳捕集利用技术等领域已经开展合作。与美国 TMS 集团合作打造废钢加工中心，通过投资新建或并购整合社会资源，提高社会废钢的回收、加工、配送、金融及贸易等方面的综合服务水平。与宝马集团打造绿色低碳钢铁供应链，将成为河钢绿色低碳汽车用钢的第一家客户。

第五个方面是建议钢铁企业尽快建立统一规范的碳排放统计核算体系，探索建立重点产品全生命周期碳足迹标准，推动完善相关领域标准制定，以积极应对国际环境变化，为即将实施的碳关税做好准备，提升我国产品的国际竞争力。

钢铁工业发展现状与技术趋势

在中冶京诚大讲堂上的报告

2023 年 2 月于北京

我是河钢集团有限公司（以下简称河钢集团或河钢）副总经理兼首席技术官、河北省金属学会理事长王新东，是中冶京诚工程技术有限公司（以下简称中冶京诚）的老朋友，接到文彦董事长盛情邀请，感到惶恐和不安，虽再三推辞，但老朋友和同行的盛情难却。就权当是我向中冶京诚的同事和朋友们做一次汇报吧！

中冶京诚是国际钢铁行业最著名的大型国际化创新型工程技术公司，坚持“诚信、创新、增长、高效”的企业精神，先后为国内外 500 余家用户提供了近 5000 次工程技术服务，作为全国勘察设计行业的龙头企业，以客户需求为导向，不断践行“全方位”服务模式，以国际化的发展模式，提供多行业的工程全流程服务，完成了多项国家重点工程设计和科研任务，荣获国家和省部级科技进步奖、优秀工程设计奖等 460 余项科技成果，主持和参加了 260 余项国家和行业标准的编制工作。

河钢集团是世界最大的钢铁材料制造和综合服务商之一，总资产 5086 亿元，海外资产 100 亿美元，年产钢 5000 万吨，年营业收入 4260 亿元，商业网络遍及全球 110 多个国家和地区，连续 14 年位列世界 500 强，2022 年位列 189 位。河钢是中国第一大家电用钢、第二大汽车用钢供应商，是中国核电、海洋工程、建筑桥梁用钢的领军企业，在中国钢铁企业竞争力排名中获“竞争力极强”的最高评价，是我国国际化程度最高的钢铁企业。

可以说，两家企业半个世纪以来的精诚合作，共同见证和参与了中国钢铁工业由大到强的发展历程，铸就了我国钢铁工业的非凡成就，造就了一代代钢铁工业优秀人才，也为中国钢铁工业的快速发展做出了重要贡献。在双方合作的同时，也培养了中冶京诚和河钢各层级人员之间的深厚友谊和真挚感情。

我今天也是带着感恩的心来和大家交流，因为我个人的成长和进步离不开中冶京诚公司的启发、培养和同志们的帮助。河钢的快速发展离不开中冶京诚的大力支持，在此，代表我个人和河钢集团向中冶京诚的各位领导和全体同仁表示衷心的感谢！

我想从以下七个方面向大家做汇报。

一、钢铁工业的发展现状

钢铁是世界范围内应用最广的结构性和功能性材料，是全生命周期排放最低、循环利用最高的金属材料，支撑了人类工业化进程，为人类文明进步作出了不可或缺、不可替代的突出贡献。钢铁已广泛应用于航空航天、汽车、家电、造船及海洋装备以及建筑和基础设施等国民经济建设的各行各业。可以说，钢铁是人类文明进步和社会经济发展的基石，2021 年全球钢铁使用量达到 19.51 亿吨。

目前钢铁已成为全球第二大产业，其产值超过9000亿美元，年回收量超过6.5亿吨，1元钢铁增加值，可带动产业链4.9元工业增加值，1个钢铁岗位，可带动产业链14.7个岗位，可见钢铁工业对经济有巨大的拉动作用。

中国钢铁工业是我国国民经济的重要基础产业，对建设现代化强国及经济快速发展起到了重要支撑作用。我国现已成为世界第一工业大国和全球工业门类最全的国家，累计钢产量约153亿吨，2021年中国工业增加值37.3万亿元，连续12年位居世界第一，500种主要工业产品中，四成以上产品产量位居世界第一。

得益于世界经济的快速发展和中国的改革开放，我国钢铁工业取得了巨大的进步，主要体现在几个方面。一是我国钢铁产量已连续26年稳居全球钢铁生产和消费首位，2021年，我国粗钢产量为10.35亿吨，占全球产量的53%，中国钢铁已经成为中国经济发展的重要支撑。二是我国钢铁装备水平跻身世界一流，焦化、烧结、炼铁、炼钢、连铸、轧钢等主要工序主体技术装备基本实现自主研发，大型冶金设备国产化率达到95%以上（按重量计算）。在焦化工序方面，自2006年引进7.63 m特大型焦炉开始，我国焦炉大型化发展的步伐加快，配套水平不断提高。2008年，我国自主设计的7 m焦炉在鞍钢鲅鱼圈投产，2009年，第一座6.25 m捣固焦炉投产，标志着我国焦炉大型化及配套装备水平又迈上了一个新台阶。目前，我国已设计研发出8 m顶装超大容积焦炉，其技术达国际领先水平，7 m焦炉相关技术装备已成功输出海外。在炼铁及铁前工序方面，新中国成立初期，国内仅有7座高炉，到2000年已增至3000多座，随着炼铁高炉大型化，截至2021年，全国高炉数量逐步减少至900余座，重点钢铁企业中5000 m^3 以上高炉有9座、4000~5000 m^3 有14座、3000~4000 m^3 超30座、2000~3000 m^3 超60座。在炼钢工序方面，我国炼钢装备大型化取得突破性进展。2005年，我国100 t及以上转炉数量为89座，占比仅为26%，其中300 t及以上转炉仅为3座，50 t以下转炉为主力炉型。截至2021年年底，100 t以上转炉数量达到了450余座，占比接近50%，其中300 t以上转炉数量达到了14座，100 t级转炉成为主力炉型。在轧钢工序方面，改革开放初期，我国大量引进日本、德国等国家的先进工艺技术。进入21世纪后，由于国内机械制造行业和电气控制行业国产化能力的提升，我国轧制工艺技术装备已经达到世界先进水平。三是我国已经建立起全球产业链最完备、规模最大的钢铁工业体系，钢铁产品水平不断提高，目前我国汽车用钢、大型变压器用电工钢、高性能长输管线用钢、高速钢轨、建筑桥梁用钢等一批钢铁产品相继进入国际第一梯队，第三代高强度汽车钢、高级管线钢等产品逐步实现从“跟跑”向“领跑”的转变，不断推动着全球钢铁产品的开发与迭代。我国自主可控能力更强，22大类钢铁产品中，19类自给率达到100%，其他3类超过98.8%，保障了重大工程重点项目的实施。钢铁企业持续加大环保投入、应用先进节能减排技术，一批绿色花园式工厂、环境友好型工厂相继诞生。截至2021年年底，钢铁行业已有34家企业、约2.25亿吨钢产能完成超低排放改造。关键工序的数控化率达到了66%；四是我国钢铁产业推进供给侧结构性改革，化解过剩产能，推进兼并重组取得了重大成效。我国于2018年提前完成“十三五”时期1.5亿吨钢铁去产能目标，取缔“地条钢”1.4亿吨，大量长期存在的低端落后产能得到清理。2020年宝武集团重组，产量达到亿吨级规模，2021年鞍本重组；五是实施了钢铁“走出去”倡议。“十八大”以来，钢铁行业积极践行“一带一路”倡议，“走出去”成效显著，成为国际产能合作新亮点。河钢2016年收购塞尔维亚斯梅代雷沃钢厂，成功打造了“一带一路”建设样板工程。建龙集团 2018 年收购马来西亚东钢，敬业集团 2020 年收购英国第二大钢铁企业——英国钢铁公司，均取得了良好的经济效益和社会影响力。

世界近现代钢铁工业已经走过了 165 年的历史。在这 165 年间，伴随着以电气化、信息化为主的两次工业革命，世界钢铁工业发展中心几经转移，从最早的英国再到美国、苏联、日本，依次占据发展的主导地位，均在相应时期为世界钢铁工业做出了重要贡献。从中国钢铁工业的发展成就看，在人类即将迈入智能化、迎接第四次工业革命的今天，世界钢铁工业已经进入“中国时代”。而且我认为，我国作为世界钢铁工业发展中心还会持续较长一个时期。因为我国工业化开始时间较晚，钢铁积蓄量虽然已经超过 150 亿吨，但是人均积蓄量仅为 10.6 t，与美国、日本等发达国家人均 30 t 以上的水平相比还存在较大差距，还有发展空间。

钢铁工业经历了四次技术革新，19 世纪 50—80 年代，英国冶金学家发明的酸性底吹转炉炼钢法，使人类进入大规模生产液态钢的新纪元。20 世纪后，美国大力推进电气化在钢铁制造中的广泛应用，实现了电炉炼钢的产业化发展。20 世纪 50—70 年代，以装备大型化和连铸连轧为代表的第三次技术变革，带动了钢铁制造效率的全面提升。第四次革新是在 20 世纪 70 年代后，信息化、自动化技术与钢铁制造深度融合，引发了新一轮钢铁制造效率变革。

二、河钢集团的发展概况

简单介绍下河钢的情况，尽管大家都比较了解，但是还想借此机会，向各位系统介绍下河钢最近几年的发展。

河钢是世界最大的钢铁材料制造和综合服务商之一。在 MPI 中国钢铁企业竞争力排名中获“竞争力极强”最高评级，是世界钢铁协会执行委员会成员单位、中国钢铁工业协会轮值会长单位。河钢在全球拥有在岗员工 10 万人，其中海外员工 1.3 万人。目前产量 4775 万吨，年营收 4267 亿元，总资产 5086 亿元。连续 14 年位列世界企业 500 强，2022 年居第 189 位，在 2022 年“中国企业 500 强”“中国制造业企业 500 强”“中国跨国公司 100 强”排行榜中分别位列第 62 位、第 17 位和第 34 位。

从产业布局看，河钢产业分为四大板块：一是钢铁材料板块，旗下有河钢唐钢、河钢邯钢、张宣科技、承德钒钛、河钢舞钢、河钢石钢、河钢矿业、河钢衡板等子公司；二是新兴产业板块，旗下有河钢国际、河钢物流、河钢工业、大河环科、河钢新材、河钢钢构、河钢数字等企业；三是海外产业板块，拥有河钢塞尔维亚、河钢南非矿业、河钢德高、南非 DSP、美国克拉赫、马其顿中板、澳大利亚威拉拉铁矿以及 29 个海外服务中心等；四是产业金融板块，拥有河钢供应链、河钢财务公司、河钢融资租赁、河钢售电公司等。

从转型升级和区位调整看，河钢集团贯彻落实习近平总书记“坚决去、主动调、加快转”重要指示精神，按照党中央、国务院决策部署，加快推进“去产能”和区位调整。在“十二五”淘汰炼铁产能 560 万吨、炼钢产能 684 万吨的基础上，自我加压，2016 年至 2020 年共完成去产能任务 512 万吨、693 万吨。到退城搬迁完成，河钢总计淘汰炼铁产能 1212 万吨、炼钢产能 1588 万吨。河钢先后启动唐钢、石钢、邯钢老区退城搬迁以及宣钢转型升级。通过区位调整已建成绿色化、智能化、品牌化的新一代流程钢厂——唐钢新区，绿色低碳全废钢-电炉短流程钢厂——石钢新区，智能、绿色钢铁联合制造基地——邯钢新区，以及高端装备核心零部件制作基地——张宣科技。

（1）唐钢新区项目一期工程于 2018 年 3 月开工建设，一期工程于 2020 年 9 月投产，产能达到铁 732 万吨，钢 747 万吨，材 710 万吨。将按照殷瑞钰院士提出的“绿色化、智能化、品牌化”的定位打造新一代流程钢厂。

（2）历时两年，完成石钢新区 200 万吨粗钢、192 万吨钢材的高端特钢生产基地建设。未来，石钢新区将围绕汽车、工程机械、高铁、矿山、石油、海洋、军工等高端装备制造领域，打造新一代绿色低碳全废钢-电炉短流程钢厂。

（3）2020 年 11 月 26 日，邯钢新区退城搬迁项目正式开工建设，项目核定炼铁产能 565 万吨、炼钢产能 470 万吨、材 442 万吨。遵循“绿色低碳、优质高效、创新合作”理念，以低投资、低成本、低费用、高效率为目标，充分利旧集团内已关停装备，打造绿色低碳、智能化、高效益的现代化钢铁生产基地。

（4）张宣科技以“整合资源，重点突破，分块施策，创新发展”的规划思路，谋划建设高端设备关键材料制造、战略性新兴产业、现代工业服务“三大基地”。2019 年 11 月，河钢集团与意大利特诺恩公司达成战略合作意向，筹备建设氢冶金工程。一期工程，建设世界首例焦炉煤气零重整的 60 万吨氢冶金示范。二期工程，通过发挥张家口风电及光伏制氢优势，建设 60 万吨绿氢的氢冶金项目，实现全过程的低碳绿色钢铁制造。另外，张宣科技在 2023 年年底前建成 178 万吨的高端装备零部件基地，重点生产汽车、轨道交通、海工装备、机械制造等领域的核心零部件。

在产品升级和结构方面，河钢全面对接高端市场，以客户结构高端化倒逼产品结构优化，在满足高端客户严苛标准和服务需求的过程中实现了产品竞争力的快速提升。高端直供客户超过一千家，客户群覆盖家电、汽车、机械、重工、海工、能源、航空、航天等行业。“十三五”期间，河钢高技术含量、高附加值的品种钢比例由“十二五”末的 41%提升至 75%，高端产品由“十二五”末的 545 万吨提升至 2300 万吨。其中汽车钢由不到 200 万吨到现在的突破 800 万吨，家电板由 35 万吨到现在的 400 万吨。目前，河钢已经成为中国第一大家电用钢、第二大汽车用钢供应商及海洋工程、建筑桥梁用钢领军企业，生产的 50 多个产品填补国际国内市场空白，200 多个品种替代进口。河钢产品门类齐全，热轧板卷、冷轧板、镀锌板、彩涂板、中宽厚板、棒材、线材、型材等产品覆盖航空航天、军工、汽车、石油、铁路、桥梁、建筑、电力、交通、机械、造船、轻工、家电等 20 多个重要应用领域。河钢高端产品在华龙一号核电站、国产大飞机、天眼工程、极地重载甲板运输船、散裂中子源、雄安高铁站、港珠澳大桥、旧金山海湾大桥等系列重大工程项目中都有广泛应用。

在绿色发展方面，河钢集团早在“十三五”初就率先提出并实施“六位一体”绿色发展行动计划，从成立以来，累计投入 305 亿元实施 500 余项节能环保项目，节能环保水平行业领先，获得了行业内多项荣誉，如荣获“清洁生产、绿色发展的成功典范”“世界钢铁工业可持续发展卓越奖”“世界最清洁钢厂”等。在“碳达峰、碳中和”历史背景下，河钢正在宜钢建设氢冶金工程，2021 年 3 月率先发布了的低碳绿色发展行动规划，河钢始终在做钢铁行业绿色转型的引领者、示范者、推动者。

在海外布局方面，河钢集团坚持国际视野，定位“世界河钢”，以“全球配置资源、全球拥有市场、全球服务客户”为目标，加快推进资源、服务、制造全产业链全球化立体布局，先后收购并成功运营南非最大的铜冶炼企业——南非矿业公司、全球最大的钢铁材料营销服务平台——瑞士德高公司、塞尔维亚唯一国有大型钢铁企业——斯梅代雷沃钢厂，已经形成“四钢两矿一平台”的海外格局。特别是在 2016 年，河钢收购塞尔维亚唯一一家国有大型支柱性钢铁企业——斯梅代雷沃钢厂。收购之后，河钢充分调动和全面配置全球化的技术、管理、市场等优势资源，多维度构建支持支撑平台，实施大规模工艺创新和装备升级，移植河钢绿色制造技术和先进管理理念，使塞钢当年就扭转了亏损 7 年的局面，并保持连年稳定高效运营。塞钢营业收入占该国 GDP 2%，连续保持该国第一大出口企业，成为“一带一路”样板工程，受到中塞两国领导人高度赞誉，河钢塞钢团队也被中宣部授予“时代楷模”称号。

在技术创新方面，河钢和全球著名科研机构、企业和行业组织建立了紧密的合作关系，以共建研究机构的管理创新，建立更加包容、开放、深度融合的全球协同创新平台。我们先后与国内的中国科学院、中国钢研科技集团、东北大学、北京科技大学、海尔、华为，国外与西门子、浦项、澳大利亚昆士兰大学、瑞典 MEFOS 等国外著名学府、科研院所建立了 32 个全球研发平台。大力推进产线技术进步、高端产品研发、前沿技术研究与应用推广，收获了一大批行业领先的先进技术和科技成果，推动企业核心竞争力不断提升。我们形成了采矿、炼铁、炼钢、轧钢及深加工等全流程具有独特优势的十大钢铁生产制造技术。具体技术内容不再详细讲了。在省级创新平台方面，集团旗下 34 家单位获评高新技术企业，拥有 3 个国家认定企业技术中心、6 个省级认定企业技术中心、8 个通过 CNAS 认可理化试验室，16 个省级创新中心和产业研究院，7 个省级重点实验室，拥有 6 个“院士工作站”和 5 个“博士后科研工作站”。集团先后承担了国家重点研发任务 37 项，省级重点项目 159 项。牵头和参与制定 92 项国家标准、53 项行业标准，获 16 项国家科技进步奖，286 项省部级科技成果奖，拥有专利 6093 项。

三、钢铁绿色智能化发展

（一）绿色化智能化是钢铁行业高质量发展的必然趋势

众所周知，绿色化、智能化是钢铁行业高质量发展的必然趋势，特别是“碳达峰、碳中和”已经成为世界发展主旋律，应对气候变化是全球面临的共同课题。在过去的一个世纪，全球平均气温持续升高约 0.6 ℃，2020 年 1 月，全球平均温度较 20 世纪的 1 月平均气温高出 1.14 ℃。而《巴黎协定》中提出温室气体控制目标是把全球平均气温升幅控制在工业化前水平以上 2 ℃之内，并努力控制在 1.5 ℃之内。相应的，就需要把二氧化碳浓度控制在 430×10^{-6}以内，而 2022 年 4 月的监测数据显示 417×10^{-6}已经非常接近目标值。

当前全球正在积极应对气候变化，已有全球经济总量 75%以上的国家，开始走低排放发展之路，碳中和已经成为全球发展的主流和方向。全球碳中和的目标是一致的，就是在 21 世纪中叶实现人为温室气体的排放与大自然吸收的温室气体相平衡，实现路径是先达峰，再稳中有降，然后实现快速下降，最后实现碳中和。

钢铁行业作为资源消耗密集型产业和典型的高碳排放行业，消耗了全球 8%的能源，排放了全球 7%的二氧化碳。而我国钢铁工业碳排放占全国总排放量的 16%，占世界钢铁总排放量的60%。因此低碳绿色是钢铁行业高质量发展的必然选择、必由之路。

习近平总书记在2020年提出的“碳达峰、碳中和”目标，是我国政府向国际社会做出的庄重承诺。钢铁工业是实现绿色低碳发展的重要领域，力争到2025年，钢铁工业基本形成高质量发展格局，80%以上钢铁产能完成超低排放改造，吨钢综合能耗降低2%以上，确保2030年前碳达峰。

在智能制造方面，从全球视角看，在近10年，全球主要制造业强国已将智能制造提升至国家战略层面。美国2011年提出“先进制造国家”战略、英国提出“英国工业2050”，德国2013年提出“工业4.0”战略，法国提出“新工业法国”计划，日本2016年提出“社会5.0”战略，我国也在2015年提出“中国制造2025”计划。

从国内来看，“十四五”期间，全球产业链重构、中国现代化经济体系建设以及数字化、绿色低碳等技术与传统产业的深度融合，为钢铁工业高质量发展提供了良好机遇。工业和信息化部（以下简称工信部）、国家发展和改革委员会（以下简称发改委）、生态环境部联合发布的《关于促进钢铁工业高质量发展的指导意见》提出“开展钢铁行业智能制造行动计划，推进5G、工业互联网、人工智能、商用密码、数字孪生等技术在钢铁行业的应用，在铁矿开采、钢铁生产领域突破一批智能制造关键共性技术”“开展智能制造示范推广，打造一批智能制造示范工厂”，为我国钢铁工业高质量发展指明了方向，明确了路径。

国家多个部门也制定了智能制造发展规划，2021年12月发布的《“十四五”智能制造发展规划》提出，“到2025年，70%的规模以上制造业企业基本实现数字化、网络化，并实现智能制造装备和工业软件市场满足率分别超过70%和50%。”发展规划在转型升级、供给能力、基础支撑三方面给出明确的量化指标，充分表明国家政策层面对发展智能制造软硬件的重视与支持。

（二）钢铁行业绿色低碳发展现状

1. 国外钢铁行业低碳发展情况

国际能源署发布的全球钢铁减碳技术路线图中提出，为实现全球气候变化目标，各行业均需要制定CO_2减排措施，其中以2019年指标为基准，钢铁工业到2050年需要削减55%的CO_2排放，其减排量主要来源于以下几个方面：材料使用效率、能效提升、电气化、氢能、生物质能源、CCUS等。

据世界钢铁协会研究，现代化钢厂已经节约了大量的能源，使用目前的技术不可能实现进一步大规模减排，要实现《巴黎协定》制定的温升目标要求钢铁行业必须通过创新和探索新的生产工艺，开发具有突破性的技术。当前世界各地都在探索开发具有一定应用前景的项目，主要探索方向包括低碳技术、氢还原技术和电解技术三大类。

欧钢联制定的低碳目标是到2030年，欧洲钢铁工业二氧化碳排放量比2018年减少30%（比1990年减少约55%），到2050年将减少80%~95%（相较于1990年）。为确保实现预期的碳减排目标，欧钢联提出以下政策建议：一是建立自由公平的国际贸易体系；二是根据不同阶段特点采取差异化政策措施；三是进一步加强科研与创新，在2020年—2030年进行碳减排、智能碳使用、碳捕获和储存等突破性技术的研发；四是促进绿色能源发展、绿色氢能开发；五是加强资金支持。

日本钢铁联盟提出到2050年将二氧化碳排放量减少30%，到2100年前实现“零碳钢”实用化而开展技术研发。拟通过环保型工艺、环保型产品和环保型解决方案来实现。COURSE50 项目也成为实现该目标的重要途径之一。

韩国浦项提出到 2030 年减碳 20%，2050 年实现碳中和。在制造工艺上引进多项创新技术，比如降低高炉还原剂比；循环回收在 FINEX 中再生的还原气体，应用 CCS 封存技术等，FINEX 路线比普通高炉减排 45%的 CO_2。

安塞乐米塔尔提出到 2030 年比 2018 年碳减排 30%，到 2050 年实现碳中和。实现碳中和目标主要依赖两种突破性的技术路线：一是智能碳路线，应用在传统的高炉—转炉工艺中，结合使用生物能源、CCS、氢能等技术实现全过程零排放；二是直接还原铁路线，这是非高炉炼铁工艺，直接还原铁路线的最终形态是基于氢气的直接还原铁—电弧炉工艺。

蒂森克虏伯提出到 2030 年，生产流程以及能源采购过程中碳排放总量减少 30%（以 2018 年为基准），到 2045 年，实现碳中和。实施两条技术路线：一是氢冶金路线；二是将钢厂废气转化为化学工业基础化学品，进一步用于制造肥料、塑料或燃料等。预计该项目将在 2030 年前实现大规模工业应用。

2. 中国钢铁行业低碳绿色发展路径

中钢协从行业层面，制定了低碳路线及目标，确保 2030 年前实现碳达峰，钢铁行业具备较 2020 年 CO_2 排放总量降低 15%的资源条件和技术能力；到 2040 年近中期，CO_2 排放总量较 2020 年降低 40%；到 2050 年中远期，CO_2 排放总量较 2020 年降低 85%，通过产业链协同、更高性能钢铁产品升级应用等举措，可为下游行业和社会降碳约 2.8 亿吨，为实现碳中和夯实基础；到 2060 年远期，钢铁行业 CO_2 排放总量较 2020 年降低 95%，借助碳汇与社会力量，实现碳中和。

宝武提出到 2035 年实现碳排放强度下降 30%，到 2050 年实现碳中和，碳中和冶金技术主要包括极致能效、富氢碳循环高炉、氢基竖炉、近终形制造、冶金资源循环利用和碳回收及利用六方面的内容。

河钢提出 2025 年碳排放总量较峰值降低 10%；2030 年碳排放总量较峰值降 30%，碳排放强度较峰值降 45%；2050 年碳中和。通过实施铁素资源优化、流程优化重构、系统能效提升、用能结构优化、低碳技术变革、产业耦合降碳六大技术路径，并建设产品 LCA 管理平台、碳数据管理平台两大平台实现碳中和。

鞍钢提出 2025 年前实现碳排放总量达峰；2030 年实现前沿低碳冶金技术产业化突破，深度降碳工艺大规模推广应用，力争 2035 年碳排放总量较峰值降低 30%；持续发展低碳冶金技术，成为我国钢铁行业首批实现碳中和的大型钢铁企业。实施格局流程再造、资源消耗减量、能源结构优化、绿色矿山示范、前沿技术创新五大路径。

首钢提出 2025 年实现碳达峰；2030 年汽车板低碳专线具备吨钢 CO_2 排放强度比 2020 年降低 30%的能力；2035 年 CO_2 排放总量较峰值降低 30%；2050 年力争实现碳中和。实施源头降碳、能效降碳、协同降碳、社会降碳四大技术减碳路径。

3. 河钢集团低碳绿色发展实践

介绍河钢集团低碳绿色技术实践。于勇董事长讲过，河钢地处京津冀地区，又是世界钢铁行业领军企业之一，肩负着更多的历史使命和社会责任。我们将坚持“生态优先、绿色发展”，探索适应生态文明要求和制造强国战略的低碳绿色发展路径，为钢铁行业碳达峰、碳中和目标的实现贡献河钢方案。

第一个方面是在行业内率先实施“六位一体”绿色发展行动计划，即绿色制造、绿色产业、绿色产品、绿色采购、绿色物流、绿色矿山；深入贯彻习近平生态文明思想，坚定与国家战略同向同行，在节能减排、绿色发展方面取得了丰硕成果。

第二个方面是实施全流程绿色制造技术，引领行业绿色发展。一是实现烟气污染物超低排放，吨钢粉尘、二氧化硫、氮氧化物排放量分别为0.21 kg、0.26 kg、0.5 kg，优于“国家钢铁企业清洁生产”一级标准，居行业领先水平。二是推进能源梯级循环利用，2020年仅余热、余能、余压自发电总量超过95亿度，核心企业自发电比例超过65%。唐钢新区构建了全流程能源转换体系，实现了余热、余能、余压的高效能源转换，自发电比例已达到85%以上。三是致力于水资源高效循环利用，吨钢耗新水逐年降低，最低达到每吨钢2.29 m^3，水重复利用率达到98.5%以上，居行业先进水平。四是开展钢铁副产物协同和资源化利用，集团各子公司实现钢铁副产物的全回收和再利用，被国家发改委确认为资源综合利用“双百工程”首批企业。我们主持研发的钢铁行业多工序多污染物超低排放控制技术，于2019年入选生态环境十大科技进展，并获得2021年度国家科学技术进步奖二等奖。习近平总书记在2021年两院院士大会上对该技术给予肯定，指出“钢铁多污染物超低排放控制等多项关键技术推广应用促进了空气质量提高”。

第三个方面是以氢能产业化为主线，引领行业能源结构革命。实施氢能发展六大路径，一是氢气制备技术，利用钢铁行业富氢的焦炉煤气提取氢气，解决制氢成本问题；“绿电”制“绿氢”、风光氢诸产业协调发展；二是加氢示范站建设，建成我国钢铁行业首个固定式加氢示范站；三是氢能物流示范，推动京津冀重卡“柴改氢”氢能物流示范；四是首例氢冶金工程，建设世界首例焦炉煤气制氢的“氢冶金”示范工程；五是高炉富氢冶炼，推进高炉喷吹富氢气体示范工程建设，实现长流程低碳冶炼；六是钢化联产协同，生产纯净的一氧化碳和氢气合成气，作为燃料和化工合成的原料，实现钢化联产。

第四个方面是工艺流程变革推进减污降碳协同，这里涉及两类变革：变革一，唐钢新区运用最新的钢厂动态精准设计、集成理论和流程界面技术，采用了230余项前沿新工艺、130多项钢铁绿色制造技术，如高比例球团冶炼、棒材直轧、热装热送技、物料全封闭储运等技术，整体实现吨钢综合能耗为532.6 kg标准煤；实现污染物超低排放，每立方米排放气体中颗粒物、SO_2、NO_x排放量分别小于5 mg、20 mg、30 mg；吨钢颗粒物、SO_2、NO_x排放量分别为0.10 kg、0.06 kg、0.20 kg；企业自发电比例实现85%以上，二次能源回收利用率100%；固废资源化利用率100%；水重复利用率98.5%以上，吨钢耗新水量达到小于2.0 m^3，引领了行业减污降碳发展方向。我们研发的基于高炉炉料结构优化的变革性减排技术，提高高炉球团矿比例实现总量减排；并建成我国首个适合高比例球团冶炼的特殊炉型，开发出了基于中高硅铁精粉的熔剂性球团制备技术，建立匹配高比例球团冶炼的质—热控制技术；目前在唐钢新区3000 m^3级别高炉上推广使用，这个高炉也是中冶京诚设计总包的，入炉球团比例已达到60%。按当前960万吨产能计算，每年可源头减排二氧化碳80万吨、二氧化硫108 t、氮氧化物155 t。变革二，是建设了绿色化智能化短流程特钢基地石钢新区，采用世界一流装备，2座世界先进、国内首批投用的双竖井废钢预热直流电弧炉，吨钢电耗、冶炼周期等指标达到行业先进水平；实现全流程智能化，是唯一入选国家智能制造示范工厂的特钢短流程基地；实现全流程绿色化，累计采用70

多项先进的节能降耗技术，相比老厂区吨钢综合能耗降低 62%，吨钢水耗降低 46%，颗粒物、SO_2、NO_x 等主要污染物减少 75%，二氧化碳减排 65%以上。

第五个方面是构建低碳绿色产业生态圈。先后与上下游企业展开科研合作，其中与必和必拓公司签订了战略协议，在氢冶金原料制备、提高块矿使用率、冶金渣循环利用、碳捕集利用技术等领域开展合作。与美国 TMS 集团合作打造废钢加工中心，通过投资新建或并购整合社会资源，提高社会废钢的回收、加工、配送、金融及贸易等方面的综合服务水平。在 2022 年 8 月 4 日，河钢集团与宝马集团签署打造绿色低碳钢铁供应链合作备忘录，双方将联手打造产业链“深度融合、绿色发展”的合作典范。宝马集团将成为河钢绿色低碳钢铁的第一家客户，从 2023 年中期开始逐步增加氢冶金 DRI 在转炉中的比例，向宝马集团供应低碳汽车用钢，生产过程相较于传统钢材可少产生 10%至 30%的二氧化碳；从 2026 年开始增加氢冶金 DRI 在电炉中的比例，向宝马集团供应绿钢，在汽车的供应链端每年预计将减少约 23 万吨的二氧化碳排放，是降低汽车全生命周期二氧化碳排放的有效杠杆之一。面向宝马需求开展“近零排放”工艺流程设计规划，结合重点下游客户的碳中和目标，布局以绿氢制取—氢基直接还原铁—高效电炉—薄板坯连铸连轧为核心的“近零碳排放”紧凑流程。

第六个方面是协同开展突破性技术研究。2016 年与中国科学院过程所联合研发大气污染控制耦合能质增效技术与应用，推进减污降碳协同增效，实现环保与生产融合。2017 年与昆士兰大学组建可持续钢铁创新中心，开展 CO_2 捕集、利用和储存技术研究；2020 年在世界钢协的指导和支持下，与北京科技大学联合发起成立了世界钢铁发展研究院，开展未来钢铁工业可持续发展路径的探索与研究；2021 年与中国钢研集团合作，开展钢铁工业“碳达峰、碳中和”实现路径研究，推动能源结构、材料结构和工艺结构创新；同年发起成立河北省二氧化碳捕集利用与封存（CCUS）产业技术联盟，开展 CCUS 技术的研发与示范。2023 年与哈尔滨工业大学共建“水资源协同创新中心”，提升钢铁冶金水资源利用水平。

第七个方面是在行业内率先发布低碳发展技术路线图。在 2020 年 9 月习近平总书记提出“3060”“双碳”目标、2021 年 1 月中国钢铁工业协会发布了钢铁行业低碳行动倡议书后，河钢于 2021 年 3 月在行业内率先发布低碳绿色行动计划，并于 2022 年 3 月发布低碳发展技术路线图，8 月与宝马集团合作打造绿色低碳钢铁供应链，河钢集团一直在用实际行动保持与国家战略同向同行。河钢的减碳路线分三个阶段，2025 年前为碳达峰平台期，产业布局基本完善，能源效率和生产效率有所提升；流程结构和铁素资源结构得到初步优化，氢冶金进入工程应用阶段，全集团碳达峰基础逐步夯实。2025 年到 2030 年间为稳步下降期，能效达到行业先进水平，生产效率大幅提升并进入稳定生产期；流程结构、铁素资源结构、用能结构得到进一步优化，氢冶金、CCUS 取得积极进展，产业耦合降碳、碳汇逐步发挥作用，实现钢铁全过程碳排放精益管控；全集团碳排放稳步下降。2030 年到 2050 年间为深度脱碳期，能效和生产效率均发挥到极致；进一步对产业布局进行调整，流程结构、铁素资源结构、用能结构大幅优化，氢冶金、CCUS 取得突破性进展并得到大规模推广应用，产业耦合降碳、全过程碳排放管控成效显著；全集团完成深度脱碳化改造。综合上述技术方案及措施，形成了河钢集团面向碳中和的低碳发展技术路线图。实施的六大技术路径中，系统能效提升、铁素资源优化、流程优化重构贡献占比较大，分别为

38%、19%、17%，低碳技术变革、用能结构优化、产业耦合降碳贡献占比分别为14%、9%、3%。搭建的两大管理平台是产品LCA管理平台、碳数据管理平台，开展全工艺流程碳足迹计算和分析，构建减污降碳协同治理的工作机制。两大管理平台已于2022年4月21日进行发布并正式上线运行，未来将为打破绿色壁垒和满足用户绿色采购要求，提供有效支撑。

(三) 钢铁行业智能制造发展现状

1. 国内外钢铁企业智能制造情况

安赛乐米塔尔通过在其全球各地的生产基地附近建立数字卓越中心，使新技术更快速地从原型走向成熟。另外通过大量使用机器人实现生产效率和质量的提高，他在美国、加拿大和墨西哥拼焊厂实现了完全机器人化，不仅提高了产量和质量，而且实现了汽车客户"扩大规模"的需求。还有利用图像识别技术和AI模型技术在加拿大热轧厂实现了焊缝脱模的实时自动判定。

蒂森克虏伯认为，工业4.0属于第四次工业革命，他在其热轧带钢厂实施了工业4.0解决方案，该方案打破单个公司的界限，实现了价值链的链接，供应商、生产厂和下游用户都通过数字网络被连接起来。如蒂森克虏伯旗下曼内斯曼钢铁公司的板坯生产由80 km外的热轧带钢轧机控制，通过无边界的业务流程，可以快速响应客户的需求。而在蒂森克虏伯的伊尔森堡工厂，凸轮轴钢产品和生产制造过程能够实现"对话"。每个凸轮轴钢产品都有自己独特的ID，在整个生产过程中如同有名字。它携带了大量的数据，如它的最终客户、当前的处理状态，以及在何种情况下离开上个工步。产品和生产之间的这种对话是基于与互联网的接口。

塔塔钢铁的智能制造战略有三大支柱，他们称为：更智能的技术、更智能的连接、更智能的服务。塔塔钢铁通过不断应用最新技术，如孪生数据、AI、增强/虚拟/混合现实、区块链和无人机等，来支撑智能制造战略目标。在钢铁制造基地，塔塔为下游用户开发增值数字服务。如通过工业云实现供应链间的实时数据流来动态满足用户需求；利用AR和AI赋能服务以进行即时的技术支持实现快速便捷地连接客户和售后市场。

浦项钢铁，通过使用生产线模拟技术，如浦项钢铁光阳厂在热轧板生产线上建成"热轧人工智能中心"，远程开展设备控制的核心操作。其开发的"质量影响因子分析系统"，可以快速准确地找出质量缺陷的发生原因，提升质量管理水平。他们研发的预见性维护技术，利用自动化逻辑来反映5400多种设备的管理诀窍，主动检测设备异常情况，并通知管理人员，通过设备故障预知系统大幅提高了作业的稳定性。

日本制铁大力推进智能制造战略，该战略以钢铁业的数字化先进企业为目标，在运用数据和数字化技术致力于生产流程和业务流程改革的同时，推进有助于迅速决策和彻底强化课题解决能力的对策。日本制铁在2021年后的5年内在智能制造战略上投入1000亿日元以上，目标是成为钢铁业的智能制造先进企业。

宝武集团积极推进数据驱动、集成创新、协同共享等智能制造理念，围绕智慧制造、智慧服务、智慧治理三大领域探索智能化转型。包括四个"一律"，即"制造环节操作室一律集中并搬离现场、人工体力操作岗位一律机器人、设备运维一律远程、服务一律上线"。"三跨"融合，即"跨产业、跨基地"的互通融合，"一总部多基地"的"跨空间"的互通融合。

鞍钢集团2017年鞍钢制定了《信息化、智能化总体发展规划》，2019年发布《鞍山钢铁智慧制造指导意见》。提出了“一个愿景、两大方向、三个原则、四条路径、五项提升能力”打造“智慧透明”工厂智能制造的“12345”实施框架布局。

首钢京唐也在加快推进智能化装备、智能化控制、智能化生产、智能化运营、智能化决策的转型升级。2014年以来，首钢京唐建设了包括混匀料场堆取料机全自动无人化、球团无人操作、“全三脱”自动冶炼、码头5号库智能仓储系统等一批智能制造项目。

2. 河钢集团智能制造建设情况

河钢在2020年提出了《河钢产线智能化提升行动方案》，重点是围绕“补短板、强基础、建示范”开展了一系列智能制造推进项目。尤其在智能化示范产线、全流程示范基地和智能制造关键场景单点突破三大方面做了大量工作，提升了集团整体的智能制造能力和水平。

在智能产线建设方面，一是建设了“绿色化、智能化、品牌化”的唐钢新区，建成了以“智能生产、智能物流、智慧经营、智慧园区”为主体、纵向贯通、横向集成、协同联动的智能制造体系。河钢唐钢新区基地智能制造的大脑中枢大屏上显示的是唐钢新区全生产流程十几道工序中4000多个关键节点数据，唐钢新区基地广泛应用了新一代信息技术，在众多场景采用了人工智能、工业机器人、模型优化算法，结合5G通信、数字孪生、大数据分析技术，建成了国内最先进的智能化无人料场、智能制造管理驾驶舱、5G+无人天车等智能化装备和系统。二是建设了河钢石钢绿色化短流程特钢智能制造示范工厂，形成以大数据、数字化车间、全流程智能制造、行业云平台为支撑的钢铁数字化平台。三是完善了河钢新材的智能化产线。河钢新材合肥基地通过数字化工厂的建设，实现了制造运营全过程数字化和智能化管理。

在智能制造关键场景单点突破方面，河钢邯钢大数据平台实现了基于工业互联网平台的全过程管控系统；河钢承钢厂区人员管控平台利用视觉AI技术，建立“两道防线三级管控”体系，实现各维度人员数量分析、类别统计、区域分布等实时展示助力厂区整体防控；河钢横板轧钢数字孪生系统利用三维可视化对电机预测性维护、轧机乳化液分析、轧辊健康档案等方面进行应用，通过捕获不同风险因素、操作场景和框架配置的数据的重建模型来预测维护故障等。

四、钢铁技术的发展趋势

钢铁的行业绿色化智能化发展，必然需要创新工艺的支撑，简要介绍主要钢铁工序的技术发展趋势。

（一）铁前技术发展趋势

铁前技术发展趋势主要是极致的能效，污染物的超低排放以及低碳冶炼等。包括焦化、烧结、球团、炼铁等专业，总结了35项新工艺、新技术，这里主要介绍几个炼铁新技术。一是热压铁焦低碳炼铁技术，铁焦是将含铁物料与适宜的煤配合制备的碳铁复合炉料，铁氧化物在炭化过程被还原成金属铁起催化作用，具有高反应性。其优点是通过提高焦炭反应性，降低高炉空区温度，降低燃料消耗。截止到目前，只有日本在铁焦工业化应用方面取得了进展。日本JFE钢铁公司于2011年成功开发铁焦技术，在千叶厂5153 m^3的高炉上进行了试验，铁焦使用量43 kg/tHM，燃料比降低13~15 kg/tHM。日本经济产业省认识到铁焦技术在节能效果的优异表现，将铁焦作为战略性节能革新技术纳入 COURSE50 项目主要减排项目之一。中国《钢铁工业调整升级规划（2016—2020）》将复合铁焦新技术列为前沿储备节能减排技术。河钢集团与东北大学开展复合铁焦新技术研究工作，实验室基础研究工作已经完成，有待进一步开展工业化试验研究。二是烧结烟气脱硝 S-SCR 技术，宝钢股份 4 号烧结机利用烧结烟气脱硝 S-SCR 技术，氮氧化物排放浓度最低可达到 34 毫克/标准立方米，脱硝效率可达到 90%以上，二噁英可达到 0.5 纳克毒性当量/标准立方米以下，能够达到行业超洁净排放要求，这个技术在下一步也要推广。三是球团设备的大型化，球团矿的生产工艺主要有三种，分别是链箅机—回转窑工艺、竖炉工艺、带式焙烧机工艺。其中，竖炉单体生产规模小，产品质量不稳定，逐渐被淘汰。带式焙烧机的干燥、预热、焙烧、冷却等可以在一个设备上完成，极大减少粉末产生，能够解决回转窑生产熔剂性球团矿结圈的技术难题，在国内即将迎来快速发展。唐钢新区建成了国内首台套最大规模 760 m^2 带式焙烧机氧化球团生产线，完全采用国产化装备；四是熔剂性球团制备技术，熔剂性球团矿的质量直接关乎高炉高比例球团冶炼经济技术指标。高品位球团代替烧结矿冶炼，可以发挥高炉降耗、提产的优势。自 20 世纪 70 年代以来，欧洲、北美和日本就开始生产并在高炉中使用熔剂性球团；国内河钢、首钢、宝钢等生产并使用熔剂性球团，河钢 2016 年开始基于国家课题开展溶剂性球团制备技术研究，并在国内首次实现 80%比例球团高炉的工业化生产，燃料比降低 11 kg/t，达到国际领先水平；五是高炉大数据，以及基于大数据的可视化和专家系统。目前中国高炉基本上完成大型化、现代化改造，高炉装备水平可以说达到世界领先水平。而高炉大数据云平台、大数据挖掘与智能分析等在高炉上的应用已经成为行业的趋势。高炉可视化技术使得高炉逐步摆脱了所谓的“黑匣子”状态，提高了高炉操作者对生产的把控能力。如炉顶摄像及激光在线料面形状探测技术、高炉风口红外摄像和图像处理技术、热流强度监测技术等；六是氢冶金气基竖炉还原技术，国外采用氢基竖炉直接还原炼铁技术的有瑞典 HYBRIT 技术、安赛乐·米塔尔纯氢冶炼技术、德国蒂森克虏伯氢炼铁技术、日本 COURSE50 项目，国内河钢氢冶金项目、中晋太行直接还原铁项目和中国宝武湛江钢铁氢基竖炉项目。河钢的氢冶金是采用世界首例焦炉煤气零重整的工艺，是和意大利特诺恩、中冶京诚、中国国际等单位联合研发的。共分两期建设，刚才已经提到，一期 60 万吨氢冶金项目已经建成，二期工程采用风能太阳能等绿氢能源。此外，河钢拟在唐钢建设两套 130 万吨直接还原项目，预计在 2024 年年底投产，届时氢冶金直接还原规模达到 380 万吨/年。中国宝武计划在湛江建设 1 套 100 万吨/年氢基竖炉直接还原示范工程，同时使用天然气、焦炉煤气、氢气，还原气中氢气含量为 60%，2023 年 9 月投产。COREX 熔融还原炼铁技术，核心装置包括上部的预还原竖炉和下部的熔化汽化炉。该工艺具有工艺流程短、污染小、工艺操作简单、自动化程度高、工艺灵活、可迅速适应熔炼上的偏差和原料上的偏差等优点，但是一次性投资高。宝武集团于 2007 年引进并建成投产了年产能为 150 万吨的 COREX-C3000。

（二）炼钢技术发展趋势

炼钢技术发展趋势主要围绕四个方面：一是转炉的高洁净、高效率、低消耗；二是电炉的低成本、高效率、高洁净；三是高效率、高精度的铁水预处理及钢水炉外精炼技术；四是连铸技术的高效率、高质量和智能化。

介绍几个典型的炼钢技术，一是转炉底吹氧底喷粉技术，与传统转炉相比，该技术具有吹炼终点钢水氧化性低，钢水更纯净；脱磷率高，金属收得率高，适合大废钢比冶炼等特点，在生产对钢水洁净度有较高要求的汽车外板等产品时具有明显的成本和质量优势。河钢邯钢在国内首次成功开发了转炉底吹氧底喷石灰粉炼钢新技术，与传统转炉炼钢工艺相比，其终点钢水碳氧积在 0.0014 以下，终点氧含量低于 200×10^{-6}，炉渣全铁含量可达到 13%，金属收得率可提高 0.5%以上。第一个炉膛炉底寿命最高达到 1500 炉的世界最高水平。河钢 H-OLTB 炼钢新工艺，有力地推动了我国转炉炼钢技术进步，助力我国高品质、高洁净度钢产品的开发。二是炼钢智能化控制技术，包括智能配料、炉气在线分析、电极智能调控、终点成分预报、一键炼钢等一系列智能化监测技术大幅度提高了炼钢过程的智能化水平。河钢石钢 SHARC 电炉配备有五大智能炼钢模型，分别为废钢预热模型、智能供电模型、智能供氧模型、造渣模型和喷碳模型，智能炼钢模型使用比例已达到 98%，绿色、节能和高效。污染物排放降低 80%，废钢预热温度可达 600 ℃，电能和电极消耗达到世界先进水平。唐钢新区集成副枪+烟气分析+声呐化渣分析，转炉实现了“一键”吹炼。另外，自主研发自动出钢成套技术，自动出钢比例达到 96%，下渣量降低 30%。形成了转炉“一键”吹炼+自动出钢的全自动智能炼钢技术，转炉冶炼周期缩短到 27 min，达到世界领先水平。

（三）轧钢技术发展趋势

轧钢方面，技术发展趋势主要是在提高效率和提高质量方面，如热带无头轧制技术、双辊薄带铸轧技术、近终型轧制技术，以及离线及在线热处理技术等。

这里介绍四个轧钢技术。一是连铸坯热送热装技术，连铸坯热送热装大致分为 3 大类：第一类是直接轧制技术，连铸坯表面温度大于 950 ℃，不经过加热炉加热直接进行轧制；第二类是直接热装轧制，连铸坯下线后不缓冷，连铸坯表面温度在 700~950 ℃，经过加热炉后，然后进行轧制；第三类是热装轧制技术，连铸坯下线后进行缓冷或表面处理，装炉时温度为 400~700 ℃，经加热炉后进行轧制。热送热装技术可大幅降低燃耗。据统计，连铸坯在 500 ℃进行热装时，可以减少加热炉燃耗 30%，在 800 ℃进行热装时，可以减少加热炉燃耗 50%。同时，热送热装技术可以提高 0.5%~1%的金属收得率，加热炉产量可提高 20%~30%。河钢在国内率先研发实施棒材免加热直轧技术，并推广到唐钢新区，目前唐钢新区最高日产达到 3200 t，吨钢成本降低 50 元，轧钢节约能耗 15 千克标准煤/吨钢，90%的产品实现同批次性能差异 20 MPa 内。二是在近终型连铸连轧技术方面，双辊薄带连铸连轧技术由于具有流程短、工序少等优点，在国内得到快速发展。其产线长度只有 47.6 m，不需要粗轧机组和加热炉，厚度 0.7~1.9 mm 部分产品可实现以热代冷。相比传统热连轧，连铸连轧工艺具有更好的节能减排效果，CSP、ESP、Castrip 的工艺能耗是传统工艺的 50%、35%、16%；CO_2 排放是传统工艺的 75%、55%、35%。三是薄带铸轧技术，可实现铸—轧工序的有效衔接，成形后铸带无须再加热，通常采用一道次热轧即可完成成形过程，大幅减少轧制道次和降低热轧过程能耗及 CO_2 排放。四是连续退火水淬超快冷技术，该技术一直是钢铁行业关注的焦点，由于工艺冷却速度快，生产高强度钢所需合金量少，产品具有焊接性和延缓损伤能力强等特点，特别适用于生产高强钢、超高强钢。河钢产线实现了连退线水淬超快冷工艺的批量生产。

（四）绿色制造技术发展趋势

绿色制造技术方面发展趋势，主要包括污染物超低排放、节能技术、钢厂副产物利用、消纳社会废弃物，以及更加环保的生态型钢材等方面。

污染物排放方面，介绍两个代表性技术，技术一是针对烧结工序，推广应用烟气选择性循环技术，实现减污降碳。该技术可使烧结烟气循环率达30%，吨矿二氧化硫、氮氧化物、一氧化碳分别减排20%、24%、20%，固体燃耗降低10%左右、烧结矿提产5%，实现了节能减排与生产效能提升的耦合。该技术入选了2021年《国家先进污染防治技术目录》技术案例、河北省首批低碳技术目录，并已在河钢集团全部烧结机应用推广，并继续在行业内推广。在“十四五”继续研究力争将烟气循环率提升到35%~40%。技术二是推进高炉煤气水解氧化耦合高效脱硫新技术示范及产业化应用。针对高炉煤气中有机硫含量高的特点，河钢正在与中国科学院过程所合作开发高炉煤气水解氧化耦合高效脱硫新技术，从源头实现高效脱硫，目前河钢已完成中试试验，技术指标达到处理高炉煤气量2000标准立方米/小时，水解段COS转化率大于90%，湿法脱硫段硫化氢脱除效率大于95%，出口总硫浓度小于30 mg/m^3，硫化氢浓度小于20 mg/m^3。以每小时11万标立方米的高炉煤气量为例，每年可减排羟基硫约200 t，减排硫化氢约80 t。已决定在唐钢新区拟建的4号3200 m^3 高炉上工业化应用。

在减碳方面，必须要实施流程变革降碳。我们集团在张宣科技建设的氢基直接还原铁电炉、石钢新区全废钢电炉都是工艺流程变革，可在根本上减少碳排放。另外，我们依托张家口地区特有的清洁能源禀赋，供应充足、成本合理的可再生能源的能源优势，可实现电炉炼钢新型清洁能源供能体系的构建。并结合重点下游客户的碳中和目标，布局以绿氢制取—氢基直接还原铁—高效电炉—薄板坯连铸连轧为核心的“近零碳排放”紧凑流程。碳的捕集利用与封存技术是未来的一大发展趋势，通过对烟气中CO_2的简单处理，与后续低浓度CO_2利用途径相结合，实现低成本、低能耗捕集与高附加值利用，为钢铁行业CCUS研究方向。

在能源利用方面，比如上升管余热、干熄焦余热、焦炉烟气余热回收技术等，可以使焦炉工序整体余热回收效率达到60%以上。

（五）智能制造技术发展趋势

智能制造领域技术方向主要是围绕底层信息的感知、数据孪生以及机器人等方向不断完善，包括各工序装备的智能化操控、全流程动态化调度、一体化排程、在线质量判定以及机器人应用等，这里不再详细叙述了。

五、贯彻冶金流程工程学

主要谈谈如何从设计角度贯彻冶金流程工程学理论。

（一）冶金流程工程学理论的背景

我国钢铁工程的设计体系在20世纪50年代由苏联引入，长期以来基本沿用苏联的设计理论和设计方法。20世纪80年代以后，随着宝钢工程的设计建设，中国钢铁工程设计又相继引入了日本和欧洲的设计方法，但仍属传统的“静态—分割”设计方法，即静态的半经验、半理论的设计方法，这种设计方法构建出来的钢铁厂生产流程和工艺装备，在实际运行过程中可能会出现前后工序的能力不匹配、功能不协调、信息不顺畅的情况。进入21世纪以后，我国著名冶金学家殷瑞钰院士创立了冶金流程工程学，继而结合新一代钢铁制造流程的系统研究，提出了基于动态—精准设计体系的新一代冶金工程设计理论和方法。

（二）冶金流程工程学的主要内容

冶金流程工程学的核心内容是“三流一态”，目标是通过“三流”“一态”，即物质流、能量流和信息流处在动态—有序、协同—连续运行状态，追求流程运行过程中耗散优化，通过“三网”协同，即物质流网络、能量流网络和信息流网络协同，形成数字物理融合系统，适应“绿色化”“智能化”的钢铁的发展潮流。

钢铁制造流程是由性质不同的诸多工序组成的，是一种多因子的“物质流”按一定的“程序”在一个复杂网络结构（流程系统框架）中流动运行现象。

冶金制造流程六条运行规则：一是间歇运行的工序、装置要服从连续运行的需要，例如，炼钢炉、精炼炉要适应、服从连铸机多炉连浇的时间程序要求等。二是连续运行的工序、装置要引导、规范间歇运行的工序运行行为。例如，高效—恒拉速的连铸机运行要对相关的铁水预处理、炼钢炉、精炼炉提出钢水温度、钢水洁净度和时间安排的要求。三是低温连续运行的工序要服从高温连续运行的工序。例如，烧结机、球团等生产过程和质量要服从高炉动态运行的要求。四是在串联—并联的流程结构中，要尽可能多地实现“层流式”运行专线化生产。例如，炼钢厂内不同产品的专线化生产等。五是上下游工序装置之间能力的匹配对应和紧凑布局是“层流式”运行的基础。例如，铸坯高温热装时要求连铸机与加热炉-热轧机之间工序能力匹配并固定-协同运行等。六是制造流程整体运行一般应建立起协同运行的宏观动力学运行机制。以上规则的核心是钢厂工序流转“衔接时间最小化、空间路径最小化、过程排放最小化”。

（三）工程设计是贯彻冶金流程工程学理论的核心关键

为什么说工程设计是全面贯彻冶金流程工程学的核心和关键呢？

一是冶金流程工程学在很大程度上为现代钢铁工程设计提供了理论创新。冶金流程工程学中动态-精准设计的理论创新，对钢铁制造流程设计而言尤为重要，其核心是通过研究钢铁制造流程的功能优化、结构优化、效率优化、耗散最小化，实现钢铁制造流程的有序化、协调化、高效化、连续化生产。基本方法是采用工序功能集合的解析—优化、工序之间关系集合的协调—优化、流程工序集合的重构—优化的方法，来对钢铁厂工程设计进行优化。

二是全面贯彻冶金流程工程学理论，设计要先行。绿色化、智能化的新一代流程钢厂已成为钢铁行业未来发展的共识，但是仅仅在现有产线进行装备改造、工艺优化的修补式创新，难以实现钢铁全流程、全工序的协同优化。而设计是钢铁工程建设的灵魂，是将冶金科学技术转化为生产力的关键环节，是实现冶金工程建设目标的决定性环节。对于钢铁工业而言，直接影响钢铁制造流程的竞争力和可持续发展。另外，中国冶金工程设计已经具备了现代大型钢铁厂的流程设计、工艺设计、设备设计以及系统集成能力。新一代流程钢厂，必须按照冶金流程学理论，从系统上、从流程上思考钢铁厂要素—结构—功能—效率问题，并且从设计之初就从生产流程结构优化、工程设计等根源着手。

另外，中冶京诚作为行业“国家队之首”，应为贯彻冶金流程工程学做示范引领。中冶京诚是我国最早从事冶金工程咨询、设计、工程承包业务的国家级大型企业，具有悠久的历史，骄人的业绩，是冶金工业科技创新的重要推手。冶金流程工程学的贯彻执行，中冶京诚要发挥示范作用。

（四）冶金流程工程学理论在唐钢新区的应用实践

2021 年 4 月，河钢与钢研集团签署《唐钢新区流程优化与智能化运行项目合作协议》，在殷瑞钰院士的带领下，围绕“铁—钢界面、钢—铸界面、铸—轧界面”，以物质、能量、时间、空间、信息“五维”为核心，对唐钢新区从全流程视角进行工序优化和跨工序协同，减少无效运行过程和中间等待时间，优化各个工序、界面和流程，降低过程能量损失和物质消耗。推动产线工序转向“衔接时间最小化、空间路径最小化、过程排放最小化”。

这里面所做的工作比较多，重点介绍下冶金流程工程学中的关于三个界面开展的工作。一是铁—钢界面，主要是研究分析铁水温度波动因素，建立温度预测模型，优化界面物质流匹配模式，基于大量数据分析和多轮推演、模拟、试验，确立炼铁—炼钢界面包括出铁、炉下配包、接铁、空重包组列等在内的综合运行工艺规则库。从实践效果看，实践后进热轧 KR 的铁水温度，大于 1350 ℃温度的比例达到 80%以上，比实践前提高 20%；实践后进热轧 KR 的平均铁水温度，达到 1380 ℃以上，比实践前平均提高 25 ℃。建立了在线铁包的上下机制、有效控制在线铁包个数和铁水包周转全过程的跟踪，铁水包周转时间，比实践前缩短了近 60 min，大包周转率达到了 3. 04，比目标 3. 5 仍差 0. 46。二是钢—铸界面，建立两条刚性层流运行专线，涉及铁水脱硫、转炉炼钢、钢水精炼、连铸等多个工序环节，有效提高了现场的运行效率。转炉周期可以稳定控制在 30 min 以内，而国内先进钢企 200 t 以上大型转炉冶炼周期约为 40 min。典型钢种“一对一”层流专线率从攻关初期的 38%提高到了 66. 3%。KR 脱硫周期及“开二备一”工作推进应用效果也比较显著，工序辅助时间大幅缩短，同时通过对铁水成分、脱硫剂质量及搅拌效果、扒渣工艺自动化等进行工艺优化，主操作时间明显缩短。脱硫周期 27. 08 min，脱硫比例完成 70. 95%，其中$\leqslant 30\times10^{-6}$的比例为 46. 43%。RH 低碳钢转炉终点碳含量由 0. 043%提高至 0. 051%，RH 终脱氧位由217×10^{-6}降低至184×10^{-6}，铝耗由 0. 86 kg/t 降低至 0. 75 kg/t。真空时间由 21. 36 min 降低至 18. 10 min。低碳钢 RH 直上炉次吹氧脱碳率为 0%。改质剂平均加入量由 400 kg 降低至 350 kg。RH 真空周期由 29 min 缩短至 26 min。三是铸—轧界面，主要是建立和优化了铸轧流程动态协同规则库，包括板坯排队规则、轧程排产规则和加热炉规则等。同时，开展了板坯加热规则和冷热分装工艺研究，针对加热炉的工艺优化和热装规则，主要考虑两种模式，一是冷热混装的加热制度优化，二是板坯冷热分装加热生产工艺。实施后，热装率和热装温度均呈逐步提升趋势，热装率目前达到了 71. 5%，热装温度达到了 490 ℃。总之，在殷瑞钰院士指导下，唐钢新区制定的铁钢界面、钢铸界面、铸轧界面动态有序运行的协同规则，系统自动匹配各工序作业，用时的优化与工序间的高效衔接，使得流转时间最小化、空间路径最小化、过程排放最小化理念在唐钢新区得以量化和实现，打造了唐钢新区绿色化、智能化典范。

六、个人成长与京诚友谊

（一）个人成长

1983 年，我从华北理工大学毕业后就分配到唐钢工作，近 40 年来，一直是从事钢铁行业技术研发、工程设计与管理方面工作。把我的从业经历分为 23 年的设计院、2 年的分公司老总、3 年的规划部长、3 年的唐钢副总、8 年的集团副总 5 个部分。从现在来看，恰恰是 23 年的设计院生涯的积淀，对我的职业帮助最大，因为设计院的工作是考虑钢铁全流程，需要全面的技术积累。我是搞钢铁冶金工艺的，是主体专业，那么风水电气等专业就得都有所了解。因为要给人家提资料，想让人家干什么，干到什么程度，达到什么目的，必须说清楚。所提的设计任务书必须详详细细地说明白，这样辅助专业才能配合完成一个整体设计。因此说设计院是锻炼人的地方，最有利于人成长、成材，知识面应该宽。我 1983 年毕业到设计院后，当时唐钢缺干部，那时陆续从唐钢设计院 69 届、70 届的老同志中提拔了五十多人到唐钢公司各二级单位担任中层干部。后来，我们 83 届毕业生也被唐钢提拔了十几个人当中层干部。

在设计院工作的 23 年，前 10 年是我成长最快的 10 年，也是最辛苦的 10 年。那时候画图不像现在有 CAD，那时候画图全是大图板，画错了用橡皮擦，因为图很大都需要站着画。记得我们设计院每年都要举行画图比赛，每次我都是第一。在这 10 年里，我完成了 120 m^3 高炉改造工程设计、300 m^3 高炉布袋除尘器设计使用推广、全连铸工程设计、钢渣处理线设计等工作。看到这里，可能有的人要乐了，120 m^3、300 m^3 高炉改造太小儿科了，事实上不是的。1983 年我毕业的时候，那时候唐钢年钢产量才 70 万吨，唐钢最大的高炉是 100 m^3，最大的转炉是 20 t，加上两个 6 t 的侧吹转炉（两个炼钢厂）。当时，全国最大的高炉是 1513 m^3，在太钢。100 m^3 高炉是唐钢的四个主力高炉，刚毕业的时候我们 21 岁，到了唐钢设计院我们和科长说：我们把这高炉改了，从 100 m^3 扩到 120 m^3。后来经过我们的努力，真的把 100 m^3 高炉改到了 120 m^3，把这个 100 m^3 高炉改到 120 m^3，采用了自立式、碳砖炉底等，算是当时比较先进的小高炉了。这个 120 m^3 高炉改造完成后，唐山地区遍地开花，周边的民营企业把我们的图纸偷出去建成了很多 120 m^3 高炉。高炉的干式除尘第一个是包钢在 100 m^3 的高炉先上的，第二个就是我们在 300 m^3 高炉上的。那时候胆子大，谁敢上啊？因为烧布袋！后来唐钢南区的 3200 m^3 高炉是咱们设计的，上的干式布袋除尘，全干式、没有湿式的，原来有的厂上干式还备着湿式。成功以后，曹妃甸的 5500 m^3 高炉才上的干式布袋。全连铸，唐钢是在全国第一个实现全连铸的，这是殷瑞钰部长亲自带着干的。另外，引进日本钢渣处理线。8 m^2 竖炉那时候已经算挺好的了，后改成了10 m^2。1993 年，我被破格提拔为副院长，主要从事工程设计、工程管理、现场施工等工作，主持了意大利棒材产线引进项目、唐钢 2560 m^3 高炉建设项目、全国首创的 2000 m^3 高炉大修推移项目、1700 mm热连轧项目及唐钢不锈钢、唐银等大型国家重点和省重点项目。2560 m^3 高炉项目有很多引进的技术，比如荷兰霍戈文内燃式热风炉、卢森堡 PW 炉顶、铜冷却壁等都是国内第一次引进。霍戈文热风炉在我们引进后，在国内遍地开花，先后陆续引进了几十套。2000 m^3 高炉推移工程在国内我们是第一家，推移重量最重，推移距离最长，推移时间最短，该技术后来也在国内被推广，并获得了省科技进步奖。干熄焦工程当时我们弄了 8 年才干成，阻力非常大。1700 mm 热轧项目是京诚给设计的，那时候我两个星期来一趟京诚，来了以后都是到各科室催图。那时候我是副院长，负责工程管理，经常来催设计进度。

在唐钢设计院那段时间应该说非常锻炼人，干了很多工程项目，其中还有许多国外项目，那个时候出国是常事，而且每次我都是带队的团长。

2006 年 6 月，我从唐钢设计院调至唐钢的合资企业唐银公司当总经理，唐银公司当时有一个 450 m^3 高炉、一个 550 m^3 高炉，还有一个带钢产线。我到那之后，用了一年多时间建设了一个 300 万吨的新钢铁厂，新建了一台 180 m^2 烧结机、一座 1080 m^3 高炉、两个

120 t 转炉、一条棒材生产线、一条高速线材生产线。那两年也是非常锻炼人的，与民营企业合作，非常苦！国有企业和私营企业的合作，是非常难的！那个时候我写了本书，书的名字是《启航》，酸甜苦辣都在里边，总结了我在唐银的工作，特别是对大型国有企业与民营企业的合作提出了一些我的观点和做法。这个公司到目前还在。当时唐钢有个三步走战略、三级支撑战略，当时有中厚板公司、不锈钢公司、唐银公司，这三个公司全部是300 万吨规模的，中厚板公司和不锈钢公司到现在为止总投资各达到 150 亿元（中厚板公司现在是 500 万吨产能）。唐银公司 300 万吨产能花了不到 40 个亿，每年纯利润十几个亿，这个公司现在搬迁到了曹妃甸，建了两个 1500 m^3 高炉。它现在的布局非常好，高炉和转炉之间只有 100 m 距离，流程非常顺畅。这个新企业投产后预计会运营得非常好。从 2006 年 6 月至 2008 年 5 月，我在唐银公司正好工作了两年。

2008 年 5 月，我被调到滦县工业园区项目部任总经理，筹建滦县大钢，规划的是 400 万吨大、中、小 H 型钢加 300 万吨优质棒线材，总计 700 万吨产能。到 2009 年 6 月一切前期工作都准备就绪了，跟老外的技术协议都签好了，商务合同也开始报价了，但由于集团对市场的预测和各种原因，命令项目缓建，最终一直没有再启动。这个项目如果正常操作，2010 年全面投产，项目建在滦县司家营矿山旁边，这个项目应该对唐钢乃至河钢集团是个最大的支撑和核心企业。

2008 年 8 月，我又兼任了唐钢规划发展部部长，当了三年的部长，负责整个唐钢公司的规划发展、工程建设项目管理。这个时候正赶上唐山市要求唐钢搬迁，主要原因是因为污染。首钢的搬迁举全国和北京市之力用了十几年。唐钢搬迁哪有钱，谈何容易？最后董事长于勇就提出要求：我们改变不了别人，就从改变自己做起。进行厂区治理，从流程、工艺到布局上全部重新治理。那时候从设计、施工到管理把唐钢老区全部翻新。我们厂是 1943 年建厂的老企业，已有近 70 年厂龄，我们用了一年的时间就把它彻底改变了。风水电气管网、厂区道路全部改造，包括所有的除尘系统改造以及厂房的粉刷。厂区内部不允许进自行车、不允许进私家车。建了 3 个停车场、3 个食堂、3 个浴室，集中管理。一个是环境的改造，另外一个是流程系统的改造，动力管线和介质系统全部实现改造。改造完毕后，吨钢成本降低 10 元，虽然投资了，但是效益很可观，环境焕然一新。当时浦项来中国考察，原本只到鞍钢和宝钢，后来听说了唐钢，于是来唐钢考察。他们表示非常惊讶：我们以为浦项是全世界最好的钢厂，你们唐钢比浦项还好。从那次以后，浦项开始邀请我们到浦项，双方约定每年都开展交流。后来又过了一年，浦项想将 5000 m^3 高炉改成 6000 m^3 高炉，要上干式布袋除尘。他们看了我们的高炉，又看了曹妃甸的，当时很质疑，我给了他们肯定的答案。他们问：谁设计的？我回答：是中冶京诚设计的。后来他们找中冶京诚改成干式除尘，出铁场全部平坦化，成功将 5000 m^3 高炉扩容成 6000 m^3 高炉。2011 年我当副总经理之后，带领 9 个博士到日本的 FFE，带着我们的宣传片请他们观看，他们开玩笑说：这宣传片不能让我们的职工看到，看到后他们会不上班了。此外，时任宝钢董事长徐乐江带着宝钢的班子成员和 30 多个中层干部来唐钢考察，回去以后，派团队来采访研究、调研。朱纪民带着首钢班子成员等 30 多个人来考察，他又派了一批人，包括组织部的、宣传部的，来学习唐钢这种清洁生产的变化和管理。后来时任钢协书记刘振江写了一篇文章——“中国有能力打造世界绿色清洁钢厂”。吴溪淳、殷瑞钰、吴建常这些老部长到唐钢，他们有感而发：你们做得如此好，为啥不宣传呢？后来吴溪淳主动提出帮助唐钢进行宣传。唐钢南区的水处理全部使用城市中水作为生产直接用水，一滴地下水、地表水不用，这是全国唯一一家，这个还获得了世界钢协的“可持续发展奖”。这是我在唐钢规划发展部干得最漂亮、最有意义的一件事情。在当时，我们还上了一些发电项目，包括烧结余热发电、转炉蒸汽的余热发电，高炉、转炉剩余煤气发电，使得唐钢的能源成本那两年每年降低 100 元/t 钢。

2011 年，我被提拔为唐钢副总经理，主管技术工作，推广应用了干熄焦、余压发电等一些新工艺、新技术，实行了一贯制质量管理。除了主管科技质量工作和科技创新工作外，我还主管了公司的基建技改工作，在工艺技术进步、工艺改造、转型提升方面，做了一些提高质量方面的一些项目，同时谋划和着手建设唐钢高强汽车板项目及美锦焦化项目。2013 年担任公司党委书记兼副总经理，主持全面党委工作，行政上负责基建技改工作。党委主要工作是深入贯彻中央、省委、省国资委及集团的决策部署，保证企业发展的正确方向，深入开展宣传教育和企业文化建设，凝聚干部职工对危机、改革创新的信心和力量，深入开展创先争优活动，切实加强干部和人才队伍建设。行政上主要进行的项目建设是高强汽车板和美锦焦化。

2014 年 4 月至今，我担任河钢集团的副总经理兼首席技术官，近 9 年的时间主要是负责科技创新和发展规划方面的工作，包括产品质量提升、结构调整、区位调整（搬迁）、去产能、国际化等，核心是创新能力的提升，为此我牵头建立了集团科技创新体系，建立了 32 家全球研发平台，先后与国内的中国科学院、中国钢研集团、东北大学、北京科技大学、重庆大学，国外的澳大利亚昆士兰大学、伍伦贡大学、瑞典 MEFOS 研究院，企业里面有海尔、中集等单位建立不同研究方向的研发平台，每年在产线工艺、高端产品、重大装备、前沿技术领域有约 60 项产学研合作项目。解决了关键共性瓶颈问题，形成了一批行业引领技术，推动了技术进步，极大地提升了河钢科技竞争实力和国际影响力。河钢的产品结构的优化也是显著的，河钢的品种钢由 2014 年的 29. 88%提高到目前的 75%；高端产品由 2014 年的 438 万吨提高到目前的 2200 万吨；汽车钢由 2014 年的 199 万吨提高至 700 万吨，家电钢由 2014 年的 35. 8 万吨提高到 400 万吨。河钢成长为我国第一大家电用钢、第二大汽车用钢供应商，研发的一系列高端产品也广泛应用于雄安新区、港珠澳大桥、“华龙一号”核电站、“天眼”工程、奥运工程、国产大飞机、极地重载运输船、航空航天等系列重大科技和工程项目中，提升了河钢的影响力。

关于区位调整，就是河钢为了贯彻落实国家以及河北省委省政府的决策部署，实施的唐钢搬迁、石钢搬迁、邯钢东区搬迁以及宣钢的转型。这些项目从提出到规划，从设计到方案都是我牵头实施的，这些项目也得到中冶京诚的支持和帮助。另外，还有氢冶金项目，在于勇董事长、干勇院士谋划下，我组织实施了国内首个焦炉煤气自重整作为还原气的 60 万吨氢冶金工程以及加氢站的建设。

还有一件事就是关于对塞钢的技术支持，在收购之前，我带队考察塞钢，考察之后，我认为这个企业对河钢的全球化战略是个机遇，往大了说对中国钢铁行业“走出去”是个机遇。所以在考察后，我写了考察报告，力主收购，集团和省委省政府也采纳了我的建议。在收购后，针对塞钢产品力低下、技术装备落后、流程不合理的问题，主持制定塞钢技术改造方案，实施大规模工艺创新和装备升级，移植河钢绿色制造技术和先进管理理念，使塞钢迅速扭亏为盈并保持连年稳定高效运营。塞钢营业收入占该国 GDP 的 2%，连续保持该国第一大出口企业，成为“一带一路”样板工程，受到中塞两国领导人高度赞誉，河钢塞钢团队也被中宣部授予“时代楷模”称号。

个人的成长离不开组织的培养和同事们的帮助，近40年来，取得了一些成绩，获得国家科技进步二等奖2项，2019年获河北省科学技术突出贡献奖，获省部级科技进步奖一等奖11项，获省部级工程勘察设计一等奖4项，出版著作9部，发表论文65篇，授权专利27项。2021年进入中国工程院增选第二轮候选人。获第十四届光华工程科技奖、第四届杰出工程师奖、国务院政府特殊津贴专家、河北省高端人才、河北省省管优秀专家、全国钢铁工业劳动模范等荣誉及称号。

（二）中冶京诚与河钢集团悠久的合作历史

河钢与中冶京诚的合作始于北京钢铁设计研究院建院之初，从那时起，河钢唐钢的厂区总图就委托北京院来管理，所有的工程设计也都委托北京院来设计。50多年来，双方密切合作，源远流长，硕果累累。长期而友好的合作，促进了双方的快速发展，双方都培养和造就了一大批优秀人才。历届领导和一代代设计师们，相互间建立了深厚的友谊和信任，大家成为了很好的朋友。合作的工程项目遍及整个河钢，可以说，河钢的发展壮大离不开中冶京诚，河钢的80%以上的工程项目都是由北京院来完成的。双方都见证了河钢和中国钢铁工业的发展历程，应该说河钢和中冶京诚都为中国钢铁工业的快速发展和进步做出了杰出的贡献。我是1983年大学毕业分配到唐钢设计院（现唐钢国际）工作的，从那时起就与中冶京诚开始打交道，我讲几个工程项目例子。

第一个项目是唐钢2×1260 m^3 高炉工程，是在1989年建成投产的，当时在国内算大高炉，那时总指挥是唐山市市长，可见工程的重要性。当时施设董事长是主要工艺设计者，还有吴启常大师，王泽敏主任等，工程总设计师是刘从模和王双全，主管院长是李林芳，我那时在唐钢设计院负责设计联络和现场施工服务管理。

第二个项目是唐钢棒材工程，这个工程是1994年唐钢引进的达涅利技术和装备，也是全国第二条棒材线。当时我32岁，担任唐钢设计院副院长的第二年，记得当时我作为团长，带领21人团队（北京院15人、唐钢6人）去意大利进行了为期一个半月的详细设计联络，翟汝廉是总设计师，这是第一次与北京院的同事们在一起共同工作和生活的机会。当年学到了他们很好的作风和思想，也建立了很深的友谊。这条产线投产后发挥了巨大的作用，最高年产量达到了200万吨。

第三个项目是唐钢2560 m^3 高炉工程，这个项目是中冶京诚与唐钢设计院联合设计的。1998年唐钢建设的2560 m^3 高炉，我作为唐钢设计院的主管院长参与工程设计、施工组织和工程管理，总设计师是王双全和赵学海，全强同志是主要工艺设计者，施设总工已经是院领导了，那个高炉当时在唐钢乃至河北是最大的，国内也算是大型高炉了，这个高炉的建设对唐钢的发展起到了至关重要的作用。前面我讲过了，这个高炉当时引进了几项先进技术，都是由我来主谈的，霍戈文热风炉技术是国内第一个引进的，铜冷却壁也是第一家，PW无钟炉顶、综合碳砖炉底等也是国内外先进技术。

第四个项目是唐钢薄板坯连铸连轧工程，也就是唐钢1810 mm热连轧生产线，这是当时国内除珠江钢厂外的第二条薄板坯连铸连轧生产线。连铸机和初轧机引进的是达涅利的，精轧机和卷曲引进的是日本三菱的，加热炉是美国布里克蒙的，电气自动化系统是西门子和替麦克的。当时总设计师是王双全和侯丽娟，许红伟参与了主体工程。这个工程投产后非常顺利，为唐钢带来了巨大的经济效益，记得当时的钢卷出来后，等待拉货的车排成了长队，供不应求，价格也非常的高。这个项目也获得了国家科技进步二等奖，后来经过改造，成为了全国薄板坯连铸连轧的典型代表，产品以薄著称，实现了 1.0~1.6 mm 薄规格产品占产线总产量的42%的国内最高水平，连铸坯拉速达到6 m/min。

第五个项目是唐钢新区工程，总设计师是李传民、张福顺、张友奎、常雪天、田金生、郭豪等，项目经理是冷长明，这个工程是河钢与中冶京诚合作的最好的杰作。这也是继首钢京唐和宝钢湛江以后国内外建成的一个最先进、最绿色、最智能的现代化新一代流程钢厂。这个项目是我这一生中负责的项目中最得意的一个，项目中凝聚了河钢和中冶京诚广大工程技术人员的智慧和心血，从方案制定、总图的布局、工艺产线的确定、设备的选型，以及各项新工艺新技术的应用，都做到了极致。我们应用了23项新工艺和新技术及130项最先进的绿色环保技术，做到了比超低排放标准还低10%的排放水平，综合能耗达到539 kgce/t，自发电比例达到90%，与传统长流程比较，减少碳排放21%。项目吨钢投资比同类型沿海项目低21%，建设工期缩短一年，吨钢占地面积仅为0.53 m^2。项目组织过程中，我们建立了“融合协同”的绿色工程管理方法，冶金流程工程学理论和界面技术得到充分的应用，目前我们在殷瑞钰院士团队的帮助下正在进一步提升，将在三年内将唐钢新区打造成引领时代发展的、国际一流的智能制造示范企业。该项目已经获得了中钢协科技进步奖一等奖，同时工程获得了国家优质工程金奖（工程项目最高奖）。

还有河钢的其他工程不再一一说了，包括石钢新区、邯钢老区搬迁工程、张宣科技转型升级项目、世界首台焦炉煤气零重整的氢冶金工程等。

回忆这些年跟京诚领导们的交往。李林芳院长，这个小老太太白头发、非常威严，但讲起话来特别和蔼可亲，特别有气质。她人特别好，对业务精益求精，严肃认真，唐钢的那些工作基本上都是她作为主管院长时干的。再后来是施设董事长，他是我的同行，搞炼铁的。我当副院长，他在这边也当副院长、院长。从那时候到现在我们一直都有联系，经常打电话。韩国瑞董事长他是搞炼钢的，他从中冶京诚到中冶集团当总工，又重新到中冶京诚。施总、韩总，我们都是特别好的哥们儿，从个人交往、单位合作以及学术上，他们都是老大哥、都是业内的专家，我们也经常一起开鉴定会、论证会。有时候过年、过节在一起还聚一聚。接下来是曹春广，后来调到设备院。还有陈杰、崔洲等。包括李学俭，从鞍山调过来的，我们都非常非常好。刚才说过，我那时来催图，与佟丽华、李勇这些人都有着很深的友谊。还有刚才说的郝勇兵、张宝岭这些副总。后来岳文彦董事长来了，岳总来这几年，确确实实对于我们河钢的支持太大了。特别是唐钢新区建设、邯钢新区建设、石钢新区建设，岳董事长亲自到我们唐钢、邯钢、石钢去，另外对工程建设资金上也给了很大的支持。确确实实中冶京诚和河钢这种合作、这种友谊，没有第二家如此亲密。到薛庆斌、李铁他们上来，一直在延续，包括张勇总来了的这两年，也非常好！总设计师里边儿，我最早认识刘从模刘总（大刘，两米高，现在我估计快100岁了），搞炼铁的，那老爷子也特别好啊。后来是老翟，翟汝廉、王双全、赵学海，我们合作都非常好！还有后来参加唐钢新区建设、宣钢建设的李传民、赵志龙等。一个一个项目，都凝聚了双方的汗水和友谊，还有田金生、殷强、左玉满、鱼洋洋。当时开工程会的时候也没少说你们，请多理解吧！

有很多让我记忆深刻的事，吴启常大师，人特别好，业务能力各方面都特别优秀。虽然是大师，位高权重的，但是在咱们晚辈面前人特别好，讲什么都没关系。后来王泽愍，再后来施设、全强。我与北京院，从领导到科室，再到底下弟兄们、总设计师、项目经理，感情都特别好、特别亲近，咱们就是同行，干专业、干事儿，非常聊得来！说句实话，虽然我是集团副总，但是见着弟兄们都跟哥们儿一样，所以我今天来讲，比较轻松，也没有章法，想到哪说到哪。

七、发展建设与青年成长

最后，也是京诚公司的领导们给我出的题目，让我对京诚公司的发展和青年设计师们提些建议。我想了想，其实也谈不上什么建议，只是结合我自己工作40年来走过的路，谈谈我的个人理解和一些感悟吧！

（一）对中冶京诚的发展建议

关于京诚公司的发展，应该说岳总带领班子成员已制定了一个很好的规划，这些都没问题，现在结合高质量发展和当前市场形势，我提出以下五个方面，供大家参考。

一是建立持续的竞争优势。始终保持自己的持续竞争力，竞争是发展和创新的源泉，是企业追求高质量发展的助推剂，没有竞争就没有进步。对外，我们要进行同行业良性竞争，增加交流与学习，并在其中不断完善自我，快速提升市场竞争优势。对内，我们可以建立竞争机制，创造内部竞争氛围、搭建内部竞争平台。

二是持续创新，创新是引领发展的第一动力。京城公司作为设计引领的工程公司，应当创新先导、技术先行。在设计时要敢于应用新工艺新技术，要敢于失败，只有创新才能掌握核心技术。而创新的根本在于人，这就要求我们树立人才是第一资源的理念，培养和引进优秀人才，加大研发力量，让人才充分释放创新潜能，服务于企业。在工程设计中，优秀的设计师，不仅能做出好的设计，还能带出好的设计队伍。能力突出的项目经理，更要发挥其高强的组织领导能力，管理好工程项目和项目经理团队。要充分发挥项目负责人、总设计师、设计师和项目经理的各自作用。

针对科技创新，我昨天与李铁副总裁在交流，因为我们京诚公司本来就是个创新型企业，我们不是生产型企业，也不是规模性企业，我们是科技型企业。创新型企业就对我们提出更高的要求。

公司要有近期规划、长远规划，比如说“十四五”期间，京诚公司要创几个国家优秀设计奖、几个国家科技进步奖、几个北京市及部级奖项；要培养几位设计大师，培养几位领军人才；中冶京诚在冶金行业，炼钢、炼铁、轧钢包括能源动力系统等，我们有几位领军人才，有几位大师可以推出去，像这些事是要有规划的。比如说今年我们要报谁，明年要报谁，今年我们要把谁推出去，谁能评上去，这些都要有规划、有准备。一个国家科技进步奖，没有十年拿不回来。一个省部级科技奖，也得六七年。科技创新要有规划，人才尤为重要，应该说中冶京诚这方面是高度重视的。我们需要博士有多少人、硕士有多少人，高级工程师、正高级工程师有多少人，人才梯队是怎样的？另外我们跟大学和科研院所的技术交流、学习应该有。不是说我们是设计行业就不需要合作，这些都是我们应该有的，比如说我们跟北京科技大学、东北大学、钢铁研究总院、中国科学院的相关合作都是应该有的。近期我看好多合作都有我们中冶京诚，这些是非常有必要的。科技创新能力反映一个企业的实力。我是管技术的，所以我一再强调科技创新和人才。

三是保持开放态度，学会兼收并蓄、兼容并包。京诚公司也中标了多项国际建设项目。在当前的钢铁行业发展趋势下，我们要以更加开放的心态、更开阔的视野，积极投入到国际合作中，向世界展示中国的实力，同时在此过程中探索先进的管理模式和先进的技术，提升我们自身的能力。

四是注重品牌建设。品牌是企业核心竞争力的体现，是企业经久不变的使命。一个广受认可和喜爱的品牌是企业拥有的最有价值的资产。京诚公司在冶金建设领域拥有深厚的技术实力和强大的行业影响力，在国内树立了冶金建设国家队的排头兵的形象，在国外打造了冶金行业方案解决专家的中国品牌，希望京城公司继续攻坚克难、创新突破，以更具科技含量的核心技术和产品打造更具影响力的世界冶金建设品牌。

中冶京诚的品牌响当当，中冶京诚是我们国家冶金设计第一号，我们在世界范围内也是第一号！中国钢铁行业设计、设备制造、建设全是世界领先的，不是一流，是世界最好的！我们从装备上、产品上应该也可以了。从装备到设计再到建设都是最好的，京诚公司是最好里的第一。所以说我们这个品牌就是京城的实力。这就是到现在为止，为什么河钢只要有大工程就找京诚的原因。

五是要为合作伙伴搭建可持续合作的平台。要综合考虑客户黏性、未来成长性等方面因素，进一步开拓客户，同时维系好老客户的关系。长期以来，中冶京诚和河钢一直保持着密切的合作关系，可以说，河钢和中冶京诚建立了良好的可持续合作伙伴关系，形成了可持续合作平台，可以为国内同类型合作提供借鉴。中冶京诚和河钢这种合作关系应该说是典范。

（二）对青年设计师的成长建议

最后对年轻的同事们提出希望，包括健康、实干、创新、坚持、规划几个方面。

第一是要重视身体健康和心理健康。身体是革命的本钱，特别是设计师和项目经理工作都比较忙，压力也比较大，加班可能都是常态，一定要注意保重身体。要有积极的心态，坚持锻炼，劳逸结合。身体健康，工作才会有更高的效率，生活才会更快乐，家庭也会更加幸福。

第二是实干精神。习近平总书记说空谈误国，实干兴邦。首先要学习，知识和技能是学不完的，不管什么时候，你都要懂得不断地去学习，去丰富自己。跟专家学习，学习他们比你厉害的地方。其次在工作中要脚踏实地，稳扎稳打，把全部心思用在“真干事”上，在工作中提升自己。

第三是要坚持创新。其实我们钢铁行业一直在创新，我理解的设计领域的创新是流程布置的创新、新工艺新技术应用、工艺装备的研发，包括我刚才说的冶金流程学的贯彻创新等都是创新。首先是善于学习，学习国外先进的理念和设计思路，学习殷瑞钰部长的冶金流程工程学，其实是要敢于第一个“吃螃蟹”。

第四是要有持之以恒的毅力。中国有句谚语说：“不怕无能，就怕无恒”，做人做事最需要的是要有坚定的毅力。人与人之间存在着智商上的差距，但一个人不管能力如何，做事情只要有毅力就能将事情做好，一个人要是想干成事，要想学好技能，就要坚定信心，要能够坚持下去。20 年干一件事，他必然是大师。

第五是要有清晰的人生规划。明年我要干什么，未来三年我要干什么，未来五年我要达到什么水平。然后这些目标分解，把大目标分解成为若干个小目标。学会把目标分解，其实就是找到自己的一种工作节奏，目标能够自然地调动出你的积极性来。同时还要立足于当下，实时地调整好目标，这样才能找到最适合自己的未来。

以上就是我和大家交流的内容，占用大家这么多的时间！有好多内容都是行业的共识，只是我把它总结在一起。我没把自己当外人，我们都是同志、是战友、是朋友，说得对的不对的，请大家批判地听！最后，再次感谢中冶京诚对河钢的支持，感谢中冶京诚岳文彦董事长、李铁总，感谢中冶京诚的弟兄们，给我这次交流的机会！也祝愿中冶京诚和河钢的合作不断取得新的突破，友谊天长地久！

减污降碳高效协同　助力行业绿色发展

在“钢铁工业绿色低碳发展论坛暨全国冶金能源环保生产技术研讨会”上的报告

2022 年 8 月于武汉

在“双碳”目标下，钢铁行业面临巨大的减排压力，减污降碳成为钢铁工业在新发展阶段的主旋律，我结合河钢集团有限公司（以下简称河钢集团或河钢）绿色制造以及低碳技术实施情况，与大家共同交流钢铁工业在减污降碳、高效协同方面助力行业绿色发展的主要路径及建议。我从以下几部分进行汇报。

一、钢铁工业进入低碳绿色发展新阶段

（一）碳达峰、碳中和成为世界发展主旋律

从通过《联合国气候变化框架公约》到签订《京都议定书》，再到签订《巴黎协定》，应对气候变化已成为全球共识。近期欧洲议会通过了关于建立碳边界调整机制的修正案，对温室气体排放量高的企业带来重大挑战。钢铁企业应率先开展企业碳数据评估、报告、产品碳足迹核算等。

温室气体减排和大气污染治理措施具有显著的协同性。主要原因是温室气体和大气污染物都是主要来源于化石燃料利用。气候政策也具有显著的空气质量和健康协同效益，中国的清洁空气行动同样推动了二氧化碳减排。根据贺克斌院士的报告，我国工业的碳排放变化趋势与工业的污染物排放趋势具有显著的正相关性。

习近平总书记提出的“3060”目标和我国到 21 世纪中叶的生态文明建设目标具有高度一致性，生态环境部提出：将以“减污降碳协同增效”为总抓手，加快推动从末端治理向源头治理转变，通过应对气候变化降低碳排放，进而从根本上解决环境污染问题。

中国碳中和面临巨大挑战，主要体现在三个方面，一是高碳的能源结构，中国化石能源中煤的占比高达 57%；二是高碳的产业结构，煤电、钢铁、石化、水泥等行业要实现碳中和，需要煤电 CO_2 排放要基本清零，非化石能源发电达 80%以上，低碳转型非常艰难；三是实现碳达峰、碳中和时间短，我国制定的“双碳”目标过渡期是 30 年，而发达国家普遍要用 50~70 年，这意味着中国在应对气候变化行动上需要付出比发达国家更为艰苦卓绝的努力。对于钢铁行业来说，低碳转型势在必行。

（二）钢铁行业是低碳绿色发展的重要领域

钢铁行业是低碳绿色发展的重要领域，是人类文明进步和社会经济发展的基石。迄今为止，钢铁是世界上应用最广的结构性、功能性材料，是全生命周期排放最低、循环利用率最高的金属材料，在支撑人类文明进步中做出了不可或缺的突出贡献。

钢铁行业作为资源消耗密集型产业和典型的高碳排放行业，消耗了全球 8%的能源，排放了全球7%的二氧化碳。而我国钢铁工业碳排放占全国总排放量的16%，占世界钢铁总排放量的60%。

（三）钢铁行业低碳发展的重大变革及挑战

因此，钢铁行业低碳发展面临着重大变革及挑战，钢铁行业未来的减碳技术应该建立在总量控制的基础上，为实现深度脱碳，还应该在工艺技术创新、能源技术创新、材料技术创新三方面有重大创新和突破。

同时，钢铁行业的低碳发展也面临诸多困难与挑战：一是2050年钢铁行业的碳排放总量、碳排放强度要实现大幅下降；二是实现减排目标需要巨额投资，经测算，到2050年，中国钢铁行业为实现碳中和，需要投入约20万亿元的巨额投资，简单推算吨钢每年需投资500元；三是钢材需求总量将受到限制，需求结构改变；四是来自供应链下游的绿色采购压力，下游客户要求钢铁企业提供绿色低碳钢材，以减少整个价值链上的碳足迹；五是钢铁贸易将面临传统的贸易壁垒+绿色贸易壁垒。如区域贸易保护措施及碳边境税，将进一步加大钢材和钢材制品的国际贸易难度。

（四）我国钢铁企业要在引领世界钢铁低碳绿色发展中实现创新突破

针对钢铁作为我国应用最广泛的材料作出的贡献，和钢铁行业在低碳绿色发展中面临的困难与挑战，我们国家也下发了《关于促进钢铁工业高质量发展的指导意见》，提出到2025年钢铁工业基本形成布局结构合理、资源供应稳定、技术装备先进、质量品牌突出、智能化水平高、全球竞争力强、绿色低碳可持续的高质量发展格局，接下来要在创新能力显著增强、产业结构不断优化、绿色低碳深入推进、资源保障大幅提高、供给质量持续提升五个方面付出努力。

近期生态环境部等7部委联合印发《减污降碳协同增效实施方案》提出了6类26项具体措施，涉及钢铁行业的包括加大污染严重地区结构调整和布局优化力度、扩大绿色低碳产品供给和消费、实施清洁生产审核、大力支持电炉短流程工艺发展、加快推进“公转铁”和“公转水”、一体推进重点行业大气污染深度治理与节能降碳行动、工业固废资源利用或替代建材生产原料等措施方案，到2030年，减污降碳协同能力显著提升，助力实现碳达峰目标。

二、河钢集团低碳绿色技术实践

“十三五”以来，河钢集团深入贯彻习近平生态文明思想，秉持“人、钢铁、环境和谐共生”的理念，不断强化社会责任，坚定与国家战略同向同行，以“为人类文明制造绿色钢铁”为已任，率先实施绿色制造、绿色产业、绿色产品、绿色采购、绿色物流、绿色矿山“六位一体”的绿色发展行动计划，在节能减排、绿色发展方面取得了丰硕成果。我从六个方面分别介绍。

第一个方面是以超低排放为重点，引领行业绿色发展。全面研发应用超低排放技术，吨钢粉尘、二氧化硫、氮氧化物排放量分别为0.21 kg、0.26 kg、0.50 kg，优于“国家钢铁企业清洁生产”一级标准，居行业领先水平。推进能源梯级循环利用，2020年仅余热余能余压自发电总量超过95亿度，核心企业自发电比例超过65%。唐钢新区构建了全流程能源转换体系，实现了余热、余能、余压的高效能源转换，自发电比例已达到85%以上。致力于水资源高效循环利用，吨钢耗新水逐年降低，最低达到每吨钢2.29 m^3，水重复利用率达到98.5%以上，居行业先进水平。开展钢铁副产物协同和资源化利用，集团各子公司实现钢铁副产物的全回收和再利用；被国家发改委确认为资源综合利用“双百工程”首批企业。我们主持研发的钢铁行业多工序多污染物超低排放控制技术，于2019年入选生态环境十大科技进展，并获得2021年度国家科技进步奖二等奖。习近平总书记在2021年两院院士大会上对该技术给予肯定，指出“钢铁多污染物超低排放控制等多项关键技术推广应用促进了空气质量提高”。

第二个方面是以绿色智能为中心，推进区位结构调整。河钢集团按照党中央、国务院决策部署，加快推进“去产能”和区位调整，在“十二五”期间压减生铁产能560万吨、粗钢产能684万吨的基础上，“十三五”以来通过压减产能和区位调整减量置换，又压减生铁产能652万吨，粗钢产能908万吨。并先后启动宣钢转型升级，唐钢、石钢和邯钢老区退城搬迁。通过区位调整已建成绿色化、智能化、品牌化的新一代流程钢厂唐钢新区，建成了新一代绿色低碳全废钢—电炉短流程钢厂石钢新区，打造了高端装备核心零部件制作基地张宣科技基地。邯钢老区搬迁于2022年年底完成。

第三个方面是工艺流程变革推进减污降碳协同。这里涉及三类变革。变革一，唐钢新区运用最新的钢厂动态精准设计、集成理论和流程界面技术，实施了230余项前沿新工艺、130多项钢铁绿色制造技术，如高比例球团冶炼、棒材直轧、热装热送、物料全封闭储运等技术，整体实现每年粉尘降低1045.8 t、二氧化硫降低1643.4 t、氮氧化物降低2241 t，吨钢二氧化碳排放强度降低21%，每年二氧化碳排放总量减少296万吨，引领了行业减污降碳发展方向。我们研发的基于高炉炉料结构优化的变革性减排技术，提高高炉球团矿比例实现总量减排；并建成我国首个适合高比例球团冶炼的特殊炉型，开发出了基于中高硅铁精粉的熔剂性球团制备技术，建立匹配高比例球团冶炼的质-热控制技术；目前在唐钢新区3000立方米级别高炉上推广使用，入炉球团比例已达到60%。按当前960万吨产能计算，每年可源头减排二氧化碳80万吨、二氧化硫108 t、氮氧化物155 t。变革二，是石钢新区全废钢电炉短流程炼钢工艺，取消了烧结、焦化、高炉等污染物高排放工序，以电和天然气为主要能源，以全废钢为原料，较等量级长流程减排优势明显！采用最先进的、符合国际钢铁发展趋势和国家产业政策大力支持的节能环保型电炉，并结合系列先进技术的实施，与老区相比，新区吨钢综合能耗降低62%，吨钢水耗降低46%，颗粒物、二氧化硫、氮氧化物等主要污染物减少75%，二氧化碳减排70%以上。变革三，是在张宣科技实施氢冶金示范工程，引领绿色低碳冶金革命。一期建设60万吨以焦炉煤气零重整作为还原剂的氢冶金示范工程，2022年年底投产；二期通过发挥张家口风电及光伏发电优势，开发60万吨绿氢氢冶金项目，实现全过程的低碳绿色钢铁制造。规划“十四五”期间将在唐山建设2座年产130万吨的氢冶金项目。到“十四五”末，集团形成年产380万吨的清洁炼钢原料的氢冶金产能。

第四个方面是以氢能产业化为主线，引领行业能源结构革命。首先，钢铁行业加氢示范站的建成投运，我们于2020年8月在邯钢投入运行我国钢铁行业首个固定式加氢示范站，2021年1月在唐山投运了第二座固定式加氢站，到“十四五”末，计划在京津冀地区建成不少于30座加氢站，构建加氢站网络。其次，推动京津冀重卡“柴改氢”氢能物流示范，率先建成了我国第一条“柴改氢”绿色物流链，目前已开辟氢燃料重卡运输线路3条，投入运营氢燃料重卡50台，累计行驶里程258万千米，运量310万吨，CO_2减排约

6500 t，有效减轻了京津冀环境污染压力，2022 年初，河钢唐钢清洁运输比例达到 85%以上。再次，刚才提到的加快建设全球首例 120 万吨氢冶金示范工程；最后，推进高炉喷吹富氢气体技术研发与推广应用，到“十四五”末，集团所有高炉实现富氢气体喷吹，实现吨铁喷吹量 60 m^3，二氧化碳减排量超过 50 kg/t。

第五个方面是携手上下游打造钢铁低碳绿色产业链。先后与上下游企业展开科研合作，其中与必和必拓公司签订了战略协议，在氢冶金原料制备、提高块矿使用率、冶金渣循环利用、碳捕集利用技术方面等领域开展合作。与美国 TMS 集团合作打造废钢加工中心，通过投资新建或并购整合社会资源，提高社会废钢的回收、加工、配送、金融及贸易等方面的综合服务水平。在 2022 年 8 月 4 日，河钢集团与宝马集团签署打造绿色低碳钢铁供应链合作备忘录，双方将联手打造产业链“深度融合、绿色发展”的合作典范。宝马集团将成为河钢绿色低碳钢铁的第一家客户，从 2023 年中期开始逐步增加氢冶金 DRI 在转炉中的比例，向宝马集团供应低碳汽车用钢，生产过程相较于传统钢材可少产生 10%至30%的二氧化碳；从 2026 年开始增加氢冶金 DRI 在电炉中的比例，向宝马集团供应绿钢，在汽车的供应链端每年预计将减少约 23 万吨的二氧化碳排放，是降低汽车全生命周期二氧化碳排放的有效杠杆之一。

第六个方面是组建技术联盟，开展突破性技术研究。与中国科学院过程所联合研发大气污染控制耦合能质增效技术与应用，推进减污降碳协同增效，实现环保与生产融合。在世界钢协的指导和支持下，与北京科技大学联合发起成立了世界钢铁发展研究院，开展未来钢铁工业可持续发展路径的探索与研究；与昆士兰大学组建可持续钢铁创新中心，开展 CO_2 捕集、利用和储存技术研究；与中国钢研集团合作，开展钢铁工业“碳达峰、碳中和”实现路径研究，推动能源结构、材料结构和工艺结构创新，为行业绿色低碳发展贡献力量，为世界贡献“中国智慧”。

三、河钢集团低碳绿色发展展望

结合河钢集团的低碳绿色发展规划，提出一些减污降碳高效协同发展路径。

（一）行业内率先发布低碳发展技术路线图

在“十三五”绿色发展成果基础之上，“十四五”开局之年，河钢便在行业内率先发布了围绕“碳达峰、碳中和”的低碳发展目标，并制定了详细的低碳发展技术路线图，河钢将按照“碳排放总量和碳排放强度‘双控’”原则，通过构建六大降碳技术路径，搭建两大管理平台，经历“碳达峰平台期、稳步下降期及深度脱碳期”三个阶段，实现 2025 年较碳排放峰值降低 10%，2030 年较碳排放峰值降低 30%，并最终在 2050 年实现碳中和。

实施的六大技术路径是铁素资源优化、流程优化重构、系统能效提升、用能结构优化、低碳技术变革、产业耦合降碳；搭建的两大管理平台是产品 LCA 管理平台、碳数据管理平台，开展全工艺流程碳足迹计算和分析，构建减污降碳协同治理的工作机制。

2022 年 4 月 21 日，河钢集团自主研发的碳中和数字化平台发布，产品 LCA 管理平台、碳数据管理平台也已正式上线运行，将致力于为钢铁及上下游行业、企业精准降碳提供全流程数字化解决方案服务。

（二）实施低碳冶金技术实现深度脱碳

推荐几个建议方案。

第一个方面建议，实施低碳冶金技术，实现深度脱碳。在这里讲三类技术，技术一是通过铁素资源优化以推动低碳冶金，重点提升高炉长流程球团比、转炉废钢利用率，全废钢电炉流程占比和氢冶金流程占比等指标，优化铁素资源，从2030年到2050年间，使铁素资源消耗量总体减少35%左右；技术二是通过流程优化重构实现低碳冶金。长流程通过系统能效提升、提高自发电比例等措施提升能源利用效率，同时提升全废钢电炉短流程比例，并实施氢冶金流程变革，进行流程优化重构，最终在2050年实现长流程、全废钢电炉短流程、氢冶金电炉短流程三者的占比分别为33%、37%、30%；技术三是通过能源结构变革支撑低碳冶金，一是提高集团绿电使用比例，到2030年新建可再生能源发电总量27亿度左右；二是扩大绿色物流范围，到2030年将运营15000辆氢能重卡。三是优化煤炭、电力以及氢气消耗量，在2030年至2050年间，将煤炭、电力消耗量分别减少1400万吨、90亿度，氢气消耗量增加60万吨。

第二个方面建议，加快非常规污染物绿色技术研发示范与推广。一是针对烧结工序，推广应用烟气选择性循环技术，实现减污降碳。该技术可使烧结烟气循环率达30%，吨矿二氧化硫、氮氧化物、一氧化碳分别减排20%、24%、20%，固体燃耗降低10%左右、烧结矿提产5%，实现了节能减排与生产效能提升的耦合。该技术入选了2021年《国家先进污染防治技术目录》技术案例、河北省首批低碳技术目录，并已在河钢集团全部烧结机应用推广，并继续在行业内推广；将在“十四五”继续研究将循环率提升到35%～40%。二是推进高炉煤气水解氧化耦合高效脱硫新技术示范及产业化应用。针对高炉煤气中有机硫含量高的特点，河钢正在与中国科学院过程所合作开发高炉煤气水解氧化耦合高效脱硫新技术，从源头实现高效脱硫，目前河钢已完成中试试验，技术指标达到处理高炉煤气量每小时2000标准立方米，水解段COS转化效率大于90%，湿法脱硫段硫化氢脱除效率大于95%，出口总硫浓度小于30毫克/标准立方米，硫化氢浓度小于20毫克/标准立方米。以每小时11万标准立方米的高炉煤气量为例，每年可减排羰基硫约200 t，减排硫化氢约80 t。并已决定在唐钢新区拟建的4号3200 m^3 的高炉上工业化应用。三是加快烧结烟气CO低温催化氧化应用技术研发及推广。河钢与北京科技大学合作开发非常规污染物CO低温催化氧化技术，目前已建成烟气量为1万标准立方米/小时的中试装置，实现CO净化效率达90%。以360 m^2 烧结机的烟气量、CO催化效率为90%计算，可实现CO年减排8.1万吨，年节能1.7亿立方米高炉煤气，吨矿收益1.3元。目前项目组已具备年产CO整体式催化剂2000 m^3 的能力，正在唐钢新区烧结工序进行80万立方米的工业实验。

第三个方面建议，研发固碳、负碳前沿技术实现协同降碳。河钢集团正在研究以下三方面技术，一是依托长流程丰富的煤气资源，研发高炉+氢基竖炉+转炉+CCU工艺，实现 CO_2 的捕集与利用，最终实现长流程近零碳排放。二是研发高炉熔渣余热利用技术实现降碳，实现高炉熔渣余热回收与高值资源化利用。三是开发产业耦合协同降碳技术，如森林碳汇技术、炉渣资源化技术、仿地幔熔铁浴处理有机固废等技术，实现钢厂与城市共融。

最后，向大家介绍一下河钢搭建的产业化平台。2022年5月，河钢与唐山市政府联合组建了大河环科集团，是河北省生态环保领域“第一家国资国企平台”，未来我们将依托大河环科集团推广实施协同降碳技术，实现由单一的服务钢铁到服务绿色环保产业的跨越。

四、结束语

总之，河钢将深入贯彻习近平生态文明思想，主动担当社会责任，带头落实国家战略，以节能、减污、降碳、扩绿协同推进为总抓手，在持续引领钢铁创新发展、协调发展、绿色发展、开放发展、共享发展中实现创新突破，为国家“碳达峰、碳中和”目标的实现贡献“河钢方案”，为世界钢铁工业发展留下“中国印记”。

碳中和愿景下河钢集团低碳绿色工作实践及建议

在“第二十三届中国科协年会京津冀绿色经济发展峰会”上的报告

2021 年 7 月于北京

“双碳”背景下钢铁行业面临碳减排的巨大压力，作为碳排放较大的钢铁行业未来应如何选择低碳发展路径受到人们的普遍关注。我向大家介绍碳中和愿景下河钢集团有限公司（以下简称河钢集团或河钢）低碳绿色工作实践及建议。汇报分为以下几部分。

一、河钢集团绿色发展实践

（一）绿色发展总体概况

一是河钢集团在行业内率先实施绿色制造、绿色产业、绿色产品、绿色采购、绿色物流、绿色矿山的“六位一体”绿色发展行动计划，从成立以来，累计投入 203 亿元实施 430 余项节能环保项目，全面实施全流程超低排放技术改造，节能环保水平全球行业领先。

二是河钢积极落实河北省委省政府产业结构调整要求，实施转型升级和布局区位调整。通过高标准建设石钢新基地，打造了新一代绿色低碳短流程电炉钢厂；通过区位调整，高质量建设唐钢新区，打造了绿色化、智能化、品牌化的新一代流程钢厂；通过转型升级改造，建设张宣高科基地，打造高端装备核心零部件制造和氢冶金示范基地。

三是河钢集团围绕“双碳”目标，加速氢能产业推广应用的步伐，积极探索氢能产业向规模化、集聚化和高端化发展。率先发展零污染氢能物流体系、积极研究焦炉煤气制氢技术，并率先启动焦炉煤气制氢冶金示范工程，为国内氢能发展提供了路径和示范。

四是河钢集团注重低碳绿色成果的汇总及标准制定工作。主持编写了全流程的、能完整地反映我国钢铁工业绿色制造节能减排技术最新发展的丛书，主持制定了《钢铁工业绿色园区标准》，规范了钢铁工业绿色园区评价方法。

（二）研发烟气多污染物超低排放系列技术

“十三五”期间河钢在烟气污染物治理方面，形成了覆盖烧结/球团、焦炉、高炉、转炉的钢铁行业多工序多污染物超低排放控制技术路线。目前河钢吨钢综合能耗为 569 千克标准煤，吨钢粉尘、二氧化硫、氮氧化物排放量分别为 0. 24 kg、0. 28 kg、0. 50 kg；主要能源环保指标均居行业领先水平。重点介绍四个烟气多污染物超低排放控制技术。

技术一，焦炉烟气多污染物中低温协同催化净化技术，我们同中冶焦耐共同开发了低氮氧化物燃烧过程优化控制协同、多污染物协同催化净化、极限换热等技术，实现粉尘、二氧化硫、氮氧化物、汞、一氧化碳、硫化氢等多污染物的短流程高效治理与低品位余热高效利用的有效耦合。实现主要污染物指标低于国家污染物超低排放限值。

技术二，烧结烟气活性焦脱硫脱硝除尘一体化技术，该技术在邯钢建成国内首台套逆流式活性炭一体化示范工程，实现同时除尘脱硫脱硝脱二噁英。实现粉尘、二氧化硫、氮氧化物分别小于10毫克/标准立方米、10毫克/标准立方米、40毫克/标准立方米，直接促成了国家超低排放标准的发布。该技术被中国金属学会评价委员会认定达到国际领先水平，并已在国内推广9台套。2018年3月25日，黄润秋部长到河钢邯钢督导工作时指出，河钢邯钢为国家钢铁工业发展做出了巨大贡献，并且在环境保护上做足了功课，下足了力气，是一个“花园式工厂”“绿色工厂”。

技术三，球团烟气多污染物超低排放控制技术，该技术在唐钢青龙200万吨球团线上建成了世界首台采用“嵌入式SNCR+梯级氧化脱硝+SDA协同吸收+预荷电袋式除尘”的示范工程项目。粉尘、二氧化硫、氮氧化物分别低于5毫克/标准立方米、20毫克/标准立方米、30毫克/标准立方米，总体运行费用约17元/t球团矿，比其他工艺降低15%左右，且一次建造成本比主流工艺建造成本要低30%。

技术四，烧结烟气低温氧化脱硝技术及示范。集团联合中国科学院过程所开发基于半干法脱硫的梯级氧化—吸收的脱硝技术，并在唐钢中厚板240 m^2 烧结机建成示范工程，氮氧化物排放低于30毫克/标准立方米，脱硝费用为10.88元/t矿，为后超低排放时期烧结烟气减污降碳提供新思路。

集团主持研发的钢铁行业多工序多污染物超低排放控制技术项目使得集团烧结、球团、焦化工序污染物排放均优于国家超低排放限值，项目获得国家科技进步奖二等奖并于2020年入选生态环境十大科技进展。习近平总书记在院士大会上对钢铁多污染物超低排放控制等多项关键技术的推广应用给予了充分肯定。

（三）致力于水资源高效循环利用

集团致力于水资源高效循环利用，吨钢耗新水逐年降低，目前达到了2.39立方米/吨钢，居行业先进水平。唐钢主厂区实现了城市中水作为生产用水的唯一补充水源，每年节约深井水和地表水约2450万立方米，水重复利用率达到98%以上。河钢集团因此获得2016年世界钢铁工业可持续发展卓越奖。

集团“十三五”期间承担了水资源高效利用国家重点研发计划专项及钢铁行业水污染全过程控制技术系统集成与综合应用示范国家重大科技专项，开发了多项节水技术。

技术一，水膜冷削峰高效空冷节水技术。针对关键共性高耗水单元开发“水膜冷削峰高效空冷节水技术”，大幅强化喷淋水汽化潜热直接换热作用，冷却效率得到质的跃升，水耗大幅降低。该技术相较于传统凉水塔节水93%，河钢承钢示范厂区四季运行无“白雾”，改善了厂区环境。技术入选《国家鼓励的工业节水工艺、技术和装备目录》。

技术二，大水矿床地下水生态保护与水资源综合利用关键技术，在大水矿山同时采用“矿体全封闭帷幕注浆技术+井巷地表预注浆+纳滤水处理技术+矿坑水回灌技术”进行矿坑涌水综合治理。有效阻断帷幕内外水力联系，阻水率在80%以上，实现矿井废水利用率100%，技术获河北省科学技术奖二等奖。

技术三，钒钛高含盐废水结晶分盐回用技术，对钠法提钒过程中产生的高浓度含盐废水，通过采用多介质过滤+离子交换+MVR结晶回用技术，处理规模700吨/天。该技术产出99%以上高纯度硫酸钠，85%纯度氯化钠，副产物实现了资源化回收。年节水25万吨以上。

（四）能源实现梯级循环高效利用

在能源利用方面实现梯级循环高效利用。采用余热回收、余热发电、钢包全程加盖、钢坯热装热送等节能措施，最大限度地减少工艺过程中能源的浪费。2020 年仅余热、余能、余压自发电总量超过 95 亿度，核心企业自发电比例超过 65%。

（五）开展钢铁副产物协同和资源化利用

在钢铁副产物资源综合利用方面。集团各子公司实现了高炉除尘灰、转炉除尘灰、轧钢氧化铁皮、钢渣水渣等钢铁副产物的全回收和再利用；矿山实施井下填充采矿法，减少了尾矿的露天堆存；集团被国家发改委确认为资源综合利用“双百工程”首批企业。

河钢集团与北京科技大学、中晶环境科技股份公司联合开发基于镁法的副产物资源化技术，利用烧结烟气镁法脱硫副产物与矿渣多组分协同制备全固废轻质高强建材，产品抗压强度和绝热性能都优于普通矿渣混凝土和普通混凝土。

河钢集团每年产生 1200 万～1500 万吨高炉渣，主要处理途径是制作水渣超细粉，成为制作矿渣水泥或渣砖等建筑材料的原料。每年产生约 500 万吨钢尾渣，用来制作钢渣超细粉，结合下游产业进一步制备水泥、混凝土、透水砖、便道砖等深加工产品。

我们集团自主研发废 SCR 脱硝催化剂回收利用技术，废脱硝催化剂经钠化浸出、过滤洗涤得到富钛料和含钒钨浸出液。经过分离提纯，分别得到钨酸铵、偏钒酸铵、氟钛酸钠，作为生产钛合金的原料。目前本项目已完成实验室基础研发，正在中试车间进行公斤级试验研究。

二、低碳绿色技术探索

（一）率先实施氢能技术研发和产业化应用

河钢将氢能利用作为重点发展的战略性新兴产业，致力成为推动我国氢能产业发展的先行者。河钢提出利用钢铁行业富氢的焦炉煤气提取氢气，解决制氢成本问题；发展零污染氢能物流、氢冶金的氢能利用方向。

河钢于 2020 年 8 月在邯钢建成我国钢铁行业首个固定式加氢示范站，2021 年 1 月在唐山投运第二座加氢站，计划于 2030 年前建成 30 座加氢站。

河钢积极推动京津冀重卡“柴改氢”氢能物流示范，7 月 5 日，河钢集团氢能重卡投运全国首发式在河钢唐钢举行；首批次 30 辆 49 t 氢能重卡已经在河钢唐钢正式投入运营，开创氢能“重卡时代”，在“柴改氢”后实现清洁运输，将有效减轻京津冀雾霾带的环境压力、污染物的排放。

河钢集团与意大利特诺恩公司合作建设全球首例 120 万吨氢冶金示范工程，一期通过研发焦炉煤气零重整创新工艺，建设 60 万吨以焦炉煤气零重整作为还原剂的氢冶金示范线，项目已于 2021 年 5 月开工建设。二期通过发挥张家口风电及光伏制氢优势，开发 60 万吨绿氢氢冶金项目，实现全过程的零碳绿色钢铁制造。“十四五”期间将在唐山、邯郸各建设年产 120 万吨的氢冶金项目。

（二）积极开展低碳前沿技术合作研究

河钢集团积极加强与各方合作开展前沿低碳技术研究。2020 年 10 月集团联合国内外 10 家单位在北京发起成立了世界钢铁发展研究院，以绿色化、智能化为主题，研究探讨未来钢铁工业可持续发展之路，致力于构建钢铁与人类社会、自然环境和谐共生的产业生态圈。

河钢集团与必和必拓已签订战略协议，双方在低碳冶金等领域合作，聚焦钢铁行业的温室气体减排，共同研究和探索温室气体减排技术和路径。目前我们已在氢气直接还原铁技术、钢渣处理及循环利用技术、铁矿石块矿的使用率提升三方面开展了合作。

2021 年 4 月，集团与中国钢研集团签署了《河钢集团低碳绿色发展行动计划实施方案》《唐钢新区流程优化与智能化运行》项目合作协议。项目围绕钢铁行业“碳达峰、碳中和”实现路径，双方共同推动能源结构、材料结构和工艺结构创新，为我国钢铁工业低碳、绿色、可持续发展树立行业标杆，目前项目正在顺利进行中。

三、低碳绿色发展建议

（一）建议钢铁减量基础上实施低碳路径创新

建议在钢铁减量基础上实施低碳路径创新。钢铁行业未来的减碳技术应该建立在总量控制的基础上，按照殷瑞钰院士团队的研究，未来钢铁碳减排路径中，总量控制约占 45% 的贡献率。当然，为实现更高幅度的减排，还应该在工艺技术创新、能源技术创新、材料技术创新三方面有重大创新和突破。

进行流程变革，以实现结构性减碳。未来一段时期，高炉-转炉长流程仍然是我国钢铁的主要工艺，但是要减少比例，同时针对铁前工序高排放的特点，大力推进原料结构优化、炉顶煤气碳捕集等技术应用。减少长流程，就应该增加短流程占比，未来两种典型的短流程，一是以氢为还原剂的氢还原+废钢+电炉工艺，一是以全废钢为原料的电炉短流程。2030 年，河钢集团以氢还原+废钢+电炉和全废钢+电炉的短流程钢占比将达到 25% 以上。

进行能源技术创新。传统长流程过度依赖煤导致能源结构单一，减碳空间有限。应通过能源技术创新，大力发展光伏、风能等新型可再生能源产业，构建多元能源结构体系，可以进一步支撑氢冶金—电炉及全废钢—电炉短流程的发展，可从根本上大幅度降低碳排放。

推进材料创新，为行业下游提供性能更优异、使用寿命更长的产品，从全生命周期角度降低碳排放。而可再生能源的材料、工艺获得更多创新和市场发展空间，也要求能源革命对钢材有新的需求。

（二）建议加快成熟绿色制造技术行业内推广

结合行业现状及技术成熟度，这里推荐两种技术。

技术一，高炉高比例球团冶炼技术，这是我们研究的国家重大专项的课题之一，我们试验的高炉入炉球团比例已达 80%，各项指标优于同比例烧结矿。目前该技术已在唐钢新区 3000 m^3 级别高炉上推广使用，入炉球团比例已达到 60%。比使用同比例烧结矿，二氧化硫、氮氧化物分别减排 74% 和 53%，仅在唐钢新区每年可源头减排二氧化碳 80 万吨。

技术二，烧结烟气选择性循环节能减排技术。该技术可使烧结烟气循环率达 30%，吨矿氮氧化物、一氧化碳分别减排 24%、20%，烧结机增产 4%~6%，燃耗降低 11%；实现节能减排与生产效能提升的耦合，已在唐钢新区、邯钢、承钢、舞钢建成 10 套烟气循环示范。2021 年，该技术入选河北省首批低碳技术目录，未来希望该技术在行业内大规模推广应用。我们将在“十四五”继续研究循环率提升到 35%~40%。

（三）建议加快非常规污染物绿色技术研发与示范

进行绿色制造技术研发。研发技术一是高炉煤气水解氧化耦合高效脱硫新技术研发与示范。针对高炉煤气中有机硫含量高的特点开发高炉煤气水解氧化耦合高效脱硫新技术，从源头实现高效脱硫，避免了建设分散的末端脱硫设施，具有显著的经济及环境效益。以11万标准立方米/小时的高炉（450 m^3）煤气量为例，每年可减排羰基硫约200 t，减排硫化氢约80 t；研发技术二是烧结烟气CO低温催化氧化应用技术。针对烧结烟气中非常规污染物CO治理难题，开发CO低温催化氧化技术，自主研发烧结烟气CO催化专用产品，形成烧结烟气CO低温催化氧化工艺及装备。技术可实现CO净化效率>85%，按现有烧结烟气CO排放浓度为6000×10^{-6}、1万标准立方米/小时烟气处理量计，预计年CO减排648 t。

（四）建议加快钢铁副产物协同处理和资源化利用

发展大宗固废循环经济。关于大宗固废的相关政策法规和规划密集出台，针对大宗固废产生强度高、利用不充分、综合利用产品附加值低等突出问题，总体思路遵循“减量化、再利用、资源化”原则，进一步拓宽冶金渣等大宗固废综合利用渠道，加强钢渣等复杂难用工业固废规模化利用技术研发。

未来大宗固废循环经济发展一方面需要提高资源使用效率从源头减少固废产生，另一方面需要发展冶金渣固碳技术，资源化的同时推动“双碳”目标达成。

四、结束语

总之，按照国家大力实施“碳达峰、碳中和”的战略部署，河钢将主动担当社会责任，带头落实国家战略，进一步深化“五位一体”总体布局，坚持“绿色发展、生态优先”，构建适应生态文明要求和制造强国战略的钢铁企业绿色发展路径，持续引领钢铁创新发展、绿色发展和高质量发展，为国家“碳达峰、碳中和”目标的实现贡献“河钢方案”，为世界钢铁工业发展烙上“中国印记”。

打造产品技术高度，抢占创新引领高地，为集团高质量发展提供坚强有力的科技支撑

在河钢集团2020年科技创新大会上的工作报告

2020年11月于石家庄

受集团委托，由我向大会作科技工作报告。

第一部分　近两年科技工作回顾

集团科技系统紧紧围绕集团战略发展，聚焦产品市场，推进工艺创新，持续提升质量，强化协同攻关，加快技术引领，为集团发展发挥了强大的支撑和推动作用。

一、全力推进产品升级与结构调整，转型发展取得新突破

产品结构迈向高端。品种钢、高端产品、特色战略产品占比达到74.3%、56%和6.9%，比2018年分别提高4.3%、4.9%和3.6%。汽车钢、家电板产量分别突破700万吨、400万吨，涂覆家电板、高强汽车板比例持续提升，第一大家电板供应商、第二大汽车钢供应商地位更加稳固。

新品研发成效瞩目。以LNG高锰钢、2吉帕热成型钢、功能性锌铝镁、特厚齿条钢为代表的26个新产品填补了国内空白。一大批集团专属产品应用港珠澳大桥、大兴国际机场、华龙一号核电站、天眼工程等国家重点项目，彰显了集团的产品形象和行业影响力。

产品竞争力大幅提升。汽车板实现了强度级别全覆盖，为宝马、奔驰等高端客户批量供货；涂覆家电板市场占有率达到50%以上。特殊涂层锌铝镁、镀铝硅国内市场占有率第一。中厚板保持国内领先优势；百米重轨实现高铁轨道“零”的突破，特大型角钢稳居国内第一，钢板桩快速实现了研发覆盖和市场抢占，型材产品进一步丰富壮大。线棒材占据高端，齿轮钢及非调钢进入第一梯队。

二、大力实施工艺技术进步，产线竞争力得到新提升

重点技术指标持续改善。集团在产22座高炉炉况稳定顺行，各项指标持续改善，实现了高效稳产。镀锌O5板、吉帕级高强钢、薄规格、重轨等产品质量合格率显著提升。高强钢平直度、冷轧板边裂、氧化铁皮、中厚板辊印等长期影响产线的瓶颈问题得到解决。

新工艺、新技术加速推广应用。实施了110项新工艺、新技术的研发、推广和应用。高炉自动喷吹、炼钢漏钢预报、钢石一体化辊型及余热淬火等新工艺、新技术，极大地提

升了产线技术实力。特别是刚刚投产的唐山钢铁集团有限责任公司（以下简称唐钢）新区，运用了最新设计理念、集成理论和流程界面技术，采用了230项前沿工艺、130项钢铁绿色制造技术，致力于打造“绿色化、智能化、品牌化”现代钢铁基地，为集团产线实力提升提供了新的支撑。

引领技术研发助推行业影响力提升。以产线共性技术研究、国家课题推进、研发平台作用发挥为抓手，大力实施线棒材直轧、薄板坯高拉速、300 mm厚淬火装备等10余项国内第一、唯一的前沿引领技术研发应用，进一步提升了集团技术创新能力。

三、着力加强科技创新资源整合，全球研发平台凸显新作用

近两年来，围绕搭建“全球技术研发平台”，面向全球整合科技创新资源，着力聚集科研院所、高端客户人才、技术等创新要素，与钢研集团、北京科技大学、重庆大学、燕山大学、西门子、中国一拖等成立了9个联合研发中心，累计建立了30个“产学研用”协同创新平台。

发挥创新平台支撑引领作用，实施了107项攻关课题，有力推动了集团产品质量和产线效益的提升，实现创效8.77亿元。其中，烧结配矿优化、无缺陷连铸坯、氧化铁皮控制等课题，有效解决了制约产线的瓶颈问题；海工钢、300 mm厚淬火装备、板坯重压下等领先产品及“第一”“唯一”技术的研发应用，进一步提升了集团核心竞争力。

四、强力推进应用技术研究，产业链延伸服务能力迈上新台阶

按照“材料切换—选材整体方案—全套技术支持”的路径，大力开展EVI技术服务，集团在汽车、家电、建筑桥梁、工程机械等领域初步具备了材料替代、轻量化、模拟仿真等用户技术服务能力。特别是以汽车钢、家电板为代表的用户技术服务能力取得质的飞跃。面向恒大、上汽、北汽、长城等主机厂，在车型解析、冲压涂装、焊接工艺、性能测试、轻量化等方面提供技术解决方案，完成了近80个牌号仿真模拟、疲劳性能等数据支持，解决了高强钢焊接断裂、超高强钢板回弹、烘烤变形等用户关注的实际问题，筹建完成行业首家家电用户NPI体验测试中心一期建设。聚焦服务汽车、家电行业高端客户，在武汉、成都、长春等地新建7个加工配送中心，全产业链服务能力和产品竞争力进一步提升。

五、致力全流程绿色制造技术研发，节能减排、绿色制造技术实现新引领

集团主要污染物排放指标显著降低。吨钢SO_2、NO_x和颗粒物排放分别降至0.37 kg/t、0.65 kg/t、0.34 kg/t，较2017年年底分别下降46%、40%和44%；外排废水总量下降45.7%，吨钢耗新水降低6.5%。

实施全流程前沿技术研发与应用，一批协同及自主研发的绿色技术达到国际领先水平。国内首次实现80%的高比例球团冶炼，首家实施CSCR脱硫脱硝技术，烧结烟气循环技术在唐钢新区、邯钢、承钢、舞钢等10个产线推广应用，集团成为国内首家实现铁前工序超低排放的钢铁企业。“钢铁行业多工序多污染物超低排放控制技术”入选2019年度“中国生态环境十大科技进展”。

推进氢能产业发展，以引领京津冀地区零排放、零污染氢能物流为方向，在唐山、邯

郸建成日加注 500 kg 的加氢站，在国内率先实现 49 t 重卡示范运营，成为京津冀地区“柴改氢”示范企业和氢能产业领军企业。

六、着力实施工艺装备两化融合，智能制造发挥新成效

加大工艺控制模型开发应用力度，具备了主体装备“黑匣子”数据分析及一、二级模型开发能力。开发了烧结配料、热风炉自动燃烧、转炉自动出钢、加热炉智能燃烧、自动矫直等 30 余个全工序控制模型，有效提升了产线标准化作业能力和过程控制精度。

大数据在产线的广泛应用，显著提高了产线效率。河钢唐钢炼钢产线、冷轧产线以及 1700 mm 热轧线自动化系统实现远程访问，河钢邯钢上线钢材质量自动判定系统，河钢承钢建成酸洗 3D 可视化系统，实现了产品质量的全流程追溯和关键工序的智能监控。

工业机器人的示范应用，增强了产线精准制造能力。累计实施了锌锅捞渣机器人、矿山巡检机器人等不同工序 58 套机器人应用，为规模化装备机器人起到了示范作用。

七、发力创新型企业建设，集团影响力提升新高度

科技成果取得重大突破。两年来，集团获得国家科技进步奖一等奖 2 项，二等奖 4 项，获省部级科技奖 54 项。受理专利 3220 项，其中发明专利 1290 项；受理国际专利 2 项。制定了《临氢设备用铬钼合金钢板》等 12 个国家标准、10 个行业标准和 2 个团体标准。

推进创新型企业建设。新增高新技术企业 20 家，累计有 30 家企业通过高企认定。河钢股份通过军工三级保密资格认定。共计承担 17 项国家重大专项和 31 项河北省省级课题。

技术输出成效显著。向塞钢输出 11 项专利技术，助推了塞钢产线效率及产品质量的提升。

在总结成绩的同时，也必须清醒地认识到我们存在的差距和不足，主要表现在以下几个方面：

一是技术系统在培育战略产品、巩固成本优势、推进品种创效等方面的引领作用还需进一步加强；

二是产线技术创新能力与集团高质量发展的要求相比还有差距，协同创新及技术资源优化机制需进一步完善；

三是用户技术研究能力还不能完全满足集团产业链延伸战略要求，对接高端用户的能力仍需进一步增强；

四是技术人才数量、结构与集团规模地位还不相匹配，业内技术领军人才的数量和影响力都有待进一步提升。

上述问题，我们必须在今后工作中认真研究，采取切实有效的措施加以改进。

第二部分　未来两年科技工作的主要任务

今后两年，集团科技工作的总体思路是：坚持以习近平新时代中国特色社会主义思想为指导，推进创新驱动转型升级战略，站在产品和技术高度，完善科技创新体系，激发创

新平台潜能，推进工艺技术进步，稳定高端产品质量，强化应用技术研究，提升产线竞争实力，增强产品比较优势，巩固提升成本优势，加速推进“两个结构”再优化，打造集团品牌新高度，为集团高质量发展提供强大的科技引擎。

重点要做好以下八方面工作。

一、加快高端产品高附加值转型，进一步增强产品升级与结构调整的动力

持续聚焦“市场”和“产品”，深入推进产品升级与结构调整，在集团品种钢、高端产品取得长足进步的基础上，引入“高创效”的结构调整评价和激励机制，还原高端产品高附加值的固有属性，加快品种钢由“量变”向“质变”转变。到 2022 年年底，集团品种钢比例要保持在 75%以上，特色战略产品比例达到 10%以上，其中高创效产品比例要达到 35%以上。

汽车钢要继续向高端市场迈进。外板、高强钢、冷轧汽车板的比例要提升至 30%以上，再取得两家以上合资车企认证，推动汽车钢在合资品牌上量。

家电板要保持市场引领地位。激发装备潜能，在冷轧、涂镀、高表面等中高端产品领域提质增量，涂镀产品要达到 60%以上。依托海尔产业链协同优势，实现前沿创新产品的首发应用，确保家电板产量和市场占有率，增强品牌引领优势。

中厚板要确保行业领先。围绕特厚、极薄两个高附加值极限规格领域拓展产品结构。发挥 TMCP、DQ 等轧制技术优势，高附加值的热处理产量提高 10%以上。

长型材要实现产品增值。研发高强、耐蚀、抗震重点工程用钢，丰富汽车轴件钢、钢板桩、大型角钢、重轨等优特钢产品系列；推进“钢筋+配送”深加工服务，提升产品附加值。

二、巩固提升成本优势，打造竞争比较优势，进一步提升产品实力

以高附加值为目标增强产品竞争比较优势。以原创和替代进口为研发方向，在家电覆膜产品、高表面锌铝镁、特厚容器钢、海工钢、钒钛等产品领域，形成具有市场引领效应的集团特色品种系列。以现有品种为基础，在家电、化工、工程机械、重型装备等领域，衍生开发提高美观度的覆膜产品、特殊加工性能产品、极寒环境耐低温产品等高附加值产品，以附加性能提升产品价值。

以工艺技术降本增效为手段巩固提升成本优势。开展工序成本对标，全面梳理各工序工艺降本潜力。系统优化炉料配比，持续优化高炉结构性成本。炼钢、轧钢工序以能耗控制为核心，在工艺参数优化、工序效率提升、废次品率降低等方面实施全流程工艺降本。

以标准化提升稳定性为基础增强质量一贯性竞争优势。进一步健全标准化质量管控体系，研究、挖掘批量稳定生产控制技术，建立集团共性质量问题协同攻关机制，集成批量稳定生产控制技术包。以信息化、自动化、数字化、智能化手段提高标准化操作水平，提升产品质量。

三、健全用户服务机制，进一步提升全生命周期产品研发实力

以现有合作共建的协同创新研发平台和战略用户为载体，将研发嵌入用户产品设计、工艺制造等环节，为用户提供全生命周期的“一站式”技术解决方案。

健全服务手段。整合优化集团用户技术服务资源，加快推进成形、焊接、涂装、仿真、轻量化等用户实验室建设，为用户技术研究提供更加完善、先进的保障手段。

完善数据库建设。强化技术储备，以新车型解析为切入点，推进恒大、北汽新能源新车型材料认证；逐步完善汽车钢、家电板、覆膜产品数据库建设。

深化应用技术研究。站在为用户创造价值的高度，开展产品制造全生命周期的应用技术研究，提升产品使用价值和用户体验。以汽车板为重点，在汽车板焊接、成形工艺及仿真、表面涂镀技术领域深度介入，逐步建立健全集团汽车板应用技术研究体系。

四、推进新工艺新技术应用，进一步提升产线创新能力

以构建能源流、物质流、信息流为一体的高效生产模式为方向，提高产品质量，减少过程消耗，提升产线技术创新能力。

铁前系统，以高炉稳定顺行、低成本冶炼为核心，聚焦重点指标提升、资源高效利用、高炉操作优化，持续改善高炉技经指标。炼钢系统，攻克超洁净钢生产技术和稳定控制技术，打通集团钢水洁净度制约环节。连铸系统，围绕产品表面质量提高和效率提升，着力解决大铸坯偏析、小方坯角裂等顽疾。钢后系统，强化产品表面质量、板形、尺寸精度控制，提升产品外观质量；发挥锭坯热装热送、直接轧制、DQ 等工艺优势，降低消耗，提高效率。流程技术，以系统最优、成本最低、效率最高为方向，统筹全流程、全系统的工艺优化，提高生产效率。

技术系统要在集团区位调整战略中展现新作为，助力新基地、新产线发挥技术装备优势，把优势转化为产品力和竞争力。河钢唐钢新区要按照“绿色化、智能化、品牌化”发展目标，将新区打造成环保绿色化、工艺前沿化、产线智能化、流程高效化、产品高端化的世界级现代化钢铁基地。河钢邯钢新区按照“低投资、低成本、低费用、高效率”以及打造区域竞争优势的发展定位，充分利用全集团装备，在产品和工艺设计上，与邯钢西区错位发展，协同互补。河钢石钢新区要打造集团精品优特钢制造基地，引领国内短流程炼钢的绿色化、智能化发展。张宣高科重点要围绕关键零部件制造、特种材料研发及产业化、氢冶金技术研究及示范项目建设等，打造高端零部件、战略性新兴产业板块。

五、加快信息化自动化发展步伐，进一步提升产线智能制造能力

推动 5G+、工业互联网、云计算、大数据等新一代信息技术在研发、制造、管理全流程的集成应用，提升集团精准制造和柔性制造能力。

完善产线智能化基础能力。健全大数据采集分析系统，重点提升基础检测元器件功能，为大数据平台建设奠定基础。逐步建立和完善全工序全流程大数据采集、分析与价值管理系统，让集团庞大的数据释放潜在价值。

打造智能制造示范产线。发挥河钢—华为—东大联创中心优势，以唐钢新区、邯钢西区先进产线为基础，建设具有自感知、自分析、自决策、自执行能力的智能产线。建成“5G+工业互联网”在钢铁领域的全国首家试点示范，实现钢铁智能制造示范线技术集成。以技术研发和项目实施为依托，加快集团智能工厂、智慧企业建设。

六、有序实施前沿技术研发，进一步提升集团技术引领能力

汇聚全球创新要素，实现引领技术突破。充分发挥集团全球研发平台学科优势和智力资源，开展引领技术研究和前沿产品开发。深度挖掘前沿技术成果，推进高速连铸、线棒材直轧等成熟度高、具备推广条件的技术在集团落地并推广应用；国外平台重点在解决科学和机理问题上谋划技术合作，着力为集团培养更多国际化、专业化人才。

协同集团技术资源，实现冠军产品突破。以现有产品为依托，实施优势产品的升级研发、前沿产品的储备研发、新型材料的培育研发。加快新一代水面水下船体用钢、高锰钢等一批新钢种的研发推广，打造冠军产品。布局新型材料的研发应用，在“产品+防腐”“材料+应用”、特殊合金、功能性材料等领域，打造新型材料引领产品。

发挥既有技术优势，实现绿色制造全流程突破。聚焦水处理、全工序烟气超低排放、副产物资源化利用，开展高盐水回用、循环冷却水节水、非常规污染物脱除等国内空白技术的储备研发。

七、推进新型产业技术研发，助力集团战略性新兴产业发展

要以更加开放的视野和前瞻性理念，加快推进战略性新兴产业领域的研发与应用，助力集团成为新兴产业领跑者。

加快氢能产业发展布局。在河钢唐钢、河钢邯钢加氢站投用基础上，推进制、储、运、加、用等环节关键装备制造和技术研发，不断完善和拓展集团氢能产业链。加快建设全球首例60万吨利用焦炉煤气提氢制备高品质清洁原料的示范项目，引领低碳冶金革命。

发展工业技术服务产业。依托集团人才、产线装备优势以及核心技术，开展高端备件、在线技术服务等业务，提供涵盖产线功能精度提升、产线设备总包等整体技术解决方案。

壮大数字经济产业。聚焦数字技术赋能产业生态，推进新一代信息化技术与工业互联网、智能制造、大数据和智慧城市建设等领域深度融合，加快推动钢铁传统制造业的数字化转型，成为产业互联网、工业互联网和物联网生态建设的技术先行者和领军者。

培育特殊材料产业。加快张宣高科特材基地建设进度，实现高强焊丝、镍基合金、高温合金、耐蚀合金等高端特殊材料的产业化，树立河钢特材品牌。

八、强化创新引领和品牌提升，进一步增强集团竞争软实力和行业影响力

创新技术资源系统体系，建立针对重大、关键、瓶颈问题的联合攻关机制。围绕锌铝镁、高锰钢、家电覆膜等特色产品有序开展专利覆盖保护。申请国际专利两项以上。联合高校、科研院所和重点用户，开展重大创新成果的培育和转化，未来两年内要培育国家级科学技术奖2项、省部级科学技术奖40项以上。完善集团标准管理体系，围绕集团优势品种、创新工艺、先进检测方法，研究制定国家标准及行业标准12项以上。

发挥集团全球研发平台作用，共同承担“十四五”国家重大研发项目，持续提升集团行业影响力。以于勇董事长担任国际钢协主席为契机，积极主导和参加世界钢协和国际学术活动。推动向海外产线的技术输出，在集团优势领域参与国际标准制定。

同志们！百舸争流，奋楫者先。让我们以锐意创新的底气、敢为人先的锐气、蓬勃向上的朝气，坚定信心，开拓进取，为集团加快转型升级和高质量发展而努力奋斗！

河钢集团绿色低碳发展实践与展望

在第四届钢铁、焦化行业超低排放与绿色发展研讨会上的报告

2020 年 10 月于北京

“十三五”期间，河钢集团有限公司（以下简称河钢集团或河钢）按照“六位一体”绿色发展总布局的要求，依托国家重点研发计划项目，积极开展烟气超低排放治理技术研发与应用示范，烟气多污染物排放指标达到超低排放标准，引领了行业的绿色发展。2021年是国家“十四五”开局之年，河钢集团将主动承担绿色发展责任，持续引领钢铁行业绿色低碳技术的发展。今天很高兴向大家分享河钢集团近年来绿色发展实践及“十四五”展望。

一、河钢集团绿色发展概况

（一）河钢集团概况

河钢集团作为世界最大的钢铁材料制造和综合服务商之一，在全球拥有员工近 12 万人，2019 年全年粗钢产量 4656 万吨，实现年营业收入 3547 亿元，连续 12 年位列世界企业 500 强，2020 年居第 218 位。2019 年 10 月，河钢于勇董事长担任世界钢铁协会会长，并于 2020 年 9 月再次当选，这进一步彰显了河钢在世界钢铁行业的影响力。

（二）河钢集团绿色发展概况

河钢集团自 2008 年成立以来，长期秉持“人、钢铁、环境和谐共生”的理念，积极推进绿色引领战略，争做“绿色发展”的领跑者，截至目前已累计投入 203 亿元实施了 430 余项节能环保项目。河钢集团绿色发展已取得显著成效，河钢唐钢被誉为“世界最清洁钢厂”，被树为“钢厂与城市协调发展的典范”。河钢唐钢、河钢邯钢还先后获得“绿色工厂”等荣誉称号。

1. 烟气污染物实现超低排放

在烟气污染物超低排放方面，“十三五”期间，河钢集团联合中国科学院过程所和北京科技大学申报的两项国家重点研发项目，聚焦钢铁多工序、全流程，形成了“源头减排+过程控制+末端处理”的烟气治理技术体系，助力集团工业烟气实现超低排放。2020 年我们实现了吨钢综合能耗 580. 24 kg 标准煤，吨钢粉尘、SO_2、NO_x 排放量分别为 0. 41 kg/t、0. 39 kg/t、0. 71 kg/t，主要能源环保指标均居行业领先水平。

2. 水资源实现高效利用

在水资源高效利用方面，集团各钢铁子公司均投资建设了污水处理中心，吨钢耗新水逐年降低，目前达到了 2. 29 立方米/吨钢。水重复利用率达到 98. 5%以上，居行业先进水平。其中，唐钢主厂区实现了城市中水作为生产用水的唯一补充水源，每年可节约深井水和地表水约 2450 万立方米，河钢集团因此获得了 2016 年度世界钢铁工业可持续发展卓越奖。

3. 能源梯级循环利用

在能源利用方面，采用余热回收、余热发电、钢包全程加盖、钢坯热装热送等节能措施，最大限度地减少了生产过程中的能源浪费。2019 年仅利用余热、余能、余压的发电总量就超过了 98 亿度，其中核心企业的自发电比例达到了 65%以上。新建的唐钢新区构建了全流程的能源转换体系，实现了余热、余压的高效能源转换，自发电比例预计达到 90%。

4. 钢铁副产物资源综合利用

在钢铁副产物综合利用方面，集团各子公司实现了高炉除尘灰、转炉除尘灰、轧钢氧化铁皮、钢渣、高炉水渣等钢铁副产物的全回收和资源化再利用，实现了工业废水的零排放和全利用。矿山实施井下填充采矿法，减少了尾矿的露天堆存。集团被国家发改委确认为资源综合利用“双百工程”首批企业。

二、超低排放技术实践

2013 年 9 月中国发布大气十条，2019 年 4 月生态环境部等五部委联合发布了《关于推进实施钢铁超低排放的意见》。河钢集团勇于承担社会责任，积极推进集团各子分公司的超低排放工作。从无组织排放、有组织排放、清洁运输三个方面介绍河钢集团实施超低排放的具体实践。

（一）无组织排放管控

在无组织排放管控方面，集团各子分公司全部实现了料场全封闭，邯钢在全国率先实现了料场封闭，建设了当时亚洲跨度最大的封闭料场。唐钢新区建成了“无人化”自动全封闭料场，物料采用封闭式无泄漏管廊运输，全部实现密闭管理，从根本上杜绝了无组织排放对环境的影响。

（二）有组织排放管控

在有组织排放管控方面，重点介绍“十三五”期间研发的焦炉、烧结、球团烟气超低排放技术。

技术一是河钢集团联合北科大共同研发的焦炉烟气多污染物中低温协同催化净化技术。该技术通过研发低氮燃烧、协同催化净化、极限换热等技术，实现了多污染物的短流程高效治理与低品位余热高效利用的有效耦合，并在邯钢建成示范线。该示范线现已稳定运行两年多，主要污染物排放指标均满足国家污染物特别排放限值。

技术二是烧结烟气活性焦脱硫脱硝除尘一体化技术，该技术在邯钢率先实现烧结烟气超低排放，被中国金属学会评价委员会认定为整体技术达到国际领先水平，并直接促成了国家超低排放标准的发布，现该技术已在国内同行业推广 9 台套。

技术三是集团联合中国科学院过程所、中钢天澄共同研发了球团烟气多污染物超低排放技术，该技术在唐钢青龙炉料公司 200 万吨球团产线上建成了世界首台采用“嵌入式 SNCR+梯级氧化脱硝+SDA 协同吸收+预荷电袋式除尘”的示范工程项目。示范线投用以来，球团烟气排放指标均优于国家最新超低排放标准，其脱硝费用仅为 4 元/t 球团矿，比我国钢铁行业目前主流脱硝工艺运行成本低 150%~200%。

（三）实施清洁运输

在实施清洁运输方面，集团与北京铁路局签订战略协议，积极打造和构建开放共享的

“智慧物流信息平台+绿色集疏运网络”新模式，实现“外集内配、绿色联运”，构建了全流程绿色物流体系，推进“汽运”改“铁运”，铁路运输比例达到93%以上，居国内钢铁行业前列。

三、绿色低碳技术实践

习近平主席在第75届联合国大会指出，中国将采取更有力的政策和措施，力争二氧化碳排放于2030年前达到峰值，2060年前实现碳中和。河钢承诺主动承担社会责任，积极推动并引领钢铁行业低碳技术研发与示范。从四个方面介绍河钢在绿色低碳方面的技术实践。

（一）率先成立“碳资产公司”

河钢早在2017年5月就率先成立碳资产公司，挖掘碳配额的资产属性，利用金融手段进行保值、增值，服务集团低碳发展战略。下一步，碳资产公司将积极实施集团低碳发展战略，发挥好平台、技术、人才等优势，为集团低碳发展开辟新的路径。

（二）实施全流程节能技术

集团实施和推广了一系列全流程节能技术，重点推广了高温高压干熄焦发电技术、高炉炉顶均压煤气回收技术、钢包在线全程加盖技术、钢坯热装热送与蓄热式加热技术、棒线材直接轧制智能化负能制造等关键技术，均取得良好的节能和碳减排效果。

（三）技术创新促进低碳发展

通过技术创新来促进低碳发展。重点介绍两个技术，技术一是集团联合中国科学院过程所研发的基于高炉炉料结构优化的源头和过程硫硝削减技术。通过中高硅镁质熔剂性球团制备技术、高炉高比例球团冶炼技术及污染物减排等技术研发，实现了高炉入炉球团比例≥80%，燃料比低于535 kg/t，SO_2、NO_x 分别减排50%、65%。2019年4月对该技术进行了成果鉴定，经由张远航院士、贺泓院士等专家组成的专家组评价，认为达到了国际领先水平。该技术已在唐钢新区推广应用，唐钢新区建设了两台国内最大的624 m^2 带式焙烧机来生产镁质熔剂性球团，并在新建的三座2922 m^3 高炉上开展球团比例大于60%的高比例球团冶炼。目前，1号高炉已于9月7日开炉，2号、3号高炉也将在年底投产。第二个技术是河钢集团与中国科学院过程所共同研发的烧结烟气选择性循环节能减排技术，该技术在确保烧结矿质量稳定的前提下，实现烧结固体燃耗降低3%以上，主烟道烟气排放量减少25%以上，氮氧化物和一氧化碳减排25%以上，节能和减排效果显著。同时该技术耦合活性焦脱硫脱硝技术，实现了“过程控制和末端治理”的深度耦合。该技术在2019年5月通过成果鉴定，整体达到国际领先水平，已在唐钢新区、邯钢、承钢、舞钢建成10套烟气循环系统，并在行业内推广。烟气循环技术的推广应用为钢铁行业提供了一条新的烟气污染物减排技术路径，也为我国钢铁行业实现绿色发展提供了“河钢样板”。

（四）开展CCUS前沿技术研发

积极开展CCUS前沿技术研究。重点介绍两个技术，一是集团与蒂森克努伯合作的 CO_2 回收利用项目，目的是建立一个可持续的工业发展模式，将钢铁工业废气中的 CO_2 制成化工产品，实现 CO_2 循环利用。目前项目完成了对河钢主体厂的现场调研，完成了初步可行性研究报告。二是依托河钢—昆士兰大学可持续钢铁创新中心研发的钢铁工业CCUS技术，将钢铁工业排放烟气中的 CO_2 通过捕集、利用和储存技术，转化为高附加值化学品或燃料。目前项目完成了 CO_2 电化学转化工艺优化、催化剂筛选、电化学反应装置的设计和反应条件优化，CO_2 转化为甲酸的效率达到 80%以上，达到了世界先进水平。

四、能源结构变革实践

氢能是 21 世纪最具发展潜力的清洁能源，是人类改善能源结构最重要的战略发展方向。河钢作为京津冀地区的特大型钢铁企业，在氢气来源、车辆管理平台、人才技术保障、材料保障能力四方面具有明显的优势，河钢集团大力发展氢能产业，对提升区域环境质量，提高能源产业结构，具有重要的战略意义和现实意义。

同时，《关于推进实施钢铁行业超低排放的意见》中也指出要大力发展清洁运输，钢铁行业在原燃料和产品的短途运输上还是以柴油车运输方式为主，会产生大量的污染物，柴油车排放的硫化物也是雾霾的重要成因之一，“柴改氢”后，将有效减轻污染物的排放，助力实现清洁运输。这也是中国工程院干勇院长和河钢于勇董事长亲自谋划的巨大工程。

河钢在能源结构变革方面进行了两个具体实践，一是焦炉煤气制氢技术及加氢站项目，另一个是氢能源开发和利用工程示范项目。

（一）焦炉煤气制氢技术及加氢站

焦炉煤气是钢铁行业的副产品，富含 60%的氢气，利用焦炉煤气制氢及化工产品，可大幅降低钢铁企业 CO_2 排放量。对于整个钢铁生产流程来说，除了可再生能源制氢，焦炉煤气制氢的碳排放是最低的。河钢依托现有的产业链条和丰富的副产氢资源，率先启动氢能战略，分别与潍柴集团和上海重塑达成氢燃料重卡开发及样车示范运行合作框架协议，开发了 49 t 重载牵引车和 31 t 自卸车，并于唐山、邯郸各建设一座 500 kg 70/35 MPa 双压力加氢示范站。2020 年 8 月，集团首座加氢示范站在邯郸投入运行，实现了国内首例 49 t 氢燃料电池重卡车的示范运营，这标志着河钢已迈入氢能时代。10 月底，唐山的加氢站也已投产。

（二）氢能源开发和利用工程示范项目

河钢集团和意大利特诺恩公司合作，于 2021 年在张家口宣化地区建成全球首例基于富氢焦炉煤气的 120 万吨直接还原铁工厂，一期直接还原铁年产能 60 万吨，二期采用分布式能源制氢。本项目使用氢能直接还原技术制备清洁高品质直还铁，与传统的“高炉—转炉”流程比较，排放的 CO_2 将减少 40%~60%。河钢将借助此项目，为我国发展短流程钢铁生产技术探索新的路径。

五、下一步工作展望

（一）持续引领行业绿色发展

近年来，河钢积极落实省委省政府产业结构调整要求，实现了唐钢、宣钢、石钢的退城。通过流程变革，高标准建设石钢新基地，打造新一代绿色低碳短流程电炉钢厂，项目于 10 月底建成投产。通过区位调整，高质量建设唐钢新区，打造绿色化、智能化、品牌化的新一代流程钢厂，已于 2020 年 9 月 7 日陆续投产，并在年底实现全线投产。通过转型升级改造，建设张宣高科基地，打造高端装备核心零部件制造和氢冶金示范基地。通过以上三个新基地，河钢将为钢铁行业在流程变革、区位调整、转型升级方面提供新路径。

（二）加大技术创新

1. 全流程超低排放深度治理

“十四五”期间要继续在全流程超低排放、氢能发展和绿色低碳技术方面加大技术创新。在全流程超低排放方面正在与中国科学院过程所进行高炉煤气水解氧化耦合高效脱硫新技术的研究，为烟气深度治理提供技术示范。同时，集团与北京科技大学进行烧结烟气CO低温催化氧化应用技术研发，实现CO的深度减排。

2. 推动世界钢铁进入氢时代

在推动世界钢铁进入氢时代方面，河钢将围绕氢能冶金、加氢站布局、氢载物流、氢能产业园区建设等方面全面启动氢能战略。首先依托现有的两个加氢站，布局覆盖京津冀的加氢网络，争取到“十四五”末，在京津冀地区计划累计建成加氢加气混合站14座，每日可服务氢能车辆达1000辆以上，服务LNG车辆达6000辆以上，推动京津冀地区的“柴改氢”进程实现突破性的进展。

以氢冶金为突破点，助力张家口成为氢能源技术的辐射中心。在宣钢建成120万吨高品质直接还原铁产线的基础上，将在唐山地区、邯郸地区各再建设一条120万吨直接还原铁生产线，使“十四五”期间河钢的直接还原铁年产能达到360万吨，为国内电炉提供清洁高品质原料，并打造全球氢冶金技术研发中心。

3. 引领钢铁行业低碳发展

围绕钢铁行业低碳发展，联合中国科学院过程所制定钢铁工业应用CCUS技术战略路线图。结合产业链特征并与生产工艺相结合开展CO_2资源化利用的新途径研究，通过掌握系列关键工艺技术为CCUS技术的工业应用奠定技术基础，引领钢铁行业的低碳发展。

六、结束语

河钢集团正在全面践行“人、钢铁、环境和谐共生”的绿色低碳发展理念，通过流程变革、区位调整、转型升级、提高能效、布局前沿低碳技术，努力打造绿色化、智能化、品牌化的新一代流程钢厂，使河钢成为绿色低碳发展的标志性企业，持续引领世界钢铁行业可持续发展。

智能制造在河钢集团的实践与展望

在第二届钢铁工业智能制造发展论坛上的报告

2019 年 6 月于石家庄

加快大数据、人工智能、物联网、云计算等新一代信息技术与传统制造业的融合，实现智能化发展，是钢铁工业转型升级的重要方向。近年来，河钢集团有限公司（以下简称河钢集团或河钢）结合产品和客户结构的优化，不断推进智能制造技术在产线上的应用，提高全要素生产效率和定制化制造水平，以满足不断升级的个性化、品质化需求，构建以客户为中心的新型产业生态，并取得了一定成效。借此机会，我向大家简要介绍一下河钢近年来在智能制造方面工作的实践和对未来的展望。我从以下 3 个方面进行汇报。

一、河钢集团概况

河钢集团作为世界最大的钢铁材料制造和综合服务商之一，以“建设最具竞争力钢铁企业”为愿景，致力于为各行各业提供最具价值的钢铁材料和工业服务解决方案。

截至 2018 年，河钢在全球拥有员工近 12 万人，其中海外员工近 1.3 万人，实现年营业收入 3370 亿元，总资产达 4364 亿元，连续 10 年位列世界企业 500 强，2018 年居第 239 位，在 2018 年“中国企业 500 强”“中国制造业企业 500 强”“中国跨国公司 100 大”排行榜中分别位列第 54 位、第 17 位和第 30 位。2018 年 10 月，于勇董事长当选为世界钢铁协会新一届领导人，2019 年 10 月，担任新一任会长，进一步彰显了河钢在国际上的品牌影响力。

从钢铁主业方面看，河钢产品广泛应用在海洋工程、交通运输、装备制造、汽车制造等 20 多个领域。已经成为我国第一大家电用钢、第二大汽车用钢供应商。河钢产品是中国海洋工程、核电及油气等能源工程、高强抗震建筑用钢领导品牌。

从产业结构看，近年来，河钢树立“全球化、全产业链”理念，谋求“纵向更深、横向更宽”的战略转型，形成了钢铁材料、新兴产业、海外事业与产业金融深度融合、高效协同的发展格局，努力成为具有世界品牌影响力的综合性跨国产业集团。

从海外布局看，河钢稳步推进产业链的全球化布局，努力打造“全球拥有资源、全球拥有市场、全球拥有客户”的世界河钢。目前，直接、间接参股控股境外公司 70 余家，形成“四钢二矿一平台”的基本架构。海外投资总额 11 亿美元，控制运营海外资产 70 亿美元。营业收入达到 1040 亿元人民币，跨国指数达到 18.05%，成为我国国际化程度最高的钢铁企业。

在绿色发展方面，河钢集团在行业内率先实施从绿色矿山、绿色采购、绿色制造、绿色产品、绿色物流到绿色产业的六位一体绿色发展行动计划。2014 年至 2018 年累计投入 195 亿元实施 400 多项节能环保项目，实施超低排放改造，成为钢铁行业绿色发展示范企业。

二、河钢集团智能制造工作的实践

近年来，河钢集团结合产品和客户结构优化，在完善产线自动化和基础信息化建设的基础上，大力推动大数据、人工智能、云计算等新一代信息技术与钢铁制造业的融合，加快数字化转型，提升智能制造水平。河钢集团的智能制造工作主要集中在以下 4 方面：一是完善管理体系与支撑平台，二是加强顶层设计与系统规划，三是着力提升产线智能制造水平，四是加强智能制造样板工厂建设。

(一) 完善智能制造管理体系与支撑平台

在集团层面，由河钢战略研究院和河钢集团钢研总院共同负责集团智能制造推进工作，集团战略研究院负责集团智能制造发展规划制定和项目推进，钢研总院负责产线基础自动化和智能制造水平提升的推进工作。各子公司设立专业部门负责智能制造相关项目的具体实施。河钢数字技术有限公司作为河钢向数字化产业领域发展的业务整合平台和市场化经营主体，推进河钢数字化能力的输出。

借助产学研合作，建立智能制造支撑平台。河钢汇聚全球技术创新要素，建立开放性的创新平台，先后与中国科学院、清华大学、重庆大学、北京科技大学、东北大学、昆士兰大学、瑞典国家冶金研究院等国内外知名科研院所，与西门子、浦项、海尔等著名企业和高端客户，共建立 26 个“产学研用”协同技术创新平台，实现国际化人才培养和技术创新的全面突破，为集团智能制造工作的开展提供重要的支撑。

2018 年，河钢集团成功申报河北省钢铁产业智能制造创新中心，并以此为平台，在传感器、机器人及工业大数据三个研究领域不断进行深入探索，推进新一代信息技术在钢铁行业的研发应用。

2018 年 12 月，河钢集团正式组建河钢数字技术有限公司，作为河钢集团向数字化产业领域拓展的市场经营主体和智能制造能力输出平台。河钢数字以“成为数字业务与数字智能融合价值的创造者”为愿景，以“数字技术提升行业效率，共享时代红利”为使命，聚集工业物联网和智慧城市建设。河钢集团以数字公司为载体，与国际、国内顶级的合作伙伴开深度合作，共同推动数字技术发展。

(二) 加强智能制造顶层设计与系统规划

在顶层设计方面，河钢集团以《中国制造 2025》行动纲领为指导，以提升产品创效能力、加快企业转型升级为目标，以信息化和工业化深度融合为主线，充分利用新一代信息技术，在集团现有工艺装备水平基础上，完成了《河钢集团智能制造发展规划（2019—2025)》的编制。该规划是河钢集团自成立以来，首次在集团层面制定的智能制造专业发展规划，为集团从传统制造业向智能制造转型提供了路径指导，在此基础上还组织推动了集团各子公司智能制造发展规划的编制，为子分公司在年度智能制造方面的重点项目建设提供了指导。

河钢以典型产线为载体，在对产线信息自动化现状充分调研的基础上，围绕产线产品结构调整和产线服务，对典型产线进行智能制造顶层设计。该设计，首次提出了面向未来制造的三象限理论，从本体、控制和管理三个维度解析现有信息系统架构的演变过程与未来数字双生系统的演变过渡关系。唐钢高强汽车板智能工厂建设获评国家级示范项目，验证了这个过程的可行性，为河钢乃至钢铁行业智能制造转型提供了理论指导和可落地、可借鉴的实施案例。

自河钢唐钢 2016 年获得钢铁行业首个国家级“智能制造试点示范”以来，继续以产线为中心，以顶层的、全局的视角进行统筹规划，构筑纵向贯通、横向集成、协同联动、符合中国智能制造标准的完整信息自动化体系，以一系列的系统改造和升级，全面支撑智能化转型。

（三）着力提升产线智能制造水平

河钢唐钢以智能工厂建设为契机，不断推动智能制造整体水平提升。近两年河钢唐钢实施的项目有：不锈钢 1580 产线一、二级系统优化升级，不锈钢炼钢调度系统智能化改造，不锈钢板坯库、成品库天车定位及物流管理系统，高强板工控网络与信息安全项目，设备状态在线诊断系统二期项目，中厚板 3500 轧线冷区一二级系统升级项目。

河钢邯钢按照智能制造的发展路线，不断推进主要装备的智能化改造，提升智能制造水平。通过大数据平台建设以及对现有系统的完善、升级，打通了老区和新区的信息孤岛，实现了全流程一体化的系统协同。邯宝冷轧轧后库无人天车的运行，节省了人工成本，运行故障率降低至原来的 40%，工作效率提升 27.1%。对邯宝热轧表检系统、1 号和 2 号镀锌线表检系统进行技术升级，提升了表面质量缺陷的智能识别能力。在特殊操作环境使用工业机器人，提高了操作效率与操作精度，保证员工的安全和健康。利用智能化技术，对操作工艺相近的岗位进行自动化提升，达到能源管控智能化，提升管控能力。

河钢矿业紧紧围绕“降本”与“创效”两大主题开展智慧矿山建设。依照各矿山、各工序流程的特点，分区域、有重点地打造智慧矿山建设标杆，例如，中关铁矿智慧矿山建设标杆、司家营北区分公司露天采场无人化标杆、石人沟铁矿地下开采智能化标杆，“以点带面”推动智慧矿山建设。智慧矿山的建设主要体现在以下三方面：设备全生命周期管理系统整体上线运行；私有云系统上线，引领河钢矿业进入“云”时代；装备智能化，实现矿山生产少人化、无人化。

河钢石钢以无人化、少人化为目标，以简单、高效、低成本为原则，以现有自动化、信息化系统为基础，以产线支撑为核心，以业务需求为导向，以流程优化梳理和两化持续深度融合为手段，通过系统软硬件升级和功能开发，为经营管理、产品升级、质量提升提供信息化支撑。主要工作体现在：建立并应用了特钢工艺路线数字化模型，开发特钢生产订单综合管理信息系统，优化完善了材质书系统，持续巩固、完善质量大数据平台，开发了客户电子档案管理系统等。

（四）加强智能制造样板工厂建设

河钢集团以城市钢厂搬迁改造为契机，强化智能制造顶层设计理念，加强整体规划和系统设计，将石钢和乐亭两个新基地打造成智能制造样板工厂。

河钢石钢与钢研总院、东北大学、西门子、百度等合作，委托西门子为新基地建设进行《智能工厂总体规划》，致力于打造生产高度数字化、网络化、机器自组织为标志的智能制造样板工厂。

河钢乐亭数字化工厂建设旨在打造钢铁行业的数字化管理平台，以“数字孪生”的理念，建立钢铁行业的数字化工厂样板，通过实现钢铁行业全流程的数字化，为进一步实现钢铁行业的智能化生产奠定基础。

河钢乐钢数字化工厂建设的关键技术主要包括以下几方面：(1) 数字化建模技术，目的是辅助了解整个工厂的工艺布局和产线概况；(2) 全生命周期管理平台，目的是打通整个工厂的信息流传递；(3) 数字化驱动技术应用，目的是完成钢铁生产从炼铁、炼钢、轧钢等全流程的重点工序三维设备建模和仿真运行；(4) BIM+GIS（建筑信息模型+地理信息系统）技术融合应用，目的是实现对工厂的生产、物流、能源、设备、仪表、管线的动态管理和监控；(5) 数字化仿真技术，目的是实现虚拟工厂和实体工厂的动作同步运行，减少生产过程中出现的问题；(6) 虚拟现实技术，目的是有效的实现企业的知识固化，知识共享，最终建立企业的知识平台。

河钢乐亭在综合料场建设中，通过对机器本身的位置及各种参数跟踪与控制，实现堆取料机设备智能化运行。利用视觉成像技术，实现设备姿态、料流等参数控制和无人化作业，在国内冶金行业大型综合料场的无人化、智能化上，达到国内一流水平。

三、河钢集团智能制造工作下一步的展望

对于未来智能制造工作，河钢以集团整体规划为蓝图制定智能制造转型路线，按照《河钢集团智能制造发展规划》，依托河北省钢铁产业智能制造创新中心平台，稳步推进集团产线信息自动化及智能制造水平的提升，推动工艺和智能制造的深度融合，为实现河钢集团由传统制造向智能制造、柔性制造转型提供原动力。根据《河钢典型产线智能制造顶层设计》实施规划，加快对河钢集团智能制造典型示范工厂和示范产线的改造提升，并将其经验向其他产线推广，实现集团智能制造水平的全面升级。

河钢坚持与强者为伍，积极探索智能制造解决方案，集团已与华为、金蝶签署共建工业互联网平台合作框架协议，集合在数字钢铁行业解决方案、智能装备通信技术、信息技术应用服务等方面的优质资源与核心能力，将现代信息技术与钢铁产业进行深度融合，共同搭建钢铁行业工业互联网平台，助力钢铁行业数字化转型升级。与西门子公司在工业机器人、工业互联网、数字化工厂、区域赋能中心四个领域开展合作，积极探索智能制造解决方案。

河钢与西门子签署了增材制造战略合作协议、战略咨询合同，面向中国广阔的市场空间，将共建中国金属材料领域第一个增材制造联合实验室，打造国际先进水平的增材制造平台，共同探索中国钢铁行业智能化发展的新路径。

当前，河钢正处在全面转型期和战略调整期，在此背景下，河钢与普锐特合资成立河钢普锐特冶金技术服务有限公司，为河钢提供包括数字工厂技术在内的高端装备的维修和制造服务，解决瓶颈制约因素，促进产线功能精度提升、质量改进和新品种开发，打造一支专业化的冶金技术服务管理团队和员工队伍。此外，还将积极开拓河钢外部市场，为冶金行业提供最具价值的工业技术整体打包解决方案。

河钢集团坚持与国家战略同向同行，将氢能利用作为重点发展的战略性新兴产业，与蒂森克虏伯公司合作共建氢能源实验室，与中国工程院、中国钢研集团、东北大学共建“氢能技术与产业创新中心”，以促进氢能产业加速提质发展为目标，致力于推动钢铁产业转型升级和服务经济社会高质量发展，打造最具竞争力和影响力的氢能应用研究和科技成果转化平台，成为京津冀地区最具代表性和示范性的绿色、环保、可持续能源的倡导者和实施者。

按河钢集团持续推进产品与客户两个结构再优化的整体要求，适应汽车、家电等用

钢行业和重点工程对钢铁材料的定制化需求，打造从制造端直达客户端，全流程可视化的智慧营销平台——DAC（Direct Access Customer），从智能制造到智慧营销，建设数字河钢。

今天的“钢铁”，汇聚了现代社会最活跃的创新元素。未来 10 年，我们与时代同步，不断赋予“钢铁”新的内涵、新的价值、新的生命力。

加强新一代信息技术与传统制造业的深度融合，用智能、绿色、可持续的“钢铁”，助力国家和人民成就梦想未来！

我 · 母校 · 钢铁

在华北理工大学“企业家大讲堂”上的报告

2016 年 12 月于唐山

我叫王新东，是我们学校 79 级钢铁的毕业生，1983 年毕业，毕业后一直在河钢集团有限公司（以下简称河钢集团或河钢）工作，到目前已 33 年半。

开讲之前我想说几句感谢的话，首先，要感谢我的老师和我的母校对我的培养，使我今天能够成为中国钢铁行业有用的人才；其次，我要感谢学校对河钢多年来的关心、支持和帮助。应该说，河钢发展壮大离不开学校，所以对学校表示由衷的感谢；最后，我想说说我的心情，昨天下午梁英华副校长带着我们一行二十多人参观了整个校区，受到很大的震撼，心情很激动，也很高兴。我想用这几个词来形容，新校园“高端、大气、上档次”。

我去过世界很多名校，包括国内的北京大学、清华大学、东北大学、北京科技大学、上海大学等，国际上的昆士兰大学、伍伦贡大学、莫斯科大学、英国帝国理工大学、加拿大多伦多大学等，我可以这样说，我们的新校园是世界上最美丽、最漂亮、最高端的校园之一。所以我昨天跟张玉柱书记说，我们的新校园，这次学校的搬迁是历史的机遇，对我们下一步双一流的建设一定会起到积极的作用。

关于这次大讲堂，四个月前梁校长和姚冰处长跟我说过。说实话，我当时一直在犹豫。一直到十几天前，姚冰处长跟我说：要开讲了，而且第一讲必须您来讲！

我说，我不讲行不行啊？

姚处长说，不行，您必须讲！

我说，那我讲什么好啊？

姚冰处长说，讲成长经历、讲对学校的怀念、讲钢铁工业生产、讲新工艺新技术、讲企业对人才的需求、讲企业管理等，讲什么都行。

我犹豫再三，还是决定要来讲，因为这是母校和我的老师、我的学弟学妹对我的信任，再次感谢大家！

这里我要说明一下，我这个不是讲座，就当作我向母校的汇报和与学弟学妹们的交流吧！

我发言的题目叫《我 · 母校 · 钢铁》。

我向大家汇报四个方面的内容：一是我的成长经历；二是我对母校的感恩和感谢；三是我国钢铁工业的情况和河钢的情况；四是给学弟学妹们提几点建议。

一、我的成长经历

我是 1983 年从咱们学校毕业，毕业后一直在河钢集团工作，现任河钢集团副总经理兼首席技术官。

大学毕业以后我被分配到唐钢设计院工作，在设计院工作了 23 年，后来调到唐银公司工作，又在唐钢发展规划部、唐钢公司等部门和公司工作，于 2014 年调到河钢集团工作。

1979—1983 年，在河北矿冶学院（现华北理工大学）上学；

1983—1993 年，在唐钢设计院搞工程设计；

1993—2006 年，在唐钢设计院担任副院长；

2006—2008 年，在唐银公司担任总经理；

2008—2011 年，在唐钢规划发展部担任部长兼任滦县工业园区项目部总经理；

2011—2012 年，在唐钢担任副总经理；

2012—2014 年，在唐钢担任党委书记兼副总经理；

2014 年至今，在河钢担任副总经理兼首席技术官。

大学之前，也就是 1979 年以前我还是简单说几句吧，可能有些同学们跟我的经历差不多。

我 1962 年出生于河北省抚宁县茶棚乡背阴铺村一个贫苦的农村家庭，当时村叫大队，全大队一共八个小队，我们家是第八小队。我父亲是小队队长、共产党员。

我记得有这样两件印象深刻的事。

一个是我的父亲。1976 年唐山大地震，那时候生产队还养着猪啊、牛啊、驴啊、马啊……地震的时候牛棚、猪圈的墙都倒了，当时生产队的猪到处跑，都跑田地里去了。我们家房子的墙也都倒了，但是我父亲对家里的事不管不顾，带着村民就到田地里去找生产队的猪。凌晨四点多地震后出去，到晚上才回家，所以说这件事对我影响非常深，那时候我 14 岁。

另外一个是我的母亲。我的母亲从我记事的时候起就是一个一天到晚忙碌的人。当时的农村很困难，我们一家八口人，我们五个兄弟姊妹，父亲、母亲加我奶奶，当时全家住在一个大炕上。我每天早晨或者半夜睁开眼睛都会看到我的母亲在煤油灯下纳鞋底。大家可能有的同学知道，有的同学可能不知道，那时候谁买得起鞋啊，都是用破布一层层地糊，糊完以后做鞋底。

所以，应该说我的父亲、母亲对我小时候的成长烙印非常深。

我的小学和中学是在我们村的村办学校上的，我的高中是在我们抚宁一中上的，1979 年高考，我是当时全乡唯一一个考上大学的。

1979 年我考上大学，来到了矿院，在矿院学习、生活了四年。

那个时候的学校非常艰苦，有的同学能够从资料上看到，有的同学可能想象不到。

也是在上大学期间，我认识的张玉柱书记。张书记是 1982 年从东北大学毕业，直接分配到咱们学校，正好担任了我的辅导员和班主任。从此，我的一生跟张书记结下了不解之缘。

1983 年，我从学校毕业分配到唐钢设计院工作，在设计院一干就是 23 年。前十年我是在唐钢设计院的冶炼科，也就是钢铁冶金的这个专业搞专业设计。唐钢设计院是个甲级设计院，我们主要负责钢铁冶金的工厂设计。

应该说，设计院的前 10 年使我飞速成长。我毕业那年是 20 周岁，非常年轻！也非常有干劲、有闯劲。当时我们班有几个同学都分到了唐钢设计院，还有李占国、段国锦、孟令学、杨春华等。

分到科里的时候没有多少活，但是我们去了以后主动说我们想干活，想干什么活呢？想干我们的高炉改造。当时唐钢最大的高炉是 100 m^3 的高炉，我们到了以后在一个老科长的带领下，要把 100 m^3 的高炉改造成 120 m^3 的高炉。这个高炉当时在整个唐山地区是最大的一个高炉，改成 120 m^3 以后也是最大的。当时设计的时候，把我们在学校学到的技术知识，如碳砖炉底、自立式高炉等技术都用上了。那个高炉当时在唐钢投产以后效果非常好，迅速在唐山地区以及冀东地区遍地开花，两三年内唐山地区就有了十几座 120 m^3 高炉。

1993 年，我承担了当时一个 300 m^3 高炉设计任务。我仅说一个高炉的布袋除尘器，当时布袋除尘全国只是在包钢一个 100 m^3 的小高炉上试验成功，那么我们 300 m^3 的高炉要使用布袋除尘，是需要胆量的。所以说我和我几个同事就大胆地把这个技术应用到 300 m^3高炉上，当时这在全国是干式布袋除尘技术应用的最大高炉，而且非常成功！这个技术成功了以后，以至于后来几年在唐钢的 2000 m^3 高炉、3200 m^3 高炉都应用成功，最后在曹妃甸的 5500 m^3 高炉上使用。

另外一个就是我们整个唐钢公司的全连铸。当时我们国内大部分炼钢是模铸的，后来从 1980 年发展连铸，20 世纪 80 年代末，在全国冶金系统推广全连铸。唐钢全连铸设计是我全程参与的，应该说唐钢是在全国最早实现全连铸的钢厂。

另外就是钢渣处理线，也是在国内我们第一条引进的日本技术，引进以后受到科技部的表彰，作为科技部的对外推广项目在全国推广。

我在冶炼科这十年的主要设计就举这几个例子，可以说这十年是我成长最快的十年，也是我最苦、最累的十年，最受磨炼的十年。在设计院我们年轻人比较多，那个时候设计院画图全是大图板，没有电脑，那时候全是那种图板，画错了橡皮擦，基本上都是站着画图，除非是 A4、A3 的小图，能够坐着画。我们那个时候要举行设计比赛，就是为了激励这些年轻人的敬业精神，可以说我们每年的制图比赛，当时标准的 1 号图叫 A1 图，比赛要在多长时间之内把这张图制出来，每次我都得第一。

再有一个，就是在设计院冶炼科的那十年，我几乎没休过节假日，大家可能现在不一定能理解，我们想干工作、想成长、想长知识、想长本事，我们那时候只要有活抢着干，长期加班加点，晚上下班没有点，有时候活忙，干半宿。另外，从工作到现在，我记忆中只休过一次年休假，而且是十天的假期我只待了 4 天，半路把我叫了回来。那个时候确实工作很忙，锻炼了我的工作经验和敬业精神。因为搞设计工作嘛，必须要严肃认真，你在图纸上的一笔一画，施工现场那就是好几十万元、上百万元的投资。所以我们必须严谨，锻炼我们严谨的工作态度。

1983—1993 年，我在科室工作十年后，1993 年我被破格提拔为副院长。当时我是一个普通的设计人员，科长都没当过，院里想直接提拔我为副院长，所以就先提拔我当院长办公室主任，过渡了九个月，办公室主任做行政工作还兼着设计工作，没有脱离业务工作。就是因为这前十年的锻炼，得到了领导和同事们的认可，业务能力有很大的提升，所以 1993 年被破格提拔为副院长。

任副院长以后主要从事技术管理工作，主要是工程设计、工程管理、现场施工这些工作。

我主持了很多大型国家重点和省重点项目，比如说，我们引进了意大利棒材生产线。这是 1993 年签订的引进设备合同，那时候很慢的，进口设备工期有点长。当副院长第二年，也就是 1994 年就让我带队到意大利去了一个半月，同时去的专家有北京院、唐钢院及唐钢棒材厂的同事们。

我那时才 31 岁。当时我很担心这么大一套引进的生产线，搞设计联络，难度不是一般的大啊。联络团队有 60 多岁的专家、50 多岁的专家，都是老专家，我去了以后非常虚心地向他们学习，把这个项目组织好，组织大家跟老外交流谈判、设计联络、设计审查等工作。

应该说这个项目引进了以后，对唐钢公司的发展起到了很大的作用，这条棒材生产线当时在全国是第二条线，昆钢是第一条。

我们唐钢 2560 m^3 高炉是 1997 年建的，那时我主持设计这座高炉，跟国外的厂家进行了多项谈判，包括我们引进的荷兰霍戈文热风炉技术，我们国内唐钢第一个引进以后，在全国遍地开花。引进卢森堡的煤气清洗技术、PW 炉顶技术在唐钢使用，这在全国也是第一次！芬兰的铜冷却壁也是国内第一次，当时这些都是在我的主持下完成的。当然这个谈判是非常需要技巧、技术，需要商业头脑的。

我在当副院长的时候还主持了唐钢的 1260 m^3 高炉大修，就是 2000 m^3 高炉的推移工程，这个工程也是全国首次。推移，应该说大家不陌生。搞建筑的、土建的可能明白，一个楼房推移可以，平移推移几十米，但是一个 2000 m^3 高炉要做到推移，难度是非常大的。当时推移的距离应该是六十多米，在六十多米之外的空地上，把高炉底盘以上，包括炉壳和冷却壁，全部焊接好，安装好。然后用液压系统将其整个推进。推移的距离、整个高炉推移的重量、推移的时间在全国都是首次的。这个项目成功之后，获得了河北省的科技进步奖。另外，从此以后邯钢的高炉、承钢的高炉等，全国很多这样大型的高炉大修都采用了这样的推移技术。

除了工程外，我还推广促进了唐钢的一些新工艺、新技术应用。举个例子就是干熄焦。学化工和焦化的应该清楚，干熄焦技术和煤调湿技术在我国是新工艺、新技术。但是整个干熄焦技术成功推广应用只是在前七八年的时候才成功。最早的是苏联的干熄焦，在国内有应用，但是很少。我们的干熄焦技术是全国产的干熄焦技术，鞍山焦耐设计院和我们一起把干熄焦技术应用到唐钢。现在为止全国所有的大型焦炉 80% 以上全部应用干熄焦，这是一项非常好的节能技术。

我在唐钢设计院当了 13 年副院长，可能有些同学老师说，不行啊，当了 13 年副院长也没提上去。确实是，当副院长时间比较长。应该说中间是有很多次提升机会的，但是说句实话，那时候并不是境界有多高，只是一心想干自己的工作，没有说想着明天要当院长，或者到哪儿去当个厂长、当个处长，没想那么多。只是想设计院一个一个的活儿，一个接一个，而这些活儿看着都非常吸引人，非常重要，都非常想干。

应该说，我从 1993 年到 2006 年，这 13 年副院长基本上是一心一意扑在工作上。其间在 20 世纪 90 年代初有个体企业家跟我商量，要聘请我去当总经理，年薪 100 万元。20 世纪 90 年代初，100 万年薪是非常吸引人的，当时唐钢、设计院有不少同志也走了，也去了。但是我意志非常坚定，我不去，我不可能离开设计院去给个体打工。说实话，我当时也是个优秀的共产党员，我为国家做贡献、为企业做贡献，这个信念是非常坚定的，绝不去给个人打工，多少钱也不去。当时有两三次他们找我，我都拒绝了。

再一个就是整个这13年的副院长工作，我当时在设计院主管技术质量、主管计划、主管工程，到后三年是第一副院长，主管院里全面工作，基本上整个院里所有业务工作，都由我来主持。设计院队伍的建设、质量的提升、年轻人的培养都在我一个人身上。所以说这13年副院长的工作对我管理能力的提升起到了很大的作用。

到了2006年，改革正在深化，我们的企业特别是民营企业、私有企业都在大力发展。另外在设计院工作这么多年不可能一点想法都没有。从1993年到2006年这13年副院长一直也没提升，到最后我也在琢磨，同龄的都能当处长、当厂长，不少比我晚的都提了，为什么我还是副院长？为什么还没轮到我？这期间到2003年的时候公司经办会都上过会了，要提我当院长，但是有特殊情况，又派了一个同志去了，安排我做第一副院长，又干了三年。

到2006年我在想，我应该自己做点事。于是，我自己谋划了一个工程技术公司，连框架、人员结构、地址都选好了。但正在我要出去宣布独立的时候，时任我们公司常务副总经理的于勇跟我做了一次交流，问我设计院的情况、问我自己想法、问我对工作的意见建议。我就跟他说了。他听到我的话，就跟我说，你一定不能走，不能离开唐钢。当时我也在想离开唐钢的这么多人，有的干得不错，但大部分还是不像在国有企业，有施展才华的机会。所以说，这次跟于勇常务副总经理交谈后，我留了下来，留在了唐钢。应该说，于勇是我的伯乐。

2006年6月，我调出了唐钢设计院，这也是时任唐钢常务副总于勇的提议，经唐钢董事会讨论安排我到唐银公司当总经理。唐银公司可能张玉柱书记、李福进副校长都了解，在座的有些老师们也清楚，是一个合资企业。当时民营企业和唐钢有诸多的矛盾，在占地、用工上有很大的矛盾。所以为了解决这些矛盾，唐钢当时决定和唐银公司要合资建设一个新的300万吨的钢铁厂，相当于1996年唐钢的总产量。所以公司决定把我派到唐银公司做总经理，去建设这个企业。

唐银公司当时有一个450 m^3 高炉、一个550 m^3 高炉，还有一个带钢厂，原来就有这个企业。我去了之后，不到一年时间，建设了一个300万吨的新钢铁厂，新建了一个1080 m^3 高炉、两个120 t转炉、一条棒材生产线、一条高速线材生产线、一台180 m^2 烧结机和所有的配套设施，总共用了不到一年的时间，这在建设史上是创造奇迹的。

当时唐银公司投产时，唐山市领导、开平区领导和我们集团领导出席开业典礼，大家非常震惊，用不到一年时间新建了这么大规模的企业，而且投产非常顺利。

在这个企业干了近两年，这两年时间酸甜苦辣全都有。跟民营企业打交道的时候，有时候真打架啊！国有企业派去的人都是非常敬业的，大家有的时候半夜加班到十一二点，当时民营企业家们也深受感动，他们一看这些人还真是为这个企业干，于是他们主动买方便面、买火腿肠，把晚餐就摆到那儿了，我们的付出和行动感动了他们。

但是，在跟民营企业交往中，各种矛盾、各种冲突也是不可避免的。花多少钱、哪个设备贵了、便宜了……我们要是想买一件稍微好点的设备，稍微先进点的设备，但是民营企业肯定是花钱越少越好，就会有矛盾的。通过自己的努力，多次跟民营企业家进行真心的交流、对比、分析，带着他们考察，最终唐银这个企业总投资不到30亿元，却达到了300万吨的产能规模，这么一个钢铁企业建成投产了。

我可以给大家讲一个数据，唐钢的中厚板公司现在产能还不到 300 万吨，却花了 150 亿元。唐钢不锈钢公司现在产能是 250 万吨，建设花了 130 亿元。这三个企业基本是同等规模，而且那两个企业建设比唐钢还稍早点。到现在为止，唐银每年都有几个亿的纯利润，那两个企业利润很少，甚至亏损。原因就是唐银投资少、见效快、采购成本非常低，民营企业管理机制发挥得好。

所以，在民营企业这两年，是经受磨难、受锻炼的两年，是我们难得的锻炼机遇，是我们成长最快的时期。唐钢拥有唐银 51%的股份，民营企业是 49%的股份。但是说实话，我去工作是代表唐钢去的，我们是为了工作，是为了锻炼自己，是为了成长，我是想干我们的事业！我来当总经理，是为唐钢干的，我要干成，我要把它干到最好。我们这样的行动确确实实感动了民营企业家。我从唐银出来以后，现在每年唐银公司都会请我回去，见见面，坐坐，聊聊，另外对唐银提些建议，最后感情还处得非常好。

在唐银的两年是跟民营企业打交道，这个企业是两种不同性质的投资组成的。所以在唐银工作两年以后，我当时写了本书，叫《启航》。这本书总结了我在唐银工作这两年，民营企业和国企怎么样磕磕碰碰，这些矛盾怎么处理。这应该是在河钢集团、在河北省大型国营企业和民营企业合作的范例。

2008 年 5 月，我从唐银调回唐钢。当时唐钢要筹建一个滦县大钢，在这儿当总经理，同时兼任唐钢规划发展部的部长。滦县大钢因为 2009 年金融风暴的来临，按照河钢集团的要求，项目停建，所以滦县大钢没有建成。

2008 年 8 月，我担任唐钢发展规划部部长，到 2011 年 4 月，不到三年时间。这三年，是唐钢改变历史的三年。

唐钢主厂区是坐落在唐山市城市中心的。那个时候唐山市的市委书记提出来企业跟城市怎么样共融。当时，唐钢是对唐山市有污染的啊，唐钢的排放，包括烟粉尘、二氧化硫和氮氧化物排放都非常严重，确确实实对唐山市的环境有影响，所以要求唐钢搬出唐山市。

一个一千万吨的企业从市区搬走谈何容易。首钢搬迁搬到现在十年了，搬了十个年头，投产后前四五年每年都亏损。何况唐钢呢，怎么搬呢？

当时，于勇董事长提出：我们左右不了别人，但可以左右自己！我们只能从改变我们自己来做起，下决心改变唐钢面貌。

于是，于勇带领唐钢全体班子到太钢去学习，太钢是全国绿色工厂，是典范。到太钢学习回来以后，上下开会动员，统一思想，要让唐钢彻底变样。

当时我是发展规划部部长，责任首先落在我这。怎么规划，怎么设计？1943 年建厂，一个 60 多年的企业，而且这个企业当时从几十万吨发展到现在的八九百万吨，就那么大块地方，地上地下全是管线。

唐钢是下决心要改变面貌，那么，由我来牵头，带领规划部，带领设计院，带领我们相关部室成立的项目部和几个项目组，昼夜做规划和实施方案。

在方案的实施过程中，应该说也是遇到了前所未有的困难。你既得把活干了，还不能影响生产。唐钢的正常生产要保的，因为生产要停了，那唐钢怎么生存啊？所以说，在我们整个施工过程中，包括我们实行的环保治理，工艺流程的再造，能源中心建设和能源效率提升，包括最后的绿化、美化、亮化，这些所有的工程都是在不影响正常生产的情况下进行的。

那个时候，那是真正的连轴转。8 个月基本上有一半时间不回家。我们每天晚上干到十一二点，在办公室躺那么四五个小时，每天早上 5 点多钟，我肯定还要去现场转一圈。

当时一百多个施工队伍，我是每天早晨 9 点要开碰头会，晚上 9 点还要开碰头会。早上 9 点开碰头会我要看看前一天工程现场啥样，有什么问题，需要协调什么问题。

有一个例子，当时有一个施工队伍早上开碰头会的时候，前一天给他安排的这个设备的基础要绑筋支模完，搞工程建设应该知道，支模完之后进行混凝土浇筑。第二天早晨起来我 6 点钟去现场转，我一看，还没支模呢，谈何浇铸啊？早起碰头我得过一下进度啊。当时那个施工队项目经理说，没事我们全部完成了。我这人脾气特别不好，当时把我这个手机啪往桌上一摔，一下把手机都摔碎了。我说“你给我滚蛋，瞎说啥呢？我刚从现场回来，你这连模还没支呢，怎么完成的呀？”

就是因为这种求真求实的工作态度，使整个唐钢治理项目能够在 8 个月之内创造奇迹，把它完成。从此以后，所有的施工队伍，没有一个在工程会上敢不实事求是汇报的。因为知道我早晨每个工程都看一遍，回头汇报进度的时候哪个干成啥样我都清楚。

当时我们有一个厂长去开会了，叫李一栋，他是代表冷轧厂去的。他开会回去以后就跟他们底下同志还有我们其他处室的处长说，哎呀吓死我了，这个会以后不能开了。那时因为我在唐银当过总经理嘛，到了这儿他们一直叫我王总没改，实际上我是部长。他说王总开会，太严肃了，好害怕。他说有个电影里的词叫什么——“天空在颤抖，仿佛空气在燃烧”，就那两句话吧，他就给我宣传这个。

话说回来，我这么多年我在设计院，主要跟基建打交道。因为这样的工作，在工程建造完以后，所有施工队伍跟我感情都不错。因为工作嘛，我对任何人没有成见，只是为了抓工作、抓进度，咱们实事求是，所有的施工队伍对我也是非常佩服的，应该说都和我成了朋友。

我们唐钢的这个清洁生产综合治理工程完成以后，应该说在国内外引起了巨大轰动。

当时唐山市委书记再一次带领唐山市的五大班子、人大代表到唐钢去开会。开完会以后参观一圈唐钢厂区后去会议室一坐，市委书记就问于勇董事长，你们是不是停产了，因为我们来把生产设备都停了吧？

当时环保局的杨局长跟市委书记说，唐钢不会因为咱们来停产的，钢铁生产是连续性的，不能说停就停，停不了。

市委书记说，那你们厂区怎么一点声音也没有啊，也没有烟，也没有粉尘，什么也没有，啥也看不见啊？

我们告诉他，都改造完了，环保设施都上了，效果非常好。而且唐钢厂区的环境质量比唐山市区要好。

又过了一个月以后，于勇董事长跟唐山市主管环保的副市长一起开会时，开玩笑说，唐山市的环境影响我们唐钢了啊！

确确实实，唐钢厂区的环境比市区的环境要好得多。唐钢厂区里的机动车正常在早晨 8 点到晚上 6 点的时候不许跑，不允许机动车上路。所有的小车不允许进厂，全部停在公司几个集中停车场。把整个公司的管理格局全部重新制定。

这项工程实施以后，在国内外引起巨大反响，当时浦项、美钢联的 CEO 都来唐钢参观，看到洁净的厂区，他们都非常赞叹。

浦项钢铁说，原来以为我们在世界上是最好的企业，最环保的企业，现在看唐钢比我们好。

当时的中国钢铁工业协会党委书记刘振江，他看了以后，回去在中国冶金报发表了一篇文章——“中国有能力打造世界最清洁的钢厂”。

吴溪淳副部长、殷瑞钰副部长、吴建常副部长，这几位老部长来唐钢以后，他们说，这是世界冶金史上最清洁的钢厂。

从此，唐钢是世界最清洁钢厂的美名就传开了。所以说，在唐钢规划部干的这项工作，是我参加工作以来，在唐钢作的贡献中最大、最有意义的一件事。

因为这个项目，河钢在世界钢铁协会得了个“可持续发展”奖。这些工作干完了以后我又写了一本书叫《巨变》，对我们这三年唐钢的绿色制造、能效提升、流程再造等，进行了一个总结。

这本书我要表达的主要是三个力。

一个是决策力。要干这个事，需要一把手巨大的非常有胆魄的决策力。要承担风险的，2008 年金融危机，整个钢铁行业亏损得要命，那个时候要花十个亿、八个亿搞这个流程再造、绿色转型，做这个决策是需要巨大的勇气和担当的。

另外一个我要说的是执行力。就是以我为代表的唐钢这些中层干部，包括所有的厂长，上至公司的副总经理，下至厂长、副厂长、作业长，大家的执行力非常强，一声令下，公司让干什么就全力以赴。

我记得在 2009 年的 12 月 25 日，公司集中门卫制度开始实行。6 个停车场，6 个大门，那天是漫天大雪，早晨 6 点多，所有的厂长、副厂长全部站在门口迎接职工上班。因为职工的车不让开进厂里去了，自行车也不让骑进去了，全部停在停车场。秩序井然，非常受感动。

那么我这本书第三个意思就是写的凝聚力，就是广大干部职工对于这个决策非常理解，非常支持。大家齐心协力，上下统一，共同完成了这个项目。这个厂区，大家现在去看，绝对是一个花园，比唐山市的公园要美得多。我昨天转咱们校园的时候我给梁英华副校长提建议。我说，下一步，可以在提升方面考虑考虑美化的事。多种点花，要做到三季有花，四季有绿。可能这个更好。弄一片樱花，弄一片月季花，弄一片榆叶梅等，这样我们的校园就更美丽了。

2011 年，我被提拔为唐钢副总经理，2011 年到 2013 年，当了两年副总经理，主管技术工作。在这个时期，实际上也是唐钢技术质量工作提升最快的时期。也是唐钢跟我们华北理工大学合作最鼎盛的时期。

国家科技支撑项目是跟张玉柱书记合作的，我们在进行，包括跟梁校长的项目也都在进行。这期间我们唐钢在新工艺新技术应用方面应该说取得了长足进步。干熄焦项目、余压发电项目、水处理项目等所有的能源治理项目，在全国只要是先进技术我们都上去了，都投用了，而且效果非常好，每年能源效率的提升，吨铁成本降低了 100 元以上。特别是转炉的余热蒸汽发电及烧结余热发电项目，所有的蒸汽全部实现回收利用，为企业创造了巨大的经济效益，并且该项目迅速在冶金行业推广。

另外一个就是整个在 2012 年至 2013 年，跟国外专家团组搞的我们叫一贯制质量管理开始实行，一直到现在还在进行，这个不多说。

那么2011年到2013年期间，除了主管科技质量工作和科技创新工作以外，还主管公司的基建技改工作，这几年基建技改工作量不大，因为当时是我们钢铁市场非常萧条，没那么多钱投资，没上那么多项目。只是在工艺技术进步，工艺改造，转型的提升方面，做一些提高质量方面的一些项目。

从2013年的2月到2014年的4月担任唐钢党委书记，同时还兼任副总经理主管基建，这个我就不多说，主管企业党委的全面工作。

从2014年的4月到现在，到河钢集团来工作，担任集团的副总经理兼首席技术官。首席技术官这个词是国际上通用的主管技术的总裁。应该说我们做了大量的工作，特别是2014年、2015年、2016这三年，河钢集团在技术质量提升、产品开发、结构调整等，进步非常大。应该说2015年、2016年因为结构调整和质量提升使每一吨钢的年售价提升了150元，大体上每年60个亿的效益增长。

这是我1983年毕业到现在33年半的工作经历，给大家聊了聊。

二、我的母校

来到母校了，我还是想回忆回忆母校，我一直保存着一张入学的时候在咱们学校（当时叫矿冶学院）大门口照的照片，那个时候的大门，一些老教师都记得、张书记记得，那个大门就是现在正门位置一点都没变，当时就是院墙开着一个口，用钢管焊的一个铁门，就是当时的大门口。

我是1979年到矿院来上学，应该说1976年唐山大地震咱们学校是受损很严重的，1979年处于震后重建阶段，应该说没有高楼大厦，没有宽敞明亮的宿舍和教室，只有一片片、一排排的简易房，生活是异常的艰苦，这就是我大学的开始。

尽管30多年过去了，当时的情景仍然历历在目，每次我从建设路学校那儿过的时候，我都要多看几眼，看看我原来的宿舍，我当时的宿舍是西北角那个冶金和化工宿舍，当时我入学的时候，所有的教室全是简易房，食堂也是简易房，买饭的时候，饭口在屋里边，饭口外边全是露天，就在马路边儿。入学两年后，1981年，两个食堂建成了。

当年的校徽我还珍藏着，当时戴着校徽回家的时候，坐火车回家挺美，牛气！

当时学校只有四个系，我记得，我这么说不知道准不准啊，四个系大概一千多人，因为我们那会儿每年招三百多人，尽管如此，我还是对我们学校怀有那种神圣感、敬畏感，我知道我来大学是来求学的、学知识的，不是享受的，那么当时学校条件差，但是只要有我们老师、这些同学一起，我们就能学到新的知识，掌握真的本领。大学期间，我和我的同学们如饥似渴地吸取着知识的营养，从基础课到专业课，门门功课都学得非常扎实，并且积极参加校园的活动。

当时我在我们班是团支部书记，还担任过系学生会文艺部长、校文工团的团员，每次一些节假日的庆祝演出活动，我都积极地参与。

1982年，我有幸结识了我们现在的张玉柱书记。

那时候张书记刚刚大学毕业，分配到我们系当辅导员，他对我们应该说像兄长一样。原来我一直管张书记叫张老师，他当我们班主任辅导员，他像大哥哥一样，跟我们62个学生，我们当时两个班，钢铁冶金专业，两个班合一块儿，张书记到现在为止，我们班62

个人，他每个人的名字都能单独叫出来，感情就这么深。

说实话，张老师不仅教我们知识，同时教我们做人，教我们要做事先做人。

我每当遇到困难和困惑的时候，张老师都能给予我帮助，这么多年来一直跟张书记有合作，特别是科研项目和技术上的合作，我们“十一五”“十二五”包括到现在“十三五”，一直有国家重点项目，而且取得重大成就。

所以虽然离开学校已经33年了，我时刻没忘记自己是矿院人，是华北理工人，不管身在何方，都非常热爱自己的母校，关注着母校的发展变化。

我们学校1958年建校，当时叫唐山矿冶学院，后来依次是河北矿冶学院、唐山工程技术学院、唐山理工学院、河北理工大学、河北联合大学等。

母校改校名时，张老师和我们聊天，河北联合大学这个名字改名叫华北理工、华北工大还是……我们也在聊，最后这个校名是最理想的、最满意的，我们校友非常满意，这就是我们整个学校的变迁。

我们学校著名的校友，我选了几个，比如著名桥梁专家茅以升，国务院国情研究室主任胡鞍钢，我们唐山实业家丁立国，我们学校的朱立光、梁英华校长等，我非常引以为荣，应该说我们学校为国家、为河北省培育了众多的栋梁人才。

到现在为止，学校的办学实力已经今非昔比，昨天下午我们开了校企对接会，张书记详细地把学校的情况给我们介绍了一遍，我们感觉很自豪，确确实实现在学校成为全国知名的综合性大学。学校成立至今，一共培养了十多万名专业技术人才和管理人才，已经为河北省的冶金、矿业、重化工企业培养了大批人才，已经成为这些行业总经理和工程师的摇篮，全国煤炭行业高级医学人才和检疫病防治业务骨干的摇篮，为社会的进步和发展做出了重要的贡献，尤其是在河北省钢铁行业发展过程中，更是发挥了巨大的作用。

记得张书记曾经说过，华北理工大学和河北省的钢铁企业是相伴而生，相依而存，共同发展，那么在河北省采矿冶金等相关产业中，有近50%的业务与管理骨干都是我们学校的毕业生，是我们学校校友，历届校友秉承勤奋执着勇于实践的理工精神，在各自的工作岗位中勤奋实干，建功立业，为学校增光添彩，我身为华北理工大学的校友，为学校的发展壮大感到自豪，为母校取得的辉煌成就感到骄傲。

应该说在我的个人成长路上，不忘入学的初心，不忘母校的教育之恩，在唐钢的工作期间，积极推进母校与唐钢的合作，近十年来唐钢与华北理工大学在产学研方面建立了长期稳定的合作关系，特别是进入2011年以来，唐钢与华北理工大学的合作达到了历史的高点，在工艺优化、新技术开发与产品应用，还有产品开发、质量攻关等各项工作中，发挥了重要作用，有力地推动了唐钢的技术进步。华北理工大学凭借较强的科研实力为唐钢完成了大量的生产工艺优化、提高产品质量、新产品开发的科研项目，成为唐钢的重要合作伙伴之一，科研合作涉及整个矿山、冶金、焦化、轧钢等各个专业。

2013年，玉柱书记获得了唐钢的外聘专家突出贡献奖，当时还是我们于勇董事长给张书记颁的奖。

2015年3月，河钢与华北理工大学共建研究生创新实验基地，开启了我们单位与母校合作的新篇章，我们将本着资源共享、优势互补、相互协作、互惠互利、共同发展的原则，积极探索创新合作模式，发挥两种不同教育资源在人才培养方面的优势，在搭建高层次应用型人才培养平台的同时，通过基础理论和应用技术的研究，使科研活动促进双方学术交流和产学研的全面合作。

2016年9月，由河北省科技厅、河钢集团和华北理工大学共同出资设立了第四期河北省自然科学基金钢铁联合基金研究项目，应该说在座的好多老师都参与了这个课题，重点围绕河北省钢铁产业核心技术升级关键共性技术问题，在炼焦、炼铁、炼钢、轧钢等各个工序新工艺、新技术推广以及节能减排新方法方面开展研究，提高我省钢铁产业核心技术原创能力。

除此之外，唐钢和华北理工大学一起合作承担了国家“十一五”重大专项，于勇董事长和张书记是第一和第二主研人，我是第三主研人。项目最终获得了国家科技进步二等奖，当时由我代表华北理工大学和唐钢在人民大会堂接受了颁奖仪式。

昨天下午参观了校区，听了张书记的介绍，进行了交流和对接，学校搬到新校区了，高端、大气、上档次，我想在全世界这是最美的校园，硬件非常好，那么我想学校在这个历史机遇下，下一步的发展一定是突飞猛进，我们也很期待。

三、我国钢铁工业与河钢

第三部分，我想说一说我国的钢铁工业和河钢的情况。内容比较多，就简单说吧，从事钢铁行业从毕业到现在33年半，这一生就是为了我国的钢铁行业，在座的学弟学妹大部分也是钢铁、冶金、矿山类这些专业，说实话来这里还是想和大家聊聊。

第一方面，我国钢铁行业现状及未来五年的发展趋势。

现状这块儿不多说，一个是我们国家钢产量已经达到了峰值区域，“十二五”期间。从2010年的6.3亿吨增加到2015年的8亿吨，年均增长5%，2014年达到了8.2亿吨，这是历史的峰值，最高值。

在钢材需求方面，应该说我国的一些高级用钢也都能生产，比如说核电用钢、取向硅钢、高强汽车板、海洋平台用钢等，这些都实现了国产化。

另外，国内的技术装备水平大幅的提升。比如说，3000 m^3 以上高炉、5 m宽厚板轧机、2250 mm热连轧机和冷连轧机，这些在国内都实现了产业化和现代化。

在节能减排方面成效显著。“十二五”期间，全国共淘汰炼铁产能9089万吨，炼钢产能9486万吨。另外，以干熄焦、干法除尘、烧结脱硫、能源管控中心为代表的节能减排技术在行业广泛应用。重点大中型企业吨钢综合能耗由605 kg下降到572 kg，这是一个很大的进步。吨钢二氧化硫排放量由1.63 kg下降到0.85 kg，吨钢烟粉尘排放量由1.19 kg下降到0.81 kg，吨钢耗新水量由4.10 t下降到3.25 t。这些巨大的进步说明我国钢铁业发展很快。

我国钢铁行业虽然发展很快，达到了世界钢铁大国水平，但还不是钢铁强国，还有很多问题与矛盾。主要有以下几个方面。

一是产能过剩矛盾加剧。“十二五”期间，我国钢铁产能达到11.3亿吨左右，粗钢产能利用率由2010年的79%下降到2015年的70%左右。产业集中度有所降低，由2010年的49%降到2015年的34%，没有达到“十二五”规划60%的目标。产业集中度低是指钢铁企业分散，大型钢铁集团很少。

二是自主创新水平不高。我国钢铁行业自主创新投入长期不足，企业研发投入占主营业务收入比重仅有1%左右，没有达到“十二五”规划“1.5%以上”的目标。

三是资源环境约束增强。特别是京津冀、长三角对环境的要求越来越高。

四是企业经营亟须规范。我国钢铁企业良莠不齐，违反环保、质量、安全、土地法规的违法违规产能仍然存在。所以说目前我们钢铁企业去产能也是个非常严酷的工作。今天早上刚接到通知，国务院发改委要来我们河北核查 2016 年去产能情况。总共有 8 个工作小组来进行核查，河钢有 16 个人参加。所以，去产能是我们目前的一项重要工作。

我国钢铁行业面临的形势："十三五"期间，我国经济发展步入速度变化、结构优化、动力转换的新常态，进入全面推进供给侧结构性改革的攻坚阶段。既面临深化改革、扩大开放、结构调整和需求升级等方面的重大机遇，也面临需求下降、产能过剩及有效供给不足等方面的严峻挑战。主要从国内形势和国际形势两方面看。

我国钢铁工业未来五年发展趋势：2016 年 11 月，工信部颁布了《钢铁工业调整升级规划（2016—2020 年）》，提出了未来五年我国钢铁工业调整升级的指导思想、基本原则、主要目标和重点任务。

总的来看，未来五年，我国钢铁工业已不再是大规模发展时期，将进入结构调整、转型升级为主的发展阶段，是钢铁工业结构性改革的关键阶段。到 2020 年，国家规定的粗钢产能净减少 1 亿~1.5 亿吨一定要完成。这是习近平总书记、国务院原总理李克强都高度重视的。习近平总书记基本上每个月都听一次关于化解产能工作的汇报，而且国家发改委每个月要在全国进行一次通报和检查落实。

我国钢铁工业"十三五"重点抓的十个任务。

（1）积极稳妥去产能、去杠杆。一是严禁新增钢铁产能，二是依法依规去产能。

（2）完善钢铁布局调整格局。统筹考虑市场需求、交通运输、环境容量和资源能源支撑条件，结合化解过剩产能，深化区域布局减量调整。我们的调整必须是减量的。

（3）提高自主创新能力。这个方面是重点。围绕低能耗冶炼技术、节能高效轧制技术、全流程质量检测预报和诊断技术、钢铁流程智能控制技术、高端装备用钢等升级需求。支持现有科技资源充分整合，发挥企业的创新主体作用，设计单位的桥梁和推广作用，大学和科研院所的基础先导作用，实施产学研用相结合的创新模式，通过市场化运作机制和多元化合作模式，在钢铁领域建设国家级行业创新平台，提高原始创新和自主集成创新能力，开展行业基础和关键共性技术产业化创新工作，每年取得标志性创新成果。推动建设国家技术创新示范钢铁企业。

（4）提升钢铁有效供给水平。

（5）发展智能制造。这个也是一个重点。中国制造 2025，工信部已经确定了试点，我们河钢集团作为钢铁行业首个试点单位正在实施。到 2018 年，以唐钢二冷轧、不锈钢的 1580 这条线为主线的智能工厂将建成。

（6）推进绿色制造。

（7）促进兼并重组。

（8）深化对外开放。

（9）增强铁矿资源保障能力。

（10）营造公平竞争环境。

我国钢铁工业的现状跟未来发展简单就说这么多。

第二方面，把河钢集团基本情况简单介绍一下。河钢集团跟华北理工大学是长久的友好合作单位，我们河钢，华北理工大学的校友太多了。前两周，张书记去集团访问的时候，有一张表，实际上那个表是很不全的，现在看应该有百分之四五十华北理工大学的校友，特别是在领导岗位上的厂部长、经理层，华北理工大学的校友应该占50%以上。

河钢是目前行业最具成长性、品牌价值迅速提升、竞争实力全面增强的特大型钢铁材料制造和综合服务商之一。目前拥有包括八个钢铁子公司在内的23家一级子公司，形成了以钢铁材料为主业，横跨矿山资源、金融证券、现代物流、钢铁贸易、装备制造等板块的发展格局，这是集团总体的几大板块。

河钢2015年产钢4800万吨。河钢集团在世界排名连年上升，2016年位列《财富》世界企业500强第201位，比宝钢、武钢、首钢排名都靠前。河钢是世界钢铁协会执委会成员、中国钢铁工业协会轮值会长单位。

近年来，面对经济发展新常态，河钢以“代表民族工业，担当国家角色”为己任，实现了发展模式由“重规模、重投资、重项目、重装备”，向“重工艺、重技术、重产品、重市场”的根本性转变，集团管控和企业管理模式不断创新；资金刚性管控不断强化，经营状况持续改善；技术进步和管理创新持续加强，产品质量档次快速提升，品种结构调整取得重要进展；非钢产业健康发展，市场创效能力显著增强；国际化发展稳步推进，全球化布局迈出重要步伐。

（一）河钢拥有当前国际最先进的工艺技术装备，在重大关键材料领域具有强大竞争实力

近年来，河钢坚持用高新技术改造提升传统产业，在积极主动淘汰过剩产能基础上，按照绿色发展、清洁生产、智能制造的理念，提前实现工艺技术装备的大型化、现代化，拥有了世界钢铁行业最顶级的工艺技术装备，具备进口钢材国产化、高端产品升级换代的强大基础。集团主要产品覆盖除无缝钢管外所有品种领域。冷轧薄板、高强螺纹钢筋、宽厚板、管线钢和特钢棒材等品牌产品在国内外享有盛誉。

以河钢唐钢、河钢邯钢产品为代表的汽车用钢、家电用钢、管线钢、重轨等不断挺进高端市场，市场份额不断提升；以河钢舞钢产品为代表的宽厚板在装备制造、海洋工程、核安全、国防军工、重点工程等众多领域广泛应用，扛起了“中华第一板”的大旗，多项产品填补国内空白，成为进口产品替代的强大支撑力量；以河钢承钢产品为代表的高品质螺纹钢筋成为国家重点建设项目的标配产品；以河钢石钢产品为代表的高品质弹簧钢、齿轮钢等产品稳定供应知名汽车和高端装备制造企业。

（二）河钢以科技创新引领企业发展，聚集行业创新资源全力打造全球化的技术研发平台，不断培育提升科技创新实力

整合集团技术优势资源，大力实施产线对标和靶向攻关，着力解决制约先进技术装备产能发挥的核心问题。集团品种钢比例由2014年的29%迅速提升至2016年的近55%。高端产品量由2015年的545万吨提升至2016年的1172万吨，同比提升115%。

加大科技创新投入，聚集行业创新资源，全力打造全球化技术研发平台。与国内外行业重点科研院所、知名企业、战略客户共建协同创新研发平台和产业技术创新战略联盟。与中国科学院等顶级学术机构和科技资源高地深化战略合作，推动产业技术高度融合和高新技术成果转化。与东北大学联合共建“河钢东大产业技术研究院”，成为集团产业技术创新发展的重要支撑。加强与世界钢协、瑞典MEFOS研究院、昆士兰大学，以及浦项、

西门子、普锐特等国际一流企业的合作交流，搭建河钢海外技术研发平台，共同构成河钢全球技术研发平台。随着集团科技创新实力不断增强，河钢积极承担行业重大关键共性技术研究，成功申报并陆续启动《高强度、大规格、易焊接海洋工程用钢及应用》《钢铁行业水资源高效循环利用技术及示范》等三个国家重点专项。集团承担的废渣/余热利用技术研发及应用示范项目于 2016 年 7 月顺利通过科技部验收。联合研发的世界首个亚熔盐高效清洁提钒产业化示范项目，将有力促进钒资源加工制备技术向绿色清洁生产转型。

我们集团在承担国家重大专项方面是积极主动的，集团领导站位是比较高的，目前已经在手的三个项目已经开始启动，还有十二个项目正在申报，这里面有三项是跟咱们学校联合的。

深化国际科研学术交流，积极承担世界钢铁行业责任，成为世界钢协执委会成员单位，并不断地扩大集团行业影响力和品牌价值，成功荣获世界钢铁工业可持续发展卓越奖，成为我国 2016 年唯一获此殊荣的企业。

（三）河钢以纵向更深、横向更宽的全产业链视野和创新思维，加快实施全资源链的宽化利用，大力发展非钢产业

河钢在做强做优钢铁主业的同时，着力盘活产业链中蕴藏的隐形资源，谋求“纵向更深、横向更宽”的战略转型。实施产业链的垂直延伸和全资源链的宽化利用，大力发展非钢产业。

目前，河钢正以市场化、专业化、公司化为方向，以延伸产业链、提升价值链为主线，引入市场机制，激活存量资源，融入社会资本，提高资产利用效率。做大做强矿产资源、现代物流、钢铁贸易、金融证券、钢材深加工、装备制造、资源综合利用、工程技术、医疗健康、社会服务十大非钢业务板块，非钢产业逐步成为支撑集团发展的重要力量。

根据集团非钢产业发展规划，到“十三五”末，集团将实现国内钢铁主业 5 万人就业、人均劳效翻番；非钢板块 5 万在岗人员稳定就业并全部消纳自有人工成本。就是到 2018 年全集团员工要控制在 10 万人，其中钢铁主业 5 万人，非钢产业 5 万人，并且非钢的 5 万人要达到自己养活自己，全部非钢产业年销售收入超过 1000 亿元，收入贡献率达到 20%，利润贡献率达到 35%，成为集团经营利润的主要来源之一。

此外，河钢高度关注新能源、新材料等新兴产业的投资机会，发挥特大型钢铁企业集团强大的资源整合优势，通过战略投资、联合开发等形式，进一步加快投资布局新兴产业，实现传统行业跟随者向新兴产业领跑者转变。

（四）河钢紧紧把握全球钢铁产业深度调整战略机遇，加快推进国际化发展进程，全球产业布局迈出重要步伐

把握钢铁行业运行发展趋势和国家“一带一路”倡议机遇，按照“全球拥有资源、全球拥有市场、全球拥有客户”的定位，加快建设全球营销服务平台、全球技术研发平台和全球钢铁制造平台的战略布局。

近年来，河钢先后完成南非最大的铜冶炼企业 PMC 公司的收购、全球最大钢材贸易商——瑞士德高公司的控股收购，成为拥有海外成熟冶炼企业和全球化营销服务平台的跨国型企业集团。

近期，河钢完成塞尔维亚斯梅代雷沃钢厂的收购，进一步向具备高端制造能力的欧洲地区布局，为拓展海外实业基地、构建全球产业制造平台打下了坚实基础。2016 年 6 月，

习近平总书记亲临河钢塞尔维亚公司视察并作重要讲话，为河钢实施国际化发展战略指明了方向，增添了我们河钢的信心。

河钢集团在国际上直接控股的钢铁实业公司有4家，总产能500万吨，这个在中国所有的钢铁企业来说我们是首家，国内的宝钢、武钢、鞍钢等他们在国外都没有真正的钢铁制造业，集团跟斯洛伐克谈一家钢厂，产能500万吨，也是非常好的一个企业，顺利收购，集团在国外就具备1000万吨的钢铁生产能力。

目前河钢集团直接或间接参（控）股境外公司70余家，投资遍及30多个国家和地区，控制运营海外资产60多亿美元。根据集团海外发展战略规划，到2020年，海外业务将形成“2232”的发展格局（培育海外服务国内钢铁主业和海外新事业两大功能事业集群；搭建两大投、融资上市平台；打造资源、制造、贸易三大核心业务板块；依托德高建设集团国际市场开发主基地，依托PMC建设集团海外实业发展主基地），海外公司年销售收入达到200亿美元，占集团营业总收入30%以上，这就是集团整个国际化的目标。

（五）河钢切实履行国企社会责任，在行业转型升级和结构调整中发挥示范引领作用

集团在率先淘汰炼铁产能560万吨、炼钢产能684万吨基础上，今明两年积极贯彻落实国家和河北省重大决策部署，主动承担压减钢铁产能任务。集团计划2016—2017年承诺再压减炼铁产能260万吨，炼钢产能502万吨，发挥国企的担当作用。河钢宣钢将在“十三五”末把钢铁产能退出张家口市，转移到乐亭。

河钢切实履行社会责任，建设清洁循环可持续发展的绿色钢铁企业，近些年投资145亿元完成了380余项节能环保改造项目，铁钢产能全部优于国家产业政策标准，主要能源环保指标优于行业先进水平。核心企业唐钢被业内誉为“世界最清洁钢厂”，被工业和信息化部（以下简称工信部）树为钢厂与城市协调发展的典型。河钢在业内率先制订《绿色发展行动计划》，明确了推动绿色发展的目标和路径，到“十三五”末，河钢所有钢铁子公司将达到国家清洁工厂示范企业标准，成为效率高、消耗低、排放少、环境美的全球钢铁企业绿色发展示范工厂。

展望“十三五”，河钢将以产能压减为契机，全面推进产业升级，“十三五”末力争在钢铁产能不超过5000万吨的基础上实现全球营业收入5000亿元以上，年利润100亿元以上，实现由传统产业跟随者向新产业、新业态领先者的转变，在国家供给侧结构性改革大潮中取得新的辉煌业绩！

四、给学弟学妹们的几点建议

作为一名过来的大学生，作为你们的兄长，我有责任也有必要给学弟学妹们提些建议，希望能够帮助你们过好大学生活，尽好尽快地成长，为以后的人生道路打好基础。

（一）合理处理从高中到大学学习的过渡

首先，大家要明白，读好大学并不是靠老师，而是靠自己。只有你自己才是你真正的老师，大家都有过高中学习的经历，高中学习都是应试教育，几乎清一色的都是题海战术，学生的学习也都是由老师牵着鼻子走。而大学的学习截然不同，大学给大家提供了一个广阔的学习天地，需要靠自己去练就生存的能力，自己去开创属于自己的生活空间，从进入大学的第一天起，你就应该从被动转为主动，必须成为自己的主人，必须积极地管理自己的学业和谋划自己的事业。大学期间，我们看重的不是“学会”，而是“会学”，学

习专业知识固然重要，但更重要的还是学习独立思考的方法，培养举一反三的能力，只有这样才能适应瞬息万变的未来社会。

（二）要有强烈的危机感

不要以为进了大学就可以轻松了，真正的竞争还没有开始。大学只不过是人生大竞争的前奏。生于忧患，死于安乐。如果没有强烈的危机感，大学生活就不会有计划，不会有收获，很快就会过去，就会影响到走上社会的就业和生存问题，影响一生的成长。许多大学生大学都快上完了，结果才发现自己并没有学到什么东西，不知道将来靠什么就业。作为一个现代大学生，一定要知道和牢记这样几件事情：第一，上大学不是为了拿文凭，是为了将来的就业和发展；第二，现在的就业形势相当严峻，竞争也是前所未有的激烈，没有一定的专业技能很难找上好的工作；第三，美好人生的成本越来越高，住房、汽车、子女教育、老人赡养、社会交往、生活水平提高、自我素质提升等，都需要大量的金钱做基础；第四，未来的社会和成长只有知识和专业技能是不够的，还需要顽强的意志和相当的人际交往与沟通能力，才能应对各种挑战和挫折；第五，大学文凭的含金量越来越低，现代竞争靠的是真才实学。

（三）要有明确的目标

没有目标就没有动力，没有动力就没有压力。现在许多大学生的学习积极性不高的主要原因就是不知道自己将来做什么，能得到什么，现在需要做什么，学什么，怎么学。有不少学生说起目标，就是我要挣很多钱，住别墅、开名车、自己开公司、当明星等。这不是目标，只是愿望。目标就是在一定时间内要完成的具体指标。最重要的目标就是你将来从事什么行业，做什么职业。这就是个人的自我生涯规划。这就需要了解社会发展的趋势，行业变化的动态，人才竞争的程度，职业回报的大小，以及自己的心理特点和特长情况，做综合性的分析和判断，最后确定自己的发展目标。在目标的选择方面，要衡外情，量己力，没有最好，只有适合，适合自己的才是最好的。在目标确定后，我以为大学的主要目标包括如下几个方面的内容：

（1）思维模式的学习；
（2）心理素质的磨炼；
（3）文化知识的学习；
（4）专业技能的掌握；
（5）身体素质的训练；
（6）交际能力的提高；
（7）学习方法的掌握；
（8）社会环境的熟悉。

（四）要有全面的计划

只有目标是不够的。目标具有时间化、指标化、具体化等特点，也就是说要有明确的计划，不能跟着感觉走。要根据自己的目标和情况，制订全面详细的计划，要明确在多长时间内完成什么指标，达到什么效果。计划的关键在执行。许多大学生有想法，有梦想，但没有毅力，坚持不下来。所以，计划再好，没有执行好，坚持不下来，也是没有用的。因此一旦有了目标，定了计划，就必须横下心来，坚持到底，这也是自我训练。

（五）珍惜校园的学习生活

对于绝大多数学生来说，在学校要系统地学习基础理论知识，学习思考问题和解决问题的方式和方法，在校学习的目的就是掌握最基本的学习工具和方法，将来利用这些工具和方法再去学习新的东西，与其说上大学是为了学一门专业知识，不如说是为了学会如何学习，让自己能够成为真正意义上的“无师自通”。

（六）掌握一技之长

走上社会后，首先靠的是你有什么专长，你的专长能够给用人单位发挥什么作用，创造多大的价值。你在社会、在用人单位和所在行业的竞争能力，你的地位和收入来自你的一技之长的高低。你在大学学了是30还是40门课程并不重要，也没有用人单位关心这些，关键是你在哪一方面最突出、最擅长，这一方面和社会，和行业发展，和用人单位的需要结合的程度，先做专，后做宽。所以，需要寻找和选择一个突破口，也就是你事业的起点。集中80%的时间与精力在一个点上。如果四年的大学你能够一直坚持，一定会有相当的提高。不敢说你会成为高手，但将来找工作应该没有什么问题。

（七）学习人际交往和沟通能力

无论是在大学还是在走上社会以后，决定人成长、成熟和成功的主要因素是人际交往能力。所以，要从大学生活开始，学习、锻炼和提升自己的交际能力，为将来的就业、工作、学习和生活打好基础。交际能力主要包括以下内容。

（1）对自我的认识——客观地评价自我，特别是缺点和不足，如何改正，自己需要结交什么人，回避什么人，制定哪些交际原则。

（2）自我形象设计——自己应该是什么样的形象，应该有什么个性。

（3）对人性的了解——人性是什么，人有什么特点，人有多少种类型，人的共性是什么。一般人喜欢什么，爱好什么，不喜欢什么。

（4）识别能力——如何识别人，通过哪些方法判断人。

（5）沟通能力——沟通的理念与原则，不同情况下的沟通技巧，如何提高自己的沟通能力，让自己能够充分展示自我、了解别人、说服别人、达成共识。

（6）演讲能力——如何提高自己在公开场合下的讲话能力，主要是自信心和演讲的技巧。

（7）社交礼仪——在不同场合、对不同的人，应当注意和讲究哪些礼仪礼貌。

（八）作一个主动的人

作为当代大学生，不能只是被动地让别人告诉你应该做什么，而是应该主动地了解自己应该做什么，并且规划它们，然后全力以赴去完成，看看那些有所成就的人，有几个是“唯唯诺诺，等人吩咐”的人？对待自己的学业，必须有十足的责任心和爱心，全力投入，不断努力！同时一个积极主动的人，还应该虚心听取别人的批评和意见，这也是一种进取心的体验，不能虚心接受别人的批评，而从中吸取教训就不可能有更大的进步。

刚才，跟大家简单介绍了一下我的成长经历和我国钢铁行业的现状和发展趋势，也根据这些年的亲身经历给了大家几点建议，希望能对大家的大学时光有所帮助。

最后，我想说，这是一个开拓的时代，是一个创造的时代，5G、互联网+、无人驾驶、新能源、新材料发展迅速，这样一个时代给你们年轻人发展创造了广阔的空间，真心希望大家通过大学阶段的学习在思想、思维上能有一个质的飞跃，紧跟时代的步伐，在前进的路上自律、自尊、自爱，做一个有担当的人，做一个对社会有用的人，在创业过程中贡献社会，成就自我！

转变发展方式，勇担社会责任，以绿色发展的实际行动引领行业转型升级

在“第十届中国钢铁年会暨第六届宝钢学术年会”上的报告

2015年10月于上海

近年来，河钢集团有限公司（以下简称河钢集团或河钢）始终坚持走绿色发展道路，高度重视环境经营和清洁生产，持续加大节能环保投入，取得了显著的社会效益和经济效益，引起了社会各界广泛关注。我主要结合河钢走绿色发展道路的工作实践谈几个方面的体会和认识。不当之处，敬请指正。

一、河钢走绿色发展道路的战略选择

钢铁企业走绿色发展道路，是经济社会发展进入新的历史阶段的必然要求。改革开放以来，特别是进入21世纪以来，随着我国经济的快速发展和用钢需求的极大提升，钢铁行业呈现爆发式增长。与此同时，因为资源能源的巨量消耗、烟气粉尘的无序排放，钢铁行业被视为粗放行业的典型代表，为社会所广为诟病。在资源能源日益匮乏、生态环境不断恶化、经济结构加快调整、环保约束显著加强、公众节能环保意识明显提升的新发展阶段，钢铁企业传统的粗放发展模式走到了尽头，必须放弃原有的“路径依赖”，开辟一条清洁生产、低碳制造、绿色发展的工业文明新路径，以尽可能低的资源消耗和环境代价，创造更多的社会财富，实现企业效益、社会效益、环境效益的共赢，推进工业文明与生态文明的协调发展。

钢铁企业走绿色发展之路，是履行社会责任、与城市共融和谐发展的现实选择。进入新的历史阶段，社会整体发展诉求转向，对环境效益和社会效益的关注优先于经济效益的追逐。作为体量大、潜力大的钢铁企业，特别是国有大型钢铁企业，必须主动积极履行社会责任，成为落实国家宏观调控的重要抓手，引领行业实现绿色发展。我国多数钢企都处于周边环境容量有限的城市区域，即便是沿海布局或谋划搬迁的企业，也需要充分考虑地方社会公众的整体利益，实现与城市共融和谐发展，以绿色发展的自觉行动争取认同，提升可持续发展能力。

钢铁企业走绿色发展之路，是促进技术创新、打造综合竞争优势的科学路径。绿色发展不仅仅局限于环境的改善，更体现为以更高的管理和运营标准，挖掘企业管理效益，提升资源能源高效利用水平，促进技术创新和工艺改进，最终打造低成本、高产出的综合竞争优势。例如，为减少厂区物料倒运，河钢部分子公司创新推行无料场模式，在改善环境的同时降低了物料损耗，并有效驱动了管理流程的局部再造。钢铁企业强力推进绿色发展，也将极大地促进行业在节能环保和工艺技术方面大力开展创新，催生行业新的发展机遇。

基于科学理性的分析研判，河钢坚定不移实施绿色发展战略，既是坚守社会责任的“道德底线”、合规经营的“法律底线”、可持续发展的“生命线”，也是适应行业发展趋势，打造综合竞争优势的现实考量。

二、河钢走绿色发展道路的主要实践

近年来，河钢以打造“人、钢铁、环境和谐共生的钢铁企业”为目标，以理念引领发展，以行动践行承诺，彻底颠覆了钢铁企业粗放的传统形象，以建成“世界最清洁工厂”的事实证明，钢铁可以是“绿色的”。

(1) 积极淘汰落后产能，提升技术装备水平，奠定清洁生产、绿色发展的硬件基础。2008 年以来，河钢先后淘汰焦化产能 120 万吨、烧结矿及球团产能 1419 万吨、生铁 537 万吨、粗钢 334 万吨。其中，淘汰焦炉 4 座、拆除 400 立方米级及以下高炉 14 座，淘汰烧结机 18 台、竖炉 7 座、25 吨和 30 吨转炉各 3 座、电炉炼钢生产线 1 条、普通长材轧钢生产线 6 条、白灰窑 7 座、50 t/h 燃煤锅炉 2 台等落后产能与设备，超前拆除了 3 座尚不属于国家产业政策限期淘汰的 450 m^3 高炉。同时，集团在不增加产能条件下，积极推进结构调整、产业升级项目建设，形成了具备世界先进装备水平、国内领先节能环保水平的 5000 万吨钢铁产能。

(2) 加大节能减排投入，积极发挥示范引领作用，提升绿色发展效益。2008 年以来，河钢累计投入节能减排资金 135 亿，实施重点节能减排项目 360 余项，主要节能环保指标达到国内领先水平，成为“全国清洁生产示范企业”。吨钢能耗、吨钢耗新水、自发电比例、厂区绿化覆盖率，均居行业领先水平。

率先实施全封闭机械化原料场建设和焦化储煤仓改造，其中邯钢投资 7 亿元建成的跨度 146 米的全封闭机械化原料厂属国际首创、唐钢南区建设了全封闭地下仓储式料仓；在 SO_2 和烟粉尘治理方面，集团 31 台烧结机，实现脱硫设施全覆盖，脱硫效率达 85%以上，成为首家全部拆除烧结机旁路烟道的钢铁企业，发挥了引领示范作用；29 座高炉采用了干法除尘，占高炉总数的 85. 3%；23 座转炉采用了干法除尘或新型 OG 法除尘，占转炉总数的 59%；炼钢三次除尘装备比例达 53. 3%。

目前，集团 SO_2、烟粉尘排放总量比“十二五”初分别降低了 44%和 32%。在污水处理方面，集团各钢铁子公司均投资建设了污水处理中心，2014 年集团水重复利用率达到 97. 68%；其中，唐钢投资 3. 2 亿元建成华北地区处理能力最大的水处理中心，每天可处理城市中水和工业废水各 7. 2 万立方米，成为我国首家以城市中水为水源的大型钢铁企业。

(3) 推广应用先进技术，强化能源成本管理，打造低消耗、低排放、低成本、高效率、高效益的绿色制造循环经济产业链。企业排放污染的问题，本质上是资源利用、能源转换效率的问题。推广先进适用技术，提高资源能源综合利用率和再利用水平，在解决排放问题的同时，也为企业增强了低成本竞争优势。

河钢以资源能源高效利用为中心，锁定性价比高的煤、焦、矿资源，建立起与低价原料相适应的生产组织方式和工艺操作标准，炼铁成本达到行业领先水平。在国内首推“全流程能源成本管理”，利用信息化手段进行动态控制，促进了能源成本大幅降低。其中，全流程负能炼钢居行业领先水平。大力推广先进节能减排技术，干熄焦、煤调湿、烧结余热发电、炼铁炼钢干法除尘等工艺技术在集团广泛应用，极大地提高了生产过程中的能源利用和环境保护水平。与此同时，为发展壮大能源环保产业，河钢以专业化、市场化为方向，组建“河钢能源”“河钢化工”，逐步发展成为专业化运营管理和投融资平台。

打造能源“循环圈”，回收全流程产生的煤气、热能进行发电。建设了100余台套CCPP、TRT、烧结余热、干熄焦等发电设备。其中，干熄焦8套；55%的烧结机配备了余热发电设备；所有高炉配备了TRT发电设备；转炉余热蒸汽全部回收；80%的炼钢厂采用了钢包加盖节能技术、72%的轧线采用了蓄热式加热炉，热轧卷板产线平均热装率达到70%到90%、平均热装温度为500～900 ℃。2014年集团总发电量达到110亿度，核心企业自发电比例达到65%以上。吨钢综合能耗达到行业一流水平。打造水资源“循环圈”，大力推进工业废水“零”排放，实现了水资源的高效循环利用，唐钢、邯钢吨钢耗新水2.4 m^3，达到行业领先水平。打造固体废物“循环圈”，固体废弃物实现全回收和再利用。一方面，含铁元素固体废弃物再次进入冶炼循环，有效降低了生产成本；另一方面，非铁元素固体废弃物作为非钢产业资源，用于制造便道砖、水泥等，实现科学利用。河钢矿山采用充填法开采地下矿，使采矿废料得以循环利用，既可减少对环境的负面影响和大量占地，又可减少矿柱，提高资源利用率。同时，在全国首创利用采煤沉陷区建设尾矿库，使面积达1.76平方千米的尾矿库将变成2640亩良田。

（4）加大科研技术投入，加快产品结构调整步伐，为社会提供绿色产品。主动适应钢材减量化与可持续的发展趋势，积极研发推广具有“高强、长寿、耐蚀、轻量化”的钢材产品，积极推广使用高强迭代产品。目前，集团具备超千万吨的高等级全系列精品板材生产、加工能力。拥有高强汽车板产线800 MPa两条，1200 MPa两条，1600 MPa一条，以及重轨全长余热淬火等先进产线。依托装备优势，成功研发生产超强汽车双相钢，0.8系数X80、X90管线钢，700 mm特宽特厚高强耐蚀海洋工程用钢、煤化工用大厚度临氢铬钼钢等，一批填补国内空白、替代进口的绿色高强钢材产品，也为下游行业节能减排创造了条件。

（5）实施厂区环境综合整治，提高厂区绿化水平，为员工和城市提供整洁优美的生产生活环境。以创建科学示范企业为载体，高标准启动了厂区环境综合治理活动，结合厂区规划布局调整，构建了整洁有序、工艺顺畅、配置科学的生产运营环境。唐钢、邯钢绿化覆盖率达到50%以上，被授予“全国绿化模范单位”称号，其中唐钢被业内誉为“世界最清洁钢厂”，被工信部树为钢厂与城市协调发展的典型，厂区生态环境优于主城区。河钢集团彻底颠覆了世人对钢铁企业的传统印象，成为与城市、自然和谐共存的一道靓丽风景线。

从河钢绿色发展的实践以及取得的成效来看，以管理和科技创新为支撑，科学合理的投入所带来的社会效益和经济效益是巨大的。特别是面对经济发展新常态，钢铁企业走绿色发展之路，必将成为适应发展趋势的行动自觉。

三、河钢即将实施绿色发展行动计划

作为市场竞争的主体，河钢将提高竞争力、效益最大化与履行国企责任作为永恒追求。河钢实施绿色发展不是简单的累计投入，而是实现有效益的绿色发展，体现为“六位一体”的总布局。涵盖绿色制造、绿色物流、绿色产业、绿色产品、绿色采购、绿色矿山和绿色效益的整体。

为更加完善地实施绿色发展战略，河钢结合“十三五”发展规划，制订了《绿色发展行动计划》，明确了绿色发展的总体思路、基本原则和主要目标。

河钢未来实现绿色发展的总体思路是：秉承生态文明理念，落实制造强国战略，围绕建设最具竞争力钢铁企业的目标，深入推进绿色制造、研发应用先进绿色产品、加快开发绿色产业、系统优化绿色物流、稳步推进绿色采购，取得显著的绿色效益，成为效率高、消耗低、排放少、环境美的绿色钢铁示范企业，引领我国钢铁行业实现绿色转型。

河钢绿色发展的基本原则。

一是坚持理念更新与企业实际相结合。随着人类社会对绿色发展的认识不断加深，绿色发展的内涵不断拓展，河钢也必将与企业实际相融合，保持绿色发展的理念不断与时俱进。

二是坚持效益导向与绿色投资相结合。在市场中获取有竞争力的经营效益是企业发展的根本。河钢将树立绿色投资理念，讲实效、重实用，统筹经济效益和环境效益协调发展。

三是坚持整体推进与重点突破相结合。河钢实施绿色发展将加强顶层设计、整体推进，同时围绕紧迫问题、重大需求，调配人财物等资源、要素，在重点企业、重点方向、重点项目上实现率先突破。

河钢绿色发展的主要目标。

2020 年年底，河钢集团全面满足环保节能低碳发展要求，成为绿色钢铁企业发展典范，形成具有河钢特色的绿色发展体系。其中，将核心企业打造成为全球钢铁行业绿色发展示范企业，主要钢企绿色发展全部达到国内先进水平。

具体指标包括以下内容。

（1）绿色制造。

1）环境保护。到 2020 年，实现钢铁行业污染物排放新标准达标率 100%；主要污染物吨钢排放指标达到世界先进水平，吨钢 SO_2 排放量小于 0.7 kg，吨钢烟粉尘排放量小于 0.5 kg，吨钢 NO_x 排放量小于 0.8 kg。

2）节约用能。到 2020 年，河钢集团总体能源利用效率、管理水平达到行业领先水平，用能结构更趋合理。实现节能量 160 万吨标准煤，煤炭消费量削减 200 万吨。焦化、烧结、炼铁、炼钢、轧钢等主要生产工序能耗全部优于行业先进水平；二次能源自发电量占总用电量比例达到 60%以上。

3）节约用水。到 2020 年，河钢集团取新水总量较 2014 年下降 7.5%以上，吨钢排水较 2014 年减少 50%以上，吨钢排水不超过 0.27 m^3；水重复利用率达到 98.5%。

（2）绿色产品。到 2020 年，河北钢铁集团先进类绿色产品占比 35%，产量超过 1500 万吨。

（3）绿色产业。到 2020 年，建立具备规模效益、产业配套齐全、自主创新能力较强的河钢绿色产业体系。培育 2~3 家创新能力强、具有核心竞争力的骨干企业。将河钢能源打造成为国内一流的技术产业化输出服务平台和项目投融资、专业化运营的管理平台，打造 1~2 家集咨询、设计、施工、管理于一体的专业化模块化品牌化的环保工程公司。

（4）绿色物流。到 2020 年，钢铁类子公司原料运输亏吨率小于 0.2%，料场原料损耗率小于 0.1%，烧结返矿皮带运输率达到 100%。

（5）绿色采购。到 2020 年，河钢集团建立较完善的绿色采购标准、管理体系和评价考核体系，通用性备品备件 100%实现绿色采购。

（6）绿色矿山。到 2020 年，在已建成的国家级绿色矿山基础上，推动其他矿山建成国家级绿色矿山，并以点带面打造司家营绿色示范矿区。主要矿山中，露天矿开采回采率总体达到 94%以上，地下矿开采回采率总体达到 80%以上。

（7）绿色效益。到 2020 年，河钢集团实施绿色发展为企业增加效益超过 20 亿元。

近年来，河钢在绿色发展方面开展了务实而卓有成效的探索，取得了较好的社会效益和经济效益，也进一步坚定了持续推进绿色发展战略的信心和决心。尽管目前钢铁企业在节能环保方面的投入和运行成本还没有真正得到价值认同和政策支持，但我们相信，随着国家环保法规的逐步落实，监管标准更加规范，我们在绿色发展上的付出终将成为实现可持续发展、提升市场竞争力的重要条件。在此，我们也倡导所有钢铁企业加入推进绿色发展的阵营，共同为行业转型发展做出应有的积极贡献！

履行国企社会责任，实施绿色发展战略，在京津冀协同发展中发挥行业引领示范作用

在“京津冀钢铁行业节能减排产业技术创新联盟成立大会”上的报告

2015 年 4 月于北京

由我代表河钢集团有限公司（以下简称河钢集团或河钢）向大家汇报一下近几年河钢集团在京津冀协同发展中，在履行国企社会责任、实施绿色发展、发挥行业引领示范作用方面所做的一些主要工作。

一、河钢集团概况

河钢集团组建八年来，始终坚持科学发展的理念，不断创新经营组织模式，在经济增速逐步放缓、行业竞争日趋激烈的严峻形势下，通过实施一系列改革创新举措，企业经营状况和社会形象得到明显改善。目前，集团已初步形成了以钢铁为主业，矿山资源、金融服务、装备制造、现代物流等相关产业协同发展的产业格局。主要产品覆盖除无缝钢管外所有品种领域，形成了从厚度 0.13 mm 的超薄精密冷轧板，到厚度达 700 mm 特宽特厚板的全系列板材，直径从 5.5~350 mm 系列棒线材以及各种规格的系统型材品种结构。集团产能规模位居全球第三、国内第一。

集团现拥有在册员工 13 万余人，直属子分公司 20 家。其中，钢铁主业拥有唐钢、邯钢、宣钢、承钢、舞钢、石钢、横板七家子公司和采购销售、国贸三大经营公司。非钢板块有矿业、国际物流、钢研总院、宣工发展、财务公司和财达证券。海外板块有瑞士德高、南非 PMC、国际控股等公司。截至 2014 年年底，集团拥有总资产 3300 亿元。2014 年产钢 4709 万吨；实现经营收入 2806 亿元。2014 年居世界 500 强第 271 位，中国企业 500 强第 43 位，中国制造业 500 强第 13 位。

近年来，河钢集团在深入分析行业形式和自身规模地位的基础上，明确提出以“代表民族工业、担当国家角色”为己任，努力建设“全球最具竞争力钢铁企业”的战略发展目标。基于此，河钢集团以更加自觉、勇于担当的精神，坚决贯彻落实国家钢铁产业发展政策，率先淘汰落后装备产能，加快产业升级和结构调整步伐，实现了全部主体装备的大型化、现代化，具备了 5000 万吨世界先进装备水平、国内领先节能环保水平的优质钢铁产能。

近年来，河钢集团切实履行社会责任，加大节能减排和绿色经营投入，在节能减排重点项目上投资高达 130 多亿元，吨钢环保成本高达 140 元，主要节能环保指标位居国内领先水平。吨钢烟粉尘排放量与 2008 年相比，相当于消减 2000 万吨钢铁产能，真正实现了产能不增、排放减半的目标。河钢集团核心企业被业内誉为“世界最清洁钢厂”，被工信

部树为“资源节约型、环境友好型”示范企业。

二、河钢集团节能减排与清洁生产的主要做法和取得的成效

（一）切实履行社会责任，树立绿色发展理念

面对行业发展的新常态和环境容量的新趋势，河钢集团充分认识到，低碳环保、绿色发展，不仅是钢铁企业履行社会责任的“道德底线”、实现合规经营的“法律红线”，更是钢铁企业融入社会、实现可持续发展的“生命线”。积极适应环境的变化，选择以低成本、低消耗、低排放和资源高效循环利用为主要特征的绿色发展道路，是建设生态文明的本质要求，是钢铁企业转型升级的当务之急，更是企业再造竞争新优势、提升可持续发展能力的战略选择。

（二）加大节能减排投入，促进社会和谐共生发展

近几年来，受宏观经济形势影响，钢铁行业盈利水平逐步下滑。在资金极其紧张的情况下，河钢集团克服巨大困难，持续加大节能减排投入，节能减排工作取得了显著成绩。集团组建以来，实施重点节能减排项目 360 余项，累计投入节能减排资金 131.1 亿元，主要节能环保指标达到国内领先水平。2014 年，集团吨钢综合能耗 560 kgce，较 2008 年降低 21.75 kgce；吨钢耗新水 2.98 m^3，较 2008 年下降 22.8%；自发电比例达到 50%以上，较 2008 年提高了 28%，其中核心企业自发电比例达 65%以上；吨钢转炉煤气回收量平均达到 121.84 m^3。主要污染物实现了达标排放，2014 年，二氧化硫排放总量比 2011 年降低了 43.78%，烟粉尘排放总量比 2011 年降低了 31.63%。集团所属五家河北省“双三十”单位，均全面完成了省政府下达的“十一五”节能减排目标和“十二五”年度节能减排目标任务，实现了企业节能降耗、减污增效，经济效益与社会效益的协调发展。

（三）淘汰落后产能装备，建立全流程清洁生产体系

集团严格执行国家产业发展政策要求，先后淘汰 450 立方米级及以下高炉 14 座、烧结机 18 台、竖炉 7 座、25 t 和 30 t 转炉各 3 座、电炉炼钢生产线 1 条、普通长材轧钢生产线 4 条、白灰窑 7 座、50 t/h 燃煤锅炉 2 台，特别是唐钢超前拆除了 3 座尚不属于国家产业政策限期淘汰的 450 m^3 高炉。累计淘汰烧结矿及球团产能 1419 万吨、生铁 537 万吨、粗钢 334 万吨。通过淘汰落后产能设备，实施现代化技术升级改造，不仅实现了源头减排降耗，还极大地有效推广应用了高效长寿的转炉冶炼、快速协同的二次冶金、高效恒速的全连铸、动态有序运行的信息化、精细严密的过程参数控制追溯等先进技术，实现了“一键式”且全封闭“可视化”的自动炼钢，形成了全流程清洁生产体系。

（四）贯彻国家环保新要求，做行业规范的先行者和引领者

河钢集团认真落实国家和河北省关于大气污染防治和化解过剩产能限期治理的总体要求，大力开展主要污染物和污水处理专项治理。

在二氧化硫和烟粉尘治理方面，河钢集团所属单位严格按照时限要求完成了烧结机烟气脱硫配套项目，实现了烧结机烟气脱硫设施全覆盖。同时，集团承钢公司还成为全国第一家拆除烧结机旁路烟道的国有钢铁企业，为推动拆除烧结机旁路烟道起到了表率和示范作用。唐钢、邯钢公司率先采用了全封闭式原料场，其中邯钢公司投资近 7 亿元建设了被称为“邯钢鸟巢”的全封闭机械化原料厂，彻底解决了原料场扬尘、物料流失的问题，使

周边环境得到彻底改善。

在污水处理方面，集团各钢铁子公司均投资建设了污水处理中心，减少了污水排放，提高了水的重复利用率，2014 年集团水重复利用率达到 97.68%，同时还开始大量引用城市中水。其中，唐钢公司投资 3.2 亿元建成的水处理中心，是华北地区处理能力最大的水处理中心，每天可处理城市中水和工业废水各 72000 m^3，成为我国唯一以城市中水为水源的大型钢铁企业。

（五）加强能源成本管控，广泛推广应用新型节能技术

集团唐钢、邯钢、宣钢、承钢、石钢公司均建设了能源管控中心，利用信息化、自动化手段对动力能源介质进行动态匹配，实现能源管理的全过程控制。其中，炼钢系统实现"一键式"全流程负能炼钢，转炉工序能耗成为行业标杆。钢铁行业的六大节能技术，如 CDQ（干熄焦）、CCPP（燃气蒸汽联合发电）、TRT（高炉煤气余压发电）、高炉喷煤、转炉负能炼钢、连铸坯热装热送和直接轧制技术，在集团都已经推广应用。目前集团共建有干熄焦发电机组 8 套、CCPP 机组 2 套、TRT 发电机组 28 套。此外，集团还部分应用了烧结工序环冷余热发电技术、高炉专家动态分析系统、煤气全干法除尘技术、全蓄热式加热炉技术和冷轧酸再生工艺等。截至 2014 年年底，集团吨钢综合能耗为 560 kg 标准煤，节能指标位于行业先进水平行列。

（六）树立绿色矿山发展理念，打造新型绿色矿业基地

将绿色矿业理念贯穿于矿产资源开发利用全过程，推行循环经济发展模式，实现资源开发的经济效益、生态效益和社会效益协调统一。通过研究应用充填采矿技术、露天矿剥离岩土填海造地等，仅用五年时间将司家营矿区建成科技含量高、经济效益好、资源消耗低、环境污染少、废弃物基本零排放的新型工业矿区，成为具有 21 世纪国际先进水平的节能环保、生态高效型的绿色矿业基地。

（七）加强科研基础建设，为实施绿色发展战略提供重要支撑

一是优化整合科技资源配置。选拔、引进了一大批高层次科研人才，高标准组建了河北钢铁技术研究总院。投资 3 亿多元建设了具备国际先进水平的中试研发设备。集团还拥有 2 个国家认定企业技术中心，4 个省级企业认定技术中心，3 个国家认可理化试验中心，11 个省级工程技术研究中心和联合实验室，3 个院士工作站、3 个博士后科研工作站。

二是建立产学研协同创新机制。集团及各子公司持续加强与国内外科研院所、专业机构和兄弟企业的合作交流，先后与东北大学、北京科技大学、中国钢研集团等建立了长期紧密的产学研合作关系，为节能环保新技术的开发和推广应用创造了有利条件。

近期，与北京科技大学、京津冀钢铁企业等单位共同倡议发起"京津冀钢铁企业节能减排产业技术联盟"，为协同实现节能减排新技术产业化，推动大气环境综合治理提供了重要交流平台。

三是开发成功的多项绿色制造工艺、绿色产品跃居国际一流水平。清洁生产、经济型高效率洁净钢平台系列绿色制造技术达到国际领先水平，成为钢铁行业绿色发展的重要标志。"大型高炉低成本、节能、环保炼铁成套技术""超薄规格热轧板卷生产技术""钒钛磁铁矿高效清洁利用技术"等一大批先进绿色制造工艺技术的开发应用，有效促进了资源高效利用和行业节能减排技术发展。

以全生命周期理念为指导，研发制造的高强、高韧、耐蚀钢铁产品，如超强汽车双相钢，X80、X90 管线钢，特宽特厚高强耐蚀海洋工程用钢、煤化工用大厚度临氢铬钼钢等一批绿色高强钢材产品，不仅填补了国内空白并替代进口，并为下游行业节能减排创造了条件。

三、河钢集团绿色经营与可持续发展之路

随着国际化步伐的不断加快，河钢集团本着坚持科学发展、立足管理创新、依托高新技术、树立责任意识、提供社会服务、营造碧水蓝天、打造绿色钢企、创建行业典范的原则，正在探索绿色经营与可持续发展之路。

（一）总体目标

严格控制能源消耗总量的增加，控制和减少污染物排放，提升清洁生产水平；推进循环经济发展，提高资源综合利用效率；完善能源环保管理体系建设，落实节能减排目标责任；持续开展环境综合治理，提升绿化水平；拓展绿色产品和环保产业，打造河钢绿色发展的品牌形象。

（二）主要措施

1. 采用多元化手段，确保污染物达标排放

通过加大环境治理力度，加强节能减排管理，逐步提升集团能源环保水平。通过提升管理水平，发挥环保设备全部功能，确保环保设备设施满足污染物排放要求。

加大环保管理和监督考核力度，增强环保责任意识，建立环保责任追溯制度，健全环境治理常态化运行管理机制。加强环保监测和环保设备的运行维护管理，确保环保设备设施同步运行率达到 100%。加快实施烧结（球团）脱硫设施配套、除尘设备设施改造、原料场封闭等重点项目，确保环保设施配套满足政策要求。优化原料场布局和物流结构，最大限度减少厂内物料倒运。推进能源合同管理，拓展节能减排投入渠道，解决环保项目高投入低产出的难题。

2. 加强管理体系建设，实现管控规范化、制度化

综合考虑节能减排、环境保护和资源综合利用，建立考核和评价系统，引导各单位降低能源消耗、污染物排放和温室气体排放，提高固废资源综合利用效率。

一是吸取先进企业能源环保体系建设经验，稳步推进集团能源环保管理体系建设。

二是完善环保管理制度，提升整体管控能力。秉承管理优先、分级管控、源头治理和系统应对的理念，从环境风险量化评价、管控措施、持续改进等多个环节打造环保管理的闭环系统，形成制度化、规范化的环保管理体系。

三是拓展和优化能源管理，深入推动能源高效利用。把能源管理活动扩展到全员和全过程，从管理节能、工艺节能和技术节能多种途径挖掘节能潜力，探索与创新能源管理的方式方法，实现能源管理从离线到在线，从结果到源头和过程的转变，推进能源高效利用的深入开展。

四是开展清洁生产审核，推进节能环保进步。结合工业和信息化部（以下简称工信部）推进工业企业清洁生产审核工作，组织开展清洁生产培训、审核等相关工作，全面提升集团清洁生产水平。

五是加强节能减排信息化建设，夯实能源环保一体化管理基础。建立健全能源环保基

础数据库，搭建环保信息平台；依托数据库和监控平台，开发环境监测数据预警系统，为环保突发事件的事态控制和应急对策的制定提供及时、准确的依据。

六是组织节能减排专项审计，为能源环保管理系统改善提供依据，促进能源环保体系有效运行和能力提升。

3. 拓展资源综合利用领域，提升综合竞争实力

对生产过程中产生的再生资源进行综合开发利用，生产高附加值产品，达到节约能源，增加经济效益，保护生态环境的目的。重点是推进废弃物的减量化、再使用和资源化，提高资源综合利用率。

一是推进尾矿、矿渣的综合利用。采用先进的深加工技术，提升固体废弃物可利用比例，实现固体废弃物的价值最大化。

二是推广成熟的含锌粉尘的回收利用技术。铁矿石中的锌是有害元素，钢铁生产过程中产生的含锌粉尘易造成严重的环境污染和资源浪费，对这些粉尘的处理十分紧迫。含锌粉尘的火法处理工艺还原率稳定，易于实现工艺优化，生产效率极高，且满足环保要求。应重点研究推广成熟的火法低锌处理技术，实现含锌烟粉尘的回收利用。

三是推广应用先进的节水工艺和循环用水技术，大力降低新水用量和废水排放量。贯彻“节约用水、清污分流、循环使用、梯级利用”的原则，通过抓源头、改善流程和强化管理，建立企业内部多级用水循环系统，减少废水排放量；提高城市中水加工使用比例，最大限度降低新水采取量。

4. 着力于减量化、长寿命、高强度钢材的研发，加大绿色产品比例

大力推进绿色制造，深化生产过程的“减量化、再利用、资源化”，最大限度地节省能源、降低消耗、减少排放，在实现良好经济效益的同时，实现清洁生产，与环境和谐共存。

打造有集团特色的绿色产品，在产品的研发、设计、生产制造和运输过程中，始终贯穿绿色制造的理念，大力推广热轧工序绿色轧制，研究及开发以“节约型成分设计、减量化轧制工艺”为核心的品种工艺，通过轧制过程的合理设计，达到节省资源、能源，减少排放，开发低成本、高性能钢铁产品。

5. 大力发展循环经济，推进钢厂与城市的和谐共存

企业与城市相融共生，延伸钢铁产业链，推进企业功能的拓展，建造循环生态圈，是城市钢企的生存之路。城市化和工业化的发展离不开钢铁，从发展循环经济的角度来说，钢铁行业具有能源转换和废弃物消纳处理两大功能，这些功能的发挥要依托于城市来实现。

一是加强与城市间的全面合作，大力推动循环发展。把钢铁企业作为城市发展的有机体，充分发挥钢铁企业城市大宗废弃物消纳处理和综合利用功能，变“资源—产品—废弃物”的线性模式为“资源—产品—废弃物—再生资源”的循环模式，减轻环境负荷。

二是发挥钢铁企业的能源高效转化功能，把钢厂对城市环境造成的压力通过节能技术转化为能源输送源，为城市提供采暖和供热用能，解决城乡供热瓶颈，并大量减少城市使用燃煤锅炉供热的一次性能源消耗，助力改善城市能源结构，减少大气污染。

三是高起点、高站位打造城市钢企行业典范。对新建或改（扩）建能源环保项目，在设计和建设过程中，要贯彻和遵循绿色发展的理念，实现真正意义上的源头工艺减排和清

洁生产。以石钢公司搬迁为契机，打造“环保升级、循环经济升级、产品结构升级”符合未来钢铁行业发展要求的城市钢企典范。把石钢升级搬迁打造成为样板工程，作为未来新建或改扩建项目的标杆，全面提升集团城市钢厂的能源环保水平，使集团成为城市钢企绿色发展的引领者。

6. 做大做强环保产业，开拓新的效益增长点

紧紧围绕绿色发展市场需求，立足节能、环保和资源再生利用三大领域，突出综合服务环节，打造集团节能环保产业，依托既有资源优势，逐步提升集团环保产业的国际竞争力。

一是整合集团内部资源，成立节能环保服务公司，打造具备集团品牌形象的环保产业，业务范围覆盖节能环保咨询、项目建设、环保设备配套等。到 2020 年力争环保产业总产值达到集团总产值的 2%以上。

二是建设绿色照明项目。以唐钢现有业务为依托，重点发展大功率 LED 芯片、驱动电源等上游核心技术，加强 LED 背光源、大屏幕显示、光伏照明、LED 照明等高端应用产品研发。布局核心芯片技术开发、灯具产品设计等功能中心，建设高端产品生产示范线，加强产品设计、生产与服务的融合发展。打造集团 LED 产业园区。

7. 积极推进技术进步，提升可持续发展能力

积极推进新技术、新工艺、新材料的推广应用，全面提升节能改造和新技术应用水平。以能效电厂、高效炉窑、高效电机、余热利用、压缩空气节能、水处理优化等项目为平台，加快相关应用在集团的推广应用。

一是加快电机节能步伐，淘汰落后生产资源，提高生产效率。针对工业电机能源利用效率低下的实际，积极开展电机节能技术推广应用，通过采用先进的节能改造方案和节能设备，从根本上实现生产节能减排，提高生产效率。

二是推广烧结机选择性烟气再循环技术。该技术是根据各个风箱的流量和污染物排放浓度，将废气温度升高区域风箱的气流送回到烧结机中。应用选择性烟气再循环技术不但显著减少了废气排放总量及污染物排放量，且能够回收烟气中的低温余热。其废气排放量可降低 30%左右，SO_2、NO_x、二噁英、重金属、粉尘排放明显降低。

三是推进太阳能利用，建设大型光伏电站。推进以分布式太阳能光伏为主的新能源系统建设，充分利用厂房顶部空间，开发建设太阳能热发电示范项目。

四是推进转炉煤气制乙醇项目。发酵法制乙醇技术开辟了转炉煤气再利用的新途径。与目前转炉煤气用于发电相比，具有更加清洁、高效的优点，可以减排二氧化碳 50%。河钢集团唐钢公司目前正在积极推进利用转炉煤气制乙醇项目，并将适时在集团内推广。

五是推进二次能源的高效利用。我们已经应用了大量成熟的节能技术和工艺，但在烟气、冷却水、炉渣显热回收和低温余热回收等方面，与国际先进水平还有较大差距。要加强对焦炉煤气显热回收、高炉炉渣显热回收和钢坯显热回收的探索和研究，跟踪业内最新进展，力争有所突破；对于炉窑烟气余热、冷凝水余热等低品质、单体量小、位置分散的余热资源，积极推广应用梯级综合利用技术，应用低温发电技术、热泵技术、余热制冷技术、烟气自循环技术等多种新技术提升二次能源的回收利用水平。

实施绿色发展战略，既是国有企业义不容辞的社会责任，也是钢铁企业适应经济发展

新常态，应对行业发展新趋势的现实选择，更是回应广大社会对于传统产业转型发展、绿色经营的关键举措。作为国内最大的钢铁企业之一，河钢集团将始终以“代表民族工业、担当国家角色”为己任，坚决贯彻国家产业政策和法律法规要求，紧紧抓住京津冀协同发展的重大机遇，坚定不移地实施绿色发展战略，走可持续发展道路，争做行业结构调整、转型升级的引领者和示范者，为河北“绿色崛起”和我国经济社会发展做出积极贡献。

新常态下河钢集团转型升级的新路径

在第六届中国钢铁规划论坛上的报告

2015 年 3 月于北京

我国钢铁企业在经过 20 多年的高速发展后，正面临着一个共同的课题，那就是如何适应钢铁市场长期供大于求的新常态，实现健康可持续发展。

河钢集团有限公司（以下简称河钢集团或河钢）截至 2015 年是产能全球第三、国内第一的钢铁企业集团，同时也是一个历史悠久的传统企业。近年来，我们积极适应新常态，致力于颠覆行业高盈利期形成的思维定式和管理模式，以产品升级、体制创新为重点，加快建立完全市场化的体制机制、经营方式和商业模式，转型升级取得了积极的进展。尤其是 2014 年，新一届领导班子按照“建设全球最具竞争力钢铁企业”的战略定位，全面推进市场化改革，彻底扭转长期依赖高负债、高成本维持企业运营的粗放型发展模式，加强资金管控，大力削减附加成本，推进国际化战略，转变营销模式，提高产品创效能力，生产经营发生了根本性的变化。集团全年产钢 4709 万吨，实现营业收入 2806 亿元，利税 80 亿元，其中利润 11 亿元；居世界 500 强第 271 位。

我结合河钢实际就新常态下钢铁企业如何转型升级，谈谈我们的观点和实践。

一、对钢铁企业适应新常态走出发展困境的认识与思考

（一）钢铁行业的发展进入以产能过剩、低价微利为主要特征的新常态

众所周知，在 2008 年以前的十年里，钢铁企业普遍收获了需求高增长带来的巨额“红利”，吸引了大量社会资本涌入，实现了年均 10%以上的高速增长，形成了以速度为中心的粗放型经营模式。随着国家经济发展向中高速转变，需求增速的下滑，使得高速发展时期积累和掩盖的很多矛盾得到暴露。钢铁企业不仅面临越来越大的资源、环境和成本压力，而且由于产能过剩，市场持续恶化，企业造血功能下降，效益持续下滑；同时内部存在大量附加成本、外部债务负担沉重，资金链条高度紧张。可以说钢铁企业经受着生存与发展的双重考验。行业新常态，既是 30 多年来经济高速发展的必然结果，是市场经济和行业发展规律的集中体现，更是每个行业完全市场化以后的必由之路。

（二）新常态下企业困境的根本原因还在企业自身

虽然目前整个行业的困境，直接原因是宏观经济环境和市场供求关系发生了根本变化，但是我们认为，钢铁企业生产经营举步维艰，表面上看是市场问题，但根本问题还在于企业自身，也就是钢铁企业市场化进程滞后于经济发展和市场格局的变化。改革开放以来，钢铁行业虽然进行了多次改革探索，但发展最快的还是装备和规模。与下游家电、汽车、机械等行业相比，钢铁企业“软件”相对滞后，“生产关系”不能适应“生产力”发展的需要。也就是在技术装备等“生产力”层面逐步与国际一流接轨了，但在经营理念、

商业模式、管理体制、运行机制等“生产关系”层面不能与之相适应。

(三) 改变传统思维定式是钢铁企业走出困境的突破口

发达国家的钢铁产业已经完成了从高速增长到平稳发展的历史转变。浦项、新日铁、蒂森克虏伯等国际一流企业，也早已适应了钢铁需求进入峰值后的市场形势，形成了从品种、质量到管理、运营的全方位、全球化竞争优势。相比之下，过去持续高盈利的市场形势掩盖了我国钢铁企业普遍存在的深层次问题。包括长期依靠高负债支撑的发展模式、高成本和高资金支撑的生产方式、低效率的资源配置模式、与用户和产品结构升级相脱节的营销模式等。这些深层次的问题已经使产业链上沉淀了过高的附加成本和大量的低效无效资产。解决这些深层次问题恰恰是钢铁企业走出困境的重要突破口。

(四) 钢铁企业颠覆传统、深化改革的窗口期已经到来

在行业新常态下钢铁企业出现困境，并不意味着钢铁行业走到了尽头，而是已经到了“生产关系”重新适应“生产力”发展的大变革时期。正如河钢集团于勇董事长指出的那样：“未来市场竞争格局不会发生根本变化，而能够改变的是企业应对市场的手段和方法。”因此，钢铁企业要适应新常态，最根本的出路在于彻底颠覆在长期计划经济体制下形成的、行业高盈利期固化的思维定式和管理模式，加快建立完全市场化的体制机制和经营发展模式。

二、河钢在新常态下转型升级的主要实践

基于对行业新常态的深入理解，对国际一流企业的全面对标，集团提出了“扭亏增盈、全面盈利、全面提升竞争力”的三年目标。即，2014 年实现“止血保链”、扭亏增盈；2015 年恢复“造血”功能，实现全面盈利；到 2016 年全面提升竞争力，建设与规模地位相匹配、效益行业一流、受社会普遍尊重、全球最具竞争力的钢铁集团。

2014 年，我们大力破除传统思维定式，实现了发展方式的根本转变。我们主要做了以下七个方面的工作。

(一) 加强资金刚性管控，构建低资金保障下的运行新常态

2014 年，在钢材价格指数屡创新低，钢铁主业盈利水平仍然很低的情况下，中钢协会员企业银行借款同比虽然仅增长 0.28%，但财务费用同比却增长 20.58%。企业融资困难，资金链持续紧绷，甚至面临较高的经营风险。我们首要紧迫的任务，就是破除“高负债支撑高发展”的传统思维，拓宽企业融资渠道，改善融资结构，大力降低融资成本，倒逼企业建立“低资金保障条件下的生产组织方式”，确保现金流和资金链安全。

2014 年，集团把“全年新增贷款为零”作为不可触碰的红线，进一步盘活存量资产，优化资产和负债结构，杜绝资金的“体外循环”。全年融资规模比年初减少 30 亿元，同口径融资总量降低 270 亿元；存量资金同口径压低 55 亿元，存货资金压缩 17.3 亿元；在全行业财务费用同比上升 20% 的情况下，同口径降低资金成本 25 亿元。彻底摆脱了长期“依赖贷款输血”的经营惯性，建立起适应新常态的低资金保障下的生产组织模式，收获了比财富更加宝贵的持续发展能力。

(二) 大力削减附加成本，还原钢铁主业先进性

我们在“原材料、人工、动力、资金”四大基本生产要素之外的非生产性费用占吨钢售价的 20%，与国际先进企业相比差距较大。这些过高的附加成本削弱了钢铁产品应有的

先进性和竞争力。我们的重要举措就是破除“以高成本支撑高产出的生产组织方式”，破除“用高昂的结构成本来保障生产的稳定运行和高档次的品种结构”，大力削减工程外委、人员外雇、辅助外包等“三外”项目，实施低价经济原料替代高价原料，降低四大基本生产要素之外的所有非生产性费用。

2014 年，我们将清理“三外”和流通环节中间商作为削减附加成本的突破口。全年依法依规清退各种外雇人员两万余人，减少各种外委、外包项目 644 项，清理经营流通环节中间商 1310 个，年降低非生产性开支 19 亿元。同时，进一步优化成本结构，下大力解决“用高价物料生产低端产品”的突出问题，从源头上杜绝高价物料的采购和使用，加大经济原料替代力度，降低成本 5.5 亿元；加强工序成本控制，炼铁工序成本同比降低 16.11%；炼钢工序成本同比降低 19.23%；轧钢工序成本同比降低 13.92%。

（三）围绕产线配置资源，提高产线和产品创效能力

企业的核心竞争力体现在产线上。当前我们正在贯彻“以产线为中心配置资源特别是配置优质人力资源”的理念，通过体制变革和机制创新，在压减一般性、辅助管理机构的同时，推进关键人才向产线和营销一线集中，强化产线、研发、营销机构的力量。同时依托这些人才优势，发挥企业一流的工艺装备，加速产品升级和结构调整，培育具备全球竞争力的高端产品实力，提升企业“造血”功能。

2014 年，我们瞄准行业一流水平，开展全方位的系统的产线对标。通过产线对标，对出同类型生产线在产品结构、管理体制、组织架构、营销模式、人力资源结构等方面存在的突出问题。通过创新生产组织模式和人力资源配置方式，形成以产线为中心的资源配置模式，充分挖掘装备和人才潜能，促进产品升级和结构调整。一年来，集团高附加值的品种钢比例提高到 40.08%；全年研发新产品 169 个，新产品产量达到 800 万吨；生产汽车钢、家电板、管线钢、海工用钢、电工钢等重点品种 438 万吨，同比增长 36%。

（四）紧紧围绕产品和用户升级转变营销模式，积极培育渠道和服务差异化优势

伴随钢铁工业发展，钢铁企业先后经历了装备差异化、产品差异化、成本差异化三个竞争阶段，随着钢材消费结构、品种结构和用户结构的升级，现在已经迈入以渠道和服务差异化为主的竞争阶段。我们针对用户的个性化、差异化需求，彻底颠覆以生产为中心的传统营销理念，强化“特钢”营销理念，加强战略营销、技术营销和服务营销，深度结盟具有稳定批量和发展前景的中高端用户群，以用户群体的高端化，来拉动品种结构和品牌形象的高端化。

2014 年，我们完善“一个市场、两个主体（集团销售总公司和钢铁子公司）”的营销体制，主动对接大型终端用户和战略供应商，巩固了主渠道优势。集团全年板材直供比例达到 66%，为重点工程项目直供钢材 365 万吨，周边市场销量突破 1000 万吨。

（五）以全球化视野推进国际化战略，提高全球资源配置能力

目前，中国钢铁产业正快速融入全球市场。我们必须紧紧跟上这一时代潮流，彻底打破封闭式的管理模式，强化全方位的开放意识，树立全球市场一体化的经营理念，统筹利用“两种资源、两个市场”，拓宽国际化发展道路。

近年来，我们依托强大的进出口业务和外汇资金流，实现海外贸易全部境外融资；依托瑞士德高公司建立全球化的钢铁贸易服务网络；以南非为重点建设海外钢铁资源与产业发展基地；借助集团的规模优势和资源优势，与产业链上的全球知名企业建立战略合作关

系。其中，与西门子奥钢联公司建立了钢铁产业全生命周期的战略合作伙伴关系，在高强汽车板、能源、环保等领域开展深层次合作；与浦项钢铁公司建立了常态化的对标交流机制，借鉴其先进的管理理念、运营模式；与韩国浦项、美国哈斯科、法国威立雅等全面深化能源环保方面的战略合作，发展 LED、转炉煤气制乙醇、水务等战略性新兴产业。目前，集团在加拿大、澳大利亚、新加坡、南非等国家拥有子公司或合资公司 20 多家，海外员工 5000 多人。

2014 年，我们实现了“全球拥有资源、全球拥有市场、全球拥有客户”的历史性突破，牵头控股的南非 PMC 公司全年生产铁精粉 900 万吨，当期实现较高投资收益；签署了年产钢 500 万吨的南非钢铁合作项目合作协议，标志着我国境外投资的最大规模全流程钢铁项目正式启动；控股瑞士德高公司，一步拥有了遍布全球的成熟营销网络；全年出口钢材 688 万吨，同比提高 52.31%；境外贸易融资创效 8.5 亿元。

(六) 发展非钢产业，培育新的效益增长点

大型国有钢铁企业在长期历史发展过程中，积淀了大量的非钢产业资源，其中很多都没有发挥出应有的经营创效潜力。我们将发展非钢产业作为削减附加成本、还原钢铁主业先进性、培育效益增长极和发展支撑点的重大战略举措，通过盘活存量资源提高资产收益，引入社会资本激活低效资产。

目前，集团已经初步形成矿山资源、金融证券、现代物流、钢铁贸易、装备制造、钢材深加工、资源综合利用、工程技术、医疗健康、社会服务十大非钢产业板块。非钢产业总资产占集团的 40%，总收入占 30%，在岗员工占 54%。其中唐钢早在 2010 年就成立了非钢事业部，整合各类资源，参与社会竞争，年收入已经达到 107 亿元，社会市场创效比例 70%以上，初步实现了由“内生型”向“市场化”的转型，成为河钢非钢发展的排头兵。

(七) 实现绿色发展，担负钢铁企业重大社会责任

钢铁产业作为国民经济支柱产业，必须持续健康发展。作为高消耗、高排放企业，又必须通过绿色发展道路，实现促进经济发展与保护资源环境的平衡。这就要求钢铁企业进一步树立高度的社会责任感，认真履行环保义务，实现钢铁企业与社会、环境的和谐共存。

集团近六年来节能减排共投资 110 亿元，吨钢环保投资和运行费用均处于行业较高水平；目前的烟粉尘和 SO_2 排放量与 2008 年相比，相当于削减了 2000 万吨钢的产能；吨钢综合能耗 560 kgce，吨钢转炉煤气回收量 122 m^3，利用余热、余能、余压的自发电比例达到 50%以上，其中核心企业达到 65%以上，吨钢耗新水 2.9 m^3，重复水利用率达到 97.68%，主要节能环保指标居国内一流甚至领先水平；河钢旗下唐钢公司被业内誉为“世界最清洁钢厂”，被国家工业和信息化部（以下简称工信部）树立为钢厂与城市协调发展的典范。

三、未来河钢加快转型升级的战略重点

(一) 关于钢铁主业

集团近三年的战略目标是，建设与规模地位相匹配、效益行业一流、受社会普遍尊重、全球最具竞争力的钢铁集团。

一是继续削减高额附加成本，进一步还原钢铁主业先进性。我们将各子公司过去415个四大基本生产要素之外的费用项目统一规范为100个，规划项目以外的费用一律“归零”。在此基础上，集团建立以现金流管理为中心，以费用支付项目、支付限额控制为重点，以内部资金交易网络平台为手段，以实现盈利能力大提升为目标的全面预算管理体系。重点是建设内部结算中心，依托集团网银交易系统，实现直属单位之间资金统一平台结算，取消二级单位对外资金收支，引导各经营单位关注本单元的资金流，实现资金流创造价值的最大化。

二是以“产品升级”为重点，积极围绕产线配置资源。2014年以来，我们打破了行政化多层级管理体制，在子公司建立了以产线为中心的扁平化组织架构，推动人才向一线“回归”；2015年将“产品升级”作为集团两大重点工作之一，继续以产线对标为手段，加快选拔、培养一批具有全球视野和国际化、现代化经营管理能力和专业水平的高端人才，进一步释放装备潜能，确保品种钢比例由目前的40%提高到45%，吨钢综合售价同比提升200元，靠产品升级和结构调整来增强企业“造血”功能。

三是彻底颠覆传统营销理念，进一步强化“特钢”营销模式。2015年，我们将加强产线、产品与终端用户的深度对接。对各产线的用户结构进行深入分析，加强“点对点”的战略营销、技术营销和服务营销，加快实现由传统的“普钢”营销模式向“特钢”营销模式转型，满足用户的定制化需求，使战略客户达到30%以上，板材直供比达到70%以上。同时积极发展电子商务和期货业务。充分利用区域资源条件和集团品牌优势，做大做强河北钢铁交易中心，将其发展成为与“全球最具竞争力钢铁企业”相适应、具有强大品牌影响力的大宗商品电子商务平台，引领集团营销模式的根本转变。

四是继续提升绿色发展水平。我们将严格按照新环保法要求，继续加大节能减排投入和能源环保科技创新力度，切实建设“产品制造、能源转换和废弃物消纳”三大功能完备的钢铁企业，开发“高强、长寿、耐蚀、轻量化”的高效节能钢材产品，积极采用和推广冶金行业绿色节能减排技术，在绿色产品、循环经济、环保产业等方面创建行业典范。

(二) 关于非钢产业

集团立足国内、国际两个市场，利用钢铁产业链资源积极发展非钢板块，实现钢铁制造与非钢板块的协同发展。

非钢产业2015—2018年发展规划总体思路是：以市场化、专业化、公司化为方向，以延伸产业链、提升价值链为主线，引入市场机制，激活存量资源，融入社会资本，提高资产利用效率，做大做强非钢业务板块；使非钢产业成为削减主业附加成本、还原钢铁主业先进性的主渠道和新的效益增长极，成为建设综合型产业集团、打造全球最具竞争力钢铁企业的战略支撑点。

非钢产业四年发展战略目标如下。

一是成为消减钢铁附加成本、还原主业竞争力的主渠道。四年内，按照人均年产钢1000 t的总体目标，实现钢铁主业与非钢板块在岗人员各占一半，同时非钢板块全部消纳其人工成本。

二是成为全面提高盈利能力新的效益增长极。四年内，非钢产业单位发展成为独立运营、自负盈亏、具有较强市场竞争力的经营主体，其资产比例、收入贡献率、外部市场收入比例、利润贡献率分别达到50%，成为集团经营利润的重要来源。

三是成为打造现代化综合性产业集团的战略支撑点。通过业务整合和资本运作，培育一批具有强大竞争力的市场主体和社会公众公司，形成以若干旗舰公司为主导的投资与运营管理平台，与钢铁主业形成相互耦合、协同发展，具有强大抗风险能力的产业结构，成为建设全球最具竞争力钢铁企业的重要支撑。

（三）关于国际化战略

我们将进一步树立全球市场一体化的经营理念，拓宽国际化发展道路。依托德高、PMC 两大基地，打造海外资源、制造、贸易三大核心业务板块，力争 2018 年内海外业务收入占集团比重达到 30%，建成“世界的河钢”。

一是用好南非 PMC 平台，以 PMC 资源、500 万吨钢厂和国际物流三大项目为载体，打造南非基地。四年内，实现年产 2000 万吨高品位磁铁矿能力；打造包含铜深加工在内的完整铜产品产业链；加快 500 万吨钢厂项目建设；围绕 PMC 和钢铁项目形成的强大物流、资金流和信息流，挖掘产业链价值贡献。

二是发挥德高全球网络平台与河钢庞大产业链资源的整合优势，把德高打造成河钢实施国际化战略的桥头堡。力争两年内国际市场钢材销量占比达到 20%以上；发挥德高全球信息和网络优势，加速河钢在非洲、欧洲和南美等地区战略发展。争取三到五年内，将德高打造成年营业收入超过百亿美元、具有核心竞争实力的世界级综合贸易商，成为河钢全球化发展的标志性企业。

三是积极拓展海外资源和贸易业务。四到五年内实现铁矿资源掌控量 4 亿吨，海外权益矿年产量 1000 万吨以上；利用德高和香港国贸平台，拓展上下游贸易业务，并向相关产业链领域拓展。

四是强化国际化人才培养。建立境内外子公司人才交流机制，利用国际国内项目合作加强交流学习，建立高层次人才和关键员工全球化选聘机制，在营销系统推行德高管理和运行模式，从而适应集团国际化发展战略需求，培育国际化经营管理和技术领军人才。

五是进一步加强国际交流与合作。进一步深化与浦项、西门子奥钢联、蒂森克虏伯、哈斯科、威立雅等一流跨国企业的全面战略合作，强化与国际钢协、海外科研机构和知名院校的交流合作，加快河钢融入全球化的步伐。

总之，新常态带来新挑战，新常态孕育新机遇。钢铁行业的新常态已经给钢铁企业的生存发展提出了新的、迫切的课题，要求我们加快适应这个崭新的历史阶段，加速推进市场化变革进程，全面构建适应新时代、新形势要求的经营理念、管理体制、营销模式和运行机制，实现钢铁行业再一次“凤凰涅槃”，打造更加适应市场形势、更具全球竞争实力的中国钢铁企业。只有变革才有出路，只有创新才有希望！我们对河钢集团以及中国钢铁行业的未来充满信心。

钢铁企业面临的形势及河北钢铁集团的改革发展思路

在第十二届中国企业发展高层论坛企业峰会上的发言

2014 年 1 月于北京

我就当前钢铁企业面临的形势以及下一步改革发展思路作简要发言。不妥之处，请各位批评指正。

一、对钢铁企业面临形势的总体分析和基本判断

众所周知，改革开放以来，我国钢铁行业取得了举世瞩目的成就，基本满足了国民经济建设的需求，但求大、快上式的发展也暴露出诸多的矛盾和问题，产能、原料价格、品种质量、结构布局、能源环保等因素，对钢铁企业可持续发展的制约越加明显。特别是自 2008 年以来，国内钢铁行业继续发生了复杂而深刻的变化，行业经历了前所未有的困难：受全球经济危机影响，国内市场需求乏力、出口疲软；基础设施投资减缓，钢铁产能连续攀升，同质化竞争异常惨烈，全行业近年来出现较大面积的亏损，钢铁企业已经到了转型发展的关键时刻。

面对上述局面，作为钢铁企业的管理层，我认为必须客观、全面、科学、理性地审视和看待当前的形势，准确作出分析和判断，积极稳妥地制定下步对策。我想，要正确看待当前的形势，需要在三个方面统一认识。

一是应在国际国内经济社会发展的宏观环境和大背景下看待钢铁行业的形势。2008 年以来，全球性经济危机以及欧债危机接连爆发，世界宏观经济增长明显放缓。与此同时，我国为推动发展方式转变，加强了宏观政策调控，加之国际影响，经济增速明显回落。在此背景下，钢材市场必然出现需求强度减弱、钢材价格持续下滑的状况。另外从国家工业经济宏观层面看，近些年制造业整体上处于经营比较困难和加紧结构调整的特殊时期，很多行业陷入了薄利、保本或亏损的局面。而钢铁行业的发展整体上处于这样一个大的环境，钢铁行业面临的状况就是在国家宏观经济大背景下一个行业的具体体现。因此，没有必要惊慌失措。

二是应从市场经济发展的客观规律角度认识当前钢铁行业面临形势的必然性。改革开放以来，我国的市场经济经历了高速发展，物资从 30 多年前的相对匮乏，发展到今天从数量到品种的极大丰富；各种商品从供不应求，发展到今天的供需平衡或相对过剩；消费者从当初对各种商品单纯量和基本功能的要求，到现在的多元化、多层面乃至个性化的需求；产品生产商从原来无论生产什么都会获取高额利润，到今天千方百计挖潜增效、提高质量才能赚取微利甚至保本。应该说，这些都是市场经济发展的客观规律，是社会的进步，是历史发展的必然。西方发达国家也都经历过这样的阶段。从这样的角度和层面看，今天钢铁工业的发展恰恰是已经超越了偏重规模扩张、“萝卜快了不洗泥”的暴利阶段，回归了市场的本原和应有的理性。因此，我觉得钢铁业近年出现的形势是必然的，也是正常的。业内人士应该对此有更为冷静的思考。

三是要从国内经济结构调整和钢铁产品供需的基本状况深刻认识钢铁行业面临困难的长期性。从近几年国内钢材市场看，尽管钢铁行业产能每年都在攀升，但钢材的社会库存和企业的产成品库存并没有明显上升。这说明，尽管钢铁企业的盈利状况在恶化，但钢材在整个市场流通中还是基本平衡的，国内生产的大部分钢材，包括进口的钢材，还是在国民经济建设中消化了。因此，我觉得国内钢铁产能应该讲并未达到“绝对过剩”的程度，严格讲应该还算是局部的、结构性的、相对的过剩。从这样的分析看，国内钢铁行业近两年所经历的前所未有的困难可能还不是最严重的，还只是我国宏观经济和钢铁市场由供不应求到严重供大于求过程中一个外在的表现。换句话说，最困难的时期可能还没有到来，今后面临的困难应该比现在还要大！因为，我国经济社会发展的最高阶段——全面供大于求还没有到来，钢铁市场严重供应过剩的局面还没有到来，国内各大钢铁企业，包括民营企业基本都还在困境中坚持生产。为此，钢铁人应该认识到，实际上讲，钢铁行业的高盈利期和好日子在2008年就已经结束了，而近年来行业经历的市场波动应该不是阶段性的，而是长期的。因此不能再指望市场有一天会突然变好，而应该树立长期应对困难的思想准备，通过对市场的科学分析和理性判断，从战略的高度，谋划应对困难和挑战的各种对策。

二、应以改革创新精神，积极稳健应对市场挑战和生产经营困难

党的十八届三中全会对全面深化改革作出了整体部署。三中全会高扬改革创新的主旋律，对国有企业特别是处逆境的钢铁企业的改革发展，具有重要的指导意义。我简单谈一下个人的看法。

（一）要首先解决好新时期治企理念和战略定位问题

当市场回归理性，企业自身的问题就会暴露无遗。面对持续严峻的市场形势、生产经营的困难和诸多历史遗留问题，我们应该也只能有一种选择，就是直面挑战、大胆变革，靠改革创新强身健体，适应形势发展的需要。

对于河北钢铁来讲，必须改变在高盈利期形成的固有理念、生产经营模式以及各种传统的管理思维定式，创新和优化我们的治企理念和战略定位。当前的关键是要建立一套完全适合市场经济发展的经营管理架构，颠覆高盈利期对成本、产品、市场和客户的认识，以生产全过程的低成本、高效率和精细化，达到服务市场、满足市场的目的，进而实现产品市场价值和企业经营效益的最大化。

这两年通过学习韩国浦项，使河北钢铁受益匪浅。浦项制铁钢铁产能大体相当于我集团唐钢公司的两倍，双方都处在相同的国际市场环境下，但经营业绩却相差很大（2012年，浦项产钢3800万吨，利润200多亿人民币；其中浦项本部1800万吨，与唐钢相当，但浦项本部大体盈利100亿元，而唐钢盈利2.8亿元）。与浦项同口径比，唐钢主业人工成本多了30亿元，财务费用多了20多亿元，产品销售收入少了近500亿元。这样算下来，如果这三个方面都能达到浦项的标准，唐钢这两年也能多出几十个亿的利润。由此，

我认为目前不少钢铁企业生产经营举步维艰，问题不是市场出了什么毛病，而是企业自身在钢铁高盈利期形成的诸多粗放经营的问题还没有得到根本解决，这些问题附着在钢铁主业上，司空见惯、根深蒂固，严重削弱了其应有的先进性和竞争力，有些成为难以丢弃的包袱。如果我们能够把这些问题解决好，即使在当前市场下仍然可以获取较好的效益。

由此可见，企业经营水平的高低，关键在于理念和定位的差别。现在就看我们能不能以"眼睛向内"的思维方式，彻底颠覆钢铁高营利期形成的不合时宜的生产组织模式和管理架构，进而建立适应市场的全新治企理念和战略定位。这个问题解决好了，河北钢铁也好，类似的企业也好，在下步发展中，思路会越来越宽，方法会越来越多。

（二）以改革创新的精神和开拓奋进的勇气推进相关工作，实现企业转型发展

下一步，钢铁企业，特别是目前身处困境的钢铁企业，应重点围绕成本、产品、非钢、国际化、资源配置和体制机制改革等重点领域展开，力争通过创新变革和转型升级，实现各项工作新突破。

第一个是成本。成本是企业永恒的竞争力要素。在当前原料价格高位运行的情况下，成本控制对于钢铁企业生存发展具有更为重要的现实意义。

一是要坚定不移地推进生产组织模式转变。要坚决摒弃不惜成本追强度、要产量的传统习惯做法，始终把系统优化和整体效益放在企业生产经营的首要位置。

二是要深刻认识、科学把握和持续推进成本控制工作。对成本的理解要从指标优化和费用控制，全面扩展到工艺成本、质量成本、结构成本、能源成本、物流成本、人工成本、资金占用成本、采购成本、销售成本等全成本的范畴，深度解读成本的内涵，从各个方面挖掘潜力。要重点寻找和掌控新的资源，把降低成本的注意力由厂内转到厂外，通过掌控国内外廉价优质资源，以更充分的资源选择性地支撑结构成本的降低；要高度重视技术进步和管理创新对成本控制的支撑作用，努力把国有企业多年积淀的技术和管理优势转化为实实在在的成本优势。

三是要深入搞好对标挖潜工作。在成本管理中，不仅要"眼睛向内"做好自身工作，而且要"眼睛向外"把别人成熟的东西拿过来，实现"拿来主义"。要有针对性地选择业内先进单位进行对标学习和赶超，为各项工作上水平寻找新的思路、方法和突破口。

第二个是产品。一个企业的可持续发展能力和核心竞争力终究要靠产品来支撑。产品创效问题不仅仅是技术、装备问题，更是一个企业的理念和战略问题。

一是要拿出像抓成本一样的力度抓产品。结合企业自身的工艺装备现状，从基础管理、装备水平、岗位操作、产品大纲以及引进外脑、推广新技术等各方面，全面加大工作力度，提高产品质量，优化品种结构，提升产品档次。

二是围绕满足终端用户个性化需求推进产品开发。要学习浦项专注客户成功、着力开发可提高客户价值独特产品的"价值理念"，坚持以市场和用户需求为导向，以用户满意为标准，调整品种结构，实现通用产品精品化、高端产品品牌化，提升产品创效能力。

三是深入转变市场营销模式。要引导广大技术人员增强市场意识，从生产现场走出来，走进市场、服务用户，开展高端产品市场推介，积极为用户提供售前、售中和售后全程服务，着力增加产品直供比例。要深刻践行"卖产品也是卖服务，服务也是竞争力"的理念，充实营销团队，建好营销服务平台，通过全面对接市场，实现营销环节价值创造，真正将服务过程转化为产品增值过程。

第三个是多元发展。多元发展是钢铁企业在主业微利经营的情况下主动出击、另辟蹊径、推进转型升级的必然选择。要学习浦项和宝钢经验，坚定不移地做大非钢等相关多元产业。近年来，宝钢非钢产业利润超过了钢铁主业；武钢非钢产业做得风生水起；韩国浦项在新能源领域发展迅速，成为韩国最大的锂电池供应商，占据全球很大一块市场份额；其中仅浦项ICT年产值就已超过90亿人民币。这说明钢铁企业多元发展的潜力不可限量。

一是要加快市场化、产业化步伐。要着力面向新行业、拓展新领域，实现钢铁相关多元产业的公司化、市场化、专业化，培育具有相当技术含量和发展潜力的新兴企业。

二是要加大与国际知名企业合作力度。通过合作，嫁接国际资源和国际技术，推动非钢产业发展。目前，河北钢铁非钢产业正加速发展。比如唐钢公司与美国哈斯科合作建设的钢渣处理项目、转炉煤气制乙醇项目，与法国威力雅水务合作建设的水处理等项目，起点和标准都很高，目标是打造国际品牌，使之产生巨大的辐射带动效应。

三是要积极开拓和发展钢铁衍生平台和衍生产业。非钢产业将来必须成为钢铁企业未来发展的强大支撑，成为捕捉与钢铁有关的新技术、新工艺、新平台的一个桥头堡，以更好地反哺和支撑钢铁主业发展，引导和带动企业转型升级。

第四个是国际化战略。谋求企业的长远发展，要学会借助国际这个平台，以国际一流的技术和管理支撑企业跨越式发展。

一是要通过国际化战略搭建产品出口平台。推进产品出口，需要有国际钢贸商的合作。要通过合作，扩大产品出口，拓展海外市场，打造国际品牌。

二是要通过国际合作搭建技术合作平台。近年来，河北钢铁通过与瑞士德高、西门子奥钢联等跨国公司的广泛交流，较好地促进了技术合作，带动了产品升级。

三是要通过国际合作搭建融资平台。要充分利用钢材出口贸易，充分利用国际银行低息预付款融资，降低钢铁企业财务费用，促进企业健康发展。

四是要通过国际合作搭建资源平台。要学会从全球的角度，利用国际平台，配置国际资源。要合理利用国外渠道，打破传统供应商资源垄断，增加资源话语权。

第五个是资源配置。面对钢铁企业内部各种资源配置不均衡的问题，要积极推进资源共享和优化配置，促进企业生产经营上水平。当前，对于钢铁企业来讲，要重点建立人力资源共享平台，引导技术管理人员向非钢单位和经营管理一线分流配置，提高基层单位的技术和管理实力。

第六个是管理架构。企业要在困境中创新变革、转型升级，需要管理模式和管理架构这种生产关系的变革作为支撑，为企业整体工作注入新的活力。

为此，河北钢铁很多子公司内部正逐步推进一体化、一贯制和扁平化管理，最终达到管理架构的精干高效，以最大限度地利用管理资源、提升管理效率。目前唐钢公司已经把现有的几条生产线改制为总部部门一贯到底管理，相关人员已全部到位。下一步，河北钢铁将以市场化和面向一线为方向，彻底改变落后的管理模式和框架，优化各部门、各单位乃至各岗位的职能设计，大力推进集中、一贯、扁平化管理，为集团转型升级、提质增效提供保障。

第七个是体制机制改革。解决企业一切问题的原动力在于改革创新。对于国有钢铁企业，应该深刻学习领会十八届三中全会精神，积极致力于用改革的手段，消除体制机制弊端，激发企业内生动力，焕发企业经营活力。目前河北钢铁唐钢公司正在尝试在一定范围内深化劳动、用工和分配制度改革，并推进生产用车和公务用车管理，目的就是最大限度地激发职工的积极性和创造性，削减钢铁主业的附加成本，使钢铁主业卸下包袱、轻装上阵。

各位领导，同志们，以上是我个人对钢铁市场形势的分析判断以及对企业改革创新出路的探讨。总的来讲，尽管形势空前严峻，任务异常艰巨，但我相信，只要我们跳出固有的模式，以改革创新精神推进企业发展，钢铁企业一定能够克服眼前的困难，实现创新突破和转型升级，钢铁行业的竞争力一定会实现新的提升，从而为打造中国钢铁工业的升级版、促进国家经济社会发展，做出新的贡献！

唐钢转型发展的探索与实践

在中国科协“技术创新·企业发展”论坛上的报告

2013 年 10 月于唐山

按照论坛组委会安排，我简要汇报唐山钢铁集团有限责任公司（以下简称唐钢）近年来在转型发展方面的探索与实践情况。

首先向各位领导简要介绍一下唐钢的基本情况：

唐钢是河北钢铁集团的骨干企业，全国特大型钢铁企业，2013 年现有在册职工 3.7 万人。钢铁主业具有 1800 万吨/年的配套生产能力，主要产品为板、棒、线、型四大类，包括热轧薄板、冷轧薄板、镀锌板、彩涂板、中厚板、不锈钢、棒材、线材、型材等 140 多个品种、1000 多种规格。

唐钢始建于 1943 年，是我国转炉炼钢的发祥地。改革开放以来，唐钢实施铁、钢、轧三大系统技术改造，主要装备实现了大型化和现代化，企业取得突飞猛进的发展，成为国内重要的精品板材和精品建材生产基地。特别是 2008 年以来，面对异常严峻的市场形势，唐钢以开放性思维、全行业视野和国际化定位，深入落实科学发展观，努力转变生产组织模式，全面提升成本控制力和产品创效能力，积极推进转型升级和提质增效，实现了历史性进步和跨越式发展。近年来，唐钢连续获得“全国五一劳动奖”、全国首批“资源节约型、环境友好型”企业试点单位，“十二五”首批最具社会责任感企业”“河北省明星企业”等多项荣誉称号。

“十二五”时期，唐钢确立了“做精主业、做大非钢、适度多元、持续创新”的发展方针和“建设最具竞争力钢铁企业”的发展目标，全体唐钢人正以先进的理念和更高的标准，全面致力于建设效益型、责任型、幸福型企业，努力打造基业长青的百年唐钢。

当前，正如大家了解和感受的那样，经过十多年的高速发展，我国钢铁行业已经逐步进入成熟时期，钢铁市场已经从“短缺”变为“过剩”，钢铁产能过剩的问题比较突出，同质化竞争异常激烈。与此同时，国家环保标准日益严格，资源和环境对钢铁业的“硬束缚”越发明显。从行业和企业内部看，在钢铁行业“高盈利期”，大多数钢铁企业过分追求产量、强度和规模，屏蔽并忽略了生产组织、市场营销、管理架构等诸多方面的问题，致使企业远离市场、机构臃肿、管理低下。这些问题在市场发生变化后集中凸显出来，严重制约了钢铁企业竞争力的提升。在这样的大环境、大背景下，转型升级就成为钢铁企业突破困境、实现可持续发展的必由之路。

近年来，面对持续严峻的市场形势，唐钢积极探索应对挑战的方法和手段，以绿色转型、生产经营模式转型和资源配置方式转型为重点，积极推进节能减排和绿色制造，努力颠覆传统的生产组织和市场营销模式，着力转变资源配置方式，走出了一条以低碳绿色、贴近市场、运行高效为主要特征的新型的生产经营和转型发展之路，实现了企业核心竞争力的逆势提升和企业发展的历史性跨越。

唐钢的具体做法有三个方面。

一、以推进绿色转型为先导，打造节能减排和绿色制造的行业典范

2008 年以前，唐钢和大多数城市型传统钢铁企业一样，污染和排放问题在很大程度上制约着企业的发展，企业面临着前所未有的生存和发展压力。在此形势下，唐钢重新审视和看待环境保护与企业发展的关系，深刻认识到企业只有融入社会、支撑社会、承担社会责任，才能实现绿色转型和可持续发展；对于钢铁企业来说，最大的社会责任就是高效利用能源和资源，最大限度地减少对环境的影响。基于这些认识，唐钢站在推进企业可持续发展和对地方、对社会负责高度，树立并深入践行“环境是企业生命线”的理念，以实现循环经济“四个零”为目标，以建设节能减排和绿色制造的企业典范为抓手，通过完善的能源管理手段和先进的技术集成应用，不断提高能源资源利用水平，走出了一条城市型钢铁企业绿色转型之路，被誉为“世界上最清洁的钢厂”。

（一）大力实施污染源头治理，提高节能减排水平

唐钢严格落实国家产业政策，主动超前做好淘汰落后产能工作。2008 年前后，先后淘汰了 5 座工艺落后、污染严重的石灰窑，拆除了 3 座当时尚不属于国家钢铁产业政策限期淘汰的 450 m^3 高炉、3 台 60 m^2 烧结机、1 座 8 m^2 竖炉；关停拆除了 3 条普通长材生产线和电炉炼钢厂，累计淘汰落后产能超过 180 万吨，从源头上解决了企业高污染、高排放的问题。在此基础上，唐钢“十一五”以来先后投资 31.8 亿元，建设了 32 项节能减排重点项目。特别是烧结系统脱硫、冶炼系统除尘改造等项目，根治了烟尘和有害气体排放问题，实现了煤气“零”放散。通过深度治理，唐钢吨钢烟（粉）尘、SO_2、COD 等排放量已远低于国家排放标准，年减排烟（粉）尘 6862 t、$SO_2$8890 t、COD274 t。唐钢目前各生产工序全部采用节能减排新技术（如焦化工序全部采用干熄焦技术，烧结工序采用低温厚料层烧结工艺和环冷余热发电技术，炼铁工序全部采用高炉专家动态分析系统等），使环境保护贯穿整个生产过程，有效降低了污染物排放。

（二）实施厂区环境综合治理，彻底颠覆传统钢铁企业形象

2008 年秋至 2009 年春，唐钢仅仅用了八九个月的时间，就全面完成了规模空前的环境治理工程。一是破旧立新，在厂区拆违拆迁基础上建设了 4 个职工服务区和 6 个停车场，实现了集停车、就餐、洗浴、更衣于一体的职工生活服务集中规范化管理；二是整修、美化了厂区的主要道路、管网和厂房（翻修道路 12 万平方米；重新规划管道 3.5 万米；改迁入地电缆 260 km），彻底捋顺了包括风、水、电、气在内的各种动力介质的运行和管理，实现了流程再造和厂容美化；三是内外兼修，全面引进和实施 5S 管理，构建了人、机、料、法、环精细化管理平台，营造了清洁整齐的生产生活环境；四是加强门禁、车辆和计量管理，整体优化了厂内物流；五是建设了“钢铁花园”“水系生态园”和作为唐山市环城水系 18 个城市公园之一的唐钢文化广场，在厂界周围种植了层次丰富、色彩丰富的防护林带，使厂区绿化覆盖率由 21%提高到 50%，实现了三季有花、四季有绿，厂区空气质量达到国家环境空气质量二级标准。同时，唐钢实现了物流、能源流、信息流全面优化，极大地提高了企业的运行效率。

唐钢厂区环境发生的巨大变化，彻底颠覆了传统钢铁企业“灰头土脸、傻大黑粗”的

形象，得到了地方各级党委政府和广大市民的广泛赞誉和高度评价，企业与城市真正实现了和谐共存和良性互动。

（三）强力推进能源管理，提高能源利用水平

环境问题表面上是污染问题，但从根本上讲是能源问题。绝大多数的污染排放问题都可以通过能源的高效回收利用予以解决。同时，提高能源利用效率也是钢铁企业破解巨大环保投入与生产发展之间矛盾的有效途径，能够为企业带来可观的经济效益。近年来，唐钢在推进绿色转型的进程中，坚持以经济运行理念为指导，积极推进生产工艺流程再造，全面强化能源管理和利用，有效提升了企业能源资源利用水平。

一是通过流程再造，节约和回收二次能源。通过对焦、铁、钢、轧等系统进行技术改造，使原煤、焦炭、煤气以及余热、余能的消耗和流失大幅降低，回收率明显提高。目前，唐钢焦炉煤气实现零放散，高炉煤气放散率降至0.2%以下，吨钢转炉煤气回收量达到125 m^3，炼钢余热蒸汽吨钢回收量达到95 kg，各项指标跻身行业领先行列。

二是通过余能转换，提高自发电能力。近年来，唐钢投资16亿元建设了13项煤气及余热综合利用发电项目及其配套改造项目，新增装机容量160 MW。唐钢将各工序节约下来的煤气和余热全部用于发电。截至目前，唐钢日发电量最高已超过820万度，平均自发电率达到75%，仅此一项，唐钢近三年已累计降低能源成本40亿元。

三是通过有效管控，实现技术节能。在结构节能取得突出进步的基础上，近年来，唐钢充分应用信息化手段，建成了能源管控中心，实现了能源介质可视化管理，降低了能源消耗，提高了能源利用效率。同时，唐钢积极引进先进技术，努力实现从管理节能向技术节能的转变。分别与北京科技大学、清华同方签署了节能减排战略合作框架协议。将与上述两家科研单位在烟气脱硫脱硝等技术领域开展深度合作，进一步提高能源系统的科技含量、运行质量和管控效率。

（四）发展循环经济，提高资源回收利用水平

污染问题说到底也是资源浪费的问题。钢铁生产过程产生的废渣、粉尘等固体废弃物含有丰富的矿物质成分，具有可观的经济价值。近年来，唐钢以发展的眼光看待生产过程产生的废气、废水、废渣等各种形态的“废物”，引进和开发先进技术，实现了“点石成金”“变废为宝”，取得了显著的循环经济效益。

一是提高水资源利用水平。唐钢投资3.2亿元建设了华北地区最大的城市中水与工业废水处理项目。引进国际先进的法国得利满水处理专利技术，建设了城市中水和工业废水处理系统，每天能够处理城市中水和工业废水14万立方米，相当于一个中小城市污水处理厂的处理量；建设了废水深度处理系统，生产高品质的软化水和除盐水，每天可满足生产对各种水质的需求。由此，唐钢南区在行业内率先实现了工业水源全部采用城市中水，关停全部深井水，实现了企业生产不再与城市争夺地下水和废水零排放。

二是提高固体废弃物循环利用水平。唐钢将自身产生的高炉水渣、转炉钢渣、含铁尘泥、含铁氧化物、各种除尘灰等视为宝贵资源，积极开发综合利用技术和途径，优化固体废弃物资源化处理，努力实现工业固体废弃物零排放。陆续启动了除尘灰分选项目、钢渣气粹、废油处理等项目，并取得积极进展。

三是融入城市发展。唐钢站在服务社会的高度，积极尝试消纳利用自身可再生资源，努力为社会进步做贡献。唐钢与唐山市热力公司签订了工业低温热水供应协议，充分利用

自身富裕的工业低品质冷却水为唐山市东部城市居民供热采暖；2012 年冬季为市区提供 300 万平方米新建住房采暖，下一步计划扩大到 1000 万平方米供暖面积，有效地减少了燃煤锅炉对环境的影响，解决了长期困扰城市的供暖资源短缺问题，年可减少燃煤消耗 30 万吨、减排二氧化硫 3600 t。唐钢在创造效益的同时，积极服务社会、承担责任，与城市形成了相互依存、密不可分、和谐共融的循环经济体。

二、以推进生产经营模式转型为核心，积极构建贴近市场、运转高效的新型生产经营体系

在钢铁市场高盈利期，传统钢铁企业形成了以高成本支撑高产量为中心的生产组织模式和以“打包销售”为主的销售模式，这种生产经营模式割断了企业与市场的直接联系，屏蔽了企业内部诸多问题。当市场发生变化后，这些问题集中爆发，成为制约钢铁企业发展的“瓶颈”。因此，颠覆传统的生产组织和市场营销模式成为钢铁企业转型升级的核心内容。

近年来，唐钢通过深入推进“转变生产组织模式、提升成本控制能力，转变市场营销模式、提升产品创效能力”的“两转变、两提升”，实现了流程再造、资源优化配置和经济运行，提高了企业面向市场的综合服务能力，推进了企业由生产型向经营型和综合服务型的转变。

（一）转变生产组织模式，提升成本控制力

针对依靠高成本支撑高产量的生产方式已不能适应形势发展的现实状况，唐钢于 2012 年就提出转变生产组织模式的重大决策部署，彻底打破以往依靠高成本支撑高产量的传统生产方式，构建以资源优化配置、流程再造、能源高效利用、循环发展、产品升级换代和全面对接市场为特征的新型生产组织模式。

一是转变传统思维，更新成本理念。近年来，唐钢加深了对全成本、结构成本等概念的认识，开始全方位推进成本控制：在注重表观的成本和费用控制的同时，更加注重从原燃料进厂到产品发运整个过程的成本控制；在关注单体技术经济指标优化的同时，更加关注结构成本的降低；高度重视工艺完善、设备改造、技术创新在降低成本方面的重大作用。

二是率先践行“结构成本”概念，寻找成本和效益最佳结合点。唐钢在业内率先大胆使用低价料组织高炉生产，实施以“经济料”替代“精料”生产方针，在优化配煤配矿结构、寻找和掌控低价位原材料资源、放宽焦炭灰硫控制、降低自采物料价格、精细炉内操作等方面加大力度，取得非常好的效果，铁前系统成本实现大幅度降低。以唐钢焦化系统为例，通过优化煤源结构等措施，2013 年以来已连续实现盈利，上半年实现利润超亿元，折合吨焦 80 余元。

三是大力压缩库存，提高运行效率。高库存是企业管理低效的表现，降低库存是提升成本控制能力和生产运行效率的重点突破口。近两年来，唐钢坚持大宗原料最低库存管理和资金占用上限控制，努力压减原燃材料和产成品库存，规避跌价风险，提高运行效率，使库存物资总量和资金占用额始终保持较低水平。2012 年以来，唐钢库存资金占用一直保持在 60 亿元上下，比 2011 年之前降低 50%以上。其中仅进口矿库存实物总量就由 200 万吨降至 100 万吨左右，总量降幅近 50%。

（二）转变营销模式，提升产品创效能力

提升产品创效能力是唐钢近年生产经营另一项核心工作，目的在于转变产品结构、提升产品档次，引导干部职工树立“市场是检验一切工作的最终标准，客户需求是产品开发的根本方向”等新理念，加强用户衔接，增强营销服务能力，扩大直供销售，努力实现企业由钢铁生产商向综合服务商的转变。

一是大力推进品种结构调整，打造唐钢拳头产品。唐钢根据市场需求，结合工艺装备现状，有的放矢地推进新品种开发，取得显著成效。2012 年以来，唐钢已形成热轧薄规格产品、冷轧系列产品、马口铁基料、药芯焊丝钢等具有较强市场竞争力的产品系列。在热轧减薄方面，唐钢 1810 热轧线已经成功实现了 0.8 mm 规格产品的半无头轧制生产，1.0 mm 规格实现小批量生产，1.2 mm 规格实现批量稳定生产，厚度 2.0 mm 以下薄规格产品年产能达到 100 万吨。唐钢已成为国内同类热轧薄板线生产薄规格产品的领跑者。在品种钢生产方面，唐钢成功开发了低碳钢、中碳钢、中碳微合金钢、低碳微合金钢、硅钢、耐候钢、高碳钢和包晶钢等 9 大系列 37 个钢种。电工钢和高碳钢的研发及生产实现了跨越式进步，高碳钢生产技术达到国际领先水平，电工钢月产销量已经达到 2.2 万吨；集装箱板已开发成功，具备批量生产能力。汽车用钢月产量目前已达到 1.6 万吨；高强及抗震钢筋月最高产量已达 15.6 万吨，占棒材总量的 80%，为率先在国内实现全面生产高强抗震钢筋奠定了基础；硬线产品进入高端领域，本地市场占有率达 80%以上；马口铁（镀锡板）基料实现批量稳定生产，月产销量已达 5 万吨以上，成为华北地区最大的马口铁基料生产基地，展现出广阔的市场潜力。

二是大力开拓市场。唐钢将产品开发与市场开发、用户服务紧密结合，强力推进从钢铁生产商向综合服务商的转变。重点引导广大技术人员增强市场开拓、市场营销和服务客户的意识，走向市场、服务用户，为新产品开发和产品市场增值打基础。近年来，不断强化市场倒逼机制，围绕满足终端用户个性化需求，推进产品开发和工艺完善，使市场急需的创效品种钢的比例达到 65%，同比提高 20 个百分点。

三是转变市场营销模式。彻底转变传统打包销售模式，全面强化市场营销管理与服务，努力通过加强高端产品市场推介、参与下游用户产品设计制造等，更多地提升产品的差异化优势，实现直供销售。近年来，唐钢广泛开展“走进市场、服务用户”活动，搭建产销研一体化平台，并组织百人技术团队，深入重点地区，开展产品推介，开发高端用户，努力为用户提供全程跟踪服务，取得重要成果。2013 年以来，唐钢产品直销比例达到 50%以上，通过提升产品创效能力增效已达 3.2 亿元。

四是延伸产业链，增强产品价值链竞争力。唐钢不断加快产业链延伸项目建设，努力实现产品向价值链高端迈进。2013 年上半年，唐钢在唐山开平工业园开始建设高强汽车板项目。该项目代表着当今世界冷轧技术的前沿，定位于生产市场紧缺的高强汽车板、家电板等高端产品，将显著提升唐钢产品的档次和竞争力，为唐钢转型升级提供强劲动力。

三、以推进资源配置方式转型为保障，全面提升企业内外资源利用水平

企业在本质上是一定资源的集合体。企业最核心的竞争力就在于对各种资源按照最优化和价值最大化进行的配置与整合。资源就其物质性而言是有限的，但人们认识和利用资源的潜力是无限的。因此，资源配置方式也成为企业转型升级的重要保障。近年来，唐钢

彻底颠覆忽视资源配置的传统做法，不断强化内部资源配置，大力发展非钢产业，整合业务流程，努力还原钢铁主业竞争力；拓展国内空间，整合上下游市场资源，全力提升产业链竞争力；优化配置国际资源，拓展国际空间，取得了良好效果，实现了企业核心竞争力的大幅提升。

（一）削减钢铁主业附加成本，还原钢铁主业先进性

在应对市场危机中，唐钢逐步认识到，传统国有钢铁企业竞争力与世界一流钢铁企业甚至和国内新兴钢铁企业存在一定差距，主要原因在于钢铁企业在市场“高盈利期”过分重视规模产量扩张，屏蔽并忽视了企业内部诸多的矛盾和问题，如机构臃肿、效率低下、资源配置不均衡等。针对这些问题，唐钢通过对标浦项、宝钢等国内外一流钢铁企业，深刻认识到，必须减轻钢铁主业沉重负担、还原钢铁主业应有的先进性和竞争力，才能使钢铁主业在新一轮市场整合中求得生存与发展，为此，唐钢主要做了以下工作：

一是转变传统用工方式，优化钢铁主业人力资源。面对每年人工成本近 50 亿元的巨大压力以及各种资源配置不合理等问题，2010 年，唐钢提出以人力资源优化为先导，统筹配置各种资源，大力发展非钢产业的战略部署。按照人工劳效先进企业的标准，唐钢重新核定钢铁主业各单位岗位定员，有条不紊地向非钢单位转移富余劳动力。近三年，唐钢从钢铁主业向非钢产业转移人员 1.5 万余人。另通过优化工序流程和劳动组织，实行专业集中管理，大幅削减检修、化验、值守人员等措施累计清退顶岗外用工 1 万人。这些措施的落实，有效提高了唐钢钢铁主业的人工劳效，大体削减了钢铁主业每年至少 15 亿元的人工成本。当前，唐钢正在推进实施新一轮人力资源优化，到 2014 年年底将钢铁主业人员控制在 1.5 万人以内，人均产钢达到 1000 t，跻身行业一流水平。

二是实施流程再造，提升主业运行效率。近年来，唐钢以“占用最少资源，实现最佳业绩”为目标，以“经济运行理念”为指导，对生产调度、人力资源、设备检修、物流管控等专业管理工作实行集中管控和流程再造，建立钢铁板块集中管控平台，全面提高资源利用效率，取得显著成效。以物流业务整合为例，2011 年，唐钢组建物流公司，整合全公司物流管理，彻底扭转多头管理、职能交叉、信息不畅的局面。同时，积极开展物流流程再造，初步形成了一个集运输、仓储、装卸等全流程物流业务为一体的管控平台和科学有效的管控体系。近三年，唐钢物流成本平均每年降低 101 元/t，2011—2012 年累计降低物流成本达到 16.7 亿元。未来三五年内，唐钢物流系统将以打造唐山地区效率最高、运营成本最低、竞争力最强的物流服务“领军企业”为目标，立足唐山，面向环渤海及东部地区，拓展产品深加工、港口经营、海运、贸易等业务领域，努力实现年营业收入 200 亿元，跻身国家 5A 级物流企业行列。

三是推进大部制改革，提升扁平化管理水平。为最大限度地优化配置企业现有资源，激发内生动力，还原钢铁主业应有的竞争力，2013 年以来，唐钢实施了历史上调整幅度最大的体制机制变革，努力提升扁平化管理水平：重点是打破传统的条块化、区域化管理模式，成立了业务上垂直管理的炼铁部、热轧部、长材部、动力部等五大部，对全公司生产经营业务进行全面整合，实行集中统一管理，实现了管理及技术水平的整体提升。五大部成立以来，各项工作运转正常，人员、技术、物料等资源得到均衡配置，整合效益持续显现。以炼铁部为例，2013 年以来，该部中厚板区、不锈钢区的吨铁成本持续下降，比大部制实施前分别降低 120 元和 130 元，跃居行业先进水平。

四是发展非钢产业，打造主业发展新支撑。第一步是企业内部资源整合与高效利用，第二步是把非钢产业与公司的钢材产品增值服务紧密结合在一起，第三步是整合社会资源，全面参与外部市场竞争。2010—2012 年，唐钢立足占有企业内部资源和利用社会资源，先后成立或重组 22 家非钢单位，实现了产业链延伸和多元化发展。通过发展非钢产业，唐钢各种资源得到最大限度的综合利用，减少了资源消耗，降低了主业成本压力，提高了企业的抗风险能力。截至 2012 年，唐钢非钢产业已形成以钢材产品深加工、装备制造与工程技术、资源开发与综合利用等为主的六大产业集群，总资产 80 亿元，从业总人数 15400 人，全年实现营业收入 103 亿元。特别是，唐钢气体公司、创元方大公司、新事业公司等非钢单位在企业规模和盈利能力方面已成为同行业的领军者。2013 年上半年，唐钢全面修订了非钢产业“后‘十二五’发展规划”，确定了“服务主业，多元并举，跨越发展，持续创新”的指导方针，“十二五”末，唐钢非钢产业年营业收入要达到 800 亿元以上，利润要达到 20 亿元以上，非钢产业将成为支撑唐钢发展的半壁江山。

（二）整合国内上下游资源，提升产业链竞争力

近年来，唐钢在优化内部资源的同时，着力加大与上下游企业合作力度，积极延伸产业链条，使企业国内资源配置水平、产业链竞争力实现了明显提升。

一是整合产业链上游资源。唐钢不断加大资源掌控力度，与山焦集团等重要原燃料供应商结成紧密合作关系，为转变生产组织模式提供了经济稳定的原料供应；与西安陕鼓集团等重要设备供应商在设备供应与维护以及市场开拓等方面达成广泛合作，为唐钢降低设备库存、提高设备经济运行水平提供了重要保障；与北京科技大学、清华同方等国内知名科研院所开展技术合作，为唐钢引进先进技术、提升技术研发和能源利用水平创造了有利条件。

二是整合产业链下游资源。唐钢不断加大走进市场、服务用户力度，成立专业市场部门，组织专业技术管理人员深入用户，了解需求、提供服务，努力由单一钢铁产品制造商向钢铁产品综合服务商转变。以唐钢与国内某汽车生产商合作为例，2008 年以前，唐钢与其几乎没有产品供销关系，2009 年开始，唐钢加大汽车市场攻关力度，向该公司长期派驻技术人员，参与对方的产品使用全过程，逐一攻克唐钢产品在汽车制造过程中出现的问题，逐渐打开市场，成为其重要的钢材供应商。

（三）优化国际资源，加快企业国际化发展步伐

近年来，唐钢不断加快国际化发展步伐，分别与韩国浦项、瑞士德高、美国哈斯科、法国威立雅、奥地利奥钢联公司等世界知名企业建立了合作关系和定期交流机制，有效配置了国际一流的技术、人才、资金等优质资源，为推动唐钢发展注入了新的活力。

一是创新出口方式。为减少贸易摩擦、提高出口效益，唐钢转变传统“单打独斗”式的出口模式，2009 年与世界最大钢铁贸易商—瑞士德高公司开展深度合作，借助德高公司销售平台，成功将产品出口至世界 150 多个国家和地区。这种出口模式被中钢协总结为唐钢“借船出海”模式。随着唐钢出口模式的日益成熟，唐钢产品出口规模和种类不断攀升。2012 年唐钢产品出口总量达 156 万吨，预计 2013 年各类产品出口总量将突破 300 万吨，占到钢材总产量的 22%。

二是拓宽合作内涵。在国际合作中，唐钢不断深化合作内涵，努力将双方的合作关系由最初的简单产品或技术合作关系发展成战略合作伙伴关系，进而发展成为利益共同体的

关系，实现双方利益的最大化。以唐钢与瑞士德高公司的合作为例，随着双方合作的日益深入，2013 年，唐钢顺利完成了入股德高公司 10%股份，使瑞士德高公司成为唐钢在国际上的贸易、资源、融资和技术平台。具体来说，在产品出口方面，2012 年唐钢通过德高出口了 78 万吨，占到出口总量的 50%；在资源方面，唐钢积极利用德高公司矿产和煤矿资源，进一步提升资源掌控力度；在融资方面，在 2012 年与德高公司成功签订 2. 7 亿美元产品出口融资协议后，2013 年 3 月，又与德高签署年内总额为 13. 5 亿美元的预付款融资协议，预计年可降低融资成本 2 亿元人民币，2014 年预付款融资将达到 25 亿美元。在技术方面，唐钢与德高公司签订了技术服务协议，由德高专家为唐钢设备工艺水平提升、产品结构调整提供技术支持。在德高专家的帮助下，唐钢的工艺革新、质量体系完善、品种开发、产品质量提升等工作，均在较短的时间内，取得了突破性进展。目前第一阶段合作即将结束，下步双方还将在唐钢高强汽车板项目继续开展技术合作。

以上是唐钢近年来在推进企业转型发展方面的一些探索和实践。虽然取得了一定成绩，但是总的看还是初步的，还有许多方面需要完善和改进。与大家分享这些，希望有一定的参考价值。同时，也请各位领导、专家和学者对唐钢的工作提出宝贵的意见和建议。

各位领导、同志们：

钢铁行业经过几十年的高速发展，当前已经进入全面调整的深水区，转型发展成为钢铁企业走出困境的唯一出路。在此形势下，我们只有在生产经营上，由追求规模扩张的粗放经营向注重品种、质量、效益的集约化发展转变；在企业发展上，由只注重钢铁主业发展，向既做强钢铁主业又向钢铁上下游产业链延伸的“一业为主、适度多元”转变；在科技创新上，由消化吸收引进先进技术，逐步向原始发明创新、自主集成创新转变，才能真正还原钢铁产业的先进性，实现企业核心竞争力的根本提升，推进中国钢铁工业实现由大到强的新跨越。我相信，在各级党委、政府的正确领导下，在中国科技协会、中国钢铁协会、中国金属学会的悉心指导下，唐钢在转型发展的道路上一定会不断迈出新的步伐，我国钢铁工业一定会实现整体转型升级，不断焕发出新的生机和活力。

创新突破　转型发展　建设最具竞争力钢铁企业

在第四届中国钢铁规划论坛上的演讲

2013 年 4 月于北京

我今天发言的题目是：创新突破，转型发展，建设最具竞争力钢铁企业。我分三部分向大家介绍：

一是唐山钢铁集团有限责任公司（以下简称唐钢）的基本情况；

二是唐钢近几年创新突破、转型发展的探索与实践；

三是唐钢创新突破、转型发展的几点启示。

第一部分　唐钢的基本情况

唐钢是全国特大型钢铁企业，2013 年现有在岗职工 3.7 万人，其中钢铁主业 2.2 万人，非钢产业 1.5 万人。

唐钢享有得天独厚的资源、区位和交通优势。目前已形成年产铁、钢、材 1800 万吨的配套生产能力，产品分为板、棒、线、型 4 大类，140 多个品种、1000 多种规格。

唐钢始建于 1943 年，迄今已有 70 年的历史，是我国碱性侧吹转炉的发祥地。

2008 年金融危机以来，我们坚持开放性思维、全行业视野和国际化定位，践行“我们不能左右市场，但可以左右自身工作”的理念，不断提升发展理念、提高工作标准，积极应对各种困难和挑战，从环境形象到清洁生产和节能减排，从成本控制到产品开发和品牌提升，实现了全方位的历史性进步和跨越式发展。近年来，唐钢先后获得“全国五一劳动奖状”“全国生态文化示范企业”“全国绿化模范单位”“国土绿化突出贡献单位”“中国钢铁工业清洁生产环境友好企业”等多项荣誉称号。

“十二五”时期，我们确立了“做精主业、做大非钢、适度多元、持续创新”的发展方针，积极致力于建设最具竞争力钢铁企业，努力打造基业长青的百年唐钢。

2012 年，唐钢产铁 1561 万吨，钢 1500 万吨，钢材 1470 万吨，完成营业收入 625.4 亿元，实现利税 15 亿元，其中利润 2.8 亿元。

2013 年 1—3 月，唐钢累计产钢 395.24 万吨，完成营业收入 149.5 亿元，实现利税 2 亿元，其中利润 2538 万元。

第二部分　唐钢近几年创新突破、转型发展的探索与实践

近年来，我们在日趋严峻的市场形势下，结合自身生产经营和改革发展实际，以创新突破、转型发展为目标，在各项工作都进行了积极的探索和大胆的实践，取得了为业内外

瞩目的显著成效。我主要从以下九个方面作简要介绍。

一、建设生态唐钢，实现绿色转型

唐钢地处唐山市区，在几十年发展中为唐山市经济发展做出了巨大贡献。但是，随着唐山市科学发展进程的加快，作为传统钢铁企业，高耗能、高排放、高污染的现象成为攸关唐钢可持续发展的关键问题。在这样的背景下，2008—2009 年，唐钢站在推进企业可持续发展、承担社会责任的战略高度，自觉地将企业发展融入唐山生态城市建设之中，以“壮士断腕”的气概和摧枯拉朽的气势，实施了规模空前的厂区环境综合治理，完成了自身的美丽蜕变，实现了企业与城市的良性互动和共同发展，探索出一条传统钢铁企业绿色转型的成功道路。

通过这次环境治理，我们淘汰了一系列落后的装备和生产线，兴建了一大批治污减排项目。在此基础上整理了厂区空间，建设了职工生活服务区，整修了道路、管网，美化了厂房，实施了 5S 管理，改进了门禁及计量管理，优化了厂区物流；建设了华北最大的水处理中心，实现了以城市中水作为唯一生产水源；建成了空气质量优良、绿化覆盖率达 50%的花园式工厂，成为唐山市一张亮丽的名片。

唐钢的生态环境建设，对企业、地方乃至全行业都产生了巨大而深远的影响。

首先，开创了绿色转型的成功范例。唐钢发生的巨大变化得到了各级政府和市民的广泛赞誉，颠覆了传统钢企傻大黑粗的形象，开创了钢铁企业与城市和谐共存、融合发展的典范，我们因而赢得了在地方调整、完善和生存发展的空间。环境建设和绿色转型成为我们整体创新突破、全面转型发展的重要开端。

其次，换来了实实在在的环境效应。一是绿化覆盖率由原来的 21%提高到 50%。二是厂区环境质量明显提高。仅就降尘量来讲，唐钢本部在钢产量由 2000 年的 380 万吨提高到 2011 年以来的 900 万吨的同时，厂区月平均降尘量由 84.5 t/km^2 降至 18.8 t/km^2。三是实现了废水、废气零排放。

再次，产生了强烈的社会反响。近年来唐钢被誉为“世界上最清洁的钢厂”，成为唐山、河北乃至行业科学发展的新亮点，企业的知名度和美誉度空前提升。特别是 2009 年 6 月，时任国务院总理温家宝、时任全国人大常委会副委员长王兆国等中央领导分别到唐钢视察，对我们的工作给予高度评价。

最后，员工的理念、行为方式和工作标准发生深刻变化。大家认为，只要积极推进环境整治、清洁生产和绿色转型，传统钢铁企业也完全可以创出科学发展的新天地。环境影响人、塑造人、转化人，职工的职业精神、职业素养在潜移默化中得到提升，换来的是高质量、高标准、高效率的岗位工作和企业精细化管理的持续提升。

二、践行经济运行理念，强化能源资源管理

2009 年下半年，厂区环境治理圆满完成，绿色转型迈出坚实步伐。在此承上启下的重要时刻，基于对行业发展大势的敏锐观察，基于有效应对能源瓶颈制约、增强企业可持续发展能力的需要，我们及时果断地将转型发展的重点转移到企业能源管理上。

一是强力推进节能技术改造。通过进行全流程技术改造，使原煤、焦炭、煤气以及余热、余能的消耗和流失大幅降低，回收率明显提高。同时，我们新上多台发电机组，将富

余的煤气及余热、余能等全部用于发电。

二是大力实施节电降耗。我们先后对主体生产厂大型风机进行了变频改造，对大部分水泵系统更换了高效节能泵，对皮带输送系统加装了节能器，在生产车间实施绿色照明工程。目前，唐钢日均节电达 75 万度，年节电量达到 2.7 亿度。2012 年，节电率达到 6.5%。

三是用信息化手段实现科学管理。2010 年，我们投资建设了能源管控中心，通过信息化手段，使能源管理实现了从管结果向管过程、从合理利用向高效利用的转变。近年来，通过该中心的开发应用，实现了能源介质可视化管理，优化了能源调度，降低了能源消耗，提高了能源利用效率。特别是煤气发电系统通过科学管控，日自发电量提高了 100 万千瓦时。

四是强力推进可再生资源综合利用。我们将自身产生的高炉水渣、转炉钢渣、含铁尘泥、各种除尘灰等视为宝贵资源，积极开发综合利用技术和途径。同时，我们与唐山市签订了工业低温热水供应协议，每年冬季为市区解决 30 万平方米采暖问题，下一步将逐步增加到 1000 万平方米，每年可节省采暖用燃煤 30 万吨。

五是积极推进技术节能。积极引进先进技术和管理经验，大力实现从管理节能向技术节能的转变。分别与北京科技大学、清华同方签署了节能减排合作协议。我们将与上述两家科研单位在荒煤气资源化及煤调湿、钢渣余热回收等诸多技术节能领域开展深度合作，以进一步提高企业能源系统的科技含量、运行质量和管控效率。

能源管理的跨越式提升堪称唐钢专业管理领域的一场革命，从根本上改变了多年来粗放式扩张发展的固有模式，开创了唐钢经济运行、内涵发展的新局面：

首先，二次能源回收指标全面改善。2012 年，焦炉煤气实现零放散；高炉煤气放散率降至 0.1%；吨钢转炉煤气回收量达到 123 立方米/吨；炼钢余热蒸汽回收达到 93 千克/吨钢。

其次，二次能源发电水平显著提升。2012 年，唐钢本部利用二次能源发电量达到 25.3 亿千瓦时；吨钢发电量达到 320 千瓦时；平均自发电比例达到 67%；日发电量最高突破 830 千瓦时，自发电比例最高达到 77%。

最后，能源成本实现大幅度降低。通过强化管理，吨钢能源成本于 2010 年降低 100 元，2011—2012 年又分别在上年基础上再降 50 元，三年累计降低成本 40 亿元。

三、转变生产组织模式，提升成本控制力

转变生产组织模式、提升成本控制力，转变市场营销模式，提升产品创效能力（我们简称“两个转变、两个提升”），是我们近两年开展的核心工作。其中转变生产组织模式、提升成本控制力，是我们近两年创新突破和转型发展的关键，已经取得非常明显的成效，我在这里作重点讲解。

唐钢在 70 年的发展变迁中，可以说相对比较简单地实现了规模的扩张，也收获了非常可观的效益。但近几年来，钢铁行业的形势发生了复杂而深刻的变化，传统钢铁企业依靠高成本支撑高产量的生产方式已经不能适应形势的发展。在这样的形势下，我们组织管理团队先后多次赴韩国浦项等国际著名钢企学习考察，深深地被浦项先进的生产组织方式影响和震撼。浦项钢铁 2012 年粗钢产量为 3800 万吨，营业收入约合 3000 亿元人民币，

利润约合 240 亿人民币，销售利润率达 8%。更为重要的是，浦项是以极低的成本支撑了一个高端的产品结构，创造了巨大的效益，一直保持为世界最具竞争力的钢铁企业之一。

从浦项的经验，我们深刻地感悟到：当今钢铁企业的竞争是综合创效能力的竞争，而成本控制力是竞争力的基础。为此，我们坚定地提出转变生产组织模式的重大决策部署，其核心就是彻底打破以往依靠高成本、高强度支撑高产量的生产方式，通过系统优化达到低成本、高效率、长周期经济运行的目标。

（一）颠覆传统思维，创新成本理念

通过学习浦项经验，我们加深了对全成本、结构成本等概念的认识，不再局限于通过单纯的指标优化和费用控制降低成本，开始全方位推进成本控制：一是在注重表观的成本和费用控制同时，更加注重从原燃料进厂到产品发运整个过程的全成本控制；二是在关注单体技术经济指标优化的同时，更加关注结构成本的降低；三是高度重视工艺完善、设备改造、技术创新在降低成本方面的重大作用；四是努力寻求用相对低廉的成本，支撑相对高端的产品。

（二）以降低结构成本为抓手，深挖重点工序潜力

在创新理念基础上，着力优化配料结构，努力向降低结构成本要效益，积极寻找成本和效益的最佳结合点。

优化炉料结构，降低铁前成本。认真学习浦项大胆使用低价料组织高炉生产的经验，实施以“经济料”替代“精料”的生产方针，重点在优化配煤和配矿结构、寻找和掌控低价位原材料资源、放宽焦炭灰硫控制、降低自采物料价格、精细炉内操作等方面加大力度。在全球锁定 70 多种性价比高的煤、焦、矿资源，大胆采用过去少人问津的廉价料，超前做好质量和成本分析，24 h 跟踪廉价料价格变化；同时在焦化和炼铁工序建立与低价原料相适应的生产方式和操作标准，在保证生产顺行和产品质量的前提下，力促工序成本降低。2012 年，焦炭成本降低 571 元/t；铁成本完成 2535 元/t，同比降低 102 元/t，铁前系统全年挖潜增效 18 亿元。

优化生产组织，降低炼钢结构成本。将结构成本理念贯彻到炼钢系统，在提升工艺操作和强化管理手段保障下，积极实施“经济料”方针，大力优化转炉冷料和合金料结构，实现冶炼成本大幅降低。同时，强化质量成本意识，积极推进窄成分控制，避免不必要成本支出。2012 年，钢轧系统吨钢冶炼成本同比降低 41 元。

（三）大力降低库存，提高生产运行效率

“高库存是企业管理低效的表现，降低库存是提升成本控制能力和生产运行效率的重点突破口”。我们坚持大宗原料最低库存管理和资金占用上限控制，努力压减原燃材料和产成品库存，规避跌价风险，提高运行效率，使库存物资总量和资金占用额始终保持较低水平。在低库存条件下，我们在生产组织、原料供应、产品发运中，及时调整、积极适应，工作效率大幅提高，不但没有影响生产，反而促进了企业生产经营上水平。

2012 年，唐钢库存资金占用保持在 60 亿元上下，比年初降低 32 亿元；存货周转率达 9.49 次，进入行业领先水平；进口矿库存由 190 万吨降至 100 万吨以内；大宗物料库存占用由上年的 74 亿元降至 45 亿元，减少 29 亿元。

唐钢转变生产组织模式的生动实践，不但使企业显著提高了整体成本控制能力，并率先在铁前系统收获了立竿见影的巨大成效，更重要的是使我们拓宽了思路、开阔了视野，

在颠覆传统思维和习惯做法的基础上，实现了从全新角度认识成本和效益，从全新高度加强成本管理和控制，为企业保持成本控制优势奠定了基础。2008—2012 年，唐钢累计挖潜增效 166 亿元，实现营业收入 3005 亿元，实现利税 154 亿元，实现利润逾 60 亿元。

四、提高产品档次，转变营销模式，提升产品创效能力

转变市场营销模式，提升产品创效能力，是我们转型发展另一项核心工作，已取得重大进展。主要做了以下工作。

（一）适度开发新产品，努力提高产品附加值

近年来重点开发了数十个新产品，高附加值产品在产品中占 60%以上，部分产品填补了国内空白。热板产品：主要有汽车用钢、管线钢、石油套管钢、以热代冷酸洗板等。冷轧产品：主要有酸洗大梁钢、深冲用钢 DC04、DC05 等。长材产品：主要有高强铁塔角钢、预应力钢丝用钢、焊丝钢、抗震钢筋等。

（二）坚定不移做精现有产品

我们根据自己的产品大纲，把更多的精力放在将现有产品做精做优上，提出做通用钢铁产品的市场领跑者。2011 年以来，唐钢构建了科学高效的技术质量管控体系，提升了工艺控制、质量管理和岗位操作水平，产品综合合格率达到 99. 96%。企业非计划产品数量由以往每月近 5 万吨降至目前的 0. 2 万吨以内，减少了损失、增创了效益，提升了产品品牌形象。

（三）全面提升产品创效能力。

从 2012 年下半年开始，我们把主要精力转移到提升产品创效能力上来，进入向产品结构、产品售价要效益的新阶段。重点从四方面着手，全面拓宽产品创效空间。

一是狠抓产品开发。根据市场需求，结合工艺装备现状，有的放矢地推进新品种开发，取得显著成效。2012 年以来，我们已形成热轧薄规格产品、冷轧系列产品、马口铁基料、药芯焊丝钢等具有较强市场竞争力的产品系列。特别是 2013 年以来，我们在热轧薄板领域取得了新的突破：1810 热轧线已经实现 1. 0 mm 薄规格产品批量稳定轧制，厚度 2. 0 mm 以下薄规格产品产量 2013 年计划达到 100 万吨，该线已成为国内同类产线生产薄规格产品的领跑者。

二是借助德高平台。抓住德高专家提供技术服务的机会，实施“工艺完善和产品开发攻关计划”，充分释放企业技术水平和现有产线装备潜力。

三是大力开拓市场。我们将产品开发与市场开发、用户服务紧密结合，逐步实现从钢铁生产商向产品服务商的转变。重点引导广大技术人员增强市场开拓、市场营销和服务客户的意识，为新产品开发和产品市场增值打基础。重点围绕满足终端用户个性化需求，推进产品开发和工艺完善，使市场急需的创效品种钢的比例达到 65%，同比提高 20 个百分点。

四是转变市场营销模式。转变传统打包销售模式，通过加强高端产品市场推介、参与下游用户产品设计制造等，更多地实现直供销售。广泛开展“走进市场、服务用户”活动，搭建产销研一体化平台，并组织百人技术团队，深入重点地区，开展产品推介，开发高端用户，努力为用户提供全程跟踪服务，取得重要成果。2012 年，全年新增重点直供用户 65 家。

我们在提升产品创效能力方面取得的明显成效。

一是冷轧产品出口国际高端市场数量持续攀升。2012 年达到 116 万吨，比 2010 年出口量增长近一倍，占全国同类产品出口量的 1/6。

二是热轧产品减薄取得突破。1.0 mm、1.2 mm 薄规格产品现稳定批量生产；2.0 mm 以下薄规格产品产量占到热轧产品总的 50%左右。薄规格成为唐钢 1810 热轧线的崭新名片。

三是长材产品档次和质量大幅提升。高强及抗震钢筋月最高产量已达 15.6 万吨，占棒材钢筋总量 80%，为率先在国内全面实现高强抗震钢筋生产奠定了基础；硬线产品进入高端领域，本地市场占有率达 80%以上。

四是成功开发并批量生产镀锡板（马口铁）基料，得到多家用户认可，成为华北地区最大的马口铁基料生产基地，展现出广阔的市场潜力。

五、深化物流管理，提升物流效率

我们将物流管理上升到转型发展新支撑的高度，创新管理，强力推进。2012 年，吨钢物流费用降低 100 元。

一是积极构建全新高效物流管控体系。大力推进管控架构优化和重组，将全流程、全成本物流管理辐射到物料采购资源地和产品用户需求地，挖掘物流系统潜力。深度实施全流程监管、全过程优化、全成本分析，对优化物流、降低费用起到了重要作用。

二是以准时高效的物流组织支撑低库存管理。将库存管理由场地、厂内延伸至资源地、港口和资源在途。将大宗原燃料和产成品库存作为重点控制项目，实现了采购、生产、销售及物流的准时制。

三是转变运输方式，实现物流组织低成本运行。协调铁路、港口，建立起三方合作、互利互惠的战略伙伴关系，开辟出一条稳定的“循环班列”运行模式。2012 年，我们通过提高铁运比例、压缩汽车运费，降低物流费用 8000 余万元。

四是优化全过程组织，提高物流运行效率。向采购资源地派驻采购员及监督人员，与供应商共同确认核实质量、数量及装车、发运组织，对装载原燃料车辆的封堵、防尘、防溢、防飘洒跟踪确认；根据原料采购计划制订发运计划，减少外调外卸损耗；优化运输、仓储、接卸环节，提高焦、煤直供直卸率，减少二次接卸损耗。2012 年，焦、煤直供直卸率提高 14%，减少损失 3000 万元。

六、创新设备管理，实现设备高效经济运行

设备经济运行是实现转型发展的基础和保障。2012 年，唐钢设备事故时间和起数均比上年减少 2/3，设备维修费用降低 3 亿元，设备安全经济运行创出历史最高水平。

一是加强设备运行管理，保持设备稳定运行。创造性地实施了具有自身特色的定修结合状态维修模式，合理确定检修时间和项目，实现维修作业精准管控，避免造成设备失修或过修，最大限度减少维修费用、提高检修效能。

二是变革设备管理体制，挖掘内部维修资源。对维修系统资源进行重新优化，搭建点检定修体系。对各单位分散的检修资源集中整合，成立检修公司，实现检修工程“零”外委；成立点检中心，推进了专业点检队伍建设，专业点检设备覆盖率达 97%，为设备维护

构筑了多级防线。

三是推进备件精细化管理，实现检修备件全过程控制。为提高备件修复比例，充分利用循环件剩余价值，最大限度地减少新件采购，成立专门机构负责备件修复工作，努力实现“以修代采”。2012 年，备件消耗同比降低 1 亿元。

四是推进备件物料零库存管理，降低库存，提高采购效率。选择社会储备充足、加工周期及使用周期相对较短、消耗量较大的物料开展零库存管理。从 2009 年到 2012 年年底，平均每年备件库存降低 1 亿元。加大零库存物料招标采购比例，2011 年以来，零库存物料降价达 24.6%。

七、持续推进管理模式创新，为提升企业综合竞争力提供支撑和保障

管理模式创新是推动企业转型发展的基础和重要保证。这方面我们主要做了以下工作：

一是打造集中管控平台。以全资源经济运行理念为指导，加快创新管理模式，深度整合内部资源，积极打造高效集中管控平台。重点在钢铁主业四大板块实施了备品备件、资金、人员等的集中统一管控以及各种资源的优化配置、共享和高效运行，大大提高了管控效率，为实现全资源经济运行、以最少资源实现最佳业绩，提供了重要保障。

二是实施管理流程再造。对铁前系统管理架构进行整合和优化配置，将原炼焦制气厂并入炼铁厂管理，有效促进了焦化区域综合成本的降低。对物流系统运行进行优化和流程再造，彻底扭转了多头管理、职能交叉的局面，有效降低了物流成本。在三大子公司建立工厂制管理模式，构建了人员精干、运行高效的管控体系，提高了管控效率。

三是进一步优化管理架构，重新配置各种资源。重点建立人力资源共享平台，鼓励、引导和实施技术管理人员向子分公司合理分流，提高子公司的技术和管理实力；同时实施人力资源本地化上岗，减少人力资源跨区流动，进一步减少费用支出。全面推进一体化、一贯制和扁平化管理，使管理体制进一步贴近生产线，实现对各生产线直接管理，最大限度利用各种资源，提升管理效率。全公司生产、采购、销售系统首先实施高度集中管理，统一到一个平台；总部各专业管理一贯到底，延伸到生产线。

管理模式的不断创新为提升企业整体管理水平提供了强大动力：一是通过建设四大钢铁板块集中管控平台，实现了对生产调度、人力资源、资金财务、设备检修、库存、能源等专业管理的集中管控，提高了资源利用效率，促进了同步发展；二是实现了四大板块可视化资源管控，为精细化管理由定性管理转入定量管理提供了技术支持。

八、大力发展非钢产业，加快多元化发展

我们以人力资源优化为先导，统筹配置各种资源，大力发展非钢产业，走多元化发展之路，努力实现由一钢独大向多业并举发展，开辟了转型发展的新路径。

一是积极推进人力资源优化。按照人工劳效先进企业的标准，重新核定钢铁主业各单位岗位定员，有条不紊地向非钢单位转移富余劳动力。2010—2012 年，我们从钢铁主业向非钢单位转移人员 1 万余人。另外，通过优化工序流程和劳动组织，几年来累计清退顶岗外用工 1 万人。

二是全面推进非钢产业发展。先后成立或重组新事业发展公司、房地产公司、机械装备公司、检修公司等 20 家非钢单位，立足占有企业内部资源和利用社会资源，实现产业链延伸和多元化发展，积极推进相关工作开展，取得了积极成效：到 2012 年，非钢产业已形成以钢材产品深加工、装备制造与工程技术、加工配送与大物流、资源开发与综合利用、房地产开发、服务与教育培训为主的六大产业集群，总资产 80 亿元，从业总人数 15435 人，全年实现营业收入 103 亿元。各非钢单位自负盈亏、独立经营的能力不断增强，呈现出良好的发展前景。2013 年，唐钢非钢产业预计将实现营业收入 130 亿元，增创效益 3 亿元以上。

通过发展非钢产业，企业各种资源得到最大限度的综合利用，减少了资源消耗，降低了主业成本压力，提高了企业的抗风险能力，特别是 1 万名岗位工人向非钢产业的转移，提高了主业的人工劳效并消化了主业 10 亿元的人工成本（2010 年，吨钢人工成本因此成功降低了 100 元）。另外特别值得一提的是，检修公司组建以来，实现了“资质内检修零外委”，每年减少外委费用 3 亿元。

九、实施国际化战略，全力推进国际化发展

近年来，我们积极实施国际化战略，拓展国际交流平台，拓宽合作领域，全面加快国际化发展步伐。

全力推进产品出口。积极拓展与德高等国际贸易公司的合作，着力提高出口份额。积极优化出口产品结构，使唐钢产品出口的品种、数量不断增加。2012 年产品出口总量达 156 万吨，其中冷轧产品达 116 万吨，均创历史新高。其中冷轧产品出口量占国内同类产品出口量的 1/6，占唐钢冷轧产品年产量的 50%（2013 年冷轧产品出口将达到 130 万吨，各类产品出口总量将突破 350 万吨，占到钢材总产量的 22%）。

全面拓展国际合作。一是积极引进技术支持。与德高公司签署了引进其技术团队到唐钢开展技术咨询服务的协议；与西门子奥钢联构建了面向未来的全生命周期伙伴关系，深化了互利合作。二是努力寻求项目合作。与德高公司合作建设的唐钢二冷轧项目已正式启动；近期已完成唐钢入股德高公司 10%股份工作，构建了唐钢自己的产品出口平台；将充分利用德高原燃料国际资源渠道，优化唐钢原料结构。与美国哈斯科金属、法国威力雅水务等公司就钢渣处理、转炉煤气制乙醇和水处理等项目签订合作协议，使我们在引进利用国际领先技术、提高循环经济水平方面取得实质进展。三是开展国际融资合作，继去年与德高公司成功签订 2. 7 亿美元产品出口融资协议后，2013 年 3 月，又与德高签署年内总额为 12 亿美元的预付款融资协议，在促进产品出口的同时，享受了低于国内贷款利息一半的低息国际融资。随着我们出口量的增加，2014 年融资额将达到 20 亿美元。

不断加强国际交流。坚持以开放性思维加强与行业国际一流企业的学习交流。近年来，我们与韩国浦项、西门子奥钢联、德国蒂森克虏伯、德国巴登等国际钢铁企业开展了高层互访交流。特别是与韩国浦项、西门子奥钢联等建立了经营管理、专业技术等多层面、多领域的常态化交流机制，为我们学习国际一流企业搭建了良好平台。

通过全方位加快国际化步伐。一是培育了我们的产品出口平台、技术服务平台、国际融资平台和国际资源平台，实现了我们在国际国内两个市场配置资源、为我所用，从而较快地发展和壮大了自身的力量；二是提升了工艺控制水平、产品质量和创效能力，扩大了

产品的国际影响力，为我们进一步拓展国际空间奠定了基础；三是通过参股德高公司、与德高合作建设项目以及与西门子奥钢联、威力雅、哈斯科等国际知名企业的技术和项目合作，极大地提高了我们融入国际的深度和广度，使唐钢的国际化水平提升到了新的高度，为企业持续增强国际竞争力奠定了坚实基础。

第三部分 唐钢创新突破、转型发展的几点启示

一、领导的决策是企业制胜的核心要素

企业的发展只有在领导的决策力、干部执行力和职工凝聚力高度统一时，才能形成强大的战斗力，才能克服各种困难和压力。变被动为主动。而其中领导的决策、领导的智慧、领导的眼界、领导的胆识和气魄以及领导领先一步的治企理念，是引领企业发展的航标和灯塔，是其中最为关键的核心因素。

二、企业要实现转型升级，必须学会颠覆传统、创新突破

一个成熟的市场一定是一个高度竞争的市场，一个成熟的企业一定是一个具有强大创新力的企业。在危机面前，企业在发展理念、生产方式、管理模式方面，越是敢于创新突破，它的发展根基就会越加坚固。相反，在危机和困难面前，抱残守缺、故步自封，绝对是过不去的。为此，必须进一步解放思想、颠覆传统，创新变革、寻求突破。在一定意义上，企业的发展过程就是一个不断学习、持续改进、创新突破的过程。我们正处于创新驱动发展的时代。市场危机是对钢铁企业传统经营理念的冲击。当一个行业的发展回归理性，“市场红利”逐步消失，企业就应当努力适应市场变化，善于打破传统思维，以理念的创新，引领体制机制的创新，推动生产组织方式和市场营销模式的创新，向改革创新要“红利”，寻求企业发展的新突破。

三、持续改善是企业不断挖掘内部潜力、实现健康发展的动力源泉

唐钢近几年之所以能够发生翻天覆地的变化、实现历史性进步和跨越式发展，正是因为我们始终瞄准国内先进企业和行业一流标准学习赶超，其中的内在动力就是持续改善的价值取向和追求卓越的工作标准。

四、企业要有效应对危机、实现转型升级，必须始终抓牢成本这个“牛鼻子”，巩固和提升成本竞争优势

要深化“全成本”理念，丰富成本管理的内涵，拓宽降本增效的途径，通过技术和管理创新，全面提升成本控制能力。

五、企业要有效应对危机、实现转型升级，必须健全完善以市场为驱动的运行机制和经营模式

企业要想在应对危机中创造竞争新优势，必须加快推进以市场为驱动的经营模式创新，建立全面对接市场的生产运行体制、产品研发机制和营销服务体系，实现由材料生产

商向综合服务商的转变，实现由产品竞争力向产业链竞争力的提升。

各位领导、各位来宾、各位同仁，唐钢转型发展的成绩，是在广泛学习兄弟企业经验的基础上取得的。面向未来，我们将进一步学习借鉴先进企业的成功经验，拓宽视野、大胆实践，勇于担当，以创新突破为手段，以转型升级为目标，全力开创最具竞争力钢铁企业建设的新局面。

推进绿色转型，打造最具竞争力钢铁企业

在中国绿色钢铁高峰论坛上的报告

2012 年 4 月于唐山

在这春暖花开的美好时节，作为东道主，很高兴参加中国绿色钢铁高峰论坛并应邀作主题演讲。我今天发言的题目是：推动绿色转型，打造最具竞争力钢铁企业。我结合唐山钢铁集团有限公司（以下简称唐钢）近年来的实践，谈谈对钢铁企业走低碳发展、绿色转型之路的认识和看法。

一、绿色转型的内涵

近年来，“低碳发展”“绿色转型”成为我国各个行业共同探讨的话题，特别是对于传统上以“高投入、高消耗、高排放”为特点的钢铁企业，更成为热议的课题和发展的趋势。但是，目前国内外对于钢铁行业绿色转型还没有非常权威的解释和定义，还仅停留在企业自我探索和实践的阶段。按照联合国环保署对于绿色经济的定义，即在经济发展的过程中注重环境保护，将经济的发展建立在可持续的基础上，实现低排放、低消耗，环境保护和生态平衡。我们认为，作为绿色经济的重要组成部分，钢铁工业绿色转型的主要内涵应该是：由传统的高投入、高消耗、高排放的发展方式向以资源节约和环境友好为导向，以创新驱动为核心，以经济、高效运行为目标的发展方式的转变。

但通过唐钢近年的实践，我们体会到，钢铁企业“绿色转型”意味着生产方式和发展方式的根本转变，不仅包括实施绿化美化、整治厂区环境，还包括推进节能减排、高效利用能源和资源，更包括通过强化管理和技术创新，提升企业的成本控制力，提升产品的质量和档次，全方位提高企业的综合竞争力。

二、钢铁企业实施绿色转型的必要性

钢铁工业是国民经济的支柱产业，也是高投入、高耗能、高污染的资源能源密集型产业。近年来，随着国家节能减排力度的逐步加大，原燃材料价格持续高位运行，资源和环境正成为制约钢铁行业发展的瓶颈。在此情况下，绿色转型已成为众多钢铁企业的共同选择。

首先，绿色转型是调结构、转方式，实现可持续发展的唯一出路。近年来，国家对钢铁企业节能减排的要求日益苛刻。首先，《国家“十二五”国民经济和社会发展纲要》对节能环保约束指标，除二氧化硫和化学需氧量两项主要污染物总量控制指标要求下降 8%之外，又增加了氨氮和氮氧化物两项主要污染物总量控制指标下降 10%的要求；同时，国家去年修订出台的《环境空气质量标准》最新增设了 PM2. 5 限值，PM2. 5 监测将于 2015 年全面覆盖地级城市；另外，《国家“十二五”节能减排综合性工作方案》也对钢铁行业

提出全面实施烧结烟气脱硫等多项严格的要求。由此看来，按照国家政策要求和行业发展趋势，“绿色转型”是“调结构、转方式”的题中之义和必然要求，也是钢铁企业实现可持续发展的根本保障。

其次，绿色转型是缓解资源、环境双重约束，赢得生存空间的必然选择。由于钢铁行业自身特点，始终会受到资源和环境的双重束缚，这种日益紧迫的约束对于城区钢铁企业来说尤为明显。据统计，全国 70 多家大中型钢厂，位于省会及直辖市的有 20 家，城市钢厂 39 家。随着近年来“钢铁企业搬不搬迁”的问题甚嚣尘上，对于城区钢铁企业来说，环境的制约已经不再是发展问题，而是生存问题。所以，城区钢铁企业只有走绿色、低碳的发展之路，才能缓解资源、环境的双重束缚，实现企业与城市和社会的和谐共存与良性互动。

最后，绿色转型是提升企业竞争力、应对市场挑战的现实需要。

近年来，钢铁市场持续低迷，钢铁企业受到上下游市场的双重挤压，长期维持微利经营。从韩国浦项等世界先进企业的做法来看，强化内部管理、提升成本控制力是当前钢铁企业应对严峻市场形势的根本出路。而构建清洁生产、绿色制造体系可以直接推动经济运行，并可为企业赢得良好社会形象，进而带来不可估量的无形价值。

总的来讲，无论是从钢铁企业受到的外部发展压力，还是钢铁企业自身发展的需要来看，实施绿色转型，构建清洁生产、绿色制造体系都是钢铁企业在当前发展环境下必然的选择。

三、唐钢在绿色转型方面的工作实践

（一）全面治理厂区环境，建设绿色生态型企业

唐钢于 2008 年 9 月至 2009 年 5 月，以建设绿色生态型企业为目标，高标准制定厂区环境整体规划，实施了全面系统的环境治理工程。在全面淘汰、拆除相对落后的一大批工艺装备的基础上，在厂区东部建设了 12.9 万平方米的“钢铁花园”，以坡地、树林、花卉园林等元素构成的自然景观，支撑起企业的“绿色氧吧”；在厂区北部建设了 17.8 万平方米的“水系生态园”，工业设施园林化、景观化的独特风格令人耳目一新；在厂界周围建设了层次丰富、色彩丰富的防护带，实现了三季有花、四季有绿；在与唐山市建筑陶瓷厂置换的 400 亩土地上，投资 1 亿元建设了唐钢文化广场，成为唐山市环城水系沿线 18 个城市公园之一，使厂区绿化覆盖率由 21%提高到 50%左右，厂区空气质量好于国家环境空气质量二级标准，优于唐山市区水平。与此同时，唐钢高标准建设了四个职工服务区、六个停车场，实现了职工停车、就餐、洗浴、更衣集中规范管理，形成了厂区内良好的交通秩序，厂区能源介质流和物流得到极大优化，每年增加效益近两亿元。

唐钢外在环境发生的巨大变化得到了地方各级党委政府和广大市民的广泛赞誉和高度评价，因而赢得了在市区生存发展的空间，企业与城市真正实现了和谐共存和良性互动。同时，也产生了强烈的社会反响。2009 年以来，唐钢已成为唐山市科学发展的新亮点，被省旅游局、省国资委批准为河北省首批工业旅游示范点之一，被中钢协誉为世界上最清洁的钢厂，被评为“全国生态文化示范企业”“全国绿化模范单位”，前来考察观摩的各界人士络绎不绝，企业的知名度和美誉度空前提升。

（二）构建绿色制造体系，建设最清洁钢铁企业

厂区环境治理取得的突出成果为唐钢转型发展奠定了坚实基础。唐钢认为，改变厂区环境仅仅是实施绿色转型的开始和前奏，建立健全清洁生产、绿色制造体系才是核心和精髓。为此，唐钢以“全过程绿色制造”为原则，对产品制造全过程实施绿色控制，努力实现产品绿色制造。

1. 淘汰落后产能，从源头上治理高耗能、高排放问题

淘汰落后产能是推动钢铁产业结构调整和优化升级的重要途径，是钢铁企业实施绿色转型的重要抓手。唐钢严格按照国家《钢铁产业调整和振兴规划》要求，主动超前做好淘汰落后产能工作，显著提升了企业的发展质量。

2008 年以来，唐钢先后淘汰了 5 座工艺陈旧的石灰窑，拆除了 3 座尚不属于国家产业政策限期淘汰的 450 m^3 高炉、3 台 60 m^2 烧结机、1 座 8 m^2 竖炉；关停拆除了四轧钢厂、三轧钢厂 3 条普通长材生产线和电炉炼钢厂。上述落后产能和设备的淘汰，从源头上解决了企业能耗高、污染大的问题，使唐钢厂区空气质量不断提高，周边生态环境得到明显提高。

2. 推进技术改造，提高节能减排和清洁生产水平

近年来，在企业生产经营面临巨大困难的情况下，唐钢坚持资金不减、项目不减、管理力度不减，投资 26.8 亿元重点实施了 27 项节能减排技术改造项目，取得了十分显著的经济效益、环境效益和社会效益。

节能方面：投资 13 亿元建设了焦炉干熄焦，南区高炉煤气综合利用、炼铁北区高炉煤气综合利用，南区低温余热发电，炼铁厂南、北区烧结环冷余热发电等 6 项煤气及余热综合利用发电项目，新增装机容量 160MW；建设了高炉、焦炉、转炉煤气柜及其配套设施，新增余热、余能发电及能源综合利用项目年实现节能量 29.5 万吨标煤。

减排方面：一是投资 8000 万元建设了唐钢炼铁南区 360 m^2 烧结烟气脱硫项目，年减少 SO_2 排放量 3200 t。二是先后投资 8000 万元和 1.15 亿元，分别实施了二钢轧厂转炉除尘系统改造和一钢轧厂转炉除尘系统深度治理工程，提高了转炉除尘系统处理能力，彻底解决了炼钢系统烟尘外溢问题。三是投资 3 亿多元完成了焦炉干熄焦除尘和装煤出焦烟尘治理和焦化废水深度治理、炼铁厂料场挡风抑尘网、炼钢车间粉尘治理等 14 项污染源治理项目，年减少 SO_2 排放量 4216 t，减少 COD 排放量 274 t。唐钢本部在钢产量由 2000 年的 381 万吨提高到 2011 年的 903 万吨的同时，厂区月平均降尘量由 84.5 t/km^2 降低到 18.8 t/km^2，厂区环境质量明显提高。

水资源利用方面：为实现企业与城市的和谐共融与可持续发展，唐钢以循环经济理念为指导，以资源的高效利用为核心，以“减量化、再利用、资源化”为准则，以节约用水和再生水利用为突破口，实施了工序用水指标控制、工业用水串级使用、一水多用。各生产工序分别建设了完善的各自独立的废水处理及循环利用系统，并在唐钢南区投资 3.3 亿元建设了华北地区最大的城市中水与工业废水处理项目。每天能够处理城市中水和工业废水各 7.2 万立方米，相当于一个中小城市污水处理厂的处理量；每天可提供软化水 2.4 万立方米、除盐水 7200 m^3，可满足生产对各种水质的需求，在行业内率先实现了工业水源全部采用城市中水，关停全部深井水，实现了企业生产不再与城市争夺地下水。吨钢耗新水（含中水）由 2000 年的 10.3 t 降低到 2011 年的 3.2 t，水资源循环及综合利用能力达

到行业领先水平。

3. 强化能源资源管理，实现经济运行

在推进绿色转型的过程中，唐钢坚持以经济运行理念为指导，从多方面入手，积极推进生产工艺流程再造，全面强化能源管理和利用。

一是通过流程再造最大限度节约和回收一、二次能源。通过对焦、铁、钢、轧等系统进行改造，使原煤、焦炭和煤气的消耗和流失大幅降低，回收率明显提高。目前，唐钢焦炉煤气实现零放散，高炉煤气放散率降至 0.2%以下，吨钢转炉煤气回收量达到 123 m^3，炼钢余热蒸汽吨钢回收量达到 90 kg，各项指标跻身行业领先行列。

二是充分利用余热余能提高自发电能力。近年来，唐钢新上多台发电机组，将各工序节约下来的煤气和余热全部用于发电。2011 年，本部自发电量达到 25.3 亿千瓦时，同比增加 2.9 亿千瓦时；自发电比例平均达到 61%，同比提高 4.71 个百分点。截至目前，唐钢日发电量最高已达到 817.56 万千瓦时，自发电比例达到 70%。

三是通过改造淘汰高耗能装备降低电耗。近年来，唐钢着眼于提高耗能设备效率，广泛利用能源合同管理模式，投入 2 亿元，对能效偏低的数十台大功率水泵、电机、风机和数万盏厂房照明灯实施改造或更新，年节电 1.6 亿度以上，直接创效 8000 多万元。2011 年，唐钢节电率达到 5.3%，跻身行业领先水平。

四是持续推进降低能源成本攻关活动。唐钢在焦化工序开展了降低洗精煤和煤气消耗、提高干熄焦发电攻关；在烧结工序开展了降低烧结固体燃料消耗攻关；在炼铁工序开展了提高喷煤比、降低入炉焦比攻关；在炼钢工序开展了提高转炉煤气和余热蒸汽回收量攻关；在轧钢工序开展了降低加热炉煤气消耗和轧钢电耗攻关。2011 年，唐钢能源攻关取得了显著成绩，吨钢能源成本继上年降低 100 元后又降低了 50 元，两年累计创效 22.5 亿元。

五是加强可再生资源利用，实现循环经济。唐钢将自身产生的高炉水渣、转炉钢渣、含铁尘泥、含铁氧化物、各种除尘灰等视为宝贵资源，积极开发综合利用技术和途径。2012 年以来陆续启动了除尘灰分选项目、钢渣气淬、废油处理等项目，并取得积极进展。与此同时，唐钢站在服务社会的高度，积极尝试消纳利用自身和社会可再生资源，推进社会废弃物无害化处理和资源化再利用工作，努力为社会进步做贡献。唐钢与唐山市热力公司签订了工业低温热水供应协议，每年冬季可为市区解决 300 万平方米的采暖问题。在创造效益的同时，唐钢努力担负更多社会责任，使企业与城市逐步形成密不可分、和谐共融的循环经济体。

4. 加强技术合作，推进从管理节能向技术节能过渡

2011 年，在初步建立起绿色制造体系后，为进一步提高能源利用效率，探索能源管理新方式，唐钢积极引进先进技术和管理经验，努力实现从管理节能向技术节能的转变。唐钢分别与北京科技大学、清华同方股份有限公司签署了节能减排战略合作框架协议。根据协议，唐钢将与上述两家科研单位在烟气脱硫脱硝，焦炉烟尘、荒煤气资源化及煤调湿、钢渣余热回收、能源平衡综合利用、提高余热发电效率等技术领域以及能源环境实验基地建设等方面开展深度合作，以期进一步提高唐钢能源系统的科技含量以及运行的质量和效率。

（三）推进技术创新，提高品种质量，以提质增效为抓手全力打造精品唐钢

绿色转型不仅是能源管理和生产方式的转型，也要求钢铁企业进行产品结构转型，在不增加消耗的前提下，最大限度地创造高附加值产品，将转型的最终效果体现在产品竞争力上。近年来，面对严峻的市场形势，唐钢坚持用新思维、新理念、新办法解决新问题，积极推进科技进步，全面提升品种质量，以实际行动全力打造精品唐钢。

1. 加强自主创新，提升企业技术创新能力

近年来，唐钢以国家级技术中心为依托，不断完善技术创新体系，坚持自主创新与产学研相结合，借助和引进国内外先进技术平台，有效提升了唐钢的技术创新水平。2011年，唐钢荣获国家冶金科学技术奖5项，其中一等奖2项、二等奖2项、三等奖1项；获河北省科技进步奖3项，其中二等奖1项、三等奖2项；获河北省冶金科学技术奖7项，其中特等奖1项，一等奖1项、二等奖3项、三等奖2项；申请专利59项，授权专利43项，完成计算机软件登记28项，主持或参与制定国家、行业及企业标准7项，均创历史最高水平。

唐钢还积极推进产学研合作，不断巩固合作创新平台。一是积极开展唐钢“院士工作站”的工作，充分利用院士资源的高站位，提升唐钢管理理念和技术素质。目前在站院士4名，与院士及其团队合作课题10项，已结题4项，在研6项。二是充分发挥“博士后科研工作站”的作用，使博士后工作站成为引进高层次人才的重要途径。唐钢先后招聘了8名博士，目前在站博士3名，出站5名。仅2011年一年，唐钢就与北京科技大学、辽宁科技大学、河北联合大学、北京钢铁研究总院开展产学研合作项目11个，均取得良好效果。“钢铁企业低压余热蒸汽发电技术及能量系统优化”“液态钢渣改性及气淬处理技术”两项国家科技支撑项目已通过科技部验收。

2. 适度开发新产品

唐钢在新品种开发中，坚持以市场为导向，有所为有所不为。近年来重点开发了高强汽车板、汽车大梁钢、焊丝钢等26个新产品，“高附加值”产品在产品中占59.5%以上，部分产品填补了国内空白。

热板品种成功开发了汽车用钢系列、管线系列、石油套管系列，低合金高强钢系列、优质碳素结构钢系列、“以热代冷”酸洗板等新产品19个，实现了品种规格的系列化并形成优势，市场竞争力进一步增强。开发生产的冷轧无取向电工钢，形成批量生产能力，产品性能稳定，填补了省内空白。冷轧及深加工产品出口品种达到5大类、269个规格，其中薄基板厚锌层铝锌硅品种、欧标双涂双烘彩涂品种、厚规格热基镀锌品种，产品质量和工艺控制达到国际先进水平，填补了国内空白。2011年唐钢的冷轧产品出口量达到107万吨，比2010年出口量增长近一倍，占全国同类产品出口量的1/6以上；冷轧产品出口的品种数量也由去年的21种增加到目前的36种，产品规格由去年的560个增加到目前的1056个，高附加值深加工产品比例由去年的54.4%提高到2012年的71.8%，全面提升了唐钢产品的国际品牌形象。长材品种成功开发了高强铁塔角钢，预应力钢丝用钢，焊丝用钢，抗震钢筋和高强钢筋等新产品10个，硬线、焊丝等实现了品种的系列化并在区域市场占有优势，抗震钢筋已成功打入曹妃甸建设工程等国家重点工程。

3. 坚定不移做精现有产品

唐钢根据自己的产品大纲和企业实际，把更多的精力放在现有产品做精做优上，提出做通用钢铁产品的市场领跑者。2011 年，唐钢以“消除工艺缺陷、提高工艺精度、严格工艺操作、提高员工素养”为重点，健全完善技术工艺管理办法，推行质量点检和工艺检修制度，将工艺与设备紧密结合，大大提高了工艺设备运行精度。全面推进标准化作业，使产品生产全工序过程管理达到了规范化、标准化要求。通过上述工作，唐钢构建了科学高效的技术质量管控体系，提升了工艺控制、质量管理和岗位操作水平，广大职工的质量意识、岗位责任意识显著增强，2011 年，唐钢产品综合合格率达到 99.96%。唐钢本部和三大子公司非计划产品数量由年初的每月近 5 万吨降至目前的 0.3 万吨以内，大大减少了损失、增创了效益，提升了唐钢产品的品牌形象，为开创提质增效新局面、将现有产品全部打造成行业精品奠定了基础。

（四）推进管理创新，优化资源配置，建设最具竞争力钢铁企业

生产方式的绿色转型必然要求企业建立与之相适应的管理模式和机制。近年来，唐钢在推进转型发展的过程中，广泛学习借鉴国内外先进企业的管理经验，结合自身生产经营实际，以“经济运行理念”为指导，加快推进管理创新，积极转变生产组织模式和企业运营方式，全面优化资源配置，努力提高各种企业资源利用效率，努力实现“占用最少资源，实现最佳业绩”的目的，取得明显成效。

1. 大力转变生产组织模式，不断提升成本控制力

2011 年下半年，针对突如其来的市场变化，唐钢坚持深入开展对标挖潜工作的基础上，果断作出转变生产组织模式的战略部署，围绕优化炉料结构、调控生产节奏、压减库存占用、降低各项费用积极开展工作，在较短时间内实现了平稳过渡，从根本上改变了长期以来建立在高成本支撑下追求高产量的生产组织模式，逐步建立了以控制成本为核心、更加贴近市场的生产组织模式，为深挖内部潜力、避免出现亏损提供了保证。2011 年，唐钢挖潜增效 36.2 亿元，实现利润 9.31 亿元；2008—2011 年四年间，唐钢累计挖潜增效 115.73 亿元，实现利润 58.8 亿元。

2012 年以来，面对经济增速逐步放缓的国内宏观经济环境以及持续低迷的钢铁市场形势，唐钢确立了全年挖潜增效 50 亿元的目标，要求唐钢本部和子分公司在 2012 年一季度末实现单位成本分别降低 400 元和 300 元的阶段性目标。为此，唐钢要求公司上下认真学习借鉴韩国浦项钢铁的先进经验，在推进生产组织模式转变的过程中，将提升成本控制力作为应对市场挑战、提升企业竞争力的核心工作来抓。一是在公司上下牢固树立全成本概念，从关注局部降本过渡到关注全成本控制。二是最大限度关注结构成本，从成本结构中挖掘潜力，将配料结构和料价作为比技术指标更重要的参考依据，根据整体结构的成本构成合理组织生产。三是把完善装备、优化工艺、推进技术革新和设备改造作为降低成本的新手段，努力将技术潜力转化为成本优势。四是树立系统优化成本的概念。不再过分关注单个指标、单个工序降本，加大系统优化指标、系统降成本的工作力度。2012 年前两个月，唐钢累计挖潜增效 5.01 亿元，折合吨材降本增效 205 元，在严酷的市场挑战面前站稳了脚跟。

2. 大力发展非钢产业

按照“做精主业、做大非钢、适度多元、持续创新”的发展思路，与创建新型管理模

式相结合，唐钢非钢产业实施“三步走”发展战略，取得重要进展。第一步是企业内部资源整合与高效利用。结合国家发展政策及行业形势，将唐钢资源优势、区位优势、人力资源优势充分发挥。唐钢先后组建新事业公司、检修公司、机械装备公司、重机装备公司等非钢单位，充分利用了唐钢内部资源。第二步是把非钢产业与公司的钢材产品增值服务紧密结合在一起。采取开放性经营思路，借助“外力”发展自己，通过合作、合资、收购取得自身发展所需要的技术、资金等资源，争做行业最具竞争力的企业。第三步是整合社会资源，全面参与外部市场竞争。到2011年年底，唐钢20家非钢单位总资产为78亿元，从业总人数达到15435人，营业收入完成97亿元，完成考核口径利润9162万元。通过发展非钢产业，使唐钢各种资源得到最大限度的综合利用，减少了资源消耗，降低了主业成本压力，提高了企业的抗风险能力。

3. 优化人力资源

在发展非钢产业的同时，唐钢定位行业一流人工劳效，大力开展人力资源优化工作，积极从钢铁主业向非钢产业分流人员。在学习行业先进单位岗位设置经验基础上，重新进行核岗定编；优化工序流程和劳动组织，实行专业集中管理，大幅削减检修、化验、值守岗位人员；全面清退顶岗外用工，以公司在岗职工予以顶替；对各非钢单位和新建项目用工需求，全部用公司现有人力资源进行优化配置。2010—2011两年中，唐钢实现从钢铁主业向非钢产业优化转移人员1.2万多人，清退外用工1万多人。

近万人的外用工队伍清退之后，唐钢每年外委外雇费用降低2亿~3亿元；随着1.2万人主业劳动力的转移，仅降低主业人工成本费用一项就达10亿元。

按照“十二五”规划，唐钢在2012年年底将达到2000万吨的产能，2012年要从主业分流到非钢3000名员工。到2012年年底，唐钢主业从业人数将控制在2万人以内，实现人均产钢1000 t的目标；非钢产业从业人员达到1.8万人。

4. 强力优化物流管理

唐钢深刻认识到在进一步降低物流成本方面蕴藏着巨大的潜力。2011年以来已积极着手物流资源整合和物流管理优化工作。我们的目标是：统筹抓好物流管理，降低物流成本。以运输部更名为物流公司为契机，加快整合理顺全公司物流管理职能，实行集中统一管理，彻底扭转物流成本分散管理局面，形成科学有效管控体系，使唐钢物流管理辐射到原燃料发源地和产成品到达地，更加贴近市场、更加贴近新型钢铁企业管理模式。同时深入分析各个物流环节的费用构成，充分发挥唐钢临港、临资源、临市场的优势，全面压减物流成本。2012年年内，唐钢要将吨钢物流成本降低100元，将物流成本在整个成本中的比重由8%降至5%左右。截至2012年2月底，唐钢吨钢物流成本已经降低70元，为完成全年成本降低目标奠定了基础。

以上是唐钢以绿色转型为抓手、全力打造最具竞争力钢铁企业的一些做法。

四、体会和感受

在唐钢近年全面推进绿色转型的实践中，我们取得一些经验和感受，我着重和大家分享两点。

一是企业实施低碳发展和绿色转型能够获得丰厚的回报。通过几年的努力，唐钢初步建立起了清洁生产、绿色制造体系，在创造巨大社会价值，为唐钢在唐山市区赢得生存空间的同时，也给企业带来了丰厚的经济效益，仅就能源管理一个方面来讲，2010 年，唐钢本部吨钢能源成本降低 100 元，挖潜增效 9 亿元；2011 年，唐钢本部吨钢能源成本较上年再降低 50 元，累计再增效 4.5 亿元。唐钢能源成本管理是唐钢走低碳发展、绿色转型之路的重要探索，其显著成效有效提升了唐钢的成本控制力，促进了唐钢的经济运行，为唐钢在严峻市场形势下实现健康发展提供了重要支撑。

二是低碳发展、绿色转型是一个不断发展和提升的过程。从唐钢的经验来看，我们认为钢铁企业推进绿色转型至少有三个必经阶段：第一个阶段是调整结构、淘汰落后；第二个阶段是加强管理、经济运行；第三个阶段是技术引领、深度推进。2008—2010 年，唐钢通过淘汰落后、结构调整，优化了用能结构，各工序配套实施了节能技改和余热余能发电项目，实现了装备大型化、先进化，完成了企业结构节能；2011 年，随着能源管控中心的投运，唐钢实现了能源介质可视化管理，优化了能源平衡调度手段，降低了能源消耗、提高了能源回收和使用效率，实现了管理节能；2012 年以来，唐钢积极利用与北京科技大学、清华同方股份公司等国内一流的技术研发平台，结合唐钢实际，研发节能新技术，进一步提高能源利用效率，充分发挥节能新技术领先一步的优势，工作重点放在行业内尚未广泛应用的低温热源的回收利用技术、超高压机组发电技术、提高副产煤气综合利用价值、炉渣显热回收利用等技术的研发应用上，这将推动唐钢节能减排上升到更高的技术层面，实现由管理节能向技术节能的新跨越。

各位领导、各位来宾：

面对钢铁行业新的发展格局，钢铁企业必须以绿色转型为起点，进一步提升理念、开阔视野，坚持调结构、转方式不动摇，高标准高质量建设资源节约型和环境友好型企业，实现企业的转型升级和提质增效，持续增强企业的成本控制力和抵御市场风险的能力。只有这样，才能成功走出市场低迷，迎来钢铁行业的下一个春天。

唐钢巨变的实践与思考

在冶金工业规划研究院的专题报告

2011 年 10 月于北京

前段时间李新创院长给我出了一道题，让我给大家讲一讲唐山钢铁集团有限责任公司（以下简称唐钢）近几年的变化和我们悟出的道理。所以今天我是来向大家答题和汇报的，主要跟大家汇报一下唐钢近三年来发生的巨变以及这些巨变所带来的思考。能够和大家一起谈一谈唐钢的情况，感到十分荣幸！不妥之处，请各位批评指正。

今天，我汇报的题目是《唐钢巨变的实践与思考》。

我从五个方面汇报一下唐钢近年来实现历史性进步和跨越式发展的实践与思考。

一、唐钢的基本情况

唐山钢铁集团有限责任公司是全国特大型钢铁联合企业，河北钢铁集团的骨干企业，2011 年现有在岗职工约 3.8 万人，其中钢铁主业 2.4 万人，非钢产业 1.4 万人。

唐钢地处我国三大铁矿带之一的冀东地区，享有得天独厚的资源、区位和交通优势。目前唐钢已形成年产铁、钢、材 1800 万吨的配套生产能力，钢产量在全国大型钢铁企业单体厂中排名第四位。产品分为板、棒、线、型 4 大类，140 多个品种、1000 多种规格；主要产品有热轧薄板、冷轧薄板、镀锌板、彩涂板、中厚板、不锈钢板、棒材、线材、型材等。

唐钢始建于 1943 年，是我国转炉炼钢的发祥地。“九五”“十五”以及“十一五”时期，唐钢实施铁、钢、轧三大系统技术改造“三步走”发展战略和完善老区、联合周边、加快开发曹妃甸的“三极支撑”发展战略，实现了一系列重大进步，取得了突飞猛进的发展，主要装备均达到国际先进水平，实现了现代化、大型化，工艺技术达到行业较高水平，成为国内高质量板材和建筑用材的重要生产基地。

2008 年以来，面对金融危机和严峻市场形势，唐钢视危机为机遇，坚持“我们不能左右市场，但可以左右自身工作”的理念，不断以发展理念的提升、工作标准的提高，积极应对各种困难和挑战，依靠自身过硬的工作，实现了企业的历史性进步和跨越式发展，受到了社会各界和国内乃至国际钢铁同行的高度关注和称赞，被誉为中国钢铁行业的“唐钢现象”。2010 年，唐钢产铁 1680 万吨，产钢 1633 万吨，产钢材 1542 万吨。完成主营业务收入 643.37 亿元，实现利税 27.43 亿元，其中利润 9.02 亿元。

当前，唐钢正站在更高发展平台上，以全新的理念、更高的标准，全面推进各项工作开展，努力打造最具竞争力钢铁企业。

（一）唐钢的历史沿革

1943 年 4 月，成立“唐山制钢所”，这就是唐钢的前身——一个小作坊式的企业。

1952 年，唐钢试验成功“侧吹碱性转炉炼钢法”，开创了中国炼钢技术的新纪元。此后，唐钢被誉为“中国转炉的故乡”。

1976 年 7 月 28 日，在震惊中外的唐山大地震中，唐钢遭受毁灭性破坏，转炉熄火、高炉移位、厂房倒塌，职工震亡 1788 人，重伤 1241 人，分别占职工总数的近 10%和 7%，固定资产损失 1/3。面对突发的巨大灾难，唐钢干部职工在震后废墟上迅速展开重建工作，仅用 28 天就炼出震后第一炉“抗震志气钢”，仅用一年多时间全面恢复生产。

1979 年，唐钢钢产量首次超过 100 万吨。

1988 年唐钢晋升为国家二级企业，1991 年晋升为国家一级企业。

1992 年，唐钢经过连续六七年的大规模技术改造，共建成 1260 m^3 高炉 2 座、铁矿山 2 座、群采矿山 7 座、36 孔焦炉 2 座、连铸机 4 台、高速线材轧机 1 套以及其他配套设施，形成了铁、钢、轧各工序基本配套的 200 万吨生产能力。

1994 年 3 月，唐钢生铁实现自给自足，实现了炼钢铁水全热装，结束了延续五十多年的化铁炼钢历史。1995 年 12 月，唐钢实现了转炉炼钢全连铸，彻底甩掉了延续五十多年的模铸钢锭落后工艺，成为中国钢铁行业率先实现转炉炼钢全连铸的企业之一。这是唐钢发展史上两项具有划时代意义的历史性重大技术进步。

2002 年，唐钢钢产量达到 506.53 万吨，跻身国内年产钢 500 万吨大钢行列。

2005 年，唐钢产钢 1006.66 万吨，成为河北省首家钢产量突破千万吨的企业。

2008 年 6 月 30 日，由唐钢集团和邯钢集团联合组建的河北钢铁集团挂牌成立。

2009 年，唐钢实现产钢 1556 万吨，产钢首次突破 1500 万吨。

从新中国成立到“十一五”末，唐钢产钢 1.55 亿吨，实现利税 450 亿元，为国家建设做出了重要贡献。从历史上看，最近十年是唐钢发展最快的十年，而最近三年是唐钢从量变到质变、成功实现转型的关键三年！

（二）唐钢的主要装备和产能

唐钢钢铁生产主线以长流程为主，包括焦化、烧结、球团、炼铁、炼钢、连铸、轧钢、热处理等所有工艺环节，主要装备和产能见表。

球团：链箅机-回转窑 1 台，年产量 200 万吨
烧结：132 m^2 以上烧结机 9 台，产能 2700 万吨
高炉：1080 m^3 以上高炉 7 座，生铁产能 1700 万吨
炼钢：各类转炉 14 座，产能 1800 万吨/年
精炼：包括 RH、LF、AOD、VOD 等各类精炼设备 15 台
连铸：矩形坯连铸机 9 台；板坯连铸机 8 台，产能 1800 万吨/年
热轧：1580、1700、1810 宽带钢生产线各 1 条；3500 宽厚板生产线 2 条；窄带生产线 3 条；高速线材生产线 3 条；棒材生产线 3 条；中型材生产线 1 条
冷轧：酸洗和酸轧生产线各 1 条，单机架可逆式冷轧生产线 1 条；镀锌线 3 条；罩式退火、平整、重卷生产线各 1 条；连续彩色涂层生产线 1 条。产能 240 万吨/年

（三）唐钢的总体构成情况

目前，唐钢总体生产经营布局可以概括为钢铁主业和非钢产业两大板块，两板块共分为五大事业部，即钢铁板块下属：唐钢本部、不锈钢、中厚板、唐银四大钢铁事业部。非钢板块下属：非钢事业部。

钢铁板块四大事业部情况。

1. 唐钢本部事业部

唐钢本部具有铁、钢、轧 900 万吨综合配套生产能力。按生产工序划分为炼铁厂、一钢轧厂、二钢轧厂、冷轧薄板厂四个主体生产厂及相关公辅单位。

炼铁厂：拥有 2 座 3200 m^3 高炉、2 座 2000 m^3 高炉，5 台 200 m^2 以上烧结机及配套动力发电系统。具有年产烧结矿 1260 万吨、生铁 900 万吨、发电 12.3 亿度的生产能力。

一钢轧厂：转炉冶炼系统拥有 150 t 顶底复吹转炉 3 座，LF 精炼炉 3 座，RH 精炼炉 1 座，铁水预处理设施 2 套，4 台高拉速连铸机，年产钢能力 600 万吨；轧机系统拥有 1810、1700 两条热轧板材生产线。

二钢轧厂：转炉冶炼系统拥有 50 t 顶底复吹转炉 4 座，60 t LF 精炼炉两座，R6 m 全弧形连铸机 4 台，R9 m 全弧形连铸机 1 台，具有年 400 万吨生产能力。轧钢系统有 5 条生产线：两条棒材生产线具有 220 万吨/年生产能力；两条高速线材生产线具有 120 万吨/年生产能力；一条型材生产线具有 50 万吨/年生产能力，主要产品为角钢、矿工钢、矿用支护钢等。

冷轧薄板厂：建有 10 条生产线，分别是酸轧联机、单机架、1 号连续热镀锌、连续彩涂生产线、2 号连续酸洗生产线、2 号连续热轧热镀锌生产线、3 号连续热镀锌生产线、罩式退火炉、平整机组、重卷/分卷机组。具有 230 万吨/年冷轧和热轧深加工产品生产能力。

2. 不锈钢事业部

目前具备铁、钢、轧 300 万吨/年配套生产能力，其中包括 60 万吨不锈钢冶炼、钢材生产能力。公司拥有 110 t AOD 不锈钢精炼炉和 VOD 真空精炼炉，1600 mm 不锈钢板坯连铸机，1580 热轧卷板生产线等现代化技术装备。

3. 中厚板事业部

目前具有 300 万吨/年板材生产能力，产品有 13 大类 106 个钢号，可生产厚度 5~120 mm、宽度 900~3300 mm 的热轧中厚板（主要是系列船板）。在建的型钢线预计明年一季度投产，产能 80 万吨/年。

4. 唐银事业部

年生产能力 300 万吨，拥有烧结、炼铁、炼钢、连铸、连轧及配套设施于一体的技术装备。主要产品为：钢坯、棒材螺纹钢、圆钢、线材盘圆、盘螺、硬线、焊线、带钢及其副产品等。

非钢板块的非钢事业部情况：

目前，唐钢非钢事业部拥有近 20 家直属单位，分别是：机械装备公司、重机装备公司、新事业公司、检修工程公司、商贸公司、微尔自动化公司、房地产公司、教育中心、唐钢医院、生活服务公司、气体公司、唐龙唐昂公司、钢源炉料公司、青龙炉料公司、美锦煤焦化公司、考伯斯公司等。

二、唐钢近三年来所做的工作和取得的成效

（一）以指标提升和费用控制为核心，深入推进挖潜增效

多年来，唐钢坚持把深入挖潜增效作为应对外部市场和各种经营风险的重要手段，秉承眼睛向内的思维方式，树立先进的理念和标准，始终将工作的重点放在瞄准行业一流水平，查找自身问题，挖掘内部潜力，持续完善、优化和提升上，使企业不断实现挖潜增效的新突破。

1. 以先进理念引领全员眼睛向内

2008 年下半年，面对席卷全球的金融危机，唐钢把危机作为提升自身工作的难得机遇，确立了“我们不能左右市场，但可以左右自身工作”的理念，将目光锁定在内部生产经营管理的各个环节上，迅速将工作的重心和着眼点转移到找差距、强管理，练内功、挖内潜等实实在在的工作上，任凭市场如何变化，始终以咬定青山不放松的精神专注于自身工作的改善和提升。当年下半年，唐钢从压缩库存、盘活资金、调整资源结构和配料结构、优化物流、降低费用等方面迅速制定 14 项内部挖潜措施。这些重大举措都是围绕解决企业内部存在的现实问题展开。当年，在异常严峻的市场形势下，唐钢通过练内功、挖潜力，大幅度降低成本，仍然取得了较好的经营业绩：产品制造成本比上年降低 96 元/t，全年挖潜增效 12.5 亿元，实现利润 28.5 亿元。

2. 以思想发动激励职工深挖内潜

唐钢注重经常性地进行职工思想发动，引导职工树立正确的思维方式和工作定位，在广大职工中营造了自觉对标找差距、主动深挖内部潜力的良好局面。唐钢每年在总结上年工作、部署新的一年任务的时刻，都要隆重召开挖潜增效总结表彰暨动员誓师大会，总结上年挖潜增效工作的得失成败、分析新一年面临的形势和任务、部署新一年挖潜增效指标。同时宣布挖潜增效奖励决定，公布各单位奖励数额。每年这次大会都会受到唐钢干部职工的高度关注。2009 年 3 月，在市场形势异常困难的情况下，唐钢仍然信守承诺，按照上年度挖潜增效指标完成情况，如期兑现了总额达 1.2 亿元的挖潜增效奖，极大地鼓舞了广大干部职工，使职工眼睛向内挖潜力的积极性进一步得到提升。“眼睛向内、深挖内潜”成为公司全体职工牢不可破的思维方式和工作取向。近年来，面对一波又一波市场风浪，唐钢干部职工始终从容应对，理性面对。因为大家有一个坚定的信念，市场形势我们左右不了，但我们可以左右自身的工作，只要不断改进和提升内部工作，就能不断地挖掘出企业内部蕴藏的巨大潜力，企业就会在深挖内部潜力中得到新的发展。

3. 建立健全对标挖潜体系

2009 年以来，唐钢在挖潜增效工作中紧紧抓住“三个环节”“四项内容”和“两条主线”。三个环节：一是经营计划的编制环节，即在经营计划编制之前与行业先进企业进行对标；二是生产经营分析环节，即在分析成本和主要技术经济指标完成情况时与行业先进企业进行对标；三是重点工作攻关环节，即在经营计划制订以后，在执行过程有很大困难时，与行业先进企业进行对标。四项内容：一是在生产管理中与先进企业对比经济技术指标、产品质量、产品结构；二是在成本管理中与先进企业对比费用控制水平；三是在经营管理中与先进企业对比经营理念和产品盈利能力；四是在职工队伍管理中与先进企业对比工作作风和执行力。两条主线：一条是以部门的专业管理系统为主线与先进企业对比，如

技术指标、劳效指标、财务指标、节能减排等；另一条是以生产系统为主线与先进企业对比，如炼铁、炼钢、轧钢、动力介质、加工费指标等。通过建立和完善对标挖潜体系，2008—2010 年唐钢累计挖潜增效近 80 亿元，为应对市场、增创效益提供了支持和保障。

4. 推进重点指标优化攻关

近年来，唐钢坚持开展“指标上台阶、争先创优”对标挖潜竞赛活动，选定 15 项工序制造成本、23 项主要技术经济指标作为指标晋级的指标体系，积极采取措施，定期分析讲评，每季兑现奖惩，形成了“比、学、赶、帮、超”的浓厚氛围。拿唐钢二钢轧厂来讲，2008 年以前，该厂的炼钢钢铁料消耗始终在 1084 kg 以上，炼钢石灰消耗在 64 kg 以上。当发现江西萍乡一钢厂上述指标好于唐钢后，该厂厂长带领技术管理人员三下萍乡学习对标，深入学到人家的长处。2009 年，该厂吨钢钢铁料消耗由 1084 kg 降至 1060 kg 以下，吨钢石灰消耗降至 50 kg 以下，两项消耗指标一年下来降低成本 2 亿元。到 2010 年年底，唐钢 15 项主要工序制造成本中有 14 项达到行业平均以上，其中非合金钢线材制造成本、连铸方坯制造成本和中板制造成本进入行业前三名。23 项主要技术经济指标中有 21 项达到行业平均以上，其中热轧宽钢带成材率等 6 项指标名列行业第一。唐钢高炉利用系数稳定在 2.5 $t/(m^3 \cdot d)$ 以上，吨铁综合焦比降至 488 kg/t、喷煤比达到 170 kg/t 以上，吨焦洗精煤单耗完成 1401 kg/t，吨钢钢铁料消耗降低到 1063 kg/t。2010 年，唐钢通过全面提高技术经济指标、提高品种质量，全年增效 8.97 亿元，吨材增效 100 元。

工作成效：上述一系列重大举措的实施，使唐钢在湍急的市场激流中站稳了脚跟。2008 年唐钢累计挖潜增效 12.5 亿元，实现利润 28.5 亿元；2009 年挖潜增效 30.25 亿元，实现利润 12 亿元。2010 年挖潜增效达到 36.8 亿元，实现利润 9 亿元。三年间，唐钢累计挖潜增效近 80 亿元，实现营业收入 1650 亿元，实现利税 112.5 亿元，实现利润 49.5 亿元。企业走上了持续健康发展的快车道，实现了历史性进步和跨越式发展。

（二）以空前的规模和力度推进厂区环境综合治理和清洁生产

1. 厂区综合治理

唐钢是一个具有 60 多年历史的老企业。2008 年下半年，在全社会深入落实科学发展观，积极调结构、转方式，不断加大节能减排和环境保护工作力度的大背景下，唐钢更加深刻地认识到以厂区环境治理为抓手，实施绿色转型、建设科学发展示范企业的极端重要性和紧迫性。

首先，从唐山市的层面看。唐钢位于唐山市区东部，在前些年的发展中，更多地关注了企业的规模扩张，对环境问题重视不够，一定程度上影响了市区的环境和周边居民的生活。三年前，随着唐山市建设科学发展示范区进程的加快，如何与城市、与社会和谐共进、共同发展，成为事关唐钢这样一个传统钢铁企业生存发展的关键问题。唐钢认识到，转变发展方式是唐钢实现可持续发展的必由之路。而转变发展方式，就必须首先整治厂区环境、改善企业面貌，解决企业在市区的生存问题；就必须坚定地走科学发展之路，为这个城市奉献一个生产清洁、环境优美的厂区环境，在整个社会树立负责任的大企业形象，解决企业可持续发展的问题。

其次，从河北钢铁集团层面看。在集团成立之初的 2008 年 8 月，为加快建设“国内领先、国际一流”钢铁企业，集团领导亲率各子公司主要领导赴太钢学习考察，并专门就学习借鉴太钢经验、加强企业形象建设对唐钢提出要求，希望唐钢在企业形象建设方面走在集团前列。集团发展的现实需要，使唐钢充分认识到自身在推进集团科学发展中所肩负的责任，坚定了大力整治厂区环境的决心。

在唐山市建设科学发展示范区大背景的推动下，在集团公司的支持和指导下，唐钢将自身的发展定位在争当集团科学发展排头兵、做唐山市科学发展示范区亮点的高度，根据自身情况，把彻底治理污染排放、整治厂区环境作为实施绿色转型、创建科学发展示范企业的突破口，深入研究论证，周密制定治理规划并付诸实施。目标就是以清洁生产、节能减排、循环利用为核心，实施全面系统的厂区环境治理工程，打造绿色唐钢、生态唐钢，成为唐山东部一道美丽的风景，成为集团和唐山市的靓丽名片，实现企业与城市的良性互动和协调发展。

2. 唐钢实施厂区环境综合治理的主要工作

2008 年 9 月初，唐钢举行“创建科学发展示范企业，建设绿色唐钢启动仪式”，拉开了全面治理厂区环境的序幕。

拆违拆迁，整理厂区空间。按照缜密的规划设计，唐钢从 2008 年 9 月开始，集中 8 个月时间，结合淘汰落后，拆除了有碍新规划及影响观瞻的 18 处建筑楼体，517 间规划外建筑房及 70 余处小食堂、小浴室、小车棚，全部拆除了“院中院”“墙内墙”，清除了厂内 157 处小施工队驻点。总共拆除建筑物面积 33 万平方米，腾出空地 52 万平方米，占唐钢厂区总面积的 1/5。

破旧立新，建设职工服务区。唐钢在拆违拆迁的基础上，高标准建设了 4 个职工生活服务区和 5 个大型停车场。集就餐、更衣、洗浴、停车于一体的服务区和停车场从 2008 年 12 月底开始全面融入职工的生活。

整修道路和管网，全面美化厂房。在南区建设了跨铁路立交桥 1 座，新建或翻修道路 12 万平方米；重新规划设计管道 3.5 万米；并对 260 km 电缆实施了改迁入地改造，彻底捋顺了包括风、水、电、气在内的各种动力介质的运行和管理；对厂内 45 万平方米厂房、3 万吨钢结构、30 万米管道重新进行粉刷着色和装饰美化，并统一为整齐划一的灰色和白色。

内外兼修，5S 管理进车间。唐钢在厂区外部治理全面推进的同时，将以“整理、整顿、清扫、清洁、素养”为主要内容的 5S 管理导入车间生产现场，并将其与设备管理、能源管理、工艺、安全等专业化管理紧密结合：一是实施设备点检可视化和清扫点检活动。通过对设备点检的一系列要素进行可视化管理并制定相应的点检标准，实现了岗位点检和专业点检的有机结合，保证日常点检工作的规范化、精细化。二是从组织和管理机制上深入开展改善提案活动。三是推行 TPM（全员生产保全）管理。树立“我的设备我维护”的理念，进一步优化现场、打造卓越班组，提高生产系统整体效率，构建人、机精细化管理的平台，全面营造了清洁整齐的生产生活环境。

加强门禁及计量管理，整体优化厂内物流。唐钢改造建设了 6 个全新的大门，利用信息化技术，将打卡系统与考勤系统联网，实现了车辆、职工全部打卡进厂和职工出入厂与考勤同步；建设了远程一体化磅房无人值守计量系统，实现了唐钢计控手段的革命，有效规范了计量秩序。环境的改变促进了生产流程再造，厂区所有车辆实现了定时间、定路段、定车型、定车速运行，物流得到极大优化，运行方式更加合理，生产用车由每天 2700 多辆锐减到 360 辆，物流优化年增创效益近亿元。

高起点绿化美化，建设花园式工厂。唐钢在拆违拆迁旧址建设12.9万平方米的“钢铁花园”，1.5万余株绿树林立；建设17.8万平方米的“水系生态园”，实现了工业设施园林化、景观化；在与市属企业置换的土地上建设了占地26.33万平方米唐钢文化广场，成为唐山市建设速度最快、档次最高的公园。通过大规模绿化，唐钢新增绿地40万平方米，达到了厂在林中、林在厂中，三季有花、四季有绿，厂区绿化覆盖率由21%提高到50%。

3. 清洁生产

淘汰落后产能是唐钢推进清洁生产的重要抓手。唐钢严格落实国家产业政策，主动超前做好淘汰落后产能工作。2008年以来唐钢先后淘汰了5座工艺陈旧的石灰窑，拆除了3座尚不属于国家产业政策限期淘汰的450 m^3 高炉、3座60 m^2 烧结机、1座8 m^2 竖炉；关停拆除了四轧钢厂、三轧钢厂3条普通长材生产线和电炉炼钢厂生产线。上述落后产能和设备的淘汰，从源头上解决了企业的高污染、高排放问题，使唐钢厂区空气质量不断提高，周边生态环境得到明显提高。

唐钢在治污减排方面努力做到资金不减、项目不减。近三年来，在生产经营面临诸多困难的情况下，唐钢坚持狠抓清洁生产不放松。一是投资8000万元建设了唐钢炼铁南区360 m^2 烧结机烟气脱硫项目，年减少 SO_2 排放量3200 t；二是先后投资8000万元和1.15亿元，分别实施了二钢轧厂转炉一、二次除尘系统改造和一钢轧厂转炉除尘系统深度治理工程，提高了转炉除尘系统的处理能力，并对转炉厂房进行封闭，彻底解决了炼钢系统烟（粉）尘外溢问题；三是投资3亿多元完成了炼焦1号~4号焦炉干熄焦除尘和装煤出焦烟尘治理工程、焦炉自用煤气脱硫技术改造和焦化废水深度治理工程、炼铁厂料场挡风抑尘网工程、炼钢车间粉尘综合治理工程、烧结机头电除尘器改造等14项污染源治理项目，年减少 SO_2 排放量4216 t，减少COD排放量274 t，同时，大幅度削减了无组织烟（粉）尘排放量，厂区平均降尘量由2000年的84.59 t/km^2 降低到2010年的21.36 t/km^2，厂区环境质量得到彻底提高。

科学合理地利用水资源是唐钢推进清洁生产的一大亮点。唐钢以循环经济理念为指导，以资源的高效利用为核心，以节约用水和再生水利用为突破口，实施工序用水指标控制、工业用水串级使用和一水多用；各生产工序分别建设了各自独立的完善的废水处理及循环利用系统。在做好上述工作的基础上，唐钢投资3.3亿元建设了华北地区最大的城市中水与工业废水处理项目。重点建设了两套水处理系统，一是引进国际先进的法国得利满水处理专利技术，建设了城市中水和工业废水处理系统，每天能够处理城市中水和工业废水各7.2万立方米，相当于一个中小城市污水处厂的处理量；二是建设了废水深度处理系统，采用超滤和反渗透处理工艺，生产高品质的软化水和除盐水，每天可提供软化水2.4万立方米、除盐水7200 m^3，满足生产对各种水质的需求。由此，唐钢南区在行业内率先实现了工业水源全部采用城市中水，关停全部深井水，实现了企业生产不再与城市争夺地下水，同时实现了废水零排放。吨钢耗新水由2000年的10.35 t降低到2011年上半年的3.2 t，扣除城市中水吨钢耗新水降至2.4 t以下。水资源循环及综合利用能力达到行业领先水平。

提升环保理念，推进环保精细化管理。近年来，唐钢在全公司广大干部职工中广泛树立和强化了“环境是唐钢的生命线，宁可牺牲产量也绝不牺牲环境，宁可牺牲效益也绝不牺牲环境”的新理念，同时将“抓细节、抓落实、抓深度”为主题的精细化管理引入环保管理。一是制定并下发了《环境污染事故管理办法》《环保设施运行管理办法》和《突发环境公共事件应急预案》等一系列环保管理制度，将烟囱、厂房烟尘外溢现象定为一级环境污染事故，建立 24 h 现场检查制度，严格按经济责任制进行考核。二是加强环保设施的点检、维护和精细化管理，使环保事故隐患得到及时消除，设备故障率明显降低，环保设施真正做到了受控、高效、无缺陷运行。在环保领域推行精细化管理，使唐钢的清洁生产和环境管理水平不断提高，厂区环境质量得到持续提高和提升。

工作成效如下。

首先，唐钢发生的巨大变化得到了地方各级党委政府和广大市民的广泛赞誉和高度评价。河北省委、省政府、省国资委以及唐山市委、市政府主要领导多次到唐钢视察，称赞唐钢发生了翻天覆地的变化，颠覆了传统钢铁企业“傻大黑粗”的形象，开创了城市型钢铁企业与城市和社会和谐共存、良性互动、融合发展的成功范例。唐钢因而也赢得了在唐山市调整、完善和生存发展的空间。

其次，产生了强烈的社会反响。近年来唐钢已成为唐山市科学发展的新亮点，前来考察观摩的行业领导、企业高层、社会团体、海外朋友等各界人士络绎不绝，企业的知名度和美誉度空前提升。特别是 2009 年 6 月，时任总理温家宝等中央领导亲临唐钢视察，对企业的巨大变化给予高度评价；钢协老领导吴溪纯称赞唐钢是“世界上最清洁的钢厂”，钢协会长朱继民前段时间亲率首钢各子公司领导到唐钢学习，对唐钢的变化也给予很高评价。

最后，广大干部职工的管理理念、行为方式和工作标准发生深刻变化，已形成广泛共识：只要积极推进环境整治、清洁生产和绿色转型，传统钢铁企业也完全可以创出科学发展的新天地；环境影响人、塑造人、转化人，花园式的工厂和一尘不染的厂区环境让人肃然起敬，职工的职业精神、职业素养在潜移默化中得到提升，换来的是高质量、高标准、高效率的岗位工作和各项工作的新成效。

（三）能源管理实现跨越式发展

2009 年下半年，唐钢各项经济技术指标相比上年已取得进步，大规模厂区环境治理圆满完成，企业面貌焕然一新。唐钢决策层将目光投向了企业的能源管理。于勇董事长指出：随着资源紧张时代的到来，能否高效、合理地利用有限的资源，必将成为衡量钢铁企业综合竞争力的重要指标。

2009 年，唐钢能源管理还比较粗放，底数还很不清楚，有些运行环节甚至处于失控状态，不能形成能源的闭路循环，在二次能源回收和能源利用效率方面，相比国内先进企业还有很大差距。为彻底改变企业粗放的能源管理模式、尽快提升能源管理与利用水平，唐钢专门组建能源环保部，并于 2009 年 8 月首次召开能源管理工作会议，正式提出能源成本概念，将能源成本纳入各二级单位指标考核之中，要求各单位按照“底数清、责任明、措施硬、效果好”的“十二字”方针，将能源工作量化到整个生产组织过程的每一个环节，达到计量准确、指标量化、管理到位、考核严细、消耗可控，努力使生产从可控运行过渡到经济运行，实现效益最大化。2009 年 9 月，唐钢召开第二次能源管理工作会议，强调不能把加强能源管理简单地看成堵塞跑冒滴漏，不仅要实现二次能源的零排放和全回收，还要解决能源流优化和能源利用效率问题，实现能源高效利用。2009 年 10 月，由主管副总经理带队，由能源环保部牵头，由生产部、发展规划部及有关单位领导参加的考察组，专程就能源管理工作赴济钢等先进企业考察调研、学习取经。

通过摸底分析和考察调研，唐钢进一步看清了自身在能源管理方面与先进水平的差距。在履行社会责任和提高企业效益的双重动力下，唐钢迅速开展节能技术改造，重点建设了多项二次能源回收和余热、余能自发电项目。

在加速推进自发电项目建设的同时，唐钢通过强化生产管理、优化设备运行方式，加大了对二次能源的节约利用和回收力度。2010 年 10 月建成投用的唐钢能源管理中心，又为唐钢动态掌控调整能源流提供了一个更加完善的信息化管理平台，促进了唐钢能源管理的科学化、规范化和标准化。

利用能源合同管理实施节电改造也是唐钢强化能源管理的重要环节。近年来，依托合同能源管理项目，唐钢先后对各主体生产厂大型风机进行了交流变频改造，对大部分水泵系统更换了高效节能泵，对皮带输送系统加装了节能器，在主体厂生产车间实施绿色照明工程，为实现设备经济运行创造了条件。近年来，唐钢共改造风机 121 台、水泵 181 台，更换高效照明节能灯具 26488 盏，大幅提高了设备运行效率，降低了电耗。截至目前，唐钢日均节电达到 60 多万度，相当于 1 台 2.5 万千瓦机组发电量。

工作成效：能源管理的加强，产生了立竿见影的明显效果。截至 2010 年年底，唐钢炼焦洗精煤消耗较上年降低 15 kg/t，年节约精煤 3.8 万吨；炼铁南、北两区综合焦比较上年分别降低 12.5 kg/t、18 kg/t，年节约焦炭 14.6 万吨；炼钢转炉煤气、余热蒸汽吨钢平均回收量分别达到 128 m^3 和 80 kg，同比分别提高 60% 和 110%；转炉炼钢工序能耗达到 -20 kgce，达到行业领先水平。唐钢本部余热余能日发电能力达 700 万千瓦时，自发电比例达 60%以上；自发电装机容量达到 39.1 万千瓦，同比增加 14.8 万千瓦；年发电量达 23 亿千瓦时，同比增加 7 亿千瓦时，年减少外购电费 3.5 亿元。2010 年，唐钢通过强化能源管理，吨材能源成本降低 100 元，顺利实现年初确定的奋斗目标。唐钢能源管理在较短的时间内跻身行业先进水平。2011 年以来，唐钢本部自发电量比例创出 70% 的历史最高水平，达到行业领先水平。1—8 月发电总量比去年增加 1.96 亿度，自发电比例比上年提高 11.36 个百分点，自发电增效 8814 万元。唐钢通过降低能源成本 2011 年又实现吨材增效 50.99 元，圆满实现计划目标。

（四）人力资源优化及非钢产业同步协调发展

在 60 多年的发展变迁中，唐钢形成了数量庞大的职工队伍。截至 2009 年年底，唐钢在岗职工总人数超过 4 万人，形成了每年近 30 亿元的人工成本开支。1800 万吨的产能均摊到每名职工头上只有 400 多吨，唐钢的人工劳效已经落后于国内许多先进企业。在钢铁行业已经进入微利时期的大背景下，这样一笔巨额开销让唐钢倍感沉重。与此同时，唐钢内部还存在着包括人员在内的各种资源配置不合理的情况。唐钢本部内各生产厂都有各自的检修队伍，然而平时工作量不饱满，大修时人手又不够用，还要花钱外包许多工程；唐钢自身大量机加工设备闲置的同时，大量备件还要从社会采购；唐钢下属的不锈钢、中厚板、唐银三家子公司生产体系，物料采购、产品生产、成品销售、物流配送等业务在当时全部各自为政，大量资金被重复购置的设备、备件、物料所占用，各种辅助工程项目的业务外包更是难以统计。一方面，钢铁主业人员沉积、人工成本居高不下；另一方面，钢铁辅业资产闲置、职能交叉重叠，产业链不完整，相关市场资源占有缺失。

面对上述矛盾和问题，唐钢提出以人力资源优化为抓手，统筹配置各种资源，大力发展非钢产业，开启了转型发展的新路径：

2010 年 5 月，唐钢召开非钢产业工作会议，拉开了唐钢优化人力资源、发展非钢产业的序幕。唐钢董事长于勇指出，钢铁企业单纯依赖钢铁主业的规模竞争已不能生存，必须从降低钢铁主业人工成本、实施相关多元化经营等多方面提高综合竞争力。会议提出，唐钢发展非钢不是投入大量资金建设若干个新的产业，而是利用现有的资源、装备和人员发展非钢，优化人力资源，最大限度盘活现有非钢资产，让闲置资产变成创效资产。同时强调，发展非钢产业的第一步，就是在较短的时间内从钢铁主业向非钢产业转移劳动力 1 万人，本部吨钢人工成本降低 100 元。

2010 年 9 月，唐钢再次召开全面推进管理创新工作会议，正式提出“做精主业、做大非钢、适度多元、持续创新”的发展思路和将钢铁主业从业人数控制在 25000 人的目标。钢铁主业与非钢产业互为依托、相互促进、共同发展的战略图景越加明晰。

与此同时，唐钢人力资源优化配置工作有序展开。按照人工劳效先进企业的标准，唐钢重新核定钢铁主业各单位岗位定员，有条不紊地向非钢单位转移富余劳动力。为确保职工利益不受损害，唐钢制订出台了多项措施，并承诺转岗人员待遇不变、劳动关系不变，工作和生活环境质量不变，让职工吃了定心丸。2010 年内，唐钢从钢铁主业向非钢单位转移人员 1 万余人。此外，唐钢本部及三家钢铁子公司通过优化工序流程和劳动组织，实行专业集中管理，大幅削减检修、化验、值守岗位人员，以此为基础，当年累计清退顶岗外用工 9230 人。

非钢产业的起步和发展，吸纳了钢铁主业富余人员、显著降低了主业人工成本。同时值得一提的是，职工队伍的内在潜力也得到了充分的发挥。唐钢检修公司是由原唐钢各生产单位的检修队伍整合组建而成的。检修公司的成立，使“集中优势兵力打歼灭战”成为可能，而且使全唐钢的各种检修工作合理地分摊到全年时间中、分摊到全部检修人员中，每名检修职工的工作量异常饱满，彻底改变了整合前各单位检修力量“平时缺活、战时缺人”的不合理状况。检修公司组建以来，已承接并出色完成了两次大修任务和几百次计划检修，实现了唐钢“资质内检修项目不外委”的目标。唐钢因此省去了每年近 3 亿元的外委费用。

工作成效：唐钢钢铁主业 1 万名岗位工人向非钢产业的转移，提高了主业的人工劳效，并至少削减了主业 10 亿元的人工成本，唐钢本部 2010 年吨钢人工成本因此成功降低了 100 元。与此同时，唐钢非钢板块发展逐渐步入正轨，生产经营出现喜人景象：重机装备公司轧机合作项目、房地产系列开发项目、钢源炉料公司对冶金炉料厂石灰业务整合项目、创元方大公司新基地建设项目、新事业公司废油回收利用及含锌尘泥再生利用项目相继完成或开工建设；气体公司、创元方大电气、唐龙唐昂公司等非钢企业已成为同行业的佼佼者。截至 2010 年年底，唐钢非钢单位已有 20 家，总资产超过 70 亿元，从业人数近 1.4 万人。预计 2011 年唐钢非钢产业将实现利润 1 亿元。唐钢优化人力资源、做大非钢产业的战略图景正由构想变为现实。

（五）优化物流管理，降低物流成本

进入 2011 年以来，唐钢将企业物流优化提升到发展战略的高度来认识，将物流环节定位为又一个效益增长点，旨在彻底颠覆传统管理，实现唐钢物流由传统管理向现代化管理的新跨越。

2011 年 5 月，唐钢果断以运输部为基础组建了物流公司，开始搭建唐钢物流统一管控平台，全面优化物流体系。唐钢为物流公司确立了高远的发展目标：整合全公司物流资源、相关业务和管理职能，彻底扭转物流成本分散管理的局面，使唐钢物流管理辐射到原燃料采购地和产成品到达地，打造一个“服务唐钢、面向用户、内降成本、外创效益”的集中管控全新平台，形成科学有效的管控体系，为提高物流效率，将物流系统打造成为唐钢产业链中重要的增值环节和创效单位。

唐钢东部毗邻京唐港、曹妃甸港，西面与南面分别与京津相邻，便利的运输条件和巨大的市场成为唐钢的天然优势。然而唐钢的地域优势并没有完全发挥出来。截至 2011 年年初，唐钢吨材物流费用大体在 490 元，除去进口矿海运费 160 元/t，国内物流费用仍有 330 元/t。国内钢企中物流费用最低的宝钢仅为 160 元/t。相较之下，唐钢物流成本潜力巨大。为此，唐钢按照 2011—2012 年吨钢物流成本降低 100 元目标开展了具体工作：到 2011 年年底，吨材物流费用可比年初水平降低 60 元；到 2012 年年底再降低 40 元，合计降低 100 元，吨钢物流成本占总成本比例由目前的 8%降低到 5%。

通过减少运输需求降低物流成本。唐钢销售部门过去对京津大市场重视不够，有时搭上一两百元运费把钢材卖到南方去，最终核算下来并不合适。在强化物流管理的大背景下，唐钢深刻地认识到：占有周边市场就是最大的经济效益。在全方位物流成本概念的指导下，唐钢改变了旧有的采购和销售策略，开始以市场本地化、资源本地化为中心开展工作。运输半径的缩短，使物流成本明显降低。公司通过创新物资采购管理模式，提升物资采购管理水平，合理控制采购量，使采购成本大幅降低。2010 年下半年，唐钢物资采购资金较上半年月均下降达 1000 余万元，下降比例近 20%。

通过建设仓储项目优化物流方式。去年以来，唐钢建设了包括热板成品跨、热轧平整跨和棒材成品跨厂房以及 5 条铁路和 3 条汽车道路在内的成品库项目，投用后，唐钢物流结构得到明显优化，装车能力大幅提高，铁路发货比例显著增加，火车日均发运量由原来的 30~40 车提高到目前的 130 车，明年有望提高到 160 车。新库区还起到了合理调节库存，缓冲市场冲击的作用，增强了唐钢应对市场风险的能力。此外，每天厂内汽车运输车流量由原来的 785 车次降低到现在的 222 车次，为取消重载车辆穿城倒运，缓解城市交通压力，实现企业与城市和谐发展，创造了条件。

通过系统整合优化物流管理。唐钢对原采购、生产、销售等各环节的物流业务进行系统整合，打破了横向分散、条块分割的管理格局，实现了业务和资源的统一平衡管控和系统优化。从起步阶段开始，唐钢物流系统就强调树立全新的物流管控意识，通过重组整合，依托 ERP 系统和运输生产组织指挥系统，建立全新的唐钢物流信息体系，准确掌握铁路到达的实时信息，及时了解港口船班的到达时刻，随时掌控产成品的运输能力和货源情况，并拓展到对市场货源及供求状况的掌握。

工作成效：通过各项举措的实施，唐钢物流成本呈现出明显的下降趋势。到 2011 年年底，唐钢物流费用降低额度将达到 3 亿元，吨钢 33 元。按照进度，唐钢吨钢物流成本到 2012 年年底将确保完成 100 元的降低目标，物流管理将真正成为唐钢第三利润源。

（六）着力提升科技创新能力和技术质量管理水平

唐钢将科技创新作为核心任务之一，以推进结构调整、打造精品唐钢为目标，在技术、质量、品种方面做了大量工作，不断取得积极进展。

持续创新，不断增加产品高附加值。唐钢将科技创新作为核心任务之一，以推进结构调整、打造精品唐钢为目标。目前，唐钢热轧薄规格品种已形成 1.6 mm 产品批量生产能力；冷轧高端产品出口欧美市场势头强劲，形势喜人；汽车用钢、家电板产量实现突破，形成了固定的高端用户群；汽车内板等新品种成为新的创效点；唐钢与国内外 36 家用户建立了长期直供合作关系，产品市场形象和美誉度显著提升。2011 年以来，唐钢又开发成功 IF 钢、高强焊丝用盘条、高强汽车用钢等 11 个新品种，累计生产品种钢 223 万吨。

强化措施，切实提高产品实物质量。唐钢深入开展“精细管理、精确控制”质量纵深行活动，全面推行质量点检制度，通过对关键工艺控制点按照工艺过程进行识别和控制，分级别实施点检，使重点产品、关键工序或薄弱环节的生产过程处于受控状态，确保最终产品质量的稳定和提高。同时，以各岗位作业指导书为基础全面推进标准化作业，进一步优化产品标准及技术规程的管理体系，使每个产品从生产到出厂全过程的管理实现规范化、标准化。在冶金行业率先建立了“全过程质量跟踪管理系统”，逐步实现了钢铁产品质量检验自动判定、质量证明书客户远程服务及全过程质量管理精细化。

提升技术质量管理水平，做精现有产品。2011 年以来，唐钢结合自身实际，将全面提升技术质量管理水平作为当前推进科技创新的重点，要求公司上下在现有产品基础上抓质量、在现有装备基础上抓功能、在现有制度基础上抓落实，努力解决技术质量工作中粗放管理的问题，彻底颠覆落后的工作习惯，尽快将现有产品做成行业精品。通过一段时间以来强有力的工作，取得了显著效果。一是广大干部职工对技术质量管理工作的重视程度大幅提高，质量意识、岗位责任意识显著增强，严格工艺操作，提高产品质量，减少非计划品、避免隐性成本损失已经成为职工的自觉行动；二是逐步建立了相对稳定的产品质量支撑保障体系，使重点产品、关键工序的生产过程处于受控状态，确保了最终产品质量的稳定和提高。目前，唐钢非计划产品数量已由年初每月近 4 万吨下降到 3000 t 左右。为做精现有产品、提升产品盈利能力、打造通用钢铁产品领跑企业奠定了基础。

工作成效：唐钢全面推进科技创新，坚持实施精品战略，着力提升技术质量管理水平取得显著成效：产品档次和质量大幅提升，市场美誉度显著提高。高线、棒材、型材等长材产品质量长周期稳定，硬线产品进入高端领域，本地市场占有率达 80%以上。冷轧产品出口欧洲等高端市场数量 2011 年可达 110 万吨，产品远销世界 46 个国家 154 个地区，产品质量广受国际赞誉。产品不断大量出口国际高端市场，不仅验证了唐钢能够生产出符合国际高端市场标准的产品，还带来了唐钢产品在国内市场的价格提升，更带来了“唐钢品牌”在国际国内市场上的更高美誉度。

总的来讲，在短短三年时间里，在经济危机背景中、在严峻复杂的市场形势下、在企业生产经营面临困难最多的时期，唐钢在挖潜增效、节能减排及环境治理、能源高效利用、人力资源优化及非钢产业发展、物流管理、技术质量管理等生产经营及改革发展各项工作中，都取得了令人瞩目的成绩，企业真正实现了历史性进步和跨越式发展，受到国家、省市领导，社会各界以及同行业的一致认可、充分肯定和高度评价。可以说，成绩可观，来之不易！

三、我们的感悟与思考

唐钢，不仅没有在危机和压力中溃败，反而在风雨洗礼中实现了自身的蜕变和发展的转型，在艰难的道路上不断迈出稳健而坚实的步伐，连续三年实现较好盈利水平，职工收入连续提高，环境面貌实现了翻天覆地的巨大变化，企业总体竞争实力实现大幅度提升。

是什么改变了唐钢？还是唐钢改变了什么？

总的来讲，唐钢的巨变最根本的还在于唐钢领导的决策力、唐钢干部的执行力和唐钢职工的凝聚力！正是这三者的合力，形成了唐钢人改天换地的动力源泉。

（一）领导的决策力是事业成功的关键

决策力是指领导者或经营管理者对某件事拿主意、作决断、定方向的领导管理效绩的综合性能力，包括：经营决策能力、经营管理能力、业务决策能力、人事决策能力、战术与战略决策能力等。

决策力强不强取决于决策是否科学，而科学决策就是要用科学的思想理论指导决策工作，对未知事物进行科学的探究，在努力认识和把握事物发展客观规律的同时，对事物发展的结果进行积极的科学的预测，避免失误。

企业的健康发展取决于科学的决策，科学的决策取决于科学的思维，而科学的思维来源于先进的理念。

唐钢领导层及时、果断、正确、富有智慧和感召力地决策和支撑决策的一系列先进理念是唐钢实现巨变的关键和决定性力量。

自 2008 年金融危机以来，面对严峻复杂的形势，以于勇董事长为首的唐钢决策层不断提出新的管理和经营思路：

以健全和完善岗位标准为抓手，强化并夯实管理基础，引进 5S 管理，彻底改变职工操作习惯、工作标准和生产生活环境，实现生产经营制度以及生产现场和办公环境的规范化、标准化。

抢抓市场疲软的不利时期，全面实施厂区环境综合治理，以惊人的速度淘汰所有落后产能，清违建设施，建成三大厂区主题花园，实现厂区环境的嬗变。

在通过厂区治理，职工行为习惯、工作标准实现革命性变革之后，适时提出向能源管理要效益的思路，加大二次能源回收、利用以及技术投入力度，全面强化能源成本管理。

在行业整体处于微利边缘的大背景下，适时提出“做精主业、做大非钢”的发展思路，开始优化钢铁主业人力资源，大力发展非钢产业。

在很多钢铁企业还在热衷于扩大产能规模的时候，积极致力于提高技术质量管理水平，深挖现有装备潜力，提高产品质量，增加经济效益，并提出做通用产品的领跑者。

一环紧扣一环，唐钢决策层科学合理地决策和发展定位，成为改变唐钢的活水源头。正所谓“问渠那得清如许，为有源头活水来”。

再深究一步：为什么唐钢领导能不断推出科学的决策。我体会，主要是因为唐钢主要领导及全体班子成员：

具有强烈的事业心、责任感和奋发向上、勇于担当、敢为人先、大有作为的充满激情的干事创业的精神风貌；

具有“我们不能左右市场，但可以左右自身工作”等一系列先进的理念和“做就做到最好、干就干到极致”等一整套至高无上的工作标准；

具有颇具开放性的思维、宽广的国际化视野和较高的全行业定位。

所有这一切也充分显示出唐钢领导层特别是主要领导鲜明的人格魅力、至高的工作标准、强烈的职业精神、高超的领导艺术和成熟稳健的驾驭能力。

（二）干部的执行力是事业成功的保证

唐钢能够在短短三年时间内实现翻天覆地的巨大变化与唐钢各级干部超强的执行力是密不可分的。

所谓执行力，指的是贯彻战略意图、完成预定目标的操作能力，是把企业战略、规划转化成为效益、成果的关键。执行力包含完成任务的意愿，完成任务的能力，完成任务的程度。对个人而言执行力就是办事能力；对团队而言执行力就是战斗力；对企业而言执行力就是经营能力。而衡量执行力的标准，对个人而言是按时按质按量完成自己的工作任务；对企业而言就是在预定的时间内完成企业的战略目标。

通过唐钢几年来的工作实践，我体会：

首先，唐钢的执行力体现在政令畅通、企业上下思想和行动高度统一上。在唐钢领导班子的正确决策引导下，唐钢的干部形成了很强的执行力，公司领导的任何一个政令，在唐钢都是不折不扣地被贯彻执行！在唐钢，有这么一群干部，他们把企业当成自己的家，对工作的执着和热爱，确实令人感动！唐钢董事长、总经理于勇本身就是唐钢干部的典型代表，1987 年参加工作以来，从炼铁厂基层一步步走过来，形成了具有唐钢生产现场特色的作息时间和生活习惯，现在每天还坚持参加公司早调会。而公司更多的中层干部一样都是不到六点起床，六点半就到办公室，及时了解现场生产情况，为开早会做好准备，早会后开始一天忙碌的日常工作，职工下班了，干部的办公室都还亮着灯，每天 12 小时的班上生活，已经形成了惯例和主动行为。在唐钢，节假日期间，干部都主动坚持开早会，及时处理现场生产问题。正因为有这样一群热爱唐钢、热爱本职工作的干部，才造就了唐钢超强的执行力。如为了保证公司领导提出的确保高炉生产稳定的要求，炼铁厂所有高炉的车间级干部坚持值夜班制度，主管生产的副厂长或厂长助理，每天晚上九点坚持和值班干部开生产分析会；在唐钢各个生产厂和机关部室，上级领导部署的工作都会主动落实，没有不按时间节点完成的。

其次，唐钢执行力体现在速度和效率上。唐钢会议中心大楼全面改造和装饰工程仅用了 40 天就高质量地完成了；唐钢门禁系统、四个生活服务区、厂区清洁拆除违建和绿化美化工程，仅用了 8 个月时间，高水平的整体设计、高质量的施工和统一规范的整体布局，使唐钢的整体面貌焕然一新；唐钢的文化广场和体育中心、技术中心、新闻中心项目，从 2011 年 4 月开工，到 7 月就全面完成；而标志性的文化广场，在不到 3 个月时间就完成了，在 7 月 1 日正式对市民开放；唐钢的所有生产定修项目，在时间节点上都是压缩到不能压缩为止，在高效管理制度的保证下，所有项目质量都是不打折扣的。

唐钢的领导是好样的！唐钢的各级干部无疑也是好样的！规模空前的厂区治理工程、任务紧迫的能源成本降低目标、艰巨浩繁的人力资源优化和非钢产业发展…… 之所以都能如期取得预期的明显成效，各级领导的执行力无疑是强大的支撑。

再深究一步：为什么唐钢各级领导能有这样强的执行力。我个人体会：

一是唐钢各级干部具有自强奋进、创新奉献的光荣传统；

二是唐钢各级干部近年来在唐钢领导班子指引、影响和带动下，形成了一整套先进的企业文化理念和较高的工作标准；

三是唐钢各级干部对唐钢领导的决策充分认同、非常钦佩，在执行之前就已经达成了广泛的共识，是非常主动自觉去做、态度十分端正、非常愿意为之倾力而为的。这一点非常重要！因为态度决定一切！

四是唐钢各级干部具有强烈的责任意识。唐钢干部时时讲责任、处处讲责任，这是干好一切工作的基础和保证。即所谓：责任大于能力！

(三) 职工的凝聚力是事业成功的基础

凝聚力是指群体成员之间为实现群体活动目标而实施团结协作的程度。凝聚力外在表现于人们的个体动机行为对群体目标任务所具有的信赖性、依从性乃至服从性上。

唐钢视职工为企业最宝贵的财富，职工的利益是至高无上的。唐钢主要领导指出：企业最大的竞争力就是职工的凝聚力、最大的凝聚力就是职工的认同感。

在唐钢最困难时期，公司首先想到的是确保职工收入稳定提高和职工工作环境的持续改善。于勇董事长指出：企业不能把经济危机简单地转嫁给职工；企业再困难，也不能掏职工兜里的钱；要成为职工遮挡风雨的参天大树。

唐钢在厂区治理时率先为职工建设了功能完善、规范整洁的职工生活服务区，为职工提供了高水平的停车、更衣、洗衣、餐饮、洗浴环境，使职工倍感幸福和温暖。在生产现场全面推行5S管理，使职工的工作环境得到明显改善，好的工作习惯也使得职工自觉养成好的家庭生活习惯，使家庭更加温馨和谐。唐钢生产现场时时处处都能看到领导对职工的关怀，如部分职工自己带饭或错过了吃饭时间，为了使职工能够吃上热菜热饭，在岗位都专门配备了微波炉。公司生产运输的火车，过去经常把上下班的职工堵在路上，尤其是冬天，骑车上下班的职工真是苦不堪言，为此，唐钢领导对运输部和调度系统提出严格要求，不允许火车在道口长时间停留，还专门为此开展了干部如何更好地关爱职工的教育，使职工切实体会到领导的关爱；为了使优秀职工充分享受带薪休假的机会，唐钢把公司北戴河休养院全面整修，每年都有计划地安排大批劳模、优秀技术人员和广大职工去度假和培训；在关心职工生活的同时，唐钢更注重对职工业务水平和素质的提高上，如针对科技人员，每个月都邀请知名专家和学者开展学术报告和技术培训；人力资源部有计划地组织各类专业技术和管理培训；军队转业到唐钢工作的人员，统一到保卫部工作一年以后，第二年都到公司职业技术学院进行技术培训，按唐钢需求提供不同的专业，可以自主选择，学习期满后，经考试合格，分配到公司各个生产厂的不同岗位，实现其人生的价值。唐钢职工在工作中亲历了种种关怀，回报唐钢的是自觉的责任意识和团结向上的凝聚力。所谓筑巢引凤，唐钢的精神风貌感动了很多优秀人才，近三年，唐钢引进具有硕士、博士学位人才60多人，这些高学历人才，全部都到生产一线锻炼，唐钢给他们提供最好的待遇和事业发展平台，配任务、压担子，充分发挥他们的特长，许多人才在到唐钢不到半年时间就能崭露头角、发挥积极作用，这与这些博士、硕士对自身工作岗位的认可、积极的工作态度是分不开的。

唐钢以人为本的治厂理念受到职工的高度赞誉，也无形中培育了全体职工强大的凝聚力。正是职工强大的凝聚力才使得唐钢可以干“别人不敢干、别人干不了，自己没干过、以前没干成的事”，而且干一件、成一件，立竿见影，成效显著。

再深究一步，为什么唐钢人能有这样强的凝聚力，我个人体会：

一是唐钢职工具有吃苦耐劳、敬业奉献的传统和职业精神；

二是经过厂区治理等一系列大的攻坚战役，唐钢职工亲身看到了企业翻天覆地、日新月异的变化，为之荣耀和自豪，从而对公司领导班子和各级干部充分信赖、高度赞成、一直钦佩，认为跟着这样的领导班子和干部群体干工作，企业有奔头、个人有奔头！这一点非常重要。正如于勇董事长所言：职工对企业的归属感、认同感是企业最大的凝聚力！

（四）唐钢职工强大的执行力和凝聚力，与优秀的企业文化是紧密相连的

企业文化是企业最重要的无形资产和不可或缺的软实力，是广大干部职工思想行为的规范和干事创业的力量源泉，是支撑企业实现基业长青、永续发展的活的灵魂。可以说，先进的企业文化能决定一个企业的命运，优秀的企业文化有取之不尽的动力源泉，成熟的企业文化是企业必须坚持的性格。

从众多国内外一流企业多年来的成功实践看，企业文化虽然始终是无形的，但从来就不是抽象，而是实实在在、鲜活生动地植根并成长于企业的生产建设之中，与企业的管理实践紧密相连，并潜移默化地影响着企业的发展。

优秀的企业文化是企业强大执行力和凝聚力的源泉。唐钢的实践就证明了这一点。

2008 年，面对百年罕见的经济危机和空前严峻的市场形势，唐钢提出“金融危机更是契机，为企业加快结构调整、改善经营管理提供了难得机遇”，全面树立“我们不能左右市场，但可以左右自身工作”的理念，冷静分析，理性思考，眼睛向内，有力应对；在广大干部职工中强化“工作就是责任，责任大于能力”的理念，强化全员责任意识，在较短时间内实现了生产稳定运行。面对职工对金融危机中切身利益能否得到保障的顾虑，提出“企业不能把经济危机简单地转嫁给职工；企业经营再困难，也不能掏职工兜里的钱；企业要成为职工遮挡风雨的参天大树；要让职工生活得更幸福、更有尊严”。面对企业推进科学发展的新要求，提出“心态决定状态，眼界决定境界，思路决定出路”，并开启了建设“绿色唐钢、科技唐钢、效益唐钢、和谐唐钢，打造科学发展示范企业”的序幕。

2009 年，唐钢以“全员全过程精细化管理”为指导，树立“抓深度，抓细节”“干就干好、做就做精，目标就是行业一流”等更高的工作标准，使生产由稳定运行逐渐向可控运行过渡；面对企业形象建设和承担社会责任的新要求，唐钢站在“环境就是生命线”的战略高度，大力度实施厂区综合治理，使企业面貌焕然一新；始终坚持以人为本，认为“职工是企业不可复制的核心竞争力，是企业最宝贵的财富”“企业最大的竞争力是职工的凝聚力、企业最大的凝聚力是职工的认同感”，坚持不减员、不降薪，不断提升职工幸福指数，全体员工的凝聚力和对企业的认同感不断增强，并最终升华为“用钢铁般意志打造全新唐钢”的精神内核。

2010 年以来，面对前两年工作取得的巨大成绩，提出“进一步提升理念、提高标准；每一次提高标准的过程都会带来各项工作的新进步”。面对自身能源管理潜力和长远发展需要，树立“做没做过、没做成、没做精的事”的工作取向，积极倡导“一切用指标说话、用数据说话、用结果说话”的求真务实作风。面对钢铁企业长期微利经营的现实状况，提出了“做精主业、做大非钢、适度多元、持续创新”的发展思路，确定了“以经济运行理念为指导，创新管理模式，整合内部资源，构建集中管控平台，发展非钢产业，以最少资源实现最佳业绩”的新构想。

2011 年以来，在提升技术质量管理工作中，提出“产品是孩子、质量是生命”“立足自身装备和产品结构，把现有产品做成行业精品，打造通用产品市场的领军企业”的新理念、新思想。面对企业“十二五”发展的新要求，强调一个企业“战术方面的东西不足

以弥补战略层面的差距，企业成败关键在于战略层面”，在此基础上提出“工作只有主动才能超前，只有超前才能领先；要实现领先一步，领先一步就是竞争力”的新思想，要求广大干部“靠理念和思维方式的变革，提升企业运行效率，释放企业的能力和能量；深刻认识企业竞争力的关键，不在于设备有多先进、产品有多高端，而在于驾驭和掌握设备的人，在于一个领导班子、一个团队有没有先进的理念和思维方式，有没有敢于超越、敢于突破的精神”，举全公司之力，全面建设“效益型、责任型、幸福型企业，打造业内最具竞争力钢铁企业”。

近年来，经历了市场风雨的磨砺和洗礼之后，唐钢广大干部职工的思想理念、工作标准、责任意识和执行能力得到空前提升和增强，不仅为唐钢应对市场危机、取得快速发展提供了强大动力，进一步丰富了唐钢企业文化的内涵，而且成为唐钢人宝贵的精神财富，为唐钢已经、正在或将要发生的令人瞩目的巨大变化提供了重要的思想、文化和精神支持！

四、下一步打算

(一) 2011 年内要力争达到的目标

(1) 钢铁主业要进入行业整体竞争力先进水平。钢铁主业要进入行业整体竞争力先进水平，主要标志是：主要技术经济指标、各项费用和消耗达到行业先进水平。为此，要统筹抓好生产、安全、设备、对标挖潜等相关工作；要进一步强化全成本概念；要统筹抓好物流管理，降低物流成本；要进一步优化管理资源、创新管理机制、提高管理效率。“十二五”末钢铁主业从业人员控制在 2 万人以内，实现人均劳效 800~1000 t 钢。

(2) 三大子公司要成为新的创效主体和发展支撑。三大子公司要全面提高经营管理水平，提升企业盈利能力，确保达到地方先进钢铁企业一流指标水平和盈利能力。

(3) 能源及综合利用要达到行业领先水平。唐钢本部吨钢能源成本再降低 50 元、三大子公司降低 100 元。

(4) 非钢产业要实现实质性发展，整体实现盈利。要在优化机制、提高效率、实现做大做强上，努力做好文章，确保取得非钢产业新的突破。2011 年要实现销售收入 120 亿元，利润 1 亿元。

(5) 全力打造节能减排、清洁生产和循环利用的企业典范，树立负责任企业的形象。

(6) 加大唐钢品牌和产品市场的培育力度。

(7) 立足可持续发展高度，精心培育企业核心竞争力。一是着力提高公司产品研发实力；二是持续推进技术进步；三是全力推进管理创新；四是加大新项目支撑力度。

(8) 全力营造和固化新时期的企业文化与团队精神。

(二)“十二五”时期目标

“十二五”时期，唐钢的发展将不再是量的简单增减，而是在创新中发展，实现从提升硬件水平向增强竞争软实力、从“追随战略”向“领先战略”两个根本转变，把唐钢建成最具竞争力钢铁企业。

(1) 指导思想是：以习近平新时代中国特色社会主义思想为指导，深入贯彻落实科学发展观，以建设“最具竞争力钢铁企业”为主题，紧紧依靠广大职工的智慧和力量，推行“经济运行理念”，推进管理创新和技术创新，增强企业的核心竞争力，全面建设效益型、责任型、幸福型企业。

（2）战略方针是："十二五"时期，唐钢经营范畴划分为"钢铁主业"和"非钢产业"两大板块。不考虑其他因素，钢铁板块的规模总量维持在2000万吨，下设公司本部和中厚板、不锈钢、唐银公司四个事业部；非钢产业形成一个与钢铁主业平行的独立发展板块。公司的战略方针是：做精主业，做大非钢，适度多元，持续创新。

做精主业——以提高企业软实力为核心，充分发挥唐钢现有装备潜能，争当通用产品市场领跑者。

做大非钢——有效整合内部资源，充分利用社会资源，高起点发展非钢产业，形成主业与非钢互动发展格局。

适度多元——最大限度共享公司积累的基础优势，发展相关多元化产业，提高公司抵御市场风险的能力。

持续创新——坚持开放性思维，勇于颠覆传统习惯，探索新的发展路径，推动唐钢实现跨越式发展。

（3）战略目标是：建设最具竞争力钢铁企业。

到2015年，唐钢要实现的具体目标是：

经济总量——以2000万吨铁钢轧配套综合产能为基础，销售收入达到1800亿元以上，利润总额90亿元以上，钢铁主业人均劳效达到1000吨/人年以上，达到国际一流水平。

循环经济——创建循环经济、清洁生产、绿色制造的"企业典范"，能耗和污染物排放指标达到国际领先水平，成为行业内首批停购市民用水和外网电力的生产企业，循环经济效益占企业总效益比例达到30%以上。

市场开拓——以稳定质量和优质服务树立"唐钢品牌"，公司全系列产品都要成为用户心目中的精品，品种钢、优质钢比例达到90%以上，稳定的终端用户、直销产品市场保有率在80%以上。

产业结构——实现钢铁主业与非钢产业平衡发展。以再生资源利用、装备制造业、钢材深加工、房地产等产业为突破口，高起点发展非钢产业。到2015年，非钢营业收入达到900亿元以上，效益贡献率达到50%。

幸福指数——以争创"业内最佳工作环境""市内最佳生活社区"，争做"地区最高收入群体""社会最受尊敬居民"为目标，全面提升全体职工的幸福指数。在企业效益稳步提升的基础上，职工工资收入年平均增长6%~10%。

（4）核心理念是：领先一步。

（5）核心战略是：市场引领战略和文化提升战略。

五、结论和体会

（1）企业的发展只有在领导的决策力、干部执行力和职工凝聚力高度统一时，才能形成强大的战斗力，才能克服各种困难和压力，变被动为主动。而其中领导的决策、领导的智慧、领导的眼界、领导的胆识和气魄，是引领企业发展的航标和灯塔，是其中最为关键的核心因素。

（2）态度决定一切，责任大于能力。唐钢各级干部岗位的本质就是责任；责任是唐钢各级干部特有的品质。对唐钢每名干部来讲，尽职尽责是一种职业道德。这其实也是一个做人的标准问题，任何一名干部在自己的岗位上，必须尽职尽责，因为岗位就是责任。最近几年，唐钢在应对困难市场情况下，能够取得这样的快速发展，很大程度上取决于唐钢各级干部这种强烈的事业心和责任感。决策层确定目标，各级干部就有办法，就有措施，就有这种能力。唐钢干部身上之所以蕴藏着巨大的创造力，关键是责任！

（3）态度和责任决定执行力，而强大的执行力则是确保完成企业各项目标任务的重要保证。

（4）企业不能左右市场，但能够左右自身的工作。“眼睛向内”的思维方式永远是做好企业一切工作的思想基础。

（5）持续改善、追求卓越是企业不断挖掘内部潜力、实现健康发展的动力源泉。唐钢近几年得到快速发展、发生翻天覆地的变化、实现历史性进步和跨越式发展，正是因为唐钢始终瞄准国内先进企业和行业一流标准学习赶超，其中的内在动力就是持续改善的价值取向和追求卓越的工作标准。

（6）形象是一个企业的品牌，是生存的根基。要站在建设最具竞争力钢铁企业的高度，对产品负责、对市场负责、对用户负责，树立负责任的企业形象。

（7）一个企业要有坚定不移的产品方向，锲而不舍地追求，努力把产品做精、做优，做到行业内最好。

（8）企业要从单一的生产制造商向供应商、服务商迈进，靠服务把产品价值链延伸下去。

（9）创新就是改变传统的能力和解放思想的程度。企业发展要敢于颠覆传统，持续创新。特别是在经营管理模式和市场理念上。因为全新的经营管理模式和全新的市场理念是当前困难时期企业最大的竞争力。

（10）经济危机和市场困难对企业发展不一定就是坏事。可以肯定地说：如果没有百年罕见的金融危机和持续严峻复杂的市场形势，就没有今天唐钢的变化。经济危机让唐钢损失了巨大的经济效益，但是经过经济危机的洗礼和锤炼，却使唐钢收获了用更多的经济效益买不来的脱胎换骨的变化和逆势提升的竞争力。

著作摘要篇

钒渣碱介质强化浸出清洁提钒新技术①

杜 浩[1]，王新东[2]，王少娜[1]

（1. 中国科学院过程工程研究所；2. 河钢集团有限公司）

钒是全球性的重要战略金属，是三峡、核电等国家重大战略工程用高端钢材关键金属、航空航天用钛合金核心元素、大规模储能用基础原料。中国为钒的顶级生产商，钒资源量、产销量均居全球首位（超50%），保持钒产业的领先优势意义重大。

全球钒资源分布广泛，但80%储存于钒钛磁铁矿中。我国已探明钒钛磁铁矿资源主要分布在攀西和承德地区，钒储量占全球45%，其中还伴生丰富的铬（占全国80%）。我国90%以上的钒产品是从钒渣中提取的，已建立以河钢承钢和攀钢为代表的高炉炼铁—转炉提钒渣—钒渣钠化焙烧提钒工艺体系，该工艺是以 Na_2CO_3 为主的钠盐作为添加剂，通过高温焙烧将钒铁尖晶石氧化转化为高价态水溶性钒酸盐浸取分离，工艺简单，但钒铬回收率低（钒≤80%，铬≤5%），有害窑气、高盐氨氮废水、高钠尾渣三废产生量大，末端治理代价高，严重制约了产业的可持续发展。为了源头解决以上难题，近年来国内清洁提钒技术大量涌现，主要内容如下。(1) 钙化焙烧提钒：钙化焙烧法是将石灰或石灰石作为熔剂添加到钒渣中造球、焙烧，使钒氧化成不溶于水的钒的钙盐，如 $Ca(VO_3)_2$、$Ca_3(VO_4)_2$、$Ca_2V_2O_7$，然后利用钒酸钙的酸溶性，用稀硫酸将其浸出，并将溶液的pH值控制在2.5~3.2，使之生成 VO_2^+、$V_{10}O_{28}^-$等离子，净化浸出液后采用铵盐法沉钒，制得钒酸铵并煅烧得 V_2O_5。钙化焙烧工艺已在西昌建成1.88万吨/年氧化钒钙化焙烧生产线，可源头避免高盐氨氮废水产生，但无法实现铬的利用。(2) 钒渣酸浸氧化提钒：将钒渣与强酸混合，使钒以 VO_2^+、VO^{2+}等形态浸出，然后加碱将其中和至弱碱性，再用强氧化剂将其氧化成水溶性的五价钒离子（如 VO_3^-、$[H_2VO_4]^-$），使钒与铁的水合氧化物等共同沉淀，再碱浸制得粗钒。粗钒经碱熔生成+5价钒的钠盐，除去杂质后通过铵盐沉淀钒制得多钒酸铵沉淀，经高温煅烧可得高纯 V_2O_5 产品。酸法提钒需消耗大量高浓度强酸，所有设备必须进行防腐处理，工程造价及维护费用较高。(3) 无盐/钙化焙烧提钒-尾渣二次提铬：东北大学开发了无盐/钙化焙烧—酸浸提钒—尾渣二次焙烧碱浸提铬技术，源头避免提钒废水产生，但二次焙烧能耗高，铬提取经济性差；重庆大学开发了钠化焙烧提钒—尾渣冶炼铬铁技术，但尾渣P含量高，冶炼铬铁难度大。高温焙烧技术的优化和流程再造虽能在一定程度上解决钒产业污染问题，但难以经济地实现含铬固废的源头控制。开发全新非常规介质实现复杂资源的高效清洁利用，是对传统高耗能高污染行业进行变革的有效手段。

基于绿色化工冶金理念及污染物源头减量思路，中国科学院过程工程研究所与河钢集

① 原著由冶金工业出版社于2022年8月出版。

团共同开发了钒渣碱介质强化浸出清洁提钒新技术，实现从基础研究突破到技术产业化实施的贯通式发展。新工艺将传统高温焙烧转化为气—液—固拟均相反应，通过量化调控活性氧，实现了反应热力学、动力学过程的同步强化，钒的回收可由现有的80%提高到90%以上，铬的回收由小于5%提高到80%以上，源头避免有害窑气、高盐氨氮废水产生，尾渣全量化利用，被京津冀专家咨询委员会评价为“绿色高效，是发展方向”，被干勇院士、邱定蕃院士等组成的专家组评价“为我国高铬型钒钛磁铁矿的绿色高效利用及建立以钢铁钒钛为依托的铬盐发展新模式提供技术支撑和解决方案，为钒铬资源高效清洁利用起到示范引领作用，总体达到国际领先水平”。已建成万吨级钒渣/年示范工程，极具产业化推广前景。

本书是作者及所在团队在深入开展钒渣碱介质湿法提钒技术研究的基础上，对所涉及的基础科学理论和工程技术问题进行系统整理、总结的基础上撰写而成的，具有重大的学术价值和应用价值。本书主要介绍钒渣碱介质强化浸出清洁提钒工艺从反应、分离到产品转化的各个环节，以及新工艺的产业化应用与清洁生产水平评价。全书共6章，第一章为提钒技术发展概况，第二章到第四章分别为碱介质分解钒渣钒铬高效提取、碱介质中钒铬清洁分离技术、钒酸钠的阳离子解离及碱介质循环，第五章为钒渣中钒的湿法提取工艺量化放大规律及工程优化设计，第六章为钒绿色制造评价指标体系建立及现有生产状况诊断分析。

第一章　提钒技术发展概况

本章重点介绍钒及其氧化物的性质及应用、钒资源分布特点与传统提钒技术，在此基础上，分析现有提钒技术存在问题及未来发展需求。钒是重要战略金属，由于其具有高硬度、抗氧化性、耐疲劳性及多价态氧化还原反应特性等优异的物理化学性能，广泛应用于钢铁、化工、航空航天、军工、新能源等领域，被誉为“现代工业维生素”和“未来能源材料”。钒很少作为一种独立的矿物存在，通常与其他金属矿物，如铁、钛、铝，或碳质矿物和磷矿物相伴生，含钒矿物种类超过70种，主要分布在澳大利亚、中国、南非、新西兰和俄罗斯。2020年，全球约13.8%的钒产量直接来自钒钛磁铁矿（中国为0.3%），约74.8%的钒来自钒钛磁铁矿经钢铁冶金加工得到的钒渣（中国为87%），约12%的钒由二次回收的含钒副产品（含钒燃油灰渣、废化学催化剂等）及含钒石煤生产。南非、俄罗斯、中国成为世界上三个最大的产钒国，三国占有世界93%的钒产量，中国已连续十多年成为世界第一大钒生产国。钒渣钠化焙烧法是最具代表性且应用最为广泛的提钒工艺，其基本原理是以苏打或食盐为添加剂，通过高温氧化焙烧将多价态的钒转化为水溶性五价钒的钠盐，然后通过水浸得到含钒及少量杂质的浸出液，通过酸性铵盐沉淀法制得偏钒酸铵沉淀，经煅烧得到粗 V_2O_5，再经碱溶、除杂并用铵盐二次沉钒得到偏钒酸铵，焙烧后可得纯度大于98%的 V_2O_5。钒渣钠化焙烧提钒工艺简单，产品质量较好，但存在钒回收率低（≤80%），铬不能回收（≤5%），含 HCl/SO_2 及 Cl_2 等有害窑气、高钠尾渣、高盐氨氮废水环境代价高等资源环境问题。钒渣提钒的出路在于建立一种从生产源头实现钒铬共提且消除污染的清洁生产技术，将资源高效综合利用与环境污染治理有效结合，从根本上破除制约钒产业发展的“瓶颈”，为我国钒渣资源高效清洁利用提供技术支撑，实现我国钒产业的绿色化升级。

第二章　碱介质分解钒渣钒铬高效提取

钒渣中钒、铬以尖晶石物相存在，其基本构架为金属氧键（Me-O），焙烧工艺通过高温（≥750 ℃）实现矿物结构破坏及钒、铬的氧化转化，不仅能耗高，过程污染重，而且由于气固焙烧过程氧气传质效果差，钒、铬转化率低（钒转化率≤80%，铬转化率≤5%）。碱介质分解钒渣钒铬高效提取工艺采用外场强化调控碱介质反应活性，改变了钒、铬氧化转化的热力学途径，并通过调控气—液—固拟均相反应的热量及物质传递，强化了钒铬氧化溶出动力学过程，在温和反应条件下（常压，反应温度≤150 ℃）实现了钒铬的高效同步氧化溶出，钒转化率由传统工艺的80%提高到95%以上，铬回收率由基本不能回收提高至80%以上。本章重点介绍了以压力场、活性炭、电化学场、微气泡为代表的外场强化 NaOH 碱介质分解钒渣钒铬高效提取技术。压力场强化可在50%NaOH 浓度、200 ℃、氧气压力 1 MPa 条件下实现钒铬高效提取，在增加氧压的条件下大幅降低了 NaOH 溶液的反应浓度，缩短了反应时间，但需在压力条件下操作，对设备材质和操作要求较高。活性炭催化强化是通过活性炭对氧气的活性吸附作用增大介质中的氧浓度，利用活性炭本身的超氧离子催化活性，提高碱介质体系的氧化性，实现了钒铬的氧化浸出，但是该方法所需介质为80%NaOH 浓度，所需反应时间达 10 h，意味着较高的反应能耗，且活性炭的回收过程相对复杂，不宜大规模工业实施。电场强化利用电化学手段促进碱介质中活性氧组分的大量形成及稳定赋存，促进矿物的催化氧化作用；阳极析氧反应的出现，使大量微米/纳米级小粒径氧气被释放，提升介质氧势，进而促进矿物的化学氧化作用；同时直接电化学氧化作用的引入进一步强化矿物分解。上述三种氧化作用相辅相成，相互促进，在40% NaOH 浓度、120 ℃条件下实现电场强化钒铬高效提取。但由于电解的引入，反应能耗大幅增加。微气泡强化通过外部布气生成微米级气泡提高介质中氧气溶解度和活性氧含量，可在60%NaOH 浓度、130 ℃温和条件下实现钒铬高效同步提取。外场强化技术的应用改变了反应路径或改善了反应动力学，降低钒铬氧化溶出的能量壁垒，可实现温和条件下钒铬的高效提取。动力学研究结果表明，钒的氧化溶出条件较铬更低，因此，反应活化能更低，反应更容易进行，因此，界面化学反应通常不是速控步骤，内扩散是反应进行的决速步；而铬的氧化溶出更难进行，活化能更高，在同样的反应条件下，界面化学反应是反应的速控步。因此，为实现钒渣中铬的高效提取，需采用相对较高的反应温度、碱浓度或氧气分压，以提高铬氧化的反应动力学。

第三章　碱介质中钒铬清洁分离技术

钒渣的主要组分为 Fe、V、Si、Ti、Cr、Mn、Mg、Ca 等，不同来源的钒渣主要组分基本相同，仅在含量上有所差别。钒渣经 NaOH 介质氧化反应后，其中杂质 Fe、Ti、Mn、Mg 及部分的 Si 进入渣相，主元素 V、Cr、Si 会同步浸出进入溶液，得到主要组成为 $NaOH-Na_3VO_4-Na_2CrO_4-Na_2SiO_3-H_2O$ 的溶出液。本章重点介绍了溶出液中 Si、V、Cr 的分离，实现了碱介质中多元素高效分离。首先通过添加 CaO 实现了溶出液中 Si 的脱除，脱硅同时 P、Al、Fe 等杂质元素协同进入硅渣，加钙脱硅对于净化浸出液具有良好的协同效果。测定了 40 ℃和 80 ℃条件下四元水盐体系 $NaOH\text{-}Na_3VO_4\text{-}Na_2CrO_4\text{-}H_2O$ 溶解度相图，基于钒铬溶解度随温度及碱浓度变化规律的差异，建立了 NaOH 碱介质中钒铬高效结晶分离的新方法，首先在低碱区冷却结晶分离钒酸钠，继而高碱区蒸发结晶分离铬酸钠。获得了完整的钒酸钠结晶过程介稳区及其成核生长规律。通过考察温度、碱浓度、转速以及降温速率等参数对介稳区宽度的影响，获得相应条件下介稳区宽度及调控规律，为碱介质中钒铬相分离方法设计提供了重要依据；通过测定钒酸钠在 NaOH 溶液中的结晶诱导期，确定钒酸钠结晶为单核成核机理，其生长模式随碱浓度升高由连续生长向生长传递型生长转变；以经典粒数衡算方程为基础，使用间歇动态法对钒酸钠冷却结晶过程的动力学行为进行考察，通过矩量变换法处理并计算钒酸钠结晶动力学方程，确定了其固液两相间结晶过程传递行为特性。通过考察各工艺参数对钒酸钠结晶的影响，得到钒酸钠结晶工艺条件：NaOH 浓度为 300 g/L 左右，搅拌转速为 160r/min，从 80 ℃冷却至 40 ℃结晶，降温速率为 1 ℃/min 左右，保温时间为 105 min，此条件下钒酸钠结晶率大于 54%，晶体纯度大于 93%，所得产物为 $Na_3VO_4 \cdot 3H_2O$，平均粒度为 388.21 μm。通过蒸发结晶至 NaOH 浓度为 600~700 g/L，可实现铬酸钠的分离，铬酸钠结晶率可超过 52%，晶体纯度大于 95%，所获得晶体为 Na_2CrO_4。

第四章　钒酸钠的阳离子解离及碱介质循环

五氧化二钒是钒行业主流产品，结晶分离工序获得的钒酸钠需经进一步产品制备转化为五氧化二钒产品。传统钠化焙烧工艺获得的钒酸钠溶液通过铵盐沉钒—钒酸铵精制除杂—铵盐煅烧制备五氧化二钒产品，该方法存在钠无法循环，产生大量高盐度氨氮废水（20~40 m^3/t 钒产品）、环境治理代价大等问题。本章重点介绍了两种钒酸钠清洁转化新方法：梯级阳离子置换和离子交换膜电解钠/钒分离技术。梯级阳离子置换制备钒氧化物的思路为：钒酸钠通过钙化获得钒酸钙产品，钒酸钙通过铵盐转型获得偏钒酸铵溶液，偏钒酸铵溶液冷却结晶获得偏钒酸铵产品。通过 Ca^{2+} 和 NH_4^+ 两级阳离子置换，实现了 NaOH 碱介质、CaO、NH_4HCO_3 介质在体系中的内循环，工艺全过程无废水排放。梯级阳离子置换过程同时也是杂质化学脱除过程，通过梯级置换后可获得纯度较高的钒氧化物产品。离子交换膜电解技术是利用离子交换膜对溶液中阴阳离子的选择透过性，在电场作用下，实现溶液中阴阳离子的定向迁移，最终达到分离的目的。利用这一原理可在不添加其他化学试剂的情况下，实现钒酸钠溶液中钒钠清洁分离以及 NaOH 溶液的清洁回收，从而避免钒产品转化过程废水的产生。两种阳离子方法均没有酸性氨氮废水的生成，是一种清洁的生产方法，但是在具体实践过程中都体现出各自的优缺点，钙盐转化法技术难度低、操作简单、易于工业化实施、生产成本也比较低。但是离子置换法工序较长，需要经过钒酸盐的钙化、碳化、煅烧才能最终制备出钒的氧化物。电解还原法最大的优点是工序短、操作简单，通过电解还原可以一步实现钒氧化物的制备以及碱的生成。固液分离后可以得到钒产品，碱液直接浓缩用于下一次的浸出。但该方法需要使用价格较贵的玻碳电解，生产成本较高，对电解溶液的要求比较苛刻，技术难度大。

第五章 钒渣中钒的湿法提取工艺量化放大规律及工程优化设计

钒渣碱介质湿法提钒工艺为国际首创，产业化应用无可借鉴先例，本章重点介绍了碱介质湿法提钒工艺设备材质选型、钒铬提取反应的装备量化放大规律，以及万吨级钒渣碱介质湿法提钒示范产线的工艺流程和运行状况。NaOH 碱介质具有一定腐蚀性，设备材质选型决定了其使用寿命，筛选六种钢铁材料（321、316 L、904 L、304 L、N6、2205）开展了材质耐腐蚀试验，结果表明，316 L 腐蚀速率低、无局部腐蚀、有明显钝化层，而且焊接性能好、成本一般，因此，示范工程设备选型以 316 L 为主体材质。液相氧化反应器是碱介质湿法提钒工艺的核心反应装置，液相氧化反应器中反应为气—液—固三相反应，反应器设计的目标是实现钒渣颗粒、碱介质、氧气三种介质充分的混合和接触，尤其是氧气在高黏度碱介质中的溶解与弥散分布，反应器设计的核心是反应流场的优化设计及微气泡装置的放大规律研究。万吨级示范工程采用卧式反应釜作为液相氧化反应器，卧式反应釜的优势是可以实现连续进料和出料，大幅提高反应器的作业效率。采用多隔室设计，温度和通氧量单独控制，以实现不同反应阶段的参数精确调控。每个隔室设置一台搅拌器和微气泡曝气装置，搅拌器采用上层轴流桨、下层径向桨的双层桨设计，以优化气—液—固三相反应流场。曝气装置针对现有工业涡凹曝气机进行重新设计，改善搅拌轴承材质、强化机械密封、升级曝气叶轮构型，以适应碱介质环境，强化微气泡的产生，实现钒铬高效提取。国际首条万吨级钒渣/年碱介质高效提钒产线于 2017 年 4 月在河钢承钢成功投入运营，产线工艺流程为：（1）液碱、循环碱液和钒渣配料；（2）钒渣液相氧化反应；（3）尾渣分离洗涤；（4）钒酸钠结晶；（5）三效蒸发及铬酸钠结晶。在外场强化及规模放大效应共同作用下，实现了较低温度（140~180 ℃）和较低碱浓度（40%~50%）下钒和铬的高效同步提取，且对不同来源钒渣适应性强，该产线比传统的钒渣钠化焙烧温度降低 700 ℃以上，钒资源利用率由 80%提高至 90%以上，铬资源利用率由小于 5%提高到 80%以上；工艺尾渣平均含水率为 29. 4%，达到设计要求；钒酸钠结晶率稳定，满足工艺生产要求；三效蒸发碱浓度稳定在 45%~50%，符合循环碱液要求。工艺源头避免钒化工高盐氨氮废水产生，同时实现碱介质的封闭循环回用及高附加值钒产品的短流程制备，提钒尾渣可在高炉流程得到全量化消纳，具有显著的环境效益。

第六章 钒绿色制造评价指标体系建立及现有生产状况诊断分析

近年来，我国都是依据《工业清洁生产评价指标体系编制通则》（GB/T 20106—2006）对有关钒渣利用的企业进行清洁生产定性，缺乏一定的针对性和专业性，钒渣提钒行业迄今为止并无统一的清洁生产评价指标体系。本章以产品生命周期评价理论为指导，构建了以清洁生产评价指标体系、绿色产品评价技术规范为核心的钒产品绿色制造评价指标体系。通过对钒行业现有清洁生产状况进行调研分析，根据《工业清洁生产评价指标体系编制通则》为代表的指标体系，筛选出具有代表性的各单项指标，建立了较为完善的钒行业清洁生产评价指标体系。采用定量分析法对我国钒行业重点企业近年来清洁生产所实际达到的中上等以上水平的指标值进行分析并确定基准值，将定量定性相结合，以系统性、层次性以及科学性为原则，借助层次分析法来对评价指标的权重值进行确定。清洁生产评价体系以能反映节能、降耗、减污和增效为主导思想，共包含资源能源消耗、生产技术特征、污染物、资源综合利用、产品特征和环境管理六大类指标及其下属的 27 个二级指标，二级指标主要为资源能源消耗指标下属的新鲜水消耗量、NaOH 消耗量、CaO 消耗量、铵盐消耗量、单位产品综合能耗，生产技术特征指标下属的尾渣钒含量、尾渣铬含量、钒总回收率、铬总回收率、工艺与设备先进性，污染物指标下属的单位产品废渣排放量、单位产品废水排放量、单位产品废气排放量、SO_2 排放口浓度、颗粒物排放口浓度、六价铬排放量，资源综合利用指标下属的工业用水重复利用率、固体废渣综合利用率、氨气综合利用率、余热综合利用，产品特征指标下属的五氧化二钒产品等级、铬酸钠产品等级，环境管理指标下属的环境影响评价制度执行情况、环境保护“三同时”执行情况、污染物排放总量控制执行、清洁生产考核制度执行情况、建立实施安全生产责任制度。利用构建的指标体系对河钢承钢已建成的万吨级钒渣/年碱介质液相氧化提钒示范工程进行了清洁生产水平分析，综合评估分析结果表明，钒渣碱介质湿法钒铬共提工艺清洁生产指数达 98. 02，属于清洁生产先进水平，工艺实现了介质的内循环，在整个生产过程中无任何“三废”排放。

本书作者及所在团队多年来开展钒渣碱介质湿法提钒技术研究，在十几年的时间里，团队通力合作，充分挖掘科研单位的原始技术创新优势和企业的新技术转化优势，持续攻关，实现了原创技术的产业化应用，为钒产业的绿色升级提供了支撑。团队长期承担与此相关的 973 计划项目“共伴生难处理两性金属资源高效清洁转化综合利用基础研究”、工业和信息化部绿色制造系统集成项目“钒的清洁提取与产品制造绿色设计平台建设”、河北省重大成果转化项目“钒的清洁提取与产品绿色制造产业化示范”、中国科学院 STS 计划项目“钒钛铬锰资源高效清洁利用产业化示范工程”、国家自然科学基金项目（编号：51274178、51274179、51404227、91634111）等。本书详细展示了作者及所在研发团队近年来的最新成果，是对钒渣碱介质湿法提钒技术的系统总结，凝聚了作者们长期积累的理论成果和实践经验，希望能为从事含钒资源提钒的科研和技术人员提供参考和帮助。

熔融高炉渣在线制备无机纤维理论与实践①

张玉柱[1]，王新东[2]，路国忠[3]

（1. 华北理工大学；2. 河钢集团有限公司；3. 北京建筑材料科学研究总院）

钢铁工业是我国国民经济的重要基础产业和工业部门的主导产业，随着城市基础设施、公用设施、道路交通、居民住宅等各方面建设快速发展，钢铁需求量呈现不断增长的趋势，作为能源密集型产业，钢铁工业能耗占全国总能耗的10%~15%，尽管国家近几年不断出台政策限制钢铁产能，其能耗、水污染、大气污染和固废排放量在工业部门中仍占很大比重。“十三五”期间，中国粗钢产量累计达46.17亿吨，占新中国成立以来粗钢总产量的32.5%，2019年，我国大宗工业固体废弃物产生量约为36.98亿吨，与2018年相比增长7.2%，其中冶金渣产量为6.64亿吨，比2018年增长7.27%。2019年钢铁行业总能耗为6.5亿吨标准煤，约占全国总能耗的12.3%，钢铁行业的节能减排是工业部门约束性指标的重要支撑。针对钢铁行业发展引起的环境问题《钢铁工业调整升级规划（2016—2020年)》对吨钢综合能耗、吨钢二氧化硫排放、吨钢化学需氧量以及固废处置率提出了明确的要求；此外《粗钢生产主要工序单位产品能源消耗限额》《钢铁工业水污染排放系列标准》《钢铁烧结、球团工业大气污染物排放标准》等一系列标准的制定进一步细化了对钢铁污染物排放要求；国家在“十四五”规划纲要中提出绿色发展，未来5年我国国内生产总值用水量、能耗、二氧化碳排放量将分别下降16%、13.5%、18%，特别是2020年9月，习近平总书记向世界宣布了中国的“碳中和”目标，指出了我国将在2030年实现“碳达峰”，2060年实现“碳中和”的总体要求。因此，节能减排与绿色发展是钢铁行业发展目标，符合绿色制造、循环经济的生态工业发展要求。

高炉炼铁工序的能耗约占钢铁工业总能耗的60%，是钢铁工业的耗能大户，其节能减排潜力巨大。高炉渣是炼铁工序中排放出的一种固体废弃物，约占铁水产量的30%以上，其显热约为50 kgce/t渣，水淬处理过程中不仅消耗大量的水资源，而且产生H_2S、SO_2等有害气体，会对环境产生巨大的负面影响，熔渣显热尚未得到有效的利用，且其资源化利用的附加值也非常低。深入研究高炉渣新的综合利用途径不仅可减少固体废弃物的排放，而且可减少资源开采，具有明显经济和社会效益。

冲天炉工艺，能耗高、污染大，国家已明令严格限制和淘汰的矿棉生产技术，近年来，越来越多的企业认识到高炉渣是一种良好的“二次资源”，而集熔融高炉渣显热利用与产品高附加值于一体的在线生产高炉渣纤维工艺引起冶金工作者的关注。该工艺所需热量的80%可来自熔渣的显热，能耗约为冲天炉工艺的30%，产品成本只有冲天炉矿棉制品的60%~80%，具有较强的市场竞争力。熔融高炉渣在线直接成纤工艺目前尚未实现规模

---

① 原著由冶金工业出版社于2022年1月出版。

工业化生产和应用，匆匆上马也大多以失败告终，对其中存在的科学和工艺细节的衔接问题没有深入研究，特别是在熔渣成纤机理等方面，钢铁行业在熔融高炉渣在线直接成纤工业化实施中还面临巨大挑战。

针对高炉热态熔渣在线成纤过程中的关键科学问题进行理论与实验研究，用于指导现场成纤工艺，并为高炉渣高附加值产品的开发应用提供理论支撑。团队策划组织编写《熔融高炉渣在线制备无机纤维理论与实践》一书。本书系作者团队在冶金熔融高炉渣在线调质成纤领域十余年研究工作的成果总结。

本书围绕熔融高炉渣在线调质制备纤维棉相关技术路线，针对熔融高炉渣在线调质成纤过程中的基础科学问题和关键技术瓶颈进行了大量的理论与实验研究，在数以千计的实验室实验和数以百计的中试实验及诸多数值模拟理论分析的基础上，建立了熔融高炉渣在线调质制备无机纤维的理论体系，诸如调质熔渣理化性能变化规律；调质熔渣的热量补偿机制；调质熔渣的均质化理论；调质熔渣的成纤机理等，攻克了相关技术难题，最终形成了熔融高炉渣在线调质制备无机纤维的成套工艺与装备，并建成了年产 20000 t 高炉渣无机纤维的生产示范线。同时，为了更好地开拓市场，还对高炉渣纤维棉的应用进行了多方面的拓展研究。如高炉渣纤维制备保温板、管制品研究；高炉渣纤维制备纤维增强混凝土研究；高炉渣纤维改性制备光催化材料研究；纤维渣球制备光催化材料研究等。将为钢铁企业实施熔融高炉渣在线调质直接纤维化制备高品质无机纤维产品提供重要的参考和指导。

全书共由绪论、熔融高炉渣调质理论、调质熔融高炉渣均质化及热补偿机制、调质熔融高炉渣离心成纤理论、调质熔融高炉渣制备无机纤维实践、高炉渣纤维生产纤维板制品、高炉渣纤维制备纤维增强混凝土研究、高炉渣纤维制备光催化材料、高炉渣渣球制备光催化材料 9 章构成。

第一章　绪　　论

钢铁工业节能减排的任务日趋繁重，而炼铁工序更是整个钢铁制造流程的耗能大户，占比高达 65%以上。分析炼铁工序余能利用状况可以看出，高炉烟气、炉顶余压发电、铁水热装富能炼钢等均得到有效的回收利用，只有水冲渣既浪费水资源，热量回收困难，又造成环境污染，难以有效治理。因此，高炉渣的显热回收及高附加值资源化就成为炼铁工序最有价值的主攻方向。据测算，1400 ℃的高炉渣显热为 1675 MJ/t 渣，折合 60 kg 标煤，占整个炼铁工序能耗的 5.6%。如何回收利用这部分热量同时提高高炉渣的附加值，众多冶金工作者从不同途径展开了多方面的研究。研究团队在充分调研的基础上，确定了高炉渣调质在线制备纤维棉研究攻关的技术路线。这样既能有力地利用炉渣显热、又能提高炉渣产品的附加值，既能节约冲渣水资源、又能避免其带来的环境污染，还可以取代玄武岩为原料的岩棉，减少开山炸石。本章从高炉渣、高炉渣资源化现状进行概述，总结了目前高炉渣利用存在的问题及发展方向，在此基础上确定了基础理论—关键技术—生产示范的总体技术路线。在基础理论方面，涉及四大基础科学问题：高炉渣调质理论体系的构建、调质渣在线热量补偿机制、调质熔渣的均质化理论、调质熔渣的成纤理论。在关键技术方面，选择了性价比高、“以废利废” 的调质剂，确定了调质剂的添加量、添加方式及添加设备；选择了热量补偿方式，确定了补偿量及补偿工艺；明确了最佳成纤温度与调质剂添加量、热补偿量及纤维性能各参数之间的关系，最终建成了年产 20000 t 纤维保温板成套装备生产线。

第二章 熔融高炉渣调质理论

熔融高炉渣制备无机纤维过程中，高炉渣成分是首要考虑的问题之一，它涉及产品性能、质量。以熔融高炉渣为主料生产高炉渣纤维，对原料熔体体系有一定的要求：（1）熔融高炉渣体系化学组成应均匀一致；（2）含有的酸性氧化物和碱性氧化物比例应适于成纤，且当其流动液态时有较大的黏度范围且远离析晶温度；（3）高温黏度应尽量小，原料体系原则上应价格低廉、易于获得、绿色环保；（4）熔融高炉渣在纤维形成的温度范围内应该具有较低的黏度—温度降落梯度，且须使其达到应有的黏度，高炉渣纤维成型时所要求的熔体体系黏度为 1~3 Pa · s。目前，国内高炉渣组分、性能参差不齐，但就高炉渣纤维对原料熔体的要求来看，需对高炉渣进行调质。本章就熔融高炉渣组分重构所涉及的诸多理论问题给出了解析，同时结合熔融高炉渣组分重构实践，制定了熔融高炉渣制备无机纤维的调质方案。

第三章 调质熔融高炉渣均质化及热补偿机制

均质化是指整个调质熔融高炉渣体系在化学成分上达到一定的均匀性。未均质化前，熔融高炉渣与调质剂两者性质不同，会对高炉渣纤维质量产生不利影响。调质熔融高炉渣的均质化过程通常考虑两个方面的影响，一是调质剂的熔化、扩散过程；二是调质渣体系黏度的影响。本章就调质剂颗粒的熔化及扩散过程进行了数学建模，同时结合熔渣体系温度、流动性温度揭示了调质熔渣在线热量补偿规律，并通过调质熔融高炉渣均质化实践给出了高温熔体与调质剂均质化的判定方法。调质剂以铁尾矿和粉煤灰为例，通过理论解析结合熔渣均质化静态、动态均质化实验研究，建立了基于熔渣黏度的熔渣均质化时间判定方法。基于调质剂熔化行为数值模拟及其熔化机制，结合熔渣体系温度、炉渣流动性温度建立了调质熔渣在线热量补偿体系，为后续调质熔融高炉渣成纤工业化生产熔渣均质化参数的确定提供了理论支撑。

第四章 调质熔融高炉渣离心成纤理论

调质熔融高炉渣直接纤维化是高温熔体形成具有一定直径和长度形态的非晶态固体的过程。目前，公认的熔融高炉渣纤维化过程是一个由连续的液态熔渣形成熔体细丝随后迅速固化的过程。大体经过以下 5 个过程：（1）熔融高炉渣在离心辊表面成膜；（2）液膜表面发生扰动形成不稳定脉冲波；（3）扰动加剧形成熔体细丝；（4）熔体细丝长大并从液膜表面脱离；（5）熔体细丝固化形成纤维。此过程是基于经典理论、冷态相似实验与热态实验推测得到的一种简单化描述。然而，熔融高炉渣纤维化过程处于高温三相共存的环境，反应时间短，变化形式复杂、影响因素多，熔融高炉渣离心成纤精准化机理尚不明晰，生产工艺方面多数还以经验参数为主。本章就成纤机理、纤维化过程热力学、纤维形成条件及影响因素进行了解析，结合各因素对纤维质量的影响规律，实现了高品质高炉渣纤维的制备，优化了调质熔融高炉渣离心成纤工艺，为小试、中试及示范工程提供了理论支撑。

第五章　调质熔融高炉渣制备无机纤维实践

传统矿渣棉制备工艺是先将各种矿物原料熔融后成纤，而熔融高炉渣因自身含有的高品质显热，使其有效地避开了熔融环节，大大降低了过程能耗。正是熔融高炉渣的显热优势注定其成纤过程有别于传统工艺，基于此，作者团队正是瞄准了熔融高炉渣的显热回收和高炉渣的高附加值资源化进行了专项研究，从理论上进行了深度解析，先后由 5 名博士分别从不同角度选题进行研究，在有了初步成果后，申报了国家项目支撑。设计研发了一整套具有自主知识产权的熔融高炉渣调质成纤工艺流程。打通了熔融高炉渣纤维化实验室理论验证（小试）到扩大化实验探索（中试）再到示范工程实现工业化（终试）的技术“瓶颈”，建成了国内首条集熔炼、成纤、集棉、成板（管）于一体的高炉渣纤维制备生产线，主要包括熔融高炉渣纤维化实验室平台、半工业化实验平台、20000 t 级熔融高炉渣在线调质直接纤维化示范工程生产线。本章重点围绕小试、中试、终试实验平台的设计与建设进行了详述，同时针对各实验平台进行的矿渣棉制备实验过程及矿渣棉性能进行了解析，就存在的问题进行了概述并提出了解决方案。

第六章　高炉渣纤维生产纤维板制品

高炉渣纤维仅仅是一种中间产品，要实现高附加值的利用还需做大量研究工作。生产纤维板制品是高炉渣纤维的一种典型应用，在建筑及工业保温、绝热领域有广阔的应用前景。传统的岩棉及矿物棉工业中使用最多的黏结剂主要是酚醛树脂等有机黏结剂，并通过添加一些偶联剂、矿物油等，使得纤维制品的机械强度和耐腐蚀性能等都比较突出，是一种在技术上和经济上都比较可行的选择。但此类黏结剂最大的一个弊端就是在使用过程中不可避免地释放出有毒气体甲醛，严重污染了环境并对人体造成极大危害。因此开发能满足制品性能要求的环境友好型黏结剂，是矿物棉制品领域一个亟待解决的问题。此外，高炉渣纤维制品作为一种典型的多孔介质，其结构形式也会对其性能产生一定影响。本章主要介绍了高炉渣纤维板制品的制备工艺、环境友好型黏结剂的选择以及高炉渣纤维板结构优化，为高炉渣纤维板的工业化生产提供了理论支撑。

第七章　高炉渣纤维制备纤维增强混凝土研究

纤维混凝土是通过在砂浆或混凝土中掺入一定含量的纤维后组成的一种复合材料。纤维增强混凝土的制备一般以混凝土为基料，同时均匀的掺入作为增强材料的各种不连续的长纤维或者短纤维。混凝土中分散均匀的各种纤维能有效地阻止混凝土中早期微裂纹的产生和发展，有效地改善混凝土的抗开裂性能，同时混凝土的力学性能也会有不同程度的提高。纤维混凝土作为一种新型的建筑材料，其良好的增强、增韧效果，在军事、水利、公路等领域已有广泛应用。目前，纤维增强混凝土中所掺纤维主要包括金属纤维（钢纤维、碳钢纤维、不锈钢纤维、钢棉）、无机纤维（玻璃纤维、碳纤维、矿棉、岩棉、陶瓷纤维等）、有机纤维（果实纤维、麻纤维、羊毛等）。高炉渣纤维是一种新型的无机纤维材料，其性能优良，耐高温性能好，最高使用温度可以达到600~700 ℃，将高炉渣纤维添加到混凝土基体中，可以在某种程度上改善混凝土脆性大、易开裂的缺陷，同时提高混凝土的承载力。本章介绍了纤维增强混凝土制备工艺，并对纤维增强混凝土性能进行了分析，有助于读者理解纤维增强混凝土制备相关难点及解决途径。同时，针对高炉渣纤维增强混凝土的应用，在大量纤维增强混凝土性能测试实验的基础上，研发了纤维增强混凝土路面技术。

第八章　高炉渣纤维制备光催化材料

近年来，环境污染已成为人们关注的焦点，环境污染问题与人类的生产、生活息息相关。对于工业而言，目前环境污染的罪魁祸首无非废水、废渣、废气三项，而废水更是重中之重。工业废水中含有大量威胁人体健康的有机污染物，甚至能诱发人体癌变。随着我国工业生产的迅猛发展，工业废水的处理已成为亟待解决的问题，水体净化已成为环境保护领域中的一项重要工作。传统的污水处理工艺只是对水中的污染物进行转移而不是将污染物完全分解而去除。光催化技术能够将污水中的有毒有害物质通过氧化还原作用降解成 CO_2、H_2O 等无毒无害的无机物小分子，是一种很有前途的污水处理新技术。高效新型且具有实际应用价值的光催化材料已成为研究者们的热门话题，常见的光催化剂多为金属氧化物和硫化物，如二氧化钛、氧化锌、硫化镉、氧化锡等。其中 TiO_2 是公认的综合性能最好的光催化材料，其光催化活性高、性质稳定，但 TiO_2 粉体在溶液中易团聚并且难回收，影响其光催化活性，限制了其应用领域。将 TiO_2 固定到载体上，能够有效克服上述缺点。高炉渣纤维由于比表面积大、透光性好、成本低、来源广泛，是光催化材料理想的载体。以高炉渣纤维为载体负载 TiO_2 制备高炉渣纤维复合材料，用来净化污水，提高了高炉渣纤维产品的附加值同时拓宽了其应用领域。本章以高炉渣纤维为载体，采用溶胶浸渍负载方式，在高炉渣纤维表面先后负载 SiO_2 和 TiO_2 制备了 TiO_2/SiO_2/BFSF 复合材料；以氟碳清漆做黏结剂，以纳米 TiO_2 粉体为光催化剂，采用浸渍涂覆的方法制备了高炉渣纤维负载氟碳清漆和二氧化钛（TiO_2/FEVE/BFSF）复合材料。重点对光催化材料的制备工艺过程与性能进行了详细论述，为高炉渣纤维的高附加值利用提供了新的解决方案。

第九章　高炉渣渣球制备光催化材料

在光催化领域里，光催化活性最高的是纳米 TiO_2，这是被大家所公认的，且被应用于污水处理、净化空气等方面，然而对于 TiO_2 的固定是光催化剂所要涉及的一个重要问题。与普通的载体相比，光催化剂载体有着更高的要求，光催化剂的作用原理是通过光激发后，催化剂才产生作用。因此光催化剂载体不仅需要高强度、高稳定性，而且需要具有较大的比表面积以便于光催化剂附着在表面，更重要的是附着在载体表面的催化剂，应该尽可能多地接受光源照射，从而激活催化剂的催化性能。作为光催化载体应满足以下基本条件：（1）自身的化学性质稳定，不易随外界条件发生变化；（2）不影响载体表面负载的光催化剂对光的吸收性能；（3）载体与光催化剂之间应有较强的结合作用，在反应过程中光催化剂尽可能不发生脱落现象，易于回收和分离；（4）可以为光催化剂提供较大的比表面积；（5）对所需要降解的有机物应有较好的吸附能力。对于光催化剂载体来讲，好的吸附性能决定了其应用的广泛性。吸附性能越好，溶液中有机物污染物被吸附并聚集到光催化剂表面的数量越多，周围的浓度越大，这样便增加了溶液中的局部浓度，即载流子的密度增加，避免在光催化材料表面降解得到的中间产物游离进入溶液中，加快反应的速率。调质熔融高炉渣成纤率为85%~90%，纤维中伴随有部分渣球，渣球化学性质稳定，熔化温度均在1000 ℃以上，在光催化材料制备过程中不会影响其性能，是优良的光催化载体。本章在纳米TiO_2与Fe_2O_3复合作为光催化材料研究基础上以高炉渣渣球（BFSFS）作为载体，采用溶胶—凝胶法，将TiO_2和Fe_2O_3负载于渣球（BFSFS）表面制备了复合光催化材料，对光催化材料的制备工艺过程与性能进行了详细论述，为高炉渣渣球的高附加值利用提供了新的解决方案。

本书获得了“十二五”国家科技支撑计划项目《钢铁企业废渣/余热利用技术研发及应用示范（2012BAE09B00）》的资助，研究过程中针对提炼出的科学问题，团队又先后申报并获批了国家自然科学基金《矿相重构液态高炉渣直接纤维化及其黏结成型机理研究（51274270）》《高炉渣直接纤维化过程的析晶行为及影响机制（51474090）》《石灰石的微观结构对造渣过程的影响机理（51174075）》《熔分赤泥生产无机纤维的基础研究（51874138）》《高炉熔渣调质过程中的均质化行为研究（51504080）》、国家“973”专项《气淬冶金渣活性与微观结构控制的基础研究（2008CB617602）》、国家重点研发计划课题《高炉熔渣余热高效回收与生产玻璃微珠关键技术与中试（2016YFB0601403）》及河北省重点攻关项目《液态高炉渣调质与矿相重构过程机理研究（14963808D）》等多项纵向项目。研究过程中取得诸多成果，先后培养博士研究生6名、硕士研究生19名，发表论文百余篇，授权专利17件，部分内容获河北省科技进步二等奖，制定企业标准1项，特别是2020年，本书获批国家科学技术学术著作出版基金资助。

近年来，与本书所涉及的相关并行或类似的研究还有很多，都取得了长足的进展，有些甚至进入了产业化阶段，大有千帆竞发之势。本书出版的目的旨在引起同行学者及钢铁企业的关注，共同修正完善本成果理论与实践中的缺陷及不成熟的环节，以期得到更广泛的推广应用，特别是在当前强调“碳达峰、碳中和”的大背景下，相信这套技术与装备将具有更强大的生命力。

绿色智能新一代流程钢厂
——新唐钢设计文集①

王新东[1]，张　弛[2]，刘远生[3]，董文进[3]，刘建新[3]

（1. 河钢集团有限公司；2. 河钢集团唐钢公司；3. 唐钢国际工程技术有限公司）

钢铁工业是国民经济的重要基础产业，是建设现代化强国的重要支撑。改革开放以来，我国钢铁工业取得长足发展，已成为世界上最大的钢铁生产和消费国，为国民经济持续、稳定、健康发展做出了重要贡献。

进入21世纪以来，我国钢铁行业迅猛发展，但由于受体制和机制不完善等因素的影响，粗放型的发展特征非常明显，盲目投资、低水平扩张问题尤为凸显，过度的投资与过剩的产能让钢铁行业面临严重的供给侧问题。我国经济发展目前已进入新常态，钢铁产能过剩现象由区域性转变为普遍性存在，产能过剩也由结构性改革转变为产业内部的绝对过剩，整个钢铁行业长期持续在低盈利甚至严重亏损的状态下运行，钢铁业面临严峻挑战，整个行业发展进入“寒冬”。加快推进钢铁工业绿色可持续发展，是国家生态文明建设的必然要求，也是新时代钢铁工业转型升级和高质量发展的重点任务。

2015年，中央经济工作会议部署推进供给侧结构性改革，以提高经济发展的质量、效率和可持续性，这是党中央、国务院做出的重大决策部署。由于供需结构性失衡、产能过剩等制约因素的存在，钢铁行业成为去产能的“当头炮”，面临结构调整、战略性新兴的挑战和机遇。我国经济已由高速增长阶段转向高质量发展阶段，钢铁产业发展的主要矛盾已经转变为持续满足更高要求、与生态环境和谐友好共处、实现可持续运营的高质量发展的矛盾。全面认识新常态，主动适应新常态，加快转变发展方式，努力提高发展质量和效益，是我国钢铁产业持续健康发展的必由之路。河北省作为钢铁大省，紧紧抓住供给侧结构性改革、京津冀协同发展、雄安新区和“一带一路”倡议的机遇期，坚决贯彻供给侧结构性改革的各项要求，做好存量和增量两个维度上的改革，切实推进中国制造向中国创造转变，中国速度向中国质量转变，制造大国向制造强国转变。

河钢集团是河北省实施钢铁产业技术升级的主战场。河钢集团认真贯彻新发展理念和习近平总书记“坚决去、主动调、加快转”重要指示要求，落实河北省委、省政府关于钢铁产业结构调整重大决策部署，将管理、人才、技术优势与临港临海区位优势，以及装备技术等优势紧密结合，打造引领行业的“技术高地、创新高地、产品高地、智能制造高地和绿色发展高地”，按照“绿色化、智能化、品牌化”定位，建成高质量发展的标志性工

① 原著由冶金工业出版社于2021年12月出版。

厂——唐钢新区。2020 年 9 月 7 日，河钢唐钢新区正式投产，河钢集团唐钢新区建成投产标志着河钢退出城市中心区、向海图强实现历史性跨越，标志着河钢从此拥有了真正的临海临港钢铁基地，实现了“一流装备、一流人才、一流效率、一流产品、一流业绩”目标。

在河钢唐钢新区的规划和设计过程中，以“绿色化、智能化、品牌化”为目标，按照冶金流程工程学理论，充分运用“界面技术”，在设计上追求物质流衰减值最小化、能量流损失最小化、过程排放量最小化、过程时间最小化及过程空间路径最小化，在原料、焦化、烧结、球团、高炉、转炉、轧钢、环保、智能等全工序全流程中，整合近年来冶金行业技术创新成果，采用 230 多项前沿新工艺和 130 多项钢铁绿色制造技术，为将河钢唐钢新区打造成为中国绿色智能钢铁企业的典范和世界一流的新一代流程钢铁制造基地，提供了卓有成效的技术支持。

河钢唐钢新区作为世界级现代化沿海钢铁梦工厂，设计炼铁产能 732 万吨、炼钢产能 747 万吨、轧钢一次材 710 万吨，配备了封闭式机械化智能无人料场、4 座 7 m 焦炉、2 台 360 m^2 烧结机、2 台 760 m^2 带式球团焙烧机、3 座 2922 m^3 高炉、2 座 200 t 转炉、3 座 100 t 转炉、1 条 2050 mm 热轧生产线、1 条 2030 mm 冷轧生产线、2 条高速线材生产线、2 条棒材生产线、1 条中型材生产线。产品定位于高端及高品质的热轧卷、酸洗冷轧深加工、优特钢长材三大系列的产品，具备汽车板、管线钢、耐候钢、轴承钢、弹簧钢等 15 类高端特色产品。整体工程达到了环保绿色化、工艺前沿化、产线智能化、流程高效化、产品高端化，处于国际领先水平。

本文集汇集了河钢唐钢新区在建设过程中实施的工艺和流程创新技术，包括综述、原料、焦化、烧结、炼铁、炼钢、轧钢、公辅、总图、其他 10 章，既有各专业领域新工艺、新技术的特色解读，又有工序全链条流程贯通的技术体系。本文集的出版将为国内外同业者交流冶金行业最新科技成果、探求冶金科技发展方向提供参考和借鉴，进而提升钢铁行业的整体设计技术水平，促进我国钢铁工业可持续发展。

第一章　综　　述

创新、协调、绿色、开放、共享的新发展理念在钢铁行业反响强烈，特别是河钢集团在“十三五”规划中率先提出了“绿色矿山、绿色采购、绿色物流、绿色制造、绿色产品、绿色产业”的“六位一体”钢铁绿色发展理念，且河钢已经成为中国绿色钢铁企业的典范。“中国制造 2025”“互联网+”等全新理念、重大决策为钢铁行业智能发展迎来新的历史机遇期。制造业数字化、网络化、智能化是新一轮工业革命的核心技术，是钢铁工业转型的制高点、突破口和主攻方向。河钢唐钢新区项目以“绿色化、智能化、品牌化”为建设目标，以物质流、能源流、信息流的最优网络结构为方向，运用冶金流程集成理论与方法，采用最新的钢厂动态精准设计和流程界面技术，打造环保绿色化、工艺前沿化、产线智能化、流程高效化、产品高端化的世界级现代化沿海钢铁梦工厂。本章综述了唐钢新区“绿色化、智能化、品牌化”的目标规划设计与应用实践，并从总图规划及物流设计、建筑环境精细化设计、管理过程控制要点等几个方面进行概述。

第二章 原 料

河钢唐钢新区全智能无人化原料场，总图布置紧凑，物流顺畅，工艺流程及方案选择合理，充分贯彻以绿色循环经济理念为指导，无论从技术装备现代化、大型化、高效化，还是从高质量、高性能的产品定位上，都将确保新建原料场的装备在世界钢铁企业处于领先水平，实现了原料生产的清洁高效。综合料场根据物料的特点采用不同的输送和密封储存形式。在原燃料绿色化输送方面，自有矿山的铁精粉采用管道长距离直接输送到厂内料库，输送距离 70 km，输送能力为 750 万吨/年，是国内输送量最大的铁精粉输送管道，港口矿粉直接皮带通廊输送，焦煤系统采用管廊输送；在原燃料环保储存方面，含铁原料采用了环保封闭的 C 型料库进行储存，喷吹煤、无烟煤及焦化所需的焦煤均采用圆形封闭料场进行储存，石灰石粉、白云石粉均采用筒仓形式进行储存，混匀料采用封闭式的混匀料场。原料场管理系统具有自动检测、远程监视、生产工艺流程自动选择、料堆可视化管理、物料跟踪、混匀矿自动堆积、大机无人化控制、卸料车自动定位卸料等功能，实现了全球首座数字化、智能化、无人化的智能料场。通过一系列新工艺和新技术的应用，赋予了原料场经济、环保、智能、高效等诸多优势，保证了原料长期、安全、稳定的连续供应。实现了全球首座“无人化”料场，达到国际领先水平。本章主要从铁精矿管道输送技术、原料场 C 型料库钢结构设计、数字化工业电视系统、混匀料场堆料机自动控制及扫描系统、圆形料仓堆料激光扫描控制系统、自动化控制系统的设计与应用等方面介绍了全智能无人料场设计的特点。

第三章 焦 化

按照“品牌化、绿色化、智能化”建设目标，河钢集团积极推行洁净绿色生产技术，设计应用一系列新工艺、新技术和新设备。焦化设计年产干全焦 240 万吨，建设 4×60 孔炭化室高 7 m 的复热式超大容积顶装焦炉。工程一次设计，依次实施。熄焦采用全干熄，配套建设干熄焦装置，所产蒸汽用于发电；焦炉装煤、出焦以及机侧除尘均采用干式除尘地面站。焦炉同步配套建设烟道气脱硫脱硝装置，处理后的烟道废气可达到超低排放限值要求。此外，同步配套建设煤调湿装置，焦炉上升管配套建设荒煤气余热回收利用装置，采用新型负压脱苯技术，物料可控流体转运技术；煤气净化同步建设低品质硫磺及脱硫废液制酸装置。通过对焦化工序有组织排放和无组织排放的源头减排和末端治理，全面实现了焦化生产全流程的超低排放。本章对唐钢新区焦化设计进行了综述，分析对可控流—微动力一体化除尘技术、上升管荒煤气余热回收利用等绿色环保新技术在 7 m 复热式顶装焦炉的应用，阐述了干熄焦排焦系统、回声状态网络在炼焦中的特点，为环保全达标、能效全优化、生产全受控提供了坚实保障。

第四章 烧 结

河钢唐钢新区烧结系统配置 2 台 360 m^2 烧结机，设计年产高碱度成品烧结矿 793 万吨。整个系统总图布置合理、紧凑，选用成熟稳定、实用可靠的工艺流程和设备，技术装备水平和主要技术经济指标均达到国内先进水平，实现生产过程全流程的数字化、集成化、智能化和可视化。为充分贯彻执行国家有关环保、职业卫生、安全、消防、节约能源等有关规范与规定，系统设置强化环境保护，注重“三废”治理和综合利用，实现烧结高效清洁生产，采用了多项新工艺和新技术，主要包括优化配料技术、混合料自动加水技术、强化偏析布料技术、高效密封技术、厚料层烧结技术、烟气循环技术、梯级余热利用技术、布袋除尘技术、水密封环冷机技术、环保筛技术、活性焦烟气治理技术和循环流化床+SCR 脱硝处理技术、高效耐磨气力输送技术等。通过烧结烟气循环、环冷机高效水密封、厚料层烧结、活性焦和循环流化床+SCR 脱硝烟气净化治理等多项技术的合理应用，较传统工艺能耗整体降低 45%，烟气排放量降低 30%。本章分析了河钢唐钢新区 360 m^2 烧结机与 760 m^2 焙烧机的设计特点，阐述了烧结烟气脱硫脱硝技术、环冷自动卸灰系统、烧结成品仓卸料车自动控制系统等新工艺、新技术在烧结系统的应用。

第五章　炼　　铁

河钢唐钢新区炼铁高炉工艺布置紧凑合理、物流运输顺畅短捷，以利降低工程建设投资与运行成本，设计上以低碳、绿色、长寿、智能、高效炼铁为根本出发点，集成应用 40 余项新工艺、新技术及节能环保技术。新区配置 3 座 2922 m^3 炼铁高炉，生铁产能 732 万吨。在国内首次应用 60%以上高比例球团炉型设计，并采用了联合矿焦槽、绿色节能长寿热风炉、高风温技术、高炉炉顶均压煤气回收、高炉本体综合长寿、平坦化出铁厂、新型环保卸料车、高效导料槽密封、干式布袋除尘、炉顶煤气余压发电、环保底滤渣处理、“一罐到底”铁水运输等多项新工艺、新技术及节能环保技术。同时应用炉顶红外成像、风口在线监测、炉体热流强度监测、炉缸侵蚀安全预警等可视化监测系统。炉前配备可遥控操作的开口机、铁水自动测温、铁水罐自动称量、自动抓渣天车等智能化装备。适应炉料结构变化的特点，高炉从炉型设计、冷却结构特点、冷却系统配置、耐材布置等方面进行了全面优化，能够真正实现高炉冶炼绿色化、炉体结构长寿化、炼铁装备智能化、污染物减排源头化的目标。本章通过介绍河钢唐钢新区高比例球团矿炉料结构、高炉料罐均压放散煤气净化回收系统、重力除尘器气力卸灰系统、高炉专家系统、智能喷吹系统、铁水包跟踪与管理系统、铁区动态调度系统、铁水罐号识别系统等在 2922 m^3 高炉的应用，阐明了新区绿色长寿化高炉设计的特点，指明了其技术发展方向。

第六章　炼　　钢

河钢唐钢新区炼钢连铸工序设有两个车间，一炼钢车间配备 2×200 t 转炉，1×200 t 脱磷炉，配套 2 台 1900 mm 双流板坯连铸机。二炼钢车间配备 3×100 t 转炉，配套 2 台 6 机 6 流、1 台 7 机 7 流高拉速方坯连铸机，以及一台 6 机 6 流方矩形坯连铸机。炼钢系统采用无人兑铁、加废钢，无人上料、投料，副枪+烟气分析+声纳化渣一键自动炼钢技术，以及无人出钢、出渣、智能溅渣、炉后机器人测温取样的全套智能炼钢技术。其中，下渣检测+滑板挡渣+自动出钢技术、非均布转炉高效底吹控制技术等，不仅实现了转炉生产的自动化、高效化，而且能够大幅提高转炉终点的命中率，提高冶金效果，为钢水质量的提高、高附加值品种的开发创造条件；副枪+烟气分析+声纳化渣一键自动炼钢技术，将达涅利康利斯的副枪、声纳化渣技术和普锐特的烟气分析技术进行有机结合，形成河钢特有的世界顶级控制技术。节能环保方面，采用铁水罐、钢水罐全程加盖技术；钢渣一次处理技术采用辊压式热闷，提高转炉钢渣处理效果；转炉烟气采用干法净化回收系统，车间内设有全覆盖的散点除尘系统，改善车间环境，确保达到超低排放的指标，实现绿色炼钢。连铸系统采用了全程无氧化保护浇铸技术、结晶器电磁搅拌技术、连续矫直技术、方坯高拉速技术等先进技术。本章介绍了唐钢新区一、二炼钢车间精炼、转炉、连铸的工艺设计过程，以及钢包智能管理系统、高效智能转炉冶炼技术、废钢库无人天车系统、炼钢车间转炉汽化冷却系统的研发与应用，指出了绿色化、智能化特点在唐钢新区炼钢系统的体现。

第七章 轧 钢

2050 mm 热连轧生产的最高强度钢板达到 1200 MPa，采用热装热送工艺。生产线配置有新型节能蓄热式加热炉，大压下、高精度的定宽机，带有优化剪切技术的切头飞剪（可减少切损 0.2%左右）、粗精轧机组，设置加强型层流（ILC）+普通层流（LC）组合的新型冷却技术设施，高强度的卷取机组，全线采用基础自动化及过程控制两级自动控制系统，并留有与 L3 计算机进行数据交换的接口，配备有测温、测压、测厚、测宽、板形及平直度、表面质量检测等完备的测量仪表系统。该配置达到了国际同级别热轧产线的领先水平。2030 mm 冷轧产线产能规模 275 万吨，涵盖全品种高端冷基产品和热基产品，其中冷基产品系列产品面向高档次汽车宽幅面板，热基产品系列产品面向军工、汽车、结构等高强钢。冷轧处理线采用独立调整氢含量 15%的快速冷却控制技术和快冷后感应加热技术，甚至能够实现带钢 920 ℃的奥氏体化温度，具有缓冷待温功能，可实现 DP、CP、Q&P、MS 等多种先进高强钢的生产，提高产品强度，大量节省合金成本，最高强度可达 1500 MPa，产品覆盖汽车全部结构件和安全件，工艺技术及产品能力均处于国际领先水平。长型材系统共建设 2 条高速线材生产线，2 条棒材生产线（1 条普通棒材生产线，1 条高速棒材生产线），1 条中型材生产线。本章介绍了唐钢新区热轧、冷轧、棒型线材生产线的工艺设计过程，并分析了定宽压力机、蓄热式燃烧技术、直接轧制技术、浅槽紊流酸洗技术、改良森吉米尔法和美钢联法热镀锌工艺在产线实际应用效果。

第八章 公 辅

唐钢新区公辅设施格局紧凑，流程顺畅，运距短捷，功能分区明晰。根据各类能源介质的特性、各用户的使用特点及供需平衡要求，配置了 1×30 万立方米高炉煤气柜、2×15 万立方米转炉煤气柜、1×15 m^3+1×10 m^3 焦炉煤气柜、2×60000 m^3/h+2×40000 m^3/h 深度冷却法制氧系统，2×80 MW 高温超高压发电机组、1×100 MW+1×135 MW 亚临界发电机组，两座集中空压站及水处理中心、供配电、检化验、能源管控等辅助设施。公辅系统采用“压力梯级供应”“智能供气调节”“气量自补偿”等先进技术，确保各类能源介质的稳定可靠供应。在发电、制氧及压缩空气制备方面，采用先进高效的新技术，大幅度降低能耗指标，降低运行成本；在余热利用方面，充分利用钢铁冶金的副产品，减少对大气的污染，改善周边环境；使用大容量的煤气储存调峰设施，保证煤气系统管网稳定运行。水处理中心预处理采用高密度沉淀池+V 形滤池工艺，深度处理采用双膜法制备一级除盐水，浓盐水采用高效除硬度澄清池+曝气生物滤池+臭氧催化氧化+多介质过滤器+超滤+弱酸树脂钠床+两级反渗透复合工艺。同时部分生产新水采用新型高效的双室浮动床/混床工艺制备一级二级除盐水，减量后的浓盐水用于钢渣、水渣处理，本项目的投产运行，为冶金企业节水和废水排放创造了一条新途径。本章围绕绿色化设计理论，阐述了唐钢新区在环境除尘、余热利用、污染物超低排放、三废处理等方面的突出成果，证实了唐钢新区如何真正意义上将绿色发展作为企业自身发展的生命线。

第九章　总　　图

唐钢新区总图布置在考虑总体布局与城市总体规划相协调的同时，充分利用厂区外部条件，发挥临海靠港的优势，力求整体布局合理、紧凑，节省用地，工艺流程短捷顺畅，物流顺畅，并兼顾将来的发展。同时在总图布置时重视节能和环境保护，在满足物质流、能源流等最顺畅的前提下实现物料在钢铁厂内的加工全过程中，减少折返、迂回，避免重复搬运，使其耗用时间最少、动力消耗最小，产生的无组织排放最少。新区用地十分紧张，在总图布置中运用新一代联合钢铁企业总体设计理念，实现总图布局的紧凑、生产流程的顺畅、功能分区的明确，设计需要同时满足原辅料、产品的运输，各工序的生产组织，以及工序界面间的衔接功能要求，通过各工序的不断优化，在满足工艺流程合理、物流顺畅的同时，总图用地指标达到了 0.53 t/m^2，该指标处于同级别钢铁企业的领先水平。总图设计中融入了先进的企业管理运行理念，做到人流与货流分开，特种物流与普通物流分开，有污染的生产区与清洁生产区分开，为企业管理和运行打下良好的基础。本章从唐钢新区绿色物流、高炉铁水运输方式、铁水包“一罐到底”技术、三维激光扫描技术的设计应用等方面总结了新区总图布置的特点。

第十章　其　　他

唐钢新区采用了多种建设模式（EMC、EPC、BOO、BOT、BOOT），应用传统的行政命令式管理难以有计划、有预测性、信息传达及时地管控，因此确定工程项目管理的模式为基于共享状态模型的一体化综合管理，即：基于统一项目状态模型实现信息共享、业务协同，消除信息传递不通畅、项目状态口径不一致的问题，打通项目管理业务的堵点，实现项目业务管理各环节的一体化综合管理，从而有效地全面覆盖合同、进度、物资、人员、财务、绩效的管控与防范项目风险。

钢铁行业大气污染控制超低排放新技术①

邢　奕[1]，王新东[2]

（1. 北京科技大学；2. 河钢集团有限公司）

钢铁行业是我国国民经济的支柱型产业，其关联产业范围广，在国民经济发展中具有举足轻重的地位。随着我国工业化进程的加快，我国已是世界上最大的钢铁生产国，粗钢产量连续多年保持世界第一，并已建成全球产业链最完整的钢铁工业体系，有效支撑了下游用钢行业和国民经济的平稳较快发展。2020 年，我国粗钢产量占全球比重升至 56. 5%，占全球一半粗钢产量和钢材消费量的中国钢铁工业已屹立在世界钢铁舞台的中央，国际地位大幅提高，深刻改变了国际钢铁格局，具有举足轻重的影响力。

巨大的钢产量也给我国带来了严峻的环境污染问题。随着大气污染治理力度不断加强，特别是火电行业实施超低排放以来，钢铁行业主要污染物排放已超过电力行业，成为工业污染中最大的污染物排放来源。钢铁行业涉及焦化、烧结（球团）等多个工序的组合，环保治理缺乏成熟的技术路线。尽管钢铁行业已经开始进行改革，各地企业纷纷实施了一系列节能减排改造项目，但排放总量仍居高不下。随着环保技术不断发展，环保排放限制指标不断提高，采用传统单一污染物治理技术难以满足要求，亟待寻求钢铁行业多污染物协同治理的超低排放技术路线图。2019 年 4 月，生态环境部等五部委联合印发《关于推进实施钢铁行业超低排放的意见》，到 2020 年年底前，重点区域钢铁企业超低排放改造取得明显进展，力争 60%左右产能完成改造，有序推进其他地区钢铁企业超低排放改造工作；到 2025 年年底前，重点区域钢铁企业超低排放改造基本完成，全国力争 80%以上产能完成改造。推进实施钢铁行业超低排放必将推动行业高质量发展、促进产业转型升级、大幅削减主要大气污染物排放量，减轻环境负荷，促进环境空气质量持续提高、助力打赢蓝天保卫战。

超低排放是钢铁行业打赢污染防治攻坚战的关键，将推动全行业大气污染治理技术的全新变革。虽然近年来，在钢铁企业、高校、科研院所的共同努力下，攻克了一个又一个钢铁行业烟气治理的难题，污染治理技术及工程应用取得了重大突破，但钢铁生产具有工艺流程长、产污节点多、污染物排放量大的特点，实施超低排放仍缺乏成熟的技术路线。如当前烟气脱硫主要以湿法和半干法为主，虽然这些技术经过长时间证明在烧结脱硫污染物减排中有不错的效果，但在焦炉烟气等其他工序的减排中由于工况条件的不同，并不能稳定达到超低排放要求；现在行业中应用的 SCR（选择性催化还原）技术，虽然可以达到超低排放要求，但该技术产生的氨逃逸问题将是未来环保领域面临的难题。另外无组织排放在钢铁行业超低排放中占有很高的比重，其更难管控治理，清洁运输环节基础薄弱，所

① 原著由冶金工业出版社于 2021 年 10 月出版。

以钢铁行业在实施超低排放改造中还面临很大的挑战。

为落实超低排放政策要求，总结行业内污染防治的新技术和相关研究成果，加快超低排放技术的推广与应用，团队策划组织编写了《钢铁行业大气污染控制超低排放新技术》一书。本书是在研发团队前期科学研究和工程应用的基础上总结撰写而成的，它是笔者科研团队及合作团队对钢铁行业大气污染控制超低排放新技术的系统总结。

本书围绕国家推进实施钢铁行业超低排放的总体要求，针对我国钢铁行业现阶段大气污染控制进展、存在的问题及发展趋势，从行业污染物控制技术需求出发，对钢铁生产全流程主要工序污染物排放特征及控制技术进行了深入的探讨，重点介绍了源头与过程减排技术、末端治理控制技术，以及研发团队的新成果——多污染物全过程控制耦合关键技术的研究进展，同时针对无组织排放管控与清洁运输污染治理的可行性技术进行了汇总，将为钢铁企业实施超低排放改造提供重要的参考和指导。

全书共由国内外钢铁行业超低排放现状、钢铁行业烟气排放特征、源头—过程减排技术、末端治理控制技术、多污染物全过程控制耦合关键技术及示范、无组织排放管控及清洁运输、典型超低钢铁企业大气环境影响模拟评估 7 章构成。

第一章 国内外钢铁行业超低排放现状

钢铁行业是大气污染的重点排放源，经过“十二五”规划和“大气十条”期间对火电行业污染物的深度治理以及近几年对火电行业实行的超低排放和节能改造，非电力行业的污染物减排潜力日益凸显，其中钢铁行业作为非电行业污染物减排的首位而备受关注。2019 年 4 月，生态环境部等五部委联合印发了《关于推进实施钢铁行业超低排放的意见》(环大气〔2019〕35 号)，鼓励钢铁企业分阶段分区域完成全厂超低排放改造。超低排放限值比我国钢铁行业现行排放标准加严了 80%以上，也大幅严于欧美日韩等发达国家和地区的排放标准。国外钢铁行业虽然并未从国家层面发布、执行超低排放标准，但是部分国家的标准要求以及企业污染物控制水平较高，对我国更好地实施超低排放改造具有借鉴意义。本章从国内外政策、标准情况进行概述，并综述了目前国内超低排放改造进展、存在问题以及发展趋势。

第二章 钢铁行业烟气排放特征

钢铁行业是大气污染的重点排放源，钢铁行业作为非电行业污染物减排的排头兵而备受关注。2015 年，钢铁行业粉尘排放 72.4 万吨，占全国排放量的 4.7%；SO_2 排放量 136.8 万吨，占全国总排放量的 7.4%；NO_x 排放量 55.1 万吨，占全国总排放量的 3%。明确钢铁行业烟气污染物排放特征，准确识别各个工序污染物类别，对选择合适的污染物控制技术尤为重要。钢铁行业生产工序多、工艺流程长、排放环节多，主要包括原料场、烧结、球团、焦化、炼铁、炼钢、连铸、轧钢、自备电厂等生产工序，排放的污染物具有以下两个方面的典型特征：第一，排放的污染物种类比较多，涵盖了粉尘、SO_2、NO_x、CO、重金属（铅、砷、汞等）、氟化物、二噁英、挥发性有机物（VOCs）等；第二，烟气污染物排放量大、排放位点多。污染物主要产生于铁前工序。按照污染物排放方式可分为有组织排放和无组织排放，其中有组织排放源主要包括烧结（球团）烟气、焦炉烟气、热风炉烟气、出铁厂烟气、转炉/电炉烟气和自备电厂烟气等；而无组织排放来源较多，主要包括：物料储存和输送过程，焦化、烧结（球团）、炼铁、炼钢、轧钢等工序物料的破碎、筛分、混合等过程。生态环境部发布的“关于推进实施钢铁行业超低排放的意见（环大气〔2019〕35号）”指出：钢铁企业无组织排放控制应采用密闭、封闭等有效管理措施，产尘点应按照“应收尽收”的原则配置废气收集设施，强化运行管理，确保收集治理设施与生产工艺设备同步运转。因此，只有明确整个钢铁生产流程的产污位点，才可以精准地进行污染物的控制。本章主要从有组织排放和无组织排放两个方面介绍了钢铁行业主要生产工序的污染物排放特征，而对有组织排放、无组织排放和大宗物料产品运输，分门别类进行治理和管控，实现钢铁行业全流程、全过程的污染物超低排放。

第三章　源头—过程减排技术

钢铁行业是以焦化、烧结造块、高炉炼铁、转炉炼钢为主的长流程，从原料准备开始到高炉的炼铁流程担负着60%的能源消耗、70%的吨钢成本、90%的污染物排放总量，每个工序伴随着能源消耗的同时，还伴随着污染物的生成。钢铁行业大气污染物的排放控制主要有三个方向：源头减排、过程控制和末端治理。目前钢铁行业实现污染物去除最常用也是最实用的手段是末端治理，但是随着钢铁行业超低排放标准（PM：10 mg/m^3，SO_2：35 mg/m^3，NO_x：50 mg/m^3）的发布，若钢铁行业污染物单以末端治理为主，会增加污染物治理难度，增大投资和运行成本，而在末端治理中，气体形态污染物变成固液形态，未能有效地资源化利用，大部分处于积存状态，而污染物治理过程中往往会产生新的污染副产物，不能从根本上解决污染的问题，随着治理力度的不断增大，末端治理技术发挥的空间会越来越小，因此仅仅依靠末端治理难以有效经济地达到超低排放的目的。面对钢铁行业污染物超低排放标准的不断加严和中国钢铁工业不稳定的市场和经济形势，应该将专注于钢铁行业污染物末端治理的目光转移到全流程治理，从钢铁行业污染物产生的来源和工序入手，在生产制造过程中，减少污染物的生成，把污染物控制在源头生成阶段和过程流通阶段，将“源头治理”和“过程治理”在污染物超低排放治理中的作用发挥到最大，减少大量的环保投资和运行费用，推进钢铁行业绿色制造体系的建成。对于钢铁行业污染物源头——过程减排，本章主要介绍了如下技术的发展和应用：（1）对于焦炉煤气燃烧过程中产生的NO_x，提出了低氮燃烧技术，通过降低最高燃烧温度、缩小高温区、减少燃烧反应区的氧含量、缩短反应产物的停留时间等降低热力型NO_x的生成。（2）对于提高烧结矿产品质量，降低烧结消耗及成本，降低污染物排放，提出了在烧结工序中利用环冷余热锅炉产生的高温蒸汽向料面喷吹后，提高烧结生产工序中各项参数和指标技术。（3）高炉炼铁在整个钢铁冶炼流程中是一个关键环节，提出了高炉炉料结构优化技术，降低烧结矿的使用比例，研发高质量球团矿的冶炼集成技术，多使用相对清洁的球团矿和块矿进行高炉冶炼，从而减少污染物的排放。（4）烧结机的烟气排放量占整个钢铁生产的40%，为了进一步减少烧结机废气的排放和污染控制，提出了烧结烟气选择性循环节能减排技术，该技术现已成为烧结机绿色升级改造的主流技术等。

第四章　末端治理控制技术

末端治理产生于20世纪60年代，也叫管末处理或末端处理，是指污染物产生以后，在其直接或间接排到环境中之前，采用物理、化学、生物等方法对污染物进行处理以减轻环境危害的治理方式，其着眼点是在企业层次上对生成污染物进行治理。与最早的污染物稀释排放相比，末端治理是污染物治理的一个巨大进步，不仅可以消除已经发生的污染事件，也可以在一定程度上减缓生产活动对环境的污染与破坏。末端治理的主要特征为：在对废弃物的处理与污染的控制时强调的是对企业自身制造过程中的废弃物的控制，而对分销过程与消费者使用过程中所产生的废弃物则不予以考虑与控制；其环境管理的目标是通过对制造过程中的废弃物与污染的控制达到规制最低排放标准与最大排放量的要求，规避环境规制所产生的风险。随着科技的发展与环保要求的日益严格，目前我国污染物治理已经从单纯的末端治理控制技术向包含了源头减排、过程控制和末端治理的全过程污染物防治技术体系转变，但是末端治理依然是其中的一个重要环节。而对于钢铁行业大气污染物治理来说，末端治理是目前最常用同时也是最实用的技术，制约了烟气污染物排放的水平。本章按照我国对烟气污染物的控制先后经历了除尘—脱硫—脱硝的过程，主要介绍了包括除尘、脱硫和脱硝末端治理技术，对污染物来源与成因、污染物控制技术进展、分类与特点等进行了概述。由于污染物控制设备及水平的不同，末端污染物控制技术需要协同兼容控制才能达到最佳的处理效果。

第五章　多污染物全过程控制耦合关键技术及示范

钢铁行业烟气中污染物种类多且排放量大、治理流程长；钢铁能源消耗占工业总量的14%，但综合利用率仅约为50%；钢铁行业年产生固废约4.1亿吨，除高炉渣外的固废利用率不足20%。烟气多污染物源头减量、过程调控、末端治理、深度节能和固废资源化等全过程控制及多功能耦合成为钢铁行业烟气治理的关键。“十三五”以来，北京科技大学、中国科学院过程所、河钢等研发团队承担了国家重点研发专项“钢铁行业烟气多污染物全过程控制耦合关键技术”提出“全过程控制”的钢铁行业超低排放改造思路，针对现有湿法钙法环保设施运行易结垢、效率低等问题，围绕基于湿式镁法烧结烟气多污染物协同去除开展技术研发，采用实验室研究、中试研究等研究方法，开展了氧化吸收体系反应动力学、基于臭氧氧化—湿式镁法的多污染物协同控制技术、镁法脱硫副产物利用等研究，突破基于镁法多污染物短流程协同去除及副产物制备轻质高强建筑材料应用技术及成套装备；针对钢铁低温烟气SCR脱硝困难、多污染物难以协同去除的问题，通过开发多污染物中低温协同催化净化工艺，实现低温烟气多污染物的协同脱除。通过研究不同硫氮比气氛下复合过渡金属氧化物自体硫酸盐化本质规律与抑制途径和中低温长效耐硫多效SCR催化剂的多污染物协同净化机理，完成中低温长效耐硫多效SCR脱硝催化剂研制，阐明烟气余热高效回收与多污染物脱除的协同耦合机制，突破低温烟气脱硝困难和多污染物高效去除瓶颈，实现了污染物高效治理与节能减排的耦合；针对烟气污染物吸附时存在效率不高等问题，基于吸附热力学、吸附动力学、吸附循环特性及脱附特性实验方法以及所建立的吸脱附最优平衡的吸附材料评估标准，遴选、改性及制备对单组分污染气体具备高吸附选择性、低脱附活化能的吸附剂；针对烟气多污染物吸附器的结构和布局设计，结合吸附材料开展公斤级吸附试验研究，确定合理的吸脱附循环方案，制定一套完整的集并吸附工艺。基于吸附剂再生得到的高浓 SO_2 和 NO_x 解吸气，综合 SO_2 和 NO_2 的冷凝模态以及其对冷凝换热的影响规律，确定 SO_2 和 NO_2 精馏分离的关键工艺参数。本章从“基于镁法的多污染物协同去除技术”“烟气多污染物集并吸附脱除技术”“多污染物中低温协同催化净化技术”以及“烧结烟气循环技术”4 部分的研究进展阐述“多污染物全过程控制耦合”理念，构建覆盖半干法、湿法、干法技术路径的适用于行业整体的多功能耦合超低排放技术体系，全面提升烟气治理综合能效，降低运行成本，为钢铁烟气污染物的净化治理提供了可靠的技术支撑和良好的工程示范，为我国钢铁行业绿色发展和大气环境治理改善作出贡献。

第六章　无组织排放管控及清洁运输

钢铁行业无组织排放主要包括原料颗粒物无组织排放、焦化企业 VOCs 的排放等。近年来针对有焦化工序的钢铁联合企业提出了加强对于 VOCs 的治理，污染物的治理已经从常规污染物逐渐过渡到非常规污染物，而焦化工序 VOCs 具有排放节点多、差异大、组分复杂、异味重等特征，是无组织排放类非常规污染物的典型代表。由于焦化行业各工段 VOCs 废气特性差异很大，采用单一技术难以成为最佳解决方案。因此，在焦化行业 VOCs 废气治理过程中，必须结合焦化行业治理有机废气的实践经验将各技术进行分级耦合，才能优化出理想的适用技术。此外，2018 年 6 月，国务院进一步发布《打赢蓝天保卫战三年行动计划》，明确提出强化钢铁等重点行业无组织排放管控力度，深度治理企业重点无组织排放节点（物料存储等）。2019 年 4 月，中国颁布《关于推进实施钢铁行业超低排放的意见》，要求全面加强企业无组织排放控制水平，全方位减少烟粉尘等外溢排放。特别地，作为钢铁生产大省（2018 年占全国粗钢产量 25.56%），河北在率先实施超低改造的情况下，在《河北省钢铁、焦化、燃煤电厂深度减排攻坚方案（验收标准）》（冀气领办〔2018〕156 号）中详细规范了钢铁企业无组织排放源超低改造治理标准，严格控制钢铁行业无组织排放总量，近年来重点地区钢铁企业基本淘汰了原料系统的防风抑尘网，改为更为先进的封闭料场，大幅减少了无组织的排放。但原料场仅是钢铁企业无组织排放的一部分，钢铁行业无组织排放颗粒物占比超过 50%，而且排放源点多、线长、面广、阵发性强、治理难度大，无组织排放的有效治理一直以来是钢铁行业大气污染治理的共性难题。因此，需要根据钢铁行业无组织排放特征，构建智能化的管控治一体化系统，从而保证无组织超低排放长期科学管控。本章介绍了焦化 VOCs 来源与控制技术、封闭料场技术、无组织排放管控治一体化系统技术、无组织排放监测监控、清洁运输，有助于读者理解无组织排放管控与清洁运输的难点及解决途径。

第七章　典型超低钢铁企业大气环境影响模拟评估

目前钢铁企业超低排放研究主要集中在超低排放技术，相关研究多集中在钢铁企业的源解析和数值模拟等方面，鲜有关于钢铁企业超低排放对空气质量影响、企业大气污染预报的研究。在钢铁行业无组织排放核算方面，仍存在研究方法参差不齐、排放核算不确定性大等问题。目前钢铁行业无组织排放核算主要采取系数法和类比法。2017 年 4 月，《排污许可证申请与核发技术规范　钢铁工业》中提出对钢铁行业无组织排放采用产污系数法，并给出钢铁原料系统排污系数；2018 年 3 月，中国颁布《污染源源强核算技术指南　钢铁工业》，推荐采用类比法核算无组织排放。上述方法均未考虑不同企业由于空间尺度、流动风速和风向等因素不同带来扬尘排放差异。在 2014 年年底发布的《扬尘源颗粒物排放清单编制技术指南（试行)》中，虽然规定了根据不同风速、含水量核算排污系数的方法，但并未考虑不同风向对无组织排放的影响。本章从三个案例出发，采用污染物排放 CFD 模拟仿真方法研究钢铁企业原料场在不同风向下的无组织排放特征，核算不同风向、不同工况下钢铁企业原料场总起尘量；以京津冀地区典型钢铁企业超低排放对空气质量的影响为例，评估典型城市钢铁企业超低排放对空气质量的影响；开发的城市涉气企业空气质量小尺度预报系统，预报城市单个或多个钢铁工厂等排放大气污染物对国控点、居民区的污染贡献影响，为钢铁行业源强核算、源解析、污染预报预警以及科学管控等工作提供技术支持。

本书获得了国家重点研发计划项目（项目号：2017YFC0210300）的资助，是在前期科学研究和工程应用的工作基础上，团队及合作团队针对钢铁行业大气污染控制超低排放新技术的系统总结撰写而成的，撰写过程中邀请行业中具有代表性的高水平的专家协助审稿，定位于高起点、高水平、高出版质量，该书的出版将对“十四五”时期乃至更长一段时间内我国钢铁行业超低排放改造提供重要参考。本书凝聚了作者们长期积累的理论成果和实践经验，希望能为从事钢铁行业大气污染控制的科研和技术人员提供参考和帮助，适合钢铁行业管理部门、科技人员阅读，也可供高等院校相关专业的师生参考使用。

绿色焦化工艺技术①

王新东[1]，白金锋[2]

(1. 河钢集团有限公司；2. 辽宁科技大学)

焦化工业是煤炭高效、洁净能源转换的流程工业。在我国富煤、少气、贫油的能源禀赋下，焦化工业的绿色高效发展支撑了我国钢铁冶金、化工合成、城市燃气等国民经济重要部门的跨越式发展，具有重大的战略意义。2019 年，我国钢产量达到 9.96 亿吨，占世界总产量的 53.3%，已连续 24 年稳居世界第一。焦化工业作为我国钢铁工业快速发展的重要基础，近年来发展迅速，从 1949 年焦炭产量 52.5 万吨，到 2019 年产量高达 4.71 亿吨，为我国钢铁工业的高速发展提供了重要支撑。历经 70 年的发展，我国焦炭产量及焦化工艺装备水平已居世界前列，为我国钢铁工业走向世界钢铁强国提供强有力支撑的同时，自身也实现了跨越式发展。

目前，我国焦化工业基本形成了世界上炼焦炉型最为齐全、煤资源利用最为广泛、化产品深加工潜力最为充分、工艺装备先进性最为突出、环保治理水平最为严格的独具特色的焦化工业体系。从“十一五”国家宏观调控政策和《焦化行业准入条件》的实施，到“十三五”供给侧结构性改革和产业技术升级等内涵式发展，强化推进了焦化企业构建完整的工业过程及循环经济建设体系，带动了“煤—焦—钢—化”产业链的联动，推进了焦化行业的高质量和谐发展进程。

自 21 世纪以来，我国焦化工业开发的超大型顶装及捣固炼焦炉、干法熄焦、优化配煤、煤调湿、负压蒸馏、焦炉煤气深度净化与高效利用、化工产品深加工、焦炉烟尘和烟气治理及污水处理与资源化利用等先进适用性创新技术，使焦化工业从先前的引进、吸收消化再创新发展模式，到目前拥有全面自主创新能力和知识产权保护体系的新阶段，加速提升了我国焦化工业的工艺技术和装备水平，有效推动了产业结构优化升级。党的十九大提出“坚持人与自然和谐共生”的建设发展目标，已成为我国构建绿色生产与生态文明体系的里程碑。焦化工业作为国民经济的重要支柱，担负着低碳、环保、节能等绿色发展的重要使命。然而，目前我国焦化工业正处在实施新旧动能转换、高效洁净工艺与装备技术创新升级的关键时期，在逐步淘汰落后产能、提高工艺流程和技术装备水平、增加产业集中度、开展清洁生产、转变发展方式、提升创新能力、提高全要素生产效率等方面仍然面临诸多挑战。因此，发展绿色焦化工业是提高煤资源及能源利用效率，构建生态产业体系的重要方向。

为推动我国焦化工业向高效、节能、环保等绿色方向发展，总结焦化行业内最新出现的绿色工艺、绿色技术和绿色研究成果，加快绿色焦化工艺技术的推广与应用，团队组织

① 原著由冶金工业出版社于 2020 年 12 月出版。

编写了《绿色焦化工艺技术》一书。本书是笔者总结前期大量理论研究成果、新工艺和新技术研发、几十年生产技术管理及工程化建设工作经验基础上撰写而成的，它是作者团队对最近一段时期我国绿色焦化工艺技术的系统总结。

本书从焦化工业用煤基础原料出发，针对煤干馏、煤气净化及产品转化全过程与配套工艺装备等，分析阐述了备煤、炼焦、煤气净化、化产品深加工、污染物治理等工艺理论与实践技术；针对超大型焦炉蓄热室分格多段加热、炭化室荒煤气压力单调控制、上升管多层纳米复合材料余热高效利用，焦炉煤气新法脱硫、洗苯和氨回收的深度净化、脱硫废液回收硫黄制酸资源化利用、焦炉煤气制 LNG 和合成气及其制甲醇与二甲醚、煤焦油加氢及沥青制备新型碳素材料，焦化烟尘和烟气、固废及其污水绿色治理及其资源化，以及工艺配套建设的自动化和智能化工艺装备等现代绿色焦化工艺技术进行了详细阐述，并对国内外焦化先进技术发展现状进行了概括分析，为焦化工业向绿色低碳方向转型升级提供了重要的参考和指导。

全书共由焦化工业概况、备煤工艺技术、炼焦工艺技术、煤气净化工艺技术、化产品深加工技术、焦化污染物绿色处理技术 6 章构成。

第一章　焦化工业概况

焦化工业是钢铁工业的重要组成部分，为钢铁冶金生产提供了焦炭这种关键原料，在高炉冶炼过程中起到供热、还原、料柱骨架等重要作用。同时，炼焦过程经回收精制得到的化学产品是化学、医药和国防等工业的宝贵原料。纵观焦化工业的发展，焦炉工艺演变经历了土法炼焦、早期倒焰式炼焦炉、废热式焦炉和现代蓄热式焦炉等阶段，工艺技术也从最早的不回收化学产品、热效率极低的土法炼焦发展到今天的回收化学产品及充分利用废热的高效焦炉。了解国外焦化工业的发展对我国由焦炭生产大国走向焦化技术强国具有借鉴意义。近十年，我国焦化工业得到了快速发展，基本形成了世界上炼焦炉型最齐全、资源利用最广泛、深度加工潜力最充分的独具特色的焦化工业体系，焦炭总产量及工艺装备水平均居世界首位。我国焦化行业从 1949 年生产焦炭 52.5 万吨起步，历经 70 年的发展，2018 年焦炭产量已高达 4.382 亿吨，有力支撑了我国国民经济和钢铁工业的高速发展。我国焦炭产量大幅提升的同时，焦化产业结构日趋规范化，在焦炉大型化、化产回收及深加工、干熄焦、节能降耗、环保新技术等方面取得显著进步。“十一五”以来在国家一系列宏观调控政策和《焦化行业准入条件》实施推动下，一大批土焦、改良焦、小机焦炉等落后产能被取缔、关停和淘汰。“十二五”以来，我国一批焦化企业加快实施战略合作和兼并重组步伐，初步形成了“煤—焦—钢—化”一体化产业链建设，进一步拓展了产业发展空间。我国焦化工业在取得诸多重大成就的同时，仍然面临着一系列问题及挑战。2018 年 6 月，国务院印发了《打赢蓝天保卫战三年行动计划》，今后环保达标已经成为企业生存发展的必备通行证，焦化行业环保达标任务紧迫而艰巨。2018 年 2 月，国家发展改革委等七部门联合发布了新修订的《重点用能单位节能管理办法》。焦化企业是能源消耗大户，节能工作任重而道远。本章主要从国外焦化工业概况、国内焦化工业概况、我国焦化行业发展面临的问题及挑战三方面概述了焦化工业总体概况，为打造新一代低消耗、低排放、低成本、高效化焦化生产流程，建设资源节约型、环境友好型焦化行业指明了发展方向。

第二章 备煤工艺技术

随着高炉大型化，对冶金焦质量提出了更高要求。备煤工艺作为提供炼焦原料的源头工序，其操作指标的好坏对焦炉的生产操作、焦炭质量乃至化产系统及高炉的稳定运行将产生至关重要的影响。备煤工艺通常由收煤、储煤、配煤、粉碎、储煤塔组成，用于完成原料煤的卸料、储存、倒运以及煤的配合、粉碎、输送等任务。备煤工艺分为两部分：一是来煤的接收与储存，二是炼焦煤的配合。按照配煤和粉碎程序的不同，备煤工艺流程大体上可分为先粉碎后配煤和先配煤再粉碎两种流程。目前常用的储煤方式主要有筒仓储煤、圆顶储煤仓、圆顶储煤场、长条形储煤场和阳光膜封闭料场。其中，阳光膜料场密闭技术在改善区域环境、大跨度空间、结构安全、造价低等方面具有显著优势，将在焦化行业得到广泛应用。筒仓配煤系统一般由圆盘给料机设备、称量与传感设备、仪表与计算机控制系统三部分组成。随着我国焦化工业的蓬勃发展，一些备煤新技术应运而生。炼焦用煤粒度控制技术，根据不同变质程度炼焦煤的粉碎性能不同，将气煤、1/3 焦煤、瘦煤、贫瘦煤等难粉碎或需要细粉碎的煤预先单独粉碎，达到控制配合煤粒度的目的，从而提高焦炭质量。装炉煤的调湿与预热技术通过将煤料加热至一定温度，降低入炉煤的水分，在降低炼焦耗热量、提高焦炉生产能力、增加弱黏煤配比、提高焦炭质量等方面具有重要作用。配添加物炼焦技术通过在炼焦配煤中添加适量黏结剂或塑化剂，可以提高煤的黏结与结焦性能，提升焦炭质量。装炉煤的密实技术包括捣固炼焦技术和配型煤炼焦技术，两者的共同点是通过增大煤料的堆密度，提高其黏结性，从而提高弱黏煤配比，提高焦炭质量。随着信息化技术与焦化工业的深度结合，具有自动化、可视化、精细化等优点的配煤专家系统应用于炼焦生产。相较于定性的、经验主导的传统配煤技术，配煤专家系统在配煤操作上实现了精细和动态管理，解除了人工计算管理的繁重劳动。本章从备煤工艺流程、原料煤储存、配煤技术三方面介绍了备煤工艺。备煤新技术对提升备煤工艺水平起到重要作用，主要从炼焦用煤粒度控制技术、装炉煤的调湿与预热技术、配添加物炼焦技术、装炉煤的密实技术、配煤专家系统五个方面全面介绍了我国焦化工业的备煤新技术，说明了创新备煤工艺技术对提升整体焦化工业水平的重要性。

第三章 炼焦工艺技术

炼焦工艺是将配合好的入炉煤装入焦炉中在隔绝空气条件下加热到 950~1050 ℃，经过干燥、热解、熔融、黏结、固化，产生冶金焦炭和焦炉煤气的工艺过程。随着高炉大型化，对冶金焦炭质量的要求越来越高，目前通常从化学组成、机械强度、高温性能、粒度组成等方面评价冶金焦炭质量。近些年我国焦化工业在焦炉大型化方面取得长足进步，一批 7 m、7.3 m 和 7.63 m 大型焦炉相继投产，标志着我国炼焦工艺进入高效、节能、环保的全新阶段。现代蓄热式大型焦炉结构基本由炭化室、燃烧室、蓄热室、烟道等几部分组成。此外，耐火材料是服务炼焦高温工艺的基础材料，与工业焦炉有着极为密切的关系，焦炉常用耐火材料基本为 Al_2O_3-SiO_2 系耐火材料。目前我国大型焦炉炉型较多，配套的多种先进工艺技术为清洁高效炼焦生产提供了有力支撑。传统的湿法熄焦技术存在浪费显热、污染环境、降低焦炭质量等诸多问题，干法熄焦技术已经逐渐成为主流。本章主要介绍了炼焦工艺技术。(1) 焦炭质量评价技术。概述了焦炭的基本性质与结构，介绍了工业分析、元素分析、机械强度、高温热性能、筛分组成等焦炭质量测试方法与技术指标。(2) 现代大型焦炉主体工艺。主要介绍了大型焦炉的基本结构特点，普遍采用双联火道、废气循环、分段加热、空气下喷、蓄热室分隔等炉体结构。阐述大型焦炉用耐火材料，包括硅砖、黏土砖、高铝砖、莫来石砖、堇青石、隔热保温材料和耐火泥料等。重点介绍大型焦炉的代表炉型，包括 JND625-06 型捣固焦炉、JN60 型焦炉、7.63 m 焦炉、JNX70 型焦炉和 SWJ73-1 型焦炉，并指出炉顶空间挂结石墨、部分热工及操作指标偏低、炭化室压力单调系统不稳定、化产品收率较低等焦炉大型化所面临的技术管理难题。(3) 大型焦炉工艺技术。详细介绍焦炉炭化室压力调节系统、焦炉上升管余热回收技术、火落温度与焦炉智能加热技术、焦炉机械四大机车联锁自动化控制技术等大型焦炉配套工艺技术。(4) 简述低水分熄焦技术，全面介绍干法熄焦技术，包括干熄焦基本原理、相较湿熄焦的显著优势、干熄焦的工艺流程、耐火材料、气体循环系统、锅炉系统、除尘系统、焦炭烧损率等内容，重点阐述了高温、高压锅炉干熄焦技术和干熄焦特殊操作。

第四章　煤气净化工艺技术

焦炉炭化室逸出的荒煤气中含有各种杂质，包括焦油气、苯族烃、氨、硫化氢等，这些成分不仅会对环境造成污染，还会对设备输送管路、工作人员造成损害，必须经过净化回收后才可利用。根据最新《焦化行业准入条件》，煤气需经过冷却、脱硫、脱氨、洗苯等净化工序，达到 H_2S 小于 20 mg/m^3、氨小于 50 mg/m^3（冬季）和 100 mg/m^3（夏季）、萘小于 50×10^2 mg/m^3、含氧量小于 2%（体积分数）标准，并且通过煤气净化过程回收焦油、粗苯、硫铵和硫黄等的化工产品。煤气净化过程需积极采取各种节能净化技术，从而提升煤气净化效果，降低有害物质对环境的污染，为我国可持续发展理念的顺利落实提供重要的保障。本章详细介绍了煤气冷凝与煤气净化工艺，重点介绍了荒煤气中焦油气、苯族烃、氨、硫化氢等成分的脱除，煤气净化的工艺繁杂，需要考虑生产实际选取合适的工艺才能达到最佳且成本最低的净化效果。(1) 煤气冷凝工艺总结了利用热能的三步冷却工艺，即在传统的集气管冷却与煤气初冷器冷却之前，增加了上升管中通过导热油、水等介质将煤气从 700 ℃以上冷却到 500 ℃左右的工艺，上升管冷却工艺回收的热量可为生产提供蒸汽与热量，达到充分回收并利用热源，增加企业经济效益的作用。(2) 煤气净化工艺中的脱硫工艺包括干法脱硫与湿法脱硫。干法脱硫指利用固体脱硫剂脱除煤气中的 H_2S；湿法脱硫分为改良 ADA 法、栲胶法、HPF 法、PDS 法等。得益于湿法脱硫的处理量大，脱硫条件易控制，通常被现代化的大型焦化行业所采用。湿法脱硫产生的脱硫废液需进行处理，详尽介绍了脱硫废液分步结晶法提盐工艺与干法制酸工艺。(3) 煤气脱氨工艺总结了采用喷淋式饱和器生产硫酸铵，或采用弗萨姆法生产无水氨工艺，以及不产生氨产品的水洗氨—蒸氨—氨分解工艺，但现阶段存在一种氨分解制氢新工艺，可提纯出纯氢。(4) 苯族烃的脱除包括洗苯工艺和脱苯工艺，洗苯工艺总结了洗油常压吸苯工艺。脱苯工艺总结了常压脱苯与负压脱苯两种工艺，负压脱苯技术在脱苯过程中未引入水蒸气，且负压的操作环境提高了各组分中间的相对挥发度，具有更好的节能效果，此外，还有萃取方法，可以提出高附加值的化产。通过采用上述的煤气净化工艺，能够净化荒煤气，减少污染物的排放，为我国焦化行业的绿色发展做出贡献。

第五章　化产品深加工技术

随着我国炼焦规模的不断扩大与生产工艺水平的提升，焦化产品已经渗透于国防、化工以及材料领域，促进了我国经济的快速发展。煤在炼焦时，除有75%左右变成焦炭外，还有25%左右生成多种化学产品及煤气。来自焦炉的荒煤气，经冷却和用各种吸收剂处理后，可以提取出煤焦油、氨、萘、硫化氢、氰化氢及粗苯等化学产品，并得到净焦炉煤气，氨可以用于制取硫酸和无水氨；煤气中所含的氢可用于制造合成氨、合成甲醇、双氧水、环己烷等，合成氨可进一步制成硫酸铵等化肥；所含的乙烯可作为制取乙醇和三氯乙烷的原料，硫化氢是生产单质硫和元素硫的原料，氰化氢可用于制取黄血盐钠或黄血盐钾；粗苯和煤焦油都是很复杂的半成品，经精制加工后，可得到的产品有：二硫化碳、苯、甲苯、三甲苯、古马隆、酚、甲酚和吡啶盐及沥青等，这些产品有广泛的用途，是合成纤维、塑料、染料、合成橡胶、医药、农药、耐辐射材料、耐高温材料以及国防工业的重要原料。可见，焦化产品的回收深加工及相关产品的高效利用对于提高焦化企业环保水平和盈利能力具有明显的促进作用，但前提是企业能够结合自身实际配备适宜的煤焦化产品深加工工艺技术，为此，本章对焦化产品深加工技术进行了系统的分析与介绍。主要包括：（1）煤气深加工技术，介绍了净化焦炉煤气的组成及其深度净化工艺，系统分析了焦炉煤气制 LNG 及副产品制氢、焦炉煤气转化制合成气、焦炉煤气合成甲醇和二甲醚，以及直接合成乙醇等煤气深加工工艺技术；（2）粗苯深加工技术，系统分析了粗苯的加氢精制和萃取精制两种工艺技术；（3）煤焦油深加工技术，重点介绍了高温煤焦油加氢制燃料油的技术和煤焦油沥青的深度利用技术。

第六章　焦化污染物绿色处理技术

目前，我国焦化行业绿色发展水平与生态文明建设发展要求不相适应的矛盾仍然突出，节能降耗、控制污染物排放和废弃物资源化利用等尚待加强，焦化行业面临着节能环保的巨大压力和挑战。焦化生产过程中产生的“三废”属于工业企业中最难处理的污染物，若处理不当，将制约焦化企业的发展。为此，针对焦化过程污染物的性质及来源，有针对性地选择出合理的控制技术就变得尤为重要，为此，本章针对焦化污染物的绿色控制技术进行了系统介绍。（1）废气方面：主要是焦炉烟气脱硫脱硝技术和焦化尾气中挥发性有机物（VOCs）处理技术。炼焦环节中燃烧室燃烧焦炉煤气或高炉煤气产生的烟气为焦炉烟气治理的最重要内容。根据燃烧煤气的不同，焦炉烟气中 SO_2、NO_x 等污染物的浓度也不同。2019 年 4 月 28 日，生态环境部联合国家发展与改革委员会、工业和信息化部、财政部与交通运输部下发了“关于推进实施钢铁行业超低排放的意见”指出焦炉烟囱排放执行粉尘≤ 10 mg/m^3，$SO_2 \leq 30$ mg/m^3，$NO_x \leq 150$ mg/m^3 的排放限值。焦炉烟气中 SO_2 和 NO_x 达标排放的主要技术手段为末端脱硫脱硝治理，本章对比分析了我国焦炉烟气现行脱硫脱硝技术工艺原理、脱除效率及各自技术优缺点，并总结了国内焦炉烟气脱硫脱硝技术应用存在的共性问题。另外，针对焦化过程中各种尾气中含有的挥发性有机物（VOCs），因其对环境和人身体健康的严重危害，目前对其的处理越来越受到重视。本章对比分析了焦化厂区的 VOCs 治理方法的原理及各自优缺点，并对典型的 VOCs 治理工艺进行了介绍。(2）废液方面：主要是焦化废水和浓盐水的处理技术。焦化废水来自煤制焦工艺中的备煤、湿法熄焦、煤油加工、煤气冷却、脱苯脱萘等过程，废水中的特征污染物主要是氨氮、苯酚、氰化物、硫化物和油分。针对焦化废水水质组分复杂、难降解物质多、来源中剩余氨水总量最大等特点，本章系统地介绍了焦化废水的源头控制、废水中酚和氨的回收，以及焦化废水的终端处理技术，并对废水的循环回用进行了分析。同时，本章针对焦化浓盐水的来源、处理局限性和处理技术进行了介绍，并对焦化浓盐水处理的发展趋势进行了分析。(3）废渣方面：主要介绍了对焦化过程中产生的除尘灰、焦粉、焦油渣、活性污泥等固体废弃物的资源化利用技术。

本书是在前期焦化基础理论研究、焦化新工艺和新技术研发、大量生产技术管理及工程化建设工作经验积累基础上，团队针对绿色焦化工艺技术的系统总结撰写而成的。撰写过程中邀请了焦化行业内具有影响力的多位专家作为顾问，书籍内容定位于高质量、高水平和前瞻引领。本书的出版对促进焦化工业技术升级，推动焦化产业技术进步，提升煤资源和能源的综合利用效率和节能环保水平，加快形成资源合理利用的节约型、清洁型、循环型焦化工业发展体系，实现焦化工业高质量发展新模式，提供重要支撑。本书凝聚了作者们长期积累的焦化理论成果、专业与生产实践知识及工程化建设案例，希望能够为从事焦化行业的科研和技术人员提供参考和帮助，适合焦化行业管理部门、科研人员、工程技术人员阅读，也可供高校相关专业师生参考使用。

钢铁工业绿色制造节能减排技术进展①

王新东[1]，于　勇[1]，苍大强[2]

（1. 河钢集团有限公司；2. 北京科技大学）

钢铁是人类社会进步所依赖的重要物质基础。钢铁工业长期以来是世界各国国民经济的基础产业，钢铁工业发展水平如何历来是衡量一个国家工业化水平高低和国家综合国力的重要标志，美国、日本、德国等经济发达国家无不经历了以钢铁工业为支柱产业的重要发展阶段。中国钢铁工业经过 70 年的飞速发展，从规模上说已是名副其实的钢铁大国。新中国成立初期，全国粗钢产量只有 15. 8 万吨，2019 年粗钢产量已经达到 9. 96 亿吨，占世界粗钢总产量的 53. 3%，但从技术、装备、控制和绿色化创新方面还不能称为一个完全的钢铁强国。经过多年粗放发展，钢铁行业当前面临着能源、环保和资源等方面的巨大外部压力。

绿色制造是制造业转型升级的必由之路。我国作为制造大国，转变发展方式，实现绿色发展尤为重要。目前，我国资源能源消耗和污染物排放与国际先进水平相比仍存在较大差距，资源环境承载能力已近极限，加快推进制造业绿色发展刻不容缓。全面推行绿色制造，不仅对缓解当前资源环境瓶颈约束、加快培育新的经济增长点具有重要现实作用，而且对加快转变经济发展方式、推动工业转型升级、提升制造业国际竞争力具有深远历史意义。

国家“十三五”规划指出，“十三五”期间，我国单位 GDP 二氧化碳排放下降 18%，二氧化硫、氮氧化物排放总量分别下降 15%。钢铁工业节能减排形势严峻，二氧化碳、二氧化硫、氮氧化物、粉尘等主要污染物治理、固体废弃物综合利用等任务十分艰巨。钢铁行业如何解决高能耗、高排放的难题，如何以低碳技术为核心实现可持续发展已成为人们普遍关注的热点，钢铁行业在推进绿色制造、低碳发展过程中大有可为。

本书重点介绍了钢铁工业绿色制造的内涵，结合国内外钢铁工业绿色制造技术的现状和展望、钢铁行业能耗、污染物排放情况进行分析，系统地梳理了钢铁工业全流程多工序绿色制造节能减排技术，重点对烧结（球团）、焦化、炼铁、炼钢、连铸、轧钢工序进行了详细介绍，综合钢铁循环经济发展及技术创新、钢铁制造流程优化、中长期前沿技术、绿色设计评价体系以及世界钢铁工业低碳技术的进展，系统全面地阐述了钢铁行业绿色制造节能减排技术，为钢铁企业绿色制造节能减排提供技术参考。此外，本书通过对国内外低碳发展形势和我国现状的分析，给出了钢铁工业低碳技术路径。书中还提出了一些中长期需要研究的新理论和新课题，供中国钢铁人举一反三。希望不久的将来会有越来越多的钢铁人加入“钢铁强国”的建设队伍中。

---

① 原著由冶金工业出版社于 2020 年 10 月出版。

全书由绿色制造概论、国内外钢铁工业绿色制造节能减排现状和趋势、国内外钢铁工业能耗及污染物排放分析、钢铁工业绿色制造节能减排系统框架和技术、钢铁工业循环经济发展与技术创新、中长期前沿技术、钢铁制造流程优化及生命周期评价、世界钢铁工业低碳技术进展、钢铁工业的绿色设计及评价体系9章构成。

第一章　绿色制造概论

绿色制造是在满足产品质量和产量的前提下，一种综合考虑制造过程资源、能源消耗和环境影响的现代制造模式，目标是使产品整个生命周期对生态环境的负面影响最小、资源和能源利用率最高，并使企业的经济效益、环境效益和社会效益最大化。绿色制造的“绿色”不仅指环保内容，还包括节能、资源利用等内容。绿色制造是一个循环系统，系统内的资源和能源得到了高效利用，并且对外界环境的负面影响最小，因此也被称为环境意识制造。绿色制造理念是以减少污染物排放为核心，以降低物耗能耗为重点，以提高生产效率为导向，以加强循环利用为支撑，立足于现场，采用先进适用的技术措施，强化精益生产和精细管理，注意环保的红线和能耗的底线，严格控制成本，实现生产的高效化、消耗的减量化、排放的最小化、资源的循环化、环境的友好化。钢铁工业绿色制造要求在符合最新的国家产业政策、法律和法规，符合国家和当地的最新环保、能耗等标准的前提下，生产资源节约型的高品质钢铁产品，实现企业内的清洁生产与企业内外结合的循环经济，最小化钢铁工业对当地自然生态及社会的负面影响，同时培养高水平的绿色化人才，建立健全组织机构。本章对绿色制造的概念和内涵、绿色制造的基本原则、绿色制造的体系及内容进行阐述。

第二章　国内外钢铁工业绿色制造节能减排现状和趋势

随着经济的快速发展，中国钢铁工业持续推进改革创新、转型升级和绿色发展，粗钢产量持续增加，品种质量明显提高，基本满足了经济发展和产业结构调整的需要；工艺技术装备水平显著提升、主要技术经济指标不断进步；废钢总消费量随粗钢总量增长而递增；钢铁工业吨钢综合能耗逐年下降；一些节能技术迅速普及，节能取得明显效果；总体看，在产业规模、布局调整、工艺装备、品种质量、节能环保和技术创新等方面取得了显著成绩，为国民经济发展提供了有力支撑。但是我国钢铁工业仍然存在长流程工艺占主导地位、钢铁企业布局不合理、部分企业装备及工艺技术落后等种种问题，未来发展将从规模扩大转向存量优化、内涵质量提升，从依赖国外引进技术转向以我国自主知识产权技术为主，发展短流程炼钢，拓展工业生态链接，发展绿色经济。欧盟是仅次于中国的全球第二大产钢地区，钢铁工业一直位于环境绩效、产品质量和创新的最前沿。近年来，欧盟钢铁需求增长缓慢，面临着全球过剩产能和来自第三方国家进口产品冲击的巨大压力，成为全球最艰难的市场之一，因此欧盟钢铁工业更关注于可持续发展，特别是创建循环经济。日本钢铁产业自20世纪70年代进入成熟期，粗钢产量维持在1亿吨左右，且技术创新一直处于国际领先水平，长期保持着钢铁大国和钢铁强国的地位。为实现节能减排目标，日本钢铁产业全面加强节能管理，完善干熄焦、高炉顶压发电等原有重大余能利用技术，钢企加快了合并重组、淘汰落后设备、扩大设备规模的步伐。韩国钢铁工业发展到20世纪90年代中期，成为世界第六大钢铁生产国，并通过持续技术创新确保全球竞争力，克服了其他国家钢铁行业激烈竞争，最终成为钢铁巨头，一直保持至今。韩国钢铁工业通过对产业结构的合理规划、大力投资环保节能设备、重视节能技术的开发和应用等方式实现节能。本章阐述了中国钢铁工业绿色制造节能减排现状和趋势，对比欧盟、日本、韩国的钢铁工业绿色制造节能减排现状和趋势进行分析。

第三章　国内外钢铁工业能耗及污染物排放分析

钢铁是工业行业中能源消耗较高的产业，约占全国能耗的15.2%，占全国废水、废气总排放量的14%，固体废弃物排放量的6%。尽管我国钢铁工业采用了大量节能措施，但钢铁节能形势依然严峻，工业能耗和大多数先进国家相比仍然较高，能耗偏高的主要原因包括钢铁产业链不断延伸导致吨钢能耗上升、低回收及低效率循环使用二次能源导致能耗增加、小型企业不重视能源回收等。生态环境部于2019年4月发布《关于推进实施钢铁行业超低排放的意见》，指出全国新建钢铁项目原则上要达到超低排放水平；到2025年年底前，重点区域钢铁企业超低排放改造基本完成，全国力争80%以上产能完成改造。钢铁企业超低排放是指对所有生产环节实施升级改造，对大气污染物有组织排放控制指标、无组织排放控制措施、大宗物料产品清洁运输均有要求。从大气控制指标看，日本大气污染物排放标准是由国家制定统一的排放标准，控制指标最完整；我国与欧盟相比，控制指标差异较大；我国钢铁行业各工序大气污染物排放新建值和特别排放限值与欧盟BAT水平相当，严于日本部分限值。钢铁生产流程包括采矿、选矿、烧结、高炉、转炉、连铸、轧钢等工序，此外还包括对生产流程有较大影响的辅助生产工序，如炼焦工序、铁合金工序等，虽然各个工序均有污染物产生，但是污染物的种类、产生量及特点各不相同。钢铁行业大气污染物的排放控制主要有三个方向：源头减排、过程控制和末端治理，未来技术发展趋势是湿法控制技术转向干法控制技术、单一污染物控制转向多污染物协同控制、末端控制转向过程及源头控制，污染物控制逐渐与节能、资源利用相结合。本章进行能耗标准分析和污染物排放标准分析，进行重点工序气体污染物排放分析，对比欧盟、日本的典型工序钢铁工业污染物排放标准，分析钢铁工业大气污染控制技术发展趋势。

第四章　钢铁工业绿色制造节能减排系统框架和技术

钢铁工业绿色制造系统的主要框架由用地集约化、原料无害化、生产洁净化、废物资源化、能源低碳化五个主要内容组成。焦化工序绿色制造节能减排技术包含大型化焦炉炼焦技术、高压高温干熄焦技术、煤调湿及成型一体化技术、焦炉上升管余热回收技术、焦化废水减量化及深度处理回用技术、脱硫废液资源化处理技术等技术。烧结（球团）工序绿色制造节能减排技术包含原料场全封闭技术、原燃料的绿色运输、污染物源头减排技术、新型球团制备技术、烧结协同处理固废技术、竖式冷却技术等技术。炼铁工序绿色制造节能减排技术包含高块矿比技术、低燃料比技术、低硅冶炼技术、富氧喷吹技术、高炉炉顶余压发电技术、高炉炉顶均压煤气回收技术等技术。炼钢工序绿色制造节能减排技术包含少渣冶炼技术、高废钢比技术、转炉喷粉技术、转炉煤气除尘与煤气回收技术、转炉余热蒸汽利用技术、电炉复合吹炼集成技术等技术。轧钢工序绿色制造节能减排技术包含加热炉绿色应用技术、长型材绿色制造技术、热轧扁平材绿色制造技术、冷轧扁平材绿色制造技术、轧钢工序主要副产品资源再利用技术等技术。近终形连铸绿色制造节能减排技术包含薄板坯连铸、无头轧制技术、薄带铸轧生产技术、异形坯连铸技术、喷射沉积技术等技术。本章阐述了钢铁工业绿色制造节能减排系统框架，分析焦化工序、烧结（球团）工序、炼铁工序、炼钢工序、轧钢工序、近终形连铸的绿色制造节能减排技术。

第五章　钢铁工业循环经济发展与技术创新

现代的循环经济模式是在工业化发展到相当程度出现了巨大的资源和环境压力后才认识到的后知循环经济，是为应对资源和环境的巨大约束而逐步形成的一种新对策。循环经济既要实现资源循环，又要有经济效益，在实现资源循环、能源高效使用和污染排放最少的基础上，还要有较高的循环经济的经济效益，这是循环经济可持续发展的保证。目前中国循环经济的模式有三种："小循环"模式是钢铁企业范围内的资源和能源循环，"中循环"模式是钢铁企业和其他工业的资源和能源循环，"大循环"模式是钢铁公司与社会及更多其他工业的资源和能源循环，其中"大循环"的循环经济模式越来越被中国钢铁工业重视。基于循环经济的钢铁行业关键共性技术创新，在能源消耗减量化及高效利用方面主要发展高炉冲渣水余热利用技术，在固体二次资源综合利用方面发展焦化活性污泥资源化利用技术、高炉渣制备超细粉技术、钢渣制备微粉技术、氧化铁红制备磁性材料技术、氧化铁红生产永磁铁氧体预烧料技术、钢铁含锌粉尘资源化技术、尾矿矿渣的综合利用技术等技术，在水资源消耗减量化和废水循环利用方面发展城市中水作为工业用水唯一补充水技术、循环冷却水的干湿联合空冷节水技术、基于电化学的循环冷却水的水质稳定技术、淡水资源替代技术等技术。本章阐述了钢铁工业循环经济发展模式，分析能源消耗减量化及高效利用、固体二次资源综合利用、水资源消耗减量化和废水循环利用的技术创新。

第六章　中长期前沿技术

前沿技术的定义是具有前瞻性、先导性和探索性的重大技术，是未来高技术更新换代和新兴产业发展的重要基础，是国家高技术创新能力的综合体现。钢铁工业虽然是一个传统工业，但仍然有大量的前沿技术需要研究，在新产品开发、质量提高和稳定、资源和能源效率提高、污染物最小化以及生态环境—社会友好方面都有众多的前沿技术需要面对和解决。高熵材料是包含至少四种比例相近的合金元素组成，它与传统金属材料主要以一种元素为主不同，其独特的合金设计都有理念体现出了多种元素的集体效应，使新材料在比传统材料宽的使用域和加工域，具备了非常新颖的结构和优异的综合性能。非高炉炼铁技术相较于高炉炼铁而言成本较高，在国内的发展很小，但在当前环保压力下，国内的非高炉炼铁发展越来越迅速，同时涌现出一批非高炉炼铁的冶金工作者。我国有充足的废钢供应，钢铁企业已经掌握了高品位铁精矿粉和回转窑氧化球团生产技术，而且中国钢铁产品品种质量急需升级，需要提高产品价值弥补国内需求，因此我国发展短流程具备诸多有利条件。高炉炼铁需要消耗大量的碳素能源，排放大量二氧化碳，而氢能作为新一代的清洁能源已得到世界各国的普遍关注，发展氢能冶金技术是21世纪冶金工作者努力的重要方向。此外，还有新一代钢铁主体装备研究、高球团比高炉炼铁工艺和技术研究、烧结烟气过程固硫固硝技术、固废的高温中温和低温制备技术、危险废弃物的无害化资源化技术和产品、废水处理新方法、废弃耐火材料的回收利用技术、大数据精准获取处理和智能化控制技术等诸多绿色制造技术和方法。由于涉及领域多，本章仅就部分钢铁工业绿色制造前沿技术，尤其是在可预见的中长期时空内具有可推广和有复制价值的技术进行简要介绍。

第七章 钢铁制造流程优化及生命周期评价

钢铁工业是典型的流程工业，钢铁制造流程动态运行过程的物理本质是物质流在能量流的驱动和作用下，按照设定的运行程序，沿着特定的流程网络作动态—有序的运行，并实现多目标优化。从钢铁制造流程动态运行过程的物理本质出发，钢厂的制造流程应拓展为三大功能，即钢铁产品制造功能、能源转换功能、社会部分大宗废弃物处理和消纳功能。钢铁制造流程的工艺技术特性和经济效益的要求，使得在钢铁制造流程基础上形成的钢铁企业具有以下固有的特点：生产规模大、物流吞吐量大；资源密集、能源密集；制造流程长、工序多、结构复杂；制造流程中伴随着大量的、多种类型的物质和能量排放，并与外部环境形成复杂的环境、生态界面；由于生产规模大、资源和能源密集，必然会引起资金流量大和频繁的经济收支过程。当前钢铁工业所面临的问题是复杂条件下资源紧缺、环境制约、成本的综合问题，是市场竞争力和可持续发展的综合问题。要解决这些复杂环境下的复杂命题，必须从战略层面来思考钢厂的要素—结构—功能—效率问题，要从全行业、全过程来解决。钢铁业未来的发展方向是构筑集成的、多元的、绿色的产业体系，这可以通过加强资源、能源可持续供应、人才、成本、效率、环境等支撑性的支柱和市场合理占有、功能拓展、效率提升、质量改进、品种拓展、价值链延伸、社会服务等拓展性的平台，来促进企业的综合竞争力和可持续发展能力。钢铁制造流程的结构不仅关系到企业模式的优化，也是决定排放物无害化、资源化处理的关键，亦即是流程绿色化的关键，因此钢铁生产流程的动态运行、衔接匹配问题应引起足够的重视。生命周期评价是一种产品生命周期各个阶段的整体环境影响或环境绩效的测量工具。生命周期评价通常由四个阶段组成：定义目标和范围阶段确定研究目的和研究边界；生命周期清单阶段收集并计算数据，制作相关产品的材料、能耗和排放物清单；生命周期影响评价阶段在生命周期清单阶段的基础上，对特定产品或系统的潜在环境影响进行量化，最常用到的一种量化标准是全球变暖潜能值，该值以二氧化碳当量形式，表示温室气体排放物；解释阶段确定重要的环境问题、给出结论和提出建议。随着生命周期评价方法及相关理念的逐步推进，生命周期评价方法也得到了广泛应用。自从1995年以来，世界钢铁协会开始从世界各地的会员那里收集生命周期清单数据，并于2001年、2010年、2015年三次更新全球生命周期清单数据库，向世界钢铁协会会员企业以及第三方提供。钢材具有耐久性，可以保证较长的产品寿命和重复利用，还具有可循环性，这些都是使钢材成为可持续发展材料的关键因素。以生命周期评价的方法去分析和评价钢铁生产流程及钢铁产品的使用性能将更有利于钢铁工业的可持续发展。本章阐述了钢铁制造流程的本质与固有特点，从结构—流程网络优化和动态运行优化两方面介绍钢铁制造流程优化，并阐述生命周期评价的概念、方法和应用。

第八章　世界钢铁工业低碳技术进展

低碳发展是指一种以低能耗、低污染、低排放为特征的可持续发展模式：一方面要降低二氧化碳排放；另一方面要实现经济社会发展。低碳发展来自气候变化领域的命题，本质是能源与发展战略调整，核心是能源技术创新、碳汇技术的发展和制度创新以降低单位GDP的碳强度，避免温室气体浓度升高影响人类的生存和发展。2016年11月4日，《巴黎协定》正式生效，标志着合作共赢、公正合理的全球气候治理体系正在形成，具有里程碑意义，有利于指引全球温室气体排放，彰显了全球各国低碳转型的决心。中国正在大力推进生态文明建设，促进绿色、低碳、气候适应型和可持续发展，努力提高工业、交通和建筑领域的能效标准，推动绿色电力调度以加速发展可再生能源，并于2017年启动全国碳交易市场，逐步削减氢氟碳化物的生产和消费。钢铁工业主要利用化石能源，是二氧化碳减排的重点行业。2017年，我国钢铁行业二氧化碳排放量在16亿~17亿吨，约占全国二氧化碳排放总量的14%，是国内仅次于火电行业的碳排放大户。钢铁工业二氧化碳排放点多、分布广泛，遍布钢铁生产各个工序，既有工艺生产过程中化学反应排放的二氧化碳，又有燃料在炉、窑中燃烧产生的二氧化碳，其中铁前工序排放比例最高。但除钢铁企业大型自备电厂和大型烧结机头排烟外，其他二氧化碳排放点烟气流量都不大。不同钢铁生产路线的二氧化碳排放强度差异很大，因此优化钢铁生产路线可以减排二氧化碳。此外，通过采用最佳可行技术提高能源效率、采用突破性创新技术（如炼铁允许逐步淘汰炼焦和使用粉矿）、采用碳捕获与利用技术等也可以达到减排二氧化碳的目的。本章阐述了低碳发展概念和国内外低碳发展形势，介绍钢铁工业二氧化碳排放现状及核算方式，分析通过优化钢铁生产路线、采用最佳可行技术、采用突破性技术、采用碳捕获与利用技术等技术路径实现钢铁工业二氧化碳减排。

第九章　钢铁工业的绿色设计及评价体系

绿色设计是在产品的整个生命周期内，在保证产品的应有功能、使用寿命和质量等前提下，着重考虑原料和材料的绿色获取、产品制造、产品应用和产品的环境属性，去满足绿色制造环境目标的全部要求，也称为生态设计、环境设计和环境意识设计。绿色设计的原则是公认“3R”原则（Reduce、Reuse、Recycle），即减少环境污染、减少能源消耗，产品和零部件能得到再生、回收循环或者重新利用。绿色设计的特点是设计一开始就要考虑产品和零件的可循环或回收利用，采用不能对人体和环境造成任何危害的生态材料，尽可能多地采用二次资源，采用低能耗和少污染的生产工艺和技术，并将产品的包装减到最低限度。绿色设计基本方法和基本程序是源头绿色设计、过程绿色设计、末端绿色设计、大循环绿色设计，另外还要完成绿色物流设计、绿色包装设计、绿色回收设计、可拆卸性设计、绿色服务设计等。绿色评价体系有三种评价方法，第一种是按绿色工业的定义进行评价，第二种是按工业和信息化部绿色工业的评价通则和各个行业的评价细则进行评价，第三种是按产品的寿命周期 LCA 方法进行定量评价。国内众多钢铁企业均引入了绿色设计及评价体系，例如河钢集团于 2015 年提出了“六位一体”全新的发展理念，要实现绿色制造、绿色产业、绿色产品、绿色采购、绿色物流、绿色矿山的可持续发展，唐钢公司是河钢集团实行绿色发展的先行者，积极参与供给侧结构性改革，全面推进改革创新，加快结构调整和产业升级，全面推进提质增效和转型发展，以建设最具竞争力钢铁企业为目标，不断提升新常态下企业的综合竞争力；宝钢湛江钢铁公司致力于打造钢铁绿色产业链，积极构建全流程的绿色钢铁生产体系，采用全流程超低排放新标准，打造最先进、最高效、最具竞争力的绿色钢厂，成为钢铁业高质量发展的示范基地；首钢京唐钢铁公司是我国第一个实施城市钢铁企业搬迁、完全按照循环经济理念设计建设、具有国际先进水平的单体千万吨级临海靠港的大型钢铁企业，走绿色低碳、循环发展之路，建设环境优美、资源节约的绿色钢铁梦工厂，做到生产建设和环境保护协调同步、生态发展与效益提升同频共振。本章阐述了钢铁工业绿色设计原则、绿色设计特点、绿色设计基本方法和基本程序、绿色设计体系，以河钢唐钢、宝钢湛江、首钢京唐三家钢铁企业为代表，介绍我国钢铁工业的绿色制造践行效果。

本书为“钢铁工业绿色制造节能减排先进技术丛书”中的一个分册，旨在系统地展现我国钢铁工业绿色制造和节能减排先进技术最新进展和发展方向，为钢铁工业全流程节能减排、绿色制造、低碳发展提供技术方向和成功范例，助力钢铁行业健康可持续发展。钢铁工业绿色制造节能减排先进技术丛书由中国金属学会和冶金工业出版社共同组织编写，策划始于 2016 年 7 月，于 2017 年 8 月被列入“十三五”国家重点出版物出版规划项目，2018 年 4 月入选“新闻出版改革发展项目库”入库项目，2019 年 2 月入选国家出版基金资助项目。本书较系统全面地介绍了钢铁行业节能减排的先进技术与最新成果及其在实际生产中的应用，并指出今后的技术发展方向，对提高中国钢铁工业的绿色制造和节能减排水平具有重大意义。

世界钢铁发展规律认识与国际产能合作①

于 勇[1]，罗 书[2]，王新东[1]，庄乾城[2]，陈 瑶[2]
（1. 河钢集团有限公司；2. 中冶国际工程集团有限公司）

国际产能合作是指通过进行技术、资金、设备、管理经验等方面的合作，在“一带一路”有关国家合作建立产能合作项目，以实现分工协同更密切、更持久、更坚韧的合作格局，从而实现更坚实的国际化。这种全球化分工合作的不断推进和深化，对于合作国家加快工业化和经济发展，加快技术进步，增加就业机会，促进经济全球化和区域一体化不断走深、走实起到了积极的作用。因此国际产能合作是“一带一路”倡议的深化之举，是我国与各国开展互利合作的重要抓手，也是共建“一带一路”的重要途径。我国秉持共商、共建、共享的原则，积极开展国际产能合作，推动了我国产业转型升级和高水平对外开放，并助力经济全球化朝着更加开放、包容、普惠、平衡、共赢的方向发展。面对日益复杂的国际竞争环境，以及新一轮科技革命和产业变革带来的挑战，积极推进国际产能合作，有利于促进国内企业不断提升技术、服务质量和水平，增强国际竞争力，进而加快我国经济结构调整和产业转型升级，助力构建新发展格局。

然而国际产能合作从来就不缺乏挑战。在全球不同发展时期，各国之间的合作内容和模式有较大的区别。由于缺乏理论的指导、方法的提炼，认识方法的粗放和发展理念的不完善制约了国际化的进程，也制约了国际产能合作的效果。在不断探索理论、不断总结实践经验的基础上，不断深化国际产能合作的原理、模式、方向等，不断需要赋予新的精神和使命，成为我国国际化道路不断深化、国际合作不断升级的永久课题。

钢铁行业是涉及国家安全和经济、社会发展的基础工业，也是全球的基础工业和基础产业，产业链覆盖程度高、综合性强，在国民经济发展中具有举足轻重的地位。中国钢铁工业的发展进入了一个崭新的阶段，具体表现为产量占据世界钢铁总量的半壁江山，工艺技术、能源经济指标、环保指标达到世界先进水平，钢铁发展理论体系和工业体系更加成熟，发展形成的理论和体系不仅具有较高的学术价值，也在全球范围有广泛的学习和借鉴意义。中国钢铁工业已屹立在世界钢铁舞台的中央，是我国在国际上具有较强、较全面竞争力的行业之一，具有了举足轻重的影响力，因此是国际产能合作的最佳合作行业之一。

与此同时，中国钢铁工业存在的问题也非常突出，如产能过剩、发展空间与发展瓶颈正在发生逆转，并制约着进一步的发展；虽然在国际上已经具有了较强的竞争力，具有了举足轻重的影响力，但该行业也是国际化程度较低的一个行业；同其他行业国际产能合作遇到的问题一样，“走出去”的理论体系尚未得到很好的建立，钢铁企业的国际化发展环境瞬息万变等，整个钢铁工业的发展以及国际化进程面临着严峻的挑战。

---

① 原著由冶金工业出版社于2018年8月出版。

本书正是在这个背景下、基于这个目的而创作的，不仅探讨了上述有关问题，而且还给出了基于跨文化管理的钢铁企业国际化发展建议。同时该书的出现，也填补了走出去发展理论文化研究的空白。

从自然界的和谐共生，到世界一体化发展，任何一个行业的发展都遵循这一规律，文化对科学技术、经济发展的指导意义非常重大，且不可或缺。本书没有谈论钢铁工业的前沿技术，但讨论了更加前沿的行业发展文化问题，并给出了作者的探索答案。文化问题当前最前沿、最基础的研究是基因研究，作者根据基因研究的成果，结合行业发展和“走出去”的实践，深刻总结了文化的基本特征和跨文化管理的基本理念，并给出了工作的指导原则。书中通过分析钢铁工业及相关行业的发展历史、现状和问题，指出一切的发展都是在文化主线的牵引下完成的，并在有关的章节都留下了文化影响的烙印。

认识是主观行为对客观事物的有目的分析，立足不同的时间点、处于不同的立场，认识的结论和指导意义会不同。本书站在中国钢铁工业的新起点，以跨文化的思维方式，采用全球化的视角，勾勒出全球钢铁产业链发展、迁移、兴衰的历史，并对其社会环境和内在的发展规律进行了重新认识和探讨，得出的结论和规律不仅有重要的现实意义，而且也是对世界钢铁工业发展史的有益补充，更主要的是对钢铁企业走出去实现国际化发展有着重要的指导意义。

在该书中，作者通过长期的实践，形成了独特的观察视角，也成为本书的写作特色。站在不同的角度，会形成不同的观点。在不同的发展道路上思路和观点是不同的、也不应该趋同或者统一。不同的观点比相同的观点对于国际合作者来说更重要，这成为本书编写的主导思想，突出使用作者的经验和视角，对有关国际合作给出一些意见和建议。

国际产能合作仅仅对目标国和目标市场进行尽职调查，选择合作的模式并开展合作工作是不够的。对一个国别和市场的合作，是基于大环境的判断，是基于整个发展阶段的判断，因此全局的视角是需要的，这个全局包括全球行业的状态、行业全产业链的状态、行业上下游产业链的状态、技术文化梯度的状态等。最容易犯的错误就是欲速则不达，希望对一个陌生的环境直接从中间开展工作，最后不得不付出更多的时间成本和资金成本去补上欠缺的环节。因此本书力求给出行业相关的数据全貌，并对数据按照本书的目的进行了一定的分析，对一些相关的规律进行了认识。

本书的讨论注重系统的观点和思考。对于钢铁行业而言，不是一项技术的进步，或者一个政策的引导就能解决行业的问题，这本身就是一个系统工程，一个国家不因拥有了一座钢铁厂就意味着建立了冶金工业体系。而开展国际合作是大系统工程中的一个子系统。没有系统的观点、系统的政策、系统的筹划，将很难使钢铁行业走出去、融入世界钢铁行业中。

本书的一些观点和立意会有自己独特的一面，这本身就是本书的价值所在。

（1）钢铁行业一些问题的存在是发展的必然，在未来也将伴随整个发展的生命周期中，常态化、市场化管理更优于运动式的管理。

比如重复建设和淘汰落后产能问题，这是由于钢铁行业本身的特性，在发展之初就携带的问题，并非在某一个阶段才显现的问题，当我们提到问题严重并力求解决时，是因为我们已经具有了解决问题的能力。资金密集型、技术密集型、高能耗、广泛的配套（包括人员素质能力、原材料供应、基础设施、相关产业发展等）是钢铁工业的基本特点，只有规模化才能发挥效率，钢铁发展准备期的长短取决于发展所具备的条件成熟的时间。但任何一个新兴的国家都没有能力越过准备期，在准备期内就是由小到大、由弱到强的发展历程，并且逐步实现规模化、大型化。在不同国家钢铁工业发展历程中，不论是通过市场调节，还是通过行政措施，这个规律都是一样的。另外一个诱因是在新兴国家，钢铁材料的需求尚未被充分激活，需求由单一向多样化、由局部到全局也是一个必然的过程，区别只是在于长短而已。我们长期以来不断淘汰落后产能、标准不断升级的过程就是引导规模化的过程，是一个常态化的过程。但这个过程能够更多地降低负面效应是行政调解的核心，因为淘汰落后的过程本身就是一定程度的重复建设的过程，社会资源的重复投入在所难免。

（2）数据本身既是客观的，也是主观的，目的不同，选择分析的方法就会不同，结论也会不同。

本书使用了大量的公开数据进行系统的分析、认识、理解，没有刻意去寻找隐秘的信息。这是因为我们认为公开的数据在某种程度上更可靠一些，毕竟增加了一道发布和被反馈的过程。另外，这些数据已经能够使我们了解基本的情况，提供基本的判断。还有一个重要原因是数据本身并不能完全代表客观现实，也有主观的一面，刻意追求数据可能结果不一定是最好的。

本书直接选取了认可度较高的机构发布的数据。并且为了使分析的全面性，采用了不同体系的数据，本书忽略了这些数据体系之间的差异，也未力求使其统一，使读者有机会了解到更多的信息情况。虽然体系不同，但是对结果的影响可以忽略不计。

（3）预测是从一个角度提供思考的范围和方向，不是未来结果的必然。

预测是我们无法回避的问题，因为我们所有的工作不是沉浸于过去，都是为了未来。因此如果不能对未来提供参考，就会失去存在的价值，这就使预测在所难免。

预测本身就是一个科学的难题，任何一个领域是否可预测本身就值得研究，因为预测本身就是对系统的干扰。一些行业对未来的事件宣称不可预测时，还会引起世界的轩然大波，但有时这是事实，因为当超出人类认知的范围和能力时，我们将无法进行预测。

如何理解预测？预测同其他问题一样，都具有局限性，都是在特定的条件下，选取有限的要素，经过人的意识加工，得出的一种解，并不是发展的全部，也不是未来必然的结果。因此，对于某一个特定的预测而言，我们应该更多地了解预测的前提条件和假设的发展条件，并为自己的思考提供帮助，而不是直接套用预测的结果。

对于个体、个别的企业而言，预测对于经营活动至关重要。而有些权威机构的预测，由于后续会跟随政策的制定和实施，预测本身已经不是简单的推断，而成了辅以手段的引导，这样的预测如果偏差较大将会干扰经济发展的规律，导致行业的发展处于震荡阶段，这样的预测也许没有比有更好一些。基于此，为避免产生误导，本书力求对行业和企业在未来的行动中提供一种视角的参考，因此没有试图对未来进行预测，未给出任何预测结果，也未采纳任何预测的结果来佐证某些观点，这也许是对读者最好的结果。

基于这种观点，本书提出的优先考虑的合作国别是在本书的视角下的一种推荐，是结合分析方法、利用梯度原理、按照文化差异等几个方面的要素进行的一种思考，是一种选择的思路，对于个体而言，也许不是最佳的选择。因为我们采用中国的经济水平和钢铁工业的发展水平的平均值，而有些企业的发展阶段可能已经远超出平均水平状态，因此他们的合作区间也会随之发生迁移。

(4) 信用评级指标的文化属性和使用者的正确理解及使用。

权威机构的信用评级已经成为风险评估的重要参考，企业的投资或者开展国际合作是否可以依赖于这些评价指标呢?

有学者的研究表明，2007—2009年发生的金融危机，评级机构起到了推波助澜的作用。在当时，很多企业使用机构信用评级代替自身的风险和安全评估，一些金融机构倾向于持有成本低、限制少而评级高的证券，从而刺激了业务的膨胀，导致了投资的不足和金融系统的脆弱。在2007年年初，抵押贷款的违约情况远远大于机构的预测，而在2007年7月，评级机构史无前例地大面积降低债券的等级，甚至在很短的时间内将评价很高的证券降低到垃圾级，毫无疑问地加剧了金融系统的危机，扩大了社会的损失。

如何既要正确理解而又正确使用机构评级是开展国际合作者必须认真对待的事情。而有些方面是非常值得关注的，其中包括以下内容。

1) 任何一个机构的信用评级都具有文化属性，不是放之四海而皆准的。

东西方文化的较大差异在合作国别上已经有所体现。例如与中国合作密切的国家和项目在西方的评价机构中获得的评分标准并不高，而评分很高的我们合作起来有诸多的不适应。因为文化的属性已经通过人进入了任何一个体系中。

2) 任何事物都有生命周期，都处于生命周期的不同阶段，用某一阶段的标准去评价另一个阶段的发展潜力将导致不符合实际的认识。

如果用钢铁发达国家的指标评价钢铁起步阶段的国家的发展潜力和发展规划，会给出不切合实际的意见。在中国钢铁工业的现阶段，大型化、规模化已经成为常态，如果拿这个标准来看待一个冶金工业体系尚未建立、配套能力尚且不足的国家按照大型化、规模化建设，实现的可能性会不大。

3) 评级指标选取的有限性与未来发展的随机性、特定事物的特殊性之间的非协调关系。

一般情况下，信用评级的根本目的在于揭示对象违约风险的大小，不能涵盖所有的风险评估；信用评级所评价的目标是评价经济主体履约的能力和意愿，不反映企业本身的价值和业绩；是独立第三方按照自身的技术优势和专业经验发表的一种意见，不能代表投资者本身的选择。

任何一个评级体系只能选取有限的、有倾向性的评价指标，如标准普尔决定一国主权信用评级主要考虑5个方面的因素，政治风险、经济结构及增长前景、外部流动性与国际投资者头寸、财政状况及债务负担和货币灵活性，无法将所有的因素都考虑进去。而在未来的发展中，任何一个次要因素都有可能上升为主要因素并改变事物发展的方向。对于特定的国际合作项目，是否能够遵循评级机构的思路去做风险判断是需要识别的。

4) 评价体系的商业性和导向性对风险判断的影响。

在商业系统中，一切服务遵循的是商业法则，围绕的是商业利益，评级体系也不例外。权威机构的评级不仅为市场提供了参考，无形中也为投资者提供了导向，本身成为不能独善其身的第三者，而是利益的参与者。因此在使用评级机构的体系及指标时，要考虑这种体系和指标对自身的冲击，要有自己的应对之策。

5) 依据企业战略建立的风险评价体系是开展国际合作的最终判断指标。

不论任何权威机构的评级，不论采用什么科学方法得出的评价，对于特定的企业和项目而言，只能作为参考，而不能直接当作自身的风险评价指标来使用。企业依据自身的状况和发展战略建立的评价体系才是终极的评价体系，过度的抄袭和迷信将为国际合作埋下祸根。

本书基于此认识，建立了适合钢铁工业合作的指标体系。

（5）争议本身就是一种撞击，是发展的动力。

行业的发展会一直处于争议阶段。如我国钢铁工业是已经进入了衰退期还是发展中的调整期？这些争议对于行业的发展是一种推动力，对未来的思考是一种推动力，但是对于组织而言，结果的选择是有风险的，稍有不慎，会导致重大的失策。因此对待争论应该采取宽容的政策，让行业、社会在这种争论中更接近真理、更接近事实，发展也会更加健康。

本书作者以平实的语言、广泛而权威的数据、独特的认识和分析，对钢铁行业发展现状和问题的提炼和升华，其思想性、认识的独特性和毋庸置疑性，让我们很难怀疑有些论点。虽然是基于钢铁行业，但这些朴实的自然规律将适用于大多数的行业。

全书包括 7 章和一个手册性质的附录。

第一章　世界钢铁行业发展轨迹、现状及特点

历史在不同的人眼里颜色是不一样的。本书以跨文化认识和管理为统领，以独特的视角勾勒出全球钢铁产业链发展、迁移、兴衰的历史，并对其社会环境和内在的发展规律进行了总结探讨，使读者对钢铁工业发展的全景有一个新的、全面的认识和理解，这些认识包括：铁矿石全球贸易化趋势，一体化的分离与专业化的发展；废钢贸易的商业限制性和使用的先决性；钢铁产量和消费相对集中，扩散趋势相对缓慢，22 个主要产钢国产量占全球的 90%；产钢国主要集中在上中等收入国家（62.4%），其次是高收入国家（29.1%），扩散和发展的趋势已经显现；不同收入的国家人均粗钢表观消费量与人均 GDP 之间的发展规律有着显著的差异；政治因素将是钢铁贸易全球化的主要壁垒等。

第二章　中国钢铁行业对外投资合作情况及有关问题

对中国钢铁行业对外投资和承包合作的现状、地位进行了分析和思考。根据数据分析，从中国对外总体投资情况来看，在过去的时间里，中国的对外投资有以下特点：（1）中国对外直接投资主要流向发达国家/地区、周边国家/地区和离岸金融中心，而中国的钢铁行业对外投资主要流向发展中国家；（2）央企是对外投资的主体，但地方国企和民营企业对外直接投资发展迅速，增长率超过央企；（3）中国对外直接投资终止案例在不断增多。根据统计，高端制造业成为终止案例重灾区。东道国国家安全成为主要理由；（4）高位投资，形成对外投资的亏损；（5）行业的国际合作处于起步阶段，成功的案例少，出现问题的情况多。

第三章 钢铁行业国际贸易摩擦及贸易保护问题

在数据分析的基础上对全球贸易摩擦情况和中国钢铁面对的贸易摩擦情况等进行了分析，并对出现的这些问题进行了思考。钢铁的贸易与铁矿石的贸易走向了两个方向。全球反倾销由发达国家对生存困难的钢铁行业保护为主发展到发展中国家大力发展本国钢铁工业为主，对钢铁这种基础原材料的全球流动形成了制约，是反全球化的信号。

第四章 钢铁国际合作绿色、节能、环保策略

这虽然是全球提倡的，能源和环保既是对钢铁的制约，但凡事都需要一个度。降低能耗是寻求一种平衡的过程，而不是不计代价无限追求的过程。常说为了节约能源，而节约能源本身就是一个伪命题。刻意地追求指标不能促进行业的发展，针对不同的合作对象应该有不同的策略。本章在探讨不同国家钢铁发展基础及模式的基础上，探讨了节能的有关方法。

第五章 开展钢铁国际合作应重点关注的问题

这是全书的理论高点，结合中国的文化背景、中国走出去面对的文化冲突，深入探讨了文化的属性和跨文化管理的基本原理和方法。很多的观点和认识是独创的。文化的研究最基本的研究是基因的研究，本书的很多理念是给予基因的特征总结出来的，但是没有提到任何基因问题。如文化要素的不可融合性、组合选择的原则等。主要提出的对跨文化管理有帮助的：文化的同源性、多样性和唯一性、不可融合和发展性、系统性、主观能动性等，并根据这些基本特性对合作的有关事项进行了认识。文化的本源特征和根深蒂固的影响是解开国际合作的金钥匙。本章对在国际合作中起关键作用的跨文化管理、属地化管理、梯度合作理论、创新合作模式等方面进行了深入的思考，形成了指导开展国际合作的一些基本认识原则。

第六章 国际钢铁合作定位与发展方向探讨

在本章总结了典型国家钢铁工业发展规律和特点，并由此描绘出全球发展的宏观规律，迁移和衰退的规律及周期，转移的方式和逐渐的分离。各国钢铁工业发展的特点包括：（1）行业的不断创新发展，巩固了钢铁工业现阶段不可替代的地位；（2）钢铁工业是当代一个国家实现工业化的发动机；（3）各国和世界钢铁工业的发展有着相似的规律，但是发展周期越来越短，发展速度越来越快；（4）钢铁工业的迁移发展和一个国家钢铁工业衰退是发展的必然，但是可应对的。钢铁工业很难在一个国家消失。在此基础上，探讨了中国钢铁业在国际上的地位及未来合作模式问题。

第七章　合作国别选择指标推荐

在全书分析的基础上，通过对数据的分析，对中国钢铁行业开展国际合作的现状和有关问题进行了探讨，初步建立了适合中国企业开展国际合作的国别选择指标体系，并依据此指标体系推荐了优先开展合作的国别。这只是一种方法，给读者一种思考的角度。

附　　录

附录部分主要是对推荐的国别按照钢铁及与钢铁有关的基本数据进行了搜集和整理，勾勒了国别钢铁发展现状及配套基础设施的情况。

钢铁行业大气污染控制技术与策略①

朱廷钰[1]，王新东[2]，郭旸旸[1]

（1. 中国科学院过程工程研究所；2. 河钢集团有限公司）

《钢铁行业大气污染控制技术与策略》一书归属“十三五”国家重点出版物出版规划项目大气污染控制技术与策略丛书系列。主要针对“十三五”期间钢铁行业大气污染控制技术领域存在的问题及面临的挑战，从钢铁生产全流程多工序污染物排放来源、特征及控制技术等方面进行了深入的阐述，为我国钢铁行业大气污染物防治提供了重要的参考和指导。

一、撰写背景

重霾天气频发已经成为我国社会经济和民生的焦点问题，2016年，全国338个地级及以上城市中，75.1%的城市环境空气质量超标，338城市发生重度污染2464天次、严重污染784天次，对于新标准第一阶段监测实施的74城市，以$PM_{2.5}$为首要污染物的天数占重度及以上污染天数的57.5%，以O_3为首要污染物的占30.8%，区域性复合污染问题日益突出，大气污染控制既要大幅削减现有存量，还要坚决压缩未来增量，面临巨大挑战。

“十三五”期间，我国大气污染防治已开始从电力行业向非电行业转变，钢铁行业作为仅次于电力行业的污染排放大户，在污染物总量及排放强度两方面均面临着巨大的减排压力，2015年我国黑色金属冶炼及压延加工业SO_2排放量为203.7万吨，烟（粉）尘为240.3万吨，NO_x为267.1万吨，分别占全国工业排放总量的14.5%、21.7%和24.5%，全国重点钢企烟（粉）尘排放强度为0.90 kg/t，SO_2为0.96 kg/t，均明显高于国外企业。2018年政府工作报告已明确提出推动钢铁等行业超低排放改造，提高污染排放标准，实行限期达标。

钢铁行业产业链长、工序复杂、资源消耗量大，钢铁排放的废气具有排放量大、污染因子多、污染面广、烟气阵发性强、无组织排放多等突出特点，向大气中排放的污染物包括烟（粉）尘、二氧化硫（SO_2）、氮氧化物（NO_x）、HF、苯、苯并（a）芘、二噁英、酸雾等多达十余种，污染物治理难度大，对先进污染物控制技术存在迫切的需求。受污染处理技术水平和经济条件所限，我国钢铁行业大气污染控制种类单一，主要对SO_2和烟（粉）尘进行控制，长期忽视NO_x、二噁英及重金属等污染物的控制，造成有毒有害污染物的大量排放；以脱硫除尘等末端控制技术为主，烟气处理费用较高，且在污染物处理过程中往往会产生新的副产物，无法从根源上消除污染物。

鉴于钢铁行业大气污染控制的复杂性和紧迫性，总结和展望国内外钢铁行业大气污染

---

① 原著由科学出版社于2018年6月出版。

控制方面已有的技术和进展成为解决钢铁行业大气污染治理的重要环节。

《钢铁行业大气污染控制技术与策略》一书针对我国钢铁行业大气污染面临的迫切难题，在查阅大量文献及资料的基础上，结合作者多年来在科技部国家重点研发计划项目、“863”计划项目、生态环境部公益性项目、中国科学院“大气灰霾”项目及国家自然科学基金等项目的支持下取得的成果，在对钢铁行业污染物排放来源、特征及控制技术需求深入分析的基础上，结合钢铁行业污染物控制技术发展趋势，系统梳理了钢铁全流程多工序污染物控制技术，重点对烧结（球团）、焦化、炼铁、炼钢、轧钢工序污染物来源及控制技术进行了介绍，按生产流程提出重点工序最佳可行性技术路线并对钢铁行业实施多污染协同及超低排放控制提出了建议，对于全面掌握钢铁行业大气污染物控制技术现状、明确重点工序减排潜力及策略、引导钢铁企业节能减排提供重要技术参考。

二、主要内容

按照钢铁主要生产流程，书稿共分为绪论、烧结（球团）工序污染物控制、焦化工序污染物控制、炼铁工序污染物控制、炼钢工序污染物控制、轧钢工序污染物控制以及钢铁行业大气污染控制对策与建议 7 章。

第一章　绪　　论

重点论述了钢铁行业大气污染物排放现状。首先从我国钢铁行业污染物排放总量及排放强度方面进行了数据比较，与国外先进钢铁企业相比，我国钢铁企业整体能源利用率低，吨钢污染物排放量高，环保水平差距明显，如德国蒂森钢铁公司吨钢烟（粉）尘排放量为 0.42 kg/t，韩国浦项钢铁公司为 0.11 kg/t，我国 2014 年烟（粉）尘排放强度为 1.23 kg/t，钢协统计的重点钢企烟（粉）尘排放强度为 0.73 kg/t，均高于国外企业；钢铁生产流程包括“高炉—转炉”长流程工艺和“电炉”短流程工艺，结合钢铁生产过程物料流向及分布，对钢铁各生产工序污染物来源及分布进行了全面的阐述，总体上来讲，钢铁工业的大气污染物主要来源于原燃料的运输、装卸、加工及存储等过程产生的大量的含尘废气、钢铁厂各种窑炉在生产过程中排放的大量含尘及有毒有害废气和生产工艺过程化学处理产生的废气。通过回顾钢铁行业大气污染治理标准的演变，汇总了国家环境保护部（以下简称环保部）于 2012 年颁布 7 项与钢铁行业大气污染物相关的排放标准，同时结合 2017 年环保部提出对钢铁行业烧结（球团）等工序污染物特别排放限值进行修改的征求意见，特别排放地区颗粒物由 40 mg/m^3 降低为 20 mg/m^3，SO_2 由 180 mg/m^3 降低为50 mg/m^3，NO_x 由 300 mg/m^3 降低为 100 mg/m^3，全行业增加无组织排放控制措施要求，包括 2018 年政府工作报告中已明确提出开展钢铁行业超低排放改造，标准倒逼钢铁行业大气污染防治工作全面趋严，对先进污染物控制技术存在迫切的需求。最后通过对“十一五”到“十三五”期间我国钢铁行业除尘脱硫技术发展现状的概括梳理，提出我国钢铁行业大气污染控制技术发展趋势主要包括湿法控制技术向干法控制技术、单一污染物控制向多污染物协同控制、末端控制向源头过程控制、污染物控制与节能资源利用相结合趋势的转变。

第二章 烧结（球团）工序污染物控制

烧结（球团）工序大气污染物控制是本书的重点内容，烧结（球团）工序是钢铁行业大气污染的主要来源，每生产 1 t 烧结矿产生 4000～6000 m^3 烟气，烟气中含有粉尘、SO_2、NO_x、二噁英等污染物，污染物排放总量约占钢铁生产的60%以上，是钢铁行业大气污染治理的重中之重。本章节从烧结（球团）工序生产流程及产污节点分析，对其污染物来源及排放特征进行了详细的阐述，包括粉尘、SO_2、NO_x、二噁英、氟化物和重金属等污染物，基于污染物种类对污染物控制技术原理、主要技术参数、应用案例及发展趋势分别进行了介绍。烧结烟气除尘技术较为成熟，已应用的除尘技术包括静电除尘、布袋除尘和电袋除尘技术，重点发展的技术是脱硫技术，脱硫技术种类繁多，按国内外钢铁行业已应用的烟气脱硫技术可大致分为湿法、半干法和干法脱硫技术，包括石灰石—石膏法、氨法、氧化镁法、双碱法等湿法技术，循环流化床（CFB）法、旋转喷雾干燥（SDA）法等半干法，活性炭等干法技术，此部分结合国内已应用的大型钢铁企业（如宝钢、梅钢、柳钢、邯钢、太钢等）技术应用案例，对技术工艺参数及经济运行数据进行了细致的介绍，基于已运行的脱硫技术，中国科学院过程工程研究所对烧结烟气脱硫装备运行效果进行了调研和评估，重点从脱硫效率、运行费用和脱硫副产物三个方面对脱硫技术进行了综合评估，形成《钢铁烧结烟气脱硫除尘装备运行效果评价技术要求》（GB/T 34607—2017）国家标准一项，为烧结烟气脱硫技术的全面推广的实施提供了全面参考。针对烧结烟气中 NO_x 减排，国内处于起步阶段，常见的 NO_x 减排技术包括烧结烟气循环、SCR 脱硝、氧化吸收法和活性炭吸附法等技术，基于过程减排的技术发展思路，烧结烟气循环技术是未来烧结烟气节能减排技术的关键，此部分也对此技术的研发应用现状进行了重点分析和展望。钢铁生产过程90%以上的二噁英由烧结工序产生，而二噁英是被世界卫生组织的国际癌症研究机构宣布为经确定的对人类致癌物质中的一级致癌物，此部分结合源头抑制、过程控制和末端协同控制等方面对国内外二噁英控制技术进行了阐述，为烧结工序二噁英的全过程控制提供技术依据。此外，本章节重点对烧结工序重金属汞控制进行了分析，主要采用现有污染控制设施实现协同脱汞，为未来多污染物协同控制技术的研发及应用提供了参考。

第三章 焦化工序污染物控制

炼焦过程是钢铁生产工序第二大污染物来源，其污染物种类繁多，废气中含有煤尘、焦尘、焦油等物质，其中无机类污染物包括 H_2S、HCN、NH_3、CS_2 等，有机类的有苯类、酚类等 PAHs 等，其污染发生源多、面广、分散，连续性和阵发性并存，污染物治理难度大，同时焦炉煤气含有较高的热值和多种可回收物质，净化后具有回用的价值。针对焦炉生产过程，无组织烟尘治理一直是污染控制的难点，此部分结合技术措施和管理措施对烟尘治理方法进行了阐述。焦炉荒煤气净化工艺流程较长，此部分从净化需求工艺路线分析，主要对焦炉煤气脱硫脱氰、脱氨和除苯洗萘技术进行了介绍，重点针对焦炉煤气湿法和干法脱硫技术进行了分析，包括以氨为碱源的 TH 法、FRC 法、HPF 法和 ADA 法湿式氧化脱硫技术，索尔菲班法和 AS 法为代表的湿式吸收脱硫技术和以活性炭吸附和氧化铁吸附为代表的干法脱硫技术，此外对焦炉煤气二次净化技术如变温吸附技术、加氢转化技术等进行了介绍。对于焦炉工序，净化后的焦炉煤气燃烧形成的焦炉烟气是焦化工序 SO_2 和 NO_x 的主要排放来源，焦炉烟气脱硫主要采用的脱硫技术有石灰石—石膏法、钠碱法、湿式氧化镁法和氨法等，技术比较成熟，脱硫效率较高，焦炉烟气中 NO_x 的控制技术主要可通过改变燃烧方式与生产工艺和采用末端烟气脱硝技术两种途径来控制焦炉烟气中 NO_x 的浓度，随着我国《炼焦化学工业污染物排放标准》（GB 16717—2012）的执行，末端烟气脱硝技术成为焦炉烟气治理的难点。焦炉烟气属低温、低 NO_x 浓度、低 SO_2 含量，常规 SCR 脱硝技术缺乏合适的温度窗口，此部分从联合脱硫脱硝技术的角度对焦炉烟气联用技术和一体化技术进行了详细的介绍，跟踪了国内外此领域最新技术应用进展，包括钠基脱硫与低温 SCR 脱硝联用技术、活性炭法脱硫脱硝技术、氧化脱硝与氨水吸收一体化脱硫脱硝技术等，为焦炉烟气联合脱硫脱硝提供了重要参考。

第四章　炼铁工序污染物控制

重点论述了钢铁生产炼铁工序的污染物排放特征及控制技术，煤气的回收及余压发电技术。首先对高炉炼铁生产流程及产污节点进行了详细论述，结合炼铁工序的主要流程，出铁场、矿焦槽、炉顶装料、均排压、煤粉制备、热风炉等是主要的废气排放源，根据不同的工序节点，废气污染物主要包括含有粉尘的运输及装料废气，含有高浓度粉尘、SO_2、NO_x 的热风炉的废气，含有粉尘的出铁场排放废气，含有 H_2S、SO_2 等气体的渣处理排放废气，含有 CO、粉尘等的高炉煤气放散废气，以及含有粉尘的煤粉制备系统产生的煤尘废气。废气点多，含尘浓度较高是高炉炼铁工序废气污染的主要特点，粉尘排放总量高达钢铁生产烟（粉）尘总排放量的50%以上；另一方面，高炉煤气中含有15%~18%的 CO（体积分数），每生产 1 t 生铁可得 1600~2000 m^3 高炉煤气，具有较高的回收利用价值。针对高炉炼铁工序不同的产污节点排放污染物的控制，高炉出铁场主要为烟尘的控制，该工序排放的烟尘浓度高达 230~2100 mg/m^3（标态），目前国内采取两次除尘的方式进行控制，该技术是参照日本技术或是在其基础上发展起来的，基本上控制了高炉出铁场烟尘对环境的污染，但该技术存在二次除尘系统投资、运行费用高、烟尘捕集设施与操作及炉前设备不匹配等原因，现阶段还不适宜在我国推广。针对高炉煤气的除尘净化及回用技术，由于高炉荒煤气中含有颗粒物、CO、CO_2、硫化物、氨水、氰化物、碳氢化合物与 PAHs 等污染物，高炉含尘煤气净化除尘是实现高炉煤气资源合理利用所必不可少的关键技术。首先需要对煤气进行除尘，一般先经过重力除尘器、重力除尘器加切向旋风除尘，或者是轴向旋流除尘完成粗除尘，然后再进行干式除尘或湿式除尘完成精除尘。另外，高炉煤气中的 HCl 也需进行脱除，目前国内外针对煤气脱氯的工艺主要为采用注水、缓蚀剂、碱性中和剂等来直接脱除煤气中的无机氯的湿法脱氯和利用固体脱氯剂与煤气中的氯化氢进行化学反应从而使气体形态的氯固定在脱氯剂上的干法脱氯。除此之外，高炉均压放散煤气回收利用技术和余压发电技术也是目前普及的技术，湿法清洗技术和干法布袋除尘回收技术可以实现高炉均压放散煤气回收利用，但对高炉作业率、净化系统和净煤气管网存在影响。针对高炉煤气余压透平发电，我国大于 1000 m^3 高炉的 TRT 普及率达到98%。重点钢铁企业 TRT 的发电量已经达到 30~50 kW · h/t 铁，具有良好的经济效益。

第五章 炼钢工序污染物控制

重点论述了炼钢工序污染物来源与排放特征及控制技术。首先对转炉炼钢和电炉炼钢两种生产流程及产污节点进行了详细论述，其中转炉炼钢的污染物排放主要来自铁水预处理过程含尘烟气、含有烟尘、CO、CO_2、氟化物等的转炉烟气，含有 CO_2、CO、O_2、烟尘等的精炼炉烟气和含有烟尘的连铸废气；电炉炼钢的污染物排放主要来自电炉电加热过程中产生的烟尘、二噁英等污染物。除此之外，炼钢辅助工序铁合金炉也是该工序污染物排放来源之一，铁合金工序主要产生含有 CO、CH_4 和 H_2 的高温含尘可燃气体。对于转炉烟气的净化，主要通过燃烧法和未燃法进行一次烟气（转炉煤气）的净化，燃烧法只适用于确实无法实现煤气回收的地方，该方法烟气量大，尘粒直径小于 1 μm 的约占 90%以上，较难清除；采用未燃法烟气量仅占燃烧法的 1/6~1/4，尘粒大于 10 μm 的达 70%以上，除尘难度比燃烧法小得多。转炉一次烟气中烟尘主要采用湿法除尘、干法除尘、半干法除尘和全干法除尘技术进行控制，目前 OG 湿法除尘技术和 LT 干法除尘技术是最常用的除尘技术，其中 LT 法除尘效率高达 99%，煤气含尘量最低可到 10 mg/m^3 以下，且煤气回收量高，较 OG 法更具优势。转炉一次烟气中还含有体积浓度为 100×10^{-6}的硫、磷、砷及其化合物等有毒有害杂质，现阶段一般采用石灰石—石膏法、喷雾干燥法、电子束法、氨法等进行脱硫；火法挥发和湿法浸出进行砷的净化回收。针对转炉二次烟气的净化，通常采用高效布袋除尘完成，经除尘后排放烟气中的烟（粉）尘浓度一般可控制在 20 mg/m^3 以下。除了特定工序外，转炉车间也存在烟尘排放的问题，由于含尘量较少，一般采用大风量压入型布袋除尘器，经过厂房除尘，车间空气中的尘含量可降到 5 mg/m^3 以下。电炉炼钢工序主要存在烟尘的治理和二噁英的控制，首先对电炉烟气进行捕集，捕集后的烟气采用干法和湿法两种技术进行烟尘的控制，其中干法控制主要有电除尘及布袋除尘技术，是目前电炉烟气控制的主流技术；湿法主要是水膜除尘技术，包括喷淋法、喷雾法、冲击法、吸收法等。电炉烟气二噁英主要采用源头控制和尾气控制，源头控制主要是消除二噁英合成的必备原料及条件，是控制二噁英最节能有效的措施，尾气控制技术主要包括快速冷却法、高效除尘技术、物理吸附技术等。最后铁合金烟气治理关键在于烟尘的控制，一般采用的除尘设备包括机械除尘、湿法除尘、电除尘以及布袋除尘。

第六章 轧钢工序污染物控制

重点论述了轧钢工序污染物来源与排放特征及控制技术。轧钢工序是钢铁生产的最后一道工序，主要污染物包括烟尘油雾、酸雾、烟尘、SO_2、NO_x、VOC 等，采用的控制技术主要包括加热炉废气排放控制及余热回收技术、精轧机烟气除尘技术、轧钢酸洗车间酸雾逸散控制技术和冷轧油雾控制技术。对于加热炉废气排放控制及余热回收，废气排放控制的主要技术手段是降低烟气排放的绝对数量以及烟气中有害成分的含量，一是降低燃料消耗和燃用低硫燃料，减少废气排放污染物总量，二是优化燃烧过程，实现燃料的完全燃烧，降低因燃料燃烧不充分引起的烟气中有害成分的上升，具体的技术包括蓄热式燃烧技术、数字化燃烧技术、智能化控制技术、低氮氧化物燃烧技术等，其中蓄热式燃烧技术还可使加热炉的生产效率提高 10%～15%，氧化烧损降至 0.7%以下；数字化燃烧技术与智能化燃烧控制可保证每个烧嘴始终在额定状态下工作，从而降低了加热炉运行中的燃料消耗，减少废气的产生；低氮燃烧技术则通过改变燃烧条件或燃烧工艺来降低燃烧产物（烟气）中 NO_x 的生成量；对于余热回收主要采取加热炉余热回收技术，实现平均烟温从350 ℃降低至 160 ℃左右，实现余热的回收。针对精轧机烟气的烟尘控制，现阶段主要采用湿法除尘技术、湿式电除尘技术、袋式除尘技术和塑烧板除尘技术，这些技术均可以实现较好的除尘效果。针对轧钢酸洗车间酸雾逸散的控制，可通过在酸液中添加酸雾抑制剂来实现酸雾的抑制，另外可以通过水洗涤、中和洗涤、静电除雾等多种方法进行逸散酸雾的控制。对于冷轧工序油雾的控制，现有的洗除法、过滤法、催化剂净化法、活性炭吸附法、静电沉积法、惯性分离法等一系列的分离方法均可以取得较好的控制效果。

第七章　钢铁行业大气污染控制对策与建议

在上述六章论述的基础上，分别对钢铁行业各工序大气污染物防治最佳可行性技术进行了阐述，同时结合我国钢铁行业节能减排、落后产能淘汰以及末端治理等政策措施，对钢铁行业不同减排情景下污染物减排潜力进行了估算，对各情景的计算表明，末端治理是减排潜力较大的污染物减排情景，SO_2、NO_x、PM、PM_{10}、$PM_{2.5}$及二噁英相对于基准年排放量的减排率分别为 68%、34%、62%、41%、49%和 61%，远超过其他情景的减排率，这是由目前末端烟气控制设施普及率较低、采用的末端治理措施控制运行效果不佳导致的。而我国钢铁工业正处于转型发展的重要战略机遇期，行业废气污染控制不仅仅是一个简单的末端治理问题，本章最后结合钢铁行业结构调整及转型发展过程，对中国钢铁行业大气污染控制形成针对性对策建议，提出对于钢铁行业大气污染控制，首先，废气污染物控制种类要从目前主要对烟（粉）尘及 SO_2 的控制尽快转变到应对复合型污染及 NO_x、二噁英、苯并［a］芘和重金属等污染物的控制上来；其次，废气污染控制方式须在综合考虑行业各种要求系统整体推进，加大力度淘汰落后产能，合理规划和利用环境资源，调整产业布局；结合行业技术升级加快，优化和提高资源能源利用效率，注重污染物的前端和过程控制，减少废气总量的排放，强化末端治理及协同控制的关键技术开发及示范应用，根据企业现状，分区域、分阶段稳步推进钢铁行业绿色发展。

三、出版意义

本书由中国科学院过程工程研究所朱廷钰研究员和河北钢铁集团王新东教授级高工联合编写，朱廷钰研究员主要从事钢铁行业烟气污染物控制，在基础应用及技术研发方面积累了大量的成果，王新东教授级高工从事钢铁行业节能减排技术研发应用工作近 30 年，积累了丰富的工程经验。本书凝聚了作者长期积累的理论成果和实践经验，为“十三五”期间我国钢铁行业从“达标排放”到“提标改造”再到“超低排放改造”提供了重要的技术参考价值。

书稿中系统梳理了钢铁行业各工序物料流向及产污节点，为企业准确控制污染物排放提供了指导，成为钢铁企业环保管理部门重要的参考书籍，如河钢集团 2020 年实施了 30 项重点节能减排和污染治理项目，重点实施了烧结机烟气、焦炉烟气、热风炉、加热炉、燃气锅炉等一系列超低排放改造项目，烧结烟气循环系统、炼钢除尘改造等，主要污染物指标居行业先进水平，按照环保绩效A级标准积极推进超低排放改造，在大气污染治理方面的工作卓有成效；同时作为国内高等院校及科研院所从事环境工程、环境科学、冶金工程等专业的研发人员及学生的参考用书，为钢铁行业大气污染控制领域培养优秀人才提供帮助和指导，也为从事钢铁环境保护的工程技术人员及设计人员提供了宝贵的参考资料。

受限于编写年限的限制，钢铁行业排放标准自2017年加严，到2019年生态环境部等五部委《关于推进实施钢铁行业超低排放的意见》，钢铁行业大气污染控制技术在全行业发生了剧烈的演变，结合近几年技术发展及应用现状来看，钢铁行业超低排放技术改造几乎契合了本书中对技术应用趋势的分析，例如焦炉烟气联合脱硫脱硝技术、烧结烟气多污染物系统控制技术和烧结烟气循环技术等，在钢铁超低排放改造过程中起到了重要的技术支撑作用，为推动我国钢铁行业绿色发展提供了关键技术参考，在钢铁大气污染控制领域具有行业里程碑式的意义。

专著出版同时也促进了中国科学院过程工程研究所和河钢集团在钢铁行业大气污染控制领域的科研合作及成果转化，中国科学院过程工程研究所和河钢集团联合承担“十三五”国家重点研发计划项目“钢铁行业多工序多污染物协同控制技术”，在此基础上所完成的钢铁行业超低排放、减污降碳技术成果分别入选2019年和2022年“中国生态环境十大进展”，“钢铁行业多工序多污染物超低排放控制技术与应用”获2020年国家科学技术进步奖二等奖，在2021年两院院士大会上，被习近平总书记提及为民生科技领域的重要成果，对钢铁行业大气污染控制技术研发及应用起到了良好的引领及示范作用。

双碳背景下，钢铁行业面临全行业超低排放和低碳发展的双重挑战，对新技术的需求将只增不减，本书的出版也将进一步支撑未来钢铁行业绿色高质量发展，为钢铁行业下一步减污降碳继续提供重要参考。

钢铁工业绿色工艺技术①

于　勇，王新东

（河钢集团有限公司）

绿色发展是国际大趋势。资源与环境问题是人类面临的共同挑战，可持续发展日益成为全球共识。特别是在应对国际金融危机和气候变化背景下，推动绿色增长、实施绿色新政是全球主要经济体的共同选择，发展绿色经济、抢占未来全球竞争的制高点已成为国家重要战略。绿色制造是生态文明建设的重要内容，也是制造业转型升级的必由之路。我国作为制造大国，依然没有摆脱高投入、高消耗、高排放的发展方式，资源能源消耗和污染排放与国际先进水平仍存在较大差距。资源环境承载能力已近极限，加快推进制造业绿色发展刻不容缓。全面推行绿色制造，不仅对缓解当前资源环境瓶颈约束、加快培育新的经济增长点具有重要现实作用，而且对加快转变经济发展方式、推动工业转型升级、提升制造业国际竞争力具有深远历史意义。中国钢铁产量居世界第一，约占全世界钢铁总量的一半，对资源和能源的刚性需求，对环境、社会和国民经济的影响，引起了全社会的极大关注。

我国国民经济的发展已经进入新常态，中国钢铁工业正在面临去产能、绿色化等历史命题的挑战。在去产能阶段，如何既高质、高效地为国民经济发展提供优质、足量的钢铁产品，又实现环境友好、低碳、资源循环和为社会服务的目标。世界钢铁工业长时间的实践证明，“绿色钢铁”是满足上述两个目标的历史性选择，是钢铁企业生存和发展的需要，也是一个钢铁大国成为钢铁强国的必经之路。绿色钢铁不仅是节能减排和资源有效利用的叠加，还有更加丰富的内涵，除了绿色制造外，还有绿色产品、绿色副业、绿色采购、绿色物流以及绿色管理、人员素质提高和发展理念转变等。钢铁工业的发展已经由“单纯钢铁”走向“绿色钢铁”阶段。

本书在河钢集团唐钢公司实践的基础上，借鉴部分国内外钢铁企业的“绿色钢铁”实践，考虑了我国钢铁工业的实际情况（如长流程为主、能源结构以煤为主、铁钢比较高、制造流程不尽合理等），着重研究钢铁制造流程结构优化、提高能源利用效率及其与外界社会的工业生态链接。为钢厂与城市和谐共存进行了十分有益的探索。在新常态的新形势下，只有创新思路和创新方法，才能开发出新流程、新工艺、新技术和新装备。传统的末端治理方法已经不能满足新形势的要求，本书介绍的源头治理和过程治理的方法，解决了节能和环保等问题，相信在不久的将来，会有更多的具有中国特色的绿色新钢铁制造流程、工艺、技术和装备出现在世界的钢铁工业中。本书还介绍了三种评价绿色钢铁的方法，供定性、定量诊断和评价钢铁工业的绿色程度，为不断提高我国绿色钢铁的水平提供

① 原著由冶金工业出版社于2017年1月出版。

一种可操作的工具。希望本书的出版能对促进我国钢铁工业的转型升级贡献一分力量。

全书共由概述、国外钢铁流程绿色工艺技术、国内钢铁流程绿色工艺技术、国内辅流程绿色钢铁工艺技术、钢铁绿色新技术的基础研究、中远期需要研发的绿色钢铁工艺技术、绿色钢铁系统评价 7 章构成。

第一章 概 述

绿色钢铁是世界钢铁工业发展的共同选择与发展方向，是钢铁工业生存和发展的共同需要，是一个钢铁大国变为钢铁强国的必经之路。中国钢铁工业已经进入了新常态，面临了新形势，提出了新要求，因此中国钢铁工业需要在总结近年绿色发展的基础上，用新的方法、新的思路去开发新的绿色流程、装备和技术去面对更高层次的绿色发展，建设有中国特色的绿色钢铁工业生产模式。目前，钢铁工业简单的绿色化和节能减排阶段已经过去，已经进入了复杂、难度大、投入多的绿色化和节能减排阶段，由于中国钢铁工业的规模大，目前又处在钢铁工业经济效益不稳定的阶段，所以除开发高效、洁净、低碳的绿色钢铁技术外，低成本成了对所开发新技术的一个新要求。由于钢铁工业的自身特点，绿色钢铁的内涵除了包含减少物料和能源的消耗，同时实现废物减量化、资源化和无害化的绿色工业要求以外，还必须同时考虑显性绿色指标、隐性绿色指标、钢铁企业与环境的友好相处程度。其中显性绿色指标是指能源介质的直接减少、末端排放污染物对环境的影响、二次资源的综合利用水平等指标，隐性绿色指标是指流程结构、产品结构、能源结构、原料结构、铁钢比、平面布置和装备规模及水平等指标，钢铁企业与环境的友好相处程度包括钢铁企业是否与企业外的其他工业和社会建立绿色联系、是否实现二次能源输出、是否实现二次资源相互利用、是否实现为外界提供其他服务等内容。世界上钢铁流程有长流程和短流程两大类。长流程由烧结、焦化、高炉、炼钢、轧钢等主要工序组成，原料以铁矿石为主；短流程由电炉和轧钢等主要工序组成，原料以废钢为主，近年来也出现了以“铁水+废钢”为主要原料的钢铁流程。公认的是，长流程能耗高，污染大，资源效率低，耗时长；而短流程能耗低，污染小，资源效率高，耗时短。尽管如此，中国目前也不得不以长流程为主，最主要的原因是中国的废钢资源现在还不足以支撑高比例的短流程，这一状态还要持续一段时间，这是现状，是中国钢铁工业能耗比国外高的重要原因。在绿色流程的定义中包括四大要素，即顺序合理、内容全面、方法恰当、标准正确。绿色钢铁流程将使钢铁厂由单功能变为多功能，流程内的高效、绿色、低碳、资源循环等，将扩大钢铁厂的边界，与其他工业、社会和自然有机地融为一体，实现环境友好相处的高目标。本章介绍了绿色钢铁的内涵和绿色流程的定义，同时阐述了国内外不同组织对绿色钢铁的理解。

第二章 国外钢铁流程绿色工艺技术

发达国家在几百年的工业化过程中，也经历过工业污染日趋严重和不间断治理的阶段，治理污染的方法也经历了从局部小系统治理，逐步过渡到了深入的大系统治理的阶段，治理的污染物的种类也越来越多。发达国家的工业企业从 20 世纪 70—80 年代中期，受到了越来越大的来自社会、政府、环境以及成本的压力，钢铁企业必须对上述压力做出反应，这个反应就是钢铁企业的绿色化过程。钢铁企业意识到绿色化已经成为企业生存无法回避的问题，于是投入大量人力、物力、财力和时间，创新出了大量行之有效的节能减排新工艺和新技术，从流程、原料、装备、操作等的精细化，直至各级人员素质的与时俱进，实现了与环境的友好相处，这些绿色工艺和技术还取得了良好的经济效益，同时解决了企业生存和发展的问题。例如日本新日铁的钢铁工业生态系统已经为社会处理废塑料、废轮胎、废钢铁、废玻璃、废纸和制备氢气等，并生产出了有色金属、水泥、化工产品等新产品，实现了钢铁工业近零排放及与环境的友好相处。日本钢铁工业已经达到较高的绿色钢铁水平，但仍然不断提出各种新工艺研究，包括高炉低温快速还原反应新工艺和新技术、块矿炼铁新工艺、高炉氢还原和炉顶煤气二氧化碳分离技术、废塑料和废轮胎在钢铁工业的循环利用等。韩国钢铁工业建设的起点较高，钢铁工艺和技术较先进，绿色钢铁建设主要是制定未来十年的发展规划，通过提高钢铁公司各级人员的素质和能力以及核心技术开发来实现，包括构建知识型生产力、强力支持新的核心技术的研发、追求智能化管理等。欧盟总结了钢铁工业的最佳可行技术（BAT），为钢铁工业全流程和各个工序提出了大量新工艺、新技术和新装备，并将世界上实践结果最好的指标也列入 BAT。欧盟认为从技术角度讲，欧盟钢铁工业实现节能减排的做法已经到了潜力很小的阶段，只有改变钢铁工艺才能获得大的节能减排效果，实现绿色化钢铁工业。20 世纪 90 年代至今，国外钢铁公司已经从被动服从环境法规，向主动创新发展方式转变，企业开始主动关注自身的环境行为，这是一个阶跃的进步。本章介绍了国外绿色钢铁的典型发展案例，并分析其变化趋势。

第三章　国内钢铁流程绿色工艺技术

随着生产成本的精细化管理以及国家、行业对环保降耗和节能减排的严格要求，原燃料的环保储存和节能降耗已备受行业关注，环保储存技术已然成为行业所需及长远发展趋势。作为冶金生产的首道工序，现代化原料场的设计与使用尤为重要。绿色原料场是一个集工艺、设备、环保等先进技术于一体的加工配送中心，应具备减少扬尘与污染物排放、降低能耗、提高二次资源利用率的能力，彰显绿色、可持续发展的环保理念。绿色原料场技术包含以原料库技术和棚化技术为代表的封闭原料场技术、原料储存技术；以除尘技术和抑制扬尘技术为代表的环保技术；以铁前资源循环利用技术和处理钢轧系统废弃物技术为代表的资源循环技术等。当前典型绿色原料场可分为改造升级型绿色原料场和新建绿色封闭原料场。未来大型钢铁联合企业的绿色原料场，是一个绿色物流管理中心，应具备高度的机械化、自动化、信息化、智能化、可视化水平。焦化工序绿色工艺技术包括扩大炼焦煤源的预处理工艺技术、焦化废水综合治理技术、焦化废渣废液的综合利用技术、焦化废气污染及防治、焦化噪声污染及防治、焦化系统余热利用的相关技术等。烧结工序绿色工艺技术包括烧结烟气综合治理技术、烧结余热资源回收利用、厚料层烧结技术、炼铁固废综合利用、烧结风机变频及主抽汽拖—电动技术、全高炉煤气点火技术等。炼铁工序绿色工艺技术包括高炉干法布袋除尘技术、高炉炉顶煤气余压发电技术、高炉渣显热利用技术、高炉高风温技术、热风炉废气余热利用技术、高炉软水密闭循环冷却系统等。转炉炼钢工序绿色工艺技术包括转炉煤气回收技术、烟气余热回收技术、负能炼钢技术、蓄热式钢包烘烤技术、连铸坯热送热装技术、薄板坯连铸技术等。电弧炉炼钢工序绿色工艺技术包括废钢分拣预处理技术、合金废钢分类回收管理、废钢预热技术、电炉炼钢加铁水技术、电炉烟气余热回收技术、蓄热式钢包烘烤技术等。轧钢工序绿色工艺技术包括棒线材热送热装技术、棒线材无头轧制技术、万能法轧制技术、重轨在线热处理技术、连铸坯复合轧制厚板技术、锻轧结合特厚板生产技术等。本章在河钢集团唐钢公司实践的基础上，介绍国内钢铁企业在焦化工序、烧结工序、球团工序、炼铁工序、转炉炼钢工序、电弧炉炼钢工序、轧钢工序的绿色工艺技术及应用效果。

第四章　国内辅流程绿色钢铁工艺技术

钢铁工业除了不可或缺的主流程外，还有大量同样不可或缺的辅流程，如制氧厂、发电厂、建材厂、水泥厂、化工厂、钢渣处理厂等，以及大量节能、环保和二次资源利用设备，如高炉炉顶煤气余压发电装置TRT、烧结余热发电设备、余热回收设备等。节能、环保、二次资源利用工艺和技术包括钢铁流程能源管控中心、转炉蒸汽回收及饱和蒸汽发电技术、全燃高炉煤气发电技术、高炉冲渣水余热利用技术、高辐射覆层节能材料、界面节能技术等。其中，能源管控中心系统是采用现代计算机技术、网络通信技术和分布控制技术，实现能源系统的实时监视、控制、调整，具有故障分析诊断、能源平衡预测、系统运行优化、高速数据采集处理及归档等功能，使能源系统更安全，实现图形化、直观化和定量化管理。转炉蒸汽回收及饱和蒸汽发电技术既可充分利用饱和蒸汽，又可避免蒸汽放散造成的浪费，还能提供电能，产生新的效益。城市中水做钢铁流程水源技术的典型代表是河钢集团唐钢公司的水处理中心。唐钢公司水处理中心主要包括处理城市中水和工业废水预处理系统、废水深度处理系统，通过对城市中水和工业废水进行深度处理，替代原来使用的深井水，以实现节约新水、改善循环水系统水质的目标。唐钢公司水处理中心的投入运行，实现厂区内工业用水的综合处理和循环利用，实现吨钢耗新水为零，并实现工业废水零排放，达到了国内先进水平。氧气是钢铁企业非常重要的二次能源介质。为了确保生产供气的安全性和稳定性，提高制氧系统的抗风险能力和生产调峰能力，制氧机组常常采用提高氧气产量的方法，但这样不仅能耗大，而且由于气体供应量大于需求量，势必会造成多余气体的放散，造成巨大的能源浪费。现代钢铁企业的制氧机组的节能减排技术应从制氧机、氧气输送系统、氧气使用系统和液氧储存系统四个方面着手。对制氧系统而言，采用最高的液体产量进行生产对于提高系统效率是有利的，液体产品中液氩产量的增加对效率贡献最大，气体产品中气氧产量的增加对效率贡献最大。制氧机系统在设计工况下的效率最高，制氧机的最佳运行模式为在最大液体产量的设计工况下运转，使液体产量达到极致，系统效率也最高。制氧系统变负荷幅度不宜过大，应控制在10%以内，以确保制氧系统在最高效率点工作。钢铁工业绿色物流就是钢铁工业设计并实施的一个绿色物流管理系统，此系统建立在维护企业可持续发展基础上，改变原来企业经营发展与物流、消费生活与物流的单项作用关系，在抑制物流对环境造成危害的同时，减少资源消耗，形成一种能提高企业节能减排工作水平的绿色物流系统。绿色物流的基本原则是资源节约原则、循环利用原则、依靠技术创新与成本控制原则、可持续发展原则。信息化、自动化和计量技术是通过信息化架构的设计及应用，实现采购、销售、生产、质量、财务、物流、工程及设备的一级管控，建立起信息高度共享、数据高度一致、系统高度安全、人员精简高效的企业运作模式，保障了企业生产经营方式转变、改革创新、面向市场、服务客户等重点工作的落实，实现对钢铁工业的制造成本、生产效率、产品质量、环境效益的协同优化。本章介绍了国内钢铁工业辅流程的绿色钢铁工艺和技术。

第五章　钢铁绿色新技术的基础研究

对于二氧化硫和氮氧化物等大气污染物，国内外的环保实践证明，过程治理和源头治理技术的成本比末端治理技术低，许多场合可以达到同样的效果，而且过程治理和源头治理技术是目前国家鼓励研究的环保技术，它对解决环境污染的思维方法的变革，会起到很大的推动作用，并带来越来越多的创新成果。目前大多数钢铁公司采取的方法主要是末端治理的技术，如现有的钙基、镁基、氨基等脱硫技术，这些方法是有效的，但通常建设投资和运行成本都较高，有的还存在脱硫副产物处理难的问题，这给钢铁工业大面积推广末端脱硫技术带来一定的难度。而烧结过程固硫固硝技术已经完成了实验室试验，下步还需要得到工业试验验证。钢渣利用的趋势是从钢渣中回收高价元素、利用高价元素以外的其他元素制备新的无机材料产品、将钢渣中有害元素无害化、同时利用钢渣中的热能和资源。钢铁渣协同其他工业和社会固废生产高附加值产品的研究是同时利用钢渣的热能和资源来制备不同的高附加值产品和余热发电。该技术开发了跨行业资源循环链接技术，除利用钢渣外，还利用发电厂的粉煤灰、尾矿、赤泥、城市水处理污泥等，同时利用钢渣的资源和能源，开辟了高固废掺量的陶瓷和微晶玻璃的制备技术，建立了一套将传统陶瓷的硅—铝体系改变为钢渣陶瓷的硅—钙—铁理论体系。高炉渣成分基本满足建筑纤维材料的要求，由于刚出炉的高炉渣的温度高，符合制备纤维的条件，只要适当调整酸度和温度，即可直接送到高速离心机器制备纤维。高炉渣制备纤维产品后，可以设计多种深加工的建筑和工业使用的功能产品，具备很高的附加值。燃烧技术的三点要求为安全、高效、洁净，在中国燃烧技术发展中，对安全燃烧和高效燃烧较重视，但对洁净燃烧的研究相对较少。富氧燃烧技术是国家鼓励推行的节能减排技术，但在中国目前实际应用富氧燃烧技术的钢坯加热炉还极少，主要原因就是经济效益不理想的问题，因为氧气价格较贵，国内加热普碳钢较多，导致系统综合经济效益偏低，而国外加热炉加热优质钢采用富氧燃烧技术就有较好的综合经济效益。钢铁工业低质余热回收和利用的基础研究包含烧结余热高效回收技术、烧结余热产生低压蒸汽发电的基础研究、转炉烟气余热高效回收技术等，示范工程运行效果良好。生命周期评价（LCA）是对产品系统或生产活动从地球上获取原料到生命终期再到废物丢弃各个阶段对环境产生的负担和影响进行定量分析和评估的工具。世界钢铁协会生命周期清单研究定量分析了大约 15 种钢铁工业产品工序制造的资源利用、能源和排放对环境的影响，这些数据在世界范围内的 LCA 研究中得到应用，有助于找出提高钢铁行业生态效益的方法。本章介绍了钢铁绿色新技术的相关基础研究案例，并分析了技术要点和技术创新方向。

第六章 中远期需要研发的绿色钢铁工艺技术

中国钢铁工业还需要大量中国原创的钢铁新工艺、装备和技术，目前还有较多课题有待研究。钢铁流程是影响整个钢铁工业效率和经济、环境效益的最先导因素，尽管短流程比长流程综合效益高，但受目前条件的限制，我国还不得不采用能耗高、污染重、耗时长的长流程，这种状况需要一定时间改变。另一个新流程就是简化现有流程，应用新技术将一些工序省略，如石灰石转炉炼钢技术就是省略了石灰窑烧石灰工序，既保证了转炉炼钢质量和产量，又提高了流程的效率和经济效益。新的钢铁工艺是影响钢铁产品质量和产量、节能减排和资源高效利用的重要前提因素，虽然国内外开发的多种新工艺至今没有达到理想的程度，但对新的炼铁、炼钢工艺的探讨还是值得鼓励和支持的。我国目前虽然有一些钢铁公司、大学和研究院所在从事生命周期评价研究和应用，但深入了解者和应用者还太少，不利于与国际接轨、产品出口和进一步提高钢铁流程、工艺、装备和产品水平，生命周期评价研究应该在我国所有钢铁公司普及研究和应用。烧结工序的能耗比球团工序的能耗高很多、污染物产生量也高很多，所以国外许多钢铁公司采用100%球团或高比例球团的高炉炼铁工艺，取得了很好的综合效益。国内由于铁矿粉的质量和球团的成本问题导致球团比例一直不高，但近年来国内部分钢铁企业已经开始进行高比例球团炼铁工艺和技术研究，如河钢集团唐钢部分高炉目前球团使用比例已经能够达到60%的水平。此外，中远期需要研发的绿色钢铁工艺技术还有一次资源与二次资源高效循环利用和余能利用新技术，高温、高压、含尘、高速环境下的参数测试、大数据处理和智能化过程控制等。由于涉及领域众多，本章仅展示了部分需要继续开发的新工艺技术。

第七章 绿色钢铁系统评价

绿色钢铁系统评价有三种评价方法，分别是根据绿色钢铁的定义评价、根据国家和钢铁行业制定的绿色钢铁评价体系进行评价、根据生命周期评价（LCA）方法定量评价钢铁工艺和技术的绿色度。根据绿色钢铁的定义，可以对钢铁流程、工艺和技术的绿色程度做出一定判断，但是定义是一种定性评价，不够具体和定量，不便于比较不同钢铁流程的绿色程度。2016年，工业和信息化部发出开展绿色制造体系建设的通知，其中包括钢铁工业的绿色制造体系的评价，在建设绿色制造体系后，对其绿色程度的评价也制定出了一套定量的评价体系。从框架上看，工业和信息化部提出的定量评价方法是至今为止出现的一个较全面的定量绿色评价体系，它对新建、改建和扩建的钢铁企业制定了不同的评价方法，是一种适合中国目前国情的绿色制造评价方法。LCA方法是在设定的工业系统边界内，对涉及工业流程的原料获取、生产制造、产品应用和回收、能源利用、二次资源的利用以及对环境和人的危害程度作综合定量分析，对上述影响因素的负面程度进行排队，由大到小确定下一步对工业流程改进的先后顺序，并制定相应的改造方案。如果需要，改造和运行后的工业流程还可以继续进行LCA诊断，由此不断提高工业流程的软硬件水平和应用效果。LCA方法具备定量进行综合诊断、评价和优化流程的作用，还能为环境决策和材料选择提供决策依据，已经在工业领域、环境团体和国际组织中得以推广，而且已经列入国际标准化组织 ISO 14040 系列标准，是目前国际上普遍接受的一种定量评价方法。本章介绍了三种评价绿色钢铁的方法，供定性、定量诊断和评价钢铁工业的绿色程度。

本书为适应中国钢铁工业高速发展转入新常态后所面临的新形势和新阶段提出的新要求，重点介绍了实现钢铁工业绿色化的新方法，如源头治理、过程治理、跨行业的大系统等，主张以开发绿色新流程、新工艺、新技术和新装备，摆脱单纯的技术途径和传统的末端治理方法。本书还以部分案例提示了基础研究的重要性和必要性，期盼有越来越多的中国特色和颠覆性的钢铁新流程、新工艺、新技术和新装备的出现，为世界钢铁工业做出贡献，实现我国钢铁工业由钢铁大国向钢铁强国的转变。

巨　变[①]

王新东

（河钢集团有限公司）

《巨变》详细记述了2008年9月开始的那场唐钢厂区综合治理行动的整个历史进程。

唐钢成立于1943年4月，新中国成立后，唐钢为国民经济发展做出了重要贡献。唐山这座城市因煤而生，因钢而兴，历经66年风雨，唐山市已发展成为一座现代化大型城市、北方的工业重镇，而唐钢也已成为年产能达千万吨的特大型钢铁企业，在河北省乃至全国钢铁业界中都具有举足轻重的地位和影响。进入21世纪以来，中国钢铁产能呈现井喷式发展，其中尤以河北省及其唐山地区的发展最为迅猛，“世界钢铁看中国，中国钢铁看河北，河北钢铁看唐山”就是真实写照。钢铁行业是高污染、高耗能产业，巨量的钢铁产能带来了严重的环境污染和大量的能源消耗，频繁出现的雾霾天，严重影响着人们的健康和生活，生态环境问题已成为制约经济社会发展不可回避且需亟待解决的问题。政府对钢铁企业环保管控日益加码，《钢铁行业调整振兴规划细则》等产业政策对钢铁产业转变粗放式的发展方式、淘汰落后产能、节能减排等方面提出了更高的要求。2008年，唐山科学发展示范区创建活动在全市展开，提出了“环境是最大的资源，生态是永久的财富”“金山银山，有污染不许进唐山”等口号。继市焦化厂、启新水泥厂先后因污染问题停产搬迁之后，唐钢也面临停产搬迁的问题。2008年爆发的国际金融危机使我国钢铁产业受到了严重冲击，出现了全行业亏损的不利局面。在环保和市场的双重压力下，钢铁产业发展面临着前所未有的挑战。困则思变，在连生存都是问题的不利条件下，唐钢领导班子在经过冷静而理性的思考之后，最终以破釜沉舟、壮士断腕般的勇气，以超前的眼光和超人的胆识做出了对唐钢厂区进行综合治理的重大决策。

唐钢南区环境治理仅仅历时8个月，厂容厂貌便发生了翻天覆地的巨变，烟尘四起、破旧不堪的旧厂区已荡然无存，一个四季有绿、三季有花的新厂区跃然眼前。环境的改善大大促进了管理提升、生产效率提升，职工的思想观念和精神面貌也随之改变，一个环境优美、秩序井然、敢于担当、勇于创新、团结协作、活力高效的新唐钢呈现于世人面前。厂区环境的改善使唐钢与唐山市的城钢共融得以延续，停产搬迁得以暂缓，大大减轻了金融危机下公司生产经营面临的压力。唐钢厂区改造成为钢铁企业践行科学发展观的典范，为钢铁企业环境治理树立了标杆，开创了中国钢铁产业绿色发展的新纪元。

本书从七个部分对唐钢厂区环境治理进行了介绍，不仅有项目决策、项目规划设计、项目施工等过程环节的详细记述，也有项目实施引发的思考和体会。书中叙事翔实、理念超前、观点新颖，对企业决策、发展规划、管理提升等都具有很好的参考和借鉴意义。

---

① 原著由中国企业改革与发展出版社于2009年9月出版。

第一部分　历史性的抉择

科学决策直接关系企业的生存和发展。唐钢进行厂区环境彻底的治理整顿是基于科学发展观的基础和理论之上的，是公司领导层践行科学发展观的具体行动。自从2004年9月党的十六届四中全会通过的《中共中央关于加强党的执政能力建设的决定》提出要树立和落实科学发展观以后，唐钢领导班子就以科学发展观为指导，谋求企业实现科学发展。追求科学发展，其要义是“发展”。唐钢必须要发展，发展是我们工作的第一要务。唐钢作为特大型钢铁企业，它的地位和作用决定了它必须为国家做出更大的贡献，为国家经济建设提供有力支持。同时，发展也是唐钢自身生存的需要，更是为广大职工负责、谋福祉的需要。发展必须坚持以人为本，必须坚持全面协调可持续的基本要求，必须坚持科学的方法。追求科学发展，关键是“科学”二字，遵循科学的精神、科学的态度、科学的思维、科学的方法，进行科学的决策。唐钢这次大规模厂区综合治理项目的提出、规划设计和实施的过程，体现了科学发展观的基本内涵和要求，创造了唐钢发展史上的奇迹。唐钢进行厂区大规模治理的历史性抉择产生于问题和差距之中，按照《钢铁行业调整振兴规划细则》、河北钢铁集团“四大核心理念”和唐山科学发展示范区建设的要求，唐钢决策层积极主动查找发展中的问题和差距，明确提出“唐钢要成为唐山的亮点，而不是污点”“环境是唐山的生命线，没有了环境基础，唐钢就失去了在唐山存在的资本”。历史和时代赋予的责任感激活了唐钢决策层的思维，使他们站在时代的高度和对市场形势科学分析和预测的基础上，发挥集体智慧，做出了使唐钢发生巨变的历史性抉择。

第二部分　科学而紧锣密鼓的规划设计

在世界金融风暴面前，在公司经营异常艰难的时刻，唐钢创建科学发展示范企业的决心没有变，2008年9月22日，《唐钢厂区综合治理规划设计总体方案》正式出台。方案由公司领导直接指导，发展规划部、设计院等主要职能部室参与，既借鉴了国内外先进经验，又突出了唐钢特色，体现了公司领导集体崭新的管理理念，向世人展现了唐钢创建科学示范企业的宏伟蓝图和唐钢人的不俗气魄，是石破天惊的大手笔！方案出台后，公司要求各级职工要站在唐钢生存和实现可持续发展的高度来认识厂区改造工程的重要性和紧迫性。改造工程要以科学发展观为指导，以厂区治理为突破口，解放思想，去除自我满足、自我方便、自我封闭的陈旧观念和不良习惯。这次大规模厂区治理在全面改善环境的同时，也是解决企业深层次矛盾和问题的有利时机。要敢于超越，高标准抓好企业形象建设，打造“绿色唐钢、生态唐钢”，将唐钢建设成“国内领先，世界一流”的现代化绿色钢铁企业。这次厂区治理行动要求到2009年5月底全面完成，具体包含以下改造内容：对部分生活和生产设施进行拆除和改造；根据生产设施的分布和职工上下班的出入情况，设置了5个停车场、4个服务区。每个服务区设置浴室更衣楼和食堂，职工可就近选择服务区。改造厂区大门，加强门禁管理，建立新的门禁管理制度，人员、车辆凭证入厂，严禁私家车等代步工具入厂，强化厂区治安管理；对管网、管廊进行整理，使其短捷、顺畅、合理、美观。一些生产设施拆除，变电站负荷出现变化，为确保供电系统安全、稳定、经济运行，对各变电站负荷进行调整。调整后的电缆走向重新进行梳理、设置。新规划建设三纵四横通信主干网络；对厂区物流进行规划，新建和翻修厂区内道路，形成“三纵、三横、一桥”的主干道格局，实行人车分流，每条道路设置新型节能照明设备。道路设施和车辆管理采用无人值守模式。车辆采取限时、限速、限车型、限路线等方法和措施，保证厂区物流畅通无阻；对厂区环境进行彻底治理，加大节能减排力度。彻底治理一、二钢轧厂除尘问题，采用国内外先进成熟的除尘技术，确保除尘效果。改造陈旧落后的给排水系统，处理全厂废水和城市中水，为全厂提供符合各种要求的多种水源。对给排水系统管网进行统一梳理和改造。新建市政中水水质预处理及废水处理设施、除盐及软化水处理设施、净化水蓄水池利旧改造、净化水供水泵站、水处理变配电所，以及建设中心水处理站及其配套设施等项目。另外，公司投资8000万元，建设南区360 m^2 烧结机烟气脱硫工程；对厂区进行绿化和美化，打造自然式生态园林景观。在原建陶厂和二钢轧厂西区域，沿滨河路从南到北建设一条100~430 m宽的绿化带。在建陶厂区域建设唐钢文化公园。拆除二钢区办公楼、动力厂软水站等建筑，用于建设绿地和停车场。在南门区域，拆除动能部全部建筑物，建设停车场和绿化景观。东门区域，拆除电炉炼钢厂、二钢轧厂三轧车间、供应处废钢场区域所有建筑，建设景观绿地、停车场和生活服务区。在厂区北部原炼铁区域，拆除炼铁小高炉、烧结机、竖炉、料场区域所有建筑，除建设规划的水处理设施外，其他全部进行绿化，建设水景园林景观、生活服务区和绿地停车场，并建设一钢轧、炼铁南区综合办公楼。按照规划，以上四个区域栽植乔灌木4.8万株，增加绿地面积52.15万平方米。此外，对厂区内建筑物、管道进行装饰粉刷，统一色调，统一风格。现有厂房屋面更换彩瓦，对墙面进行装饰粉刷。

第三部分　精细而艰难的施工

唐钢决策层果断决定实施厂区综合治理，展现了令人敬佩的大智大勇、高瞻远瞩。而把这幅蓝图变成现实的建设者同样可歌可泣，他们以最短的工期，高标准、高质量完成了唐钢历史上难度最大的治理任务，谱写了一曲感天动地的奉献之歌。厂区治理作为唐钢的一项全局性工程，公司领导百忙中总是要抽出时间亲临现场检查指导工作。该项目是大兵团、多兵种联合作战，各单位在指挥部的统一号令下，各负其责，协调行动。自开工以来，指挥部、监理单位、施工单位没有节假日，特别是指挥部领导不仅大部分时间在现场指挥，每天早晚还要召开两次工程例会，没黑夜、没白天的奋战，常常几天几夜不能回家。发展规划部作为工程的牵头部门，负责整个工程的管理工作，在项目建设中行使甲方职责，把控工程进度，监督工程质量，协调解决工程出现的问题。为了确保工程质量，发展规划部严格按程序招标，认真审核施工单位执照、资质，了解施工业绩，审查专职管理人员和特种作业人员的资格证书，选择最好的施工队伍。对施工质量进行严格管控，严格要求按国家标准进行规范施工，建立质量管控体系，不准使用不合格备品备件等。这些措施的贯彻实施，为工程质量和进度提供了强大保障。三环监理在项目中肩负甲方和监理方的双重任务，为高质量完成治理任务立下了汗马功劳。三环监理公司技术力量雄厚，与唐钢具有多年合作关系。该公司投入了2/3的人员，为打好厂区治理攻坚战全力提供了人力和技术保障。自从项目开工以来，参加改造的监理人员无一人休过节假日，往往一个监理人员承担着多个项目的监理工作，每天要步行几十千米。他们挥洒汗水，克服困难，任劳任怨，换来了一个又一个项目按期竣工、一个又一个优质工程。他们是厂区综合治理工程的功臣！施工单位作为工程质量最直接的参与者，对工程质量的好坏发挥着非常重要的作用。参战的各施工单位对工程质量高度重视，从施工队伍到班组每道工序、每个环节都有专业质检人员检查。在众多施工队伍中，特别值得一提的是河北钢铁建设集团有限责任公司这支以“作风硬、效率高、速度快”而著称的队伍。在厂区综合治理改造中，河北钢建负责一钢轧烟尘治理改造项目，工程时间紧、施工量大、施工难度高，是厂区治理项目中比较难啃的硬骨头。在冬季严寒气候条件下，河北钢建抽调精兵强将，制定施工方案，大胆创新，积极进行技术变革，加快了施工进度，圆满完成了施工任务，为唐钢花园式工厂建设贡献积极的力量。

第四部分　历史性的巨变

历经8个月的攻坚奋战，唐钢实现了涅槃蜕变，一座花园式工厂跃然而生。现在的厂区环境已与唐山市的大环境融为一体，与陡河西岸的环境融为一体。厂区各区块绿地各有特色，重视发挥植物的生态功能，净化空气，调节小气候，形成生态园林区。通过植物种类的选择，吸收空气中的有害气体。混交林、乡土树种与常绿叶树种搭配，层次分明、色彩丰富，一年三季开花，四季现绿。树木种植还考虑了视线通达性和安全性，避免出现视线死角，确保道路安全。避免种植有毒或容易产生刺激性气体、飞絮的植物种类。讲究植物空间层次的营造，利用林带分割大小空间，形成不同空间形态。在竖向层次上，做到乔、灌、地被、草坪相结合。在绿色景观中铺设各具特色的林间小道，形成“曲径通幽”的恬静意境。在人们活动中心区，则以庭荫树、景观树、花灌木相结合的季相变化丰富的植物景观为主。春花、夏果、秋叶、冬枝，季季有景，美不胜收。游走于厂区，公司大门庄严大气，停车场宽敞整洁，食堂、浴室和宿舍明亮干净。厂区道路改造后形成了三横三纵的主干线格局，原有的混凝土路改为了沥青混凝土路，主要道路按国家一级公路标准修建。横跨在一钢轧和二钢轧主厂房之间的立交桥宛如一道彩虹，是道路建设中最大的亮点，它是唐山市唯一的企业内部立交桥。厂区内电力驱动的循环通勤车，环保而安静。生产厂房内外装饰一新，厂房色彩基调由白、灰、黄和房顶的红色组成，简练、洁净、明快，整个风格与新建设的服务区和停车场相统一。生产区的“管网动脉”美观顺畅，或入地下隧道，或上高架桥架，过去管网乱糟糟，现在管网像排箫。“干网式”介质管网取代了过去复杂的辐射状管网，简洁而美观。厂容厂貌发生的巨变极大地促进了唐钢职工思想观念和精神面貌的转变，有效地提升了管理水平。工作环境的改善大大提高了唐钢职工的幸福感和自豪感，自然也提升了干劲和工作效率。过去散漫的工作状态被严谨自律所取代，工作由被动应付转变为主动超前，以前靠考核也管理不了的事情，现在自然而然就办到了。唐钢发生的巨变，受到各界广泛好评，引来赞声一片。

第五部分　心　　声

唐钢厂区综合治理取得了巨大成功，得到各界人士广泛关注，这些人有唐钢内部职工，也有社会人士，有唐钢退休职工，也有在职员工，有领导干部也有普通工人，有国内人士也有国际友人。他们以自己的亲身感受从不同角度表达了自己的心声，对唐钢践行科学发展观取得的巨大成就给予了充分肯定和赞美。

第六部分　牢记总理嘱托，描绘“精品唐钢”

2009 年 6 月 19 日，是唐钢人难以忘记的日子，这一天，时任总理温家宝来唐钢视察，并发表了重要讲话。他指出唐钢是一个有悠久历史的老厂，这里有最先进的设备，也掌握着关键技术，也有素质较高的职工队伍。唐钢在渡难关中应该稳住。他相信，唐钢认真规划，迎难而上，会克服眼前的困难，并在困难中提高企业的整体素质，增强竞争能力，在拼搏中得到发展。我们要牢记总理的嘱托，努力规划工作中的“精品”，打造唐钢科学发展中的“精品”，以优异的工作成绩回报总理的关怀，为实现“国内领先、世界一流”钢铁企业的宏伟目标做出我们的贡献。

第七部分　厂区综合治理工程主要节点

唐钢厂区综合治理是由一个个具体的工程构成的，这里展现的主要工程节点就像一个个提示符，让我们看到了施工过程的艰辛，让我们回想起施工过程的每一天、每一个人、每一件事，也让我们从中透视出唐钢的理念、精神、力量、作风……

启　航[①]

于　勇[1]，王新东[1]，刘国勤[2]，赵大义[3]

（1. 河钢集团有限公司；2. 河北唐银钢铁有限公司；3. 华北理工大学）

《启航》一书是企业文化实实在在的体现，记载着唐银股东的重托，记载着唐银经营者和策划者的智慧和谋略，记载着唐银建设者和全体职工的心血和汗水，记载着全体职工对唐银未来发展的梦想和期盼。

河北唐银钢铁有限公司（简称唐银）是由唐山钢铁集团有限责任公司（国有）和河北银水实业集团有限公司（民营）共同出资组建的大型钢铁联合企业，坐落在环渤海新型工业化基地和港口城市河北省唐山市的市区，南连唐钢公司、北依唐山新区、东入唐山开平、西进唐山高新。于 2006 年 6 月成立合资项目建设指挥部，8 月签署合资协议和公司章程，9 月召开第一届股东会和董事会，10 月 6 日召开成立大会，标志着充满生机和活力的河北唐银钢铁有限公司正式成立。经过一年多紧锣密鼓、科学有序的工程建设，2007 年 11 月开始各工序相继投产并快速达产。

河北唐银钢铁有限公司的成立，是在国家钢铁产业政策指导下依托优势企业、加快钢铁整合的一次成功合作；是不同性质企业在共同利益目标基础上的一次成功合作；是不同性质企业人力人心的一次成功合作。这种合作，无疑是一种尝试、一种探索、一种考验。我们在尝试中取得了初步成功，在探索中取得了一定经验，在考验中证明了我们的思维与工作。

共同的责任、共同的利益追求使双方股东走到了一起，创建了河北唐银钢铁有限公司，同时双方股东也达成了共识，即“取他人之长，补自己之短”。唐钢的宏观掌控、质量监管、专业技术以及管理大型企业的经验，都是银水人值得学习的地方；而银水的精打细算、管理上的认真严格，则是唐钢人值得借鉴的地方。而发挥双方的优势则是唐银公司发展壮大的重要因素。两年来，大家为了一个共同的目标——唐银公司的崛起和发展，努力奋斗、相濡以沫、沟通协商、碰撞磨合。两年来，我们成功地解决了人事管理、组织管理、监督管理和制度管理等方面的文化融合问题，学习并掌握了现代企业的管理科学和技术，实现自我超越，促进了相互间的沟通。我们改变陈旧的思维方式和经营思想，培养和树立起新的企业管理理念，把握市场机遇，推动企业管理和生产经营不断取得新的业绩。我们不仅创造出同行业领先的经济技术指标，同时也培养和提炼了“和谐、共进、求实、创新”的企业精神。在两种不同文化融合的基础上，一种反映企业特征的全新文化正在形成，它预示着河北唐银钢铁有限公司的迅猛发展和美好未来。两年的路既平坦又曲折，两年的实践既光辉又艰辛，两年的经验既丰富又匮乏。过去的路既留下了可供我们回首、追

① 原著由中国时代出版社于 2008 年 9 月出版。

忆、沉思的足迹，也展现了未来的美好图景。我们把过去的奋斗历程用文字记录下来，进行认真梳理并上升为理性思维，毫无疑问是一笔无形资产，昭示企业人，传输于社会；把未来美好图景的勾画建立在理性思维、科学决策、大胆创新、加强管理上，以企业人的积极性、创造性和企业管理这两个轮子，把我们的企业推向和谐发展的快车道，将迎来唐银光辉灿烂的明天。而这正是我们撰写此书的基本动因，并以此共勉和向公司成立两周年献礼。

全书共由公司概况，回头望，决策者、经营领导层和企业人，创新是个动力源，效益出于管理，和谐发展是落脚点，心语篇篇及我们的足迹 8 个部分构成。

第一部分　公司概况

重点介绍了公司的基本情况、组织机构、各职能部门的构成及主要职责、职工队伍结构和薪酬原则等内容。随着国内钢铁工业的快速发展，重点产钢地区及各钢铁企业面临的竞争日益激烈。发挥地区优势和企业专长，提升装备水平，优化产品结构，联合重组，做大做强钢铁主业，坚持可持续发展，已成为业内有识之士的共识。为此，唐山市开平区政府与唐钢公司按照优势互补、共谋发展、互惠双赢的指导思想，在国家产业政策和经济建设指导方针的原则框架内，由唐钢与银水共同出资，建设铁、钢、轧工艺配套的 260 万吨/年综合生产能力的钢铁联合企业。2006 年 6 月底由唐钢调集了一批工程技术骨干及管理行家，成立了唐钢银水 260 万吨/年钢联工程项目建设指挥部。10 月 6 日，在唐钢会议中心召开创立大会，标志着河北唐银钢铁有限公司正式成立。公司组建前，双方股东原有 450 m^3 高炉一座、550 m^3 高炉一座、60 m^2 烧结机二台、带钢生产线一条、110 kV 变电站一座及其他辅助配套设施。生产规模小，装备水平及工艺较落后。双方合作后，充分发挥各自的优势特点，本着“上大、压小、促整合”的发展思路，对原有的主体装备进行改造，铁—钢—轧工艺配套，总体生产规模实现年产铁 240 万吨、年产钢 260 万吨、年产材 250 万吨，新增项目总投资 22. 8 亿元。新建项目主要有炼铁系统新建 180 m^2 带式烧结机一台、1080 m^3 高炉一座，炼钢系统新建 120 t 转炉二座、8 机 8 流小方坯连铸机二台、LF 炉一座、900 t 混铁炉一座，轧钢系统新建高速线材和棒材生产线两条，公辅系统新建 16000 m^3/h 空分装置二套、110 kV 变电站一座、除盐及软水站一座、综合水处理设施一套、高炉炉顶余压发电装置三套、100000 m^3 稀油封高炉煤气柜和 80000 m^3 威金斯干式转炉煤气柜各一座、各主体工艺线的供水泵站五座。公司本着节能环保的原则，加大投资的力度，进行全方位的改造和升级，废水、废气和废物零排放，实现了循环经济发展要求。环境除尘系统工程采用先进的环境治理技术，厂区绿化坚持见缝插针、突出重点的原则，绿化率达到 20%。投产后不久，各项生产技术指标均已达到或超过设计水平，高炉利用系数等指标已经超过同行业先进水平。公司设股东会，股东会产生董事会和监事会，董事会下设总经理领导下的经营班子。书中分别介绍了股东会、董事会和监事会的构成及职权，还介绍了经营班子的构成及班子成员的演变过程。分别写明了党委、工会、团委的申请、批复、成立情况和组成人员的配置情况。逐部门明晰了机构组成和主要职责。详细梳理了职工队伍的年龄结构与文化结构。制定了薪酬分配原则。

第二部分　回　头　望

我们的企业刚刚两周岁，正是它的创业阶段，而创业阶段又是最艰难的。从企业成立的谋划到科学论证，从企业骨架的搭建到构成企业各种要素的具备，从各种规章制度的建立到生产和管理指标的制定，从企业的硬件建设到软件建设，从人、财、物到施工、投产、管理，实现了企业要素的优化组合和健康运行，克服了创业阶段可以意料以及难以意料的困难，解读了不同性质企业组合过程中遇到的种种难题。雨过映彩虹，飞雪迎春到，回头望，艰难的路洒满了阳光，我们和企业一起成长。道路已经开辟，基础已经坚实，拔地而起的唐银公司必将绽放出它特有的风采。书中主要从以下四个方面进行了记述：第一方面记述的是唐银公司生于大时代，唐银公司是顺应钢铁产业发展政策而诞生的，处于我国钢铁产业优质快速发展、国家经济又好又快发展的大时代，烙印着时代的特征，肩负着时代赋予的责任。为落实国家钢铁产业政策，按照《唐山市钢铁工业结构调整实施方案》的要求，以“增高减低、上大挤小、扶优汰劣、控制总量”为方针，开平区与唐钢就重组整合区内钢铁企业进行了初步协商，形成了通过联合重组推进开平区钢铁企业沿着具有规模优势、布局合理、工艺先进、装备精良、主导产品竞争力强的方向健康快速发展的工作目标。唐银公司的成立对于开平区钢铁企业良性发展和唐钢改善产品结构、提升市场竞争力具有重要意义，标志着唐山市钢铁行业整合重组进程进一步加快。作为“淘汰落后的钢铁产能，促进钢铁产业结构优化，提高钢铁产业集中度”政策的体现，唐银公司谋划之初，唐钢集团便根据本集团长期发展战略、现有集团内企业产品现状、唐银项目区位特点等确定了唐银公司的产品定位和企业核心竞争力，即以最新的理念、最低的成本、最高的效率、最适用的设备创造出最佳的经济效益。唐银公司以让同行业惊叹的速度用一年的时间完成了工程建设，2007 年 11 月 16 日，1 号转炉投产标志着公司新建项目开始进入生产阶段。2008 年，置身全面建成小康社会和贯彻落实科学发展观的时代浪潮，我们面临着国家转变经济发展方式、经济和社会将实现又好又快发展的重要机遇；面临着唐山市建设全国科学发展示范区以及渤海经济圈和京津冀都市圈的快速崛起、京津冀经济和城市群将不断加快发展的重要机遇。这一系列的机遇为企业搞好生产经营、实现又好又快发展提供了比较有利的条件。在唐银公司的远景规划中，将“转变单一靠产能扩张实现发展的固有模式，坚持走内涵式发展道路，加大技术创新和结构调整力度，全面提升产品质量和档次”作为企业的长期发展战略；将环境因素置于事关国计民生、事关企业生存的高度来加以重视，切实加大节能减排力度，落实好应承担的社会责任；发展循环经济，实现节能、降耗、减污、增效的有机统一；牢固树立“以人为本”的管理思想，进一步建立健全人才培养、选拔、任用和管理制度，打通人才成长通道，实现企业发展与员工职业成长共进；建立科学合理的绩效考核体系、薪酬分配制度和员工福利政策，让公司发展成果惠及全体劳动者，最终实现又好又快的发展。第二方面记述的是唐银公司的探索、创新与成就，主要从管理的标准化、品种钢的成功开发、营销策略的创新思维、追求标杆式管理的效能、高起点的企业形象宣传、毫不动摇地坚守一片蓝天、倾心倾力于人力与人才、令人感动和钦佩的工作精神、难忘的激动瞬间、打造一个“过程精品”等多个方面进行了记述。第三方面记述的是艰难而扎实的第一步，唐银公司经过酝酿、论证、筹建、投产等几个阶段，以雄伟的身姿屹立在广袤的冀东大地上，展示了它特有的风采。但是，在它初创时期，同其他企业一样，必然要遇到一些意想不到的艰难困苦，这符合事物发展的规律。我们凭足够的心理准备、战胜困难的决心和力量，闯过了难关，踏上了充满希望的道路。从企业创建、投产到正常运转的两年看，我们已经迈出了可喜而坚实的一步，踏上了相对平稳的运行阶段，但我们懂得，今后的路会依然艰难，相信依靠全体企业人的智慧和力量科学决策、勇于创新、精诚携手，唐银的明天会更加美好。第四方面记述的是不可回避的问题，唐银公司是两种不同性质资本组合（国有与民营）的企业，既有不同性质资本持有者的共同利益追求，又有各自的利益要求或者利益关注。企业的特点所衍生出来的一些问题基本属于双方的认识问题，只有正视这些问题和正确处理这些问题，才能实现企业的和谐与稳定、保证企业的生存与发展。问题主要表现在工作的侧重点不一致、用人观念上的差异、两种不同管理方式的矛盾等方面，之后对问题产生的原因进行了详细的剖析并给予了引申思考，对已暴露出的问题或矛盾，要以积极、宽容、善待、友好的态度和科学的方法去解决；同时，还要对可能产生的问题或矛盾作出分析和预测，将其消灭在萌芽阶段。只要我们有科学的思维方法和积极的态度，就能正视和正确解决问题或矛盾，夯实双方合作的基础，在愉快的共事中迎来发展的明天。

第三部分　决策者、经营领导层和企业人

经过培育和考验的唐银已经展现出它的风采，也预示了它的未来美好前景。唐银两年的路及其所取得的成绩，是按照我们的精心设计实现的，它的未来发展壮大，更需要我们在总结以往经验的基础上，对企业内在因素和外在环境进行积极的分析和预测，进行理性思考、科学决策、严密规划、勇于创新、大胆实践，把它打造成人才一流、技术一流、管理一流、效益一流的企业。为实现此目标，必须提高决策者的自身素质，面对市场进行科学决策，这是企业发展的前提；必须实现经营领导层的精诚团结，智慧合一，这是企业发展的关键；必须调动和发挥企业人的积极性和创造性，凝聚企业人的力量，这是企业发展的根本。此三个层次的关于人的因素至关重要，对此，我们有了以下的认识和思考。一个企业的决策者面对市场进行科学决策至关重要，直接关系到企业的前途和命运。科学决策来自决策者的知识、能力、思维、谋略和意志；来自决策者的胸怀、品格和对事物的判断力；来自团结同仁和凝聚广大职工的力量。企业决策层是企业的领导班子，是企业的领导核心，是否精诚团结、各司其职、珠联璧合，关系到集体智慧的形成与发挥。广大职工是企业的主体，是企业的物质财富和精神财富的创造者，他们的智慧和力量能否凝聚与发挥，关系到企业的生存与发展。企业成功的主观因素中，领导者作用主要体现在企业发展的科学决策和实施决策上，而实施决策的最终实践者是企业的广大职工，他们的生产积极性、创造性如何直接关系到企业的成就。为此，我们坚持以人为本的理念，用政策激发企业人的积极性和创造性，力争做到人尽其才、才尽其用。一个企业的发展首先的、决定性的是主观上人的因素，因为主观能动性是改变自己命运、决定自己发展方向的自我运动的源泉。这一点我们认识到了，也充分发挥了主观能动性；同时，良好的外部条件为企业发展提供了历史性的机遇，我们抓住了。主观、客观两大因素的矛盾运动结果就是我们的今天和明天的发展。

第四部分　创新是个动力源

创新是一个民族素质的重要体现，是一个国家永远立于世界民族之林的可靠保证。人类在创新中进步，社会在创新中发展。作为社会经济细胞的企业，创新是其生存的源泉，是其发展的不竭动力，是其在市场经济竞争的海洋中安身立命之本。所以，我们要勇于创新，大胆创新，以创新求进步、求发展。创新对于企业来说是全方位的，也是多层次的，包括观念创新、技术创新、制度创新、管理创新、产品创新等诸多内容，具有系统性、创造性、市场性、实用性、风险性、动态性、协同性、效益性等特点。创新是各方面工作的集成，是一种战略性的思维和设计，具有十分突出的意义。书中总结为创新是企业获得竞争力量的根本因素，创新是企业谋求发展的支点，创新是企业实现持续发展的力量源泉，创新是企业提高经济效益的途径。

第五部分　效益出于管理

企业作为一种比较复杂的事物，要按照它自身的运行规律发展，创造出更多的经济效益，必须进行科学管理。管理是一项活动，管理是一门科学，管理是一种文化，管理也是企业正常运行的基本要求。一个企业能否在激烈的市场竞争中赢得一席之地、不断发展自己，科学管理是关键。在两年的管理工作实践中，虽然积累了一些经验，但还有许多问题需要探索，无论是企业管理的内容、范围、程度等方面，还是企业管理的理念、方法、手段等方面，还要在实践中去认识。因此，在今后的管理工作中，我们有了较全面的、较深刻的理性思考。首先是制度管理，在企业就是法的管理，它有效地约束了任何人的行为，不但会给企业带来条理化、规范化，也会为企业带来高的效益。为此，本着遵循系统性、权威性、强制性、平等性、可行性、可监督性和可衡量性的原则，从企业的实际情况出发，制定了保证企业正常运行的各种规章制度。我们一边抓生产经营，一边抓建章立制工作，使企业各方面的制度建设逐步趋于完善，企业管理工作也纳入了制度化、规范化。然后根据现代企业管理理论，我们认识并提出合理性管理问题，就其思路、做法或内容来说，恐怕许多企业的管理者都有过不同程度的实践，就对其的认识并提出这个问题，可能是不多见的。合理性管理的内容论理，是一种思想、认识的“理”的关系的处理，而这种关系的处理恰是创建和谐企业不可缺少的思维，而这正是我们所需要、所重视的。因为这是我们企业的特殊性决定的，以“理”来解决管理中的问题、协调股东之间的关系。再有根据唐银企业的特点，我们十分注重管理中的人性化问题。人性化管理就是以尊重职工的尊严、人格、要求、利益和情感为前提条件的管理，其主要目的在于激发职工的工作热情和调动他们的积极性与创造性，从而更好地以内部的亲和力、向心力和凝聚力来推动企业的发展。企业的经济效益如何，非常关键的一个问题，在于按照现代企业制度要求不断加强管理。只有把企业的一切活动都纳入科学的、规范的管理中，才能科学地进行企业各种生产要素的配置、推动企业的发展。

第六部分 和谐发展是落脚点

对于企业来说，和谐是生产经营的有法有序，是经济效益与社会效益的协调，是物质文化、制度文化、行为文化和精神文化的协调，是企业的今天发展和明天发展的协调，是企业内外部各种关系的协调，是企业内部物质文明、政治文明和精神文明的协调，是企业生产与企业环境的和谐，是两种不同性质资本的利益关系和由利益关系导致的人的关系的和谐。本书论说的和谐主要是指企业特点决定的不同性质资本的持有者，在企业发展过程中必然存在的一些认识上的分歧或者矛盾，而这些问题能否正确认识和处理，直接关系到企业内部的和谐，进而关系到企业的生存和发展。企业的发展，是不同性质资本持有者的共同愿望和要求。只有发展，才能实现他们的利益追求；只有发展，才能体现他们智慧和力量的凝聚；只有发展，才说明他们认识上的统一，和谐共事，一切矛盾就会在发展中得到解决。和谐与发展，互为前提，互相促进，和谐发展是我们工作的出发点和落脚点。

第七部分 心 语 篇 篇

无论是什么性质的企业或由什么性质资本组合的企业，广大职工都是企业的主体，都是企业物质财富和精神财富的创造者，在他们中蕴藏着无穷的智慧和力量。书中刊载了十二篇心语与事迹，既凝聚了“和谐、共进、求实、创新”的唐银精神，又扬起了启航向前、蓬勃发展的风帆。这些作者有的是企业创始人，有的是企业成长的见证人；有的从事公司或部门的领导工作，有的从事岗位的具体工作。他们或回眸企业的昨天、论说企业的今天；或感受企业之变、倾吐情怀；或宏论公司整体、点评微观部门；或阐释工作经验、指出问题所在。他们的笔下真实而深切地记录着企业走过的路，描述着与企业共同成长的艰苦岁月，也呈现出理性的思维，表达着内心的喜悦和对未来的憧憬。

第八部分 我们的足迹

任何一个企业从创立到发展都是一个过程，都是一串串足迹的接续，都是一个个光环的套链，都是一些大事要事的描述。它清晰地呈现出自身的运动轨迹，反映出发展中的矛盾状态，客观地记录着以往；它是企业的历史档案，是企业文化的写照，是企业人的奋斗说明；它是企业的一笔无形资产，是企业的宝贵精神财富，是企业对内对外彰显的力量。该章节详细记载了自 2003 年 11 月唐钢与银水双方达成适时成立合资公司意向以来的每一件有关企业发展的事件，涵盖了公司成立、机构完善、制度健全、主要人事任免、关键工程节点、生产经营状况及重要会议精神等诸多方面的内容。从记载的事件中能透视出一种精神、一种理念、一种力量，能向世人讲述它的过去、现在和预测它的未来，能给予某些理性的思考、分析和判断。

专利简介篇

发明专利

COMBINED FLUE OZONE DISTRIBUTION SYSTEM

European patent number：EP 3821970

Date of filing：28. 02. 2019

Date of publication and mention of the grant of the patent：26. 07. 2023

证书

Proprietors：INSTITUTE OF PROCESS ENGINEERING，CHINESE ACADEMY OF SCIENCES；HBIS Group Co.，Ltd.

Inventors：ZHU Tingyu；WANG Xindong；XU Wenqing；YE Meng；ZHAO Ruizhuang；JIANG Zichao；WAN Bin

SUMMARY：

The present application provides a combined flue ozone distribution system，which has the advantages such as good distribution effect，stronger working condition adaptability，and greater operation flexibility.

A combined flue ozone distribution system includes a first ozone distributor and a second ozone distributor that are disposed in a flue. The first ozone distributor and the second ozone distributor each includes a plurality of main distribution pipes，a plurality of branch distribution pipes，and connecting pipes configured to supply ozone. Both sides of each main distribution pipe are each provided with a branch distribution pipe. The first end of one main distribution pipe is communicated with a connecting pipe，and the second end of the one main distribution pipe is communicated with a branch distribution pipe. The first ozone distributor also includes hemispherical distributors，and one hemispherical distributor is disposed at an end of one branch distribution pipe of the first ozone distributor. The second ozone distributor further includes rhombic guide plates，and one rhombic guide plate is disposed at an end of the one branch distribution pipe of the second ozone distributor.

BACKGROUND：

NO，which accounts for more than 90% of NO_x in flue gas，is hard to remove because NO is quite insoluble in water, while NO_2 and SO_2 have similar properties, and NO_2 and SO_2 are both acid gas and are freely soluble in water, which means that NO_2 and SO_2 can be easily removed by reacting with alkaline substances. Therefore, for the purpose of denitration, it is necessary to first oxidize NO to NO_2 and then remove it.

However, it should be noted that Os is very unstable, and it decomposes slowly at room temperature and decomposes rapidly at 200 ℃. Thus, the dispersion effect of Os and the effect of contact between Os and NO in a flue directly determine the oxidation efficiency and subsequent absorption effect of NO, and therefore the mixing effect of the two gases has become the focus of development of low-temperature ozone oxidation and denitration technology. Accordingly, the development of ozone distributors which affect gas flow distribution in the flue has becomes hot spot.

Document CN 107 774 109 A discloses an apparatus in accordance with the preamble of claim.

DETAILED DESCRIPTION:

The main function of ozone distributor in flue is to improve the mixing uniformity of ozone and flue gas injected into the flue and to improve the oxidation efficiency of NO in the flue gas by ozone, so that NO is oxidized to NO_2 to the greatest extent before entering purification device, thereby ensuring denitration efficiency. The design of the ozone distributor is adjusted and optimized based on ammonia injection grid, so that besides the original advantages, such as high mixing uniformity, the ozone distributor has stronger adaptability. The ozone distributor is simple in structure, is easy in assemble and disassemble, and is easy in clean. Moreover, the ozone distributor enables ozone to be distributed uniformly on cross section of the flue, and has been applied in engineering practice.

CLAIMS:

A combined flue ozone distribution system, comprising a first ozone distributor and a second ozone distributor that are disposed in a flue, wherein the first ozone distributor and the second ozone distributor each comprises: a plurality of main distribution pipes, a plurality of branch distribution pipes, and connecting pipes configured to supply ozone, wherein both sides of each of the plurality of main distribution pipes are each provided with a branch distribution pipe, a first end of one of the plurality of main distribution pipes is communicated with a connecting pipe, and a second end of the one of the plurality of main distribution pipes is communicated with a branch distribution pipe . characterized in that, the first ozone distributor further comprises hemispherical distributors, and one of the hemispherical distributors is disposed at an end of the one of the plurality of branch distribution pipes of the first ozone distributor; the second ozone distributor further comprises rhombic guide plates, and one of the rhombic guide plates is disposed at an end of the one of the plurality of branch distribution pipes of the second ozone distributor.

全氧富氢低碳还原熔化炼铁系统及炼铁方法

专 利 号： ZL 2022 1 0084753. X

申 请 日： 2022. 01. 25

授 权 日： 2023. 01. 31

专利权人： 河钢集团有限公司，东北大学，宣化钢铁集团有限责任公司

证书

发 明 人： 于勇，王新东，罗志国，王兰玉，李海峰，张彩东，么洪勇，王小艾，王宏斌，邹宗树，郑艾军，田志强，陈俊，孙添文

专利摘要：

本发明属于氢冶金低碳炼铁技术领域，可大幅度降低炼铁生产中碳的使用量和减少 CO_2 的排放量。炼铁系统组成中包括还原熔化炉、炉顶煤气除尘器、干燥器、烟囱、电解水装置、CO_2 分离器、风机、换热器、还原气备用储气罐，还原熔化炉自上而下依次包括间接还原区、软熔滴落区、焦炭燃烧及渣铁区；炼铁方法包括矿焦装料、间接还原区喷入电解绿氢及炉顶煤气循环的混合还原气、焦炭燃烧区鼓入纯氧、炉顶煤气 CO_2 回收、出铁。通过设计相应的炉型及工艺，使间接还原区金属化率达 85%～95%，大大降低吨铁冶炼碳耗。采用全氧使自身反应器还原产生的煤气循环利用，达到降低 40%以上的 CO_2 排放目标，实现绿色低碳冶炼。

背景技术：

传统高炉冶炼存在直接还原极限、氧气高炉遭遇的“下热上凉”、喷煤带来的透气透液性差和鼓风动能减小带来的中心供气不足等问题，因此，亟须通过改变炉型及相应工艺来解决上述现有技术中存在的问题，以便最大限度地突破传统高炉内直接还原和间接还原比例极限，以真正实现低碳冶炼。基于此，本发明提出了一种全氧富氢低碳还原熔化新工艺，通过设计全新的炉型转变现有高炉炼铁中 30%～40%的碳直接还原与 60%～70%的 CO 间接还原方式，降低吨铁冶炼的碳耗，不仅使用全氧大幅度提高冶炼炉的利用系数，还可通过炉顶煤气循环方式，完成碳资源的自循环利用，达到至少降低 40%的二氧化碳排放目标，实现真正的绿色低碳冶炼。

发明内容：

本发明目的在于克服上述现有技术中的问题而提供一种全氧富氢低碳还原熔化炼铁系统及炼铁方法，通过设计相应的炉型及工艺方法，采用自身反应器还原产生的煤气进行循环利用，大幅降低炼铁生产中碳的使用量和减少 CO_2 的排放量，使间接还原区金属化率的比例达到 85%～95%，直接还原方式占 5%～15%，实现绿色低碳冶金。

权利要求书：

该权利要求书包括两个方面。

（1）一种全氧富氢低碳还原熔化炼铁系统，包括还原熔化炉、炉顶煤气除尘器、干燥器、烟囱、电解水装置、CO_2 分离器、风机、换热器、还原气备用储气罐等核心装备。

（2）一种全氧富氢低碳还原熔化炼铁的方法，其特征在于，经换热器加热后的富氢还原气从富氢还原气进风口喷入还原熔化炉内进入上部间接还原区底部；同时，由纯氧与焦炭燃烧产生的 CO 还原气体从焦炭燃烧及渣铁区生成上升至上部间接还原区底部；在两股气体的共同作用下，在间接还原区含铁物料还原为铁，金属化率为 85%~95%；间接还原区吹入的富氢还原气占总还原气体的 60%~80%，焦炭燃烧产生气体占总还原气体的 20%~40%。

一种炼焦煤成焦性质和焦炭热强度评价及关联新方法

专 利 号：ZL 2020 1 0344235. 8
申 请 日：2020. 04. 27
授 权 日：2022. 04. 08
专利权人：河钢股份有限公司
发 明 人：王新东，梁英华，程欢，黄世平，李建新，桂锐，孙章，李立业

证书

专利摘要：

本发明涉及一种炼焦煤成焦性质和焦炭热强度评价及关联新方法，属于冶金技术领域。本发明的技术方案是：利用炼焦煤成焦性能综合检测装置检测炼焦煤在成焦过程中出现的各种特征现象，在各特征曲线上提取具有代表性的特征参数；利用 Python 软件构建两者之间的关系模型，实现炼焦煤成焦性质准确评价及焦炭质量精准控制。本发明的有益效果是：避免了繁多的炼焦煤性质检测试验和大型化的炼焦试验及焦炭热强度检测试验，为焦化生产节省人力和物力，降低焦炭生产成本。

背景技术：

冶金焦炭生产两个关键环节分别是炼焦煤成焦性质评价和焦炭热强度评价及构建两者之间的关系。炼焦煤成焦性质评价的方法有很多，主要包括黏结指数、胶质层指数、奥亚膨胀度和基式流动度等。我国主要采用黏结指数 G 值和胶质层指数 Y 值来评价炼焦煤的成焦性质。关于焦炭热强度的评价方法我国主要采用的是由日本新日铁公司于 20 世纪 70 年代提出的焦炭反应性及反应后强度评价方法，并将其列为国家标准，即《焦炭反应性及反应后强度试验方法》（GB/T 4000—2017）。然而，目前煤焦质量评价及关联技术体系存在的问题是：繁多的炼焦煤成焦性质评价方法和大型化的焦炭热强度检测方法花费了冶金焦炭生产者大量的工作时间，检测周期较长，人力、物力消耗巨大。而且，关键的问题是靠现行的炼焦煤成焦性质评价指标还无法准确控制焦炭质量，即煤焦质量关联出现了问题。因此，迫切需要提供一种全面简捷且小型化的炼焦煤成焦性质和焦炭热强度评价及关联新方法，为煤焦质量评价和焦炭质量控制提供可靠的参数。

发明内容：

本发明目的是提供一种炼焦煤成焦性质和焦炭热强度评价及关联新方法，利用本发明检测得到的胶质层厚度、挥发分析出速率、膨胀压力和体积膨胀收缩度变化曲线提取相应特征参数，即胶质层最大厚度 y_{max} 值、挥发分最大析出速率 $(df/dt)_{max}$ 值及两者对应的温度点数值之差（T_f-T_y）、最大膨胀压力 p_{max} 和其对应的温度点数值 T_p、最终收缩度 x 值，

以构建一个综合性的技术指标 α，用来评价炼焦煤成焦性质的方法，实现了对炼焦煤成焦性质的准确评价；利用小型化焦炭热强度检测装置，提出了一种利用该装置检测焦炭在变温—恒温条件下与二氧化碳气体发生溶损反应，并利用黏结指数方法中转鼓检测焦炭热强度值的方法，实现了焦炭热强度简捷、快速准确评价；利用 Python 软件，提出了一种利用该软件建立炼焦煤成焦性质综合性评价指标 α 和焦炭热强度评价指标 PSR_{25} 关系模型的方法，实现了煤焦质量高精度关联和焦炭质量的精准控制；避免了繁多的炼焦煤性质检测试验和大型化的炼焦试验及焦炭热强度检测试验，为焦化生产节省人力和物力，降低焦炭生产成本，有效地解决了背景技术中存在的上述问题。

权利要求书：

一种炼焦煤成焦性质和焦炭热强度评价及关联新方法，其特征在于包含以下步骤。

（1）利用炼焦煤成焦性能综合检测装置检测炼焦煤的成焦性质。

（2）二次高温炼焦试验。

（3）利用小型化焦炭热强度检测装置检测焦炭的热强度。

（4）利用 Python 软件构建炼焦煤成焦性质与焦炭热强度的关系模型。

一种从含钒铬泥中回收钒和铬的方法

专 利 号：ZL 2019 1 0995722. 8
申 请 日：2019. 10. 18
授 权 日：2022. 01. 04
专利权人：河钢股份有限公司承德分公司
发 明 人：王新东，李兰杰，郑天新，高明磊，周冰晶，李男，王海旭

证书

专利摘要：

本发明属于固体废弃物利用技术领域，提供了一种从含钒铬泥中回收钒和铬的方法，所述方法包括：将含钒铬泥与碱液混合后进行脱氨处理，然后进行反应浸出，固液分离，得到含钒铬浸出液和浸出渣；将得到的含钒铬浸出液进行结晶，分别得到铬酸盐晶体和钒酸盐晶体。本发明通过将含钒铬泥与碱液混合后先进行脱氨，再进行浸出与结晶，充分回收含钒铬废弃物中有价金属元素，钒的浸出率达到77%以上，铬的浸出率达到93%以上，所得结晶产物的纯度较高；所述方法操作简单、成本较低、清洁环保，适用于多种含钒铬废弃物的回收利用。

背景技术：

钒钛磁铁矿作为一种重要的共伴生矿，其中的铁、钛、钒和铬均为重要的战略金属，可广泛应用于国防、化工、冶金等领域。钒和铬由于物理化学性质相近，在提取过程中往往难以分离，例如在钒制品生产过程中，产生的废水处置时通常会留下含钒铬泥，其主要成分包括 V_2O_5、$Cr(OH)_3$、CaO、Na_2O 和 Fe_2O_3 等，为此需要将钒、铬等元素回收利用，同时，该含钒铬泥长期存放三价铬会被氧化为六价铬，后者为有毒物质，更有必要进行回收处理。含钒铬原料提钒后的废水由于所用工艺的不同，有时也会含有 NH_4^+，继而进入含钒铬泥中，含钒铬泥在回收处理时也需要考虑。现有处理方法中有的并未对铵根离子进行去除，在高温高压处理时会分解产生气体，或者留存于溶液中影响产品纯度；有的只是去除杂质离子，但对于可以与钒共溶的铬等并未分离，所得钠盐并非单一盐类，纯度较低。为此，对于含钒铬固体渣的回收处理，还需要改进方法，既能够实现钒和铬的高效分离，又能达到较高的回收率，同时简化操作方法。

发明内容：

针对现有技术存在的问题，本发明的目的在于提供一种从含钒铬泥中回收钒和铬的方法，所述方法先将含钒铬泥脱氨处理后，再进行碱性浸出，以保证有价金属钒和铬充分浸出与高效回收，并得到高纯度结晶产品；所述方法操作简便，实现了有价金属废弃物的资源化利用。

权利要求书：

一种从含钒铬泥中回收钒和铬的方法，其特征在于，所述方法包括以下步骤。

（1）将含钒铬泥与碱液混合后进行脱氨处理，所述含钒铬泥中铬含量（质量分数）为15%~25%，钒含量（质量分数）为2.5%~3.5%，所述碱液与含钒铬泥的质量比为(4~8)：1，脱氨处理在搅拌条件下进行，脱氨处理的温度为70~100 ℃，时间为0.5~2 h，然后进行反应浸出，反应浸出的温度为150~180 ℃，压力为5.5~7.5 MPa，时间为1~2 h，固液分离，得到含钒铬浸出液和浸出渣。

（2）将得到的含钒铬浸出液先进行蒸发浓缩，再进行结晶，先在70~100 ℃条件下结晶得到铬酸盐晶体，再在25~40 ℃条件下结晶得到钒酸盐晶体。

一种钒渣提钒协同控制尾渣中钠含量的方法

专 利 号：ZL 2020 1 0543413. X
申 请 日：2020. 06. 15
授 权 日：2021. 12. 31
专利权人：中国科学院过程工程研究所

证书

发 明 人：杜浩，王少娜，刘彪，王新东，李兰杰，赵备备，王海旭

专利摘要：

本发明属于钒化工冶金技术领域，提供一种钒渣提钒协同控制尾渣中钠含量的方法，所述方法将钒渣、钙源和碱浓度45%～55%的 NaOH 溶液混合后进行氧化反应，经固液分离后得到的尾渣洗涤后即可得到低钠尾渣；所述方法通过严格控制氢氧化钠溶液的浓度并组合其他工艺条件能够在保持提钒率的同时实现尾渣中钠含量的有效控制，所得尾渣中 Na_2O 含量在1%以下，尾渣易于实现资源化利用。

背景技术：

提钒尾渣是钢铁企业采用钒渣高温钠化焙烧工艺提钒后产生的尾渣，每年产生量近百万吨，其中富含钒、铬、硅、铁、钠等有价组分。国内外针对提钒尾渣利用的已有研究主要集中在钠化焙烧再提钒、还原提铁，以及作水泥基料、陶瓷材料等附加值产品的开发方面，但是由于钠化提钒尾渣中钠含量过高，会导致混凝土中的钢筋锈蚀，缩短钢筋寿命，这也限制了其在水泥领域的扩大应用，而陶瓷行业对于尾渣的消耗量远远小于其产出量，仍有一大部分的提钒尾渣得不到有效利用。另外，提钒尾渣中铁、钒、铬、钛、锰等元素含量都较高，是冷固结法制造球团矿的理想原料，因此可将提钒尾渣按照一定比例加入烧结矿中，返回钢铁流程，实现其大规模化消纳。但在返烧结过程，如提钒尾渣中钠含量过高，有进一步增加高炉碱负荷的风险，对高炉炉衬有很大的破坏作用，影响高炉顺行。而目前现有技术一般是后期单独对提钒尾渣进行脱钠处理，需要单独增加后处理工艺，因此，需要提出一种能够从源头控制尾渣中钠含量的方法。

发明内容：

为解决上述技术问题，本发明提供一种钒渣提钒协同控制尾渣中钠含量的方法，所述方法通过严格控制氢氧化钠溶液的质量浓度，并综合其他工艺条件，在实现钒渣中钒高效提取的同时，可使尾渣中 Na_2O 含量（质量分数）控制在1%以下，尾渣易于实现资源化利用。本发明中将 NaOH 溶液浓度严格控制为45%～55%，不仅能够有效防止生成难以转化的硅酸钠钙、钛酸钠物相进入渣相，钠难解离导致尾渣中钠含量过高的问题，而且能够避免体系黏度过大降低提钒率；本发明采用45%～55%的 NaOH 溶液作为反应介质，并组

合使用钙源，在不影响提钒效率的同时，可使尾渣中含铝硅物相直接生成不含钠的硅酸钙、铝硅酸钙，避免尾渣中含钠物相的生成，一步法获得低钠尾渣。

权利要求书：

一种钒渣提钒协同控制尾渣中钠含量的方法，其特征在于，所述方法包括如下步骤。

（1）将钒渣、钙源和质量浓度为45%~55%的 NaOH 溶液混合，得到混合浆料；其中，所述钒渣与钙源的质量比为（10∶1）~（10∶3），所述 NaOH 溶液与钒渣的液固比为（3∶1）~（10∶1）。

（2）将所述混合浆料与氧化性气体在压力≤1 MPa、温度为130~200 ℃条件下进行至少2 h 氧化反应，得到反应后浆料。

（3）所述反应后浆料经固液分离，得到尾渣和含钒浸出液，所述尾渣经洗涤后得到 Na_2O 的含量（质量分数）≤1%的低钠尾渣。

包括锌铝镁镀层的钢板及其制造方法

专 利 号：ZL 2019 1 1346137.1

申 请 日：2019.12.19

授 权 日：2021.12.14

证书

专利权人：河钢股份有限公司，唐山钢铁集团有限责任公司，河钢股份有限公司唐山分公司，新冶高科技集团有限公司

发 明 人：王新东，李建新，齐建军，孙力，张鹏，梅淑文，张杰，张启富，宋志岗，杨士弘，江社明，李文田，弓俊杰，曹宏玮，梁爱国

专利摘要：

本发明公开了一种包括锌铝镁镀层的钢板及其制造方法，所述方法可以包括：对冷轧钢板进行预处理；将经过预处理的钢板浸入包含锌铝镁作为主要成分的镀液中进行浸镀处理，以使所述镀液镀覆在钢板的两个表面中的至少一个表面上以形成镀液层；利用气刀来控制钢板的所述至少一个表面上的镀液层的厚度；以及对镀有镀液层的钢板进行冷却处理。所述镀液可以包括按质量百分比计的如下成分：1.5%~2 .3%的Al、1.2%~1.8%的Mg、总量为0.01%~0.08%的La和Ce、总量为0.01%~0.08%的Cu、Cr和Ni中的至少一种元素，以及余量的Zn和不可避免的杂质，其中，Al与Mg的质量比为1.2~1.4，并且La与Ce的质量比为2∶1。

背景技术：

钢构件通常会由于低温潮湿、高温、酸性等使用环境而劣化，通常通过在钢构件上形成镀层的方式来解决。锌具有优良的耐腐蚀性、导电性和导热性，易于加工，并且可以作为牺牲阳极来保护钢构件，进而大大延长了钢构件的使用寿命。因此，镀锌是用于保护诸如钢板或钢丝等钢构件的最早的、应用最广泛的、性能价格比最优的钢构件表面处理方法之一。

目前，普通镀锌已经越来越不能满足工业发展以及社会需求，人们也开始探索增加其他微量元素来改善镀层的耐蚀性以及抗压抗变形能力。在过去的几十年里，具有更高的耐蚀性能的新型镀层先后被开发出来。包括锌铝镁镀层的钢构件由于其耐蚀性比包括纯锌镀层的钢构件提高了3~18倍而受到了广泛的关注。然而，目前的锌铝镁镀层存在脆性大、成型性差、表面质量差等问题，因此，人们正在对锌铝镁镀层进行大量研究以在确保其耐腐蚀性能的同时解决上述问题。

发明内容：

针对上述问题，本发明的一个目的在于提供一种包括锌铝镁镀层的钢板及其制造方

法。根据本发明的锌铝镁镀层及包括其的钢板在确保包含锌铝镁镀层的钢构件的耐腐蚀性的同时，还可以避免由于 Al 含量较高引起的脆性增大和成型性下降的问题，并且解决了镀层钢板表面黑点缺陷问题。

权利要求书：

一种制造包括锌铝镁镀层的钢板的方法，所述方法包括以下步骤。

（1）对冷轧钢板进行预处理，所述预处理的步骤包括：将冷轧钢板放置于溶液槽内，以利用溶液槽中的溶液对冷轧钢板进行化学脱脂处理，将经化学脱脂处理后的钢板放置在电解槽内，以利用电解槽中的电解液对钢板进行电解脱脂处理，以及对经电解脱脂处理后的钢板进行热处理。

（2）将经过预处理的钢板浸入包含锌铝镁作为主要成分的镀液中进行浸镀处理，以使所述镀液镀覆在钢板的两个表面中的至少一个表面上以形成镀液层。

（3）利用气刀来控制钢板的所述至少一个表面上的镀液层的厚度。

（4）对镀有镀液层的钢板进行冷却处理。

（5）利用光整机对经冷却处理后的钢板进行光整处理。

（6）利用拉矫机对经光整后的钢板进行拉矫处理。

（7）利用钝化涂覆机对经拉矫后的钢板进行钝化处理。

（8）对经过钝化处理的钢板进行烘干处理，从而得到所述包括锌铝镁镀层的钢板。

降低残余应力的热轧高强度带钢制备方法

专 利 号：ZL 2019 1 0791084. 8
申 请 日：2019. 08. 26
授 权 日：2020. 12. 22
专利权人：武汉科技大学
发 明 人：丁文红，王新东，齐建军，孙力，刘天武，庞博文，潘进，臧之祺

证书

专利摘要：

本发明属于热轧领域，公开了一种降低残余应力的热轧高强度带钢制备方法，通过控制热轧机组的轧后快速冷却实现残余应力的在线调控，将高强度带钢的连续冷却区间依次划分为递增冷却段、恒速冷却段和精调冷却段，在递增冷却段采用递增的冷却速率进行冷却，即冷却速度随高强度带钢的温度的逐步降低而逐渐增高，在恒速冷却段采用恒定的冷却速率进行冷却。可以在保证材料强韧性的条件下，实现快速冷却过程中残余应力的在线调控，成本低。

背景技术：

带钢在汽车、起重机吊臂等行业得到广泛应用，为减轻自重、提高结构安全性，工程机械行业普遍选用屈服强度 $Re \geqslant 600$ MPa 的高强度带钢，$Re \geqslant 980$ MPa 高强度带钢的应用也在逐步增加。为降低材料成本，提升焊接性能，采用低合金成分设计，通过 TMCP（Thermo Mechanical Control Process）及快速冷却工艺细化晶粒、控制析出相，提高材料的强韧性已成为新一代高强度带钢发展的主要途径。但是，快速冷却工艺在提高材料强韧性的同时，也在高强度带钢中引入高的残余应力，使高强度带钢残余应力问题日益凸显，为降低高强度带钢的残余应力水平，人们试图通过制备过程的平直度控制减小材料使用过程中的形状及尺寸改变，但收效甚微。为解决上述残余应力问题，人们在残余应力处理方面消耗了大量的资金及成本。回火是目前钢铁行业普遍认可的降低高强钢残余应力水平的生产工艺，但是，由于回火处理的温度一般为 650～680 ℃，试验数据显示，650 ℃ 回火 30 min后，高强钢中的残余应力仅降低 64. 3%，而且还会导致材料关键性能的降低，不仅如此，高温回火还不可避免地增加了高强钢的生产成本，在这种背景下，开发低成本残余应力调控技术就成为众多生产厂商迫切希望解决的问题。

发明内容：

本发明的目的是提供一种降低残余应力的热轧高强度带钢制备方法，该方法利用冷却过程中残余应力的形成机理以及相变塑性与温度应力的相关关系，通过相变前温度应力作用方向的调整，控制相变塑性应变的方向，可以在保证材料强韧性的条件下，实现快速冷

却过程中残余应力的在线调控。实现残余应力在线调控后，可以省略轧后的回火处理，成本低。

权利要求书：

一种降低残余应力的热轧高强度带钢制备方法，其特征如下。

（1）通过控制热轧机组的轧后快速冷却实现残余应力的在线调控，将高强度带钢的连续冷却区间依次划分为递增冷却段、恒速冷却段和精调冷却段，在递增冷却段采用递增的冷却速率进行冷却，即冷却速度随高强度带钢的温度的逐步降低而逐渐增高，在恒速冷却段采用恒定的冷却速率进行冷却。

（2）通过控制相变前带钢表面温度应力的作用方向，控制相变塑性正负，进而实现在线残余应力控制。

（3）在递增冷却段温度区间为终轧温度至 $Ar_3+\Delta T$，在恒速冷却段温度区间为 $Ar_3+\Delta T$ 至终冷温度，Ar_3 为高强度带钢的相变温度，ΔT 为根据机组设备配置确定的调节温度。

（4）高强度带钢的相变温度 Ar_3 的确定方法是，先测定过冷奥氏体连续冷却转变 CCT 曲线，再确定高强度带钢的相变温度 Ar_3。

降低残余应力的回火方法

专 利 号：ZL 2019 1 0792183. 8
申 请 日：2019. 08. 26
授 权 日：2020. 12. 22
专利权人：武汉科技大学
发 明 人：丁文红，王新东，齐建军，孙力，刘天武，吴挺，潘进，臧之祺

证书

专利摘要：

本发明属于热处理领域，公开了一种降低残余应力的回火方法，依次进行升温、保温和冷却，升温包括两个阶段，第一个阶段为高速升温阶段，将待回火材料或零件由室温快速加热至温度 T_1，材料或零件的尺寸越大温度 T_1 越高，第二个阶段为低速升温阶段，将待回火材料或零件由温度 T_1 缓慢加热至设定的回火温度进行保温。本方法增强了回火对残余应力的调控效果，抑制了回火过程新生残余应力的形成，同时有助于提高材料的强韧性。

背景技术：

淬火是金属材料制备过程中提高材料强度的基本工艺方法。但是，淬火在提高强度的同时，在材料内部引入高水平的残余应力，不仅使材料的疲劳寿命、耐应力腐蚀能力等大幅下降，而且，加工和使用过程中还容易出现材料或零件形状及尺寸的改变。

回火是将淬火后的金属材料加热到临界温度 Ac_1（钢加热时，开始形成奥氏体的温度）以下的某一温度保温，以降低材料内的应力水平，调控淬火残余应力的工艺方法。回火时残余应力的调控机理是：通过给过饱和的固溶体提供合适的激活能，控制析出相的析出、分布及演变，进而调控材料的性能及残余应力分布。因此，热输入是影响析出相调控的关键要素，为了获得低的残余应力水平，实际生产中不得不提高回火温度，延长回火时间，这不可避免地使材料的关键力学性能受到损害。此外，在回火过程中，材料表面与材料芯部残余应力的变化趋势并不相同，芯部残余应力持续减小，而表面残余应力则呈现出先减小再增大的趋势。导致回火处理后，材料中的残余应力仅减小 60%~70%。不仅如此，由于材料表面残余应力的增加，容易导致回火处理后，材料表面的应力状态为拉应力状态，降低材料或零件的疲劳寿命以及耐应力腐蚀的能力，严重时还会导致零件或材料开裂。因此，开发合理的回火工艺，是充分降低材料淬火内应力，改善材料使用性能的关键。

发明内容：

本发明的目的是提供一种降低残余应力的回火方法，本方法增强了回火对残余应力的调控效果，抑制了回火过程新生残余应力的形成，同时有助于提高材料的强韧性。

权利要求书：

一种降低残余应力的回火方法，其特征如下。

（1）依次进行升温、保温和冷却，升温包括两个阶段：第一个阶段为高速升温阶段，将待回火材料或零件由室温快速加热至温度 T_1，材料或零件的尺寸越大温度 T_1 越高；第二个阶段为低速升温阶段，将待回火材料或零件由温度 T_1 缓慢加热至设定的回火温度进行保温。低速升温阶段的升温速率受限，要满足低速升温阶段回火加热过程的升温速度。

（2）高速升温阶段的升温速率不受限制，以促进第二相的析出和弥散分布。

（3）本方法适用于包括钢铁材料和铝合金材料在内的金属材料。

一种含钒原料球磨钙化-铵化制备五氧化二钒的方法

专 利 号：ZL 2018 1 0167051.1
申 请 日：2018.02.28
授 权 日：2020.09.08
专利权人：河钢股份有限公司承德分公司
发 明 人：王新东，李兰杰，白瑞国，常金宝，祁健，赵备备，赵亮

证书

专利摘要：

本发明属钒化工冶金技术领域，涉及一种含钒原料球磨钙化-铵化制备五氧化二钒的方法，所述方法为：将生石灰、水和含钒原料混合后球磨进行钙化反应，反应完成后固液分离，得到钒酸钙；在常温下，将所得钒酸钙和铵盐混合后球磨进行铵化反应，反应完成后固液分离，得到含偏钒酸铵的溶液和碳酸钙；含偏钒酸铵的溶液进行除杂，将除杂后的溶液冷却结晶，固液分离得到偏钒酸铵晶体，经过煅烧后得到五氧化二钒。本发明采用低液固比的生石灰、水混合和球磨活化结合进行钙化反应，降低了钙化用水量，钙化率达到97%以上；同时球磨铵化反应在常温下进行使铵化过程氨气的挥发得到抑制，铵化率达到98%以上。本发明缩短了工艺流程，操作方便，设备简单，具有良好的应用前景。

背景技术：

随着科学技术的进步，钒应用领域不断扩大，一些高科技领域对钒原料尤其是氧化钒的品位提出了更高的要求。目前，钒应用领域高端产品包括宇航级钒铝合金、全钒液流电池电解液、纳米级钒官能材料、钒催化剂、钒发光材料等。制备高纯五氧化二钒的原料多以廉价易得的粗制钒产品为主，如多钒酸铵、多钒酸钠、偏钒酸铵、98%五氧化二钒、钒液等。现有的制备高纯五氧化二钒的方法主要有化学沉淀净化法、离子交换法、溶剂萃取法和氯化法等。而目前制备高纯五氧化二钒的方法中多存在工艺流程过长、不易操作、能耗过高、浸出过程使用酸液或氨气易挥发、环保负担重等问题，因此需要开发一种新的制备高纯五氧化二钒的方法以克服上述问题。

发明内容：

鉴于现有技术中存在的问题，本发明的目的在于提供一种含钒原料球磨钙化-铵化制备五氧化二钒的方法，采用低液固比的生石灰、水混合和球磨活化结合进行钙化反应，省去了含钒原料溶解的步骤，缩短了工艺流程，且降低了钙化用水量，提高了钙化率；低温球磨铵化使氨气挥发得到抑制，提高了铵化率；整个工艺流程简单，操作方便，适用于工业化应用。

权利要求书：

一种含钒原料球磨钙化-铵化制备五氧化二钒的方法，其特征在于，所述方法包括以下步骤。

（1）按照（3~6）：1的液固比将生石灰和水混合，然后加入含钒原料混合后进行球磨，控制钙钒的摩尔比为（1~1.8）：1，球磨过程转速为50~250 r/min，时间为10~40 min，生石灰和含钒原料的总质量与球磨介质的质量比为1：(3~10)，反应完成后固液分离，得到钒酸钙。

（2）在常温下，按照铵钒摩尔比为（1~1.4）：1将钒酸钙和铵盐混合后球磨进行铵化反应，控制球磨过程转速为50~250 r/min，时间为20~60 min，钒酸钙与铵盐的总质量与球磨介质的质量比为1：(3~8)，反应完成后，向得到的混合料浆中加入其质量3~6倍的水并加热至80~100 ℃溶解5~20 min，然后进行固液分离，得到含偏钒酸铵的溶液和碳酸钙，对分离得到的碳酸钙进行洗涤；所述铵盐为碳酸铵和/或碳酸氢铵。

（3）向含偏钒酸铵的溶液中加入除杂剂进行除杂，所述除杂剂为硫酸铝、氯化铝或五水合氯化铝中的任意一种或至少两种的组合，除杂剂中的铝和含偏钒酸铵的溶液中的硅的摩尔比为（1~1.6）：1，将除杂后的溶液冷却结晶，固液分离得到偏钒酸铵晶体，经过煅烧后得到五氧化二钒。

一种短流程处理含钒原料提取制备钒及合金粉末的方法

专 利 号：ZL 2019 1 0100340. 4
申 请 日：2019. 01. 31
授 权 日：2020. 09. 04
专利权人：河钢股份有限公司承德分公司
发 明 人：王娜，王新东，白瑞国，吴春亮，胡启晨，王宝华，马瑞峰

证书

专利摘要：

本发明属于冶金工程技术领域，涉及一种短流程处理含钒原料提取制备钒及合金粉末的方法，首先将含钒原料与碱性化合物氧化焙烧，生成易溶于水的钒酸盐，经除杂—沉钒处理后形成高纯度的中间产物 CaV_2O_6，将其与其他原料溶解在熔盐介质中形成均匀的反应体系，然后加入还原剂还原，经过分离、洗涤、烘干后得到了粒径为 50~800 nm，且纯度≥99. 0%的钒或钒合金粉末。所述方法可以连续处理含钒原料提取制备钒或钒合金粉末，具有流程短、设备简单、能耗低、产品优良等特点，且制备过程中没有固/液废弃物的排放，环境友好，具有良好的应用前景。

背景技术：

钒是一种具有战略意义的稀有金属元素，因其具有高的熔点、抗拉强度、硬度和抗疲劳强度等物理性能，几乎全部应用到黑色或有色合金领域。金属钒及其合金因具有优良的加工性能、强悍的耐腐蚀性及极小的快中子吸收截面等特点。目前，制备金属钒及其合金的方法很多，主要有雾化（GA）法、机械合金化（MA）法、电化学沉积法和化学还原法等。上述工艺用于制备钒金属及其合金时，普遍存在工艺流程长，设备复杂、操作烦琐、环境不友好以及质量不高等问题，难以得到大规模推广。

发明内容：

鉴于现有技术中存在的问题，本发明的目的在于开发出一种短流程处理含钒原料提取制备钒及合金粉末的新工艺，与当前钒金属及钒合金制备工艺相比，具有流程短、设备简单、能耗低、绿色生产、产品优良等特点，应用前景广阔。

权利要求书：

一种短流程处理含钒原料提取制备钒及合金粉末的方法，其特征在于，所述方法包括以下步骤。

（1）将含钒原料和碱性化合物混合，然后将混合物料在 700~900 ℃下氧化焙烧 3~10 h；

所述混合物料中含钒原料的摩尔分数为5%～20%，碱性化合物的摩尔分数为75%～95%；所述碱性化合物为Na_2O、K_2O、NaOH、KOH、Na_2CO_3或K_2CO_3中的至少一种。

（2）将氧化焙烧后的产物粉碎为48～106 μm的颗粒，然后进行溶解，固液分离后对得到的含钒溶液进行除杂，然后加入CaO和/或$CaCl_2$进行沉钒，得到中间产物CaV_2O_6。

（3）将所得中间产物CaV_2O_6与熔盐介质混合，将所得混合物在0.1～0.3 MPa的真空度、150～450 ℃的温度下真空脱水，然后加热至500～950 ℃熔融形成熔盐反应体系；其中，按摩尔分数含量计，所述熔盐介质由40%～100%的化合物A和0～60%的化合物B组成，所述化合物A为$CaCl_2$、NaF或KF中的至少一种，化合物B为NaCl、KCl、LiCl、$NaAlO_2$、$CaTiO_3$、Na_2TiO_3、K_2TiO_3或TiO_2中的至少一种；所述混合物中CaV_2O_6的摩尔分数为2%～12%，所述熔盐介质的摩尔分数为88%～98%；在所述将中间产物CaV_2O_6与熔盐介质混合的过程中加入偏铝酸钠。

（4）向得到的熔盐反应体系中加入还原剂，在氩气气氛下于400～800 ℃进行热还原合成反应；所述还原剂为钠、钙或镁中的至少一种。

（5）将热还原合成反应完成后得到的产物真空抽滤，然后依次进行酸洗和水洗，洗涤完成后在0.1～0.5 MPa的真空度、30～50 ℃的温度下真空烘干，得到目标产物。

一种高炉全球团冶炼工艺

专 利 号：ZL 2016 1 0731518.1
申 请 日：2016.08.26
授 权 日：2018.10.16
专利权人：河钢股份有限公司
发 明 人：于勇，王新东，李建新，常金宝，田欣，刘连继，赵军，胡启晨，宋润平，魏福申，于树海，宋立明，肖洪，宋雅贤，张文强

证书

专利摘要：

本发明属于冶金技术领域，涉及一种高炉全球团冶炼工艺，具体工艺为将熔剂性球团、钢渣和石灰石混合后从炉顶加入高炉中，将焦炭与矿石分批加入高炉中，冶炼过程中调整焦炭批重和喷煤量大小，通过高炉布料溜槽实现环形、定点、扇形中的任意一种布料方式，控制料面形状，形成边缘和中心两道气流模式；将≥1150 ℃高温热风经热风管道送入高炉，使焦炭和煤粉燃烧参与高炉内氧化还原反应；矿石在高炉内依次经过块状带、软熔带、滴落带、风口燃烧带和炉缸进行间接和直接还原反应，生成液态铁水经出铁口排出炉外。本发明取消烧结矿，使用熔剂性球团80%~100%重量比例进行高炉冶炼，减少烧结矿生产过程中对环境污染和降低工序能耗。

背景技术：

中国向世界承诺到2020年减排CO_2比2005年降低40%~45%。我国高炉炉料结构以大比例烧结矿为主，现有铁矿粉烧结生产工艺多使用带式烧结机，采用直接暴露在环境中的抽风冷却模式进行生产，烧结系统漏风、废气量大、粉尘多、污染物多、处理难度大、费用高等成为环境治理的难题。目前年产烧结矿约10亿吨，每吨烧结矿排出3000~5000 m^3烟气，而熔剂性球团制备过程吨矿烟气排放量在2000~3000 m^3，烟气量少处理难度低，同时降低工序能耗，减少CO_2排放量。因此，从保护环境、节能减排的大局出发我们要转变目前以烧结矿为主的高炉冶炼模式，逐步过渡为环境友好的球团为主的高炉冶炼模式。我国的铁矿粉资源是以贫矿复选后的铁精矿为主，粒度较细适于造球。熔剂性球团生产工艺把铁矿粉经过链箅机–回转窑或带式焙烧机在密封循环的设备上进行焙烧，可以极大降低环境污染和工序消耗。目前国内高炉球团矿比例平均在15%左右，个别小高炉球团矿比例达到45%左右。研究开发一种能够不使用烧结矿、而使用全球团高炉冶炼工艺，可以降低渣比、减少燃料消耗、降低CO_2排放量，是节能环保的高炉冶炼模式。

发明内容：

为解决上述技术问题，本发明提供一种全球团冶炼的炼铁工艺，该工艺以生产能耗较低、排放较少的球团矿为原料进行高炉冶炼，在降低排放的同时提高矿石冶炼的经济效益。

权利要求书：

一种高炉全球团冶炼工艺，其特征在于，包括如下步骤。

（1）将熔剂性球团按90%质量比例，块矿按7%质量比例，钢渣和石灰石按照3%质量比例混合后从炉顶加入高炉中，入炉品位60%。

（2）将焦炭与矿石分批加入高炉中，矿石批重为25 t，焦炭批重为矿石批重的1/3，喷煤比为100 kg/t；高炉冶炼渣比297 kg/t，燃料比480 kg/t。

（3）通过高炉布料溜槽按合理的布料方式，控制料面形状，形成边缘和中心两道气流模式。

（4）经过热风炉加热的1180 ℃的高温热风经热风管道送入高炉，风量1620 m^3/min，风压253 kPa，使焦炭和煤粉燃烧参与高炉内氧化还原反应。

（5）鼓风中氧含量控制在28%，富氧率7%。

（6）矿石在高炉内依次经过块状带、软熔带、滴落带、风口燃烧带和炉缸进行间接和直接还原反应，生成液态铁水经出铁口排出炉外，高炉利用系数3.91 t/(m^3 · d)，铁水温度1502 ℃，Si含量（质量分数）0.1%、Fe含量（质量分数）99.82%、S含量（质量分数）0.010%。

一种薄板坯连铸连轧生产的 75Cr 热轧板卷及其方法

专 利 号：ZL 2013 1 0715443. 4
申 请 日：2013. 12. 23
授 权 日：2016. 01. 20
专利权人：河北钢铁股份有限公司唐山分公司
发 明 人：杨晓江，郝占全，张大勇，王新东，李一栋，孙彩君，王彬，郝常鑫，张连祝，殷凯，马永红，付建军

证书

专利摘要：

本发明涉及一种高等级锯片钢生产领域，公开了一种薄板坯连铸连轧生产的 75Cr 热轧板卷及其方法，其化学成分及质量分数为：C 0. 73%~0. 78%、Si 0. 25%~0. 40%、Mn 0. 65%~0. 90%、P $\leqslant$ 0. 020%、S $\leqslant$ 0. 012%、Cr 0. 30%~0. 60%、Als 0. 015%~0. 03%，其余为 Fe 和不可避免的杂质。本方法解决了薄板坯连铸高拉速条件下出现的液位波动大、黏结和热流不稳定等生产问题，以及铸坯表面裂纹、中心偏析和中心疏松等质量问题；实现了 75Cr 钢在薄板连铸连轧生产线上的稳定生产技术。本 75Cr 板卷的表面质量良好，未发现裂纹和夹渣，组织性能均匀，其抗拉强度为 920~1010 MPa；屈服强度为 490~820 MPa，延伸率为 13%~24%，布氏硬度为 270~320 HBW。

背景技术：

75Cr 工具用钢硬度极强，具有较好的耐磨性，能够广泛应用于高等级锯片的基体制作等领域，具有较高的附加值和广阔的市场前景。薄板坯连铸连轧技术可以覆盖大多数热轧板卷的品种，但还不能完全生产出一些特殊性能和高附加值的品种钢；薄板坯连铸连轧短流程生产线最大的技术优势就是可以给轧机提供全长温度均匀的板坯，从而为轧制得到一个板卷全长均匀的机械性能以及热轧中板形及厚度精度控制提供了良好的前提保障，并且可以通过半无头轧制等工艺来很好地实现薄规格的轧制；由于薄板连铸机的铸坯在结晶器内的冷却强度更强，其二次和三次枝晶更短，通过动态软压下和二冷控制，铸坯疏松和微观偏析可得到较大的提高，内部质量得到提高。产品的性能更加均匀、稳定。75Cr 高碳钢在国内的薄板连铸连轧生产线上尚未开发和生产，缺少技术支持，在冶金生产过程中，容易造成中心裂纹、中心偏析和中心疏松，导致成品组织性能分布不均匀，产生铸坯表面夹渣和表面裂纹，容易发生黏结事故；基于 75Cr 的广泛用途和特殊性能，其具有非常大的开发前景。

发明内容：

本发明要解决的技术问题是提供一种能消除表面缺陷和内部质量问题的薄板坯连铸连轧生产的75Cr热轧板卷；本发明还提供了一种薄板坯连铸连轧生产的75Cr热轧板卷的方法。

权利要求书：

一种薄板坯连铸连轧生产75Cr热轧板卷的方法，其特征包括以下步骤。

（1）采用转炉冶炼，并进行炉外精炼对其合金化，其化学成分及质量分数控制为C 0.73%~0.78%、Si 0.25%~0.40%、Mn 0.65%~0.90%、P ≤ 0.020%、S ≤ 0.012%、Cr 0.30%~0.60%、Als 0.015%~0.03%，其余为Fe和不可避免的杂质。

（2）进行连铸，过热度控制在15~35 ℃，铸坯厚度控制在65~90 mm，拉速控制在4.3~4.7 m/min；连铸过程采用下述质量分数配比的结晶器保护渣为CaO 20%~24%、Al_2O_3 3.0%~3.5%、SiO_2 25%~28%、MgO 6.0%~7.0%、F 11%~12%、Na_2O 12%~14%、Fe_2O_3 1%~2%、MnO_2 ≤ 0.2%、Li_2O 3.0%~5.0%，余量碳及不可控制的杂质；半球点温度为730~780 ℃，黏度为0.7~0.8 Pa·s。

（3）进行加热炉均匀加热，铸坯入炉温度控制为900~980 ℃。

（4）进行精轧，终轧温度控制为820~860 ℃。

（5）进行卷取，卷取温度控制为700~750 ℃。

一种超薄规格板带碎浪缺陷的平整方法

专 利 号： ZL 2013 1 0568547.7
申 请 日： 2013.11.15
授 权 日： 2015.05.27
专利权人： 河北钢铁股份有限公司唐山分公司
发 明 人： 宋嗣海，于勇，王兰玉，王新东，李一栋，王春峰，李建军，马晨，王瑞，吕耀强，董跃星

证书

专利摘要：

本发明属于轧钢薄板精整技术领域，涉及一种超薄规格板带碎浪缺陷的平整方法，用于解决超薄规格板带的碎浪缺陷。其技术方案是：限定平整机工作辊凸度选用-0.03 mm，第一遍平整消除碎浪，使用卷取机张力 10000～12000 kg，开卷机张力 1800～2000 kg，弯辊力使用正弯 150～200 kN，采用大轧制力 4000～4500 kN。第二遍平整消除平整碎浪时出现的斜浪，卷取机张力、开卷机张力、弯辊力不变，采用小轧制力 2000～2500 kN。本发明采用合适的平整工艺参数和选择合理的平整机工作辊的轧辊凸度使薄板碎浪缺陷在平整过程中得到消除，达到良好板形，提高了成材率，降低了生产成本，有效解决了长期困扰企业的难题。

背景技术：

超薄规格板带（≤ 1.4 mm）产品是目前钢材市场上热销的产品，具有价格稳定、需要量大的优势。然而，超薄规格板带在穿带、轧制、甩尾过程中，由于轧件状态不稳定，左右摆动前进，带钢一侧与侧导板发生剐蹭，形成浪间距 130 mm、浪高 15 mm 左右的浪形，从侧面看，呈锯齿状。这种浪形多为间断性出现，最小长度仅几米，最大长度可伴随整个板卷长度。目前国内≤ 1.4 mm 的热轧板带碎浪缺陷没有合理工艺处理方案，只能是作废品处理，这样导致薄规格板带的成材率受到极大影响，轧制薄规格板带的成本升高，严重影响了钢铁企业的经济效益。超薄规格板带碎浪缺陷的问题一直没有得到有效解决，成为困扰企业的难题。

发明内容：

本发明所要解决的技术问题是提供一种超薄规格板带碎浪缺陷的平整方法，通过采用合适的平整工艺参数和选择合理的平整机工作辊的轧辊凸度使轧机不能避免的碎浪缺陷在平整过程中得到消除，达到良好板形，有效地平整超薄规格板带的碎浪缺陷，提高薄规格板带的成材率，降低生产成本，提高企业的经济效益。

权利要求书：

一种超薄规格板带碎浪缺陷的平整方法，其特征包括以下步骤。

（1）平整机工作辊凸度选择-0.03 mm。

（2）工艺生产配方设定：第一遍平整时卷取机张力设定为 10000~12000 kg，开卷机张力设定为 1800~2000 kg，轧制力设定为 4000~4500 kN，弯辊力设定为 150~200 kN。

（3）穿带起车后先调节水平值，驱动侧存在碎浪时下压工作侧水平值，工作侧存在碎浪时下压驱动侧水平值，然后加弯辊力，加到 150~200 kN，在加弯辊力的同时调整轧制力，加到 4000~4500 kN，此时碎浪消除，随之在板面宽度方向上会出现斜浪。

（4）平整完碎浪后将板带倒回出现斜浪的位置，重新起车，张力、弯辊力参数不变，调整轧制力到 2000~2500 kN 来消除斜浪。

一种薄板坯连铸生产低铝硅镇静碳素结构钢的工艺

专 利 号：ZL 2013 1 0233146.6
申 请 日：2013.06.13
授 权 日：2015.04.15
专利权人：河北钢铁股份有限公司唐山分公司

证书

发 明 人：李梦英，张洪波，陈礼斌，王峰，杨晓江，于勇，王兰玉，王新东，张大勇，胡庆利，刘曙光，杨杰，张军国，席晓利，冯慧霄，李京哲，付建军，耿伟

专利摘要：

本发明涉及一种薄板坯连铸生产低铝硅镇静碳素结构钢的工艺，属于钢铁冶炼工艺技术领域。技术方案是包括高炉铁水、转炉冶炼、LF 精炼、薄板坯连铸工序；通过对碳素结构钢化学成分的重新设计，改变惯用的薄板坯连铸生产碳素结构钢的转炉冶炼、LF 精炼工序脱氧合金化方式，在保证钢水充分脱氧的前提下，在薄板坯短流程生产满足标准要求的低铝硅镇静碳素结构钢。本发明的有益效果：采用薄板坯连铸工艺生产低铝硅镇静碳素结构钢，通过化学成分的重新设计和脱氧合金化工艺的优化，生产满足标准要求的一般碳素结构用优质热轧卷板，既缩短了生产时间又降低了生产成本，可以创造极大的经济效益。

背景技术：

20 世纪 80 年代以来，薄板坯连铸连轧生产线以投资少、见效快、成本低、成材率高等优势，得到迅猛发展。薄板坯连铸有其独特的工艺特点为铸坯厚度小（50~70 mm）、连铸拉速快、冷却强度大、凝固时间短。为了适应上述连铸工艺特点，避免钢水脱氧不良造成的铸坯表面皮下气泡对板卷质量的影响，所有薄板坯连铸均要求浇注铝镇静钢，即所有钢种钢中［Als］$\geq 150\times10^{-6}$。一般结构用普通碳素结构钢市场容量最大，使用性能要求不高，无冲击韧性要求。但为了满足薄板坯连铸的工艺性能要求，在薄板坯生产此类钢种除了对钢中 S、P 的质量分数控制要求严格（$S \leq 0.008\%$、$P \leq 0.020\%$）之外，需控制钢中 $Als \geq 150\times10^{-6}$。这种薄板坯生产一般结构用碳素结构钢，生产周期长，制造成本增加，产品功能过剩。

发明内容：

本发明目的是提供一种薄板坯连铸生产低铝硅镇静碳素结构钢的工艺，采用薄板坯连铸生产低铝硅镇静碳素结构钢，通过产品成分的设计及控制脱氧合金化工艺，生产满足要求的碳素结构钢连铸坯，解决背景技术中存在的上述问题。

权利要求书：

一种薄板坯连铸生产低铝硅镇静碳素结构钢的工艺，其特征如下。

（1）包括高炉铁水、转炉冶炼、LF 精炼、薄板坯连铸工序；所述转炉冶炼工序，终渣碱度为 3.0~3.5；钢水控制成分质量分数：C ≥ 0.08%，S ≤ 0.025%，P ≤ 0.020%。终点温度：1630~1660 ℃。终点氧位：≤ 350×10^{-6}，终渣 FeO 质量分数≤ 22%，出钢时间≥ 5 min，脱氧合金化；所述 LF 精炼工序，出站化学成分质量分数：C 0.18%~0.22%，Mn 0.20%~0.40%、S≤ 0.008%、P≤ 0.025%、Si 0.12%~0.25%、Als 0.0050%~0.0080%。出站温度：1580~1600 ℃；所述薄板坯连铸工序，中间包钢水温度 1535~1555 ℃；拉速控制为 4.0~5.0 m/min；所述转炉冶炼、LF 精炼和薄板坯连铸工序，中包钢水氧、氮含量质量数控制为 T[O] ≤ 50×10^{-6}、[N] ≤ 60×10^{-6}。

（2）所述转炉冶炼工序，采用自动下渣检测和挡渣机挡渣，钢包顶渣渣层厚度≤50 mm；出钢时精炼渣 1.8~2.2 kg/吨钢、石灰 1.8~2.2 kg/吨钢，采用硅铁脱氧，采用碳粉增碳、高碳锰铁配锰、硅铁配硅。出钢钢水 1/3 时，开始加料，加料顺序依次为精炼渣、石灰、碳粉、硅铁、高碳锰铁；出钢 3/4 前加完合金和造渣材料。

（3）所述薄板坯连铸工序，钢包到中间包采用长水口加氩气密封保护钢水，结晶器使用高碱度保护渣，结晶器和二次冷却采用较弱冷却方式，保证拉矫温度为 800~1000 ℃。

一种稳定烧结配加污泥装置及方法

证书

专 利 号： ZL 2013 1 0295330.3
申 请 日： 2013.07.15
授 权 日： 2015.04.01
专利权人： 河北钢铁股份有限公司唐山分公司
发 明 人： 周静，张义明，范文生，王国华，王静，于勇，王兰玉，王新东，李一栋，李宝生，程翠花，饶连海，齐英华，张申

专利摘要：

本发明涉及一种稳定烧结配加污泥装置及方法，属于冶金尘泥再利用技术领域。技术方案是泥浆搅拌池内的泥浆通过搅拌泵搅拌后，泥浆通过过滤器过滤后进入泥浆泵，通过输泥主管道输送到沉淀罐；经过沉淀罐沉淀后，输送到混合机，在混合机内，输泥主管道并排安装有压缩空气管道，输泥主管道上安装有喷嘴，喷嘴出口设有扇形反射板，泥浆由喷嘴喷出后至反射板，经压缩空气管道的 0.06 MPa 压缩空气吹散呈雾状，从而实现定点均匀加入泥浆。本发明优点和效果：有效利用了转炉泥浆，达到了环保目的，提高了烧结料的有效成分；同时自动控制使污泥配加技术得到持续稳定使用，污泥配加量大幅得到提升，大大降低了烧结矿成本。

背景技术：

在钢铁冶炼烧结系统中，有时在混料时，配加冶金尘泥，称作污泥，以达到节能环保的目的。但因污泥黏性大、易沉淀，杂质较多，容易发生管道、阀门、喷头堵塞现象，很难均匀稳定配加污泥；同时烧结生产对水分有一定要求，尤其是输送污泥密度变化较大，加泥量调整不及时，往往造成烧结生产波动。

发明内容：

本发明目的是提供一种稳定烧结配加污泥装置及方法，均匀稳定配加污泥，防止输泥管道堵塞，使炼钢冶金尘泥得到最大限度的回收利用，解决背景技术中存在的上述问题。

权利要求书：

（1）一种稳定烧结配加污泥装置，其特征在于：包含泥浆搅拌池、搅拌泵、泥浆泵、混合机、过滤器、沉淀罐；泥浆搅拌池的平台上安装有搅拌泵和泥浆泵；泥浆泵的进泥口设有过滤器，泥浆泵的出口通过输泥主管道连接沉淀罐；沉淀罐连接混合机，沉淀罐通过回泥管道连接泥浆搅拌池，沉淀罐设置压力表、切断阀、调节阀、质量流量计；所述输泥主管道经过沉淀罐后管径变小，由沉淀罐经压力表、切断阀、调节阀、质量流量计进入混

合机；所述质量流量计与混合机之间的管道上设有反冲洗管道与手动控制阀门，利用浓盐水定期对输泥主管道进行清洗，避免管道堵塞；输泥主管道进入混合机后管径再变小，且并排安装有压缩空气管道，输泥主管道上安装有喷嘴，喷嘴出口设有扇形反射板，泥浆由喷嘴喷出后至反射板，经压缩空气管道的 0.06 MPa 压缩空气吹散呈雾状，从而实现定点均匀加入泥浆。

（2）一种稳定烧结配加污泥的方法，其特征在于使用权利要求（1）限定的稳定烧结配加污泥装置进行，具体步骤如下：泥浆搅拌池内的泥浆通过搅拌泵搅拌后，泥浆通过过滤器过滤后进入泥浆泵，通过输泥主管道输送到沉淀罐；经过沉淀罐沉淀后，输送到混合机，在混合机内，输泥主管道并排安装有压缩空气管道，输泥主管道上安装有喷嘴，喷嘴出口设有扇形反射板，泥浆由喷嘴喷出后至反射板，经压缩空气管道的 0.06 MPa 压缩空气吹散呈雾状，从而实现定点均匀加入泥浆；沉淀罐沉淀的泥浆通过回泥管道返回泥浆搅拌池；混合机设有反冲洗管道与手动控制阀门，利用浓盐水定期对输泥主管道进行清洗，避免管道堵塞。

一种中薄板坯连铸生产 IF 钢的工艺

专 利 号：ZL 2013 1 0160304. X
申 请 日：2013. 05. 04
授 权 日：2015. 02. 18

证书

专利权人：河北钢铁股份有限公司唐山分公司
发 明 人：张洪波，李梦英，么洪勇，陈礼斌，王新东，李一栋，杨晓江，王峰，张大勇，胡庆利，刘曙光，杜明山，常玉国，张军国，刘广涛，王占国，李京哲，冯慧霄，孙利顺，耿伟

专利摘要：

本发明涉及一种中薄板坯连铸生产 IF 钢的工艺，属于钢铁冶炼工艺技术领域。技术方案是工艺流程为：高炉铁水→铁水脱硫→转炉冶炼→ RH 真空处理→中薄板坯连铸；对转炉终点控制、RH 处理模式、整个过程温度控制以及连铸耐材提出更高的要求。本发明的有益效果：本发明采用中薄板坯连铸工艺来生产 IF 钢，通过控制各工序工艺参数，来生产满足要求、无任何缺陷的连铸坯，热轧生产优质热轧卷板，经冷轧最终生产优质罩退和镀锌产品。

背景技术：

IF 钢即无间隙原子钢，也称超低碳钢，因其具有极为优异的深冲性能，在汽车工业得到了广泛应用。近几年，随着汽车工业的迅猛发展，IF 钢的需求量急剧增加。国内各大钢铁企业纷纷加大 IF 钢的研发力度，目前 IF 钢的成分已能控制在［C］0. 002%、［N］0. 002%、［S］0. 001%、T［O］0. 002%的水平。IF 钢生产工艺各不相同，主要有以下三种：（1）A 高炉→铁水脱硫→顶底复吹转炉→ RH 真空处理→连铸；（2）B 高炉→铁水脱硫→转炉冶炼→ RH 真空处理→ LF 精炼→连铸；（3）C 高炉→铁水脱硫→转炉冶炼→ LF 精炼→ RH 真空处理→连铸。本领域公认的是：薄板坯生产高品质 IF 钢难度太大，而中薄板坯连铸机尽管采用平行板结晶器，但铸坯厚度只有 150 mm，其板坯厚度介于薄板坯和常规板坯之间。这样带来了如下问题：一是为了改善保护渣的熔化条件，浸入式水口结构必须扁平，由此对钢水可浇性的要求更高；二是在拉速相对高的前提下，结晶器液位波动大，容易发生结晶器卷渣，对板卷表面质量带来不利的影响。因此，利用中薄板坯连铸机生产高品质的 IF 钢是具有挑战性、创新性的工作。

发明内容：

本发明目的是提供一种中薄板坯连铸生产 IF 钢的工艺，采用中薄板坯连铸生产 IF 钢，通过控制炼钢各工序工艺参数，来生产满足要求 IF 钢连铸坯，解决背景技术中存在的上述问题。

权利要求书：

一种中薄板坯连铸生产 IF 钢的工艺，其特征在于工艺流程为：高炉铁水→铁水脱硫→转炉冶炼→RH 精炼→中薄板坯连铸；所述铁水脱硫，铁水包喷吹镁粉后，加入聚渣剂将渣子扒净，入炉铁水 S ≤ 0.003%；所述转炉冶炼，终渣碱度为 3.5~4.0；钢水控制成分质量分数 C 0.03%~0.06%，S ≤ 0.010%，P≤ 0.012%；终点温度 1700~1720 ℃，终点氧位 600×10^{-6}~800×10^{-6}，终渣 FeO 质量分数≤ 26%，出钢时间≥ 5 min；所述 RH 真空处理，进站温度 1630~1650 ℃，进站氧位 450×10^{-6}~650×10^{-6}，脱碳、脱氧和微合金化；出站化学成分质量分数 C ≤ 0.0030%，Mn 0.06% ~ 0.15%，S ≤ 0.010%，P ≤ 0.015%，Si ≤ 0.03%，Als 0.025% ~ 0.050%，Ti 0.04% ~ 0.09%，出站温度 1605 ~ 1625 ℃；所述中薄板坯连铸，中间包钢水温度 1555~1575 ℃；中间包采用挡渣墙、挡渣堰，中间包烘烤温度≥1250 ℃，烘烤时间≥ 4 h，中间包使用无碳镁质耐材，无碳铝质吹氩上水口、吹氩塞棒和浸入式水口；使用无碳双层覆盖剂，结晶器使用无碳、低碱度、高黏度保护渣，二次冷却采用强冷却方式，同时保证拉矫温度≥800 ℃；拉速控制为 1.8~2.2 m/min；所述转炉冶炼、RH 真空处理和中薄板坯连铸，中包钢水氧、氮含量（质量分数）控制为 T[O]≤ 20×10^{-6}、[N]≤ 40×10^{-6}。

一种降低钢包内衬耐材消耗的含硼钢生产方法

专 利 号： ZL 2013 1 0295314.4

申 请 日： 2013.07.15

授 权 日： 2015.01.07

证书

专利权人： 河北钢铁股份有限公司唐山分公司

发 明 人： 常金宝，李双武，马德刚，刘善喜，韩志杰，于勇，王兰玉，王新东，李一栋，项有兵，王子然，孙志魁

专利摘要：

本发明涉及一种降低钢包内衬耐材消耗的含硼钢生产方法，属于炼钢生产技术领域。技术方案是工艺流程为转炉吹炼→LF精炼、硼铁合金化→保护浇铸，各工序控制如下：转炉吹炼含 $w(Ti)=0.15\%\sim0.20\%$ 铁水，出钢采用Si-Al-Ba和Al-Mn-Ti-Mg脱氧，钢水包全程加保护盖运行，LF炉加入精炼埋弧渣且炉内微正压操作，软吹前加入硼铁合金化，钢水浇铸时采用含 $w(TiO_2)=5\%\sim10\%$ 和 $w(B_2O_3)=4\%\sim8\%$ 的结晶器保护渣。采用本发明既提高和稳定硼收得率，又有效降低镁质钢包内衬消耗速率，降低综合冶炼成本，钢水包耐材寿命提高8~12次/包；包衬侵蚀程度降低，形成了一种合理的甩包、投包制度，钢包在线烘烤数量减少、煤气消耗降低13.3~17.8元/t钢；铸坯硼收得率提高8%~10%；实现综合效益315.05万元/年。

背景技术：

硼微合金化可以提高钢材的淬透性、降低钢材的屈服强度；加入适量硼还可以降低钢中夹杂物的熔点，实现夹杂物塑性化要求。然而，由于存在一定量的 B_2O_3，炉渣性能发生了较大的变化，其与耐材的作用机理以及对耐材侵蚀的控制方法同样值得关注。普遍认为，B_2O_3 对熔渣具有助熔效果。随着温度升高、渣中 B_2O_3 含量增加、MgO含量减少以及碱度降低，B_2O_3 对MgO质包衬的渗透性和反应性均增强，损耗速率大幅增加。不同研究者分别提到利用真空冶炼以及在中间包长水口喷射含硼粉剂等方法，其存在诸如硼收得率不稳定、真空处理费用高、中间包长水口处钢水氧化严重等问题。因此，如何既提高和稳定硼收得率，又有效降低镁质钢包内衬消耗速率，是本领域亟待解决的技术问题。

发明内容：

本发明目的是提供一种降低钢包内衬耐材消耗的含硼钢生产方法，既提高和稳定硼收得率，又有效降低镁质钢包内衬消耗速率，降低综合冶炼成本，解决背景技术中存在的上述问题。

权利要求书：

一种降低钢包内衬耐材消耗的含硼钢生产方法，其特征如下。

（1）工艺流程为转炉吹炼→ LF 精炼、硼铁合金化→保护浇铸，各工序控制如下：1）入转炉铁水 Ti 质量分数为 0.10%～0.15%；2）转炉出钢采用 Si-Al-Ba 和 Al-Mn-Ti-Mg 脱氧，加入量分别为 0.5～2.5 kg/t 钢和 0.1～2.0 kg/t 钢，LF 精炼进站氧活度目标为 $30\times10^{-6}\sim70\times10^{-6}$；3）从出钢完毕至 LF 精炼开始，精炼完毕至连铸，钢包始终加保护盖运行；4）LF 精炼站加入埋弧渣，加入量为 0.5～2.0 kg/t 钢，LF 炉内采用微正压操作，炉口压力差 20～50 Pa，所述 LF 精炼站加入的埋弧渣成分质量分数为 CaO＝45%～50%、Al_2O_3<5.0%、SiO_2<3.0%，熔化温度≤ 1300 ℃；5）LF 精炼结束后，调整底吹氩气流量 100～200 L/min，同时加入硼铁合金 10～15 kg/炉次，加入位置距钢包内径 1/3～1/2 处，吹氩时间 8～10 min；6）连铸进行保护浇铸，结晶器加入保护渣，所述结晶器保护渣成分质量分数为 CaO＝30%～50%、SiO_2＝20%～30%、Al_2O_3＝10%～15%、MgO<3.0%、TiO_2＝5%～10%、B_2O_3＝4%～8%、CaF_2＝5.0%，熔化温度 1350～1450 ℃，1400 ℃ 时黏度 0.5～0.8 Pa · s，表面张力 300～400 mN/m，导热系数 <8 W/(m · K)。

（2）连铸进行保护浇铸，大包采用氩封铝碳长水口保护浇注，保证长水口垂直；中包采用微碳覆盖剂，结晶器加入保护渣。

一种降低铝镇静钢脱氧剂消耗的脱氧工艺

专 利 号：ZL 2013 1 0004656. 6
申 请 日：2013. 01. 07
授 权 日：2014. 07. 02
专利权人：河北钢铁股份有限公司唐山分公司
发 明 人：刘曙光，于勇，王新东，杨晓江，么洪勇，张大勇，孟凡陈，张军国，周晓红，胡庆利，席晓利，卢彬，吴飞鹏，张响，梁笑雨，宋延辉

证书

专利摘要：

本发明涉及一种降低铝镇静钢脱氧剂消耗的脱氧工艺，属于冶金技术领域。技术方案是：采用碳粉代替一部分铝进行脱氧，控制合金料、脱氧剂加入顺序及加入量。本发明相对之前的脱氧制度更为规范和科学，可确保降低铝基脱氧剂消耗及提高钢水质量，同时简单易懂，便于向全厂推广。本发明的有益效果：（1）减少了铝系脱氧剂消耗，降低了冶炼成本，取得了较大的经济效益；（2）降低了转炉铝基脱氧剂的消耗，减少了钢中夹杂物的生成，提高了钢水的产量；（3）在转炉铝用量相同条件下，进站 Als 含量明显升高，给精炼提供了更好的冶炼条件。

背景技术：

目前，在主要以板坯铝镇静钢钢种为主的炼钢生产中，对钢水的质量要求极为严格，对钢种的成本影响较大。由于铝镇静钢本身的特点，在冶炼钢水时，不但需要使用大量铝基脱氧剂对钢水进行脱氧，而且还要求钢中保持一定量的酸溶铝，由于铝基脱氧剂的价格很高，一旦控制不好，就会造成铝基脱氧剂的消耗过高而引起冶炼成本的大幅升高，同时作为铝脱氧产生的 Al_2O_3 夹杂又会严重污染钢水，即使经过 LF 处理，仍会造成钢中夹杂物含量升高而引起浇钢事故，严重影响钢的质量及产量，面对激烈的市场竞争，降低生产成本、挖潜增效是企业生存、增强竞争力的关键，为此有必要开发出新的更经济脱氧工艺。

发明内容：

本发明目的是提供一种降低铝镇静钢脱氧剂消耗的脱氧工艺，解决冶炼低碳铝镇静钢钢水时铝基脱氧剂消耗过高的问题，降低生产成本。本发明通过所提供的方法开辟了一种全新的转炉炉后脱氧工艺，相对之前的脱氧制度更为规范和科学。

权利要求书：

一种降低铝镇静钢脱氧剂消耗的脱氧工艺，其特征如下。

（1）采用碳粉代替一部分铝进行脱氧，控制合金料、脱氧剂加入顺序及加入量如下。

1）当转炉终点 C（质量分数）在 0.06%以下时，合金料、脱氧剂加入顺序及加入量为：出钢量达 30~50 t 钢水时开始加入 0.15~0.30 kg/t 铝铁和 0.05~0.15 kg/t 碳粉，出钢量达 75~90 t 时加入高碳锰铁 1.0~1.3 kg/t 和增碳剂 1.1~1.3 kg/t，出钢量达 120~140 t 时加入铝锰钛 1~2 kg/t，出钢时加入顶渣 2~3.3 kg/t。

2）当转炉终点 C（质量分数）为 0.06%~0.10%时，合金料、脱氧剂加入顺序及加入量为：出钢量达 30~50 t 钢水时开始加入 0.10~0.15 kg/t 铝铁和 0.05~0.15 kg/t 碳粉，出钢量达 75~90 t 时加入高碳锰铁 0.8~1.0 kg/t 和增碳剂 0.8~1.0 kg/t，出钢量达 120~140 t 时加入铝锰钛 1~2 kg/t，出钢时加入顶渣 2~3.3 kg/t。

3）当转炉终点 C（质量分数）大于 0.10%时，合金料、脱氧剂加入顺序及加入量为：出钢量达 30~50 t 钢水时开始加入 0.05~0.15 kg/t 碳粉，出钢量达 75~90 t 时加入高碳锰铁 0.8~1.0 kg/t 和增碳剂 0.6~0.8 kg/t，出钢量达 120~140 t 时加入铝锰钛 1~2 kg/t，出钢时加入顶渣 2~3.3 kg/t。

控制好钢包底吹氩气量：出钢过程钢包底吹氩气量控制模式为大→小→大→大→小；即开始出钢底吹氩气量控制在 600 m^3/h（标准状态）以上；在加入碳粉预脱氧时控制在 100~200 m^3/h（标准状态）；在加入合金及顶渣时氩气量控制也在 600 m^3/h（标准状态）以上。

（2）控制好顶渣加入时机：顶渣要在出钢 1/2~2/3 时加入，加入时要保证大氩气量搅拌。

一种薄板坯连铸连轧线生产热水器内胆搪瓷用钢板及方法

专 利 号：ZL 2011 1 0086611.9

申 请 日：2011.04.07

授 权 日：2012.10.31

专利权人：河北钢铁股份有限公司唐山分公司

证书

发 明 人：徐杰，陶维纯，王新东，张洪波，陈礼斌，齐长发，李致清，杨晓江，于世川，王云阁，吕长宝，杜明山，马春红，褚春光，张辉，孙利顺，杜洪波，高华，梁振威，刘春雨

专利摘要：

本发明涉及一种在 FTSR 薄板坯连铸连轧生产线生产热水器内胆搪瓷用热轧钢板及工艺方法，属于搪瓷钢板生产领域。其化学成分质量分数为：碳 0.03%~0.10%，锰 0.15%~0.40%，硅 ≤ 0.06%，硫 0.004% ~ 0.040%，磷 ≤ 0.15%，铝 0.03% ~ 0.05%，氮 0.002%~0.008%，钛 0.02%~0.10%，其余为铁和不可避免的杂质；其热水器内胆搪瓷用钢组织为细晶粒铁素体+少量珠光体组织，晶粒度等级≥10 级。本发明以合理的成分设计和采用 FTSR 薄板坯连铸连轧工艺，生产用以制造家电用贮水式热水器搪瓷内胆用钢，具有良好的搪瓷密着性和抗鳞爆性，而且具有合金元素加入少、生产工序少、生产成本低、热轧酸洗板替代冷轧退火板等特点。

背景技术：

搪瓷用钢在人们的生活中有着广泛的用途。为了保证良好的冷成型性和搪瓷性能，生产热水器内胆的搪瓷用钢一般使用低碳冷轧退火板，但其不仅强度偏低，而且生产工序多、生产成本高，造成家电热水器企业原料采购成本上升，家电企业综合竞争力下降。为了获得性能良好的搪瓷用钢，通常在钢中加入一定量的钛，由于添加合金元素量大，生产成本高。而不加合金元素的普通碳锰系酸洗板在做热水器内胆搪瓷时，质量不稳定，常发生鳞爆现象。因此搪瓷行业需要一种生产成本低、易于生产、搪瓷性能良好的钢板。

发明内容：

本发明的目的是提供了一种薄板坯连铸连轧线生产热水器内胆搪瓷用钢板及方法，在 FTSR 薄板坯连铸连轧生产线生产热水器内胆搪瓷用热轧钢板，以合理的成分设计和采用 FTSR 薄板坯连铸连轧生产工艺制造的热轧酸洗钢板，用以制造家电用贮水式热水器内胆，具有良好的搪瓷密着性和抗鳞爆性，而且具有合金元素加入少、生产成本低、热轧酸洗板替代冷轧退火板等特点，解决背景技术存在的上述问题。

权利要求书：

（1）一种薄板坯连铸连轧线生产热水器内胆搪瓷用钢板方法，在 FTSR 薄板坯连铸连轧生产线生产热水器内胆搪瓷用热轧钢板，包括铁水预脱硫及磷、转炉顶底复合吹炼、LF 炉深脱氧和吹氩控制、连铸过程中保护浇注、连铸连轧、控制轧制与控制冷却、平整、酸洗再平整工艺步骤。其特征如下：

1）冶炼钢水，其成分质量分数如摘要所述；

2）上述钢水经 LF 炉精炼处理后进行连铸，浇注成 70 mm 厚的薄板坯；

3）连铸后的薄板坯直接进入辊底式均热炉内均热，钢坯温度入炉温度保持在900 ℃以上，均热温度 1050～1200 ℃，均热后的薄板坯直接进入粗轧连轧机组，通过高温变形，使奥氏体组织细化，其粗轧压下率达到 50%～80%，其后进入精轧连轧机组控制轧制，中间道次压下率为 15%～30%，终轧温度 820～900 ℃；终轧后经层冷线前段或后段水冷对轧后钢板进行上下表面双方向的控制冷却，满足卷曲温度 550～720 ℃的工艺要求；

4）热轧后的钢卷自然冷却到≤ 60 ℃以下后进行平整，平整压下率≤ 1%；

5）平整后的热轧钢卷通过连续酸洗—平整线进行连续酸洗再平整，平整压下率≤ 1%，两次平整总压下率≤ 2%。

（2）酸洗后的钢板力学性能为抗拉强度 $R_m \geq$ 350 MPa，屈服强度 $R_{p0.2} \geq$ 250 MPa，延伸 $A_{50} \geq$ 38%。

一种烧结余热双源联合发电的方法及装置

专 利 号：ZL 2009 1 0224720.5
申 请 日：2009.11.10
授 权 日：2011.07.20
专利权人：河北理工大学，唐山钢铁集团有限责任公司
发 明 人：赵斌，张玉柱，王兰玉，王子兵，胡长庆，张尉然，王新东，赵军，杨静波

证书

专利摘要：

一种烧结余热双源联合发电的方法及装置，属烧结加热设备技术领域，用于解决全面利用烧结余热发电的问题。技术方案是：它把烧结生产过程中环冷机390~450 ℃废气通入单压余热锅炉，产生温度370~410 ℃、压力1~2.05 MPa的过热蒸汽以主蒸汽的形式进入凝汽补汽式汽轮机；以烧结机主烟道330~380 ℃的烟气余热通入热管余热锅炉，产生温度310~330 ℃、压力0.5~1 MPa的过热蒸汽以补汽的形式进入补汽式蒸汽轮机，然后共同驱动汽轮机组发电。本发明集成回收烧结机主烟道烟气余热和冷却机废气余热以产生蒸汽，形成双热源“两炉一机”余热发电系统，提高烧结工序自产电量。采用该技术，能有效提高企业自供电率，实现企业节能减排，降耗增效，及良好的经济效益和环境效益。

背景技术：

据统计，炼铁系统能耗占钢铁企业总能耗高达60%以上，其中烧结工序能耗约占整个企业能耗的10%，是仅次于炼铁的第二大耗能工序，烧结工序中有50%左右的热能被烧结烟气和冷却机废气带走。目前我国烧结工序余热利用率还不足30%，整个烧结工序基本上还是停留在不回收余热或只是低效率生产蒸汽的水平上，有大量高温废气或低压蒸汽被排放，这不仅是对大量可用能源的浪费，而且还会对环境造成热污染。武钢三台烧结机余热回收发电装置采用的是日本川崎技术，只回收了冷却机废气余热，而对烧结机主烟道烟气余热没有利用，余热资源没能得到全面回收利用。国家专利“烧结过程中余热资源的分级回收与梯级利用方法”中公开了一种烧结余热回收利用技术，该技术考虑了冷却废气和烧结烟气两种中温余热回收与利用的有机结合，提出梯级利用分级回收的途径与方法，但其烧结烟气热量的利用是返回到烧结机进行热风烧结和进行原料的干燥预热，属于直接热回收利用方式。

发明内容：

本发明所要解决的问题是提供一种充分利用烧结机尾的高温烟气和烧结环冷机热废气的烧结余热双源联合发电的方法及装置。本发明提出了一种以最大热功转换为目标的烧结

双热源联合发电技术，该技术集成回收烧结机主烟道烟气余热和冷却机废气余热以产生蒸汽，形成双热源发电系统。

权利要求书：

（1）一种烧结余热双源联合发电方法，其特征如下：它把烧结生产过程中环冷机390~450 ℃废气通入单压余热锅炉，产生温度370~410 ℃、压力1~2.05 MPa的过热蒸汽以主蒸汽的形式进入凝气补汽式汽轮机；以烧结机主烟道330~380 ℃的烟气余热通入热管余热锅炉，产生温度310~330 ℃、压力0.5~1 MPa的过热蒸汽以补汽的形式进入所述的凝汽补汽式汽轮机，然后共同驱动汽轮机组发电。

（2）一种烧结余热双源联合发电装置，其特征如下：构成包括环冷机、环冷机单压余热锅炉、烧结机、烧结机热管余热锅炉、凝汽补汽式汽轮机、发电机和相应的连接管路，所述环冷机高温废气经管路通入环冷机单压余热锅炉，环冷机单压余热锅炉产生的过热蒸汽经管路通入凝汽补汽式汽轮机主汽口；所述烧结机高温烟气经管路通入烧结机热管余热锅炉，烧结机热管余热锅炉产生的低压过热蒸汽经管路通入凝气补汽式汽轮机补汽口，所述凝汽补汽式汽轮机驱动发电机。

一种液态钢渣处理工艺及装置

专 利 号：ZL 2009 1 0075336. 3
申 请 日：2009. 09. 10
授 权 日：2011. 06. 08
专利权人：河北理工大学，唐山钢铁集团有限责任公司
发 明 人：张玉柱，李建新，李俊国，刘建，韩志杰，邢宏伟，胡长庆，龙跃，王新东，李致清，冯润明

证书

专利摘要：

一种液态钢渣处理工艺及装置，属冶金设备技术领域，用于解决粒化钢渣及回收钢渣显热问题。所述工艺包括如下步骤：（1）液态钢渣气淬粒化；（2）高温固态渣粒冷却；（3）钢渣显热回收；（4）冷却气体循环利用。本发明还提供了完成所述工艺的装置。本发明主要特点如下：（1）钢渣粒化在密闭的粒化罐中进行，渣粒细小而均匀，渣中单质铁不会氧化，提高了钢渣处理工艺的经济效益；（2）钢渣冷却在密闭的冷却罐中进行，冷却气体泄漏率低，减少粉尘污染，并可以减少冷却气体的补充量；（3）粒化罐和冷却罐内以惰性气体为冷却气体，冷却气体与渣粒逆向换热，在提高渣—气换热效率的同时，可提高出口冷却气体温度，实现液渣显热回收。

背景技术：

钢渣是炼钢过程中的副产品，是目前钢铁企业唯一未能进行有效回收利用的高品质余热资源。钢渣处理是钢渣实现资源化的前提与条件。目前，国内外应用的钢渣处理工艺主要以热泼、热焖和水淬为主。近年来，国内外研究者针对冶金渣显热回收提出了各种干式粒化工艺，包括风淬法、滚筒转鼓法和离心粒化法等，但由于上述方法都存在难以克服的问题，目前都没有真正实现工业化。现有钢渣显热回收试验工艺主要有：（1）NKK 转炉渣空气制粒试验：该工艺可回收 40%~45%的炉渣热量；（2）NKK 冷却转鼓工艺：这种方法的主要缺点是工作效率低、设备的热回收率和寿命低，而且得到的冷渣以片状的形式排出，不利于其综合利用。与 NKK 转炉渣空气制粒试验工艺相近的液态钢渣处理工艺为风淬法，该工艺目前在国内一些钢铁企业已有应用。但风淬工艺尚存在渣中单质铁在空气淬过程中全部氧化、液渣显热回收率低甚至无法回收等缺陷。综上所述，冶金钢渣余热回收工艺大多处于研究探索阶段，目前尚缺乏适合工业化应用的工艺。若能实现钢渣粒化过程中显热充分回收利用，无疑对冶金行业节能降耗、提高经济效益具有重要的意义。

发明内容：

本发明所要解决的技术问题是：提供一种利用惰性气体在密闭状态下粒化钢渣，在得

到细小均匀渣粒的同时实现液态钢渣显热回收的液态钢渣处理工艺及装置。

权利要求书：

一种液态钢渣处理装置，其特征如下：它包括钢渣粒化部分、钢渣显热回收部分和惰性气体循环部分，所述钢渣粒化部分由密闭的粒化罐和冷却罐组成，粒化罐出渣部位与冷却罐进渣通道密闭连通，所述粒化罐和冷却罐均设有冷却气体入口和冷却气体出口，粒化罐上还设气淬气体入口；所述钢渣显热回收部分包括连通的粗除尘器和余热锅炉，其中余热锅炉连接汽包，所述粒化罐和冷却罐的冷却气体出口经高温气体管路连通粗除尘器；所述惰性气体循环部分包括低温气体管路和精除尘器，低温气体管路分别连通余热锅炉和精除尘器，精除尘器出口分别连通高压供气支路、低压供气支路，其中，低压供气支路设有循环风机，低压供气支路的出口端分别与粒化罐、冷却罐的冷却气体入口连通，所述高压供气支路上设有气水冷却器和加压机，高压供气支路出口连通粒化罐的气淬气体入口。

实用新型专利

一种气液固三相反应无泵高压进料系统

专 利 号：ZL 2020 2 1672358. 6
申 请 日：2020. 08. 12
授 权 日：2021. 05. 25
专利权人：河钢承德钒钛新材料有限公司，河钢股份有限公司承德分公司
发 明 人：李兰杰，杜浩，王海旭，王少娜，张振全，白瑞国，王新东，刘义，刘彪，高明磊，吕页清，白丽

证书

专利摘要：

本实用新型属于冶金技术领域，公开了一种气液固三相反应无泵高压进料系统，其包括配料罐、预热反应器、进气阀、进料阀、出料阀、高压气源和高压反应釜，所述配料罐位于预热反应器上方，并通过进料阀与预热反应器连接，所述高压气源通过进气阀与预热反应器连接，所述预热反应器设置有泄压阀，所述高压反应釜通过出料阀与预热反应器连接。本实用新型将预热反应器分别与配料罐、高压气源和高压反应釜通过阀门连接，并将配料罐放置于预热反应器上方，构成气液固三相反应无泵高压进料系统，该进料系统能够利用浆料重力和高压气体完成浆料输送的过程，能有效降低生产过程中的故障发生率，从而提高生产效率，降低维护成本。

背景技术：

钒是一种重要的金属，因具有许多优良的性能而被广泛应用于各个领域。钒的提取是其应用于工业生产过程中的关键环节，目前，湿法冶金技术是提取钒的主流工艺。在湿法冶金工艺过程中，浆料主要依靠泵进行输送。钒的硬度较高，因此，浆料中的钒渣在输送过程中容易造成泵的损坏。此外，湿法冶金过程通常在强酸、强碱、高温、高压等环境中进行，这使得浆料输送泵的材质要求更加严格。目前，国内外都是针对不同的物料、反应介质及输送条件对泵体进行单独设计，但这并不能有效避免使用过程中输送泵的损坏。输送泵的损坏不仅严重影响生产效率，还会大大增加维护成本。因此，有必要开发一种新的浆料输送系统来解决上述问题。

实用新型内容：

本实用新型的目的在于针对现有技术之弊端，提供一种气液固三相反应无泵高压进料系统，以提高湿法提钒生产效率，降低设备维护成本。本实用新型摆脱了湿法提取钒的工艺过程对泵的依赖，能有效降低生产过程中的故障发生率。两个预热反应器可通过阀门操控交替进行进料、预反应、出料的过程，保证生产过程连续不间断。

权利要求书：

一种气液固三相反应无泵高压进料系统，其特征如下。

（1）构成中包括配料罐、预热反应器、进气阀、进料阀、出料阀、高压气源和高压反应釜，所述配料罐位于预热反应器上方，并通过进料阀与预热反应器连接，所述高压气源通过进气阀与预热反应器连接，所述预热反应器设置有泄压阀，所述高压反应釜通过出料阀与预热反应器连接。

（2）所述预热反应器、进料阀、进气阀、泄压阀和出料阀均设置两个。

（3）所述高压气源构成中包括制气系统和压力储气罐，所述压力储气罐的进气口接制气系统，出气口通过进气阀与预热反应器连接。

（4）所述高压反应釜为卧式反应釜，长径比为4∶1，内设三个搅拌桨。

一种用于混合碱性含钒物料与含钒熟料的装置

专 利 号：ZL 2019 2 1878390.7
申 请 日：2019.11.01
授 权 日：2020.09.08
专利权人：河钢股份有限公司承德分公司
发 明 人：王新东，李兰杰，王海旭，耿立唐，张振全，白丽，周冰晶

证书

专利摘要：

本实用新型属于物料混合领域，涉及一种用于混合碱性含钒物料与含钒熟料的装置，所述装置包括倾斜设置的罐体，所述罐体上设置有物料进出口，所述罐体内设置有搅拌破碎桨叶，所述罐体外包覆有用于加热所述罐体的加热夹套，所述罐体能够自转；所述装置运行过程中，将碱性含钒物料与含钒熟料通过物料进出口加入所述罐体内，之后罐体自转，通过搅拌破碎桨叶对物料进行搅拌破碎，从而能有效缓解物料间的结块，本实用新型所述装置用于混合碱性含钒物料与含钒熟料的过程中，混合得到的混合料的结球率控制在0.3%以下，从而有利于保证后期提钒工艺的顺利进行，简化工艺流程，降低生产成本。

背景技术：

目前大多数湿法冶金提钒工艺是将金属矿物原料在酸性介质或碱性介质的溶液中进行化学处理或有机溶剂萃取的过程。湿法冶金实验研究和工业化生产过程中，存在反应介质黏度大、金属矿物粒度小，反应后的尾渣因黏性大易结块，且反应后的物料超细，直接使用难度比较大，大量堆积导致固废的产生，在后期的处理过程中目前尚未有成熟的设备对易结块超细碱性含钒物料进行处理。因此，开发一种能有效控制碱性含钒物料和含钒熟料的混合过程中结球率的装置具有重要意义。

实用新型内容：

本实用新型的目的在于提供一种用于混合碱性含钒物料与含钒熟料的装置，所述装置包括倾斜设置的能够自转的罐体，所述罐体内部设置搅拌破碎桨叶，所述罐体外部包覆有加热夹套，在装置使用过程中，将碱性含钒物料与含钒熟料加入罐体中，所述罐体进行自转，能对混合物料进行良好的混合和破碎，降低混合得到物料的结球率。

权利要求书：

一种用于混合碱性含钒物料与含钒熟料的装置，其特征如下。

（1）所述装置包括倾斜设置的罐体，所述罐体上设置有物料进出口，所述罐体内部设置有搅拌破碎桨叶，所述罐体外包覆有用于加热所述罐体的加热夹套，所述罐体能够自转。

（2）所述装置包括动力液压装置，所述动力液压装置用于驱动所述罐体自转。

（3）所述罐体上倾斜向下的一端设置有旋转轴，所述旋转轴与所述动力液压装置连接，所述动力液压装置驱动所述旋转轴带动所述罐体自转；所述物料进出口设置在所述罐体倾斜向上的一端。

（4）所述加热夹套中设置有电加热盘管。

（5）所述搅拌破碎桨叶与所述罐体的内壁间的弧度为60°~80°；所述罐体倾斜的角度为15°~25°。

（6）所述罐体上设置有测温口，通过所述测温口测试所述罐体内的温度。

（7）所述装置还包括固定支架，所述固定支架包括底座和设置在所述底座上的第一支撑部件和第二支撑部件。

（8）所述第一支撑部件和第二支撑部件用于支撑所述罐体，所述第一支撑部件与所述旋转轴转动连接。

（9）所述第二支撑部件与所述罐体间通过轮带与托轮转动连接。

（10）所述罐体上设置有观察孔。

一种全自动过滤钒酸钠晶体的装置

专 利 号： ZL 2018 2 2046237. X
申 请 日： 2018. 12. 06
授 权 日： 2019. 09. 24
专利权人： 河钢股份有限公司承德分公司，中国科学院过程工程研究所
发 明 人： 李兰杰，高明磊，杜浩，耿立唐，王新东，刘义，王海旭，刘彪，王少娜，周冰晶，赵备备，白丽

证书

专利摘要：

本实用新型属于湿法冶金技术领域，涉及一种全自动过滤钒酸钠晶体的装置，所述装置包括釜体和外壳，所述釜体内设有滤板，所述釜体上分别设有进料口、出液口，以及设于釜体底部的排料口和设于釜体顶部的蒸汽反吹口。本实用新型利用蒸汽反吹法进行卸料，整个卸料过程全自动进行，不需要打开板框进行人工或机械操作卸料、清理过滤面，解决了钒酸钠晶体卸料难、晶体堵塞滤布空隙难进行连续操作过滤的问题。整个卸料过程可以自动化进行，大大提高过滤效率降低了人力成本，具有良好的经济效益和应用前景。

背景技术：

钒是一种重要的金属，具有许多优良性能，被广泛地应用于各个领域。世界上约有85%的钒应用于钢铁行业，其余约15%主要用于航空合金、钒电池、化学工业、催化剂等行业中。钒酸钠的化学式为 Na_3VO_4，是一种具有强氧化性的钒产品。可用作催化剂、油漆催干剂、媒染剂、缓蚀剂等，也可以作为钒原料制备其他钒盐。现有技术中通常利用对含有钒酸钠的溶液进行结晶的方法来得到钒酸钠产品。钒酸钠结晶后得到固液混合浆料。现有的关于钒酸钠结晶技术的工程实例中，一般通过压滤机等装置对混合浆料进行过滤分离。但对钒酸钠结晶混合浆料过滤时，钒酸钠晶体在高碱体系下存在黏度大、易堵塞滤布等问题，卸料时需要打开装置利用人工或机械进行卸料，使得系统不能连续稳定运行。而目前国内对高碱体系下钒酸钠晶体过滤还没有一套成熟的装置及操作方法，因此急需开发一套全自动高效过滤装置及操作方法以解决上述问题。

实用新型内容：

鉴于现有技术中存在的问题，本实用新型的目的在于提供一种全自动过滤钒酸钠晶体的装置，利用蒸汽反吹法实现了对钒酸钠晶体的全自动卸料，解决了晶体堵塞滤布空隙难进行连续操作过滤的问题，具有良好的应用前景。

权利要求书：

一种全自动过滤钒酸钠晶体的装置，其特征如下。

（1）所述装置包括釜体和外壳，所述釜体内设有滤板，所述釜体上分别设有进料口、出液口，以及设于釜体底部的排料口和设于釜体顶部的蒸汽反吹口。

（2）所述装置还包括设在釜体顶部的风干气体入口和釜体底部的排污口。

（3）所述装置还包括设在釜体上的观察口和压力传感装置。

（4）所述装置设有板修法兰。

（5）所述釜体内设有连接出液口的出液管。

（6）所述出液管与蒸汽反吹口连接。

（7）所述釜体内设有进料管。

（8）所述进料管上设有滤液均布口。

（9）所述滤板之间分布有滤布。

一种轧机油污的快速自动清洗装置

专 利 号：ZL 2018 2 0933143.1
申 请 日：2018.06.15
授 权 日：2019.03.08
专利权人：河钢股份有限公司
发 明 人：王新东，李建新，孙力，安会龙，刘需，杨士弘

证书

专利摘要：

本实用新型涉及一种轧机油污的快速自动清洗装置，属于冶金行业轧钢生产设备技术领域。技术方案是：轧机牌坊上分别设有下横梁装配和上横梁装配，在靠近上横梁装配的轧机牌坊上设有保护罩，所述保护罩的下方设有集流槽，轧机牌坊上设有多组自清洗机构，所述自清洗机构中的液压缸底座固定在轧机牌坊上，旋转液压缸的缸体铰接在液压缸底座上，旋转液压缸的缸杆端设有旋转清洗喷头。本实用新型的有益效果是：能够在正常生产时，减少油污蒸汽滴落导致的产品质量问题，在计划清洗时，增加清洗效果，节省清洗时间，消除安全隐患，并能在非计划停车间隙进行自动清洗。

背景技术：

轧钢工艺分为热轧和冷轧，在冷轧生产过程中，轧制乳化液的挥发会造成轧机机架上残存油滴，油滴滴落到轧制板带上会产生油斑、压痕等质量缺陷，进而严重制约高品质冷轧板的质量提升；在热轧生产过程中，轧制润滑油的挥发虽不至于造成产品质量缺陷，不过也在一定程度上影响设备使用。目前，多数轧制生产线采用移动式清洗剂小车及手持式喷枪手动定期清除油污，这种方法一般需要在轧辊抽出后，手持高压喷枪逐步对轧机牌坊的内外空间进行冲洗。冷轧机组冲洗时间需要 1~3 h，冲洗时间长，需要相应地延长停车时间，影响后续生产；同时由于手持高压喷头进行清洗，存在一定的安全隐患，并且清洗剂不能加热至较高温度，导致清洗效果并不理想。在连续生产过程中，当发生堆钢、断带等事故状态需要非计划换辊时，虽然有清洗需求，不过由于时间较为紧张，一般不具备清洗条件，因此，后续产品容易产生油污、碎屑等造成的表面缺陷。

实用新型内容：

本实用新型目的是提供一种轧机油污的快速自动清洗装置，清洗时间短，清洗效果好，消除了安全隐患，并能在非计划停车间隙进行自动清洗，避免后续的质量隐患，解决背景技术中存在的问题。

权利要求书：

一种轧机油污的快速自动清洗装置，其特征如下。

（1）包含轧机牌坊、下横梁装配、上横梁装配、集流槽、保护罩和自清洗机构，轧机牌坊上分别设有下横梁装配和上横梁装配，在靠近上横梁装配的轧机牌坊上设有保护罩，所述保护罩的下方设有集流槽，轧机牌坊上设有多组自清洗机构，所述自清洗机构包含旋转液压缸、供水软管、旋转清洗喷头和液压缸底座，液压缸底座固定在轧机牌坊上，旋转液压缸的缸体铰接在液压缸底座上，旋转液压缸的缸杆端设有旋转清洗喷头，所述旋转清洗喷头与供水软管连接。

（2）所述旋转清洗喷头可以喷出不同角度的射流。

（3）所述轧机牌坊上的保护罩呈伞状。

（4）所述保护罩下方的集流槽沿着保护罩的外边缘设置。

（5）所述轧机牌坊的上横梁装配和下横梁装配之间还设有上支撑辊装配、上工作辊装配、下工作辊装配和下支撑辊装配。

一种在线分剪缺陷带钢的装置

专 利 号：ZL 2018 2 0933990. 8
申 请 日：2018. 06. 15
授 权 日：2019. 01. 04
专利权人：河钢股份有限公司
发 明 人：王新东，李建新，孙力，刘需，杨丽芳

证书

专利摘要：

本实用新型涉及一种在线分剪缺陷带钢的装置，属于冶金行业冷轧带钢生产设备技术领域。技术方案是：包含分剪机、卷取夹送辊、卷取机、缺陷带钢夹送辊、落料槽夹送辊A、落料槽和板带检查台，在冷轧带钢的轧制线上按照带钢的运动方向依次设有板带检查台、分剪机、卷取夹送辊、卷取机、缺陷带钢夹送辊、落料槽夹送辊A和落料槽，所述卷取机位于轧制线的下方。本实用新型的有益效果是：在冷轧生产过程中发现带钢表面缺陷时，能够在线将表面有缺陷的带钢及时切除，避免进入重卷工序再进行处理，降低生产成本，而且还能够通过缺陷带钢处理设备加工后再利用，避免浪费。

背景技术：

在冷轧带钢的生产过程中，带钢经常会出现麻点、裂纹、锌流纹等表面缺陷，当板带检查台上的带钢表面检测系统发现带钢表面缺陷时，需要带钢卷曲下线后进入重卷工序，并在重卷工序将表面有缺陷的带钢切除。重卷过程中的开卷和二次卷取，不可避免地会对相应带钢造成一定程度的表面划伤，另外，重卷过程还增加相应的吨钢成本30元以上。如果在线处理表面有缺陷的带钢，无论表面有缺陷的带钢有多长，都只能通过飞剪碎断成废钢进行回收，这也造成了很大的成本浪费。

实用新型内容：

本实用新型目的是提供一种在线分剪缺陷带钢的装置，能够在线将表面有缺陷的带钢及时切除，避免进入重卷工序再进行处理，解决背景技术中存在的问题。采用本实用新型，冷轧后的带钢通过板带检查台，当没有检测到带钢表面质量有缺陷时，带钢则通过分剪机和卷取夹送辊后进入卷取机进行卷曲，通过分剪机实现定重剪切或定尺剪切；当检测到带钢表面质量有缺陷时，通过分剪机将有缺陷的带钢切除，有缺陷的带钢通过缺陷带钢夹送辊和落料槽夹送辊A进入落料槽中，切除缺陷后的带钢再通过卷取夹送辊后进入卷取机进行卷曲。

权利要求书：

一种在线分剪缺陷带钢的装置，其特征如下。

（1）包含分剪机、卷取夹送辊、卷取机、缺陷带钢夹送辊、落料槽夹送辊 A、落料槽和板带检查台，在冷轧带钢的轧制线上按照带钢的运动方向依次设有板带检查台、分剪机、卷取夹送辊、卷取机、缺陷带钢夹送辊、落料槽夹送辊 A 和落料槽，所述卷取机位于轧制线的下方。

（2）所述卷取夹送辊包含沿轧制线依次布置的 1 号卷取夹送辊和 2 号卷取夹送辊，卷取机包含 1 号卷取机和 2 号卷取机，1 号卷取机和 2 号卷取机分别与 1 号卷取夹送辊和 2 号卷取夹送辊相配合。

（3）在落料槽的一侧还设有一台缺陷带钢处理加工设备和与缺陷带钢处理加工设备相配合的落料槽夹送辊 B。

（4）所述落料槽夹送辊 B 和落料槽夹送辊 A 分别位于落料槽相对应的两侧。

（5）所述落料槽为与缺陷带钢相配合的长方形。

（6）所述板带检查台上设有带钢表面质量检测系统，所述带钢表面质量检测系统通过控制器分别与分剪机、卷取夹送辊、卷取机、缺陷带钢夹送辊和落料槽夹送辊 A 控制连接。

一种稠厚器

专 利 号：ZL 2017 2 0719798.4
申 请 日：2017.06.20
授 权 日：2018.01.05
专利权人：河钢股份有限公司承德分公司，中国科学院过程工程研究所
发 明 人：王新东，高明磊，李兰杰，杜浩，白瑞国，王海旭，秦学宇

证书

专利摘要：

本实用新型涉及固液分离技术领域，公开了一种稠厚器，包括外壳、固液分离机构和输出机构，所述输出机构位于所述固液分离机构的第一出料口的下方，所述输出机构包括螺杆和沿所述螺杆外周螺旋设置的叶片，所述第一出料口与所述输出机构的进料口连接；所述固液分离机构与所述输出机构均位于所述外壳内，所述外壳底部还设置有第二出料口。本实用新型将固体晶粒以螺旋的方式输送到第二出料口，可有效疏通第一出料口，解决了堵料的问题，防止因晶体在第一出料口堆积，导致下筒体内晶体过多压损其他元件，并及时将晶体输送至第二出料口，从而减少晶体在下筒体内结壁现象的发生。

背景技术：

稠厚器又称增稠器、增浓器，是大生产中固液分离预处理的必备设备，利用重力沉降原理从低浓度的半成品晶浆中分离出固体，悬浮液由中央送液槽流入，清液由周边经溢流口排出。稠厚器中的沉淀物或沉渣集向器底中心，集中后经出料口排出，从而增加物料稠度。目前的稠厚器的出料口较小，晶体的流出量相对较低，通过泵来输送出料口的晶体。在稠厚器中不进行搅拌，多采用自然沉降，即重力沉降。现有的稠厚器存在以下缺点：（1）下端的出料口经常被晶体封堵，造成底部淤积，出料困难；（2）悬浮颗粒在自然沉降的过程中，存在着晶体结壁的现象。所以，如何提供一种稠厚器，能够解决上述问题，是本领域技术人员所要解决的技术问题。

实用新型内容：

本实用新型的目的在于提供一种稠厚器，该稠厚器结构紧凑，操作简单，出料顺畅，有效解决了结壁、堵料问题，提高了出料速度。

权利要求书：

一种稠厚器，其特征如下。

（1）包括外壳、固液分离机构和输出机构，所述输出机构位于所述固液分离机构的第一出料口的下方，所述输出机构包括螺杆和沿所述螺杆的外周螺旋设置的叶片，所述第一

出料口与所述输出机构的进料口连接；所述固液分离机构与所述输出机构均位于所述外壳内，所述外壳底部还设置有第二出料口。

（2）所述外壳包括上壳和下壳，所述上壳与所述下壳固定连接；所述固液分离机构设置于所述上壳内，所述输出机构设置于所述下壳内；所述上壳的上部可拆卸地连接有上盖体。

（3）所述上壳包括截面为方形的上筒体和设置有所述第一出料口的下筒体；所述下筒体为截面逐渐缩小的倒棱台，所述上筒体和所述下筒体固定连接。

（4）所述固液分离机构包括：导流筒，所述导流筒位于所述上筒体内，上端固定设置于所述上盖体上；至少一个进料管，所述进料管的一端设置于所述导流筒的一侧，另一端设置于所述上盖体上；至少一个溢流口，所述溢流口设置于所述上筒体的侧面；搅拌装置，所述搅拌装置延伸至所述上壳的底部。

（5）所述输出机构的进料口与所述第一出料口固定连接，所述输出机构的一侧设置有驱动装置为所述输出机构提供动力。

一种蓄热式热轧带钢加热炉

专 利 号： ZL 2013 2 0836763.0
申 请 日： 2013.12.18
授 权 日： 2014.07.30
专利权人： 河北钢铁股份有限公司唐山分公司
发 明 人： 宋嗣海，丁国伟，杨晓江，于勇，王兰玉，王新东，李一栋，张兆利，王春峰，魏东明，吕耀强，李宏军，胥强，马中杰，张艳龙，李春雨，周晓红，王春平，胡德红

证书

专利摘要：

一种蓄热式热轧带钢加热炉，属于蓄热式加热炉设备技术领域，用于对板坯进行加热。其加热炉炉膛内沿炉长方向全部设置为加热段，分成第一加热段、第二加热段、均热段，各个加热段分别有上下两层加热层，每个加热段的加热层均采用空煤气双蓄热的蓄热式烧嘴结构，包括空气蓄热式烧嘴和煤气蓄热式烧嘴，蓄热式烧嘴内安放有陶瓷蓄热体，空气蓄热式烧嘴和煤气蓄热式烧嘴间隔放置，空气蓄热式烧嘴和煤气蓄热式烧嘴的前端分别有空气喷口和煤气喷口，空气蓄热式烧嘴和煤气蓄热式烧嘴分别与空气管道和煤气管道相连接。可降低工程投资及煤气消耗，还能够降低板坯的氧化烧损，提高轧钢的成材率，燃烧产物中的 NO_x 几乎为零，具有极大的经济效益和社会效益。

背景技术：

在钢铁企业的生产中，为适应不同品种、不同规格以及提高产量等要求，现有的热轧宽带钢生产线，一般都配备两座或两座以上的步进梁式加热炉，加热炉的长度在 40 m 左右或者更长一些，其燃烧方式目前多采用空煤气双蓄热或者空气单蓄热、煤气预热等方式。目前国内加热炉的氧化烧损一般在 1.2%左右，其降低 0.1%，经济效益便非常显著。在实际的轧钢生产中，为了保证出炉板坯的温度均匀性和温差要求，通常将板坯在加热炉内的加热时间和均热时间延长。按照目前工艺生产方式，要提高产能，就需要增加加热炉的长度和炉座数量，因此须增加固定投资，加热炉的能耗也要增加，同时，板坯在加热炉内的氧化烧损也急剧增加。而对于已经建成的长度较短的加热炉，则会出现轧制生产线的产能不匹配，轧钢生产线的产品质量、产量等受到一定的影响。

实用新型内容：

本实用新型所要解决的技术问题是提供一种蓄热式热轧带钢加热炉，这种加热炉可以利用蓄热式燃烧技术加热能力大、调节范围宽、能够充分回收烟气余热等特点，在热轧宽带钢生产线上蓄热式加热炉上予以实施，在满足轧钢工艺生产的同时，缩短板坯的在炉加

热时间，并降低板坯的氧化烧损、降低加热炉的能源消耗，充分满足热轧生产线快节奏、高产量的生产需要。

权利要求书：

一种蓄热式热轧带钢加热炉，其特征如下。

（1）它的加热炉炉膛内沿炉长方向全部设置为加热段，分成第一加热段、第二加热段、均热段，具体设置如摘要所述。

（2）所述第一加热段的空气蓄热式烧嘴和煤气蓄热式烧嘴的空气喷口和煤气喷口为圆形，空气喷口和煤气喷口与板坯之间的距离为600~700 mm，第二加热段的空气蓄热式烧嘴和煤气蓄热式烧嘴的空气喷口和煤气喷口为椭圆形，空气喷口和煤气喷口与板坯之间的距离为750~850 mm，均热段的空气蓄热式烧嘴和煤气蓄热式烧嘴的空气喷口和煤气喷口为长椭圆形，空气喷口和煤气喷口与板坯之间的距离为800~1000 mm。

（3）所述加热炉的有效长度为26~30 m，加热炉炉膛内的各个加热段两侧的蓄热式烧嘴分别连接有定期换向的蓄热式烧嘴三通换向阀。

个人经历篇

童年和学生时代

（1962—1983 年）

1962 年阴历十一月廿二早上 7 点前，我出生于河北省抚宁县茶棚乡背阴铺村白家拨子小队（第八生产队）。当年全家六口人，有奶奶、父亲、母亲、哥哥和姐姐。父亲王克义，后为中共党员、生产队长，母亲马桂英，一生为家庭妇女，哥哥王新民，姐姐王凤萍。

1970 年 2 月—1977 年 1 月，我在抚宁县茶棚乡背阴铺小学上小学和初中。上初中时哥哥在本村小学当民办教师，教我们数学，小学五年和初中两年，我一直当班长，经常参加大队和公社组织的文艺汇演，主要是快板书和“三句半”，还有拉二胡。那时家里很贫困，又有了弟弟和妹妹，一共八口人，全靠父亲一个劳动力养活，每年年终结算时还要倒找生产队钱，主要吃的是白薯、玉米面，有时靠一些野菜和树叶充饥，一年只有过年时能吃上一顿饺子和肉。我小时候体弱多病，到初中时有所好转，那时每天早晚和节假日都要去割草拾柴，不能有半点玩儿心。父亲非常严厉，他的一个眼神和脸色都会让我们几个孩子心惊胆战。母亲那时才 40 多岁，但身体很不好，气管炎、哮喘，农村的屋子地面都是硬土地，每天母亲会把地下吐得到处都是痰，有时都起不来床，但她很坚强，硬是拖着病体支撑着我们这个家。奶奶是个很强势的小老太太，对母亲也很严厉，母亲就这样辛辛苦苦地承担着全部家务，并且还要和父亲一起干地里的活。那时我们全家都挤在一个大炕上睡觉，我记忆最深的一件事，就是母亲那时都是给我们做鞋子穿，需要纳鞋底，我经常半夜醒来，每次都看到母亲一个人坐在炕上她那个被窝的地方纳鞋底，有时是半夜 12 点，有时是凌晨三四点，母亲的这个身影一直印在我的脑海里。母亲虽然没有上过学，但是个非常明事理、有眼光的人，和父亲一起千方百计支持我们五个兄弟姊妹完成学业，让我们学有所成。母亲到 60 多岁时，身体倒好起来了，气管炎和哮喘全好了，还为我们照看了好几个小孩。2005 年母亲 72 岁，由于劳累过度，得了脑血栓，但她是个很要强而且又不愿给子女添麻烦的人，在农村老家，她也没有那种防病意识，头晕头疼总认为没事，结果却是脑血栓。刚开始还不是很严重，在别人的帮助下还可以行动，但后来摔了两次，腿摔折了，卧床不起，再加上年龄这么大，做了两次手术也没有恢复好，就这样全瘫了。母亲从 2006 年到 2022 年去世，都是靠轮椅、家人及保姆照顾度过的，好在我们家兄弟姊妹五个轮流照顾，加上一位全职保姆，各种条件还不错，使得母亲能够在瘫痪的情况下比较高质量地度过了她的最后 16 年。母亲走得很平静，很安详，没有受半点罪，我是看着母亲走的。我们给母亲的碑文是：“慈母马桂英，出身农家。婚后生儿育女，勤俭持家，养子扶孙。起早贪黑，默默付出，任劳任怨，负重前行，实乃贤妻良母。”亲爱的母亲，您是伟大的母亲，是我们永远深爱的母亲。

1976 年 7 月 28 日，唐山丰南大地震，我的家乡抚宁县也受到很大影响，早上 3:45 地震把我们从睡梦中惊醒，从那时起大家心惊胆战，连续 3 个月在外边地震棚吃住。我家两处房屋，我们住的房屋没有什么破坏，全家也没有人员伤亡，另一处房屋租给别人住，东山墙全部倒塌，幸亏也没有人员伤亡。父亲是中国共产党员，生产队长，早上地震后简单地安排了我们一家人之后，就出去一直到下午 4 点，整整 12 个小时才回家，他是带领一些人去找生产队的牲畜去了，生产队毁坏比较严重，猪圈、驴棚、牛棚等全部倒塌，所养的牛、马、驴、猪全部四处逃窜，还砸死两头驴。父亲下午回家后带领我们简单搭了个地震棚，全天都在下雨，那时奶奶已经去世了，哥哥在丰宁县当兵，全家六口人全部挤在地震棚里，只能坐下，没有躺着的地方。到晚上雨下得更大，晚上 7 点又来了一次余震也很厉害，地震棚还漏着雨，坐板下面全是雨水，一家人紧拥着。生产队把被砸死的两头驴收拾好了，把肉分给各家，但我家晚上炖的驴肉一口也没人吃，真是一点胃口也没有啊！就这样一家人依偎着熬过了一个晚上，第二天白天父亲又把地震棚重新完善整理，度过了半个多月，又搭起了半简易的防震棚，是有炕的，可以躺着睡觉，在这里度过了两个半月，我们才搬回原房屋去住。一开始也是战战兢兢的，过了几天就适应了，再以后经常不断的余震我们就都习以为常了。1976 年的春节前哥哥去当兵，哥哥当兵走了以后，我好像一下子长大了，特别是经过这次地震后，我完全变成了一个男子汉，心里想着怎么样能够帮父亲承担更多的责任，怎么样能够让父母少受累，怎么样给其他兄弟姐妹做个榜样，多干些活，担水、打柴样样都抢着干，只要有空就帮父亲下地种菜。记得有一次我陪着父亲骑自行车去北戴河的牛头崖卖粉条，那是我第一次骑自行车走那么远，而且还驮着百十斤的粉条，来回大概 100 km 的路程，虽然累得够呛，但心里很高兴、很自豪，感觉自己长大了，能为父亲承担些事情了，那年我才 14 岁。前面描述母亲时我讲过，那时家里很穷，父亲靠种些菜拿到集市上去卖来养家，比如种些芹菜、香菜、胡萝卜、大白菜，等等。父亲是个很严厉的人，对我们管教很严格，他少年丧父，我从出生就没见过爷爷，父亲勤劳肯干，治家有方，思路开阔，想尽一切办法供养我们兄弟姐妹求学上进，而且作为一名农民共产党员，他也是一位非常合格的老党员，有困难总是冲在前面。父亲最引以为自豪的是他和母亲一起把我们几个兄弟姐妹都培养成了或事业有成或生活幸福的人。父亲于 2014 年 10 月 28 日去世，享年 78 岁，父亲的去世是我一辈子的遗憾，父亲临走时我没能见到他老人家一面，我想父亲在天堂也会埋怨的。2014 年 10 月下旬我带队去欧洲考察，10 月 26 日回国到北京机场，正好是周日，打电话问家里面说父亲还可以，没有什么危险，所以为了工作，我就直接从北京机场驱车回到了石家庄河钢集团总部，因为第二天就是周一，要正常上班了，谁能想到周二早上 7 点我就接到父亲去世的电话，追悔莫及。“为什么出国回来不直接从机场回家看看老父亲，就你为了工作吗?”妻子几年来一直在责怪我。我非常后悔，我每每给父亲上坟都默默地向老人家赔罪，请求父亲的原谅。母亲和兄弟姊妹虽然没有对我表现出不满，但我心里有愧。父亲已经去世 8 年了，母亲 2022 年也走了，2023 年清明节我们给二老立了碑，给父亲的碑文是：“严父王克义，中共党员，少年丧父，青年从师授业。婚后务农，治家有方，教子从严，节衣缩食，供子求学。子孙家庭和睦，事业有成。”父亲大人千古！

1977 年 2—11 月，我在抚宁县茶棚乡中学读高中一年级。当年高中是从两个学校录取学生，一个是抚宁一中，一个是乡中，考试成绩为奇数的人在乡中上，考试成绩是偶数的人去县一中上。我考试成绩排名第一，被安排在乡中上学，我当时非常生气，但没办法。后来到 11 月，在家人的帮助下调整到了抚宁一中。

1977 年 11 月—1979 年 7 月，我在抚宁一中上高中。刚到一中时先在体育班上课，因为是后调入的学生，所以在体育班待了大概半年，后全校统考分班，按成绩我被分在了一班，学号 11 号，这是按考试成绩排的学号，全班共 50 名学生，我们班主任是数学老师胡婉贤，副班主任是语文老师郑景星。在高中的这后 21 个月中，并没有感觉到学习有多紧张或多忙，每周末回老家，25 里的路程，有时自己回来，有时跟卢王庄的姜克满搭伴回来，回家还是帮父亲干些农活。那时家里依然很贫困，在学校省吃俭用，有时从学校买几个馒头带回家给家人吃，学校的伙食也很差，基本上是玉米面、高粱米为主，有 30%的大米和白面算是细粮。高中的生活很平静也很快就过去了，1979 年 7 月高考，自己在校学习一直很好，总是排在前十名左右，按常理考上大学是没有问题的，但高考一结束我就傻了，感觉物理和化学考得太差了，那年的高考题是我国恢复高考以后最难的，但那并不影响对考生的录取，只是分数线低了。那年我们是可以申请查卷的，第一次公布我的分数仅为 255.5 分，我预料阅卷有问题，自己估算应该是 270~280 分，当时立即书面申请查卷，一周后就返回结果，正确分数是 275 分，阅卷统分少统了一道数学大题 20 分。这样改变了我的命运，最终被河北矿冶学院（现华北理工大学）录取。那年我是我们公社唯一一个考上大学本科的学生。记得那年高考结束后，我就立刻带上一把铁锹去县城施工工地打工，在工地翻沙子和水泥，整整干了 45 天，赚了 45 元钱。9 月 10 日，父亲带着我揣着自己赚的 45 元钱和一个帆布提包搭车来到唐山，到河北矿冶学院报到，开始了大学生活。

1979 年 9 月—1983 年 7 月，我在河北矿冶学院上大学。1976 年的唐山大地震，使得河北矿冶学院几乎夷为平地，到 1979 年我们入学时，仅有两栋新建的宿舍楼。我们直接住了进去，其余的所有教室、实验室、食堂等全部是简易房或半简易房，比如食堂是在马路边上的一个小房子，买饭全部是站在外面马路上，刮风下雨也是这样，教室都是一排排的半简易房，低矮潮湿。两年后，我们用上了新食堂和新的教学楼，学校新建的大礼堂、实验室等陆续建成投用。我们班是钢铁冶炼二班，当时招生时是炼铁专业、炼钢专业分招的。入学后钢铁合并叫钢一、钢二，两个班同时上课、同时实习，做同样的毕业设计，只是两个班分别管理。毕业后也都是钢铁不分，我们班一共 31 人，25 个男生，6 个女生，90%是农村出身。当时我们是有助学金的，全班只有 3 个学生没有助学金，最高一等助学金 18.5 元/月，我是二等助学金 13.5 元/月，在入学的前两年，我的助学金除去每月十元生活费，还能剩下三四元钱用来买书本等学习用品，后两年助学金没变，但生活费用提高了，自己靠节假日打工赚钱来贴补，四年的大学生活基本上没有花家里一分钱。而且放假回家时还能给父母买些礼物带回去，大学四年，我担任班团支部书记和系学生会文艺部长，是学校文工团团员。那时，我们学习都非常主动，如饥似渴地学习，可以说我们那一届是“文化大革命”之后恢复高考以来学习非常扎实的一届学生了，在以后的工作中也体现出来了。大学四年有一件令我遗憾的事，就是没能加入中国共产党。那时大学生入党还很少，刚刚开始，我们班里我和班长彭宏计都是入党培养对象，而且经过培养基本成熟，所有的外调材料都已经完毕了，但还是由于学校控制指标，最后我们班只有一个名额，就把指标批给了班长，这是我大学四年里最遗憾的一件事了，一直等到 1983 年毕业分配到唐钢设计院后，又培养了三年，1986 年加入中国共产党。在大学里另一件特别有意义和记忆深刻的事就是我和张玉柱书记的相识、相知和相处，我 1979 年入学，玉柱书记是 1980 年从东北大学炼铁专业毕业分配到河北矿冶学院的，之后就担任我们的助课老师和我们班的辅导员，他是 1955 年生人，年长我 7 岁。自从与张老师相识，就结下了不解之缘，他待我们如亲兄弟一般，跟他既学到了知识，又学会了为人处世。我俩之间这 40 多年亦师亦友，我毕业后，在工作上、业务上他经常帮助我，一直没有断过业务往来，特别是我担任唐钢公司副总经理和河钢集团副总经理那些年，我们合作了科技部支撑项目并获得国家科学技术进步奖二等奖，华北理工大学与唐钢公司的科研合作更加深入，张老师还获得了唐钢公司第一批外部专家贡献奖。我到河钢集团担任副总经理以后，又从集团层面上把华北理工大学与河钢集团的合作推进了一个高度，成立了研究生培养基地，集团很多高层次人才被聘为华北理工大学外聘教授，后又成立了冶金流程工程学研究院。特别是我在这几年申报中国工程院院士期间，张老师既给我提供了指导，又从各个方面鼓励支持我，令我非常感动。另外，我对我的母校华北理工大学有很深的感情，40 多年来，无论在哪个岗位和部门，都没忘记母校的培养，没忘记母校的老师，一直没有间断与母校的合作，尽量给母校的老师和学弟学妹们提供合作的平台和空间，时刻关心和惦记着母校的发展和壮大，母校乔迁之际，亲自带领河钢集团技术系统的所有领导到校祝贺并给予捐赠，母校的每一点进步都感到无比光荣和自豪！

在唐钢设计院的工作

(1983—2006 年)

1983 年 7 月，我大学毕业分配到唐钢设计处工作，那时唐钢正在筹建大高炉 (1260 m^3)，我们班当年有 13 个人一起分配到唐钢设计处大高炉筹建组。在筹建组待了半年多之后，就被分配到了各科室，我和孟令学、杨春华、李占国、段国绵被分配到工艺科，还有牟文恒和王雪松后又调到工艺科。到工艺科后，在我们主动要求下，所有人员都下厂进行了为期一年的实习，我和李占国、段国绵到炼铁厂实习，这一年的实习生活对我们来说太重要了，也对今后的工作有很大的帮助，既学习了现场的工作方法，又掌握了生产设备及工艺运行情况，更学到了现场工人那种吃苦耐劳的工作作风，给今后一生的工作打下了基础。

1984 年，唐钢设计处更名为唐钢设计院。实习结束后我们干的第一件事就是 100 m^3 高炉的扩容改造，当时在唐钢乃至唐山地区最大的高炉就是这 4 个 100 m^3 高炉，我和李占国、段国绵主动请缨要把唐钢的 100 m^3 高炉改造成 120 m^3，并且得到了院领导和公司的赞许和批准，而且我们大胆地采用了自立式炉体结构、综合炭砖炉底、八个风口等新技术，高炉投产后效果非常好，其他三座高炉依次都按此进行了大修改造。这个高炉的设计图纸当时在唐山地区便被传开，120 m^3 高炉遍地开花，成为唐山地区“清一色”的炉型。

1985—1986 年，我和杨春华主持设计了国内第一套从日本引进的钢渣处理生产线，投产后获得河北省科学技术进步奖，并被科学技术部列为全国推广项目，也是从那时开始唐钢的钢渣综合利用步入正轨，一直到现在河钢的钢渣利用始终处于全国领先水平。

1986 年 6 月，我在唐钢设计院加入了中国共产党。因为在大学期间基本培养成熟了，到工作岗位后，又经过了三年的锻炼和培养，于 1986 年 6 月入了党。参加工作后，我在唐钢设计院担任团总支副书记。记得 1984 年，唐钢公司团委选拔团委书记，领导征求我意见想让我去干，我考虑再三，还是决定留在了唐钢设计院，还是想干专业工作。工作三年来，始终勤奋好学，不辞辛苦，给年轻人起表率作用，尊敬领导和老师傅们，因此在同期分配来的大学生中进步也是最快的，第一个入了党，并被院领导们在业务上和各项工作上委以重任。

1986—1989 年，在工艺科工作方面成为年轻人的主力和表率，相继完成了唐钢一钢、二钢的技术改造工程，二炼铁一期、二期等项目，特别是二炼铁 1 号 1260 m^3 高炉工程，是唐钢大发展的开始，当时也是河北省重点工程和最大的高炉。我负责联合设计和施工现场服务，那时与中冶京诚公司结下了深厚友谊，特别是施设同志（当时他是工艺设计师），最后他担任中冶京诚董事长。

1990—1992 年，主要完成了唐钢 8 m^2 竖炉、10 m^2 竖炉工程及北京永丰冶炼厂工程，当时我们设计了 8 m^2 竖炉获得河北省优秀设计奖，后来又扩大到 10 m^2，北京永丰冶炼厂工程我担任总设计师，是个电炉炼钢工程，到 1993 年全部投产。

1992 年，我被提拔为唐钢设计院办公室副主任代理主任，并兼任北京永丰冶炼厂工程的总设计师。从 1983 年毕业分配到唐钢设计院，在工艺科工作了九年，是我最受锻炼、成长最快、学习最有收获的九年，在业务水平、工作作风、思想品德等各方面都给这一生打下了良好的基础。当时由于我们科两位科长都没有到退休年龄，也没有机会调走提拔，所以我们在科里是没有机会被提拔的，后来院领导考虑到年轻人的发展和培养问题，还是把我从工艺科调到办公室了。

1993 年 11 月，我被破格提拔为唐钢设计院副院长，当年 31 岁，我是属于当时唐钢在 83 届毕业生中提拔干部最早的一批。提拔后在班子中分工为主管工程设计，从这时起到 2006 年期间主要主管和主持设计建设了唐钢一炼铁 300 m^3 高炉工程、唐钢连铸改造工程、唐钢引进棒材生产线工程、唐钢 450 m^3 高炉工程、唐钢 2000 m^3 高炉推移工程、唐钢 2560 m^3 高炉工程、唐钢 265 m^2 烧结机工程、唐钢 1700 mm 冷轧薄板工程、唐钢钢联焦化工程、唐钢干熄焦工程、唐钢 1810 mm 超薄热带工程、唐钢一冷轧工程、唐钢氧气厂改造工程、唐钢中厚板工程、唐钢不锈钢工程及唐银工程的前期设计。

1994 年，主持设计建设的一炼铁厂 300 m^3 高炉工程，在国内外 300 m^3 以上高炉上首次使用了布袋除尘器，为以后唐钢 3200 m^3 高炉及首钢京唐 5000 m^3 高炉使用干式布袋除尘器打下了基础。那时干式布袋除尘技术还不很成熟，炉顶温度高了会烧布袋，低了会使布袋结露，影响生产，当时我和董文进一起大胆研究使用了新的干式布袋除尘技术，从此以后，该技术在国内大型高炉上被推广使用，并且彻底抛掉湿法除尘。2010 年在我的推动下，浦项 6000 m^3 高炉引进了我们的技术，并成功使用。

1994—1995 年，主持公司一二炼钢厂全连铸改造工程。这项工程是在殷瑞钰（原冶金工业部副部长）的亲自推动下，唐钢公司创新突破，大胆解放思想，公司上下一致行动，全力以赴开展的全连铸改造工程。在 1995 年唐钢实现了全连铸，这是全国十大钢中较早的一家，使得唐钢的炼钢生产效率大大提高，生产质量大大提升，经济效益大幅增长，生产环境和工人劳动强度大大改善，唐钢全连铸改造工程获得了全国冶金工程设计铜质奖。

1994—1996 年，主持唐钢棒材厂工程。这个工程是唐钢引进的意大利达涅利技术和装备，也是全国的第二条棒材线。当年我 32 岁，是担任唐钢设计院副院长的第二年，记得我当时作为团长，带领团队 21 人（北京钢铁设计研究总院 15 人、唐钢 6 人）去意大利进行了为期一个半月的详细设计联络，北京钢铁设计研究总院翟汝廉是总设计师，还有唐钢棒材厂张长顺副厂长等人。当年向北京钢铁设计研究总院的设计师们学到了良好的作风和思想，也建立了深厚的友谊。这条生产线 1996 年初投产，为唐钢发展做出了巨大的贡献，设计产能 60 万吨/年，最高年产达到 200 万吨，一直生产到 2019 年。

1997—1998 年，主持唐钢 2560 m^3 高炉工程。这个工程是唐钢发展壮大过程中的一个重要工程，由中冶京诚和唐钢设计院联合设计。我作为唐钢设计院的主管副院长主持工程设计、施工组织和工程管理，工程有很多第一次引进的技术和设备，如荷兰霍戈文热风炉技术、卢森堡 PW 炉顶技术、煤气清洗技术、铜冷却壁技术、综合碳砖炉底技术等，都是由我来主持谈判引进的，也都非常成功。比如霍戈文热风炉技术，后来就在全国被引进了几十套，遍地开花，唐钢的这个大高炉当时也达到了国际领先水平，工程设计获得了河北省优秀工程设计一等奖。

1998—2001 年，唐钢建设新的一炼钢厂和薄板坯连铸连轧工程。这个工程当时由李占国副院长负责，新建 3 座 150 t 转炉和一条 1810 mm 超薄热带生产线，这条生产线投产后改变了唐钢没有卷板的历史，也为唐钢之后的快速发展起到了关键作用，该项目获得了国家科学技术进步奖二等奖。这条产线在 2012 年我主持进行了一次大修改造，使连铸机拉速提高到了 6 m/min，产品达到超薄，1. 0~1. 6 mm 厚度产品占产线产量的 40%以上，并且再次获得河北省科学技术进步奖一等奖。

2001—2002 年，主持唐钢 2000 m^3 高炉推移工程。这个工程是唐钢 2 号 1260 m^3 高炉扩容改造工程，我们在全国首创了高炉推移技术，并创造了多项国际纪录，推移重量最重为 4500 t，推移距离最长为 46 m，推移时间最短（工程工期 39 天）。这是世界上首个高炉推移工程，工程投产后引起国内外同行高度关注，并被多家企业应用，获得河北省科学技术进步奖。

2003—2004 年，主持唐钢钢联焦化工程。工程内容是建设两座 65 孔 5. 5 m 焦炉及其化产回收设施，由化学工业第二设计院设计。当年正赶上“非典”，这对工程进展影响很大，我带领相关工程设计人员克服各种困难，奔走于太原和唐山之间，按时完成了工程设计并保证了工程施工的进度，使得工程按期投产。

2003—2004 年，主持唐钢 1700 mm 热连轧工程。这是唐钢建设的第二条热轧卷板生产线，唐钢设计院与中冶京诚联合设计，全部采用国产化设备和技术，年产量为 300 万吨，至此唐钢达到了年产热轧卷板 600 万吨加棒、线、型共 1000 万吨的生产能力。

2004—2005 年，主持唐钢干熄焦工程。这是唐钢筹备了五六年干的第一套干熄焦，也是新建的钢联焦化 5 号、6 号焦炉的干熄焦，工程由鞍山焦化耐火材料设计研究总院（简称焦耐院）总包，从前期技术交流、方案确定、商务谈判到最后工程组织实施，都是我一手操持的。干熄炉是当时全国最大的（当时为 180 t/h），谈判极为艰苦，当时焦耐院无论是对工期还是价格，态度都很强硬，因为他们是全国独一家，没有竞争对手，但我运用多年的设计、谈判、工程管理的经验，逐条逐项地说服对方，使得对方全部按照我们甲方的意见签订了合同，工期签订的是16个月，最后我们经过精心组织，只用了14.5个月就建成投产，这是世界纪录，总投资也控制在概算之内。投产后达产速度也是全国最快的，运行多年来，干熄焦质量和发电效率都非常理想。后来焦耐院老院长郑文华只要一见到我，就会用责备加赞佩的口气跟我聊起这项工程的谈判和工程效果，责备的是给的价格太低了，赞佩的是我们唐钢人的业务能力和工作态度。

2005—2007年，唐钢建设了一冷轧厂（冷轧薄板工程），这个工程是由韩继征副院长负责的，我主要负责总体计划协调。该工程投产后结束了唐钢没有冷轧板的历史，使唐钢又迈上了一个新台阶。

2005—2008年，唐钢建设中厚板公司、不锈钢公司及唐银公司，这是唐钢的三级支撑战略，其中中厚板公司和不锈钢公司各规划300万吨。中厚板公司主要建设的是2座1580 m^3高炉、3座100 t转炉及一套3500 mm中厚板轧机，不锈钢公司主要是2×450 m^3高炉、2×500 m^3高炉、2座100 t转炉加1座80 t转炉及一套1580 mm热连轧生产线。两公司从2005年开始设计并开工建设，至2008年全部建成投产。唐银公司2006年开始建设，2008年投产，这是我亲自主持建设的。这三家公司总产量为800万~900万吨，至2008年底唐钢总产能达到1800万吨。

2006—2007年，唐钢建设了南区3200 m^3高炉及360 m^2烧结机工程。这两项工程的前期方案和初步设计是我在设计院时负责的，但2006年6月我调出了设计院，后期工程施工建设我就没能参与。该工程投产后，为唐钢产量达到1800万吨奠定了基础。

截至2006年6月，我在唐钢设计院工作了整整23年，担任了13年的副院长。现在看来，恰恰是这23年设计院工作生涯的积淀，为我之后的职业发展奠定了坚实基础。设计院的工作涉及钢铁生产全流程，知识面要宽，需要全面的技术积累。我从事的钢铁冶金工艺设计在设计院是主体专业，除了要精通本专业的知识外，还需要了解风、水、电、气等辅助专业的知识，只有这样，当向辅助专业提资料时才能把需求说清楚，辅助专业才能配合完成一个整体设计。因此，设计院是锻炼人的地方，有利于人成长、成才。我1983年毕业到设计院后，当时唐钢陆续从设计院69届、70届的老同志中提拔了50多人到公司各二级单位担任中层干部，后来我们83届毕业生中也从设计院提拔了十几个人当中层干部。我在唐钢设计院工作的前十年是在冶炼科，这是我成长最快的10年，也是最辛苦的10年。1993年担任副院长后，主持设计建设了唐钢众多的重大工程项目，见证了唐钢的发展壮大，也为唐钢设计院的发展壮大做出了重大贡献。唐钢设计院几经变迁，目前已经发展成国际化工程技术公司，在国内钢铁企业设计院中名列前茅，1973年成立唐钢设计处，1984年更名为唐钢设计院，2000年成立唐钢设计院有限公司，2004年完成国有企业混合所有制改造，2012年更名为唐钢国际。其间我从1993年担任副院长，2004年担任第一副院长，2006年调离设计院到唐银公司。在唐钢设计院工作的23年，获得了省部级优秀设计一等奖4次，省级科学技术进步奖1项。唐钢设计院23年的历练，为我今后的成长进步打下了坚实的基础，是设计院培养了我，是设计院老工程技术人员和领导们教导我养成良好的工作作风和真诚奉献、求知上进的品德。在唐钢设计院的工作中有快乐也有波折和痛苦，有两件事令我记忆深刻：一件事是2004年设计院改制引起的老员工内退问题，按公司当时的政策，有些老员工可以自由选择内退或继续工作，但新任主要领导没有听从班子集体意见，决定让这些老同志全部内退，引起了老员工的不满。我当时是第一副院长，对老员工情况非常熟悉，他们当中有许多人是经验非常丰富的技术人员，这些人是设计院的财富，应当让他们留下来继续发挥作用。因此，我坚持要按公司政策办，让老员工自由选择。在我和班子其他成员的坚持下，唐钢公司领导专门给我们班子开会，纠正了这个错误做法，并让我们主要领导给全体班子成员和老员工道歉，最终使这些老员工留了下来，为设计院的发展继续贡献力量。另一件事，则是改制后两个对外总包工程亏损的问题。2004—2005年，由于新任主要领导决策失误，导致承揽的两个总包工程出现了重大亏损。当时我曾在班子会上详细分析了情况，坚决反对承揽这两个项目。其中一个项目，从总概算上看，中冶京诚和马鞍山设计院报的最低价都高出我们给出的价格2000万~3000万元，而唐钢设计院却以2.9亿元总价包下该工程，最终干完工程后亏损了近1亿元。加上其他几项工程，那几年唐钢设计院最终亏损了两亿多元。我虽然作为第一副院长，但还是阻止不了这种事情的发生，心中很痛苦，失去了继续在设计院干下去的勇气。因此我决定自己出去成立个工程公司，经过半年的思考与准备，基本上具备条件了，恰好这时，时任唐钢常务副总经理的于勇同志，有一次跟我聊天，我们两个人关系不错，因工作关系建立了信任和友谊，他听到我这些情况和想法后，坚决地说，新东你千万不要走，不要出去单干，我来帮助你解决困惑。这样没过两个月，在于勇同志的推荐和努力下，我被唐钢公司提拔为唐银公司总经理，去操持筹建一个唐钢与银水合资的钢铁公司——河北唐银钢铁有限公司，2006年6月正式走马上任，于勇是我的好领导，是我的伯乐，他的这个举荐改变了我后半生的命运。

在唐银钢铁公司的工作

（2006—2008 年）

2006 年 6 月—2008 年 5 月，我在河北唐银钢铁有限公司担任总经理。

随着国内钢铁工业的快速发展，重点产钢地区及各钢铁企业面临的竞争日益激烈。发挥地区优势和企业专长，提升装备水平，优化产品结构，联合重组，做大做强钢铁主业，坚持可持续发展，已成为业内有识之士的共识。基于此认识唐山开平区政府与唐钢公司为落实唐山市钢铁工业整合，提高钢铁产业集中度，实现唐钢“三级支撑”战略目标与银水集团的更大发展，按照优势互补、共谋发展、互惠双赢的指导思想，通过在各个层面的深入交流和科学论证，在国家产业政策和经济建设指导方针的原则框架内，提出了在不增加开平区内现有钢铁产能的前提下，对银水钢铁厂主体装备进行大型化、现代化改造的方案，由唐钢与银水钢铁厂共同出资，建设铁、钢、轧工艺配套的 260 万吨/年综合生产能力的钢铁联合企业。

2006 年 6 月，我被从唐钢设计院副院长的位置上抽调到此担任工程总指挥。自此，唐银公司的员工和工程的建设者们在这片土地上开始了日夜不停地奋战，仅仅一年多的时间，到 2007 年 11 月 16 日转炉正式投产，一座占地 1250 亩（约 83 万平方米）的现代化钢厂拔地而起，一台 180 m^2 烧结机、一座 1080 m^3 高炉、两座 120 t 转炉、一条 65 万吨/年线材、一条 105 万吨/年棒材生产线和两台 16000 m^3/h 制氧机及相关附属配套设施全部建成并投入使用，并且在最短的时间内实现了稳产达产的目标，产品迅速投放市场。唐银公司在狠抓工程建设的同时，不断加强内部管理，健全机制，提高员工素质，增强企业适应市场发展的能力。

唐银公司 260 万吨/年钢联工程项目建设指挥部于 2006 年 6 月成立，8 月初完成了项目论证、合资协议的签署等公司成立的前期工作。9 月 19 日在河北省工商局成功注册，注册资本为 5000 万元，唐钢公司占股本 64%，唐山开平区银水钢铁厂占股本 36%。10 月 6 日，公司在唐钢会议中心召开创立大会，至此，河北唐银钢铁有限公司正式成立，我被任命为唐银公司总经理。10 月 16 日，公司第一届股东会（董事会）第二次会议通过变更股权结构议案，唐钢公司减持股份至 51%，唐山开平区银水钢铁厂增持股份至 49%。2007 年 2 月 15 日，公司董事会（股东会）第一届三次会议召开。股东会通过了《关于修改公司章程部分条款的议案》，即根据公司发展实际，股东会研究决定公司注册资本由成立初期的 5000 万元增至 3 亿元。

唐银公司组建前，双方股东原有 450 m^3 高炉一座、550 m^3 高炉一座、60 m^2 烧结机两台，年产铁水 132 万吨；带钢生产线一条，年产量 80 万吨；110 kV 变电站一座及其他辅助配套设施。生产规模小，装备水平及工艺较落后。双方合作后，充分发挥各自的优势特点，本着“上大、压小、促整合”的发展思路，对原有的主体装备进行改造，铁-钢-轧工艺配套，总体生产规模实现年产铁 240 万吨，年产钢 260 万吨，年产材 250 万吨，新增项目总投资 22.8 亿元。

新建项目主要有：炼铁系统新建 180 m^2 带式烧结机一台，年平均利用系数 1.35，年产烧结矿 202.4 万吨；1080 m^3 高炉一座，平均利用系数 2.5~2.8 t/(m^3·d)，年产铁 108 万吨。烧结工艺采用自动重量配料和厚料层烧结，引用英国产高性能主抽风机。高炉工艺设计采用精料、高风温、大喷煤量、高炉长寿等实用技术，根据高炉的入炉料具体条件，适当加深死铁层，选择适中的高径比，加大炉缸高度，具有长寿命和低能耗的特点，热风炉采用俄罗斯卡卢金顶燃式热风炉先进技术。炼钢系统建有两座 120 t 转炉，两台 8 机 8 流小方坯连铸机，一座 LF 钢包炉，一座 900 t 混铁炉。采用钢水全炉外精炼、全连铸工艺、溅渣护炉等国内成熟的工艺设计，实现了“三同时”，污染物达标排放。轧钢系统新建高速线材和棒材两条生产线。高速线材设计年产量为 65 万吨，主要生产 ϕ5.5~12 mm 高速线材和 ϕ6.0~14 mm 螺纹钢筋。打包机引进了瑞典森德斯公司的产品，飞剪采用快速更换剪刀的组合式飞剪。全线选用粗轧机组 6 架，中轧机组 6 架，精轧机组 6 架，步进式加热炉一座及高压水除鳞装备。在不同工序过程中采用无扭、微张力、活套无张力轧制，多功能完善的自动化控制系统。棒材设计年产量为 105 万吨，主要产品有 ϕ16~50 mm 圆钢及 ϕ12~32 mm热轧带肋钢筋（Ⅱ级、Ⅲ级）。全线选用粗轧机组 6 架，中轧机组 6 架，精轧机组 6 架，蓄热式加热炉一座。采用热装热送、低温轧制等先进生产工艺和高效自动化的精品设备。公辅系统新建 2×16000 m^3/h 空分装置，主要设备有空压机 2 台、氧压机 2 台、氮压机 3 台；新建 110 kV 变电站一座；新建除盐及软水站一座；新建综合水处理设施一套；新建高炉炉顶余压发电装置 3 套，总装机容量 15500 kW；新建 100000 m^3 稀油封高炉煤气柜和 80000 m^3 威金斯干式转炉煤气柜各一座；新建各主体工艺线的供水泵站 5 座。

唐银公司本着节能环保的原则，加大投资力度，进行全方位改造和升级，废水、废气和废物零排放，实现了循环经济发展要求。厂区得到净化、绿化和美化。环境除尘系统工程采用先进的环境治理技术，分别选用了 160 m^2 卧式宽极距、140 m^2 卧式、120 m^2 双室三电场电除尘器和 10000 m^2 低压脉冲布袋除尘器等多种先进除尘技术和设备，尘源封闭，集中处理和利用，岗位含尘浓度和空气质量均符合国家标准。新建废水回收处理系统，处理程度达到饮用水标准。高炉炉渣处理采用嘉恒法高炉粒化渣工艺，钢渣实行深加工处理，废渣实现再利用。厂区绿化坚持见缝插针、突出重点的原则，绿化率达到 20%。

唐银公司有完善的组织机构，设立股东会，股东构成是唐钢公司和唐山开平区银水钢铁厂。公司设立董事会，由五名董事组成，成员为于勇、赵福永、王新东、张金杰、徐景，于勇任董事长。公司设立监事会，由姚嗣荣、刘鹏远、刘存钧三位监事组成，姚嗣荣任监事会主席。公司经营班子几经变化，至 2008 年 1 月，由 11 名成员组成，我任总经理，刘国勤任党委书记，张子忠、方福进、王燕生、李宝忠、刘东生、赵福永、张金杰任副总经理，赵林凤、王文久任经理助理。公司党群机构中有党委、工会、共青团等，党委下设六个党支部，工会下设六个分会，团委下设六个团支部。经过两年来的不断演变，公司最终设立炼铁部、炼钢部、轧钢部和动力能源部四个作业部，设立综合部、技术部、生产部、安全部、供应部、销售部、设备机动部、财务部、监审部、保卫部和董事会秘书室等 11 个职能部门。

从企业创建、投产到正常运转的两年，无论是宏观到微观的管理工作，还是宏观到微观的生产情况；无论是各级管理干部的精神状态，还是广大职工的工作积极性；无论是生产、工作秩序，还是规范全体职工行为、工作的各项规章制度的建立；无论是企业的宏观经济效益，还是企业各个生产单位的微观经济效益，各方面的情况都是比较好的、令人满意的，迈出了可喜而坚实的一步，为今后的发展奠定了牢固的基础。

唐银这样的合资企业，工作中必然产生种种问题和矛盾，这也是客观的和正常的，必须正视它和解决它。正确解决问题必须用科学的态度和方法，博大的胸怀，冷静的思考，及时的沟通。总之，对已暴露出的问题或矛盾，要以积极、宽容、友好的态度和科学的方法去解决，同时，还要对可能产生的问题或矛盾，做出分析和预测，将其消灭在萌芽阶段。只要我们用科学的思维方法和积极的态度，就能正视和正确解决问题或矛盾，夯实双方合作的基础，在愉快的共事中迎来发展的明天。

和谐发展是企业的出发点和落脚点，和谐是企业发展的前提。获得更多的经济利益，是双方合作的物质基础，也是企业巩固和发展的基本条件。发展会给企业带来生机与活力，会为企业展现美好前景；发展是解决企业一些问题或者矛盾的基本前提，这是因为许多问题都是由于经济原因引起的；发展会为利益双方带来更多的利益，利益会把双方更加紧密地连接起来；发展说明企业的经济效益好，也说明利益双方智慧和力量的凝聚，团结共事，同舟共济。可见，发展也是和谐的前提。和谐与发展是互为前提的，二者密不可分，互相连接、互相促进。离开了和谐，就难以发展，和谐为发展提供了智慧和力量的保障；离开了发展，也难以实现和谐，发展为和谐提供了物质保障。这是一个比较简单的道理。因此，我们在工作中，时时注意和谐与发展的问题，把和谐与发展作为我们工作的出发点和落脚点。

在唐银公司工作的两年，使我深深地体悟到，企业的整个领导工作是一个系统工程，要求每个班子成员都要努力、出色地完成自己分管的工作，各司其职、各尽其力。工作实践告诉我们：精诚团结，是凝聚领导班子成员的智慧和力量，实现领导职责的基础；相互支持、相互配合，是充分发挥领导班子效能的关键；各司其职、各尽其力，是实现领导职责的内在要求，而这三个方面或三大要素，使决策层或领导层在工作中珠联璧合。

唐银公司的成立，是在国家钢铁产业政策指导下，依托优势企业，加快钢铁整合的一次成功合作；是不同性质企业在共同利益目标基础上的一次成功合作；是不同性质企业的人力人心的一次成功合作。这种合作，无疑是一种尝试、一种探索、一种考验。我们在尝试中取得了初步成功，在探索中取得了一定经验，在考验中证明了我们的思维与工作。

唐银公司成立后的两年历程是艰辛的，也是光辉的。我们取得了一定的成就，对取得成就的认识是：一个企业的发展，首先的、决定性的是主观上的人的因素，主观能动性是改变自己命运、决定自己发展方向的自我运动的源泉。

从 2006 年 6 月到 2008 年 5 月，不到两年时间，进入唐银公司后，就是一手抓生产经营一手抓基建，唐银公司的人员组成是当时唐钢炼铁和北区动力厂过去的一批人和唐钢四轧钢厂大部分人，加一起 1000 人，还有银水公司一部分人，新招聘一部分人，最终总共 3000 多人。我们组建新公司后，不到 3 个月生产就步入正轨并创造佳绩，高炉利用系数比唐钢不锈钢同样高炉高出很多，而且我们所用的原料和焦炭质量都不如不锈钢公司，我们系数长期在 3.7 以上，不锈钢仅为 3.2 左右，当年赵军带队来唐银公司考察后很信服地回去抓他们的管理去了。工程建设也创造了奇迹，我们用了最少的投资、最短的时间、最合理的工艺配置建设了一个 300 万吨钢铁联合企业。那两年是非常锻炼人的，国有企业与民营企业合作非常苦也非常难。唐银公司全部建成投产并转入正常生产经营后，我写了一本书，书的名字是《启航》，酸甜苦辣都写在书中，总结了我在唐银公司的工作，特别是对大型国有企业与民营企业的合作提出了一些我的观点和看法。当时唐钢公司有个“三步走”战略和“三级支撑”战略，当时有中厚板公司、不锈钢公司、唐银公司，这三个公司都是300万吨规模，中厚板公司和不锈钢公司到2020年底为止总投资各达到150亿元(中厚板公司现在是500万吨产能)。唐银公司300万吨产能花了不到40亿元，每年纯利润十几亿元。这个公司现在也搬迁到了曹妃甸，而且新企业的总图布局和产线装备配置也是我多次指导确定的，最终建了两个1500 m^3 高炉、两个100 t转炉、两条高速线材生产线、一条棒材生产线和一条带钢生产线。新企业已于2022年建成投产，应该说布局合理、流程顺畅、装备先进、环保和智能化水平高，投产后生产效率和效益都很好。

在唐钢发展规划部的工作

（2008—2011 年）

2008 年 5 月，我被调到唐钢滦县工业园区项目部任总经理，筹建滦县大钢，规划的是 400 万吨大、中、小 H 型钢加 300 万吨优质棒线材，总计 700 万吨产能。到 2009 年 6 月一切前期工作都准备就绪了，跟外方的技术协议都签好了，商务合同也开始报价了，但由于河钢集团对市场的预测和各种原因，命令项目缓建，一直没有再启动。这个项目如果正常操作的话，2010 年会全面投产，项目建在滦县司家营矿山旁边，这个项目对唐钢公司乃至河钢集团应该会起到很大的支撑作用，且是个核心企业。

2008 年 8 月，我兼任了唐钢发展规划部部长。当了三年的部长，负责整个唐钢公司的规划发展、工程建设项目管理。这个时候正赶上唐山市要求唐钢搬迁，主要是因为污染。首钢的搬迁举全国和北京市之力用了十几年。唐钢搬迁哪有钱，谈何容易？最后，唐钢董事长于勇就提出要求："我们改变不了别人，就从改变自己做起，进行厂区治理，从流程、工艺到布局上全部重新治理。"那时候从设计、施工到管理，把唐钢老区全部翻新。唐钢是 1943 年建厂的老企业，近 70 年的历史，我们用了一年的时间把它彻底改变了。风水电气管网、动力介质管网、厂区道路全部改造，包括所有的除尘系统改造以及厂房的粉刷。厂区内部不允许进自行车和私家车。建了 3 个停车场、3 个食堂、3 个浴室，集中管理。一个是环境的改造，另外一个是流程系统的再造，仅用了 8 个月的时间。改造完毕后，吨钢成本降低 100 元，虽然投资了，但是效益很可观，环境焕然一新。当时浦项来中国考察，原本只到鞍钢和宝钢，后来听说了唐钢，于是来唐钢考察。他们表示非常惊讶：我们以为浦项是全世界最好的钢厂，你们唐钢比浦项还好。从那次以后，浦项开始邀请我们到浦项访问，双方约定每年都开展交流。后来又过了一年，浦项想将 5000 m^3 高炉改成 6000 m^3高炉，要上干式布袋除尘。他们看了我们的高炉，又看了曹妃甸的，当时很质疑，我给了他们肯定的答案。他们问：谁设计的？我回答：是中冶京诚设计的。后来他们找中冶京诚，成功将 5000 m^3 高炉扩容成 6000 m^3 高炉并将除尘系统改成干式除尘，出铁厂全部平坦化。2011 年我当唐钢公司副总经理后，带领 9 个博士到日本的 JFE 钢铁公司，带着我们的宣传片请他们观看，他们开玩笑说：这宣传片不能让我们的职工看到，看到后他们不会上班了（JFE 钢铁公司从厂区外边看还行，进厂看道路、平台都很脏，和唐钢改造后的环境没法相比）。此外，宝钢董事长徐乐江带着宝钢的班子成员和 30 多位中层干部来唐钢考察（待了 1 天半），回去以后，派团队来采访调研。首钢董事长朱继民带着首钢班子成员等 30 多个人来考察后，他又派了一批人，包括组织部的、宣传部的，来学习唐钢这种清洁生产的变化和管理及其带来的启示。后来中国钢铁工业协会党委书记刘振江写了一篇文章——《中国有能力打造世界清洁钢厂》。吴溪淳、殷瑞钰、吴建常等老部长到唐钢，他们有感而发：你们做得如此好，为什么不宣传呢？后来吴溪淳主动提出帮助唐钢进行宣传。

2008年8月—2009年6月，我亲自主持了唐钢历史上的那场惊心动魄的厂区环境治理工程。

2008年8月24日，公司召开了学习太钢经验动员会，唐钢董事长于勇做了动员部署，要求公司立即成立拆违拆迁领导小组着手开展工作，总体目标是到2009年6月底，厂容厂貌要发生根本变化。第一步，在2008年底之前全面完成厂区拆迁、道路改造和公共服务设施建设工程，拆除一切非生产设施；第二步，到2009年3月底，完成公司留存生产生活设施及管道的集中美化改造工程；第三步，2009年4—6月集中做好公司院内大面积绿化改造工作。于勇强调，各单位要统一思想，坚定信心，雷厉风行，令行禁止，按照公司的统一规划部署，全力以赴抓好厂容厂貌综合治理工作，全面提高企业形象建设水平，确保取得预期效果。

2008年9月22日，唐钢公司召开创建科学发展示范企业推进会，于勇董事长强调：一是当前的工作绝不是对过去的否定，而是一种超越；二是厂区的规划整治要着眼现实，结合实际，但绝不能让客观现实成为拖沓工作的借口，不能人为地给工作开展设置障碍；三是要转变观念，提高认识，高标准完成厂区环境治理工作。

2008年10月6日，唐钢公司厂区治理第一期工程三个职工生活服务区开工建设；10月底，公司开展了“学习太钢经验，创建科学发展示范企业”大讨论活动；12月20日，公司智能门禁系统开始试运行；12月21日，公司远程值守计量系统成功上线；12月底，二钢轧厂转炉二次除尘及综合治理工程建成投用。

2009年2月20日，唐钢公司召开厂容治理工程动员大会，正式拉开公司历史上标准最高的厂容治理二期工程建设序幕。4—6月，完成第二阶段厂区环境治理工作，对南区动力介质管网、电力管线统一进行了规划改造，改造电缆入地总长260 km，各种管道改造长度超过6 km；对厂区内主干道进行了重新规划，新建道路4.3万平方米，翻修道路7.7万平方米，新建18 m宽度北门路和滨河路，建设一钢厂区11孔跨铁路立交桥，主要道路均为沥青混凝土路面，达到国家一级公路标准；新建绿地面积44.8万平方米，其中新增绿地面积36万平方米，改造绿地面积8.8万平方米，栽植各类乔灌木4万株，绿化覆盖率由原来的21%提高到42%。

2009年5月25日，唐山市委主要领导，带领唐山市五套班子成员来唐钢现场办公，参观了唐钢厂区并召开了座谈会，市委领导在讲话中指出，唐钢半年多来发生巨大变化，主要体现在生态环境发生巨大变化、节能减排取得巨大成绩、结构调整迈出很大步伐、产业布局不断调整优化、企业管理水平不断提高、经济效益大幅增长、职工生活明显改善，体现了唐山市打造幸福之都的总体要求；在应对市场危机中抓住了契机，实现了企业快速发展。唐钢科学发展的实践成效显著、经验宝贵。唐钢发生的巨大变化说明三点：一是科学发展威力无穷；二是创造科学发展的新业绩关键在人、关键在领导班子；三是危机中确实蕴藏着契机。

2010年2月3日，唐钢公司召开厂区规划治理颁奖大会。于勇在讲话时指出，公司广大干部职工在厂区规划治理中，发展理念得到提升，工作标准不断提高，意志、品质经受了锻炼。会上对在厂区治理中做出突出贡献的单位和个人给予了颁奖表彰，我在大会上获得了特别嘉奖。唐钢设计院、发展规划部、滦县项目部、企业管理部、生活处、一钢轧厂、二钢轧厂、南区炼铁厂、冷轧厂、动力厂、物流公司、计控处、氧气厂等所有参战单位从领导到各级干部职工，大家齐心协力，忘我奉献，服从指挥，上下一盘棋，思想高度统一，既圆满完成了厂区治理任务，又保证了正常生产经营的进行，唐钢公司达到了有史以来空前的统一和团结。

于勇董事长在 2009 年 12 月 26 日的公司二十一届四次职工代表大会上讲话中指出："一年的发展经历，给人以深刻启示。第一，企业发生的巨大变化来源于观念的转变和理念的提升。第二，工作水平的提升来源于做就做到最好的一流标准。第三，工作作风的转变体现出各级干部强烈的责任意识。第四，工作效率的提高反映着公司上下强大的执行力。第五，企业发展的不竭动力来自职工与企业的休戚与共。"

厂区综合治理结束后，我主编了一本书，名为《巨变》，本书详细记述了那场唐钢厂区综合治理行动的整个过程，不仅有项目决策、项目规划设计、项目施工等过程环节的详细记述，也有项目实施引发的思考和体会，更集中反映了唐钢主要领导的决策力、各级干部的执行力、广大职工的凝聚力。唐钢厂区环境治理仅仅历时 8 个月，厂容厂貌便发生了翻天覆地的变化，烟尘四起、破旧不堪的旧厂区已荡然无存，一个四季有绿、三季有花的新厂区跃然眼前。环境的改善大大促进了管理提升、生产效率提升，职工的思想观念和精神面貌也随之改变，一个环境优美、秩序井然、敢于担当、勇于创新、团结协作、活力高效的新唐钢呈现于世人面前。厂区环境的改善使唐钢与唐山市的城钢共融得以延续，停产搬迁得以暂缓，大大减轻了金融危机下公司生产经营面临的压力。唐钢厂区改造成为钢铁企业践行科学发展观的典范，为钢铁企业环境治理树立了标杆，开创了中国钢铁产业绿色发展的新纪元。

2009 年 10 月，我主持建设的唐钢公司水处理中心项目投入运行。这个项目是华北地区最大的城市中水与工业废水处理中心，实现了唐钢"废水零排放，原水零采集"的目标，是钢铁行业中唯一一家生产水不用地下水和地表水的企业，该项目获得"中国建设工程鲁班奖"，被世界钢铁协会授予"可持续发展卓越奖"。该工程后来被唐钢职工亲切地称为"水立方"。

2009—2011 年，唐钢公司与华北理工大学联合承担了国家科技支撑计划课题"钢铁企业低压余热发电和钢渣改性气淬处理技术及示范"，我是项目主要研发人员，并担任子课题负责人，研发了钢渣氮气气淬处理与余热回收成套技术与装备，设计、制定总体技术路线和方案，在唐钢主持建成钢渣气淬处理线和烧结余热发电及转炉余热发电工程并全面推广应用，使得唐钢的能源成本在那两年每年降低 100 元/吨钢，转炉吨钢余热、烧结吨矿余热发电量分别达到 16 kW · h 和 25 kW · h 的国际领先水平，该技术入选国家节能减排重点推广目录并在行业内广泛应用，获得了 2013 年度国家科学技术进步奖二等奖。

2010 年 11 月，由我牵头组织的唐钢公司"十二五"发展规划编制工作完成，并通过公司经办会和董事会。“十二五”期间，唐钢公司将进入一个重要战略转型期，发展模式将从侧重提升硬件水平向侧重增强竞争软实力转变，从实行“追随战略”向实施“领先战略”转变。唐钢公司“十二五”时期的指导思想是：以“建设最具竞争力钢铁企业”为主题，紧紧依靠广大职工的智慧和力量，推行“经济运行理念”，推进管理创新和技术创新，增强企业的核心竞争力，全面建设效益型、责任型、幸福型企业。战略方针是：做精主业、做大非钢、适度多元、持续创新。战略目标是：建设最具竞争力钢铁企业。核心理念：领先一步。两大核心战略是：“市场引领”和“文化提升”战略。

2011年4—9月，我组织建设唐钢文化广场工程。唐钢文化广场是唐山市第一家由企业投资建设的对外开放的社会化公园，项目占地400亩（约27万平方米），其中绿地面积为231790平方米，占总面积的88%，项目总投资1亿元，由北京华清安地建筑设计事务所有限公司设计，唐山源茂园林绿化工程有限公司、唐山瑞丰建业有限公司等单位分标段承包建设，公园包括文化广场、体育馆、唐钢赋、唐钢发展文化碑林、轧机转炉及火车等实物展示、各式花圃、各种树木、长廊、小剧场等。公园于2021年4月15日开工建设，公园部分6月30日竣工并向社会开放，体育馆于9月9日竣工向广大职工开放。公园建成后深得广大市民和职工的喜爱，成了大家休闲、娱乐和健身的好场所。唐钢文化广场是唐山市环城水系沿线18个公园中档次最高的一个。唐钢文化广场遵循“尊重场地要素、重塑生态环境，关注钢铁元素、展示地域文化，设计空间要素、体现人文关怀”的原则，是唐钢公司建设生态企业、绿色企业、承担社会责任、回馈社会的又一重要实践。

在唐钢公司的工作

（2011—2014 年）

2011 年 5 月，我被提拔为唐钢公司副总经理，主管技术工作和发展规划工作。2013 年 2 月，又被提拔为唐钢公司党委书记兼副总经理，负责党委全面工作，行政上分工主管发展规划工作。

2011 年 5 月—2013 年 2 月，担任唐钢公司副总经理分管技术工作期间，主要抓了产品升级、结构调整、质量一贯制管理、生产技术指标提升及新工艺新技术应用等工作，使唐钢公司在科技创新和科技管理方面取得了长足进步。

（1）产线技术指标提升。组织实施由铁前、炼钢到热轧、冷轧全流程各工序技术指标对标和攻关工作，指导公司相关部门和生产单位建立、完善技术指标体系和对标机制，坚持全面深入开展与先进企业对标工作，系统分析各工序技术指标水平、差距及影响因素，并通过机理分析和经验总结找出改进措施，层层分解、举措到人、坚持落实，促进了公司各项技术指标的持续提升。

（2）产线技术升级。组织实施了唐钢薄板坯连铸连轧生产线的连铸提速和轧机减薄的技术改造项目。主要内容有薄板坯连铸结晶器电磁制动功能投入、铸机二次冷却能力提升、辊底式加热炉蓄热式燃烧技术研发应用、热轧机电控系统全面技术升级。由此，薄板坯连铸稳定生产的拉速由 4 m/min 提高到 6 m/min，轧机实现稳定生产 1. 2 mm 厚度薄规格产品，薄规格产品比例从 5%提高到近 40%，产线技术升级效果显著。此外，配套进行了转炉烟气分析系统采用和 RH 功能提升，在唐钢历史上首次具备了自动炼钢能力，以及生产超低碳钢、电工钢的能力，使全流程各工序功能更加协调、匹配，为品种开发和质量控制奠定了基础。

（3）产品结构调整。基于产线技术升级，持续开展唐钢的产品结构调整工作，结合市场需要和企业实际先后指导、组织开发了家电用钢、超深冲 IF 钢、焊瓶钢、管线钢、模具钢、车轮钢、热成型钢等一系列品种。初步实现了从低端、单一产品向中高端、多品种的转变，品种钢比例由 20%提高到 60%。为企业产品的进一步拓展和高端化积累了经验、打下了基础。

（4）产品质量提升和“一贯制”质量管理。随着产品结构和用户结构的变化，对产品质量及使用提出更高要求，为此，积极引导全员转变重生产轻质量、只管生产不顾使用的落后思维理念。一方面，组织技术人员深入用户，了解用户需求并转化为对产品的质量要求，将满足用户使用需求作为控制标准；另一方面，组织实施具有针对性和有效性的工艺技术管理制度与生产操作规程的改进工作，建立了基于满足用户要求的产品质量保证体系，即“一贯制”质量管理，构建了适应现代化质量管理要求、产品质量升级要求的基础支撑规程体系，并进一步支撑唐钢向着生产汽车用钢迈进。

（5）技术成果方面。在领导唐钢开展技术工作和取得技术进步过程中，一方面在企业内部充分调动广大技术人员的积极性、推广实施以研产销的形式组织产品开发；另一方面充分利用外部资源，与高校、科研单位以产学研的方式实施深度合作。使企业的技术研发能力得到本质性提升，技术研发从提供支持向技术引领转变。几年里，唐钢技术科研成果丰硕，获得国家科学技术进步奖二等奖一项，省部级科学技术进步奖一等奖 3 项、二等奖 7 项、三等奖 15 项；专利授权近百项；在各种学术刊物上发表论文 200 余篇。

2011 年 5 月—2014 年 4 月，担任唐钢公司副总经理，分管发展规划工作期间，结合唐钢“十二五”发展规划，主要从提高产品竞争力、能源资源高效利用、多元产业发展和信息化提升等方面做工作。

（1）实施精品战略，提升技术创新能力，提高产品竞争力。

1）大力推进先进工艺技术的应用，全面提升产品质量和档次，优化产品结构。强化产品研发工作，推进科技创新、产品升级。借助国外知名公司平台及热板生产线的升级改造，提高热轧、冷轧产品质量，实现从一流装备向一流产品的跨越。配套建设了一钢轧厂 1810 生产线技术升级改造项目、一钢轧厂双工位 RH 功能完善项目等一系列提高产品质量的技术改造项目。

2）在不增加产能的情况下，依据国家产业政策，充分利用唐钢公司本身现有的产品特点，大力推进高新技术工艺应用，实现从产能盲目扩张向尖端技术、一流产品的工业转型升级发展思路跨越，从而提高产品的竞争力和企业的经济效益。依托唐钢公司现有的热轧板材产品，实施唐钢高强度汽车板技术改造项目。

3）充分利用信息化系统，进一步开展公司整体信息化五期项目，完善全过程质量跟踪和控制系统，实现质量“一贯制”的管理、对生产过程的实时监控；提升全员质量意识，推进质量点检确认和岗位作业指导书制度，实现生产操作标准化和精准化。

（2）充分挖掘能源管理潜能，全力打造钢铁行业能源、资源高效利用典范。

1）以能源管控中心为依托，优化各种能源介质的平衡调度，充分发挥能源管控中心可视化管理的优势，落实精细化管理，提高能源利用效率，研究能源流的运行轨迹，完善能源系统的预测功能，实现由结果控制向过程控制的转变。

2）积极寻求对环境影响小、利用附加值高的综合利用技术，实现资源综合利用跨越式的发展。组织推进钢渣最佳处理方式的研究工作，使转炉钢渣得到最大限度的综合利用，开展钢渣深度提铁示范项目的建设，实现含铁物料零出厂。

3）抓好重点节能减排项目的落实，尽快实现投运创效。充分发挥已完成的低温余热发电工程、烧机余热发电工程、南北区能源综合利用工程等能源循环利用项目发电效益，加快推进全公司其他余热余能发电及北区烧结机烟气脱硫、高炉煤气除尘系统湿法改干法工程等项目进程。

（3）加快多元转型步伐，再造新唐钢。全面提升冶金固体废弃物再生产品开发能力，提高综合利用水平和能力，含铁尘泥等项目尽快达产达效；以产品开发为引导，以工程服务为支撑，全力推进装备制造与工程技术服务产业协同发展。唐钢国际工程技术有限公司（唐钢设计院，简称唐钢国际）在扩大工程服务业务范围的同时，引导装备制造业协同发展的重任，全力支持重机装备公司、机械装备公司加快产品开发和市场开拓，创元方大电气公司新基地投产后迅速扩大产能，提高市场份额，成为装备制造业的重要支撑。

2011 年 8 月 23 日，2011 年中国钢铁工业科技与竞争战略论坛在唐钢公司隆重举行，来自国家部委、中国钢铁工业协会和国内各大钢铁企业的 150 多位代表齐聚唐钢，以“推动绿色转型、打造清洁钢企”为主题，就钢铁工业科技与竞争战略进行深入探讨与交流，中国钢铁工业协会党委书记刘振江发表重要讲话，工业和信息化部节能与综合利用司副司长杨铁生做了题为《“十二五”国家宏观政策对钢铁行业绿色转型的推动》的报告，我代表唐钢做了题为《推动绿色转型，打造最具竞争力钢铁企业》的主题报告，报告从绿色转型的内涵、钢铁企业实施绿色转型的必要性、唐钢在绿色转型方面的工作实践及体会和感受四个方面进行了阐述。实施绿色转型是企业调结构、转方式、实现可持续发展的唯一出路，是缓解资源和环境双重约束，赢得生存空间的必然选择，也是提升企业竞争力，应对市场挑战的现实需要。唐钢在绿色转型方面做了如下方面工作：一是全面治理厂区环境，建设绿色生态型企业，经过厂区的环境治理，唐钢已成为唐山市科学发展的新亮点，被中国钢铁工业协会誉为“世界上最清洁钢厂”。二是构建绿色制造体系，建设最清洁钢铁企业：淘汰落后产能，从源头上治理高能耗、高排放问题；推进技术改造，提高节能减排和清洁生产水平；强化能源资源管理，实现经济运行；加强技术合作，推进从管理节能向技术节能过渡。三是推进技术创新，提高品种质量，以提质增效为抓手全力打造精品唐钢：加强自主创新，提升企业自主创新能力；适度开发新产品；坚定不移做精现有产品。四是推进管理创新，优化资源配置，建设最具竞争力钢铁企业：大力转变生产组织模式，不断提升成本控制能力；大力发展非钢产业；优化人力资源；强力优化物流管理。我们认为钢铁企业实施绿色转型能够获得丰厚的回报，同时绿色转型也是一个不断发展和提升的过程。

2012 年 7 月—2014 年 5 月，组织建设唐钢美锦（唐山）煤化工有限公司环保搬迁工程建设。该项目概算投资 22.23 亿元，于 2012 年 7 月 10 日开工建设，2014 年 5 月 31 日建成投产，项目由中冶焦耐工程技术有限公司、唐钢国际工程技术有限公司联合设计，中国二十二冶集团有限公司（简称中国二十二冶）、河北钢铁建设集团有限公司（简称河北钢建）、河北省安装工程公司等单位承建。工程主要建设内容包括：建设两座 65 孔 7 m 型焦炉，年产焦炭 150 万吨；熄焦工段设计配套 190 t/h 干熄焦工程；湿法熄焦作为备用；煤气净化设施及发电设施；相关配套公辅设施。项目建成后年产焦炭 150 万吨、焦油 7.28 万吨、轻苯 1.91 万吨、硫铵 1.97 万吨、外送焦炉煤气 3.18 亿立方米，该项目按照公司打造行业清洁生产和能源利用企业典范的要求建设，配套有发电、污水治理，同时采用全封闭料仓和完备的除尘设施，达到了电力之自给并实现了废水零排放，环保功效达到同行业一流、国际领先水平。该公司是由唐钢公司与山西美锦焦化有限公司合资设立的，注册资本 7 亿元，唐钢公司持股 45%，山西美锦持股 55%。

这是我在唐钢亲自组织建设的最后一项工程，工程组织严格、质量高、进度快，充分调动了公司各部门及各设计单位和施工单位的积极性。工程投产后效果良好，工程成果获得河北省科学技术进步奖一等奖。

2012 年 9 月—2015 年 2 月，组织建设唐钢公司高强汽车板项目。该项目是唐钢公司为解决现有冷轧深加工能力不足和高端品种开发受限问题，延长盈利链条，增强企业抵抗市场风险能力和发展后劲的有力举措。德高公司为项目提供了全过程的技术服务，德高专家组组长苏希尔全程参与了工程。项目经过前期技术交流与商务谈判，于 2013 年 4 月 10 日开工建设，总投资 436327 万元，由中冶南方和唐钢国际共同设计，由中国二十二冶及河北钢建负责施工建设。2015 年 1 月 15 日，项目酸轧机组热试成功，主要包括五连轧机、卷取机、焊机、活套、酸洗系统等关键设备，总重 7300 t，设计年产量 150 万吨，由 SVAI 公司、MIEBACH 公司等负责提供技术集成和关键设备。2015 年 1 月 15 日，连退机组同时热试成功，主要包括退火炉、光整机、焊机、活套、清洗段等关键设备，总重 8600 t，设计年产量 75 万吨，由 SVAI、ANDRITZ 公司、MIEBACH 公司等负责提供技术集成和关键设备。2015 年 2 月 14 日，镀锌机组热试成功，标志着高强汽车板项目全线竣工，全面进入试生产阶段，镀锌产线主要包括退火炉、光整机、焊机、活套、锌锅、气刀等关键设备，总重量 6800 t，年产量 40 万吨，由 SVAI 公司、ANDRITZ 公司、MIEBACH 公司等提供技术集成和关键设备。2015 年 9 月 8 日，唐钢公司又启动了高强汽车板二期工程，概算投资 14.75 亿元，建设内容为新建 2 条连续热镀锌机组、1 条重卷检查机组、1 条半自动包装机组及相关的配套设施，年产量 65 万吨。

2013 年 2 月—2014 年 4 月，担任唐钢公司党委书记兼副总经理，主持党委全面工作，行政上分工主管发展规划工作。党委主要工作是深入贯彻党中央、河北省委、省国资委及河钢集团的决策部署，保证企业发展的正确方向，深入开展宣传教育和企业文化建设，凝聚干部职工对危机、改革创新的信心和力量，深入开展创先争优活动，切实加强干部和人才队伍建设。一年多来，在统筹总揽唐钢党群工作全局的同时，重点抓了以下几个方面的工作。

（1）坚持“融入中心、服务大局”，努力做好统一思想、凝心聚力工作。2013 年是河钢集团和唐钢公司生产经营遇到巨大困难和空前挑战的一年，面对异常严峻的市场形势，我坚持把唐钢党委的各项工作定位于融入公司生产经营中心、服务企业改革发展大局，着力在统一思想、凝心聚力的方面做好工作，充分调动了广大干部职工积极性和自觉性，使党组织的政治优势在企业发展的关键时期得到充分发挥。一是加强基层调研指导，有针对性地确定党委工作重点，坚持经常深入基层，将调研和指导工作结合起来，坚持每月主持召开党委政工例会和党群系统工作例会，围绕落实公司决策部署，统一职工思想，及时明确各阶段党委工作重点。二是抓好形势任务教育，激发干部职工工作热情，重点围绕中心工作，积极研究和部署形势任务宣传教育，通过多种形式向广大职工传达有关政策、上级精神及应对市场危机的对策和举措，调动了广大职工的积极性。三是加强企业文化建设，营造健康向上的发展环境。以纪念唐钢建厂 70 周年为重点，我全力组织开展系列活动，充分展示了唐钢的历史和文化，加强了唐钢企业文化体系建设，增强了职工的归属感和认同感，使唐钢在 70 年特别是近 5 年发展中收获的精神财富成为全体职工内心认同的思想意识、行为习惯和文化自觉；深入开展了“应对挑战、珍爱岗位”主题教育，进一步培育了唐钢的市场文化、责任文化和感恩文化，提高了职工素质，增强了团队的执行力。

（2）深入开展“党建双对标”和“党员能力与业绩双提升”特色活动，全面助推企业发展上水平。2013 年，作为创先争优活动的延伸，在“双对标”活动中，我指导唐钢党委部门，强化党员教育与培训，使广大党员进一步提高了思想政治素质、专业素养和岗位技能；通过立足岗位争一流、做贡献，较好地发挥了党员的表率和示范作用。在“双提升”活动中，我指导各单位紧扣企业中心工作，提高优秀党员标准，以党员能力和业绩的提升，以点带面推动唐钢整体工作上水平。年内，唐钢共评出先进党组织 10 个、先进党支部 45 个、优秀共产党员 128 名，其中多名同志荣获河北省国资委系统优秀党员和河钢集团优秀党员称号。

（3）抓好领导班子和干部队伍建设。一是加强干部队伍政治素质和能力作风建设。完善创建“四好”领导班子活动方案，抓好两级班子中心组学习，认真落实中央八项规定和反对“四风”有关要求，指导出台《领导干部基层联系点制度》，提升了班子整体功能；坚持“业绩为重，效益为先”理念，引导各级干部强化责任、勇于担当、真抓实干，确保了唐钢各项工作顺利开展。二是加强干部和专家队伍管理。积极组织建立科学规范的干部考核问责机制，形成了勤勉尽责、干事创业的良好氛围；加强后备干部队伍建设，及时充实调整，加强培养锻炼，做好专家管理工作，细化专家评审办法。三是加强党风廉政建设和干部廉洁自律教育。认真组织开展“爱岗敬业、遵章守纪”廉政勤政教育活动，加强廉政制度建设，强化日常监督，积极做好廉洁从业、重大事项报告、民主生活会、党务公开等制度落实工作，使各级干部廉洁自律意识明显提高，为唐钢营造了风清气正的良好氛围。

（4）高度重视并积极做好群众工作和信访稳定工作，为企业发展营造和谐稳定的内外环境。一是做好群众工作。在指导群团、武装组织开展各自工作、为企业生产经营保驾护航的同时，重点建立职工诉求表达和矛盾纠纷排查调处机制，通过建立 32 个群众工作室，切实为职工办实事、解难题，受到职工欢迎。二是做好信访稳定工作。坚持标本兼治原则，深入落实“源头防范、领导包案、积案化解、机制创新”总要求，积极组织开展重点案件攻坚行动，妥善处理了一批相对突出的矛盾和问题，实现了唐钢信访形势的总体稳定，全年未发生重大信访事件，受到上级肯定和表彰。

2013 年 10 月 11 日，中国科学技术协会（简称中国科协）“技术创新、企业发展”论坛在唐钢公司举行。此次论坛以“打造绿色钢铁建设生态文明”为主题，旨在共同探讨钢铁企业发展趋势和企业应对策略，挖掘上下游合作共赢点，推动中国钢铁行业可持续发展。中国科协副主席刘玠院士、殷瑞钰院士等领导出席论坛，我代表唐钢公司做了题为《唐钢转型发展的探索与实践》专题报告。报告介绍了唐钢的基本情况，在转型发展方面做了以下三个方面的工作：一是以推进绿色转型为先导，打造节能减排和绿色制造的行业典范：大力实施污染源头治理，提高节能减排水平；实施厂区综合治理，彻底颠覆传统钢铁企业形象；强力推进能源管理，提高能源利用水平；发展循环经济，提高资源回收利用水平。二是以推进生产经营模式转型为核心，积极构建贴近市场、运转高效的新型生产经营体系：转变生产组织模式，提升成本控制力；转变营销模式，提升产品创效能力。三是以推进资源配置方式转型为保障，全面提升企业内外资源利用水平：削减钢铁产业主业附加成本，还原钢铁主业先进性；整合国内上下游资源，提升产业链竞争力；优化国际资源，加快企业国际化发展步伐。

2014 年 1 月 10 日，中共中央、国务院隆重举行国家科学技术奖励大会，唐钢公司

“钢铁企业低压余热蒸汽发电和钢渣改性气淬处理技术及示范”研究成果获得2013年度国家科学技术进步奖二等奖。该项目是国家“十一五”科技支撑计划项目，由河钢集团、河北联合大学、中国钢研科技集团、北京科技大学联合承担。这是继2007年公司超薄热带项目获得国家科学技术进步奖二等奖后第二次获此奖项。我作为项目第三主研人在人民大会堂参加了大会，与党中央主要领导人合影，并代表项目组领奖。

2014年5月8日，唐钢公司召开干部大会，宣布我去河钢集团工作，任集团副总经理，不再担任唐钢公司党委书记兼副总经理职务。河钢集团董事长兼党委书记于勇同志做了重要讲话，对我在唐钢的工作给予了高度赞扬与肯定，并对下一步工作提出了殷切希望，我在大会上做了深情的表态发言。在此，将当年发言内容附后。

首先感谢河北省委组织部、河北省国资委党委和河钢集团党委对我的信任和厚爱，感谢唐钢30多年来对我的教育和培养，特别是感谢唐钢广大干部职工一直以来对我的支持和帮助！

走上新的岗位，我将在河北省委省政府、省国资委和河钢集团的正确领导下，在于勇董事长和兆丰总经理的带领下，努力做好新岗位的工作：虚心学习，提升自身素质和业务能力；恪尽职守，抓好分管的集团行政工作；严格自律，做到清正廉洁、求真务实，绝不辜负组织、领导和同志们对我的信任和重托！

走上新的岗位，我不禁回忆起自己与唐钢共同走过的历程：近年来，在河钢集团坚强领导下，在以于勇董事长为首的唐钢领导班子带领下，经过全体干部职工的共同努力，唐钢在解放思想、提升理念、改革创新上，在能源环保、绿色制造、成本控制、产品创效上，都取得了可喜的成绩，管理水平和综合竞争力大幅提升，实现了历史性进步和跨越式发展。这为唐钢的下一步发展，奠定了很好的基础。能在这样一个优秀的团队中，为唐钢的发展做一些工作，我感到非常自豪！

从今天开始，我将正式离开唐钢了，回想起来，我在唐钢工作了整整31年了，想起31年来在唐钢走过的职业生涯，我的心情无限感慨：我是1983年大学毕业后分配到唐钢工作的，其间在唐钢设计院工作23年、在唐银公司工作2年、在发展规划部工作3年；2011年5月进入唐钢领导班子，分管技术工作和发展规划工作；2013年2月担任唐钢党委书记兼副总经理，负责党委全面工作和行政上的发展规划、基建技改等工作。31年来，是唐钢培养锻炼了我，是唐钢这片沃土和唐钢的兄弟姐妹帮助我成长成才！今天就要离开唐钢了，对唐钢的一草一木，对唐钢的每一位同事和工友，我都怀有深厚的感情，难舍难分。近两个月来，我有空就在唐钢厂区转一转，唐钢给我留下的记忆，留下的成长年轮，使我永生难忘！在即将离开唐钢之际，我发自内心地向唐钢的全体干部职工，向长期以来给予我理解、支持和帮助的各位在任领导和同事，以及离退休的领导和同事，再次表示深深的敬意和由衷的感谢！

作为一个与企业风雨同舟、患难与共31年的唐钢人，我对企业的未来满怀畅想、充满信心：唐钢拥有71年的历史积淀和文化传承，唐钢人始终保持着一种奋发有为的创造激情，始终激荡着一种负重奋进的责任担当。深厚的企业文化，是唐钢事业薪火相传、接续发展的强大动力和唐钢人引以为豪的精神财富。唐钢拥有优秀的职工队伍和勇于担当、敢为人先的领导团队。几十年来，唐钢历届领导团队始终高扬干事创业、敢为人先的进取精神，保持睿智的思维、宽广的视野和担当责任的历史自觉，引领企业始终紧跟时代的脚步，保持在行业的先进性。唐钢的过去已经为未来打下了坚实基础，特别是近年来，唐钢树立了先进的理念、培育了良好的形象，在能源环保、绿色制造、多元产业、国际化发展等方面，开辟了新的天地，经营模式更加贴近市场，管理体制更加迅捷高效，资源配置更加科学合理，企业竞争力实现逆势提升。这些都为唐钢实现新的发展奠定了非常好的基础。

在此，我衷心地祝福唐钢，在集团的坚强领导下，在兰玉董事长和田欣总经理的带领下，在全体干部职工的继续奋斗和共同努力下，在新的起点上，迈开新的步伐，实现新的超越，创造更加美好的未来！

离开唐钢奔赴新的岗位，我为自己曾经在这里挥洒过汗水感到骄傲，为自己曾经是唐钢的一员感到光荣！在唐钢的 31 年，是我人生中最可宝贵的时光、永远难忘的岁月，也是我一生的财富。唐钢永远是我的家，我会牢记大家对我的美好祝福，在新的岗位上开拓创新、埋头苦干，争取更大的成绩。到河钢集团工作后，尽管工作内容会有变化，但我会时刻关注唐钢、支持唐钢、服务唐钢。我衷心地祝愿唐钢的明天更美好，衷心地祝愿唐钢广大干部职工工作顺利、身体健康、家庭幸福！

在河钢集团的工作

（2014—2023 年）

2014 年 4 月，我被提拔为河钢集团副总经理兼首席技术官，分工主管基建技改、发展规划、科技创新、技术研发等工作，后来又分管了新兴产业、国际合作项目等工作。十年来，技术系统工作是河钢集团的核心工作之一，主要是开展产线对标、新产品研发、产品升级和结构调整、创建国内外技术研发平台、完成国家及省部级重点研发项目、解决集团及行业关键共性技术难题、打造集团绿色制造和智能制造典范，围绕市场与产品两大主题，努力提升集团行业影响力和竞争软实力。规划系统十年来的主要工作是落实习近平总书记“坚决去、主动调、加快转”指示精神和河北省委省政府退城搬迁、压缩产能的重大任务，组织河钢集团的去产能任务，落实集团区位调整和结构调整的几个专项任务，即唐钢搬迁、石钢搬迁、邯钢老区搬迁和宣钢转型升级工作，同时组织好集团超低排放工程和智能制造项目及相应的技改任务。随着河钢集团的发展壮大，组建了集团相应的新兴产业部门和公司，开展新兴产业工作。响应国家“一带一路”倡议和“走出去”战略及河钢集团国际化战略，开展国际项目合作。

一、科技创新工作

2014—2022 年河钢集团科技创新工作主要成就：2014 年以来，河钢集团科技系统以强烈的担当意识和社会责任感，大力实施创新驱动发展战略，紧紧围绕“市场”“产品”两大主题，担当国家重任，引智创新资源，加大研发投入，实施产品升级，推进结构调整，突破前沿技术，践行创新发展、高质量发展和可持续发展，集团行业影响力和核心竞争力取得质的飞跃。

（1）国家及省部级技术研发平台建设取得突破性进展。2014—2022 年，新增 7 个国家级平台，其中，1 个国家认定企业技术中心、3 个国家绿色制造工厂、1 个国家制造业单项冠军企业、1 个国家制造业单项冠军产品、1 个国家级专精特新重点“小巨人”企业；新增省级平台 31 个，其中，2 个省级认定企业技术中心、4 个省级产业技术研究院、7 个省级重点实验室、7 个省级技术创新中心、5 个省级工程技术研究中心、3 个省级工程研究中心、3 个省级制造业创新中心。

（2）全面启动建设全球技术研发平台。积极探索产学研用协同合作新模式，汇聚全球创新要素，以共建研究机构的管理创新，建立了更加包容、开放、深度融合的全球技术研发平台。河钢集团自 2016 年开始先后与国内的中国科学院、中国钢研集团、东北大学、北京科技大学，国外与澳大利亚昆士兰大学、伍伦贡大学、瑞典 MEFOS 研究院等著名学府、科研院所，以实体化运作和项目合作的形式建立了 33 个全球研发创新平台。河钢集团与院校的深度合作，解决了关键共性瓶颈问题，形成了一批行业引领技术，推动了技术进步，亚熔盐法钒铬共提、300 mm 厚板淬火装备、板坯重压下等全球“第一”“唯一”

技术的研发，极大地提升了河钢集团的科技竞争实力和国际影响力。

（3）品种结构升级和科技创新成效取得历史性突破。品种钢比例由 2014 年的 29%提升至 2020 年的 75%（2020 年之后品种比例保持稳定），汽车用钢从 2014 年的 125.1 万吨提升至 2022 年的 800 万吨，家电用钢从 2014 年的 36 万吨提升至 2022 年的 400 万吨。河钢集团跃居中国第一大家电板、第二大汽车钢供应商。高韧海工钢、加钒铬钼钢、功能性锌铝镁镀层等 30 余个新产品填补国内空白。高端产品广泛应用于港珠澳大桥、“华龙一号”核电站、“天眼”工程、国产大飞机、极地重载运输船等系列重大科技项目，在铸就“大国重器”中彰显了“河钢品牌”。

1）家电板。河钢成为国内第一大家电板生产企业，实现了家电板产品全覆盖。建成行业首家用户 NPI 体验测试中心，为用户体验升级提供具象化的展示体验基地。家电彩板、锌铝镁新型镀层、先进涂层等一批高端产品，引领了家电彩钢的产品发展方向。特别是河钢新材料科技股份有限公司为海尔高端家电定制开发的 PPM、DVM 系列产品，攻克岩石系列印刷彩板外观和触感不稳定的技术难题，开发拉丝不锈钢表面彩涂和数码喷绘技术，摩尔印记数码喷绘 DVM 不锈钢钢板和洗衣机用高拉伸晶钻紫印刷彩板应用于海尔卡萨帝品牌，为国内独家批量供货；抗菌原石系列印刷彩板为行业唯一，助力海尔卡萨帝鲜+原石套系荣获 2020 年红顶奖；洗衣机用高拉伸彩板海尔份额 100%，国内销量第一。

2）汽车钢。通过补齐产品研发，提升产品质量，具备了汽车整车用钢的供货能力，特别是汽车面板的质量保证能力大幅度提升。2 GPa 热成型高强汽车钢填补了国内空白，镀锌汽车板实现向宝马、奔驰等高端合资企业的批量供货，第三代汽车用钢 QP1180 成功下线，成为国内第二家具备该钢种生产能力的企业；开发了奔驰曲轴与发动机中心螺栓用钢、宝马拉杆用钢等高档轿车特钢系列产品，在商用车发动机曲轴制造领域，河钢集团国内市场占有率名列第一，是国内唯一供货国外高端商务车曲轴企业。

3）高端中厚板。独家掌握国内最大的扁钢锭制造和国内唯一的双极串联电渣重熔核心工艺，具备品种、规格全覆盖的替代进口能力，其中在核电、能源化工、海工、军工等领域用超厚板，河钢集团在国内独家供货。国内首家开发 LNG 船用高锰钢，首创世界最大断面 H13 和 DIEVAR 模具钢；105 mm SA203GrE、大厚度 F 级海工高强钢板等产品替代进口；定制开发 14 个耐磨钢新产品 NM360~NM600，稳定供货 10 多家高端客户，实现了极限厚度规格 5~100 mm 的全覆盖。

4）特种棒材。河钢集团轴承钢、齿轮钢、弹簧钢的国内知名度进一步提升。研发的曲轴用非调质钢（V2908、S45CVMn）、变速箱轴用钢（44SMn28）成功替代进口，打破国外垄断。供高铁用弹簧扣件国内市场占有率 50%，市场占有率第一。同时，河钢集团还是国内军用车辆动力和传输系统最大的特殊材供应商。

5）百米重轨。河钢集团完善重轨质量管理体系，形成以高洁净钢冶炼、高均质连铸、高精度轧制等高品质生产工艺。研发的热轧重轨产品全部通过 CRCC 认证，实现了普速轨和高速轨“全覆盖”，并获得欧洲出口“通行证”（CRCC），成为我国唯一通过欧标认证的企业。U71Mn \ U75V 重轨产品在关键质量指标上显著优于国家标准要求，研发的 350 km/h 高速轨批量应用于鲁南高铁、朝凌高铁等铁路建设。

6）高端棒线材。燕山牌螺纹钢在国内建材领域享有盛誉，开发的特色战略产品超高强度精轧钢筋、HRB600E 高强钢筋和耐腐蚀抗震钢筋等，巩固了河钢集团在螺纹钢领域的领先地位，在港珠澳大桥建设中，河钢集团提供的 13.5 万吨高强抗震螺纹钢筋用于技术要求最严的海底隧道巨型沉管建设，成功开发 ϕ50 mm 规格 PSB930 精轧螺纹钢，直供迪拜国家重要基础设施，用于关键部位。

7）大规格优质角钢。河钢角钢产品实现了全系列和全覆盖，其中 28～30 号角钢为国内独家供货，市场份额占 100%，大规格角钢产品广泛应用于国家重点特高压输变电工程建设。超 6 万吨角钢用于张北—雄安 100 kV 特高压输电通道，助力雄安新区首条清洁能源大通道建设。国内率先成功研发 Q355～Q420 耐候角钢系列，力学性能及低温冲击性能优良，碳当量低，耐候性较普通角钢提高 40%以上，并在国内建立了首个耐候角钢输电试验塔。

8）优质钒钛。原创研发的具有自主知识产权的超纯钒技术，实现了钒产品短流程、低成本、高效率、清洁化生产。氧化钒产品拓展高端市场，99.5%高纯氧化钒产品应用于欧洲市场及国内军工、航天领域，99.9%超纯氧化钒及电解液产品供货日本住友及大连融科等高端客户。

（4）解决了一批河钢集团和行业关键共性问题。以制约河钢集团和行业发展关键问题为抓手，研发了 300 mm 厚板淬火装备、板坯重压下、亚熔盐高效清洁提钒技术、棒线材免加热直接轧制等一批国际首创、国内“第一”“唯一”技术，系统解决了一批河钢集团产业升级、高质量发展的关键性、根本性技术问题，疏通了产线瓶颈，推动了河钢集团产品质量和产线效益的提升，提升了河钢集团的技术引领实力。

国际领先技术有：

1）300 mm 级特厚钢板淬火装备及工艺技术，填补国际空白，有力支撑了能源、军工、先进装备等对大厚度优质钢板的需求，月产稳定在 4000 t 以上；

2）宽厚板连铸坯重压下关键工艺与装备技术，显著提升钢板内部质量，提高坯料轧制厚度极限至 150 mm，铸坯成材率提高 1%；

3）亚熔盐高效清洁提钒技术，钒的回收率由 80%提高到 90%，实现从源头上削减钒化工三废污染，为国际首创；

4）高强度海洋工程特厚钢板生产及应用技术，形成具有河钢特色的海工钢产品系列，产品厚度、级别及质量达到国际领先水平。

国内领先技术有：

1）棒线材直接轧制智能化负能制造关键技术，建成示范线，吨钢工序能耗降低 30 kgce，吨钢成本降低 30 元，性能稳定，总体水平达到国内领先水平；

2）微合金钢铸坯角部横裂纹与纵裂纹控制技术，研发了角部高效传热曲面结晶器及晶粒超细化控冷新工艺，达到连铸坯裂纹发生率低于 0.1%的国内领先水平。

（5）绿色技术实现行业引领。“十三五”以来，河钢集团累计投资 305 亿元，实施 500 余项重点节能减排项目，持续深化“绿色制造、绿色产业、绿色产品、绿色采购、绿色物流和绿色矿山”六位一体总体布局，多维度构建行业上下游绿色共赢发展的生态圈。

行业内率先采用工业炉窑智能燃烧控制、发电机组冷端优化、焦炉煤气制取 LNG、焦炉上升管余热利用等技术，实现总能耗较 2015 年降低 2.81%。截至 2020 年底，河钢吨钢综合能耗 580 kgce，较“十二五”末年节能量 73.9 万吨标准煤。主要烟气污染物吨钢 SO_2、烟粉尘、NO_x 排放量分别为 0.34 kg、0.38 kg、0.67 kg，较“十三五”预计目标超额完成 51.4%、24%和 16.3%；吨钢取新水量 2.43 m^3，较“十三五”初期降低 14.13%；固体废弃物安全处置率达到 100%。

河钢集团在国内率先形成了钢铁行业绿色制造工艺技术体系，在源头减排、过程控制、末端治理方面实施了全流程前沿技术研发与应用，河钢唐钢、河钢邯钢已完成超低排放技术实施，在行业率先达到主要污染物超低排放标准，直接促成了国家超低排放标准的制定和实施。研发的“钢铁行业多工序多污染物超低排放控制技术与应用”获得国家科学技术进步奖二等奖，入选 2019 年度“中国生态环境十大科技进展”。

（6）具备了产业链应用技术解决能力。围绕产品全生命周期各个阶段，河钢集团高端产品开展技术服务。在汽车用钢、家电用钢、建筑桥梁、工程机械等领域初步具备了材料替代、轻量化、模拟仿真等用户技术初级服务能力。应用技术研究和服务能力取得质的提升，实现了从无到有、从片段到链条的转变。面向恒大国能、上汽、北汽、长城等主机厂在车型解析、冲压涂装、焊接工艺、性能测试、轻量化方案等方面提供技术解决方案。筹建完成行业首家用户 NPI 体验测试中心一期建设。

（7）打造钢铁行业智能制造典范。建成一批国家级智能制造示范工厂，掌握了一系列关键核心技术。以智能制造为抓手，以强基础、建示范为重点，加快推动集团整体数字化能力提升。在转炉自动出钢、转炉全模型化冶炼、加热炉智能燃烧、钢区动态调度等关键控制模型方面，实现了进口取代，形成一批自主可控的关键控制模型；在镀锌捞渣机器人、喷码机器人、5G 无人天车、废钢自动验质等智能装备方面，形成了十余款自主产权产品，7 项产品入选中国钢铁工业协会优秀目录，其中钢轨表面轮廓检测仪在国内首次取代进口实现在线质检；通过示范工厂建设引领集团整体水平提升，唐钢新区、石钢新区、河钢矿业中关铁矿等三家单位入选国家智能制造示范工厂，石钢公司作为钢铁行业评分最高企业入选国家首批数字领航企业；WeShyper（威赛博）工业互联网平台成功入选国家跨行业跨领域工业互联网清单，赋能河钢集团及河北省内产业深度融合，推动地方产业协同发展。

（8）提升河钢集团行业影响力和竞争软实力。担当国家重任，承担重大专项，2014—2022 年，承担国家课题 44 项、省级重点项目 148 项，累计获得政府资助 2.4 亿元；牵头或参与国家标准 83 项、行业标准 61 项；获得国家科学技术进步奖一等奖 2 项、二等奖 5 项，省部级科学技术进步奖特等奖 1 项、一等奖 36 项；拥有专利 6093 项，其中发明专利 2406 项；高新技术企业达 42 家。

2014 年 5 月，我主管的河钢钢铁技术研究总院更名为河钢集团钢研总院（简称钢研总院），李建新任院长兼党委书记，后又调常金宝、齐章国任副院长，当时有员工 78 人，科研人员 69 名，其中 12 名博士和 43 名硕士。2014 年到 2020 年 5 月，河钢集团科技部与钢研总院合署办公，李建新兼任集团科技部部长。2014 年至今，钢研总院的发展历程极不寻常、极不平凡，历经了集团装备升级和产品升级，以健全河钢研发体系为抓手，以产品升级和结构调整为目标，取得了科技实力和创新能力的突破，引领钢铁行业绿色制造，科技成果转化成效显著，河钢技术竞争力和行业影响力大幅提升。近年来，钢研总院承担、参与国家项目 19 项，省部级项目 37 项，获各类科技成果 100 余项，其中国家科学技术进步奖二等奖 2 项，省部级科学技术进步奖 18 项，拥有 7 个省级创新平台，“大河材料”成功入选河北省科技型中小企业。十年来主要成果如下。

（1）加大关键核心技术攻关力度，提升科技支撑企业高质量发展作用。一是产品升级和结构调整取得突破，品种钢比例由 2014 年的 29%提高到 2020 年的 75%，汽车钢由 2014 年的 125 万吨提升到 2022 年的 800 万吨，成为国内第二大汽车钢供应商，家电板由 2014 年的 36 万吨提升到 2022 年的 400 万吨，成为国内第一大家电板供应商，长时效烘烤硬化钢、镀锌热成型钢达到行业领先水平，高韧海工钢、加钒铬钼钢、功能性锌铝镁镀层等产品填补国内空白，10 项尖端特种材料行业领先，气阀合金售价达 24 万元/t，领跑行业同类产品。二是绿色制造和智能制造促进产线进步和竞争力大幅提升，氢冶金示范工程、高比例球团冶炼、超低排放示范引领、转炉智能炼钢、棒线材直轧、转炉底吹、5 万吨亚熔盐示范工程、唐钢石钢绿色化新工厂建设等，引领了中国钢铁工业的绿色化发展。

（2）加强研发平台功能拓展，打造创新技术资源优势。一是强化省级平台建设，做好做强河北省氢冶金低碳技术重点实验室、河北省海洋工程用钢重点实验室、低膨胀合金河北省工程研究中心、河北省高品质金属材料中试孵化基地、刘洁创新工作室等省级平台；二是中试基地功能拓展，通过上延下拓，建成了从氢冶金、冶炼、轧制到用户技术主流程的试验平台，是国内钢铁行业领先、华北地区规模最大的钢铁工艺研发及应用试验研发平台；三是联合研发机构加快建设，坚持面向市场、面向客户，分别与宝马、奔驰等大型知名企业建立了几个用户技术支持中心，建立了华北、东北、华南等 4 个区域研发中心；四是研究人才队伍不断壮大，现有职工 240 人，其中研究生以上学历占比 72%，平均年龄 35. 7 岁。

（3）加强国内外科技合作，提升集聚国内外科技资源能力水平，建立了更加包容、开放、深度融合的全球协同创新平台。先后与东北大学、北京科技大学、重庆大学、昆士兰大学等院校建立合作平台，开展国家级、省部级、集团级科研项目 336 项，承担国家重点研发专项课题 15 项。主动链接全球科技资源，推进“一带一路”研发中心建设；加快与中国科学院宁波材料所、有研稀土、中石油材料工程研究院、大连化物所等形成实质性合作。

（4）着力深化科技体制改革，完善科技创新生态环境。一是健全完善了双架构协同研发体系。建立河钢集团与子公司两位一体、优势互补的双架构研发体系，逐步形成了要素完备、协同互补、资源共享、运行顺畅的技术研发体系和科技创新体系。二是引入市场化机制，全面激发科技人员创新活力。2022 年 7 月 27 日，河钢材料技术研究院正式揭牌成立。同时，实施公司制改革，成功注册成立大河材料科技有限公司。三是健全和完善科技项目管理机制。推行“项目制”和“揭榜挂帅”管理模式，优化科技项目立项和组织管理，完善科技项目评价与激励机制，强化正向激励，激发创新活力。四是营造浓厚的学术氛围。主办承办国际国内大型学术会议，定期邀请院士、高校名师、行业专家开展专项讲座，鼓励科技工作者积极参加技术交流、学术会议，并进行主题宣讲和担当角色，促进河钢在冶金行业学术影响力的提高。五是提升人力资源效能，营造良好人才生态环境。以业绩和能力为考评依据，完善高层次人才激励机制，优化博士薪酬体系。实行能上能下的职务评聘制度，建立业绩导向考核体系，建立健全了 5 层 20 档技术业务职务序列，实行年度绩效奖励，多渠道提升薪酬晋升渠道，全面激发职工创新创效活力。

2014 年 11 月，入选第七批河北省省管优秀专家称号。河北省省管优秀专家是河北省自然科学、哲学、社会科学、管理科学和工程技术方面的学科带头人，是全省高层次人才队伍中的拔尖人才。入选的理由是：带领团队，主持全面开展钢铁工业节能减排技术改造，集成研发和推广应用了一系列清洁生产技术，攻克了多项绿色钢铁关键技术，突破了治污减排技术瓶颈，使得河钢唐钢建成了“生态绿色化示范钢厂”；主持“钢铁企业废渣/余热利用技术研发及应用示范”国家科技支撑计划项目，解决了钢铁企业废渣/余热深度回收与高附加值利用的行业共性问题；主持唐钢2号高炉大修改造工程，创新研发和实施大型高炉整体推移技术，创造了大型高炉推移历史上工期最短、推移重量最重、推移距离最长的工程纪录，并在邯钢等国内大型高炉大修工程广泛推广。2014年11月，因其在钢铁绿色制造技术及工程管理领域的突出成就，入选第七批“河北省省管优秀专家”。

2015年2月—2017年12月，我组织河钢集团各子公司开展铁前系统对标工作。

针对铁前原料系统、球团、烧结及高炉等各个工序，各子公司根据自己的实际情况，分不同级别的装备开展公司内部、集团内各子公司间和行业间的对标活动，组织开展了多次烧结、球团、高炉的对标分析会，邀请北京科技大学王筱留和张建良、中国钢研集团沙永志、宝武公司朱仁良等行业内炼铁烧结专家来河钢集团进行交流授课，使集团内各子公司专业人员技术水平得到很大提升。大家按照河钢集团的总体安排部署，积极开展精准对标工作，真抓务实，积累了雄厚的技术优势，形成了以“低焦比、低燃料比、长寿命、高效利用、长期稳定”为核心，涵盖“数字化炼铁、低硅冶炼、炉顶料面在线监测、高炉风口成像、冲渣水热回收、热风炉自动烧炉”等多项先进技术的高炉技术集群。各子公司扎实开展“精准对标”，从“效率、指标、成本”三个维度，瞄准行业先进开展对标工作。通过建章立制，明确思路，形成“集团内、行业内”两级对标机制，深入推进四大支撑体系建设工作，突出抓好自动化和信息化支撑体系建设，加大基础投入力度，提升了炼铁系统的整体水平。

铁前各生产单位坚持以高炉为中心、原料为基础，借鉴先进企业高炉管理经验，加强高炉寿命管理，重视新工艺新技术应用，拓展思路、灵活操作，改善高炉关键指标，确保了高炉长期稳定顺行，实现经济炼铁、绿色炼铁。具体措施主要有：第一，千方百计改善风温、富氧率、喷煤比等高炉关键指标，强化高炉冶炼，解决影响关键指标的制约因素，实现高炉各项技术经济指标全面改善。第二，加强高炉寿命管理，把有害元素控制、日常操作、适度护炉、利用限产停炉期间维护等措施落实到位，延长高炉寿命。第三，做好铁前系统粉尘固废循环利用，以有价元素全回收、污染物全处理为目标，研究制定合理的工艺路线，实现经济炼铁、绿色炼铁。第四，重视新工艺新技术应用，运用高炉大数据、高炉可视化、监测自动化操作智能化等手段，在节能降耗、余热回收等项目上积极投入，为高炉长期稳定顺行提供技术支撑。第五，认真研究高比例球团的应用及发展趋势，研发了中高硅球团制备及高比例球团冶炼技术，突破了我国铁矿粉由于高硅无法实现高比例球团冶炼的技术瓶颈，国内首次将球团比由20%提高到80%以上，SO_2、NO_x、CO_2分别减排52%、26%、25%，并成功在唐钢新区2992 m^3高炉上推广应用。

截至2023年6月，集团高炉利用系数达到2.85以上，最高煤比达到吨铁170 kg、燃料比510 kg以下水平。其中，邯钢3座3200 m^3高炉日产9000 t，煤比150 kg，燃料比498 kg。唐钢2992 m^3高炉日产达到9000 t，煤比165 kg，燃料比505 kg。高炉风温基本实现了

1200 ℃以上，有条件的高炉富氧率达到 6%以上，并且高炉其他关键指标也取得了显著进步。

2015 年 9 月—2019 年，我组织东北大学、唐钢公司、中冶京诚等单位，开展连铸凝固末端重压下技术开发与应用项目。

为满足高端厚板产品的高效低成本生产，2015 年唐钢公司与东北大学、中冶京诚合作，对中厚板公司连铸机进行升级改造，重新设计了水平段并增加了 13 段，使水平段 9~13 段具备了连续重压下的能力，辊径由原来的 7 对 ϕ300 mm 三分节辊变为 5 对 ϕ390 mm 三分节辊，液压压力由原来的 18 MPa 变为 26 MPa，驱动电机 7.5 kW 改为 22 kW，控制系统由原来的仅配备位移控制改为配备压力-位移双控制，研发应用了首条具有凝固末端动态连续重压下功能的板坯连铸产线，实现了单段压下 18 mm、多段压下 40 mm 的突破。项目主要创新点如下。

（1）发明了宽厚板连铸坯重压下核心装备增强型紧凑扇形段（ECS）。开发了宽厚板连铸坯重压下核心装备——ECS 扇形段（Enhanced Compact Segment，增强型紧凑扇形段），单位长度压坯力较中厚板常规扇形段提升 4 倍，其具有整体挠度变形小、压下控制精度高、框架结构稳定性好等显著特点，突破了常规扇形段压下能力不足的瓶颈难题。

（2）研发形成了宽厚板连铸坯动态连续重压下工艺技术（DSHR）。研发应用了与装备相匹配的重压下关键工艺与控制技术，如提升铸坯心部应变速率并抑制反弹的“单点+连续”重压下工艺，基于溶质偏析分布与“压力-压下量”实时反馈校验的凝固末端在线定位技术，有效抑制铸坯延展变形、提升压下量向心部渗透的高效挤压变形控制技术，解决宽厚板连铸坯宽向两侧偏析疏松严重的非均匀凝固前沿压下工艺等。

（3）主持建成投产了首条宽厚板坯连铸动态重压下生产线。建成了国际首台可在连铸凝固末端及完全凝固后实施连续、稳定重压下的宽厚板坯连铸机，形成了高建用钢、高强工程机械用钢、高强船板钢、高强模具钢等高质量、高性能、高附加值产品的连铸重压下新工艺。

技术全面应用后，中心偏析不大于 C 类 1.0 级比例提升至 95%，中心区域尤为明显，致密度提升了 14.52%，并突破了轧制压缩比 3∶1 的严格限定，已实现 150 mm 厚满足三级探伤标准特厚板的大批量稳定制备，形成了替代模铸、真空复合焊接、超厚板坯立式连铸等传统制坯方法的特厚板低轧制压缩比制备新流程。

生产的高建用钢、高强工程机械用钢等已成功应用于北京新机场、上海前滩国际商务区、成都金融城、开滦矿新区等重大工程建设。

该技术已推广至山东钢铁、韩国现代等国内外钢铁企业，年创效 27.6 亿元，实现了我国重大连铸技术的国际引领，被院士专家组评价为国际领先水平，获得 2020 年度国家科学技术进步奖二等奖。

2016 年 2 月，我带团去加拿大多法斯克钢厂考察转炉底吹工艺，与当年在多法斯克工作的廖冬生博士结识并进行了深入交流，2017 年又派李建新带领王兰玉、郭景瑞等人前去多法斯克考察学习，在我的强力主导下，河钢集团与钢铁研究总院联合成功申报了“十三五”国家重大专项“钢铁流程关键要素的协同优化和集成应用”，河钢集团承担子课题

“转炉底吹氧底吹石灰粉炼钢新技术”。近年来，KOBM 转炉炼钢工艺受到了国内炼钢行业的高度关注。中国金属学会、北京科技大学、河钢、首钢等企业和研究机构先后派遣管理和技术人员赴国外考察，学习先进的炼钢工艺、数字信息与工艺深度融合的全系统质量管控和产品制备理念。2019 年 6 月，河钢集团确定对邯钢公司邯宝钢铁有限公司炼钢产线 1 号（原 3 号）260 t BOF 转炉进行升级改造。2020 年 8 月，河钢集团与普锐特冶金公司签署合作协议，共同建设国内首台套大型底吹氧底吹石灰粉转炉炼钢示范产线，进一步推动河钢集团以汽车面板为代表的高端产品开发和品质提升。经过我和李建新同志多年来对廖冬生博士做工作，廖博士终于同意来河钢集团工作，2021 年 9 月廖冬生博士被聘为河钢集团首席科学家，随即立刻投入到转炉底吹的调试运行和攻关工作中。示范线在廖冬生博士团队和普锐特冶金公司的指导下于 2021 年 11 月 1 日热试成功，经历了试运行、稳定运行阶段。邯宝钢铁有限公司底吹氧底吹粉转炉在国际上首次实现了 KOBM 炼钢工艺与转炉干法除尘（LT）的融合，并自主命名为 H-OLTB 转炉炼钢工艺。

目前转炉处于第四个炉役期，总体运行稳定。截至 2023 年 9 月，转炉共生产 14000 余炉。2023 年初，在第二个炉役期可更换炉底的寿命突破了 1500 炉（最高 1530 炉），达到国际一流水平，得到日本 JFE、川崎制铁等高度评价。转炉运行的关键经济技术指标稳步提升，冶炼周期由投产初期的 44 min 降低到目前 37 min 左右，效率提高了 15.9%；终点碳氧积降至 0.0009，渣中全铁含量低至 12%，达到世界领先水平，引起宝钢、首钢、鞍钢、莱钢等高度关注。2023 年 6 月，成本粗略计算，吨钢综合成本较传统转炉降低了约 14.65 元。目前转炉已具备全钢种冶炼能力，实现了高端 O5 面板、DC03、超深冲 IF 钢等高端钢种批量稳定生产。依托底吹转炉技术优势，在转炉终点碳含量很低的情况下，终点氧含量也极低的特点，成功开发出了 DC03 减序制备和超洁净 O5 面板冶炼新工艺，均属国内首创。DC03 是由传统的“铁水预处理-转炉-RH 真空精炼-连铸”工序简化为“转炉-LF 精炼-连铸”工艺，制备成本节约 105 元/t。O5 汽车面板生产试验，实现了 RH 精炼“零”吹氧，进一步提高钢水洁净度，提升汽车板的质量。转炉的智能化水平显著提升，研发团队持续开展工艺技术、设备稳定运行、操控系统等协同攻关，推动工艺与智能化的深度融合。2023 年上半年完成了转炉智能化的整体实施方案，成功开发了转炉加料自动倾动、终点自动停吹、自动挂渣/护渣等源程序 10 余项，实现了自动出钢。河钢集团底吹氧底喷粉转炉示范线的建立和稳定运行，突破了国际技术壁垒，实现工艺和装备的自主再创新。依托该工艺集成技术诀窍和技术秘密十余项。开发并掌握成套关键核心技术，填补了国内冶金行业在这一技术领域的空白。该技术的创新应用，进一步提升了河钢集团的行业地位，有效推进中国式现代化河北场景在钢铁方面的前进步伐。

2016 年 6 月—2017 年 11 月，组织东北大学和河钢集团钢研总院在舞钢开展“300 mm 特厚钢板淬火装备及热处理技术研发”工作。

淬火是提升特厚钢板性能的关键热处理工艺。此前，世界范围内仅德国迪林根、法国阿塞洛、日本 JFE 等极少数公司能够实现大断面钢板淬火，且厚度大多为 180 mm 以下，钢板厚度 300 mm 淬火装备属国际空白。本项目针对厚度 200 mm 以上屈强比、低温韧性、良好抗层状撕裂性和焊接性专用钢板的技术发展需求，研发出 300 mm 级特厚钢板淬火装备和成套热处理技术，填补了国际空白。

课题于2016年下半年立项，在东北大学王国栋院士指导下，经王昭东团队、河钢集团钢研总院及舞钢公司的共同研究开发，项目于2017年1月开始三通一平，2月开始土建施工，8月开始设备安装和炉子砌筑，10月下旬点火烘炉，2017年11月初正式投入使用。

本项目的成果及创新点如下：

（1）创新并发展了特厚钢板热处理“温度-相变-应力”多场耦合作用机制，构建了均质化、柔性化连续热处理工艺理论体系，研制成功国际首条300 mm级钢板连续辊式热处理淬火装备，实现国产重大冶金装备首台套创新。

（2）成功开发了最大厚度至300 mm钢板高强度均质化热处理技术，满足心部冷速、断面冷却均匀性、表面质量、板形等苛刻指标要求，为实现复杂热处理工艺和组织性能调控奠定技术基础。100 mm以上厚度钢板心部冷速提升1倍以上，钢板淬火后不平度3~6 mm/m，解决了大厚度钢板先进热处理装备技术缺失、复杂窄窗口工艺难以实现的问题，实现了对国外同领域装备技术的超越。

（3）构建了大型特厚钢板连续热处理线工艺模型系统和多级分布式控制系统，建立了集炉气温度计算模型、脉冲燃烧智能化模型、钢板三维导热-传热模型、射流冲击换热水冷模型、综合换热系数模型、相变潜热模型等大断面特厚钢板热处理工艺模型系统，实现自动化连续稳定生产。热处理线生产钢板厚度100~300 mm、宽度1500~3400 mm、长度3900~14000 mm，具备6.5万吨/年特厚高端专用钢板生产能力。产品单重、厚度规格填补国内连续热处理线空白。2018年12月12日，中国金属学会科技成果评价意见：“研制出专用连续辊式热处理核心装备和高强度均匀化热处理技术，解决了大厚度临氢钢板传统热处理方式冷速低、均匀性差等问题，建成国际首条300 mm级特厚钢板连续辊式热处理线及配套工艺模型系统，实现连续化、自动化生产，解决了大厚度临氢钢板先进热处理装备技术缺失，实现了对国外同领域装备技术的超越”，被鉴定为国际领先水平，并获得了2019年河北省科学技术进步奖一等奖。

2016年7月，“河钢东大产业技术研究院”成立大会在东北大学举行，这是由河钢集团和东北大学联合共建、国内首家校企合作实体化运作的钢铁技术研究平台，也是由我一手操办并担任管理委员会副主任的研发平台，于勇董事长和东北大学孙家学书记为研究院揭牌，我和汪晋宽副校长签署了战略合作协议，该研究院是河钢集团“全球技术研发平台”的重要组成部分，旨在发挥河钢集团的产业资源优势和东北大学的技术资源优势，共同打造产学研用高效融合的全球钢铁技术研发平台，加快推进钢铁产业升级。

河钢东大产业技术研究院的成立，正是“科教兴国”与“钢铁报国”两大使命的融合与共振，依托双方的技术资源与产业资源的优势，不仅要着力解决制约河钢产业升级的关键性问题，更要聚焦全球创新要素，主动承担我国钢铁技术的重大专项研究，在核心技术领域实现重大突破，这是经济发展新常态下，河钢集团与东北大学的共同使命、责任与担当。

河钢东大产业技术研究院的主要任务是：以项目为载体，聚集高端人才；以项目需求为驱动，着力解决制约河钢产业升级的关键性、根本性实际问题；以国家和行业重大需求为重点，实现钢铁前沿关键技术的重大突破，引领行业技术创新。主要方向包括矿山技术、铁前技术、炼钢技术、轧钢技术、产品应用技术、新材料、智能监控与智能制造技术、创新平台建设及人才培养等八个领域。

河钢东大产业技术研究院在“创新、协调、绿色、开放、共享”的发展理念指导下，针对制约河钢及行业产业升级的关键问题，立足于做实和做好关键共性技术开发和技术服务，在河钢向高端转型升级的过程中，做出应有的贡献。瞄准国际前沿技术，进行战略布局和产业化技术研发，将研究院打造成为特色鲜明、国内领先、国际一流的钢铁技术研发中心，打造出领跑全球钢铁技术的名牌。

河钢东大产业技术研究院从2016年成立至2022年，共立项课题86项，已有60项课题结题并在产线落地实施，投入科研经费2.05亿元，创效10.45亿元。在王国栋院士的带领下，依托河钢东大产业技术研究院共承担了5项“十三五”国家重大专项并全部结题。催生出“高品质特殊钢绿色高效电渣重熔关键技术”“钢材热轧过程氧化行为控制技术”等6项行业原始创新成果；自主研发的300 mm级特厚板辊式淬火机和连铸坯重压下等2套工艺装备实现世界首创；16项新产品研发课题，为河钢培育了一批细分领域的“单打冠军”和“拳头产品”，开发的高级别海工钢、高端特厚容器钢等6个产品填补了国内空白，挖掘机刀板耐磨钢等8个产品替代进口。这些成果在产线落地的同时，获得国家、省部级科学技术进步奖28项，提升了河钢集团与东北大学的行业影响力。河钢东大产业技术研究院荣获2019年度全国钢铁工业先进集体。

2016年12月13日，我应母校华北理工大学的多次邀请，回学校做了一次讲座，这是学校的第一次大讲堂，题目是“我与母校和钢铁”。我是华北理工大学79级钢铁专业学生，这次也是华北理工大学新校区在曹妃甸建成投运后我第一次来学校，新校园“高端、大气、上档次”，让我受到很大震撼，心情很激动，学校的搬迁是历史的机遇，对学校“双一流”建设一定会起到积极的作用。我在演讲的过程中，充分表达了对母校的感恩与祝福，通过“我的成长经历、我的母校、我国钢铁工业与河钢、给学弟学妹们的建议”四部分内容，分享了自己艰苦求学、干事创业的艰辛经历和钢铁行业的现状与发展，并结合自己的亲身经历向在校的学弟学妹们提出了不成熟的建议，鼓励同学们紧跟时代步伐，脚踏实地，超越自我，做一个有责任、有担当、符合社会需求的新时代大学生。讲座持续了两个小时，过程中几次激动得我泪流满面，并赢得师生们热烈的掌声。大讲堂由华北理工大学李福进副校长主持，张玉柱书记、梁英华副校长、王书桓副校长及600多名师生参加。

2016年12月，被授予“国务院政府特殊津贴专家”称号。国务院政府特殊津贴是中华人民共和国国务院对于高层次专业技术人才和高技能人才的一项奖励。我获得称号的理由是：始终坚守在钢铁科技研发一线，在钢铁绿色制造、高端钢铁产品研发、先进技术装备领域取得了显著成果。先后主持完成了钢铁系列能源高效利用和清洁生产技术研发，引领河北省钢铁行业绿色制造产业化发展；攻克FSTR薄板坯连铸连轧、超厚超宽高性能钢板等钢铁行业关键共性技术、新材料研发，实现河北省钢铁产品高质量发展；推动河北钢铁行业装备自动化、智能化发展。

2017年1月—2018年6月，组织棒材直接轧制关键技术及应用项目研究及示范线建设。参加单位有河钢集团钢研总院、东北大学、承钢公司等。该项目属“十三五”国家重大专项的一个子课题，经过我与河钢集团钢研总院李建新院长和常金宝副院长的共同努力，克服了许多困难，终于使项目落地在承钢公司 120 t 转炉车间的三棒产线。

本项目针对量大面广的钢筋产品，立足老旧棒材生产线，以实现降本增效和棒材绿色制造为目标，围绕影响直接轧制的主要因素，因地制宜开发了连铸-轧钢工序界面高效率、低能耗衔接技术，完成了铸机小半径（7 m）、高拉速（2. 7 m/min）、长距离（铸轧工序相距 235 m）、快输送（50 s）、低投入（1000 万元）、短工期（4 个月）、负能耗（全流程工序能耗-13. 3 kgce/t）产线改造，实现了直接轧制功能，成功建设了直接轧制示范产线，取得了较好的经济效益、社会效益和环境效益。

（1）完成了传统棒材产线的技术改造。在铸机切后-轧制相距 235 m 的条件下，实现了直接轧制功能。结合铸机与轧机现有工艺布置，对原出坯辊道进行改造，设计并建设了铸坯快速直送辊道，最高速度达 240 m/min，钢坯可以在 50 s 以内从连铸机送至轧机入口，同时开发了全程保温技术，进一步降低了输送过程温降。

（2）开发了小半径（*R*7 m）连铸机高拉速生产（2. 4~2. 7 m/min）二冷配水控制技术，进行了铸机拉速对铸坯温度和坯壳厚度的影响等方面研究，定量地明确了铸机拉速与温度和坯壳厚度的关系，建立了铸机拉速和二次冷却系统精确控制模型，对配水系统设备进行了改造，确保了高拉速下连铸坯的安全冷却，铸坯切后温度达到 1050 ℃以上。

（3）开发了炼钢-轧钢一体化智能调度技术。进行了铸机多流对轧机单流的恒温恒量出坯制度研究，开发了连铸多流并联生产模式到轧制单支串联生产模式的高效转换技术；通过在改造中采用钢坯汇流辊道的模式，将连铸机来自不同流的钢坯通过汇集辊道实现钢坯单支进入快送辊道，减少了连铸机多流出坯到送钢辊道单根供坯的转换时间，减少了温度损失。

（4）开发了直轧工艺对钢材微观组织的影响及棒材性能窄窗口控制技术。研究了直轧工艺对产品微观组织的影响，对常规轧制和直接轧制条件下 HRB400（E）、HRB500（E）螺纹钢产品进行取样分析，与常规轧制工艺相比，免加热直接轧制工艺对产品的晶粒有一定的细化作用，其中头部晶粒细化较为明显。开发了直接轧制条件下产品的棒材性能窄窗口控制技术，通过串联谐振式中频感应炉局部补热的方式对钢坯温度进行均匀化，降低钢坯头尾温差至 50 ℃以内，达到常规工艺水平，从而实现产品力学性能波动小于 15 MPa。

该示范线建成投产后，被推广应用到河钢唐钢新区项目并取得良好效果，该技术被院士专家组评定为国际先进水平，吨钢综合能耗降低 73. 2%，平均吨钢成本降低 40 元以上。

2017 年 3 月，“河钢—昆士兰大学可持续钢铁创新中心”（以下简称创新中心）揭牌仪式在河钢集团举行，于勇董事长和彼得校长为中心揭牌，彭兆丰总经理和彼得校长签署了合作协议。创新中心是河钢集团集聚全球技术创新要素，建设“全球技术研发平台”取得的又一重大成果。创新中心将以项目为载体，实现双方在国际化人才交流培养、先进材料技术研究、节能环保新技术研发与应用等方面的深层次合作和双赢，共同为世界钢铁工业可持续健康发展贡献力量。仪式由我主持，前期筹办和接下来的运行管理都是由我来负责的。

创新中心的总部设在澳大利亚布里斯班，将利用昆士兰大学基础研究的优势，为河钢科技创新发展提供智力支持，也为河钢可持续发展提供战略和技术支持。通过运作，推动河钢下一步在国际科研合作方面迈出实质性的步伐，为河钢今后借助国际智力资源、吸纳全球人才奠定基础。在昆士兰大学建立河钢国际化人才培养基地，以交流、互访、培训等形式，促进河钢科研水平、人才素质的提升，为河钢创造更好的国际化平台，提升产品和产业链在全球化市场中的竞争力。

创新中心自2017年成立后至2022年，聚焦“绿色钢铁、可持续发展”的关键技术和产业化应用，围绕高端产品研发、新工艺新技术和绿色低碳环保等领域深入开展了12项课题联合攻关。其中，前2轮的6项课题结题，其余课题均按进度有序开展。创新中心利用在研项目，积极申请政府基金支持，已有3个项目成功申请到了澳洲政府ARC基金支持，获得110万澳元的资助，同时获得昆士兰大学24万澳元的配套资助。实施的碳捕集封存与利用、超高强汽车钢成形、氧化物冶金等前沿技术，在实验室研究方面取得重大突破，特别是，电化学技术二氧化碳捕集实验结果达到了世界领先水平。研发了氧化物冶金制备大线能量焊接海工钢及相关焊接技术、大厚度海工钢用晶粒细化剂及热处理技术、高质量钒铝合金生产新工艺。开发了一种在余热回收和节能方面具有巨大潜力的高性能热电材料。基于以上研究，形成专利8项（已受理2项），发表SCI、EI收录学术论文32篇、会议论文27篇。

人才培养方面，依托创新中心的合作，河钢集团先后派遣了10名访问研究员参与项目研究，组织了2期46人次的管理培训。

2017年4月，“河钢—海尔家电用钢创新研发中心”（以下简称研发中心）揭牌仪式在青岛海尔工业园举行。河钢集团董事长于勇、海尔集团执行总裁梁海山共同为研发中心揭牌。我和河钢集团副总经理张海，海尔集团青岛海尔副总经理明国珍，海尔集团家电产业集团副总裁、全球超前创新研发总经理、青岛海尔副总经理王晔出席揭牌仪式。

研发中心将围绕海尔集团对新材料的需求，不断开发新产品；不断延伸产业链并开展相应技术研发，实现与海尔集团产业链的无缝衔接；提高EVI服务能力，不断开发和推广河钢特色产品在家电领域的运用。

研发中心的成立，标志着双方合作业务实现了新的跨越，由产品供应、服务保障拓展到共同研发、方案解决等新的领域。河钢集团以研发中心的成立为契机，与海尔集团开展了全方位合作，推动建设最紧密的战略合作伙伴关系，共同为国家推进供给侧结构性改革、为我国工业持续快速发展做出更大贡献。

自研发中心建成以来，在我的亲自主导和强力推动下，先后完成42项课题，开发出“高品质涂镀钢板关键技术”“金属材料表面数码喷绘技术”“家电外壳加工成型技术”等多项核心工业技术，形成DVM、PCM等行业领先六大平台产品，其中DVM系列拥有全球唯一的行业地位，家电板的市场份额由2016年不足25%提高到2022年的50%以上，实现了家电钢由“跟随者”向“引领者”的转变，河钢集团已经成为国内家电板第一供应商，全球涂覆板行业的引领者。研发中心深入推进“两个结构”优化，坚持以科技创新为引领，促进产品结构高端化，助力河钢集团连续五年荣获家电行业最高质量技术奖——海尔金魔方奖，并成为海尔高端品牌卡萨帝唯一彩钢板供应商。在河钢集团的支持下，投资1.8亿元，我组织建设完成了建筑面积达8000 m^2 的全球领先、国内首个家电板创新研发基地，建成家电涂覆板用户体验中心和新产品测试中心。随着各项课题成果落地，累计申请知识产权121余项，其中发明专利29项，实用新型专利72项，外观专利20项，荣获河北省科学技术进步奖一等奖1项，牵头完成行业标准1项。

2017年7月—2021年6月，河钢集团牵头承担“十三五”国家重点研发计划项目“钢铁行业多工序多污染物协同控制技术”（项目编号：2017YFC0210600）。我代表河钢集团组织协调实施了该项目的全过程，参与单位包括中国科学院过程工程研究所、中冶焦耐（大连）工程技术有限公司、中钢集团天澄环保科技股份有限公司、钢铁研究总院、北京科技大学、华北理工大学、新大陆科技集团有限公司等钢铁行业优势团队。项目负责人为中国科学院过程工程研究所朱廷钰研究员，课题负责人为河钢集团于勇董事长、中冶焦耐李超副总经理、中钢天澄姚群总工程师和我。

项目针对钢铁行业长流程冶炼过程中烟气污染总量大的痛点，以污染物源头减排为导向，创新提出了“增球-降烧”的变革性减排思路，阐明了中高硅球团多元液相生成及二元碱度调控机制，突破了镁质熔剂性球团焙烧、高比例球团高炉冶炼关键技术，实现了硫硝的源头减排；针对焦炉烟气中氮氧化物浓度高、多污染物共存的特点，研发出低氮燃烧-活性炭法多污染物协同控制技术，探明了活性炭表面含氧基团及烟气组分与脱硝活性、硫解吸的定向关联机制，研制出反应分区-功能分层关键反应器设备，实现了多污染物高效脱除和硫的资源化利用；针对球团烟气现有脱硝技术运行能耗高、碳增量大的难题，研发了契合窑炉多元热工制度的SNCR脱硝-梯级氧化脱硝-SDA脱硫耦合控制技术，脱硝运行能耗较中低温SCR降低40%以上。

在国内首次建立了80%高比例球团高炉冶炼、世界首台套球团烟气超低排放等示范工程5项，推广应用20余台套，合同额及增效额约2亿元，经济效益显著。项目成果发表论文68篇，申请专利58项，培养研究生27名。“基于高炉炉料结构优化的源头和过程硫硝削减技术”“球团烟气多污染物超低排放控制技术”和“焦炉烟气活性炭法多污染物协同控制技术”3项技术通过了中国环境科学学会组织的成果鉴定，其中，2项成果整体达到国际领先水平，1项成果总体达到国际先进水平，部分技术达到国际领先水平。

项目构建了钢铁行业多工序多污染物超低排放技术体系，形成了钢铁行业全局优化治理思路，在京津冀地区的最大国有钢铁集团——河钢集团实现整体落地，为钢铁行业超低排放提供了系统性解决方案。项目关键技术入选中国科学技术协会发布的“2019年度中国生态环境十大科技进展”、《国家先进污染防治技术目录（大气污染防治领域）》推荐技术，并获2020年国家科学技术进步奖二等奖、2019年环境保护科学技术奖一等奖。2021年5月28日，习近平总书记在两院院士大会上指出，钢铁多污染物超低排放控制等多项关键技术推广应用，促进了空气质量改善。

2017年7月—2022年3月，国家重点研发计划“钢铁行业烟气多污染物全过程控制耦合关键技术”项目由中国21世纪管理中心批复立项，由北京科技大学牵头组织实施，参加单位包括河钢集团有限公司、中国科学院过程工程研究所、钢铁研究总院、中冶京诚工程技术有限公司、中冶节能环保有限责任公司、中冶长天国际工程有限责任公司、北京工业大学、中晶环境科技股份有限公司、北京科博思创环境工程有限公司等9家科研单位和企业。

2017 年 7 月 18 日，该项目组在北京召开项目启动会暨课题实施方案论证会，聘任我担任该国家重点研发计划项目专家，在担任项目专家期间全面参与了项目方案论证和项目实施全过程，为项目的执行提供专业技术指导，保障项目顺利完成研发任务。

在项目执行初期，参与并指导项目实施方案论证，从项目整体研发统筹考虑，针对不同工序烟气量大小及波动幅度、烟温和污染物浓度等排放特征，冶污固废未有效资源化、低品位余能余热利用不足等现状，提出源头减量、过程调控、末端治理和多污染物短流程净化、多污染物分离提纯技术以及高效余热利用技术，形成了适用于项目研发烟气多功能耦合超低排放技术路线，构建了钢铁行业多功能耦合超低排放技术体系。

在项目实施阶段，在基于镁法的多污染物协同去除与副产物资源化技术、烟气多污染物集并吸附脱除与资源化技术、多污染物中低温协同催化净化技术、高温烟气循环分级净化与余热利用技术课题实施中，提供专业技术指导，为项目的顺利执行提供了关键保障。参加课题工艺技术研讨会、年度总结会、中期检查会等共计 30 余次，在环境功能材料制备、净化工艺及装备研发、示范工程建设方案等方面提供全面指导，最终形成污染物协同治理、能源高效利用和副产物资源化多功能耦合成套化技术与装备，在国家大气污染防治重点区域建立 4 个以上示范工程，实现了大气污染物排放、能效利用水平和固废资源化比率等达到国际先进水平，关键材料与技术达到规模制备与应用能力，行业主要污染物排放强度下降 40%以上，过程控制耦合技术实现能源效率提高 40%以上，固废排放减少 50%以上。

项目于 2022 年 3 月顺利通过国家 21 世纪管理中心的绩效评价，完成全部既定研发任务，荣获 2021 年度北京市科学技术进步奖一等奖，项目成果经鉴定达到国际领先水平，入选“科创中国”先导技术榜单和国家先进污染防治技术目录，在行业完成百余套工程应用，实现了我国钢铁污染防治技术从跟踪引进发达国家到自主创新、逐步超越和引领全球的跨越式发展。

2018 年 5 月，“河钢集团–北京科技大学钢铁绿色制造协同创新中心”（以下简称协同创新中心）成立大会在河钢集团总部举行，这是双方深入贯彻落实习近平总书记在中国科学院第十九次院士大会、中国工程院第十四次院士大会开幕会上的重要讲话精神的生动实践。河钢集团党委书记、董事长于勇与北京科技大学党委书记武贵龙共同为创新中心揭牌。协同创新中心充分发挥双方的产业、人才、技术资源优势，共同打造产学研用高效融合的全球绿色钢铁制造研发平台，聚集全球技术创新要素，加快推进钢铁产业升级。河钢集团总经理、党委副书记彭兆丰与北京科技大学校长张欣欣代表双方签署合作协议。我担任协同创新中心的副主任，主持中心的正常运行和工作的推进。

河钢集团和北京科技大学本着“面向全流程、面向绿色智能、面向新钢铁、面向国际化”的宗旨，依托“钢铁冶金新技术国家重点实验室”，联合组建创新中心。该创新中心将建设成为“全球最具竞争力和影响力的绿色钢铁制造研发平台，中国钢铁领域科技成果产业化的校企合作典范，国家级钢铁绿色制造创新中心”。创新中心将以项目为载体，以国家和行业重大需求为重点，实现钢铁前沿关键技术的重大突破，引领行业技术创新。协同创新中心作为河钢“全球技术研发平台”的重要组成部分，充分利用北京科技大学的技术优势、人才优势，进一步聚集全球创新要素不断解决制约河钢产品升级的关键性、根本性问题，在引领和促进国家行业技术创新方面做出卓越贡献，使河钢集团和北京科技大学共同成为钢铁及相关技术融合创新的领跑者。

河钢-北科大绿色制造协同创新中心主要方向包括矿山技术、铁前技术、炼钢技术、轧钢技术、产品应用技术、新材料、智能监控与智能制造技术、创新平台建设及人才培养等八个领域。

协同创新中心针对制约河钢及行业产业升级的关键问题，立足做实和做好关键共性技术开发和技术服务，在河钢向高端转型升级的过程中，做出了应有的贡献。瞄准国际前沿技术，进行战略布局和产业化技术研发，将协同创新中心打造成为特色鲜明、国内领先、国际一流的钢铁技术研发中心，打造出领跑全球钢铁技术的名牌。协同创新中心 2018 年成立至 2022 年，共立项课题 56 项，已有 25 项课题结题并在产线落地实施，投入科研经费 1.08 亿元，创效 5.48 亿元。在毛新平院士的带领下，依托协同创新中心，共获得省部级以上奖励 19 项，其中 2018 年获奖 4 项，2019 年获奖 3 项，2020 年获奖 6 项，2021—2022 年获奖 8 项。另外，2018—2022 年底，河钢集团和北京科技大学合作发表论文 114 篇，申请专利 20 项，并获得各类奖金支持，例如，2022 年北京科技大学与河钢石钢合作申报的省重大科技成果转化专项“高强超韧非调质钢的性能柔性控制关键技术集成及产业化应用”获得河北省财政资金支持 300 万元。

2018 年 8 月—2021 年底，我组织高品质涂镀板关键技术研发及产业化应用项目，参加单位有河钢集团钢研总院、唐钢公司、青岛新材、承钢公司和邯钢公司。

该项目针对多功能涂覆产品和高耐蚀镀层产品发展的需求，开发了紫外线固化高环保彩涂钢板与薄膜复合匹配技术、印刷彩板防腐性、鲜映性提升及微晶触感与抗菌功能技术、低铝系锌铝镁镀层添加稀土的产品生产控制技术、高等级热基无锌花超厚镀层产品制造工艺技术等，形成系列高品质涂镀产品，该项科技成果经毛新平院士专家组评定总体达到国际领先水平。项目主要创新点如下：

（1）研发出紫外线固化高环保彩涂钢板与薄膜复合匹配技术，解决了覆膜钢板加工过程层间附着力失效、涂层脱落及弯曲起楞的行业技术难题；

（2）集成开发了彩板防腐性、鲜映性提升及微晶触感与抗菌功能技术，通过对金属层表面化学层处理、增设中涂层和保护膜层，提升了印刷彩板防腐性能和外观高鲜映性，创新环保涂层实现了产品具有微晶触感与抗菌功能，油墨 1~2 s 内快速干燥且上墨量达到 6 pL 的控制精度，解决了在钢板上数码喷绘的技术难题；

（3）开发出低铝系锌铝镁镀层添加稀土的产品生产控制技术，将 0.02%~0.05%稀土添加到低铝系锌铝镁镀层成分中，改善了镀液的流动性，细化镀层结晶组织，提高产品的耐蚀性，稳定生产出极限厚镀层 450 g/m^2 的产品；

（4）建立了高等级热基无锌花超厚镀层产品制造工艺体系，实现了在热基材表面双面 600~900 g/m^2 无锌花镀锌，解决了无锌花超厚锌层的附着性差、边厚、浪形、斜纹等技术难题。

通过项目实施，彩涂板高鲜映性 D01 值达到 85%以上，抗菌印刷彩板抗菌效率均达到 99.9%以上，UV 材料的 MEK 牢固度不低于 100 次，立体纹理的可控精度达到 5 mm；锌铝镁镀层为 2.0%铝、1.5%镁和 0.02%~0.05%稀土含量成分体系，属于世界首发新型锌铝镁镀层成分体系产品；部分厚锌层产品世界首发；通过对比世界上先进企业同类产品实物性能，实物质量达到国际领先水平。

2019—2021 年，河钢集团该产品累计产销量达 76.9 万吨，新增产值 58.56 亿元，新增利润 5.18 亿元。项目获授权国家发明专利 13 项，实用新型专利 27 项，制修订各类标准 6 项，发表学术论文 12 篇。系列产品成功应用于冰箱、洗衣机、热水器等家用电器和光伏电站、冷却塔、汽车等产品，经济效益、社会效益显著，推广应用前景广阔。该项目我作为第一主研人，获得 2022 年度河北省科学技术进步奖一等奖。

2018 年 9 月，我组织筹建的“河钢集团-重庆大学西南研究院”（以下简称西南研究院）揭牌仪式在重庆大学主教学楼 506 会议室举行。重庆大学校长张宗益，河钢集团党委书记、董事长于勇为研究院揭牌。在与会领导的见证下，重庆大学常务副校长杨丹和我代表双方签订河钢集团与重庆大学战略合作协议。

西南研究院担当起引领和促进国家、地方行业技术创新的使命，携手打造校企合作典范，对加快提升河钢集团核心竞争力和重庆大学学科建设水平，加快在关键共性技术、前沿引领技术领域实现新突破，促进我国钢铁产业转型升级和可持续发展，具有现实而深远的意义。

西南研究院自 2018 年成立至 2022 年，共立项课题 14 项，已有 2 项课题结题并在产线落地实施，投入科研经费 3151 万元，创效 1.4 亿元。在双方领导的支持下，西南研究院融合重庆市汽车行业产业链资源，形成汽车钢“产学研用”合作模式。实施了“先进车型 Benchmark 研究”等 5 个汽车领域合作发展项目，开展汽车轻量化、材料可靠性及耐久性等领域的研究，有效提升了河钢集团在西南地区的市场竞争力、品牌影响力。西南研究院在钒钛磁铁矿高效冶炼、镁产业发展、能源环保与资源综合利用、冶金新工艺新技术、用户服务技术等领域组织重庆大学与河钢集团开展了深入合作，实施了“机械活化强化钒渣一次焙烧浸出提钒工艺研究”等 5 个课题，拓宽河钢集团在“钒钛产业”“镁产业”等金属材料研发与应用领域。这些成果在产线落地的同时，获得省部级科学技术进步奖 1 项，提升了河钢集团与重庆大学的行业影响力。

2019 年 7 月，被授予“全国钢铁工业劳动模范”称号。全国钢铁工业先进集体、劳动模范和先进工作者评选表彰活动是经党中央批准，人力资源和社会保障部、中国钢铁工业协会联合开展一项钢铁工业表彰活动，每五年举行一次。获奖的理由是：主持河钢科技工作以来，坚持以技术创新推进企业高质量发展。主持产品升级结构调整工程，研发和推广数百项新工艺、新技术，解决制约产品升级的关键问题，实现河钢品种钢比例由 2014 年的 28%跃升至 2018 年的 70%，家电板、汽车钢供应量均分别居行业第一、第二；主持研发钢铁清洁生产技术，产线关键技术与装备研发攻关实现绿色制造水平保持行业领先；主持制定了河钢塞钢整套技改升级、工艺攻关和产品研发的方案，移植河钢先进的制造技术和管理模式，快速提升了产品竞争力和产线创效能力，使塞钢在并购半年内实现扭亏为盈；搭建起深度融合的开放式河钢全球技术研发平台，以协同创新重点解决企业和行业关键技术瓶颈问题，累计创效近 20 亿元。

2019 年 12 月，荣获第四批“河北省高端人才”称号。河北省高端人才支持计划是河北省委、河北省人民政府批准实施，为重点培养支持河北省内科学领域高级专家队伍中，有望达到国内、国际领先水平的科研人员而设立的人才支持政策。河北省高端人才每五年组织选拔一次，每批次控制在30人左右。我获批的理由是：先后主持研发了“钢铁企业低压余热蒸汽发电和钢渣改性气淬处理技术”“焦化流程绿色转型关键技术”等多项钢铁流程绿色工艺及资源利用技术并产业化实施；研发了“薄板坯连铸连轧大批量稳定生产技术”“宽厚板连铸坯重压下关键工艺与装备技术”等先进工艺装备技术并实现工程应用转化；主持实施和搭建了有别于常规产学研合作的深度融合的开放式河钢全球研发平台，以技术创新推动企业高质量发展。因其在专业领域取得的突出成就，授予第四批“河北省高端人才”称号。

2020年5月15日，河北省委、省政府召开科技表彰大会，我被授予河北省2019年度科学技术突出贡献奖，上台接受河北省委主要领导的颁奖，并代表获奖者和全省科技工作者做表态发言。发言中对自己过去的工作进行了小结，并提出了三点体悟。以下为当年我在大会上的发言。

1983年以来，我一直在钢铁制造一线从事科研、转化和产业化工作。38年来，传承前辈的精神和事业，我与团队实现了我国钢铁领域多个零的突破，填补了多项空白，研发了低压余热蒸汽发电和钢渣改性气淬处理、薄板坯连铸连轧、钢铁行业全流程绿色制造工艺体系等行业关键核心技术，获国家和省部级科学技术奖17项，授权发明专利12项，出版著作5部，发表论文60多篇，有力支撑了我国钢铁行业供给侧结构性改革，推进了行业转型升级。同时，我还牵头制定了河钢塞尔维亚公司（简称塞钢）技改升级和产品研发方案，组织实施了中国在欧洲地区首个全流程钢铁制造项目的技术工艺创新和装备功能拓展，成功将21项河钢绿色钢铁制造技术在塞钢转化，为塞钢成功运营奠定基础。今天，河钢塞钢已经成为“一带一路”建设和中国中东欧合作的成功典范，得到中塞两国领导人的高度赞誉。成绩属于过去，奋进正当其时。借此机会，有三点体悟与大家共勉。第一，要乘势而上，勇于作为。科技是国之利器，国家赖之以强，企业赖之以赢，人民赖之以好。科技创新能力已经成为国际竞争力的关键和核心因素。当前，河北省正处于转型升级、爬坡过坎的关键时期，实施创新驱动是河北省的战略选择，我们科研人员肩负着建设创新型河北的历史重任。30多年的科研工作，让我深刻地感受到了科技的力量，我们科技工作者要勇挑历史赋予的重任，勇做新时代科技创新的排头兵，为建设新时代创新型河北奉献更多更好的科技成果。第二，要心存高远，踏石留痕。关键核心技术对推动经济高质量发展具有十分重要的意义。作为科技工作者，我深知关键核心技术领域的每一点研发突破，从来不是毕其功于一役的事情，往往经历了多次反复，甚至失败。“吾心信其可行，则移山填海之难，终有成功之日。”我们要怀揣科技梦想，秉持追求真理、勇攀高峰的科学精神，脚踏实地、久久为功，以专注之心，达极致之美，跳出“低端”比拼，迈向“高端”循环。唯有如此，中国制造才能真正赢得世界尊重，在新一轮产业价值链分工中获取先机。第三，要开放包容，协同创新。习近平总书记强调，科学技术是世界性的、时代性的，发展科学技术必须具有全球视野。不拒众流，方为江海。自主创新是开放环境下的创新，绝不能关起门来搞，而是要聚四海之气、借八方之力。作为河钢集团首席技术官，我主导了河钢集团与国内外知名科研院所、高等院校、大型企业组建的28个全球创新研发平台及研发中心。包容、开放、产学研深度融合的协同创新体系极大提振了企业的技术实力。实践中我深刻体会到，京津冀协同发展、雄安新区规划建设、冬奥会筹办三大战略为我们提供了历史机遇和广阔的平台，只有开放包容、协同创新，才能实现共享共赢。

千帆过尽，不忘初心。无论事业发展到什么阶段，无论时代如何变迁，“科学报国”永远是广大科技工作者不懈奋斗的动力之源。我们将以此次获奖为新的起点，接续奋斗、继往开来，不辜负河北省委、省政府的期望和重托，继续面向河北省经济主战场和产业发展重大需求，把更多更好的论文书写在燕赵大地上，把更多更好的科研成果应用到新时代全面建设经济强省、美丽河北的壮丽事业中，为中华民族伟大复兴贡献自己的力量。

2020 年 12 月，荣获第四届“杰出工程师奖”。该奖是由师昌绪等 52 名院士科学家联名提议，由中华国际科学交流基金会组织设立的，并于 2011 年 10 月获得科学技术部、国家科学技术奖励工作办公室批准。“杰出工程师奖”的奖励和表彰对象涵盖了各行业、各领域的生产建设一线工程技术人员，是中国工程技术人员在各自领域的最高水平。“杰出工程师奖”评审委员会主要由两院院士组成，候选人必须经过国家级行业协会、两院院士、杰出工程师获奖人及高等院校等有资格的推荐单位和个人推荐，评审需通过形式审查、过程审查、会议评审、终评、公示和审定等多个环节，整个评审过程公正严谨。我因在钢铁流程关键工艺、产业转型升级等方面取得的重要成就，于 2020 年 12 月获得第四届“杰出工程师奖”。

2021 年 4 月，河钢集团为加快实现低碳绿色转型升级，责成我组建可持续发展研究中心（低碳绿色发展研究中心），开展国家及行业“双碳”政策与标准研究、绿色低碳技术研发示范与推广、低碳技术服务，统筹集团低碳发展相关工作，该中心是由原河钢集团钢研总院可持续发展技术研究所的人马为班底，机构挂靠在集团战略研究院，业务由我主管。

（1）开展绿色制造技术研发与推广，服务集团高质量发展。一是开展减污降碳协同治理技术研发。“十三五”期间承担国家两项大气专项，构建了“源头减排-过程控制-末端治理”的多工序多污染物治理技术体系，实现了污染物控制与生产能质增效的深度耦合。“十四五”时期已成功申报国家大气专项，研究全面覆盖钢铁行业长、短生产流程下的多污染物低能耗高效协同治理技术与装备。二是开展水资源高效利用技术研究。依托“十三五”国家水专项，研发了水膜冷削峰高效空冷节水减污、电化学循环水水质稳定、分质分级废水减量化、浓盐水低成本资源化等节水控盐协同技术体系。“十四五”时期围绕河钢集团水效提升、水资源优化配置等开展水资源提质增效技术研发工作。三是推动形成大宗废弃物协同处置综合利用技术体系。在舞钢建成年处置 15 万吨含锌固废示范工程，脱锌率在 90%以上；探索钢渣在交通领域的规模化应用，与河北交投资源开发利用有限公司合作开展钢渣加工技术及在高等级公路工程中应用技术研究。四是系统布局能效提升瓶颈环节技术攻关，深入挖掘河钢集团能效提升潜力，培育能效标杆示范企业，通过发挥优秀企业能效标杆示范厂引领作用，有序推动河钢集团乃至钢铁行业能效达到标杆水平。

（2）形成“理念-战略-路径”一脉相承的低碳发展战略。2014 年，河钢集团提出并始终秉持“人、钢铁、环境和谐共生”的绿色发展理念，把“生态优先、绿色低碳”作为企业发展战略的核心内容和自觉的生产运营方式。在全集团推广实施“全球最清洁钢厂”的清洁生产发展路径。2016 年开始，河钢集团在国内率先实施“绿色制造、绿色产业、绿色产品、绿色采购、绿色物流和绿色矿山”六位一体总布局的绿色发展行动计划，实施以超低排放、区位调整为代表的绿色发展战略。2021 年 3 月，河钢集团召开低碳发展行动计划发布会，我代表集团发布了“双碳”发展总体目标；2022 年前实现碳达峰，2025 年碳排放量较峰值降 10%以上，2030 年碳排放量较峰值降 30%以上，力争 2050 年实现碳中和。2022 年 3 月，我又代表河钢集团在行业内率先发布低碳发展技术路线图，明确了“碳达峰平台期、稳步下降期及深度脱碳期”低碳发展的三个阶段，通过“6+2”低碳技术路径，力争在 2050 年实现碳中和，为我国钢铁企业落实国家“碳达峰、碳中和”目标提供了示范和引领。

（3）深入践行“6+2”低碳发展路径。

1）建设碳排放管理体系、搭建低碳数字平台。一是我组织中国钢研集团及河钢集团钢铁子公司建立了一整套能够持续改进集团碳排放管理绩效的体系。二是开发了河北省钢铁产品 LCA 碳足迹评价技术规范，并通过生态环境厅组织的专家论证会。三是搭建 WisCarbon 碳中和数字化平台，并通过了南德公司的符合性认证，依托平台开展世界钢铁协会生命周期清单数据收集工作，完成 7 款产品的碳足迹认证。

2）牵头成立河北省 CCUS 产业技术联盟，推动 CCUS 产业化取得突破性进展。一是推进河北省 CCUS 产业技术联盟组织机构建设与完善，起草了《关于推进河北省二氧化碳捕集利用与封存工作的指导意见》。二是推动河钢集团与必和必拓、腾讯、煤田地质局、能源基金会等多家单位达成 CCUS 领域战略合作，整合优势资源助力集团 CCUS 产业发展。

3）制定并实施低碳排放产品发展规划。推动河钢集团于 2023 年 9 月 1 日正式发布实施《河钢集团低碳排放产品发展规划（2023—2026）》。低碳产品规划基于“6+2”低碳发展技术路线，构建形成“6+6+5”低碳排放钢、绿钢、近零碳排放钢产品矩阵，为用户提供绿色低碳材料创新方案。

4）与上下游行业共同打造绿色低碳产业生态圈。一是推进与上游必和必拓开展关于块矿的使用率提升、钢渣处理及循环利用等低碳项目。二是与宝马、长城等下游客户签署低碳钢铁供应链合作协议。三是聚焦森林碳汇产品开发、生态乡村振兴、CCUS 产业技术联盟等内容，与河北省生态环境厅签订战略合作协议。

（4）开展系列政策及标准研究。一是研究低碳发展最新政策，完成包括 1+N“双碳”政策体系、排污权交易、欧盟碳边境调节机制草案（CBAM）等 40 个低碳专题研究报告。二是推进河北省降碳产品价值转化，牵头编制完成公转铁、提高转炉废钢比、碳捕集等 5 个降碳产品方法学，并由河北省生态环境厅正式印发。三是推动河钢集团成功入选“中国工业碳达峰‘领跑者’”。

2021 年 5 月开始，我牵头组织河钢集团、唐钢公司、中国钢研集团、冶金自动化研究设计院、北京科技大学等单位，在殷瑞钰院士的带领下，开展了唐钢新区流程优化与智能化运行项目。

钢铁流程智能化是钢铁工业高质量转型发展的重要命题。唐钢新区流程优化与智能化运行项目是在唐钢新区长流程大生产条件下，开发的从高炉出铁到热轧卷曲全流程智能化系统，将唐钢新区打造为冶金流程工程学理论在钢铁行业落地的样板工程，为钢铁行业数字化、智能化转型提供新的实施路径。唐钢新区流程优化与智能化运行项目作为河钢集团重点科技研发项目，自 2021 年 5 月启动以来，我任项目总指挥，集各方最优质资源，组成项目联合攻关团队。在 2 年 4 个月的时间里，在殷瑞钰院士的带领下，团队成员齐心协力，按照总体项目要求，科学组织、高效实施，克服各种困难，坚持日常项目组现场攻关、周例会调度、重要节点专题会议讨论的工程模式来推进项目进展。该项目以冶金流程工程学理论为指导，精准剖析影响产线高效化、高质量稳定运行的制约因素，按照行业先进水平制定项目 KPI 指标。围绕“铁-钢、钢-铸、铸-轧”三大界面，以物质、能量、时间、空间、信息“五维”动态甘特图为核心，以连续紧凑、动态有序的智能化运行为目标，对物理系统进行解析和集成优化，建立相关规则库，构造了全局性、动态协同运行的信息物理融合系统，横向贯通炼铁-炼钢-连铸-热轧工序，纵向协同计划-调度-工序装置运行。结合动态仿真技术与流程优化调度技术减少了流程运行的不确定性和随机性，推进实施了层流专线化协同运行机制，形成了具有特色的板材生产线流程优化与智能化运行系统。

特别是殷瑞钰院士先后数次亲临唐钢现场做技术讲座、现场调研，并给予精准细致指导，使我们对冶金流程工程学、流程化与智能化在唐钢乃至钢铁行业的实践有了坚定的信心。

2023 年 2 月，孙彦广院长、曾加庆总工程师、徐安军教授等各位专家带领团队成员 70 余人入驻现场，与岗位人员进一步沟通磨合，将前期调研成果转化成智能化的软件，在铁-钢界面、钢-铸界面、铸-轧界面等方面均取得了巨大进展，课题组成员团结一致，融为一体，为了加快进度，利用了大量的周末和下班休息时间，快速完成了智能化软件的整理设计、项目开发和功能完善工作。按照项目节点要求，2023 年 5 月 11 日如期上线，课题组成员 24 h“保驾”完善，修改了各项问题 200 余项，极大地改进了软件的应用效果。经过各方协同推进、共同努力，取得了非常显著的阶段性成绩。现场管理更加精细化、制度化和规范化，各项技术指标明显改善：铁水包在线个数由 26 个减少至 18 个，KR 进站前重包运行时间由 132 min 降低至 87 min，KR 进站铁水温度从 1368 ℃提高到 1396 ℃；钢包周转时间从 230 min 降低到 210 min，KR 进站到连铸开浇时间从 190 min 减少到 156 min，典型钢种转炉出钢温度从 1672 ℃降低至 1661 ℃；加热炉铸坯热装率由 56. 1%提高到 73. 5%，铸坯入炉温度由 425 ℃提高到 569 ℃。

唐钢新区按照冶金流程工程学的理论对产线进行两年多的流程优化，为唐钢界面技术的应用奠定了坚实的基础，支撑了唐钢生产组织精细化，也带来了技术指标的显著提升。特别是为产线实际运行梳理出的相关规则逐步为现场所接受和执行后，产线的运行效率已显著提高。

我们相信，流程优化是一个方向，后续课题在殷瑞钰院士的亲自指导下，在河钢集团、中国钢研集团、北京科技大学团队的共同努力下，项目势必会有更好的结果。同时在工艺创新和管理创新思想的引领下，唐钢新区必将建设成为国内钢铁行业智能制造的典范，引领钢铁智能化转型和高质量发展。

2021 年 9 月开始，随着河钢集团首席科学家廖冬生的到来，我组织推动唐钢新区 250 t

转炉智能化技术研发与应用项目。廖冬生科学家团队及张洪波、李建新两位专家带领唐钢新区工艺、设备、自动化等技术人员以主人翁的责任感和时不我待的敬业精神，克服重重困难，经过一年多的努力，应用混合模型，自主开发大量智能感知技术，深入研究机理模型、大数据等技术，将各项技术有机融合，解开了冶金过程黑盒难题，实现透明化智能吹炼控制；研发智能出钢冶金技术；建立了基于河钢特有混合模型的一体化的稳定、高效、灵活的智能冶炼体系。本项目的主要技术要点如下。

（1）自主研发基于机器感知的“无人为干预”的“智能化”吹炼技术，实现吹炼过程透明化可控制。

1）开发炉渣泡沫化程度在线量化评估技术，实现吹炼过程可测。

2）开发在线动态溢渣智能干预控制等技术，实现吹炼过程可控。

3）开发基于烟气分析数据提前 30 s 准确预测技术、副枪协同预测技术、TSC 温度预测技术、终点预测技术等多项预测技术，实现吹炼过程可预测。

4）开发氧枪熔损在线监测技术、氧枪熔损及压力变化协同控制技术；开发底吹可视化智能识别及分区智能控制技术，实现关键设备智能可测、可控。

5）开发石灰等副原料化学及物理特性在线识别技术；开发废钢多维度评价技术，开发铁水碳含量精准测量技术，智能化手段提供稳定的冶炼环境。

实施效果：转炉碳（±0.012%）和温度（±10 ℃）双命中率达到 90%以上，达到国际领先水平。工业纯铁成品锰含量控制低至 0.0142%，磷含量控制低至 0.0023%，硫含量控制低至 0.0016%。综合供氧强度达到 4.0 $m^3/(min \cdot t)$ 以上，供氧时间 13.2 min 以内，较常规技术缩短 20%，实现了全炉役 100%复吹比，炉龄达到 8348 炉，开发了全炉役低碳氧积稳定控制技术，全炉役平均碳氧积降至 0.0016 以下。

（2）自主研发的转炉智能化出钢技术实现国内首发，开发出钢冶金模型—依据钢种类型分级的渣控制策略及方法。开发了自学习自动出钢倾动角度控制模型，基于双激光精确定位和驱动变频器速度积分位置定位的出钢车位置控制技术，基于图像和卷积神经网络识别的炉口溢渣检测技术，配合底吹、合金化、下渣控制、钢水成分优化控制等功能的开发，实现完整的一键出钢。智能出钢投入率 100%，成功率达到 99%，出钢时间减少 10%以上，实现出钢渣料、脱氧和合金化标准化，下渣指数降低 20%以上，下渣指数波动由±50降低至±10，有效提高工艺和产品质量稳定性，其全面性和应用效果已达到世界领先水平。

（3）自主开发成套混合模型体系，突破大型转炉智能炼钢瓶颈，实现国内首例转炉单体从智能装铁到智能出钢全工艺贯通和系统集成的基于数据驱动的“全流程智能炼钢”（全流程无干预炼钢）功能。

1）铁水和废钢预匹配技术，智能装铁、智能冶炼、智能出钢、智能溅渣一体化技术。智能感知技术、机理模型、大数据模型综合应用，有机融合。

2）广义的智能炼钢体系，智能感知设备及原料变化，冶炼过程感知及控制；吹炼过程智能控制；全流程一体化控制。

3）冶金数据库，基于大数据的终点预测应用技术，模型智能推荐及调优推荐技术，转炉在线成本智能管理系统，钢包热状态管理系统，智能炼钢评价系统。

最终，实现大型转炉“智能装铁+智能炼钢+智能出钢+智能倒渣+智能溅渣+长寿命底吹”全工艺贯通和系统集成，转炉冶炼过程实现了自主感知、自主决策和自主执行的闭环智能化控制。

2021 年 10 月，在增选中国工程院院士中进入第二轮候选人名单。中国工程院是中国工程技术界最高荣誉性、咨询性学术机构，共有院士 909 人，外籍院士 110 人，建有 7 个专门委员会，9 个学部。我于 2021 年首次申报中国工程院院士并进入第二轮候选人，申报的学部是工程管理学部，专业是钢铁冶金工程与管理。申报的理由是：37 年一直从事钢铁流程工艺设计、工程管理及技术研发工作，是钢铁行业绿色制造技术及工程设计管理领域领军人物之一，围绕钢铁绿色转型的重大需求，提出“全流程多要素绿色制造技术协同”的理念，突破了钢铁多工序多污染物超低排放、能源及二次资源综合利用、亚熔盐法清洁提钒、连铸凝固末端重压下等多项行业关键瓶颈技术并产业化推广，在国内率先实现钢铁企业超低排放并直接推动了国家在钢铁行业超低排放政策的制定和全面实施；提出钢铁行业“绿色工程”设计和管理理念，主持建成以唐钢新区为代表的标志性工程。建立的钢铁行业绿色制造技术体系和工程管理体系，为我国钢铁工业绿色发展和“走出去”做出重要贡献。曾获国家科学技术进步奖二等奖 2 项，省部级科学技术进步奖一等奖 10 项，省部级工程勘察设计一等奖 4 项；第四届“杰出工程师奖”、河北省科技突出贡献奖；出版专著 5 部，发表论文 60 篇，授权专利 22 件；国务院政府特殊津贴专家，河北省高端人才，河北省省管优秀专家。

2021 年 12 月，获得首届“钢铁环保科技创新杰出贡献奖”。钢铁、焦化行业超低排放与绿色低碳发展研讨会是由中国科学院过程工程研究所、北京科技大学、河钢集团、北京首钢股份、钢铁工业环境保护国家重点实验室联合主办，汇集国内钢铁、焦化领域各企事业单位、科研院所、高校的大型学术交流会，每年举行一次。会议学术委员会主任由郝吉明院士和张远航院士担任，旨在通过学术交流，促进钢铁、焦化行业低碳、绿色、可持续发展。2021 年 12 月，我与毛新平院士一起在第五届钢铁、焦化行业超低排放与绿色低碳发展研讨会上，被授予首届“钢铁环保科技创新杰出贡献奖”。获奖的理由是：国内首次提出钢铁行业“源头减排-过程控制-末端治理”全过程绿色制造技术路径，研发出钢铁行业多工序多污染物超低排放、余热高效回收、亚熔盐法清洁生产等绿色低碳关键技术和成套装备，形成了钢铁行业减污降碳系统解决方案和技术体系，国内首次实现了钢铁企业超低排放，技术支撑了国家在钢铁行业超低排放政策的制定和实施。

2022 年 5 月，我被列为石家庄市院士培养对象。石家庄市为贯彻落实习近平总书记关于新时代人才工作的新理念新战略新举措，加强全市高层次人才队伍建设，明确了 8 名院士培养对象，均是在主导产业或重点学科领域取得重大研究成果和做出重要贡献的人物。培养期每年 150 万元研发经费，专款专用。

2022 年 5 月，获得由中国工程院光华工程科技奖励基金会评选的第十四届“光华工程科技奖”。该奖项是中国工程院主管的工程科技类奖项，每两年举行一次，每次不超过 36 名，用于表彰在工程科学技术及工程管理领域做出重要贡献、取得杰出成就的华人工程科技专家，是中国社会力量设立的中国工程界的最高奖项。我获奖的理由是：围绕钢铁绿色转型的重大需求，提出了“全流程多要素融合协同”的绿色工程管理方法，主持设计建成了以唐钢新区为代表的多项重大工程；主持研发了钢铁低碳绿色制造多项关键技术，为钢铁行业超低排放和绿色化、智能化转型做出了重要贡献。

2022 年 9 月，获评俄罗斯工程院院士。俄罗斯工程院成立于 1990 年，是俄罗斯三大跨行业科学机构之一，其创始单位有俄罗斯科学院、科工部、国防部等部门。该院拥有院士 1500 余位，其中外籍院士 100 多位，全国政协原副主席、中国工程院院士徐匡迪、宋健，现任中国工程院院长李晓红等著名科学家都是俄罗斯工程院院士。

我于 2022 年 2 月开始申报俄罗斯工程院院士，申报的理由是：39 年来一直从事钢铁冶金工艺设计、工程管理及技术研发工作，是中国钢铁行业领军人物之一。围绕钢铁绿色转型的重大需求，提出“全流程多要素绿色制造技术协同”的理念，攻克多项关键瓶颈技术；主持建成唐钢新区千万吨级沿海钢铁基地、唐钢清洁生产综合治理工程及“一带一路”标志性工程——塞尔维亚钢厂技术改造工程，为我国钢铁绿色发展和“走出去”做出重要贡献。主要成果有：获中华人民共和国国家科学技术进步奖二等奖 2 项，省部级科学技术进步奖一等奖 13 项，省部级工程勘察设计一等奖 4 项；第十四届光华工程科技奖，第四届“杰出工程师奖”，河北省科技突出贡献奖；出版专著 9 部，发表论文 67 篇，授权专利 29 件；中华人民共和国国务院政府特殊津贴专家，河北省高端人才，河北省省管优秀专家。

2022 年 9 月 27 日，获得俄罗斯工程院院士证书。

2023 年 1 月，获得由《科学中国人》杂志社评选的“2022 年度影响力科学家”。该奖项颁发给那些在各自领域取得突破性进展，对我国科技进步产生重大影响的科技工作者，本次“影响力科学家”由 30 位科技工作者构成，研究领域覆盖了航天航空、人工智能、医学、农业、新能源等多个领域，是首届评选。评委会给我的评语是：“20 多年来，王新东投身钢铁行业多项低碳绿色制造关键技术的攻关工作中，其研发的高性能、轻量化、绿色化产品成功填补了国内空白。他所建立的钢铁行业‘全过程多要素融合协同’的绿色工程管理与方法及多项二次能源高效利用技术，为河钢集团乃至全国相关企业的绿色转型提供了有效方案。坚持技术革新，永续发展力量，是他以坚定之心写就的一阕百炼成钢的战歌。”

2023 年 2 月 24 日，我应邀为中冶京诚做了一场主题报告，也是中冶京诚 2023 年第一次大讲堂，报告的主标题是“精诚合作，再创辉煌”，副标题是“从河钢与京诚的长期合作见证钢铁工业的快速发展”，报告主要有以下几个部分内容：一是钢铁工业的发展现状，二是河钢集团的发展概况，三是钢铁绿色智能发展，四是钢铁技术的发展趋势，五是贯彻冶金流程工程学，六是个人成长与京诚友谊，七是发展建议与青年成长。报告会由中冶京诚科技部总经理任乐主持，李铁副总裁致欢迎辞并作总结讲话，中冶京诚公司部室以上领导、总设计师、项目经理等近 300 人参加了讲座，报告持续了两个半小时，受到中冶京诚公司广大同仁的热烈欢迎和高度赞誉，特别是讲到我与中冶京诚公司的友谊、与中冶京诚公司合作的众多项目所取得的成果及中冶京诚公司为河钢集团的发展给予的大力支持时，赢得大家经久不息的掌声。

2023 年 8 月 31 日，在增选中国工程院院士中进入有效候选人名单。此次中国工程院 2023 年院士增选提名工作，经中国工程院第八届主席团第六次会议审议，中国工程院党组审定，确认 2023 年院士增选有效候选人 655 人。这次由于增选制度改革，我由原工程管理学部改由化工冶金材料学部报名增选，申报的专业组是冶金组，一级专业学科方向是新兴交叉学科，二级专业学科方向是碳中和冶金流程工程。申报的理由是：40 年来一直从事钢铁流程工艺设计、工程管理及技术研发工作，是钢铁行业绿色制造技术及工程设计领域领军人物之一。围绕钢铁绿色转型的重大需求，研发了钢铁低碳绿色制造多项关键技术，建立了钢铁绿色制造技术体系，技术支撑了国家在钢铁行业超低排放政策的制定和实施；建立了“全过程多要素融合协同”的绿色工程管理方法，主持设计建成了以唐钢新区为代表的多项重大工程；为我国钢铁行业超低排放和绿色化智能化转型做出了贡献。获国家科学技术进步奖二等奖 2 项、省部级科学技术进步奖一等奖 14 项，省部级工程勘察设计一等奖 4 项；出版专著 9 部，发表论文 75 篇，授权专利 28 件；俄罗斯工程院院士，第十四届光华工程科技奖、第四届“杰出工程师奖”、河北省科技突出贡献奖；国务院政府特殊津贴专家，河北省高端人才，年度影响力科学家。

2023 年 9 月 4 日，我应唐钢国际董事长刘远生的邀请，回老家给弟兄们做了一次题为《钢铁工业发展现状与技术趋势》的报告。这也是我离开唐钢国际 17 年，参加工作满 40 年以及刚刚退出现职后第一次回到老家向弟兄们所做的一次系统汇报，我怀着一颗感恩的心并经过了半年多的精心准备。我刚一毕业就分配在唐钢国际，一直工作了 23 年至 2006 年离开，当了 13 年副院长，是唐钢国际培养了我，在唐钢国际工作的 23 年为我今后的成长进步打下了坚实的基础，是唐钢国际的老工程技术人员和领导培养了我良好的工作作风和真诚奉献、求知上进的品德，使我能够从一个普通大学生成长为对国家钢铁行业有所贡献的专业人才，为我国钢铁工业的发展做出了自己的贡献。我从“国内外钢铁工业发展的现状、河钢集团的绿色智能发展、钢铁技术的发展趋势、如何从设计层面贯彻冶金流程工程学、我个人的成长经历以及唐钢国际的发展壮大、对唐钢国际下一步的发展建议及青年成长”等诸多方面向全院广大员工做了详细的汇报。报告会由刘建新副总经理主持，董文进总经理致欢迎词，刘远生董事长做了总结讲话，整个报告会持续 3 个小时，我几次潸然泪下，过程中掌声不断，报告引起强烈反响。报告会前我将自己从业 40 年来所编著和参与编著的 11 部著作，每部 10 套赠予唐钢国际，以表达我对唐钢国际的感激与培养。

2023 年 9 月 16 日，唐钢国际举行建院 50 周年庆祝会议，我作为唐钢国际的老领导与张守诚老院长、邱士俊老院长一起被邀请回到院里参加座谈会，参加会议的老同志共 80 多人。在唐钢国际刘远生董事长、董文进总经理、曹原书记和全体班子的带领下，大家兴致勃勃地参观了新的办公大楼、展室、阅览室、会议中心和文化娱乐场所，观看了唐钢国际宣传片，刘远生董事长向老同志们介绍了唐钢国际的发展壮大历程及未来展望，并带领全体班子成员向回家来的全体老同志深深鞠躬致以崇高的敬意，最后召开了庆祝建院 50

周年座谈会，会上张守诚、邱士俊、武学则、侯占山、石爱群、马明、宁书利、李彩兰、刘碧莹等老领导和专家分别做了发言，对唐钢国际建院50周年表示祝贺，对50年来取得的辉煌成绩表示祝贺，向唐钢国际对老同志们的关心表示感谢，并衷心祝愿唐钢国际更加灿烂辉煌。应刘远生董事长的要求，我代表全体老同志做了发言，我怀着一颗感恩的心，向唐钢国际对我的培养表示衷心的感谢，向唐钢国际取得的骄人业绩表示衷心的祝贺。我把唐钢国际的成长壮大分为四个阶段：第一个阶段是1973—1980年，初期成长阶段，主要完成唐钢公司内部一些技改工程、1976年唐山大地震后的恢复建设以及厂房加固工程的设计；第二个阶段是1981—2004年，发展壮大阶段，主要完成唐钢公司所有的基建技改工程的设计任务以及现场的施工服务和管理，包括唐钢北区的扩建、唐钢一钢轧厂的建设、唐钢“三级支撑”战略的逐步实施以及所有唐钢住宅小区的设计任务；第三个阶段是2005—2014年，全面发展阶段，这个阶段伴随着唐钢“三级支撑”战略的实施到位、唐钢南北区域的改造提升、冷轧深加工项目的建设以及2008—2012年的唐钢清洁生产综合治理工程的实施和提升，另外，唐钢国际承担大量的海内外其他工程项目；第四个阶段是2015年至今，创造辉煌阶段，伴随着河钢集团区域调整、退城搬迁、超低排放改造等工作，唐钢国际承担了唐钢新区、河钢塞钢改造、青龙球团烟气脱硝、内蒙古赛思普非高炉炼铁和张宣科技120万吨氢冶金示范工程等重点工程，出色地组织建成了“绿色化、智能化、品牌化”的新一代流程钢厂唐钢新区，达到了世界领先水平，载入了河钢史册，同时这个阶段唐钢国际完成了大量的海内外其他项目。光阴荏苒，岁月流金，50年弹指一挥间。唐钢国际经过多年发展，已经取得长足进步，在国内外重点工程项目中都书写了属于唐钢国际的浓墨重彩的一笔，技术实力和影响力逐日递增，尤其是2021年搬迁至新址以后，更是面貌一新，作为一个曾经的设计院人我深以为荣，深感自豪。

二、发展规划工作

2015年初—2021年4月，实施河钢石钢搬迁工程。河钢石钢搬迁是河钢集团全面贯彻落实习近平总书记“坚决去、主动调、加快转”指示精神和河北省钢铁产业转型升级的具体实践。石钢搬迁的提出可以追溯到2008年，最早设想搬迁至黄骅港，但几经论证调研，石家庄市最终决定搬迁至井陉矿区，项目于2018年10月完成产能置换，2018年11月河北省发改委备案批复，2018年12月27日正式开工建设。

河钢石钢新区以“绿色低碳、智能高效”为设计理念，以冶金流程工程学理论为指导，采用行业最先进的电炉短流程新工艺新技术和最先进的绿色低碳技术，建设新一代生产绿色化、产线智能化、流程高效化、产品高端化的特钢梦工厂。

石钢新区建设规模为钢200万吨/年、钢材192万吨/年的特钢生产能力。其中，特钢棒材167万吨，高线25万吨。

河钢石钢现有产品是中小规格特钢棒材，是国内三大特殊钢棒材专业生产企业之一。其产品广泛应用于汽车、工程机械、铁路、石油天然气和矿藏开采等装备制造业，能够为客户提供700多个品种、1000多个协议钢种，能满足多国标准要求。为打造世界一流特钢，在原有基础上，河钢石钢新区产品结构进一步优化，拓展了产品的规格型号和品种，下限规格从ϕ13 mm下探到ϕ5.0 mm，上限规格从ϕ180 mm延伸到ϕ260 mm，实现了特钢线材、小中大规格棒材、扁钢、方坯全品类覆盖；钢种从现有的齿轮钢、轴承钢、弹簧钢、合金结构钢、易切削非调质钢、高压及油井管坯、锚链及系泊链钢、优质碳素结构钢、货叉扁钢、动板扁钢，又扩展了冷镦钢、高碳钢（预应力钢丝钢绞线、帘线钢）、合金工模具钢等，河钢石钢新区将成为全球全规格高品质的特钢棒线材精品基地。

河钢石钢新区为全废钢电炉短流程项目，主要建设内容为：废钢回收加工中心，2 座 130 t 双竖井废钢预热型直流电弧炉，3 座 130 t LF 钢包精炼炉，2×130 t RH 真空精炼炉，1 台 6 机 6 流小方坯连铸机，1 台 5 机 5 流方坯连铸机，1 台 3 机 3 流弧形大方坯连铸机，1 台 3 机 3 流立式大方坯连铸机（预留第 4 流），3 条棒材生产线，1 条高速线材生产线，及精整、探伤、热处理、银亮等深加工生产线，同步建设石灰窑、水处理中心、钢渣处理、天然气储配站、制氧站、变电所等公辅系统。

针对河钢石钢新区高标准的产品定位，轧钢配置小棒、中棒和大棒及高线四条生产线，进行专业化生产，高线生产 ϕ5.0～25 mm，小棒生产 ϕ13～60 mm，中棒生产 ϕ40～120 mm，大棒生产 ϕ80～260 mm，各条轧线既有重点生产规格，又有部分搭接。

炼钢采用电炉短流程冶炼，精炼配置 LF 炉和 RH 炉，考虑到特钢对铸坯质量的要求较高，配置了世界最大断面、建造深度最深的立式连铸机，还配置了铸坯精整设施。

2015 年开始，石钢搬迁被提到议事日程，我组织中冶京诚和石钢公司进行多次方案设计、可研及初步设计的修改、完善和论证，2018 年初确定最终方案。工程由中冶京诚设计总包，项目集成应用了行业最先进的短流程前沿工艺和绿色钢铁制造技术 70 多项。工程在石钢公司和所有参战人员的共同努力下，克服了疫情等多种因素影响，于 2020 年 11 月石钢新区陆续投产，2021 年 4 月全部建成投产，项目主要施工单位是二十二冶和二十冶，我几乎每周参加石钢的工程例会，为工程建设提供指导。

石钢新区 2022 年 4 月成为全国第一家通过全流程超低排放验收的短流程钢铁企业；2022 年 12 月获评环保绩效 A 级企业；获评 2022 年度国家绿色工厂。

石钢新区主要能源为电和天然气，主要原料为废钢，污染物排放较老区降低 75%，综合能耗降低 52%，同口径碳排放量降低 75%。实现产城共融，余热满足矿区供暖 300 多万平方米，水源使用矿区城市中水，100%循环利用，污水零排放；在冶金行业首家采用分质盐蒸发结晶处理浓盐水，提取结晶盐外售。

石钢新区实现全流程智能制造，被工信部等四部委评为国家绿色短流程特钢智能制造示范工厂，荣获工信部首批“数字领航企业”称号。实现废钢无人验质、轧钢柔性化制造、钢轧及后部一体化排程，工业大数据全过程质量在线管控，全要素自动采集，全过程物料跟踪等数字化管理。

总之，河钢石钢新区项目的建成，有以下几点结论：

（1）河钢石钢新区的建成投产，标志着全球特钢企业智能制造、国内钢铁长流程转短流程、城市钢厂成功搬迁、中国钢铁产业转型升级和带动资源枯竭区域产业转型的特钢“梦工厂”由蓝图变为现实。项目的投产极大提升了河钢高端产品结构和品牌效应，特别是高端特钢的市场占有率。

（2）河钢石钢新区电炉采用双竖井废钢预热型超高功率直流电弧炉，为国内首台套，采用全废钢冶炼、全封闭操作，泡沫渣技术、底搅拌等技术提高钢水质量：采用废钢预热、140 MV · A 大容量变压器、复合喷吹供氧、二次燃烧等技术，电耗不高于 280 kW · h/t，电极消耗不高于 0.78 kg/t，冶炼周期不大于 45 min，实现全废钢电炉短流程炼钢高效化。

(3) 河钢石钢新区致力打造以高端装备制造轴承钢、高端汽车齿轮钢和高端弹簧钢为代表的单项冠军产品，同时扩展冷镦钢、高碳钢（预应力钢丝钢绞线、帘线钢）、合金工模具钢等钢种，实现了特钢棒线材的品种规格全覆盖。钢材内部及表面质量设计达到国际特钢行业领先水平。

(4) 河钢石钢新区拥有目前国际上断面最大、建造深度最深的特钢大方坯立式连铸机，采用70多项先进技术，生产高纯净轴承钢、高品质的帘线钢、弹簧钢，可实现高铁轴承国产化，可生产大型装备原材料，如工业齿轮、大规格曲轴并替代进口，为世界顶级轴承钢企业提供原料。

(5) 河钢石钢新区项目，在短流程工艺革新、全流程超低排放、智能制造等各方面，汇集当今世界最先进的元素和理念。项目设计吨钢综合能耗220.3 kgce，吨钢 SO_2 排放量0.19 kg，吨钢烟/粉尘排放量0.25 kg，吨钢氮氧化物排放量0.3 kg，二噁英排放低于0.1 ng-TEQ · m^3，二次能源回收利用率100%，固废资源化利用率100%，整体处于国际领先水平。

2015年7月—2016年1月，作为河钢集团主管发展规划的副总经理，组织集团相关部门和各子分公司，牵头制定集团“十三五”发展规划。应该说河钢集团成立至“十二五”期间，我国国民经济发展和钢铁产业发展环境已经发生了翻天覆地的变化，钢铁工业高速发展进入行业过剩、同质化竞争加剧的微利时期，而河钢集团已经完成了落后装备淘汰和环保提升，经过7年的努力奋斗打下集团腾飞的坚实基础、进入新的发展阶段。在我国钢铁产业将进入大变革、大调整的新阶段，以于勇董事长为首的河钢集团新一届领导班子面对新常态，全面深入分析“十三五”期间集团内外部环境，准确把握国家及行业发展态势，同时结合京津冀协同发展、转型升级的具体要求，高起点、高站位地谋划河钢集团“十三五”期间的发展方向、发展思路及规划重点；提出了“致力于打造代表民族钢铁工业和担当国家重任，全球拥有资源、全球拥有市场、全球拥有客户的‘世界河钢’，成为品牌影响力和综合竞争力与产能规模相匹配的国际一流企业集团”的战略目标；制定了以钢铁产业主导、非钢产业增效、海外事业拓展、绿色行动引领的业务主线，确定了集团资产和产能规模、盈利能力等主要发展目标，并明确了钢铁主业、非钢产业和海外事业三大产业协同发展的产业格局和期末成为效率高、消耗低、排放少、环境美的绿色钢铁企业发展典范的绿色发展引领目标，拟定了“做优钢铁主业、发展非钢产业和推进海外事业”三大核心任务以及“构建战略支撑体系和实施绿色发展行动”两个专项行动等重要战略举措。按照“十三五”规划，到期末河钢集团将发展成为拥有海内外4500亿元资产、年营收4300亿元，钢铁、非钢和海外业务规模分别占比50∶20∶30的竞争力世界一流、节能环保水平国际领先的国际化产业集群。

事实上在“十三五”规划期内，行业环境变化依然剧烈复杂，国家开始推进各地化解过剩产能和强力推进京津冀大气环境治理。河钢集团深入贯彻习近平总书记关于“坚决去、主动调、加快转”的重要指示精神和中央关于深化供给侧结构性改革的重大战略部署，在全面完成去产能任务的基础上，同时编制完成了《河钢集团转型升级规划》开始了推进旗下四家核心企业退城搬迁转型升级的艰苦卓绝的奋斗历程。在“十三五”期间到

“十四五”初期，陆续全面完成了唐钢、石钢、邯钢老区的退城搬迁以及宣钢转型升级建设的主要任务。“十三五”期间，河钢集团立足自身资产资源条件，紧扣时代发展主题，求新求变求突破，在结构调整、布局优化、国际化、绿色发展、智能制造、企业文化建设等方面精准发力，取得令社会关注、令行业认可的非凡业绩。河钢集团也在这样的负重前行过程中浴火重生，步入了“十四五”新的发展阶段。

在“十三五”规划的编制过程中，我作为主管领导亲力亲为，带领集团各部门和子分公司参与人员深入调研，积极主动对接冶金工业规划研究院等规划和科研院所，遵循延续性、开放性、创新性原则，共同研究、探讨规划，反复核实、确认。走访河北省发改委、工信厅和中国钢铁工业协会，了解国家宏观经济发展趋势及行业发展环境，听取政府相关部门对河钢集团发展规划的意见及建议。规划的编制经多次讨论和修改，并几易其稿，向经办会和董事会进行详细汇报，最终得以通过并贯彻实施。

2016 年 1 月—2019 年 12 月，组织承钢公司冷轧薄板项目。采用先进的工艺技术，严格控制工程投资，定位高档产品。项目总体规划用地 736 亩（约 49 万平方米），目前建设有两条产线，即连续酸洗产线和热板镀锌产线。两条产线均具有设备工艺领先、自动化程度高、产品特色明显的特点。两条产线总投资 14.9 亿元，酸洗线从土建施工、设备安装到调试过钢历时 8 个月，于 2018 年 12 月 31 日成功下线第一卷产品。镀锌产线于 2019 年 6 月 18 日成功实现热负荷试车，至此承德钒钛高强冷轧板项目产线全面贯通。酸洗线和镀锌线的建设周期均创造了冶金建筑史上同类产线最短建设周期的记录，真正实现了“投资少、周期短、见效快”（酸洗线历时 8 个月，镀锌线历时 14 个月）。整个项目设计由国内经验丰富的中冶南方设计；主机组设备由国际知名冶金供应商普锐特、法孚斯坦因、日本 TMEIC 公司等国际一流企业供货；项目建设由中冶集团上海宝冶有限公司承建。

酸洗线产品厚度范围 1.2~8.0 mm，宽度 900~1630 mm，年产 100 万吨，生产产品包括一般结构用钢、冲压用钢、家电用钢、汽车用钢等牌号，产品基本覆盖市场所需的各类酸洗板。镀锌线产品厚度范围 1.5~6.0 mm（热基），宽度 900~1630 mm，年产 50 万吨，产品包括一般结构用钢、一般结构冲压用钢、高强结构用钢等牌号，为市场提供了不同的产品需求。

通过技术提升，承钢冷轧酸洗线实现了稳定生产 8.0 mm×1500 mm 超厚规格酸洗板，成为集团内唯一一条可生产 8.0 mm 厚规格酸洗板的连续酸洗线；600~800 g/m^2 无花镀锌板实现批量生产，并完成 900 g/m^2 超厚锌层高创效产品的试生产；镀锌厚规格方面，现已稳定生产 6.0 mm×1500 mm DX51D、SGH340 等结构钢镀锌板，为后续高强厚规格产品的生产调试奠定了坚实基础。无花超厚锌层的突破，打造了河钢集团镀锌产品超厚镀层新名片。

2016—2022 年，集团化解过剩产能和转型升级工作持续进行，这也是我分管的发展规划工作中的主要内容之一。

“十三五”期间，河钢集团深入贯彻习近平总书记关于“坚决去、主动调、加快转”的重要指示精神，全面贯彻落实河北省委省政府决策部署，在全省推进退城搬迁、压减产能的重大任务中努力担当，为河北省落实完成去产能任务发挥了重要的示范引领作用。在压减产能、实施退城搬迁过程，全力推进技术创新和转型升级，加快实现高质量发展，已经形成了一批较原有装备更加高端智能化、工艺流程更加高效集约化的国际领先水平绿色工厂，装备技术、绿色环保水平等各方面均取得了跨越式提升。

（1）河钢集团去产能情况。2016—2020 年，河钢集团贯彻落实国家化解过剩产能要求和河北省委省政府决策部署，共计压减炼铁产能 841 万吨、炼钢产能 879 万吨。2021—2022 年，河钢集团通过完成剩余的退城搬迁项目减量置换进一步压减铁产能 360 万吨、炼钢产能 232 万吨。河钢集团通过去产能和退城搬迁的减量，共压减炼铁产能 1201 万吨、炼钢产能 1111 万吨。

（2）河钢集团转型升级推进情况。河钢集团坚持政治站位，坚决贯彻习近平总书记重要指示精神和中央关于深化供给侧结构性改革的重大战略部署，坚定落实河北省委省政府决策部署和河北省委书记、省长对河钢转型升级提出的“去产能、促转型和国际化市场布局”，“既要坚决搬迁、又要坚决转型、更要坚决走出国门，在全省转型升级和高质量发展中带好头、做表率”的指示要求，统筹谋划好河钢集团的长远发展战略，我牵头组织制定了《河钢集团转型升级规划》。河钢集团按照河北省委省政府和河北省国资委要求有序推进唐钢、邯钢、宣钢、石钢等钢铁企业转型升级和退城搬迁，以去产能和钢铁产业区位调整为契机，加快推进转型升级和高质量发展。

作为河北省钢铁产业结构优化、实现高质量发展的重要支撑者和实践者，河钢集团政治站位高，大局意识强，充分发挥国有企业引领作用，坚定不移落实河北省委省政府决策部署，统筹兼顾做好去产能、转型升级和退城搬迁工作。自 2018 年退城转型工作启动开始，全集团统一思想、上下一心、坚定信心，严密组织、稳步推进，全力做好职工安置、安全环保、舆情引导等工作。

在一个钢铁集团内部同时推进几家核心企业钢厂退城搬迁的情况前所未有，任务艰巨、问题复杂。项目推进过程中面临人员安置、生产经营调整和持续、资产处置等诸多问题，为保障转型升级工作稳妥有序推进，一是集团专门设立转型升级专项工作领导小组，我任常务副组长，全力推动各子公司转型升级工作，以强有力的组织领导保障各项工作的进度和质量；二是统筹考虑集团钢铁去产能和退城搬迁、省内布局优化和转型升级的总体任务，周密安排，在通过搬迁实现集中去产能任务的同时，如期完成企业退城的任务目标；三是利用退城腾退土地实现“腾笼换鸟”，尽力实现科学规划和土地有效利用最大化；四是积极采取土地收益支撑、推动组建产业基金引导金融机构和社会资本参与、项目引入第三方战略投资等多种方式筹措资金，有力支持集团转型升级项目建设、保障集团资金链安全；五是坚持底线思维妥善安置人员保障社会大局稳定，没有将一名职工推向社会，职工队伍实现了平稳过渡。

在河钢集团坚强有力领导和统一科学决策保障下，转型升级项目得到迅速有序推进。河钢唐钢本部 2020 年 8 月 31 日提前 4 个月实现钢铁生产全面关停；河钢石钢 2020 年 10 月 25 日老厂区关停；河钢宣钢 2021 年 9 月关停了传统的钢铁冶炼生产；河钢邯钢老区主要生产设施 2022 年 11 月 15 日全部关停退出。

2020 年 9 月唐钢新区陆续投产，2020 年底全面建成投产，并实现了投产即达产的目标，创造了行业新建钢铁企业投产达产新纪录，建成了世界最先进的“绿色化、智能化、品牌化”的新一代流程钢厂；2020 年 11 月石钢新区陆续投产，2021 年 4 月全面建成投产，建成了“绿色智能的全废钢电炉短流程特钢厂”的样板，并实现了与新老客户的无缝对接，产品迅速进入高端市场；2021 年 10 月开始，宣钢转型升级项目陆续投产，2022 年 12 月以焦炉煤气为还原剂的世界首台套氢冶金示范工程顺利投产并于 2023 年 5 月实现连续稳定生产运行，2022 年 6 月高端装备制造用熔化炉顺利投产，至此宣钢转型升级项目全面建成投产，宣钢转型升级实现重大突破；2022 年底邯钢新区陆续投产，建成了一个全新的“紧凑式”流程钢厂的典范。

（3）河钢集团转型升级成效。河钢集团的钢铁主业经过去产能和转型升级，装备技术、绿色环保水平等各方面均取得了跨越式提升。一是工艺装备全面实现大型化、现代化，建成唐钢新区、邯钢新区、石钢新区等一大批“绿色化、智能化、高端化”现代化钢厂。二是实现产品和客户高端化，河钢积极推进转型升级，大力推进技术升级实现产品结构高端化，目前高端直供客户已经超过 1000 家，客户群覆盖高端家电、乘用车、重卡、工程机械及海洋工程等行业知名品牌，在雄安新区、港珠澳大桥、“华龙一号”核电站、奥运工程、国产大飞机、航空航天等重大科技工程项目和铸就“大国重器”中彰显着“河钢品牌”的力量与担当。三是绿色发展保持行业引领，率先发布低碳绿色发展行动计划，建成国内首条氢冶金示范项目，即将形成近 800 万吨的电炉短流程绿色钢铁产品制造能力。河钢集团位于大气污染传输通道“3+26”城市的钢铁子公司均通过了 A 级环保绩效评审。四是钒钛产业高质量发展，钒钛资源综合利用产业化技术处于世界领先水平。

2016 年 5 月—2020 年 9 月，实施河钢唐钢搬迁工程，为贯彻落实习近平总书记“坚决去、主动调、加快转”重要指示精神和河北省委省政府“去产能、调结构、促转型”的决策部署，促进河钢集团结构调整与高质量发展，优化区域布局和产业布局，解决城市钢厂面临发展规划与城市共容的挑战，河钢集团按照河北省政府要求，决定将唐钢从市区搬迁至乐亭工业园区。唐钢新区项目（当时批文为“河钢产业升级及宣钢产能转移项目”）于 2017 年 3 月 13 日经河北省发改委备案批复，2018 年 3 月 1 日正式开工建设。

项目建设之初，我和于勇董事长到殷瑞钰院士办公室汇报了方案，殷院士指示要把唐钢新区建设成一个“绿色化、智能化、品牌化”的新一代流程钢厂。因此，河钢唐钢新区以“绿色化、智能化、品牌化”为建设目标，以物质流、能源流、信息流的最优网络结构为方向，运用冶金流程集成理论与方法，采用最新的钢厂动态精准设计和流程界面技术，打造环保绿色化、工艺前沿化、产线智能化、流程高效化、产品高端化的世界级现代化沿海钢铁梦工厂。

项目建设规模为年产铁水 732 万吨，钢水 747 万吨，轧钢一次材 710 万吨。其中，热轧板带 410 万吨，优质长材 300 万吨，冷轧产品 275 万吨。项目预留发展空间，适时筹划产线结构调整和产业链延伸项目。项目定位于高端及高品质的热轧卷、酸洗冷轧深加工、优特钢长材等三大系列的产品，高起点发展汽车、工程机械、交通、制造等行业用钢，着力扩大高品质、高技术含量产品的比例。具备汽车板、管线钢、耐候钢、轴承钢、弹簧钢等 15 类高端特色产品，形成河钢的品牌效应。

项目总占地 8640 亩（576 万平方米），投资 419 亿元，主要建设内容为封闭式机械化智能无人料场，港口皮带通廊输送，4 座 7 m 焦炉，2 台 360 m^2 烧结机，2 台 760 m^2 带式球团焙烧机，3 座 2922 m^3 高炉，2 座 200 t 转炉，1 座 200 t 脱磷炉，3 座 100 t 转炉，配套1台6机6流高拉速方坯连铸机，1台7机7流高拉速方坯连铸机，1台6机6流矩形坯连铸机以及2台1900 mm双流板坯连铸机，后部配套1条2050 mm热轧生产线及2030 mm冷轧生产线，2条高速线材生产线，2条棒材生产线，1条型材生产线，4座600 t/d的和1座500 t/d的双膛竖窑生产线，同步配套建设制氧站、钢渣处理、矿渣微粉、废钢加工、含铁粉尘处理、检化验设备及相应动力、公辅设施。

从2016年下半年开始，我便组织河钢唐钢、唐钢国际和中冶京诚的团队，开展项目的方案设计、可研及初步设计工作，唐钢国际为设计总包单位，我每周五晚上回到唐山，每周周六、周日在唐钢国际与项目团队一起研究总图布局、产线布置、工艺设备选型、新工艺新技术在项目中的应用、工程项目投资、冶金流程工程学理论在项目中的应用、工厂外观设计效果等。

唐钢新区的建设几乎全国各大冶金设计、设备建设团队全部参与了，涉及十几家设计单位、二十几家建设单位、上百家设备厂家及十几家国外公司。工程建设过程中，我多次亲临现场召开工程例会，平衡建设进度，总结提升工程建设管理方法。唐钢项目部的同志们，以张驰为首的团队成员，夜以继日、精心组织、无私奉献、克服重重困难，比如疫情、环保限停、资金短缺、各种外部手续等因素，以时不我待的主人翁责任感建成了唐钢新区。

唐钢新区项目采用了230余项前沿新工艺和130多项钢铁绿色制造技术，取得了如下工程建设实践。一是新一代流程钢厂动态精准设计理念得以实践。首先是总图简洁、紧凑、集约、顺畅，使“流”按照动态有序，协同连续规范运行，实现了“耗散最小化”，总图用地指标达到了0.53 t/m^2 的行业领先水平；其次是构建了3座高炉+2个转炉+热轧+冷轧为物理框架的高效洁净钢生产工艺流程，形成了紧凑高效、流程顺畅、系统集约的流程网络。二是绿色工厂建设实践。首先是构造了钢铁绿色技术指标体系及技术数据库，我牵头编制了《钢铁工业绿色园区标准》和《钢铁工业绿色工厂设计规范》，将指标体系和先进绿色技术融入到唐钢新区总体设计中；其次是在工程设计中植入先进绿色技术，以过程排放最小化为目标，实现在工程设计中绿色技术体系与工程设计的深度融合；最后是全流程先进绿色制造技术的应用，比如先进的脱硫脱硝技术、环境除尘技术、烧结烟气循环技术、高比例球团技术、干熄焦发电技术、热装热送直轧技术、水处理技术、固废资源化利用技术等。三是智能工厂建设实践，总体逻辑是在数字工厂底层基础上探索智能场景应用，进而打造全流程智能钢厂。首先是建立了三维数字化设计平台、流程和标准体系；其次是数字化设计与数字化交付高效衔接；最后是打造动态数据的整合和数字孪生工厂，基于上面建设数字化工厂，打造智能工厂，重点是建设智能生产、智能物流、智慧经营、智慧园区的智能制造体系，实现对唐钢新区所有业务流程的全面管控。

唐钢新区的总体建设效果如下：一是在建设效率方面，吨钢投资5800元，比国内同类型沿海钢厂低21%，工期30个月，比国内同类型项目节省6个月，投资后同口径比集团其他钢厂吨钢增效400元；二是在绿色化方面，吨钢综合能耗539.75 kgce，自发电比例达到90%以上，烟粉尘、二氧化硫、氮氧化物排放比国家超低排放标准再降低10%，吨钢颗粒物、二氧化硫、氮氧化物排放量分别小于0.3 kg、0.2 kg、0.23 kg，与常规长流程钢铁企业相比减少碳排放21%，非公路运输率达到98%以上，2022年1月，唐钢新区被评为环保A级绩效企业；三是在智能化方面，唐钢新区构建了全流程一体化的智能生产管控系统，集成生产、设备、质量、销售、市场、物流、能源、环保、安全等与生产经营相关的全方位信息数据，覆盖整个工序链条，实现全流程生产运营的大数据汇聚、智能分析和智能决策，建成了国际最智能的“无人化”料场、高炉自动化控制系统、转炉自动炼钢、设备在线诊断、厂区智慧物流及机器人应用等智能装备，显著提高了唐钢新区运行效率和柔性制造能力。

通过唐钢新区的建设，我总结了一套“全过程多要素融合协同的绿色工程管理方法”。新一代流程钢厂建设要解决如下四个问题：一是新一代信息技术与钢铁全流程深入融合的问题，二是绿色技术与工程设计的融合与协同问题，三是新一代流程钢厂各工序高效衔接问题，四是钢铁工程项目管理手段不统一的问题。针对以上问题，我们通过对唐钢新区工程的总结，探索出“全过程多要素融合协同的绿色工程管理方法”，该工程管理方法主要有以下四个方面的支撑：一是要建立数字虚拟工厂与现实工厂协同架构，虚拟工厂与实体工厂数据相互反馈、交互和优化，从而实现实体工厂与虚拟工厂同步设计、同步建设和同步运维；二是要建立绿色技术与工程设计协同方法，将节能减排和生产组织放在同等位置进行研究、设计、管控，确保全流程节能减排和生产组织的高效协同，将先进的绿色指标体系、先进绿色技术融入到总体设计中，实现了工程设计与绿色技术的融合与协同；三是要建立过程管控与全要素资源协同模式，通过建立工程管理平台，分析工程各种影响因子，执行最佳的资源分配和计划调度，做出最优决策，实现了唐钢新区工程管理全要素资源的集中调配与高效协同；四是引入工程建设与模块化施工协同体系，将先进的工程管理方法引入并创新应用到唐钢工程中，建立标准化设计、工厂化预制、模块化施工、信息化管理的协同机制，做到安全、质量、成本、进度四位一体的有效管控，实现了唐钢项目的高效和经济建设。

总之，唐钢新区项目整体达到了“绿色化、智能化、品牌化”的总体目标要求，达到国际领先水平；唐钢新区也是冶金流程工程学理论的成功实践。工程建立的数字化工厂和运行动态调度规则，使得界面技术中“物质流衰减最小化、能量流损失最小化、时间路径最小化”的理念得以动态量化和精准实施；唐钢新区工程实践中建立的“全过程多要素融合协同”的绿色工程管理方法以及“四个协同”的具体方法支撑，可以为钢铁行业绿色化、智能化转型提供借鉴。

2018—2023 年，实施河钢邯钢老区搬迁工程。2015 年以来，迫于环保压力，邯郸市委市政府多次召开专题会议，推进邯钢搬迁工作，并以正式文件形式呈报河北省政府关于邯钢老区搬迁的请示，2019 年 1 月河北省政府正式发文，明确提出邯钢老区退城搬迁至涉县，标志着邯钢老区退城搬迁工作正式启动。

河钢始终把邯钢老区退城搬迁工作作为贯彻落实河北省委省政府决策部署和集团转型升级、改善邯郸市主城区空气环境质量、实现钢铁产业转型升级的重要举措，坚持“低投入、低成本、高效率、高效益”的原则，加强组织领导，保证资源投入，咬定节点目标，全力以赴加快新区建设，着力打造邯钢本部与邯钢新区“一体两翼、双向互融、多元发展”的全新发展格局。

主要建设内容是：邯钢新区总占地 5908 亩（约 394 万平方米），新建炼铁产能 565 万吨，炼钢产能 470 万吨，焦化产能 210 万吨，建设两座 70 孔 7.65 m 焦炉、一座 3200 m^3 高炉和一座 3700 m^3 高炉、一座 250 t 转炉、两座 100 t 转炉、一条 1780 mm 热连轧产线、一条 3500 mm 厚板产线及一条棒材生产线。

项目委托中冶京诚为设计总包单位，作为河钢集团主管副总经理，我多次组织邯钢及中冶京诚进行项目方案的前期论证，特别是流程优化、总图布置、产品方案制定、产线利旧方案等。双方共进行了 120 多次总图修改，按照河钢集团主要领导的指示精神，我为工程项目制定了以下总体目标：以构建物质流、能量流和信息流的最优网络结构为方向，采用冶金流程集成的理论和方法，运用钢厂动态精准设计和流程界面技术，充分利用河钢现有资源，把河钢邯钢新区打造成“紧凑型”长流程的新型钢铁制造基地。

利用现有设备资源，构建高效的钢铁制造流程，充分利用了现有设备进行升级改造，通过主体工艺设备的集成优化，以及工序之间界面优化，为该项目构建了动态有序、协同-连续的钢铁制造流程。1780 mm 热连轧产线利用邯钢现有的 CSP 产线和唐钢 1700 mm 热轧粗轧区设备集成优化而成，3500 mm 厚板产线利用原邯钢 3500 mm 厚板产线改造提升，一炼钢厂利旧邯宝 250 t 转炉，二炼钢厂利旧邯钢 100 t 转炉和承钢 100 t 转炉，天车、精炼、连铸等相应利旧，3200 m^3 高炉利用唐钢南区 3200 m^3 高炉，烧结机利旧原邯钢435 m^2烧结机等，总利旧率达 60%以上，所有利旧设备和产线都进行了集成优化和改造提升。特别注重了界面技术的应用，铁水采用“一罐到底”并采用汽车道路运输方式，铁水进入炼钢车间温度在 1450 ℃以上，1780 mm 热连轧和 3500 mm 厚板热装率达 80%以上，厚板部分钢种温度达 850~900 ℃，热装率达 92%。

优化空间布局，打造“紧凑型”的钢铁制造流程网络，主要是：一是采用“一”字形布局，物流连续、短捷、无折返；二是功能分区明确，工艺衔接顺畅；三是优化单元区域总图方案，紧凑布置；四是总图布置和车间布置有效组合、优化，实现高效经济运行；五是合理利用场地自然地形，竖向分台阶优化布置；六是全厂物流以最短的路径实现最简便、快捷的流动运行；七是全厂能源介质管线采用架空共架铺设方式，既节约了占地，又实现了可视化的环保要求。

秉持绿色发展理念，实现减污降碳协调发展，项目以“降碳、减污、扩绿、增长”为总体设计理念，统筹源头减排、过程控制、末端治理、综合利用，为邯钢新区实现污染物和碳排放达到行业领先水平奠定基础。采用的绿色化新工艺新技术主要有焦炉单孔炭化室压力调节技术、烧结循环流化床负荷可调技术、旋切顶燃式热风炉绿色低碳长寿技术、高炉煤气精脱硫源头治理技术、基于高效分级除尘的转炉一次烟气超低排放技术、轧钢热装热送技术、浓盐水超低排放技术等。实施后，邯钢新区吨钢综合能耗低于 546 kg，二次能源自发电比例可达105%，吨钢耗新水 2.5 t，吨钢二氧化硫排放量低于 0.07 kg，吨钢颗粒物排放量低于 0.1 kg，吨钢氮氧化物排放量低于 0.08 kg，吨钢二氧化碳排放量低于 1.57 kg。

构建智能制造体系，打造智慧钢厂。以数字化、信息化、网络化领域的先进技术为手段，打造自动化、智能化管控平台和应用场景，形成生产经营决策与优化，设备运行与优化的主要全产业链、全价值链的管控闭环，实现业务数字化、控制智能化、运营场景化，支撑“低成本、高效率、高效益”的生产经营目标。建设了数字化、模型化的智能生产线，开发了铁钢界面智慧调度管理系统，建设了高度集成的铁前集控中心和公司管控中心。

邯钢新区 2020 年 5 月开始场平，2021 年 3 月 1 号高炉开始正式施工，2023 年 3 月一期工程建成投产，并实现达产达效，二期工程 2024 年 3 月全部建成投产，一个现代化的

“紧凑型”钢铁制造流程的新钢厂在邯钢新区全面建成投产。

2019 年 5 月—2023 年 6 月，我率先提出在张宣科技转型升级项目中，抓紧实施氢冶金示范工程，并亲自组织张宣科技、河钢集团钢研总院、中冶京诚、唐钢国际与意大利特诺恩公司进行多次交流与谈判。氢冶金是钢铁低碳绿色转型的重要技术路径，针对氢气制备成本高的行业技术瓶颈问题，经过充分调研，多次反复论证，我大胆提出富氢焦炉煤气作为唯一氢源的氢能利用路径，得到项目组和外方技术人员的认可，并于 2019 年 11 月与特诺恩公司签订了合作协议。

项目为 120 万吨氢冶金示范工程，分两期建设，一期工程建设年产 60 万吨氢冶金还原铁，全部使用张宣科技自产的焦炉煤气，经过净化处理，无需炉外重整，作为还原气进行冶金生产，这是世界首套；二期工程年产 60 万吨，将发挥张家口地区的风光电区域优势，开发“分布式能源发电+电解水制氢”，实现 100%绿氢冶金，完成全流程全过程的“近零碳”绿色制造。

我们首创的焦炉煤气零重整氢冶金关键技术并主持建成的一期示范工程，总投资 11 亿元人民币，主要建设内容包括：（1）氢基竖炉炼铁设施：原料及成品储运系统，氢基竖炉炼铁系统等；（2）气体工艺设施：焦炉煤气深度净化处理、焦炉煤气储柜、气体加压、工艺气加热、循环气体净化、二氧化碳脱除及精制等单元；（3）公辅设施：通风除尘、余热回收、水处理、供配电、自动化控制、液压与润滑等。

项目一期工程，自 2019 年 11 月与特诺恩签订协议以后，即组织多轮技术交流、技术谈判与商务谈判，2020 年 9 月向特诺恩下达中标通知书。2020 年 10 月开始，中冶京诚和唐钢国际开始初步设计和施工图设计。2021 年 5 月举行开工仪式，项目建设期间因疫情影响，进口设备发货延迟，外方技术人员无法按时进场，施工现场集中封控，总计影响工期约 6 个月，于 2022 年 12 月 16 日全线建成投产，2023 年 5 月实现安全、顺利、连续生产，其中工艺气体中氢碳比高达 8∶1 以上，是全世界氢气比例最高的竖炉炼铁技术。项目产品——绿色高纯直接还原铁的金属化率已稳定在 94%以上，达到国际一类标准；比同等高炉长流程生产每年减少二氧化碳排放达 80 万吨，减排比例达到 70%。中国钢铁工业协会对项目评价指出，这是氢冶金核心关键技术创新的重大突破，是中国钢铁史乃至世界钢铁史上由传统“碳冶金”向新型“氢冶金”转变的重要里程碑，引领钢铁行业迈入“以氢代煤”冶炼“绿钢”的时代。

项目通过剖析氢气炼铁技术全过程和工艺全流程，探索解决铁矿石氧化物还原过程产生的环境污染和碳排放问题，推动传统工艺由“碳热还原”向“氢气还原”变革，实现了炼铁的全方位、全过程、可持续发展的绿色、低碳、清洁生产。与现有的“高炉-转炉”长流程相比，项目采用的“氢冶金+电炉”短流程工艺，不仅取消了焦炉、烧结等这些高污染的工序，而且使用氢能资源替代传统煤炭进行钢铁生产，从源头削减污染排放；项目整体工艺的烟气排放量是长流程的 1/3，主要污染物二氧化硫、氮氧化物、烟粉尘排放分别减少 30%、70%和 80%以上，且无脱硫脱硝工序，无废弃物排放，土地使用面积节约 1/2，能源消耗节约 1/2；项目实现碳排放减少 2/3 以上，且通过碳捕集和碳精制制备出高纯食品级二氧化碳产品，实现碳的高价值利用。

河钢集团“十四五”规划中，计划在河钢唐钢新区再建设 2×130 万吨氢冶金工程，届时“十四五”时期末河钢氢冶金还原铁总量可达到380万吨/年。

2020年6月—2021年1月，在总结河钢集团“十三五”规划执行情况的基础上，我又组织河钢集团发展规划部及相关部门和各子分公司联合冶金工业规划研究院编制河钢集团“十四五”发展规划。为将河钢集团打造成为以钢铁产业链为基础，以战略性新兴产业为支撑的跨国工业集团，全面增强市场竞争实力和可持续发展能力，通过认真分析宏观经济环境、钢铁行业发展环境、新兴产业发展环境，结合国企改革重点任务，在“致力于建设最具竞争力的钢铁企业，打造具有极强可持续发展能力的跨国工业集团”愿景下，明确了“十四五”发展方向、规划目标和战略举措。明确了“做精做强钢铁产业，提高专业化制造能力”“加速推进战略性新兴产业的优化布局”“借助‘一带一路’，进一步深化国际产能合作，完善全产业链全球化布局，巩固海外事业发展优势”“积极推进产业链条延伸和业务拓展，进一步做大做强供应链金融业务”等四大板块业务发展主线，并进一步明确了钢铁、战新、海外和产业链金融四大板块业务发展方向及目标。规划明确至“十四五”时期末，河钢集团将实现资产规模5700亿元，比“十三五”时期末增长22.58%；营业收入7000亿元，比“十三五”时期末增长100%；利润200亿元，比“十三五”时期末增长455.56%；粗钢产量达到5600万吨以上，比“十三五”时期末增长27.97%。力争建成“世界500强”先进企业。

三、新兴产业工作

2014年10月开始，我对河钢承钢钒钛产业进行调研分析，并多次听取承钢公司的汇报，作为主管副总经理向河钢集团董事会提出，要加快发展集团钒钛产业板块，推动承钢钒钛产业高端化、智能化、绿色化。大力推进“三个转变”：全面推动河钢钒钛产业实现由“钢铁为主”向“钒钛新材料引领”的转变，由“初级产品制造商”向“高端材料解决方案服务商”的转变，由“钒钛钢铁材料制造商”向“终高端产品与装备服务商”的转变，打造国家级钒钛材料产业基地。瞄准高精尖领域的终端高端客户，构建命运合作共同体，提升钒钛材料的信誉度和美誉度，不断增强客户对钒钛材料的信任度和依赖感，共同实现高质量发展，加速推进中国式现代化钒钛新材料应用场景。在我的全力组织领导下，承钢钒钛产业取得了突飞猛进的进展，主要表现在以下几个方面。

（1）建成投用了世界首条钒渣亚熔盐法高效提钒清洁生产示范工程。针对“钒渣钠化焙烧提钒”工艺存在的问题，开发了亚熔盐新一代全湿法提钒技术，并于2017年6月建成投用了万吨级示范工程，形成了钒渣亚熔盐介质钒铬共提、钒铬清洁结晶分离为特色的钒的清洁提取与产品绿色制造集成技术。

该产线钒渣处理产能达到1万吨/年，钒的收率由80%提高到90%以上，铬的收率由小于5%提高到80%以上。

（2）建成投用了世界首例离子置换法高纯氧化钒清洁生产示范工程。为破解传统萃取、离子交换等高纯氧化钒生产工艺面临的废水产生量大、质量波动性大的瓶颈难题，通过研究典型金属离子在不同化学介质中的迁移转化规律及不同金属离子化合物的相互作用和耦合吸附规律，开发了以钙化除杂-铵化提纯-酸化精制为特色的具有自主知识产权的高纯氧化钒绿色制造新技术，于2017年建成投用了1000 t/a示范工程。实现了高纯氧化钒的短流程、低成本、清洁生产，产品实现进口替代，并畅销瑞士、法国等发达国家，形成国际高端客户 16 家，全球市场占有率超过 40%，支撑航空航天、新能源储能产业自主高质量发展。

（3）开发了钒酸钙可控铝热法冶炼航空用钒铝合金新技术。突破了传统工艺反应放热剧烈、渣金分离效果差的行业瓶颈难题，在国际上首次实现了 CaF_2 造渣剂的零添加，合金中 Si、Fe 含量较国内外先进企业分别降低 20%和 18%，达到国际领先水平。建成了600 t/a 航空用钒铝合金生产线，产品成功应用于航空零部件的增材制造，为国防及航空工业的重要装备发展提供了必要支撑。

（4）开发了钒酸铵气-固精控还原短程制备钒电解液技术，实现了高纯钒电解液低成本低碳制造。与国内外先进企业相比，Cr、Fe 等重金属杂质元素含量降低 50%以上；钒电解液加工成本降低 3600 元/m^3，降幅比例为 60%；碳排放降低 94 kg/m^3，降幅比例近 20%。建成了 2000 m^3/a 钒电池电解液生产线，成为国内钒电池储能头部企业战略供应商。

为推进河北省及河钢集团加快建设高质量发展的国家钒钛新材料产业基地、做强做优做大钒钛产业的方针，统筹考虑河钢钒钛现有产业基础、发展要素、市场空间等条件，推进钒钛产业向项目集群化、用地集约化发展，2022 年下半年，我又多次组织承钢钒钛的同志们，开展下一步钒钛新材料产业园区建设的可研和论证工作，干勇院士对园区建设给予了亲自指导，并提出了建设性意见，“十四五”期间重点推进现有园区环保提升和智能化改造，以及新建园区的钒钛产业链延伸。现有园区：实施改造项目 6 项，总投资 6420 万元（环保 BOT 项目投资 1.4 亿元），固定资产达到 11.5 亿元，年产值 29.1 亿元，年新增效益 1388 万元，废水实现近零排放，现场环境满足现行国标要求；新建园区：实施技改项目 11 项，重点分步建设 500 t/a 高纯氧化钒、1000 t/a 航空片钒、1000 t/a 航空级钒铝合金、7.5 万立方米/a 钒电解液等钒钛新材料产线，总投资 10.24 亿元，年产值 21 亿元，年新增效益 1.2 亿元，全面实现钒钛新材料产业与航空航天、新能源储能、环保催化等战略性新兴产业深度融合，形成高端钒钛产品绿色制造集成技术创新高地，打造国际一流钒钛新材料产业基地。

2015 年 2 月—2017 年 6 月，组织实施河钢钒渣亚熔盐高效提钒清洁生产示范工程。针对全球钒产业 80%的“钒渣钠化焙烧提钒”工艺存在的钒提取率低、铬无法提取、高盐氨氮废水处理成本高等问题，承钢公司联合中国科学院过程工程研究所开发国际首创亚熔盐新一代全湿法提钒技术。该技术 2009 年开始实验室基础研究，2010 年完成公斤级实验，2015 年完成千吨级钒渣/年中试。2015 年 4 月，河钢集团组织行业专家进行立项论证，以郭占成教授为组长的专家组评价“该技术为具有自主知识产权的原创技术，处于国际领先水平”。专家一致建议尽快启动该项目的立项与建设。我在听取承钢公司汇报的基础上，向河钢集团董事会建议立即实施该项目的工程示范，并亲自指挥工程设计和工程建设，2015 年 7 月，以邬贺铨院士为副组长的京津冀协同发展专家咨询委员会评价该项目“具有绿色、高效的特点，有利于减少承德地区的污染总量和钢铁企业的转型升级”。亚熔盐示范工程于 2016 年 3 月开工建设，2017 年 2 月开始设备安装，2017 年 6 月建成。亚熔盐示范工程投资 6300 万元，主要包括钒渣亚熔盐介质钒铬共提、钒酸钠结晶分离及介质循环等主要工序。

钒渣亚熔盐法钒铬共提技术的工艺特点为：

（1）钒铬提取效率高。钒提取率高于90%（传统工艺为80%）、铬提取率高于80%（传统工艺低于5%）。

（2）工艺过程清洁。采用全湿法工艺提取钒铬，源头避免有害窑气产生；介质高效封闭循环，源头避免工艺废水废液产生；尾渣全量化配矿炼铁、无固废排放。

（3）产品质量好。采用钒酸盐梯级阳离子置换实现钠钒分离与产品提纯的耦合，短流程获得纯度不低于99.5%的氧化钒产品，反应温度由传统工艺的850 ℃降至200 ℃以内，有效降低碳排放。

亚熔盐示范工程按照配套承钢已有高纯钒产线组织生产，每年可生产高纯五氧化二钒1000 t，全球市场占有率达到40%以上。与传统技术相比，高纯钒产品生产成本降低30%~40%，废气减量74.4%，颗粒物、SO_2、NO_x减排近100%，工艺水循环93.5%，碳减排35.8%。

该技术形成核心发明专利46项，获得了2019年河北省科学技术进步奖一等奖和2021年冶金科学技术奖一等奖。2019年3月，以干勇院士为组长的专家组评价该科技成果为“我国高铬型钒钛磁铁矿的绿色高效利用及建立以钢铁钒钛为依托的铬盐发展新模式提供技术支撑和解决方案，为钒铬资源高效利用起到示范引领作用，总体达到国际领先水平，属重大原始性创新”。

2017年4月，河钢集团整合重组河北省机械科学研究设计院有限公司（以下简称机械院）。机械院拥有60年历史，2007年7月，由事业单位整体转制为科技型企业，纳入河北省国资委监管，由于诸多原因，企业经营陷入困境，2017年河北省国资委决定将机械院整体划转河钢集团旗下，当年4月，我代表河钢集团接收机械院，后河钢集团任命王亚光为机械院党委书记兼院长，集团分工由我主管机械院工作。接手几年来，机械院发生了翻天覆地的变化。

一是经营业绩大幅提升，职工生活条件大大改善、归属感增强。加入河钢集团以来，机械院抓住了方向，摆正了位置，以生产经营为中心，实现了较快较好的发展。

二是资质能力持续提升，在全省、全行业形成了独有的差异化优势。在我的推动和组织下，2019年“机械工业汽车产品质量监督检测中心（石家庄）”挂牌成立，机械院的省级汽车检测中心正式升级为国家级中心。2021年“汽车及专用设备检测工程研究中心”验收通过，是继“河北省水泵产业技术研究院”之后，机械院建设的第二个省级研发平台。2021—2022年，机械院相继获得了国家级绿色工厂第三方评价、科技成果评价、工业节能诊断等资质，彰显了机械院自身的技术含量和软实力，丰富了品牌价值，在发展的道路上形成了独有的差异化优势。

三是科技创新成果显著，技术团队直面市场要效益。自划入河钢集团以来，机械院全新定位发展高度，着眼于提升未来的核心竞争力，通过科技创新积累技术实力。陆续开发出具有自主知识产权的“氮化钒颗粒精准包装”“烧结台车车轮自动注油装置”等产品，2017年以来，承担省级重点研发课题2项，修订河北省地方标准5项、省级团体标准2项，获得专利30件，软件著作权6项，企业创新能力全面迸发，科技创新成果显著。

四是员工的知识结构和年龄结构得到了改善。划入河钢集团之前，机械院在职员工50

岁以上占比超过 60%，人员结构严重老化。2017 年以来，机械院按照人才培养和引进计划，新进人员 48 人，其中应届毕业生 20 人、社会化招聘人员 28 人，专业结构根据业务发展方向进行了调整；2017 年以来退休 37 人，员工队伍的年龄、学历和专业结构得到了较好的改善。

五是提振士气、恢复元气，团队精神面貌发生了翻天覆地的变化。集团重组后，省机械院在新一轮发展中重新定位，找回了自信，恢复了元气，提振了士气，员工的精神面貌发生了翻天覆地的变化。既从根本上解决了自身生存问题，也能自主把握未来的发展方向，一个充满旺盛斗志、对未来满怀信心的全新团队，呈现在社会面前，向行业、社会、国家重新释放自我价值。

2018 年 7 月—2023 年 12 月，组织氢能重卡物流开发运营。

2018 年 7 月，在石家庄召开的第二届河钢东大国际学术年会上，干勇院士向于勇董事长提出，根据河钢集团的特殊地理位置及区位条件，为了在钢铁行业践行绿色低碳行动做出表率，建议河钢集团在全国率先研究应用氢能重卡运输车辆代替柴油车，随即于勇董事长果断决定，在河钢研发应用氢能重卡运输车辆及相关产业链，我牵头组织实施并责成由 2018 年 8 月成立的河钢工业技术公司具体负责，在国内首次提出“焦炉煤气制氢+加氢服务网点+氢能重卡运营单元”的氢能重卡物流实施路径，主持建成了我国钢铁行业首批 5 座固定式加氢站和 3 条氢能重卡运输专线，实现了我国“零排放”氢能重卡物流的可持续化、规模化、商业化运营。

2020 年 8 月，率先建成了我国钢铁行业首座日加注能力为 500 kg 固定式加氢示范站——邯钢加氢站。2021 年 1 月，河钢第二座加氢示范站——佳华加氢站在唐山建成投运。这是全国第一座商业化运营的加氢站，运营管理方面创造了运行负荷最高、加氢站氢气损耗率最低、安全运行周期最长等数个行业“第一”。

2021 年 7 月 5 日，河钢集团氢能专线在河钢唐钢正式投入运营，标志着我国首条市场化运营的氢能重卡运输线正式投运。河北省唐山市委主要领导、中国工程院干勇院士、中国钢研集团张少明董事长、河钢集团于勇董事长等为专线运营揭牌。在此基础上，不断推动新能源物流的规模化和低成本化运营。截至 2023 年年底，运营 49 t 氢能重卡 275 辆，累计加氢 520 t，车辆累计行驶里程近 430 万千米，实现二氧化碳减排约 4200 t，污染物减排约 180 t。

2022 年 7 月，河钢工业技术公司与中国石油天然气股份有限公司合资成立河北昆仑大河新能源有限公司，布局京津冀地区加氢站网络。到 2025 年将在河北省建设投运加氢站不低于 30 座。截至 2023 年年底，已完成唐山地区建设滦南马城站、曹妃甸氢油混合站建设并投入运营；另外，已启动唐山汉沽、迁安两站项目可研工作。

河钢工业技术公司与长城汽车股份有限公司下属未势能源科技有限公司合作，在唐山市海港经济开发区建设加氢能力 3.5 t/d 和 34 个充电位的综合能源站。该项目于 2023 年 9 月底建设完成并投入运营，可满足约 300 辆氢能重卡加氢、200 辆电动重卡充电需求。

2018 年 8 月，河钢集团为发展战略性新兴产业，责成我操持组建了河钢工业技术公司，单立东任独立董事兼总经理。河钢工业技术公司坚持服务主业、支撑主业、反哺主业的原则，立足钢铁产业链上下游进行延伸布局，瞄准低碳冶金、智能制造发展方向，在智能装备、新能源等业务板块精心培育核心竞争力，以高品质工业服务为宗旨，全力推动工业机器人、氢能利用、节能储能、新材料等项目开展。在冶金技术服务方面，河钢普锐特冶金技术服务有限公司（简称河钢普锐特）经过两年多的建设和发展，业务量逐步增加，普锐特唐山公司多年来以精湛的服务满足了客户的需求，2023 年 5 月河钢普锐特与普锐特唐山公司实现了合并，冶金服务业务在炼钢、热轧、冷轧实现全覆盖，积极开拓外部市场，2023 年外部业务占比 20%。在机器人业务方面，已完成 11 项首台套的课题研制、调试及上线运行，计划申请省级特种机器人实验室，与哈尔滨工业大学共建国家发改委人工智能产融平台。在增材制造方面，目前已完成投建国内先进的真空与非真空粉末生产线，拥有齐全的理化检测设备，粉末具备生产条件，316L 模具钢的打印性能已完成相关验证，符合市场标准，同时有序开展其他型号的粉末研发与试生产。在泉州市注册河钢增材技术股份有限公司，负责在泉州市实施数字化增材制造项目，打造涉及设计仿真、设备制造及打印服务的主产业链，全品类、全生命周期管理的数字化增材制造产业集群。在氢能业务方面，全面布局氢能产业发展，加快构建氢能产业生产圈，在氢能“制、储、运、用”等方面全面发力，力争构建氢能全产业链新局面，在业内全国首家建设了两座加氢示范站并运转良好，年产 7200 t 的制氢项目已开工建设，计划于 2024 年 6 月建成投产，可满足 300 km 半径范围内的 700 台氢燃料车辆的氢气加注，与中石油等合作方在建加氢站两座。在新能源运输业务方面，截至 2023 年年底，开拓了东海钢铁、佰工钢铁、天柱钢铁、港陆钢铁、华西钢铁等 10 项新业务，累计推广运营新能源车辆 402 辆，其中氢能重卡 275 台。在节能储能方面，工业公司正在谋划光伏、储能、绿电等项目。河钢工业技术公司目前注册资产 2. 45 亿元，总部于 2023 年 7 月正式搬入廊坊基地。

2020 年 11 月—2022 年底，负责河钢集团闲置资产的利旧处置。由于原菲律宾项目搁置，我向于勇董事长提议，将原菲律宾项目部的职能改变，成立集团资产再利用中心。原项目部全体人员再加上唐钢、邯钢、宣钢、承钢、石钢各派一名设备专家，专门负责推进集团闲置资产的修复保全、内部利旧、作价出售、合资合作等工作，确保闲置装备最大化转变为资产，最大限度降低资产损失。

河钢集团内因退城搬迁及转型升级共有存量闲置资产净值 799. 52 亿元（含唐银公司 9. 1 亿元、不锈钢公司 139. 5 亿元、唐钢焦化公司 5. 43 亿元），截至 2023 年上半年已处置 405. 12 亿元，处置完成率 50. 7%。

（1）河钢集团内部再利用工作推进情况。努力抓好抓实集团资产处置事宜，多措并举，实施内部能用尽用。聚焦集团正在实施的六大工程项目的利旧再挖潜工作，对其工程备件采购清单进行精准匹配。通过进一步优化邯钢老区退城搬迁、宣钢“三大基地”项目可研报告，完善详尽设备利旧方案，推动集团闲置设备再利用工作管理前移，邯钢老区退城搬迁再利用集团内部设备净值达 81. 1 亿元。完成宣钢“三大基地”重点项目的再利用工作，再利用集团内部设备净值达 197. 82 亿元。

（2）持续关注海外项目，谋划股权投资。将闲置成套产线做必要修复后作为海外项目投资占股。根据河钢集团工作部署，积极推进乌克兰、马来西亚、老挝等国际产能合作项目，全方位、多角度研究项目再利用方案，谋求以闲置装备入股方式寻求国际产能股权合作，将闲置资产价值做到最大化的保值增值。

（3）先期介入固定资产投资项目，提高闲置资产利用率，持续推进河钢集团在建工程与新开项目的资产再利用工作。强化集团利旧管理工作前置，将闲置资产再利用作为项目审批的必要条件，推动项目设备采购清单与可利旧设备的精准匹配，以避免出现工程项目能利未利现象。

（4）加强闲置通用备件、低效备品备件管理，努力实现存量资产盘活、低效资产增效。制定闲置、低效备品备件转让流程、定价规则及激励办法提升低效资产流转频次。督导、协调闲置通用备件规范化、平台化及统一化管理。将供应链“铁铁工业品超市”打造成为面向集团内全体设备管理人员的闲置通用备件自由交易市场。建立备品备件使用者与管理者共享数据库，为实现供应链超市内闲置资产实物的自由交易创造条件。

（5）发挥河钢集团平台优势，内外联动，助力闲置资产外售取得进展。充分发挥集团闲置资产统一协调管控优势，就闲置资产交易费率与河北产权中心进行多轮次沟通协商，以实现交易资产价值最大化。并通过强化内部流程管理，加快审批备案手续。邯钢 1～4 号焦炉及 1 号干熄焦在河北产权交易市场成功竞拍，净值 17003. 39 万元，成交值 5010 万元（不含税）。石钢老区主厂区 39 个标段，成交完成 38 个，处置资产净值 110665. 8 万元，成交额 46953. 32 万元（不含税）。唐银资产包净值 5. 4 亿元，成交额 6. 0 亿元（不含税）。唐钢南北区净值 45. 57 亿元，成交额 29. 89 亿元（不含税）。

四、国际合作工作

2015 年 5 月，河钢集团启动收购塞尔维亚斯梅代雷沃钢厂工作。按照河北省委省政府的安排，河钢集团组成由我为组长的技术考察小组共 5 人，5 月中旬去塞钢进行第一次考察调研，回来后给河北省委省政府写了一个考察报告，认真分析了塞钢的情况和收购的利弊，力排众议，建议收购，此建议得到了河北省委省政府的批准，河钢集团于 2016 年 4 月与塞方签署了收购协议，2016 年 6 月 30 日项目交割，2016 年 7 月 1 日河钢集团正式接管并实质性运营河钢塞钢，至此，河钢塞钢成为中国首个海外收购的全流程钢铁企业，也是中国“一带一路”在海外落地的第一个大型钢铁项目。

2016 年 6 月 19 日，习近平主席在塞尔维亚总统和总理陪同下视察了河钢塞钢，并对河钢提出了“言必信、行必果，打造中塞务实合作及‘一带一路’建设样板工程”的殷殷嘱托。河钢接管塞钢以来，牢记习近平主席嘱托，在河北省委省政府领导和国家部委大力支持下，充分发挥集团全球资源配置能力和渠道优势、技术优势，对河钢塞钢生产经营提供了全方位的强力支持，仅用半年时间就彻底扭转了钢厂连续亏损 7 年的局面并持续实现盈利，以实际行动践行承诺。2019 年 4 月，河钢塞钢中方管理团队获得中宣部授予的“时代楷模”称号，2018 年河钢塞钢获塞尔维亚“顶级品牌”，2023 年获得联合国欧盟“绿色议程”奖励证书等奖项。

河钢收购塞钢后，塞钢连年创出佳绩，生产经营指标稳步增长，2016 年下半年实现全面盈利，2017—2022 年，生产经营指标一步一个台阶，产量创历史新高，营业收入创新高，成为塞尔维亚第一大出口企业，对塞尔维亚 GDP 贡献率达 2%。

河钢收购塞钢后，我又组织了对塞钢的技术改造和提升：一是全面引进河钢先进管理和专有先进技术。收购之后，河钢先后派出 20 批次、230 多人次的技术管理团队，深入塞钢产线对生产组织、工艺控制、质量保证、设备维护等各方面存在的问题进行起底式专业诊断；向塞钢输入21项河钢专有且行业领先的钢铁制造、节能环保和能源高效回收再利用技术；累计投入2亿多美元，相继启动热轧粗轧机、高炉热风炉、热轧加热炉等112项技改项目和高炉煤气柜、180 m^2 烧结机等新建项目，引入"世界最清洁钢厂"河钢唐钢公司的绿色制造和精细化管理经验，河钢塞钢整体管理和技术水平、可持续发展能力显著提升。二是全面提升工艺装备自动化水平和生产效能。积极推动工业机器人在生产线的广泛应用，实现了炼铁、炼钢、轧钢生产工艺等8个计算机控制系统的智能化升级，生产效率、装备效能、控制精度、产品质量得到了大幅提高，企业的信息化、自动化水平不断提升。三是全面推进员工队伍培训交流和业务素质提升。坚持把人才培养作为企业发展战略重点。河钢集团嫁接全球资源、市场和品牌优势，着力打造欧洲极具竞争力的国际化企业，把全球化采购平台——河钢国际（原材料国际贸易平台）嫁接到河钢塞钢，保障了河钢塞钢多元化、低成本、稳定的优质原燃料供应，为企业生产经营稳定运行提供有力支撑。把全球最大的钢铁贸易和综合服务商——河钢德高导入河钢塞钢，利用其遍布全球的5万多个客户资源，为河钢塞钢开拓市场、对接客户提供有力支撑，使河钢塞钢产品市场由原中东欧地区快速拓展到了全球。

河钢集团坚持"利益、用人和文化"三个本地化，着力打造"一带一路"建设共赢共享的典范，受到了企业员工、当地政府和居民以及塞尔维亚政府的高度赞誉，展现了中国企业的良好形象。

2018年8月—2021年2月，为贯彻落实河北省委省政府关于国际产能合作和"走出去"战略要求，河钢集团启动菲律宾项目，由我牵头负责，两次率团去菲律宾考察调研谈判，并于2019年5月设立了河钢集团菲律宾项目部，刘浩任总经理，薛亮任副总经理，从河钢唐钢和河钢宣钢共抽调了11名骨干人员。

由于项目过程中合作方变动、选址变化以及不可抗力等因素，该项目主要经历了三个阶段。

（1）第一阶段（2018年8月—2018年底）。

这一阶段河钢集团三次派出投资和技术团队实地考察项目选址，调研了解当地投资环境与投资政策，组织编制项目初步设计方案，与潜在合作方商讨合作意向，最终确定项目合作意向和初步设计方案。2018年12月14日，河北省主管副省长率河北省代表团出访菲律宾，在马尼拉推动河钢集团与汇力基金、亚洲钢铁和菲佛德克工业园管委会签署了"河钢菲律宾钢铁项目合作谅解备忘录"。

根据初步编制的项目建设方案，项目拟选址在菲律宾棉兰老岛东米萨米斯省卡加延德奥罗市菲佛德克工业园西部沿海地块，场地面积305 hm^2（约4500亩），拥有1.35 km的海岸线。项目总投资预计44亿美元。其中，一期计划投资30亿美元，建成年产800万吨的炼铁原料供应基地和500万吨铁钢轧配套生产线；二期计划投资14亿美元，完成剩余300万吨铁钢轧配套生产线。

河钢集团拟牵头组建一个中外联合体（合资公司），通过股东注资和项目融资两种方式解决项目建设所需资金。其中，项目一期总投资30亿美元，拟由股东出资30%~50%，项目融资70%~50%；项目二期总投资14亿美元，拟由项目一期投产运营后形成的经营净现金流和合资公司融资等渠道解决。

（2）第二阶段（2019 年）。

2019 年 4 月 26 日，菲律宾总统杜特尔特在第二届“一带一路”国际合作高峰论坛期间会见河北省主要领导、河钢集团于勇董事长，就加快推进项目建设达成重要共识。4 月 27 日，河北省主要领导到河钢集团调研时提出，河钢菲律宾钢铁项目的战略意义不亚于河钢塞钢项目，要加快推进。5 月，河钢集团按照河北省委省政府决策部署，加快了本项目推进步伐，成立了河钢菲律宾钢铁项目部，以唐钢和宣钢为主抽调精干骨干力量，集中精力做好项目筹备。6 月，汇力基金退出合作，经三次互访交流及考察调研，河钢集团与亚洲钢铁决定，利用双方既有资源深度合作，优先考虑在菲律宾吕宋岛八打雁省莱默里地块合资建设长流程钢铁项目。

2019 年 8 月 30 日，河钢集团与亚洲钢铁于杜特尔特总统访华期间，在菲律宾贸工部组织的“中菲工商论坛”上签署“项目合作谅解备忘录”。此后，双方技术团队合作编制可行性研究报告，商务团队商讨合资方案。2019 年底，双方就项目总体设计方案达成一致，拟在亚洲钢铁现有吕宋岛八打雁省莱默里地块上规划建设一个集料场、焦化、烧结、炼铁、炼钢、轧制一体化的钢铁联合企业。项目总体规划建设 400 万吨铁钢材配套生产项目，拟分两期建设。一期项目预计总投资 8. 56 亿美元，建成后将形成 150 万吨铁钢材配套生产能力，其中，年产铁水 134 万吨，钢水 150 万吨，中型钢 50 万吨，大型钢 60 万吨，外销方坯 28. 5 万吨。二期规划拟利用一期项目滚动发展资金，投资建设 250 万吨铁钢材配套的精品板材项目。项目全面建成投产后，将填补菲律宾没有长流程冶炼工艺、没有型材和板材产品的空白。项目方案中主要考虑了河钢退城搬迁的子公司中的设备和产线利旧。

（3）第三阶段（2020 年之后）。

2020 年 1 月，菲律宾塔尔火山突然喷发，致使项目选址被火山灰覆盖。2021 年 2 月，亚洲钢铁对八打雁省莱默里地块重新进行了风险评估，结论认为由于该地块及其周边一些区域存有裂缝和液态物，已不适合建设长流程钢铁项目。考虑到疫情影响和市场变化，亚洲钢铁决定不再参与拟由河钢集团主导建设的长流程钢铁项目，但是欢迎河钢集团以现金（而非以利旧装备）参股投资亚洲钢铁。由于该提议与河北省委省政府对河钢集团仅以闲置装备而非现金方式“走出去”要求不符，河钢集团未予采用，项目搁置。

河钢菲律宾项目，历时两年半，河钢集团相关部门、唐钢国际及河钢菲律宾项目部做了大量的细致工作，但因种种原因，终未能成功，后钢铁项目部由集团更名为“资产再利用管理中心”，分工仍由我主管。

2018 年 8 月—2019 年 8 月，为贯彻落实河北省委省政府关于国际产能合作和“走出去”战略，河钢集团启动收购塔塔钢铁旗下的东南亚区域钢铁资产和产能。

2018 年 8 月，塔塔钢铁拟通过退出非主力市场获取资金以强化其在印度市场上的主导地位，宣布出售其东南亚钢铁资产，包括新加坡大众钢铁 100%股权和塔塔泰国 67. 9%股权（泰国上市公司）。9 月 5 日，塔塔钢铁正式启动本项目的国际招投标流程，根据出售流程要求，河钢集团于 9 月 28 日提交非约束性报价，10 月 10 日入围第二轮进入约束性报价阶段。与此同时，以我为团长，组成包括资本运营部、河钢钢研、河钢石钢、渣打银行等方面技术人员的考察团队，赴新加坡、马来西亚、越南、泰国进行考察和谈判。正式对目标资产进行全面尽职调查，与潜在联合投资人就联合体的合作、未来管理模式、对标的公司的估值以及报价策略进行商讨。11 月 9 日，河钢集团代表投资联合体向塔塔钢铁提交约束性报价。11 月 22 日，本项目获得河北省国资委立项批复。经与塔塔钢铁充分协商，河钢集团于 12 月 7 日递交更新的约束性报价并获卖方同意，双方进入排他性谈判阶段。2019 年 1 月 28 日，双方在北京签署交易文件，开始履行项目涉及的国内外监管报批手续，同时河钢集团向目标公司派出观察员，详细摸底资产和经营状况，确保合资经营取得预期效果。

标的公司共有 7 个生产工厂，分布在新加坡、泰国、越南、马来西亚等 4 个东南亚国家。其中，大众钢铁旗下 4 个工厂，分别位于新加坡（废钢回收、电炉炼钢、轧钢及深加工）、泰国（深加工）、越南（轧钢）和马来西亚（深加工）；塔塔泰国旗下 3 个生产工厂（均为电炉炼钢、轧钢及深加工配套厂），分别位于泰国东部、东南部和北部 3 个工业园区内。标的公司共拥有 50 万吨高炉炼铁、215 万吨电炉炼钢、265 万吨轧钢以及 98 万吨钢深加工生产能力。主要产品为螺纹钢线材，以及钢筋预制件、地毯网格、浇筑柱笼等深加工产品，销售市场主要面向当地的建筑行业和少量工业产业，是东南亚地区主要的建筑用钢供应商之一，在新加坡和泰国乃至东南亚地区有较强的话语权和影响力。

签约之后，河钢集团积极推动协议项下交割先决条件的落实，包括向标的企业派出观察员团队，协助塔塔钢铁与相关金融机构、监管机构、合作伙伴沟通，履行项目报批和全球反垄断申报等。河钢集团派出的观察员团队经过一个月的实地调研、核实，发现标的企业 2019 财年（2018 年 4 月 1 日—2019 年 3 月 31 日）的经营情况与卖方之前提供给我方的商业计划有较大差异甚至出现亏损，已经严重影响到项目估值水平。为此，河钢集团一方面成立了“普转优”项目小组，专题研究塔塔东南亚项目技改升级方案，以提高项目竞争力；另一方面经塔塔钢铁同意，双方重启了修订交易核心条款的讨论。截至协议有效期，塔塔钢铁未能取得相关金融机构对交易项目的同意函，也没能取得标的企业重要合作伙伴 NSW（日本企业）的同意函，且双方尚未就包括交易价格在内的交易核心条款重新达成一致意见。经协商，双方同意将协议有效期限延长两个月。尽管双方均就项目进行了充分努力，而且双方也基本就交易的核心条款重新达成了一致，但是，塔塔钢铁方面仍然未能完成其在合同项下的基本交割义务和先决条件。最后，塔塔钢铁方面于 2019 年 8 月 1 日通知河钢集团决定不再延期，并单方发布声明终止了与河钢集团在本项目上的交易。至此，河钢集团收购塔塔东南亚区域钢铁资产和产能项目宣告结束，未能成功。

2019 年 4 月—2023 年 10 月，我牵头组织河钢集团与浦项公司联合建设汽车板合资项目。

河钢集团与浦项公司于 2017 年 8 月签署了全面合作谅解备忘录（MOU），正式确认为战略伙伴关系，由此双方每年都有专题交流和互访。我率团多次去浦项进行关于 FINEX 直接还原炼铁、能源环保技术等的交流会。2019 年 4 月，双方最高决策层会晤时提出在高端汽车板方面开展股权合作，随后成立了由我牵头的河钢集团项目谈判团队，先后在北京、广东佛山、河北石家庄和唐山等地开展了多轮次的考察交流和谈判。2019 年 4 月—2021 年 6 月，面临世界经济形势不稳定、全球新冠疫情蔓延等艰巨挑战，双方团队高效推进商务条款、技术方案、产品定位、资产评估、法律尽调、项目选址等谈判工作，双方团队又开创了以线上形式完成高度复杂汽车板项目谈判的先河。2021 年 6 月 25 日，河钢浦项汽车板合资项目成功签约。2021 年 9 月 26 日，合资项目取得中外合资企业营业执照，2021 年 12 月底新建项目前期手续办理完毕，2022 年 1 月 7 日合资项目正式开工。克服疫情、极端天气、复杂施工条件等不利因素，项目于 2022 年 2 月开始桩基施工，10 月 6 日开始工艺钢结构和设备安装；2023 年 3 月 10 日外部 10 kV 成功送电，5 月开始 2 号 CGL 设备单体调试，9 月 15 日热负荷试车，10 月 19 日 2 号 CGL 正式竣工，计划 2024 年 6 月 1 号 CGL 竣工。

合资公司总体情况是，双方各出资 50%；董事会 6 名成员，河钢 3 名董事，浦项 3 名董事，由河钢出任董事长；经营层 6 名成员，河钢 2 名，浦项 4 名，浦项出任总经理。在河北乐亭经济开发区成立河钢浦项汽车板有限公司。项目选址紧靠唐钢新区，总投资 41.25 亿元，包括新建两条世界一流的汽车用镀锌钢板生产线（总产能 90 万吨/年），并将浦项位于广东的一条年产能 45 万吨汽车板产线纳入旗下，年设计总产能达 135 万吨，全面建成投产后，将成为国内单体规模最大的高端汽车板生产基地。合资项目是浦项在中国单笔投资额最大的生产制造项目，是近年来中国钢铁行业单体投资最大的外商合资项目，并荣获标准普尔（S&P Global）全球金属行业“年度最佳交易”顶级奖项。

项目主要客户涵盖丰田、本田、现代、大众、沃尔沃、比亚迪、长城等顶级汽车商，融合河钢和浦项的技术、人才、管理等要素，致力于为新能源汽车和高端品牌汽车提供低碳、绿色、轻量化的材料解决方案，推动新能源电动汽车产业发展，带动全球钢铁和汽车行业低碳绿色转型。合资项目拥有连续热镀锌产线（CGL）3 条，设备主要由浦项建设，由普锐特、TEMEIC、Fives Stein 等全球领先的设备供应商提供，装备水平处于行业领先地位。

产品厚度 0.4~2.3 mm，宽度 800~1860 mm，最高强度达 980 MPa，主要定位于新能源和高端汽车、家电行业用钢，着力通过实施差异化战略来提升产品的附加值。

该合资公司的主要优势如下：

（1）主打 GA（锌铁合金化热浸镀锌）特色产品优势。相较于传统的 GI（热浸镀锌）汽车板，GA 汽车板的耐蚀性、焊接和成型性更好，深受国际汽车品牌尤其是日韩系一线汽车生产商的青睐。由于对生产环境、设备状态、操作水平等因素要求苛刻，在全国仅有极少数供应商可商业化生产。合资项目将在 GA 汽车板的规格、质量、成本控制等方面“再升级”，所提供 GA 产品宽幅可达 1860 mm，是国内同类产品最宽幅度，同时 GA 汽车板将填补河北省空白。

（2）融合先进镀锌汽车板技术优势。融合河钢、浦项在锌锅、炉鼻子、镀后冷却控制、镀层控制、GA 合金化热处理等方面的先进技术。一是采用了预测模型单元和最佳气刀条件计算单元等先进镀覆量控制技术；二是采用了 APC 塔快速冷却技术和细化镀层晶粒尺寸技术。

（3）构建低碳绿色引领优势。基板由全球低碳冶金技术引领企业——河钢集团和浦项集团供应，主要的公辅和能源介质就近取自中国环保 A 级绩效企业——河钢唐钢新区，在合资项目自身用地集约化、生产洁净化、废物资源化、能源低碳化的基础上，依托两大母公司全流程低碳排放技术，可为汽车行业用户提供真正全生命周期意义上的“绿钢”。

产品应用方面，采用高强度极薄规格工艺技术，显著降低车身重量（如项目生产的

0.7 mm 厚度先进高强钢产品，可达到常规 0.85 mm 厚度的安全性)，在保证汽车安全性同时，显著降低汽车能源消耗；采用先进镀锌技术，生产高强度 GA 合金化镀层钢板，大大提高材料耐腐蚀性镀层附着性和焊接性能，延长汽车车身及部件的使用寿命，从全生命周期的角度实现节能降碳。

河钢集团是世界最大的钢铁材料制造商之一、中国国际化程度最高的钢铁企业、中国第二大汽车用钢供应商，高强钢产品在汽车市场拥有领先优势。浦项公司是韩国最大的钢铁集团，连续 13 年被评为全球最具竞争力钢铁企业，拥有生产 950 万吨汽车钢板的世界最大的光阳制铁所。世界上这样两个超级钢铁集团的强强联合，必将会对中国乃至世界汽车板市场产生积极作用。

2020 年 2 月—2021 年 9 月，为贯彻落实河北省委省政府关于国际产能合作和“走出去”战略，盘活河钢集团钢铁子公司退城搬迁腾退的可利旧设备，我组织河钢菲律宾钢铁项目部牵头，唐钢国际和相关部门参加，重点推动河钢集团与乌克兰的 DCH 公司的产能合作。

经过河钢菲律宾钢铁项目部、资本运营部和唐钢国际等单位的大量调研分析，2020 年 9 月 17 日河钢集团、乌克兰 DCH 以及河钢德高签署项目合作谅解备忘录，拟对乌克兰 DCH 旗下 DMZ 钢铁公司进行升级改造。2021 年 2 月，河钢集团与 DCH 公司就项目初步投资架构、融资核心条款和项目规划方案达成一致，并推动进行项目融资性可研。2021 年 9 月，完成数个不同方案下的技术经济分析。

升级改造项目整体方案包括：原料厂改造和变电站改造，新建一台 210 m^2 烧结系统、高炉喷煤及富氧系统、一台 6 机 6 流方矩坯连铸机及其公辅系统、一座 65 t LF 精炼炉、制氧厂。完成后可年产铁水 120 万吨，产钢 133 万吨，外售连铸坯 129 万吨。项目总静态投资为 19.1983 亿元（约 2.96 亿美元)，其中可利旧设备修复后总价值为 5641 万美元(含烧结利旧设备修复后价值 2868 万美元)。

基于以上项目方案，结合乌克兰市场情况，进行了以下三种情况的技术经济分析：一是铁矿石价格按照当前钢厂与矿山内部价测算，企业为盈利状态；二是铁矿石按照当前市场价格测算，企业为亏损状态；三是不新建烧结机，外购烧结矿，企业也是亏损状态。因此，升级改造后的钢厂能否盈利关键取决于钢厂取得铁矿石的价格。

项目结论性意见：一是河钢以可利旧设备作为入股，如果 DCH 公司同意按照当前内部价将矿山铁矿石向钢厂长期供应，则河钢集团以可利旧设备作价入股，由唐钢国际作为项目总包方，除河钢集团协调中国出口信用保险公司河北分公司买方信贷融资外，项目所需其余资金由 DCH 公司负责筹措；二是河钢集团将可利旧设备出售给 DCH 公司，如果 DCH 公司不同意按照当前内部价将矿山铁矿石向钢厂长期供应，则钢厂无法盈利，建议不再进行投资入股，而将可利旧设备出售给 DCH 公司，由 DCH 公司自筹自建，并由唐钢国际作为技改项目总包方；三是若 DCH 公司关闭钢厂，争取其焦化厂作为河钢塞钢的焦炭来源，当前，DMZ 公司正在自行改造其焦化厂。如果钢厂关停，其焦炭则需外售。基于 DCH 公司旗下 SBAL 矿山是河钢塞钢长期稳定的铁矿石供应商，可以争取最大限度采购 DMZ 公司焦炭，为河钢塞钢打造稳定供应的原料基地。

因疫情原因，中方团队无法到现场考察调研，加之国际形势复杂，项目搁置至今。

在学术团体及社会兼职的工作

2014 年 5 月至今，担任《河北冶金》杂志社主编。

2014 年 5 月担任《河北冶金》杂志社主编以来，围绕期刊高质量建设，发挥自己在行业的影响力，在大家的共同努力下，杂志社十年来发生了巨大变化，取得了突出成绩。

（1）期刊质量与影响力全面快速提高。自担任主编以来，致力于将《河北冶金》打造成冶金行业有影响力的一流学术期刊，通过实施多项行之有效的措施，期刊学术质量与影响力得到快速提升。据中国知网最新数据，期刊综合影响因子较 2013 年提升 669. 5%；WEB 下载率提升 410%，跻身同级科技期刊领先水平。

（2）开辟冶金流程新栏目，期刊步入良性发展模式。为契合钢铁产业绿色化、智能化、数字化的发展需求，经中国冶金科技界领军人物殷瑞钰和王国栋两位院士的重磅提名，开辟了“冶金流程”新栏目，搭建起了冶金流程工程学专属交流平台，约稿业界知名专家的优秀论文，进一步提升内文理论深度，推动期刊步入良性发展模式。

（3）明确期刊发展定位，精心撰写高水平论文。深入了解期刊目标受众群体的需求、兴趣与研究领域，明确期刊定位和发展方向，保证刊载论文的理论价值与学术水平。挖掘行业新兴领域与热点话题，每年度我都精心组织两篇高水平论文发表在《河北冶金》，引导读者将相关最新的科研成果在期刊首发，提升期刊在相关领域的时效性和领先地位。

（4）建立优秀激励机制，优质论文占比大幅度提升。2017 年，发布了《河钢科协关于提升〈河北冶金〉期刊质量的活动方案》，从河钢各类科研项目结题考核等角度鼓励科技人员投稿；全面推行优秀论文奖励机制，连续六年组织优秀论文与优秀组织单位的评选活动，激励高影响作者将优质论文在期刊首发。根据期刊最新数据显示，高影响作者比例提升 783%。

（5）多途径锁定优质稿源，出版周期明显降低。依托“冶金流程”“技术综述”两个重点栏目，结合行业研究热点及共性关键技术问题，约稿优质稿源和优秀选题专家，每期至少刊载一篇行业知名专家撰写的前沿技术论文；通过缩短出版周期，吸引优质前沿技术论文的快速发表。与 2013 年相比，基金论文比提升 2200%。

（6）充分发挥编委团队优势，为期刊学术质量把关定向。分别在 2014 年、2019 年和 2023 年组织召开期刊编委会，及时增补编委会委员，不断为期刊的快速发展注入新鲜血液和生机活力；发动编委充分发挥其在专业领域的引领作用，加强在组稿、投稿和审稿等方面对期刊的支持力度；同时，不断提高青年学者以及国外编委、审稿专家的占比，努力打造年轻化、国际化的编委和作者队伍，为期刊可持续发展奠定坚实基础。

（7）在每年的河北省金属学会年会上，主动推荐和宣传《河北冶金》，在会员单位中极大地扩大了影响力，增加了发行数量，为会员单位科技水平提高和技术交流起到了桥梁纽带作用。

（8）组织杂志社工作人员学习业务，提高能力，对口交流，特别是向《钢铁》杂志社学习。主动承揽广告业务，宣传学会会员单位的企业精神，杂志社做到了自负盈亏，且每年有近40万元的盈利。

2015年4月至今，担任京津冀钢铁行业节能减排产业技术创新联盟专家委员会副主任。

2015年4月11日，京津冀钢铁行业节能减排产业技术创新联盟在北京成立，该联盟是由北京市科学技术委员会牵头，联合天津市科学技术委员会、河北省科学技术厅共同推动成立的整合资源提供协同创新服务的新型组织，理事长单位为北京科技大学。目前，联盟成员单位已发展到107家，包括37家大型钢铁生产企业、45家技术服务优势单位、15家高校和科研院所、10家金融机构及服务机构。联盟秉承着“整合资源，联合攻关，平等互利，共同发展”的宗旨，落实京津冀协同发展国家战略，发挥全国科技创新中心的引领辐射带动作用，推动京津冀钢铁行业节能减排与产业转型升级，构建科技创新合作平台，实现成果共享与优势互补，以多样化、多层次的合作形式开展工作。河钢集团是联盟发起单位之一。

自2015年4月起，我担任京津冀钢铁行业节能减排产业技术创新联盟专家委员会副主任，致力于推动钢铁行业节能减排和科技创新，促进技术成果转化与推广应用，在推动京津冀钢铁行业节能减排产业发展中发挥了重要作用，为实现钢铁行业的绿色转型和可持续发展做出了积极贡献。

（1）关注国内外行业发展趋势和国家政策导向，围绕钢铁产品转型升级、污染物排放控制、资源高效综合利用等方面，组织筛选和评估一批先进成熟的节能减排技术和工艺，致力于京津冀三地间相关科技成果的产出、转移、落地和产业化，通过技术研讨会、媒体宣传等多种方式，推广新技术来帮助钢铁企业实现产品升级，提高资源综合利用率，促进已有成果转化和产业化。将由中国环境科学学会组织成果鉴定达到国际领先水平的烧结烟气选择性循环节能减排技术、高比例球团冶炼技术在行业内进行推广应用，累计达到20余套，为钢铁行业烧结、炼铁工序节能减排、绿色升级改造提供创新解决方案。

（2）推动京津冀三地产、学、研合作，创新资源合作共享，组建联合攻关研究团队，实现优势互补，将北京相关创新主体的研发成果在示范区进行中试示范，推进其产业化发展。“十三五”期间组织多家单位成功申报国家重点研发计划项目“钢铁行业多工序多污染物协同控制技术”，在行业首次提出“源头减排-过程控制-末端治理”的污染物治理技术路径，研发了覆盖烧结、球团、焦炉、高炉、转炉5个重点工序的多污染物超低排放控制技术，推动绿色升级，构建钢铁行业超低排放新体系，其中“钢铁行业多工序多污染物超低排放控制技术与应用”创新成果荣获2020年度国家科学技术进步奖二等奖。

（3）构建科技创新合作平台，实现成果共享与优势互补。推动成立京津冀钢铁行业固废治理及资源化利用联合创新平台，实现固废治理及资源化利用协同创新和联合攻关。通过这种合作模式提高整个行业的创新能力和竞争力，为钢铁行业的可持续发展注入了新的动力。

2016年1月至今，担任东北大学轧制技术及连轧自动化国家重点实验室第六届、第七届学术委员会委员。

轧制技术及连轧自动化国家重点实验室（简称 RAL)，1995 年通过国家验收，成为我国轧制技术及其自动化领域唯一的国家重点实验室。

20 余年来，实验室针对冶金工业发展进程中的核心共性技术问题，开展高质量、低成本绿色轧制技术、重大冶金装备研发及产业化、高品质钢铁及有色金属材料开发等相关科研工作，为轧制领域技术的创新提供了原创性理论和关键技术支持。在轧制领域，实验室实现了从“跟跑”到“领跑”的伟大飞跃，是世界钢铁业中“中国理念”——“绿色制造、制造绿色”的主要倡导者和推动者。

第六届学术委员会 2016 年 1 月换届成立，干勇院士和王国栋院士分别担任学术委员会主任、常务副主任。我自 2016 年担任第六届学术委员会委员以来，认真履行委员职责，就新的形势下实验室如何正确地把握研究方向、科学定位、进一步拓宽研究领域、继续面向国民经济建设主战场、加强人才培养和学术交流等方面进行了谋划与建议。2020 年 4 月第七届学术委员会成立，我继续担任委员。

2016 年 11 月—2020 年 9 月，担任冶金工业质量经营联盟第六次会员代表大会副理事长。其间主要工作如下：

（1）主持召开大型行业会议，加强企业间的交流和分享。

1）冶金工业质量经营联盟 2016 年工作会议（2016 年 11 月，石家庄市）。60 余家钢铁及钢铁服务企业的 110 多名代表参加会议，分享了河钢、沙钢、湘钢等企业的成功经验。

2）冶金工业质量经营联盟 2017 年理事长联席会（2017 年 7 月，马鞍山市）。各理事长、副理事长单位的 50 余名代表参加会议，交流分享了河钢、马钢、鞍钢、涟钢、邢钢等企业优秀实践，并由冶金工业经济发展研究中心专家分析了钢铁行业的市场形势和技术质量工作发展趋势。

3）冶金工业质量经营联盟六届理事会第二次会议暨 2017 年工作会议（2017 年 11 月，泉州市）。40 余家钢铁企业及行业机构的 80 余名代表参加会议，分享了河钢唐钢、河钢承钢、马钢、南钢、津西钢铁等企业的成功经验，并由中国金属学会专家分析了钢铁产品及制造工艺的发展趋势。

（2）推广先进质量管理方法，增强行业质量经营意识，提升抵御市场风险能力。在全行业积极推广卓越绩效模式、六西格玛质量改进模式、QC 小组活动、创新工作室等先进质量管理模式和工具方法，营造了浓厚的质量经营氛围，为企业提升管理水平、增强质量经营能力发挥了重要作用。

2019 年 4 月至今，担任中国金属学会绿色制造标准化技术委员会副主任委员。

中国金属学会绿色制造标准化技术委员会于 2019 年 4 月成立，秘书处设在中冶集团。由中冶集团与中国钢研、首钢集团、河钢集团、太原钢铁、安阳钢铁、本钢集团、沙钢集团、东北大学、北科大等单位联合组成，旨在构建中国钢铁工业节能与综合利用技术标准体系，并推动科技成果推广。

我于 2019 年 4 月至今担任中国金属学会绿色制造标准化技术委员会副主任委员，主要在推动绿色制造标准制修订、绿色制造技术的发展与应用等方面开展工作。

（1）组织企业开展绿色制造标准制修订工作。组织河钢集团牵头起草《钢铁工业绿色园区标准》《钢铁行业绿色生产管理评价标准　电炉炼钢》《钢铁行业企业碳排放管理体系建设指南》等多项绿色制造领域团体标准，进一步完善了钢铁企业绿色制造系列标准体系，引导钢铁企业有序开展深入治理、节能减排，推进低碳转型升级和高质量发展。

（2）参与绿色制造标准研究工作和标准宣贯活动。多次参与委员会工作培训研讨会和绿色制造标准专题研究，深入探讨绿色制造的标准体系、评价方法、技术路线等关键问题，此外参加了“绿色生产管理评价”系列标准宣贯会，做好绿色生产管理评价标准的解读和宣贯工作，帮助更多行业内的企业真正去达标，提高了企业对绿色制造标准的认识和绿色管理水平，为我国绿色制造标准的研究与制定提供了有力支撑。

（3）加强对绿色制造技术的宣传推广工作。充分发挥中国金属学会的平台引领作用，将钢铁行业中先行、先进、引领的绿色低碳技术成果第一时间向行业宣传，让更多的人了解和关注绿色制造技术，推动绿色制造技术在钢铁行业内的普及和应用。

2019 年 12 月至今，担任河北省金属学会理事长。

河北省金属学会是全国地方金属学会中最大的一个学会，是 5A 级学会。河北省钢产量 2 亿多吨，占全国总产量的 20%以上，钢铁从业人数及钢铁行业科技人员为全国最多。因此，我担任理事长以后，主动提高站位，明确工作指导思想，坚持党对学会工作的统领，开拓创新，打造地方特色学会，全面提升学会科技服务能力，服务好河北省乃至全国钢铁行业。

（1）强化党建引领，增强服务能力。加强党组织建设，选举成立河北省金属学会党支部，发挥党员先锋模范作用。联合中国金属学会、兄弟省市学会及会员单位开展党建活动，与中国金属学会在石钢举行技术咨询和学术研讨时，组织参观西柏坡革命圣地，开展党史学习教育；先后与四川、湖南、山东、山西、北京、天津等省市兄弟学会在联合主办会议期间赴“毛泽东故居”“毛泽东纪念馆”开展“回首百年路、砥砺新征程”等党员教育活动，重温入党誓词，瞻仰革命先烈的丰功伟绩，与河钢科技创新部党支部共赴涞源抗战纪念馆等开展“学思想、强党性、重实践、建新功”主题党日活动。以党建促会建、以会建强党建，学会各项工作步入良性循环。2023 年 3 月 30 日，河北省金属学会作为全国地方学会的唯一代表在“2023 年中国金属学会年会”上做大会经验交流报告，多次受到中国金属学会、河北省科学技术协会的好评。

（2）承接政府职能转移，服务党和政府决策。主动承接和积极参加河北省科技厅、工信厅等省直属部门部署的专业技术论证、调研等工作。如参加《科技创新支持钢铁产业高质量发展有关举措》《河北钢铁工业低碳发展现状调研与分析报告》《河北科学技术奖励办法》《河北省科学技术奖励实施细则》等专家论证，派遣专家参加高新技术企业、河北省科学技术奖、河北省重点研发计划、河北省技术研发平台等咨询评审，参加河北省钢铁行业产能置换升级改造项目技术核查、雄安新区建筑材料生产企业准入技术审定等，成功提名国家自然科学基金、河北省自然科学基金指南建议等。

（3）学术交流活动焕发新活力。学术交流是学会的灵魂和生命线，组织高质量、高水平的学术活动既是维系学会生存和发展的关键，也是学会为科技工作者服务的直接平台。河北省金属学会本着以需求为导向，差异化、特色化、品牌化的基本原则，四年来牵头主办学术交流会 37 场次，联合中国金属学会和地方学会、大学院校等共同主办国内学术交流会 30 余场次，国际会议 1 次。

河北省金属学会主办的部分会议已形成国内有影响力的品牌学术会议，如“新一代氧化物冶金及洁净钢生产技术研讨会”“高效连铸技术研讨会”“铁前系统对标、节能降本新技术研讨会”“十省市烧结球团关键技术研讨暨新技术推广交流会”“炼钢系统节能降本及过程控制技术研讨会”等十几个具有特色的品牌会议，受到业界的广泛关注和积极参与。

河北省金属学会与北京金属学会、天津市金属学会联合举办了五届“京津冀模拟炼钢-轧钢竞赛”。

（4）科技成果技术评价与奖励工作跃上新台阶。2022 年，河北省金属学会成为首批河北省科技成果试点改革单位。制定了河北省金属学会《冶金科学技术成果评价管理办法》《冶金科技成果分类、分阶段及五元价值评价指标体系》《科技成果评价导则》团体标准，并充实完善了科技成果专家库。

两年来，按照 5 元价值新标准评价了科技成果 110 项，其中，用于申报科技奖励成果 33 项，用于加计扣除成果 77 项。

河北省科学技术奖提名工作取得突出成效。近三年河北省金属学会向河北省科技厅提名的科技成果获河北省科学技术奖 13 项，其中一等奖 2 项、二等奖 4 项、三等奖 6 项、合作奖 1 项，在河北省所有学会（协会）中位列前茅。

河北省金属学会冶金科学技术奖的申报、评审工作迈上新台阶。一是参照国家和河北省科学技术奖的申报评审要求，结合行业特色自主设计了“河北省金属学会冶金科学技术奖申报评审系统”；二是增加了总评一等奖答辩环节；三是修订完善了科学技术奖励申报、评审管理办法；四是丰富完善了科学技术奖励专家库。

（5）新增团体标准起草制定职能。2021 下半年以来，学会制定发布了《河北省金属学会标准化工作管理办法》《河北金属学会团体标准制修订程序和编写规则》《河北省金属学会标准化工作办公室工作条例》等规章制度，成立了河北省金属学会标准化工作委员会。已制定并发布实施团体标准 7 项，正在起草 2 项。其中，牵头制定的《科技成果评价导则》（HMS 004—2023）团体标准填补了行业空白，受到河北省科技厅的赞誉和业界同行的积极参与，河钢集团、德龙钢铁、河冶科技等钢铁企业以及北京、天津、四川、山东、陕西、福建、湖北等省市金属学会共 22 家单位参与了该标准的起草。

（6）新增职业技能等级鉴定职能。2020 年学会经申请、答辩等环节，新增了职业技能等级鉴定职能。成立了河北省金属学会职业技能等级认定业务部。不以营利为目的，承接政府职能转移，依法合规，高标准、高质量、高效率地服务社会、服务会员，将这项工作打造成品牌，树立行业标杆。

鉴定范围（5 个职业）为高炉炼铁工、炼钢工、金属轧制工、金属材料热处理工、设备点检工。目前，已对 21 家企业、1600 余人次进行了职业技能等级鉴定考试，对 1400 余人颁发了职业技能等级证书。

（7）开展科创活动，服务会员单位。开展了“科创中国”“科创河北”“高端专家燕赵行”等活动，为雄安新区、邢台德龙、河钢唐钢等提供了服务；开展了课题调研和专题技术服务活动，为会员单位提供技术咨询，受到高度评价；开展科技项目和创新平台咨询服务，协助20多家企业申报了高新技术企业、省级技术创新中心和研发平台等。

（8）人才培养举荐。2020年，河北省金属学会被河北省科学技术协会遴选为首批学术人才评价试点单位，四年来评选出河北冶金行业“学术带头人”“青年学术英才”多名，举荐的“河北省科技工作者之家建设示范单位”“河北省最美科技工作者”“中国科协青年人才托举工程”等多个单位和个人入选。

（9）提升《河北冶金》期刊质量。河北省金属学会作为《河北冶金》杂志社的主管、主办单位，不辱使命，积极支持杂志编辑部工作，协同河钢集团、中国金属学会冶金流程工程学分会等单位的领导和工作人员，群策群力、千方百计从组织优质稿源、特约高影响专家稿件、优化编委和审稿专家队伍评选表彰优秀论文和先进单位个人、增设“冶金流程”栏目、严格把关刊载论文水平和编辑印刷质量等综合措施，期刊质量水平快速提高，业界影响力持续提升。

（10）不断丰富《冶金通讯》。每月初定期编辑出版《冶金通讯》，并向会员单位和个人邮发，主要内容包含高端视点、社评精选、行业政策、产业方向、业界新闻、会员动态、行业新技术、新工艺应用、知识之窗、科技前沿等。

2020年9月起，我被聘任为中国环境科学学会特邀常务理事。

担任特邀常务理事期间，切实履职尽责，推动中国环境科学学会事业蓬勃发展。

（1）积极参与中国环境科学学会民主办会和民主治理，参与学会的日常管理和决策讨论，参与制定学会的发展战略和规划，监督学会的各项活动，围绕学会改革发展、生态文明建设、“双碳”目标和污染防治攻坚战等国家重大战略积极建言献策，对活动选题、科技成果推广转化、国际科技交流合作等提出好的思路和建议，为推动学会事业取得更大的发展贡献自己的力量。

（2）积极参加中国环境科学学会组织开展的国内国际学术交流活动，促进学术交流。2023年5月，参加亚洲低碳技术和创新大会第三届全国碳中和与绿色发展大会，在会议上做了题为《钢铁行业低碳绿色发展技术与路径分析》的报告，介绍了目前钢铁行业低碳绿色发展技术及今后发展路径，向社会宣传和普及钢铁行业低碳发展知识，推动中国环境科学领域的发展和进步，提高社会对环境问题的关注度和认识水平。

（3）积极推进中国环境科学学会与常务理事单位——河钢集团的交流合作，开展环境科学领域的技术创新活动。组织河钢集团参加中国环境科学学会2023年科学技术年会，交流学术进展，共商科技创新；组织河钢集团参加2022年“科创中国”先导技术评选，由中国环境科学学会推荐，“熔剂性球团生产及高比例球团冶炼技术”从百余项项目中脱颖而出，入选绿色低碳领域“先导技术榜”。通过这些活动进一步强化了学会与合作单位的交流，为学会发挥“学术高地”“传播高地”等优势贡献智慧力量。

2020年12月至今，担任河北省产业技术研究院专家咨询委员会首届委员。

河北省产业技术研究院成立于2019年，是河北省政府批准组建的新型研发机构，是省内成立的首家“半官方”科技标准化评价机构，2022年获批河北省科技厅科技成果评价改革试点单位。该院以健全多元分类评估体系、引导金融投资科研项目和科技成果转化为宗旨，坚持“专业、权威、客观、公正”理念，坚持公益性服务和市场化运营相结合，建立了适应河北需求的、以“技术报表”工具为核心的技术创新成熟度评价方法，初步形成投资机构、企业、高校院所、学会协会等广泛参与的评价运行机制，为政府部门、各类创新主体、各类投融资机构以及个人等提供评价和咨询服务，推动河北省科学化、标准化、数字化科技评价工作。

专家委员会成立后，我积极参加各项活动，就推动河北省科技创新和产业技术创新发展、深化科技体制机制改革进行了探讨，就研究院未来发展领域和方向提出了意见建议。

2021 年 5 月至今，担任《钢铁》杂志编委。

其间，在论文投稿、论文组稿、期刊宣传等方面为期刊的高质量建设贡献了一份力量，获“2022 年度《钢铁》杂志优秀编委”荣誉称号。

首先，围绕在钢铁流程工程设计、冶金工程管理、氢冶金等领域取得的前沿技术成果，撰写 10 篇高水平综述性论文投稿《钢铁》，其中第一作者 8 篇、第二作者 1 篇、第三作者 1 篇，受到专家、学者的广泛关注。在《钢铁》发表的《大型钢铁企业绿色制造创新实践与展望》《河钢集团汽车板产品研发与技术创新》《基于高炉炉料结构优化的源头减排技术及应用》《以产学研用协同创新新模式助推钢铁行业技术进步》等 4 篇论文入选“学术精要（2022 年 10—11 月）高 PCSI 论文、高被引论文”。

其次，密切关注着钢铁冶金行业的最新动态和知名专家的研究方向与科研成果，并真诚邀请成绩突出的学者为《钢铁》杂志撰写高水平的论文，不仅令更多的读者了解到最新的行业动态和技术进展，也为期刊的内容策划提供了有力的支持。

最后，借助中国金属学会、河北省金属学会等单位组织的一流学术会议，以及河钢集团的国内外技术研发平台等渠道宣传《钢铁》的办刊特色与学术优势，吸引行业高影响作者关注期刊发展，积极投稿高质量论文。

2022 年 10 月至今，担任中国金属学会生产技术与科技咨询工作委员会主任委员（第十一届，2022 年 10 月—2027 年 10 月）。

中国金属学会生产技术与科技咨询工作委员会是理事会领导下的工作机构，主要任务是建立促进行业科技发展协同创新的工作机制，研究分析行业的科技发展动向；对学会的生产技术交流、科技咨询及技术服务等方面的活动提出建设性意见；鼓励并动员会员参与为冶金企事业单位开展的各类科技咨询和技术服务活动；促进科技成果向生产力转化，拓展与深化学会服务行业技术创新发展的能力。

2023 年 9 月 13 日，在河北省唐山市召开中国金属学会生产技术与科技咨询工作委员会换届暨十一届一次会议。第十一届委员会共 35 名成员，主任 1 名，副主任 4 名（来自鞍钢集团、宝武集团、首钢集团、沙钢集团），委员 30 名（来自国内主要钢铁企业会员单位主管技术副总经理或总工程师担任）。本次会议主题是“清洁能源、节能降碳”。与会委员分别结合企业实际，介绍了清洁能源在钢铁企业应用情况、节能降碳和降本增效技术及取得的成果、经验等，并对今后在技术推广转化、技术交流、科技咨询服务等方面的工作提出建议。

成果荣誉篇

科 技 成 果

序号	项目名称	奖项名称	奖励等级	授予单位	证书时间
1	连铸凝固末端重压下技术开发与应用	国家科学技术进步奖	二等奖	中华人民共和国国务院	2021年9月
2	钢铁企业低压余热蒸汽发电和钢渣改性气淬处理技术及示范	国家科学技术进步奖	二等奖	中华人民共和国国务院	2013年12月
3	高品质涂镀钢板关键技术研发及产业化应用	河北省科学技术奖	一等奖	河北省人民政府	2023年4月
4	数字化绿色化新型钢厂建造方法及工程实践	中国钢铁工业协会、中国金属学会冶金科学技术奖	一等奖	中国钢铁工业协会、中国金属学会冶金科学技术奖奖励委员会	2022年8月
5	钢铁烧结工序烟气污染控制耦合能质增效技术与应用	环境保护科学技术奖	一等奖	环境保护科学技术奖奖励委员会	2022年1月
6	高纯 V_2O_5 绿色制造关键技术及产业化	北京市科学技术奖	二等奖	北京市人民政府	2021年9月
7	绿色低碳提钒关键技术及产业化应用	中国钢铁工业协会、中国金属学会冶金科学技术奖	一等奖	中国钢铁工业协会、中国金属学会冶金科学技术奖奖励委员会	2021年8月
8	烧结烟气循环减量耦合逆流式活性炭超低排放控制技术与应用	环境技术进步奖	一等奖	中国环境保护产业协会	2020年12月
9	河北省科学技术突出贡献奖	河北省科学技术突出贡献奖	终身荣誉奖	河北省人民政府	2020年4月
10	钒铬共提清洁生产关键技术及产业化应用	河北省科学技术奖	一等奖	河北省人民政府	2020年4月
11	钢铁行业多工序多污染物超低排放控制技术与应用	环境保护科学技术奖	一等奖	环境保护科学技术奖奖励委员会	2019年12月
12	焦化能源流高效集成关键技术研发及应用	中国钢铁工业协会、中国金属学会冶金科学技术奖	二等奖	中国钢铁工业协会、中国金属学会冶金科学技术奖奖励委员会	2018年8月
13	宽厚板连铸坯重压下关键工艺与装备技术的开发及应用	河北省科学技术奖	一等奖	河北省人民政府	2018年3月

续表

序号	项目名称	奖项名称	奖励等级	授予单位	证书时间
14	焦化流程绿色转型关键技术创新与应用	河北省科学技术奖	一等奖	河北省人民政府	2017 年 2 月
15	薄板坯连铸连轧生产线超薄规格热轧板卷大批量生产技术创新	河北省科学技术奖	一等奖	河北省人民政府	2014 年 12 月
16	FTSR 薄板坯短流程高碳含量钢种生产工艺研究及开发	河北省科学技术奖	二等奖	河北省人民政府	2013 年 12 月
17	移动式热风板流化床煤调湿技术	中国钢铁工业协会、中国金属学会冶金科学技术奖	二等奖	中国钢铁工业协会、中国金属学会冶金科学技术奖奖励委员会	2013 年 8 月
18	钢铁企业低压余热蒸汽发电和钢渣改性气淬处理技术及示范	河北省科学技术奖	一等奖	河北省人民政府	2012 年 12 月
19	唐钢清洁生产技术集成与应用	河北省科学技术奖	一等奖	河北省人民政府	2012 年 12 月
20	钢铁物流、能源流界面技术集成与创新	中国钢铁工业协会、中国金属学会冶金科学技术奖	二等奖	中国钢铁工业协会、中国金属学会冶金科学技术奖奖励委员会	2012 年 8 月
21	唐钢二号高炉大修工程高炉整体推移技术应用与创新	中国钢铁工业协会、中国金属学会冶金科学技术奖	二等奖	中国钢铁工业协会、中国金属学会冶金科学技术奖奖励委员会	2004 年 10 月
22	唐山港陆钢铁有限公司 120 万吨宽厚板配套工程	河北省优秀工程咨询成果奖	一等奖	河北省优秀工程咨询成果评奖委员会	2006 年 8 月
23	唐钢二炼铁厂 1 号高炉大修工程	河北省建设工程勘察设计奖	一等奖	河北省建设委员会	2006 年 1 月
24	唐钢 2560 m^3 高炉工程	河北省建设工程勘察设计奖	二等奖	河北省建设委员会	2002 年 2 月
25	唐山钢铁集团有限责任公司烧结厂技术改造工程设计	冶金行业第十次部级优秀工程设计奖	一等奖	中国冶金建设协会	2001 年 9 月
26	唐钢 2560 m^3 高炉高风温热风炉、粒化渣系统工程	河北省建设工程勘察设计奖	一等奖	河北省建设委员会	2000 年 2 月
27	行业新常态下大型钢铁企业集团产品升级与结构调整的决策与实施	企业管理现代化创新成果	一等奖	河北省企业管理现代化创新成果审定委员会	2016 年 9 月
28	三废资源综合利用管理模式的创新与实施	企业管理现代化创新成果	一等奖	河北省企业管理现代化创新成果审定委员会	2009 年 8 月

个人荣誉

序号	荣誉称号	授予单位	授予时间
1	俄罗斯工程院院士	俄罗斯工程院	2022年9月
2	第十四届光华工程科技奖	光华工程科技奖励基金会	2022年5月
3	第四届杰出工程师奖	中华国际科学交流基金会	2020年12月
4	国务院政府特殊津贴专家	中华人民共和国国务院	2016年12月
5	第一届钢铁环保科技创新杰出贡献奖	钢铁焦化行业超低排放与绿色低碳发展研讨会	2021年12月
6	第四批河北省高端人才	中共河北省委员会、河北省人民政府	2019年12月
7	全国钢铁工业劳动模范	中华人民共和国人力资源和社会保障部、中国钢铁工业协会	2019年7月
8	河北省2018年度“最受关注的科技创新人物”	河北省科学技术协会	2018年6月
9	河北省专业杰出技术人才	河北省人民政府	2017年3月
10	第七批河北省省管优秀专家	中共河北省委员会、河北省人民政府	2014年11月
11	中国钢铁工业优秀科技工作者	中国钢铁工业协会、中国金属学会	2012年9月
12	河北省新世纪“三三三人才工程”第三层次人选	河北省新世纪“三三三人才工程”领导小组	2007年4月
13	载入《中华魂·中国百业领导英才大典》	中华魂杂志社	1999年8月
14	石家庄市院士培养对象	中共石家庄市委、石家庄市人民政府	2022年5月
15	优秀党务工作者	中共唐山市人民政府国资委委员会	2013年7月
16	唐山市“优秀科技工作者”	中共唐山市委组织部、唐山市人力资源和社会保障局、唐山市科学技术局、唐山市科学技术协会	2013年3月
17	2008—2009年度“唐山市劳动模范”	中共唐山市委、唐山市人民政府	2010年4月